소방설비기사 필기 필수학습서

2025 개정신판

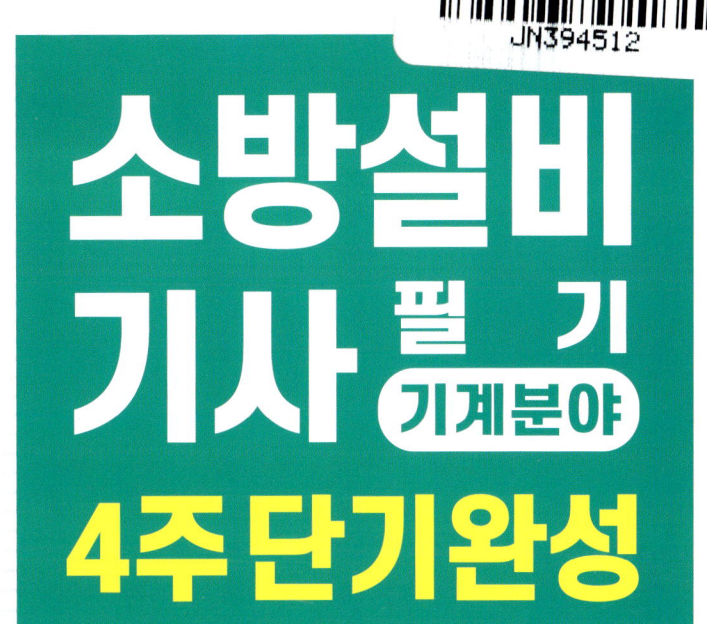

소방설비 기사 필기
기계분야
4주 단기완성

김흥준 · 윤중오 공저

한솔아카데미

ON AIR

한솔아카데미 무료 강의

+ 소방설비기사 학습 커리큘럼
+ 본 도서 수록 7+1개년 기출문제
  100% 무료 동영상 강의 제공
+ 소방설비기사 CBT 복원 기출문제
+ 소방설비기사 PBT 기출문제

한솔아카데미 홈페이지(www.inup.co.kr)

2025
소방설비기사 [기계분야] 단기패스반

소방설비기사 기계분야 단기완성패스

2025 신규오픈

강의 OPEN

소방설비기사[기계분야] 필기
단기완성패스를 런칭하였습니다!

2025년 신규 OPEN — 소방설비기사 필기 단기완성패스

수강대상	전과목 충실한 핵심 이론, 핵심 기출문제, 최근 복원 기출문제 풀이까지 소방설비기사(기계분야) 필기 시험을 준비하는 수험생을 위한 과정입니다.
강의특징	① STEP1 정규이론 : 소방설비기사[기계분야] 전과목 이론 ② STEP2 핵심문제 : 전과목 핵심 기출문제풀이 ③ STEP3 기출문제 : 최근 7+1개년 복원 기출문제 풀이로 실전감각 키우기
강의오픈	2025년 한솔아카데미 홈페이지 참조
강의시간	정규이론 77시간, 기출문제 36시간

※ 본 강의는 유료강좌이며 자세한 사항은 홈페이지를 참고 바랍니다.

[신간 이벤트] 소방설비기사 필기-기계분야
본 도서 구입시 드리는 **무료동영상강의**

기출문제 무료강의

① 최근 7+1개년 기출문제

- 1강 : 2024년 CBT 복원 기출문제(1, 2, 3회)
- 2강 : 2023년 CBT 복원 기출문제(1, 2, 4회)
- 3강 : 2022년 PBT 기출문제(1, 2, 4회)
- 4강 : 2021년 PBT 기출문제(1, 2, 4회)
- 5강 : 2020년 PBT 기출문제(1, 2, 4회)
- 6강 : 2019년 PBT 기출문제(1, 2, 4회)
- 7강 : 2018년 PBT 기출문제(1, 2, 4회)
- 8강 : 2017년 PBT 기출문제(1, 2, 4회)-자료 : PDF 제공

| 수강대상 | • 소방설비기사 교재구매 회원 |
| 수강기간 | • 무료강의 수강기간은 3개월 |

CBT대비 실전테스트 [무료제공]

② CBT 온라인 실전테스트

- CBT 소방설비기사(2024년 기출문제 시험)
- CBT 소방설비기사(2023년 기출문제 시험)
- CBT 소방설비기사(2022년 기출문제 시험)

| 수강대상 | • 소방설비기사 교재구매 회원 |
| 제공기간 | • 2025년 12월 31일까지 |

학습게시판 Q&A

③ 학습내용 질의응답

소방설비기사 학습게시판에 질문을 하실 수 있으며 함께 공부하시는 분들의 공통적인 질의응답을 통해 효과적인 학습이 되도록 합니다.

| 홈페이지 | www.inup.co.kr |

교재 인증번호 등록을 통한 학습관리 시스템

소방설비기사 필기 최근 7+1개년 기출문제 무료수강

01 사이트 접속
인터넷 주소창에 https://www.inup.co.kr 을 입력하여 한솔아카데미 홈페이지에 접속합니다.

02 회원가입 로그인
홈페이지 우측 상단에 있는 **회원가입** 또는 아이디로 **로그인**을 한 후, **소방설비** 사이트로 접속을 합니다.

03 나의 강의실
나의강의실로 접속하여 왼쪽 메뉴에 있는 [쿠폰/포인트관리]-[쿠폰등록/내역]을 클릭합니다.

04 쿠폰 등록
도서에 기입된 **인증번호 12자리** 입력(-표시 제외)이 완료되면 [나의강의실]에서 학습가이드 관련 응시가 가능합니다.

■ **모바일 동영상 수강방법 안내**

❶ QR코드 이미지를 모바일로 촬영합니다.
❷ 회원가입 및 로그인 후, 쿠폰 인증번호를 입력합니다.
❸ 인증번호 입력이 완료되면 [나의강의실]에서 강의 수강이 가능합니다.

※ 인증번호는 표지 뒷면에서 확인하시길 바랍니다.
※ QR코드를 찍을 수 있는 앱을 다운받으신 후 진행하시길 바랍니다.

소방설비기사 교재를 펴내며...

건물이 점차 대형화, 고층화, 밀집화되어 감에 따라 화재발생시 진화보다는 화재의 예방과 초기진압에 중점을 둠으로써 국민의 생명, 신체 및 재산을 보호하는 방법이 더 효과적인 방법입니다. 이에 따라 소방 설비에 대한 전문 인력을 양성하기 위하여 자격제도가 제정되었으며 설계, 공사, 감리, 관리업체 등에서 소방시설공사의 설계도면을 작성하거나 소방시설공사를 시공, 관리하며, 소방시설의 점검·정비와 화기의 사용 및 취급 등 다양한 분야에서 직무수행을 하게 되고 2030년 유망직종 10위안에 포함될 정도로 그 수요는 현재 보다 더 증가될 전망입니다.

본 교재는 국가자격 시험인 소방설비기사(기계) 자격증을 취득하기 위한 필기 수험서로서 광범위한 내용을 효율적으로 학습할 수 있도록 구성하였으며 주요한 특징은 다음과 같습니다.

> **본서의 특징을 요약하면**
> 첫째. 단원별 자주 출제된 핵심 내용을 '핵심플러스'에 문제를 추가하여 학습에 중심이 되는 목표 내용을 쉽게 파악할 수 있게 하였습니다.
> 둘째. 중요 내용은 형광펜으로 표시하고 중요부분은 포인트로 구성하여 혼자서도 쉽게 학습할 수 있도록 하였습니다.
> 셋째. 핵심이론 학습 후 단원별 핵심기출문제만 쏙쏙 뽑아 내용다지기와 실전시험에 감각을 키울 수 있게 하였습니다.
> 넷째. 최근 7개년 기출문제를 수록하여 합격을 완성할 수 있도록 하였습니다.

소방설비기사(기계)를 준비하시는 수험생 여러분의 자격증 취득에 많은 도움이 되시길 기원드립니다. 끝으로 출판을 하기위해 많은 시간을 원고작업에 헌신하신 집필교수님들과 편집 작업으로 수고하신 한솔아카데미 관계자분들께 깊은 감사의 마음을 전합니다.

저자 드림

2025
단기완성의 신개념 교재
지금부터 시작합니다!!

fire fighting equipment engineer

한솔아카데미 교재
3단계 합격 프로젝트

1단계 과목별 핵심이론

- 방대한 이론 핵심정리 및 중요핵심내용 고딕(색) 표시
- '핵심 PLUS' 이론 옆에 관련 기출문제 파악

2단계 핵심기출문제

- 단원별 핵심기출문제만 쏙쏙 뽑아 내용다지기와 시험에 실전감각 키우기

3단계 과년도출제문제

- 최근 7개년 기출문제로 합격 완성하기

시험정보
소방설비기사[기계분야]

소방설비기사 시험일정

	필기시험	필기합격 발표	실기시험	최종합격 발표일
정기 1회	2025년 2~3월	2025년 3월	2025년 4~5월	2025년 6월
정기 2회	2025년 5월	2025년 6월	2025년 7~8월	2025년 9월
정기 3회	2025년 8~9월	2025년 9월	2025년 11월	2025년 12월

소방설비기사 시험시간 및 합격기준

시험시간	과목당 30분(4과목) 총 2시간
합격기준	100점을 만점으로 하여 과목당 40점 이상, 전 과목 평균 60점 이상

소방설비기사 응시자격

① 산업기사 등급 이상의 자격을 취득한 후 응시하려는 종목이 속하는 동일 및 유사 직무분야에서 1년 이상 실무에 종사한 사람
② 기능사 자격을 취득한 후 응시하려는 종목이 속하는 동일 및 유사 직무분야에서 3년 이상 실무에 종사한 사람
③ 응시하려는 종목이 속하는 동일 및 유사 직무분야의 다른 종목의 기사 등급 이상의 자격을 취득한 사람
④ 관련학과의 대학졸업자등 또는 그 졸업예정자

소방설비기사

소방설비기사 필기시험 검정현황

연도	소방설비기사[기계분야]		
	응시	합격	합격률(%)
2023	23,350	10,669	45.7%
2022	17,523	8,206	46.8%
2021	17,736	9,048	51%
2020	14,623	7,546	51.6%
2019	18,030	8,223	45.6%

소방설비기사 수행직무

소방시설의 설계도면을 작성하거나 소방시설을 시공, 감리하며, 소방시설의 점검·관리, 소방계획에 의한 소화, 통보 및 피난 등의 훈련을 실시하는 소방안전관리자의 직무수행, 등

소방설비기사 진로 및 전망

- 소방공사, 대한주택공사, 전기공사 등 정부투자기관, 각종 건설회사, 소방전문업체 및 학계, 연구소 등으로 진출할 수 있다.

- 산업구조의 대형화 및 다양화로 소방대상물(건축물·시설물)이 고층·심층화되고, 고압가스나 위험물을 이용한 에너지 소비량의 증가 등으로 재해발생 위험요소가 많아지면서 소방과 관련한 인력수요가 늘고 있다. 소방설비 관련 주요 업무 중 하나인 화재관련 건수와 그로 인한 재산피해액도 당연히 증가할 수 밖에 없어 소방관련 인력에 대한 수요는 증가할 것으로 전망된다.

단기완성의 신개념 교재 구성
소방설비기사 필기

1 한 눈에 파악되는 중요내용

한국산업인력공단의 출제 기준에 맞춰 과목별 세부항목을 구성하였으며 단원별 '방대한 이론을 핵심정리' 학습에 중심이 되는 목표내용을 쉽게 파악할 수 있게 하였으며, 단원별 이론 옆에 관련기출 '핵심 PLUS'를 담았다. 또한 시험에 나올 중요핵심내용을 고딕(색) 표시 및 한눈에 볼 수 있게 표로 정리하여 독학으로 쉽게 학습할 수 있도록 하였습니다.

[1단계]

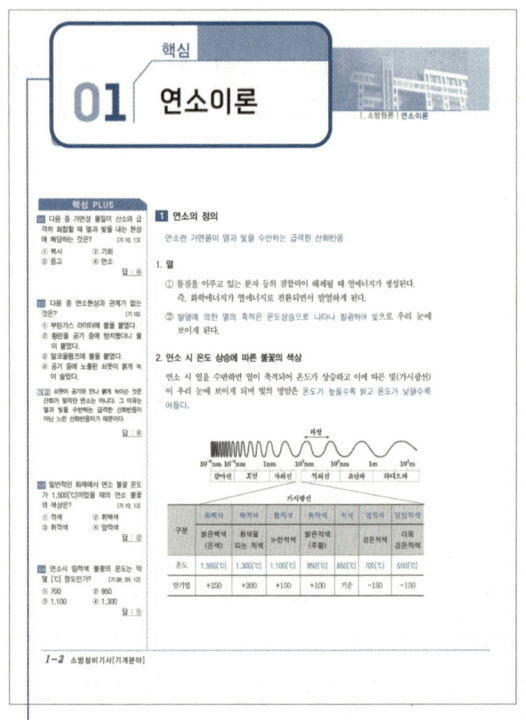

'핵심 PLUS' 이론옆에 관련기출문제 파악

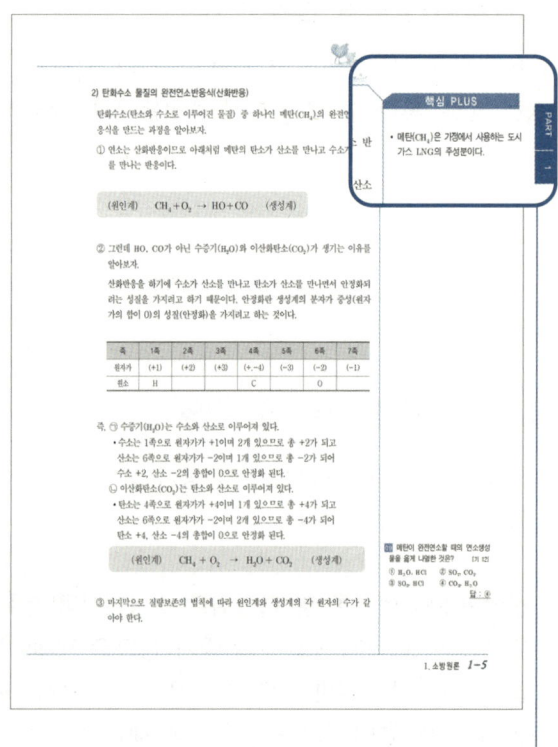

방대한 이론 핵심정리 및 중요핵심내용 고딕(색) 표시

2 단원별 핵심기출문제로 실전감각 키우고
최근 7개년 기출문제로 합격완성

핵심이론 학습 후 핵심기출문제를 풀어봄으로써 내용 다지기와 더불어 시험에서 실전감각을 키울 수 있도록 하였고, 왜 정답인지를 문제해설을 통해 바로 확인할 수 있도록 하였습니다. 또한, 소방설비기사(기계분야)에 출제되었던 최근 7개년 기출문제를 풀어봄으로써 스스로를 진단하면서 필기합격을 위한 마무리가 될 수 있도록 하였습니다.

[2단계]

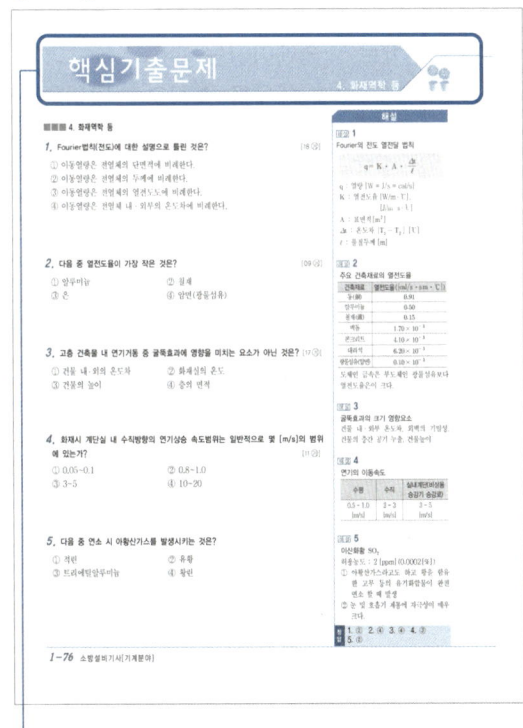

◉ 단원별 핵심기출문제만 쏙쏙 뽑아
　내용다지기와 시험에 실전감각 키우기

[3단계]

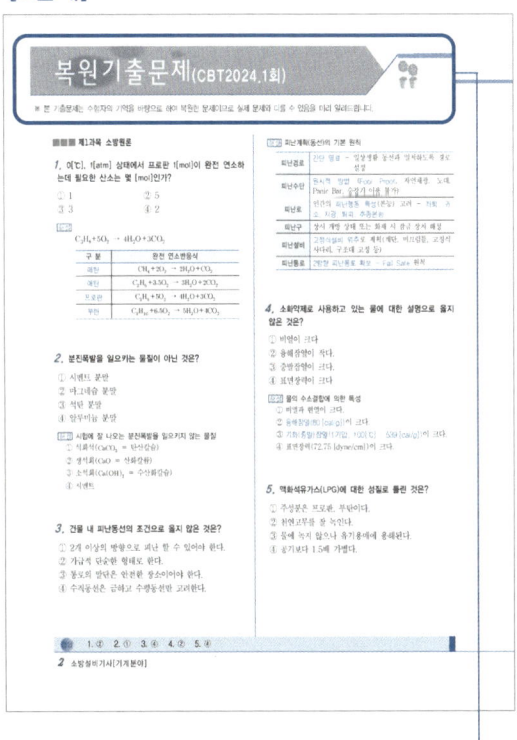

최근 7개년 기출문제로 합격완성하기 ◉

2025 소방설비기사 학습방법

1과목 | 소방원론 학습법

✔ 1과목 이해

- 화재도 연소라는 과정에서 비롯되므로 연소의 정의 및 연소의 조건을 이해해야 함
- 물질의 연소 시 화재특성이 다르므로 일반화재, 유류화재 등의 특성을 이해하고 소화하는 방법을 연계하여 학습
- 소방을 이해하는데 가장 기본적이며 중요한 과목

✔ 1과목 공략방법

- 소방설비기사(기계)에 필기시험에서 가장 중요한 과목이자 첫번째로 학습해야하는 과목
- 연소, 화재, 소화, 화재역학, 위험물 등 매우 광범위한 내용이므로 교재 내용을 중심으로 반복학습이 필요한 과목
- 목표점수는 80점 이상

✔ 1과목 핵심내용

- 연소의 정의, 조건, 물질과 위험성의 관계, 화재의 정의, 종류, 화재가 발생하는 건축물(내화건축물, 목조건축물)의 특성, 화재저항 등
- 소화의 원리, 방법 및 소화약제의 종류 등
- 열전달의 원리, 연소가스의 특성, 연기의 특성 등

✔ 소방원론 출제기준

주요항목 중요도	중요도	세부항목	세세항목	교재 chapter
1. 연소이론	★★★	연소 및 연소현상	1. 연소의 원리와 성상	01
			2. 연소생성물과 특성	
			3. 열 및 연기의 유동의 특성	
			4. 열에너지원과 특성	
			5. 연소물질의 성상	
			6. LPG, LNG의 성상과 특성	
2. 화재현상	★★★	화재 및 화재현상	1. 화재의 정의, 화재의 원인과 영향	02
			2. 화재의 종류, 유형 및 특성	
			3. 화재 진행의 제요소와 과정	
		건축물의 화재현상	1. 건축물의 종류 및 화재현상	
			2. 건축물의 내화성상	
			3. 건축구조와 건축내장재의 연소 특성	
			4. 방화구획	
			5. 피난공간 및 동선계획	
			6. 연기확산과 대책	
3. 위험물	★★★	위험물 안전관리	1. 위험물의 종류 및 성상	03
			2. 위험물의 연소특성	
			3. 위험물의 방호계획	
4. 소방안전	★★	소방 안전관리	1. 가연물·위험물의 안전관리	04
			2. 화재시 소방 및 피난계획	
			3. 소방시설물의 관리유지	
			4. 소방안전관리계획	
			5. 소방시설물 관리	
		소화론	1. 소화원리 및 방식	
			2. 소화부산물의 특성과 영향	
			3. 소화설비의 작동원리 및 점검	
		소화약제	1. 소화약제이론	
			2. 소화약제 종류와 특성 및 적응성	
			3. 약제유지관리	

2025 소방설비기사 학습방법

2과목 | 소방유체역학 학습법

✔ 2과목 이해

- 유체역학과 열역학에 대해 포괄적으로 이해 및 응용하는 방법 습득 필요
- 유체의 기본성질 및 단위, 물리량 등이 정립되지 않으면 접근하기 쉽지 않으므로 기초에 충실해야 함

✔ 2과목 공략방법

- 기본개념을 이해하고 물리량, 법칙등을 이해한 후 핵심플러스 문제부터 접근
- 기초 이론과 방정식 위주로 다기출문제 위주로 이해 및 반복 학습이 필요하며 수험자 눈높이에서 봤을 때 어려운 부분은 과감히 패스하는 방법도 중요 함
- 목표점수는 60점 이상

✔ 2과목 핵심내용

- 차원, 단위, 물리량, 기본 방정식, 유체의 유동 특성, 펌프 및 송풍기의 특성
- 비열, 현열, 잠열, 온도, 일, 동력, 엔탈피, 엔트로피, 마찰손실 등
- 열역학 제0법칙 ~ 제3법칙, 이상기체상태방정식, 열전달(전도, 대류, 복사)

✔ 소방유체역학 출제기준

주요항목 중요도	중요도	세부항목	세세항목	교재 chapter
1. 소방 유체역학	★★★	유체의 기본적 성질	1. 유체의 정의 및 성질	2-1-1
			2. 차원 및 단위	
			3. 밀도, 비중, 비중량, 음속, 압축률	
			4. 체적탄성계수, 표면장력, 모세관현상 등	
			5. 유체의 점성 및 점성측정	
		2. 유체정역학	1. 정지 및 강체유동(등가속도)유체의 압력 변화, 부력	
			2. 마노미터(액주계), 압력측정	
			3. 평면 및 곡면에 작용하는 유체력	
		3. 유체유동의 해석	1. 유체운동학의 기초, 연속방정식과 응용	
			2. 베르누이 방정식의 기초 및 기본응용	
			3. 에너지 방정식과 응용	
			4. 수력기울기선, 에너지선	
			5. 유량측정(속도계수, 유량계수, 수축계수), 피토관, 속도 및 압력측정	
			6. 운동량 이론과 응용	
		4. 관내의 유동	1. 유체의 유동형태(층류, 난류), 완전발달유동	
			2. 무차원수, 레이놀즈수, 관내 유량측정	
			3. 관내 유동에서의 마찰손실	
			4. 부차적 손실, 등가길이, 비원형관손실	
		5. 펌프 및 송풍기의 성능 특성	1. 기본개념, 상사법칙, 비속도, 펌프의 동작 (직렬, 병렬) 및 특성곡선, 펌프 및 송풍기 종류	
			2. 펌프 및 송풍기의 동력 계산	
			3. 수격, 서징, 캐비테이션, NPSH, 방수압과 방수량	
2. 소방 관련열역학	★★★	1. 열역학 기초 및 열역학 법칙	1. 기본개념 (비열, 일, 열, 온도, 에너지, 엔트로피 등)	2-1-2
			2. 물질의 상태량(수증기 포함)	
			3. 열역학 1법칙(밀폐계, 교축과정 및 노즐)	
			4. 열역학 2법칙	
	★	2. 상태변화	1. 상태변화(폴리트로픽 과정 등)에 따른 일, 열, 에너지 등 상태량의 변화량	
		3. 이상기체 및 카르노사이클	1. 이상기체의 상태방정식	
			2. 카르노사이클	
			3. 가역 사이클 효율	
			4. 혼합가스의 성분	
		4. 열전달 기초	1. 전도, 대류, 복사의 기초	

2025 소방설비기사 학습방법

3과목 | 소방관계법규 학습법

✔ 3과목 이해

- 법의 구성
  - 소방기본법(소방업무 및 소방대에 대한 내용)
  - 화재예방법(화재예방 및 안전관리에 관한 내용)
  - 소방시설법(소방시설 설치 및 관리에 대한 내용)
  - 소방시설공사업법(설계, 공사, 감리, 방염법에 대한 내용)
  - 위험물안전관리법(위험물의 시설기준에 대한 내용)
- 방대한 분량으로 많은 내용을 완벽하게 이해하고 암기하는 방법이 불가 하므로 기출문제를 통한 중요 내용을 반복적 학습 필요

✔ 3과목 공략방법

- 가장접근하기 쉬운 법부터 학습

  소방기본법 → 화재예방법 → 소방시설법 → 소방시설공사업법 → 위험물안전관리법
- 기출이 많은 부분부터 학습하는 방법이 필요
- 목표점수는 60점 이상

✔ 3과목 핵심내용

- 소방업무에 대한 내용과 소방시설 설치 유지, 소방안전관리자 선임, 해임, 소방계획서, 점검에 대한 방법 및 이에 대한 법규 위반시 벌칙에 관한 내용
- 소방시설업의 허가 및 운영에 대한 내용, 위험물 허가 및 제조소, 저장소, 취급소 및 안전관리자에 대한 내용 등

✔ 소방관계법규 출제기준

주요항목 중요도	중요도	세부항목	세세항목	교재 chapter
1. 소방기본법	★★★	1. 소방기본법, 시행령, 시행규칙	1. 소방기본법	01
			2. 소방기본법 시행령	
			3. 소방기본법 시행규칙	
2. 화재의 예방 및 안전관리에 관한 법	★★★	1. 화재의 예방 및 안전관리에 관한 법, 시행령, 시행규칙	1. 화재의 예방 및 안전관리에 관한 법률	02
			2. 화재의 예방 및 안전관리에 관한 시행령	
			3. 화재의 예방 및 안전관리에 관한 시행규칙	
3. 소방시설 설치 및 관리에 관한 법	★★	1. 소방시설 설치 및 관리에 관한법, 시행령, 시행규칙	1. 소방시설 설치 및 관리에 관한 법률	03
			2. 소방시설 설치 및 관리에 관한 시행령	
			3. 소방시설 설치 및 관리에 관한 시행규칙	
4. 소방시설 공사업법	★	1. 소방시설공사업법, 시행령, 시행규칙	1. 소방시설공사업법	04
			2. 소방시설공사업법 시행령	
			3. 소방시설공사업법 시행규칙	
5. 위험물 안전관리법		1. 위험물안전관리법, 시행령, 시행규칙	1. 위험물안전관리법	
			2. 위험물안전관리법 시행령	
			3. 위험물안전관리법 시행규칙	

2025
소방설비기사 학습방법

4과목 | 소방기계시설의 구조 및 원리 학습법

✔ 4과목 이해

- 소화설비 : 소화약제 및 소화설비의 구성 및 계통도를 이해하고 설치기준을 암기
- 피난구조설비 : 피난기구의 적응성 및 설치기준, 제외 대상 이해

✔ 4과목 공략방법

- 소방기계시설은 2차와 100% 연관된 부분으로 완벽한 이해와 설치기준 반복 학습
- 기출문제 분석에 따라 소화설비 → 소화활동설비 → 소화용수설비 → 피난구조설비로 나누어서 학습 필요
- 목표점수는 70점 ~ 80점 이상

✔ 4과목 핵심내용

- 소화설비는 수계와 가스계로 구성되어 있으며 수계는 수원, 가압송수장치, 배관, 소화전, 헤드 등으로 구성되어 있고 가스계는 약제, 배관, 헤드 등으로 구성되어 있으므로 각 파트별 설치기준이 중요
- 소화활동설비 중 연결살수설비, 연결송수관설비, 지하구의 연소방지설비는 소방대의 소방활동에 관련된 내용으로 가압송수장치, 배관, 방수구, 헤드 등 각 파트별 설치기준이 중요
- 소화용수설비는 상수도소화전과 설치 못할 경우 소화수조에 대한 내용으로 설치기준의 내용은 적으나 출제빈도가 높음
- 피난구조설비는 피난기구와 인명구조기구로 구성되어 있으며 적응성, 설치기준이 중요

✔ 소방기계시설의 구조 및 원리 출제기준

주요항목 중요도	중요도	세부항목	세세항목	교재 chapter
1. 소방기계시설 및 화재안전기준	★★★	1. 소화기구	1. 소화기구의 화재안전기준	01
			2. 설치대상과 기준, 종류, 특징, 동작원리 및 기타 관련사항	
		2. 옥내·외 소화전설비	1. 옥내소화전설비의 화재안전기준 및 기타 관련사항	02
			2. 옥외소화전설비의 화재안전기준 및 기타 관련사항	
			3. 설치대상과 기준, 종류, 특징, 동작원리 및 기타 관련사항	
		3. 스프링클러설비	1. 스프링클러설비의 화재안전기준 및 기타 관련사항	03
			2. 간이스프링클러소화설비의 화재안전기준 및 기타 관련사항	
			3. 화재조기진압용 스프링클러설비의 화재안전기준 기타 관련사항	
			4. 설치대상과 기준, 종류, 특징, 동작원리 및 기타 관련사항	04
		4. 포 소화설비	1. 포 소화설비의 화재안전기준	05
			2. 설치대상과 기준, 종류, 특징, 동작원리 및 기타 관련사항	
		5. 이산화탄소, 할론, 할로겐화합물 및 불활성기체 소화설비	1. 이산화탄소 소화설비의 화재안전기준 및 기타 관련사항	06
			2. 할론 소화설비의 화재안전기준 기타 관련사항	
			3. 할로겐하합물 및 불활싱기체소화설비 화재안전기준 기타 관련사항	
			4. 불활성기체 소화설비 화재안전기준 기타 관련사항	
			5. 설치대상과 기준, 종류, 특징, 동작원리 및 기타 관련사항	
	★	6. 분말소화설비	1. 분말소화설비의 화재안전기준	07
			2. 설치대상과 기준, 종류, 특징, 동작원리 및 기타 관련사항	
		7. 물분무 및 미분무소화설비	1. 물분무 및 미분무 소화설비의 화재안전기준	08
			2. 설치대상과 기준, 종류, 특징, 동작원리 및 기타 관련사항	
	★★★	8. 피난구조설비	1. 피난기구의 화재안전기준	09
			2. 인명구조기구의 화재안전기준 및 기타 관련사항	
		9. 소화용수설비	1. 상수도소화용수설비	10
			2. 소화수조 및 저수조화재안전기준 및 기타관련사항	
	★★★	10.소화활동설비	1. 제연설비의 화재안전기준 및 기타 관련사항	11
			2. 특별피난계단 및 비상용승강기 승강장 제연설비	
			3. 연결송수관설비의 화재안전기준	
			4. 연결살수설비의 화재안전기준 및 기타 관련사항	
			5. 연소방지시설의 화재안전기준	
		11. 기타 소방기계설비	1. 기타 소방기계설비의 화재안전기준	12

CONTENTS

1과목 소방원론

- **Chapter 1** 연소이론 — 1-2
- **Chapter 2** 화재이론 — 1-29
- **Chapter 3** 소화이론 및 약제의 종류 — 1-47
- **Chapter 4** 화재역학(力學) 등 — 1-65
- **Chapter 5** 위험물 — 1-79

2과목 1. 소방유체역학

- **Chapter 1** 유체의 기본성질 — 2-2
- **Chapter 2** 유체의 정역학 — 2-27
- **Chapter 3** 유체유동의 해석 — 2-60
- **Chapter 4** 관내의 유동 — 2-112
- **Chapter 5** 펌프 성능 특성 — 2-137

2과목 2. 소방열역학

- **Chapter 1** 열역학 기초 및 열역학 법칙 — 2-164
- **Chapter 2** 이상기체 및 상태변화 — 2-171
- **Chapter 3** 열기관 사이클 — 2-175
- **Chapter 4** 열전달 기초 — 2-178

3과목 소방관계법규

- **Chapter 1** 소방기본법 — 3-2
- **Chapter 2** 화재예방법 — 3-30
- **Chapter 3** 소방시설법 — 3-68
- **Chapter 4** 소방시설공사업법 — 3-129
- **Chapter 5** 위험물안전관리법 — 3-155

4과목 소방기계시설의 구조 및 원리

Chapter 1 소화기구 및 자동소화장치 4-2	Chapter 12 인명구조기구 4-138
Chapter 2 옥내·외소화전설비 4-11	Chapter 13 상수도소화용수설비 4-139
Chapter 3 스프링클러설비 등 4-34	Chapter 14 소화수조 및 저수조 4-141
Chapter 4 물분무 / 미분무소화설비 4-62	Chapter 15 제연설비 4-145
Chapter 5 포소화설비 4-71	Chapter 16 특별피난계단의 계단실 및 부속실 제연설비 4-153
Chapter 6 이산화탄소 소화설비 4-83	Chapter 17 연결송수관설비 4-163
Chapter 7 할론 소화설비 4-97	Chapter 18 연결살수설비 4-169
Chapter 8 할로겐화합물 및 불활성기체 소화설비 4-104	Chapter 19 지하구 4-176
Chapter 9 분말소화설비 4-108	Chapter 20 공동주택의 화재안전성능기준(NFPC 608) 4-185
Chapter 10 고체에어로졸소화설비 4-116	Chapter 21 창고시설의 화재안전성능기준(NFPC 609) 4-194
Chapter 11 피난기구 4-126	별표 소방시설도시기호 4-203

CONTENTS

5과목 기사 기출문제

7개년 기사 기출문제

1. 2024년 복원기출문제(CBT)   2
2. 2023년 복원기출문제(CBT)   66
3. 2022년 기출문제   133
4. 2021년 기출문제   204
5. 2020년 기출문제   276
6. 2019년 기출문제   345
7. 2018년 기출문제   415

CBT 온라인 테스트

CBT 9회 온라인 실전테스트

홈페이지(www.bestbook.co.kr)에서 필기시험 문제를 CBT 모의 TEST로 체험하실 수 있습니다.

1. CBT 제1회 (2024년 제1회 기출문제) 시행
2. CBT 제2회 (2024년 제2회 기출문제) 시행
3. CBT 제3회 (2024년 제3회 기출문제) 시행
4. CBT 제4회 (2023년 제1회 기출문제) 시행
5. CBT 제5회 (2023년 제2회 기출문제) 시행
6. CBT 제6회 (2023년 제4회 기출문제) 시행
7. CBT 제7회 (2022년 제1회 기출문제) 시행
8. CBT 제8회 (2022년 제2회 기출문제) 시행
9. CBT 제9회 (2022년 제4회 기출문제) 시행

소방원론

PART 1

01 subject

01 연소이론
02 화재이론
03 소화이론 및 약제의 종류
04 화재역학(力學) 등
05 위험물

01 연소이론

핵심 PLUS

01 다음 중 가연성 물질이 산소와 급격히 화합할 때 열과 빛을 내는 현상에 해당하는 것은? [기 10, 13]
① 복사　② 기화
② 응고　④ 연소
답 : ④

02 다음 중 연소현상과 관계가 없는 것은? [기 10]
① 부탄가스 라이터에 불을 붙였다.
② 황린을 공기 중에 방치했더니 불이 붙었다.
③ 알코올램프에 불을 붙였다.
④ 공기 중에 노출된 쇠못이 붉게 녹이 슬었다.
[해설] 쇠못이 공기와 만나 붉게 녹이슨 것은 산화가 맞지만 연소는 아니다. 그 이유는 열과 빛을 수반하는 급격한 산화반응이 아닌 느린 산화반응이기 때문이다.
답 : ④

03 일반적인 화재에서 연소 불꽃 온도가 1,500[℃]이었을 때의 연소 불꽃의 색상은? [기 10, 13]
① 적색　② 휘백색
③ 휘적색　④ 암적색
답 : ②

04 연소시 암적색 불꽃의 온도는 약 몇 [℃] 정도인가? [기 08, 09, 12]
① 700　② 950
③ 1,100　④ 1,300
답 : ①

1 연소의 정의

연소란 가연물이 열과 빛을 수반하는 급격한 산화반응

1. 열

① 물질을 이루고 있는 분자 등의 결합력이 해제될 때 열에너지가 생성된다. 즉, 화학에너지가 열에너지로 전환되면서 발열하게 된다.

② 발열에 의한 열의 축적은 온도상승으로 나타나 발광하여 빛으로 우리 눈에 보이게 된다.

2. 연소 시 온도 상승에 따른 불꽃의 색상

연소 시 열을 수반하면 열이 축적되어 온도가 상승하고 이에 따른 빛(가시광선)이 우리 눈에 보이게 되며 빛의 명암은 온도가 높을수록 밝고 온도가 낮을수록 어둡다.

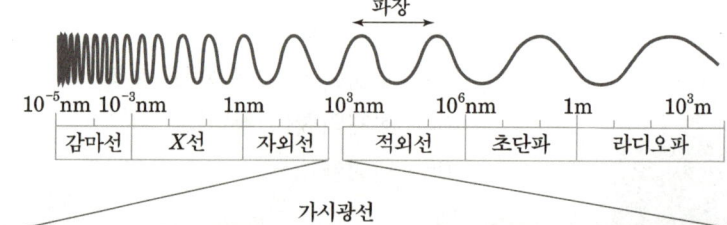

구분	휘백색	백적색	황적색	휘적색	적색	암적색	담암적색
	밝은백색 (은색)	흰색을 띠는 적색	누런적색	밝은적색 (주황)		검은적색	더욱 검은적색
온도	1,550[℃]	1,300[℃]	1,100[℃]	950[℃]	850[℃]	700[℃]	550[℃]
암기법	+250	+200	+150	+100	기준	-150	-150

3. 산화반응

1) 어떤 물질이 산소와 결합하는 반응

> 메탄의 완전연소 반응식 $CH_4 + 2O_2 \rightarrow 2H_2O + CO_2$

CH_4(메탄)의 탄소가 산소를 만나고 수소가 산소를 만나는 과정이 연소의 산화반응이며 굉장히 중요한 완전연소 반응식을 알기 위해 아래 단주기율표를 이해하고 암기해야 한다.

■ 단주기율표

족	1족 알칼리금속 (수소제외)	2족 알칼리토 금속	3족	4족	5족	6족	7족 할로겐족 원소	0족 불활성 가스
원자가	(+1)	(+2)	(+3)	(+, -4)	(-3)	(-2)	(-1)	
1주기	1 H 수소 1			원자번호(전자수) 기호 원자명 원자량				2 He 헬륨 4
2주기	3 Li 리튬 7	4 Be 베릴륨 9	5 B 붕소 10.8	6 C 탄소 12	7 N 질소 14	8 O 산소 16	9 F 불소 19	10 Ne 네온 20
3주기	11 Na 나트륨 23	12 Mg 마그네슘 24	13 Al 알루미늄 27	14 Si 규소 28	15 P 인 30	16 S 황 32	17 Cl 염소 35.4	18 Ar 아르곤 40
4주기	19 K 칼륨 39	20 Ca 칼슘 40					35 Br 브롬 80	36 Kr 크립톤 83.8
5주기							53 I 요오드 127	54 Xe 크세논 131
6주기								86 Rn 라돈 222

- 파란색 글자의 원소는 금속
- 알칼리 금속(1족원소) : 리튬, 나트륨, 칼륨, 루비듐(Rb), 세슘(Cs), 프랑슘(Fr)
- 알칼리토 금속(2족원소) : 베릴륨, 마그네슘, 칼슘, 스트론튬(Sr), 바륨(Ba), 라듐(Ra) 등

핵심 PLUS

05 다음 중 연소와 가장 관계 깊은 화학반응은? [기 08, 09]
① 중화반응 ② 치환반응
③ 환원반응 ④ 산화반응
답 : ④

06 다음 할로겐 원소 중 원자번호(전자수)가 가장 작은 것은? [기 12]
① F ② Cl
③ Br ④ I
답 : ①

07 할론 소화약제의 구성 원소가 아닌 것은? [기 15]
① 염소 ② 브롬
③ 네온 ④ 탄소
답 : ③

08 다음 원소 중 할로겐족 원소인 것은? [기 10]
① Ne ② Ar
③ Cl ④ Xe
답 : ③

핵심 PLUS

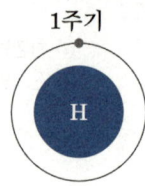
1주기
수소

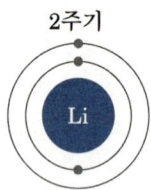
2주기
리튬

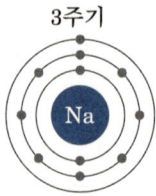
3주기
나트륨

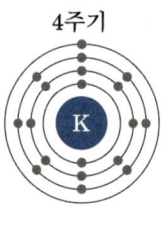
4주기
칼륨

| 이해(중요) |

원자는 핵(양성자+중성자)과 전자로 이루어져 있으며 좌측 그림에서 파란색을 핵이라하며 검정색 동그란 원을 주기라하고 원이 1개 있으면 1주기, 2개 있으면 2주기, 3개 있으면 3주기라 하며 주기에 회색의 동그란 점은 전자라고 한다.

주기에는 전자가 배치되는데 1주기에는 전자가 최대 2개 밖에 들어갈 수 없고 2주기부터는 옥텟규칙에 의해 최대 8개까지 들어간다.
주기에 전자가 꽉 차 있으면 이는 안정하여 더 이상 반응하지 않는 즉, 활성화되지 않는 불활성가스로서 가연물이 될 수 없는 물질이다. 1주기에 전자 2개가 꽉 찬 헬륨, 2주기에 전자 8개가 꽉 찬 네온, 3주기에 전자 8개가 꽉 찬 아르곤 및 이와 같은 크립톤, 크세논, 라돈이 여기에 해당되며 전자의 과부족이 없다 해서 0족 원소라 한다.

그럼 1족 원소(+1)는 무엇인가? 최외곽 주기에 전자 1개가 있는 원소들이다.
수소, 리튬, 나트륨, 칼륨 등이 있으며 이를 알칼리금속(수소제외)이라 한다.
2족 원소(+2)는 최외곽 주기(1주기 제외)에 전자 2개가 있는 원소로서 베릴륨, 마그네슘, 칼슘 등이 있으며 이를 땅(토양)에서 많이 나온다고 해서 알칼리토금속이라 한다.

그런데 전자 2개 있는 헬륨은 전자가 꽉 차있는 상태(1주기에는 전자가 2개 밖에 들어갈수 없다고 했음)라 0족이라 하지 2족이라 하지 않는다.
그럼 7족 원소(+7)은 최외곽에 전자 7개가 있는 것이지만 다르게 표현하면 전자 8개 중 1개가 모자른다고 해서 (−1)로 표현하고 이런 +, − 숫자를 원자가라 한다.

이 원자가는 완전연소 반응식과 위험물 반응 시 생성되는 물질이 무엇인지 알 수 있는 굉장히 중요한 것이므로 꼭 알아두자!

2) 탄화수소 물질의 완전연소반응식(산화반응)

탄화수소(탄소와 수소로 이루어진 물질) 중 하나인 메탄(CH_4)의 완전연소 반응식을 만드는 과정을 알아보자.

① 연소는 산화반응이므로 아래처럼 메탄의 탄소가 산소를 만나고 수소가 산소를 만나는 반응이다.

$$(\text{원인계}) \quad CH_4 + O_2 \rightarrow HO + CO \quad (\text{생성계})$$

② 그런데 HO, CO가 아닌 수증기(H_2O)와 이산화탄소(CO_2)가 생기는 이유를 알아보자.

산화반응을 하기에 수소가 산소를 만나고 탄소가 산소를 만나면서 안정화되려는 성질을 가지려고 하기 때문이다. 안정화란 생성계의 분자가 중성(원자가의 합이 0)의 성질(안정화)을 가지려고 하는 것이다.

족	1족	2족	3족	4족	5족	6족	7족
원자가	(+1)	(+2)	(+3)	(+,-4)	(-3)	(-2)	(-1)
원소	H			C		O	

즉, ㉠ 수증기(H_2O)는 수소와 산소로 이루어져 있다.
- 수소는 1족으로 원자가가 +1이며 2개 있으므로 총 +2가 되고 산소는 6족으로 원자가가 -2이며 1개 있으므로 총 -2가 되어 수소 +2, 산소 -2의 총합이 0으로 안정화 된다.

㉡ 이산화탄소(CO_2)는 탄소와 산소로 이루어져 있다.
- 탄소는 4족으로 원자가가 +4이며 1개 있으므로 총 +4가 되고 산소는 6족으로 원자가가 -2이며 2개 있으므로 총 -4가 되어 탄소 +4, 산소 -4의 총합이 0으로 안정화 된다.

$$(\text{원인계}) \quad CH_4 + O_2 \rightarrow H_2O + CO_2 \quad (\text{생성계})$$

③ 마지막으로 질량보존의 법칙에 따라 원인계와 생성계의 각 원자의 수가 같아야 한다.

핵심 PLUS

- 메탄(CH_4)은 가정에서 사용하는 도시가스 LNG의 주성분이다.

09 메탄이 완전연소할 때의 연소생성물을 옳게 나열한 것은? [기 12]
① H_2O, HCl　② SO_2, CO_2
③ SO_2, HCl　④ CO_2, H_2O

답 : ④

핵심 PLUS

- 먼저 탄소의 개수를 맞추어보면 원인계의 탄소는 1개이며 생성계에서의 탄소도 1개이다.
- 그 다음은 수소의 개수를 맞추어보면 원인계에는 수소가 4개 있지만 생성계는 수소가 2개 있다. 따라서 생성계의 H_2O에 2를 곱하여 주면 $2H_2O$ 가 되면서 수소 4개가 된다.

$$CH_4 + O_2 \rightarrow 2H_2O + CO_2$$

- 이젠 산소의 개수를 맞추어 보자.
  원인계는 산소가 2개가 있으나 생성계는 $2H_2O$에 산소가 2개 있고 CO_2에 산소가 2개 있으므로 총 4개가 있다. 즉 원인계와 생성계의 산소 개수를 맞추어 주려면 원인계 O_2에 2를 곱하여 주면 모든 원자의 개수가 원인계와 생성계가 일치하며 메탄의 완전연소반응식이 완성된다.

$$CH_4 + 2O_2 \rightarrow 2H_2O + CO_2$$

④ 완전연소 반응식의 의미

산소와 수증기에 2라는 숫자는 [mol]을 의미하며 메탄과 이산화탄소는 각각 1이라는 숫자가 생략된 것이다. 이 몰의 의미는 질량/분자량 (기체의 경우 : 부피/22.4)로서 아래와 같이 메탄이 완전연소하려면 메탄 16[g], 산소 64[g]이 있어야 하며, 부피로 표현하면 메탄 22.4[ℓ]와 산소 44.8[ℓ]가 필요하고 수증기 36[g], 이산화탄소 44[g]이 생기며 부피로는 수증기 44.8[ℓ], 이산화탄소 22.4[ℓ]가 생긴다는 의미이다.
[7페이지의 **3)**. 몰수 참조]

$$CH_4 + 2O_2 \rightarrow 2H_2O + CO_2$$
1몰   2몰   2몰   1몰

16[g] + 64[g] = 36[g] + 44[g] (질량보존의 법칙)

22.4[ℓ] 44.8[ℓ]   44.8[ℓ] 22.4[ℓ]

3) 몰수(n : mol number)

① 질량으로 표현

$$몰[\text{mol}] = \frac{질량[\text{g}]}{분자량[\text{g/mol}]}$$

ex) $CH_4 + 2O_2 \rightarrow 2H_2O + CO_2$
     1몰   2몰   2몰   1몰

원 인 계	생 성 계
메탄 1몰 = $\frac{질량}{16(메탄의\ 분자량)}$ ⇒ 16[g]	수증기 2몰 = $\frac{질량}{18(수증기의\ 분자량)}$ ⇒ 36[g]
산소 2몰 = $\frac{질량}{32(산소의\ 분자량)}$ ⇒ 64[g]	CO_2 1몰 = $\frac{질량}{44(CO_2의\ 분자량)}$ ⇒ 44[g]

메탄 1몰(16 [g])이 산소와 만나 완전연소하려면 산소 2몰(64 [g])이 필요하며 수증기 2몰(36[g])과 이산화탄소 1몰(44 [g])이 생성된다.

② 기체의 경우 부피비로도 표현

$$몰[\text{mol}] = \frac{기체부피[\ell]}{22.4[\ell/\text{mol}]}$$

원 인 계	생 성 계
메탄 1몰 = $\frac{메탄의\ 부피}{22.4[\ell/mol]}$ ⇒ 22.4[ℓ]	수증기 2몰 = $\frac{수증기의\ 부피}{22.4[\ell/mol]}$ ⇒ 44.8[ℓ]
산소 2몰 = $\frac{산소의\ 부피}{22.4[\ell/mol]}$ ⇒ 44.8[ℓ]	CO_2 1몰 = $\frac{CO_2의\ 부피}{22.4[\ell/mol]}$ ⇒ 22.4[ℓ]

메탄 1몰(22.4[ℓ])이 산소와 만나 완전연소하려면 산소 2몰(44.8[ℓ])이 필요하며 수증기 2몰(44.8[ℓ])과 이산화탄소 1몰(22.4[ℓ])이 생성된다.

핵심 PLUS

10 이산화탄소 20[g]은 몇 [mol]인가? [기 17]
① 0.23   ② 0.45
③ 2.2   ④ 4.4

해설 $\text{mol} = \frac{질량}{분자량} = \frac{20}{44} = 0.45$

답 : ②

11 0[℃], 1atm에서 에탄 1몰을 완전 연소시키기 위한 산소의 부피는 몇 [ℓ]가 필요한가? [기 18]
① 22.4 [ℓ]   ② 44.8 [ℓ]
③ 67.2 [ℓ]   ④ 78.4 [ℓ]

해설 $C_2H_6 + 3.5O_2 \rightarrow 3H_2O + 2CO_2$
        1몰   3.5몰   3몰   2몰

$3.5[\text{mol}] = \frac{산소의\ 부피}{22.4[\ell/\text{mol}]}$

∴ 산소의 부피 = 78.4[ℓ]

답 : ④

12 0[℃], 1기압에서 44.8[m^3]의 용적을 가진 이산화탄소가스를 액화하여 얻을 수 있는 액화탄산가스의 무게는 몇 [kg]인가? [기 11]
① 88   ② 44
③ 22   ④ 11

해설 44.8[m^3]은 표준상태에서 2몰이고 이산화탄소가스의 1몰의 분자량은 44 [kg]이므로 2몰은 88[kg]이다.

답 : ①

13 0[℃], 1기압에서 11.2[ℓ]의 기체 질량이 22[g] 이었다면 이 기체의 분자량은 얼마인가? (단, 이상기체를 가정한다.) [기 12, 14]
① 22   ② 35
③ 44   ④ 56

해설 $\frac{11.2[\ell]}{22.4[\ell/\text{mol}]} = 0.5몰$

$0.5몰(\text{mol}) = \frac{22[\text{g}]}{분자량[\text{g/mol}]}$

∴ 분자량은 44[g]

답 : ③

③ 분자수로 표현

$$몰[mol] = \frac{분자수}{6.023 \times 10^{23}}$$

- 아보가드로의 법칙 : 모든 기체 1몰은 0[℃] 1기압(표준상태)에서 22.4 [ℓ]의 부피와 6.023×10^{23}개의 분자수를 갖는다.

| 핵심 PLUS |

예 수소 1[kg]이 완전연소할 때 필요한 산소량은 몇 [kg]인가? [기 14]
① 4　　　　　　　　　② 8
③ 16　　　　　　　　 ④ 32

해설 수소가 산소를 만나 HO가 되는 것이 아니라 여기서 중요한 것은 안정한 물질이 만들어지기 위해서는 원자가의 합이 0이 되어야 한다. 따라서 수소는 1족 원소 + 1가로서 -2가인 산소와 반응하기 위해 수소 2개가 필요하며 H_2O가 만들어진다.

$H_2 + O_2 \rightarrow H_2O$

이젠 좌변과 우변의 원자 개수가 맞아야 한다. (질량보존의 법칙)

위 식에서 좌변과 우변의 수소는 동일하나 산소는 좌변은 2개 우변은 1개이므로 개수를 맞추면 $H_2 + O_2 \rightarrow 2H_2O$가 되는데 이때 수소의 개수(좌변 2개, 우변 4개)가 달라지므로 좌변과 우변의 수소 개수를 맞추면 $2H_2 + O_2 \rightarrow 2H_2O$로서 완전연소식이 된다.

즉, 수소 2몰이 완전연소하면 산소는 1몰이 필요하고 수증기는 2몰이 생성된다.

$$몰 = \frac{질량}{분자량} \text{이므로 수소 2몰의 의미는 } 2몰 = \frac{질량}{2(수소의 분자량)}$$

따라서 완전 연소 시 수소의 질량은 4[kg]이 필요하고 산소는

$$1몰 = \frac{질량}{32(산소의 분자량)} \text{이므로 32[kg]이 필요하다.}$$

따라서 수소 1[kg]이 완전연소하려면 4 : 32 = 1 : x

∴ 산소는 8[kg]이 필요하다.

답 : ②

④ 이상기체상태 방정식에서의 몰

$$PV = \frac{W}{M}RT \quad 여기서 \quad \frac{W(질량)}{M(분자량)} = \frac{PV}{RT} = n[mol]$$

여기서, P : 압력[atm]　　V : 부피[ℓ]　　W : 질량[g]
　　　　M : 분자량[g/mol]　R : 기체상수(0.082[atm·ℓ/mol·K])
　　　　T : 절대온도[K]　　n : 몰[mol]

핵심 PLUS

4) 메탄, 에탄, 프로판 등의 파라핀계 탄화수소(C_nH_{2n+2})의 특징

H와 C의 결합이 모두 단일 결합으로 이루어진 사슬 모양의 포화 탄화수소

구분	이름	분자식	분자량	발화온도 [℃]	연소범위 LFL	연소범위 UFL	휘발성, 증기압	비점	발열량	점도	밀도 [g/ml] (20[℃])
기체	메탄	CH_4	16	537	5	15		−161.5[℃]			
	에탄	C_2H_6	30	520	3	12.4		−83.6[℃]			
	프로판	C_3H_8	44	450	2.1	9.5		−42.1[℃]			
	부탄	C_4H_{10}	58	405	1.8	8.4		−0.5[℃]			
액체	펜탄	C_5H_{12}	72	−	1.3	7.8		기화열 인화점 ↓ 커진다 (분자가 복잡할수록 끓기 위해서 커진다)	커진다 (가연물의 양이 많다)	커진다	0.626
	헥산	C_6H_{14}	86	225	1.1	7.5					0.659
	헵탄	C_7H_{16}	100	204	1.0	7.0					0.684
	옥탄	C_8H_{18}	114	−	−	−					0.703
	노난	C_9H_{20}	128	−	−	−					0.718
	데칸	$C_{10}H_{22}$	142	−	−	−					↓ 커진다
	~	~	~	~	~	~					
	헥사데칸	$C_{16}H_{34}$	226								
고체	헵타데칸	$C_{17}H_{36}$	240	낮아진다	작아진다	작아진다	작아진다	녹는점 ↓ (커진다)			
	−	−	분자량 14[g]씩 증가함								

① 분자량이 커질수록 분자식이 복잡할수록 발화온도가 낮아져서 자연발화가 쉽다.
   (분자간의 결합력이 강해 휘발, 분해가 잘 되지 않고 열을 축적함)

② 탄화수소 분자량이 많아질 경우
   ㉠ 기체(C가 1~4개 : 메탄, 에탄, 프로판, 부탄), 액체(5~16개), 고체(17개 이상) 순서
   ㉡ 증기압(휘발성), 발화점(자연발화), 연소범위, 연소속도, 화학양론조성비 : 작아진다.
   ㉢ 인화점, 비점(끓는점), 기화열, 발열량, 점도, 증기비중(분자량/29), 비중 : 커진다.
   ㉣ 이성질체가 많아진다 : 화학식은 같지만 구조가 서로 다른 분자를 말한다.

I. 소방원론 | 연소이론

핵심 PLUS

14 다음 중 산화가 아닌 것은?
① 산소를 얻음
② 전자를 얻음
③ 수소를 잃음
④ 산화수가 증가함

답 : ②

- 산화수 : 화학에서 산화 환원반응을 설명하기 위해 도입되는 개념.

15 조연성가스로만 나열되어 있는 것은?
[기 16]
① 질소, 불소, 수증기
② 산소, 불소, 염소
③ 산소, 이산화탄소, 오존
④ 질소, 이산화탄소, 염소

답 : ②

16 과망간산나트륨에 대한 설명으로 옳지 않은 것은?
① 가연물의 연소를 돕는 조연성 물질이다.
② 적자색의 주상결정으로 살균력이 강하다.
③ 강산과 접촉시 산소 방출한다.
④ 물, 알코올에 녹으며 진한 보라색을 띠는 환원제이다.

[해설] 제1류 위험물(산화성 고체), 제6류 위험물(산화성 액체)은 모두 산화제이다.
- 과망간산나트륨 : 제1류 위험물

답 : ④

5) 산화와 환원

(1) 산화

① 산소를 얻고 수소를 잃고 산화수가 증가하고 전자를 잃는 것

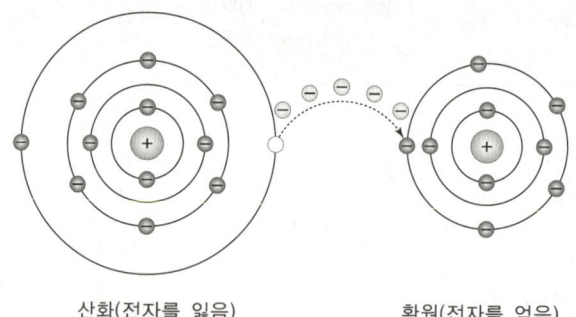

산화(전자를 잃음)　　　환원(전자를 얻음)

② 가연성물질은 산화하며 환원제로서 "환원력, 환원성이 강하다"라고 말한다.

③ 알칼리금속(1족)은 전자를 잃는 성질이 강해 산화한다.

(2) 환원

① 산소를 잃고 수소를 얻고 산화수가 감소하고 전자를 얻는 것

② 조연성물질(연소를 도와주는 물질로 지연성이라고도 함)은 산소를 잃기 때문에 환원하며 산화제로서 "산화력, 산화성이 강하다"라고 한다.

| 조연성가스 |

연소를 도와주는 가스로 지연성(또는 조연성)가스라고도 하며 정작 자기 자신은 연소하지 않는 공기, 산소, 오존 등이 있다. 또 조연성가스는 환원하는 물질을 말하기도 하는데 대표적인 7족 원소인 불소, 염소 등은 최외각 전자가 항상 1개가 부족하여 전자 1개를 얻어 안정화되려는 성질 때문에 환원하는 성질이 강하다.

---

③ 할로겐원소(7족)는 전자를 얻기 때문에 환원한다.

| 산화와 환원 |

가연성 물질(산소를 얻는 물질)	조연성 물질(산소를 잃는 물질)
산화(산화물)	환원(환원물)
환원제	산화제
환원력	산화력
환원성	산화성
제2류 위험물 ~ 제5류 위험물	제1류 위험물, 제6류 위험물

2 연소의 3요소 (가연물, 산소공급원, 점화원), 4연소(연쇄반응)

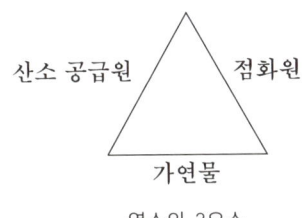

연소의 3요소

1. 가연물

1) 가연물의 구비조건

① 활성화에너지가 작을 것 : 활성화되는 에너지가 적어야 원인계에서 빨리 활성화 되서 발열 하게 된다.

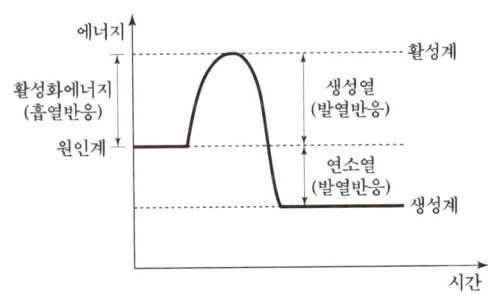

- 원인계에서 활성계로 되기 위해 물질은 흡열을 하고 활성화되며 이에 필요한 에너지를 「활성화에너지」라고 함

② 열전도율이 적을 것 : 열전달이 적어야 열 축적이 쉽다.

③ 표면적이 넓을 것 : 표면적이 넓어야 산소와 접촉하는 면적이 넓다.

④ 산소와 친화력이 클 것

⑤ 발열량이 클 것

2) 가연물이 될 수 없는 물질

산소와 더 이상 반응하지 않는 물질	질소 또는 질소 산화물	불활성가스
물, 이산화탄소, 산화칼슘(생석회), 산화알루미늄 등	산소와 반응은 하지만 흡열반응 함	0족 원소 (헬륨, 네온, 아르곤, 크립톤, 크세논, 라돈)

핵심 PLUS

17 다음 중 연소의 3요소가 아닌 것은? [기 08]

① 가연물   ② 촉매
③ 산소공급원   ④ 점화원

답 : ②

18 가연물이 되기 위한 조건으로 가장 거리가 먼 것은? [기 08, 09, 11,12,14,15]

① 열전도율이 클 것
② 산소와 친화력이 좋을 것
③ 비표면적이 넓을 것
④ 활성화에너지가 작을 것

답 : ①

19 연소를 위한 가연물의 조건으로 옳지 않은 것은?

① 산소와 친화력이 크고, 발열량이 클 것
② 열전도율이 작을 것
③ 연소 시 흡열반응을 할 것
④ 활성화에너지가 적을 것

해설 질소는 산화반응 시 흡열반응만 하는데 이 처럼 연소 시 흡열반응만 하게 되면 활성화가 되지 못해 가연물이 될 수 없다.

답 : ③

20 불활성 가스에 해당하는 것은? [기 11]

① 수증기   ② 일산화탄소
③ 아르곤   ④ 아세틸렌

답 : ③

I. 소방원론 | 연소이론

핵심 PLUS

21 물질의 연소 시 산소 공급원이 될 수 없는 것은? [기 13]
① 탄화칼슘 ② 과산화나트륨
③ 질산나트륨 ④ 압축공기

해설 탄화칼슘 – 제3류 위험물

답 : ①

| 참고 |

- **석회석(石灰石)** : 아주 오래전 조개나 산호가 쌓여서 돌처럼 변한것으로 탄산칼슘($CaCO_3$)으로 구성된 퇴적암, 시멘트의 원료
- **생석회(CaO)** : 석회석을 구운 그대로의 것으로 백색, 무정형 석회
- **소석회($Ca(OH)_2$)** : 생석회(산화칼슘)에 물을 첨가하여 반응시키면 발열해서 생긴다.

2. 산소공급원의 종류

① 산소, 공기 등

② 산소를 함유한 위험물
　㉠ 제1류 위험물(산화성고체) : 무기과산화물, 과산화나트륨, 질산나트륨 등
　㉡ 제6류 위험물(산화성액체) : 과산화수소, 질산, 과염소산
　㉢ 제5류 위험물(자기반응성물질) : 유기과산화물, 질산에스테르류(셀룰로이드 등), 트리니트로톨루엔(TNT), 트리니트로페놀(TNP) 등

3. 점화원의 종류

1) 정전기

① 전기의 성질을 가지게 되었지만 도전로(전기가 흐르는 길)이 없어 정지되어 있는 전기로 옷 같은 부도체에 축적되어 있는 전기

22 정전기에 의한 발화과정으로 옳은 것은? [기 16]
① 방전 → 전하의 축적 → 전하의 발생 → 발화
② 전하의 발생 → 전하의 축적 → 방전 → 발화
③ 전하의 발생 → 방전 → 전하의 축적 → 발화
④ 전하의 축적 → 방전 → 전하의 발생 → 발화

답 : ②

② 정전기에 의한 발화과정

대전(전하의 발생) → 전하의 축적 → 방전 → 발화

대전 : 중성의 성질을 가진 물질이 +, - 전기의 성질을 가지게 되는 것

23 정전기에 의한 발화를 방지하기 위한 예방대책으로 옳지 않은 것은? [기 09, 10]
① 접지시설을 한다.
② 습도를 일정 수준 이상으로 유지한다.
③ 공기를 이온화한다.
④ 부도체물질을 사용한다.

답 : ④

③ 정전기 방지대책

도체	부도체	인체
접지, 본딩, 유속제한(1 m/s 이하)	상대습도 70[%] 이상, 대전방지제, 제전기	대전방지복, 대전방지화, 손목접지대

2) 단열압축

물체가 열의 출입을 수반하지 않고 부피를 압축하는 변화로서 이때에 대부분의 기체는 압축에 의해 온도가 상승한다.

3) 전기불꽃

과전류, 단락, 지락, 누전, 접속부 과열, 스파크, 절연열화, 정전기, 낙뢰

4. 점화를 일으킬 수 있는 에너지원의 종류

전기열	유도열, 유전열, 저항열, 아크열, 정전기열, 낙뢰열
화학열	분해열, 자연발열, 생성열, 용해열, 연소열
기계열	마찰열, 압축열, 마찰 스파크열

| 참고 |

- 유도열 : 도체 주위의 자기장 변화에 의해 유도기전력이 발생, 전위차가 발생되어 전류가 흐르게 되는데 이 전류에 대한 저항열, 전자유도 등에 의한 발열
- 유전열 : 절연파괴(불량)에 의한 누설전류에 의해 발생

5. 연소의 4요소 - 연쇄반응

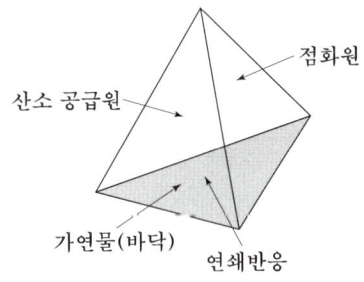

불꽃연소처럼 충분한 열에너지가 가연성증기나 가스를 지속적으로 생성시킬 수 있도록 공급될 때에 연소가 지속될 수 있는데 이를 연쇄반응이라 하고 그러한 열에너지원은 활성화된 라디칼의 전파, 분기 반응에 의해 생성된다.

> 라디칼 : 화학 반응에서 다른 화합물로 변화할 때 분해되지 않고 마치 한 원자처럼 작용하는 원자의 집단

| 수소의 연쇄반응 |

$$H_2 + 활성화에너지 \rightarrow 2H^*$$
$$H^* + O_2 \rightarrow OH^* + O^* \quad 분기반응$$
$$OH^* + H_2 \rightarrow H_2O + H^* \quad 전파반응$$
$$H^* + H^* \rightarrow H_2 \quad 종결반응$$

핵심 PLUS

24 점화원이 될 수 없는 것은? [기14]
① 정전기 ② 기화열
③ 금속성 불꽃 ④ 전기 스파크
답 : ②

25 다음 점화원 중 기계적인 원인으로만 구성된 것은? [기14]
① 산화, 중합 ② 산화, 분해
③ 중합, 화합 ④ 충격, 마찰
답 : ④

26 열원으로서 화학적 에너지에 해당되지 않는 것은? [기13]
① 연소열 ② 분해열
③ 마찰열 ④ 용해열
답 : ③

27 그림에 표현된 불꽃연소의 기본요소 중 ( ) 안에 해당되는 것은? [기09]

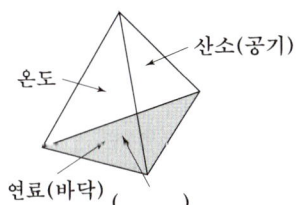

① 열분해 증발고체
② 기체
③ 순조로운 연쇄반응
④ 풍속

답 : ③

핵심 PLUS

28 가연성 액체에서 발생하는 증기와 공기의 혼합기체에 불꽃을 대었을 때 연소가 일어나는 최저온도를 무엇이라고 하는가? [기 14]
① 발화점 ② 인화점
③ 연소점 ④ 착화점
답 : ②

29 연소점에 관한 설명으로 옳은 것은? [기 11]
① 점화원 없이 스스로 불이 붙는 최저온도
② 산화하면서 발생된 열이 축적되어 불이 붙는 최저온도
③ 점화원에 의해 불이 붙는 최저온도
④ 인화 후 일정시간 이상 연소상태를 계속 유지할 수 있는 온도
답 : ④

30 발화온도 500[℃]에 대한 설명으로 다음 중 가장 옳은 것은? [기 13]
① 500[℃]로 가열하면 산소공급 없이 인화한다.
② 500[℃]로 가열하면 공기 중에서 스스로 타기 시작한다.
③ 500[℃]로 가열하여도 점화원이 없으면 타지 않는다.
④ 500[℃]로 가열하면 마찰열에 의하여 연소한다.
답 : ②

31 인화성 액체의 연소점, 인화점, 발화점을 온도가 높은 것부터 옳게 나열한 것은? [기 17]
① 발화점 > 연소점 > 인화점
② 연소점 > 인화점 > 발화점
③ 인화점 > 발화점 > 연소점
④ 인화점 > 연소점 > 발화점
답 : ①

| 연쇄반응의 억제(부촉매효과) |

$OH^* + HBr \rightarrow H_2O + Br$ 억제반응
$Br + RH \rightarrow HBr + R$ 재생반응
(R = 알킬기)

3 연소의 다른 관점

연소 = 물적조건(농도, 압력) + 에너지조건(온도, 점화원)

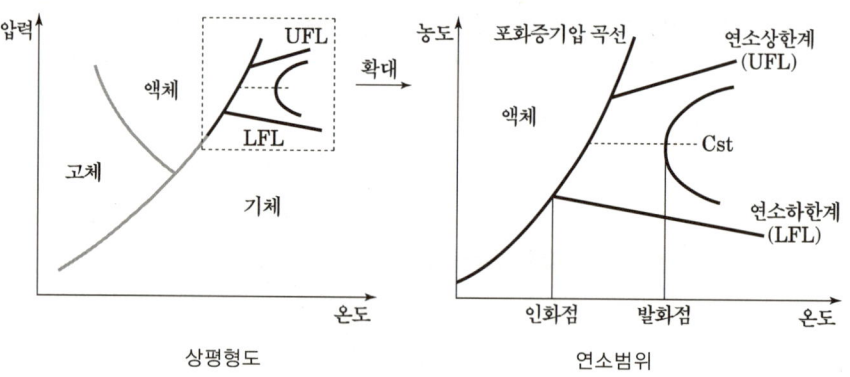

상평형도   연소범위

1. 인화점(Flash point)

가연성 혼합기(연소범위)를 형성하는 최저온도[점화원 존재 시 인화(연소)한다.]

※ 인화(引火) - 불이 붙음. 또는 불을 붙임

2. 연소점(Fire point)

점화원이 없어도 연소 지속 가능한 최저온도(인화점보다 10[℃] 정도 높다)

3. 발화점(Auto-ignition temperature)

점화원 없이도 발화하는 최저온도(자연발화)

| 발화점(온도)의 영향요소 |

- 산소의 농도가 클수록 발화점은 낮아진다.
- 압력이 높아지면 기체분자간의 거리가 가까워져 발화점이 낮아진다.
- 온도가 크면 기체분자의 운동이 활발해져 발화점이 낮아진다.
- 화학양론적 조성비를 기준으로 가연성가스의 농도에 따라 발화점이 달라진다.

| 포화증기압 |

액체 표면에서는 끊임없이 기체가 증발하는데, 밀폐된 용기의 경우 어느 한도에 이르면 증발이 일어나지 않고, 안에 있는 액은 그 이상 줄어들지 않는다. 그 이유는 같은 시간 동안 증발하는 분자의 수와 액체 속으로 들어오는 기체분자의 수가 같아져서 증발도 액화도 일어나지 않는 것처럼 보이는 동적평형상태가 되기 때문이다. 이 상태에 있을 때 기체를 그 액체의 포화증기, 그 압력을 증기압(포화증기압)이라 한다.

4. C_{st} (화학양론조성비)

① 가연성가스와 공기 중의 산소가 과부족 없이 완전연소에 필요한 농도비

$$C_{st} = \frac{연료몰수}{연료몰수 + 공기몰수} \times 100[\%]$$

② 연료와 공기의 최적합의 조성 비율(전파속도가 가장 빠르고 발열량이 가장 크다.)

5. 연소범위(한계)

연소상한계(UFL)과 연소하한계(LFL) 사이의 연소 가능한 범위로서 화염을 자력으로 전파하는 공간으로 폭발범위(한계), 가연범위(한계) 라고도 한다.

[표. 주요 가연성 가스의 공기 중 연소 범위]

+ 암기 아수~ 일(A)황에 암 걸려라

가스명	연소범위[V%]			가스명	연소범위[V%]		
	하한값	상한값	범위차		하한값	상한값	범위차
아세틸렌	2.5	81	78.5	에틸렌	2.7	36	33.3
수소	4	75	71	암모니아	15	28	13
일산화탄소	12.5	74	61.5	메탄	5	15	10
에테르	1.9	48	46.1	에탄	3	12.4	9.4
이황화탄소	1.2	44	42.8	프로판	2.1	9.5	7.4
황화수소	4	44	40	부탄	1.8	8.4	6.6

핵심 PLUS

32 다음 중 가연성 물질에 해당하는 것은? [기 14, 16, 17]

① 질소　　② 이산화탄소
③ 아황산가스　④ 일산화탄소

답 : ④

33 다음 물질 중 공기 중에서의 연소범위가 가장 넓은 것은?
[기 08, 09, 10, 13, 15, 16, 17]

① 부탄　　② 프로판
③ 메탄　　④ 수소

답 : ④

34 프로판가스의 연소범위 [vol%]에 가장 가까운 것은? [기12]

① 12.5~74　② 2.5~81
③ 4.0~75　　④ 2.1~9.5

답 : ④

핵심 PLUS

35 메탄 80[vol%], 에탄 15[vol%], 프로판 5[vol%]인 혼합가스의 공기 중 폭발하한계는 약 몇 [vol%]인가? (단, 메탄, 에탄, 프로판의 공기 중 폭발하한계는 5.0[%], 3.0[%], 2.1[%]이다.) [기11]

① 3.23　　② 3.61
③ 4.02　　④ 4.28

해설
$$\frac{V_1+V_2+V_3}{L}$$
$$=\frac{V_1}{L_1}+\frac{V_2}{L_2}+\frac{V_3}{L_3}$$
$$\rightarrow \frac{80+15+5}{L}$$
$$=\frac{80}{5}+\frac{15}{3}+\frac{5}{2.1}$$
$$\therefore L = 4.277$$

답 : ④

6. 연소범위 추정 (LFL, UFL 구하기)

- 연소가스가 다성분인 경우 – 르샤틀리에의 식

$$\frac{V_1+V_2}{L}=\frac{V_1}{L_1}+\frac{V_2}{L_2} \qquad \frac{V_1+V_2}{U}=\frac{V_1}{U_1}+\frac{V_2}{U_2}$$

여기서, L, U : 가연성 혼합가스의 연소하한값, 연소상한값
　　　　V_1, V_2 : 가연성가스의 농도
　　　　L_1, L_2 : 각 가연성가스의 연소하한값
　　　　U_1, U_2 : 각 가연성가스의 연소상한값

| 핵심 PLUS |

예 가스 A가 40[vol%], 가스 B가 60[vol%]로 혼합된 가스의 연소하한계는 몇 [vol%]인가? (단, 가스 A의 연소하한계는 4.9[vol%]이며, 가스 B의 연소하한계는 4.5[vol%]이다.) [기13]

① 1.82　　② 2.02
③ 3.22　　④ 4.65

해설 혼합가스 연소하한(상한)계값은 항상 각 가연성가스의 하한(상한)값 사이에 존재한다.
가스 A의 연소하한계는 4.9[vol%]이며, 가스 B의 연소하한계는 4.5[vol%]이므로 이 사이의 값이 답이 되므로 굳이 계산하지 않아도 답을 찾을 수 있다.

$$\frac{V_1+V_2}{L}=\frac{V_1}{L_1}+\frac{V_2}{L_2} \Rightarrow \frac{40+60}{L}=\frac{40}{4.9}+\frac{60}{4.5} \qquad \therefore L=4.65$$

답 : ④

---

36 다음의 가연성 물질 중 위험도가 가장 높은 것은? [기18]

① 수소　　② 에틸렌
③ 아세틸렌　　④ 이황화탄소

답 : ④

7. 위험도(Hazard)

$$H = \frac{UFL - LFL}{LFL}$$

연소상한값이 커질수록 위험하며 연소범위가 넓을수록 연소하한값이 작을수록 위험하다.

가스명	위험도	가스명	위험도	가스명	위험도
이황화탄소	35.67	에틸렌	12.33	메탄	2
아세틸렌	31.4	황화수소	10	에탄	3.13
에테르	24.3	일산화탄소	4.92	프로판	3.52
수소	17.75	암모니아	0.86	부탄	3.67

8. MOC - 최소산소농도(Minimum Oxygen Concentration)

$$MOC = LFL \times O_2 \text{ 몰수}$$

① 화염을 전파하기 위한 최소한의 산소농도 요구량

② 불활성화하여 연소되지 않도록 하기 위해 산업계에서 이용된다.

③ 일반적으로 탄화수소계의 MOC는 약 10[%], 분진은 약 8[%] 정도이다.

	완전 연소반응식	MOC = LFL × O_2 몰수
메탄	$CH_4 + 2O_2 \rightarrow 2H_2O + CO_2$	5 × 2 = 10%
에탄	$C_2H_6 + 3.5O_2 \rightarrow 3H_2O + 2CO_2$	3 × 3.5 = 10.5%
프로판	$C_3H_8 + 5O_2 \rightarrow 4H_2O + 3CO_2$	2.1 × 5 = 10.5%
부탄	$C_4H_{10} + 6.5O_2 \rightarrow 5H_2O + 4CO_2$	1.8 × 6.5 = 11.7%

9. 물질의 특성과 화재 위험의 관계

구분	위험성	구분	위험성
인화점, 발화점, 융점, 비점	낮을수록 위험	연소범위	넓을수록 위험
온도, 압력	높을수록 위험	연소속도, 증기압, 연소열	클수록 위험

10. 연소(화재) 예방대책

1) 물적조건 제어(농도)

① 불연화 : 가연물이 없거나 연소범위 없는 제어

② 난연화 : 물질을 첨가하여 활성화에너지를 크게 하여 열용량을 키우는 제어

③ 불활성화 : 가연성혼합기의 공기와 가연성가스 농도를 조절해서 연소범위 밖으로 제어

2) 에너지 조건 제어

① 점화원에 대한 대책
  ㉠ 충격, 마찰 : 고무, 나무 등의 수공구류 사용
  ㉡ 정전기 : 접지, 본딩, 가습(70[%] 이상), 대전방지화 등

핵심 PLUS

37 MOC(Minimum Oxygen Concentration : 최소 산소 농도)가 가장 작은 물질은? [기 10, 14, 15, 17, 18]
① 메탄 ② 에탄
③ 프로판 ④ 부탄

답 : ①

38 다음 중 화재의 위험에 대한 설명으로 옳지 않은 것은? [기 13]
① 인화점 및 착화점이 낮을수록 위험하다.
② 착화 에너지가 작을수록 위험하다.
③ 비점 및 융점이 높을수록 위험하다.
④ 연소범위는 넓을수록 위험하다.

답 : ③

39 이산화탄소나 질소의 농도가 높아지면 연소속도에 어떠한 영향을 미치는가? [기 08]
① 연소속도가 빨라진다.
② 연소속도가 느려진다.
③ 연소속도에 변화가 없다.
④ 처음에는 느려지나 나중에는 빨라진다.

답 : ②

40 화재발생 가능성이 가장 낮은 경우는? [기 08]
① 주위 온도가 높을 때
② 인화점이 낮을 때
③ 활성화에너지가 클 때
④ 폭발하한계가 낮을 때

답 : ③

핵심 PLUS

ⓒ 방폭설비 : 본질안전방폭구조, 안전증방폭구조, 내압방폭구조 등
ⓔ 점화에너지 : 최소점화에너지 이하로 에너지 제어
ⓜ 과전류, 단락, 지락, 누전 : 과전류차단기, 누전차단기, 누전경보기, 퓨즈 등
ⓢ 온도 상승 방지대책 : 자연발화 방지대책과 동일

4 연소의 분류

1. 연소의 구분

구분	불꽃의 유무에 의한 분류	
	불꽃이 없는 연소	불꽃이 있는 연소
화재	심부화재	표면화재
물질	고체	고체, 액체, 기체
종류	표면연소, 훈소, 작열연소	분해연소, 증발연소, 자기연소, 확산연소, 예혼합연소, 자연발화
소화	연쇄반응이 없으므로 연소의 3요소 중 하나의 요소 제거하여 소화	연쇄반응이 있으므로 연소의 4요소 중 하나의 요소 제거하여 소화

41 연쇄반응과 관계가 없는 것은 어느 것인가?
① 불꽃연소   ② 작열연소
③ 분해연소   ④ 증발연소
　　　　　　답 : ②

2. 연소의 형태

연소형태	내용	종류
표면연소	휘발성분이 없거나 증기압이 낮아서 표면에서 연소하는 무염 저온(1,000[℃] 이상)의 느린 연소 (= 훈소, 작열연소) ※ 확산속도 : 0.001 ~ 0.01 [cm/s]	숯(목탄), 코크스, 금속분
예혼합연소	가연성가스와 공기가 미리 혼합되어 점화원에 바로 연소	산소와 아세틸렌 용접기, 가연성가스의 누설에 의한 폭발(UVCE 등)

42 주된 연소의 형태가 표면연소에 해당하는 물질이 아닌 것은?
　　　　[기 08, 09, 10, 11, 12, 14, 15]
① 숯   ② 나프탈렌
③ 목탄   ④ 금속분
　　　　　　답 : ②

연소형태	내용	종류
확산연소	가연성가스와 산소가 반응에 의해 농도가 0이 되는 화염 쪽으로 이동하는 확산의 과정을 통한 연소 가연성가스 → ⟨반응대(화염)⟩ ← 산소	대부분의 화재 • Fick's의 법칙 농도가 높은 곳에서 낮은 곳으로 확산
분해연소	열분해에 의해 생성된 가연성가스(분해 → 응축 → 기화)가 공기와 혼합하여 착화되는 연소 ※ 열분해 : 열에 의한 화합물의 분해를 말한다(AB가 열에 의해 A와 B로 분해)	종이, 목재, 석탄, 플라스틱, 섬유류 등
증발연소	열분해 없이 직접 증발하여 증기가 연소 또는 융해된 액체가 기화하여 연소	파라핀(촛불), 유황, 나프탈렌, 인화성 액체 (휘발유, 경유, 알코올, 아세톤 등)
자기연소	물질 자체 내 산소를 함유하여 산소공급원 없이도 자체적으로 연소	제5류 위험물 (유기과산화물, 니트로셀룰로오스, 셀룰로이드, 니트로글리세린, 트리니트로톨루엔 등)

⑦ 자연발화

㉠ 형태

암기 : 산분흡중발

산화열	석탄, 고무분말, 건성유, 황린 등
분해열	니트로셀룰로오스, 셀룰로이드, 니트로글리세린 등의 질산에스테르류
흡착열	탄소분말류(유연탄, 목탄, 활성탄)
중합열	시안화수소(HCN), 스티렌(=스틸렌$C_6H_5C_2H_3$), 초산비닐($CH_3COOC_2H_3$), 염화비닐(C_2H_3Cl)
발효열	퇴비, 건초(미생물열이라고도 함)

• 흡착열 : 접촉하고 있는 기체나 용액의 분자를 표면에 달라붙게 하는 고체 물질의 성질로서 흡착할 때 발생하는 열
• 중합열
고압 하에서 단위체[monomer : 고분자화합물의 기본이 되는 것(분자량이 작음)]가 중합체[polymer : 단위체가 중합되어 이루어진 고분자 물질]가 되는 과정에서 발생하는 열

핵심 PLUS

43 주된 연소의 형태가 분해연소인 물질은? [기 09, 11, 12]
① 코크스 ② 알코올
③ 목재   ④ 나프탈렌
답 : ③

44 유황의 주된 연소형태는? [기 08, 11]
① 확산연소 ② 증발연소
③ 분해연소 ④ 자기연소
답 : ②

45 촛불의 주된 연소 형태에 해당하는 것은? [기 10, 14]
① 표면연소 ② 분해연소
③ 증발연소 ④ 자기연소
답 : ③

46 분자 자체 내에 포함하고 있는 산소를 이용하여 연소하는 형태를 무슨 연소라고 하는가? [기 08, 12, 13]
① 증발연소 ② 자기연소
③ 분해연소 ④ 표면연소
답 : ②

47 가연물이 공기 중에서 산화되어 산화열의 축적으로 발화되는 현상? [기 08, 09, 15]
① 분해연소 ② 자기연소
③ 자연발화 ④ 폭굉
답 : ③

핵심 PLUS

48 동식물유류에서 "요오드값이 크다."라는 의미를 옳게 설명한 것은?
[기 09, 11, 14]
① 불포화도가 높다.
② 불건성유이다.
③ 자연발화성이 낮다.
④ 산소와의 결합이 어렵다.

답 : ①

49 자연발화가 일어나기 쉬운 조건이 아닌 것은? [기 09, 12]
① 열전도율이 클 것
② 적당량의 수분이 존재할 것
③ 주위의 온도가 높을 것
④ 표면적이 넓을 것

답 : ①

50 일반적인 자연발화 예방대책으로 옳지 않은 것은? [기 08, 10, 14, 16, 18]
① 습도를 높게 유지한다.
② 통풍을 양호하게 한다.
③ 열의 축적을 방지한다.
④ 주위온도를 낮게 한다.

[해설] 습도가 높으면 반응을 촉진시키므로 건조하게 하여야 한다.

답 : ①

51 폭발의 형태 중 화학적 폭발이 아닌 것은? [기 17]
① 분해폭발
② 가스폭발
③ 수증기폭발
④ 분진폭발

답 : ③

52 가연성 액화가스의 용기가 과열로 파손되어 가스가 분출된 후 불이 붙어 폭발하는 현상은? [기 11, 15, 16]
① 블레비(BLEVE)
② 보일오버(Boil over)
③ 슬롭오버(Slop over)
④ 플래시오버(Flash over)

답 : ①

I. 소방원론 | 연소이론

| 유지의 종류 |

구분	불건성유	반건성유	건성유
요오드값	100 이하	100 초과 ~ 130 미만	130 이상
종류	돼지기름, 올리브유, 땅콩기름, 야자유, 동백유, 피마자유	콩기름, 참기름, 옥수수기름, 면실유	정어리기름, 동유, 해바라기유, 아마인유, 들기름(법유)

- 요오드값 : 100 [g]의 유지가 흡수하는 요오드의 [g] 수 (= 아이오딘 값)
- "요오드값이 크다"라는 것은 유지의 불포화도가 커서 요오드가 많이 흡수될 수 있고 이는 요오드값이 130 이상인 건성유를 말하며 건성유는 산소와의 친화력이 좋아 산화열에 의해 자연발화하기 쉽다.

ⓒ 조건(발열이 크고 방열이 작아야 함)

• 주위온도가 클 것 • 발열량이 클 것 • 압력이 클 것	• 열전도율이 작을 것 • 통풍이 잘 안될 것	• 습도가 클 것(촉매역할) • 표면적이 넓을 것 (공기와 접촉면적이 커짐)

ⓒ 예방대책 - 자연발화의 조건의 반대

5 폭발

1. 폭발의 구분

구분	물리적 폭발	화학적 폭발
원인	상변화에 의한 폭발	화학 반응에 의한 폭발
종류	① 수증기 폭발, 액화가스 증기폭발 ② 비등액체 증기폭발 - BLEVE ③ 전선 폭발, 고상간 전이에 의한 폭발, 감압 폭발	① 가스 폭발 - UVCE(증기운 폭발) ② 분진폭발 ③ 분해 폭발, 분무폭발, 박막 폭굉

1) BLEVE - 블레비 (탱크의 물리적인 폭발 현상)

① 비등(과열)액체 팽창증기 폭발 [Boiling Liquid Expanding Vapor Explosion] 보일러, LPG가스탱크 등과 같이 고압의 액체를 저장하고 있는 용기가 파손 등에 의해 동체의 일부분이 개방되면 용기내의 압력이 급격히 강하하여 일부 액체가 급격히 비등하고 증기압이 급격히 상기하여 용기 파손, 폭발(동적 평형 파괴)하는 물리적 폭발이다.

② 블레비 방지대책
  ㉠ 탱크 지하 매설(입열 방지)
  ㉡ 방액제 기초를 경사지게 하여 가연성기체등이 탱크 근처에 고이지 않게 한다.
  ㉢ 고정식 살수설비 설치
  ㉣ 용기의 내압강도 유지
  ㉤ 탱크 열전도 향상시켜 열축적 방지

2) UVCE - 증기운 폭발

구분	증기운 폭발 UVCE (Unconfined Vapor Cloud Explosion)
발생 Mechanism	• 대기 중에 대량(1톤 이상)의 가연성가스 또는 가연성액체가 유출되어 발생되는 증기가 공기와 혼합하여 가연성 혼합기를 형성하고 점화원에 의해 폭발(개방계 증기운 폭발) • 가스 누설 → 방류 → 체류 → 점화원 → 폭발(누설착화형) • 가연성 혼합기 형성을 위해서는 액체 또는 액화가스는 순간증발(Flashing)이 필요하다.

3) LNG, LPG

	액화천연가스 (LNG : Liquefied Natural Gas)	액화석유가스 (LPG : Liquefied Petroleum Gas)
내 용	가스전(田)에서 채취한 천연가스를 액화시킨 것	원유를 채취하거나 원유 정제시 나오는 탄화수소를 비교적 낮은 압력(0.6~0.7MPa)을 가하여 냉각, 액화시킨 것
주성분	메탄(CH_4)	프로판(C_3H_8), 부탄(C_4H_{10})
비중	약 0.6 / 공기보다 가볍다	약 1.5 ~ 2 / 공기보다 무겁다
비점	약 −162[℃]	약 −41[℃](프로판)
발화점	537[℃]	프로판 450[℃], 부탄 405[℃]
특성	무색 무취의 가스, 독성이 없다	무색 무취의 가스, 독성이 없다
	액화시키면 부피가 1/600로 줄어드나 액화하기 어려우며 운반이 어려움	액화 시 그 부피가 약 1/250로 줄고 액화되기 쉽고 운반에 용이하나 누출시 확산이 잘 되지 않아 폭발 가능성이 큼

핵심 PLUS

53 액화가스 저장탱크의 파손에 의한 누설로 Flashing 액체가 순간 기화하여 부유 또는 확산된 상태에서 점화원에 의해 폭발하는 현상은?
① VCE
② UVCE
③ BOIL-OVER
④ BLEVE
답 : ②

54 가장 간단한 형태의 탄화수소로서 도시가스의 주성분은? [기 08, 16]
① 부탄
② 에탄
③ 메탄
④ 프로판
답 : ③

55 액화석유가스(LPG)에 대한 성질로 틀린 것은? [기 09, 10, 13, 18]
① 주성분은 프로판, 부탄이다.
② 천연고무를 잘 녹인다.
③ 물에 녹지 않으나 유기용매에 용해된다.
④ 공기보다 1.5배 가볍다.
답 : ④

핵심 PLUS

56 다음 중 분진폭발의 위험성이 가장 낮은 것은? [기 08, 09, 10, 11,12, 18]
① 알루미늄분
② 유황
③ 팽창질석
④ 소맥분

[해설]
- 소맥분 : 밀을 곱게 갈아서 만든 가루
- 팽창질석(蛭石) : 질석을 입경(粒徑) 3[mm] 정도로 파쇄, 소성해서 팽창시킨 단열용 인공 경량골재로서 가열하면 팽창한다. (비중 0.12~0.2)
- 소성[燒成, burning] : 광물 가공 공업에서 널리 사용되는 고온 처리의 한 방식. 간단히 말하면 광물류를 굽는 것

답 : ③

57 분진폭발을 일으키는 물질이 아닌 것은? [기 15]
① 시멘트 분말
② 마그네슘 분말
③ 석탄 분말
④ 알루미늄 분말

[해설] 분말 : 딱딱한 물질을 잘고 곱게 간 가루

답 : ①

4) 분진폭발

구분	내용
분진의 정의	75[μm] 이하의 고체입자로서 공기 중에 떠 있는 분체(가루모양의 물체)
발생 Mechanism	가연성 미분 상태의 분진이 공기 중에 부유해 있을 때 점화원에 의해 발생 열에너지 → 에너지/입자 → 표면온도 상승/입자 → 가연성 가스발생/입자 → 가연성 혼합 가스생성/점화원 열의 흡수 → 가연성가스발생 → 점화원에 의한 1차 폭발 → 2차, 3차 폭발
특징	가스폭발에 비해 점화에너지는 크나 2차, 3차 폭발이 있어 발생에너지 및 파괴력이 크고 불완전연소로 인해 탄화물에 의한 피해가 크다
분진 폭발 물질	마그네슘, 알루미늄, 철, 동, 곡물분진(소맥분, 전분 등), 합성수지류, 코크스 등의 분진

- **시험에 잘 나오는 분진폭발을 일으키지 않는 물질**
  ① 석회석($CaCO_3$ = 탄산칼슘)
  ② 생석회(CaO = 산화칼륨)
  ③ 소석회($Ca(OH)_2$ = 수산화칼슘)
  ④ 시멘트

- **가스폭발과 분진폭발의 비교**

구 분	가스폭발(기체)	분진폭발(고체)
최초폭발, 연소속도, 폭발압력	크다	작다
2차, 3차 연쇄폭발현상	없다	있다
발화에너지, 발생에너지, 파괴력	작다	크다
일산화탄소 발생률	작다	크다

5) 폭연, 폭굉

① 음속(340 [m/s]) 이하의 폭발을 폭연이라 하고 그 이상을 폭굉이라 한다.

② **폭연**(deflagration)
   열, 빛 및 음속보다 느린 압력파가 발생하는 산화과정이다.
   비교적 낮은 압력파를 생성하며 빠른 속도로 진행하는 산화반응이며 주변 계를 교란 시킨다.

③ 폭굉(detonation)

강력하고 빠른 속도의 충격파에 의해 산화가 엄청나게 빠른 속도로 진행되 폭굉파에 의해 주변 계를 강력하게 파괴하는 현상으로 파면에서는 온도, 압력, 밀도가 불연속적으로 나타나며 화염의 전파속도는 약 1000~3500[m/s]이다.

④ DDT(Deflagration-Detonation-Transition)전이

예혼합연소(발화 : 폭연) → 화염전파(층류 화염, 온도와 압력의 증가) → 압축파 생성 → 압축파의 중첩(난류화염, 연소속도의 증가) → 강한 압축파 (충격파) → 폭굉파(단열압축 : 자연발화)

⑤ 폭굉유도거리(DID-Detonation Induction Distance)

최초의 완만한 연소가 폭굉으로 발전할 때까지의 거리

6 방폭

1. 위험장소의 분류

구분	위험위기	방폭구조 종류
0종 장소	정상적인 상태에서 지속적 위험분위기를 형성하는 공간	본질안전 방폭구조
1종 장소	정상적인 상태에서 일시적으로 위험분위기를 형성하는 공간	비점화 방폭구조 제외한 모든 방폭구조
2종 장소	이상상태를 조래하여 위험 분위기가 발생할 수 있는 장소	모든 방폭구조

2. 방폭구조의 분류 및 종류

① 본질적 억제 : 본질안전 방폭구조

② 안전도 향상 : 안전증 방폭구조

③ 방폭적 격리 : 내압, 압력, 유입, 충전, 몰드, 특수, 비점화 방폭구조

핵심 PLUS

58 폭굉(detonation)에 관한 설명으로 틀린 것은?

① 연소속도가 음속보다 느릴 때 나타난다.
② 온도의 상승은 충격파의 압력에 기인한다.
③ 압력상승은 폭연의 경우보다 크다.
④ 폭굉의 유도거리는 배관의 지름과 관계가 있다.

답 : ①

59 폭굉의 화염전파속도로 옳은 것은?

① 0.1~10[m/s]
② 100~700[m/s]
③ 700~1000[m/s]
④ 1000~3500[m/s]

답 : ④

60 정상상태에서 지속적 위험 분위기를 형성하는 공간을 몇 종 장소로 구분하는가?

① 특종 장소
② 0종 장소
③ 1종 장소
④ 2종 장소

답 : ②

핵심 PLUS

61 폭발성가스의 최소점화에너지 미만의 범위 내에서 사용하도록 설계된 전기기기에서 단락, 단선시 전기불꽃이 발생해도 폭발성가스가 점화되지 않게 하는 원리의 방폭구조는?

① 본질안전방폭구조
② 압력방폭구조
③ 내압방폭구조
④ 유입방폭구조

답 : ①

구분	방폭 원리	구조
본질안전 방폭구조	위험지역으로 흘러 들어가는 에너지의 크기를 최소 점화에너지 이하로 제어하는 구조	
안전증 방폭구조	정상 운전 중에 폭발성가스 또는 증기에 점화원이 되는 전기불꽃 또는 아크의 발생을 방지하기 위해 기계적, 전기적 구조상 또는 온도 상승에 대하여 특히 안전도를 증가시킨 것	
내압 방폭구조	내부에서 가스가 폭발 했을 때 용기가 폭발에 견디도록 하고, 개구부 등을 통해 화염이 전파되지 못하도록 하여 외부의 폭발성 가스에 인화되지 않도록 한 구조	
압력 방폭구조	용기 내부에 불활성기체를 압입하여 내부 압력을 유지함으로써 폭발성 가스 또는 증기가 침입하는 것을 방지하는 구조	
유입 방폭구조	전기불꽃 또는 아크 발생부분을 인화점이 높은 기름 속에 넣어 점화원을 격리하는 구조	

7 연소의 이상 현상

62 공기의 요동이 심하면 불꽃이 노즐에 정착하지 못하고 떨어지게 되어 꺼지는 현상을 무엇이라 하는가?
[기 09]

① 역화
② 블로우 오프
③ 불완전 연소
④ 플래시 오버

답 : ②

63 가스연소의 이상 현상 중 연소속도보다 가스 분출속도가 빠를 때 나타나는 현상은?

① 선화
② 역화
③ 블로우 오프
④ 플래시 오버

답 : ①

구분	현상	원인
불완전 연소 (Incomplete combustion)	• 연소 시 공기와 가스의 혼합이 적절하지 않은 상태의 연소	• 산소 부족 시 • 연료의 공급 불안정 시 • 연소 온도가 낮을 때 등
역화 (Back fire)	• 불꽃이 연소기 내부로 역류하여 혼합관 속에서 연소 • 연료가스의 분출속도보다 연소속도가 빠른 경우 발생	• 가스압력이 비정상적으로 낮거나, 가연성가스의 양이 적을 때 • 노즐 구멍의 확대 또는 부식 되었을 때 • 버너가 과열 되었을 때
선화 (Lifting)	• 불꽃이 노즐에서 떨어져 연소 • 연료가스의 분출속도가 연소속도보다 빠른 경우 발생	• 노즐의 축소 등
블로우 오프 (Blow-off)	• 선화조건에서 강한 바람이 불면 꺼지는 현상 • 선화상태에서 연료가스 분출속도 증가 → 불안정 → 소화	
황염	불꽃의 색이 황색으로 되는 현상 : 공기량의 조절이 적정하지 못하여 완전연소가 이루어지지 않을 때 발생	

핵심기출문제

1. 연소이론

■■■ 1. 연소이론

1. 다음 중 연소속도와 가장 관계가 깊은 것은? [12 ㉮]

① 증발속도 ② 환원속도
③ 산화속도 ④ 혼합속도

2. 가연물에 대한 일반적인 설명으로 옳은 것은? [08 ㉮]

① 산소와 반응시 흡열반응을 하는 것은 가연물이 될 수 없다.
② 구성원소 중 산소가 포함된 유기물은 가연물이 될 수 없다.
③ 활성화에너지가 클수록 가연물이 되기 쉽다.
④ 산소와의 친화력이 작을수록 가연물이 되기 쉽다.

3. 가연물이 연소가 잘 되기 위한 구비조건으로 틀린 것은? [17 ㉮]

① 열전도율이 클 것
② 산소와 화학적으로 친화력이 클 것
③ 표면적이 클 것
④ 활성화 에너지가 작을 것

4. 전기에너지에 의하여 발생되는 열원이 아닌 것은? [15 ㉮]

① 저항가열 ② 마찰 스파크
③ 유도가열 ④ 유전가열

5. 다음 중 인화성 액체의 발화원으로 가장 거리가 먼 것은? [13 ㉮]

① 전기불꽃 ② 냉매
③ 마찰스파크 ④ 화염

해설

해설 1
연소는 산화되는 과정으로서 산화되는 속도가 빠르면 연소속도가 빠르다.

해설 2
가연물의 구비조건
① 활성화에너지가 작을 것
② 열전도율이 적을 것
③ 표면적이 넓을 것
④ 산소와 친화력이 클 것
⑤ 발열량이 클 것
 (산소와 반응시 발열반응 할 것)
- 제5류 위험물의 대부분은 산소가 포함된 유기화합물이다.

해설 3
열전도율이 적을 것 - 열전달이 적어야 열 축적이 쉽다.

해설 4
점화를 일으킬 수 있는 에너지원의 종류

전기열	유도열, 유전열, 저항열, 아크열, 정전기열, 낙뢰열
화학열	분해열, 자연발열, 생성열, 용해열, 연소열
기계열	마찰열, 압축열, 마찰 스파크열

해설 5
① 점화원의 종류 : 정전기, 복사(열), 자연발화, 나화, 고온표면, 단열압축, 충격마찰, 전기불꽃 등
② 냉매 : 냉동기에서, 저온의 물체에서 열을 빼앗아 고온의 물체로 운반해 주는 매체

정답 1. ③ 2. ① 3. ① 4. ② 5. ②

핵심기출문제

1. 연소이론

6. 가연성 액체로부터 발생한 증기가 액체표면에서 연소범위의 하한계에 도달할 수 있는 최저온도를 의미하는 것은? [14 ㉑]
① 비점
② 연소점
③ 발화점
④ 인화점

7. 기온이 20[℃]인 실내에서 인화점이 70[℃]인 가연성의 액체표면에 성냥불 한 개를 던지면 어떻게 되는가? [13 ㉑]
① 즉시 불이 붙는다.
② 불이 붙지 않는다.
③ 즉시 폭발한다.
④ 즉시 불이 붙고 3~5초 후에 폭발한다.

8. 인화점이 20[℃]인 액체위험물을 보관하는 창고의 인화 위험성에 대한 설명 중 옳은 것은? [12 ㉑]
① 여름철에 창고 안이 더워질수록 인화의 위험성이 커진다.
② 겨울철에 창고 안이 추워질수록 인화의 위험성이 커진다.
③ 20[℃]에서 가장 안전하고 20[℃]보다 높아지거나 낮아질수록 인화의 위험성이 커진다.
④ 인화의 위험성은 계절의 온도와는 상관없다.

9. 에테르의 공기 중 연소범위를 1.9~48[vol%]라고 할 때 이에 대한 설명으로 틀린 것은? [14 ㉑]
① 공기 중 에테르 증기가 48[vol%]를 넘으면 연소한다.
② 연소범위의 상한점이 48[vol%]이다.
③ 공기 중 에테르 증기가 1.9~48[vol%] 범위에 있을 때 연소한다.
④ 연소범위의 하한점이 1.9[vol%]이다.

해설

해설 6

구분	내용
인화점	가연성 혼합기를 형성하는 최저온도(점화원 존재 시 인화한다)
연소점	점화원이 없어도 연소 지속 가능한 최저온도 (인화점보다 10[℃] 정도 높다)
발화점	점화원이 없어도 발화하는 최저온도(자연발화)

해설 7
가연성 혼합기를 형성하는 최저온도(점화원 존재 시 인화한다)가 70[℃]인 가연성의 액체는 20[℃] 기온에서는 가연성혼합기를 형성할 수 없으므로 불이 붙지 않는다.

해설 8
액체 위험물의 인화점 보다 높은 온도에서 보관하면 액체 위험물이 기화하여 가연성혼합기를 형성한 경우 점화원에 화재가 발생할 수 있으므로 그 위험도는 증가하게 되는 것이다.

해설 9
연소범위
① 공기 중 가연성가스의 농도를 나타낸 값
② 연소상한계와 하한계 사이의 연소 가능한 범위로서 화염을 자력으로 전파하는 공간
③ 연소범위를 벗어나면 연소하지 않으며 연소범위 내에 있는 가연성가스를 연소범위 밖으로 이동시키는 방법을 불활성화라고 한다.

정답 6. ④ 7. ② 8. ① 9. ①

10. 다음 중 소화약제로 사용할수 없는 것은?

① $KHCO_3$
② $NaHCO_3$
③ CO_2
④ NH_3

11. 프로판 50[vol.%], 부탄 40[vol.%], 프로필렌 10[vol.%]로 된 혼합가스의 폭발 하한계는 약 몇 [vol.%]인가? (단, 각 가스의 폭발하한계는 프로판은 2.2[vol.%], 부탄은 1.9[vol.%], 프로필렌은 2.4[vol.%]이다.)

① 0.83
② 2.09
③ 5.05
④ 9.44

12. 물질의 연소범위와 화재 위험도에 대한 설명으로 틀린 것은?

① 연소범위의 폭이 클수록 화재 위험이 높다.
② 연소범위의 하한계가 낮을수록 화재 위험이 높다.
③ 연소범위의 상한계가 높을수록 화재 위험이 높다.
④ 연소범위의 하한계가 높을수록 화재 위험이 높다.

13. 착화에너지가 충분하지 않아 가연물이 발화되지 못하고 다량의 연기가 발생되는 연소형태는?

① 자기연소
② 표면연소
③ 분해연소
④ 증발연소

14. 연소에 관한 설명 중 틀린 것은?

① 알코올은 증발연소를 한다.
② 목재, 석탄은 분해연소를 한다.
③ 고체의 표면에서 연소가 일어나는 경우를 표면연소라 한다.
④ 나트륨, 유황의 연소형태는 자기연소이다.

해설

해설 10

암모니아(NH_3)는 가연성가스로서 소화약제로 사용할 수 없다.

주요 가연성 가스의 공기 중 폭발 범위

가스명	폭발범위[V%]		
	하한값	상한값	범위차
암모니아	15.0	28.0	13

해설 11

혼합가스 연소하한계(상한계)값은 항상 각 가연성가스의 하한값(상한값) 사이에 존재한다.

해설 12

위험도(Hazard)

$$H = \frac{UFL - LFL}{LFL}$$

UFL : 연소상한값(계)
LFL : 연소하한값(계)

물질의 위험도는 연소상한값이 클수록 위험하며 연소범위가 넓을수록 연소하한값이 낮을수록 위험하다.

해설 13

표면연소
① 착화에너지가 충분하지 않아 가연물이 발화되지 못하거나 휘발성분이 없거나 증기압이 낮아서 표면에서 연소하는 무염 저온(1,000[℃] 이상)의 느린 연소(≒ 훈소, 작열연소)로서 다량의 연기가 발생되는 연소형태
② 종류 : 숯(목탄), 코크스, 금속분

해설 14

연소형태	내용	종류
자기연소	물질 자체 내 산소를 함유하여 산소공급원 없이도 자체적으로 연소	제5류 위험물

정답 10. ④ 11. ② 12. ④ 13. ②
14. ④

핵심기출문제

1. 연소이론

15. 물리적 폭발에 해당하는 것은? [18 ㉑]

① 분해 폭발 ② 분진 폭발
③ 증기운 폭발 ④ 수증기 폭발

16. 다음 중 BLEVE 현상을 옳게 설명한 것은 어느 것인가? [11 ㉑]

① 물이 뜨거운 기름표면 아래서 끓을 때 화재를 수반하지 않고 Overflow되는 현상
② 물이 연소유의 뜨거운 표면에 들어갈 때 발생되는 Overflow 현상
③ 탱크 바닥에 물과 기름의 에멀션이 섞여있을 때 물의 비등으로 인하여 급격하게 Overflow되는 현상
④ 탱크 주위 화재로 탱크 내 인화성 액체가 비등하고 가스부분의 압력이 상승하여 탱크가 파괴되고 폭발을 일으키는 현상

17. 다음 중 분진폭발의 위험성이 가장 낮은 것은? [10 ㉑]

① 소석회 ② 알루미늄분
③ 석탄분말 ④ 밀가루

18. LNG와 LPG에 대한 설명으로 틀린 것은? [13 ㉑]

① LNG의 증기비중은 1보다 크기 때문에 유출되면 바닥에 가라앉는다.
② LNG의 주성분은 메탄이고, LPG의 주성분은 프로판이다.
③ LPG는 원래 냄새가 없으나 누설시 쉽게 알 수 있도록 부취제를 넣는다.
④ LNG는 Liquefied Natural Gas의 약자이다.

19. 자연발화가 원인이 되는 열의 발생형태가 다른 것은? [11 ㉑]

① 기름종이 ② 고무분말
③ 석탄 ④ 퇴비

해 설

해설 15
수증기 폭발은 수(水, 물 : 액체)가 증기(기체)로 급격하게 상변화하면서 폭발하는 물리적인 폭발이다.

구분	물리적 폭발	화학적 폭발
원인	상변화에 의한 폭발(양적 변화)	화학 반응에 의한 폭발(질적 변화)
종류	• 수증기 폭발, 액화 가스 증기폭발 • 비등액체 증기폭발 - BLEVE	• 분진폭발 • 가스 폭발 - UVCE (증기운 폭발)

해설 16
비등액체 증기폭발 : BLEVE (블레비)
보일러, LPG가스탱크 등과 같이 고압의 액체를 저장하고 있는 용기가 파손 등에 의해 동체의 일부분이 개방되면 용기내의 압력이 급격히 강하하여 일부 액체가 급격히 비등하고 증기압이 급격히 상기하여 용기 파손, 폭발(동적 평형 파괴)하는 물리적 폭발이다.

해설 17
시험에 잘 나오는 분진폭발을 일으키지 않는 물질
① 석회석($CaCO_3$ = 탄산칼슘)
② 생석회(CaO = 산화칼륨)
③ 소석회[$Ca(OH)_2$ = 수산화칼슘]
④ 시멘트

해설 18
LNG의 비중 0.6으로 공기보다 가볍다.

해설 19
① 퇴비 – 발효열
② 기름종이, 고무분말, 석탄 – 산화열

정답 15. ④ 16. ④ 17. ① 18. ①
     19. ④

02 화재이론

I. 소방원론 | 화재이론

1 화재 정의 및 종류

1. 정의

① 사람의 의도에 반하거나 고의에 의해 발생하는 연소현상으로서 소화시설 등을 사용하여 소화할 필요가 있거나 또는 화학적인 폭발현상.

② 화재의 일반적 특성 : 확대성, 우발성, 불안정성, 비정형성

2. 화재의 종류

A급	B급	C급	D급	K급
일반화재	유류화재	전기화재(통전중)	금속화재	주방식용유화재
백색	황색	청색	무색	–

1) A급 화재 – 일반화재

① 산불화재

지중화	지표면 아래 썩은 나무 등 유기물 연소(속불화재 – 재발화 유발)
지표화	바닥의 낙엽 등 연소(화재의 시작)
수간화	나무의 기둥 연소
수관화	나무의 가지나 잎의 연소
비화	불티가 바람에 의해 비산하여 연소

② 섬유류화재

종류		발화점[℃]
식물성섬유	면	400
합성섬유	나일론	425
	아세테이트(레이온)	475
	폴리에스테르	485
동물성섬유	모	600

핵심 PLUS

01 화재의 일반적 특성이 아닌 것은?
　　　　　　　　　　　　[기 11, 13, 14, 15]
① 확대성　　② 정형성
③ 우발성　　④ 불안정성
　　　　　　　　　　　　답 : ②

02 화재의 종류에 따른 분류가 틀린 것은?　　[기 08, 09, 11, 12, 13, 15, 17]
① A급 : 일반화재
② B급 : 유류화재
③ C급 : 가스화재
④ D급 : 금속화재
　　　　　　　　　　　　답 : ③

03 화재의 종류에 따른 표시 색 연결이 틀린 것은?　　　　[기 16]
① 일반화재－백색
② 전기화재－청색
③ 금속화재－흑색
④ 유류화재－황색
　　　　　　　　　　　　답 : ③

04 화재 시 불티가 바람에 날리거나 상승하는 열기류에 휩쓸려 멀리 있는 가연물에 착화되는 현상은? [기 12, 15]
① 비화　　② 전도
③ 대류　　④ 복사
　　　　　　　　　　　　답 : ①

05 섬유 중 발화온도가 가장 높은 것은?
① 나일론　　② 순면
③ 양모　　　④ 폴리에틸렌
　　　　　　　　　　　　답 : ③

I. 소방원론 | 화재이론

핵심 PLUS

06 열경화성 플라스틱에 해당하는 것은? [기 10, 13, 18]
① 폴리에틸렌
② 염화비닐수지
③ 페놀수지
④ 폴리스티렌

답 : ③

07 유류 저장탱크의 화재에서 일어날 수 있는 현상이 아닌 것은? [기 17]
① 플래시 오버(Flash Over)
② 보일 오버(Boil Over)
③ 슬롭 오버(Slop Over)
④ 후로스 오버(Froth Over)

답 : ①

08 유류탱크의 화재시 탱크 저부의 물이 뜨거운 열에 의하여 수증기로 변하면서 급작스런 부피팽창을 하면서 유류가 탱크 외부로 분출하는 현상을 무엇이라고 하는가?
[기 08, 09, 10, 11, 14, 16, 17]
① 보일오버
② 슬롭오버
③ 블레이브
④ 파이어블

답 : ①

09 유류탱크 화재 시 기름 표면에 물을 살수하면 기름이 탱크 밖으로 비산하여 화재가 확대되는 현상은? [기 15]
① 스롭 오버(Slop over)
② 보일 오버(Boil over)
③ 프로스 오버(Froth over)
④ 블레비(BLEVE)

답 : ①

---

③ 플라스틱화재 화재

열가소성	열경화성
열을 가했을 때 녹고, 온도를 충분히 낮추면 고체 상태로 되돌아가는 고분자물질이다.	열을 가하면 녹지 않고, 타서 가루가 되거나 기체를 발생시키는 고분자 물질이다.
폴리염화비닐(PVC), 폴리에틸렌, 폴리스틸렌 등	페놀수지, 에폭시수지, 멜라민수지, 규소수지, 요소수지 등

+암기 염크비티렌오미(종류 중 이 글자가 있으면 열가소성)

2) B급화재 - 유류화재

유류(중질유) 저장탱크의 화재에서 일어나는 현상

구분	Mechanism
Boil Over 보일오버	① 다비점의 중질유 저장탱크 화재 발생 ② 저비점 물질은 유류 표면층에서 증발, 연소 ③ 고비점 물질은 화염의 온도에 의해 가열, 축적되어 200～300[℃]의 열류층 형성 ④ 열류층이 하부의 수층에 열전달 ⑤ 물이 비등하며 탱크 내 기름을 분출시킴
Slop Over 슬롭오버	① 다비점의 중질유 저장탱크 화재로 열류층 형성 ② 고온층 표면에 주수소화 ③ 열류층 교란 ④ 불이 붙은 기름이 끓어 넘침
Froth Over 프로스오버	화재가 아닌 경우로서 고점도 유류 아래서 물이 비등할 때 탱크 밖으로 물과 기름이 거품형태로 넘치는 현상 ex 뜨거운 아스팔트가 물이 약간 채워진 탱크차에 옮겨질 때 탱크차 하부의 물이 가열, 장시간 경과 후 비등

3. D급화재 - 금속화재

종류	① 제1류 위험물 알칼리금속의 무기과산화물 ② 제2류 위험물 마그네슘, 철분, 금속분 ③ 제3류 위험물 칼륨, 나트륨 등
연소특징	① 연소 온도(약 2,000～3,000[℃])가 매우 높다. ② 물을 사용 시 물의 수소결합이 파괴되어 수증기 폭발을 일으킬 수 있으며 공유결합이 파괴 시 수소가스가 발생 된다. ③ 금속의 양이 30～80[mg/ℓ] 정도 있어야 금속화재 일으킬 수 있다.

2 건축물의 화재 성상

1. 건축물 화재의 특성

1) 목조건축물과 내화건축물

목조건축물 화재	내화건축물 화재
개방계 화재	밀폐계(구획) 화재
연료지배형 화재 (연료의 양에 지배를 받는 화재)	환기지배형 화재 (공기의 인입량에 지배를 받는 화재)
고온단기형 (약 1,200[℃], 10 ~ 20분)	저온장기형 (약 1,000[℃], 30분 ~ 3시간)
화재원인 – 무염착화 – 발염착화 – 발화 – 최성기 – 연소낙하 – 진화	초기 – 성장기(플래시오버 : F.O) – 최성기 – 감쇠기(백드래프트 : B.D)

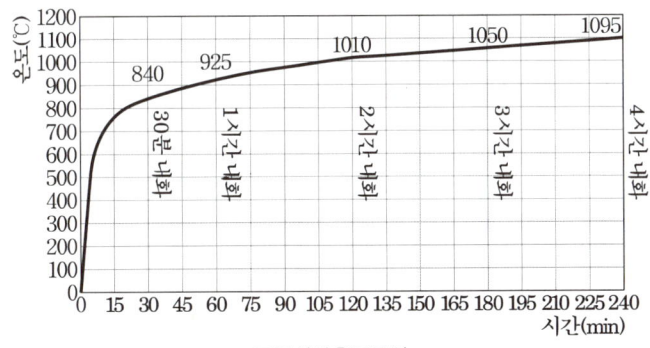

목재 건축물의 화재진행과정 / 내화 건축물의 화재진행과정

2. 표준시간온도곡선

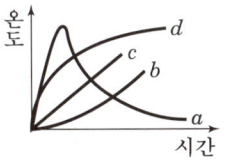

표준시간온도곡선

표준시간온도 곡선 : $\theta = 345\log(8t+1) + \theta_0$

θ : t시간(min) 후의 가열로의 온도
θ_0 : 가열하기 전의 가열로의 온도(20[℃])

핵심 PLUS

10 내화건축물과 비교한 목조건축물 화재의 일반적인 특징을 옳게 나타낸 것은? [기 09, 14, 16]
① 고온 단시간 ② 저온 단시간
③ 고온 장시간 ④ 저온 장시간
답 : ①

11 일반적으로 화재의 진행상황 중 플래시오버는 어느 시기에 발생하는가? [기 10, 15]
① 화재발생 초기
② 성장기에서 최성기로 넘어가는 분기점
③ 최성기에서 감쇠기로 넘어가는 분기점
④ 감쇠기 이후
답 : ②

12 목조건축물에서 화재가 최성기에 이르면 천장, 대들보 등이 무너지고 강한 복사열을 발생한다. 이때 나타낼 수 있는 최고 온도는 약 몇 [℃]인가? [기 10]
① 300   ② 600
③ 900   ④ 1,200
답 : ④

13 그림에서 내화구소 건물의 표준 화재 온도–시간 곡선은? [기 10, 15]

① a   ② b
③ c   ④ d
답 : ④

14 건물화재의 표준시간–온도곡선에서 화재발생 후 1시간이 경과할 경우 내부온도는 약 몇 [℃] 정도 되는가?
① 225   ② 625
③ 840   ④ 925
답 : ④

핵심 PLUS

15 실내화재에서 화재의 최성기에 돌입하기 전에 다량의 가연성 가스가 동시에 연소되면서 급격한 온도상승을 유발하는 현상은? [기 08, 10, 13, 14, 15]
① 패닉(panic)현상
② 스택(stack)현상
③ 파이어볼(fire ball)현상
④ 플래시오버(flash over)현상

[해설] 실내에서 폭발적인 화재의 확대현상이다. 　　　　　　답 : ④

16 다음 중 백드래프트 징후에 대한 설명으로 옳지 않은 것은?
① 연기가 틈을 통해 빠져 나오고 빨려들어가는 현상이 발생된 경우
② 유리창 안쪽으로 타르와 같은 기름성분이 흘러 내리는 경우
③ 창문을 통해 보았을 때 연기가 소용돌이 치는 경우
④ 창문이나 손잡이가 뜨겁고 화염이 간헐적으로 보이는 경우

[해설] 화염은 보이지 않지만 손잡이가 뜨거운 경우　　　답 : ④

3. 플래시오버 (Flash Over)

정의	국소(국부)화재에서 전체(전실)화재로의 전이 현상 연료지배형 화재에서 환기지배형 화재로의 전이 현상 * 국소(국부) - 전체 가운데의 한 부분
조건	연기층 온도 500 ~ 600[℃] 바닥 복사수열량 20 ~ 40 [kW/m^2] 연소속도 40 [g/s·m^2] 산소농도 : 10[%] $CO_2/CO = 150$
연소형태	화재
시기	성장기
공급요인	복사열에 의한 자연발화

4. Back Draft

정의	밀폐공간에서 출입문 개방 등 산소의 유입으로 급격한 연소로 화염이 역류 하는 현상
조건	실내 가연성가스 축적, 실내는 고온의 온도 유지
연소형태	폭발
시기	감쇠기
공급요인	산소 유입에 의한 급격한 연소

5. 화재가혹도

① 최고온도의 지속시간으로 화재가 건물에 피해를 입히는 능력의 정도

② 최고온도(화재강도) : 온도인자에 의해 결정

③ 지속시간(화재하중) : 계속시간인자에 의해 결정

④ 화재가혹도를 줄이려면 불연화, 난연화로 화재강도 및 화재하중을 줄어야 한다.

⑤ 화재가혹도에 견디는 내력을 화재저항이라 하고 건축물의 성능인 내화, 방화 구조 등을 의미

6. 화재강도

① 열방출율에 따른 열축적율을 화재강도라하고 온도가 높으면 화재강도가 크다.

② 영향요소 : 연소열, 비표면적[m²/kg], 공기공급, 단열성

③ 소화설비 주수율 결정

④ 실의 온도는 온도인자에 의해 결정된다.

$$\text{온도인자 } F_0 = \frac{A\sqrt{H}}{A_T}$$

여기서, $A\sqrt{H}$: 환기요소
A_T : 실내의 전표면적[m²]

| 환기요소 |

최성기 화재 시 구획내의 공기는 거의 소멸되어 화재형상은 개구부를 통해 외부에서 들어오는 공기의 양에 의해 지배를 받기 때문에 개구부 크기가 중요하며 이를 환기요소라 한다. A는 개구부의 면적, H는 개구부의 높이이며 이는 개구부의 높이에 영향을 더 받음을 알 수 있다.

7. 화재하중

단위 면적당 가연물의 양을 목재의 양으로 환산한 값

$$\text{화재하중 } Q = \frac{\sum(G_i \cdot H_i)}{H \cdot A} = \frac{\sum Q_i}{4,500 \cdot A} [kg/m^2]$$

G_i : 가연물의 질량 [kg]
H_i : 가연물의 단위 발열량 [kJ/kg]
Q_i : 가연물의 전 발열량 [kJ]
H : 목재의 단위 질량당 발열량 (4,500 [kcal/kg] ≒ 18,855 [kJ/kg])
A : 바닥면적 [m²]
☞ 1 cal = 4.18 [J]

핵심 PLUS

17 화재강도(Fire intensity)와 관계가 없는 것은? [기 15]
① 가연물의 비표면적
② 발화원의 온도
③ 화재실의 구조
④ 가연물의 발열량

답 : ②

18 다음 중 화재하중을 나타내는 단위는? [기 08, 13, 14]
① kcal/kg
② ℃/m²
③ kg/m²
④ kg/kcal

답 : ③

19 화재하중 계산 시 목재의 단위발열량은 약 몇 [kcal/kg]인가? [기 15]
① 3,000
② 4,500
③ 9,000
④ 12,000

답 : ②

20 다음 중 건물의 화재하중을 감소시키는 방법으로서 가장 적합한 것은?
① 건물 높이의 제한
② 내장재의 불연화
③ 소방시설증강
④ 방화구획의 세분화

답 : ②

3 건축물의 방화계획

1. 방화계획의 구분

1) 공간적 대응 – Passive system

　① 대항성
　　㉠ 화재의 성상(열, 연기 등)에 대응하는 성능과 내력
　　㉡ 내화구조, 방화구조, 방화구획, 건축물의 방·배연성능 등의 성능을 말함

　② 회피성
　　㉠ 화재의 발화, 확대 등 저감시키는 예방적 조치 또는 상황
　　㉡ 불연화, 난연화, 내장재 제한, 방화훈련 등

　③ 도피성
　　㉠ 화재로부터 피난할 수 있는 공감성과 시스템 형상
　　㉡ 직통계단, 피난계단, 코어구성 등

2) 설비적 대응 – Active system

2. 주요구조부

주계단, 내력벽, 기둥, 바닥, 보, 지붕틀

3. 방화구조

① 철망모르타르로서 그 바름 두께가 2 [cm] 이상인 것
② 석고판 위에 회반죽 또는 시멘트모르타르를 바른 것으로서 그 두께의 합계가 2.5 cm 이상인 것
③ 시멘트모르타르위에 타일을 붙인 것으로서 그 두께의 합계가 2.5 [cm] 이상인 것
④ 심벽에 흙으로 맞벽치기한 것
⑤ 한국산업표준이 정하는 바에 따라 시험한 결과 방화 2급 이상에 해당하는 것

> **암기** 철2 석회시 ~ 시타 2.5(철이 석회 싫다고 함. 석회가 2.5로 더 두꺼워서)

핵심 PLUS

21 건축방화계획에서 건축구조 및 재료를 불연화하여 화재를 미연에 방지하고자 하는 공간적 대응방법은? [기 15, 17]
① 회피성 대응
② 도피성 대응
③ 대항성 대응
④ 설비적 대응
답 : ①

22 건물의 주요 구조부에 해당되지 않는 것은? [기 08, 10, 11, 13, 15, 17]
① 바닥　　② 천장
③ 기둥　　④ 주계단
답 : ②

23 방화구조에 대한 기준으로 틀린 것은? [기 08, 09, 11, 13, 15]
① 철망모르타르로서 그 바름두께가 2[cm] 이상인 것
② 석고판 위에 시멘트모르타르를 바른 것으로서 그 두께의 합계가 2.5[cm] 이상인 것
③ 시멘트모르타르 위에 타일을 붙인 것으로서 그 두께의 합계가 2[cm] 이상인 것
④ 심벽에 흙으로 맞벽치기 한 것
답 : ③

4. 내화구조

① 화재 시 건축물의 강도 및 성능을 일정기간 유지할 수 있는 구조

② 화재에 견딜 수 있는 성능을 가진 구조로서 화재 최성기의 화재저항

③ 철근콘크리트조, 연와조, 석조 등 이와 유사한 구조

핵심 PLUS

24 건축물의 내화구조 바닥이 철근콘크리트조 또는 철골철근콘크리트조인 경우 두께가 몇 [cm] 이상이어야 하는가? [기 09, 14, 16]
① 4   ② 5
③ 7   ④ 10

답 : ④

철골조

철근콘크리트조

철골철근콘크리트조

연와(벽돌)조

콘크리트블록

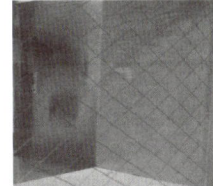
유리블록(지붕)

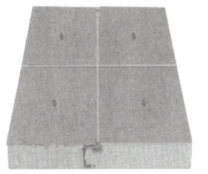
콘크리트패널

석조

구 분		외벽중 비내력벽	벽	바닥	기둥	보 지붕틀	지붕	계단
철근콘크리트조, 철골철근콘크리트조		7	10	10	◎	◎	◎	◎
무근콘크리트조, 콘크리트블록조, 석조		7	–	–	–	–	–	◎
벽돌조		7	19	–	–	–	–	–
고온·고압의 증기로 양생된 경량기포 콘크리트패널, 경량기포 콘크리트블록조		–	10	–	–	–	–	–
철골조	콘크리트블록·벽돌 또는 석재로 덮은 것	4	5	–	7	–	–	–
	철망모르타르 덮은 것	3	4	–	6	6	–	–
	콘크리트				5	5	–	–

◎ : 두께 기준 없음

- 기둥(그 작은 지름이 25 [cm] 이상인 것)
- 고강도 콘크리트(설계기준강도가 50 [MPa] 이상인 콘크리트)

25 건축물의 내화구조에서 바닥의 경우에는 철근콘크리트조의 두께가 몇 [cm] 이어야 하는가? [기 09, 12, 13]
① 7
② 10
③ 12
④ 15

답 : ②

26 내화구조의 철근콘크리트조 기둥은 그 작은 지름을 최소 몇 [cm] 이상으로 하는가? [기 09]
① 10
② 15
③ 20
④ 25

답 : ④

5. 방화구획

정의	화재 시 연소확대 방지를 위해 일정한 공간을 구획 (소방대의 방호면적이 약 1,000[m²] 정도)				
대상	주요구조부가 내화구조, 불연재료의 건축물로서 연면적이 1,000[m²] 넘는 건축물				
방화 구획의 종류	층별	매층마다 구획 ※ 지하 1층에서 지상으로 직접 연결하는 경사로 부위는 제외			
	면적별	구분	10층 이하	11층 이상 내장재가 불연재가 아닌 경우	11층 이상 내장재가 불연재인 경우
		바닥면적	1,000[m²] 이내	200[m²] 이내	500[m²] 이내
		스프링클러 등 자동식 소화설비 설치 시 면적의 3배 이내마다 구획	3,000[m²] 이내	600[m²] 이내	1,500[m²] 이내
	용도별	주요구조부를 내화구조로 하여야 하는 대상부분과 기타부분 사이의 구획			
	수직 관통부	계단, 승강기 샤프트, 에스컬레이터 등 구획			
구획의 방법	① 내화구조의 벽, 바닥, 갑종방화문, 자동방화셔터로 구획 ② 관통부의 경우 내화충전성능을 인정한 구조 또는 내화충진제, 방화댐퍼 등				
방화 구획 세분화시 장단점	① 장점 화재의 크기 제한(피난의 안전성), 연기이동제한(제연의 용이성) ② 단점 ㉠ 시야 확보 방해로 피난 장애 및 소화활동 지장 ㉡ Flash Over 발생 용이(발연량 및 발열량 증가) ㉢ 불완전 연소 - 훈소 및 Back Draft 발생 가능성 증가				

훼손된 방화구획

핵심 PLUS

27 일정규모 이상이면 건축물에는 방화구획을 하여야 한다. 다음 중에서 방화 구획 종류가 아닌 것은? [기 17]
① 면적
② 층
③ 용도
④ 수용인원

답 : ④

28 10층 이하 면적별 방화구획 면적으로 옳은 것은? (단 스프링클러등 자동소화설비가 설치 되어 있지 않다.)
① 200
② 500
③ 1,000
④ 3,000

답 : ③

6. 방화설비

방화문	1. 방화문의 종류 및 설치장소			
	구 분	성능	설치장소
	60분+ 방화문	연기 및 불꽃을 차단할 수 있는 시간이 60분 이상이고, 열을 차단할 수 있는 시간이 30분 이상인 방화문	아파트 발코니에 설치하는 대피공간의 갑종방화문
	60분 방화문	연기 및 불꽃을 차단할 수 있는 시간이 60분 이상인 방화문	1. 특별피난계단 전실 출입구 2. 비상용 승강기 승강장 출입구 3. 방화구획, 방화벽 4. 피난계단 출입구 5. 특별피난계단 계단실 출입구 6. 연소우려가 있는 외벽의 개구부
	30분 방화문	연기 및 불꽃을 차단할 수 있는 시간이 30분 이상 60분 미만인 방화문	1. 특별피난계단 계단실 출입구 2. 연소우려가 있는 외벽의 개구부

※ 차연성 (KS F 3109 : 문세트 시험)
- 방화문을 설치한 시험장치 내 압력이 25 [Pa]일 때 방화문을 통한 누설량이 $0.9[m^3/min \cdot m^2]$ 초과하지 않을 것

2. 승강기문을 방화문으로 설치 시 비차열 1시간 요구

3. 방화문의 상부 또는 측면으로부터 50 [cm] 이내에 설치되는 방화문 인접창은 KS F2845(유리 구획부의 내화시험 방법)에 따라 시험한 결과 해당 비차열 성능을 요구

방화셔터

1. 정의
   방화구획의 용도로 화재시 연기 및 열을 감지하여 자동 폐쇄되는 것으로서, 공항·체육관 등 넓은 공간에 부득이하게 내화구조로 된 벽을 설치하지 못하는 경우에 사용하는 방화셔터를 말한다.
2. 개폐장치
   자동·수동 및 임의의 위치에서 정지 및 자중에 의해 폐쇄 가능 할 것
3. 연동폐쇄장치
   연기감지기에 의해 일부폐쇄 및 중량셔터의 경우 공칭작동온도 60~70[℃]인 열감지기(정온식, 보상식)에 의해 완전 폐쇄, 30분 개폐 가능한 예비전원 축전지 설비 설치
4. 비차열 1시간 요구
5. 피난이 가능한 60+방화문 또는 60분방화문으로부터 3미터 이내에 별도로 설치
6. 전동방식이나 수동방식으로 개폐할 수 있을 것
7. 불꽃감지기 또는 연기감지기 중 하나와 열감지기를 설치할 것
8. 불꽃이나 연기를 감지한 경우 일부 폐쇄되는 구조일 것
9. 열을 감지한 경우 완전 폐쇄되는 구조일 것

핵심 PLUS

29 연기 및 불꽃을 차단할 수 있는 시간이 60분 이상인 방화문의 종류는?
① 60분+ 방화문
② 60분 방화문
③ 30분 방화문
④ 30분+ 방화문

답 : ②

방화문 시험

일체형방화셔터
(2020.1.30일부터 설치금지)

I. 소방원론 | 화재이론

핵심 PLUS

30 방화벽에 설치하는 출입문의 너비는 얼마 이하로 하여야 하는가?
[기 12, 18]

① 2.0[m]
② 2.5[m]
③ 3.0[m]
④ 3.5[m]

답 : ②

31 건축물에 설치하는 방화벽의 구조에 대한 기준 중 틀린 것은? [기 17]

① 내화구조로서 홀로 설 수 있는 구조이어야 한다.
② 방화벽의 양쪽 끝은 지붕면으로부터 0.2[m] 이상 튀어나오게 하여야 한다.
③ 방화벽의 위쪽 끝은 지붕면으로부터 0.5[m] 이상 튀어나오게 하여야 한다.
④ 방화벽에 설치하는 출입문은 너비 및 높이가 각각 2.5[m] 이하인 갑종방화문을 설치하여야 한다.

답 : ②

7. 연면적 1,000[m²] 이상인 건축물(주요구조부가 내화구조, 불연재로인 경우 등은 제외)

1) 방화벽 설치기준

① 내화구조로서 홀로 설 수 있는 구조
② 방화벽의 양쪽 끝과 윗쪽 끝을 건축물의 외벽면 및 지붕면으로부터 0.5[m] 이상 돌출되게 할 것
③ 방화벽에 설치하는 출입문의 너비 및 높이는 각각 2.5[m] 이하로 하고, 해당 출입문에는 60분+방화문 또는 60분 방화문을 설치할 것

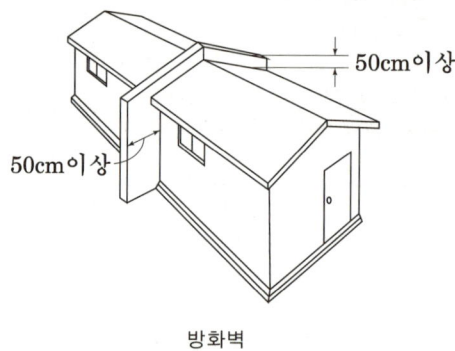

방화벽

2) 연면적이 1천[m²] 이상인 목조건축물

그 외벽 및 처마 밑의 연소할 우려가 있는 부분을 방화구조로 하되, 그 지붕은 불연재료로 하여야 한다.

| 연소할 우려가 있는 부분 |

인접대지경계선·도로중심선 또는 동일한 대지안에 있는 2동 이상의 건축물 상호의 외벽간의 중심선으로부터 1층에 있어서는 3[m] 이내, 2층 이상에 있어서는 5[m] 이내의 거리에 있는 건축물의 각 부분

| 지하구의 방화벽 |

항상 닫힌 상태를 유지하거나 자동폐쇄장치에 의하여 화재 신호를 받으면 자동으로 닫히는 구조
① 내화구조로서 홀로 설 수 있는 구조
② 방화벽의 출입문은 갑종방화문으로 설치
③ 방화벽을 관통하는 케이블·전선 등에는 내화충전 구조로 마감
④ 방화벽은 분기구 및 국사·변전소 등의 건축물과 지하구가 연결되는 부위(건축물로부터 20[m] 이내)에 설치
⑤ 자동폐쇄장치를 사용하는 경우에는 「자동폐쇄장치의 성능인증 및 제품검사의 기술기준」에 적합한 것으로 설치

8. 내장재

구분	성질 및 종류
불연재료 - 불에 타지 않는 성질을 가진 재료	• 콘크리트, 석재, 벽돌, 기와, 석면판, 시멘트 몰타르, 알루미늄, 회, 철강, 유리 등 • 시멘트모르타르 및 회 등 미장재료를 사용하는 경우에는 일정 두께 이상을 말함(24[mm])
준불연재료 - 불연재료에 준하는 성질을 가진 재료	• 목모 시멘트판, 목편 시멘트판, 펄프 시멘트판, 석고보드 등이 있다.
난연재료 - 불에 잘타지 않는 성질을 가진 재료	• 난연합판, 난연플라스틱판 기타 이와 유사한 난연성(難燃性)의 재료로서 국토교통부령으로 정하는 기준에 적합한 재료

9. 방 염

구분		내 용
정의		유기질을 무기질 등으로 피복하여 잘 타지 않도록 함
방염이론	피복이론	무기질로 피복하여 산소공급 차단 (붕사, 붕산)
	화학적이론	낮은 온도에서 분해되어 발화점에 이르기 전 가연성 가스 발생 및 진사를 님김
	가스이론	열분해 생성물인 가연성가스를 열분해에 의해 발생되는 불연성 가스로 희석(염화아연, 염화칼슘)하여 연소범위 제어
	열적이론	방염제 용융 또는 승화시 흡열반응으로 열 에너지 흡수
	+암기 피화가열	
방염 대상물	① 근린생활시설 중 의원, 조산원, 산후조리원, 체력단련장, 공연장 및 종교집회장 ② 건축물의 옥내에 있는 시설 　[문화 및 집회시설, 종교시설, 운동시설(수영장은 제외)] ③ 의료시설, 노유자시설 및 숙박이 가능한 수련시설, 숙박시설, 방송통신시설 중 방송국 및 촬영소 ④ 다중이용업의 영업장 ⑤ 층수가 11층 이상인 것(아파트는 제외) ⑥ 교육연구시설 중 합숙소 　+암기 연예인 안문숙이 11층의 체력단련장에서 운동하다 다쳤는데 의료시설인 조산 의원에 안 가고 공연장으로 가 이상하게 여겨 방송국에서 촬영하러 오니 합숙소의 노유자, 수련시설의 종교인등이 구경 옴	

핵심 PLUS

32 다음 중 불연재료에 해당하지 않는 것은? [기 10]
① 기와
② 아크릴
③ 유리
④ 콘크리트

답 : ②

33 방염 설치 대상물이 아닌 것은?
① 교육연구시설 중 합숙소
② 15층의 호텔
③ 지하1층에 위치한 65[m²]의 일반 음식점
④ 방송국

답 : ③

34 방염성능기준 이상의 실내장식물 등을 설치하여야 하는 특정소방대상물에 해당하지 않는 것은? [기 15]
① 숙박시설
② 노유자시설
③ 층수가 11층 이상의 아파트
④ 건축물의 옥내에 있는 종교시설

답 : ③

핵심 PLUS

35 방염대상물품 중 제조 또는 가공공정에서 방염처리를 하여야 하는 물품이 아닌 것은? [기 13, 15]
① 암막
② 두께가 2[mm] 미만인 종이벽지
③ 무대용 합판
④ 창문에 설치하는 블라인드

답 : ②

구분	내용

방염 대상물품	1. 방염대상물품
	① 창문에 설치하는 커텐류 (블라인드 포함)
	② 카펫, 두께 2[mm] 미만인 벽지류로서 종이벽지 제외
	③ 무대용, 전시용 합판 또는 섬유판
	④ 암막, 무대막, 스크린(영화상영관, 골프장)
	⑤ 섬유류 또는 합성수지류 등을 원료로 하여 제작된 소파·의자
	  – 다중이용업소의 단란주점영업, 유흥주점영업 및 노래연습장업의 영업장에 설치하는 것만 해당한다.

	방염 안된 쇼파와 방염된 쇼파
	
	2. 실내장식물 – 다중이용업소의 천장과 벽에만 설치하는 것
	① 종이류(2[mm] 이상), 합성수지류, 섬유류를 주원료로한 물품
	② 합판, 목재, 칸막이, 간이칸막이, 흡음재, 방음재
	   (흡음, 방음용 커튼 포함)
	
	┌─ │실내장식물 제외 물품│ ─────────┐
	• 가구류(옷장, 찬장, 식탁용의자, 사무용책장, 사무용의자 및 계산대 등)
	• 너비 10[cm] 이하의 반자돌림대 등
	• 건축법에 의한 내부 마감 재료

36 버너의 불꽃을 제거한 때부터 불꽃을 올리며 연소하는 상태가 끝날 때까지의 시간은? [기 15]
① 10초 이내
② 20초 이내
③ 30초 이내
④ 40초 이내

답 : ②

	구분	내용
방염 성능기준	잔염시간	버너의 불꽃을 제거한 때부터 불꽃을 올리며 연소하는 상태가 그칠 때까지의 시간 20초 이내(불꽃연소)
	잔신시간	버너의 불꽃을 제거한 때부터 불꽃을 올리지 아니하고 연소하는 상태가 그칠 때까지의 시간 30초 이내(작열연소)
	탄화 면적	50[cm²] 이내
	탄화 길이	20[cm] 이내
	접염횟수	불꽃에 의해 완전히 녹을 때까지의 불꽃 접촉횟수 3회 이상
	발연량	최대 연기밀도 400 이하

4 건축물의 피난계획

1. 피난계획(동선)의 기본 원칙

피난경로	간단 명료 – 일상생활 동선과 일치하도록 경로 설정
피난수단	원시적 방법 (Fool Proof, 자연채광, 노대, Panic Bar, 승강기 이용 불가) * Fool proof 원칙 : 바보도 증명할수 있다는 법칙으로 패닉상태 등에서도 쉽게 식별이 가능하도록 그림이나 색채를 이용하는 원칙
피난로	인간의 피난행동 특성(본능) 고려 – 좌회, 귀소, 지광, 퇴피, 추종본능
피난구	상시 개방 상태 또는 화재 시 잠금 장치 해정
피난설비	고정식설비 위주로 계획(계단, 미끄럼틀, 고정식사다리, 구조대 고정 등)
피난통로	2방향 피난통로 확보 – Fail Safe 원칙(실패해도 안전해야하는 원칙)

2. 인간의 피난행동 특성 (본능)

좌회 본능	오른손잡이는 왼쪽으로 회전하려고 함
귀소 본능	왔던 곳 또는 상시 사용하는 곳으로 돌아가려 함
지광 본능	밝은 곳으로 향함
퇴피 본능	위험을 확인하고 위험으로부터 멀어지려 함
추종 본능	위험 상황에서 한 리더를 추종하려 함

3. 피난 시 보행속도

분류	속도 및 계수
자유 보행속도	0.5 ~ 2 [m/s]
군집 보행속도	1 [m/s]
암중 보행속도	0.7 [m/s] (인지), 0.3 [m/s] (미인지)
군집유동계수(출구 폭 1 m당 매초 통과 인원수)	계단 출구 : 1.33 [인/m·s] 일반적인 출구 : 1.5 [인/m·s]

4. 안전구획

1차 안전구획	2차 안전구획	3차 안전구획
복도	전실(부속실)	계단

핵심 PLUS

37 피난계획의 일반원칙 중 fool proof 원칙에 해당하는 것은?
[기 08, 09, 11, 12, 14, 16, 18]

① 저지능인 상태에서도 쉽게 식별이 가능하도록 그림이나 색채를 이용하는 원칙
② 피난설비를 반드시 이동식으로 하는 원칙
③ 한 가지 피난기구가 고장이 나도 다른 수단을 이용할 수 있도록 고려하는 원칙
④ 피난설비를 첨단화된 전자식으로 하는 원칙

답 : ①

38 건축물의 화재발생시 인간의 피난 특성으로 틀린 것은?
[기 08, 09, 10, 11, 12, 18]

① 평상시 사용하는 출입구나 통로를 사용하는 경향이 있다.
② 화재의 공포감으로 인하여 빛을 피해 어두운 곳으로 몸을 숨기는 경향이 있다.
③ 화염, 연기에 대한 공포감으로 발화지점의 반대방향으로 이동하는 경향이 있다.
④ 화재시 최초로 행동을 개시한 사람을 따라 전체가 움직이는 경향이 있다.

[해설] 지광본능 – 밝은 곳으로 향함

답 : ②

39 건물 내 피난동선의 조건으로 옳지 않은 것은?
[기 08, 10, 11, 12, 13, 14, 16]

① 2개 이상의 방향으로 피난할 수 있어야 한다.
② 가급적 단순한 형태로 한다.
③ 통로의 말단은 안전한 장소이어야 한다.
④ 수직동선은 금하고 수평동선만 고려한다.

답 : ④

I. 소방원론 | 화재이론

핵심 PLUS

40 다음 중 피난자의 집중으로 패닉(panic) 현상이 일어날 우려가 가장 큰 형태는? [기 08, 09, 12, 17]
① T형 ② X형
③ Z형 ④ H형
답 : ④

41 건물화재시 패닉(panic)의 발생원인과 직접적인 관계가 없는 것은? [기 11]
① 연기에 의한 시계제한
② 유독가스에 의한 호흡장애
③ 외부와 단절되어 고립
④ 건물의 불연내장재
답 : ④

42 피난층에 대한 정의로 옳은 것은? [기 17]
① 지상으로 통하는 피난계단이 있는 층
② 비상용 승강기의 승강장이 있는 층
③ 비상용 출입구가 설치되어 있는 층
④ 직접 지상으로 통하는 출입구가 있는 층
답 : ④

43 지하층이란 건축물의 바닥이 지표면 아래에 있는 층으로서 바닥에서 지표면까지의 평균높이가 해당 층 높이의 얼마 이상인 것을 말하는가? [기 08]
① $\frac{1}{2}$ ② $\frac{1}{3}$
③ $\frac{1}{4}$ ④ $\frac{1}{5}$
답 : ①

5. 복도의 형태에 다른 특성

구조	피난특성
T형	피난자에게 피난경로를 확실히 알려주는 형태
Y형	
X형	양방향으로 피난 할 수 있는 확실한 형태
H형	
CO형	중앙corner방식으로 피난자의 집중으로 panic 현상이 일어날 우려가 있는 형태
Z형	중앙복도형 건축물에서의 피난경로로서 corner식 중 제일 안전한 형태

6. 피난층

곧바로 지상으로 갈 수 있는 출입구가 있는 층을 말한다.

7. 지하층의 구조 및 설비

1) 지하층의 정의

건축물의 바닥이 지표면 아래에 있는 층으로서 바닥에서 지표면까지 평균높이가 해당 층 높이의 2분의 1 이상인 것을 말한다.

2) 지하층의 비상탈출구 설치기준(주택은 제외)

구분	설치기준
크기	너비 0.75 [m] 이상, 높이 1.5 [m] 이상
문	피난방향으로 개방, 실내에서 항상 열 수 있는 구조, 내부 및 외부에는 비상탈출구의 표지 설치
위치	출입구로부터 3 [m] 이상 떨어진 곳에 설치
사다리	지하층의 바닥으로부터 비상탈출구의 아랫부분까지의 높이가 1.2 [m] 이상인 경우 → 발판의 너비가 20 [cm] 이상의 사다리 설치
피난통로	유효너비는 0.75 [m] 이상으로 하고, 내장재는 불연재료로 할 것

핵심기출문제

2. 화재이론

■■■ 2. 화재이론

1. 화재에 대한 설명으로 옳지 않은 것은? [11 ㉎]

① 인간이 제어하여 인류의 문화, 문명의 발달을 가져오게 한 근본적인 존재다.
② 불을 사용하는 사람의 부주의와 불안정한 상태에서 발생되는 것
③ 불로 인하여 사람의 신체, 생명 및 재산상의 손실을 가져다주는 재앙
④ 실화, 방화로 발생하는 연소현상을 말하며 사람에게 유익하지 못한 해로운 불을 말한다.

2. 화재급수에 따른 화재 분류가 틀린 것은? [11 ㉎]

① A급 – 일반화재 ② B급 – 유류화재
③ C급 – 가스화재 ④ D급 – 금속화재

3. 고비점 유류의 탱크화재시 열류층에 의해 탱크 아래의 물이 비등·팽창하여 유류를 탱크 외부로 분출시켜 화재를 확대시키는 현상은? [17 ㉎]

① 보일오버(Boil over)
② 롤오버(Roll over)
③ 백드래프트(Back draft)
④ 플래시오버(Flash over)

4. 유류탱크 화재 시 발생하는 슬롭오버(Slop over) 현상에 관한 설명으로 틀린 것은? [15 ㉎]

① 소화 시 외부에서 방사하는 포에 의해 발생한다.
② 연소유가 비산되어 탱크 외부까지 화재가 확산된다.
③ 탱크의 바닥에 고인 물의 비등 팽창에 의해 발생한다.
④ 연소면의 온도가 100[℃] 이상일 때 물을 주수하면 발생한다.

해설

해설 1
화재의 정의
사람의 의도에 반하거나 고의에 의해 발생하는 연소현상으로서 소화시설 등을 사용하여 소화할 필요가 있거나 또는 화학적인 폭발현상

해설 2
화재의 종류

A급	B급	C급	D급	K급
일반화재	유류화재	전기화재 (통전중)	금속화재	주방식용유화재
백색	황색	청색	무색	–

해설 3
Boil Over 보일오버
① 다비점의 중질유 저장탱크 화재 발생
② 저비점 물질은 유류 표면층에서 증발, 연소
③ 고비점 물질은 화염의 온도에 의해 가열, 축적되어 200~300[℃]의 열류층 형성
④ 열류층이 하부의 수층에 열전달
⑤ 물이 비등하며 탱크 내 기름을 분출시킴

해설 4
Slop Over 슬롭오버
① 다비점의 중질유 저장탱크 화재로 열류층 형성
② 고온층 표면에 주수소화
③ 열류층 교란
④ 불이 붙은 기름이 끓어 넘침

정답 1. ① 2. ③ 3. ① 4. ③

핵심기출문제

2. 화재이론

5. 목조건축물에서 발생하는 옥외출화 시기를 나타낸 것으로 옳은 것은? [16 ㉐]

① 창, 출입구 등에 발염 착화한 때
② 천장 속, 벽 속 등에서 발염 착화한 때
③ 가옥 구조에서는 천장면에 발염 착화한 때
④ 불연 천장인 경우 실내의 그 뒷면에 발염 착화한 때

6. 목재건축물의 화재진행과정을 순서대로 나열한 것은? [11 ㉐]

① 무염착화 → 발염착화 → 발화 → 최성기
② 무염착화 → 최성기 → 발염착화 → 발화
③ 발염착화 → 발화 → 최성기 → 무염착화
④ 발염착화 → 최성기 → 무염착화 → 발화

7. 내화건축물 화재의 진행과정으로 가장 옳은 것은? [13 ㉐]

① 화원 → 최성기 → 성장기 → 감퇴기
② 화원 → 감퇴기 → 성장기 → 최성기
③ 초기 → 성장기 → 최성기 → 감쇠기 → 종기
④ 초기 → 감쇠기 → 최성기 → 성장기 → 종기

8. 화재실 혹은 화재공간의 단위바닥면적에 대한 등가가연물량의 값을 화재비중이라 하며 식으로 표시할 경우에는 $Q = \Sigma(Gt \cdot Ht)/H \cdot A$와 같이 표현할 수 있다. 여기에서 H는 무엇을 나타내는가? [16 ㉐]

① 목재의 단위발열량
② 가연물의 단위발열량
③ 화재실내 가연물의 전체 발열량
④ 목재의 단위발열량과 가연물의 단위발열량을 합한 것

9. 건축물의 화재성상 중 내화 건축물의 화재성상으로 옳은 것은? [16 ㉐]

① 저온 장기형
② 고온 장기형
③ 저온 단기형
④ 고온 단기형

해설

해설 5

출화란 화재를 뜻하며 옥내출화와 옥외출화로 구분된다.

- 옥내출화시기
① 천정 면에 발염착화한 때
② 불연 천정인 경우 실내의 그 뒷면 판에 착화한 때
③ 천정 속, 벽 속 등에 발염착화한 때

- 옥외출화시기
① 가옥의 벽, 지붕, 추녀 밑에 발염착화한 때
② 창, 출입구 등에 발염착화한 때

해설 8

화재하중
단위 면적당 가연물의 양을 목재의 양으로 환산한 값

$$Q = \frac{\Sigma(G_i \cdot H_i)}{H \cdot A}$$
$$= \frac{\Sigma Q_i}{4,500 \cdot A} \,[kg/m^2]$$

G_i : 가연물의 질량 [kg]
H_i : 가연물의 단위 발열량 [kJ/kg]
Q_i : 가연물의 전 발열량 [kJ]
H : 목재의 단위 질량당 발열량
  (4,500 [kcal/kg]
  ≒ 18,855 [kJ/kg])
A : 바닥면적 [m²]

해설 9

화재성상
내화건축물 – 저온장기형
목조건축물 – 고온단기형

정답 5. ① 6. ① 7. ③ 8. ①
9. ①

10. 건축물의 방재계획 중에서 공간적 대응 계획에 해당되지 않는 것은? [15 ㉑]

① 도피성 대응   ② 대항성 대응
③ 회피성 대응   ④ 설비적 대응

11. 다음에서 설명하는 구조를 무엇이라 하는가?

> 철근콘크리트구조·연와조·석조 등과 같이 화재에 대해서 가장 안전한 건축구조를 말하는데, 인접화재로 인해 연소될 우려가 적고, 내부에서 화재가 발생해도 주요구조부는 내력상 지장이 없어 간단한 수리로 그 건축물을 다시 사용할 수 있다.

① 내화구조   ② 방화구조
③ 방염구조   ④ 난연구조

12. 다음 중 내화구조에 해당하는 것은? [12, 14 ㉑]

① 두께 1.2[cm] 이상의 석고판 위에 석면 시멘트판을 붙인 것
② 철근콘크리트조의 벽으로서 두께가 10[cm] 이상인 것
③ 철망모르타르로서 그 바름 두께가 2[cm] 이상인 것
④ 심벽에 흙으로 맞벽치기 한 것

13. 건축물의 주요 구조부에 해당되지 않는 것은? [11 ㉑]

① 내력벽   ② 기둥
③ 주계단   ④ 작은 보

14. 건축물에서 주요 구조부가 아닌 것은? [08 ㉑]

① 차양   ② 주계단
③ 내력벽   ④ 기둥

15. 벽돌조로서 내화구조 벽의 기준은 두께 몇 [cm] 이상이어야 하는가? [18 ㉑]

① 10   ② 19
③ 20   ④ 25

해설

해설 10

방화계획의 구분
- 공간적 대응
  ① 대항성
  ② 회피성
  ③ 도피성
- 설비적 대응 – Active system

해설 11

내화구조
① 화재 시 건축물의 강도 및 성능을 일정기간 유지할 수 있는 구조
② 화재에 견딜 수 있는 성능을 가진 구조로서 화재 최성기의 화재저항
③ 철근콘크리트조, 연와조, 석조 등 이와 유사한 구조

해설 12

①, ③, ④은 방화구조

해설 13, 14

주요구조부
주계단, 내력벽, 기둥, 바닥, 보, 지붕틀

해설 15, 16

구분	외벽중 비내력벽	벽	바닥
철근콘크리트조 철골철근콘크리트조	7	10	10
무근콘크리트조, 콘크리트블록조, 석조	7	–	–
벽돌조	7	19	–

단위 : cm

정답 10. ④ 11. ① 12. ② 13. ④
14. ① 15. ②

핵심기출문제

2. 화재이론

16. 「건축물의 피난·방화구조 등의 기준에 관한 규칙」에 따른 바닥의 내화구조 기준으로 ( )에 알맞은 수치는? [12 ㉮]

> 철근콘크리트조 또는 철골철근콘크리트조로서 두께가 ( )[cm] 이상인 것

① 4 ② 5
③ 7 ④ 10

17. 방화구조의 기준으로 틀린 것은? [08 ㉮]
① 철망모르타르로서 그 바름두께가 2[cm] 이상인 것
② 심벽에 흙으로 맞벽치기한 것
③ 시멘트모르타르 위에 타일을 붙인 것으로서 그 두께의 합계가 1.5[cm] 이상인 것
④ 석고판 위에 두께 2.5[cm] 이상의 회반죽을 바른 것

18. 다음 건축 재료 중에서 불연재료가 아닌 것은? [07, 10 ㉮]
① 석면 슬레이트 ② 석고보드
③ 유리 ④ 시멘트모르타르

19. 건축물에 설치하는 방화구획의 설치기준 중 스프링클러설비를 설치한 11층 이상의 층은 바닥면적 몇 [m²] 이내마다 방화구획을 하여야 하는가?(단, 벽 및 반자의 실내에 접하는 부분의 마감은 불연재료가 아닌 경우이다.) [08 ㉮]
① 200 ② 600
③ 1,000 ④ 3,000

20. 건축물에 화재가 발생할 때 연소확대를 방지하기 위한 계획에 해당되지 않는 것은?
① 수직계획 ② 입면계획
③ 수평계획 ④ 용도계획

해설

해설 17
방화구조
① 철망모르타르로서 그 바름 두께가 2[cm] 이상인 것
② 석고판 위에 회반죽 또는 시멘트모르타르를 바른 것으로서 그 두께의 합계가 2.5 [cm] 이상인 것
③ 시멘트모르타르위에 타일을 붙인 것으로서 그 두께의 합계가 2.5 [cm] 이상인 것
④ 심벽에 흙으로 맞벽치기한 것
⑤ 한국산업표준이 정하는 바에 따라 시험한 결과 방화 2급 이상에 해당하는 것

해설 18
석고보드 - 준불연재료

해설 19, 20
면적별 방화구획 기준

구분	10층 이하	11층 이상 내장재가 불연재가 아닌 경우	11층 이상 내장재가 불연재인 경우
바닥면적	1,000[m²] 이내	200[m²] 이내	500[m²] 이내
스프링클러 등 자동식 소화설비 설치 시	3,000[m²] 이내	600[m²] 이내	1,500[m²] 이내

층별	매층마다 구획
용도별	주요구조부를 내화구조로 하여야 하는 대상부분과 기타 부분 사이의 구획
수직 관통부별	계단, 승강기 샤프트, 에스컬레이터 등 구획

정답
16. ④ 17. ③ 18. ② 19. ②
20. ②

03 소화이론 및 약제의 종류

1 소화의 원리

- 연소의 3요소 제어(물리적 소화 : 가연물, 산소공급원, 점화원 제어하여 소화)
- 연소의 4요소 제어(화학적 소화 : 연쇄반응 제어하여 소화)
- 물적조건(농도, 압력)과 에너지조건(온도, 점화원) 제어하여 소화

1. 소화의 방법

구분	소화	내용	제어 방법
물리적 소화	냉각소화	인화점, 발화점 이하로 온도를 낮추어 소화	옥내소화전설비 스프링클러설비
	질식소화	산소의 농도를 21%에서 15% 이하로 감소 시켜 소화	이산화탄소소화설비 불활성기체소화설비
	피복소화	가연물을 피복하여 가연성가스 발생 억제 및 공기차단으로 소화(피복하여 질식시킴)	포소화설비
	제거소화	가연물이 연소하기 전에 가연물을 제거하여 소화	산불화재 벌목, 가스화재의 가스차단, 촛불의 화염·제거
	유화소화	기름과 물은 혼합되지 않으나 세차게 물을 기름에 뿌리는 경우 일시적으로 기름과 물이 혼합되는데 이를 에멀젼 효과(유화효과)라고 하고 가연성가스 방출 방지 및 산소공급 차단으로 소화	고비점유 화재 시 무상주수
	희석소화	물질의 농도를 다른 물질을 가함으로써 농도를 낮게 하여 소화	가연성의 기체나 액체, 고체에서 나오는 분해가스의 농도를 엷게 함
화학적 소화	연쇄반응 억제소화	화학적 소화 방법 (부촉매 효과) - 불꽃연소만 소화 가능	할론소화설비 분말소화설비

핵심 PLUS

01 화재를 소화하는 방법 중 물리적 방법에 의한 소화라고 볼 수 없는 것은? [기 08, 11, 13, 15, 16, 18]
① 억제소화 ② 제거소화
③ 질식소화 ④ 냉각소화
답 : ①

02 목재 화재시 다량의 물을 뿌려 소화하고자 한다. 이 때 가장 큰 소화효과는? [기 08, 10, 12, 17]
① 제거소화효과
② 냉각소화효과
③ 부촉매소화효과
④ 희석소화효과
답 : ②

03 일반적으로 공기 중 산소농도률 몇 [vol%] 이하로 감소시키면 연소상태의 중지 및 질식소화가 가능하겠는가? [기 08, 09, 11, 14, 16]
① 15 ② 21
③ 25 ④ 31
답 : ①

04 불연성 기체나 고체 등으로 연소물을 감싸 산소공급을 차단하는 소화방법은? [기 11]
① 질식소화
② 냉각소화
③ 연쇄반응 차단소화
④ 제거소화
답 : ①

05 다음 중 가연물의 제거와 가장 관련이 없는 소화방법은? [기 08, 11,13,14,16,17, 18]
① 촛불을 입김으로 불어서 끈다.
② 산불화재시 나무를 잘라 없앤다.
③ 팽창진주암을 사용하여 진화한다.
④ 가스화재시 중간밸브를 잠근다.
답 : ③

핵심 PLUS

06 화재의 소화원리에 따른 소화방법의 적용으로 틀린 것은? [기 09, 10, 11]
① 냉각소화 : 스프링클러설비
② 질식소화 : 이산화탄소 소화설비
③ 제거소화 : 포소화설비
④ 억제소화 : 할론 소화설비

답 : ③

07 다음 중 할론 소화약제의 가장 주된 소화효과에 해당하는 것은? [기 14]
① 냉각효과   ② 제거효과
③ 부촉매효과 ④ 분해효과

답 : ③

08 이산화탄소 소화약제의 주된 소화효과는? [기 15]
① 제거소화 ② 억제소화
③ 질식소화 ④ 냉각소화

답 : ③

09 밀폐된 공간에 이산화탄소를 방사하여 산소의 체적농도를 12[%]가 되게 하려면 상대적으로 방사된 이산화탄소의 농도는 얼마가 되어야 하는가? [기 11,12,13,15]
① 25.40[%] ② 28.70[%]
③ 38.35[%] ④ 42.86[%]

해설 $CO_2[\%] = \dfrac{21-12}{21} \times 100$
$= 42.86[\%]$

답 : ④

2. 각 소화설비별 주된 소화효과

구분	주된 소화효과	구분	주된 소화효과
스프링클러, 소화전	표면냉각(현열)	이산화탄소 불활성기체	질식
물분무	기상냉각(잠열)	할론	부촉매
미분무	질식	분말	부촉매
포	질식	할로겐화합물	냉각

3. 질식소화와 관련된 CO_2 농도와 양

방사된 CO_2의 농도[%]	방사된 CO_2의 양 [m³]
$CO_2[\%] = \dfrac{21[\%] - O_2[\%]}{21[\%]} \times 100$	$CO_2[m^3] = \dfrac{21[\%] - O_2[\%]}{O_2[\%]} \times V[m^3]$

$O_2[\%]$: 산소의 농도

| 핵심 PLUS |

예제 밀폐된 공간 100[m³]에 이산화탄소를 방사하여 산소의 체적농도가 12[%]가 되었다. 방사된 이산화탄소의 양[m³]은?
① 50   ② 65   ③ 70   ④ 75

해설 $CO_2[m^3] = \dfrac{21-12}{12} \times 100 = 75[m^3]$

답 : ④

예제 질식소화를 위한 연소한계 산소농도가 15[vol%]인 가연물질의 소화에 필요한 CO_2 가스의 최소소화농도[vol%]는? (단, 무유출(No efflux)방식을 전제로 하고, 공기 중 산소는 20[vol%]이다.)
① 20   ② 25   ③ 33   ④ 40

해설 $CO_2[\%] = \dfrac{20[\%] - O_2[\%]}{20[\%]} \times 100 = \dfrac{20-15}{20} \times 100 = 25[\%]$

답 : ②

2 물 소화약제

물은 원자인 수소와 산소의 극성공유결합과 물분자와 물분자의 인력에 의한 수소결합을 하고 있다.

수소결합의 크기는 공유결합의 약 1/10정도이고 이 결합력을 깨트리기 위해 많은 열을 흡수해야 하므로 물은 비열과 잠열 등이 크고 냉각효과가 우수한 성질을 가지고 있다.

| 비열, 현열, 잠열 |

구 분	내 용	단위
비열 (Specific Heat)	물질 1[kg]을 14.5[℃]에서 15.5[℃] 올리는데 필요한 열량	kJ/kg·℃
현열 (Sensible Heat)	상태 변화 없이 온도만 변할 때 흡수 또는 방출되는 열로서 측정할 수 있는 열	kJ/kg·℃
잠열 (Latent Heat)	온도 변화 없이 상 변화 시에 흡수 또는 방출되는 열로서 측정할 수 없는 열	kJ/kg

핵심 PLUS

10 소화약제로서 물에 관한 설명으로 틀린 것은? [기 15]
① 수소결합을 하므로 증발잠열이 작다.
② 가스계 소화약제에 비해 사용 후 오염이 크다.
③ 무상으로 주수하면 중질유 화재에도 사용할 수 있다.
④ 타 소화약제에 비해 비열이 크기 때문에 냉각효과가 우수하다.

답 : ①

1. 극성공유 결합, 수소결합

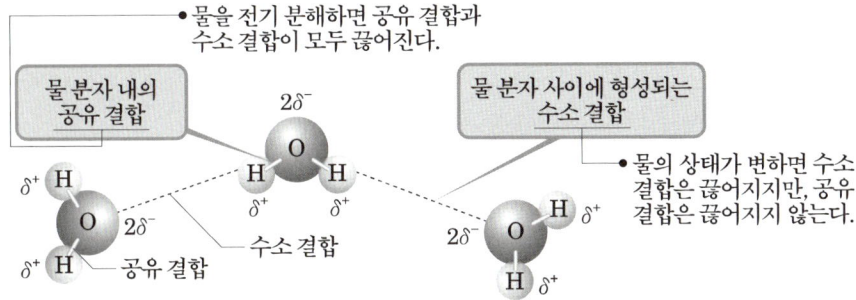

화학 결합의 일종으로 전자 한 쌍을 두 원자가 서로 공유함으로써 결합을 유지하는 화학적인 결합 상태이다.

핵심 PLUS

11 1기압, 100[℃]에서의 물 1[g]의 기화잠열은 약 몇 cal인가?
[기 08, 10, 12, 13, 14, 17, 18]
① 425　② 539
③ 647　④ 734
답 : ②

12 다음 중 증발잠열[kJ/kg]이 가장 큰 것은?　[기 08, 09, 10, 11, 14]
① 질소　② 할론 1301
② 이산화탄소　④ 물
답 : ④

13 다음 중 소화약제로 물을 사용하는 주된 이유는?　[기 09]
① 촉매역할을 하기 때문에
② 증발잠열이 크기 때문에
③ 연소작용을 하기 때문에
④ 제거작용을 하기 때문에
답 : ②

2. 수소결합에 의한 특성

① 비열과 현열이 크다.

② 융해잠열(80 [cal/g])이 크다.

③ 기화(증발)잠열(1기압, 100[℃] : 539 [cal/g])이 크다.

④ 표면장력(72.75 [dyne/cm])이 크다.

(표면장력 : 표면을 최소화 하려 힘으로 표면장력이 크면 물방울처럼 동글동글하게 된다.)

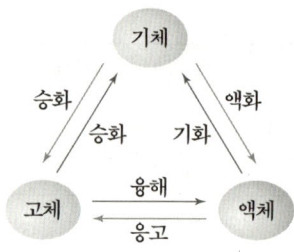

3. 장점

① 비교적 안정된 액체이다.

② 구하기 쉬우며 가격이 싸다.

③ 융해잠열, 기화(증발)잠열이 크다.(냉각효과가 크다.)

④ 증발 시 체적은 약 1,700배로 공기와 가연성가스를 배제시킨다.(미분무소화설비)

⑤ 가장 우수한 용매로서 단점을 보완하기 위해 여러 첨가물을 넣어 소화효과를 증가시킬 수 있다.

4. 단점

① 0[℃] 이하 온도에서 동결 시 물의 수송을 방해하며 밀도의 감소(부피 증가)로 동파가 발생한다.

② 물의 표면장력은 72.75 [dyne/cm]로서 다른 물질보다 비교적 커 침투능력이 저하되어 속불(심부)화재 시 재발화 우려가 있다.

③ 산불화재 시 높은 곳에서 물을 살수하는 경우 물은 부착력이 작아 나뭇잎, 가지, 기둥의 화재인 수관화, 수간화 화재에 대한 소화능력이 감소된다.

5. 단점을 보완하기 위한 첨가제

첨가제	내용
부동액 (antifreeze)	0[℃] 이하 온도에서 동결로 이송이 안되고 동파인 배관 파손으로 소화효과 감소
침투제 (Wetting Agent)	물의 표면장력은 72.75[dyne/cm]로서 비교적 크다. 따라서 심부화재인 산불화재, 원면화재 시 살수하면 깊게 침투되지 못해 소화가 어려워 물에 계면활성제(약 1[%])를 첨가하여 표면장력을 낮추면 침투효과를 높여 소화에 도움을 준다.
증점제 (Viscosity Agent)	산불화재의 경우 높은 곳에서 물을 뿌릴 경우 잎과 가지, 기둥에는 부착력이 낮아 소화하기 곤란하므로 물에 점성을 키워 화심에 도착률을 높이고 부착성을 강화시켜 소화를 도와주는 첨가제 • 증점제의 종류 : CMC(carboxy methyl cellulose), gelgard, Organic-Gel
유화제 (anemulsifying agent)	물과 기름은 잘 섞이지 않으나 큰 압력으로 세차게 방사시 순간적으로 섞이게 되는데 이를 에멀젼효과라 하고 이 효과를 이용하여 산소의 차단 및 가연성기체의 증발을 막아 소화하는데 이러한 소화효과를 높이기 위해 물에 섞는 것을 유화제라고 한다.

3 포소화약제

물과 포를 혼합한 공기포(기계포) 또는 화학물질의 혼합에 의해 생성된 화학포에 의해 방호대상물을 덮어 질식소화하는 소화약제이다.

1. 구비조건

① 포의 유동성, 점착성, 내열성, 안정성이 좋아야 한다.

② 포의 소포성, 부식성, 독성이 적어야 한다.

2. 포생성의 과정에 따른 분류

생성된 포 내부에 공기가 있으면 기계포, 포 내부에 CO_2가 있으면 화학포로 분류하며 화학포는 기계포 보다 설비가 간단하다.

① 기계포(공기) : 물(소화펌프)과 포원액(약제탱크) → 혼합기(프로포셔너)→ 포수용액 → 발포기

② 화학포(CO_2) : 탄산수소나트륨, 황산알루미늄 혼합 → 발포기

$$6NaHCO_3 + Al_2(SO_4)_3 \rightarrow 2Al(OH)_3 + 3Na_2SO_4 + 6CO_2 + 18H_2O$$

탄산수소나트륨　　　　수산화알루미늄　황산나트륨

핵심 PLUS

14 물의 소화력을 보강하기 위해 첨가하는 약제로서 물의 표면장력을 낮추어 침투효과를 높이기 위한 첨가제는? [기 09]
① 증점제　② 강화액
③ 침투제　④ 유화제

답 : ③

15 산림화재 시 소화효과를 증대시키기 위해 물에 첨가하는 증점제로서 적합한 것은? [기 18]
① Ethylene Glycol
② Potassium Carbonate
③ Ammonium Phosphate
④ Sodium Carboxy Methyl Cellulose

답 : ④

16 포소화설비의 주된 소화작용은? [기 12]
① 질식작용　② 희석작용
③ 유화작용　④ 촉매작용

답 : ①

17 화학포와 기계포를 생성하는 가스로서 순서대로 옳게 짝지어 진 것은?
① 이산화탄소 – 이산화탄소
② 공기 – 이산화탄소
③ 공기 – 공기
④ 이산화탄소 – 공기

답 : ④

18 화학포 소화약제의 주성분으로서 다음 중 옳은 것은?
① 중탄산칼슘과 황산알루미늄
② 중탄산칼륨과 황산알루미늄
③ 인산암모늄과 황산알루미늄
④ 중탄산나트륨과 황산알루미늄

답 : ④

핵심 PLUS

19 포소화설비의 국가화재안전기준에서 정한 포의 종류 중 저발포라 함은?   [기 10, 13, 17]
① 팽창비가 20 이하인 것
② 팽창비가 120 이하인 것
③ 팽창비가 250 이하인 것
④ 팽창비가 1,000 이하인 것

답 : ①

20 저팽창포와 고팽창포에 모두 사용할 수 있는 포 소화약제는?   [기 15]
① 단백포
② 수성막포
③ 알코올포
④ 합성계면활성제포

답 : ④

21 Twin agent system으로 분말소화약제와 병용하여 소화효과를 증진시킬 수 있는 소화약제로 다음 중 가장 적합한 것은?   [기 13,15]
① 수성막포
② 이산화탄소
③ 단백포
④ 합성계면활성제포

답 : ①

22 계면활성제가 첨가된 약제로서 일종 light water, AFFF라고 하는 약제는?
① 단백포
② 수성막포
③ 합성계면활성제포
④ 내알코올포

답 : ②

3. 포 팽창비에 따른 분류

발포기를 통하여 생성된 포의 팽창비에 따라 고발포와 저발포로 구분 한다.

$$팽창비 = \frac{방출후\ 포의\ 체적}{방출전\ 포수용액의\ 체적}$$

구분	저발포	고발포	
팽창비	20배 이하	80배 이상 ~ 250배 미만	제1종기계포
		250배 이상 ~ 500배 미만	제2종기계포(흡입식)
		500배 이상 ~ 1,000배 미만	제3종기계포(압입식)
약제 농도	3[%], 6[%]	1[%], 1.5[%], 2[%], 3[%], 6[%]	
사용 약제	모든 포	합성계면활성제포	

4. 포소화제의 종류

종류	포소화약제의 특성
단백포	• 동물성 단백질을 가수분해하여 염화제일철염 첨가 및 물에 용해하여 수용액으로 제조(흑갈색으로 특이한 냄새 : 달걀 썩는 냄새가 난다.)
수성막포	• 불소계통의 습윤제에 계면활성제를 섞은 것으로 반영구적이며 투명한 노란색이다. • AFFF(Aqueous Film Forming Foam) 또는 Light Water라 하고 Twin Agent(수성막포 + 제3종 분말소화약제)에 사용 된다. • 포가 얇아 내열성에 약해 윤화현상(Fire Ring)이 일어나기 쉽다.
불화단백포	• 단백포 소화약제에 불소계면활성제를 소량 첨가 한 것으로 단백포와 수성막포의 단점인 유동성과 내열성을 보완한 것으로 가격이 가장 비싸다. • 표면하 주입방식에도 효과적이며 소화효과가 가장 우수하고 변질 부패가 없다.

종류	포소화약제의 특성
합성 계면활성제포	• 계면활성제를 기제로 하여 안정제 등을 첨가한 것이다. • 저팽창에서 고팽창까지 범위가 넓어 저발포 및 고발포로도 사용 • 유동성이 좋은 반면에 내유성이 약하고 포가 빨리 소멸되는 단점이 있다. • 소화성능은 수성막포에 비하여 낮으며 장시간 저장해도 부패, 변질이 없다.
내알콜형포	• 천연단백질의 가수분해물에 합성계면활성제를 혼합 • 수용성 유류의 경우 포가 쉽게 소멸되는 단점을 보완하고자 개발된 것으로 알콜류, 케톤류와 같은 수용성유류 화재의 소화에 사용 된다. • 소화효과는 질식효과가 주된 효과이고 부수적으로 희석효과가 있다.

5. 25% 환원시간

포의 25[%] 환원시간은 용기에 채집한 포(거품)의 25[%]가 포수용액으로 환원되는데 걸리는 시간

4 이산화탄소(CO_2) 소화약제

1. 물리·화학적 특성

① 상온 상압 무색 무취의 기체로서 비전도성의 불연성가스

② 자체 증기압이 커 별도의 가압원이 필요 없다.

분자식	CO_2
분자량	44
비중	1.517
임계온도	31.1[℃]
3중점	5.11[kg/cm²], −56.4[℃]

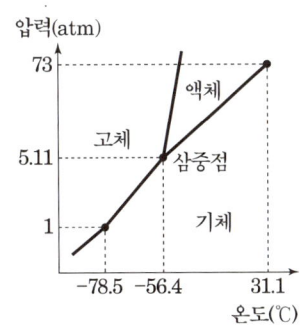

이산화탄소의 상평형도

※ 임계온도 : 그 온도 이상에서 아무리 큰 압력을 가해도 액화되지 않는 온도.
※ 3중점 : 기체·액체·고체가 함께 공존하는 점

핵심 PLUS

23 메탄올 저장 탱크의 소화설비에 가장 적합한 포소화약제는 다음 중 어느 것인가?

① 단백포
② 불화단백포
③ 수성막포
④ 내알콜포

답 : ④

24 다음 중 이산화탄소에 대한 설명으로 옳지 않은 것은 어느 것인가?
[기 11]

① 무색, 무취의 기체이다.
② 비전도성이다.
③ 공기보다 가볍다
④ 분자식은 CO_2이다.

답 : ③

25 다음 중 이산화탄소의 3중점에 가장 가까운 온도는? [기 14]

① −48[℃]
② −57[℃]
③ −62[℃]
④ −75[℃]

답 : ②

26 이산화탄소의 물성으로 옳은 것은?
[기 11, 13, 16]

① 임계온도 : 31.5[℃], 증기비중 : 0.52
② 임계온도 : 31.5[℃], 증기비중 : 1.52
③ 임계온도 : 0.35[℃], 증기비중 : 1.52
④ 임계온도 : 0.35[℃], 증기비중 : 0.52

답 : ②

Ⅰ. 소방원론 **1-53**

핵심 PLUS

27 탄산가스에 대한 일반적인 설명으로 옳은 것은? [기 10, 12, 14]
① 산소와 반응 시 흡열반응을 일으킨다.
② 산소와 반응하여 불연성 물질을 발생시킨다.
③ 산화하지 않으나 산소와는 반응한다.
④ 산소와 반응하지 않는다.

답 : ④

2. 이산화탄소 소화약제의 소화특성

① 산소농도를 15[%] 이하로 하여 질식소화 한다. - 질식효과

② 열 흡수에 의한 냉각작용 - 냉각효과
  : 기화열 576.5 [kJ/kg] = 138.36 [kcal/kg]

③ 적응화재
  ㉠ 소화기 : B급(유류), C급(전기) 화재
  ㉡ 고정식소화설비 : A급(일반), B급(유류), C급(전기) 화재

④ 소화성능은 다른 가스계보다 소화력이 약하다. (할론 1301의 1/3, 분말의 1/3)

⑤ 공기보다 무거워 피복효과가 있다.(비중≒1.52)

3. 이산화탄소 소화약제의 장점과 단점

1) 장점

① 화재 진화 후 소화약제의 잔존물이 없어 증거 보존이 가능하다.

② 침투성이 좋고 공기보다 무거워 심부화재에 적합하며 비전도성으로 전기화재에 사용이 가능하다.

③ 화학적으로 안정하며 부식성 없다. 가스계 중 저가로서 가격이 싸다.

④ 오존층을 파괴시키지 않는다.[ODP(오존층파괴지수) = 0]

2) 단점

① 설비가 고압설비로 배관 및 관부속이 고압에 견디어야 하며 방사시 소음이 크다.

② 방사 시 질식의 우려 및 동상의 우려가 있다.

③ 압력에 따른 온도강하와 줄톰슨효과(좁은 오리피스를 고압으로 통과할 때 온도가 낮아지는 효과)에 의해 주위의 수분을 냉각(응결)시켜 구름모양이 생기는데 이를 운무현상이라 하고 시야가 가려져 피난시 장애가 된다.

④ 지구온난화의 주범(GWP : 지구온난화지수)이다.

4. GWP(지구온난화지수)

Relative Value of Global Warming Potential based on CO_2

어떤 물질의 지구온난화에 기여하는 정도를 상대적으로 나타내는 지표로서 기준물질 CO_2의 GWP를 1로 하여 어떤 물질의 지구 온난화에 기여하는 정도의 비로 나타낸 것을 말한다.

$$GWP = \frac{\text{어떤 물질 1kg이 지구온난화에 기여하는 정도}}{CO_2 \ 1[kg]\text{이 지구온난화에 기여하는 정도}}$$

5 할론 소화약제

1. 종류

구분	할론 1301	할론 1211	할론 2402
분자식	CF_3Br	CF_2ClBr	$C_2F_4Br_2$
분자량	148.9	165.4	259.9
비점	−57.8[℃]	−3.4[℃]	47.5[℃]
상온상압	기체	기체	액체
ODP	10	3	6
GWP	7,140	1,890	1,640
명명법	브로모 트리 플루오르 메탄	브로모 클로로 디 플루오르 메탄	디 브로모 테트라 플루오르 에탄

| 명명법 |

```
Halon  1   3   0   1
       C   F   Cl  Br
       C   F₃      Br  →  CF₃Br  브로모 트리 플루오르 메탄

   Br : 브로모    F : 플루오르    Cl : 클로로
   2 : 디         3 : 트리        4 : 테트라
```

C → C가 1개이면 메탄(CH_4)에서 수소 3개가 플루오르로 치환하고 1개는 브로모로 치환한 형태로서 메탄에서 유도된 것이므로 메탄으로 읽는다.

Halon 1211 → CF_2ClBr 브로모 클로로 디 플루오르 메탄
Halon 2402 → $C_2F_4Br_2$ 디 브로모 테트라 플루오르 에탄

C가 2개이면 에탄(C_2H_6)에서 유도된 것이므로 에탄으로 읽는다.

핵심 PLUS

28 다음 중 할론 소화약제의 가장 주된 소화효과에 해당하는 것은?
[기 14, 16]
① 냉각효과
② 제거효과
③ 부촉매효과
④ 분해효과

답 : ③

29 상온, 상압에서 액체인 물질은?
[기 13, 18]
① 할론 2402
② 할론 1211
③ 할론 1301
④ 할론 104

해설 Halon2402는 배관을 통해 방사시 비점이 높아 액상으로 방사되므로 빠른 기화를 위해 무상방사가 필요하다.

답 : ①

30 할론 소화약제의 분자식이 틀린 것은? [기 10, 12, 13, 14, 15, 16, 17]
① 할론 2402 : $C_2F_4Br_2$
② 할론 1211 : CCl_2FBr
③ 할론 1301 : CF_3Br
④ 할론 104 : CCl_4

답 : ②

I. 소방원론 | 소화이론 및 약제의 종류

핵심 PLUS

31 할로겐원소의 소화효과가 큰 순서대로 배열된 것은? [기 15, 17]
① I > Br > Cl > F
② Br > I > F > Cl
③ Cl > F > I > Br
④ F > Cl > Br > I

답 : ①

32 다음 원소 중 수소와의 결합력이 가장 큰 것은? [기 12]
① F   ② Cl
③ Br   ④ I

해설 수소와의 결합력(전기음성도)

답 : ①

33 "FM200" 이라는 상품명을 가지며 오존파괴지수(ODP)가 0인 할론 대체 소화약제는 어느 계열인가? [기 14, 15, 17]
① HFC 계열   ② HCFC 계열
③ FC 계열   ④ Blend 계열

해설 FM200 → HFC-227ea

답 : ①

34 소화약제 중 HCFC-22를 82[%] 포함하고 있는 것은? [기 10, 16]
① HFC - 125
② HFC - 23
③ HCFC - 124
④ HCFC BLEND A

해설 HCFC BLEND A의 구성
HCFC -22   : 82[%]
HCFC -123   : 4.75[%]
HCFC : 124 : 9.5[%]
$C_{10}H_{16}$: 3.75[%]

답 : ④

2. 할론을 구성하는 7족 원소의 특성

구분	소화효과	오존층 파괴 순서	전기음성도	이온화에너지
F	④	④	①	①
Cl	③	③	②	②
Br	②	②	③	③
I	①	①	④	④

- 전기음성도 : 전자1개를 끌어 당기려는 힘(경향)
- 이온화에너지 : 전자1개를 떼어내는데 필요한 에너지

3. ODP(오존파괴지수)

$$ODP = \frac{\text{어떤 물질 1[kg]이 파괴하는 오존량}}{\text{CFC}-11 \; 1[kg]\text{이 파괴하는 오존량}}$$

6 할로겐화합물 및 불활성기체 소화약제

1. 할로겐화합물 소화약제(9가지)

불소, 염소, 브롬 또는 요오드 중 하나 이상의 원소를 포함하고 있는 유기화합물을 기본성분으로 하는 소화약제

소화약제	최대허용 설계농도[%]	소화약제	최대허용 설계농도[%]
FC-3-1-10	40	FK-5-1-12	10
HFC-23	30	HCFC BLEND A	10
HFC-236 fa	12.5	HCFC-124	1.0
HFC-125	11.5	FIC-13I1	0.3
HFC-227 ea	10.5		

※ 할로겐화합물 소화약제의 원소에는 브롬이 없다.

2. 불활성기체 소화약제(4가지)

헬륨, 네온, 아르곤 또는 질소가스 중 하나 이상의 원소를 기본성분으로 하는 소화약제

소화약제	최대허용 설계농도[%]	소화약제	최대허용 설계농도[%]
IG-01	43	IG-541	43
IG-100	43	IG-55	43

※ IG 다음에 나오는 첫번째 숫자는 질소, 두번째는 아르곤, 세번째는 이산화탄소를 말함

7 분말소화약제

① 소화약제가 고체 분말 가루로서 부촉매 효과를 이용하여 소화

② 약제를 신속하고 균등하게 방사하기 위해 토너먼트 배관 사용(고체는 기체보다 유동성이 작기 때문)

1. 분말소화약제의 명칭 등

구분	제1종	제2종	제3종	제4종
명칭	탄산수소나트륨	탄산수소칼륨	인산암모늄	탄산수소칼륨 + 요소
분자식	$NaHCO_3$	$KHCO_3$	$NH_4H_2PO_4$	$KHCO_3$ $+(NH_2)_2CO$
색상	백색	자색(보라색)	담홍색	회백색
연쇄반응 억제 이온	Na^+	K^+	NH_4^+	K^+ NH_4^+
특징	식용유화재에는 비누화현상에 의해 적응성이 있다. Na_2O (산화나트륨)	소화성능은 1종 분말소화약제 보다 2배 더 우수하다. - K이 Na보다 반응성이 더 크기 때문	메타인산 (HPO_3)의 방진작용 오쏘인산 (H_3PO_4)의 탄화, 탈수작용	소화효과가 가장 우수하다.
적응화재	B급, C급, 알칼리금속화재	B급, C급	A급, B급, C급 - Multi purpose dry chemical	B급, C급

핵심 PLUS

35 불활성기체소화약제인 IG-541의 성분이 아닌 것은? [기 15]
① 질소　　② 아르곤
③ 이산화탄소　④ 네온

해설 IG-541 질소 52[%], 아르곤 40[%], 이산화탄소 8[%]로 구성

답 : ④

36 $NH_4H_2PO_4$를 주성분으로 한 분말소화약제는 제 몇 종 분말소화약제인가? [기 09, 10, 11, 12, 13, 15, 17]
① 제1종　　② 제2종
③ 제3종　　④ 제4종

답 : ③

37 주성분이 인산염류인 제3종 분말소화약제가 다른 분말소화약제와 다르게 A급 화재에 적용할 수 있는 이유는?

① 열분해 생성물인 CO_2가 열을 흡수하므로 냉각에 의하여 소화된다.
② 열분해 생성물인 수증기가 산소를 차단하여 탈수작용을 한다.
③ 열분해 생성물인 메타인산(HPO_3)이 산수의 차단 역할을 하므로 소화가 된다.
④ 열분해 생성물인 암모니아가 부촉매작용을 하므로 소화가 된다.

답 : ③

38 제1종 분말소화약제의 색상으로 옳은 것은? [기 10, 11, 16, 17]
① 백색　　② 담자색
③ 담홍색　④ 청색

답 : ①

39 분말 소화약제 중 A급, B급, C급 화재에 모두 사용할 수 있는 것은? [기 12, 14, 16, 17, 18]
① Na_2CO_3　② $NH_4H_2PO_4$
③ $KHCO_3$　④ $NaHCO_3$

답 : ②

핵심 PLUS

40 제1종 분말소화약제가 요리용 기름이나 지방질 기름의 화재시 소화효과가 탁월한 이유에 대한 설명으로 가장 옳은 것은? [기 11]
① 비누화반응을 일으키기 때문이다.
② 요오드화반응을 일으키기 때문이다.
③ 브롬화반응을 일으키기 때문이다.
④ 질화반응을 일으키기 때문이다.

답 : ①

41 열분해에 의해 가연물 표면에 유리상의 메타인산 피막을 형성하여 연소에 필요한 산소의 유입을 차단하는 분말약제는?
① 요소
② 탄산수소칼륨
③ 제1인산암모늄
④ 탄산수소나트륨

답 : ③

42 다음 분말소화약제의 열분해 반응식에서 ( )안에 알맞은 화학식은? [기 11,12,16]

$$2NaHCO_3 \rightarrow Na_2CO_3 + H_2O + (\ )$$

① CO ② CO_2
③ Na ④ Na_2

답 : ②

43 제2종 분말 소화약제가 열분해되었을 때 생성되는 물질이 아닌 것은? [기 16]
① CO_2 ② H_2O
③ H_3PO_4 ④ K_2CO_3

답 : ③

44 제3종 분말소화약제의 열분해시 생성되는 물질과 관계 없는 것은? [기 14,15]
① NH_3 ② HPO_3
③ H_2O ④ CO_2

답 : ④

※ 비누화현상 - 요리용 기름이나 지방질 기름의 화재시에 이들 물질과 결합하여 에스테르가 알칼리의 작용으로 가수분해되어 알코올과 산의 알칼리염이 되는 반응인 비누화(saponification)반응을 일으킨다. 이때 생성된 비누상 물질은 가연성 액체의 표면을 덮어서 질식소화 효과와 재발화 억제 효과를 나타낸다.

※ 메타인산(HPO_3)의 방진작용 - 제1인산암모늄이 열분해될 때 생성되는 용융 유리상의 메타인산이 가연물의 표면에 불침투의 층을 만들어서 산소와의 접촉을 차단하여 A급 화재에 적응성이 있다.

※ 오쏘인산(H_3PO_4)의 탄화, 탈수작용 - 섬유소를 탄화·탈수 시켜 난연성의 탄소와 물로 분해시키기 때문에 연소 반응이 억제된다.

2. 분말소화약제의 열분해반응식

① 제1종 분말

$$2NaHCO_3 \rightarrow Na_2CO_3 + H_2O + CO_2 - Q\ kcal$$

탄산수소나트륨   탄산나트륨   수증기   이산화탄소

② 제2종 분말

$$2KHCO_3 \rightarrow K_2CO_3 + H_2O + CO_2 - Q\ kcal$$

탄산수소칼륨   탄산칼륨   수증기   이산화탄소

③ 제3종 분말

$$NH_4H_2PO_4 \rightarrow NH_3 + H_3PO_4 - Qkcal \rightarrow NH_3 + HPO_3 + H_2O - Q\ kcal$$

암모니아 올쏘인산   암모니아 메타인산 수증기

④ 제4종 분말

$$2KHCO_3 + (NH_2)_2CO \rightarrow K_2CO_3 + 2NH_3 + 2CO_2 - Q\ kcal$$

탄산수소칼륨   요소   탄산칼륨   암모니아   이산화탄소

| Key Point |

종류 \ 열분해시 생성물	H_2O	CO_2	NH_3
제1종	○	○	×
제2종	○	○	×
제3종	○	×	○
제4종	×	○	○

3. CDC 분말소화약제(Compatible Dry Chemical)

분말소화약제는 모두 속소성으로 그 소화성능이 우수한 것에 반해 단숨에 전체 표면을 소화하지 않으면 재발화 할 수 있는 단점이 있다. 따라서 재발화 방지를 위하여 재발화 방지에 효과가 좋은 소화약제와 병행하여 사용하며 『분말의 속소성』과 『거품의 지속 안정성』의 2가지 장점을 지닌 약제를 「CDC 분말소화약제」 또는 Twin Agent System(2약제 소화방식 : 수성막포 + 제3종 분말소화약제) 이라 한다.

핵심 PLUS

44 분말소화약제의 열분해 시 수증기가 발생하지 않는 약제는?
① 탄산수소나트륨
② 탄산수소칼륨
③ 인산암모늄
④ 탄산수소칼륨 + 요소

답 : ④

45 Twin agent system으로 수성막포와 병용하여 소화효과를 증진시킬 수 있는 소화약제로 다음 중 가장 적합한 것은?
① 탄산수소나트륨
② 탄산수소칼륨
③ 인산암모늄
④ 탄산수소칼륨 + 요소

답 : ③

핵심기출문제

3. 소화이론 및 약제의 종류

1. 물리적 방법에 의한 소화라고 볼 수 없는 것은? [11①]

① 부촉매의 연쇄반응 억제작용에 의한 방법
② 냉각에 의한 방법
③ 공기와의 접촉차단에 의한 방법
④ 가연물 제거에 의한 방법

2. 물의 기화열을 이용하여 열을 흡수하는 방식으로 소화하는 방법은? [10①]

① 냉각소화 ② 질식소화
③ 제거소화 ④ 촉매소화

3. 화재시 이산화탄소를 사용하여 화재를 진압하려고 할 때 산소의 농도를 13[vol%]로 낮추어 화재를 진압하려면 공기 중 이산화탄소의 농도는 약 몇 [vol%]가 되어야 하는가? [11①]

① 18.1 ② 28.1
③ 38.1 ④ 48.1

4. 제거소화의 예가 아닌 것은? [16①]

① 유류화재 시 다량의 포를 방사한다.
② 전기화재 시 신속하게 전원을 차단한다.
③ 가연성가스 화재 시 가스의 밸브를 닫는다.
④ 산림화재 시 확산을 막기 위하여 산림의 일부를 벌목한다.

5. 기체나 액체, 고체에서 나오는 분해가스의 농도를 엷게 하여 소화하는 방법은? [09①]

① 냉각소화 ② 제거소화
③ 부촉매소화 ④ 희석소화

해설

해설 1

구분	소화효과	비고
물리적 소화	질식효과, 제거효과, 유화효과, 희석효과, 피복효과	물적조건 제어
	냉각효과	에너지조건 제어
화학적 소화	연쇄반응 억제	

해설 2
냉각소화
물의 기화열을 이용하여 열을 흡수하여 인화점, 발화점 이하로 온도를 낮추어 소화

해설 3
$$CO_2[\%] = \frac{21[\%] - O_2[\%]}{21[\%]} \times 100$$
$$= CO_2[\%] = \frac{21-13}{21} \times 100$$
$$= 38.09[\%]$$

해설 4
유류화재 시 가연물을 포로 덮는다.
– 질식소화

해설 5
희석소화
물질의 농도를 다른 물질을 가함으로써 농도를 낮게 하여 소화

정답 1. ① 2. ① 3. ③ 4. ①
      5. ④

6. 고비점유 화재 시 무상주수하여 가연성 증기의 발생을 억제함으로써 기름의 연소성을 상실시키는 소화효과는? [15 ㉮]

① 억제효과 ② 제거효과
③ 유화효과 ④ 파괴효과

7. 물의 기화열이 539[cal]인 것은 어떤 의미인가? [14 ㉮]

① 0[℃]의 물 1[g]이 얼음으로 변화하는 데 539[cal]의 열량이 필요하다.
② 0[℃]의 얼음 1[g]이 물로 변화하는데 539[cal]의 열량이 필요하다.
③ 0[℃]의 물 1[g]이 100[℃]의 물로 변화하는 데 539[cal]의 열량이 필요하다.
④ 100[℃]의 물 1[g]이 수증기로 변화하는 데 539[cal]의 열량이 필요하다.

8. 물의 물리·화학적 성질로 틀린 것은? [16 ㉮]

① 증발잠열은 539.6[cal/g]으로 다른 물질에 비해 매우 큰 편이다.
② 대기압하에서 100[℃]의 물이 액체에서 수증기로 바뀌면 체적은 약 1,700배 정도 증가한다.
③ 수소 1분자와 산소 1/2분자로 이루어져 있으며 이들 사이의 화학결합은 극성공유결합이다.
④ 분자간의 결합은 쌍극자-쌍극자 상호작용의 일종인 산소결합에 의해 이루어진다.

9. 물이 소화약제로서 사용되는 장점으로 가장 거리가 먼 것은? [13 ㉮]

① 가격이 저렴하다.
② 많은 양을 구할 수 있다.
③ 증발잠열이 크다.
④ 가연물과 화학반응이 일어나지 않는다.

해설

해설 6

유화효과
기름과 물은 혼합되지 않으나 세차게 물을 기름에 뿌리는경우 일시적으로 기름과 물이 혼합되는데 이를 에멀젼효과라고 하고 가연성가스 방출 방지 및 산소공급 차단으로 소화

해설 7

기화열
액체가 기체가 되기 위해 필요한 열량

해설 8

물은 원자인 수소와 산소의 극성공유결합과 물분자와 물분자의 인력에 의한 수소결합을 하고 있다.
수소결합의 크기는 공유결합의 약 1/10정도이고 이 결합력을 깨트리기 위해 많은 열을 흡수해야 하므로 물은 비열과 잠열 등이 크고 냉각효과가 우수한 성질을 가지고 있다.

해설 9

장점
① 비교적 안정된 액체이다.
② 구하기 쉬우며 가격이 싸다.
③ 융해잠열이 크다.
  : 80[kcal/kg](≒ 334.4[kJ/kg])
④ 증발잠열(1기압, 100[℃])이 크다.
  : 539[kcal/kg](≒2,253[kJ/kg])
⑤ 증발 시 체적은 약 1,700배로 공기와 가연성가스를 배제시킨다.
  따라서 미분무시 질식효과가 크다.
⑥ 가장 우수한 용매로서 단점을 보완하기 위해 여러 첨가물을 넣어 소화효과를 증가시킬 수 있다.

정답 6. ③ 7. ④ 8. ④ 9. ④

Ⅰ. 소방원론 **1-61**

핵심기출문제

3. 소화이론 및 약제의 종류

10. 강화액에 대한 설명으로 옳은 것은? [10 ㉮]
① 침투제가 첨가된 물을 말한다.
② 물에 첨가하는 계면활성제의 총칭이다.
③ 물이 고온에서 쉽게 증발하게 하기 위해 첨가한다.
④ 알칼리 금속염을 사용한 것이다.

11. 단백포에 대한 내용으로 옳지 않은 것은?
① 동물성 단백질을 가수분해하여 염화제일철염 첨가 및 물에 용해하여 수용액으로 제조한 것이다.
② 흑갈색으로 달걀 썩은 냄새가 난다.
③ 경년기간이 짧아 주기적으로 교체해야 한다.
④ 유동성이 좋지 않은 수성막포의 단점을 보완하기 위해 개발된 포소화약제이다.

12. 수성막포 소화약제의 특성에 대한 설명으로 틀린 것은? [18 ㉮]
① 내열성이 우수하여 고온에서 수성막의 형성이 용이하다.
② 기름에 의한 오염이 적다.
③ 다른 소화약제와 병용하여 사용이 가능하다.
④ 불소계 계면활성제가 주성분이다.

13. 포소화약제가 갖추어야 할 조건이 아닌 것은? [18 ㉮]
① 부착성이 있을 것
② 유동성과 내열성이 있을 것
③ 응집성과 안정성이 있을 것
④ 소포성이 있고 기화가 용이할 것

14. 포소화약제 중 고팽창포로 사용할 수 있는 것은? [17 ㉮]
① 단백포
② 불화단백포
③ 내알코올포
④ 합성계면활성제포

해설

해설 10
강화액소화약제
강화액은 탄산칼륨[강한 알칼리성] 등의 수용액이 주성분으로 심부화재 및 주방의 식용유 화재를 신속히 소화하기 위하여 개발된 것이다.
-20[℃]에서도 동결되지 않고 탄화, 탈수작용으로 목재 종이 등을 불연화하고 재연 방지의 효과도 있어서 A급 화재, K급 화재에 대한 소화능력이 우수하다.

해설 11
유동성이 좋지 않은 단백질의 단점을 보완하기 위해 개발된 포소화약제는 수성막포이다.

해설 12

구분	단백포	수성막포
유동성	×	○
점착성	○	×
내열성	○	×
내유성	×	○

해설 13
포 소화약제의 구비조건
① 포의 유동성, 점착성, 안정성, 내열성이 좋아야 한다.
② 포의 소포성, 부식성, 독성이 적어야 한다.

해설 14
발포기를 통하여 생성된 포의 팽창비에 따라 고발포(고팽창포)와 저발포로 구분

구분	저발포	고발포
사용 약제	모든 포	합성계면활성제포

정답 10. ④ 11. ④ 12. ① 13. ④ 14. ④

15. 이산화탄소 소화설비의 적용대상이 아닌 것은?

① 가솔린　　② 전기설비
③ 인화성 고체 위험물　　④ 니트로셀룰로오스

16. 이산화탄소 소화기의 일반적인 성질에서 단점이 아닌 것은?

① 인체의 질식이 우려된다.
② 소화약제의 방출시 인체에 닿으면 동상이 우려된다.
③ 소화약제의 방사시 소음이 크다.
④ 전기가 잘 통하기 때문에 전기설비에 사용할 수 없다.

17. 다음의 소화약제 중 오존 파괴 지수(ODP)가 가장 큰 것은?

① 할론 104　　② 할론 1301
③ 할론 1211　　④ 할론 2402

18. 분말소화약제 중 탄산수소칼륨($KHCO_3$)과 요소($CO(NH_2)_2$)와의 반응물을 주성분으로 하는 소화약제는?

① 제1종 분말　　② 제2종 분말
③ 제3종 분말　　④ 제4종 분말

19. 제3종 분말소화약제의 주성분은?

① $NH_4H_2PO_4$　　② $NaHCO_3$
③ Na_2CO_3　　④ $KHCO_3$

20. 탄산수소나트륨이 주성분인 분말소화약제는 제 몇 종 분말인가?

① 제1종 분말　　② 제2종 분말
③ 제3종 분말　　④ 제4종 분말

21. 제1종 분말소화약제가 요리용 기름이나 지방질 기름의 화재시 소화효과가 탁월한 이유에 대한 설명으로 가장 옳은 것은?

① 비누화반응을 일으키기 때문이다.
② 요오드화반응을 일으키기 때문이다.
③ 브롬화반응을 일으키기 때문이다.
④ 질화반응을 일으키기 때문이다.

해설

해설 15

제5류 위험물(자기반응성물질)
산소를 함유한 가연성 물질로서 연소시 자기연소(산소 공급 없이도 가열, 충격, 마찰 또는 접촉에 의해 착화, 폭발)하는 성질을 가져 질식소화는 불가하여 주수소화 해야 한다.

해설 16

이산화탄소(CO_2) 소화약제의
물리·화학적 특성
① 자체 증기압이 커 별도의 가압원이 필요 없다.
② 분자량 44로서 비중 = 1.517(공기보다 무거워 피복효과가 있다.)
③ 상온 상압 무색 무취의 기체로서 비전도성의 불연성가스이다.

해설 17

소화약제의 ODP

할론 1301	할론 2402	할론 1211	CO_2
10	6	3	0.05

할론 1301은 할론 1211, 2402에 비하여 소화효과가 우수하고 독성이 가장 낮으나 ODP(오존층파괴지수) 및 GWP(지구온난화지수)는 가장 크다.

해설 21, 27

분말소화약제의 비누화현상
식용유화재에 제1종 분말소화약제($NaHCO_3$)를 방출시 Na_2O은 유지와 반응하여 금속비누를 만들고 이 비누가 거품을 생성하여 질식효과를 갖는 현상을 분말소화약제의「비누화현상」이라고 한다. 이 비누화현상은 질식소화 및 재발방지 효과가 있으며 이때 발생하는 탄산가스 및 글리세린 막이 소화를 돕게 된다.

정답　15. ④　16. ④　17. ②　18. ④
　　　19. ①　20. ①　21. ①

핵심기출문제

3. 소화이론 및 약제의 종류

22. 에스테르가 알칼리의 작용으로 가수분해 되어 알코올과 산의 알칼리염이 생성되는 반응은? [16 ㉮]
① 수소화 분해반응 ② 탄화 반응
③ 비누화 반응 ④ 할로겐화 반응

23. 분말소화약제의 소화효과로 가장 거리가 먼 것은? [10 ㉮]
① 방사열 차단효과 ② 부촉매효과
③ 제거효과 ④ 질식효과

24. 분말소화약제로서 ABC급 화재에 적응성이 있는 소화약제의 종류는? [18 ㉮]
① $NH_4H_2PO_4$ ② $NaHCO_3$
③ Na_2CO_3 ④ $KHCO_3$

25. 분말소화약제에 관한 설명 중 틀린 것은? [17 ㉮]
① 제1종 분말은 담홍색 또는 황색으로 착색되어 있다.
② 분말의 고화를 방지하기 위하여 실리콘수지 등으로 방습 처리한다.
③ 일반화재에도 사용할 수 있는 분말소화약제는 제3종 분말이다.
④ 제2종 분말의 열분해식은 $2KHCO_3 \rightarrow K_2CO_3 + CO_2 + H_2O$이다.

26. 분말소화기의 소화약제로 사용하는 탄산수소나트륨이 열분해하여 발생하는 가스는? [11 ㉮]
① 일산화탄소 ② 이산화탄소
③ 사염화탄소 ④ 산소

27. 화재 시 소화에 관한 설명으로 틀린 것은? [17 ㉮]
① 내알코올포소화약제는 수용성 용제의 화재에 적합하다.
② 물은 불에 닿을 때 증발하면서 다량의 열을 흡수하여 소화한다.
③ 제3종 분말소화약제는 식용유화재에 적합하다.
④ 할로겐화합물소화약제는 연쇄반응을 억제하여 소화한다.

해설

해설 22
제1종 분말소화약제는 가연성 액체 중에서도 일반적인 요리용 기름이나 지방질 기름의 화재시에 이들 물질과 결합하여 에스테르가 알칼리의 작용으로 가수분해 되어 알코올과 산의 알칼리염이 되는 반응인 비누화(saponification) 반응을 일으킨다.

해설 23
분말소화약제의 소화효과
① 주된 소화효과 : 연쇄반응 억제에 따른 부촉매효과
② 부수적인 소화효과 : 방진효과, 냉각효과, 질식효과 등
③ 방사열의 차단 효과 (Radiation Shielding Effcet)
분말 소화약제는 방출되면 화염과 가연물 사이에 분말의 운무를 형성하여 화염으로 부터의 방사열을 차단한다. 따라서 가연 물질의 온도가 저하되어 연소가 지속되지 못한다. 특히 유류화재의 소화시에 큰 효과를 나타낸다.

해설 24

구분	제3종
명칭	인산암모늄
분자식	$NH_4H_2PO_4$
색상	담홍색
적응 화재	A급(일반화재), B급(유류화재), C급(전기화재) - Multi purpose dry chemical이라 한다.

해설 25

구분	제1종	제2종	제3종	제4종
색상	백색	자색(보라색)	담홍색	회백색

해설 26
제1종 분말
$2NaHCO_3 \rightarrow Na_2CO_3 + H_2O + CO_2$
탄산수소나트륨 탄산나트륨 수증기 이산화탄소

정답 22. ③ 23. ③ 24. ① 25. ①
26. ② 27. ③

04 화재역학(力學) 등

1 열 및 연기의 특성

열전달의 종류

1. 열전달의 종류

구분	전도	대류	복사
법칙	Fourier의 열전달 법칙	Newton의 냉각 법칙	Stefan – Boltzmann 법칙
식	$q = K \cdot A \cdot \dfrac{\Delta t}{\ell}$	$q = hA\Delta t$	$q = \varepsilon\sigma\phi AT^4$

1) 전도(Conduction)

고체 또는 정지 상태 유체의 열전달 : 발화, 성장기의 열전달

$$q = K \cdot A \cdot \dfrac{\Delta t}{\ell}$$

여기서, q : 열량 [W = J/s = cal/s]
K : 열전도도 [W/m·℃ = J/m·s·℃]
A : 표면적 [m^2]
Δt : 온도차 [℃]
ℓ : 물질두께 [m]

핵심 PLUS

01 열전달의 대표적인 3가지 방법에 해당하지 않는 것은? [기 09, 14]
① 전도 ② 복사
③ 대류 ④ 대전

답 : ④

02 두께가 10[mm]인 창유리의 내부 온도가 15[℃], 외부 온도가 −5[℃]이다. 창의 크기는 2[m] × 2[m]이고 유리의 열전도율이 1.5[W/m·K]이라면 창을 통한 열전달률은 몇 [kW]인가?
① 9   ② 10
③ 11 ④ 12

해설 $q = K \cdot A \cdot \dfrac{\Delta t}{\ell}$

$= 1.5 \times 4 \times \dfrac{15-(-5)}{0.01}$

$= 12,000[W] = 12[kW]$

답 : ④

03 열전도율을 표시하는 단위에 해당하는 것은? [기 10]
① kcal/m^2·h·℃
② kcal·m^2/h·℃
③ W/m·K
④ J/m^3·K

답 : ③

I. 소방원론 | 화재역학 등

핵심 PLUS

04 다음 중 열에너지가 물질을 매개로 하지 않고 전자파의 형태로 옮겨지는 현상은 어느 것인가? [기 11]
① 복사　② 대류
③ 승화　④ 전도
　　　　　　　　답 : ①

05 화염의 전자기파가 가장 크게 작용하는 열전달은?
① 대류　② 복사
③ 전도　④ 비화
　　　　　　　　답 : ②

06 열의 전달현상 중 복사현상과 가장 관계가 깊은 것은? [기 14]
① 푸리에 법칙
② 스테판 - 볼츠만의 법칙
③ 뉴턴의 법칙
④ 옴의 법칙
　　　　　　　　답 : ②

07 표면온도가 300[℃]에서 안전하게 작동하도록 설계된 히터의 표면온도가 360[℃]로 상승하면 300[℃]에 비하여 약 몇 배의 열을 방출할 수 있는가? [기 08, 09, 12, 13, 14, 18]
① 1.1배　② 1.5배
③ 2.0배　④ 2.5배
[해설] $\dfrac{(360+273)^4}{(300+273)^4} \fallingdotseq 1.49$
　　　　　　　　답 : ②

2) 대류(Convention)

고체와 유동 유체 사이의 열전달 : 발화, 성장기의 열전달

3) 복사

전자기파에 의한 열전달 (매질이 없다) : 성장기의 Flash Over, 최성기의 열전달

$$q = \varepsilon \sigma \phi A T^4$$

① ε[엡실론] : 방사율

② σ[시그마] : Stefan – Boltzmann 상수
　$\sigma = 5.67 \times 10^{-8}[W/m^2 \cdot K^4]$

③ ϕ[파이] : 형태계수
　방사체와 수열체 사이(거리) 및 형태로 결정되는 계수

④ T : 절대온도[273 + t[℃] [K],　t : 섭씨온도[℃]]

※ Stefan – Boltzmann 법칙 - 열복사량(열복사에너지)는 절대온도 4승에 비례한다.

2. 연기의 특성

1) 연기의 정의

공기 중 부유하고 있는 0.01[μm]~10[μm] 크기의 고체, 액체 미립자 및 인입공기

2) 연기의 특성 및 유해성

(1) 특성
　① 빛(광선)을 흡수한다 : 가시거리약화
　② 유독가스를 함유한다 : 심신기능장애, 호흡장애
　③ 산소결핍작용을 한다 : 연기 중 산소농도가 낮다.
　④ 고온의 화염 수반하고 화재확대의 주역

(2) 유해성
　① 시각적 : 가시도 약화, 보행속도 저하 → 피난계획 시 고려 필요
　② 심리적 : 호흡곤란, 시계제한 → 공포감, Panic 발생 유발
　③ 생리적 : 산소결핍, CO중독, 독성, 자극성, 질식성 가스

3) 발연량(K)

(1) $K = C_s \dfrac{V}{W}$ (C_s : 감광계수, $\dfrac{V}{W}$: 물질의 양)

   ① 물질의 종류에 따라 다르며 양이 많을수록 많이 발생 한다.

   ② 발연량을 줄이려면 발연량이 적은 물질을 사용하고 화재하중을 낮추면 된다.

(2) $K = A - BT$ (A, B : 상수, T : 온도)

   온도가 낮을수록 연기량이 많다. 즉, 표면화재보다 심부화재 시 연기량이 더 많다.

(3) $K = 0.188 P y^{\frac{3}{2}}$ [kg/s]

   [P : 화염의 둘레, y : 청결층 높이]

   화재의 크기가 클수록, 청결층이 높을수록 연기의 양은 많다.

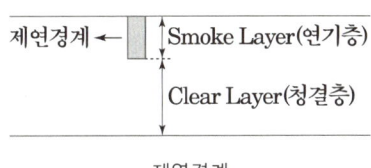

제연경계

4) 감광계수 및 연기의 농도와 가시거리

감광계수 [m^{-1}]	가시거리 [m]	상황
0.1	20~30	연기감지기가 작동할 때 농도
0.3	5	건물 내부에 익숙한 사람이 피난에 지장을 느낄 정도의 농도
0.5	3	어두운 것을 느낄 정도의 농도
1	1~2	거의 앞이 보이지 않을 정도의 농도
10	0.2~0.5	화재 최성기 때의 농도
30	-	출화실에서 연기가 분출할 때의 농도

(1) 감광계수

   입사된 광량에 대한 투과된 광량의 감쇄 배율(램버트비어의 법칙)

$$C_s = \dfrac{1}{L} \ln\left(\dfrac{I_o}{I}\right)$$

C_s : 감광계수[m^{-1}]   L : 투과거리[m]
I_o : 연기가 없을 때 빛의 세기 [lux]   I : 연기가 있을 때 빛의 세기[lux]

핵심 PLUS

08 연기의 감광계수[m^{-1}]에 대한 설명으로 옳은 것은?
[기 09, 10, 12, 13, 14, 16, 17]
① 0.5는 거의 앞이 보이지 않을 정도이다.
② 10은 화재 최성기 때의 농도이다.
③ 0.5는 가시거리가 20~30[m] 정도이다.
④ 10은 연기감지기가 작동하기 직전의 농도이다.

답 : ②

I. 소방원론 | 화재역학 등

핵심 PLUS

(2) 가시거리 – 어떤 물체를 연기를 통해 보고 인식할 수 있는 최대거리

$$D = \frac{K}{C_s} \qquad \text{※ } C_s \cdot D = \text{일정}$$

D : 가시거리[m]
K : 상수(축광형 : 2~4, 발광형 5~10)

5) 연기 측정법

구분		내용
직접농도측정	중량농도법[mg/m³]	체적당 연기의 중량을 측정하는 방법
	입자농도법[개/m³]	체적당 연기 입자의 개수를 측정하는 방법
간접농도측정	감광계수법 (광학적 농도측정법)	연기 속을 투과하는 빛의 양을 측정하는 방법 : 투과율

6) 연기의 유독성(연소가스)

연소가스 종류 및 허용농도(TWA 기준)	연소가스의 특성
이산화탄소 CO_2 5,000[ppm] (0.5[%])	① 이산화탄소는 화재 시 대량으로 발생함으로써 공기 중의 산소부족에 따른 질식 작용에 의한 독성을 보여준다. ② CO_2 농도가 높아지면 호흡속도를 매우 빠르게 하여 산소부족을 일으키고 호흡 시 함께 존재하는 독성가스 흡입률이 증가되어 위험을 가속시킨다.
일산화탄소 CO 50[ppm] (0.005[%])	① 무색, 무미, 무취 가스로서 화재 시 가장 많이 발생되는 가스이다. ② CO에 의한 중독은 CO가 혈액중의 산소 운반물질인 헤모글로빈(Hb)과 결합하는 능력이 산소보다 약 200배 이상 높기 때문에 폐에 흡수된 CO가 바로 카복시헤모글로빈(HbCO)으로 되어 헤모글로빈에 의한 산소의 운반과 탄산가스의 배출작용이 방해받게 되어 질식하게 되는 유독한 가스이다.
암모니아 NH_3 25[ppm] (0.0025[%])	① 눈 및 호흡기로 흡입되면 감각을 마비시키는 자극성 독성가스 ② 질소화합물 연소 시 생성되며 사람의 시각능력을 저하시킨다. ③ 암모니아는 나무 등 질소를 함유한 가연물이 연소 시 생성된다.

---

09 연기의 농도표시방법 중 단위체적당 연기입자의 개수를 나타내는 방법은? [기 09]

① 중량농도법
② 입자농도법
③ 투과율법
④ 상대농도법

답 : ②

10 화재 시 발생하는 연소가스에 대한 설명으로 가장 옳은 것은? [기 14]

① 물체가 열분해 또는 연소할 때 발생할 수 있다.
② 주로 산소를 발생한다.
③ 완전연소할 때만 발생할 수 있다.
④ 대부분 유독성이 없다.

답 : ①

11 가스 그 자체의 독성은 없으나 다량이 존재할 경우, 사람의 호흡속도를 증가시켜 유해가스의 흡입등 위험을 가중시키는 가스는? [기 08]

① CO
② CO_2
③ SO_2
④ NH_3

답 : ②

12 화재 시 발생하는 연소가스 중 인체에서 혈액의 산소운반을 저해하고 두통, 근육조절의 장애를 일으키는 것은? [기 14]

① CO_2
② CO
③ HCN
④ H_2S

답 : ②

연소가스 종류 및 허용농도(TWA 기준)	연소가스의 특성
시안화수소 HCN 10[ppm] (0.001[%])	① 독성이 커서 공기 중 0.3[%] 이상 흡입하면 사망에 이른다. ② 질소가 함유된 물질이 연소 시 발생
황화수소 H_2S 10[ppm] (0.001p%[)	① 황을 함유한 유기화합물이 불완전 연소할 때 발생, 달걀 썩는 냄새가 난다. ② 나무, 고무, 가죽, 고기, 머리카락 등이 탈 때 주로 생성된다.
염화수소 HCl 5[ppm] (0.0005[%])	① PVC와 같이 염소 함유 물질 연소 시 생성 – 자극성, 기도 손상 ② 눈 및 호흡기로 흡입되면 감각을 마비시키는 자극성 독성가스
불화수소 HF 3[ppm] (0.0003[%])	① HF는 유리를 부식시킬 정도로 독성이 강하다. ② 사람의 시력을 상실케 하며 "불산"이라고 한다.
이산화황 SO_2 2[ppm] (0.0002[%])	① 아황산가스라고도 하고 황을 함유한 유기화합물이 완전 연소 할 때 발생하며 고무 등이 탈 때 생성 ② SO_2는 눈 및 호흡기 계통에 자극성이 매우 크다. ③ 약 0.05[%]의 농도에 단시간 노출되어도 위험하다.
포스핀 PH_3 0.3[ppm] (0.00003[%])	① 인이 함유된 물질이 산 또는 물과 반응 시 생성 ② 무색의 가스로서 독성물질, 가연성물질이며 썩은 생선 냄새의 악취가 남
포스겐 $COCl_2$ 0.1[ppm] (0.00001[%])	① 독성이 크다. ② 염소가 들어 있는 화합물이 탈 때 생성 ③ 사염화탄소(CCl_4)를 화재 시 사용하면 생성

7) 연기의 이동

(1) 굴뚝효과(Stack Effect)

① 건물 내외 온도차에 의한 밀도차, 압력차로 수직으로의 기류이동현상

② 굴뚝효과의 크기

$$\Delta P = 3,460 H \left(\frac{1}{T_o} - \frac{1}{T_i} \right)$$

ΔP = 굴뚝효과에 의한 압력차[Pa]
H = 중성대로부터의 높이[m]
T_o = 외부공기의 절대온도[K]
T_i = 내부공기의 절대온도[K]

핵심 PLUS

13 가연성 가스이면서도 독성 가스인 것은? [기 09]
① 질소 ② 수소
③ 메탄 ④ 황화수소

답 : ④

14 다음 연소생성물 중 인체에 가장 독성이 높은 것은? [기 11]
① 이산화탄소 ② 일산화탄소
③ 황화수소 ④ 포스겐

답 : ④

15 건물 내부와 외부의 온도차에 의한 밀도차, 압력차로 발생하는 굴뚝효과의 크기를 바르게 나타낸것은?

① $\Delta P = 3,460 H \left(\frac{1}{T_o} - \frac{1}{T_i} \right)$

② $\Delta P = 3,460 \left(\frac{1}{T_o} + \frac{1}{T_i} \right)$

③ $\Delta P = 3,460 H (T_o - T_i)$

④ $\Delta P = 3,460 H (T_o + T_i)$

답 : ①

16 굴뚝효과의 크기 영향요소가 아닌 것은?
① 건물높이
② 외벽의 기밀성
③ 중성대 부터의 높이
④ 건물 상부의 온도차

답 : ④

I. 소방원론 | 화재역학 등

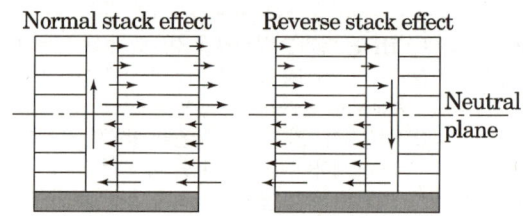

정상연돌효과로 인해 샤프트 내부와 외부간의 차압

정상연돌효과(좌측) 및 역방향 연돌효과(우측)

핵심 PLUS

17 고층 건축물 내 연기거동 중 굴뚝효과에 영향을 미치는 요소가 아닌 것은? [기 22,17]
① 건물 내·외의 온도차
② 화재실의 온도
③ 건물의 높이
④ 층의 면적

답 : ④

18 굴뚝효과에 관한 설명으로 틀린 것은?
① 건물내·외부의 온도차에 따른 공기의 흐름 현상이다.
② 굴뚝효과는 고층건물에서는 잘 나타나지 않고 저층건물에서 주로 나타난다.
③ 평상시 건물 내의 기류분포를 지배하는 중요요소이며 화재 시 연기의 이동에 큰 영향을 미친다.
④ 건물외부의 온도가 내부의 온도보다 높은 경우 저층부에서는 내부에서 외부로 공기의 흐름이 생긴다.

답 : ②

③ 굴뚝효과의 문제점
 • 코어, 엘리베이터, 샤프트 등 수직으로 기류가 이동하는 장소에서 에너지의 손실 발생
 • 엘리베이터 문의 오동작, 침기·누기에 따른 소음 발생
 • 화재 시 연기의 수직이동

④ 굴뚝효과의 크기 영향요소
 건물높이, 외벽의 기밀성, 건물의 층간 공기 누출, 건물 내외의 온도차의 함수

(2) 부력, 팽창, Wind effect, 공조설비, Piston효과, 빌딩풍 등

8) 연기의 이동속도

수평	수직	실내계단(비상용승강기 승강로)
0.5~1.0[m/s]	2.0~3.0[m/s]	3.0~5.0[m/s]

9) 중성대

① 중성대는 실내로 들어오는 공기와 나가는 공기 사이에 발생되는 압력이 0인 지점을 말한다.

② 겨울철 중성대 위쪽은 정압이 외부보다 높아 실내에서 실외로 유출되고 아래쪽에서는 실외에서 실내로 공기가 유입 된다. 겨울철에 창가에 서서 담배를 피우면 창가 아래쪽에서는 실내로 연기가 유입되고 창가 상부 쪽에서는 연기가 외부로 나간다. 하지만 창문 어느 부근에서는 담배 연기가 나가지도 들어오지도 못하는 걸 볼 수 있는데 이는 외부와 내부의 압력차가 동일한 중성대가 있기 때문이다.

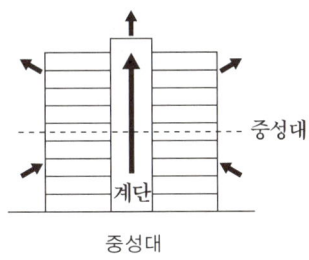
중성대

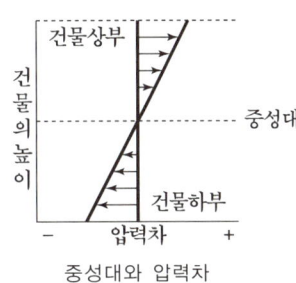
중성대와 압력차

10) 배연창

① 설치대상

6층 이상인 건축물로서 문화 및 집회시설, 종교시설, 판매시설 등의 용도에 설치

② 설치기준

구분	내용	
설치구역	방화구획 된 구역마다 1개 이상 배연창을 설치	
반자높이에 따른 설치 위치	3 [m] 미만	배연창 상변과 반자 수직거리 0.9 [m] 이내
	3 [m] 이상	배연창 하변과 바닥 2.1 [m] 이상
유효면적	• 바닥면적의 1/100 이상(최소 1 [m²] 이상) • 환기창을 거실면적의 1/20 이상 설치 시 그 면적은 제외한다.	

핵심 PLUS

19 밀폐된 내화건물의 실내에 화재가 발생했을 때 그 실내의 환경변화에 대한 설명 중 틀린 것은? [기16]
① 기압이 강하한다.
② 산소가 감소된다.
③ 일산화탄소가 증가한다.
④ 이산화탄소가 증가한다.

답 : ①

20 위험물 탱크에 압력이 0.3[MPa]이고, 온도가 0[℃]인 가스가 들어 있을 때 화재로 인하여 100[℃]까지 가열되었다면 압력은 약 몇 [MPa]인가? (단, 이상기체로 가정한다.) [기 14]
① 0.41   ② 0.52
③ 0.63   ④ 0.74

해설 위험물 탱크의 부피는 일정하므로

$$\frac{P_1 V_1}{T_1} = \frac{P_2 V_2}{T_2}$$

$$\Rightarrow \frac{0.3}{0+273} = \frac{P_2}{100+273}$$

$$\therefore P_2 = 0.41 [MPa]$$

답 : ①

21 실내에서 화재가 발생하여 실내의 온도가 21[℃]에서 650[℃]로 되었다면, 공기의 팽창은 처음의 약 몇 배가 되는가? (단, 대기압은 공기가 유동하여 화재 전후가 같다고 가정한다.) [기 10, 12, 13, 15, 16]
① 3.14   ② 4.27
③ 5.69   ④ 6.01

해설 $\frac{V_1}{T_1} = \frac{V_2}{T_2}$

$$\Rightarrow \frac{V_1}{21+273} = \frac{V_2}{650+273}$$

$$\Rightarrow \frac{V_2}{V_1} = \frac{923}{294} = 3.139 배$$

답 : ①

I. 소방원론 | 화재역학 등

2 유체의 성질 등

1. 보일의 법칙 등

보일의 법칙	온도(T)가 일정할 때 기체의 부피(V)는 압력에 반비례한다.	$P_1 V_1 = P_2 V_2$	(V-P 그래프)
샤를의 법칙	압력(P)이 일정할 때 기체의 부피(V)는 절대온도에 비례한다.	$\frac{V_1}{T_1} = \frac{V_2}{T_2}$	(V-T 그래프)
보일-샤를의 법칙	기체의 부피(V)는 압력(P)에 반비례하고, 절대온도(T)에 비례	$\frac{P_1 V_1}{T_1} = \frac{P_2 V_2}{T_2}$	(PV-T 그래프)

V_1 : 변화 전의 부피, V_2 : 변화 후의 부피
T_1 : 변화 전의 온도, T_2 : 변화 후의 온도
P_1 : 변화 전의 압력, P_2 : 변화 후의 압력

2. 이상기체 상태방정식

$$PV = \frac{W}{M} RT = nRT$$

P : 압력[atm]   V : 부피[ℓ]   n : 몰수[mol]   W : 질량[g]
M : 분자량[g]   R : 기체상수   T : 절대온도[K]

※ 기체상수(R)의 값
  부피를 V[ℓ], 압력을 1atm으로 주어진 경우 0.082[atm·ℓ/mol·K]
  부피를 V[m³], 압력을 101,325[N/m²] 또는 Pa으로 주어진 경우
  8.314[N·m/mol·K(=J/mol·K)]

3. 증기비중

$$증기비중 = \frac{분자량}{29}$$

증기비중은 공기 무게와 기체의 무게의 비를 말하며 29는 공기의 평균 분자량을 말한다.

종류	이산화탄소	Halon 1301	Halon 104	Halon 1211	Halon 2402
분자식	CO_2	CF_3Br	CCl_4	CF_2ClBr	$C_2F_4Br_2$
분자량	44	149	153.6	165.4	260
증기비중	$\frac{44}{29} ≒ 1.52$	$\frac{149}{29} = 5.13$	$\frac{153.6}{29} = 5.29$	$\frac{165.4}{29} = 5.70$	$\frac{260}{29} = 8.96$

- 원자량 – C : 12, F : 19, Cl : 35.5, Br : 80, O : 16

4. 증기밀도

$$증기밀도 = \frac{분자량}{22.4}$$

5. 비열, 현열, 잠열

① 비열[Specific Heat] [kcal/kg · ℃]

물 1 [kg]을 14.5 [℃]에서 15.5 [℃]올리는데 필요한 열량

1kcal	1 [kg]을 14.5 [℃]에서 15.5 [℃]까지 1 [℃](섭씨) 올리는데 필요한 열량	= 3.968 BTU = 2.205 [Chu]
1BTU	1 [lb(파운드)]를 39 [℉]에서 40 [℉]까지 1 [℉](화씨)] 올리는데 필요한 열량	= 252 [cal] ※ BTU(British Thermal Unit)
1Chu	1 [lb]를 1 [℃] 올리는데 필요한 열량	= 1.8 [BTU] ※ Chu(Centigrade heat unit)

핵심 PLUS

22 물질의 증기비중을 가장 옳게 나타낸 것은? (단, 수식에서 분자, 분모의 단위는 모두 [g/mol]이다.)
[기 09, 16]

① $\frac{분자량}{22.4}$
② $\frac{분자량}{29}$
③ $\frac{분자량}{44.8}$
④ $\frac{분자량}{100}$

답 : ②

23 몰공기의 평균 분자량이 29일 때 이산화탄소 기체의 증기비중은 얼마인가?
[기 11, 12, 14, 15]

① 1.44
② 1.52
③ 2.88
④ 3.24

답 : ②

24 다음 중 증기비중이 가장 큰 것은?
[기 11]

① Halon 1301
② Halon 2402
③ Halon 1211
④ Halon 104

해설 소화약제 중 증기비중이 가장 큰 것은 2402 > 1211 > 1301 순서이다.

답 : ②

25 표준상태에서 메탄가스의 밀도는 몇 [g/L] 인가?
[기 10, 15]

① 0.21
② 0.41
③ 0.71
④ 0.91

해설 증기밀도 = $\frac{16}{22.4}$ = 0.71

CH_4(메탄)의 분자량 16

답 : ③

핵심 PLUS

26 22[℃]의 물 1톤을 소화약제로 사용하여 모두 증발시켰을 때 얻을 수 있는 냉각효과는 몇 [kcal]인가?
[기 12]

① 539   ② 617
③ 539,000   ④ 617,000

해설 ① 22[℃]물→100[℃]물→100[℃]수증기
　　　　(현열)　　　(잠열)

② 22[℃] 물 → 100[℃] 물
: 현열을 이용
$Q_1 = m \cdot c \cdot \Delta t$
= 1,000[kg] × 1[kcal/kg℃]
× 78[℃]
= 78,000[kcal]

③ 100[℃]물 → 100[℃] 수증기
: 잠열을 이용
$Q_2 = m \cdot r$
= 1,000[kg] × 539[kcal/kg]
= 539,000[kcal]

∴ 78,000 + 539,000
= 617,000[kcal]가 필요하다.

답 : ④

② 현열[Sensible Heat]

상태 변화 없이 온도만 변할 때 흡수 또는 방출되는 열로서 측정할 수 있는 열

$$Q_1 = m \cdot C \cdot \Delta t$$

Q_1 : 현열[kcal], m : 질량[kg], C : 비열[kcal/kg℃], Δt : 온도차[℃]

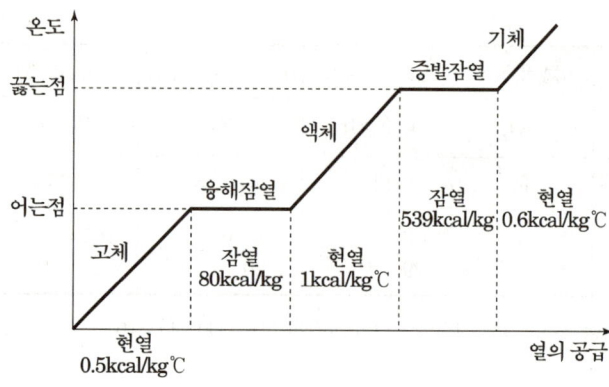

물의 상평형도

③ 잠열[Latent Heat]

온도 변화 없이 상 변화 시에 흡수 또는 방출되는 열로서 측정할 수 없는 열

$$Q_2 = m \cdot r$$

Q_2 : 잠열[kcal], m = 질량[kg], r = 융해, 증발잠열[kcal/kg]

㉠ 물의 기화, 액화 잠열 539 [kcal/kg]
㉡ 응고, 융해잠열 79.68 [kcal/kg]

6. 기체의 구분

구 분	성 상
증기	NTP의 상태에서 액체이며 온도 상승 시 기체로 변함 - 수증기, 유증기, 알코올증기 등
가스	NTP의 상태에서 기체 - 산소, 질소, 메탄, 에탄, 프로판, 부탄, 수소 등

- NTP(Normal Temperature and Pressure) - 20[℃], 1[atm]
- STP(Standard Temperature and Pressure) - 0[℃], 1[atm]

7. 온도의 구분

- 온도 : 물질의 차갑고 뜨거운 정도를 나타냄

섭씨온도[℃]	어는점을 0 [℃], 끓는점을 100 [℃]로 하고 100등분한 온도
화씨온도[℉]	어는점을 32 [℉], 끓는점을 212 [℉]로 하고 180등분한 온도
절대온도[K]	압력 0, −273 [℃]를 기준으로 나타내는 온도 (부피가 없는 온도임) $K = [℃] + 273$ ex 0 [℃] → 273 K
랭킨온도[R]	압력 0, −460 [℉]를 기준으로 한 온도 (부피가 없는 온도임) $R = ℉ + 460$ ex 32 ℉ → 492 R

| 섭씨와 화씨의 관계 |

$$\frac{℃}{100} = \frac{℉-32}{180} \rightarrow ℉로\ 정리하면\ ℉ = 1.8℃ + 32$$

8. 단위

길이	1[m] = 3.28[ft] 1[ft] = 0.3048[m] 1[m] = 39.37[inch]	1[m] = 6.21373 × 10⁻⁴[mile] 1[mile(마일)] = 1.6093[km]	1[m] = 1.0936[1yd(야드)] 1[yd] = 0.9144[m] 1해리 : 1.852[km]
압력	1[atm] = 760[mmHg] = 1.0332[kgf/cm²] = 10.332[mH₂O (mAq)] = 101,325[N/m² (Pa)] = 1.013[bar] = 14.7[PSI]		
체적	1[m³] = 1,000[ℓ] 1[ℓ] = 1,000[mℓ]	1[mℓ] = 1[cc(cm³)] = 1[g]	1gal(갤론) = 3.785ℓ
힘, 무게	1[lb(파운드)] = 0.4536[kg] 1[kg] = 2.2[lb]	1[carat(캐럿)] = 200[mg]	1kg_f = 9.8N
일, 열량 에너지	1[kWh] = 860[kcal] 1[BTU] = 0.252[kcal]	1[kcal] = 1/860[kWh] = 4,186[J] 1[kg_f·m] = 9.8[J]	1[caℓ] = 4.186[J]
동력	1[kW] = 102[kg_f·m/s]	1[kW] = 1.34[HP]	1[HP] = 0.746[kW]
온도	℉ = 1.8[℃] + 32	0[℃] = 32[℉], 100[℃] = (180 + 32) = 212[℉]	

핵심 PLUS

27 섭씨 30도는 랭킨(Rankine)온도로 나타내면 몇 R인가? [기 12, 17]
① 546도 ② 515도
③ 498도 ④ 463도

해설 ℉ = 1.8[℃] + 32
℉ = 1.8 × 30 + 32 = 86
R = ℉ + 460 = 86 + 460 = 546

답 : ①

28 화씨 95도를 켈빈(Kelvin)온도로 나타내면 약 몇 [K]인가? [기 11, 16]
① 368 ② 308
③ 252 ④ 178

해설 ℉ = 1.8℃ + 32
95 = 1.8[℃] + 32
℃ = 35
K = [℃] + 27 = 35 + 273 = 308

답 : ②

29 1[kcal]의 열은 약 몇 [joule]에 해당하는가? [기 12]
① 5,262
② 4,186
③ 3,943
④ 3,330

답 : ②

30 1[kWh]는 몇 [kcal]인가?
① 843
② 860
③ 3,600
④ 4,184

해설 1[kWh] = 1[kJ/s·h]
= 1[kJ/s]·3,600s = 3,600[kJ]
= 3,600 × 0.239[kcal]
= 860[kcal]

답 : ②

핵심기출문제

4. 화재역학 등

■■■ 4. 화재역학 등

1. Fourier법칙(전도)에 대한 설명으로 틀린 것은? [18 ⑦]

① 이동열량은 전열체의 단면적에 비례한다.
② 이동열량은 전열체의 두께에 비례한다.
③ 이동열량은 전열체의 열전도도에 비례한다.
④ 이동열량은 전열체 내·외부의 온도차에 비례한다.

2. 다음 중 열전도율이 가장 작은 것은? [09 ⑦]

① 알루미늄　　② 철재
③ 은　　④ 암면(광물섬유)

3. 고층 건축물 내 연기거동 중 굴뚝효과에 영향을 미치는 요소가 아닌 것은? [17 ⑦]

① 건물 내·외의 온도차　　② 화재실의 온도
③ 건물의 높이　　④ 층의 면적

4. 화재시 계단실 내 수직방향의 연기상승 속도범위는 일반적으로 몇 [m/s]의 범위에 있는가? [11 ⑦]

① 0.05~0.1　　② 0.8~1.0
③ 3~5　　④ 10~20

5. 다음 중 연소 시 아황산가스를 발생시키는 것은?

① 적린　　② 유황
③ 트리에틸알루미늄　　④ 황린

해설

해설 1

Fourier의 전도 열전달 법칙

$$q = K \cdot A \cdot \frac{\Delta t}{\ell}$$

q : 열량 [W = J/s = cal/s]
K : 열전도율 [W/m·℃], [J/m·s·℃]
A : 표면적 [m²]
Δt : 온도차 [T₁ − T₂] [℃]
ℓ : 물질두께 [m]

해설 2

주요 건축재료의 열전도율

건축재료	열전도율([cal/s·sm·℃])
동(銅)	0.91
알루미늄	0.50
철재(鐵)	0.15
벽돌	1.70×10⁻³
콘크리트	4.10×10⁻³
대리석	6.20×10⁻³
광물섬유(암면)	0.10×10⁻³

도체인 금속은 부도체인 광물섬유보다 열전도율은이 크다.

해설 3

굴뚝효과의 크기 영향요소
건물 내·외부 온도차, 외벽의 기밀성, 건물의 층간 공기 누출, 건물높이

해설 4

연기의 이동속도

수평	수직	실내계단(비상용 승강기 승강로)
0.5~1.0 [m/s]	2~3 [m/s]	3~5 [m/s]

해설 5

이산화황 SO₂
허용농도 : 2 [ppm] (0.0002[%])
① 아황산가스라고도 하고 황을 함유한 고무 등의 유기화합물이 완전연소 할 때 발생
② 눈 및 호흡기 계통에 자극성이 매우 크다.

정답 1. ② 2. ④ 3. ④ 4. ③ 5. ②

6. 목재 연소시 일반적으로 발생할 수 있는 연소가스로 가장 관계가 먼 것은? [12 ㉮]

① 포스겐($COCl_2$) ② 수증기
③ CO_2 ④ CO

7. 할론가스 45[kg]과 함께 기동가스로 질소 2[kg]을 충전하였다. 이때 질소가스의 몰분율은 약 얼마인가? (단, 할론가스의 분자량은 149이다.) [12, 17 ㉮]

① 0.19 ② 0.24
③ 0.31 ④ 0.39

8. Halon 1301의 증기비중은 약 얼마인가? (단, 원자량은 C 12, F 19, Br 80, Cl 35.5이고, 공기의 평균 분자량은 29이다.) [13 ㉮]

① 4.14 ② 5.14
③ 6.14 ④ 7.14

9. 공기의 평균 분자량이 29일 때 이산화탄소 기체의 증기비중은 얼마인가? [14 ㉮]

① 1.44 ② 1.52
③ 2.88 ④ 3.24

10. 1[kg]의 20[℃] 물이 100[℃] 수증기로 변할 때 필요한 열량은 몇 kcal인가?

① 80 ② 539
③ 619 ④ 639

해설

해설 6
목재에는 염소가 없다.

해설 7

몰분율 = $\dfrac{어떤\ 성분의\ 몰수}{전체\ 몰수}$

• 질소가스의 몰분율
= $\dfrac{71}{302+71}$ = 0.19

• 할론가스의 몰수
= $\dfrac{질량}{분자량}$ = $\dfrac{45,000[g]}{149[g/mol]}$ ≒ 302[mol]

• 질소가스의 몰수
= $\dfrac{질량}{분자량}$ = $\dfrac{2,000[g]}{28[g/mol]}$ ≒ 71[mol]

해설 8, 9

증기비중 = $\dfrac{분자량}{29}$

종류	이산화탄소	Halon 1301
분자식	CO_2	CF_3Br
분자량	44	149
증기비중	$\dfrac{44}{29}$ ≒ 1.52	$\dfrac{149}{29}$ = 5.13

해설 10

• 20[℃]물 → 100[℃]물 : 현열을 이용
 $Q_1 = m \cdot c \cdot \Delta t$
  = 1[kg] × 1[kcal/kg℃] × 80[℃]
  = 80kcal

• 100[℃]물 → 100[℃] 수증기
 : 잠열을 이용
 $Q_2 = m \cdot r$ = 1[kg] × 539[kcal/kg]
  = 539[kcal]

∴ 80 + 539 = 619[kcal]가 필요하다.

정답 6. ① 7. ① 8. ② 9. ②
    10. ③

핵심기출문제

4. 화재역학 등

11. 질소 79.2[%], 산소 20.8[%]로 이루어진 공기의 평균분자량은? (단, 질소 및 산소의 원자량은 각각 14 및 16이다.) [12⑦]

① 15.44
② 20.21
③ 28.83
④ 36.00

12. 공기와 할론 1301의 혼합기체에서 할론 1301에 비해 공기의 확산속도는 약 몇 배인가? (단, 공기의 평균분자량은 29, 할론 1301의 분자량은 149이다.) [12⑦]

① 2.27배
② 3.85배
③ 5.17배
④ 6.46배

해설 그레이엄의 확산속도법칙
일정한 온도 및 압력에서 기체의 확산속도는 그 기체의 분자량의 제곱근에 반비례 $V \propto \dfrac{1}{\sqrt{M}}$ 이므로 두 기체를 비례식으로 놓으면 아래와 같이 된다.

$V_1 : V_2 = \dfrac{1}{\sqrt{M_1}} : \dfrac{1}{\sqrt{M_2}}$ 이것을 정리하면 $\dfrac{V_2}{V_1} = \dfrac{\sqrt{M_1}}{\sqrt{M_2}}$ 이 되며 각각의 분자량을 대입하면

$\dfrac{\sqrt{149}}{\sqrt{29}} = 2.267$ 로서 공기의 확산속도는 할론 1301보다 2.27배 빠르다.

V_2 : 공기의 확산속도[m/s] M_2 : 공기의 분자량[g]
V_1 : 할론 1301의 확산속도[m/s] M_1 : 할론 1301의 분자량[g]

13. 1기압, 0[℃]의 어느 밀폐된 공간 1[m³] 내에 Halon 1301 약제가 0.32[kg] 방사되었다. 이때 Halon 1301의 농도는 약 몇 [vol%]인가?
(단, 원자량은 C 12, F 19, Br 81, Cl 35.5이다.) [13⑦]

① 4.8[%]
② 5.5[%]
③ 8[%]
④ 10[%]

해설
할론 1301 → CF_3Br 의 분자량은 149이다.(C : 12, F : 19, Br : 80)

$PV = \dfrac{W}{M} RT$ 에서

$V = \dfrac{W}{PM} RT = \dfrac{0.32[kg]}{1atm \cdot 149[kg/mol]} \times 0.082[atm \cdot m^3/kmol \cdot K] \times (0+273)[K] = 0.048[m^3]$

할론1301이 차지하고 있는 부피는

할론1301[%] = $\dfrac{방사된 할론1301 양[m^3]}{방호구역체적[m^3] + 방사된 할론1301양[m^3]} \times 100$

= $\dfrac{0.048[m^3]}{1[m^3] + 0.048[m^3]} \times 100 = 4.8[%]$

해설

해설 11
혼합기체의 분자량
= 각 분자량 × 퍼센트의 합
질소 N_2 = 14 × 2 = 28
산소 O_2 = 16 × 2 = 32

공기의 분자량
= 28 × 0.792 + 32 × 0.208
= 28.832

해설 13
표준상태이므로 할론 320[g]은 2.15 mol(= $\dfrac{320}{149}$)에 해당되며 그 부피는 48.16[ℓ] (=2.15[mol]
= $\dfrac{할론의 부피[ℓ]}{22.4[ℓ]}$)이므로
1[m³] 공간에서의 농도는
$\dfrac{48.16[ℓ]}{1000[ℓ]} \times 100[%] = 4.816[%]$

정답 11. ③ 12. ① 13. ①

05 위험물

I. 소방원론 | 위험물

1 위험물의 일반적인 성상

1. 위험물의 분류에 따른 성상

분류	성상	분류	성상
제1류	산화성 고체	제4류	인화성 액체
제2류	가연성 고체	제5류	자기연소성 물질
제3류	자연발화성 및 금수성 물질	제6류	산화성 액체

2. 위험물의 분류에 따른 소화방법

분류	물질	소화방법	분류	물질	소화방법
제1류	무기과산화물 삼산화크롬	질식	제4류	비수용성	질식
	그밖의 것	냉각		수용성	질식, 희석
제2류	철분, 마그네슘, 금속분	질식	제5류	–	냉각
	그밖의 것	냉각			
제3류	금수성	질식	제6류	–	초기 – 냉각
	자연발화성	질식			중기 – 질식

핵심 PLUS

01 위험물안전관리법령상 위험물 유별에 따른 성질이 잘못 연결된 것은?
[기 09, 15, 16]
① 제1류 위험물–산화성고체
② 제2류 위험물–가연성고체
③ 제4류 위험물–인화성액체
④ 제6류 위험물–자기반응성물질

답 : ④

02 다음 위험물 중 물과 접촉 시 위험성이 가장 높은 것은? [기 13]
① $NaClO_3$ ② P
③ TNT ④ Na_2O_2

해설 과산화나트륨(Na_2O_2)은 제1류 위험물 중 무기과산화물로서 물과의 반응 시 산소방출로 더욱 위험
$2Na_2O_2 + 2H_2O \rightarrow 4NaOH + O_2\uparrow + 발열$

답 : ④

핵심 PLUS

03 위험물의 저장 방법으로 틀린 것은?
[기 17]

① 금속나트륨-석유류에 저장
② 이황화탄소-수조 물탱크에 저장
③ 알킬알루미늄-벤젠액에 희석하여 저장
④ 산화프로필렌-구리 용기에 넣고 불연성 가스를 봉입하여 저장

[해설] 아세트알데히드, 산화프로필렌은 수은, 구리(동), 은, 마그네슘 또는 이들의 합금과 혼합하면 폭발성 화합물 생성하여 위험

답 : ④

3. 위험물 저장 방법

일반적인 위험물	건조하고 어둡고 시원한 냉암소에 저장
황린, 이황화탄소	물속에 저장
칼륨, 나트륨, 리튬	유동 파라핀등의 석유류속에 저장
아세틸렌	아세톤에 저장
니트로셀룰로오스	물 20[%], 프로필알코올 30%로 습윤시켜 저장
알킬알루미늄	희석제 [헥산(C_6H_{14}), 벤젠(C_6H_6), 톨루엔($C_6H_5CH_3$)]을 넣어 20[%]용액으로 저장 취급
과산화수소(H_2O_2)	인산(H_3PO_4), 요산($C_5H_4N_4O_3$), 요소, 글리세린 등의 안정제 첨가하여 분해 억제

04 다음 중 발화점이 가장 낮은 것은?
[기 12, 16]

① 황화린   ② 적린
③ 황린   ④ 유황

[해설] 황린(제3류 위험물) : 34[℃]

답 : ③

05 제 4류 위험물 중 발화점이 가장 낮은 것은?

① 이황화탄소 ② 벤젠
③ 아세톤   ④ 등유

답 : ①

06 다음 중 착화온도가 가장 낮은 것은?
[기 12]

① 아세톤   ② 휘발유
③ 이황화탄소 ④ 벤젠

답 : ③

4. 발화온도(= 발화점, 착화온도)

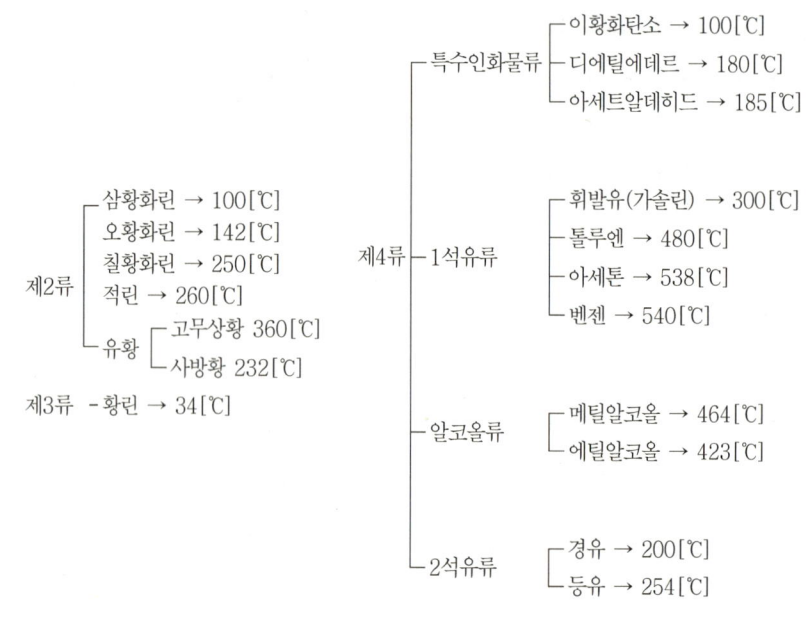

2 제1류 위험물(산화성 고체)

품명	위험등급	지정수량	성상
① 아염소산염류($-ClO_2$) ② 염소산염류($-ClO_3$) ③ 과염소산염류($-ClO_4$) ④ 무기과산화물($-O_2$)	I	50[kg]	① 가연성이 아닌 **불연성** 이다. ② **강산화성(제)**로서 다량의 산소 함유 ③ **조연성** 물질이다. ④ 가열(분해온도, 녹는점), 충격, 마찰 등에 의해 분해되어 **산소 방출** 　→ 환기 잘되는 냉암소에 저장 ⑤ 가연물(가연성물질), 유기물과 혼합하면 격렬하게 연소 또는 폭발 　→ 열원이나 산화되기 쉬운 물질 　　(가연물) 또는 산으로부터 격리 ⑥ 비중은 1보다 크다. (물보다 무겁다) ⑦ 모두 무기화합물이고 대부분이 무색 또는 백색 결정의 분말 • 무기화합물 : 일반적으로 탄소가 없는 물질
⑤ 요오드산염류($-IO_3$) ⑥ 브롬산염류($-BrO_3$) ⑦ 질산염류($-NO_3$)	II	300[kg]	
⑧ 과망간산염류($-MnO_4$) ⑨ 중크롬산염류($-Cr_2O_7$)	III	1,000[kg]	
※ 그밖에 행정안전부령이 정하는 것 • 차아염소산염류($-ClO$) • 과요오드산염류 • 아질산염류 • 크롬, 납 또는 요오드의 산화물 　(무수크롬산 : CrO_3) • 염소화이소시아눌산 • 퍼옥소이황산염류 • 퍼옥소붕산염류	II	300[kg]	

1. **소화방법** – 주수소화

2. **주수소화 금지 위험물** – 마른모래 등의 질식소화

   무기과산화물(산소방출), 무수크롬산(과열, 연소 우려)

3. **주요 화학반응식**

   ① 무기과산화물과 물과의 반응식(산소 발생☆)

   $$2Na_2O_2 + 2H_2O \rightarrow 4NaOH + O_2\uparrow + 발열$$

   ② 무기과산화물과 산과의 반응식(과산화수소 생성☆)

   $$K_2O_2 + 2HCl \rightarrow 2KCl + H_2O_2$$

핵심 PLUS

07 제 1류 위험물 산화성고체에 해당하는 것은? [기 11, 13, 14, 15]
① 질산염류　② 특수인화물
③ 과염소산　④ 유기과간화물

답 : ①

08 위험물 안전관리법상 제1류 위험물의 산화성 고체에 속하지 않는 것은?
① Na_2O_2　② HNO_3
③ NH_4ClO_4　④ $KClO_3$

[해설] Na_2O_2 : 과산화나트륨
HNO_3 : 질산(산화성 액체)
NH_4ClO_4 : 과염소산암모늄
$KClO_3$: 염소산칼륨

답 : ②

09 다음 중 제1류 위험물로서 그 성질이 산화성고체가 아닌 것은?
① 질산바륨　② 과산화나트륨
③ 탄화칼슘　④ 중크롬산칼륨

[해설] 탄화칼슘(CaC_2)은 제3류 위험물이다.

답 : ③

10 과산화칼륨이 불과 접촉하였을 때 발생하는 것은? [기 18]
① 산소　② 수소
③ 메탄　④ 아세틸렌

[해설] 물과의 반응
$2K_2O_2 + 2H_2O \rightarrow 4KOH + O_2\uparrow$

답 : ①

핵심 PLUS

11 위험물의 유별 성질이 가연성 고체인 위험물은 제 몇 류 위험물인가?
　　　　　　　　　　　[기 10, 12, 15]
① 제1류　　② 제2류
③ 제3류　　④ 제4류
　　　　　　　　　　답 : ②

12 위험물안전관리법령에 의한 제2류 위험물이 아닌 것은?
　　　　　　　[기 09, 10, 12, 13, 15, 18]
① 철분
② 유황
③ 적린
④ 황린
　　　　　　　　　　답 : ④

13 제2류 위험물의 품명에 따른 지정수량의 연결이 틀린 것은? [기 16]
① 황화린 − 100[kg]
② 유황 − 300[kg]
③ 철분 − 500[kg]
④ 인화성고체 − 1,000[kg]
　　　　　　　　　　답 : ②

14 위험물안전관리법에서 정하는 위험물질에 대한 설명으로 다음 중 옳은 것은? [기 12]
① 철분이란 철의 분말로서 53[μm]의 표준체를 통과하는 것이 60[wt%] 미만인 것은 제외한다.
② 인화성 고체란 고형알고올 그 밖에 1기압에서 인화점이 21[℃] 미만인 고체를 말한다.
③ 유황은 순도가 60[wt%] 이상인 것을 말한다.
④ 과산화수소는 그 농도가 36[wt%] 이하인 것에 한한다.
　　　　　　　　　　답 : ③

3 제2류 위험물(가연성고체)

품명		위험등급	지정수량	성상
① 황화린 ② 적린 ③ 유황		II	100[kg]	① 낮은 온도에서 착화하기 쉬운 가연성물질 ② 산소와 결합이 용이하여 산화되기 쉽고 연소 속도가 빠르며 온도가 높고 발열량이 크다. ③ 연소 시 유독가스 발생(SO_2, P_2O_5 등) ④ 산소를 함유하지 않은 강환원성 물질 ⑤ 금속분, 철분, 유황분은 밀폐된 공간에서 분진폭발 ⑥ 금속분, 철분, Mg은 물 또는 산과 접촉 시 수소가스 발생 ⑦ 비중이 1보다 크며 물보다 무겁다. 　− 제삼부틸알코올 제외 ⑧ 비수용성이다.(제삼부틸알코올 제외) ⑨ 고유의 색상을 가진 분말
④ 철분 ⑤ 마그네슘 ⑥ 금속분		III	500[kg]	
⑦ 인화성 고체	고형알코올	III	1,000[kg]	
	메타알데히드 $(CH_3CHO)_4$			
	제삼부틸알코올 $(CH_3)_3COH$			
	락카퍼티, 고무풀			

위험물의 정의

유황	순도가 60[wt%] 이상인 것
철분	53[μm] 표준체 통과하는 것이 50[wt%] 미만인 것은 제외
마그네슘	2[mm]체를 통과하지 아니하는 덩어리 및 직경 2[mm] 이상의 막대 모양의 것은 제외
금속분	알칼리금속・알칼리토류금속・철 및 마그네슘외의 금속의 분말을 말하고, 구리분・니켈분 및 150[μm]의 체를 통과하는 것이 50[wt%] 미만인 것은 제외한다.
인화성고체	고형알코올 및 1기압에서 인화점이 40[℃] 미만인 고체

1. **소화방법** − 주수소화

2. **주수소화 금지 위험물** − 질식소화

　철분, 마그네슘, 금속분 : 수소가스 발생

3. 주요 화학반응식(철분, 마그네슘, 금속분)

물과 반응식	$Mg + 2H_2O \rightarrow Mg(OH)_2 + H_2 \uparrow$	수소 발생으로 주수소화 금지
산과의 반응식	$Mg + 2HCl \rightarrow MgCl_2 + H_2 \uparrow$	수소 발생
이산화탄소와 반응식	$2Mg + CO_2 \rightarrow 2MgO + C$	탄소를 유리하여 이산화탄소 적응성 없음

4. 성상

구분	품명	특성
황화린	삼황화린 P_4S_3 발화점 : 100[℃]	① 황록색결정 ② 삼황화린의 연소반응식 $P_4S_3 + 8O_2 \rightarrow 2P_2O_5 + 3SO_2 \uparrow$ – 연소 생성물은 모두 유독하고 가연성인 흰 연기의 오산화인과 이산화황 발생
	오황화린 P_2S_5 발화점 : 142[℃]	① 담황색결정, 조해성 ② 오황화린의 연소반응식 $2P_2S_5 + 15O_2 \rightarrow 2P_2O_5 + 10SO_2$ ③ 물과의 분해 반응식(융점은 290[℃]) $P_2S_5 + 8H_2O \rightarrow 5H_2S + 2H_3PO_4$ (황화수소와 오쏘인산 발생)
	칠황화린 P_4S_7 발화점 : 250[℃]	① 담황색결정, 조해성, 융점은 310[℃]
	적린 P 발화점 : 260[℃]	① 암적색의 분말로서 독성이 강하다. ② 황린(제3류 위험물)의 동소체 (연소생성물을 보면 동소체인지 알 수 있다) ③ 적린의 연소반응식 $4P + 5O_2 \rightarrow 2P_2O_5$ → 유독성의 오산화인 P_2O_5 발생
	유황(황) S 발화점 : 360[℃]	① 연소 시 청색의 빛을 내며 다량의 SO_2(이산화황)의 유독가스 발생 ② 종류 : 단사황(바늘모양의 결정), 사방황(팔면체), 고무상황(무정형) ③ CS_2(이황화탄소 – 제4류 특수인화물)에 잘 녹는다. (고무상황 제외)

• 조해성 : 고체가 대기 속에서 습기를 빨아들여 녹는 성질

핵심 PLUS

15 화재 발생 시 주수소화가 적합하지 않은 물질은? [기 16]
① 적린
② 마그네슘 분말
③ 과염소산칼륨
④ 유황

답 : ②

16 마그네슘의 화재에 주수하였을 때 물과 마그네슘의 반응으로 인하여 생성되는 가스는? [기 12, 15]
① 일산화탄소 ② 이산화탄소
③ 수소   ④ 산소

답 : ③

17 마그네슘에 관한 설명으로 옳지 않은 것은? [기 10, 12, 15]
① 마그네슘의 지정수량은 500[kg] 이다.
② 마그네슘 화재 시 주수하면 폭발이 일어날 수도 있다.
③ 마그네슘 화재 시 이산화탄소 소화약제를 사용하여 소화한다.
④ 마그네슘의 저장·취급 시 산화제와의 접촉을 피한다.

답 : ③

18 황린과 적린이 서로 동소체라는 것을 증명하는 데 가장 효과적인 실험은? [기 11]
① 비중을 비교한다.
② 착화점을 비교한다.
③ 유기용제에 대한 용해도를 비교한다.
④ 연소생성물을 확인한다.

해설 연소생성물이 동일하면 두 물질을 동소체라 함

답 : ④

핵심 PLUS

19 위험물의 유별 성질이 자연발화성 및 금수성 물질은 제 몇 류 위험물인가?
① 제1류 ② 제2류
③ 제3류 ④ 제4류
답 : ③

20 알킬알루미늄의 소화에 가장 적합한 소화약제는? [기 09, 10, 16]
① 마른모래 ② 물
③ 할로겐화합물 ④ 이산화탄소
답 : ①

21 다음 중 pH 9 정도의 물을 보호액으로 하여 보호액 속에 저장하는 물질은? [기 10, 11, 14, 16, 17, 18]
① 나트륨 ② 탄화칼슘
③ 칼륨 ④ 황린
답 : ④

22 칼륨에 화재가 발생할 경우에 주수를 하면 안되는 이유로 가장 옳은 것은? [기 08, 13, 16]
① 산소 ② 수소
③ 메탄 ④ 질소
답 : ②

23 인화칼슘과 물이 반응할 때 생성되는 가스는? [기 14]
① 포스핀 ② 포스겐
③ 수소 ④ 산화칼슘
답 : ①

24 탄화칼슘의 화재 시 물을 주수하였을 때 발생하는 가스로 옳은 것은? [기 10, 11, 18]
① C_2H_2 ② H_2
③ O_2 ④ C_2H_6
답 : ①

4 제3류 위험물(자연발화성 물질 및 금수성 물질)

품명	위험등급	지정수량	성상
① 칼륨 ② 나트륨 ③ 알킬알루미늄 　(트리에틸알루미늄) ④ 알킬리튬	I	10[kg]	① 황린 제외한 제3류 위험물은 모두 금수성 물질로서 주수소화 시 여러 가지 가연성가스가 방출되어 질식소화 필요 - 건조사 사용 ② 황린은 자연발화온도가 34[℃]로 매우 낮아 PH9 정도인 물속에 저장한다. ③ 알킬알루미늄 알킬리튬은 희석제 [헥산(C_6H_{14}), 벤젠(C_6H_6), 톨루엔($C_6H_5CH_3$)]을 넣어 20%용액으로 저장 취급
⑤ 황린	I	20[kg]	
⑥ 알칼리금속 ⑦ 알칼리토금속 ⑧ 유기금속화합물	II	50[kg]	
⑨ 금속의 수소화물 ⑩ 금속의 인화물(인화칼슘) ⑪ 칼슘 또는 알루미늄의 탄화물 　(탄화칼슘)	III	300[kg]	
염소화규소화합물	III	300[kg]	

1. **소화방법** - 질식소화(주수소화금지)

2. **주수소화 가능** - 황린(물속에 저장 : 자연발화 방지)

3. **주요 화학반응식**

　① 칼륨과 물과의 반응(수소 발생☆)

$$2K + 2H_2O \rightarrow 2KOH + H_2 \uparrow$$

　② 인화칼슘과 물과의 반응(포스핀 발생☆)

$$Ca_3P_2 + 6H_2O \rightarrow 3Ca(OH)_2 + 2PH_3$$

　③ 탄화칼슘과 물과의 반응(아세틸렌 발생☆)

$$CaC_2 + 2H_2O \rightarrow Ca(OH)_2 + C_2H_2 \uparrow$$

5 제4류 위험물(인화성 액체)

구분	분류기준	위험등급	지정수량	품명
특수인화물류	인화점-20[℃] 이하로서 비점 40[℃] 이하 또는 발화점 100[℃] 이하	I	50[ℓ]	디에틸에테르 $C_2H_5OC_2H_5$ 아세트알데히드 CH_3CHO 산화프로필렌 CH_3CH_2CHO 이황화탄소 CS_2
제1석유류	인화점 : 21[℃] 미만	II	200[ℓ] 수용성은 400[ℓ]	휘발유, 벤젠 C_6H_6, 톨루엔 $C_6H_5CH_3$, 시클로헥산 C_6H_{12} 시안화수소 HCN, 콜로디온 $C_{12}H_{16}N_4O_{18}$ 피리딘 C_5H_5N, 아세톤(DMK) CH_3COCH_3 메틸에틸케톤 (MEK) $CH_3COC_2H_5$, 의산에스테르류 HCOOR 초산에스테르류 CH_3COOR ※ R : 알킬기
알코올류	탄소원자수가 1개~3개인 포화1가 알코올 및 변성알코올	II	400[ℓ]	메틸알코올 CH_3OH 에틸알코올 C_2H_5OH 프로필알코올 C_3H_7OH 변성알코올
제2석유류	인화점 : 21[℃] 이상 70[℃] 미만	III	1,000[ℓ] 수용성은 2,000[ℓ]	경유(디젤유), 등유(케로신), 크실렌 $C_6H_4(CH_3)_2$ 송근유, 송정유(테레핀유), 장뇌유, 히드라진 N_2H_4 의산(포름산) HCOOH, 초산(아세트산) CH_3COOH 클로로벤젠 C_6H_5Cl, 에틸벤젠 $C_6H_5C_2H_5$ 스틸렌 $C_6H_5C_2H_3$, 메틸셀로솔브, 에틸셀로솔브
제3석유류	인화점 : 70[℃] 이상 200[℃] 미만	III	2,000[ℓ] 수용성은 4,000[ℓ]	중유, 타르유(클레오소오트유) 니트로벤젠 $C_6H_5NO_2$, 아닐린 $C_6H_5NH_2$ 에틸렌글리콜 (2가알코올) $C_2H_4(OH)_2$ 글리세린 (3가알코올) $C_3H_5(OH)_3$
제4석유류	1기압에서 인화점이 200[℃] 이상 250[℃] 미만의 것	III	6,000[ℓ]	기어유, 실린더유
동·식물유류	1기압에서 인화점이 250[℃] 미만인 것	III	10,000[ℓ]	동물의 지육 등 또는 식물의 종자나 과육으로부터 추출한 것 불건성유, 반건성유, 건성유

인화성액체 중 수용성액체란 온도 20[℃], 기압 1기압에서 동일한 양의 증류수와 완만하게 혼합하여, 혼합액의 유동이 멈춘 후 당해 혼합액이 균일한 외관을 유지하는 것을 말한다.

※ 위 표에서 파란색은 수용성 임

핵심 PLUS

25 제4류 위험물의 성질에 해당하는 것은? [기 13]
① 가연성 고체   ② 산화성 고체
③ 인화성 액체   ④ 자기반응성 물질

답 : ③

26 위험물안전관리법령상 제4류 위험물인 알코올류에 속하지 않는 것은? [기 15]
① C_2H_5OH ② C_4H_9OH
③ CH_3OH ④ C_3H_7OH

답 : ②

27 위험물안전관리법령상 인화성 액체인 클로로벤젠은 몇 석유류에 해당되는가? [기 14]
① 제1석유류   ② 제2석유류
③ 제3석유류   ④ 제4석유류

답 : ②

28 다음 중 인화성 물질이 아닌 것은? [기 10, 13, 14]
① 기어유   ② 질소
③ 이황화탄소   ④ 에테르

답 : ②

29 인화점이 낮은 것부터 높은 순서로 옳게 나열된 것은? [기 08, 10, 14, 18]
① 에틸알코올 < 이황화탄소 < 아세톤
② 이황화탄소 < 에틸알코올 < 아세톤
③ 에틸알코올 < 아세톤 < 이황화탄소
④ 이황화탄소 < 아세톤 < 에틸알코올

해설 이황화탄소(특수인화물)
< 아세톤(1석유류)
< 에틸알코올(알코올류)

답 : ④

핵심 PLUS

30 제4류 위험물의 화재 시 사용되는 주된 소화방법은? [기 16]
① 물을 뿌려 냉각한다.
② 연소물을 제거한다.
③ 포를 사용하여 질식 소화한다.
④ 인화점 이하로 냉각한다.

답 : ③

31 제4류 위험물의 화재 시 물로 소화할 수 없는 이유는? [기 09, 12, 14, 15]
① 인화점이 변하기 때문
② 발화점이 변하기 때문
③ 연소면이 확대되기 때문
④ 인화점이 상승하기 때문

답 : ③

32 물속에 넣어 저장하는 것이 안전한 물질은? [기 09, 18]
① 나트륨
② 이황화탄소
③ 칼륨
④ 탄화칼륨

답 : ②

33 다음 중 인화점이 가장 낮은 물질은? [기 10, 11, 13, 14, 15]
① 산화프로필렌
② 이황화탄소
③ 메틸알코올
④ 등유

답 : ①

I. 소방원론 | 위험물

1. 소화방법

① 초기 : 이산화탄소, 포, 물분무, 분말 등에 의해 질식 및 연쇄반응 억제등에 의한 소화

② 대규모 화재 : 포에 의한 질식 또는 제거소화

③ 수용성 석유류 : 알코올형포, 다량의 물에 의한 희석 소화

④ 물보다 무거운 것(CS_2 등) : 물에 의한 질식소화도 가능

2. 주수소화 금지 위험물

① 액체의 유동성으로 화재의 확대 위험이 크다.

② 주수 소화 불가(유면확대)

3. 특수인화물

디에틸에테르	아세트알데히드	산화프로필렌	이황화탄소
인화점이 가장 낮다	연소범위가 가장 넓다	–	발화점이 가장 낮다
	수은, 동, 은, 마그네슘 물질에 보관시 – 폭발성 화합물 금속인 아세틸리드가 생성되므로 저장 금지		수조에 저장 (휘발성이 강해 위험)

4. 시험에 잘 나오는 인화점과 관련된 위험물의 종류

구별	품명	인화점
특수인화물	디에틸에테르	-45[℃]
	산화프로필렌	-37[℃]
	이황화탄소	-30[℃]
제1석유류	휘발유(가솔린)	-20 ~ -43[℃]
	아세톤	-18[℃]
	벤젠	-11[℃]
	메틸에틸케톤	-9[℃]
	톨루엔	4.4[℃]
알코올류	메틸알코올	11[℃]
	에틸알코올	13[℃]
제2석유류	등유	30~60[℃]
	경유	40~70[℃]

6 제5류 위험물(자기연소성물질)

품명	위험등급	지정수량	주요성상
① 유기과산화물 ② 질산에스테르류 (니트로셀룰로오스, 셀룰로이드, 니트로글리세린)	I	10[kg]	① 산소를 함유한 가연성 물질로서 연소 시 자기연소하며 연소속도가 매우 빠르다. ② 산소 공급 없이도 가열, 충격, 마찰 또는 접촉에 의해 착화, 폭발 용이 ③ 물에 불용성, 유기용제에는 잘 용해된다. 히드라진유도체는 반대(트리니트로페놀은 냉수에 잘 녹지 않고 온수에 잘 녹는다.) ④ 자기연소성의 성질을 가져 질식소화는 불가 하므로 모두 주수소화 해야 한다.
③ 히드록실아민 ④ 히드록실아민염류	II	100[kg]	
⑤ 니트로화합물 (트리니트로페놀, 트리니트로톨루엔) ⑥ 니트로소화합물 ⑦ 아조화합물 ⑧ 디아조화합물 ⑨ 히드라진 유도체	II	200[kg]	
⑩ 금속의 아지화합물 질산구아니딘	II	200[kg]	

1. **소화방법** – 주수소화

2. **주수소화 금지 위험물** – 해당없음 / 질식소화 안됨

3. **니트로셀룰로오스 [NC, 질화면, $C_6H_7O_2(ONO_2)_3$]**

   ① 천연셀룰로오스 + 질산과 황산의 혼산으로 제조한 것으로 무색 또는 백색의 고체 → 햇빛에 의해 황갈색

   ② 질화도가 큰 것일수록 폭발 위험성이 높다.

   ※ **질화도** : 니트로셀룰로오스에 함유된 질소의 함유량

   ③ 저장·취급 방법 : 물 20[%], 프로필알코올 30[%]로 습윤 시켜 저장

핵심 PLUS

34 다음 위험물 중 자기반응성 물질은 어느 것인가? [기 11]
① 황린
② 염소산염류
③ 알칼리토금속
④ 질산에스테르류

답 : ④

35 다음 중 위험물의 성질이 자기반응성 물질에 속하지 않는 것은? [기 15]
① 유기과산화물
② 무기과산화물
③ 히드라진 유도체
④ 니트로화합물

[해설] 무기과산화물
– 제1류위험물 산화성고체

답 : ②

36 제5류 위험물인 자기반응성 물질의 성질 및 소화에 대한 사항으로 가장 거리가 먼 것은? [기 14]
① 대부분 산소를 함유하고 있어 자기연소 또는 내부연소를 일으키기 쉽다.
② 연소속도가 빨라 폭발적인 경우가 많다.
③ 질식소화가 효과적이며, 냉각소화는 불가능하다.
④ 가열, 충격, 마찰에 의해 폭발의 위험이 있는 것이다.

답 : ③

37 니트로셀룰로오스에 대한 설명으로 잘못된 것은? [기 10, 13, 16]
① 질화도가 낮을수록 위험도가 크다.
② 물을 첨가하여 습윤시켜 운반한다.
③ 화약의 원료로 쓰인다.
④ 고체이다.

답 : ①

핵심 PLUS

38 다음 중 위험물별 성질로서 틀린 것은?

① 제1류 : 산화성 고체
② 제2류 : 가연성 고체
③ 제4류 : 인화성 액체
④ 제6류 : 인화성 고체

답 : ④

39 위험물안전관리법령상 위험물 유별에 따른 성질이 잘못 연결된 것은?

① 제1류 위험물−산화성고체
② 제2류 위험물−가연성고체
③ 제4류 위험물−인화성액체
④ 제6류 위험물−자기반응성물질

답 : ④

40 제6류 위험물에 속하지 않는 것은?

① 과산화수소
② 과염소산
③ 황산
④ 질산

답 : ③

41 위험물안전관리법령상 과산화수소는 그 농도가 몇 중량퍼센트 이상인 위험물에 해당하는가? [기 11, 18]

① 1.49
② 30
③ 36
④ 60

답 : ③

42 제6류 위험물의 공통성질이 아닌 것은? [기 15]

① 산화성 액체이다.
② 모두 유기화합물이다.
③ 불연성 물질이다.
④ 대부분 비중이 1보다 크다.

[해설] 유기화합물은 탄소가 있음

답 : ②

| 무기과산화물, 유기과산화물, 과산화수소 |

제6류 위험물인 과산화수소 H_2O_2의 수소가 탄소를 함유하지 않는 무기기로 치환되면 제1류 위험물인 무기과산화물이 되며 탄소를 함유한 유기기로 치환되면 제5류 위험물인 유기과산화물이 된다.

7 제6류 위험물(산화성 액체)

품명	위험등급	지정수량	성상
① 질산 ② 과염소산 ③ 과산화수소 할로겐간화합물	I	300[kg]	① 산소를 함유한 강산화성 액체 ② 조연성 액체(자체는 불연성) ③ 가연성물질, 유기물등과 혼합, 혼촉 시 발화 ④ 과산화수소를 제외 하고 모두 강산으로 피부 접촉시 부식 ⑤ 증기는 유독 − 과산화수소 제외 ⑥ 물과 접촉하면 발열 − 과산화수소 제외 ⑦ 모두 무기화합물 ⑧ 모두 수용성

| 위험물의 정의 |

- 과산화수소는 그 농도가 36 [wt%(중량퍼센트)] 이상인 것
- 질산은 그 비중이 1.49 이상인 것

핵심기출문제

5. 위험물

1. 다음 중 위험물안전관리법령상 제1류 위험물(산화성고체)에 해당하는 것은? [11, 13, 14⑦]

① 염소산나트륨　　② 과염소산
③ 나트륨　　　　　④ 황린

2. 알칼리금속의 과산화물을 취급할 때 주의사항으로 옳지 않은 것은? [12⑦]

① 충격·마찰을 피한다.
② 가연물질과의 접촉을 피한다.
③ 분진 발생을 방지하기 위해 분무상의 물을 뿌려준다.
④ 강한 산성류와의 접촉을 피한다.

3. 위험물안전관리법령상 위험물에 해당하지 않는 것은? [13⑦]

① 질산　　　　　　② 과염소산
③ 황산　　　　　　④ 과산화수소

4. 다음 중 위험물안전관리법령상 제1류 위험물에 해당하는 것은? [14⑦]

① 염소산나트륨　　② 과염소산
③ 나트륨　　　　　④ 황린

5. 다음 중 제1류 위험물로서 그 성질이 산화성고체인 것은?

① 차아염소산염류　② 과염소산
③ 금속분　　　　　④ 과산화수소

해설

해설 1
나트륨, 황린 – 제3류 위험물
과염소산 – 제6류 위험물

해설 2
주수소화시 산소 방출로 더 위험해진다.
$2Na_2O_2 + 2H_2O \rightarrow 4NaOH + O_2 \uparrow$

해설 3
제6류 위험물 – 질산, 과염소산, 과산화수소, 할로겐화합물

해설 4
나트륨, 황린 – 제3류 위험물
과염소산 – 제6류 위험물

해설 5
금속분 – 제2류 위험물
과염소산 과산화수소 – 제6류 위험물

정답 1. ①　2. ③　3. ③　4. ①　5. ①

핵심기출문제

5. 위험물

6. 과산화칼륨이 물과 접촉하였을 때 발생하는 것은? [18 ㉠]
① 산소
② 수소
③ 메탄
④ 아세틸렌

7. 다음 중 제2류 위험물이 아닌 것은? [09 ㉠]
① 철분
② 유황
③ 적린
④ 황린

8. 다음 중 연소 시 아황산가스를 발생시키는 것은?
① 적린
② 유황
③ 트리에틸알루미늄
④ 황린

9. 물을 사용하여 소화가 가능한 물질은? [16 ㉠]
① 트리메틸알루미늄
② 나트륨
③ 칼륨
④ 적린

10. 금수성 물질에 해당하는 것은? [11 ㉠]
① 트리니트로톨루엔
② 이황화탄소
③ 황린
④ 칼륨

11. 위험물안전관리법령에 따른 위험물의 유별 분류가 나머지 셋과 다른 것은? [14 ㉠]
① 트리에틸알루미늄
② 황린
③ 칼륨
④ 벤젠

해설

해설 6
과산화칼륨(K_2O_2) - 제1류 위험물
과산화칼륨과 물과의 반응식
$2K_2O_2 + 2H_2O \rightarrow 4KOH + O_2\uparrow$

해설 7
황린 - 제3류 위험물

해설 8
이산화황 SO_2
아황산가스라고도 하고 황을 함유한 고무 등의 유기화합물이 완전 연소 할 때 발생

해설 9, 10
①~③은 제3류 위험물인 금수성 물질이다.
주수소화시 트리메틸알루미늄은 메탄, 나트륨은 수소, 칼륨은 수소가 각각 발생해서 더욱 위험해짐

해설 11
벤젠 - 제4류 위험물
황린, 칼륨, 트리에틸알루미늄
  - 제3류 위험물

정답 6. ① 7. ④ 8. ② 9. ④
10. ④ 11. ④

12. 화재발생시 주수소화를 할 수 없는 물질은? [13 ㉮]
① 메틸리튬 ② 질산에틸
③ 니트로셀룰로오스 ④ 적린

13. 위험물안전관리법상 위험물의 지정수량이 틀린 것은? [16 ㉮]
① 과산화나트륨 - 50[kg] ② 적린 - 100[kg]
③ 트리니트로톨루엔 - 200[kg] ④ 탄화알루미늄 - 400[kg]

14. 알킬알루미늄 화재에 적합한 소화약제는? [16 ㉮]
① 물 ② 이산화탄소
③ 팽창질석 ④ 할로겐화합물

15. 공기 또는 물과 반응하여 발화할 위험이 높은 물질은? [10 ㉮]
① 벤젠 ② 이황화탄소
③ 트리에틸알루미늄 ④ 톨루엔

16. 주수소화 시 가연물에 따라 발생하는 가연성 가스의 연결이 틀린 것은? [18 ㉮]
① 탄화칼슘 - 아세틸렌 ② 탄화알루미늄 - 프로판
③ 인화칼슘 - 포스핀 ④ 수소화리튬 - 수소

17. 제3류 위험물 중 금수성 물품에 적응성이 있는 소화약제는? [16 ㉮]
① 물 ② 강화액
③ 팽창질석 ④ 인산염류분말

해설

해설 12
메틸리튬 - 제3류 위험물(금속성물질)
$CH_3Li + H_2O \rightarrow LiOH + CH_4$
메탄이 발생한다.

해설 13
탄화알루미늄 - 300[kg]

해설 14
알킬알루미늄은 제3류 위험물인 금수성 및 자연발화성 물질로서 주수소화 금지이며 가스소화약제 소화시 탄소가 유리되어 더욱 위험해진다. 따라서 팽창질석, 팽창진주암등으로 덮어서 질식소화하여야 한다.

해설 15
트리에틸알루미늄은 제3류 위험물인 금수성 및 자연발화성 물질
트리에틸알루미늄이 물과 반응 시 에탄가스 발생 - 주수소화 금지
$(CH_3)_3Al + 3H_2O \rightarrow Al(OH)_3 + 3CH_4$
트리메틸알루미늄   메탄

$(C_2H_5)_3Al + 3H_2O \rightarrow Al(OH)_3 + 3C_2H_6$
트리에틸알루미늄   에탄

해설 16
탄화알루미늄과 물과의 반응식
$Al_4C_3 + 12H_2O \rightarrow 4Al(OH)_3 + 3CH_4$
메탄이 발생함

해설 17
제3류 위험물
(자연발화성 물질 및 금수성 물질)
소화방법 - 마른모래, 팽창질석, 팽창진주암에 따른 질식소화(주수소화금지)

정답 12. ① 13. ④ 14. ③ 15. ③
16. ② 17. ③

핵심기출문제

5. 위험물

해설

18. 위험물안전관리법령상 제4류 위험물의 화재에 적응성이 있는 것은? [16 ㉮]
① 옥내소화전설비 ② 옥외소화전설비
③ 봉상수소화기 ④ 물분무소화설비

19. 휘발유의 위험성에 관한 설명으로 틀린 것은? [17 ㉮]
① 일반적인 고체가연물에 비해 인화점이 낮다.
② 상온에서 가연성 증기가 발생한다.
③ 증기는 공기보다 무거워 낮은 곳에 체류한다.
④ 물보다 무거워 화재발생시 물분무소화는 효과가 없다.

해설 18, 19
물보다 비중이 가벼워 화재면의 확대 우려가 있으므로 주수소화는 금지

소화설비 \ 대상물	제4류 위험물
옥내소화전, 옥외소화전설비 스프링클러설비	×
물분무소화설비, 포소화설비 이산화탄소, 할론소화설비 분말소화설비	○

20. 위험물안전관리법령상 인화성 액체인 니트로벤젠은 몇 석유류에 해당되는가? [14 ㉮]
① 제1석유류 ② 제2석유류
③ 제3석유류 ④ 제4석유류

해설 20
클로로벤젠 - 제2석유류
니트로벤젠 - 제3석유류

21. 제2석유류에 해당하는 것으로만 나열된 것은? [09 ㉮]
① 에테르, 이황화탄소 ② 아세톤, 벤젠
③ 아세트산, 아크릴산 ④ 중유, 아닐린

해설 21
에테르, 이황화탄소 - 특수인화물
아세톤, 벤젠 - 제1석유류
중유, 아닐린 - 제3석유류

22. 다음 중 인화점이 가장 낮은 것은? [11 ㉮]
① 경유 ② 메틸알코올
③ 이황화탄소 ④ 등유

해설 22

품명	인화점
이황화탄소	-30[℃]
메틸알코올	11[℃]
등유	30~60[℃]
경유	40~70[℃]

23. 위험물안전관리법령상 지정된 동식물유류의 성질에 대한 설명으로 틀린 것은? [18 ㉮]
① 요오드가가 작을수록 자연발화의 위험성이 크다.
② 상온에서 모두 액체이다.
③ 물에는 불용성이지만 에테르 및 벤젠 등의 유기용매에는 잘 녹는다.
④ 인화점은 1기압하에서 250[℃] 미만이다.

해설 23
"요오드값이 크다"라는 것은 유지의 불포화도가 커서 요오드가 많이 흡수될 수 있고 이는 요오드값이 130 이상인 건성유를 말하며 건성유는 산소와의 친화력이 좋아 산화열에 의해 자연발화하기 쉽다.

정답 18. ④ 19. ④ 20. ③ 21. ③ 22. ③ 23. ①

24. 물과 반응하여 가연성 기체를 발생하지 않는 것은? [18 ⑦]
① 칼륨
② 인화아연
③ 산화칼슘
④ 탄화알루미늄

25. 위험물안전관리법에서 정하는 위험물질에 대한 설명으로 다음 중 옳은 것은? [12 ⑦]
① 철분이란 철의 분말로서 $53[\mu m]$의 표준체를 통과하는 것이 $60[wt\%]$ 미만인 것은 제외한다.
② 인화성 고체란 고형알코올 그 밖에 1기압에서 인화점이 $21[℃]$ 미만인 고체를 말한다.
③ 유황은 순도가 $60[wt\%]$ 이상인 것을 말한다.
④ 과산화수소는 그 농도가 $36[wt\%]$ 이하인 것에 한한다.

26. 위험물안전관리법령에서 규정하는 제3류 위험물의 품명에 속하는 것은? [15 ⑦]
① 나트륨
② 염소산염류
③ 무기과산화물
④ 유기과산화물

27. 다음 중 그 성질이 자연발화성 물질 및 금수성 물질인 제3류 위험물에 속하지 않는 것은? [12 ⑦]
① 황린
② 칼륨
③ 나트륨
④ 황화린

28. 위험물안전관리법에서 정하는 제4류 위험물 중 석유별에 따른 분류로 옳은 것은? [13 ⑦]
① 1석유류 : 아세톤, 휘발유
② 2석유류 : 중유, 클레오소트유
③ 3석유류 : 기어유, 실린더유
④ 4석유류 : 등유, 경유

해설

해설 24
생석회(CaO = 산화칼슘)는 물과 반응 시 소석회($Ca(OH)_2$ = 수산화칼슘)이 발생된다.

해설 25

철분	$53[\mu m]$표준체 통과하는 것이 $50[wt\%]$ 미만인 것은 제외
인화성고체	고형알코올 및 1기압에서 인화점이 $40[℃]$ 미만인 고체
과산화수소	그 농도가 $36[wt\%]$(중량퍼센트) 이상인 것

해설 26
염소산염류, 무기과산화물 – 제1류
유기과산화물 – 제5류

해설 27
황화린 – 제2류 위험물

해설 28
제2석유류 – 경유, 등유
제3석유류 – 중유, 타르유
　　　　　　(클레오소오트유)
제4석유류 – 기어유, 실린더유

정답 24. ③ 25. ③ 26. ① 27. ④
28. ①

핵심기출문제

5. 위험물

29. 제4류 위험물의 지정수량을 나타낸 것으로 잘못 된 것은? [12 ⑦]
① 특수인화물 - 50리터
② 알코올류 - 400리터
③ 동식물유류 - 1,000리터
④ 제4석유류 - 6,000리터

30. 인화성 액체인 제4류 위험물의 품명별 지정수량으로 옳지 않은 것은? [13 ⑦]
① 특수인화물 - 50[ℓ]
② 제1석유류 중 비수용성 액체 - 200[ℓ]
③ 알코올류 - 300[ℓ]
④ 제4석유류 - 6,000[ℓ]

31. 제4류 위험물로서 제1석유류인 수용성 액체의 지정수량은 몇 리터인가? [15 ⑦]
① 100
② 200
③ 300
④ 400

32. 제4류 인화성 액체위험물 중 품명 및 지정수량이 맞게 짝지어진 것은? [10 ⑦]
① 제1석유류(수용성 액체) - 100리터
② 제2석유류(수용성 액체) - 500리터
③ 제3석유류(수용성 액체) - 1,000리터
④ 제4석유류 - 6,000리터

33. 다음 위험물 중 자기반응성 물질은 어느 것인가? [11, 14 ⑦]
① 황린
② 염소산염류
③ 알칼리토금속
④ 질산에스테르류

34. 다음 중 위험물의 성질이 자기반응성 물질에 속하지 않는 것은? [15 ⑦]
① 유기과산화물
② 무기과산화물
③ 히드라진 유도체
④ 니트로화합물

해설

해설 29, 30, 31, 32

구분	지정수량
특수인화물류	50[ℓ]
제1석유류	200[ℓ] 수용성은 400[ℓ]
알코올류	400[ℓ]
제2석유류	1,000[ℓ] 수용성은 2,000[ℓ]
제3석유류	2,000[ℓ] 수용성은 4,000[ℓ]
제4석유류	6,000[ℓ]
동·식물유류	10,000[ℓ]

해설 33
황린, 알칼리토금속 - 제3류 위험물 (금수성 및 자연발화성 물질)
염소산염류 - 제1류위험물(산화성고체)

해설 34
무기과산화물-제1류위험물(산화성 고체)

정답 29. ③ 30. ③ 31. ④ 32. ④
33. ④ 34. ②

35. 다음 중 위험물별 성질로서 틀린 것은? [16 ㉮]

① 제1류 : 산화성 고체
② 제2류 : 가연성 고체
③ 제4류 : 인화성 액체
④ 제6류 : 인화성 고체

36. 다음 중 위험물안전관리법상 제6류 위험물은 어느 것인가? [10 ㉮]

① 유황
② 칼륨
③ 황린
④ 질산

37. 과산화수소 위험물의 특성이 아닌 것은?

① 비수용성이다.
② 무기화합물이다.
③ 불연성 물질이다.
④ 비중은 물보다 무겁다.

38. 아세틸렌 가스를 저장할 때 사용되는 물질은?

① 벤젠
② 톨루엔
③ 아세톤
④ 에틸알코올

39. 위험물의 저장 방법으로 틀린 것은?

① 금속나트륨 - 석유류에 저장
② 이황화탄소 - 수조 물탱크에 저장
③ 알킬알루미늄 - 벤젠액에 희석하여 저장
④ 산화프로필렌 - 구리용기에 넣고 불연성 가스를 봉입하여 저장

해설

해설 35

분류	성상	분류	성상
제1류	산화성 고체	제4류	인화성 액체
제2류	가연성 고체	제5류	자기연소성 물질
제3류	자연발화성 및 금수성 물질	제6류	산화성 액체

해설 36
유황 - 제2류 위험물
칼슘, 황린 - 제3류 위험물

해설 37
6류 위험물의 특성
① 수용성
② 산화성 액체
③ 불연

해설 38
위험물 저장 방법

황린, 이황화탄소	물속에 저장
칼륨, 나트륨, 리튬	유동 파라핀등의 석유류속에 저장
아세틸렌	아세톤에 저장
알킬알루미늄	희석제 [헥산(C_6H_{14}), 벤젠(C_6H_6), 톨루엔($C_6H_5CH_3$)]을 넣어 20[%]용액으로 저장 취급

해설 39
산화프로필렌은 제4류 위험물인 특수 인화물에 속하는 물질 중 하나로 무색 투명한 에테르 냄새가 나는 휘발성 액체이다. 구리, 마그네슘, 은, 수은 및 그 합금과의 반응 시 폭발성인 아세틸라이드를 생성함으로 위의 물질과는 접촉을 피해야 하며 용기에 저장할 때에는 질소 등 불연성 가스를 채워 봉입하여 저장한다.

정답 35. ④ 36. ④ 37. ① 38. ③
39. ④

소방유체역학

02-1
subject

01 유체의 기본성질
02 유체의 정역학
03 유체유동의 해석
04 관내의 유동
05 펌프 성능 특성

01 유체의 기본성질

Ⅱ. 소방유체역학 | 유체의 기본성질

핵심 PLUS

01 유체에 대한 설명 중 가장 옳은 것은?
① PV = RT의 관계식을 만족시키는 물질
② 아무리 작은 전단력에도 변형을 일으키는 물질
③ 용기의 모양에 따라 충만하는 물질
④ 높은 곳에서 낮은 곳으로 흐를 수 있는 물질

답 : ②

02 이상유체에 대한 다음 설명 중 올바른 것은?
① 압축성 유체로서 점성이 있다.
② 비압축성 유체로서 점성이 있다.
③ 압축성 유체로서 점성이 없다.
④ 비압축성 유체로서 점성이 없다.

답 : ④

1 유체의 정의 및 성질

- 유체의 정의 : 아무리 작은 전단력을 받더라도 저항하지 못하고 그 전단력을 제거하여도 연속적으로 변형하는 물질

> * 전단력 : 작용면에 평행하게 크기는 같으나 반대방향으로 작용하는 힘.

- 유체는 액체와 기체를 의미함

1. 유체의 분류

1) 압축성에 따른 분류
   ① 압축성 유체 : 압력이 가해지면 밀도의 변화를 일으키는 유체
   ② 비압축성 유체 : 압력이 가해져도 밀도의 변화를 일으키지 않은 유체

2) 점성의 유무에 따른 분류
   ① 점성유체 : 유동 시 점성이 영향에 의해 마찰손실이 존재하는 유체
   ② 비점성유체 : 유동 시에 점성의 영향이 없어, 마찰손실이 없는 유체

   ■ 점성 법칙의 유, 무에 따른 분류
   - Newton유체 : 전단력 τ와 속도구배 du/dy의 관계가 직선적인 유체
   - 비Newton유체 : Newton의 점성 법칙을 만족하지 않은 유체
     (전단력 τ와 속도구배 du/dy의 관계가 직선적이지 않은 유체)

3) 이상유체와 실제유체
   ① 이상유체 : 비점성이며 비압축성인 유체
   ② 실제유체 : 점성이 있으며 압축성인 유체

2 차원 및 단위

1. 차원 [dimension, 次元]
공학에서 다루는 길이(L), 시간(T), 질량(M), 힘(F) 등의 물리적인 양을 말한다.

1) MLT 차원계
M(질량), L(길이), T(시간)로 표현한 차원을 의미한다.

예1) 동력(일률, L)
$$L = \frac{J}{t} = \frac{F \cdot s}{t} = Fv$$
$$= N \cdot m/s = kg \cdot m/s^2 \cdot m/s = kg \cdot m^2/s^3$$
$$= [ML^2T^{-3}]$$

예2) 일(J)
$$J = F \cdot s = PA \cdot s = PA(단위길이당)$$
$$= Pa \cdot m^2 = kg \cdot m/s^2 \cdot m = kg \cdot m^2/s^2$$
$$= [ML^2T^{-2}]$$

예3) 동점성계수(ν)
$$\nu = \frac{\mu}{\rho} [m^2/s] = [L^2/T^{-1}]$$

2) FLT 차원계
F(힘), L(길이), T(시간)로 표현한 차원을 의미한다.
$$P = \frac{F}{A} = [FL^{-2}]$$

핵심 PLUS

03 일률(시간당 에너지)의 차원을 기본 차원인 M(질량), L(길이), T(시간)로 올바르게 표시한 것은?

① L^2T^{-2}
② $MT^{-2}L^{-1}$
③ ML^2T^{-2}
④ ML^2T^{-3}

답 : ④

핵심 PLUS

■ 단위(units)란 차원의 크기를 나타내는 척도로서 기본 차원에 대응하는 단위를 기본단위, 유도 차원에 대응하는 단위를 유도 단위라 한다. 유체역학에서는 SI단위계로 기본단위로 질량[kg], 길이[m], 시간[s], 온도[K]를 규정하고 유도 단위로 힘[N], 압력[Pa], 에너지[J], 동력[W]를 사용한다.

2. 국제단위계(SI 단위)

국제적으로 규정한 단위로 7개의 실용단위와 2개의 보조단위를 이용한 실용적인 단위이다.

1) 기본단위(암기두음법 : mks ak mc)

길이	미터[m]	열역학적 온도	켈빈[K]
질량	킬로그램[kg]	물질량	몰[mol]
시간	초[s]	광도	칸델라[cd]
전류	암페어[A]		

2) 보조단위

평면각	라디안[rad]
입체각	스테라디안[sr]

■ 힘 · 중량

힘(force)이란 가속도를 발생시키는 작용을 말하며, 힘은 움직이고 있는 물체를 정지시키기도 정지된 물체를 움직이기도 한다. F[N]의 힘이 질량 m[kg]의 물체에 작용하면 뉴턴의 운동 제2법칙에 의해 가속도 a[m/s²]의 관계는 다음 식으로 나타낸다.

$$F = ma [N]$$

지구 표면에는 중력가속도 g[m/s²]가 작용하고 있으므로 질량 m[kg]의 물체는 아래 방향으로 W[N]의 힘이 작용한다. 이 힘을 중량(weight)이라 하며 다음과 같이 표현한다.

$$W = mg [N]$$

3. 질량, 길이, 시간 및 힘의 단위계

1) 힘 = 질량 × 가속도

$1[N] = 1[kg] \times 1[m/s^2]$ ($\therefore 1N = 1[kg \cdot m/s^2]$)

$1[kg \cdot f] = 1 [kg] \times 9.8 [m/s^2]$

2) 일 = 힘 × 변위(거리)

$1[J] = 1[N] \times 1[m]$ ($\therefore 1[J] = 1[N \cdot m]$)

$1[kgf \cdot m] = 1[kgf] \times 1[m]$

3) 동력(일률) = 일/시간

$1[W] = 1[J/s]$

$1[kW] = 1,000[W] = 1,000[J/s] = 1[kJ/s] = 102[kgf \cdot m/s]$

3 유체의 성질(밀도, 비중량, 비중, 음속, 압축률)

1. 밀도 (density, ρ)

단위체적이 갖는 질량.

$$\rho = \frac{m}{V} \, [\text{kg/m}^3]$$

여기서, m : 질량 [kg] V : 체적 [m³]

2. 비중량 (Specific weight, r)

단위체적이 갖는 무게(중량).

$$r = \frac{W}{V} = \frac{m \cdot g}{V} = \rho \cdot g \, [\text{N/m}^3]$$

여기서, W : 무게[N] g : 중력가속도(9.8[m/s²])

3. 비체적 [Specific volume, v]

단위질량이 갖는 체적.

$$v = \frac{V}{m} = \frac{1}{\rho} \, [\text{m}^3/\text{kg}]$$

4. 비중 (Specific gravity, s)

비중이란 어떤 물질의 밀도(ρ)(또는 비중량 r)와 같은 상태에서의 물의 밀도(ρ_w)(또는 비중량 r_w)와의 비(比)이다. 따라서 비중의 차원은 없다.
(무차원수 : 단위가 없다.)

$$s = \frac{\rho}{\rho_w} = \frac{r}{r_w}$$

5. 압축률(壓縮率), 체적탄성계수

압축률이란 유체의 압축성을 나타내는 것으로 체적 V의 유체에 $\triangle P$의 압력이 가해져서 체적이 $\triangle V$만큼 변화하였다면 압축률 δ는

$$\delta = \frac{-\triangle V / V}{\triangle P} \, [1/\text{Pa}]$$

여기서, $-$부호는 수축을, $\triangle V/V$는 체적감소율을 의미한다.

핵심 PLUS

■ 4[℃], 101.3[kPa]에서의 순수한 물의 밀도
$\rho_w = 1{,}000 \, [\text{kg/m}^3]$

■ 표준 대기압하에서 4[℃] 순수한 물의 비중량 r_w
$r_w = 9{,}800 \, [\text{N/m}^3]$
$\quad = 9.8 \, [\text{kN/m}^3]$

■ 임의의 물질의 비중량은 그 비중에 물의 비중량을 곱해 주면 된다.
$r = s \times 1{,}000 \, [\text{kg} \cdot \text{f/m}^3]$
$\quad = s \times 9{,}800 \, [\text{N/m}^3]$

04 수은의 비중을 13.6으로 하면 밀도는 얼마인가? (단, 4[℃], 101.3[kPa]에서의 물의 밀도는 1,000[kg/m³]으로 한다.)

해설 $s = \dfrac{\rho}{\rho_w}$ 에서, 밀도
$\rho = s\rho_w = 1{,}000s = 1{,}000 \times 13.6$
$\quad = 13{,}600$ 답 : 13,600[kg/m³]

핵심 PLUS

■ 체적탄성계수 K

단열압축	등온압축
$K = kP$	$K = P$

여기서, k : 비열비
P : 압력[kPa]

05 압축율이 5.102×10^{-7} (1/[kPa])인 물의 체적을 0.5[%]만큼 감소시키려면 얼마의 압력[kPa]을 가해야 하는가?

① 9,800 　② 10,200
③ 10,400 　④ 14,500

[해설] $\delta = \dfrac{-\dfrac{\Delta V}{V}}{\Delta P}$ 에서

$\Delta P = \dfrac{-\dfrac{\Delta V}{V}}{\delta} = \dfrac{0.005}{5.102 \times 10^{-7}}$
$= 9,800$

답 : ①

06 4[℃] 물의 체적탄성계수는 1,960[MPa]이다. 이 물 속에서의 음속(m/s)은?

① 14 　② 340
③ 540 　④ 1,400

[해설] 음속
$a = \sqrt{\dfrac{K}{\rho}} = \sqrt{\dfrac{1,960 \times 10^6}{1,000}} = 1,400$

답 : ④

07 유체 내에서 음파의 전달속도 C는 $\sqrt{\dfrac{K}{\rho}}$ 와 같이 구해진다. 만약 공기 중에서의 음파의 전달이 단열적으로 일어난다면 음속을 나타내는 식으로 옳지 않은 것은?

① $\sqrt{\dfrac{K}{\rho}}$ 　② $\sqrt{\dfrac{kP}{\rho}}$
③ $\sqrt{kgRT}$ 　④ $dp/(dv/v)$

[해설] ③의 경우 $\sqrt{kRT}$ 이다.

답 : ③

δ의 절대값이 클수록 압축하기 쉬운 유체이다. 또한 압축률의 역수를 체적탄성계수 K로 정의 한다.

$$K = \dfrac{1}{\delta} = -\dfrac{\Delta P}{\Delta V / V} [\text{Pa}]$$

여기서, $\Delta V / V$: 최적 감소율

6. 음속(音速)

음속(sound velocity)이란 압력파가 압축성유체(compressible fluid) 중에 전파하는 속도를 말하는 것이다.

$$\therefore \text{음속} \; a = \sqrt{\dfrac{K}{\rho}} = \sqrt{\dfrac{1}{\delta \rho}} = \sqrt{\dfrac{dP}{d\rho}} = \sqrt{kPv} = \sqrt{kRT} \; [\text{m/s}]$$

유속V와 음속a와의 비를 마하수(Mach number) M이라 하며,

$$M = \dfrac{V}{a}$$

여기서, $M < 1$을 아음속, $M > 1$을 초음속이라 한다.

물의 비중량과 밀도		
	중력단위	SI 단위
γ (비중량)	1000[kgf/m³]	9800 [N/m³] = 9.8 [kN/m³]
ρ (밀도)	1000[kg/m³] 102 [kgf·s²/m⁴]	1000 [N·s²/m⁴]

4 표면장력, 모세관현상

1. 표면장력 (Surface tension)

분자간의 응집력 때문에 액체의 표면이 수축하여 표면적을 최소화하려는 장력이 작용하는데 이때 단위 길이(접촉길이)당의 장력을 표면장력 $\sigma[\text{N/m}]$라 한다.

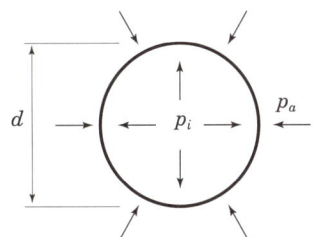
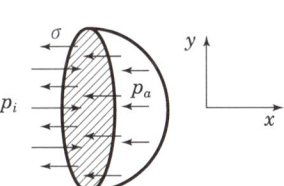

p_i : 내부압력
p_a : 대기압
σ : 표면장력
d : 물방울의 지름

물방울의 표면장력

물방울은 주변의 대기압(외부압력) p_o보다 큰 물방울 내부압력 p_i의 차 $\triangle p$(초과압력)와 표면장력에 의해 물방울의 크기(지름 D)가 결정된다. 따라서 x방향 힘의 평형조건에 의해

$$\sum F_x = 0, \quad p_i \times \frac{\pi d^2}{4} - p_o \times \frac{\pi d^2}{4} - \sigma \pi d = 0 \text{에서}$$

$$\triangle p = p_i - p_o = \frac{4\sigma \pi d}{\pi d^2} = \frac{4\sigma}{d}, \quad \sigma = \frac{\triangle P d}{4} \text{ (물방울)}$$

$$\sigma = \frac{\triangle P d}{8} \text{ (비눗방울)}$$

2. 모세관 현상 (Capillarity in tube)

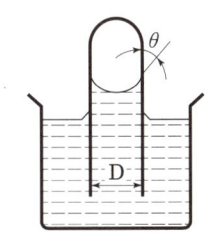
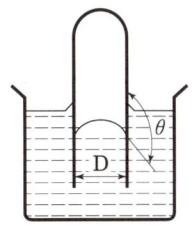

(a) 물(H_2O) : 응집력 < 부착력   (b) 수은(Hg) : 응집력 > 부착력

모세관 현상

그림과 같이 액체 속에 가는 관을 세우면 액체는 관 벽을 따라 올라가거나 내려가는 현상을 말하며 액체의 응집력과 액체와 고체사이의 부착력에 의해 발생한다.

핵심 PLUS

08 5[cm] 직경의 물방울 속의 내부 초과압력은 2.04[Pa]이다. 이 물방울의 표면장력은?

① 1.55 [Pa/cm]
② 2.55 [Pa/cm]
③ 3.55 [Pa/cm]
④ 4.55 [Pa/cm]

해설 $\sigma = \frac{pd}{4} = \frac{2.04 \times 5}{4} = 2.55$

답 : ②

■ 응집력과 부착력
  응집력 : 같은 종류의 분자끼리 끌어당기는 성질
  부착력 : 다른 종류의 분자끼리 끌어당기는 성질

핵심 PLUS

09 지름 1[mm]인 모세관의 물의 상승높이는?(단, 고체벽면과의 접촉각 $\beta=0$이고, 액체의 표면장력 $\sigma=7.26\times 10^{-1}$[N/m]이다.)

① 0.1[m]
② 0.2[m]
③ 0.3[m]
④ 0.4[m]

해설 $h=\dfrac{4\sigma\cos\beta}{rd}$

$=\cos 0 = 1$

$=\dfrac{4\times 7.26\times 10^{-1}\times 1}{9{,}800\times 1\times 10^{-3}} = 0.3$

답 : ③

10 다음 그림에서 베어링의 점성저항에 의한 손실동력을 구한 것으로 옳은 것은?

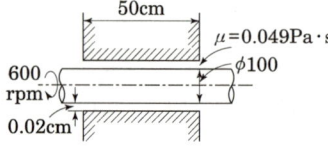

① 121[W]   ② 214[W]
③ 315[W]   ④ 379[W]

해설 축의 주속도 v[m/s]는

$v=\dfrac{\pi dN}{60}=\dfrac{\pi\times 0.1\times 600}{60}=3.14$

윤활유층의 면적 A는
$A=\pi dl=\pi\times 0.1\times 0.5=0.157$[m²]
따라서 점성저항력(마찰력)

$F=\mu A\dfrac{\Delta v}{\Delta y}=0.049\times 0.157$

$\times\dfrac{3.14}{0.02\times 10^{-2}}=120.78$[N]

∴ 손실동력 $L=F\cdot v=120.78\times 3.14$
$\fallingdotseq 379$[W]

답 : ④

아래 그림에서 모세관 현상으로 올라간 액주의 무게 W는 표면장력에 의해 발생하는 장력의 수직 성분 F와 평형을 이루게 되므로 액주의 높이 h는 다음과 같다.
여기서,

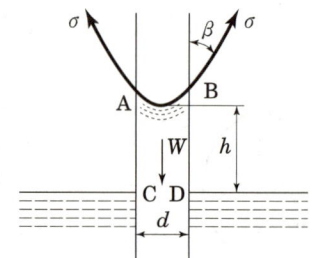

$W = rh\dfrac{\pi d^2}{4}$

$F = \pi d\sigma\cos\beta$

∴ $h = \dfrac{4\sigma\cos\beta}{rd}$

σ : 액체의 표면장력(N/m)
d : 모세관의 안지름[m]
β : 고체벽면과의 접촉각
r : 비중량(N/m³)

5 유체의 점성

1. 점성 (黏性 : Viscosity)

점성은 유체가 유동할 때 흐름에 저항을 주어서 전단 응력을 유발시키는 성질
① 액체의 점성 : 온도가 상승하면 감소 (온도에 반비례)
② 기체의 점성 : 온도가 상승하면 증가 (온도에 비례)

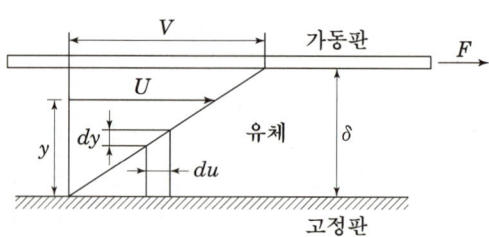

두 평판 사이의 흐름

그림과 같은 두 평판 사이에 점성유체가 있을 때 평판에 일정한 힘 F를 가하여 속도 V로 평행 이동 시키고 있다. 이때 필요한 힘 F는 평판의 면적 A에 비례하고 두 평판의 수직 거리 δ에 반비례 한다.

여기에 비례상수 μ을 점성계수라 하며 저항력(전단력) F는 다음식과 같다.

$$F = \mu A \frac{\Delta u}{\Delta y} \, [\text{N}]$$

이때 단위면적당 마찰력($\frac{F}{A}$)을 전단응력 τ 라 하고 미분식으로 표현하면

$$\tau = \mu \frac{du}{dy} \, [\text{N/m}^2] \quad [\text{Newton의 점성법칙}]$$

τ: 전단응력[N/m²], F: 전단력[N], μ: 점성계수[kg/m·s], $\frac{du}{dy}$: 속도구배

2. 동점성 계수

유체의 유동계는 점성계수 μ를 밀도 ρ로 나눈 값을 자주 쓰는데 $\frac{\mu}{\rho}$를 동점성 계수(ν)라 정의한다.

$$\nu = \frac{\mu}{\rho} \qquad \left[\frac{Pa \cdot s}{\frac{kg}{m^3}}\right] = \left[\frac{\frac{N}{m^2} \cdot s}{\frac{kg}{m^3}}\right] = \left[\frac{kg \cdot \frac{m}{s^2} \cdot s}{\frac{kg}{m^3}}\right] = \left[\frac{m^2}{s}\right]$$

$1 \text{stoke} = 1 [\text{cm}^2/\text{s}] = 10^{-4} [\text{m}^2/\text{s}]$

핵심 PLUS

11 5[℃] 물의 점도는 1.52×10^{-3} [Pa·s]이다. 물의 밀도를 1,000[kg/m³]로 하여 동점도를 구하시오.

해설 $\nu = \frac{\mu}{\rho} = \frac{1.52 \times 10^{-3}}{1,000}$
$= 1.52 \times 10^{-6}$

답 : $1.52 \times 10^{-6} [\text{m}^2/\text{s}]$

핵심 PLUS

핵심정리

1. 이상유체 : 비점성이며 비압축성인 유체
2. 뉴턴유체 : 전단응력과 속도기울기(전단 변형율)이 직선적인 유체
3. 힘 : 1 [N] = 1 [kg·m/s²],
   일 : 1 [J] = 1 [N·m],
   동력(일률) : 1 [W] = 1 [J/s], 1 [kW] = 1 [kJ/s]
4. 물의 밀도 ρ_w : 1000 [kg/m³]
5. 물의 비중량 γ_w : 9800 [N/m³] (=9.8 [kN/m³])
6. s (비중) $= \dfrac{\rho}{\rho_w} = \dfrac{\gamma}{\gamma_w}$
7. 뉴턴의 점성법칙 : $\tau = \mu \dfrac{du}{dy}$
8. 점성계수 μ : 1 poise = 1 [dyn·s/cm²] = 1 [g/cm·s] = 10^{-1} [Pa·s]
9. 동점성계수 : $\nu = \dfrac{\mu}{\rho}$, 1 stoke = 1 [cm²/s] = 10^{-4} [m²/s]
10. 체적탄성계수 : $K = \dfrac{1}{\delta} = -\dfrac{\Delta P}{\Delta V/V} = \dfrac{\Delta P}{\Delta \rho/\rho}$ [Pa]
11. 압축율 : $\delta = \dfrac{-\Delta V/V}{\Delta P}$
12. 음속 : 음속 $a = \sqrt{\dfrac{dP}{d\rho}} = \sqrt{kPv} = \sqrt{kRT}$ [m/s]
13. 표면장력 : $\sigma = \dfrac{\Delta P d}{4}$ (물방울), $\sigma = \dfrac{\Delta P d}{8}$ (비눗방울)
14. 모세관현상 : $h = \dfrac{4\sigma \cos \beta}{rd}$
15. 물의 비중량과 밀도

구 분	중력단위	SI 단위
γ (비중량)	1000 [kgf/m³]	9800 [N/m³] = 9.8 [kN/m³]
ρ (밀도)	1000 [kg/m³] 102 [kgf·s²/m⁴]	1000 [N·s²/m⁴]

핵심기출문제

1. 유체의 기본성질

■■■■ 1. 유체의 기본성질

1. 유체에 대한 일반적인 설명으로 틀린 것은? [20, 23, 24 ㉮]
① 아무리 작은 전단응력이라도 물질 내부에 전단응력이 생기면 정지상태로 있을 수가 없다.
② 점성이 없고 비압축성인 유체를 이상유체라 한다.
③ 충격파는 비압축성 유체에서는 잘 관찰되지 않는다.
④ 유체에 미치는 압축의 정도가 커서 밀도가 변하는 유체를 비압축성유체라 한다.

2. 유체에 관한 설명 중 옳은 것은? [22 ㉮]
① 실제유체는 유동할 때 마찰손실이 생기지 않는다.
② 이상유체는 높은 압력에서 밀도가 변화하는 유체이다.
③ 유체에 압력을 가하면 체적이 줄어드는 유체는 압축성 유체이다.
④ 압력을 가해도 밀도변화가 없으며 점성에 의한 마찰손실만 있는 유체가 이상유체이다.

3. 다음 기체, 유체, 액체에 대한 설명 중 옳은 것만을 모두 고른 것은? [18 ㉮]

> ⓐ 기체 : 매우 작은 응집력을 가지고 있으며, 자유표면을 가지지 않고 주어진 공간을 가득 채우는 물질
> ⓑ 유체 : 전단응력을 받을 때 연속적으로 변형하는 물질
> ⓒ 액체 : 전단응력이 전단변형률과 선형적인 관계를 가지는 물질

① ⓐ, ⓑ
② ⓐ, ⓒ
③ ⓑ, ⓒ
④ ⓐ, ⓑ, ⓒ

4. 실제유체란 어느 것인가? [19 ㉮]
① 이상유체를 말한다.
② 유동시 마찰이 존재하는 유체
③ 마찰 전단응력이 존재하지 않는 유체
④ 비점성 유체를 말한다.

해설

해설 1
④ 유체에 미치는 압축의 정도가 커서 밀도가 변하는 유체를 압축성유체라 한다.

해설 2
① 실제유체는 유동할 때 마찰손실이 발생한다.
② 이상유체는 높은 압력에서 밀도가 변화하지 않는 유체이다.
④ 이상유체란 비압축성(압력을 가해도 밀도변화가 없다.)이며 비점성인 유체(마찰손실이 없는 유체)이다.

해설 3
ⓒ의 경우는 Newton유체에 대한 설명이다.
• Newton유체 : 전단응력이 전단변형률과 선형적인 관계를 가지는 유체

해설 4
실제유체란 점성 및 압축성의 유체로 유동시 마찰이 존재하는 유체이다.
• 이상유체 : 비점성이며 비압축성의 유체

정답 1. ④ 2. ③ 3. ① 4. ②

핵심기출문제

1. 유체의 기본성질

5. 비점성 유체를 가장 잘 설명한 것은? [20, 23, 24 ㉑]
① 실제 유체를 뜻한다.
② 전단응력이 존재하는 유체흐름을 뜻한다.
③ 유체 유동시 마찰저항이 존재하는 유체이다.
④ 유체 유동시 마찰저항이 유발되지 않는 이상적인 유체를 말한다.

6. 비압축성 유체를 설명한 것을 가장 옳은 것은? [18 ㉑]
① 체적탄성계수가 0 인 유체를 말한다.
② 관로 내에 흐르는 유체를 말한다.
③ 점성을 갖고 있는 유체를 말한다.
④ 난류 운동을 하는 유체를 말한다.

7. 이상유체에 대한 설명으로 옳은 것은? [22, 24 ㉑]
① 점성이며, 압축성 유체
② 비점성이며, 압축성 유체
③ 점성이며, 비압축성 유체
④ 비점성이며, 비압축성 유체

8. 다음 중 가장 비압축성 유체라 할 수 없는 것은? [23 ㉑]
① 관로 내에 흐르는 이상유체(밀도변화가 없는 유체)
② 음속이하의 속도로 움직이는 유체
③ 정지된 차량의 공기 흐름
④ 굴뚝 주위의 공기흐름

9. 비중이 0.8인 액체가 한 변이 10[cm]인 정육면체 모양 그릇의 반을 채울 때 액체의 질량[kg]은? [20 ㉑]
① 0.4
② 0.8
③ 400
④ 800

10. 비중병의 무게가 비었을 때는 2[N]이고, 액체로 충만되어 있을 때는 8[N]이다. 액체의 체적이 0.5[L]이면 이 액체의 비중량은 약 몇 [N/m³]인가? [19 ㉑]
① 11,000
② 11,500
③ 12,000
④ 12,500

해 설

해설 5
비점성 유체란 점성이 존재하지 않아 마찰저항이 유발되지 않는 이상유체를 의미한다.

해설 6
비압축성 유체란 압력이 변화하여도 체적의 변화가 없는 유체(밀도 변화가 없는)로 체적탄성계수가 0인 유체를 말한다.

해설 7
이상유체 성립조건
(1) 유체는 유선을 따라 흐른다
(2) 비압축성 유체이다.
(3) 정상류 이다
(4) 비점성유체이다.(마찰이 없다)

해설 8
비압축성 유체란
1. M(마하) < 약 0.3 비압축성 유체와 근사 M(마하) > 약 0.3 압축성 유체로 취급
 (마하1 = 음속 340 [m/s])
2. 압력이 변화하여도 체적의 변화가 없는 유체(밀도 변화가 없는)로 체적탄성계수가 0인 유체.

해설 9
$m = \rho v$ 에서
$\rho = 0.8 \times 1000 = 800 \ [kg/m^3]$
$V = 0.1 \times 0.1 \times \dfrac{0.1}{2} = \dfrac{1}{2000}$
$\therefore m = 800 \times \left(\dfrac{1}{2000}\right) = 0.4 \ [kg]$

해설 10
비중량
$r = \dfrac{W(무게)}{V(체적)} = \dfrac{8-2}{0.5 \times 10^{-3}} = 12,000$

정답 5. ④ 6. ① 7. ④ 8. ② 9. ① 10. ③

11. 체적이 10[m³]인 기름의 무게가 30,000[N]이라면 이 기름의 비중은 얼마인가?
(단, 물의 밀도는 1,000[kg/m³]이다.) [18 ㉮]

① 0.153
② 0.306
③ 0.459
④ 0.612

12. 중력가속도가 2[m/s²]인 곳에서 무게가 8[kN]이고 부피가 5[m³]인 물체의 비중은 약 얼마인가? [17 ㉮]

① 0.2
② 0.8
③ 1.0
④ 1.6

13. 호주에서 무게가 20[N]인 어느 물체를 한국에서 재어보니 19.8[N]이었다면 한국에서의 중력가속도는 약 몇 [m/s²]인가?(단, 호주에서의 중력가속도는 9.82[m/s²]이다.) [18, 21㉮]

① 9.80
② 9.78
③ 9.75
④ 9.72

14. 다음 중 크기가 가장 큰 것은? [15, 23 ㉮]

① 19.6 [N]
② 질량 2 [kg]인 물체의 무게
③ 비중 1, 부피 2 [m³]인 물체의 무게
④ 질량 4.9 [kg]인 물체가 4 [m/s²]의 가속도를 받을 때의 힘

[해설]
② 질량 2[kg]인 물체의 무게
$W(무게) = mg = 2 \times 9.8 = 19.6$ [N]
여기서, m : 질량[kg], g : 중력가속도(9.8[m/s²])
③ 비중 1, 부피 2[m³]인 물체의 무게
$W(무게) = \gamma V = (9,800 \times 1) \times 2 = 19600$[N]
여기서, γ : 비중량[N/m³], γ_w : 물의 비중량 9,800[N/m³]
비중 $s = \dfrac{\gamma}{\gamma_w} = \dfrac{\gamma}{9800}$ ($\therefore \gamma = 9,800s$)
V : 부피[m³]
④ 질량 4.9[kg]인 물체가 4[m/s²]의 가속도를 받을 때의 힘
$F(힘) = ma = 4.9 \times 4 = 19.6$ [N]
여기서, m : 질량[kg], a : 가속도[m/s²]

해설

해설 11
$W(무게) = \gamma V$[N]
물체의 비중량
$\gamma = \dfrac{W}{V} = \dfrac{30,000}{10} = 3,000$ [N/m³]
$\therefore$ 비중 $s = \dfrac{\gamma}{\gamma_w} = \dfrac{\gamma}{9,800} = \dfrac{3,000}{9,800}$
$= 0.306$
여기서,
γ : '기름'의 비중량[N/m³]
γ_w : 물의 비중량 9,800[N/m³]
V : 부피[m³]

해설 12
(1) 물체의 비중량
$\gamma = \dfrac{W(무게)}{V(부피)} = \dfrac{8}{5} = 1.6$ [kN/m³]
(2) 물의 비중량
$\gamma_w = \rho_w g = 1,000 \times 2 = 2,000$[N/m³]
$= 2$[kN/m³]
여기서, ρ_w : 물의 밀도(1,000[kg/m³])
g : 중력가속도(2[m/s²])
$\therefore$ 물체의 비중 $s = \dfrac{\gamma}{\gamma_w} = \dfrac{1.6}{2} = 0.8$

해설 13
무게 = 질량 × 중력가속도에서
질량 $= \dfrac{무게}{중력가속도} = \dfrac{20}{9.82}$
질량은 변화가 없으므로 한국에서의 중력가속도는
중력가속도 $= \dfrac{무게}{질량} = \dfrac{19.8}{20/9.82} = 9.72$

정답 11. ② 12. ② 13. ④ 14. ③

핵심기출문제

1. 유체의 기본성질

15. 다음 중 동일한 액체의 물성치를 나타낸 것이 아닌 것은? [17 ㉯]

① 비중이 0.8
② 밀도가 800 [kg/m³]
③ 비중량이 7,840 [N/m³]
④ 비체적이 1.25 [m³/kg]

16. 동일한 유체의 물성치로 볼 수 없는 것은? [15 ㉯]

① 밀도 1.5×10^3 [kg/m³]
② 비중 1.5
③ 비중량 1.47×10^4 [N/m³]
④ 비체적 6.67×10^{-3} [m³/kg]

17. 주어진 물리량의 단위로 옳지 않은 것은? [15 ㉯]

① 펌프의 양정 : m
② 동압 : MPa
③ 속도수두 : m/s
④ 밀도 : kg/m³

18. 수은이 채워진 U자관에 어떤 액체를 넣었다. 액체 측 자유 표면으로부터 깊이가 24[cm]인 곳과 수은 측 자유표면으로부터 깊이가 10[cm]인 곳에 높이가 같다면 이 액체의 비중은 약 얼마인가? (단, 수은의 비중은 13.6이다.) [21, 23 ㉯]

① 5.67   ② 6.81
③ 13.6   ④ 32.6

19. 수은의 비중은 13.55이다. 수은의 비체적은 몇 [m³/kg]인가? [19 ㉯]

① 13.55   ② $\frac{1}{13.55} \times 10^{-3}$
③ $\frac{1}{13.55}$ ④ 13.55×10^{-3}

해설

[해설] 15

① 비중이 0.8을 기준으로 하면

② 비중 $s = \dfrac{\rho}{\rho_w} = \dfrac{800}{1,000} = 0.8$

③ 비중 $s = \dfrac{\gamma}{\gamma_w} = \dfrac{7,840}{9,800} = 0.8$

④ 밀도 $\rho = \dfrac{1}{v} = \dfrac{1}{1.25} = 0.8$[kg/m³]

∴ 비중 $s = \dfrac{e}{e_w} = \dfrac{0.8}{1,000} = 0.0008$

[해설] 16

① 비중 $s = \dfrac{\rho}{\rho_w} = \dfrac{1.5 \times 10^3}{1 \times 10^3} = 1.5$

③ 비중 $s = \dfrac{r}{r_w} = \dfrac{1.47 \times 10^4}{9,800} = 1.5$

④ 밀도 $\rho = \dfrac{1}{v} = \dfrac{1}{6.67 \times 10^{-3}} \fallingdotseq 150$

∴ 비중 $s = \dfrac{150}{1,000} = 0.15$

[해설] 17

속도수두 : m 또는 mAq

[해설] 18

$s_1 \rho_w h_1 = s_2 \rho_w h_2$에서

$s_1 = \dfrac{s_2 \rho_w h_2}{\rho_w h_1} = \dfrac{13.6 \times 1,000 \times 0.1}{1,000 \times 0.24} = 5.67$

[해설] 19

비체적 v[m³/kg]

$$v = \dfrac{V}{m} = \dfrac{1}{\rho}$$

비중 S

$s = \dfrac{\rho}{\rho_w} = \dfrac{r}{r_w}$에서

수은의 밀도
$\rho = \rho_w s = 1,000 s = 1,000 \times 13.55$
$= 13,550$ [m³/kg]

따라서 $v = \dfrac{1}{13,550} = \dfrac{1}{13.55} \times 10^{-3}$

정답
15. ④   16. ④   17. ③   18. ①
19. ②

20. 물리량을 질량(M), 길이(L), 시간(T)의 기본 차원으로 나타낼 때, 에너지의 차원은? [15, 24 ㉮]

① ML^2T^{-2}
② $ML^{-1}T^{-2}$
③ $ML^{-1}T^{-1}$
④ $ML^{-2}T^2$

21. 일률(시간당 에너지)의 차원을 기본 차원인 M(질량), L(길이), T(시간)으로 올바르게 표시한 것은? [19 ㉮]

① $\dfrac{L^2}{T^2}$
② $\dfrac{M}{T^2L}$
③ $\dfrac{ML^2}{T^2}$
④ $\dfrac{ML^2}{T^3}$

22. 차원의 종류가 아닌 것은? [23 ㉮]

① 질량
② 길이
③ 속도
④ 시간

23. 다음 중 차원이 서로 같은 것을 모두 고르면? [21 ㉮]
(단, P : 압력, ρ : 밀도, V : 속도, h : 높이, F : 힘, m : 질량, g : 중력가속도)

ㄱ. ρV^2	ㄴ. ρgh
ㄷ. P	ㄹ. $\dfrac{F}{m}$

① ㄱ, ㄴ
② ㄱ, ㄷ
③ ㄱ, ㄴ, ㄷ
④ ㄱ, ㄴ, ㄷ, ㄹ

해설

해설 20
에너지
$J = F \cdot s = PA \cdot s = PA$ (단위길이당)
$= Pa \cdot m^2 = kg \cdot m/s^2 \cdot m$
$= kg \cdot m^2/s^2$
$= [ML^2T^{-2}]$

해설 21
일률(동력) = 일/시간
$= J/s = N \cdot m/s = (kg \cdot m/s^2) \cdot m/s$
$= kg \cdot m^2/s^3$
$= \dfrac{ML^2}{T^3} = ML^2T^{-3}$

해설 22
차원이란 공학에서 다루는 길이, 시간, 질량 등의 물리적인 양을 말한다.
MLT : 질량, 길이, 시간
FLT : 힘, 길이, 시간

해설 23
ㄱ. ρV^2 : $\dfrac{kg}{m^3} \times \left(\dfrac{m}{s}\right)^2$
$= \dfrac{kg}{m^3} \times \dfrac{m^2}{s^2} = \dfrac{kg}{m \cdot s^2}$
$= ML^{-1}T^2$

ㄴ. ρgh : $\dfrac{kg}{m^3} \times \dfrac{m}{s^2} \times m$
$= \dfrac{kg}{m \cdot s^2} = ML^{-1}T^2$

ㄷ. P : 압력(P)
$= \dfrac{힘(F)}{면적(A)} = \dfrac{N}{m^2} = \dfrac{kg \cdot m/s^2}{m^2}$
$= \dfrac{kg}{m \cdot s^2} = ML^{-1}T^2$

ㄹ. $\dfrac{F}{m}$: $\dfrac{N}{m} = \dfrac{kg \cdot m/s^2}{m} = \dfrac{kg}{s^2} = MT^2$

정답 20. ① 21. ④ 22. ③ 23. ③

핵심기출문제

1. 유체의 기본성질

24. 다음 중 동력의 단위가 아닌 것은? [18 ②]
① J/s
② W
③ kg · m²/s
④ N · m/s

해설 24
동력 W = 일/시간 = J/s = N · m/s
= [kg · m/s²] · m/s = kg · m²/s³

25. 동력(power)의 차원을 옳게 표시한 것은? (단, M : 질량, L : 길이, T : 시간을 나타낸다.) [17, 21 ②]
① ML²T⁻³
② L²T⁻¹
③ ML⁻¹T⁻¹
④ MLT⁻²

해설 25
동력(일률) = 일/시간
= J/s = N · m/s
= [kg · m/s²] · m/s = kg · m²/s³
= $\dfrac{ML^2}{T^3}$ = ML²T⁻³

26. 다음 중 점성계수 μ의 차원은 어느 것인가? (단, M : 질량, L : 길이, T : 시간의 차원) [22 ②]
① ML⁻¹T⁻²
② ML⁻²T⁻¹
③ M⁻¹L⁻¹T
④ ML⁻¹T⁻¹

해설 26
M · L · T 차원
점성계수의 단위 : Pa · s = N · s/m²
$\dfrac{N \cdot s}{m^2} = \dfrac{\frac{kgm}{s^2} \times s}{m^2} = \dfrac{kg}{m \times s} = \dfrac{M}{LT}$
= ML⁻¹T⁻¹

27. 다음 단위 중 3가지는 동일한 단위이고 나머지 하나는 다른 단위이다. 이중 동일한 단위가 아닌 것은? [19 ②]
① J
② N · s
③ Pa · m³
④ kg · m²/s²

해설 27
①의 J를 기본으로 하여 풀이하면 다음과 같다.
③ Pa · m³ : $\dfrac{N}{m^2} \times m^3 = N \cdot m = J$
④ J = N · m = $\dfrac{kg \cdot m}{s^2} \times m$ = kg · m²/s²

28. 다음 중 동점성계수의 차원을 옳게 표현한 것은? (단, 질량 M, 길이 L, 시간 T로 표시한다.) [16 ②]
① [ML⁻¹T⁻¹]
② [L²T⁻¹]
③ [ML⁻²T⁻²]
④ [ML⁻¹T⁻²]

해설 28
동점성계수
$\nu = \dfrac{\mu}{\rho}$ [m²/s] = L²/T = L²T⁻¹

정답
24. ③ 25. ① 26. ④ 27. ②
28. ②

29. 양끝이 열린 가는 유리관을 물에 수직으로 세우면 표면장력에 의하여 물이 상승하지만 수은에서는 오히려 하강한다. 이러한 차이가 나타는 원인은? [24 ㉮]

① 밀도의 차이
② 접촉각의 차이
③ 공기와 액체 분자의 부착력 차이
④ 점성계수의 차이

해설 액주의 상승높이 h[m]

$$h = \frac{4\sigma \cos\theta}{rd}\,[\text{m}]$$

여기서, σ : 액체의 표면장력[N/m] θ : 고체벽면과의 접촉각
d : 모세관의 안지름[m] r : 비중량[N/m³]

① 접촉각(θ) $< \dfrac{\pi}{2}$: 액체상승

② $\theta = \dfrac{\pi}{2}$: 상승, 강하가 없다

③ $\theta > \dfrac{\pi}{2}$: 액체강하

모세관 현상 (Capillarity in tube)

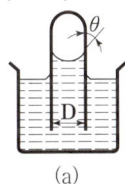

(a) 물(H₂O) : 응집력 < 부착력   (b) 수은(Hg) : 응집력 > 부착력

그림. 모세관 형성

그림과 같이 액체 속에 가는 관을 세우면 액체는 관 벽을 따라 올라가거나 내려가는 현상을 말하며 액체의 응집력과 액체와 고체사이의 부착력에 의해 발생한다.

30. 모세관 현상에 있어서 물이 모세관을 따라 올라가는 높이에 대한 설명으로 옳은 것은? [18 ㉮]

① 표면장력이 클수록 높이 올라간다.
② 관의 지름이 클수록 높이 올라간다.
③ 밀도가 클수록 높이 올라간다.
④ 중력의 크기와는 무관하다.

31. 지름의 비가 1 : 2인 2개의 모세관을 물 속에 수직으로 세울 때 모세관현상으로 물이 관속으로 올라가는 높이의 비는? [16 ㉮]

① 1 : 4
② 1 : 2
③ 2 : 1
④ 4 : 1

해설

해설 **30**

액주의 상승높이 h[m]

$$h = \frac{4\sigma \cos\theta}{rd} = \frac{4\sigma \cos\theta}{\rho g d}\,[\text{m}]$$에서

여기서, σ : 액체의 표면장력[N/m]
θ : 고체벽면과의 접촉각
d : 모세관의 안지름[m]
r : 비중량[N/m³]
ρ : 유체의 밀도[kg/m³]
g : 중력가속도[m/s²]

해설 **31**

액주의 상승높이 h[m]

$$h = \frac{4\sigma \cos\theta}{rd}\,[\text{m}]$$에서

여기서, σ : 액체의 표면장력(N/m)
θ : 고체벽면과의 접촉각
d : 모세관의 안지름[m]
r : 비중량[N/m³]

액주의 상승높이는 모세관 안지름에 반비례하므로 지름의 비가 1 : 2이면 상승 높이는 2 : 1된다.

정답 29. ② 30. ① 31. ③

핵심기출문제

1. 유체의 기본성질

32. 다음 그림과 같이 매끄러운 유리관에 물이 채워져 있다면 이론 상승높이 h를 주어진 조건을 참조하여 구하면? [17, 23 ㉮]

[조건]
① 표면장력 $\sigma = 0.073$ [N/m]
② $R = 1$ [mm]
③ 매끄러운 유리관의 접촉각 $\theta \approx 0°$

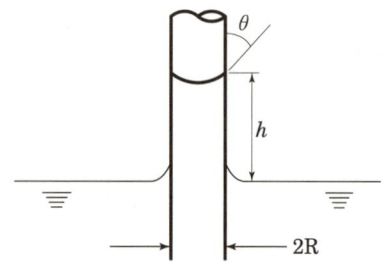

① 0.007 [m]
② 0.015 [m]
③ 0.07 [m]
④ 0.15 [m]

33. 수직유리관 속의 물기둥의 높이를 측정하여 압력을 측정할 때, 모세관현상에 의한 영향이 0.5[mm] 이하가 되도록 하려면 관의 반경은 최소 몇 [mm]가 되어야 하는가? (단, 물의 표면장력은 0.0728[N/m], 물-유리-공기 조합에 대한 접촉각은 0°로 한다.) [15 ㉮]

① 2.97
② 5.94
③ 29.7
④ 59.4

34. 표면장력에 관련된 설명 중 옳은 것은? [21 ㉮]

① 표면장력의 차원은 힘/면적이다.
② 액체와 공기의 경계면에서 액체분자의 응집력보다 공기분자와 액체분자 사이의 부착력이 클 때 발생한다.
③ 대기 중의 물방울은 크기가 작을수록 내부 압력이 크다.
④ 모세관현상에 의한 수면 상승 높이는 모세관의 직경에 비례한다.

해 설

해설 32
액주의 상승높이 h[m]
$$h = \frac{4\sigma \cos\theta}{rd} = \frac{4 \times 0.073 \times \cos 0°}{9,800 \times 0.002}$$
$$= 0.015 \text{[m]}$$
여기서, σ : 액체의 표면장력[N/m]
θ : 고체벽면과의 접촉각
d : 모세관의 안지름[m]
r : 비중량[N/m^3]

해설 33
액주의 상승높이 h[m]
$$h = \frac{4\sigma \cos\theta}{rd} \text{[m]에서}$$
여기서, σ : 액체의 표면장력[N/m]
θ : 고체벽면과의 접촉각
d : 모세관의 안지름[m]
r : 비중량[N/m^3]

$$d = \frac{4\sigma \cos\theta}{rh} = \frac{4 \times 0.0728 \times \cos 0}{9,800 \times 0.0005}$$
$$= 0.0594 \text{[m]} = 59.4 \text{[mm]}$$
$$\therefore \text{반지름} = \frac{59.4}{2} = 29.7 \text{[mm]}$$

해설 34
① 표면장력은 분자간의 응집력 때문에 액체의 표면을 수축하여 표면적을 최소화 하려는 힘을 말하는 것으로 단위길이(접촉 길이)당의 장력으로 표현하며 표면장력σ의 단위는 [N/m]로 차원은 힘/길이이다.
② 액체와 공기의 경계면에서 액체분자의 응집력보다 공기분자와 액체분자 사이의 부착력이 클 때 발생하는 것은 모세관현상을 말한다.
③ 표면장력$\sigma = \frac{\Delta p \cdot d}{4}$에서
$\Delta p = \frac{4\sigma}{d}$ 이므로 대기 중의 물방울의 지름(크기)이 작을수록 내부압력이 크다. 따라서 옳은 설명이다.
④ 모세관현상에 의한 수면 상승 높이 $h = \frac{4\sigma \cos\beta}{rd}$에서 상승 높이는 모세관 직경$d$에 "반비례" 한다.

정답 32. ② 33. ③ 34. ②

35. 직경이 40[mm]인 비눗방울의 내부초과압력이 30[N/m²]일 때 비눗방울의 표면장력은 몇 [N/m]인가? [23 ㉒]

① 0.075
② 0.15
③ 0.2
④ 0.3

36. 액체 분자들 사이의 응집력과 고체면에 대한 부착력의 차이에 의하여 관내 액체 표면과 자유표면 사이에 높이 차이가 나타나는 것과 가장 관계가 깊은 것은? [21, 22 ㉒]

① 관성력
② 점성
③ 뉴턴의 마찰법칙
④ 모세관현상

37. 폭이 넓은 두 평판 사이를 흐르는 유체의 속도 분포 $u(y)$가 다음과 같고, $y = 0.5H$일 때의 전단응력은 τ_1, $y = H$일 때의 전단응력은 τ_2라 할 때 $\dfrac{\tau_1}{\tau_2}$은 얼마인가? (단, y는 흐름 중앙에서의 부터의 거리이다.) [22, 23 ㉒]

$$u(y) = u_0\left[1 - \left(\dfrac{y}{H}\right)^2\right]$$

① 2
② 0.5
③ 50
④ 20

38. 2[cm] 떨어진 두 수평한 판 사이에 기름이 차있고, 두 판 사이의 정중앙에 두께가 매우 얇은 한 변의 길이가 10[cm]인 정사각형 판이 놓여있다. 이 판을 10[cm/s]의 일정한 속도로 수평하게 움직이는데 0.02[N]의 힘이 필요하다면, 기름의 점도는 약 몇 [N·s/m²]인가? (단, 정사각형 판의 두께는 무시한다.) [18 ㉒]

① 0.1
② 0.2
③ 0.01
④ 0.02

해설 Newton의 점성법칙

$F = \mu A \dfrac{du}{dy}$ 에서

두 수평한 판 사이의 정중앙에 정사각형의 판이 있으므로 판의 양면에 작용하는 힘 (F_1, F_2)은 같다.

$(F_1 = F_2)$ 따라서 판을 수평하게 움직이는데 필요한 힘 $F' = F_1 + F_2 = 2F$이다.

힘 $F' = 2F = 2 \times \left(\mu A \dfrac{du}{dy}\right)$

$\therefore \mu = \dfrac{F'y}{2Au} = \dfrac{0.02 \times 0.01}{2 \times (0.1 \times 0.1) \times 0.1} = 0.1\,[\text{N·s/m}^2]$

해설

해설 35
표면장력
$\sigma = \dfrac{pd}{8} = \dfrac{30 \times 40 \times 10^{-3}}{8}$
$= 0.15[\text{N/m}]$
여기서, p : 초과압력[Pa]
σ : 표면장력[N/m]
d : 비눗방울 지름[m]

해설 36
모세관 현상(capillarity)
액체 속에 지름이 작은 관을 세우면 관 속의 액면이 관 밖의 액면보다 높거나 낮게 되는데, 이러한 현상을 모세관 현상이라 하며 이것은 액체 분자들 사이의 응집력과 고체면과의 부착력에 의한 것으로 부착력이 응집력보다 크면 관속의 액면은 상승하고 반대로 부착력이 응집력보다 작으면 하강한다.

해설 37
Newton의 점성법칙
$\tau = \mu \dfrac{du}{dy}$
여기서, τ : 전단응력[N/m²=Pa]
μ : 점성계수
(Pa·s[=N·s/m²=kg/m·s])
$\dfrac{du}{dy}$: 속도구배(속도기울기)

$\dfrac{du}{dy} = \dfrac{d\left(u_0\left[1-\left(\dfrac{y}{H}\right)^2\right]\right)}{dy} = -\dfrac{u_0}{H^2} \times 2y$

$\left(\dfrac{d(u_0)}{dy} = 0, \dfrac{d(y^2)}{dy} = 2y\right)$

정답 35. ② 36. ④ 37. ② 38. ①

핵심기출문제

1. 유체의 기본성질

39. 원관 속을 층류상태로 흐르는 유체의 속도분포가 다음과 같을 때 관벽에서 30[mm] 떨어진 곳에서 유체의 속도기울기(속도구배)는 약 몇 s^{-2}인가? [22 ㉠]

$u = 3y^{\frac{1}{2}}$	• u : 유속[m/s] • y : 관벽으로부터의 거리[m]

① 0.87 ② 2.74
③ 8.66 ④ 27.4

해설
(1) Newton의 점성법칙

$\tau = \mu \dfrac{du}{dy}$

여기서, τ : 전단응력[N/m²=Pa]
μ : 점성계수[Pa·s(=N·s/m²=kg/m·s)]
$\dfrac{du}{dy}$: 속도기울기(속도구배)

(2) 속도기울기(속도구배)

$\dfrac{du}{dy} = \dfrac{d(3y^{\frac{1}{2}})}{dy} = 3 \times \dfrac{1}{2} \times y^{\frac{1}{2}-1} = \dfrac{3}{2 \times \sqrt{y}}$

$y = 0.03$ m 대입하면

$\dfrac{du}{dy} = \dfrac{3}{2 \times \sqrt{y}} = \dfrac{3}{2 \times \sqrt{0.03}} = 8.660[s^{-2}]$

$y = 0.5H$ 일 때 $\tau_1 = \mu[-\dfrac{u_0}{H^2} \times 2 \times \dfrac{1}{2}H] = -\mu\dfrac{u_0}{H}$

$y = H$ 일 때 $\tau_2 = \mu[-\dfrac{u_0}{H^2} \times 2 \times H] = -2\mu\dfrac{u_0}{H} = 2\tau_1$

따라서, $\dfrac{\tau_1}{\tau_2} = \dfrac{\tau_1}{2\tau_1} = \dfrac{1}{2} = 0.5$

• 문제를 잘 이해하고 미분 방법을 정확히 알아야 함

40. 지름이 10[cm]인 실린더 속에 유체가 흐르고 있다. 벽면으로부터 가까운 곳에서 수직거리가 y[m]인 위치에서 속도가 $u = 5y - y^2$[m/s]로 표시된다면 벽면에서의 마찰 전단 응력은 몇 [Pa]인가? (단, 유체의 점성계수 $\mu = 3.82 \times 10^{-2}$[N·s/m²]) [15 ㉠]

① 0.191 ② 0.38
③ 1.95 ④ 3.82

해설 **40**
Newton의 점성법칙

$\tau = \mu \dfrac{du}{dy}$

여기서, τ : 전단응력[N/m²],
μ : 점성계수
[Pa·s(=N·s/m²=kg/m·s)]
$\dfrac{du}{dy}$: 속도구배(속도기울기)

$\mu = 3.82 \times 10^{-2}$ N·s/m²
$u = 5y - y^2$(m/s)이므로

$\dfrac{du}{dy} = \dfrac{d(5y-y^2)}{dy} = 5 - 2y = 5s^{-1}$

(벽면이므로 $y = 0$)

∴ $\tau = \mu \dfrac{du}{dy} = 3.82 \times 10^{-2} \times 5$
  $= 0.191$[Pa]

정답 39. ③ 40. ①

41. 무한한 두 평판 사이에 유체가 채워져 있고 한 평판은 정지해 있고 또 다른 평판은 일정한 속도로 움직이는 Couette 유동을 하고 있다. 유체 A만 채워져 있을 때 평판을 움직이기 위한 단위면적당 힘을 τ_1이라고 하고 같은 평판 사이에 점성이 다른 유체 B만 채워져 있을 때 필요한 힘을 τ_2라 하면 유체 A와 B가 반반씩 위아래로 채워져 있을 때 평판을 같은 속도로 움직이기 위한 단위면적당 힘에 대한 표현으로 옳은 것은?

[15, 18, 21 ㉠]

① $\dfrac{\tau_1 + \tau_2}{2}$ ② $\sqrt{\tau_1 \tau_2}$

③ $\dfrac{2\tau_1 \tau_2}{\tau_1 + \tau_2}$ ④ $\tau_1 + \tau_2$

[해설] Couette 유동이란 유체가 전단응력에 의해 유동이 발생되는 것이다.
유사한 개념과의 비교 풀이

	스프링 유동	Couette 유동
독립 1	스프링 상수=K_1	단위면적당 힘 $\tau_1 = \mu_1 \dfrac{du}{dy}$
독립 2	스프링 상수=K_2	단위면적당 힘 $\tau_2 = \mu_2 \dfrac{du}{dy}$
합성	합성된 스프링 상수=K	$\tau_1' = \mu_1 \dfrac{du}{\frac{1}{2}dy} = 2\mu_1 \dfrac{du}{dy} = 2\tau_1$ $\tau_2' = \mu_2 \dfrac{du}{\frac{1}{2}dy} = 2\mu_2 \dfrac{du}{dy} = 2\tau_2$ 합성된 단위면적당 힘=τ
풀이	$\dfrac{1}{K} = \dfrac{1}{K_1} + \dfrac{1}{K_2}$ $K = \dfrac{K_1 K_2}{K_1 + K_2}$	$\dfrac{1}{\tau} = \dfrac{1}{\tau_1'} + \dfrac{1}{\tau_2'} = \dfrac{1}{2\tau_1} + \dfrac{1}{2\tau_2}$ $= \dfrac{\tau_2 + \tau_1}{2\tau_1 \tau_2}$ $\therefore \tau = \dfrac{2\tau_1 \tau_2}{\tau_1 + \tau_2}$

해설

[해설] **41**

단위면적당 작용하는 힘

$\dfrac{2\tau_1 \tau_2}{\tau_1 + \tau_2}$

41. ③

핵심기출문제

1. 유체의 기본성질

42. 유체가 평판 위를 $u = 500y - 6y^2$[m/s]의 속도분포로 흐르고 있다. 이때 y[m]는 벽면으로부터 측정된 수직거리일 때 벽면에서의 전단응력은 약 몇 [N/m²]인가? (단, 점성계수는 $\mu = 1.4 \times 10^{-3}$[Pa·s] 이다.) [17 ㉘]

① 14
② 7
③ 1.4
④ 0.7

43. 유체의 압축률에 대한 기술로서 틀린 것은? [22 ㉘]

① 체적탄성계수의 역수에 해당한다.
② 유체의 압축률이 작을수록 압축하기 힘들다.
③ 압축률은 단위압력 변화에 대한 체적의 변형률을 말한다.
④ 체적의 감소는 밀도의 감소와 같은 뜻을 갖는다.

44. 유체의 압축률에 관한 설명으로 올바른 것은? [21 ㉘]

① 압축률 = 밀도×체적탄성계수
② 압축률 = 1/체적탄성계수
③ 압축률 = 밀도/체적탄성계수
④ 압축률 = 체적탄성계수/밀도

45. 기체의 체적탄성계수에 관한 설명으로 옳지 않은 것은? [16 ㉘]

① 체적탄성계수는 압력의 차원을 가진다.
② 체적탄성계수가 큰 기체는 압축하기가 쉽다.
③ 체적탄성계수의 역수를 압축률이라 한다.
④ 이상기체를 등온압축 시킬 때 체적탄성계수는 절대압력과 같은 값이다.

해설

해설 42

Newton의 점성법칙

$\tau = \mu \dfrac{du}{dy}$

$\mu = 1.4 \times 10^{-3}$ [Pa·s]

$u = 500y - 6y^2$ (m/s)이므로

$\dfrac{du}{dy} = \dfrac{d(500y - 6y^2)}{dy}$

$= 500 - 12y = 500 s^{-1}$

(벽면이므로 $y = 0$)

$\therefore \tau = \mu \dfrac{du}{dy} = 1.4 \times 10^{-3} \times 500$

$= 0.7$ [Pa]

해설 43, 44

압축률이란 유체의 압축성을 나타내는 것으로 체적 V의 유체에 $\triangle P$의 압력이 가해져서 체적이 $\triangle V$만큼 변화하였다면 압축률 δ는

$\delta = \dfrac{-\triangle V/V}{\triangle P}$ [1/kPa]

(여기서, −부호는 수축을 의미한다.)
여기서, $\triangle V/V$: 체적감소율

체적의 감소율($-\dfrac{dV}{V}$)은 밀도의 증가($\dfrac{d\rho}{\rho}$), 비중량의 증가($\dfrac{d\gamma}{\gamma}$)를 의미한다.

($\dfrac{-dV}{V} = \dfrac{d\rho}{\rho} = \dfrac{dr}{\gamma}$)

해설 45

체적탄성계수 K

$K = \dfrac{1}{\delta} = -\dfrac{\triangle P}{\triangle V/V} = \dfrac{\triangle P}{\triangle \rho/\rho}$ [Pa]

압축률 δ

$\delta = \dfrac{-\triangle V/V}{\triangle P}$ [1/Pa]

(여기서 −부호는 수축을 의미한다.)
K의 절대값이 클수록 압축하기 어려운 유체이다. 또한 압축률의 역수를 체적탄성계수 δ로 정의 한다.
여기서, $\triangle V/V$: 체적감소율,
$\triangle P$: 압력변화량[Pa]

정답 42. ④ 43. ③ 44. ② 45. ②

46. 체적탄성계수가 2×10^9[Pa]인 물의 체적을 3[%] 감소시키려면 몇 [MPa]의 압력을 가하여야 하는가? [15, 19 ㉮]

① 25 ② 30
③ 45 ④ 60

47. 액체가 0.02[m^3]의 체적을 갖는 강체의 실린더 속에서 730[kPa]의 압력이 1,030[kPa]로 증가되었을 때 액체의 체적이 0.019[m^3]로 축소되었다. 이때 이 액체의 체적탄성계수는 약 몇 [kPa]인가? [19 ㉮]

① 3,000 ② 4,000
③ 5,000 ④ 6,000

48. 물의 체적을 5[%] 감소시키려면 얼마의 압력[kPa]을 가하여야 하는가? (단, 물의 압축률은 5×10^{-10} [m^2/N]이다.) [20 ㉮]

① 1 ② 10^2
③ 10^4 ④ 10^5

49. 공기의 온도 T_1에서의 음속 c_1과 이보다 $20K$ 높은 온도 T_2에서의 음속 c_2의 비가 $c_2/c_1 = 1.05$이면 T_1은 약 몇 도인가? [16 ㉮]

① $97K$ ② $195K$
③ $273K$ ④ $300K$

해설 음속 c

$c = \sqrt{\dfrac{dP}{d\rho}} = \sqrt{kPv} = \sqrt{kRT}$ 에서

음속 $c \propto \sqrt{T}$ 이므로

$\dfrac{c_2}{c_1} = \dfrac{\sqrt{T_1+20}}{\sqrt{T_1}} = 1.05$

$\left(\dfrac{\sqrt{T_1+20}}{\sqrt{T_1}}\right)^2 = 1.05^2$

$\dfrac{T_1+20}{T_1} = 1.05^2$

$\therefore T_1 = 195K$

해설

해설 46

체적탄성계수 K

$$K = \dfrac{\Delta P}{\Delta V/V} \text{ [Pa]}$$

여기서, ΔP : 압력변화량,
$\Delta V/V$: 체적변화율

$\Delta P = K \times \Delta V/V = 2\times10^9 \times 0.03$
$= 60,000,000 \text{ [Pa]} = 60 \text{ [MPa]}$

해설 47

체적탄성계수 K

체적탄성계수(K)는 압력변화량(dP)와 체적감소율($-\dfrac{dV}{V}$)와의 비다.

(체적탄성계수(K) 단위와 차원은 압력(P)와 같다)

$$K = \dfrac{\Delta P}{\Delta V/V} \text{ [Pa]}$$

$K = \dfrac{1,030-730}{\dfrac{0.019-0.02}{0.02}} = 6,000 \text{ [kPa]}$

해설 48

압축률 δ

$$\delta = \dfrac{\Delta V/V}{\Delta P} \text{ 에서}$$

가해진 압력 ΔP는

$\Delta P = \dfrac{\Delta V/V}{\delta} = \dfrac{0.05}{5\times10^{-10}} = 10^8 \text{ [Pa]}$

$= 10^5 \text{ [kPa]}$

정답 46. ④ 47. ④ 48. ④ 49. ②

핵심기출문제

1. 유체의 기본성질

50. Newton의 점성법칙에 대한 옳은 설명으로 모두 짝지은 것은? [16, 21㉮]

㉮ 전단응력은 점성계수와 속도기울기의 곱이다.
㉯ 전단응력은 점성계수에 비례하다.
㉰ 전단응력은 속도기울기에 반비례한다.

① ㉮, ㉯ ② ㉯, ㉰
③ ㉮, ㉰ ④ ㉮, ㉯, ㉰

51. 유체의 점성계수는 온도의 상승에 따라 어떻게 변하는가? [20㉮]

① 모든 유체에서 증가한다.
② 모든 유체에서 감소한다.
③ 액체에서는 증가하고 기체에서는 감소한다.
④ 액체에서는 감소하고 기체에서는 증가한다.

52. 반지름 R_o인 원형파이프에 유체가 층류로 흐를 때, 중심으로부터 거리 R에서의 유속 U와 최대속도 U_{max}의 비에 대한 분포식으로 옳은 것은? [21㉮]

① $\dfrac{U}{U_{max}} = \left(\dfrac{R}{R_o}\right)^2$

② $\dfrac{U}{U_{max}} = 2\left(\dfrac{R}{R_o}\right)^2$

③ $\dfrac{U}{U_{max}} = \left(\dfrac{R}{R_o}\right)^2 - 2$

④ $\dfrac{U}{U_{max}} = 1 - \left(\dfrac{R}{R_o}\right)^2$

해 설

해설 50

Newton의 점성법칙

$\tau = \mu \dfrac{du}{dy}$

여기서, τ : 전단응력[N/m²]
μ : 점성계수
(Pa·s[=N·s/m²=kg/m·s])
$\dfrac{du}{dy}$: 속도구배(속도기울기)

따라서 전단응력은 점성계수와 속도기울기의 곱에 비례한다.

해설 51

① 액체의 점성 : 온도가 상승하면 감소 (온도에 반비례)
② 기체의 점성 : 온도가 상승하면 증가 (온도에 비례)

해설 52

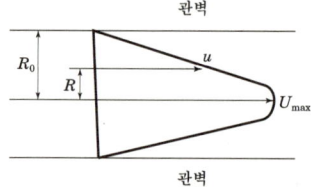

1) 속도분포 곡선에서 1차 방정식의 기본식은
$U = aR + b$
(a : 직선기울기, b : R의 절편)

2) $R = 0$일 때
$U = U_{max} \Rightarrow b = U_{max}$
$R = R_o$일 때
$U = 0 \Rightarrow 0 = aR_o^2 + U_{max}$
$a = -\dfrac{U_{max}}{R_o^2}$

3) a, b 값을 기본식에 대입하면
$U = -\dfrac{U_{max}}{R_o^2} R^2 + U_{max}$

$\dfrac{U}{U_{max}} = 1 - \left(\dfrac{R}{R_o}\right)^2$

정답 60. ① 61. ④ 62. ④

53. 지름이 400[mm]인 베어링이 400[rpm]으로 회전하고 있을 때 마찰에 의한 손실동력은 약 몇 [kW]인가? (단, 베어링과 축 사이에는 점성계수가 0.049[N·s/m^2]인 기름이 차 있다.) [16 ㉯]

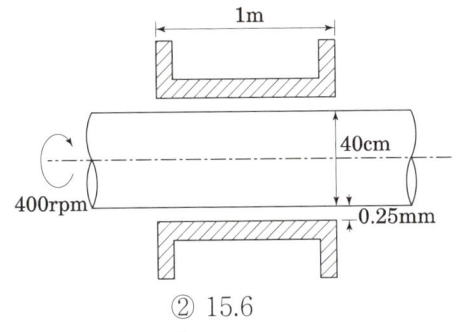

① 15.1
② 15.6
③ 16.3
④ 17.3

54. 점성계수가 0.08[kg/m·s]이고 밀도가 800[kg/m^3]인 유체의 동점성계수는 몇 [cm^2/s]인가? [23 ㉯]

① 0.0001
② 0.08
③ 1.0
④ 8.0

55. 점성에 관한 설명으로 틀린 것은? [20 ㉯]

① 액체의 점성은 분자간 결합력에 관계된다.
② 기체의 점성은 분자간 운동량 교환에 관계된다.
③ 온도가 증가하면 기체의 점성은 감소된다.
④ 온도가 증가하면 액체의 점성은 감소된다.

해설

해설 53

(1) 축의 원주속도 v

$$v = rw = \frac{2\pi rN}{60} = \frac{\pi DN}{60} \text{ [m/s]}$$

$$= \frac{\pi \times 0.4 \times 400}{60} = 8.38 \text{ [m/s]}$$

(2) 마찰력 F

$F = \mu A \frac{\Delta v}{\Delta y}$ 에서 면적 $A = \pi DL$,

$\Delta v = 8.38$, $\Delta y = t = 0.00025$ [m]

$$= 0.049 \times (\pi \times 0.4 \times 1) \times \frac{8.38}{0.00025}$$

$$= 2064 \text{N}$$

∴ 손실동력

$$L = F \cdot v = 2064 \times 8.38$$
$$= 17296 \text{[W]} ≒ 17.3 \text{[kW]}$$

해설 54

동점성계수(동점도) ν

$$\nu = \frac{\mu}{\rho} = \frac{0.08}{800} = 1 \times 10^{-4} \text{ [m}^2\text{/s]}$$

$$= 1.0 \text{ [cm}^2\text{/s]}$$

여기서, μ : 점성계수
[Pa·s(=N·s/m^2=kg/m·s)]
ρ : 밀도[kg/m^3]
1m^2/s = 1×10^4 [cm^2/s]

해설 55

뉴턴의 점성법칙
유체(액체 및 기체)입자 사이의 응집력(또는 분자 운동량의 교환) 때문에 외부의 힘에 대응하는 저항력이 입자 사이에서 발생하고, 응집력의 대소의 크기에 따라 저항력의 크기가 결정되며, 이를 점성이라 한다.
액체의 점성은 입자 사이의 결합력에 의해 정해지고, 기체의 점성은 기체 분자들 사이의 운동량 교환에 의해 결정된다. 액체의 점성은 온도가 상승하면 감소하고 기체의 점성은 온도가 상승하면 증가한다.

정답 53. ④ 54. ③ 55. ③

핵심기출문제

1. 유체의 기본성질

56. 원형 단면을 가진 관내에 유체가 완전 발달된 비압축성 층류유동으로 흐를 때 전단응력은? [18 ㉮]

① 중심에서 0이고, 중심선으로부터 거리에 비례하여 변한다.
② 관 벽에서 0이고, 중심선에서 최대이며 선형분포한다.
③ 중심에서 0이고, 중심선으로부터 거리의 제곱에 비례하여 변한다.
④ 전 단면에 걸쳐 일정하다.

57. 유체의 점성에 대한 설명으로 틀린 것은? [21 ㉮]

① 질소 기체의 동점성계수는 온도 증가에 따라 감소한다.
② 물(액체)의 점성계수는 온도 증가에 따라 감소한다.
③ 점성은 유동에 대한 유체의 저항을 나타낸다.
④ 뉴턴유체에 작용하는 전단응력은 속도기울기에 비례한다.

해 설

[해설] 56

전단응력 τ

$\tau = \mu \dfrac{du}{dy}$

[해설] 57

1. 기체의 점성 : 온도가 상승하면 증가
2. 액체의 점성 : 온도가 상승하면 감소
①에서 질소는 기체이므로 온도가 상승하면 동점성계수는 증가한다.

정답 56. ④ 57. ①

02 유체의 정역학

Ⅱ. 소방 유체역학 | 유체의 정역학

핵심 PLUS

1 압력

임의의 단면에 수직으로 작용하는 단위 면적당의 힘을 압력이라 한다.

$$P = \frac{F}{A}$$

P : 압력 [Pa]
F : 작용하는 힘 [N]
A : 면적 [m²]

1. 액주(Head)

비교적 낮은 압력을 나타내기 위해 수주[mmH₂O] 또는 수은주[mmHg]을 사용하고 있다. 수면에 가해진 압력에 의해 물 또는 수은을 얼마 만큼 높이로 밀어 올릴 수 있는가를 나타낸다.

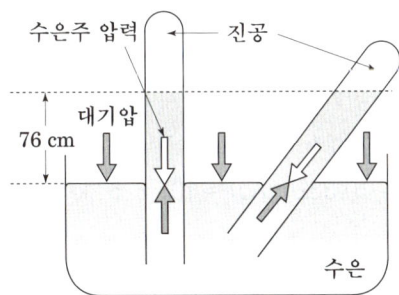

$$P = \rho g h = r h \quad (\because \gamma = \rho g)$$

여기서, ρ : 밀도[kg/m³]
　　　　r : 비중량[N/m³]
　　　　g : 중력 가속도 (9.8[m/s²])
　　　　h : 깊이 또는 높이 [m]

핵심 PLUS

01 어떤 액체의 수면으로부터 15[m] 깊이에서 압력을 측정하였더니 2.0[bar]의 계기압력을 나타냈다. 이 액체의 비중량은?

① 1.333[N/m³]
② 13,333[N/m³]
③ 13.33[N/m³]
④ 133[N/m³]

[해설] $r = \dfrac{p}{h} = \dfrac{2 \times 10^5}{15}$

$= 13,333[N/m^3]$
여기서, 1bar=10^5[Pa]

답 : ②

02 용기내에 들어있는 밀도 850[kg/m³]의 액체속에서 높이차가 600[mm]인 두 점사이의 압력차[kPa]는 얼마인가? (단, 중력가속도는 9.8[m/s²]로 한다.)

① 3   ② 4
③ 5   ④ 6

[해설] 압력차
$\Delta P = \rho \cdot g \cdot \Delta h = 850 \times 9.8 \times 0.6$
$= 4998[Pa] = 4.998[kPa]$
$\fallingdotseq 5[kPa]$

답 : ③

2. 액체의 깊이와 압력과의 관계

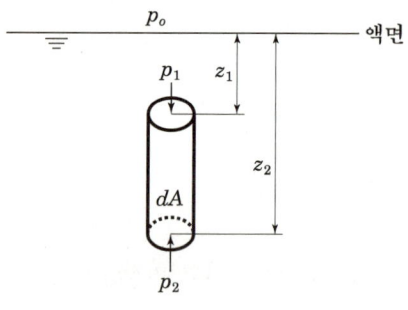

액체의 깊이와 압력

그림과 같이 액주를 고려하면 다음과 같이 나타낼 수 있다.

$$p_2 - p_1 = \rho g(z_2 - z_1)$$

이 식을 사용하면 액의 자유표면에서 대기압 p_o가 작용할 경우 z점의 압력

$$p = p_o + \rho g z$$

이와 같이 유체속의 압력은 높이에 의해 변화하고 용기의 형상에 따라서 변화하지 않는다.

다음은 기존의 압력단위와 SI단위의 관계이다.(단위의 환산)
1표준대기압(1atm) = 760 [mmHg](0[℃]) = 1.0332[kgf/cm²]
　　　　　　　　= 10.332[mAq] = 101.325 [kPa] = 1.01325[bar]

3. 절대압력, 게이지 압력, 진공압

① 절대압력 : 완전진공을 기준으로 측정한 압력
② 게이지 압력 : 대기압을 기준으로 측정한 압력
③ 진공압력 : 대기압을 기준으로 대기압보다 낮은 압력

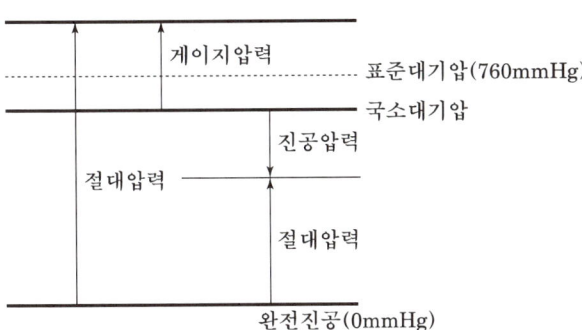

절대압력 [Pa] = 게이지압력 [Pa] + (국소)대기압 [Pa]
절대압력 [Pa] = (국소)대기압 [Pa] − 진공압 [Pa]
게이지 압력[Pa] = 절대압력 [Pa] − (국소)대기압 [Pa]

$$진공도 \ [\%] = \frac{진공압}{대기압} \times 100$$

핵심 PLUS

03 수은주에 의해 측정된 대기압이 753[mmHg]일 때 진공도 90[%]의 절대압력은?
(단, 수은의 밀도는 $13,600[\text{kg/m}^3]$, 중력가속도는 $9.8[\text{m/s}^2]$이다.)

① 약 200.08 [kPa]
② 약 190.08 [kPa]
③ 약 100.04 [kPa]
④ 약 10.04 [kPa]

해설

$$진공도 = \frac{진공압}{대기압} \times 100[\%]$$

진공압=대기압×진공도
절대압력=대기압−진공압

$P_{abs} = 753 - 753 \times 0.9 = 75.3 [\text{mmHg}]$
$P = \rho g H = 13,600 \times 9.8 \times 75.3 \times 10^{-3}$
$\quad = 10,035.98 [\text{Pa}]$
$P_a \fallingdotseq 10.04 [\text{kPa}]$

답 : ④

4. 압력 측정계기(액주계)

1) 피에조 미터 (Piezometer)

탱크나 어떤 용기속의 압력을 측정하기 위해 수직으로 세운 투명한 관인 피에조 미터가 사용된다.

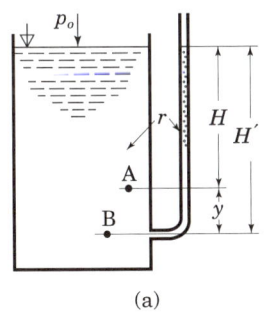 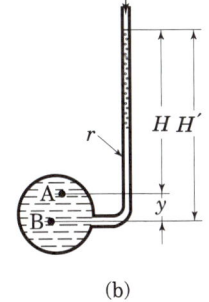

　　　(a)　　　　　　　　(b)

피에조미터

① A점의 절대압력 P_A

$$P_A = P_o + r(H' - y) = P_o + rH$$

② B점의 절대 압력 P_B

$$P_B = P_o + rH'$$

핵심 PLUS

2) 마노메타 (Manometer)
어떤 용기의 압력이 어느 정도 높아 액주계의 액체가 측정유체와 다른 경우에 사용 하는 압력계이다.

$$p + rH = p_o + r'H_1$$
$$\therefore p = p_o + r'H_1 - rH$$

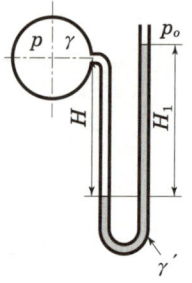

3) 시차 액주계(differential manometer)
두 곳의 압력의 차를 측정할 때에는 시차 액주계를 사용한다.

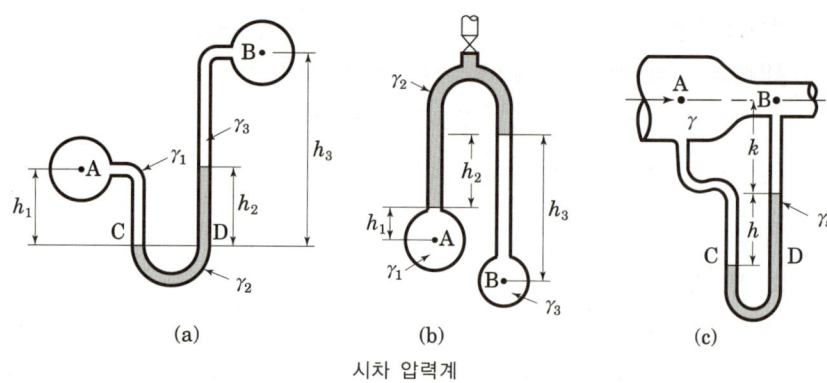

(a) (b) (c)

시차 압력계

그림 (a) 경우의 압력차는
$P_C = P_D$ 이므로

$$P_A + \gamma_1 h_1 = P_B + \gamma_3(h_3 - h_2) + \gamma_2 h_2$$
$$\therefore P_A - P_B = \gamma_3(h_3 - h_2) + \gamma_2 h_2 - \gamma_1 h_1$$

---

04 다음과 그림과 같은 시차압력계에서 압력차($P_A - P_B$)는 몇 [kPa]인가?

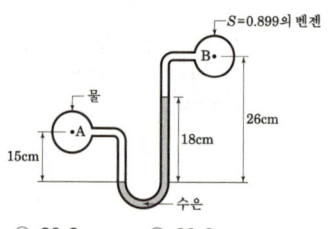

① 23.2   ② 33.2
③ 35.6   ④ 42.5

해설

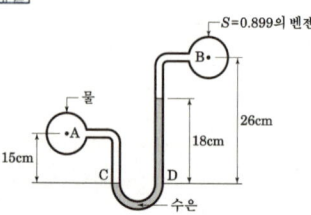

$P_C = P_D$ 이므로
$P_A + 10^3 \times 9.8 \times 0.15 = P_B + 0.899$
$\times 10^3 \times 9.8 \times (0.26 - 0.18) + 13.6 \times 10^3$
$\times 9.8 \times 0.18$
$\therefore P_A - P_B$
$= 0.899 \times 10^3 \times 9.8 \times (0.26 - 0.18)$
$+ 13.6 \times 10^3 \times 9.8 \times 0.18 - 10^3 \times 9.8$
$\times 0.15 = 23,225.216 [Pa] = 23.2 [kPa]$

답 : ①

| 압력차 계산방법 |

A점을 기준으로 내려가면 "+", 상승하면 "-"

$$P_A + \gamma_1 h_1 - \gamma_2 h_2 - \gamma_3 h_3 = P_B$$
$$P_A - P_B = \gamma_3 h_3 + \gamma_2 h_2 - \gamma_1 h_1$$

그림 (b) 경우의 압력차는

$$P_A - \gamma_1 h_1 - \gamma_2 h_2 = P_B - \gamma_3 h_3$$
$$\therefore P_A - P_B = \gamma_1 h_1 + \gamma_2 h_2 - \gamma_3 h_3$$

그림 (c) 경우의 압력차는

$P_C = P_D$ 이므로

$$P_A + \gamma k + \gamma h = P_B + \gamma k + \gamma_s h$$
$$\therefore P_A - P_B = \gamma_s h - \gamma h = (\gamma_s - \gamma)h$$

4) 경사마노미터

미소한 압력차를 측정하기 위한 액주계이다.

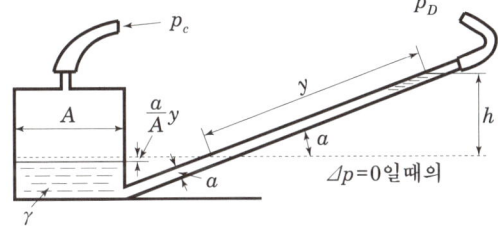

$$\Delta y = \frac{a}{A} y, \ h = y\sin\alpha$$

$$p_C - \gamma \left(y\sin\alpha + \frac{a}{A} y \right) = p_D$$

$$\therefore p_C - p_D = \gamma y \left(\sin\alpha + \frac{a}{A} \right)$$

5. 파스칼의 원리

밀봉된 용기 속에 정지하고 있는 액체의 일부에 가한 압력은 모든 방향에 같은 크기로 작용한다.

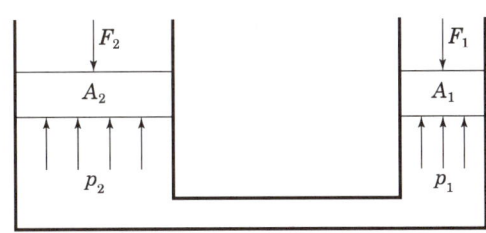

핵심 PLUS

05 경사마노미터의 눈금이 38[mm]일 때 압력 P를 계기압력으로 나타낸 것으로 옳은 것은?

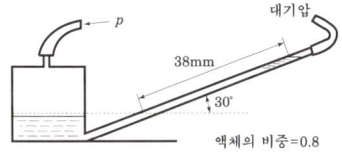

① 149 [Pa] ② 152 [Pa]
③ 186 [Pa] ④ 298 [Pa]

해설 $P = ry\sin\theta = 0.8 \times 9,800 \times 38 \times 10^{-3} \times \sin 30° = 148.96[Pa]$

답 : ①

06 다음 그림에서 피스톤 A_2의 면적이 피스톤 A_1의 4배일 때, F_1은 F_2의 몇 배인가?

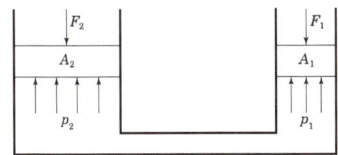

① 1 ② $\frac{1}{2}$
③ $\frac{1}{3}$ ④ $\frac{1}{4}$

해설 파스칼의 원리에 의하여

$$P_2 = P_1 \ \text{즉}, \ P = \frac{F_1}{A_1} = \frac{F_2}{A_2}$$

따라서, $F_1 = F_2 \times \frac{A_1}{A_2} = F_2 \times \frac{1}{4}$

답 : ④

Ⅱ. 소방유체역학 | 유체의 정역학

핵심 PLUS

■ 건축설비에서 사이펀작용은 오수가 역류하여 급수관을 오염시키는 크로스 커넥션 (Cross Connection) 현상과 자기 사이펀작용에 의한 S 트랩 봉수상실 원인이 된다.

07 다음 그림과 같은 사이펀 관에서 흐를 수 있는 유량[m³/s]으로 옳은 것은?

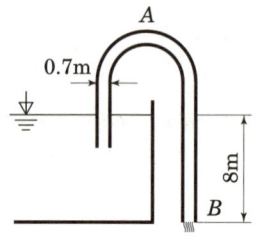

① 3.52 ② 4.82
③ 5.43 ④ 5.52

[해설] 수면의 한점과 B점 사이에 베르누이 방정식을 적용하면

$$h_1 + \frac{v_1^2}{2g} + \frac{P_1}{r} = h_B + \frac{v_B^2}{2g} + \frac{P_B}{r}$$

에서 $P_1 = P_B$, $h_1 = 8$[m],
$h_B = 0$, $v_1 = 0$ 이므로
$v_B = \sqrt{2gh_B} = \sqrt{2 \times 9.8 \times 8}$
    $= 12.52$[m/s]

∴ $Q = Av = \frac{\pi}{4} \times 0.7^2 \times 12.52$
       $= 4.818 ≒ 4.82$[m³/s]

답 : ②

■ 원리

$P_1 = P_2$ 에서, $\dfrac{F_1}{A_1} = \dfrac{F_2}{A_2}$ ∴ $F_2 = F_1 \cdot \dfrac{A_2}{A_1} = F_1 \cdot \left(\dfrac{d_2}{d_1}\right)^2$

여기서, F_1 : 작은 피스톤에 작용하는 힘 F_2 : 큰 피스톤에 작용하는 힘
       A_1 : 작은 피스톤의 단면적 A_2 : 큰 피스톤의 단면적
       d_1 : 작은 피스톤의 지름 d_2 : 큰 피스톤의 지름

즉, 적은 힘 F_1으로 물체에 큰 힘인 F_2를 발생시킬 수 있다.

[ex] 유압기, 수압기 등에 이용

5. 사이펀 (Siphon) 작용

대기압을 이용하여 굽은 관으로 높은 곳에 있는 액체를 낮은 곳으로 옮기는 관를 사이펀(Siphon)관 이라하고 그 작용을 사이펀작용이라 한다. 그림과 같이 두 용기에 사이펀 관을 설치하여 한쪽으로 액체를 유출하는 원리는 다음과 같다.

$P_1 = P_o - \rho g H_1$
$P_2 = P_o - \rho g H_2$

여기에서,
$P_1, P_2 = A$점을 경계로 점①, ②의 압력
$P_o =$ 대기압

위의 식에서 $H_1 < H_2$ 이므로 $P_1 > P_2$이다.
따라서 압력이 큰 쪽(P_1)에서 압력이 작은 쪽(P_2)으로 물이 흐르게 된다.

■ 부력
① 유체속에 잠겨진 물체에 작용하는 부력은 그 물체에 의해 배제된 액체의 무게와 같다.
② 부력의 작용선은 잠겨진 물체에 해당되는 유체의 무게중심을 통과한다.

2 부력[아르키메데스(Archimedes)의 원리]

1. 액체 속에 잠겨 있는 물체는 그것과 같은 체적의 액체의 중량과 같은 부력을 받는다.

2. 액체 위에 떠 있는 부양체는 자체 무게와 같은 무게의 유체를 배제한다.

• 부력 : 정지된 유체에 잠겨있거나 떠있는 물체가 유체에 의해 수직 상방으로 받는 힘

핵심 PLUS

$$F = \rho g V = r V$$

F : 부력[N]
ρ : 유체의 밀도[kg/m³]
g : 중력가속도[m/s²]
r : 유체의 비중량[N/m³]
V : 물체가 잠긴 체적[m³]

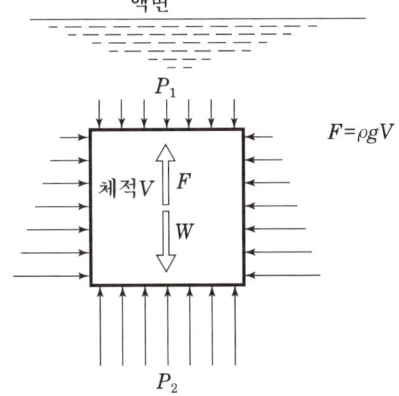

무게는 항상 물체전체 부피 기준이며 부력은 유체에 잠긴 부피 기준임을 주의해야 한다.

$F(부력) = \gamma_{액체} V_{잠김부피} = \rho_{액체} g V_{잠긴부피}$
(부력은 물체가 잠긴 액체의 무게와 같다)

$W(무게) = \gamma_{물체} V_{물체전체} = \rho_{물체} g V_{물체전체}$
F = W일 때 평형유지, $\gamma_{액체} V_{잠김부피} = \gamma_{물체} V_{물체전체}$

3 평면 및 곡면에 작용하는 유체력(정지 유체 속에 벽면에 작용하는 액압)

1. 수평면에 작용하는 힘

정지 유체 속에 있는 수평면이 액체의 자유 표면으로부터 H 깊이의 놓여 있을 경우 평면에 작용하는 압력은 다음과 같다.

$$p = \rho g H = r H$$

따라서 abcd 면에 작용하는 힘(전압력) F은

$$F = r H A = r V$$

여기서, ρ : 밀도[kg/m³] r : 비중량[N/m³]
g : 중력 가속도 (9.8[m/s²]) H : 깊이[m]
A : 평면의 면적[m²]

Ⅱ. 소방유체역학

핵심 PLUS

힘(전압력)의 크기는 평면 상방에 있는 유체의 무게와 같다.

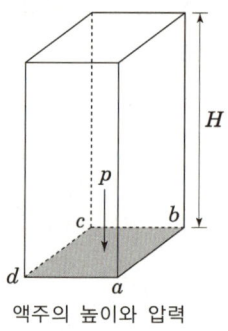

액주의 높이와 압력

2. 수직한 평면에 작용하는 힘

그림과 같이 수직한 벽에 작용하는 압력을 게이지 압력으로 나태내면 액면 상에서는 0 이고 액체 속에서는 깊을수록 압력은 상승하고 깊이 H 인 곳에서는 $\rho g H$ [Pa]의 압력이 된다.

■ 수직인 벽면에 작용하는 평균압력
$Pm = \dfrac{\rho g H}{2}$

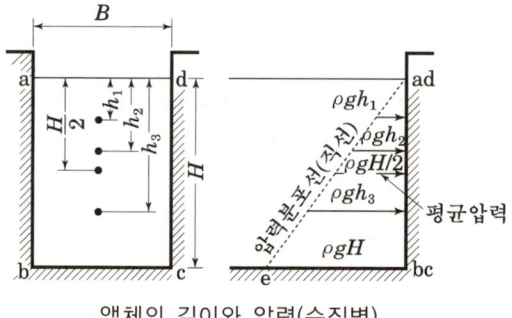

액체의 깊이와 압력(수직벽)

즉, 압력은 액체의 깊이에 비례하여 상승한다.

벽에 작용하는 평균압력 p_m 은 $p_m = \dfrac{\rho g H}{2}$ [Pa] 이다.

따라서 abcd 벽면에 작용하는 힘(전압력) F 는

$$F = (평균압력) \times (면적) = \frac{1}{2}\rho g H \times BH = \frac{1}{2}\rho g B H^2$$

이 전압력을 하나의 합성력으로 생각하여 착력점을 M 으로 할 때 이 착력점을 압력의 중심(center of pressure : 힘의 작용점)이라고 한다. 압력의 중심 M 은 그림에서와 같이 삼각주의 중심 G 를 통과한 후 벽에 수직이다. 즉, 액의 깊이 $2H/3$ 의 곳이다.

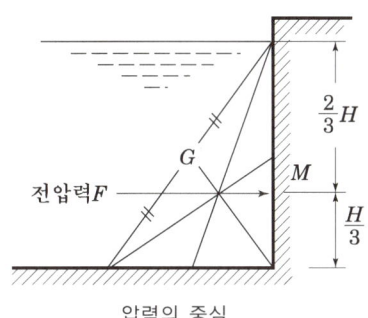

압력의 중심

3. 경사 평면에 작용하는 힘

경사 평면에서는 균일한 압력이 아니기 때문에 미소 면적에 대한 힘의 적분으로 구한다.

h_c : 면 중심까지의 수직거리

y_c : 면 중심까지의 경사방향 길이(도심)

y_p : 압력중심까지의 경사방향 길이

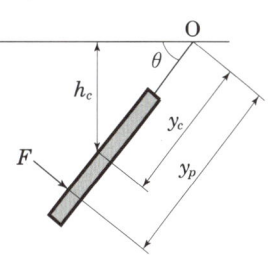

$$\therefore F = rAy_c \sin\theta = rh_c A$$

이 된다.

즉, 도심(y_c)과 힘의 작용점은 일치하지 않는다.

압력의 중심(y_p : 힘의 작용점)은 형상 도심보다 $\dfrac{I_c}{y_c A}$ 만큼 아래에 있다.

$$y_p = y_c + \frac{I_c}{y_c A}$$

I_C : 관성능률

(사각형 $= \dfrac{bh^3}{12}$, 원형 $= \dfrac{\pi r^4}{4}$, 삼각형 $= \dfrac{bh^3}{36}$)

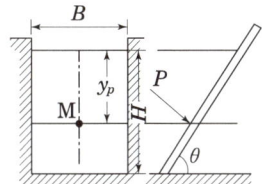
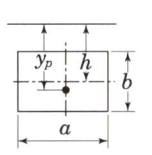
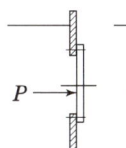
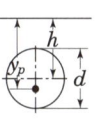
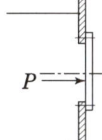

압력의 중심 $y_p = \dfrac{2}{3}H$

평균압력 $p_m = \dfrac{1}{2}\rho g H$ [Pa]

압력의 중심 $y_p = h + \dfrac{b^2}{12h}$

평균압력 $p_m = \rho g h$ [Pa]

압력의 중심 $y_p = h + \dfrac{d^2}{16h}$

평균압력 $p_m = \rho g h$ [Pa]

평판의 압력의 중심과 평균압력

핵심 PLUS

■ 압력 중심

$$y_p = y_c + \frac{I_c}{y_c A}$$

08 다음 그림과 같이 물속에 장치된 사각형 수문에 작용하는 힘과 작용점까지의 수심은?
(단, 수문의 폭은 2[m]이다.)

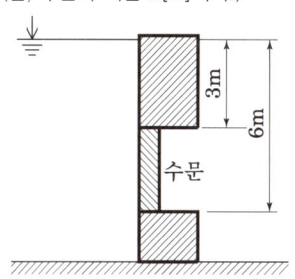

① 164.2[kN], 3.25[m]
② 212.8[kN], 3.25[m]
③ 264.6[kN], 4.67[m]
④ 295.4[kN], 4.67[m]

해설 ① 수문에 작용하는 힘
$F = \rho g h A = 1,000 \times 9.8 \times 4.5$
$\times (3 \times 2) = 264,600(\text{N}) = 264.6\text{kN}$

② 힘의 작용점
$y_p = h + \dfrac{b^2}{12h} = 4.5 + \dfrac{3^2}{12 \times 4.5}$
$= 4.67[\text{m}]$

답 : ③

핵심 PLUS

09 그림과 같이 반지름 1[m], 폭 (y방향) 2[m]인 곡면 AB에 작용하는 물에 의한 힘의 수직성분(z방향)와 수평성분(x방향)와의 비는 얼마인가?

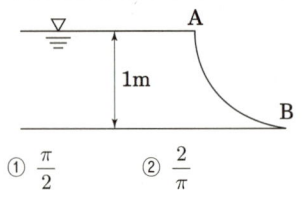

① $\dfrac{\pi}{2}$ ② $\dfrac{2}{\pi}$

③ 2π ④ $\dfrac{1}{2\pi}$

[해설] (1) 수직분력 F_Z

$F_V = rV$

$= 9.8 \times (\pi \times 1^2 \times 2 \times \dfrac{90}{360})$

$= 9.8 \times \dfrac{\pi}{2}$ [N]

(2) 수평분력 F_X

$F_H = rhA_H = 9.8 \times \dfrac{1}{2} \times (1 \times 2)$

$= 9.8$ [N]

∴ $F_Z / F_X = \dfrac{9.8\pi}{2} / 9.8 = \dfrac{\pi}{2}$

답 : ①

4. 곡면에 작용하는 힘

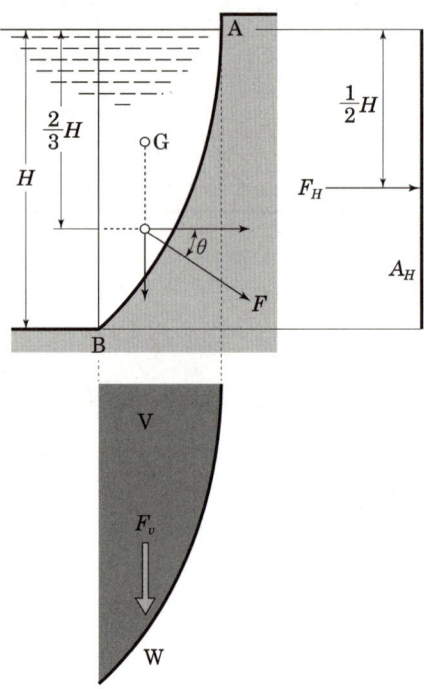

1) 수평분력

수평분력 F_H는 그 곡면을 수직면에 수평 투영한 면적에 작용하는 힘과 같다.

따라서 투영면적을 A_H라 하면 다음과 같다.

$$F_H = \dfrac{1}{2}\rho g H A_H = \dfrac{1}{2}rHA_H$$

2) 수직분력

곡면에 작용하는 수직분력 F_V는 그 곡면을 저면으로 하는 액주의 중량과 같다.

따라서 곡면상의 액체의 체적을 V라 하면 다음과 같다.

$$F_V = \rho g V = rV$$

따라서 곡면에 작용하는 힘(합력)은

$$F = \sqrt{F_H^2 + F_V^2}$$

핵심정리

1. 액주: $P = \rho g h = rh$ [Pa]

2. 1표준대기압(1atm) = 760[mmHg](0[℃]) = 1.0332[kgf/cm²] = 10.332[mAq]
   = 101.325[kPa] = 1.01325[bar]

3. 절대압력 : 완전진공을 기준으로 측정한 압력
   게이지 압력 : 대기압을 기준으로 측정한 압력

4. 파스칼의 원리 : $P_1 = P_2$에서, $\dfrac{F_1}{A_1} = \dfrac{F_2}{A_2}$ ∴ $F_2 = F_1 \cdot \dfrac{A_2}{A_1}$

5. 부력 : $F = \rho g V = rV$

6. 평판의 압력 중심과 평균압력

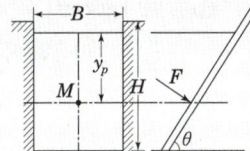 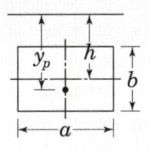 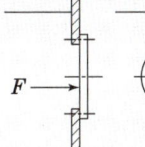 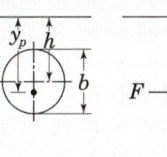

압력의 중심 $h_P = \dfrac{2}{3}H$ 압력의 중심 $h_P = h + \dfrac{b^2}{12h}$ 압력의 중심 $h_P = h + \dfrac{b^2}{16h}$

평균압력 $p_m = \dfrac{1}{2}\rho g H$ [Pa]   평균압력 $p_m = \rho g h$ [Pa]   평균압력 $p_m = \rho g h$ [Pa]

평판의 압력의 중심과 평균압력

7. 곡면에 작용하는 힘
   ① 수평분력
   수평분력 F_H는 그 곡면을 수지면에 수평 투영한 면적에 작용하는 힘과 같다.
   $$F_H = \dfrac{1}{2}\rho g H A_H = \dfrac{1}{2}r H A_H$$
   ② 수직분력
   곡면에 작용하는 수지분력 F_V는 그 곡면을 저면으로 하는 액주의 중량과 같다.
   $$F_V = \rho g V = rV$$
   ③ 곡면에 작용하는 힘(F)은
   $$F = \sqrt{F_H^2 + F_V^2}$$

핵심기출문제

2. 유체의 정역학

■■■ 2. 유체의 정역학

1. 표준대기압에서 측정한 용기 내의 압력이 각각 다음과 같다. 압력이 가장 낮은 용기는? [15, 24 ㉮]

① 진공게이지 눈금이 500mmHg이다.
② 진공게이지 눈금이 1.0kgf/cm²이다.
③ 진공도가 90%이다.
④ 진공도가 0이다.

2. 다음 중 표준대기압인 1기압에 가장 가까운 것은? [19 ㉮]

① 860[mmHg]
② 10.33[mAq]
③ 101.325[bar]
④ 1.0332[kgf/m²]

3. 대기의 압력이 1.08[kgf/cm²]였다면 게이지 압력이 12.5[kgf/cm²]인 용기에서 절대압력[kgf/cm²]은? [17, 21, 22, 23 ㉮]

① 12.50
② 13.58
③ 11.42
④ 14.50

4. 표준대기압하에서 게이지압력 190[kPa]을 절대압력으로 환산하면 몇 [kPa]이 되겠는가? [22 ㉮]

① 88.7
② 190
③ 291.3
④ 120

해설

해설 1

1) 표준대기압
 1[atm] = 760[mmHg] = 10.332[mAq]
   = 101,325[Pa=N/m²]
   = 14.7[psi]
   = 1.013[bar] = 1.0332[kgf/cm²]
   = 0.101325[MPa]

2) 절대압으로 환산하여 비교
 절대압 = 대기압 − 진공압

3) 환산
 ① 절대압=760−500=260[mmHg]
 ② 760[mmHg] : 1.0332[kgf/cm²]
   =p : 1.0[kgf/cm²]
   $p = \dfrac{1.0}{1.0332} \times 760 ≒ 735.6[mmHg]$
   절대압=760−735.6=24.4[mmHg]
 ③ 진공도 90%
   절대압 = 대기압−진공압
     = 760−(760×0.9)
     = 76[mmHg]
 ④ 진공도 0
   절대압=대기압−진공압
     =760−0=760[mmHg]

4) 압력이 낮은 순서
  ② < ③ < ① < ④

해설 2

1표준대기압(1atm)
=760[mmHg] (0[℃])
=1.0332[kgf/cm²] = 1.0332[kgf/m²]
=10.332[mAq] =101.325[kPa]
=1.01325[bar]

해설 3

절대압력=대기압 + 게이지압력
    =1.08+12.5=13.58

해설 4

절대압력[kPa]
=게이지압력[kPa] + 표준대기압[kPa]
=190+101.3=291.3

정답 1. ② 2. ② 3. ② 4. ③

5. 국소대기압이 98.6[kPa]인 곳에서 펌프에 의하여 흡입되는 물의 압력을 진공계로 측정하였다. 진공계가 7.3[kPa]을 가리켰을 때 절대압력은 몇 [kPa]인가? [15 ㉏]

① 0.93　　　　　　　② 9.3
③ 91.3　　　　　　　④ 105.9

6. 표준대기압에서 진공압이 400[mmHg] 일 때 절대압력은 약 몇 [kPa]인가? (단, 표준대기압은 101.3 [kPa], 수은의 비중은 13.6 이다.) [15, 20 ㉏]

① 48　　　　　　　② 53
③ 149　　　　　　　④ 154

7. 계기압력(gauge pressure)이 50[kPa]인 파이프 속의 압력은 진공압력(vacuum pressure)이 30[kPa]인 용기 속의 압력보다 얼마나 높은가? [17 ㉏]

① 0[kPa] (동일하다.)　　② 20[kPa]
③ 80[kPa]　　　　　　④ 130[kPa]

8. 계기압력이 730[mmHg]이고 대기압이 101.3[kPa] 일 때 절대압력은 약 몇 [kPa]인가? (단, 수은의 비중은 13.6이다.) [17, 23 ㉏]

① 198.6　　　　　　② 100.2
③ 214.4　　　　　　④ 93.2

9. 국소대기압이 102[kPa]인 곳의 기압을 비중 1.59, 증기압 13[kPa]인 액체를 이용한 기압계로 측정하면 기압계에서 액주의 높이는? [16 ㉏]

① 5.71[m]　　　　　② 6.55[m]
③ 9.08[m]　　　　　④ 10.4[m]

[해설]
국소대기압(P_a) = 증기압(P_v) + 비중량(γ) × 액주의 높이(h)에서
액주의 높이(h)
$$h = \frac{P_a - P_v}{\gamma} = \frac{102 - 13}{1.59 \times 9.8} = 5.71$$
여기서, 액체의 비중량은 비중
$$s = \frac{\gamma}{\gamma_w} = \frac{\gamma}{9.8}$$
$$\therefore \gamma = s\gamma_w = 9.8s$$

해설

해설 5
절대압력[kPa]
= (국소)대기압[kPa] − 진공압[kPa]
= 98.6 − 7.3 = 91.3

해설 6
절대압력[kPa]
= 대기압[kPa] − 진공압[kPa]
절대압력 = 101.3 − 13.6 × 9.8 × 400
　　×10^{-3} = 47.988 [kPa]
　≒ 48 [kPa]
여기서, 진공압[kPa] = $\rho g h = \gamma h$
　ρ : 밀도[kg/m³]
　γ : 비중량[kN/m³]
　g : 중력가속도[m/s]
　h : 액주[m]

해설 7

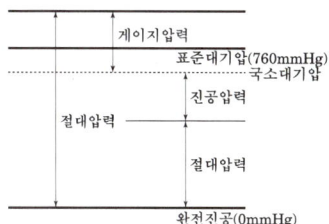

그림에서와 같이 계기압력은 국소대기압을 기준으로 국소대기압 보다 큰 압력이고 진공압력은 국소대기압을 기준으로 국소대기압보다 적은 압력이다 따라서 압력차는 두 압력의 합이 된다. 즉, 50[kPa] + 30[kPa] = 80[kPa]

해설 8
절대압력[kPa] = 게이지압력[kPa] + (국소)대기압[kPa]에서
= $101.325 \times \frac{730}{760} + 101.3 = 198.6$ [kPa]
또는 = $13.6 \times 9.8 \times 0.73 + 101.3$
　　≒ 198.6[kPa]

정답　5. ③　6. ①　7. ③　8. ①
　　　9. ①

핵심기출문제

2. 유체의 정역학

10. 그림과 같이 물이 담겨있는 어느 용기에 진공펌프가 연결된 파이프를 세워 두고 펌프를 작동시켰더니 파이프 속의 물이 6.5[m] 까지 올라갔다. 물기둥 윗부분의 공기압은 절대압력으로 몇 [kPa]인가? (단, 대기압은 101.3 [kPa] 이다.) [15 ㉮]

① 37.6
② 47.6
③ 57.6
④ 67.6

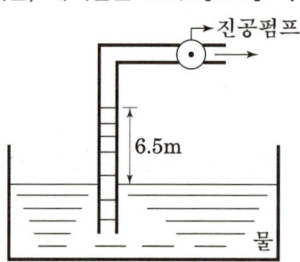

11. 2[m] 깊이로 물이 차 있는 물 탱크 바닥에 한 변이 20[cm]인 정사각형 모양의 관측창이 설치되어 있다. 관측창이 물로 인하여 받는 순 힘(net force)은 몇 [N]인가?(단, 관측창 밖의 압력은 대기압이다.) [21 ㉮]

① 784
② 392
③ 196
④ 98

12. 피스톤 A_2의 반지름이 A_1의 반지름의 2배이며, A_1과 A_2사에 작용하는 압력을 각각 P_1, P_2라 하면, 두 피스톤이 같은 높이에서 평형을 이룰 때 P_1과 P_2 사이의 관계는? [17, 19 ㉮]

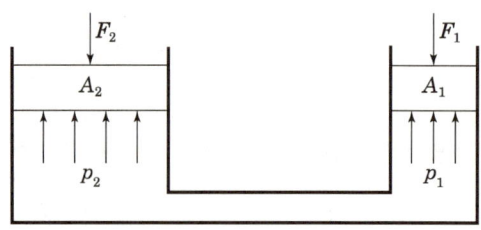

① $P_1 = 2P_2$
② $P_2 = 4P_1$
③ $P_1 = P_2$
④ $P_2 = 2P_1$

13. 수압기에서 피스톤의 지름이 각각 10[mm], 50[mm]이고 큰 피스톤에 1,000[N] 위 하중을 올려 놓으면 작은 쪽 피스톤에 얼마의 힘이 작용하게 되는가? [18, 21 ㉮]

① 40 [N]
② 400 [N]
③ 25,000 [N]
④ 245,000 [N]

해설

해설 10
대기압=공기압+물기둥압력
∴ 공기압=대기압−물기둥압력
$= 101.3 - 9.8 \times 6.5 = 37.6$ [kPa]

해설 11
$F = PA = \gamma h A$
$= 9800 \times 2 \times (0.2 \times 0.2) = 784$
여기서, F : 힘 [N]
A : 단면적 [m²]
γ : 물의 비중량 [N/m³]
h : 물의 깊이 [m]

해설 12
파스칼의 원리
$\dfrac{F_1}{A_1} = \dfrac{F_2}{A_2}$, $P_1 = P_2$ 에서,
두 피스톤이 같은 높이에서 평형을 이룰 때는 두 피스톤에 작용하는 압력은 같다.

해설 13
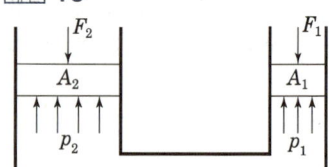

$P_1 = P_2$ 에서, $\dfrac{F_1}{A_1} = \dfrac{F_2}{A_2}$

$\left(A_1 = \dfrac{\pi D_1^2}{4} [m^2]\ A_2 = \dfrac{\pi D_2^2}{4} [m^2]\right)$

이므로

∴ $F_1 = F_2 \cdot \dfrac{A_1}{A_2} = F_2 \cdot \dfrac{D_1^2}{D_2^2}$

$= 1,000 \times \dfrac{10^2}{50^2} = 40$ [N]

정답 10. ① 11. ④ 12. ③ 13. ①

14. 다음 그림은 단면적이 A와 $2A$인 U자형 관에 밀도 d인 기름을 담은 모양이다. 지금 그 한쪽관에 관벽과의 마찰이 없는 물체를 기름 위에 놓았더니 두 관의 액면 차가 h_1으로 되어 평형을 이루었다. 이때 이 물체의 질량은? [19②]

① Ah_1d
② $2Ah_1d$
③ $Ah_1d + Ah_2d$
④ $2(Ah_1d + Ah_2d)$

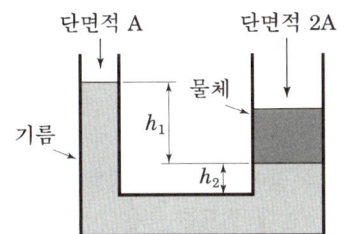

해설

해설 14

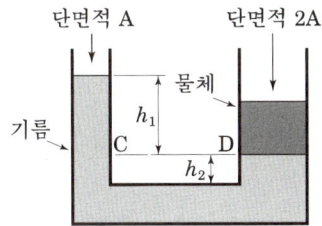

$P_C = P_D$이므로

$$\frac{Ah_1 dg}{A} = \frac{m \cdot g}{2A}$$

$\therefore m(\text{질량}) = 2Ah_1 d$

15. 그림에서 두 피스톤의 지름이 각각 30[cm]와 5[cm]이다. 큰 피스톤이 1[cm] 아래로 움직이면 작은 피스톤은 위로 몇 [cm] 움직이는가? [17, 21, 23②]

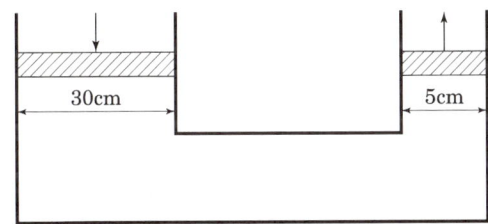

① 1 [cm]   ② 5 [cm]
③ 30 [cm]   ④ 36 [cm]

해설 15
파스칼의 원리
각 피스톤의 움직인 거리를 각각 s_1, s_2라 하면 두 실린더에서의 유체의 이동량(부피)은 같으므로 $A_1 s_1 = A_2 s_2$가 된다.

$$\therefore s_2 = s_1 \frac{A_1}{A_2} = s_1 \frac{D_1^2}{D_2^2} = 1 \times \frac{30^2}{5^2}$$
$$= 36 [cm]$$

16. 그림과 같이 피스톤의 지름이 각각 25[cm]와 5[cm]이다. 작은 피스톤을 화살표 방향으로 20[cm]만큼 움직일 경우 큰 피스톤이 움직이는 거리는 약 몇 [mm]인가? (단, 누설은 없고, 비압축성이라고 가정한다.) [19②]

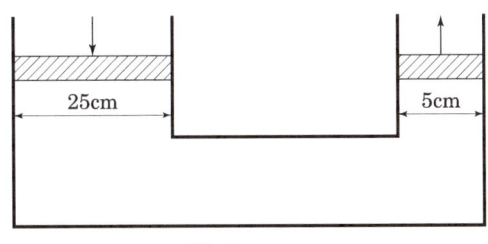

① 2   ② 4
③ 8   ④ 10

해설 16
파스칼의 원리
각 피스톤의 움직인 거리를 각각 s_1, s_2라 하면 두 실린더에서의 유체의 이동량(부피)은 같으므로 $A_1 s_1 = A_2 s_2$가 된다.
여기서, s_1 : 큰 피스톤이 움직인 거리
s_2 : 작은 피스톤이 움직인 거리
A_1 : 큰 피스톤의 단면적
A_2 : 작은 피스톤의 단면적

$$\therefore s_1 = s_2 \frac{A_2}{A_1} = s_1 \frac{D_2^2}{D_1^2} = 20 \times \frac{5^2}{25^2}$$
$$= 0.8 [cm] = 8 [mm]$$

정답 14. ② 15. ④ 16. ③

Ⅱ. 소방유체역학 **2-41**

핵심기출문제

2. 유체의 정역학

16. 유체 속에 잠겨진 물체에 작용되는 부력은? [19 ㉮]

① 물체의 중량보다 크다.
② 그 물체에 의해 배제된 액체의 무게와 같다.
③ 물체의 중력과 같다.
④ 물체의 비중량과 관계가 있다.

17. 수면에 잠김 무게가 490[N]인 매끈한 쇠구슬을 줄에 매달아서 일정한 속도로 내리고 있다. 쇠구슬이 물속으로 내려갈수록 들고 있는데 필요한 힘은 어떻게 되는가? (단, 물은 정지된 상태이며, 쇠구슬은 완전한 구형체이다.) [16 ㉮]

① 적어진다.
② 동일하다
③ 수면 위보다 커진다.
④ 수면 바로 아래보다 커진다.

18. 밑면이 8[m]×3[m], 깊이가 4[m]인 철제 상자가 물 위에 떠있다. 상자의 무게를 196[kN]이라 할 때 이 상자는 물속 몇 [m] 깊이까지 들어가 있는가? [15, 21 ㉮]

① 0.83
② 0.91
③ 0.98
④ 1.04

[해설]

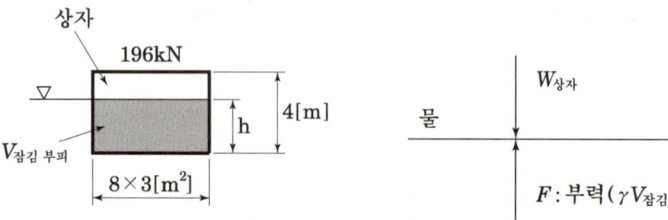

1) 부력(F)과 무게(W)
무게는 항상 물체전체 부피 기준이며 부력은 유체에 잠긴 부피 기준임을 주의해야 한다.
$F(부력) = \gamma_{액체} V_{잠김부피} = \rho_{액체} g V_{잠긴부피}$
(부력은 물체가 잠긴 액체의 무게와 같다)
$W(무게) = \gamma_{물체} V_{물체전체} = \rho_{물체} g V_{물체전체}$
F = W일 때 평형유지, $\gamma_{액체} V_{잠긴부피} = \gamma_{물체} V_{물체전체}$

2) 상자의 물속 깊이(h)
$F = W$
$\gamma V_{잠긴부피} = W$
$9800[N/m^3] \times (8 \times 3 \times h)[m^3] = 196000[N]$
$h = \dfrac{196000[N]}{9800[N/m^3] \times (8 \times 3)[m^2]} ≒ 0.83[m]$

해설

[해설] 16
부력
유체 속에 잠겨진 물체에 작용하는 부력은 그 물체에 의해 배제된 액체의 무게와 같다.

[해설] 17
유체 속에 잠긴 물체에 작용하는 부력은 그 물체에 의해서 배재된 액체의 무게와 같다.
따라서 물체의 무게 = 부력이므로 어느 깊이에서나 물체의 무게는 변하지 않는다.

정답 16. ② 17. ② 18. ①

19. 한 변이 8[cm]인 정육면체를 물에 담그니 6[cm]가 잠겼다. 이 정육면체를 비중이 1.26인 글리세린에 수직방향으로 눌러 완전히 잠기게 하는 데 필요한 힘은 약 몇 [N]인가? [21②]

① 2.56　　　　　　　　② 5.12
③ 6.33　　　　　　　　④ 12.6

20. 어떤 액체의 비중을 측정하기 위하여 납으로 만든 추(무게 4[N], 체적 1.29×10^{-4} [m³])를 액체중에 넣고 무게를 재었더니 2.97[N]이었다. 이 액체의 비중은 얼마인가? (단, 물의 비중량은 9,800[N/m³]이다.) [15②]

① 8.15　　　　　　　　② 4.08
③ 1.63　　　　　　　　④ 0.815

21. 비중 0.92인 빙산이 비중 1.025의 바닷물 수면에 떠 있다. 수면 위에 나온 빙산의 체적이 150[m³]이면 빙산의 전체적은 약 몇 [m³]인가? [18②]

① 1,314　　　　　　　② 1,464
③ 1,725　　　　　　　④ 1,875

22. 비중 0.6인 물체가 비중 0.8인 기름 위에 떠 있다. 이 물체가 기름 위에 노출되어 있는 부분은 전체 부피의 몇 [%]인가? [15②]

① 20　　　　　　　　② 25
③ 30　　　　　　　　④ 35

해설

물체의 무게(W)=부력(F_B) ($W = \rho g V = rV$)
  V_1 : 물체의 체적,
  V : 기름에 잠긴 부피

(1) 물체의 무게(W) = $\gamma V_1 = 9.8 \times 0.6 \times V_1$
(2) 부력(F_B) = $\gamma V = 9.8 \times 0.8 \times V$
  $W = rV$이므로
  $9.8 \times 0.6 \times V_1 = 9.8 \times 0.8 \times V$
  기름에 잠긴 부피 $V = \dfrac{0.6}{0.8} V_1 = 0.75 V_1$

∴ 잠긴 부분이 75[%]이므로 기름 위에 노출되어 있는 부분은 전체 부피의 25[%]이다.

해설

해설 19

무게(W)=부력(F_B)
$r_1 V_1 = r_2 V_2$

(1) 물체의 무게 $W = r_1 V_1 = 9,800 \times$
  $(0.08 \times 0.08 \times 0.06) = 3.7632[N]$

(2) 글리세린용액에서의 부력
  $F_B = r_2 V_2$
  $= 1.26 \times 9,800 \times (0.08 \times 0.08 \times 0.08)$
  $= 6.322[N]$

(3) 글리세린용액에 완전히 잠기게 하는 힘 F
  $W + F = F_B$에서
  $F = F_B - W = 6.322 - 3.7632$
  $= 2.56[N]$

해설 20

공기 중의 무게(G_a)=액체 속의 무게(W_l) + 부력($F = \gamma V$)
부력 $F = r \cdot V = G_a - W_l$
$r \times 1.29 \times 10^{-4} = 4 - 2.97$
액체의 비중량
$r = \dfrac{4 - 2.97}{1.29 \times 10^{-4}} = 7,984.5 [N/m^3]$

따라서, 비중 $s = \dfrac{r}{r_w} = \dfrac{7984.5}{9,800} = 0.815$

해설 21

물체의 무게=부력($W = \rho g V = rV$)
V_1 : 물체의 체적
$9,800 \times 0.92 \times V_1$
$= 1.025 \times 9,800 \times (V_1 - 150)$
∴ $V_1 = \dfrac{1.025 \times 150}{1.025 - 0.92} = 1464 [m^3]$

정답 19. ① 20. ④ 21. ② 22. ②

핵심기출문제

2. 유체의 정역학

23. 비중이 1.03인 바닷물에 비중 0.9인 빙산이 떠있다. 전체 부피의 몇 [%]가 해수면 위로 올라와 있는가? [18 ㉠]

① 12.6 ② 10.8
③ 7.2   ④ 6.3

24. 비중이 0.6이고 길이 20[m], 폭 10[m], 높이 3[m]인 직육면체 모양의 소방정 위에 비중이 0.9인 포소화약제 5톤을 실었다. 바닷물의 비중이 1.03일 때 바닷물 속에 잠긴 소방정의 깊이는 몇 [m]인가? [22 ㉠]

① 3.54 ② 2.5
③ 1.77 ④ 0.6

[해설] 비중이 다른 바닷물과 소방정(물체)이 평형을 이루므로
$\gamma_{바닷물} V_{잠김부피} = \gamma_{물체} V_{물체전체}$ 을 이용한다.
단, 여기서 포소화약제는 소방정에 수직으로 작용하는 무게(힘)로 작용한다.(포소화약제의 비중은 불필요함)

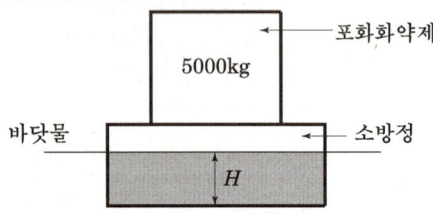

H : 소방정의 잠긴 깊이

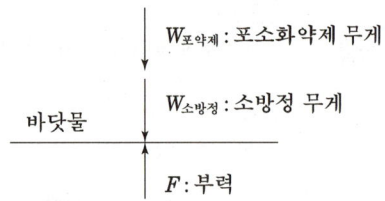

$W_{포약제}$: 포소화약제 무게
$W_{소방정}$: 소방정 무게
F : 부력

$F_{부력} = W_{소방정} + W_{포약제}$
$\gamma_{바닷물} V_{잠긴부피} = \gamma_{소방정} V_{소방정 전체부피} + W_{포약제}$

(1) $\gamma_{바닷물} =$ 비중$\times \gamma_{물} = 1.03 \times 1000 [\text{kg}_f/\text{m}^3]$
(2) $V_{잠김부피} = 20 \times 10 \times H$
(3) $\gamma_{소방정} =$ 비중$\times \gamma_{물} = 0.6 \times 1000 [\text{kg}_f/\text{m}^3]$
(4) $V_{소방정 전체부피} = 20 \times 10 \times 3$
(5) $W_{포약제} =$ 포소화약제 5톤(5000[kg])무게$= 5000$[kgf]
따라서, $1.03 \times 1000 \times (20 \times 10 \times H) = 0.6 \times 1000 \times (20 \times 10 \times 3) + 5000$
H(소방정 잠긴 깊이)$= \dfrac{365000}{206000} = 1.77$[m]

해설

[해설] 23

물체의 무게(W)=부력(F_B)
($W = \rho g V = rV$)
(1) 물체의 무게(W)
$= \gamma_1 V_1 = 9.8 \times 0.9 \times V_1$
(2) 부력(F_B) $= \gamma V = 9.8 \times 1.03 \times V$
여기서, γ_1 : 물체(빙산)의 비중량[kN/m³]
γ_2 : 바닷물의 비중량[kN/m³]
V_1 : 물체의 체적
V : 해수에 잠긴 부피

$W = rV$ 이므로
$9.8 \times 0.9 \times V_1 = 9.8 \times 1.03 \times V$
해수에 잠긴 부피
$V = \dfrac{0.9}{1.03} V_1 = 0.874 V_1$

∴ 잠긴 부분이 87.4[%]이므로 해수면 위에 노출되어 있는 부분은 전체 부피의 12.6[%]이다.

정답 23. ① 24. ③

25. 공기 중에서 무게가 941[N]인 돌의 무게가 물속에서 500[N]이면 이 돌의 체적은 몇 [m³]인가? (단, 공기의 부력은 무시한다.)   [20 ㉎]

① 0.045
② 0.034
③ 0.028
④ 0.012

해설 25

공기중에서의 무게를 W, 물속에서의 무게를 W', 부력을 F_B라 하고 물체의 체적을 V라 하면

$W = W' + F_B = W' + rV$

$V = \dfrac{W - W'}{r} = \dfrac{941 - 500}{9,800}$

$= 0.045\,[\text{m}^3]$

26. 체적 0.05[m³]인 구 안에 가득 찬 유체가 있다. 이 구를 그림과 같이 물속에 넣고 수직 방향으로 100[N]의 힘을 가해서 들어 주면 구가 물속에 절반만 잠긴다. 구 안에 있는 유체의 비중량은 몇 [N/m³]인가? (단, 구의 두께와 무게는 모두 무시할 정도로 작다고 가정한다.)   [15 ㉎]

① 6,900
② 7,250
③ 7,580
④ 7,850

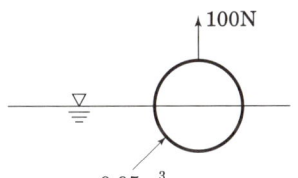

해설 26

아래의 자유 물체도에서

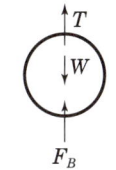

$W(\text{무게}) = F_B(\text{부력}) + T(\text{힘})$

$\gamma V = \gamma_w \dfrac{V}{2} + T$ 에서

$\gamma = \dfrac{\gamma_w}{2} + \dfrac{T}{V} = \dfrac{9,800}{2} + \dfrac{100}{0.05}$

$= 6,900\,[\text{N/m}^3]$

27. 무게가 90[N]으로 측정된 돌이 물에 잠기면 무게가 50[N]으로 측정된다. 이 돌의 체적과 비중은 각각 얼마인가?   [16, 18 ㉎]

① 0.004 [m³], 2.25
② 0.01 [m³], 1.0
③ 0.007 [m³], 2.25
④ 0.07 [m³], 3.75

해설

공기 중에서의 무게를 G_a, 물속에서의 무게를 W, 부력을 F_B라 하고 물체의 체적을 V라 하면

$G_a = W + F_B = W + \gamma_w V$

따라서

(1) 돌의 체적

$V = \dfrac{G_a - W}{\gamma_w} = \dfrac{90 - 50}{9,800} = \dfrac{40}{9,800} = 0.004\,[\text{m}^3]$

(2) 돌의 비중량(γ) $= \dfrac{G_a}{V} = \dfrac{90}{0.004} = 22,500\,[\text{N/m}^3]$

∴ 돌의 비중(s) $= \dfrac{\gamma}{\gamma_w} = \dfrac{22,500}{9,800} = 2.296$

해설 27

$W = W' + F_B = W' + rV$

$V = \dfrac{W - W'}{r} = \dfrac{588 - 98}{9,800} = 0.05\,[\text{m}^3]$

비중 $s = \dfrac{r}{r_w} = \dfrac{588/0.05}{9,800} = 1.2$

정답 25. ① 26. ① 27. ①

핵심기출문제

2. 유체의 정역학

28. 어떤 물체가 공기 중에서 무게는 588[N]이고 수중에서 무게는 98[N]이었다. 이 물체의 체적(V)과 비중(s)은? [22 ㉮]

① $V=0.05[m^3]$, $s=1.2$
② $V=50[cm^3]$, $s=1.0$
③ $V=0.5[m^3]$, $s=0.85$
④ $V=0.01[m^3]$, $s=0.98$

해설 28

$W = W' + F_B = W' + rV$

$V = \dfrac{W-W'}{r} = \dfrac{588-98}{9,800} = 0.05[m^3]$

비중 $s = \dfrac{r}{r_w} = \dfrac{588/0.05}{9,800} = 1.2$

29. 그림과 같이 수조에 비중이 1.03인 액체가 담겨있다. 이 수조의 바닥면적이 4[m²]일 때의 수조바닥 전체에 작용하는 힘은 약 몇 [kN]인가? (단, 대기압은 무시한다.) [17 ㉮]

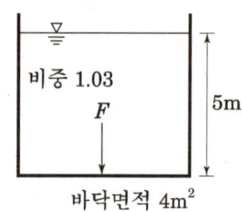

① 98
② 51
③ 156
④ 202

해설 29

액주에 의해 작용하는 힘 F

$$F = \gamma h A = s\gamma_w h A$$

여기서, γ : 액체의 비중량[kN/m³]
γ_w : 물의 비중량[kN/m³]
h : 액주의 높이[m]
s : 액체의 비중
A : 단면적[m²]

∴ $F = 1.03 \times 9.8 \times 5 \times 4 = 201.88[kN]$

30. 아래 그림과 같은 탱크에 물이 들어있다. 물이 탱크의 밑면에 가하는 힘은 약 몇 [N]인가? (단, 물의 밀도는 1,000[kg/m³], 중력가속도는 10[m/s²]로 가정하며 대기압은 무시한다. 또한 탱크의 폭은 전체가 1[m]로 동일하다.) [17 ㉮]

① 40,000
② 20,000
③ 80,000
④ 60,000

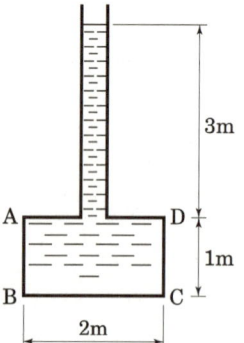

해설 30

액주에 의해 작용하는 힘 F

$$F = \gamma h A = \rho g h A$$

여기서, γ : 액체의 비중량[N/m³]
h : 액주의 높이[m]
ρ : 액체의 밀도[kg/m³]
g : 중력가속도[m/s²]
A : 단면적[m²]

∴ $F = 1,000 \times 10 \times (1+3) \times (2 \times 1)$
$= 80,000[N]$

정답 28. ① 29. ④ 30. ③

31. 수두 100[mmAq]로 표시되는 압력은 몇 [Pa]인가?

① 0.098 ② 0.98
③ 9.8   ④ 980

해설 31

액주
정지된 액체의 액면으로부터 h[m]의 깊이에 있는 액면과 평행한 평면을 A[m²]라 하면 그 평면에 작용하는 힘 F는
$F = \rho g h A$ [N]
또한 단위면적당 작용하는 힘,
즉, 압력 p는
$p = \dfrac{\rho g h A}{A} = \rho g h$ [Pa=N/m²]
$p = 1{,}000 \times 9.8 \times 100 \times 10^{-3} = 980$ [Pa]

32. 그림과 같은 U자관 차압액주계에서 $\gamma_1 = 9.8\,[\text{kN/m}^3]$, $\gamma_2 = 133\,[\text{kN/m}^3]$, $\gamma_3 = 9.0\,[\text{kN/m}^3]$, $h_1 = 0.2[\text{m}]$, $h_3 = 0.1[\text{m}]$이고 압력차 $p_A - p_B = 30[\text{kPa}]$이다. h_2는 몇 [m]인가?

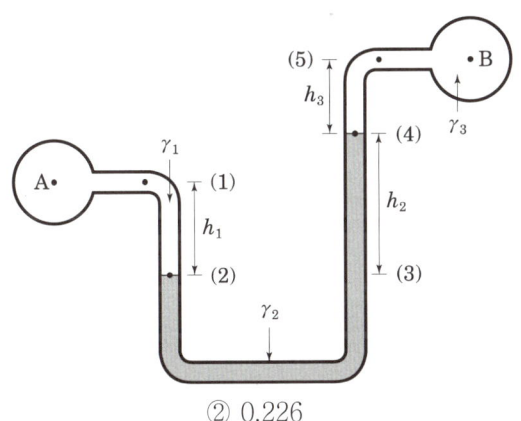

① 0.218 ② 0.226
③ 0.234 ④ 0.247

해설 32

시차액주계 공식에 의해
$P_A - P_B = \gamma_3 h_3 + \gamma_2 h_2 - \gamma_1 h_1$
$30 = (9 \times 0.1) + (133 \times h_2) - (9.8 \times 0.2)$
$h_2 = 0.2335$
A점을 기준으로 내려가면 "+", 상승하면 "−"

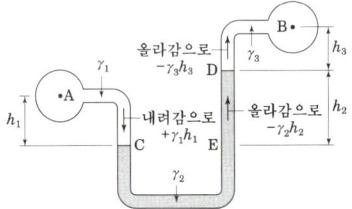

$P_A + \gamma_1 h_1 - \gamma_2 h_2 - \gamma_3 h_3 = P_B$
$P_A - P_B = \gamma_3 h_3 + \gamma_2 h_2 - \gamma_1 h_1$

33. 그림과 같이 밀폐된 용기 내 공기의 계기압력은 몇 [Pa]인가?

① 1,200   ② 1,500
③ 11,760 ④ 14,700

해설 33

$p_a + r h_1 = r h_2$
∴ $p_a = r(h_2 - h_1) = 9{,}800 \times (1.5 - 0.3)$
$= 11{,}760$ [Pa]
여기서, 계기압력이므로 대기압=0

정답 31. ④ 32. ③ 33. ③

핵심기출문제

2. 유체의 정역학

해설

34. 그림과 같은 액주계에서 원형 파이프 중심의 압력은 몇 [kPa]인가? (단, 대기압은 101[kPa]이다.) [23 ②]

① 10
② 107
③ 95
④ 111

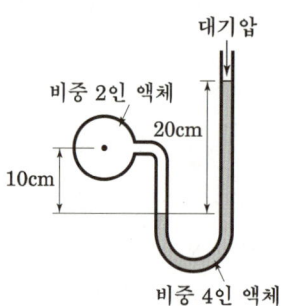

해설 34

$p + r \cdot H = p_o + r' \cdot H_1$

$\therefore p = p_o + r' \cdot H_1 - r \cdot H$
$= 101 + 4 \times 9.8 \times 0.2 - 2 \times 9.8 \times 0.1$
$= 106.88 ≒ 107 [kPa]$

35. 관 A에는 비중 $S_1 = 1.5$인 유체가 있으며, 마노미터 유체는 비중 $S_2 = 13.6$인 수은이고, 마노미터 수은의 높이차 h_2는 20[cm]이다. 이후 관 A의 압력을 종전보다 40[kPa] 증가했을 때 마노미터의 수은의 새로운 높이차(h_2')는 약 몇 [cm]인가? [18 ②]

① 28.4
② 35.9
③ 46.2
④ 51.8

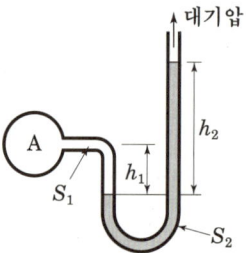

해설 35

(1) 처음 상태
$P_A + \gamma_1 h_1 = \gamma_2 h_2$에서
$P_A = \gamma_2 h_2 - \gamma_1 h_1$ ······①식

(2) 관 A의 압력이 종전보다 40[kPa] 증가했을 때

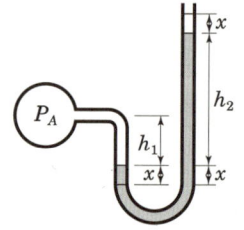

$(P_A + 40) + \gamma_1(h_1 + x) = \gamma_2(h_2 + 2x)$
P_A에 ①식을 대입하면
$(\gamma_2 h_2 - \gamma_1 h_1 + 40) + \gamma_1 h_1 + \gamma_1 x$
$= \gamma_2 h_2 + 2\gamma_2 x$
$2\gamma_2 x - \gamma_1 x$
$= \gamma_2 h_2 - \gamma_1 h_1 + 40 + \gamma_1 h_1 - \gamma_2 h_2$
$(2\gamma_2 - \gamma_1)x = \gamma_2 h_2 - \gamma_1 h_1 + 40 + \gamma_1 h_1 - \gamma_2 h_2$

$\therefore x = \dfrac{\gamma_2 h_2 - \gamma_1 h_1 + 40 + \gamma_1 h_1 - \gamma_2 h_2}{2\gamma_2 - \gamma_1}$

$= \dfrac{40}{2\gamma_2 - \gamma_1}$

$= \dfrac{40}{2 \times 13.6 \times 9.8 - 1.5 \times 9.8}$

$= 0.159 [m] = 15.9 [cm]$

$\therefore h' = 20 + 2 \times 15.9 = 51.8 [cm]$

36. 그림과 같이 평형상태를 유지하고 있을 때 오른쪽 관에 있는 유체의 비중 s는? [23 ②]

① 0.9
② 1.8
③ 2.0
④ 2.2

해설

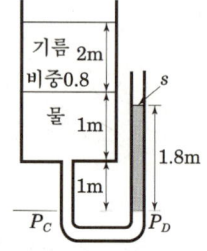

$P_C = P_D$이므로
$0.8 \times 9,800 \times 2 + 9,800 \times (1+1) = S \times 9,800 \times 1.8$

$\therefore S = \dfrac{0.8 \times 9,800 \times 2 + 9,800 \times (1+1)}{9,800 \times 1.8} = 2.0$

정답 34. ② 35. ④ 36. ③

37. 그림과 같이 수평관에서 2개소의 압력 차를 측정하기 위해 하부에 수은을 넣은 U자관을 부착시켰다. 이 때 U자관에서 수은의 높이차 h=500mm 이었다면 압력차 P1−P2는 약 몇 kPa인가? [15, 24 ㉮]

① 66.6
② 61.7
③ 60.5
④ 50.4

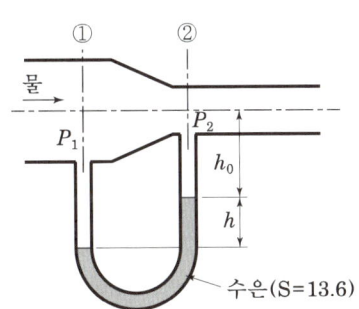

해설 37

$P_1 + \gamma(h_0 + h) - \gamma_S \times h - \gamma h_0 = P_2$
$P_1 - P_2 = h \times (\gamma_S - \gamma)$
$= 0.5[m] \times (13.6 \times 9.8[kN/m^3]$
$- 9.8[kN/m^3])$
$\approx 61.7[kN/m^2] = 61.7[kPa]$

※ ①점을 기준으로 내려가면 "+", 올라가면 "−"
$P_1 + \gamma(h_0 + h) - \gamma_S \times h - \gamma h_0 = P_2$

38. 그림에서 h_1=120[mm], h_2=180[mm], h_3=100[mm]일 때 A에서의 압력과 B에서의 압력의 차이($P_A - P_B$)를 구하면? (단, A, B 속의 액체는 물이고, 차압 액주계에서의 중간 액체는 수은(비중13.6)이다.) [18, 19 ㉮]

① 20.4 [kPa]
② 23.8 [kPa]
③ 26.4 [kPa]
④ 29.8 [kPa]

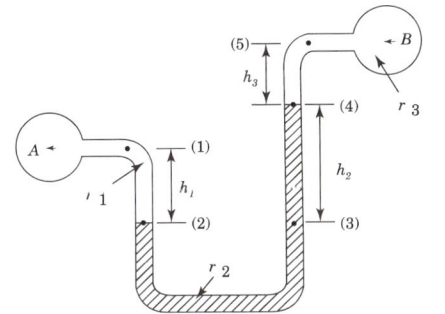

해설 38

$P_{(2)} = P_{(3)}$이므로
$P_A + \gamma_1 h_1 = P_B + \gamma_3 h_3 + \gamma_2 h_2$
$\therefore P_A - P_B = \gamma_3 h_3 + \gamma_2 h_2 - \gamma_1 h_1$
$= 9.8 \times 0.1 + 13.6 \times 9.8 \times 0.18$
$- 9.8 \times 0.12 \approx 23.8[kPa]$

여기서, γ_1, γ_3 : 물의 비중량
$(=9.8[kN/m^3])$
γ_2 : 수은의 비중량
$13.6 \times 9.8[kN/m^3]$

39. 다음 그림의 액주계(manometer)에서 비중 $S_1 = S_3$=0.90, S_2=13.6, h_1=30[cm], h_3=15[cm]일 때 A점의 압력과 B점의 압력이 같게 되는 h_2는 약 몇 [cm]인가? [18 ㉮]

① 1
② 3
③ 5
④ 7

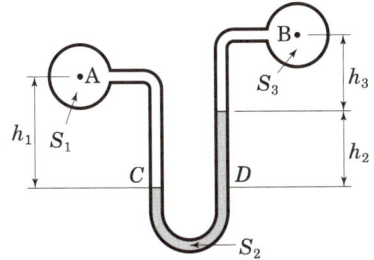

해설 39

$P_C = P_D$이므로
$P_A + \gamma_1 h_1 = P_B + \gamma_3 h_3 + \gamma_2 h_2$
$\therefore P_A - P_B = \gamma_3 h_3 + \gamma_2 h_2 - \gamma_1 h_1 = 0$
$\therefore h_2 = \dfrac{\gamma_1 h_1 - \gamma_3 h_3}{\gamma_2}$
$= \dfrac{9{,}800 \times 0.9 \times 0.30 - 9{,}800 \times 0.9 \times 0.15}{9{,}800 \times 13.6}$
$= 9.926 \times 10^{-3}[m]$
$= 0.9926[cm] \approx 1[cm]$

정답 37. ② 38. ② 39. ①

핵심기출문제

2. 유체의 정역학

40. 다음 시차압력계에서 압력차($P_A - P_B$)는 몇 [kPa]인가? (단, H_1=300[mm], H_2=200[mm], H_3=800[mm]이고 수은의 비중은 13.6이다.)   [15, 24 ㉮]

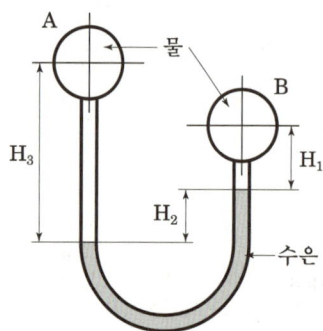

① 21.76　　② 31.07
③ 217.6　　④ 310.7

해설

해설 40
시차액주계
$P_A + \gamma_w h_3 = P_B + \gamma_w h_1 + \gamma_{Hg} h_2$
$\therefore P_A - P_B = \gamma_w h_1 + \gamma_{Hg} h_2 - \gamma_w h_3$
$= 9.8 \times 0.3 + 13.6 \times 9.8 \times 0.2 - 9.8 \times 0.8$
$= 21.756 \text{[kPa]}$

41. 다음 그림과 같은 U자관 차압마노미터가 있다. 압력차 PA−PB를 바르게 표시한 것은? (단, $\gamma_1, \gamma_2, \gamma_3$는 비중량, h_1, h_2, h_3는 높이 차이를 나타낸다.)   [20, 24 ㉮]

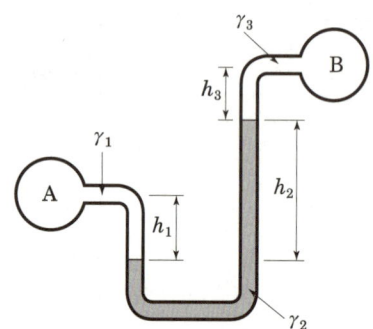

① $-\gamma_1 h_1 - \gamma_2 h_2 + \gamma_3 h_3$　　② $-\gamma_1 h_1 + \gamma_2 h_2 + \gamma_3 h_3$
③ $\gamma_1 h_1 + \gamma_2 h_2 - \gamma_3 h_3$　　④ $\gamma_1 h_1 - \gamma_2 h_2 - \gamma_3 h_3$

해설 41
※ 액주계 압력계산 방법
점 A점을 기준으로 내려가면 "+", 올라가면 "−"
$P_A + \gamma_1 h_1 - \gamma_2 h_2 - \gamma_3 h_3 = P_B$

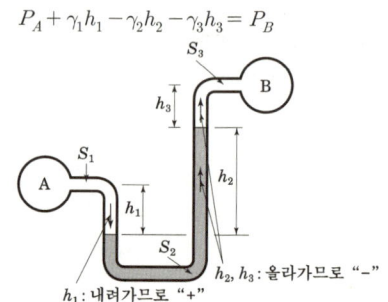

h_1 : 내려가므로 "+"
h_2, h_3 : 올라가므로 "−"

해설
절대압 측정

종류	내용	도식
시차액주계	$P_A - P_B = \gamma_3 h_3 + \gamma_2 h_2 - \gamma_1 h_1$	

정답 40. ①　41. ②

42. 그림과 같은 거꾸로 된 마노미터에서 물과 기름, 수은이 채워져 있다. a=10[cm], c=25[cm]이고 A의 압력이 B의 압력보다 80[kPa] 작을 때 b의 길이는 약 몇 [cm] 인가? (단, 수은의 비중량은 133,100[N/m³], 기름의 비중은 0.90이다.) [18 ㉮]

① 17.8
② 27.8
③ 37.8
④ 47.8

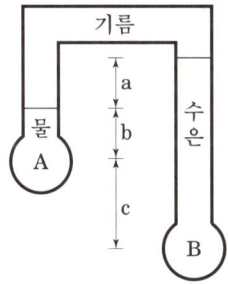

43. 그림의 액주계에서 밀도 ρ_1 =1000[kg/m³], ρ_2 =13600[kg/m³], 높이 h_1 = 500[mm], h_2 =800[mm]일 때 관 중심 A의 계기압력은 몇 [kPa]인가? [21 ㉮]

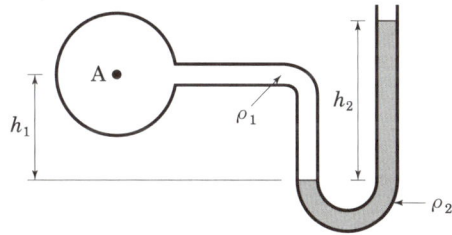

① 101.7　　　② 109.6
③ 126.4　　　④ 131.7

44. 그림에서 물과 기름의 표면은 대기에 개방되어 있고, 물과 기름 표현의 높이가 같을 때 h는 약 몇 [m]인가?(단, 기름의 비중은 0.8, 액체A의 비중은 1.6이다.) [22 ㉮]

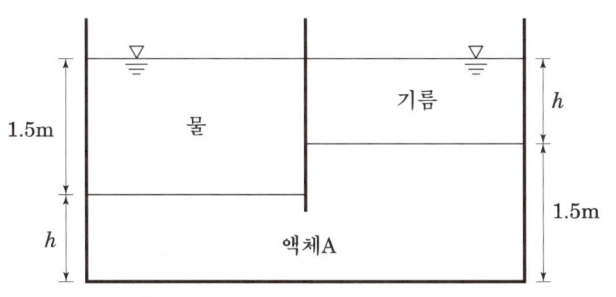

① 1　　　② 1.1
③ 1.125　　　④ 1.25

해설

해설 42

$P_A - \gamma_w h_b - \gamma_o h_a$
$= P_B - \gamma_{Hg}(h_a + h_b + h_c)$

$h_b = \dfrac{(P_B - P_A) + \gamma_o h_a - \gamma_{Hg}(h_a + h_c)}{\gamma_{Hg} - \gamma_w}$

$= \dfrac{80 + 0.9 \times 9.8 \times 0.1 - 133.1 \times (0.1 + 0.25)}{133.1 - 9.8}$

$= 0.278\,[\text{m}] = 27.8\,[\text{cm}]$

여기서, γ_w : 물의 비중량
　　　　　9.8[kN/m³]
γ_o : 기름의 비중량
　　　0.9×9.8[kN/m³]
γ_{Hg} : 수은의 비중량
　　　133,100[N/m³]
　　　= 133.1[kN/m³]

해설 43

$P_A + \rho_1 g h_1 = \rho_2 g h_2$에서
$P_A = \rho_2 g h_2 - \rho_1 g h_1$
$= 13600 \times 9.8 \times 0.8 - 1000 \times 9.8 \times 0.5$
$= 101724\,[\text{Pa}] = 101.7\,[\text{kPa}]$

해설 44

시차액주계의 원리로 풀 수 있다.
P_a(대기압) $+ \gamma_물 \times 1.5$
$= \gamma_{액체A} \times (1.5 - h) + \gamma_{기름}$
　　$\times h + P_a$(대기압)

여기서, $\gamma_{액체A}$
$= 1.6 \times \gamma_물,\ \gamma_{기름} = 0.8 \times \gamma_물$ 이므로

$1 \times 1.5 = 1.6 \times (1.5 - h) + 0.8 \times h$
$1.5 = 2.4 - 1.6h + 0.8h$
$h = \dfrac{2.4 - 1.5}{0.8} = 1.125\,[\text{m}]$

정답 42. ②　43. ①　44. ③

핵심기출문제

2. 유체의 정역학

45. 그림에서 점 A의 압력이 B의 압력보다 6.8[kPa] 크다면, 경사관의 각도 θ (°)는 얼마인가? (단, S는 비중을 나타낸다.) [15㉎]

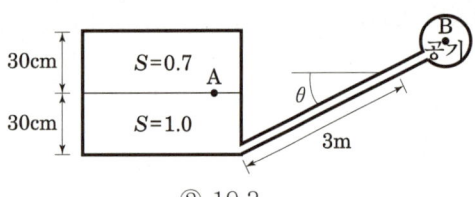

① 12
② 19.3
③ 22.5
④ 34.5

46. 그림과 같이 수평면에 대하여 60° 기울어진 경사관에 비중 $S=13.6$인 수은이 채워져 있으며, A와 B에는 물이 채워져 있다. A의 압력이 250[kPa], B의 압력이 200[kPa]일 때, 길이 L은 몇 [cm]인가? [17㉎]

① 36.0
② 39.0
③ 41.6
④ 45.1

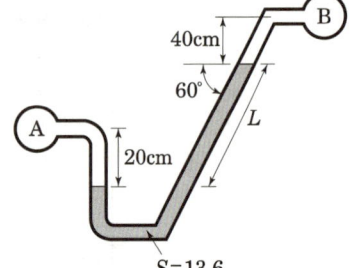

47. 정육면체의 그릇에 물을 가득 채울 때, 그릇 밑면이 받는 압력에 의한 수직방향 평균 힘의 크기를 P라고 하면, 한 측면이 받는 압력에 의한 수평방향 평균 힘의 크기는 얼마인가? [18, 21㉎]

① $0.5P$
② P
③ $2P$
④ $4P$

48. 밑면은 한 변의 길이가 1[m]인 정사각형이고 높이 1.5[m]인 직육면체 탱크에 물을 가득 채웠다. 한쪽 측면에 작용하는 힘은 몇 [kN] 인가? [24㉎]

① 14.7
② 11.0
③ 22.1
④ 7.4

[해설]
1) 측면에 작용하는 힘은 벽 중심에 작용하는 힘이다.
   단 힘의 작용점과는 다른 개념이므로 주의해야 한다.
2) 측면에 작용하는 힘
   $F = \gamma \bar{h} A = 9800[N/m^3] \times 0.75[m] \times (1 \times 1.5)[m^2]$
   $= 11025[N] \fallingdotseq 11[kN]$

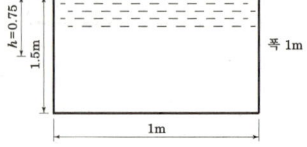

해설

해설 45

수조 바닥부분을 기준으로 한 압력평형식을 세우면
$P_A + \gamma h_1 = P_B + \gamma \ell \sin\theta$
$\sin\theta = \dfrac{(P_A - P_B) + \gamma h_1}{\gamma \ell}$
$\theta = \sin^{-1} \dfrac{(P_A - P_B) + \gamma h_1}{\gamma \ell}$
$\theta = \sin^{-1} \dfrac{6.8 + 9.8 \times 0.3}{9.8 \times 3} \fallingdotseq 19.3°$

해설 46

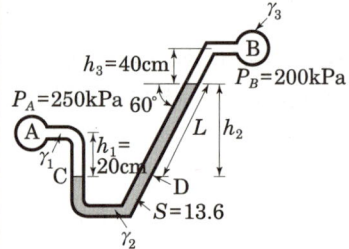

$P_C = P_D$
$P_A + r_1 h_1 = P_B + r_3 h_3 + r_2 h_2$ 에서
$h_2 = \dfrac{P_A - P_B + r_1 h_1 - r_3 h_3}{r_2}$
$= \dfrac{250 - 200 + 9.8 \times 0.2 - 9.8 \times 0.4}{13.6 \times 9.8}$
$= 0.360[m] = 36.0[cm]$

$\sin\theta = \dfrac{h_2}{L}$ 에서

$L = \dfrac{h_2}{\sin\theta} = \dfrac{36}{\sin 60°} = 41.57 \fallingdotseq 41.6[cm]$

해설 47

수직인 평면에 작용하는 압력을 계기 압력으로 표현하면 액체 표면에서는 0, 액체의 깊이가 깊을수록 상승하여 깊이H인 곳의 압력 $P = \rho g H [Pa]$의 압력이 된다. 즉, 압력은 깊이에 비례하여 상승하고 수직인 벽에 작용하는 평균압력 $P_m = \dfrac{\rho g H}{2}$가 된다.

정답 45. ② 46. ③ 47. ① 48. ②

49. 2[m] 깊이로 물(비중량 9.8[kN/m³])이 채워진 직육면체 모양의 열린 물탱크 바닥에 지름 20[cm]의 원형 수문을 달았을 때 수문이 받는 정수력의 크기는 약 몇 [kN]인가?

① 0.411 ② 0.616
③ 0.784 ④ 2.46

50. 그림과 같은 수문이 열리지 않도록 하기 위하여 그 하단 A점에서 받쳐 주어야 할 최소 힘 F_p는 몇 [kN]인가?(단, 수문의 폭=1[m], 유체의 비중량=9,800[N/m³])

① 43
② 27
③ 23
④ 13

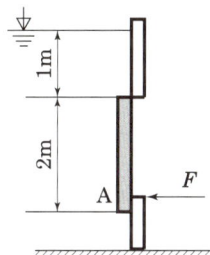

51. 폭 1.5[m], 높이 4[m]인 직사각형 평판이 수면과 40°의 각도로 경사를 이루는 저수지의 물을 막고 있다. 평판의 밑변이 수면으로부터 3[m] 아래에 있다면, 물로 인하여 평판이 받는 힘은 몇 [kN] 인가?(단, 대기압의 효과는 무시한다.)

① 44.1 ② 88.2
③ 101   ④ 202

해설

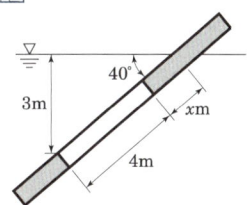

평판이 받는 힘(전압력) F
$F = \gamma h_c A = \gamma y_c \sin\theta A$
먼저 x를 구하면
$\sin 40 = \dfrac{3}{x+4}$ 에서
$x = \dfrac{3}{\sin 40} - 4 ≒ 0.667\text{m}$
∴ $F = 9.8 \times (0.667+2) \times \sin 40 \times (1.5 \times 4) = 100.8 ≒ 101[\text{kN}]$

해설

해설 49
정수력(전압력) F
$F = \gamma h A$
여기서,
  γ : 물의 비중량 9.8[kN/m³]
  h : 수면에서 수저까지의 깊이[m]
  A : 수문의 면적[m²]
∴ $F = 9.8 \times 2 \times \dfrac{\pi \times 0.2^2}{4} ≒ 0.616[\text{kN}]$

해설 50
전압력 F_T
$F_T = \gamma h_c A = 9.8 \times (1+1) \times (2 \times 1)$
$= 39.2[\text{kN}]$

$y_p = h + \dfrac{b^2}{12h} = 2 + \dfrac{2^2}{12 \times 2} = 2.167[\text{m}]$

A 점에서의 모멘트의 합은 0이므로
$F \times 2 = F_T \times (2.167 - 1)$
∴ $F = \dfrac{39.2 \times (2.167-1)}{2} ≒ 23$

49. ② 50. ③ 51. ③

핵심기출문제
2. 유체의 정역학

52. 그림과 같은 수족관에 직경 3[m]의 투시경이 설치되어 있다. 이 투시경에 작용하는 힘은 약 몇 [kN]인가? [16, 18, 20 ㉮]

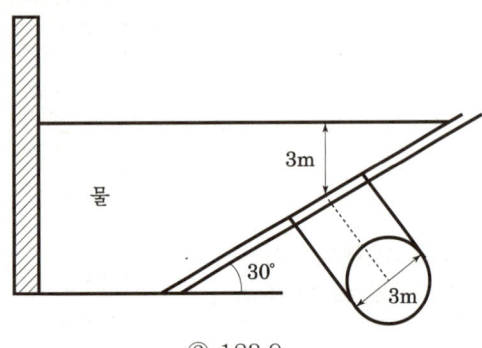

① 207.8　　② 123.9
③ 87.1　　　④ 52.4

53. 정수력에 의해 수직평판의 힌지(hinge)점에 작용하는 단위폭 당 모멘트를 바르게 표시한 것은?(단, ρ는 유체의 밀도, g는 중력가속도이다.) [22 ㉮]

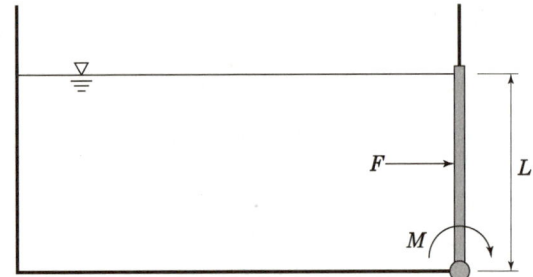

① $\dfrac{1}{6}\rho g L^3$　　② $\dfrac{1}{3}\rho g L^3$
③ $\dfrac{1}{2}\rho g L^3$　　④ $\dfrac{2}{3}\rho g L^3$

해설

해설 52

전압력 F_T

$F_T = \gamma h_c A$

$= 9.8 \times 3 \times \dfrac{\pi \times 3^2}{4} = 207.8\,[\text{kN}]$

여기서, γ : 물의 비중량 = 9.8 [kN/m³]
　　　　h_c : 수면에서 투시경 중심까지의 수직거리[m]
　　　　A : 투시경의 단면적[m²]

해설 53

(1) 힘 F는 수직평판의 중심을 기준으로 크기를 먼저 구한다.

$F = P \times A = (\gamma \cdot \dfrac{1}{2}L) \times (B \cdot L)$

$= \dfrac{1}{2}\gamma L^2 B = \dfrac{1}{2}\rho g L^2 B$

B : 수직평판의 폭
여기서, 단위폭 당 작용하는 힘이므로 우변을 B로 나누면

$F = \dfrac{1}{2}\rho g L^2$

(2) 힌지에 작용하는 모멘트(M)
실제 힘 F가 수직평판에 작용하는 작용점은 수면으로부터 $\dfrac{2}{3}L$ 지점이므로 힌지로 부터는 $\dfrac{1}{3}L$ 지점이다. 따라서, 힌지에 작용하는 단위폭당 모멘트는

$M = 힘 \times 거리 = F \times \dfrac{1}{3}L$

$= \dfrac{1}{2}\rho g L^2 \times \dfrac{1}{3}L$

$= \dfrac{1}{6}\rho g L^3$

정답 52. ①　53. ①

54. 그림과 같이 수평과 30° 경사된 폭 50[cm]인 수문 AB가 A점에서 힌지(hinge)로 되어 있다. 이 문을 열기 위한 최소한의 힘 F(수문에 직각 방향)은 약 몇 [kN] 정도인가? (단, 수문의 무게는 무시하고, 유체의 비중은 1이다.) [18, 22, 23 ㉮]

① 11.5
② 7.4
③ 5.5
④ 2.7

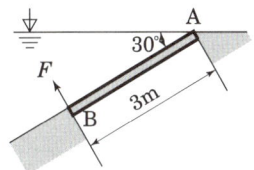

55. 그림과 같이 60° 기울어진 4[m]×8[m]의 수문이 A지점에서 힌지(hinge)로 연결되어 있을 때 이 수문을 열기 위한 최소 힘 F는 몇 [kN]인가? [17 ㉮]

① 1,450
② 1,538
③ 1,590
④ 1,650

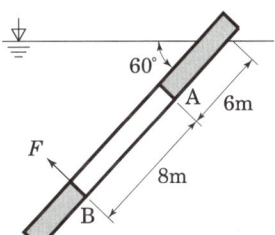

56. 그림에서 1[m]×3[m]의 평판이 수면과 45° 기울어져 물에 잠겨 있다. 한쪽 면에 작용하는 유체력의 크기(F)와 작용점의 위치(y_f)는 각각 얼마인가? [19 ㉮]

① $F = 62.4$[kN], $y_f = 2.38$[m]
② $F = 62.4$[kN], $y_f = 3.25$[m]
③ $F = 88.2$[kN], $y_f = 3.25$[m]
④ $F = 132.3$[kN], $y_f = 4.67$[m]

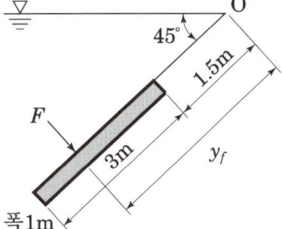

해설

해설 54

(1) 전압력 F_T
$$F_T = ry_c \sin\theta A$$
$$= 9.8 \times 1.5 \sin 30 \times (0.5 \times 3)$$
$$= 11.025 [kN]$$

(2) 힘의 작용점까지의 거리(압력중심) y_p
$$y_p = y_c + \frac{b^2}{12y_c} = 1.5 + \frac{3^2}{12 \times 1.5}$$
$$= 2 [m]$$

(3) A hinge에서의 모멘트의 합은 0이므로
$$F \times 3 = F_T \times 2$$
$$\therefore F = \frac{11.025 \times 2}{3} ≒ 7.4 [kN]$$

해설 55

전압력 F_T
$$F_T = ry_c \sin\theta A$$
$$= 9.8 \times (6+4) \sin 60 \times (4 \times 8)$$
$$= 2,715.86 [kN]$$

힘의 작용점까지의 거리 y_p
$$y_p = y_c + \frac{b^2}{12y_c} = 10 + \frac{8^2}{12 \times 10} = 10.53 [m]$$

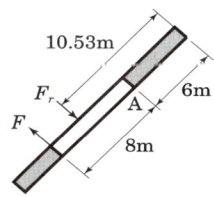

A hinge에서의 모멘트의 합은 0이므로
$$F \times 8 = F_T \times (10.53 - 6)$$
$$\therefore F = \frac{2,715.86 \times (10.53 - 6)}{8} ≒ 1538$$

해설 56

(1) 유체력의 크기(전압력) F
$$F = ry_c \sin\theta A$$
$$= 9.8 \times (1.5 + 1.5) \sin 45 \times (1 \times 3)$$
$$= 62.4 [kN]$$

(2) 작용점의 위치 y_p
$$y_p = y_c + \frac{b^2}{12y_c} = 3 + \frac{3^2}{12 \times 3}$$
$$= 3.25 [m]$$

54. ② 55. ② 56. ②

핵심기출문제

2. 유체의 정역학

57. 그림과 같은 삼각형 모양의 평판이 수직으로 유체 내에 놓여 있을 때 압력에 의한 힘의 작용점은 자유표면에서 얼마나 떨어져 있는가? (단, 삼각형의 도심에서 단면 2차모멘트는 $bh^3/36$이다.) [17 ㉮]

① $h/4$
② $h/3$
③ $h/2$
④ $2h/3$

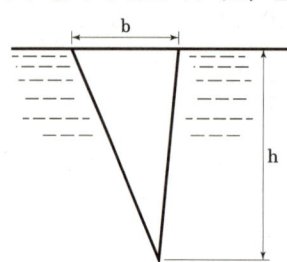

58. 그림과 같이 밑면이 2[m]×2[m]인 탱크에 비중이 0.8인 기름과 물이 각각 2[m]씩 채워져 있다. 기름과 물이 벽면 AB에 작용하는 힘은 약 몇 [kN]인가? [19, 23 ㉮]

① 39
② 70
③ 102
④ 133

59. 폭 2[m]의 수로 위에 그림과 같이 높이 3[m]의 판이 수직으로 설치되어 있다. 유속이 매우 느리고 상류의 수위는 3.5[m], 하류의 수위는 2.5[m]일 때, 물이 판에 작용하는 힘은 약 몇 [kN]인가? [23 ㉮]

① 26.9
② 56.4
③ 76.2
④ 96.8

[해설]
(1) 상류측에 작용하는 힘 F_1
 $F_1 = rh_1 A_1$ [N]에서
 $h_1 = 3.5 - \frac{3}{2} = 2\text{m}$, $A_1 = 2 \times 3 = 6\text{m}^2$이므로
 $\therefore F_1 = 9.8 \times 2 \times 6 = 117.6 [\text{kN}]$

(2) 하류측에 작용하는 힘
 $F_2 = rh_2 A_2$
 $h_2 = \frac{2.5}{2} = 1.25 [\text{m}]$, $A_2 = 2 \times 2.5 = 5 [\text{m}^2]$
 $\therefore F_2 = 9.8 \times 1.25 \times 5 = 61.25 [\text{kN}]$
 따라서, F_1과 F_2의 합성력 F는
 $F = F_1 - F_2 = 117.6 - 61.25 = 56.35 ≒ 56.4 [\text{kN}]$

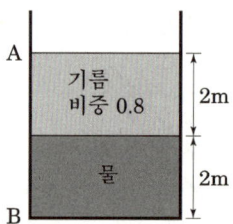

해설

해설 57
힘의 작용점(압력의 중심) y_p
$y_p = y_c + \frac{I_c}{y_c A}$
여기서, y_p : 힘의 작용점
 y_c : 도심($= h/3$)
 I_c : 관성능률($= bh^3/36$)
 A : 단면적($= bh/2$)

$\therefore y_p = \frac{h}{3} + \frac{\frac{bh^3}{36}}{\frac{h}{3} \times \frac{bh}{2}} = \frac{h}{3} + \frac{h}{6} = \frac{h}{2}$

해설 58
(1) 기름 부분의 벽면에 작용하는 힘 F_1
 F_1 = 기름 부분의 평균압력 ×
   기름 부분의 면적
  $= \frac{r_1 h_1}{2} \cdot (2 \times 2)$
  $= \frac{9.8 \times 0.8 \times 2}{2} \times 4 = 31.36 [\text{kN}]$

(2) 물 부분의 벽면에 작용하는 힘 F_2
 F_2 = 물 부분의 벽면의 평균압력 ×
   물 부분의 면적
  $= \{r_1 h_1 + r_2 (3-2)\} \times$물부분면적
  $= \{9.8 \times 0.8 \times 2 + 9.8 \times (3-2)\}$
   $\times (2 \times 2) = 101.92 [\text{kN}]$
$\therefore$ AB에 작용하는 힘 $F = F_1 + F_2$
  $= 31.36 + 101.92 = 133.28 [\text{kN}]$

정답 57. ③ 58. ④ 59. ②

60. 직경 2[m]의 원형 수문이 그림과 같이 수면에서 3[m] 아래에 30° 각도로 기울어져 있을 때 수문의 자중을 무시하면 수문이 받는 힘은 약 몇 [kN] 인가? [24 ㉯]

① 107.7
② 94.2
③ 78.5
④ 62.8

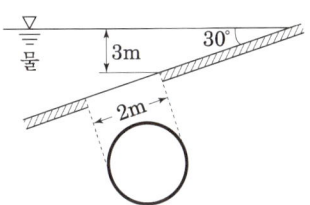

61. 아래 그림과 같은 폭이 3[m]인 곡면의 수문 AB가 받는 수평분력은 약 몇 [N]인가? [18 ㉯]

① 7,350
② 14,700
③ 23,079
④ 29,400

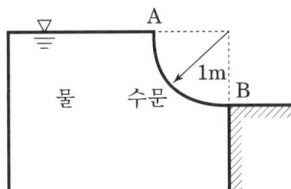

62. 그림과 같은 1/4원형의 수문(水門) AB가 받는 수평성분 힘(F_H)과 수직성분 힘(F_V)은 각각 약 몇 [kN]인가?(단, 수문의 반지름은 2[m]이고, 폭은 3[m]이다.) [19, 20, 23 ㉯]

① F_H=24.4, F_V=46.2
② F_H=24.4, F_V=92.4
③ F_H=58.8, F_V=46.2
④ F_H=58.8, F_V=92.4

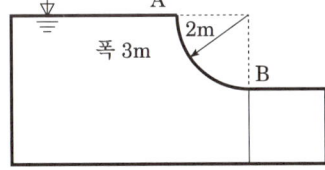

해설

(1) 수평분력 F_H
F_H은 그 곡면을 수직면에 수평으로 투영된 면적에 작용한 압력과 같다.
따라서 투영면적을 A_H라 하면
$F_H = rh_c A_H = 9.8 \times \frac{2}{2} \times (2 \times 3) = 58.8 \,[\text{N}]$

(2) 수직분력 F_V
F_V는 그 곡면을 밑면으로 하는 액주의 중량과 같다.
따라서 곡면상의 체적을 V라 하면
$F_V = rV = 9.8 \times (\pi \times 2^2 \times 3 \times \frac{90}{360}) \approx 92.4 \,[\text{N}]$

해설

해설 60

1) 수문 중심까지의 깊이

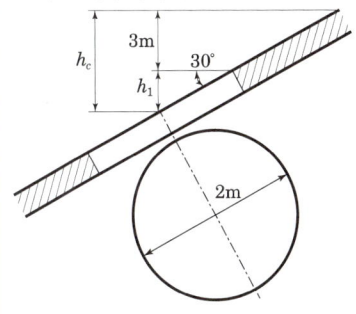

$h_c = 3 + h_1 = 3 + (1 \times \sin 30°) = 3.5 \,[\text{m}]$

2) 전압력 F_T
$F_T = rh_c A$
$= 9.8 \,[\text{kN/m}^3] \times 3.5 \,[\text{m}]$
$\times \frac{\pi \times (2[\text{m}])^2}{4}$
$\approx 107.7 \,[\text{kN}]$

여기서, γ : 물의 비중량 = 9.8 [kN/m³]
h_c : 수면에서 투시경 중심까지의 수직거리[m]
A : 투시경의 단면적[m²]

해설 61

수평분력 F_H
F_H은 그 곡면을 수직면에 수평으로 투영된 면적에 작용한 압력과 같다.
따라서 투영면적을 A_H라 하면
$F_H = rh_c A_H$
$= 9,800 \times \frac{1}{2} \times (1 \times 3) = 14,700 \,[\text{N}]$

여기서, γ : 물의 비중량 9,800 [N/m³]
h_c : 수면에서 수문 중심까지의 수직거리[m]
A_H : 수문의 수직면에 대한 수평 투영 면적 [m²]

정답 60. ① 61. ② 62. ④

핵심기출문제

2. 유체의 정역학

63. 그림과 같이 반경 2[m], 폭(y방향) 4[m]의 곡면 AB가 수문으로 이용된다. 이 수문에 작용하는 물에 의한 힘의 수평성분(x방향)의 크기는 약 얼마인가? [16 ㉰]

① 337[kN]
② 392[kN]
③ 437[kN]
④ 492[kN]

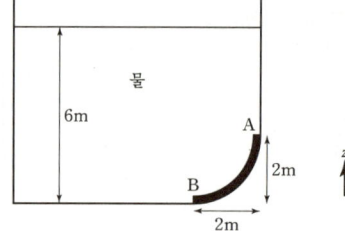

[해설] 수평분력 F_H

F_H은 그 곡면을 수직면에 수평으로 투영된 면적에 작용한 압력과 같다.
따라서 투영면적을 A_H라 하면

$F_H = \rho g h_c A_H = r h_c A_H = 9.8 \times \left\{(6-2) + \frac{2}{2}\right\} \times (2 \times 4) = 392[kN]$

64. 그림에서 물에 의하여 점 B에서 힌지된 사분원 모양의 수문이 평형을 유지하기 위하여 잡아 당겨야하는 힘 T는 몇 [kN]인가? (단, 폭은 1[m], 반지름(r=$\overline{OB}$)은 2[m], 4분원의 중심은 0점에서 왼쪽으로 $4r/3\pi$인 곳에 있으며, 물의 밀도는 1,000[kg/m³] 이다.) [15, 19 ㉰]

① 1.96
② 9.8
③ 19.6
④ 29.4

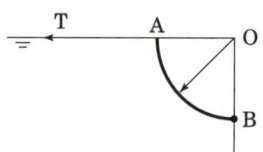

65. 물탱크의 수직벽면에 반구형(Hemisphere) 곡면을 물에 완전히 잠기도록 설치한다. 곡면이 물쪽으로 볼록한 경우(a)와 오목한 경우(b)에 곡면에 작용하는 정수력의 수평방향 성분의 크기 비는? [23 ㉰]

① π : 3
② 4 : 3
③ 1 : 1
④ 3 : 4

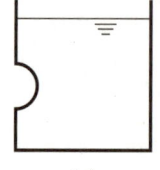
(a)

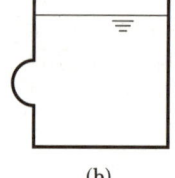
(b)

해설

[해설] 64

(1) ① 수문 AB에 작용하는 수평분력 :
곡면을 수직면에 수평으로 투영된 면적에 작용한 압력
따라서 투영면적을 A_H라 하면

$F_H = \rho g h_c A_H = r h_c A_H$
$= 9.8 \times \frac{2}{2} \times (2 \times 1)$
$= 19.6 [kN]$

② 작용점 : $y_1 = \frac{r}{3}$

(2) ① 수직분력 F_V
F_V는 그 곡면을 밑면으로 하는 액주의 중량과 같다.
따라서 곡면상의 체적을 V라 하면

$F_V = \rho g V = r V$
$= 9.8 \times (\pi \times 2^2 \times 1 \times \frac{90}{360})$
$= 30.79 [kN]$

② 작용점 : $y_2 = \frac{4r}{3\pi}$

(3) 점 B의 힌지에서 잡아 당겨야 하는 힘 T

$T \times r = F_H \times \frac{r}{3} + F_V \times \frac{4r}{3\pi}$ 에서

$T \times 2 = 19.6 \times \frac{2}{3} + 30.79 \times \frac{4 \times 2}{3\pi}$

$\therefore T = \frac{1}{2}\left(19.6 \times \frac{2}{3} + 30.79 \times \frac{4 \times 2}{3\pi}\right)$

$= 19.6 [kN]$

[해설] 65

수직분력 F_V
$F_V = \rho g V = r V$
반지름이 같고 동일한 위치의 곡면인 경우에는 정수력의 수직방향 성분의 크기 비는 같은 크기 즉 1 : 1 이 된다.

정답 63. ② 64. ③ 65. ③

66. 그림과 같이 탱크에 비중이 0.8인 기름과 물이 들어 있다. 벽면 AB에 작용하는 유체(기름 및 물)에 의한 힘은 약 몇 [kN]인가? (단, 벽면 AB의 폭(y방향)은 1[m]이다.)
[15, 24 ㉮]

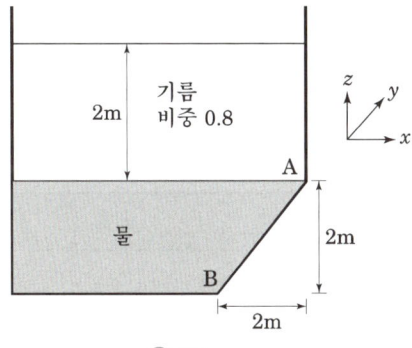

① 50 ② 72
③ 82 ④ 96

67. 길이 2[m], 폭 1.6[m]인 직사각형 수문이 수면과 수직으로 그 상단이 수면 아래 2[m]의 깊이에 설치되어 있다. 수문에 작용하는 압력의 작용점의 위치는 수면으로부터 몇 [m]인가?
[22 ㉮]

① 3.51 ② 3.39
③ 3.21 ④ 3.11

68. 그림과 같이 반지름이 0.8[m]이고 폭이 2[m]인 곡면 AB가 수문으로 이용된다. 물에 의한 힘의 수평성분의 크기는 약 몇 [kN]인가?
[17, 21 ㉮]

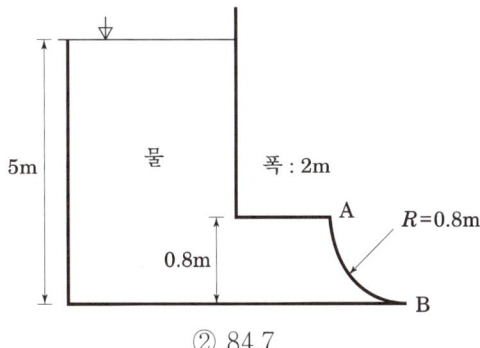

① 72.1 ② 84.7
③ 90.2 ④ 95.4

해설

해설 66
$$F = (r_1 h_1 + r_2 h_{c2})A$$
$$= \left(0.8 \times 9.8 \times 2 + 9.8 \times \frac{2\sqrt{2}}{2}\sin 45°\right)$$
$$\times 2.828 = 72 \,[\text{kN}]$$
여기서, 면적 $A = 2\sqrt{2} \times 1 = 2.828\,[\text{m}^2]$

해설 67

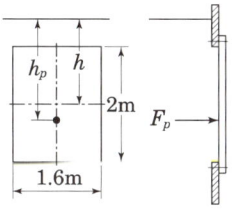

압력중심 $= h + \dfrac{b^2}{12h}$

$h_p = h + \dfrac{b^2}{12h} = 3 + \dfrac{2^2}{12 \times 3} = 3.11\,[\text{m}]$

해설 68
수평분력(수평성분의 크기) F_H
$$F_H = r h_c A_H = 9.8 \times \left\{(5-0.8) + \frac{0.8}{2}\right\}$$
$$\times (0.8 \times 2) = 72.128\,[\text{kN}]$$
여기서,
γ : 물의 비중량 9.8 [kN/m³]
h_c : 수면에서 수문 중심까지의 수직 거리 [m]
A_H : 수문의 수직면에 대한 수평투영 면적 [m²]

정답 66. ② 67. ④ 68. ①

03 유체유동의 해석

Ⅱ. 소방유체역학 | 유체유동의 해석

핵심 PLUS

1 유체 운동학의 기초, 연속 방정식과 응용

1. 유체 운동학의 기초

구분	내용
정상류	일정지점에서 속도가 시간에 변하지 않음 (유선=유적선=유맥선)
비정상류	시간에 따라 속도, 압력, 밀도 등 특성이 변함(실제유동)
압축성	압력에 따라 밀도가 변함(실제유동)
비압축성	압력에 따라 밀도 변화 없음 (액체만 적용, 유체역학 법칙의 기본가정), 체적탄성계수=0
점성	유동에 따른 마찰영향을 무시할 수 없는 유체(실제유체)
비점성	유동에 따른 마찰 무시(베르누이 방정식 적용)

2. 유선, 유적선, 유맥선

1) 유선(stream line)

　흐르는 유체 속에 한 곡선을 가정하여 이 곡선 위의 각 점에 대한 접선이 그 점에 있어서의 속도벡터의 방향과 일치할 때, 이 곡선을 유선이라 한다.

2) 유적선(path line)

　유체의 유동에서 하나의 개별유체입자가 일정 시간동안 흘러간 경로를 표시한 곡선이며 입자의 경로를 의미한다.

3) 유맥선(streak line)

유동에서의 특정한 한점을 일정 시간 동안 통과한 유체입자들의 위치를 순서에 따라 이은선이며 보통 연기유동이 해당된다.

정상유동에서는 "유맥선=유적선=유선"이 성립한다.

3. 연속방정식과 응용

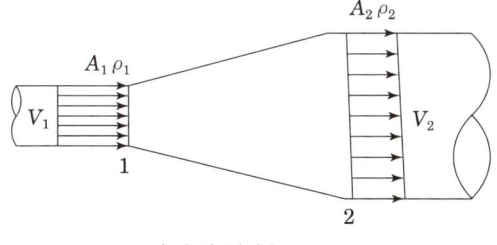

관 속의 정상유동

그림과 같이 정상상태로 흐르는 유로에서 질량유량은 어느 단면에서나 일정하다 즉 유관 내의 임의의 두 단면을 잡아 그 속도, 단면적, 밀도를 각각 v_1, v_2, A_1, A_2, ρ_1, ρ_2 라 할 때 각 단면을 통과하는 단위 시간당의 질량유량, 중량유량, 체적유량은 다음과 같다.

$$\rho_1 v_1 A_1 = \rho_2 v_2 A_2 = M$$
$$r_1 v_1 A_1 = r_2 v_2 A_2 = G$$

비압축성 유체에서는 $\rho_1 = \rho_2$ 이므로

$$A_1 v_1 = A_2 v_2 = Q$$

M : 질량유량 [kg/s]
G : 중량유량 [N/s]
Q : 체적유량 [m³/s]
r : 비중량 [N/m³]

핵심 PLUS

01 어떤 유체가 지름이 각각 20[mm]와 15[mm]인 관로로 연결되어 흐를 때 지름 20[mm]의 유속이 50[m/s]라면 15[mm]인 곳의 유속[m/s]은? (단, 유체의 밀도는 변함이 없는 것으로 한다.)

① 88.8   ② 77.7
③ 66.6   ④ 55.5

[해설] $Q = A_1 v_1 = A_2 v_2$ 에서

$$v_2 = v_1 \times \frac{A_1}{A_2} = 50 \times \frac{\frac{\pi \times 0.02^2}{4}}{\frac{\pi \times 0.015^2}{4}}$$

$$= 88.8 [\text{m/s}] \qquad 답 : ①$$

핵심 PLUS

2 베루누이 방정식의 기초 및 기본응용

1. 베르누이 방정식 (Bernoulli equation)

1) 비압축성의 유체가 정상류 상태로 유선운동을 한다고 가정하면 같은 유선상의 각 점에 있어서의 압력수두, 속도수두, 위치수두의 합은 항상 일정하다는 에너지 보존의 법칙을 기초로 정리한 방정식이다.

■ 베르누이 정리의 가정조건(유정마비)
  ① 임의의 두 점은 같은 유선상에 있다.
  ② 정상 유동(정상류)이다.
  ③ 마찰이 없다(비점성 유체이다.)
  ④ 비압축성 유체이다.

> 전수두 = 위치수두 + 속도수두 + 압력수두 = 일정
>
> 전수두 H = $z + \dfrac{v^2}{2g} + \dfrac{P}{\rho \cdot g} = z + \dfrac{v^2}{2g} + \dfrac{P}{r}$ = 일정

여기서, z : 위치수두[m]

$\dfrac{v^2}{2g}$: 속도수두[m] (g : 중력가속도 [m/s^2], v : 유속 [m/s])

$\dfrac{P}{\rho g}$: 압력수두[m] (P : 압력[Pa], ρ : 밀도 [kg/m^3])

$r = \rho g$

r : 비중량[N/m^3]

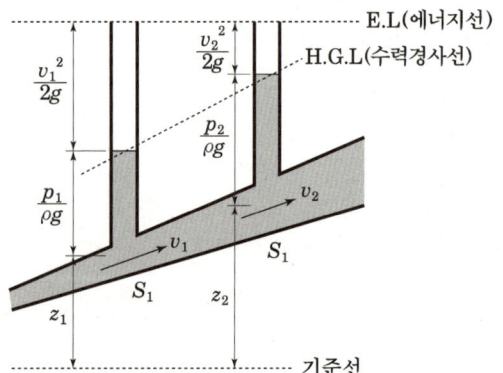

$$z_1 + \frac{v_1^2}{2g} + \frac{P_1}{r} = z_2 + \frac{v_2^2}{2g} + \frac{P_2}{r}$$

2) 유체에 점성이 없고 흐름이 정상류이면

   $\rho g \times$ 전수두(z)   로 전압으로 나타낼 수 있다.

> 전압 = 위치압+동압+정압 = 일정
> 전압 $P_T = \rho g z + \frac{\rho v^2}{2} + P$ = 일정

$$\rho g z_1 + \frac{v_1^2}{2}\rho + P_1 = \rho g z_2 + \frac{v_2^2}{2}\rho + P_2$$

예제 01

그림과 같이 지름이 다른 수직관 내를 위에서 아래로 8.4[m³/min]의 물이 흐르고 있다. 두 압력계의 압력차를 나타낸 것으로 옳은 것은? (단, 물의 밀도는 1,000[kg/m³]으로 한다.)

① 9.2
② 9.8
③ 10.0
④ 13.0

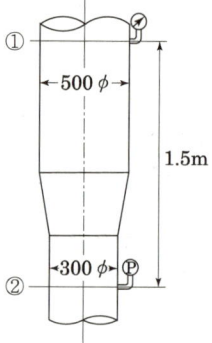

해설 압력계가 설치된 단면 ①, ②를 통과하는 유선상의 두 점에 대해 베르누이 정리를 적용하면

$$\rho g z_1 + \frac{v_1^2}{2}\rho + P_1 = \rho g z_2 + \frac{v_2^2}{2}\rho + P_2$$

$$\therefore P_2 - P_1 = \rho\left\{\left(\frac{v_1^2 - v_2^2}{2}\right) + g(z_1 - z_2)\right\}$$

연속법칙에 의해

$$v_1 = \frac{Q}{A_1} = \frac{8.4}{60 \times (\pi/4) \times 0.5^2} = 0.713 [\text{m/s}]$$

$$v_1 = \frac{Q}{A_1} = \frac{8.4}{60 \times (\pi/4) \times 0.3^2} = 1.981 [\text{m/s}]$$

$$\therefore P_2 - P_1 = 1,000 \times \left\{\left(\frac{0.713^2 - 1.981^2}{2}\right) + 9.8 \times 1.5\right\} = 12,992 [\text{Pa}] ≒ 13[\text{kPa}]$$

답 ④

2. 베르누이 방정식의 응용

1) 토리첼리 정리

① 수조 등에서 유체의 유출속도는 유체 종류와 관계없이 높이 h에 의해서만 결정된다는 정리이다.

② 유도

$$\frac{p_1}{\gamma} + \frac{v_1^2}{2g} + z_1 = \frac{p_2}{\gamma} + \frac{v_2^2}{2g} + z_2$$

㉠ $p_1 = p_2 = 0$ (대기압)

㉡ 매우 큰 수조이며 수면 강하속도 $V_1 = 0$

㉢ $z_2 = 0$ (기준면)

㉣ 대입하여 정리하면

$$0 + 0 + h = 0 + \frac{v_2^2}{2g} + 0$$

$$v_2 = v = C\sqrt{2gh}$$

h : 유출구에서 수면까지의 높이,
C : 유량보정계수(속도계수)

③ $Q = AV = A\sqrt{2gh}$ 에서 유량 Q와 수면높이 h는 $Q \propto \sqrt{h}$ 관계이다.

핵심 PLUS

02 물의 깊이가 10[m]인 물탱크에 구멍을 뚫었을 때 분출되는 물의 속도는?

① 7 [m/s]   ② 8 [m/s]
③ 10 [m/s] ④ 14 [m/s]

해설 $v = \sqrt{2gh}$
$= \sqrt{2 \times 9.8 \times 10} = 14 [m/s]$

답 : ④

2) 벤투리관(Venturi tube)

벤투리관은 그림과 같은 구조로서 흐름단면을 축소하는 것에 의해서 발생하는 압력차를 측정하여 축소부 단면의 속도를 구하고 그 단면의 면적을 곱하여 유량을 구한다.

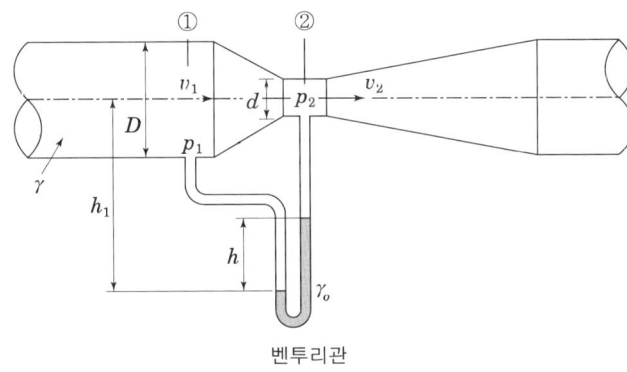

벤투리관

그림과 같이 벤투리관을 수평($h_1 = h_2$)으로 설치하고 교축 전후의 단면적 ①과 ②(내경 D, d)로 놓고 베르누이 정리를 적용하면

$$\frac{v_1^2}{2g} + \frac{P_1}{\rho g} = \frac{v_2^2}{2g} + \frac{P_2}{\rho g}$$ 로 된다.

핵심 PLUS

03 직관부의 직경이 100[mm], 교축부의 직경 50[mm]의 벤츄리관에서 물의 유량을 측정한 결과 차압이 수은주로 150[mm]였다. 속도 계수는 0.95로 할 때 물의 유량[m³/s]은 어 마인가 단 물의 밀도는 1,000[kg/m³] 수은의 비중은 13.6으로 한다.

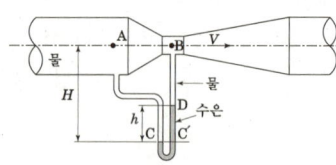

① 0.00117 ② 0.0117
③ 0.117   ④ 1.7

해설 $Q = A_2 v_2 = \dfrac{C \cdot A_2}{\sqrt{1-(\dfrac{D_2}{D_1})^4}}$

$\times \sqrt{2gh(\dfrac{s_o}{s}-1)}$

$= \dfrac{0.95 \times \dfrac{\pi}{4} \times 0.05^2}{\sqrt{1-(\dfrac{0.05}{0.1})^4}}$

$= \sqrt{2 \times 9.8 \times 0.15 \times (13.6-1)}$

$= 0.0117 [\text{m}^3/\text{s}]$

답 : ②

또한 연속법칙에 의해 $Q = \dfrac{\pi D^2}{4} v_1 = \dfrac{\pi d^2}{4} v_2$, 즉 $v_1 = \left(\dfrac{d}{D}\right)^2 v_2$ 이므로

이것을 위 식에 대입하여 정리하면

$\dfrac{v_2^2}{2g}\left(1 - \dfrac{d^4}{D^4}\right) = \dfrac{P_1}{\rho g} - \dfrac{P_2}{\rho g}$ 로 된다.

여기서, 단면②(내경 d)에 대한 유속을 구하면 다음과 같다.

$v_2 = \dfrac{1}{\sqrt{1 - \left(\dfrac{d}{D}\right)^4}} \sqrt{2g\left(\dfrac{P_1 - P_2}{\rho g}\right)}$

$m = d^2/D^2$(개구비)로 하면

$$Q = \dfrac{\pi d^2}{4} \dfrac{C}{\sqrt{1-m^2}} \sqrt{2gh\left(\dfrac{r_o}{r} - 1\right)} = \dfrac{\pi d^2}{4} \dfrac{C}{\sqrt{1-m^2}} \sqrt{2gh\left(\dfrac{\rho_o}{\rho} - 1\right)}$$

3) 옥내소화전, 스프링클러의 방수압 및 방수량

① 옥내소화전의 노즐에서 방사되는 방수압은 동압뿐이므로 방수압

$$p_v = \dfrac{\rho V^2}{2}$$

② 방수량 $Q = AV$, 노즐의 분출유속 $V = \sqrt{\dfrac{2p_v}{\rho}}$ 이므로

방수량 $Q = \dfrac{\pi D^2}{4} \sqrt{\dfrac{2p_v}{\rho}}$ 이다.

여기서, Q : 방수량[m³/s], D : 노즐의 지름 [m],
ρ : 물의 밀도 [kg/m³], p_v : 방수압 [Pa]

$Q[\text{m}^3/\text{s}] \rightarrow q[\ell/\min]$, $D[\text{m}] \rightarrow d[\text{mm}]$, [Pa] $\rightarrow$ [MPa]으로 환산하면

$$Q = \frac{\pi D^2}{4}\sqrt{\frac{2p_v}{\rho}}\,[\mathrm{m^3/s}] = \frac{\pi D^2}{4}\sqrt{\frac{2p_v}{\rho}} \times 10^3 \times 60\,[\ell/\min]$$

$$Q = \frac{\pi\left(\dfrac{d}{10^3}\right)^2}{4}\sqrt{\frac{2 \times 10^6 P_V}{10^3}} \times 10^3 \times 60$$

$$= \frac{\pi d^2}{4 \times 10^6}\sqrt{\frac{2 \times 10^5}{10^3}} \times 10^3 \times 60\sqrt{10 P_V}$$

$$= 0.666 d^2 \sqrt{10 P_V}\ \text{여기에 유량계수}\ C = 0.98\text{를 적용하면}$$

$$= 0.653\, d^2 \sqrt{10 P_V}\ \text{을 얻을 수 있다.}$$

여기서, P_V : 방수압 [MPa], d : 노즐 지름 [mm]

③ 스프링클러의 방수량
스프링클러의 노즐 지름 $d = 12.7\,[\mathrm{mm}]$, 속도계수 $c_v = 0.75$를 적용하면
방수량 $q = 0.75 \times 0.666 \times 12.7^2 \sqrt{10 P_V} ≒ 80 \sqrt{10 P_V}$

4) 수정 베르누이 방정식
① 조건
㉠ 두 지점사이에 펌프(추가토출양정, H_p)가 존재하면 고려해야한다.
㉡ 실제 사용 시에는 손실 수두(H_L)을 고려해야 한다.

② 수정 베르누이 방정식

$$\frac{p_1}{\gamma} + \frac{v_1^2}{2g} + z_1 + H_P = \frac{p_2}{\gamma} + \frac{v_2^2}{2g} + z_2 + H_L$$

H_p : 펌프의 토출양정
H_L : 1,2 지점 사이의 손실수두

③ 베르누이 방정식은 대기압을 기준으로 한 것이므로, 밀도가 낮은 공기에서는 위치수두를 무시한다.

핵심 PLUS

3 에너지 방정식과 응용

임의의 단면을 통과하는 유체의 단위질량당 에너지는 엔탈피, 운동에너지, 위치에너지로 다음과 같이 나타낸다.

$$h + \frac{V^2}{2} + gz$$

여기서, h : 비엔탈피[J/kg]
V : 단면에서의 평균유속[m/s]
z : 기준면으로 부터의 높이[m]

4 수력기울기선, 에너지선

에너지손실을 동반하는 흐름의 베르누이의 정리는 다음과 같다.

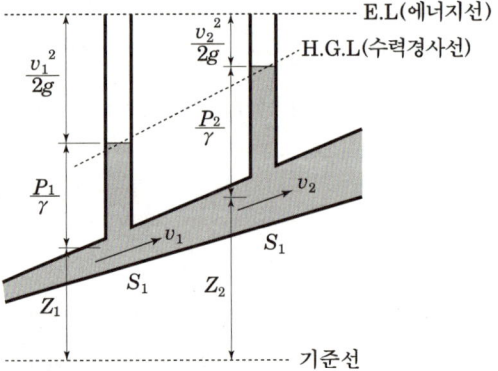

$$H = Z_1 + \frac{v_1^2}{2g} + \frac{P_1}{r} = Z_2 + \frac{v_2^2}{2g} + \frac{P_2}{r}$$

베르누이 정리에서 $Z + \frac{v^2}{2g} + \frac{P}{r}$ 는 전수두로서 기준선에서 전수두 H까지 연결한 선을 에너지선(Energy Line, E.L)의 높이이며 기준선에서 $(Z + \frac{P}{r})$의 점을 연결한 선을 수력 기울기선(Hydraulic Grade Line, H.G.L)의 높이이고, 이 수력 기울기선과 에너지선은 복잡한 관로를 도해적으로 해결하는데 사용된다.

5 계측장치

1. 압력계

1) 절대압 측정(액주계=마노미터)

종류	내용	도식
피에조미터	- 액주계의 액체와 측정하려는 액체가 동일 - 높이 h는 A점의 게이지압력을 말한다. $P_A = Pa + \gamma h$	
U자 액주계	$P_A = P_a + \gamma_2 h_2 - \gamma_1 h_1$ (P_A: 절대압력)	
시차액주계	$P_A - P_B$ $= \gamma_3 h_3 + \gamma_2 h_2 - \gamma_1 h_1$	
축소관 압력차 (미압계)	$P_A - P_B = (\gamma_2 - \gamma_1) \cdot h_2$ 미소한 압력차 측정	
피토정압관 (동압 측정)	$v = \sqrt{2gh\left(\dfrac{s_s}{s} - 1\right)}$ $= \sqrt{2gh\left(\dfrac{\rho_s}{\rho} - 1\right)}$	

핵심 PLUS

04 파이프 속을 흐르는 유체의 압력을 측정하기 위한 계기가 아닌 것은?
① 시차액주계
② 피토정압관
③ 위어
④ 피에조미터

답 : ③

핵심 PLUS

05 다음 중 금속의 탄성변형을 이용하여 기계적으로 압력을 측정할 수 있는 것은?
① 부르돈관 압력계
② 수은 기압계
③ 맥라우드 진공계
④ 마니미터 압력계

답 : ①

06 다음 중 배관의 유량을 측정하는 계측 장치가 아닌 것은?
① 로터미터(Rotameter)
② 유동노즐(Flow Nozzel)
③ 마노미터(Manometer)
④ 오리피스(Orifice)

답 : ③

07 다음 중 Stokes의 법칙과 관계되는 점도계는?
① Ostwald 점도계
② 낙구식 점도계
③ Saybolt 점도계
④ 회전식 점도계

답 : ②

2) 계기압 측정

종류	내용
부르동 압력계	금속관의 팽창/수축으로 측정
피토게이지	토출 동압으로 측정(소화전 토출압)

2. 유량계

종류	내용
벤츄리미터	축소부 전후의 압력차를 이용
오리피스미터	오리피스 전후의 압력차 이용
로터미터	부표(float)의 눈금
위어	개수로 유량 측정
플로우노즐(유동노즐)	오리피스와 벤츄리미터의 중간 수준의 원리

3. 점도계

구분	종류	적용법칙
낙구식	낙구식 점도계	Stokes의 법칙
모세관식	Ostwald 점도계, Saybolt 점도계, Red wood 점도계, Engler 점도계	Hagen-Poiseuille법칙
회전식 (회전 원통형)	Stormer 점도계 Mac Michael 점도계	Newton 점성법칙

6 운동량의 이론과 응용

1. 운동량의 이론 (운동량 보존의 법칙)

관내를 흐르는 유체의 압력이나 속도의 변화는 에너지 보존법칙으로 계산할 수 있으나 관로 등이 유체로부터 받는 힘을 구하기 위해서는 운동량 보존의 법칙이 필요하다.

뉴턴의 운동 제2법칙에서 질량 m인 물체에 F의 힘이 작용하여 속도 v로 운동할 때는

  힘 = 질량 × 가속도

즉, $F = ma = m\dfrac{dv}{dt} = \dfrac{d(mv)}{dt}$

따라서 $Fdt = d(mv)$ 또는 $F\triangle t = \triangle(mv) = m(v_2 - v_1)$

여기서, $F\triangle t$을 역적, $\triangle(mv)$을 운동량의 변화라 한다.

역적과 운동량의 변화에 대한 식을 변형하여 유체에 적용하면

$$\int_0^t Fdt = \int_{v_1}^{v_2} d(mv) \qquad Ft = m(v_2 - v_1)$$

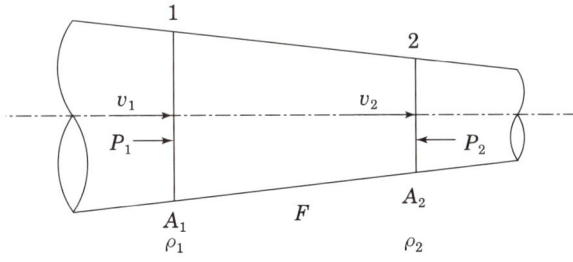

$$F = \rho Q(v_2 - v_1)$$

이 식을 다음 그림과 같은 직관에 적용하면

$$p_1 A_1 - p_2 A_2 - F = \rho Q(v_2 - v_1)$$ 이 된다.

핵심 PLUS

08 내경이 30[mm]인 노즐로부터 물이 40[m/s]의 속도로 분출되고 있다. 이것을 평행한 벽에 수직으로 쏜다면 벽에는 얼마의 힘이 작용하겠는가? 또한, 분류가 평면판과 30°의 각도로 충돌하는 경우에는 평면판을 수직으로 미는 힘은 얼마인가? 옳은 것은? (단, 다른 손실은 무시하고 물의 밀도 ρ는 1,000[kg/m³]으로 한다.)

[해설] (1) 벽에 작용하는 힘
(평판에 작용하는 힘) F는
$F = \rho Q v$
$= 1,000 \times 0.0283 \times 40$
$= 1132[N]$

(2) 분류가 평면 판과 30°의 각도일 경우 평면 판을 수직으로 미는 힘
$F = \rho Q v \sin\theta = 1,000 \times 0.0283$
$\times 40 \times \sin 30 = 566[N]$
여기서, 분류하는 유량 Q는
$Q = A \cdot v = \dfrac{\pi \times 0.03^2}{4} \times 40$
$= 0.0283[m^3/s]$

09 유량 0.12[m³/s], 속도 40[m/s]의 물의 분류가 분류와 동일한 방향으로 15[m/s]의 속도로 움직이는 평판에 수직인 때 평판에 작용하는 힘 [kN]은 얼마인가?

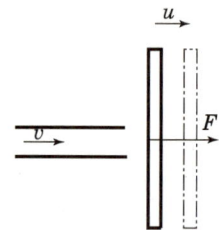

[해설] 이동하는 평판에 작용하는 힘 F
$F = \rho A (v-u)^2 = \rho Q'(v-u)$
$= 1,000 \times 0.075 \times (40-15)$
$= 1875[N] = 1.875[kN]$
여기서, 판에 작용한 단위시간내의 유량 Q'는
$Q' = A(v-u)$
$= Q\left(\dfrac{v-u}{v}\right)[m^3/s]$,
$\left(Av = Q, A = \dfrac{Q}{v}\right)$
$= 0.12 \times \dfrac{40-15}{40}$
$= 0.075[m^3/s]$

Ⅱ. 소방유체역학 │ 유체유동의 해석

3. 분류(噴流)가 평면판에 작용하는 힘

1) 고정된 평면판

$$F = \rho Q v = \rho A v^2$$

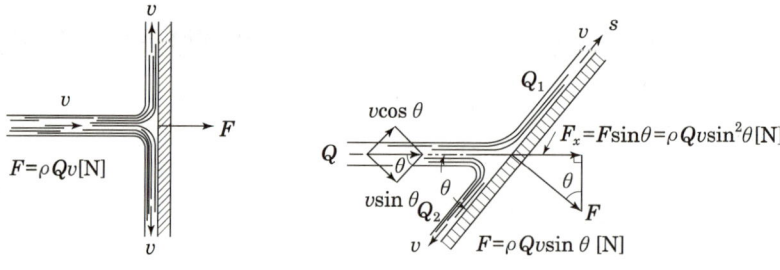

고정평판에 직각인 분류의 힘   고정평판에 각도 θ인 분류의 힘

분류가 평면 판과 θ의 각도로 충돌하는 경우에는 평면 판을 수직으로 미는 힘 F는

$$F = \rho Q v \sin\theta$$

로 된다.

또한 평면 판을 분류의 방향으로 미는 힘 F_x는 다음식과 같다.

$$F_x = F\sin\theta = \rho Q v \sin^2\theta$$

또, 각 방향에 대한 유량을 구해 보기 위해 s 방향에 대한 힘을 생각해 보면 합력은 0이어야 하므로(마찰이 없을 경우)

$$\sum F_s = 0 = Q_1 \rho v - Q_2 \rho v - Q \rho v \cos\theta \quad \therefore Q_1 - Q_2 = Q\cos\theta$$

연속 방정식으로부터 $Q_1 + Q_2 = Q$ 위 두식을 연립하여 풀면

$$Q_1 = \dfrac{Q}{2}(1 + \cos\theta), \quad Q_2 = \dfrac{Q}{2}(1 - \cos\theta)$$

핵심 PLUS

2) 이동하는 평판

그림과 같이 평면판이 분류와 같은 방향으로 속도 $u[\text{m/s}]$로 움직이고 있을 때에는 분류의 판에 대한 수직방향의 속도는 $v-u$이다. 또한 판에 작용한 단위시간내의 유량 Q'는 분류의 단면적을 $A[\text{m}^2]$로 하면 $Q'=A(v-u)[\text{m}^3/\text{s}]$로 된다. 따라서 이 경우 판을 미는 힘 F는 다음 식과 같다.

$$F = \rho Q'(v-u) = \rho A(v-u)^2$$

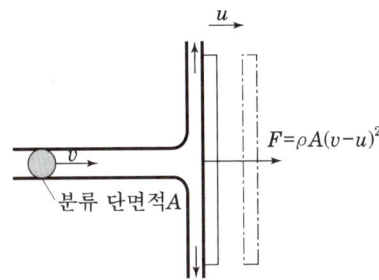

운동하는 평면판에 작용하는 분류의 힘

4. 분류가 곡면판에 작용하는 힘

곡면판에 작용하는 힘 F를 처음 분류의 방향의 성분 F_x와 이것에 직각이 방향 성분 F_y로 나누어 생각한다. F_x 및 F_y는 각각의 방향에 있어서 단위시간내의 분류의 운동량 변화와 같다.

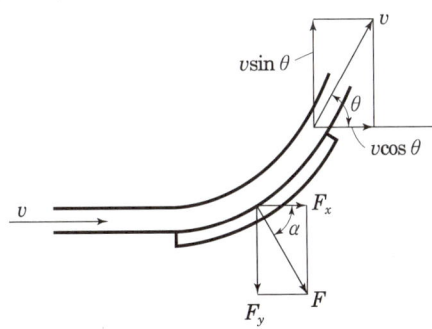

고정된 곡면판에 충돌하는 분류의 힘

1) 고정된 곡면판

고정된 곡면판을 따라서 분류가 흐를 때 처음과 끝의 분류가 이루는 각을 θ라 하면 처음 분류의 방향으로 미는 힘 F_x는 이 방향으로 단위시간 내에 운동량의 변화가 $\rho Qv - \rho Qv\cos\theta$ 이므로

---

10 그림과 같이 속도 V인 유체가 정지하고 있는 곡면 깃에 부딪혀 θ의 각도로 유동 방향이 바뀐다. 유체가 곡면에 가하는 힘의 x, y성분의 크기를 $|F_x|$와 $|F_y|$라 할 때, $|F_y|/|F_x|$는? (단, 유동 단면적은 일정하고 $0°<\theta<90°$ 이다.)

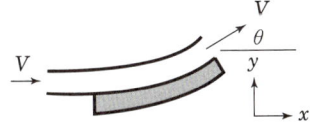

① $\dfrac{1-\cos\theta}{\sin\theta}$ ② $\dfrac{\sin\theta}{1-\cos\theta}$

③ $\dfrac{1-\sin\theta}{\cos\theta}$ ④ $\dfrac{\cos\theta}{1-\sin\theta}$

[해설] $P_1 A_1 - P_2 A_2 \cos\theta - F_x$
$= \rho Q(V\cos\theta - V)$
$= \rho QV(\cos\theta - 1)$
$P_1 = P_2 = 0$ (대기압)
$-F_x = \rho QV(\cos\theta - 1)$,
$F_x = \rho QV(1-\cos\theta)$
$F_y = \rho QV\sin\theta$
$\dfrac{F_y}{F_x} = \dfrac{\rho QV\sin\theta}{\rho QV(1-\cos\theta)}$
$= \dfrac{\sin\theta}{(1-\cos\theta)}$

답 : ②

핵심 PLUS

$$F_x = \rho Q v(1-\cos\theta)$$

또한, F_x와 직각 방향의 분류 F_y을 구하면 다음과 같다.

$$F_y = -\rho Q v \sin\theta$$

따라서 곡면판을 미는 힘 F는

$$F = \sqrt{F_x^2 + F_y^2}$$

로 된다.

그 방향은 F_x방향과의 각도를 α라 하면

$$\tan\alpha = \frac{F_y}{F_x}$$

가 된다.

예제 02

유량 0.072[m³/s], 속도 60[m/s]의 물의 분류가 고정된 곡면판을 따라서 처음 분류의 방향에 대해서 60° 방향으로 흘러 나갈 때 곡면판에 작용하는 힘으로 옳은 것은? (단, 분류의 속도는 변화하지 않는 것으로 한다.)

① 3.26   ② 3.98
③ 4.32   ④ 4.96

해설

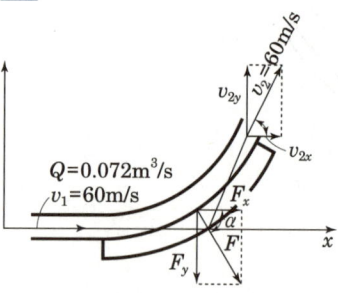

$F_x = \rho Q v(1-\cos\theta) = 1{,}000 \times 0.072 \times 60 \times (1-\cos 60°) = 2{,}160\,[\text{N}] = 2.16[\text{kN}]$

$F_y = -\rho Q v \sin\theta = -1{,}000 \times 0.072 \times 60 \times \sin 60° = -3{,}741[\text{N}] = -3.74[\text{kN}]$

따라서 합력 F는

$F = \sqrt{F_x^2 + F_y^2} = \sqrt{2.16^2 + (-3.74)^2} = 4.318[\text{kN}]$

답 ③

2) 이동하는 곡면판

곡면판이 분류의 방향으로 움직이고 있을 때 분류의 속도 v[m/s], 곡면판의 속도 u[m/s]로 하면 분류는 판에 대해서 $(v-u)$[m/s]의 속도로 충돌하게 된다. 이 속도로 판을 따라서 흘러 처음 방향과 각도 θ의 방향의 흐를 때, 분류의 판의 운동방향의 속도변화는 $(v-u)(1-\cos\theta)$[m/s]로 된다. 따라서 분류가 곡면판의 운동방향으로 판을 미는 힘 F_x는

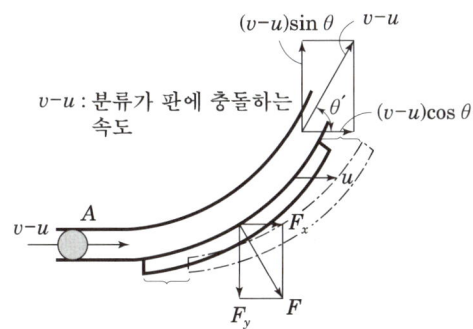

운동하는 곡면판에 충돌하는 분류의 힘

판에 작용하는 분류의 유량을 Q'[m³/s]로 하면
$F_x = \rho Q'(v-u)(1-\cos\theta)$ 된다.

Q는 분류의 단면적을 A(m²)로 하면 $Q' = A(v-u)$이므로

$$F_x = \rho A(v-u)^2(1-\cos\theta)$$ 로 된다.

$$F_y = -\rho A(v-u)^2 \sin\theta$$

핵심 PLUS

■ 유체의 운동량 방정식
: $\sum F = m(V_2 - V_1) = \rho Q(V_2 - V_1)$
이동날개에 작용하는 분류의 추진력
: $F = \rho A(v-u)^2(1-\cos\theta)$

핵심 PLUS

11 다음 그림과 같은 물탱크의 측면에 지름 32[cm]인 노즐로부터 물을 분출시키고 있다. 수면으로부터 노즐까지의 깊이 $h=5$[m]일 경우 이 장치의 추력F는 몇 [kN]인가? (단, 노면과의 마찰은 무시한다.)

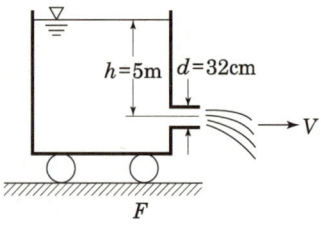

① 5.32 ② 6.72
③ 7.88 ④ 8.22

[해설] 추진력 $F = \rho Q v$
또한 $Q = Av$, $v = \sqrt{2gh}$
∴ $F = \rho A v^2 = 2\rho g A h = 2rAh$
  $= 2 \times 9.8 \times \dfrac{\pi \times 0.32^2}{4} \times 5$
  $= 7.88$[kN]   답 : ③

5. 분류에 의한 추진

1) 탱크의 노즐에 의한 추력

노즐을 통한 유속은 토리첼리의 정리에 의해

$$v = \sqrt{2gh}$$

추진력 F는
$F = \rho Q v$

여기서, $Q = Av$

$$\therefore F = \rho A v^2 = 2\rho g A h = 2rAh$$

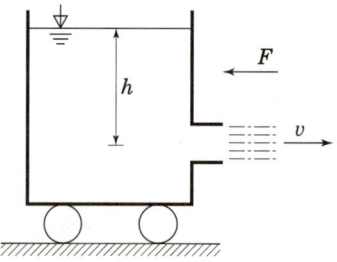

2) 비행기의 추력

비행기의 추진력 F는

$$F = \rho_2 Q_2 v_2 - \rho_1 Q_1 v_1$$

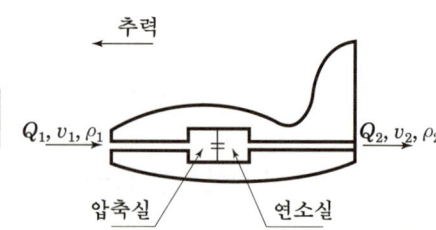

3) 로켓의 추력

추진력 F는

$$F = \rho Q v$$

여기서, ρQ : 분사되는 질량,
  v : 분사속도

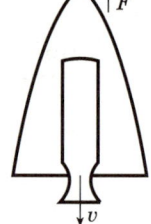

핵심정리

1. 유체의 연속방정식(질량불변의 법칙) :
   $M = \rho_1 A_1 v_1 = \rho_2 A_2 v_2$, $G = r_1 A_1 v_1 = r_2 A_2 v_2$
   $Q = A_1 v_1 = A_2 v_2$

2. 베르누이 방정식 : $H = \dfrac{P}{\gamma} + \dfrac{V^2}{2g} + Z$ (에너지 보존법칙)

3. 수정 베르누이 방정식 : $H = h_1 + \dfrac{v_1^2}{2g} + \dfrac{P_1}{r} = h_2 + \dfrac{v_2^2}{2g} + \dfrac{P_2}{r} + h_L$

4. 수력경사선 : $H \cdot G \cdot L = \dfrac{P}{\gamma} + Z$, 에너지선 : $E \cdot L = \dfrac{P}{\gamma} + \dfrac{V^2}{2g} + Z$

5. 토리첼리 정리 : $v = C\sqrt{2gh}$

6. 벤츄리관 : $Q = \dfrac{\pi d^2}{4} \dfrac{C}{\sqrt{1-m^2}} \sqrt{2gh\left(\dfrac{r_s}{r} - 1\right)}$
   $= \dfrac{\pi d^2}{4} \dfrac{C}{\sqrt{1-m^2}} \sqrt{2gh\left(\dfrac{\rho_s}{\rho} - 1\right)}$

7. 피토우 정압관에 의한 유속측정
   $v = \sqrt{2gh\left(\dfrac{r_s}{r} - 1\right)} = \sqrt{2gh\left(\dfrac{\rho_s}{\rho} - 1\right)} = \sqrt{2gh\left(\dfrac{s_s}{s} - 1\right)}$

8. 유체의 운동량 방정식 $F = \rho Q(v_2 - v_1)$
   ① 직관에 작용하는 힘 $p_1 A_1 - p_2 A_2 - F = \rho Q(v_2 - v_1)$
   ② 곡관에 작용하는 힘 $p_1 A_1 - F_x - p_2 A_2 \cos\theta = \rho Q(v_2 \cos\theta - v_1)$
   ③ 수직평판에 분류가 작용하는 힘[N]
   - 고정평판 : $F = \rho Q v = \rho A v^2$
   - 이동평판 : $F = \rho Q'(v-u) = \rho A(v-u)^2$
   ④ 분류가 곡면판에 작용하는 힘
   - 고정된 곡면판 $F_x = \rho Q v(1-\cos\theta)$, $F_y = -\rho Q v \sin\theta$
   - 이동 곡면판 $F_x = \rho Q'(v-u)(1-\cos\theta)$, $F = \rho A(v-u)^2(1-\cos\theta)$
     $F_y = -\rho A(v-u)^2 \sin\theta$

9. 탱크의 노즐에 의한 추력 $F = \rho A v^2 = 2\rho g A h = 2rAh$

10. 비행기의 추력 $F = \rho_2 Q_2 v_2 - \rho_1 Q_1 v_1$

11. 로켓의 추력 $F = \rho Q v$

핵심기출문제

3. 유체유동의 해석

■■■ 3. 유체유동의 해석

1. 다음 내용 중 맞는 것으로 짝지어 진 것은? [22②]

> ㉠ 유선 : 모든 지점에서의 유체의 운동방향을 나타낸다.
> ㉡ 유적선 : 개별유체입자가 일정 시간동안 흘러간 경로를 표시한 곡선이며 입자의 경로를 의미한다.
> ㉢ 유맥선 : 유동에서의 특정한 한점을 일정 시간 동안 통과한 유체입자들의 위치를 순서에 따라 이은선이다.
> ㉣ 정상유동에서는 "유맥선=유적선=유선"이 성립한다.

① ㉠, ㉡, ㉣
② ㉠, ㉡, ㉢, ㉣
③ ㉠, ㉡, ㉣
④ ㉡, ㉢

2. 흐르는 유체에서 정상류의 의미로 옳은 것은? [21②]

① 흐름의 임의의 점에서 흐름특성이 시간에 따라 일정하게 변하는 흐름
② 흐름의 임의의 점에서 흐름특성이 시간에 관계없이 항상 일정한 상태에 있는 흐름
③ 임의의 시각에 유로 내 모든 점의 속도벡터가 일정한 흐름
④ 임의의 시각에 유로 내 각점의 속도벡터가 다른 흐름

3. 검사면을 통과하는 유동에 대하여 질량유량[m]을 m=ρAV로 구할 때 필요한 조건이 아닌 것은? (단, ρ 는 밀도, A는 유동 단면적, V는 유체의 속도이다.) [24②]

① 검사면은 움직이지 않는다.
② 밀도는 일정하다.
③ 검사면이 원형이다.
④ 유동은 검사면에 수직이다.

해설

해설 1
① 유맥선 : 유동에서의 특정한 한점을 일정 시간 동안 통과한 유체입자들의 위치를 순서에 따라 이은선이며 보통 연기유동이 해당된다.
② 유적선 : 유체의 유동에서 하나의 개별유체입자가 일정 시간동안 흘러간 경로를 표시한 곡선이며 입자의 경로를 의미한다.
③ 유선 : 모든 공간지점에서의 유체의 운동방향을 나타낸다.
④ 정상유동에서는 "유맥선=유적선=유선"이 성립한다.

해설 2
정상류
어느 한 점에서의 흐름 특성이 시간에 따라 변하지 않는 흐름

해설 3
③ 검사면의 형상을 제한하지 않는다.

정답 1. ② 2. ② 3. ③

4. 질량보존의 법칙으로부터 유도된 방정식은? [24 ㉮]

① $\tau = \mu \dfrac{d\mu}{dy}$

② $pv = RT$

③ $\rho_1 A_1 v_1 = \rho_2 A_2 v_2$

④ $\dfrac{q_1}{\gamma} + \dfrac{v_1^2}{2g} + z_1 = \dfrac{q_2}{\gamma} + \dfrac{q_1^2}{2g} + z_2$

해설
1) 연속방정식의 개념
   (1) 관 내 유체 질량의 증감은 질량 보존의 법칙에 따라
   (2) 시스템 안으로 유입되는 유량, 시스템내 저장량, 시스템 밖으로 유출되는 유량은 평형을 이루게 된다.
   (3) 가정 : 비압축성, 정상유동
   (4) 동일유체의 경우 체적유량의 개념이다.(Q=AV)

2) 연속방정식

구분	공식
질량유량 [kg/s]	$M = \rho A V$
중량유량 [kgf/s]	$G = \gamma A V$
체적유량 [m³/s]	$Q = AV$ ($\rho_1 = \rho_2 = \rho$)

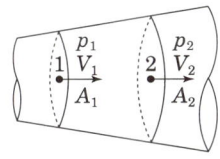

만약 1,2 지점에서 유체의 밀도가 다르다면
$\rho_1 A_1 V_1 = \rho_2 A_2 V_2$

---

5. 액체가 일정한 유량으로 파이프를 흐를 때 유체속도에 대한 설명으로 틀린 것은? [16 ㉮]

① 관 단면적에 반비례한다.
② 관 반지름의 제곱에 반비례한다.
③ 관 지름에 반비례한다.
④ 관 지름의 제곱에 반비례한다.

해설 5

$Q = AV = \dfrac{\pi d^2}{4} \cdot V = \pi r^2 V$에서

유속 $V = \dfrac{Q}{A} = \dfrac{4Q}{\pi d^2} = \dfrac{Q}{\pi r^2}$

여기서, Q : 체적유량[m³/sec]
   A : 단면적[m²]
   V : 유속[m/s]
   d : 지름[m]
   r : 반지름[m]

③의 경우 유속은 관 지름의 제곱에 반비례한다.

정답 4. ④ 5. ③

Ⅱ. 소방유체역학 **2-79**

핵심기출문제

3. 유체유동의 해석

6. 안지름 1000[mm]의 원통형 수조에 들어있는 물을 안지름 150[mm]인 관을 통해 평균유속 3[m/s]로 배출한다. 이때 수조내의 수면의 강하속도는 몇 [cm/s]인가? [15, 24②]

① 3.24
② 1.423
③ 6.75
④ 14.13

7. 그림과 같이 출구가 수직방향으로 향하는 원관에서 물이 유출되어 떨어지고 있다. 원관의 내경은 10[cm], 출구에서 유속이 1.4[m/s] 일 때 손실을 무시하면 출구보다 1.5[m] 아래에서 물기둥의 직경은 약 몇 [cm] 인가? [24②]

① 10
② 9
③ 7
④ 5

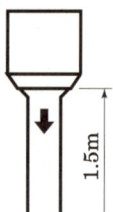

8. 직경 50[cm]의 배관 내를 유속 0.06[m/s]의 속도로 흐르는 물의 유량은 약 몇 [L/min]인가? [16②]

① 153
② 255
③ 338
④ 707

9. 그림과 같이 단면 A에서 정압이 500[kPa]이고 10[m/s]로 난류의 물이 흐르고 있을 때 단면 B에서의 유속[m/s]은? [20②]

① 20
② 40
③ 60
④ 80

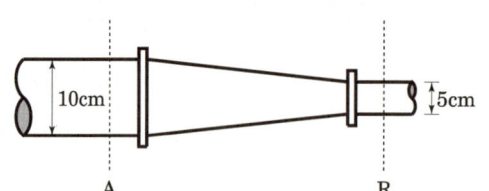

[해설]
연속방정식 $Q = A_1 V_1 = A_2 V_2$ 에서

$V_2 = \dfrac{A_1}{A_2} V_1 = \dfrac{\frac{\pi d_1^2}{4}}{\frac{\pi d_2^2}{4}} = \left(\dfrac{d_1}{d_2}\right)^2 V_1 \text{[m/s]} = \left(\dfrac{10}{5}\right)^2 \times 10 = 40 \text{[m/s]}$

해설

해설 6

연속방정식
$A_1 V_1 = A_2 V_2$

$V_1 = \dfrac{A_2}{A_1} V_2 = \dfrac{D_2^2}{D_1^2} V_2$

$= \dfrac{150^2}{1000^2} \times 3 \text{[m/s]} = 0.0675 \text{[m/s]}$

$= 6.75 \text{[cm/s]}$

해설 7

1) 원관에서 물이 유출되어 자유낙하로 떨어지고 있으므로 토리첼리 방정식을 사용할 수 있다.
2) 1.5m 아래의 유속 V_2 (토리첼리 방정식 : 유량계수 C=1)

$V_2 = C\sqrt{2gh}$
$= \sqrt{2 \times 9.8 \text{[m/s}^2\text{]} \times 1.5 \text{[m]}}$
$\fallingdotseq 5.42 \text{[m/s]}$

3) 연속방정식에서(밀도 동일)
$Q = A_1 V_1 = A_2 V_2$

$\dfrac{\pi D_1^2}{4} V_1 = \dfrac{\pi D_2^2}{4} V_2$

$D_2 = D_1 \sqrt{\dfrac{V_1}{V_2}}$

$= 10 \text{[cm]} \times \sqrt{\dfrac{1.4 \text{[m/s]}}{5.42 \text{[m/s]}}} \fallingdotseq 5 \text{[cm]}$

해설 8

$Q = AV = \dfrac{\pi d^2}{4} V$ 에서

여기서, Q : 체적유량[m³/sec]
A : 단면적[m²]
V : 유속[m/s]
d : 지름[m]

$= \dfrac{\pi \times 0.5^2}{4} \times 0.06 \times 60$

$= 0.707 \text{[m}^3\text{/min]} = 707 \text{[L/min]}$

정답 6.③ 7.④ 8.④ 9.②

10. 안지름 100[mm]인 파이프를 통해 2[m/s]의 속도로 흐르는 물의 질량유량은 약 몇 [kg/min]인가? [17, 23㉮]

① 15.7
② 157
③ 94.2
④ 942

해설 10

질량유량 M[kg/s]

$$M = \rho A V = 1,000 \times \frac{\pi \times 0.1^2}{4} \times 2$$

$$= 15.7 \,[\text{kg/s}] \fallingdotseq 942 \,[\text{kg/min}]$$

여기서, M : 질량유량[kg/sec]
ρ : 밀도 [kg/m³]
V : 유속 [m/s]
A : 단면적 [m²]

11. 밀도가 10[kg/m³]인 유체가 지름 30[cm]인 관내를 1[m³/s]로 흐른다. 이때의 평균유속은 몇 [m/s]인가? [21, 23㉮]

① 4.25
② 14.1
③ 15.7
④ 84.9

해설 11

연속방정식 $Q = AV = \frac{\pi D^2}{4} \times V$ 에서

$$V = \frac{4Q}{\pi D^2} = \frac{4 \times 1}{3.14 \times 0.3^2} \fallingdotseq 14.1 \,[\text{m/s}]$$

12. 평균속도 4[m/s]로 지름 75[mm]인 관로 속을 물이 흐르고 있을 때 중량 유량은 몇 [N/s]인가? [16, 22㉮]

① 165.2
② 169.2
③ 173.2
④ 176.2

해설 12

중량유량 G [N/s]

$$G = \gamma A V = 9,800 \times \frac{\pi \times 0.075}{4} \times 4$$

$$= 173.2 \,[\text{N/s}]$$

여기서, γ : 물의 비중량 [N/m³]
A : 단면적 [m²]
V : 유속 [m/s]

13. 392[N/s]의 물이 지름 20[cm]의 관속에 흐르고 있을 때 평균 속도는 약 [m/s]인가? [15, 21㉮]

① 0.127
② 1.27
③ 2.27
④ 12.7

해설 13

중량유량 G[N/s]

$G = \gamma A V$에서 [N/s]

$$V = \frac{G}{\gamma A} = \frac{G}{\gamma \frac{\pi D^2}{4}} = \frac{392}{9,800 \times \frac{\pi \times 0.2^2}{4}}$$

$$= 1.27 \,[\text{m/s}]$$

여기서, γ : 물의 비중량 : 9,800[N/m³]
A : 단면적[m²]
V : 유속[m/s]

정답 10. ④ 11. ② 12. ③ 13. ②

핵심기출문제

3. 유체유동의 해석

14. 관로에서 20[℃]의 물이 수조에 5분 동안 유입되었을 때 유입된 물의 중량이 60[kN]이라면 이 때 유량은 몇 [m³/s]인가? [18 ㉮]

① 0.015
② 0.02
③ 0.025
④ 0.03

15. 안지름이 15[cm]인 소화용 호스에 물이 질량유량 100[kg/s]로 흐르는 경우 평균유속은 약 몇 [m/s]인가? [16, 20 ㉮]

① 1
② 1.41
③ 3.18
④ 5.66

16. 지름 40[cm]인 소방용 배관에 물이 80[kg/s]로 흐르고 있다면 물의 유속은 약 몇 [m/s]인가? [17, 18, 20 ㉮]

① 6.4
② 0.64
③ 12.7
④ 1.27

17. 비중량이 9,980[N/m³]인 유체가 소화설비 배관 내를 분당 50[kN]씩 흐른다. 관경이 150[mm]라면 평균유속은 몇 [m/s]인가? [19 ㉮]

① 3.1
② 4.73
③ 83.3
④ 283.8

해설

해설 14

중량유량 G [kN/s]
$G = \gamma A V = \gamma Q$ [kN/s]
여기서, γ : 물의 비중량(=9.8[kN/m³])
　　　　A : 단면적[m²]
　　　　V : 유속[m/s]
$Q = \dfrac{G}{\gamma} = \dfrac{60/(5 \times 60)}{9.8} \fallingdotseq 0.02$ [m³/s]

해설 15

$$M = \rho A V \text{[kg/s]}$$

여기서, M : 질량유량[kg/sec]
　　　　ρ : 밀도[kg/m³]
　　　　v : 유속[m/s]
　　　　A : 단면적[m²]

$V = \dfrac{M}{\rho A} = \dfrac{100}{1,000 \times \dfrac{\pi \times 0.15^2}{4}}$

$= 5.66$ [m/s]

해설 16

$$M = \rho A V \text{ [kg/s]}$$

여기서, M : 질량유량[kg/sec]
　　　　ρ : 밀도[kg/m³]
　　　　v : 유속[m/s]
　　　　A : 단면적[m²]

$V = \dfrac{M}{\rho A} = \dfrac{80}{1,000 \times \dfrac{\pi \times 0.4^2}{4}}$

$= 0.64$ [m/s]

해설 17

중량유량 $G = \gamma A V$ [N/min] 에서

$V = \dfrac{G}{\gamma A 60} = \dfrac{50 \times 10^3}{9,980 \times \dfrac{\pi \times 0.15^2}{4} \times 60}$

$= 4.73$ [m/s]

정답 14. ② 15. ④ 16. ② 17. ②

18. 그림과 같은 관에 비압축성 유체가 흐를 때 A 단면의 평균속도가 V_1이라면 B 단면에서의 평균속도 V_2는? (단, A 단면의 지름은 d_1이고, B 단면의 지름은 d_2이다.)

[19 ㉠]

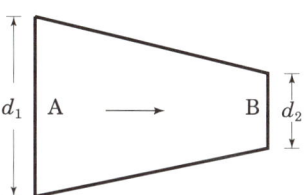

① $V_2 = \left(\dfrac{d_1}{d_2}\right) V_1$ ② $V_2 = \left(\dfrac{d_1}{d_2}\right)^2 V_1$

③ $V_2 = \left(\dfrac{d_2}{d_1}\right) V_1$ ④ $V_2 = \left(\dfrac{d_2}{d_1}\right)^2 V_1$

19. 다음 그림과 같이 출구의 단면적은 동일하고 유량 Q를 $2Q$로 변화하려면 수면 위에서 누르는 피스톤의 힘은 얼마만큼의 높이[m]에 상응하게 눌러야 하는가? [23 ㉠]

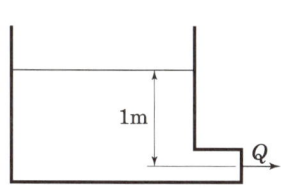 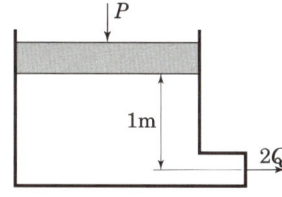

① 2   ② 3
③ 4   ④ 5

20. 안지름 30[cm]의 원관 속을 절대압력 0.32[MPa], 온도 27[℃]인 공기가 4[kg/s]로 흐를 때 이 원관 속을 흐르는 공기의 평균 속도는 약 몇 [m/s]인가? (단, 공기의 기체상수 $R_L = 287[J/kg \cdot K]$이다.) [16 ㉠]

① 15.2   ② 20.3
③ 25.2   ④ 32.5

해설

해설 18

$Q = A_1 V_1 = A_2 V_2$에서

$V_2 = \dfrac{A_1}{A_2} V_1 = \dfrac{\frac{\pi d_1^2}{4}}{\frac{\pi d_2^2}{4}} = \left(\dfrac{d_1}{d_2}\right)^2 V_1$

해설 19

유량공식에서 h를 구한다.

(1) $Q = AV = A\sqrt{2gh}$ 에서

$h = \dfrac{1}{2g} \cdot \left(\dfrac{Q}{A}\right)^2$

(2) Q 대신 $2Q$를 대입하면

$h_p = \dfrac{1}{2g} \cdot \left(\dfrac{2Q}{A}\right)^2$

$= 4 \cdot \left(\dfrac{1}{2g} \cdot \left(\dfrac{Q}{A}\right)^2\right) = 4h$

(3) 즉 기존 높이 h의 4배의 높이로 눌러야 한다.

(4) $4 \times h = 4 \times 1 = 4[m]$
그러므로 추가로 눌러야 하는 높이는 4-1=3 [m]

해설 20

$$M = \rho AV \text{ [kg/s]}$$

여기서, M : 질량유량[kg/sec]
ρ : 밀도[kg/m³]
v : 유속[m/s]
A : 단면적[m²]

(1) 이상기체 상태방정식
$P = \rho \overline{R} T$에서
밀도
$\rho = \dfrac{P}{RT} = \dfrac{0.32 \times 10^6}{287 \times (273+27)} = 3.72$

여기서, P : 압력[Pa]
$\overline{R}$: 기체상수 287[J/kg·K]
T : 온도[K]

(2) 유속 $V = \dfrac{M}{\rho A}$

$= \dfrac{4}{3.72 \times \dfrac{\pi \times 0.3^2}{4}} = 15.2 \text{ [m/s]}$

정답 18. ② 19. ② 20. ①

핵심기출문제

3. 유체유동의 해석

21. 압력 200[kPa], 온도 400[K]의 공기가 10[m/s]의 속도로 흐르는 지름 10[cm]의 원관이 지름 20[cm]인 원관과 연결된 다음 압력 180[kPa], 온도 350K로 흐른다. 공기가 이상기체라면 정상상태에서 지름 20[cm]인 원관에서의 공기 속도 [m/s]는? [15 ㉑]

① 2.43   ② 2.50
③ 2.67   ④ 4.50

22. 평균유속 2[m/s]로 50[L/s] 유량의 물을 흐르게 하는데 필요한 관의 안지름은 약 몇 [mm]인가? [19 ㉑]

① 158   ② 168
③ 178   ④ 188

23. 500[mm]×500[mm]인 4각관과 원형관을 연결하여 유체를 흘려보낼 때, 원형관내 유속이 4각관내 유속의 2배가 되려면 관의 지름을 약 몇 [cm]로 하여야 하는가? [15 ㉑]

① 37.14   ② 38.12
③ 39.89   ④ 41.32

[해설] 유체의 연속방정식
$Q = A_1 V_1 = A_2 V_2$ 에서
(1) 4각관의 유량 $Q_1 = (50 \times 50) \times V_1$
(2) 원형관의 유량 $Q_2 = \frac{\pi D^2}{4} \times 2V_1$
$Q_1 = Q_2$ 이므로
$(50 \times 50) \times V_1 = \frac{\pi D^2}{4} \times 2V_1$
$D = \sqrt{\frac{(50 \times 50) \times 4}{\pi \times 2}} = 39.89 \,[\text{cm}]$

24. 유체에 관한 설명 중 옳은 것은? [16 ㉑]

① 실제유체는 유동할 때 마찰손실이 생기지 않는다.
② 이상유체는 높은 압력에서 밀도가 변화하는 유체이다.
③ 유체에 압력을 가하면 체적이 줄어드는 유체는 압축성 유체이다.
④ 압력을 가해도 밀도변화가 없으며 점성에 의한 마찰손실만 있는 유체가 이상유체이다.

해설

해설 21

(1) $M = \rho_1 A_1 v_1 = \rho_2 A_2 v_2$ 에서
$v_2 = \frac{\rho_1 v_1 A_1}{\rho_2 A_2} = v_1 \frac{\rho_1 D_1^2}{\rho_2 D_2^2}$

여기서, M : 질량유량[kg/sec]
ρ : 밀도[kg/m³]
v : 유속[m/s]
A : 단면적[m²]

(2) 이상기체 상태방정식
$PV = mRT$ 에서
밀도 $\rho = \frac{m}{V} = \frac{P}{RT}$

① $\rho_1 = \frac{P_1}{RT_1} = \frac{200}{0.287 \times 400} = 1.742$

② $\rho_2 = \frac{P_2}{RT_2} = \frac{180}{0.287 \times 350} = 1.792$

$\therefore v_2 = v_1 \frac{\rho_1 D_1^2}{\rho_2 D_2^2} = 10 \times \frac{1.742 \times 0.1^2}{1.792 \times 0.2^2}$
$= 2.43 \,[\text{m/s}]$

해설 22

원형관의 유량
$Q = AV = \frac{\pi D^2}{4} \times V$

여기서, Q : 체적유량[m³/sec]
A : 단면적[m²]
V : 유속[m/s]
D : 지름[m]

$D = \sqrt{\frac{4Q}{\pi V}} = \sqrt{\frac{4 \times 50 \times 10^{-3}}{\pi \times 2}}$
$≒ 0.718 \,[\text{m}] = 178 \,[\text{mm}]$

해설 24

① 실제유체는 유동할 때 마찰손실이 발생한다.
② 이상유체는 높은 압력에서 밀도가 변화하지 않는 유체이다.
④ 이상유체란 비압축성(압력을 가해도 밀도변화가 없다.)이며 비점성인 유체(마찰손실이 없는 유체)이다.

정답 21. ① 22. ③ 23. ③ 24. ③

25. 베르누이 방정식을 적용할 수 있는 기본 전제조건으로 옳은 것은?

[17, 20 ㉮]

① 비압축성 흐름, 점성 흐름, 정상 유동
② 압축성 흐름, 비점성 흐름, 정상 유동
③ 비압축성 흐름, 비점성 흐름, 비정상 유동
④ 비압축성 흐름, 비점성 흐름, 정상 유동

26. 펌프의 흡입 이론에서 볼 때 대기압이 100[kPa]인 곳에서 펌프의 흡입 배관으로 물을 흡수 할 수 있는 이론 최대 높이는 약 몇 [m]인가?

[24 ㉮]

① 5
② 10
③ 14
④ 98

27. 베르누이의 식 $\dfrac{P}{\gamma}+\dfrac{V^2}{2g}+Z=C$에서 $\dfrac{V^2}{2g}$은 무엇을 표시하며, 단위는 무엇인가?

[15 ㉮]

① 압력수두, [m/s]
② 속도수두, [m]
③ 위치수두, [m]
④ 동압, [N/m]

28. 유체의 흐름에 적용되는 다음과 같은 베르누이 방정식에 관한 설명으로 옳은 것은? (단, γ : 비중량, P : 압력, V : 속도, Z : 높이)

[17, 22 ㉮]

$$\frac{P}{\gamma}+\frac{V^2}{2g}+Z=C(일정)$$

① 비정상상태의 흐름에 대해 적용된다.
② 동일한 유선상이 아니더라도 흐름 유체의 임의점에 대해 항상 적용된다.
③ 흐름 유체의 마찰효과가 충분히 고려된다.
④ 압력수두, 속도수두, 위치수두의 합이 일정함을 표시한다.

29. 베르누이의 정리($\dfrac{P}{\rho}+\dfrac{V^2}{2}+gZ=\text{Constant}$)가 적용되는 조건이 될 수 없는 것은?

[16, 22 ㉮]

① 압축성의 흐름이다.
② 정상 상태의 흐름이다.
③ 마찰이 없는 흐름이다.
④ 베르누이 정리가 적용되는 임의의 두 점은 같은 유선상에 있다.

해설

해설 25
베르누이 정리의 가정(전제)조건
(1) 일정한 유선관에 연하여 생각한다. (임의의 두 점은 같은 유선상에 있다.)
(2) 비압축성 유체이다.
(3) 비점성 유체이다.
(4) 정상 유동(정상류)이다.

해설 26
압력수두
$$h=\frac{P}{\gamma}=\frac{100\times 10^3 [\text{N/m}^2]}{9800[\text{N/m}^3]}≒10[\text{m}]$$

해설 27
(1) $\dfrac{P}{\gamma}$: 압력수두[m]
(2) $\dfrac{V^2}{2g}$: 속도수두[m]
(3) Z : 위치수두[m]

해설 28
베르누이 정리의 가정조건
① 정상류(정상유동)이어야 한다.
② 일정한 유선관에 연하여 생각한다. (임의의 두 점은 같은 유선상에 있다.)
③ 비점성 유체이다. 따라서 흐름 유체의 마찰효과는 없는 것으로 한다.

해설 29
베르누이 정리의 가정조건
1) 일정한 유선관에 연하여 생각한다. (임의의 두 점은 같은 유선상에 있다.)
2) 비압축성 유체이다.
3) 비점성 유체이다.
4) 외력으로는 중력만이 작용한다.
5) 정상 유동(정상류)이다.

정답 25. ④ 26. ② 27. ② 28. ④ 29. ①

핵심기출문제

3. 유체유동의 해석

30. 그림과 같이 벤츄리관에서 단면1과 단면2의 단면적 비율이 2:1일 때, 벤츄리효과에 의한 물의 높이차가 △h이면 단면1에서의 유속은 얼마인가? (단, 모든 손실은 무시한다.) [23㉮]

① $2\sqrt{2g\triangle h}$
② $2\sqrt{\dfrac{2g\triangle h}{3}}$
③ $\sqrt{2g\triangle h}$
④ $\sqrt{\dfrac{2g\triangle h}{3}}$

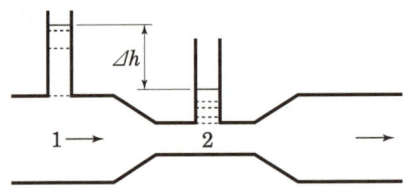

해설

해설 30

베르누이 방정식

$$\dfrac{P_1}{\gamma}+\dfrac{V_1^2}{2g}+Z_1=\dfrac{P_2}{\gamma}+\dfrac{V_2^2}{2g}+Z_2$$

여기서, P_1, P_2 : 압력[N/m²]
γ : 비중량
(물의 비중량 9800[N/m³])
V_1, V_2 : 유속[m/s]
g : 중력가속도(9.8[m/s²])
Z_1, Z_2 : 높이[m]

수평관($Z_1=Z_2$)
단면1과 단면2의 단면적 비율이 2:1
($V_2=2V_1$)

$$\dfrac{P_1}{\gamma}+\dfrac{V_1^2}{2g}=\dfrac{P_2}{\gamma}+\dfrac{V_2^2}{2g}$$

$$\dfrac{P_1}{\gamma}-\dfrac{P_2}{\gamma}=\dfrac{V_2^2}{2g}-\dfrac{V_1^2}{2g}$$

$$\triangle h=\dfrac{V_2^2-V_1^2}{2g}$$

$$=\dfrac{(2V_1)^2-V_1^2}{2g}=\dfrac{3V_1^2}{2g}$$

$V_1^2=\dfrac{2g\triangle h}{3}$ 이므로, $V_1=\sqrt{\dfrac{2g\triangle h}{3}}$

31. 그림과 같이 길이 5[m], 입구직경(D1) 30[cm], 출구직경(D2) 16[cm]인 직관을 수평면과 30° 기울어지게 설치하였다. 입구에서 0.3[m³/s]로 유입되어 출구에서 대기 중으로 분출된다면 입구에서의 압력[kPa]은? (단, 대기는 표준대기압 상태이고 마찰손실은 없다.) [20㉮]

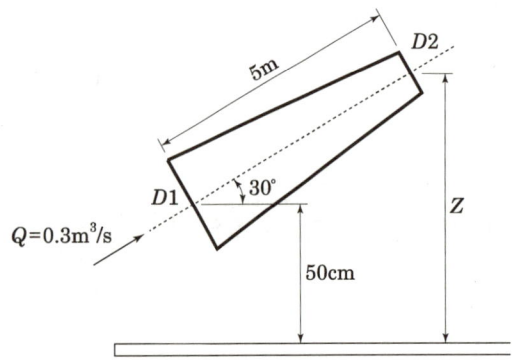

① 24.5
② 102
③ 127
④ 228

해설 직관 입구의 한 점을 A, 출구를 B로 하여 베르누이 방정식을 적용하면

$h_A+\dfrac{v_A^2}{2g}+\dfrac{P_A}{r}=h_B+\dfrac{v_B^2}{2g}+\dfrac{P_B}{r}$ 에서

$P_B=0, h_A=0, h_B=5\times\sin30$

$v_A=\dfrac{4Q}{\pi D^2}=\dfrac{4\times 0.3}{\pi\times 0.3^2}=4.244$ [m/s]

$v_B=\dfrac{4Q}{\pi D^2}=\dfrac{4\times 0.3}{\pi\times 0.16^2}=14.92$ [m/s]

$\therefore \dfrac{v_A^2}{2g}+\dfrac{P_A}{r}=\dfrac{v_B^2}{2g}+h_B$ 에서

$P_A=\gamma\left[\dfrac{V_B^2-V_A^2}{2g}+h_B\right]=9800\times\left(\dfrac{14.92^2-4.244^2}{2\times 9.8}+5\times\sin30\right)=126797$ [Pa] = 127 [kPa]

30. ④ 31. ③

해설

해설 32
②의 경우 연속방정식은 질량보존의 법칙에 의해 유도된다.

32. 다음 설명 중 틀린 것은? [17 ㉮]

① 일반적인 베르누이 방정식은 마찰이 없는 비압축성 정상유동에서 유선을 따라 성립한다.
② 베르누이 방정식은 질량보존의 법칙만으로 유도될 수 있다.
③ 에너지선은 수력기울기선보다 속도수두만큼 위에 있다.
④ 수력기울기선은 위치수두와 압력수두의 합을 나타낸다.

33. 다음 중 경사진 관로의 유체흐름에서 수력기울기선(Hydraulic Grade Line : HGL)의 위치로 옳은 것은? [16, 20 ㉮]

① 언제나 에너지선보다 위에 있다.
② 에너지선보다 속도수두 만큼 아래에 있다.
③ 항상 수평이 된다.
④ 개수로의 수면보다 속도수두 만큼 위에 있다.

해설

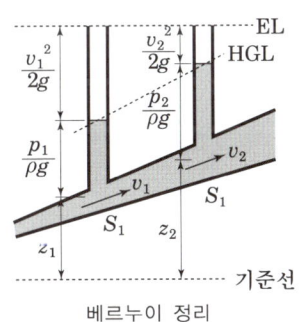

베르누이 정리

(1) 에너지선(Energy Line, E.L) : 베르누이 정리에서 $z + \dfrac{v^2}{2g} + \dfrac{P}{r}$ 는 전수두로서 기준선에서 전수두 H까지 연결한 선

(2) 수력 기울기선(Hydraulic Grade Line, H.G.L) : 기준선에서 $(z + \dfrac{P}{r})$의 점을 연결한 선

해설 34
① 에너지선은 항상 수력 기울기선보다 속도수두($\dfrac{v^2}{2g}$)만큼 위에 있다.
③ 베르누이 방정식은 에너지 보존의 법칙을 기초로 정리한 방정식이다. 질량보존의 법칙에 의해 연속방정식이 유도된다.
④ 레이놀즈수의 물리적 의미는 관성력과 점성력의 비를 나타내는 것이다.

34. 다음 설명 중 맞는 것은? [19 ㉮]

① 에너지선은 항상 수력 기울기선 아래에 있다.
② 질량과 속도의 곱을 운동량이라 한다.
③ 베르누이 방정식은 질량보존의 법칙을 나타낸다.
④ 레이놀드수의 물리적 의미는 점성력과 표면장력의 비를 나타내는 것이다.

정답 32. ② 33. ② 34. ②

3. 유체유동의 해석

35. 펌프의 일과 손실을 고려할 때 베르누이 수정방정식을 바르게 나타낸 것은? (단, H_P와 H_L은 펌프의 수두와 손실수두를 나타내며, 하첨자 1, 2는 각각 펌프의 전후 위치를 나타낸다.) [20 ㉠]

① $\dfrac{v_1^2}{2g}+\dfrac{P_1}{\gamma}+z_1 = \dfrac{v_2^2}{2g}+\dfrac{P_2}{\gamma}+H_L$

② $\dfrac{v_1^2}{2g}+\dfrac{P_1}{\gamma}+z_1+H_P = \dfrac{v_2^2}{2g}+\dfrac{P_2}{\gamma}+H_L$

③ $\dfrac{v_1^2}{2g}+\dfrac{P_1}{\gamma}+H_P = \dfrac{v_2^2}{2g}+\dfrac{P_2}{\gamma}+z_2+H_L$

④ $\dfrac{v_1^2}{2g}+\dfrac{P_1}{\gamma}+z_1+H_P = \dfrac{v_2^2}{2g}+\dfrac{P_2}{\gamma}+z_2+H_L$

해설 35
베르누이 방정식
(1) 이상유체
　(비점성이며 비압축성인 유체)
$$\dfrac{v_1^2}{2g}+\dfrac{P_1}{\gamma}+z_1 = \dfrac{v_2^2}{2g}+\dfrac{P_2}{\gamma}+z_2$$

(2) 실제유체(수정방정식)
$$\dfrac{v_1^2}{2g}+\dfrac{P_1}{\gamma}+z_1+H_P$$
$$= \dfrac{v_2^2}{2g}+\dfrac{P_2}{\gamma}+z_2+H_L$$

36. 그림과 같이 두 개의 가벼운 공의 사이로 빠른 기류를 불어 넣으면 두 개의 공은 어떻게 되겠는가? [20 ㉠]

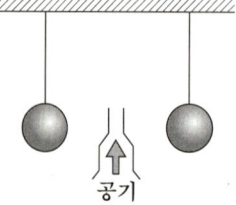

① 뉴턴의 법칙에 따라 벌어진다.
② 뉴턴의 법칙에 따라 가까워진다.
③ 베르누이의 법칙에 따라 벌어진다.
④ 베르누이의 법칙에 따라 가까워진다.

해설 36
베르누이 방정식
$H = \dfrac{P}{\gamma}+\dfrac{v^2}{2g}+Z$ 에서 속도 V가 빠르게 되면 속도수두 $\dfrac{v^2}{2g}$가 커져서, 압력수두 $\dfrac{P}{\gamma}$가 감소하게 된다. 따라서 두 개의 공은 가까워진다.

37. 관내에서 물이 평균속도 9.8[m/s]로 흐를 때의 속도 수두는 약 몇 [m]인가? [18 ㉠]

① 4.9　　② 9.8
③ 48　　④ 128

해설 37
속도수두 $(H_v) = \dfrac{V^2}{2g} = \dfrac{9.8^2}{2\times 9.8}$
$= 4.9\,[\text{m}]$
여기서, V : 속도[m/s]
　　　　g : 중력가속도(=9.8[m/s²])

정답 35. ④　36. ④　37. ①

38. 관 내 물의 속도가 12[m/s], 압력이 103[kPa]이다. 속도수두(H_v)와 압력수두(H_p)는 각각 약 몇 [m]인가? [17 ㉠]

① $H_v = 7.35$, $H_p = 9.8$
② $H_v = 7.35$, $H_p = 10.5$
③ $H_v = 6.52$, $H_p = 9.8$
④ $H_v = 6.52$, $H_p = 10.5$

39. 기준면보다 10[m] 높은 곳에서 물의 속도가 2[m/s]이다. 이곳의 압력이 900[Pa]이라면 전수두는 약 몇 [m]인가? [23 ㉠]

① 18.3
② 15.3
③ 10.3
④ 8.6

40. 지면으로부터 4[m]의 높이에 설치된 수평관내로 물이 4[m/s]로 흐르고 있다. 물의 압력이 78.4[kPa]인 관 내의 한 점에서 전수두는 지면을 기준으로 약 몇 [m]인가? [19, 24 ㉠]

① 4.76
② 6.24
③ 8.82
④ 12.81

41. 그림과 같은 사이펀에서 마찰손실을 무시할 때, 사이펀 끝단에서의 속도(V)가 4[m/s]이기 위해서는 h가 약 몇 [m]이어야 하는가? [18 ㉠]

① 0.82m
② 0.77m
③ 0.72m
④ 0.87m

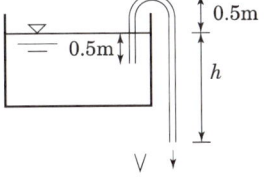

해설

해설 38
(1) 속도수두(H_v)
$$= \frac{V^2}{2g} = \frac{12^2}{2 \times 9.8} = 7.35 [m]$$
(2) 압력수두(H_p)
$$= \frac{P}{\gamma} = \frac{103}{9.8} = 10.5 [m]$$
여기서, V : 속도[m/s]
P : 압력[kPa]
γ : 물의 비중량(=9.8[kN/m³])
g : 중력가속도(=9.8[m/s²])

해설 39
전수두 $H = \frac{P}{\gamma} + \frac{v^2}{2g} + z$ [m]
$$= \frac{900}{9,800} + \frac{2^2}{2 \times 9.8} + 10 = 10.3$$
여기서, V : 속도[m/s]
P : 압력[Pa]
γ : 물의 비중량(=9,800[N/m³])
g : 중력가속도(=9.8[m/s²])

해설 40
전수두 $H = \frac{P}{\gamma} + \frac{v^2}{2g} + z$ [m]
$$= \frac{78.4}{9.8} + \frac{4^2}{2 \times 9.8} + 4 ≒ 12.816$$
여기서, V : 속도[m/s]
P : 압력[kPa]
γ : 물의 비중량(=9.8[kN/m³])
g : 중력가속도(=9.8[m/s²])

해설 41
토리첼리 식에 의해
$v = \sqrt{2gh}$ [m/s]에서
$h = \frac{v^2}{2g} = \frac{4^2}{2 \times 9.8} ≒ 0.82 [m]$

정답 38. ② 39. ③ 40. ④ 41. ②

핵심기출문제

3. 유체유동의 해석

해설

42. 그림과 같이 물이 들어있는 아주 큰 탱크에 사이펀이 장치되어 있다. 출구에서의 속도 V와 관의 상부 중심 A지점에서의 게이지 압력 p_A를 구하는 식은? (단, g는 중력가속도, ρ는 물의 밀도이며, 관의 직경은 일정하고 모든 손실은 무시한다.) [15 ㉮]

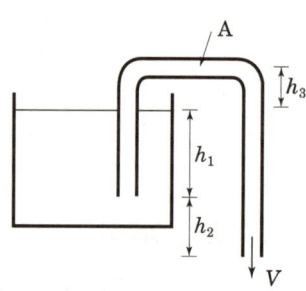

① $V = \sqrt{2g(h_1+h_2)}$, $p_A = -\rho g h_3$
② $V = \sqrt{2g(h_1+h_2)}$, $p_A = -\rho g(h_1+h_2+h_3)$
③ $V = \sqrt{2gh_2}$, $p_A = -\rho g(h_1+h_2+h_3)$
④ $V = \sqrt{2g(h_1+h_2)}$, $p_A = \rho g(h_1+h_2-h_3)$

해설 42

(1) 출구에서의 속도 V

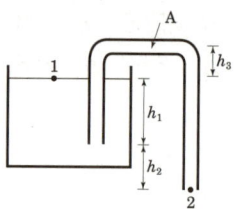

수면의 한 점1과 2점에 베르누이 방정식을 적용하면
$H_1 + \dfrac{V_1^2}{2g} + \dfrac{P_1}{r} = H_2 + \dfrac{V_2^2}{2g} + \dfrac{P_2}{r}$ 에서
$P_1 = P_2$, $H_1 = (h_1+h_2)$, $H_2 = 0$,
$V_1 = 0$ 이므로
$(h_1+h_2) + 0 + 0 = 0 + \dfrac{V_2^2}{2g} + 0$
$V_2(V) = \sqrt{2g(h_1+h_2)}$ [m/s]

(2) A지점에서의 게이지 압력 p_A
$p_A = p_o - \rho \cdot g \cdot h_3$ (게이지압력)

---

43. 내경 27[mm]의 배관 속을 정상류의 물이 매분 150[l] 흐를 때 속도수두는 약 몇 [m]인가? [16 ㉮]

① 1.11 ② 0.97
③ 0.77 ④ 0.56

해설 43

속도수두 = $\dfrac{v^2}{2g}$ 에서
$v = \dfrac{Q}{A} = \dfrac{0.15}{\dfrac{\pi \times 0.027^2}{4} \times 60} = 4.37$ [m/s]

∴ 속도수두 = $\dfrac{4.37^2}{2 \times 9.8} = 0.97$ [m]

---

44. 소화전 배관에 물이 9.0[m/s]로 흐르고 이때의 압력이 150[kPa]이었다. 소화전 배관은 기준면으로부터 4[m] 위에 있다면, 전 수두는 몇 [m]인가? [19 ㉮]

① 23.4 ② 19.4
③ 4 ④ 2.34

해설 44

전수두
$H = \dfrac{P}{\gamma} + \dfrac{v^2}{2g} + Z = \dfrac{150}{9.8} + \dfrac{9^2}{2 \times 9.8} + 4$
$= 23.4$ [m]
여기서, 물의 비중량 γ : 9.8 [kN/m³]

정답 42. ① 43. ② 44. ①

45. 물의 유속을 측정하기 위해 피토관을 사용하였다. 동압이 60[mmHg] 이면 유속은 약 몇 [m/s] 인가? (단, 수은의 비중은 13.6 이다.) [15 ㉯]

① 2.7
② 3.5
③ 3.7
④ 4.0

46. 수직방향으로 15[m/s]의 속도로 내뿜는 물의 분류는 공기저항을 무시할 때 몇 [m]까지 상승하겠는가? [18 ㉯]

① 15
② 11.5
③ 7.5
④ 3.06

47. 수직으로 세워진 노즐에서 30[℃]의 물이 15[m/s]의 속도로 15[℃]의 공기 중에 뿜어 올려진다면 물은 얼마나 올라가겠는가? (단, 외부와의 마찰에 의한 에너지 손실은 없다.) [15 ㉯]

① 약 5.8[m]
② 약 0.8[m]
③ 약 23.0[m]
④ 약 11.5[m]

48. 높이가 4.5[m] 되는 탱크의 밑변에 지름이 10[cm]인 구멍이 뚫렸다. 이 곳으로 유출되는 물의 유속은 몇 [m/s]인가? [17, 22 ㉯]

① 4.5
② 6.64
③ 9.39
④ 14.0

49. 그림과 같이 수조의 두 노즐에서 물이 분출하여 한 점(A)에서 만나려고 하면 어떤 관계가 성립되어야 하는가? (단, 공기저항과 노즐의 손실은 무시한다.) [21 ㉯]

① $h_1 y_1 = h_2 y_2$
② $h_1 y_2 = h_2 y_1$
③ $h_1 h_2 = y_1 y_2$
④ $h_1 y_1 = 2 h_2 y_2$

해설

해설 45

동압 $p_v = \dfrac{\rho v^2}{2}$ [Pa]에서

유속

$v = \sqrt{\dfrac{2p_v}{\rho}} = \sqrt{\dfrac{2 \times 7{,}999.34}{10^3}} = 3.999$

$\fallingdotseq 4.0\,[\text{m/s}]$

여기서, 물의 밀도 $\rho = 1{,}000\,[\text{kg/m}^3]$
동압 60[mmHg]를 Pa로 환산하면

$101{,}325 \times \dfrac{60}{760} = 7999.34\,[\text{Pa}]$

해설 46, 47

속도수두 = $\dfrac{v^2}{2g} = \dfrac{15^2}{2 \times 9.8} = 11.5\,[\text{m}]$

해설 48

토리첼리 정리(베르누이 정리의 응용)
$v = \sqrt{2gh} = \sqrt{2 \times 9.8 \times 4.5}$
$= 9.39\,[\text{m/s}]$

해설 49

토리첼리의 정리에 의해
$v_1 = \sqrt{2gh_1}$, $v_2 = \sqrt{2gh_2}$

여기서, 자유낙하의 높이 $y = \dfrac{1}{2}gt^2$

$t = \sqrt{\dfrac{2y}{g}}$ $x = \sqrt{\dfrac{2y}{g}} \cdot \sqrt{2gh}$ 이므로

$x_1 = \sqrt{\dfrac{2y_1}{g}} \cdot \sqrt{2gh_1} = 2\sqrt{h_1 y_1}$

$x_2 = \sqrt{\dfrac{2y_2}{g}} \cdot \sqrt{2gh_2} = 2\sqrt{h_2 y_2}$

$x = x_1 = x_2$

$2\sqrt{h_1 y_1} = 2\sqrt{h_2 y_2} \rightarrow h_1 y_1 = h_2 y_2$

정답 45. ④ 46. ② 47. ④ 48. ③
49. ③

핵심기출문제

3. 유체유동의 해석

50. 물이 소방노즐을 통해 대기로 방출될 때 유속이 24[m/s]가 되도록 하기 위해서는 노즐입구의 압력은 몇 [kPa]가 되어야 하는가? (단, 압력은 계기 압력으로 표시되며 마찰손실 및 노즐입구에서의 속도는 무시한다.) [18 ㉮]

① 153
② 203
③ 288
④ 312

51. 옥내소화전 노즐선단에서 물제트의 방사량이 0.1[m³/min] 노즐선단 내경이 25[mm]일 때 방사압력(기계압력)은 약 [kPa]인가? [15, 24 ㉮]

① 3.27
② 4.41
③ 5.32
④ 5.78

52. 스프링클러 헤드의 방수압이 현재보다 4배가 되는 경우 방수량은 몇 배가 되는가? [21, 23 ㉮]

① $\sqrt{2}$ 배
② 2배
③ 4배
④ 8배

53. 직경이 13[mm]인 옥내소화전의 관창에서 방출되는 물의 압력(계기압력)이 230[kPa]이라면 10분 동안의 방수량은 몇 [m³]인가? [17 ㉮]

① 1.7
② 3.6
③ 5.2
④ 7.4

[해설]
$Q = 0.653 \times D^2 \sqrt{10P}$ [L/min]
여기서, D : 노즐 직경[mm], P : 방수압[MPa]
∴ Q(L/min)
≒ $0.653 \times 13^2 \sqrt{10 \times 230 \times 10^{-3}} = 167$ [L/min]
10분 동안의 방수량은
$167 \times 10 = 1670$ [L] $= 1.67$ [m³] ≒ 1.7 [m³]

해설

해설 50

노즐입구압력(동압) $P_v = \dfrac{\rho v^2}{2}$ 에서

여기서, ρ : 물의 밀도(= 1,000 [kg/m³])
v : 유속[m/s]

$P_v = \dfrac{1,000 \times 24^2}{2} = 288,000$ [Pa]
$= 288$ [kPa]

해설 51

1) 유속
$Q = AV = \left(\dfrac{\pi D^2}{4}\right)V$ 에서
$V = \dfrac{4Q}{\pi D^2} = \dfrac{4 \times 0.1 [\text{m}^3/60\text{s}]}{3.14 \times (0.025[\text{m}])^2}$
≒ 3.397[m/s]

2) 동압
$P_v = \gamma H = \gamma \dfrac{v^2}{2g} = \rho g \dfrac{v^2}{2g} = \dfrac{\rho v^2}{2}$
$= \dfrac{1000[\text{kg/m}^3] \times (3.397[\text{m/s}])^2}{2}$
$= 5769.8045$ [Pa] ≒ 5.77 [kPa]

해설 52

방수량
$Q = 0.653 \times D^2 \sqrt{10P}$ [L/min]에서
방수량 $Q \propto \sqrt{P}$ 이므로 방수압 P가 4배로 증가하므로
$\dfrac{Q_2}{Q_1} = \sqrt{\dfrac{4P}{P}} = 2$배 ($Q_2 = 2Q_1$)

정답 50. ③ 51. ④ 52. ② 53. ①

54. 옥내소화전설비의 노즐선단 방수압력을 피토관으로 측정한 결과 490[kPa](계기압력)이었다. 본 설비에 사용한 노즐의 구경이 13[mm]인 경우 방수량은 몇 [m³/min]인가?

[20 ㉯]

① 0.125
② 0.249
③ 0.498
④ 0.996

55. 안지름이 25[mm]인 노즐 선단에서의 방수 압력은 계기압력으로 5.8×10^5[Pa]이다. 이 때 방수량은 약 [m³/s]인가?

[19, 22 ㉯]

① 0.017
② 0.17
③ 0.034
④ 0.34

해설

$Q = 0.653 \times D^2 \sqrt{10P}$ [L/min]

여기서, D : 노즐 직경[mm]
P : 방수압[MPa]

∴ $Q = 0.653 \times 25^2 \times \sqrt{10 \times 5.8 \times 10^5 \times 10^{-6}} = 982$ [L/min]
≒ 0.982 [m³/min]

1s 동안의 방수량은 $0.982/60 = 0.0164$ [m³/s]

56. 노즐의 계기압력 400[kPa]로 방사되는 옥내소화전에서 저수조의 수량이 10[m³]라면 저수조의 물이 전부 소비되는 데 걸리는 시간은? (단, 노즐의 직경은 10[mm]이다.)

[15 ㉯]

① 약 75분
② 약 95분
③ 약 150분
④ 약 180분

해설

해설 54

$Q = 0.653 \times D^2 \sqrt{10P}$ [L/min]

여기서, D : 노즐 직경[mm]
P : 방수압[MPa]

∴ $Q = 0.653 \times 13^2 \times \sqrt{10 \times 490 \times 10^{-3}}$
≒ 244.29 [L/min]
≒ 0.244 [m³/min]

해설 56

(1) 방수량

$Q = 0.653 \times D^2 \sqrt{10P}$ [L/min]

여기서, D : 노즐 직경[mm]
P : 방수압[MPa]

$= 0.653 \times 10^2 \times \sqrt{10 \times 400 \times 10^{-3}}$
$= 130.6$ [L/min]

(2) 소비시간

$t = \dfrac{10 \times 10^3}{130.6} = 76.57$분

정답 54. ② 55. ① 56. ①

핵심기출문제

3. 유체유동의 해석

57. 용량 2,000[*l*]인 탱크에 물을 가득 채운 소방차가 화재현장에 출동하여 노즐압력 390[kPa](계기압력), 노즐구경 2.5[cm]를 사용하여 방수한다면 소방차 내의 물이 전부 방수되는 데 걸리는 시간은? [22②]

① 약 2분 30초   ② 약 3분 30초
③ 약 4분 30초   ④ 약 5분 30초

58. 용량 1,000[*l*]의 탱크차가 만수 상태로 화재 현장에 출동하여 노즐 압력 294.2[kPa], 노즐 구경 21[mm]를 사용하여 방수한다면 탱크차 내의 물을 전부 방수하는데 몇 분이나 소요되겠는가? (단, 모든 손실은 무시한다.) [21②]

① 1.7분   ② 2분
③ 2.3분   ④ 2.7분

59. 깊이 1[m]까지 물을 넣은 물탱크의 밑에 오리피스가 있다. 수면에 대기압이 작용할 때의 2배 유속으로 오리피스에서 물을 유출시키려면 수면에는 몇 [kPa]의 압력을 더 가하면 되는가? (단, 손실은 무시한다.) [18②]

① 9.8   ② 9.6
③ 29.4   ④ 39.2

60. 관의 단면적이 0.6[m^2]에서 0.2[m^2]로 감소하는 수평 원형 축소관으로 공기를 수송하고 있다. 관 마찰손실은 없는 것으로 가정하고 7.26[N/s]의 공기가 흐를 때 압력 감소는 몇 [Pa]인가? (단, 공기 밀도는 1.23[kg/m^3]이다.) [16, 23②]

① 4.96   ② 5.58
③ 6.20   ④ 9.92

[해설] (1) 중량유량 $G = \gamma Av = \rho g Av$ 에서
유속
$$v_1 = \frac{G}{\rho g A_1} = \frac{7.26}{1.23 \times 9.8 \times 0.6} \approx 1.00 \, [\text{m/s}]$$
연속방정식
$A_1 v_1 = A_2 v_2$ 에서
$$v_2 = \frac{A_1}{A_2} v_1 = \frac{0.6}{0.2} \times 1.00 = 3 \, [\text{m/s}]$$
(2) 베르누이 정리
$$\rho g z_1 + \frac{v_1^2}{2}\rho + P_1 = \rho g z_2 + \frac{v_2^2}{2}\rho + P_2 \, [\text{Pa}] \text{에서}$$
$z_1 = z_2$ 이므로
$$\frac{v_1^2}{2}\rho + P_1 = \frac{v_2^2}{2}\rho + P_2$$
$$\therefore P_1 - P_2 = \frac{\rho(v_2^2 - v_1^2)}{2} = \frac{1.23 \times (3^2 - 1^2)}{2} = 4.92 \, [\text{Pa}]$$

해설

[해설] 57
(1) 방수량
$Q = 0.653 \times D^2 \sqrt{10P}$ [L/min]
여기서, D : 노즐 직경[mm]
P : 방수압[MPa]
$= 0.653 \times 25^2 \times \sqrt{10 \times 390 \times 10^{-3}}$
$= 805.98$ [L/min]
(2) 소비시간
$t = \dfrac{2,000}{805.98} = 2.48$분 ≒ 2분 30초

[해설] 58
(1) 방수량
$Q = 0.653 \times D^2 \sqrt{10P}$ [L/min]
여기서, D : 노즐 직경[mm]
P : 방수압[MPa]
$= 0.653 \times 21^2 \times \sqrt{10 \times 294.2 \times 10^{-3}}$
$= 436.18$ [L/min]
(2) 소비시간
시간(t) = $\dfrac{\text{탱크용량}(V)}{\text{방수량}(Q)} = \dfrac{1,000}{436.18}$
≒ 2.3min(분)

[해설] 59
(1) 수면에 대기압이 작용할 때의 유출속도
$v_1 = \sqrt{2gh} = \sqrt{2 \times 9.8 \times 1}$
$= 4.427$ [m/s]

(2) 2배의 유속이므로
$2 \times 4.427 = 8.854$ (m/s)
$\therefore P = \dfrac{\rho v^2}{2} = \dfrac{10^3 \times 8.854^2}{2}$
$= 39,196.66$ [Pa]
$= 39.2$ [kPa]

정답 57. ① 58. ③ 59. ④ 60. ①

61. 그림과 같이 크기가 다른 관이 접속된 수평배관 내에 화살표의 방향으로 정상류의 물이 흐르고 있고 두 개의 압력계 A, B가 각각 설치되어 있다. 압력계 A, B에서 지시하는 압력을 각각 P_A, P_B라고 할 때 P_A와 P_B의 관계로 옳은 것은? (단, A와 B 지점 간의 배관 내 마찰손실은 없다고 가정한다.) [15 ㉯]

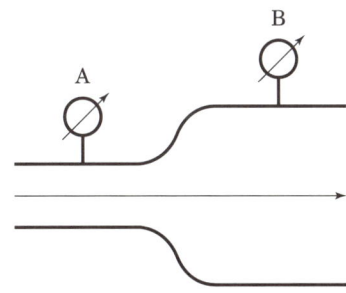

① $P_A > P_B$
② $P_A < P_B$
③ $P_A = P_B$
④ 이 조건만으로는 판단할 수 없다.

해설

베르누이 정리

$\frac{v_A^2}{2g} + \frac{P_A}{\gamma_A} + z_A = \frac{v_B^2}{2g} + \frac{P_B}{\gamma_B} + z_B$ 에서

위치수두 $z_A = z_B$, 비중량 $\gamma_A = \gamma_B$이면

$\frac{v_A^2}{2g} > \frac{v_B^2}{2g}$ 이므로 $\frac{P_A}{\gamma_A} < \frac{P_B}{\gamma_B}$ 이고

∴ $P_A < P_B$

62. 비중이 0.877인 기름이 단면적이 변하는 원관을 흐르고 있으며 체적유량은 0.146[m³/s]이다. A점에서는 안지름이 150[mm], 압력이 91[kPa]이고, B점에서는 안지름이 450[mm], 압력이 60.3[kPa]이다. 또한 B점은 A점보다 3.66[m] 높은 곳에 위치한다. 기름이 A점에서 B점까지 흐르는 동안의 손실수두는 약 몇 [m]인가? (단, 물의 비중량은 9810[N/m³]이다.) [19 ㉯]

① 3.3
② 7.2
③ 10.7
④ 14.1

63. 수평 배관 설비에서 상류 지점인 A지점의 배관을 조사해 보니 지름 100[mm], 압력 0.45[MPa], 평균유속 1[m/s]이었다. 또, 하류의 B지점을 조사해보니 지름 50[mm], 압력 0.4[MPa] 이었다면 두 지점 사이의 손실수두는 약 몇 [m]인가? [15, 22 ㉯]

① 4.34
② 5.87
③ 8.67
④ 10.87

해설

해설 62

수정 베르누이방정식

$\frac{v_A^2}{2g} + \frac{P_A}{\gamma} + z_A = \frac{v_B^2}{2g} + \frac{P_B}{\gamma} + z_B + H_L$

에서 z_A를 기준면으로 하면 $z_A = 0$

유속 $v_A = \frac{Q}{A_A} = \frac{0.146}{\frac{\pi \times 0.15^2}{4}}$

$= 8.26 [m/s]$

유속 $v_B = \frac{Q}{A_B} = \frac{0.146}{\frac{\pi \times 0.45^2}{4}}$

$= 0.92 [m/s]$

∴ 손실수두

$H_L = \frac{P_A - P_B}{\gamma} + \frac{v_A^2 - v_B^2}{2g} - z_B [m]$

$= \frac{91 - 60.3}{9.81 \times 0.877} + \frac{8.26^2 - 0.92^2}{2 \times 9.8} - 3.66$

$\fallingdotseq 3.3 [m]$

해설 63

(1) ① A지점의 유속 $V_A = 1[m/s]$
② B지점의 유속 V_B은 A지점과 B지점의 유량은 동일하므로 연속방정식에 의해

$V_B = V_A \left(\frac{D_A}{D_B}\right)^2 = 1 \times \left(\frac{100}{50}\right)^2$

$= 4[m/s]$

(2) 수정 베르누이 방정식

$\frac{v_1^2}{2g} + \frac{P_1}{\gamma} + z_1 = \frac{v_2^2}{2g} + \frac{P_2}{\gamma} + z_2 + H_L$

에서

$z_1 = z_2$이므로
손실수두

$H_L = \frac{P_1 - P_2}{\gamma} + \frac{v_1^2 - v_2^2}{2g} [m]$

$= \frac{(0.45 - 0.4) \times 10^3}{9.8} + \frac{1^2 - 4^2}{2 \times 9.8}$

$= 4.34 [m]$

정답 61. ② 62. ① 63. ①

핵심기출문제

3. 유체유동의 해석

64. 그림과 같이 노즐이 달린 수평관에서 계기압력이 0.49[MPa]이었다. 이 관의 안지름이 6[cm]이고 관의 끝에 달린 노즐의 지름이 2[cm]이라면 노즐의 분출속도는 몇 [m/s]인가? (단, 노즐에서의 손실은 무시하고, 관마찰계수는 0.025이다.) [21㉆]

① 16.8
② 20.4
③ 25.5
④ 28.4

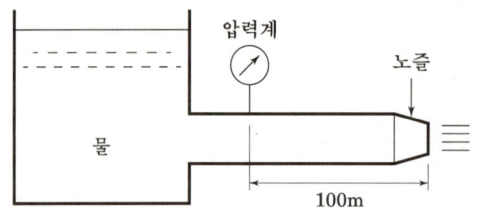

65. 전체 높이가 2[m]인 수조에서 밑면으로부터 높이가 10[cm]인 옆면에 지름 16[mm]의 구멍을 뚫었다. 이 구멍으로부터 물이 2[m/s]의 속도로 분출되고 있다면, 이 순간 수조 내의 수면의 높이는 밑면으로부터 몇 [m]인가? (단, 이 구멍에서의 속도계수는 0.97이다.) [19, 24㉆]

① 0.217
② 0.292
③ 0.305
④ 0.317

66. 커다란 탱크의 밑면에서 물이 0.05[m³/s]로 일정하게 흘러나가고, 위에서는 단면적 0.025[m²], 분출속도 8[m/s]의 노즐을 통하여 탱크로 유입되고 있다. 탱크 내 물은 몇 [m³/s]로 늘어나는가? [23㉆]

① 0.15
② 0.0145
③ 0.3
④ 0.03

67. 수조의 수면으로부터 20[m] 아래에 설치된 직경 4[cm]의 오리피스에서 1분간 분출된 유량은 약 몇 [m³]인가? (단, 수심은 일정하게 유지된다고 가정하고 오리피스의 유량계수 C=0.98로 하며 다른 조건은 무시한다.) [24㉆]

① 1.46
② 2.46
③ 3.46
④ 4.86

해설
1) 토리첼리 방정식
$V = C\sqrt{2gh} = 0.98 \times \sqrt{2 \times 9.8[\text{m/s}^2] \times 20[\text{m}]} \fallingdotseq 19.4[\text{m/s}]$
3) 연속방정식에서
$Q = AV$
$Q = \frac{\pi D^2}{4} V = \frac{3.14 \times (0.04[\text{m}])^2}{4} \times 19.4[\text{m/s}] \fallingdotseq 0.0244[\text{m}^3/\text{s}] = 0.0244[\text{m}^3/\frac{1}{60}\text{min}]$
$= 0.0244 \times 60[\text{m}^3/\text{min}] = 1.464[\text{m}^3/\text{min}]$

해설

해설 64
압력계의 접속부와 노즐 끝 지점에 수정 베르누이 정리를 적용하면
$$\frac{p_1}{\gamma} + \frac{v_1^2}{2g} + z_1 = \frac{p_2}{\gamma} + \frac{v_2^2}{2g} + z_2 + h_L$$
$z_1 = z_2$, $p_2 = 0$, 마찰손실수두
$$h_L = f\frac{L}{D}\frac{v_1^2}{2g}$$
$$\frac{0.49 \times 10^6}{9800} + \frac{v_1^2}{2g} = 0 + \frac{v_2^2}{2g} + f\frac{L}{D}\frac{v_1^2}{2g}$$
여기서 연속방정식에 의하여 $v_2 = 9v_1$ 이므로
$$\frac{v_1^2}{2g}\left(81 - 1 + 0.025 \times \frac{100}{0.06}\right) = \frac{0.49 \times 10^6}{9800}$$
따라서 $v_1 = 2.83[\text{m/s}]$,
$v_2 = 9v_1 = 9 \times 2.83 \fallingdotseq 25.5[\text{m/s}]$

해설 65
토리첼리 정리
$v = C_v\sqrt{2gh}$ 로부터
수면에서 구멍까지의 깊이
$h = \frac{v^2}{2gC_v^2} = \frac{2^2}{2 \times 9.8 \times 0.97^2} = 0.217[\text{m}]$
∴ 수조 내의 수면의 높이
= 수면에서 구멍까지의 깊이 + 수조에서 밑면으로부터 높이
= 0.217 + 0.1 = 0.317[m]

해설 66
(1) 유입유량
$Q_1 = Av = 0.025 \times 8 = 0.2[\text{m}^3/\text{s}]$

(2) 유출유량 $Q_2 = 0.05[\text{m}^3/\text{s}]$
∴ 탱크 내 늘어난 유량
$Q = Q_1 - Q_2 = 0.2 - 0.05$
$= 0.15[\text{m}^3/\text{s}]$

정답 64. ③ 65. ④ 66. ① 67. ①

68. 물탱크에 담긴 물의 수면의 높이가 10[m]인데, 물탱크 바닥에 원형 구멍이 생겨서 10[L/s]만큼 물이 유출되고 있다. 원형 구멍의 지름은 약 몇 [cm]인가? (단, 구멍의 유량보정계수는 0.6이다.) [18 ㉮]

① 2.7 ② 3.1
③ 3.5 ④ 3.9

69. 그림과 같은 수조에 $0.3[m] \times 1.0[m]$ 크기의 사각수문을 통하여 유출되는 유량은 몇 [m³/s]인가? (단, 마찰손실은 무시하고 수조의 크기는 매우 크다고 가정한다.) [16, 19 ㉮]

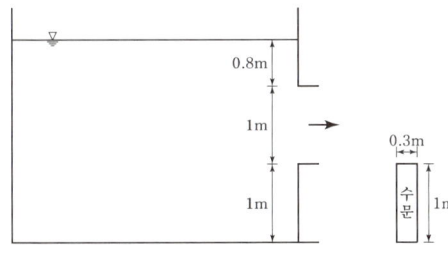

① 1.3 ② 1.5
③ 1.7 ④ 1.9

70. 그림과 같이 수조의 밑 부분에 구멍을 뚫고 물을 유량 Q로 방출시키고 있다. 손실을 무시할 때 수위가 처음 높이의 1/2로 되었을 때 방출되는 유량은 어떻게 되는가? [17, 20 ㉮]

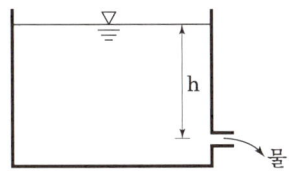

① $1/\sqrt{2} \cdot Q$ ② $1/2 \cdot Q$
③ $1/\sqrt{3} \cdot Q$ ④ $1/3 \cdot Q$

71. 배관에서 유량 및 유속의 일반적인 측정법이 아닌 것은? [19, 22 ㉮]

① 벤투리관에 의한 방법 ② 위어에 의한 방법
③ 피토관에 의한 방법   ④ 오리피스에 의한 방법

해설

해설 68

(1) 토리첼리 정리
유속 $v = C\sqrt{2gh}$ 에서
$= 0.6 \times \sqrt{2 \times 9.8 \times 10}$
$= 8.4 [m/s]$

(2) 유량 $Q = Av = \dfrac{\pi D^2}{4}v$ 에서
지름
$D = \sqrt{\dfrac{4Q}{\pi v}} = \sqrt{\dfrac{4 \times 10 \times 10^{-3}}{\pi \times 8.4}}$
$= 0.039[m] ≒ 3.9[cm]$

여기서, A : 구멍의 단면적[m²]
h : 수면에서 구멍 중심까지의 수직거리[m]
g : 중력가속도[m/s²]
C : 유량보정계수

해설 69

토리첼리 정리에 의해
유속 $v = \sqrt{2gh}$
유량 $Q = Av = A\sqrt{2gh}$
여기서,
h : 수면에서 수문 중심까지의 수직거리 $(0.8 + \dfrac{1}{2} = 1.3[m])$
∴ $Q = (1.0 \times 0.3) \times \sqrt{2 \times 9.8 \times 1.3}$
$= 1.514 ≒ 1.5 [m^3/s]$

해설 70

토리첼리 정리에 의해
유속 $v = \sqrt{2gh}$
유량 $Q = Av = A\sqrt{2gh}$
여기서, A : 구멍의 단면적[m²]
h : 수면에서 구멍 중심까지의 수직거리[m]
g : 중력가속도[m/s²]

$Q \propto \sqrt{h}$ 이므로 $Q : \sqrt{h} = Q_2 : \sqrt{\dfrac{1}{2}h}$

∴ $Q_2 = \dfrac{\sqrt{\dfrac{1}{2}h}}{\sqrt{h}}Q = \dfrac{1}{\sqrt{2}}Q$

해설 71

위어(weir)는 개수로의 유량 측정에 사용된다.

정답 68. ④ 69. ② 70. ① 71. ②

핵심기출문제

3. 유체유동의 해석

해설

72. 다음 중 배관의 유량을 측정하는 계측 장치가 아닌 것은? [23⑦]
① 로터미터(rotameter)
② 유동노즐(flow nozzle)
③ 마노미터(manometer)
④ 오리피스(orifice)

해설 72
마노미터(manometer)
용기내의 압력을 측정하는 액주계이다.

73. 부자(float)의 오르내림에 의해서 배관 내의 유량을 측정하는 기구의 명칭은? [18⑦]
① 피토관(pitot tube)
② 로터미터(rotameter)
③ 오리피스(orifice)
④ 벤투리미터(venturi meter)

해설 73
로터미터(rotameter)
부자(float)의 오르내림에 의해서 배관 내의 유량을 측정하는 기구

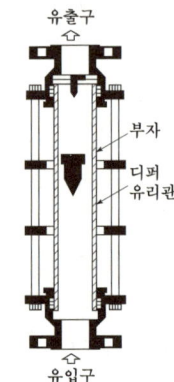

74. 다음 계측기 중 측정하고자 하는 것이 다른 것은? [16⑦]
① Bourdon압력계
② U자관 마노미터
③ 피에조미터
④ 열선풍속계

해설 74
① Bourdon압력계 : 탄성식 압력계
② U자관 마노미터 : 액주식 압력계
③ 피에조미터 : 액주식 압력계
④ 열선풍속계 : 기체의 속도 측정

75. 타원형 단면의 금속관이 팽창하는 원리를 이용하는 압력 측정장치는? [15⑦]
① 액주계
② 수은기압계
③ 경사미압계
④ 부르동압력계

해설 75
부르동(Bourdon) 압력계

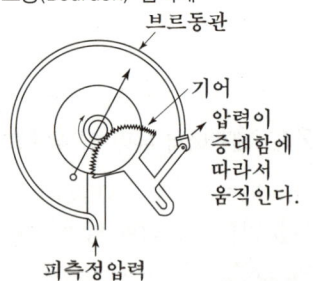

정답 72. ③ 73. ② 74. ④ 75. ④

76. 뉴턴(Newton)의 점성법칙을 이용한 회전원통식 점도계는? [17, 20 ㉮]

① 세이볼트(Saybolt) 점도계
② 오스트발트(Ostwald) 점도계
③ 레드우드(Redwood) 점도계
④ 스토머(Stormer) 점도계

77. 다음 중 뉴턴의 점성법칙을 기초로 한 점도계는? [20 ㉮]

① 맥 미첼(MacMichael) 점도계
② 오스트발트(Ostwald) 점도계
③ 낙구식 점도계
④ 세이볼트(saybolt) 점도계

78. 낙구식 점도계는 어떤 법칙을 이론적 근거로 하는가? [19 ㉮]

① Stokes의 법칙
② Newton의 법칙
③ Hagen-Poiseuille의 법칙
④ Boyle의 법칙

79. 관내에 물이 흐르고 있을 때, 그림과 같이 액주계를 설치하였다. 관내에서 물의 평균유속은 약 몇 [m/s]인가? [18 ㉮]

① 2.6
② 7
③ 11.7
④ 137.2

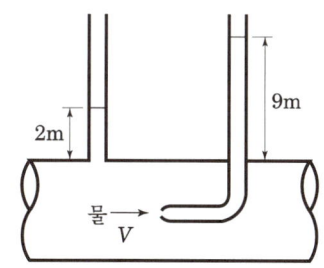

해설

해설 76, 77

점도계
(1) 모세관식
  : Hagen-Poiseuille의 법칙
  ① Ostwald 점도계
  ② Saybolt 점도계
  ③ Red wood 점도계
  ④ Engler 점도계

(2) 낙구식 : Stokes의 법칙
  낙구식 점도계

(3) 회전식(회전 원통형)
  : Newton의 점성법칙
  ① Stormer 점도계
  ② Mac Michael 점도계

해설 78

점도계
낙구식 : Stokes의 법칙
점성계수$(\mu) = \dfrac{(\gamma_s - \gamma_l)d^2}{18V}$ [Pa·s]
여기서 γ_s : 구(sphere)의 비중량[N/m³]
  γ_l : 액체(liquid) 비중량[N/m³]
  d : 구(sphere)의 지름[m]
  V : 구의 종속도
    (terminal velocity) m/sec

해설 79

베르누이 정리에 의해
$\dfrac{v_1^2}{2g} = \dfrac{p_2 - p_1}{\gamma} = \Delta h$에서
$v_1 = \sqrt{2g\Delta h} = \sqrt{2 \times 9.8 \times (9-2)}$
  $= 11.7$ [m/s]

정답 76. ④ 77. ① 78. ① 79. ③

핵심기출문제

3. 유체유동의 해석

80. 피토관으로 파이프 중심선에서의 유속을 측정할 때 피토관이 액주높이가 5.2[m], 정압튜브의 액주높이가 4.2[m]를 나타낸다면 유속은 약 몇 [m/s]인가? (단, 물의 밀도 1,000 [kg/m³] 이다.) [15 ㉮]

① 2.8
② 3.5
③ 4.4
④ 5.8

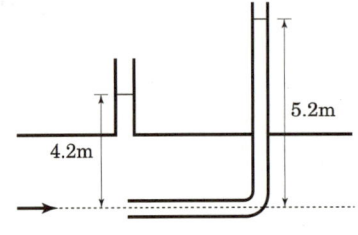

81. 대기 중으로 방사되는 물제트에 피토관의 흡입구를 갖다 대었을 때, 피토관의 수직부에 나타나는 수주의 높이가 0.6[m]라고 하면, 물제트의 유속은 약 몇 [m/s]인가? (단, 모든 손실은 무시한다.) [17 ㉮]

① 0.25   ② 1.55
③ 2.75   ④ 3.43

82. 3[m/s]의 속도로 물이 흐르고 있는 관로 내에 피토관을 삽입하고, 비중 1.8의 액체를 넣은 시차액주계에서 나타나게 되는 액주차는 약 몇 [m]인가? [17 ㉮]

① 0.191   ② 0.573
③ 1.41   ④ 2.15

83. 피토관을 사용하여 일정 속도로 흐르고 있는 물의 유속(V)를 측정하기 위해, 그림과 같이 비중 S인 유체를 갖는 액주계를 설치하였다. $S=2$일 때 액주의 높이 차이가 $H=h$가 되면, $S=3$일 때 액주의 높이 차(H)는 얼마가 되는가? [19, 22 ㉮]

① $h/9$
② $h/\sqrt{3}$
③ $h/3$
④ $h/2$

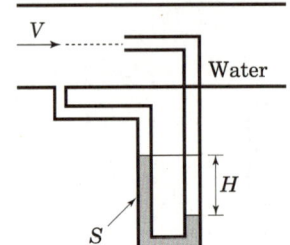

해설

해설 80
베르누이 정리에 의해
$$\frac{v_1^2}{2g} = \frac{p_2 - p_1}{\gamma} = \Delta h$$ 에서
$v_1 = \sqrt{2g\Delta h} = \sqrt{2 \times 9.8 \times (5.2 - 4.2)}$
≒ 4.4 [m/s]

해설 81
$v = \sqrt{2gh} = \sqrt{2 \times 9.8 \times 0.6}$
≒ 3.43 [m/s]
여기서, v : 유속[m/s]
g : 중력가속도[m/s²]
h : 액주의 높이[m]

해설 82
피토(pitot) 정압관
유속 $v = \sqrt{2gh\left(\frac{s_s}{s} - 1\right)}$ 에서
$v^2 = 2gh\left(\frac{s_o}{s} - 1\right)$
액주차
$h = \frac{v^2}{2g\left(\frac{s_o}{s} - 1\right)} = \frac{3^2}{2 \times 9.8 \times \left(\frac{1.8}{1} - 1\right)}$
= 0.574 [m]

해설 83
피토(pitot) 정압관
$v = \sqrt{2gh\left(\frac{s_o}{s} - 1\right)}$ 에서

(1) $S=2$일 경우
$v = \sqrt{2gh\left(\frac{2}{1} - 1\right)} = \sqrt{2gh}$

(2) $S=3$일 경우
$v = \sqrt{2gH\left(\frac{3}{1} - 1\right)} = \sqrt{4gH}$

유속의 변화는 없는 것으로 하여
$\sqrt{4gH} = \sqrt{2gh}$
∴ $H = h/2$

정답 80. ③ 81. ④ 82. ② 83. ④

84. 피토(pitot) 정압관을 이용하여 흐르는 물의 속도를 측정하려고 한다. 액주계에는 비중 13.6인 수은이 들어있고, 액주계에서 수은의 높이차가 30[cm]일 때 흐르는 물의 속도는 몇 [m/s]인가? (단, 피토 정압관의 보정계수는 0.94이다.) [24㉮]

① 2.3　　　　　② 4.5
③ 7.2　　　　　④ 8.1

해설 84

피토(pitot) 정압관

$$v = C\sqrt{2gh\left(\frac{s_s}{s}-1\right)}$$
$$= 0.94 \times \sqrt{2 \times 9.8 \times 0.3 \times \left(\frac{13.6}{1}-1\right)}$$
$$= 8.1\,[\text{m/s}]$$

85. 배연설비의 배관을 흐르는 공기의 유속을 피토정압관으로 측정할 때 정압단과 정체압단에 연결된 U자관의 수은기둥 높이차가 0.03[m]이었다. 이때 공기의 속도는 약 몇 [m/s]인가? (단, 공기의 비중은 0.0012, 수은의 비중은 13.6이다.) [16㉮]

① 81　　　　　② 86
③ 91　　　　　④ 96

해설 85

피토(pitot) 정압관

$$v = \sqrt{2gh\left(\frac{s_s}{s}-1\right)}$$
$$= \sqrt{2 \times 9.8 \times 0.03 \times \left(\frac{13.6}{0.0012}-1\right)}$$
$$= 81.6\,[\text{m/s}]$$

86. 지름이 15[cm]인 관에 질소가 흐르는데, 피토관에 의한 마노미터는 4[cmHg]의 차를 나타냈다. 유속은 약 몇 [m/s]인가? (단, 질소의 비중은 0.00114, 수은의 비중은 13.6, 중력가속도는 9.8[m/s²]이다.) [16㉮]

① 76.5　　　　　② 85.6
③ 96.7　　　　　④ 9.81

해설 86

피토(pitot) 정압관

$$\text{유속}\,v = \sqrt{2gh\left(\frac{s_s}{s}-1\right)}$$
$$= \sqrt{2 \times 9.8 \times 0.04 \times \left(\frac{13.6}{0.00114}-1\right)}$$
$$= 96.7\,[\text{m/s}]$$

87. 유속 6[m/s]로 정상류의 물이 화살표 방향으로 흐르는 배관에 압력계와 피토계가 설치되어 있다. 이때 압력계의 계기압력이 300[kPa]이었다면 피토계의 계기압력은 몇 [kPa]인가? (단, 중력가속도는 9.8[m/s²]이다.) [18, 21, 23㉮]

① 180
② 280
③ 318
④ 336

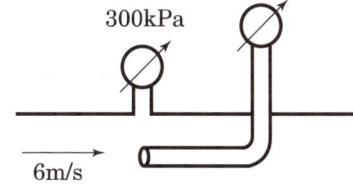

해설 87

베르누이 정리

$$\rho g z_1 + \frac{v_1^2}{2}\rho + P_1 = \rho g z_2 + \frac{v_2^2}{2}\rho + P_2\,[\text{Pa}]$$

에서 $z_1 = z_2$, $v_2 = 0$이므로

$$\frac{v_1^2}{2}\rho + P_1 = P_2 = P$$

$$P = \frac{6^2 \times 10^3}{2} + 300 \times 10^3 = 318,000\,(\text{Pa})$$
$$= 318\,[\text{kPa}]$$

정답 84. ④　85. ①　86. ③　87. ③

핵심기출문제

3. 유체유동의 해석

해설

88. 풍동에서 유속을 측정하기 위하여 피토 정압관을 사용했을 때 비중이 0.8인 알콜의 높이 차이가 10[cm]가 되었다. 압력이 101.3[kPa]이고, 온도가 20[℃]일 때 풍동에서 공기의 속도는 몇 [m/s]인가? (단, 공기의 기체상수는 287[N·m/kg·K]이다.) [15 ㉎]

① 26.5　　　② 28.5
③ 29.4　　　④ 36.1

89. 다음 그림과 같이 설치된 피토 정압관의 액주계 눈금 $R=100$[mm]일 때 ㉠에서의 물의 유속은 약 몇 [m/s]인가? (단, 액주계에 사용된 수은의 비중은 13.6이다.) [23 ㉎]

① 15.7
② 5.35
③ 5.16
④ 4.97

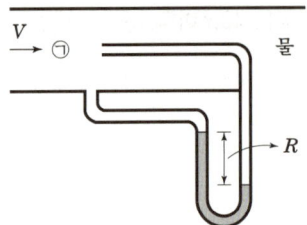

90. 물이 들어 있는 탱크에 수면으로부터 20[m] 깊이에 지름 50[mm]의 오리피스가 있다. 이 오리피스에서 흘러나오는 유량은 약 몇 [m³/min] 인가?(단, 탱크의 수면높이는 일정하고 모든 손실은 무시한다.) [15 ㉎]

① 1.3　　　② 2.3
③ 3.3　　　④ 4.3

91. 그림과 같이 기름이 흐르는 관에 오리피스가 설치되어 있고, 그 사이의 압력을 측정하기 위해 U 자형 차압 액주계가 설치되어 있다. 이때 두 지점 간의 압력차 ($P_x - P_y$)는 약 몇 [kPa]인가? [17 ㉎]

① 28.8
② 15.7
③ 12.5
④ 3.14

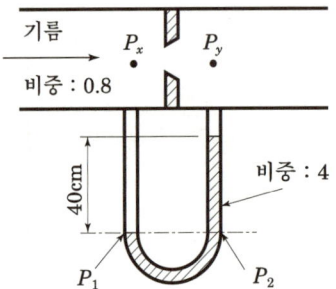

해설 88

피토관에 의한 풍속

$$V = \sqrt{2gh\left(\frac{\rho_o}{\rho} - 1\right)}$$
$$= \sqrt{2 \times 9.8 \times 0.1 \left(\frac{800}{1.2} - 1\right)} \fallingdotseq 36.1$$

여기서,
(1) 공기의 밀도 ρ는
이상기체 상태방정식
$PV = m\overline{R}T$에서
$$\rho = \frac{m}{V} = \frac{P}{\overline{R}T} = \frac{101.3 \times 10^3}{287 \times (273 + 20)}$$
$$\fallingdotseq 1.2 \, [\text{kg/m}^3]$$

(2) 알콜의 밀도 ρ_o는
$\rho_o = 1{,}000s = 1{,}000 \times 0.8$
$= 800 \, [\text{kg/m}^3]$

해설 89

$$v = \sqrt{2gh\left(\frac{s_o}{s} - 1\right)}$$
$$= \sqrt{2 \times 9.8 \times 0.1 \times \left(\frac{13.6}{1} - 1\right)}$$
$$= 4.97 \, [\text{m/s}]$$

해설 90

토리첼리 정리
(1) 유속
$v = \sqrt{2gh} = \sqrt{2 \times 9.8 \times 20}$
$\fallingdotseq 19.8 \, [\text{m/s}]$

(2) 유량
$Q = Av = \dfrac{\pi \times 0.05^2}{4} \times 19.8 \times 60$
$\fallingdotseq 2.3 \, [\text{m}^3/\text{min}]$

해설 91

(1) 수은의 비중량 γ
비중 $s = \dfrac{\gamma}{\gamma_w}$에서 $\gamma = \gamma_w s = 9.8s$

비중 0.8의 비중량
$\gamma_1 = 9.8 \times 0.8 = 7.84 \, [\text{kN/m}^3]$
비중 4의 비중량
$\gamma_2 = 9.8 \times 4 = 39.2 \, [\text{kN/m}^3]$

(2) $P_x - P_y = (\gamma_2 - \gamma_1)h$
$= (39.2 - 7.84) \times 0.4$
$= 12.544 \, [\text{kPa}]$

정답 88. ④　89. ④　90. ②　91. ③

92. 그림과 같이 대기압 상태에서 V의 균일한 속도로 분출된 직경 D의 원형 물제트가 원판에 충돌할 때 원판이 U의 속도로 오른쪽으로 계속 동일한 속도로 이동하여면 외부에서 원판에 가해야 하는 힘 [F]는? (단, ρ는 물의 밀도, g는 중력가속도이다.)

[22 ㉮]

① $\dfrac{\rho \pi D^2}{4}(V-U)^2$

② $\dfrac{\rho \pi D^2}{4}(V+U)^2$

③ $\rho \pi D^2(V-U)(V+U)$

④ $\dfrac{\rho \pi D^2(V-U)(V+U)}{4}$

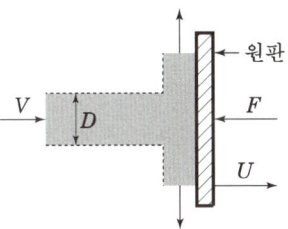

해설 92
속도 차이 만큼의 원판의 반동력과 같다. 즉, 속도차이 만큼 원판이 고정되어 있는 것과 동일한 문제이다.
$F = \rho Q v = \rho A v^2$ 에서
$F = \rho Q v = \rho A v^2 = \rho \dfrac{\pi D^2}{4}(V-U)^2$

93. 단순화된 선형운동량 방정식 $\sum \vec{F} = m(\vec{V_2} - \vec{V_1})$ 이 성립되기 위하여 [보기] 중 꼭 필요한 조건을 모두 고른 것은? (단, [m]은 질량유량, $\vec{V_1}$는 검사체적 입구평균속도, $\vec{V_2}$는 출구평균속도이다.)

[15 ㉮]

[보기]
(가) 정상상태   (나) 균일유동   (다) 비점성유동

① (가)
② (가), (나)
③ (나), (다)
④ (가), (나), (다)

해설 93
선형운동량 방정식이 성립되기 위한 가정 조건
(1) 유동 단면에서의 유속은 균일하다. (균일유동)
(2) 정상유동이다.(정상상태)
 이 방정식은 압축성, 점성에 관계 없이 유동하고 있는 모든 유체에 적용되며 펌프, 터빈 등 회전유체기계와 분사(jet) 추진체 등에 관한 이론이다.

94. 시간 Δt 사이에 유체의 선운동량이 ΔP 만큼 변했을 때 $\dfrac{\Delta P}{\Delta t}$ 는 무엇을 뜻하는가?

[17 ㉮]

① 유체 운동량의 변화량
② 유체 충격량의 변화량
③ 유체의 가속도
④ 유체에 작용하는 힘

해설 94
$\dfrac{\Delta P}{\Delta t}$ 는 운동량에 대한 시간적 변화율이다.
뉴턴의 운동의 제2법칙에 따르면 힘 F는 질량 m과 가속도 a의 곱으로 나타난다. 이때 가속도는 속도 V를 시간으로 미분하여 얻을 수 있으므로
$a = dV/dt$, 그러므로
$F = ma = m(dV/dt) = d(mV)/dt$
$= dP/dt$이고, 힘은 운동량의 시간변화율과 같다는 것을 알 수 있다.
즉, $\dfrac{\Delta P}{\Delta t}$ 를 유체에 적용하면 유체에 작용하는 힘과 같다.

정답 92. ① 93. ② 94. ④

핵심기출문제

3. 유체유동의 해석

95. 출구 지름이 50[mm]인 노즐이 100[mm]의 수평관과 연결되어 있다. 이 관을 통하여 물(밀도 1,000[kg/m³])이 0.02[m³/s]의 유량으로 흐르는 경우, 이 노즐에 작용하는 힘은 몇 [N]인가? [16 ㉮]

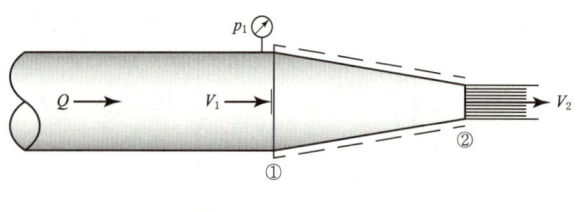

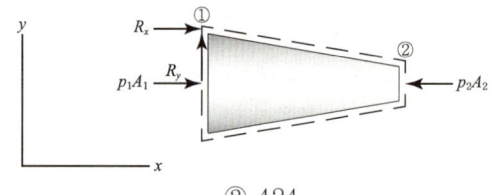

① 230
② 424
③ 508
④ 7,709

96. 그림과 같이 고정된 노즐에서 균일한 유속 V=40[m/s], 유량Q=0.2[m³/s]로 물이 분출되고 있다. 분류와 같은 방향으로 u=10[m/s]의 일정 속도로 운동하고 있는 평판에 분사된 물이 수직으로 충돌할 때 분류가 평판에 미치는 충격력은 몇 [kN]인가? [23, 24 ㉮]

① 4.5
② 6
③ 44.1
④ 58.8

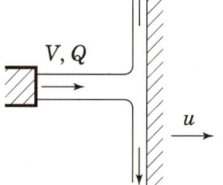

97. 지름이 5[cm]인 소방노즐에서 물제트가 40[m/s]의 속도로 건물벽에 수직으로 충돌하고 있다. 벽이 받는 힘은 약 몇 [N]인가? [17, 20, 23 ㉮]

① 320
② 2,451
③ 2,570
④ 3,141

98. 출구 단면적이 0.02[m²]인 수평노즐을 통하여 물이 수평방향으로 8[m/s]의 속도로 노즐 출구에 놓여있는 수직평판에 분사될 때 평판에 작용하는 힘은 몇 [N]인가? [19 ㉮]

① 80
② 1,280
③ 2,560
④ 12,544

해설

해설 95

노즐에 작용하는 힘 F

$$F = \frac{\rho A_1 Q^2}{2}\left(\frac{A_1 - A_2}{A_1 A_2}\right)^2$$

여기서, ρ : 유체의 밀도[kg/m³]
A_1, A_2 : 관 및 노즐의 단면적[m²]
Q : 유량[m³/s]

• 관의 단면적

$$A_1 = \frac{\pi \times 0.1^2}{4} = 7.85 \times 10^{-3}$$

• 노즐의 단면적

$$A_2 = \frac{\pi \times 0.05^2}{4} = 1.96 \times 10^{-3}$$

$$\therefore F = \frac{1,000 \times 7.85 \times 10^{-3} \times 0.02^2}{2}$$
$$\left\{\frac{(7.85-1.96)\times 10^{-3}}{7.85\times 10^{-3} \times 1.96\times 10^{-3}}\right\}^2$$
$$= 230 [N]$$

해설 96

1) 노즐의 단면적
$Q = AV$
$A = \dfrac{Q}{V} = \dfrac{0.2[\text{m}^3/\text{s}]}{40[\text{m/s}]} = 5\times 10^{-3}[\text{m}^2]$

2) 고정된 평판에 작용하는 힘
$F = \rho Q(V-u) = \rho A(V-u)^2$
$= 1000[\text{N}\cdot\text{s}^2/\text{m}^4] \times 5\times 10^{-3}[\text{m}^2]$
$\quad \times (40-10[\text{m/s}])^2$
$= 4500[\text{N}] = 4.5[\text{kN}]$

※ 함정 주의!
여기서 Q는 노즐에서 분출되는 유량이므로 벽에 부딪쳐 발생되는 유량이 아니므로 공식에 바로 Q를 대입하면 안됨. 즉 노즐단면적을 구해서 대입해야 함.

해설 97

고정된 수직 평판에 작용하는 힘

$F = \rho Qv = \rho Av^2 [\text{N}]$
$= 1,000 \times \dfrac{\pi \times 0.05^2}{4} \times 40^2 = 3141[\text{N}]$

해설 98

고정된 수직 평판에 작용하는 힘

$F = \rho Qv = \rho Av^2 [\text{N}]$
$= 1,000 \times 0.02 \times 8^2 = 1,280[\text{N}]$

정답 95. ① 96. ① 97. ④ 98. ②

99. 그림과 같이 중앙부분에 구멍이 뚫린 원판에 지름 D의 원형 물제트가 대기압 상태에서 V의 속도로 충돌하여, 원판 뒤로 지름 $D/2$의 원형 물제트가 V의 속도로 흘러나가고 있을 때, 이 원판이 받는 힘은 얼마인가? (단, ρ는 물의 밀도이다.)

[18, 21 ㉑]

① $\frac{3}{16}\rho\pi V^2 D^2$

② $\frac{3}{8}\rho\pi V^2 D^2$

③ $\frac{3}{4}\rho\pi V^2 D^2$

④ $3\rho\pi V^2 D^2$

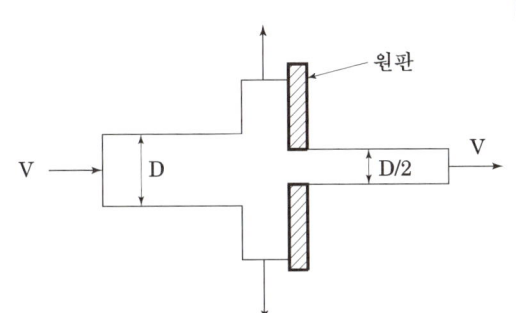

100. 그림과 같이 노즐에서 분사되는 물의 속도가 $v=12[m/s]$이고, 분류에 수직인 평판은 속도 $u=4[m/s]$로 움직일 때, 평판이 받는 힘은 몇 [N]인가? (단, 노즐(분류)의 단면적은 0.01[m²]이다.)

[17 ㉑]

① 640
② 960
③ 1,280
④ 1,440

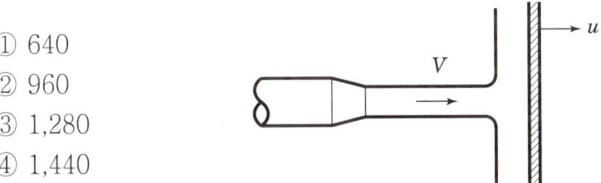

101. 그림과 같은 중앙부분에 구멍이 뚫린 원판에 지금 20[cm]의 원형 물제트가 대기압 상태에서 5[m/s]의 속도로 충돌하여, 원판 뒤로 지름 10[cm]의 원형 물제트가 5[m/s]의 속도로 흘러나가고 있을 때, 원판을 고정하기 위한 힘은 약 몇 [N]인가?

[22 ㉑]

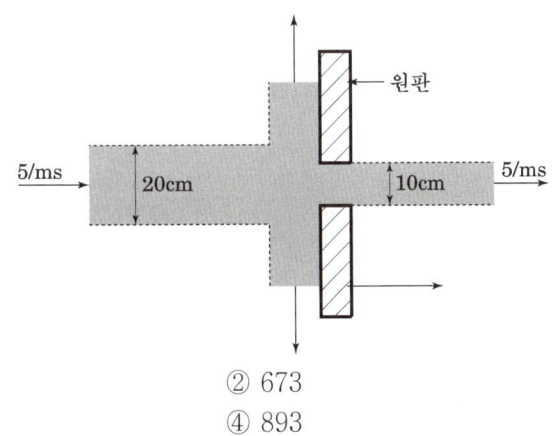

① 589
② 673
③ 770
④ 893

해설

해설 99

고정된 수직 평판에 작용하는 힘
$F = \rho Q V = \rho A V^2$에서
여기서, ρ : 밀도[kg/m³]
Q : 유량[m³/s]
v : 유속[m/s]
A : 단면적[m²]

뚫린 구멍을 고려한 원판에 작용하는 힘
$F = \rho(A-a)V^2$

$= \dfrac{\rho\pi\left\{D^2 - \left(\dfrac{D}{2}\right)^2\right\}V^2}{4}$

$= \dfrac{\rho\pi\left(D^2 - \dfrac{D^2}{4}\right)V^2}{4}$

$= \dfrac{\rho\pi\left(\dfrac{4D^2 - D^2}{4}\right)V^2}{4} = \dfrac{3}{16}\rho\pi V^2 D^2$

해설 100

이동하는 수직평판에 작용하는 힘 F
$F = \rho Q'(v-u) = \rho A(v-u)^2 [N]$
$= 1,000 \times 0.01 \times (12-4)^2 = 640[N]$

여기서, ρ : 밀도
(물의 밀도=1,000[kg/m³])
Q' : 평판에 작용하는 단위시간당의 유량= $A(v-u)$ [m³/s]
v : 분류의 속도[m/s]
u : 평판의 이동속도[m/s]

해설 101

노즐의 반동력 공식에서 단면적(D→D/2)이 변화하는 식이다. 따라서 뚫린 구멍을 고려한 원판에 작용하는 힘은

$F = \rho(A-a)V^2 = \dfrac{\rho\pi\left\{D^2 - \left(\dfrac{D}{2}\right)^2\right\}V^2}{4}$

$= \dfrac{\rho\pi\left(D^2 - \dfrac{D^2}{4}\right) \cdot V^2}{4}$

$= \dfrac{\rho\pi\left(\dfrac{4D^2 - D^2}{4}\right) \cdot V^2}{4}$

$= \dfrac{3}{16}\rho\pi V^2 D^2$

$= \dfrac{3}{16} \times 1000 \times 3.14 \times 5^2 \times 0.2^2$

$= 588.75 \approx 589[N]$

정답 99. ① 100. ① 101. ③

핵심기출문제

3. 유체유동의 해석

해설

102. 단면적이 일정한 물 분류가 속도 20[m/s], 유량 0.3[m³/s]로 분출되고 있다. 분류와 같은 방향으로 10[m/s]의 속도로 운동하고 있는 평판에 이 분류가 수직으로 충돌할 경우 판에 작용하는 충격력은 몇 [N]인가? [15⑦]

① 1,500
② 2,000
③ 2,500
④ 3,000

103. 그림과 같이 수직 평판에 속도 2[m/s]로 단면적이 0.01[m²]인 물 제트가 수직으로 세워진 벽면에 충돌하고 있다. 벽면의 오른쪽에서 물 제트를 왼쪽 방향으로 쏘아 벽면의 평형을 이루게 하려면 물 제트의 속도를 약 몇 [m/s]로 해야 하는가? (단, 오른쪽에서 쏘는 물 제트의 단면적은 0.005[m²]이다.) [18⑦]

① 1.42
② 2.00
③ 2.83
④ 4.00

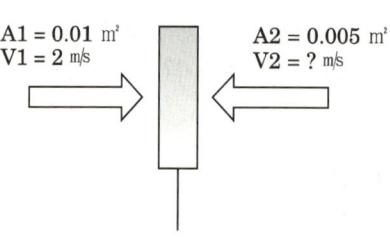

해설
고정된 수직 평판에 작용하는 힘
$F = \rho Q v = \rho A v^2$
$F_1 = F_2$ 에서
$\rho_1 A_1 v_1^2 = \rho_2 A_2 v_2^2$
$\rho_1 = \rho_2$ 이면
$v_2 = v_1 \sqrt{\dfrac{A_1}{A_2}} = 2 \times \sqrt{\dfrac{0.01}{0.005}} = 2.83 \,[\text{m/s}]$

104. 그림과 같이 스프링상수(spring constant)가 10[N/cm]인 4개의 스프링으로 평판 A를 벽 B에 그림과 같이 설치되어 있다. 이 평판에 유량 0.01[m³/s], 속도 10[m/s]인 물 제트가 평판 A의 중앙에 직각으로 충돌할 때, 물 제트에 의해 평판과 벽 사이의 단축되는 거리는 약 몇 [cm]인가? [18⑦]

① 2.5
② 5
③ 10
④ 40

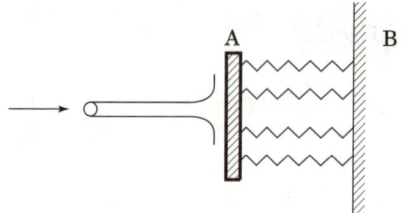

해설

해설 102
이동하는 수직평판에 작용하는 힘 F
평판이 분류의 방향으로 운동하고 있는 경우, 단위시간에 평판에 작용하는 분류의 유량 Q'는
$Q' = A(v-u) = Q\left(\dfrac{v-u}{v}\right)$ [m/s]
$\left(Q = Av,\ A = \dfrac{Q}{v}\right)$ 로 된다.
여기서, 유량 Q'의 분류의 단위시간당의 운동량변화가 평판에 작용하는 충격력이 된다.
$Q = 0.3\,[\text{m}^3/\text{s}],\ v = 20\,[\text{m/s}],$
$u = 10\,[\text{m/s}]$
$Q' = 0.3 \times \dfrac{20-10}{20} = 0.15$
따라서 평판에 작용하는 충격력 F는
$F = \rho A(v-u)^2 = \rho Q'(v-u)$ [N]
$= 1,000 \times 0.15 \times (20-10) = 1,500\,[\text{N}]$

해설 104
(1) 수직 평판A에 작용하는 힘 F_1
  $F_1 = \rho Q v$
  여기서, ρ : 밀도[kg/m³]
       Q : 유량[m³/s]
       v : 유속[m/s]
(2) 역학계의 힘(병진운동) F_2
  $F = Ky(t)$에서 4개의 스프링이므로
  $F_2 = 4Ky(t)$
  여기서, K : 스프링상수[N/m]
       $y(t)$: 이동거리[m]
(3) $F_1 = F_2$ 이므로
  $\rho Q v = 4Ky(t)$
  $\therefore y(t) = \dfrac{\rho Q v}{4K} = \dfrac{1,000 \times 0.01 \times 10}{4 \times 10 \times 10^2}$
  $= 2.5 \times 10^{-3}\,[\text{m}] = 2.5\,[\text{cm}]$

정답 102. ① 103. ③ 104. ①

105. 그림과 같이 수평으로 놓여 있는 엘보에 물이 0.05[m³/s]의 유량으로 흐른다. 관의 지름은 10[cm], 엘보 입구와 출구의 계기압력은 각각 200[kPa], 150[kPa]일 때 x방향으로 작용하는 힘(Rx)은 약 몇 [N]인가? [15, 24 ㉮]

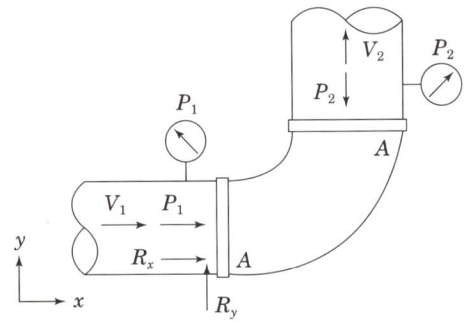

① -1,209
② -1,538
③ -1,889
④ -2,108

[해설]

엘보우 경사판 유동으로 해석하며 입출구 면적이 동일하므로 엘보우에서 입출구 속도(V)가 동일하다

1) 관 단면적
$$A = \frac{\pi D^2}{4} = \frac{3.14 \times (0.1[\text{m}])^2}{4} = 7.853 \times 10^{-3}[\text{m}^2]$$

2) 유속
$$Q = AV$$
$$V = \frac{Q}{A} = \frac{0.05[\text{m}^3/\text{s}]}{7.853 \times 10^{-3}[\text{m}^2]} \fallingdotseq 6.37[\text{m/s}]$$

3) 엘보우 경사판 유동에서의 유동
$$P_1 A_1 - P_2 A_2 - F_x = \rho Q(V\cos\theta - V) = \rho QV(\cos\theta - 1)$$
$$P_2 = 0 (\text{대기압})$$
$$F_x = P_1 A + \rho QV(1-\cos\theta) = (200 \times 10^3[\text{N/m}^2] \times 7.853 \times 10^{-3}[\text{m}^2])$$
$$- (1000[\text{N}\cdot\text{s}^2/\text{m}^4] \times 0.05[\text{m}^3/\text{s}] \times 6.37[\text{m/s}] \times (1-\cos 90) \fallingdotseq 1889[\text{N}]$$

106. 그림과 같이 곡면판이 제트를 받고 있다. 제트속도 V[m/s] 유량 Q[m³/s], 밀도 ρ[N·s²/m⁴], 유출 방향을 θ라 하면 곡면판이 받는 x방향 힘을 나타내는 식은? [17 ㉮]

① $\rho QV^2 \cos\theta$
② $\rho QV\cos\theta$
③ $\rho QV\sin\theta$
④ $\rho QV(1-\cos\theta)$

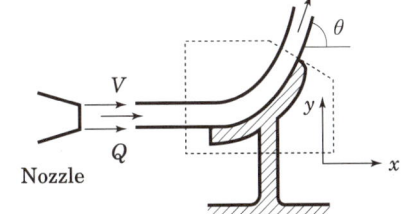

[해설] 106

고정된 곡면판에 작용하는 힘
(1) x방향의 힘
$$F_x = \rho QV(1-\cos\theta)$$

(2) y방향의 힘
$$F_y = -\rho QV\sin\theta$$

정답 105. ② 106. ④

Ⅱ. 소방유체역학   **2-107**

핵심기출문제
3. 유체유동의 해석

107. 그림과 같이 속도 V인 유체가 정지하고 있는 곡면 깃에 부딪혀 θ의 각도로 유동 방향이 바뀐다. 유체가 곡면에 가하는 힘의 x, y 성분의 크기를 $|F_x|$와 $|F_y|$ 라 할 때, $|F_y|/|F_x|$ 는?(단, 유동 단면적은 일정하고 $0° < \theta < 90°$ 이다.) [16②]

① $\dfrac{1-\cos\theta}{\sin\theta}$

② $\dfrac{\sin\theta}{1-\cos\theta}$

③ $\dfrac{1-\sin\theta}{\cos\theta}$

④ $\dfrac{\cos\theta}{1-\sin\theta}$

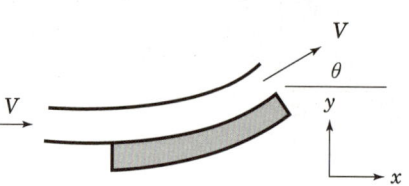

해설
해설 107
고정된 곡면판에 작용하는 힘
(1) x방향의 힘
$$F_x = \rho QV(1-\cos\theta)$$

(2) y방향의 힘
$$F_y = -\rho QV\sin\theta$$

$$\therefore |F_y|/|F_x| = \dfrac{\sin\theta}{1-\cos\theta}$$

---

108. 그림과 같은 곡관에 물이 흐르고 있을 때 계기압력으로 P_1이 98[kPa]이고, P_2가 29.42[kPa]이면 이 곡관을 고정시키는 데 필요한 힘은 약 몇 [N]인가? (단, 높이차 및 모든 손실은 무시한다.) [16, 20 ②]

① 4,482
② 4,518
③ 4,654
④ 4,744

해설 (1) 베르누이 정리를 적용하면
$$\dfrac{\rho v_1^2}{2}+P_1+\rho g z_1 = \dfrac{\rho v_2^2}{2}+P_2+\rho g z_2 \text{ [Pa]에서}$$
높이차 $z_1 = z_2$로 하면
$$\dfrac{\rho v_1^2}{2}+P_1 = \dfrac{\rho v_2^2}{2}+P_2$$

(2) 연속방정식
$$A_1 v_1 = A_2 v_2 \text{에서 } v_2 = \dfrac{A_1}{A_2}v_1 = \dfrac{D_1^2}{D_2^2}v_1 = \dfrac{200^2}{100^2}\times v_1 = 4v_1$$

$$\dfrac{10^3 v_1^2}{2}+98\times 10^3 = \dfrac{10^3(4v_1)^2}{2}+29.42\times 10^3$$

$$\dfrac{10^3 v_1^2}{2}\times(16-1) = (98-29.42)\times 10^3$$

$v_1 = 3.024$, $v_2 = 4v_1 = 4\times 3.024 = 12.1$ [m/s]

(3) 운동량 방정식에 대입하면
$$P_1 A_1 - P_2 A_2 \cos 180° - F = \rho Q(v_2 \cos 180° - v_1)$$
∴ 곡관을 고정시키는 데 필요한 힘 F
$$F = P_1 A_1 - P_2 A_2 \cos 180° - \rho Q(v_2 \cos 180° - v_1)$$
$$= \left(98\times 10^3 \times \dfrac{\pi\times 0.2^2}{4}\right)+\left(29.42\times 10^3 \times \dfrac{\pi\times 0.1^2}{4}\right)-(10^3 \times 0.095 \times (-12.1-3.024)) = 4744$$

여기서, 유량 $Q = A_1 v_1 = \dfrac{\pi\times 0.2^2}{4}\times 3.024 = 0.095$ [m³/s]

정답 107. ② 108. ④

109. 지름 20[cm], 속도 1[m/s]인 물제트가 그림에서와 같이 넓은 평판에 60° 경사지게 충돌한다. 제트가 평판에 수직으로 작용하는 힘 F_N은 약 몇 [N]인가? (단, 중력은 무시한다.)

① 2.72
② 3.14
③ 27.2
④ 31.4

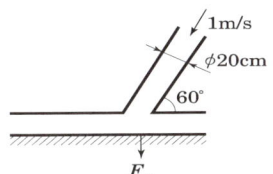

해설 109

고정된 평판에 작용하는 힘
분류가 평면 판과 θ의 각도로 충돌하는 경우에는 평면 판을 수직으로 미는 힘 F는

$$F = \rho Q v \sin\theta \,[\text{N}]$$

$$F = 10^3 \times \left(\frac{\pi \times 0.2^2}{4} \times 1\right) \times 1 \times \sin 60$$
$$= 27.2 [\text{N}]$$

110. 질량 10[kg]인 판넬 중심에 제트유체로 충돌할 경우 제트유체의 속도가 2[m/s]일 경우에 A점을 기준으로 넘어졌다. 이때 제트유체 노즐의 단면적은 얼마인가?

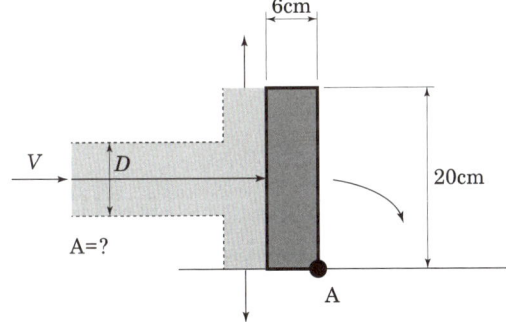

① 0.00735 [cm²]
② 0.00735 [m²]
③ 0.00375 [cm²]
④ 0.00375 [m²]

해설 모멘트의 원리로 풀 수 있다.

(1) 제트유체의 충돌 힘은
 $F = \rho Q v = \rho A v^2$ 에서
 $= 1000 \times A \times 2^2 = 4000A$ [N]
 여기서, ρ : 밀도[kg/m³], Q : 유량[m³/s]
  v : 유속[m/s], A : 단면적[m²]
 따라서 A점을 기준으로 우측으로 넘어지려는 모멘트는 M1 = 4000A × 0.1 = 400A

(2) 물체의 자중에 의해 넘어지지 않으려는 모멘트 M2는
 물체 중심에 작용하므로
 M2 = mg × 0.03 = 10 × 9.8 × 0.03 = 2.94

(3) 따라서 모멘트의 균형에 의해
 M1 = M2
 400A = 2.94
   = 0.00735 [m²]

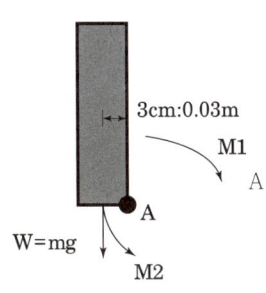

정답 109. ③ 110. ③

핵심기출문제

3. 유체유동의 해석

111. 액체추진 로켓을 발사하기 위하여 고온고압의 배기가스를 배출한다. 단면적, 온도와 압력 등 모든 조건이 같은 상태에서 배출속도만 2배로 높이면 추진력은 몇 배가 되는가? [21 ㉑]

① $\sqrt{2}$
② 2
③ $2\sqrt{2}$
④ 4

112. 그림에서 탱크차가 받는 추력은 약 몇 [N]인가? (단, 노즐의 단면적은 0.03 [m²]이며 마찰은 무시한다.) [19, 21 ㉑]

① 800
② 1,480
③ 2,700
④ 5,340

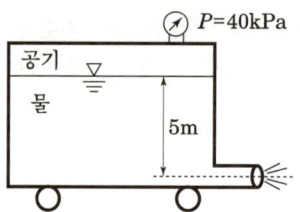

113. 그림과 같이 물이 유량 Q로 저수조로 들어가고, 속도 $V=\sqrt{2gh}$로 저수조 바닥에 있는 면적 A_2의 구멍을 통하여 나간다. 저수조의 수면높이의 변화속도 $\dfrac{dh}{dt}$는? [22 ㉑]

① $\dfrac{Q}{A_2}$

② $\dfrac{A_2\sqrt{2hg}}{A_1}$

③ $\dfrac{Q-A_2\sqrt{2gh}}{A_2}$

④ $\dfrac{Q-A_2\sqrt{2gh}}{A_1}$

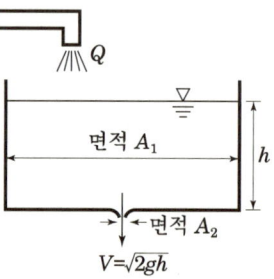

114. 수면의 면적이 10[m²]인 저수조에 계속적으로 1[m³/min]의 유량으로 물이 채워지고 있다. 화재 초기의 수심은 2[m]였고 진화를 위해 2[m³/min]의 물을 계속 사용한다면, 이 저수조가 고갈될 때까지는 약 몇 분 걸리겠는가? [23 ㉑]

① 15
② 20
③ 25
④ 30

해설

해설 111

로켓의 추진력 F
$F = \rho Qv = \rho Av^2$에서 $F \propto v^2$
$\therefore F = 2^2 = 4$배

해설 112

(1) 베르누이 정리
$\dfrac{v_1^2}{2g} + \dfrac{P_1}{\gamma} + z_1 = \dfrac{v_2^2}{2g} + \dfrac{P_2}{\gamma} + z_2$에서
$v_1 = 0$, $P_2 = 0$, $z_2 = 0$로 하면
$0 + \dfrac{40}{9.8} + 5 = \dfrac{v_2^2}{2 \times 9.8} + 0 + 0$
$v_2 = 13.34$ [m/s]

(2) 물탱크의 추력 F
$F = \rho Qv = \rho Av^2$
$= 1,000 \times 0.03 \times 13.34^2 = 5,339$ [N]

해설 113

$Q = Q_2 + \dfrac{A_1 dh}{dt}$ [m³/sec]

$Q - Q_2 = \dfrac{A_1 dh}{dt}$ [m³/sec]

또한 $Q_2 = A_2\sqrt{2gh}$ 이므로

$\dfrac{dh}{dt} = \dfrac{Q-Q_2}{A_1} = \dfrac{Q-A_2\sqrt{2gh}}{A_1}$ [m/sec]

해설 114

(1) 화재초기의 저수량 Q
$Q = Ah = 10 \times 2 = 20$ [m³]
(2) 소모되는 저수량
= 저수조의 방수량 − 저수조 공급량
= 2 − 1 = 1 [m³/min]
∴ 저수조가 고갈될 때까지 걸리는 시간
$t = \dfrac{\text{저수량[m³]}}{\text{소모되는 저수량[m³/min]}} = \dfrac{20}{1}$
$= 20$ [min]

정답 111. ④ 112. ④ 113. ④
114. ②

115. 그림과 같은 면적 A_1인 원형 관의 출구에 노즐이 볼트로 연결되어 있으며 노즐 끝의 면적은 A_2이고 노즐 끝(2지점)에서의 물의 속도는 V, 물의 밀도는 ρ이다. 볼트 전체에 작용하는 힘이 F_B일 때, 1지점에서의 압력(게이지압력)을 구하는 식은?

[20, 22 ㉯]

① $\dfrac{F_B}{A_1} - \rho V^2 \left(1 + \dfrac{A_2}{A_1}\right)$

② $\dfrac{F_B}{A_1} + \rho V^2 \left(1 - \dfrac{A_2}{A_1}\right)\dfrac{A_2}{A_1}$

③ $\dfrac{F_B}{A_1} - \rho V^2 \left(1 - \dfrac{A_1}{A_2}\right)$

④ $\dfrac{F_B}{A_1} - \rho V^2 \left(1 - \dfrac{A_2}{A_1}\right)\dfrac{A_2}{A_1}$

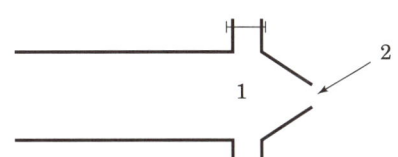

해설 115

운동량 방정식
$P_1 A_1 - F_B = \rho Q(V_2 - V_1)$
$\qquad = \rho A_2 V_2^2 - \rho A_1 V_1^2$ 에서
$P_1 A_1 = F_B + \rho A_2 V_2^2 - \rho A_1 V_1^2 \cdots$ (1)식

연속방정식
$Q = A_1 V_1 = A_2 V_2$ 에서
$V_1 = \dfrac{A_2}{A_1} V_2 = \dfrac{A_2}{A_1} V \cdots$ (2)식

(2)식을 (1)식에 대입하면
$P_1 A_1 = F_B + \rho A_2 V^2 - \rho A_1 \left(\dfrac{A_2}{A_1} V\right)^2$
$\qquad = F_B + \rho A_2 V^2 - \rho A_1 \dfrac{A_2^2}{A_1^2} V^2$
$\qquad = F_B + \rho V^2 \left(A_2 - \dfrac{A_2^2}{A_1}\right)$

$\therefore P_1 = \dfrac{F_B}{A_1} + \rho V^2 \dfrac{1}{A_1}\left(A_2 - \dfrac{A_2^2}{A_1}\right)$

$\therefore P_1 = \dfrac{F_B}{A_1} + \rho V^2 \left(1 - \dfrac{A_2}{A_1}\right)\dfrac{A_2}{A_1}$

116. 지름 200[mm]인 수평 원관 내를 어떤 액체가 층류로 흐를때 관 벽에서의 전단응력이 150[Pa]이다. 관의 길이가 30[m] 일 때 압력강하 △P는 몇 [kPa] 인가? [24 ㉯]

① 70   ② 80
③ 90   ④ 100

해설

1) 수평원관, 층류 : 전단응력

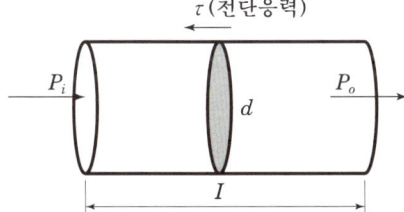

$\sum F_x = 0, \quad p_i \times \dfrac{\pi d^2}{4} - p_o \times \dfrac{\pi d^2}{4} - \tau' \pi d = 0$ 에서

$\triangle p = p_i - p_o = \dfrac{4\tau' \pi d}{\pi d^2} = \dfrac{4\tau'}{d}$,

$\tau' = \dfrac{\triangle p d}{4} = \dfrac{\triangle p r}{2}$

단위길이당 전단응력은 길이로 나누어 준다.

$\tau = \dfrac{\tau'}{l} = \dfrac{\frac{\triangle p r}{2}}{l} = \dfrac{\triangle p r}{2l}$

2) 압력강하
$\triangle p = \dfrac{2\tau l}{r} = \dfrac{2 \times 150[\text{Pa}] \times 30[\text{m}]}{0.1[\text{m}]} = 90000[\text{Pa}] = 90[\text{kPa}]$

115. ② 116. ③

04 관내의 유동

핵심 PLUS

- 층류 : 유체가 규칙적으로 유선상을 운동하는 흐름 ($Re < 2,100$)

- 천이구역 : 층류와 난류의 경계 ($2,100 < Re < 4,000$)

- 난류 : 와류가 발생하여 유체가 불규칙적으로 운동하는 흐름 ($Re > 4,000$)

- 층류는 유체의 동점도가 크고 좁은 관내를 협소한 곳이나 좁은 관내를 극히 느리게 흐를 때의 흐름

- 난류는 유체의 동점도가 작고 넓은 곳이나 큰 관내를 흐를 때 및 유속이 클 때의 흐름(보통 소방유체)

1 유체의 유동형태(층류, 난류), 완전발달유동

1. 유동 상태

1) 층류(層流 : laminar flow)

   유체의 입자가 서로 층을 이루고 뒤섞임 없이 규칙적으로 일정한 선과 같은 흐름

2) 난류(亂流 : turbulent flow)

   유체의 입자들이 서로 섞이면서 불규칙한 운동을 하는 흐름

구분	층류	천이영역	난류
Re	Re<2100	2100 < Re < 4000	Re > 4000

2. 완전발달유동(fully developed flow)

경계층이 완전히 형성되어 속도 분포가 완성된 흐름

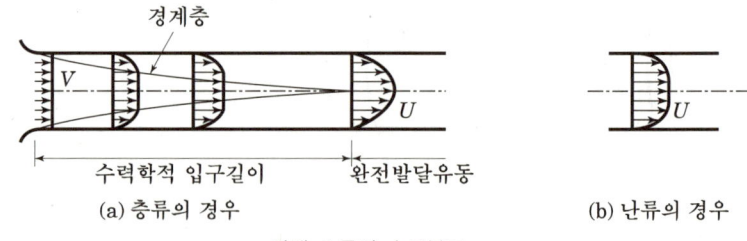

관내 흐름의 속도분포

관 입구에서는 유체의 속도가 똑 같은데 관벽을 흐르는 유체는 관 벽에 부착하기 때문에 속도는 0이 된다.
파이프 내의 속도 경계층의 발달된 평균속도분포는 층류유동에서는 포물선이고 난류유동에서는 좀 더 평평해진다.

2 레이놀즈수, 무차원수, 관내유량 측정

1. 레이놀즈수(Reynolds number ; Re)

실험적으로 유도된 것으로 흐름이 층류인가 난류인가를 판단하는 지표이다.

$$Re = \frac{DV\rho}{\mu} = \frac{DV}{\nu}, \quad \nu = \frac{\mu}{\rho}$$

여기서, Re : 레이놀드 수 D : 내경(또는 지름) [m]
V : 유속 [m/s] ρ : 밀도 [kg/m³]
μ : 점도 [Pa·s] ν : 동점성계수 [m²/s]

- 상임계 레이놀즈 수 : 층류에서 난류로 변할 때의 레이놀즈 수(4,000)
- 하임계 레이놀즈 수 : 난류에서 층류로 변할 때의 레이놀즈 수(2,100)
- 임계 유속 : Re 수가 2,100일 때의 유속

2. 무차원수

1) 점성유동(레이놀즈수=관성력/점성력)

'관로에서의 마찰손실, 비행체의 항력, 경계층문제 등의 점성유동(점성력이 주로 작용하는 유동)에는 레이놀즈수가 중요시 되는 무차원수이다.

$$\frac{관성력}{점성력} = \frac{\rho V^2 D^2}{\mu VD} = \frac{\rho VD}{\mu} = Re : 레이놀즈(Reynolds)수$$

2) 자유표면을 갖는 유동(프루드수=관성력/중력)

자유표면상의 액체 입자가 연직으로 동요되는 경우 중력은 유체입자를 복원시키려는 힘으로 작용한다. 즉 중력은 파 형성의 원인이 되는 힘이다. 선박의 파고저항, 수력도약, 조파현상 등에는 프루드수가 중요시 된다.

$$\frac{관성력}{중력} = \frac{ma}{mg} = \frac{\rho V^2 L^2}{\rho L^3 g} = \frac{V^2}{gL} = \frac{V}{\sqrt{gL}} = F_r : 프루드(Froude)수$$

핵심 PLUS

01 내경 1[cm]의 배관 속을 유체가 평균 유속 23[cm/s]로 흐르고 있을 때, 유체의 동점성 계수가 15[mm²/s] 라 하면, 레이놀드 수는 얼마인가? 그리고 층류인지 난류인지를 구분하지오.

① 153.3, 층류
② 153.3, 난류
③ 157.8, 층류
④ 157.8, 난류

해설 $Re = \frac{VD}{\nu} = \frac{0.23 \times 0.01}{15 \times 10^{-6}} = 153.3$

$Re < 2,100$ 이므로 층류이다.

답 : ①

핵심 PLUS

02 일반적인 배관 시스템에서 발생되는 손실을 주손실과 부차적 손실로 구분할 때 다음 중 주손실에 속하는 것은?
① 직관에서 발생하는 마찰 손실
② 파이프 입구와 출구에서의 손실
③ 단면의 확대 및 축소에 의한 손실
④ 배관부품(엘보, 리턴밴드, 티, 리듀서, 유니언, 밸브 등)에서 발생하는 손실

답 : ①

03 원유(비중 0.96, 점도 0.49[Pa·s])를 내경 800[mm]의 관으로 10km 떨어진 곳으로 수송할 때의 압력손실[kPa]을 구한 것으로 옳은 것은? (단, 기름의 평균유속은 0.6[m/s]로 한다.)
① 78 ② 96
③ 102 ④ 147

해설 먼저 레이놀즈수 Re 을 구하여 흐름의 상태를 조사한다.

$Re = \dfrac{DV\rho}{\mu} = \dfrac{0.8 \times 0.6 \times 0.96 \times 1,000}{0.49}$

≒ 940

Re < 2,100 이므로 흐름은 층류이다.
따라서, 관마찰계수

$f = \dfrac{64}{Re} = \dfrac{64}{940} = 0.068$

압력손실

$p = \Delta p = f \cdot \dfrac{l}{d} \cdot \dfrac{v^2}{2}\rho$ [Pa]

$= 0.068 \times \dfrac{10 \times 10^3}{0.8} \times \dfrac{0.6^2}{2} \times 1,000$

$\times 0.96 = 146,880$ [Pa] ≒ 147[kPa]

답 : ④

3 관내 유동에서의 마찰손실

1. 손실(Loss)의 개념

1) 주손실(Major Loss) : 직관에서 발생하는 마찰손실을 의미한다.

2) 부차적손실(Minor Loss) : Fitting류, 급확대/급축소관, 엘보, 밸브 등의 부차적요소에 의한 손실을 말한다.

3) 손실수두(h_l) : 유체에 발생하는 손실을 수두(mAq)로 나타낸 것

$$h_l = K\dfrac{V^2}{2g}, \quad K : 마찰손실계수, \quad V : 유체속도$$

2. 손실수두 계산(h_l)

1) 패닝(Fanning)의 법칙

난류, 원형관에서 주로 사용되어지는 손실수두 계산법이다.

$$h_l = 4f\left(\dfrac{L}{D}\right)\dfrac{V^2}{2g} = f\left(\dfrac{L}{D}\right)\left(\dfrac{2V^2}{g}\right)$$

D : 관의 직경[m], V : 유체의 유속[m/s], L : 관길이[m], f : 마찰계수

2) 하겐-포아젤(Hagen-Poiseulle) 식

층류, 수평원형관 유체(보통 기름)에 사용하는 손실수두 개념이다.

$$h_l = \dfrac{128\mu l Q}{\pi \gamma D^4}$$

D : 관의 직경[m], Q : 유량[m³/s], γ : 비중량[kgf/m³, N/m³]

3) 달시-바이스바흐(Darcy-Weisbach) 식

층류와 난류, 신배관에서 적용되는 손실수두 개념이며 영역별로 손실수두를 구하는 방법이 다르므로 주의가 필요하다.

$$h_l = f\dfrac{L}{D}\dfrac{V^2}{2g}$$

D : 관의 직경[m], V : 유체의 유속[m/s], L : 관길이[m], f : 마찰계수

① 층류 영역 : $f = \dfrac{64}{Re}$

② 천이 영역 : f는 Re와 상대조도($\dfrac{\epsilon}{d}$)의 함수이다.

③ 난류 영역 : f는 상대조도($\dfrac{\epsilon}{d}$)만의 함수이다. (거친관기준)

4) 하젠-윌리암스(Hazen-Williams) 식

난류, 구배관에 적용하는 손실압력차를 구하는 방법이며 유체 중 물에만 작용 가능한 공식이다. 여기서 배관내경 d의 단위[mm]를 주의해야 한다.

$$\triangle P = 6.174 \times 10^5 \times \dfrac{Q^{1.85}}{C^{1.85} \times d^{4.87}} = \gamma h_l$$

$\triangle P$: 1[m]당 손실되는 압력차[kgf/m² · m], C : 조도계수,
d : 배관내경[mm], Q : 유량[lpm], γ : 비중량[kgf/m³]

– 하젠 윌리암스 공식에서는 단위에 주의해야 함. 특히, 압력차 단위[kgf/m³ · m]에 따른 배관내경 단위[mm]를 주의해야 한다.

5) 주요 항목 비교표

구분	패닝 법칙	하겐-포아젤	달시	하젠-윌리암스
층류, 난류	난류	층류	층류, 난류	난류
소방적용	원형관	유체(기름)	유체(물, 기체)	유체(물)
적용배관	전부	전부	신배관	구배관

3. 급확대관의 부차적 손실수두

$h_l = \dfrac{(V_1 - V_2)^2}{2g}$

$= (1 - \dfrac{A_1}{A_2})^2 \dfrac{V_1^2}{2g} = K \dfrac{V_1^2}{2g}$

$K = (1 - \dfrac{A_1}{A_2})^2$, $V_1 = 1$지점의 유속

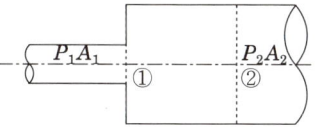

04 지름 30[cm]인 원형 관과 지름 45[cm]인 원형관이 급격하게 면적이 확대되도록 직접 연결되어 있을 때 작은 관에서 큰 관 쪽으로 매초 230L의 물을 보내면 연결부의 손실수두는 약 몇 m인가? (단, 면적이 A_1에서 A_2로 급확대될 때 작은 관을 기준으로 한 손실계수는 $\left(1 - \dfrac{A_1}{A_2}\right)^2$이다.)

① 0.025　② 0.125
③ 0.135　④ 0.167

답 : ④

4. 급축소관의 부차적 손실수두

$$h_l = \frac{(V_c - V_2)^2}{2g}$$

$$= \left(\frac{1}{C_c} - 1\right)^2 \frac{V_2^2}{2g} = K\frac{V_2^2}{2g}$$

$$K = \left(\frac{1}{C_c} - 1\right)^2, \; C_c = \frac{A_c}{A_2}$$

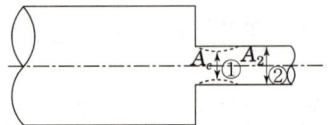

C_c : '베나축소계수,' A_c : '유동'단면적이'최소인'부분의'단면적

V_2 : ② 지점의 '유속'

05 직경 4[cm]이고 관마찰계수가 0.02인 원관에 부차적 손실계수가 4인 밸브가 장치되어 있을 때 이 밸브의 등가길이(상당길이)는 몇 [m]인가?
① 4   ② 6
③ 8   ④ 10

[해설] 등가길이

$L_e = \frac{KD}{f} = \frac{4 \times 0.04}{0.02} = 8[m]$

답 : ③

5. 상당길이(등가길이, L_e)

1) 개념

부속류(Fitting류, 밸브 등) 등의 손실을 배관의 직관길이로 환산한 길이이다.

2) 계산식

$$L_e = \frac{KD}{f}$$

D : 관의 직경[m], K : 부차적 손실계수, f : 마찰계수

6. 수력반경(R_h), 수력직경(D_h)

1) 수력반경(Hydraulic Radius, R_h)

유동단면적을 물이 접한 길이(접수길이)로 나눈 것을 말하며 수력직경은 수력반경에 4배 이다.

2) 계산식

① 원형관(d : 중심지름)

$$R_h = \frac{유동\,단면적}{접수길이} = \frac{\frac{\pi d^2}{4}}{\pi d} = \frac{d}{4}, \quad D_h = 4 \times R_h = d$$

② 정사각관(a : 한변길이)

$$R_h = \frac{유동\,단면적}{접수길이} = \frac{a^2}{4a} = \frac{a}{4}, \quad D_h = 4 \times R_h = a$$

③ 환형관(바깥지름 : D, 안지름 : d)

$$R_h = \frac{유동\,단면적}{접수길이} = \frac{D-d}{4}, \quad D_h = 4 \times R_h = D-d$$

06 한 변의 길이가 L인 정사각형 단면의 수력직경(D_h)은? (단, P는 유체의 젖은 단면 둘레의 길이, A는 관의 단면적이며, $D_h = \frac{4A}{P}$ 정의한다.)

① $\frac{L}{4}$ ② $\frac{L}{2}$
③ L ④ $2L$

답 : ③

핵심정리

1. 레이놀즈수(Reynolds number) $Re = \dfrac{DV\rho}{\mu} = \dfrac{DV}{\nu}$

2.
   > 층류 : 유체가 규칙적으로 유선상을 운동하는 흐름 ($Re < 2100$)
   > 천이구역 : 층류와 난류의 경계 ($2100 < Re < 4000$)
   > 난류 : 와류가 발생하여 유체가 불규칙적으로 운동하는 흐름 ($Re > 4000$)

3. 무차원수

   1) 레이놀즈수(Reynolds number) $Re = \dfrac{관성력}{점성력} = \dfrac{\rho VL}{\mu}$

   2) 프루드(Froude)수 $F_r = \dfrac{관성력}{중력} = \dfrac{V}{\sqrt{gL}}$

4. 달시-바이스바흐(Darcy-Weisbach)의 식 $h_L = f \cdot \dfrac{l}{d} \cdot \dfrac{v^2}{2g}$[m], $f = \dfrac{64}{Re}$ (층류)

5. 하겐-포아젤의 법칙(Hagen-Poiseuille's law) $h_L = \dfrac{128\mu LQ}{\gamma \pi d^4}$[m]

6. 패닝의 법칙(Fanning's law)

   $h_L = 4f\left(\dfrac{L}{d}\right)\left(\dfrac{V^2}{2g}\right)$[m], $\Rightarrow \Delta P = 4f\left(\dfrac{L}{d}\right)\left(\dfrac{\rho V^2}{2}\right)$[Pa]

7. 하젠-윌리암스 식 $\Delta P = 6.174 \times 10^5 \times \dfrac{Q^{1.85}}{C^{1.85} \times d^{4.87}} = \gamma h_l$

8. 부차적 손실 $h_L = K\dfrac{V^2}{2g}$

   1) 돌연 확대관 $K = \left(1 - \dfrac{A_1}{A_2}\right)^2$ $h_L = K\dfrac{V_1^2}{2g}$

   2) 돌연 축소관 $K = \left(\dfrac{1}{C_e} - 1\right)$ $h_L = K\dfrac{V_2^2}{2g}$

   3) 점진 확대관 K는 $\theta = 6 \sim 7$에서 최소이고, $\theta = 65°$에서 최대

9. 관의 상당길이 $L_e = \dfrac{K \cdot D}{f}$

10. 수력직경 $D_e = 4 \times \dfrac{유동단면적}{접수길이}$

핵심기출문제

4. 관내의 유동

■■■ 4. 관내의 유동

1. 유체의 흐름 중 난류 흐름에 대한 설명으로 틀린 것은? [22 ㉯]

① 원관 내부 유동에서는 레이놀즈수가 약 4000 이상인 경우에 해당한다.
② 유체의 각 입자가 불규칙한 경로를 따라 움직인다.
③ 유체의 입자가 갖는 관성력이 입자에 작용하는 점성력에 비하여 매우 크다.
④ 원관 내 완전 발달 유동에서는 평균속도가 최대속도의 $\frac{1}{2}$이다.

2. 원관 내에 유체가 흐를 때 유동의 특성을 결정하는 가장 중요한 요소는? [20 ㉯]

① 관성력과 점성력
② 압력과 관성력
③ 중력과 압력
④ 압력과 점성력

3. 원형 단면을 가진 관내에 유체가 완전 발달된 비압축성 정상유동으로 흐를 때 전단응력은? [18 ㉯]

① 중심에서 0이고 중심선으로부터 거리에 비례하여 변한다.
② 관벽에서 0이고 중심선에서 최대이며 선형분포한다.
③ 중심에서 0이고 중심선으로부터 거리의 제곱에 비례하여 변한다.
④ 전 단면에 걸쳐 일정하다.

4. 레이놀즈수에 대한 설명으로 옳은 것은? [15 ㉯]

① 정상류와 비정상류를 구별하여 주는 척도가 된다.
② 실체유체와 이상유체를 구별하여 주는 척도가 된다.
③ 층류와 난류를 구별하여 주는 척도가 된다.
④ 등류와 비등류를 구별하여 주는 척도가 된다.

해설

해설 1
레이놀즈(Reynolds)수
$$Re = \frac{관성력}{점성력} = \frac{\rho V^2 L^2}{\mu VL} = \frac{\rho VL}{\mu}$$
① $R_e < 2100$: 층류,
   $R_e > 4,000$: 난류
② 난류란 레이놀즈수(Re)가 4,000이상인 원관 내부 유체의 흐름이므로 식에서와 같이 입자가 갖는 관성력이 입자에 작용하는 점성력에 비하여 매우 크게 작용하는 흐름을 말한다.
③ 원관에서의 평균속도 V_{ave}
층류 : $V_{ave} = 0.5 V_{max}$
$(U_{max} = 2U_{ave} = 2(\frac{Q}{A})(m/s))$
난류 : $V_{ave} = 0.8 V_{max}$

해설 2
원관 내의 유체의 유동 특성 즉, 층류인지 난류인지를 판단하는 가장 기본적인 것은 레이놀즈수이다.
따라서 레이놀즈수 $Re = \frac{관성력}{점성력}$의 무차원수로 나타낸다.

해설 3
층류유동 시 직경이($d = 2\gamma_0$)인 원형 단면에서 전단응력(τ)= $-\frac{dp}{dl} \cdot \frac{\gamma}{2}$[kPa]
i) $\gamma = 0$이면 관의 중심 $\tau = 0$
ii) γ이 증가하면 전단응력(τ)은 직선 증가(선형적 증가) 관의 벽면에서 전단응력은 최대가 된다.
$$\tau_{max} = -\frac{dP}{dl} \cdot \frac{d}{4}(kPa)$$

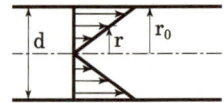

해설 4
레이놀즈(Reynolds)수
$$Re = \frac{관성력}{점성력} = \frac{\rho V^2 L^2}{\mu VL} = \frac{\rho VL}{\mu}$$
$R_e < 2100$: 층류, $R_e > 4,000$: 난류
즉, 레이놀즈수는 층류와 난류를 구별하여 주는 척도이다.

정답 1.④ 2.① 3.① 4.③

해설

5. 관 내에 흐르는 유체의 흐름을 구분하는 데 사용되는 레이놀즈수의 물리적인 의미는? [18, 20, 22 ㉮]

① 관성력/중력
② 관성력/탄성력
③ 관성력/점성력
④ 관성력/압축력

6. 프루드(Froude)수의 물리적인 의미는? [16 ㉮]

① $\dfrac{\text{관성력}}{\text{탄성력}}$
② $\dfrac{\text{관성력}}{\text{중력}}$
③ $\dfrac{\text{압축력}}{\text{관성력}}$
④ $\dfrac{\text{관성력}}{\text{점성력}}$

7. 다음 중 무차원수의 물리적 의미로 틀린 것은? [21, 24 ㉮]

① 레이놀드수(Re) = 관성력/점성력
② 프루드수(Fr) = 관성력/중력
③ 웨버수(We) = 관성력/탄성력
④ 오일러수(Eu) = 압력힘/관성력

[해설] 자유표면 또는 경계면의 유동(웨버수 = 관성력/표면장력)
기체-액체 또는 비중이 서로 다른 액체-액체의 경계면, 표면장력파, 물방울, 오리피스나 위어의 유동 등에 매우 중요한 무차원수이다. 파장이 작은 파는 생성 원인이 표면장력이므로 표면 장력파, 파장이 긴 파는 원인이 중력이므로 중력파라고 한다.

웨버(Weber)수 $= \dfrac{\text{관성력}}{\text{표면장력}} = \dfrac{ma}{\sigma L} = \dfrac{\rho V^2 L^2}{\sigma L} = \dfrac{\rho V^2 L}{\sigma}$

[참고] 오일러수=압축력/관성력
압력계수, 항력계수, 양력계수 등으로 쓰인다. 관로 손실 문제에서 역학적 상사유동이 성립하려면 Re, e/D가 모형과 실물에서 같은 값을 갖고 또한 압력계수가 같아야 한다.

오일러(Euler)수 $= \dfrac{\text{압축력}}{\text{관성력}} = \dfrac{pA}{ma} = \dfrac{pL^2}{\rho V^2 L^2} = \dfrac{p}{\rho V^2}$

8. 수평 원관 내 완전발달 유동에서 유동을 일으키는 힘(ㄱ)과 방해하는 힘(ㄴ)은 각각 무엇인가? [19 ㉮]

① ㄱ : 압력차에 의한 힘, ㄴ : 점성력
② ㄱ : 중력 힘, ㄴ : 점성력
③ ㄱ : 중력 힘, ㄴ : 압력차에 의한 힘
④ ㄱ : 압력차에 의한 힘, ㄴ : 중력 힘

[해설] **5**

레이놀즈(Reynolds)수

$Re = \dfrac{\text{관성력}}{\text{점성력}} = \dfrac{\rho V^2 L^2}{\mu VL} = \dfrac{\rho VL}{\mu}$

레이놀즈수는 관로에서의 마찰손실, 비행체의 항력, 경계층문제 등의 점성유동(점성력이 주로 작용하는 유동)에는 레이놀즈수가 중요시 되는 무차원수이다.

[해설] **6**

자유표면을 갖는 유동
자유표면상의 액체 입자가 연직으로 동요되는 경우 중력은 유체입자를 복원시키려는 힘으로 작용한다. 즉 중력은 파 형성의 원인이 되는 힘이다. 선박의 파고저항, 수력도약, 조파현상 등에는 프루드수가 중요시 된다.

프루드(Froude)수 Fr
$= \dfrac{\text{관성력}}{\text{중력}} = \dfrac{ma}{mg} = \dfrac{\rho V^2 L^2}{\rho L^3 g} = \dfrac{V^2}{gL}$
$= \dfrac{V}{\sqrt{gL}}$

[해설] **8**

완전 발달 유동(fully developed flow)
완전 발달 유동이란 경계층의 형성으로 관속의 속도분포가 완전하게 형성된 흐름을 의미하며 더 이상 관속의 속도분포 변화가 일어나지 않는다. 속도분포가 더 이상 변하지 않으므로 이 영역에서는 길이방향에 대해서 벽면의 전단응력도 일정하다. 또한 이 때에는 압력과 점성력에 의한 힘 이외에 외력이 없으므로 나비에 스톡스 방정식에서 의해서 정리된다.

정답 5. ③ 6. ② 7. ③ 8. ①

핵심기출문제

4. 관내의 유동

9. 동점성계수가 0.6×10^{-6}[m²/s]인 유체가 내경 30[cm]인 파이프 속을 평균유속 3[m/s]로 흐른다면 이 유체의 레이놀드수는 얼마인가? [18, 24 ㉮]

① 1.5×10^6
② 2.0×10^6
③ 2.5×10^6
④ 3.0×10^6

10. 직경이 10[cm]인 원관 속에 비중이 0.85인 기름이 0.01[m³/s]의 비율로 흐르고 있다. 이 기름의 동점성계수가 1.0×10^{-4} [m²/s]일 때 이 흐름의 상태는? [23 ㉮]

① 층류
② 난류
③ 천이구역
④ 비정상류

11. 비중 0.8, 점성계수가 0.03[kg/m·s]인 기름이 안지름 450[mm]의 파이프를 통하여 0.3[m³/s]의 유량으로 흐를 때 레이놀드수는? (단, 물의 밀도는 1000[kg/m³]이다.) [24 ㉮]

① 5.66×10^4
② 2.26×10^4
③ 2.83×10^4
④ 9.04×10^4

12. 펌프로부터 분당 150L의 소방용수가 토출되고 있다. 토출 배관의 내경이 65[mm] 일 때 레이놀즈수는 약 얼마인가? (단, 물의 점성계수는 0.001[kg/m·s]로 한다.) [15 ㉮]

① 1,300
② 5,400
③ 49,000
④ 82,000

[해설]
(1) 유량 $Q = AV$에서

유속 $V = \dfrac{Q}{A} = \dfrac{150 \times 10^{-3}}{\dfrac{\pi \times 0.065^2}{4} \times 60} \fallingdotseq 0.753$ [m/s]

(2) 레이놀즈수 Re

$Re = \dfrac{\rho DV}{\mu} = \dfrac{1,000 \times 0.065 \times 0.753}{0.001} \fallingdotseq 49,000$

여기서, D : 내경(또는 지름) [m], V : 유속 [m/s]
ρ : 밀도 [kg/m³], μ : 점도 [kg/m·s], [Pa·s]

해설

해설 9
레이놀즈수 Re

$Re = \dfrac{DV\rho}{\mu} = \dfrac{DV}{\nu} = \dfrac{0.3 \times 3}{0.6 \times 10^{-6}}$

$= 1.5 \times 10^6$

여기서,
D : 내경(또는 지름) [m]
V : 유속[m/s]
ρ : 밀도 [kg/m³]
μ : 점도 [Pa·s]
ν : 동점성계수[m²/s]

해설 10
레이놀즈수 Re

$V = \dfrac{Q}{A} = \dfrac{0.01}{\dfrac{\pi \times 0.1^2}{4}} \fallingdotseq 1.27$ (m/s)

$Re = \dfrac{\rho DV}{\mu} = \dfrac{DV}{\nu} = \dfrac{0.1 \times 1.27}{1 \times 10^{-4}} = 1270$

$Re < 2,100$ 이므로 층류이다.

해설 11
레이놀즈수 Re

$Re = \dfrac{\rho DV}{\mu}$ 에서

(1) 유속

$V = \dfrac{Q}{A} = \dfrac{0.3}{\dfrac{\pi \times 0.45^2}{4}} \fallingdotseq 1.89$ [m/s]

(2) 밀도 $\rho = 1,000s = 1,0000.8$
$= 800$ [kg/m³]

$\therefore Re = \dfrac{\rho DV}{\mu} = \dfrac{800 \times 0.45 \times 1.89}{0.03}$

$= 22,680 \fallingdotseq 2.26 \times 10^4$

정답 9. ① 10. ① 11. ② 12. ③

13. 동점성계수가 1.15×10^{-6} [m²/s]인 물이 30[mm]의 지름 원관 속을 흐르고 있다. 층류가 기대될 수 있는 최대 유량은 약 몇 [m³/s]인가? (단, 임계 레이놀즈 수는 2,100이다.) [18㉮]

① 2.85×10^{-5} ② 5.69×10^{-5}
③ 2.85×10^{-7} ④ 5.69×10^{-7}

14. 안지름 50[mm]인 관에 동점성계수 2×10^{-3}[cm²/s]인 유체가 흐르고 있다. 층류로 흐를 수 있는 최대유량은 약 얼마인가? (단, 임계레이놀즈수는 2,100으로 한다.) [16㉮]

① 16.5[cm³/s] ② 33[cm³/s]
③ 49.5[cm³/s] ④ 66[cm³/s]

15. 지름이 5[cm]인 원형 관 내에 어떤 이상기체가 흐르고 있다. 다음 보기 중 이 기체의 흐름이 층류이면서 가장 빠른 속도는? (단, 이 기체의 절대압력은 200[kPa], 온도는 27[℃], 기체상수는 2,080[J/kg·K], 점성계수는 2×10^{-5}[N·s/m²], 층류에서 하임계 레이놀즈 값은 2,200으로 한다.) [17, 21㉮]

| ㉠ 0.3[m/s] | ㉡ 1.5[m/s] |
| ㉢ 8.3[m/s] | ㉣ 15.5[m/s] |

① ㉠ ② ㉡
③ ㉢ ④ ㉣

[해설] 레이놀즈수 Re

$Re = \dfrac{\rho D V}{\mu}$ 에서

여기서, D : 내경(또는 지름)[m], V : 유속[m/s]
ρ : 밀도[kg/m³], μ : 점도[Pa·s]

밀도 ρ는
이상기체 상태방정식
$PV = m\overline{R}T$에서

$\rho = \dfrac{m}{V} = \dfrac{P}{\overline{R}T} = \dfrac{200}{2.08 \times (273+27)} \fallingdotseq 0.32\,[\mathrm{kg/m^3}]$

여기서, P : 압력[kPa], V : 체적[m³], m : 질량[kg]
$\overline{R}$: 기체상수[kJ/kg·K], T : 온도[K]

∴ 유속 $V = \dfrac{\mu R_e}{\rho D} = \dfrac{2 \times 10^{-5} \times 2,200}{0.32 \times 0.05} = 2.75\,[\mathrm{m/s}]$

보기 중의 가장 빠른 속도는 1.5[m/s]를 선택한다.

해설

해설 13

레이놀즈수 Re

$Re = \dfrac{DV}{\nu}$ 에서

여기서, D : 내경(또는 지름)[m]
V : 유속[m/s]
ν : 동점성계수[m²/s]

유속 $V = \dfrac{R_e \cdot \nu}{D} = \dfrac{2,100 \times 1.15 \times 10^{-6}}{0.03}$
$= 0.0805\,[\mathrm{m/s}]$

∴ 유량 $Q = AV = \dfrac{\pi D^2}{4} \cdot V$

$= \dfrac{\pi \times 0.03^2}{4} \times 0.0805$

$\fallingdotseq 5.69 \times 10^{-5}\,[\mathrm{m^3/s}]$

해설 14

레이놀즈수 Re

$Re = \dfrac{DV}{\nu}$ 에서

여기서, D : 내경(또는 지름)[cm]
V : 유속[cm/s]
ν : 동점성계수[cm²/s]

유속 $V = \dfrac{R_e \cdot \nu}{D} = \dfrac{2,100 \times 2 \times 10^{-3}}{5\,[\mathrm{cm}]}$
$= 0.84\,[\mathrm{cm/s}]$

∴ 유량 $Q = AV = \dfrac{\pi D^2}{4} \cdot V$

$= \dfrac{\pi \times 5^2}{4} \times 0.84$

$\fallingdotseq 16.5\,[\mathrm{cm^3/s}]$

정답 13. ② 14. ① 15. ②

핵심기출문제
4. 관내의 유동

16. 온도가 37.5[℃]인 원유가 0.3[m³/s]의 유량으로 원관에 흐르고 있다. 하임계 레이놀즈수가 2,100일 때 층류로 흐를 수 있는 관의 최소지름은 몇 [m]인가? (단, 이때 원유의 동점성계 수는 6×10^{-5}[m²/s]이다.) [17 ㉮]
① 2.25 ② 2.75
③ 3.03 ④ 4.05

17. 다음 중 관마찰계수는 어느 것인가? [18, 22 ㉮]
① 절대조도와 관지름의 함수
② 절대조도와 상대조도의 관계
③ 레이놀드수와 상대조도의 함수
④ 마하수와 코시수의 함수

18. 파이프 내에 정상 비압축성 유동에 있어서 관마찰계수는 어떤 변수들의 함수인가? [16, 17 ㉮]
① 절대조도와 관지름 ② 절대조도와 상대조도
③ 레이놀즈수와 상대조도 ④ 마하수와 코우시수

19. 매끈한 원관을 통과하는 난류의 관마찰계수에 영향을 미치지 않는 변수는? [16 ㉮]
① 길이 ② 속도
③ 직경 ④ 밀도

해설

해설 16
(1) 레이놀즈수 Re
$$Re = \frac{DV}{\nu}$$
여기서, D : 내경(또는 지름)[m]
V : 유속[m/s]
ν : 동점성계수[m²/s]

(2) 유속
$$V = \frac{Q}{A} = \frac{Q}{\frac{\pi \times D^2}{4}} = \frac{4Q}{\pi D^2} \text{ [m/s]}$$

$$Re = \frac{DV}{\nu} = \frac{D\left(\frac{4Q}{\pi D^2}\right)}{\nu} = \frac{4Q}{\pi D \nu}$$

$$\therefore D = \frac{4Q}{\pi \nu Re} = \frac{4 \times 0.3}{\pi \times 6 \times 10^{-5} \times 2,100}$$
$$= 3.03$$

해설 17
관마찰계수 f
f의 값은 층류, 난류인지에 의해서 변화하고, 또한 레이놀즈수나, 관 내벽의 거칠기 ϵ와 내경 d와의 비인 상대조도 ϵ/d에 의해서도 변화하는 값이다.

해설 18
관마찰계수 f
원관유동 시 f의 값은 층류, 난류인지에 의해서 변화하고, 또한 레이놀즈수나, 관 내벽의 거칠기 ϵ와 내경 d와의 비인 상대조도 ϵ/d에 의해서도 변화하는 값이다.
• 층류($R_e < 2,100$인 경우) : 레이놀즈수(R_e)만의 함수이다. ($f = \frac{64}{R_e}$)
• 천이구역(2,100<R_e<4,000) : 레이놀즈수(R_e)와 상대조도($\frac{e}{d}$)의 함수이다.

해설 레이놀즈수 Re
$$Re = \frac{DV\rho}{\mu} = \frac{DV}{\nu}$$
여기서, D : 내경(또는 지름)[m] V : 유속[m/s] ρ : 밀도[kg/m³]
μ : 점도[Pa·s] ν : 동점성계수[m²/s]
따라서 층류, 난류에 관계없이 관마찰계수에 영향을 미치는 변수는 관내경(직경), 유속(속도), 밀도, 점도이다.
단, 난류의 경우에는 관벽의 조도에 관계가 있다.

정답 16. ③ 17. ③ 18. ③ 19. ①

20. 유체가 매끈한 원 관 속을 흐를 때 레이놀즈수가 1,200이라면 관 마찰계수는 얼마인가? [18, 23 ㉑]

① 0.0254
② 0.00128
③ 0.0059
④ 0.053

21. 소방호스의 마찰손실에 대한 설명으로 가장 옳은 것은? [15, 20 ㉑]

① 마찰손실은 호스길이에 반비례한다.
② 호스지름이 클수록 마찰손실이 크다.
③ 속도가 빠를수록 마찰손실이 크다.
④ 마찰손실은 호스의 거칠기(조도)와 무관하다.

22. 길이 100[m], 직경 50[mm]인 상대조도 0.01인 원형 수도관 내에 물이 흐르고 있다. 관내 평균유속이 2[m/s]에서 4[m/s]로 2배 증가하였다면 압력손실은 몇 배로 되겠는가? (단, 유동은 마찰계수가 일정한 완전난류로 가정한다.) [15, 20, 21 ㉑]

① 1.41배
② 2배
③ 4배
④ 8배

23. 소화용수 공급용 배관에서의 압력손실에 대한 설명 중 옳은 것은? [15, 24 ㉑]

① 완전 난류의 경우 관 마찰 손실수두는 속도에 비례하여 증가한다.
② 동일 유량인 경우는 직경이 큰 관의 압력손실이 더 크다.
③ 관 부속품에 의한 손실수두는 압력수두에 비례하여 증가한다.
④ 수평배관에서의 압력손실 발생은 관의 마찰에 의한 값이 가장 크다.

[해설]

① $h_l = f \dfrac{L}{D} \dfrac{V^2}{2g}$: 손실수두는 속도의 제곱에 비례한다.

② $\Delta P = \gamma h_l = f \dfrac{L}{D} \dfrac{\rho V^2}{2}$: 압력손실은 직경에 반비례한다.

③ $h_l = f \dfrac{L}{D} \dfrac{V^2}{2g}$: 손실수두는 속도수두에 비례하여 증가한다.

해설

[해설] **20**

관마찰계수 f

원관유동 시 f의 값은 층류, 난류인지에 의해서 변화하고, 또한 레이놀즈수나, 관 내벽의 거칠기 ϵ와 내경 d와의 비인 상대조도 ϵ/d에 의해서도 변화하는 값이다.

• 층류 ($R_e < 2,100$인 경우) : 레이놀즈수(R_e)만의 함수이다. ($f = \dfrac{64}{R_e}$)

$$\therefore f = \dfrac{64}{1,200} = 0.053$$

[해설] **21**

달시-바이스바흐(Darcy-Weisbach)의 식으로부터
손실수두 h_L

$$h_L = f \cdot \dfrac{l}{d} \cdot \dfrac{v^2}{2g} \text{[m]}$$

관길이 l에 비례하고, 관 내경 d에 반비례하고, 유속 v의 제곱에 비례한다. 그리고 마찰손실은 조도에 비례하여 커진다.

[해설] **22**

패닝의 법칙(Fanning's law)
원형 단면의 직선관로 내에 난류에 의한 압력손실을 부여하는 식으로 ΔP 압력손실[m], [Pa], f는 관마찰계수 (무차원수), V는 평균유속[m/s], L은 길이[m], d는 관지름[m], ρ는 유체의 밀도[kg/m³]일 경우 압력손실 ΔP는

$$h_L = 4f\left(\dfrac{L}{d}\right)\left(\dfrac{V^2}{2g}\right) \text{[m]},$$
$$\Rightarrow \Delta P = 4f\left(\dfrac{L}{d}\right)\left(\dfrac{\rho V^2}{2}\right) \text{[Pa]} \text{이다.}$$

그러므로 압력손실 $\Delta P \propto V^2$의 관계가 있다.
따라서 $\Delta P \propto V^2 = 2^2 = 4$배

정답 20. ④ 21. ③ 22. ③ 23. ④

핵심기출문제

4. 관내의 유동

24. 지름 150[mm]인 원관에 비중이 0.85, 동점성계수가 1.33×10^{-4}[m²/s]인 기름이 0.01[m³/s]의 유량으로 흐르고 있다. 이때 관마찰계수는 약 얼마인가? [17⑦]

① 0.1
② 0.12
③ 0.14
④ 0.16

25. 수평으로 설치된 안지름 D, 길이 L의 곧은 원관 내에 체적 유량 Q의 유체가 흐를 때 손실 수두는? (단, 관마찰계수는 f이고 중력 가속도는 g이다.) [24⑦]

① $\dfrac{4fLQ^2}{\pi^2 gD^4}$
② $\dfrac{8fLQ^2}{\pi^2 gD^4}$
③ $\dfrac{4fLQ^2}{\pi^2 gD^5}$
④ $\dfrac{8fLQ^2}{\pi^2 gD^5}$

26. 안지름이 0.1[m]인 파이프 내를 평균유속 5[m/s]로 물이 흐르고 있다. 길이 10m 사이에서 나타나는 손실수두는 약 몇 [m]인가? (단, 관마찰계수는 0.013이다.) [16, 23⑦]

① 0.7
② 1
③ 1.5
④ 1.7

27. 직경 7.5[m]인 원관을 통하여 3[m/s]의 유속으로 물을 흘려 보내려 한다. 관의 길이가 200[m]이면 압력강하는 몇 [kPa]인가? (단, 마찰계수 f=0.03이다.) [23⑦]

① 360
② 122
③ 734
④ 135

[해설]
1) 달시-바이스바흐(Darcy-Weisbach) 식
   층류와 난류, 신배관에서 적용되는 손실수두 개념임.
   $h = f \dfrac{L}{D} \dfrac{V^2}{2g}$
   h : 손실수두[m], D : 관의 직경[m],
   V : 유체의 유속[m/s], L : 관길이[m], f : 마찰계수

2) 압력강하(ΔP)
   $\Delta P = \gamma h = \gamma \times f \dfrac{L}{D} \dfrac{V^2}{2g}$
   $= 9.8[\text{kN/m}^3] \times 0.03 \times \dfrac{200[\text{m}]}{0.075[\text{m}]} \times \dfrac{(3[\text{m/s}])^2}{2 \times 9.8[\text{m/s}^2]}$
   $= 360[\text{kN/m}^2] = 360[\text{kPa}]$

해설

[해설] 24
관마찰계수 f
(1) $Q = Av = \dfrac{\pi D^2}{4} v$ 에서
$v = \dfrac{4Q}{\pi D^2} = \dfrac{4 \times 0.01}{\pi \times 0.15^2}$
$\fallingdotseq 0.57[\text{m/s}]$
여기서, $Re = \dfrac{DV}{\nu} = \dfrac{0.15 \times 0.57}{1.33 \times 10^{-4}}$
$= 642.86$ 에서
∴ $Re < 2,100$ 이므로 층류이다.
(2) 층류 : $f = \dfrac{64}{R_e}$
$= \dfrac{64}{642.86} = 0.099 \fallingdotseq 0.1$

[해설] 25
1) 연속방정식에서 유속
   $Q = AV$
   $V = \dfrac{Q}{A} = \dfrac{4Q}{\pi D^2}$
2) 달시-바이스바흐(Darcy-Weisbach) 식
   층류와 난류, 신배관에서 적용되는 손실수두 개념이다.
   $h_l = f \dfrac{L}{D} \dfrac{V^2}{2g} = f \dfrac{L}{D} \dfrac{(\dfrac{4Q}{\pi D^2})^2}{2g} = \dfrac{8fLQ^2}{\pi^2 gD^5}$

[해설] 26
원형관에서의 손실수두
달시-바이스바흐(Darcy-Weisbach)의 식
$h_L = \lambda \cdot \dfrac{l}{d} \cdot \dfrac{v^2}{2g}$ [m]
$= 0.013 \times \dfrac{10}{0.1} \times \dfrac{5^2}{2 \times 9.8} \fallingdotseq 1.7$ [m]
여기서 λ : 관마찰계수
d : 관경[m]
l : 길이[m]
v : 유속[m/s]
g : 중력가속도[m/s²]

정답 24. ① 25. ④ 26. ④ 27. ④

28. 수평관의 길이가 100[m]이고, 안지름이 100[mm]인 소화설비 배관 내를 평균유속 2[m/s]로 물이 흐를 때 마찰손실수두는 약 몇 [m]인가? (단, 관의 마찰계수는 0.05이다.)
[19, 21, 22 ㉮]

① 9.2　　　　　② 10.2
③ 11.2　　　　　④ 12.2

29. 동점성계수가 0.1×10^{-5}[m²/s]인 유체가 안지름 10[cm]인 원관 내에 1[m/s]로 흐르고 있다. 관의 마찰계수가 f=0.022이며 등가길이가 200[m]일 때의 손실수두 몇 [m]인가? (단, 비중량은 9,800[N/m³]이다.)
[15 ㉮]

① 2.24　　　　　② 6.58
③ 11.0　　　　　④ 22.0

30. 직경 25[cm]의 매끈한 원관을 통해서 물을 초당 100[L]를 수송하고 있다. 관의 길이 5[m]에 대한 손실수두는? (단, 관마찰계수 f는 0.03이다.)
[22 ㉮]

① 약 0.013[m]　　② 약 0.13[m]
③ 약 1.3[m]　　　④ 약 13[m]

해설 달시-바이스바흐(Darcy-Weisbach)의 식

손실수두 $h_L = f \cdot \dfrac{l}{d} \cdot \dfrac{v^2}{2g}$ [m]

여기서 f : 관마찰계수
　　　 d : 관경[m]
　　　 l : 길이[m]
　　　 v : 유속[m/s]
　　　 g : 중력가속도[m/s²]

유량 $Q = 100[L/\sec] = 0.1[\text{m}^3/\sec]$

$Q = Av [\text{m}^3/\text{s}]$ 에서

유속 $v = \dfrac{Q}{A} = \dfrac{0.1}{\dfrac{\pi (0.25)^2}{4}} = 2.037$ [m/s]

$\therefore = 0.03 \times \dfrac{5}{0.25} \times \dfrac{2.037^2}{2 \times 9.8} ≒ 0.13$ [m]

31. ϕ150[mm]관을 통해 소방용수가 흐르고 있다. 평균유속이 5[m/s]이고 50[m] 떨어진 두 지점 사이의 수두손실이 10[m]라고 하면 이 관의 마찰계수는?
[16 ㉮]

① 0.0235　　　　② 0.0315
③ 0.0351　　　　④ 0.0472

해설

해설 28

원형관에서의 손실수두
달시-바이스바흐(Darcy-Weisbach)의 식

$h_L = f \cdot \dfrac{l}{d} \cdot \dfrac{v^2}{2g}$ [m]

$= 0.05 \times \dfrac{100}{0.1} \times \dfrac{2^2}{2 \times 9.8} ≒ 10.2$ [m]

여기서 f : 관마찰계수
　　　 d : 관경[m]
　　　 l : 길이[m]
　　　 v : 유속[m/s]
　　　 g : 중력가속도[m/s²]

해설 29

달시-바이스바흐(Darcy-Weisbach)의 식

$h = \lambda \cdot \dfrac{l}{d} \cdot \dfrac{v^2}{2g}$ [m]

$= 0.022 \times \dfrac{200}{0.1} \times \dfrac{1^2}{2 \times 9.8} ≒ 2.24$ [m]

여기서 f : 관마찰계수
　　　 d : 관경[m]
　　　 l : 길이[m]
　　　 v : 유속[m/s]
　　　 g : 중력가속도[m/s²]

해설 31

달시-바이스바흐(Darcy-Weisbach)의 식으로부터
손실수두 h_L

$h_L = f \cdot \dfrac{l}{d} \cdot \dfrac{v^2}{2g}$ [m] 에서

여기서 f : 관마찰계수
　　　 d : 관경[m]
　　　 l : 길이[m]
　　　 v : 유속[m/s]
　　　 g : 중력가속도[m/s²]

마찰계수

$f = \dfrac{2gh_L d}{lv^2} = \dfrac{2 \times 9.8 \times 10 \times 0.15}{50 \times 5^2}$

$= 0.02352$

정답 28. ②　29. ①　30. ②　31. ①

핵심기출문제

4. 관내의 유동

32. 지름 0.4[m]인 관에 물이 0.5[m³/s]로 흐를 때 길이 300[m]에 대한 동력손실은 60[kW]였다. 이 때 관마찰계수 f는 약 얼마인가? [18, 21 ㉮]

① 0.015 ② 0.020
③ 0.025 ④ 0.030

33. 안지름 300[mm], 길이 200[m]인 수평 원관을 통해 유량 0.2[m³/s]의 물이 흐르고 있다. 관의 양 끝단에서의 압력 차이가 500[mmHg]이면 관의 마찰계수는 약 얼마인가? (단, 수은의 비중은 13.6이다.) [17 ㉮]

① 0.017 ② 0.025
③ 0.038 ④ 0.041

해설 달시-바이스바흐(Darcy-Weisbach)의 식

압력손실 $p_L = \Delta p = f \cdot \dfrac{l}{d} \cdot \dfrac{v^2}{2} \rho$ [Pa]에서

여기서 f : 관마찰계수
d : 관경[m]
l : 길이[m]
v : 유속[m/s]
g : 중력가속도[m/s²]

(1) $p = rh = 9,800 \times 13.6 \times 0.5 = 66,640$ [Pa]

(2) 유속 $v = \dfrac{Q}{A} = \dfrac{0.2}{\dfrac{\pi \times 0.3^2}{4}} = 2.83$ [m/s]

∴ 마찰계수
$f = \dfrac{2d\Delta p}{\rho l v^2} = \dfrac{2 \times 0.3 \times 66,640}{10^3 \times 200 \times 2.83^2} ≒ 0.025$

34. 저장용기로부터 20[℃]의 물을 길이 300[m], 직경 900[mm]인 콘크리트 수평 원관을 통하여 공급하고 있다. 유량이 1.25[m³/s]일 때 원관에서의 압력강하는 몇 [kPa]인가? (단, 물의 동 점성계수는 1.31×10⁻⁶[m²/s]이고, 관마찰계수는 0.023이다.) [18 ㉮]

① 16.1 ② 14.8
③ 12.3 ④ 11.9

해설

해설 32
달시-바이스바흐(Darcy-Weisbach)의 식으로부터
손실수두 h_L

$h_L = f \cdot \dfrac{l}{d} \cdot \dfrac{v^2}{2g}$ [m]

여기서 f : 관마찰계수
d : 관경[m]
l : 길이[m]
v : 유속[m/s]
g : 중력가속도[m/s²]

(1) 펌프의 동력
$L_W = \gamma H Q$ 에서
$H(=h_L) = \dfrac{L_W}{\gamma Q} = \dfrac{60}{9.8 \times 0.5} = 12.24$ [m]

여기서, L_W : 수동력[kW]
H : 전양정[m]
Q : 유량[m³/s]
γ : 비중량(물=9.8[kN/m³])

(2) 유속 v
$v = \dfrac{Q}{A} = \dfrac{0.5}{\dfrac{\pi \times 0.4^2}{4}} = 3.98$ [m/s]

∴ 마찰계수 $f = \dfrac{2gh_L d}{l v^2}$
$= \dfrac{2 \times 9.8 \times 12.24 \times 0.4}{300 \times 3.98^2}$
$= 0.020$

해설 34
달시-바이스바흐(Darcy-Weisbach)의 식
압력손실 $p = \Delta p = f \cdot \dfrac{l}{d} \cdot \dfrac{v^2}{2} \rho$ [Pa]
$= 0.023 \times \dfrac{300}{0.9} \times \dfrac{1.965^2}{2} \times 1,000$
$= 14801$ [Pa] ≒ 14.8[kPa]

여기서, 유속
$v = \dfrac{Q}{A} = \dfrac{1.25}{\dfrac{\pi \times 0.9^2}{4}} = 1.965$ [m/s]

정답 32. ② 33. ② 34. ②

해설

35. 배관설비에서 상류 지점인 A지점의 배관을 조사해 보니 지름 100[mm], 압력 0.45[MPa], 평균유속 1[m/s]이었다. 또, 하류의 B지점을 조사해보니 지름 50[mm], 압력 0.4[MPa]이었다면 두 지점 사이의 손실수두는 몇 [m]인가? [23㉮]

① 4.34
② 5.87
③ 8.67
④ 1.87

해설 35

수정 베르누이 방정식에 의해

$$z_1 + \frac{v_1^2}{2g} + \frac{P_1}{r} = z_2 + \frac{v_2^2}{2g} + \frac{P_2}{r} + h_L$$ 에서

$z_1 = z_2$

손실수두 $h_L = \frac{v_1^2 - v_2^2}{2g} + \frac{P_1 - P_2}{r}$

$= \frac{1^2 - 4^2}{2 \times 9.8} + \frac{(0.45 - 0.4) \times 10^6}{9,800}$

$\fallingdotseq 4.34 [m]$

여기서, 유속 v_2는 $A_1 v_1 = A_2 v_2$ 에서

$v_2 = \left(\frac{d_1}{d_2}\right)^2 \cdot v_1 = \left(\frac{0.1}{0.05}\right)^2 \times 1 = 4 [m/s]$

36. 그림에 표시된 원형 관로로 비중이 0.8, 점성계수가 0.4[Pa·s]인 기름이 층류로 흐른다. ①지점의 압력이 111.8[kPa]이고, ②지점의 압력이 206.9[kPa]일 때 유체의 유량은 약 몇 [L/s]인가? [22㉮]

① 0.0149
② 0.0138
③ 0.0121
④ 0.0106

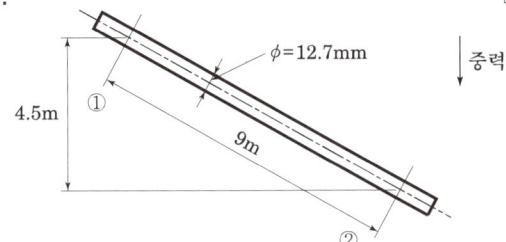

해설

(1) 층류이면서 기름이므로 하겐-포아젤 공식으로 손실수두를 구한다.

$h_l = \frac{128 \mu l Q}{\pi \gamma D^4}$

D : 관의 직경[m], Q : 유량[m³/s], γ : 비중량[kgf/m³, N/m³],
μ : 점성계수[N·s/m²], L : 관길이[m]

주어진 값을 대입하면

$h_l = \frac{128 \mu l Q}{\pi \gamma D^4} = \frac{128 \times 0.4 \times 9 Q}{3.14 \times 0.8 \times 9800 \times 0.0127^4} = 7.19535 \times 10^5 Q$

(2) 하겐-포아젤 공식은 수평원관에서만 적용가능하므로수정된 베르누이 정리를 이용한다.

$\frac{p_1}{\gamma} + \frac{v_1^2}{2g} + z_1 = \frac{p_2}{\gamma} + \frac{v_2^2}{2g} + z_2 + h_l$

여기서, $v_1 = v_2, z_1 = 4.5, z_2 = 0$ (기준면), 주어진값을 대입하면

$\frac{111.8 \times 10^3}{0.8 \times 9800} + 4.5 = \frac{206.9 \times 10^3}{0.8 \times 9800} + 7.19535 \times 10^5 Q$

$Q = \frac{14.26 + 4.5 - 26.39}{7.19535 \times 10^5} = -1.06 \times 10^{-5} [m^3/s] = -0.0106 [L/s]$

별해

하겐-포아젤 식을 수평원관에만 적용가능하므로 손실수두 계산시 높이차(4.5[m])로 인한 낙차를 빼주서 계산가능하다. 즉,

$\triangle P = \gamma h_l = \gamma (7.19535 \times 10^5 Q - 4.5)$

$Q = \frac{\frac{\triangle P}{\gamma} + 4.5}{7.19535 \times 10^5} = \frac{\frac{(111.8 - 206.9) \times 10^3}{0.8 \times 9800} + 4.5}{7.19535 \times 10^5} = \frac{-12.13 + 4.5}{7.19535 \times 10^5} = -1.06 \times 10^{-5} [m^3/s]$

$= -0.0106 [L/s]$

정답 35. ① 36. ④

핵심기출문제

4. 관내의 유동

37. 안지름 10[cm]의 관로에서 마찰 손실 수두가 속도 수두와 같다면 그 관로의 길이는 약 몇 [m]인가? (단, 관마찰계수는 0.03이다.) [19 ㉑]

① 1.58
② 2.54
③ 3.33
④ 4.52

38. 액체가 지름 4[mm]의 수평으로 놓인 원통형 튜브를 12×10^{-6}[m³/s]의 유량으로 흐르고 있다. 길이 1[m]에서의 압력강하는 몇 [kPa]인가? (단, 유체의 밀도와 점성계수는 $\rho=1.18\times10^3$[kg/m³], $\mu=0.0045$[N·s/m²]이다.) [15, 24 ㉑]

① 7.59
② 8.59
③ 9.59
④ 10.59

[해설] (1) 레이놀즈수 Re

또한, 유속 $V = \dfrac{Q}{A} = \dfrac{Q}{\dfrac{\pi \times D^2}{4}} = \dfrac{4Q}{\pi D^2}$ (m/s) $= \dfrac{4\times(12\times10^{-6})}{\pi\times0.004^2} = 0.955$

$Re = \dfrac{\rho DV}{\mu} = \dfrac{1.18\times10^3\times0.004\times0.955}{0.0045} = 1,001.68 < 2,100$이므로 층류

수평 원관에서 층류상태로 흐를 때 이므로

(2) 하겐-포아젤의 법칙(Hagen-Poiseuille's law)에 의해

손실수두 $h_L = \dfrac{p_1-p_2}{\rho g} = \dfrac{128\mu LQ}{\rho g\pi D^4}$ 에서

압력강하 $(p_1-p_2) = \dfrac{128\mu LQ}{\pi D^4} = \dfrac{128\times(0.0045)\times(1)\times(12\times10^{-6})}{\pi\times0.004^4} = 8,594$ [Pa]
$= 8.594$ [kPa]

39. 길이 1,200[m], 안지름 100[mm]인 매끈한 원관을 통해서 0.01[m³/s]의 유량으로 기름을 수송한다. 이때 관에서 발생하는 압력손실은 약 몇 [kPa]인가? (단, 기름의 비중은 0.8, 점성계수는 0.06[N·s/m²]이다.) [17 ㉑]

① 163.2
② 201.5
③ 293.4
④ 349.7

40. 0.02[m³/s]의 유량으로 직경 50[cm]인 주철관 속을 기름이 흐르고 있다. 길이 1,000[m]에 대한 손실수두는 몇 [m]인가? (단, 기름의 점성계수는 0.103[N·s/m²], 비중은 0.90이다.) [15, 20 ㉑]

① 0.15
② 0.3
③ 0.45
④ 0.6

해설

[해설] **37**

$h_L = h_v$ 이므로

$f\dfrac{L}{D}\dfrac{v^2}{2g} = \dfrac{v^2}{2g} (K=1)$

$\therefore L = \dfrac{D}{f} = \dfrac{0.1}{0.03} = 3.33$ [m]

[해설] **39**

(1) 레이놀즈수 Re

또한, 유속 $V = \dfrac{Q}{A} = \dfrac{Q}{\dfrac{\pi\times D^2}{4}}$

$= \dfrac{4Q}{\pi D^2}$ [m/s]

$= \dfrac{4\times0.01}{\pi\times0.1^2} \fallingdotseq 0.27$

$Re = \dfrac{\rho DV}{\mu} = \dfrac{0.8\times10^3\times0.1\times0.27}{0.06}$

$= 360 < 2,100$ 이므로 층류

수평 원관에서 층류상태로 흐를 때 이므로

하겐-포아젤의 법칙 (Hagen-Poiseuille's law)에 의해

(2) 압력강하 $(p_1-p_2) = \dfrac{128\mu LQ}{\pi D^4}$

$= \dfrac{128\times0.06\times1,200\times0.01}{\pi\times0.1^4}$

$\fallingdotseq 293,354$ [Pa] $\fallingdotseq 293.4$ [kPa]

[해설] **40**

하겐-포아젤의 법칙 (Hagen-Poiseuille's law)

$h_L = \dfrac{p_1-p_2}{\rho g} = \dfrac{128\mu LQ}{\rho g\pi D^4}$ 에서

$= \dfrac{128\times0.103\times1,000\times0.02}{(0.9\times1000)\times9.8\times\pi\times0.5^4}$

$\fallingdotseq 0.15$ [m]

정답 37. ③ 38. ② 39. ③ 40. ①

41. 모세관에 일정한 압력차를 가함에 따라 발생하는 층류 유동의 유량을 측정함으로써 유체의 점도를 측정할 수 있다. 같은 압력차에서 두 유체의 유량의 비 $Q_2/Q_1 = 2$이고, 밀도비 $\rho_2/\rho_1 = 2$일 때, 점성계수비 μ_2/μ_1은? [17㉯]

① 1/4 ② 1/2
③ 1   ④ 2

해설 하겐-포아젤의 법칙(Hagen-Poiseuille's law)
비압축성 유체가 층류 유동할 때 단면이 일정한 수평 원관에서 관을 흐르는 점성 유체의 유량에 관한 법칙을 말하며 다음 식으로 나타낸다.

$h_L = \dfrac{p_1 - p_2}{\rho g} = \dfrac{128 \mu L Q}{\rho g \pi d^4}$ 에서

여기서, Q : 유량, $p_1 - p_2$: 관 두 끝의 압력 차, L : 길이,
μ : 점성계수, d : 관경, ρ : 밀도

(1) 유량이 Q_1일 때의 점성계수 μ_1

$\mu_1 = \dfrac{\rho_1 g \pi d^4 h_L}{128 L Q_1}$

(2) 유량이 Q_2일 때의 점성계수 μ_2

$\mu_2 = \dfrac{\rho_2 g \pi d^4 h_L}{128 L Q_2} = \dfrac{(2\rho_1) g \pi d^4 h_L}{128 L (2Q_1)}$

g, π, d, h_L, L은 동일하므로

$\therefore \mu_2/\mu_1 = \dfrac{2\rho_1/2Q_1}{\rho_1/Q_1} = 1$

42. 일반적인 배관 시스템에서 발생되는 손실을 주손실과 부차적 손실로 구분할 때 다음 중 주손실에 속하는 것은? [19㉯]

① 직관에서 발생하는 마찰 손실
② 파이프 입구와 출구에서의 손실
③ 단면의 확대 및 축소에 의한 손실
④ 배관부품(엘보, 리턴밴드, 티, 리듀서, 유니언, 밸브 등)에서 발생하는 손실

43. 관내의 흐름에서 부차적 손실에 해당되지 않는 것은? [15, 19㉯]

① 곡선부에 의한 손실
② 직선 원관 내의 손실
③ 유동단면의 장애물에 의한 손실
④ 관 단면의 급격한 확대에 의한 손실

해설

해설 42
(1) 주손실 : 직선 원관에서 발생하는 마찰손실
달시-바이스바흐(Darcy-Weisbach)의 식

$h_L = f \cdot \dfrac{l}{d} \cdot \dfrac{v^2}{2g}$ [m]

(2) 부차적 손실
관로의 요소(급확대관, 급축소관, 점진확대관, 엘보(elbow), 분기관, 밸브 등)에서 유체가 흐르면 마찰손실 이외에 에너지가 소비되어 손실수두가 발생하고 손실수두는 베르누이 정리에서 속도수두에 비례하므로 다음 식으로 나타낸다.

$h_L = K \dfrac{V^2}{2g}$ [m]

해설 43
② 직선 원관내의 손실은 주손실이다.

정답 41. ③ 42. ① 43. ②

핵심기출문제

4. 관내의 유동

44. 부차적 손실계수가 5인 밸브가 관에 부착되어 있으며 물의 평균유속이 4[m/s]인 경우, 이 밸브에서 발생하는 부차적 손실수두는 몇 [m] 인가? [16 ㉮]

① 61.3　　　　　　② 6.13
③ 40.8　　　　　　④ 4.08

45. 급격 확대관과 급격 축소관에서 부차적 손실계수를 정의하는 기준속도는? [24 ㉮]

① 모두 상류속도
② 모두 하류속도
③ 급격 확대관 : 상류속도, 급격 축소관 : 하류속도
④ 급격 확대관 : 하류속도, 급격 축소관 : 상류속도

[해설]
1) 급확대관의 부차적 손실수두

$$h_l = \frac{(V_1 - V_2)^2}{2g}$$

$$h_l = (1 - \frac{A_1}{A_2})^2 \frac{V_1^2}{2g} = K \frac{V_1^2}{2g}$$

$$K = (1 - \frac{A_1}{A_2})^2, \; V_1 = 1\text{지점의 유속}$$

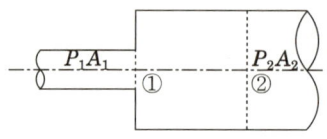

2) 급축소관의 부차적 손실수두

$$h_l = \frac{(V_c - V_2)^2}{2g}$$

$$= (\frac{1}{C_c} - 1)^2 \frac{V_2^2}{2g} = K \frac{V_2^2}{2g}$$

$$K = (\frac{1}{C_c} - 1)^2, \; C_c = \frac{A_c}{A_2}$$

C_c : '베나축소계수,' A_c : 유동 단면적이 최소인 부분의 단면적
$V_2 = 2$지점의 유속'

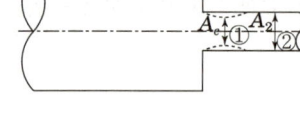

⇒ 급격확대관은 상류속도(V_1), 급격 축소관은 하류속도(V_2)가 기준속도이다.

해설

[해설] 44

부차적 손실
관로의 요소(급확대관, 급축소관, 점진 확대관, 엘보(elbow), 분기관, 밸브 등)에서 유체가 흐르면 마찰손실 이외에 에너지가 소비되어 손실수두가 발생하고 손실수두는 베르누이 정리에서 속도수두에 비례하므로 다음 식으로 나타낸다.

$$h_L = K \frac{V^2}{2g} \; [m]$$

여기서 h_L : 손실수두[m]
K : 부차적 손실계수
　　　(국부저항계수)
V : 유속[m/s]
g : 중력가속도[m/s²]

$$\therefore h_L = 5 \times \frac{4^2}{2 \times 9.8} = 4.08 [m]$$

정답 44. ④　45. ③

46. 파이프 단면적이 2.5배로 급격하게 확대되는 구간을 지난 후의 유속이 1.2[m/s]이다. 부차적 손실계수가 0.36이라면 급격확대로 인한 손실수두는 몇 [m]인가? [18, 22 ㉔]

① 0.0264　　　　② 0.0661
③ 0.165　　　　　④ 0.331

47. 부차적 손실계수 K=40인 밸브를 통과할 때의 수두손실이 2[m]일 때, 이 밸브를 지나는 유체의 평균 유속은 약 몇 [m/s]인가? [16, 22 ㉔]

① 0.49　　　　　② 0.99
③ 1.98　　　　　④ 9.81

해설 부차적 손실

$h_L = K \cdot \dfrac{V^2}{2g}$ 에서

$V = \sqrt{\dfrac{2gh_L}{K}} = \sqrt{\dfrac{2 \times 9.8 \times 2}{40}} ≒ 0.99\,[\text{m/s}]$

　여기서　h_L : 손실수두[m],　K : 부차적 손실계수(국부저항계수)
　　　　　V : 유속[m/s],　g : 중력가속도[m/s²]

48. 부차적 손실계수 $K=2$인 관 부속품에서의 손실수두가 2[m]라면 이때의 유속은 약 몇 [m/s]인가? [23 ㉔]

① 4.43　　　　　② 3.14
③ 2.21　　　　　④ 2.00

49. 소방호스의 노즐에서 출구속도를 기준으로 한 부차적 손실계수가 0.05일 때의 분사속도는 부차적 손실이 없을 때에 비해 몇 [%]가 느려지는가? [15 ㉔]

① 1.2　　　　　　② 2.4
③ 4.8　　　　　　④ 5.0

해설

부차적 손실

$h_L = K \dfrac{V^2}{2g}$ 에서

(1) 부차적 손실이 없을 때의 유속($K=1$)

$V_1 = \sqrt{\dfrac{2gh_L}{K}} = \sqrt{2gh_L}$

(2) 부차적 손실계수 0.05일 때의 유속($K=1.05$)

$V_2 = \sqrt{\dfrac{2gh_L}{K}} = \dfrac{1}{\sqrt{K}}\sqrt{2gh_L} = \dfrac{1}{\sqrt{1.05}}\sqrt{2gh_L} = 0.9759\sqrt{2gh}$

∴ $\dfrac{V_1 - V_2}{V_1} = \dfrac{\sqrt{2gh_L} - 0.9759\sqrt{2gh_L}}{\sqrt{2gh_L}} = 0.024 = 2.4\,[\%]$

해설

해설 46

부차적 손실

관로의 요소(급확대관, 급축소관, 점진 확대관, 엘보(elbow), 분기관, 밸브 등)에서 유체가 흐르면 마찰손실 이외에 에너지가 소비되어 손실수두가 발생하고 손실수두는 베르누이 정리에서 속도수두에 비례하므로 다음 식으로 나타낸다.

돌연확대관의 손실수두

$$h_L = \dfrac{(V_1 - V_2)^2}{2g}\,[\text{m}]$$

$$h_L = \left(1 - \dfrac{A_1}{A_2}\right)^2 \dfrac{V_2^2}{2g} = K \dfrac{V_1^2}{2g}\,[\text{m}]$$

여기서,

h_L : 손실수두 [m]
K : 부차적 손실계수(국부저항계수)
V_1 : 작은 관 유속[m/s]
V_2 : 큰 관 유속[m/s]
A_1 : 작은 관의 단면적[m²]
A_2 : 큰 관의 단면적[m²]
g : 중력가속도[m/s²]

작은 관의 유속 V_1은 유체의 연속방정식 $A_1V_1 = A_2V_2$ 에서

$V_1 = \dfrac{A_2}{A_1}V_2 = \dfrac{2.5}{1} \times 1.2 = 3\,[\text{m/s}]$

(1) $h_L = \dfrac{(V_1 - V_2)^2}{2g} = \dfrac{(3-1.2)^2}{2 \times 9.8}$
　　　= 0.165 [m]

또는

(2) $h_L = 0.36 \times \dfrac{3^2}{2 \times 9.8} = 0.165\,[\text{m}]$

해설 48

부차적 손실

$h_L = K\dfrac{V^2}{2g}$ 에서

$V = \sqrt{\dfrac{2gh_L}{K}} = \sqrt{\dfrac{2 \times 9.8 \times 2}{2}}$
　≒ 4.43 [m/s]

정답　46. ③　47. ②　48. ①　49. ②

핵심기출문제

4. 관내의 유동

50. 그림과 같은 탱크에 연결된 길이 100[m], 직경 20[cm]인 원관에 부차적 손실계수가 5인 밸브 A가 부착되어 있다. 탱크 수면으로부터 관 출구까지의 전체 손실수두에 가장 가까운 것은? (단, 관입구에서의 부차적 손실계수는 0.5, 관마찰계수는 0.02이고 평균속도는 V이다.) [20⑦]

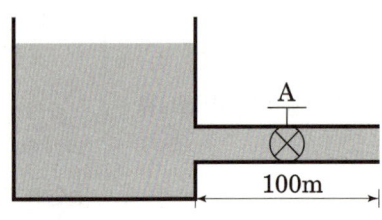

① $5.5\dfrac{V^2}{2g}$ ② $14.5\dfrac{V^2}{2g}$
③ $15\dfrac{V^2}{2g}$ ④ $15.5\dfrac{V^2}{2g}$

51. 다음과 같은 유동형태를 갖는 파이프 입구 영역의 유동에서 부차적 손실계수가 가장 큰 것은? [20⑦]

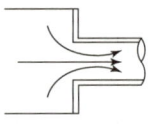 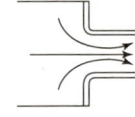
날카로운 모서리   약간 둥근 모서리

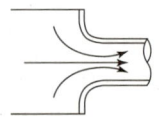 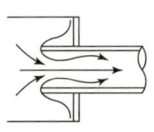
잘 다듬어진 모서리   돌출 입구

① 날카로운 모서리   ② 약간 둥근 모서리
③ 잘 다듬어진 모서리   ④ 돌출 입구

52. 부차적손실이 $H = K\dfrac{V^2}{2g}$인 관의 상당길이 Le는? (단, d는 관지름, f는 관마찰계수, K는 부차손실계수) [24⑦]

① $K \cdot d/f$ ② $f/K \cdot d$
③ $f \cdot K/d$ ④ $d/f \cdot K$

해설

해설 50

실제 관로에서의 손실 계산

$$H = \lambda\dfrac{L}{D}\dfrac{V^2}{2g} + \left(\sum K\right)\dfrac{V^2}{2g} + \dfrac{V^2}{2g}$$

(1) 직관에서의 마찰손실

$$h_1 = 0.02 \times \dfrac{100}{0.2} \times \dfrac{V^2}{2g} = 10\dfrac{V^2}{2g}$$

(2) 입구손실

$$h_2 = K\dfrac{V^2}{2g} = 0.5\dfrac{V^2}{2g}$$

(3) 밸브 A의 손실

$$h_3 = K\dfrac{V^2}{2g} = 5\dfrac{V^2}{2g}$$

따라서 전체 손실수두

$$H = h_1 + h_2 + h_3$$
$$= 10\dfrac{V^2}{2g} + 0.5\dfrac{V^2}{2g} + 5\dfrac{V^2}{2g} = 15.5\dfrac{V^2}{2g}$$

해설 51

관 입구 형상 변화에 따른 손실계수

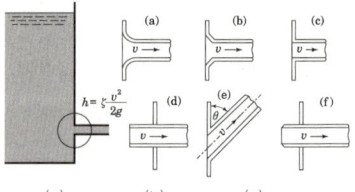

(a) $K=0.005$ (b) $K=0.25$ (c) $K=0.50 \sim 0.06$
(d) $K=0.56$ (e) $K=0.5+0.3\cos\theta + 2\cos^2\theta$
(f) $K=1.3 \sim 3.0$

해설 52

1. 상당길이: 부속류(Fitting류, 밸브 등) 등의 손실을 배관의 직관길이로 환산한 길이이다.

$$L_e = \dfrac{dK}{f}, \quad d : 관의 직경(m),$$
$$K : 부차적 손실계수,$$
$$f : 마찰계수$$

2. 유도

$$h_l = K\dfrac{V^2}{2g} = f\dfrac{L_e}{d}\dfrac{V^2}{2g}$$

L_e: 등가길이, K: 부차적 손실계수, d: 지름에서

$$K = f\dfrac{L_e}{d} \Rightarrow L_e = \dfrac{dK}{f}$$

정답 50. ④ 51. ④ 52. ④

53. 직경 4[cm]이고 관마찰계수가 0.02 인 원관에 부차적 손실계수가 4인 밸브가 장치되어 있을 때 이 밸부의 등가길이(상당길이)는 몇 [m]인가? [15 ⑦]

① 4
② 6
③ 8
④ 10

54. 관계마찰계수가 0.022인 지름 50[mm] 관에 물이 흐르고 있다. 이 관에 부차적 손실계수가 각각 10, 1.8인 밸브와 티(tee)가 결합되어 있을 경우 관의 상당길이는 몇 [m]인가? [17 ⑦]

① 24.3
② 24.9
③ 25.4
④ 26.8

55. 어떤 밸브가 장치된 지름 20[cm]인 원관에 4[℃]의 물이 2[m/s]의 평균속도로 흐르고 있다. 밸브의 앞과 뒤에서의 압력차이가 7.6[kPa] 일 때, 이 밸브의 부차적 손실계수 K와 등가길이 L_e은? (단, 관의 마찰계수는 0.02이다.) [16, 22 ⑦]

① $K = 3.8$ $L_e = 38[m]$
② $K = 7.6$ $L_e = 38[m]$
③ $K = 38$ $L_e = 3.8[m]$
④ $K = 38$ $L_e = 7.6[m]$

해설 (1) 부차적 손실

관로의 요소(급확대관, 급축소관, 점진확대관, 엘보(elbow), 분기관, 밸브 등)에서 유체가 흐르면 마찰손실 이외에 에너지가 소비되어 손실수두가 발생하고 손실수두는 베르누이 정리에서 속도수두에 비례하므로 다음 식으로 나타낸다.

$$h_L = K\frac{V^2}{2g} \, [m]$$

$$P_L = K\frac{\rho V^2}{2} \, [Pa]$$ 에서

여기서 h_L : 손실수두[m], P_L : 손실압력[Pa], K : 부차적 손실계수(국부저항계수)
V : 유속[m/s], g : 중력가속도[m/s²]

부차적 손실계수

$$K = \frac{2P_L}{\rho V^2} = \frac{2 \times 7.6 \times 10^3}{1,000 \times 2^2} = 3.8$$

(2) 등가길이

단면변화에 따른 관로의 부분적 손실을 관마찰손실로 환산하여 생각하는 관의 직선길이를 등가길이라 한다. 따라서 부차적 손실은 동일한 유량에 대하여 동일한 수두손실을 갖는 관의 등가길이(L_e)로 나타낼 수 있다.

$$f\frac{L_e}{D}\frac{V^2}{2g} = K\frac{V^2}{2g}$$ 에서

등가길이

$$L_e = \frac{KD}{f} = \frac{3.8 \times 0.2}{0.02} = 38[m]$$

해설

해설 53

등가(상당)길이(L_e)
단면변화에 따른 관로의 부분적 손실을 관마찰손실로 환산하여 생각하는 관의 직선길이를 등가길이라 한다. 따라서 부차적 손실은 동일한 유량에 대하여 동일한 수두손실을 갖는 관의 등가길이(L_e)로 나타낼 수 있다.

$f\frac{L_e}{D}\frac{V^2}{2g} = K\frac{V^2}{2g}$ 에서

$L_e = \frac{KD}{f} = \frac{4 \times 0.04}{0.02} = 8[m]$

여기서, K : 부차적 손실계수
D : 관지름[m]
f : 관마찰계수

해설 54

등가(상당)길이

$L_e = \frac{KD}{f} = \frac{(K_1 + K_2)D}{f}$

$= \frac{(10+1.8) \times 0.05}{0.022} = 26.8[m]$

정답 53. ③ 54. ④ 55. ①

핵심기출문제 — 4. 관내의 유동

56. 다음 중 수력반경을 올바르게 나타낸 것은? [15 ㉮]
① 접수길이를 면적으로 나눈 것
② 면적을 접수길이의 제곱으로 나눈 것
③ 면적의 제곱근
④ 면적을 접수길이로 나눈 것

해설 56
수력반경
$$R_h = \frac{유동(통수)단면적 A}{접수길이 L_P}$$

57. 치수가 30[cm]×20[cm]인 4각 단면 관에 물이 가득 차 흐르고 있다. 이 관의 수력반경은 몇 [cm]인가? [15 ㉮]
① 3[cm]   ② 6[cm]
③ 20[cm] ④ 25[cm]

해설 57
수력반경
$$R_h = \frac{A}{L_P} = \frac{30 \times 20}{(30+20) \times 2} = 6$$

58. 내경이 d, 외경이 D인 동심 2중 관에 액체가 가득차 흐를 때 수력반경 R_h는? [18 ㉮]
① $\frac{1}{6}(D-d)$ ② $\frac{1}{6}(D+d)$
③ $\frac{1}{4}(D-d)$ ④ $\frac{1}{4}(D+d)$

해설 58
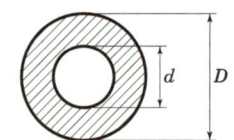
$$\therefore R_h = \frac{A}{L_P} = \frac{\frac{\pi}{4}(D^2-d^2)}{\pi(D+d)} = \frac{1}{4}(D-d)$$

59. 한 변의 길이가 L인 정사각형 단면의 수력지름(hydraulic diameter)은? [23 ㉮]
① $\frac{L}{4}$ ② $\frac{L}{2}$
③ L ④ $2L$

해설 59
(1) 수력직경
$$D_e = \frac{4A}{L_P}$$
여기서, A : 유동(통수)단면적[m²]
L_P : 접수길이[m]
정사각형 단면인 경우
- $A = L \times L = L^2$
- $L_P = 2 \times (L+L) = 4L$
$$\therefore D_e = \frac{4A}{L_P} = \frac{4L^2}{4L} = L[\text{m}]$$

정답 56. ④ 57. ② 58. ③ 59. ③

60. 길이가 400[m]이고 유동단면이 20[cm]×30[cm]인 직사각형 관에 물이 가득 차서 평균속도 3[m/s]로 흐르고 있다. 이 때 손실수두는 약 몇 [m]인가? (단, 관마찰계수는 0.01 이다.) [17 ㉮]

① 2.38　　　　　　　　② 4.76
③ 7.65　　　　　　　　④ 9.52

61. 직사각형 단면의 덕트에서 가로와 세로가 각각 a 및 $1.5a$이고, 길이가 L이며, 이 안에서 공기가 V의 평균속도로 흐르고 있다. 이 때 손실수두를 구하는 식으로 옳은 것은? (단, f는 이 수력지름에 기초한 마찰계수이고, g는 중력가속도를 의미한다.) [17, 21 ㉮]

① $f\dfrac{L}{a}\dfrac{V^2}{2.4g}$　　　　　② $f\dfrac{L}{a}\dfrac{V^2}{2g}$
③ $f\dfrac{L}{a}\dfrac{V^2}{1.4g}$　　　　　④ $f\dfrac{L}{a}\dfrac{V^2}{g}$

62. 외부지름이 30[cm]이고 내부지름이 20[cm]인 길이 10[m]의 환형(annular)관에 물이 2[m/s]의 평균속도로 흐르고 있다. 이 때 손실수두가 1[m]일 때, 수력직경에 기초한 마찰계수는 얼마인가? [21 ㉮]

① 0.049　　　　　　　② 0.054
③ 0.065　　　　　　　④ 0.078

해설 (1) 수력직경

$$D_e = 4 \times \frac{\text{유동단면적}}{\text{접수길이}} = \frac{4A}{L_P} = D_2 - D_1$$

여기서, A : 유동(통수)단면적[m²], L_P : 접수길이[m]
직경이 D_1, D_2인 2중관으로 된 환상유로의 경우

$$L_P = \pi(D_1 + D_2), \quad A = \frac{\pi}{4}(D_2^2 - D_1^2)$$

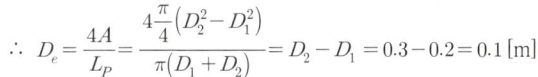

$$\therefore D_e = \frac{4A}{L_P} = \frac{4 \cdot \frac{\pi}{4}(D_2^2 - D_1^2)}{\pi(D_1 + D_2)} = D_2 - D_1 = 0.3 - 0.2 = 0.1 \,[\text{m}]$$

(2) 손실수두

$$h = f \cdot \frac{L}{D_e} \cdot \frac{v^2}{2g} \,[\text{m}] \text{에서}$$

$$\therefore 마찰계수 \; f = \frac{2ghD_e}{Lv^2} = \frac{2 \times 9.8 \times 1 \times 0.1}{10 \times 2^2} = 0.049$$

해설

해설 60

달시-바이스바흐(Darcy-Weisbach)의 식

$$h_L = \lambda \cdot \frac{L}{D_e} \cdot \frac{v^2}{2g} \,[\text{m}]$$

여기서, λ : 관마찰계수
　　　　D_e : 수력직경[m]
　　　　L : 길이[m]
　　　　v : 유속[m/s]
　　　　g : 중력가속도[m/s²]

(1) 수력직경

$$D_e = \frac{4A}{L_P} = \frac{4 \times (0.2 \times 0.3)}{2 \times (0.2 + 0.3)} = 0.24$$

여기서, A : 유동(통수)단면적[m²]
　　　　L_P : 접수길이[m]

(2) $h_L = 0.01 \times \dfrac{400}{0.24} \times \dfrac{3^2}{2 \times 9.8}$
　　　　≒ 7.65 [m]

해설 61

(1) 수력직경

$$D_e = \frac{4A}{L_P}$$

여기서, A : 유동(통수)단면적[m²]
　　　　L_P : 접수길이[m]

직사각형 단면인 경우
$A = a \times 1.5a = 1.5a^2$
$L_P = 2 \times (a + 1.5a) = 5a$

$$\therefore D_e = \frac{4A}{L_P} = \frac{4 \times 1.5a^2}{5a} = 1.2a \,[\text{m}]$$

(2) 손실수두

$$h = f \cdot \frac{L}{D_e} \cdot \frac{V^2}{2g}$$

$$= f \cdot \frac{L}{1.2a} \cdot \frac{V^2}{2g}$$

$$= f \cdot \frac{L}{a} \cdot \frac{V^2}{2.4g} \,[\text{m}]$$

정답 60. ③　61. ①　62. ①

63. 안지름 4[cm], 바깥지름 6[cm]인 동심 이중관의 수력직경(hydraulic diameter)은 몇 [cm]인가?

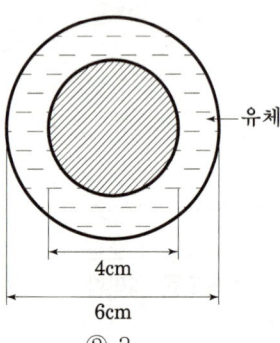

① 2
② 3
③ 4
④ 5

해설

해설 63

수력직경

$D_e = 4 \times \dfrac{\text{유동단면적}}{\text{접수길이}} = \dfrac{4A}{L_P}$ 에서

A : 유동단면적, L_P : 접수길이

$D_e = \dfrac{4 \dfrac{\pi(D^2 - d^2)}{4}}{\pi(D+d)} = \dfrac{(D^2 - d^2)}{(D+d)}$

$= \dfrac{(D+d)(D-d)}{(D+d)}$

$= D - d$

∴ $D_e = 6 - 4 = 2$ [cm]

정답 63. ①

05 펌프 성능 특성

1 펌프 일반

1. 펌프의 종류

펌프나 송풍기 등의 유체기계는 유체에 에너지를 가하여, 유체를 한쪽에서 다른 쪽으로 이송하는 작용을 한다.

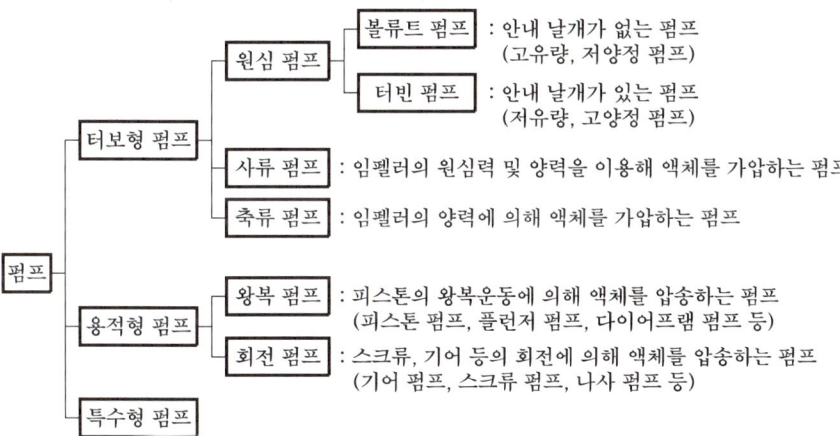

2. 펌프의 운전

1) NPSH는 Net Positive Suction Head의 약자이며, 물의 높이로 표시된 실제 흡입수두이다. ($NPSH_{av}$ 와 $NPSH_{re}$)

2) 수조가 펌프보다 위치가 낮은 경우 펌프작동시 배관내 대기압이하로 되어 압력차로 물이 상승함.

3) 물의 경우 절대 진공시 10.33[m]까지 흡입가능하나 실제 손실로 보통 6~8 [m] 정도 임. (대기압 > 전체손실압)

핵심 PLUS

01 펌프에 대한 설명 중 틀린 것은?
① 회전식 펌프는 대용량에 적당하며 고장 수리가 간단하다.
② 기어 펌프는 회전식 펌프의 일종 이다.
③ 플런저 펌프는 왕복식 펌프이다.
④ 터빈 펌프는 고양정, 저유량에 적합 하다.

답 : ①

핵심 PLUS

02 수조의 소화수를 빨아올릴 때 펌프의 유효흡입양정(NPSH)으로 적합한 것은? (단, P_a : 흡입수면의 대기압, P_V : 포화증기압, γ : 비중량, H_a : 흡입실양정, H_L : 흡입손실수두)

① NPSH = $P_a/\gamma + P_V/\gamma - H_a - H_L$
② NPSH = $P_a/\gamma - P_V/\gamma + H_a - H_L$
③ NPSH = $P_a/\gamma - P_V/\gamma - H_a - H_L$
④ NPSH = $P_a/\gamma - P_V/\gamma - H_a + H_L$

답 : ③

4) $NPSH_{av}$ 와 $NPSH_{re}$ 비교

구분	$NPSH_{av}$(유효흡입수두)	$NPSH_{re}$(필요흡입수두)
개념	펌프가 설치되는 환경조건에 따라 정해지는 값	① 펌프 제작시 정해지는 값 ② 펌프가 설치되는 환경조건과는 무관함
정의	흡입절대압력에서 포화증기압을 뺀 값	펌프흡입구에서 임펠러 입구까지의 사이에서 발생하는 압력강하에 해당한 수두
계산식	$NPSH_{av} = H_a \pm H_h - H_f - H_v$ • H_a : 대기압 환산수두 • H_h : 흡입실양정 　부압(흡수면 < 펌프) : -부호 　정압(흡수면 > 펌프) : +부호 • H_f : 흡입배관 전체 손실수두 　→ 최대운전상태(정격150[%])기준 • H_v : 해당온도 포화증기압 환산수두	• 흡입비속도(S) 이용 $$S = \frac{N\sqrt{Q}}{(NPSHre)^{\frac{3}{4}}}$$ → $NPSHre = (\frac{N\sqrt{Q}}{S})^{\frac{4}{3}}$ • $NPSHre$ 계산 : 최대운전상태 펌프 진공도 산출 (비속도 계산시 : 150[%] 회전수(N), 유량(Q), 양정(H) 대입 해야 함)

5) NPSH와 Cavitation의 상관관계

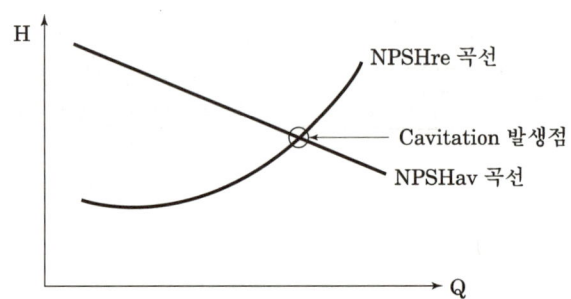

① $NPSH_{av}$ = $NPSH_{re}$: 발생 한계
② $NPSH_{av}$ > $NPSH_{re}$: 발생하지 않음
③ $NPSH_{av}$ < $NPSH_{re}$: 발생
④ 실제 설계시 : $NPSH_{av} \geq NPSH_{re} \times 1.3$
　→ 경년변화를 감안하여 30[%] 이상 여유율 적용

3. 펌프 직렬, 병렬 연결

1) 개념

펌프의 직렬·병렬 운전은 건물의 증축 또는 고양정, 저양정 부분의 분리 등에 이용하여 펌프를 분할 설치하는 것임.

2) 직/병렬연결(2대 기준)

구분	목적	현상
병렬	- 토출량 분할 - 요구 토출량 증가	Q → 2Q H → H
직렬	- 양정구간 분할 - 소요양정 증가	Q → Q H → 2H

4. 펌프 전효율(η) (수체기)

펌프의 전체 효율을 의미하며 마찰, 누설 등을 고려한 효율이다.

$\eta = \eta_h \cdot \eta_v \cdot \eta_m$

여기서, η_h : 수력효율
(유체이 마찰손실에 대응하는 효율)

η_v : 체적효율(누설손실에 대응하는 효율)

η_m : 기계효율(축 등의 기계부분 마찰손실에 대응하는 효율)

2 펌프의 상사법칙(Pump Affinity Laws) 및 동력

1. 상사법칙(Pump Affinity Laws)

1) 개념

펌프의 특성치인 양정(H), 유량(Q), 축동력(L), 회전수(n), 임펠러 직경(D) 사이 관계를 말한다.

2) 공식 (유양동 123 325)

① "유량(Q)" : $\dfrac{Q_2}{Q_1} = \dfrac{n_2}{n_1} \times \left(\dfrac{D_2}{D_1}\right)^3$

② "양정(H)" : $\dfrac{H_2}{H_1} = \left(\dfrac{n_2}{n_1}\right)^2 \times \left(\dfrac{D_2}{D_1}\right)^2$

③ "동력(L)" : $\dfrac{L_2}{L_1} = \dfrac{\eta_1}{\eta_2} \times \left(\dfrac{n_2}{n_1}\right)^3 \times \left(\dfrac{D_2}{D_1}\right)^5$

η : 효율, n : 회전수[rpm], D : 지름 [mm]

핵심 PLUS

03 성능이 같은 3대의 펌프를 병렬로 연결하였을 경우 양정과 유량은 얼마인가? (단, 펌프 1대에서 유량은 Q, 양정은 H라고 한다.)
① 유량은 $9Q$, 양정은 H
② 유량은 $9Q$, 양정은 $3H$
③ 유량은 $3Q$, 양정은 $3H$
④ 유량은 $3Q$, 양정은 H

답 : ④

04 펌프에서 기계효율이 0.8, 수력효율이 0.85, 체적효율이 0.75인 경우 전효율은 얼마인가?
① 0.51   ② 0.68
③ 0.8   ④ 0.9

답 : ①

05 토출량이 1800[L/min], 회전차의 회전수가 1000[rpm]인 소화펌프의 회전수를 1400[rpm]으로 증가시키면 토출량은 처음보다 얼마나 더 증가되는가?
① 10[%]   ② 20[%]
③ 30[%]   ④ 40[%]

답 : ④

핵심 PLUS

2. 비속도(비교회전도, Specific Speed)

1) 개념
   ① 최적성능지점(효율이 최대인 지점)에서의 펌프의 토출량, 양정 및 회전수를 하나의 수치로 표현한 추상적 개념을 말한다.
   ② 펌프의 비속도는 물리적으로 실제 속도는 아니며, 기하학적으로 상사인 펌프가 1[m] 인 양정에 대해 1[m³/min]의 유량을 운반하기 위한 회전수로 표시한다.
   ③ 비속도가 같은 펌프는 같은 고유 특성을 가진다.(기하학적으로 상사)

2) 공식

$$N_S(\text{비속도}) = \frac{n\sqrt{Q}}{H^{\frac{3}{4}}} = \frac{n\sqrt{Q}}{\left(\frac{P}{\gamma}\right)^{\frac{3}{4}}}$$

Q : 유량[m³/min], n : 회전수[rpm], H : 양정[m], γ : 비중량[kgf/m³]

① 양흡입 펌프 경우 : Q 대신 $Q/2$ 대입
② 다단펌프 경우 : H를 단수로 나누어 대입(2단일 경우 $H/2$ 대입)

3) 비속도의 크기비교

축류펌프 > 사류펌프 > 볼류트펌프 > 터빈펌프

3. 펌프 동력

1) 동력의 개념

단위시간당 가해지는 일의 양을 의미하며 보통 단위를 kW로 사용한다.

2) 동력의 기본식

① 기본동력 $(L) = \frac{\text{일}(J)}{\text{시간}(s)} = \frac{\text{힘}(F) \times \text{거리}(r)}{\text{시간}(s)} = \text{힘}(F) \times \text{속도}(v)$

② 송풍기 동력(배연기)
   동력(L) = (압력차($\triangle P$) × 송풍량(Q))/η

   η : 배연기 효율, Q : 송풍량 [m³/s]
   $\triangle P$: 압력차 [Pa], L : 동력 [W]

---

06 원심 팬이 1700[rpm]으로 회전할 때의 전압은 1520[Pa], 풍량은 240[m³/min]이다. 이 팬의 비교회전도는 약 몇 [m³/min], [m], [rpm] 인가? (단, 공기의 밀도는 1.2[kg/m³]이다.)
① 502   ② 652
③ 687   ④ 827

답 : ③

07 전체 질량이 3000[kg]인 소방차의 속력을 4초만에 시속 40[km]에서 80[km]로 가속하는데 필요한 동력은 약 몇 [kW]인가?
① 34   ② 70
③ 139   ④ 209

답 : ④

08 12층 건물의 지하 1층에 제연설비용 배연기를 설치하였다. 이 배연기의 등량은 500[m/min]이고, 풍압이 290[Pa]일 때 배연기의 동력[kW]은? (단, 배연기의 효율은 60[%]이다.)
① 3.55   ② 4.03
③ 5.55   ④ 6.11

답 : ②

3) 펌프 동력

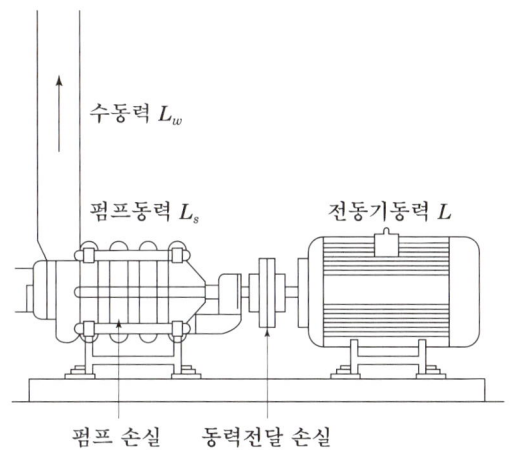

종류	내용	적용공식
수동력(L_W)	펌프에 의해 물에 가해지는 동력(펌프의 최소동력)	$L_W = \gamma QH$ [W] Q : 토출량[m³/s], H : 전양정[m]
축동력(L_S)	펌프를 운전하는데 필요한 동력	$L_S = \dfrac{\gamma QH}{\eta}$ [W] η : 펌프효율, Q : 토출량[m³/s]
전동기 동력(L)	전동기에서 펌프로 보내는 동력	$L = \dfrac{\gamma QH}{\eta} \times K$ [W] `$K$ : 동력전달계수, $Q$ : 토출량[m³/s] $= \dfrac{0.163\,QH}{\eta} \times K$ [kW]` Q : 토출량[m³/min]

* Q : 토출량 단위주의!!!

3 펌프 이상현상

1. 펌프의 이상현상

펌프 작동시 정상 토출압, 토출량 등의 정상적인 현상에서 벗어나 펌프의 수명과 성능저해하는 현상으로 대표적인 것으로 공동현상(Cavitation), 수격(Water Hammer), 맥동(Surging) 등이 있다.

핵심 PLUS

09 펌프의 입구에서 진공계의 계기압력은 −160 [mmHg], 출구에서 압력계의 계기압력은 300[kPa], 송출 유량은 10 [m³/min]일 때 펌프의 수동력[kW]은? (단, 진공계와 압력계 사이의 수직거리는 2[m]이고, 흡입관과 송출관의 직경은 같으며, 손실은 무시한다.)
① 5.7   ② 56.8
③ 557   ④ 3400

답 : ②

10 전양정 80[m], 토출량 500[L/min]인 물을 사용하는 소화펌프가 있다. 펌프효율 65[%], 전달계수[K] 1.1인 경우 필요한 전동기의 최소 동력은 약 몇 [kW]인가?
① 9[kW]   ② 11[kW]
③ 13[kW] ④ 15[kW]

답 : ②

11 물의 온도에 상응하는 증기압보다 낮은 부분이 발생하면 물은 증발되고 물속에 있던 공기와 물이 분리되어 기포가 발생하는 펌프의 현상은?
① 피드백(feed back)
② 서징현상(surging)
③ 공동현상(cavitation)
④ 수격작용(water hammering)

답 : ③

2. 공동현상(Cavitation)

1) 개념

펌프 흡입측 배관내의 압력이 국부적으로 포화증기압 이하로 내려가 물이 증발하여 기포가 생기는 현상을 말한다.

2) 분석

구분	내용
원인	① 압력 저하($P_1 \rightarrow P_2$) 　　물의 압력이 포화증기압 이하로 내려갈 때 ② 온도 상승($T_1 \rightarrow T_2$) 　　물의 온도가 포화온도 이상으로 상승시 ③ 부압 흡입방식일 때(펌프가 수원보다 높을 때) ④ 흡입 수두가 클 때 ⑤ 흡입 배관길이가 길 때 ⑥ 흡입 마찰손실이 클 때 ⑦ 임펠러 회전속도가 빠를 때
문제점	① 소음, 진동발생 ② 임펠러 침식(펌프 깃 침식) ③ 양정곡선과 효율곡선의 저하 ④ 펌프의 성능 저하(심할 경우 양수 불능) ⑤ 펌프 성능저하에 의한 초기소화 지연 ⑥ 송수불능에 의한 화재진압 실패 → 연소 확대 ⑦ 살수밀도 저하 ⑧ Cavitation 부식
대책	① 흡입 압력 높게 한다 ② 흡입 배관구경 크게 한다.(양흡입펌프) ③ 유체온도 낮게 한다 ④ 흡입 수두 작게 한다.(펌프 설치위치를 낮게) ⑤ 흡입 마찰손실 작게 한다 ⑥ 흡입 배관길이 짧게 한다 ⑦ 임펠러 회전속도 느리게 한다

핵심 PLUS

12 펌프의 캐비테이션을 방지하기 위한 방법으로 틀린 것은?
① 펌프의 설치 위치를 낮추어서 흡입 양정을 작게 한다.
② 흡입관을 크게 하거나 밸브, 플랜지 등을 조정하여 흡입 손실 수두를 줄인다.
③ 펌프의 회전속도를 높여 흡입 속도를 크게 한다.
④ 2대 이상의 펌프를 사용한다.

답 : ③

■ 펌프의 회전수를 적게 한다.
$N_s = N \cdot \dfrac{Q^{1/2}}{H^{3/4}}$ 에서 회전수 N을 적게 하면 흡입비속도 N_s가 작게 되고, 따라서 캐비테이션 현상이 발생하기 어렵게 된다.

■ 양흡입 펌프를 사용하거나 펌프를 2대로 나눈다. $N_s = N \cdot \dfrac{Q^{1/2}}{H^{3/4}}$ 에서 양흡입 펌프의 경우 $Q/2$이므로 N_s이 작아짐으로 캐비테이션이 발생하기 어렵게 된다. 이것도 불충분하면 펌프를 2대로 나눈다.

3. 수격(Water Hammer)

1) 개념

배관내를 흐르는 유체의 속도차에 의한 압력차에 의해서 운동에너지가 압력에너지로 변하여 배관내 충격파가 발생하는 현상을 말한다.(수압의 급격한 변화)

2) 분석

구분	내용		
원인	① 펌프의 순간적인 기동 및 정지 ② 밸브의 급속한 개폐 ③ 배관의 급격한 굴곡		
문제점	① 소음, 진동, 충격 발생 ② 배관 및 밸브의 진동 ③ 누수 및 손상 발생 ④ 설비의 열화 및 기능저하 ⑤ 균일한 살수밀도 확보곤란		
대책		부압대책	정압대책
		① 유속을 낮춤(관경 크게) ② 펌프에 Fly Wheel 설치 ③ 공기밸브 설치 ④ Surge Tank 설치 ⑤ Air Chamber 설치 ⑥ 자동수압조절밸브 설치	① 수격방지기 설치 ② 스모렌스키 체크밸브 설치 ③ 릴리프 밸브 설치

핵심 PLUS

13 다음 (ㄱ), (ㄴ)에 알맞은 것은?

> 파이프 속을 유체가 흐를 때 파이프 끝의 밸브를 갑자기 닫으면 유체의 (ㄱ)에너지가 압력으로 변환되면서 밸브 직전에서 높은 압력이 발생하고 상류로 압축파가 전달되는 (ㄴ) 현상이 발생한다.

정답 : (ㄱ) 운동, (ㄴ) 수격작용

14 펌프 운전 중 발생하는 수격작용의 발생을 예방하기 위한 방법에 해당되지 않는 것은?
① 밸브를 가능한 펌프 송출구에서 멀리 설치한다.
② 서지탱크를 관로에 설치한다.
③ 밸브의 조작을 천천히 한다.
④ 관 내의 유속을 낮게 한다.

답 : ①

핵심 PLUS

15 펌프가 운전 중에 한숨을 쉬는 것과 같은 상태가 되어 펌프 입구의 진공계 및 출구의 압력계 지침이 흔들리고 송출유량도 주기적으로 변화하는 이상 현상을 무엇이라고 하는가?
① 공동현상(cavitation)
② 수격작용(water hammering)
③ 맥동현상(surging)
④ 언밸런스(unvalance)

답 : ③

4. 맥동(서징, Surging)

1) 개념
펌프가 운전 중에 일정 주기로 압력과 유량이 변화하는 현상을 말한다.

2) 분석

구분	내용
원인	① 펌프의 H-Q곡선이 산형곡선(우상향부가 존재)이고 산형부에서 운전될 때 ② 배관 중에 수조나 공기조가 있을 때 ③ 유량조절밸브가 탱크의 뒤쪽에 있을 때 ④ 펌프의 토출측 관로가 길 때
문제점	① 헤드에서 살수밀도 저하 ② 흡입 및 토출배관의 주기적인 진동, 소음 발생 ③ 큰 압력변동 발생 ④ 장시간 지속시 관로상 기계·장치 파손

구분		방지대책
대책	펌프	① H-Q곡선이 우하향인 펌프를 선정 ② By-pass 배관을 사용하여 운전점이 우하향 범위내에 있도록 함 ③ 배관중에 수조 또는 기체상태인 부분이 없도록 함 ④ 유량조절밸브를 펌프 토출측 직후에 설치
	송풍기	(1) 방풍 　① 토출측 밸브 개방 필요한 풍량만 송풍 　② 장점 : 풍량의 감소가 없음 　③ 단점 : 비경제적임 (2) By-pass 　① 여분의 풍량을 송풍기 흡입측으로 Feed-back하는 방법 　② 항상 서징범위 밖에서 안정된 운전가능 → 가장 많이 사용 (3) 흡입 조임 - 흡입댐퍼 또는 Vane을 조임

핵심정리

1. 펌프 및 송풍기의 상사법칙(유양동 123 325)

   (1) 유량 (Q) : $\dfrac{Q_2}{Q_1} = \dfrac{n_2}{n_1} \times (\dfrac{D_2}{D_1})^3$

   (2) 양정(H) : $\dfrac{H_2}{H_1} = (\dfrac{n_2}{n_1})^2 \times (\dfrac{D_2}{D_1})^2$

   (3) 동력(L) : $\dfrac{L_2}{L_1} = \dfrac{\eta_1}{\eta_2} \times (\dfrac{n_2}{n_1})^3 \times (\dfrac{D_2}{D_1})^5$

2. 비속도

   펌프 : N_S (비속도) $= \dfrac{n\sqrt{Q}}{H^{\frac{3}{4}}} = \dfrac{n\sqrt{Q}}{(\dfrac{P}{\gamma})^{\frac{3}{4}}}$

3. 소요동력(Q : 유량 [m^3/s])

   펌프 : 수동력 $L_w = \gamma H Q$ [W]

   축동력 $L_s = \dfrac{\gamma H Q}{\eta}$ [W]

   전동기 동력 $L = \dfrac{\gamma Q H}{\eta} \times K$ [W]

4. (1) 이용할 수 있는 유효흡입수두 $NPSH_{av} = H_a \pm H_h - H_f - H_v$

   (2) $NPSH_{re}$ [Required Net Positive Suction Head : 필요흡입수두]

   ① 펌프 자체의 고유성능으로 펌프가 캐비테이션을 일으키지 않고 흡입을 위해 필요한 수두

   ② $NPSH_{av}$ 와 $NPSH_{re}$의 관계

   $NPSH_{av} \geq 1.3 \times NPSH_{re}$

5. 펌프의 이상현상 : 공동현상(Cavitation), 서징현상(Surging), 수격작용(Water Hammer)

핵심기출문제

5. 펌프 성능 특성

■■■ 5. 펌프 성능 특성

1. 펌프에 대한 설명 중 틀린 것은? [16 ②]
① 회전식 펌프는 대용량에 적당하며 고장 수리가 간단하다.
② 기어 펌프는 회전식 펌프의 일종이다.
③ 플런저 펌프는 왕복식 펌프이다.
④ 터빈 펌프는 고양정, 저유량에 적합하다.

2. 펌프에 대한 설명 중 틀린 것은? [23 ②]
① 가이드베인이 있는 원심 펌프를 볼류트 펌프(Volute pump)라 한다.
② 기어 펌프는 회전식 펌프의 일종이다.
③ 플런저 펌프는 왕복식 펌프이다.
④ 터빈 펌프는 고양정, 양수량이 적을 때 사용하면 적합하다.

3. 다음 중 왕복식 펌프에 속하는 것은? [22 ②]
① 플런저 펌프(Plunger pump)   ② 기어 펌프(gear pump)
③ 볼류트 펌프(volute pump)   ④ 에어 리프트(air lift)

4. 구조가 상사한 2대의 펌프에서, 유동상태가 상사할 경우 2대의 펌프 사이에 성립하는 상사법칙이 아닌 것은? (단, 비압축성유체인 경우이다.) [16 ②]
① 유량에 관한 상사법칙   ② 전양정에 관한 상사법칙
③ 축동력에 관한 상사법칙   ④ 밀도에 관한 상사법칙

5. 동일 펌프 내에서 회전수를 변경시켰을 때 유량과 회전수의 관계로서 옳은 것은? [18 ②]
① 유량은 회전수에 비례한다.
② 유량은 회전수 제곱에 비례한다.
③ 유량은 회전수 세제곱에 비례한다.
④ 유량은 회전수 제곱근에 비례한다.

해설

해설 1
회전식 펌프는 왕복 펌프와 같이 용적식 펌프로서 회전자의 형식과 구조에 의해 베인(vane)와 기어(gear)펌프로 나누며 소용량 펌프에 해당한다.

해설 2
원심펌프
(1) 볼류트 펌프 : 안내 깃(guide vane) 이 없다.
(2) 터빈 펌프 : 안내 깃(guide vane) 이 있다.

해설 3
(1) 왕복식 펌프 : 피스톤 펌프(piston pump), 플런저 펌프(plumger pump)
(2) 원심식 펌프 : 볼류트펌프(volute pump), 터빈펌프(turbine pump)
(3) 특수형 펌프 : 기포펌프 (air lift pump), 재생펌프 (friction pump), 분사펌프 (jet pump), 수격펌프 (hydraulic ram pump)

해설 4
펌프의 상사법칙(회전수 변화)
(1) 유량 (Q) : $Q_2 = Q_1 \times \left(\dfrac{N_2}{N_1}\right)$
(2) 양정 (H) : $H_2 = H_1 \times \left(\dfrac{N_2}{N_1}\right)^2$
(3) 축동력(L_S) : $L_{S2} = L_{S1} \times \left(\dfrac{N_2}{N_1}\right)^3$
밀도에 관한 상사법칙은 존재하지 않는다.

해설 5
펌프의 상사법칙(회전수 변화)
(1) 유량 (Q) : $Q_2 = Q_1 \times \left(\dfrac{N_2}{N_1}\right)$
(2) 양정 (H) : $H_2 = H_1 \times \left(\dfrac{N_2}{N_1}\right)^2$
(3) 축동력(L_S) : $L_{S2} = L_{S1} \times \left(\dfrac{N_2}{N_1}\right)^3$

정답 1. ① 2. ① 3. ① 4. ④ 5. ①

6. 펌프의 상사성을 유지하면서 회전수는 변함없이 직경을 두 배로 증가시킬 때의 설명으로 틀린 것은? [19 ㉮]

① 유량은 8배 증가한다.
② 수두는 4배로 증가한다.
③ 동력은 16배 증가한다.
④ 효율은 변함없다.

7. 소화펌프의 회전수가 1,450[rpm]일 때 양정이 25[m], 유량이 5[m³/min]이었다. 펌프의 회전수를 1,740[rpm]으로 높일 경우 양정[m]과 유량[m³/min]은? (단, 회전차의 직경은 일정하다.) [16, 22, 23 ㉮]

① 양정 : 17 유량 : 4.2
② 양정 : 21 유량 : 5
③ 양정 : 30.2 유량 : 5.2
④ 양정 : 36 유량 : 6

8. 회전속도 N[rpm]일 때 송출량 Q[m³/min], H[m]인 원심펌프를 상사한 조건에서 회전속도를 $1.4N$[rpm]으로 바꾸어 작동할 때 유량 및 전양정은? [17 ㉮]

① $1.4Q$, $1.4H$
② $1.4Q$, $1.96H$
③ $1.96Q$, $1.4H$
④ $1.96Q$, $1.96H$

9. 다음 설명 중 틀린 것은? [24 ㉮]

① 흡입배관에서의 마찰손실 수두를 작게 하면 펌프의 공동현상을 방지할 수 있다.
② 배관의 직경을 크게 하고 유속을 낮게 하면 수격작용을 방지할 수 있다.
③ 흡수면에서 최상층 송출 수면까지의 수직거리를 전양정이라 한다.
④ 특성이 같은 원심펌프 2대를 직렬로 설치하면 양정을 높일 수 있다.

해설

해설 6
펌프의 상사법칙(직경 변화)
(1) 유량 (Q) : $Q_2 = Q_1 \times \left(\dfrac{D_2}{D_1}\right)^3$
$= Q_1 \times \left(\dfrac{2}{1}\right)^3 = 8Q_1$
(2) 양정 (H) : $H_2 = H_1 \times \left(\dfrac{D_2}{D_1}\right)^2$
$= H_1 \times \left(\dfrac{2}{1}\right)^2 = 4H_1$
(3) 축동력 (L_S) : $L_{S2} = L_{S1} \times \left(\dfrac{D_2}{D_1}\right)^5$
$= L_{S1} \times \left(\dfrac{2}{1}\right)^5 = 32L_{S1}$

해설 7
펌프의 상사법칙(회전수 변화)
(1) 유량 (Q) : $Q_2 = Q_1 \times \left(\dfrac{N_2}{N_1}\right)$
$= 5 \times \left(\dfrac{1,740}{1,450}\right) = 6\,[\text{m}^3/\text{min}]$
(2) 양정 (H) : $H_2 = H_1 \times \left(\dfrac{N_2}{N_1}\right)^2$
$= 25 \times \left(\dfrac{1,740}{1,450}\right)^2 = 36\,(\text{m})$

해설 8
펌프의 상사법칙(회전수 변화)
(1) 유량 (Q) : $Q_2 = Q_1 \times \left(\dfrac{N_2}{N_1}\right)$
$= Q \times \left(\dfrac{1.4N}{N}\right) = 1.4Q$
(2) 양정 (H) : $H_2 = H_1 \times \left(\dfrac{N_2}{N_1}\right)^2$
$= H \times \left(\dfrac{1.4N}{N}\right)^2 = 1.96H$

해설 9
③ 흡수면에서 최상층 송출 수면까지의 수직거리를 실양정이라 한다.

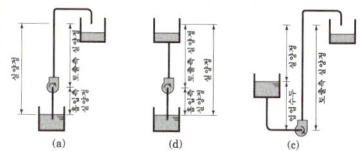

정답 6. ③ 7. ④ 8. ② 9. ③

핵심기출문제
5. 펌프 성능 특성

10. 회전속도 1,000[rpm]일 때 송출량 $Q[m^3/min]$, 전양정 $H[m]$인 원심펌프가 상사한 조건에서 송출량이 $1.1Q[m^3/min]$가 되도록 회전속도를 증가시킬 때 전양정은? [18⑦]

① $0.9H$ ② H
③ $1.1H$ ④ $1.21H$

11. 소방펌프의 회전수를 2배로 증가시키면 소방펌프 동력은 몇 배로 증가하는가? (단, 기타 조건은 동일) [15⑦]

① 2   ② 4
③ 6   ④ 8

12. 양정 220[m], 유량 0.025[m³/s], 회전수 2,900[rpm]인 4단 원심펌프의 비교회전도(비속도)는 얼마인가? [21⑦]

① 176   ② 167
③ 45   ④ 23

13. 원심 팬이 1,700[rpm]으로 회전할 때의 전압은 1520[Pa], 풍량은 240[m³/min]이다. 이 팬의 비교회전도는 약 몇 [m³/min], [m], [rpm] 인가? (단, 공기의 밀도는 1.2[kg/m³] 이다.) [15⑦]

① 502   ② 652
③ 687   ④ 827

[해설] 송풍기의 비속도(비교회전도) N_s[m³/min], [m], [rpm]

$$N_s = \frac{N\sqrt{Q}}{\left(\frac{P}{\gamma}\right)^{3/4}} = \frac{1,700 \times \sqrt{240}}{\left(\frac{1,520}{11.76}\right)^{3/4}} = 687$$

여기서 N : 회전수[rpm]
Q : 풍량[m³/min]
P : 전압[Pa]
γ : 비중량[N/m³] $= \rho \cdot g = 1.2 \times 9.8 = 11.76$ [N/m³]

해설

해설 10
펌프의 상사법칙
(1) 유량 (Q) : $Q_2 = Q_1 \times \left(\frac{N_2}{N_1}\right)$에서

$\frac{Q_2}{Q_1} = \frac{N_2}{N_1}$ 이므로

(2) 전양정 $H_2 = H_1 \times \left(\frac{N_2}{N_1}\right)^2$

$= H_1 \times \left(\frac{Q_2}{Q_1}\right)^2$

$= H \times \left(\frac{1.1Q_1}{Q_1}\right)^2 = 1.21H$

해설 11
축동력(L_S)

$L_{S2} = L_{S1} \times \left(\frac{N_2}{N_1}\right)^3 = 1 \times \left(\frac{2}{1}\right)^3 = 8$배

해설 12
펌프의 비속도
$N_s = N\frac{\sqrt{Q}}{H^{3/4}}$ 양흡입 펌프 : $Q/2$
다단 펌프 : $H/$단수[n])
N : 회전수[min⁻¹]
Q : 토출량[m³/min]
H : 전양정[m]

$N_s = N\frac{\sqrt{Q}}{H^{3/4}} = N\frac{\sqrt{Q}}{\left(\frac{H}{n}\right)^{3/4}}$

$= 2,900 \times \frac{\sqrt{0.025 \times 60}}{\left(\frac{220}{4}\right)^{\frac{3}{4}}}$

$≒ 176$ [m³/min·rpm·m]

정답 10. ④   11. ④   12. ①   13. ③

14. 다음 유체 기계들의 압력상승이 일반적으로 큰 것부터 순서대로 바르게 나열한 것은? [17, 21 ㉯]

① 압축기(Compressor) - 블로어(Blower) - 팬(Fan)
② 블로어(Blower) - 압축기(Compressor) - 팬(Fan)
③ 팬(Fan) - 블로어(Blower) - 압축기(Compressor)
④ 팬(Fan) - 압축기(Compressor) - 블로어(Blower)

15. 원심식 송풍기에서 회전수를 변화시킬 때 동력 변화를 구하는 식으로 맞는 것은? (단, 변화 전후의 회전수를 각각 N_1, N_2 동력을 L_1, L_2로 표시한다.) [19 ㉯]

① $L_2 = L_1 \times (\frac{N_1}{N_2})^3$
② $L_2 = L_1 \times (\frac{N_1}{N_2})^2$
③ $L_2 = L_1 \times (\frac{N_2}{N_1})^3$
④ $L_2 = L_1 \times (\frac{N_2}{N_1})^2$

16. 어떤 팬이 1,000[rpm]으로 회전할 때의 전압은 155[mmAq], 풍량은 240[m³/min]이다. 이것과 상사한 팬을 만들어 1,650[rpm], 전압 200[mmAq]로 작동할 때 풍량은 약 몇 [m³/min]인가? (단, 비속도는 같다.) [16 ㉯]

① 356
② 366
③ 386
④ 396

17. 저주소의 소화수를 빨아올릴 때 펌프의 유효흡입양정($NPSH$)으로 적합한 것은? (단, P_a : 흡입수면의 대기압, P_V : 포화증기압, γ : 비중량, H_a : 흡입실양정, H_L : 흡입손실수두) [15 ㉯]

① $NPSH = Pa/\gamma + P_V/\gamma - Ha - H_L$
② $NPSH = Pa/\gamma + P_V/\gamma - Ha - H_L$
③ $NPSH = Pa/\gamma - P_V/\gamma - Ha - H_L$
④ $NPSH = Pa/\gamma - P_V/\gamma - Ha + H_L$

해설

해설 14
송풍기와 압축기의 분류

명칭	송풍기		압축기 (Compressor)
	Fan	Blower	
토출압력	9.8 [kPa] 미만	9.8~98 [kPa] 미만	98 [kPa] 이상

해설 15
송풍기 상사법칙
① 유량 (Q) : $Q_2 = Q_1 \times (\frac{N_2}{N_1})$
② 전압 (P_{T1}) : $P_{T2} = P_{T1} \times (\frac{N_2}{N_1})$
③ 축동력 (L_S) : $L_2 = L_1 \times (\frac{N_2}{N_1})^3$

여기서, 첨자1은 처음 상태
　　　　첨자2는 변경 후의 상태

해설 16
송풍기의 상사법칙
$Q_2 = Q_1 \times \frac{N_2}{N_1} = 240 \times \frac{1,650}{1,000} = 396$

해설 17
유효유입양정
① 펌프가 설치되어 사용될 때 펌프 자체와 무관하게 흡입측 배관 또는 계통에 의하여 결정되는 값
② 펌프 흡입구 중심까지 유입된 액체에 주어지는 압력에서 해당 액체 온도에 상당하는 포화증기압을 뺀 값
$NPSH = Pa/\gamma - P_V/\gamma \mp Ha - H_L$
여기서, P_a : 흡입수면의 대기압
　　　　P_V : 포화증기압
　　　　γ : 비중량
　　　　H_a : 흡입실양정
　　　　H_L : 흡입손실수두
흡입실양정 H_a : 흡상일 경우 -,
　　　　　　　　　압상일 경우 +

정답 14. ① 15. ③ 16. ④ 17. ③

핵심기출문제

5. 펌프 성능 특성

18. 동일한 성능의 두 펌프를 직렬 또는 병렬로 연결하는 경우의 주된 목적은? [16⑦]

① 직렬 : 유량 증가, 병렬 : 양정 증가
② 직렬 : 유량 증가, 병렬 : 유량 증가
③ 직렬 : 양정 증가, 병렬 : 유량 증가
④ 직렬 : 양정 증가, 병렬 : 양정 증가

19. 다음 중 펌프를 직렬 운전해야 할 상황으로 가장 적절한 것은? [17⑦]

① 유량이 변화가 크고 1대로는 유량이 부족할 때
② 소요되는 양정이 일정하지 않고 크게 변동될 때
③ 펌프에 폐입 현상이 발생할 때
④ 펌프에 무구속 속도(run away speed)가 나타날 때

20. 토출량과 토출압력이 각각 $Q[l/min]$, $P[kPa]$이고, 특성곡선이 서로 같은 두 대의 소화펌프를 병렬연결하여 두 펌프를 동시 운전하였을 경우 총토출량[l/min]과 총토출압력[kPa]은 각각 어떻게 되는가? (단, 토출측 배관의 마찰손실은 무시한다.) [24⑦]

① 총토출량 : Q, 총토출압력 : P
② 총토출량 : $2Q$, 총토출압력 : $2P$
③ 총토출량 : Q, 총토출압력 : $2P$
④ 총토출량 : $2Q$, 총토출압력 : P

21. 성능이 같은 3대의 펌프를 병렬로 연결하였을 경우 양정과 유량은 얼마인가? (단, 펌프 1대에서 유량은 Q, 양정은 H라고 한다.) [18, 22⑦]

① 유량은 $9Q$, 양정은 H
② 유량은 $9Q$, 양정은 $3H$
③ 유량은 $3Q$, 양정은 $3H$
④ 유량은 $3Q$, 양정은 H

해설 연합(직렬 및 병렬)운전 특성
① 직렬운전
  • 같은 용량의 펌프를 3대 직렬운전 한 경우
  • 합성 특성곡선은 동일 유량에 대하여 대수배한 특성으로 총토출량 : Q, 양정 : $3H$로 된다.
② 병렬운전
  • 같은 용량의 펌프를 3대 병렬 운전한 경우
  • 합성 특성곡선은 동일 양정에 대하여 대수배한 특성곡선으로 총토출량 : $3Q$, 양정 : H으로 된다.

해설

해설 18

연합(직렬 및 병렬)운전 특성
① 직렬운전
  • 같은 용량의 펌프(송풍기)를 2대 직렬운전 한 경우
  • 합성 특성곡선은 동일 유량에 대하여 대수배한 특성으로 양정이 부족할 때 보완할 수 있다.
② 병렬운전
  • 같은 용량의 펌프(송풍기)를 2대 병렬 운전한 경우
  • 합성 특성곡선은 동일 양정에 대하여 대수배한 특성곡선으로 토출수량이 보족할 때 보완할 수 있다.

해설 19, 20

연합(직렬 및 병렬)운전 특성
① 직렬운전
  • 같은 용량의 펌프(송풍기)를 2대 직렬운전 한 경우
  • 합성 특성곡선은 동일 유량에 대하여 대수배한 특성으로 총토출량 : Q, 총토출압력 : $2P$로 된다.
② 병렬운전
  • 같은 용량의 펌프(송풍기)를 2대 병렬 운전한 경우
  • 합성 특성곡선은 동일 양정에 대하여 대수배한 특성곡선으로 총토출량 : $2Q$, 총토출압력 : P으로 된다.

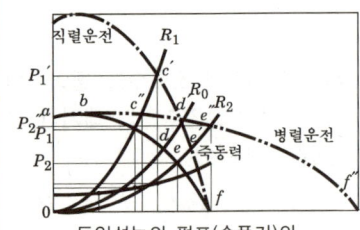

동일성능의 펌프(송풍기)의 연합운전 합성특성 곡선

정답 18. ③ 19. ② 20. ④ 21. ④

22. 동일펌프에서 회전수를 동일하게 하고 임펠라 직경을 $\frac{1}{2}$D로 변경할 경우 동력의 변화량은?

① $\frac{1}{32}$ ② $\frac{1}{5}$
③ 32   ④ 5

23. 펌프에 의하여 유체에 실제로 주어지는 동력은? (단, L_W : 동력[kW], γ : 물의 비중량[N/m³], Q : 토출량[m³/min], H : 전양정[m], g : 중력가속도[m/s²])

① $L_W = \dfrac{\gamma QH}{102 \times 60}$ ② $L_W = \dfrac{\gamma QH}{1{,}000 \times 60}$
③ $L_W = \dfrac{\gamma QHg}{102 \times 60}$ ④ $L_W = \dfrac{\gamma QHg}{1{,}000 \times 60}$

24. 전양정 20[m], 질량유량 150[kg/s]로 물을 송출할 때 소요되는 펌프의 축동력(shaft power)이 42[kW]이면 펌프의 효율[%]은?

① 70   ② 74
③ 76   ④ 80

해설 1) 펌프 동력

종류	내용	적용공식
수동력(L_W) [W]	펌프에 의해 물에 가해지는 동력(펌프의 최소동력)	$L_W = \gamma QH$ Q : 토출량[m³/s], H : 전양정[m]
축동력(L_S) [W]	펌프를 운전하는데 필요한 동력	$L_S = \dfrac{\gamma QH}{\eta}$ η : 펌프효율, Q : 토출량[m³/s]
전동기 동력(L)	전동기에서 펌프로 보내는 동력	$L = \dfrac{\gamma QH}{\eta} \times K$ [W] K : 동력전달계수, Q : 토출량[m³/s] $= \dfrac{0.163 QH}{\eta} \times K$[kW], Q : 토출량[m³/min]

2) 축동력에서의 효율
$L_w = \dfrac{\gamma QH}{\eta}$

$\eta = \dfrac{\gamma QH}{L_w} = \dfrac{9800[\text{N/m}^3] \times 0.15[\text{m}^3/\text{s}] \times 20[\text{m}]}{42000} = 0.70 = 70[\%]$

※ 질량유량 150[kg/s] = 0.15[m³/s]
$\dot{m} = \rho AV = \rho Q$
$Q = \dfrac{\dot{m}}{\rho} = \dfrac{150[\text{kg/s}]}{1000[\text{kg/m}^3]} = 0.15[\text{m}^3/\text{s}]$ ⇒ 유량 단위 주의!

해설

해설 22
상사법칙에서(효율과 회전수는 동일)

동력(L) : $\dfrac{L_2}{L_1}$
$= \dfrac{\eta_1}{\eta_2} \times \left(\dfrac{n_2}{n_1}\right)^3 \times \left(\dfrac{D_2}{D_1}\right)^5$
$= \left(\dfrac{\frac{1}{2}D}{D}\right)^5 = \dfrac{1}{32}$

- 상사법칙
(1) 유량(Q) : $\dfrac{Q_2}{Q_1} = \dfrac{n_2}{n_1} \times \left(\dfrac{D_2}{D_1}\right)^3$
(2) '양정(H)' :
$\dfrac{H_2}{H_1} = \left(\dfrac{n_2}{n_1}\right)^2 \times \left(\dfrac{D_2}{D_1}\right)^2$
(3) '동력(L)' :
$\dfrac{L_2}{L_1} = \dfrac{\eta_1}{\eta_2} \times \left(\dfrac{n_2}{n_1}\right)^3 \times \left(\dfrac{D_2}{D_1}\right)^5$

해설 23
펌프의 수동력
펌프의 수동력은 펌프에 의하여 유체에 실제로 주어지는 동력을 말한다.
수동력
$L_W = \dfrac{\rho g HQ}{1{,}000 \times 60} = \dfrac{\gamma QH}{1{,}000 \times 60}$ (kW)
여기서, L_W : 동력[kW]
γ : 물의 비중량[N/m³]
Q : 토출량[m³/min]
H : 전양정[m]
g : 중력가속도[m/s²]

정답 22. ① 23. ② 24. ①

25. 펌프에서 기계효율이 0.8, 수력효율이 0.85, 체적효율이 0.75인 경우 전효율은 얼마인가? [15, 21②]

① 0.51
② 0.68
③ 0.8
④ 0.9

26. 펌프 중심으로부터 2[m] 아래에 있는 물을 펌프 중심 위 15[m] 송출 수면으로 양수하려 한다. 관로의 전 손실수두가 6[m]이고, 송출수량이 1[m³/min]이라면 필요한 펌프의 동력은 약 몇 [W]인가? (단, 물의 비중량은 9,800[N/m³]이다.) [19, 23②]

① 2,777
② 3,103
② 3,430
④ 3,757

27. 펌프의 입구 및 출구측에 연결된 진공계와 압력계가 각각 25[mmHg]와 260[kPa]을 가리켰다. 이 펌프의 배출 유량이 0.15[m³/s]가 되려면 펌프의 동력은 약 몇 [kW]가 되어야 하는가? (단, 펌프의 입구와 출구의 높이 차는 없고, 입구측 관직경은 20[cm], 출구측 관직경은 15[cm]이다.) [16, 19②]

① 3.95
② 4.32
③ 39.5
④ 43.2

[해설] 펌프의 수동력

펌프의 수동력은 펌프에 의하여 유체에 실제로 주어지는 동력을 말한다.

$L_W = \gamma H Q$

여기서, L_W : 수동력[kW], H : 전양정[m], Q : 유량[m³/s], γ : 비중량[kN/m³]

(1) 전양정 H

수정 베르누이 방정식

$$\frac{v_1^2}{2g} + \frac{P_1}{\gamma} + z_1 + H = \frac{v_2^2}{2g} + \frac{P_2}{\gamma} + z_2 + H_L$$ 에서

① $Q = AV$에서

입구유속 $V_1 = \dfrac{Q}{A_2} = \dfrac{0.15}{\dfrac{\pi \times 0.2^2}{4}} = 4.77$ [m/s]

출구유속 $V_2 = \dfrac{Q}{A_2} = \dfrac{0.15}{\dfrac{\pi \times 0.15^2}{4}} = 8.49$ [m/s]

② · P_1 : 진공계의 지시압력 $= 101.325 \times \dfrac{25}{760} = 3.333$ [kPa]

· P_2 : 압력계의 지시압력 $= 260$ [kPa]

③ 손실수두 $H_L = 0$, $z_1 = z_2$이므로

전양정 $H = \dfrac{P_2 - P_1}{\gamma} + \dfrac{V_2^2 - V_1^2}{2g}$ [m] $= \dfrac{260 - 3.333}{9.8} + \dfrac{8.49^2 - 4.77^2}{2 \times 9.8} = 28.71$ [m]

(2) 펌프 동력 $L_W = \rho g H Q = \gamma H Q = 9.8 \times 28.71 \times 0.15 = 42.2$ [kW]

해설

[해설] 25

펌프의 전효율 η

$\eta = \eta_h \cdot \eta_v \cdot \eta_m$

여기서,

η_h : 수력효율
(유체의 마찰손실에 대응하는 효율)

η_v : 체적효율
(누설손실에 대응하는 효율)

η_m : 기계효율(축수 등의 기계부분 마찰손실에 대응하는 효율)

∴ $\eta = 0.85 \times 0.75 \times 0.8 = 0.51$

[해설] 26

펌프의 수동력

$L_W = \gamma Q H$ (W)

여기서, L_W : 수동력[W]

γ : 물의 비중량 9,800[N/m³]

Q : 유량[m³/s]

H : 전양정[m] = 실양정 + 전 손실수두
$= (2 + 15) + 6 = 23$ [m]

$L_W = \dfrac{9,800 \times 1 \times 23}{60} ≒ 3,757$ [W]

25. ① 26. ④ 27. ④

28. 펌프를 이용하여 10[m] 높이 위에 있는 물탱크로 유량 0.3[m³/min]의 물을 퍼 올리려고 한다. 관로 내 마찰손실수두가 3.8[m]이고, 펌프의 효율이 85[%]일 때 펌프에 공급해야 하는 동력은 약 몇 W인가? [18②]

① 128　　② 796
③ 677　　④ 219

29. 펌프의 양수량 0.8[m³/min], 관로의 전 손실수두 5[m]인 펌프의 중심으로부터 4[m] 지하에 있는 물을 25[m]의 송출액면에 양수하고자 할 때 펌프의 축동력은 몇 [kW]인가? (단, 펌프의 효율은 80[%]) [17, 22②]

① 4.09　　② 4.74
③ 5.56　　④ 6.95

30. 회전수 1000[rpm], 전양정 60[m]에서 0.12[m³/s]의 물을 배출 하는 펌프의 축동력이 100[kW]이다. 이 펌프와 상사인 펌프가 크기가 3배이면서 500[rpm]으로 운전될 때의 축동력을 구하면 몇 [kW]인가? [24②]

① 2037.5　　② 203.75
③ 3037.5　　④ 4037.5

해설
1) 상사법칙
펌프의 특성치인 양정, 토출량, 축동력 회전수, 임펠러 직경사이 관계를 말한다.
(1) 유량(Q) : $\dfrac{Q_2}{Q_1} = \dfrac{n_2}{n_1} \times (\dfrac{D_2}{D_1})^3$
(2) 양정(H) : $\dfrac{H_2}{H_1} = (\dfrac{n_2}{n_1})^2 \times (\dfrac{D_2}{D_1})^2$
(3) 동력(L) : $\dfrac{L_2}{L_1} = \dfrac{\eta_1}{\eta_2} \times (\dfrac{n_2}{n_1})^3 \times (\dfrac{D_2}{D_1})^5$

2) 회전수와 임펠러 크기, 동력의 관계이므로(효율은 무시)
동력(L) : $\dfrac{L_2}{L_1} = (\dfrac{n_2}{n_1})^3 \times (\dfrac{D_2}{D_1})^5$ 에서 크기가 3배인 '펌프이므로
$D_2 = 3D_1$
$L_2 = L_1 \times (\dfrac{n_2}{n_1})^3 \times 3 = 100[kW] \times (\dfrac{500}{1000})^3 \times 3^5 ≒ 3037.5[kW]$

31. 유량 2[m³/min], 전양정 25[m]인 원심펌프를 설계하고자 할 때 펌프의 축동력은 몇 [kW]인가? (단, 펌프의 전효율은 0.78이다.) [22②]

① 9.52　　② 10.47
③ 11.52　　④ 13.47

해설

해설 28
펌프의 축동력
$L_S = \dfrac{\gamma Q H}{\eta} = \dfrac{9.8 \times 0.3 \times (10+3.8)}{60 \times 0.85}$
$≒ 0.796[kW] = 796[W]$
여기서, L_S : 축동력[kW]
　　　　γ : 물의 비중량
　　　　　　($=9.8[kN/m^3]$)
　　　　Q : 토출량[m³/s]
　　　　η : 펌프 효율
　　　　H : 전양정[m]=실양정+마찰손실수두=10+3.8

해설 29
펌프의 축동력
$L_S = \dfrac{\gamma Q H}{\eta} = \dfrac{9.8 \times 0.8 \times (5+4+25)}{60 \times 0.8}$
$≒ 5.55[kW]$
여기서, L_S : 축동력[kW]
　　　　γ : 물의 비중량
　　　　　　($=9.8[kN/m^3]$)
　　　　Q : 토출량[m³/s]
　　　　η : 펌프 효율
　　　　H : 전양정[m]=실양정+전손실수두

해설 31
펌프의 축동력
$L_S = \dfrac{\gamma Q H}{\eta} = \dfrac{9.8 \times 2 \times 25}{60 \times 0.78}$
$≒ 10.47[kW]$
여기서, L_S : 축동력[kW]
　　　　γ : 물의 비중량[kN/m³]
　　　　Q : 토출량[m³/s]
　　　　H : 전양정[m]
　　　　η : 펌프 효율

정답 28. ②　29. ③　30. ②　31. ②

핵심기출문제
5. 펌프 성능 특성

32. 전양정 80[m], 토출량 500[L/min]인 물을 사용하는 소화펌프가 있다. 펌프효율 65[%], 전달계수[K] 1.1인 경우 필요한 전동기의 최소 동력은 약 몇 [kW]인가? [17, 21㉑]

① 9 kW ② 11 kW
③ 13 kW ④ 15 kW

33. 분당 토출량이 1,600[L], 전양정이 100[m]인 물 펌프의 회전수를 1,000[rpm]에서 1,400[rpm]으로 증가하면 전동기 소요동력은 약 몇 [kW]가 되어야 하는가? (단, 펌프의 효율은 65[%]이고, 전달계수는 1.1이다) [17, 22㉑]

① 44.1 ② 82.1
③ 121 ④ 142

해설 (1) 1,000[rpm]에서의 전동기 소요동력

$$L_M = \frac{\gamma QH}{\eta} \times K = \frac{9.8 \times \frac{1.6}{60} \times 100}{0.65} \times 1.1 ≒ 44.2 \,[\text{kW}]$$

여기서, L_M : 전동기 소요동력[kW], γ : 물의 비중량(=9.8[kN/m³]),
Q : 토출량[m³/s], H : 전양정[m], η : 펌프 효율, K = 동력전달계수

(2) 1,400[rpm]에서의 전동기 소요동력 펌프의 상사법칙에 의해

$$L_{S2} = L_{S1} \times \left(\frac{N_2}{N_1}\right)^3 = 44.2 \times \left(\frac{1,400}{1,000}\right)^3 ≒ 121 \,[\text{kW}]$$

34. 65[%]의 효율을 가진 원심펌프를 통하여 물을 1[m³/s]의 유량으로 송출시 필요한 펌프수두가 6[m]이다. 이때 펌프에 필요한 축동력은 약 몇 [kW]인가? [17㉑]

① 40[kW] ② 60[kW]
③ 80[kW] ④ 90[kW]

35. 펌프와 관련된 용어의 설명으로 옳은 것은? [22㉑]

① 캐비테이션 : 송출압력과 송출유량이 주기적으로 변하는 현상
② 서징 : 액체가 포화 증기압 이하에서 비등하여 기포가 발생하는 현상
③ 수격작용 : 관을 흐르던 물이 갑자기 정지할 때 압력파에 의해 이상음(異常音)이 발생하는 현상
④ NPSH : 펌프에서 상사법칙을 나타내기 위한 비속도

해설

해설 32
펌프의 전동력(전동기 입력)

$$L_M = \frac{\gamma QH}{\eta} \times K = \frac{9.8 \times \frac{0.5}{60} \times 80}{0.65} \times 1.1$$
$$≒ 11 \,[\text{kW}]$$

여기서, L_M : 전동기 소요동력[kW]
γ : 물의 비중량(=9.8[kN/m³])
Q : 토출량[m³/s]
H : 전양정[m]
η : 펌프 효율
K = 동력전달계수

해설 34
축동력

$$L_S = \frac{\gamma QH}{\eta} = \frac{9.8 \times 1 \times 6}{0.65} = 90.46 \,[\text{kW}]$$

여기서, L_S : 축동력[kW]
γ : 물의 비중량[kN/m³]
Q : 토출량[m³/s]
H : 전양정[m]
η : 펌프 효율

해설 35
① 캐비테이션 : 액체가 포화 증기압 이하에서 비등하여 기포가 발생하는 현상
② 서징 : 송출압력과 송출유량이 주기적으로 변하는 현상
④ NPSH : 펌프가 Cavitation을 일으키지 않고 흡입 가능한 압력을 물의 높이로 표시한 것

정답 32. ② 33. ③ 34. ④ 35. ④

해설

36. 효율이 50[%]인 펌프를 이용하여 저수지의 물을 1초에 10*l*씩 30[m] 위쪽에 있는 논으로 퍼 올리는 데 필요한 동력은 약 몇 [kW]인가? [18⑦]

① 10.0   ② 20.0
③ 2.94   ④ 5.88

해설 36
축동력
$$L_S = \frac{\gamma QH}{\eta} = \frac{9.8 \times 10 \times 10^{-3} \times 30}{0.5}$$
$$= 5.88 \,[kW]$$
여기서, L_S : 축동력[kW],
γ : 물의 비중량[kN/m³]
Q : 토출량[m³/s],
H : 전양정[m]
η : 펌프 효율

37. 유량이 0.6[m³/min]일 때 손실수두가 7[m]인 관로를 통하여 10[m] 높이 위에 있는 저수조로 물을 이송하고자 한다. 펌프의 효율이 90[%]라고 할 때 펌프에 공급해야 하는 전력은 몇 [kW]인가? [15, 17, 21⑦]

① 0.45   ② 1.85
③ 2.27   ④ 136

해설 37
펌프의 축동력 L_S
$$L_S = \frac{\gamma QH}{\eta} = \frac{9.8 \times 0.6 \times (10+7)}{60 \times 0.9}$$
$$\fallingdotseq 1.85 \,[kW]$$
여기서, L_S : 축동력[kW]
γ : 물의 비중량[kN/m³]
Q : 토출량[m³/s]
H : 전양정[m]
η : 펌프 효율

38. 안지름이 30[cm]이고 길이가 800[m]인 관로를 통하여 300[*l*/s] 의물을 50[m] 높이까지 양수하는데 필요한 펌프의 동력은 약 몇 [kW]인가? (단, 관마찰계수는 0.03이고 펌프의 효율은 85[%]이다.) [15, 21⑦]

① 173   ② 259
③ 398   ④ 427

해설 (1) 달시-바이스바흐(Darcy-Weisbach)의 식
마찰손실수두
$$h_L = \lambda \cdot \frac{l}{d} \cdot \frac{v^2}{2g} \,[m] = 0.03 \times \frac{800}{0.3} \times \frac{4.244^2}{2 \times 9.8} \fallingdotseq 73.52 \,[m]$$
여기서, 유속 $v = \frac{Q}{A} = \frac{300 \times 10^{-3}}{\frac{\pi \times 0.3^2}{4}} = 4.244 \,[m/s]$

(2) 펌프의 전양정
$H = h_1 + h_L = 50 + 73.52 = 123.52$

(3) 펌프의 축동력
$$L_S = \frac{\gamma QH}{\eta} = \frac{9.8 \times 300 \times 10^{-3} \times 123.52}{0.85} = 427 \,[kW]$$ 에서
여기서, L_S : 동력[kW], γ : 물의 비중량[kN/m³],
Q : 토출량[m³/s], H : 전양정[m]

정답 36. ④ 37. ② 38. ④

핵심기출문제
5. 펌프 성능 특성

39. 안지름 25[mm], 길이 10[m]의 수평 파이프를 통해 비중 0.8, 점성계수는 $5×10^{-3}$[kg/m·s]인 기름을 유량 $0.2×10^{-3}$[m³/s]로 수송하고자 할 때, 필요한 펌프의 최소 동력은 약 몇 [kW]인가? [19⑦]

① 0.21 ② 0.58
③ 0.77 ④ 0.81

40. 전양정이 60[m] 이고, 양수량이 0.032[m³/s] 인 원심펌프의 축동력이 22.4[kW]이다. 이 펌프의 효율은 얼마인가? [14, 24⑦]

① 119[%] ② 84[%]
③ 75[%]   ④ 8.6[%]

41. 그림과 같이 물탱크에서 2[m²]의 단면적을 가진 파이프를 통해 터빈으로 물이 공급되고 있다. 송출되는 터빈은 수면으로부터 30[m] 아래에 위치하고, 유량은 10[m³/s]이고 터빈 효율이 80[%]일 때 터빈 출력은 약 몇 [kW]인가? (단, 밴드나 밸브 등에 의한 부차적 손실계수는 2로 가정한다.) [17⑦]

① 1,254
② 2,690
③ 2,152
④ 3,363

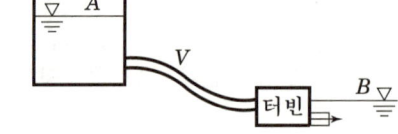

해설 베르누이(수정)방정식

$$\frac{v_1^2}{2g}+\frac{P_1}{\gamma}+z_1=\frac{v_2^2}{2g}+\frac{P_2}{\gamma}+z_2+h_L+H_T$$에서

$z_1=30$, $z_2=0$, $v_1=v_2$, $P_1=P_2$로 하면

(1) 유속 $V=\dfrac{유량}{단면적}=\dfrac{10}{2}=5$[m/s]

(2) 부차적 손실수두
$h_L=K\dfrac{V^2}{2g}=2×\dfrac{5^2}{2×9.8}=2.55$[m]

(3) 터빈일
$H_T=z_1-h_L=30-2.55=27.45$[m]

(4) 터빈출력 $L_T=\gamma QH_T\eta$
여기서, γ : 물의 비중량(=9.8[kN/m³]), Q : 유량[m³/s]
H_T : 터빈일(유효낙차)=총낙차(z_1)−손실수두의 합계(h_L)
η : 터빈효율

∴ $L_T=9.8×10×27.45×0.8=2,152.08$[kW]

해설

해설 39

펌프의 최소동력(수동력)
$L_S=\gamma QH$(W)에서

(1) 하겐-포아젤의 법칙 (Hagen-Poiseuille's law)에 의해 손실수두

$h_L=\dfrac{128\mu LQ}{\gamma\pi D^4}$

$=\dfrac{128×5×10^{-3}×10×0.2×10^{-3}}{7.84×\pi×0.025^4}$

$≒133$[m]

여기서, 비중량
$\gamma=9.8s=9.8×0.8=7.84$[kN/m³]

(2) 전양정 H=실양정 + 총 손실수두 에서 수평 원관이므로 실양정 = 0
$H=h_L=133$[m]

∴ $L_S=\gamma QH$
$=7.84×(0.2×10^{-3})×133$
$≒0.21$[kW]

해설 40

1) 펌프 동력

종류	내용	적용공식
수동력 (L_W) [W]	펌프에 의해 물에 가해지는 동력(펌프의 최소동력)	$L_W=\gamma QH$ Q : 토출량[m³/s] H : 전양정[m]
축동력 (L_S) [W]	펌프를 운전하는데 필요한 동력	$L_S=\dfrac{\gamma QH}{\eta}$ η : 펌프효율 Q : 토출량[m³/s]
전동기 동력 (L)	전동기에서 펌프로 보내는 동력	$L=\dfrac{\gamma QH}{\eta}×K$[W] K : 동력전달계수 Q : 토출량[m³/s] $=\dfrac{0.163QH}{\eta}×K$[kW] Q : 토출량[m³/min]

2) 축동력

$L_w=\dfrac{\gamma QH}{\eta}$

$\eta=\dfrac{\gamma QH}{L_w}$

$=\dfrac{9800[N/m³]×0.032[m³/s]×60[m]}{22400}$

$=0.84=84[\%]$

정답 39.① 40.② 41.③

42. 송풍기의 풍량 15[m³/s], 전압 540[Pa], 전압효율이 55[%]일 때 필요한 축동력은 몇 [kW]인가? [16, 23 ㉮]
① 2.23　　　　② 4.46
③ 8.1　　　　　④ 14.7

43. 회전수가 1500[rpm]일 때 송풍기 전압 3.92[kPa], 풍량 6[m³/min]를 내는 팬이 있다. 이때 축동력이 0.6[kW]라면 전압효율은 대략 몇 [%]인가? [15, 24 ㉮]
① 55%　　　　② 60%
③ 65%　　　　④ 70%

44. 물이 파이프 속을 꽉 차서 흐를 때, 정전 등의 원인으로 유속이 급격히 변하면서 물에 심한 압력 변화가 생기고 큰 소음이 발생하는 현상을 무엇이라 하는가? [17, 20 ㉮]
① 수격작용　　　② 서징
③ 캐비테이션　　④ 실속

45. 수격작용에 대한 설명으로 맞는 것은? [18 ㉮]
① 관로가 변할 때 물의 급격한 압력 저하로 인해 수중에서 공기가 분리되어 기포가 발생하는 것을 말한다.
② 펌프의 운전 중에 송출압력과 송출유량이 주기적으로 변동하는 현상을 말한다.
③ 관로의 급격한 온도변화로 인해 응결되는 현상을 말한다.
④ 흐르는 물을 갑자기 정지시킬 때 수압이 급격히 변화하는 현상을 말한다.

46. 수격현상에 대한 다음 설명 중 틀린 것은? [15 ㉮]
① 수격현상은 유체의 유속변화로 인한 압력변화에 의해 발생한다.
② 밸브의 급개방 혹은 급폐쇄시 발생한다.
③ 서지 탱크를 설치함으로써 수격현상을 방지할 수 있다.
④ 관 내 유속이 느린 경우 잘 발생한다.

해설

해설 42
송풍기 축동력 L_s
$L_a = P_t \cdot Q / \eta_t$ [kW]
$= \dfrac{540 \times 10^{-3} \times 15}{0.55} = 14.72$ [kW]
여기서, P_t : 송풍기 전압[kPa]
Q : 풍량15[m³/s]
η_t : 송풍기 전압효율

해설 43
1) 송풍기 축동력 L_s
$L_a = \dfrac{P_t \cdot Q}{\eta_t}$ [W]
P_t : 송풍기 전압[Pa]
Q : 풍량[m³/s]
η_t : 송풍기 전압효율
2) 전압효율
$\eta_t = \dfrac{P_t \cdot Q}{L_s}$
$= \dfrac{3.92[\text{kPa}] \times 6[\text{m}^3/60\text{s}]}{0.6[\text{kW}]}$
≒ 0.65 = 65[%]

해설 44, 45, 46
수격작용(water hammer)
배관계 내의 유체의 속도가 급격히 변화함에 따라 유체압력이 상승 또는 강하하는 현상으로 비교적 긴 송수관으로 액체를 수송하고 있을 때 급격히 밸브를 닫거나 정전 등으로 펌프의 운전이 갑자기 멈춘 경우, 감속되는 분량의 운동에너지가 압력에너지로 변하여 관에 심한 충격을 주는 현상을 말한다.

해설 47
①은 공동형상
②는 서징현상

해설 48
④의 경우 관내의 유속이 빠를 때 잘 발생한다.

핵심기출문제

5. 펌프 성능 특성

47. 다음의 (㉠), (㉡)에 알맞은 것은? [21 ㉮]

> 파이프 속을 유체가 흐를 때 파이프 끝의 밸브를 갑자기 닫으면 유체의 (㉠)에너지가 압력으로 변환되면서 밸브 직전에서 높은 압력이 발생하고 상류로 압축파가 전달되는 (㉡) 현상이 발생한다.

① 운동, 서징(surging)
② 운동, 수격작용(water hammering)
③ 위치, 서징(surging)
④ 위치, 수격작용(water hammering)

48. 펌프운전 중 수격작용의 발생을 예방하기 위한 방법에 해당되지 않는 것은? [22 ㉮]

① 서지탱크를 관로에 설치한다.
② 회전체의 관성 모멘트를 크게 한다.
③ 펌프 송출구에 체크밸브를 달아 역류를 막는다.
④ 관 내의 유속을 낮게 한다.

49. 펌프 운전 중 발생하는 수격작용의 발생을 예방하기 위한 방법에 해당되지 않는 것은? [17 ㉮]

① 밸브를 가능한 펌프 송출구에서 멀리 설치한다.
② 서지탱크를 관로에 설치한다.
③ 밸브의 조작을 천천히 한다.
④ 관 내의 유속을 낮게 한다.

50. 배관 내에 흐르는 물의 수격현상(water hammering) 방지대책이 아닌 것은? [15 ㉮]

① 관로 내의 유속을 낮게 한다.
② 펌프에 플라이휠(fly wheel)을 설치한다.
③ 조압수조(surge tank)를 설치한다.
④ 관로의 관경을 작게 한다.

해설

해설 48, 49, 50, 51
수격작용 방지법
① 관내의 유속을 낮게 할 것
 (관의 지름을 크게 한다.)
② 급격히 밸브를 폐쇄하지 말 것
③ 회전체의 관성 모멘트를 크게 할 것(펌프에 플라이 휠(fly wheel)의 설치)
④ 양정, 유량에 급격한 변화를 주지 말 것
⑤ 조압수조(調壓水槽, suge tank)를 관로에 설치할 것
⑥ 밸브를 펌프 송출구 가까이 설치하고 이 밸브를 이용하여 제어할 것

해설 50
④의 경우 관로의 관경을 작게 하면 유속이 증가하여 수격작용의 우려가 커진다.

정답 47. ② 48. ③ 49. ① 50. ④

51. 물의 압력파에 의한 수격작용을 방지하기 위한 방법 중 적합하지 못한 것은? [16 ②]

① 펌프의 속도가 급격히 변화하는 것을 방지한다.
② 관로 내의 관경을 축소시킨다.
③ 관로 내 유체의 유속을 낮게 한다.
④ 관로 내의 관경을 확대한다.

52. 펌프 입구의 연성계 및 출구의 압력계 지침이 흔들리고 송출유량도 주기적으로 변화하는 이상현상은? [16 ②]

① 공동현상(cavitation)
② 수격작용(water hammering)
③ 맥동현상(surging)
④ 언밸런스(unbalance)

53. 펌프운전 중에 펌프 입구와 출구에 설치된 진공계, 압력계의 지침이 흔들리고 동시에 토출유량이 변화하는 현상으로 송출압력과 송출유량 사이에 주기적인 변동이 일어나는 이와 같은 현상은? [15 ②]

① 수격현상
② 서징현상
③ 공동현상
④ 와류현상

54. 펌프 입구의 진공계 및 출구의 압력계 지침이 흔들리고 송출유량도 주기적으로 변화하는 이상현상은? [17 ②]

① 공동현상(Cavitation)
② 수격작용(Water hammering)
③ 맥동현상(Surging)
④ 언밸런스(Unbalance)

해설

해설 51
② 관로 내의 관경을 크게 해야 함

해설 52, 53, 54
서징(surging)현상
원심형의 송풍기나 펌프를 일정한 회전속도로 운전할 때의 풍량-압력 특성은 그림과 같고, 피크(peak)를 서징한계라 한다. 서징은 배관계를 포함한 계가 자려진동(自勵振動)을 일으켜서 특정 주기로 토출압력이나 유량이 변동을 일으키는 현상을 말한다.

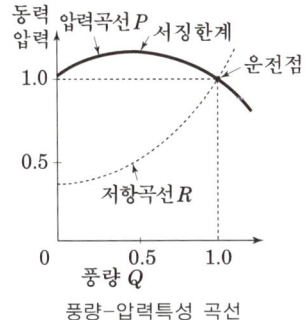

풍량-압력특성 곡선

정답 51. ② 52. ③ 53. ② 54. ③

핵심기출문제

5. 펌프 성능 특성

55. 공동현상(cavitation)에 대한 설명으로 맞는 것은? [19 ㉮]

① 흐르는 물을 갑자기 정지시킬 때 수압이 급격히 변화하는 현상을 말한다.
② 유로의 어느 부분의 압력이 대기압과 같아 지면 수중에 증기가 발생하는 현상을 말한다.
③ 유로의 어느 부분의 압력이 그 수온의 포화증기압보다 낮아지면 수중에 증기가 발생하는 현상을 말한다.
④ 펌프의 입구와 출구의 진공계, 압력계의 지침이 흔들리고 동시에 송출량이 변화하는 현상을 말한다.

56. 온도가 T 인 유체가 정압이 P 인 상태로 관 속을 흐를 때 공동현상이 발생하는 조건으로 가장 적절한 것은? (단, 유체온도 T 에 해당하는 포화증기압을 P_s 라 한다.) [15 ㉮]

① $P > P_s$
② $P > 2 \times P_s$
③ $P < P_s$
④ $P < 2 \times P_s$

57. 펌프의 이상 현상 중 허용 흡입수두와 가장 관련이 있는 것은? [15, 24 ㉮]

① 수온상승 현상
② 수격 현상
③ 공동 현상
④ 서징 현상

58. 공동현상(Cavitation)의 발생 원인과 가장 관계가 먼 것은? [16 ㉮]

① 관내의 수온이 높을 때
② 펌프의 흡입 양정이 클 때
③ 펌프의 설치 위치가 수원보다 낮을 때
④ 관내의 물의 정압이 그때의 증기압보다 낮을 때

59. 물의 온도에 상응하는 증기압보다 낮은 부분이 발생하면 물은 증발되고 물속에 있던 공기와 물이 분리되어 기포가 발생하는 펌프의 현상은? [19, 21, 23 ㉮]

① 피드백(feed back)
② 서징현상(surging)
③ 공동현상(cavitation)
④ 수격작용(water hammering)

해설

해설 55
공동(空洞 : Cavitation)현상
흐르고 있는 액체의 임의 지점의 압력이 어느 원인에 의해서 그 압력이 그 액체온도의 포화증기압보다 낮아지면 부분적으로 증발이 일어나고, 액중에 용해되어 있는 기체가 액과 분리되어 기포가 발생하는데 이러한 현상을 캐비테이션 즉, 공동현상이라 한다.

해설 56
관 속을 흐르는 유체의 정압 P 가 같은 온도인 포화증기압 P_s 보다 압력이 낮을 때 발생한다.
즉, $P < P_s$ 의 조건일 경우이다.

해설 57
NPSH와 Cavitation(공동현상)의 상관관계

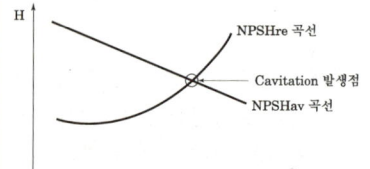

(1) NPSHav = NPSHre : 발생 한계
(2) NPSHav > NPSHre : 발생하지 않음
(3) NPSHav < NPSHre : 발생

해설 58
펌프의 설치위치가 수원보다 높을 때 공동현상이 발생하기 쉽다.

해설 59
펌프에서 흡입양정이 커서 그 압력이 포화압력 이하가 되면 공동현상(cavitation)이 발생한다.

정답
55. ③ 56. ③ 57. ③ 58. ③
59. ③

60. 펌프의 공동현상(cavitation)을 방지하기 위한 대책으로 옳지 않은 것은? [17, 22, 23 ㉠]

① 펌프의 설치높이를 될 수 있는 대로 높여서 흡입양정을 길게 한다.
② 펌프의 회전수를 낮추어 흡입 비속도를 적게 한다.
③ 단흡입펌프보다는 양흡입펌프를 사용한다.
④ 밸브, 플랜지 등의 부속품 수를 줄여서 손실수두를 줄인다.

61. 펌프의 공동현상(cavitation)을 방지하기 위한 방법이 아닌 것은? [17, 21 ㉠]

① 펌프의 설치 위치를 되도록 낮게 하여 흡입양정을 짧게 한다.
② 단흡입펌프보다는 양흡입펌프를 사용한다.
③ 펌프의 흡입 관경을 크게 한다.
④ 펌프의 회전수를 크게 한다.

62. 펌프의 캐비테이션을 방지하기 위한 방법으로 틀린 것은? [18 ㉠]

① 펌프의 설치 위치를 낮추어서 흡입 양정을 작게 한다.
② 흡입관을 크게 하거나 밸브, 플랜지 등을 조정하여 흡입 손실 수두를 줄인다.
③ 펌프의 회전속도를 높여 흡입 속도를 크게 한다.
④ 2대 이상의 펌프를 사용한다.

해설 공동현상(cavitation)의 방지법
① 펌프의 설치위치를 낮추어 유효흡입수두(NPSH)를 크게 한다.
② 펌프의 회전수(임펠러 속도)를 낮추고, 흡입비속도를 작게 한다.
③ 양흡입 펌프를 사용하거나 펌프를 2대로 나눈다.
④ 흡입관의 지름을 크게하고 밸브, 곡관 등 관이음의 수를 적게 하여 손실수두를 줄인다.
⑤ 부스터(Booster)펌프를 이용하여 흡입조건을 개선한다.
⑥ 규정치를 크게 벗어나는 운전을 피한다.

63. 펌프와 관련된 용어의 설명으로 옳은 것은? [22 ㉠]

① 캐비테이션 : 송출압력과 송출유량이 주기적으로 변하는 현상
② 서징 : 액체가 포화 증기압 이하에서 비등하여 기포가 발생하는 현상
③ 수격작용 : 관을 흐르던 물이 갑자기 정지할 때 압력파에 의해 이상음(異常音)이 발생하는 현상
④ NPSH : 펌프에서 상사법칙을 나타내기 위한 비속도

해설 **60**
캐비테이션의 방지법
① 펌프의 설치위치를 낮추어 유효흡입수두(NPSH)를 크게 한다.
② 펌프의 회전수(임펠러 속도)를 낮추고, 흡입비속도를 작게 한다.
③ 양흡입 펌프를 사용하거나 펌프를 2대로 나눈다.
④ 흡입관의 지름을 크게 하고 밸브, 곡관 등 관이음의 수를 적게 하여 손실수두를 줄인다.
⑤ 부스터(Booster)펌프를 이용하여 흡입조건을 개선한다.
⑥ 규정치를 크게 벗어나는 운전을 피한다.

해설 **61**
캐비테이션의 방지법
① 펌프의 설치위치를 낮추어 유효흡입수두(NPSH)를 크게 한다.
② 펌프의 회전수(임펠러 속도)를 낮추고, 흡입비속도를 작게 한다.
③ 양흡입 펌프를 사용하거나 펌프를 2대로 나눈다.
④ 흡입관의 지름을 크게 하고 밸브, 곡관 등 관이음의 수를 적게 하여 손실수두를 줄인다.
⑤ 부스터(Booster)펌프를 이용하여 흡입조건을 개선한다.
⑥ 규정치를 크게 벗어나는 운전을 피한다.

해설 **63**
① 캐비테이션 : 액체가 포화 증기압 이하에서 비등하여 기포가 발생하는 현상
② 서징 : 송출압력과 송출유량이 주기적으로 변하는 현상
④ NPSH : 펌프가 Cavitation을 일으키지 않고 흡입 가능한 압력을 물의 높이로 표시한 것

정답 60. ① 61. ④ 62. ③ 63. ③

소방열역학

02-2

01 열역학 기초 및 열역학 법칙
02 이상기체 및 상태변화
03 열기관 사이클
04 열전달 기초

01 열역학 기초 및 열역학 법칙

II.소방열역학 | 열역학 기초 및 열역학 법칙

핵심 PLUS

1 기본개념

1. 비열

어느 물질을 가열하거나 냉각할 때 출입하는 열량은 그 물질의 질량 및 온도 변화에 비례한다. 예를 들어 질량 m[kg]의 물질의 온도를 ΔT 만큼 변화 시켰을 때 필요한 열량 (J)은

$$q = mc\Delta t$$

이다.

여기서, 비례정수 c는 물질의 종류에 따라서 다른 값을 같고 비열이라 한다.

> 비열은 물질 1[g]의 온도를 1[K, ℃] 변화 시키는데 필요한 열량[cal, J]을 말하며 [cal/g·k, J/g·℃]의 단위로 표시한다.
> (물의 비열은 4.186(=4.2)[J/g·℃] 이다.)

■ 기체의 비열

① 정적비열(C_v) : 체적이 일정한 상태에서 가열 할 때의 비열 (밀폐계에 적용)
② 정압비열(C_p) : 압력을 일정하게 유지하고 가열 할 때의 비열 (개방계에 적용)
③ 비열비[k] : 정압비열을 정적 비열로 나눈 값

구분	내용	공식
정적비열 (C_v)	체적을 일정유지하면서 온도 1[℃] 올리는데 필요한 열량(비열)	$Q = mC_v(T_2 - T_1)$ [J]
정압비열 (C_p)	압력을 일정유지하면서 온도 1[℃] 올리는데 필요한 열량(비열)	$Q = mC_p(T_2 - T_1)$ [J]
비열비[k]	정압비열과 정적비열의 비	$k = \dfrac{C_p}{C_v}$ $C_P - C_V = \overline{R}$(기체상수), $C_P > C_V$, k(비열비) $= \dfrac{C_P}{C_V} > 1$

---

01 비열에 대한 다음 설명 중 틀린 것은?
① 정적비열은 체적이 일정하게 유지되는 동안 온도변화에 대한 내부에너지 변화율이다.
② 정압비열을 정적비열로 나눈 것이 비열비이다.
③ 정압비열은 압력이 일정하게 유지될 때 온도변화에 대한 엔탈피 변화율이다.
④ 비열비는 일반적으로 1보다 크나 1보다 작은 물질도 있다.

답 : ④

2. 현열, 잠열

① 현열(Sensible heat)

물질의 상태변화 없이 온도 변화에 이용되는 열량

$$q_S = mc\Delta t$$

② 잠열(Latent heat)

물질의 온도변화 없이 상태를 변화시키는데 소요된 열량

$$q_L = mr \qquad r : \text{기화열(융해열)} \; [kJ/kg]$$

0[℃] 얼음의 융해잠열	: 335[kJ/kg]
0[℃] 물의 증발 잠열	: 2,501[kJ/kg]
100[℃] 물의 증발 잠열	: 2,256[kJ/kg]

③ 총열량

가열로부터 증발 또는 융해에 이르기 까지 필요한 총열량

$$q[kJ] = q_s + q_L = mc\Delta T + mr$$

④ 전열기의 발생 가열량(발열량)

전력 $P[kW]$, 효율 η의 전열기를 $T[h]$ 통전하였을 때 발생하는 열량 W

$W = PT\eta \; [kW \cdot h] = 3,600 PT\eta \; [kJ]$

(단위환산) $1[kW \cdot h] = 3,600[kW \cdot s] = 3,600[kJ]$

⑤ 물질의 3태

모든 물질은 3개의 상(고체, 액체, 기체)으로 존재한다.

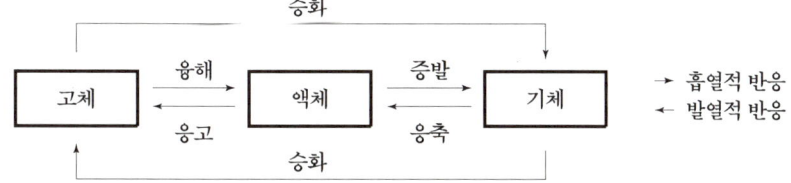

핵심 PLUS

02 물질의 온도변화 형태로 나타나는 열에너지는?

① 현열   ② 잠열
③ 비열   ④ 증발열

답 : ①

■ 열량(heat)

열량은 에너지의 한 형태이다. 물체를 가열하면 가열량은 물체의 온도 상승과 융해·증발 등의 상변화(change of phase)에 사용된다. 이 온도 상승에 이용된 열을 현열(sensible heat), 상변화에 이용된 열을 잠열(latent heat)라 한다.

03 물 2L를 1[kW]의 전열기로 20[℃]로부터 100[℃]까지 가열하는 데 소요되는 시간은? (단, 전열기 열량의 50[%]가 물을 가열하는데 유효하게 사용되고, 물은 증발하지 않는 것으로 가정한다. 물의 비열은 4.18[kJ/kgK]이다.)

① 22.3 분   ② 27.6 분
③ 35.4 분   ④ 44.6 분

[해설] 전열기의 가열량 = 물이 흡수한 열량

$$P \cdot \eta \cdot t = m \cdot c \cdot \Delta t (kJ)$$

시간 $t = \dfrac{m \cdot c \cdot \Delta t}{P \cdot \eta}$ (sec)에서

$= \dfrac{2 \times 4.18 \times (100-20)}{1 \times 0.5}$

$= 1,337.6[sec] = 22.29[min]$

답 : ①

핵심 PLUS

Ⅱ. 소방열역학 | 열역학 기초 및 열역학 법칙

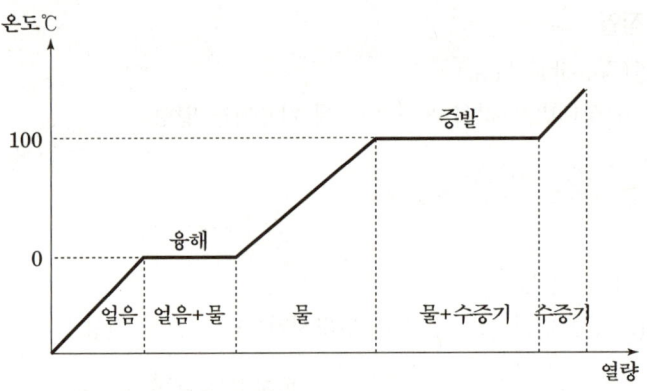

물에 대한 열량과 온도의 변화

3. 온도

물체의 온, 냉의 정도를 표시한 것으로 물체의 분자 운동에 의한 것이다.

① 섭씨온도(Celsius temperature)

표준대기압 하에서 순수한 물의 어는점을 0°, 끓는점을 100°라 하여 이 두점 사이를 100등분 하여 그 1/100을 1°로 하며 단위는 [℃]로 표시한다.

$$℃ = \frac{5}{9}(°F - 32)$$

② 화씨온도(Fahrenheit temperature)

표준대기압 하에서 물의 어는점을 32°, 끓는점을 212°로 하여 그 사이를 180등분하여 1/180을 1°로 정한 온도로 단위는 [°F]로 한다.

$$°F = \frac{9}{5}℃ + 32$$

③ 절대온도(absolute temperature)

이론적으로 도달 할 수 있는 최저온도를 기점으로 하여 측정된 온도로 이 온도를 절대온도라하고 섭씨온도 t와 구별하기 위해 T로 표시하며 단위는 K(켈빈) 또는 R(랭킨)을 사용한다.

켈빈온도: $T[K] = t[℃] + 273$ 랭킨온도: $T[R] = t[°F] + 460$

■ 켈빈온도의 정의
1 [K]는 물의 3중점의 열역학적온도의 1/273.16로 정의 되어있다. 즉, 물의 3중점온도를 273.16 [K]로 하고 있다. 이때의 절대영도는 0 [K]로 된다.

	℃	K	°F	R
비점(b·p)	100	373.15	212	672
빙점(F·p)	0	273.15	32	492
절대영도	-273.15	0	-460	0

4. 일(work)

1) 일(Work)

① 일(work)이란 어떤 물체에 힘이 작용하여 그 물체를 이동 시켰을 때 힘 × 거리 로 나타내며 SI단위에서는 Joule(J)로 표시한다.
1[J] 이란 1[N]의 힘으로 힘을 가하여 힘의 방향으로 1[m]만큼 이동 시켰을 때 일로 정의한다.

$$1[J] = 1[N] \times 1[m] = 1[N \cdot m]$$

② 밀폐된 공간에서 압력과 체적의 관계로 실제 계(System)가 한일을 계산할 수 있다.

$$W_{ab} = P \cdot \Delta V \text{ (압력 × 부피변화량)}$$

밀폐계에서 가역적으로 팽창(a-b)하였다면 실제 한일은 P-V선도에서 직선 아래 부분의 면적과 같다.

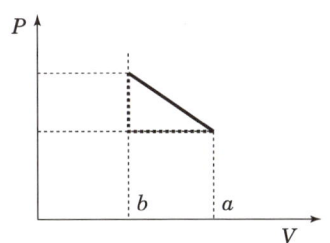

핵심 PLUS

04 밀폐계(密閉系) 안에서 기체의 압력이 500[kPa]로 일정하게 유지되면서 체적이 0.2[m³]에서 0.7[m³]로 팽창하였다. 계(系)가 한 일은 얼마인가?

① 450 [kJ]   ② 350 [kJ]
③ 250 [kJ]   ④ 150 [kJ]

[해설] 절대일 W_{12}

$$W_{12} = P \cdot \Delta V$$

$W_{12} = 500 \times (0.7 - 0.2) = 250 \text{[kJ]}$

답 : ③

05 밀폐시스템의 압력이 $P = (5 - 15V)$의 관계에 따라 변한다. 체적(V)이 $0.1 \text{[m}^3\text{]}$에서 $0.3 \text{[m}^3\text{]}$로 변하는 동안 이 시스템이 하는 일은? (단, P와 V의 단위는 각각 [kPa]과 [m³]이다.)

① 200 [J]   ② 400 [J]
③ 800 [J]   ④ 1,004 [J]

[해설] 절대일(W_{12})

$$W_{12} = \int_{V_1}^{V_2} PdV \text{[kJ]}$$

$$W_{12} = \int_{0.1}^{0.3} (5 - 15V)dV$$
$$= \left[5V - \frac{15}{2}V^2\right]_{0.1}^{0.3}$$
$$= \left(5 \times 0.3 - \frac{15}{2} \times 0.3^2\right)$$
$$- \left(5 \times 0.1 - \frac{15}{2} \times 0.1^2\right)$$
$$= 0.4 \text{[kJ]} = 400 \text{[J]}$$

답 : ②

II. 소방열역학 | 열역학 기초 및 열역학 법칙

핵심 PLUS

2) 동력(Power)

단위 시간당의 일량(에너지)을 나타내는 것으로 동력과 그 작용한 시간과의 곱은 일량 즉, 전달된 에너지 양을 표시한다. SI단위에서는 W[watt], [kW], J/s를 사용하며 1[W]는 1초사이에 1[J] 일을 하는 경우의 동력이다.

$$1[\text{W}] = 1[\text{J/s}] = 1[\text{N} \cdot \text{m/s}]$$
$$1[\text{kW}] = 1,000[\text{J/s}] = 3.6 \times 10^6[\text{J/h}]$$

3) 엔탈피(Enthalpy)와 엔트로피(Entropy)

구분	엔탈피	엔트로피
개념	계(System)가 포함하고 있는 총 Energy	① 계(System)내의 무질서도 ② 모든 반응은 무질서도가 증가하는 방향으로 진행
열역학 법칙	열역학 제 1법칙 – 에너지 보존의 법칙	열역학 제 2법칙 – 엔트로피의 법칙
계산식	$\Delta H = \Delta E + \Delta PV$ $h = u + Pv$ [kJ/kg] $\Delta H[h]$: (비)엔탈피[kcal] $E(u)$: (비)내부에너지 P : 압력 $V(v)$: (비)체적	$\Delta S = \dfrac{Q(열량)}{T(절대온도)}$[kcal/K] ΔS : 엔트로피[kcal/K] Q : 열량[kcal] T : 절대온도[k]
예	계에서 발열 반응이 일어날 때 · 엔탈피 변화 : $\Delta H_{계} < 0$ · 엔트로피 변화 : $\Delta S_{주위} > 0$ 엔탈피 : 감소 엔트로피 : 증가	계에서 흡열 반응이 일어날 때 · 엔탈피 변화 : $\Delta H_{계} > 0$ · 엔트로피 변화 : $\Delta S_{주위} < 0$ 엔탈피 : 증가 엔트로피 : 감소

---

06 시스템의 열역학적 상태를 기술하는데 열역학적 상태량(또는 성질)이 사용된다. 다음 중 열역학적 상태량으로 올바르게 짝지어진 것은?

① 열, 일
② 엔탈피, 엔트로피
③ 열, 엔탈피
④ 일, 엔트로피

해설 일과 열은 경로 함수이므로 열역학적 상태량이 아니다.
• 경로함수 : 일, 열
• 점 함수 : 온도 압력, 밀도, 체적, 에너지 등

답 : ②

■ 질량 1 [kg]당의 량을 (비)를 부쳐서 비체적, 비내부에너지, 비엔탈피, 비엔트로피 등으로 부른다.

2 열역학 법칙(The law of thermodynamics)

1. 열역학 0법칙(zeroth law of thermodynamics)

1) 열평형의 법칙(온도계의 원리)

2) 고온물체와 저온물체를 접촉시키면 고온물체에서 저온물체로 열이 이동하여 두 물체의 온도가 서로 같아지며 열평형 상태에 도달하여 더 이상 변화하지 않는다.

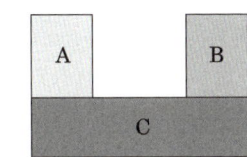

A=C and B=C 이면 A=B 이다

2. 열역학 1법칙-엔탈피(first law of thermodynamics)

1) 열은 본질적으로 일과 동일한 에너지의 한 형태로 열을 일로 변화 시킬 수 있고 그 반대로도 가능하다.

$Q = W$

2) 밀폐계가 임의의 사이클을 이룰 때 열전달의 총합은 이루어진 일의 총합과 같다. 즉 계가 외부로부터 Q의 열을 받아서 외부로 W의 일을 할 때 내부에너지 ΔU 와의 관계는 다음과 같다.

> 열량 = 내부에너지 증가량 + 팽창에 의한 기계적 일량
> $Q = \Delta U + W(P\Delta V)$

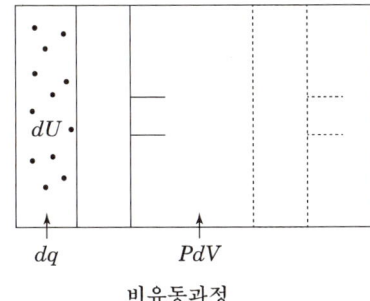

비유동과정

3) 에너지는 결코 생성될 수 없고 그 존재가 완전히 없어 질수도 없으며 다만 한 형태로부터 다른 형태로 바뀌어 질 뿐이다.

핵심 PLUS

07 두 물체를 접촉시켰더니 잠시 후 두 물체가 열평형 상태에 도달하였다. 이 열평형 상태는 무엇을 의미하는가?

① 두 물체의 비열은 다르나 열용량이 서로 같아진 상태
② 두 물체의 열용량은 다르나 비열이 서로 같아진 상태
③ 두 물체의 온도가 서로 같으며 더 이상 변화하지 않는 상태
④ 한 물체에서 잃은 열량이 다른 물체에서 얻은 열량과 같은 상태

답 : ③

08 다음 중 열역학 제1법칙에 관한 설명으로 옳은 것은?

① 열은 그 자신만으로 저온에서 고온으로 이동할 수 없다.
② 일은 열로 변환시킬 수 있고 열은 일로 변환시킬 수 있다.
③ 사이클 과정에서 열이 모두 일로 변화할 수 없다.
④ 열평형 상태에 있는 물체의 온도는 같다.

답 : ②

핵심 PLUS

09 이상적인 교축 과정 (throttling process)에 대한 설명 중 옳은 것은?
① 압력이 변하지 않는다.
② 온도가 변하지 않는다.
③ 엔탈피가 변하지 않는다.
④ 엔트로피가 변하지 않는다.

답 : ③

4) 제1종 영구기관 제작 불가능의 법칙이다.

> 제1종 영구기관 : 열역학 제1법칙을 위반하는 기관을 말하는 것으로 외부로부터 에너지를 공급하지 않고 영구히 운동을 계속하는 장치

5) 교축과정(등엔탈피 과정)

가스나 증기가 밸브나 오리피스(orifice) 등의 작은 단면을 통과할 때 외부에 대해서 일은 없이 압력과 온도가 강하한다. 이런 현상을 교축작용(throttling)이라고 한다.
① 비가역 정상류 과정이다.
② 열전달이 없다.($q = 0$)
③ 일을 하지 않는다.($w_t = 0$)
④ 압력강하가 일어난다.
⑤ 등엔탈피 과정이다.

3. 열역학 2법칙 – 엔트로피(second of thermodynamics)

1) 자연계에 어떤 변화도 남기지 않고 어느 열원의 열을 계속하여 일로 변화 시키는 것은 불가능하다. 열을 전부 일로 변화시킬 수는 없다.
   즉, 열효율 100[%]의 열기관은 없다.(Kelvin Plank)

2) 열은 고온물체로부터 저온 물체로 이동하는데 그 자체로 외부에서 어떤 일이나 열에너지를 가하지 않고 저온부에서 고온부로 열을 이동시킬 수 없다.(Clausius)

10 다음은 어떤 열역학법칙을 설명한 것인가?

> 열은 고온열원에서 저온의 물체로 이동하나, 반대로 스스로 돌아갈 수 없는 비가역 변화이다.

① 열역학 제0법칙
② 열역학 제1법칙
③ 열역학 제2법칙
④ 열역학 제3법칙

답 : ③

3) 엔트로피

$$\triangle S = \frac{Q}{T}[\text{kcal/K}], \quad \triangle S: 엔트로피[\text{kcal/K}], \quad Q: 열량[\text{kcal}]$$

열역학 제1의 법칙은 열과 일은 에너지로서 등가·동등이고 서로 변환할 수 있다는 것을 설명한 법칙이지만 열역학 제2법칙은 열과 일 사이의 변환에는 제한이 있다는 것을 설명한다.

■ 제2종 영구기관

열효율 100%의 열기관을 제2종 영구기관(perpetual motion of the second kind)이라 부른다.

02 이상기체 및 상태변화

Ⅱ.소방열역학 | 이상기체 및 상태변화

1 이상기체(ideal gas)

1. 이상기체와 실제기체

이상기체란 분자가 존재하는 공간에 비하여 체적이 거의 무시될 수 있고 또 분자 상호 간에 인력이 작용하지 않는 다고 가정할 수 있는 가스로서 보일의 법칙, 샤를의 법칙에 따르는 이상적인 가스를 말한다.

구 분	이상기체	실제기체
분자의 부피	없다.	있다.
분자간 인력, 반발력	없다.	있다.
보일, 샤를의 법칙	잘 맞는다.	잘 맞지 않는다.
아보드로의 법칙	잘 맞는다.	잘 맞지 않는다.
액화, 고화 여부	액화, 고화되지 않는다.	액화, 고화된다.
절대영도에서의 부피	0	부피가 있음

2. 보일(Boyle)/샤를(Charles 또는 Gay lussac)의 법칙

1) 보일의 법칙(등온변화)

일정한 온도에서 기체의 부피는 압력에 반비례한다.

$PV = C(상수)$,　$P_1 V_1 = P_2 V_2$　(주의: 압력 P는 절대압력임)

2) 샤를의 법칙(정압변화)

일정한 압력하에서 기체의 부피는 절대온도에 비례한다.

$\dfrac{V}{T} = C(상수)$,　$\dfrac{V_1}{T_1} = \dfrac{V_2}{T_2}$　(주의: 온도 T는 절대온도)

3) 보일샤를의 법칙

일정량의 기체의 부피는 압력에 반비례하고 절대온도에 비례한다.

$\dfrac{PV}{T} = C(상수)$,　$\dfrac{P_1 V_1}{T_1} = \dfrac{P_2 V_2}{T_2}$

핵심 PLUS

01 어떤 기체를 20[℃]에서 등온 압축하여 절대압력이 0.2[MPa]에서 1[MPa]으로 변할 때 체적은 초기 체적과 비교하여 어떻게 변화하는가?

① 5배로 증가한다.
② 10배로 증가한다.
③ 1/5로 감소한다.
④ 1/10로 감소한다.

답 : ③

02 지름이 0.3[m]인 구형 풍선 안에 25[℃], 150[kPa] 상태의 이상기체가 들어 있다. 풍선을 가열하여 풍선의 지름이 0.4[m]로 부풀었다면 이 기체의 최종 온도는 얼마인가? (단, 이 기체의 압력은 풍선의 지름에 정비례한다.)

① 94[℃]　② 434[℃]
③ 669[℃]　④ 942[℃]

답 : ③

핵심 PLUS

03 압력이 100[kPa]이고 온도가 20[℃]인 이산화탄소를 완전기체라고 가정할 때 밀도[kg/m³]는? (단, 이산화탄소의 기체상수는 188.95[J/kg·K]이다.)
① 1.1   ② 1.8
③ 2.56 ④ 3.8

답 : ②

04 정압비열이 209.5 [J/kg·K]이고, 정적비열이 159.6[J/kg·K]인 이상기체의 기체상수는?
① 11.7[J/kg·K]   ② 27.4[J/kg·K]
③ 32.6[J/kg·K]   ④ 49.9[J/kg·K]

[해설] 기체상수 $\overline{R}$

$$C_P - C_v = \overline{R}$$

$\overline{R} = 209.5 - 159.6 = 49.9 [J/kg·K]$

답 : ④

05 정압비열이 0.912[kJ/kgK]이고, 정적비열이 0.653[kJ/kgK]인 기체를 압력 392[kPa], 온도20[℃]로써 0.25[kg]을 담은 용기의 체적은 몇 [m³]인가?
① 0.02471   ② 0.04839
③ 0.05976   ④ 0.09123

[해설] $\overline{R} = C_p - C_v = 0.912 - 0.653$
$= 0.259 [kJ/kgK]$
$PV = m\overline{R}T$ 에서
$V = \dfrac{m\overline{R}T}{P}$
$= \dfrac{0.25 \times 0.259 \times (273+20)}{392}$
$= 0.04839$

답 : ②

06 공기를 체적비율이 산소 (O_2, 분자량 32[g/mol]) 20[%], 질소(N_2, 분자량 28[g/mol]) 80[%]의 혼합기체라 가정할 때 공기의 기체상수는 약 몇 [kJ/(kg·K)]인가? (단, 일반기체상수는 8.3145[kJ(kmol·K)]이다.)
① 0.294   ② 0.289
③ 0.284   ④ 0.279

답 : ②

3. 이상기체의 상태 방정식

1) 아보가드로(Avogadro)의 법칙

표준상태 (온도 0[℃], 압력 760[mmHg])의 기체 1[mol]이 갖는 체적은 22.4[L]로 그 속에 함유되어 있는 분자수 N_A를 아보가드로수라 말한다. 즉, Avogadro의 법칙은

> 압력과 온도가 같을 때, 모든 기체는 같은 체적 속에 같은 수의 분자를 갖는다.
> 아보가드로수 $N_A = 6.023 \times 10^{23} \text{mol}^{-1}$

2) 이상기체의 상태방정식

$$PV = nRT = \dfrac{m}{M}RT = m\dfrac{R}{M}T = m\overline{R}T = nM\overline{R}T$$

$$P = \dfrac{m}{V}\overline{R}T = \rho\overline{R}T = \rho\dfrac{R}{M}T$$

$$\rho = \dfrac{PM}{RT}$$

R : 일반기체상수(고정값), $\overline{R}$: 기체별 기체상수, $\overline{R} = \dfrac{R}{M}$

n : mol수(압축계수), $n = \dfrac{m}{M}$

ρ : 기체밀도, $\rho = \dfrac{m}{V}$

m : 질량, M : 분자량, T : 절대온도, P : 절대압력, V : 체적

기체상수 값(R)

① $R = 0.082 [\text{atm} \cdot l/\text{mol} \cdot K] = 8.314 [N \cdot m/\text{mol} \cdot K]$
→ 주어진 문제의 단위에 따라 달라지므로 단위 주의 필요하다!!

② $\overline{R}$: 기체별로 다르므로 일반기체상수(R)을 분자량(M)으로 나누어 주어야 한다.

$\overline{R} = \dfrac{R}{M}$ → R과 $\overline{R}$ 을 '구분하여' 적용해야 한다.(주의 필요!!!)

$(C_p - C_v = \overline{R}, \quad k(비열비) = \dfrac{C_p}{C_v})$

2 이상기체의 상태변화 및 폴리트로픽

1. 이상기체의 상태변화

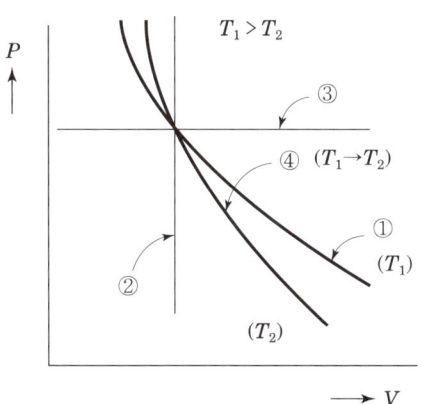

① 등온변화 PV=일정
② 등적변화 P/T=일정
③ 등압변화 V/T=일정
④ 단열변화 PV^κ=일정
  $\kappa = c_p/c_v > 1$

2. 폴리트로픽

1) 개념

$PV^n = C(일정)$ 에서 n을 폴리트로픽 지수라 하며 열전달을 포함하여 팽창, 압축과정을 설명할 때 적용된다.

2) 폴리트로픽 지수 변화에 따른 상태변화

$PV^n = C(일정)$

n 값	적용식	상태
n=0	$P = C(일정)$	등압변화
n=1	$PV = C(일정)$	등온변화
n=k	$PV^k = C(일정)$ $\frac{T_2}{T_1} = (\frac{v_1}{v_2})^{k-1} = (\frac{P_2}{P_1})^{\frac{k-1}{k}}$	가역단열변화 (등엔트로피)
n=∞	$PV^\infty = P^{\frac{1}{\infty}} V = V = C(일정)$	등적변화

3) 일의 양(W_{1-2})

폴리트로픽과정으로 1과정에 2과정까지의 소요된 일의 양을 구할 수 있다.

$$W_{1-2} = \frac{mR}{n-1}(T_1 - T_2)$$

m : 질량[kg] R : 기체상수
T : 절대온도[K] n : 폴리트로픽 지수

핵심 PLUS

07 이상기체의 폴리트로피 변화 '$PV^n = C(일정)$'에서 n=1인 경우 어느 변화에 속하는가?

① 단열변화   ② 등온변화
③ 정적변화   ④ 정압변화

답 : ②

08 −10[℃], 6기압의 이산화탄소 10[kg]이 분사노즐에서 1기압까지 가역단열팽창 하였다면 팽창 후의 온도는 몇 [℃]가 되겠는가? (단, 이산화탄소의 비열비는 1.289이다.)

① −85   ② −97
③ −105   ④ −115

답 : ②

09 압력 200[kPa], 온도 60[℃]의 공기 2[kg]이 이상적인 폴리트로픽 과정으로 압축되어 압력 2[MPa], 온도 250[℃]로 변화하였을 때 이 과정 동안 소요된 일의 양은 약 몇 [kJ]인가?(단, 기체상수는 0.287[kJ/(kg·K)]이다.

① 224   ② 327
③ 447   ④ 560

답 : ③

핵심 PLUS

변화	등적과정	등압과정	등온과정	단열과정	폴리트로픽 과정
	$V=C$	$P=C$	$T=C$	$PV^k=C$	$PV^n=C$
P, V, T 관계	$\dfrac{P_1}{T_1}=\dfrac{P_2}{T_2}$	$\dfrac{V_1}{T_1}=\dfrac{V_2}{T_2}$	$P_1V_1=P_2V_2$	$\dfrac{T_2}{T_1}=(\dfrac{V_1}{V_2})^{k-1}$ $=(\dfrac{P_2}{P_1})^{\frac{k-1}{k}}$	$\dfrac{T_2}{T_1}=(\dfrac{V_1}{V_2})^{n-1}$ $=(\dfrac{P_2}{P_1})^{\frac{n-1}{n}}$
폴리트로픽 지수 n	∞	0	1	k	$-\infty < n < \infty$
비열(C)	C_v	C_P	∞	0	$C_n = C_v \dfrac{n-k}{n-1}$
내부 에너지 변화(Δu)	$C_v(T_2-T_1)$ $=\dfrac{R}{k-1}(T_2-T_1)$	$C_v(T_2-T_1)$ $=\dfrac{1}{k-1}P(V_2-V_1)$	0	$C_v(T_2-T_1)=-W_{12}$	$C_v(T_2-T_1)$ $=-\dfrac{n-1}{k-1}W_{12}$
엔탈피 변화 (Δh)	$C_P(T_2-T_1)$ $=\dfrac{k}{k-1}R(T_2-T_1)$	$C_p(T_2-T_1)$	0	$C_P(T_2-T_1)=-W_t$	$C_P(T_2-T_1)$ $=-\dfrac{k}{k-1}(n-1)W_t$
엔트로피 변화 (Δs)	$C_v\ln\dfrac{T_2}{T_1}$ $=C_v\ln\dfrac{P_2}{P_1}$	$C_P\ln\dfrac{T_2}{T_1}$ $=C_P\ln\dfrac{V_2}{V_1}$	$R\ln\dfrac{v_2}{v_1}$ $=R\ln\dfrac{P_1}{P_2}$	0	$C_n\ln\dfrac{T_2}{T_1}$ $=C_v\dfrac{n-k}{n-1}\ell_n\dfrac{T_2}{T_1}$
절대일(팽창일) $W_{12}=\int Pdv$	0	$P(V_2-V_1)$ $=R(T_2-T_1)$	$P_1V_1\ln\dfrac{V_2}{V_1}$ $=P_1V_1\ln\dfrac{P_1}{P_2}$ $=RT\ln\dfrac{P_1}{P_2}$	$\dfrac{1}{k-1}(P_1V_1-P_2V_2)$ $=\dfrac{R}{k-1}(T_1-T_2)$	$\dfrac{1}{n-1}(P_1V_1-P_2V_2)$ $=\dfrac{R}{n-1}(T_1-T_2)$
공업일(압축일) $W_t=-\int VdP$	$V(P_1-P_2)$ $=R(T_1-T_2)$	0	W_{12}	kW_{12}	nW_{12}
가열량 q	$\Delta u=u_2-u_1$ $=C_v(T_2-T_1)$	$\Delta h=h_2-h_1$ $=C_P(T_2-T_1)$	$W_{12}=W_t$	0	$C_n(T_2-T_1)$

03 열기관 사이클

1 카르노 사이클(Carnot Cycle)

카르노 사이클은 고온열원과 저온열원 사이에서 작동하는 열기관의 이상적인 사이클로서 그림과 같이

단열압축 → 등온팽창 → 단열팽창 → 등온압축

의 행정을 가역적으로 시키면서 외부에 일을 하는 사이클이다.

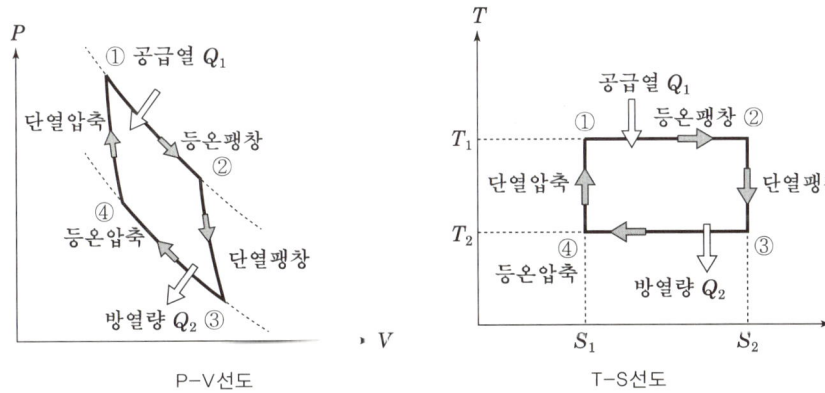

P-V선도 / T-S선도

핵심 PLUS

01 다음 보기는 열역학적 사이클에서 일어나는 여러 가지 과정이다. 이들 중, 카르노(Carnot) 사이클에서 일어나는 과정을 모두 고른 것은?

[보기]
㉠ 등온 압축 ㉡ 단열 팽창
㉢ 정적 압축 ㉣ 정압 팽창

① ㉠ ② ㉠, ㉡
③ ㉡, ㉢, ㉣ ④ ㉠, ㉡, ㉢, ㉣

답 : ②

1) 사이클 작동원리

① 1 → 2 과정 : 등온팽창
(고온도 T_1 하에서 고열원으로부터 열량 Q_1을 흡수하는 과정)

$$Q_1 = m\overline{R}T_1 \ln\frac{P_1}{P_2}$$

※ $\ln A$(자연로그) $= \log_e A$
$\log A$(상용로그) $= \log_{10} A$

② 2 → 3 과정 : 단열팽창
(동작유체가 갖고 있는 내부에 에너지를 이용하여 저온도 T_2가 될 때까지 외부에 일을 하는 과정)

핵심 PLUS

$$\frac{T_2}{T_1} = \left(\frac{P_3}{P_2}\right)^{\frac{K-1}{K}}$$

③ 3 → 4 과정 : 등온압축 (저온도 T_2하에서 열량 Q_2를 방열하는 과정)

$$Q_2 = m\overline{R}T_2 \ln \frac{P_4}{P_3}$$

④ 4 → 1 과정 : 단열압축
(외부에서 계로 일을 하며 동작유체를 상태1로 되돌려 보내는 과정)

$$\frac{T_2}{T_1} = \left(\frac{P_4}{P_1}\right)^{\frac{K-1}{K}}$$

2) 가역 사이클의 열효율(η_c)

$$\text{열효율}\,\eta_c = \frac{\text{공급열} - \text{손실열}}{\text{공급열}} = \frac{\text{유효열}}{\text{공급열}}$$

$$= \frac{W}{Q_1} = \frac{Q_1 - Q_2}{Q_1} = 1 - \frac{Q_2}{Q_1} = 1 - \frac{T_2}{T_1}$$

공급열(Q_1) = 유효열량(W) + 손실열량(Q_2)
카르노 사이클의 열효율은 절대온도 T[K]로 표시된다.

3) 카르노 사이클의 원리
① 같은 두 열저장소에서 작동하는 기관은 외부적으로 가역기관보다 더 열효율이 좋을 수 없다.
② 같은 두 열저장소 사이에서 작동하는 가역기관의 열효율은 같다.
③ 같은 두 열저장소 사이에서 작동하는 가역기관의 열효율은 동작물질에 관계없이 단지 두 열저장소의 온도에만 관계된다.

---

02 carnot 사이클이 800[K]의 고온 열원과 500[K]의 저온 열원 사이에서 작동한다. 이 사이클에 공급하는 열량이 사이클 당 800[kJ]이라 할 때, 한 사이클 당 외부에 하는 일은 약 몇 [kJ]인가?
① 200　② 300
③ 400　④ 500

답 : ②

03 어느 가역 열기관이 고온 600[℃]와 저온 20[℃]사이에서 운전되고 있다. 이 가역 열기관 1사이클 당의 공급열량이 20[kJ]일 경우 다음을 구하시오.
(1) 유효일 W
(2) 방열량 Q_2
(3) 열효율 η

해설 (1) 유효일 W

$$\eta = \frac{W}{Q_1} = \left(1 - \frac{T_2}{T_1}\right)\text{에서}$$

$$W = Q_1\left(1 - \frac{T_2}{T_1}\right)$$

$$= 20 \times \left(1 - \frac{273+20}{273+600}\right)$$

$$= 13.29\,(\text{kJ/cycle})$$

(2) 방열량 Q_2

$$Q_2 = Q_1 - W$$
$$= 20 - 13.29$$
$$= 6.71\,(\text{kJ/cycle})$$

(3) 열효율 η

$$\eta = \frac{W}{Q_1} = \frac{13.29}{20} = 66.45[\%]$$

2 역카르노 사이클

역카르노 사이클은 이상적인 냉동사이클로써 그 일 W는 다음과 같다.

$$W = \frac{T_1 - T_2}{T_1} Q_1 = \frac{T_1 - T_2}{T_2} Q_2$$

외부로부터 가한일 W가 가장 작은 것은 가역사이클이다. 일 W는 보통은 역학적에너지이지만 흡수식 냉동기는 열을 전자식 냉동기는 전기에너지를 입력으로 하고 있다.

열량 Q_1, Q_2과 일 W의 비를 성적계수(coefficient of performance, COP)라 하고 가역사이클일 때에는 다음과 같다.

$$\text{COP}_R = \frac{Q_2}{W} = \frac{T_2}{T_1 - T_2} \quad \text{(냉동기)}$$

$$\text{COP}_H = \frac{Q_1}{W} = \frac{T_1}{T_1 - T_2} \quad \text{(히트 펌프)}$$

핵심 PLUS

04 역 Carnot 사이클로 작동하는 냉동기가 300[K]의 고온열원과 250[K]의 저온열원 사이에서 작동할 때 이 냉동기의 성능계수는 얼마인가?
① 2　　② 3
③ 5　　④ 6

답 : ③

04 열전달 기초

핵심 PLUS

01 열전달 면적이 A이고, 온도 차이가 10[℃], 벽의 열전도율이 10[W/(m·K)], 두께 25[cm]인 벽을 통한 열류량은 100[W]이다. 동일한 열전달 면적에서 온도 차이가 2배, 벽의 열전도율이 4배가 되고 벽의 두께가 2배가 되는 경우 열류량[W]은 얼마인가?
① 50   ② 200
③ 400   ④ 800

답 : ③

02 100[cm]·100[cm] 이고 300[℃]로 가열된 평판에 25[℃]의 공기를 불어준다고 할 때 열전달량은 약 몇 [kW]인가? (단, 대류열전달 계수는 30[W/(㎡·K)]이다.)
① 2.98   ② 5.34
③ 8.25   ④ 10.91

답 : ③

03 표면적이 같은 두 물체가 있다. 표면온도가 2000[K]인 물체가 내는 복사에너지는 표면온도가 1000[K]인 물체가 내는 복사 에너지의 몇 배인가?
① 4   ② 8
③ 16   ④ 32

답 : ③

1 열전달(Heat Trasfer)

1. 개념

온도차에 따라서 고온부로부터 저온부로 열이 이동하는 현상을 말하며 전도(Conduction), 대류(Convection), 복사(Radiation)로 분류한다.

2. 열전달 비교

구분	전도(Conduction)	대류(Convection)	복사(Radiation)
정의	고체 또는 정지상태의 유체 내에서 매질을 통한 열전달	고체표면과 움직이는 유체 사이에서 분자의 불규칙한 운동과 거시적인 유체의 유동을 통한 열전달	절대온도 이상의 물질에서 방사되는 전자기파가 공간을 통해 이동되는 열전달
열전달 매체	필요	필요	불필요
물질 이동	없음	수반	없음
관련식	Fourier 열전도법칙 $$q = \frac{kA(T_2 - T_1)}{l}$$ q : 전달열량[W] k : 열전도도[W/m·℃] A : 전열면적[m²] T_1, T_2 : 물질의 온도[℃] l : 물질의 두께[m]	Newton의 냉각법칙 $$q = hA(T_2 - T_1)$$ q : 전달열량[W] h : 열대류계수[W/m²·℃] T_1, T_2 : 물질의 온도[℃] A : 고체 표면적[m²]	스테판-볼쯔만의 법칙 $$Q = \epsilon\sigma A(T_1^4 - T_2^4)$$ Q : 전달열량[W] σ : 스테판-볼쯔만 상수 5.667×10^{-8}[W/m²·K⁴] A : 흑체 면적[m²] T_1, T_2 : 절대온도[K] ϵ : 방사율
소방 관계	1) 고체의 발화 2) 화염확산 3) 화재저항	1) Fire Plume 2) 액면상의 화염확산 3) 연기의 유동, 확산	1) Flash Over 2) Fire Ball 3) 인접건물 연소확대

2 열확산계수(열확산율, Thermal Diffusivity)

고체의 열전도에서 열을 받지 않은 이면까지 온도가 전달되는 비율을 말한다. 즉, 열확산율이 높은 고체일수록 열전도기 잘 이루어지며 이면으로의 연소확대가 용이하다.

$$\alpha = \frac{k}{\rho c}$$

α : `열확산계수`
k : `열전도율` $[W/m \cdot K]$
ρ : `밀도` $[kg/m^3]$
c : `비열` $[J/kg \cdot K]$

- 방열기의 방열핀은 방열면적(A)을 넓게 함으로써 열전달을 용이하게 하여 열을 쉽게 방열한다.

핵심 PLUS

04 마그네슘은 절대온도 293[K]에서 열전도도가 156[W/m·K] 밀도는 1740[kg/m³] 이고, 비열이 1017[J/kg·K] 일 때 열확산계수[/s]는?

① 8.96×10^{-2}
② 1.53×10^{-1}
③ 8.81×10^{-5}
④ 8.81×10^{-4}

답 : ③

핵심기출문제

Ⅱ. 소방열역학

■■■ Ⅱ. 소방열역학

1. 화씨온도 200[°F]는 섭씨온도[℃]로 약 얼마인가? [16 ②]

① 93.3[℃]
② 186.6[℃]
③ 279.9[℃]
④ 392[℃]

2. 20[℃] 물 100[L]를 화재현장의 화염에 살수하였다. 물의 모두 끓은 온도(100[℃])까지 가열되는 동안 흡수하는 열량은 약 몇 [kJ]인가?
(단, 물의 비열은 4.2[kJ/(kg·K)]이다.) [18, 20, 23 ②]

① 500
② 2,000
③ 8,000
④ 33,600

3. 물질의 온도변화 형태로 나타나는 열에너지는? [15 ②]

① 현열
② 잠열
③ 비열
④ 증발열

4. 다음 열역학적 용어에 대한 설명으로 틀린 것은? [18, 21 ②]

① 물질의 3중점(triple point)은 고체, 액체, 기체의 3상이 평형상태로 공존하는 상태의 지점을 말한다.
② 일정한 압력하에서 고체가 상변화를 일으켜 액체로 변화할 때 필요한 열을 융해열(융해잠열)이라 한다.
③ 고체가 일정한 압력하에서 액체를 거치지 않고 직접 기체를 변화하는데 필요한 열을 승화열이라 한다.
④ 포화액체를 정합하에서 가열할 때 온도변화 없이 포화증기로 상변화를 일으키는데 사용되는 열을 현열이라 한다.

해설

해설 1

$℃ = \frac{5}{9}(°F - 32)$

$= \frac{5}{9} \times (200 - 32) = 93.3[℃]$

해설 2

온도 20[℃]에서 포화온도 100[℃]까지 온도를 높이는데 필요한 열량

$q_s = mc\Delta t = 100 \times 4.2 \times (100 - 20)$
$= 33,600[kJ]$

여기서, m : 질량[kg]
= 물의밀도 1[kg/L]이므로
100L = 100[kg]
c : 비열[kJ/kg·K]
Δt : 온도차 [K]

해설 3

① 현열 : 물질의 상태변화 없이 온도 변화에 수반되는 열
② 잠열 : 물질의 온도변화 없이 상태 변화에 수반되는 열
③ 비열 : 어느 물질 1[kg]을 1[K]만큼 온도를 변화 시키는데 소요되는 열
④ 증발열 : 어느 압력 하에서 포화상태의 액체를 기화시키는데 소요되는 열로 잠열량이다.

해설 4

• 현열 : 물질의 상태변화 없이 온도 변화에 수반되는 열
• 잠열 : 물질의 온도변화 없이 상태 변화에 수반되는 열

정답 1. ① 2. ④ 3. ① 4. ④

5. 다음 물질 중 비열이 가장 큰 것은? [24⑦]

① 공기 ② 물
③ 콘크리트 ④ 철

6. −15[℃] 얼음 10[g]을 100[℃]의 증기로 만드는 데 필요한 열량은 몇 [kJ]인가?
(단, 얼음의 융해열은 335[kJ/kg], 물의 증발잠열은 2,256[kJ/kg], 얼음의 평균비열은 2.1[kJ/kg·K]이고, 물의 평균비열은 4.18[kJ/kg·K]이다.) [22⑦]

① 7.85 ② 27.1
③ 30.4 ④ 35.2

7. 온도 20[℃]의 물을 계기압력이 400[kPa]인 보일러에 공급하여 포화수증기 1[kg]을 만들고자 한다. 주어진 표를 이용하여 필요한 열량을 구하면? (단, 대기압은 100[kPa], 액체상태 물의 평균비열은 4.18[kJ/kg·K]이다.) [16⑦]

포화압력[kPa]	포화온도[℃]	수증기의 증발엔탈피[kJ/kg]
400	143.63	2,133.81
500	151.86	2,108.47
600	158.85	2,086.26

① 2,640 ② 2,651
③ 2,660 ④ 2,667

해설 포화압력(절대압력) = 대기압 + 계기압력 = 100 + 400 = 500[kPa]이므로 주어진 표에서 포화온도 151.86[℃], 수증기의 증발엔탈피(수증기 증발잠열) 2,108.47[kJ/kg]을 얻을 수가 있다.
 (1) 온도 20[℃]에서 포화온도 151.86[℃]까지 온도를 높이는데 필요한 열량
  $q_s = mc\Delta t = 1 \times 4.18 \times (151.86 - 20) = 551.17 [kJ/kg]$

 (2) 포화온도 151.86[℃]에서 포화액을 포화증기로 변화시키는데 필요한 열량
  $q_L = mr = 1 \times 2,108.47 = 2,108.47 [kJ/kg]$
  ∴ 필요한 열량 $q = q_s + q_L = 551.17 + 2,108.47 = 2,659.64 ≒ 2,660 [kJ/kg]$

8. 온도계를 이용하여 온도를 측정하는 것과 가장 관련있는 것은? [19⑦]

① 열역학 제0법칙 ② 열역학 제1법칙
③ 열역학 제2법칙 ④ 열역학 제3법칙

해설

해설 5

1) 비열 : 어느 물질 1kg을 1K(1℃) 만큼 온도를 변화 시키는데 소요되는 열(물 비열 : 1 [kcal/kg·℃])

2) 비열이 큰 순서
 물 > 공기 > 콘크리트 > 철

해설 6

(1) −15[℃] 얼음 10[g]을 0[℃]의 얼음으로 만드는데 필요한 열량
 $q_s = mc\Delta t$
 $= 10 \times 10^{-3} \times 2.1 \times \{0-(-15)\}$
 $= 0.315 [kJ]$

(2) 0[℃] 얼음 10g을 0[℃]의 물로 만드는데 필요한 열량
 $q_L = mr = 10 \times 10^{-3} \times 335$
 $= 3.35 [kJ]$

(3) 0[℃] 물 10[g]을 100[℃]의 물(포화수)로 만드는데 필요한 열량
 $q_s = mc\Delta t$
 $= 10 \times 10^{-3} \times 4.18 \times (100-0)$
 $= 4.18 [kJ]$

(4) 100[℃] 물 10[g]을 100[℃]의 증기로 만드는데 필요한 열량
 $q_L = mr = 10 \times 10^{-3} \times 2,256$
 $= 22.56 [kJ]$

∴ −15[℃] 얼음 10[g]을 100[℃]의 증기로 만드는 데 필요한 열량 q는
 $q = 0.315 + 3.35 + 4.18 + 22.56$
 $= 30.405$

해설 8

열역학 제0법칙
'물질 A와 B가 열평형이고 물질 B와 C가 열평형이면 물질 A와 C도 열평형이다'라는 법칙. 열평형이라는 것은 열의 이동이 없는, 즉 온도가 같다는 것이다. 따라서 B가 온도계라면 온도라는 개념은 이 경험원칙에 기초를 두고 있다는 것을 알 수 있다.

정답 5.② 6.③ 7.③ 8.①

핵심기출문제

Ⅱ. 소방열역학

9. 두 물체를 접촉시켰더니 잠시 후 두 물체가 열평형 상태에 도달하였다. 이 열평형 상태는 무엇을 의미하는가? [15②]

① 두 물체의 온도가 서로 같으며 더 이상 변화하지 않는 상태
② 한 물체에서 잃은 열량이 다른 물체에서 얻은 열량과 같은 상태
③ 두 물체의 비열은 다르나 열용량이 서로 같아진 상태
④ 두 물체의 열용량은 다르나 비열이 서로 같아진 상태

10. 다음 중 열역학 제1법칙에 관한 설명으로 옳은 것은? [19②]

① 열은 그 자신만으로 저온에서 고온으로 이동할 수 없다.
② 일은 열로 변환시킬 수 있고 열은 일로 변환시킬 수 있다.
③ 사이클 과정에서 열이 모두 일로 변화할 수 없다.
④ 열평형 상태에 있는 물체의 온도는 같다.

11. 다음은 어떤 열역학적 법칙을 설명한 것인가? [24②]

> 온도가 서로 다른 물체를 접촉시키면 높은 온도를 지닌 물체의 온도가 내려가고(열을 방출), 낮은 온도의 물체는 온도가 올라가서(열을 흡수) 두 물체는 온도차가 없어지게 된다.

① 열역학 제 3법칙　② 열역학 제 2법칙
③ 열역학 제 1법칙　④ 열역학 제 0법칙

[해설] **열역학 제0법칙**
1) 열평형의 법칙(온도계의 원리)
2) 고온물체와 저온물체를 접촉시키면 고온물체에서 저온물체로 열이 이동하여 두 물체의 온도가 서로 같아지며 열평형 상태에 도달하여 더 이상 변화하지 않는다.

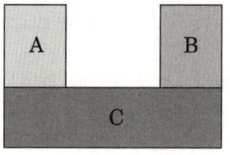

A=C and B=C 이면
A=B 이다

※ 참고
1) 열역학 제1법칙(엔탈피) – 에너지보존법칙
　(1) 밀폐계가 임의의 사이클을 이룰 때 열전달의 총합은 이루어진 일의 총합과 같다. 즉 계가 외부로부터 Q의 열을 받아서 외부로 W의 일을 할 때 내부에너지 ΔU 와의 관계는 다음과 같다.
　　　Q = ΔU + W [J]
　(2) 제1종 영구기관 제작 불가능의 법칙이다.

2) 열역학 제2법칙(엔트로피)
　자연계에 어떤 변화도 남기지 않고 어느 열원의 열을 계속하여 일로 변화 시키는 것은 불가능하다. 열을 전부 일로 변화시킬 수는 없다.
　즉, 열효율 100%의 열기관은 없다.(Kelvin Plank)

해설

[해설] **9**
열역학 제0법칙
열평형의 법칙(온도계의 원리)
열역학 제0법칙에 따르면 고온물체와 저온물체를 접촉시키면 고온물체에서 저온물체로 열이 이동하여 두 물체의 온도가 서로 같아지며 열평형 상태에 도달하여 더 이상 변화하지 않는다.

[해설] **10**
(1) 열역학 제1법칙(에너지 보존의 법칙)
① 열은 본질적으로 일과 동일한 에너지의 한 형태로 열을 일로 변화 시킬 수 있고 그 반대로도 가능하다. $Q = W$
② 밀폐계가 임의의 사이클을 이룰 때 열전달의 총합은 이루어진 일의총합과 같다. 즉 계가 외부로부터 Q의 열을 받아서 외부로 W의 일을 할 때 내부에너지 ΔU와의 관계는 다음과 같다. $Q = \Delta U + W$ [J]
③ 에너지는 결코 생성될 수 없고 그 존재가 완전히 없어 질수도 없으며 다만 한 형태로부터 다른 형태로 바뀌어 질 뿐이다.
④ 제1종 영구기관 제작 불가능의 법칙이다.

정답　9. ①　10. ②　11. ④

12. 다음은 어떤 열역학 법칙을 설명한 것인가? [15㉮]

> 열은 그 스스로 저열원체에서 고열원체로 이동할 수 없다.

① 열역학 제0법칙
② 열역학 제1법칙
③ 열역학 제2법칙
④ 열역학 제3법칙

13. 열역학 제2법칙에 해당되는 것은 다음 중 어느 것인가? [17㉮]

① 절대영도에 있어서는 모든 순수한 고체 또는 액체의 엔트로피 등압비열의 증가량은 0이 된다.
② 열은 스스로 저온에서 고온으로 절대로 흐르지 않는다.
③ 열과 일은 본질상 에너지의 일종이며 열과 일은 서로 절환이 가능하다.
④ 두 물체가 제3의 물체와 각각 열평형상태에 있을 때 이 물체는 서로 열평형상태이다.

14. 다음 설명 중 틀린 것은? [23㉮]

① 열역학 제1법칙은 에너지 보존에 대한 것이다.
② 이상기체는 이상기체 상태방정식을 만족한다.
③ 가역단열과정은 엔트로피가 증가하는 과정이다.
④ 마찰은 비가역성의 원인이 될 수 있다.

15. 압력 0.1[MPa], 온도 250[℃] 상태인 물의 엔탈피가 2974.33[kJ/kg]이고 비체적은 2.40604[m³/kg]이다. 이 상태에서 물의 내부 에너지[kJ/kg]는? [17, 21㉮]

① 2,733.7
② 2,974.1
③ 3,214.9
④ 3,582.7

해설

해설 12
열역학 제 2의 법칙
(second of thermodynamics)
① 자연계에 어떤 변화도 남기지 않고 어느 열원의 열을 계속하여 일로 변화 시키는 것은 불 가능하다. 열을 전부 일로 변화시킬 수는 없다. 즉, 열효율 100%의 열기관은 없다. (Kelvin Plank)
② 열은 고온물체로부터 저온 물체로 이동하는데 그 자체로 외부에서 어떤 일이나 열에너지를 가하지 않고 저온부에서 고온부로 열을 이동시킬 수 없다.(Clausius)

해설 13
① 열역학 제3법칙
② 열역학 제2법칙
③ 열역학 제1법칙
④ 열역학 제0법칙

해설 14
열역학 제2법칙
가역단열과정은 엔트로피가 변화하지 않는 등엔트로피 과정이다.

해설 15
엔탈피 H
$h = u + pv$ 에서
여기서, u : 내부에너지[kJ/kg]
p : 압력[kPa]
v : 비체적[m³/kg]
$u = h - pv$
$= 2,974.33 - 0.1 \times 10^3 \times 2.40604$
$= 2,733.726$ [kJ/kg]

정답 12. ③ 13. ② 14. ③ 15. ①

핵심기출문제

II. 소방열역학

16. 어떤 밀폐계가 압력 200[kPa], 체적 0.1[m³]인 상태에서 100[kPa], 0.3[m³]인 상태까지 가역적으로 팽창하였다. 이 과정의 $P-V$선도가 직선으로 표시된다면 이 과정 동안에 계가 한 일은 몇 [kJ]인가? [20 ㉮]

① 20　　　　　　② 30
③ 45　　　　　　④ 60

17. 질량 4[kg]의 어떤 기체로 구성된 밀폐계가 열을 받아 100[kJ]의 일을 하고, 이 기체의 온도가 10[℃] 상승하였다면 이 계가 받은 열은 몇 [kJ]인가? (단, 이 기체의 정적비열은 5[kJ/kg·K], 정압비열은 6[kJ/kg·K]이다.) [16, 21 ㉮]

① 200　　　　　　② 240
③ 300　　　　　　④ 340

18. 질량 m[kg]의 어떤 기체로 구성된 밀폐계가 Q[kJ]의 열을 받아 일을 하고, 이 기체의 온도가 △T[℃] 상승하였다면 이 계가 외부에 한 일(W)은? (단, 이 기체의 정적비열은 Cv[kJ/kg·K], 정압비열은 Cp [kJ/kg·K]이다.) [17 ㉮]

① $W = Q - mCv\triangle T$　　② $W = Q + mCv\triangle T$
③ $W = Q - mCp\triangle T$　　④ $W = Q + mCp\triangle T$

19. 회전날개를 이용하여 용기 속에서 두 종류의 유체를 섞었다. 이 과정 동안 날개를 통해 입력된 일은 5,090[kJ]이며 탱크의 방열량은 1,500[kJ]이다. 용기 내 내부에너지 변화량[kJ]은? [15 ㉮]

① 3,590　　　　　　② 5,090
③ 6,590　　　　　　④ 15,000

[해설] 열역학 기초식
$Q = \triangle U + W$에서
$-1,500 = \triangle U - 5,090$
$\triangle U = 5,090 - 1,500 = 3,590$
여기서,
Q : 열량(열을 받으면+, 열을 방출하면-)
$\triangle U$: 내부에너지변화량(상승하면+, 감소하면-)
W : 일량(일을 하면+, 일을 받으면-)

해설

[해설] 16
절대일

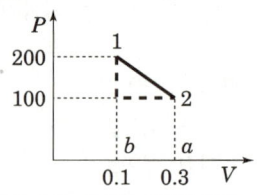

이 과정에서 계가한 일(절대일)
$W =$ 면적12ab1이다.
∴ $W =$ 사다리꼴면적
$= (200 + 100) \times \dfrac{0.3 - 0.1}{2} = 30$

[해설] 17
열역학 기초1식
$Q = \triangle U + W$에서
여기서,
Q : 열량
　(열을 '받으면'+, '열을 방출하면'-)
$\triangle U$: 내부에너지'변화량'
　('상승하면'+, '감소하면'-)
W : 일량
　(일을 '하면'+, '일을 '받으면'-)
$\triangle U = mC_v\triangle t = 4 \times 5 \times 10 = 200$ [kJ]
∴ $Q = 200 + 100 = 300$ [kJ]

[해설] 18
열역학 기초식
$Q = \triangle U + W$에서
여기서,
Q : 열량
　(열을 받으면+, 열을 방출하면-)
$\triangle U$: 내부에너지변화량
　(상승하면+, 감소하면-)
$\triangle U = mC_v\triangle T$[kJ]
W : 일량(일을 하면+, 일을 받으면-)
$Q = mC_v\triangle T + W$
∴ $W = Q - mC_v\triangle T$

정답　16. ②　17. ③　18. ①　19. ①

20. 보일의 법칙은 이상기체의 어떤 상태량이 일정한 조건에서의 상태변화를 나타낸 것인가? [15, 24②]

① 온도 ② 압력
③ 비체적 ④ 밀도

21. 진공계기압력이 19[kPa], 20[℃]인 기체가 계기압력 800[kPa]로 등온 압축되었다면 처음 체적에 대한 최후의 체적비는? (단, 대기압은 100[kPa]이다.) [23②]

① $\dfrac{1}{11.1}$ ② $\dfrac{1}{9.8}$
③ $\dfrac{1}{8.4}$ ④ $\dfrac{1}{7.8}$

22. 깊이를 모르는 물속에서 생성된 직경 1[cm]의 공기 기포가 수면으로 부상하여 직경 2[cm]로 팽창하였다. 기포 내 온도가 일정하다면 물의 깊이는 몇 [m] 인가? (단, 중력가속도는 10[m/s²], 대기압은 10⁵[N/m²], 물의 밀도는 1000[kg/m³]로 가정한다.) [24②]

① 70 ② 80
③ 90 ④ 100

해설
1) 기포의 부피
$V = \dfrac{4}{3}\pi r^3$
$V_1 = \dfrac{4}{3}\pi \times (0.5[\text{cm}])^3$
$V_2 = \dfrac{4}{3}\pi \times (1[\text{cm}])^3$

2) 팽창 전 물속에서의 압력 $P_1 = \gamma h + P_2 = \rho g h + P_2$
3) 보일의 법칙
$P_1 V_1 = P_2 V_2$
$(\gamma h + P_1) V_1 = (\rho g h + P_2) V_1 = P_2 V_2$
$(1000[\text{kg/m}^3] \times 10[\text{m/s}^2] \times h + 10^5[\text{N/m}^2]) \times (\dfrac{4}{3}\pi \times 0.5^3) = 10^5[\text{N/m}^2] \times (\dfrac{4}{3}\pi \times 1^3)$

$h = \dfrac{\dfrac{(10^5[\text{N/m}^2] \times 1^3)}{0.5^3} - 10^5[\text{N/m}^2]}{1000[\text{kg/m}^3] \times 10[\text{m/s}^2]} = 70[\text{m}]$

해설

해설 20
보일의 법칙(등온변화)
일정한 온도에서 기체의 부피는 압력에 반비례한다.
$PV = C$(상수)
$P_1 V_1 = P_2 V_2$
(주의 : '압력 P는' 절대압력임)

해설 21
보일의 법칙(등온변화)
$P_1 V_1 = P_2 V_2$에서
$\dfrac{V_2}{V_1} = \dfrac{P_1}{P_2} = \dfrac{81}{900} = \dfrac{1}{11.1}$
여기서,
P_1(절대압력) = 대기압 − 진공압
  = 100 − 19 = 81 [kPa]
P_2(절대압력) = 대기압 + 계기압력
  = 100 + 800 = 900 [kPa]

정답 20. ③ 21. ① 22. ①

핵심기출문제

Ⅱ. 소방열역학

23. 이상기체의 정압과정에 해당하는 것은? (단, P는 압력, T는 절대온도, v는 비체적, k는 비열비를 나타낸다.) [15 ㉑]

① $\dfrac{P}{T}=$ 일정　　② $Pv=$ 일정
③ $Pv^k=$ 일정　　④ $\dfrac{v}{T}=$ 일정

24. 30[℃]에서 부피가 10[L]인 이상기체를 일정한 압력으로 0[℃]로 냉각시키면 부피는 약 몇 [L]로 변하는가? [19, 22 ㉑]

① 3　　② 9
③ 12　　④ 18

25. 압력의 변화가 없을 경우 0[℃]의 이상기체는 약 몇 [℃]가 되면 부피가 2배로 되는가? [17 ㉑]

① 273[℃]　　② 373[℃]
③ 546[℃]　　④ 646[℃]

26. 이상기체 1[kg]을 35[℃]로부터 65[℃]까지 정적과정에서 가열하는데 필요한 열량이 118[kJ]이라면 정압비열은? (단, 이 기체의 분자량은 4이고, 일반기체상수는 8.314[kJ/kmol·K]이다.) [16 ㉑]

① 2.11[kJ/kg·K]　　② 3.93[kJ/kg·K]
③ 5.23[kJ/kg·K]　　④ 6.01[kJ/kg·K]

해설

해설 23
① $\dfrac{P}{T}=$ 일정 : 정적과정
② $Pv=$ 일정 : 정온과정
③ $Pv^k=$ 일정 : 단열과정

해설 24
이상기체의 정압변화(샤를의 법칙)
$\dfrac{V_1}{T_1}=\dfrac{V_2}{T_2}$ 에서
여기서, T_1, T_2 : 변화 전, 후의 절대온도
V_1, V_2 : 변화 전, 후의 부피
$V_2 = V_1 \dfrac{T_2}{T_1} = 10 \times \dfrac{273+0}{273+30} = 9\,(\text{L})$

해설 25
이상기체의 정압변화
$\dfrac{V_1}{T_1}=\dfrac{V_2}{T_2}$ 에서
$T_2 = T_1 \dfrac{V_2}{V_1} = (273+0) \times \dfrac{2}{1} = 546\,[\text{K}]$
절대온도 $K = ℃ + 273$
∴ $℃ = K - 273 = 546 - 273 = 273\,[℃]$

해설 26
(1) 정적가열 C_V
$Q = mC_V(T_2 - T_1)$ 에서
정적비열
$C_V = \dfrac{Q}{m(T_2 - T_1)} = \dfrac{118}{1 \times (65-35)}$
$= 3.93\,[\text{kJ/kg·K}]$
(2) 기체상수 $\overline{R}$
$R = M\overline{R}$ 에서
$\overline{R} = \dfrac{R}{M} = \dfrac{8.314}{4} = 2.08$
(3) 정압비열 C_P
$C_P - C_V = \overline{R}$ 에서
$C_P = C_V + \overline{R} = 3.93 + 2.08$
$= 6.01\,[\text{kJ/kg·K}]$

정답 23. ④　24. ②　25. ①　26. ④

27. 이상기체의 성질을 틀리게 나타낸 그래프는? [23㉎]

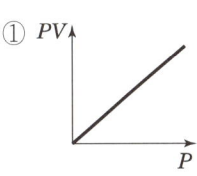
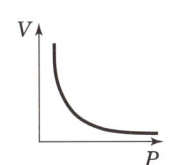
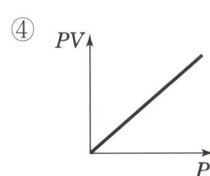

28. 고속주행 시 타이어의 온도가 20[℃]에서 80[℃]로 상승하였다. 타이어의 체적이 변화하지 않고, 타이어 내의 공기를 이상기체로 하였을 때 압력 상승은 약 몇 [kPa]인가? (단, 온도 20[℃]에서의 게이지압력은 0.183[MPa], 대기압은 101.3 [kPa] 이다.) [23기]

① 37　　　　　　② 58
③ 286　　　　　　④ 345

29. 어떤 기체를 20[℃]에서 등온 압축하여 절대압력이 0.2[MPa]에서 1[MPa]으로 변할 때 체적은 초기 체적과 비교하여 어떻게 변화 하는가? [23기]

① 5배로 증가한다.　　　② 10배로 증가한다.
③ 1/5로 감소한다.　　　④ 1/10로 감소한다.

해설 보일-샤를의 법칙

$$\frac{P_1 V_1}{T_1} = \frac{P_2 V_2}{T_2}$$

여기서, P_1, P_2 : 절대압력[MPa], V_1, V_2 : 체적[m³], T_1, T_2 : 절대온도[K]

$P_1 = 0.2$[MPa], $P_2 = 1$[MPa]이고, 등온($T_1 = T_2 = (273+20)$ [K])압축이다.

따라서, $P_1 V_1 = P_2 V_2$ 에서 $\frac{P_1}{P_2} = \frac{V_2}{V_1}$ 이므로

$$\frac{V_2}{V_1} = \frac{0.2\text{MPa}}{1\text{MPa}} = \frac{1}{5}$$

해설

해설 27

1. 보일의 법칙(등온변화)
   일정한 온도에서 기체의 부피는 압력에 반비례한다.
   $PV = C$(상수)
   $P_1 V_1 = P_2 V_2$
   (주의 : 압력 P는 절대압력임)

2. 샤를의 법칙(정압변화)
   일정한 압력하에서 기체의 부피는 절대온도에 비례한다.
   $\frac{V}{T} = C$(상수), $\frac{V_1}{T_1} = \frac{V_2}{T_2}$
   (주의 : 온도 T는 절대온도)

3. 보일샤를의 법칙
   일정량의 기체의 부피는 압력에 반비례하고 절대온도에 비례한다.
   $\frac{PV}{T} = C$(상수), $\frac{P_1 V_1}{T_1} = \frac{P_2 V_2}{T_2}$

해설 28

보일-샤를의 법칙(탱크=정적과정)

$\frac{P_1}{T_1} = \frac{P_2}{T_2}$ 에서

$P_2 = P_1 \frac{T_2}{T_1} = (0.183 \times 10^3 + 101.3)$

$\times \frac{273+80}{273+20} ≒ 342.52$ [kPa]

∴ 압력증가량 $= P_2 - P_1 = 342.52 - (183 + 101.3) = 58.22$ [kPa]

정답　27. ④　28. ②　29. ③

핵심기출문제

II. 소방열역학

30. 등엔트로피 과정에 해당하는 것은? [20 ㉑]
① 가역 단열 과정   ② 가역 등온 과정
③ 비가역 단열 과정   ④ 비가역 등온 과정

31. 가역단열 과정에서 엔트로피 변화 △S는? [17 ㉑]
① △S > 1   ② 0 < △S < 1
③ △S = 1   ④ △S = 0

32. 대기압에서 10[℃]의 물 10[kg]을 70[℃]까지 가열할 경우 엔트로피 증가량 [kJ/K]은?(단, 물의 정압비열은 4.18[kJ/kg·K]이다.) [20 ㉑]
① 0.43   ② 8.03
③ 81.3   ④ 2508.1

33. 이상기체의 등엔트로피 과정에 대한 설명 중 틀린 것은? [18 ㉑]
① 폴리트로픽 과정의 일종이다.
② 가역단열 과정에서 실현된다.
③ 온도가 증가하면 압력이 증가한다.
④ 온도가 증가하면 비체적이 증가한다.

34. 폴리트로픽 지수(n)가 1인 과정은? [22, 23 ㉑]
① 단열과정   ② 정압과정
③ 등온과정   ④ 정적과정

해설

해설 30
(1) 가역단열과정
 : 등엔트로피 과정($ds = 0$)
(2) 비가역단열과정
 : 엔트로피 증가($ds > 0$)

해설 31
(1) 가역단열과정
 : 등엔트로피 과정($\triangle S = 0$)
(2) 비가역단열과정
 : 엔트로피 증가($\triangle S > 0$)

해설 32
$\triangle S = \dfrac{\triangle Q}{T} = mC\ln\dfrac{T_2}{T_1}$ 에서
$= 10 \times 4.18 \times \ln\dfrac{70+273}{10+273}$
$\fallingdotseq 8.03 [kJ/K]$

해설 33
이상기체의 등엔트로피 과정
① 폴리트로픽 과정의 일종이다.
② 가역단열 과정에서 실현된다.
③ 온도가 증가하면 압력이 증가한다.
$\dfrac{T_2}{T_1} = \left(\dfrac{P_2}{P_1}\right)^{\frac{k-1}{k}}$
④ 온도가 증가하면 비체적이 감소한다.
$\dfrac{T_2}{T_1} = \left(\dfrac{v_1}{v_2}\right)^{k-1}$

해설 34
폴리트로픽변화($PV^n = C$)
① $n = 0$ $P = C$(등압변화)
② $n = 1$ $PV = C$(등온변화)
③ $n = k$ $PV^k = C$(가역단열변화)
④ $n = \infty$ $PV^\infty = C$(등적과정)

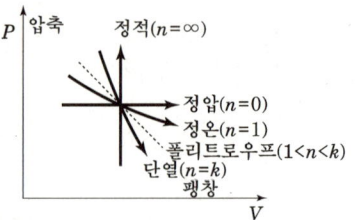

정답 30. ① 31. ④ 32. ② 33. ④
34. ③

35. 압력 P_1=100[kPa], 온도 T_1=300[K], 체적 V_1=1.0[m³]인 밀폐계(closed system)의 이상기체가 $PV^{1.3}$=일정인 폴리트로픽 과정(polytropic process)을 거쳐 압력 P_2=300[kPa]까지 압축된다면 최종상태의 온도 T_2는 대략 얼마인가? [21, 22 ㉮]

① 350K ② 390K
③ 430K ④ 470K

36. 초기온도와 압력이 각각 50[℃], 600[kPa]인 이상기체를 100[kPa]까지 가역 단열팽창 시켰을 때 온도는 약 몇 [K]인가? (단, 이 기체의 비열비는 1.4이다.) [18 ㉮]

① 194 ② 216
③ 248 ④ 262

37. 초기 상태에서 압력 100 [kPa], 온도 15[℃]인 공기가 있다. 공기의 부피가 초기 부피의 $\frac{1}{20}$이 될 때까지 단열 압축할 때 압축 후의 온도는 약 몇 [℃]인가? (단, 공기의 비열비는 1.4이다.) [18 ㉮]

① 54   ② 348
③ 682 ④ 912

38. 압력 200[kPa], 온도 60[℃]의 공기 2[kg]이 이상적인 폴리트로픽 과정으로 압축되어 압력 2[MPa], 온도 250[℃]로 변화하였을 때 이 과정 동안 소요된 일의 양은 약 몇 [kJ]인가?(단, 기체상수는 0.287kJ/(kg·K)이다.) [17 ㉮]

① 224 ② 327
③ 447 ④ 560

해설 폴리트로픽 과정(polytropic process)
$$W_{12} = \frac{mR}{n-1}(T_1 - T_2) = \frac{2 \times 0.287}{1.244 - 1}(250 - 60) ≒ 447 \ [kJ]$$
여기서, 폴리트로픽 지수 n은
$$\left(\frac{P_2}{P_1}\right)^{\frac{n-1}{n}} = \frac{T_2}{T_1}$$에서
양변에 대수를 취하면
$$\ln\left(\frac{P_2}{P_1}\right)^{\frac{n-1}{n}} = \ln\frac{T_2}{T_1}$$
$$\frac{n-1}{n}\ln\left(\frac{P_2}{P_1}\right) = \ln\frac{T_2}{T_1}, \ \frac{n-1}{n} = \frac{\ln(T_2/T_1)}{\ln(P_2/P_1)} = \frac{\ln(523/333)}{\ln(2,000/200)} = 0.196$$
$n(1-0.196) = 1$
∴ $n ≒ 1.244$

해설

해설 **35**
폴리트로픽 과정(polytropic process)
$\frac{T_2}{T_1} = \left(\frac{v_1}{v_2}\right)^{n-1} = \left(\frac{P_2}{P_1}\right)^{\frac{n-1}{n}}$ 에서

$\frac{T_2}{T_1} = \left(\frac{P_2}{P_1}\right)^{\frac{n-1}{n}}$

$T_2 = T_1\left(\frac{P_2}{P_1}\right)^{\frac{n-1}{n}}$

$= 300 \times \left(\frac{300}{100}\right)^{\frac{1.3-1}{1.3}}$ K

$= 386.57 ≒ 390$

해설 **36**
가역단열변화
$\frac{T_2}{T_1} = \left(\frac{P_2}{P_1}\right)^{\frac{k-1}{k}}$ 에서

$T_2 = T_1\left(\frac{P_2}{P_1}\right)^{\frac{k-1}{k}}$

$= (273+50) \times \left(\frac{100}{600}\right)^{\frac{1.4-1}{1.4}}$

$≒ 194K$

여기서,
T_1, P_1 : 초기온도와 압력
T_2, P_2 : 단열팽창 후 온도와 압력
k : 비열비

해설 **37**
가역단열변화
$\frac{T_2}{T_1} = \left(\frac{v_1}{v_2}\right)^{n-1}$ 에서

$T_2 = T_1\left(\frac{v_1}{v_2}\right)^{k-1}$

$= (273+15) \times \left(\frac{1}{\frac{1}{20}}\right)^{1.4-1} ≒ 955 \ [K]$

℃ = K - 273 = 955 - 273 = 682 [℃]
여기서,
T_1, P_1 : 초기온도와 압력
T_2, P_2 : 단열팽창 후 온도와 압력
k : 비열비

정답 35. ② 36. ① 37. ③ 38. ③

핵심기출문제

II. 소방열역학

39. 이상기체의 정압비열 C_P와 정적비열 C_V의 관계식으로 옳은 것은? (단, $\overline{R}$은 기체상수이다.) [19, 22 ㉮]

① $C_V - C_P = \overline{R}$
② $C_P - C_V = \overline{R}$
③ $C_P = C_V$
④ $C_P < C_V$

40. 이상기체의 정압비열 C_p와 정적비열 C_v와의 관계로 옳은 것은?(단, $\overline{R}$은 이상기체 상수이고, K는 비열비이다.) [18 ㉮]

① $C_p = \dfrac{1}{2} C_v$
② $C_p < C_v$
③ $C_p - C_v = \overline{R}$
④ $\dfrac{C_v}{C_p} = K$

41. 비열에 대한 다음 설명 중 틀린 것은? [18 ㉮]

① 정적비열은 체적이 일정하게 유지되는 동안 온도변화에 대한 내부에너지 변화율이다.
② 정압비열을 정적비열로 나눈 것이 비열비이다.
③ 정압비열은 압력이 일정하게 유지될 때 온도변화에 대한 엔탈피 변화율이다.
④ 비열비는 일반적으로 1보다 크나 1보다 작은 물질도 있다.

42. 절대온도, 비체적이 각각 T_1, v_1인 이상기체 1[kg]의 압력을 P로 일정하게 유지한 상태로 가열하여 절대온도를 $4T_1$까지 상승시킨다. 이상기체가 한 일은 얼마인가? [16 ㉮]

① Pv_1
② $2Pv_1$
③ $3Pv_1$
④ $4Pv_1$

43. 질량이 3[kg]인 공기(이상기체)가 온도 323[K]으로 일정하게 유지되면서 체적이 4배가 되었다면 이 계(System)가 한 일은 약 몇 [kJ]인가? (단, 공기의 기체상수는 287[J/kg·K]이다.) [21, 23 ㉮]

① 48
② 96
③ 193
④ 386

해설

해설 39
(1) $C_P - C_V = \overline{R}$
(2) $C_P > C_V$
(3) 비열비 $K = C_P/C_V$

해설 40
(1) $C_P - C_V = \overline{R}$
(2) $C_P > C_V$
(3) 비열비 $K = C_P/C_V$
(4) $K > 1$

해설 41
(1) $C_P - C_V = \overline{R}$
(2) $C_P > C_V$
(3) 비열비 $K = C_P/C_V$이므로 비열비는 1보다 항상 크다.
여기서, C_P : 정압비열
C_V : 정적비열
$\overline{R}$: 기체상수

해설 42
등압과정($P = C$) charle's law
$\dfrac{V}{T} = C$
$\dfrac{v_1}{T_1} = \dfrac{v_2}{T_2}$,
$\dfrac{T_2}{T_1} = \dfrac{v_2}{v_1}$, $\dfrac{4T_1}{T_1} = \dfrac{v_2}{v_1}$ ($v_2 = 4v_1$)
∴ 절대일 $W_{12} = \int_1^2 P dv = P(v_2 - v_1)$
$= P(4v_1 - v_1) = 3Pv_1$

해설 43
등온과정에서의 일
$W_{12} = m\overline{R}T \ln \dfrac{V_2}{V_1}$
$= 3 \times 287 \times 10^{-3} \times 323 \times \ln \dfrac{4V_1}{V_1}$
$≒ 386$ [kJ]
여기서, $V_2 = 4V_1$

정답 39. ② 40. ③ 41. ④ 42. ③
43. ④

43. 2[MPa], 400[℃]의 과열 증기를 단면확대 노즐을 통하여 20[kPa]로 분출시킬 경우 최대 속도는 약 몇 [m/s]인가? (단, 노즐입구에서 엔탈피는 3243.3[kJ/kg]이고, 출구에서 엔탈피는 2345.8[kJ/kg] 이며, 입구속도는 무시한다.) [22, 23⑦]

① 1340
② 1349
③ 1402
④ 1412

[해설]

(1) 임의의 단면을 통과하는 유체의 단위질량당 에너지는 엔탈피, 운동에너지, 위치 에너지로 그 합은 일정하다.

$$PV + \frac{1}{2}mv^2 + mgz = C$$ 에서 양변을 m으로 나누면

$$h + \frac{v^2}{2} + gz = C \quad (H = \triangle u + PV \text{에서}` \triangle u = 0 \text{이고} \frac{H}{m} = \frac{PV}{m} = h)$$

h : 비엔탈피[J/kg], V : 단면에서의 평균유속 [m/s]
z : 기준면으로 부터의 높이 [m]

(2) $h_1 + \frac{V_1^2}{2} + gz_1 = h_2 + \frac{V_2^2}{2} + gz_2$ 에서 $z_1 = z_2$ 이므로

$$h_1 + \frac{V_1^2}{2} = h_2 + \frac{V_2^2}{2}$$

$V_2 = \sqrt{V_1^2 + 2(h_1 - h_2)}$ 이고 $V_1 = 0$ 이므로

$V_2 = \sqrt{2(3243.3 - 2345.8) \times 10^3} = 1339.77 \simeq 1340 [\text{m/s}]$

44. 이상적인 교축과정(throtting process)에 대한 설명 중 맞는 것은? [17⑦]

① 압력이 변하지 않는다.
② 온도가 변하지 않는다.
③ 엔트로피가 변하지 않는다.
④ 엔탈피가 변하지 않는다.

45. 이상기체의 운동론에 대한 다음의 설명 중 옳은 것은? [15⑦]

① 분자 자신의 체적은 거의 무시할 수 있다.
② 분자가 충돌할 때 에너지의 손실이 있다.
③ 분자 사이에 척력이 항상 작용한다.
④ 분자 사이에 인력이 항상 작용한다.

해설

해설 44

교축과정(등엔탈피 과정)
가스나 증기가 밸브나 오리피스(orifice) 등의 작은 단면을 통과할 때 외부에 대해서 일은 없이 압력은 강하하고 온도는 강하 하거나 상승한다. 이런 현상을 교축작용(throttling)이라고 한다.
이상기체는 교축 변화시켜도 온도 변화는 없으나 가스나 증기는 일반적으로 온도강하가 일어난다. 이 현상을 줄-톰슨 효과(Joule-Thomson effect)라 한다.

※ 교축과정
① 비가역 정상류 과정이다.
② 열전달이 없다.($q = 0$)
③ 일을 하지 않는다.($w_t = 0$)
④ 압력강하가 일어난다.
⑤ 등엔탈피 과정이다.

해설 45

이상기체의 운동론의 가정조건
(1) 분자 자신의 체적은 거의 무시할 수 있다.
(2) 기체 분자 사이에 인력과 척력(반발력)이 작용하지 않는다.
(3) 기체 분자는 완전 탄성체로 가정하고 이로 인해 기체분자들은 운동량뿐만 아니라 운동에너지도 보존되는 완전 탄성충돌을 한다.
(4) 기체 분자의 평균운동에너지는 절대온도K에 비례하며 분자의 크기, 모양, 및 종류 등의 다른 요인에 영향을 받지 않는다.
(5) 기체 분자들은 각각 다양한 속력을 가지고 무질서한 방향으로 불규칙한 운동을 한다.

정답 43. ① 44. ④ 45. ①

핵심기출문제

Ⅱ. 소방열역학

46. 압력이 100[kPa abs] 이고 온도가 55[℃]인 공기의 밀도는 몇 [kg/m³] 인가? (단, 공기의 기체상수는 287[J/kg·K]이다.) [24 ㉓]

① 12.0
② 24.2
③ 1.06
④ 2.14

47. 압력 784[kPa], 온도 20[℃]의 CO_2 기체 8[kg]을 수용한 용기의 체적은 얼마인가? (단, CO_2의 기체상수 $R=188.75[J/kg·K]$) [17 ㉓]

① 0.34[m³]
② 0.56[m³]
③ 2.4[m³]
④ 19.3[m³]

48. 어떤 용기 내의 이산화탄소(45[kg])가 방호공간에 가스 상태로 방출되고 있다. 방출 온도와 압력이 15[℃], 101[kPa]일 때 방출가스의 체적은 약 몇 [m³]인가? (단, 일반 기체상수는 8314[J/(kmol·K)]이다.) [19, 22 ㉓]

① 2.2
② 12.2
③ 20.2
④ 24.3

49. 어떤 관 속의 정압(절대압력)은 294[kPa], 온도는 27[℃], 공기의 기체상수 $R=287[J/kg·K]$ 일 경우, 안지름 250[mm]인 관 속을 흐르고 있는 공기의 평균 유속이 50[m/s]이면 공기는 매초 약 몇 [kg] 이 흐르는가? [24 ㉓]

① 8.4
② 9.5
③ 10.7
④ 12.5

해설

1) 이상기체 방정식(밀도)

$$P = \frac{m}{V}\overline{R}T = \rho\overline{R}T = \rho\frac{R}{M}T$$

$$\rho = \frac{P}{\overline{R}T} = \frac{294 \times 10^3 [J/m^3]}{287[J/kg·K] \times (273+27)[K]} \fallingdotseq 3.42[kg/m^3]$$

R : 일반기체상수(고정값), $\overline{R}$: 기체별 기체상수, $\overline{R} = \frac{R}{M}$

n : mol수(압축계수), $n = \frac{m}{M}$

ρ : 기체밀도, $\rho = \frac{m}{M}$

m : 질량, M : 분자량, T : 절대온도, P : 절대압력, V : 체적

※ $1[kPa] = 1000[Pa] = 1000[J/m^3]$

2) 질량유량[kg/s]

$$\dot{m} = \rho AV = 3.42[kg/m^3] \times \frac{\pi \times (0.25[m])^2}{4} \times 50[m/s] \fallingdotseq 8.4[kg/s]$$

해설

해설 46

$$P = \frac{m}{V}\overline{R}T = \rho\overline{R}T = \rho\frac{R}{M}T$$

$$\rho = \frac{P}{\overline{R}T}$$

$$= \frac{100 \times 10^3 [J/m^3]}{287[J/kg·K] \times (273+55)[K]}$$

$$\fallingdotseq 1.06[kg/m^3]$$

R : 일반기체상수(고정값)

$\overline{R}$: 기체별 기체상수, $\overline{R} = \frac{R}{M}$

n : mol수(압축계수), $n = \frac{m}{M}$

ρ : 기체밀도, $\rho = \frac{m}{M}$

m : 질량, M : 분자량,
T : 절대온도, P : 절대압력,
V : 체적

※ $1[kPa] = 1000[Pa] = 1000[J/m^3]$

해설 47

이상기체의 상태방정식

$PV = m\overline{R}T$에서

$$V = \frac{m\overline{R}T}{P}$$

$$= \frac{8 \times 188.75 \times 10^{-3} \times (273+20)}{784}$$

$$\fallingdotseq 0.56(m^3)$$

여기서, P : 압력[kPa],
V : 체적[m³]
m : 질량[kg]
$\overline{R}$: 기체상수[kJ/kg·K]
T : 온도[K]

해설 48

이상기체의 상태방정식

$PV = m\overline{R}T$에서

$$V = \frac{m\overline{R}T}{P} = \frac{45 \times \left(\frac{8.314}{44}\right) \times (273+15)}{101}$$

$$\fallingdotseq 24.25(m^3)$$

여기서, P : 압력[kPa],
V : 체적[m³]
m : 질량[kg]
$\overline{R}$: 기체상수[kJ/kg·K]
T : 온도[K]

정답 46. ③ 47. ② 48. ④ 49. ①

50. 초기에 비어있는 체적이 0.1[m³]인 견고한 용기안에 공기(이상기체)를 서서히 주입한다. 이때 주위 온도는 300[K]이다. 공기 1[kg]을 주입하면 압력[kPa] 이 얼마가 되는가? (단, 기체상수 R = 0.287[kJ/kgK] 이다.) [15 ㉮]

① 287 ② 300
③ 348 ④ 861

51. 단열 노즐의 출구에서 압력 0.1[MPa]의 건도 0.95인 습증기(포화액 엔탈피 : 418[kJ/kg], 포화증기 엔탈피 : 2706[kJ/kg]) 1[kg] 이 포화증기 엔탈피는 몇 [kJ]인가? [15, 24 ㉮]

① 397.1 ② 2,570.7
③ 2,591.6 ④ 2,988.7

52. 포화액-증기 혼합물 300[g]이 100[kPa]의 일정한 압력에서 기화가 일어나서 건도가 10[%]에서 30[%]로 높아진다면 혼합물의 체적 증가량은 약 몇 [m³]인가? (단, 100[kPa]에서 포화액과 포화증기의 비체적은 각각 0.00104[m³/kg]과 1.694[m³/kg]이다.) [22 ㉮]

① 3.386 ② 1.693
③ 0.508 ④ 0.102

해설
(1) 포화수의 경우 건도가 0%, 포화증기의 경우 건도10%의 의미는 증기속에 90%의 물이 포함되어 있다는 것을 의미함. 즉, 증기의건도 = 100%-(% 포함되어 있는 물의 질량)

(2) 혼합물 습증기의 비체적(V)
$V_s = x \cdot V_g + (1-x) \cdot V_f$
x : 건도[%], V_f : 포화수의 비체적, V_g : 포화증기의 비체적
① 건도 10% 일 때의 비체적
$V_{s10\%} = (0.1 \times 1.694) + (0.9 \times 0.00104) = 0.170336 [m^3/kg]$
② 건도 30[%] 일 때의 비체적
$V_{s30\%} = (0.3 \times 1.694) + (0.7 \times 0.00104) = 0.508928 [m^3/kg]$
③ 비체적 증가량
$V_{s30\%} - V_{s10\%} = 0.508928 - 0.170336 = 0.338592 [m^3/kg]$

(3) 단위질량 1[kg](1000[g])일때의 체적 변화량이 비체적 증가량이므로 300[g]일 경우는 비례식으로 푼다.
1000g : 0.338592 = 300[g] : x
$x = \dfrac{0.338592 \times 300}{1000} = 0.101577 \simeq 0.102 [m^3]$

해설

해설 50

이상기체의 상태방정식
$PV = m\overline{R}T$ 에서
$P = \dfrac{m\overline{R}T}{V} = \dfrac{1 \times 0.287 \times 300}{0.1}$
$= 861 [kPa]$

여기서, P : 압력[kPa]
V : 체적[m³]
m : 질량[kg]
$\overline{R}$: 기체상수[kJ/kg·K]
T : 온도[K]

해설 51

습증기 1[kg] 속에 x[kg]의 건증기가 포함되어 있고 나머지 $(1-x)$[kg]이 수분인 경우 x를 건도, $(1-x)$를 습도 라 한다.

포화액의 건도 : $x = 0$,
건조포화증기 건도 $x = 1$이다.
건도가 x일 때 습증기 엔탈피 h_x

$h_x = h' + (h'' - h')x$
여기서, h' : 포화액 엔탈피
h'' : 포화증기 엔탈피

$= 418 + (2706 - 418) \times 0.95$
$= 2591.6 [kJ/kg]$

정답 50. ④ 51. ③ 52. ④

핵심기출문제

II. 소방열역학

53. 밸브가 달린 견고한 밀폐용기 안에 온도 300[K], 압력 500[kPa]의 기체 4[kg]이 들어 있다. 밸브를 열어 기체 1[kg]을 대기로 방출한 후 밸브를 닫고 주위온도가 300[K]로 일정한 분위기에서 용기를 장시간 방치하였다. 내부기체의 최종압력은 약 몇 [kPa]인가? (단, 이 기체는 이상기체로 간주한다.) [23⑦]

① 300 ② 375
③ 400 ④ 499

54. 온도 20[℃], 압력 500[kPa]에서 비체적이 0.2[m³/kg]인 이상기체가 있다. 이 기체의 기체상수 [kJ/kg·K]는 얼마인가? [15, 24⑦]

① 0.341 ② 3.41
③ 34.1 ④ 341

55. 온도 150[℃], 95[kPa]에서 2[kg/m³]의 밀도를 갖는 기체의 분자량은? (단, 일반 기체상수는 8,314[J/kmol·K]이다.) [23⑦]

① 26 ② 70
③ 74 ④ 90

56. 체적이 0.5[m³]인 탱크에 산소가 10[kg]이 들어 있다. 탱크 내부의 온도가 23[℃]라면 압력은 약 몇 [MPa]인가? (단, 일반기체상수는 8,314[J/kmol·K]이다.) [15, 24⑦]

① 1.452 ② 1.539
③ 1.653 ④ 1.725

[해설]
1) 이상기체 상태 방정식

$PV = nRT = \dfrac{m}{M}RT$

$P = \dfrac{m}{VM}RT$

2) 압력

$P = \dfrac{m}{VM}RT$

$= \dfrac{10[kg]}{0.5[m^3] \times 32[kg.kmol]} \times 8.314[kJ/kmol.K] \times (273+23)[K]$

$≒ 1539[kJ/m^3] = 1539[kPa] = 1.539[MPa]$

해설

[해설] 53

이상기체 상태방정식
(1) 방출하기 전 상태방정식

$P_1 V = m_1 \overline{R} T$

(2) 방출한 후 상태방정식

$P_2 V = m_2 \overline{R} T$

(3) $\dfrac{P_2}{P_1} = \dfrac{m_2 \overline{R}T/V}{m_1 \overline{R}T/V} = \dfrac{m_2}{m_1}$

∴ $P_2 = P_1 \dfrac{m_2}{m_1} = 200 \times \dfrac{4-1}{4}$

$= 375[kPa]$

[해설] 54

이상기체의 상태방정식

$PV = m\overline{R}T$, $Pv = \overline{R}T$에서

여기서, P : 압력[kPa]
V : 체적[m³],
m : 질량[kg],
$\overline{R}$: 기체상수[kJ/kg·K]
v : 비체적[m³/kg],
T : 온도[K]

$\overline{R} = \dfrac{Pv}{T} = \dfrac{500 \times 0.2}{273+20}$

$= 0.341[kJ/kg·K]$

[해설] 55

이상기체 방정식

$PV = m\overline{R}T \rightarrow PV = m\dfrac{R}{M}T$

$\rightarrow P = \dfrac{\rho RT}{M}$에서

$M = \dfrac{\rho RT}{P} = \dfrac{2 \times 8,314 \times (273+150)}{95 \times 10^3}$

$= 74$

여기서,
P : 압력[Pa]
V : 체적[m³]
m : 질량[kg]
$\overline{R}$: 기체상수[J/kg·K]
R : 일반기체상수[J/kmol·K]
ρ : 밀도[kg/m³]
T : 온도[K]

정답 53. ② 54. ① 55. ③ 56. ②

57. 공기를 체적비율이 산소 (O₂, 분자량 32[g/mol]) 20[%], 질소(N₂, 분자량 28[g/mol]) 80[%]의 혼합기체라 가정할 때 공기의 기체상수는 약 몇 [kJ/(kg·K)]인가? (단, 일반기체상수는 8.3145[kJ/(kmol·K)]이다.) [18②]

① 0.294
② 0.289
③ 0.284
④ 0.279

58. 체적 2,000[L]의 용기 내에서 압력 0.4[MPa], 온도 55[℃]의 혼합기체의 체적비가 각각 메탄(CH₄) 35[%], 수소(H₂) 40%, 질소(N₂) 25[%]이다. 이 혼합 기체의 질량은 약 몇 [kg]인가? (단, 일반기체상수는 8.314[kJ/(kmol·K)]이다.) [17②]

① 3.11
② 3.53
③ 3.93
④ 4.52

59. 공기 10[kg]과 수증기 1[kg]이 혼합되어 10[m³]의 용기 안에 들어있다. 이 혼합 기체의 온도가 60[℃]라면, 이 혼합 기체의 압력은 약 몇 [kPa]인가? (단, 수증기 및 공기의 기체 상수는 각각 0.462 및 0.287[kJ/(kg·K)]이고 수증기는 모두 기체 상태이다.) [17②]

① 95.6
② 111
③ 126
④ 145

[해설] 이상기체의 상태방정식
$PV = m\overline{R}T$에서
여기서, P : 압력[kPa]
V : 체적[m³]
m : 질량[kg]
$\overline{R}$: 기체상수[kJ/kg·K]
T : 온도[K]

공기의 분압 $P_1 = \dfrac{m_1 \overline{R} T}{V} = \dfrac{10 \times 0.287 \times (273+60)}{10} = 95.571$ [kPa]

수증기 분압 $P_2 = \dfrac{m_2 \overline{R} T}{V} = \dfrac{1 \times 0.462 \times (273+60)}{10} = 15.3846$ [kPa]

혼합기체의 전압력은 돌턴의 분압법칙에 의해 각 성분기체의 부분압력의 합과 같다.
∴ $P = P_1 + P_2 = 95.571 + 15.3846 ≒ 111$ [kPa]

해설

해설 57
(1) 혼합 기체의 분자량 M
$M = 32 \times 0.2 + 28 \times 0.8 = 28.8$
(2) 혼합 기체의 기체상수 $\overline{R}$[kJ/(kg·K)]
$\overline{R} = \dfrac{8.3145}{M} = \dfrac{8.314}{28.8} ≒ 0.289$

해설 58
(1) 혼합 기체의 분자량 M
$M = 16 \times 0.35 + 2 \times 0.4 + 28 \times 0.25 = 13.4$
(2) 혼합 기체의 기체상수 $\overline{R}$[kJ/(kg·K)]
$\overline{R} = \dfrac{8.314}{M} = \dfrac{8.314}{13.4} = 0.62$
(3) 혼합기체의 질량 m[kg]
이상기체방정식 $PV = m\overline{R}T$에서
$m = \dfrac{PV}{\overline{R}T} = \dfrac{0.4 \times 10^3 \times 2,000 \times 10^{-3}}{0.62 \times (273+55)}$
$≒ 3.93$ [kg]
여기서, P : 압력[Pa]
V : 체적[m³]
m : 질량[kg]
$\overline{R}$: 기체상수[kJ/kg·K]
T : 온도[K]

정답 57. ② 58. ③ 59. ②

핵심기출문제

II. 소방열역학

60. 이상기체의 기체상수에 대해 옳은 설명으로 모두 짝지어진 것은? [21②]

a. 기체상수의 단위는 비열의 단위와 차원이 같다.
b. 기체상수는 온도가 높을수록 커진다.
c. 분자량이 큰 기체의 기체상수가 분자량이 작은 기체의 기체상수보다 크다.
d. 기체상수의 값은 기체의 종류에 관계없이 일정하다.

① a
② a, c
③ b, c
④ a, b, d

61. 두 개의 견고한 밀폐용기 A, B가 밸브로 연결되어 있다. 용기 A에는 온도 300[K], 압력 100[kPa]의 공기 1[m³], 용기 B에는 온도 300[K], 압력 330[kPa]의 공기 2[m³]가 들어 있다. 밸브를 열어 두 용기 안에 들어있는 공기(이상기체)를 혼합한 후 장시간 방치하였다. 이때 주위온도는 300[K]으로 일정하다. 내부공기의 최종 압력은 약 몇 [kPa]인가? [16②]

① 177
② 210
③ 215
④ 253

62. 부피가 0.3[m³]으로 일정한 용기 내의 공기가 원래 300[kPa](절대압력), 400[K]의 상태였으나, 일정 시간동안 출구가 개방되어 공기가 빠져나가 200[kPa](절대압력), 350[K]의 상태가 되었 다. 빠져나간 공기의 질량은 약 몇 [g]인가? (단, 공기는 이상기체로 가정하며 기체상수는 287[J/(kg·K)]이다.) [18, 21②]

① 74
② 187
③ 295
④ 388

[해설] 이상기체 상태방정식

$PV = m\overline{R}T$ 에서

여기서, P : 압력[kPa], V : 체적[m³], m : 질량[kg]
$\overline{R}$: 기체상수[kJ/kg·K], T : 온도[K]

(1) 최초의 공기의 질량 m

$$m = \frac{PV}{\overline{R}T} = \frac{300 \times 0.3}{0.287 \times 400} = 0.784 \text{[kg]}$$

(2) 출구가 개방된 후의 공기질량 m'

$$m' = \frac{P_2 V}{\overline{R}T_2} = \frac{200 \times 0.3}{0.287 \times 350} = 0.597 \text{[kg]}$$

(3) 빠져나간 공기의 질량

$$m_x = m - m' = 0.784 - 0.597 = 0.187 \text{[kg]} = 187 \text{[g]}$$

해설

[해설] 60

a. 기체상수의 단위와 비열의 단위는 모두 kJ/kg·K로 단위가 같으면 차원이 같다
b. 기체상수는 온도나 압력에 따라 변화하지 않는다.
c. 분자량이 큰 기체의 기체상수가 분자량이 작은 기체의 기체상수보다 크다. 기체상수 $R = \frac{8.314}{M}$ 으로 분자량 M이 큰 기체가 기체상수의 값은 작다.
d. 기체상수의 값은 기체의 종류에 따라 다르다.

[해설] 61

(1) $PV = m\overline{R}T$ 에서
① A용기내의 공기의 질량

$$m_A = \frac{P_A V_A}{\overline{R}T_A} = \frac{100 \times 1}{0.287 \times 300} = 1.16$$

② B용기내의 공기의 질량

$$m_B = \frac{P_B V_B}{\overline{R}T_B} = \frac{330 \times 2}{0.287 \times 300} = 7.67$$

(2) 혼합기체의 상태방정식

$P(V_A + V_B) = (m_A + m_B)\overline{R}T$ 에서

$$P = \frac{(m_A + m_B)\overline{R}T}{V_A + V_B}$$

$$= \frac{(1.16 + 7.67) \times 0.287 \times 300}{1 + 2}$$

$$≒ 253 \text{[kPa]}$$

정답 60. ① 61. ④ 62. ②

63. 피스톤과 실린더로 구성된 밀폐된 용기 내에 일정한 질량의 이상기체가 차 있다. 초기 상태의 압력은 2[bar], 체적은 0.5[m³]이다. 이 시스템의 온도가 일정하게 유지되면서 팽창하여 압력이 1[bar]가 되었다. 이 과정 동안에 시스템이 한 일은 몇 [kJ] 인가? [24㉮]

① 52.1 ② 57.2
③ 62.7 ④ 69.3

[해설]
1) 보일 법칙
$P_1V_1 = P_2V_2$
$V_2 = \dfrac{P_1}{P_2}V_1 = \dfrac{2}{1} \times 0.5 [m^3] = 1 [m^3]$

2) 압력 단위환산
$1[atm] = 760[mmHg] = 10.332[mAq] = 101,325[Pa = N/m^2] = 14.7[psi] = 1.013[bar]$
$= 1.0332[kgf/cm^2] = 0.101325[MPa]$

$1.013[bar] : 101.332[kPa] = 2[bar] : P_1$

$P_1 = \dfrac{101.332}{1.013} \times 2 ≒ 200[kPa] = 200[kN/m^2]$

3) 절대일
등온과정에서 전달열량(일)
$W_{1-2} = m\overline{R}T\ln\dfrac{V_2}{V_1} = m\overline{R}T\ln\dfrac{P_1}{P_2}$, $\overline{R}$: 기체상수
$= P_1V_1\ln\dfrac{V_2}{V_1} = 200[kN/m^2] \times 0.5[m^3] \times \ln(\dfrac{1}{0.5}) ≒ 69.3[kJ]$

64. 공기가 채워진 어떤 구형(球形) 기구의 반지름이 5[m]이고, 내부압력이 100 [kPa], 온도는 20[℃]일 때 기구 내에 채워진 공기의 몰수는 약 몇 [kmol]인가? (단, 공기의 분자량은 29[kg/kmol]이고, 기체상수는 287[J/kg·K]이다.) [15㉮]

① 20.1 ② 21.5
③ 22.3 ④ 23.6

65. 체적 2,000[L]의 용기 내에서 압력이 0.4[MPa], 온도 55[℃]의 혼합기체의 체적비가 각각 메탄(CH₄) 35%, 수소(H₂) 40%, 질소(N₂) 25%이다. 이 혼합 기체의 질량은 몇 [kg]인가? [22㉮]

① 3.65 ② 3.73
③ 3.83 ④ 3.94

해설

해설 64
이상기체 상태방정식
$PV = nRT$, $PV = nM\overline{R}T$에서
몰수
$n = \dfrac{PV}{M\overline{R}T} = \dfrac{100 \times 523.6}{29 \times 0.287 \times (273+20)}$
$≒ 21.5$
여기서, 일반기체상수[kJ/kmol·K]
$R = M\overline{R}$
(M : 분자량 $\overline{R}$: 기체상수[kJ/kg·K])
구의 체적[m³]
$= \dfrac{4}{3}\pi r^3 = \dfrac{4\pi}{3}5^3 = 523.6$

해설 65
혼합기체
(1) 평균분자량
$M = \sum M_i \dfrac{V_i}{V}$
$= 16 \times 0.35 + 2 \times 0.4 + 28 \times 0.25$
$= 13.4$

(2) 이상기체 상태방정식
$PV = m\overline{R}T \rightarrow PV = m\dfrac{R}{M}T$에서
$m = \dfrac{PMV}{R}T$
$= \dfrac{0.4 \times 10^3 \times 13.4 \times 2,000 \times 10^{-3}}{8.314 \times (273+55)}$
$≒ 3.93[kg]$

정답 63. ④ 64. ② 65. ④

핵심기출문제

66. 이상적인 카르노사이클의 과정인 단열압축과 등온압축의 엔트로피 변화에 관한 설명으로 옳은 것은? [19 ②]

① 등온압축의 경우 엔트로피 변화는 없고, 단열압축의 경우 엔트로피 변화는 감소한다.
② 등온압축의 경우 엔트로피 변화는 없고, 단열압축의 경우 엔트로피 변화는 증가한다.
③ 단열압축의 경우 엔트로피 변화는 없고, 등온압축의 경우 엔트로피 변화는 감소한다.
④ 단열압축의 경우 엔트로피 변화는 없고, 등온압축의 경우 엔트로피 변화는 증가한다.

67. 다음 보기는 열역학적 사이클에서 일어나는 여러 가지 과정이다. 이들 중, 카르노(Carnot) 사이클에서 일어나는 과정을 모두 고른 것은? [16 ②]

[보기]
㉠ 등온 압축 ㉡ 단열 팽창
㉢ 정적 압축 ㉣ 정압 팽창

① ㉠
② ㉠, ㉡
③ ㉡, ㉢, ㉣
④ ㉠, ㉡, ㉢, ㉣

68. 카르노 사이클에서 고온 열저장소에서 받은 열량이 Q_H이고 저온 열저장소에서 방출된 열량이 Q_L일 때, 카르노 사이클의 열효율 η는? [19, 22 ②]

① $\eta = \dfrac{Q_L}{Q_H}$
② $\eta = \dfrac{Q_H}{Q_L}$
③ $\eta = 1 - \dfrac{Q_L}{Q_H}$
④ $\eta = 1 - \dfrac{Q_H}{Q_L}$

69. Carnot 사이클이 1000[K]의 고온 열원과 400[K]의 저온 열원 사이에서 작동할 때 사이클의 열효율은 얼마인가? [20, 21 ②]

① 20[%]
② 40[%]
③ 60[%[
④ 80[%]

해설

해설 66

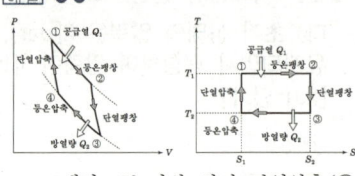

$T-S$에서 보는바와 같이 단열압축(④ → ①과정)일 경우에는 엔트로피 변화는 없고, 등온압축(③ → ④과정)의 경우 엔트로피는 $S_2 \to S_1$으로 감소한다.

해설 67

카르노사이클(Carnot cycle)

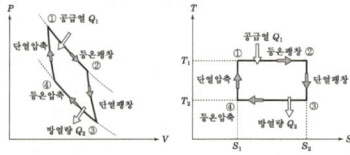

카르노사이클은 등온팽창 → 가역단열팽창 → 등온압축 → 가역단열압축의 4과정으로 되어있다.

해설 68

카르노사이클의 열효율 η_c

$$= \dfrac{\text{정미일량}(W_{net})}{\text{공급열량}(Q_H)} \times 100[\%]$$

$$= \dfrac{Q_H - Q_L}{Q_H} = 1 - \dfrac{Q_L}{Q_H} = 1 - \dfrac{T_L}{T_H}$$

해설 69

열효율 η_c

$$\dfrac{W}{Q_1} = \dfrac{Q_1 - Q_2}{Q_1} = 1 - \dfrac{Q_2}{Q_1} = 1 - \dfrac{T_2}{T_1}$$

$$\eta_c = 1 - \dfrac{400}{1,000} = 0.6 = 60[\%]$$

여기서,
Q_1 : 고온열저장소에서 흡수한 열량
Q_2 : 저온열저장소에서 방출된 열량
W : 유효일량
T_1 : 고열원의 온도[K]
T_2 : 저열원의 온도[K]

정답 66. ③ 67. ② 68. ③ 69. ③

70. Carnot 사이클이 800[K]의 고온 열원과 500[K]의 저온 열원 사이에서 작동한다. 이 사이클에 공급하는 열량이 사이클 당 800[kJ]이라 할 때, 한 사이클 당 외부에 하는 일은 약 몇 [kJ]인가? [17 ㉮]

① 200 ② 300
③ 400 ④ 500

해설 열효율 η_c

$$\frac{W}{Q_1} = \frac{Q_1 - Q_2}{Q_1} = 1 - \frac{Q_2}{Q_1} = 1 - \frac{T_2}{T_1}$$

여기서, Q_1 : 고온열저장소에서 흡수한 열량[kJ]
 Q_2 : 저온열저장소에서 방출된 열량[kJ]
 W : 유효일량[kJ]
 T_1 : 고열원의 온도[K]
 T_2 : 저열원의 온도[K]

$$W = Q_1 \times \left(1 - \frac{T_2}{T_1}\right) = 800 \times \left(1 - \frac{500}{800}\right) = 300 \, [\text{kJ}]$$

71. 서로 다른 재질로 만든 평판의 양쪽 온도가 다음과 같을 때, 동일한 면적 및 두께를 통한 열류량이 모두 동일하다면, 어느 것이 단열재로서 성능이 가장 우수한가? [17 ㉮]

| ㉠ 30[℃]~10[℃] | ㉡ 10[℃]~-10[℃] |
| ㉢ 20[℃]~10[℃] | ㉣ 40[℃]~10[℃] |

① ㉠ ② ㉡
③ ㉢ ④ ㉣

72. 두께가 5[mm]인 창유리의 내부온도가 15[℃], 외부온도가 5[℃]이다. 창의 크기는 1[m]×3[m]이고 유리의 열전도율이 1.4[W/m·K]이라면 창을 통한 열전달율은 약 몇 [kW]인가? [23 ㉮]

① 1.4 ② 5.0
③ 5.7 ④ 8.4

73. 외부표면의 온도가 24[℃], 내부표면의 온도가 24.5[℃]일 때 높이 1.5[m], 폭 1.5[m], 두께 0.5[cm]인 유리창을 통한 열전달률은 얼마인가? (단, 유리창의 열전도율(K)은 0.8[W/m·K]이다.) [19 ㉮]

① 180[W] ② 200[W]
③ 1800[W] ④ 18000[W]

해설

해설 **71**

전도 전열량 Q

$Q = \dfrac{\lambda A \Delta t}{d}$ 에서

여기서,
 Δt : 단열재양면의 온도차[℃]
 d : 단열재의 두께[m]
 λ : 단열재의 열전도율[W/m·K]
 A : 전열면적[m²]

동일한 면적 및 두께를 통한 열류량(전열량)이 모두 동일하다면 온도차가 가장 큰 경우가 단열재의 열전도율 λ가 가장 적기 때문에 단열재의 열성능을 열전도율이 작을수록 성능이 우수하다.

해설 **72**

열전달율

$$Q = \frac{\lambda A(t_2 - t_1)}{d} = \frac{1.4 \times 3 \times (15-5)}{5 \times 10^{-3}}$$
$$= 8,400 \, \text{W} = 8.4 \, [\text{kW}]$$

여기서,
 λ : 유리창의 열전도계수[W/(m·K)]
 t_2 : 고온 측 유리창의 표면온도[℃]
 t_1 : 저온 측 유리창의 표면온도[℃]
 A : 전열(유리창)면적[m²]
 d : 유리창의 두께[m]

해설 **73**

열전달률

$$Q = \frac{\lambda A(t_2 - t_1)}{d}$$
$$= \frac{0.8 \times (1.5 \times 1.5) \times (24.5 - 24)}{0.5 \times 10^{-2}}$$
$$= 180 \, [\text{W}]$$

여기서,
 λ : 유리창의 열전도계수[W/(m·K)]
 t_2 : 고온 측 유리창의 표면온도[℃]
 t_1 : 저온 측 유리창의 표면온도[℃]
 A : 전열(유리창)면적[m²]
 d : 유리창의 두께[m]

정답 70. ② 71. ④ 72. ④ 73. ①

핵심기출문제

Ⅱ. 소방열역학

74. 열전도가 0.08[W/m·K]인 단열재의 내부면의 온도(고온)가 75[℃] 외부면의 온도(저온)가 20[℃]이다. 단위면적당 열손실을 200[W/m²]으로 제한하려면 단열재의 두께는? [16 ㉆]

① 22.0[mm]   ② 45.5[mm]
③ 55.0[mm]   ④ 80.0[mm]

75. 열전도계수가 0.7[W/m·℃] 인 5[m]×6[m] 벽돌 벽의 안팎의 온도가 20[℃], 5[℃] 일 때, 열손실을 1[kW] 이하로 유지하기 위한 벽의 최소 두께는 몇 [cm]인가? [15 ㉆]

① 1.05   ② 2.10
③ 31.5   ④ 64.3

76. 단면이 1[m²]인 단열 물체를 통해서 5[kW]의 열이 전도되고 있다. 이 물체의 두께는 5[cm]이고 열전도도는 0.3[W/m℃]이다. 이 물체 양면의 온도차는 몇 [℃]인가? [15 ㉆]

① 35   ② 237
③ 506   ④ 833

77. 온도차이 ΔT, 열전도율 λ, 두께 d, 열전달면적이 A인 벽을 통한 열전달률이 Q이다. 다른 조건은 동일한 상태에서 벽의 열전도율이 4배가 되고 벽의 두께가 2배가 되는 경우 열전달률은 Q의 몇 배가 되는가? [20, 24 ㉆]

① 1/2   ② 1
③ 2   ④ 4

해설

해설 74
열전달률
$Q = \dfrac{\lambda A \Delta t}{d}$ 에서
여기서,
Δt : 단열재 양면의 온도차[℃]
d : 단열재의 두께[m]
λ : 단열재의 열전도율[W/m·K]
A : 전열면적[m²]

$d = \dfrac{\lambda A \Delta t}{Q} = \dfrac{0.08 \times (75-20)}{200}$
$= 0.022 \,[m] = 22 \,[mm]$

해설 75
열전달률
$Q = \dfrac{\lambda A \Delta t}{d}$ 에서

$d = \dfrac{\lambda A \Delta t}{Q}$
$= \dfrac{0.7(W/m\cdot℃) \times (5 \times 6)(m^2)(20-5)(℃)}{1 \times 10^3 (W)}$
$= 0.315 m = 31.5 [cm]$

해설 76
열전도량 Q
$Q = \dfrac{\lambda A \Delta t}{d}$ 에서

$\Delta t = \dfrac{Q \cdot d}{\lambda \cdot A} = \dfrac{5 \times 10^3 \times 0.05}{0.3 \times 1} = 833 \,[℃]$

여기서,
Δt : 물체 양면의 온도차[℃]
d : 물체의 두께[m]
λ : 물체의 열전도율[W/m·K]
A : 전열면적[m²]

해설 77
열전달률
(1) 처음의 열전달률
$Q = \dfrac{\lambda A \Delta t}{d}$
(2) 벽의 열전도율이 4배가 되고 벽의 두께가 2배가 되는 경우 열전달률 Q'
$Q' = \dfrac{(4\lambda) A \Delta t}{2d} = 2 \dfrac{\lambda A \Delta t}{d} = 2Q$

정답 74. ① 75. ③ 76. ④ 77. ③

78. 열전달 면적이 A이고 온도 차이가 10[℃], 벽의 열전도율이 10[W/(m·K)], 두께 25[cm]인 벽을 통한 열전달률이 100[W]이다. 동일한 열전달 면적인 상태에서 온도 차이가 2배, 벽의 열전도율이 4배가 되고 벽의 두께가 2배가 되는 경우 열류량은 몇 [W]인가? [17②]

① 50　　② 200
③ 400　　④ 800

79. 온도차이 20[℃], 열전도율 5[W/(m·K)], 두께 20[cm]인 벽을 통한 열유속(heat flux)과 온도차이 40[℃], 열전도율 10[W/m·K], 두께 t[cm]인 같은 면적을 가진 벽을 통한 열유속이 같다면 두께 t는 몇 [cm]인가? [19, 22, 23②]

① 10　　② 20
③ 40　　④ 80

80. 지름 5[cm]인 구가 대류에 의해 열을 외부공기로 방출한다. 이 구는 50[W]의 전기히터에 의해 내부에서 가열되고 있고 구 표면과 공기 사이의 온도차가 30[℃]라면 공기와 구 사이의 대류열전달계수는 약 몇 [W/m²·℃]인가? [22, 23②]

① 111　　② 212
③ 313　　④ 414

81. 지름 10[cm]인 금속구가 대류에 의해 열을 외부공기로 방출한다. 이 때 발생하는 열전달량이 40[W]이고, 구 표면과 공기 사이의 온도차가 50[℃]라면 공기와 구 사이의 대류 열전달 계수[W/(m²·K)]는 약 얼마인가? [18②]

① 25　　② 50
③ 75　　④ 100

해설 열전달
$Q = \alpha A(t_2 - t_1)$에서
$\alpha = \dfrac{Q}{A(t_2 - t_1)} = \dfrac{40}{(4\pi \times 0.05^2) \times 50} ≒ 25$

여기서, Q : 대류열류(열전달량) [W]
　　　　α : 대류열전달계수[W/m²·℃]
　　　　$\Delta t = t_2 - t_1$: 온도차[℃]
　　　　A : 전열면적[m²] : 구의 표면적
　　　　$A = 4\pi r^2$

해설

해설 78
열전달률
(1) 처음의 열전달율
$Q_1 = \dfrac{\lambda A \Delta t}{d} = 100$ (W)

(2) 벽의 온도차 2배, 열전도율이 4배가 되고 벽의 두께가 2배가 되는 경우 열전달률 Q_2
$Q_2 = \dfrac{(4\lambda)A(2\Delta t)}{2d} = 4\dfrac{\lambda A \Delta t}{d} = 4Q_1$
$= 4 \times 100 = 400$ [W]

해설 79
열유속(열전도량)
$Q = \dfrac{\lambda A \Delta t}{t}$ 에서

여기서,
λ : 단열재의 열전도열[W/m·K]
A : 전열면적[m²]
Δt : 벽 양면의 온도차[℃]
t : 단열재의 두께[m]

$\dfrac{5A \times 20}{20 \times 10^{-2}} = \dfrac{10A \times 40}{t}$

∴ $t = 0.8$[m] $= 80$[cm]

해설 80
열전달
$Q = \alpha A(t_2 - t_1)$에서
$\alpha = \dfrac{Q}{A(t_2 - t_1)} = \dfrac{50}{(4\pi \times 0.025^2) \times 30}$
$≒ 212$

여기서,
Q : 대류열류(열전달량) [W]
α : 대류열전달계수[W/m²·℃]
$\Delta t = t_2 - t_1$: 온도차[℃]
A : 전열면적[m²] : 구의 표면적
$A = 4\pi r^2$

78. ③　79. ④　80. ②　81. ①

핵심기출문제

Ⅱ. 소방열역학

82. 표면적이 2[m²]이고 표면 온도가 60[℃]인 고체 표면을 20[℃]의 공기로 대류 열전달에 의해서 냉각한다. 평균 대류 열전달계수가 30[W/m²·K]라고 할 때 고체표면의 열손실은 몇 [W]인가? [21 기]

① 600 ② 1,200
③ 2,400 ④ 3,600

83. 100[cm]×100[cm]이고 300[℃]로 가열된 평판에 25[℃]의 공기를 불어준다고 할 때 열전달량은 약 몇 [kW]인가? (단, 대류열전달 계수는 30[W/m²·K]이다.) [18, 24 ㉮]

① 2.98 ② 5.34
③ 8.25 ④ 10.91

84. 반지름 2[cm]의 금속 공은 선풍기를 켠 상태에서 냉각하고, 반지름 4[cm]의 금속 공은 선풍기를 끄고 냉각할 때 대류열전달률의 비는? (단, 두 경우 온도차는 같고, 선풍기를 켜면 대류열전달계수가 10배가 된다고 가정한다.) [18 ㉮]

① 1 : 0.3375 ② 1 : 0.4
③ 1 : 5 ④ 1 : 10

85. 반지름 r인 뜨거운 금속구를 실에 매달아 선풍기 바람으로 식힌다. 표면에서의 평균 열전달계수를 h, 공기와 금속의 열전도계수를 k_a와 k_b라고 할 때, 구의 표면위치에서 금속에서의 온도기울기와 공기에서의 온도기울기 비는? [15 ㉮]

① $k_a : k_b$ ② $k_b : k_a$
③ $(rh - k_a) : k_b$ ④ $k_a : (k_b - rh)$

[해설]
구의 표면위치에서 금속에서의 온도기울기와 공기에서의 온도기울기 비는 다른 조건(면적, 온도차 등)이 동일할 경우 금속과 공기의 열전도계수의 비라고 할 수 있다.
즉, $k_a \cdot A \Delta t = k_b \cdot A \Delta t'$ 이므로

$$\frac{\Delta t}{\Delta t'} = \frac{k_b}{k_a}$$

∴ $\Delta t' : \Delta t = k_a : k_b$

해설

해설 82
열전달
$Q = \alpha A \Delta t = 30 \times 2 \times (60 - 20)$
$= 2,400 \,(W)$
여기서, α : 열전달계수[W/m²·K]
A : 전열면적[m²]
Δt : 온도차[℃]

해설 83
열전달
$Q = \alpha A \Delta t = 30 \times 1 \times (300 - 25)$
$= 8,250\,[W] = 8.25\,[kW]$
여기서,
α : 열전달계수[W/m²·K]
A : 전열면적(m²)
$= 100[cm] \times 100[cm]$
$= 1[m] \times 1[m] = 1\,[m^2]$
Δt : 온도차[℃]

해설 84
대류열전달률
$Q = \alpha A \Delta T$
여기서,
α : 열전달계수[W/m²·K]
A : 전열면적(구의 겉넓이) [m²]
$= 4\pi r^2$
Δt : 온도차[℃]

(1) 반지름 2cm의 금속 공은 선풍기를 켠 상태의 열전달률
$Q_1 = 10\alpha(4\pi \times 0.02^2)\Delta T$

(2) 반지름 4cm의 금속 공은 선풍기를 끈 상태의 열전달률
$Q_2 = \alpha(4\pi \times 0.04^2)\Delta T$

∴ $\dfrac{Q_2}{Q_1} = \dfrac{0.04^2}{10 \times 0.02^2} = 0.4$

∴ $Q_1 : Q_2 = 1 : 0.4$

정답 82. ③ 83. ③ 83. ② 85. ①

85. 실내의 난방용 방열기(물-공기 열교환기)에는 대부분 방열핀(fin)이 달려있다. 그 주된 이유는? [21②]

① 열전달면적이 증가된다.
② 복사열전달이 촉진된다.
③ 재료비를 절감할 수 있다.
④ 겨울철 동파를 막는다.

86. 물체의 표면온도가 100[℃]에서 400[℃]로 상승하였을 때 물체 표면에서 방출하는 복사에너지는 약 몇 배가 되겠는가? (단, 물체의 방사율은 일정하다고 가정한다.) [24②]

① 2
② 4
③ 10.6
④ 256

87. 표면적이 A, 절대온도가 T_1인 흑체와 절대 온도가 T_2인 흑체 주위 밀폐 공간 사이의 열전달량은? [17②]

① $T_1 - T_2$에 비례한다.
② $T_1^2 - T_2^2$에 비례한다.
③ $T_1^3 - T_2^3$에 비례한다.
④ $T_1^4 - T_2^4$에 비례한다.

88. 직경 2[m]인 구 형태의 화염이 1[MW]의 발열량을 내고 있다. 모두 복사로 방출될 때 화염의 표면 온도는? (단, 화염은 흑체로 가정하고, 주변온도는 300[K] 스테판-볼츠만 상수는 5.67×10^{-8}[W/m²K⁴]) [16, 22②]

① 1,090[K]
② 2,619[K]
③ 3,720[K]
④ 6,240[K]

해설 스테판-볼츠만의 법칙(Stefan-Boltzmann's law)
$E_b = \epsilon \sigma T^4 [W/m^2] = \epsilon \sigma T^4 A [W]$ 에서
여기서,
 E_b : 복사열량(복사력 또는 복사발산도)
 ϵ : 물체의 복사율(흑체의 경우 $\epsilon = 1$)
 σ : 스테판-볼츠만의 상수(5.67×10^{-8} [W/m² · K])
 T : 물체의 절대온도[K]
 A : 물체의 표면적[m²] : 구 일 경우 = $4\pi r$

$T = \left(\dfrac{E_b}{\sigma A}\right)^{\frac{1}{4}} = \left(\dfrac{1 \times 10^6}{5.67 \times 10^{-8} \times 4\pi \times 1^2}\right)^{\frac{1}{4}} = 1,088 ≒ 1,090 [K]$

해설

해설 85

실내의 난방용 방열기(물-공기 열교환기)에는 전열성능이 부족한 공기측에 방열핀(fin)을 부착시켜서 열전달면적을 증가시켜 열전달률을 증대시킨다.

해설 86

스테판-볼츠만의 법칙
(Stefan-Boltzmann's law)
$E_b = \epsilon \sigma T^4 [W/m^2]$
여기서,
 E_b : 복사열량(복사력 또는 복사발산도)
 ϵ : 물체의 복사율(흑체의 경우1)
 σ : 스테판-볼츠만의 상수
  (5.67×10^{-8} [W/m² · K])
 T : 물체의 절대온도[K]
복사열량(복사에너지)은 물체 온도의 4제곱에 비례한다.

$E_b = \left(\dfrac{T_2}{T_1}\right)^4 = \left(\dfrac{273+400}{273+100}\right)^4 ≒ 10.6$

해설 87

복사 열전달량
$Q = \epsilon \sigma A(T_1^4 - T_2^4)$
여기서,
 E_b : 복사열량
  (복사력 또는 복사발산도)
 ϵ : 물체의 복사율
  (흑체의 경우 $\epsilon = 1$)
 σ : 스테판-볼츠만의 상수
  (5.67×10^{-8} [W/m² · K])
 A : 물체의 표면적[m²]
 T_1 : 고온 물체의 절대온도[K]
 T_2 : 저온 물체의 절대온도[K]
복사 열전달량은 $T_1^4 - T_2^4$에 비례한다.

정답 85. ① 86. ③ 87. ④ 88. ①

89. 다음 중 열전달 매질이 없이도 열이 전달되는 형태는? [21 ㉠]

① 전도   ② 자연대류
③ 복사   ④ 강제대류

해설

해설 89

복사전열은 Stefan-Boltzmann의 법칙에 의해 설명되는 전열현상으로 고온물체와 저온물체가 있을 경우 복사전열은 열선 즉, 복사선에 의해 열이 전달되는 현상으로 공기, 물 또는 고체 등의 매질 없이 열이 이동하는 현상을 말한다.

복사 열전달량
$$Q = \epsilon \sigma A (T_1^4 - T_2^4)$$
여기서,
E_b : 복사열량(복사력 또는 복사발산도)
ϵ : 물체의 복사율(흑체의 경우 $\epsilon = 1$)
σ : 스테판-볼츠만의 상수
  (5.67×10^{-8} [W/m² · K])
A : 물체의 표면적[m²]
T_1 : 고온 물체의 절대온도[K]
T_2 : 저온 물체의 절대온도[K]

정답 89. ③

소방관계법규

03 subject

01 소방기본법
02 화재의 예방 및 안전관리에 관한 법률(화재예방법)
03 소방시설 설치 및 관리에 관한 법률(소방시설법)
04 소방시설공사업법
05 위험물안전관리법

01 소방기본법

Ⅲ. 소방관계법규 | 소방기본법

핵심 PLUS

01 소방기본법이 정하는 목적을 설명한 것으로 거리가 먼 것은? [기 13]
① 풍수해의 예방, 경계, 진압에 관한 계획, 예산의 지원활동
② 화재, 재난, 재해 그 밖의 위급한 상황에서의 구급, 구조활동
③ 구조, 구급활동을 통한 국민의 생명, 신체, 재산의 보호
④ 구조, 구급활동을 통한 공공의 안녕 및 질서

답 : ①

02 다음 중 소방기본법상 대통령령으로 정해야 하는 사항으로 옳은 것은?
① 소방체험관의 설립과 운영에 필요한 사항
② 소방박물관의 설립과 운영에 필요한 사항
③ 소방업무를 수행하는 소방기관의 설치에 필요한 사항
④ 119종합상황실의 설치·운영에 필요한 사항

[해설]
• 소방박물관 : 행정안전부령
• 소방체험관 : 시도의 조례
• 119종합상황실의 설치·운영 : 행정안전부령

답 : ③

1 목적 및 책무

① 목적 : 화재를 예방·경계하거나 진압하고 화재, 재난·재해, 그 밖의 위급한 상황에서의 구조·구급 활동 등을 통하여 국민의 생명·신체 및 재산을 보호함으로써 공공의 안녕 및 질서 유지와 복리증진에 이바지함을 목적으로 한다.

② 책무 : 국가와 지방자치단체는 화재, 재난·재해, 그 밖의 위급한 상황으로부터 국민의 생명·신체 및 재산을 보호하기 위하여 필요한 시책[종합계획(소방청장), 세부계획(시·도지사)]을 수립·시행하여야 한다.

2 소방기관의 설치 등

1) 소방업무를 수행하는 소방기관의 설치에 필요한 사항(대통령령)

> **소방업무** : 시·도의 화재 예방·경계·진압·조사, 교육(소방안전)·홍보와 화재, 재난·재해, 그 밖의 위급한 상황에서의 구조·구급 등의 업무
> **소방기관** : 소방 방재청, 소방본부, 소방서, 소방안전센터, 구조대, 소방 항공대, 소방학교, 종합방재센터 등

2) 시·도의 소방업무 수행

① 시·도지사 직속으로 소방본부를 두고 소방기관 및 소방본부에는 소방공무원을 둘 수 있다.
② 소방업무를 수행하는 소방본부장 또는 소방서장은 그 소재지를 관할하는 시·도지사의 지휘와 감독을 받는다.

> **소방본부장** : 시·도에서 화재의 예방·경계·진압·조사 및 구조·구급 등의 업무를 담당하는 부서의 장

③ 소방청장은 화재 예방 및 대형 재난 등 필요한 경우 시·도 소방본부장 및 소방서장을 지휘·감독할 수 있다.

3 소방력의 기준 등

① 소방력(消防力) : 소방기관이 소방업무를 수행하는 데에 필요한 인력과 장비 등(행정안전부령)

② 소방력의 확충 계획 수립 및 시행자 : 시·도지사

4 소방장비 등에 대한 국고보조

1) 국가는 시·도의 소방업무에 필요한 소방장비의 구입 등 경비의 일부를 보조한다.

2) 보조 대상사업의 범위 (대통령령)

① 소방활동장비와 설비의 구입 및 설치
  ㉠ 소방헬리콥터, 소방자동차, 소방정
  ㉡ 소방전용통신설비 및 전산설비
  ㉢ 방화복 등 소방활동(소방업무를 위한 모든 활동)에 필요한 소방장비

② 소방관서용 청사의 건축

※ 관서 : 관청(국가기관)과 그 부속 기관을 통틀어 이르는 말 / 청사 : 사무실로 쓰는 건물

3) 소방활동장비 및 설비의 종류와 규격은 행정안전부령으로 정한다.

―| 국고보조산정을 위한 기준보조율 (대통령령) |―

① 국내조달품 : 정부고시가격
② 수입물품 : 조달청에서 조사한 해외시장의 시가
③ 정부고시가격 또는 조달청에서 조사한 해외시장의 시가가 없는 물품
  : 2 이상의 공신력있는 물가조사 기관에서 조사한 가격의 평균가격

핵심 PLUS

03 소방기관이 소방업무를 수행하는 데 필요한 인력과 장비 등에 관한 기준에 다음 중 어느 것으로 정하는가? [기 12]

① 대통령령
② 행정안전부령
③ 시·도의 조례
④ 소방청장의 고시

답 : ②

04 소방력의 기준에 따라 관할구역 안의 소방력을 확충하기 위한 필요 계획을 수립하여 시행하는 사람은? [기 15]

① 소방서장 ② 소방본부장
③ 시·도지사 ④ 소방대장

답 : ③

05 국가는 소방업무에 필요한 경비의 일부를 국고에서 보조한다. 국고보조 대상 소방활동장비 및 설비로서 옳지 않은 것은? [기 14]

① 소방헬리콥터 및 소방정 구입
② 소방전용 통신설비 설치
③ 소방관서 직원숙소 건립
④ 소방자동차 구입

답 : ③

06 소방장비 등에 대한 국고보조 대상사업의 범위와 기준보조율은 무엇으로 정하는가? [기 16]

① 행정안전부령
② 대통령령
③ 시·도의 조례
④ 국토교통부령

답 : ②

핵심 PLUS

07 시·도지사가 설치하고 유지·관리하여야 하는 소방용수시설이 아닌 것은? [기 16]
① 저수조
② 상수도
③ 소화전
④ 급수탑

답 : ②

08 소방대상물이 아닌 것은? [기 15]
① 산림
② 항해중인 선박
③ 건축물
④ 차량

답 : ②

09 공공의 소방활동에 필요한 소화전·급수탑·저수조는 누가 설치하고 유지·관리하여야 하는가? [기 11]
① 소방청장   ② 행정안전부장관
③ 시·도지사 ④ 소방본부장

답 : ③

10 원활한 소방활동을 위하여 소방용수시설에 대한 조사를 실시하는 사람은? [기 13]
① 소방청장
② 시·도지사
③ 소방본부장 또는 소방서장
④ 행정안전부장관

답 : ③

호스릴

5 소방용수시설

1. 종류 : 소화전·저수조·급수탑

2. 소방용수시설과 소방대상물과의 수평거리

지 역	소방대상물과의 수평거리
상업지역·공업지역 및 주거지역	100[m] 이하
기타지역	140[m] 이하

> **| 소방대상물 |**
>
> 건축물, 차량, 선박(항구에 매어둔 선박만 해당), 선박 건조 구조물, 산림, 그 밖의 인공구조물 또는 물건

3. 소방용수시설 설치·유지·관리 등

① 소방용수시설 설치 및 유지·관리자 ② 소방용수표지 설치자 ③ 비상소화장치 설치 및 유지·관리자	시·도지사
① 소방용수시설에 대한 조사자 ② 소방활동에 필요한 지리에 대한 조사자	소방본부장 또는 소방서장

> **| 비상소화장치와 일반 소화전의 유지·관리 |**
>
> ※ 비상소화장치
>   소방자동차의 진입이 곤란한 지역 등 화재 발생 시에 초기 대응이 필요한 지역으로서 대통령령으로 정하는 지역(화재예방강화지구, 시·도지사가 비상소화장치의 설치가 필요하다고 인정하는 지역)에 소방호스 또는 호스릴 등을 소방용수시설에 연결하여 화재를 진압하는 시설이나 장치
> ※ 소방용수시설과 비상소화장치의 설치 기준(행정안전부령)
> ※ 「수도법」에 따라 소화전을 설치하는 일반수도사업자
>   관할 소방서장과 사전협의를 거친 후 소화전을 설치하여야 하며, 설치 사실을 관할 소방서장에게 통지하고, 그 소화전을 유지·관리하여야 한다.

핵심 PLUS

4. 소방용수시설별 설치기준

1) 소화전

① 상수도와 연결하여 지하식 또는 지상식의 구조로 설치

② 소방용호스와 연결하는 소화전의 연결금속구의 구경은 65[mm]로 할 것

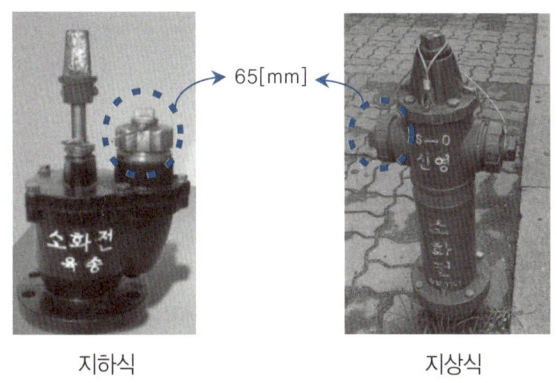

지하식   지상식

2) 저수조

① 흡수관의 투입구
  ㉠ 사각형 – 한 변의 길이가 60[cm] 이상
  ㉡ 원형 – 지름이 60[cm] 이상

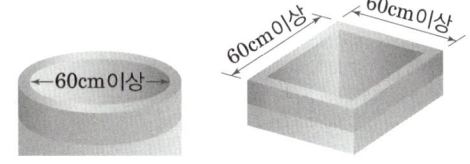

흡수관 투입구

② 지면으로부터의 낙차가 4.5[m] 이하일 것

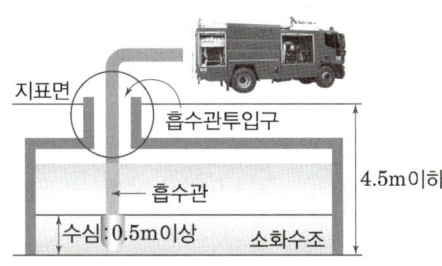

저수조

11 소방용수시설 중 저수조 설치 시 지면으로부터 낙차 기준은? [기 16]
① 2.5[m] 이하 ② 3.5[m] 이하
③ 4.5[m] 이하 ④ 5.5[m] 이하

답 : ③

12 소방용수시설 저수조의 설치기준으로 틀린 것은? [기 16]
① 지면으로부터의 낙차가 4.5[m] 이하일 것
② 흡수부분의 수심이 0.3[m] 이상일 것
③ 흡수관의 투입구가 사각형의 경우에는 한변의 길이가 60[cm] 이상일 것
④ 흡수관의 투입구가 원형의 경우에는 지름이 60[cm] 이상일 것

답 : ②

Ⅲ. 소방관계법규 | 소방기본법

핵심 PLUS

③ 흡수부분의 수심이 0.5[m] 이상일 것

④ 소방펌프자동차가 쉽게 접근할 수 있도록 할 것

⑤ 흡수에 지장이 없도록 토사 및 쓰레기 등을 제거할 수 있는 설비를 갖출 것

⑥ 저수조에 물을 공급하는 방법은 상수도에 연결하여 자동으로 급수되는 구조일 것

3) 급수탑

① 급수배관의 구경은 100[mm] 이상

② 개폐밸브는 지상에서 1.5[m] 이상 1.7[m] 이하의 위치에 설치

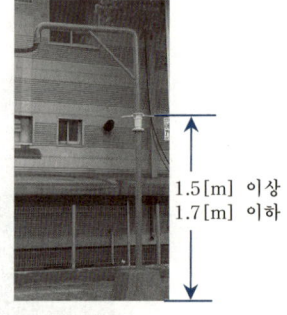

급수탑

13 소방용수시설 급수탑 개폐밸브의 설치기준으로 옳은 것은? [기 17]
① 지상에서 1.0[m] 이상 1.5[m] 이하
② 지상에서 1.5[m] 이상 1.7[m] 이하
③ 지상에서 1.2[m] 이상 1.8[m] 이하
④ 지상에서 1.5[m] 이상 2.0[m] 이하

답 : ②

5. 소방용수시설 및 소방활동에 필요한 지리조사의 내용

① 조사의 내용
  ㉠ 소방용수시설에 대한 조사
  ㉡ 대상물에 인접한 도로의 폭·교통상황
  ㉢ 도로주변의 토지의 고저·건축물의 개황
  ㉣ 그 밖의 소방활동에 필요한 지리에 대한 조사

② 조사결과 : 전자적 처리가 가능한 방법으로 작성·관리

③ 월 1회 이상 실시 후 그 조사결과를 2년간 보관

14 소화활동을 위한 소방용수시설 및 지리조사의 실시 횟수는? [기 15]
① 주 1회 이상
② 주 2회 이상
③ 월 1회 이상
④ 분기별 1회 이상

답 : ③

6. 소방용수시설의 사용금지 등

① 정당한 사유 없이 소방용수시설 또는 비상소화장치를 사용하는 행위

② 정당한 사유 없이 손상·파괴, 철거 또는 그 밖의 방법으로 소방용수시설 또는 비상소화장치의 효용(效用)을 해치는 행위

③ 소방용수시설 또는 비상소화장치의 정당한 사용을 방해하는 행위

> 정당한 사유 없이 소방용수시설을 사용하거나 소방용수시설의 효용을 해치거나 그 정당한 사용을 방해한 사람 : 5년 이하의 징역 또는 5천만 원 이하의 벌금

15 정당한 사유 없이 소방용수시설을 사용한자에 대한 벌칙은?
① 3년 이하의 징역
② 5년 이하의 징역
③ 7년 이하의 징역
④ 10년 이하의 징역

답 : ②

6 소방박물관 등의 설립과 운영

구 분	설립자	설립과 운영에 필요한 사항
소방박물관	소방청장	행정안전부령
소방체험관	시·도지사	시·도의 조례

| 소방박물관 |

① 소방박물관의 관광업무·조직·운영위원회의 구성 등에 관하여 필요한 사항은 소방청장이 정함
② 소방박물관장(소방공무원중에서 소방청장이 임명) 1인과 부관장 1인
③ 운영위원회(7인 이내의 위원) : 운영에 관한 중요한 사항을 심의

핵심 PLUS

16 소방의 역사와 안전문화를 발전시키고 국민의 안전의식을 높이기 위하여 ㉠소방박물관과 ㉡소방체험관을 설립 및 운영할 수 있는 사람은?
① ㉠ : 소방청장, ㉡ : 소방청장
② ㉠ : 소방청장, ㉡ : 시·도지사
③ ㉠ : 시·도지사, ㉡ : 시·도지사
④ ㉠ : 소방본부장, ㉡ : 시·도지사

답 : ②

7 소방의 날 제정과 운영 등

① 소방의 날 : 매년 11월 9일
② 소방의 날 행사에 관하여 필요한 사항 : 소방청장 또는 시·도지사가 따로 정하여 시행
③ 명예직 소방대원 위촉자 : 소방청장
  - 의사상자(義死傷者), 소방행정 발전에 공로가 있다고 인정되는 사람

8 영유아등에 대한 소방교육

① 소방안전에 관한 교육과 훈련 실시자
   소방관서장(소방청장, 소방본부장 또는 소방서장)
② 대상
   ㉠ 어린이집의 영유아, 유치원의 유아, 초등학교, 중학교의 학생
   ㉡ 장애인복지시설에 거주하거나 해당 시설을 이용하는 장애인

Ⅲ. 소방관계법규 **3-7**

Ⅲ. 소방관계법규 | 소방기본법

핵심 PLUS

17 다음 중 소방대에 속하지 않는 사람은? [기 13]
① 의용소방대원
② 의무소방원
③ 소방공무원
④ 소방시설공사업자
　　　　　　　답 : ④

18 소방신호의 종류가 아닌 것은? [기 12]
① 진화신호　② 발화신호
③ 경계신호　④ 해제신호
　　　　　　　답 : ①

19 소방업무를 전문적이고 효과적으로 수행하기 위하여 소방대원에게 필요한 소방교육·훈련의 횟수와 기간은? [기 14]
① 2년마다 1회 이상 실시하되, 기간은 1주 이상
② 3년마다 1회 이상 실시하되, 기간은 1주 이상
③ 2년마다 1회 이상 실시하되, 기간은 2주 이상
④ 3년마다 1회 이상 실시하되, 기간은 2주 이상
　　　　　　　답 : ③

20 소방안전교육사는 누가 실시하는 시험에 합격하여야 하는가? [기 13]
① 소방청장
② 행정안전부장관
③ 소방본부장 또는 소방서장
④ 시·도지사
　　　　　　　답 : ①

9 소방대원에 대한 교육·훈련

① 소방청장, 소방본부장, 소방서장이 실시

② 소방대(消防隊) : 소방공무원, 의무소방원, 의용소방대원
　화재를 진압하고 화재, 재난·재해, 그 밖의 위급한 상황에서 구조·구급 활동 등을 하기 위하여 구성된 조직체

③ 소방교육·훈련의 종류

훈련의 종류	소방교육·훈련 대상자		
화재진압훈련	소방공무원(화재진압업무 담당자)	의무소방원	의용소방대원
인명구조훈련	소방공무원(구조업무 담당자)		
응급처치훈련	소방공무원(구급업무 담당자)		
인명대피훈련	소방공무원		
현장지휘훈련	지방소방위·지방소방경·지방소방령 및 지방소방정		

④ 소방교육 및 훈련 시기
　2년마다 1회 이상 실시 / 교육·훈련기간 : 2주 이상

10 소방안전교육사

① 소방청장이 실시하는 시험에 합격 하여야 한다.

② 소방안전교육사 결격사유

㉠ 금고 이상의 실형을 선고받고	그 집행이 끝나거나 집행이 면제된 날부터 2년이 지나지 아니한 사람
㉡ 금고 이상의 형의 집행유예를 선고받고	그 유예기간 중에 있는 사람
㉢ 피성년후견인(정신적 제약으로 사무처리 능력이 부족한 자)	
㉣ 법원의 판결 또는 다른 법률에 따라 자격이 정지되거나 상실된 사람	

③ 배치대상별 배치기준

배치대상	배치기준	배치대상	배치기준
소방청	2명 이상	한국소방산업기술원	2명 이상
소방본부	2명 이상	한국소방안전원 본회	2명 이상
소방서	1명 이상	한국소방안전원 시·도지부	1명 이상

11 소방업무의 응원

소방활동을 할 때에 긴급한 경우 이웃한 소방본부장 또는 소방서장에게 도움을 요청하는 것

① 소방본부장이나 소방서장은 소방활동을 할 때에 긴급한 경우
  ㉠ 이웃한 소방본부장 또는 소방서장에게 소방업무의 응원(應援)을 요청할 수 있다.
  ㉡ 소방업무의 응원 요청을 받은 소방본부장 또는 소방서장은 정당한 사유 없이 그 요청을 거절하여서는 아니 된다.
  ㉢ 소방업무의 응원을 위하여 파견된 소방대원은 응원을 요청한 소방본부장 또는 소방서장의 지휘에 따라야 한다.

② 시·도지사는 소방업무의 응원을 요청하는 경우를 대비하여 출동 대상지역 및 규모와 필요한 경비의 부담 등에 관하여 필요한 사항을 행정안전부령으로 정하는 바에 따라 이웃하는 시·도지사와 협의하여 미리 규약(規約)으로 정하여야 한다.

③ 상호응원협정체결 시 포함되어야 하는 사항
  ㉠ 응원출동 요청방법
  ㉡ 응원출동 대상지역 및 규모
  ㉢ 응원출동 훈련 및 평가
  ㉣ 소방활동에 관한 사항
    ㉮ 화재의 경계·진압 활동
    ㉯ 구조·구급 업무의 지원
    ㉰ 화재조사활동
  ㉤ 소요경비의 부담에 관한 사항
    ㉮ 출동대원의 수당·식사 및 의복의 수선
    ㉯ 소방장비 및 기구의 정비와 연료의 보급
    ㉰ 그 밖의 경비

핵심 PLUS

21 인접하고 있는 시·도간 소방업무의 상호응원협정 사항이 아닌 것은? [기 15]

① 화재조사활동
② 응원출동의 요청방법
③ 소방교육 및 응원출동훈련
④ 응원출동대상지역 및 규모

답 : ③

22 다른 시·도간 소방업무에 관해 상호응원협정을 체결하고자 할 때 포함되어야 할 사항이 아닌 것은? [기 11]

① 응원출동의 요청방법
② 소방신호방법의 통일
③ 소요 경비의 부담에 관한 사항
④ 응원출동 대상지역 및 규모

답 : ②

• 응원 협정 사항에는 소방대원에 대한 교육, 훈련 및 소방신호에 대한 내용은 없음

12 소방력의 동원

① 소방청장은 해당 시·도의 소방력만으로는 소방활동을 효율적으로 수행하기 어려운 화재, 재난·재해, 그 밖의 구조·구급이 필요한 상황이 발생하거나 특별히 국가적 차원에서 소방활동을 수행할 필요가 인정될 때
  ㉠ 각 시·도지사에게 소방력을 동원할 것을 요청할 수 있다.
  ㉡ 시·도지사는 정당한 사유 없이 요청을 거절하여서는 아니 된다.
  ㉢ 동원된 소방대원은 화재, 재난·재해 등이 발생한 지역을 관할하는 소방본부장 또는 소방서장의 지휘에 따라야 한다. 다만, 소방청장이 직접 소방대를 편성하여 소방활동을 하게 하는 경우에는 소방청장의 지휘에 따라야 한다.

② 소방활동을 수행하는 과정에서 발생하는 경비 부담에 관한 사항, 소방활동을 수행한 민간 소방 인력이 사망하거나 부상을 입었을 경우의 보상주체·보상기준 등에 관한 사항은 대통령령으로 정하고 동원된 소방력의 운용과 관련하여 필요한 사항은 소방청장이 정한다.

13 119종합상황실

① 119종합상황실을 설치·운영자 : 소방관서장(소방청장, 소방본부장, 소방서장)
화재, 재난·재해, 그 밖에 구조·구급이 필요한 상황이 발생하였을 때에 신속한 소방활동을 위한 정보의 수집·분석과 판단·전파, 상황관리, 현장 지휘 및 조정·통제 등의 업무를 수행하기 위하여 설치 운영

② 재난상황 발생시 실장의 업무 내용
신고접수 → 재난상황의 전파 및 보고 → 인력 및 장비의 동원을 요청하는 등의 사고수습 → 현장에 대한 지휘 및 피해 현황의 파악 → 수습에 필요한 정보수집 및 제공 → 지원요청

③ 보고 체계 : 소방서 → 소방본부 → 소방청

④ 보고 할 상황
  ㉠ 사망자가 5인 이상 또는 사상자가 10인 이상 발생한 화재
  ㉡ 이재민이 100인 이상 발생한 화재
  ㉢ 재산피해액이 50억 원 이상 발생한 화재
  ㉣ 층수가 11층 이상인 건축물 등

---

23 소방서의 종합상황실 실장이 서면 모사전송 또는 컴퓨터통신 등으로 소방본부의 종합상황실에 보고하여야 하는 화재가 아닌 것은? [기 16]
① 사상자가 10인 발생한 화재
② 이재민이 100인 발생한 화재
③ 관공서·학교·정부미도정공장의 화재
④ 재산피해액이 10억 원 발생한 일반 화재

답 : ④

14 소방신호의 종류 등 `+암기 경발해훈`

구분	신호를 발령하는 경우	타종 신호	싸이렌 신호 간격	싸이렌 신호 작동시간	싸이렌 신호 횟수
경계 신호	화재예방상 필요하다고 인정 또는 화재에 관한 위험경보시	1타와 연2타를 반복	5초	30초	3회
발화 신호	화재가 발생한 때	난타	5초	5초	3회
해제 신호	소화활동이 필요 없다고 인정되는 때	상당한 간격을 두고 1타씩 반복	–	60초	1회
훈련 신호	훈련상 필요하다고 인정되는 때	연3타 반복	10초	60초	3회

─ | 소방신호의 방법 등 |

① 소방신호의 방법은 그 전부 또는 일부를 함께 사용할 수 있다.
② 게시판을 철거하거나 통풍대 또는 기를 내리는 것으로 소방활동이 해제되었음을 알린다.
③ 소방대의 비상소집을 하는 경우에는 훈련신호를 사용할 수 있다.
④ 화재예방, 소방활동 또는 소방훈련을 위하여 사용되는 소방신호의 종류와 방법(행정안전부령)

15 화재 등의 통지

① 화재 현장 또는 구조·구급이 필요한 사고 현장을 발견한 사람은 그 현장의 상황을 소방본부, 소방서 또는 관계 행정기관에 지체 없이 알려야 한다.

`거짓으로 알린 자 : 500만 원 과태료`

② 다음 지역에서 화재로 오인할 만한 우려가 있는 불을 피우거나 연막(煙幕) 소독을 하려는 자는 시·도의 조례로 정하는 바에 따라 관할 소방본부장 또는 소방서장에게 신고하여야 한다.
  ㉠ 시장지역
  ㉡ 위험물의 저장 및 처리시설이 밀집한 지역
  ㉢ 석유화학제품을 생산하는 공장이 있는 지역
  ㉣ 공장·창고가 밀집한 지역
  ㉤ 목조건물이 밀집한 지역
  ㉥ 그 밖에 시·도의 조례로 정하는 지역 또는 장소

`미신고 자 : 20만 원 과태료`

핵심 PLUS

24 소방기본법령상 각 상황에 맞는 소방신호의 종류로 틀린 것은?
① 화재위험경보시 : 발화신호
② 소화활동이 필요없다고 인정되는 때 : 해제신호
③ 훈련상 필요하다고 인정되는 때 : 훈련신호
④ 화재예방상 필요하다고 인정되는 때 : 경계신호

답 : ①

25 소방기본법령상 소방신호 종류에 따른 타종신호의 방법이 틀린 것은?
① 발화신호 : 난타
② 훈련신호 : 연3타 반복
③ 해제신호 : 상당한 간격을 두고 1타씩 반복
④ 경계신호 : 1타와 연3타를 반복

답 : ④

핵심 PLUS

III. 소방관계법규 | 소방기본법

16 관계인의 소방활동 등

① 소방대상물에 화재, 재난·재해, 그 밖의 위급한 상황이 발생한 경우 관계인 (소유자·관리자 또는 점유자)
　㉠ 소방본부, 소방서 또는 관계 행정기관에 지체 없이 알려야 한다.
　㉡ 소방대가 현장에 도착할 때까지 경보를 울리거나 대피를 유도하는 등의 방법으로 사람을 구출하는 조치 또는 불을 끄거나 불이 번지지 아니하도록 필요한 조치를 하여야 한다.

> 미조치한 자 : 100만 원 이하의 벌금

17 자체소방대의 설치·운영 등

① 관계인은 화재를 진압하거나 구조·구급 활동을 하기 위하여 상설 조직체 (자체소방대)를 설치·운영할 수 있다.
② 자체소방대는 소방대장의 지휘·통제에 따라야 한다.
③ 소방관서장은 자체소방대의 필요한 교육·훈련 등을 지원할 수 있다.
④ 교육·훈련 등의 지원에 필요한 사항(행정안전부령)

18 소방자동차의 우선 통행 등

① 모든 차와 사람은 소방자동차(지휘를 위한 자동차와 구조·구급차를 포함)가 화재진압 및 구조·구급 활동을 위하여 출동을 할 때에는 이를 방해하여서는 아니 된다.

> 소방자동차의 출동을 방해한 사람 : 5년 이하의 징역 또는 5천만 원 이하의 벌금

② 소방자동차의 우선 통행에 관하여는 「도로교통법」에서 정하는 바에 따른다.
③ 소방자동차가 화재진압 및 구조·구급 활동을 위하여 출동하거나 훈련을 위하여 필요할 때에는 사이렌을 사용할 수 있다.
④ 시·도지사는 소방자동차의 공무상 운행 중 교통사고가 발생한 경우 그 운전자의 법률상 분쟁에 소요 되는 비용을 지원할 수 있는 보험에 가입하고 국가는 보험 가입비용의 일부를 지원할 수 있다.

---

26 소방자동차의 우선통행에 관한 사항으로 다음 중 옳지 않은 것은?
[기 09]
① 소방자동차가 화재진압 및 구조·구급활동을 위하여 출동할 때는 사이렌을 사용할 수 있다.
② 소방자동차가 소방훈련을 위하여 필요한 때에는 사이렌을 사용할 수 있다.
③ 소방자동차의 우선통행에 관하여는 소방청장이 정하는 바에 따른다.
④ 모든 차와 사람은 소방자동차가 화재진압 및 구조·구급활동을 위하여 출동할 때에는 이를 방해하여서는 아니 된다.

답 : ③

핵심 PLUS

19 소방자동차 전용구역 등

① 소방자동차 전용구역 설치 대상
  세대수가 100세대 이상인 아파트, 기숙사 중 3층 이상의 기숙사
  (다만, 하나의 대지에 하나의 동으로 구성되고 정차 또는 주차가 금지된 편도 2차선 이상의 도로에 직접 접하여 소방자동차가 도로에서 직접 소방활동이 가능한 공동주택은 제외)

② 전용구역의 설치 기준·방법 : 소방활동의 원활한 수행을 위하여 각 동별 전면 또는 후면에 소방자동차 전용구역을 1개소 이상 설치

  ㉠ 노면표지의 외곽선은 빗금무늬로 표시
  ㉡ 빗금은 두께를 30[cm]로 하여 50[cm] 간격으로 표시
  ㉢ 전용구역 노면표지 도료의 색채는 황색
  ㉣ 문자(P, 소방차 전용)는 백색으로 표시

③ 전용구역의 설치 기준·방법, 방해행위의 기준, 그 밖의 필요한 사항 (대통령령)

④ 전용구역에 차를 주차하거나 전용구역에의 진입을 가로막는 등의 방해행위 금지

위반행위	과태료 금액(만 원)			
	1회	2회	3회	4회 이상
전용구역에 차를 주차하거나 전용구역에의 진입을 가로막는 등의 방해행위를 한 경우	50	100	100	100

⑤ 전용구역 방해행위의 기준
  ㉠ 전용구역에 물건 등을 쌓거나 주차하는 행위
  ㉡ 전용구역의 앞면, 뒷면 또는 양 측면에 물건 등을 쌓거나 주차하는 행위. 다만, 부설주차장의 주차구획 내에 주차하는 경우는 제외
  ㉢ 전용구역 진입로에 물건 등을 쌓거나 주차하여 전용구역으로의 진입을 가로막는 행위
  ㉣ 전용구역 노면표지를 지우거나 훼손하는 행위
  ㉤ 그 밖의 방법으로 소방자동차가 전용구역에 주차하는 것을 방해하거나 전용구역으로 진입하는 것을 방해하는 행위

20 소방자동차 교통안전 분석 시스템 구축·운영

① 운행기록장치를 장착하고 운용해야 하는 자 : 소방청장 또는 소방본부장
② 운행기록장치 장착하고 운영하여야 하는 소방자동차
  ㉠ 소방펌프차, 소방물탱크차, 소방화학차, 소방고가차, 무인방수차, 구조차
  ㉡ 그 밖에 소방청장이 인정하여 정하는 소방자동차
② 소방자동차 교통안전 분석 시스템 구축·운영자 : 소방청장
  소방자동차의 안전한 운행 및 교통사고 예방을 위하여 운행기록장치 데이터의 수집·저장·통합·분석 등의 업무를 전자적으로 처리하기 위한 시스템
③ 소방관서장
  ㉠ 소방자동차 교통안전 분석 시스템으로 처리된 자료(전산자료)를 이용하여 소방자동차의 장비운용자 등에게 어떠한 불리한 제재나 처벌을 하여서는 아니 된다.
  ㉡ 소방자동차 운행기록장치에 기록된 데이터(운행기록장치 데이터)를 6개월 동안 저장·관리해야 한다.
④ 소방청장은 소방본부장 또는 소방서장에게 소방본부장은 관할 구역 안의 소방서장에게 운행기록장치 데이터 및 그 분석 결과 등 관련 자료의 제출을 요청할 수 있다.
⑤ 소방서장이 소방청장에게 자료를 제출하는 경우에는 소방본부장을 거쳐야 한다.

21 소방활동

1. 소방활동

① 화재, 재난·재해, 그 밖의 위급한 상황이 발생하였을 때

소방관서장은 소방대를 현장에 신속하게 출동시켜 화재진압과 인명구조·구급 등 소방에 필요한 활동(소방활동)을 하게 하여야 한다.

② 누구든지 정당한 사유 없이 출동한 소방대의 소방활동을 방해하여서는 아니 된다.

2. 소방활동구역 설정

① 소방대장은 화재, 재난·재해, 그 밖의 위급한 상황이 발생한 현장에 소방활동구역을 정하여 소방활동에 필요한 사람으로서 대통령령으로 정하는 사람 외에는 그 구역에 출입하는 것을 제한할 수 있다.

☞ 소방대장(消防隊長) : 소방본부장 또는 소방서장 등 화재, 재난·재해, 그 밖의 위급한 상황이 발생한 현장에서 소방대를 지휘하는 사람

| 대통령령으로 정하는 사람 |

㉠ 소방활동구역 안에 있는 소방대상물의 소유자·관리자 또는 점유자
㉡ 전기·가스·수도·통신·교통의 업무에 종사하는 사람으로서 원활한 소방활동을 위하여 필요한 사람
㉢ 의사·간호사 그 밖의 구조·구급업무에 종사하는 사람
㉣ 취재인력 등 보도업무에 종사하는 사람
㉤ 수사업무에 종사하는 사람
㉥ 그 밖에 소방대장이 소방활동을 위하여 출입을 허가한 사람

소방활동구역을 출입한 사람 - 200만 원의 과태료

② 경찰공무원은 소방대가 소방활동구역에 있지 아니하거나 소방대장의 요청이 있을 때에는 그 구역에 출입하는 것을 제한할 수 있다.

핵심 PLUS

27 소화활동 및 화재조사를 원활히 수행하기 위해 화재현장에 출입을 통제하기 위하여 설정하는 것은? [기 11]
① 화재예방강화지구 지정
② 소방활동구역 설정
③ 방화제한구역 설정
④ 화재통제구역 설정

답 : ②

28 소방대장은 화재, 재난, 재해, 그 밖의 위급한 상황이 발생한 현장에 소방활동구역을 정하여 지정할 사람 외에는 그 구역에 출입하는 것을 제한 할 수 있다. 소방활동구역을 출입할 수 없는 사람은? [기 15]
① 의사·간호사 그 밖의 구조·구급 업무에 종사하는 사람
② 수사업무에 종사하는 사람
③ 소방활동구역 밖의 소방대상물을 소유한 사람
④ 전기·가스 등의 업무에 종사하는 사람으로서 원활한 소방활동을 위하여 필요한 사람

답 : ③

핵심 PLUS

3. 피난 명령

① 소방본부장, 소방서장 또는 소방대장

㉠ 화재, 재난·재해, 그 밖의 위급한 상황이 발생하여 사람의 생명을 위험하게 할 것으로 인정할 때에는 일정한 구역을 지정하여 그 구역에 있는 사람에게 그 구역 밖으로 피난할 것을 명할 수 있다.

> 피난 명령을 위반한 사람 : 100만 원 벌금

㉡ 명령을 할 때 필요하면 관할 경찰서장 또는 자치경찰단장에게 협조를 요청할 수 있다.

4. 소방활동 종사 명령

① 소방활동 종사 명령자 – 소방본부장, 소방서장 또는 소방대장

소방활동을 위하여 그 현장에 있는 사람등으로 하여금 소방활동을 하게 할 수 있다.

② 소방활동에 종사한 사람이 그로 인하여 사망하거나 부상을 입은 경우
– 시·도지사가 보상

| 소방활동의 비용을 받지 못하는 자 |

㉠ 소방대상물에 화재, 재난·재해, 그 밖의 위급한 상황이 발생한 경우 그 관계인
㉡ 고의 또는 과실로 화재 또는 구조·구급 활동이 필요한 상황을 발생시킨 사람
㉢ 화재 또는 구조·구급 현장에서 물건을 가져간 사람

5. 방해행위의 제지 등

소방대원은 소방활동 또는 생활안전활동을 방해하는 행위를 하는 사람에게 필요한 경고를 하고, 그 행위로 인하여 사람의 생명·신체에 위해를 끼치거나 재산에 중대한 손해를 끼칠 우려가 있는 긴급한 경우에는 그 행위를 제지할 수 있다.

---

29 소방상 필요할 때 소방본부장, 소방서장 또는 소방대장이 할 수 있는 명령에 해당되는 것은?
① 화재현장에 이웃한 소방서에 소방응원을 하는 명령
② 그 관할구역안에 사는 사람 또는 화재현장에 있는 사람으로 하여금 소화에 종사하도록 하는 명령
③ 관계 보험회사로 하여금 화재의 피해조사에 협력 하도록 하는 명령
④ 소방대상물의 관계인에게 화재에 따른 손실을 보상하게 하는 명령

답 : ②

30 소방활동 종사 명령으로 소방활동에 종사한 사람이 사망하거나 부상을 입은 경우 보상하여야 하는 사람은? [기 13]
① 행정안전부장관
② 소방청장
③ 소방본부장 또는 소방서장
④ 시·도지사

답 : ④

6. 강제처분 등

① 소방본부장, 소방서장 또는 소방대장

㉠ 사람을 구출하거나 불이 번지는 것을 막기 위하여 필요할 때
화재가 발생하거나 불이 번질 우려가 있는 소방대상물 및 토지를 일시적으로 사용하거나 그 사용의 제한 또는 소방활동에 필요한 처분을 할 수 있다.

> 방해한 사람 : 3년 이하의 징역 또는 3천만 원 이하의 벌금

㉡ 사람을 구출하거나 불이 번지는 것을 막기 위하여 긴급하다고 인정할 때
소방대상물 또는 토지 외의 소방대상물과 토지에 대하여 처분을 할 수 있다.

> 방해한 사람 : 300만 원 이하의 벌금

㉢ 소방활동을 위하여 긴급하게 출동할 때
소방자동차의 통행과 소방활동에 방해가 되는 주차 또는 정차된 차량 및 물건 등을 제거하거나 이동시킬 수 있다.

> 방해한 사람 : 300만 원 이하의 벌금

㉣ 소방활동에 방해가 되는 주차 또는 정차된 차량의 제거나 이동을 위하여 관할 지방자치단체 등 관련 기관에 견인차량과 인력 등에 대한 지원을 요청할 수 있고, 요청을 받은 관련 기관의 장은 정당한 사유가 없으면 이에 협조하여야 한다.

② 시·도지사는 견인차량과 인력 등을 지원한 자에게 시·도의 조례로 정하는 바에 따라 비용을 지급할 수 있다.

핵심 PLUS

31 소방본부장 또는 소방서장 등이 화재현장에서 소방활동을 원활히 수행하기 위하여 규정하고 있는 사항으로 틀린 것은? [기 13]
① 화재예방강화지구의 지정
② 강제처분
③ 소방활동 종사명령
④ 피난명령

해설 화재예방강화지구의 지정
 - 시·도지사의 업무임

답 : ①

32 소방기본법령상 화재가 발생하거나 불이 번질 우려가 있는 소방대상물 및 토지를 일시적으로 사용하거나 그 사용의 제한 또는 소방활동에 필요한 처분을 할 수 있는 자로 틀린 것은?
① 소방본부장
② 종합상황실장
③ 소방서장
④ 소방대장

답 : ②

7. 위험시설 등에 대한 긴급조치

① 소방본부장, 소방서장 또는 소방대장
  ㉠ 화재 진압 등 소방활동을 위하여 필요할 때
     소방용수 외에 댐·저수지 또는 수영장 등의 물을 사용하거나 수도(水道)의 개폐장치 등을 조작할 수 있다.

> 방해한 사람 : 100만 원 이하의 벌금

  ㉡ 화재 발생을 막거나 폭발 등으로 화재가 확대되는 것을 막을 때
     가스·전기 또는 유류 등의 시설에 대하여 위험물질의 공급을 차단하는 등 필요한 조치를 할 수 있다.

> 방해한 사람 : 100만 원 이하의 벌금

8. 소방활동에 대한 면책

소방공무원이 소방활동으로 인하여 타인을 사상(死傷)에 이르게 한 경우 그 소방활동이 불가피하고 소방공무원에게 고의 또는 중대한 과실이 없는 때에는 그 정상을 참작하여 사상에 대한 형사책임을 감경하거나 면제할 수 있다.

9. 소송지원

소방관서장은 소방공무원이 소방활동, 소방지원활동, 생활안전활동으로 인하여 민·형사상 책임과 관련된 소송을 수행할 경우 변호인 선임 등 소송수행에 필요한 지원을 할 수 있다.

22 한국소방안전원의 설립 등

1. 한국소방안전원의 설립

소방기술과 안전관리기술의 향상 및 홍보, 그 밖의 교육·훈련 등 행정기관이 위탁하는 업무의 수행과 소방 관계 종사자의 기술 향상을 위하여 안전원을 소방청장의 인가를 받아 설립한다.

2. 안전원의 정관

① 안전원의 정관에 기재하여야 하는 사항(대통령령)

② 안전원은 정관을 변경하려면 소방청장의 인가를 받아야 한다.

③ 안전원에 임원으로 원장 1명을 포함한 9명 이내의 이사와 1명의 감사를 둔다.
  - 원장과 감사는 소방청장이 임명한다.

3. 안전원의 업무

① 소방기술과 안전관리에 관한 교육 및 조사·연구

② 화재 예방과 안전관리의식 고취를 위한 대국민 홍보

③ 소방기술과 안전관리에 관한 각종 간행물 발간

④ 소방업무에 관하여 행정기관이 위탁하는 업무

⑤ 소방안전에 관한 국제협력

⑥ 그 밖에 회원에 대한 기술지원 등 정관으로 정하는 사항

4. 감독

① 소방청장은 안전원의 아래 업무를 감독한다.

> ㉠ 이사회의 중요의결 사항
> ㉡ 회원의 가입·탈퇴 및 회비에 관한 사항
> ㉢ 사업계획 및 예산에 관한 사항
> ㉣ 기구 및 조직에 관한 사항
> ㉤ 소방청장이 위탁한 업무의 수행 또는 정관에서 정하고 있는 업무의 수행에 관한 사항

② 안전원의 사업계획 및 예산에 관하여는 소방청장의 승인을 얻어야 한다.

5. 회원의 자격

① 소방시설 설치 및 관리에 관한 법률, 소방시설공사업법, 위험물안전관리법에 따라 등록을 하거나 허가를 받은 사람으로서 회원이 되려는 사람

② 화재의 예방 및 안전관리에 관한 법률, 소방시설공사업법, 위험물안전관리법에 따라 소방안전관리자, 소방기술자 또는 위험물안전관리자로 선임되거나 채용된 사람으로서 회원이 되려는 사람

③ 그 밖에 소방 분야에 관심이 있거나 학식과 경험이 풍부한 사람으로서 회원이 되려는 사람

핵심 PLUS

33 한국소방안전원의 업무가 아닌 것은?
[기 13]

① 화재예방과 안전관리의식의 고취를 위한 대국민 홍보
② 소방기술과 안전관리에 관한 각종 간행물의 발간
③ 소방용 기계·기구에 대한 검정기준의 개정
④ 소방기술과 안전관리에 관한 교육 및 조사·연구

답 : ③

34 소방기본법에 규정한 한국소방안전원의 회원이 될 수 없는 사람은?
[기 13]

① 소방시설설치 및 관리에 관한 법률에 따라 등록을 하거나 허가를 받은 사람으로서 회원이 되려는 사람
② 다중이용업소 안전관리에 관한 특별법에 따른 다중이용업주, 종업원으로서 회원이 되려는 사람
③ 소방시설공사업법에 따라 등록을 하거나 허가를 받은 사람으로서 회원이 되려는 사람
④ 위험물 안전관리법에 따라 등록을 하거나 허가를 받은 사람으로서 회원이 되려는 사람

답 : ②

III. 소방관계법규 | 소방기본법

핵심 PLUS

35 소방자동차의 출동을 방해한 자에 대한 벌칙은?
① 1년 이하의 징역 또는 1천만 원 이하의 벌금
② 3년 이하의 징역 또는 3천만 원 이하의 벌금
③ 5년 이하의 징역 또는 5천만 원 이하의 벌금
④ 10년 이하의 징역 또는 1억 원 이하의 벌금

답 : ③

36 위력을 사용하여 출동한 소방대의 화재진압·인명구조 또는 구급활동을 방해하는 행위를 한자에 대한 벌칙 기준은? [기 16]
① 200만 원 이하의 벌금
② 300만 원 이하의 벌금
③ 3년 이하의 징역 또는 1,500만 원 이하의 벌금
④ 5년 이하의 징역 또는 5,000만 원 이하의 벌금

답 : ④

23 벌칙

1. 5년 이하의 징역 또는 5천만 원 이하의 벌금

① 화재, 재난·재해, 그 밖의 위급한 상황이 발생하였을 때 출동한 소방대를
  ㉠ 위력(威力)을 사용하여 출동한 소방대의 화재진압·인명구조 또는 구급활동을 방해하는 행위
  ㉡ 소방대가 화재진압·인명구조 또는 구급활동을 위하여 현장에 출동하거나 현장에 출입하는 것을 고의로 방해하는 행위
  ㉢ 출동한 소방대원에게 폭행 또는 협박을 행사하여 화재진압·인명구조 또는 구급활동을 방해하는 행위
  ㉣ 출동한 소방대의 소방장비를 파손하거나 그 효용을 해하여 화재진압·인명구조 또는 구급활동을 방해하는 행위
② 소방자동차의 출동을 방해한 사람
③ 사람을 구출하는 일 또는 불을 끄거나 불이 번지지 아니하도록 하는 일을 방해한 사람
④ 정당한 사유 없이 소방용수시설 또는 비상소화장치를 사용하거나 소방용수시설 또는 비상소화장치의 효용을 해치거나 그 정당한 사용을 방해한 사람

※ 음주 또는 약물로 인한 심신장애 상태에서 출동한 소방대원에게 폭행 또는 협박을 행사하여 화재진압·인명구조 또는 구급활동을 방해하는 행위를 범한 때에는 심신장애 관련 미처벌을 적용하지 아니할 수 있다.

2. 3년 이하의 징역 또는 3천만 원 이하의 벌금

소방본부장, 소방서장 또는 소방대장은 사람을 구출하거나 불이 번지는 것을 막기 위하여 필요할 때에는 화재가 발생하거나 불이 번질 우려가 있는 소방대상물 및 토지를 일시적으로 사용하거나 그 사용의 제한 또는 소방활동에 필요한 처분을 방해한 자 또는 정당한 사유 없이 그 처분에 따르지 아니한 자

3. 300만 원 이하의 벌금

① 사람을 구출하거나 불이 번지는 것을 막기 위하여 긴급하다고 인정할 때에는 불이 번질 우려가 있는 소방대상물 또는 토지 외의 소방대상물과 토지에 대하여 처분을 방해한 자 또는 정당한 사유 없이 그 처분에 따르지 아니한 자
② 소방자동차의 통행과 소방활동에 방해가 되는 주차 또는 정차된 차량 및 물건 등을 제거하거나 이동시키는 것을 방해한 자 또는 정당한 사유없이 그 처분에 따르지 아닌한 자

4. 100만 원 이하의 벌금

① 정당한 사유 없이 소방대의 생활안전활동을 방해한 자
② 정당한 사유 없이 소방대가 현장에 도착할 때까지 사람을 구출하는 조치 또는 불을 끄거나 불이 번지지 아니하도록 하는 조치를 하지 아니한 사람
③ 피난 명령을 위반한 사람
④ 정당한 사유 없이 물의 사용이나 수도의 개폐장치의 사용 또는 조작을 하지 못하게 하거나 방해한 자
⑤ 소방본부장, 소방서장 또는 소방대장이 화재 발생을 막거나 폭발 등으로 화재가 확대되는 것을 막기 위하여 가스·전기 또는 유류 등의 시설에 대하여 위험물질의 공급을 차단하는 등의 조치를 정당한 사유 없이 방해한 자

5. 500만 원 이하의 과태료(시·도지사, 소방본부장 또는 소방서장이 부과·징수)

① 화재 또는 구조·구급이 필요한 상황을 거짓으로 알린 사람 (200/400/500/500)
② 화재, 재난·재해, 그 밖의 위급한 상황을 소방본부, 소방서 또는 관계 행정기관에 알리지 아니한 관계인

6. 200만 원 이하의 과태료

① 한국 119청소년단 또는 이와 유사한 명칭을 사용한 자 (50/100/150/200)
② 한국소방안전원 또는 이와 유사한 명칭을 사용한 자
③ 소방자동차의 출동에 지장을 준 자(진로 미양보, 끼어들기, 가로막기)
④ 소방활동구역을 출입한 경우

7. 100만 원 이하의 과태료

전용구역에 차를 주차하거나 전용구역에의 진입을 가로막는 등의 방해행위를 한 자

8. 20만 원 이하의 과태료(이 과태료만 소방본부장 또는 소방서장이 부과·징수)

다음의 장소에서 화재로 오인할 만한 우려가 있는 불을 피우거나 연막(煙幕) 소독을 하려는 자가 신고를 하지 아니하여 소방자동차를 출동하게 한 자

1. 시장지역
2. 위험물의 저장 및 처리시설이 밀집한 지역
3. 석유화학제품을 생산하는 공장이 있는 지역
4. 공장·창고가 밀집한 지역
5. 목조건물이 밀집한 지역
6. 그 밖에 시·도의 조례로 정하는 지역 또는 장소

핵심 PLUS

37 소방기본법상 관계인의 소방활동을 위반하여 정당한 사유 없이 소방대가 현장에 도착할 때까지 사람을 구출하는 조치 또는 불을 끄거나 불이 번지지 아니하도록 하는 조치를 하지 아니한 자에 대한 벌칙 기준으로 옳은 것은?

① 100만 원 이하의 벌금
② 200만 원 이하의 벌금
③ 300만 원 이하의 벌금
④ 400만 원 이하의 벌금

답 : ①

38 소방기본법령상 최대 200만 원 이하의 과태료 처분 대상이 아닌 것은?

① 한국소방안전원 또는 이와 유사한 명칭을 사용한 자
② 소방활동구역을 대통령령으로 정하는 사람 외에 출입한 사람
③ 화재진압 구조·구급 활동을 위해 사이렌을 사용하여 출동하는 소방자동차에 진로를 양보하지 아니하여 출동에 지장을 준 자
④ 화재, 재난·재해, 그 밖의 위급한 상황이 발생한 구역에 소방본부장의 피난 명령을 위반한 사람

해설 ④는 100만 원 이하의 벌금

답 : ④

39 소방자동차 전용구역에 차를 주차하거나 전용구역의 진입을 가로막는 등의 방해행위를 한 자의 과태료는?

① 500만 원 이하의 과태료
② 300만 원 이하의 과태료
③ 200만 원 이하의 과태료
④ 100만 원 이하의 과태료

답 : ④

핵심기출문제

1. 소방기본법

■■■ 1. 소방 기본법

1. 다음은 소방기본법의 목적을 기술한 것이다. (㉮), (㉯), (㉰)에 들어갈 내용으로 알맞은 것은? [05, 06, 07, 09, 10, 13, 15⑦]

> 화재를 (㉮)·(㉯)하거나 (㉰)하고 화재, 재난·재해 그 밖의 위급한 상황에서의 구조·구급활동 등을 통하여 국민의 생명·신체 및 재산을 보호함으로써 공공의 안녕질서 유지와 복리증진에 이바지함을 목적으로 한다.

① ㉮ 예방, ㉯ 경계, ㉰ 복구
② ㉮ 경보, ㉯ 소화, ㉰ 복구
③ ㉮ 예방, ㉯ 경계, ㉰ 진압
④ ㉮ 경계, ㉯ 통제, ㉰ 진압

2. 시·도의 화재예방·경계·진압 및 조사, 소방안전교육·홍보와 화재, 재난·재해, 그 밖의 위급한 상황에서의 구조·구급 등의 소방업무를 수행하는 소방기관의 설치에 필요한 사항은 어떻게 정하는가? [12⑦]

① 시·도지사가 정한다.
② 행정안전부령으로 정한다.
③ 소방청장이 정한다.
④ 대통령령으로 정한다.

3. 소방력에 대한 설명으로 틀린 것은?
① 소방력에 관한 기준은 대통령령으로 정한다.
② 소방기관이 소방업무를 수행하는 데에 필요한 인력과 장비 등을 소방력이라 한다.
③ 시·도지사는 소방력을 확충하기 위하여 필요한 계획을 수립하여 시행하여야 한다.
④ 소방자동차 등 소방장비의 분류·표준화와 그 관리 등에 필요한 사항은 따로 법률에서 정한다.

4. 각 시·도의 소방업무에 필요한 경비의 일부를 국가가 보조하는 대상이 아닌 것은? [14⑦]
① 전산설비
② 소방헬리콥터
③ 소방관서용 청사 건축
④ 소방용수시설설치

5. 국고보조의 대상이 되는 소방활동장비 또는 설비에 해당하지 않는 것은? [14⑦]
① 소방자동차
② 소방헬리콥터 및 소방정
③ 사무용 집기
④ 전산설비

해설

해설 1
화재를 예방·경계하거나 진압하고 화재, 재난·재해, 그 밖의 위급한 상황에서의 구조·구급 활동 등을 통하여 국민의 생명·신체 및 재산을 보호함으로써 공공의 안녕 및 질서 유지와 복리증진에 이바지함을 목적으로 한다.

해설 2
소방업무를 수행하는 소방기관의 설치에 필요한 사항은 대통령령으로 정한다.

해설 3
소방력에 관한 기준은 행정안전부령으로 정한다.

해설 4, 5
보조 대상사업의 범위
① 소방활동장비와 설비의 구입 및 설치

소방자동차	소방헬리콥터 및 소방정
소방전용통신설비 및 전산설비	방화복 등 소방활동에 필요한 소방장비

② 소방관서용 청사의 건축

정답
1. ③ 2. ④ 3. ① 4. ④
5. ③

해설

6. 소방기본법에 따른 소방대상물에 해당되지 않는 것은? [11, 12 ㉮]
① 건축물 ② 항해 중인 화물선
③ 차량   ④ 산림

7. 소방기본법에서 정의하는 용어에 대한 설명으로 틀린 것은? [14 ㉮]
① "소방대상물"이란 건축물, 차량, 항해 중인 모든 선박과 산림 그 밖의 인공구조물 또는 물건을 말한다.
② "관계지역"이란 소방대상물이 있는 장소 및 그 이웃지역으로서 화재의 예방·경계·진압, 구조·구급 등의 활동에 필요한 지역을 말한다.
③ "소방본부장"이란 특별시·광역시·도 또는 특별자치도에서 화재의 예방·경계·진압·조사 및 구조·구급 등의 업무를 담당하는 부서의 장을 말한다.
④ "소방대장"이란 소방본부장 또는 소방서장 등 화재, 재난·재해 그 밖의 위급한 상황이 발생한 현장에서 소방대를 지휘하는 사람을 말한다.

8. 소방기본법령상 용어의 정의로 옳은 것은?
① 소방서장이란 시·도에서 화재의 예방·진압·조사 및 구조·구급 등의 업무를 담당하는 부서의 장을 말한다.
② 관계인이라 소방대상물의 소유자·관리자 또는 점유자를 말한다.
③ 소방대란 화재를 진압하고 화재, 재난·재해, 그 밖의 위급한 상황에서 구조·구급 활동 등을 하기 위하여 소방공무원으로만 구성된 조직체를 말한다.
④ 소방대상물이란 건축물과 공작물만을 말한다.

9. 시·도지사가 설치하고 유지·관리하여야 하는 소방용수시설이 아닌 것은? [16 ㉮]
① 저수조 ② 상수도
③ 소화전 ④ 급수탑

10. 소방용수시설을 주거지역·상업지역 및 공업지역에 설치하는 경우 소방대상물과의 수평거리는 몇 [m] 이하가 되도록 하여야 하는가?
① 100 ② 140
③ 150 ④ 200

해설

해설 6, 7
소방대상물
건축물, 차량, 선박(항구에 매어둔 선박만 해당한다), 선박 건조 구조물, 산림, 그 밖의 인공구조물 또는 물건

해설 8
소방대
화재를 진압하고 화재, 재난·재해, 그 밖의 위급한 상황에서 구조·구급 활동 등을 하기 위하여 소방공무원, 의무소방원, 의용소방대원으로 구성된 조직체

해설 9
소방용수시설 종류 – 소화전·급수탑·저수조

해설 10
소방용수시설과 소방대상물과의 수평거리

지역	소방대상물과의 수평거리
상업지역·공업지역 및 주거지역	100[m] 이하
기타지역	140[m] 이하

정답 6. ② 7. ① 8. ② 9. ②
10. ①

핵심기출문제

1. 소방기본법

11. 소방기본법에서 규정하는 소방용수시설에 대한 설명으로 틀린 것은? [15, 17 ㉮]

① 시·도지사는 소방활동에 필요한 소화전·급수탑·저수조를 설치하고 유지·관리하여야 한다.
② 소방본부장 또는 소방서장은 원활한 소방활동을 위하여 소방용수시설에 대한 조사를 월 1회 이상 실시하여야 한다.
③ 소방용수시설 조사의 결과는 2년간 보관하여야 한다.
④ 수도법의 규정에 따라 설치된 소화전도 시·도지사가 유지·관리해야 한다.

해설 11
「수도법」에 따라 소화전을 설치하는 일반수도사업자는 관할 소방서장과 사전 협의를 거친 후 소화전을 설치하여야 하며, 설치 사실을 관할 소방서장에게 통지하고, 그 소화전을 유지·관리하여야 한다.

12. 소방용수시설과 비상소화장치의 설치 기준은 무엇으로 정하는가?

① 행정안전부령 ② 대통령령
③ 시·도의 조례 ④ 국토교통부령

해설 12
소방용수시설과 비상소화장치의 설치 기준은 행정안전부령으로 정한다.

13. 소방기본법상 소방용수시설의 저수조는 지면으로부터 낙차가 몇 m 이하가 되어야 하는가? [16 ㉮]

① 3.5 ② 4
③ 4.5 ④ 6

해설 13
저수조
① 지면으로부터의 낙차가 4.5[m] 이하일 것
② 흡수부분의 수심이 0.5[m] 이상일 것
③ 흡수관의 투입구가 사각형 - 한 변의 길이가 60[cm] 이상, 원형 - 지름이 60[cm] 이상

14. 소방용수시설 중 소화전과 급수탑의 설치기준으로 틀린 것은? [16 ㉮]

① 소화전은 상수도와 연결하여 지하식 또는 지상식의 구조로 할 것
② 소방용호스와 연결하는 소화전의 연결금속구의 구경은 65[mm]로 할 것
③ 급수탑 급수배관의 구경은 100[mm] 이상으로 할 것
④ 급수탑의 개폐밸브는 지상에서 1.5[m] 이상 1.8pm] 이하의 위치에 설치할 것

해설 14, 15
급수탑
① 급수배관의 구경은 100[mm] 이상
② 개폐밸브는 지상에서 1.5[m] 이상 1.7[m] 이하의 위치에 설치

15. 소방용수시설의 저수조에 대한 설치기준으로 옳지 않은 것은? [13 ㉮]

① 지면으로부터의 낙차가 4.5[m] 이하일 것
② 흡수부분의 수심이 0.3[m] 이상일 것
③ 흡수관의 투입구가 사각형의 경우에는 한 변의 길이가 60[cm] 이상일 것
④ 흡수관의 투입구가 원형의 경우에는 지름이 60[cm] 이상일 것

정답 11. ④ 12. ① 13. ③ 14. ④
15. ②

16. 소방본부장 또는 소방서장이 원활한 소방 활동을 위하여 행하는 지리조사의 내용에 속하지 않는 것은? [15 ⑦]

① 소방대상물에 인접한 도로의 폭
② 소방대상물에 인접한 도로의 교통상황
③ 소방대상물에 인접한 도로주변의 토지의 고저
④ 소방대상물에 인접한 지역에 대한 유동인원의 현황

17. 소방본부장 또는 소방서장은 원활한 소방활동을 위하여 소방용수시설 및 지리조사 등을 실시하여야 한다. 실시기간 및 조사횟수가 옳은 것은? [11 ⑦]

① 1년 1회 이상
② 6월 1회 이상
③ 3월 1회 이상
④ 월 1회 이상

18. 소방체험관의 설립·운영권자는? [16 ⑦]

① 국무총리
② 행정안전부장관
③ 시·도지사
④ 소방본부장 및 소방서장

19. 다음 중 소방기본법상 소방대가 아닌 것은? [10, 11 ⑦]

① 소방공무원
② 의무소방원
③ 자위소방대원
④ 의용소방대원

20. 소방청장·소방본부장 또는 소방서장은 소방업무를 전문적이고 효과적으로 수행하기 위하여 소방대원에게 필요한 교육·훈련을 실시하여야 하는데, 다음 설명 중 옳지 않은 것은? [13 ⑦]

① 소방교육·훈련은 2년마다 1회 이상 실시하되, 교육·훈련기간은 2주 이상으로 한다.
② 법령에서 정한 것 이외의 소방교육·훈련의 실시에 관하여 필요한 사항은 소방청장이 정한다.
③ 교육·훈련의 종류는 화재진압훈련, 인명구조훈련, 응급처치훈련, 민방위훈련, 현장지휘훈련이 있다.
④ 현장지휘훈련은 지방소방위·지방소방경·지방소방령 및 지방소방정을 대상으로 한다.

해설

해설 16, 17
소방용수시설 및 지리조사의 내용
① 소방용수시설에 대한 조사
② 대상물에 인접한 도로의 폭·교통상황, 도로주변의 토지의 고저·건축물의 개황, 그 밖의 소방활동에 필요한 지리에 대한 조사
③ 조사결과 - 전자적 처리가 가능한 방법으로 작성·관리하여야 한다.
④ 월 1회 이상 실시 후 그 조사결과를 2년간 보관하여야 한다.

해설 18
소방박물관 - 소방청장이 설립
소방체험관 - 시·도지사가 설립

해설 19
소방대 - 화재를 진압하고 화재, 재난·재해, 그 밖의 위급한 상황에서 구조·구급 활동 등을 하기 위하여 구성된 조직체
① 소방공무원
② 의무소방원
③ 의용소방대원

해설 20
훈련의 종류
• 화재진압훈련
• 인명구조훈련
• 응급처치훈련
• 인명대피훈련
• 현장지휘훈련

정답 | 16. ④ | 17. ④ | 18. ③ | 19. ③ | 20. ③

핵심기출문제

1. 소방기본법

21. 소방기본법령상 소방안전교육사의 배치 대상별 배치기준으로 틀린 것은?

① 소방청 : 2명 이상 배치
② 소방서 : 1명 이상 배치
③ 소방본부 : 2명 이상 배치
④ 한국소방안전원(본회) : 1명 이상 배치

해설

해설 21
배치대상별 배치기준

배치대상	배치기준
소방청	2명 이상
소방본부	2명 이상
소방서	1명 이상
한국소방산업기술원	2명 이상
한국소방안전원 본회	2명 이상
한국소방안전원 시·도지부	1명 이상

22. 소방안전교육사와 관련된 내용으로 옳지 않은 것은? [13 ㉮]

① 소방안전교육사의 자격시험 실시권자는 소방청장이다.
② 소방안전교육사는 소방안전교육의 기획·진행·분석·평가 및 교수업무를 수행한다.
③ 피성년후견인은 소방안전교육사가 될 수 없다.
④ 소방안전교육사를 소방청에 배치 해야 한다.

해설 22
소방안전교육사를 소방청등에 배치 할 수 있다.

23. 종합상황실장의 업무와 직접적으로 관련이 없는 것은? [11 ㉮]

① 재난상황의 전파 및 보고
② 재난상황의 발생 신고접수
③ 재난상황이 발생한 현장에 대한 지휘 및 피해조사
④ 재난상황 수습에 필요한 정보수집 및 제공

해설 23
재난상황 발생 시
신고접수 → 재난상황의 전파 및 보고 → 인력 및 장비의 동원을 요청하는 등의 사고수습 → 현장에 대한 지휘 및 피해현황의 파악 → 수습에 필요한 정보 수집 및 제공 → 지원요청

24. 소방기본법령상 소방서 종합상황실의 실장이 서면·모사전송 또는 컴퓨터통신 등으로 소방 본부의 종합상황실에 지체 없이 보고하여야 하는 기준으로 틀린 것은?

① 사망자가 5인 이상 발생하거나 사상자가 10인 이상 발생한 화재
② 층수가 11층 이상인 건축물에서 발생한 화재
③ 이재민이 50인 이상 발생한 화재
④ 재산피해액이 50억 원 이상 발생한 화재

해설 24
보고 할 상황
• 사망자가 5인 이상 또는 사상자가 10인 이상 발생한 화재
• 이재민이 100인 이상 발생한 화재
• 재산피해액이 50억 원 이상 발생한 화재
• 층수가 11층 이상인 건축물 등

정답 21. ④ 22. ④ 23. ③ 24. ③

25. 소방신호의 종류에 속하지 않는 것은?

① 경계신호　　② 해제신호
③ 경보신호　　④ 훈련신호

26. 소방대장은 화재, 재난·재해, 그 밖의 위급한 상황이 발생한 현장에 소방활동구역을 정하여 소방활동에 필요한 자로서 대통령령이 정하는 자 외의 자에 대하여는 그 구역에의 출입을 제한 할 수 있다. 다음 중 소방활동구역에 출입할 수 없는 자는?   [11 기]

① 소방활동구역 안에 있는 소방대상물의 소유자·관리자 또는 점유자
② 전기·가스·수도·통신·교통의 업무에 종사하는 자로서 원활한 소방활동을 위하여 필요하다.
③ 의사·간호사, 그 밖의 구조·구급 업무에 종사하는 자와 취재인력 등 보도업무에 종사하는 자
④ 소방대장의 출입허가를 받지 않은 소방대상물 소유자의 친척

27. 소방기본법에 따라 화재 등 그 밖의 위급한 상황이 발생한 현장에서 소방활동을 위하여 필요한 때에는 그 관할구역에 사는 사람 또는 그 현장에 있는 사람으로 하여금 사람을 구출하는 일 또는 불을 끄는 등의 일을 하도록 명령할 수 있는 권한이 없는 사람은?

① 소방서장　　② 소방대장
③ 시·도지사　　④ 소방본부장

28. 소방기본법상 소방대장의 권한이 아닌 것은?   [17 기]

① 화재가 발생하였을 때에는 화재의 원인 및 피해 등에 대한 조사
② 화재, 재난·재해, 그 밖의 위급한 상황이 발생한 현장에 소방활동구역을 정하여 소방활동에 필요한 사람으로서 대통령으로 정하는 사람 외에는 그 구역에 출입하는 것을 제한
③ 사람을 구출하거나 불이 번지는 것을 막기 위하여 필요할 때에는 화재가 발생하거나 불이 번질 우려가 있는 소방대상물 및 토지를 일시적으로 사용하거나 그 사용의 제한 또는 소방활동에 필요한 처분
④ 화재 진압 등 소방활동을 위하여 필요할 때에는 소방용수 외에 댐·저수지 또는 수영장 등의 물을 사용하거나 수도의 개폐장치 등을 조작

해설

해설 25

소방신호의 종류 등

구분
경계신호
발화신호
해제신호
훈련신호

해설 26

소방활동구역 출입 가능한 자
① 소방활동구역 안에 있는 소방대상물의 소유자·관리자 또는 점유자
② 전기·가스·수도·통신·교통의 업무에 종사하는 사람으로서 원활한 소방활동을 위하여 필요한 사람
③ 의사·간호사 그 밖의 구조·구급업무에 종사하는 사람
④ 취재인력 등 보도업무에 종사하는 사람
⑤ 수사업무에 종사하는 사람
⑥ 그 밖에 소방대장이 소방활동을 위하여 출입을 허가한 사람

해설 27

소방본부장, 소방서장, 소방대장은 화재 등 그 밖의 위급한 상황이 발생한 현장에서 소방활동을 위하여 필요한 때에는 그 관할구역에 사는 사람 또는 그 현장에 있는 사람으로 하여금 사람을 구출하는 일 또는 불을 끄는 등의 일을 하도록 명령할 수 있다.

해설 28

※ 소방대장(消防隊長) : 소방본부장 또는 소방서장 등 화재, 재난·재해, 그 밖의 위급한 상황이 발생한 현장에서 소방대를 지휘하는 사람
※ 화재의 원인 및 피해 조사
　- 소방청장, 소방본부장 또는 소방서장
※ 화재조사자의 교육을 실시하는 자
　- 소방청장

정답 25. ③ 26. ④ 27. ③ 28. ①

핵심기출문제

1. 소방기본법

29. 소방본부장 또는 소방서장이 화재조사결과 방화 또는 실화의 혐의가 있다고 인정하는 때 지체 없이 그 사실을 알려야 할 대상은? [10 ②]
① 시·도지사
② 검찰청장
③ 소방청장
④ 관할 경찰서장

[해설] 29
소방본부장이나 소방서장은 화재조사 결과 방화 또는 실화의 혐의가 있다고 인정하면 지체 없이 관할 경찰서장에게 그 사실을 알리고 필요한 증거를 수집·보존하여 그 범죄수사에 협력하여야 한다.

30. 한국소방안전원의 업무와 거리가 먼 것은? [11 ②]
① 소방기술과 안전관리에 관한 각종 간행물의 발간
② 소방기술과 안전관리에 관한 교육 및 조사·연구
③ 화재보험 가입에 관한 업무
④ 화재예방과 안전관리의식의 고취를 위한 대국민 홍보

[해설] 30, 31
안전원의 업무
① 소방기술과 안전관리에 관한 교육 및 조사·연구
② 소방기술과 안전관리에 관한 각종 간행물 발간
③ 화재 예방과 안전관리의식 고취를 위한 대국민 홍보
④ 소방업무에 관하여 행정기관이 위탁하는 업무
⑤ 소방안전에 관한 국제협력

31. 한국소방안전원의 업무가 아닌 것은?
① 위험물탱크 성능시험
② 화재예방과 안전관리의식 고취를 위한 대국민 홍보
③ 소방기술과 안전관리에 관한 각종 간행물의 발간
④ 소방기술과 안전관리에 관한 교육 및 조사·연구

32. 소방기본법에 의하여 5년 이하의 징역 또는 5천만 원 이하의 벌금에 해당하는 위반사항이 아닌 것은? [11 ②]
① 불이 번질 우려가 있는 소방대상물 및 토지를 일시적으로 사용하거나 그 사용의 제한 또는 소방활동에 필요한 처분을 방해하는 자
② 정당한 사유 없이 소방용수시설을 사용하거나 소방용수시설의 효용을 해하거나 그 정당한 사용을 방해한 자
③ 화재현장에서 사람을 구출하는 일 또는 불을 끄거나 불이 번지지 아니하도록 하는 일을 방해한 자
④ 화재진압을 위하여 출동하는 소방자동차의 출동을 방해한 자

[해설] 32
불이 번질 우려가 있는 소방대상물 및 토지를 일시적으로 사용하거나 그 사용의 제한 또는 소방활동에 필요한 처분을 방해하는 자
- 3년 이하의 징역 또는 3,000만 원 이하의 벌금

정답 29. ④ 30. ③ 31. ① 32. ①

33. 소방기본법상 5년 이하의 징역 또는 5천만 원 이하의 벌금에 해당하는 위반사항이 아닌 것은? [15 ㉠]

① 정당한 사유 없이 소방용수시설을 사용하거나 소방용수시설의 효용을 해하거나 그 정당한 사용을 방해한 자
② 화재현장에서 사람을 구출하는 일 또는 불을 끄거나 불이 번지지 아니하도록 하는 일을 방해한 자
③ 불이 번질 우려가 있는 소방대상물 및 토지를 일시적으로 사용하거나 그 사용의 제한 또는 소방활동에 필요한 처분을 방해한 자
④ 화재진압을 위하여 출동하는 소방자동차의 출동을 방해한 자

34. 소방기본법령상 시장지역에서 화재로 오인할 만한 우려가 있는 불을 피우거나 연막소독을 하려는 자가 관할 소방본부장 또는 소방서장에게 신고를 하지 아니하여 소방자동차를 출동하게 했다면, 이 자에 대한 벌칙은?

① 200만 원 이하의 과태료 ② 20만 원 이하의 과태료
③ 50만 원 이하의 과태료   ④ 100만 원 이하의 과태료

35. 출동한 소방대의 화재진압 및 인명구조·구급 등 소방활동 방해에 따른 벌칙이 5년 이하의 징역 또는 5,000만 원 이하의 벌금에 처하는 행위가 아닌 것은? [17 ㉠]

① 위력을 사용하여 출동한 소방대의 구급활동을 방해하는 행위
② 화재진압을 마치고 소방서로 복귀 중인 소방자동차의 통행을 고의로 방해하는 행위
③ 출동한 소방대원에게 협박을 행사하여 구급활동을 방해하는 행위
④ 출동한 소방대의 소방장비를 파손하거나 그 효용을 해하여 구급활동을 방해하는 행위

36. 소방대상물의 관계인은 소방대상물에 화재, 재난·재해 등이 발생한 경우 소방대가 현장에 도착할 때까지 사람을 구출하는 조치 또는 불을 끄거나 불이 번지지 않도록 조치를 하여야 한다. 적당한 사유 없이 이를 위반한 관계인에 대한 벌칙은? [13 ㉠]

① 1년 이하의 징역
② 1,000만 원 이하의 벌금
③ 500만 원 이하의 벌금
④ 100만 원 이하의 벌금

해설

해설 33
사람을 구출하거나 불이 번지는 것을 막기 위하여 불이 번질 우려가 있는 소방대상물의 사용제한의 강제처분을 방해한 자
- 3년 이하의 징역 또는 3천만 원 이하의 벌금

해설 34
5년 이하의 징역 또는 5천만 원 이하의 벌금
① 화재, 재난·재해, 그 밖의 위급한 상황이 발생하였을 때 출동한 소방대를 방해한 사람
② 소방자동차의 출동을 방해한 사람
③ 사람을 구출하는 일 또는 불을 끄거나 불이 번지지 아니하도록 하는 일을 방해한 사람
④ 정당한 사유 없이 소방용수시설 또는 비상소화장치를 사용하거나 소방용수시설 또는 비상소화장치의 효용을 해치거나 그 정당한 사용을 방해한 사람

정답 33. ③ 34. ② 35. ② 36. ④

02 화재의 예방 및 안전관리에 관한 법률(화재예방법)

Ⅲ. 소방관계법규 | 화재예방법

1 목적

화재의 예방과 안전관리에 필요한 사항을 규정함으로써 화재로부터 국민의 생명·신체 및 재산을 보호하고 공공의 안전과 복리 증진에 이바지함

2 화재의 예방 및 안전관리 기본계획 등의 수립·시행

1. 기본계획, 시행계획, 세부시행계획

기본계획	시행계획	세부시행계획
소방청장	소방청장	관계 중앙행정기관의 장과 시·도지사
5년	매년	매년
9월 30일까지 수립	10월 31일까지 수립	11월 30일까지 수립
계획 시행 전년도 10월 31일까지 중앙행정기관의 장과 시·도지사에게 통보		계획 시행 전년도 12월 31일까지 소방청장에게 통보

2. 실태조사자 : 소방청장

기본계획 및 시행계획의 수립·시행에 필요한 기초자료를 확보하기 위하여 실태조사를 할 수 있다.

3. 실태조사의 방법 및 절차 등

1) 실태조사의 방법

① 통계조사, 문헌조사 또는 현장조사의 방법

② 정보통신망 또는 전자적인 방식을 사용할 수 있다.

2) 실태조사 실시 통보

① 실태조사 시작 7일 전까지 조사 일시, 조사 사유 및 조사 내용 등을 포함한 조사계획을 조사대상자에게 서면 또는 전자우편 등의 방법으로 미리 알려야 한다.

② 관계 공무원 등이 실태조사를 위하여 소방대상물에 출입할 때에는 그 권한 또는 자격을 표시하는 증표를 지니고 이를 관계인에게 내보여야 한다.

4. 통계의 작성 및 관리자 : 소방청장

① 화재의 예방 및 안전관리에 관한 통계를 매년 작성·관리하여야 한다.

② 전산시스템을 구축·운영할 수 있고 빅데이터를 활용하여 화재발생 동향 분석 및 전망 등을 할 수 있다.

③ 전문성이 있는 기관(한국소방안전원, 정부출연연구기관, 통계작성지정기관)을 지정하여 수행하게 할 수 있다.

3 화재안전조사

소방관서장이 소방대상물, 관계지역 또는 관계인에 대하여 소방시설등이 소방 관계 법령에 적합하게 설치·관리되고 있는지, 소방대상물에 화재의 발생 위험이 있는지 등을 확인하기 위하여 실시하는 현장조사·문서열람·보고요구 등을 하는 활동

1. 소방관서장이 화재안전조사 실시 할 수 있는 경우

① 자체점검이 불성실하거나 불완전하다고 인정되는 경우

② 화재예방강화지구 등 법령에서 화재안전조사를 하도록 규정되어 있는 경우

③ 화재예방안전진단이 불성실하거나 불완전하다고 인정되는 경우

④ 국가적 행사 등 주요 행사가 개최되는 장소 및 그 주변의 관계 지역에 대하여 소방안전관리 실태를 조사할 필요가 있는 경우

⑤ 화재가 자주 발생하였거나 발생할 우려가 뚜렷한 곳에 대한 조사가 필요한 경우

⑥ 재난예측정보, 기상예보 등을 분석한 결과 소방대상물에 화재의 발생 위험이 크다고 판단되는 경우

⑦ 위에서 규정한 경우 외에 화재, 그 밖의 긴급한 상황이 발생할 경우 인명 또는 재산 피해의 우려가 현저하다고 판단되는 경우

※ 개인의 주거(실제 주거용도로 사용되는 경우에 한정)에 대한 화재안전조사는 관계인의 승낙이 있거나 화재발생의 우려가 뚜렷하여 긴급한 필요가 있는 때에 한정한다.

핵심 PLUS

01 화재안전조사를 실시할 수 있는 경우가 아닌 것은? [기 14]
① 화재가 자주 발생하였거나 발생할 우려가 뚜렷한 곳에 대한 점검이 필요한 경우
② 재난예측정보, 기상예보 등을 분석한 결과 소방대상물에 화재, 재난·재해의 발생 위험이 높다고 판단되는 경우
③ 화재, 재난·재해 등이 발생할 경우 인명 또는 재산피해의 우려가 낮다고 판단되는 경우
④ 자체 점검 등이 불성실하거나 불완전하다고 인정되는 경우

답 : ③

핵심 PLUS

| 화재안전조사의 항목 |

1. 화재의 예방조치 등에 관한 사항
2. 소방안전관리 업무 수행에 관한 사항
3. 피난계획의 수립 및 시행에 관한 사항
4. 소화·통보·피난 등의 훈련 및 소방안전관리에 필요한 교육(소방훈련·교육)에 관한 사항
5. 소방자동차 전용구역의 설치에 관한 사항
6. 시공, 감리 및 감리원의 배치에 관한 사항
7. 소방시설의 설치 및 관리에 관한 사항
8. 건설현장 임시소방시설의 설치 및 관리에 관한 사항
9. 피난시설, 방화구획(防火區劃) 및 방화시설의 관리에 관한 사항
10. 방염(防炎)에 관한 사항
11. 소방시설등의 자체점검에 관한 사항
12. 다중이용업소의 안전관리에 관한 특별법에 따른 안전관리에 관한 사항
13. 위험물안전관리법에 따른 위험물 안전관리에 관한 사항

---

2. 화재안전조사의 방법·절차 등

1) 화재안전조사의 방법

① 종합조사 : 화재안전조사 항목 전부를 확인하는 조사

② 부분조사 : 화재안전조사 항목 중 일부를 확인하는 조사

2) 화재안전조사의 절차

① 화재안전조사를 실시하려는 경우 사전에 관계인에게 문자전송 등을 통하여 통지하고 소방관서 인터넷 홈페이지나 전산시스템 등을 통하여 7일 이상 공개하여야 한다. 다만, 다음의 경우에는 제외.
　㉠ 화재가 발생할 우려가 뚜렷하여 긴급하게 조사할 필요가 있는 경우
　㉡ 화재안전조사의 실시를 사전에 통지하거나 공개하면 조사목적을 달성할 수 없다고 인정되는 경우

② 화재안전조사는 관계인의 승낙 없이 소방대상물의 공개시간 또는 근무시간 이외에는 할 수 없다. [2)의 ①에 ㉠, ㉡ 해당하는 경우에는 제외]

③ 관계인은 천재지변 등에 따라 화재안전조사 시작 3일 전까지 연기하여 줄 것을 신청할 수 있다.

④ 소방관서장은 3일 이내에 연기신청의 승인 여부를 결정하여 화재안전조사 연기신청 결과 통지서를 연기신청을 한 자에게 그 결과를 조사 시작 전까지 관계인에게 알려 주어야 하며 연기기간이 종료되면 지체 없이 화재안전조사를 시작해야 한다.

---

02 소방관서장이 화재안전조사를 하고자 하는 때에는 며칠 전에 관계인에게 문자전송등을 통하여 통지해야 하는가? [기 11]
① 1일　② 3일
③ 5일　④ 7일
답 : ④

03 화재안전조사의 연기를 신청하려는 자는 화재안전조사 시작 며칠 전까지 소방관서장에게 연기신청을 하여야 하는가? (단, 천재지변 등으로 화재안전조사를 받기 곤란한 경우이다.) [기 17]
① 3　② 5
③ 7　④ 10
답 : ①

핵심 PLUS

┌─── | 화재조사 연기신청 가능한 경우 | ──────────────┐
㉠ 재난 및 안전관리 기본법에 해당하는 재난이 발생한 경우
㉡ 관계인의 질병, 사고, 장기출장의 경우
㉢ 권한 있는 기관에 자체점검기록부, 교육·훈련일지 등 화재안전조사에 필요한 장부·
　서류 등이 압수되거나 영치(領置)되어 있는 경우
㉣ 소방대상물의 증축·용도변경 또는 대수선 등의 공사로 화재안전조사를 실시하기 어려
　운 경우
└──────────────────────────────────┘

3. 화재안전조사단 편성·운영

소방청 : 중앙화재안전조사단

소방본부 및 소방서 : 지방화재안전조사단

4. 화재안전조사위원회 구성·운영 : 소방관서장

화재안전조사의 대상을 객관적이고 공정하게 선정하기 위하여 필요한 경우 화재안전조사위원회를 구성하여 화재안전조사의 대상을 선정할 수 있다.

5. 증표의 제시 및 비밀유지 의무 등

① 화재안전조시 업무를 수행하는 관계 공무원 및 관계 전문가는 그 권한 또는 자격을 표시하는 증표를 지니고 이를 관계인에게 내보여야 한다.

② 화재안전조사 업무를 수행하는 관계 공무원 및 관계 전문가는 관계인의 정당한 업무를 방해하여서는 아니 되며, 조사업무를 수행하면서 취득한 자료나 알게 된 비밀을 다른 사람 또는 기관에 제공 또는 누설하거나 목적 외의 용도로 사용하여서는 아니 된다.

> 위반한 자 : 1년 이하의 징역 또는 1천만 원 이하의 벌금

6. 화재안전조사 결과에 따른 조치명령 등

① 화재안전조사 결과 소방대상물이 법령을 위반하여 건축 또는 설비되었거나 소방시설등, 피난시설·방화구획, 방화시설 등이 법령에 적합하게 설치 또는 관리되고 있지 아니한 경우에는 관계인에게 조치를 명하거나 관계 행정기관의 장에게 필요한 조치를 하여 줄 것을 요청할 수 있다.

핵심 PLUS

04 화재안전조사 결과 화재예방을 위하여 필요한 때 관계인에게 소방대상물의 개수·이전·제거, 사용의 금지 또는 제한 등의 필요한 조치를 명할 수 있는 사람이 아닌 것은? [기 15]
① 소방서장 ② 소방본부장
③ 소방청장 ④ 시·도지사

답 : ④

05 소방대상물에 대한 화재안전조사 결과 화재가 발생되면 인명 또는 재산의 피해가 클 것으로 예상되는 경우 소방관서장이 소방대상물 관계인에게 조치를 명할 수 있는 사항과 가장 거리가 먼 것은? [기 13]
① 이전명령 ② 개수명령
③ 사용금지명령 ④ 증축명령

답 : ④

② 소방관서장은 관계인에게 그 소방대상물의 개수(改修)·이전·제거, 사용의 금지 또는 제한, 사용폐쇄, 공사의 정지 또는 중지, 그 밖에 필요한 조치를 명할 수 있다.

> 조치명령을 정당한 사유 없이 위반한 자
> : 3년 이하의 징역 또는 3천만 원 이하의 벌금

7. 손실보상

소방청장 또는 시·도지사는 화재안전조사 결과에 따른 조치명령으로 인하여 손실을 입은 자가 있는 경우에는 대통령령으로 정하는 바에 따라 시가(時價)로 보상

① 소방청장 또는 시·도지사와 손실을 입은 자가 협의해야 한다.

② 협의가 이루어진 경우에는 손실보상을 청구한 자와 연명으로 손실보상 합의서를 작성하고 보관

③ 협의가 성립되지 않은 경우에는 그 보상금액을 지급하거나 공탁하고 이를 상대방에게 알려야 한다.

④ 보상금의 지급 또는 공탁의 통지에 불복하는 자는 지급 또는 공탁의 통지를 받은 날부터 30일 이내에 공익사업을 위한 토지 등의 취득 및 보상에 관한 법률제에 따른 중앙토지수용위원회 또는 관할 지방토지수용위원회에 재결(裁決)을 신청할 수 있다.

8. 화재안전조사 결과 공개

① 화재안전조사 결과를 공개하는 경우
   ㉠ 소방관서장은 30일 이상 해당 소방관서 인터넷 홈페이지나 전산시스템을 통해 공개
   ㉡ 해당 소방대상물의 관계인에게 미리 알려야 한다.
   ㉢ 관계인은 통보받은 날부터 10일 이내에 소방관서장에게 이의신청을 할 수 있다.
   ㉣ 소방관서장은 이의신청을 받은 날부터 10일 이내에 심사·결정하여 그 결과를 지체 없이 신청인에게 알려야 한다.

② 화재안전조사 결과의 공개가 제3자의 법익을 침해하는 경우에는 제3자와 관련된 사실을 제외하고 공개해야 한다.

4 화재의 예방조치 등

1. 화재의 예방조치 등

1) 화재예방강화지구 등의 장소에서 하면 안되는 행위

모닥불, 흡연 등 화기의 취급/ 용접·용단 등 불꽃을 발생시키는 행위
풍등 등 소형열기구 날리기/ 위험물안전관리법에 따른 위험물을 방치하는 행위

> 행위를 한 자 : 300만 원 이하의 과태료

2) 안전조치를 하려는 자

① 화재예방 안전조치 협의 신청서를 작성하여 소방관서장에게 제출
② 소방관서장은 안전조치의 적절성을 검토하고 5일 이내에 화재예방 안전조치 협의 결과 통보서를 통보

3) 화재예방 조치명령

① 조치명령자 : 소방관서장
② 관계인(소유자, 관리자 또는 점유자)을 알 수 없는 경우
소속 공무원으로 하여금 그 물건을 옮기거나 보관하는 등 필요한 조치를 하게 할 수 있다.
  ㉠ 목재, 플라스틱 등 가연성이 큰 물건의 제거, 이격, 적재 금지 등
  ㉡ 소방차량의 통행이나 소화 활동에 지장을 줄 수 있는 물건의 이동

> 명령을 정당한 사유 없이 따르지 아니하거나 방해한 자 : 300만 원 이하의 벌금

③ 옮긴 물건 등을 보관하는 경우
그날부터 14일 동안 해당 소방관서의 인터넷 홈페이지에 그 사실을 공고
④ 옮긴물건등의 보관기간
공고기간의 종료일 다음 날부터 7일까지
⑤ 보관기간이 종료된 때에는 보관하고 있는 옮긴물건등을 매각 및 계속 사용할 수 없는 경우에는 폐기
⑥ 매각한 경우에는 지체 없이 국가재정법에 따라 세입조치를 해야 한다.
⑦ 소방관서장은 매각되거나 폐기된 옮긴물건등의 소유자가 보상을 요구하는 경우에는 보상금액에 대하여 소유자와의 협의를 거쳐 이를 보상해야 한다.

핵심 PLUS

06 화재예방강화지구등에서 화재의 예방조치 명령이 아닌 것은? [기 15]
① 모닥불·흡연 및 화기 취급의 금지 또는 제한
② 풍등 등 소형열기구 날리기의 금지 또는 제한
③ 용접·용단 등 불꽃을 발생시키는 행위의 금지 또는 제한
④ 불이 번지는 것을 막기 위하여 불이 번질 우려가 있는 소방대상물의 사용 제한

답 : ④

07 소방대상물의 관계인에 해당하지 않는 사람은? [기 14]
① 소방대상물의 소유자
② 소방대상물의 점유자
③ 소방대상물의 관리자
④ 소방대상물을 검사 중인 소방공무원

답 : ④

08 소방관서장은 함부로 버려두거나 그냥 둔 위험물 또는 물건을 옮겨 보관하는 경우 소방관서의 인터넷홈페이지에 보관한 그 날부터 며칠 동안 공고하여야 하는가? [기 14]
① 7일 동안   ② 14일 동안
③ 21일 동안 ④ 28일 동안

답 : ②

09 화재의 예방조치 등을 위해 옮긴 위험물 또는 물건의 보관기간은 어느 기간까지 보관하여야 하는가? [기 11]
① 공고기간 종료일 다음 날부터 5일
② 공고기간 종료일부터 5일
③ 공고기간 종료일 다음 날부터 7일
④ 공고기간 종료일부터 7일

답 : ③

핵심 PLUS

10 보일러 등의 위치·구조 및 관리와 화재예방을 위하여 불의 사용에 있어서 지켜야 하는 사항 중 보일러에 경유·등유 등 액체연료를 사용하는 경우에 연료탱크는 보일러 본체로부터 수평거리 최소 몇 [m] 이상의 간격을 두어 설치해야 하는가? [기 16]
① 0.5 ② 0.6
③ 1   ④ 2
　　　　　　답 : ③

11 소방기본법령상 불꽃을 사용하는 용접·용단 기구의 용접 또는 용단 작업장에서 지켜야 하는 사항 중 다음 ( ) 안에 알맞은 것은? [기 17]

- 용접 또는 용단 작업자로부터 반경 (㉠)[m] 이내에 소화기를 갖추어 둘 것
- 용접 또는 용단 작업장 주변 반경 (㉡)[m] 이내에는 가연물을 쌓아두거나 놓아두지 말 것. 다만, 가연물의 제거가 곤란하여 방지포 등으로 방호조치를 한 경우는 제외한다.

① ㉠ 3, ㉡ 5   ② ㉠ 5, ㉡ 3
③ ㉠ 5, ㉡ 10   ④ ㉠ 10, ㉡ 5
　　　　　　답 : ③

12 일반음식점 주방에서 조리를 위해 불을 사용하는 설비를 설치할 때 지켜야 할 사항의 기준으로 옳지 않은 것은? [기 15]
① 주방시설에는 동물 또는 식물의 기름을 제거할 수 있는 필터 등을 설치할 것
② 열을 발생하는 조리기구는 반자 또는 선반에서 0.5[m] 이상 떨어지게 할 것
③ 주방설비에 부속된 배출덕트는 0.5[mm] 이상의 아연도금강판 또는 이와 동등 이상의 내식성 불연재료로 설치할 것
④ 열을 발생하는 조리기구로부터 0.15[m] 이내의 거리에 있는 가연성 주요구조부는 단열성이 있는 불연재료로 덮어 씌울 것
　　　　　　답 : ②

Ⅲ. 소방관계법규 | 화재예방법

2. 불을 사용할 때 지켜야 하는 사항

보일러, 난로, 건조설비, 가스·전기시설, 그 밖에 화재 발생 우려가 있는 대통령령으로 정하는 설비 또는 기구 등의 위치·구조 및 관리와 화재 예방을 하여 불을 사용할 때 지켜야 하는 사항은 대통령령으로 정한다.

위반한 자 : 200만 원 이하의 과태료

종류		내용
보일러		① 가연성 벽·바닥 또는 천장과 접촉하는 증기기관 또는 연통의 부분 – 규조토 등 난연성 단열재로 덮어 씌워야 한다. ② 보일러 본체와 벽·천장 사이의 거리는 0.6[m] 이상이어야 한다. ③ 보일러를 실내에 설치하는 경우에는 콘크리트바닥 또는 금속 외의 불연재료로 된 바닥 위에 설치하여야 한다.
	액체연료 (경유 등)	㉠ 연료를 차단할 수 있는 개폐밸브를 연료탱크로부터 0.5[m] 이내에 설치 ㉡ 연료탱크는 보일러본체로부터 수평거리 1[m] 이상의 간격을 두어 설치
	기체연료 (LPG 등)	㉠ 연료를 차단할 수 있는 개폐밸브를 연료용기 등으로부터 0.5[m] 이내에 설치 ㉡ 연료를 공급하는 배관은 금속관으로 할 것
	고체연료 (화목 등)	㉠ 고체연료는 보일러본체와 수평거리 2[m] 이상 간격을 두어 보관하거나 불연재료로 된 별도의 구획된 공간에 보관할 것 ㉡ 연통은 천장으로부터 0.6[m] 이상 떨어지고 연통의 배출구는 건물 밖으로 0.6[m] 이상 나오도록 설치할 것 ㉢ 연통의 배출구는 보일러 본체보다 2[m] 이상 높게 설치
건조설비		건조설비와 벽·천장 사이의 거리는 0.5[m] 이상 이어야 한다.
난로		① 가연성 벽·바닥 또는 천장과 접촉하는 연통의 부분은 규조토 등 난연성 또는 불연성의 단열재로 덮어씌워야 한다. ② 연통은 천장으로부터 0.6[m] 이상 떨어지고, 연통의 배출구는 건물 밖으로 0.6m 이상 나오게 설치하여야 한다.
불꽃을 사용하는 용접·용단기구		① 반경 5[m] 이내에 소화기를 갖추어 둘 것 ② 반경 10[m] 이내에는 가연물을 쌓아두거나 놓아두지 말 것.
음식조리를 위하여 설치하는 설비		식품접객업 중 일반음식점 주방에서 조리를 위하여 불을 사용하는 설비를 설치하는 경우 ① 주방설비에 부속된 배출덕트(공기 배출통로)는 0.5[mm] 이상의 아연도금강판 또는 이와 동등 이상의 내식성 불연재료로 설치 ② 열을 발생하는 조리기구로부터 0.15[m] 이내의 거리에 있는 가연성 주요구조부는 단열성이 있는 불연재료로 덮어 씌울 것 ③ 열을 발생하는 조리기구는 반자 또는 선반으로부터 0.6[m] 이상 이격 ④ 주방시설에는 동물 또는 식물의 기름을 제거할 수 있는 필터 등을 설치

3. 특수가연물(特殊可燃物)의 저장 및 취급 기준

화재가 발생하는 경우 불길이 빠르게 번지는 고무류·플라스틱류·석탄 및 목탄 등 대통령령으로 정하는 **특수가연물(特殊可燃物)의 저장 및 취급 기준은 대통령령으로 정한다.**

특수가연물의 저장 및 취급 기준을 위반한 자 : 200만 원 과태료

1) 특수가연물의 저장·취급 기준

다만, 석탄·목탄류를 발전용으로 저장하는 경우는 제외

① 품명별로 구분하여 쌓을 것

② 저장·취급 기준

구분		일반적인 경우	살수설비를 설치하거나 방사능력 범위에 해당 특수가연물이 포함되도록 대형수동식소화기를 설치하는 경우
높이		10[m] 이하	15[m] 이하
쌓는 부분의 바닥면적	면화류 등	50[m²] 이하	200[m²] 이하
	석탄·목탄류	200m² 이하	300[m²] 이하

③ 저장·취급 기준

구 분	실내에 쌓아 저장하는 경우	실외에 쌓아 저장하는 경우
쌓는 부분 바닥면적의 사이	1.2[m] 또는 쌓는 높이의 1/2 중 큰 값 이상	3[m] 또는 쌓는 높이 중 큰 값 이상
저장 기준	㉠ 주요구조부는 내화구조이면서 불연재료 ㉡ 다른 종류의 특수가연물과 같은 공간에 보관하지 않을 것	쌓는 부분이 대지경계선, 도로 및 인접 건축물과 최소 6[m] 이상
저장 기준 제외	내화구조의 벽으로 분리하는 경우	쌓는 높이보다 0.9[m] 이상 높은 내화구조 벽체를 설치한 경우

핵심 PLUS

13 화재의 예방 및 안전관리에 관한 법령상 특수가연물의 저장 및 취급기준 중 석탄·목탄류의 경우 쌓는 부분의 바닥면적은 몇 [m²] 이하인가? (단, 살수설비를 설치하거나 방사능력 범위에 해당 특수가연물이 포함되도록 대형수동식소화기를 설치하는 경우이다.)

① 200 ② 250
③ 300 ④ 350

답 : ③

14 일반적인 경우로서 특수가연물의 저장 및 취급기준으로 옳지 않은 것은?
[기 14]

① 품명별로 구분하여 쌓을 것
② 쌓는 높이는 10[m] 이하로 할 것
③ 쌓는 부분의 바닥면적은 50[m²] 이하가 되도록 할 것
④ 실내에 쌓는 부분의 바닥면적 사이는 1[m] 이상이 되도록 할 것

답 : ④

핵심 PLUS

15 특수가연물을 저장 또는 취급하는 장소에 설치하는 표지의 기재사항이 아닌 것은? [기 13]
① 품명
② 위험물안전관리자 성명
③ 최대저장수량
④ 화기취급의 금지표시

답 : ②

16 다음 중 특수가연물의 종류에 해당하지 않는 것은? [기 12]
① 목탄류   ② 석유류
③ 면화류   ④ 볏짚류

답 : ②

17 특수가연물에 해당되지 않는 물품은? [기 11]
① 볏짚류(1,000[kg] 이상)
② 나무껍질(400[kg] 이상)
③ 목재가공품(10[m³] 이상)
④ 가연성 고체류(2[m³] 이상)

답 : ④

---

2) 특수가연물 표지

① 품명, 최대저장수량, 단위부피당 질량 또는 단위체적당 질량, 관리책임자 성명·직책, 연락처 및 화기취급의 금지표시가 포함된 특수가연물 표지를 설치

② 특수가연물 표지의 규격

특수가연물	
화기엄금 || ← 화기취급의 금지표시
품 명	합성수지류
최대저장수량(배수)	000톤(00배)
단위부피당 질량 (단위체적당 질량)	000[kg/m³]
관리책임자(직책)	김연우 팀장
연락처	02-000-0000

㉠ 한 변의 길이가 0.3[m] 이상, 다른 한 변의 길이가 0.6[m] 이상인 직사각형으로 할 것
㉡ 바탕은 흰색으로, 문자는 검은색으로 할 것.
㉢ 화기엄금 표시 부분의 바탕은 붉은색, 문자는 백색

3) 특수가연물의 종류

품명		수량
면화류		200 [kg] 이상
나무껍질 및 대팻밥		400 [kg] 이상
넝마 및 종이부스러기		1,000 [kg] 이상
사류(絲類)		1,000 [kg] 이상
볏짚류		1,000 [kg] 이상
가연성고체류		3,000 [kg] 이상
석탄·목탄류		10,000 [kg] 이상
가연성액체류		2 [m³] 이상
목재가공품 및 나무부스러기		10 [m³] 이상
고무류·플라스틱류	발포시킨 것	20 [m³] 이상
	그 밖의 것	3,000 [kg] 이상

4. 화재예방강화지구의 지정 등

① 화재예방강화지구 지정·관리자 – 시·도지사

화재발생 우려가 크거나 화재가 발생할 경우 피해가 클 것으로 예상되는 지역에 대하여 화재의 예방 및 안전관리를 강화하기 위해 지정·관리하는 지역

| 화재예방강화지구 |

1. 시장지역
2. 소방시설·소방용수시설 또는 소방출동로가 없는 지역
3. 위험물의 저장 및 처리 시설이 밀집한 지역
4. 석유화학제품을 생산하는 공장이 있는 지역
5. 공장·창고가 밀집한 지역
6. 목조건물이 밀집한 지역
7. 산업입지 및 개발에 관한 법률에 따른 산업단지
8. 소방관서장이 화재예방강화지구로 지정할 필요가 있다고 인정하는 지역
9. 노후·불량건축물이 밀집한 지역
10. 물류시설의 개발 및 운영에 관한 법률에 따른 물류단지

---

② 소방청장은 해당 시·도지사에게 해당 지역의 화재예방강화지구 지정을 요청할 수 있다.

③ 소방관서장
  ㉠ 화재예방강화지구 내 화재안전조사를 연 1회 이상 실시
  ㉡ 소화기구, 소방용수시설 또는 그 밖의 소방에 필요한 설비(소방설비등)의 설치(보수, 보강 포함)를 명할 수 있다.

> 설치 명령을 정당한 사유 없이 따르지 아니한 자 : 200만 원 이하의 과태료

  ㉢ 훈련 및 교육을 연 1회 이상 실시 및 실시 시 관계인에게 훈련 또는 교육 10일 전까지 그 사실을 통보해야 한다.

5. 화재 위험경보 발령자 – 소방관서장

기상현상 및 기상영향에 대한 예보·특보·태풍예보에 따라 화재의 발생 위험이 높다고 분석·판단되는 경우에는 화재에 관한 위험경보를 발령하고 그에 따른 필요한 조치를 할 수 있다.

6. 화재안전영향평가 실시자

① 화재발생 원인 및 연소과정을 조사·분석하는 등의 과정에서 법령이나 정책의 개선이 필요하다고 인정되는 경우 그 법령이나 정책에 대한 화재 위험성의 유발요인 및 완화 방안에 대한 평가

핵심 PLUS

18 화재예방강화지구로 지정할 수 있는 사람은? [기 12]
① 소방서장 ② 소방청장
③ 시·도지사 ④ 소방본부장

답 : ③

19 화재예방강화지구의 지정 대상지역으로 적당하지 아니한 것은?
[기 05, 06, 07, 08, 10, 11, 13, 14]
① 목조건물이 밀집한 지역
② 공장·장고가 밀집한 지역
③ 위험물의 저장 및 처리시설이 밀집한 지역
④ 소방시설·소방용수시설 또는 소방출동로가 부족한 지역

답 : ④

20 화재예방강화지구에 대한 화재안전조사자는 누구인가? [기 15]
① 시·도지사
② 소방관서장
③ 한국소방안전원장
④ 행정안전부장관

답 : ②

21 소방관서장은 화재예방강화지구의 관계인에 대하여 소방상 필요한 훈련 및 교육을 실시하고자 하는 때에는 관계인에게 며칠 전까지 그 사실을 통보하여야 하는가? [기 13]
① 5일   ② 10일
③ 15일   ④ 20일

답 : ②

22 화재에 관한 위험경보를 발령할 수 있는 사람은? [기 11]
① 행정안전부장관
② 소방관서장
③ 시·도지사
④ 총리

답 : ②

Ⅲ. 소방관계법규 | 화재예방법

② 소방청장
  ㉠ 화재안전영향평가 실시
  ㉡ 화재안전영향평가에 관한 업무를 수행하기 위하여 화재안전영향평가 심의회를 구성·운영할 수 있다.
  ㉢ 화재안전영향평가의 기준을 화재안전영향평가심의회의 심의를 거쳐 정한다.

7. 화재안전취약자에 대한 지원 - 소방관서장

소방관서장은 어린이, 노인, 장애인 등 화재의 예방 및 안전관리에 취약한 자(화재안전취약자)의 안전한 생활환경을 조성하기 위하여 소방용품의 제공 및 소방시설의 개선 등 필요한 사항을 지원하기 위하여 노력하여야 한다.

5 소방대상물의 소방안전관리

1. 소방안전관리자의 선임

1) 소방안전관리대상물

① 전문적인 안전관리가 요구되는 특정소방대상물 : 특급, 1급 2급, 3급 대상물
② 관계인은 선임기준일로 부터 30일 이내에 소방안전관리자로 선임

> 선임하지 아니한 자 : 300만 원 이하의 벌금

③ 소방안전관리자 선임의 연기 신청 대상물 : 2급 또는 3급
④ 미선임 시 선임 명령자 : 소방본부장 또는 소방서장

> 명령을 정당한 사유 없이 위반한 자
> : 3년 이하의 징역 또는 3천만 원 이하의 벌금

2) 특급, 1급 소방안전관리대상물의 소방안전관리자 겸임 금지

다른 안전관리자(다른 법령에 따라 전기·가스·위험물 등의 안전관리 업무에 종사하는 자)는 소방안전관리대상물 중 소방안전관리업무의 전담이 필요한 대통령령으로 정하는 소방안전관리대상물(특급, 1급 소방안전관리대상물)의 소방안전관리자를 겸할 수 없다.

> 소방안전관리자를 겸한 자 : 300만 원 이하의 과태료

---

23 특정소방대상물의 관계인은 소방안전관리자가 해임한 날부터 며칠 이내에 선임하여야 하는가? [기 11]
① 10일   ② 14일
③ 30일   ④ 90일
답 : ③

24 화재예방 및 안전관리에 관한 법령에 따라 소방안전관리대상물의 관계인이 소방안전관리 업무에서 소방안전관리자를 선임하지 아니하였을 때 벌금 기준은?
① 100만 원 이하
② 1천만 원 이하
③ 200만 원 이하
④ 300만 원 이하
답 : ④

3) 소방안전관리대상물의 관계인

소방안전관리업무를 대행하는 관리업자를 감독할 수 있는 사람을 지정하여 소방안전관리자로 선임할 수 있다. 이 경우 소방안전관리자로 선임된 자는 선임된 날부터 3개월 이내에 강습교육을 받아야 한다.

2. 소방안전관리자 선임 신고

선임한 날부터 14일 이내에 소방본부장 또는 소방서장에게 신고

선임신고를 하지 아니하거나 소방안전관리자의 성명 등을 게시하지 아니한 자
: 200만 원 이하의 과태료

3. 소방안전관리자의 선임 대상별 자격 및 인원기준

1) 소방안전관리대상물의 범위

특급	① 50층 이상(지하층 제외)이거나 지상으로부터 높이가 200[m] 이상인 아파트 ② 30층 이상(지하층 포함)이거나 지상으로부터 높이가 120[m] 이상인 특정소방대상물(아파트 제외) ③ ②에 해당하지 않는 특정소방대상물로서 연면적이 10만 [m²] 이상인 특정소방대상물(아파트 제외)
1급	① 30층 이상(지하층은 제외)이거나 지상으로부터 높이가 120[m] 이상인 아파트 ② 연면적 1만5천 [m²] 이상인 특정소방대상물(아파트 및 연립주택 제외) ③ ②에 해당하지 않는 특정소방대상물로시 지상층의 층수가 11층 이상인 특정소방대상물(아파트 제외) ④ 가연성 가스를 1천톤 이상 저장·취급하는 시설
2급	① 옥내소화전설비, 스프링클러설비, 물분무등소화설비[호스릴 방식 제외]를 설치해야 하는 특정소방대상물 ② 옥내소화전설비 또는 스프링클러설비가 설치된 공동주택 ③ 보물 또는 국보로 지정된 목조건축물, 지하구 ④ 가스 제조설비를 갖추고 도시가스사업의 허가를 받아야 하는 시설 또는 가연성 가스를 100톤 이상 1천톤 미만 저장·취급하는 시설
3급	① 간이스프링클러설비(주택전용 간이스프링클러설비 제외)를 설치해야 하는 특정 소방대상물 ② 자동화재탐지설비를 설치해야 하는 특정소방대상물

핵심 PLUS

25 소방안전관리자 선임에 관한 설명 중 옳은 것은? [기 13]

소방안전관리대상물의 관계인이 소방안전관리자를 선임한 경우에는 행정안전부령이 정하는 바에 따라 선임한 날부터 (㉠) 이내에 (㉡)에게 신고하여야 한다.

① ㉠ 14일, ㉡ 시·도지사
② ㉠ 14일, ㉡ 소방본부장이나 소방서장
③ ㉠ 30일, ㉡ 시·도지사
④ ㉠ 30일, ㉡ 소방본부장이나 소방서장

답 : ②

26 소방안전관리자를 두어야 할 특정소방대상물로서 1급 소방안전관리 대상물이 아닌 것은? [기 11]

① 지하구
② 연면적 15,000[m²] 이상인 것 (아파트 및 연립주택은 제외)
③ 지상층의 층수가 11층 이상인 것 (아파트 제외)
④ 1천 톤 이상의 가연성 가스 저장 시설

해설 지하구 : 2급 소방안전관리 대상물

답 : ①

27 소방안전관리자를 두어야 할 특정소방대상물 중 1급 소방안전관리대상물에 해당되는 것은? [기 06, 07, 10, 13]

① 지하구
② 가연성 가스를 1천톤 이상 저장·취급하는 시설
③ 자동화재탐지설비를 설치해야 하는 특정소방대상물
④ 물분무소화설비를 설치해야 하는 특정소방대상물

답 : ②

핵심 PLUS

28 2급 소방안전관리대상물의 소방안전관리자 선임 자격 기준으로 틀린 것은?
① 1급 소방안전관리대상물의 소방안전관리자 자격증을 발급받은 사람
② 소방공무원으로 3년 이상 근무한 경력이 있는 사람
③ 의용소방대원으로 5년 이상 근무한 경력이 있는 사람
④ 위험물산업기사 자격을 가진 사람

답 : ③

2) 소방안전관리대상물 소방안전관리자의 자격(다음 조건을 갖추고 소방안전관리자 자격증을 발급 받은 사람)

특급	① 소방기술사 또는 소방시설관리사의 자격이 있는 사람 ② 소방설비기사 : 5년 이상 1급 대상물의 소방안전관리자로 근무한 실무경력 ③ 소방설비산업기사 : 7년 이상 1급 대상물의 소방안전관리자로 근무한 실무경력 ④ 소방공무원으로 20년 이상 근무한 경력이 있는 사람 ⑤ 특급 소방안전관리대상물의 소방안전관리에 관한 시험에 합격한 사람
1급	① 소방설비기사 또는 소방설비산업기사의 자격이 있는 사람 ② 소방공무원으로 7년 이상 근무한 경력이 있는 사람 ③ 1급 소방안전관리대상물의 소방안전관리에 관한 시험에 합격한 사람 ④ 특급 소방안전관리대상물의 소방안전관리자 자격증을 발급받은 사람
2급	① 위험물기능장·위험물산업기사 또는 위험물기능사 자격이 있는 사람 ② 소방공무원으로 3년 이상 근무한 경력이 있는 사람 ③ 2급 소방안전관리대상물의 소방안전관리에 관한 시험에 합격한 사람 ④ 기업활동 규제완화에 관한 특별조치법에 따라 소방안전관리자로 선임된 사람 ⑤ 특급, 1급 소방안전관리대상물의 소방안전관리자 자격증을 발급받은 사람
3급	① 소방공무원으로 1년 이상 근무한 경력이 있는 사람 ② 3급 소방안전관리대상물의 소방안전관리에 관한 시험에 합격한 사람 ③ 기업활동 규제완화에 관한 특별조치법에 따라 소방안전관리자로 선임된 사람 ④ 특급, 1급, 2급 소방안전관리대상물의 소방안전관리자 자격증을 발급받은 사람

4. 소방안전관리보조자의 선임 대상별 자격 및 인원기준

대상	① 아파트 중 300세대 이상인 아파트 ② 연면적 1만5천 [m²] 이상인 특정소방대상물(아파트 및 연립주택 제외) ③ 공동주택 중 기숙사, 의료시설, 노유자 시설, 수련시설 ④ 숙박시설(숙박시설로 사용되는 바닥면적의 합계가 1,500[m²] 미만이고 관계인이 24시간 상시 근무하고 있는 숙박시설은 제외)
자격	① 특급, 1급, 2급 또는 3급 소방안전관리대상물의 소방안전관리자 자격이 있는 사람 ② 국가기술자격의 직무분야 중 건축, 기계제작, 기계장비설비·설치, 화공, 위험물, 전기, 전자 및 안전관리에 해당하는 국가기술자격이 있는 사람 ③ 공공기관의 소방안전관리에 관한 규정에 따른 강습교육을 수료한 사람 ④ 강습교육을 수료한 사람
선임 인원	① 아파트 : 초과되는 300세대마다 1명 이상을 추가 ② 연면적 15,000[m²] 이상인 특정소방대상물(아파트 및 연립주택 제외) : 초과되는 연면적 15,000[m²] (방재실에 자위소방대가 24시간 상시 근무하고 소방자동차 중 소방펌프차, 소방물탱크차, 소방화학차 또는 무인방수차를 운용하는 경우 3만 [m²])마다 1명 이상을 추가로 선임 ③ 범위의 ③, ④의 경우 야간이나 휴일에 해당 특정소방대상물이 이용되지 않는 것을 확인한 경우 선임하지 않을 수 있다.

6 소방안전관리업무의 수행

1. 소방안전관리대상물의 관계인 및 소방안전관리자

관계인은 소방안전관리자가 소방안전관리업무를 성실하게 수행할 수 있도록 지도·감독하고 소방안전관리자는 소방안전관리업무를 수행하여야 한다.

> 지도·감독하지 아니한 자 : 300만 원 이하의 과태료

> 업무를 수행하지 아니한 자 : 300만 원 이하의 과태료

> 소방안전관리업무
> ① 피난계획에 관한 사항과 소방계획서의 작성 및 시행
> ② 자위소방대(自衛消防隊) 및 초기대응체계의 구성, 운영 및 교육
> ③ 소방훈련 및 교육
> ④ 소방안전관리에 관한 업무수행에 관한 기록·유지(⑤, ⑥, ⑦의 업무)
> ⑤ 피난시설, 방화구획 및 방화시설의 관리
> ⑥ 소방시설이나 그 밖의 소방 관련 시설의 관리
> ⑦ 화기(火氣) 취급의 감독
> ⑧ 화재발생 시 초기대응
> ⑨ 그 밖에 소방안전관리에 필요한 업무

2. 특정소방대상물의 관계인 : 소방안전관리업무의 ⑤ ~ ⑨의 업무만 수행

(소방안전관리자를 선임하지 않아도 되는 대상물의 관계인을 말함)

3. 소방안전관리자가 법령에 위반된 것을 발견한 때

① 지체 없이 관계인에게 소방대상물의 개수·이전·제거·수리 등 필요한 조치를 할 것을 요구하여야 하며, 관계인이 시정하지 아니하는 경우 소방본부장 또는 소방서장에게 그 사실을 알려야 한다. 이 경우 소방안전관리자는 공정하고 객관적으로 그 업무를 수행하여야 한다.

> 조치 할 것을 요구하지 아니한 소방안전관리자 : 300만 원 이하의 벌금

② 관계인은 지체 없이 이에 따라야 하며, 이를 이유로 소방안전관리자를 해임하거나 보수(報酬)의 지급을 거부하는 등 불이익한 처우를 하여서는 아니 된다.

> 소방안전관리자에게 불이익한 처우를 한 관계인 : 300만 원 이하의 벌금

핵심 PLUS

29 소방안전관리대상물의 소방안전관리자 업무에 해당하지 않는 것은?
[기 08, 11, 13, 14]
① 소방계획서의 작성 및 시행
② 화기취급의 감독
③ 소용품의 형식승인
④ 피난시설, 방화구획 및 방화시설의 유지·관리

답 : ③

30 소방안전관리대상물에 대한 소방안전관리자의 업무가 아닌 것은? [기 14]
① 소방계획서의 작성
② 소방훈련 및 교육
③ 소방시설의 공사발주
④ 자위소방대 및 초기대응체계의 구성

답 : ③

Ⅲ. 소방관계법규 | 화재예방법

4. 소방안전관리업무 수행에 관한 기록·유지

소방안전관리자는 소방안전관리업무 수행에 관한 기록을 월 1회 이상 작성·관리해야 한다.

5. 소방본부장 또는 소방서장

업무를 다하지 아니하는 관계인 또는 소방안전관리자에게 그 업무의 이행을 명할 수 있다.

> 명령을 정당한 사유 없이 위반한 자 : 3년 이하의 징역 또는 3천만 원 이하의 벌금

6. 소방안전관리업무의 대행

연면적 등이 일정규모 미만인 대통령령으로 정하는 소방안전관리대상물의 관계인은 관리업자로 하여금 같은 소방안전관리업무 중 대통령령으로 정하는 업무를 대행하게 할 수 있다.

| 연면적 등이 일정규모 미만인 대통령령으로 정하는 소방안전관리대상물 |

1. 지상층의 층수가 11층 이상인 1급 소방안전관리대상물
   (연면적 15,000[m^2] 이상인 특정소방대상물과 아파트 제외)
2. 2급 소방안전관리대상물
3. 3급 소방안전관리대상물

이 경우 선임된 소방안전관리자는 관리업자의 대행업무 수행을 감독하고 대행업무 외의 소방안전관리업무는 직접 수행하여야 한다.

| 대통령령으로 정하는 업무 |

1. 피난시설, 방화구획 및 방화시설의 관리
2. 소방시설이나 그 밖의 소방 관련 시설의 관리
---

7. 소방안전관리업무를 관리업자에게 대행하게 하는 경우의 대가(代價)

엔지니어링산업 진흥법에 따른 엔지니어링사업의 대가 기준 가운데 행정안전부령으로 정하는 방식인 실비정액가산방식(직접인건비, 직접경비, 제경비, 기술료와 부가가치세를 합산하여 대가를 산출하는 방식)에 따라 산정한다.

7 소방계획서 등

1. 소방계획서 지도·감독자 : 소방본부장 또는 소방서장

| 소방계획서에 포함되어야 할 사항 |

① 위치·구조·연면적·용도 및 수용인원 등 일반 현황
② 소방시설, 방화시설, 전기시설, 가스시설 및 위험물시설의 현황
  - 소방시설·피난시설 및 방화시설의 점검·정비계획
  - 방화구획, 제연구획, 건축물의 내부 마감재료 및 방염대상물품의 사용 현황과 그 밖의 방화구조 및 설비의 유지·관리계획
  - 위험물의 저장·취급에 관한 사항(예방규정을 정하는 제조소등은 제외)
③ 화재 예방을 위한 자체점검계획 및 대응대책
  - 화기 취급 작업에 대한 사전 안전조치 및 감독 등 공사 중 소방안전관리에 관한 사항
  - 소화에 관한 사항과 연소 방지에 관한 사항
④ 화재발생 시 화재경보, 초기소화 및 피난유도 등 초기대응에 관한 사항
  - 소방훈련·교육에 관한 계획
  - 피난층 및 피난시설의 위치와 피난경로의 설정, 화재안전취약자의 피난계획 등을 포함한 피난계획
  - 근무자 및 거주자의 자위소방대 조직과 대원의 임무(화재안전취약자의 피난 보조 임무를 포함)에 관한 사항
⑤ 소방안전관리에 대한 업무수행에 관한 기록 및 유지에 관한 사항(월1회)
⑥ 관리의 권원이 분리된 특정소방대상물의 소방안전관리에 관한 사항

---

2. 피난계획의 수립 및 시행

① 소방안전관리대상물의 관계인은 구조·위치, 소방시설 등을 고려하여 피난계획을 수립 및 시행하고 피난시설이 변경된 경우에는 그 변경사항을 반영해야 함

② 피난유도 안내정보를 근무자 또는 거주자에게 정기적으로 제공하여야 한다.

> 피난유도 안내정보를 제공하지 아니한 자 : 300만 원 이하의 과태료

| 피난유도 안내정보 |

① 연 2회 피난안내 교육을 실시하는 방법
② 분기별 1회 이상 피난안내방송을 실시하는 방법
③ 피난안내도를 층마다 보기 쉬운 위치에 게시하는 방법
④ 엘리베이터, 출입구 등 시청이 용이한 장소에 피난안내영상을 제공하는 방법

핵심 PLUS

31 소방안전관리대상물의 소방계획서에 포함되어야 할 내용으로 옳지 않은 것은? [기 13]
① 소방안전관리대상물의 위치·구조·연면적·용도 및 수용인원 등의 일반현황
② 화재 예방을 위한 자체점검계획 및 대응대책
③ 재난방지계획 및 민방위조직에 관한 사항
④ 소방안전관리대상물의 근무자 및 거주자의 자위소방대 조직과 대의원 임무에 관한 사항

답 : ③

32 소방안전관리자가 작성하는 소방계획서의 내용에 포함되지 않는 것은? [기 15]
① 소방시설공사 하자의 판단기준에 관한 사항
② 소방시설·피난시설 및 방화시설의 점검·정비 계획
③ 관리의 권원이 분리된 특정소방대상물의 소방안전관리에 관한 사항
④ 소화에 관한 사항과 및 연소 방지에 관한 사항

답 : ①

III. 소방관계법규 | 화재예방법

핵심 PLUS

33 소방안전관리대상물의 관계인은 근무자 및 거주자에 대한 소방훈련과 교육은 연 몇 회 이상 실시하여야 하는가? [기 14]
① 연 1회 이상
② 연 2회 이상
③ 연 3회 이상
④ 연 4회 이상

답 : ①

34 소방안전관리대상물의 관계인은 소방훈련과 교육을 실시한 때에는 그 실시결과를 몇 년간 보관하여야 하는가? [기 12]
① 1년   ② 2년
③ 3년   ④ 5년

답 : ②

3. 소방안전관리대상물 근무자 및 거주자 등에 대한 소방훈련 등

1) 소방안전관리대상물의 관계인

① 근무자등에게 소방훈련과 교육을 연 1회 이상 실시

> 소방훈련 및 교육을 하지 아니한 자 : 300만 원 이하의 과태료

② 특급 및 1급 대상물은 소방기관과 합동으로 실시하게 할 수 있다.

③ 소방훈련 및 교육을 실시한 날부터 2년간 보관

2) 소방안전관리업무의 전담이 필요한 소방안전관리대상물 : 특급, 1급

소방훈련 및 교육을 실시한 날부터 30일 이내에 소방훈련 및 교육 결과를 소방본부장 또는 소방서장에게 제출

> 기간 내에 소방훈련 및 교육 결과를 제출하지 아니한 자 : 200만 원 이하의 과태료

3) 소방본부장 또는 소방서장

① 소방훈련과 교육을 지도·감독할 수 있다.

② 소방안전관리대상물 중 불특정 다수인이 이용하는 노유자시설, 의료시설, 교육연구시설의 근무자등에게 불시에 소방훈련과 교육을 실시할 수 있으며 불시 소방훈련·교육 실시 10일 전까지 통지해야 한다.

③ 소방훈련과 교육의 평가를 실시한 경우 불시 소방훈련·교육 종료일부터 10일 이내에 불시 소방훈련·교육 평가 결과서를 통지해야 한다.

4. 특정소방대상물의 관계인에 대한 소방안전교육

① 특정소방대상물의 관계인(소방안전관리자를 선임하지 않는 대상물)에 대하여 소방안전교육을 할 수 있는 자 : 소방본부장 또는 소방서장

② 소방안전교육의 교육대상자
  ㉠ 소화기 또는 비상경보설비가 설치된 공장·창고 등의 특정소방대상물의 관계인
  ㉡ 소방본부장 또는 소방서장이 화재에 대한 취약성이 높다고 인정하는 특정소방대상물의 관계인

③ 소방안전교육을 실시하려는 경우에는 교육일 10일 전까지 통보해야 한다.

5. 자위소방대 및 초기대응체계의 구성·운영 및 교육 등

① 자위소방대를 효율적으로 수행할 수 있도록 편성·운영자
   - 소방안전관리대상물의 소방안전관리자

   자위소방대에는 대장과 부대장 1명을 각각 두며, 편성 조직의 인원은 해당 소방안전관리대상물의 수용인원 등을 고려하여 구성한다. 이 경우 자위소방대의 대장, 부대장 및 편성조직의 임무는 다음과 같다.

대장	자위소방대를 총괄 지휘
부대장	대장을 보좌하고 대장이 부득이한 사유로 임무를 수행할 수 없는 때에는 그 임무를 대행
비상연락팀	화재사실의 전파 및 신고 업무를 수행
초기소화팀	화재 발생 시 초기화재 진압 활동을 수행
피난유도팀	재실자 및 장애인, 노인, 임산부, 영유아 및 어린이 등 이동이 어려운 사람을 안전한 장소로 대피시키는 업무를 수행
응급구조팀	인명을 구조하고, 부상자에 대한 응급조치를 수행
방호안전팀	화재확산방지 및 위험시설의 비상정지 등 방호안전 업무를 수행

② 소방안전관리대상물의 소방안전관리자
   ㉠ 연 1회 이상 자위소방대를 소집하여 그 편성 상태 및 초기대응체계를 점검하고, 편성된 근무자에 대한 소방교육을 실시
   ㉡ 소방교육을 근무자 및 거주자에 대한 소방훈련과 교육으로 병행하여 실시힐 수 있다.
   ㉢ 소방교육을 실시하였을 때는 그 실시 결과를 자위소방대 및 초기대응체계 교육·훈련 실시 결과 기록부에 기록하고, 교육을 실시한 날부터 2년간 보관

③ 소방청장
   자위소방대의 구성·운영 및 교육, 초기대응체계의 편성·운영 등에 필요한 지침을 작성하여 배포

④ 소방본부장 또는 소방서장
   소방안전관리대상물의 소방안전관리자가 해당 지침을 준수하도록 지도할 수 있다.

핵심 PLUS

핵심 PLUS

8 건설현장 소방안전관리

1. 건설현장 소방안전관리대상물의 소방안전관리자 선임

공사시공자가 화재발생 및 화재피해의 우려가 큰 대통령령으로 정하는 특정소방대상물(건설현장 소방안전관리대상물)을 신축·증축·개축·재축·이전·용도변경 또는 대수선 하는 경우에는 강습교육, 실무교육을 받은 사람을 소방시설공사 착공 신고일부터 건축물 사용승인일(건축물을 사용할 수 있게 된 날)까지 소방안전관리자로 선임하고 행정안전부령으로 정하는 바에 따라 소방본부장 또는 소방서장에게 신고하여야 한다.

구 분	건설현장 소방안전관리대상물	
신축·증축·개축·재축·이전·용도변경 또는 대수선을 하려는 부분	연면적의 합계가 15,000[m²] 이상	
	연면적이 5,000[m²] 이상이고	지하층의 층수가 2개 층 이상인 것
		지상층의 층수가 11층 이상인 것
		냉동창고, 냉장창고 또는 냉동·냉장창고

> 선임하지 아니한 자 : 300만 원 이하의 벌금

2) 건설현장 소방안전관리자의 선임 신고

선임한 날부터 14일 이내에 소방본부장 또는 소방서장에게 신고

> 기간 내에 선임신고를 하지 아니한 자 : 200만 원 이하의 과태료

3) 건설현장 소방안전관리업무의 수행

> 건설현장 소방안전관리대상물의 소방안전관리자의 업무를 하지 아니한 자 : 300만 원 이하의 과태료

---

35 건설현장 소방안전관리대상물의 소방안전관리자 선임 대상물이 아닌 것은?
① 개축하려는 부분의 연면적의 합계가 15,000[m²] 이상인 것
② 용도변경을 하려는 부분의 연면적의 합계가 15,000[m²] 이상인 것
③ 대수선을 하려는 부분의 연면적이 5,000[m²] 이상이며 지하층의 층수가 2개 층 이상인 것
④ 냉동창고, 냉장창고 또는 냉동·냉장창고

답 : ④

9 관리의 권원이 분리된 특정소방대상물의 소방안전관리

1. 관리의 권원(權原)이 분리되어 있는 특정소방대상물

① 관리의 권원별 관계인은 소유권, 관리권 및 점유권에 따라 각각 소방안전관리자를 선임하여야 한다.

다만, 소방본부장 또는 소방서장은 관리의 권원이 많아 효율적인 소방안전관리가 이루어지지 아니한다고 판단되는 경우 관리의 권원을 조정하여 소방안전관리자를 선임하도록 할 수 있다.

─── | 관리의 권원(權原)이 분리되어 있는 특정소방대상물 | ───

① 복합건축물(지하층을 제외한 층수가 11층 이상 또는 연면적 3만[m²] 이상인 건축물)
② 지하가(지하의 인공구조물 안에 설치된 상점 및 사무실, 그 밖에 이와 비슷한 시설이 연속하여 지하도에 접하여 설치된 것과 그 지하도를 합한 것)
③ 그 밖에 대통령령으로 정하는 특정소방대상물
  – 판매시설 중 도매시장, 소매시장 및 전통시장

`선임하지 아니한 자 : 300만 원 이하의 벌금`

② ①에도 불구하고 아래와 같이 소방안전관리자를 선임할 수 있다.

법령 또는 계약 등에 따라 공동으로 관리하는 경우	하나의 관리 권원으로 보아 소방안전관리자 1명 선임
하나의 화재 수신기 및 소화펌프가 설치된 경우	
화재 수신기 또는 소화펌프(가압송수장치 포함)가 별도로 설치되어 있는 경우	설치된 화재 수신기 또는 소화펌프가 화재를 감지·소화 또는 경보할 수 있는 부분을 각각 하나의 관리 권원으로 보아 각각 소방안전관리자 선임

2. 총괄소방안전관리자의 선임

관리의 권원별 관계인은 상호 협의하여 특정소방대상물의 전체에 걸쳐 소방안전관리상 필요한 업무를 총괄하는 소방안전관리자(총괄소방안전관리자)를 선임된 소방안전관리자 중에서 선임하거나 별도로 선임하여야 하고 총괄소방안전관리자는 소방안전관리대상물의 등급별 선임자격을 갖춰야 한다.

`선임하지 아니한 자 : 300만 원 이하의 벌금`

핵심 PLUS

36 관리의 권원이 분리된 특정소방대상물의 소방안전관리자를 선임하여야 할 특정 소방대상물의 기준으로 틀린 것은? [기 16]
① 지하가
② 지하층을 포함한 층수가 11층 이상의 복합건축물
③ 전통시장
④ 판매시설 중 도매시장 또는 소매시장

답 : ②

Ⅲ. 소방관계법규 | 화재예방법

핵심 PLUS

10 특별관리시설물의 소방안전관리

구분	특별관리기본계획	특별관리시행계획
수립, 시행자	소방청장	시·도지사
수립 시기	5년	매년
비고	시·도지사에게 통보	그 결과를 다음 연도 1월 31일까지 소방청장에게 통보

1. 소방안전 특별관리시설물의 안전관리

1) 소방안전 특별관리시설물

화재 등 재난이 발생할 경우 사회·경제적으로 피해가 큰 시설

① 공항시설, 철도시설, 도시철도시설, 항만시설

② 석유비축시설, 천연가스 인수기지 및 공급망

③ 지정문화재인 및 천연기념물·명승, 시·도자연유산인 시설
   (시설이 아닌 지정문화재를 보호하거나 소장하고 있는 시설을 포함)

④ 산업기술단지, 산업단지, 전력용 및 통신용 지하구

⑤ 초고층 건축물 및 지하연계 복합건축물

⑥ 영화상영관 중 수용인원 1천명 이상인 영화상영관

⑦ 전통시장으로서 대통령령으로 정하는 전통시장(점포가 500개 이상인 전통시장)

⑧ 그 밖에 대통령령으로 정하는 시설물
   ㉠ 발전사업자가 가동 중인 발전소
   ㉡ 물류창고로서 연면적 10만 [m²] 이상인 것
   ㉢ 가스공급시설

2) 소방안전 특별관리시설물에 대한 소방안전 특별관리자 : 소방청장

---

37 화재예방 및 안전관리에 관한 법령상 소방안전 특별관리시설물의 대상 기준 중 틀린 것은?
① 수련시설
② 항만시설
③ 전력용 및 통신용 지하구
④ 지정문화재인 및 천연기념물·명승, 시·도자연유산인 시설(시설이 아닌 지정문화재를 보호하거나 소장하고 있는 시설을 포함)

답 : ①

2. 화재예방안전진단

1) 소방안전 특별관리시설물의 관계인

한국소방안전원 또는 소방청장이 지정하는 화재예방안전진단기관으로부터 정기적으로 화재예방안전진단을 받아야 한다.

│ 소방안전 특별관리시설물 중 화재예방안전진단 대상 │

① 공항시설 중 여객터미널의 연면적이 1천 $[m^2]$ 이상인 공항시설
② 철도시설 중 역 시설의 연면적이 5천 $[m^2]$ 이상인 철도시설
③ 도시철도시설 중 역사 및 역 시설의 연면적이 5천 $[m^2]$ 이상인 도시철도시설
④ 항만시설 중 여객이용시설 및 지원시설의 연면적이 5천 $[m^2]$ 이상인 항만시설
⑤ 발전소 중 연면적이 5천 $[m^2]$ 이상인 발전소
⑥ 천연가스 인수기지 및 공급망 중 가스시설
⑦ 전력용 및 통신용 지하구 중 공동구
⑧ 가스공급시설 중 가연성 가스 탱크의 저장용량의 합계가 100톤 이상이거나 저장용량이 30톤 이상인 가연성 가스 탱크가 있는 가스공급시설

받지 아니한 자 : 1년 이하의 징역 또는 1천만 원 이하의 벌금

2) 화재예방안전진단의 실시 시기

구분	안전등급판정	실시기준일	실시 시기
최초	-	사용승인 또는 완공검사를 받은 날부터	5년이 경과한 날이 속하는 해
정기	우수	안전등급을 통보받은 날부터	6년이 경과한 날이 속하는 해
	양호·보통		5년이 경과한 날이 속하는 해
	미흡·불량		4년이 경과한 날이 속하는 해

핵심 PLUS

38 화재예방안전진단을 받은 소방안전 특별관리시설물의 관계인은 안전등급에 따라 정기적으로 다음 기간에 화재예방안전진단을 받아야 한다. ( )안에 알맞은 것은?

안전등급	안전등급을 통보받은 날부터
우수	(가)년이 경과한 날이 속하는 해
양호·보통	(나)년이 경과한 날이 속하는 해
미흡·불량	(다)년이 경과한 날이 속하는 해

① 가 : 7년, 나 : 5년, 다 : 3년
② 가 : 8년, 나 : 6년, 다 : 4년
③ 가 : 6년, 나 : 5년, 다 : 4년
④ 가 : 11년, 나 : 12년, 다 : 13년

답 : ②

핵심 PLUS

Ⅲ. 소방관계법규 | 화재예방법

| 화재예방안전진단 결과에 따른 안전등급 기준 |

안전등급	화재예방안전진단 실시 결과
우수(A)	문제점이 발견되지 않은 상태
양호(B)	문제점이 일부 발견되었으나 대상물의 화재안전에는 이상이 없으며 대상물 일부에 대해 보수·보강 등의 조치명령이 필요한 상태
보통(C)	문제점이 다수 발견되었으나 대상물의 전반적인 화재안전에는 이상이 없으며 대상물에 대한 다수의 조치명령이 필요한 상태
미흡(D)	광범위한 문제점이 발견되어 대상물의 화재안전을 위해 조치명령의 즉각적인 이행이 필요하고 대상물의 사용 제한을 권고할 필요가 있는 상태
불량(E)	중대한 문제점이 발견되어 대상물의 화재안전을 위해 조치명령의 즉각적인 이행이 필요하고 대상물의 사용 중단을 권고할 필요가 있는 상태

3) 화재예방안전진단 결과 제출 등

제출자	제출 기간	제출대상	미제출자
안전원 또는 진단기관	화재예방안전진단이 완료된 날부터 60일 이내	소방본부장 또는 소방서장, 관계인	300만 원 이하의 과태료

① 소방본부장 또는 소방서장은 보수·보강 등의 조치가 필요하다고 인정하는 경우에는 관계인에게 보수·보강 등의 조치를 취할 것을 명할 수 있다.

> 조치명령을 정당한 사유 없이 위반한 자 :
> 3년 이하의 징역 또는 3천만 원 이하의 벌금

② 화재예방안전진단 업무에 종사하고 있거나 종사하였던 사람은 업무를 수행하면서 알게 된 비밀을 이 법에서 정한 목적 외의 용도로 사용하거나 다른 사람 또는 기관에 제공하거나 누설하여서는 아니 된다.

> 위반한 자 : 300만 원 이하의 벌금

11 소방안전관리자의 자격 등

1. 소방안전관리자의 자격

① 소방청장이 실시하는 소방안전관리자 자격시험에 합격한 사람
② 소방안전과 관련한 국가기술자격증을 소지한 사람
③ ②에 해당하는 국가기술자격증 중 일정 자격증을 소지하고 소방안전관리자로 근무한 실무경력이 있는 사람
④ 소방공무원 경력자
⑤ 기업활동 규제완화에 관한 특별조치에 따라 소방안전관리자로 선임된 사람 (소방안전관리자로 선임된 기간에 한정)

⇒ 소방안전관리자 자격증을 발급받은 사람

2. 소방안전관리자 자격증

소방안전관리자 자격증을 다른 사람에게 빌려 주거나 빌려서는 아니 되며, 이를 알선하여서도 아니 된다.

위반한 자 : 1년 이하의 징역 또는 1천만 원 이하의 벌금

3. 소방안전관리자 자격의 정지 및 취소 : 소방청장

위반사항	행정처분기준		
① 거짓이나 그 밖의 부정한 방법으로 소방안전관리자 자격증을 발급받은 경우 ② 소방안전관리자 자격증을 다른 사람에게 빌려준 경우	자격취소		
	1차	2차	3차
③ 소방안전관리업무를 게을리한 경우 ④ 실무교육을 받지 아니한 경우	경고 (시정명령)	자격정지 (3개월)	자격정지 (6개월)
⑤ 이 법 또는 이 법에 따른 명령을 위반한 경우	1년 이하 자격정지		

※ 취소된 날부터 2년간 소방안전관리자 자격증을 발급받을 수 없다.

4. 자격의 정지 및 취소 일반기준

① 위반행위가 둘 이상인 경우로서 각각의 처분기준이 다른 경우에는 그 중 무거운 처분기준에 따른다.
② 위반행위의 횟수에 따른 행정처분 기준은 최근 3년간 같은 위반행위로 행정처분을 받은 경우에 적용한다.

5. 종합정보망의 구축·운영자 : 소방청장

소방안전관리자 및 소방안전관리보조자에 대한 정보를 효율적으로 관리하기 위함

핵심 PLUS

12 소방안전관리자 자격시험

1. **소방안전관리자 자격시험 실시자 : 소방청장**

구 분	특급	1급·2급·3급
시험횟수	연 2회 이상	월 1회 이상

2. **소방안전관리자 자격시험** : 시행일 30일 전에 인터넷 홈페이지에 공고

13 소방안전관리자 등에 대한 교육

구 분	강습교육	실무교육
대상자	① 특급, 1급, 2급, 3급, 공공기관의 소방안전관리자가 되려는 사람으로서 소방안전관리자의 자격을 인정 받으려는 사람 ② 업무대행으로 소방안전관리자로 선임되고자 하는 사람 ③ 건설현장 소방안전관리자로 선임되고자 하는 사람	소방안전관리자 및 소방안전관리보조자
공 고	강습교육 실시 20일 전까지 인터넷 홈페이지에 공고	실무교육 실시 30일 전까지 인터넷 홈페이지에 공고하고 교육대상자에게 통보
기 타	집합교육, 혼용(집합과 원격)한 교육, 정보통신매체를 이용한 원격교육으로 교육 실시	소방청장은 실무교육의 실시 계획을 매년 수립·시행
교 육 시 기	-	선임된 날부터 6개월(단, 보조자 중 소방안전관리대상물에서 소방안전 관련 업무에 2년 이상 근무한 경력이 있는 사람이 소방안전관리보조자로 지정된 사람의 경우 3개월) 이내 받고 그 이후에는 2년마다 1회 이상

※ 강습교육 또는 실무교육을 받은 후 1년 이내에 소방안전관리(보조)자로 선임된 사람은 해당 강습교육을 수료하거나 실무교육을 이수한 것으로 본다.

실무교육을 받지 아니한 소방안전관리자 및 소방안전관리보조자
: 100만 원 이하의 과태료

---

39 소방청장은 강습교육 실시 며칠전까지 강습교육 실시에 필요한 사항을 공고해야 하는가? [기 12]
① 14일   ② 20일
③ 30일   ④ 45일
답 : ②

40 자체 선임된 소방안전관리자가 받아야 하는 실무교육의 주기 및 횟수는? [기 13]
① 매년 1회 이상
② 매년 2회 이상
③ 2년마다 1회 이상
④ 3년마다 1회 이상
답 : ③

14 보칙

1. 포상 등
소방청장은 우수 소방대상물을 선정, 표지 발급, 소방대상물의 관계인을 포상할 수 있다.

2. 조치명령 등의 기간연장
조치명령 등을 받은 관계인 등은 천재지변등 대통령령으로 정하는 사유로 그 기간 내에 이행할 수 없는 경우에는 조치명령등을 명령한 소방관서장에게 조치명령등의 이행시기를 연장하여 줄 것을 신청할 수 있으며 신청서를 제출받은 소방관서장은 신청받은 날부터 3일 이내에 조치명령등의 기간연장 여부를 결정하여 관계인 등에게 통지해야 한다.

---| 대통령령으로 정하는 사유 |---

1. 재난이 발생한 경우
2. 경매 등의 사유로 소유권이 변동 중이거나 변동된 경우
3. 관계인의 질병, 사고, 장기출장의 경우
4. 시장·상가·복합건축물 등 소방대상물의 관계인이 여러 명으로 구성되어 조치명령등의 이행에 대한 의견을 조정하기 어려운 경우
5. 관계인이 운영하는 사업에 부도 또는 도산 등 중대한 위기가 발생하여 조치명령등을 그 기간 내에 이행할 수 없는 경우

3. 청문

청문자	청문 대상
소방청장 또는 시·도지사	① 소방안전관리자의 자격 취소 ② 진단기관의 지정 취소 처분

4. 소방관서장 권한 ⇒ 안전원에 위임·위탁
① 소방안전관리자 또는 소방안전관리보조자 선임신고의 접수, 해임 사실의 확인
② 건설현장 소방안전관리자 선임신고의 접수
③ 소방안전관리자 자격시험, 자격증의 발급 및 재발급
④ 소방안전관리 등에 관한 종합정보망의 구축·운영
⑤ 강습교육 및 실무교육

※ 위탁받은 업무에 종사하고 있거나 종사하였던 사람은 업무를 수행하면서 알게 된 비밀을 이 법에서 정한 목적 외의 용도로 사용하거나 다른 사람 또는 기관에 제공하거나 누설하여서는 아니 된다.

위반한 자 : 300만 원 이하의 벌금

15 벌칙

1. 3년 이하의 징역 또는 3천만 원 이하의 벌금

① 화재안전조사 결과에 따른 조치명령을 정당한 사유 없이 위반한 자
② 소방안전관리자 또는 소방안전관리보조자 선임 명령 및 소방업무의 이행명령을 정당한 사유 없이 위반한 자
③ 제출받은 화재예방안전진단 결과에 따라 보수·보강 등의 조치가 필요하다고 인정하는 경우에는 해당 소방안전 특별관리시설물의 관계인에게 보수·보강 등의 조치 명령을 정당한 사유없이 위반한자
④ 거짓이나 그 밖의 부정한 방법으로 화재예방안전진단기관으로 지정을 받은 자

2. 1년 이하의 징역 또는 1천만 원 이하의 벌금

① 화재안전조사 시 관계인의 정당한 업무를 방해하거나, 조사업무를 수행하면서 취득한 자료나 알게 된 비밀을 다른 사람 또는 기관에게 제공 또는 누설하거나 목적 외의 용도로 사용한 자
② 소방안전관리자 자격증을 다른 사람에게 빌려 주거나 이를 알선한 자
③ 진단기관으로부터 화재예방안전진단을 받지 아니한 자

3. 300만 원 이하의 벌금

① 화재안전조사를 정당한 사유 없이 거부·방해 또는 기피한 자
② 화재 발생 위험이 크거나 소화 활동에 지장을 줄 수 있다고 인정되는 행위나 물건에 대하여 행위 당사자나 그 물건의 소유자, 관리자 또는 점유자에게 제거, 이동의 명령을 정당한 사유 없이 따르지 아니하거나 방해한 자
③ 소방안전관리자, 총괄소방안전관리자 또는 소방안전관리보조자를 선임하지 아니한 자
④ 소방시설·피난시설·방화시설 및 방화구획 등이 법령에 위반된 것을 발견하였음에도 필요한 조치를 할 것을 요구하지 아니한 소방안전관리자
⑤ 소방안전관리자에게 불이익한 처우를 한 관계인
⑥ 화재예방안전진단 업무 및 위탁받은 업무를 수행하면서 알게 된 비밀을 이 법에서 정한 목적 외의 용도로 사용하거나 다른 사람 또는 기관에 제공하거나 누설한 자

핵심 PLUS

41 소방관서장은 화재안전조사 결과 소방대상물이 보완될 필요가 있는 경우 관계인에게 개수, 이전, 제거 등의 필요조치를 명할 수 있다. 이와 같이 화재안전조사 결과에 따른 조치명령 위반자에 대한 벌칙사항은? [기 12]

① 100만 원 이하의 벌금
② 300만 원 이하의 벌금
③ 1년 이하의 징역 또는 1,000만 원 이하의 벌금
④ 3년 이하의 징역 또는 3,000만 원 이하의 벌금

답 : ④

42 화재예방강화지구 안의 소방대상물에 대한 화재안전조사를 거부·방해 또는 기피한 자에 대한 벌칙은? [기 12]

① 100만 원 이하의 벌금
② 200만 원 이하의 벌금
③ 300만 원 이하의 벌금
④ 500만 원 이하의 벌금

답 : ③

43 소방안전관리자를 선임하지 아니한 소방안전관리대상물의 관계인에 대한 벌칙은? [기 10]

① 100만 원 이하의 벌금
② 300만 원 이하의 벌금
③ 1,000만 원 이하의 벌금
④ 3,000만 원 이하의 벌금

답 : ②

4. 과태료

1) 일반기준

위반행위의 횟수에 따른 과태료의 가중된 부과기준은 최근 1년간 같은 위반행위로 과태료 부과처분을 받은 경우에 적용

2) 개별기준

위반행위	과태료 금액(단위: 만 원)		
	1차	2차	3차 이상
정당한 사유 없이 다음에 해당하는 행위를 한 경우 1. 모닥불, 흡연 등 화기의 취급 2. 풍등 등 소형열기구 날리기 3. 용접·용단 등 불꽃을 발생시키는 행위 4. 그 밖에 대통령령으로 정하는 화재 발생 위험이 있는 행위		300	
소방안전관리업무의 지도·감독을 하지 않은 경우			
소방안전관리자를 겸한 경우			
소방안전관리업무를 하지 않은 경우	100	200	300
건설현장 소방안전관리대상물의 소방안전관리자의 업무를 하지 않은 경우			
피난유도 안내정보를 제공하지 않은 경우			
소방훈련 및 교육을 하지 않은 경우			
화재예방안전진단 결과를 제출하지 않은 경우			
지연 제출기간이 1개월 미만인 경우		100	
지연 제출기간이 1개월 이상 3개월 미만인 경우		200	
지연 제출기간이 3개월 이상이거나 제출하지 않은 경우		300	
소방안전관리자의 성명 등을 게시하지 않은 경우	50	100	200
불을 사용할 때 지켜야 하는 사항 및 특수가연물의 저장 및 취급 기준을 위반한 경우		200	
소방설비등의 설치 명령을 정당한 사유 없이 따르지 않은 경우		200	
기간 내에 선임신고를 하지 않거나 소방안전관리자의 성명 등을 게시하지 않은 경우			
지연 신고기간이 1개월 미만인 경우		50	
지연 신고기간이 1개월 이상 3개월 미만인 경우		100	
지연 신고기간이 3개월 이상이거나 신고하지 않은 경우		200	
기간 내에 소방훈련 및 교육 결과를 제출하지 않은 경우			
지연 제출기간이 1개월 미만인 경우		50	
지연 제출기간이 1개월 이상 3개월 미만인 경우		100	
지연 제출기간이 3개월 이상이거나 제출을 하지 않은 경우		200	
실무교육을 받지 않은 경우		50	

핵심 PLUS

44 화재의 예방 및 안전관리에 관한 법률에 따른 소방안전관리 업무를 하지 아니한 특정소방대상물의 관계인에게는 몇 만 원 이하의 과태료를 부과하는가? [기 16]
① 100   ② 200
③ 300   ④ 500
답 : ③

45 특수가연물의 저장 및 취급의 기준을 위반한 자의 과태료 금액은? [기 11]
① 100만 원
② 200만 원
③ 300만 원
④ 500만 원
답 : ②

핵심기출문제

2. 화재예방법

■■■ 2. 화재예방법

1. 소방청장 등은 관할구역에 있는 소방대상물에 대하여 화재안전조사를 실시할 수 있다. 조사 대상과 거리가 먼 것은? (단, 개인 주거에 대하여는 관계인의 승낙을 득한 경우이다.) [13⑦]
① 화재예방강화지구에 대한 소방안전조사 등 다른 법률에서 소방안전조사를 실시하도록 한 경우
② 자체점검 등이 불성실하거나 불완전하다고 인정되는 경우
③ 화재가 발생할 우려는 없으나 소방대상물의 정기점검이 필요한 경우
④ 국가적 행사 등 주요 행사가 개최되는 장소에 대하여 소방안전관리 실태를 점검할 필요가 있는 경우

해설 1
화재안전조사 대상(7가지)
• 화재가 자주 발생하였거나 발생할 우려가 뚜렷한 곳에 대한 점검이 필요한 경우 등
※ 개인의 주거에 대하여는 관계인의 승낙이 있거나 화재발생의 우려가 뚜렷하여 긴급한 필요가 있는 때에 한정 한다.

2. 화재안전조사의 연기를 신청하려는 자는 화재안전조사 시작 며칠 전까지 소방청장, 소방본부장 또는 소방서장에게 화재안전조사 연기신청서에 증명서류를 첨부하여 제출해야 하는가? (단, 천재지변 및 그 밖에 대통령령으로 정하는 사유로 화재안전조사를 받기 곤란한 경우이다.)
① 3
② 5
③ 7
④ 10

해설 2
화재안전조사의 연기를 신청하려는 자는 화재안전조사 시작 3일 전까지 소방청장, 소방본부장 또는 소방서장에게 화재안전조사 연기신청서에 증명서류를 첨부하여 제출해야 한다.

3. 화재안전조사에 관한 설명이다. 틀린 것은? [14⑦]
① 화재안전조사 업무를 수행하는 관계 공무원 및 관계 전문가는 그 권한을 표시하는 증표를 지니고 이를 관계인에게 내보여야 한다.
② 화재안전조사 시 관계인의 업무에 지장을 주지 아니 하여야 하나 조사업무를 위해 필요하다고 인정되는 경우 일정부분 관계인의 업무를 중지시킬 수 있다.
③ 조사업무를 수행하면서 취득한 자료나 알게 된 비밀을 다른 사람에게 제공 또는 누설하거나 목적 외의 용도로 사용하여서는 아니 된다.
④ 화재안전조사 업무를 수행하는 관계 공무원 및 관계 전문가는 관계인의 정당한 업무를 방해하여서는 아니 된다.

해설 3
화재안전조사 업무를 수행하는 관계 공무원 및 관계 전문가는 관계인의 정당한 업무를 방해하여서는 아니되며, 조사업무를 수행하면서 취득한 자료나 알게 된 비밀을 다른 자에게 제공 또는 누설하거나 목적 외의 용도로 사용하여서는 아니 된다.

정답 1. ③ 2. ① 3. ②

4. 소방청장, 소방본부장 또는 소방서장이 화재안전조사 조치명령서를 해당 소방대상물의 관계인에게 발급하는 경우가 아닌 것은? [17②]
① 소방대상물의 신축
② 소방대상물의 개수
③ 소방대상물의 이전
④ 소방대상물의 제거

5. 소방대상물에 대한 화재안전조사결과 화재가 발생되면 인명 또는 재산의 피해가 클 것으로 예상되는 경우 소방관서장이 소방대상물 관계인에게 조치를 명할 수 있는 사항과 가장 거리가 먼 것은? [10②]
① 이전명령
② 개수명령
③ 사용금지명령
④ 증축명령

6. 소방본부장이 화재안전조사위원회 위원으로 임명하거나 위촉할 수 있는 사람이 아닌 것은? [16②]
① 소방시설관리사
② 과장급 직위 이상의 소방공무원
③ 소방 관련 분야의 석사학위 이상을 취득한 사람
④ 소방 관련 법인 또는 단체에서 소방 관련 업무에 3년 이상 종사한 사람

7. 화재의 예방 및 안전관리에 관한 법령상 화재안전조사위원회의 위원에 해당하지 아니하는 사람은?
① 소방 관련 법인 또는 단체에서 소방 관련 업무에 3년 이상 종사한 사람
② 소방기술사
③ 소방시설관리사
④ 소방 관련 분야의 석사학위 이상을 취득한 사람

8. 소방대상물에 대한 개수 명령권자는? [15②]
① 소방관서장
② 한국소방안전원장
③ 시·도지사
④ 국무총리

해설

해설 4, 5, 8
화재안전조사 결과에 따른 조치명령
소방관서장은 관계인에게 그 소방 대상물의 개수(改修)·이전·제거, 사용의 금지 또는 제한, 사용폐쇄, 공사의 정지 또는 중지, 그 밖의 필요한 조치를 명할 수 있다.

해설 6, 7
화재안전조사위원회
위원회의 위원(소방관서장이 임명하거나 위촉한다.)
㉠ 과장급 직위 이상의 소방공무원
㉡ 소방기술사
㉢ 소방시설관리사
㉣ 소방 관련 분야의 석사 이상 학위를 취득한 사람
㉤ 소방 관련 법인 또는 단체에서 소방 관련 업무에 5년 이상 종사한 사람
㉥ 소방공무원 교육훈련기관, 학교 또는 연구소에서 소방과 관련한 교육 또는 연구에 5년 이상 종사한 사람

정답 4. ① 5. ④ 6. ④ 7. ① 8. ①

핵심기출문제

2. 화재예방법

문제	해설
9. 소방대상물의 위치·구조·설비 또는 관리의 상황이 화재예방을 위하여 보완될 필요가 있을 때에 관계인에게 개수·이전·제거 등의 조치명령을 할 수 있는 사람은? ① 행정안전부장관 ② 관계인 ③ 시·도지사 ④ 소방청장, 소방본부장 또는 소방서장	**해설 9** 화재의 예방조치 명령권자 : 소방관서장
10. 소방관련법령상 소방대상물의 소유자·관리자 또는 점유자를 뜻하는 사람은? [10⑦] ① 관리인 　　② 관계인 ③ 사용자 　　④ 등기자	**해설 10** 관계인 소방대상물의 소유자·관리자 또는 점유자
11. 함부로 버려두거나 그냥 둔 위험물의 소유자·관리자·점유자를 알 수 없는 경우 소방관서장이 취하여야 하는 조치로 맞는 것은? [12⑦] ① 시·도지사에게 보고하여야 한다. ② 경찰서장에게 통보하여 위험물을 처리하도록 하여야 한다. ③ 소속공무원으로 하여금 그 위험물을 옮기거나 치우게 할 수 있다. ④ 소유자가 나타날 때까지 기다린다.	**해설 11** 화재의 예방조치 등 화재의 예방상 위험하다고 인정되는 행위를 하는 사람이나 소화(消火) 활동에 지장이 있다고 인정되는 물건을 치우게 하는 등의 조치 1. 조치권자, 대상자 등 | 화재의 예방조치 등의 조치권자 | 화재의 예방조치 대상자 | |---|---| | 소방관서장 | 소유자·관리자 또는 점유자 | 2. 관계인을 알 수 없는 경우 ① 소속공무원으로 하여금 물건을 옮기거나 보관하는 등 필요한 조치
12. 소방관서장은 함부로 버려두거나 그냥 둔 위험물 또는 물건을 옮겨 보관하는 경우 소방관서 홈페이지에 보관한 날부터 며칠 동안 공고하여야 하는가? [14⑦] ① 7일 동안 　　② 14일 동안 ③ 21일 동안 　　④ 28일 동안	**해설 12, 13** | 보관하는 경우 | 내용 | |---|---| | 소방관서의 홈페이지에 공고기간 | 보관하는 그 날부터 14일 동안 | | 보관기간 | 홈페이지에 공고하는 기간의 종료일 다음 날부터 7일 |
13. 함부로 버려두거나 그냥 둔 위험물의 소유자·관리자·점유자를 알 수 없는 경우 소방관서장이 취하여야 하는 조치로 옳지 않은 것은? [08, 11⑦] ① 소속공무원으로 하여금 그 위험물을 옮기거나 치우게 할 수 있다. ② 옮기거나 치운 위험물을 보관하여야 한다. ③ 위험물을 보관하는 경우에는 그 날부터 7일 동안 소방관서의 홈페이지에 이를 공고하여야 한다. ④ 보관기간이 끝난 위험물이 부패·파손 또는 이와 유사한 사유로 소정의 용도로 계속 사용할 수 없는 경우에는 폐기할 수 있다.	

정답 9. ④　10. ②　11. ③　12. ②　13. ③

14. 보일러 등의 위치·구조 및 관리와 화재예방을 위하여 불의 사용에 있어서 지켜야 하는 사항으로 잘못된 것은? [12 ㉮]

① 보일러와 벽·천장 사이의 거리는 0.5미터 이상 되도록 하여야 한다.
② 가연성 벽·바닥 또는 천장과 접촉하는 증기기관 또는 연통의 부분은 규조토·석면 등 난연성 단열재로 덮어 씌워야 한다.
③ 기체연료를 사용하는 경우 보일러가 설치된 장소에는 가스누설경보기를 설치하여야 한다.
④ 경유·등유 등 액체연료를 사용하는 경우 연료탱크는 보일러 본체로부터 수평거리 1미터 이상의 간격을 두어 설치하여야 한다.

15. 보일러 등의 위치·구조 및 관리와 화재예방을 위하여 불의 사용에 있어서 지켜야 하는 사항 중 보일러에 경유·등유 등 액체연료를 사용하는 경우 연료탱크에 화재 등 긴급상황이 발생할 때 연료를 차단할 수 있는 개폐밸브를 연료탱크로부터 몇 [m] 이내에 설치하여야 하는가?

① 0.5[m] ② 0.6[m]
③ 1.0[m] ④ 1.5[m]

16. 화재예방법상 보일러 등의 위치·구조 및 관리와 화재예방을 위하여 불의 사용에 있어서 지켜야 하는 사항 중 노·화덕 설비의 노 또는 화덕의 주위에는 녹는 물질이 확산되지 아니하도록 높이 몇 [m] 이상의 턱을 설치하여야 하는가?

① 0.1 ② 0.5
③ 0.6 ④ 1

17. 특수가연물의 저장 및 취급의 일반적인 기준으로서 옳지 않은 것은? [14 ㉮]

① 품명·최대수량·단위체적당 질량·관리책임자의 성명·직책·연락처·화기취급의 금지표시가 포함된 특수가연물 표지를 설치하여야 한다.
② 품명별로 구분하여 쌓아야 한다.
③ 석탄이나 목탄류를 쌓는 경우에는 쌓는 부분의 바닥면적은 50 [m²] 이하가 되도록 하여야 한다.
④ 쌓는 높이는 10[m] 이하가 되도록 하여야 한다.

해설

해설 14
보일러와 벽·천장 사이의 거리는 0.6[m] 이상 되도록 하여야 한다.

해설 15
액체연료(경유 등)
㉠ 연료를 차단할 수 있는 개폐밸브를 연료탱크로부터 0.5[m] 이내에 설치
㉡ 연료탱크는 보일러본체로부터 수평거리 1[m] 이상의 간격을 두어 설치

해설 16
노·화덕 설비의 노 또는 화덕의 주위에는 녹는 물질이 확산되지 아니하도록 높이 0.1[m] 이상의 턱을 설치하여야 한다.

해설 17, 18
1. 특수가연물의 저장·취급 기준
다만, 석탄·목탄류를 발전용(發電用)으로 저장하는 경우는 제외
① 품명별로 구분하여 쌓을 것
② 다음의 기준에 맞게 쌓을 것

구분	살수설비를 설치하거나 내형수농식소화기를 설치하는 경우	그 밖의 경우
높이	15[m] 이하	10[m] 이하
쌓는 부분의 바닥면적	200[m²] 이하 (석탄·목탄류의 경우에는 300[m²])	50[m²] 이하 (석탄·목탄류의 경우에는 200[m²])

③ 쌓는 부분 바닥면적의 사이
㉠ 실내 : 1.2[m] 또는 쌓는 높이의 1/2 중 큰 값 이상
㉡ 실외 : 3[m] 또는 쌓는 높이 중 큰 값 이상으로 간격을 둘 것

2. 특수가연물 표지
품명, 최대저장수량, 단위부피당 질량 또는 단위체적당 질량, 관리책임자 성명·직책, 연락처 및 화기취급의 금지표시가 포함된 특수가연물 표지를 설치

정답 14. ① 15. ① 16. ① 17. ③

핵심기출문제

2. 화재예방법

18. 화재가 발생하는 경우 불길이 빠르게 번지는 고무류·면화류·석탄 및 목탄 등 특수가연물의 저장 및 취급기준을 설명한 것 중 옳지 않은 것은? [12 ㉠]

① 품명·최대수량·단위체적당 질량·관리책임자의 성명·직책·연락처·화기취급의 금지표시가 포함된 특수가연물 표지를 설치할 것
② 품명별로 구분하여 쌓아 저장할 것
③ 쌓는 높이는 10[m] 이하가 되도록 하고, 쌓는 부분의 바닥면적은 100[m²] (석탄·목탄류의 경우에는 200[m²]) 이하가 되도록 할 것
④ 쌓는 부분의 바닥면적 사이는 실내의 경우 1.2[m] 또는 쌓는 높이의 1/2 중 큰 값 이상으로 할 것

19. 다음 중 특수가연물에 해당되지 않는 것은? [14 ㉠]

① 800[kg] 이상의 종이부스러기
② 1,000[kg] 이상의 볏짚류
③ 1,000[kg] 이상의 사류(絲類)
④ 400[kg] 이상의 나무껍질

20. 다음 중 특수가연물에 해당되지 않는 것은? [15 ㉠]

① 사류 1,000[kg]
② 면화류 200[kg]
③ 나무껍질 및 대팻밥 400[kg]
④ 넝마 및 종이부스러기 500[kg]

21. 다음 중 특수가연물에 해당되지 않는 것은? [15 ㉠]

① 나무껍질 500[kg]
② 가연성고체류 2,000[kg]
③ 목재가공품 15[m³]
④ 가연성액체류 3[m³]

해설

해설 19, 20, 21

품명		수량
면화류		200[kg] 이상
나무껍질 및 대팻밥		400[kg] 이상
넝마 및 종이부스러기		1,000[kg] 이상
사류(絲類)		1,000[kg] 이상
볏짚류		1,000[kg] 이상
가연성고체류		3,000[kg] 이상
석탄·목탄류		10,000[kg] 이상
가연성액체류		2[m³] 이상
목재가공품 및 나무부스러기		10[m³] 이상
고무류, 플라스틱류	발포시킨 것	20[m³] 이상
	그 밖의 것	3,000[kg] 이상

정답 18. ③ 19. ① 20. ④ 21. ②

22. 도시의 건물 밀집지역 등 화재가 발생할 우려가 높거나 화재가 발생하는 경우 그로 인하여 피해가 클 것으로 예상되는 일정한 구역을 화재예방강화지구로 지정할 수 있는 권한을 가진 사람은? [16 ㉑]

① 시 · 도지사 ② 행정안전부장관
③ 소방서장 ④ 소방본부장

23. 시 · 도지사는 도시의 건물밀집지역 등 화재가 발생할 우려가 있는 경우 화재예방강화지구로 지정할 수 있는데 지정대상지역으로 옳지 않은 것은? [14 ㉑]

① 석유화학제품을 생산하는 공장이 있는 지역
② 공장이 밀집한 지역
③ 목조건물이 밀집한 지역
④ 소방출동로가 확보된 지역

24. 다음 중 대통령령으로 정하는 화재예방강화지구의 지정대상지역으로 옳지 않은 것은? [13 ㉑]

① 소방통로가 있는 지역
② 목조건물이 밀집한 지역
③ 공장 · 창고가 밀집한 지역
④ 시장지역

25. 다음 중 화재의 예방 및 안전관리에 관한 법률에서 규정하는 화재예방강화지구의 지정대상지역에 해당되는 기준과 가장 거리가 먼 것은? [11 ㉑]

① 시장지역
② 공장 · 창고가 밀집한 지역
③ 소방시설 · 소방용수시설 또는 소방출동로가 없는 지역
④ 금융업소가 밀집한 지역

26. 화재예방강화지구 안의 소방대상물의 위치 · 구조 및 설비 등에 대한 화재안전조사 실시 주기는? [09, 19 ㉑]

① 월 1회 이상 ② 분기별 1회 이상
③ 반기별 1회 이상 ④ 연 1회 이상

해설

해설 22
화재예방강화지구 지정자 – 시 · 도지사

해설 23, 24, 25
1. 시장지역
2. 소방시설 · 소방용수시설 또는 소방출동로가 없는 지역
3. 위험물의 저장 및 처리 시설이 밀집한 지역
4. 석유화학제품을 생산하는 공장이 있는 지역
5. 공장 · 창고가 밀집한 지역
6. 목조건물이 밀집한 지역
7. 산업입지 및 개발에 관한 법률에 따른 산업단지
8. 소방관서장이 화재예방강화지구로 지정할 필요가 있다고 인정하는 지역
9. 노후 · 불량건축물이 밀집한 지역
10. 물류시설의 개발 및 운영에 관한 법률에 따른 물류단지

해설 26, 27
① 화재예방강화지구 안의 소방대상물 화재안전조사 : 년 1회 이상 실시
② 화재예방강화지구 안의 소방대상물 관계인에게 훈련 및 교육을 실시
– 연 1회 이상 실시하고 훈련 또는 교육 10일 전까지 그 사실을 통보

정답 22. ① 23. ④ 24. ① 25. ④ 26. ④

핵심기출문제
2. 화재예방법

해설

27. 화재예방강화지구 안의 관계인에 대하여 소방상 필요한 소방훈련은 연 몇 회 이상 실시하여야 하는가? [06, 12, 19⑦]
① 1
② 2
③ 3
④ 4

28. 신축·증축·개축·재축·대수선 또는 용도변경으로 해당 특정소방대상물의 소방안전관리자를 신규로 선임하는 경우 해당 특정소방대상물의 관계인은 특정소방대상자물의 완공일로부터 며칠 이내에 소방안전관리자를 선임하여야 하는가? [16⑦]
① 7일
② 14일
③ 30일
④ 60일

해설 **28**
소방안전관리대상물(소방안전관리자 선임하는 대상물)의 관계인은 소방안전관리 업무를 수행하기 위하여 대통령령으로 정하는 자를 행정안전부령으로 정하는 바에 따라 30일 이내에 소방안전관리자 및 소방안전관리자보조자로 선임하여야 한다.

29. 특정소방대상물의 관계인이 소방안전관리자를 해임한 경우 재선임 신고를 해야 하는 기준은? (단, 해임한 날부터 기준일로 한다.) [16⑦]
① 10일 이내
② 20일 이내
③ 30일 이내
④ 40일 이내

해설 **29**
재선임기간 : 30일 이내

30. 화재의 예방 및 안전관리에 관한 법률에 따라 소방안전관리대상물의 관계인이 소방안전관리 업무에서 소방안전관리자를 선임하지 아니하였을 때 벌금 기준은?
① 100만 원 이하
② 1천만 원 이하
③ 200만 원 이하
④ 300만 원 이하

31. 소방안전관리대상물 관계인이 소방안전관리자를 선임한 날부터 소방본부장 또는 소방서장에게 신고하여야 하는 기간은? [11⑦]
① 7일 이내
② 14일 이내
③ 20일 이내
④ 30일 이내

해설 **31**
신고
소방안전관리대상물의 관계인이 소방안전관리자를 선임한 경우에는 행정안전부령으로 정하는 바에 따라 선임한 날부터 14일 이내에 소방본부장이나 소방서장에게 신고하여야 한다.

정답 27. ① 28. ③ 29. ③ 30. ④ 31. ②

32. 가연성가스를 저장·취급하는 시설로서 1급 소방안전관리대상물의 가연성가스 저장·취급기준으로 옳은 것은? [16 ㉘]

① 100톤 미만
② 100톤 이상 ~ 1,000톤 미만
③ 500톤 이상 ~ 1,000톤 미만
④ 1,000톤 이상

33. 소방안전관리자를 두어야 하는 특정소방대상물로서 1급 소방안전관리대상물에 해당하는 것은? [13 ㉘]

① 자동화재탐지설비를 설치하는 연면적 10,000[m²]인 소방대상물
② 전력용 또는 통신용 지하구
③ 스프링클러를 설치하는 연면적 3,000[m²]인 소방대상물
④ 가연성 가스를 1천톤 이상 저장·취급하는 시설

34. 1급 소방안전관리 대상물에 해당하는 건축물은? [15 ㉘]

① 연면적 15,000[m²] 이상인 동물원
② 층수가 15층인 업무시설
③ 층수가 20층인 아파트
④ 지하구

35. 다음 중 소방안전관리자를 두어야 하는 1급 소방안전관리대상물에 속하지 않는 것은? [13 ㉘]

① 층수가 15층인 건물
② 연면적이 20,000[m²]인 건물
③ 10층인 건물로서 연면적 10,000[m²]인 건물
④ 가연성 가스 1,500톤을 저장·취급하는 시설

36. 화재의 예방 및 안전관리에 관한 법령상 2급 소방안전관리대상물이 아닌 것은?

① 층수가 10층, 연면적이 6000[m²]인 복합건축물
② 지하구
③ 25층의 아파트(높이 75[m])
④ 지상층의 층수가 11층의 업무시설

해설

해설 32

소방안전관리자를 두어야 하는 특정소방대상물

구분	소방안전관리대상물
1급	가연성가스를 1,000톤 이상 저장·취급하는 시설
2급	가연성가스를 100톤 이상 1,000톤 미만 저장·취급하는 시설

해설 33, 34, 35

1급 선임대상물
① 30층 이상(지하층은 제외)이거나 지상으로부터 높이가 120[m] 이상인 아파트
② 연면적 1만5천[m²] 이상인 특정소방대상물(아파트 제외)
③ 층수가 11층 이상인 특정소방대상물(아파트 제외)
④ 가연성 가스를 1천톤 이상 저장·취급하는 시설
※ 동·식물원, 철강 등 불연성 물품을 저장·취급하는 창고, 위험물 저장 및 처리 시설 중 위험물 제조소등, 지하구는 제외

해설 36

2급	① 옥내소화전설비, 스프링클러설비, 물분무등소화설비[호스릴 방식 제외]를 설치해야 하는 특정소방대상물 ② 옥내소화전설비 또는 스프링클러설비가 설치된 공동주택 ③ 보물 또는 국보로 지정된 목조건축물, 지하구 ④ 가스 제조설비를 갖추고 도시가스 사업의 허가를 받아야 하는 시설 또는 가연성 가스를 100톤 이상 1천톤 미만 저장·취급하는 시설

정답 32.④ 33.④ 34.② 35.③ 36.④

핵심기출문제

2. 화재예방법

해설

37. 화재의 예방 및 안전관리에 관한 법령상 3급 소방안전관리 대상물에 해당하는 건축물은?
① 간이스프링클러설비(주택전용 간이스프링클러설비 포함)를 설치해야 하는 특정소방대상물
② 자동화재탐지설비를 설치해야 하는 특정소방대상물
③ 비상경보설비를 설치해야 하는 특정소방대상물
④ 소화기구, 유도등을 설치해야 하는 특정소방대상물

해설 37

3급	① 간이스프링클러설비(주택전용 간이스프링클러설비 제외)를 설치해야 하는 특정 소방대상물 ② 자동화재탐지설비를 설치해야 하는 특정소방대상물

38. 소방안전관리대상물의 소방안전관리자로 선임된 자가 실시하여야 할 업무가 아닌 것은? [13 ②]
① 소방계획서의 작성 및 시행
② 자위소방대 및 초기대응체계의 구성·운영·교육
③ 소방시설 공사
④ 소방훈련 및 교육

39 특정소방대상물의 소방안전관리자의 업무가 아닌 것은?
① 소방시설, 그 밖의 소방관련시설의 유지·관리
② 의용소방대의 조직
③ 피난시설 및 방화시설의 유지·관리
④ 화기 취급의 감독

해설 38, 39
소방안전관리 업무
㉠ 소방계획서의 작성 및 시행
㉡ 자위소방대 및 초기대응체계의 구성, 운영 및 교육
㉢ 소방훈련 및 교육
㉣ 소방안전관리에 관한 업무수행에 관한 기록·유지(㉤, ㉥, ㉦의 업무)
㉤ 피난시설, 방화구획 및 방화시설의 관리
㉥ 소방시설이나 그 밖의 소방 관련 시설의 관리
㉦ 화기(火氣) 취급의 감독
㉧ 화재발생 시 초기대응

40. 특정소방대상물의 관계인은 그 특정소방대상물에 대하여 소방안전관리업무를 수행하여야 한다. 그 업무에 속하지 않는 것은? [12 ②]
① 피난시설·방화구획 및 방화시설의 유지·관리
② 화재에 관한 위험 경보
③ 화기취급의 감독
④ 소방시설이나 그 밖의 소방 관련 시설의 유지·관리

해설 40
화재에 관한 위험 경보
소방기본법에 따라 소방본부장, 소방서장이 경보 함

정답 37. ① 38. ③ 39. ② 40. ②

41. 소방안전관리대상물의 관계인은 소방 훈련과 교육을 실시한 때에는 그 실시결과를 소방 훈련·교육실시결과 기록부에 기재하고 이를 몇 년간 보관하여야 하는가?

① 1년　　　　　② 2년
③ 3년　　　　　④ 5년

42. 화재안전조사 업무를 수행하면서 관계인의 정당한 업무를 방해하거나, 조사업무를 수행하면서 취득한 자료나 알게 된 비밀을 다른 사람 또는 기관에게 제공 또는 누설하거나 목적 외의 용도로 사용한 자의 벌칙은?

① 3년 이하의 징역 또는 3000만 원 이하의 벌금
② 300만 원 이하의 벌금
③ 1년 이하의 징역 또는 1000만 원 이하의 벌금
④ 200만 원 이하의 벌금

43. 소방안전관리자 자격증을 다른 사람에게 빌려 주거나 이를 알선한 자의 벌칙은?

① 3년 이하의 징역 또는 3천만 원 이하의 벌금
② 1년 이하의 징역 또는 1천만 원 이하의 벌금
③ 300만 원 이하의 벌금
④ 300만 원 이하의 과태료

해설

해설 41
소방훈련과 교육의 횟수 및 방법
1. 소방훈련과 교육을 연 1회 이상 실시
2. 소방훈련과 교육을 실시하였을 때에는 그 실시 결과를 소방훈련·교육 실시 결과 기록부에 기록하고, 이를 소방훈련과 교육을 실시한 날로부터 2년간 보관하여야 한다.

해설 42, 43
1년 이하의 징역 또는 1천만 원 이하의 벌금
① 화재안전조사 시 관계인의 정당한 업무를 방해하거나, 조사업무를 수행하면서 취득한 자료나 알게 된 비밀을 다른 사람 또는 기관에게 제공 또는 누설하거나 목적 외의 용도로 사용한 자
② 소방안전관리자 자격증을 다른 사람에게 빌려 주거나 이를 알선한 자
③ 진단기관으로부터 화재예방안전진단을 받지 아니한 자

정답　41. ②　42. ③　43. ②

03 소방시설 설치 및 관리에 관한 법률(소방시설법)

Ⅲ. 소방관계법규 | 소방시설법

핵심 PLUS

1 소방시설

소화설비, 경보설비, 피난구조설비, 소화용수설비, 그 밖에 소화활동설비로서 대통령령으로 정하는 것

1. 소화설비

물 또는 그 밖의 소화약제를 사용하여 소화하는 기계·기구 또는 설비

소화기구	소화기		
	자동확산소화기	일반화재용, 주방화재용, 전기설비용	
	간이소화용구	에어로졸식 소화용구	
		투척용 소화용구	
		소공간용 소화용구	
		소화약제 외의 것을 이용한 간이소화용구(팽창질석 및 팽창진주암, 마른모래)	
자동소화장치	고체에어로졸, 가스, 분말, 캐비닛형, 주방(주거용, 상업용)		
옥내소화전설비(호스릴옥내소화전설비 포함), 옥외소화전설비			
스프링클러설비등	스프링클러설비, 화재조기진압용 스프링클러설비 간이스프링클러설비(캐비넷형 간이스프링클러설비를 포함),		
물분무등소화설비	물분무소화설비	미분무소화설비	포소화설비
	이산화탄소소화설비		할론소화설비
	할로겐화합물 및 불활성기체 소화설비		
	분말소화설비	강화액소화설비	고체에어로졸 소화설비

• 불활성기체 - 다른 원소와 화학반응을 일으키기 어려운 기체

---

01 소화기구 중 자동확산소화기의 종류가 아닌 것은?
① 유류화재용
② 일반화재용
③ 주방화재용
④ 전기설비용

답 : ①

02 소화기구의 구분에서 간이소화용구에 해당되지 않는 것은?
① 이산화탄소소화기
② 마른모래
③ 팽창질석
④ 팽창진주암

답 : ①

03 소화기구 중 자동소화장치의 종류가 아닌 것은?
① 전기용 자동소화장치
② 고체에어로졸식 자동소화장치
③ 가스식 자동소화장치
④ 주거용 주방자동소화장치

답 : ①

2. 경보설비

화재발생 사실을 통보하는 기계·기구 또는 설비

비상경보설비(비상벨설비, 자동식사이렌설비)		단독경보형감지기
비상방송설비		누전경보기
자동화재탐지설비	시각경보기	자동화재속보설비
가스누설경보기		통합감시시설

3. 피난구조설비

화재가 발생할 경우 피난하기 위하여 사용하는 기구 또는 설비

피난기구 (피난사다리·구조대·완강기, 그 밖에 화재안전기준으로 정하는 것)	
인명구조기구 [방열복, 방화복(안전모, 보호장갑 및 안전화 포함), 공기호흡기, 인공소생기]	
유도등 (피난유도선, 피난구유도등, 통로유도등, 객석유도등, 유도표지)	비상조명등 및 휴대용비상조명등

4. 소화용수설비

화재를 진압하는데 필요한 물을 공급하거나 저장하는 설비

상수도소화용수설비	소화수조·저수조, 그 밖의 소화용수설비

5. 소화활동설비

화재를 진압하거나 인명구조 활동을 위하여 사용하는 설비

제연설비	연결송수관설비	연결살수설비
비상콘센트설비	무선통신보조설비	연소방지설비

핵심 PLUS

04 소방시설의 종류 중 경보설비에 속하지 않는 것은? [기 12]
① 비화재보방지기
② 자동화재속보설비
③ 통합감시시설
④ 가스누설경보기

답 : ①

05 다음 소방시설 중 피난구조설비에 속하는 것은? [기 14]
① 제연설비, 휴대용비상조명등
② 자동화재속보설비, 유도등
③ 비상방송설비, 비상벨설비
④ 비상조명등, 유도등

답 : ④

06 소방시설 중 화재를 진압하거나 인명구조활동을 위하여 사용하는 설비로 정의되는 것은? [기 15]
① 소화활동설비
② 피난구조설비
③ 소화용수설비
④ 소화설비

답 : ①

III. 소방관계법규 | 소방시설법

핵심 PLUS

2 정의

1. 소방시설등

소방시설과 비상구(非常口), 그 밖에 소방 관련 시설로서 대통령령으로 정하는 것(방화문, 방화셔터)

2. 무창층(無窓層)

지상층 중 다음의 요건을 모두 갖춘 개구부(건축물에서 채광·환기·통풍 또는 출입 등을 위하여 만든 창·출입구, 그 밖에 이와 비슷한 것)의 면적의 합계가 해당 층의 바닥면적의 30분의 1 이하가 되는 층을 말한다.

① 크기는 지름 50[cm] 이상의 원이 통과할 수 있는 것일 것
② 해당 층의 바닥면으로부터 개구부 밑부분까지의 높이가 1.2[m] 이내일 것
③ 도로 또는 차량이 진입할 수 있는 빈터를 향할 것
④ 화재 시 건축물로부터 쉽게 피난할 수 있도록 창살이나 그 밖의 장애물이 설치되지 아니할 것
⑤ 내부 또는 외부에서 쉽게 부수거나 열 수 있을 것

3. 피난층

곧바로 지상으로 갈 수 있는 출입구가 있는 층을 말한다.

4. 특정소방대상물

건축물 등의 규모·용도 및 수용인원 등을 고려하여 소방시설을 설치하여야 하는 소방대상물로서 대통령령으로 정하는 것

5. 화재안전기준

- 소방시설 설치 및 관리를 위한 다음의 기준을 말함

① 성능기준 : 화재안전 확보를 위하여 재료, 공간 및 설비 등에 요구되는 안전성능으로서 소방청장이 고시로 정하는 기준

② 기술기준 : 성능기준을 충족하는 상세한 규격, 특정한 수치 및 시험방법 등에 관한 기준으로서 행정안전부령으로 정하는 절차에 따라 소방청장의 승인을 받은 기준

---

07 "무창층"이라 함은 지상층 중 개구부 면적의 합계가 해당 층의 바닥면적의 얼마 이하가 되는 층을 말하는가? [기 15]
① $\frac{1}{3}$ ② $\frac{1}{10}$
③ $\frac{1}{30}$ ④ $\frac{1}{300}$

답 : ③

08 소방관계법에서 피난층의 정의를 가장 올바르게 설명한 것은? [기 12]
① 지상 1층을 말한다.
② 2층 이하로 쉽게 피난할 수 있는 층을 말한다.
③ 지상으로 통하는 계단이 있는 층을 말한다.
④ 곧바로 지상으로 갈 수 있는 출입구가 있는 층을 말한다.

답 : ④

3 특정소방대상물의 구분

구분	건축물에 해당 용도	바닥면적의 합계	바닥면적 합계 이상시 용도
근린 생활 시설	슈퍼마켓, 일용품 등의 소매점	1천[m²] 미만	판매시설
	의약품·의료기기 판매소 및 자동차영업소	1천[m²] 미만	판매시설
	학원, 고시원 • 자동차운전학원, 정비학원 : 항공기 및 자동차 관련시설 • 무도학원 : 위락시설	500[m²] 미만	교육연구시설 숙박시설
	탁구장, 체육도장, 체력단련장, 에어로빅장, 볼링장, 당구장, 실내낚시터, 골프연습장,	500[m²] 미만	운동시설
	금융업소, 사무소, 부동산, 결혼상담소 출판사, 서점	500[m²] 미만	업무시설
	제조업소, 수리점 등 (배출시설 허가 또는 신고 대상 제외)	500[m²] 미만	공장
	청소년게임제공업 및 일반게임제공업의 시설, 인터넷컴퓨터게임시설제공업의 시설,	500[m²] 미만	판매시설 (상점)
	공연장(극장, 영화상영관, 비디오물감상실업, 서커스장 등) 또는 종교집회장(교회, 성당, 사찰, 기도원 등)	300[m²] 미만	문화 및 집회시설 /종교시설
	단란주점	150[m²] 미만	위락시설
	휴게음식점, 제과점, 일반음식점, 기원, 노래연습장, 의원, 치과의원, 독서실, 목욕장 한의원, 침술원, 접골원(接骨院), 조산원, 산후조리원, 안마원, 안마시술소, 동물병원		
숙박 시설	일반숙박시설	호텔, 여관, 여인숙, 모텔	
	생활숙박시설	관광호텔, 수상관광호텔, 한국전통호텔, 가족호텔 및 휴양 콘도미니엄	
	고시원	근린생활시설에 해당하지 않는 것(500[m²] 이상)	
문화 및 집회시설	공연장	근린생활시설에 해당하지 않는 것(300[m²] 이상)	
	집회장	예식장, 공회당, 회의장, 마권 장외 발매소	
	관람장	경마장, 경륜장, 경정장, 자동차 경기장, 그 밖에 이와 비슷한 것 체육관 및 운동장으로서 관람석의 바닥면적의 합계가 1천[m²] 이상	
	전시장	박물관, 미술관, 과학관, 문화관, 체험관, 기념관, 산업전시장, 박람회장	
	동·식물원	동물원, 식물원, 수족관	

핵심 PLUS

09 다음 중 특정소방대상물의 근린생활시설에 해당되는 것은? [기 11]
① 기원
② 전시장
③ 기숙사
④ 유치원

해설 전시장 - 문화 및 집회시설
기숙사 - 공동주택
유치원 - 노유자시설

답 : ①

10 특정소방대상물의 근린생활시설에 해당되는 것은? [기 16]
① 전시장
② 기숙사
③ 유치원
④ 의원

답 : ④

11 특정소방대상물 중 근린생활시설과 가장 거리가 먼 것은? [기 11]
① 안마시술소
② 독서실
③ 한의원
④ 무도학원

해설 무도학원 - 위락시설

답 : ④

12 특정소방대상물로서 숙박시설에 해당되지 않는 것은? [기 11]
① 호텔
② 모텔
③ 휴양콘도미니엄
④ 오피스텔

해설 오피스텔 - 업무시설

답 : ④

핵심 PLUS

13 특정소방대상물 중 의료시설에 해당되지 않는 것은? [기 16]
① 노숙인 재활시설
② 장애인 의료재활시설
③ 정신의료기관
④ 마약진료소

답 : ①

14 특정소방대상물 중 노유자시설에 해당되지 않는 것은? [기 15]
① 요양병원
② 아동복지시설
③ 장애인직업재활시설
④ 노인의료복지시설

해설 요양병원 - 의료시설

답 : ①

15 소방시설 설치 및 관리에 관한 법률상 특정소방대상물 중 오피스텔이 해당하는 것은? [기 17]
① 숙박시설
② 업무시설
③ 공동주택
④ 근린생활시설

답 : ②

16 특정소방대상물의 분류가 잘못된 것은? [기 12]
① 자동차 검사장 : 운수시설
② 동·식물원 : 문화 및 집회시설
③ 무도장 및 무도학원 : 위락시설
④ 전신전화국 : 방송통신시설

답 : ①

구분	세부구분	내용
의료시설		병원 : 종합병원, 병원, 치과병원, 한방병원, 요양병원
		격리병원 : 전염병원, 마약진료소 및 그 밖에 이와 비슷한 것
		정신의료기관, 장애인 의료재활시설
노유자시설	노인 관련 시설	노인주거복지시설, 노인의료복지시설, 노인여가복지시설, 재가노인복지시설, 노인보호전문기관 및 그 밖에 이와 비슷한 것
	아동 관련 시설	아동복지시설, 어린이집, 유치원
	장애인 관련 시설	장애인 주거시설, 장애인 지역사회재활시설, 장애인직업재활시설
	정신질환자 관련 시설	정신재활시설, 정신요양시설
	노숙인 관련 시설	노숙인복지시설(노숙인일시보호시설, 노숙인자활시설, 노숙인재활시설, 노숙인요양시설 등), 노숙인종합지원센터
		사회복지시설 중 결핵환자 또는 한센인 요양시설 등
업무시설	공공업무시설	국가 또는 지방자치단체의 청사, 주민자치센터(동사무소), 경찰서, 지구대, 파출소, 소방서, 119안전센터, 우체국, 보건소, 국민건강보험공단 등과 외국공관의 건축물 등
	일반업무시설	금융업소, 사무소, 신문사, 오피스텔
		공공도서관, 변전소, 양수장, 정수장, 대피소, 공중화장실, 마을회관, 마을공동작업소, 마을공동구판장
항공기 및 자동차 관련 시설		항공기격납고, 주차용 건축물·차고, 철골 조립식 주차시설(바닥면이 조립식이 아닌 것을 포함한다) 및 기계장치에 의한 주차시설, 세차장, 폐차장, 자동차검사장, 자동차매매장, 자동차정비공장, 운전학원·정비학원, 주차장
		「여객자동차 운수사업법」, 「화물자동차 운수사업법」 및 「건설기계관리법」에 따른 차고 및 주기장
		단독주택, 공동주택 중 50세대 미만인 연립주택 또는 50세대 미만인 다세대주택의 건축물을 제외한 건축물의 내부(필로티와 건축물 지하를 포함)에 설치된 주차장
판매시설		도매시장, 소매시장, 전통시장(그 안에 있는 근린생활시설 포함, 노점형 시장 제외)
공동주택	아파트등	주택으로 쓰이는 층수가 5층 이상인 주택
	연립주택	주택으로 쓰는 1개 동의 바닥면적(2개 이상의 동을 지하주차장으로 연결하는 경우에는 각각의 동으로 본다) 합계가 660$[m^2]$를 초과하고, 층수가 4개 층 이하인 [주택 2024년 12월 1일 시행]
	다세대주택	주택으로 쓰는 1개 동의 바닥면적(2개 이상의 동을 지하주차장으로 연결하는 경우에는 각각의 동으로 본다) 합계가 660$[m^2]$ 이하이고, 층수가 4개 층 이하인 주택 [2024년 12월 1일 시행]
	기숙사	학교 또는 공장 등의 학생 또는 종업원 등을 위하여 쓰는 것으로서 1개 동의 공동취사시설 이용 세대 수가 전체의 50[%] 이상인 것(학생복지주택 및 공공매입임대주택 중 독립된 주거의 형태를 갖추지 않은 것을 포함)

4 특정소방대상물의 관계인이 특정소방대상물의 규모·용도 및 수용인원 등을 고려하여 갖추어야 하는 소방시설의 종류

1. 비상경보설비 설치해야 하는 특정소방대상물

① 지하층 또는 무창층의 바닥면적이 150[m²](공연장 : 100[m²]) 이상인 것

② 연면적 400[m²] 이상(터널과 동식물관련시설 제외)

③ 50명 이상의 근로자가 작업하는 옥내작업장

④ 지하가 중 터널로서 길이가 500[m] 이상인 것

2. 단독경보형감지기 설치해야 하는 특정소방대상물

대 상	기 준	비고 : 기준 이상
① 공동주택 중 연립주택, 다세대주택	연동형으로 설치할 것	-
② 유치원	연면적 400[m²] 미만	자동화재탐지설비설치대상
③ 교육연구시설 또는 수련시설 내에 있는 합숙소 또는 기숙사	연면적 2천[m²] 미만	자동화재탐지설비설치대상
④ 숙박시설이 있는 수련시설	수용인원 100명 미만	자동화재탐지설비설치대상

3. 자동화재탐지설비 설치해야 하는 특정소방대상물

특정소방대상물의 종류	연면적 등
① 숙박시설, 숙박시설이 있는 수련시설로서 수용인원 100명 이상인 것, 노유자 생활시설, 조산원 및 산후조리원, 요양병원(의료재활시설 제외), 공동주택 중 아파트등·기숙사, 지하구, 층수가 6층 이상인 건축물, 발전시설 중 전기저장시설, 판매시설 중 전통시장	-
② 공장 및 창고시설로서 특수가연물을 저장·취급하는 것	500배 이상
③ 지하가 중 터널로서 길이	1천[m] 이상
④ 의료시설 중 정신의료기관 또는 의료재활시설(바닥면적 합계) → 300[m²] 미만일 경우 창살이 설치된 경우에 한하여 설치	300[m²] 이상
⑤ 노유자 생활시설에 해당하지 않는 노유자시설	400[m²] 이상
⑥ 근린생활시설(목욕장 제외), 위락시설, 의료시설(정신의료기관과 요양병원 제외), 복합건축물, 장례시설	600[m²] 이상
⑦ 근린생활시설 중 목욕장, 관광 휴게시설, 운동시설, 판매시설, 문화 및 집회시설, 종교시설, 방송통신시설, 업무시설, 공장, 창고시설, 교정 및 군사시설 중 국방·군사시설, 항공기 및 자동차 관련 시설, 운수시설, 지하가(터널 제외), 위험물 저장 및 처리 시설, 발전시설	1천[m²] 이상
⑧ 자원순환 관련 시설, 동물 및 식물관련시설(기둥과 지붕만으로 구성되어 외부와 기류가 통하는 장소는 제외), 교육연구시설(교육시설 내에 있는 기숙사 및 합숙소를 포함), 수련시설(수련시설 내에 있는 기숙사 및 합숙소를 포함하며 숙박시설이 있는 수련시설은 제외), 교정 및 군사시설(국방·군사시설은 제외), 묘지 관련 시설	2천[m²] 이상

핵심 PLUS

17 비상경보설비를 설치하여야 할 특정소방대상물이 아닌 것은? [기 15]

① 지하가 중 터널로서 길이가 1,000[m] 이상인 것
② 사람이 거주하고 있는 연면적 400[m²] 이상인 것
③ 지하층의 바닥면적이 100[m²] 이상으로 공연장인 건축물
④ 35명의 근로자가 작업하는 옥내작업장

답 : ④

18 단독경보형 감지기를 설치하여야 하는 특정소방대상물에 속하지 않는 것은? [기 10]

① 숙박시설이 있는 수용인원 300인 미만의 수련시설
② 연면적 400[m²] 미만의 유치원
③ 공동주택 중 연립주택, 다세대주택
④ 교육연구시설 또는 수련시설 내에 있는 합숙소 또는 기숙사로서 연면적 2000[m²] 미만인 것

답 : ①

19 근린생활시설 중 목욕장인 경우 연면적 몇 [m²] 이상이면 자동화재탐지설비를 설치해야 하는가? [기 11]

① 500 ② 1,000
③ 1,500 ④ 2,000

답 : ②

20 자동화재탐지설비를 설치하여야 하는 특정소방대상물의 기준으로 틀린 것은? [기 16]

① 지하구
② 지하가 중 터널로서 길이 700[m] 이상인 것
③ 교정시설로서 연면적 2,000[m²] 이상인 것
④ 복합건축물로서 연면적 600[m²] 이상인 것

답 : ②

핵심 PLUS

4. 비상방송설비 설치해야 하는 특정소방대상물

① 연면적 3,500[m²] 이상인 것

② 지하층을 제외한 층수가 11층 이상인 것

③ 지하층의 층수가 3층 이상인 것

5. 자동화재속보설비 설치해야 하는 특정소방대상물

대상	조건
① 층수가 30층 이상인 것 ② 보물 또는 국보로 지정된 목조건축물 ③ 판매시설 중 전통시장, 발전시설 중 전기저장시설 ④ 노유자 생활시설 ⑤ 근린생활시설 중 의원, 치과의원 및 한의원으로서 입원실이 있는 시설, 조산원 및 산후조리원	바닥면적과 상관없이 설치하여야 하는 대상물
⑥ 의료시설 — 종합병원, 병원, 치과병원, 한방병원 및 요양병원	
⑥ 의료시설 — 정신병원 및 의료재활시설	바닥면적이 500[m²] 이상인 층이 있는 것
⑦ 노유자시설	
⑧ 수련시설(숙박시설이 있는 건축물만 해당)	

다만, 방재실 등 화재 수신기가 설치된 장소에 24시간 화재를 감시할 수 있는 사람이 근무하고 있는 경우에는 자동화재속보설비를 설치하지 않을 수 있다.

6. 누전경보기를 설치해야 하는 특정소방대상물

계약전류용량(같은 건축물에 계약종별이 다른 전기가 공급되는 경우에는 그 중 최대계약전류용량을 말한다)이 100암페어를 초과하는 특정소방대상물(내화구조가 아닌 건축물로서 벽·바닥 또는 반자의 전부나 일부를 불연재료 또는 준불연재료가 아닌 재료에 철망을 넣어 만든 것만 해당)에 설치하여야 한다.

---

21 자동화재속보설비를 설치하여야 하는 특정소방대상물은? [기 14]

① 연면적 800[m²]인 아파트
② 연면적 800[m²]인 기숙사
③ 바닥면적이 1,000[m²]인 층이 있는 발전시설
④ 바닥면적이 500[m²]인 층이 있는 노유자시설

답 : ④

22 누전경보기는 계약전류용량이 몇 [A]를 초과하는 특정소방대상물(내화구조가 아닌 건축물로서 벽. 바닥 또는 반자의 전부나 일부를 불연재료 또는 준불연재료가 아닌 재료에 철망을 넣어 만든 것만 해당)에 설치하여야 하는가?

① 100 ② 500
③ 1000 ④ 1500

답 : ①

7. 소화기구 설치해야 하는 특정소방대상물

① 연면적 33[m²] 이상인 것

② 터널, 지하구, 문화재, 가스시설, 발전시설 중 전기저장시설

③ 노유자시설 : 투척용 소화용구 등을 화재안전기준에 따라 산정된 소화기 수량의 1/2 이상으로 설치할 수 있다.

8. 자동소화장치 설치해야 하는 특정소방대상물

① 후드 및 덕트가 설치되어 있는 주방이 있는 특정소방대상물

주거용 주방	아파트등 및 오피스텔의 모든층
상업용 주방	대규모점포에 입점해 있는 일반음식점, 집단급식소

② 화재안전기준에서 정하는 장소 : 고체에어로졸, 가스, 분말, 캐비닛형

9. 옥내소화전설비 설치해야 하는 특정소방대상물

특정소방대상물	설치 대상	
근린생활시설, 판매시설, 운수시설, 의료시설 방송통신시설, 업무시설, 숙박시설, 위락시설, 공장, 창고시설, 항공기 및 자동차 관련 시설, 발전시설, 장례식장, 복합건축물, 노유자시설 교정 및 군사시설 중 국방·군사시설	• 연면적 1,500[m²] 이상이거나 • 지하층·무창층 또는 층수가 4층 이상인 층 중 바닥면적이 300[m²] 이상인 층	모든층에 설치
그 밖의 대상 (문화 및 집회시설, 교육연구시설 등)	• 연면적 3,000[m²] 이상이거나 • 지하층·무창층(축사 제외) 또는 층수가 4층 이상인 것 중 바닥면적이 600[m²] 이상인 층	모든층에 설치
건축물의 옥상에 설치된 차고 또는 주차장	차고 또는 주차의 용도로 사용되는 부분의 면적이 200[m²] 이상인 것	

핵심 PLUS

23 소화기 또는 간이 소화용구를 설치하여야 할 특정소방대상물은 연면적이 몇 제곱미터 이상인 것인가?
[기 10]

① 10제곱미터
② 33제곱미터
③ 300제곱미터
④ 600제곱미터

답 : ②

24 다음 특정소방대상물 중 주거용 주방 자동소화장치를 설치하여야 하는 것은?
[기 11]

① 아파트
② 지하가 중 터널로서 길이가 1,000[m] 이상인 터널
③ 지정문화재 및 가스시설
④ 항공기 격납고

답 : ①

핵심 PLUS

25 연소 우려가 있는 건축물의 구조에 대한 기준 중 다음 보기 (㉠), (㉡)에 들어갈 수치로 알맞은 것은?
[기 16]

[보기]
"건축물 대장의 건축물 현황도에 표시된 대지경계선안에 2 이상의 건축물이 있는 경우로서 각각의 건축물이 다른 건축물의 외벽으로부터 수평거리가 1층에 있어서는 (㉠)[m] 이하, 2층 이상의 층에 있어서는 (㉡)[m] 이하이고 개구부가 다른 건축물을 향하여 설치된 구조를 말한다."

① ㉠ 5, ㉡ 10 ② ㉠ 6, ㉡ 10
③ ㉠ 10, ㉡ 5 ④ ㉠ 10, ㉡ 6

답 : ②

26 특정소방대상물의 규모에 관계없이 물분무등소화설비를 설치하여야 하는 대상은? (단, 위험물 저장 및 처리시설 중 가스시설 또는 지하구는 제외한다.)
[기 13]

① 주차용 건축물
② 전산실 및 통신기기실
③ 전기실 및 발전실
④ 항공기 격납고

답 : ④

10. 옥외소화전설비를 설치해야 하는 특정소방대상물

① 지상 1층 및 2층의 바닥면적의 합계 - 9,000[m²] 이상

② 국보 또는 보물로 지정된 목조건축물

③ 750배 이상의 특수가연물을 저장·취급하는 공장 또는 창고

| 연소우려가 있는 구조인 경우 |

※ 동일 구내에 둘 이상의 특정소방대상물이 행정안전부령으로 정하는 연소우려가 있는 구조인 경우에는 이를 하나의 특정소방대상물로 본다.

※ 행정안전부령으로 정하는 연소우려가 있는 구조 (아래사항을 모두 만족해야 한다)
  1. 건축물대장의 건축물 현황도에 표시된 대지경계선 안에 2 이상의 건축물이 있는 경우
  2. 각각의 건축물이 다른 건축물의 외벽으로부터 수평거리가 1층에 있어서는 6[m] 이하, 2층 이상의 층에 있어서는 10[m] 이하
  3. 개구부가 다른 건축물을 향하여 설치된 구조

---

11. 물분무등소화설비 설치해야 하는 특정소방대상물

① 항공기 및 자동차 관련 시설	항공기격납고
② 차고, 주차용건축물 또는 철골 조립식 주차시설	연면적 800[m²] 이상
③ 건축물 내부에 설치된 차고 또는 주차장	바닥면적의 합계가 200[m²] 이상인 층
④ 기계장치에 의한 주차시설	20대 이상
⑤ 특정소방대상물에 설치된 전기실·발전실·변전실	바닥면적이 300[m²] 이상
⑥ 행정안전부령으로 정하는 터널	물분무소화설비

12. 스프링클러설비 설치해야 하는 특정소방대상물

문화 및 집회시설 (동·식물원 제외) 종교시설 (주요구조부가 목조인 것은 제외) 운동시설 (물놀이형 시설 및 바닥이 불연재료이고 관람석이 없는 것은 제외)	무대부 면적	지하층, 무창층, 4층 이상의 층	300[m²] 이상	모든 층
		그 밖의 층	500[m²] 이상	
	영화상영관 층의 바닥면적	지하층, 무창층	500[m²] 이상	
		그 밖의 층	1,000[m²] 이상	
	수용인원		100명 이상	
판매시설, 운수시설, 창고시설 중 물류터미널	바닥면적 합계가 5천[m²] 이상 또는 수용인원 500명 이상 ※ 물류터미널의 특별한 경우 : 2천5백[m²] 이상 또는 수용인원 250명 이상			모든 층
창고시설 (물류터미널 제외)	바닥면적 합계가 5천[m²] 이상 ※ 특별한 경우 : 2천 5백[m²] 이상			
기숙사 또는 복합건축물	연면적 5천[m²] 이상 (기숙사 : 수련시설·교육연구시설 내에 있는 학생 수용을 위한 것)			

층수가 6층 이상인 특정소방대상물
※ 기존의 아파트를 리모델링하는 경우로서 건축물의 연면적 및 층고가 변경되지 않는 경우 및 스프링클러설비가 없는 기존의 특정소방대상물을 용도변경하는 경우는 제외

숙박시설, 노유자시설, 조산원, 산후조리원, 종합병원, 병원, 병원(치과, 한방, 요양), 정신의료기관, 숙박이 가능한 수련시설	바닥면적 합계가 600[m²] 이상	모든 층
천장 또는 반자의 높이가 10[m]를 초과하는 랙식 창고 ※ 특별한 경우 : 750[m²] 이상	바닥면적 합계가 1,500[m²] 이상	
지하층·무창층(축사 제외) 또는 층수가 4층 이상인 층 ※ 공장 또는 창고시설의 특별한 경우 : 500[m²] 이상	바닥면적이 1천[m²] 이상인 층	
지하가(터널은 제외)	1천[m²] 이상	

전기저장시설, 특정소방대상물에 부속된 보일러실 또는 연결통로 등

공장 또는 창고시설	중·저준위방사성폐기물의 저장시설 중 소화수를 수집·처리하는 설비가 있는 저장시설 및 1천배 이상의 특수가연물을 저장·취급하는 시설 ※ 공장 또는 창고시설의 특별한 경우 : 500배 이상
교정 및 군사시설	보호감호소, 교도소, 구치소, 유치장, 출입국관리법에 따른 보호시설 (외국인보호소의 경우에는 보호대상자의 생활공간으로 한정)로 사용하는 부분. 다만, 보호시설이 임차건물에 있는 경우는 제외

※ 특별한 경우 : 지붕 또는 외벽이 불연재료가 아니거나 내화구조가 아닌 경우
◆ 랙식창고 : 물건을 수납할 수 있는 선반이나 이와 비슷한 것을 갖춘 것

핵심 PLUS

27 아파트로서 층수가 몇 층 이상인 것은 모든 층에 스프링클러를 설치하여야 하는가? [기 14]
① 6층 ② 11층
③ 15층 ④ 20층

답 : ①

28 스프링클러설비를 설치하여야 할 대상의 기준으로 옳지 않은 것은? [기 13]
① 문화집회 및 운동시설로서 수용인원이 100인 이상인 것
② 판매시설로서 바닥면적 합계가 5천[m²] 이상인 것
③ 숙박이 가능한 수련시설로서 해당 용도로 사용되는 바닥면적의 합계 600[m²] 이상인 모든 층
④ 지하가(터널은 제외)로서 연면적 800[m²] 이상인 것

답 : ④

29 다음 중 스프링클러설비를 의무적으로 설치하여야 하는 기준으로 틀린 것은? [기 15]
① 숙박시설로 6층 이상인 것
② 지하가로 연면적이 1,000[m²] 이상인 것
③ 판매시설로 수용인원이 300인 이상인 것
④ 복합건축물로 연면적 5,000[m²] 이상인 것

답 : ③

30 층수가 20층인 아파트인 경우 스프링클러설비를 설치하여야 하는 층수는? [기 12]
① 6층 이상
② 11층 이상
③ 16층 이상
④ 모든층

답 : ④

핵심 PLUS

31 다음 ( ) 안에 들어갈 숫자로 알맞은 것은? [기 12]

> 인명구조기구는 지하층을 포함하는 층수가 (㉠)층 이상인 관광호텔 및 지하층 포함하는 층수가 (㉡)층 이상인 병원에 설치하여야 한다.

① ㉠ 11, ㉡ 7
② ㉠ 7, ㉡ 7
③ ㉠ 7, ㉡ 5
④ ㉠ 5, ㉡ 5

답 : ③

32 소화활동설비에서 제연설비를 설치하여야 하는 특정소방대상물의 기준으로 틀린 것은? [기 12]

① 문화 및 집회시설, 운동시설로서 무대부의 바닥면적이 200[m²] 이상인 것
② 근린생활시설·위락시설·판매시설·숙박시설 등으로서 지하층인 것
③ 지하가(터널을 제외한다)로서 연면적 1,000[m²] 이상인 것
④ 지하가 중 터널로서 길이가 300[m] 이상인 것

답 : ④

33 학교 지하층은 바닥면적의 합계가 몇 [m²] 이상인 경우 연결살수설비를 설치해야 하는가? [기 16]

① 500   ② 600
③ 700   ④ 1,000

답 : ③

13. 인명구조기구를 설치해야 하는 특정소방대상물

특정소방대상물	인명구조기구의 종류	설치 수량
• 지하층을 포함하는 층수가 7층 이상인 관광호텔 및 지하층 포함하는 층수가 5층 이상인 병원	방열복 또는 방화복 인공소생기 공기호흡기	각 2개 이상 비치할 것. 다만, 병원의 경우에는 인공소생기를 설치하지 않을 수 있다.
• 문화 및 집회시설 중 수용인원 100명 이상의 영화상영관 • 판매시설 중 대규모 점포 • 운수시설 중 지하역사 • 지하가 중 지하상가	공기호흡기	층마다 2개 이상 비치할 것. 다만, 각 층마다 갖추어 두어야 할 공기호흡기 중 일부를 직원이 상주하는 인근 사무실에 갖추어 둘 수 있다.
• 물분무등소화설비 중 이산화탄소소화설비를 설치하여야 하는 특정소방대상물	공기호흡기	이산화탄소소화설비가 설치된 장소의 출입구 외부 인근에 1대 이상 비치할 것

14. 제연설비를 설치해야 하는 특정소방대상물

문화 및 집회시설 중 영화상영관	수용인원 100명 이상
문화 및 집회시설, 종교시설, 운동시설로서 무대부	바닥면적이 200[m²] 이상
근린생활시설, 판매시설, 운수시설, 숙박시설, 위락시설, 의료시설, 노유자시설, 창고시설 중 물류터미널	지하층 또는 무창층으로서 바닥면적의 합이 1,000[m²] 이상인 층
운수시설 중 시외버스정류장, 철도 및 도시철도시설, 공항시설 및 항만시설의 대합실 또는 휴게시설	지하층 또는 무창층의 바닥면적이 1,000[m²] 이상
지하가(터널은 제외)	연면적 1,000[m²] 이상
지하가 중 예상 교통량, 경사도 등 터널의 특성을 고려하여 행정안전부령으로 정하는 터널	

15. 연결살수설비를 설치해야 하는 특정소방대상물

① 지하층(피난층으로 주된 출입구가 도로와 접한 경우는 제외)	바닥면적의 합계	150[m²] 이상
② 학교(교육연구시설)의 지하층		700[m²] 이상
③ 아파트의 지하층(대피시설로 사용하는 것만 해당)		
④ 창고시설 중 물류터미널, 판매시설, 운수시설,		1,000[m²] 이상
⑤ 위의 특정소방대상물에 부속된 연결통로		
⑥ 가스시설 - 지상에 노출된 탱크의 용량이 30톤 이상인 탱크시설		

핵심 PLUS

16. 상수도소화용수설비를 설치해야 하는 특정소방대상물

① 연면적 5천 [m²] 이상

② 가스시설로서 지상에 노출된 탱크의 저장용량의 합계가 100톤 이상

---| 소화수조 또는 저수조 설치해야 하는 경우 |---

상수도소화용수설비를 설치하여야 하는 특정소방대상물의 대지 경계선으로부터 180[m] 이내에 구경 75[mm] 이상인 상수도용 배수관이 설치되지 아니한 지역에 있어서는 화재안전기준에 따른 소화수조 또는 저수조를 설치하여야 한다.

---| 가스시설 용량에 따른 설치대상 등 |---

구 분	내 용
연결살수설비 설치 대상	지상에 노출된 탱크의 용량이 30톤 이상인 탱크시설
화재예방안전진단 대상	가연성 가스 탱크의 저장용량이 30톤 이상 또는 저장용량의 합계가 100톤 이상
상수도소화용수설비 설치 대상	가스시설로서 지상에 노출된 탱크의 저장용량의 합계가 100톤 이상
건축허가등 동의 대상	가스시설로서 지상에 노출된 탱크의 저장용량의 합계가 100톤 이상
2급 소방안전관리대상물	가연성 가스를 100톤 이상 1천톤 미만 저장·취급하는 시설
1급 소방안전관리대상물	가연성 가스를 1천톤 이상 저장·취급하는 시설
완공검사를 위한 현장확인 대상	지상에 노출된 가연성가스탱크의 저장용량 합계가 1천톤 이상인 시설

34 상수도 소화용수설비 설치대상물은 지상에 노출된 가스시설 저장용량의 합계가 몇 [ton] 이상이어야 하는가?
① 10 ② 50
③ 60 ④ 100

답 : ④

35 다음 조건을 참고하여 숙박시설이 있는 특정소방대상물의 수용인원 산정 수로 옳은 것은?

침대가 있는 숙박시설로서 1인용 침대의 수는 20개이고, 2인용 침대의 수는 10개이며, 종업원의 수는 3명이다.

① 33 ② 40
③ 43 ④ 46

해설

용도	수용인원 산정수
침대가 있는 숙박시설	종사자 수+침대 수 (2인용 침대는 2로 산정한다) =3+{20+(2×10)}=43

답 : ③

17. 수용 인원의 산정 방법

구 분	용도		수용인원 산정수	
숙박시설이 있는 특정소방 대상물	침대가 있는 숙박시설		종사자 수 + 침대 수 (2인용 침대는 2로 산정한다)	
	침대가 없는 숙박시설		종사자 수 + (바닥면적의 합계 ÷ 3[m²])	
기타 대상물	강의실·교무실·상담실 실습실·휴게실		바닥면적의 합계 ÷ 1.9[m²]	
	강당, 문화 및 집회시설 운동시설, 종교시설		바닥면적의 합계 ÷ 4.6[m²]	
		관람석이 있는 경우	고정식 의자	의자 수
			긴 의자	정면너비 ÷ 0.45[m]
	그 밖의 특정소방대상물		바닥면적의 합계 ÷ 3[m²]	

핵심 PLUS
36 자동화재탐지설비를 화재안전기준에 적합하게 설치한 경우에 그 설비의 유효범위 내에서 설치가 면제되는 소방시설로서 옳은 것은? [기 14] ① 비상경보설비 ② 누전경보기 ③ 비상조명등 ④ 무선통신보조설비 답 : ①

5 유사한 소방시설 설치의 면제

1. 면제자 – 소방본부장 또는 소방서장
2. 특정소방대상물에 설치하여야 하는 소방시설 가운데 기능과 성능이 유사한 물분무소화설비, 간이스프링클러설비, 비상경보설비 및 비상방송설비 등의 소방시설의 경우에는 **대통령령**으로 정하는 바에 따라 유사한 소방시설의 설치를 면제할 수 있다.

설치가 면제되는 소방시설	설치면제 요건
옥내소화전	• 호스릴 방식의 미분무소화설비 또는 옥외소화전 설치 시 면제
자동소화장치	• 물분무등소화설비를 설치 시 면제 (주거용 및 상업용 주방자동소화장치는 제외)
간이스프링클러설비	• 스프링클러설비, 물분무소화설비 또는 미분무소화설비를 설치 시 면제
스프링클러설비	• 자동소화장치, 물분무등소화설비 설치 시 면제 (발전시설 중 전기저장시설은 제외)
물분무등소화설비	• 물분무등소화설비를 설치하여야 하는 차고·주차장에 스프링클러설비 설치 시 면제
비상경보설비	• 단독경보형감지기를 2개 이상의 단독경보형감지기와 연동하여 설치 시
비상경보설비 단독경보형감지기	• 자동화재탐지설비 또는 화재알림설비 설치 시 면제
자동화재탐지설비	• 자동화재탐지설비의 기능(감지·수신·경보기능을 말한다)과 성능을 가진 스프링클러설비 또는 물분무등소화설비를 화재안전기준에 적합하게 설치한 경우에는 그 설비의 유효범위안의 부분에서 설치가 면제
비상조명등	• 피난구유도등 또는 통로유도등을 설치 시 면제
상수도 소화용수설비	• 특정소방대상물의 각 부분으로부터 수평거리 140[m] 이내에 공공의 소방을 위한 소화전을 설치시 면제 • 소방본부장 또는 소방서장이 상수도소화용수설비의 설치가 곤란하다고 인정하는 경우로서 화재안전기준에 적합한 소화수조 또는 저수조를 설치 및 설치되어 있는 경우에는 그 설비의 유효범위 안의 부분에서 설치가 면제
연소방지설비	• 스프링클러설비, 물분무소화설비 또는 미분무소화설비를 설치 시
자동화재속보설비	• 화재알림설비를 설치 시

6 소방시설의 설치 제외

다음에 해당하는 특정소방대상물 가운데 대통령령으로 정하는 특정소방대상물에는 대통령령으로 정하는 소방시설을 설치하지 아니할 수 있다.

화재 위험도가 낮은 특정소방대상물	석재·불연성금속·불연성 건축재료 등의 가공공장·기계조립공장 또는 불연성 물품을 저장하는 창고	옥외소화전 연결살수설비
화재안전기준을 적용하기 어려운 특정소방대상물	펄프공장의 작업장, 음료수 공장의 세정 또는 충전하는 작업장	스프링클러설비, 상수도소화용수설비 연결살수설비
	정수장, 수영장, 목욕장, 농예·축산·어류양식용 시설	자동화재탐지설비, 상수도소화용수설비 연결살수설비
화재안전기준을 다르게 적용하여야 하는 특정소방대상물	원자력발전소, 중·저준위방사성폐기물의 저장시설	연결송수관설비, 연결살수설비
위험물안전관리법에 따른 자체소방대가 설치된 특정소방대상물	자체소방대가 설치된 위험물제조소등에 부속된 사무실	옥내소화전설비, 소화용수설비, 연결송수관설비, 연결살수설비

7 소방시설기준 적용의 특례

소방본부장이나 소방서장은 대통령령 또는 화재안전기준이 변경되어 그 기준이 강화되는 경우

① 기존의 특정소방대상물의 소방시설

변경 전의 대통령령 또는 화재안전기준을 적용

② 다음에 해당하는 경우에는 강화된 기준을 적용할 수 있다.

모든 특정소방대상물	㉠ 소화기구, 비상경보설비 ㉡ 자동화재탐지설비 ㉢ 피난구조설비, 자동화재속보설비
공동구, 전력 및 통신사업용 지하구	소화기, 자동소화장치 자동화재탐지설비, 통합감시시설 유도등 및 연소방지설비
노유자시설	간이스프링클러설비, 자동화재탐지설비, 단독경보형 감지기
의료시설	간이스프링클러설비, 자동화재탐지설비, 자동화재속보설비, 스프링클러설비

핵심 PLUS

37 화재위험도가 낮은 특정소방대상물 중 불연성 물품을 저장하는 창고에 설치하지 아니할 수 있는 소방시설인 것은? [기 17]

① 자동화재탐지설비
② 연결송수관설비
③ 피난기구
④ 연결살수설비

답 : ④

38 자동화재탐지설비의 화재안전기준을 적용하기가 어려운 특정소방대상물로 볼 수 없는 경우는? [기 12]

① 정수장
② 수영장
③ 어류양식용 시설
④ 펄프공장의 작업장

답 : ④

39 소방시설 설치 및 관리에 관한 법령에 따른 화재안전기준을 달리 적용하여야 하는 특수한 용도 또는 구조를 가진 특정소방대상물 중 원자력발전소에 설치하지 아니할 수 있는 소방시설은?

① 소화용수설비
② 옥외소화전설비
③ 물분무등소화설비
④ 연결송수관설비 및 연결살수설비

답 : ④

40 대통령령 또는 화재안전기준이 변경되어 그 기준이 강화되는 경우에 기존 특정소방대상물의 소방시설에 대하여 변경으로 강화된 기준을 적용하여야 하는 소방시설은? [기 17]

① 비상경보설비
② 비상콘센트설비
③ 비상방송설비
④ 옥내소화전설비

답 : ①

Ⅲ. 소방관계법규 | 소방시설법

핵심 PLUS

41 특정소방대상물의 증축 또는 용도변경시의 소방시설기준 적용의 특례에 관한 설명 중 옳지 않은 것은?
[기 11]

① 증축되는 경우에는 기존부분을 포함한 전체에 대하여 증축 당시의 소방시설 등의 설치에 관한 대통령령 또는 화재안전기준을 적용한다.
② 증축시 기존부분과 증축되는 부분이 내화구조로 된 바닥과 벽으로 구획되어 있는 경우에는 기존부분에 대하여는 증축당시의 소방시설 등의 설치에 관한 대통령령 또는 화재안전기준을 적용하지 아니한다.
③ 용도변경되는 경우에는 기존부분을 포함한 전체에 대하여 용도변경 당시의 소방시설 등의 설치에 관한 대통령령 또는 화재안전기준을 적용한다.
④ 용도변경시 특정소방대상물의 구조·설비가 화재연소 확대요인이 적어지거나 피난 또는 화재진압활동이 쉬워지도록 용도변경되는 경우에는 전체에 용도변경되기 전의 소방시설 등의 설치에 관한 대통령령 또는 화재안전기준을 적용한다.

답 : ③

8 기존 특정소방대상물의 증축 또는 용도변경

1. 특정소방대상물이 증축되는 경우

① 기존 부분을 포함한 특정소방대상물의 전체에 대하여 증축 당시의 소방시설의 설치에 관한 대통령령 또는 화재안전기준을 적용.

② <u>기존 부분에 대해서 증축 당시의 대통령령 또는 화재안전기준을 적용하지 않는 경우</u>
   ㉠ 기존 부분과 증축 부분이 내화구조(耐火構造)로 된 바닥과 벽으로 구획된 경우
   ㉡ 기존 부분과 증축 부분이 자동방화셔터 또는 60분+ 방화문으로 구획되어 있는 경우
   ㉢ 자동차 생산공장 등 화재 위험이 낮은 특정소방대상물 내부에 연면적 33[m²] 이하의 직원 휴게실을 증축하는 경우
   ㉣ 자동차 생산공장 등 화재 위험이 낮은 특정소방대상물에 캐노피(기둥으로 받치거나 매달아 놓은 덮개를 말하며, 3면 이상에 벽이 없는 구조의 것)를 설치하는 경우

2. 특정소방대상물이 용도변경 되는 경우

① 용도변경되는 부분에 대해서만 용도변경 당시의 소방시설의 설치에 관한 대통령령 또는 화재안전기준을 적용

② 특정소방대상물 전체에 대하여 용도변경 전에 해당 특정소방대상물에 적용되던 소방시설의 설치에 관한 대통령령 또는 화재안전기준을 적용한다.
   ㉠ 특정소방대상물의 구조·설비가 화재연소 확대 요인이 적어지거나 피난 또는 화재진압활동이 쉬워지도록 변경되는 경우
   ㉡ 용도변경으로 인하여 천장·바닥·벽 등에 고정되어 있는 가연성 물질의 양이 줄어드는 경우

핵심 PLUS

9 건설현장의 임시소방시설 설치 및 관리

① 건설공사를 하는 자(공사시공자)

특정소방대상물의 신축·증축·개축·재축·이전·용도변경·대수선 또는 설비 설치 등을 위한 공사현장에서 인화성(引火性) 물품을 취급하는 작업 등 대통령령으로 정하는 작업(화재위험작업)을 하기 전에 공사 현장에 설치해야 하는 설치 및 철거가 쉬운 화재대비시설(임시소방시설)을 설치하고 관리하여야 한다.

> 공사 현장에 임시소방시설을 설치·관리하지 아니한 자 : 300만 원 이하의 과태료

┌─ | 인화성(引火性) 물품을 취급하는 작업 등 대통령령으로 정하는 작업 | ─┐
- ㉠ 인화성·가연성·폭발성 물질을 취급하거나 가연성 가스를 발생시키는 작업
- ㉡ 용접·용단(금속·유리·플라스틱 따위를 녹여서 절단하는 일) 등 불꽃을 발생시키거나 화기를 취급하는 작업
- ㉢ 전열기구, 가열전선 등 열을 발생시키는 기구를 취급하는 작업
- ㉣ 알루미늄, 마그네슘 등을 취급하여 폭발성 부유분진(공기 중에 떠다니는 미세한 입자)을 발생시킬 수 있는 작업
- ㉤ ㉠부터 ㉣까지와 비슷한 작업으로 소방청장이 정하여 고시하는 작업

| 임시소방시설의 종류와 설치대상 |

종류	정의	규모
소화기	-	동의를 받아야 하는 특정소방대상물의 신축·증축·대수선·용도변경 또는 대수선 등을 위한 공사 중 화재위험작업을 하는 현장(작업현장)에 설치
간이 소화장치	물을 방사(放射)하여 화재를 진화할 수 있는 장치	- 연면적 3,000[m²] 이상 - 지하층, 무창층 및 4층 이상의 층. 이 경우 해당 층의 바닥면적이 600[m²] 이상인 경우만 해당
비상 경보장치	화재가 발생한 경우 주변에 있는 작업자에게 화재 사실을 알릴 수 있는 장치	- 연면적 400[m²] 이상 - 지하층, 무창층. 이 경우 해당 층의 바닥면적이 150[m²] 이상인 경우만 해당
간이 피난 유도선	화재가 발생한 경우 피난구 방향을 안내할 수 있는 장치	바닥면적이 150[m²] 이상인 지하층 또는 무창층의 작업현장에 설치
가스누설경보기	가연성 가스가 누설되거나 발생된 경우 이를 탐지하여 경보하는 장치	
비상조명등	화재가 발생한 경우 안전하고 원활한 피난활동을 할 수 있도록 자동 점등되는 조명장치	
방화포	용접·용단 등의 작업 시 발생하는 불티로부터 가연물이 점화되는 것을 방지해주는 천 또는 불연성 물품	용접·용단 작업이 진행되는 작업현장에 설치

Ⅲ. 소방관계법규 3-83

핵심 PLUS

② 공사시공자가 임시소방시설을 설치하고 관리한 것으로 보는 경우

간이소화장치	– 옥내소화전 – 소방청장이 정하여 고시하는 기준에 맞는 소화기(연결송수관설비의 방수구 인근에 설치한 경우로 한정한다) ※ 대형소화기를 작업지점으로부터 25[m] 이내 쉽게 보이는 장소에 6개 이상 배치
비상경보장치	비상방송설비 또는 자동화재탐지설비
간이피난유도선	피난유도선, 피난구유도등, 통로유도등 또는 비상조명등

③ 소방본부장 또는 소방서장은 임시소방시설 또는 소방시설이 설치 및 관리되지 아니할 때에는 해당 공사시공자에게 필요한 조치를 명할 수 있다.

> 명령을 정당한 사유 없이 위반한 자 : 3년 이하의 징역 또는 3천만 원 이하의 벌금

10 주택에 설치하는 소방시설

① 주택
  단독주택(다중주택, 다가구주택, 공관)
  공동주택(연립주택, 다세대주택을 말하며 아파트 및 기숙사는 제외)

② 주택용소방시설 : 소화기 및 단독경보형 감지기

[42] 소방시설 설치 및 관리에 관한 법령상 주택의 소유자가 소방시설을 설치하여야 하는 대상이 아닌 것은?
[기 20]
① 아파트 ② 연립주택
③ 다세대주택 ④ 다가구주택

답 : ①

11 소방용품의 내용연수 등

① 특정소방대상물의 관계인은 내용연수가 경과한 소방용품을 교체하여야 한다.
  – 내용연수를 설정해야 하는 소방용품은 분말형태의 소화약제를 사용하는 소화기 : 10년

② 행정안전부령으로 정하는 절차 및 방법 등에 따라 소방용품의 성능을 확인받은 경우에는 그 사용기한을 연장할 수 있다.

12 성능위주설계 대상

성능위주설계 : 건축물 등의 재료, 공간, 이용자, 화재 특성 등을 종합적으로 고려하여 공학적 방법으로 화재 위험성을 평가하고 그 결과에 따라 화재안전성능이 확보될 수 있도록 특정소방대상물을 설계하는 것

성능위주설계를 하여야 하는 특정소방대상물

구 분	층 수	지상으로부터 높이	연면적	바닥면적
① 아파트등	50층 이상 (지하층 제외)	200[m] 이상	–	–
② 아파트등 제외	30층 이상 (지하층 포함)	120[m] 이상	20만[m²] 이상	–
③ 도시철도 및 철도시설, 공항시설	–	–	3만[m²] 이상	
④ 창고시설	지하층의 층수가 2개 층 이상	–	10만[m²] 이상	지하층의 바닥면적의 합계 3만[m²] 이상

⑤ 하나의 건축물에 영화상영관이 10개 이상인 특정소방대상물

⑥ 수저(水底)터널 또는 길이가 5천[m] 이상인 터널

⑦ 지하연계 복합건축물
  층수가 11층 이상이거나 1일 수용인원이 5천명 이상인 건축물로서 지하부분이 지하역사 또는 지하도상가와 연결된 건축물이면서 건축물 안에 문화 및 집회시설, 판매시설, 운수시설, 업무시설, 숙박시설, 위락시설 중 유원시설업의 시설 또는 종합병원과 요양병원 중 하나 이상 있는 건축물

13 소방시설의 내진설계 대상

소방시설(옥내소화전설비, 스프링클러설비, 물분무등소화설비)을 설치하려는 자

지진이 발생할 경우 소방시설이 정상적으로 작동될 수 있도록 소방청장이 정하는 내진설계기준에 맞게 소방시설을 설치하여야 한다.

핵심 PLUS

43 성능위주설계를 실시하여야 하는 특정소방 대상물의 범위 기준으로 틀린 것은? [기 17]

① 연면적 200,000[m²] 이상인 특정소방대상물(아파트등은 제외)
② 지하층을 포함한 층수가 30층 이상인 특정소방대상물(아파트등은 제외)
③ 지상으로부터 높이가 100[m] 이상인 특정소방대상물(아파트등은 제외)
④ 하나의 건축물에 영화상영관이 10개 이상인 특정소방대상물

답 : ③

44 대통령령으로 정하는 특정소방대상물의 소방시설 중 내진설계 대상이 아닌 것은? [기 17]

① 옥내소화전설비
② 스프링클러설비
③ 미분무소화설비
④ 연결살수설비

답 : ④

Ⅲ. 소방관계법규 | 소방시설법

> 핵심 PLUS

14 건축허가등의 동의

1. 건축허가 요청자, 동의자

건축허가등(신축·증축·개축·재축·이전·용도변경 또는 대수선의 허가·협의 및 사용승인)의 권한이 있는 행정기관	건축물 등의 시공지(施工地) 또는 소재지를 관할하는 소방본부장이나 소방서장에게 동의를 받아야 한다.
건축물 등의 증축·개축·재축·용도변경 또는 대수선의 수리(受理)할 권한이 있는 행정기관	그 신고를 수리하면 그 건축물 등의 시공지 또는 소재지를 관할하는 소방본부장이나 소방서장에게 지체 없이 그 사실을 알려야 한다.

2. 건축허가등의 동의대상물의 범위 (대통령령)

1) 연면적, 바닥면적에 의한 동의 범위

구 분	연면적	바닥면적
학교시설	100[m²] 이상	-
노유자시설, 수련시설	200[m²] 이상	-
장애인 의료재활시설, 정신의료기관	300[m²] 이상	-
용도와 상관없음	400[m²] 이상	-
무창층 또는 지하층이 있는 건축물(공연장)	-	150[m²](100[m²])

→ 정신의료기관 : 입원실이 없는 정신건강의학과 의원은 제외

2) 차고·주차장 또는 주차용도로 사용되는 시설

① 바닥면적 - 200[m²] 이상인 층이 있는 건축물이나 주차시설

② 기계장치에 의한 주차시설로서 20대 이상

3) 면적에 상관없이 동의 대상

① 항공기격납고, 관망탑, 항공관제탑, 방송용 송·수신탑

② 층수가 6층 이상인 건축물

③ 가스시설로서 지상에 노출된 탱크의 저장용량의 합계가 100톤 이상인 것

④ 공장 또는 창고시설로서 750배 이상의 특수가연물을 저장·취급하는 것

⑤ 의원(입원실이 있는 것), 조산원, 산후조리원, 요양병원(의료재활시설 제외), 위험물 저장 및 처리 시설, 지하구, 발전시설 중 풍력발전소·전기저장시설

⑥ 복지시설(노인주거, 노인의료, 재가노인, 아동), 장애인 거주시설, 정신질환자 관련 시설, 노숙인(자활시설, 재활시설, 요양시설) 등

---

45 승강기 등 기계장치에 의한 주차시설로서 자동차 몇 대 이상 주차할 수 있는 시설을 할 경우, 소방본부장 또는 소방서장의 건축허가 등의 동의를 받아야 하는가? [기 14]
① 10대 ② 20대
③ 30대 ④ 50대

답 : ②

46 건축허가 등을 할 때 미리 소방본부장 또는 소방서장의 동의를 받아야 하는 대상건축물 등의 범위로서 옳지 않은 것은? [기 13]
① 승강기 등 기계장치에 의한 주차시설로서 20대 이상 주차할 수 있는 시설
② 지하층 또는 무창층이 있는 모든 건축물
③ 노유자시설 및 수련시설로서 연면적이 200[m²] 이상인 건축물
④ 항공기격납고, 관망탑, 항공관제탑 등

답 : ②

3. 건축허가등의 동의대상 제외

① 단독경보형감지기, 누전경보기, 가스누설경보기, 피난구조설비(비상조명등 제외), 자동소화장치, 소화기구

② 건축물의 증축 또는 용도변경으로 인하여 해당 특정소방대상물에 추가로 소방시설이 설치되지 않는 경우 해당 특정소방대상물

③ 소방시설공사의 착공신고 대상에 해당하지 않는 경우 해당 특정소방대상물

4. 건축허가등의 동의 시 필요한 서류 등

① 동의요구서

② 건축허가신청서, 건축허가서 또는 건축허가 등을 확인할 수 있는 서류의 사본

③ 설계도서

건축물 설계도서	㉠ 건축물 개요 및 배치도 ㉡ 주단면도 및 입면도(물체를 정면에서 본 대로 그린 그림) ㉢ 층별 평면도(용도별 기준층 평면도를 포함) ㉣ 방화구획도(창호도를 포함) ㉤ 실내·실외 재료 마감 재료표 ㉥ 소방자동차 진입 동선도 및 부서 공간 위치도(조경계획을 포함)
소방시설등 관련 상세도면	㉠ 소방시설(기계·전기 분야의 시설)의 계통도(시설별 계산서 포함) ㉡ 소방시설별 층별 평면도 ㉢ 실내장식물 방염대상물품 설치 계획(건축물의 마감재료 제외) ㉣ 소방시설의 내진설계 계통도 및 기준층 평면도(내진 시방서 및 계산서 등 세부 내용이 포함된 상세 설계도면은 제외) ※ 1)과 2) ㉡, ㉣의 설계도서는 소방시설공사 착공신고대상에 해당되는 경우에 한함

④ 소방시설 설치계획표(소방시설 설비별, 층별 필요한 개수를 적어 놓은 표)

⑤ 임시소방시설 설치계획서(임시소방시설의 설치와 관련한 세부항목을 포함)

⑥ 소방시설설계업등록증과 소방시설을 설계한 기술인력의 기술자격증 사본

⑦ 소방시설설계 계약서 사본

핵심 PLUS

47 건축허가 등의 동의대상물로서 건축허가 등의 동의를 요구하는 때 동의 요구서에 첨부하여야 하는 서류로서 옳지 않은 것은? [기 14]
① 건축허가신청서 및 건축허가서
② 소방시설설계업 등록증과 자본금 내역서
③ 소방시설 설치계획표
④ 소방시설(기계·전기분야)의 층별 평면도 및 층별 계통도

답 : ②

핵심 PLUS

48 소방본부장 또는 소방서장은 건축허가 등의 동의요구서류를 접수한 날부터 며칠 이내에 건축허가 등의 동의 여부를 회신하여야 하는가? (단, 허가 신청한 건축물 등의 연면적이 3만 [m^2]인 경우) [기 11]
① 5일 ② 10일
③ 14일 ④ 30일

답 : ①

49 소방본부장 또는 소방서장은 건축허가등의 동의요구서류를 접수한 날부터 최대 며칠 이내에 건축허가등의 동의여부를 회신하여야 하는가? (단, 허가 신청한 건축물은 지상으로부터 높이가 200[m]인 아파트이다.)
① 5일 ② 7일
③ 10일 ④ 15일

답 : ③

5. 건축허가등의 동의 기간(행정안전부령으로 정하는 기간)

구 분	동의기간	특정소방대상물의 규모 등			
접수한 날부터	5일	일반적인 경우			
	7일	다른 법령에 따른 인허가 또는 신고 시			
	10일	규모/용도	층 수	지상으로부터 높이	연면적
		아파트	50층 이상 (지하층은 제외)	200[m] 이상	–
		아파트 제외	30층 이상 (지하층을 포함)	120[m] 이상	10만[m^2] 이상

① 보완 기간 – 4일(보완기간은 회신기간에 산입하지 아니함)

② 소방본부장 또는 소방서장은 건축허가등의 동의 여부를 알릴 경우에는 원활한 소방활동 및 건축물 등의 화재안전성능(화재를 예방하고 화재발생 시 피해를 최소화하기 위하여 소방대상물의 재료, 공간 및 설비 등에 요구되는 안전성능)을 확보하기 위하여 필요한 다음의 사항에 대한 검토 자료 또는 의견서를 첨부할 수 있다.

⑤ 피난시설, 방화구획(防火區劃)
ⓒ 소방관 진입창
ⓒ 방화벽, 마감재료 등(방화시설)
ⓒ 그 밖에 소방자동차의 접근이 가능한 통로의 설치 등 대통령령으로 정하는 사항
 ㉮ 소방자동차의 접근이 가능한 통로의 설치
 ㉯ 승강기의 설치
 ㉰ 주택단지 안 도로의 설치
 ㉱ 옥상광장, 비상문자동개폐장치 또는 헬리포트의 설치
 ㉲ 그 밖에 소방본부장 또는 소방서장이 소화활동 및 피난을 위해 필요하다고 인정하는 사항

③ 행정기관이 건축허가 등의 취소 시
취소한 날부터 7일 이내에 소방본부장 또는 소방서장에게 통보

15 소방시설등의 설치, 유지관리

① 관계인은 소방시설을 소방청장이 정하여 고시하는 화재안전기준에 따라 설치 또는 유지·관리하여야 한다.

② 관계인은 장애인등이 사용하는 소방시설(경보설비 및 피난구조설비)을 장애인 등에 적합하게 설치 또는 유지·관리하여야 한다.

위반한 자 : 300만 원 이하의 과태료

③ 소방본부장이나 소방서장은 소방시설이 화재안전기준에 따라 설치 또는 유지·관리되어 있지 아니할 때에는 해당 특정소방대상물의 관계인에게 필요한 조치를 명할 수 있다.

명령을 정당한 사유 없이 위반한 자 :
3년 이하의 징역 또는 3천만 원 이하의 벌금

핵심 PLUS

50 특정소방대상물에 소방시설이 화재안전기준에 따라 설치 또는 유지·관리되지 아니한 때 특정소방대상물의 관계인에게 필요한 조치를 명할 수 있는 사람은? [기 13]
① 소방본부장 또는 소방서장
② 소방청장
③ 시·도지사
④ 행정안전부장관

답 : ①

16 피난시설, 방화구획 및 방화시설의 관리

① 관계인은 다음의 행위를 하여서는 아니 된다.
  ㉠ 피난시설, 방화구획 및 방화시설을 폐쇄하거나 훼손하는 등의 행위
  ㉡ 피난시설, 방화구획 및 방화시설의 주위에 물건을 쌓아두거나 장애물을 설치하는 행위
  ㉢ 피난시설, 방화구획 및 방화시설의 용도에 장애를 주거나 소방활동에 지장을 주는 행위
  ㉣ 그 밖에 피난시설, 방화구획 및 방화시설을 변경하는 행위

피난시설, 방화구획 또는 방화시설의 폐쇄·훼손·변경 등의 행위를 한 자 :
300만 원 이하의 과태료

② 소방본부장이나 소방서장은 특정소방대상물의 관계인이 ①의 어느 하나에 해당하는 행위를 한 경우에는 필요한 조치를 명할 수 있다.

명령을 정당한 사유 없이 위반한 자 : 3년 이하의 징역 또는 3천만 원 이하의 벌금

17 특정 소방대상물의 방염 등

1. 방염성능 이상의 실내장식물 등을 설치하여야 하는 특정소방대상물

| 방염대상의 특정소방대상물 |

① 근린생활시설 중 체력단련장, 조산원, 산후조리원, 의원, 공연장 및 종교집회장
② 건축물의 옥내에 있는 시설 [문화 및 집회시설, 운동시설(수영장은 제외), 종교시설]
③ 숙박시설, 의료시설, 노유자시설 및 숙박이 가능한 수련시설, 방송통신시설 중 방송국 및 촬영소
④ 다중이용업의 영업장
⑤ 층수가 11층 이상인 것(아파트는 제외)
⑥ 교육연구시설 중 합숙소

+암기: 연예인 안문숙이 11층의 체력단련장에서 운동하다 다쳤는데 의료시설인 조산 의원에 안가고 공연장으로 가 이상하게 여겨 방송국에서 촬영하러 오니 합숙소의 노유자, 수련시설의 종교인등이 구경 옴

2. 방염대상물품

① 제조 또는 가공 공정에서 방염처리를 한 물품
(합판·목재류의 경우에는 설치 현장에서 방염처리를 한 것 포함)

㉠ 창문에 설치하는 커튼류(블라인드를 포함)
㉡ 카펫, 두께가 2[mm] 미만인 벽지류(종이벽지는 제외)
㉢ 전시용 합판 또는 섬유판, 무대용 합판 또는 섬유판
㉣ 암막·무대막(영화상영관에 설치하는 스크린과 골프 연습장업에 설치하는 스크린을 포함)
㉤ 섬유류 또는 합성수지류 등을 원료로 하여 제작된 소파·의자(단란주점영업, 유흥주점영업 및 노래연습장업의 영업장에 설치하는 것만 해당)

② 건축물 내부의 천장이나 벽에 부착하거나 설치하는 것

㉠ 종이류(두께 2[mm] 이상)·합성수지류 또는 섬유류를 주원료로 한 물품
㉡ 합판이나 목재
㉢ 공간을 구획하기 위하여 설치하는 간이 칸막이(접이식 등 이동 가능한 벽체나 천장 또는 반자가 실내에 접하는 부분까지 구획하지 아니하는 벽체를 말한다.)
㉣ 흡음(吸音)이나 방음(防音)을 위하여 설치하는 흡음재(흡음용 커튼을 포함) 또는 방음재(방음용 커튼을 포함)

다만, 가구류(옷장, 찬장, 식탁, 식탁용 의자, 사무용 책상, 사무용 의자 및 계산대 등)과 너비 10[cm] 이하인 반자돌림대 등과 내부마감재료는 제외한다.

핵심 PLUS

51 방염성능기준 이상의 실내장식물 등을 설치하여야 하는 특정소방대상물에 해당하지 않는 것은? [기 15]
① 숙박시설
② 노유자시설
③ 층수가 11층 이상의 아파트
④ 건축물의 옥내에 있는 종교시설

답 : ③

52 방염대상물품 중 제조 또는 가공 공정에서 방염처리를 하여야 하는 물품이 아닌 것은? [기 13]
① 암막
② 두께가 2[mm] 미만인 종이벽지
③ 무대용 합판
④ 창문에 설치하는 블라인드

답 : ②

53 방염대상물품에 해당되지 않는 것은? [기 13]
① 창문에 설치하는 블라인드
② 두께가 2[mm] 미만인 종이벽지
③ 카펫
④ 전시용 합판 또는 섬유판

답 : ②

54 특정소방대상물에 사용하는 물품으로 방염대상물품에 해당하지 않는 것은? [기 10]
① 가구류
② 창문에 설치하는 커튼류
③ 무대용 합판
④ 종이벽지를 제외한 두께가 2밀리미터 미만인 벽지류

답 : ①

3. 방염성능기준 (대통령령)

① 버너의 불꽃을 제거한 때부터 불꽃을 올리며 연소하는 상태가 그칠 때까지 시간은 20초 이내

② 버너의 불꽃을 제거한 때부터 불꽃을 올리지 않고 연소하는 상태가 그칠 때까지 시간은 30초 이내

③ 탄화한 면적은 50[cm²] 이내, 탄화한 길이는 20[cm] 이내

④ 불꽃에 의하여 완전히 녹을 때까지 불꽃의 접촉횟수는 3회 이상

⑤ 발연량을 측정하는 경우 최대연기밀도는 400 이하

> 방염성능기준 이상의 것으로 설치를 위반한 자 : 200만 원 이하의 과태료

4. 방염성능의 검사

① 방염대상물품은 소방청장이 실시하는 방염성능검사를 받은 것이어야 한다.
② 설치현장에서 방염처리를 하는 합판, 목재의 경우 시·도지사가 방염성능검사 실시

> 방염성능검사에 합격하지 아니한 물품에 합격표시를 하거나 합격표시를 위조하거나 변조하여 사용한 자 : 300만 원 이하의 벌금

③ 방염처리업의 등록을 한 자는 방염성능검사를 할 때에 거짓 시료(試料)를 제출하여서는 아니 된다.

> 거짓 시료를 제출한 자 : 300만 원 이하의 벌금

④ 방염성능검사의 방법과 검사 결과에 따른 합격 표시 등에 필요한 사항은 행정안전부령으로 정한다.

핵심 PLUS

55 소방시설 설치 및 관리에 관한 법령상 시·도지사가 실시하는 방염성능 검사 대상으로 옳은 것은? [기 17]

① 설치 현장에서 방염처리를 하는 합판·목재
② 제조 또는 가공 공정에서 방염처리를 한 카펫
③ 제조 또는 가공 공정에서 방염처리를 한 창문에 설치하는 블라인드
④ 설치 현장에서 방염처리를 하는 암막·무대막

답 : ①

56 특정소방대상물에서 사용하는 방염대상물품의 방염성능검사 방법과 검사 결과에 따른 합격 표시 등에 필요한 사항은 무엇으로 정하는가? [기 17]

① 대통령령
② 행정안전부령
③ 소방청 고시
④ 시·도의 조례

답 : ②

18 소방시설등의 자체점검

① 특정소방대상물의 관계인

　다음에 따른 기간 내에 스스로 점검하거나 점검능력 평가를 받은 관리업자 또는 소방안전관리자로 선임된 소방시설관리사 및 소방기술사(관리업자등)으로 하여금 정기적으로 점검(자체점검)하게 하여야 한다.
　㉠ 해당 특정소방대상물의 소방시설등이 신설된 경우 : 건축물을 사용할 수 있게 된 날부터 60일
　㉡ ㉠ 외의 경우: 행정안전부령으로 정하는 기간

> 소방시설등에 대하여 스스로 점검을 하지 아니하거나 관리업자등으로 하여금 정기적으로 점검하게 하지 아니한 자 : 1년 이하의 징역 또는 1천만 원 이하의 벌금

② 관리업자등이 점검한 경우

　그 점검 결과를 그 점검이 끝난 날부터 10일 이내에 따라 소방시설등 자체점검 실시결과 보고서를 관계인에게 제출하여야 한다.

> 관계인에게 점검 결과를 제출하지 아니한 관리업자등 : 300만 원 이하의 과태료

③ 소방시설관리업을 등록한 자(관리업자)가 점검인력을 배치하는 경우

　점검대상과 점검인력 배치상황을 점검을 시작하기 전 또는 점검이 끝난 날로부터 5일 이내에 관리업자에 대한 점검능력 평가 등에 관한 업무를 위탁받은 법인 또는 단체(평가기관)에게 신고하여야 한다.
　다만, 공공기관에 설치된 소방시설등의 외관점검은 그러하지 아니한다.

④ 관계인은 자체점검을 실시하기 곤란한 경우에는 자체점검의 실시 만료일 3일 전까지 면제 또는 연기 신청을 할 수 있으며 소방본부장 또는 소방서장은 면제 또는 연기의 신청을 받은 날부터 3일 이내에 자체점검의 면제 또는 연기 여부를 결정하여 결과를 통보

　㉠ 재난 및 안전관리 기본법에 해당하는 재난이 발생한 경우
　㉡ 경매 등의 사유로 소유권이 변동 중이거나 변동된 경우
　㉢ 관계인의 질병, 사고, 장기출장의 경우
　㉣ 관계인이 운영하는 사업에 부도 또는 도산 등이 발생한 경우

19 소방시설등의 자체점검 결과의 조치 등

① 특정소방대상물의 관계인은 자체점검 결과 소화펌프 고장 등 대통령령으로 정하는 중대위반사항이 발견된 경우에는 지체 없이 수리 등 필요한 조치를 하여야 한다.

> **│대통령령으로 정하는 중대위반사항│**
> ㉠ 화재 수신기의 고장으로 화재경보음이 자동으로 울리지 않거나 화재 수신기와 연동된 소방시설의 작동이 불가능한 경우
> ㉡ 소화펌프(가압송수장치), 동력·감시 제어반 또는 소방시설용 전원(비상전원을 포함)의 고장으로 소방시설이 작동되지 않는 경우
> ㉢ 소화배관 등이 폐쇄·차단되어 소화수(消火水) 또는 소화약제가 자동 방출되지 않는 경우
> ㉣ 방화문 또는 자동방화셔터가 훼손되거나 철거되어 본래의 기능을 못하는 경우

필요한 조치를 하지 아니한 관계인 : 300만 원 이하의 벌금

② 관리업자등은 자체점검 결과 중대위반사항을 발견한 경우 즉시 관계인에게 알려야 한다.

관계인에게 중대위반사항을 알리지 아니한 관리업자등 : 300만 원 이하의 벌금

③ 스스로 자체점검을 실시하거나 자체점검 실시결과 보고서를 제출받은 관계인
㉠ 그 점검 결과를 점검이 끝난 날부터 15일 이내에 다음을 첨부하여 소방본부장 또는 소방서장에게 보고

> 소방시설등 자체점검 실시결과 보고서
> 소방시설등의 자체점검결과 이행계획서
> (소방시설등에 대한 수리·교체·정비에 관한 이행계획이며 중대위반사항에 대한 조치사항 포함)

점검 결과를 보고하지 아니하거나 거짓으로 보고한 자 : 300만 원 이하의 과태료

㉡ 이행계획을 기간 내에 완료하고, 이행을 완료한 날로부터 10일 이내에 소방시설등의 자체점검결과 이행완료 보고서를 작성하여 소방본부장 또는 소방서장에게 보고

핵심 PLUS

57 작동점검을 실시한 자는 자체점검 실시결과 보고서를 점검이 끝난 날부터 며칠 이내에 소방본부장 또는 소방서장에게 제출해야 하는가? [기 16]
① 10 ② 15
③ 20 ④ 30

답 : ②

핵심 PLUS

| 이행계획 완료 기간 |

㉮ 소방시설등을 구성하고 있는 기계·기구를 교체하거나 정비 : 보고일로부터 10일 이내
㉯ 소방시설등을 전부 또는 일부를 철거하고 새로 설치 : 보고일로부터 20일 이내
㉰ 그 밖의 경우 : 공사의 규모 등을 고려하여 소방본부장 또는 소방서장이 지정하는 기간 이내

다만, 공사의 규모 또는 절차 등이 복잡하여 기간 내에 완료하기가 어려운 경우 소방본부장 또는 소방서장과 협의하여 그 기간을 달리 정할 수 있다.

> 이행계획을 기간 내에 완료하지 아니한 자 또는 이행계획 완료 결과를 보고하지 아니하거나 거짓으로 보고한 자 : 300만 원 이하의 과태료

④ 소방본부장 또는 소방서장
  ㉠ 점검 결과 및 이행계획이 적합하지 아니하다고 인정되는 경우에는 관계인에게 보완을 요구할 수 있다.
  ㉡ 이행계획 완료 결과가 거짓 또는 허위로 작성되었다고 판단되는 경우에는 해당 특정소방대상물을 방문하여 그 이행계획 완료 여부를 확인할 수 있다.
⑤ 특정소방대상물의 관계인은 천재지변이나 그 밖에 대통령령으로 정하는 사유로 이행계획을 완료하기 곤란한 경우에는 소방본부장 또는 소방서장에게 이행계획 완료를 연기하여 줄 것을 신청할 수 있다.

| 대통령령으로 정하는 사유 |

㉠ 재난 및 안전관리 기본법에 해당하는 재난이 발생한 경우
㉡ 경매 등의 사유로 소유권이 변동 중이거나 변동된 경우
㉢ 관계인의 질병, 사고, 장기출장 등의 경우
㉣ 그 밖에 관계인이 운영하는 사업의 부도 또는 도산 등이 발생한 경우

⑥ 관계인은 이행기간의 만료 3일 전까지 소방시설등의 자체점검결과 이행 연기신청서에 기간 내에 이행계획을 완료함이 곤란함을 증명할 수 있는 서류를 첨부하여 제출하여야 한다.
⑦ 소방본부장 또는 소방서장은 이행기간의 연기 여부를 결정하여 이행연기신청결과통지서를 신청받은 날부터 3일 이내에 연기신청을 한 자에게 통보하여야 한다.
⑧ 소방본부장 또는 소방서장은 관계인이 이행계획을 완료하지 아니한 경우에는 필요한 조치의 이행을 명할 수 있고, 관계인은 이에 따라야 한다.

> 명령을 정당한 사유 없이 위반한 자 : 3년 이하의 징역 또는 3천만 원 이하의 벌금

20 점검기록표 게시 등

① 자체점검 결과 보고를 마친 관계인

보고한 날로부터 10일 이내 관리업자등, 점검일시, 점검자 등 자체점검과 관련된 사항을 점검기록표에 기록하여 특정소방대상물의 출입자가 쉽게 볼 수 있는 장소에 30일 이상 게시하여야 한다.

> 점검기록표를 기록하지 아니하거나 특정소방대상물의 출입자가 쉽게 볼 수 있는 장소에 게시하지 아니한 관계인 : 300만 원 이하의 과태료

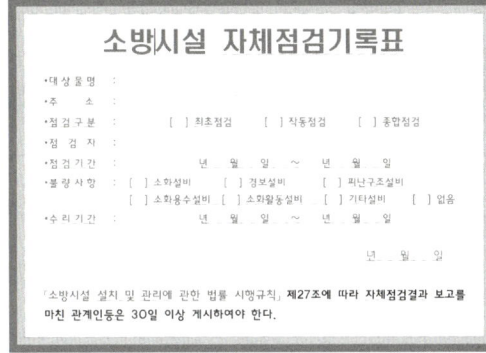

소방시설등 자체점검기록표

② 소방본부장 또는 소방서장은 다음의 사항을 전산시스템 또는 인터넷 홈페이지 등을 통하여 국민에게 공개할 수 있다.
  ㉠ 자체점검 기간 및 점검자
  ㉡ 특정소방대상물의 정보 및 자체점검 결과
  ㉢ 그 밖에 소방본부장 또는 소방서장이 특정소방대상물을 이용하는 불특정 다수인의 안전을 위하여 공개가 필요하다고 인정하는 사항

③ 자체점검 결과를 공개하려는 경우
  ㉠ 30일 이상 전산시스템 또는 인터넷 홈페이지 등을 통해 공개
  ㉡ 공개 기간, 공개 내용 및 공개 방법을 해당 특정소방대상물의 관계인에게 미리 알려야 한다.

④ 특정소방대상물의 관계인은 공개 내용 등을 통보받은 날부터 10일 이내에 관할 소방본부장 또는 소방서장에게 이의신청을 할 수 있다.

⑤ 소방본부장 또는 소방서장은 이의신청을 받은 날부터 10일 이내에 심사·결정하여 그 결과를 지체 없이 신청인에게 알려야 한다.

⑥ 자체점검 결과의 공개가 제3자의 법익을 침해하는 경우에는 제3자와 관련된 사실을 제외하고 공개해야 한다.

핵심 PLUS

58 소방시설의 자체점검에 관한 설명으로 옳지 않은 것은? [기 16]
① 작동점검은 소방시설 등을 인위적으로 조작하여 정상적으로 작동하는 것을 점검하는 것이다.
② 종합점검은 설비별 주요 구성부품의 구조기준이 화재안전기준 및 「건축법」등 관련 법령이 정하는 기준에 적합한지 여부를 점검하는 것이다.
③ 종합점검에는 작동점검의 사항이 해당되지 않는다.
④ 종합점검은 관리업에 등록된 소방시설관리사 또는 소방안전관리자로 선임된 소방시설관리사·소방기술사를 기술인력으로 한다.

답 : ③

21 소방시설등 자체점검의 구분과 대상, 점검자의 자격, 점검장비, 점검방법·횟수 및 시기

1. 자체점검의 구분

구 분	내 용
작동 점검	소방시설등을 인위적으로 조작하여 소방시설이 정상적으로 작동하는지를 소방청장이 정하여 고시하는 소방시설등 작동점검표에 따라 점검하는 것
종합 점검	소방시설등의 작동점검을 포함하여 소방시설등의 설비별 주요 구성 부품의 구조기준이 화재안전기준과 건축법 등 관련 법령에서 정하는 기준에 적합한지 여부를 소방청장이 정하여 고시하는 소방시설등 종합점검표에 따라 점검하는 것
최초 점검	소방시설이 새로 설치되는 경우 건축법에 따라 건축물을 사용할 수 있게 된 날부터 60일 이내 점검하는 것 (최초점검은 종합점검에 따라 해야 함)

2. 점검대상 및 기술인력

1) 작동점검 대상

점검 대상	기술인력
간이스프링클러설비(주택전용 간이스프링클러설비 제외) 또는 자동화재탐지설비가 설치된 특정소방대상물	① ~ ④
위에 해당하지 아니하는 특정소방대상물	① ~ ②

작동점검 제외 대상
1) 특정소방대상물 중 소방안전관리자를 선임하지 않는 대상
2) 위험물안전관리법에 따른 위험물 제조소등
3) 특급소방안전관리대상물

| 기술인력 |

① 관리업에 등록된 소방시설관리사
② 소방안전관리자로 선임된 소방시설관리사 및 소방기술사
③ 관계인
④ 특급점검자(특급점검자에 관한 규정은 2024년 12월 1일부터 적용)

2) 종합점검 대상(기술인력 : ① ~ ②)

연면적 및 설치된 소방시설등의 기준		비고
① 물분무등소화설비	5,000[m²] 이상	호스릴방식만을 설치한 경우 제외. 위험물제조소등은 제외.
② 다중이용업의 영업장이 설치된 특정소방대상물	2,000[m²] 이상	산후조리업, 노래연습장업, 고시원업, 단란주점영업, 유흥주점영업, 비디오물감상실업·복합영상물제공업, 안마시술소, 영화상영관만 해당
③ 옥내소화전설비 또는 자동화재탐지설비가 설치된 공공기관	1,000[m²] 이상	터널·지하구의 경우 그 길이와 평균폭을 곱하여 계산된 값. 소방기본법에 따른 소방대가 근무하는 공공기관은 제외.
④ 스프링클러설비가 설치된 특정소방대상물		
⑤ 제연설비가 설치된 터널		
⑥ 최초점검에 해당하는 특정소방대상물		

3. 점검 횟수 및 시기

점검구분	점검 횟수 및 점검 시기 등
작동점검	작동점검은 연 1회 이상 실시 ① 종합점검 대상은 종합점검을 받은 달부터 6개월이 되는 달에 실시 ② 종합점검 대상에 해당하지 않는 특정소방대상물은 특정소방대상물의 사용승인일이 속하는 달의 말일까지 실시한다.
종합점검	① 건축물의 사용승인일이 속하는 달에 연 1회 이상(특급 소방안전관리대상물은 반기에 1회 이상) 실시. 다만, 학교의 경우에는 해당 건축물의 사용승인일이 1월에서 6월 사이에 있는 경우에는 6월 30일까지 실시할 수 있다. ② 소방본부장 또는 소방서장은 소방청장이 소방안전관리가 우수하다고 인정한 특정소방대상물에 대해서는 3년의 범위에서 소방청장이 고시하거나 정한 기간 동안 종합점검을 면제할 수 있다. 다만, 면제기간 중 화재가 발생한 경우는 제외 ③ 건축물 사용승인일 이후 다중이용업소에 따라 종합점검 대상에 해당하게 된 때에는 그 다음 해부터 실시 ④ 하나의 대지경계선 안에 2개 이상의 점검 대상 건축물 등이 있는 경우에는 그 건축물 중 사용승인일이 가장 빠른 연도의 건축물의 사용승인일을 기준으로 점검할 수 있다.
최초점검	건축물을 사용할 수 있게 된 날부터 60일 이내 실시

핵심 PLUS

59 특정소방대상물의 소방시설 자체점검에 관한 설명 중 종합점검 대상이 아닌 것은? [기 12]

① 스프링클러설비가 설치된 연면적 5,000[m²] 이상인 특정소방대상물
② 옥내소화전설비가 설치된 연면적 5,000[m²] 이상인 특정소방대상물
③ 물분무소화설비가 설치된 연면적 5,000[m²] 이상인 특정소방대상물
④ 스프링클러설비가 설치된 11층 이상인 아파트

답 : ②

60 스프링클러설비 또는 물분무등소화설비가 설치된 연면적 5,000[m²] 이상인 특정소방대상물(위험물제조소등을 제외한다)에 대한 종합점검을 할 수 있는 자격자로 옳지 않은 것은? [기 11]

① 관리업에 등록된 소방시설관리사
② 소방안전관리자로 선임된 소방기술사
③ 소방안전관리자로 선임된 소방시설관리사
④ 소방안전관리자로 선임된 기계·전기분야를 함께 취득한 소방설비기사

답 : ④

핵심 PLUS

61 소방시설관리업의 등록기준 중 이산화탄소 소화설비의 장비기준이 아닌 것은? [기 13]
① 조도계
② 절연저항계
③ 기동관누설시험기
④ 전류전압측정계

해설 조도계-통로유도등, 비상조명등

답 : ①

4. 점검 장비를 이용하여 점검하여야 한다.

소방시설	장비
공통시설	방수압력측정계, 절연저항계(절연저항측정기), 전류전압측정계
소화기구	저울
옥내·외소화전	소화전밸브압력계
스프링클러, 포	헤드결합렌치
이산화탄소, 분말, 할론, 할로겐화합물 및 불활성기체	검량계, 기동관누설시험기, 소화약제의 저장량을 측정할 수 있는 점검기구
자동화재탐지설비, 시각경보기	열·연(煙)감지기시험기, 감지기시험기연결폴대, 공기주입시험기, 음량계
누전경보기	누전계 / 누전전류 측정용
무선통신보조설비	무선기 / 통화시험용
제연설비	풍속풍압계, 폐쇄력측정기, 차압계(압력차 측정기)
통로유도등, 비상조명등	조도계 / 최소눈금이 0.1[lx] 이하인 것

방수압력측정계

절연저항계

전류전압측정계

5.
공공기관의 장은 공공기관에 설치된 소방시설등의 유지·관리상태를 맨눈 또는 신체감각을 이용하여 점검하는 외관점검을 월 1회 이상 실시(작동점검 또는 종합점검을 실시한 달에는 실시하지 않을 수 있다)하고, 그 점검결과를 2년간 자체 보관하여야 한다. 이 경우 외관점검의 점검자는 해당 특정소방대상물의 관계인, 소방안전관리자 또는 관리업자(소방시설관리사를 포함하여 등록된 기술인력)로 해야 한다.

6.
공공기관의 장은 해당 공공기관의 전기시설물 및 가스시설에 대하여 다음에 따른 점검 또는 검사를 받아야 한다.

① 전기시설물의 경우 : 사용전검사

② 가스시설의 경우 : 도시가스사업법에 따른 검사, 고압가스 안전관리법에 따른 검사 또는 액화석유가스의 안전관리 및 사업법에 따른 검사

핵심 PLUS

7. 공동주택(아파트등으로 한정) 세대별 점검방법

① 관리자(관리소장, 입주자대표회의 및 소방안전관리자를 포함) 및 입주민(세대 거주자)은 2년 이내 모든 세대에 대하여 점검을 해야 한다.

② 아날로그감지기 등 특수감지기가 설치되어 있는 경우에는 수신기에서 원격 점검할 수 있으며, 점검할 때마다 모든 세대를 점검해야 한다. 다만, 자동화재탐지설비의 선로 단선이 확인되는 때에는 단선이 난 세대 또는 그 경계구역에 대하여 현장점검을 해야 한다.

③ 관리자는 수신기에서 원격 점검이 불가능한 경우 매년 작동점검만 실시하는 공동주택은 1회 점검 시 마다 전체 세대수의 50[%] 이상, 종합점검을 실시하는 공동주택은 1회 점검 시 마다 전체 세대수의 30[%] 이상 점검하도록 자체점검 계획을 수립·시행해야 한다.

④ 관리자 또는 해당 공동주택을 점검하는 관리업자는 입주민이 세대 내에 설치된 소방시설등을 스스로 점검할 수 있도록 소방청 또는 한국소방시설관리협회의 홈페이지에 게시되어 있는 공동주택 세대별 점검 동영상을 입주민이 시청할 수 있도록 안내하고, 점검서식(소방시설 외관점검표)을 사전에 배부해야 한다.

⑤ 입주민은 점검서식에 따라 스스로 점검하거나 관리자 또는 관리업자로 하여금 대신 점검하게 할 수 있다. 입주민이 스스로 점검한 경우에는 그 점검 결과를 관리자에게 제출하고 관리자는 그 결과를 관리업자에게 알려주어야 한다.

⑥ 관리자는 관리업자로 하여금 세대별 점검을 하고자 하는 경우에는 사전에 점검 일정을 입주민에게 사전에 공지하고 세대별 점검 일자를 파악하여 관리업자에게 알려주어야 한다. 관리업자는 사전 파악된 일정에 따라 세대별 점검을 한 후 관리자에게 점검 현황을 제출해야 한다.

⑦ 관리자는 관리업자가 점검하기로 한 세대에 대하여 입주민의 사정으로 점검을 하지 못한 경우 입주민이 스스로 점검할 수 있도록 다시 안내해야 한다. 이 경우 입주민이 관리업자로 하여금 다시 점검받기를 원하는 경우 관리업자로 하여금 추가로 점검하게 할 수 있다.

⑧ 관리자는 세대별 점검현황(입주민 부재 등 불가피한 사유로 점검을 하지 못한 세대 현황을 포함)을 작성하여 자체점검이 끝난 날부터 2년간 자체 보관해야 한다.

핵심 PLUS

22 소방시설 등의 자체점검 시 점검인력 배치기준

1. 점검인력 1단위

소방시설관리사 1명과 보조기술인력(보조인력) 2명

- 소규모점검(소방안전관리자를 선임하지 않아도 되는 대상물) : 보조인력 1명

2. 보조인력의 추가

점검인력 1단위에 2명(같은 건축물을 점검할 때에는 4명) 이내의 보조인력을 추가할 수 있다.

3. 점검한도면적, 점검한도 세대수

① 점검한도 면적 : 점검인력 1단위가 하루 동안 점검할 수 있는 특정소방대상물의 연면적

구 분	1단위	1단위+보조1	1단위+보조2	1단위+보조3	1단위+보조4
종합점검	10,000[m²]	13,000[m²]	16,000[m²]	19,000[m²]	22,000[m²]
작동점검	12,000[m²]	15,500[m²]	19,000[m²]	22,500[m²]	26,000[m²]
소규모점검	3,500[m²]	–	–	–	–

② 점검한도 세대수 : 점검인력 1단위가 하루 동안 점검할 수 있는 아파트의 세대수

구 분	1단위	1단위+보조1	1단위+보조2	1단위+보조3	1단위+보조4
종합점검	300세대	370	440	510	580
작동점검	350세대	440	530	620	710
소규모점검	90세대	–	–	–	–

---

62 종합점검의 경우 점검인력 1단위가 하루 동안 점검할 수 있는 특정소방대상물의 연면적 기준으로 옳은 것은? [기 16]

① 12,000[m²] ② 10,000[m²]
③ 8,000[m²]   ④ 6,000[m²]

답 : ②

23 소방시설관리업의 등록 등

1. 소방시설관리업의 등록

① 소방시설등의 점검 및 관리를 업으로 하려는 자 또는 소방안전관리업무의 대행을 하려는 자는 대통령령으로 정하는 업종별로 시·도지사에게 소방시설관리업 등록을 하여야 한다.

> 관리업의 등록을 하지 아니하고 영업을 한 자:
> 3년 이하의 징역 또는 3천만 원 이하의 벌금

② 시·도지사는 등록신청이 다음에 해당하는 경우를 제외하고는 등록을 해주어야 한다.

> ㉠ 등록기준에 적합하지 않은 경우
> ㉡ 등록을 신청한 자가 등록의 결격사유의 어느 하나에 해당하는 경우
> ㉢ 그 밖에 이 법 또는 소방 관련 법령에 따른 제한에 위배되는 경우

③ 소방시설관리업 등록신청서, 소방기술인력 연명부, 기술자격증(자격수첩 포함)을 첨부하여 시·도지사에게 제출
  ㉠ 첨부서류 등이 미비한 경우 10일 이내의 기간을 정하여 이를 보완하게 할 수 있다.
  ㉡ 등록기준에 적합하다고 인정되면 소방시설관리업 등록증과 등록수첩을 발급하고, 소방시설관리업 등록대장을 작성하여 관리하여야 한다.
  ㉢ 재발급신청서를 제출받은 때에는 3일 이내에 재발급하여야 한다.

④ 관리업자는 다음에 해당하는 때에는 지체 없이 시·도지사에게 그 소방시설관리업등록증 및 등록수첩을 반납하여야 한다.

> ㉠ 등록이 취소된 때
> ㉡ 소방시설관리업을 휴·폐업한 때
> ㉢ 재발급을 받은 때. 다만, 등록증 또는 등록수첩을 잃어버리고 재발급을 받은 경우에는 이를 다시 찾은 때에 한한다.

핵심 PLUS

63 소방시설관리업의 보조 기술인력으로 등록할 수 없는 사람은? [기 13]
① 고급점검자
② 초급점검자
③ 소방기술사
④ 소방기술인정자격수첩을 발급 받은 사람

답 : ④

64 다음 중 소방시설관리업의 등록이 불가능한 자는? [기 12]
① 관리업 등록이 취소된 날부터 1년이 지난 사람
② 소방기본법의 위반으로 실형을 선고받고 그 집행이 끝난 후 3년이 지난 사람
③ 소방시설공사업법 위반으로 금고형의 실형을 선고받고 그 집행이 면제된 날부터 2년이 지난 사람
④ 위험물안전관리법 위반으로 금고형의 실형을 선고받고 집행유예를 선고받고 집행유예기간이 끝난 날부터 6개월이 지난 사람

답 : ①

2. 등록의 결격사유

①	금고 이상의 실형을 선고받고	그 집행이 끝나거나 집행이 면제된 날부터 2년이 지나지 아니한 사람
②	금고 이상의 형의 집행유예를 선고받고	그 유예기간 중에 있는 사람
③	관리업의 등록이 취소된 날부터(피성년후견인에 해당하여 등록이 취소된 경우는 제외)	2년이 지나지 아니한 자
④	피성년후견인(정신적 제약으로 사무처리 능력이 부족한 자)	
⑤	임원 중에 ① ~ ④의 어느 하나에 해당하는 사람이 있는 법인	

3. 소방시설관리업의 업종별 등록기준 및 영업범위

기술인력 등 업종별		기술인력		영업범위
전문 소방시설 관리업	주된 기술인력	5년 이상인 사람 1명 이상 3년 이상인 사람 1명 이상		모든 특정소방대상물
	보조 기술인력	고급점검자 이상	2명 이상	
		중급점검자 이상	2명 이상	
		초급점검자 이상	2명 이상	
일반 소방시설 관리업	주된 기술인력	1년 이상인 사람 1명 이상		1급, 2급, 3급
	보조 기술인력	중급점검자 이상	1명 이상	
		초급점검자 이상	1명 이상	

주된 기술인력의 경력 : 소방시설관리사 자격을 취득한 후 소방 관련 실무경력 임

4. 등록사항의 변경신고

① 관리업자(관리업의 등록을 한 자)는 등록한 사항 중 행정안전부령으로 정하는 중요 사항이 변경되었을 때에는 행정안전부령으로 정하는 바에 따라 시·도지사에게 변경사항을 신고하여야 한다.

─| 행정안전부령이 정하는 중요사항 |─
명칭·상호 또는 영업소소재지 / 대표자 / 기술인력

신고를 하지 아니하거나 거짓으로 신고한 자 : 300만 원 이하의 과태료

② 관리업자는 등록사항의 변경이 있는 때에는 변경일부터 30일 이내에 소방시설관리업 등록사항 변경신고서에 그 변경사항별로 다음에 따른 서류를 첨부하여 시·도지사에게 제출하여야 한다.

제출서류 구 분	소방시설 관리업 등록사항 변경신고서	소방시설 관리업 등록수첩	소방시설 관리업 등록증	변경된 기술인력의 기술자격증· 경력수첩	소방 기술인력 연명부
명칭·상호 또는 영업소 소재지	○	○	○	×	×
대표자	○	○	○	×	×
기술인력	○	○	×	○	○

5. 관리업자의 지위승계(시·도지사에게 신고)

① 다음에 해당하는 자는 종전의 관리업자의 지위를 승계한다.

> 1. 관리업자가 사망한 경우 그 상속인
> 2. 관리업자가 그 영업을 양도한 경우 그 양수인
> 3. 법인인 관리업자가 합병한 경우 합병 후 존속하는 법인이나 합병으로 설립되는 법인

신고를 하지 아니하거나 거짓으로 신고한 자 : 300만 원 이하의 과태료

① 관리업자의 지위를 승계한 자는 그 지위를 승계한 날부터 30일 이내에 각각 다음의 서류를 첨부하여 시·도지사에게 제출하여야 한다.

> 1. 소방시설관리업등록증 및 등록수첩
> 2. 계약서사본 등 지위승계를 증명하는 서류 1부
> 3. 소방기술인력연명부 및 기술자격증(자격수첩)

② 지위를 승계한 자의 결격사유에 관하여는 등록의 결격사유를 준용한다. 나만, 상속인이 등록의 결격사유에 해당하는 경우 상속받은 날부터 3개월 동안은 제외

핵심 PLUS

65 소방시설관리업자가 기술인력을 변경해야 하는 경우 제출하지 않아도 되는 서류는? [기 12]
① 소방시설관리업 등록수첩
② 변경된 기술인력의 기술자격증 (자격수첩)
③ 기술인력연명부
④ 사업자등록증 사본

답 : ④

66 소방시설관리업 등록의 결격사유에 해당되지 않는 것은? [기 15]
① 피성년후견인
② 금고 이상의 실형을 선고받고 그 집행이 끝난 자
③ 소방시설관리업의 등록이 취소된 날로부터 2년이 지난 자
④ 금고 이상의 형의 집행유예를 선고받고 그 유예기간 중에 있는 자

답 : ③

핵심 PLUS

6. 관리업의 운영

① 관리업자는 이 법이나 이 법에 따른 명령 등에 맞게 소방시설등을 점검하거나 관리하여야 한다.

② 관리업자는 관리업의 등록증이나 등록수첩을 다른 자에게 빌려주거나 빌려서는 아니 되며, 이를 알선하여서도 아니 된다.

> 관리업의 등록증이나 등록수첩을 다른 자에게 빌려주거나 빌리거나 이를 알선한 자 : 1년 이하의 징역 또는 1천만 원 이하의 벌금

③ 관리업자는 다음에 해당하는 경우에는 소방안전관리업무를 대행하게 하거나 소방시설등의 점검업무를 수행하게 한 특정소방대상물의 관계인에게 지체 없이 그 사실을 알려야 한다.

> 1. 관리업자의 지위를 승계한 경우
> 2. 관리업의 등록취소 또는 영업정지 처분을 받은 경우
> 3. 휴업 또는 폐업을 한 경우

> 지위승계, 행정처분 또는 휴업·폐업의 사실을 특정소방대상물의 관계인에게 알리지 아니하거나 거짓으로 알린 관리업자 : 300만 원 이하의 과태료

④ 관리업자는 자체점검을 하거나 소방안전관리업무의 대행을 하는 때에는 행정안전부령으로 정하는 바에 따라 소속 기술인력을 참여시켜야 한다.

> 소속 기술인력의 참여 없이 자체점검을 한 관리업자 : 300만 원 이하의 과태료

⑤ 등록취소 또는 영업정지 처분을 받은 관리업자는 그 날부터 소방안전관리업무를 대행하거나 소방시설등에 대한 점검을 하여서는 아니 된다.
다만, 영업정지처분의 경우 도급계약이 해지되지 아니한 때에는 대행 또는 점검 중에 있는 특정소방대상물의 소방안전관리업무 대행과 자체점검은 할 수 있다.

24 소방용품

소방시설등을 구성하거나 소방용으로 사용되는 제품 또는 기기로서 대통령령으로 정하는 것

구 분		구성하는 제품 또는 기기
형식 승인 제품	소화설비	소화기구(소화약제 외의 것을 이용한 간이소화용구는 제외), 자동소화장치(상업용 주방자동소화장치는 제외) 소화전, 송수구, 관창(菅槍), 소방호스, 스프링클러헤드, 기동용 수압개폐장치, 유수제어밸브, 가스관선택밸브
	경보설비	수신기, 발신기, 중계기, 감지기 및 음향장치(경종만 해당), 누전경보기 및 가스누설경보기
	피난구조 설비	피난사다리, 구조대, 완강기(지지대 포함), 간이완강기(지지대 포함) 공기호흡기(충전기 포함) 유도등(피난구, 통로, 객석) 및 예비전원이 내장된 비상조명등
	소화용	① 소화약제[상업용자동소화장치, 캐비넷형자동소화장치, 포, CO_2, 할론, 할로겐화합물 및 불활성기체, 분말, 강화액, 고체에어로졸] ② 방염제(방염액·방염도료 및 방염성물질)
	기타	그 밖에 행정안전부령으로 정하는 소방 관련 제품 또는 기기
성능 인증 제품	소화설비	소화기가압용 가스용기, 지시압력계, 상업용주방자동소화장치, 소방용밸브(푸트밸브, 개폐표시형 밸브, 릴리프밸브), 소방용압력스위치, 소방용스트레이너, 소화전함, 스프링클러설비 신축배관, 소방용합성수지배관, 분기배관, 소화설비용헤드(물분무헤드, 분말헤드, 포헤드, 살수헤드), 방수구, 가압수조식가압송수장치, 캐비넷형간이스프링클러설비, 압축공기포헤드, 압축공기포혼합장치, 미분무헤드, 소방용수격흡수기, 소방용행가, 포소화약제 혼합장치, 가스계소화설비 설계프로그램, 가스계소화설비용, 수동식 기동장치, 호스릴이산화탄소소화장치
	경보설비	간이형수신기, 비화재보방지기, 비상경보설비의 축전지, 예비전원, 소방용전선(내화·내열전선), 표시등, 시각경보장치, 자동화재속보설비의 속보기, 탐지부
	피난구조 설비	공기안전매트, 다수인피난장비, 승강식피난기, 방열복, 축광표지(유도표지 및 위치표지), 피난유도선, 휴대용비상조명등
	소화활동 설비	자동차압·과압 조절형댐퍼, 자동폐쇄장치, 플랩댐퍼, 과압배출구, 비상문자동개폐장치, 비상콘센트설비
	기타	방염제품, 소방전원공급장치, 흔들림 방지 버팀대

핵심 PLUS

67 소방시설 설치 및 관리에 관한 법률에서 정의하는 소방용품 중 소화설비를 구성하는 제품 및 기기가 아닌 것은? [기 14]
① 소화전
② 방염제
③ 유수제어밸브
④ 기동용 수압개폐장치

해설 방염제는 소화용 형식승인제품이다.

답 : ②

68 소방시설 설치 및 관리에 관한 법률에서 규정하는 소방용품 중 경보설비를 구성하는 제품 또는 기기에 해당하지 않는 것은? [기 15]
① 비상조명등 ② 누전경보기
③ 발신기   ④ 감지기

해설 비상조명등 - 피난구조설비

답 : ①

핵심 PLUS

25 소방용품의 형식승인 등

1. 형식승인

구 분	내 용	벌칙
① 소방용품을 제조하거나 수입하려는 자	소방청장의 형식승인을 받아야 한다.	3년
② 형식승인을 받으려는 자	시험시설 갖추고 소방청장의 심사를 받아야 함	-
③ 형식승인을 받은 자	소방청장이 실시하는 제품검사를 받아야 한다.	3년
④ 형상등의 일부를 변경하려는 자	소방청장의 변경승인을 받아야 한다.	1년
⑤ 형식승인을 받지 아니한 것 제품검사를 받지 아니한 것 형상등을 임의로 변경한 것 합격표시를 하지 아니한 것	판매 목적으로 진열, 판매, 소방시설공사에 사용 금지	3년
⑥ 합격표시를	위조 또는 변조하여 사용한 자	1년
⑦ 제품검사에	합격하지 아니한 제품에 합격표시를 한 자	1년
⑧ ⑤을 위반한 소방용품	소방관서장은 그 제조자·수입자·판매자 또는 시공자에게 수거·폐기 또는 교체 등의 필요한 조치를 명할 수 있다.	3년

1년 : 1년 이하의 징역 또는 1천만 원 이하의 벌금
3년 : 3년 이하의 징역 또는 3천만 원 이하의 벌금
    (거짓이나 그 밖의 부정한 방법으로 형식승인을 받은 자, 제품검사 받은 자 포함)

2. 형식승인의 취소 등

① 소방청장은 소방용품의 형식승인을 받았거나 제품검사를 받은 자가 다음에 해당할 때에는 그 형식승인을 취소하거나 6개월 이내의 기간을 정하여 제품검사의 중지를 명할 수 있다.

㉠ 거짓이나 부정한 방법으로 형식승인 또는 제품검사, 변경승인을 받은 경우 ㉡ 변경승인을 받지 아니한 경우	취소
㉢ 시험시설의 시설기준에 미달되는 경우 ㉣ 제품검사 시 기술기준에 미달되는 경우	6개월 이내

② 소방용품의 형식승인이 취소된 자는 그 취소된 날부터 2년 이내에는 형식승인이 취소된 소방용품과 동일한 품목에 대하여 형식승인을 받을 수 없다.

---

69 소방용품의 형식승인을 반드시 취소하여야 하는 경우가 아닌 것은?
　　　　　　　　　　　　[기 16]
① 거짓 또는 부정한 방법으로 형식승인을 받은 경우
② 시험시설의 시설기준에 미달되는 경우
③ 거짓 또는 부정한 방법으로 제품검사를 받은 경우
④ 변경승인을 받지 아니한 경우

답 : ②

핵심 PLUS

26 소방용품의 성능인증 등

1. 성능인증

구 분	내 용	벌칙
① 제조자 또는 수입자 등의 요청이 있는 경우	소방청장은 성능인증을 할 수 있다.	3년
② 성능인증을 받은 자	그 소방용품에 대하여 제품검사를 받아야 한다.	-
③ 제품검사에 합격하지 아니한 소방용품	성능인증을 받았다는 표시 또는 제품검사에 합격하였다는 표시 / 금지	1년
④ 제품검사를 받지 아니하거나 합격표시를 하지 아니한 소방용품	판매 또는 판매 목적으로 진열하거나 소방시설공사에 사용 / 금지	3년
⑤ 소방용품에 대하여 형상등의 일부를 변경	소방청장의 변경인증을 받아야 한다.	1년

- 1년 : 1년 이하의 징역 또는 1천만 원 이하의 벌금
- 3년 : 3년 이하의 징역 또는 3천만 원 이하의 벌금
  (거짓이나 그 밖의 부정한 방법으로 형식승인을 받은 자, 제품검사 받은 자 포함)

2. 성능인증의 취소 등

① 소방청장은 소방용품의 성능인증을 받았거나 제품검사를 받은 자가 다음에 해당하는 때
해당 소방용품의 성능인증을 취소하거나 6개월 이내의 기간을 정하여 해당 소방용품의 제품검사 중지를 명할 수 있다.

㉠ 거짓이나 그 밖의 부정한 방법으로 성능인증, 제품검사, 변경인증을 받은 경우 ㉡ 변경인증을 받지 아니하고 해당 소방용품에 대하여 형상등의 일부를 변경한 경우	취소
㉢ 제품검사 시 기술기준에 미달되는 경우 ㉣ 제품검사에 합격하지 아니한 소방용품에 성능인증을 받았다는 표시를 하거나 제품검사에 합격하였다는 표시를 한 경우 ㉤ 제품검사를 받지 아니하거나 합격표시를 하지 아니한 소방용품을 판매 또는 판매 목적으로 진열하거나 소방시설공사에 사용한 경우	6개월 이내

② 소방용품의 성능인증이 취소된 자는 그 취소된 날부터 2년 이내에는 성능인증이 취소된 소방용품과 동일한 품목에 대하여는 성능인증을 받을 수 없다.

27 우수품질 제품에 대한 인증

① 소방청장은 형식승인의 대상이 되는 소방용품 중 품질이 우수하다고 인정하는 소방용품에 대하여 우수품질인증을 할 수 있다.
② 우수품질인증을 받으려는 자는 소방청장에게 신청하여야 한다.
③ 우수품질인증을 받은 소방용품에는 우수품질인증 표시를 할 수 있다.

> 우수품질인증을 받지 아니한 제품에 우수품질인증 표시를 하거나 우수품질인증 표시를 위조하거나 변조하여 사용한 자 : 1년 이하의 징역 또는 1천만 원 이하의 벌금

④ 우수품질인증의 유효기간은 5년의 범위에서 행정안전부령으로 정한다.
⑤ 소방청장은 다음의 경우에는 우수품질인증을 취소할 수 있다.
　㉠ 거짓이나 그 밖의 부정한 방법으로 우수품질인증을 받은 경우 – 취소
　㉡ 우수품질인증을 받은 제품이 산업재산권 등 타인의 권리를 침해하였다고 판단되는 경우 – 취소 가능

28 소방용품의 제품검사 후 수집검사 등

① 소방청장은 소방용품의 품질관리를 위하여 필요하다고 인정할 때에는 유통 중인 소방용품을 수집하여 검사할 수 있다.
② 소방청장은 수집검사 결과 행정안전부령으로 정하는 중대한 결함이 있다고 인정되는 소방용품에 대하여는 그 제조자 및 수입자에게 회수·교환·폐기 또는 판매중지를 명하고, 형식승인 또는 성능인증을 취소할 수 있다.

> 명령을 정당한 사유 없이 위반한 자 : 3년 이하의 징역 또는 3천만 원 이하의 벌금

③ 소방용품의 회수·교환·폐기 또는 판매중지 명령을 받은 제조자 및 수입자는 해당 소방용품이 이미 판매되어 사용 중인 경우 구매자에게 그 사실을 알리고 회수 또는 교환 등 필요한 조치를 하여야 한다.

> 구매자에게 명령을 받은 사실을 알리지 아니하거나 필요한 조치를 하지 아니한 자 : 3년 이하의 징역 또는 3천만 원 이하의 벌금

29 소방기술심의위원회

1. 소방청의 중앙소방기술심의위원회(중앙위원회) 심의 사항

1. 화재안전기준에 관한 사항
2. 소방시설의 구조 및 원리 등에서 공법이 특수한 설계 및 시공에 관한 사항
3. 소방시설의 설계 및 공사감리의 방법에 관한 사항
4. 소방시설공사의 하자를 판단하는 기준에 관한 사항
5. 신기술·신공법 등 검토·평가에 고도의 기술이 필요한 경우로서 중앙위원회에 심의를 요청한 사항
6. 그 밖에 소방기술 등에 관하여 대통령령으로 정하는 사항
   ① 연면적 10만 [m²] 이상의 특정소방대상물에 설치된 소방시설의 설계·시공·감리의 하자 유무에 관한 사항
   ② 새로운 소방시설과 소방용품 등의 도입 여부에 관한 사항
   ③ 그 밖에 소방기술과 관련하여 소방청장이 소방기술심의위원회의 심의에 부치는 사항

중앙위원회 위원의 자격(소방청장이 임명)

1. 소방기술사, 소방시설관리사, 석사 이상의 소방 관련 학위를 소지한 사람
2. 과장급 직위 이상의 소방공무원
3. 소방 관련 법인·단체에서 소방 관련 업무에 5년 이상 종사한 사람
4. 소방공무원 교육기관, 대학교 또는 연구소에서 소방과 관련된 교육이나 연구에 5년 이상 종사한 사람

---

2. 시·도의 지방소방기술심의위원회(지방위원회) 심의 사항

1. 소방시설에 하자가 있는지의 판단에 관한 사항
2. 그 밖에 소방기술 등에 관하여 대통령령으로 정하는 사항
   ① 연면적 10만 [m²] 미만의 특정소방대상물에 설치된 소방시설의 설계·시공·감리의 하자 유무에 관한 사항
   ② 소방본부장 또는 소방서장이 화재안전기준 또는 위험물 제조소등의 시설기준의 적용에 관하여 기술검토를 요청하는 사항
   ③ 그 밖에 소방기술과 관련하여 시·도지사가 소방기술심의위원회의 심의에 부치는 사항

핵심 PLUS

70 다음 중 중앙소방기술심의위원회의 심의사항이 아닌 것은? [기 10]
① 화재안전기준에 관한 사항
② 소방시설의 구조와 원리 등에 있어서 공법이 특수한 설계 및 시공에 관한 사항
③ 소방시설의 설계 및 공사감리의 방법에 관한 사항
④ 소방시설에 하자가 있는지의 판단에 관한 사항

[해설] 지방소방기술심의위원회 – 소방시설에 하자가 있는지의 판단에 관한 사항

답 : ④

71 다음 중 중앙소방기술심의위원회의 심의를 받아야 하는 사항으로 옳지 못한 것은? [기 12]
① 연면적 5만[m²] 이상의 특정소방대상물에 설치된 소방시설의 설계·시공·감리의 하자 여부에 관한 사항
② 화재안전기준에 관한 사항
③ 소방시설의 설계 및 공사감리의 방법에 관한 사항
④ 소방시설의 구조 및 원리 등에 있어서 공법이 특수한 설계 및 시공에 관한 사항

답 : ①

Ⅲ. 소방관계법규 | 소방시설법

핵심 PLUS

72 소방청장은 방염대상물품의 방염성능검사 업무를 어디에 위탁할 수 있는가? [기 14]
① 한국소방시설협회
② 한국소방안전원
③ 소방산업공제조합
④ 한국소방산업기술원

답 : ④

30 권한 또는 업무의 위임·위탁 등

① 소방청장의 권한 또는 업무의 위임·위탁

권한 또는 업무	위임·위탁
㉠ 방염성능검사 중 대통령령으로 정하는 검사 (합판·목재를 설치하는 현장에서 방염처리한 경우의 방염성능검사는 제외) ㉡ 소방용품의 형식승인, 형식승인의 변경승인, 형식승인의 취소(청문 포함) ㉢ 소방용품의 성능인증, 성능인증의 변경인증, 성능인증의 취소(청문 포함) ㉣ 우수품질인증 및 그 취소(청문 포함)	한국소방산업기술원 (기술원)에 위탁
제품검사 업무	기술원 또는 전문기관에 위탁
화재안전기준 중 기술기준에 대한 관리·운영 권한	국립소방연구원장

② 위탁받은 업무에 종사하고 있거나 종사하였던 사람은 업무를 수행하면서 알게 된 비밀을 이 법에서 정한 목적 외의 용도로 사용하거나 다른 사람 또는 기관에 제공하거나 누설하여서는 아니 된다.

> 업무를 수행하면서 알게 된 비밀을 이 법에서 정한 목적 외의 용도로 사용하거나 다른 사람 또는 기관에 제공하거나 누설한 자 : 300만 원 이하의 벌금

31 청문

1. 청문자 : 소방청장 또는 시·도지사

2. 청문 대상

> ① 관리사 자격의 취소 및 정지
> ② 관리업의 등록취소 및 영업정지
> ③ 소방용품의 형식승인 취소 및 제품검사 중지
> ④ 성능인증의 취소
> ⑤ 우수품질인증의 취소
> ⑥ 전문기관의 지정취소 및 업무정지

> ― | 화재의 예방 및 안전관리에 관한 법률상 청문대상 | ―
> ① 소방안전관리자의 자격 취소
> ② 화재예방안전진단기관의 지정 취소

32 과징금처분

① 시·도지사는 영업정지를 명하는 경우로서 그 영업정지가 이용자에게 불편을 주거나 그 밖에 공익을 해칠 우려가 있을 때에는 영업정지처분을 갈음하여 3천만 원 이하의 과징금을 부과할 수 있다.

과징금이 부과기준

1. 일반기준
   가. 영업정지 1개월은 30일로 계산한다.
   나. 과징금 산정은 영업정지기간(일)에 영업정지에 해당하는 금액을 곱한 금액으로 한다.
   다. 위반행위가 둘 이상 발생한 경우 과징금 부과에 의한 영업정지기간(일) 산정은 각각의 영업정지 처분기간을 합산한 기간으로 한다.
   라. 영업정지에 해당하는 위반사항으로서 위반행위의 동기·내용·횟수 또는 그 결과를 고려하여 그 처분기준의 2분의 1까지 감경한 경우 과징금 부과에 의한 영업정지기간(일) 산정은 감경한 영업정지기간으로 한다.
   마. 과징금 산정금액이 3천만 원을 초과하는 경우 3천만 원으로 한다.

2. 개별기준
   가. 과징금을 부과할 수 있는 위반행위의 종별

소방시설관리업 위반사항	행정처분기준		
	1차	2차	3차
점검을 하지 않거나 거짓으로 한 경우	1개월	3개월	
점검능력 평가를 받지 아니하고 자체점검을 한 경우	1개월	3개월	
등록기준에 미달하게 된 경우. 다만, 기술인력이 퇴직하거나 해임되어 30일 이내에 재선임하여 신고하는 경우는 제외		3개월	

---

② 시·도지사는 과징금을 내야 하는 자가 납부기한까지 내지 아니하면 「지방행정제재·부과금의 징수 등에 관한 법률」에 따라 징수한다.

③ 과징금의 징수절차에 관하여는 「국고금관리법 시행규칙」을 준용한다.

핵심 PLUS

73 소방시설 설치 및 관리에 관한 법률상 시·도지사는 관리업자에게 영업정지를 명하는 경우로서 그 영업정지가 국민에게 심한 불편을 주거나 그 밖에 공익을 해칠 우려가 있을 때에는 영업정지처분을 갈음하여 얼마 이하의 과징금을 부과할 수 있는가?

[기 17]

① 1,000만 원 ② 2,000만 원
③ 3,000만 원 ④ 5,000만 원

답 : ③

핵심 PLUS

74 소방시설 설치 및 관리에 관한 법률상 특정소방대상물의 관계인이 소방시설에 폐쇄(잠금을 포함)·차단 등의 행위를 하여서 사람을 상해에 이르게 한 때에 대한 벌칙기준으로 옳은 것은? [기 17]
① 10년 이하의 징역 또는 1억 원 이하의 벌금
② 7년 이하의 징역 또는 7,000만 원 이하의 벌금
③ 5년 이하의 징역 또는 5,000만 원 이하의 벌금
④ 3년 이하의 징역 또는 3,000만 원 이하의 벌금

답 : ②

75 형식승인을 받지 아니한 소방용품을 판매의 목적으로 진열했을 때의 벌칙으로 옳은 것은? [기 14]
① 3년 이하의 징역 또는 3,000만 원 이하의 벌금
② 1년 이하의 징역 또는 1,500만 원 이하의 벌금
③ 1년 이하의 징역 또는 1,000만 원 이하의 벌금
④ 1년 이하의 징역 또는 500만 원 이하의 벌금

답 : ①

33 벌칙

1. 벌금

1) 소방시설에 폐쇄·차단 등의 행위를 한 자

소방시설법	벌금
사망에 이르게 한 때	10년 이하의 징역 또는 1억 원 이하
사람을 상해에 이르게 한 때	7년 이하의 징역 또는 7천만 원 이하
-	5년 이하의 징역 또는 5천만 원 이하

2) 3년 이하의 징역 또는 3천만 원 이하의 벌금

① 다음 아래의 조치 명령을 정당한 사유 없이 위반한 자
  ㉠ 특정소방대상물에 설치하는 소방시설이 화재안전기준에 따라 설치 또는 유지·관리되어 있지 아니할 때 조치명령
  ㉡ 임시소방시설 또는 소방시설이 설치 및 관리되지 아니할 때에는 해당 공사시공자에게 필요한 조치를 명령
  ㉢ 피난시설, 방화구획 및 방화시설이 유지·관리되어 있지 않을 때 조치명령
  ㉣ 방염대상물품이 방염성능기준에 미치지 못하거나 방염성능검사를 받지 아니했을 때 조치명령
  ㉤ 관계인이 이행계획을 완료하지 아니한 경우
  ㉥ 형식승인 받지 아니한 것, 형상등을 임의로 변경한 것, 제품검사를 받지 아니하거나 합격표시를 하지 아니한 것을 위반한 소방용품에 대하여는 그 제조자·수입자·판매자 또는 시공자에게 수거·폐기 또는 교체 등의 명령
  ㉦ 수집검사 결과 행정안전부령으로 정하는 중대한 결함이 있다고 인정되는 소방용품에 따른 조치 명령
② 관리업의 등록을 하지 아니하고 영업을 한 자
③ 소방용품의 형식승인을 받지 아니하고 소방용품을 제조하거나 수입한 자 또는 거짓이나 그 밖의 부정한 방법으로 형식승인을 받은 자
④ 형식승인 검사 후 제품검사를 받지 아니한 자 또는 거짓이나 그 밖의 부정한 방법으로 제품검사를 받은 자
⑤ 미 형식승인, 형상 변경 임의 변경하여 소방용품을 판매·진열하거나 소방시설공사에 사용한 자
⑥ 거짓이나 그 밖의 부정한 방법으로 성능인증 또는 제품검사를 받은 자
⑦ 제품검사를 받지 아니하거나 합격표시를 하지 아니한 소방용품을 판매·진열하거나 소방시설공사에 사용한 자
⑧ 구매자에게 명령을 받은 사실을 알리지 아니하거나 필요한 조치를 하지 아니한 자
⑨ 거짓이나 그 밖의 부정한 방법으로 제품검사 전문기관으로 지정을 받은 자

3) 1년 이하의 징역 또는 1천만 원 이하의 벌금

① 소방시설등에 대하여 스스로 점검을 하지 아니하거나 관리업자등으로 하여금 정기적으로 점검하게 하지 아니한 자
② 소방시설관리사증을 다른 사람에게 빌려주거나 빌리거나 이를 알선한 자
③ 동시에 둘 이상의 업체에 취업한 자
④ 자격정지처분을 받고 그 자격정지기간 중에 관리사의 업무를 한 자
⑤ 관리업의 등록증이나 등록수첩을 다른 자에게 빌려주거나 빌리거나 이를 알선한 자
⑥ 영업정지처분을 받고 그 영업정지기간 중에 관리업의 업무를 한 자
⑦ 제품검사에 합격하지 아니한 제품에 합격표시를 하거나 합격표시를 위조 또는 변조하여 사용한 자
⑧ 형식승인의 변경승인을 받지 아니한 자
⑨ 제품검사에 합격하지 아니한 소방용품에 성능인증을 받았다는 표시 또는 제품검사에 합격하였다는 표시를 하거나 성능인증을 받았다는 표시 또는 제품검사에 합격하였다는 표시를 위조 또는 변조하여 사용한 자
⑩ 성능인증의 변경인증을 받지 아니한 자
⑪ 우수품질인증을 받지 아니한 제품에 우수품질인증 표시를 하거나 우수품질인증 표시를 위조하거나 변조하여 사용한 자
⑫ 관계인의 정당한 업무를 방해하거나 출입·검사 업무를 수행하면서 알게 된 비밀을 다른 사람에게 누설한 자

4) 300만 원 이하의 벌금

① 소방시설등의 자체점검 결과의 조치 등을 위반하여 필요한 조치를 하지 아니한 관계인 또는 관계인에게 중대위반사항을 알리지 아니한 관리업자등
② 방염성능검사에 합격하지 아니한 물품에 합격표시를 하거나 합격표시를 위조하거나 변조하여 사용한 자
③ 방염성능검사에 거짓 시료를 제출한 자
④ 성능위주설계평가단에 소속되거나 소속되었던 사람이 평가단의 업무를 수행하면서 알게 된 비밀을 이 법에서 정한 목적 외의 용도로 사용하거나 다른 사람 또는 기관에 제공하거나 누설한 자
⑥ 위탁받은 업무에 종사하고 있거나 종사하였던 사람이 업무를 수행하면서 알게 된 비밀을 이 법에서 정한 목적 외의 용도로 사용하거나 다른 사람 또는 기관에 제공하거나 누설한 자

핵심 PLUS

76 제품검사에 합격하지 않은 제품에 합격표시를 하거나 합격표시를 위조 또는 변조하여 사용한 사람에 대한 벌칙은? [기 14]
① 300만 원 이하의 벌금
② 500만 원 이하의 벌금
③ 1,000만 원 이하의 벌금
④ 1,500만 원 이하의 벌금

답 : ③

77 우수품질인증을 받지 아니한 제품에 우수품질인증 표시를 하거나 우수품질 인증표시를 위조 또는 변조하여 사용한 자에 대한 벌칙은? [기 12]
① 100만 원 이하의 벌금
② 200만 원 이하의 벌금
③ 500만 원 이하의 벌금
④ 1,000만 원 이하의 벌금

답 : ④

핵심 PLUS

2. 과태료

위반행위	과태료 금액(단위: 만 원)		
	1차 위반	2차위반	3차이상위반
소방시설을 화재안전기준에 따라 설치·관리 하지 않은 경우			
1) 2) 및 3)의 규정을 제외하고 소방시설을 최근 1년 이내에 2회 이상 화재안전기준에 따라 관리하지 않은 경우		100	
2) 소방시설을 다음에 해당하는 고장 상태 등으로 방치한 경우 　가) 소화펌프를 고장 상태로 방치한 경우 　나) 화재 수신기, 동력(감시)제어반 또는 소방시설용 전원(비상전원을 포함한다)을 차단하거나, 고장난 상태로 방치하거나, 임의로 조작하여 자동으로 작동이 되지 않도록 한 경우 　다) 소방시설이 작동할 때 소화배관을 통하여 소화수가 방수되지 않는 상태 또는 소화약제가 방출되지 않는 상태로 방치한 경우		200	
3) 소방시설을 설치하지 않은 경우		300	
종합, 작동점검 결과를 보고하지 않거나 거짓으로 보고한 경우			
1) 지연 보고 기간이 10일 미만인 경우		50	
2) 지연 보고 기간이 10일 이상 1개월 미만인 경우		100	
3) 지연 보고 기간이 1개월 이상이거나 보고하지 않은 경우		200	
4) 점검 결과를 축소·삭제하는 등 거짓으로 보고한 경우		300	
이행계획을 기간 내에 완료하지 않은 경우 또는 이행계획 완료 결과를 보고하지 않거나 거짓으로 보고한 경우			
1) 지연 완료 기간 또는 지연 보고 기간이 10일 미만인 경우		50	
2) 지연 완료 기간 또는 지연 보고 기간이 10일 이상 1개월 미만인 경우		100	
3) 지연 완료 기간 또는 지연 보고 기간이 1개월 이상이거나, 완료 또는 보고를 하지 않은 경우		200	
4) 이행계획 완료 결과를 거짓으로 보고한 경우		300	
관리업 중요사항 변경 신고를 하지 않거나 거짓으로 신고한 경우			
1) 지연 신고 기간이 1개월 미만인 경우		50	
2) 지연 신고 기간이 1개월 이상 3개월 미만인 경우		100	
3) 지연 신고 기간이 3개월 이상이거나 신고를 하지 않은 경우		200	
4) 거짓으로 신고한 경우		300	
공사 현장에 임시소방시설을 설치·관리하지 않은 경우		300	
점검능력평가를 받지 않고 점검을 한 경우			
관계인에게 점검 결과를 제출하지 않은 경우			
점검인력의 배치기준 등 자체점검 시 준수사항을 위반한 경우			
지위승계, 행정처분 또는 휴업·폐업의 사실을 특정소방대상물의 관계인에게 알리지 않거나 거짓으로 알린 경우			
소속 기술인력의 참여 없이 자체점검을 한 경우			
점검실적을 증명하는 서류를 거짓으로 제출한 경우			
피난시설, 방화구획 또는 방화시설을 폐쇄·훼손·변경하는 등의 행위를 한 경우	100	200	300
점검기록표를 기록하지 않거나 특정소방대상물의 출입자가 쉽게 볼 수 있는 장소에 게시하지 않은 경우	100	200	300
보고 또는 자료제출을 하지 않거나 거짓으로 보고 또는 자료제출을 한 경우 또는 정당한 사유 없이 관계 공무원의 출입 또는 검사를 거부·방해 또는 기피한 경우	50	100	300
방염대상물품을 방염성능기준 이상으로 설치하지 않은 경우		200	

• 방염에 대한 내용을 제외한 과태료 금액은 300만 원 임.

---

78 특정소방대상물의 관계인이 피난시설 또는 방화시설의 폐쇄·훼손·변경 등의 행위를 했을 때 과태료 처분으로 옳은 것은? [기 15]

① 100만 원 이하
② 200만 원 이하
③ 300만 원 이하
④ 500만 원 이하

답 : ③

3. 소방시설관리업 등록의 취소와 영업정지 등

시·도지사는 관리업자가 다음에 해당할 때에는 행정안전부령으로 정하는 바에 따라 그 등록을 취소하거나,

6개월 이내의 기간을 정하여 이의 시정이나 그 영업의 정지를 명할 수 있다.

> 영업정지처분을 받고 그 영업정지기간 중에 관리업의 업무를 한 자 :
> 1년 이하의 징역 또는 1천만 원 이하의 벌금

위반사항	행정처분기준		
	1차	2차	3차
① 거짓, 그 밖의 부정한 방법으로 등록을 한 경우	등록취소		
② 등록의 결격사유에 해당하게 된 경우	등록취소		
③ 다른 자에게 등록증 또는 등록수첩을 빌려준 경우	등록취소		
④ 점검을 하지 아니하거나 거짓으로 한 경우			
- 점검을 하지 않은 경우	1개월	3개월	등록취소
- 거짓으로 점검한 경우	경고	3개월	등록취소
⑤ 등록기준에 미달하게 된 경우. 다만, 기술인력이 퇴직하거나 해임되어 30일 이내에 재선임하여 신고하는 경우는 제외	경고	3개월	등록취소
⑥ 점검능력 평가를 받지 않고 자체점검을 한 경우	1개월	3개월	등록취소

4. 소방시설관리사에 대한 행정처분기준

위반사항	행정처분기준		
	1차	2차	3차
거짓이나 그 밖의 부정한 방법으로 시험에 합격한 경우	자격취소		
소방시설관리사증을 다른 사람에게 빌려준 경우	자격취소		
동시에 둘 이상의 업체에 취업한 경우	자격취소		
결격사유에 해당하게 된 경우	자격취소		
점검을 하지 않은 경우	1개월	6개월	자격취소
거짓으로 점검한 경우	경고	6개월	자격취소
대행인력의 배치기준·자격·방법 등 준수사항을 지키지 않은 경우	경고	6개월	자격취소
성실하게 자체점검 업무를 수행하지 않은 경우	경고	6개월	자격취소

핵심 PLUS

79 소방시설관리업자가 점검을 하지 않은 경우 1차 행정처분기준은?
① 등록취소
② 영업정지 1개월
③ 영업정지 3개월
④ 영업정지 6개월

답 : ②

80 소방시설관리업의 등록을 반드시 취소해야하는 사유에 해당하지 않는 것은? [기 16]
① 거짓으로 등록을 한 경우
② 등록기준에 미달하게 된 경우
③ 다른 자에게 등록증을 빌려준 경우
④ 등록의 결격사유에 해당하게 된 경우

답 : ②

81 소방시설관리업의 등록기준에 미달하게 된 때 1차 행정처분기준은?
① 경고
② 영업정지 3월
③ 영업정지 6월
④ 등록취소

답 : ①

핵심기출문제

3. 소방시설법

■■■ 3. 소방시설법

1. 다음 중 경보설비에 해당되지 않는 것은 어느 것인가? [11 ㉯]

① 자동화재탐지설비 ② 무선통신보조설비
③ 통합감시시설 ④ 누전경보기

2. 다음 중 화재가 발생할 경우 피난하기 위하여 사용하는 기구 또는 설비인 피난구조설비에 속하지 않는 것은? [12 ㉯]

① 완강기 ② 인공소생기
③ 피난유도선 ④ 연소방지설비

3. 소방시설의 종류 중 피난구조설비에 속하지 않는 것은? [10 ㉯]

① 제연설비 ② 공기안전매트
③ 유도등 ④ 공기호흡기

4. 소방시설 중 연결살수설비는 어떤 설비에 속하는가? [15 ㉯]

① 소화설비 ② 구조설비
③ 피난구조설비 ④ 소화활동설비

5. 소방시설 중 화재를 진압하거나 인명구조 활동을 위하여 사용하는 설비로 나열된 것은? [15 ㉯]

① 상수도소화용수설비, 연결송수관설비
② 연결살수설비, 제연설비
③ 연소방지설비, 피난구조설비
④ 무선통신보조설비, 통합감시시설

해설

해설 1
무선통신보조설비 - 소화활동설비

해설 2
연소방지설비 - 소화활동설비

해설 3
제연설비 - 소화활동설비

해설 4, 5
소화활동설비 - 화재를 진압하거나 인명구조활동을 위하여 사용하는 설비

제연설비	비상콘센트설비	무선통신보조설비
연결송수관설비	연결살수설비	연소방지설비

정답 1. ② 2. ④ 3. ① 4. ④ 5. ②

해설

6. 다음 소방시설 중 소화활동설비가 아닌 것은? [15②]
① 제연설비 ② 연결송수관설비
③ 무선통신보조설비 ④ 자동화재탐지설비

해설 6
자동화재탐지설비 - 경보설비

7. 소방시설 설치 및 관리에 관한 법률 시행령에서 규정하는 소화활동설비에 속하지 않는 것은? [10, 11, 12, 13②]
① 제연설비 ② 연결송수관설비
③ 무선통신보조설비 ④ 비상방송설비

해설 7
비상방송설비 - 경보설비

8. 화재를 진압하거나 인명구조활동을 위하여 특정소방대상물에는 소화활동설비를 설치하여야 한다. 다음 중 소화활동설비에 해당되지 않는 것은? [13②]
① 제연설비, 비상콘센트설비
② 연결송수관설비, 연결살수설비
③ 무선통신보조설비, 연소방지설비
④ 자동화재속보설비, 통합감시시설

해설 8
자동화재속보설비, 통합감시시설 - 경보설비에 해당함

9. 다음의 특정소방대상물 중 의료시설에 해당되지 않는 것은? [16②]
① 마약진료소 ② 노인의료복지시설
③ 장애인 의료재활시설 ④ 한방병원

해설 9
노인의료복지시설 - 노유자시설

10. 다음 특정소방대상물에 대한 설명으로 옳은 것은? [14②]
① 의원은 근린생활시설이다.
② 동물원 및 식물원은 동식물관련시설이다.
③ 종교집회장은 면적에 상관없이 문화집회 및 운동시설이다.
④ 철도시설(정비창 포함)은 항공기 및 자동차 관련시설이다.

해설 10
동물원 및 식물원 - 문화 및 집회시설
종교집회장(종교시설) - 300[m²] 미만은 근린생활시설

11. 비상경보설비를 설치하여야 할 특정소방대상물이 아닌 것은? [12②]
① 지하가 중 터널로서 길이가 500[m] 이상인 것
② 사람이 거주하고 있는 연면적 400[m²] 이상인 건축물
③ 지하층의 바닥면적이 100[m²] 이상으로 공연장인 건축물
④ 35명의 근로자가 작업하는 옥내작업장

해설 11
비상경보설비 설치 대상물
50명 이상의 근로자가 작업하는 옥내작업장 등

정답 6. ④ 7. ④ 8. ④ 9. ②
10. ① 11. ④

핵심기출문제

3. 소방시설법

12. 소방시설 설치 및 관리에 관한 법령에 따른 비상방송설비를 설치하여야 하는 특정소방대상물의 기준 중 틀린 것은? (단, 위험물 저장 및 처리 시설 중 가스시설, 사람이 거주하지 않는 동물 및 식물 관련시설, 지하가 중 터널, 축사 및 지하구는 제외한다.)

① 지하층을 제외한 층수가 11층 이상인 것
② 연면적 3500[m²] 이상인 것
③ 연면적 1000[m²] 미만의 기숙사
④ 지하층의 층수가 3층 이상인 것

[해설] 12

비상방송설비 설치해야 하는 특정소방대상물
① 연면적 3,500[m²] 이상인 것
② 지하층을 제외한 층수가 11층 이상인 것
③ 지하층의 층수가 3층 이상인 것

13. 소방시설 설치 및 관리에 관한 법령상 자동화재탐지설비를 설치하여야 하는 특정소방대상물의 기준으로 틀린 것은? [17 ②]

① 문화 및 집회시설로서 연면적이 1,000[m²] 이상인 것
② 교육연구시설로서 연면적 2000[m²] 이상인 것
③ 의료시설(정신의료기관 또는 요양병원은 제외)로서 연면적 1,000[m²] 이상인 것
④ 지하가 중 터널로서 길이가 1,000[m] 이상인 것

[해설] 13

자동화재탐지설비 설치대상

연면적 600[m²] 이상
근린생활시설(목욕장 제외), 위락시설, 의료시설(정신의료기관, 요양병원 제외), 복합건축물, 장례시설

14. 소방시설 설치 및 관리에 관한 법령상 자동화재탐지설비를 설치 하여야 하는 특정소방대상물 기준으로 틀린 것은?

① 공장 및 창고시설로서「화재의 예방 및 안전관리에 관한 법률 시행령」에서 정하는 수량의 500배 이상의 특수가연물을 저장·취급하는 것
② 지하가(터널은 제외한다)로서 연면적 600[m²] 이상인 것
③ 숙박시설이 있는 수련시설로서 수용인원 100명 이상인 것
④ 장례시설 및 복합건축물로서 연면적 600[m²] 이상인 것

[해설] 14

공장 및 창고시설로서 특수가연물 저장·취급에 따른 설치 대상

500배 이상	자동화재탐지설비
750배 이상	옥내·외 소화전설비
1000배 이상	스프링클러설비

• 지하가(터널제외) : 연면적 1000m² 이상

15. 자동화재탐지설비를 설치하여야 하는 특정소방대상물에 대한 설명 중 옳지 않은 것은?

① 숙박시설
② 의료시설(정신의료기관, 요양병원 제외)로서 연면적 600[m²] 이상인 것
③ 지하구
④ 길이 500[m] 이상의 터널

[해설] 15

터널길이에 따른 설치 대상

1000m 이상	자동화재탐지설비, 옥내소화전설비, 연결송수관설비
500m 이상	무선통신보조설비, 비상경보설비, 비상조명등설비, 비상콘센트설비

정답 12. ③ 13. ③ 14. ② 15. ④

16. 다음 중 자동화재탐지설비를 설치해야 하는 특정소방대상물은? [16 ㉠]

① 길이가 1.3[km]인 지하가 중 터널
② 연면적 600[m²]인 볼링장
③ 연면적 500[m²]인 묘지관련시설
④ 지정수량 100배의 특수가연물을 저장하는 창고

17. 다음 중 면적에 상관없이 자동화재탐지설비를 설치해야 하는 특정소방대상물은?

① 숙박시설
② 위락시설
③ 장례시설
④ 의료시설

18. 소방시설 설치 및 관리에 관한 법령상 스프링클러설비를 설치하여야 하는 특정소방대상물의 기준 중 틀린 것은? (단, 위험물 저장 및 처리 시설 중 가스시설 및 지하구는 제외한다.)

① 연면적 5000[m²] 이상인 복합건축물
② 지하가(터널 제외)로서 연면적 1000[m²] 이상인 것
③ 수용인원 150명인 운동시설
④ 수용인원 300명인 판매시설

19. 소방시설 설치 및 관리에 관한 법령상 스프링클러설비를 설치하여야 하는 특정소방대상물의 기준 중 틀린 것은?(단, 위험물 저장 및 처리 시설 중 가스시설 또는 지하구는 제외한다)

① 숙박이 가능한 수련시설 용도로 사용되는 시설의 바닥면적의 합계가 600[m²] 이상인 것은 모든 층
② 창고시설(물류터미널은 제외)로서 바닥면적 합계가 5,000[m²] 이상인 경우에는 모든 층
③ 판매시설, 운수시설 및 창고시설(물류터미널에 한정)로서 바닥면적의 합계가 5,000[m²] 이상이거나 수용인원이 500명 이상인 경우에는 모든 층
④ 복합건축물로서 연면적이 3,000[m²] 이상인 경우에는 모든 층

해설

해설 16

근린생활시설	바닥면적의 합계	바닥면적 합계 이상
탁구장, 체육도장, 체력단련장, 에어로빅장, 볼링장, 당구장, 실내낚시터, 골프연습장	500[m²] 미만	운동시설

- 볼링장의 경우 바닥면적 합계가 500[m²] 이상의 경우 운동시설로서 1천[m²] 이상이 되어야 자탐 설치

해설 17

면적에 상관없이 자동화재탐지설비를 설치해야 하는 특정소방대상물
- 노유자 생활시설, 요양병원(의료재활시설 제외), 조산원 및 산후조리원, 공동주택 중 아파트등·기숙사, 판매시설 중 전통시장, 발전시설 중 전기저장시설, 지하구, 층수가 6층 이상인 건축물, 숙박시설

해설 18

문화 및 집회시설(동·식물원 제외), 종교시설(주요구조부가 목조인 것은 제외), 운동시설(물놀이형 시설 및 바닥이 불연재료이고 관람석이 없는 것은 제외) : 수용인원 100명 이상일 때 스프링클러 설치 대상이다.

해설 19

복합건축물로서 연면적이 5,000[m²] 이상인 경우에는 모든 층

핵심기출문제
3. 소방시설법

20. 무창층 여부 판단 시 개구부 요건기준으로 옳은 것은? [15 ②]
① 해당 층의 바닥면으로부터 개구부 밑부분까지의 높이가 1.5[m] 이내일 것
② 개구부의 크기가 지름 50[cm] 이상의 원이 통과할 수 있는 것일 것
③ 개구부는 도로 또는 차량이 진입할 수 없는 빈터를 향할 것
④ 내부 또는 외부에서 쉽게 파괴 또는 개방할 수 없을 것

21. 소방시설 설치 및 관리에 관한 법령상 "연소 우려가 있는 구조"의 기준 중 일부이다. 다음 ( )안에 알맞은 것은?

> 각각의 건축물이 다른 건축물의 외벽으로부터 수평거리가 1층인 경우에는 (㉠)[m] 이하, 2층 이상의 층의 경우에는 (㉡)[m] 이하인 경우

① ㉠ 6, ㉡ 10
② ㉠ 6, ㉡ 20
③ ㉠ 10, ㉡ 20
④ ㉠ 10, ㉡ 15

22. 다음은 자동화재탐지설비의 설치면제 요건에 관한 사항이다. ( )에 들어갈 내용으로 알맞은 것은? [10 ②]

> "자동화재탐지설비의 기능(감지·수신·경보기능)과 성능을 지닌 ( )를 화재안전기준에 적합하게 설치한 경우에는 그 설비의 유효한 범위 안의 부분에서 자동화재탐지설비의 설치가 면제된다."

① 비상경보설비
② 연소방지설비
③ 물분무등소화설비
④ 습식 스프링클러설비

23. 특정소방대상물의 각 부분으로부터 수평거리 140[m] 이내에 공공의 소방을 위한 소화전이 화재안전기준이 정하는 바에 따라 적합하게 설치되어 있는 경우에 설치가 면제되는 것은? [13 ②]
① 옥외소화전
② 연결송수관
③ 연소방지설비
④ 상수도 소화용수설비

해설

해설 20
무창층(無窓層)
지상층 중 다음의 요건을 모두 갖춘 개구부(건축물에서 채광·환기·통풍 또는 출입 등을 위하여 만든 창·출입구, 그 밖에 이와 비슷한 것)의 면적의 합계가 해당 층의 바닥면적의 30분의 1 이하가 되는 층을 말한다.
① 크기는 지름 50[cm] 이상의 원이 통과할 수 있는 것일 것
② 해당 층의 바닥면으로부터 개구부 밑부분까지의 높이가 1.2[m] 이내일 것
③ 도로 또는 차량이 진입할 수 있는 빈터를 향할 것
④ 화재 시 건축물로부터 쉽게 피난할 수 있도록 창살이나 그 밖의 장애물이 설치되지 아니할 것
⑤ 내부 또는 외부에서 쉽게 부수거나 열 수 있을 것

해설 21
연소우려가 있는 구조인 경우(아래사항을 모두 만족해야 한다)
1. 건축물대장의 건축물 현황도에 표시된 대지경계선 안에 2 이상의 건축물이 있는 경우
2. 각각의 건축물이 다른 건축물의 외벽으로부터 수평거리가 1층에 있어서는 6[m] 이하, 2층 이상의 층에 있어서는 10[m] 이하
3. 개구부가 다른 건축물을 향하여 설치된 구조

해설 22

설치가 면제되는 소방시설	설치면제 요건
자동화재 탐지설비	자동화재탐지설비의 기능(감지·수신·경보기능을 말한다)과 성능을 가진 스프링클러설비 또는 물분무등소화설비를 화재안전기준에 적합하게 설치한 경우에는 그 설비의 유효범위안의 부분에서 설치가 면제된다.

해설 23
특정소방대상물의 각 부분으로부터 수평거리 140[m] 이내에 공공의 소방을 위한 소화전을 설치시 면제된다.

정답 20. ② 21. ① 22. ③ 23. ④

24. 소방시설기준 적용의 특례 중 특정소방대상물의 관계인이 소방시설을 갖추어야 함에도 불구하고 관련 소방시설을 설치하지 아니할 수 있는 소방시설의 범위로 옳은 것은?(단, 화재 위험도가 낮은 특정소방대상물로서 석재, 불연성 금속, 불연성 건축재료 등의 가공공장·기계조립공장·주물공장 또는 불연성 물품을 저장하는 창고이다.) [17 ㉮]

① 옥외소화전 및 연결살수설비
② 연결송수관설비 및 연결살수설비
③ 자동화재탐지설비, 상수도소화용수설비 및 연결살수설비
④ 스프링클러설비, 상수도소화용수설비 및 연결살수설비

25. 대통령령 또는 화재안전기준의 변경으로 그 기준이 강화되는 경우 기존의 특정소방대상물의 소방시설 등에 강화된 기준을 적용해야 하는 소방시설로서 옳은 것은? [14 ㉮]

① 비상경보설비   ② 옥내소화전설비
③ 스프링클러설비   ④ 자동화재탐지설비

26. 특정소방대상물에 설치하는 소방시설 등의 유지·관리 등에 있어 대통령령 또는 화재안전기준의 변경으로 그 기준이 강화되는 경우 변경 전의 대통령령 또는 화재안전기준이 적용되지 않고 강화된 기준이 적용되는 것은? [12 ㉮]

① 자동화재속보설비   ② 옥내소화전설비
③ 간이스프링클러설비 ④ 옥외소화전설비

27. 특정소방대상물이 증축 되는 경우 기존 부분에 대해서 증축 당시의 소방시설의 설치에 관한 대통령령 또는 화재안전기준을 적용하지 않는 경우가 아닌 것은? [17 ㉮]

① 증축으로 인하여 천장·바닥·벽 등에 고정되어 있는 가연성 물질의 양이 줄어드는 경우
② 자동차 생산공장 등 화재 위험이 낮은 특정소방대상물 내부에 연면적 33[m²] 이하의 직원 휴게실을 증축하는 경우
③ 기존 부분과 증축 부분이 자동방화셔터 또는 60분+ 방화문으로 구획되어 있는 경우
④ 자동차 생산공장 등 화재 위험이 낮은 특정소방대상물에 캐노피(3면 이상에 벽이 없는 구조의 캐노피)를 설치하는 경우

해설

해설 24

소방시설의 설치 제외
– 화재 위험도가 낮은 특정소방대상물

| 석재·불연성금속·불연성 건축재료 등의 가공공장·기계조립공장·주물공장 또는 불연성 물품을 저장하는 창고 | 옥외소화전 및 연결살수설비 |

해설 25, 26

대통령령 또는 화재안전기준의 변경으로 강화된 기준을 적용하는 설비

㉠ 소화기구·비상경보설비·자동화재속보설비·자동화재탐지설비 및 피난구조설비
㉡ 공동구 – 소화기, 자동소화장치, 자동화재탐지설비, 통합감시시설, 유도등 및 연소방지설비
㉢ 전력 및 통신사업용 지하구 – 소화기, 자동소화장치, 자동화재탐지설비, 통합감시시설, 유도등 및 연소방지설비
㉣ 노유자시설 – 간이스프링클러 설비 및 자동화재탐지설비 및 단독경보형감지기
㉤ 의료시설– 스프링클러설비, 간이스프링클러설비, 자동화재탐지설비, 자동화재속보설비

해설 27

기존부분에 대하여는 증축 당시의 소방시설의 설치에 관한 대통령령 또는 화재안전기준을 적용하지 아니하는 경우

1. 기존 부분과 증축 부분이 내화구조로 된 바닥과 벽으로 구획된 경우
2. 기존 부분과 증축 부분이 자동방화셔터 또는 60분+ 방화문으로 구획되어 있는 경우
3. 자동차 생산공장 등 화재 위험이 낮은 특정소방대상물 내부에 연면적 33[m²] 이하의 직원 휴게실을 증축하는 경우
4. 자동차 생산공장 등 화재 위험이 낮은 특정소방대상물에 캐노피(기둥으로 받치거나 매달아 놓은 덮개를 말하며, 3면 이상에 벽이 없는 구조의 것)를 설치하는 경우

정답 24. ① 25. ① 26. ① 27. ①

핵심기출문제
3. 소방시설법

28. 특정소방대상물이 증축되는 경우 소방시설기준 적용에 관한 설명 중 옳은 것은?

① 기존부분을 포함한 특정소방대상물의 전체에 대하여 증축 당시의 화재안전기준을 적용한다.
② 기존부분을 포함한 특정소방대상물의 전체에 대하여 증축 전에 적용되던 화재안전기준을 적용한다.
③ 특정소방대상물의 기존부분은 증축 전에 적용되던 화재안전기준을 적용하고, 증축부분은 증축 당시의 화재안전기준을 적용한다.
④ 특정소방대상물의 증축부분은 증축 전에 적요되던 화재안전기준을 적용하고, 기존부분은 증축 당시의 화재안전기준을 적용한다.

29. 성능위주설계를 하여야 하는 범위의 기준으로 옳지 않은 것은?

① 창고시설 중 연면적 10만 [m²] 이상인 것
② 하나의 건축물에 영화상영관이 10개 이상인 특정소방대상물
③ 터널 중 수저(水底)터널 또는 길이가 3천[m] 이상인 것
④ 지하연계 복합건축물에 해당하는 특정소방대상물

30. 성능위주설계를 하여야 하는 범위의 기준으로 옳지 않은 것은?

① 연면적 3만 [m²] 이상인 철도 및 도시철도 시설, 공항시설
② 연면적 20만 [m²] 이상인 특정소방대상물(아파트등은 제외)
③ 50층 이상(지하층 포함)이거나 지상으로부터 높이가 200[m] 이상인 아파트등
④ 30층 이상(지하층 포함)이거나 지상으로부터 높이가 120[m] 이상인 특정소방대상물 (아파트등 제외)

31. 성능위주설계를 하여야 하는 범위의 기준으로 옳은 것은?

① 창고시설 중 지하층의 층수가 3개 층 이상이고 지하층의 바닥면적의 합계가 3만 [m²] 이상
② 하나의 건축물에 영화상영관이 5개 이상인 특정소방대상물
③ 연면적 20만 [m²] 이상인 특정소방대상물 (아파트등은 제외)
④ 연면적 5만 [m²] 이상인 철도 및 도시철도 시설, 공항시설

해설

해설 28
증축의 경우
기존 부분을 포함한 특정소방대상물의 전체에 대하여 증축 당시의 소방시설 등의 설치에 관한 대통령령 또는 화재안전기준을 적용한다.

해설 29, 30, 31
성능위주설계를 하여야 하는 특정소방대상물
① 연면적 3만[m²] 이상 – 철도 및 도시철도 시설, 공항시설
② 연면적 20만[m²] 이상인 특정소방대상물 (아파트등은 제외)
③ 50층 이상(지하층 제외)이거나 지상으로부터 높이가 200[m] 이상인 아파트등
④ 30층 이상(지하층 포함)이거나 지상으로부터 높이가 120[m] 이상인 특정소방대상물 (아파트등 제외)
⑤ 창고시설 중 연면적 10만[m²] 이상인 것 또는 지하층의 층수가 2개 층 이상이고 지하층의 바닥면적의 합계가 3만[m²] 이상
⑥ 하나의 건축물에 영화상영관이 10개 이상인 특정소방대상물
⑦ 터널 중 수저(水底)터널 또는 길이가 5천[m] 이상인 것
⑧ 지하연계 복합건축물에 해당하는 특정소방대상물

정답 28. ① 29. ③ 30. ③ 31. ③

32. 건축물 등의 신축·증축·개축·재축 또는 이전의 허가·협의 및 사용승인의 권한이 있는 행정기관은 건축허가 등을 함에 있어서 미리 그 건축물 등의 공사시 공지 또는 소재지를 관할하는 소방본부장 또는 소방서장의 동의를 받아야 한다. 다음 중 건축허가 등의 동의대상물의 범위로서 옳지 않은 것은? [13㉮]

① 주차장으로 사용되는 층 중 바닥면적이 200[m²] 이상인 층이 있는 시설
② 무창층이 있는 건축물로서 바닥면적이 150[m²] 이상인 층이 있는 건축물
③ 승강기 등 기계장치에 의한 주차시설로서 자동차 10대 이상을 주차할 수 있는 시설
④ 수련시설로서 연면적 200[m²] 이상인 건축물

33. 건축허가 등을 함에 있어서 소방본부장 또는 소방서장의 동의를 받아야 하는 건축물 등의 범위가 아닌 것은? [12㉮]

① 차고·주차장으로 사용되는 층 중 바닥면적이 150[m²] 이상인 층이 있는 시설
② 항공기격납고, 관망탑, 항공관제탑, 방송용 송·수신탑
③ 지하층 또는 무창층이 있는 건축물로서 바닥면적이 150[m²] 이상인 층이 있는 것
④ 승강기 등 기계장치에 의한 주차시설로서 자동차 20대 이상을 주차할 수 있는 시설

34. 다음의 건축물 중에서 건축허가 등을 함에 있어 미리 소방본부장 또는 소방서장의 동의를 받아야 하는 범위에 속하는 것은? [11㉮]

① 바닥면적 100[m²]로 주차장 층이 있는 시설
② 연면적 100[m²]로 수련시설이 있는 건축물
③ 바닥면적 100[m²]로 무창층 공연장이 있는 건축물
④ 연면적 100[m²]의 노유자시설이 있는 건축물

35. 소방시설 설치 및 관리에 관한 법령상 건축허가 등의 동의를 요구하는 때 동의요구서에 첨부하여야 하는 설계도서가 아닌 것은?(단, 소방시설공사 착공신고대상에 해당하는 경우이다.) [17㉮]

① 창호도
② 실내 전개도
③ 주단면도
④ 실내재료마감표

해설

해설 32, 33

차고·주차장 또는 주차용도로 사용되는 시설
바닥면적 200[m²] 이상인 층이 있는 건축물이나 주차시설
승강기등 기계장치에 의한 주차시설로서 자동차 20대 이상

해설 34

동의 대상

학교시설	지하층 또는 무창층이 있는 건축물 (공연장)	수련시설 노유자 시설
연면적 100[m²] 이상	바닥면적 150[m²] (100[m²])	연면적 200[m²] 이상

해설 35

설계도서
1) 건축물 설계도서
 ㉠ 건축물 개요 및 배치도
 ㉡ 주단면도 및 입면도
 ㉢ 층별 평면도
  (용도별 기준층 평면도 포함)
 ㉣ 방화구획도(창호도 포함)
 ㉤ 실내·실외 재료 마감 재료표
 ㉥ 소방자동차 진입 동선도 및 부서 공간 위치도(조경계획 포함)

2) 소방시설등 관련 상세도면
 ㉠ 소방시설(기계·전기 분야의 시설)의 계통도(시설별 계산서 포함)
 ㉡ 소방시설별 층별 평면도
 ㉢ 실내장식물 방염대상물품 설치계획(건축물의 마감재료 제외)
 ㉣ 소방시설의 내진설계 계통도 및 기준층 평면도(내진 시방서 및 계산서 등 세부 내용이 포함된 상세 설계도면은 제외)

정답 32. ③ 33. ① 34. ③ 35. ②

핵심기출문제
3. 소방시설법

36. 건축물 등의 신축·증축 동의요구를 소재지 관할 소방본부장 또는 소방서장에게 한 경우 소방본부장 또는 소방서장은 건축허가 등의 동의요구서류를 접수한 날부터 며칠 이내에 건축허가등의 동의여부를 회신하여야 하는가? (단, 허가신청한 건축물 연면적이 20만 [m²] 이상의 특정소방대상물(아파트 제외)인 경우이다.) [14 ⑦]

① 5일　　② 7일
③ 10일　　④ 30일

37. 다음 중 방염성능기준 이상의 실내장식물을 설치하여야 하는 대상물로서 틀린 것은 어느 것인가? [11 ⑦]

① 다중이용업의 영업장
② 숙박이 가능한 수련시설
③ 방송통신시설 중 전화통신용 시설
④ 근린생활시설 중 체력단련장

38. 특정소방대상물에 설치하는 물품 중 방염처리 대상이 아닌 것은? [12 ⑦]

① 창문에 설치하는 블라인드
② 두께가 2[mm] 미만인 종이벽지
③ 무대용 섬유판
④ 영화상영관에 설치된 스크린

39. 다음 중 방염대상물품이 아닌 것은? [12 ⑦]

① 암막 및 무대막
② 전시용 합판, 섬유판
③ 두께가 2[mm] 미만인 종이벽지
④ 창문에 설치하는 커튼류, 블라인드

40. 소방대상물의 방염 등에 있어 방염대상물품에 해당되지 않는 것은? [12 ⑦]

① 목재 책상　　② 카펫
③ 창문에 설치하는 커튼류　　④ 전시용 합판

해설

해설 36
회신기간
1. 건축허가등의 동의 요구서류를 접수한 날부터 5일 이내
2. 10일 이내 회신 대상(특급 소방안전관리대상물)
   ① 50층 이상(지하층은 제외)이거나 지상으로부터 높이가 200[m] 이상인 아파트
   ② 30층 이상(지하층을 포함)이거나 지상으로부터 높이가 120[m] 이상인 특정소방대상물(아파트 제외)
   ③ ②에 해당없는 특정소방대상물로서 연면적이 10만[m²] 이상인 특정소방대상물(아파트 제외)

해설 37
방염대상물
① 근린생활시설 중 의원, 체력단련장, 공연장, 종교집회장
② 건축물의 옥내에 있는 시설로서 다음 각 목의 시설
   • 문화 및 집회시설
   • 종교시설
   • 운동시설(수영장은 제외한다)
③ 의료시설, 숙박시설, 방송통신시설 중 방송국 및 촬영소, 노유자시설 및 숙박이 가능한 수련시설
④ 다중이용업의 영업장
⑤ 층수가 11층 이상인 것(아파트는 제외한다)
⑥ 교육연구시설 중 합숙소

해설 38, 39, 40
방염처리대상물품
① 창문에 설치하는 커튼류(블라인드를 포함한다)
② 카펫, 두께가 2[mm] 미만인 벽지류(종이벽지는 제외)
③ 전시용 합판 또는 섬유판, 무대용 합판 또는 섬유판
④ 암막·무대막(영화상영관에 설치하는 스크린과 골프 연습장업에 설치하는 스크린을 포함한다)
⑤ 섬유류 또는 합성수지류 등을 원료로 하여 제작된 소파·의자(단란주점영업, 유흥주점영업 및 노래연습장업의 영업장에 설치하는 것만 해당한다)

정답 36. ③　37. ③　38. ②　39. ③
40. ①

41. 다음 중 연 1회 이상 소방시설관리업자 또는 소방안전관리자로 선임된 소방시설관리사, 소방기술사 1명 이상을 점검자로 하여 종합점검을 의무적으로 실시하여야 하는 것은? (단, 위험물제조소 등은 제외한다.) [13⑦]

① 옥내소화전설비가 설치된 연면적 1,000[m²] 이상인 특정소방대상물
② 스프링클러설비가 설치된 연면적 3,000[m²] 이상인 특정소방대상물
③ 물분무등소화설비가 설치된 연면적 3,000[m²] 이상인 특정소방대상물
④ 11층 이상의 아파트

42. 소방시설 설치 및 관리에 관한 법률상 소방시설 등에 대한 자체점검 중 종합점검 대상기준으로 옳지 않은 것은? [16⑦]

① 제연설비가 설치된 터널
② 노래연습장으로서 연면적이 2,000[m²] 이상인 것
③ 아파트는 연면적 5,000[m²] 이상이고 16층 이상인 것
④ 소방대가 근무하지 않는 국공립학교 중 연면적이 1,000[m²] 이상인 것으로서 자동화재탐지설비가 설치된 것

43. 다음 중 소방시설 등의 자체점검업무에 관한 종합점검 시 점검자의 자격이 될 수 없는 사람은? [13⑦]

① 관리업에 등록된 기술인력 중 소방시설관리사
② 소방안전관리자로 선임된 소방시설관리사
③ 소방안전관리자로 선임된 소방기술사
④ 소방기사

44. 소방시설관리사 시험을 시행하고자 하는 때에는 응시자격 등 필요한 사항을 시험 시행일 며칠 전까지 인터넷 홈페이지 등에 공고하여야 하는가?

① 15
② 30
③ 60
④ 90

해설

해설 41, 42
종합점검대상
① 스프링클러설비가 설치된 대상물
② 물분무등소화설비[호스릴방식 제외]가 설치된 대상물로서 연면적 5천[m²] 이상인 특정소방대상물 (위험물제조소등은 제외)
③ 산후조리업, 노래연습장업, 고시원업, 단란주점영업, 유흥주점영업, 비디오물감상실업, 안마시술소, 영화상영관의 다중이용업의 영업장이 설치된 특정소방대상물로서 연면적이 2천[m²] 이상인 것

➕암기 (지리)산 노고단 유비 안녕~

④ 제연설비 설치된 터널
⑤ 공공기관 중 연면적(터널·지하구의 경우 그 길이와 평균폭을 곱하여 계산한 값)이 1천[m²] 이상인 것으로서 옥내소화전설비 또는 자동화재탐지설비가 설치된 것. (소방대가 근무하는 공공기관은 제외한다.)
⑥ 최초점검에 해당하는 대상물

해설 43
종합점검 기술인력
① 관리업에 등록된 기술인력 중 소방시설관리사
② 소방안전관리자로 선임된 소방시설관리사 또는 소방기술사

해설 44
소방시설관리사 시험의 시행 및 공고 등
① 매년 1회 시행함을 원칙으로 하되, 소방청장이 필요하다고 인정하는 때에는 그 횟수를 늘리거나 줄일 수 있다.
② 소방청장은 관리사시험의 시행일 90일 전까지 인터넷 홈페이지 등에 공고하여야 한다.

정답 41. ② 42. ③ 43. ④ 44. ④

핵심기출문제
3. 소방시설법

45. 중앙소방기술심의위원회의 심의사항에 해당하지 않는 것은? [12②]
① 소방시설공사의 하자를 판단하는 기준에 관한 사항
② 소방시설에 하자가 있는지의 판단에 관한 사항
③ 소방시설의 설계 및 공사감리의 방법에 관한 사항
④ 소방시설의 구조와 원리 등에서 공법이 특수한 설계 및 시공에 관한 사항

46. "소방용품"이란 소방시설 등을 구성하거나 소방용으로 사용되는 기기를 말하는데, 피난구조설비를 구성하는 제품 또는 기계에 속하지 않는 것은? [13②]
① 피난사다리 ② 소화기구
③ 공기호흡기 ④ 유도등

47. 다음 중 형식승인 제품에 해당하는 소방용품에 해당되지 않는 것은? [15②]
① 방염도료
② 소방호스
③ 공기호흡기
④ 휴대용비상조명등

48. 형식승인을 얻어야 할 소방용품이 아닌 것은? [11, 16②]
① 감지기 ② 휴대용비상조명등
③ 소화기 ④ 방염액

49. 소방용품 중 우수품질에 대하여 우수품질인증을 할 수 있는 사람은? [11②]
① 소방청장
② 한국소방안전원장
③ 소방본부장 또는 소방서장
④ 시·도지사

해설

해설 45
지방소방기술심의위원회 – 소방시설에 하자가 있는지의 판단에 관한 사항

해설 46, 47, 48
소방용품

구 분		구성하는 제품 또는 기기
형식승인제품	소화설비	소화기구(간이소화용구 제외) 자동소화장치(상업용 주방소화장치 제외) 소화전, 송수구, 관창, 소방호스, 스프링클러헤드, 기동용수압개폐장치, 유수제어밸브 및 가스관선택밸브
	경보설비	누전경보기 및 가스누설경보기 경보설비를 구성하는 수신기, 발신기, 중계기, 감지기 및 음향장치(경종만 한한다)
	피난구조설비	피난사다리, 구조대, 완강기(간이완강기 및 지지대를 포함) 공기호흡기(충전기를 포함한다) 유도등(피난구, 통로, 객석) 및 예비전원이 내장된 비상조명등
	소화용	소화약제 [상업용자동소화장치, 캐비넷형자동소화장치 및 소화설비용 (자동소화장치, 포, CO_2, 할론, 할로겐화합물 및 불활성기체, 분말, 강화액)에 한함] 방염제(방염액·방염도료 및 방염성물질)
	기타	그 밖에 행정안전부령으로 정하는 소방 관련 제품 또는 기기

해설 49
소방용품 제품검사 전문기관 지정, 우수품질 제품에 대한 인증자, 수집 및 검사자 : 소방청장

정답 45.② 46.② 47.④ 48.② 49.①

50. 다음 중 소방용 기계·기구 우수품질에 대한 인증업무를 담당하고 있는 기관은?

[13 ㉮]

① 한국기술표준원　② 한국소방산업기술원
③ 한국방재시험연구원　④ 건설기술연구원

51. 소방시설 설치 및 관리에 관한 법령상 특정소방대상물의 관계인이 소방시설에 폐쇄(잠금을 포함)·차단 등의 행위를 하여서 사람을 상해에 이르게 한 때에 대한 벌칙 기준은?

① 5년 이하의 징역 또는 5천만 원 이하의 벌금
② 3년 이하의 징역 또는 3천만 원 이하의 벌금
③ 7년 이하의 징역 또는 7천만 원 이하의 벌금
④ 10년 이하의 징역 또는 1억 원 이하의 벌금

52. 소방시설 설치 및 관리에 관한 법령상 소방시설관리사증을 다른 사람에게 빌려주거나 동시에 둘 이상의 업체에 취업한 경우 이에 대한 벌칙 기준으로 옳은 것은?

① 300만 원 이하의 벌금
② 1년 이하의 징역 또는 1000만 원 이하의 벌금
③ 3년 이하의 징역 또는 3000만 원 이하의 벌금
④ 5년 이하의 징역 또는 5000만 원 이하의 벌금

53. 형식승인을 얻지 아니한 소방용품을 판매할 목적으로 진열했을 때의 벌칙으로 옳은 것은 어느 것인가?

[11 ㉮]

① 3년 이하의 징역 또는 3,000만 원 이하의 벌금
② 2년 이하의 징역 또는 1,500만 원 이하의 벌금
③ 1년 이하의 징역 또는 1,000만 원 이하의 벌금
④ 1년 이하의 징역 또는 500만 원 이하의 벌금

해설

해설 50

한국소방산업기술원의 업무
㉠ 방염성능검사 업무(합판·목재를 설치하는 현장에서 방염처리한 경우의 방염성능검사는 제외한다)
㉡ 형식승인
㉢ 형식승인의 변경승인
㉣ 형식승인의 취소(청문 포함)
㉤ 성능인증
㉥ 성능인증의 변경인증
㉦ 성능인증의 취소(청문 포함)
㉧ 우수품질인증 및 그 취소(청문 포함)

해설 51

소방시설에 폐쇄·차단 등의 행위를 한 자

소방시설법	벌 금
사망에 이르게 한 때	10년 이하의 징역 또는 1억 원 이하
사람을 상해에 이르게 한 때	7년 이하의 징역 또는 7천만 원 이하
—	5년 이하의 징역 또는 5천만 원 이하

해설 52

1년 이하의 징역 또는 1000만 원 이하의 벌금
① 소방시설등에 대하여 스스로 점검을 하지 아니하거나 관리업자등으로 하여금 정기적으로 점검하게 하지 아니한 자
② 소방시설관리사증을 다른 사람에게 빌려주거나 빌리거나 이를 알선한 자
③ 동시에 둘 이상의 업체에 취업한 자
④ 자격정지처분을 받고 그 자격정지 기간 중에 관리사의 업무를 한 자
⑤ 관리업의 등록증이나 등록수첩을 다른 자에게 빌려주거나 빌리거나 이를 알선한 자

해설 53

3년 이하의 징역 또는 3천만 원 이하의 벌금 - 제품검사를 받지 아니하거나 합격표시를 하지 아니한 소방용품을 판매·진열하거나 소방시설공사에 사용한 자

정답 50. ② 51. ③ 52. ② 53. ①

핵심기출문제
3. 소방시설법

54. 우수품질인증을 받지 아니한 제품에 우수품질 인증 표시를 하거나 우수품질인증 표시를 위조 또는 변조하여 사용한 자에 대한 벌칙기준은? [17⑦]

① 100만 원 이하의 벌금
② 200만 원 이하의 벌금
③ 500만 원 이하의 벌금
④ 1,000만 원 이하의 벌금

55. 피난시설, 방화구획 및 방화시설을 폐쇄·훼손·변경 등의 행위를 3차 이상 위반한 자에 대한 과태료는? [15⑦]

① 2백만 원
② 3백만 원
③ 5백만 원
④ 1천만 원

56. 피난시설 및 방화시설의 유지·관리에 대한 관계인의 잘못된 행위가 아닌 것은? [12⑦]

① 피난시설·방화시설을 수리하는 행위
② 방화시설을 폐쇄하는 행위
③ 피난시설 및 방화시설을 변경하는 행위
④ 방화시설 주위에 물건을 쌓아두는 행위

57. 소방시설 설치 및 관리에 관한 법상 피난시설, 방화구획 또는 방화시설의 폐쇄·훼손·변경 등의 행위를 한자에 대한 과태료 부과 기준으로 옳은 것은?

① 500만 원 이하
② 300만 원 이하
③ 200만 원 이하
④ 100만 원 이하

58. 소방시설 설치 및 관리에 관한 법령상 정당한 사유 없이 피난시설, 방화구획 및 방화시설의 유지·관리에 필요한 조치 명령을 위반한 경우 이에 대한 벌칙 기준으로 옳은 것은?

① 200만 원 이하의 벌금
② 300만 원 이하의 벌금
③ 1년 이하의 징역 또는 1000만 원 이하의 벌금
④ 3년 이하의 징역 또는 3000만 원 이하의 벌금

해설

해설 54
우수품질인증을 받지 아니한 제품에 우수품질인증 표시를 하거나 우수품질 인증 표시를 위조하거나 변조하여 사용한 자 – 1년 이하의 징역 또는 1천만 원 이하의 벌금

해설 55, 56, 57

위반행위	과태료 금액 (단위: 만 원)		
	1차	2차	3차 이상
피난시설, 방화구획 또는 방화시설을 폐쇄·훼손·변경 등의 행위를 한 경우	100	200	300

해설 58
피난시설, 방화구획 및 방화시설이 유지·관리되어 있지 않을 때 조치명령을 정당한 사유 없이 위반한 자
– 3년 이하의 징역 또는 3천만 원 이하의 벌금

정답 54. ④ 55. ② 56. ① 57. ②
58. ④

04 소방시설공사업법

Ⅲ. 소방관계법규 | 소방시설공사업법

1 소방시설업의 등록, 변경, 운영 등

1. 등록 신청

① 소방시설업(설계업, 공사업, 감리업, 방염업)을 하고자 하는 자
  - 시·도지사에게 등록하고 신청서류는 업종별로 소방시설업자협회에 제출

> 소방시설업 등록을 하지 아니하고 영업을 한 자
> : 3년 이하의 징역 또는 3천만 원 이하의 벌금

│ 제출서류 │

소방시설업의 종류	제출서류
설계업, 감리업, 방염업	㉠ ~ ㉢
공사업	㉠ ~ ㉤

㉠ 소방시설업 등록신청서
㉡ 신청인의 성명, 주민등록번호, 주소지 등의 인적사항이 적힌 서류
㉢ 기술인력 증빙서류(국가기술자격증 또는 소방기술 인정 자격수첩, 소방기술자 경력수첩)
㉣ 소방청장이 지정하는 금융회사 또는 소방산업공제조합에 출자·예치·담보한 금액확인서 1부 (소방시설공사업만 해당)
㉤ 공인회계사, 세무사 또는 전문경영진단기관에서 신청일 전 최근 90일 이내 작성한 자산평가액 또는 기업진단 보고서 (소방시설공사업만 해당)

② 등록을 하지 않고 설계, 감리를 할 수 있는 경우

│ 공기업·준정부기관 및 지방공사, 지방공단이 다음의 요건을 모두 갖춘 경우 │

㉠ 주택의 건설·공급을 목적으로 설립되었을 것
㉡ 설계·감리 업무를 주요 업무로 규정하고 있을 것
㉢ 대통령령으로 정하는 기술인력을 보유하여야 한다.

핵심 PLUS

01 소방시설공사업법령상 소방시설업에 속하지 않는 것은?
① 소방시설공사업
② 소방시설관리업
③ 소방시설설계업
④ 소방공사감리업

답 : ②

02 소방시설업의 등록권자로 옳은 것은? [기 16]
① 행정안전부장관
② 시·도지사
③ 소방서장
④ 한국소방안전원장

답 : ②

03 소방시설공사업의 등록기준이 되는 항목에 해당되지 않는 것은? [기 10]
① 공사도급실적
② 자본금
③ 기술인력
④ 자산평가액(개인)

답 : ①

핵심 PLUS

04 다음 중 방염업의 등록결격사유에 해당하지 않는 것은? [기 11]
① 피성년후견인
② 방염업의 등록이 취소된 날로부터 3년이 지난 사람
③ 위험물안전관리법에 따른 금고 이상의 형의 집행유예 선고를 받고 그 유예기간 중에 있는 사람
④ 위험물안전관리법에 따른 금고 이상의 실형의 선고를 받고 그 집행이 끝나거나 집행이 면제된 날로부터 2년이 지나지 아니한 사람

답 : ②

05 소방시설공사업법상 소방시설업 등록신청 신청서 및 첨부서류에 기재되어야 할 내용이 명확하지 아니한 경우 서류의 보완 기간은 며칠 이내인가? [기 16]
① 14   ② 10
③ 7   ④ 5

답 : ②

2. 소방시설업 등록 불가

① 등록기준을 갖추지 못한 경우
② 출자·예치·담보한 금액 확인서등을 제출하지 아니한 경우
③ 등록 결격사유에 해당하는 경우

⊙ 금고 이상의 실형을 선고받고	그 집행이 끝나거나 (집행이 끝난 것으로 보는 경우 포함) 면제된 날부터 2년이 지나지 아니한 사람
ⓒ 금고 이상의 형의 집행유예를 선고받고	그 유예기간 중에 있는 사람
ⓒ 등록하려는 소방시설업 등록이 취소된 날부터	2년이 지나지 아니한 자 (피성년후견인에 해당되어 취소된 경우 제외)
② 피성년후견인(정신적 제약으로 사무처리 능력이 부족한 자)	
⑩ 법인의 대표자가 ⊙에서 ②까지의 규정에 해당하는 경우 그 법인	
⑭ 법인의 임원이 ⊙에서 ⓒ까지의 규정에 해당하는 경우 그 법인	

④ 이 법 및 다른 법령에 따른 제한에 위반되는 경우

| 금고 이상의 실형 |

소방기본법, 화재의 예방 및 안전관리에 관한 법률, 소방시설 설치 및 관리에 관한 법률, 위험물안전관리법에 의한 실형을 말한다.

---

3. 등록신청 서류의 보완, 검토, 확인 및 발부

① 협회는 첨부서류가 미비 또는 명확하지 아니한 경우 10일 이내의 기간을 정하여 이를 보완
② 협회는 검토·확인을 마쳤을 때에는 접수일(신청서류의 보완을 요구한 경우에는 그 보완이 완료된 날을 말한다)부터 7일 이내에 "시·도지사"에게 보내야 한다.
③ 시·도지사는 15일 이내 협회를 경유하여 등록증, 등록수첩을 발급

4. 소방시설업 등록사항의 변경신고

행정안전부령으로 정하는 중요 사항(명칭·상호 또는 영업소의 소재지, 대표자, 기술인력)변경시 30일 이내 소방시설업 등록사항 변경신고서를 시·도지사에게 신고(협회에 제출로 갈음)

> 위반하여 신고를 하지 아니하거나 거짓으로 신고한 자
> : 1차 60 / 2차 100 / 3차 200만 원 이하의 과태료

구 분 \ 제출서류	소방시설업 등록수첩	소방시설업 등록증	기술인력 증빙서류	변경된 대표자의 성명, 주민등록번호 및 주소지 등의 인적사항이 적힌 서류
상호(명칭) 또는 영업소 소재지	○	○	×	×
대표자	○	○	×	○
기술인력	○	×	○	×

6. 소방시설업의 운영

1) 대여금지

소방시설업자는 다른 자에게 자기의 성명이나 상호를 사용하여 소방시설공사등을 수급 또는 시공하게 하거나 소방시설업의 등록증 또는 등록수첩을 빌려 주어서는 아니 된다.

> 300만 원 이하의 벌금 및 1차 영업정지 6개월, 2차 등록취소

2) 영업정지처분이나 등록취소처분을 받은 소방시설업자

그 날부터 소방시설공사등을 하여서는 아니 된다. 다만 다음의 경우에는 제외

① 착공신고가 수리되어 공사를 하고 있는 자로서 도급계약이 해지되지 아니한 소방시설공사업자 또는 소방공사감리업자가 그 공사를 하는 동안

② 방염처리업자가 도급을 받아 방염 중인 것으로서 도급계약이 해지되지 아니한 상태에서 그 방염을 하는 동안

> 영업정지 기간 중에 설계·시공 또는 감리를 한 경우
> : 1년 이하의 징역 또는 1천만 원 이하의 벌금

핵심 PLUS

06 소방시설공사업의 등록사항 변경신고는 변경이 있는 날로부터 며칠 이내에 하여야 하는가? [기 12]
① 7일 ② 15일
③ 30일 ④ 3개월

답 : ③

07 소방시설공사업의 명칭·상호를 변경하고자 하는 경우 민원인이 반드시 제출하여야 하는 서류는? [기 13]
① 소방시설업 등록증 및 등록수첩
② 법인등기부등본 및 소방기술인력 연명부
③ 소방기술인력의 자격증 및 자격수첩
④ 사업자등록증 및 소방기술인력의 자격증

답 : ①

III. 소방관계법규 | 소방시설공사업법

> **핵심 PLUS**
>
> 08 소방시설업자가 특정소방대상물의 관계인에 대한 통보 의무사항이 아닌 것은? [기 15]
> ① 지위를 승계한 때
> ② 등록취소 또는 영업정지 처분을 받은 때
> ③ 휴업 또는 폐업한 때
> ④ 주소지가 변경된 때
>
> 답 : ④

3) 소방시설업자 → 특정소방대상물의 관계인에게 통보

다음의 경우에는 지체 없이 그 사실을 알려야 한다.

① 소방시설업자의 지위를 승계한 경우

② 소방시설업의 등록취소처분 또는 영업정지처분을 받은 경우

③ 휴업하거나 폐업한 경우

> 거짓으로 알린자 : 1차 60 / 2차 100 / 3차 200만 원 이하의 과태료

4) 하자보수 보증기간 동안 서류보관

소방시설설계업	소방시설 설계기록부, 소방시설 설계도서
소방시설공사업	소방시설 공사기록부
소방공사감리업	소방공사 감리기록부, 소방시설의 완공 당시 설계도서, 소방공사 감리일지

> 관계 서류를 보관하지 아니한 자 : 200만 원 이하의 과태료

5) 특정소방대상물의 관계인 또는 발주자의 도급계약 해지

① 소방시설업이 등록취소되거나 영업정지된 경우

② 소방시설업을 휴업하거나 폐업한 경우

③ 정당한 사유 없이 30일 이상 소방시설공사를 계속하지 아니하는 경우

④ 하수급인 또는 하도급계약 내용의 변경 요구에 정당한 사유 없이 따르지 아니하는 경우

5. 소방시설업자의 지위승계

소방시설업자의 지위를 승계한 자는 30일 이내 시·도지사에게 신고(협회 제출로 갈음)

> 신고를 하지 아니하거나 거짓으로 신고한 자 :
> 1차 60 / 2차 100 / 3차 200만 원 이하의 과태료

2 소방시설업의 업종별 등록기준 및 영업범위 등

1. 소방시설설계업

① 등록기준 및 영업범위(대통령령)

업종별 \ 항목	기술인력		영업범위
전문소방시설 설계업	주인력(소방기술사)	1명 이상	모든 특정소방대상물에 설치되는 소방시설의 설계
	보조인력	1명 이상	
일반 소방 시설 설계업	기계 (전기) 분야	주인력 [소방기술사 또는 기계(전기) 소방설비기사]	1명 이상	가. 연면적 3만[m²](공장의 경우에는 1만[m²]) 미만의 특정소방대상물(기계 : 제연설비가 설치되는 특정소방대상물은 제외)에 설치되는 기계(전기)분야 소방시설의 설계 나. 아파트에 설치되는 기계(전기)분야 소방시설(기계 : 제연설비는 제외)의 설계 다. 위험물제조소등에 설치되는 기계(전기)분야 소방시설의 설계
		보조인력	1명 이상	

② 성능위주설계할 수 있는 조건

성능위주설계자의 자격	기술인력
㉠ 전문 소방시설설계업을 등록한 자 ㉡ 전문 소방시설설계업 등록기준에 따른 기술인력을 갖춘 자로서 소방청장이 정하여 고시하는 연구기관 또는 단체	소방기술사 2명 이상

※ 소방시설업의 비교

구 분		주인력		보조인력	영업범위	자본금
설계업	전문	소방기술사	1명 이상	1명 이상	모든 특정소방대상물	-
	일반	소방기술사 또는 기계(전기) 소방설비기사	1명 이상	1명 이상	연면적 3만[m²] 미만 공장의 경우 1만[m²] 미만 아파트, 위험물제조소등 ※기계 : 제연설비는 제외	-
감리업	전문	소방기술사, 특급, 고급, 중급, 초급감리원 (전기 및 기계 분야 각 1명 이상)			모든 특정소방대상물	-
	일반	특급, 고급 또는 중급, 초급감리원 (전기 및 기계 분야 각 1명 이상)			일반설계업과 동일	-
공사업	전문	소방기술사 또는 기계·전기 소방설비기사	1명 이상	2명 이상	모든 특정소방대상물	법인 : 1억 원 이상 개인(자본금 평가액) : 1억 원 이상
	일반	소방기술사 이거나 기계 또는 전기분야 소방설비기사	1명 이상	1명 이상	연면적 1만[m²] 미만 위험물제조소등	

핵심 PLUS

09 일반 소방시설 설계업(전기분야)의 영업범위는 공장의 경우 연면적 몇 [m²] 미만의 특정소방대상물에 설치되는 전기분야 소방시설의 설계에 한하는가? (단, 제연설비가 설치되는 특정소방대상물은 제외한다.) [기 16]

① 10,000[m²]
② 20,000[m²]
③ 30,000[m²]
④ 40,000[m²]

답 : ①

10 성능위주설계를 할 수 있는 자가 보유하여야 하는 기술인력의 기준은? [기 12]

① 소방기술사 2명 이상
② 소방기술사 1명 및 소방설비기사 2명(기계 및 전기분야 각 1인) 이상
③ 소방분야 공학박사 2명 이상
④ 소방기술사 1명 및 소방분야 공학박사 1명 이상

답 : ①

핵심 PLUS

11 전문소방시설공사업의 법인의 자본금은? [기 13]
① 5천만 원 이상
② 1억 원 이상
③ 2억 원 이상
④ 3억 원 이상

답 : ②

12 전문 소방시설공사업의 등록기준 중 보조기술인력은 최소 몇 명 이상 있어야 하는가?
① 1   ② 2
③ 3   ④ 4

해설 소방시설공사업

구분	주인력		보조인력
전문	소방기술사 또는 기계·전기 소방설비기사	1명 이상	2명 이상
일반	소방기술사 이거나 기계 또는 전기분야 소방설비기사	1명 이상	1명 이상

답 : ②

13 소방시설공사업자가 소방시설공사를 하고자 할 때, 다음 중 옳은 것은? [기 11]
① 건축허가와 동의만 받으면 된다.
② 시공 후 완공검사만 받으면 된다.
③ 소방시설 착공신고를 하여야 한다.
④ 건축허가만 받으면 된다.

답 : ③

Ⅲ. 소방관계법규 | 소방시설공사업법

2. 소방시설공사업

1) 등록기준 및 영업범위

항목 업종별		기술인력		자본금 (자산평가액)		영업범위
전문 소방시설 공사업		주인력	1명 이상	법인	1억 원 이상	특정소방대상물에 설치되는 전기분야 및 전기분야의 소방시설 공사·개설·이전 및 정비
		보조 인력	2명 이상	개인	자산평가액 1억 원 이상	
일반 소방 시설 공사업	기계 (전기) 분야	주인력	1명 이상	법인	1억 원 이상	① 연면적 1만[m²] 미만의 특정소방대상물에 설치되는 기계(전기)분야 소방시설의 공사·개설·이전 및 정비 ② 위험물제조소등에 설치되는 기계(전기)분야 소방시설의 공사·개설·이전 및 정비
		보조 인력	1명 이상	개인	자산평가액 1억 원 이상	

* 전문소방시설공사업의 주인력 : 소방기술사 또는 기계·전기 소방설비기사
  일반소방시설공사업의 주인력 : 소방기술사이거나 기계 또는 전기분야 소방설비기사

2) 공사업자의 착공신고

대통령령으로 정하는 소방시설공사(소방시설공사의 착공신고 대상)을 하려면 그 공사의 내용, 시공 장소, 그 밖에 필요한 사항을 소방시설공사의 착공전까지 소방본부장이나 소방서장에게 신고하여야 한다.

> 신고를 하지 아니하거나 거짓으로 신고한 자 :
> 1차 60 / 2차 100 / 3차 200만 원 이하의 과태료

| 제출서류 |

1. 소방시설공사 착공(변경)신고서
2. 공사업자의 소방시설공사업 등록증 사본 및 등록수첩 사본
3. 해당 소방시설공사의 책임시공 및 기술관리를 하는 기술인력의 기술등급을 증명하는 서류 사본
4. 설계도서(설계설명서를 포함하되, 건축허가 동의 시 제출된 설계도서가 변경된 경우)
5. 소방시설공사 하도급통지서 사본(소방시설공사를 하도급하는 경우)
6. 소방시설공사 계약서 사본

3) 소방시설공사의 착공신고 대상

구 분	종류	제외
신설하는 공사	모든 소방시설	누전경보기, 가스누설경보기, 소화기구, 자동화재속보설비, 피난설비
설비 또는 구역 등을 증설하는 공사	기존 소방시설	• 전기분야는 신설에서 무선통신보조설비, 비상방송설비, 비상경보설비 제외 • 기계분야는 신설에서 소화용수설비만 제외
전부 또는 일부를 개설, 이전 또는 정비하는 공사	수신반, 소화펌프 동력(감시)제어반	긴급히 교체하거나 보수하여야 하는 경우에는 신고하지 않을 수 있다.

4) 공사변경신고

공사업자가 신고한 사항 가운데 중요한 사항을 변경하였을 때에는 변경일부터 30일 이내에 소방본부장 또는 소방서장에게 변경신고를 하여야 한다.

① 시공자

② 설치되는 소방시설의 종류

③ 책임시공 및 기술관리 소방기술자

> 신고를 하지 아니하거나 거짓으로 신고한 자 : 200만 원 이하의 과태료

5) 완공검사

공사업자는 소방시설공사를 완공하면 소방본부장 또는 소방서장의 완공검사를 받아야 한다.

> 완공검사를 받지 아니한 자 : 200만 원 이하의 과태료

① 공사감리자가 지정되어 있는 경우 : 공사감리 결과보고서로 완공검사를 갈음

② 공사감리자가 미지정되어 있는 경우
 : 소방본부장이나 소방서장이 현장에서 확인할 수 있다.

― | 완공검사를 위한 현장확인 대상 특정소방대상물의 범위 | ―
1. 창고시설, 문화 및 집회시설, 판매시설, 종교시설, 수련시설, 지하상가, 노유자시설, 숙박시설, 운동시설, 다중이용업소
2. 스프링클러설비등, 물분무등소화설비 설치(호스릴방식의 소화설비 제외)
3. 연면적 1만[m²] 이상이거나 11층 이상인 특정소방대상물 (아파트 제외)
4. 가연성가스를 제조·저장 또는 취급하는 시설 중 지상에 노출된 가연성가스탱크의 저장용량 합계가 1천톤 이상인 시설

핵심 PLUS

14 다음 중 소방시설공사의 착공신고 대상이 아닌 것은? [기 11]
① 무선통신보조설비의 증설공사
② 자동화재탐지설비의 경계구역이 증설되는 공사
③ 1개 이상의 옥외소화전을 증설하는 공사
④ 연결살수설비의 살수구역을 증설하는 공사

답 : ①

15 소방시설공사 착공신고 후 소방시설의 종류를 변경한 경우의 조치사항으로 적정한 것은? [기 11]
① 건축주는 변경일부터 30일 이내에 소방본부장 또는 소방서장에게 신고하여야 한다.
② 소방시설공사업자는 변경일부터 30일 이내에 소방본부장 또는 소방서장에게 신고하여야 한다.
③ 건축주는 변경일부터 7일 이내에 소방본부장 또는 소방서장에게 신고하여야 한다.
④ 소방시설공사업자는 변경일부터 7일 이내에 소방본부장 또는 소방서장에게 신고하여야 한다.

답 : ②

16 소방본부장이나 소방서장이 소방시설공사가 공사감리 결과보고서대로 완공되었는지 완공검사를 위한 현장확인 할 수 있는, 대통령령으로 정하는 특정소방대상물이 아닌 것은? [기 14]
① 노유자시설
② 문화 및 집회시설
③ 1,000[m²] 미만의 공동주택
④ 지하상가

답 : ③

6) 하자보수

① 하자보수기간

하자기간	소화설비	경보설비	피난구조설비	소화용수설비	소화활동설비
2년	-	비상경보설비 비상방송설비	피난기구, 유도등, 유도표지, 비상조명등	-	무선통신보조설비
3년	자동소화장치 옥내·옥외 소화전 스프링클러 간이스프링클러 물분무등	자동화재탐지설비	-	상수도소화용수설비	소화활동설비 (무선통신보조설비 제외)

② 하자기간에 소방시설의 하자가 발생하였을 때

관계인은 공사업자에게 그 사실을 알려야 하며, 공사업자는 3일 이내에 하자를 보수하거나 보수 일정을 기록한 하자보수계획을 관계인에게 서면으로 통보

> 3일 이내에 하자를 보수하지 아니하거나 하자보수계획을 관계인에게 거짓으로 알린 자 – 4일~30일 : 60 / 30일 초과 : 100 / 거짓 : 200만 원 이하의 과태료

7) 소방기술자의 배치기준

구분	자격수첩	초급		중급		고급		특급
		아파트 제외	아파트	아파트 제외	아파트	아파트 제외		
면적	1천[m²] 미만	1천[m²] 이상 5천[m²] 미만	1천[m²] 이상 1만[m²] 미만	5천[m²] 이상 3만[m²] 미만	1만[m²] 이상 20만[m²] 미만	3만[m²] 이상 20만[m²] 미만		20만[m²] 이상
층수 등	-	지하구		1. 물분무등소화설비 (호스릴 방식 제외) 2. 제연설비		16층 이상 40층 미만		40층 이상

핵심 PLUS

17 하자를 보수하여야 하는 소방시설에 따른 하자보수보증기간의 연결이 옳은 것은? [기 15]
① 무선통신보조설비 : 3년
② 상수도소화용수설비 : 3년
③ 피난기구 : 3년
④ 자동화재탐지설비 : 2년

답 : ②

18 하자보수를 하여야 하는 소방시설과 소방시설별 하자보수 보증기간이 알맞은 것은? [기 12]
① 비상경보설비 : 3년
② 옥내소화전설비 : 2년
③ 스프링클러설비 : 3년
④ 자동화재탐지설비 : 2년

답 : ③

19 소방시설의 하자가 발생한 경우 통보를 받은 공사업자는 며칠 이내에 이를 보수하거나 보수일정을 기록한 하자보수계획을 관계인에게 서면으로 알려야 하는가? [기 14]
① 3일 ② 7일
③ 14일 ④ 30일

답 : ①

8) 하도급의 제한

① 도급을 받은 자는 소방시설공사의 설계, 시공, 감리를 제3자에게 하도급할 수 없다.
다만, 시공의 경우에는 도급받은 소방시설공사의 일부를 다른 공사업자에게 하도급할 수 있고 하수급인은 하도급받은 소방시설공사를 제3자에게 다시 하도급할 수 없다.

> 하도급의 제한을 어긴 경우 : 1년 이하의 징역 또는 1천만 원 이하의 벌금

② 하도급 줄 수 있는 경우
소방시설공사업과 다음에 해당하는 사업을 함께 하는 공사업자가 소방시설공사와 해당 사업의 공사를 함께 도급받은 경우 도급받은 소방시설공사의 일부를 한 번만 제3자에게 하도급 할 수 있으며 하도급할 수 있는 소방시설공사란 착공대상 중 하나 이상의 소방설비를 설치하는 공사를 말한다.
　㉠ 주택건설사업
　㉡ 건설업
　㉢ 전기공사업
　㉣ 정보통신공사업

③ 하도급의 통지
　㉠ 소방시설업자
　　하도급을 하려고 하거나 하수급인을 변경하는 경우 미리 관계인 및 발주자에게 알려야 한다.

> 하도급 등의 통지를 하지 아니한 경우
> : 1차 60 / 2차 100 / 3차 200만 원의 과태료

　㉡ 하도급을 하려는 소방시설업자
　　관계인 및 발주자에게 통지한 소방시설공사 하도급통지서 사본을 하수급자에게 주어야 한다.
　㉢ 소방시설업자는 하도급계약을 해지하는 경우
　　하도급계약 해지사실을 증명할 수 있는 서류를 관계인 및 발주자에게 알려야 한다.

핵심 PLUS

20 소방시설공사업법상 소방시설공사에 관한 발주자의 권한을 대행하여 소방시설공사가 설계도서 및 관계 법령에 따라 적법하게 시공되는지 여부의 확인과 품질·시공 관리에 대한 기술지도를 수행하는 영업은 무엇인가? [기 15]
① 소방시설유지업
② 소방시설설계업
③ 소방시설공사업
④ 소방공사감리업

답 : ④

21 소방시설공사업법령상 소방공사감리를 실시함에 있어 용도와 구조에서 특별히 안전성과 보안성이 요구되는 소방대상물로서 소방시설물에 대한 감리를 감리업자가 아닌 자가 감리할 수 있는 장소는?
① 원자력안전법상 관계시설이 설치되는 장소
② 교도소 등 교정관련시설
③ 국방 관계시설 설치장소
④ 정보기관의 청사

답 : ①

22 관계인이 특정소방대상물에 대한 소방시설공사를 하고자 할 때 소방공사감리자를 지정하지 않아도 되는 경우는? [기 14]
① 비상콘센트설비 전용회로 증설하는 경우
② 연결살수설비 살수구역 증설하는 경우
③ 연소방지설비 살수구역 증설하는 경우
④ 스프링클러설비등 방호·방수 구역 증설하는 경우

[해설] 연결살수설비 송수구역 증설하는 경우 소방공사감리자를 지정

답 : ②

3. 소방공사감리업

1) 등록기준 및 영업범위 : 소방시설업의 비교 참조

2) 감리업자를 공사감리자로 지정

특정소방대상물의 관계인이 소방시설을 시공할 때에는 감리업자를 공사감리자로 지정하여야 한다.

> 지정하지 아니한 자 : 1년 이하의 징역 또는 1천만 원 이하의 벌금

다만, 그 공법이 특수한 시공(원자력안전법상 관계시설) 또는 성능위주소방 설계·시공하는 소방시설공사의 경우에는 그 설계업자를 공사 감리자로 지정할 수 있다.

※ 개설(改設) : 새로 수리하거나 기구를 바꾸어 설치함.

공사감리자 지정대상 특정소방대상물의 범위		
신설·개설 또는 증설	신설·개설	증설
1. 옥내 소화전 설비 2. 옥외 소화전 설비	1. 스프링클러설비등 (캐비닛형 간이스프링클러설비 제외) 2. 물분무등소화설비 (호스릴 방식의 소화설비 제외) 3. 자동화재탐지설비, 비상방송설비 4. 통합감시시설 5. 비상조명등 6. 소화용수설비 7. 소화활동설비(제연설비, 연결송수관설비, 연결살수설비, 연소방지설비, 비상콘센트설비, 무선통신보조설비)	1. 스프링클러설비등 방호·방수 구역 (캐비닛형 간이스프링클러설비 제외) 2. 물분무등소화설비 방호·방수 구역 (호스릴 방식의 소화설비 제외) 3. 소화활동설비 중 제연설비 제연구역 연결살수설비 송수구역 연소방지설비 살수구역 비상콘센트설비 전용회로

3) 감리자 지정, 변경 시 신고

① 관계인은 공사감리자를 지정, 변경하였을 때에는 소방본부장이나 소방서장에게 30일 이내 신고

미신고시 : 200만 원 이하의 과태료

② 관계인이 공사감리자를 변경하였을 때에는 새로 지정된 공사감리자와 종전의 공사감리자는 감리 업무 수행에 관한 사항과 관계 서류를 인수·인계하여야 한다.

감리 관계 서류를 인수·인계하지 아니한 자 : 200만 원 이하의 과태료

4) 감리업자의 감리원 배치 등

① 감리업자는 소방시설공사의 감리를 위하여 소속 감리원을 소방시설공사 현장에 배치하여야 한다.

미 배치시 : 300만 원 이하의 벌금

② 감리원 배치 및 배치 변경 통보
감리원 배치 및 배치 변경일부터 7일 이내에 소방본부장 또는 소방서장에게 알려야 한다.

감리원 배치 및 배치 변경 통보를 하지 아니하거나 거짓으로 통보한 자 : 1차 60 / 2차 100 / 3차 200만 원 이하의 과태료

핵심 PLUS

23 소방공사 감리원 배치시 배치일로부터 며칠 이내에 관련 서류를 첨부하여 소방본부장 또는 소방서장에게 알려야 하는가? [기 14]
① 3일   ② 7일
③ 14일 ④ 30일

답 : ②

핵심 PLUS

24 연면적 5,000[m²] 미만인 특정소방대상물에 대한 소방공사감리원 배치기준은? [기 11]
① 특급 소방감리원 1인 이상
② 초급 이상 소방감리원 1인 이상
③ 중급 이상 소방감리원 1인 이상
④ 고급 이상 소방감리원 1인 이상

답 : ②

25 일반 공사감리 대상인 경우 감리 현장 연면적의 총 합계가 10만m² 이하일 때 1인의 책임 감리원이 담당하는 소방공사 감리현장은 몇 개 이하인가?
① 2개   ② 3개
③ 4개   ④ 5개

답 : ④

26 완공된 소방시설 등의 성능시험을 수행하는 자는? [기 16]
① 소방시설공사업자
② 소방공사감리업자
③ 소방시설설계업자
④ 소방기구제조업자

답 : ②

5) 소방공사 감리원의 배치기준

구분	초급	중급	고급		특급		소방기술사
			아파트		아파트 제외		
면적	5천[m²] 미만	5천[m²] 이상 3만[m²] 미만	3만[m²] 이상 20만[m²] 미만		3만[m²] 이상 20만[m²] 미만		20만[m²] 이상
층수 등	–	–	1. 물분무등소화설비 (호스릴 방식 제외) 2. 제연설비		16층 이상 40층 미만		40층 이상
비고	고급, 특급, 소방기술사가 배치되는 현장에는 초급 감리원(전기, 기계) 이상의 감리원을 같이 배치 하여야 함 : 연면적 합계가 20만[m²] 이상인 경우에는 20만[m²]를 초과하는 연면적에 대하여 10만[m²](연면적이 10만[m²]에 미달하는 경우에는 10만[m²]로 본다)마다 보조감리원 1명 이상을 추가로 배치						

6) 감리원의 세부 배치 기준 (공사감리 대상)

구분	배치 기준
상주	• 소방시설용 배관(전선관을 포함한다.)을 설치하거나 매립하는 때부터 소방시설 완공검사증명서를 발급 받을 때까지 소방공사감리현장에 책임감리원을 배치
일반	1. 일반공사 감리기간은 소방시설의 성능시험, 소방시설 완공검사 증명서의 발급·인수인계 및 소방공사의 정산을 하는 기간을 포함한다. 2. 감리원은 주 1회 이상 소방공사감리현장에 배치되어 감리할 것. 3. 1명의 감리원이 담당하는 소방공사감리현장 ㉠ 5개 이하로서 감리현장 연면적의 총 합계가 10만[m²] 이하 ㉡ 아파트의 경우 : 연면적의 합계에 관계없이 1명의 감리원이 5개 이내의 공사현장을 감리할 수 있다.

7) 상주공사감리 대상

① 특정소방대상물 연면적 3만[m²] 이상 (아파트 제외)
② 아파트 – 지하층을 포함한 층수가 16층 이상으로서 500세대 이상

8) 감리의 업무 등

적법성 검토	① 소방시설등의 설치계획표 ② 피난시설 및 방화시설 ③ 실내장식물의 불연화와 방염 물품
적합성 검토	① 소방시설등 설계도서 ② 소방시설등 설계 변경 사항 ③ 소방용품의 위치·규격 및 사용 자재 ④ 공사업자가 작성한 시공 상세 도면
성능 시험등	① 완공된 소방시설등의 성능시험 ② 공사업자가 한 소방시설등의 시공이 설계도서와 화재안전기준에 맞는지에 대한 지도·감독

> 감리의 업무를 위반하여 감리를 하거나 거짓으로 감리한 자 :
> 1년 이하의 징역 또는 1천만 원 벌금

9) 위반사항에 대한 조치

① 소방시설공사가 설계도서나 화재안전기준에 맞지 아니할 경우 관계인에게 알리고, 공사업자에게 그 공사의 시정 또는 보완 등을 요구하여야 한다.

② 공사업자는 그 요구에 따라야 한다.

> 요구에 응하지 않는 경우 : 300만 원 이하의 벌금

③ 공사업자가 요구를 이행하지 아니하고 그 공사를 계속할 때에는 소방본부장, 소방서장에게 그 사실을 보고하여야 한다.

> 보고를 거짓으로 한 자 : 1년 이하의 징역 또는 1천만 원 이하 벌금

㉠ 시정 또는 보완을 이행하지 아니하고 공사를 계속하는 날부터 3일 이내에 소방시설공사 위반사항 보고서를 소방본부장 또는 소방서장에게 제출. 공사업자의 위반사항을 확인할 수 있는 사진 등 증명서류가 있으면 이를 소방시설공사 위반사항보고서에 첨부하여 제출

㉡ 관계인은 감리업자가 소방본부장이나 소방서장에게 보고한 것을 이유로 감리계약을 해지하거나 감리의 대가 지급을 거부하거나 지연시키거나 그 밖의 불이익을 주어서는 아니 된다.

> 불이익을 주는 경우 : 300만 원 이하의 벌금

10) 공사감리 결과의 통보 등

감리업자는 소방공사의 감리를 마쳤을 때 공사가 완료된 날부터 그 감리 결과를 7일 이내에 그 특정소방대상물의 관계인, 소방시설공사의 도급인, 그 특정소방대상물의 공사를 감리한 건축사에게 서면으로 알리고, 소방본부장이나 소방서장에게 공사감리 결과보고서를 제출하여야 한다.

> 공사감리 결과의 통보 또는 공사감리 결과보고서의 제출을 거짓으로 한 자
> : 1년 이하의 징역 또는 1천만 원 이하의 벌금

핵심 PLUS

27 소방시설공사가 설계도서나 화재안전기준에 맞지 아니할 경우 감리업자가 가장 우선하여 조치하여야 할 사항은? [기 14]

① 공사업자에게 공사의 시정 또는 보완을 요구하여야 한다.
② 공사업자의 규정위반 사실을 관계인에게 알리고 관계인으로 하여금 시정 요구토록 조치한다.
③ 공사업자의 규정위반 사실을 발견 즉시 소방본부장 또는 소방서장에게 보고한다.
④ 공사업자의 규정위반 사실을 시·도지사에게 신고한다.

답 : ①

28 소방공사의 감리를 완료하였을 경우 소방공사감리 결과를 통보하는 대상으로 옳지 않은 것은? [기 13]

① 특정소방대상물의 관계인
② 특정소방대상물의 설계업자
③ 소방시설공사의 도급인
④ 특정소방대상물의 공사를 감리한 건축사

답 : ②

핵심 PLUS

4. 방염처리업

① 기준

방염처리업을 등록한 자는 방염성능기준 이상이 되도록 방염을 하여야 한다.

> 방염성능기준 미만으로 방염을 한 경우 : 200만 원 이하의 과태료

② 방염업의 종류와 그 종류별 영업의 범위

섬유류방염업	커튼·카페트 등 섬유류를 주된 원료로 하는 방염대상물품을 제조 또는 가공공정에서 방염처리
합성수지류방염업	합성수지류를 주된 원료로 한 방염대상물품을 제조 또는 가공공정에서 방염처리
합판·목재류방염업	합판 또는 목재를 제조·가공공정 또는 설치현장에서 방염처리

[29] 방염처리업의 종류가 아닌 것은?
[기 16]
① 섬유류 방염업
② 합성수지류 방염업
③ 합판·목재류 방염업
④ 실내장식물류 방염업

답 : ④

3 소방 기술용역의 대가 기준

소방시설공사의 설계와 감리에 관한 약정을 할 때 그 대가는 「엔지니어링산업진흥법」 제31조에 따른 엔지니어링사업의 대가 기준 가운데 행정안전부령으로 정하는 방식에 따라 산정한다.

① 소방시설설계의 대가 - 통신부문에 적용하는 공사비 요율에 따른 방식

② 소방공사감리의 대가 - 실비정액 가산방식

③ 소방시설관리업 - 실비정액 가산방식

[30] 소방시설공사의 감리에 관한 약정을 함에 있어서 그 대가를 산정하는 기준으로 옳은 것은?
[기 13]
① 발주자와 도급자 간의 약정에 따라 산정한다.
② 국가를 당사자로 하는 계약에 관한 법률에 따라 산정한다.
③ 민법에서 정하는 바에 따라 산정한다.
④ 엔지니어링 산업진흥법에 따른 실비정액 가산방식으로 산정한다.

답 : ④

4 시공능력 평가의 신청, 평가 및 공시

1) 시공능력을 평가하여 공시자 : 소방청장

   관계인 또는 발주자가 적절한 공사업자를 선정할 수 있도록 하기 위하여 공사업자의 신청이 있으면 공사업자의 소방시설공사 실적, 자본금 등에 따라 시공능력을 평가하여 공시할 수 있다.

2) 시공능력평가액 [암기⁺ 경기실신자]

   실적평가액 + 자본금평가액 + 기술력평가액 + 경력평가액 ± 신인도평가액

   ① 실적평가액 = 연평균공사실적액

   ② 자본금평가액 = (실질자본금 × 실질자본금의 평점 + 소방청장이 지정한 금융회사 또는 소방산업공제조합에 출자·예치·담보한 금액) × 70/100

   ③ 기술력평가액 = 전년도 공사업계의 기술자1인당 평균생산액 × 보유기술인력 가중치합계 × 30/100 + 전년도 기술개발투자액

   ④ 경력평가액 = 실적평가액 × 공사업 경영기간 평점 × 20/100

   ⑤ 신인도평가액 = (실적평가액 + 자본금평가액 + 기술력평가액 + 경력평가액) × 신인도 반영 비율 합계

3) 평가된 시공능력

   공사업자가 도급받을 수 있는 1건의 공사도급금액으로 하고, 유효기간은 공시일부터 1년

5 감독

시·도지사, 소방본부장 또는 소방서장은 소방시설업의 감독을 위하여 필요할 때에는 소방시설업자나 관계인에게 필요한 보고나 자료 제출을 명할 수 있고, 관계 공무원으로 하여금 소방시설업체나 특정소방대상물에 출입하여 관계 서류와 시설 등을 검사하거나 소방시설업자 및 관계인에게 질문하게 할 수 있다.

위반한 경우 : 1차 60 / 2차 100 / 3차 200만 원 이하의 과태료

핵심 PLUS

31 소방시설공사업자의 시공능력을 평가하여 공시할 수 있는 사람은? [기 14]
① 행정안전부장관
② 소방본부장 또는 소방서장
③ 시·도지사
④ 소방청장

답 : ④

6 소방청장의 권한의 위임·위탁 등

실무교육에 관한 업무	실무교육기관 또는 한국소방안전원에 위탁
소방시설업 • 등록신청의 접수 및 신청내용의 확인 • 등록사항 변경신고의 접수 및 신고내용의 확인 • 휴업·폐업 등 신고의 접수 및 신고내용의 확인 • 지위승계 신고의 접수 및 신고내용의 확인 • 시공능력 평가 및 공시	협회에 위탁
소방기술과 관련된 자격·학력·경력의 인정 업무	협회 또는 소방기술과 관련된 법인 또는 단체에 위탁
이 법에 따른 권한의 일부	시·도지사에게 위임

32 시·도지사가 소방시설업의 등록취소처분이나 영업정지처분을 하고자 할 경우 실시하여야 하는 것은? [기 15]
① 청문을 실시하여야 한다.
② 징계위원회의 개최를 요구하여야 한다.
③ 직권으로 취소 처분을 결정하여야 한다.
④ 소방기술심의위원회의 개최를 요구하여야 한다.

답 : ①

7 청문

소방시설업 등록취소처분이나 영업정지처분 또는 소방기술 인정 자격취소처분 시 청문 실시

8 과징금

시·도지사는 영업정지가 그 이용자에게 불편을 주거나 그 밖에 공익을 해칠 우려가 있을 때에는 영업정지처분을 갈음하여 2억 원 이하의 과징금을 부과할 수 있다.

소방시설법(소방시설관리업)	3천만 원(과징금)
위험물안전관리법	2억 원(과징금)
다중이용업소의 안전관리에 관한 특별법	1천만 원(이행강제금)

9 벌칙

1. 벌칙

1) 3년 이하의 징역 또는 3천만 원 이하의 벌금

① 소방시설업 등록을 하지 아니하고 영업을 한 자
② 부정한 청탁을 받고 재물 또는 재산상의 이익을 취득하거나 부정한 청탁을 하면서 재물 또는 재산상의 이익을 제공한 자

2) 1년 이하의 징역 또는 1천만 원 이하의 벌금

① 법이나 이 법에 따른 명령과 화재안전기준에 맞게 설계·시공하지 아니한 업자
② 법 또는 명령을 따르지 아니하고 업무를 수행한 소방기술자
③ 영업정지처분을 받고 그 영업정지 기간에 영업을 한 자
④ 공사감리자를 지정하지 아니한 자
⑤ 감리업무를 위반하여 감리를 하거나 거짓으로 감리한 자
⑥ 감리업자의 시정 보완 요구를 이행하지 아니하고 그 공사를 계속할 때 감리업자는 소방본부장이나 소방서장에게 보고하여야 하는데 보고를 거짓으로 한 자
⑦ 공사감리 결과의 통보 또는 공사감리 결과보고서의 제출을 거짓으로 한 자
⑧ 해당 소방시설업자가 아닌 자에게 소방시설공사등을 도급한 자
⑨ 법에 맞지 않게 도급받은 소방시설의 설계, 시공, 감리를 하도급한 자
⑩ 하도급받은 소방시설공사를 다시 하도급한 자

3) 300만 원 이하의 벌금

① 다른 자에게 자기의 성명이나 상호를 사용하여 소방시설공사등을 수급 또는 시공하게 하거나 소방시설업의 등록증이나 등록수첩을 빌려준 자/ 자격수첩 또는 경력수첩을 빌려 준 사람
② 동시에 둘 이상의 업체에 취업한 사람
③ 소방시설공사 현장에 감리원을 배치하지 아니한 자
④ 감리업자의 보완 요구에 따르지 아니한 자
⑤ 공사감리 계약을 해지하거나 대가 지급을 거부하거나 지연시키거나 불이익을 준 자
⑥ 관계인의 정당한 업무를 방해하거나 업무상 알게 된 비밀을 누설한 사람
⑦ 소방시설공사를 다른 업종의 공사와 분리하여 도급하지 아니한 자

4) 100만 원 이하의 벌금

① 시·도지사, 소방본부장 또는 소방서장은 소방시설업의 감독을 위하여 필요 시 명령한 경우 명령을 위반하여 보고 또는 자료 제출을 하지 아니하거나 거짓으로 한 자
② 정당한 사유 없이 관계 공무원의 출입 또는 검사·조사를 거부·방해 또는 기피한 자

핵심 PLUS

33 소방공사감리를 함에 있어 규정을 위반하여 감리를 하거나 거짓으로 감리한 자에 대한 벌칙은?   [기 10]
① 1년 이하의 징역 또는 1천만 원 이하의 벌금
② 1년 이하의 징역 또는 2천만 원 이하의 벌금
③ 2년 이하의 징역 또는 1천만 원 이하의 벌금
④ 3년 이하의 징역 또는 3천만 원 이하의 벌금

답 : ①

34 소방기술자가 소방시설공사업법에 따른 명령을 따르지 아니하고 업무를 수행한 경우의 벌칙은?   [기 13]
① 1백만 원 이하의 벌금
② 3백만 원 이하의 벌금
③ 1년 이하의 징역 또는 1천만 원 이하의 벌금
④ 3년 이하의 징역 또는 1천 5백만 원 이하의 벌금

답 : ③

핵심 PLUS

5) 200만 원 이하의 과태료(시·도지사, 소방본부장, 소방서장 부과·징수)

(공사업법의 과태료 금액은 200만 원이며 1차 60, 2차 100, 3차 200만 원 임)

> ① 등록의 변경 신고, 지위승계 등을 하지 아니하거나 거짓으로 신고한 자
> ② 관계인에게 지위승계, 행정처분 또는 휴업·폐업의 사실을 거짓으로 알린 자
> ③ 관계 서류를 보관하지 아니한 자
> ④ 소방기술자를 공사 현장에 배치하지 아니한 자
> ⑤ 완공검사를 받지 아니한 자
> ⑥ 3일 이내에 하자를 보수하지 아니하거나 하자보수계획을 관계인에게 거짓으로 알린 자
> ⑦ 감리 관계 서류를 인수·인계하지 아니한 자
> ⑧ 감리 배치통보 및 변경통보를 하지 아니하거나 거짓으로 통보한 자
> ⑨ 방염성능기준 미만으로 방염을 한 자, 방염처리능력 평가에 관한 서류를 거짓으로 제출한 자
> ⑩ 도급계약 체결 시 의무를 이행하지 아니한 자
> ⑪ 하도급 등의 통지를 하지 아니한 자
> ⑫ 공사대금의 지급보증, 담보의 제공 또는 보험료등의 지급을 정당한 사유 없이 이행하지 아니한 자
> ⑬ 시공능력 평가에 관한 서류를 거짓으로 제출한 자 등

2. 소방시설업의 행정처분기준

위반사항	행정처분 기준		
	1차	2차	3차
① 거짓이나 그 밖의 부정한 방법으로 등록한 경우	등록취소		
② 등록 결격사유에 해당하게 된 경우	등록취소		
③ 영업정지 기간 중에 소방시설공사등을 한 경우	등록취소		
④ 다른 자에게 자기의 성명이나 상호를 사용하여 소방시설공사 등을 수급 또는 시공하게 하거나 소방시설업의 등록증 또는 등록수첩을 빌려준 경우	6개월	등록취소	
⑤ 설계, 시공 또는 감리의 업무수행의무 등을 고의 또는 과실로 위반하여 다른 자에게 상해를 입히거나 재산피해를 입힌 경우	6개월	등록취소	
⑥ 시공과 감리를 함께한 경우	3개월	등록취소	
⑦ 등록을 한 후 정당한 사유 없이 1년이 지날 때까지 영업을 시작하지 아니하거나 계속하여 1년 이상 휴업한 때	경고	등록취소	
⑧ 하도급 규정을 위반한 경우 / 방염 규정을 위반한 경우	3개월	6개월	등록취소
⑨ 명령을 위반하여 보고 또는 자료 제출을 하지 아니하거나 거짓으로 보고 또는 자료 제출	3개월	6개월	등록취소
⑩ 정당한 사유없이 관계 공무원의 출입 또는 검사·조사를 거부·방해 또는 기피한 경우	3개월	6개월	등록취소
⑪ 사업수행능력 평가에 관한 서류를 위조하거나 변조하는 등 거짓이나 그 밖의 부정한 방법으로 입찰에 참여한 경우	3개월	6개월	등록취소

35 방염업을 운영하는 방염업자가 규정을 위반하여 다른 사람에게 등록증 또는 등록수첩을 빌려준 때 받게 되는 1차 행정처분기준으로 옳은 것은?

[기 13, 14]

① 1차 - 등록 취소
② 1차 - 영업정지 6개월
③ 1차 - 영업정지 3개월
④ 1차 - 경고(시정명령)

답 : ②

10 소방기술자(인정·경력자격자)의 자격의 정지 및 취소

위반사항	행정처분기준		
	1차	2차	3차
① 거짓이나 그 밖의 부정한 방법으로 자격, 경력수첩을 발급받은 경우	자격취소		
② 자격, 경력수첩을 다른 자에게 빌려준 경우	자격취소		
③ 업무수행 중 해당 자격과 관련하여 고의 또는 중대한 과실로 다른 자에게 손해를 입히고 형의 선고를 받은 경우	자격취소		
④ 동시에 둘 이상의 업체에 취업한 경우	1년	자격취소	
⑤ 자격정지처분을 받고도 같은 기간 내에 자격증을 사용한 경우	1년	2년	자격취소

핵심 PLUS

36 소방기술자의 자격의 정지 및 취소에 관한 기준 중 1차 행정처분기준이 자격정지 1년에 해당되는 경우는?

[기 15]

① 자격수첩을 다른 자에게 빌려준 경우
② 동시에 둘 이상의 업체에 취업한 경우
③ 거짓이나 그 밖의 부정한 방법으로 자격수첩을 발급받은 경우
④ 업무수행 중 해당 자격과 관련하여 중대한 과실로 다른 자에게 손해를 입히고 형의 선고를 받은 경우

답 : ②

핵심기출문제

4. 소방시설공사업법

■■■ 4. 소방시설공사업법

1. 소방시설공사업법령에 따른 소방시설업의 등록권자는?
① 국무총리 ② 소방서장
③ 시·도지사 ④ 한국소방안전협회장

2. 소방시설업을 등록할 수 있는 사람은? [15 ⑦]
① 피성년후견인
② 소방기본법에 따른 금고 이상의 실형을 선고 받고 그 집행이 종료된 후 1년이 경과한 사람
③ 위험물안전관리법에 따른 금고 이상의 형의 집행유예를 선고받고 그 유예기간 중에 있는 사람
④ 등록하려는 소방시설업 등록이 취소된 날부터 2년이 경과한 사람

3. 소방시설업 등록사항의 변경신고 사항이 아닌 것은? [16 ⑦]
① 상호 ② 대표자
③ 보유설비 ④ 기술인력

4. 소방시설공사업의 상호·영업소 소재지가 변경된 경우 제출하여야 하는 서류는? [15 ⑦]
① 소방기술인력의 자격증 및 자격수첩
② 소방시설업 등록증 및 등록수첩
③ 법인등기부등본 및 소방기술인력 연명부
④ 사업자등록증 및 소방기술인력의 자격증

5. 소방시설업의 지위를 승계한 자는 그 지위를 승계한 날부터 30일 이내에 상속인, 영업을 양수한 자와 시설의 전부를 인수한 자의 경우에는 소방시설업 지위승계신고서에, 합병 후 존속하는 법인 또는 합병에 의하여 설립되는 법인의 경우에는 소방시설업 합병신고서에 서류를 첨부하여 시·도지사에게 제출하여야 한다. 제출서류에 포함하지 않아도 되는 것은? [14 ⑦]
① 소방시설업 등록증 및 등록수첩
② 영업소 위치, 면적 등이 기록된 등기부 등본
③ 계약서 사본 등 지위승계를 증명하는 서류
④ 국가기술자격증·자격수첩

해설

해설 1
소방시설업(설계업, 공사업, 감리업, 방염업)을 하고자 하는 자
- 시·도지사에게 등록

해설 2
등록의 결격사유
1. 피성년후견인
2. 금고 이상의 실형을 선고받고 그 집행이 끝나거나 면제된 날부터 2년이 지나지 아니한 사람
3. 금고 이상의 형의 집행유예를 선고받고 그 유예기간 중에 있는 사람
4. 등록하려는 소방시설업 등록이 취소된 날부터 2년이 지나지 아니한 자

해설 3
소방시설업 등록사항의 변경신고
- 30일 이내 시·도지사에게 신고
① 상호(명칭) 또는 영업소 소재지
② 대표자
③ 기술인력

해설 4

구분	상호(명칭) 또는 영업소 소재지
제출 서류	소방시설업 등록사항 변경신고서
	소방시설업 등록증
	소방시설업 등록수첩

해설 5
소방시설업자의 지위승계

양도·양수의 경우	상속의 경우	합병의 경우
소방시설업 등록증 및 등록수첩		
국가기술자격증		
수첩, 출자·예치 금액확인서, 자산평가액(기업진단보고서)		
양도·양수 계약서	상속인임을 증명하는 서류	합병계약서
양도·양수 공고문	—	합병공고문

정답 1. ③ 2. ④ 3. ③ 4. ②
5. ②

6. 방염업자가 사망하거나 그 영업을 양도한 때 방염업자의 지위를 승계한 자의 법적 절차는? [13 ㉮]

① 시·도지사에게 신고하여야 한다.
② 시·도지사의 허가를 받는다.
③ 시·도지사의 인가를 받는다.
④ 시·도지사에게 통지한다.

7. 소방대상물이 공장이 아닌 경우 일반 소방시설설계업의 영업범위는 연면적 몇 제곱미터 미만인 경우인가? [11 ㉮]

① 5,000   ② 10,000
③ 20,000 ④ 30,000

8. 소방시설공사업법령상 전문 소방시설공사업의 등록기준 및 영업범위의 기준에 대한 설명으로 틀린 것은?

① 법인인 경우 자본금은 최소 1억 원 이상이다.
② 개인인 경우 자산평가액은 최소 1억 원 이상이다.
③ 주된 기술인력 최소 1명 이상, 보조기술인력 최소 3인 이상을 둔다.
④ 영업범위는 특정소방대상물에 설치되는 기계분야 및 전기분야 소방시설의 공사·개설·이전 및 정비이다.

9. 소방시설공사업자가 소방시설공사를 하고자 하는 경우 소방시설공사 착공신고서를 누구에게 제출해야 하는가? [16 ㉮]

① 시·도지사
② 행정안전부장관
③ 한국소방시설협회장
④ 소방본부장 또는 소방서장

10. 소방시설공사업자는 소방시설공사를 하려면 소방시설착공(변경)신고서 등의 서류를 첨부하여 소방본부장 또는 소방서장에게 언제까지 신고하여야 하는가? [13 ㉮]

① 착공 전까지
② 착공 후 7일 이내
③ 착공 후 14일 이내
④ 착공 후 30일 이내

해설

해설 6
소방시설업자의 지위를 승계한 자는 행정안전부령으로 정하는 바에 따라 30일 이내 시·도지사에게 신고(협회 제출)하여야 한다.

해설 7
일반소방시설설계업 영업범위
- 연면적 3만[m^2](공장의 경우에는 1만[m^2]) 미만의 특정소방대상물
- 아파트에 설치되는 소방시설(제연설비는 제외)의 설계
- 위험물제조소등에 설치되는 소방시설의 설계

해설 8
소방시설공사업

구분	주인력		보조인력
전문	소방기술사 또는 기계·전기 소방설비기사	1명 이상	2명 이상
일반	소방기술사 이거나 기계 또는 전기분야 소방설비기사	1명 이상	1명 이상

해설 9, 10
착공신고
공사업자는 대통령령으로 정하는 소방시설공사(소방시설공사의 착공신고 대상)를 하려면 행정안전부령으로 정하는 바에 따라 그 공사의 내용, 시공 장소, 그 밖에 필요한 사항을 소방시설공사의 착공전까지 소방본부장이나 소방서장에게 신고하여야 한다.

정답 6.① 7.④ 8.③ 9.④ 10.①

핵심기출문제

4. 소방시설공사업법

11. 소방시설공사의 착공신고 시 첨부서류가 아닌 것은? [16 ㉑]

① 공사업자의 소방시설공사업 등록증 사본
② 공사업자의 소방시설공사업 등록수첩 사본
③ 해당 소방시설공사의 책임시공 및 기술관리를 하는 기술인력의 기술등급을 증명하는 서류 사본
④ 해당 소방시설을 설계한 기술인력자의 기술자격증 사본

12. 소방시설공사사업자가 착공신고서에 첨부하여야 할 서류가 아닌 것은? [16 ㉑]

① 설계도서
② 건축허가서
③ 기술관리를 하는 기술인력의 기술등급을 증명하는 서류 사본
④ 소방시설공사업 등록증 사본 1부

13. 소방시설공사업법령상 특정소방대상물에 설치된 소방시설등을 구성하는 것의 전부 또는 일부를 개설, 이전 또는 정비하는 공사의 경우 소방시설공사의 착공신고 대상이 아닌 것은? (단, 고장 또는 파손 등으로 인하여 작동시킬 수 없는 소방시설을 긴급히 교체하거나 보수하여야 하는 경우는 제외한다.) [17 ㉑]

① 수신반
② 소화펌프
③ 동력(감시)제어반
④ 압력챔버

14. 소방공사업자가 소방시설공사를 마친 때에는 완공검사를 받아야하는데 완공검사를 위한 현장 확인을 할 수 있는 특정소방대상물의 범위에 속하지 않은 것은? (단, 가스계소화설비를 설치하지 않는 경우이다.) [15 ㉑]

① 문화 및 집회시설
② 노유자시설
③ 지하상가
④ 의료시설

15. 대통령령으로 정하는 특정소방대상물 소방시설 공사의 완공검사를 위하여 소방본부장이나 소방서장의 현장확인 대상 범위가 아닌 것은? [17 ㉑]

① 문화 및 집회시설
② 수계 소화설비가 설치되는 것
③ 연면적 10,000[m²] 이상이거나 11층 이상인 특정소방대상물(아파트는 제외)
④ 가연성가스를 제조・저장 또는 취급하는 시설 중 지상에 노출된 가연성가스탱크의 저장용량 합계가 1,000톤 이상인 시설

해설

해설 11, 12
착공신고시 제출서류
1. 소방시설공사 착공(변경) 신고서
2. 공사업자의 소방시설공사업 등록증 사본 및 등록수첩 사본
3. 해당 소방시설공사의 책임시공 및 기술관리를 하는 기술인력의 기술등급을 증명하는 서류 사본
4. 설계도서(설계설명서를 포함하되, 건축허가 동의 시 제출된 설계도서가 변경된 경우에만 첨부한다)
5. 소방시설공사 하도급통지서 사본(소방시설공사를 하도급하는 경우에만 첨부한다)
6. 소방시설공사 계약서 사본

해설 13
소방시설공사의 착공신고 대상

구분	종류
전부 또는 일부를 개설(改設), 이전(移轉) 또는 정비(整備)하는 공사	수신반 소화펌프 동력(감시)제어반

해설 14, 15
완공검사를 위한 현장확인 대상 특정소방대상물의 범위
1. 창고시설, 문화 및 집회시설, 판매시설, 종교시설, 수련시설, 지하상가, 노유자시설, 숙박시설, 운동시설, 다중이용업소
2. 스프링클러설비등, 물분무등소화설비 설치(호스릴방식의 소화설비 제외)
3. 연면적 1만[m²] 이상이거나 11층 이상인 특정소방대상물 (아파트 제외)
4. 가연성가스를 제조・저장 또는 취급하는 시설 중 지상에 노출된 가연성가스탱크의 저장용량 합계가 1천톤 이상인 시설

정답 11. ④ 12. ② 13. ④ 14. ④ 15. ②

16. 소방시설공사업법령에 따른 완공검사를 위한 현장확인대상 특정소방대상물의 범위 기준으로 틀린 것은? (단, 아파트는 제외)

① 연면적 10,000[m²] 이상인 특정소방대상물
② 층수가 11층 이상인 특정소방대상물
③ 가연성가스를 제조·저장 또는 취급하는 시설 중 지상에 노출된 가연성가스탱크의 저장용량 합계가 1000톤 이상인 시설
④ 호스릴 방식의 물분무등소화설비가 설치된 특정소방대상물

17. 소방시설공사업법령상 하자를 보수하여야 하는 소방시설과 소방시설별 하자보수 보증기간으로 옳은 것은? [10, 11, 17 ㉮]

① 유도등 : 1년
② 자동소화장치 : 3년
③ 자동화재탐지설비 : 2년
④ 상수도소화용수설비 : 2년

18. 하자보수 대상 소방시설 중 하자보수 보증기간이 2년이 아닌 것은? [16 ㉮]

① 유도표지
② 비상경보설비
③ 무선통신보조설비
④ 자동화재탐지설비

19. 다음 소방시설 중 하자보수보증기간이 다른 것은? [15 ㉮]

① 옥내소화전설비
② 비상방송설비
③ 자동화재탐지설비
④ 상수도 소화용수설비

20. 소방시설의 하자가 발생한 경우 소방시설공사업자는 관계인으로부터 그 사실을 통보받은 날로부터 며칠 이내에 이를 보수하거나 보수일정을 기록한 하자보수계획을 관계인에게 알려야 하는가? [14 ㉮]

① 3일 이내
② 5일 이내
③ 7일 이내
④ 14일 이내

해설

해설 16
문제 14번 동일

해설 17, 18, 19
하자보수기간

하자기간	소화설비	경보설비	피난구조설비	소화용수설비	소화활동설비
2년	–	비상경보설비, 비상방송설비	피난기구, 유도등, 유도표지, 비상조명등	–	무선통신보조설비
3년	자동소화장치, 옥내·옥외소화전, 스프링클러, 간이스프링클러, 물분무등	자동화재탐지설비	–	상수도소화용수설비	소화활동설비(무선통신보조설비 제외)

해설 20
하자발생 시
관계인은 하자기간에 소방시설의 하자가 발생하였을 때에는 공사업자에게 그 사실을 알려야 하며, 공사업자는 3일 이내에 하자를 보수하거나 보수 일정을 기록한 하자보수계획을 관계인에게 서면으로 통보히여야 한다.

정답 16. ④ 17. ② 18. ④ 19. ②
20. ①

핵심기출문제

4. 소방시설공사업법

21. 지하층을 포함한 층수가 16층 이상 40층 미만인 특정소방대상물의 소방시설 공사 현장에 배치하여야 할 소방공사 책임감리원의 배치기준으로 옳은 것은? [08, 13, 17②]

① 행정안전부령으로 정하는 특급감리원 중 소방기술사
② 행정안전부령으로 정하는 특급감리원 이상의 소방공사 감리원(전기분야 및 전기분야)
③ 행정안전부령으로 정하는 고급감리원 이상의 소방공사 감리원(전기분야 및 전기분야)
④ 행정안전부령으로 정하는 중급감리원 이상의 소방공사 감리원(전기분야 및 전기분야)

22. 일반공사감리 대상인 아파트의 경우 소방공사 감리원의 배치 기준으로 알맞게 설명한 것은?

① 1명의 감리원이 담당하는 소방공사 감리현장은 5개 이하로서 감리현장 연면적의 총 합계가 20만[m²] 이하일 것
② 1명의 감리원이 담당하는 소방공사 감리현장은 5개 이하로서 감리현장 연면적의 총 합계가 10만[m²] 이하일 것
③ 1명의 감리원이 담당하는 소방공사 감리현장은 5개 이하로서 감리현장 연면적의 총 합계가 3만[m²] 이하일 것
④ 연면적의 합계에 관계없이 1명의 감리원이 5개 이내의 공사현장을 감리할 수 있다.

23. 소방시설공사업법령상 상주 공사감리의 대상기준 중 다음 괄호 안에 알맞은 것은?

① 특정소방대상물 연면적 (㉠)[m²] 이상 (아파트 제외)
② 아파트는 지하층을 포함한 층수가 (㉡)층 이상으로서 (㉢)세대 이상

① ㉠ 30000, ㉡ 16, ㉢ 500
② ㉠ 30000, ㉡ 11, ㉢ 300
③ ㉠ 50000, ㉡ 16, ㉢ 500
④ ㉠ 50000, ㉡ 11, ㉢ 300

해설

해설 21

구 분	연면적	지하층 포함한 층수
특급 중 소방 기술사	20만[m²] 이상	40층 이상
특급	3만[m²] 이상 20만[m²] 미만 (아파트 제외)	16층 이상 40층 미만
고급	3만[m²] 이상 20만[m²] 미만인 아파트	물분무등 소화설비 (호스릴 방식은 제외) 또는 제연설비가 설치되는 특정소방대상물
중급	5천[m²] 이상 3만[m²] 미만	-
초급	5천[m²] 미만	-

해설 22

일반감리 1명의 감리원이 담당하는 소방공사감리현장
㉠ 5개 이하로서 감리현장 연면적의 총 합계가 10만[m²] 이하
㉡ 아파트의 경우 : 연면적의 합계에 관계없이 1명의 감리원이 5개 이내의 공사현장을 감리할 수 있다.

해설 23

상주공사감리 대상
① 특정소방대상물 연면적 3만[m²] 이상 (아파트 제외)
② 아파트 - 지하층을 포함한 층수가 16층 이상으로서 500세대 이상

정답 21. ② 22. ② 23. ①

24. 방염처리업의 종류에 속하지 않는 것은? [12②]

① 섬유류 방염업
② 위험물류 방염업
③ 합판·목재류 방염업
④ 합성수지류 방염업

25. 다음은 소방시설공사업자의 시공능력평가액 산정을 위한 산식이다. ( )에 들어갈 내용으로 알맞은 것은? [09②]

> "시공능력평가액 = 실적평가액 + 자본금평가액 + 기술력평가액
> + ( ) ± 신인도평가액"

① 기술개발평가액
② 경력평가액
③ 자본투자평가액
④ 평균공사실적평가액

26. 소방시설공사업자의 시공능력평가 방법에 대한 설명 중 틀린 것은? [16②]

① 시공능력평가액은 실적평가액+자본금평가액+기술력평가액+경력평가액±신인도평가액으로 산출한다.
② 신인도평가액 산정 시 최근 1년간 국가기관으로부터 우수시공업자로 선정된 경우에는 3[%] 가산한다.
③ 신인도평가액 산정 시 최근 1년간 부도가 발생된 사실이 있는 경우에는 2[%]를 감산한다.
④ 실적평가액은 최근 5년간의 연평균공사실적액을 의미한다.

27. 소방시설업에 대한 행정처분 기준 중 1차 처분이 영업정지 3개월이 아닌 경우는?

① 국가, 지방자치단체 또는 공공기관이 발주하는 소방시설의 설계·감리업자 선정에 따른 사업수행능력 평가에 관한 서류를 위조하거나 변조하는 등 거짓이나 그 밖의 부정한 방법으로 입찰에 참여한 경우
② 소방시설업의 감독을 위하여 필요한 보고나 자료제출 명령을 위반하여 보고 또는 자료 제출을 하지 아니하거나 거짓으로 보고 또는 자료 제출을 한 경우
③ 정당한 사유 없이 출입·검사업무에 따른 관계 공무원의 출입 또는 검사·조사를 거부·방해 또는 기피한 경우
④ 감리업자의 감리 시 소방시설공사가 설계도서에 맞지 아니하여 공사업자에게 공사의 시정 또는 보완 등의 요구를 하였으나 따르지 아니한 경우

해설

해설 24
방염업의 종류
- 섬유류방염업
- 합성수지류방염업
- 합판·목재류방염업

해설 25
시공능력평가액 = 실적평가액 + 자본금평가액 + 기술력평가액 + 경력평가액 ± 신인도평가액

해설 26
실적평가액은 최근 1년간 연평균공사실적액을 의미한다.

해설 27
④의 경우
1차 처분 - 1개월 영업정지,
2차 처분 - 3개월 영업정지,
3차 처분 - 등록취소

정답 24. ② 25. ② 26. ④ 27. ④

핵심기출문제

4. 소방시설공사업법

28. 방염업 등록 후 정당한 사유 없이 1년이 지날 때까지 영업을 개시하지 아니하거나 계속하여 1년 이상 휴업을 한 때의 2차 행정처분의 기준은? [10 ⑦]

① 경고(시정명령)
② 영업정지 3월
③ 영업정시 6월
④ 등록취소

29. 거짓 또는 부정한 방법으로 방염업을 등록한 경우 받게 되는 행정처분은?

① 영업정지 6개월
② 경고처분
③ 영업정지 1년
④ 등록 취소

해설

해설 28

위반사항	행정처분 기준		
	1차	2차	3차
등록을 한 후 정당한 사유 없이 1년이 지날 때까지 영업을 시작하지 아니하거나 계속하여 1년 이상 휴업한 때	경고(시정명령)	등록취소	

해설 29
소방시설업의 행정처분

위반사항	행정처분 기준		
	1차	2차	3차
거짓이나 그 밖의 부정한 방법으로 등록한 경우	등록취소		
등록 결격사유에 해당하게 된 경우	등록취소		
영업정지 기간 중에 소방시설공사등을 한 경우	등록취소		
다른 자에게 등록증 또는 등록수첩을 빌려 준 경우	6개월	등록취소	

정답 28. ④ 29. ④

05 위험물안전관리법

Ⅲ. 소방관계법규 | 위험물안전관리법

1 정의

인화성 또는 발화성 등의 성질을 가지는 것으로 대통령령으로 정하는 물품

2 위험물의 취급 기준

① 지정수량 이상의 위험물 : 위험물안전관리법

② 지정수량 미만의 위험물 : 시·도의 조례

③ 임시로 저장, 취급하는 장소의 위치·구조·설비·저장·취급의 기준
: 시·도의 조례

④ 지정수량의 배수
㉠ 둘 이상의 품명을 저장 시 사용한다.

$$지정배수 = \frac{저장(취급)량}{지정수량} + \frac{저장(취급)량}{지정수량} + \frac{저장(취급)량}{지정수량}$$

| 핵심 PLUS |

예 $C_2H_5OC_2H_5$ 100[ℓ], C_6H_6 800[ℓ], $C_2H_4(OH)_2$ 2,000[ℓ]의 위험물을 함께 저장 시 지정배수는?

① 6.5배　　② 8　　③ 10.5배　　④ 12배

해설

$$지정배수 = \frac{저장(취급)량}{지정수량} + \frac{저장(취급)량}{지정수량} + \frac{저장(취급)량}{지정수량}$$

$$= \frac{100}{50} + \frac{800}{200} + \frac{2,000}{4,000} = 6.5 배$$

$C_2H_5OC_2H_5$ 에테르 : 특수인화물 : 50[ℓ]
C_6H_6 벤젠 : 제1석유류(비수용성) : 200[ℓ]
$C_2H_4(OH)_2$ 에틸렌글리콜 : 제3석유류(수용성) : 4,000[ℓ]

답 : ①

핵심 PLUS

01 다음은 위험물의 정의이다. (　) 안에 알맞은 것은?

위험물이라 함은 (㉠) 또는 발화성 등의 성질을 가지는 것으로서 (㉡)이 정하는 물품을 말한다.

① ㉠ 인화성, ㉡ 대통령령
② ㉠ 인화성, ㉡ 국무총리령
③ ㉠ 휘발성, ㉡ 국무총리령
④ ㉠ 휘발성, ㉡ 대통령령

답 : ①

02 지정수량 미만인 위험물의 저장 또는 취급에 관한 기술상의 기준은 무엇으로 정하는가? [기 17]

① 대통령령
② 소방청장의 고시
③ 행정안전부령
④ 시·도의 조례

답 : ④

III. 소방관계법규 | 위험물안전관리법

핵심 PLUS

03 둘 이상의 위험물을 같은 장소에서 저장 또는 취급하는 경우에 있어서 당해 장소에서 저장 또는 취급하는 각 위험물의 수량을 그 위험물의 지정수량으로 각각 나누어 얻은 수의 합계가 얼마 이상인 경우 당해 위험물은 지정수량 이상의 위험물로 보는가? [기 11]

① 0.5 ② 1
③ 2   ④ 3

답 : ②

04 위험물안전관리법령상 위험물을 저장하기 위한 저장소 구분에 해당하지 않는 것은? [기 12]
① 일반저장소
② 이동탱크저장소
③ 간이탱크저장소
④ 옥외저장소

답 : ①

05 시·도의 조례가 정하는 바에 따라 지정수량 이상의 위험물을 임시로 저장·취급할 수 있는 기간(㉠)과 임시저장 승인권자(㉡)는? [기 16]
① ㉠ 30일 이내, ㉡ 시·도지사
② ㉠ 60일 이내, ㉡ 소방본부장
③ ㉠ 90일 이내, ㉡ 관할소방서장
④ ㉠ 120일 이내, ㉡ 행정안전부장관

답 : ③

㉡ 둘 이상의 위험물을 같은 장소에서 저장 또는 취급하는 경우
당해 장소에서 저장 또는 취급하는 각 위험물의 수량을 그 위험물의 지정수량으로 각각 나누어 얻은 수의 합계가 1 이상인 경우 당해 위험물은 지정수량 이상의 위험물로 본다.

3 제조소 등

제조소	저장소(8)	취급소(4)
-	옥내저장소, 옥외저장소, 옥내탱크저장소, 옥외탱크저장소, 이동탱크저장소, 지하탱크저장소, 암반탱크저장소, 간이탱크저장소	주유취급소, 판매취급소, 일반취급소, 이송취급소

4 위험물의 저장 및 취급의 제한

① 지정수량 이상의 위험물
저장소가 아닌 장소에서 저장하거나 제조소등이 아닌 장소에서 취급하여서는 아니 된다.

> 벌칙 : 3년 이하의 징역 또는 3천만 원 이하의 벌금

② 제조소 등이 아닌 장소에서 지정수량 이상의 위험물을 취급할 수 있는 경우
㉠ 관할소방서장의 승인을 받아 지정수량 이상의 위험물을 90일 이내의 임시로 저장 또는 취급하는 경우
㉡ 군부대가 지정수량 이상의 위험물을 군사목적으로 임시로 저장 또는 취급하는 경우
제조소등을 설치하거나 그 위치·구조 또는 설비를 변경하고자 하는 군부대의 장은 제조소등의 소재지를 관할하는 시·도지사와 협의(설계도서, 서류등 제출)하여야 하며 협의가 된 경우 허가를 받은 것으로 보며 군 부대의 장은 탱크안전성능검사와 완공검사를 자체적으로 할 수 있고 시·도지사에게 통보할 것

5 위험물시설의 설치 및 변경 등

시·도지사에게 허가, 신고하여야 한다.

구 분	내 용	방법	벌칙
설치	제조소등을 설치하고자 할 때	허가	5년 이하의 징역 또는 1억 원 이하의 벌금
변경	위치, 구조 또는 설비의 변경 없이 위험물의 품명, 수량 또는 지정수량의 배수를 변경하고자 하는 날의 1일 전까지 행정안전부령이 정하는 바에 따라	신고	500만 원 이하의 과태료
지위승계	행정안전부령이 정하는 바에 따라 지위 승계한 날로부터 30일 이내		
폐지	제조소등의 용도 폐지 시 폐지한 날로부터 14일 이내		
사용중지, 재개	중지하려는 날 또는 재개하려는 날의 14일 전		

※ 신고기한 30일 이내 신고 : 250 / 31일 이후 신고 : 350 / 허위신고 : 500만 원
※ 사용중지 : 3개월 이상 저장 또는 취급하지 아니할 때를 말함

6 제조소 등의 허가, 변경, 신고를 하지 않아도 되는 경우

① 주택의 난방시설(공동주택의 중앙난방시설 제외)을 위한 저장소 또는 취급소
② 농예용·축산용 또는 수산용으로 필요한 난방시설 또는 건조시설을 위한 지정수량 20배 이하의 저장소

핵심 PLUS

06 위험물의 제조소 등을 설치하고자 하는 자는 누구의 허가를 받아야 하는가? [기 12]
① 시·도지사
② 한국소방산업기술원장
③ 소방본부장 또는 소방서장
④ 행정안전부장관

답 : ①

07 위험물 제조소 등의 용도를 폐지한 때에는 용도를 폐지한 날부터 며칠 이내에 시·도지사에게 신고하여야 하는가? [기 12]
① 7일　② 14일
③ 21일　④ 30일

답 : ②

08 위험물시설의 설치 및 변경에 있어서 허가를 받지 아니하고 제조소 등을 설치하거나 그 위치, 구조 또는 설비를 변경할 수 없는 경우는? [기 14]
① 주택의 난방시설(공동주택의 중앙난방시설은 제외)을 위한 저장소 또는 취급소
② 농예용으로 필요한 난방시설 또는 건조시설을 위한 20배 이하의 저장소
③ 공업용으로 필요한 난방시설 또는 건조시설을 위한 20배 이하의 저장소
④ 수산용으로 필요한 난방시설 또는 건조시설을 위한 20배 이하의 저장소

답 : ③

핵심 PLUS

09 제조소 또는 일반취급소의 변경허가를 받아야 하는 경우에 해당하지 않는 것은? [기 14]
① 배출설비를 신설하는 경우
② 소화기의 종류를 변경하는 경우
③ 불활성 기체의 봉입장치를 신설하는 경우
④ 위험물취급탱크의 탱크전용실을 증설하는 경우

답 : ②

10 제조소 등의 변경허가를 받아야 하는 경우가 아닌 것은?
① 배출설비를 신설하는 경우
② 탱크전용실을 증설 또는 교체하는 경우
③ 자동화재탐지설비를 철거하는 경우
④ 불활성기체의 봉입장치를 교체하는 경우

[해설] 불활성기체의 봉입장치를 교체하는 경우가 아닌 신설하는 경우 변경허가를 받아야 한다.

답 : ④

7 제조소 등의 변경허가를 받아야 하는 경우

1. 제조소 또는 일반취급소의 경우

① 위험물취급탱크의 노즐 또는 맨홀을 신설하는 경우(노즐 또는 맨홀의 직경이 250[mm]를 초과하는 경우)
② 불활성기체의 봉입장치를 신설하는 경우
③ 배출설비를 신설하는 경우
④ 자동화재탐지설비를 신설 또는 철거하는 경우
⑤ 방화상 유효한 담을 신설·철거 또는 이설하는 경우
⑥ 위험물의 제조설비 또는 취급설비(펌프설비 제외)를 증설하는 경우
⑦ 위험물취급탱크의 탱크전용실을 증설 또는 교체하는 경우
⑧ 건축물의 벽·기둥·바닥·보 또는 지붕을 증설 또는 철거하는 경우
⑨ 위험물취급탱크를 신설·교체·철거 또는 보수(탱크의 본체를 절개하는 경우에 한한다)하는 경우
⑩ 제조소 또는 일반취급소의 위치를 이전하는 경우
⑪ 위험물취급탱크의 방유제의 높이 또는 방유제 내의 면적을 변경하는 경우
⑫ 옥내소화전설비·옥외소화전설비·스프링클러설비·물분무등소화설비를 신설·교체(배관·밸브·압력계·소화전본체·소화약제탱크·포헤드·포방출구 등의 교체는 제외) 또는 철거하는 경우
⑬ 300[m](지상에 설치하지 아니하는 배관의 경우에는 30[m])를 초과하는 위험물배관을 신설·교체·철거 또는 보수(배관을 절개하는 경우)하는 경우

> 변경허가를 받지 아니하고 제조소등을 변경한 자 : 1500만 원 이하의 벌금

2. 옥내저장소등의 경우

위험물안전관리법 시행규칙 별표 1의 2 관련 내용 참조

8 완공검사의 신청시기

제조소 등	완공검사 신청 시기
지하탱크가 있는 제조소등	지하탱크를 매설하기 전
이동탱크저장소	이동저장탱크를 완공하고 상시설치장소(상치장소)를 확보한 후
이송취급소	이송배관 공사의 전체 또는 일부를 완료한 후. 다만, 지하·하천 등에 매설하는 이송배관의 공사의 경우에는 이송배관을 매설하기 전
전체 공사가 완료된 후에는 완공검사를 실시하기 곤란한 경우	• 위험물설비 또는 배관의 설치가 완료되어 기밀시험 또는 내압시험을 실시하는 시기 • 배관을 지하에 설치하는 경우에는 시·도지사, 소방서장 또는 기술원이 지정하는 부분을 매몰하기 직전 • 기술원이 지정하는 부분의 비파괴시험을 실시하는 시기
위에 해당하지 아니하는 제조소등의 경우	제조소등의 공사를 완료한 후

9 정기점검, 정기검사, 구조안전점검

구 분		대 상	시 기
정기점검		• 예방규정을 정해야 하는 제조소 등 • 지하탱크저장소, 이동탱크저장소 • 지하에 매설된 탱크가 있는 제조소·주유취급소 또는 일반취급소	연 1회 이상 정기점검을 실시하고 3년간 보관 ※ 점검을 한 날부터 30일 이내에 점검결과를 시·도지사에게 제출
구조안전점검		• 50만 ℓ 이상의 옥외탱크 저장소 (= 준특정옥외저장탱크)	• 완공검사합격확인증을 교부받은 날부터 12년 • 최근의 정밀정기검사를 받은 날부터 11년 • 특정옥외저장탱크에 안전조치를 한 후 기술원에 구조안전점검시기 연장신청을 하여 당해 안전조치가 적정한 것으로 인정받은 경우에는 최근의 정밀정기검사를 받은 날부터 13년 ※ 25년 동안 보관 (연장 신청한 경우는 30년)
정기검사	정밀정기검사		• 완공검사합격확인증을 발급받은 날부터 12년 • 최근의 정밀정기검사를 받은 날부터 11년 ※ 구조안전점검을 실시하는 때에 함께 받을 수 있다 ※ 차기 정기검사 시까지 보관
	중간정기검사		• 완공검사합격확인증을 발급받은 날부터 4년 • 최근의 정밀정기검사 또는 중간정기검사를 받은 날부터 4년 ※ 차기 정기검사 시까지 보관

• 액체위험물을 저장 또는 취급하는 100만 [ℓ] 이상의 옥외탱크저장소(특정옥외저장탱크)

핵심 PLUS

11 위험물안전관리법령상 제조소등의 완공검사 신청시기 기준으로 틀린 것은? [기 14, 17]
① 지하탱크가 있는 제조소등의 경우에는 당해 지하탱크를 매설하기 전
② 이동탱크저장소의 경우에는 이동저장탱크를 완공하고 상치 장소를 확보한 후
③ 이송취급소의 경우에는 이송배관공사의 전체 또는 일부 완료한 후
④ 배관을 지하에 설치하는 경우에는 소방서장이 지정하는 부분을 매몰하고 난 직후

답 : ④

12 정기점검의 대상인 제조소등에 해당하지 않는 것은? [기 16]
① 이송취급소
② 이동탱크저장소
③ 암반탱크저장소
④ 판매취급소

답 : ④

III. 소방관계법규 | 위험물안전관리법

10 자체소방대를 두어야 하는 제조소 등

1. 대상

제4류 위험물	제조소, 일반취급소	지정수량의 3,000배 이상
	옥외탱크저장소	지정수량의 50만배 이상

자체소방대를 두지 아니한 관계인 :
1년 이하의 징역 또는 1천만 원 이하의 벌금

2. 자체소방대에 두는 화학소방자동차 및 인원

사업소의 구분(최대수량)		화학 소방자동차	자체 소방대원의 수
제조소 일반취급소	지정수량의 3천배 이상 12만배 미만의 사업소	1대	5인
	지정수량의 12만배 이상 24만배 미만인 사업소	2대	10인
	지정수량의 24만배 이상 48만배 미만인 사업소	3대	15인
	지정수량의 48만배 이상인 사업소	4대	20인
옥외탱크 저장소	지정수량의 50만배 이상인 사업소	2대	10인

3. 화학소방자동차의 소화능력 및 설비의 기준

구분 (방사차)	포수용액 방사차	이산화탄소 방사차	할로겐화합물 방사차	분말 방사차	제독차
토출량	2,000[ℓ/min]	40[kg/sec]	40[kg/sec]	35[kg/sec]	–
설비	소화약액 탱크, 소화약액 혼합장치	이산화탄소 저장용기	할로겐화물탱크, 가압용 가스설비	분말탱크, 가압용 가스설비	–
저장량	10만[ℓ] 이상의 포수용액	3,000[kg] 이상	1,000[kg] 이상	1,400[kg] 이상	가성소오다 및 규조토를 각각 50[kg] 이상

핵심 PLUS

13 ( )안의 내용으로 알맞은 것은?
[기13]

다량의 위험물을 저장·취급하는 제조소등으로서 ( )위험물을 취급하는 제조소 또는 일반취급소가 있는 동일한 사업소에서 지정수량의 3천배 이상의 위험물을 저장 또는 취급하는 경우 당해 사업소의 관계인은 대통령령이 정하는 바에 따라 당해 사업소에 자체소방대를 설치하여야 한다.

① 제1류 ② 제2류
③ 제3류 ④ 제4류

답 : ④

14 위험물안전관리법령상 제조소 또는 일반 취급소에서 취급하는 제4류 위험물의 최대 수량의 합이 지정수량의 24만배 이상 48만배 미만인 사업소의 관계인이 두어야 하는 화학소방자동차와 자체소방대원의 수의 기준으로 옳은 것은? (단, 화재 그 밖의 재난발생시 다른 사업소 등과 상호응원에 관한 협정을 체결하고 있는 사업소는 제외한다.)
[기 17]

① 화학소방자동차-2대,
  자체소방대원의수-10인
② 화학소방자동차-3대,
  자체소방대원의수-10인
③ 화학소방자동차-3대,
  자체소방대원의수-15인
④ 화학소방자동차-4대,
  자체소방대원의수-20인

답 : ③

15 화학소방자동장치의 소화능력 및 설비기준에서 분말 방사차의 분말의 방사능력은 매초 몇 [kg] 이상이어야 하는가?
[기 13]

① 25[kg] ② 30[kg]
③ 35[kg] ④ 40[kg]

답 : ③

11 예방규정을 작성해야 하는 대상

① 제조소등의 관계인은 예방규정을 정하여 당해 제조소등의 사용을 시작하기 전에 시·도지사에게 제출하여야 한다. 예방규정을 변경한 때에도 또한 같다.

구 분	지정수량의 배수
암반탱크저장소, 이송취급소	지정수량 관계없이 예방규정을 정하여야 함
제조소, 일반취급소	10배 이상
옥외저장소	100배 이상
옥내저장소	150배 이상
옥외탱크저장소	200배 이상

② 소방청장은 대통령령으로 정하는 제조소등에 대하여 예방규정의 이행 실태를 정기적으로 평가할 수 있다.

12 위험물의 운송

1. 이동탱크저장소 위험물운송자

1) 운송책임자

① 위험물 운송의 감독 또는 지원을 하는 자

② 운송책임자의 자격
   ㉠ 국가기술자격을 취득하고 관련 업무에 1년 이상 종사한 경력이 있는 자
   ㉡ 안전교육을 수료하고 관련 업무에 2년 이상 종사한 경력이 있는 자

③ 운송책임자의 감독·지원을 받아 운송하여야 하는 위험물
   - 알킬알루미늄, 알킬리튬 및 이 물질을 함유하는 위험물

2) 이동탱크저장소운전자

2. 위험물운송자는 국가기술자격증 또는 교육수료증을 지참하여야 한다.

위험물의 운송에 관한 기준을 따르지 아니한 자 :
500만 원 이하의 과태료(1차 250 / 2차 400 / 3차 500)

핵심 PLUS

16 지정수량의 몇 배 이상의 위험물을 취급하는 제조소에 화재예방을 위한 예방규정을 정하여야 하는가?
[기 15]

① 10배　　② 20배
③ 30배　　④ 50배

답 : ①

17 관계인이 예방규정 하여야 하는 옥외저장소는 지정수량의 몇 배 이상의 위험물을 저장하는 것을 말하는가?
[기 15]

① 10　　② 100
③ 150　　④ 200

답 : ②

핵심 PLUS

18 다음 중 위험물탱크 안전성능시험자로 시·도지사에게 등록하기 위하여 갖추어야 할 사항이 아닌 것은?
 [기 13]
① 자본금 ② 기술능력
③ 시설   ④ 장비
답 : ①

19 위험물안전관리법상 행정처분을 하고자 하는 경우 청문을 실시해야 하는 것은?
 [기 16]
① 제조소등 설치허가의 취소
② 제조소등 영업정지 처분
③ 탱크시험자의 영업정지
④ 과징금 부과처분
답 : ①

Ⅲ. 소방관계법규 | 위험물안전관리법

13 위험물탱크 안전성능시험자 갖추어야 할 탱크시험자(미등록 : 1년 이하의 징역이나 1천만 원 벌금)의 기술능력·시설 및 장비

기술능력	필수인력, 필요한 경우에 두는 인력
시설	전용사무실
장비	필수장비, 필요한 경우에 두는 장비

14 청문

- 청문의 실시자 : 시·도지사, 소방본부장 또는 소방서장
- 청문의 대상 : 제조소등 설치허가의 취소, 탱크시험자의 등록취소

15 탱크의 용량

1. 탱크의 용량 = 탱크의 내용적 − 공간용적

   ① 탱크의 내용적

타원형 탱크	구 조	내용적 계산식
양쪽이 볼록한 것		$\dfrac{\pi a b}{4}(l+\dfrac{l_1+l_2}{3})$
한쪽은 볼록하고 다른 한쪽은 오목한 것		$\dfrac{\pi a b}{4}(l+\dfrac{l_1-l_2}{3})$
횡으로 설치한 것		$\pi r^2(l+\dfrac{l_1+l_2}{3})$
종으로 설치한 것		$\pi r^2 l$

   ② 공간용적

   탱크 내용적의 $\dfrac{5}{100}$ 이상 $\dfrac{10}{100}$ 이하

16 제조소

1. 안전거리

건축물의 외벽 또는 이에 상당하는 공작물의 외측으로부터 당해 제조소의 외벽 또는 이에 상당하는 공작물의 외측까지의 수평거리(6류 위험물 제외) 및 제조소등이 설치될 때 주위에 방호대상물이 있는 경우 연소확대방지 및 안전을 위해 지켜야 할 거리

안전거리	해당 대상물	
50[m] 이상	유형문화재, 기념물 중 지정문화재	
30[m] 이상	① 학교 ② 종합병원, 병원, 치과병원, 한방병원, 요양병원	
	③ 공연장, 영화상영관 등	수용인원 : 300명 이상
	④ 아동복지시설, 장애인복지시설, 모·부자복지시설, 보육시설, 가정폭력 피해자시설 등	수용인원 : 20명 이상
20[m] 이상	고압가스, 액화석유가스, 도시가스를 저장 또는 취급하는 시설	
10[m] 이상	주거 용도에 사용되는 것	
5[m] 이상	사용전압 35,000[V]를 초과하는 특고압가공전선	
3[m] 이상	사용전압 7,000[V] 초과 35,000[V] 이하의 특고압가공전선	

── | 안전거리 규정 여부 | ──

구 분	안전거리 규정	미규정
제조소	제조소	-
저장소	옥내저장소 옥외저장소 옥외탱크저장소	옥내탱크저장소 지하탱크저장소 간이탱크저장소 이동탱크저장소 암반탱크저장소
취급소	이송취급소 일반취급소	주유취급소 판매취급소

핵심 PLUS

20 제4류 위험물 제조소의 경우 사용전압이 22[kV]인 특고압 가공전선이 지나갈 때 제조소의 외벽과 가공전선 사이의 수평거리(안전거리)는 몇 m 이상이어야 하는가? [기 15]
① 2 ② 3
③ 5 ④ 10

답 : ②

핵심 PLUS

21 위험물안전관리법령상 제조소의 위치·구조 및 설비의 기준 중 위험물을 취급하는 건축물 그 밖의 시설의 주위에는 그 취급하는 위험물의 최대수량이 지정수량의 10배 이하인 경우 보유하여야 할 공지의 너비는 몇 [m] 이상이어야 하는가?
① 3 ② 5
③ 8 ④ 10

답 : ①

22 제조소 중 위험물을 취급하는 건축물은 특수한 경우를 제외하고 어떤 구조로 하여야 하는가? [기 14]
① 지하층이 없는 구조이어야 한다.
② 지하층이 있는 구조이어야 한다.
③ 지하층이 있는 1층 이내의 건축물이어야 한다.
④ 지하층이 있는 2층 이내의 건축물이어야 한다.

답 : ①

2. 제조소의 보유공지

① 제조소 등이 설치되면 주위의 대상물과의 관계없이 확보해야 할 절대적인 공간

취급하는 위험물의 최대수량	공지의 너비
지정수량의 10배 이하	3[m] 이상
지정수량의 10배 초과	5[m] 이상

② 보유공지 목적
  ㉠ 연소확대의 방지
  ㉡ 화재 등의 경우 피난의 원활
  ㉢ 소화활동의 공간 확보

3. 제조소 건축물의 구조(불연재료 이상)

① 지하층이 없도록 하여야 한다.

② 건축물의 구조

불연재료	벽, 기둥, 바닥, 보, 지붕, 서까래 및 계단
내화구조	연소의 우려가 있는 외벽(출입구 외 개구부가 없어야 한다.)

③ 지붕은 폭발력이 위로 방출될 정도의 가벼운 불연재료로 덮어야 한다.

④ 출입구 등

연소 우려가 있는 외벽의 출입구	출입구 비상구	건축물의 창, 출입구의 유리	액체의 위험물을 취급하는 건축물의 바닥
자동폐쇄식의 갑종방화문	방화문	망입유리	위험물이 스며들지 못하는 재료를 사용하고, 적당한 경사를 두어 그 최저부에 집유설비 설치

⑤ 옥외에서 액체위험물을 취급하는 설비의 바닥
  ㉠ 바닥의 둘레에 높이 0.15[m] 이상의 턱을 설치하여 위험물이 외부로 흘러나가지 아니하도록 하여야 한다.
  ㉡ 위험물(온도 20[℃]의 물 100[g]에 용해되는 양이 1[g] 미만인 것에 한함)을 취급하는 설비에는 집유설비에 유분리장치를 설치할 것

4. 제조소등의 표지 및 게시판

① 위험물제조소의 표지

㉮ 크기 : 한 변의 길이 0.3[m] 이상, 다른 한 변의 길이 0.6[m] 이상

㉯ 색상 : 백색바탕에 흑색 문자

② 주의사항을 표시하는 게시판

위험물의 종류	주의사항	게시판의 색상
제1류 위험물 중 알칼리금속의 과산화물 제3류 위험물 중 금수성물질	물기엄금	청색바탕에 백색문자
제2류 위험물(인화성 고체는 제외)	화기주의	적색바탕에 백색문자
제2류 위험물 중 인화성 고체 제3류 위험물 중 자연발화성물질 제4류 위험물 제5류 위험물	화기엄금	적색바탕에 백색문자
제1류 위험물의 알카리금속의 과산화물외의 것과 제6류 위험물	별도의 표시 없음	

| 기타 표지, 게시판의 바탕 및 문자의 색상 |

구 분	게시판의 색상
이동탱크저장소의 표지	흑색바탕에 황색문자
주유취급소 주유 중 엔진정지	황색바탕에 흑색문자

③ 방화에 관하여 필요한 사항을 게시한 게시판

㉮ 크기 : 한 변의 길이 0.3[m] 이상, 다른 한 변의 길이 0.6[m] 이상

㉯ 기재 내용  유품 저지안

유별	제 4 류
품명	제2석유류(경유)
저장(취급) 최대수량	20,000[ℓ]
지정수량의 배수	20배
안전관리자의 성명 또는 직명	김 연 우

㉰ 색상 : 백색바탕에 흑색 문자

핵심 PLUS

23 위험물 제조소에서 저장 또는 취급하는 위험물에 따른 주의사항을 표시한 게시판 중 화기엄금을 표시하는 게시판의 바탕색은? [기 16]

① 청색 ② 적색
③ 흑색 ④ 백색

답 : ②

24 제4류 위험물을 저장하는 위험물 제조소의 주의사항을 표시한 게시판의 내용으로 적합한 것은? [기 15]

① 화기엄금 ② 물기엄금
③ 화기주의 ④ 물기주의

답 : ①

25 제4류 위험물을 저장·취급하는 제조소에 "화기엄금"이란 주의사항을 표시하는 게시판을 설치 할 경우 게시판의 색상은?

① 청색바탕에 백색문자
② 적색바탕에 백색문사
③ 백색바탕에 적색문자
④ 백색바탕에 흑색문자

답 : ②

26 위험물 제조소 게시판의 바탕 및 문자의 색으로 올바르게 연결된 것은? [기 16]

① 바탕-백색, 문자-청색
② 바탕-청색, 문자-흑색
③ 바탕-흑색, 문자-백색
④ 바탕-백색, 문자-흑색

답 : ④

핵심 PLUS

5. 제조소의 위치·구조 및 설비의 기준

① 환기설비(가연성증기·미분이 체류할 우려가 없는 경우) : 자연배기방식
  ㉮ 환기구
  　지붕 위 또는 지상 2[m] 이상의 높이에 회전식 고정벤틸레이터 또는 루프팬방식으로 설치
  ㉯ 급기구
  　㉠ 위치 : 낮은 곳에 설치(체류할 우려가 없고 공기보다 가볍기 때문에 아래에서 위로 급기되어야 자연스럽게 배출된다) 및 가는 눈의 구리망으로 인화방지망을 설치
  　㉡ 개수 : 바닥면적 150[m²] 마다 1개 이상 설치
  　㉢ 크기 : 800[cm²] 이상

바닥면적 150[m²] 미만 시 환기설비의 급기구 크기

바닥 면적	급기구의 면적
150[m²] 이상	800[cm²] 이상
120[m²] 이상 150[m²] 미만	600[cm²] 이상
90[m²] 이상 120[m²] 미만	450[cm²] 이상
60[m²] 이상 90[m²] 미만	300[cm²] 이상
60[m²] 미만	150[cm²] 이상

② 배출설비(가연성증기·미분이 체류할 우려가 있는 경우) : 강제배기방식
  ㉮ 배풍기 : 옥내덕트의 내압이 대기압 이상이 되지 아니하는 위치에 설치
  ㉯ 배출방식에 따른 배출능력

배출방식	배출능력(시간당)
국소방출방식	배출장소 용적의 20배 이상
전역방출방식	바닥면적 1[m²] 당 18[m³] 이상

  ㉰ 배출구 - 지상 2[m] 이상, 화재시 자동으로 폐쇄되는 방화댐퍼를 설치
  ㉱ 급기구
  　높은 곳에 설치(높은 곳에서 아래로 급기되어야 체류하고 있는 가연성증기 등이 비산하지 않는다) 및 가는 눈의 구리망으로 인화방지망을 설치

---

27 제조소등의 위치·구조 및 설비의 기준 중 위험물을 취급하는 건축물의 환기설비 설치 기준으로 다음 (　) 안에 알맞은 것은? [기 17]

급기구는 당해 급기구가 설치된 실의 바닥 면적(㉠)[m²] 마다 1개 이상으로 하되, 급기구의 크기는 (㉡)[cm²] 이상으로 할 것

① ㉠ 100, ㉡ 800
② ㉠ 150, ㉡ 800
③ ㉠ 100, ㉡ 1,000
④ ㉠ 150, ㉡ 1,000

답 : ②

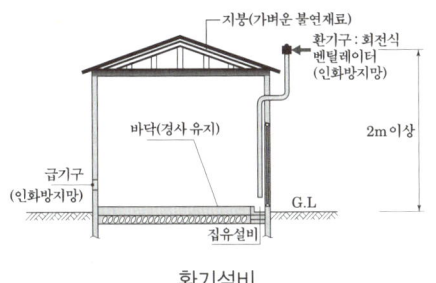
환기설비

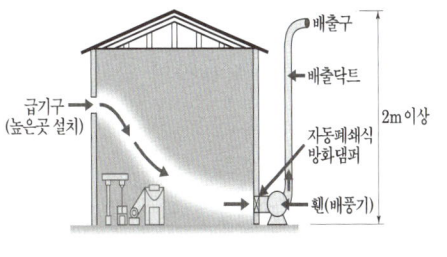
배출설비

6. 채광 및 조명설비

채광설비	불연재료 및 연소의 우려가 없는 장소에 설치하되 채광면적을 최소로 할 것
조명설비	① 가연성가스등이 체류할 우려가 있는 장소의 조명등 : 방폭등 ② 전선 : 내화·내열전선 사용 ③ 점멸스위치 : 출입구 바깥부분에 설치

채광설비

조명설비

방폭등

7. 정전기 제거설비

접지에 의한 방법	공기 중의 상대습도를 70[%] 이상으로 하는 방법	공기를 이온화하는 방법

8. 위험물 취급탱크 방유제, 방유턱의 용량 - (지정수량 1/5 미만은 제외)

액체위험물	옥외 (이황화탄소 제외)		옥내	
	방 유 제		방 유 턱	
탱크의 수	1기	2기 이상	1기	2기 이상
용량	50[%] 이상	최대탱크 50[%] 이상 + 나머지 탱크의 합계의 10[%] 이상	100[%] 이상	최대탱크의 100[%] 이상

핵심 PLUS

28 위험물을 취급하는 건축물에 설치하는 채광 및 조명설비설치의 원칙적인 기준으로 적합하지 않은 것은? [기 14]

① 모든 조명등은 방폭등으로 할 것
② 전선은 내화·내열전선으로 할 것
③ 점멸스위치는 출입구 바깥부분에 설치할 것
④ 채광설비는 불연재료로 할 것

답 : ①

29 위험물을 취급함에 있어서 정전기가 발생할 우려가 있는 설비는 공기 중의 상대습도를 몇 [%] 이상으로 하는 방법으로 정전기를 유효하게 제거할 수 있는 설비를 설치하여야 하는가? [기 13]

① 30[%] ② 60[%]
③ 70[%] ④ 90[%]

답 : ③

핵심 PLUS

30 옥내저장소의 위치·구조 및 설비의 기준 중 지정수량의 몇 배 이상의 저장창고(제6류 위험물의 저장창고 제외)에 피뢰침을 설치해야 하는가? (단, 저장창고 주위의 상황이 안전상 지장이 없는 경우는 제외한다.) [기 17]

① 10배 ② 20배
③ 30배 ④ 40배

답 : ①

9. 피뢰설비

지정수량의 10배 이상의 위험물을 제조 등의 경우(제6류 위험물은 제외) 설치

17 옥내저장소

1. 단층건물의 옥내저장소 저장창고의 구조

① 위험물의 저장을 전용으로 하는 독립된 건축물로 하여야 한다.

② 벽, 기둥 및 바닥은 내화구조
   보, 서까래는 불연재료

③ 지붕을 폭발력이 위로 방출될 수 있을 정도의 가벼운 불연재료로 하고, 천장을 만들지 아니하여야 한다.

④ 출입구 등 : 제조소와 동일

⑤ 바닥을 지반면보다 높게 하고 물이 스며 나오거나 스며들지 아니하는 구조이어야 하는 품목

제1류 위험물 중 알카리금속의 과산화물	제2류 위험물 중 철분, 금속분, 마그네슘
제3류 위험물 중 금수성물질	제4류 위험물

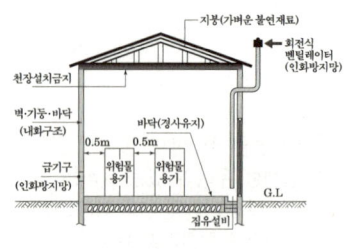

옥내저장소

⑥ 지면에서 처마까지의 높이(처마높이) : 6[m] 미만

⑦ 하나의 저장창고의 바닥면적

위험물을 저장하는 창고의 종류	바닥면적
㉠ 위험등급 Ⅰ등급인 위험물 ㉡ 제4류 위험물 중 제1석유류 및 알코올류	1,000[m²] 이하
㉢ 그 밖의 위험물	2,000[m²] 이하
㉠, ㉡과 ㉢의 위험물을 내화구조의 격벽으로 완전히 구획된 실에 각각 저장하는 창고(이 경우 ㉠, ㉡의 저장면적은 500[m²]을 초과할 수 없다)	1,500[m²] 이하

2. 다층건물의 옥내저장소 저장창고

3. 복합용도 건축물의 옥내저장소의 기준

18 옥외저장소

1. 안전거리

① 제조소와 동일함

② 옥외저장소는 습기가 없고 배수가 잘 되는 장소에 설치할 것

③ 위험물을 저장 또는 취급하는 장소의 주위에는 경계표시(울타리의 기능이 있는 것에 한한다)를 하여 명확하게 구분할 것

2. 옥외저장소의 보유공지

저장 또는 취급하는 위험물의 최대수량	공지의 너비
지정수량의 10배 이하	3[m] 이상
지정수량의 10배 초과 20배 이하	5[m] 이상
지정수량의 20배 초과 50배 이하	9[m] 이상
지정수량의 50배 초과 200배 이하	12[m] 이상
지정수량의 200배 초과	15[m] 이상

3. 옥외저장소의 설치기준

① 선반 : 불연재료로 만들고 견고한 지반면에 고정할 것

② 선반의 높이 : 6[m]를 초과하지 말 것

③ 과산화수소, 과염소산을 저장하는 옥외저장소는 불연성 또는 난연성의 천막 등을 설치하여 햇빛을 가릴 것

④ 캐노피 또는 지붕을 설치하는 경우
환기 및 소화활동에 지장을 주지 아니하는 구조로 할 것.
이 경우 기둥은 내화구조로 하고, 캐노피 또는 지붕을 불연재료로 하며, 벽을 설치하지 아니하여야 한다.

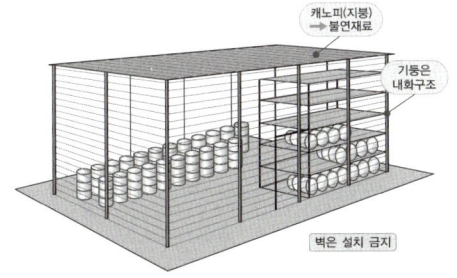

옥외저장소의 선반

19 옥내탱크저장소

1. 단층건물 옥내탱크저장소

1) 옥내저장탱크 기준

구 분	내 용	비 고
옥내저장탱크의 용량	지정수량의 40배 이하 ※ 제4석유류 및 동식물유류 외의 제4류 위험물 : 최대 20,000[ℓ] 이하	동일한 탱크 전용실에 2이상 설치하는 경우에는 각 탱크의 용량의 합계 (A+B=지정수량 40배 이하)

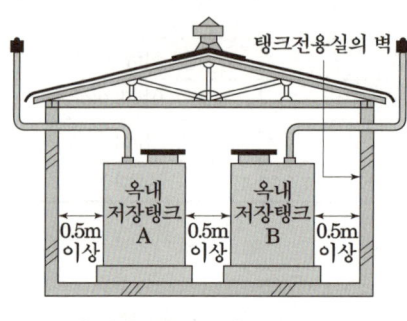

옥내저장탱크 전용실에 설치

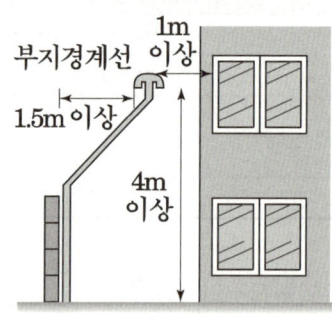

밸브없는 통기관의 설치방법

2) 제4류 위험물만을 저장하는 탱크에 설치하는 밸브 없는 통기관

① 통기관의 선단은 건축물의 창, 출입구 등의 개구부로부터 1[m] 이상 이격

② 인화점이 40[℃] 미만인 위험물의 탱크에 설치하는 통기관에 있어서는 부지경계선으로부터 1.5[m] 이상 이격

③ 옥외의 장소에 지면으로부터 4[m] 이상의 높이로 설치

④ 가스 등이 체류할 우려가 있는 굴곡이 없도록 할 것

통기관

2. 단층 건축물 외에 옥내탱크저장소

① 저장, 취급 할 수 있는 위험물

제2류 위험물	황화린, 적린 및 덩어리 유황	제3류 위험물	황린
제4류 위험물	인화점이 38[℃] 이상인 위험물	제6류 위험물	질산

② 황화린, 적린, 덩어리유황, 황린, 질산 : 1층 또는 지하층의 탱크전용실에 설치

20 옥외탱크저장소

1. 인화성액체의 위험물의 옥외탱크저장소

① 방유제의 용량 (이황화탄소 제외)

탱크가 하나일 때	탱크가 2기 이상일 때
탱크 용량의 110[%] 이상 (인화성이 없는 액체위험물은 100[%])	탱크 중 용량이 최대인 것의 용량의 110[%] 이상 (인화성이 없는 액체위험물은 100[%])

② 방유제 높이, 면적 등

구 분	내 용	
면적	8만[m²] 이하	
높이	0.5[m] 이상 3[m] 이하	
두께	0.2[m] 이상	
지하매설깊이	1[m] 이상	
재질	철근콘크리트	
계단 또는 경사로	높이가 1[m] 이상이면 50[m]마다 설치할 것(방유제 내에 유출유 확인 등)	
방유제 외면의 1/2 이상	자동차 등이 통행할 수 있는 3[m] 이상의 노면 폭을 확보한 구내도로에 접할 것	
방유제 내에 설치하는 옥외저장탱크의 수	10 이하	—
	20 이하	모든 옥외저장탱크의 용량이 20만[ℓ] 이하이고, 위험물의 인화점이 70[℃] 이상 200[℃] 미만(제3석유류)인 경우
	제한 없음	인화점이 200[℃] 이상인 경우
간막이 둑	용량이 1,000만[ℓ] 이상인 옥외저장탱크의 주위에 설치하는 방유제에는 당해 탱크마다 설치	

방유제 높이, 두께

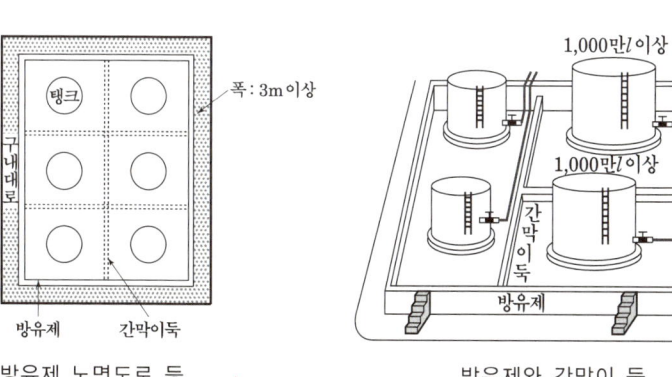

방유제 노면도로 등　　방유제와 간막이 둑

핵심 PLUS

31 옥외탱크저장소에 설치하는 방유제의 설치기준으로 옳지 않은 것은?
　　　　　　　　　　　[기 15]

① 방유제 내의 면적은 60,000[m²] 이하로 할 것
② 방유제의 높이는 0.5[m] 이상 3[m] 이하로 할 것
③ 방유제 내의 옥외저장탱크의 수는 10 이하로 할 것
④ 방유제는 철근콘크리트로 만들 것

답 : ①

핵심 PLUS

21 지하탱크저장소

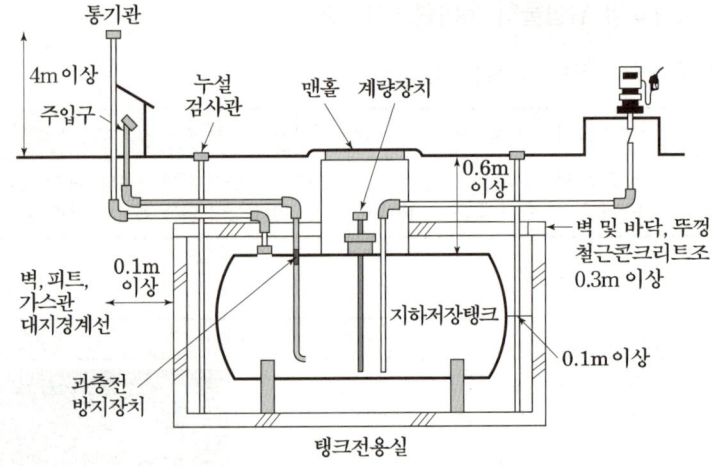

1. 탱크전용실, 지하저장탱크의 기준 등

탱크전용실	벽, 피트, 가스관 등의 시설물 및 대지경계선		0.1[m] 이상
	지하저장탱크와의 거리		0.1[m] 이상
	벽 및 바닥, 뚜껑	철근콘크리트구조	두께 0.3[m] 이상
지하저장탱크	윗 부분		지면으로부터 0.6[m] 이상 아래
	2 이상 인접해 설치하는 경우		그 상호간에 1[m] 이상 (용량의 합계가 지정수량의 100배 이하인 때에는 0.5[m] 이상) 다만, 그 사이에 탱크전용실의 벽이나 두께 20[cm] 이상의 콘크리트 구조물이 있는 경우 제외
	재질		두께 3.2[mm] 이상의 강철판

2. 누설검사관

① 액체위험물의 누설을 검사하기 위한 관 설치개수 : 4개소 이상

② 누설검사관의 기준
  ㉠ 이중관으로 할 것. 다만, 소공이 없는 상부는 단관으로 할 수 있다.
  ㉡ 재료는 금속관 또는 경질합성수지관으로 할 것
  ㉢ 관은 탱크 전용실의 바닥 또는 탱크의 기초 위에 닿게 할 것
  ㉣ 관의 밑부분으로부터 탱크의 중심 높이까지의 부분에는 소공이 뚫려 있을
  ㉤ 상부는 물이 침투하지 아니하는 구조로 하고, 뚜껑은 검사시에 쉽게 열 수 있도록 할 것

22 이동탱크저장소

두께	3.2[mm] 이상의 강철판
칸막이	① 탱크 전복 시 탱크의 일부가 파손되더라도 전량의 위험물의 누출을 방지하기 위해 그 내부에 4,000[ℓ] 이하마다 3.2[mm] 이상의 강철판으로 칸막이를 설치 ② 칸막이로 구획된 각 부분에 맨홀, 안전장치, 방파판을 설치 (용량이 2천[ℓ] 미만 : 방파판의 설치 제외)   칸막이 이동저장탱크 상부
방파판	① 위험물 운송 중 내부의 위험물의 출렁임, 쏠림 등을 완화하여 차량의 안전 확보 - 1.6[mm] 이상의 강철판 ② 하나의 구획부분에 2개 이상의 방파판을 이동탱크저장소의 진행방향과 평행으로 설치하되, 각 방파판은 그 높이 및 칸막이로부터의 거리를 다르게 할 것 ③ 하나의 구획부분에 설치하는 각 방파판의 면적의 합계는 당해 구획부분의 최대 수직단면적의 50[%] 이상으로 할 것. 다만, 수직단면이 원형이거나 짧은 지름이 1[m] 이하의 타원형일 경우에는 40[%] 이상으로 할 수 있다. 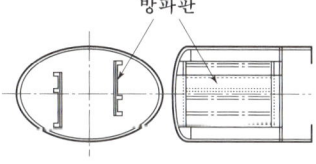 
방호틀	① 탱크 전복 시 부속장치(주입구, 맨홀, 안전장치)보호 하기 위한 두께 2.3[mm] 이상의 강철판 또는 이와 동등 이상의 기계적 성질이 있는 재료로써 산모양의 형상으로 하거나 이와 동등 이상의 강도가 있는 형상으로 할 것 ② 정상부분은 부속장치보다 50[mm] 이상 높게 하거나 이와 동등 이상의 성능이 있는 것으로 할 것
측면틀	① 탱크 뒷부분의 입면도 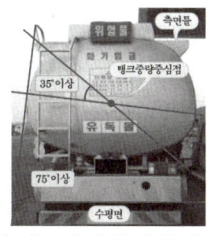  ② 탱크 상부의 네 모퉁이에 당해 탱크의 전단 또는 후단으로부터 각각 1[m] 이내의 위치에 설치할 것 ③ 탱크 전복 시 탱크 본체 파손 방지하기 위해 3.2[mm] 두께로 할 것

Ⅲ. 소방관계법규 | 위험물안전관리법

핵심 PLUS

32 다음 (㉠), (㉡)에 들어갈 내용으로 알맞은 것은? [기 12]

이동탱크저장소에는 차량의 전면 및 후면의 보기 쉬운 곳에 사각형의 (㉠) 바탕에 (㉡)의 반사도료 그 밖의 반사성이 있는 재료로 "위험물"이라고 표시한 표지를 설치하여야 한다.

① ㉠ 흑색, ㉡ 황색
② ㉠ 황색, ㉡ 흑색
③ ㉠ 백색, ㉡ 적색
④ ㉠ 적색, ㉡ 백색

답 : ①

표지	크기	한 변의 길이가 0.6[m] 이상, 다른 한 변의 길이가 0.3[m] 이상의 직사각형
	표시내용	위험물
	표시색상	흑색바탕에 황색의 반사도료
	설치장소	차량의 전면 및 후면의 보기 쉬운 장소
	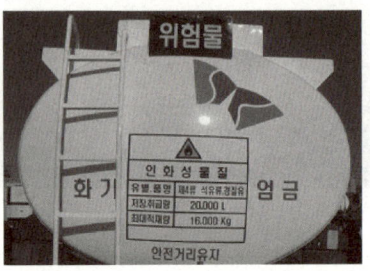	

33 위험물 간이저장탱크의 설비기준에 대한 설명으로 맞는 것은? [기 11]

① 통기관은 지름 최소 40[mm] 이상으로 한다.
② 용량은 600 L 이하이어야 한다.
③ 탱크의 주위에 너비는 최소 1.5[m] 이상의 공지를 두어야 한다.
④ 수압시험은 50[kPa]의 압력으로 10분간 실시하여 새거나 변형되지 않아야 한다.

답 : ②

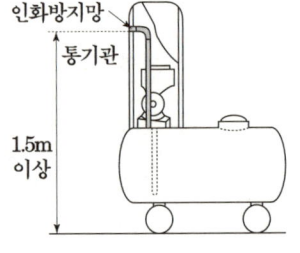

간이저장탱크 통기관

23 간이저장탱크

① 보유공지
  옥외에 설치하는 경우에는 그 탱크의 주위에 너비 1[m] 이상의 공지 확보

② 간이저장탱크 설치기준

하나의 간이탱크저장소	간이저장탱크 수 3 이하
동일한 품질의 위험물의 간이저장탱크	2 이상 설치 금지
간이저장탱크의 용량	600[ℓ] 이하
간이저장탱크	㉠ 두께 3.2[mm] 이상의 강판으로 흠이 없도록 제작 ㉡ 70[kPa]의 압력으로 10분간의 수압시험을 실시하여 새거나 변형되지 아니하여야 한다.
밸브 없는 통기관	㉠ 통기관의 지름은 25[mm] 이상으로 할 것 ㉡ 통기관은 옥외에 설치하고, 그 선단의 높이는 지상 1.5[m] 이상

24 주유취급소

1. 주유공지

① 고정주유설비의 주위에는 주유를 받으려는 자동차 등이 출입할 수 있도록 너비 15[m] 이상, 길이 6[m] 이상의 콘크리트 등으로 포장한 공지

② 고정주유설비 - 펌프기기 및 호스기기로 되어 위험물을 자동차등에 직접 주유하기 위한 설비로서 현수식의 것을 포함한다.

2. 고정주유설비 등

1) 고정주유설비 등의 이격거리

구 분 (중심선을 기점)	고정주유설비	고정급유설비	도로경계선
건축물의 개구부가 없는 벽	1[m] 이상	1[m] 이상	-
건축물의 벽	2[m] 이상	2[m] 이상	-
부지경계선, 담	2[m] 이상	1[m] 이상	-
고정주유설비	-	4[m] 이상	4[m] 이상
고정급유설비	4[m] 이상	-	4[m] 이상
도로경계선	4[m] 이상	4[m] 이상	-
자동차등의 점검, 정비	4[m] 이상	-	2[m] 이상
자동차등의 세정(세차기)	4[m] 이상	-	2[m] 이상

- 증기세차기를 설치하는 경우 그 주위에 불연재료로 된 높이 1[m] 이상의 담을 설치

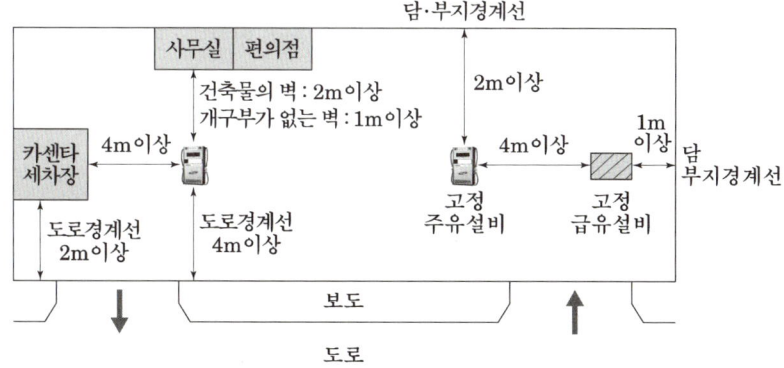

주유취급소 고정주유설비 등의 이격거리

핵심 PLUS

34 주유취급소의 고정주유설비의 주위에는 주유를 받으려는 자동차 등이 출입할 수 있도록 너비와 길이는 몇 [m] 이상의 콘크리트 등으로 포장한 공지를 보유하여야 하는가? [기 14]

① 너비 10[m] 이상, 길이 5[m] 이상
② 너비 10[m] 이상, 길이 10[m] 이상
③ 너비 15[m] 이상, 길이 6[m] 이상
④ 너비 20[m] 이상, 길이 8[m] 이상

답 : ③

핵심 PLUS

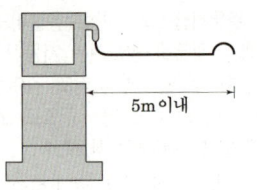

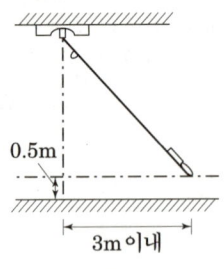

주유관의 길이

---

35 점포에서 위험물을 용기에 담아 판매하기 위하여 위험물을 취급하는 제2종 판매취급소는 위험물안전관리법상 지정수량의 몇 배 이하의 위험물까지 취급할 수 있는가?
① 지정수량의 5배 이하
② 지정수량의 10배 이하
③ 지정수량의 20배 이하
④ 지정수량의 40배 이하

답 : ④

---

2) 고정주유설비 또는 고정급유설비의 주유관의 길이(선단의 개폐밸브를 포함)

① 5[m] 이내로 하고 그 선단에는 축적된 정전기를 유효하게 제거할 수 있는 장치를 설치할 것

② 현수식의 경우에는 지면 위 0.5[m]의 수평면에 수직으로 내려 만나는 점을 중심으로 반경 3[m] 이내

3) 펌프기기의 토출량

구 분	고정주유설비			고정급유설비
	제1석유류(휘발유)	경유	등유	
펌프기기의 최대 토출량	50[ℓ/min] 이하	180[ℓ/min] 이하	80[ℓ/min] 이하	300[ℓ/min] 이하

- 이동저장탱크에 주입하기 위한 고정급유설비의 펌프기기는 분당 토출량이 200[ℓ] 이상인 것의 경우에는 주유설비에 관계된 모든 배관의 안지름을 40[mm] 이상으로 하여야 한다.

25 판매취급소

제1종 판매취급소	제2종 판매취급소
지정수량의 20배 이하 저장 또는 취급	지정수량의 40배 이하 저장 또는 취급

※ 위험물 배합실의 기준

① 출입구 : 자동폐쇄식의 갑종방화문을 설치

② 출입구 문턱의 높이 : 바닥면으로부터 0.1[m] 이상

③ 벽(내화구조 또는 불연재료)으로 구획

④ 바닥면적 : 6[m²] 이상 15[m²] 이하

⑤ 바닥 : 위험물이 침투하지 아니하는 구조로 하여 적당한 경사를 두고 집유설비를 할 것

⑥ 내부에 체류한 가연성의 증기 또는 가연성의 미분을 지붕 위로 방출하는 설비를 할 것

26 경보설비 설치기준

1. 자동화재탐지설비 설치대상

① 제조소, 일반취급소, 옥내저장소

제조소등의 구분	연면적	지정수량	처마의 높이	기타
제조소 일반취급소	500[m²] 이상	100배 이상	–	복합용도 건축물에 설치된 일반취급소
옥내저장소	150[m²] 초과	100배 이상	6[m] 이상	복합용도 건축물의 옥내저장소

② 옥외탱크저장소

특수인화물, 제1석유류 및 알코올류를 저장 또는 취급하는 탱크의 용량이 1,000만리터 이상인 것

2. 자동화재탐지설비, 비상경보설비, 확성장치 또는 비상방송설비 중 1개 이상 설치 대상

자동화재탐지설비 설치대상 이외의 대상으로 지정수량 10배 이상 저장, 취급하는 것

3. 자동화재탐지설비 설치기준

① 경계구역
  ㉠ 2개의 층에 미치지 아니할 것. 단, 2개층의 합이 500[m²] 이하이거나 계단·경사로·승강기의 승강로 그 밖에 이와 유사한 장소에 연기감지기를 설치하는 경우 제외
  ㉡ 600[m²] 이하로 할 것(한변의 길이는 50[m] 이하)
    단, 내부 전체가 보이는 경우 1,000[pm²] 이하
  ㉢ 광전식분리형감지기의 경계구역 – 100[m] 이하

② 자동화재탐지설비의 감지기(옥외탱크저장소에 설치하는 감지기는 제외)는 지붕 또는 벽의 옥내에 면한 부분에 유효하게 화재의 발생을 감지할 수 있도록 설치할 것

핵심 PLUS

36 연면적이 500[m²] 이상인 위험물 제조소 및 일반취급소에 설치하여야 하는 경보설비는? [기 16]
① 자동화재탐지설비
② 확성장치
③ 비상경보설비
④ 비상방송설비

답 : ①

37 지정수량의 10배 이상의 위험물을 저장 또는 취급하는 제조소 등(이동탱크저장소를 제외한다.)에는 화재발생시 이를 알릴 수 있는 경보설비를 설치하여야 한다. 이 경보설비의 종류로서 옳지 않은 것은? [기 13]
① 확성장치(휴대용 확성기 포함)
② 비상방송설비
③ 자동화재탐지설비
④ 자동화재속보설비

답 : ④

38 제조소 등에 설치하여야 할 자동화재탐지설비의 설치기준으로 옳지 않은 것은? [기 13]
① 하나의 경계구역의 면적은 600[m²] 이하로 하고 그 한 변의 길이는 50[m] 이하로 한다.
② 경계구역의 건축물 그 밖의 공작물의 2 이상의 층에 걸치지 않도록 한다.
③ 건축물의 그 밖의 공작물의 주요한 출입구에서 그 내부의 전체를 볼 수 있는 경우에 경계구역의 면적을 1,000[m²] 이하로 할 수 있다.
④ 계단·경사로·승강기의 승강로 그 밖에 이와 유사한 장소에 열감지기를 설치하는 경우 3개의 층에 걸쳐 경계구역을 설정할 수 있다.

답 : ④

핵심 PLUS

③ 옥외탱크저장소 감지기 설치기준
  ㉠ 불꽃감지기를 설치할 것.
    불꽃을 감지하는 기능이 있는 지능형 폐쇄회로텔레비전(CCTV)을 설치한 경우 제외
  ㉡ 옥외저장탱크 외측과 보유공지 내에서 발생하는 화재를 유효하게 감지할 수 있는 위치에 설치할 것
  ㉢ 지지대를 설치하고 그 곳에 감지기를 설치하는 경우 지지대는 벼락에 영향을 받지 않도록 설치할 것

④ 옥외탱크저장소 자동화재탐지설비 설치 면제
  ㉠ 옥외탱크저장소의 방유제와 옥외저장탱크 사이의 지표면을 불연성 및 불침윤성이 있는 철근콘크리트 구조 등으로 한 경우
  ㉡ 가스감지기를 설치한 경우

⑤ 비상전원을 설치

⑥ 옥외탱크저장소 자동화재속보설비 설치 면제
  ㉠ ④에 ㉠, ㉡해당하는 경우
  ㉡ 자체소방대를 설치한 경우
  ㉢ 안전관리자가 해당 사업소에 24시간 상주하는 경우

4. 자동화재속보설비 설치대상

특수인화물, 제1석유류 및 알코올류를 저장 또는 취급하는 탱크의 용량이 1,000만리터 이상인 것

27 피난설비 설치기준

주유취급소	건축물의 2층의 부분이 점포·휴게음식점 또는 전시장의 용도 ① 당해 건축물의 2층 이상으로부터 주유취급소의 부지 밖으로 통하는 출입구 ② 당해 출입구로 통하는 통로·계단 및 출입구에 유도등을 설치
옥내주유취급소	① 당해 사무소 등의 출입구 및 피난구에 유도등을 설치 ② 당해 피난구로 통하는 통로·계단 및 출입구에 유도등을 설치

---

[39] 옥내주유취급소에 있어서 당해 사무소 등의 출입구 및 피난구와 당해 피난구로 통하는 통로·계단 및 출입구에 설치해야 하는 피난설비는?
[기 16]

① 유도등
② 구조대
③ 피난사다리
④ 완강기

답 : ①

28 제조소등에 설치해야 하는 소화설비

구 분	소화난이도 I등급	소화난이도 II등급	소화난이도 III등급
제조소, 일반 취급소	① 연 : 1,000[m²] 이상 ② 지 : 100배 이상 ③ 6[m] 이상(지반면으로부터) 높이에 위험물 설비 있는 것	① 연 : 600[m²] 이상 ② 지 : 10배 이상	소화난이도 I, II에 해당 않는 것
옥내 저장소	① 연 : 150[m²] 초과 ② 지 : 150배 이상 ③ 처마의 높이가 6[m] 이상 인 단층 건물	① 단층건물 이외의 것 ② 다층 및 소규모 옥내저장소 ③ 지 10배 이상	소화난이도 I, II에 해당 않는 것

연 : 연면적, 지 : 지정수량

① 소화난이도 I 등급

구 분	위험물의 종류	설치해야 하는 소화설비
옥외탱크저장소의 지중탱크 또는 해상탱크 외의 것, 암반 탱크저장소, 옥내탱크저장소	유황만을 저장 취급하는 것	물분무소화설비

② 소화난이도 II 등급

제조소 등의 구분	소화설비
제조소, 옥내저장소, 옥외저장소, 주유취급소, 판매취급소, 일반취급소	① 대형수동식소화기 : 방사능력범위 내에 당해 건축물, 그 밖의 공작물 및 위험물이 포함되도록 설치 ② 소형수동식소화기 등 : 당해 위험물의 소요단위의 1/5 이상 되도록 설치
옥외탱크저장소 옥내탱크저장소	대형수동식소화기 및 소형수동식소화기 등을 각각 1개 이상 설치할 것

③ 소화난이도 III 등급

제조소 등의 구분	소화설비	설치기준	
지하탱크저장소	소형수동식 소화기 등	능력단위의 수치가 3 이상	2개 이상

핵심 PLUS

40 소화난이도등급 I등급의 제조소등에 설치해야 하는 소화설비기준 중 유황만을 저장·취급하는 옥내탱크저장소에 설치해야 하는 소화설비는?
[기 16]

① 옥내소화전설비
② 옥외소화전설비
③ 물분무소화설비
④ 고정식 포소화설비

답 : ③

41 소화난이도등급 III인 지하탱크저장소에 설치하여야 하는 소화설비의 설치기준으로 옳은 것은? [기 17]
① 능력단위 수치가 3 이상의 소형 수동식소화기등 1개 이상
② 능력단위 수치가 3 이상의 소형 수동식소화기등 2개 이상
③ 능력단위 수치가 2 이상의 소형 수동식소화기등 1개 이상
④ 능력단위 수치가 2 이상의 소형 수동식소화기등 2개 이상

답 : ②

핵심 PLUS

29 소화설비 설치기준

1. 제조소등에 설치된 전기설비(배선, 조명기구 제외)

면적 100[m²]당 소형수동식소화기를 1개 이상 설치

2. 소화설비별 설치기준

구 분	수평거리	설치방법	방수량(Q)	비상전원	수원량	방수압력
옥내소화전	25[m] 이하	각층의 출입구 부근에 1개 이상 설치	260 [ℓ/min]	45분 이상	N × 7.8[m³] N : 가장 많은 층 설치개수 최대 5개	0.35 [MPa] 이상
옥외소화전	40[m] 이하	방호대상물의 각 부분으로부터 설치개수가 1개인 경우 2개 설치	450 [ℓ/min]	45분 이상	N × 13.5[m³] N : 가장 많은 층 설치개수 최대 4개, 최소 2개	0.35 [MPa] 이상
스프링클러 설비	1.7[m] 이하	천장 또는 건축물의 최상부 (천장이 없는 경우)	80 [ℓ/min]	45분 이상	폐쇄형 : 30개×2.4[m³] (30개 미만은 설치개수) 개방형 : 설치개수×2.4[m³]	0.1 [MPa] 이상
물분무 소화설비	-	방호대상물의 모든 표면을 유효하게 소화 할 수 있는 공간 내에 포함하도록 할 것	20 [ℓ/min]	45분 이상	표면적 × 20[ℓ/(min·m²)] × 30분 (헤드 개수가 가장 많은 구역의 표면적)	0.35 [MPa] 이상
포소화설비	이동식 옥내 : 25[m] 옥외 : 40[m]	※ 고정포방출구설비 포방출구, 보조포소화전, 연결송액구 설치	옥내 : 200[ℓ/min] 옥외 : 400[ℓ/min]	방사시간 × 1.5배 이상	N × Q × T N : 옥내, 옥외 - 최대 4개 T : 30분	-
이산화탄소 설비	이동식 15[m]		-	1시간	위험물세부 기준참조	-

포소화설비 연결송액구 개수 $N = \dfrac{A \cdot q}{C}$

N : 연결송액구 개수 A : 탱크의 최대수평 단면적[m²]
q : 면적당 방출률[ℓ/min·m²] C : 800[ℓ/min]

30 벌칙

1. 제조소 등에서 위험물 유출 등의 경우

위험물안전관리법		벌 금
제조소등 또는 허가를 받지 않고 지정수량 이상의 위험물을 저장 또는 취급하는 장소에서 위험물을 유출·방출 또는 확산시켜 사람의 생명·신체 또는 재산에 대하여 위험을 발생시킨 자	사망에 이르게 한 때	5년 이상 또는 무기 징역
	사람을 상해(傷害)에 이르게 한 때	3년 이상 또는 무기 징역
	-	1년 이상 10년 이하의 징역
업무상 과실로 제조소등 또는 허가를 받지 않고 지정수량 이상의 위험물을 저장 또는 취급하는 장소에서 위험물을 유출·방출 또는 확산시켜 사람의 생명·신체 또는 재산에 대하여 위험을 발생시킨 자	사람을 사상(死傷)에 이르게 때	10년 이하의 징역 또는 금고 또는 1억 원 이하
	-	7년 이하의 금고 또는 7천만 원 이하

2. 5년 이하의 징역 또는 1억 원 이하의 벌금

제조소등의 설치허가를 받지 아니하고 제조소등을 설치한 자

3. 3년 이하의 징역 또는 3천만 원 이하의 벌금

저장소 또는 제조소등이 아닌 장소에서 지정수량 이상의 위험물을 저장 또는 취급한 자

4. 1년 이하의 징역 또는 1천만 원 이하의 벌금

① 탱크시험자로 등록하지 아니하고 탱크시험자의 업무를 한 자
② 정기점검을 하지 아니하거나 점검기록을 허위로 작성한 관계인으로서 제조소등 설치허가를 받은 자
③ 정기검사를 받지 아니한 관계인으로서 제조소등 설치 허가를 받은 자
④ 자체소방대를 두지 아니한 관계인으로서 제조소등 설치 허가를 받은 자
⑤ 운반용기에 대한 검사를 받지 아니하고 운반용기를 사용하거나 유통시킨 자
⑥ 규정에 따른 명령을 위반하여 보고 또는 자료제출을 하지 아니하거나 허위의 보고 또는 자료제출을 한 자 또는 관계공무원의 출입·검사 또는 수거를 거부·방해 또는 기피한 자
⑦ 제조소등에 대한 긴급 사용정지·제한명령을 위반한 자

핵심 PLUS

42 위험물안전관리법령상 업무상 과실로 제조소등에서 위험물을 유출·방출 또는 확산시켜 사람의 생명·신체 또는 재산에 대하여 위험을 발생시킨 자에 대한 벌칙기준은?
① 7년 이하의 금고 또는 7000만 원 이하의 벌금
② 5년 이하의 금고 또는 2000만 원 이하의 벌금
③ 5년 이하의 금고 또는 7000만 원 이하의 벌금
④ 7년 이하의 금고 또는 2000만 원 이하의 벌금

답 : ④

핵심 PLUS

III. 소방관계법규 | 위험물안전관리법

4. 1천500만 원 이하의 벌금

① 위험물의 저장 또는 취급에 관한 중요기준에 따르지 아니한 자
② 변경허가를 받지 아니하고 제조소등을 변경한 자
③ 제조소등의 완공검사를 받지 아니하고 위험물을 저장·취급한 자
④ 제조소등의 사용정지명령을 위반한 자
⑤ 수리·개조 또는 이전의 명령에 따르지 아니한 자
⑥ 안전관리자를 선임하지 아니한 관계인으로서 허가를 받은 자
⑦ 대리자를 지정하지 아니한 관계인으로서 허가를 받은 자
⑧ 업무정지명령을 위반한 자
⑨ 탱크안전성능시험 또는 점검에 관한 업무를 허위로 하거나 그 결과를 증명하는 서류를 허위로 교부한 자
⑩ 예방규정을 제출하지 아니하거나 변경명령을 위반한 관계인으로서 허가를 받은 자
⑪ 정지지시를 거부하거나 국가기술자격증, 교육수료증·신원확인을 위한 증명서의 제시 요구 또는 신원확인을 위한 질문에 응하지 아니한 사람
⑫ 명령을 위반하여 보고 또는 자료제출을 하지 아니하거나 허위의 보고 또는 자료제출을 한 자 및 관계공무원의 출입 또는 조사·검사를 거부·방해 또는 기피한 자
⑬ 탱크시험자에 대한 감독상 명령에 따르지 아니한 자
⑭ 무허가장소의 위험물에 대한 조치명령에 따르지 아니한 자
⑮ 저장·취급기준 준수명령 또는 응급조치명령을 위반한 자

5. 1천만 원 이하 벌금

① 위험물의 취급에 관한 안전관리와 감독을 하지 아니한 자
② 안전관리자 또는 그 대리자가 참여하지 아니한 상태에서 위험물을 취급한 자
③ 변경한 예방규정을 제출하지 아니한 관계인으로서 허가를 받은 자
④ 위험물의 운반에 관한 중요기준에 따르지 아니한 자
⑤ 위험물 분야의 자격을 취득하지 아니하거나 교육을 수료하지 않거나 운송책임자의 감독 지원을 위반한 위험물 운송자
⑥ 위험물 분야의 자격을 취득하거나 안전교육을 수료하지 아니한 위험물운반자
⑦ 관계인의 정당한 업무를 방해하거나 출입·검사 등을 수행하면서 알게 된 비밀을 누설한 자

---

43 위험물안전관리법령에 따라 위험물안전관리자를 해임하거나 퇴직한 때에는 해임하거나 퇴직한 날부터 며칠 이내에 다시 안전관리자를 선임하여야 하는가?
① 30일   ② 35일
③ 40일   ④ 55일

[해설] 위험물안전관리자 선임기간 : 30일

답 : ①

44 위험물운송자 자격을 취득하지 아니한 자가 위험물 이동탱크저장소 운전시의 벌칙으로 옳은 것은? [기 14]
① 100만 원 이하의 벌금
② 200만 원 이하의 벌금
③ 300만 원 이하의 벌금
④ 1,000만 원 이하의 벌금

답 : ④

핵심 PLUS

6. 500만 원 이하의 과태료

신고기한의 다음날을 기산일로 하여			
30일 이내에 신고한 경우	31일 이후에 신고한 경우	허위로 신고한 경우	신고를 하지 않은 경우
250	350	500	500

① 품명 등의 변경신고를 기간(변경한 날의 1일 전날) 이내에 하지 아니하거나 허위로 한 자
② 지위승계신고를 기간(지위승계일의 다음날을 기산일로 하여 30일이 되는 날) 이내에 하지 아니하거나 허위로 한 자
③ 제조소등의 폐지신고를 기간(폐지일의 다음날을 기산일로 하여 14일이 되는 날) 이내에 하지 아니하거나 허위로 한 자
⑤ 제조소등의 사용 중지신고 또는 재개신고를 기간(중지 또는 재개한 날의 14일 전날) 이내에 하지 않거나 거짓으로 한 경우
⑥ 제조소등의 안전관리자의 선임신고를 기간(선임한 날의 다음날을 기산일로 하여 14일이 되는 날) 이내에 하지 아니하거나 허위로 한 자
⑦ 탱크안전성능시험자 등록사항의 변경신고를 기간(변경일의 다음날을 기산일로 하여 30일이 되는 날) 이내에 하지 아니하거나 허위로 한 자

1차 위반 시	2차 위반 시	3차 이상 위반 시
250	400	500

① 위험물의 저장 또는 취급에 관한 세부기준을 위반한 자
② 위험물의 운반에 관한 세부기준을 위반한 자
③ 위험물의 운송에 관한 기준을 따르지 아니한 자
④ 정기점검 : 점검결과를 기록·보존하지 아니한 자
⑤ 예방규정을 준수하지 않은 경우

승인기한(임시저장 또는 취급개시일의 전날)의 다음날을 기산일로 하여		
30일 이내에 승인을 신청한 경우	31일 이후에 승인을 신청한 경우	승인을 받지 않은 경우
250	400	500

① 위험물 90일 이내 임시 저장, 취급 : 소방서장의 승인을 받지 아니한 자

제출기한(점검일의 다음날을 기산일로 하여 30일이 되는 날)의 다음날을 기산일로 하여		
30일 이내에 신고한 경우	31일 이후에 신고한 경우	제출하지 않은 경우
250	400	500

① 정기점검을 한 제조소등의 관계인은 점검을 한 날부터 30일 이내에 점검결과를 시·도지사에게 제출하지 않은 경우

> **핵심 PLUS**

7. 과징금

시·도지사는 제조소등에 대한 사용의 정지가 그 이용자에게 심한 불편을 주거나 그 밖에 공익을 해칠 우려가 있는 때에는 사용정지처분에 갈음하여 2억 원 이하의 과징금을 부과할 수 있다.

소방시설법(소방시설관리업)	3천만 원(과징금) 이하
소방시설공사업법	2억 원(과징금) 이하
다중이용업소의 안전관리에 관한 특별법	1천만 원(이행강제금) 이하

핵심기출문제

5. 위험물안전관리법

■■■ 5. 위험물안전관리법

1. 위험물의 유별에 따른 대표적인 성질의 연결이 틀린 것은?

① 제1류 – 산화성 고체
② 제2류 – 가연성 고체
③ 제4류 – 인화성 액체
④ 제5류 – 산화성 액체

2. 위험물안전관리법령상 산화성고체인 제1류 위험물에 해당되는 것은?

① 과염소산
② 질산염류
③ 유기과산화물
④ 특수인화물

3. 위험물안전관리법에서 정하는 위험물질에 대한 설명으로 다음 중 틀린 것은?

① 철분이란 철의 분말로서 53[μm]의 표준체를 통과하는 것이 50[wt%] 미만인 것은 제외한다.
② 인화성 고체란 고형알코올 그 밖에 1기압에서 인화점이 40[℃] 미만인 고체를 말한다.
③ 유황은 순도가 50[wt%] 이상인 것을 말한다.
④ 과산화수소는 그 농도가 36[wt%] 이상인 것에 한한다.

4. 다음 중 위험물안전관리법령에 따른 제3류 자연발화성 및 금수성 위험물이 아닌 것은?

① 적린
② 황린
③ 칼륨
④ 금속의 수소화물

해설

해설 1

분류	성상
제1류	산화성 고체
제2류	가연성 고체
제3류	자연발화성 및 금수성 물질
제4류	인화성 액체
제5류	자기연소성 물질
제6류	산화성 액체

해설 2
- 과염소산 – 6류
- 유기과산화물 – 5류
- 특수인화물 – 4류

해설 3
유황 : 순도가 60[wt%] 이상인 것

해설 4
적린 : 제2류 위험물 가연성고체

정답 1. ④ 2. ② 3. ③ 4. ①

핵심기출문제

5. 위험물안전관리법

5. 다음 위험물 중 자기반응성 물질은 어느 것인가?
① 황린
② 염소산염류
③ 알칼리토금속
④ 아조화합물

[해설] 5
- 황린 : 제3류 자연발화성 및 금수성
- 염소산염류 : 제1류 산화성고체
- 알칼리토금속 : 제3류 자연발화성 및 금수성

6. 다음 중 위험물의 지정수량으로 옳지 않은 것은?
① 질산염류 300[kg]
② 황린 10[kg]
③ 알킬알루미늄 10[kg]
④ 과산화수소 300[kg]

[해설] 6
완공검사의 신청시기

품명	지정수량
황린	20[kg]

7. 다음의 위험물 중에서 위험물안전관리법령에서 정하고 있는 지정수량이 가장 적은 것은?
① 브롬산염류
② 유황
③ 알칼리토금속
④ 과염소산

[해설] 7

품명	지정수량
브롬산염류	300[kg]
유황	100[kg]
알칼리토금속	50[kg]
과염소산	300[kg]

8. 위험물안전관리법에서 정하는 용어의 정의에 대한 설명 중 틀린 것은? [13⑦]
① 위험물이라 함은 인화성 또는 발화성 등의 성질을 가지는 것으로 총리령이 정하는 물품을 말한다.
② 지정수량이라 함은 위험물의 종류별로 위험성을 고려하여 제조소 등의 설치허가 등에 있어서 최저 기준이 되는 수량을 말한다.
③ 제조소라 함은 위험물을 제조할 목적으로 지정수량 이상의 위험물을 취급하기 위하여 위험물 설치허가를 받은 장소를 말한다.
④ 취급소라 함은 지정수량 이상의 위험물을 제조 외의 목적으로 취급하기 위하여 위험물 설치허가를 받은 장소를 말한다.

[해설] 8
위험물이라 함은 인화성 또는 발화성 등의 성질을 가지는 것으로 대통령령으로 정하는 물품을 말한다.

9. 시·도의 조례가 정하는 바에 따라 관할소방서장의 승인을 받아 지정수량 이상의 위험물을 임시 저장 또는 취급할 수 있는 기간으로 알맞은 것은?
① 360일 이내
② 180일 이내
③ 90일 이내
④ 60일 이내

[해설] 9
제조소 등이 아닌 장소에서 지정수량 이상의 위험물을 취급할 수 있는 경우
㉠ 관할소방서장의 승인을 받아 지정수량 이상의 위험물을 90일 이내의 임시로 저장 또는 취급하는 경우
㉡ 군부대가 지정수량 이상의 위험물을 군사목적으로 임시로 저장 또는 취급하는 경우

정답 5. ④ 6. ② 7. ③ 8. ① 9. ③

10. 위험물안전관리법상 위험물시설의 변경 기준 중 다음 ( ) 안에 알맞은 것은?

[11, 15, 17㉮]

제조소등의 위치·구조 또는 설비의 변경 없이 당해 제조소등에서 저장하거나 취급하는 위험물의 품명·수량 또는 지정수량의 배수를 변경하고자 하는 자는 변경하고자 하는 날의 (㉠)일 전까지 행정안전부령이 정하는 바에 따라 (㉡)에게 신고하여야한다.

① ㉠ 1, ㉡ 소방본부장 또는 소방서장
② ㉠ 1, ㉡ 시·도지사
③ ㉠ 7, ㉡ 소방본부장 또는 소방서장
④ ㉠ 7, ㉡ 시·도지사

11. 다음 ( )안에 알맞은 내용을 바르게 나타낸 것은? [12㉮]

위험물제조소 등의 설치자의 지위를 승계한 자는 (①)이 정하는 바에 따라 승계한 날로부터 (②) 이내에 (③)에게 신고하여야 한다.

① ① 대통령, ② 14일, ③ 시·도지사
② ① 대통령, ② 30일, ③ 소방본부장·소방서장
③ ① 행정안전부령, ② 14일, ③ 소방본부장·소방서장
④ ① 행정안전부령, ② 30일, ③ 시·도지사

12. 위험물시설의 설치 및 변경, 안전관리에 대한 설명으로 옳지 않은 것은? [12㉮]

① 제조소 등의 용도를 폐지한 때에는 폐지한 날부터 30일 이내에 시·도지사에게 신고하여야 한다.
② 제조소 등의 설치자의 지위를 승계한 자는 승계한 날부터 30일 이내에 시·도지사에게 신고하여야 한다.
③ 위험물안전관리자가 퇴직한 때에는 퇴직한 날부터 30일 이내에 다시 위험물안전관리자를 선임하여야 한다.
④ 위험물안전관리자를 선임한 때에는 선임한 날부터 14일 이내에 소방본부장 또는 소방서장에게 신고하여야 한다.

해설

해설 10, 11, 12

위험물시설의 설치 및 변경 등
- 시·도지사에게 허가, 신고

구분	내용	방법
설치	제조소등을 설치하고자 할 때	허가
변경	위치, 구조 또는 설비의 변경 없이 위험물의 품명, 수량 또는 지정수량의 배수를 변경하고자 하는 날의 1일 전까지 행정안전부령이 정하는 바에 따라	신고
지위승계	행정안전부령이 정하는 바에 따라 지위 승계한 날로부터 30일 이내	신고
폐지	제조소등의 용도 폐지 시 폐지한 날로부터 14일 이내	신고
사용중지, 재개	중지하려는 날 또는 재개하려는 날의 14일 전	신고

정답 10. ② 11. ④ 12. ①

핵심기출문제

5. 위험물안전관리법

13. 위험물시설의 설치 및 변경 등에 있어서 허가를 받지 아니하고 당해 제조소 등을 설치하거나 그 위치·구조 또는 설비를 변경할 수 있으며, 신고를 하지 아니하고 위험물의 품명·수량 또는 지정수량의 배수를 변경할 수 있는 경우의 제조소 등으로 옳지 않은 것은? [13 ㉮]

① 주택의 난방시설을 위한 저장소 또는 취급소
② 공동주택의 중앙난방시설을 위한 저장소 또는 취급소
③ 수산용으로 필요한 건조시설을 위한 지정수량 20배 이하의 저장소
④ 농예용으로 필요한 난방시설을 위한 지정수량의 20배 이하의 저장소

14. 다음 중 제조소 등의 완공검사 신청시기로서 틀린 것은? [14 ㉮]

① 지하탱크가 있는 제조소 등의 경우에는 당해 지하탱크를 매설하기 전
② 이동탱크저장소의 경우에는 이동저장탱크를 완공하고 상치장소를 확보한 후
③ 이송취급소의 경우에는 이송배관공사의 전체 또는 일부 완료 후
④ 배관을 지하에 설치하는 경우에는 소방서장이 지정하는 부분을 매몰하고 난 직후

15. 위험물안전관리법에 의하여 자체소방대를 두는 제조소로서 제4류 위험물의 최대수량의 합이 지정수량 12만배 이상 24만배 미만인 경우 보유하여야 할 화학소방자동차와 자체소방대원의 기준으로 옳은 것은?

① 2대, 10인
② 3대, 10인
③ 3대, 15인
④ 4대, 20인

16. 위험물안전관리법령에 의하여 자체소방대에 배치해야 하는 화학소방자동차의 구분에 속하지 않는 것은? [15 ㉮]

① 포수용액 방사차
② 고가 사다리차
③ 제독차
④ 할로겐화합물 방사차

해설

해설 13
제조소 등의 허가, 변경, 신고를 하지 않아도 되는 경우
① 주택의 난방시설(공동주택의 중앙난방시설은 제외)을 위한 저장소 또는 취급소
② 농예용·축산용 또는 수산용으로 필요한 난방시설 또는 건조시설을 위한 지정수량 20배 이하의 저장소

해설 14
완공검사의 신청시기

제조소 등	완공검사 신청 시기
전체 공사가 완료된 후에는 완공검사를 실시하기 곤란한 경우	배관을 지하에 설치하는 경우에는 시·도지사, 소방서장 또는 기술원이 지정하는 부분을 매몰하기 직전

해설 15
자체소방대에 두는 화학소방자동차 및 인원

최대 수량의 합	화학소방 자동차	자체 소방대원의 수
지정수량의 12만배 미만	1대	5인
지정수량의 12만배 이상 24만배 미만	2대	10인
지정수량의 24만배 이상 48만배 미만	3대	15인
지정수량의 48만배 이상	4대	20인

해설 16, 17
화학소방자동차의 소화능력 및 설비의 기준

구분 (방사차)	포수 용액 방사차	이산화 탄소 방사차	할로겐 화합물 방사차	분말 방사차	제독차
토출량	2,000 [ℓ/min]	40[kg/sec]	40[kg/sec]	35[kg/sec]	-
저장량	10만[ℓ] 이상의 포수용액	3,000 [kg] 이상	1,000 [kg] 이상	1,400 [kg] 이상	가성소다 및 규조토를 각각 50[kg] 이상

정답 13. ② 14. ④ 15. ① 16. ②

17. 위험물제조소 등의 자체소방대가 갖추어야 하는 화학소방차의 소화능력 및 설비기준으로 틀린 것은? [14 ㉮]

① 포수용액을 방사하는 화학소방자동차는 방사능력이 2,000[l/min] 이상이어야 한다.
② 이산화탄소를 방사하는 화학소방차는 방사능력이 40[kg/s] 이상이어야 한다.
③ 할로겐화합물방사차의 경우 할로겐화합물탱크 및 가압용 가스설비를 비치하여야 한다.
④ 제독차를 갖추는 경우 가성소다 및 규조토를 각각 30[kg] 이상 비치하여야 한다.

18. 관계인이 예방규정을 정하여야 하는 제조소등의 기준이 아닌 것은? [17 ㉮]

① 지정수량의 10배 이상의 위험물을 취급하는 제조소
② 지정수량의 50배 이상의 위험물을 저장하는 옥외저장소
③ 지정수량의 150배 이상의 위험물을 저장하는 옥내저장소
④ 지정수량의 200배 이상의 위험물을 저장하는 옥외탱크저장소

19. 지정수량의 몇 배 이상의 위험물을 저장하는 옥내저장소에는 화재예방을 위한 예방규정을 정하여야 하는가? [12 ㉮]

① 10배
② 100배
③ 150배
④ 200배

20. 위험물안전관리법령상 정기점검의 대상인 제조소등의 기준으로 틀린 것은?

① 지하탱크저장소
② 이동탱크저장소
③ 지정수량의 10배 이상의 위험물을 취급하는 제조소
④ 지정수량의 20배 이상의 위험물을 저장하는 옥외탱크저장소

해설

해설 18, 19

예방규정을 작성해야 하는 대상

구 분	지정수량의 배수
암반탱크저장소, 이송취급소	지정수량 관계없이 예방규정을 정하여야 함
제조소, 일반취급소	10배 이상
옥외저장소	100배 이상
옥내저장소	150배 이상
옥외탱크저장소	200배 이상

해설 20

구분	대상
정기점검	• 예방규정을 정해야 하는 제조소 등 • 지하탱크저장소, 이동탱크저장소 • 지하에 매설된 탱크가 있는 제조소 • 주유취급소 또는 일반취급소

정답 17. ④ 18. ② 19. ③ 20. ④

핵심기출문제
5. 위험물안전관리법

21. 액체위험물을 저장 또는 취급하는 옥외탱크저장소 중 몇 리터 이상의 옥외탱크저장소는 정기검사의 대상이 되는가? [10 ②]

① 1만리터 이상
② 50만리터 이상
③ 100만리터 이상
④ 1,000만리터 이상

22. 위험물안전관리법령상 제조소의 기준에 따라 건축물의 외벽 또는 이에 상당하는 공작물의 외측으로부터 제조소의 외벽 또는 이에 상당하는 공작물의 외측까지의 안전거리 기준으로 틀린 것은? (단, 제6류 위험물을 취급하는 제조소를 제외하고, 건축물에 불연재료로 된 방화상 유효한 담 또는 벽을 설치하지 않는 경우이다.)

① 의료법에 의한 종합병원에 있어서는 30[m] 이상
② 도시가스사업법에 의한 가스공급시설에 있어서는 20[m] 이상
③ 사용전압 35000V를 초과하는 특고압가공전선에 있어서는 5[m] 이상
④ 문화재보호법에 의한 유형문화재와 기념물 중 지정문화재에 있어서는 30[m] 이상

23. 제4류 위험물 제조소의 경우 사용전압이 35[kV]인 특고압가공전선이 지나갈 때 제조소의 외벽과 가공전선 사이의 수평거리(안전거리)는 몇 [m] 이상이어야 하는가? [11 ②]

① 2[m] ② 3[m]
③ 5[m] ④ 10[m]

24. 위험물 제조소에는 보기 쉬운 곳에 "위험물 제조소"라는 표시를 한 표지를 기준에 따라 설치하여야 하는데 다음 중 표지의 기준으로 적합한 것은? [14 ②]

① 표지의 한 변의 길이는 0.3[m] 이상, 다른 한 변의 길이는 0.6[m] 이상인 직사각형으로 하며, 표지의 바탕은 백색으로 문자는 흑색으로 한다.
② 표지의 한 변의 길이는 0.2 이상, 다른 한 변의 길이는 0.4 이상인 직사각형으로 하며, 표지의 바탕은 백색으로 문자는 흑색으로 한다.
③ 표지의 한 변의 길이는 0.2[m] 이상, 다른 한 변의 길이는 0.4[m] 이상인 직사각형으로 하며, 표지의 바탕색은 흑색으로 문자는 백색으로 한다.
④ 표지의 한 변의 길이는 0.3[m] 이상, 다른 한 변의 길이는 0.6[m] 이상인 직사각형으로 하며, 표지의 바탕은 흑색으로 문자는 백색으로 한다.

해설

해설 21
정기검사, 구조안전점검

구분	대상
정기검사	액체위험물을 저장 또는 취급하는 50만[ℓ] 이상의 옥외탱크저장소
구조안전점검	50만[ℓ] 이상의 옥외저장탱크 (준특정옥외저장탱크)

해설 22, 23

안전거리	해당 대상물
50[m] 이상	유형문화재, 기념물 중 지정문화재
30[m] 이상	학교, 종합병원, 병원, 치과병원, 한방병원, 요양병원
20[m] 이상	고압가스, 액화석유가스, 도시가스를 저장 또는 취급하는 시설
10[m] 이상	주거 용도에 사용되는 것
5[m] 이상	사용전압 35[kV]를 초과하는 특고압가공전선
3[m] 이상	사용전압 7[kV] 초과 35[kV] 이하의 특고압가공전선

해설 24
위험물제조소의 표지
① 크기 : 한 변의 길이 0.3[m] 이상, 다른 한 변의 길이 0.6[m] 이상
② 색상 : 백색바탕에 흑색 문자

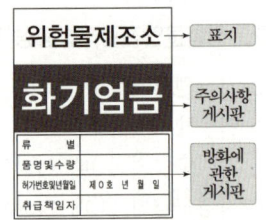

표지 및 게시판

정답 21. ② 22. ④ 23. ② 24. ①

25. 위험물을 취급함에 있어서 정전기가 발생할 우려가 있는 설비에는 정전기를 유효하게 제거할 수 있는 설비를 설치하여야 한다. 다음 중 정전기를 제거하는 방법에 속하지 않는 것은? [12 ㉮]

① 공기 중의 상대습도를 70[%] 이상으로 하는 방법
② 절연도가 높은 플라스틱을 사용하는 방법
③ 접지에 의한 방법
④ 공기를 이온화하는 방법

26. 지정수량의 몇 배 이상의 위험물을 취급하는 제조소에는 피뢰침을 설치하여야 하는가? (단, 제6류 위험물을 취급하는 위험물제조소는 제외) [14 ㉮]

① 5배
② 10배
③ 50배
④ 100배

27. 위험물 제조소에 자동화재탐지설비를 설치하여야 할 대상은? [15 ㉮]

① 옥내에서 지정수량 50배의 위험물을 저장·취급하고 있는 일반취급소
② 하루에 지정수량 50배의 위험물을 제조하고 있는 제조소
③ 지정수량의 100배의 위험물을 저장·취급하고 있는 옥내저장소
④ 연면적 100 [m²] 이상의 제조소

28. 규정에 의한 지정수량 10배 이상의 위험물을 저장 또는 취급하는 제조소등에 설치하는 경보설비로 옳지 않은 것은? [13 ㉮]

① 자동화재탐지설비
② 자동화재속보설비
③ 비상경보설비
④ 확성장치

해설

해설 25
정전기 제거 방법

도체	부도체	인체
접지, 본딩, 유속제한 (1[m/s] 이하)	상대습도 70[%] 이상, 대전방지제, 제전기	대전방지복, 대전방지화, 손목접지대

해설 26
피뢰설비
지정수량의 10배 이상의 위험물을 제조소 등의 경우(제6류 위험물은 제외) 설치

해설 27
자동화재탐지설비 설치대상

제조소등의 구분	규모·저장 또는 취급하는 위험물의 종류 최대 수량 등
제조소 일반취급소	1. 연면적 500[m²] 이상인 것 2. 옥내에서 지정수량 100배 이상을 취급하는 것
옥내저장소	1. 저장창고의 연면적 150[m²] 초과하는 것 2. 지정수량 100배 이상 (고인화점만은 제외) 3. 처마의 높이가 6[m] 이상의 단층건물 4. 복합용도 건축물의 옥내저장소

해설 28
지정수량 10배 이상의 위험물을 저장 또는 취급하는 제조소등에 설치하는 경보설비
- 자동화재탐지설비, 비상경보설비, 비상방송설비, 확성장치

정답 25. ② 26. ② 27. ③ 28. ②

핵심기출문제
5. 위험물안전관리법

29. 위험물안전관리법령상 인화성액체위험물(이황화탄소를 제외)의 옥외탱크저장소의 탱크 주위에 설치하여야 하는 방유제의 설치 기준 중 틀린 것은?

① 방유제의 용량은 방유제 안에 설치된 탱크가 하나인 때에는 그 탱크 용량의 110[%] 이상, 2기 이상인 때에는 그 탱크 중 용량이 최대인 것의 용량의 110[%] 이상으로 하여야 한다.
② 방유제는 높이 0.5[m] 이상 3[m] 이하, 두께 0.2[m] 이상, 지하매설깊이 1[m] 이상으로 할 것. 다만, 방유제와 옥외저장탱크 사이의 지반면 아래에 불침윤성 구조물을 설치하는 경우에는 지하매설깊이를 해당 불침윤성 구조물까지로 할 수 있다.
③ 방유제 내의 면적은 70,000[m²] 이하로 할 것
④ 방유제는 철근콘크리트로 하고, 방유제와 옥외저장탱크 사이의 지표면은 불연성과 불침윤성이 있는 구조(철근콘크리트 등)로 할 것. 다만, 누출된 위험물을 수용할 수 있는 전용유조 및 펌프 등의 설비를 갖춘 경우에는 방유제와 옥외저장탱크 사이의 지표면을 흙으로 할 수 있다.

[해설] 29

구 분	내 용
면적	8만[m²] 이하
높이	0.5[m] 이상 3[m] 이하
두께	0.2[m] 이상
지하매설깊이	1[m] 이상
재질	철근콘크리트
계단 또는 경사로	높이가 1[m] 이상이면 50[m]마다 설치

30. 옥내주유취급소에 있어서 당해 사무소 등의 출입구 및 피난구와 당해 피난구로 통하는 통로·계단 및 출입구에 설치해야 하는 피난설비는? [16 ㉮]

① 유도등
② 자동식 사이렌설비
③ 제연설비
④ 소화기

[해설] 30
옥내주유취급소 유도등을 설치 장소
① 당해 사무소 등의 출입구 및 피난구
② 당해 피난구로 통하는 통로·계단 및 출입구

31. 위험물안전관리법령상 제조소등에 설치하여야 할 자동화재탐지설비의 설치기준 중 ( ) 안에 알맞은 내용은?(단, 광전식분리형 감지기 설치는 제외한다.)

하나의 경계구역의 면적은 (㉠)[m²]이하로 하고 그 한 변의 길이는 (㉡)[m] 이하로 할 것. 다만, 당해 건축물 그 밖의 공작물의 주요한 출입구에서 그 내부의 전체를 볼 수 있는 경우에 있어서는 그 면적을 1000[m²] 이하로 할 수 있다.

① ㉠ 300, ㉡ 20
② ㉠ 400, ㉡ 30
③ ㉠ 500, ㉡ 40
④ ㉠ 600, ㉡ 50

[해설] 31
자동화재탐지설비 경계구역
㉠ 600[m²] 이하로 할 것(한변의 길이는 50[m] 이하) 단, 내부 전체가 보이는 경우 1,000[m²] 이하
㉡ 광전식분리형감지기의 경계구역 - 100[m] 이하

정답 29. ③ 30. ① 31. ④

동영상 강의
www.inup.co.kr

소방기계시설의 구조 및 원리

04 subject

01 소화기구 및 자동소화장치
02 옥내·외소화전설비
03 스프링클러설비 등
04 물분무/미분무소화설비
05 포소화설비
06 이산화탄소 소화설비
07 할론 소화설비
08 할로겐화합물 및 불활성기체 소화설비
09 분말소화설비
10 고체에어로졸소화설비
11 피난기구
12 인명구조기구
13 상수도소화용수설비
14 소화수조 및 저수조
15 제연설비
16 특별피난계단의 계단실 및 부속실 제연설비
17 연결송수관설비
18 연결살수설비
19 지하구
20 공동주택의 화재안전성능기준[NFPC 608]
21 창고시설의 화재안전성능기준[NFPC 609]
※ [별표] 소방시설도시기호

01 소화기구 및 자동소화장치

핵심 PLUS

01 소화기 또는 간이 소화용구를 설치하여야 할 특정 소방대상물은 연면적이 몇 제곱미터 이상인 것인가? [기 10]

① 10제곱미터
② 33제곱미터
③ 300제곱미터
④ 600제곱미터

답 : ②

02 다음 특정소방대상물 중 주거용 주방 자동소화장치를 설치하여야 하는 것은? [기 11]

① 아파트
② 지하가 중 터널로서 길이가 1,000 [m] 이상인 터널
③ 지정문화재 및 가스시설
④ 항공기 격납고

답 : ①

03 자동확산소화기의 종류가 아닌 것은?

① 일반화재용자동확산소화기
② 주방화재용자동확산소화기
③ 전기설비용자동확산소화기
④ 금속화재용자동확산소화기

답 : ④

1 설치대상

1. 소화기구

① 연면적 33 [m^2] 이상인 것

② 터널, 지하구, 문화재, 가스시설, 발전시설 중 전기저장시설

③ 노유자시설 : 투척용 소화용구 등을 화재안전기준에 따라 산정된 소화기 수량의 1/2 이상으로 설치할 수 있다.

2. 자동소화장치

① 후드 및 덕트가 설치되어 있는 주방이 있는 특정소방대상물

주거용 주방	아파트등 및 오피스텔의 모든층
상업용 주방	대규모점포에 입점해 있는 일반음식점, 집단급식소

② 화재안전기준에서 정하는 장소 : 고체에어로졸, 가스, 분말, 캐비닛형

2 정의

1. 자동확산소화기 〈개정 2023.8.9.〉

화재를 감지하여 자동으로 소화약제를 방출 확산시켜 국소적으로 소화하는 소화기

① 일반화재용자동확산소화기 : 보일러실, 건조실, 세탁소, 대량화기취급소 등에 설치

② 주방화재용자동확산소화기 : 음식점, 다중이용업소, 호텔, 기숙사, 의료시설, 업무시설, 공장 등의 주방에 설치

③ 전기설비용자동확산소화기 : 변전실, 송전실, 변압기실, 배전반실, 제어반, 분전반등에 설치

3 소화기구(소화기, 간이소화용구, 자동확산소화기)

1. 능력단위(불을 끌 수 있는 능력)에 따른 소화기 구분

구분	능력단위
소형 소화기	1 단위 이상이고 대형소화기의 능력단위 미만
대형 소화기	A급(일반화재) - 10 단위 이상 B급(유류화재) - 20 단위 이상

2. 양에 의한 소화기 구분 및 사용온도 범위

구분	대형소화기	사용온도범위	구분	대형소화기	사용온도범위
물소화기	80 [ℓ] 이상	0[℃] 이상 40[℃] 이하	이산화탄소 소화기	50 [kg]	0[℃] 이상 40[℃] 이하
강화액소화기	60 [ℓ] 이상	-20[℃] 이상 40[℃] 이하	할론소화기	30 [kg]	0[℃] 이상 40[℃] 이하
포소화기	20 [ℓ] 이상	0[℃] 이상 40[℃] 이하	분말소화기	20 [kg]	-20[℃] 이상 40[℃] 이하

+ 암기 물 팔아(80) 강 60 사고 포 20 사고 이산화탄소 50을 할(할론)부(분말)로 30, 20 샀다.)

3. 소화약제 외의 것을 이용한 간이소화용구의 능력단위

간이소화용구		능력단위
• 마른모래	삽을 상비한 50 [ℓ] 이상의 것 1포	0.5 단위
• 팽창질석 또는 팽창진주암	삽을 상비한 80 [ℓ] 이상의 것 1포	

핵심 PLUS

04 대형소화기의 정의 중 다음 ( ) 안에 들어갈 알맞은 것은?
[기 06, 08, 10, 13, 16, 17]

> 능력단위가 A급 (ⓒ) 단위 이상,
> B급 (⊙) 단위 이상인 소화기

① ⊙ 20, ⓒ 10
② ⊙ 10, ⓒ 5
③ ⊙ 5, ⓒ 10
④ ⊙ 10 ⓒ 20

답 : ①

05 분말소화기의 사용온도범위로 다음 중 가장 적합한 것은? [기 14, 19]
① 0~40[℃]
② 5~40[℃]
③ 10~40[℃]
④ -20~40[℃]

해설 강화액소화기와 분말소화기의 사용온도범위는 -20[℃] 이상 40[℃] 이하

답 : ④

06 다음과 같이 간이소화용구를 비치하였을 경우 능력단위의 합은?
[기 10]

> • 삽을 상비한 마른모래 50[ℓ] 포 2개
> • 삽을 상비한 팽창질석 160[ℓ] 포 1개

① 1단위   ② 2단위
③ 2.5단위   ④ 3단위

답 : ②

IV. 소방기계시설의 구조 및 원리 | 소화기구 및 자동소화장치

핵심 PLUS

07 특정소방대상물별 소화기구의 능력단위기준 중 다음 ( ) 안에 알맞은 것은?(단, 건축물의 주요구조부는 내화구조가 아니다.)
[기 05, 09, 12, 14, 15, 16, 17]

공연장은 해당 용도의 바닥면적 ( )[m²] 마다 소화기구의 능력단위 1단위 이상

① 30   ② 50
③ 100   ④ 200

답 : ②

4. 특정소방대상물별 소화기구의 능력단위기준

특정소방대상물	소화기구의 능력단위 1단위의 바닥면적 [m²]	주요구조부가 내화구조이며 벽 및 반자의 실내 재료가 불연재료·준불연재료 또는 난연재료인 경우
• 위락시설	30[m²]	60[m²]
• 공연장·관람장·장례식장·집회장·의료시설·문화재 ➕암기 공(연장)관(람장)장 집의 문	50[m²]	100[m²]
• 관광휴게시설·창고시설·판매시설·노유자시설·숙박시설·근린생활시설·항공기 및 자동차 관련 시설·공동주택·공장·업무시설·운수시설·전시장·방송통신시설 ➕암기 관(광휴게시설)창 판 노숙 근항 – 공(동주택)공(장)업 운전 방	100[m²]	200[m²]
• 그 밖의 특정소방대상물	200[m²]	400[m²]

5. 소화기구 설치기준

1) 적응성 소화기 비치

08 다음 중 소화기의 설치장소별 적응성에서 통신기기실에 적응성이 없는 소화기는? [기 05, 08, 09, 11, 16]
① 이산화탄소 소화기
② 할론 소화기(1301)
③ 액체 소화기
④ 할로겐화합물 및 불활성기체 소화약제 소화기

답 : ③

소화약제 구분 적응대상	가스		분말		액체				기타			
	이산화탄소 소화약제	할론, 할로겐화합물 및 불활성기체 소화약제	인산염류 소화약제	중탄산염류 소화약제	산알칼리 소화약제	강화액 소화약제	포 소화약제	물·침윤 소화약제	고체에어로졸 화합물	마른 모래	팽창질석·팽창진주암	그 밖의 것
일반화재(A급 화재)	×	○	○	×	○	○	○	○	○	○	○	×
유류화재(B급 화재)	○	○	○	○	○	○	○	○	○	○	○	×
전기화재(C급 화재)	○	○	○	○	*	*	*	*	○	×	×	×
주방화재(K급 화재)	×	×	×	*	×	*	*	*	×	×	×	*

* : 화재 종류별 적응성에 적합한 것으로 인정되는 경우에 한한다.

2) 보행거리 마다 비치 – 소형 20[m] 마다, 대형 30[m] 마다 비치

3) 구획된 실 33[m²] 이상 시 비치

4) 아파트 – 각 세대마다 배치

5) 부속용도별 설치기준

용도별	설치기준		
① 건조실, 대량화기취급소, 보일러실, 세탁소 ② 음식점, 다중이용업소, 호텔 등의 주방 ③ 관리자의 출입이 곤란한 변전실, 배전반실 등	자동확산소화기 설치 (스프링클러·간이스프링클러·물분무등 또는 상업용자동소화장치가 설치된 경우에는 자동확산소화기 설치 제외)		
	바닥면적	10[m²] 이하	10[m²] 초과
	설치개수	1개	2개
	단, 방호대상에 유효하게 분사될 수 있는 위치에 배치될 수 있는 수량으로 설치 주방의 경우 1개 이상은 주방화재용소화기(k급)를 설치		
통신기기실, 발전기실, 변전실, 변압기실	바닥면적 50[m²] 마다 적응성 소화기 1개 이상 비치		

6) 이산화탄소 또는 할로겐화합물을 방사하는 소화기구(자동확산소화기 제외) 설치 제외 장소
   – 지하층, 무창층, 밀폐된 거실로서 그 바닥면적이 20[m²] 미만의 장소

7) 비치 높이 및 표지

소화기구(자동확산소화기 제외)는 거주자 등이 손쉽게 사용할 수 있는 장소에 바닥으로부터 높이 1.5[m] 이하의 곳에 비치하고, 표지는 축광식표지로 설치하고 주차장의 경우 표지를 바닥으로부터 1.5[m] 이상의 높이에 설치할 것.

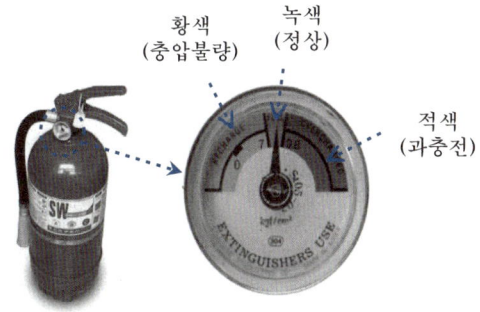

압력계 : 색상에 따른 압력 상태

핵심 PLUS

09 대형 소화기를 설치할 때에 소방대상물의 각 부분으로부터 1개의 대형 소화기까지의 보행거리가 얼마 이내가 되도록 배치하여야 하는가?
[기 05]
① 20[m] 이내 ② 25[m] 이내
③ 30[m] 이내 ④ 40[m] 이내

답 : ③

10 보일러실 바닥면적이 23[m²]이면 자동확산소화기는 몇 개를 설치하여야 하나? [기 07]
① 1개 ② 2개
③ 3개 ④ 4개

답 : ②

자동확산소화기

11 부속용도로 사용하고 있는 통신기기실의 경우 몇 [m²]마다 소화기 1개 이상을 추가로 비치하여야 하는가?
[기 10, 15, 18]
① 30 ② 40
③ 50 ④ 60

답 : ③

12 배기를 위한 유효한 개구부가 없는 지하층이나 무창층 또는 밀폐된 거실 및 사무실로서 그 바닥면적이 20[m²] 미만인 장소에서 사용(취급)하여도 되는 소화기용 소화약제는 어느 것인가? [기 13]
① 할론 1211
② 분말
③ 할론 2402
④ 탄산가스(CO_2)

답 : ②

핵심 PLUS

13 화재예방, 소방시설 설치·유지 및 안전관리에 관한 법률상 자동소화장치를 모두 고른 것은? [기 20]

㉠ 분말자동소화장치
㉡ 액체자동소화장치
㉢ 고체에어로졸자동소화장치
㉣ 공업용 주방자동소화장치
㉤ 캐비닛형 자동소화장치

① ㉠, ㉡
② ㉡, ㉢, ㉣
③ ㉠, ㉢, ㉤
④ ㉠, ㉡, ㉢, ㉣, ㉤

답 : ③

14 특정소방대상물의 규모 등에 따라 갖추어야 하는 소방시설 등의 종류 중 주거용 주방자동소화장치를 설치하여야 하는 것은? [기 09, 14]

① 아파트
② 터널
③ 지정문화재
④ 가스시설

답 : ①

4 자동소화장치

1. 자동소화장치의 종류

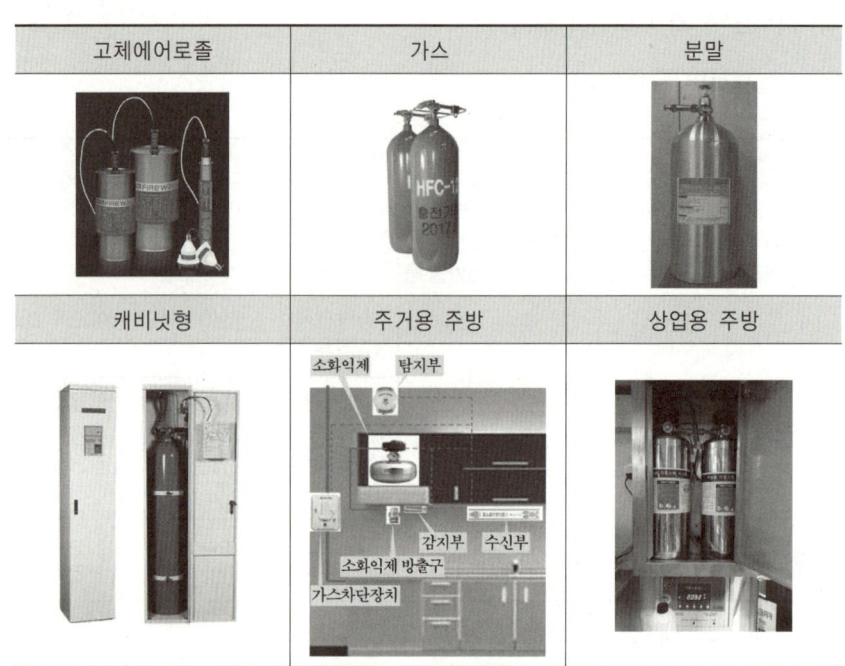

2. 주거용 주방자동소화장치

1) 설치 대상 – 아파트등 및 오피스텔의 모든 층

2) 작동 순서

① 가스누설 시 – 탐지부가 탐지하여 수신부에서 경보음 발생 및 차단장치 폐쇄

② 화재 시 – 감지부가 작동하여 소화약제 저장용기가 개방되고 소화약제는 방출구까지 이송된 상태에서 방출구가 열에 녹으면 소화약제 방사 됨

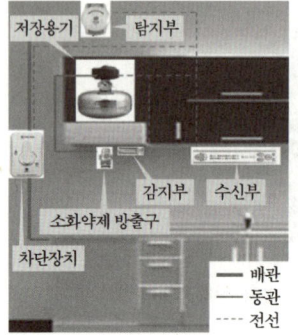
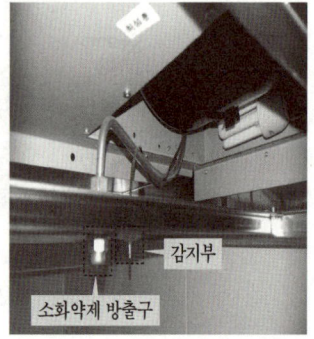

후드에 설치된 소화약제 방출구 및 감지부

3) 설치기준

탐지부	• 가스용 주방자동소화장치를 사용하는 경우 수신부와 분리하여 설치 • 설치위치	
	공기보다 가벼운 가스	천장 면으로부터 30 [cm] 이하
	공기보다 무거운 가스	바닥 면으로부터 30 [cm] 이하
가스 또는 전기 차단장치	상시 확인 및 점검이 가능하도록 설치	
수신부	주위의 열기류 또는 습기 등과 주위온도에 영향을 받지 아니하는 장소 및 사용자가 상시 볼 수 있는 장소에 설치	
소화약제 방출구	• 환기구의 청소부분과 분리 설치 • 형식승인 받은 유효설치 높이 및 방호면적에 따라 설치	
감지부	형식승인 받은 유효한 높이 및 위치에 설치	

핵심 PLUS

15 아파트에 설치하는 주거용 주방자동소화장치의 설치기준 중 부적합한 것은? [기10]
① 아파트의 각 세대별 주방에 설치한다.
② 소화약제 방출구는 환기구의 청소부분과 분리되어 있어야 한다.
③ 주거용 주방자동소화장치에 사용하는 차단장치는 감지부와 1[m] 이내에 위치한다.
④ 주거용 주방자동소화장치의 탐지부는 수신부와 분리하여 설치하되, 공기보다 무거운 가스 사용시는 바닥에서 30[cm] 이하에 위치한다.

답 : ③

핵심기출문제

1. 소화기구 및 자동소화장치

■■■ 1. 소화기구 및 자동소화장치

1. 대형 소화기의 능력단위 기준 및 보행거리 배치기준이 적절하게 표시된 것은?

[10 ㉮]

① A급 화재 : 10단위 이상
　B급 화재 : 20단위 이상
　보행거리 : 30[m] 이내

② A급 화재 : 20단위 이상
　B급 화재 : 20단위 이상
　보행거리 : 30[m] 이내

③ A급 화재 : 10단위 이상
　B급 화재 : 20단위 이상
　보행거리 : 40[m] 이내

④ A급 화재 : 20단위 이상
　B급 화재 : 20단위 이상
　보행거리 : 40[m] 이내

2. 난방설비가 없는 교육장소(겨울 최저온도 : -15[℃])에 비치하는 소화기로 적합한 것은?

[14 ㉮]

① 화학포소화기
② 기계포소화기
③ 산알칼리소화기
④ ABC분말소화기

3. 간이소화용구로서 능력단위 2단위의 마른모래를 설치하고자 할 때 얼마를 설치하여야 하는가?

[13 ㉮]

① 삽을 상비한 50[*l*] 이상의 것 2포
② 삽을 상비한 50[*l*] 이상의 것 4포
③ 삽을 상비한 160[*l*] 이상의 것 2포
④ 삽을 상비한 160[*l*] 이상의 것 4포

4. 바닥면적이 1,300[m²]인 관람장에 소화기구를 설치할 경우, 소화기구의 최소 능력단위는? (단, 주요구조부가 내화구조이고, 벽 및 반자의 실내에 면하는 부분이 불연재료이다.)

[16, 18 ㉮]

① 7단위　　　　　② 9단위
③ 10단위　　　　④ 13단위

해설

해설 1
- 대형소화기의 능력단위

A급	10 단위 이상
B급	20 단위 이상

- 보행거리

소형	20m 마다
대형	30m 마다

해설 2

구분	사용온도 범위	구분	사용온도 범위
물 소화기	0[℃] 이상 40[℃] 이하	이산화탄소 소화기	0[℃] 이상 40[℃] 이하
강화액 소화기	-20[℃] 이상 40[℃] 이하	할론 소화기	0[℃] 이상 40[℃] 이하
포 소화기	0[℃] 이상 40[℃] 이하	분말 소화기	-20[℃] 이상 40[℃] 이하

해설 3

간이소화용구		능력단위
마른모래	삽을 상비한 50[*l*] 이상의 것 1포	0.5단위
팽창질석 또는 팽창진주암	삽을 상비한 80[*l*] 이상의 것 1포	

마른모래 2단위-50[*l*] 이상의 것 4포

해설 4
관람장의 능력단위는 50[m²]이 1단위이나 내화구조, 불연재료이므로 100[m²]이 1단위임

$$\frac{1,300[m^2]}{100[m^2/1단위]} = 13\ 단위$$

정답　1. ①　2. ④　3. ②　4. ④

5. 바닥면적이 1,300[m²]인 판매시설에 소화기구를 설치하려 한다. 소화기구의 최소 능력단위는? (단, 주요 구조부는 내화구조이고, 벽 및 반자의 실내와 면하는 부분이 불연재료이다.) [05⑦]

① 7단위　　　　　　　② 9단위
③ 10단위　　　　　　 ④ 13단위

해설 5
판매시설의 능력단위는 100[m²]이 1단위이나 내화구조, 불연재료이므로 200[m²]이 1단위임.
$$\frac{1,300[m^2]}{200[m^2/1단위]} = 6.5 \text{ 단위}$$
따라서 7단위가 최소단위가 된다.

6. 건축물의 주요구조부가 내화구조이고, 벽, 반자등 실내에 면하는 부분이 불연재료로 시공된 바닥 면적이 600[m²]인 노유자 시설에 필요한 소화기구의 소화능력 단위는 얼마 이상으로 하여야 하는가? [09⑦]

① 2단위　　　　　　　② 3단위
③ 4단위　　　　　　　④ 6단위

해설 6
노유자 시설의 능력단위는 100[m²]이 1단위이나 내화구조, 불연재료이므로 200[m²]이 1단위임.
$$\frac{600[m^2]}{200[m^2/1단위]} = 3단위$$

7. 바닥면적 500[m²]인 사무실(사무소)에 능력단위 2인 소형 소화기를 설치하는 경우에 설치하여야 하는 소화기의 개수는? (단, 추가 및 면제는 없으며 내장재가 불연재료인 기타구조의 소방대상물의 각 부분이 보행거리 20[m] 이내에 있다고 가정함) [05⑦]

① 2개　　　　　　　　② 3개
③ 4개　　　　　　　　④ 5개

해설 7
1. 사무실 500[m²]인 용도는 업무시설
2. 업무시설의 1 단위는 100[m²]
3. 필요한 소화기 개수
　500[m²] ÷ 100[m²/1단위] = 5단위
4. 5단위 / 2단위 소화기 = 2.5개
따라서, 3개

8. 소화기구의 소화약제별 적응성 중 전기(C급) 화재에 적응성이 없는 소화약제는? [16⑦]

① 마른 모래
② 할로겐화합물 및 불활성기체 소화약제
③ 이산화탄소 소화약제
④ 중탄산염류 소화약제

해설 8

소화약제 구분　　　　　적응대상	기타		
	고체에어로졸화합물	마른 모래	팽창질석·팽창진주암
전기화재 (C급 화재)	○	-	-

정답 5.① 6.② 7.② 8.①

핵심기출문제

1. 소화기구 및 자동소화장치

해설

9. 전기전자기기실 등에 방사 후 이물질로 인한 피해를 방지하기 위해서 사용하는 소화기는 무엇인가? [05 ㉮]
① 분말 소화기
② 포 소화기
③ 강화액 소화기
④ 이산화탄소 소화기

해설 9
이물질로 인한 피해를 방지하기 위해서 사용하는 소화기 – 이산화탄소 소화기 등의 가스용 소화기

10. 다음 소화기구 중 금속나트륨이나 칼륨 화재에 가장 적합한 것은? [08 ㉮]
① 산, 알칼리소화기
② 물소화기
③ 포소화기
④ 팽창질석

해설 10
금속나트륨이나 칼륨 화재에 적응성 있는 소화약제 – 탄산수소염류등, 건조사, 팽창질석 또는 팽창진주암

11. 280[m²]의 발전소에 부속용도별로 추가하여야 할 적응성이 있는 소화기의 최소 수량은 몇 개인가? [12 ㉮]
① 2개
② 4개
③ 6개
④ 12개

해설 11

용도별	설치기준
통신기기실, 발전기실, 변전실, 변압기실	바닥면적 50[m²] 마다 적응성 소화기 1개 이상 비치

$280[m^2] \div 50[m^2] = 5.6$ 개
따라서, 6개

12. 배기를 위한 유효한 개구부가 없는 지하층이나 무창층 또는 밀폐된 거실 및 사무실로서 그 바닥면적이 20[m²] 미만인 장소에서 사용(취급)하여도 되는 소화기용 소화약제는 어느 것인가? [13 ㉮]
① 할론 1211
② 분말소화기
③ 할론 2402
④ 탄산가스(CO_2)

해설 12
소화기 설치 제외 장소

지하층	이산화탄소 및 할로겐화합물을 방사하는 소화기구 설치 금지
밀폐된 거실로서 바닥면적 20[m²] 미만인 장소	
무창층	

13. 아파트의 각 세대별 주방에 설치되는 주거용 주방자동소화장치의 설치기준으로 적합하지 않은 항목은 어느 것인가? [11 ㉮]
① 감지부의 설치위치는 형식승인 받은 유효한 높이 및 위치에 설치
② 탐지부는 수신부와 분리하여 설치
③ 주거용 주방자동소화장치의 차단장치는 주방 배관의 개폐밸브로부터 5m 이하의 위치에 설치
④ 수신부는 열기구 또는 습기 등과 주위온도에 영향을 받지 아니하는 장소에 설치

해설 13
주거용 주방자동소화장치의 차단장치와 주방배관의 개폐밸브 거리 기준은 없음

정답 9. ④ 10. ④ 11. ③ 12. ②
13. ③

02 옥내·외소화전설비

IV. 소방기계시설의 구조 및 원리 | 옥내·외소화전설비

1 옥내소화전설비 설치해야 하는 특정소방대상물

특정소방대상물	설치 대상	
근린생활시설, 판매시설, 운수시설, 의료시설 방송통신시설, 업무시설, 숙박시설, 위락시설, 공장, 창고시설, 항공기 및 자동차 관련 시설, 발전시설, 장례식장, 복합건축물, 노유자시설 교정 및 군사시설 중 국방·군사시설	• 연면적 1,500[m²] 이상이거나 • 지하층·무창층 또는 층수가 4층 이상인 층 중 바닥면적이 300[m²] 이상인 층	모든 층에 설치
그 밖의 대상 (문화 및 집회시설, 교육연구시설 등)	• 연면적 3,000[m²] 이상이거나 • 지하층·무창층(축사는 제외) 또는 층수가 4층 이상인 것 중 바닥면적이 600[m²] 이상인 층	모든 층에 설치
건축물의 옥상에 설치된 차고 또는 주차장	차고 또는 주차의 용도로 사용되는 부분의 면적이 200[m²] 이상인 것	

2 옥외소화전설비를 설치해야 하는 특정소방대상물

① 지상 1층 및 2층의 바닥면적의 합계 - 9,000[m²] 이상

② 국보 또는 보물로 지정된 목조건축물

③ 750배 이상의 특수가연물을 저장·취급하는 공장 또는 창고

| 연소우려가 있는 구조인 경우 |

※ 동일 구내에 둘 이상의 특정소방대상물이 행정안전부령으로 정하는 연소우려가 있는 구조인 경우에는 이를 하나의 특정소방대상물로 본다.

※ 행정안전부령으로 정하는 연소우려가 있는 구조 (아래사항을 모두 만족해야 한다)
1. 건축물대장의 건축물 현황도에 표시된 대지경계선 안에 2 이상의 건축물이 있는 경우
2. 각각의 건축물이 다른 건축물의 외벽으로부터 수평거리가 1층에 있어서는 6[m] 이하, 2층 이상의 층에 있어서는 10[m] 이하
3. 개구부가 다른 건축물을 향하여 설치된 구조

핵심 PLUS

01 연소 우려가 있는 건축물의 구조에 대한 기준 중 다음 보기 (㉠), (㉡)에 들어갈 수치로 알맞은 것은?
[기 16]

[보기]
"건축물 대장의 건축물 현황도에 표시된 대지경계선 안에 2 이상의 건축물이 있는 경우로서 각각의 건축물이 다른 건축물의 외벽으로부터 수평거리가 1층에 있어서는 (㉠)[m] 이하, 2층 이상의 층에 있어서는 (㉡)[m] 이하이고 개구부가 다른 건축물을 향하여 설치된 구조를 말한다."

① ㉠ 5, ㉡ 10   ② ㉠ 6, ㉡ 10
③ ㉠ 10, ㉡ 5   ④ ㉠ 10, ㉡ 6

답 : ②

Ⅰ. 옥내 소화전 설비

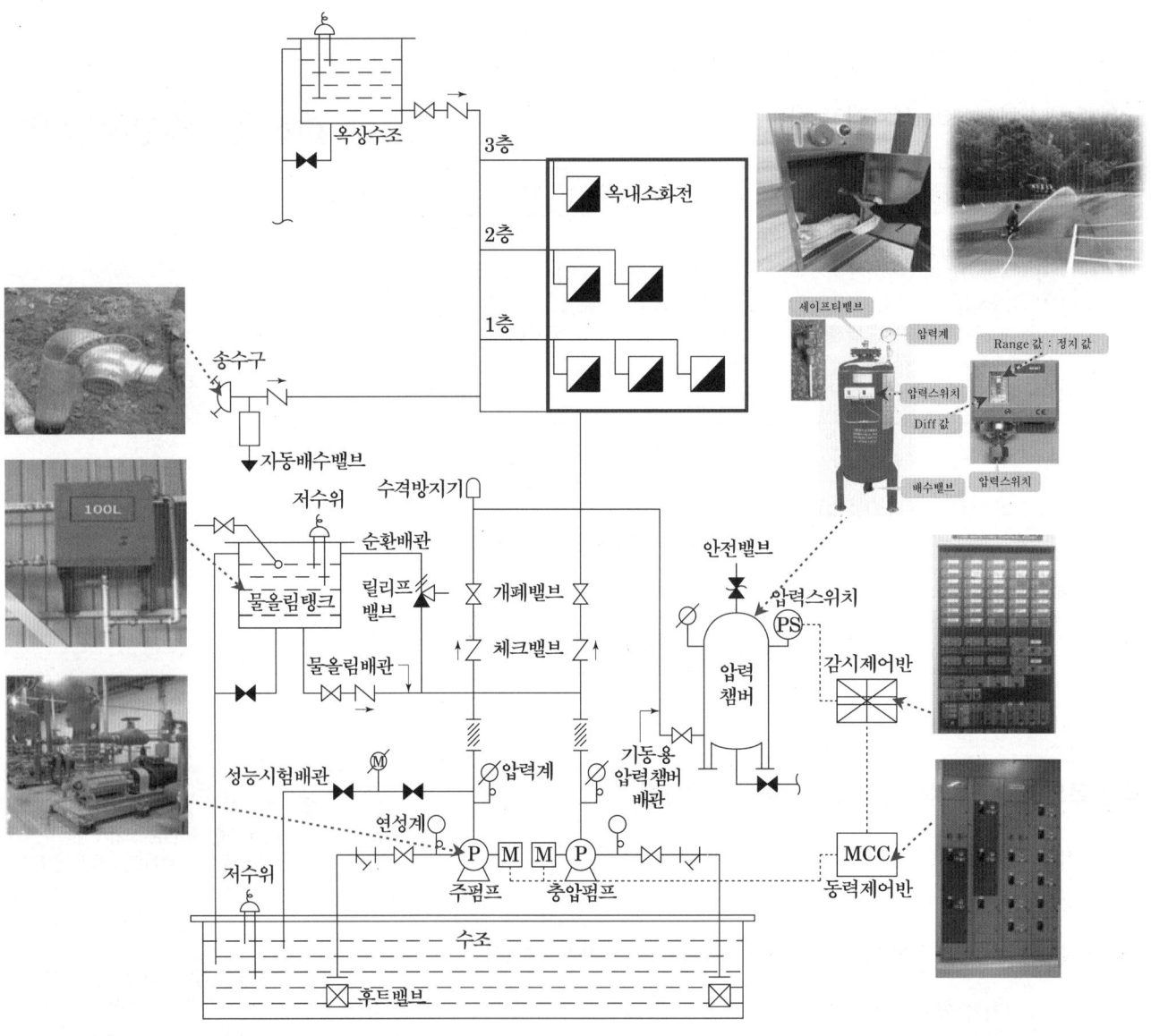

옥내소화전 계통도(부압방식) - 수원의 수위가 펌프보다 낮게 설치된 방식

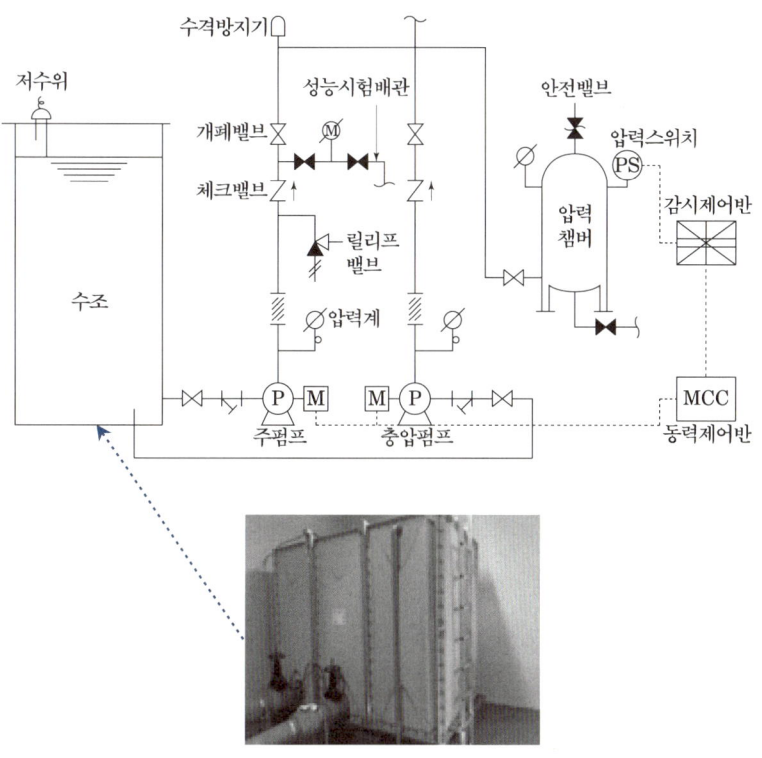

옥내소화전설비 계통도(정압방식) - 수원의 수위가 펌프보다 높게 설치된 방식

1 수원의 양(유효수량) N × Q × T / 펌프의 토출량 N × Q

구분	N(설치개수)	Q(방수량)	T(시간)	
옥내 소화전	옥내소화전의 설치개수가 가장 많은 층의 설치개수 (2개 이상 설치된 경우에는 2개)	130 [ℓ/min·개]	29층 이하	20분
			30층 이상 49층 이하	40분
			50층 이상	60분

2 옥상수조

1. 설치목적 및 수원의 양

가압송수장치 고장 시 방수 불가하므로 자연 방수 가능토록 하고 유효수량 외에 유효수량의 1/3 이상은 옥상에 설치

핵심 PLUS

02 옥내소화전이 하나의 층에는 6개, 또 다른 하나의 층에는 3개, 나머지 모든 층에는 4개씩 설치되어 있다. 수원의 수량[m³]의 최소기준은?
[기 11, 14]

① 5.2[m³] 이상
② 10.4[m³] 이상
③ 13[m³] 이상
④ 15.6[m³] 이상

해설 수원[m³] = 2개 × 130[ℓ/min·개]
× 20[min] = 5.2[m³] 이상

답 : ①

03 옥내소화전이 1층에 4개, 2층에 4개, 3층에 2개가 설치된 소방대상물이 있다. 옥내소화전설비를 위해 필요한 최소 펌프 토출량은? [기 10]

① 130[ℓ/min] 이상
② 260[ℓ/min] 이상
③ 390[ℓ/min] 이상
④ 520[ℓ/min] 이상

해설 2개 × 130[ℓ/min·개]
= 260[ℓ/min] 이상

답 : ②

핵심 PLUS

04 옥내소화전설비에서 옥상수조를 설치하지 아니하는 경우에 해당되지 않는 것은? [기 11,12,17,18]
① 지하층만 있는 건축물
② 고가수조를 가압송수장치로 설치한 경우
③ 수원이 건축물의 최상층에 설치된 방수구보다 높은 위치에 설치된 경우
④ 건축물의 높이가 지표면으로부터 최상층 바닥까지 10[m] 이하인 경우

답 : ④

05 옥내소화전설비 가압송수장치의 최소시설기준으로 맞게 열거한 것은? (단, 순서는 최소방수량 – 법정 최소방수압력 – 법정 최소방출시간 이다.) [기 09, 13]
① 130[ℓ/min] – 1.0[MPa] – 30 분
② 350[ℓ/min] – 2.5[MPa] – 30 분
③ 130[ℓ/min] – 0.17[MPa] – 20 분
④ 350[ℓ/min] – 3.5[MPa] – 20 분

답 : ③

2. 옥상수조 설치 제외 대상(6가지)

① 지하층만 있는 건축물
② 건축물의 높이가 지표면으로부터 10[m] 이하인 경우
③ 수원이 건축물의 최상층에 설치된 방수구보다 높은 위치에 설치된 경우
④ 고가수조, 가압수조를 가압수송장치로 설치한 경우
⑤ 주펌프와 동등 이상의 펌프로서 내연기관의 기동과 연동하여 작동되거나 비상전원을 연결하여 설치한 경우
⑥ 학교・공장・창고시설로서 동결의 우려가 있는 장소에 있어서는 기동스위치에 보호판을 부착하여 옥내소화전함 내에 설치 한 경우

3 방수량, 방수압력(2개 이상 설치된 경우에는 2개를 동시에 사용 시)

- 방수량 : 130[ℓ/min] 이상 (호스릴옥내소화전설비 동일)
- 방수압력 : 0.17[MPa] 이상 (호스릴옥내소화전설비 동일)

방수압력측정(피토게이지)

호스릴

| 소화설비 방수량, 방수압력 |

소화설비	방수량	방수압력[MPa]
옥내소화전설비 (호스릴옥내소화전설비)	130[ℓ/min・개]	0.17 이상 0.7 이하
스프링클러설비	80[ℓ/min・개]	0.1 이상 1.2 이하
간이스프링클러설비	50[ℓ/min・개]	0.1 이상 1.2 이하
포소화설비 중 포소화전설비	300[ℓ/min・개]	0.35 이상 0.7 이하
옥외소화전설비	350[ℓ/min・개]	0.25 이상 0.7 이하

※ 압력의 허용범위를 초과할 경우에는 감압장치를 설치

4 가압송수장치

1. 전동기 또는 내연기관에 따른 펌프를 이용하는 가압송수장치

1) 설치기준

① 가압송수장치가 자동으로 기동이 된 경우에는 자동으로 정지되지 아니하여야 한다.
② 가압송수장치의 주펌프는 전동기에 따른 펌프로 설치하여야 한다.
③ 정격부하운전 시 펌프의 성능을 시험하기 위한 배관을 설치
④ 체절운전 시 수온의 상승을 방지하기 위한 순환배관을 설치(충압펌프 제외)
⑤ 임펠러는 청동 또는 스테인리스, 펌프축은 스테인리스 등의 부식으로 인한 펌프 고착을 방지할 수 있는 적합한 것으로 설치(충압펌프는 제외)

펌프 성능시험배관

※ 체절운전
 펌프의 성능시험을 목적으로 토출측의 개폐밸브를 닫은 상태(펌프토출량 0[lpm])에서 펌프를 운전하는 것

※ 순환배관
 펌프 내 수온의 상승에 따라 기포가 발생하여 송수능력이 저하됨. 이를 방지하고자 순환배관에 릴리프밸브를 설치(충압펌프 제외)하여 압력 상승에 따라 릴리프밸브가 개방되어 수온 상승을 방지함.

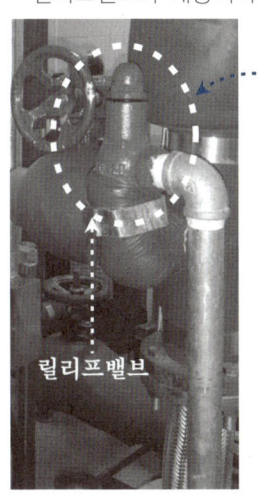

핵심 PLUS

■ 가압송수장치의 종류 (4가지)
 1. 전동기 또는 내연기관에 따른 펌프 방식
 2. 고가수조 방식
 3. 압력수조 방식
 4. 가압수조 방식

좌측 펌프(내연기관에 따른 예비펌프)
중앙 펌프(전동기에 따른 주펌프)
우측 펌프(충압펌프)

06 다음은 옥내소화전설비의 가압송수장치에 관한 화재안전기준이다. 틀린 것은? [기 12]
① 가압송수장치가 자동으로 기동이 된 경우에는 자동으로 정지되지 아니하도록 하여야 한다.
② 가압송수장치(충압펌프 포함)에는 순환배관을 설치하여야 한다.
③ 가압송수장치에는 펌프의 성능을 시험하기 위한 배관을 설치하여야 한다.
④ 가압송수장치는 점검이 편리하고, 화재 등의 재해로 인한 피해를 받을 우려가 없는 곳에 설치하여야 한다.

답 : ②

Ⅳ. 소방기계시설의 구조 및 원리 | 옥내·외소화전설비

핵심 PLUS

07 수원의 수위가 펌프의 흡입구보다 낮은 경우에 소화펌프를 설치하려고 한다. 고려하여야하는 사항은? [기 15]
① 펌프의 토출측에 압력계 설치
② 펌프의 성능시험 배관 설치
③ 물올림 장치를 설치
④ 동결의 우려가 없는 장소에 설치

답 : ③

⑥ 물올림장치 - 수원의 수위가 펌프보다 낮은 경우 설치

급수배관
구경 15[mm] 이상의 급수배관에 따라 해당 탱크에 물이 계속 보급되도록 할 것

물올림 장치의 전용의 탱크 설치
(유효수량은 100[ℓ] 이상)

⑦ 기동장치

기동용수압개폐장치 또는 이와 동등 이상의 성능이 있는 것을 설치

※ 기동용수압개폐장치 : 소화설비의 배관 내 압력변동을 검지하여 자동적으로 펌프를 기동 및 정지시키는 것으로서 압력챔버 또는 기동용압력스위치 등을 말한다.

08 다음 장치 중 소화설비의 소화수 배관 내에 요구되는 적정압력을 상시 유지시켜 주고 적정압력 이하로 될 경우 소화수 펌프를 자동 가동시켜 주는 장치는? [기 06]
① 물올림장치
② 유수검지장치
③ 기동용수압개폐장치
④ 가압송수장치

답 : ③

압력스위치 커버 제거 모습

구분	자동방식(습식) - 동결의 우려가 없는 장소	수동방식(건식) - 동결의 우려가 있는 장소
종류	① 압력챔버 세이프티밸브, 압력계, Range 값: 정지 값, 압력스위치, Diff 값, 배수밸브, 압력스위치 ② 기동용압력스위치	① 기동(on-off) 스위치 - 학교, 공장, 창고에만 설치 함 on(적색)-off(녹색) 스위치
비고	충압펌프 설치	각 소화전함 내 설치

4-16 소방설비기사[기계분야]

2. 고가수조의 자연낙차를 이용한 가압송수장치

① 구조물 또는 지형지물 등에 설치하여 자연낙차의 압력으로 급수하는 수조

② 고가수조에 설치하는 장치 _{암기} 수배급오버맨

　수위계 · 배수관 · 급수관 · 오버플로우관 및 맨홀을 설치할 것

③ 고가수조의 자연낙차수두

　수조의 하단으로부터 최고층에 설치된 소화전 호스 접결구(방수구)까지의 수직거리

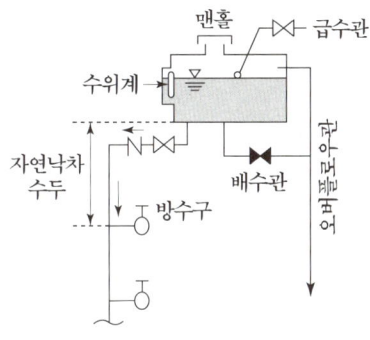

3. 압력수조를 이용한 가압송수장치

① 소화용수와 공기를 채우고 일정압력 이상으로 가압하여 그 압력으로 급수하는 수조

② 압력수조에 설치하는 장치

　수위계, 급수관, 배수관, 급기관, 맨홀, 압력계, 안전장치 및 압력저하 방지를 위한 자동식 공기압축기

_{암기} 수급배급맨압안자

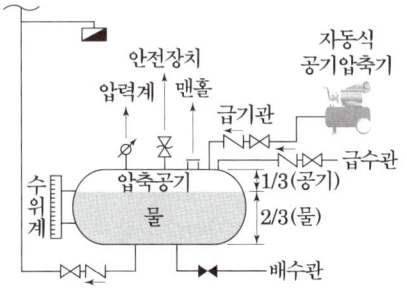

4. 가압수조를 이용한 가압송수장치

가압수조 - 가압원인 압축공기 또는 불연성 고압기체에 따라 소방용수를 가압시키는 수조

① 가압수조의 압력은 방수량 및 방수압이 20분 이상

② 가압수조 및 가압원은 방화구획 된 장소에 설치 할 것

핵심 PLUS

09 다음 중 옥내소화전 설비 또는 스프링클러설비의 고가수조에 설치하지 않는 것은? [기 05, 15]

① 수위계
② 배수관
③ 오버플로관
④ 압력계

답 : ④

10 옥내소화전설비에서 압력수조를 이용한 가압송수장치의 압력수조에서 설치하는 것이 아닌 것은? [기 16]

① 맨홀
② 수위계
③ 급기관
④ 수동식 공기압축기

답 : ④

가압수조

핵심 PLUS

11 옥내소화전설비의 $H = h_1 + h_2 + 17$의 식에서 H는 무엇인가? (단, h_1 : 소방용 호스의 마찰손실수두[m], h_2 : 배관의 마찰손실수두[m]) [기 07]

① 내연기관의 용량
② 필요한 낙차
③ 소방용 호스의 마찰손실수두
④ 배관의 마찰손실수두

답 : ②

12 포소화설비에 사용되는 펌프의 양정(H)은 다음 식에 따라 산출한 수치 이상이 되도록 해야 한다. 각 요소에 해당하는 설명으로 가장 거리가 먼 것은? [기 08]

$$H = h_1 + h_2 + h_3 + h_4$$

① h_1은 방출구의 설계압력 환산수두
② h_2는 배관의 마찰손실수두
③ h_3는 펌프흡입구의 하단에서 최상부에 있는 포방출구까지의 수직거리, 즉 낙차
④ h_4는 헤드의 마찰손실수두

[해설] h_4 : 소방용호스 마찰손실 수두

답 : ④

13 물분무소화설비의 가압송수장치의 압력수조의 압력을 산출할 때 필요한 압력이 아닌 것은? [기 05]

① 낙차의 환산 수두압
② 배관의 마찰손실 수두압
③ 소방호스의 마찰손실 수두압
④ 물분무헤드의 설계압력

[해설] 물분무소화설비는 소방호스를 사용하지 않음

답 : ③

5 펌프의 양정

구 분		옥내소화전설비 옥외소화전설비, 포소화전	스프링클러설비 물분무소화설비
전동기 또는 내연기관	H (전양정)	$h_1 + h_2 + h_3 + h_4$	$h_1 + h_2 + h_4$
압력수조	P (필요한 압력)	$P_1 + P_2 + P_3 + P_4$	$P_1 + P_2 + P_4$
고가수조	H (필요한 낙차)	$h_2 + h_3 + h_4$	$h_2 + h_4$

h_1 : 낙차[m]
h_2 : 배관의 마찰손실 수두[m]
h_3 : 소방용호스 마찰손실 수두[m]
h_4 : 방사압력(또는 설계압력) 환산수두[m]

P_1 : 낙차의 환산 수두압[MPa]
P_2 : 배관의 마찰손실 수두압[MPa]
P_3 : 소방용호스의 마찰손실 수두압[MPa]
P_4 : 방사압력 또는 설계압력[MPa]

구 분	옥내소화전 설비	옥외소화전 설비	포 소화전	스프링클러 설비	물분무 소화설비
방사압력 환산수두	17[m]	25[m]	3.5[m]	10[m]	-
방사압력 또는 설계압력	0.17[MPa]	0.25[MPa]	0.35[MPa]	0.1[MPa]	-

※ 기동용수압개폐장치를 기동장치로 사용할 경우의 충압펌프 설치 기준
① 펌프의 토출압력
그 설비의 최고위 호스접결구의 자연압보다 적어도 0.2[MPa]이 더 크도록 하거나 가압송수장치의 정격토출압력과 같게 할 것
② 펌프의 정격토출량
정상적인 누설량보다 적어서는 안 되며, 옥내소화전설비가 자동적으로 작동할 수 있도록 충분한 토출량을 유지할 것

6 배관

1. 사용압력에 따른 배관

사용압력	배관의 종류
1.2[MPa] 미만	① 배관용탄소강관(KS D 3507)
	② 배관용 스테인리스강관(KS D 3576) 또는 일반배관용 스테인리스강관
	③ 이음매 없는 구리 및 구리합금관 - 다만, 습식의 배관에 한한다.
	④ 덕타일 주철관(KS D 4311)
1.2[MPa] 이상	① 압력배관용탄소강관(KS D 3562)
	② 배관용 아크용접 탄소강강관(KS D 3583)

배관용탄소강관

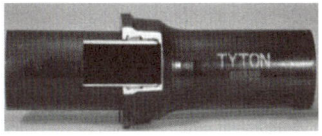

덕타일 주철관

14 옥내소화전설비, 스프링클러설비의 배관 내 압력이 얼마 이상일 때 압력배관용 탄소강관을 사용해야 하는가?
[기 09, 19]

① 0.1[MPa]
② 0.5[MPa]
③ 0.8[MPa]
④ 1.2[MPa]

답 : ④

2. 소방용합성수지배관(CPVC배관) 설치 장소

① 배관을 지하에 매설하는 경우

② 다른 부분과 내화구조로 구획된 덕트 또는 피트의 내부에 설치하는 경우

③ 천장(상층이 있는 경우에는 상층바닥의 하단을 포함)과 반자를 불연재료 또는 준불연 재료로 설치하고 그 내부에 습식으로 배관을 설치하는 경우

■ CPVC 배관
PVC 보다 염소의 함량을 10[%] 가량 늘린 소재로 열과 압력, 부식에 강한 배관

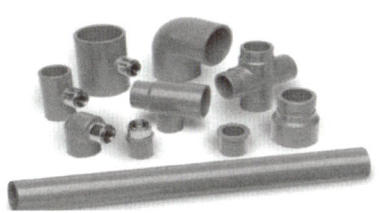

CPVC

CPVC배관 + 헤드

핵심 PLUS

■ 수계소화설비의 배관 종류

구분	수계 소화설비 배관의 종류	옥내소화전, 스프링클러, 간이스프링클러, 연결송수관설비, 연결살수설비, 화재조기진압용 스프링클러, 물분무소화설비, 포소화설비	미분무 소화설비	연소방지 설비
배관 내 사용압력 1.2 [MPa] 미만	배관용 탄소 강관(KS D 3507)	○		●
	배관용 스테인리스 강관(KSD 3576)	○	●	
	일반배관용 스테인리스 강관(KSD 3595)	○		
	이음매 없는 구리(동) 및 구리(동) 합금관(KS D 5301) 다만, 습식의 배관에 한한다.	○		
	덕타일 주철관(KSD 4311)	○		
배관 내 사용압력 1.2 [MPa] 이상	압력 배관용 탄소 강관	○		●
	배관용 아크용접 탄소강 강관(KSD 3583)	○		
기타	소방용 합성수지배관	○		

● : 압력에 대한 기준 없음

◎ : 사용압력이 1.2 [MPa] 미만의 조건 없으며 습식의 배관에 한한다라는 조건도 없음

3. 배관의 구경

구 분	펌프 토출측 주배관	주배관 중 수직배관	가지배관	호스
옥내 소화전	유속이 4[m/s] 이하가 될수 있는 크기	50 [mm] 이상	40 [mm] 이상	40 [mm] 이상
호스릴 옥내소화전		32 [mm] 이상	25 [mm] 이상	25 [mm] 이상

- 연결송수관설비의 배관과 겸용시 주배관은 100 [mm] 이상, 가지배관은 65 [mm] 이상

4. 펌프의 흡입측 배관

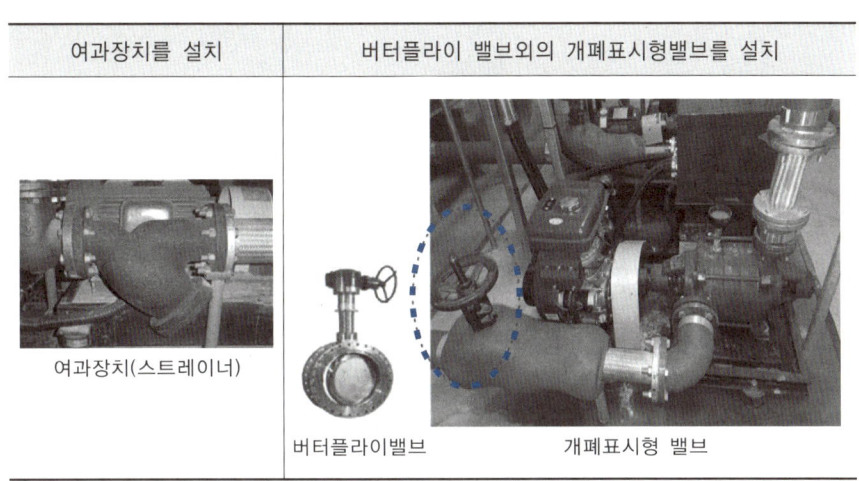

* 버터플라이 밸브 : 밸브 관내 원판 형상의 밸브 본체를 돌려 관로의 유량을 조절하는 밸브로서 마찰손실이 크다.

※ 수조가 펌프보다 낮게 설치된 경우에는 각 펌프(충압펌프 포함)마다 수조로부터 흡입측 배관을 별도로 설치

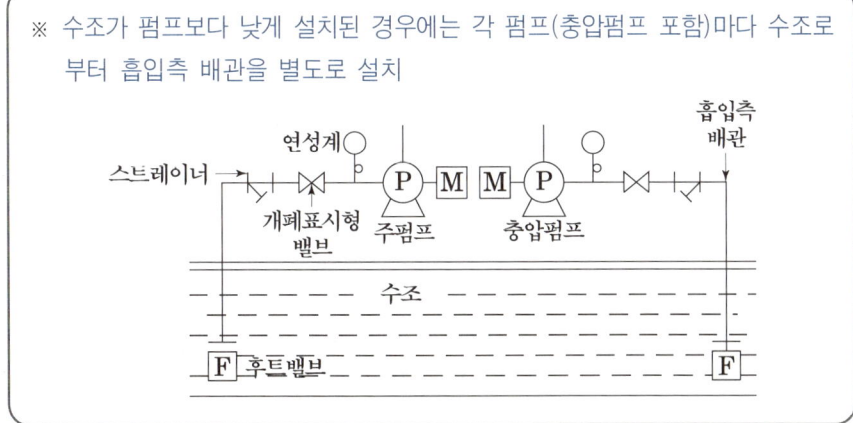

핵심 PLUS

15 옥내소화전설비 배관의 설치기준 중 옳지 않은 것은?
[기 07, 14, 16, 17, 19]
① 옥내소화전방수구와 연결되는 가지배관의 구경은 40 [mm] 이상으로 한다.
② 연결송수관설비의 배관과 겸용할 경우 주배관의 구경은 100 [mm] 이상으로 한다.
③ 펌프의 토출 측 주배관의 구경은 유속이 4 [m/s] 이하가 될 수 있는 크기 이상으로 한다.
④ 주배관중 수직배관의 구경은 40 [mm] 이상으로 한다.

답 : ④

16 스프링클러설비에 설치하는 스트레이너에 대한 설명이다. 옳지 않은 것은? [기 14, 16]
① 스트레이너는 펌프의 흡입측과 토출측에 설치한다.
② 스트레이너는 배관 내의 여과장치의 역할을 한다.
③ 흡입배관에 사용하는 스트레이너는 보통 Y형을 사용한다.
④ 헤드가 막히지 않게 이물질을 제거하기 위한 것이다.

답 : ①

IV. 소방기계시설의 구조 및 원리 | 옥내·외소화전설비

핵심 PLUS

17 소화설비의 가압송수장치에 설치하는 펌프성능시험 배관의 설치기준으로 옳은 것은? [기 08, 09]
① 성능시험배관은 펌프의 토출측에 설치된 개폐밸브 이후에 분기하여 설치할 것
② 성능시험배관은 유량측정장치를 기준으로 전단 직관부에 유량조절밸브를 설치할 것
③ 유량측정장치는 펌프의 정격토출량의 175[%] 이상 측정할 수 있는 성능이 있을 것
④ 성능시험배관은 유량측정장치를 기준으로 후단 직관부에는 개폐밸브를 설치할 것

답 : ③

18 옥내소화전설비 중 펌프의 성능은 체절운전(shut off)시 정격토출압력의 몇 [%]를 초과하지 않아야 하는가?
① 65
② 75
③ 100
④ 140

답 : ④

5. 펌프 성능시험배관

① 펌프의 토출측에 설치된 개폐밸브 이전에서 분기하여 설치

② 유량측정장치를 기준으로 전단 직관부에 개폐밸브를 후단 직관부에는 유량조절밸브를 설치

③ 유량측정장치(유량계)는 성능시험배관의 직관부에 설치하되 펌프의 정격토출량의 175[%] 이상 측정할 수 있는 성능

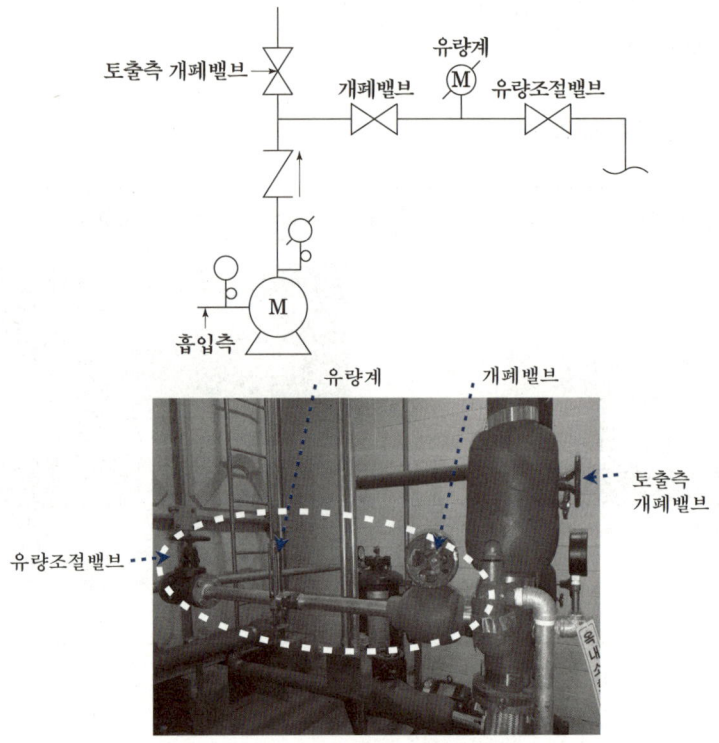

펌프 성능시험배관

④ 펌프의 성능

펌프 성능 곡선	구분	운전점
(양정 곡선: 140%, 100%, 65% / 토출량 0, 100%, 150%)	A	체절 운전점(Shut off point, Churn pressure) 정격압력의 140[%]를 초과하지 아니할 것. - 체절운전 : 토출량이 0 일때의 운전
	B	정격 운전점(Rating point) 정격토출량의 100[%] 운전시 정격토출압의 100[%] 이상
	C	과부하 운전점(Overload point) 정격토출량의 150[%] 운전시 정격토출압의 65[%] 이상

7 방수구 및 함

1. 설치기준

1) 방수구

① 수평거리 : 25 [m] 이하(호스릴옥내소화전 동일)

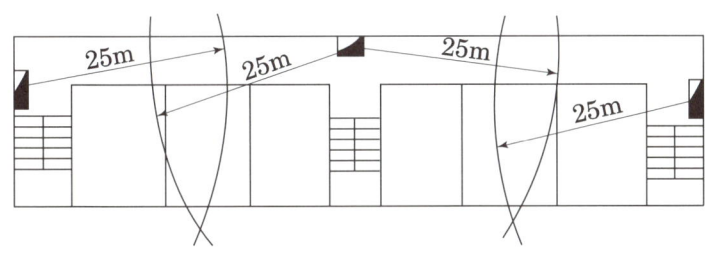

② 구경 : 40 [mm] 이상(호스릴옥내소화전 : 25 [mm])

③ 설치높이 : 1.5 [m] 이하

호스릴방식

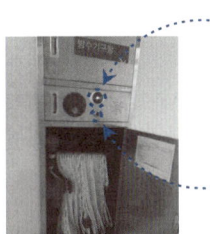

위치를 표시하는 표시등(적색등)
- 함의 상부에 설치

기동을 표시하는 표시등
- 함의 상부 또는 그 직근에 설치하고 적색등

소화전 및 호스릴 등 수평거리					
설비	구 분	수평거리[m]	설비	구 분	수평거리[m]
옥내소화전	소화전	25	이산화탄소	호스릴	15
	호스릴	25	포소화설비	호스릴	15
미분무소화설비	호스릴	25	분말	호스릴	15
할론	호스릴	20	옥외소화전	소화전	40

2) 함의 재질 - 강판(두께 1.5 [mm] 이상), 합성수지재(두께 4 [mm] 이상)

핵심 PLUS

19 옥내소화전 방수구는 소방대상물의 층마다 설치하되, 당해 소방대상물의 각 부분으로부터 하나의 옥내소화전 방수구까지의 수평거리가 몇 [m] 이하가 되도록 하는가? [기 10, 15]

① 20[m]　② 25[m]
③ 30[m]　④ 40[m]

답 : ②

표시등 및 기동표시등

Ⅳ. 소방기계시설의 구조 및 원리 | 옥내·외소화전설비

핵심 PLUS

20 다음 중 옥내소화전 방수구를 설치하여야 하는 곳은?
① 냉장고의 냉장실
② 식물원
③ 수영장의 관람석
④ 수족관

답 : ③

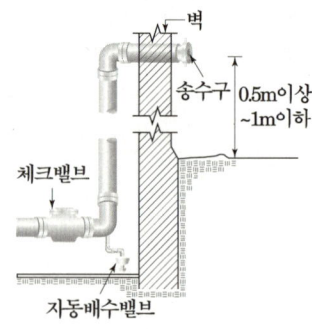

쌍구형송수구

21 다음 중 옥내소화전의 비상전원을 설치해야 하는 소방대상물은? [기 12]
① 지하층을 제외한 층수가 5층 이상이고, 연면적 2,000[m²] 이상인 것
② 지하층을 제외한 층수가 7층 이상이고, 연면적 2,000[m²] 이상인 것
③ 층수가 7층 이상이고, 연면적 2,000[m²] 이상인 것
④ 옥내소화전설비가 되어 있는 모든 소방대상물에는 비상전원을 설치한 것

답 : ③

2. 방수구 설치 제외장소

① 냉장창고 중 온도가 영하인 냉장실 또는 냉동창고의 냉동실

② 고온의 노가 설치된 장소 또는 물과 격렬하게 반응하는 물품의 저장 또는 취급 장소

③ 발전소·변전소 등으로서 전기시설이 설치된 장소

④ 식물원·수족관·목욕실·수영장(관람석 부분은 제외) 또는 그 밖의 이와 비슷한 장소

⑤ 야외음악당·야외극장 또는 그 밖의 이와 비슷한 장소

8 송수구

① 소방차가 쉽게 접근할 수 있는 잘 보이는 장소에 설치

② 소화작업에 지장을 주지 아니하는 장소에 설치

③ 65 [mm]의 쌍구형 또는 단구형

④ 송수구에는 이물질을 막기 위한 마개를 씌울 것

⑤ 지면으로부터 높이가 0.5 m 이상 1 m 이하의 위치에 설치

⑥ 송수구의 가까운 부분에 자동배수밸브(또는 직경 5 [mm]의 배수공) 및 체크밸브를 설치

⑦ 송수구로부터 주 배관에 이르는 연결배관에는 개폐밸브를 설치하지 아니할 것. 다만, 스프링클러설비·물분무소화설비·포소화설비 또는 연결송수관설비의 배관과 겸용 시 설치 가능

9 비상전원 설치 대상

① 층수가 7층 이상으로서 연면적이 2,000 [m²] 이상인 것

② 지하층의 바닥면적의 합계가 3,000 [m²] 이상인 것

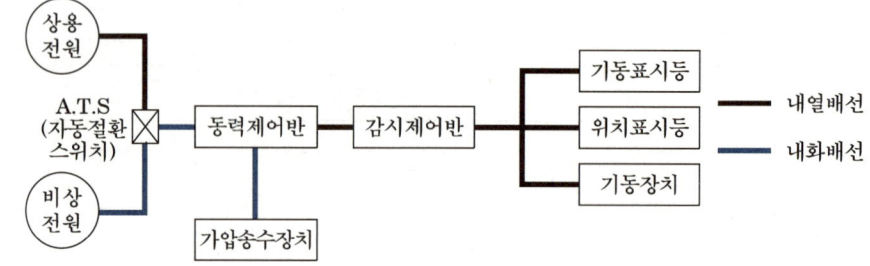

| 배선 |

① 비상전원으로부터 동력제어반 및 가압송수장치에 이르는 전원회로의 배선은 내화배선
② 상용전원으로부터 동력제어반에 이르는 배선, 그 밖의 옥내소화전설비의 감시·조작 또는 표시등회로의 배선은 내화배선 또는 내열배선으로 할 것

10 제어반

1. 감시제어반과 동력제어반으로 구분하여 설치

감시제어반과 동력제어반으로 구분하여 설치하지 아니할 수 있는 경우
1. 비상전원 설치대상이 아닌 특정소방대상물에 설치되는 옥내소화전설비
2. 내연기관에 따른 가압송수장치를 사용하는 옥내소화전설비
3. 고가수조에 따른 가압송수장치를 사용하는 옥내소화전설비
4. 가압수조에 따른 가압송수장치를 사용하는 옥내소화전설비

감시제어반

동력제어반

2. 감시제어반의 기능

각 펌프	자동 및 수동으로 작동시키거나 중단시킬 수 있어야 할 것
	작동여부를 확인할 수 있는 표시등 및 음향경보기능
수조 또는 물올림탱크	저수위로 될 때 표시등 및 음향으로 경보할 것
각 확인회로	도통시험 및 작동시험을 할 수 있어야 할 것 (기동용수압개폐장치의 압력스위치회로·수조 또는 물올림탱크의 감시회로)
비상전원	상용전원 및 비상전원의 공급여부를 확인할 수 있어야 할 것(설치한 경우에 한함)
예비전원	예비전원 확보되고 예비전원의 적합여부를 시험할 수 있어야 할 것

핵심 PLUS

22 물분무소화설비의 감시제어반이 갖추어야 할 조건으로 옳지 않은 것은?
[기 12]

① 물분무소화펌프의 작동여부를 확인할 수 있는 표시등 및 음향경보기능이 있어야 한다.
② 물분무소화펌프를 자동으로 기동 및 중단시키는 기능을 갖추어야 하며 수동으로 작동시키거나 중단시키는 기능은 꼭 갖출 필요는 없다.
③ 비상전원을 설치한 경우에는 상용전원 및 비상전원의 공급여부를 확인할 수 있어야 한다.
④ 예비전원이 확보되고 예비전원의 적합여부를 확인할 수 있어야 한다.

해설 물분무소화설비등의 수계소화설비 감시제어반 설치기준은 옥내소화전 준용

답 : ②

핵심 PLUS

3. 감시제어반 설치기준

① 화재 및 침수 등의 재해로 인한 피해를 받을 우려가 없는 곳에 설치

② 감시제어반은 옥내소화전설비의 전용으로 할 것

　　다만, 옥내소화전설비의 제어에 지장이 없는 경우에는 다른 설비와 겸용 가능

③ 감시제어반은 전용실안에 설치할 것

> **감시제어반을 전용실 안에 설치하지 않아도 되는 경우**
> 1. 비상전원 설치대상이 아닌 특정소방대상물에 설치되는 옥내소화전설비
> 2. 내연기관에 따른 가압송수장치를 사용하는 옥내소화전설비
> 3. 고가수조에 따른 가압송수장치를 사용하는 옥내소화전설비
> 4. 가압수조에 따른 가압송수장치를 사용하는 옥내소화전설비
> 5. 공장, 발전소 등에서 설비를 집중 제어·운전할 목적으로 설치하는 중앙제어실내에 감시제어반을 설치 시

4. 전용실 설치기준

① 다른 부분과 방화구획을 할 것

② 기계실 또는 전기실 등의 감시를 위하여 벽에 유리 설치 시 4 [m²] 미만의 붙박이창을 설치할 수 있다.

망입유리

구분	망입유리	접합유리	복층유리
두께	7 [mm] 이상	16.3 [mm] 이상	28 [mm] 이상

③ 비상조명등 및 급·배기설비를 설치

④ 무선기기 접속단자(무선통신보조설비가 설치된 특정소방대상물에 한함)를 설치하고, 유효하게 통신이 가능할 것

⑤ 바닥면적은 감시제어반의 설치에 필요한 면적 외에 화재 시 소방대원이 그 감시제어반의 조작에 필요한 최소면적 이상

⑥ 전용실에는 특정소방대상물의 기계·기구 또는 시설 등의 제어 및 감시설비외의 것을 두지 아니할 것

⑦ 피난층 또는 지하 1층에 설치할 것

---

23 전용실에 4[m²] 미만의 붙박이창을 망입유리로 설치할 경우 두께로 옳은 것은?

① 7[mm] 이상
② 16.3[mm] 이상
③ 28[mm] 이상
④ 30[mm] 이상

답 : ①

⑧ 지상 2층에 설치하거나 지하 1층 외의 지하층에 설치할 수 있는 경우
  ㉠ 특별피난계단이 설치되고 그 계단(부속실을 포함한다)출입구로부터 보행거리 5 [m] 이내에 전용실의 출입구가 있는 경우
  ㉡ 아파트의 관리동(관리동이 없는 경우에는 경비실)에 설치하는 경우

5. 동력제어반 설치기준

① 앞면은 적색으로 하고 "옥내소화전설비용 동력제어반"이라고 표시한 표지를 설치

② 외함은 두께 1.5 [mm] 이상의 강판 또는 이와 동등 이상의 강도 및 내열성능이 있을 것

③ 화재 및 침수 등의 재해로 인한 피해를 받을 우려가 없는 곳에 설치

④ 옥내소화전설비의 전용으로 할 것

다만, 옥내소화전설비의 제어에 지장이 없는 경우에는 다른 설비와 겸용

Ⅱ. 옥외소화전설비

1 수원의 양 N × Q × T / 펌프의 토출량 N × Q

N(설치개수)	Q(방수량)	T(시간)
옥외소화전이 2개 이상 설치된 경우에는 2개	350[ℓ/min·개]	20분

2 옥외소화전설비의 설치기준

① 방수압력 : 0.25 [MPa] 이상

② 방수량 : 350 [ℓ/min] 이상

③ 호스 : 구경 65 [mm]

④ 하나의 호스접결구에서 소방대상물까지의 수평거리 − 40 [m] 이하

핵심 PLUS

24 옥외소화전설비의 설명 중 틀린 것은?
[기 08]

① 옥외수하전설비이 수원은 옥외소화전의 설치개수(2개 이상인 경우에 2개)에 3.5 [m³]를 곱한 양 이상이 되도록 한다.

② 노즐선단의 방수압은 0.25 [MPa] 이상

③ 호스 접결구는 각 소방대상물로부터 하나의 호스 접결구까지 수평거리 40 [m] 이하

④ 호스는 구경 65 [mm]의 것으로 하여야 함.

해설 350 [ℓ/min · 개]×20[min]
= 7,000 [ℓ/개] = 7 [m³/개]

답 : ①

핵심 PLUS

25 옥외소화전설비에는 옥외소화전마다 그로부터 얼마의 거리에 소화전함을 설치하여야 하는가? [기 10]
① 5 [m] 이내　② 6 [m] 이내
③ 7 [m] 이내　④ 8 [m] 이내

답 : ①

26 옥외소화전이 66개 설치되어 있다. 소화전함의 개수는? [기 11]
① 10개　② 22개
③ 30개　④ 66개

[해설] 66 ÷ 3 = 22개

답 : ②

3 옥외소화전함 설치기준

옥외소화전마다 그로부터 5 [m] 이내의 장소에 소화전함을 설치

옥외소화전	옥외소화전함
10개 이하	옥외소화전마다 5 [m] 이내의 장소에 1개 이상 설치
11개 이상 30개 이하	11개 이상의 소화전함을 각각 분산하여 설치
31개 이상	옥외소화전 3개마다 1개 이상 설치

| 보행거리 |

설비	종류	기 준	보행거리[m]
소화기구	소화기	소형	20
		대형	30
포소화설비	포소화전함	방수구로부터	3
연결송수관	방수구	계단으로부터	5
	방수기구함	방수구로부터	5

- 보행거리 : 어떤 지점에서 다른 지점까지 실제로 걸어 다닐 수 있는 길을 잰 거리
- 수평거리 : 어느 2점간의 거리(距離)를 수평면으로 투영한 길이로서 두 지점간의 최단 거리

핵심기출문제

2. 옥내·외소화전설비

■■■ 2. 옥내·외소화전설비

1. 옥내소화전이 하나의 층에는 6개, 또 다른 하나의 층에는 3개, 나머지 모든 층에는 4개씩 설치되어 있다. 수원의 수량[m^3]의 최소기준은? [10②]

① 5.2 [m^3] 이상
② 10.4 [m^3] 이상
③ 13 [m^3] 이상
④ 15.6 [m^3] 이상

2. 5층 건물에 옥내소화전이 1층에 3개, 2층 이상에 각각 2개씩 총 11개 설치되었을 경우, 수원의 수량 산출방법으로 옳은 것은? [07②]

① 3개 × 2.6 [m^3] = 7.8 [m^3]
② 2개 × 2.6 [m^3] = 5.2 [m^3]
③ 11개 × 2.6 [m^3] = 28.6 [m^3]
④ 5개 × 2.6 [m^3] = 13.0 [m^3]

3. 어느 소방대상물에 옥외소화전이 6개 설치되어 있다. 옥외소화전 설비를 위해 필요한 최소 수원의 수량은? [11②]

① 10 [m^3]
② 14 [m^3]
③ 21 [m^3]
④ 35 [m^3]

4. 다음 중 옥내소화전 유효수량의 $\frac{1}{3}$을 옥상에 설치하여야 하는 것은? [12②]

① 지하층만 있는 건축물
② 지표면으로부터 당해 건축물 옥상 바닥까지 15[m]인 소방대상물
③ 수원이 건축물의 최상층에 설치된 방수구보다 높은 위치에 설치된 소방대상물
④ 주펌프와 동등 이상의 성능이 있는 별도의 펌프로서 내연기관의 기동과 연동하여 작동되거나 비상전원을 연결하여 설치한 경우

해설

해설 1, 2

2개 × 130[ℓ/min·개] × 20[min]
= 5.2[m^3] 이상

해설 3

2개 × 350[ℓ/min·개] × 20[min]
= 14[m^3] 이상

해설 4

옥상수조 설치 제외 대상
① 지하층만 있는 건축물
② 건축물의 높이가 지표면으로부터 10[m] 이하인 경우
③ 수원이 건축물의 최상층에 설치된 방수구보다 높은 위치에 설치된 경우
④ 고가수조, 가압수조를 가압송수장치로 설치한 옥내소화전설비
⑤ 주펌프와 동등 이상의 펌프로서 내연기관의 기동과 연동하여 작동되거나 비상전원을 연결하여 설치한 경우
⑥ 학교·공장·창고시설로서 동결의 우려가 있는 장소에 있어서는 기동스위치에 보호판을 부착하여 옥내소화전함 내에 설치 한 경우

정답 1.① 2.② 3.② 4.②

핵심기출문제

2. 옥내·외소화전설비

5. 옥내소화전설비에서 옥상수조를 설치하지 아니하는 경우에 해당되지 않는 것은? [11②]

① 지하층만 있는 건축물
② 고가수조를 가압송수장치로 설치한 옥내소화전설비
③ 수원이 건축물의 최상층에 설치된 방수구보다 높은 위치에 설치된 경우
④ 건물의 높이가 지표면으로부터 최상층 바닥까지 10[m] 이하인 경우

6. 소화설비의 지하수조에 소화설비용 펌프의 후드밸브 위에 일반급수 펌프의 후드밸브가 설치되어 있을 때 소화에 필요한 유효수량을 옳게 나타낸 것은? [05②]

① 지하수조의 바닥면과 일반급수용 펌프의 후드밸브 사이의 수량
② 일반급수 펌프의 후드밸브와 옥내소화전용펌프의 후드밸브 사이의 수량
③ 소화설비용 펌프의 후드밸브와 지하수조 상단 사이의 수량
④ 지하수조의 바닥면과 상단 사이의 전체 수량

7. 특정소방대상물의 어느 층에서도 해당 층의 옥내소화전을 동시에 사용할 경우 옥내소화전의 각 노즐선단에서의 방수압력은 몇 [MPa] 이상인가?

① 0.13　　② 0.17
③ 0.25　　④ 0.7

8. 특정소방대상물의 어느 층에서도 해당 층의 옥내소화전을 동시에 사용할 경우 호스릴옥내소화전의 각 노즐선단에서의 방수압력은 몇 [MPa] 이상인가? [12②]

① 0.13　　② 0.17
③ 0.25　　④ 0.7

9. 옥내소화전설비를 설계할 때에 가압송수장치의 압력이 얼마를 초과하는 경우에 호스접결구의 인입측에 감압장치를 설치해야 하는가? [06②]

① 0.5 [MPa]　　② 0.6 [MPa]
③ 0.7 [MPa]　　④ 0.8 [MPa]

해설

해설 5
건축물의 높이가 지표면으로부터 10[m]이하인 경우

해설 6
다른 설비와 겸용하는 경우의 유효수량
옥내소화전설비의 후드밸브·흡수구 또는 수직배관의 급수구와 다른 설비의 후드밸브·흡수구 또는 수직배관의 급수구와의 사이의 수량

해설 7

소화설비	방수량	방수압력 [MPa]
옥내소화전설비 (호스릴옥내소화전설비)	130 [ℓ/min·개]	0.17 이상 0.7 이하
옥외소화전설비	350 [ℓ/min·개]	0.25 이상 0.7 이하

해설 8
각 소화설비의 방수압력

소화설비	방수압력 [MPa]
옥내소화전설비 (호스릴옥내소화전설비)	0.17 이상 0.7 이하
포소화설비 중 포소화전설비	0.35 이상 0.7 이하
옥외소화전설비	0.25 이상 0.7 이하

해설 9
하나의 옥내소화전을 사용하는 노즐선단에서의 방수압력이 0.7[MPa]을 초과할 경우 - 호스 접결구의 인입측에 감압장치를 설치하여야 한다.

정답 5. ④　6. ②　7. ②　8. ②
9. ③

10. 옥외소화전설비의 노즐에서 규정된 방수압과 방수량은 얼마인가? [06 ⑦]

① 0.1 [MPa] 이상, 130 [l/min] 이상
② 0.25 [MPa] 이상, 350 [l/min] 이상
③ 0.1 [MPa] 이상, 80 [l/min] 이상
④ 0.35 [MPa] 이상, 130 [l/min] 이상

11. 옥내소화전설비에서 소화전 말단 노즐의 구경이 13[mm]이고, 방수압이 0.26 [MPa]이었다면, 이 노즐을 통하여 방사되는 방수량은 얼마인가? [05 ⑦]

① 192 [ℓ]   ② 130 [ℓ]
③ 156 [ℓ]   ④ 178 [ℓ]

12. 옥외소화전설비 및 급수관로가 노후하여 성능시험(유량/압력)을 한 결과, 0.25[MPa] 압력에서 300리터/분 용량이 방출되는 것으로 확인되었다. 법정 최소 방사량인 350 리터/분 용량을 방사하고자 할 경우에 요구되는 소화전 방수 압력[MPa]은? [05 ⑦]

① 0.28 [MPa]   ② 0.30 [MPa]
③ 0.32 [MPa]   ④ 0.34 [MPa]

13. 물분무소화설비에서 압력수조를 이용한 가압송수장치의 압력수조에서 설치하는 것이 아닌 것은? [16 ⑦]

① 맨홀   ② 수위계
③ 급기관   ④ 수동식 공기압축기

14. 옥내소화전설비에서 사용하고 있는 $H = h_1 + h_2 + 17$의 식에서 H는 무엇을 나타내는 식인가? (단, h_1 : 소방용 호스의 마찰손실수두[m], h_2 : 배관의 마찰손실수두[m]) [07 ⑦]

① 내연기관의 용량
② 필요한 낙차
③ 소방용 호스의 마찰손실수두
④ 배관의 마찰손실수두

해설

해설 10

소화설비	방수량	방수압력 [MPa]
옥내소화전설비 (호스릴옥내 소화전설비)	130 [ℓ/min·개]	0.17 이상 0.7 이하
옥외소화전설비	350 [ℓ/min·개]	0.25 이상 0.7 이하

해설 11

$Q[\ell/\min]$
$= 0.653 \times d^2[\text{mm}] \times \sqrt{10P}[\text{MPa}]$
$= 0.653 \times 13^2 \times \sqrt{10 \times 0.26}$
$= 177.945[\ell]$

해설 12

$Q[\ell/\min]$
$= 0.653 \times d^2[\text{mm}] \times \sqrt{10P}[\text{MPa}]$

① $300[\ell/\min]$
$= 0.653 \times d^2 \times \sqrt{10 \times 0.25}$
$\therefore d^2 = 290.56[\text{mm}^2]$

② $350[\ell/\min]$
$= 0.653 \times 290.56 \times \sqrt{10 \times P}$
$\therefore P = 0.34[\text{MPa}]$

해설 13

압력수조 설치기준은 옥내소화전, 스프링클러설비, 물분무소화설비 동일함
※ 압력수조 설치하는 장치
수위계, 급수관, 배수관, 급기관, 맨홀, 압력계, 안전장치 및 압력저하 방지를 위한 자동식 공기압축기

해설 14

고가수조 방식의 경우 옥내소화전설비의 양정
H(필요한낙차) $= h_1 + h_2 + 17$
h_1 : 소방호스마찰손실수두
h_2 : 배관 및 관부속품 마찰손실수두
h_3 : 방사압력환산수두

정답 10. ② 11. ④ 12. ④ 13. ④
14. ②

핵심기출문제

2. 옥내·외소화전설비

15. 옥외소화전설비에서 가압송수장치로 압력수조를 이용한 최소압력은 몇 MPa인가? (단, P : 필요한 압력[MPa], p_1 : 낙차의 환산수두압[MPa], p_2 : 배관의 마찰손실수두압[MPa], p_3 : 소방용 호스의 마찰손실수두압[MPa]이다.) [06, 10 ㉮]

① $P = p_1 + p_2 + p_3 + 0.25$
② $P = p_1 + p_2 + p_3 + 0.17$
③ $P = p_1 + p_2 + p_3 + 0.13$
④ $P = p_1 + p_2 + p_3 + 0.10$

16. 옥내소화전설비의 화재안전기준에서 옥내소화전설비의 배관설치기준에 적합하지 않은 것은? [16 ㉮]

① 배관은 배관용 탄소 강관(KS D 3507) 또는 압력 배관용 탄소 강관(KS D 3562)이나 이와 동등 이상의 강도 등을 가진 것으로 하여야 한다.
② 펌프의 토출측 배관은 공기고임이 생기지 아니하는 구조로 하고 여과장치를 설치하여야 한다.
③ 연결송수관설비의 배관과 겸용할 경우의 주배관은 구경 100[mm] 이상, 방수구로 연결되는 배관의 구경은 65[mm] 이상의 것으로 하여야 한다.
④ 동결방지조치를 하거나 동결우려가 없는 장소에 설치하여야 한다.

17. 옥내소화전설비 배관의 설치기준 중 틀린 것은?

① 옥내소화전방수구와 연결되는 가지배관의 구경은 40[mm] 이상으로 한다.
② 연결송수관설비의 배관과 겸용할 경우 주배관의 구경은 100[mm] 이상으로 한다.
③ 펌프의 토출 측 주배관의 구경은 유속이 4[m/s] 이하가 될 수 있는 크기 이상으로 한다.
④ 주배관중 수직배관의 구경은 15[mm] 이상으로 한다.

18. 옥내소화전설비의 화재안전기준에 관한 설명 중 틀린 것은? [14 ㉮]

① 물올림탱크의 급수배관의 구경은 15[mm] 이상으로 설치해야 한다.
② 릴리프밸브는 구경 20[mm] 이상의 배관에 연결하여 설치한다.
③ 펌프의 토출측 주배관의 구경은 유속이 5[m/s] 이하가 될 수 있는 크기 이상으로 한다.
④ 유량측정장치는 펌프 정격토출량의 175[%] 이상 측정할 수 있는 성능으로 한다.

해설

해설 15
압력수조

구 분	옥외소화전 설비
P (필요한 압력)	$P_1 + P_2 + P_3 + P_4$
P_4	0.25MPa

P_1 : 낙차의 환산 수두압[MPa]
P_2 : 배관의 마찰손실 수두압[MPa]
P_3 : 소방용호스의 마찰손실 수두압[MPa]
P_4 : 방수압력

해설 16
펌프의 흡입 측 배관
공기 고임이 생기지 않는 구조로 하고 여과장치를 설치할 것

해설 17
배관의 구경

구 분	펌프 토출측 주배관	주배관 중 수직배관
옥내 소화전	유속이 4 m/s 이하가 될수 있는 크기	50[mm] 이상
호스릴 옥내소화전		32[mm] 이상

해설 18
주배관의 구경은 유속이 4[m/s] 이하가 될 수 있는 크기 이상

정답 15. ① 16. ② 17. ④ 18. ③

19. 옥내소화전설비 배관의 설치기준 중 다음 ( )안에 들어갈 알맞은 것은? [17⑦]

> 연결송수관설비의 배관과 겸용할 경우의 주배관은 구경 (㉠)[mm] 이상, 방수구로 연결되는 배관의 구경은 (㉡)[mm] 이상의 것으로 하여야 한다.

① ㉠ 80, ㉡ 65
② ㉠ 80, ㉡ 50
③ ㉠ 100, ㉡ 65
④ ㉠ 125, ㉡ 80

20. 옥내소화전설비의 배관에 관한 설명으로 틀린 것은? [09⑦]

① 유량측정장치는 정격토출량의 150[%]까지 측정할 수 있는 성능이 있어야 한다.
② 펌프 흡입측 배관에 설치하는 급수차단용 개폐밸브는 버터플라이밸브 외의 개폐표시형 밸브를 설치하여야 한다.
③ 펌프 흡입측 배관에는 여과장치를 설치한다.
④ 수온상승방지를 위한 배관에는 릴리프밸브를 설치한다.

21. 옥내·옥외 소화전 노즐에 사용되는 적합한 호스결합금구의 호칭구경은 각각 몇 [mm] 이상으로 하여야 하는가? [11⑦]

① 40, 50
② 40, 65
③ 50, 55
④ 50, 60

22. 다음은 옥내소화전함의 표시등에 대한 설명으로 가장 적합한 것은? [02⑦]

① 위치표시등은 평상시 불이 켜지지 않은 상태로 있어야 한다.
② 기동표시등은 평상시 불이 켜지지 않은 상태로 있어야 한다.
③ 위치표시등 및 기동표시등은 평상시 불이 켜진 상태로 있어야 한다.
④ 위치표시등 및 기동표시등은 평상시 불이 안 켜진 상태로 있어야 한다.

23. 옥내소화전함의 재질을 합성수지 재료로 할 경우 두께는 몇 [mm] 이상이어야 하는가?

① 1.5
② 2
③ 3
④ 4

해설

해설 19

구 분	펌프 토출측 주배관	가지배관
연결송수관 설비의 배관과 겸용	100[mm] 이상	65[mm] 이상

해설 20

유량측정장치는 정격토출량의 175[%] 이상 측정할 수 있는 성능

해설 21

옥내소화전 방수구 구경 : 40[mm] 이상
옥외소화전 방수구 구경 : 65[mm] 이상

해설 22

구 분	위치 표시등	기동 표시등
평상 시	상시 on	off
펌프 기동 시	−	on

해설 23

소화전함의 성능인증 및 제품검사의 기술기준 제7조 (재료)

함의 재질	두께 1.5 [mm] 이상의 강판
	두께 4 [mm] 이상의 합성수지재

정답 19. ③ 20. ① 21. ② 22. ② 23. ④

03 스프링클러설비 등

Ⅳ. 소방기계시설의 구조 및 원리 | 스프링클러설비 등

핵심 PLUS

01 아파트로서 층수가 몇 층 이상인 것은 모든 층에 스프링클러를 설치하여야 하는가? [기 14]
① 6층　② 11층
③ 15층　④ 20층
답 : ①

02 스프링클러설비를 설치하여야 할 대상의 기준으로 옳지 않은 것은? [기 13]
① 문화집회 및 운동시설로서 수용인원이 100인 이상인 것
② 판매시설로서 바닥면적 합계가 5천[m²] 이상인 것
③ 숙박이 가능한 수련시설로서 해당 용도로 사용되는 바닥면적의 합계 600[m²] 이상인 모든 층
④ 지하가(터널은 제외)로서 연면적 800[m²] 이상인 것
답 : ④

03 다음 중 스프링클러설비를 의무적으로 설치하여야 하는 기준으로 틀린 것은? [기 15]
① 숙박시설로 6층 이상인 것
② 지하가로 연면적이 1,000[m²] 이상인 것
③ 판매시설로 수용인원이 300인 이상인 것
④ 복합건축물로 연면적 5,000[m²] 이상인 것
답 : ③

04 층수가 20층인 아파트인 경우 스프링클러설비를 설치하여야 하는 층수는? [기 12]
① 6층 이상　② 11층 이상
③ 16층 이상　④ 모든층
답 : ④

☞ 스프링클러설비 설치해야 하는 특정소방대상물

문화 및 집회시설(동·식물원 제외) 종교시설(주요구조부가 목조인 것은 제외) 운동시설(물놀이형 시설 및 바닥이 불연재료이고 관람석이 없는 것은 제외)	무대부 면적	지하층, 무창층, 4층 이상의 층	300[m²] 이상	모든층
		그 밖의 층	500[m²] 이상	
	영화상영관 층의 바닥면적	지하층, 무창층	500[m²] 이상	
		그 밖의 층	1,000[m²] 이상	
	수용인원	100명 이상		
판매시설, 운수시설, 창고시설 중 물류터미널	바닥면적 합계가 5천[m²]이상 또는 수용인원 500명 이상 ※ 물류터미널의 특별한 경우 : 　2천5백[m²] 이상 또는 수용인원 250명 이상			모든층
창고시설 (물류터미널 제외)	바닥면적 합계가 5천[m²]이상 ※ 특별한 경우 : 2천 5백[m²] 이상			
기숙사 또는 복합건축물	연면적 5천[m²] 이상 ☞ 기숙사 : 수련시설·교육연구시설 내에 있는 　　　　　학생 수용을 위한 것			
층수가 6층 이상인 특정소방대상물 ※ 기존의 아파트를 리모델링하는 경우로서 건축물의 연면적 및 층고가 변경되지 않는 경우 및 스프링클러설비가 없는 기존의 특정소방대상물을 용도변경하는 경우는 제외				모든층
노유자시설, 조산원, 산후조리원, 종합병원, 병원(치과, 한방, 요양), 정신의료기관, 숙박시설, 숙박이 가능한 수련시설	바닥면적 합계가 600[m²] 이상			
천장 또는 반자의 높이가 10[m]를 초과하는 랙식 창고 ※ 특별한 경우 : 750 [m²] 이상	바닥면적 합계가 1,500[m²] 이상			
지하층·무창층(축사 제외) 또는 층수가 4층 이상인 층 ※ 공장 또는 창고시설의 특별한 경우 : 500[m²] 이상	바닥면적이 1천[m²] 이상인 층			
지하가(터널은 제외)	1천[m²] 이상			
전기저장시설, 특정소방대상물에 부속된 보일러실 또는 연결통로 등				
공장 또는 창고시설	중·저준위방사성폐기물의 저장시설 중 소화수를 수집·처리하는 설비가 있는 저장시설 및 1천배 이상의 특수가연물을 저장·취급하는 시설 ※ 공장 또는 창고시설의 특별한 경우 : 500 배 이상			
교정 및 군사시설	보호감호소, 교도소, 구치소, 유치장, 출입국관리법에 따른 보호시설 (외국인보호소의 경우에는 보호대상자의 생활공간으로 한정)로 사용하는 부분 다만, 보호시설이 임차건물에 있는 경우는 제외			

※ 특별한 경우 : 지붕 또는 외벽이 불연재료가 아니거나 내화구조가 아닌 경우
◆ 랙식창고 : 물건을 수납할 수 있는 선반이나 이와 비슷한 것을 갖춘 것

핵심 PLUS

Ⅰ. 스프링클러설비

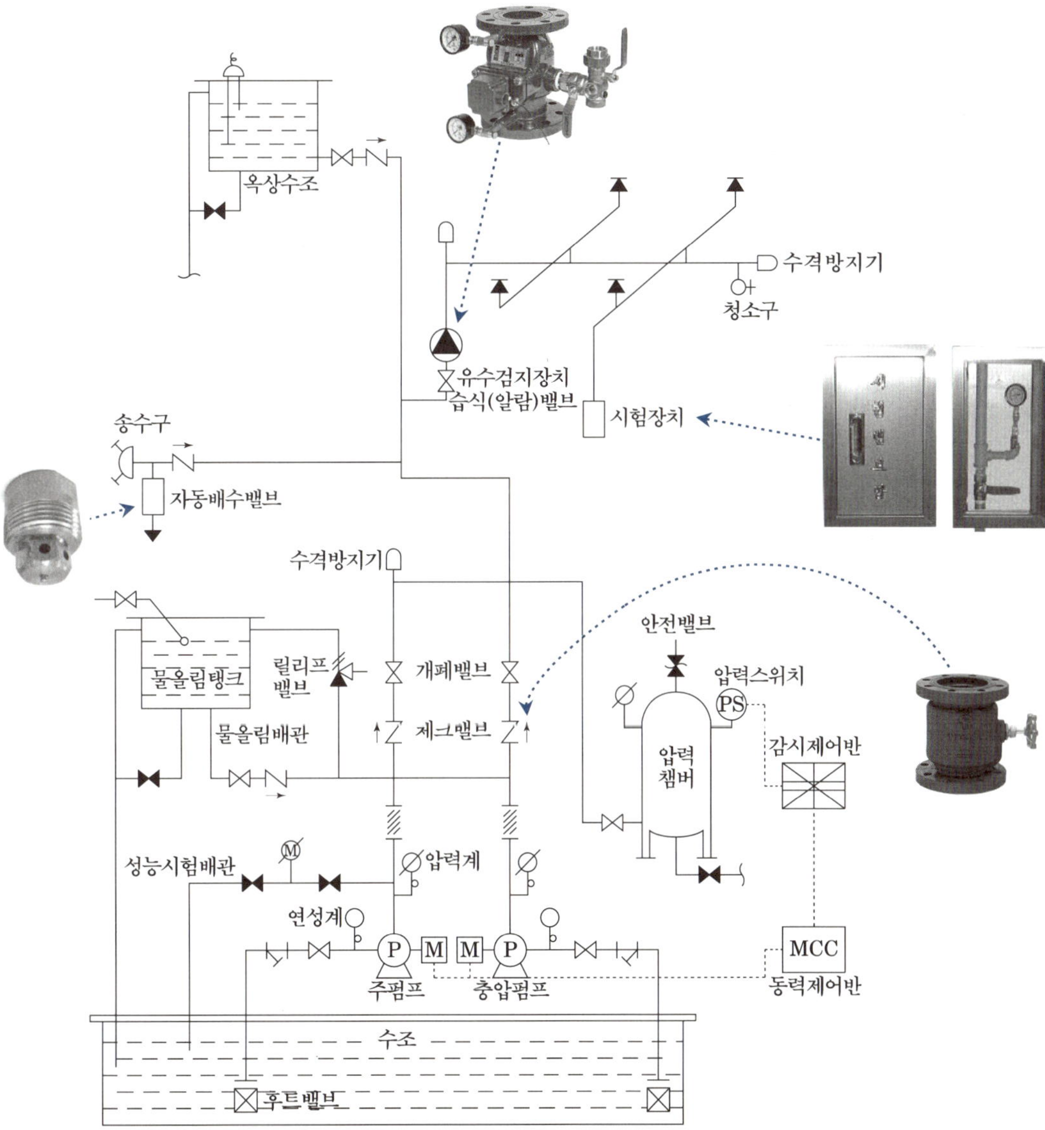

Ⅳ. 소방기계시설의 구조 및 원리 | 스프링클러설비 등

핵심 PLUS

1. 유수검지장치
   1) 습식(알람밸브, 패들형)
   2) 건식(드라이밸브)
   3) 준비작동식(프리액션밸브)
   4) 부압식
2. 일제개방밸브
   1) 일제살수식

05 다음 중 스프링클러 설비의 경보와 직접 관계있는 장치는 어느 것인가?
[기 07, 14]

① 수압개폐장치
② 유수검지장치
③ 물올림장치
④ 일제개방밸브장치

답 : ②

■ 습식(알람밸브)

06 배관 내에 헤드까지 물이 항상 차 있어 가압된 상태에 있는 스프링클러설비는? [기 11]

① 폐쇄형 습식
② 폐쇄형 건식
③ 개방형 습식
④ 개방형 건식

답 : ①

07 건식 스프링클러설비에 대한 설명 중 옳지 않은 것은?

① 폐쇄형 스프링클러헤드를 사용한다.
② 건식 밸브가 작동하면 경보가 발생한다.
③ 건식 밸브의 1차측과 2차측은 헤드의 말단까지 일반적으로 공기가 압축, 충전되어 있다.
④ 헤드가 화재에 의하여 작동하면 2차측 배관 내 공기압이 감소하여 건식 밸브가 열린다.

답 : ③

1 정의

1. 유수검지장치

본체내의 유수현상을 자동적으로 검지하여 신호 또는 경보를 발하는 장치

1) 습식 - 가압송수장치에서 폐쇄형스프링클러헤드까지 배관 내에 항상 물이 가압되어 있다가 화재로 인한 열로 폐쇄형스프링클러헤드가 개방되면 배관 내에 유수가 발생하여 습식유수검지장치가 작동하게 되는 스프링클러설비

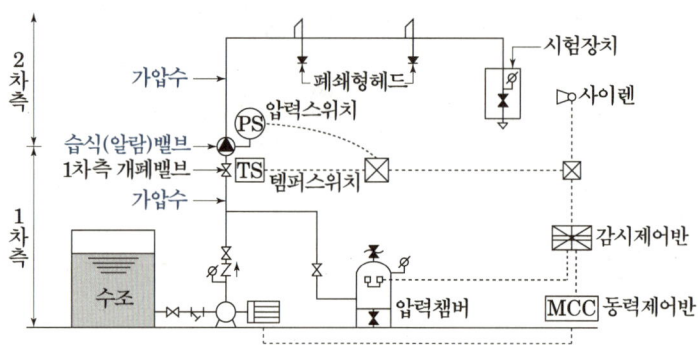

2) 건식 - 건식유수검지장치 2차 측에 압축공기 또는 질소 등의 기체로 충전된 배관에 폐쇄형스프링클러헤드가 부착된 스프링클러설비로서, 폐쇄형스프링클러헤드가 개방되어 배관내의 압축공기 등이 방출되면 건식유수검지장치 1차 측의 수압에 의하여 건식유수검지장치가 작동하게 되는 스프링클러설비

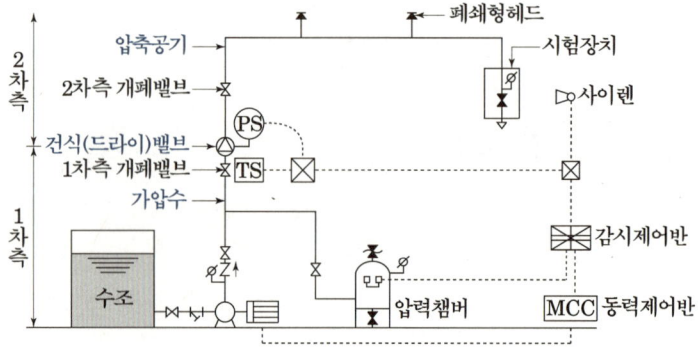

3) 준비작동식 – 가압송수장치에서 준비작동식유수검지장치 1차 측까지 배관 내에 항상 물이 가압되어 있고 2차 측에서 폐쇄형스프링클러헤드까지 대기압 또는 저압으로 있다가 화재발생시 감지기의 작동으로 준비작동식유수검지장치가 작동하여 폐쇄형스프링클러헤드까지 소화용수가 송수되어 폐쇄형스프링클러헤드가 열에 따라 개방되는 방식의 스프링클러실비

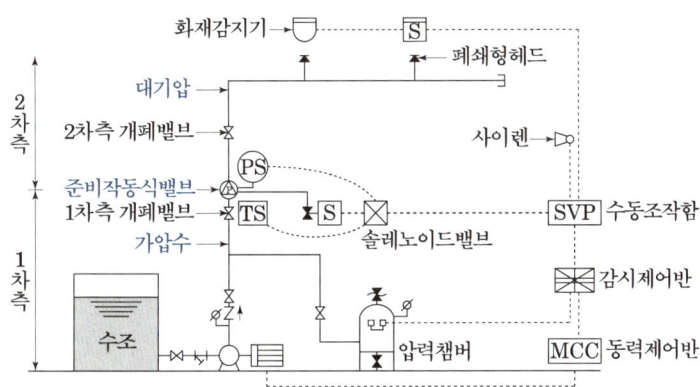

4) 부압식 – 가압송수장치에서 준비작동식유수검지장치의 1차측까지는 항상 정압의 물이 가압되고, 2차측 폐쇄형 스프링클러헤드까지는 소화수가 부압으로 되어 있다가 화재 시 감지기의 작동에 의해 정압으로 변하여 유수가 발생하면 작동하는 스프링클러설비

2. 일제개방밸브

1) 일제살수식 – 가압송수장치에서 일제개방밸브 1차 측까지 배관 내에 항상 물이 가압되어 있고 2차 측에서 개방형스프링클러헤드까지 대기압으로 있다가 화재발생시 자동감지장치 또는 수동식 기동장치의 작동으로 일제개방밸브가 개방되면 스프링클러헤드까지 소화용수가 송수되는 방식의 스프링클러설비

핵심 PLUS

08 준비작동식 스프링클러설비에 필요한 기기나 장치로만 맞는 것은?

① 준비작동밸브, 비상전원, 가압송수장치, 수원, 개폐밸브
② 준비작동밸브, 수원, 개방형 스프링클러, 원격조정장치
③ 준비작동밸브, 컴프레서, 비상전원, 수원, 드라이밸브
④ 드라이밸브, 수원, 리타팅챔버, 가압송수장치, 로우에어알람스위치

답 : ①

핵심 PLUS

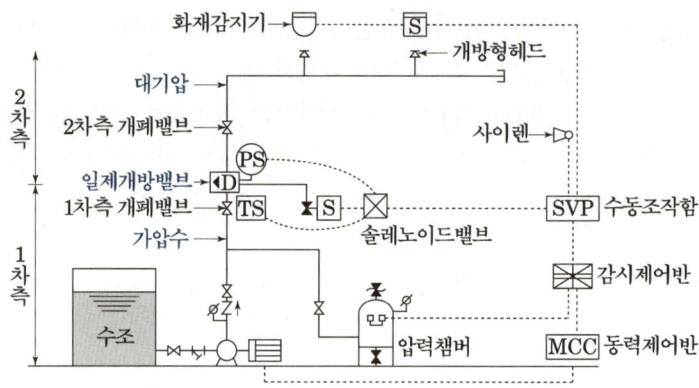

■ 유수검지장치 및 일제개방밸브 비교

구분	유수검지장치(방호구역)				일제개방밸브(방수구역)
분류	습식 알람밸브	건식 드라이밸브	준비작동식 프리액션밸브	부압식 -	일제살수식 델류즈밸브
헤드	폐쇄형	폐쇄형	폐쇄형	폐쇄형	개방형
1차측	가압수	가압수	가압수	가압수	가압수
2차측	가압수	압축공기	대기압	부압	대기압
감지기	미설치	미설치	설치	설치	설치
시험밸브	설치	설치	미설치	설치	미설치

3. 반사판 등

반사판(디프렉타)	퓨지블링크	유리벌브
스프링클러헤드의 방수구에서 유출되는 물을 세분시키는 작용을 하는 것	감열체중 이융성(낮은 열에도 쉽게 녹는 성질)금속으로 융착되거나 이융성물질에 의하여 조립된 것	감열체중 유리구안에 액체 등을 넣어 봉한 것

09 스프링클러설비의 헤드에서 이융성 금속으로 융착되거나 이융성 물질에 의하여 조립된 것은? [기16]
① 후레임
② 디프렉터
③ 유리벌브
④ 퓨지블링크

답 : ④

2 수원의 양 N×Q×T / 펌프 토출량 N×Q

헤드의 종류	N(기준개수)	Q(방수량)	T(방수시간=비상전원시간)	
폐쇄형	아래 참조	80[ℓ/min·개]	29층 이하	20분
			30층 이상 49층 이하	40분
			50층 이상	60분
개방형	30개 이하인 경우 설치개수	80[ℓ/min·개]	20분	
	30개 초과	수리계산에 따라 산출된 가압송수장치의 1분당 송수량	20분	

|N : 스프링클러설비 설치장소별 스프링클러헤드의 기준개수|

스프링클러헤드의 설치개수가 가장 많은 층(아파트의 경우에는 설치개수가 가장 많은 세대)에 설치된 스프링클러헤드의 개수가 기준개수보다 작은 경우에는 그 설치개수를 말한다.

	스프링클러설비 설치장소		기준개수
지하층을 제외한 층수가 10층 이하인 소방대상물	공장	특수가연물을 저장·취급하는 것	30
		그 밖의 것	20
	근린생활시설·판매시설·운수시설 또는 복합건축물	판매시설 또는 복합건축물 (판매시설이 설치되는 복합건축물)	30
		그 밖의 것 (근린생활시설, 운수시설)	20
	그 밖의 것	헤드의 부착높이가 8[m] 이상인 것	20
		헤드의 부착높이가 8[m] 미만인 것	10
	지하층을 제외한 층수가 11층 이상인 소방대상물(아파트 제외) 지하가 또는 지하역사		30
비고	하나의 소방대상물이 2 이상의 "스프링클러헤드의 기준개수" 란에 해당하는 때에는 기준개수가 많은 난을 기준으로 한다. 다만, 각 기준개수에 해당하는 수원을 별도로 설치하는 경우에는 제외		

핵심 PLUS

10 스프링클러설비의 헤드 설치높이가 10[m] 이상인 지하철 대합실의 경우 전용 수원의 최소 기준량[m^3]은? [기 11]

① 25[m^3]   ② 32[m^3]
③ 16[m^3]   ④ 48[m^3]

[해설] 지하역사의 기준 개수는 30개

답 : ④

11 층별 바닥면적이 2,000[m^2]인 5층 백화점 건물에 폐쇄형 스프링클러 설비가 설치되어 있을 때 스프링클러 설비에 필요한 수원의 양은 얼마인가? [기 05]

① 16[m^3]   ② 24[m^3]
③ 32[m^3]   ④ 48[m^3]

[해설] 판매시설의 기준 개수는 30개

답 : ④

12 스프링클러 설비에 있어서 지하층을 제외한 건축물의 층수가 11층 이상의 업무용 건물에 설치하는 펌프의 토출은 얼마 이상이어야 하는가? [기 06]

① 1,000 [ℓ/분]   ② 1,200 [ℓ/분]
③ 2,400 [ℓ/분]   ④ 3,000 [ℓ/분]

답 : ③

13 층고가 12[m]인 6층 무대부에 3개 회로로 분기하여 개방형 스프링클러 헤드를 각 회로당 20개씩 설치하였을 경우에 소요되는 펌프의 분당 토출량 및 수원의 양은 얼마 이상이어야 하는가? [기 06, 11]

① 1,600리터, 32.0[m^3]
② 3,200리터, 32.0[m^3]
③ 3,200리터, 48.0[m^3]
④ 1,600리터, 48.0[m^3]

[해설] ① 펌프의 분당 토출량
   20개 × 80[ℓ/(min·개)]
   = 1600[ℓ]
② 수원의 양
   20개 × 80[ℓ/(min·개)]
   × 20[min] = 32[m^3] 이상

답 : ①

핵심 PLUS

3 가압송수장치

1. 옥내소화전 설비 준용

2. 방수압력, 방수량 (기준개수의 헤드 모두 개방 시)
   - 방수압력 : 0.1 [MPa] 이상 ~ 1.2 [MPa] 이하
   - 방수량 : 80 [ℓ/min] 이상

| 각 소화설비의 방수량, 방수압력 |

소화설비	방수량	방수압력[MPa]
옥내소화전설비 (호스릴옥내소화전설비)	130 [ℓ/min·개]	0.17 이상 0.7 이하
간이스프링클러설비	50 [ℓ/min·개]	0.1 이상 1.2 이하
포소화설비 중 포소화전설비	300 [ℓ/min·개]	0.35 이상 0.7 이하
옥외소화전설비	350 [ℓ/min·개]	0.25 이상 0.7 이하

14 스프링클러설비의 화재안전기준에서 폐쇄형 스프링클러설비 기준으로 하나의 방호구역의 바닥면적은 몇 [m²]를 초과하지 않아야 하는가?
[기 07, 09, 14]

① 4,000
② 3,000
③ 2,000
④ 1,000

답 : ②

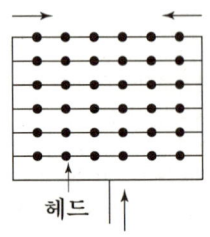
격자형 배관방식

4 유수검지장치 및 일제개방밸브 설치기준

폐쇄형 스프링클러 헤드	방호 구역	유수 검지 장치	바닥 면적	3,000 [m²]를 초과하지 아니할 것 ※ 격자형배관방식 - 3,700 [m²]
			범위	2개 층에 미치지 아니하도록 할 것 ※ 1개 층에 설치되는 스프링클러헤드의 수가 10개 이하인 경우와 복층형구조의 공동주택에는 3개 층 이내로 할 수 있다.
개방형 스프링클러 헤드	방수 구역	일제 개방 밸브	헤드 개수	50개 이하 ※ 2개 이상의 방수구역으로 나눌 경우에는 하나의 방수구역을 담당하는 헤드의 개수는 25개 이상
			범위	2개 층에 미치지 아니 할 것

※ 격자형배관방식(2 이상의 수평주행배관 사이를 가지배관으로 연결하는 방식)

15 개방형스프링클러설비에서 하나의 방수구역을 담당하는 헤드 개수는 몇 개 이하로 설치해야 하는가?
(단, 1개의 방수구역으로 한다.)
[기 11, 19]

① 60   ② 50
③ 40   ④ 30

답 : ②

5 배관

1. 구경

유속(수리계산시)		교차배관	수직배수배관	연결송수관설비의 배관과 겸용시
가지배관	기타배관			
6[m/s] 이하	10[m/s] 이하	40[mm] 이상	50[mm] 이상	주배관 : 100[mm] 이상 방수구로 연결 배관 : 65[mm] 이상

※ **교차배관** : 직접 또는 수직배관을 통하여 가지배관에 급수하는 배관
※ **수직배수배관** : 수직배관이 50[mm] 미만인 경우에는 수직배관과 동일한 구경 가능

2. 가지배관(스프링클러헤드가 설치되어 있는 배관)

1) 토너먼트(tournament)방식이 아닐 것

2) 하나의 가지배관의 헤드 개수

교차배관에서 분기되는 지점을 기점으로 한쪽 가지배관에 설치되는 헤드의 개수는 8개 이하로 할 것.

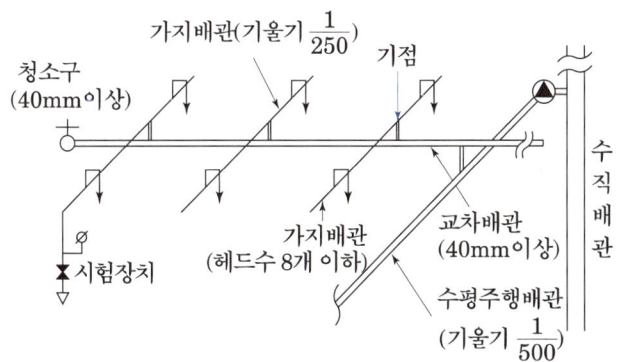

핵심 PLUS

16 스프링클러 설비의 배관에 대한 내용 중 잘못된 것은? [기 09, 13, 17]
① 수직배수배관의 구경은 65[mm] 이상으로 하여야 한다.
② 급수배관 중 가지배관의 배열은 토너먼트 방식은 아니어야 한다.
③ 교차배관의 청소구는 교차배관 끝에 개폐밸브를 설치한다.
④ 습식스프링클러설비 외의 설비에는 헤드를 향하여 상향으로 가지배관의 기울기를 250분의 1 이상으로 한다.
답 : ①

17 스프링클러설비 급수배관의 구경을 수리계산에 따르는 경우 가지배관의 최대 한계 유속은 몇 [m/s]인가?
① 4 ② 6
③ 8 ④ 10
답 : ②

18 스프링클러설비 화재안전기준의 교차배관에서 분기되는 지점을 기점으로 한쪽 가지배관에 설치되는 헤드의 개수는 최대 몇 개 이하인가? (단, 방호구역 안에서 칸막이 등으로 구획하여 헤드를 증설하는 경우와 격자형 배관방식을 채택하는 경우는 제외한다.)
[기 06, 09, 12, 15, 17]
① 8   ② 10
③ 12 ④ 15
답 : ①

3. 배관의 기울기

습식 또는 부압식 스프링클러설비	건식, 준비작동식, 일제개방밸브
① 배관을 수평으로 설치 ② 배관의 구조상 소화수가 남아 있는 곳에는 배수밸브를 설치	① 수평주행배관 　헤드를 향하여 상향으로 500분의 1 이상 ② 가지배관 　헤드를 향하여 상향으로 250분의 1 이상 ③ 배관의 구조상 기울기를 줄 수 없는 경우에는 배수를 원활하게 할 수 있도록 배수밸브를 설치

4. 시험장치(설치대상 : 습식, 건식, 부압식 스프링클러설비)

① 습식스프링클러설비 및 부압식스프링클러설비
　- 유수검지장치 2차측 배관에 연결하여 설치

② 건식스프링클러설비인 경우 유수검지장치에서 가장 먼 거리에 위치한 가지배관의 끝으로부터 연결하여 설치하고 유수검지장치 2차측 설비의 내용적이 2,840[L]를 초과하는 건식스프링클러설비의 경우 시험장치 개폐밸브를 완전 개방 후 1분 이내에 물이 방사되어야 한다.

③ 시험장치 배관의 구경 25[mm] 이상으로 하고, 그 끝에 개폐밸브 및 개방형 헤드 또는 스프링클러헤드와 동등한 방수성능을 가진 오리피스를 설치

5. 배관에 설치되는 행가 설치기준

① 헤드의 설치 지점 사이마다 1개 이상

② 헤드간의 거리가 3.5 [m]를 초과하는 경우
　- 3.5 [m] 이내마다 1개 이상 설치

③ 상향식헤드와 행가 사이에는 8 [cm] 이상의 간격을 두어야 한다.

핵심 PLUS

19 스프링클러설비 유수검지장치(건식)의 정상기능 상태여부를 점검하기 위한 시험배관은 어디에 설치해야 하는가?　　　　　[기 05, 06, 09]
① 교차배관 말단
② 유수검수장치에서 가장 먼 가지배관 말단
③ 유수검지장치로부터 가장 가까운 가지배관 말단
④ 유수검지장치와 가지배관 사이

답 : ②

시험장치

☞ 행가 설치기준은 간이스프링클러, 포소화설비, 연결살수설비 동일

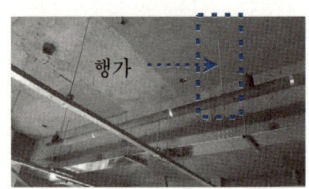

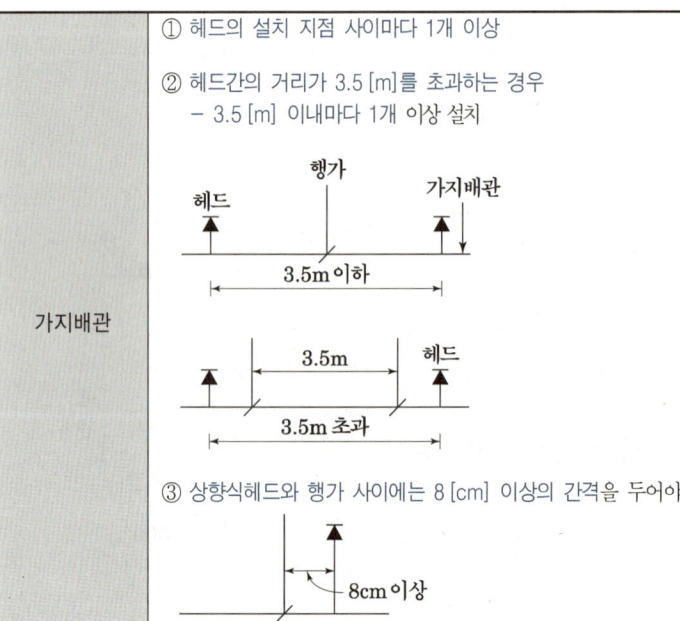

교차배관	① 가지배관과 가지배관 사이마다 1개 이상 ![행가 그림: 4.5m 이하, 4.5m 초과] ② 가지배관 사이의 거리가 4.5 [m]를 초과하는 경우 　- 4.5 [m] 이내마다 1개 이상 설치
수평주행배관	4.5 [m] 이내마다 1개 이상 설치

6 헤드

1. 설치장소 최고주위온도에 따른 표시온도

설치장소의 최고주위온도	헤드의 표시온도	비고
39[℃] 미만	79[℃] 미만	일반적인 장소
39[℃] 이상 64[℃] 미만	79[℃] 이상 121[℃] 미만	주방, 보일러실 등
64[℃] 이상 106[℃] 미만	121[℃] 이상 162[℃] 미만	-
106[℃] 이상	162[℃] 이상	-

※ 최고주위온도
　폐쇄형스프링클러헤드의 설치장소에 관한 기준이 되는 온도

※ 표시온도
　폐쇄형스프링클러헤드에서 감열체가 작동하는 온도로서 미리 헤드에 표시한 온도

핵심 PLUS

20 폐쇄형 스프링클러헤드의 표시온도와 설치장소의 최고온도 사이의 관계에서 옳은 것은? [기 06]
① 최고온도보다 높은 것을 선택
② 최고온도보다 낮은 것을 선택
③ 최고온도와 같은 것을 선택
④ 최고온도와는 관계없다.

답 : ①

21 스프링클러실의 화재안전기준상 스프링클러헤드 설치장소의 최고 주위온도가 105[℃]인 경우에 폐쇄형 스프링클러헤드는 표시온도가 몇 [℃]인 것을 사용하여야 하는가? [기 07]
① 79[℃] 이상 121[℃] 미만
② 121[℃] 이상 162[℃] 미만
③ 162[℃] 이상 200[℃] 미만
④ 200[℃] 이상

답 : ②

핵심 PLUS

22 폐쇄형 스프링클러 헤드의 표시온도(감열체가 작동하는 온도)와 유리벌브 액체의 식별색이 틀린 것은?
[기 05]

① 68[℃]-오렌지
② 79[℃]-노랑
③ 93[℃]-초록
④ 141[℃]-파랑

답 : ①

23 스프링클러헤드의 감도를 반응시간지수(RTI) 값에 따라 구분할 때 RTI 값이 51초과 80 이하일 때의 헤드 감도는?
[기 13, 16]

① Fast response
② Special response
③ Standard response
④ Quick response

답 : ②

24 조기반응형 스프링클러헤드를 설치해야 하는 장소로서 옳지 않은 것은?
[기 07, 12, 16]

① 공동주택의 거실
② 수련시설의 침실
③ 오피스텔의 침실
④ 병원의 입원실

답 : ②

2. 표시온도별 색상 - 스프링클러헤드의 형식승인 및 제품검사 기술기준

퓨지블링크형		유리벌브형	
표시온도([℃])	색(프레임에 표시)	표시온도([℃])	색(액체의 표시)
77[℃] 미만	표시 없음	57[℃]	오 렌 지
78[℃] ~ 120[℃]	흰 색	68[℃]	빨 강
121[℃] ~ 162[℃]	파 랑	79[℃]	노 랑
163[℃] ~ 203[℃]	빨 강	93[℃]	초 록
204[℃] ~ 259[℃]	초 록	141[℃]	파 랑
260[℃] ~ 319[℃]	오 렌 지	182[℃]	연 한 자 주
320[℃]이상	검 정	227[℃] 이상	검 정

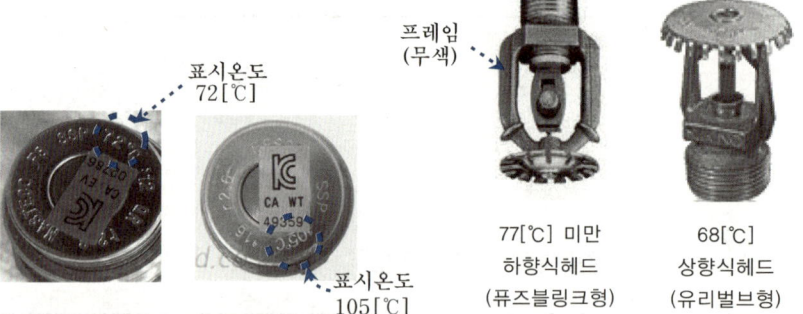

77[℃] 미만 하향식헤드 (퓨즈블링크형)
68[℃] 상향식헤드 (유리벌브형)

3. 조기반응형스프링클러헤드

기류온도 및 기류속도에 표준(반응)형스프링클러헤드 보다 조기에 반응하는 것으로서 RTI가 50 이하인 헤드

| RTI (반응시간지수) |

기류의 온도, 속도 및 작동시간에 대하여 헤드의 반응을 예상한 지수

$$RTI = \tau\sqrt{U} \quad [\sqrt{m \cdot s}]$$

τ(타우) : 시정수(시간), U : 기류속도

RTI	50 이하	51 초과 80 이하	81 초과 350 이하
헤드의 종류	조기반응형헤드 Fast response	특수반응형헤드 Special response	표준반응형헤드 Standard response
설치 장소	공동주택 · 노유자시설의 거실, 오피스텔 · 숙박시설의 침실, 병원의 입원실	-	일반적인 장소

4. 스프링클러헤드의 수평거리

설치장소			수평거리
폭 1.2m 초과하는 천장, 반자, 덕트, 선반 기타 이와 유사한 부분	무대부, 특수가연물을 저장 또는 취급하는 장소		1.7 [m] 이하
	위 이외의 용도	내화구조	2.3 [m] 이하
		기타구조	2.1 [m] 이하

| 기타 설비의 헤드 수평거리 |

소방시설의 종류	사용헤드	수평거리
간이스프링클러설비	간이스프링클러 헤드	2.3 [m] 이하
포소화설비	포헤드	2.1 [m] 이하
연결살수설비	전용헤드	3.7 [m] 이하
	스프링클러 헤드	2.3 [m] 이하
연소방지설비	전용헤드	2 [m] 이하
	스프링클러 헤드	1.5 [m] 이하

핵심 PLUS

25 스프링클러헤드의 배치에서 내화구조 방호대상물의 각 부분으로부터 수평거리(헤드의 살수반경)는 몇 [m] 이하인가? [기 11]
① 1.7   ② 2.3
③ 2.5   ④ 3.2

답 : ②

26 스프링클러헤드를 설치하는 천장의 각 부분으로부터 하나의 스프링클러헤드까지의 수평거리는 몇 [m] 이하인가? (단, 특수가연물을 저장 또는 취급하는 장소이다.) [기 16]
① 1.7   ② 2.5
③ 3.2   ④ 4

답 : ①

5. 스프링클러헤드 설치 방법

1) 살수가 방해되지 아니하도록 헤드로부터 반경 60 [cm] 이상의 공간을 보유할 것. 다만, 벽과 스프링클러헤드간의 공간은 10 [cm] 이상으로 한다.

2) 헤드와 그 부착면(상향식헤드의 경우에는 그 헤드의 직상부의 천장·반자 등)과의 거리는 30 [cm] 이하

IV. 소방기계시설의 구조 및 원리 | 스프링클러설비 등

핵심 PLUS

27 배관·행거 및 조명기구가 있어 살수의 장애가 있는 경우 스프링클러헤드의 설치기준으로 옳은 것은?
(단, 스프링클러헤드와 장애물과의 이격거리를 장애물 폭의 3배 이상 확보한 경우는 제외한다.) [기 11, 16]
① 부착면과의 거리는 30 [cm] 이하로 설치한다.
② 헤드로부터 반경 60 [cm] 이상의 공간을 보유한다.
③ 장애물과 부착면 사이에 설치한다.
④ 장애물 아래에 설치한다.

답 : ④

3) 배관·행가 및 조명기구 등 살수를 방해하는 것이 있는 경우에는 1) 및 2)에도 불구하고 그로부터 아래에 설치하여 살수에 장애가 없도록 할 것. 다만, 스프링클러헤드와 장애물과의 이격거리를 장애물 폭의 3배 이상 확보한 경우에는 그러하지 아니하다.

60[cm] 공간확보   부착면과의 거리   장애물과의 이격거리

4) 천장의 기울기가 10분의 1을 초과하는 경우 가지관을 천장의 마루와 평행하게 설치

천장의 최상부에 스프링클러헤드를 설치하는 경우	천장의 최상부를 중심으로 가지관을 서로 마주보게 설치하는 경우
a - 타입	b - 타입
① 최상부에 설치하는 헤드의 반사판을 수평으로 설치	① 최상부의 가지관 상호간의 거리 - 가지관상의 헤드 상호간의 거리의 2분의 1 이하(최소 1[m] 이상) ② 가지관의 최상부에 설치하는 헤드는 천장의 최상부로부터의 수직거리가 90[cm] 이하가 되도록 할 것

b - 타입

28 천장의 기울기가 10분의 1을 초과할 경우 가지관의 최상부에 설치되는 톱날지붕의 스프링클러헤드는 천장의 최상부로부터의 수직거리가 몇 [cm] 이하가 되도록 설치하여야 하는가? [기 12]
① 50   ② 70
③ 90   ④ 120

답 : ③

5) 연소할 우려가 있는 개구부 헤드 설치기준

연소할 우려가 있는 개구부 - 각 방화구획을 관통하는 컨베이어·에스컬레이터 또는 이와 유사한 시설의 주위로서 방화구획을 할 수 없는 부분

① 일반적으로 설치 할 때
  ㉮ 개구부 상하좌우에 2.5 [m] 간격으로 스프링 클러헤드를 설치
    • 개구부의 폭이 2.5 [m] 이하인 경우에는 그 중앙에 설치
  ㉯ 스프링클러헤드와 개구부의 내측면으로부터 직선거리는 15 [cm] 이하

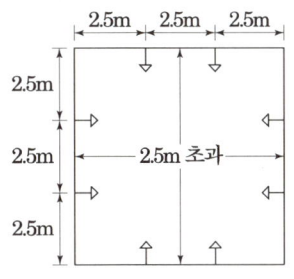

② 사람이 상시 출입하는 개구부로서 통행에 지장이 있는 때
  ㉮ 개구부의 상부 또는 측면(개구부의 폭이 9 [m] 이하인 경우에 한한다)에 설치하되, 헤드 상호간의 간격은 1.2 [m] 이하로 설치

③ 드렌처설비를 설치한 경우(드렌처설비 – 개방형 스프링클러 헤드를 사용하는 설비)
  ㉮ 드렌처헤드는 개구부 위 측에 2.5 [m] 이내마다 1개를 설치할 것

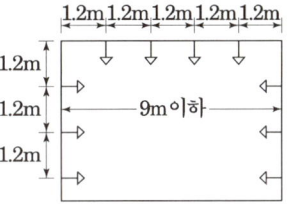

  ㉯ 제어밸브는 특정소방대상물 층마다 바닥 면으로부터 0.8[m] 이상 1.5[m] 이하의 위치에 설치할 것

  ㉰ 제어밸브 = 일제개방밸브 + 개폐표시형밸브 + 수동조작부

  ㉱ 수원의 수량은 드렌처헤드가 가장 많이 설치된 제어밸브의 드렌처헤드의 설치개수에 1.6 [m^3]를 곱하여 얻은 수치 이상이 되도록 할 것

핵심 PLUS

29 2개의 방수구역으로서 하나의 제어밸브에 8개씩 드렌처헤드가 설치되어 있는 드렌처설비의 경우 법적인 수원의 수량은? [기 05]
① 3.2[m^2] 이상
② 6.4[m^2] 이상
③ 12.8[m^2] 이상
④ 10.6[m^2] 이상

[풀이] 8개×1.6[m^3/개]=12.8[m^3]
80[ℓ/min·개]×20[min]
=1,600[ℓ/개]=1.6[m^3/개]

답 : ③

30 스프링클러설비의 화재안전기준에서 연소할 우려가 있는 개구부에 설치하는 드렌처설비에 대한 내용 중 잘못된 것은? [기 07, 11, 17]
① 드렌처헤드는 개구부 위측에 2.5 [m] 이내마다 1개를 설치한다.
② 제어밸브는 바닥면으로부터 0.5[m] 이상 2.0[m] 이하의 위치에 설치한다.
③ 드렌처헤드의 방수량은 80[ℓ/mim] 이상이어야 한다.
④ 드렌처헤드 선단의 방수압력은 0.1[MPa] 이상이어야 한다.

답 : ②

핵심 PLUS

31 스프링클러헤드의 설치에 있어 층고가 낮은 사무실 양측 벽면 상단에 측벽형 스프링클러헤드를 설치하여 방호하려고 한다. 사무실의 폭이 몇 [m] 이하일 때 헤드의 포용이 가능한가?
[기 11]

① 9 [m] 이하
② 10.8 [m] 이하
③ 12.6 [m] 이하
④ 15.5 [m] 이하

답 : ①

32 폐쇄형 스프링클러 헤드를 사용하는 스프링클러 설비의 급수 배관 구경이 50[mm]인 배관에는 스프링클러 헤드를 몇 개까지 설치할 수 있는가?
(단, 헤드는 반자 아래에만 설치한다.)

① 3개　② 5개
③ 10개　④ 12개

답 : ③

6) 측벽형 스프링클러헤드를 설치하는 경우

폭이 4.5 [m] 미만	폭이 4.5 [m] 이상 9 [m] 이하
긴 변의 한쪽 벽에 일렬로 설치하고 3.6 [m] 이내마다 설치	긴변의 양쪽에 각각 일렬로 설치하되 마주보는 헤드가 나란히꼴이 되도록 설치

7) 헤드 배치 방법

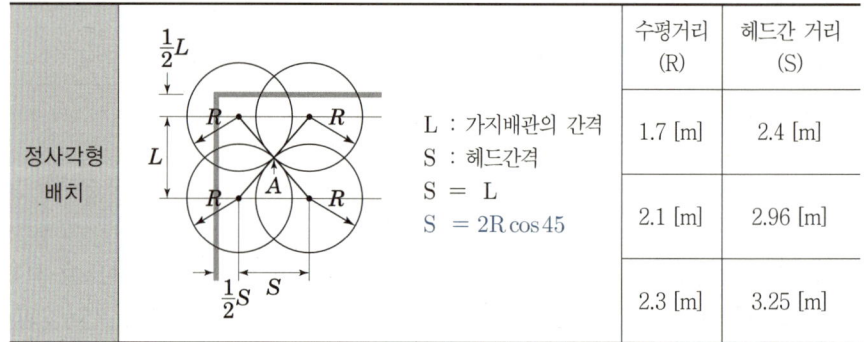

	수평거리 (R)	헤드간 거리 (S)
정사각형 배치	1.7 [m]	2.4 [m]
	2.1 [m]	2.96 [m]
	2.3 [m]	3.25 [m]

L : 가지배관의 간격
S : 헤드간격
S = L
S = 2R cos 45

8) 스프링클러헤드 수별 급수관의 구경

급수관의 구경 구분	25	32	40	50	65	80	90	100	125	150[mm]
헤드개수	2	3	5	10	30	60	80	100	160	161 이상

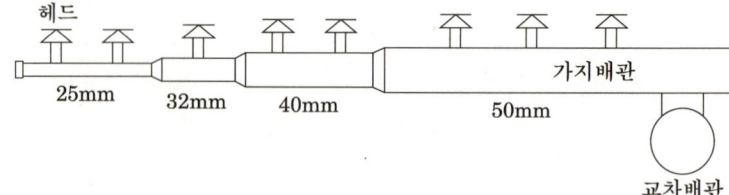

6. 헤드 설치 제외장소

① 계단실(특별피난계단의 부속실을 포함)·경사로·승강기의 승강로·비상용승강기의 승강장·파이프덕트 및 덕트피트·목욕실·수영장(관람석부분을 제외한다)·화장실·직접 외기에 개방되어 있는 복도·기타 이와 유사한 장소

② 통신기기실·전자기기실·기타 이와 유사한 장소

③ 발전실·변전실·변압기·기타 이와 유사한 전기설비가 설치되어 있는 장소

④ 병원의 수술실·응급처치실·기타 이와 유사한 장소

⑤ 냉장창고의 영하의 냉장실 또는 냉동창고의 냉동실

⑥ 고온의 노가 설치된 장소 또는 물과 격렬하게 반응하는 물품의 저장 또는 취급장소 등등등

─── | 연결살수설비 헤드 설치 제외 장소 | ───

① 상점(판매시설과 운수시설을 말하며, 바닥면적이 150 [m²] 이상인 지하층에 설치된 것을 제외한다)으로서 주요구조부가 내화구조 또는 방화구조로 되어 있고 바닥면적이 500 [m²] 미만으로 방화구획되어 있는 특정소방대상물 또는 그 부분

② 스프링클러설비 헤드 제외 장소와 동일

7 송수구

① 구경 65 [mm]의 쌍구형

② 그 가까운 곳의 보기 쉬운 곳에 송수압력범위를 표시한 표지

③ 하나의 층의 바닥면적이 3,000 [m²]를 넘을 때마다 1개 이상을 설치(5개를 넘을 경우에는 5개로 한다)

④ 송수구로부터 스프링클러설비의 주배관에 이르는 연결배관에 개폐밸브를 설치 시 그 개폐상태를 쉽게 확인 및 조작할 수 있는 옥외 또는 기계실 등의 장소에 설치할 것

⑤ 그외 - 옥내소화전 송수구 설치기준과 동일

핵심 PLUS

33 스프링클러설비를 설치해야 할 소방대상물에 있어서 스프링클러헤드를 설치하지 아니할 수 있는 장소 중 맞는 것은?
[기 08, 14]

① 계단실, 병실, 목욕실, 통신기기실, 아파트
② 발전실, 수술실, 응급처치실, 통신기기실
③ 발전실, 변전실, 병실, 목욕실, 아파트
④ 수술실, 병실, 변전실, 발전실, 아파트

답 : ②

34 다음 중 스프링클러헤드를 설치해야 되는 곳은? [기 12]

① 발전실
② 보일러실
③ 병원의 수술실
④ 직접 외기에 개방된 복도

답 : ②

IV. 소방기계시설의 구조 및 원리 | 스프링클러설비 등

핵심 PLUS

35 물분무소화설비 송수구의 설치기준 중 옳지 않은 것은? [기 17]
① 구경 65 [mm]의 쌍구형으로 할 것
② 지면으로부터 높이가 0.5[m] 이상 1[m] 이하의 위치에 설치할 것
③ 가연성가스의 저장·취급시설에 설치하는 송수구는 그 방호대상물로부터 20[m] 이상의 거리를 두고 설치할 것
④ 송수구는 하나의 층의 바닥면적이 1,500[m²]를 넘을 때마다 1개 이상을 설치할 것

답 : ④

| 송수구 설치기준 |

물분무등소화설비 및 연결살수설비
① 가연성가스의 저장·취급시설에 설치하는 송수구는 그 방호대상물로부터 20[m] 이상의 거리를 두거나 방호대상물에 면하는 부분이 높이 1.5[m] 이상, 폭 2.5[m] 이상의 철근콘크리트 벽으로 가려진 장소에 설치할 것
② 스프링클러설비의 송수구 설치기준과 동일

연결살수설비
① 송수구는 구경 65[mm]의 쌍구형으로 설치
   다만, 하나의 송수구역에 부착하는 살수헤드의 수가 10개 이하인 것은 단구형 설치 가능
② 개방형헤드를 사용하는 송수구의 호스접결구는 각 송수구역마다 설치. 다만, 송수구역을 선택할 수 있는 선택밸브가 설치되어 있고 각 송수구역의 주요구조부가 내화구조인 경우 제외
③ 송수구의 부근에는 "연결살수설비 송수구"라고 표시한 표지와 송수구역 일람표를 설치
④ 옥내소화전 송수구 설치기준과 동일

■ 간이스프링클러설비에서의 복합건축물의 정의
 - 하나의 건축물이 근린생활시설, 판매시설, 업무시설, 숙박시설 또는 위락시설의 용도와 주택의 용도로 함께 사용되는 것

II. 간이스프링클러설비

1 수원의 양 N × Q × T

구분	수원의 양
상수도직결형	수돗물
수조 (캐비닛형 포함)	1. 일반적인 간이스프링클러 설치 대상 $N \times Q \times T$ N : 2개 Q : 50[ℓ/min] T : 10분 이상 2. 아래의 설치장소 +암기 숙복근 ① 숙박시설로 사용되는 바닥면적의 합계가 300[m²] 이상 600[m²] 미만인 시설 ② 복합건축물로서 연면적 1천[m²] 이상인 것은 모든 층 ③ 근린생활시설로 사용하는 부분의 바닥면적 합계가 1천[m²] 이상인 것은 모든 층 $N \times Q \times T$ N : 5개 Q : 50[ℓ/min] T : 20분 이상 3. 적어도 1개 이상의 자동급수장치를 갖출 것

2 설치기준

① 방수압력 : 가장 먼 가지배관에서 2개의 간이헤드를 동시에 개방할 경우 0.1 [MPa] 이상

② 방수량 : 50 [L/min] 이상(주차장 부분에 표준반응형스프링클러 헤드를 사용할 경우 – 80 [L/min] 이상)

③ 방사시간 20분 이상의 특정소방대상물의 경우에는 상수도직결형 및 캐비닛형 간이스프링클러설비를 제외한 가압송수장치를 설치 할 것

④ 하나의 방호구역의 바닥면적은 1,000 [m²]를 초과하지 아니할 것

⑤ 폐쇄형간이헤드를 사용할 것

⑥ 간이헤드의 수평거리는 2.3 [m] 이하

⑦ 간이스프링클러설비의 배관 및 밸브 등의 순서 설치기준

핵심 PLUS

36 다음 중 간이스프링클러설비를 상수도설비에서 직접 연결하여 배관 및 밸브 등을 설치할 경우 설치하지 않는 것은? [기 14]
① 체크밸브
② 압력조절밸브
③ 개폐표시형 밸브
④ 수도용 계량기

답 : ②

구 분	배관 등 설치 순서								
상수도직결형	수도용 계량기	급수 차단장치	개폐 표시형 밸브	–	체크밸브	압력계	–	유수검지장치	2개의 시험밸브
펌프 압력수조	수원	연성계 또는 진공계	펌프 또는 압력수조	압력계	체크밸브	성능 시험배관	개폐 표시형 밸브	유수검지장치	시험밸브
가압수조	수원	–	가압수조	압력계	체크밸브	성능 시험배관	개폐 표시형 밸브	유수검지장치	2개의 시험밸브
캐비닛형	수원	연성계 또는 진공계	펌프 또는 압력수조	압력계	체크밸브	–	개폐 표시형 밸브	–	2개의 시험밸브

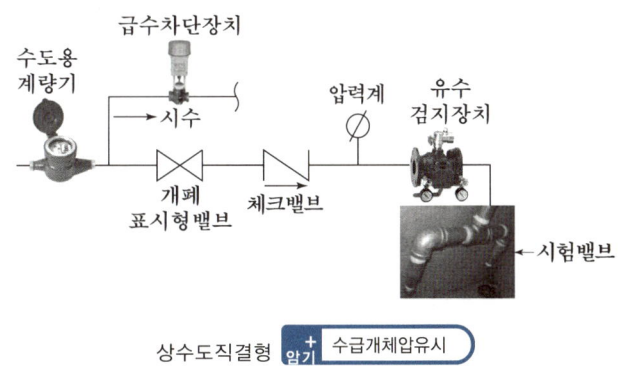

상수도직결형 +암기 수급개체압유시

핵심 PLUS

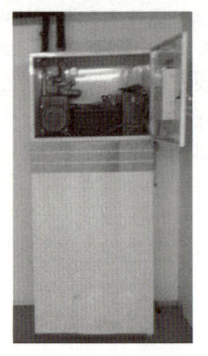

캐비닛형 간이스프링클러

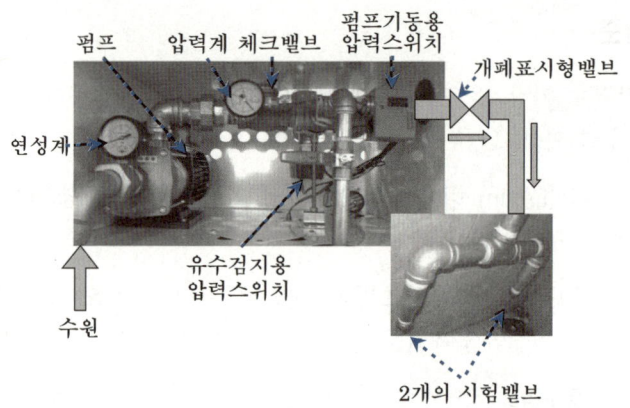

캐비닛형 간이스프링클러 내부 모습과 시험장치

⑧ 상수도직결형의 경우에는 수도배관 호칭지름 32 [mm] 이상의 배관
⑨ "캐비닛형" 및 "상수도직결형"을 사용하는 경우
  ㉠ 주배관은 32 [mm], 수평주행배관은 32 [mm], 가지배관은 25 [mm] 이상으로 설치
  ㉡ 하나의 가지배관에는 간이헤드를 3개 이내로 설치
⑩ 송수구는 구경 65 [mm]의 단구형 또는 쌍구형 및 송수배관의 안지름은 40 [mm] 이상으로 할 것

Ⅲ. 화재조기진압용스프링클러설비

1 설치대상

천장 또는 반자의 높이가 10 [m]를 넘는 랙식 창고로서 연면적 1천5백 [m^2] 이상

2 설치제외

① 제4류 위험물
② 타이어, 두루마리 종이 및 섬유류, 섬유제품 등 연소 시 화염의 속도가 빠르고 방사된 물이 하부까지에 도달하지 못하는 것

3 설치장소의 구조

구 분	내 용	비 고
당해층의 높이	13.7[m] 이하	2층 이상일 경우에는 당해층의 바닥을 내화구조로 하고 다른 부분과 방화구획 할 것
천장의 기울기	$\dfrac{168}{1,000}$ 이하	이를 초과하는 경우에는 반자를 지면과 수평으로 설치
천장	평평하게 설치	철재나 목재트러스 구조인 경우, 철재나 목재의 돌출 부분이 102[mm] 이하(살수장애 방지)
보	목재·콘크리트 및 철재 사이의 간격이 0.9[m] 이상 2.3[m] 이하	다만, 보의 간격이 2.3[m] 이상인 경우에는 화재조기진압용 스프링클러헤드의 동작을 원활히 하기 위하여 보로 구획된 부분의 천장 및 반자의 넓이가 28[m²]를 초과하지 아니할 것
선반의 형태	하부로 물이 침투되는 구조	
저장물품의 간격	모든 방향에서 152[mm] 이상	
환기구	• 공기의 유동으로 인하여 헤드의 작동온도에 영향을 주지 않는 구조 • 화재감지기와 연동하여 동작하는 자동식 환기장치를 설치하지 아니할 것. 다만, 자동식 환기장치를 설치할 경우에는 최소작동온도가 180[℃] 이상일 것	

4 수 원

$$N \times Q \times T = 12 \times K\sqrt{10P} \times 60$$

N : 헤드 기준 개수(12개) Q : 토출량[ℓ/min]

T : 방사시간(60분) P : 헤드 선단의 압력[MPa]

K : 상수 [$\ell/\min/(\text{MPa})^{\frac{1}{2}}$]

화재조기진압용 스프링클러설비의 수원은 수리학적으로 가장 먼 가지배관 3개에 각각 4개의 스프링클러헤드가 동시에 개방되었을 때 헤드선단의 압력이 화재안전기준에 의한 값 이상으로 60분간 방사할 수 있는 양을 말함

핵심 PLUS

37 화재조기진압용 스프링클러설비의 화재안전기준상 화재조기진압용 스프링클러설비 설치 장소의 구조 기준으로 틀린 것은? [기 19]

① 창고내의 선반의 형태는 하부로 물이 침투되는 구조로 할 것
② 천장의 기울기가 1000분의 168을 초과하지 않아야 하고, 이를 초과하는 경우에는 반자를 지면과 수평으로 설치할 것
③ 천장은 평평하여야 하며 철재나 목재트러스 구조인 경우, 철재나 목재의 돌출부분이 102[mm]를 초과하지 아니할 것
④ 해당 층의 높이가 10[m] 이하일 것. 다만, 3층 이상일 경우에는 해당 층의 바닥을 내화구조로 하고 다른 부분과 방화구획 할 것

답 : ④

38 화재조기진압용 스프링클러설비의 수원은 화재시 기준압력과 기준수량 및 천장높이 조건에서 몇 분간 방사할 수 있어야 하는가? [기 10]

① 20 ② 30
③ 40 ④ 60

답 : ④

핵심 PLUS

39 화재조기진압용 스프링클러설비 가지배관의 배열기준 중 천장의 높이가 9.1[m] 이상 13.7[m] 이하인 경우 가지배관 사이의 거리 기준으로 옳은 것은? [기 18]

① 2.4 [m] 이상 3.1 [m] 이하
② 2.4 [m] 이상 3.7 [m] 이하
③ 6.0 [m] 이상 8.5 [m] 이하
④ 6.0 [m] 이상 9.3 [m] 이하

답 : ①

40 화재조기진압용 스프링클러헤드의 기준 중 다음 ( ) 안에 알맞은 것은? [기 18]

헤드 하나의 방호면적은 (㉠)[m²] 이상 (㉡)[m²] 이하로 할 것

① ㉠ 2.4, ㉡ 3.7
② ㉠ 3.7, ㉡ 9.1
③ ㉠ 6.0, ㉡ 9.3
④ ㉠ 9.1, ㉡ 13.7

답 : ③

화재조기진압용 스프링클러헤드

5 설치기준

① 습식으로 하여야 한다.

② 가지배관 사이의 거리

천장의 높이가 9.1[m] 미만	2.4[m] 이상 3.7[m] 이하
천장의 높이가 9.1[m] 이상 13.7[m] 이하	2.4[m] 이상 3.1[m] 이하

③ 화재조기진압용 스프링클러설비의 헤드(특정 높은 장소의 화재위험에 대하여 조기에 진화할 수 있도록 설계된 스프링클러헤드) 설치기준

구 분	내 용		
헤드 하나의 방호면적	6.0 [m²] 이상 9.3 [m²] 이하		
가지배관의 헤드 사이의 거리	천장의 높이	9.1 [m] 미만인 경우	2.4 [m] 이상 3.7 [m] 이하
		9.1 [m] 이상 13.7 [m] 이하인 경우	2.4 [m] 이상 3.1 [m] 이하
헤드의 반사판	천장 또는 반자와 평행하게 설치		
	저장물의 최상부와 914 [mm] 이상 확보		
헤드와 벽과의 거리	102 [mm] 이상 ~ 헤드 상호간 거리의 2분의 1 이하		
헤드의 작동온도	74[℃] 이하		
상향식 헤드의 감지부 중앙	천장 또는 반자와 101 [mm] 이상 152 [mm] 이하		
상향식 헤드의 반사판의 위치	스프링클러배관의 윗부분에서 최소 178 [mm] 상부에 설치		
하향식 헤드의 반사판의 위치	천장이나 반자 아래 125 [mm] 이상 355 [mm] 이하		

핵심기출문제

3. 스프링클러설비 등

1. 스프링클러설비에 있어서 자동경보밸브에 리타딩챔버를 설치하는 목적으로 옳은 것은? [12, 15 ㉮]
① 자동경보밸브의 오보를 방지한다.
② 자동배수를 한다.
③ 경보를 발하기까지 시간만을 조절한다.
④ 압력수의 압력조절을 행한다.

2. 스프링클러헤드의 방수구에서 유출되는 물을 세분시키는 작용을 하는 것은? [15 ㉮]
① 클래퍼 ② 워터모터공
③ 리타팅 챔버 ④ 디프렉타

3. 건식 스프링클러 설비의 공기를 빼내어 속도를 증가시키고 클래퍼를 빨리 열리게 하기 위하여 드라이밸브에 설치하는 것은? [06 ㉮]
① 트리밍 셀 ② 리타딩챔버
③ 탬퍼스위치 ④ 엑셀레이터

4. 폐쇄형 스프링클러헤드에 대하여 급격한 수압을 고려해야 하는 시험은? [10 ㉮]
① 수격시험 ② 강도시험
③ 장기누수시험 ④ 작동시험

해설

해설 1

리타딩챔버 – 오보를 방지하기 위해 짧은 시간 동안의 유수는 경보를 발하지 않도록 하는 역할

해설 2

반사판(디프렉타) – 스프링클러헤드의 방수구에서 유출되는 물을 세분시키는 작용을 하는 것

해설 3

건식 스프링클러 설비의 부속장치

에어 레귤레이터 (Air Regulator)	액셀레이터 (Accelerator)	익죠스터 (Exhauster)
드라이밸브 2차측 공기압을 일정하게 공급하는 장치	드라이밸브 클래퍼 급속 개방장치 – 트립시간 단축	소화수 이송시간을 단축

해설 4

스프링클러헤드의 형식승인 및 제품검사의 기술기준 제10조(수격시험)
폐쇄형헤드는 매초 0.35[MPa]로부터 매초 3.5[MPa]까지의 압력변동을 연속하여 4,000회 가한 다음 2.5[MPa]의 압력을 5분간 가하여도 물이 새거나 변형이 되지 아니하여야 한다.

정답 1. ① 2. ④ 3. ④ 4. ①

핵심기출문제

3. 스프링클러설비 등

5. 층별 바닥면적이 2,000[m²]인 5층 백화점 건물에 폐쇄형 스프링클러 설비가 설치되어 있을 때 스프링클러 설비에 필요한 수원의 양은 얼마인가? [05 ㉮]

① 16[m³] ② 24[m³]
③ 32[m³] ④ 48[m³]

6. 지하층을 제외한 층수가 10층인 병원건물에 습식 스프링클러 설비가 설치되어 있다면, 스프링클러 설비에 필요한 수원의 양은 얼마 이상이어야 하는가? (단, 헤드는 각 층별로 200개씩 설치되어 있고, 헤드의 부착높이는 3[m] 이하이다.)

① 16[m³] ② 24[m³]
③ 32[m³] ④ 48[m³]

7. 지상 5층 판매시설이 설치되는 복합건축물에 폐쇄형 스프링클러헤드를 30개 설치하려고 한다. 이때 필요한 최소수원의 양은 얼마인가? [10 ㉮]

① 16[m³] ② 24[m³]
③ 32[m³] ④ 48[m³]

8. 16층의 아파트에 각 세대마다 12개의 폐쇄형 스프링클러헤드를 설치하였다. 이때 소화펌프의 토출량은 몇 [ℓ/min] 이상인가? [11 ㉮]

① 800 ② 960
③ 1,600 ④ 2,400

9. 다음 중 스프링클러설비의 고가수조에 설치하지 않는 것은?

① 수위계 ② 배수관
③ 오버플로관 ④ 압력계

해설

해설 5
스프링클러
수원 N × Q × T
N(기준개수) :
백화점은 판매시설로서 30개
Q(방수량) : 80[ℓ/min·개]
T(방사시간) : 20[min]
30개 × 80[ℓ/min·개] × 20[min]
= 48[m³] 이상

해설 6
기준개수 : 지하층을 제외한 층수가 10층 이하로서 헤드의 부착높이가 8m 미만인 경우 10개
10개 × 80[ℓ/min·개] × 20분
= 16[m³]

해설 7
기준개수 : 복합건축물은 30개
30개 × 80[ℓ/min·개] × 20분/
= 48[m³]

해설 8
소화펌프의 토출량(N×Q)

헤드의 종류	N (설치장소별 스프링클러 헤드의 기준개수)	Q (방수량)
폐쇄형	아파트 - 10개	80 [ℓ/min·개]

소화펌프의 토출량
= 10개 × 80[ℓ/min·개]
= 800[ℓ/min]

해설 9
고가수조 설치하는 장치
수위계, 배수관, 급수관, 오버플로관, 맨홀

정답 5. ④ 6. ① 7. ④ 8. ① 9. ④

10. 전동기에 의한 펌프를 이용하는 스프링클러 설비의 가압송수장치에 대한 설치 기준으로 옳은 것은?

① 기동용수압개폐장치(압력챔버)를 사용할 경우 그 용적은 80[*l*] 이상의 것으로 한다.
② 물올림장치 설치는 유효수량 100[*l*] 이상으로 한다.
③ 정격토출 압력은 하나의 헤드선단에 0.01[MPa] 이상 0.12[MPa] 이하의 방수압력이 될 수 있는 크기로 한다.
④ 충압펌프의 정격토출압력은 그 설비의 최고위 살수장치의 자연압보다 작아도 0.1[MPa]과 같게 하거나 가압송수장치의 정격토출압력보다 크게 한다.

해설

해설 10
- 기동용수압개폐장치(압력챔버)를 사용할 경우 그 용적은 100[*l*] 이상의 것으로 한다.
- 정격토출 압력은 하나의 헤드선단에 0.1[MPa] 이상 1.2[MPa] 이하의 방수압력이 될 수 있는 크기로 한다.
- 충압펌프의 정격토출압력은 그 설비의 최고위 살수장치의 자연압보다 0.2[MPa] 크게 하거나 가압송수장치의 정격토출압력과 같게 한다.

11. 개방형스프링클러설비의 일제개방밸브가 하나의 방수구역을 담당하는 헤드의 최대 개수는? (단, 2개 이상의 방수구역으로 나눌 경우는 제외한다.) [17 ㉠]

① 60 ② 50
③ 30 ④ 25

해설 11
개방형스프링클러설비의 방수구역 및 일제개방밸브 설치기준

헤드개수	범위
50개 이하	2개 층에 미치지 아니 할 것

12. 스프링클러설비의 화재안전기준상 펌프의 성능시험배관에 관한 설명으로 틀린 것은?

① 성능시험배관은 펌프의 토출측에 설치된 개폐밸브 이전에서 분기하여 설치한다.
② 유량측정장치를 기준으로 선단 직관부에 개폐밸브를 설치한다.
③ 유량측정장치는 성능시험배관의 직관부에 설치한다.
④ 펌프의 정격토출량의 250[%]까지 측정할 수 있는 성능이 있어야 한다.

해설 12
펌프 성능시험배관
① 펌프의 토출측에 설치된 개폐밸브 이전에서 분기하여 설치
② 유량계를 기준으로 전단 직관부에 개폐밸브를 후단 직관부에는 유량조절 밸브를 설치
③ 유량측정장치(유량계)는 성능시험배관의 직관부에 설치하되 펌프의 정격토출량의 175[%] 이상 측정할 수 있는 성능

13. 스프링클러설비의 배관에 대한 설명으로 옳지 않은 것은? [08 ㉠]

① 주차장의 스프링클러설비는 습식 이외의 방식으로 한다.
② 습식 스프링클러설비는 헤드를 향하여 상향으로 수평주행배관의 기울기를 1/500 이상으로 한다.
③ 급수배관에 설치되는 탬퍼스위치는 감시제어반 또는 수신기에서 동작의 유무 확인을 할 수 있어야 한다.
④ 일제개방밸브를 사용하는 스프링클러설비에서는 일제개방밸브 2차측에 개폐표시형 밸브를 설치하여야 한다.

해설 13
스프링클러설비의 배관
- 배수를 위한 기울기

건식, 준비작동식, 일제개방밸브
• 수평주행배관 헤드를 향하여 상향으로 $\dfrac{1}{500}$ 이상
• 가지배관 헤드를 향하여 상향으로 $\dfrac{1}{250}$ 이상

정답 10. ② 11. ② 12. ④ 13. ②

핵심기출문제
3. 스프링클러설비 등

14. 스프링클러 설비의 교차배관에서 분기되는 기점으로 한쪽 가지배관에 설치하는 헤드 수는 몇 개 이하가 적당한가? [12 ㉮]
① 8
② 10
③ 12
④ 15

해설 14
가지배관(스프링클러헤드가 설치되어 있는 배관)
① 토너먼트(tournament)방식이 아닐 것
② 하나의 가지배관의 헤드 개수 교차배관에서 분기되는 지점을 기점으로 한쪽 가지배관에 설치되는 헤드의 개수는 8개 이하로 할 것.

15. 다음 중 스프링클러설비의 배관에 설치되는 행가에 대한 설명으로 잘못된 것은? [12 ㉮]
① 가지배관에는 헤드의 설치지점 사이마다 1개 이상의 행가를 설치
② 가지배관에서 상향식 헤드의 경우 헤드와 행가 사이에 8[cm] 이상 간격을 둘 것
③ 가지배관에서 헤드 간의 간격이 3.5[m]를 초과하는 경우에는 3.5[m] 이내마다 행가를 1개 이상 설치
④ 교차배관에는 가지배관 사이의 거리가 4.5[m]를 초과하는 경우 3.5[m] 이내마다 행가를 1개 이상 설치

해설 15
교차배관의 행가 설치기준
• 가지배관과 가지배관 사이마다 1개 이상
• 가지배관 사이의 거리가 4.5[m]를 초과하는 경우
  – 4.5[m] 이내마다 1개 이상 설치

16. 폐쇄형 스프링클러헤드 퓨지블링크형의 표시온도가 121[℃]~162[℃]인 경우 후레임의 색별로 옳은 것은?(단, 폐쇄형헤드이다.)
① 파랑
② 빨강
③ 초록
④ 흰색

해설 16

퓨지블링크형	
표시온도([℃])	색(프레임에 표시)
77[℃] 미만	표 시 없 음
78[℃] ~ 120[℃]	흰 색
121[℃] ~ 162[℃]	파 랑
163[℃] ~ 203[℃]	빨 강
204[℃] ~ 259[℃]	초 록
260[℃] ~ 319[℃]	오 렌 지
320[℃]이상	검 정

17. 다음 중 조기반응형 스프링클러헤드를 설치하여야 하는 장소는? [12 ㉮]
① 보일러실
② 노래방
③ 노유자시설의 거실
④ 위험물 취급장소

해설 17
조기반응형헤드 설치 장소

RTI	50 이하
헤드의 종류	조기반응형헤드
설치장소	공동주택·노유자시설의 거실, 오피스텔·숙박시설의 침실, 병원의 입원실

 정답 14. ① 15. ④ 16. ① 17. ③

18. 스프링클러헤드 설치 시 유지하여야 할 수평거리 중 맞지 않는 것은? [08 ㉠]

① 무대부에 있어서는 1.7[m] 이하
② 기타구조에 있어서는 2.1[m] 이하
③ 내화구조있어서는 2.3[m] 이하
④ 연소우려가 있는 부분의 개구부에는 3.0[m] 이하

19. 스프링클러헤드의 배치에서 일반가연물을 저장하는 내화구조에서는 방호대상물의 각 부분으로부터 수평거리(헤드의 살수반경)는 몇 [m] 이하인가? [11 ㉠]

① 1.7
② 2.3
③ 2.5
④ 3.2

20. 간이 스프링클러 설비에 설치하는 간이헤드의 수평거리는 몇 [m] 이하인가? [05 ㉠]

① 2.1
② 2.3
③ 2.5
④ 2.6

21. 건축물의 연결살수설비 헤드로서 스프링클러헤드를 설치할 경우, 천장 또는 반자의 각 부분으로부터 하나의 헤드까지의 수평거리를 얼마이어야 하는가? [05 ㉠]

① 2.3[m] 이하
② 3.3[m] 이하
③ 2.7[m] 이하
④ 3.7[m] 이하

22. 스프링클러설비에 있어서 정방형으로 배치하는 경우 헤드에서 헤드까지의 설치거리를 산출하는 식으로 옳은 것은? (단, R : 수평거리) [03 ㉠]

① $S = R\cos 45°$
② $S = 2R\cos 45°$
③ $S = R\sqrt{45}$
④ $S = 2R\sqrt{2}$

해설

해설 18, 19

스프링클러 헤드의 수평거리

구 분	수평거리[m]
기타구조	2.1
내화구조	2.3
연소우려가 있는 부분의 개구부	2.5

해설 20

간이스프링클러헤드의 수평거리는 2.3[m] 이하

해설 21

연결살수설비 헤드의 수평거리

구 분	수평거리[m]
스프링클러헤드 설치 시	2.3
연결살수설비 전용헤드	3.7

해설 22

정사각형배치(정방형)

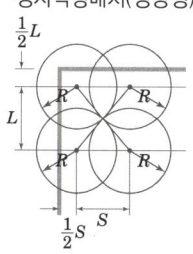

L : 가지배관의 간격
S : 헤드간격
$S = L$
$S = 2R\cos 45$

정답 18. ④ 19. ② 20. ② 21. ①
22. ②

핵심기출문제

3. 스프링클러설비 등

23. 스프링클러설비의 화재안전기준에서 스프링클러를 설치할 경우 살수에 방해가 되지 아니하도록 스프링클러헤드로부터 반경 몇 [cm] 이상의 공간을 확보하여야 하는가? [07 ㉮]

① 20 　　　　② 40
③ 60 　　　　④ 90

24. 폐쇄형 스프링클러 70개를 담당할 수 있는 급수관의 구경은 몇 [mm]인가? [12 ㉮]

① 65 　　　　② 80
③ 90 　　　　④ 100

25. 폐쇄형 스프링클러 헤드를 사용하는 스프링클러 설비의 급수 배관 중 구경이 50[mm]인 배관에는 스프링클러 헤드를 몇 개까지 설치할 수 있는가? (단, 헤드는 반자 아래에만 설치한다.) [05 ㉮]

① 3개 　　　　② 5개
③ 10개 　　　　④ 12개

26. 스프링클러설비를 설치하여야 할 특정소방대상물에 있어서 스프링클러헤드를 설치하지 아니할 수 있는 기준 중 틀린 것은? [18 ㉮]

① 천장과 반자 양쪽이 불연재료로 되어 있고 천장과 반자사이의 거리가 2.5[m] 미만인 부분
② 천장 및 반자가 불연재료 외의 것으로 되어 있고 천장과 반자사이의 거리가 0.5[m] 미만인 부분
③ 천장·반자 중 한쪽이 불연재료로 되어 있고 천장과 반자사이의 거리가 1[m] 미만인 부분
④ 현관 또는 로비 등으로서 바닥으로부터 높이가 20[m] 이상인 장소

27. 연소할 우려가 있는 부분에 드렌처 설비를 설치하였다. 한 개 구역에 드렌처 헤드 5개씩 2개 구역으로 설치하였을 경우에 드렌처 설비에 필요한 수원의 양은 얼마인가? [05 ㉮]

① 2[m³] 　　　　② 4[m³]
③ 8[m³] 　　　　④ 16[m³]

해설

해설 24, 25
스프링클러헤드 수별 급수관의 구경

구분 \ 급수관의 구경	25	32	40	50	65
헤드개수	2	3	5	10	30

구분 \ 급수관의 구경	80	90	100	125	150[mm]
헤드개수	60	80	100	160	161 이상

해설 26
설치제외 장소
① 천장과 반자 양쪽이 불연재료로 되어 있는 경우로서 그 사이의 거리 및 구조가 다음 각 목의 어느 하나에 해당하는 부분
　㉠ 천장과 반자사이의 거리가 2[m] 미만인 부분
　㉡ 천장과 반자사이의 벽이 불연재료이고 천장과 반자사이의 거리가 2[m] 이상으로서 그 사이에 가연물이 존재하지 아니하는 부분
② 천장·반자중 한쪽이 불연재료로 되어 있고 천장과 반자사이의 거리가 1[m] 미만인 부분
③ 천장 및 반자가 불연재료 외의 것으로 되어 있고 천장과 반자사이의 거리가 0.5[m] 미만인 부분

해설 27
드렌처설비를 설치한 경우
(드렌처설비 - 개방형 스프링클러 헤드를 사용하는 설비)
- 수원의 수량은 드렌처헤드가 가장 많이 설치된 제어밸브의 드렌처헤드의 설치개수에 1.6[m³]를 곱하여 얻은 수치 이상이 되도록 할 것
　5개 × 1.6[m³/개] = 8[m³]

정답 23. ③　24. ③　25. ③　26. ①　27. ③

28. 스프링클러설비의 화재안전기준에서 연소할 우려가 있는 개구부에 설치하는 드렌처설비에 대한 내용 중 잘못된 것은? [07, 11, 17 ㉠]

① 드렌처헤드는 개구부 위측에 2.5[m] 이내마다 1개를 설치한다.
② 제어밸브는 바닥면으로부터 0.5[m] 이상 2.0[m] 이하의 위치에 설치한다.
③ 드렌처헤드의 방수량은 80[l/mim] 이상이어야 한다.
④ 드렌처헤드 선단의 방수압력은 0.1[MPa] 이상이어야 한다.

29. 연소할 우려가 있는 개구부에 드렌처설비를 설치할 경우 스프링클러헤드를 설치하지 아니할 수 있다. 이 경우 드렌처설비의 설치기준으로 잘못된 것은? [11 ㉠]

① 드렌처헤드는 개구부 위 측에 2.5[m] 이내마다 1개를 설치한다.
② 제어밸브는 소방대상물 층마다에 바닥면으로부터 0.5[m] 이상 1.5[m] 이하의 위치에 설치한다.
③ 드렌처설비는 드렌처헤드가 가장 많이 설치된 제어밸브에 설치된 드렌처헤드를 동시에 사용하는 경우에 방수량이 80[l/min] 이상이어야 한다.
④ 드렌처설비는 드렌처헤드가 가장 많이 설치된 제어밸브에 설치된 드렌처헤드를 동시에 사용하는 경우의 헤드선단에 방수압력이 0.1[MPa] 이상이어야 한다.

해설

해설 28, 29

연소할 우려가 있는 개구부에 드렌처설비를 설치한 경우의 기준

• 드렌처설비 – 개방형 스프링클러 헤드를 사용하는 설비

① 드렌처헤드는 개구부 위 측에 2.5[m] 이내마다 1개를 설치할 것
② 제어밸브는 특정소방대상물 층마다에 바닥 면으로부터 0.8[m] 이상 1.5[m] 이하의 위치에 설치할 것
③ 수원의 수량은 드렌처헤드가 가장 많이 설치된 제어밸브의 드렌처헤드의 설치개수에 1.6[m³]를 곱하여 얻은 수치 이상이 되도록 할 것

• 제어밸브 – 프리액션밸브와 같은 개념의 유수검지장치

정답 28. ② 29. ②

04 물분무소화설비 / 미분무소화설비

Ⅳ. 소방기계시설의 구조 및 원리 | 물분무 / 미분무소화설비

핵심 PLUS

01 특정소방대상물의 규모에 관계없이 물분무등소화설비를 설치하여야 하는 대상은? (단, 위험물 저장 및 처리시설 중 가스시설 또는 지하구는 제외한다.)
　[기 13]

① 주차용 건축물
② 전산실 및 통신기기실
③ 전기실 및 발전실
④ 항공기 격납고

답 : ④

☞ 물분무등소화설비 설치해야 하는 특정소방대상물

물분무등 소화설비	물분무소화설비	미분무소화설비	포소화설비
	이산화탄소소화설비	할론소화설비	할로겐화합물및불활성기체소화설비
	분말소화설비	강화액소화설비	고체에어로졸소화설비

① 항공기 및 자동차 관련 시설	항공기격납고
② 차고, 주차용건축물 또는 철골 조립식 주차시설	연면적 800[m²] 이상
③ 건축물 내부에 설치된 차고 또는 주차장	바닥면적의 합계가 200[m²] 이상인 층
④ 기계장치에 의한 주차시설	20대 이상
⑤ 특정소방대상물에 설치된 전기실·발전실·변전실	바닥면적이 300[m²] 이상
⑥ 행정안전부령으로 정하는 터널	물분무소화설비

※ 특정소방대상물에 설치된 전기실 · 발전실 · 변전실
　－ 하나의 방화구획 내에 둘 이상의 실(室)이 설치되어 있는 경우에는 이를 하나의 실로 보아 바닥면적을 산정한다.

※ 50세대 이상의 연립주택 또는 다세대주택의 내부에 설치된 주차장에 물분무등소화설비 설치

※ 설치제외 － 위험물저장 및 처리시설 중 가스시설 또는 지하구는 제외한다.

I. 물분무소화설비

1 수원의 양 A × Q × T / 펌프의 토출량 A × Q

구분	특수가연물	차고 또는 주차장	절연유 봉입 변압기	케이블트레이 케이블덕트	콘베이어 벨트 등
A	바닥면적[m²] → 50[m²] 이하인 경우에는 50[m²]		바닥부분을 제외한 표면적을 합한 면적[m²]	투영된 바닥면적[m²]	벨트부분의 바닥면적[m²]
Q	10 [ℓ/min·m²]	20 [ℓ/min·m²]	10 [ℓ/min·m²]	12 [ℓ/min·m²]	10 [ℓ/min·m²]
T	20분	20분	20분	20분	20분

2 물분무헤드의 종류

디프렉타(deflector)형	수류를 살수판에 충돌하여 미세한 물방울을 만드는 물분무헤드
슬리트(slit)형	수류를 slit(좁고 기다란 틈)에 의해 방출하여 수막상의 분무를 만드는 물분무헤드
선회류형	선회류에 의해 확산방출 하든가 선회류와 직선류의 충돌에 의해 확산 방출하여 미세한 물방울로 만드는 물분무헤드
충돌형	유수와 유수의 충돌에 의해 미세한 물방울을 만드는 물분무헤드
분사형	소구경의 오리피스로부터 고압으로 분사하여 미세한 물방울을 만드는 물분무헤드

물분무 헤드의 종류

핵심 PLUS

02 물분무소화설비의 설치 장소별 1[m²]에 대한 수원의 최소 저수량으로 옳은 것은? [기 14, 15, 16, 17, 18, 19]
① 케이블트레이 : 12[L/min]×20분×투영된 바닥면적
② 절연유 봉입 변압기 : 15[L/min]×20분×바닥 부분을 제외한 표면적을 합한 면적
③ 차고 : 30[L/min]×20분×바닥면적
④ 콘베이어 벨트 : 37[L/min]×20분×벨트부분의 바닥면적

답 : ①

03 소화설비용헤드의 성능인증 및 제품검사의 기술기준 중 수류를 살수판에 충돌하여 미세한 물방울을 만드는 물분무 헤드는? [기 17]
① 디프렉타형
② 충돌형
③ 슬리트형
④ 분사형

답 : ①

3 전기의 절연을 위하여 고압의 전기기기와 물분무헤드 사이의 거리

전압[kV]	거리[cm]	전압[kV]	거리[cm]
66 이하	70 이상	154 초과 181 이하	180 이상
66 초과 77 이하	80 이상	181 초과 220 이하	210 이상
77 초과 110 이하	110 이상	220 초과 275 이하	260 이상
110 초과 154 이하	150 이상		

4 차고 또는 주차장의 배수설비 설치기준

① 높이 10 [cm] 이상의 경계턱으로 배수구를 설치할 것

② 차량이 주차하는 바닥은 배수구를 향하여 100분의 2 이상의 기울기를 유지

③ 길이 40 [m] 이하마다 집수관·소화핏트 등 기름분리장치를 설치하여 배수구에는 새어나온 기름을 모아 소화할 수 있도록 할 것

④ 배수설비는 가압송수장치의 최대송수능력의 수량을 유효하게 배수할 수 있는 크기 및 기울기로 할 것

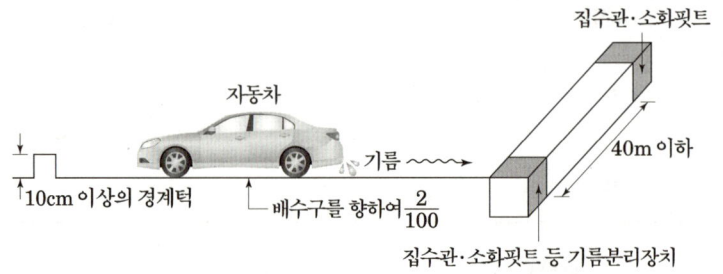

5 물분무헤드의 설치제외

① 물에 심하게 반응하는 물질 또는 물과 반응하여 위험한 물질을 생성하는 물질을 저장 또는 취급하는 장소

② 고온의 물질 및 증류범위가 넓어 끓어 넘치는 위험이 있는 물질을 저장·취급하는 장소

③ 운전시에 표면의 온도가 260 [℃] 이상으로 되는 등 직접 분무를 하는 경우 그 부분에 손상을 입힐 우려가 있는 기계장치 등이 있는 장소

핵심 PLUS

04 154[kV] 초과 181[kV] 이하의 고압 전기기기와 물분무헤드 사이에 이격거리는? [기 09, 14, 15]
① 150[cm] 이상
② 180[cm] 이상
③ 210[cm] 이상
④ 260[cm] 이상

답 : ②

05 차고 또는 주차장에 설치하는 물분무소화설비의 배수설비에 대한 설명이다. 옳지 않은 것은? [기 06, 08, 09, 15, 16, 17]
① 높이 5[cm] 이상의 경계턱으로 배수설비를 설치하여야 한다.
② 길이 40[m] 이하마다 기름분리장치를 설치하여야 한다.
③ 차량이 주차하는 바닥은 배수구 쪽으로 2/100의 기울기를 유지하여야 한다.
④ 배수설비는 가압송수장치의 최대송수능력의 수량을 유효하게 배수할 수 있는 크기 및 기울기로 하여야 한다.

답 : ①

06 물분무헤드의 설치제외대상이 아닌 것은? [기 09, 14, 15]
① 운전시에 표면의 온도가 200 [℃] 이상으로 되는 등 직접분무시 손상우려가 있는 기계장치 장소
② 고온의 물질 및 증류범위가 넓어 끓어 넘치는 위험이 있는 물질을 저장 또는 취급하는 장소
③ 물에 심하에 반응하는 물질을 저장 또는 취급하는 장소
④ 물과 반응하여 위험한 물질을 생성하는 물질을 저장 또는 취급하는 장소

답 : ①

6 송수구 설치기준

① 가연성가스의 저장·취급시설에 설치하는 송수구는 그 방호대상물로부터 20[m] 이상의 거리를 두거나 방호대상물에 면하는 부분이 높이 1.5[m] 이상 폭 2.5[m] 이상의 철근콘크리트 벽으로 가려진 장소에 설치하여야 한다.

② 그외 스프링클러 설비 송수구 설치 기준 준용

7 물분무소화설비의 소화효과 및 적응성

① 소량의 물을 사용함으로써 물의 사용량 및 방수량을 줄일 수 있고 소화용수를 안개처럼 분무하여 수증기에 가까운 물입자가 가연물을 냉각, 질식, 희석, 유화의 방법으로 소화하며 운동에너지는 크나 파괴주수 효과가 작다.

② 분무상태의 물은 전기적으로 비전도성으로 전기화재에 적응성이 있다.

③ 사용금지 대상물
 - 알칼리금속과산화물, 철분·금속분·마그네슘, 금수성 물품 등

Ⅱ. 미분무소화설비

1 정의

① 가압된 물이 헤드 통과 후 미세한 입자로 분무됨으로써 소화성능을 가지는 설비를 말하며, 소화력을 증가시키기 위해 강화액 등을 첨가할 수 있다.

② 미분무
물만을 사용하여 소화하는 방식으로 최소설계압력에서 헤드로부터 방출되는 물입자 중 99[%]의 누적체적분포가 400[μm] 이하로 분무되고 A, B, C급 화재에 적응성을 갖는 것

2 수원

$$Q = N \times D \times T \times S + V$$

Q : 수원의 양[m³]　　N : 방호구역(방수구역)내 헤드의 개수
D : 설계유량[m³/min]　T : 설계방수시간[min]
S : 안전율(1.2 이상)　　V : 배관의 총체적[m³]

핵심 PLUS

07 물분무소화설비 송수구의 설치기준 중 옳지 않은 것은?
① 구경 65[mm]의 쌍구형으로 할 것
② 지면으로부터 높이가 0.5[m] 이상 1[m] 이하의 위치에 설치할 것
③ 가연성가스의 저장·취급시설에 설치하는 송수구는 그 방호대상물로부터 20[m] 이상의 거리를 두거나 방호대상물에 면하는 부분이 높이 1.5[m] 이상, 폭 2.5[m] 이상의 철근콘크리트 벽으로 가려진 장소에 설치할 것
④ 송수구는 하나의 층의 바닥면적이 1,500[m²]를 넘을 때마다 1개(5개를 넘을 경우에는 5개로 한다) 이상을 설치할 것

답 : ④

08 미분무소화설비 용어의 정의 중 다음 ( ) 안에 알맞은 것은?

"미분무" 란 물만을 사용하여 소화하는 방식으로 최소설계압력에서 헤드로부터 방출되는 물입자 중 99[%]의 누적체적분포가 (㉠) [μm] 이하로 분무되고 (㉡)급 화재에 적응성을 갖는 것을 말한다.

① ㉠ 400, ㉡ A,B,C
② ㉠ 400, ㉡ B,C
③ ㉠ 200, ㉡ A,B,C
④ ㉠ 200, ㉡ B,C

답 : ①

핵심 PLUS

■ 메쉬
망의 공간이나 망 그 자체를 일컫는 말. 한 변이 1인치(25.4[mm])인 정사각형 속에 포함되는 그물의 수

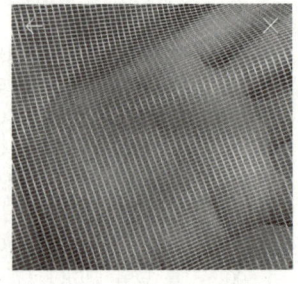

3 배관 및 부속용품등의 설치기준

① 사용되는 필터 또는 스트레이너의 메쉬 - 헤드 오리피스 지름의 80[%] 이하

② 가압송수장치의 종류
    ㉠ 전동기, 내연기관을 이용하는 가압송수장치
    ㉡ 압력수조를 이용하는 가압송수장치
    ㉢ 가압수조를 이용하는 가압송수장치

③ 터널, 지하구, 지하가 등에 설치할 경우 동시에 방수되어야 하는 방수구역은 화재가 발생된 방수구역 및 접한 방수구역으로 할 것

④ 배관은 배관용 스테인리스 강관

⑤ 호스릴방식 - 수평거리 25 [m] 이하

⑥ 미분무 설비에 사용되는 헤드 - 조기반응형 헤드

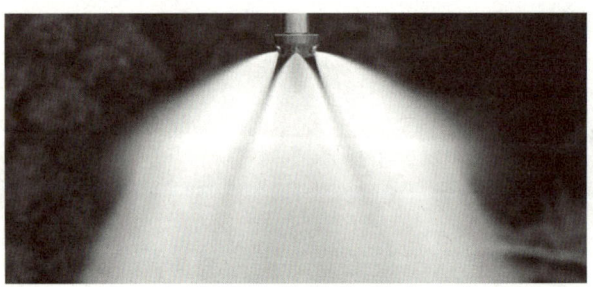

미분무 헤드

핵심기출문제

4. 물분무 / 미분무소화설비

1. 특수가연물의 고무제품인 운동화를 저장하는 창고에 물분무 설비를 하려고 한다. 필요한 수원은 몇 [m³] 이상이어야 하는가? (단, 창고의 높이는 7[m]이고 바닥면적은 80[m²]이다.) [09⑦]

① 16　　② 14
③ 12　　④ 10

2. 자동차 차고에 설치하는 물분무 소화설비의 펌프 토출량은 얼마가 되어야 하는가? [06⑦]

① 바닥면적[m²] × 10 [l]
② 바닥면적[m²] × 15 [l]
③ 바닥면적[m²] × 20 [l]
④ 바닥면적[m²] × 30 [l]

3. 다음 중 물분무소화설비의 설치장소별 1[m²]에 대한 수원의 최소 수량이 바르게 연결된 것은? [05⑦]

① 케이블트레이 : 12[l/min]×20분×투영된 바닥면적
② 절연유 봉입 변압기 : 15[l/min]×20분×표면적
③ 차고 : 30[l/min]×20분×바닥면적
④ 컨베이어벨트 : 37[l/min]×20분×바닥면적

4. 물분무소화설비의 화재안전기준에서 차고 또는 주차장에서의 방수량은 바닥면적 1[m²]에 대하여 분당 얼마 이상이어야 하는가? [10⑦]

① 10 [l]　　② 20 [l]
③ 30 [l]　　④ 40 [l]

해설

해설 1
수원의 양 AQT
A : 바닥면적[m²]
Q : 방수량[l/min·m²]
T : 방수시간
80[m²]×10[l/min·m²]×20[min]
= 16[m³] 이상

해설 2, 3, 4
방수량

구 분	Q[l/min·m²]
차고 또는 주차장	20
케이블트레이 케이블덕트	12
특수가연물 절연유 봉입 변압기 콘베이어 벨트 등	10

정답　1. ①　2. ③　3. ①　4. ②

핵심기출문제

4. 물분무 / 미분무소화설비

5. 물분무소화설비에서 압력수조를 이용한 가압송수장치의 압력수조에 설치하여야 되는 것이 아닌 것은? [12㉎]

① 수위계
② 급기관
③ 수동식 공기압축기
④ 맨홀

6. 물분무소화설비의 가압송수장치의 압력수조의 압력을 산출할 때 필요한 압력이 아닌 것은? [05, 13㉎]

① 낙차의 환산 수두압
② 배관의 마찰손실 수두압
③ 소방호스의 마찰손실 수두압
④ 물분무헤드의 설계압력

7. 다음은 물분무소화설비의 가압송수장치에 관한 화재안전기준이다. 옳지 않은 것은? [12㉎]

① 가압송수장치가 기동이 된 경우에는 자동으로 정지되지 아니하도록 하여야 한다.
② 가압송수장치(충압펌프 포함)에는 순환배관을 설치하여야 한다.
③ 가압송수장치에는 펌프의 성능을 시험하기 위한 배관을 설치하여야 한다.
④ 가압송수장치는 점검이 편리하고, 화재 등의 재해로 인한 피해를 받을 우려가 없는 곳에 설치하여야 한다.

8. 물분무소화설비의 배관재료로 사용해서는 안 되는 것은? [14㉎]

① 배관용 탄소강 강관(백관)
② 배관용 탄소강 강관(흑관)
③ 압력배관용 탄소강 강관
④ 연관

9. 다음 물분무소화설비 배관 등 설치 기준 중 옳지 않은 것은? [15㉎]

① 펌프 흡입측 배관은 공기고임이 생기지 않는 구조로 하고 여과장치를 설치한다.
② 동결방지조치를 하거나 동결의 우려가 없는 장소에 설치한다.
③ 연결송수관설비의 배관과 겸용할 경우의 주배관은 구경 100[mm] 이상으로 한다.
④ 연결송수관설비의 배관과 겸용할 경우 방수구로 연결되는 배관의 구경은 65[mm] 이하로 한다.

해설

해설 5

① 압력수조 : 소화용수와 공기를 채우고 일정압력 이상으로 가압하여 그 압력으로 급수하는 수조
② 압력수조에는 수위계, 급수관, 배수관, 급기관, 맨홀, 압력계, 안전장치 및 압력저하 방지를 위한 자동식 공기압축기를 설치

해설 6

압력수조

구 분	물분무소화설비
P(필요한 압력)	$P_1 + P_2 + P_3$

P_1 : 낙차의 환산 수두압[MPa]
P_2 : 배관의 마찰손실 수두압[MPa]
P_3 : 물분무헤드의 설계압력[MPa]

해설 7

- 가압송수장치(충압펌프 제외)에는 순환배관을 설치하여야 한다.
- 순환배관 : 체절운전 시 수온의 상승을 방지하기 위해 순환배관 설치

해설 8

물분무소화설비 배관의 종류

배관내 사용 압력	1.2 [MPa] 미만	배관용탄소강관
	1.2 [MPa] 이상	• 압력배관용 탄소강관 • 이음매 없는 동 및 동합금의 배관용동관 • 이와 동등 이상의 강도·내식성 및 내열성을 가진 것

해설 9

옥내소화전, 스프링클러, 물분무소화설비의 배관과 연결송수관설비의 배관을 겸용시 주배관은 100[mm] 이상, 가지배관은 65[mm] 이상으로 설치

정답
5. ③ 6. ③ 7. ② 8. ④
9. ④

10. 바닥면적이 500[m²]인 지하주차장에 50[m²]씩 10개 구역으로 나누어 물분무소화설비를 설치하려고 한다. 물분무 헤드의 표준방사량이 분당 80[*l*]일 때 1개 구역당 설치해야 할 헤드수는 몇 개 이상이어야 하는가? [06 ㉮]

① 7개　　　　　　　② 10개
③ 13개　　　　　　　④ 20개

11. 22,900[V]의 유입식 변압기에 물분무설비를 설치할 때 이격거리는 얼마로 해야 하는가? [12 ㉮]

① 70[cm] 이상
② 80[cm] 이상
③ 100[cm] 이상
④ 150[cm] 이상

12. 물분무헤드와 110[kV] 초과 154[kV] 이하의 고압 전기기기 사이의 최소 이격거리는 몇 [cm] 인가? [17 ㉮]

① 110
② 150
③ 180
④ 210

13. 물분무소화설비에서 차량이 주차하는 장소의 바닥면은 배수구를 향하여 얼마 이상의 기울기를 유지하여야 하는가? [05 ㉮]

① $\dfrac{1}{100}$　　　　　② $\dfrac{2}{100}$
③ $\dfrac{3}{100}$　　　　　④ $\dfrac{5}{100}$

해설

해설 10

펌프 토출량(A × Q)

구분	특수가연물	차고 또는 주차장
A	바닥면적[m²] → 50[m²] 이하인 경우에는 50[m²]	
Q	10[*l*/min]	20[*l*/min]

① A × Q = 50[m²] × 20[*l*/min · m²]
　　　　= 1,000[*l*/min]
② 1,000[*l*/min] ÷ 80[*l*/min · 개]
　　　　= 12.5개
따라서 13개 설치 해야 함

해설 11, 12

고압의 전기기기와 물분무헤드 사이의 거리

전압[kV]	거리[cm]
66 이하	70 이상
66 초과 77 이하	80 이상
77 초과 110 이하	110 이상
110 초과 154 이하	150 이상
154 초과 181 이하	180 이상
181 초과 220 이하	210 이상
220 초과 275 이하	260 이상

해설 13

차고 또는 주차장의 배수설비 설치기준
① 높이 10[cm] 이상의 경계턱으로 배수구를 설치할 것
② 차량이 주차하는 바닥은 배수구를 향하여 100분의 2 이상의 기울기를 유지
③ 길이 40[m] 이하마다 집수관·소화핏트 등 기름분리장치를 설치하여 배수구에는 새어나온 기름을 모아 소화할 수 있도록 할 것
④ 배수설비는 가압송수장치의 최대송수능력의 수량을 유효하게 배수할 수 있는 크기 및 기울기로 할 것

정답 10. ③　11. ①　12. ②　13. ②

핵심기출문제

4. 물분무 / 미분무소화설비

14. 물분무소화설비 대상 공장에서 물분무헤드의 설치제외 장소로서 맞지 않는 것은? [08②]

① 고온의 물질 및 증류범위가 넓어 끓어 넘치는 위험이 있는 물질을 저장하는 장소
② 물에 심하게 반응하여 위험한 물질을 생성하는 물질을 취급하는 장소
③ 운전시에 표면의 온도가 260[℃] 이상으로 되는 등 직접 분무를 하는 경우 그 부분에 손상을 입힐 우려가 있는 기계장치 등이 있는 장소
④ 표준방사량으로 당해 방호대상물의 화재를 유효하게 소화하는 데 필요한 적정한 장소

15. 물분무헤드의 설치제외 기준 중 다음 ( ) 안에 알맞은 것은? [18②]

> 운전시에 표면의 온도가 ( )[℃] 이상으로 되는 등 직접 분무를 하는 경우 그 부분에 손상을 입힐 우려가 있는 기계장치 등이 있는 장소

① 100　　　② 260
③ 280　　　④ 980

16. 다음 설명은 미분무소화설비의 화재안전기준에 따른 미분무소화설비 기동장치의 화재감지기 회로에서 발신기 설치기준이다. ( ) 안에 알맞은 내용은? (단, 자동화재탐지설비의 발신기가 설치된 경우는 제외한다.) [20②]

> • 조작이 쉬운 장소에 설치하고, 스위치는 바닥으로부터 0.8 [m] 이상 (㉠) [m] 이하의 높이에 설치할 것
> • 소방대상물의 층마다 설치하되, 당해 소방대상물의 각 부분으로부터 하나의 발신기까지의 수평거리가 (㉡) [m] 이하가 되도록 할 것

① ㉠ 1.5, ㉡ 20　　② ㉠ 1.5, ㉡ 25
③ ㉠ 2.0, ㉡ 20　　④ ㉠ 2.0, ㉡ 25

해설

해설 14, 15

물분무헤드 설치제외장소
① 물에 심하게 반응하는 물질 또는 물질과 반응하여 위험한 물질을 생성하는 물질을 저장 또는 취급하는 장소
② 고온의 물질 및 증류범위가 넓어 끓어 넘치는 위험이 있는 물질을 저장·취급하는 장소
③ 운전시에 표면의 온도가 260[℃] 이상으로 되는 등 직접 분무를 하는 경우 그 부분에 손상을 입힐 우려가 있는 기계장치 등이 있는 장소

해설 16

미분무소화설비 기동장치의 화재감지기 회로에서 발신기 설치기준
① 조작이 쉬운 장소에 설치하고, 스위치는 바닥으로부터 0.8[m] 이상 1.5[m] 이하의 높이에 설치
② 소방대상물의 층마다 설치하되, 당해 소방대상물의 각 부분으로부터 하나의 발신기까지의 수평거리는 25[m] 이하. 다만, 복도 또는 별도로 구획된 실로서 보행거리가 40[m] 이상일 경우에는 추가로 설치
※ 스프링클러, 미분무, 포소화설비 동일

정답 14. ④　15. ②　16. ②

05 포소화설비

Ⅳ. 소방기계시설의 구조 및 원리 | 포소화설비

1 포소화설비 종류 및 적응성

○ : 적응성 있음, △ : 조건부 적응성 있음, × : 적응성 없음, ◎ : 설치 할 수 있음

종류 대상	포워터 스프링클러설비	포헤드 설비	고정포 방출설비	압축 공기포	포소화전 설비	호스릴포 소화설비
특수가연물 저장·취급 공장 또는 창고	○	○	○	○	×	×
차고 또는 주차장	○	○	○	○	△	△
항공기격납고	○	○	○	○	×	△
◆(아래참조)	×	×	×	◎	×	×

◆ 발전기실, 엔진펌프실, 변압기, 전기케이블실, 유압설비의 바닥면적 300[m²] 미만

| 조건부 설치 가능한 설비(연기에 의한 질식의 우려가 적은 경우) |

1) 차고·주차장에 포소화전, 호스릴포소화설비
   ① 완전 개방된 옥상주차장 또는 고가 밑의 주차장 등으로서 주된 벽이 없고 기둥뿐이거나 주위가 위해방지용 철주 등으로 둘러싸인 부분
   ② 지상 1층으로서 지붕이 없는 부분

2) 항공기격납고에 호스릴포소화설비
   ① 바닥면적의 합계가 1,000[m²] 이상이고 항공기의 격납위치가 한정되어 있는 경우에는 그 한정된 장소외의 부분에 대하여는 호스릴포소화설비를 설치할 수 있다

핵심 PLUS

01 항공기 격납고에 적응하는 고정식 포소화설비로서 가장 적당한 것은? [기 08]

① 포워터 스프링클러설비
② 스프링클러설비
③ 포워터 스프레이설비
④ 드렌처설비

답 : ①

02 특정소방대상물에 따라 적응하는 포소화설비의 설치기준 중 특수가연물을 저장·취급하는 공장 또는 창고에 적응성을 갖는 포소화설비가 아닌 것은? [기 18]

① 포헤드설비
② 고정포방출설비
③ 압축공기포소화설비
④ 호스릴포소화설비

답 : ④

03 다음 중 차고 또는 주차장에서 호스릴 포소화설비를 설치할 수 있는 기준으로 옳지 않은 것은? [기 13, 16, 17, 18]

① 완전 개방된 옥상주차장
② 지상 1층으로서 지붕이 없는 부분
③ 지상에서 수동 또는 원격조작에 따라 개방이 가능한 개구부의 유효 면적 합계가 바닥면적의 10[%] 이상인 부분
④ 고가 밑의 주차장 등으로서 주된 벽이 없고 기둥뿐인 부분

답 : ③

핵심 PLUS

04 소방대상물에 따라 적용하는 포소화설비의 종류 및 적응성에 관한 설명으로 틀린 것은? [기 13]

① 소방기본법시행령 별표 2의 특수가연물을 저장·취급하는 공장에는 호스릴 포소화설비를 설치한다.
② 완전 개방된 옥상주차장으로 주된 벽이 없고 기둥뿐이거나 주위가 위해방지용 철주 등으로 둘러싸인 부분에는 호스릴 포소화설비를 설치할 수 있다.
③ 자동차 차고에는 포워터스프링클러설비·포헤드설비 또는 고정포방출설비를 설치한다.
④ 항공기 격납고에는 포워터스프링클러설비·포헤드설비 또는 고정포방출설비를 설치한다.

답 : ①

05 포소화설비에서 소화약제 압입용 펌프를 따로 가지고 있는 방식은? [기 05, 13, 19]

① 라인 프로포셔너 방식
② 펌프 프로포셔너 방식
③ 프레져 프로포셔너 방식
④ 프레져사이드 프로포셔너 방식

답 : ④

2 혼합장치(프로포셔너) 방식 – 물과 포약제 혼합 방식

구분	내용
라인 프로 포셔너방식	펌프와 발포기의 중간에 설치된 벤추리관의 벤추리 작용에 따라 포 소화약제를 흡입·혼합하는 방식
프레져 프로 포셔너방식	펌프와 발포기의 중간에 설치된 벤추리관의 벤추리작용과 펌프 가압수의 포 소화약제 저장탱크에 대한 압력에 따라 포 소화약제를 흡입·혼합하는 방식
프레져사이드 프로 포셔너방식	펌프의 토출관에 압입기를 설치하여 포 소화약제 압입용펌프로 포 소화약제를 압입시켜 혼합하는 방식
펌프 프로 포셔너방식	펌프의 토출관과 흡입관 사이의 배관 도중에 설치한 혼합기에 펌프에서 토출된 물의 일부를 보내고, 포소화약제 탱크에서 농도조절밸브를 통해 조절된 포 소화약제의 필요량을 혼합하여 펌프 흡입측으로 보내어 이를 혼합하는 방식
압축 공기포 믹싱 챔버 방식	포수용액에 압축공기를 혼입하여 포를 발생시키는 방식

핵심 PLUS

3 포소화약제량 등

1. 토출량 · 수원 · 약제량

종류 대상	포워터 스프링클러	포헤드 저발포 / 자동(시간 10분)	압축공기포	고정포방출구 고발포 / 자동(시간 10분)	포소화전 저발포 / 수동(시간 20분)	호스 릴포
특수가연물 처장 창고 · 공장 (설비검용시 수원 : 최대의 것)	① 토출량 NQ ② 수원(포수용액) NQT ③ 약제량 NQTS N Q 방사량 헤드 개수 바닥 면적 ÷8[m²] 75 [ℓ/min] *최대바닥면적은 200[m²] 이하 일 것. 단, 항공기 격납고는 항공기 격납고 면적으로 한다.	① 토출량 AQ, NQ ② 수원(포수용액) AQT, NQT ③ 약제량 AQTS, NQTS A Q 방사량 바닥 면적 [ℓ/(min·m²)] 아래참조 *최대바닥면적은 200[m²] 이하 일 것. 단, 항공기 격납고는 항공기 격납고 면적으로 한다. *포헤드 개수 바닥면적 ÷ 9[m²]	① 토출량 AQ ② 수원(포수용액) AQT ③ 약제량 AQTS A Q 방출량 바닥 면적 [ℓ/(min·m²)] 일반 가연물, 탄화 수소류 1.63 특수 가연물, 알코올류, 케톤류 2.3 ※압축공기포소화설비의 분사헤드는 천장 또는 반자에 설치하되 측벽에 설치할 수 있음 유류탱크주위에는 바닥면적 13.9[m²]마다 1개 이상 특수가연물저장소에는 바닥면적 9.3[m²]마다 1개 이상 설치	1) 전역방출방식 ① 토출량 VQ ② 수원(포수용액) VQT ③ 약제량 VQTS V Q 방출량 관포체적 [ℓ/(min·m³)] 방호구역 체적 보다 0.5[m] 높이의 가상체적 팽창비 및 설치대상 마다 다른다 *고정포방출구 개수 = 500[m²] 마다 1개 2) 국소방출방식 ① 토출량 AQ ② 수원(포수용액) AQT ③ 약제량 AQTS A Q 방출량 방호면적 [ℓ/(min·m²)] 방호대상물 높이의 3배 (1[m] 미만인 경우 1[m])의 거리를 수평으로 연장한 선으로 둘러쌓인 부분 특수가연물 3 기타의 것 2	저발포 (시간 20분) 사용불가 ① 토출량 NQ ② 수원(포수용액) NQTS ③ 약제량 NQTS N Q 방사량 개수 [ℓ/(min·개)] 최대 5개 300 [ℓ/(min·개)] *바닥면적 200[m²] 이하 시 토출량은 230[ℓ/min] 으로 할 수 있다. *바닥면적 200[m²] 미만 시 약제량은 75[%]로 할 수 있다. 사용불가	사용 불가 연동 연동 연동
차고 주차장 (설비검용시 수원 : 최대의 것)						
항공기 격납고 (설비검용시 수원은 합 : 자동 중 최대+수동)						

포헤드 방사량표:

대상물 종류	특수 가연물	차고, 주차장 및 항공기 격납고
단백포	6.5[ℓ] 이상	6.5[ℓ] 이상
합성계면활성제포	6.5[ℓ] 이상	8.0[ℓ] 이상
수성막포	6.5[ℓ] 이상	3.7[ℓ] 이상

* 고정포방출구 전역 방출방식 - 개구부에 자동폐쇄장치를 설치할 것, 고정포방출구는 방호대상물이 최고부분보다 높은 위치에 설치

핵심 PLUS

06 바닥면적이 180[m²]인 호스릴 방식의 포소화설비를 설치한 건축물 내부 주차장에 호스접결구가 2개이고, 약제 농도 3[%]형을 사용할 때 포약제의 최소 필요량은 몇 [*l*]인가? [기 12]
① 720
② 360
③ 270
④ 180

[해설] NQTS = 2 × 300 × 20 × 0.03
         = 360 [*l*]
단, 바닥면적 200[m²] 미만 시
   약제량은 75[%]로 할 수 있으므로
   360 × 0.75 = 270 [*l*]

답 : ③

07 차고·주차장에 설치하는 포소화전설비의 설치기준 중 다음 ( ) 안에 알맞은 것은?(단, 1개층의 바닥면적이 200[m²] 이하인 경우는 제외한다.)
[기 17]

특정소방대상물의 어느 층에 있어서도 그 층에 설치된 포소화전방수구(포소화전 방수구가 5개 이상 설치된 경우에는 5개)를 동시에 사용할 경우 각 이동식 포노즐 선단의 포수용액 방사압력이 (㉠)[MPa] 이상이고 (㉡)[L/min] 이상의 포수용액을 수평거리 15[m] 이상으로 방사할 수 있도록 할 것

① ㉠ 0.25, ㉡ 230
② ㉠ 0.25, ㉡ 300
③ ㉠ 0.35, ㉡ 230
④ ㉠ 0.35, ㉡ 300

답 : ④

08 포소화설비의 화재안전기준에서 고정포방출구에서 방출하기 위하여 필요한 양을 산출하는 다음 공식에 대한 설명으로 틀린 것은? [기 07]

$$Q = A \times Q_1 \times T \times S$$

① Q : 포소화약제의 양[*l*]
② T : 방출시간[min]
③ A : 탱크의 체적[m³]
④ S : 포소화약제의 사용농도[%]

답 : ③

2. 차고 주차장에 포소화전(호스릴포 소화전)

방사압력	0.35 [MPa] 이상(5개 이상 설치시 5개 동시 사용할 경우)
방사량	300 [*l*/min] 이상 (1개층의 바닥면적이 200[m²] 이하인 경우에는 230[*l*/min] 이상)
포수용액의 방사 수평거리	15 [m] 이상
포소화약제	저발포용 사용
호스릴함 또는 호스함	• 방수구로부터 3 [m] 이내 설치 • 바닥으로부터 높이 1.5[m] 이하의 위치에 설치 • 표지와 적색의 위치표시등을 설치
방수구 수평거리	호스릴 – 15 [m] 이하, 포소화전 – 25 [m] 이하
약제량(NQTS)	표 아래 참조

	N	Q	T	S
	개수	방사량 [*l*/min·개]	min	약제농도[%]
	최대 5개	300	20	문제에서 주어짐

※ 바닥면적 200[m²] 미만 시 약제량은 75[%]로 할 수 있다.

3. 위험물 탱크에 필요한 약제량

$$약제량[\ell] = 고정포방출구[\ell] + 보조 소화전[\ell] + 송액관[\ell]$$

① 고정포방출구 → $A \times Q \times T \times S$

A : 탱크의 액표면적[m²]
Q : 단위 포소화수용액의 양[*l*/min·m²]
T : 방출시간[min]
S : 포 소화약제의 사용농도[%]

QT 면적당 포수용액량 $[\ell/m^2]$ / Q 방출율 $[\ell/min \cdot m^2]$

인화점 \ 방출구	I 형	II형, III형, IV형	특형
21[℃] 미만	120 / 4	220 / 4	240 / 8
21[℃] 이상 ~ 70[℃] 미만	80 / 4	120 / 4	160 / 8
70[℃] 이상	60 / 4	100 / 4	120 / 8

② 보조 소화전 → $N \times Q \times T \times S$

  N : 호스 접결구수 (3개 이상인 경우는 3개)
  Q : 400 $[\ell/min]$
  T : 방출시간 - 20분

③ 송액관(내경 75 [mm] 이하의 송액관 제외) → $A \times L \times 1,000 \times S$

  A : 배관의 면적$[m^2]$
  L : 배관의 길이[m]

| 고정포방출구의 종류 |

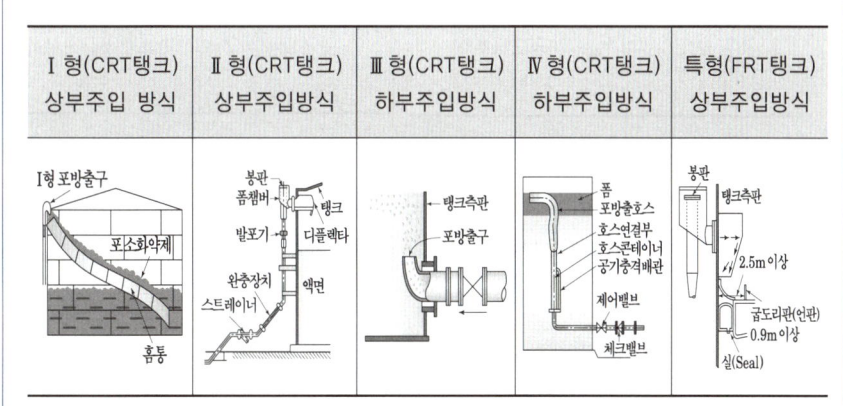

| I 형(CRT탱크) 상부주입 방식 | II 형(CRT탱크) 상부주입방식 | III 형(CRT탱크) 하부주입방식 | IV 형(CRT탱크) 하부주입방식 | 특형(FRT탱크) 상부주입방식 |

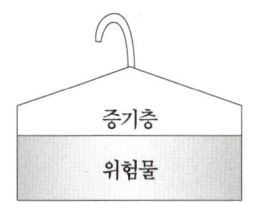

CRT탱크(콘루프탱크 : 고정지붕식)

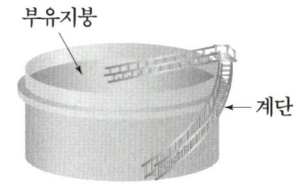

FRT탱크(플루팅루프탱크 : 부유지붕식)

핵심 PLUS

09 포소화약제의 저장량 계산 시 가장 먼 탱크까지의 송액관에 충전하기 위한 저장량을 계산에 반영하지 않는 경우는?
[기 16]

① 송액관의 내경이 75[mm] 이하인 경우
② 송액관의 내경이 80[mm] 이하인 경우
③ 송액관의 내경이 85[mm] 이하인 경우
④ 송액관의 내경이 100[mm] 이하인 경우

답 : ①

10 가솔린을 저장하는 고정지붕식의 옥외탱크에 설치하는 포소화설비에서 포를 방출하는 기기는 어느 것인가?
[기 16]

① 포워터 스프링클러헤드
② 호스릴 포소화설비
③ 포 헤드
④ 고정포 방출구(폼챔버)

해설 고정지붕식의 옥외탱크 = 콘루프탱크

답 : ④

핵심 PLUS

4 포소화설비 기동장치

1. 수동식 기동장치

차고, 주차장	항공기격납고
각 방사구역마다 1개 이상 설치	각 방사구역마다 2개 이상을 설치 – 각 방사구역으로부터 가장 가까운 곳과 화재감지 수신기를 설치한 감시실 등에 설치

2. 자동식 기동장치

가압송수장치, 일제개방밸브 및 포 소화약제 혼합장치를 기동

폐쇄형스프링클러헤드를 사용하는 경우		화재감지기를 사용하는 경우	
스프링클러헤드	내 용	화재감지기	자동화재탐지설비 기준에 따라 설치
표시온도	79[℃] 미만		
1개의 경계면적	20 [m²] 이하	화재감지기 회로	발신기 설치 수평거리 : 25[m] 보행거리 : 40[m]
부착면의 높이	바닥으로부터 5 [m] 이하	동결우려가 있는 장소	자동화재탐지설비와 연동

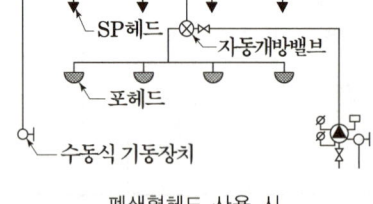

폐쇄형헤드 사용 시

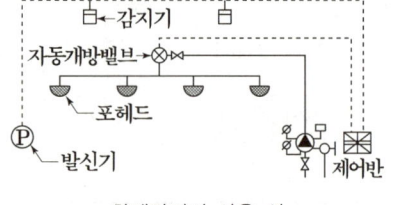

화재감지기 사용 시

---

11 포소화설비의 자동식 기동장치를 폐쇄형스프링클러헤드의 개방과 연동하여 가압송수장치·일제 개방밸브 및 포 소화약제 혼합장치를 기동하는 경우의 설치 기준 중 다음 (   ) 안에 알맞은 것은?(단, 자동화재탐지설비의 수신기가 설치된 장소에 상시 사람이 근무하고 있고, 화재시 즉시 해당 조작부를 작동시킬 수 있는 경우는 제외한다.) [기 18]

표시온도가 (㉠)[℃] 미만인 것을 사용하고, 1개의 스프링클러헤드의 경계면적은 (㉡)[m²] 이하로 할 것

① ㉠ 79, ㉡ 8
② ㉠ 121, ㉡ 8
③ ㉠ 79, ㉡ 20
④ ㉠ 121, ㉡ 20

답 : ③

12 포소화설비의 자동화재 감지장치로서 스프링클러헤드를 사용할 경우 사용장소의 높이(미터) 및 헤드 1개의 감지면적(평방미터)은 얼마가 적당한가?

① 높이 4 이하 감지면적 18 이하
② 높이 4 이하 감지면적 20 이하
③ 높이 5 이하 감지면적 18 이하
④ 높이 5 이하 감지면적 20 이하

답 : ④

5 포워터스프링클러헤드 및 포헤드 상호간의 거리

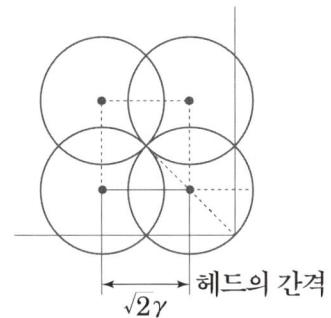

정방향으로 배치할 경우

구 분	배 치 방 법
정방형으로 배치	$S = 2r \times \cos 45° = \sqrt{2} \cdot r ≒ 2.969$ S : 헤드 상호간의 거리[m] r : 유효반경(2.1 [m])
장방형으로 배치	$pt = 2r = 4.2$ pt : 대각선의 길이[m] r : 유효반경(2.1 [m])

※ 헤드와 벽 방호구역의 경계선과는 수평거리의 2분의 1 이하의 거리를 둘 것

핵심 PLUS

13 포헤드를 정방형으로 설치 시 헤드와 벽과의 최대 이격거리는 약 몇 [m]인가?
① 1.48 ② 1.62
③ 1.76 ④ 1.91

해설 $S = 2 \times 2.1 \times \cos 45$
  $= 2.97$

벽과의 이격거리는 $\frac{2.97}{2} ≒ 1.48[\text{m}]$

답 : ①

핵심기출문제

5. 포소화설비

■■■ 5. 포소화설비

1. 특수가연물인 톱밥 및 대팻밥을 800,000 [kg](2,000배)를 저장 또는 취급하고 있다. 다음의 포소화설비 중 적용할 수 없는 설비는? [06⑦]

① 포워터스프링클러설비 ② 포헤드설비
③ 고정포방출설비 ④ 호스릴포소화설비

2. 포소화설비의 화재안전기준에 따른 용어 정의 중 다음 ( ) 안에 알맞은 내용은? [18, 20, 3⑦]

> ( ) 프로포셔너방식이란 펌프와 발포기의 중간에 설치된 벤추리관의 벤추리작용과 펌프 가압수의 포소화약제 저장탱크에 대한 압력에 따라 포소화약제를 흡입·혼합하는 방식을 말한다.

① 라인 프로포셔너 ② 펌프 프로포셔너
③ 프레져 프로포셔너 ④ 프레져사이드 프로포셔너

3. 포소화설비의 포헤드를 설치하고자 한다. 방호대상 바닥면적이 40[m²]일 때 필요한 최소 포헤드 수는? [11⑦]

① 4개 ② 5개
③ 6개 ④ 8개

4. 차고 및 주차장에 단백포 소화약제를 사용하는 포헤드소화설비를 하려고 한다. 바닥면적 1[m²]에 대한 포소화약제의 1분당 방사량은? [08⑦]

① 5.0[l] 이상 ② 6.5[l] 이상
③ 8.0[l] 이상 ④ 3.7[l] 이상

해설

해설 1

종류\대상	특수가연물 저장·취급 공장 또는 창고
포워터 스프링클러설비	○
포헤드설비	○
고정포 방출설비	○
압축공기포	○
포소화전설비, 호스릴포소화설비	×

해설 2

프레져 프로포셔너 방식	펌프와 발포기의 중간에 설치된 벤추리관의 벤추리작용과 펌프 가압수의 포 소화약제 저장탱크에 대한 압력에 따라 포 소화약제를 흡입·혼합하는 방식

해설 3

종류\대상	포워터 스프링클러설비	포헤드 설비
설치개수	바닥면적 ÷8[m²]	바닥면적 ÷9[m²]

40[m²] ÷ 9[m²/개] = 4.44
따라서 5개

해설 4, 5

포헤드방식(바닥면적 1[m²]당 분당 방사량)

소방대상물\포소화약제의 종류	특수가연물을 저장 취급하는 소방대상물	차고, 주차장 및 항공기 격납고
단백포 소화약제	6.5[l] 이상	6.5[l] 이상
합성계면 활성제포 소화약제	6.5[l] 이상	8.0[l] 이상
수성막포 소화약제	6.5[l] 이상	3.7[l] 이상

정답 1. ④ 2. ④ 3. ② 4. ②

5. 항공기격납고에 수성막포를 사용하여 포헤드방식의 포소화설비를 하고자 한다. 이때, 포소화약제는 바닥면적 1[m²]당 분당 몇 [*l*] 이상으로 방사하여야 하는가?

① 수성막포 원액 3.7
② 수성막포 소화약제 3.7
③ 수성막포 원액 6.5
④ 수성막포 수용액 6.5

6. 차고 바닥면적이 180[m²]인 호스릴 방식의 포소화설비를 설치한 건축물 내부에 호스접결구가 2개이고, 약제 농도 3[%]형을 사용할 때 포약제의 최소 필요량은 몇 [*l*]인가?

① 720 ② 360
③ 270 ④ 180

7. 포소화설비의 화재안전기준에서 고정포방출구에서 방출하기 위하여 필요한 양을 산출하는 다음 공식에 대한 설명으로 틀린 것은?

$$Q = A \times Q_1 \times T \times S$$

① Q : 포소화약제의 양[*l*]
② T : 방출시간[min]
③ A : 탱크의 체적[m³]
④ S : 포소화약제의 사용농도[%]

8. 경유 10000[*l*]를 저장하는 옥외탱크저장소에 고정포방출구를 설치할 때 다음 조건에 의해 포소화약제의 최소저장량은 몇 리터인가?

탱크 액표면적 20[m²], 고정포방출구 1개, 보조포소화전수 2개(호스 접결구수 4개), 소화약제농도 3[%]형, 단위 포소화수용액의 양 4[*l*/m²·분], 방출시간 0.5시간

① 432 ② 552
③ 612 ④ 792

해설

해설 6

	N	Q	T	S
약제량 (NQTS)	개수	방사량 [*l*/(min·개)]	min	약제농도 [%]
	최대 5개	300 [*l*/(min·개)]	20	문제에서 주어짐

바닥면적 200[m²] 미만 시 약제량은 75[%]로 할 수 있다.

NQTS = 2 × 300 × 20 × 0.03
     = 360[*l*]

단, 바닥면적 200[m²] 미만 시 약제량은 75[%]로 할 수 있으므로
360 × 0.75 = 270 [*l*]

해설 7

위험물 탱크에 필요한 약제량
고정포방출구

$$A \times Q \times T \times S$$

A : 탱크의 액표면적[m²]
Q : 단위 포소화수용액의 양 [*l*/min·m²]
T : 방출시간[min]
S : 포 소화약제의 사용농도[%]

해설 8

① 고정포방출구 소화약제량
- A × Q × T × S
  = 20[m²] × 4[*l*/m²·분]
  × 30분 × 0.03 = 72[*l*]
② 보조 소화전
- N × Q × T × S
  = 3개 × 400[*l*/min·개]
  × 20분 × 0.03 = 720[*l*]
③ 약제량 = 고정포방출구 + 보조 소화전 = 72 + 720
  = 792[*l*]

정답 5. ② 6. ③ 7. ③ 8. ④

핵심기출문제

5. 포소화설비

9. 포소화설비의 유지관리에 관한 기준으로 틀린 것은? [10 ㉮]

① 수동식 기동장치의 조작부는 바닥으로부터 높이 0.8 [m] 이상 1.5 [m] 이하의 위치에 설치할 것
② 기동장치의 조작부에는 가까운 곳의 보기 쉬운 곳에 "기동장치의 조작부"라고 표시한 표지를 설치할 것
③ 항공기격납고의 경우 수동식 기동장치는 각 방사구역마다 1개 이상 설치할 것
④ 호스접결구에는 가까운 곳의 보기 쉬운 곳에 "접결구"라고 표시한 표지를 설치할 것

10. 폐쇄형 스프링클러헤드를 사용하는 포소화설비 자동기동장치에 대한 설명으로 잘못된 것은? [10 ㉮]

① 하나의 감지장치 경계구역은 하나의 층이 되도록 할 것
② 표시온도가 79[℃] 미만인 것을 사용할 것
③ 1개의 스프링클러헤드의 경계면적은 20 [m²] 이하로 할 것
④ 부착면의 높이는 바닥으로부터 3 [m] 이하로 할 것

11. 포소화설비의 자동식 기동장치에 사용되는 1개의 폐쇄형 스프링클러헤드의 기준 경계면적은 얼마 이하인가? [13 ㉮]

① 9 [m²]
② 15 [m²]
③ 20 [m²]
④ 25 [m²]

12. 포화설비의 자동식 기동장치로 폐쇄형 스프링클러헤드를 사용하는 경우의 설치기준 중 다음 ( ) 안에 들어갈 알맞은 것은? [17 ㉮]

- 표시온도가 (㉠)[℃] 미만인 것을 사용하고 1개의 스프링클러헤드의 경계면적은 (㉡)[m²] 이하로 할 것
- 부착면의 높이는 바닥으로부터 (㉢)[m] 이하로 하고 화재를 유효하게 감지할 수 있도록 할 것

① ㉠ 60, ㉡ 10, ㉢ 7
② ㉠ 60, ㉡ 20, ㉢ 7
③ ㉠ 79, ㉡ 10, ㉢ 5
④ ㉠ 79, ㉡ 20, ㉢ 5

해설

해설 9
항공기격납고의 경우 수동식 기동장치는 각 방사구역마다 2개 이상 설치할 것

해설 10, 11, 12
포소화설비의 자동식 기동장치
가압송수장치, 일제개방밸브 및 포 소화약제 혼합장치를 기동

- 폐쇄형스프링클러헤드를 사용하는 경우

스프링클러헤드	내 용
표시온도	79[℃] 미만
1개의 경계면적	20[m²] 이하
부착면의 높이	바닥으로부터 5[m] 이하

정답 9. ③ 10. ④ 11. ③ 12. ④

해설

13. 포소화설비용 설비에 대한 설명 중 틀린 것은? [09 ⑦]

① 포소화펌프의 성능은 정격토출량의 150[%]로 운전시 정격 토출압력의 65[%] 이상이 되어야 한다.
② 포소화펌프의 성능시험배관은 펌프의 토출측 개폐밸브 이전에서 분기한다.
③ 포소화펌프의 성능은 체절운전시 정격토출 압력의 140[%]를 초과하지 않아야 한다.
④ 유량측정장치는 펌프의 정격토출량의 175[%]까지 측정할 수 있는 성능이 있어야 한다.

해설 13
유량측정장치는 펌프의 정격토출량의 175[%] 이상 측정할 수 있는 성능이 있어야 한다.

14. 다음 중 포소화설비의 배관에 대한 설명으로 옳지 않은 것은? [11 ⑦]

① 송액관은 적당한 기울기를 유지하고 그 낮은 부분에 배액밸브를 설치한다.
② 포헤드설비의 가지배관의 배열은 토너먼트방식으로 한다.
③ 송액관은 전용으로 한다.
④ 포워터스프링클러설비의 한쪽 가지배관에 설치하는 헤드의 수는 8개 이하로 한다.

해설 14
토너먼트 배관 가능한 방식
포소화설비 중 압축공기포소화설비, 가스계소화설비, 분말소화설비

15. 포소화설비의 비상발전설비의 기준으로서 틀린 것은? [06 ⑦]

① 상용전원 중단시 자동으로 비상전원이 공급될 수 있도록 할 것
② 포소화설비를 유효하게 15분 이하 작동할 수 있도록 할 것
③ 비상전원을 실내에 설치할 때에는 비상 조명등을 설치할 것
④ 점검에 편리하고 화재 및 침수 피해가 없는 장소에 설치할 것

해설 15
포소화설비를 유효하게 20분 이상 작동할 수 있도록 할 것

16. 포소화약제의 저장량 설치기준 중 압축공기포소화설비에 있어서 하나의 방사구역 안에 설치된 포헤드를 동시에 개방하여 표준방사량으로 몇 분간 방사할 수 있는 양 이상으로 하여야 하는가? [17 ⑦]

① 10   ② 20
③ 30   ④ 60

해설 16
포소화설비
자동방식인 경우 10분, 수동방식인 경우 20분 이상 방사
① 자동방식 : 포워터스프링클러헤드, 포헤드, 고정포방출구, 압축공기포
② 수동방식 : 포소화전, 호스릴포소화설비

정답 13. ④ 14. ② 15. ② 16. ①

Ⅳ. 소방기계시설의 구조 및 원리 **4-81**

핵심기출문제

5. 포소화설비

17. 포소화설비의 화재안전기준상 포헤드의 설치 기준 중 다음 괄호 안에 알맞은 것은?
[21. 18 ㉒]

> 압축공기포소화설비의 분사헤드는 천장 또는 반자에 설치하되 방호대상물에 따라 측벽에 설치할 수 있으며 유류탱크 주위에는 바닥면적 (㉠) [m²]마다 1개 이상, 특수가연물저장소에는 바닥면적 (㉡) [m²]마다 1개 이상으로 당해 방호대상물의 화재를 유효하게 소화할 수 있도록 할 것

① ㉠ 8, ㉡ 9
② ㉠ 9, ㉡ 8
③ ㉠ 9.3, ㉡ 13.9
④ ㉠ 13.9, ㉡ 9.3

18. 포소화설비의 화재안전기준상 전역방출방식 고발포용고정포방출구의 설치기준으로 옳은 것은? (단, 해당 방호구역에서 외부로 새는 양 이상의 포수용액을 유효하게 추가하여 방출하는 설비가 있는 경우는 제외한다.)
[16. 20 ㉒]

① 개구부에 자동폐쇄장치를 설치 할 것
② 바닥면적 600 [m²] 마다 1개 이상으로 할 것
③ 방호대상물의 최고부분보다 낮은 위치에 설치 할 것
④ 특정소방대상물 및 포의 팽창비에 따른 종별에 관계없이 해당 방호구역의 관포체적 1 [m³]에 대한 1분당 포수용액 방출량은 1 [L] 이상으로 할 것

19. 포소화설비의 화재안전기준상 포소화설비의 배관 등의 설치기준으로 옳은 것은?
[15. 18 ㉒]

① 포워터스프링클러설비 또는 포헤드설비의 가지배관의 배열은 토너먼트방식으로 한다.
② 송액관은 겸용으로 하여야 한다. 다만, 포소화전의 기동장치의 조작과 동시에 다른 설비의 용도에 사용하는 배관의 송수를 차단할 수 있거나, 포소화설비의 성능에 지장이 없는 경우에는 전용으로 할 수 있다.
③ 송액관은 포의 방출 종료 후 배관안의 액을 배출하기 위하여 적당한 기울기를 유지하도록 하고 그 낮은 부분에 배액밸브를 설치하여야 한다.
④ 연결송수관설비의 배관과 겸용할 경우의 주배관은 구경 65[mm] 이상, 방수구로 연결되는 배관의 구경이 100[mm] 이상의 것으로 하여야 한다.

해설

해설 17
압축공기포소화설비의 분사헤드 설치 개수
- 유류탱크 : 바닥면적 13.9 [m²] 마다 1개 이상
- 특수가연물저장소 : 바닥면적 9.3 [m²] 마다 1개 이상

해설 18
고발포용포방출구 전역방출방식
㉠ 개구부에 자동폐쇄장치를 설치할 것
㉡ 고정포방출구의 관포체적당 방출량 [ℓ/min·m³]은 특정소방대상물 및 포의 팽창비에 따라 다르다.
  관포체적 – 당해 바닥 면으로부터 방호대상물의 높이보다 0.5 [m] 높은 위치까지의 체적
㉢ 고정포방출구는 바닥면적 500[m²] 마다 1개 이상
㉣ 고정포방출구는 방호대상물의 최고부분보다 높은 위치에 설치할 것 다만, 밀어올리는 능력을 가진 것에 있어서는 방호대상물과 같은 높이로 할 수 있다.

해설 19
배관 등
1. 포워터스프링클러설비 또는 포헤드 설비의 가지배관의 배열은 토너먼트방식이 아니어야 한다.
2. 압축공기포소화설비의 배관은 토너먼트방식으로 하여야 한다.
3. 송액관은 전용으로 하여야 한다. 다만, 지장이 없는 경우에는 다른 설비와 겸용할 수 있다.
4. 연결송수관설비의 배관과 겸용 주배관은 구경 65[mm] 이상, 방수구로 연결되는 배관의 구경은 100[mm] 이상

 17. ④ 18. ① 19. ③

06 이산화탄소 소화설비

1 이산화탄소 분사헤드 설치제외 장소

① 방재실·제어실 등 사람이 상시 근무하는 장소
② 니트로셀룰로스·셀룰로이드제품 등 자기연소성물질을 저장·취급하는 장소
③ 나트륨·칼륨·칼슘 등 활성금속물질을 저장·취급하는 장소
④ 전시장 등의 관람을 위하여 다수인이 출입·통행하는 통로 및 전시실 등

핵심 PLUS

01 이산화탄소 소화기의 소화능력이 가장 부적합한 소방대상물은 어느 것인가? [기 05, 06, 08]
① 가연성 액체류
② 가연성 고체
③ 알칼리금속의 과산화물
④ 합성수지류

답 : ③

2 이산화탄소소화설비의 계통도

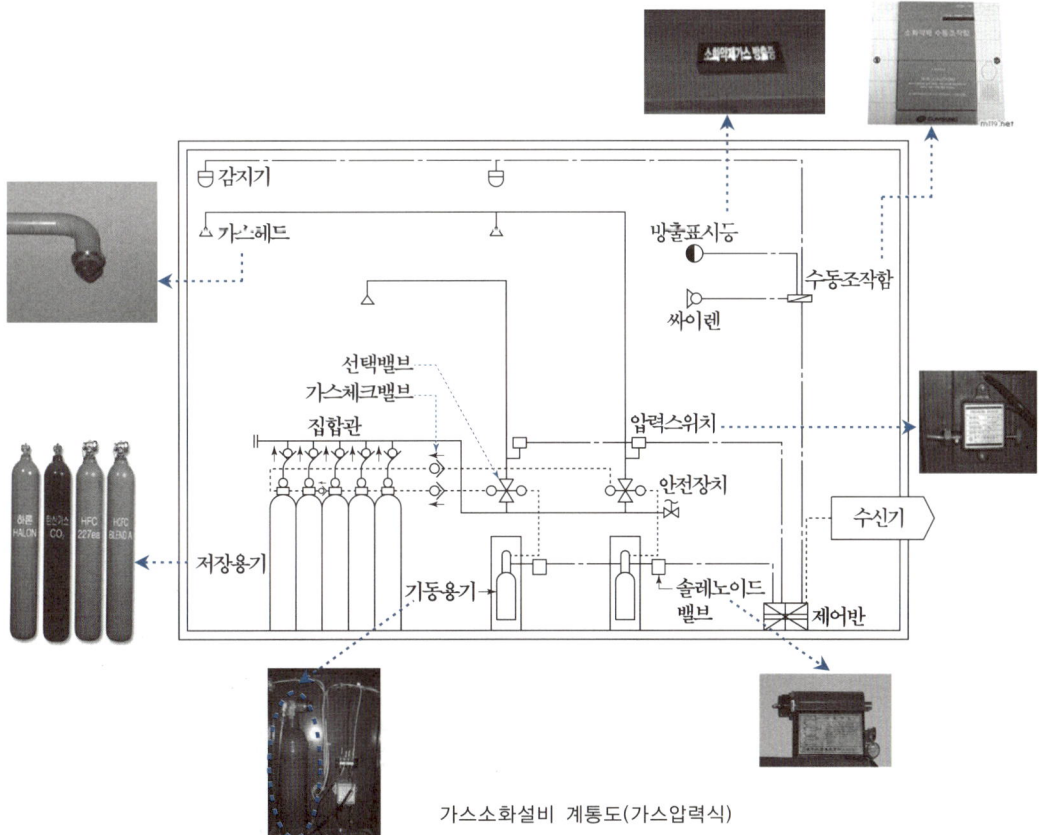

가스소화설비 계통도(가스압력식)

핵심 PLUS

02 이산화탄소 소화약제의 저장용기 설치 기준에 적합하지 않은 것은?
　　　　　　　　　　　[기 15, 19]

① 방화문으로 구획된 실에 설치할 것
② 방호구역외의 장소에 설치할 것
③ 용기 간의 간격은 점검에 지장이 없도록 2[cm]의 간격을 유지할 것
④ 온도가 40[℃] 이하이고, 온도변화가 적은 곳에 설치

　　　　　　　　답 : ③

03 할론 소화약제의 저장용기의 설치 기준에 대한 설명 중 옳지 않은 것은?
　　　　　　　　　　　[기 13]

① 방화문으로 구획된 실에 설치한다.
② 용기 간의 간격을 3[cm] 이상의 간격을 유지한다.
③ 온도가 55[℃] 이하이고, 온도의 변화가 적은 곳에 설치한다.
④ 저장용기와 집합관을 연결하는 연결배관에는 체크밸브를 설치한다.

　　　　　　　　답 : ③

3 저장용기

1. 이산화탄소(할론, 할로겐화합물 및 불활성기체, 분말) 소화약제의 저장용기 장소 설치기준

① 방호구역외의 장소에 설치할 것

　다만, 방호구역내에 설치할 경우에는 피난 및 조작이 용이하도록 피난구 부근에 설치하여야 한다.

② 온도가 40[℃] 이하(할로겐화합물 및 불활성기체 소화약제 소화설비는 55[℃] 이하)이고, 온도변화가 적은 곳에 설치할 것

③ 직사광선 및 빗물이 침투할 우려가 없는 곳에 설치할 것

④ 방화문으로 구획된 실에 설치할 것

⑤ 용기의 설치장소에는 당해 용기가 설치된 곳임을 표시하는 표지를 할 것

⑥ 용기간의 간격은 점검에 지장이 없도록 3[cm] 이상의 간격을 유지할 것

⑦ 저장용기와 집합관을 연결하는 연결배관에는 (가스)체크밸브를 설치할 것

　다만, 저장용기가 하나의 방호구역만을 담당하는 경우에는 그러하지 아니하다.

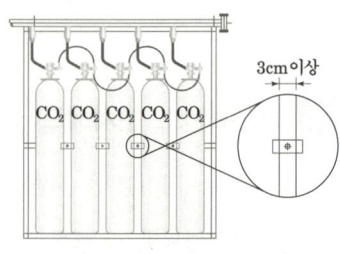

저장용기간의 간격

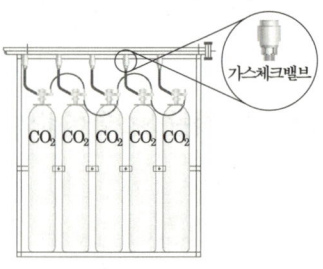

집합관과 저장용기 사이의 체크밸브

2. 이산화탄소 소화약제의 저장용기 설치기준

구 분	이산화탄소소화설비	
	고압식	저압식
저장용기		
충전비[ℓ/kg]	1.5 이상 1.9 이하	1.1 이상 1.4 이하
저장용기의 저장온도, 압력	20[℃] 6.0 [MPa]	−18[℃] 2.1 [MPa]
저장용기 내압시험압력	25 [MPa]	3.5 [MPa]
안전장치(봉판) 작동압력	내압시험압력의 0.8배	내압시험압력의 0.8배 ~ 1배
안전밸브 작동압력	−	내압시험압력의 0.64배~0.8배
자동냉동장치	−	−18[℃] 2.1 [MPa]유지
	TIP 2.1[MPa] 압력을 유지하기 위해 온도를 낮추어야 함.	
압력경보장치	−	1.9 [MPa] 이하 시 2.3 [MPa] 이상 시

※ 저장용기와 선택밸브 또는 개폐밸브 사이의
   안전장치 작동 압력 − 내압시험압력의 0.8 배

TIP
방호구역이 여러구역이 아닌 하나의 구역만 있을 때
에는 선택밸브라고 하지 않고 개폐밸브라고 함.

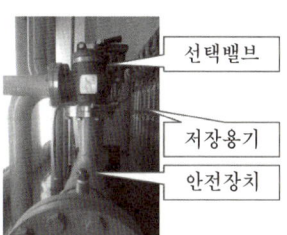

핵심 PLUS

04 이산화탄소 소화설비에 사용되는 고압식 이산화탄소 소화약제 저장용기의 충전비는 얼마인가? [기 06, 08, 12]
① 1.5 이상 1.9 이하
② 1.2 이상 1.5 이하
③ 1.0 이상 1.3 이하
④ 0.8 이상 1.0 이하
답 : ①

05 저압식 이산화탄소 소화설비 소화약제 저장용기에 설치하는 안전밸브의 작동압력은 내압시험압력의 몇 배에서 작동하는가? [기 05, 16]
① 0.24 ~ 0.4
② 0.44 ~ 0.6
③ 0.64 ~ 0.8
④ 0.84 ~ 1
답 : ③

06 ( )안에 들어갈 내용으로 알맞은 것은? [기 16]

> 이산화탄소 소화설비 이산화탄소 소화약제의 저압식 저장용기에는 용기내부의 온도기 (㉠)에서 (㉡)의 압력을 유지할 수 있는 자동냉동장치를 설치할 것

① ㉠ : 0[℃] 이하, ㉡ : 4 [MPa]
② ㉠ : −18[℃] 이하, ㉡ : 2.1 [MPa]
③ ㉠ : 20[℃] 이하, ㉡ : 2 [MPa]
④ ㉠ : 40[℃] 이하, ㉡ : 2.1 [MPa]
답 : ②

07 이산화탄소 소화약제 저장용기와 선택밸브 또는 개폐밸브 사이에는 내압시험압력 몇 배에서 작동하는 안전장치를 설치하여야 하는가? [기 09, 12]
① 0.1배 ② 0.3배
③ 0.5배 ④ 0.8배
답 : ④

핵심 PLUS

- **표면화재**
  가연성물질의 표면에서 연소하는 화재

- **심부화재**
  목재 또는 섬유류와 같은 고체가연물에서 발생하는 화재형태로서 가연물 내부에서 연소하는 화재

4 소화약제 저장량

1. 전역방출방식

고정식 이산화탄소 공급장치에 배관 및 분사헤드를 고정 설치하여 밀폐 방호구역 내에 이산화탄소를 방출하는 설비

1) 표면화재

$$VQN + AK$$

① $V\,[m^3]$: 방호구역 체적

② $Q\,[kg/m^3]$: 방호구역 체적당 소화약제의 양

$V\,[m^3]$	$Q\,[kg/m^3]$	소화약제 저장량의 최저한도의 양
45 미만	1.0 이상	45 [kg]
45 이상 150 미만	0.9 이상	45 [kg]
150 이상 1,450 미만	0.8 이상	135 [kg]
1,450 이상	0.75 이상	1,125 [kg]

③ N : 보정계수(설계농도에 따른 가산값)

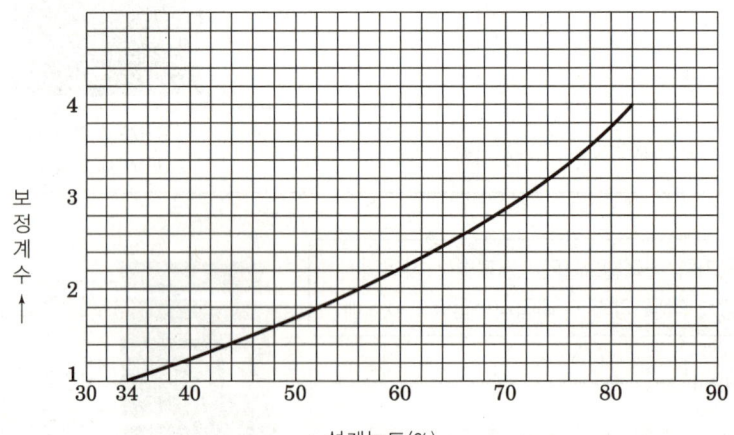

④ A [m²] : 개구부 면적

⑤ K [kg/m²] : 개구부 면적당 가산량 : 5 [kg/m²]

※ 개구부에 자동폐쇄장치 설치 시 K값 적용하지 않는다.

2) 심부화재

$$VQ + AK$$

① V [m³] : 방호구역 체적

② Q [kg/m³] : 방호구역 체적당 소화약제의 양

방호대상물	Q[kg/m³]
유압기기를 제외한 전기설비, 케이블실	1.3
체적 55[m³] 미만의 전기설비	1.6
서고, 전자제품창고, 목재가공품창고, 박물관	2.0
고무류, 모피창고, 집진설비, 석탄창고, 면화류창고	2.7

③ A [m²] : 개구부 면적

④ K [kg/m²] : 개구부 면적당 가산량 : 10 [kg/m²]

※ 개구부에 자동폐쇄장치 설치 시 K값 적용하지 않는다.

2. 국소방출방식

고정식 이산화탄소 공급장치에 배관 및 분사헤드를 설치하여 직접 화점에 이산화탄소를 방출하는 설비로 화재발생부분에만 집중적으로 소화약제를 방출하도록 설치하는 방식

핵심 PLUS

08 체적 100[m³]의 면화류 저장창고(개구부에 자동폐쇄장치가 부착되어 있음)에 전역방출 방식의 이산화탄소 소화설비를 설치하는 경우 소화약제는 얼마 이상 저장하여야 하는가?
[기 05]

① 12 [kg]　② 27 [kg]
③ 120 [kg]　④ 270 [kg]

해설 면화류는 심부화재 VQ + AK
= 100[m³] × 2.7[kg/m³]
= 270[kg]

답 : ④

핵심 PLUS

IV. 소방기계시설의 구조 및 원리 | 이산화탄소 소화설비

용기의 윗면만 개방 또는 비산 우려 없는 경우		비산 우려 있는 경우	
AQN		VQN	
A	방호대상물의 표면적[m²]	V	방호공간(방호대상물의 각부분으로부터 0.6[m]의 거리에 따라 둘러싸인 공간) [m³]
Q	표면적[m²]당 방사량 13[kg/m²]	Q	방호공간 1[m³]에 대한 이산화탄소 소화약제의 양[kg/m³] $$Q = 8 - 6\frac{a}{A}$$ a : 방호대상물 주위에 설치된 벽의 면적의 합계[m²] A : 방호공간의 벽면적(벽이 없는 경우에는 벽이 있는 것으로 가정한 당해 부분의 면적)의 합계[m²]
N	고압식 1.4 저압식 1.1	N	고압식 1.4 저압식 1.1

3. 호스릴방식

분사헤드가 배관에 고정되어 있지 않고 소화약제 저장용기에 호스를 연결하여 사람이 직접 화점에 소화약제를 방출하는 이동식 소화설비

1) 호스릴 노즐 1개당 약제량 : 90 [kg]

2) 호스릴 이산화탄소 설비의 설치기준

① 노즐은 20[℃]에서 하나의 노즐마다 60 [kg/min] 이상의 소화약제를 방사할 수 있을 것
② 방호대상물의 각 부분으로부터 하나의 호스접결구까지의 수평거리
  - 15 [m] 이하
③ 소화약제 저장용기는 호스릴을 설치하는 장소마다 설치
④ 소화약제 저장용기의 개방밸브는 호스의 설치장소에서 수동으로 개폐할 수 있을 것
⑤ 소화약제 저장용기의 가장 가까운 곳의 보기 쉬운 곳에 표시등을 설치하고, 호스릴이산화탄소소화설비가 있다는 뜻을 표시한 표지를 할 것

호스릴방식

09 호스릴 이산화탄소소화설비에 있어서는 하나의 노즐에 대하여 몇 [kg] 이상으로 하여야 하는가? [기 10]
① 45 [kg] 이상
② 80 [kg] 이상
③ 90 [kg] 이상
④ 120 [kg] 이상
답 : ③

10 호스릴 이산화탄소소화설비는 20[℃]에서 하나의 노즐마다 분당 몇 [kg] 이상의 소화약제를 방사할 수 있어야 하는가? [기 07, 09, 10, 18]
① 40 ② 50
③ 60 ④ 80
답 : ③

5 이산화탄소 소화설비(할론, 할로겐화합물 및 불활성 기체, 분말)의 기동장치

1. 수동식 기동장치

① 수동식 기동장치의 부근에는 소화약제의 방출을 지연시킬 수 있는 비상스위치 설치

> 비상스위치 : 자동복귀형 스위치로서 수동식 기동장치의 타이머를 순간정지시키는 기능의 스위치

② 전역방출방식에 있어서는 방호구역마다, 국소방출방식에 있어서는 방호대상물마다 설치할 것

(할로겐화합물 및 불활성기체소화설비의 경우 국소방출방식에 대한 내용은 없음)

③ 당해방호구역의 출입구부분 등 조작을 하는 자가 쉽게 피난할 수 있는 장소에 설치할 것

④ 기동장치의 조작부는 바닥으로부터 높이 0.8 [m] 이상 1.5 [m] 이하의 위치에 설치하고, 보호판 등에 따른 보호장치를 설치할 것

⑤ 기동장치에는 그 가까운 곳의 보기 쉬운 곳에 "이산화탄소소화설비 기동장치"라고 표시한 표지를 할 것

⑥ 전기를 사용하는 기동장치에는 전원표시등을 설치할 것

⑦ 기동장치의 방출용 스위치는 음향경보장치와 연동하여 조작될 수 있는 것으로 할 것

수동식기동장치

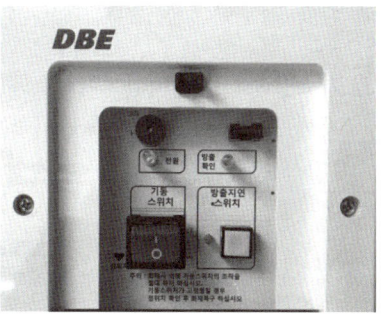

수동식기동장치와 비상스위치(오른쪽)

핵심 PLUS

11 분말소화설비의 비상스위치에 대한 설명으로 옳은 것은? [기 18]
① 자동복귀형 스위치로서 수동식 기동장치의 타이머를 순간정지 시키는 기능의 스위치를 말한다.
② 자동복귀형 스위치로서 수동식 기동장치가 수신기를 순간정지 시키는 기능의 스위치를 말한다.
③ 수동복귀형 스위치로서 수동식 기동장치의 타이머를 순간정지 시키는 기능의 스위치를 말한다.
④ 수동복귀형 스위치로서 수동식 기동장치가 수신기를 순간정지 시키는 기능의 스위치를 말한다.

답 : ①

12 이산화탄소소화설비의 수동식기동장치의 설치기준에 적합하지 않은 것은? [기 21]
① 전역방출방식에 있어서는 방호대상물마다 설치
② 전기를 사용하는 기동장치에는 전원표시등을 설치할 것
③ 기동장치의 조작부는 바닥으로부터 높이 0.8[m] 이상 1.5[m] 이하의 위치에 설치하고, 보호핀 등에 따른 보호장치를 설치할 것
④ 기동장치의 방출용 스위치는 음향경보장치와 연동하여 조작될 수 있는 것으로 할 것

답 : ①

13 할론소화설비의 수동식 기동장치의 설치 기준으로 틀린 것은? [기 22]
① 국소방출방식은 방호대상물마다 설치할 것
② 기동장치의 방출용스위치는 음향경보장치와 개별적으로 조작될 수 있는 것으로 할 것
③ 전기를 사용하는 기동장치에는 전원표시등을 설치할 것
④ 조작부는 바닥으로부터 높이 0.8 [m] 이상 1.5[m] 이하의 위치에 설치할 것

답 : ②

핵심 PLUS

14 이산화탄소 소화설비 기동장치의 설치기준으로 옳은 것은? [기12, 17]
① 가스압력식 기동장치 기동용가스용기의 용적은 3[L] 이상으로 한다.
② 전기식 기동장치로서 5병의 저장 용기를 동시에 개방하는 설비는 2병 이상의 저장 용기에 전자개방밸브를 부착해야 한다.
③ 수동식 기동장치는 전역방출방식에 있어서 방호대상물마다 설치한다.
④ 수동식 기동장치의 부근에는 방출지연을 위한 비상스위치를 설치해야 한다.

답 : ④

15 이산화탄소 소화설비의 기동장치에 대한 기준 중 틀린 것은? [기15]
① 수동식 기동장치의 조작부는 바닥으로부터 높이 0.8[m] 이상 1.5[m] 이하 에 설치한다.
② 자동식 기동장치에는 수동으로도 기동할 수 있는 구조로 할 필요는 없다.
③ 가스압력식 기동장치에서 기동용가스용기는 25[MPa] 이상의 압력에 견디어야 한다.
④ 전기식 기동장치로서 7병 이상의 저장용기를 동시에 개방하는 설비에는 2병 이상의 저장용기에 전자개방밸브를 설치한다.

답 : ②

2. 자동식 기동장치

① 자동화재탐지설비의 감지기의 작동과 연동되고 수동으로도 기동할 수 있는 구조

전기식 기동장치	가스압력식 기동장치		기계식 기동장치
7병 이상의 저장용기를 동시에 개방하는 설비의 경우 2병 이상의 저장용기에 전자개방밸브를 부착	기동용기 설치기준		저장용기를 쉽게 개방할 수 있는 구조로 할 것
	기동용가스용기 및 밸브	25 [MPa] 이상 압력에 견딜 것	
	기동용가스용기	충전여부를 확인 할 수 있는 압력게이지 설치	
	안전장치	내압시험압력 0.8 배부터 1배 이하에서 작동	
	용적	5[ℓ] 이상(분말은 1[ℓ] 이상)	
	해당 용기에 저장하는 질소등의 비활성기체 (분말 : 해당 용기에 저장하는 이산화탄소의 양)	21[℃]기준 : 6.0 [MPa] 이상의 압력 (분말 : 0.6[kg] 이상으로 하며, 충전비는 1.5 이상으로 할 것)	

전자개방밸브

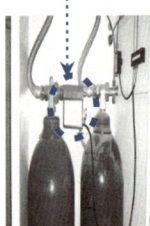
전기식기동장치

기동용기 (분말제외)

기동용기 (분말)

② 가스방출표시등 이산화탄소소화설비가 설치된 부분의 출입구 등의 보기 쉬운 곳에 소화약제의 방사를 표시하는 표시등을 설치.
(질식 등에 의한 방사구역 출입금지표시)

6 배관 - 배관은 전용으로 할 것

구 분	이산화탄소소화설비 배관 등 설치기준		
강관	압력배관용 탄소강관 또는 이와 동등 이상의 강도 및 방식처리		
	고압식	저압식	20 [mm] 이하
	#80	#40	#40
동관 (이음이 없는 동 및 동합금)	구 분	고압식	저압식
	내압시험압력	16.5 [MPa]	3.75 [MPa]
배관부속 및 밸브류	고압식		저압식
	1차 (저장용기~선택밸브)	2차 (선택밸브~헤드)	호칭압력 2.0 [MPa]
	호칭압력 4.0 [MPa]	호칭압력 2.0 [MPa]	
배관의 구경	방사시간내 약제 방출 가능한 구경		
방사시간	1. 전역방출방식 • 표면화재 60초 이내 • 심부화재 7분 이내 (설계농도가 2분 이내에 30[%]에 도달해야 함) 2. 국소방출방식 - 30초 이내		

7 헤드 등 기타설비

1. 헤드 방사압력

구 분	고압식	저압식
헤드방사압력	2.1 [MPa] 이상	1.05 [MPa] 이상

2. 배출설비

지하층, 무창층 및 밀폐된 거실 등에 이산화탄소소화설비를 설치한 경우에는 소화약제의 농도를 희석시키기 위한 배출설비를 갖추어야 한다.

핵심 PLUS

16 이산화탄소소화설비(고압식)의 배관으로 호칭구경 50 [mm] 강관을 사용하려 한다. 이때 적용하는 배관 스케줄의 한계는? [기 13]
① 스케줄 20 이상
② 스케줄 30 이상
③ 스케줄 40 이상
④ 스케줄 80 이상

답 : ④

17 이산화탄소소화설비 배관의 구경은 이산화탄소의 소요량이 몇 분 이내에 방사되어야 하는가? (단, 전역방출방식에 있어서 합성수지류의 심부화재 방호대상물의 경우이다.) [기 13]
① 1분   ② 3분
③ 5분   ④ 7분

답 : ④

18 이산화탄소소화설비를 설치하는 장소에 이산화탄소 약제의 소요량은 정해진 약제방사시간 이내에 방사되어야 한다. 다음 기준 중 소요량에 대한 약제방사시간이 옳지 않은 것은? [기 15]
① 전역방출방식에 있어서 표면화재 방호대상물은 1분
② 전역방출방식에 있어서 심부화재 방호대상물은 7분
③ 국소방출방식에 있어서 방호대상물은 10초
④ 국소방출방식에 있어서 방호대상물은 30초

답 : ③

Ⅳ. 소방기계시설의 구조 및 원리 | 이산화탄소 소화설비

핵심 PLUS

19 할로겐화합물 및 불활성기체소화설비를 설치한 특정소방 대상물 또는 그 부분에 대한 자동폐쇄장치의 설치기준 중 다음 ( ) 안에 알맞은 것은? [기 17]

개구부가 있거나 천장으로부터 (㉠)[m] 이상의 아래 부분 또는 바닥으로부터 해당 층의 높이의 (㉡) 이내의 부분에 통기구가 있어 소화약제의 유출에 따라 소화효과를 감소시킬 우려가 있는 것은 소화약제가 방사되기 전에 당해 개구부 및 통기구를 폐쇄할 수 있도록 할 것

① ㉠ 1, ㉡ 3분의 2
② ㉠ 2, ㉡ 3분의 2
③ ㉠ 1, ㉡ 2분의 1
④ ㉠ 2, ㉡ 2분의 1

답 : ①

20 이산화탄소 소화설비에서 방출되는 가스압력을 이용하여 배기덕트를 차단하는 장치는? [기 16]
① 방화셔터
② 피스톤릴리져댐퍼
③ 가스체크밸브
④ 방화댐퍼

답 : ②

3. 자동폐쇄장치

이산화탄소의 유출에 따라 소화효과를 감소시킬 우려가 있는 것에 있어서는 이산화탄소가 방사되기 전에 당해 개구부 및 통기구를 폐쇄할 수 있도록 할 것

※ 폐쇄되어야 할 통기구

① 천장으로부터 1[m] 이상의 아래 부분
② 바닥으로부터 당해 층의 높이의 3분의 2 이내의 부분

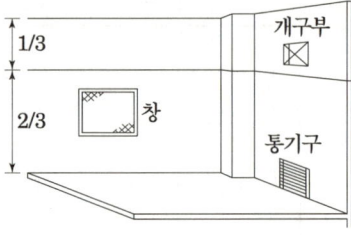

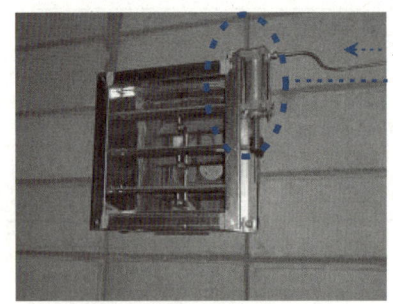

개구부에 설치된 자동폐쇄장치
- 피스톤릴리즈댐퍼(PRD)

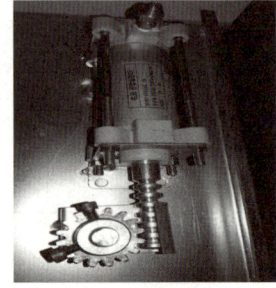

피스톤릴리즈

핵심기출문제

6. 이산화탄소 소화설비

■■■ 6. 이산화탄소 소화설비

1. 이산화탄소 소화설비의 적용범위 중 옳지 않은 사항은? [08②]

① 종이, 목재, 섬유류 등의 보통 화재
② 유압기를 제외한 전기설비, 케이블실
③ 체적 55[m³] 미만의 전기설비
④ 물로 소화 불가능한 나트륨, 칼륨, 칼슘 등 활성금속의 화재

2. 이산화탄소 소화약제의 저장용기 설치 기준에 적합하지 않은 것은? [07, 19②]

① 온도가 60[℃] 이상인 장소
② 방호구역 외의 장소에 설치할 것
③ 직사광선 및 빗물이 침투할 우려가 없는 곳
④ 온도의 변화가 적은 곳에 설치

3. 이산화탄소 소화약제용 저압식 저장용기에 충전하고자 할 때 적합한 충전비는?

① 0.9 이상 1.1 이하
② 1.1 이상 1.4 이하
③ 1.4 이상 1.7 이하
④ 1.5 이상 1.9 이하

4. 이산화탄소 소화설비에 사용하는 용기를 상온에 설치할 때 내용적 50[*l*]의 용기에 충전할 수 있는 이산화탄소의 양으로 적당한 것은? (단, 충전비는 1.5임) [06, 08②]

① 약 60[kg]
② 약 37.3[kg]
③ 약 33.3[kg]
④ 약 30[kg]

해설

해설 1
이산화탄소 분사헤드 설치제외 장소
① 방재실·제어실 등 사람이 상시 근무하는 장소
② 니트로셀룰로스·셀룰로이드제품 등 자기연소성물질을 저장·취급하는 장소
③ 나트륨·칼륨·칼슘 등 활성금속물질을 저장·취급하는 장소
④ 전시장 등의 관람을 위하여 다수인이 출입·통행하는 통로 및 전시실 등

해설 2
이산화탄소(할론, 할로겐화합물 및 불활성기체, 분말) 소화약제의 저장용기 장소 설치기준
① 방호구역외의 장소에 설치할 것
② 온도가 40[℃] 이하(할로겐화합물 및 불활성기체: 55[℃] 이하)이고, 온도 변화가 적은 곳에 설치할 것
③ 직사광선 및 빗물이 침투할 우려가 없는 곳에 설치할 것
④ 방화문으로 구획된 실에 설치할 것
⑤ 용기의 설치장소에는 당해 용기가 설치된 곳임을 표시하는 표지를 할 것
⑥ 용기간의 간격은 점검에 지장이 없도록 3[cm] 이상의 간격을 유지할 것
⑦ 저장용기와 집합관을 연결하는 연결배관에는 (가스)체크밸브를 설치할 것

해설 3

이산화탄소 소화설비	고압식	저압식
충전비[*l*/kg]	1.5 이상 1.9 이하	1.1 이상 1.4 이하

해설 4
충전비
$$1.5[\ell/\text{kg}] = \frac{50[\ell]}{x[\text{kg}]}$$
∴ $x = 33.3[\text{kg}]$

정답 1. ④ 2. ① 3. ② 4. ③

핵심기출문제

6. 이산화탄소 소화설비

5. 이산화탄소 소화약제의 저장용기에 관한 설치기준 설명 중 틀린 것은? [08, 12 ㉮]

① 저장용기의 충전비는 고압식과 저압식 모두 1.1 이상 1.4 이하로 해야 한다.
② 저압식 저장용기에는 내압시험압력의 0.64배 내지 0.8배의 압력에서 작동하는 안전밸브를 설치해야 한다.
③ 저압식 저장용기에는 액면계 및 압력계와 2.3[MPa] 이상, 1.9[MPa] 이하의 압력에서 작동하는 압력경보장치를 설치해야 한다.
④ 저장용기는 고압식은 25[MPa] 이상, 저압식은 3.5[MPa] 이상의 내압시험압력에 합격한 것을 사용해야 한다.

6. 이산화탄소 소화약제의 저장용기와 선택밸브 또는 개폐밸브 사이에는 내압시험압력의 몇 배에서 작동하는 안전장치를 설치하여야 하는가? [12 ㉮]

① 0.8 ② 1.5
③ 1.9 ④ 2.1

7. 유압기기를 제외한 전기설비, 케이블실에 이산화탄소소화설비를 전역방출방식으로 설치할 경우 방호구역의 체적이 600[m³]라면 이산화탄소소화약제 저장량은 몇 kg 인가? (단, 이때 설계농도는 50[%]이고, 개구부 면적은 무시함.) [10 ㉮]

① 780 ② 960
③ 1,200 ④ 1,620

8. 이산화탄소 소화설비, 할론 소화설비 등의 가스계 소화설비와 분말소화설비의 국소방출방식에 대한 설명 중 옳은 것은? [12 ㉮]

① 고정된 분사헤드에서 특정 방호대상물에 직접 소화약제를 분사하는 방식이다.
② 내화구조 등의 벽 등으로 구획된 방호대상물로서 고정한 분사헤드에서 공간 전체로 소화약제를 분사하는 방식이다.
③ 호스 선단에 부착된 노즐을 이동하여 방호대상물에 직접 소화약제를 분사하는 방식이다.
④ 소화약제 용기 노즐 등을 운반가구에 적재하고 방호대상물에 직접 소화약제를 분사하는 방식이다.

해설

해설 5

구 분	이산화탄소소화설비	
	고압식	저압식
충전비(ℓ/kg)	1.5 이상 1.9 이하	1.1 이상 1.4 이하

해설 6

저장용기와 선택밸브 또는 개폐밸브 사이의 안전장치 작동 압력 = 내압시험 압력의 0.8 배

해설 7

심부화재
$VQ + AK = 600[m^3] \times 1.3[kg/m^3]$
$= 780[kg]$

① $V[m^3]$: 방호구역체적
② $Q[kg/m^3]$: 방호구역 체적당 소화약제의 양

방호대상물	Q [kg/m³]
유압기기를 제외한 전기설비, 케이블실	1.3
체적 55[m³] 미만의 전기설비	1.6
서고, 전자제품창고, 목재가공품창고, 박물관	2.0
고무류, 모피창고, 집진설비, 석탄창고, 면화류창고	2.7

③ $A[m^2]$: 개구부 면적
④ $K[kg/m^2]$: 개구부 면적당 가산량 — 10[kg/m²]

해설 8

국소방출방식
고정식 공급장치에 배관 및 분사헤드를 설치하여 직접 화점에 방출하는 설비로 화재발생부분에만 집중적으로 소화약제를 방출하도록 설치하는 방식

정답 5. ① 6. ① 7. ① 8. ①

9. 호스릴 이산화탄소 소화설비의 설치에 대한 설명으로서 틀린 것은? [09, 15 ㉮]

① 소화약제의 저장 용기는 호스릴을 설치하는 장소마다 설치한다.
② 소화약제 저장용기의 개방밸브는 호스의 설치장소에서 자동으로 개폐할 수 있도록 한다.
③ 방호 대상물의 각 부분으로부터 하나의 호스접결구까지의 수평거리가 15[m] 이하가 되게 설치한다.
④ 소화약제 저장용기의 가장 가까운 곳의 보기 쉬운 곳에 표시등을 설치한다.

10. 이산화탄소 소화설비의 자동식 기동장치의 설치 기준으로 적합하지 않은 것은? [08, 11 ㉮]

① 기동장치는 자동화재탐지설비의 감지기의 작동과 연동하여야 할 것
② 자동식 기동장치에는 수동으로도 기동할 수 있는 구조로 할 것
③ 가스압력식 기동용 가스용기의 용적은 5[*l*] 이상으로 할 것
④ 기동용 가스용기에 저장하는 이산화탄소의 충전비는 1.3 이상으로 할 것

11. 이산화탄소 소화설비 배관에 관한 사항으로 옳지 않은 것은? [06, 11 ㉮]

① 강관의 경우 고압저장 방식에서는 압력배관용 탄소강관 스케줄 80 이상을 사용한다.
② 강관의 경우 저압저장 방식에서는 압력배관용 탄소강관 스케줄 40 이상을 사용한다.
③ 동관의 경우 고압저장 방식에서는 내압 15[MPa] 이상을 사용한다.
④ 동관의 경우 저압저장 방식에서는 내압 3.75[MPa] 이상을 사용한다.

12. 이산화탄소 소화설비의 화재안전기준상 이산화탄소 소화설비의 배관설치기준으로 적합하지 않은 것은? [07, 12, 13 ㉮]

① 이음이 없는 동 및 동합금관으로서 고압식은 16.5[MPa] 이상의 압력에 견딜 수 있는 것
② 배관의 호칭구경이 20[mm] 이하인 경우에는 스케줄 20 이상의 것을 사용할 것
③ 고압식의 경우 개폐밸브 또는 선택밸브의 1차측 배관부속은 호칭압력 4.0[MPa] 이상의 것을 사용할 것
④ 배관은 전용으로 할 것

해설

해설 9
호스릴 이산화탄소 설비의 설치기준
소화약제 저장용기의 개방밸브는 호스의 설치장소에서 수동으로 개폐할 수 있을 것

해설 10
이산화탄소 소화설비의 자동식 기동장치 - 가스압력식 기동장치

기동용기 설치기준	
기동용가스용기 및 밸브	25[MPa] 이상 압력에 견딜 것
기동용가스용기	충전여부를 확인 할 수 있는 압력게이지 설치
안전장치	내압시험압력 0.8배 ~ 1배 이하에서 작동
용적	5[*l*] 이상
질소등의 비활성기체	6.0[MPa] 이상의 압력으로 충전(21[℃])

해설 11, 12, 13

구분	이산화탄소소화설비 배관 등 설치기준		
강관	※ 압력배관용 탄소강관		
	고압식	저압식	20[mm] 이하
	#80	#40	#40
	또는 이와 동등 이상의 강도 및 방식처리		
동관 (이음이 없는 동 및 동합금)	구 분	고압식	저압식
	내압 시험 압력	16.5 [MPa]	3.75 [MPa]

정답 9. ② 10. ④ 11. ③ 12. ②

핵심기출문제

6. 이산화탄소 소화설비

13. 이산화탄소소화설비(고압식)의 배관으로 호칭구경 50[mm] 강관을 사용하려 한다. 이때 적용하는 배관 스케줄의 한계는?

① 스케줄 20 이상
② 스케줄 30 이상
③ 스케줄 40 이상
④ 스케줄 80 이상

14. 이산화탄소 소화설비의 배관의 설치기준 중 다음 (　) 안에 알맞은 것은?

> 고압식의 경우 개폐밸브 또는 선택밸브의 2차측 배관부속은 호칭압력 2.0 [MPa] 이상의 것을 사용하여야 하며, 1차측 배관부속은 호칭압력 (㉠)[MPa] 이상의 것을 사용하여야 하고, 저압식의 경우에는 (㉡)[MPa] 의 압력에 견딜 수 있는 배관부속을 사용할 것

① ㉠ 3.0, ㉡ 2.0
② ㉠ 4.0, ㉡ 2.0
③ ㉠ 3.0, ㉡ 2.5
④ ㉠ 4.0, ㉡ 2.5

15. 이산화탄소소화설비의 방사시간으로 옳은 것은? (단, 설비는 전역방출방식이고 표면화재이다.)

① 30초
② 40초
③ 50초
④ 60초

16. 이산화탄소소화설비의 헤드의 방사압력[MPa]으로 옳은 것은? (단, 설비는 고압식이다.)

① 1.0
② 1.05
③ 2.1
④ 2.5

해설

해설 14

구분	이산화탄소소화설비 배관 등 설치기준		
	고압식		저압식
배관부속 및 밸브류	1차	2차	호칭압력 2.0[MPa]
	호칭압력 4.0[MPa]	호칭압력 2.0[MPa]	

해설 15
이산화탄소소화설비의 방사시간
1. 전역방출방식
   - 표면화재 60초 이내
   - 심부화재 7분 이내 (설계농도가 2분 이내에 30[%]에 도달해야 함)
2. 국소방출방식 – 30초 이내

해설 16
이산화탄소소화설비의 헤드방사압력

고압식	저압식
2.1 [MPa] 이상	1.05 [MPa] 이상

정답 13. ④　14. ②　15. ④　16. ③

07 할론 소화설비

Ⅳ. 소방기계시설의 구조 및 원리 | 할론 소화설비

1 소화약제 저장량

1. 전역방출방식

$$VQ + AK$$

① $V [m^3]$: 방호구역체적

② $Q [kg/m^3]$: 방호구역 체적당 소화약제의 양

소방대상물 또는 그 부분	소화약제 종별	$Q[kg/m^3]$	$K[kg/m^2]$
차고, 주차장, 전기실, 통신기기실, 전산실 등	할론 1301	0.32 이상 0.64 이하	2.4
특수 가연물을 저장취급 하는 소방 대상물 또는 그부분	할론 2402	0.40 이상 1.10 이하	3.0
가연성고체류 가연성액체류	할론 1211	0.36 이상 0.71 이하	2.7
	할론 1301	0.32 이상 0.64 이하	2.4
면화류, 나무껍질, 대팻밥, 넝마, 종이, 부스러기, 사류, 볏짚류, 목재가공품, 나무부스러기	할론 1211	0.60 이상 0.71 이하	4.5
	할론 1301	0.52 이상 0.64 이하	3.9
합성수지류	할론 1211	0.36 이상 0.71 이하	2.7
	할론 1301	0.32 이상 0.64 이하	2.4

③ $A [m^2]$: 개구부 면적

④ $K [kg/m^2]$: 개구부 면적당 가산량 – 개구부에 자동폐쇄장치 설치 시 K값 적용하지 않는다.

핵심 PLUS

01 자동차 차고나 주차장에 할론 1301 소화약제로 전역 방출 방식의 소화설비를 한 경우 방호구역의 체적 1[m³]당 얼마의 소화약제가 필요한가?
[기 09]

① 0.40 [kg] 이상, 1.10 [kg] 이하
② 0.32 [kg] 이상, 0.64 [kg] 이하
③ 0.36 [kg] 이상, 0.71 [kg] 이하
④ 0.60 [kg] 이상, 0.71 [kg] 이하

답 : ②

02 방호체적 550[m³]인 전기실에 할론 1301 설비를 할 때 필요한 소화약제의 양 [kg]은 최소 얼마 이상이어야 하는가? (단, 가로 2[m], 세로 0.8[m]인 유리창 2개소와 가로 1[m], 세로 2[m]의 자동폐쇄장치가 설치된 방화문이 있음.)
[기 10]

① 176.0   ② 188.48
③ 183.68 ④ 330.0

[해설] 전역방출방식 = VQ + AK
= 550[m³] × 0.32[kg/m³] + 2[m] ×0.8[m] × 2 × 2.4[kg/m²]
= 183.68[kg]

답 : ③

Ⅳ. 소방기계시설의 구조 및 원리 | 할론 소화설비

핵심 PLUS

2. 국소방출방식

① 용기의 윗면만 개방 또는 비산 우려 없는 경우 AQN

A	방호대상물의 표면적[m²]			
Q	구 분	2402	1211	1301
	방호대상물의 표면적 1[m²]에 대한 소화약제의 양[kg]	8.8	7.6	6.8
N	2402	1211	1301	
	1.1	1.1	1.25	

② 비산 우려 있는 경우 : 생략

3. 호스릴방식

구 분	2402	1211	1301
호스릴 1개당 약제량[kg]	50	50	45
개당 방사량[kg/min]	45	40	35

― | 설치대상(분말소화설비 동일) | ―

화재 시 현저하게 연기가 찰 우려가 없는 장소로서 다음에 해당하는 장소
다만, 차고 또는 주차의 용도로 사용되는 장소는 제외
① 지상 1층 및 피난층에 있는 부분으로서 지상에서 수동 또는 원격조작에 따라 개방할 수 있는 개구부의 유효면적의 합계가 바닥면적의 15[%] 이상이 되는 부분
② 전기설비가 설치되어 있는 부분 또는 다량의 화기를 사용하는 부분(해당 설비의 주위 5[m] 이내의 부분을 포함)의 바닥면적이 해당 설비가 설치되어 있는 구획의 바닥면적의 5분의 1 미만이 되는 부분

03 할론소화설비의 화재안전기준상 축압식 할론소화약제 저장용기에 사용되는 축압용 가스로서 적합한 것은?
[기 20]

① 질소
② 산소
③ 이산화탄소
④ 불활성 가스

답 : ①

04 할론 소화약제 저장용기의 설치기준 중 다음 ( ) 안에 들어갈 알맞은 것은?
[기 05, 07, 11, 17]

축압식 저장용기의 압력은 온도 20[℃]에서 할론 1301을 저장하는 것은 (㉠) [MPa] 또는 (㉡) [MPa]이 되도록 질소가스로 축압할 것

① ㉠ 2.5, ㉡ 4.2
② ㉠ 2.0, ㉡ 3.5
③ ㉠ 1.5, ㉡ 3.0
④ ㉠ 1.1, ㉡ 2.5

답 : ①

2 저장용기 등

1. 저장용기의 저장압력, 충전비

구분	할론2402		할론1211	할론1301	비고
저장압력	―		1.1 또는 2.5 [MPa]	2.5 또는 4.2 [MPa]	축압식저장용기 20[℃]에서 질소로 축압
충전비	가압식	축압식	0.7 이상 1.4 이하	0.9 이상 1.6 이하	
	0.51 이상 0.67 미만	0.67 이상 2.75 이하			

4-98 소방설비기사[기계분야]

2. 헤드의 방사 압력

구 분	할론소화설비		
	2402	1211	1301
헤드방사압력	0.1 [MPa] 이상	0.2 [MPa] 이상	0.9 [MPa] 이상
헤드 방사시간	10초 이내		

※ 할론 2402는 상온에서 액체로서 빠른 기화를 위해 무상 방사가 필요하다.

핵심 PLUS

05 전역방출방식의 할론 소화설비의 분사헤드 방사압력으로 옳은 것은?

① 할론 1211 - 0.1 [MPa] 이상
② 할론 1301 - 0.9 [MPa] 이상
③ 할론 104 - 0.3 [MPa] 이상
④ 할론 2402 - 0.2 [MPa] 이상

답 : ②

06 전역방출방식의 할론소화설비의 분사헤드를 설치할 때 기준저장량의 소화약제를 방사하기 위한 시간은 몇 초 이내인가? [기 13]

① 20초 이내　② 15초 이내
③ 10초 이내　④ 5초 이내

답 : ③

핵심기출문제

7. 할론 소화설비

1. 할론 소화약제의 저장용기는 어떠한 장소에 설치, 유지하여야 가장 좋은가? [05⑦]

① 온도에 무관하니까 아무 곳이나 좋다.
② 0[℃] 이상인 장소는 다 적당하다.
③ 상온 이하이면 다 좋다.
④ 온도가 40[℃] 이하이고, 온도변화가 적은 곳이 좋다.

2. 방호구역이 3구역인 어느 소방대상물에 할론 소화설비를 설치한 경우 저장용기와 집합관 연결배관에 설치하여야 할 것은?

① 릴리프 밸브
② 자동냉동장치
③ 압력계
④ 체크밸브

3. 할론 소화설비의 화재안전기준에서 할론 1301을 저장하는 압력은 온도 20[℃]에서 질소가스의 축압은 얼마가 되도록 하여야 하는가?

① 2.5[MPa] 또는 4.2[MPa]
② 2.0[MPa] 또는 3.5[MPa]
③ 1.5[MPa] 또는 3.0[MPa]
④ 1.1[MPa] 또는 2.5[MPa]

4. 할론 1301 소화약제의 저장용기에 관한 사항으로 적당치 않은 것은? [05⑦]

① 축압식 용기의 경우에는 섭씨 20[℃]에서 2.5 또는 4.2[MPa]의 압력이 되도록 질소가스로 축압할 것
② 저장용기의 개방밸브는 안전장치가 부착된 것으로 하며 수동으로 개방되지 않도록 할 것
③ 저장용기의 충전비는 0.9 이상 1.6 이하로 할 것
④ 동일 집합관에 접속되는 용기의 충전비는 같도록 할 것

해설

해설 1, 2

이산화탄소(할론, 할로겐화합물 및 불활성기체, 분말) 소화약제의 저장용기 장소기준
① 방호구역외의 장소에 설치할 것
② 온도가 40[℃] 이하(할로겐화합물 및 불활성기체 : 55[℃] 이하)이고, 온도변화가 적은 곳에 설치할 것
③ 직사광선 및 빗물이 침투할 우려가 없는 곳에 설치할 것
④ 방화문으로 구획된 실에 설치할 것
⑤ 용기의 설치장소에는 당해 용기가 설치된 곳임을 표시하는 표지를 할 것
⑥ 용기간의 간격은 점검에 지장이 없도록 3[cm] 이상의 간격을 유지할 것
⑦ 저장용기와 집합관을 연결하는 연결배관에는 (가스)체크밸브를 설치할 것

해설 3

할론소화설비 저장온도 · 압력

할론 2402	할론1211	할론1301
−	축압식저장용기 20[℃]에서 질소로 축압	
	1.1 또는 2.5 [MPa]	2.5 또는 4.2 [MPa]

해설 4

저장용기의 개방밸브는 안전장치가 부착된 것으로서 자동 및 수동으로 개방되어야 한다.

정답 1. ④ 2. ④ 3. ① 4. ②

5. 소방대상물 중 전역방출 방식의 할론 소화설비를 설치할 경우 소방대상물 단위체적당 가장 많은 양의 소화약제를 필요로 하는 곳은? (단, 최소저장량 기준이다.)

[05 ㉮]

① 차고 또는 주차장
② 사류, 목재 가공품 또는 나무부스러기를 저장·취급하는 장소
③ 합성수지류를 저장·취급하는 장소
④ 가연성고체류를 저장·취급하는 장소

6. 방호체적 550[m^3]인 전기실에 할론 1301 설비를 할 때 필요한 소화약제의 양 [kg]은 최소 얼마 이상이어야 하는가? (단, 가로 2[m], 세로 0.8[m]인 유리창 2개소와 가로 1[m], 세로 2[m]의 자동폐쇄장치가 설치된 방화문이 있음.)

① 176.0   ② 188.48
③ 183.68 ④ 330.0

7. 체적 55[m^3]의 통신기기실에 전역방출방식의 할론소화설비를 설치하고자 하는 경우에 할론 1301의 저장량은 최소 몇 [kg]이어야 하는가? (단, 통신기기실의 총 개구부 크기는 4[m^2]이며 자동폐쇄장치는 설치되어 있지 아니하다.)

[13 ㉮]

① 26.2[kg] ② 27.2[kg]
③ 28.2[kg] ④ 29.2[kg]

8. 체적 50[m^3]의 변전실에 전역방출방식의 할론 소화설비를 설치하는 경우 할론 1301의 저장량은 최소 몇 [kg] 이상이어야 하는가? (단, 변전실에는 자동폐쇄장치가 부착된 개구부가 있음.)

[08 ㉮]

① 5   ② 10
③ 13 ④ 16

해설

해설 5

소방대상물 또는 그 부분		소화약제 종별	Q 방호구역의 체적 1[m^3]당 소화약제의 양
차고, 주차장, 전기실, 통신기기실, 전산실 등		할론 1301	0.32[kg] 이상 0.64[kg] 이하
특수 가연물을 저장취급 하는 소방 대상물 또는 그부분	가연성고체류 가연성액체류	할론 2402	0.40[kg] 이상 1.10[kg] 이하
	면화류, 나무껍질, 대팻밥, 넝마, 종이부스러기, 사류, 볏짚류, 목재가공품, 나무부스러기	할론 1211	0.60[kg] 이상 0.71[kg] 이하
	합성수지류	할론 1211	0.36[kg] 이상 0.71[kg] 이하

해설 6

전역방출방식 VQ + AK
= 550[m^3]×0.32[kg/m^3]+2[m]×0.8[m]
  ×2×2.4[kg/m^2] = 183.68

① V[m^3] : 방호구역체적
② Q[kg/m^3] : 방호구역 체적당 소화약제의 양

소방대상물 또는 그 부분	소화약제 종별	Q [kg/m^3]	K [kg/m^2]
차고, 주차장, 전기실, 통신기기실, 전산실 등	할론 1301	0.32 이상 0.64 이하	2.4

③ A[m^2] : 개구부 면적
④ K[kg/m^2] : 개구부 면적당 가산량

해설 7

VQ+AK=55[m^3]×0.32[kg/m^3]+
        4[m^2]×2.4[kg/m^2]
      = 27.2[kg]

해설 8

VQ + AK = 50[m^3]×0.32[kg/m^3]
        = 16[kg]

정답 5.② 6.③ 7.② 8.④

핵심기출문제

7. 할론 소화설비

9. 면화류를 저장한 소방대상물에 할론 1211을 소화약제로 사용하려 한다. 최소 약제량은 몇 [kg]인가? 단, 소방대상물의 체적은 100[m³]이고 개구부 면적은 없다. [05⑦]

① 40　　　　② 50
③ 60　　　　④ 70

10. 할론 소화설비의 국소방출방식 소화약제 산출방식에 관련된 공식 "$Q = X - Y\dfrac{a}{A}$"의 설명으로 옳지 않은 것은? [07, 14, 19⑦]

① Q는 방호공간 1[m³]에 대한 할론 소화약제량이다.
② a는 방호 대상물 주위에 설치된 벽면적 합계이다.
③ A는 방호공간의 벽면적의 합계이다.
④ X는 개구부 면적이다.

11. 국소방출방식의 할론 소화설비의 분사헤드 설치기준으로 옳은 것은? [08, 09⑦]

① 소화약제의 방사에 의하여 가연물이 비산하는 장소에 설치할 것
② 할론 1301을 방사하는 분사헤드는 당해 소화약제가 무상으로 분무되는 것으로 할 것
③ 분사헤드의 방사압력은 할론 2402를 방사하는 것에 있어서는 0.05[MPa] 이상이 되도록 할 것
④ 기준 저장량의 소화약제를 10초 이내에 방사할 수 있는 것으로 할 것

12. 국소방출방식의 할론소화설비(할론소화설비)의 분사헤드 설치기준 중 다음 (　) 안에 알맞은 것은?

> 분사헤드의 방사압력은 할론 2402를 방사하는 것은 (　㉠　)[MPa] 이상, 할론 2402를 방출하는 분사헤드는 해당 소화약제가 (　㉡　)으로 분무되는 것으로 하여야 하며, 기준저장량의 소화약제를 (　㉢　)초 이내에 방사할 수 있는 것으로 할 것

① ㉠ 0.1, ㉡ 무상, ㉢ 10
② ㉠ 0.2, ㉡ 적상, ㉢ 10
③ ㉠ 0.1, ㉡ 무상, ㉢ 30
④ ㉠ 0.2, ㉡ 적상, ㉢ 30

해설

해설 9

최소 약제량 = VQ
= 100[m³] × 0.6[kg/m³] = 60[kg]
① V[m³] : 방호구역체적
② Q[kg/m³] : 방호구역 체적당 소화약제의 양

소화약제 종별 / 대상	Q[kg/m³]	K[kg/m²]
할론 1211 / 면화류	0.60 이상 0.71 이하	4.5

해설 10

국소방출방식
- 비산 우려가 있는 경우 (VQN)

$$Q = X - Y\dfrac{a}{A}$$

Q 소화약제 양(kg/m³)

a : 방호대상물 주위에 설치된 벽의 면적의 합계[m²]
A : 방호공간의 벽면적(벽이 없는 경우에는 벽이 있는 것으로 가정한 당해 부분의 면적)의 합계[m²]
X, Y : 소화약제별 상수

해설 11, 12

※ 소화약제의 방사에 의하여 가연물이 비산하지 않는 장소에 설치하여야 한다.
※ 할론 2402를 방사하는 분사헤드는 당해 소화약제가 무상으로 분무되는 것으로 할 것
- 할론 2402는 비점이 거의 50[℃]에 해당되어 방사시 빠르게 기화가 안되 설계농도에 해당하는 부피를 차지하기 어렵기 때문에 무상방사가 필요함
※ 방사압력

구 분	할론소화설비		
	2402	1211	1301
헤드방사 압력	0.1 [MPa] 이상 (상온 액체 - 무상 방사)	0.2 [MPa] 이상	0.9 [MPa] 이상

정답 9. ③　10. ④　11. ④　12. ①

13. 할론 소화설비에서 NFPA가 규정한 기준저장량의 소화약제 방사시간은? [06 ㉮]

① 60초 이내 ② 30초 이내
③ 10초 이내 ④ 5초 이내

14. 할론 소화설비의 배관시공 방법으로 틀린 것은? [06 ㉮]

① 배관은 전용으로 한다.
② 동관을 사용하는 경우 이음이 없는 것을 사용한다.
③ 배관부속 및 밸브류는 강관 또는 동관과 동등 이상의 강도 및 내식성이 있는 것을 사용한다.
④ 배관은 반드시 스케줄 20 이상의 압력배관용 탄소강관을 사용한다.

해설

해설 **13**

구분	할론소화설비
방사시간	10초 이내

해설 **14**

구분	할론소화설비
강관	압력배관용 탄소강관 스케줄 40 또는 이와 동등 이상의 강도 및 방식처리

13. ③ 14. ④

핵심 08 할로겐화합물 및 불활성기체 소화설비

Ⅳ. 소방기계시설의 구조 및 원리 | 할로겐화합물 및 불활성기체 소화설비

핵심 PLUS

01 현재 국내 및 국제적으로 적용되고 있는 할로겐화합물 및 불활성기체 소화설비 중 약제의 저장용기 내에서 저장상태가 기체상태의 압축가스인 약제는? [기 12, 17]

① IG 541
② HCFC Blend A
③ HFC-227ea
④ HFC-23

답 : ①

02 불활성기체 소화설비의 최대허용 설계농도 값은?

① 28[%]
② 34[%]
③ 43[%]
④ 50[%]

답 : ③

03 할로겐화합물 및 불활성기체소화약제 중에서 IG - 541의 혼합가스 성분비는? [기 09]

① Ar 52[%], N_2 40[%], CO_2 8[%]
② N_2 52[%], Ar 40[%], CO_2 8[%]
③ CO_2 52[%], Ar 40[%], N_2 8[%]
④ N_2 10[%], Ar 40[%], CO_2 50[%]

답 : ②

1 할로겐화합물 소화설비 - 저장용기 내 액상 상태

소 화 약 제	최대허용 설계농도[%]	소 화 약 제	최대허용 설계농도[%]
FC - 3 - 1 - 10	40	FK - 5 - 1 - 12	10
HFC - 23	30	HCFC BLEND A	10
HFC - 236fa	12.5	HCFC - 124	1
HFC - 125	11.5	FIC - 13I1	0.3
HFC - 227ea	10.5		

2 불활성기체 소화설비 - 저장용기 내 기체 상태

소 화 약 제	최대허용 설계농도[%]	소 화 약 제	최대허용 설계농도[℃]
IG - 01	43	IG - 541	43
IG - 100	43	IG - 55	43

| TIP |
IG 다음에 나오는 첫째 숫자는 질소, 두번째는 아르곤, 세번째는 이산화탄소임

3 소화약제량

1. 할로겐화합물 소화약제

$$W = \frac{V}{S} \left[\frac{C}{100 - C} \right]$$

W : 소화약제의 무게[kg]
V : 방호구역의 체적[m³]
S : 소화약제별 선형상수($K_1 + K_2 \times t$) [m³/kg]
K_1 : 0[℃] 소화약제 비체적
C : 체적에 따른 소화약제의 설계농도[℃]
K_2 : $\frac{K_1}{273}$
t : 방호구역의 최소예상온도([℃])

2. 불활성기체 소화약제

$$X = 2.303 \frac{Vs}{S} \log_{10} \left[\frac{100}{100-C} \right]$$

- X : 공간체적당 더해진 소화약제의 부피[m³/m³]
- S : 소화약제별 선형상수($K_1 + K_2 \times t$)[m³/kg]
- C : 체적에 따른 소화약제의 설계농도[℃]
- Vs : 20[℃]에서 소화약제의 비체적[m³/kg]
- t : 방호구역의 최소예상온도[℃]

3. 체적에 따른 소화약제의 설계농도[℃]

① 상온에서 제조업체의 설계기준에서 정한 실험수치를 적용한다.

② 설계농도는 소화농도[℃]에 안전계수(A·C급화재 1.2, B급화재 1.3)를 곱한 값으로 할 것

③ 사람이 상주하는 곳에서는 최대허용설계농도를 초과할 수 없다.

4 기동장치

수동식 기동장치	자동식 기동장치	방출표시등
① 방호구역마다 설치 (국소방출방식 방호대상물이란 내용 없음) ② 5[kg] 이하의 힘을 가하여 기동할 수 있는 구조로 설치 ③ 기타 기준은 이산화탄소 소화설비와 동일	이산화탄소 소화설비와 동일	

5 분사헤드

설치 높이	오리피스의 면적
최소 0.2 [m] 이상 최대 3.7 [m] 이하 천장높이가 3.7 [m]를 초과 시 - 추가로 다른 열의 분사헤드를 설치	분사헤드가 연결되는 배관구경면적의 70[%]를 초과 금지

핵심 PLUS

04 할로겐화합물 및 불활성기체소화약제 소화설비의 수동식 기동장치의 설치기준 중 옳지 않은 것은? [기16]

① 5 [kg] 이상의 힘을 가하여 기동할 수 있는 구조로 할 것
② 전기를 사용하는 기동장치에는 전원표시등을 설치할 것
③ 기동장치의 방출용 스위치는 음향경보장치와 연동하여 조작될 수 있는 것으로 할 것
④ 해당 방호구역의 출입구부근 등 조작을 하는 자가 쉽게 피난할 수 있는 장소에 설치할 것

답 : ①

05 할로겐화합물 및 불활성기체소화약제소화설비의 분사헤드에 대한 설치기준 중 다음 ( ) 안에 들어갈 알맞은 것은?(단, 분사헤드의 성능인증 범위 내에서 설치하는 경우는 제외한다.) [기10, 17]

분사헤드의 설치높이는 방호구역의 바닥으로부터 최소 (㉠) [m] 이상 최대 (㉡) [m] 이하로 하여야 한다.

① ㉠ 0.2, ㉡ 3.7
② ㉠ 0.8, ㉡ 1.5
③ ㉠ 1.5, ㉡ 2.0
④ ㉠ 2.0, ㉡ 2.5

답 : ①

핵심기출문제

8. 할로겐화합물 및 불활성기체 소화설비

■■■ 8. 할로겐화합물 및 불활성기체 소화설비

1. 다음의 위험물에서 할로겐화합물 및 불활성기체소화약제 소화설비를 적용할 수 없는 대상물은 어느 것인가? [12, 16, 18㉮]

① 제1류 위험물   ② 제2류 위험물
③ 제3류 위험물   ④ 제4류 위험물

2. 할로겐화합물 및 불활성기체 소화설비 중 약제의 저장 용기 내에서 저장상태가 압축가스인 소화약제는? [17㉮]

① IG 541
② HCFC BLEND A
③ HFC-227ea
④ HFC-23

3. 할로겐화합물 및 불활성기체소화약제의 저장용기의 설치기준에 대한 설명 중 옳지 않은 것은? [07, 13, 14, 21㉮]

① 방화문으로 구획된 실에 설치한다.
② 용기 간의 간격을 3[cm] 이상의 간격을 유지한다.
③ 온도가 40[℃] 이하이고, 온도의 변화가 적은 곳에 설치한다.
④ 저장용기와 집합관을 연결하는 연결배관에는 체크밸브를 설치한다.

4. 할로겐화합물 및 불활성기체 소화약제 소화설비의 화재안전기준상 할로겐화합물 소화약제 산출공식은? (단, W : 소화약제의 무게[kg], V : 방호구역의 체적[m³], S : 소화약제별 선형상수 $(K_1+K_2\times t)$[m³/kg], C : 체적에 따른 소화약제의 설계농도 [%], t : 방호구역의 최소 예상온도[℃]이다.) [07, 12㉮]

① $W= V/S\times [C/(100-C)]$
② $W= V/S\times [(100-C)/C]$
③ $W= S/V\times [C/(100-C)]$
④ $W= S/V\times [(100-C)/C]$

해설

해설 1
할로겐화합물 및 불활성기체소화약제 소화설비를 적용할 수 없는 위험물
- 제3류 위험물, 제5류 위험물

해설 2
저장용기 내 저장상태
불활성기체 소화약제 : 기체
할로겐화합물 소화약제 : 액상

해설 3
이산화탄소(할론, 할로겐화합물 및 불활성기체, 분말) 소화약제의 저장용기 장소기준
① 방호구역외의 장소에 설치할 것
② 온도가 40[℃] 이하(할로겐화합물 및 불활성기체소화약제소화설비는 55[℃] 이하)이고, 온도변화가 적은 곳에 설치할 것
③ 직사광선 및 빗물이 침투할 우려가 없는 곳에 설치할 것
④ 방화문으로 구획된 실에 설치할 것
⑤ 용기의 설치장소에는 당해 용기가 설치된 곳임을 표시하는 표지를 할 것
⑥ 용기간의 간격은 점검에 지장이 없도록 3[cm] 이상의 간격을 유지할 것
⑦ 저장용기와 집합관을 연결하는 연결배관에는 (가스)체크밸브를 설치할 것

해설 4
할로겐화합물 소화약제

$$W = \frac{V}{S}\left[\frac{C}{100-C}\right]$$

W : 소화약제의 무게[kg]
V : 방호구역의 체적[m³]
S : 소화약제별 선형상수
  $(K_1+K_2\times t)$[m³/kg]
C : 체적에 따른 소화약제의 설계농도[%]
t : 방호구역의 최소예상온도[℃]

정답 1. ③ 2. ① 3. ③ 4. ①

5. 할로겐화합물 및 불활성기체소화약제 소화설비의 수동식 기동장치의 설치기준 중 틀린 것은?

[16 ㉮]

① 5[kg] 이상의 힘을 가하여 기동할 수 있는 구조로 할 것
② 전기를 사용하는 기동장치에는 전원표시등을 설치할 것
③ 기동장치의 방출용 스위치는 음향경보장치와 연동하여 조작될 수 있는 것으로 할 것
④ 해당 방호구역의 출입구부근 등 조작을 하는 자가 쉽게 피난할 수 있는 장소에 설치할 것

6. 할로겐화합물 및 불활성기체소화약제 소화설비의 분사헤드 설치기준 중 잘못된 것은?

[10 ㉮]

① 천장높이가 3.7[m]를 초과할 경우 추가로 다른 열의 분사헤드를 설치한다.
② 분사헤드의 설치높이는 방호구역의 바닥으로부터 최소 0.2[m] 이상 최대 3.7[m] 이하로 하여야 한다.
③ 분사헤드의 오리피스 면적은 분사헤드가 연결되는 배관구경 면적의 80[%]를 초과하여서는 아니 된다.
④ 분사헤드에 부식 방지조치를 하여야 하며 오리피스의 크기, 제조일자, 제조업체가 표시되도록 한다.

해설

[해설] 5
수동식 기동장치 설치기준
5[kg] 이하의 힘을 가하여 기동할 수 있는 구조로 할 것

[해설] 6
분사헤드
① 설치 높이는 방호구역의 바닥으로부터 최소 0.2[m] 이상 최대 3.7[m] 이하로 하여야 하며 천장높이가 3.7[m]를 초과할 경우에는 추가로 다른 열의 분사헤드를 설치할 것 다만, 분사헤드의 성능인정 범위 내에서 설치하는 경우에는 그러하지 아니하다.
② 갯수는 방호구역에 충족되도록 설치할 것
③ 부식방지조치를 하여야 하며 오리피스의 크기, 제조일자, 제조업체가 표시 되도록 할 것
④ 방출율 및 방출압력은 제조업체에서 정한 값으로 한다.
⑤ 오리피스의 면적은 분사헤드가 연결되는 배관구경면적의 70[%]를 초과하여서는 아니 된다.

정답 5. ① 6. ③

09 분말소화설비

핵심 PLUS

분말소화설비

01 분말소화설비에서 분말 소화약제 1[kg]당 저장용기의 내용적 기준 중 옳지 않은 것은? [기 09, 12, 16]
① 제1종 분말 : 0.8 [l]
② 제2종 분말 : 1.0 [l]
③ 제3종 분말 : 1.0 [l]
④ 제4종 분말 : 1.0 [l]

답 : ④

02 분말소화설비의 가압식 저장용기에 설치하는 안전밸브의 최대 작동 압력은 몇 [MPa]인가? (단, 내압시험압력은 25[MPa], 최고충전압력은 5[MPa]으로 한다.) [기 05, 07, 09]
① 4   ② 9
③ 13.9 ④ 20

[해설] 최고충전압력
5[MPa] × 1.8 = 9[MPa] 이하

답 : ②

03 분말소화설비의 저장용기 내부압력이 설정압력이 될 때 주밸브를 개방하는 것은? [기 08, 13, 14]
① 한시계전기
② 지시압력계
③ 압력조정기
④ 정압작동장치

답 : ④

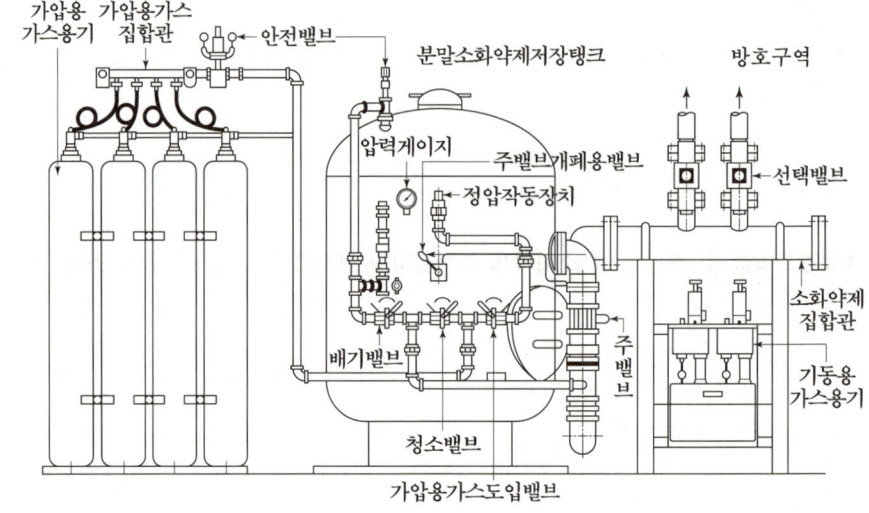

1 저장용기의 설치기준

1. 소화약제 1[kg] 당 저장용기의 내용적 [= 충전비[l/kg]]

제1종	제2종, 제3종	제4종
0.8[l] 이상	1[l] 이상	1.25[l] 이상

2. 안전밸브

가압식	축압식
최고사용압력의 1.8 배 이하	내압시험압력의 0.8 배 이하

3. 정압작동장치

저장용기의 내부압력이 설정압력으로 되었을 때 주밸브를 개방

분말소화약제는 고체로서 유동성이 좋지 않아 방사구역에 골고루 신속하게 방사되기 어렵기 때문에 정압작동장치를 이용하여 일정 압력에 도달 후 주밸브를 개방하는 방식을 채택하고 있다.

압력스위치식	시한릴레이방식	기계적방식
저장용기의 압력이 정해진 압력에 도달되면 압력스위치를 작동시켜 주밸브를 개방하는 방식	저장용기의 압력이 정해진 압력에 도달할 시간을 미리 예측하여 타이머로 설정한 후 일정 시간이 지나면 주밸브를 개방하는 방식	저장용기의 압력이 일정 압력에 도달 하면 정압작동레버에 의해 주밸브를 개방시켜 주는 방식

핵심 PLUS

04 분말소화설비의 정압작동장치에서 가압용 가스가 저장용기 내에 가압되어 압력스위치가 동작되면 솔레노이드밸브가 동작되어 주밸브를 개방시키는 방식은?
[기 09]
① 압력스위치식
② 봉판식
③ 기계식
④ 스프링식

답 : ①

2 가압용가스용기 설치기준

1. 가압용가스 용기를 3병 이상 설치 시
2개 이상의 용기에 전자개방밸브를 부착

2. 가압용가스 용기에는 2.5[MPa] 이하의 압력에서 조정이 가능한 압력조정기를 설치

3. 가압용가스 또는 축압용가스의 기준 - 소화약제 1[kg]마다 저장량

구 분	가압용가스	축압용가스
질소가스	40[ℓ] 이상	10[ℓ] 이상
이산화탄소	20[g] 이상	20[g] 이상

※ 소화약제 1[kg]당 저장량 외 청소에 필요한 양을 가산하여야 하며 배관의 청소에 필요한 양의 가스는 별도의 용기에 저장하여야 한다.

05 분말소화설비에서 가압용 가스로 이산화탄소를 사용하는 것에 있어서 소화약제 1[kg]에 대해 몇 [g] 및 배관청소에 필요한 양을 가산한 양 이상으로 하는가?
[기 05, 11]
① 10 ② 20
③ 30 ④ 40

답 : ②

06 분말소화설비가 작동한 후 배관 내 잔여분말의 클리닝(cleaning)으로 사용되는 가스로 짝지어진 것은?
[기 12, 16]
① 질소, 건조공기
② 질소, 이산화탄소
③ 이산화탄소, 아르곤
④ 건조공기, 아르곤

답 : ②

핵심 PLUS

07 차고 또는 주차장에 설치하는 분말소화설비의 소화약제는? [기 16]
① 탄산수소나트륨을 주성분으로 한 분말
② 탄산수소칼륨을 주성분으로 한 분말
③ 인산염을 주성분으로 한 분말
④ 탄산수소칼륨과 요소가 화합된 분말

답 : ③

08 분말소화설비의 화재안전기준상 제1종 분말을 사용한 전역방출방식의 분말소화설비에 있어서 방호구역 1[m³]에 대한 소화약제의 양은?
[기 05, 09, 12]
① 0.60 [kg]   ② 0.36 [kg]
③ 0.24 [kg]   ④ 0.72 [kg]

답 : ①

09 전역방출방식 분말소화설비에서 방호구역의 개구부에 자동폐쇄장치를 설치하지 아니한 경우에 개구부의 면적 1제곱미터에 대한 분말소화약제의 가산량으로 잘못 연결된 것은?
[기 14]
① 제1종 분말 – 4.5 [kg]
② 제2종 분말 – 2.7 [kg]
③ 제3종 분말 – 2.5 [kg]
④ 제4종 분말 – 1.8 [kg]

답 : ③

10 분말소화설비의 호스릴방식에 있어서 하나의 노즐당 1분간에 방사하는 약제량으로 옳지 않은 것은?
[기 06, 10, 12, 13]
① 제1종 분말은 45 [kg]
② 제2종 분말은 27 [kg]
③ 제3종 분말은 27 [kg]
④ 제4종 분말은 20 [kg]

답 : ④

---

3 저장량

1. 주차장은 제3종(인산암모늄) 분말소화약제를 사용하여야 한다.

2. 분말소화설비 약제량 계산

1) 전역방출방식

$$VQ + AK$$

① $V\,[m^3]$: 방호구역체적

② $Q\,[kg/m^3]$: 방호구역 체적당 소화약제의 양

소화약제의 종별	$Q[kg/m^3]$	$K[kg/m^2]$
제1종	0.6	4.5
제2종, 제3종	0.36	2.7
제4종	0.24	1.8

③ $A\,[m^2]$: 개구부 면적

④ $K\,[kg/m^2]$: 개구부 면적당 가산량 – 개구부에 자동폐쇄장치 설치 시 K값 적용하지 않는다.

2) 국소방출방식

비산 우려 있는 경우 – VQN

① $V\,[m^3]$: 방호구역체적

② $Q\,[kg/m^3]$: 방호공간 1[m³]에 대한 소화약제의 양

③ N : 1.1

3) 호스릴방식

구분	호스릴 1개 당 약제량[kg]	분당 방사량[kg/min]
1종	50	45
2, 3종	30	27
4종	20	18

4 배관

구분	내 용
강관	배관용 탄소강관(spp) 또는 이와 동등이상의 강도 및 내식성, 내열성 단, 축압식 2.5 이상 4.2[MPa] 이하 → 압력배관용탄소강관 스케줄 40 또는 동등이상 강도 및 내식성
동관	이음이 없는 동 및 동합금 사용 고정압력 또는 최고사용압력의 1.5배 이상에 견딜 것
배관부속 및 밸브류	배관부속 : 배관과 동등이상의 강도, 내식성 밸브류 : 개폐위치, 개폐방향 표시 할 것
방사시간	30초 이내

5 저장용기 밸브의 상태

구분	분말소화약제 압송중	잔압방출 시	배관청소 시
밸브의 상태			
OPEN ◎	가스도입밸브, 주밸브, 선택밸브	배기밸브, 선택밸브	크리닝밸브, 선택밸브
CLOSE ⊠	배기밸브, 크리닝밸브	가스도입밸브, 주밸브, 크리닝밸브	가스도입밸브, 주밸브, 배기밸브

핵심 PLUS

11 분말소화설비의 화재안전기준에서 분말소화설비의 배관으로 동관을 사용하는 경우 최고 사용압력의 몇 배 이상 압력에 견딜 수 있는 것을 사용하여야 하는가? [기 06]
① 1 ② 1.5
③ 2 ④ 2.5

답 : ②

12 분말소화설비 배관의 설치기준으로 옳지 않은 것은? [기 16]
① 배관은 전용으로 할 것
② 배관은 모두 스케줄 40 이상으로 할 것
③ 동관을 사용할 경우는 고정압력 또는 최고사용압력의 1.5배 이상의 압력에 견딜 수 있는 것으로 할 것
④ 밸브류는 개폐위치 또는 개폐방향을 표시한 것으로 할 것

답 : ②

13 국소방출방식의 분말소화설비 분사헤드는 기준저장량의 소화약제를 몇 초 이내에 방사할 수 있는 것이어야 하는가? [기 17]
① 60 ② 30
③ 20 ④ 10

답 : ②

14 분말소화설비의 저장용기에 설치된 밸브 중 잔압방출시 열림, 닫힘 상태가 맞게 된 것은? [기 11, 14, 17]
① 가스도입밸브 - 닫힘
② 주밸브(방출밸브) - 열림
③ 배기밸브 - 닫힘
④ 클리닝밸브 - 열림

답 : ①

핵심기출문제

9. 분말소화설비

■■■■ 9. 분말소화설비

1. 인산염을 주성분으로 한 분말소화약제를 사용하는 분말소화설비의 소화약제 저장용기의 내용적은 소화약제 1[kg]당 얼마이어야 하는가? [11②]

① 0.8[*l*] ② 0.92[*l*]
③ 1[*l*] ④ 1.25[*l*]

2. 분말소화약제 저장용기의 설치기준으로 옳지 않은 것은? [17②]

① 설치장소의 온도가 40[℃] 이하이고, 온도변화가 적은 곳에 설치할 것
② 용기간의 간격은 점검에 지장이 없도록 3[cm] 이상의 간격을 유지할 것
③ 저장용기의 충전비는 0.8 이상으로 할 것
④ 저장용기에는 가압식은 최고사용압력의 1.5배 이하의 압력에서 작동하는 안전밸브를 설치할 것

3. 분말소화설비의 가압식 저장용기에 설치하는 안전밸브의 최대 작동 압력은 몇 [MPa]인가? (단, 내압시험압력은 25[MPa], 최고충전압력은 5[MPa]으로 한다.)

① 4 ② 9
③ 13.9 ④ 20

4. 분말소화설비의 저장용기 내부압력이 설정압력이 될 때 주밸브를 개방하는 것은?

① 한시계전기 ② 지시압력계
③ 압력조정기 ④ 정압작동장치

5. 분말소화설비에 설치하는 압력조정기의 설치 목적으로 옳은 것은? [15②]

① 분말용기에 도입되는 가압용가스의 압력을 감압시키기 위함
② 분말 용기에 나오는 압력을 증폭시키기 위함
③ 가압용 가스의 압력을 증대시키기 위함
④ 약제방출에 필요한 가스의 유량을 증폭시키기 위함

해설

해설 1
소화약제 1[kg] 당 저장용기의 내용적
(= 충전비[*l*/kg])

제1종	제2종, 제3종	제4종
0.8[*l*] 이상	1[*l*] 이상	1.25[*l*] 이상

해설 2
안전밸브

가압식	축압식
최고사용압력의 1.8배 이하	내압시험압력의 0.8배 이하

해설 3
안전밸브 최대 작동 압력

가압식	축압식
최고사용압력의 1.8배 이하	내압시험압력의 0.8배 이하

최고충전압력 5[MPa] × 1.8
= 9[MPa] 이하

해설 4
정압작동장치
저장용기의 내부압력이 설정압력으로 되었을 때 주밸브를 개방시켜 주는 장치
(분말소화약제는 고체로서 유동성이 좋지 않아 방사구역에 골고루 신속하게 방사되기 어렵기 때문에 정압작동장치를 이용하여 일정 압력에 도달 후 주밸브를 개방하는 방식을 채택하고 있다.)

해설 5
가압용가스용기 설치기준
• 가압용가스 용기에는 2.5[MPa] 이하의 압력에서 조정이 가능한 압력조정기를 설치
• 고압의 가압용저장용기 압력을 2.5[MPa] 이하의 압력으로 감압하여 분말저장용기에 도입하는게 설치 목적임

정답 1. ③ 2. ④ 3. ② 4. ④
5. ①

6. 분말소화설비에서 가압용 가스로 이산화탄소를 사용하는 것에 있어서 이산화탄소 소화약제 1[kg]에 대해 몇 [g]에 배관 청소에 필요한 양을 가산한 양 이상으로 하는가? [17 ㉯]

① 10　　　　　　　　　② 20
③ 30　　　　　　　　　④ 40

7. 다음 (　)안에 알맞은 수치는?

> 분말소화설비 가압용 가스의 설치는 가압용 가스에 이산화탄소를 사용하는 것에 있어서의 이산화탄소는 소화약제 1[kg]에 대하여 (　　)[g]에 배관의 청소에 필요한 양을 가산한 양 이상으로 할 것

① 10　　　　　　　　　② 20
③ 30　　　　　　　　　④ 40

8. 분말소화설비의 가압용가스로 질소가스를 사용하는 경우 질소가스는 소화약제 1[kg]마다 몇 [L] 이상인가? (단, 35[℃]에서 1기압의 압력상태로 환산한 것) [05 ㉯]

① 10　　　　　　　　　② 20
③ 30　　　　　　　　　④ 40

9. 소방대상물 내의 보일러실에 제1종 분말소화약제를 사용하여 전역방출방식인 분말소화설비를 설치할 때 필요한 약제량[kg]으로서 맞는 것은? [05, 10, 14 ㉯]
(단, 방호체적 120[m³], 개구면적 20[m²]이다.)

① 97.2　　　　　　　　② 64.8
③ 120.0　　　　　　　　④ 162.0

10. 전역방출방식의 분말소화설비에 있어서 방호구역의 용적이 500[m³]일 때 적합한 분사헤드의 수는? (단, 제1종 분말이며, 체적 1[m³]당 소화약제 양은 0.60[kg]이며, 분사헤드 1개의 분당 표준방사량은 18[kg]이다.) [13 ㉯]

① 34개　　　　　　　　② 134개
③ 17개　　　　　　　　④ 30개

해설

해설 6, 7, 8

1. 가압용가스 또는 축압용가스의 기준
   - 소화약제 1[kg]마다 저장량

구 분	가압용 가스	축압용 가스
질소가스	40[ℓ] 이상	10[ℓ] 이상
이산화탄소	20[g] 이상	20[g] 이상

2. 소화약제 1[kg]당 저장량 외 청소에 필요한 양을 가산하여야 하며 배관의 청소에 필요한 양의 가스는 별도의 용기에 저장하여야 한다.

해설 9

약제량[kg] = VQ + AK
= 120×0.6+20×4.5=162[kg]

① V[m³] : 방호구역체적
② Q[kg/m³] : 방호구역 체적당 소화약제의 양

소화약제의 종별	Q[kg/m³]	K[kg/m²]
제1종	0.6	4.5
제2종, 제3종	0.36	2.7
제4종	0.24	1.8

③ A[m²] : 개구부 면적
④ K[kg/m²] : 개구부 면적당 가산량

해설 10

① 약제의 저장량= 500[m³]×0.60[kg/m³]=300[kg] 이고 30초 이내에 방사되어야 되므로 분당 600[kg] 방사 됨
② 600[kg/min] ÷ 18[kg/min·개] = 33.333개
따라서 34개의 분사헤드가 필요함.

정답 6. ②　7. ②　8. ④　9. ④
10. ①

핵심기출문제

9. 분말소화설비

11. 호스릴 분말소화설비의 소화약제 저장량을 산정함에 있어서 하나의 노즐에 대하여 필요한 분말 소화약제의 종류와 양으로 가장 적합한 것은? [06, 12②]

① 4종 분말 : 40[kg] 이상
② 3종 분말 : 30[kg] 이상
③ 2종 분말 : 20[kg] 이상
④ 1종 분말 : 10[kg] 이상

12. 다음은 분말소화설비의 수동식 기동장치의 부근에 설치하는 비상스위치에 관한 설명이다. 맞는 것은? [12, 18②]

① 자동복귀형 스위치로서 수동식 기동장치의 타이머를 순간 정지시키는 기능의 스위치
② 자동복귀형 스위치로서 수동식 기동장치가 수신기를 순간 정지시키는 기능의 스위치
③ 수동복귀형 스위치로서 수동식 기동장치의 타이머를 순간 정지시키는 기능의 스위치
④ 수동복귀형 스위치로서 수동식 기동장치가 수신기를 순간 정지시키는 기능의 스위치

13. 분말소화설비의 자동식 기동장치의 설치기준 중 틀린 것은? (단, 자동식 기동장치는 자동화재탐지설비의 감지기와 연동하는 것이다.) [16②]

① 기동용 가스용기의 충전비는 1.5 이상으로 할 것
② 자동식 기동장치에는 수동으로도 기동할 수 있는 구조로 할 것
③ 전기식 기동장치로서 3병 이상의 저장용기를 동시에 개방하는 설비는 2병 이상의 저장용기에 전자개방밸브를 부착할 것
④ 기동용 가스용기에는 내압시험압력의 0.8배 내지 내압시험압력 이하에서 작동하는 안전장치를 설치할 것

14. 분말소화설비에 대한 기준 중 맞는 것은? [02②]

① 축압식의 경우 20[℃]에서 압력이 2.5[MPa] 이상 4.2[MPa] 이하인 것에 있어서는 압력배관용 탄소강관 중 이음이 없는 Sch 80 이상을 사용한다.
② 동관의 경우 최고사용압력의 1.8배 이상의 압력에 견딜 수 있어야 한다.
③ 기동장치의 조작부는 바닥으로부터 높이 0.5[m] 이상 1.5[m] 이하의 위치에 설치하고, 보호판 등에 따른 보호장치를 설치한다.
④ 저장용기의 충전비는 0.8 이상으로 한다.

해설

해설 11

설비	호스릴방식		
	호스릴 1개당 약제량[kg]	개당 방사량 [kg/min]	
분말 소화 설비	1종	50	45
	2, 3종	30	27
	4종	20	18

해설 12

수동식 기동장치의 부근에는 소화약제의 방출을 지연시킬 수 있는 비상스위치 설치

해설 13

전기식 기동장치로서 7병 이상의 저장용기를 동시에 개방하는 설비는 2병 이상의 저장용기에 전자개방밸브를 부착할 것

해설 14

- 축압식의 경우 20[℃]에서 압력이 2.5[MPa] 이상 4.2[MPa] 이하인 것에 있어서는 압력배관용 탄소강관 중 이음이 없는 Sch 40 이상을 사용한다.
- 동관의 경우 최고사용압력의 1.5배 이상의 압력에 견딜 수 있어야 한다.
- 기동장치의 조작부는 바닥으로부터 높이 0.8[m] 이상 1.5[m] 이하의 위치에 설치하고, 보호판 등에 따른 보호장치를 설치한다.

정답 11. ② 12. ① 13. ③ 14. ④

15. 분말소화설비에서 분말소화약제 압송 중에 개방되지 않는 밸브는? [14 ㉮]

① 클리닝밸브
② 가스도입밸브
③ 주개방밸브
④ 선택밸브

16. 분말소화설비 국소방출방식의 분사헤드는 기준저장량의 소화약제를 몇 초 이내에 방사할 수 있는 것이어야 하는가? [05 ㉮]

① 60
② 30
③ 20
④ 10

17. 다음 중 분말소화설비에서 사용하지 않는 밸브는? [13 ㉮]

① 드라이밸브
② 크리닝밸브
③ 안전밸브
④ 배기밸브

해설

해설 15

구분	분말소화약제 압송 중	저장용기내 잔압방출 조작 중	크리닝(청소) 조작 중 (배관청소)
OPEN	가스도입밸브, 주밸브, 선택밸브	배기밸브, 선택밸브	크리닝밸브, 선택밸브
CLOSE	배기밸브, 크리닝밸브	가스도입밸브, 주밸브, 크리닝밸브	가스도입밸브, 주밸브, 배기밸브

해설 16

구분	분말소화설비
방사시간	1. 전역방출방식 - 30초 이내 2. 국소방출방식 - 30초 이내

해설 17
드라이밸브는 스프링클러설비의 유수검지장치이다.

정답 15. ① 16. ② 17. ①

10 고체에어로졸소화설비

IV. 소방기계시설의 구조 및 원리 | 고체에어로졸소화설비

1 설치대상 – 물분무소화설비와 동일

2 설치제외

① 니트로셀룰로오스, 화약 등의 산화성 물질
② 리튬, 나트륨, 칼륨, 마그네슘, 티타늄, 지르코늄, 우라늄 및 플루토늄과 같은 자기반응성 금속
③ 금속 수소화물
④ 유기 과산화수소, 히드라진 등 자동 열분해를 하는 화학물질
⑤ 가연성 증기 또는 분진 등 폭발성 물질이 대기에 존재할 가능성이 있는 장소

3 정의

① 고체에어로졸소화설비
설계밀도 이상의 고체에어로졸을 방호구역 전체에 균일하게 방출하는 설비로서 분산(Dispersed)방식이 아닌 압축(Condensed)방식

② 설계밀도
소화설계를 위하여 필요한 것으로 소화밀도에 안전계수를 곱하여 얻어지는 값

③ 소화밀도
방호공간내 규정된 시험조건의 화재를 소화하는데 필요한 단위체적[m³]당 고체에어로졸화합물의 질량[g]

④ 안전계수
설계밀도를 결정하기 위한 안전율 (1.3)

핵심 PLUS

01 고체에어로졸소화설비 설치 제외 장소가 아닌 것?
① 니트로셀룰로오스, 화약 등의 산화성 물질
② 리튬, 나트륨, 칼륨, 마그네슘, 티타늄, 지르코늄, 우라늄 및 플루토늄과 같은 자기반응성 금속
③ 금속 인화물
④ 유기 과산화수소, 히드라진 등 자동 열분해를 하는 화학물질

답 : ③

02 고체에어로졸소화설비 안전계수 값은?
① 1.1   ② 1.2
③ 1.3   ④ 1.5

답 : ③

⑤ 고체에어로졸

고체에어로졸화합물의 연소과정에 의해 생성된 직경 10[μm] 이하의 고체 입자와 기체 상태의 물질로 구성된 혼합물

⑥ 고체에어로졸화합물

과산화물질, 가연성물질 등의 혼합물로서 화재를 소화하는 비전도성의 미세 입자인 에어로졸을 만드는 고체화합물

⑦ 고체에어로졸발생기

고체에어로졸화합물, 냉각장치, 작동장치, 방출구, 저장용기로 구성되어 에어로졸을 발생시키는 장치

⑧ 상주장소

일반적으로 사람들이 거주하는 장소 또는 공간

⑨ 비상주장소

짧은 기간 동안 간헐적으로 사람들이 출입할 수는 있으나 일반적으로 사람들이 거주하지 않는 장소 또는 공간

⑩ 방호체적

벽 등의 건물 구조 요소들로 구획된 방호구역의 체적에서 기둥 등 고정적인 구조물의 체적을 제외한 것

⑪ 열 안전이격거리

고체에어로졸 방출 시 발생하는 온도에 영향을 받을 수 있는 모든 구조·구성요소와 고체에어로졸 발생기 사이에 안전확보를 위해 필요한 이격거리

4 일반조건

① 고체에어로졸은 전기 전도성이 없어야 한다.

② 약제 방출 후 해당 화재의 재발화 방지를 위하여 최소 10분간 소화밀도를 유지하여야 한다.

③ 고체에어로졸소화설비에 사용되는 주요 구성품은 형식승인 및 제품검사를 받은 것이어야 한다.

④ 고체에어로졸소화설비는 비상주장소에 한하여 설치한다. 다만, 고체에어로졸소화설비 약제의 성분이 인체에 무해함을 국내·외 국가공인 시험기관에서 인증받고, 과학적으로 입증된 최대허용설계밀도를 초과하지 않는 양으로 설계하는 경우 상주장소에 설치할 수 있다.

핵심 PLUS

03 다음은 고체에어로졸에 대한 설명이다. ( )안에 알맞은 것은?

| 고체에어로졸화합물의 연소과정에 의해 생성된 직경 ( )[μm] 이하의 고체 입자와 기체 상태의 물질로 구성된 혼합물 |

① 10 ② 20
③ 50 ④ 400

답 : ①

04 고체에어로졸소화설비는 약제 방출 후 해당 화재의 재발화 방지를 위하여 최소 몇 분간 소화밀도를 유지하여야 하는가?

① 10 ② 20
③ 30 ④ 40

답 : ①

핵심 PLUS

⑤ 고체에어로졸소화설비의 소화성능이 발휘될 수 있도록 방호구역 내부의 밀폐성을 확보하여야 한다.

⑥ 방호구역 출입구 인근에 고체에어로졸 방출 시 주의사항에 관한 내용의 표지를 설치하여야 한다.

⑦ 이 기준에서 규정하지 않은 사항은 형식승인 받은 제조업체의 설계 매뉴얼에 따른다.

5 고체에어로졸발생기 설치기준

① 밀폐성이 보장된 방호구역 내에 설치하거나, 밀폐성능을 인정할 수 있는 별도의 조치를 취할 것

② 천장이나 벽면 상부에 설치하되 고체에어로졸 화합물이 균일하게 방출되도록 설치

③ 직사광선 및 빗물이 침투할 우려가 없는 곳에 설치

④ 열 안전이격거리를 준수하여 설치
 ㉮ 인체와의 최소 이격거리
   고체에어로졸 방출 시 75[℃]를 초과하는 온도가 인체에 영향을 미치지 아니하는 거리
 ㉯ 가연물과의 최소 이격거리
   고체에어로졸 방출 시 200[℃]를 초과하는 온도가 가연물에 영향을 미치지 아니하는 거리

⑤ 하나의 방호구역에는 동일 제품군 및 동일한 크기의 고체에어로졸발생기를 설치할 것

⑥ 방호구역의 높이는 형식승인 받은 고체에어로졸발생기의 최대 설치높이 이하로 할 것

---

05 고체에어로졸 방출 시 몇 [℃]를 초과하는 온도가 인체에 영향을 미치지 아니하는 거리를 준수하여야 하는가?
① 75
② 100
③ 150
④ 200

답 : ①

6 고체에어로졸화합물의 양

$$m = d \times V$$

- m : 필수소화약제량[g]
- d : 설계밀도[g/m³] = 소화밀도[g/m³] × 1.3(안전계수)
  소화밀도 : 형식승인 받은제조사의 설계 매뉴얼에 제시된 소화밀도
- V : 방호체적[m³]

7 기동

① 고체에어로졸소화설비는 화재감지기 및 수동식 기동장치의 작동과 연동하여 기계적 또는 전기적 방식으로 작동하여야 한다.

② 고체에어로졸소화설비 기동 시에는 1분 이내에 고체에어로졸 설계밀도의 95[%] 이상을 방호구역에 균일하게 방출하여야 한다.

③ 수동식 기동장치 설치기준
  ㉮ 제어반마다 설치
  ㉯ 방호구역의 출입구마다 설치하되 출입구 인근에 사람이 쉽게 조작할 수 있는 위치에 설치
  ㉰ 기동장치의 조작부 : 바닥으로부터 0.8[m] 이상 1.5[m] 이하의 위치에 설치
  ㉱ 기동장치의 조작부에 보호판 등의 보호장치 부착
  ㉲ 기동장치 인근의 보기 쉬운 곳에 "고체에어로졸소화설비 수동식 기동장치"라고 표시한 표지를 부착
  ㉳ 전기를 사용하는 기동장치에는 전원표시등을 설치
  ㉴ 방출용 스위치의 작동을 명시하는 표시등을 설치
  ㉵ 50[N] 이하의 힘으로 방출용 스위치를 기동할 수 있도록 할 것

④ 고체에어로졸의 방출을 지연시키기 위해 방출지연스위치 설치기준
  ㉮ 수동으로 작동하는 방식으로 설치하되 방출지연스위치를 누르고 있는 동안만 지연되도록 할 것
  ㉯ 방호구역의 출입구마다 설치하되 피난이 용이한 출입구 인근에 사람이 쉽게 조작할 수 있는 위치에 설치
  ㉰ 방출지연스위치 작동 시에는 음향경보를 발할 것
  ㉱ 방출지연스위치 작동 중 수동식 기동장치가 작동되면 수동식 기동장치의 기능이 우선될 것

핵심 PLUS

06 다음은 고체에어로졸화합물의 양을 계산하는 식이다. 여기서 d는 무엇인가?

$$m = d \times V$$

① 필수소화약제량
② 설계밀도
③ 소화밀도
④ 안전계수

답 : ②

07 고체에어로졸소화설비 기동 시에는 몇 분 이내에 고체에어로졸 설계밀도의 95[%] 이상을 방호구역에 균일하게 방출하여야 하는가?

① 0.5 ② 1
③ 3   ④ 7

답 : ②

8 제어반등

① 고체에어로졸소화설비의 제어반 설치기준
  ㉮ 전원표시등을 설치
  ㉯ 화재, 진동 및 충격에 따른 영향과 부식의 우려가 없고 점검에 편리한 장소에 설치
  ㉰ 제어반에는 해당 회로도 및 취급설명서를 비치
  ㉱ 고체에어로졸소화설비의 작동방식(자동 또는 수동)을 선택할 수 있는 장치를 설치
  ㉲ 수동식 기동장치 또는 화재감지기에서 신호를 수신할 경우 다음의 기능을 수행할 것
    가. 음향경보 장치의 작동
    나. 고체에어로졸의 방출
    다. 기타 제어기능 작동

② 고체에어로졸소화설비의 화재표시반 설치기준
  다만, 자동화재탐지설비 수신기의 제어반이 화재표시반의 기능을 가지고 있는 경우 설치 제외
  ㉮ 전원표시등을 설치
  ㉯ 화재, 진동 및 충격에 따른 영향 및 부식의 우려가 없고 점검에 편리한 장소에 설치
  ㉰ 화재표시반에는 해당 회로도 및 취급설명서를 비치
  ㉱ 고체에어로졸소화설비의 작동방식(자동 또는 수동)을 표시등으로 명시
  ㉲ 고체에어로졸소화설비가 기동할 경우 음향장치를 통해 경보를 발할 것
  ㉳ 제어반에서 신호를 수신할 경우 방호구역별 경보장치의 작동, 수동식 기동장치의 작동 및 화재감지기의 작동 등을 표시등으로 명시

③ 고체에어로졸소화설비가 설치된 구역의 출입구 - 고체에어로졸의 방출을 명시하는 표시등을 설치

④ 고체에어로졸소화설비의 오작동을 제어하기 위해 제어반 인근에 설비정지스위치를 설치

9 음향장치 설치기준

① 화재감지기가 작동하거나 수동식 기동장치가 작동할 경우 음향장치가 작동
② 음향장치
  ㉮ 방호구역마다 설치, 수평거리는 25[m] 이하

---

08 고체에어로졸소화설비의 오작동을 제어하기 위해 제어반 인근에 무엇을 설치해야 하는가?
① 비상스위치
② 수동식기동장치
③ 오작동제어장치
④ 설비정지스위치

답 : ④

㉡ 경종 또는 사이렌(전자식사이렌을 포함)으로 하되, 주위의 소음 및 다른 용도의 경보와 구별이 가능한 음색으로 할 것. 이 경우 경종 또는 사이렌은 자동화재탐지설비·비상벨설비 또는 자동식사이렌설비의 음향장치와 겸용할 수 있다.

㉢ 정격전압의 80[%] 전압에서 음향을 발할 수 있는 것

㉣ 음량은 부착된 음향장치의 중심으로부터 1[m] 떨어진 위치에서 90[dB] 이상

③ 주 음향장치는 화재표시반의 내부 또는 그 직근에 설치

④ 고체에어로졸의 방출 개시 후 1분 이상 경보를 계속 발할 것

10 화재감지기 설치기준

① 감지기의 종류
  ㉮ 광전식 공기흡입형 감지기
  ㉯ 아날로그 방식의 광전식 스포트형 감지기
  ㉰ 중앙소방기술심의위원회의 심의를 통해 고체에어로졸소화설비에 적응성이 있다고 인정된 감지기

② 화재감지기 1개가 담당하는 바닥면적 : 자동화재탐지설비의 화재안전기준 규정에 따른 바닥면적

11 방호구역의 자동폐쇄

– 고체에어로졸소화설비가 기동할 경우 자동적으로 폐쇄

① 방호구역 내의 개구부와 통기구는 고체에어로졸이 방출되기 전에 폐쇄되도록 할 것

② 방호구역 내의 환기장치는 고체에어로졸이 방출되기 전에 정지되도록 할 것

③ 자동폐쇄장치의 복구장치는 제어반 또는 그 직근에 설치하고, 해당 장치를 표시하는 표지를 부착할 것

12 비상전원

① 종류
자가발전설비, 축전지설비(제어반에 내장하는 경우를 포함) 또는 전기저장장치

핵심 PLUS

09 고체에어로졸의 방출 개시 후 몇 분 이상 경보를 계속 발하여야 하는가?
① 1 ② 5
③ 10 ④ 20

답 : ①

Ⅳ. 소방기계시설의 구조 및 원리 | 고체에어로졸소화설비

핵심 PLUS

② 설치제외
  2 이상의 변전소에서 전력을 동시에 공급받을 수 있거나 하나의 변전소로부터 전력의 공급이 중단되는 때에는 자동으로 다른 변전소로부터 전력을 공급받을 수 있도록 상용전원을 설치한 경우

③ 설치기준
  ㉮ 점검에 편리하고 화재 및 침수 등의 재해로 인한 피해를 받을 우려가 없는 곳에 설치
  ㉯ 고체에어로졸소화설비에 최소 20분 이상 유효하게 전원을 공급
  ㉰ 상용전원으로부터 전력의 공급이 중단된 때에는 자동으로 비상전원으로부터 전력을 공급받을 수 있도록 할 것
  ㉱ 비상전원의 설치장소는 다른 장소와 방화구획할 것(제어반에 내장하는 경우는 제외). 이 경우 그 장소에는 비상전원의 공급에 필요한 기구나 설비 외의 것(열병합발전설비에 필요한 기구나 설비는 제외한다)을 두어서는 안된다.
  ㉲ 비상전원을 실내에 설치하는 때에는 그 실내에 비상조명등을 설치

13 배선 등

① 고체에어로졸소화설비의 배선
  ㉮ 비상전원으로부터 제어반에 이르는 전원회로배선은 내화배선.
  다만, 자가발전설비와 제어반이 동일한 실에 설치된 경우 제외
  ㉯ 상용전원으로부터 제어반에 이르는 배선, 그 밖의 고체에어로졸소화설비의 감시회로·조작회로 또는 표시등회로의 배선은 내화배선 또는 내열배선. 다만, 제어반 안의 감시회로·조작회로 또는 표시등회로의 배선은 제외
  ㉰ 화재감지기의 배선 - 자동화재탐지설비 준용
② 과전류차단기 및 개폐기 - 고체에어로졸소화설비용의 표지를 부착
③ 전기배선의 양단 및 접속단자의 표시
  ㉮ 단자 - 고체에어로졸소화설비단자라고 표시한 표지를 부착
  ㉯ 전기배선의 양단 - 다른 배선과 식별이 용이하도록 표시

14 과압배출구

고체에어로졸소화설비의 방호구역에는 고체에어로졸 방출 시 과압으로 인한 구조물 등의 손상을 방지하기 위하여 과압배출구를 설치

---

10 고체에어로졸소화설비의 방호구역에는 고체에어로졸 방출 시 과압으로 인한 구조물 등의 손상을 방지하기 위하여 무엇을 설치 하여야 하는가?
① 과압흡입장치
② 피스톤릴리즈
③ 배출담파
④ 과압배출구

답 : ④

핵심기출문제

10. 고체에어로졸소화설비

■■■ 10. 고체에어로졸소화설비

1. 고체에어로졸소화설비의 화재안전기준상 설치 제외 대상물이 아닌 것은?

① 니트로셀룰로오스, 유기과산화수소, 히드라진
② 마그네슘, 리튬, 나트륨
③ 금속 수소화물
④ 황화린, 적린, 유황

2. 고체에어로졸소화설비의 화재안전기준상 정의로서 옳지 않은 것은?

① 고체에어로졸소화설비 – 설계밀도 이상의 고체에어로졸을 방호구역 전체에 균일하게 방출하는 설비로서 압축(Condensed)방식이 아닌 분산(Dispersed)방식
② 설계밀도 – 소화설계를 위하여 필요한 것으로 소화밀도에 안전계수를 곱하여 얻어지는 값
③ 소화밀도 – 방호공간내 규정된 시험조건의 화재를 소화하는데 필요한 단위체적[m^3]당 고체에어로졸화합물의 질량[g]
④ 안전계수 – 설계밀도를 결정하기 위한 안전율로서 1.3을 말한다.

3. 고체에어로졸소화설비의 화재안전기준상 정의로서 옳지 않은 것은?

① 고체에어로졸화합물 – 불연성물질, 가연성물질 등의 혼합물로서 화재를 소화하는 비전도성의 미세입자인 에어로졸을 만드는 고체화합물
② 고체에어로졸 – 고체에어로졸화합물의 연소과정에 의해 생성된 직경 10[μm] 이하의 고체 입자와 기체 상태의 물질로 구성된 혼합물
③ 고체에어로졸발생기 – 고체에어로졸화합물, 냉각장치, 작동장치, 방출구, 저장 용기로 구성되어 에어로졸을 발생시키는 장치
④ 상주장소 – 일반적으로 사람들이 거주하는 장소 또는 공간

해설

해설 1

1. 니트로셀룰로오스, 화약 등의 산화성 물질
2. 리튬, 나트륨, 칼륨, 마그네슘, 티타늄, 지르코늄, 우라늄 및 플루토늄과 같은 자기반응성 금속
3. 금속 수소화물
4. 유기 과산화수소, 히드라진 등 자동 열분해를 하는 화학물질
5. 가연성 증기 또는 분진 등 폭발성 물질이 대기에 존재할 가능성이 있는 장소

해설 2

고체에어로졸소화설비
설계밀도 이상의 고체에어로졸을 방호구역 전체에 균일하게 방출하는 설비로서 분산(Dispersed)방식이 아닌 압축(Condensed)방식

해설 3

고체에어로졸화합물
과산화물질, 가연성물질 등의 혼합물로서 화재를 소화하는 비전도성의 미세입자인 에어로졸을 만드는 고체화합물

정답 1. ④ 2. ① 3. ①

핵심기출문제

10. 고체에어로졸소화설비

해설

4. 고체에어로졸소화설비의 화재안전기준상 약제 방출 후 해당 화재의 재발화 방지를 위하여 최소 몇 분간 소화밀도를 유지하여야 하는가?
① 5분 ② 10분
③ 20분 ④ 30분

해설 4
고체에어로졸소화설비는 약제 방출 후 해당 화재의 재발화 방지를 위하여 최소 10분간 소화밀도를 유지하여야 한다.

5. 고체에어로졸소화설비의 화재안전기준상 고체에어로졸발생기는 열 안전이격거리를 준수하여 설치하여야 한다. 다음 ( ) 안에 알맞은 것은?

<고체에어로졸발생기 열 안전이격거리>
가. 인체와의 최소 이격거리
  고체에어로졸 방출 시 ( )를 초과하는 온도가 인체에 영향을 미치지 아니하는 거리
나. 가연물과의 최소 이격거리
  고체에어로졸 방출 시 ( )를 초과하는 온도가 가연물에 영향을 미치지 아니하는 거리

① 75[℃], 200[℃]
② 95[℃], 250[℃]
③ 105[℃], 260[℃]
④ 105[℃], 3000[℃]

해설 5
고체에어로졸발생기는 열 안전이격거리를 준수하여 설치
가. 인체와의 최소 이격거리
  고체에어로졸 방출 시 75[℃]를 초과하는 온도가 인체에 영향을 미치지 아니하는 거리
나. 가연물과의 최소 이격거리
  고체에어로졸 방출 시 200[℃]를 초과하는 온도가 가연물에 영향을 미치지 아니하는 거리

6. 고체에어로졸소화설비의 화재안전기준상 다음 조건에 따른 고체에어로졸화합물의 필수소화약제량은?

<조건>
1. 방호 체적은 $100[m^3]$이며 개구부의 크기는 $20[m^2]$이다.
2. 소화밀도는 $90[g/m^3]$이다.

① 9,000[g]
② 10,800[g]
③ 11,700[g]
④ 15,700[g]

해설 6

$$m = d \times V$$

m : 필수소화약제량[g]
d : 설계밀도[g/m³]=소화밀도[g/m³] × 1.3(안전계수)
  소화밀도 : 형식승인 받은제조사의 설계 매뉴얼에 제시된 소화밀도
V : 방호체적[m³]

[풀이]
$m = 90 \times 1.3 \times 100 = 11,700[g]$

정답 4. ② 5. ① 6. ③

7. 고체에어로졸소화설비의 화재안전기준상 기동에 관한 내용으로 옳지 않은 것은?

① 고체에어로졸소화설비 기동 시에는 2분 이내에 고체에어로졸 설계밀도의 95[%] 이상을 방호구역에 균일하게 방출하여야 한다.
② 방출지연스위치 작동 중 수동식 기동장치가 작동되면 수동식 기동장치의 기능이 우선되어야 한다.
③ 수동식 기동장치는 50[N] 이하의 힘으로 방출용 스위치를 기동할 수 있도록 할 것
④ 수동식 기동장치 제어반마다 설치하여야 한다.

해설 7
고체에어로졸소화설비 기동 시에는 1분 이내에 고체에어로졸 설계밀도의 95[%] 이상을 방호구역에 균일하게 방출하여야 한다.

8. 고체에어로졸소화설비의 화재안전기준상 고체에어로졸소화설비의 제어반등의 설치기준으로 옳지 않은 것은?

① 화재, 진동 및 충격에 따른 영향과 부식의 우려가 없고 점검에 편리한 장소에 설치 할 것
② 고체에어로졸소화설비의 작동방식(자동 또는 수동)을 선택할 수 있는 장치를 설치 할 것
③ 고체에어로졸소화설비가 설치된 구역의 출입구에는 고체에어로졸의 방출을 명시하는 표시등을 설치하여야 한다.
④ 고체에어로졸소화설비의 오작동을 제어하기 위해 제어반 인근에 방출지연스위치를 설치하여야 한다.

해설 8
고체에어로졸소화설비의 오작동을 제어하기 위해 제어반 인근에 설비정지스위치를 설치

9. 고체에어로졸소화설비의 화재안전기준상 음향장치는 고체에어로졸의 방출 개시 후 몇 분 이상 경보를 계속 발하여 하는가?

① 1분   ② 2분
③ 5분   ④ 10분

해설 9
음향장치 설치기준
고체에어로졸의 방출 개시 후 1분 이상 경보를 계속 발할 것

정답 7. ① 8. ④ 9. ①

핵심 11 피난기구

핵심 PLUS

01 판매시설의 3층에만 유용한 피난기구로만 조합된 것은? [기 12]
① 피난용트랩, 피난교
② 피난사다리, 미끄럼대
③ 피난교, 미끄럼대
④ 피난용트랩, 미끄럼대
답 : ④

02 백화점의 7층에 적용되지 않는 피난기구는 다음 중 어느 것인가? [기 11]
① 구조대   ② 피난밧줄
③ 피난교   ④ 완강기
답 : ②

03 피난기구 화재안전기준에 의한 노유자 시설의 3층에 적응성을 가진 피난기구가 아닌 것은? [기 17]
① 미끄럼대   ② 다수인피난장비
③ 피난교   ④ 간이완강기
답 : ④

04 아파트 4층 이상 10층 이하에 적응성이 있는 피난기구는? [기 16]
① 피난밧줄   ② 피난용트랩
③ 미끄럼대   ④ 공기안전매트
답 : ④

05 소방대상물의 설치장소별 피난기구의 적응성 기준 중 다음 ( ) 안에 알맞은 것은? [기 18]

간이완강기의 적응성은 숙박시설의 (㉠)층 이상에 있는 객실에, 공기안전매트의 적응성은 (㉡)에 한한다.

① ㉠ 3, ㉡ 공동주택
② ㉠ 4, ㉡ 공동주택
③ ㉠ 3, ㉡ 단독주택
④ ㉠ 4, ㉡ 단독주택
답 : ①

1 설치대상

① 특정소방대상물의 모든 층
② 설치제외 층
 피난층, 지상1층, 지상2층 및 층수가 11층 이상인 층
 다만, 노유자 시설 중 피난층이 아닌 지상1층과 피난층이 아닌 지상2층은 설치해야 한다.
③ 설치 제외 대상물
 위험물 저장 및 처리시설 중 가스시설, 지하가 중 터널 또는 지하구

2 소방대상물의 설치장소별 피난기구의 적응성

구 분	노유자 시설	의료시설, 근린생활시설 중 입원실이 있는 의원·조산원·접골원	그 밖의 것	
5층 ~ 10층	구조대[1]	구조대	구조대, 피난사다리, 완강기, 간이완강기, 공기안전매트	–
4층		피난용트랩		
3층				피난용트랩
2층	구조대	☞ 미끄럼대 : 대상물과 상관없이 3층 이하의 층에 적용 가능		
1층				

☞ 피난교, 다수인피난장비, 승강식 피난기 : 대상물과 상관없이 1층 ~ 10층 모두 적용 가능
☞ 구조대[1] : 장애인 관련 시설로서 주된 사용자 중 스스로 피난이 불가한 자가 있는 경우 추가로 설치하는 경우
☞ 간이완강기 : 숙박시설의 3층 이상에 있는 객실에 한함
☞ 공기안전매트 : 공동주택에 추가로 설치하는 경우에 한함
 ① 300세대 이상의 공동주택
 ② 150세대 이상의 공동주택 중 승강기사 설치되거나 중앙집중식 난방방식(지역난방방식 포함)이거나 주택 외의 시설과 주택을 동일 건축물로 건축한 건축물
☞ 영업장의 위치가 4층 이하인 다중이용업소 2층~4층에 적응성 있는 피난기구
 – 구조대, 피난사다리, 미끄럼대, 완강기, 다수인피난장비, 승강식피난기

3 피난기구 설치 개수

1. 층마다 설치하되 면적별 1개 이상 설치

구 분	그 밖의 용도	위락시설·문화 및 집회시설·운동시설 및 판매시설 또는 복합용도의 층	의료시설·노유자시설 및 숙박시설로 사용되는 층
층의 바닥면적	1,000[m²]	800[m²]	500[m²]

2. 계단실형 아파트에 있어서는 각 세대마다 설치

3. 숙박시설(휴양콘도미니엄은 제외)
   추가로 객실마다 완강기 또는 2 이상의 간이완강기를 설치

4. 4층 이상의 층에 설치된 노유자시설 중 장애인관련시설로서 주된 사용자 중 스스로 피난이 불가한 자가 있는 경우 층마다 구조대를 1개 이상 추가 설치

4 설치기준

① 계단·피난구 기타 피난시설로부터 적당한 거리에 있는 안전한 구조로 된 피난 또는 소화활동상 유효한 개구부에 고정하여 설치하거나 필요한 때에 신속하고 유효하게 설치할 수 있는 상태일 것
   ㉠ 유효한 개구부는 가로 0.5[m] 이상 세로 1[m] 이상
   ㉡ 개부구 하단이 바닥에서 1.2[m] 이상이면 발판 등을 설치
   ㉢ 밀폐된 창문은 쉽게 파괴할 수 있는 파괴장치를 비치

② 피난기구를 설치하는 개구부는 서로 동일직선상이 아닌 위치에 있을 것
   다만, 피난교·피난용트랩·간이완강기·아파트에 설치되는 피난기구(다수인 피난장비 제외)등 기타 피난 상 지장이 없는 것은 제외

③ 발광식 또는 축광식 표지와 그 사용방법을 표시한 표지(외국어 및 그림 병기)를 부착 할 것

④ 기둥·바닥·보 등 견고한 부분에 볼트조임·매입·용접 기타의 방법으로 견고하게 부착

⑤ 4층 이상의 층에 피난사다리(하향식 피난구용 내림식사다리는 제외)
   – 금속성 고정사다리를 설치하고, 당해 고정사다리에는 쉽게 피난할 수 있는 구조의 노대를 설치

핵심 PLUS

06 숙박시설·노유자시설 및 의료시설로 사용되는 층에 있어서 피난기구는 그 층의 바닥면적이 몇 [m²]마다 1개 이상을 설치하여야 하는가? [기 10]
① 300 ② 500
③ 800 ④ 1,000

답 : ②

• 복합용도 : 의료, 노유자, 숙박, 위험물저장 및 처리시설은 제외

07 피난기구의 설치기준으로 옳지 않은 것은? [기 15]
① 숙박시설·노유자시설 및 의료시설은 그 층의 바닥면적 500[m²]마다 1개 이상 설치
② 아파트등의 경우는 각 층마다 1개 이상 설치
③ 복합용도의 층은 그 층의 바닥면적 800[m²]마다 1개 이상 설치
④ 근린생활시설은 그 층의 바닥면적 1000[m²] 마다 1개 이상 설치

답 : ②

08 피난기구의 설치 및 유지에 관한 사항 중 옳지 않은 것은? [기 13]
① 피난기구를 설치하는 개구부는 서로 동일 직선상의 위치에 있을 것
② 설치장소에는 피난기구의 위치를 표시하는 발광식 또는 축광식 표지와 그 사용방법을 표시한 표지를 부착할 것
③ 피난기구는 소방대상물의 기둥, 바닥, 보 기타 구조상 견고한 부분에 볼트조임·매입·용접 기타의 방법으로 견고하게 부착할 것
④ 피난기구는 계단, 피난구 기타 피난시설로부터 적당한 거리에 있는 안전한 구조로 된 피난 또는 소화활동상 유효한 개구부에 고정하여 설치할 것

답 : ①

IV. 소방기계시설의 구조 및 원리 | 피난기구

핵심 PLUS

09 피난기구의 화재안전기준상 피난기구를 설치하여야 할 소방대상물 중 피난기구의 2분의 1을 감소할 수 있는 조건이 아닌 것은? [기 13]
① 주요구조부가 내화구조로 되어 있을 것
② 비상용 엘리베이터(elevator)가 설치되어 있을 것
③ 직통계단인 피난계단이 2 이상 설치되어 있을 것
④ 직통계단인 특별피난계단이 2 이상 설치되어 있을 것

답 : ②

10 주요 구조부가 내화구조이고 건널복도에 설치된 층에 피난기구 수의 산출방법으로 적당한 것은? [기 05]
① 원래의 수에서 $\frac{1}{2}$을 감소한다.
② 원래의 수에서 건널복도 수를 더한 수로 한다.
③ 원래의 수에서 건널복도 수의 2배에 해당하는 수를 뺀 수로 한다.
④ 피난기구를 설치하지 아니할 수 있다.

답 : ③

11 피난구조설비의 설치면제 요건의 규정에 따라 옥상의 면적이 몇 [m²] 이상이어야 그 옥상의 직하층 또는 직상층(관람집회 및 운동시설 또는 판매시설 제외) 그 부분에 피난기구를 설치하지 아니할 수 있는가?(단, 숙박시설[휴양콘도미니엄을 제외]에 설치되는 완강기 및 간이완강기의 경우는 제외한다.) [기 17]
① 500 ② 800
③ 1000 ④ 1500

답 : ④

5 피난기구 설치의 감소

조건 (AND 조건 임)	피난기구 감소
① 주요구조부가 내화구조로 되어 있을 것 ② 직통계단인 피난계단 또는 특별피난계단이 2 이상 설치되어 있을 것	피난기구를 설치하여야 할 소방대상물 중 피난기구의 2분의 1을 감소할 수 있다. (설치하여야 할 피난기구의 수 : 소수점 이하의 수는 1로 한다.)
① 소방대상물 중 주요구조부가 내화구조 ② 건널 복도 ㉠ 내화구조 또는 철골조 ㉡ 건널 복도 양단의 출입구에 자동폐쇄장치를 한 60분+방화문 또는 60분방화문(방화셔터 제외) 설치 ㉢ 피난·통행 또는 운반의 전용 용도	건널복도가 설치되어 있는 층 : 피난기구의 수에서 해당 건널복도의 수의 2배의 수를 뺀 수

6 피난기구 설치 제외

숙박시설(휴양콘도미니엄을 제외한다)에 설치되는 완강기 및 간이완강기는 제외

1. 옥상의 직하층 또는 최상층(관람집회 및 운동시설 또는 판매시설을 제외)

   ① 주요구조부가 내화구조로 되어 있어야 할 것
   ② 옥상의 면적이 1,500[m²] 이상이어야 할 것
   ③ 옥상으로 쉽게 통할 수 있는 창 또는 출입구가 설치되어 있어야 할 것 등
   ④ 옥상이 소방사다리차가 쉽게 통행할 수 있는 도로(폭 6[m] 이상) 또는 공지 (공원 또는 광장 등)에 면하여 설치되어 있거나 옥상으로부터 피난층 또는 지상으로 통하는 2 이상의 피난계단 또는 특별피난계단이 적합하게 설치되어 있어야 할 것

2. 갓복도식 아파트 또는 경량칸막이 경계벽 등의 구조 또는 시설을 설치하여 인접(수평 또는 수직)세대로 피난할 수 있는 아파트

   ① 발코니와 인접 세대와의 경계벽이 파괴하기 쉬운 경량구조 등인 경우
   ② 발코니의 경계벽에 피난구를 설치한 경우
   ③ 발코니의 바닥에 하향식 피난구를 설치한 경우
   ④ 대피공간 또는 대체시설을 갖춘 경우

3. 주요구조부가 내화구조로서 거실의 각 부분으로 직접 복도로 피난할 수 있는 학교(강의실 용도로 사용되는 층)

4. 무인공장 또는 자동창고로서 사람의 출입이 금지된 장소(관리를 위하여 일시적으로 출입하는 장소를 포함)

5. 건축물의 옥상부분으로서 거실에 해당하지 아니하고 건축법 시행령에 해당하여 층수로 산정된 층으로 사람이 근무하거나 거주하지 아니하는 장소

7 피난기구의 구조 등

1. 피난사다리 - 화재 시 긴급대피에 사용하는 사다리

① 종류 : 올림식, 내림식, 고정식사다리

② 올림식사다리 : 피난사다리 하부 지지점에 미끄럼 방지장치를 설치

③ 내림식사다리
  ㉠ 소방대상물로부터 10[cm] 이상의 거리를 유지하기 위한 유효한 돌자를 횡봉의 위치마다 설치
  ㉡ 종봉의 끝 부분에는 가변식 걸고리 또는 걸림장치 부착
  ㉢ 걸림장치 등은 쉽게 이탈하거나 파손되지 아니하는 구조

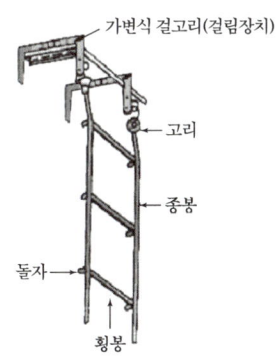

④ 고정식사다리 : 신축식 · 접는식 · 수납식

2. 구조대

① 수직강하식 구조대(소방대상물 또는 기타 장비 등에 수직으로 설치하여 사용하는 구조대)
  ㉠ 구조대는 안전하고 쉽게 사용할 수 있는 구조이어야 한다.
  ㉡ 구조대의 포지는 외부포지와 내부포지로 구성하되, 외부포지와 내부포지의 사이에 충분한 공기층을 두어야 한다.
  ㉢ 입구틀 및 취부틀의 입구는 지름 50[cm] 이상의 구체가 통과할 수 있는 것이어야 한다.
  ㉣ 구조대는 연속하여 강하할 수 있는 구조이어야 한다.
  ㉤ 포지는 사용시 수직방향으로 현저하게 늘어나지 아니하여야 한다.
  ㉥ 포지, 지지틀, 취부틀 그밖의 부속장치 등은 견고하게 부착되어야 한다.

② 경사강하식 구조대
  ㉠ 연속하여 활강할 수 있는 구조로 안전하고 쉽게 사용할 수 있어야 한다.
  ㉡ 입구틀 및 취부틀의 입구는 지름 50[cm] 이상의 구체가 통과 할 수 있어야 한다.
  ㉢ 포지는 사용시에 수직방향으로 현저하게 늘어나지 아니하여야 한다.
  ㉣ 포지, 지지틀, 취부틀 그밖의 부속장치 등은 견고하게 부착되어야 한다.
  ㉤ 구조대 본체는 강하방향으로 봉합부가 설치되지 아니하여야 한다.
  ㉥ 구조대 본체의 활강부는 낙하방지를 위해 포를 2중구조로 하거나 또는 망목의 변의 길이가 8[cm] 이하인 망을 설치하여야 한다.
  ㉦ 본체의 포지는 하부지지장치에 인장력이 균등하게 걸리도록 부착하여야 하며 하부지지장치는 쉽게 조작할 수 있어야 한다.
  ㉧ 손잡이는 출구부근에 좌우 각3개 이상 균일한 간격으로 견고하게 부착하여야 한다.
  ㉨ 구조대본체의 끝부분에는 길이 4[m] 이상, 지름 4[mm] 이상의 유도선을 부착하여야 하며, 유도선끝에는 중량 3[N](300[g]) 이상의 모래주머니 등을 설치하여야 한다.
  ㉩ 땅에 닿을 때 충격을 받는 부분에는 완충장치로서 받침포 등을 부착하여야 한다.

핵심 PLUS

12 수직강하식 구조대가 구조적으로 갖추어야 할 조건으로 옳지 않은 것은? (단, 건물내부의 별실에 설치하는 경우는 제외한다.) [기15]
① 구조대의 포지는 외부포지와 내부포지로 구성한다.
② 포지는 사용 시 충격을 흡수하도록 수직방향으로 현저하게 늘어나야 한다.
③ 구조대는 연속하여 강하할 수 있는 구조이어야 한다.
④ 입구틀 및 취부틀의 입구는 지름 50[cm] 이상의 구체가 통과할 수 있어야 한다.

답 : ②

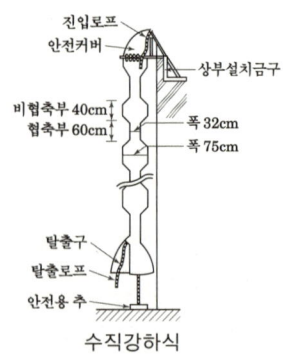
수직강하식

13 경사강하식 구조대의 구조 기준 중 틀린 것은? [기17]
① 구조대 본체는 강하방향으로 봉합부가 설치되어야 한다.
② 손잡이는 출구부근에 좌우 각 3개 이상 균일한 간격으로 견고하게 부착하여야 한다.
③ 구조대본체의 끝부분에는 길이 4[m] 이상, 지름 4[mm] 이상의 유도선을 부착하여야 한다.
④ 본체의 포지는 하부지지장치에 인장력이 균등하게 걸리도록 부착하여야 한다.

답 : ①

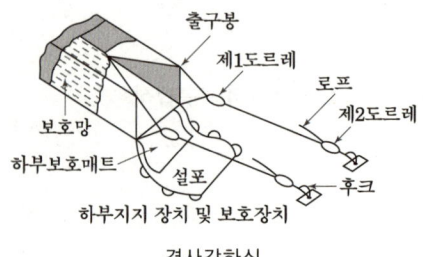
경사강하식

3. 완강기

사용자의 몸무게에 따라 자동적으로 내려올 수 있는 기구 중 사용자가 교대하여 연속적으로 사용할 수 있는 것

① 최대사용하중 및 최대사용자수 등
  ㉠ 최대사용하중은 1,500[N] 이상의 하중이어야 한다.(약 150[kg] 무게에 견뎌야 한다는 의미임)
  ㉡ 최대사용자수(1회에 강하할 수 있는 사용자의 최대수)는 최대사용하중을 1,500[N]으로 나누어서 얻은 값(1 미만의 수는 계산하지 아니한다)으로 한다.
  ㉢ 최대사용자수에 상당하는 수의 벨트가 있어야 한다.

② 완강기 및 간이완강기의 강도
  ㉠ 완강기 및 간이완강기의 강도(벨트의 강도는 제외)는 최대사용자수에 3900[N]을 곱하여 얻은 값의 정하중을 가하는 시험에서 다음 각목에 적합하여야 한다.
    • 속도조절기, 속도조절기의 연결부 및 연결금속구는 분해·파손 또는 현저한 변형이 생기지 아니하여야 한다.
    • 로우프는 파단 또는 현저한 변형이 생기지 아니하여야 한다.
  ㉡ 벨트의 강도는 늘어뜨린 방향으로 1개에 대하여 6500[N]의 인장하중을 가하는 시험에서 끊어지거나 현저한 변형이 생기지 아니하여야 한다.

③ 지지대
  ㉠ 강도시험 : 연직방향으로 최대사용자수에 5,000[N]을 곱한 하중을 가하는 경우 파괴, 균열 및 현저한 변형이 없어야 한다.

지지대

핵심 PLUS

14 완강기의 최대사용자수 기준 중 다음 ( ) 안에 알맞은 것은?

> 최대사용자수(1회에 강하할 수 있는 사용자의 최대수)는 최대사용하중을 ( )[N]으로 나누어서 얻은 값으로 한다.

① 250 ② 500
③ 750 ④ 1,500

답 : ④

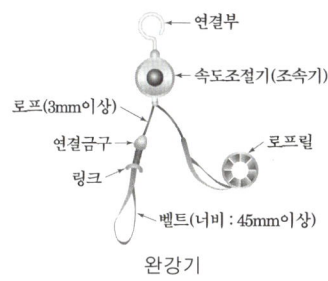

완강기

■ 완강기
1. 사용자의 몸무게에 따라 자동적으로 내려올 수 있는 기구 중 사용자가 교대하여 연속적으로 사용할 수 있는 것
2. 지지대
  ① 최대사용하중은 1,500[N] 이상(약 150[kg] 무게에 견뎌야 한다는 의미임)
  ② 강도시험 : 연직방향으로 최대사용자수에 5,000[N]을 곱한 하중을 가하는 경우 파괴, 균열 및 현저한 변형이 없어야 한다.

핵심 PLUS

15 피난기구 용어의 정의 중 다음 ( ) 안에 알맞은 것은? [기 17]

( )란 사용자의 몸무게에 따라 자동적으로 내려올 수 있는 기구 중 사용자가 연속적으로 사용할 수 없는 것을 말한다.

① 간이완강기
② 공기안전매트
③ 완강기
④ 승강식 피난기

답 : ①

16 피난기구 중 다수인 피난장비의 설치기준 중 틀린 것은? [기 16]
① 사용 시에 보관실 외측 문이 먼저 열리고 탑승기가 외측으로 자동으로 전개될 것
② 하강 시에 탑승기가 건물 외벽이나 돌출물에 충돌하지 않도록 설치할 것
③ 상·하층에 설치할 경우에는 탑승기의 하강 경로가 중첩되도록 할 것
④ 보관실은 건물 외측보다 돌출되지 아니하고, 빗물·먼지 등으로부터 장비를 보호할 수 있는 구조 일 것

답 : ③

4. 간이완강기

사용자의 몸무게에 따라 자동적으로 내려올 수 있는 기구 중 사용자가 교대하여 연속적으로 사용할 수 없는 것

5. 다수인 피난장비 설치기준

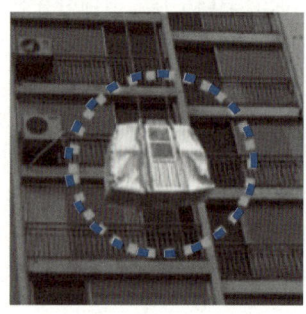

다수인피난장비

① 피난에 용이하고 안전하게 하강할 수 있는 장소에 적재 하중을 충분히 견딜 수 있도록 구조안전의 확인을 받아 견고하게 설치
② 다수인피난장비 보관실은 건물 외측보다 돌출되지 아니하고, 빗물·먼지 등으로부터 장비를 보호할 수 있는 구조 일 것
③ 사용 시에 보관실 외측 문이 먼저 열리고 탑승기가 외측으로 자동으로 전개될 것
④ 하강 시에 탑승기가 건물 외벽이나 돌출물에 충돌하지 않도록 설치할 것
⑤ 상·하층에 설치할 경우에는 탑승기의 하강경로가 중첩되지 않도록 할 것
⑥ 하강 시에는 안전하고 일정한 속도를 유지하도록 하고 전복, 흔들림, 경로이탈 방지를 위한 안전조치
⑦ 보관실의 문에는 오작동 방지조치를 하고, 문 개방 시에는 당해 소방대상물에 설치된 경보설비와 연동하여 유효한 경보음을 발하도록 할 것
⑧ 피난층에는 해당 층에 설치된 피난기구가 착지에 지장이 없도록 충분한 공간을 확보할 것

6. 승강식피난기 및 하향식 피난구용 내림식사다리

① 승강식피난기

사용자의 몸무게에 의하여 자동으로 하강하고 내려서면 스스로 상승하여 연속적으로 사용할 수 있는 무동력 승강식피난기

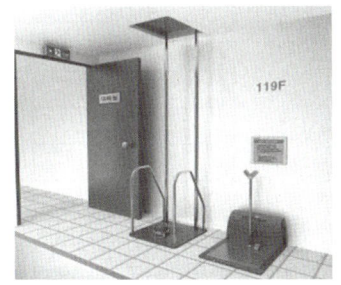
승강식피난기

하향식 피난구용 내림식사다리

② 하향식 피난구용 내림식사다리

하향식 피난구 해치에 격납하여 보관하고 사용시에는 사다리 등이 소방대상물과 접촉되지 아니하는 내림식 사다리

③ 설치기준
㉠ 승강식피난기 및 하향식 피난구용 내림식사다리의 설치경로 – 설치층에서 피난층까지 연계될 수 있는 구조로 설치
㉡ 대피실의 면적
2 [m²](2세대 이상일 경우에는 3[m²]) 이상, 하강구(개구부) 규격은 직경 60 [cm] 이상일 것
㉢ 하강구 내측에는 기구의 연결 금속구 등이 없어야 하며 전개된 피난기구는 하강구 수평투영면적 공간 내의 범위를 침범하지 않는 구조이어야 할 것. 단, 직경 60[cm] 크기의 범위를 벗어난 경우이거나, 직하층의 바닥면으로부터 높이 50[cm] 이하의 범위는 제외 한다.
㉣ 대피실의 출입문은 60분+ 또는 60분 방화문으로 설치하고, 피난방향에서 식별할 수 있는 위치에 "대피실" 표지판을 부착할 것.
㉤ 착지점과 하강구는 상호 수평거리 15[cm] 이상의 간격을 둘 것
㉥ 대피실 내에는 비상조명등을 설치 할 것
㉦ 대피실에는 층의 위치표시와 피난기구 사용설명서 및 주의사항 표지판을 부착할 것
㉧ 대피실 출입문이 개방되거나, 피난기구 작동 시 해당층 및 직하층 거실에 설치된 표시등 및 경보장치가 작동되고, 감시 제어반에서는 피난기구의 작동을 확인 할 수 있어야 할 것

핵심 PLUS

17 승강식피난기 및 하향식 피난구용 내림식 사다리의 설치기준 중 틀린 것은? [기 18]
① 착지점과 하강구는 상호 수평거리 15[cm] 이상의 간격을 두어야 한다.
② 대피실 출입문이 개방되거나, 피난기구 작동시 해당층 및 직상층 거실에 설치된 표시등 및 경보장치가 작동되고, 감시 제어반에서는 피난기구의 작동을 확인할 수 있어야 한다.
③ 하강구 내측에는 기구의 연결 금속구 등이 없어야 하며 전개된 피난기구는 하강구 수평투영면적 공간 내의 범위를 침범하지 않는 구조이어야 할 것. 단, 직경 60[cm] 크기의 범위를 벗어난 경우이거나, 직하층의 바닥 면으로부터 높이 50[cm] 이하의 범위는 제외한다.
④ 대피실 내에는 비상조명등을 설치하여야 한다.

답 : ②

핵심기출문제

11. 피난기구

■■■ 11. 피난기구

1. 다음 중 노유자 시설의 4층 이상 10층 이하에서 적응성이 있는 피난기구가 아닌 것은?

① 피난교 ② 다수인피난장비
③ 승강식피난기 ④ 미끄럼대

2. 의료시설에 구조대를 설치하여야 할 층으로 옳지 않은 것은?

① 2층 ② 3층
③ 4층 ④ 5층

3. 의료시설 4층에 적응성이 없는 피난기구는?

① 피난용트랩 ② 미끄럼대
③ 구조대 ④ 피난교

4. 숙박시설·노유자시설 및 의료시설로 사용되는 층에 있어서 피난기구는 그 층의 바닥면적이 몇 [m²] 마다 1개 이상을 설치하여야 하는가?

① 300 ② 500
③ 800 ④ 1,000

해설 피난기구 설치 개수
층마다 설치하되 면적별 1개 이상 설치

구 분	그 밖의 용도	위락시설·문화 및 집회시설·운동시설·판매시설 또는 복합용도의 층	의료시설·노유자시설 및 숙박시설로 사용되는 층
층의 바닥면적	1,000[m²]	800[m²]	500[m²]

해설

해설 1
피난기구의 적응성

구 분	노유자시설
5층 ~ 10층	구조대[1]
4층	
3층	구조대
2층	
1층	

☞ 미끄럼대 : 대상물과 상관없이 3층 이하의 층에 적용 가능

☞ 피난교, 다수인피난장비, 승강식 피난기 : 대상물과 상관없이 1층 ~ 10층 모두 적용 가능

☞ 구조대[1] : 장애인 관련 시설로서 주된 사용자 중 스스로 피난이 불가한 자가 있는 경우 추가로 설치하는 경우

해설 2, 3
피난기구 설치장소 및 종류

구 분	의료시설, 근린생활시설 중 입원실이 있는 의원·조산원·접골원
5층 ~ 10층	구조대 피난용트랩
4층	
3층	
2층	
1층	

☞ 미끄럼대 : 대상물과 상관없이 3층 이하의 층에 적용 가능

☞ 피난교, 다수인피난장비, 승강식 피난기 : 대상물과 상관없이 1층 ~ 10층 모두 적용 가능

정답 1. ④ 2. ① 3. ② 4. ②

5. 피난기구의 설치 및 유지에 관한 사항 중 옳지 않은 것은?

① 피난기구를 설치하는 개구부는 서로 동일직선상의 위치에 있을 것
② 설치장소에는 피난기구의 위치를 표시하는 발광식 또는 축광식 표지와 그 사용방법을 표시한 표지를 부착할 것
③ 피난기구는 소방대상물의 기둥 바닥 보 기타 구조상 견고한 부분에 볼트 조임·매입·용접 기타의 방법으로 견고하게 부착할 것
④ 피난기구는 계단·피난구 기타 피난시설로부터 적당한 거리에 있는 안전한 구조로 된 피난 또는 소화활동상 유효한 개구부에 고정하여 설치할 것

6. 피난기구 설치 기준으로 옳지 않는 것은?

① 피난기구는 소방대상물의 기둥·바닥·보 기타 구조상 견고한 부분에 볼트조임·매입·용접 기타의 방법으로 견고하게 부착할 것
② 2층 이상의 층에 피난사다리(하향식 피난구용 내림식사다리는 제외한다)를 설치하는 경우에는 금속성 고정사다리를 설치하고, 피난에 방해되지 않도록 노대는 설치되지 않아야 할 것
③ 승강식피난기 및 하향식 피난구용 내림식사다리는 설치경로가 설치층에서 피난층까지 연계될 수 있는 구조로 설치할 것. 다만, 건축물의 구조 및 설치 여건상 불가피한 경우에는 그러하지 아니 한다.
④ 승강식피난기 및 하향식 피난구용 내림식사다리의 하강구 내측에는 기구의 연결 금속구 등이 없어야 하며 전개된 피난기구는 하강구 수평투영면적 공간 내의 범위를 침범하지 않는 구조이어야 한다.

7. 주요 구조부가 내화구조이고 건널 복도가 설치된 층의 피난기구 수의 설치 감소 방법으로 적합한 것은?

① 피난기구를 설치하지 아니할 수 있다.
② 피난기구의 수에서 $\frac{1}{2}$을 감소한 수로 한다.
③ 원래의 수에서 건널 복도 수를 더한 수로 한다.
④ 피난기구의 수에서 해당 건널 복도의 수의 2배의 수를 뺀 수로 한다.

해설

해설 5

피난기구 설치기준
① 계단·피난구 기타 피난시설로부터 적당한 거리에 있는 안전한 구조로 된 피난 또는 소화활동상 유효한 개구부에 고정하여 설치하거나 필요한 때에 신속하고 유효하게 설치할 수 있는 상태일 것
 ㉠ 유효한 개구부는 가로 0.5[m] 이상 세로 1[m] 이상
 ㉡ 개부구 하단이 바닥에서 1.2[m] 이상이면 발판 등을 설치
 ㉢ 밀폐된 창문은 쉽게 파괴할 수 있는 파괴장치를 비치
② 피난기구를 설치하는 개구부는 서로 동일직선상이 아닌 위치에 있을 것
③ 발광식 또는 축광식 표지와 그 사용방법을 표시한 표지를 부착 등

해설 6

피난기구 설치 기준
① 기둥·바닥·보 등 견고한 부분에 볼트조임·매입·용접 기타의 방법으로 견고하게 부착
② 4층 이상의 층에 피난사다리(하향식 피난구용 내림식사다리는 제외한다)를 설치하는 경우 금속성 고정사다리를 설치하고, 당해 고정사다리에는 쉽게 피난할 수 있는 구조의 노대를 설치 등

해설 7

조건 (AND 조건 임)	피난기구 감소
1. 소방대상물 중 주요구조부가 내화구조 2. 건널 복도 ① 내화구조 또는 철골조 ② 건널 복도 양단의 출입구에 자동폐쇄장치를 한 60분+방화문 또는 60분 방화문(방화셔터 제외)이 설치되어 있을 것 ③ 피난·통행 또는 운반의 전용 용도일 것	건널복도가 설치되어 있는 층 - 피난기구의 수에서 해당 건널 복도의 수의 2배의 수를 뺀 수

정답 5. ① 6. ② 7. ④

핵심기출문제

11. 피난기구

8. 완강기의 최대사용하중은 몇 [N] 이상이어야 하는가?

① 800[N] 이상　　② 1,000[N] 이상
③ 1,200[N] 이상　　④ 1,500[N] 이상

9. 완강기의 강도는 최대사용자에 3900 [N]을 곱하여 얻은값의 정하중을 가하는 시험에 적합하여야 하는가?

① 1500 [N]　　② 3900 [N]
③ 5000 [N]　　④ 6500 [N]

10. 완강기 벨트의 강도는 늘어뜨린 방향으로 1개에 대하여 몇 [N]의 인장하중을 가하는 시험에서 끊어지거나 현저한 변형이 생기지 않아야 하는가?

① 1,500　　② 3,900
③ 5,000　　④ 6,500

11. 피난사다리 형식승인 및 제품검사 기술기준에 따른 피난사다리에 해당되지 않는 것은?

① 미끄럼식 사다리　　② 고정식 사다리
③ 올림식 사다리　　④ 내림식 사다리

12. 수직강하식 구조대의 구조를 옳게 설명한 것은?

① 본체 내부에 로프를 사다리 형으로 장착한 것
② 본체에 적당한 간격으로 협축부를 마련한 것
③ 본체 전부가 신축성이 있는 것
④ 내림식 사다리의 동쪽에 복대를 씌운 것

해설

해설 8, 9, 10

완강기
1. 사용자의 몸무게에 따라 자동적으로 내려올 수 있는 기구 중 사용자가 교대하여 연속적으로 사용할 수 있는 것
2. 지지대
   ① 최대사용하중은 1,500[N] 이상 (약 150[kg] 무게에 견뎌야 한다는 의미임)
   ② 강도시험 : 연직방향으로 최대사용자수에 5,000[N]을 곱한 하중을 가하는 경우 파괴, 균열 및 현저한 변형이 없어야 한다.

해설 11

피난사다리
화재 시 긴급대피에 사용하는 사다리
- 종류 : 올림식·내림식·고정식
- 고정식의 종류 : 신축식, 접음식, 수납식

해설 12

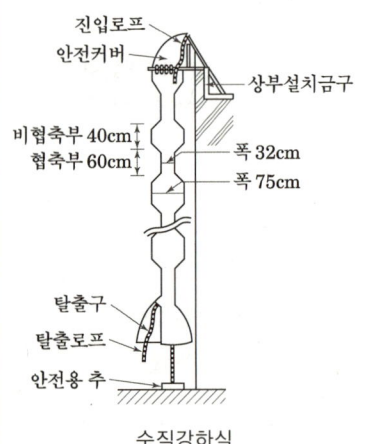

수직강하식

정답
8. ④　9. ②　10. ④　11. ①
12. ②

13. 수직강하식 구조대의 구조에 대한 설명 중 틀린 것은? (단, 건물내부의 별실에 설치하는 경우는 제외한다.)

① 구조대의 포지는 외부포지와 내부포지로 구성한다.
② 사람의 중량에 의하여 하강속도를 조절할 수 있어야 한다.
③ 구조대는 연속하여 강하할 수 있는 구조이어야 한다.
④ 입구틀 및 취부틀의 입구는 지름 50[cm] 이상의 구체가 통과할 수 있어야 한다.

14. 경사강하식구조대의 구조에 대한 설명으로 틀린 것은?

① 구조대 본체는 강하방향으로 봉합부가 설치되어야 한다.
② 입구틀 및 취부틀의 입구는 지름 50[cm] 이상의 구체가 통과할 수 있어야 한다.
③ 손잡이는 출구부근에 좌우 각 3개 이상 균일한 간격으로 견고하게 부착하여야 한다.
④ 구조대 본체의 활강부는 낙하방지를 위해 포를 2중 구조로 하거나 또는 망목의 변의 길이가 8[cm] 이하인 망을 설치하여야 한다.

해설

해설 13

수직강하식 구조대
① 구조대는 안전하고 쉽게 사용할 수 있는 구조이어야 한다.
② 구조대의 외부포지와 내부포지의 사이에 충분한 공기층을 두어야 한다.
③ 입구틀 및 취부틀의 입구는 지름 50[cm] 이상의 구체가 통과할 수 있는 것이어야 한다.
④ 구조대는 연속하여 강하할 수 있는 구조이어야 한다.
⑤ 포지는 사용시 수직방향으로 현저하게 늘어나지 아니하여야 한다.
⑥ 포지, 지지틀, 취부틀 그밖의 부속장치 등은 견고하게 부착되어야 한다.
※ 사람의 중량에 의하여 하강속도를 조절할 수 있어야 한다. - 완강기에 대한 기준임

해설 14

경사강하식구조대
① 연속하여 활강할 수 있는 구조로 안전하고 쉽게 사용할 수 있어야 한다.
② 입구틀 및 취부틀의 입구는 지름 50[cm] 이상의 구체가 통과 할 수 있어야 한다.
③ 포지는 사용시에 수직방향으로 현저하게 늘어나지 아니하여야 한다.
④ 포지, 지지틀, 취부틀 그밖의 부속장치 등은 견고하게 부착되어야 한다.
⑤ 구조대 본체는 강하방향으로 봉합부가 설치되지 아니하여야 한다.

정답 13. ② 14. ①

12 인명구조기구

핵심 PLUS

01 다음 ( ) 안에 들어갈 숫자로 알맞은 것은? [기 12]

인명구조기구는 지하층을 포함하는 층수가 (㉠)층 이상인 관광호텔 및 지하층 포함하는 층수가 (㉡)층 이상인 병원에 설치하여야 한다.

① ㉠ 11, ㉡ 7
② ㉠ 7, ㉡ 7
③ ㉠ 7, ㉡ 5
④ ㉠ 5, ㉡ 5

답 : ③

02 특정소방대상물의 용도 및 장소별로 설치해야 할 인명구조기구의 기준으로 옳지 않은 것은? [기 17]

① 지하가 중 지하상가는 인공소생기를 층마다 2개 이상 비치할 것
② 판매시설 중 대규모 점포는 공기호흡기를 층마다 2개 이상 비치할 것
③ 지하층을 포함하는 층수가 7층 이상인 관광호텔은 방열복, 공기호흡기, 인공소생기를 각 2개 이상 비치할 것
④ 물분무등소화설비 중 이산화탄소 소화설비를 설치해야 하는 특정소방대상물은 공기호흡기를 이산화탄소 소화설비가 설치된 장소의 출입구 외부 인근에 1대 이상 비치할 것

답 : ①

1 인명구조기구 종류 및 정의

방열복	고온의 복사열에 가까이 접근하여 소방활동을 수행할 수 있는 내열피복
방화복	화재진압 등의 소방활동을 수행할 수 있는 피복(헬멧, 보호장갑 및 안전화를 포함한다)
공기호흡기	소화활동 시에 화재로 인하여 발생하는 각종 유독가스 중에서 일정시간 사용할 수 있도록 제조된 압축공기식 개인호흡장비(보조마스크 포함한다)
인공소생기	호흡 부전 상태인 사람에게 인공호흡을 시켜 환자를 보호하거나 구급하는 기구

2 특정소방대상물의 용도 및 장소별로 설치하여야 할 인명구조기구

특정소방대상물	인명구조 기구의 종류	설치 수량
• 지하층을 포함하는 층수가 7층 이상인 관광호텔 및 지하층 포함하는 층수가 5층 이상인 병원	방열복 또는 방화복 인공소생기 공기호흡기	각 2개 이상 비치할 것. 다만, 병원의 경우에는 인공소생기를 설치하지 않을 수 있다.
• 문화 및 집회시설 중 수용인원 100명 이상의 영화상영관 • 판매시설 중 대규모 점포 • 운수시설 중 지하역사 • 지하가 중 지하상가	공기호흡기	층마다 2개 이상 비치할 것. 다만, 각 층마다 갖추어 두어야 할 공기호흡기 중 일부를 직원이 상주하는 인근 사무실에 갖추어 둘 수 있다.
• 물분무등소화설비 중 이산화탄소소화설비를 설치하여야 하는 특정소방대상물	공기호흡기	이산화탄소소화설비가 설치된 장소의 출입구 외부 인근에 1대 이상 비치할 것

13 상수도소화용수설비

Ⅳ. 소방기계시설의 구조 및 원리 | 상수도소화용수설비

1 설치대상

1. 연면적 5천 [m²] 이상
2. 가스시설로서 지상에 노출된 탱크의 저장용량의 합계가 100톤 이상

> | 소화수조 또는 저수조 설치해야 하는 경우 |
>
> 상수도소화용수설비를 설치하여야 하는 특정소방대상물의 대지 경계선으로부터 180[m] 이내에 구경 75[mm] 이상인 상수도용 배수관이 설치되지 않은 지역에 있어서는 화재안전기준에 따른 소화수조 또는 저수조를 설치하여야 한다.

3. 자원순환 관련 시설 중 폐기물재활용시설 및 폐기물처분시설

2 설치기준

1. 호칭지름 75[mm] 이상의 수도배관에 호칭지름 100[mm] 이상의 소화전을 접속
   - 호칭지름 : 일반적으로 표기하는 배관의 직경

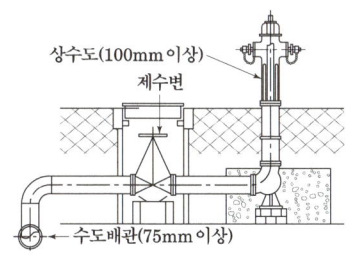

상수도소화용수설비

상수도소화전 / 제수변

2. 소화전은 특정소방대상물의 수평투영면(건축물을 수평으로 투영하였을 경우의 면)의 각 부분으로부터 140[m] 이하가 되도록 설치

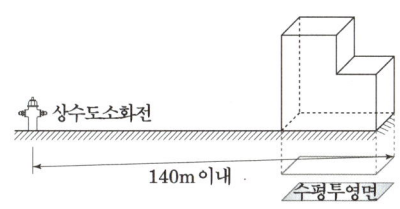

핵심 PLUS

01 상수도 소화용수설비 설치대상물은 지상에 노출된 가스시설 저장용량의 합계가 몇 [ton] 이상이어야 하는가?
① 10   ② 50
③ 60   ④ 100

답 : ④

02 상수도소화용수설비 소화전의 설치기준 중 다음 ( ) 안에 알맞은 것은?
[기 10, 11, 12, 13, 14, 15, 17, 18]

- 호칭지름 (㉠)[mm] 이상의 수도배관에 호칭지름 (㉡)[mm] 이상의 소화전을 접속할 것
- 소화전은 특정소방대상물의 수평투영면의 각 부분으로부터 (㉢)[m] 이하가 되도록 설치할 것

① ㉠ 65, ㉡ 120, ㉢ 160
② ㉠ 75, ㉡ 100, ㉢ 140
③ ㉠ 80, ㉡ 90, ㉢ 120
④ ㉠ 100, ㉡ 100, ㉢ 180

답 : ②

03 상수도 소화용수설비 소화전의 설치에서 호칭지름 75[mm]의 수도배관에 호칭지름 100[mm]의 소화전을 접속할 때 소화전은 소방대상물의 수평투영면의 각 부분으로부터 몇 [m] 이하가 되도록 설치하여야 하는가?
[기 10, 12, 13, 14, 15]
① 40[m]   ② 80[m]
③ 100[m] ④ 140[m]

답 : ④

핵심기출문제

13. 상수도소화용수설비

1. 상수도소화용수설비 설치 소방대상물로서 적합한 것은?

① 연면적 5,000[m²] 이상인 사무소 건물
② 가스시설로서 연면적 5,000[m²] 이상인 것
③ 가스시설로서 지상에 노출된 탱크의 저장용량 합계가 50[ton]인 것
④ 지하층을 제외한 1층 이상인 건축물로 연면적 3,000[m²]인 판매시설

2. 상수도소화용수설비 설치대상물은 지상에 노출된 가스시설 저장용량의 합계가 몇 ton 이상이어야 하는가?

① 10   ② 50
③ 60   ④ 100

3. 소화용수설비와 관련하여 다음 설명 중 괄호안에 들어갈 항목으로 옳게 짝지어진 것은?

> 상수도소화용수설비를 설치하여야 하는 특정소방대상물은 다음 각 목의 어느 하나와 같다. 다만, 상수도소화용수설비를 설치하여야 하는 특정소방대상물의 대지 경계선으로부터 (ⓐ) m 이내에 지름 (ⓑ) [mm] 이상인 상수도용 배수관이 설치되지 않은 지역의 경우에는 화재안전기준에 따른 소화수조 또는 저수조를 설치하여야 한다.

① ⓐ : 150, ⓑ 75   ② ⓐ : 150, ⓑ 100
③ ⓐ : 180, ⓑ 75   ④ ⓐ : 180, ⓑ 100

4. 상수도소화용수설비의 설치기준 중 다음 ( ) 안에 알맞은 것은?

> 호칭 지름 (㉠) [mm] 이상의 수도배관에 호칭 지름 (㉡) [mm] 이상의 소화전을 접속하여야 하며, 소화전은 특정소방대상물의 수평 투영면의각 부분으로부터 (㉢) [m] 이하가 되도록 설치할 것

① ㉠ 65, ㉡ 100, ㉢ 120
② ㉠ 65, ㉡ 100, ㉢ 140
③ ㉠ 75, ㉡ 100, ㉢ 120
④ ㉠ 75, ㉡ 100, ㉢ 140

해설

해설 1, 2, 3

상수도소화용수설비
1. 설치대상
   ① 연면적 5천[m²] 이상
   ② 가스시설로서 지상에 노출된 탱크의 저장용량의 합계가 100톤 이상
   ③ 자원순환 관련 시설 중 폐기물재활용시설 및 폐기물처분시설

2. 소화수조 또는 저수조 설치하는 경우 상수도소화용수설비를 설치하여야 하는 특정소방대상물의 대지 경계선으로부터 180[m] 이내에 구경 75[mm] 이상인 상수도용 배수관이 설치되지 않은 지역에 있어서는 화재안전기준에 따른 소화수조 또는 저수조를 설치하여야 한다.

해설 4

상수도소화용수설비 소화전의 설치기준
① 호칭지름 75[mm] 이상의 수도배관에 호칭지름 100[mm] 이상의 소화전을 접속
② 소화전은 특정소방대상물의 수평투영면의 각 부분으로부터 140[m] 이하가 되도록 설치

• 수평투영면 : 건축물을 수평으로 투영하였을 경우의 면

정답 1. ① 2. ④ 3. ③ 4. ④

14 소화수조 및 저수조

1 소화수조 설치 제외

0.8[m³/min] 이상인 유수를 사용할 수 있는 경우

2 소화수조 또는 저수조의 저수량

1. 연면적을 기준면적으로 나누어 얻은 수(소수점 이하의 수는 1로 본다)에 20[m³]를 곱한 양 이상

2. 기준면적

소방대상물의 구분	기준면적
1층 및 2층의 바닥면적 합계가 15,000[m²] 이상인 소방대상물	7,500[m²]
위에 해당되지 아니하는 그 밖의 소방대상물	12,500[m²]

3 저수조의 흡수관투입구 또는 채수구 설치위치

소방차가 2[m] 이내의 지점까지 접근할 수 있는 위치

4 지하에 설치하는 소화용수설비의 흡수관투입구

한변이 0.6[m] 이상이거나 직경이 0.6[m] 이상	흡수관투입구 설치 개수	
	소요수량	설치개수
	80[m³] 미만	1개 이상
	80[m³] 이상	2개 이상

핵심 PLUS

01 소화용수설비를 설치하여야 할 소방대상물에 유수를 사용할 수 있는 경우에는 유수의 양이 1분당 [m³] 이상이면 소화수조를 설치하지 않아도 되는가? [기 09, 16]
① 0.3　② 0.5
③ 0.6　④ 0.8

답 : ④

02 소화용수설비에서 소방펌프가 채수구로부터 어느 거리 이내까지 접근할 수 있도록 설치하여야 하는가? [기 08, 11]
① 5[m] 이내　② 3[m] 이내
③ 2[m] 이내　④ 1[m] 이내

답 : ③

Ⅳ. 소방기계시설의 구조 및 원리 | 소화수조 및 저수조

핵심 PLUS

5 소화용수설비에 설치하는 채수구 설치기준

1. 65[mm] 이상의 나사식 결합금속구

2. 설치위치

지면으로부터의 높이가 0.5[m] 이상 1[m] 이하에 설치하고 "채수구"라고 표시한 표지 부착

3. 채수구의 수

소요수량	20[m³] 이상 40[m³] 미만	40[m³] 이상 100[m³] 미만	100[m³] 이상
채수구의 수	1개	2개	3개

03 소화용수설비의 저수조 소요수량이 120[m³]인 경우 채수구는 최소 몇 개를 설치하여야 하는가? [기 11]
① 1개 ② 2개
③ 3개 ④ 4개
답 : ③

6 가압송수장치

1. 설치기준

소화수조 또는 저수조가 지표면으로부터의 깊이(수조 내부 바닥까지의 길이)가 4.5[m] 이상인 지하에 있는 경우

다만, 저수량을 지표면으로부터 4.5[m] 이하인 지하에서 확보할 수 있는 경우에는 소화수조 또는 저수조의 지표면으로부터의 깊이에 관계없이 가압송수장치를 설치하지 아니할 수 있다.

04 소화용수설비에 설치하는 소화수조의 소요수량이 60[m³]인 경우 가압송수장치의 1분당 양수량은 몇 [m³/min] 이상이여야 하는가? [기 08]
① 1.1 ② 2.2
③ 3.3 ④ 5.5
답 : ②

2. 가압송수장치의 1분당 양수량

소요수량	20[m³] 이상 40[m³] 미만	40[m³] 이상 100[m³] 미만	100[m³] 이상
가압송수장치의 1분당 양수량	1,100[ℓ] 이상	2,200[ℓ] 이상	3,300[ℓ] 이상

05 소화수조가 옥상 또는 옥탑의 부분에 설치된 경우에는 지상에 설치된 채수구에서의 압력이 최소 몇 [MPa] 이상이 되도록 하여야 하는가? [기 15, 17, 18, 19]
① 0.1 ② 0.15
③ 0.17 ④ 0.25
답 : ②

3. 소화수조가 옥상 또는 옥탑의 부분에 설치된 경우

지상에 설치된 채수구에서의 압력이 0.15[MPa] 이상

핵심기출문제

14. 소화수조 및 저수조

■■■ **14. 소화수조 및 저수조**

1. 소화용수설비를 설치하여야 할 특정소방대상물에 있어서 유수의 양이 최소 몇 [m³/min] 이상인 유수를 사용할 수 있는 경우에 소화수조를 설치하지 아니할 수 있는가?

① 0.8　　　　② 1
③ 1.5　　　　④ 2

2. 5층 건물의 연면적이 65,000[m²]인 소방대상물에 설치되어야 하는 소화수조 또는 저수조의 저수량은? (단, 각 층의 바닥면적은 동일하다.) [08 ②]

① 180[m³] 이상　　　　② 240[m³] 이상
③ 200[m³] 이상　　　　④ 220[m³] 이상

3. 소화용수설비의 설치기준 중 옳지 않은 것은?

① 채수구는 지면으로부터 높이가 0.8[m] 이상 1.0[m] 이하의 위치에 설치한다.
② 유량 0.8[m³/min] 이상인 유수를 사용할 수 있는 경우에는 소화수조를 설치하지 않을 수 있다.
③ 소화수조 또는 저수조가 지표면으로부터 깊이가 4.5[m] 이상인 경우 가압송수장치를 설치하여야 한다.
④ 흡수관 투입구는 직경이 0.6[m] 이상으로 하여야 한다.

4. 소화용수설비에 설치하는 채수구의 수는 소요수량이 40[m³] 이상 100[m³] 미만인 경우 몇 개를 설치해야 하는가? [16 ②]

① 1　　　　② 2
③ 3　　　　④ 4

해설

해설 1
소화수조 설치 제외 – 0.8[m³/min] 이상인 유수를 사용할 수 있는 경우

해설 2
소화수조 또는 저수조의 저수량
1. 연면적을 기준면적으로 나누어 얻은 수 (소수점 이하의 수는 1로 본다)에 20[m³]를 곱한 양 이상
2. 기준면적

소방대상물의 구분	기준면적
1층 및 2층의 바닥면적 합계가 15,000[m²] 이상인 소방대상물	7,500 [m²]
위에 해당되지 아니하는 그 밖의 소방대상물	12,500 [m²]

① 각 층의 바닥면적은 동일하므로 한 층의 바닥면적은
　65,000[m²]/5 = 13,000[m²]
② 1층과 2층의 바닥면적은 26,000 [m²]이므로 기준면적은 7,500[m²]
③ 65,000[m²]/7,500[m²]=8.6≒9
④ 따라서 9×20[m³]=180[m³] 이상

해설 3
채수구는 지면으로부터의 높이가 0.5 [m] 이상 1[m] 이하의 위치에 설치한다.

해설 4
채수구의 수

소요수량	20[m³] 이상 40[m³] 미만	40[m³] 이상 100[m³] 미만	100[m³] 이상
채수구의 수	1개	2개	3개

정답 1. ① 2. ① 3. ① 4. ②

핵심기출문제

14. 소화수조 및 저수조

5. 소화용수설비에 설치하는 소화수조의 소요수량이 80[m³]일 때 설치하는 흡수관 투입구 및 채수구의 수는? [08 기]

① 흡수관 투입구 → 1개 이상, 채수구 → 1개
② 흡수관 투입구 → 1개 이상, 채수구 → 2개
③ 흡수관 투입구 → 2개 이상, 채수구 → 2개
④ 흡수관 투입구 → 2개 이상, 채수구 → 3개

6. 소화용수설비에 설치하는 소화수조의 소요수량이 60[m³]인 경우 가압송수장치의 1분당 양수량은 몇 [m³/min] 이상이여야 하는가? [05 기]

① 1.1 ② 2.2
③ 3.3 ④ 5.5

7. 소화수조 또는 저수조가 지표면으로부터의 깊이가 지하 5[m]인 곳에 설치된 가압송수장치에서 소화용수량이 100[m³]일 때 가압송수장치의 1분당 양수량은? [10 기]

① 1,000[ℓ] 이상 ② 1,100[ℓ] 이상
③ 2,200[ℓ] 이상 ④ 3,300[ℓ] 이상

8. 소화수조 및 저수조의 가압송수장치 설치기준 중 다음 ( ) 안에 알맞은 것은? [17 기]

> 소화수조가 옥상 또는 옥탑의 부분에 설치된 경우에는 지상에 설치된 채수구에서의 압력이 ( )[MPa] 이상이 되도록 하여야 한다.

① 0.1 ② 0.15
③ 0.17 ④ 0.25

해설

해설 5
흡수관투입구 설치 개수

소요수량	설치개수
80[m³] 미만	1개 이상
80[m³] 이상	2개 이상

해설 6, 7
가압송수장치의 1분당 양수량

소요수량	20[m³] 이상 40[m³] 미만	40[m³] 이상 100[m³] 미만	100[m³] 이상
가압송수장치의 1분당 양수량	1,100[ℓ] 이상	2,200[ℓ] 이상	3,300[ℓ] 이상

해설 8
소화수조가 옥상 또는 옥탑의 부분에 설치된 경우
지상에 설치된 채수구에서의 압력이 0.15[MPa] 이상

정답 5. ③ 6. ② 7. ④ 8. ②

15 제연설비

Ⅳ. 소방기계시설의 구조 및 원리 | 제연설비

화재가 발생한 거실의 연기를 배출함과 동시에 옥외의 신선한 공기를 공급하여 거주자들이 안전하게 피난하고, 소방대가 원활한 소화활동을 할 수 있도록 연기를 제어하는 설비를 말한다.

1 제연설비를 설치해야 하는 특정소방대상물

문화 및 집회시설, 종교시설, 운동시설로서 무대부	바닥면적이 200[m²] 이상
문화 및 집회시설 중 영화상영관	수용인원 100명 이상
근린생활시설, 판매시설, 운수시설, 숙박시설, 위락시설, 의료시설, 노유자시설, 창고시설 중 물류터미널	지하층 또는 무창층으로서 바닥면적의 합이 1,000[m²] 이상인 층
운수시설 중 시외버스정류장, 철도 및 도시철도시설, 공항시설 및 항만시설의 대합실 또는 휴게시설	지하층 또는 무창층의 바닥면적이 1,000[m²] 이상
지하가(터널은 제외)	연면적 1,000[m²] 이상
지하가 중 예상 교통량, 경사도 등 터널의 특성을 고려하여 행정안전부령으로 정하는 터널	

> **핵심 PLUS**
>
> **01** 소화활동설비에서 제연설비를 설치하여야 하는 특정소방대상물의 기준으로 틀린 것은? [기 12]
> ① 문화 및 집회시설, 운동시설로서 무대부의 바닥면적이 200[m²] 이상인 것
> ② 근린생활시설·위락시설·판매시설·숙박시설 등으로서 지하층인 것
> ③ 지하가(터널을 제외한다)로서 연면적 1,000[m²] 이상인 것
> ④ 지하가 중 터널로서 길이가 300[m] 이상인 것
>
> 답 : ④

제연설비 공기유입구

핵심 PLUS

02 제연설비 설치장소의 제연구역 구획 기준으로 옳지 않은 것은?
[기 08, 09, 10, 11, 13, 14, 15, 16, 17]
① 하나의 제연구역의 면적은 1000 [m²] 이내로 할 것
② 하나의 제연구역은 직경 60[m] 원내에 들어갈 수 있을 것
③ 하나의 제연구역은 3개 이상 층에 미치지 아니하도록 할 것
④ 통로상의 제연구역은 보행중심선의 길이가 60[m]를 초과하지 아니할 것

답 : ③

03 제연경계벽의 설치에 대한 설명 중 옳지 않은 것은? [기 12]
① 제연경계의 폭은 0.6[m] 이상으로 하여야 한다.
② 수직거리는 2[m] 이내이어야 한다.
③ 천장 또는 반자로부터 그 수직하단까지의 거리를 수직거리라 한다.
④ 재질은 불연재료 또는 내화재료로 하여야 하며 가동벽, 셔터, 방화문이 포함된다.

답 : ③

2 제연구역의 선정

구 분	내 용		
거실	면적	1,000[m²] 이내	2개 이상 층에 미치지 아니하도록 할 것
	직경	60[m] 원내	
통로	보행중심선의 길이	60[m] 이하	

거실과 통로(복도를 포함)는 상호 제연구획 할 것

3 제연구역의 구획

1. 구획의 종류

① 보, 벽(화재 시 자동으로 구획되는 가동벽·셔터·방화문을 포함)
② 제연경계벽(= 제연경계)로 구획

2. 제연경계

① 제연경계의 폭이 0.6 [m] 이상이고, 수직거리는 2 [m] 이내
 다만, 구조상 불가피한 경우는 2 [m]를 초과할 수 있다.

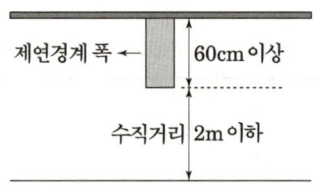

※ 제연경계의 폭 : 제연경계의 천장 또는 반자로부터 그 수직하단까지의 거리
※ 수직거리 : 제연경계의 바닥으로부터 그 수직하단까지의 거리

4 배출량

거실의 면적	배 출 량		
400[m²] 미만	바닥면적 1[m²]당 1[m³/min] 이상	※ 최저 배출량은 5,000[m³/hr] 이상	
400[m²] 이상	예상제연구역이 직경 40[m] 인 원 내	수직거리	배출량[m³/hr]
		2[m] 이하	40,000 이상
		2[m] 초과 2.5[m] 이하	45,000 이상
		2.5[m] 초과 3[m] 이하	50,000 이상
		3[m] 초과	60,000 이상
	예상제연구역이 직경 40[m]인 원 초과	수직거리	배출량[m³/hr]
		2[m] 이하	45,000 이상
		2[m] 초과 2.5[m] 이하	50,000 이상
		2.5[m] 초과 3[m] 이하	55,000 이상
		3[m] 초과	65,000 이상

5 배출구 및 공기 유입구

거실의 면적	배 출 구 (각 부분으로부터 10[m] 이내)			공기 유입구
400[m²] 미만	예상 제연구역	설치장소		공기유입구와 배출구간의 직선거리는 5[m] 이상 또는 구획된 실의 장변의 2분의 1 이상
	벽으로 구획	천장 또는 반자와 바닥 사이의 중간 윗부분		
400[m²] 이상	예상 제연구역	설치장소		설치 높이 : 바닥으로부터 1.5[m] 이하의 높이에 설치하고 그 주변은 공기의 유입에 장애가 없도록 할 것
	벽으로 구획	천장·반자 또는 이에 가까운 벽의 부분		
		벽에 설치	배출구의 하단과 바닥간의 최단거리가 2[m] 이상	

핵심 PLUS

04 제연설비가 설치된 부분의 거실 바닥면적이 400[m²] 이상이고 수직거리가 2[m] 이하일 때, 예상제연구역이 직경 40[m]인 원의 범위를 초과한다면 예상제연구역의 배출량은 얼마 이상이어야 하는가? [기 06, 13]

① 25,000 [m³/hr]
② 30,000 [m³/hr]
③ 40,000 [m³/hr]
④ 45,000 [m³/hr]

답 : ④

05 바닥면적이 400[m²] 미만이고 예상제연구역이 벽으로 구획되어 있는 배출구의 설치위치로 옳은 것은?(단, 통로인 예상제연구역을 제외한다.)
[기 16]

① 천장 또는 반자와 바닥사이의 중간 윗부분
② 천장 또는 반자와 바닥사이의 중간 아래 부분
③ 천장, 반자 또는 이에 가까운 부분
④ 천장 또는 반자와 바닥사이의 중간 부분

답 : ①

06 예상제연구역 바닥면적 400[m²] 이상 거실의 공기유입구의 설치기준으로서 맞는 것은? (단, 제연경계에 따른 구획을 제외한다.) [기 12]

① 천장에 설치하되 배출구와 10[m] 거리를 둔다.
② 바닥으로부터 1.5[m] 이하의 높이에 설치한다.
③ 천장과 바닥에 관계없이 배출구와 5[m] 이상의 직선거리만 확보한다.
④ 바닥으로부터 1[m] 이상의 높이에 설치한다.

답 : ②

핵심 PLUS

07 배출풍도의 설치기준 중 다음 ( ) 안에 들어갈 알맞은 것은?
[기 07, 08, 10, 14, 16]

배출기 흡입측 풍도안의 풍속은 (㉠)[m/s] 이하로 하고 배출측 풍속은 (㉡)[m/s] 이하로 할 것

① ㉠ 15, ㉡ 10
② ㉠ 10, ㉡ 15
③ ㉠ 20, ㉡ 15
④ ㉠ 15, ㉡ 20

답 : ④

08 제연설비의 배출기와 배출풍도에 관한 설명 중 옳지 않은 것은? [기 15]

① 배출기와 배출 풍도의 접속부분에 사용하는 캔버스는 내열성이 있는 것으로 할 것
② 배출기의 전동기부분과 배풍기 부분은 분리하여 설치할 것
③ 배출기 흡입측 풍도안의 풍속은 15[m/s] 이상으로 할 것
④ 배출기의 배출측 풍도안의 풍속은 20[m/s] 이하로 할 것

답 : ③

09 제연설비의 화재안전기준상 유입풍도 및 배출풍도에 관한 설명으로 맞는 것은?

① 유입풍도 안의 풍속은 25[m/s] 이하로 한다.
② 배출풍도는 석면재료와 같은 내열성의 단열재로 유효한 단열 처리를 한다.
③ 배출풍도와 유입풍도의 아연도금강판 최소 두께는 0.45[mm] 이상으로 하여야 한다.
④ 배출기 흡입측 풍도 안의 풍속은 15[m/s] 이하로 하고 배출측 풍속은 20[m/s] 이하로 한다.

답 : ④

Ⅳ. 소방기계시설의 구조 및 원리 | 제연설비

6 유입풍도(예상제연구역으로 공기를 유입하도록 하는 풍도) 등

예상 제연구역		유입풍도	배출기	
공기가 유입되는 순간의 풍속 및 공기유입구의 구조	공기유입구의 크기	풍속	흡입측 풍도	배출측 풍도
5[m/s] 이하가 되도록 하고 유입공기를 상향으로 분출하지 않도록 설치하여야 한다. 다만, 유입구가 바닥에 설치되는 경우에는 상향으로 분출이 가능하며 이때의 풍속은 1[m/s] 이하가 되도록 해야 한다.	예상제연구역 배출량 1[m³/min]에 대하여 35[㎠] 이상	20[m/s] 이하	풍속은 15[m/s] 이하	풍속은 20[m/s] 이하

※ 공기 유입량 - 배출량의 배출에 지장이 없는 양으로 하여야 한다.
※ 옥외에 면한 배출구 및 공기유입구 - 비 또는 눈 등이 들어가지 아니하도록 하고, 배출된 연기가 공기유입구로 순환유입 되지 아니 할 것

급기훼   배출기

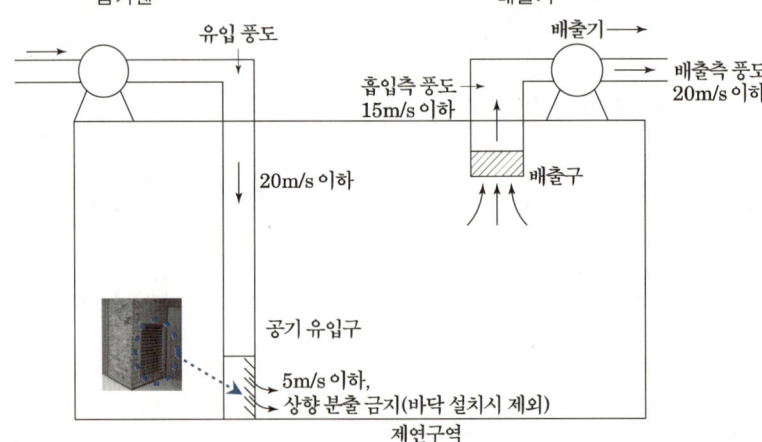

7 배출기, 배출풍도 등

1. 배출기 설치기준

① 배출기의 배출능력 : 배출량 이상
② 캔버스 : 내열성(석면재료는 제외)
③ 배출기의 전동기부분과 배풍기 부분은 분리하여 설치, 배풍기 부분은 유효한 내열처리를 할 것

2. 배출풍도 설치기준

① 재질 : 아연도금강판 또는 이와 동등 이상의 내식성·내열성이 있는 것

② 단열처리 : 불연재료(석면재료 제외)의 단열재로 풍도 외부에 처리

③ 강판의 두께

풍도단면의 긴변 또는 직경의 크기	450[mm] 이하	450[mm] 초과 750[mm] 이하	750[mm] 초과 1,500[mm] 이하	1,500[mm] 초과 2,250[mm] 이하	2,250[mm] 초과
강판두께	0.5[mm]	0.6[mm]	0.8[mm]	1.0[mm]	1.2[mm]

8 제연방식

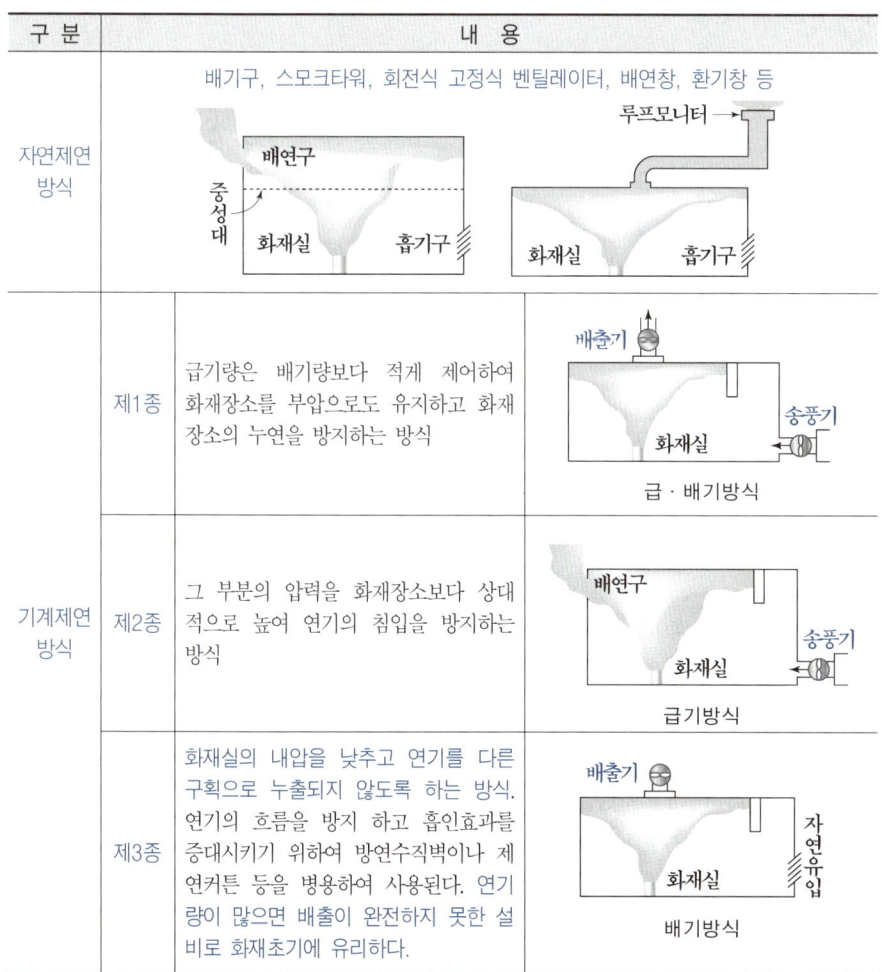

구 분		내 용
자연제연 방식		배기구, 스모크타워, 회전식 고정식 벤틸레이터, 배연창, 환기창 등
기계제연 방식	제1종	급기량은 배기량보다 적게 제어하여 화재장소를 부압으로도 유지하고 화재장소의 누연을 방지하는 방식
	제2종	그 부분의 압력을 화재장소보다 상대적으로 높여 연기의 침입을 방지하는 방식
	제3종	화재실의 내압을 낮추고 연기를 다른 구획으로 누출되지 않도록 하는 방식. 연기의 흐름을 방지 하고 흡인효과를 증대시키기 위하여 방연수직벽이나 제연커튼 등을 병용하여 사용된다. 연기량이 많으면 배출이 완전하지 못한 설비로 화재초기에 유리하다.

핵심 PLUS

10 다음에서 설명하는 기계 제연방식은?

> 화재 시 배출기만 작동하여 화재 장소의 내부압력을 낮추어 연기를 배출시키며 송풍기는 설치하지 않고 연기를 배출시킬 수 있으나 연기량이 많으면 배출이 완전하지 못한 설비로 화재초기에 유리하다.

① 제1종 기계 제연방식
② 제2종 기계 제연방식
③ 제3종 기계 제연방식
④ 스모크타워 제연방식

답 : ③

11 제연방식에 의한 분류 중 아래의 장·단점에 해당하는 방식은? [기 16]

> 장점 : 화재 초기에 화재실의 내압을 낮추고 연기를 다른 구역으로 노출시키지 않는다.
> 단점 : 연기 온도가 상승하면 기기의 내열성에 한계가 있다.

① 제1종 기계 제연방식
② 제2종 기계 제연방식
③ 제3종 기계 제연방식
④ 밀폐방연방식

답 : ③

핵심기출문제

15. 제연설비

■■■ 15. 제연설비

1. 제연설비에 따른 화재안전기준에 따른 하나의 제연구역의 면적은 몇 [m²] 이내로 규정하고 있는가?

① 700 ② 1,000
③ 1,300 ④ 1,500

2. 제연설비의 설치 장소를 제연구역으로 구획할 경우 틀린 것은? [09 ㉯]

① 거실과 통로는 상호 제연구획 할 것
② 통로상의 제연구역은 보행중심선의 길이가 60[m]를 초과하지 아니할 것
③ 하나의 제연구역은 직경 60[m] 원 내에 들어갈 수 있을 것
④ 하나의 제연구역 면적은 500[m²] 이내로 할 것

3. 거실제연설비의 배출량 기준이다. ( )에 맞는 것은? [18 ㉯]

> 거실의 바닥면적이 400[m²] 미만으로 구획된 예상제연구역에 대해서는 바닥면적 1[m²]당 (①) 이상으로 하되, 예상제연구역 전체에 대한 최저 배출량은 (②) 이상으로 하여야 한다.

① ① 0.5 [m³/min], ② 10,000 [m³/hr]
② ① 1 [m³/min], ② 5,000 [m³/hr]
③ ① 1.5 [m³/min], ② 15,000 [m³/hr]
④ ① 2 [m³/min], ② 5,000 [m³/hr]

4. 제연설비의 화재안전기준에서 거실의 바닥면적이 400[m²] 미만으로 구획된 예상제연구역에 대한 배출량은 바닥면적 1[m²]당 1[m³/min] 이상으로 하되, 예상제연구역 전체에 대한 최저 배출량은 얼마로 정하고 있는가? [12 ㉯]

① 4,00 [m³/hr] 이상 ② 5,000 [m³/hr] 이상
③ 7,200 [m³/hr] 이상 ④ 10,000 [m³/hr] 이상

해설

해설 1, 2

제연구역의 선정

구분		내용
거실	면적	1,000[m²] 이내
	직경	60[m] 원내
통로	보행중심선의 길이	60[m] 이하

거실과 통로(복도를 포함)는 상호 제연구획 할 것

해설 3, 4

거실의 면적	배출량	
400[m²] 미만	바닥면적 1[m²]당 1[m³/min] 이상	최저 배출량은 5,000 [m³/hr] 이상

정답 1. ② 2. ④ 3. ② 4. ②

5. 제연설비가 설치된 부분의 거실 바닥면적이 400[m²] 이상이고 수직거리가 2[m] 이하일 때, 예상제연구역이 직경 40[m]인 원의 범위를 초과한다면 예상제연구역의 배출량은 얼마 이상이어야 하는가? [06⑦]

① 25,000[m³/hr] ② 30,000[m³/hr]
③ 40,000[m³/hr] ④ 45,000[m³/hr]

6. 거실제연설비 설계 중 배출풍량 선정에 있어서 고려하지 않아도 되는 사항 중 맞는 것은? [13⑦]

① 예상제연구역의 수직거리
② 예상제연구역의 면적과 형태
③ 공기의 유입방식과 배출방식
④ 자동식 소화설비 및 피난설비의 설치 유무

7. 제연설비의 배출구를 설치할 때 예상제연구역의 각 부분으로부터 하나의 배출구까지의 수평거리는 몇 [m] 이내가 되어야 하는가? [06, 11, 19⑦]

① 5[m] ② 10[m]
③ 15[m] ④ 20[m]

8. 예상제연구역 바닥면적 400[m²] 미만 거실의 공기유입구와 배출구 간의 직선거리로서 옳은 것은? (단, 제연경계에 의한 구획을 제외한다.) [18⑦]

① 2[m] 이상 ② 3[m] 이상
③ 5[m] 이상 ④ 10[m] 이상

9. 예상제연구역 바닥면적 400[m²] 이상 거실의 공기유입구의 설치기준으로서 맞는 것은? (단, 제연경계에 따른 구획을 제외한다.) [12⑦]

① 천장에 설치하되 배출구와 10[m] 거리를 둔다.
② 바닥으로부터 1.5[m] 이하의 높이에 설치한다.
③ 천장과 바닥에 관계없이 배출구와 5[m] 이상의 직선거리만 확보한다.
④ 바닥으로부터 1[m] 이상의 높이에 설치한다.

해설

해설 5, 6
예상제연구역 배출량

거실의 면적	형태		배출량
400[m²] 미만	바닥면적 1[m²]당 1[m³/min] 이상		최저 배출량은 5,000[m³/hr] 이상
400[m²] 이상	예상제연구역이 직경 40[m]인 원 내	수직거리 (제연경계)	배출량
		2[m] 이하	40,000 [m³/hr] 이상
		2[m] 초과 2.5[m] 이하	45,000 [m³/hr] 이상
		2.5[m] 초과 3[m] 이하	50,000 [m³/hr] 이상
		3[m] 초과	60,000 [m³/hr] 이상
	예상제연구역이 직경 40[m]인 원 초과	수직거리 (제연경계)	배출량
		2[m] 이하	45,000 [m³/hr] 이상
		2[m] 초과 2.5[m] 이하	50,000 [m³/hr] 이상
		2.5[m] 초과 3[m] 이하	55,000 [m³/hr] 이상
		3[m] 초과	65,000 [m³/hr] 이상

해설 7
예상제연구역의 각 부분으로부터 하나의 배출구까지의 수평거리는 10[m] 이내가 되도록 하여야 한다.

해설 8, 9
배출구와 공기유입구

거실의 면적	공기 유입구
400[m²] 미만	공기유입구와 배출구간의 직선거리는 5[m] 이상 또는 구획된 실의 장변의 2분의 1 이상
400[m²] 이상	설치 높이 : 바닥으로부터 1.5[m] 이하의 높이에 설치하고 그 주변은 공기의 유입에 장애가 없도록 할 것

정답 5. ④ 6. ④ 7. ② 8. ③ 9. ②

핵심기출문제

15. 제연설비

10. 바닥면적이 400[m²] 미만이고 예상제연구역이 벽으로 구획되어 있는 배출구의 설치위치로 옳은 것은? (단, 통로인 예상제연구역을 제외한다.)

① 천장 또는 반자와 바닥사이의 중간 윗부분
② 천장 또는 반자와 바닥사이의 중간 아래 부분
③ 천장, 반자 또는 이에 가까운 부분
④ 천장 또는 반자와 바닥사이의 중간 부분

11. 예상제연구역의 공기유입량이 시간당 30,000[m³]이고 유입구를 60[cm]×60[cm]의 크기로 사용할 때 공기유입구의 최소 설치수량은 몇 개인가? [10 ㉮]

① 4개 　　　　　　　② 5개
③ 6개 　　　　　　　④ 7개

해설

해설 10

거실의 면적	배출구 (각 부분으로부터 10[m] 이내)	
400 [m²] 미만	예상 제연구역	설치장소
	벽으로 구획	천장 또는 반자와 바닥 사이의 중간 윗부분
400 [m²] 이상	예상 제연구역	설치장소
	벽으로 구획 벽에 설치	천장·반자 또는 이에 가까운 벽의 부분
		배출구의 하단과 바닥간의 최단거리가 2[m] 이상

해설 11

예상제연구역 공기유입구의 크기
예상제연구역 배출량 1[m³/min]에 대하여 35[cm²] 이상

① 공기 유입량 = 30,000[m³/hr]
　　　　　　 = 500[m³/min]
② 예상제연구역 배출량 1[m³/min]에 대하여 35[cm²] 이상 이므로
　500[m³/min]×35[cm²]
　=17,500[cm²]
③ 17,500[cm²]÷(60[cm]
　×60[cm/개]) = 4.86 개
따라서, 5개의 공기유입구가 필요함.

정답 10. ① 11. ②

16 특별피난계단의 계단실 및 부속실 제연설비

Ⅳ. 소방기계시설의 구조 및 원리 | 특별피난계단의 계단실 및 부속실 제연설비

특별피난계단의 계단실(이하 "계단실") 및 부속실(비상용승강기의 승강장과 겸용하는 것 또는 비상용승강기·피난용승강기의 승강장을 포함한다. 이하 "부속실") 제연설비에 적용한다.

1 제연방식

1. 차압

제연구역(제연 하고자 하는 계단실 및 부속실)에 옥외의 신선한 공기를 공급하여 제연구역의 기압을 제연구역 이외의 옥내보다 높게 하되 일정한 기압의 차이를 유지하게 함으로써 옥내로부터 제연구역내로 연기가 침투하지 못하도록 할 것

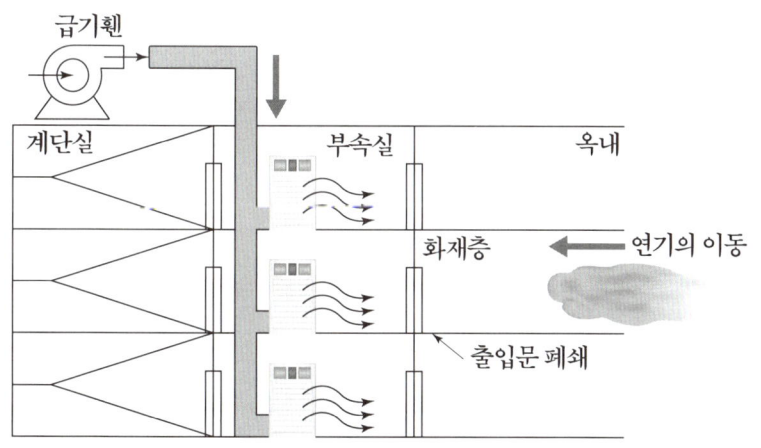

출입문이 닫혀 있을 경우의 연기 유입 방지 - 차압

구분	기준
옥내와 제연구역의 차압	40[Pa] 이상 (스프링클러설비 설치 시 12.5[Pa])
출입문이 일시적으로 개방되는 경우 개방되지 아니하는 제연구역과 옥내와의 차압	차압의 70[%] 이상
계단실과 부속실을 동시에 제연하는 경우	• 부속실의 기압은 계단실과 같을 것 • 계단실의 기압보다 낮게 할 경우에는 압력차이는 5[Pa] 이하

핵심 PLUS

01 특별피난계단의 계단실 및 부속실 제연설비의 차압 등에 관한 기준 중 옳은 것은?

① 제연설비가 가동되었을 경우 출입문의 개방에 필요한 힘은 130[N] 이하로 하여야 한다.
② 제연구역과 옥내와의 사이에 유지하여야 하는 최소차압은 40[Pa] (옥내에 스프링클러설비가 설치된 경우에는 12.5[Pa]) 이상으로 하여야 한다.
③ 피난을 위하여 제연구역의 출입문이 일시적으로 개방되는 경우 개방되지 아니하는 제연구역과 옥내와의 차압은 기준 차압의 60[%] 미만이 되어서는 아니 된다.
④ 계단실과 부속실을 동시에 제연하는 경우 부속실의 기압은 계단실과 같게 하거나 계단실의 기압보다 낮게 할 경우에는 부속실과 계단실의 압력차이는 10[Pa] 이하가 되도록 하여야 한다.

답 : ②

Ⅳ. 소방기계시설의 구조 및 원리 | 특별피난계단의 계단실 및 부속실 제연설비

핵심 PLUS

방연풍속 측정

02 특별피난계단의 계단실 및 그 부속실을 동시에 제연하는 것의 방연풍속은 몇 [m/s] 이상이어야 하는가?
[기 16]
① 0.5   ② 0.7
③ 1   ④ 1.5

답 : ①

03 특별피난계단의 계단실 및 부속실 제연설비의 차압 등에 관한 기준 중 다음 ( ) 안에 알맞은 것은?

| 제연설비가 가동되었을 경우 출입문의 개방에 필요한 힘은 ( ) [N] 이하로 하여야 한다. |

① 12.5   ② 40
③ 70   ④ 110

답 : ④

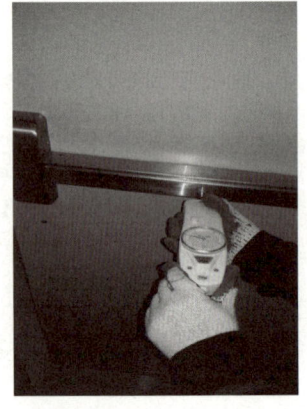

출입문 개방에 필요한 힘 측정

2. 방연풍속

옥내로부터 제연구역내로 연기의 유입을 유효하게 방지할 수 있는 풍속피난을 위하여 제연구역의 출입문이 일시적으로 개방되는 경우 방연풍속을 유지하도록 옥외의 공기를 제연구역내로 보충 공급하도록 할 것

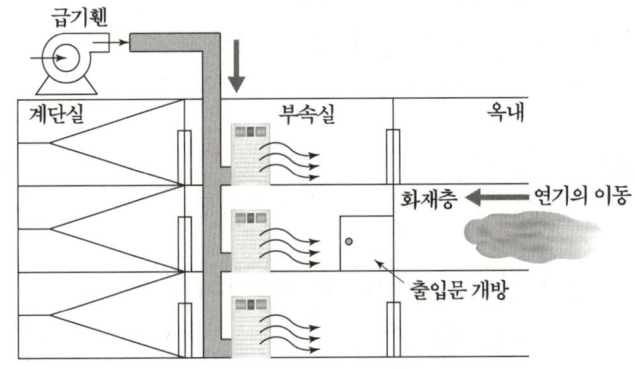

출입문이 개방 되었을 때 연기 유입 방지 – 방연풍속

제연구역 선정	가압실	면하는 옥내	방연풍속
계단실 단독제연	계단실	–	0.5[m/s]
계단실 및 그 부속실을 동시에 제연	계단실, 부속실	–	0.5[m/s]
부속실만을 단독으로 제연	부속실 또는 승강장	거실	0.7[m/s]
	부속실	방화구조의 복도 (내화시간 30분 이상인 구조 포함)	0.5[m/s]

3. 과압방지

출입문이 닫히는 경우 제연구역의 과압을 방지할 수 있는 유효한 조치를 하여 차압을 유지할 것

> 제연설비가 가동되었을 경우 출입문의 개방에 필요한 힘 – 110[N] 이하

2 급기 설치기준

하나의 수직풍도마다 전용의 송풍기로 급기할 것

제연구역	설치기준	
부속실	• 동일수직선상의 모든 부속실은 하나의 전용수직풍도를 통해 동시에 급기할 것 • 동일수직선상에 2대 이상의 급기 송풍기가 설치되는 경우에는 수직풍도를 분리하여 설치할 수 있다.	
계단실 및 부속실	계단실에 대하여는 그 부속실의 수직풍도를 통해 급기 할 수 있다.	
계단실	전용수직풍도를 설치하거나 계단실에 급기풍도 또는 급기송풍기를 직접 연결하여 급기하는 방식	
비상용승강기의 승강장	비상용승강기의 승강로를 급기풍도를 사용할 수 있다.	

3 급기구 설치기준

1. 급기용 수직풍도와 직접 면하는 벽체 또는 천장에 고정하되, 급기되는 기류 흐름이 출입문으로 인하여 차단되거나 방해받지 아니하도록 옥내와 면하는 출입문으로부터 가능한 먼 위치에 설치할 것

2. 계단실과 그 부속실을 동시에 제연하거나 또는 계단실만을 제연하는 경우 급기구는 계단실 매 3개층 이하의 높이마다 설치할 것. 다만, 계단실의 높이가 31 [m] 이하로서 계단실만을 제연하는 경우에는 하나의 계단실에 하나의 급기구만을 설치할 수 있다.

3. 급기구의 댐퍼설치 기준

   1) 급기댐퍼의 재질은 「자동차압급기댐퍼의 성능인증 및 제품검사의 기술기준」에 적합한 것으로 할 것

   2) 자동차압급기댐퍼는 「자동차압급기댐퍼의 성능인증 및 제품검사의 기술기준」에 적합한 것으로 설치할 것

   3) 자동차압 급기댐퍼가 아닌 댐퍼 설치기준

      개구율을 수동으로 조절할 수 있는 구조로 할 것

4. 옥내에 설치된 화재감지기에 따라 모든 제연구역의 댐퍼가 개방되도록 할 것.

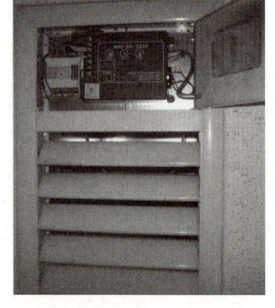

자동차압과압조절형 댐퍼

4 급기풍도 설치기준

1. 수직풍도

① 내화구조

② 수직풍도의 내부면은 두께 0.5 [mm] 이상의 아연도금강판 또는 동등이상의 내식성·내열성이 있는 것으로 마감되는 접합부에 대하여는 통기성이 없도록 조치할 것

2. 급기 풍도 중 수직풍도 이외의 풍도

① 아연도금강판 또는 이와 동등 이상의 내식성·내열성이 있는 것으로 하며, 불연재료(석면재료를 제외한다)인 단열재로 유효한 단열처리

② 강판의 두께

풍도단면의 긴변 또는 직경의 크기	450 [mm] 이하	450 [mm] 초과 750 [mm] 이하	750 [mm] 초과 1,500 [mm] 이하	1,500 [mm] 초과 2,250 [mm] 이하	2,250 [mm] 초과
강판두께	0.5 [mm]	0.6 [mm]	0.8 [mm]	1.0 [mm]	1.2 [mm]

③ 풍도에서의 누설량은 급기량의 10[%]를 초과하지 아니할 것

④ 풍도는 정기적으로 풍도 내부를 청소할 수 있는 구조로 할 것

⑤ 풍도 내의 풍속은 15[m/s] 이하로 할 것 <신설 2024. 4. 1.>

5 급기송풍기 설치 기준

① 송풍기의 송풍능력은 송풍기가 담당하는 제연구역에 대한 급기량의 1.15배 이상으로 할 것. 다만, 풍도에서의 누설을 실측하여 조정하는 경우에는 그러하지 아니한다.

② 송풍기에는 풍량조절장치를 설치하여 풍량조절을 할 수 있도록 할 것

③ 송풍기에는 풍량을 실측할 수 있는 유효한 조치를 할 것

④ 송풍기는 인접장소의 화재로부터 영향을 받지 아니하고 접근 및 점검이 용이한 곳에 설치할 것

⑤ 송풍기는 옥내의 화재감지기의 동작에 따라 작동하도록 할 것

⑥ 송풍기와 연결되는 캔버스는 내열성(석면재료를 제외한다)이 있는 것으로 할 것

핵심 PLUS

04 특별피난계단의 계단실 및 부속실 제연설비의 화재안전기준상 급기풍도 단면의 긴변 길이가 1300[mm]인 경우, 강판의 두께는 최소 몇 [mm] 이상이어야 하는가?

① 0.6
② 0.8
③ 1.0
④ 1.2

답 : ②

급기송풍기

풍량조절장치

핵심 PLUS

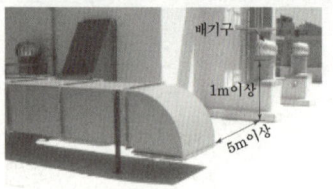

배기구등과의 이격거리

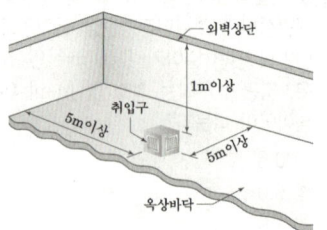

옥상의 외곽면과의 이격거리

6 외기취입구 설치기준

1. 외기를 옥외로부터 취입하는 경우

취입구는 연기 또는 공해물질 등으로 오염된 공기를 취입하지 아니하는 위치에 설치할 것

구 분	수평거리	수직거리
배기구 등과의 이격거리 (유입공기, 주방의 조리대의 배출공기 또는 화장실의 배출공기 등을 배출하는 배기구를 말한다)	5[m] 이상	1[m] 이상 낮은 위치

2. 취입구를 옥상에 설치하는 경우

구 분	수평거리	수직거리
옥상의 외곽 면과의 이격거리	5[m] 이상	외곽면의 상단으로 부터 하부로 수직거리 1[m] 이하의 위치에 설치

3. 취입구는 빗물과 이물질이 유입하지 아니하는 구조로 할 것

4. 취입구는 취입공기가 옥외의 바람의 속도와 방향에 따라 영향을 받지 아니하는 구조로 할 것

7 유입공기의 배출장치

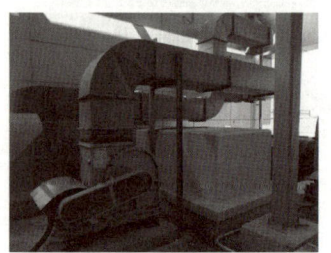

유입공기의 배출용 송풍기

| 유입공기 |

제연구역으로부터 옥내로 유입하는 공기로서 차압에 따라 누설하는 것과 출입문의 개방에 따라 유입되는 것을 말한다. 유입공기가 옥내로 유입되면 옥내는 압력이 상승하여 제연구역과 동압이 되면 제연구역으로 연기가 유입되므로 유입공기는 화재층의 제연구역과 면하는 옥내로부터 옥외로 배출되도록 하여야 한다.
 다만, 직통계단식 공동주택의 경우에는 그러하지 아니하다.

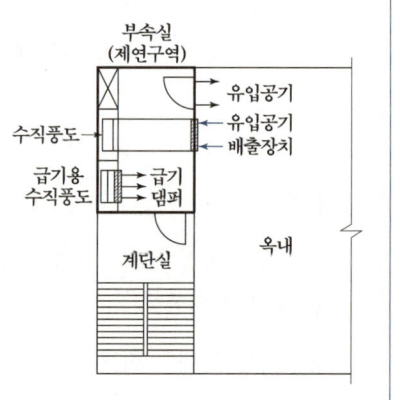

1. 수직풍도에 따른 배출방식

옥상으로 직통하는 전용의 배출용 수직풍도 설치

	수직풍도의 내부단면적	비　　고
자연배출식	$A = \dfrac{Q}{2}$	A : 수직풍도의 내부단면적[m²] Q : 수직풍도가 담당하는 1개층의 제연구역의 　　출입문(옥내와 면하는 출입문을 말한다)1개의 　　면적[m²]과 방연풍속[m/s]를 곱한 값[m³/s]
기계배출식	$A = \dfrac{Q}{15}$	

2. 배출구에 따른 방식

- 건물의 옥내와 면하는 외벽마다 옥외와 통하는 배출구를 설치하여 배출
- 배출구의 내부단면적 : $A = \dfrac{Q}{2.5}$

3. 거실 제연설비에 따른 배출

8 배출댐퍼

① 두께 1.5 [mm] 이상의 강판

② 평상시 닫힌 구조로 기밀상태를 유지할 것

③ 개폐여부를 당해 장치 및 제어반에서 확인할 수 있는 감지기능을 내장하고 있을 것

④ 구동부의 작동상태와 닫혀 있을 때의 기밀상태를 수시로 점검할 수 있는 구조일 것

⑤ 풍도의 내부마감상태에 대한 점검 및 댐퍼의 정비가 가능한 이·탈착구조로 할 것

⑥ 화재층의 옥내에 설치된 화재감지기의 동작에 따라 당해층의 댐퍼가 개방될 것

⑦ 개방 시의 실제개구부(개구율을 감안한 것을 말한다)의 크기는 수직풍도의 내부단면적과 같도록 할 것

⑧ 댐퍼는 풍도내의 공기흐름에 지장을 주지 않도록 수직풍도의 내부로 돌출하지 않게 설치할 것

핵심 PLUS

유입공기 배출장치 수직풍도

05 특별피난계단의 계단실 및 부속실 제연설비의 수직풍도에 따른 배출기준 중 각층의 옥내와 면하는 수직풍도의 관통부에 설치하여야 하는 배출댐퍼 설치기준으로 틀린 것은? [기 18]

① 화재층의 옥내에 설치된 화재감지기의 동작에 따라 당해층의 댐퍼가 개방될 것
② 풍도의 배출댐퍼는 이·탈착구조가 되지 않도록 설치할 것
③ 개폐여부를 당해 장치 및 제어반에서 확인할 수 있는 감지기능을 내장하고 있을 것
④ 배출댐퍼는 두께 1.5[mm] 이상의 강판 또는 이와 동등 이상의 성능이 있는 것으로 설치하여야 하며 비 내식성 재료의 경우에는 부식방지 조치를 할 것

답 : ②

배출댐퍼

핵심 PLUS

06 특별피난계단의 부속실 등에 설치하는 급기가압방식 제연설비의 측정, 시험, 조정 항목을 열거한 것이다. 이에 속하지 않는 것은? [기 10, 14]
① 배연구의 설치위치 및 크기의 적정여부 확인
② 화재감지기 동작에 의한 제연설비의 작동여부 확인
③ 출입문의 크기와 열리는 방향이 설계시와 동일한지 여부 확인
④ 출입문을 개방하지 아니하는 제연구역의 실제 차압이 적합한지 여부 확인

답 : ①

9 성능확인[TAB (시험, 측정 및 조정 등)]

■ **제연설비의 시험 등의 기준**

① 제연구역의 모든 출입문등의 크기와 열리는 방향이 설계 시와 동일한지 여부를 확인하고 동일하지 아니한 경우 급기량과 보충량 등을 다시 산출하여 조정가능여부 또는 재설계·개수의 여부를 결정할 것

② 제연구역의 출입문 및 복도와 거실(옥내가 복도와 거실로 되어있는 경우에 한한다) 사이의 출입문마다 제연설비가 작동하고 있지 아니한 상태에서 그 폐쇄력을 측정할 것

③ 층별로 화재감지기(수동기동장치를 포함한다)를 동작시켜 제연설비가 작동하는지 여부를 확인할 것

④ 제연설비가 작동하는 경우 다음 시험 등을 실시
  ㉠ 부속실과 면하는 옥내 및 계단실의 출입문을 동시에 개방할 경우, 방연풍속이 적합한지 여부를 확인하고, 적합하지 아니한 경우에는 급기구의 개구율과 송풍기의 풍량조절댐퍼 등을 조정하여 적합하게 할 것.
  ㉡ 출입문을 개방하지 아니하는 제연구역의 실제 차압이 적합한지 여부를 출입문 등에 차압측정공을 설치하고 이를 통하여 차압측정기구로 실측하여 확인·조정할 것.
  ㉢ 제연구역의 출입문이 모두 닫혀 있는 상태에서 제연설비를 가동시킨 후 출입문의 개방에 필요한 힘을 측정하여 개방력에 적합한지 여부를 확인하고, 적합하지 아니한 경우에는 급기구의 개구율 조정 및 플랩댐퍼(설치하는 경우에 한한다)와 풍량조절용댐퍼 등의 조정에 따라 적합하도록 조치할 것.
  ㉣ 부속실의 개방된 출입문이 자동으로 완전히 닫히는지 여부를 확인하고, 닫힌 상태를 유지할 수 있도록 조정할 것

핵심기출문제

16. 특별피난계단의 계단실 및 부속실 제연설비

■■■ 16. 특별피난계단의 계단실 및 부속실 제연설비

1. 특별피난계단의 계단실 및 부속실 제연설비에 대한 안전기준 내용으로 틀린 것은? [09 ㉮]

① 제연구역과 옥내와의 사이에 유지하여야 하는 최소차압은 40[Pa] 이상으로 하여야 한다.
② 제연설비가 가동되었을 경우 출입문의 개방에 필요한 힘은 110[N] 이상으로 하여야 한다.
③ 계산실과 부속실을 동시에 제연하는 경우 부속실의 기압은 계단실과 같게 하거나 압력차이가 5[Pa] 이하가 되도록 하여야 한다.
④ 계단실 및 그 부속실을 동시에 제연하는 것 또는 계단실만 제연할 때의 방연풍속은 0.5[m/s] 이상이어야 한다.

2. 특별피난계단의 계단실 부속실 제연설비의 차압 등에 관한 기준 중 옳은 것은? [18 ㉮]

① 제연설비가 가동되었을 경우 출입문의 개방에 필요한 힘은 130[N] 이하로 하여야 한다.
② 제연구역과 옥내와의 사이에 유지하여야 하는 최소차압은 40[Pa] (옥내에 스프링클러설비가 설치된 경우에는 12.5[Pa]) 이상으로 하여야 한다.
③ 피난을 위하여 제연구역의 출입문이 일시적으로 개방되는 경우 개방되지 아니하는 제연구역과 옥내와의 차압은 기준 차압의 60[%] 미만이 되어서는 아니 된다.
④ 계단실과 부속실을 동시에 제연 하는 경우 부속실의 기압은 계단실과 같게 하거나 계단실의 기압보다 낮게 할 경우에는 부속실과 계단실의 압력차이는 10[Pa] 이하가 되도록 하여야 한다.

3. 제연구역의 선정방식 중 계단실 및 그 부속실을 동시에 제연하는 것의 방연풍속은 몇 [m/s] 이상이어야 하는가? [16 ㉮]

① 0.5
② 0.7
③ 1
④ 1.5

해설

해설 1
제연설비가 가동되었을 경우 출입문의 개방에 필요한 힘은 110[N] 이하로 하여야 한다.

해설 2

구분	기준
옥내와 제연구역의 차압	40[Pa] 이상 (스프링클러설비 설치 시 12.5[Pa])
출입문이 일시적으로 개방되는 경우 개방되지 아니하는 제연구역과 옥내와의 차압	차압의 70[%] 이상
계단실과 부속실을 동시에 제연하는 경우	• 부속실의 기압은 계단실과 같을 것 • 계단실의 기압보다 낮게 할 경우에는 압력차이는 5[Pa] 이하

해설 3
방연풍속

제연구역 선정	가압실	면하는 옥내	방연풍속
계단실 단독제연	계단실	–	0.5 [m/s]
계단실 및 그 부속실을 동시에 제연	계단실, 부속실	–	0.5 [m/s]
부속실만을 단독으로 제연	부속실 또는 승강장	거실	0.7 [m/s]
	부속실	방화구조의 복도 (내화시간 30분 이상인 구조 포함)	0.5 [m/s]

정답 1. ② 2. ② 3. ①

핵심기출문제 — 16. 특별피난계단의 계단실 및 부속실 제연설비

4. 특별피난계단의 계단실 및 부속실 제연설비의 화재안전기준 중 급기풍도 단면의 긴변의 길이가 1,300[mm]인 경우, 강판의 두께는 몇 [mm] 이상이어야 하는가? [16 ㉮]

① 0.6 ② 0.8
③ 1.0 ④ 1.2

5. 급기 가압방식으로 실내를 가압할 때, 가압용의 유입 공기량에 대한 설명 중 옳은 것은?

① 실내외의 틈새면적에 정비례한다.
② 실내외의 기압차에 정비례한다.
③ 실내외의 틈새면적에 반비례한다.
④ 실내외의 기압차에 반비례한다.

6. 제연설비에 있어서 거실 내 유입공기의 배출방식으로서 맞지 않는 것은? [11 ㉮]

① 수직풍도에 따른 배출   ② 배출구에 따른 배출
③ 플랩댐퍼에 따른 배출   ④ 제연설비에 따른 배출

7. 특별피난계단의 전실 제연설비에 있어서 각 층의 옥내와 면하는 수직풍도의 관통부의 배출댐퍼 설치에 관한 설명 중 맞지 않는 것은? [14 ㉮]

① 배출댐퍼는 두께 1.5밀리미터 이상의 강판으로 제작하여야 한다.
② 풍도의 배출댐퍼는 이·탈착구조가 되지 않도록 설치한다.
③ 개폐여부를 당해 장치 및 제어반에서 확인할 수 있는 감지기능을 내장하고 있을 것
④ 평상시 닫힘 구조로 기밀상태를 유지할 것

8. 특별피난계단 부속실 등에 설치하는 급기가압방식 제연설비의 측정, 시험, 조정 항목을 열거한 것이다. 맞지 않는 것은? [08 ㉮]

① 출입문의 크기, 개폐방향이 설계도면과 일치하는지 여부 확인
② 출입문을 개방하지 아니하는 제연구역의 실제 차압이 적합한지 여부 확인
③ 화재감지기 동작에 의한 설비작동여부 확인
④ 피난구의 설치위치 및 크기의 적정여부 확인

[해설] 제연설비의 시험 등의 기준
① 제연구역의 모든 출입문등의 크기와 열리는 방향이 설계 시와 동일한지 여부를 확인
② 출입문을 개방하지 아니하는 제연구역의 실제 차압이 적합한지 여부 확인
③ 옥내의 층별로 화재감지기를 동작시켜 제연설비가 작동하는지 여부 확인

해설

[해설] **4**
강판의 두께

풍도 단면의 긴변 또는 직경의 크기	450[mm] 이하	450[mm] 초과 750[mm] 이하	750[mm] 초과 1,500[mm] 이하	1,500[mm] 초과 2,250[mm] 이하	2,250[mm] 초과
강판 두께	0.5[mm]	0.6[mm]	0.8[mm]	1.0[mm]	1.2[mm]

[해설] **5**
급기량 = 누설량 + 보충량
1. 급기량 : 제연구역에 공급하여야 할 공기량
2. 누설량 : 틈새를 통하여 제연구역으로부터 흘러나가는 유입공기량 (차압을 유지하기 위해 필요한 량)
3. 보충량 : 방연풍속을 유지하기 위하여 제연구역에 보충하여야 할 공기량

※ 누설량 공식

$$Q = 0.827 A \sqrt{P} \times 1.25$$

Q : 누설량[m³/s]
A : 누설틈새면적[m²]
P : 차압[Pa]

[해설] **6**
특별피난계단의 계단실 및 부속실 제연설비의 유입공기 배출방식의 종류
① 수직풍도에 따른 배출
② 배출구에 따른 배출
③ 거실제연설비에 따른 배출

[해설] **7**
배출댐퍼 설치 기준
① 두께 1.5[mm] 이상의 강판
② 평상시 닫힌 구조로 기밀상태를 유지할 것
③ 개폐여부를 당해 장치 및 제어반에서 확인할 수 있는 감지기능을 내장하고 있을 것
④ 구동부의 작동상태와 닫혀 있을 때의 기밀상태를 수시로 점검할 수 있는 구조일 것
⑤ 풍도의 내부마감상태에 대한 점검 및 댐퍼의 정비가 가능한 이·탈착 구조로 할 것
⑥ 화재층의 옥내에 설치된 화재감지기의 동작에 따라 당해층의 댐퍼가 개방될 것

정답 4. ② 5. ① 6. ③ 7. ②
8. ④

17 연결송수관설비

Ⅳ. 소방기계시설의 구조 및 원리 | 연결송수관설비

1 송수구

구 분	설치 기준
높 이	지면으로부터 0.5 [m] 이상 1 [m] 이하
구 경	65 [mm]의 쌍구형
표 지	1. 송수압력범위를 표시한 표지 2. "연결송수관설비송수구" 라고 표시한 표지

습식	송수구 · 자동배수밸브 · 체크밸브
건식	송수구 · 자동배수밸브 · 체크밸브 · 자동배수밸브

자동배수밸브 및 체크밸브 설치 순서: 송수구 → 자동배수밸브 → 체크밸브 → 자동배수밸브 → 방수구

2 배관

1. 주배관의 구경은 100 [mm] 이상의 전용 배관

주배관의 구경이 100 [mm] 이상인 옥내소화전설비의 배관과 겸용할 수 있다.

핵심 PLUS

01 연결송수관 설비의 방수구 설치에서 연결송수관설비의 전용방수구 또는 옥내소화전방수구로서 몇 [mm]의 것으로 설치하는가? [기 09]
① 40
② 50
③ 65
④ 100

답 : ③

02 건식 연결송수관설비의 송수구 부근에 설치하는 기기 순서로 맞는 것은 어느 것인가? [기 08]
① 송수구 → 자동배수밸브 → 체크밸브 → 자동배수밸브
② 송수구 → 체크밸브 → 자동배수밸브 → 체크밸브
③ 송수구 → 자동배수밸브 → 체크밸브
④ 송수구 → 체크밸브 → 자동배수밸브

답 : ①

03 연결송수관설비에서 주배관은 얼마의 구경으로 하여야 하는가? [기 08]
① 65 [mm] 이상
② 80 [mm] 이상
③ 90 [mm] 이상
④ 100 [mm] 이상

답 : ④

핵심 PLUS

04 다음 중에서 연결송수관설비의 배관을 습식 설비로 설치하여야 하는 소방대상물은? [기 09]
① 지상 5층으로 연면적 6,000[m²]인 소방대상물
② 지상 11층 이상인 소방대상물
③ 지면으로부터 높이가 30[m] 이상 또는 지상 10층 소방대상물
④ 지면으로부터 높이가 70[m] 이상인 소방대상물

답 : ②

05 지하가의 바닥면적이 3,500[m²]이다. 연결송수관설비의 방수구는 소방대상물 각 부분으로부터 수평거리 몇 [m] 이하가 되도록 설치하여야 하는가? [기 08]
① 25[m]   ② 30[m]
③ 40[m]   ④ 50[m]

답 : ①

06 11층 이상의 소방대상물에 설치하는 연결송수관설비의 방수구를 단구형으로 설치하여도 되는 것은?
① 스프링클러설비가 유효하게 설치되어 있고 방수구가 2개소 이상 설치된 층
② 오피스텔의 용도로 사용되는 층
③ 스프링클러설비가 설치되어 있지 않은 층
④ 아파트의 용도 이외로 사용되는 층

답 : ①

07 연결송수관설비의 설치기준 중 적합하지 않은 것은?
① 방수기구함은 5개 층마다 설치
② 방수구는 전용방수구로서 구경 65[mm]의 것으로 설치
③ 송수구는 구경 65[mm]의 쌍구형으로 설치
④ 주배관의 구경은 100[mm] 이상의 것으로 설치

답 : ①

2. 습식으로 하여야 하는 경우

지면으로부터의 높이가 31[m] 이상 또는 지상 11층 이상인 특정소방대상물

3 방수구(65 [mm])

1. 바닥으로부터 0.5[m]~1[m] 이하에 설치

2. 설치 위치

바닥면적 1천[m²] 미만인 층 (아파트를 포함한다.)	계단으로부터 5 [m] 이내 · 계단의 부속실을 포함하며 계단이 2 이상 있는 경우에는 그 중 1개의 계단을 말한다.		
바닥면적 1천[m²] 이상인 층 (아파트를 제외한다.)	각 계단으로부터 5 [m] 이내 · 계단의 부속실을 포함하며 계단이 3 이상 있는 층의 경우에는 그 중 2개의 계단을 말한다.		
	계단으로부터 5 [m] 이내 설치하고 수평거리 기준에 맞도록 추가 배치 할 것	25[m]	지하가(터널은 제외한다) 또는 지하층의 바닥면적의 합계가 3,000[m²] 이상인 것
		50[m]	위에 해당하지 않는 것

3. 11층 이상의 부분에 설치하는 방수구는 쌍구형으로 설치

단구형으로 설치할 수 있는 경우	아파트의 용도로 사용되는 층
	스프링클러설비가 유효하게 설치되어 있고 방수구가 2개소 이상 설치된 층

4 방수기구함 등

방수기구함		호스(길이 15 [m])	방사형 관창
피난층과 가장 가까운 층을 기준으로 3개층마다 설치	그 층의 방수구마다 보행거리 5[m] 이내에 설치	당해는 구역의 각 부분에 유효하게 물이 뿌려질 수 있도록 비치	쌍구형 방수구는 단구형 방수구의 2배 이상의 개수를 설치	단구형 방수구의 경우에는 1개 이상 비치(쌍구형은 2개 이상)

5 가압송수장치

1. 지표면에서 최상층 방수구의 높이가 70 [m] 이상의 특정소방대상물에 설치
2. 펌프의 토출량 및 양정 등

토출량	3개 이하	4개	5개 이상
일반 대상물	2,400[ℓ/min]	3,200[ℓ/min]	4,000[ℓ/min]
계단식 아파트	1,200[ℓ/min]	1,600[ℓ/min]	2,000[ℓ/min]

① 펌프의 양정
  최상층에 설치된 노즐선단의 압력이 0.35 [MPa] 이상의 압력이 되도록 할 것
② 수동스위치는 2개 이상을 설치
  ㉠ 1개는 송수구의 부근에 설치
  ㉡ 송수구로부터 5 [m] 이내의 보기 쉬운 장소에 바닥으로부터 높이 0.8 [m] 이상 1.5[m] 이하
  ㉢ 1.5 [mm] 이상의 강판함에 수납하여 설치
③ 펌프의 성능시험을 위한 전용의 수조를 설치할 것. 다만, 성능시험에 지장을 주지 않는 경우 다른 설비의 수조와 겸용할 수 있다. <신설 2024.7.1.>
④ 수조의 유효수량은 펌프 정격토출량의 150%로 5분 이상 방수할 수 있는 양 이상이 되도록 해야 한다.
⑤ 펌프의 성능시험 시 방수되는 물로 침수피해가 발생하지 않도록 배수설비가 되어 있을 것

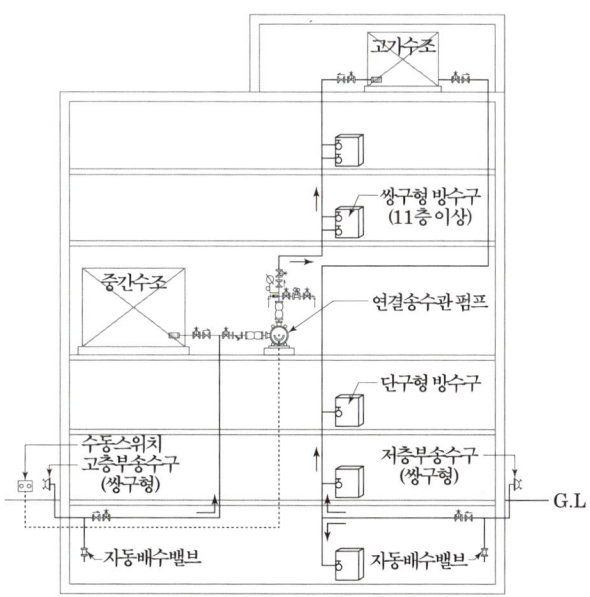

가압송수장치를 설치한 경우 계통도

핵심 PLUS

08 지표면에서 최상층 방수구의 높이가 70[m] 이상의 소방대상물에 습식 연결송수관설비 펌프를 설치할 때 최상층에 설치된 노즐선단의 최소압력으로 적합한 것은?

① 0.15 [MPa] 이상
② 0.25 [MPa] 이상
③ 0.35 [MPa] 이상
④ 0.45 [MPa] 이상

답 : ③

09 연결송수관설비의 가압송수장치의 설치기준으로 틀린 것은?(단, 지표면에서 최상층 방수구의 높이가 70[m] 이상의 특정소방대상물이다.) [기 17]

① 펌프의 양정은 최상층에 설치된 노즐선단의 압력이 0.35[MPa] 이상의 압력이 되도록 할 것
② 계단식 아파트의 경우 펌프의 토출량은 1,200[L/min] 이상이 되는 것으로 할 것
③ 계단식 아파트의 경우 해당 층에 설치된 방수구가 3개를 초과하는 것은 1개마다 400[L/min]을 가산한 양이 펌프의 토출량이 되는 것으로 할 것
④ 내연기관을 사용하는 경우(층수가 30층 이상 49층 이하) 내연기관의 연료량은 20분 이상 운전할 수 있는 용량일 것

해설
30층 미만 : 20분
30층 이상 49층 이하 : 40분
50층 이상 : 60분

답 : ④

핵심기출문제

17. 연결송수관설비

■■■ 17. 연결송수관설비

1. 연결송수관설비에 관한 설명 중 옳은 것은?

① 송수구는 단구형으로 하고, 소방펌프자동차가 쉽게 접근할 수 있는 위치에 설치할 것
② 송수구의 부근에는 체크밸브만 설치할 것(단, 건식 설비의 경우는 제외한다.)
③ 주 배관의 구경은 65[mm] 이상으로 할 것
④ 지면으로부터 높이가 31[m] 이상인 소방대상물에 있어서는 습식 설비로 할 것

2. 다음은 연결송수관 설비의 배관에 관하여 설명한 것이다. 옳은 것은?

① 물분무소화설비의 배관과 겸용하여서는 안 된다.
② 지상 11층 이상의 건물에는 반드시 습식으로 설치하여야 한다.
③ 소화전과 접속하는 수직배관의 지지는 견고히 고정하여야 한다.
④ 관은 수격작용을 고려해서 직선적으로 시공하는 것은 좋지 않다.

3. 아파트에 연결송수관 설비를 설치할 때 방수구는 몇 층부터 설치할 수 있는가?

① 3층　　② 4층
③ 5층　　④ 7층

4. 연결송수관설비의 방수구 및 방수기구함 설치 기준에 대한 설명 중 틀린 것은?

① 아파트의 1층 및 2층, 소방대원 및 소방차 접근이 용이한 피난층은 방수구를 설치하지 아니할 수 있다.
② 송수구가 부설된 옥내소화전이 설치된 관람장, 집회장, 공장, 창고 등은 방수구를 설치하지 아니할 수 있다.
③ 방수구의 호스접결구는 바닥으로부터 높이 0.5[m] 이상 1[m] 이하의 위치에 설치한다.
④ 방수기구함은 피난층과 가장 가까운 층을 기준하여 3개 층마다 설치하되, 그 층의 방수구마다 보행거리 5[m] 이내가 되도록 한다.

해설

해설 1

1. 송수구는 쌍구형
2. 배관 설치 순서

습식	송수구·자동배수밸브·체크밸브
건식	송수구·자동배수밸브·체크밸브·자동배수밸브

3. 주 배관의 구경은 100[mm] 이상으로 할 것

해설 2

배관
(1) 주배관의 구경은 100[mm] 이상
　① 연결송수관설비의 배관의 겸용 주배관의 구경이 100[mm] 이상인 옥내소화전설비·스프링클러설비 또는 물분무 등 소화설비의 배관과 겸용할 수 있다.
　② 층수가 30층 이상의 특정소방대상물은 스프링클러설비의 배관과 겸용 불가
(2) 습식으로 하여야 하는 경우
　지면으로부터의 높이가 31[m] 이상 또는 지상 11층 이상인 특정소방대상물

해설 3, 4, 5

방수구 설치 제외 층
(1) 아파트의 1층 및 2층
(2) 소방차의 접근이 가능하고 소방대원이 소방차로부터 각 부분에 쉽게 도달할 수 있는 피난층
(3) 송수구가 부설된 옥내소화전을 설치한 특정소방대상물로서 다음의 어느 하나에 해당하는 층(집회장·관람장·백화점·도매시장·소매시장·판매시설·공장·창고시설 또는 지하가를 제외한다)
　① 지하층을 제외한 층수가 4층 이하이고 연면적이 6,000[m²] 미만인 특정소방대상물의 지상층
　② 지하층의 층수가 2 이하인 특정소방대상물의 지하층

정답 1.④ 2.② 3.① 4.②

5. 연결송수관설비의 화재안전기준에 따라 송수구가 부설된 옥내소화전을 설치한 특정 소방대상물로서 연결송수관설비의 방수구를 설치하지 아니할 수 있는 층의 기준 중 다음 ( ) 안에 알맞은 것은? (단, 집회장·관람장·백화점·도매시장·소매시장·판매시설·공장·창고시설 또는 지하가를 제외한다.)

- 지하층을 제외한 층수가 (㉠)층 이하이고 연면적이 (㉡)[m²] 미만인 특정 소방대상물의 지상층
- 지하층의 층수가 (㉢) 이하인 특정소방대상물의 지하층

① ㉠ 3, ㉡ 5000, ㉢ 3
② ㉠ 4, ㉡ 6000, ㉢ 2
③ ㉠ 5, ㉡ 3000, ㉢ 3
④ ㉠ 6, ㉡ 4000, ㉢ 2

6. 연결송수관설비의 화재안전기준에서 연결송수관설비의 방수구에 관한 다음 사항 중 옳지 않은 것은?

① 방수구의 호스접결구는 바닥으로부터 높이 0.5[m] 이상 1[m] 이하의 위치에 설치
② 연결송수관 전용 방수구로서 구경 65[mm]의 것으로 설치
③ 아파트의 용도로 사용되는 11층 이상의 부분에 설치하는 방수구는 반드시 쌍구형으로 할 것
④ 방수구는 개폐기능을 가진 것으로 할 것

해설 6
11층 이상의 부분에 설치하는 방수구는 쌍구형으로 설치

단구형으로 설치할 수 있는 경우	아파트의 용도로 사용되는 층
	스프링클러설비가 유효하게 설치되어 있고 방수구가 2개소 이상 설치된 층

7. 지하가의 바닥면적이 2,500[m²]이다. 연결송수관설비의 방수구는 소방대상물 각 부분으로부터 수평거리 몇 m 이하가 되도록 설치하여야 하는가?

① 25[m]
② 30[m]
③ 40[m]
④ 50[m]

해설 연결송수관설비의 방수구 설치위치

바닥면적 1천 [m²] 미만인 층 (아파트를 포함한다.)	계단으로부터 5[m] 이내 ※ 계단의 부속실을 포함하며 계단이 2 이상 있는 경우에는 그 중 1개의 계단을 말한다.		
바닥면적 1천 [m²] 이상인 층 (아파트를 제외한다.)	각 계단으로부터 5[m] 이내 ※ 계단의 부속실을 포함하며 계단이 3 이상 있는 층의 경우에는 그 중 2개의 계단을 말한다.		
	※ 계단으로부터 5[m] 이내 설치하고 수평거리 기준에 맞도록 추가 배치 할 것	25[m]	지하가(터널은 제외한다) 또는 지하층의 바닥면적의 합계가 3,000[m²] 이상인 것
		50[m]	위에 해당하지 않는 것

정답 5. ② 6. ③ 7. ④

핵심기출문제

17. 연결송수관설비

8. 17층의 사무소 건축물로 11층 이상에 쌍구형 방수구가 설치된 경우, 14층에 설치된 방수기구함에 요구되는 길이 15[m]의 호스 및 방사형 관창의 설치 개수는?

① 호스는 5개 이상, 방사형 관창은 2개 이상
② 호스는 3개 이상, 방사형 관창은 1개 이상
③ 호스는 단구형 방수구의 2배 이상의 개수, 방사형 관창은 2개 이상
④ 호스는 단구형 방수구의 2배 이상의 개수, 방사형 관창은 1개 이상

9. 방수구가 각 층에 2개씩 설치된 소방대상물에 연결송수관 가압송수장치를 설치하려 한다. 가압송수장치의 설치대상과 최상층 말단의 노즐에서 요구되는 최소 방사압력·토출량이 적합한 것은?

① 설치대상 : 높이 60[m] 이상인 소방대상물
　방사압력 : 0.25[MPa] 이상
　토출량 : 2,200[l/min] 이상
② 설치대상 : 높이 70[m] 이상인 소방대상물
　방사압력 : 0.25[MPa] 이상
　토출량 : 2,200[l/min] 이상
③ 설치대상 : 높이 60[m] 이상인 소방대상물
　방사압력 : 0.35[MPa] 이상
　토출량 : 2,400[l/min] 이상
④ 설치대상 : 높이 70[m] 이상인 소방대상물
　방사압력 : 0.35[MPa] 이상
　토출량 : 2,400[l/min] 이상

해설

해설 8

호스(길이 15 m)	방사형 관창
담당하는 구역의 각 부분에 유효하게 물이 뿌려질 수 있도록 비치	쌍구형 방수구는 단구형 방수구의 2배 이상의 개수를 설치	단구형 방수구의 경우에는 1개 이상 비치(쌍구형은 2개 이상)

해설 9

가압송수장치
1. 지표면에서 최상층 방수구의 높이가 70[m] 이상의 특정소방대상물에 설치

2. 펌프의 토출량 및 양정 등

토출량	3개 이하	4개	5개 이상
일반 대상물	2,400 [ℓ/min]	3,200 [ℓ/min]	4,000 [ℓ/min]
계단식 아파트	1,200 [ℓ/min]	1,600 [ℓ/min]	2,000 [ℓ/min]

① 펌프의 양정
　최상층에 설치된 노즐선단의 압력이 0.35[MPa] 이상의 압력이 되도록 할 것
② 수동스위치는 2개 이상을 설치
　㉠ 1개는 송수구의 부근에 설치
　㉡ 송수구로부터 5[m] 이내의 보기쉬운 장소에 바닥으로부터 높이 0.8[m] 이상 1.5[m] 이하
　㉢ 1.5[mm] 이상의 강판함에 수납하여 설치

정답 8. ③ 9. ④

18 연결살수설비

Ⅳ. 소방기계시설의 구조 및 원리 | 연결살수설비

1 설치대상

	바닥면적의 합계	
① 지하층(피난층으로 주된 출입구가 도로와 접한 경우는 제외)		150[m²] 이상
② 학교(교육연구시설)의 지하층		700[m²] 이상
③ 아파트의 지하층(대피시설로 사용하는 것만 해당)		
④ 창고시설 중 물류터미널, 판매시설, 운수시설,		1,000[m²] 이상

⑤ 위의 특정소방대상물에 부속된 연결통로

⑥ 가스시설 – 지상에 노출된 탱크의 용량이 30톤 이상인 탱크시설

2 송수구

① 가연성가스의 저장·취급시설의 송수구
그 방호대상물로부터 20[m] 이상 이격 또는 높이 1.5[m] 이상 폭 2.5[m] 이상의 철근콘크리트 벽으로 가려진 장소에 설치

② 소방차가 쉽게 접근할 수 있고 노출된 장소에 설치하며 소방관의 호스연결 등 소화작업에 용이하도록 지면으로부터 높이가 0.5[m] 이상 1[m] 이하에 설치

③ 송수구는 구경 65[mm]의 쌍구형으로 설치
다만, 하나의 송수구역에 부착하는 살수헤드의 수가 10개 이하인 것은 단구형 가능

④ 개방형헤드를 사용하는 송수구의 호스접결구는 각 송수구역마다 설치할 것
다만, 송수구역을 선택할 수 있는 선택밸브가 설치되어 있고 각 송수구역의 주요구조부가 내화구조로 되어 있는 경우에는 그렇지 않다.

⑤ 송수구의 부근에는 "연결살수설비 송수구"라고 표시한 표지와 송수구역 일람표를 설치할 것

핵심 PLUS

01 연결살수설비의 설치대상이 아닌 것은? [기 10]
① 판매시설 용도 건물로 바닥면적 합계가 700[m²]인 것
② 백화점 용도 건물의 지하층으로서 바닥면적의 합계가 700[m²]인 것
③ 학교 용도 건물의 지하층으로서 700[m²]인 것
④ 탱크의 용량이 40[ton]인 지상노출 가스탱크 시설

답 : ①

02 학교 지하층은 바닥면적의 합계가 몇 [m²] 이상인 경우 연결살수설비를 설치해야 하는가? [기 16]
① 500 ② 600
③ 700 ④ 1,000

답 : ③

03 가연성 가스의 저장·취급시설에 설치하는 연결살수설비의 송수구는 그 방호대상물로부터 얼마 이상의 거리를 두어야 하는가? [기 10]
① 10[m] 이상 ② 15[m] 이상
③ 20[m] 이상 ④ 25[m] 이상

답 : ③

04 연결살수설비에 관한 설명 중 맞지 않는 것은? [기 08]
① 송수구는 반드시 65[mm]의 쌍구형으로만 하여야 한다.
② 선택밸브는 화재시 연소의 우려가 없는 장소에 설치한다.
③ 헤드는 천장 또는 반자의 실내에 면하는 부분에 설치한다.
④ 개방형 헤드 사용시 주배관 중 물이 잘 빠질 수 있는 위치에 자동 배수밸브를 설치한다.

답 : ①

핵심 PLUS

05 개방형 헤드를 사용하는 연결살수설비에서 하나의 송수구역에 설치하는 살수헤드의 수는 몇 개인가?
[기 11, 12, 13, 16]
① 10개 이하   ② 15개 이하
③ 20개 이하   ④ 30개 이하

답 : ①

06 연결살수설비 전용헤드를 사용하는 연결살수설비에서 배관의 구경이 32[mm]인 경우 하나의 배관에 부착할 수 있는 살수헤드의 개수는?
[기 08, 11, 13]
① 1   ② 2
③ 3   ④ 4

답 : ①

07 연결살수설비 배관의 설치기준 중 하나의 배관에 부착하는 연결살수설비 전용헤드의 개수가 3개 인 경우 배관의 구경은 최소 몇 [mm] 이상으로 설치해야 하는가?
[기 07, 10, 14, 17]
① 40   ② 50
③ 65   ④ 80

답 : ②

08 건축물의 연결살수설비 헤드로서 스프링클러헤드를 설치할 경우, 천장 또는 반자의 각 부분으로부터 하나의 헤드까지의 수평거리를 얼마이어야 하는가? [기 05, 06, 10, 11, 12, 13]
① 2.3[m] 이하
② 3.3[m] 이하
③ 2.7[m] 이하
④ 2.8[m] 이하

답 : ①

09 연결살수설비에서 천장 또는 반자의 각 부분으로부터 하나의 살수헤드까지의 수평거리는 몇[m] 이하인가? (단, 연결살수설비 전용 헤드를 사용하며 살수헤드의 부착면과 바닥과의 높이가 2.1[m] 초과이다.) [기 15]
① 2.1   ② 2.3
③ 2.7   ④ 3.7

답 : ④

⑥ 자동배수밸브와 체크밸브 설치기준

구분	설치순서		
폐쇄형헤드	송수구	자동배수밸브	체크밸브
개방형헤드	송수구	자동배수밸브	-

⑦ 개방형헤드 사용 시 하나의 송수구역에 설치하는 살수헤드의 수
 - 10개 이하

3 배관에 따른 헤드 설치 수(연결살수설비 전용헤드)

배관의 구경[mm]	32	40	50	65	80
부착하는 살수헤드의 개수	1개	2개	3개	4개 또는 5개	6개 이상 10개 이하

4 수평거리

소방시설의 종류	사용헤드	수평거리
연결살수설비	전용헤드	3.7[m] 이하
	스프링클러 헤드	2.3[m] 이하
연소방지설비	전용헤드	2[m] 이하
	스프링클러 헤드	1.5[m] 이하

5 폐쇄형헤드를 사용하는 연결살수설비

1. 주배관은 다음 어느 하나에 해당 하는 배관 또는 수조에 접속하여야 한다.
   이 경우 접속부분에는 체크밸브를 설치하되 점검하기 쉽게 하여야 한다.

   ① 옥내소화전설비의 주배관(옥내소화전설비가 설치된 경우에 한한다)

   ② 수도배관(연결살수설비가 설치된 건축물 안에 설치된 수도배관 중 구경이 가장 큰 배관을 말한다)

   ③ 옥상에 설치된 수조(다른 설비의 수조를 포함한다)

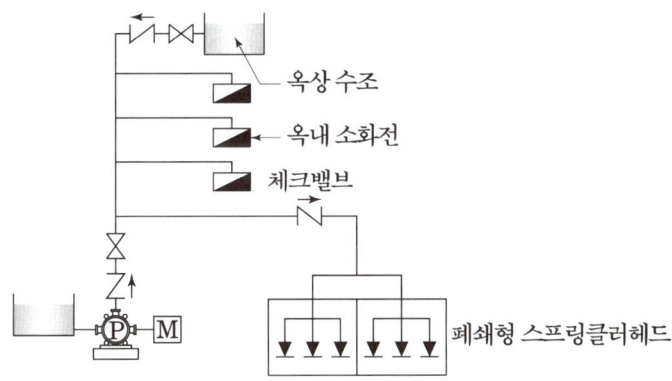

습식설비 – 옥내소화전에 연결된 경우

2. 시험배관 설치

   ① 송수구에서 가장 먼 거리에 위치한 가지배관의 끝으로부터 연결하여 설치할 것

   ② 시험장치 배관의 구경은 25[mm] 이상으로 하고, 그 끝에는 물받이 통 및 배수관을 설치하여 시험 중 방사된 물이 바닥으로 흘러내리지 아니하도록 할 것. 다만, 목욕실·화장실 또는 그 밖의 배수처리가 쉬운 장소의 경우에는 물받이 통 또는 배수관을 설치 제외

   ③ 배관은 동결방지조치를 하거나 동결의 우려가 없는 장소에 설치

핵심 PLUS

10 폐쇄형헤드를 사용하는 연결살수설비의 주배관을 옥내소화전설비의 주배관에 접속할 때 접속부분에 설치해야 하는 것은? (단, 옥내소화전설비가 설치된 경우이다.) [기 11, 16]
① 체크밸브
② 게이트밸브
③ 글로브밸브
④ 버터플라이밸브

답 : ①

6 가연성 가스의 저장·취급시설에 설치하는 연결살수설비의 헤드

다만, 지하에 설치된 가연성가스의 저장·취급시설로서 지상에 노출된 부분이 없는 경우에는 제외

① 연결살수설비 전용의 개방형헤드를 설치

② 가스저장탱크·가스홀더 및 가스발생기의 주위에 설치하되, 헤드상호간의 거리는 3.7[m] 이하

③ 헤드의 살수범위는 가스저장탱크·가스홀더 및 가스발생기의 몸체의 중간 윗부분의 모든 부분이 포함되도록 하여야 하고 살수된 물이 흘러내리면서 살수범위에 포함되지 아니한 부분에도 모두 적셔질 수 있도록 할 것

핵심 PLUS

[11] 가연성 가스의 저장취급시설에 설치하는 연결살수설비의 헤드 설치 기준이 아닌 것은? [기 09]
① 연결살수설비의 전용 개방형 헤드를 설치
② 헤드 상호간의 거리는 3.7[m] 이하
③ 가스저장탱크, 가스홀더 및 가스발생기 주위에 설치
④ 헤드의 살수범위는 가스저장탱크, 가스홀더 및 가스발생기 상부의 모든 부분이 포함되도록 한다.

답 : ④

핵심기출문제

18. 연결살수설비

18. 연결살수설비

1. 연결살수설비의 살수헤드 설치 면제 장소가 아닌 곳은? [14, 15 ㉯]

① 고온의 용광로가 설치된 장소
② 물과 격렬하게 반응하는 물품의 저장 또는 취급하는 장소
③ 지상에 노출된 탱크의 용량이 60톤 이상인 탱크시설
④ 영하의 냉장창고 또는 냉동창고의 냉장실 또는 냉동고

2. 다음 연결살수설비 송수구에 대한 설치기준이다. ( ) 안에 적합한 것은? [09 ㉯]

> 송수구는 구경 65[mm]의 쌍구형으로 설치할 것. 다만, 하나의 송수구역에 부착하는 살수헤드의 수가 ( )개 이하일 경우에 있어서는 단구형의 것으로 할 수 있다.

① 4   ② 5
③ 9   ④ 10

3. 연결살수설비의 송수구 설치기준에 대한 내용으로 맞는 것은? [19 ㉯]

① 폐쇄형 헤드를 사용하는 설비는 송수구 → 자동배수밸브 → 체크밸브의 순으로 설치할 것
② 폐쇄형 헤드를 사용하는 송수구의 호스접결구는 각 송수구역마다 설치할 것
③ 개방형 헤드를 사용하는 연결살수설비에 있어서 하나의 송수구역에 설치하는 살수헤드의 수는 20개 이하가 되도록 할 것
④ 송수구의 높이가 0.5[m] 이하의 위치에 설치할 것

4. 연결살수설비의 배관 구경이 65[mm]일 경우 하나의 배관에 부착하는 살수 헤드의 개수는 몇 개인가? (단, 연결살수설비 전용헤드를 사용한다.) [19 ㉯]

① 1개   ② 3개
③ 5개   ④ 7개

해설

해설 1
설치대상
가스시설의 경우 지상에 노출된 탱크의 용량이 30톤 이상인 탱크시설

해설 2
송수구는 구경 65[mm]의 쌍구형으로 설치할 것. 다만, 하나의 송수구역에 부착하는 살수헤드의 수가 10개 이하일 경우에 있어서는 단구형의 것으로 할 수 있다.

해설 3
① 개방형헤드를 사용하는 송수구의 호스접결구는 각 송수구역마다 설치할 것
② 개방형헤드를 사용하는 연결살수설비에 있어서 하나의 송수구역에 설치하는 살수헤드의 수는 10개 이하가 되도록 해야 한다.
③ 지면으로부터 높이가 0.5[m] 이상 1[m] 이하의 위치에 설치

해설 4
배관에 따른 헤드 설치 수(전용헤드)

구경[mm]	32	40	50	65	80
개수	1	2	3	4~5	6~10

정답 1. ③ 2. ④ 3. ① 4. ③

핵심기출문제

18. 연결살수설비

5. 연결살수설비의 배관 시공에 관한 설명 중 옳지 않은 것은? [05, 08 ㉮]
① 개방형 헤드를 사용하는 연결살수에 있어서의 수평주행 배관은 헤드를 향하여 상향으로 100분의 1 이상의 기울기로 설치한다.
② 가지배관 또는 교차배관을 설치하는 경우에는 가지배관의 배열은 토너먼트 방식이어야 한다.
③ 가지배관은 교차배관 또는 주배관에서 분기되는 지점을 기점으로 한쪽 가지배관에 설치되는 헤드의 개수는 8개 이하로 하여야 한다.
④ 연결살수설비의 배관은 전용으로 한다.

6. 폐쇄형헤드를 사용하는 연결살수설비의 주배관을 옥내소화전설비의 주배관에 접속할 때 접속부분에 설치해야 하는 것은? [16 ㉮]
(단, 옥내소화전설비가 설치된 경우이다.)
① 체크밸브   ② 게이트밸브
③ 글로브밸브   ④ 버터플라이밸브

7. 폐쇄형헤드를 사용하는 연결살수설비의 주배관은 어느 하나의 배관 또는 수조에 접속하여야 한다. 그 대상으로 옳지 않은 것은?
① 옥내소화전설비가 설치된 경우 옥내소화전설비의 주배관
② 수도배관(연결살수설비가 설치된 건축물 안에 설치된 수도배관 중 구경이 가장 큰 배관을 말한다)
③ 옥상에 설치된 수조(다른 설비의 수조를 포함한다)
④ 스프링클러설비가 설치된 경우 스프링클러설비의 주배관

8. 가연성 가스의 저장취급시설에 설치하는 연결살수설비의 헤드 설치 기준이 아닌 것은? [05, 09 ㉮]
① 연결살수설비의 전용 개방형 헤드를 설치
② 헤드 상호간의 거리는 3.7[m] 이하
③ 가스저장탱크, 가스홀더 및 가스발생기 주위에 설치
④ 헤드의 살수범위는 가스저장탱크, 가스홀더 및 가스발생기 몸체의 아래 부분이 포함되도록 한다.

해설

해설 5
토너먼트 배관 방식이 가능한 설비
포소화설비의 공기압축포, 가스계 소화설비, 분말소화설비

해설 6, 7
폐쇄형헤드를 사용하는 연결살수설비 주배관은 다음 어느 하나에 해당하는 배관 또는 수조에 접속하여야 한다. 이 경우 접속부분에는 체크밸브를 설치하되 점검하기 쉽게 하여야 한다.
① 옥내소화전설비의 주배관(옥내소화전설비가 설치된 경우에 한한다)
② 수도배관(연결살수설비가 설치된 건축물 안에 설치된 수도배관 중 구경이 가장 큰 배관을 말한다)
③ 옥상에 설치된 수조(다른 설비의 수조를 포함한다)

해설 8
가연성 가스의 저장·취급시설에 설치하는 연결살수설비의 헤드
다만, 지하에 설치된 가연성가스의 저장·취급시설로서 지상에 노출된 부분이 없는 경우에는 제외
① 연결살수설비 전용의 개방형헤드를 설치
② 가스저장탱크·가스홀더 및 가스발생기의 주위에 설치하되, 헤드 상호간의 거리는 3.7 m 이하
③ 헤드의 살수범위는 가스저장탱크·가스홀더 및 가스발생기의 몸체의 중간 윗부분의 모든 부분이 포함되도록 하여야 하고 살수된 물이 흘러내리면서 살수범위에 포함되지 아니한 부분에도 모두 적셔질 수 있도록 할 것

정답 5. ② 6. ① 7. ④ 8. ④

9. 건축물의 연결살수설비 헤드로서 스프링클러헤드를 설치할 경우, 천장 또는 반자의 각 부분으로부터 하나의 헤드까지의 수평거리를 얼마이어야 하는가? [05 ㉮]

① 2.5[m] 이하
② 3.3[m] 이하
③ 2.7[m] 이하
④ 2.3[m] 이하

10. 연결살수설비의 배관에 관한 설치기준 중 옳은 것은? [17 ㉮]

① 개방형헤드를 사용하는 연결살수설비의 수평주행배관은 헤드를 향하여 상향으로 100분의 5 이상의 기울기로 설치한다.
② 가지배관 또는 교차배관을 설치하는 경우에는 가지배관의 배열은 토너멘트 방식이어야 한다.
③ 교차배관에는 가지배관과 가지배관사이마다 1개 이상의 행가를 설치하되, 가지배관 사이의 거리가 4.5[m]를 초과하는 경우에는 4.5[m] 이내마다 1개 이상 설치한다.
④ 가지배관은 교차배관 또는 주배관에서 분기되는 지점을 기점으로 한 쪽 가지배관에 설치되는 헤드의 개수는 6개 이하로 하여야 한다.

해설

해설 9

수평거리

설비	구 분	수평거리[m]
연결 살수 설비	스프링클러 헤드 설치 시	2.3
	연결살수설비 전용헤드	3.7

해설 10

① 개방형헤드를 사용하는 연결살수설비의 수평주행배관은 헤드를 향하여 상향으로 100분의 1 이상의 기울기로 설치한다.
② 가지배관 또는 교차배관을 설치하는 경우에는 가지배관의 배열은 토너멘트 방식이 아니여야 한다.
③ 가지배관은 교차배관 또는 주배관에서 분기되는 지점을 기점으로 한 쪽 가지배관에 설치되는 헤드의 개수는 8개 이하로 하여야 한다.

정답 9. ④ 10. ③

19 지하구

핵심 PLUS

01 지하구의 정의 중 지하 인공구조물로서 폭, 높이, 길이[m]로 옳은 것은?

① 1.5, 2, 50
② 1.8, 2, 50
③ 2.0, 3, 70
④ 2.0, 2, 70

답 : ②

1 정의

지하구	1. 전력·통신용의 전선이나 가스·냉난방용의 배관 또는 이와 비슷한 것을 집합수용하기 위하여 설치한 지하 인공구조물로서 사람이 점검 또는 보수를 하기 위하여 출입이 가능한 것 중 다음에 해당하는 것 ① 전력 또는 통신사업용 지하 인공구조물로서 전력구(케이블 접속부가 없는 경우에는 제외) 또는 통신구 방식으로 설치된 것 ② ①외의 지하 인공구조물로서 **폭이 1.8미터 이상이고 높이가 2미터 이상이며 길이가 50미터 이상인 것** 2. 「국토의 계획 및 이용에 관한 법률」 제2조제9호에 따른 공동구 전기·가스·수도 등의 공급설비, 통신시설, 하수도시설 등 지하매설물을 공동 수용함으로써 미관의 개선, 도로구조의 보전 및 교통의 원활한 소통을 위하여 지하에 설치하는 시설물
제어반	설비, 장치 등의 조작과 확인을 위해 제어용 계기류, 스위치 등을 금속제 외함에 수납한 것
분전반	분기개폐기·분기과전류차단기 그밖에 배선용기기 및 배선을 금속제 외함에 수납한 것
방화벽	화재 시 발생한 열, 연기 등의 확산을 방지하기 위하여 설치하는 벽
분기구	전기, 통신, 상하수도, 난방 등의 공급시설의 일부를 분기하기 위하여 지하구의 단면 또는 형태를 변화시키는 부분
환기구	지하구의 온도, 습도의 조절 및 유해가스를 배출하기 위해 설치되는 것으로 자연환기구와 강제환기구로 구분
작업구	지하구의 유지관리를 위하여 자재, 기계기구의 반·출입 및 작업자의 출입을 위하여 만들어진 출입구
케이블 접속부	케이블이 지하구 내에 포설되면서 발생하는 직선 접속 부분을 전용의 접속재로 접속한 부분
특고압 케이블	사용전압이 7,000[V]를 초과하는 전로에 사용하는 케이블

2 소화기구 및 자동소화장치 설치기준

1. 소화기구 중 소화기

① 능력단위
  ㉠ A급 화재는 개당 3단위 이상
  ㉡ B급 화재는 개당 5단위 이상
  ㉢ C급 화재에 적응성이 있는 것

② 소화기 한대의 총중량 - 사용 및 운반의 편리성을 고려하여 7[kg] 이하

③ 사람이 출입할 수 있는 출입구(환기구, 작업구 포함) 부근 - 5개 이상 설치

④ 바닥면으로부터 1.5 [m] 이하의 높이에 설치

⑤ 소화기의 상부에 "소화기"라고 표시한 조명식 또는 반사식의 표지판을 부착하여 사용자가 쉽게 인지 할 수 있도록 할 것

2. 자동소화장치

① 지하구 내 발전실·변전실·송전실·변압기실·배전반실·통신기기실·전산기기실·기타 이와 유사한 시설이 있는 장소 중 바닥면적이 300[m²] 미만인 곳
 - 유효설치 방호체적 이내의 고체에어로졸·가스·분말·캐비닛형 자동소화장치를 설치. 다만, 물분무등소화설비를 설치한 경우에는 제외

② 제어반 또는 분전반마다
 - 고체에어로졸·가스·분말 자동소화장치 또는 유효설치 방호체적 이내의 소공간용 소화용구를 설치

③ 케이블접속부(절연유를 포함한 접속부에 한함)마다
  ㉠ 고체에어로졸·가스·분말 자동소화장치, 중앙소방기술심의위원회의 심의를 거쳐 소방청장이 인정하는 자동소화장치 설치
  ㉡ 소화성능이 확보될 수 있도록 방호공간을 구획하는 등 유효한 조치를 하여야 한다.

핵심 PLUS

02 지하구 화재안전기준에 따른 소화기 능력단위로 옳은 것은?
① A급 화재는 개당 1단위 이상
  B급 화재는 개당 3단위 이상
② A급 화재는 개당 2단위 이상
  B급 화재는 개당 4단위 이상
③ A급 화재는 개당 3단위 이상
  B급 화재는 개당 5단위 이상
④ A급 화재는 개당 10단위 이상
  B급 화재는 개당 20단위 이상

답 : ③

03 지하구 화재안전기준에 따라 사람이 출입할 수 있는 출입구(환기구, 작업구 포함) 부근에 몇 개 이상의 소화기를 설치해야 하는가?
① 3   ② 5
③ 7   ④ 10

답 : ②

04 지하구에 소공간용소화용구 설치 장소로서 옳은 것은?
① 발전실
② 배전반실
③ 전산기기실
④ 제어반

답 : ④

핵심 PLUS

05 지하구 화재안전기준에 따라 감지기는 먼지·습기 등의 영향을 받지 아니하고 발화지점(   )과 온도를 확인할 수 있는 것을 설치하여야 한다. ( )안에 알맞은 것은?
① 1[m] 단위   ② 2[m] 단위
③ 3[m] 단위   ④ 5[m] 단위

답 : ①

06 지하구 화재안전기준에 따라 지하구 천장의 중심부에 설치하되 감지기와 천장 중심부 하단과의 수직거리는 몇 [cm] 이내로 해야하는가?
① 10   ② 30
③ 50   ④ 100

답 : ②

3 자동화재탐지설비

1. 감지기

① 먼지·습기 등의 영향을 받지 아니하고 발화지점(1[m] 단위)과 온도를 확인할 수 있는 것을 설치

② 지하구 천장의 중심부에 설치하되 감지기와 천장 중심부 하단과의 수직거리는 30[cm] 이내로 할 것.

③ 발화지점이 지하구의 실제거리와 일치하도록 수신기 등에 표시할 것.

④ 공동구 내부에 상수도용 또는 냉·난방용 설비만 존재하는 부분은 감지기를 설치하지 않을 수 있다.

2. 발신기 등

발신기, 지구음향장치 및 시각경보기는 설치하지 않을 수 있다.

4 유도등

사람이 출입할 수 있는 출입구(환기구, 작업구를 포함)에는 해당 지하구 환경에 적합한 크기의 피난구유도등을 설치하여야 한다.

5 연소방지설비

1. 연소방지설비의 배관 설치기준

① 배관의 종류
  ㉠ 배관용 탄소강관
  ㉡ 압력배관용 탄소강광
  ㉢ 이와 동등 이상의 강도·내식성 및 내열성을 가진 것

② 급수배관(송수구로부터 연소방지설비 헤드에 급수하는 배관)은 전용

③ 배관의 구경

㉠ 연소방지설비전용헤드를 사용하는 경우

하나의 배관에 부착하는 살수헤드의 개수	1개	2개	3개	4개 또는 5개	6개 이상
배관의 구경[mm]	32	40	50	65	80

㉡ 개방형 스프링클러헤드를 사용하는 경우 – 스프링클러설비기준에 따를 것

④ 교차배관

가지배관과 수평으로 설치하거나 또는 가지배관 밑에 설치하고, 그 구경은 ③배관의 구경에 따르되, 최소구경이 40 [mm] 이상이 되도록 할 것

2. 연소방지설비의 헤드 설치기준

① 천장 또는 벽면에 설치할 것

② 헤드간의 수평거리
  ㉠ 연소방지설비 전용헤드(살수헤드) : 2 [m] 이하
  ㉡ 스프링클러헤드 : 1.5 [m] 이하

③ 소방대원의 출입이 가능한 환기구·작업구마다 지하구의 양쪽방향으로 살수헤드를 설정하되, 한쪽 방향의 살수구역의 길이는 3 [m] 이상으로 할 것. 다만, 환기구 사이의 간격이 700[m]를 초과할 경우에는 700[m] 이내마다 살수구역을 설정하되, 지하구의 구조를 고려하여 방화벽을 설치한 경우에는 제외

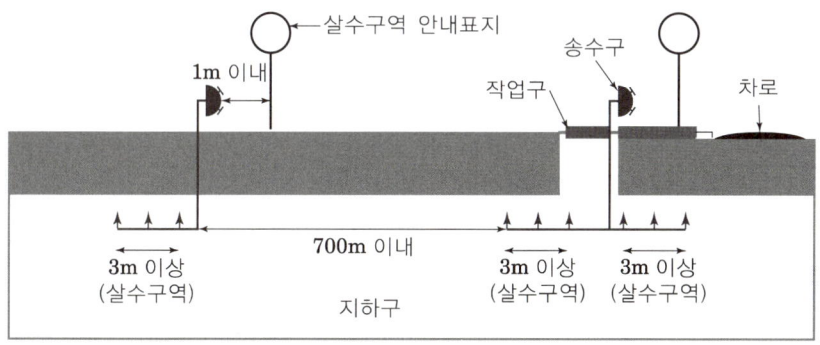

연소방지설비

핵심 PLUS

07 지하구에 설치하는 연소방지설비 배관의 구경으로 옳은 것은? (단, 설치된 헤드의 개수는 12개이다)
① 40[mm] ② 50[mm]
③ 65[mm] ④ 80[mm]

답 : ④

08 지하구 화재안전기준에 따라 설치하는 연소방지설비 배관 구경이 50[mm]일 때 설치할 수 있는 헤드 개수는?
① 2개 ② 3개
③ 4~5개 ④ 6개 이상

답 : ②

09 지하구 화재안전기준에 따라 연소방지설비 전용헤드 설치 시 수평거리는?
① 2[m] 이하
② 2.1[m] 이하
③ 2.3[m] 이하
④ 2.6[m] 이하

답 : ①

10 지하구 화재안전기준에 따라 연소방지설비의 살수구역 길이는 몇 [m] 이상으로 하여야 하는가?
① 1[m] ② 2[m]
③ 3[m] ④ 4[m]

답 : ③

11 지하구 화재안전기준에 따라 연소방지설비 살수구역은 몇 [m] 이내마다 설정하여야 하는가?
① 350[m]
② 500[m]
③ 700[m]
④ 1000[m]

답 : ③

핵심 PLUS

12 지하구에 설치하는 연소방지설비의 송수구로부터 몇 [m] 이내에 살수구역 안내표지를 설치하여야 하는가?
① 1[m]　② 2[m]
③ 3[m]　④ 4[m]

답 : ①

3. 송수구 설치기준

① 소방차가 쉽게 접근할 수 있는 노출된 장소에 설치하되, 눈에 띄기 쉬운 보도 또는 차도에 설치할 것

② 송수구는 구경 65[mm]의 쌍구형으로 할 것

③ 송수구로부터 1[m] 이내에 살수구역 안내표지를 설치할 것

④ 지면으로부터 높이가 0.5[m] 이상 1[m] 이하의 위치에 설치할 것

⑤ 송수구의 가까운 부분에 자동배수밸브(또는 직경 5[mm]의 배수공)를 설치할 것. 이 경우 자동배수밸브는 배관안의 물이 잘 빠질 수 있는 위치에 설치하되, 배수로 인하여 다른 물건 또는 장소에 피해를 주지 아니하여야 한다.

⑥ 송수구로부터 주배관에 이르는 연결배관에는 개폐밸브를 설치하지 아니할 것

⑦ 송수구에는 이물질을 막기 위한 마개를 씌어야 한다.

6 연소방지재

지하구 내에 설치하는 케이블·전선 등에는 다음의 기준에 따라 연소방지재를 설치. 다만, 케이블·전선 등을 아래의 1.연소방지재의 난연성능 이상을 충족하는 것으로 설치한 경우에는 연소방지재를 설치하지 않을 수 있다.

1. 연소방지재

한국산업표준(KS C IEC 60332-3-24)에서 정한 난연성능 이상의 제품을 사용하되 다음 기준을 충족할 것.

① 시험에 사용되는 연소방지재는 시료(케이블 등)의 아래쪽(점화원으로부터 가까운 쪽)으로부터 30[cm] 지점부터 부착 또는 설치되어야 한다.

② 시험에 사용되는 시료(케이블 등)의 단면적은 325[mm^2]로 한다.

③ 시험성적서의 유효기간은 발급 후 3년으로 한다.

13 지하구 화재안전기준에 따라 연소방지재간의 설치 간격은 몇 [m]를 넘지 않아야 하는가?
① 100　② 350
③ 500　④ 1000

답 : ②

2. 연소방지재는 다음 부분에 시험성적서에 명시된 방식으로 시험성적서에 명시된 길이 이상으로 설치하되, 연소방지재 간의 설치 간격은 350[m]를 넘지 않도록 하여야 한다.

① 분기구

② 지하구의 인입부 또는 인출부

③ 절연유 순환펌프 등이 설치된 부분

④ 기타 화재발생 위험이 우려되는 부분

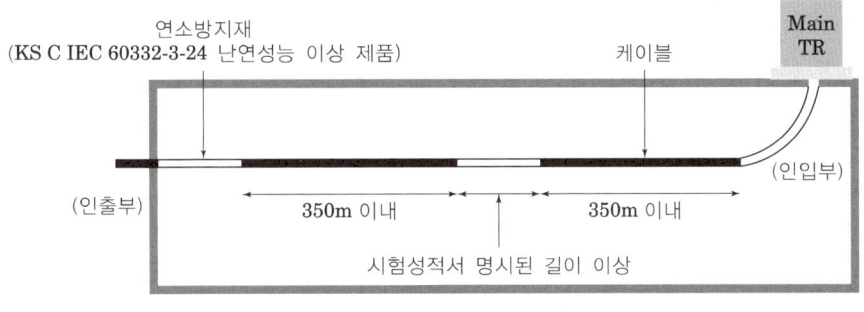

7 방화벽

항상 닫힌 상태를 유지하거나 자동폐쇄장치에 의하여 화재 신호를 받으면 자동으로 닫히는 구조

1. 내화구조로서 홀로 설 수 있는 구조

2. 방화벽의 출입문은 60분+방화문 또는 60분 방화문으로 설치

3. 방화벽을 관통하는 케이블·전선 등에는 내화충전 구조로 마감

4. 방화벽은 분기구 및 국사·변전소 등의 건축물과 지하구가 연결되는 부위(건축물로부터 20[m] 이내)에 설치

5. 자동폐쇄장치를 사용하는 경우에는 「자동폐쇄장치의 성능인증 및 제품검사의 기술기준」에 적합한 것으로 설치

8 무선통신보조설비

무전기접속단자는 방재실과 공동구의 입구 및 연소방지설비 송수구가 설치된 장소(지상)에 설치

핵심 PLUS

14 지하구 화재안전기준에 따라 방화벽은 국사·변전소 등의 건축물과 지하구가 연결되는 부위( )에 설치 하여야 한다. ( )안에 들어갈 알맞은 것은?

① 건축물로부터 10[m] 이내
② 건축물로부터 20[m] 이내
③ 건축물로부터 30[m] 이내
④ 건축물로부터 40[m] 이내

답 : ②

9 통합감시시설

1. 소방관서와 지하구의 통제실 간에 화재 등 소방활동과 관련된 정보를 상시 교환할 수 있는 정보통신망을 구축할 것

2. 정보통신망(무선통신망을 포함)은 광케이블 또는 이와 유사한 성능을 가진 선로일 것

3. 수신기는 지하구의 통제실에 설치하되 화재신호, 경보, 발화지점 등 수신기에 표시되는 정보가 적합한 방식으로 119상황실이 있는 관할 소방관서의 정보통신장치에 표시되도록 할 것

핵심기출문제

19. 지하구

■■■ 19. 지하구

1. 연소방지설비 설치대상은?

① 지하구 ② 터널
③ 지하상가 ④ 전력사업용 지하가

2. 지하구의 화재안전기준에 따라 사용 및 운반의 편리성을 고려하여 소화기 한대의 총중량은 몇 [kg] 이하로 하는가?

① 2[kg] ② 3[kg]
③ 5[kg] ④ 7[kg]

3. 지하구의 화재안전기준에 따라 케이블접속부(절연유를 포함한 접속부에 한함)마다 설치 하지 않아도 되는 것은?

① 고체에어로졸 자동소화장치
② 가스식 자동소화장치
③ 분말식 자동소화장치
④ 캐비닛형 자동소화장치

4. 지하구의 화재안전기준에 따라 감지기 설치 기준으로 옳지 않은 것은?

① 먼지·습기 등의 영향을 받지 아니하고 발화지점(1[m] 단위)과 온도를 확인할 수 있는 것을 설치
② 지하구 천장의 중심부에 설치하되 감지기와 천장 중심부 하단과의 수직거리는 30[cm] 이내로 할 것.
③ 발화지점이 지하구의 실제거리와 일치하도록 수신기 등에 표시할 것.
④ 공동구 외부에 상수도용 또는 냉·난방용 설비만 존재하는 부분은 감지기를 설치하지 않을 수 있다.

해설

해설 1
지하구(전력 또는 통신사업용인 것만 해당한다)에 설치

해설 2
소화기구 중 소화기
① 능력단위 – A급 화재는 개당 3단위 이상, B급 화재는 개당 5단위 이상, C급 화재에 적응성이 있는 것
② 소화기 한대의 총중량 – 사용 및 운반의 편리성을 고려하여 7[kg] 이하
③ 사람이 출입할 수 있는 출입구(환기구, 작업구 포함) 부근 – 5개 이상 설치

해설 3
케이블접속부(절연유를 포함한 접속부에 한함)마다 – 고체에어로졸·가스·분말 자동소화장치, 중앙소방기술심의위원회의 심의를 거쳐 소방청장이 인정하는 자동소화장치 설치

해설 4
공동구 내부에 상수도용 또는 냉·난방용 설비만 존재하는 부분은 감지기를 설치하지 않을 수 있다.

정답 1. ① 2. ④ 3. ④ 4. ④

핵심기출문제

19. 지하구

5. 연소방지설비에서 배관의 구경이 65[mm]일 때 살수헤드의 개수는 몇 개까지 부착할 수 있는가? (단, 살수헤드는 연소방지설비의 전용헤드이다.)
① 2
② 3
③ 4~5
④ 6개 이상

6. 연소방지설비의 전용헤드를 사용하는 경우 배관의 구경과 헤드의 개수로 틀린 것은?
① 40[mm] - 2개
② 50[mm] - 3개
③ 65[mm] - 4~5개
④ 80[mm] - 6개~10개

7. 연소방지설비에 스프링클러헤드를 설치한 경우 방수헤드간의 수평거리는 얼마 이하로 하여야 하는가?
① 1.5[m] 이하
② 1.7[m] 이하
③ 2.0[m] 이하
④ 2.1[m] 이하

8. 지하구의 화재안전기준에 따라 환기구 사이의 간격이 몇 [m]를 초과할 경우에는 700[m] 이내마다 살수구역을 설정하여야 하는가?
① 350
② 700
③ 1,000
④ 1,500

9. 연소방지설비의 방화벽(화재의 연소를 방지하기 위하여 설치하는 벽)의 설치기준으로 옳지 않은 것은?
① 내화구조로서 홀로 설 수 있는 구조
② 방화벽에 출입문을 설치하는 경우에는 갑종 방화문으로 설치
③ 방화벽을 관통하는 케이블·전선 등에는 내화충전 구조로 마감
④ 방화벽은 분기구 및 국사·변전소 등의 건축물과 지하구가 연결되는 부위(건축물로부터 10[m] 이내)에 설치

해설

해설 5, 6

하나의 배관에 부착하는 살수헤드의 개수	1개	2개	3개	4개 또는 5개	6개 이상
배관의 구경[mm]	32	40	50	65	80

해설 7

방수헤드간의 수평거리

연소방지설비 전용헤드	스프링클러헤드의 경우
2[m] 이하	1.5[m] 이하

해설 8

연소방지설비의 헤드 설치기준
소방대원의 출입이 가능한 환기구·작업구마다 지하구의 양쪽방향으로 살수헤드를 설정하되, 한쪽 방향의 살수구역의 길이는 3[m] 이상으로 할 것.
다만, 환기구 사이의 간격이 700[m]를 초과할 경우에는 700[m] 이내마다 살수구역을 설정하되, 지하구의 구조를 고려하여 방화벽을 설치한 경우에는 그러하지 아니하다.

해설 9

방화벽은 분기구 및 국사·변전소 등의 건축물과 지하구가 연결되는 부위(건축물로부터 20[m] 이내)에 설치

정답 5. ③ 6. ④ 7. ① 8. ②
9. ④

20 공동주택의 화재안전성능기준(NFPC 608) [시행 2024.1.1]

Ⅳ. 소방기계시설의 구조 및 원리 | 공동주택의 화재안전성능기준(NFPC 608)

1 정의

1. 공동주택

아파트등	주택으로 쓰이는 층수가 5층 이상인 주택
연립주택	주택으로 쓰는 1개 동의 바닥면적(2개 이상의 동을 지하주차장으로 연결하는 경우에는 각각의 동으로 본다) 합계가 660[m²]를 초과하고, 층수가 4개 층 이하인 주택 2024년 12월 1일 시행
다세대주택	주택으로 쓰는 1개 동의 바닥면적(2개 이상의 동을 지하주차장으로 연결하는 경우에는 각각의 동으로 본다) 합계가 660[m²] 이하이고, 층수가 4개 층 이하인 주택 2024년 12월 1일 시행
기숙사	학교 또는 공장 등의 학생 또는 종업원 등을 위하여 쓰는 것으로서 1개 동의 공동취사시설 이용 세대 수가 전체의 50[%] 이상인 것(학생복지주택 및 공공매입임대주택 중 독립된 주거의 형태를 갖추지 않은 것을 포함)

2. 갓복도식 공동주택

각 층의 계단실 및 승강기에서 각 세대로 통하는 복도의 한쪽 면이 외기에 개방된 구조의 공동주택

2 소화기구 및 자동소화장치

1. 소화기 설치 기준

① 바닥면적 100[m²] 마다 1단위 이상의 능력단위를 기준으로 설치할 것

② 아파트등의 경우 각 세대 및 공용부(승강장, 복도 등)마다 설치할 것

③ 아파트등의 세대 내에 설치된 보일러실이 방화구획되거나, 스프링클러설비·간이스프링클러설비·물분무등소화설비 중 하나가 설치된 경우에는 부속용도별로 사용되는 부분에 대하여 소화기구 및 자동소화장치를 추가하여 설치하는것을 적용하지 않을 수 있다.

④ 아파트등의 경우 소화기의 감소 규정을 적용하지 않을 것

핵심 PLUS

01 공동주택의 화재안전성능기준에 따라 바닥면적 몇 [m²] 마다 1단위 이상의 능력단위를 기준으로 설치하여야 하는가?
① 50
② 100
③ 150
④ 200

답 : ②

2. 주거용 주방자동소화장치는 아파트등의 주방에 열원(가스 또는 전기)의 종류에 적합한 것으로 설치하고, 열원을 차단할 수 있는 차단장치를 설치해야 한다.

3 옥내소화전설비

1. 호스릴(hose reel) 방식으로 설치할 것
2. 복층형 구조인 경우에는 출입구가 없는 층에 방수구를 설치하지 아니할 수 있다.

4 스프링클러설비

1. 수원의 양

   ① 폐쇄형스프링클러헤드를 사용하는 아파트등은 기준개수 10개(스프링클러헤드의 설치개수가 가장 많은 세대에 설치된 스프링클러헤드의 개수가 기준개수보다 작은 경우에는 그 설치개수)에 1.6[m³]를 곱한 양 이상의 수원이 확보되도록 할 것.

   ② 아파트등의 각 동이 주차장으로 서로 연결된 구조인 경우 해당 주차장 부분의 기준개수는 30개로 할 것

2. 아파트등의 경우 화장실 반자 내부

   소방용 합성수지배관 내부에 항상 소화수가 채워진 상태로 유지되는 소방용 합성수지배관으로 배관을 설치할 수 있다.

3. 하나의 방호구역

   2개 층에 미치지 아니하도록 할 것. 다만, 복층형 구조의 공동주택에는 3개 층 이내로 할 수 있다.

4. 수평거리

   아파트등의 세대 내 스프링클러헤드를 설치하는 경우 천장·반자·천장과 반자 사이·덕트·선반등의 각 부분으로부터 하나의 스프링클러헤드까지의 수평거리는 2.6[m] 이하로 할 것.

---

02 20층 3개동의 각 동이 주차장으로 서로 연결된 구조인 경우 스프링클러설비의 수원의 양으로 옳은 것은?
① 16[m³] 이상
② 32[m³] 이상
③ 48[m³] 이상
④ 144[m³] 이상

[풀이]
30개 × 1.6[m³/개] = 48[m³]

답 : ③

03 아파트등의 세대 내 설치되는 스프링클러헤드의 수평거리로 옳은 것은?
① 2.1[m] 이하 ② 2.3[m] 이하
③ 2.6[m] 이하 ④ 3.2[m] 이하

답 : ③

5. 상층으로의 연소확대 방지

외벽에 설치된 창문에서 0.6[m] 이내에 스프링클러헤드를 배치하고, 배치된 헤드의 수평거리 이내에 창문이 모두 포함되도록 할 것. 다만, 다음에 해당하는 경우에는 그렇지 않다

① 창문에 드렌처설비가 설치된 경우

② 창문과 창문 사이의 수직부분이 내화구조로 90[cm] 이상 이격되어 있거나, 발코니 등의 구조변경절차 및 설치기준의 구조와 성능의 방화판 또는 방화유리창을 설치한 경우

③ 발코니가 설치된 부분

6. 거실에는 조기반응형 스프링클러헤드를 설치할 것.

7. 감시제어반 전용실

피난층 또는 지하 1층에 설치할 것. 다만, 상시 사람이 근무하는 장소 또는 관계인이 쉽게 접근할 수 있고 관리가 용이한 장소에 감시제어반 전용실을 설치할 경우에는 지상 2층 또는 지하 2층에 설치할 수 있다.(옥내소화전, 물분무소화설비, 포소화설비, 옥외소화전설비 동일)

8. 헤드 설치제외 장소 : 대피공간

9. 세대 내 실외기실 등 소규모 공간에서 해당 공간 여건상 헤드와 장애물 사이에 60[cm] 반경을 확보하지 못하거나 장애물 폭의 3배를 확보하지 못하는 경우에는 살수방해가 최소화되는 위치에 설치할 수 있다.

5 옥외소화전설비

기동장치 : 기동용수압개폐장치 또는 이와 동등 이상의 성능이 있는 것을 설치할 것.

핵심 PLUS

04 상층으로의 연소확대 방지를 위해 외벽에 설치된 창문에서 몇 [m] 이내에 스프링클러헤드를 배치하여야 하는가
① 0.6
② 2.1
③ 2.3
④ 2.6

답 : ①

Ⅳ. 소방기계시설의 구조 및 원리 | 공동주택의 화재안전성능기준(NFPC 608)

6 자동화재탐지설비

1. 감지기 설치 기준

① 아날로그방식의 감지기, 광전식 공기흡입형 감지기 또는 이와 동등 이상의 기능·성능이 인정되는 것으로 설치할 것

② 감지기의 신호처리방식은 자동화재탐지설비 및 시각경보장치의 화재안전성능기준에 따른다.

③ 세대 내 거실(취침용도로 사용될 수 있는 통상적인 방 및 거실)에는 연기감지기를 설치할 것

④ 감지기 회로 단선 시 고장표시가 되며, 해당 회로에 설치된 감지기가 정상 작동될 수 있는 성능을 갖도록 할 것

2. 복층형 구조인 경우에는 출입구가 없는 층에 발신기를 설치하지 아니할 수 있다.

7 비상방송설비

① 확성기는 각 세대마다 설치할 것

② 아파트등의 경우 실내에 설치하는 확성기 음성입력은 2[W] 이상일 것

8 피난기구

1. 아파트등의 경우 각 세대마다 설치할 것

2. 피난기구를 설치하는 개구부

피난장애가 발생하지 않도록 하기 위하여 동일 직선상이 아닌 위치에 있을 것. 다만, 수직 피난방향으로 동일 직선상인 세대별 개구부에 피난기구를 엇갈리게 설치하여 피난장애가 발생하지 않는 경우에는 그렇지 않다.

3. 공기안전매트 설치 대상

의무관리대상 공동주택의 경우에는 하나의 관리주체가 관리하는 공동주택 구역마다 1개 이상을 추가 설치. 다만, 옥상으로 피난이 가능하거나 수평 또는 수직 방향의 인접세대로 피난할 수 있는 구조인 경우에는 추가로 설치하지 않을 수 있다.

핵심 PLUS

05 아파트등의 경우 실내에 설치하는 확성기 음성입력은 몇 [W] 이상이어야 하는가?
① 1   ② 2
③ 3   ④ 5

답 : ②

> **│ 의무관리대상 공동주택 │**
> ㉠ 300세대 이상의 공동주택
> ㉡ 150세대 이상으로서 승강기가 설치된 공동주택
> ㉢ 150세대 이상으로서 중앙집중식 난방방식(지역난방방식을 포함한다)의 공동주택
> ㉣ 건축법에 따른 건축허가를 받아 주택 외의 시설과 주택을 동일 건축물로 건축한 건축물로서 주택이 150세대 이상인 건축물

4. 피난기구 설치 제외

① 갓복도식 공동주택

② 아래의 구조 또는 시설을 설치하여 수평 또는 수직 방향의 인접세대로 피난할 수 있는 아파트
 ㉠ 발코니와 인접 세대와의 경계벽이 파괴하기 쉬운 경량구조 등인 경우
 ㉡ 발코니의 경계벽에 피난구를 설치한 경우
 ㉢ 발코니의 바닥에 하향식 피난구를 설치한 경우
 ㉣ 대피공간과 동일하거나 그 이상의 성능이 있다고 인정하여 고시하는 구조 또는 시설(대체시설)을 갖춘 경우.

5. 승강식 피난기 및 하향식 피난구용 내림식 사다리

방화구획된 장소(세대 내부)에 설치될 경우 해당 방화구획된 장소를 대피실로 간주하고, 대피실의 면적규정과 외기에 접하는 구조로 대피실을 설치하는 규정을 적용하지 않을 수 있다.

9 유도등

1. 소형 피난구 유도등 설치. (세대 내에는 제외)

2. 주차장 : 중형 피난구유도등 설치

3. 비상문자동개폐장치가 설치된 옥상 출입문 : 대형 피난구유도등 설치

4. 내부구조가 단순하고 복도식이 아닌 층

 ① 피난구유도등의 면과 수직이 되도록 출입구 인근 천장에 설치된 피난구유도등을 추가로 설치하지 않아도 된다.

 ② 피난구유도등이 설치된 출입구의 맞은편 복도에 입체형이나 바닥에 설치하지 않아도 된다.

핵심 PLUS

06 공동주택의 화재안전성능기준 중 유도등 설치기준에 따라 비상문자동개폐장치가 설치된 옥상 출입문에 설치해야 하는 유도등은?

① 소형피난구유도등
② 중형피난구유도등
③ 대형피난구유도등
④ 음성점멸형피난구유도등

답 : ③

10 비상조명등

비상조명등은 각 거실로부터 지상에 이르는 복도·계단 및 그 밖의 통로에 설치해야 한다.
다만, 공동주택의 세대 내에는 출입구 인근 통로에 1개 이상 설치

11 특별피난계단의 계단실 및 부속실 제연설비

특별피난계단의 계단실 및 부속실 제연설비는 화재안전기술기준에 따라 성능확인을 해야 한다.
다만, 부속실을 단독으로 제연하는 경우에는 부속실과 면하는 옥내 출입문만 개방한 상태로 방연풍속을 측정 할 수 있다.

12 연결송수관설비

1. 방수구 설치기준

층마다 설치	아파트등의 1층과 2층(또는 피난층과 그 직상층)은 설치 제외
쌍구형으로 설치	아파트등의 용도로 사용되는 층에는 단구형으로 설치 가능
아파트등의 경우 방수구 설치 위치 (비상콘센트 동일)	㉠ 계단의 출입구(계단의 부속실을 포함하며 계단이 2 이상 있는 경우에는 그 중 1개의 계단을 말한다)로부터 5m 이내에 설치 ㉡ 방수구로부터 해당 층의 각 부분까지의 수평거리가 50m를 초과하는 경우에는 추가로 설치

2. 송수구 설치기준

동별로 설치하고 소방차량의 접근 및 통행이 용이하고 잘 보이는 장소에 설치

3. 펌프의 토출량[ℓ / min]

층당 방수구 개수 구 분	3개 이하	4개	5개 이상
계단식 아파트	1,200 이상	1,600 이상	2,000 이상
복도식 아파트	2,400 이상	3,200 이상	4,000 이상

핵심 PLUS

07 연결송수관설비의 방수구 설치기준 중 쌍구형으로 설치해야 하는 대상물은?
① 아파트등
② 연립주택
③ 다세대주택
④ 기숙사

답 : ④

08 공동주택의 화재안전성능기준 중 계단식 아파트의 연결송수관 설비의 펌프 토출량[ℓ / min]으로 옳은 것은? 단, 층당 방수구는 4개가 설치되어 있다.
① 1,200 이상
② 1,600 이상
③ 2,000 이상
④ 2,400 이상

답 : ②

핵심기출문제

20. 공동주택의 화재안전성능기준

■■■ 20. 공동주택의 화재안전성능기준

1. 공동주택의 화재안전성능기준에 의한 소화기 설치기준으로 옳지 않은 것은?

① 바닥면적 100[m²]마다 1단위 이상의 능력단위를 기준으로 설치할 것
② 아파트등의 경우 각 세대 및 공용부(승강장, 복도 등)마다 설치할 것
③ 아파트등의 세대 내에 설치된 보일러실이 방화구획되어 있는 경우에는 보일러실에 자동소화장치를 설치하지 않아도 된다.
④ 아파트등의 경우에는 소화기의 감소 규정을 적용할 수 있다.

2. 공동주택의 화재안전성능기준에 의한 소방시설의 설치기준으로 옳지 않은 것은?

① 옥내소화전설비는 호스릴(hose reel) 방식으로 설치할 것
② 아파트등의 각 동이 주차장으로 서로 연결된 구조인 경우 해당 주차장 부분의 스프링클러설비의 수원의 양을 선정할 때 기준개수는 20개로 할 것
③ 아파트등의 세대 내 스프링클러헤드를 설치하는 경우 천장·반자·천장과 반자 사이·덕트·선반등의 각 부분으로부터 하나의 스프링클러헤드까지의 수평거리는 2.6[m] 이하로 할 것
④ 복층형 구조인 경우에는 출입구가 없는 층에 옥내소화전 방수구를 설치하지 아니할 수 있다.

3. 16층의 아파트에 각 세대마다 12개의 폐쇄형 스프링클러헤드를 설치하였다. 이때 소화펌프의 토출량은 몇 l/min 이상인가?(단, 각층이 주차장으로 서로 연결된 구조가 아니다) [11⑦]

① 800
② 960
③ 1,600
④ 2,400

해설

해설 1
공동주택의 소화기 설치 기준
① 바닥면적 100[m²]마다 1단위 이상의 능력단위를 기준으로 설치할 것
② 아파트등의 경우 각 세대 및 공용부(승강장, 복도 등)마다 설치할 것
③ 아파트등의 세대 내에 설치된 보일러실이 방화구획되거나, 스프링클러설비·간이스프링클러설비·물분무등소화설비 중 하나가 설치된 경우에는 부속용도별로 사용되는 부분에 대하여 소화기구 및 자동소화장치를 추가하여 설치하는것을 적용하지 않을 수 있다.
④ 아파트등의 경우 소화기의 감소 규정을 적용하지 않을 것

해설 2
스프링클러설비 수원의 양
① 폐쇄형스프링클러헤드를 사용하는 아파트등은 기준개수 10개(스프링클러헤드의 설치개수가 가장 많은 세대에 설치된 스프링클러헤드의 개수가 기준개수보다 작은 경우에는 그 설치개수)에 1.6[m³]를 곱한 양 이상의 수원이 확보되도록 할 것.
② 아파트등의 각 동이 주차장으로 서로 연결된 구조인 경우 해당 주차장 부분의 기준개수는 30개로 할 것

해설 3
소화펌프의 토출량(N×Q)

헤드의 종류	N (설치장소별 스프링클러 헤드의 기준개수)	Q (방수량)
폐쇄형	아파트 - 10개	80 l/min·개

소화펌프의 토출량
= 10개 × 80 l/min·개
= 800 l/min

정답 1. ④ 2. ② 3. ①

핵심기출문제

20. 공동주택의 화재안전성능기준

4. 공동주택의 화재안전성능기준에 따라 외벽에 설치된 창문에서 몇 [m] 이내에 스프링클러헤드를 배치하고, 배치된 헤드의 수평거리 이내에 창문이 모두 포함되도록 하여야 하는가?
① 0.6
② 1
③ 2.1
④ 2.6

5. 공동주택의 화재안전성능기준에 따라 세대 내 외벽에 설치된 창문에서 0.6[m] 이내에 스프링클러헤드를 배치하고, 배치된 헤드의 수평거리 이내에 창문이 모두 포함되도록 하여야 한다. 이렇게 설치하지 않아도 되는 경우로서 옳지 않은 것은?
① 창문에 드렌처설비가 설치된 경우
② 창문과 창문 사이의 수직부분이 내화구조로 100[cm] 이상 이격되어 있는 경우
③ 발코니가 설치된 부분
④ 발코니 등의 구조변경절차 및 설치기준의 구조와 성능의 방화판 또는 방화유리창을 설치한 경우

6. 공동주택의 화재안전성능기준에 따른 자동화재탐지설비 감지기 설치 기준으로 옳지 않은 것은?
① 아날로그방식의 감지기, 광전식 공기흡입형 감지기 또는 이와 동등 이상의 기능·성능이 인정되는 것으로 설치할 것
② 감지기의 신호처리방식은 자동화재탐지설비 및 시각경보장치의 화재안전성능기준에 따른다.
③ 세대 내 거실(취침용도로 사용될 수 있는 통상적인 방 및 거실)에는 연기 또는 열감지기를 설치할 것
④ 감지기 회로 단선 시 고장표시가 되며, 해당 회로에 설치된 감지기가 정상 작동될 수 있는 성능을 갖도록 할 것

7. 공동주택의 화재안전성능기준에 의한 소방시설의 설치기준으로 옳지 않은 것은?
① 확성기는 각 세대 및 복도, 계단에 설치할 것
② 복층형 구조인 경우에는 출입구가 없는 층에 발신기를 설치하지 아니할 수 있다.
③ 거실에는 조기반응형 스프링클러헤드를 설치할 것.
④ 아파트등의 경우 실내에 설치하는 확성기 음성입력은 2[W] 이상일 것

해설

해설 3, 4
상층으로의 연소확대 방지
외벽에 설치된 창문에서 0.6[m] 이내에 스프링클러헤드를 배치하고, 배치된 헤드의 수평거리 이내에 창문이 모두 포함되도록 할 것. 다만, 다음에 해당하는 경우에는 그렇지 않다
① 창문에 드렌처설비가 설치된 경우
② 창문과 창문 사이의 수직부분이 내화구조로 90[cm] 이상 이격되어 있거나, 발코니 등의 구조변경절차 및 설치기준의 구조와 성능의 방화판 또는 방화유리창을 설치한 경우
③ 발코니가 설치된 부분

해설 6
세대 내 거실(취침용도로 사용될 수 있는 통상적인 방 및 거실)에는 연기감지기를 설치할 것

해설 7
비상방송설비
1. 확성기는 각 세대마다 설치할 것
2. 아파트등의 경우 실내에 설치하는 확성기 음성입력은 2[W] 이상일 것

정답 4. ① 5. ② 6. ③ 7. ①

해설

해설 8

8. 공동주택 다음 장소에 설치하는 유도등의 종류로서 각각 옳은 것은?

> 주차장 : (㉠) 피난구유도등
> 비상문자동개폐장치가 설치된 옥상 출입문 : (㉡) 피난구유도등

① ㉠ : 중형, ㉡ : 소형
② ㉠ : 대형, ㉡ : 중형
③ ㉠ : 소형, ㉡ : 소형
④ ㉠ : 중형, ㉡ : 대형

유도등 설치기준
1. 소형 피난구 유도등 설치.
   (세대 내에는 제외)
2. 주차장 : 중형 피난구유도등 설치
3. 비상문자동개폐장치가 설치된 옥상 출입문 : 대형 피난구유도등 설치

해설 9

9. 공동주택의 화재안전성능기준에 의한 아파트등의 연결송수관방수구 설치 위치에 대한 설명이다. ( ) 안에 순서대로 알맞은 것은?

> 계단의 출입구(계단의 부속실을 포함하며 계단이 2 이상 있는 경우에는 그 중 1개의 계단을 말한다)로부터 (㉠) [m] 이내에 설치하고 방수구로부터 해당 층의 각 부분까지의 수평거리가 (㉡) [m]를 초과하는 경우에는 추가로 설치하여야 한다.

① ㉠ : 3, ㉡ : 25
② ㉠ : 3, ㉡ : 50
③ ㉠ : 5, ㉡ : 25
④ ㉠ : 5, ㉡ : 50

연결송수관설비 방수구 설치기준

층마다 설치	아파트등의 1층과 2층(또는 피난층과 그 직상층)은 설치 제외
쌍구형으로 설치	아파트등의 용도로 사용되는 층에는 단구형으로 설치 가능
아파트등의 경우 방수구 설치 위치 (비상콘센트 동일)	㉠ 계단의 출입구(계단의 부속실을 포함하며 계단이 2 이상 있는 경우에는 그 중 1개의 계단을 말한다)로부터 5[m] 이내에 설치 ㉡ 방수구로부터 해당 층의 각 부분까지의 수평거리가 50[m]를 초과하는 경우에는 추가로 설치

정답 8. ④ 9. ④

21 창고시설의 화재안전성능기준(NFPC 609)

Ⅳ. 소방기계시설의 구조 및 원리 | 창고시설의 화재안전성능기준(NFPC 609)

핵심 PLUS

01 창고시설의 화재안전성능기준에 따라 배전반 및 분전반에 설치해야 하는 자동소화장치가 아닌 것은?
① 고체에어로졸 자동소화장치
② 가스 자동소화장치
③ 분말 자동소화장치
④ 캐비닛형 자동소화장치

답 : ④

02 창고시설의 화재안전성능기준에 따라 창고에 설치하는 옥내소화전설비의 비상전원이 아닌 것은?
① 자가발전설비
② 축전지설비
③ 전기저장장치
④ 비상전원수전설비

답 : ④

03 창고시설의 화재안전성능기준에 따라 창고에 설치하는 옥내소화전설비의 비상전원 용량은 얼마 이상이어야 하는가?
① 20분 ② 30분
③ 40분 ④ 60분

답 : ③

1 창고시설의 종류

(위험물 저장 및 처리 시설 또는 그 부속용도에 해당하는 것은 제외)

창고(물품저장시설로서 냉장·냉동 창고 포함), 하역장, 물류터미널, 집배송시설

2 소화기구 및 자동소화장치

배전반 및 분전반마다 고체에어로졸·가스·분말 자동소화장치 또는 소공간용 소화용구를 설치

3 옥내소화전설비

1. 수원의 저수량

   옥내소화전의 설치개수가 가장 많은 층의 설치개수(2개 이상 설치된 경우에는 2개)에 5.2[m³](호스릴옥내소화전설비를 포함)를 곱한 양 이상

2. 사람이 상시 근무하는 물류창고 등 동결의 우려가 없는 경우에는 기동스위치에 보호판을 부착하여 옥내소화전함 내에 설치할 수 없다.

3. 비상전원

   ① 종류 : 자가발전설비, 전기저장장치 또는 축전지설비(내연기관에 따른 펌프를 사용하는 경우에는 내연기관의 기동 및 제어용 축전지)

   ② 작동 시간 : 40분 이상

4 스프링클러설비

1. 스프링클러설비 설치방식

① 라지드롭형스프링클러헤드를 습식으로 설치할 것.
다만, 다음에 해당하는 경우에는 건식스프링클러설비로 설치할 수 있다.
㉠ 냉동창고 또는 영하의 온도로 저장하는 냉장창고
㉡ 창고시설 내에 상시 근무자가 없어 난방을 하지 않는 창고시설

| 라지드롭형스프링클러헤드(large-drop type) |

동일조건의 수압력에서 큰 물방울을 방출하여 화염의 전파속도가 빠르고 발열량이 큰 저장창고 등에서 발생하는 대형화재를 진압할 수 있는 헤드

라지드롭형헤드

② 랙식 창고의 경우
라지드롭형스프링클러헤드를 습식으로 설치하는 것 외에 라지드롭형 스프링클러헤드를 랙 높이 3[m] 이하마다 설치할 것. 이 경우 수평거리 15[cm] 이상의 송기공간이 있는 랙식 창고에는 랙 높이 3[m] 이하마다 설치하는 스프링클러헤드를 송기공간에 설치할 수 있다.
다만, 천장 높이가 13.7[m] 이하인 랙식 창고의 경우에는 화재조기진압용 스프링클러설비를 설치할 수 있다.

※ **송기공간** : 랙을 일렬로 나란하게 맞대어 설치하는 경우 랙 사이에 형성되는 공간(사람이나 장비가 이동하는 통로는 제외)을 말한다.

③ 적층식 랙(선반을 다층식으로 겹쳐 쌓는 랙)을 설치하는 경우 적층식 랙의 각 단 바닥면적을 방호구역 면적으로 포함할 것
④ 높이가 4 m 이상인 창고(랙식 창고 포함)에 설치하는 폐쇄형 스프링클러헤드는 그 설치장소의 평상시 최고 주위온도에 관계 없이 표시온도 121 ℃ 이상의 것으로 할 수 있다.

핵심 PLUS

04 창고시설의 화재안전성능기준에 따라 창고에 설치하는 스프링클러설비의 기준으로 옳지 않은 것은?

① 라지드롭형스프링클러헤드를 습식으로 설치하여야 한다.
② 냉동창고 또는 영하의 온도로 저장하는 냉장창고에는 건식스프링클러설비로 설치할 수 있다.
③ 랙식 창고의 경우에는 라지드롭형스프링클러헤드를 습식으로 설치하는것 외에 라지드롭형 스프링클러헤드를 랙 높이 4[m] 이하마다 설치하여야 한다.
④ 천장 높이가 13.7[m] 이하인 랙식 창고의 경우에는 화재조기진압용 스프링클러설비를 설치할 수 있다.

답 : ③

IV. 소방기계시설의 구조 및 원리 | 창고시설의 화재안전성능기준(NFPC 609)

핵심 PLUS

05 창고시설의 화재안전성능기준에 따라 랙식창고에 설치하는 스프링클러설비의 수원으로 옳은 것은? (단, 가장 많은 방호구역의 헤드는 25개이다.)
① 80[m³] ② 96[m³]
③ 240[m³] ④ 288[m³]

해설 25개 × 9.6[m³/개] = 240[m³]

답 : ③

06 창고시설의 화재안전성능기준에 따라 설치하는 스프링클러헤드의 방수량으로 옳은 것은? (단, 0.1[MPa]의 방수압력 기준이며 인랙헤드가 아닌 경우임)
① 80[L/min] 이상
② 160[L/min] 이상
③ 240[L/min] 이상
④ 320[L/min] 이상

답 : ②

07 창고시설의 화재안전성능기준에 따라 설치하는 스프링클러설비의 교차배관에서 분기되는 지점을 기점으로 한쪽 가지배관에 설치되는 헤드의 개수로 옳은 것은?
① 4개 ② 8개
③ 9개 ④ 제한없음

답 : ①

08 창고시설의 화재안전성능기준에 따라 설치하는 스프링클러설비의 라지드롭형스프링클러헤드의 수평거리로서 옳은 것은? (단, 특수가연물이 저장되어 있다.)
① 1.7[m] 이하
② 2.1[m] 이하
③ 2.3[m] 이하
④ 2.5[m] 이하

답 : ①

2. 수원의 저수량

① 라지드롭형스프링클러헤드의 설치개수 × 3.2[m³]를 곱한 양 이상
 - 가장 많은 방호구역의 설치개수(30개 이상 설치된 경우에는 30개)
 - 랙식 창고의 경우에는 9.6[m³]를 곱한 양 이상

② 화재조기진압용 스프링클러설비를 설치하는 경우
 - 화재조기진압용 스프링클러설비의 화재안전기준에 따른다.

3. 가압송수장치의 송수량

① 0.1[MPa]의 방수압력 기준으로 160[L/min] 이상의 방수성능을 가진 기준개수의 모든 헤드로부터의 방수량을 충족시킬 수 있는 양 이상

② 화재조기진압용 스프링클러설비를 설치하는 경우
 - 화재조기진압용 스프링클러설비의 화재안전기준에 따른다.

4. 교차배관에서 분기되는 지점을 기점으로 한쪽 가지배관에 설치되는 헤드의 개수

 - 4개 이하(반자 아래와 반자속의 헤드를 하나의 가지배관 상에 병설하는 경우에는 반자 아래에 설치하는 헤드의 개수) 다만, 화재조기진압용 스프링클러설비를 설치하는 경우에는 그렇지 않다.

5. 스프링클러헤드 설치 기준

① 라지드롭형스프링클러헤드의 수평거리

특수가연물 저장 또는 취급 창고	그 외의 창고
1.7[m] 이하	기타구조 : 2.1[m] 이하 내화구조 : 2.3[m] 이하

② 화재조기진압용 스프링클러헤드
 - 화재조기진압용 스프링클러설비의 화재안전기준에 따라 설치

③ 물품의 운반 등에 필요한 고정식 대형기기 설비의 설치를 위해 방화구획이 적용되지 아니하거나 완화 적용되어 연소할 우려가 있는 개구부에는 드렌처설비를 설치해야 한다.

④ 비상전원
　㉠ 종류 : 자가발전설비, 전기저장장치 또는 축전지설비
　㉡ 용량 : 스프링클러설비를 유효하게 20분(랙식 창고의 경우 60분) 이상

5 비상방송설비

① 확성기의 음성입력은 3[W](실내에 설치하는 것도 포함) 이상
② 창고시설에서 발화한 때에는 전 층에 경보를 발하여야 한다.
③ 그 설비에 대한 감시상태를 60분간 지속한 후 유효하게 30분 이상 경보할 수 있는 축전지설비(수신기에 내장하는 경우를 포함) 또는 전기저장장치를 설치해야 한다.

6 자동화재탐지설비

① 감지기 작동 시 해당 감지기의 위치가 수신기에 표시되도록 하여야 한다.
② 영상정보처리기기를 설치하는 경우 수신기는 영상정보의 열람·재생 장소에 설치
③ 스프링클러설비를 설치해야 하는 창고시설의 감지기 설치기준
　㉠ 아날로그방식의 감지기, 광전식 공기흡입형 감지기 또는 이와 동등 이상의 기능·성능이 인정되는 감지기를 설치할 것
　㉡ 감지기의 신호처리방식

> 1. 유선식 : 화재신호 등을 배선으로 송·수신하는 방식
> 2. 무선식 : 화재신호 등을 전파에 의해 송·수신하는 방식
> 3. 유·무선식 : 유선식과 무선식을 겸용으로 사용하는 방식

④ 창고시설에서 발화한 때에는 전 층에 경보를 발하여야 한다.
⑤ 비상전원
　㉠ 종류 : 전기저장장치 또는 축전지설비
　㉡ 용량 : 설비에 대한 감시상태를 60분간 지속한 후 유효하게 30분 이상 경보
　㉢ 상용전원이 축전지설비인 경우에는 비상전원 설치 제외

핵심 PLUS

09 창고시설의 화재안전성능기준에 따라 랙식창고에 설치하는 스프링클러설비의 비상전원 용량으로 옳은 것은?
① 20분　② 30분
③ 40분　④ 60분
답 : ④

10 창고시설의 화재안전성능기준에 따라 랙식창고에 설치하는 확성기의 음성입력은 몇 와트 이상인가?
① 1　② 2
③ 3　④ 10
답 : ③

11 창고시설의 화재안전성능기준에 따라 설치하는 자동화재탐지설비 설치기준으로 옳지 않은 것은?
① 감지기 작동 시 해당 감지기의 위치가 수신기에 표시되도록 하여야 한다.
② 영상정보처리기기를 설치하는 경우 수신기는 영상정보의 열람·재생 장소에 설치
③ 창고시설에서 발화한 때에는 화재층 및 직상층에 경보를 발하여야 한다.
④ 비상전원의 종류는 축전지설비 또는 전기저장장치로 하여야 한다.
답 : ③

핵심 PLUS

12 창고시설의 화재안전성능기준에 따라 설치하는 거실통로유도등의 종류로서 옳은 것은?
① 소형   ② 중형
③ 대형   ④ 초대형

답 : ③

13 창고시설의 화재안전성능기준에 따라 지하층 또는 무창층에 설치하는 피난유도선 설치 대상으로 옳은 것은?
① 연면적 5천[m²] 이상
② 연면적 1만[m²] 이상
③ 연면적 1만 5천 [m²] 이상
④ 연면적 3만[m²] 이상

답 : ③

14 창고시설의 화재안전성능기준에 따라 설치하는 소화수조 및 저수조의 저수량은 연면적을 몇 [m²]로 나누어 얻은 수(소수점 이하의 수는 1)에 20[m³]를 곱한 양 이상으로 하여야 하는가?
① 5,000   ② 7,500
③ 10,000 ④ 15,000

답 : ①

7 유도등

1. 피난구유도등과 거실통로유도등은 대형으로 설치

2. 피난유도선

   ① 설치 대상 : 연면적 1만 5천 [m²] 이상인 창고시설의 지하층 또는 무창층에 설치

   ② 설치기준
   ㉠ 광원점등방식으로 바닥으로부터 1[m] 이하의 높이에 설치
   ㉡ 각 층 직통계단 출입구로부터 건물내부 벽면으로 10[m] 이상 설치
   ㉢ 화재 시 점등되며 비상전원 30분 이상
   ㉣ 성능인증 및 제품검사의 기술기준에 적합한 것으로 설치

8 소화수조 및 저수조

저수량은 특정소방대상물의 연면적을 5,000[m²]로 나누어 얻은 수(소수점 이하의 수는 1)에 20[m³]를 곱한 양 이상

핵심기출문제

21. 창고시설의 화재안전성능기준

■■■ 21. 창고시설의 화재안전성능기준

1. 창고시설의 화재안전성능기준(NFPC 609)에 따른 옥내소화전설비에 대한 내용으로 옳지 않은 것은?

① 수원의 저수량은 옥내소화전의 설치개수가 가장 많은 층의 설치개수(2개 이상 설치된 경우에는 2개)에 5.2[m³](호스릴옥내소화전설비를 포함)를 곱한 양 이상
② 사람이 상시 근무하는 물류창고 등 동결의 우려가 없는 경우에도 기동스위치에 보호판을 부착하여 옥내소화전함 내에 설치할 수 없다.
③ 비상전원은 자가발전설비, 축전지설비(내연기관에 따른 펌프를 사용하는 경우에는 내연기관의 기동 및 제어용 축전지) 또는 전기저장장치를 말한다.
④ 비상전원의 작동 시간은 20분 이상의 용량으로 하여야 한다.

2. 창고시설의 화재안전성능기준(NFPC 609)에 따른 스프링클러설비 설치방식으로 옳지 않은 것은?

① 라지드롭형스프링클러헤드를 습식으로 설치할 것
② 냉동창고 또는 영하의 온도로 저장하는 냉장창고의 경우에는 건식스프링클러설비로 설치할 수 있다.
③ 랙식 창고의 경우에는 라지드롭형스프링클러헤드를 습식으로 설치하는 것 외에 라지드롭형 스프링클러헤드를 랙 높이 5[m] 이하마다 설치할 것
④ 랙식 창고의 경우 적층식 랙을 설치하는 경우 적층식 랙의 각 단 바닥면적을 방호구역 면적으로 포함할 것

3. 창고시설의 화재안전성능기준(NFPC 609)에 따른 스프링클러설비 수원의 저수량은 얼마 이상으로 하여야 하는가? (단, 랙식 창고에 라지드롭형스프링클러헤드가 120개가 설치되어 있다.)

① 38.4[m³]   ② 96[m³]
③ 288[m³]   ④ 326.4[m³]

해설

해설 1
비상전원
① 종류 : 자가발전설비, 전기저장장치 또는 축전지설비(내연기관에 따른 펌프를 사용하는 경우에는 내연기관의 기동 및 제어용 축전지)
② 작동 시간 : 40분 이상

해설 2
스프링클러설비 설치방식 중 랙식 창고의 경우
랙식 창고의 경우에는 라지드롭형스프링클러헤드를 습식으로 설치하는 것 외에 라지드롭형 스프링클러헤드를 랙 높이 3[m] 이하마다 설치할 것.

해설 3
수원의 저수량
라지드롭형스프링클러헤드의 설치개수 × 3.2[m³]를 곱한 양 이상
- 가장 많은 방호구역의 설치개수(30개 이상 설치된 경우에는 30개)
- 랙식 창고의 경우에는 9.6[m³]를 곱한 양 이상

[풀이]
30개 × 9.6[m³/개] = 288[m³] 이상

정답 1. ④ 2. ③ 3. ③

21. 창고시설의 화재안전성능기준

4. 창고시설의 화재안전성능기준(NFPC 609)에 따른 스프링클러설비 수원의 저수량은 얼마이상으로 하여야 하는가? (단, 랙식창고가 아닌 집배송창고 내에 라지드롭형 스프링클러헤드가 167개가 설치 되어 있다.)

① $38.4[m^3]$
② $96[m^3]$
③ $288[m^3]$
④ $326.4[m^3]$

5. 다음은 창고시설의 화재안전성능기준(NFPC 609)에 따른 가압송수장치의 송수량에 대한 설명이다. ( )안에 들어갈 알맞은 것은?

> 가압송수장치의 송수량은 0.1[MPa]의 방수압력 기준으로 ( ) [L/min] 이상의 방수성능을 가진 기준개수의 모든 헤드로부터의 방수량을 충족시킬 수 있는 양 이상

① 80
② 160
③ 240
④ 320

6. 창고시설의 화재안전성능기준(NFPC 609)에 따른 라지드롭형스프링클러헤드의 수평거리로 옳은 것은? (단, 창고는 기타구조이며 특수가연물이 저장되어 있다.)

① $1.5[m]$ 이하
② $1.6[m]$ 이하
③ $1.7[m]$ 이하
④ $1.8[m]$ 이하

7. 창고시설의 화재안전성능기준(NFPC 609)에 따른 교차배관에서 분기되는 지점을 기점으로 한쪽 가지배관에 설치되는 헤드의 개수(반자 아래와 반자속의 헤드를 하나의 가지배관 상에 병설하는 경우에는 반자 아래에 설치하는 헤드의 개수)는 몇 개 이하로 하여야 하는가? (단, 화재조기진압용 스프링클러설비를 설치하는 경우는 제외한다.)

① 4개 이하
② 6개 이하
③ 8개 이하
④ 9개 이하

해설

해설 4
수원의 저수량
라지드롭형스프링클러헤드의 설치개수 × $3.2[m^3]$를 곱한 양 이상
- 가장 많은 방호구역의 설치개수(30개 이상 설치된 경우에는 30개)
- 랙식 창고의 경우에는 $9.6[m^3]$를 곱한 양 이상

풀이
30개 × $3.2[m^3/개]$ = $96[m^3]$ 이상

해설 5
창고시설의 화재안전기준(NFSC 609)에 따른 가압송수장치의 송수량
0.1[MPa]의 방수압력 기준으로 160[L/min] 이상의 방수성능을 가진 기준개수의 모든 헤드로부터의 방수량을 충족시킬 수 있는 양 이상

해설 6
스프링클러헤드 설치 기준 중 라지드롭형스프링클러헤드의 수평거리

특수가연물 저장 또는 취급 창고	$1.7[m]$ 이하
그 외의 창고	기타구조 : $2.1[m]$ 이하 내화구조 : $2.3[m]$ 이하

해설 7
교차배관에서 분기되는 지점을 기점으로 한쪽 가지배관에 설치되는 헤드의 개수
4개 이하(반자 아래와 반자속의 헤드를 하나의 가지배관 상에 병설하는 경우에는 반자 아래에 설치하는 헤드의 개수) 다만, 화재조기진압용 스프링클러설비를 설치하는 경우에는 그렇지 않다.

정답 4. ② 5. ② 6. ③ 7. ①

8. 창고시설 화재안전성능기준(NFPC 609)의 각 설비에 대한 비상전원 용량에 대한 설명이다. 옳지 않은 것은?

① 옥내소화전설비 : 40분 용량
② 스프링클러설비 : 20분 용량(랙식창고가 아닌 경우)
③ 스프링클러설비 : 60분 용량(랙식창고인 경우)
④ 비상방송설비 : 설비에 대한 감시상태를 60분간 지속한 후 유효하게 10분 이상 경보할수 있는 용량

9. 창고시설의 화재안전성능기준(NFPC 609)에 대한 설명으로 옳지 않은 것은?

① 비상방송설비의 확성기 음성입력은 3[W] (실내에 설치하는 것도 포함) 이상
② 창고시설에서 발화 시 비상방송설비는 전 층에 경보를 발하여야 한다.
③ 라지드롭형스프링클러헤드는 습식으로 설치할 것
④ 자동화재탐지설비가 설치된 창고시설에서 발화한 때에는 발화층 및 직상층에 우선 경보를 발하여야 한다.

10. 스프링클러설비를 설치해야 하는 창고시설의 감지기 설치기준에 따라 설치할 수 있는 감지기로 옳은 것은? (단, 이와 동등 이상의 기능·성능이 인정되는 감지기의 경우에는 고려하지 않는다.)

① 불꽃감지기, 아날로그방식의 감지기
② 광전식분리형감지기, 다신호방식의 감지기
③ 광전식공기흡입형감지기, 불꽃감지기
④ 광전식공기흡입형감지기, 아날로그방식의 감지기

해설

해설 8
비상방송설비
① 확성기의 음성입력은 3[W] (실내에 설치하는 것도 동일) 이상
② 창고시설에서 발화한 때에는 전 층에 경보를 발하여야 한다.
③ 비상전원
 그 설비에 대한 감시상태를 60분간 지속한 후 유효하게 30분 이상 경보할 수 있는 축전지설비(수신기에 내장하는 경우를 포함) 또는 전기저장장치를 설치해야 한다.

해설 9, 10
자동화재탐지설비
① 감지기 작동 시 해당 감지기의 위치가 수신기에 표시되도록 하여야 한다.
② 영상정보처리기기를 설치하는 경우 수신기는 영상정보의 열람·재생 장소에 설치
③ 스프링클러설비를 설치해야 하는 창고시설의 감지기 설치기준
 – 아날로그방식의 감지기, 광전식공기흡입형 감지기 또는 이와 동등 이상의 기능·성능이 인정되는 감지기를 설치할 것
④ 창고시설에서 발화한 때에는 전 층에 경보를 발하여야 한다.
⑤ 비상전원
 ㉠ 종류 : 전기저장장치 또는 축전지설비
 ㉡ 용량 : 설비에 대한 감시상태를 60분간 지속한 후 유효하게 30분 이상 경보
 ㉢ 상용전원이 축전지설비인 경우에는 설치 제외

핵심기출문제

21. 창고시설의 화재안전성능기준

11. 다음은 창고시설의 화재안전성능기준(NFPC 609) 피난유도선에 대한 설명이다. 옳지 않은 것은?

① 광원점등방식으로 바닥으로부터 1[m] 이하의 높이에 설치해야 한다.
② 화재 시 점등되며 비상전원 30분 이상으로 하여야 한다.
③ 피난유도선은 각 층 직통계단 출입구로부터 건물내부 벽면으로 20[m] 이상 설치해야 한다.
④ 피난유도선의 성능인증 및 제품검사의 기술기준에 적합한 것으로 설치해야 한다.

12. 다음은 창고시설의 화재안전성능기준(NFPC 609)에 대한 설명이다. 옳지 않은 것은?

① 피난구유도등과 거실통로유도등은 중형 이상으로 설치해야 한다.
② 소화수조 및 저수조 저수량은 특정소방대상물의 연면적을 5,000[m²]로 나누어 얻은 수(소수점 이하의 수는 1로 본다.)에 20[m³]를 곱한 양 이상하여야 한다.
③ 피난유도선은 연면적 1만 5천 [m²] 이상인 창고시설의 지하층 또는 무창층에 설치하여야 한다.
④ 자동화재탐지설비 비상전원의 종류는 축전지설비 또는 전기저장장치로 해야 한다.

13. 창고시설의 화재안전성능기준(NFPC 609)에 따른 소화수조 및 저수조 저수량은 특정소방대상물의 연면적을 (   ) [m²]로 나누어 얻은 수(소수점 이하의 수는 1로 본다.)에 20[m³]를 곱한 양 이상으로 하여야 하는가?

① 1000
② 5000
③ 7500
④ 10000

해설

해설 11

피난유도선
① 설치 대상 : 연면적 1만 5천[m²] 이상인 창고시설의 지하층 또는 무창층에 설치
② 설치기준
  ㉠ 광원점등방식으로 바닥으로부터 1[m] 이하의 높이에 설치
  ㉡ 각 층 직통계단 출입구로부터 건물 내부 벽면으로 10[m] 이상 설치
  ㉢ 화재 시 점등되며 비상전원 30분 이상
  ㉣ 성능인증 및 제품검사의 기술기준에 적합한 것으로 설치

해설 12

창고시설의 화재안전성능기준(NFPC 609)의 유도등
피난구유도등과 거실통로유도등은 대형으로 설치해야 한다.

해설 13

창고시설의 소화수조 및 저수조 저수량 특정소방대상물의 연면적을 5,000[m²]로 나누어 얻은 수(소수점 이하의 수는 1로 본다.)에 20[m³]를 곱한 양 이상하여야 한다.

정답 11. ③ 12. ① 13. ②

별표 소방시설도시기호

분류	명칭		도시기호
배관	일반배관		————
	옥내·외소화전		—— H ——
	스프링클러		—— SP ——
	물분무		—— WS ——
	포소화		—— F ——
	배수관		—— D ——
	전선관	입상	
		입하	
		통과	
관이음쇠	후렌지		
	유니온		
	플러그		
	90° 엘보		
	45° 엘보		
	티		
	크로스		
	맹후렌지		
	캡		

분류	명칭	도시기호
헤드류	스프링클러헤드폐쇄형 상향식(평면도)	
	스프링클러헤드폐쇄형 하향식(평면도)	
	스프링클러헤드개방형 상향식(평면도)	
	스프링클러헤드개방형 하향식(평면도)	
	스프링클러헤드폐쇄형 상향식(계통도)	
	스프링클러헤드폐쇄형 하향식(입면도)	
	스프링클러헤드폐쇄형 상·하향식(입면도)	
	스프링클러헤드 상향형(입면도)	
	스프링클러헤드 하향형(입면도)	
	분말·탄산가스·할로겐헤드	
	연결살수헤드	
	물분무헤드(평면도)	
	물분무헤드(입면도)	
	드랜쳐헤드(평면도)	
	드랜쳐헤드(입면도)	
	포헤드(평면도)	
	포헤드(입면도)	
	감지헤드(평면도)	

별표 | 소방시설도시기호

분류	명칭	도시기호	분류	명칭	도시기호
헤드류	감지헤드(입면도)		밸브류	릴리프밸브(CO_2용)	
	청정소화약제방출헤드(평면도)			릴리프밸브(일반)	
	청정소화약제방출헤드(입면도)			동체크밸브	
밸브류	체크밸브			앵글밸브	
	가스체크밸브			FOOT 밸브	
	게이트밸브(상시개방)			볼밸브	
	게이트밸브(상시폐쇄)			배수밸브	
	선택밸브			자동배수밸브	
	조작밸브(일반)			여과망	
	조작밸브(전자식)			자동밸브	
	조작밸브(가스식)			감압밸브	
	경보밸브(습식)			공기조절밸브	
	경보밸브(건식)	계기류	압력계	
	프리액션밸브		연성계	
	경보델류지밸브		유량계	
	프리액션밸브 수동조작함	SVP	소화전	옥내소화전함	
	플렉시블조인트			옥내소화전 방수용기구병설	
	솔레노이드밸브			옥외소화전	
	모터밸브			포말소화전	

분류	명칭	도시기호	분류	명칭	도시기호
소화전	송수구		경보설비기기류	차동식스포트형감지기	
	방수구			보상식스포트형감지기	
스트레이너	Y형			정온식스포트형감지기	
	U형			연기감지기	S
저장탱크류	고가수조(물올림장치)			감지선	
	압력챔버			공기관	──
	포말원액탱크	(수직) (수평)		열전대	
레듀셔	편심레듀셔			열반도체	∞
	원심레듀셔			차동식분포형 감지기의검출기	
혼합장치류	프레져프로포셔너			발신기셋트 단독형	PBL
	라인프로포셔너			발신기셋트 옥내소화전내장형	PBL
	프레져사이드 프로포셔너			경계구역번호	△
	기 타	P		비상용누름버튼	F
펌프류	일반펌프			비상전화기	ET
	펌프모터(수평)	M		비상벨	B
	펌프모토(수직)	M		싸이렌	
저장용기류	분말약제 저장용기	P.D		모터싸이렌	M
				전자싸이렌	S
	저장용기			조작장치	E P
				증폭기	AMP

분류	명 칭	도시기호	분류	명 칭	도시기호
경 보 설 비 기 기 류	기동누름버튼	Ⓔ	경보설비 기기류	종단저항	Ω
	이온화식감지기(스포트형)	S_I	제연설비	수동식제어	□
	광전식연기감지기(아나로그)	S_A		천장용배풍기	
	광전식연기감지기(스포트형)	S_P		벽부착용 배풍기	
	감지기간선, HIV1.2[mm]×4(22C)	— F ⧸⧸⧸⧸ —		배풍기	일반배풍기
	감지기간선, HIV1.2[mm]×8(22C)	— F ⧸⧸⧸⧸ ⧸⧸⧸⧸ —			관로배풍기
	유도등간선, HIV2.0[mm]×3(22C)	— EX —		댐퍼	화재댐퍼
	경보부저	ⒷⓏ			연기댐퍼
	제어반				화재/연기 댐퍼
	표시반		스위치류	압력스위치	Ⓟ Ⓢ
	회로시험기	⊙		탬퍼스위치	TS
	화재경보벨	Ⓑ	방연 · 방화문	연기감지기(전용)	S
	시각경보기(스트로브)			열감지기(전용)	
	수신기			자동폐쇄장치	ER
	부수신기			연동제어기	
	중계기			배연창기동 모터	Ⓜ
	표시등	◐		배연창수동조작함	
	피난구유도등	⊗	피뢰침	피뢰부(평면도)	⊙
	통로유도등	→		피뢰부(입면도)	
	표시판	△			
	보조전원	T R		피뢰도선 및 지붕위 도체	——

분류	명칭	도시기호	분류	명칭	도시기호
제연설비	접지	⏚	기타	비상콘센트	
	접지저항 측정용단자	⊗		비상분전반	
소화기류	ABC소화기	소		가스계소화설비의 수동조작함	RM
	자동확산 소화기	자		전동기구동	M
	자동식소화기	◆소◆		엔진구동	E
	이산화탄소 소화기	C		배관행거	
	할로겐화합물 소화기	△		기압계	
기타	안테나			배기구	
	스피커			바닥은폐선	-----
	연기 방연벽			노출배선	———
	화재방화벽	——		소화가스 패키지	PAC
	화재 및 연기방벽				

동영상 강의
www.inup.co.kr

과년도 기출문제

05 Subject

01   2024년 1회 복원기출문제(CBT시험)
            2회 복원기출문제(CBT시험)
            3회 복원기출문제(CBT시험)

02   2023년 1회 복원기출문제(CBT시험)
            2회 복원기출문제(CBT시험)
            4회 복원기출문제(CBT시험)

03   2022년 1회 기출문제
            2회 기출문제
            4회 복원기출문제(CBT시험)

04   2021년 1회 기출문제
            2회 기출문제
            4회 기출문제

05   2020년 1회 기출문제
            2회 기출문제
            4회 기출문제

06   2019년 1회 기출문제
            2회 기출문제
            4회 기출문제

07   2018년 1회 기출문제
            2회 기출문제
            4회 기출문제

복원기출문제(CBT2024.1회)

※ 본 기출문제는 수험자의 기억을 바탕으로 하여 복원한 문제이므로 실제 문제와 다를 수 있음을 미리 알려드립니다.

■■■ 제1과목 소방원론

1. 0[℃], 1[atm] 상태에서 프로판 1[mol]이 완전 연소하는데 필요한 산소는 몇 [mol]인가?

① 1 ② 5
③ 3 ④ 2

해설

$C_3H_8 + 5O_2 \rightarrow 4H_2O + 3CO_2$

구 분	완전 연소반응식
메탄	$CH_4 + 2O_2 \rightarrow 2H_2O + CO_2$
에탄	$C_2H_6 + 3.5O_2 \rightarrow 3H_2O + 2CO_2$
프로판	$C_3H_8 + 5O_2 \rightarrow 4H_2O + 3CO_2$
부탄	$C_4H_{10} + 6.5O_2 \rightarrow 5H_2O + 4CO_2$

2. 분진폭발을 일으키는 물질이 아닌 것은?

① 시멘트 분말
② 마그네슘 분말
③ 석탄 분말
④ 알루미늄 분말

해설 시험에 잘 나오는 분진폭발을 일으키지 않는 물질
① 석회석($CaCO_3$ = 탄산칼슘)
② 생석회(CaO = 산화칼륨)
③ 소석회($Ca(OH)_2$ = 수산화칼슘)
④ 시멘트

3. 건물 내 피난동선의 조건으로 옳지 않은 것은?

① 2개 이상의 방향으로 피난 할 수 있어야 한다.
② 가급적 단순한 형태로 한다.
③ 통로의 말단은 안전한 장소이어야 한다.
④ 수직동선은 금하고 수평동선만 고려한다.

해설 피난계획(동선)의 기본 원칙

피난경로	간단 명료 - 일상생활 동선과 일치하도록 경로 설정
피난수단	원시적 방법 (Fool Proof, 자연채광, 노대, Panic Bar, 승강기 이용 불가)
피난로	인간의 피난행동 특성(본능) 고려 - 좌회, 귀소, 지광, 퇴피, 추종본능
피난구	상시 개방 상태 또는 화재 시 잠금 장치 해정
피난설비	고정식설비 위주로 계획(계단, 미끄럼틀, 고정식사다리, 구조대 고정 등)
피난통로	2방향 피난통로 확보 - Fail Safe 원칙

4. 소화약제로 사용하고 있는 물에 대한 설명으로 옳지 않은 것은?

① 비열이 크다
② 융해잠열이 작다.
③ 증발잠열이 크다.
④ 표면장력이 크다

해설 물의 수소결합에 의한 특성
① 비열과 현열이 크다.
② 융해잠열(80 [cal/g])이 크다.
③ 기화(증발)잠열(1기압, 100[℃] : 539 [cal/g])이 크다.
④ 표면장력(72.75 [dyne/cm])이 크다.

5. 액화석유가스(LPG)에 대한 성질로 틀린 것은?

① 주성분은 프로판, 부탄이다.
② 천연고무를 잘 녹인다.
③ 물에 녹지 않으나 유기용매에 용해된다.
④ 공기보다 1.5배 가볍다.

정답 1. ② 2. ① 3. ④ 4. ② 5. ④

해설 LNG, LPG

	액화석유가스 (LPG : Liquefied Petroleum Gas)
내 용	원유를 채취하거나 원유 정제시 나오는 탄화수소를 비교적 낮은 압력(0.6~0.7[MPa])을 가하여 냉각, 액화시킨 것
주성분	프로판(C_3H_8), 부탄(C_4H_{10})
비중	약 1.5 ~ 2 / 공기보다 무겁다
비점	약 −41[℃] (프로판)
발화점	프로판 450[℃], 부탄 405[℃]
특성	무색 무취의 가스, 독성이 없다 액화 시 그 부피가 약 1/250로 줄고 액화되기 쉽고 운반에 용이하나 누출시 확산이 잘 되지 않아 폭발 가능성이 큼

6. 다음 중 증기비중이 가장 큰 것은?

① Halon 1301　　② Halon 2402
③ Halon 1211　　④ Halon 104

해설 소화약제 중 증기비중이 가장 큰 것은 2402 〉 1211 〉 104 〉 1301 순서이다.

종류	이산화탄소	Halon 1301	Halon 104	Halon 1211	Halon 2402
분자식	CO_2	CF_3Br	CCl_4	CF_2ClBr	$C_2F_4Br_2$
분자량	44	149	153.6	165.4	260
증기비중	$\frac{44}{29}$≒1.52	$\frac{149}{29}$=5.13	$\frac{153.6}{29}$=5.29	$\frac{165.4}{29}$=5.70	$\frac{260}{29}$=8.96

7. 인화점이 낮은 것부터 높은 순서로 옳게 나열된 것은?

① 에틸알코올 < 이황화탄소 < 아세톤
② 이황화탄소 < 에틸알코올 < 아세톤
③ 에틸알코올 < 아세톤 < 이황화탄소
④ 이황화탄소 < 아세톤 < 에틸알코올

해설 시험에 잘 나오는 인화점과 관련된 위험물의 종류

구별	품명	인화점
특수인화물	디에틸에테르	−45[℃]
	산화프로필렌	−37[℃]
	이황화탄소	−30[℃]
제1석유류	휘발유(가솔린)	−20[℃] ~ −43[℃]
	아세톤	−18[℃]
	벤젠	−11[℃]
	메틸에틸케톤	−9[℃]
	톨루엔	4.4[℃]
알코올류	메틸알코올	11[℃]
	에틸알코올	13[℃]
제2석유류	등유	30~60[℃]
	경유	40~70[℃]

8. 실내에서 화재가 발생하여 실내의 온도가 21[℃]에서 650[℃]로 되었다면, 공기의 팽창은 처음의 약 몇 배가 되는가? (단, 대기압은 공기가 유동하여 화재 전후가 같다고 가정한다.)

① 3.14　　② 4.27
③ 5.69　　④ 6.01

해설 $\frac{V_1}{T_1} = \frac{V_2}{T_2}$

$\Rightarrow \frac{V_1}{21+273} = \frac{V_2}{650+273}$

$\Rightarrow \frac{V_2}{V_1} = \frac{923}{294} = 3.139$ 배

9. 연기의 감광계수(m^{-1})에 대한 설명으로 옳은 것은?

① 0.5는 거의 앞이 보이지 않을 정도이다.
② 10은 화재 최성기 때의 농도이다.
③ 0.5는 가시거리가 20~30[m] 정도이다.
④ 10은 연기감지기가 작동하기 직전의 농도이다.

정답　6. ②　7. ④　8. ①　9. ②

복원기출문제

2024. 1회 소방설비기사

[해설] 감광계수 및 연기의 농도와 가시거리

감광계수 [m⁻¹]	가시거리 [m]	상황
0.1	20~30	연기감지기가 작동할 때 농도
0.3	5	건물 내부에 익숙한 사람이 피난에 지장을 느낄 정도의 농도
0.5	3	어두운 것을 느낄 정도의 농도
1	1~2	거의 앞이 보이지 않을 정도의 농도
10	0.2~0.5	화재 최성기 때의 농도
30	–	출화실에서 연기가 분출할 때의 농도

[해설]

구분	할론 1301	할론 1211	할론 2402
분자식	CF_3Br	CF_2ClBr	$C_2F_4Br_2$
분자량	148.9	165.4	259.9
비점	-57.8[℃]	-3.4[℃]	47.5[℃]
상온상압	기체	기체	액체
ODP	10	3	6
GWP	7,140	1,890	1,640

10. 가연성 액체에 점화원을 가져가서 인화된 후에 점화원을 제거하여도 가연물이 계속 연소되는 최저온도를 무엇이라 하는가?

① 인화점
② 폭발온도
③ 연소점
④ 발화점

[해설]
1. 인화점(Flash point)
   가연성 혼합기(연소범위)를 형성하는 최저온도[점화원 존재 시 인화(연소)한다.]
2. 연소점(Fire point)
   점화원이 없어도 연소 지속 가능한 최저온도로서 인화점보다 10[℃] 정도 높다.
3. 발화점(Auto-ignition temperature)
   점화원 없이도 발화하는 최저온도(자연발화)

11. 상온, 상압에서 액체인 물질은?

① CO_2
② Halon 1301
③ Halon 1211
④ Halon 2402

12. 건축물의 내화구조 바닥이 철근콘크리트조 또는 철골철근콘크리트조인 경우 두께가 몇 [cm] 이상이어야 하는가?

① 4
② 5
③ 7
④ 10

[해설] 내화구조
① 화재 시 건축물의 강도 및 성능을 일정기간 유지할 수 있는 구조
② 화재에 견딜 수 있는 성능을 가진 구조로서 화재 최성기의 화재저항

구 분	외벽중 비내력벽	벽	바닥
철근콘크리트조, 철골철근콘크리트조	7	10	10
무근콘크리트조, 콘크리트블록조, 석조	7	–	–
벽돌조	7	19	–

13. 휘발유 화재 시 물을 사용하여 소화할 수 없는 이유로 가장 옳은 것은?

① 물과 반응하여 수소가스를 발생하기 때문이다.
② 수용성이므로 물에 녹아 폭발이 확대되기 때문이다.
③ 비수용성으로 비중이 물보다 작아 연소면이 확대되기 때문이다.
④ 인화점이 물보다 낮기 때문이다.

정답 10. ③ 11. ④ 12. ④ 13. ③

[해설] 제4류 위험물 주수 소화 금지 위험물
① 액체의 유동성으로 화재의 확대 위험이 크다.
② 주수 소화 불가(비중이 물보다 작아 유면확대)

14. 석유, 고무, 동물의 털, 가죽 등과 같이 황성분을 함유하고 있는 물질이 불완전연소될 때 발생하는 연소가스로 계란 썩는 듯한 냄새가 나는 기체는?

① SO_2　　　　② HCN
③ H_2S　　　　④ NH_3

[해설] 황화수소 H_2S 10 ppm(0.001%)
1. 황을 함유한 유기화합물이 불완전 연소할 때 발생, 달걀 썩는 냄새가 난다.
2. 나무, 고무, 가죽, 고기, 머리카락 등이 탈 때 주로 생성된다.

15. 아세틸렌 가스의 연소범위[vol%]에 가장 가까운 것은?

① 9.8~28.4　　　　② 2.5~81
③ 4.0~75　　　　④ 2.1~9.5

[해설] [표. 주요 가연성 가스의 공기 중 연소 범위]

+암기 아수~ 일(A)황에 암 걸려라

가스명	연소범위[V%]		
	하한값	상한값	범위차
아세틸렌	2.5	81	78.5
수소	4	75	71
일산화탄소	12.5	74	61.5
에테르	1.9	48	46.1
이황화탄소	1.2	44	42.8
황화수소	4	44	40

16. CO_2 소화약제의 장점으로 가장 거리가 먼 것은?

① 전기적으로 비전도성이다.
② 한랭지에서도 사용이 가능하다.
③ 자체 압력으로도 방사가 가능하다.
④ 인체에 무해하고 GWP가 0이다.

[해설]
① 오존층을 파괴시키지 않는다.[ODP(오존층파괴지수) = 0]
② 지구온난화의 주범(GWP : 지구온난화지수)이다.

17. 다음 중 연쇄반응과 관련 있는 소화방법은?

① 질식소화
② 제거소화
③ 냉각소화
④ 부촉매소화

[해설] 부촉매효과(소화)
활성화된 라디칼의 전파, 분기 반응에 의한 연쇄반응 억제로 소화

18. 건축물에 설치하는 자동방화셔터의 요건 중 옳지 않은 것은?

① 전동방식으로 개폐할 수 있을 것
② 열을 감지한 경우 완전 개방되는 구조할 것
③ 불꽃감지기 또는 연기감지기 중 하나와 열감지기를 설치할 것
④ 불꽃이나 연기를 감지한 경우 일부 폐쇄되는 구조일 것

[해설] 자동방화셔터
1. 비차열 1시간 요구
2. 피난이 가능한 60+방화문 또는 60분방화문으로부터 3미터 이내에 별도로 설치
3. 전동방식이나 수동방식으로 개폐할 수 있을 것
4. 불꽃감지기 또는 연기감지기 중 하나와 열감지기를 설치할 것
5. 불꽃이나 연기를 감지한 경우 일부 폐쇄되는 구조일 것
6. 열을 감지한 경우 완전 폐쇄되는 구조일 것

[정답] 14. ③　15. ②　16. ④　17. ④　18. ②

복원기출문제

2024. 1회 소방설비기사

19. 화재 시 불티가 바람에 날리거나 상승하는 열기류에 휩쓸려 멀리 있는 가연물에 착화되는 현상은?

① 비화 ② 전도
③ 대류 ④ 복사

해설 산불화재

지중화	지표면 아래 썩은 나무 등 유기물 연소 (속불화재 - 재발화 유발)
지표화	바닥의 낙엽 등 연소(화재의 시작)
수간화	나무의 기둥 연소
수관화	나무의 가지나 잎의 연소
비화	불티가 바람에 의해 비산하여 연소

20. 가연물이 연소가 잘 되기 위한 구비조건으로 틀린 것은?

① 열전도율이 클 것
② 산소와 화학적으로 친화력이 클 것
③ 표면적이 클 것
④ 활성화 에너지가 작을 것

해설 가연물의 구비조건
① 활성화에너지가 작을 것
② 열전도율이 적을 것
③ 표면적이 넓을 것
④ 산소와 친화력이 클 것
⑤ 발열량이 클 것

제2과목 소방유체역학

21. 체적 0.5[m³], 절대 압력 1300[kPa]인 탱크에 25[℃]의 기체 10[kg]이 들어있다. 이 기체의 기체상수는 약 몇 [kJ/kg · K] 인가?

① 0.19 ② 0.22
③ 0.26 ④ 0.29

해설 이상기체 상태방정식

$$PV = nRT = \frac{m}{M}RT = m\frac{R}{M}T = m\overline{R}T$$

$$\overline{R} = \frac{PV}{mT} = \frac{1300[\text{kN/m}^2] \times 0.5[\text{m}^3]}{10[\text{kg}] \times (273+25)[\text{K}]} \fallingdotseq 0.22[\text{kJ/kg} \cdot \text{K}]$$

R : 일반기체상수(고정값), $\overline{R}$: 기체별 기체상수, $\overline{R} = \frac{R}{M}$

n : mol수(압축계수), $n = \frac{m}{M}$

m : 질량, M : 분자량, T : 절대온도,
P : 절대압력, V : 체적

22. 수조의 수면으로부터 20[m] 아래에 설치된 직경 4[cm]의 오리피스에서 1분간 분출된 유량은 약 몇 [m³] 인가? (단, 수심은 일정하게 유지된다고 가정하고 오리피스의 유량계수 C=0.98로 하며 다른 조건은 무시한다.)

① 1.46 ② 2.46
③ 3.46 ④ 4.86

해설
1) 토리첼리 방정식
$$V = C\sqrt{2gh} = 0.98 \times \sqrt{2 \times 9.8[\text{m/s}^2] \times 20[\text{m}]} \fallingdotseq 19.4[\text{m/s}]$$

2) 연속방정식에서
$$Q = AV$$
$$Q = \frac{\pi D^2}{4}V = \frac{3.14 \times (0.04[\text{m}])^2}{4} \times 19.4[\text{m/s}]$$
$$\fallingdotseq 0.0244[\text{m}^3/\text{s}] = 0.0244[\text{m}^3/\frac{1}{60}\text{min}]$$
$$= 0.0244 \times 60[\text{m}^3/\text{min}] = 1.464[\text{m}^3/\text{min}]$$

정답 19. ① 20. ① 21. ② 22. ①

23. 밑면은 한 변의 길이가 1[m]인 정사각형이고 높이 1.5[m]인 직육면체 탱크에 물을 가득 채웠다. 한쪽 측면에 작용하는 힘은 몇 kN 인가?

① 14.7　　　② 11.0
③ 22.1　　　④ 7.4

해설
1) 측면에 작용하는 힘은 벽 중심에 작용하는 힘이다. 단 힘의 작용점과는 다른 개념이므로 주의해야 한다.

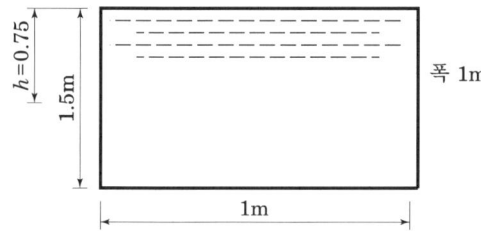

2) 측면에 작용하는 힘
$F = \gamma \bar{h} A = 9800[N/m^3] \times 0.75[m] \times (1 \times 1.5)[m^2]$
$= 11025[N] ≒ 11[kN]$

24. 다음은 어떤 열역학적 법칙을 설명한 것인가?

> 온도가 서로 다른 물체를 접촉시키면 높은 온도를 지닌 물체의 온도가 내려가고(열을 방출), 낮은 온도의 물체는 온도가 올라가서(열을 흡수) 두 물체는 온도차가 없어지게 된다.

① 열역학 제3법칙　　② 열역학 제2법칙
③ 열역학 제1법칙　　④ 열역학 제0법칙

해설 열역학 제0법칙
1) 열평형의 법칙(온도계의 원리)
2) 고온물체와 저온물체를 접촉시키면 고온물체에서 저온물체로 열이 이동하여 두 물체의 온도가 서로 같아지며 열평형 상태에 도달하여 더 이상 변화하지 않는다.

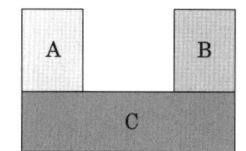

A=C and B=C 이면 A=B 이다

참고
1. 열역학 제1법칙(엔탈피) - 에너지보존법칙
   (1) 밀폐계가 임의의 사이클을 이룰 때 열전달의 총합은 이루어진 일의 총합과 같다. 즉 계가 외부로부터 Q의 열을 받아서 외부로 W의 일을 할 때 내부에너지 △U와의 관계는 다음과 같다.
   $Q = \triangle U + W[J]$
   (2) 제1종 영구기관 제작 불가능의 법칙이다.

2. 열역학 제2법칙(엔트로피)
   자연계에 어떤 변화도 남기지 않고 어느 열원의 열을 계속하여 일로 변화 시키는 것은 불가능하다. 열을 전부 일로 변화시킬 수는 없다.
   즉, 열효율 100[%]의 열기관은 없다.(Kelvin Plank)

25. 공기 1[kg]을 절대압력 100[kPa], 체적 0.85[m³]의 상태로부터 절대압력 500[kPa], 온도 300[℃]로 변환시켰다면, 상승된 온도는 얼마인가? (단, 공기의 기체상수는 287[J/kg·K]이다.)

① 0℃　　　② 277℃
③ 296℃　　④ 376℃

해설
1) 변환 전 온도
이상기체 상태방정식
$PV = nRT = \dfrac{m}{M}RT = m\dfrac{R}{M}T = m\bar{R}T$

$\bar{R} = \dfrac{PV}{m\bar{R}} = \dfrac{100[N/m^2] \times 0.85[kN/m^2]}{1[kg] \times 0.287[kJ/1g·K]}$

$≒ 296[K] = (296-273)[℃] = 23[℃]$

R : 일반기체상수(고정값),
$\bar{R}$: 기체별 기체상수, $\bar{R} = \dfrac{R}{M}$

정답　23. ②　24. ④　25. ②

n : mol수(압축계수), $n = \dfrac{m}{M}$

m : 질량, M : 분자량, T : 절대온도,
P : 절대압력, V : 체적

2) 상승된 온도
   $\triangle T = 300 - 23 = 277[℃]$

26. 그림과 같이 수평관에서 2개소의 압력 차를 측정하기 위해 하부에 수은을 넣은 U자관을 부착시켰다. 이 때 U자관에서 수은의 높이차 $h = 500[mm]$ 이었다면 압력차 $P_1 - P_2$는 약 몇 kPa인가?

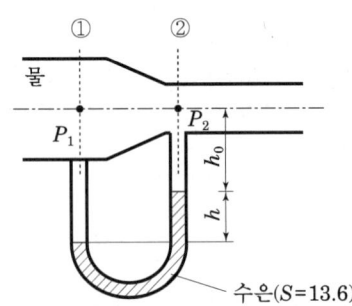

① 66.6 ② 61.7
③ 60.5 ④ 50.4

해설
$P_1 + \gamma(h_0 + h) - \gamma_S \times h - \gamma h_0 = P_2$
$P_1 - P_2 = h \times (\gamma_S - \gamma)$
$= 0.5[m] \times (13.6 \times 9.8[kN/m^3] - 9.8[kN/m^3])$
$≒ 61.7[kN/m^2] = 61.7[kPa]$

※ ① 점을 기준으로 내려가면 "+", 올라가면 "−"
$P_1 + \gamma(h_0 + h) - \gamma_S \times h - \gamma h_0 = P_2$

27. 그림과 같이 속도 3[m/s]로 운동하는 평판에 속도 10[m/s]인 물 분류가 직각으로 충돌하고 있다. 분류의 단면적이 0.01[m²]으로 일정하다고 하면 평판이 받는 힘은 몇 [N]인가?

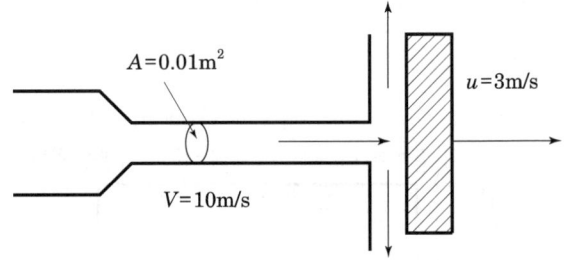

① 98   ② 490
③ 700   ④ 1000

해설
고정된 평판에 작용하는 힘
$F = \rho Q(V - u) = \rho A (V - u)^2$
$= 1000[N \cdot s^2/m^4] \times 0.01[m^2] \times (10 - 3[m/s])^2$
$= 490[N]$

28. 이상유체에 대한 설명으로 옳은 것은?

① 점성이며, 압축성 유체
② 비점성이며, 압축성 유체
③ 점성이며, 비압축성 유체
④ 비점성이며, 비압축성 유체

해설
(1) 유체는 유선을 따라 흐른다.
(2) 비압축성 유체이다.
(3) 정상류 이다.
(4) 비점성유체이다.(마찰이 없다)

정답 26. ② 27. ② 28. ④

29. 질량보존의 법칙으로부터 유도된 방정식은?

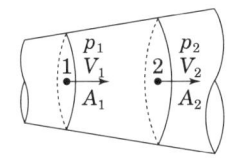

① $\tau = \mu \dfrac{du}{dy}$

② $pv = RT$

③ $p_1 A_1 v_1 = p_2 A_2 v_2$

④ $\dfrac{p_1}{\gamma} + \dfrac{v_1^2}{2g} + z_1 = \dfrac{p_2}{\gamma} + \dfrac{v_2^2}{2g} + z_2$

해설
1. 연속방정식의 개념
   (1) 관 내 유체 질량의 증감은 질량 보존의 법칙에 따라
   (2) 시스템 안으로 유입되는 유량, 시스템내 저장량, 시스템 밖으로 유출되는 유량은 평형을 이루게 된다.
   (3) 가정 : 비압축성, 정상유동
   (4) 동일유체의 경우 체적유량의 개념이다.(Q=AV)

2. 연속방정식

구분	공식
질량유량(M) [kg/s]	$\rho_1 v_1 A_1 = \rho_2 v_2 A_2 = M$
중량유량(G) [kgf/s]	$r_1 v_1 A_1 = r_2 v_2 A_2 = G$
체적유량(Q) [m³/s]	$A_1 v_1 = A_2 v_2 = Q$ ($\rho_1 = \rho_2 = \rho$)

r : 비중량[N/m³], ρ : 밀도[kg/m³]

30. 고체 표면의 온도가 15[℃]에서 25[℃]로 올라가면 방사되는 복사열은 약 몇 [%]가 증가하는가?

① 3.5   ② 7.1
③ 15   ④ 67

해설 복사열

$Q = \epsilon \sigma A T^4$

$Q \propto T^4$: 복사열은 절대온도의 4제곱에 비례한다.

Q_1 : 15[℃] 일 때 복사열

Q_2 : 25[℃] 일 때 복사열

$\dfrac{Q_2}{Q_1} \propto \dfrac{T_2^4}{T_1^4} = \dfrac{(273+25)^4}{(273+15)^4} \fallingdotseq 1.15 = 15[\%]$

31. 어떤 유체의 비중량[N/m³]이 A이고 점성계수 [N·s/m²]가 B이다. 동점성계수[m²/s]는? (단, g는 중력가속도이다.)

① Bg/A   ② B/Ag
③ Ag/B   ④ A/Bg

해설
1) 밀도(ρ)

$\gamma = \rho g$ (γ : 비중량[N/m³], ρ : 밀도[kg/m³])

$\rho = \dfrac{\gamma}{g}$

2) 동점성 계수(ν)

$\nu = \dfrac{\mu}{\rho}$ (μ : 점성계수[N·s/m²])

$= \dfrac{\mu}{\dfrac{\gamma}{g}} = \dfrac{\mu g}{\gamma} = \dfrac{Bg}{A}$

32. 어떤 액체의 체적이 10[m³]일 때 질량이 8800[kg] 이었다. 이 액체의 비중은 얼마인가?

① 0.88   ② 0.45
③ 0.98   ④ 1.13

해설
1) 밀도(Density, ρ)
단위체적당의 질량으로 밀도가 클수록 무겁다.

$\rho = \dfrac{m}{V}$ [kg/m³] m : 질량[kg], V : 체적[m³]

$= \dfrac{8800[\text{kg}]}{10[\text{m}^3]} = 880 [\text{kg/m}^3]$

복원기출문제

2024. 1회 소방설비기사

2) 비중(S)

물 또는 공기와 비교한 어떤 물질의 무게를 말하며 물과 비교한다.

$$S = \frac{\gamma(물체비중량)}{\gamma_w(물비중량)} = \frac{\rho(물체밀도)}{\rho_w(물밀도)}$$

$$= \frac{880[kg/m^3]}{1000[kg/m^3]} = 0.88$$

※ 물의 비중량과 밀도

	중력단위	SI 단위
γ(비중량)	1000[kgf/m³]	9800[N/m³] = 9.8[kN/m³]
ρ(밀도)	1000[kg/m³] 102[kgf · s²/m⁴]	1000[N · s²/m⁴]

33. 부차적손실이 $H = K\dfrac{V^2}{2g}$ 인 관의 상당길이 L_e는?
(단, d는 관지름, f는 관마찰계수, K는 부차손실계수)

① $K \cdot d/f$
② $f/K \cdot d$
③ $f \cdot K/d$
④ $d/f \cdot K$

해설

1. 상당길이 : 부속류(Fitting류, 밸브 등) 등의 손실을 배관의 직관길이로 환산한 길이이다.

$$L_e = \frac{dK}{f},$$

d : 관의 직경[m], K : 부차적 손실계수, f : 마찰계수

2. 유도

$$h_l = K\frac{V^2}{2g} = f\frac{L_e}{d}\frac{V^2}{2g}$$

L_e : 등가길이, K : 부차적 손실계수, d : 지름에서

$$K = f\frac{L_e}{d} \Rightarrow L_e = \frac{dK}{f}$$

34. 수평으로 설치된 안지름 D, 길이 L의 곧은 원관 내에 체적 유량 Q의 유체가 흐를 때 손실 수두는? (단, 관마찰계수는 f이고 중력 가속도는 g이다.)

① $\dfrac{4fLQ^2}{\pi^2 g D^4}$
② $\dfrac{8fLQ^2}{\pi^2 g D^4}$
③ $\dfrac{4fLQ^2}{\pi^2 g D^5}$
④ $\dfrac{8fLQ^2}{\pi^2 g D^5}$

해설

1) 연속방정식에서 유속

$$Q = AV$$

$$V = \frac{Q}{A} = \frac{4Q}{\pi D^2}$$

2) 달시-바이스바흐(Darcy-Weisbach) 식
층류와 난류, 신배관에서 적용되는 손실수두 개념이다.

$$h_l = f\frac{L}{D}\frac{V^2}{2g} = f\frac{L}{D}\frac{(\frac{4Q}{\pi D^2})^2}{2g} = \frac{8fLQ^2}{\pi^2 g D^5}$$

35. 다음 설명 중 틀린 것은?

① 흡입배관에서의 마찰손실 수두를 작게 하면 펌프의 공동현상을 방지할 수 있다.
② 배관의 직경을 크게 하고 유속을 낮게 하면 수격작용을 방지할 수 있다.
③ 흡수면에서 최상층 송출 수면까지의 수직거리를 전양정이라 한다.
④ 특성이 같은 원심펌프 2대를 직렬로 설치하면 양정을 높일 수 있다.

해설

③ 흡수면에서 최상층 송출 수면까지의 수직거리를 실양정이라 한다.

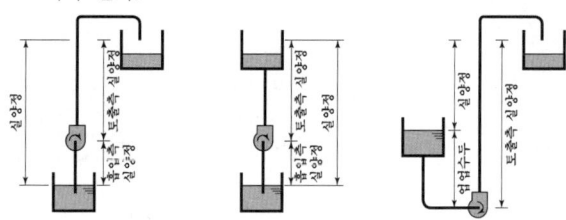

정답 33. ① 34. ④ 35. ③

36. 성능이 같은 펌프 두 대를 병렬 운전할 경우 옳은 것은? (단, 손실은 무시한다.)

① 유량이 2배로 된다.
② 양정이 2배로 된다.
③ 유량과 양정 모두 2배로 된다.
④ 유량은 2배로 되지만 양정은 반으로 준다.

[해설] 직/병렬연결(2대 기준)

구분	목적	현상
병렬	- 토출량 분할 - 요구 토출량 증가	$Q \to 2Q$ $H \to H$
직렬	양정구간 분할 소요양정 증가	$Q \to Q$ $H \to 2H$

37. 전양정 20[m], 질량유량 150[kg/s]로 물을 송출할 때 소요되는 펌프의 축동력(shaft power)이 42[kW]이면 펌프의 효율[%]은?

① 70 ② 74
③ 76 ④ 80

[해설]
1) 펌프 동력

종류	내용	적용공식
수동력 (L_W) [W]	펌프에 의해 물에 가해지는 동력(펌프의 최소 동력)	$L_W = \gamma QH$ Q : 토출량[m³/s], H : 전양정[m]
축동력 (L_S) [W]	펌프를 운전하는 데 필요한 동력	$L_S = \dfrac{\gamma QH}{\eta}$, η : 펌프효율 Q : 토출량[m³/s]
전동기 동력(L)	전동기에서 펌프로 보내는 동력	$L = \dfrac{\gamma QH}{\eta} \times K[W]$ K : 동력전달계수, Q : 토출량[m³/s] $= \dfrac{0.163\,QH}{\eta} \times K[kW]$, Q : 토출량[m³/min]

2) 축동력에서의 효율
$$L_w = \frac{\gamma QH}{\eta}$$
$$\eta = \frac{\gamma QH}{L_w} = \frac{9800[N/m^3] \times 0.15[m^3/s] \times 20[m]}{42000}$$
$$= 0.70 = 70[\%]$$

※ 질량유량 $150[kg/s] = 0.15[m^3/s]$
$M = \rho AV = \rho Q$
$Q = \dfrac{M}{\rho} = \dfrac{150[kg/s]}{1000[kg/m^3]} = 0.15[m^3/s]$
⇒ 유량 단위 주의!

38. 밑면이 8[m]×3[m], 깊이가 4[m]인 철제 상자가 물 위에 떠있다. 상자의 무게를 196[kN]이라 할 때 이 상자는 물속 몇 [m] 깊이까지 들어가 있는가?

① 0.83 ② 0.91
③ 0.98 ④ 1.04

[해설]

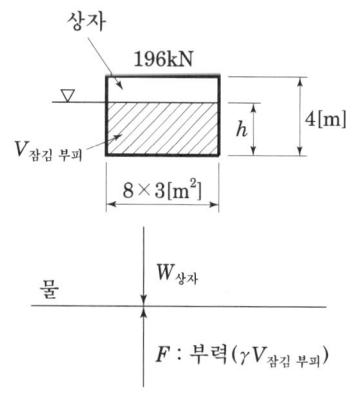

1) 부력(F)과 무게(W)
무게는 항상 물체전체 부피 기준이며 부력은 유체에 잠긴 부피 기준임을 주의해야 한다.

$F(부력) = \gamma_{액체} V_{잠김부피} = \rho_{액체} g V_{잠김부피}$
(부력은 물체가 잠긴 액체의 무게와 같다)
$W(무게) = \gamma_{물체} V_{물체전체} = \rho_{물체} g V_{물체전체}$
$F = W$일 때 평형유지, $\gamma_{액체} V_{잠김부피} = \gamma_{물체} V_{물체전체}$

복원기출문제

2024. 1회 소방설비기사

2) 상자의 물속 깊이(h)

$F = W$

$\gamma V_{잠긴부피} = W$

$9800[N/m^3] \times (8 \times 3 \times h)[m^3] = 196000[N]$

$h = \dfrac{196000[N]}{9800[N/m^3] \times (8 \times 3)[m^2]} \fallingdotseq 0.83[m]$

39. 다음 중 무차원수에 대한 물리적 의미가 틀린 것은?

① 레이놀즈수=관성력/점성력
② 오일러수=압력/관성력
③ 웨버수=관성력/점성력
④ 코시수=관성력/탄성력

[해설]
③ 웨버수=관성력/표면장력

40. 그림과 같이 출구가 수직방향으로 향하는 원관에서 물이 유출되어 떨어지고 있다. 원관의 내경은 10[cm], 출구에서 유속이 1.4[m/s] 일 때 손실을 무시하면 출구보다 1.5[m] 아래에서 물기둥의 직경은 약 몇 [cm] 인가?

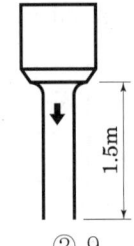

① 10
③ 7
② 9
④ 5

[해설]
1) 원관에서 물이 유출되어 자유낙하로 떨어지고 있으므로 토리첼리 방정식을 사용할 수 있다.

2) 1.5[m] 아래의 유속 V_2
(토리첼리 방정식 : 유량계수 $C=1$)
$V_2 = C\sqrt{2gh} = \sqrt{2 \times 9.8[m/s^2] \times 1.5[m]} \fallingdotseq 5.42[m/s]$

3) 연속방정식에서(밀도 동일)
$Q = A_1 V_1 = A_2 V_2$

$\dfrac{\pi D_1^2}{4} V_1 = \dfrac{\pi D_2^2}{4} V_2$

$D_2 = D_1 \sqrt{\dfrac{V_1}{V_2}} = 10[cm] \times \sqrt{\dfrac{1.4[m/s]}{5.42[m/s]}}$

$\fallingdotseq 5[cm]$

■■■ 제3과목 소방관계법규

41. 지정수량의 최소 몇 배 이상의 위험물을 취급하는 제조소에는 피뢰침을 설치해야 하는가? (단, 제6류 위험물을 취급하는 위험물제조소는 제외하고, 제조소 주위의 상황에 따라 안전상 지장이 없는 경우도 제외한다.)

① 5배
② 10배
③ 50배
④ 100배

[해설] 피뢰설비
지정수량의 10배 이상의 위험물을 제조 등의 경우(제6류 위험물은 제외) 설치

42. 소방시설공사업법령상 소방시설업의 등록을 하지 아니하고 영업을 한 자에 대한 벌칙기준으로 옳은 것은?

① 1년 이하의 징역 또는 1천만 원 이하의 벌금
② 2년 이하의 징역 또는 2천만 원 이하의 벌금
③ 3년 이하의 징역 또는 3천만 원 이하의 벌금
④ 5년 이하의 징역 또는 5천만 원 이하의 벌금

[해설]
소방시설업의 등록을 하지 아니하고 영업을 한 자 : 3년 이하의 징역 또는 3천만 원 이하의 벌금

정답 39. ④ 40. ④ 41. ② 42. ③

43. 소방시설 설치 및 관리에 관한 법령상 건축허가등의 동의를 요구한 기관이 그 건축허가 등을 취소하였을 때, 취소한 날부터 최대 며칠 이내에 건축물 등의 시공지 또는 소재지를 관할하는 소방본부장 또는 소방서장에게 그 사실을 통보하여야 하는가?

① 3일 ② 4일
③ 7일 ④ 10일

해설 행정기관이 건축허가 등의 취소 시
- 취소한 날부터 7일 이내에 소방본부장 또는 소방서장에게 통보

44. 자동화재탐지설비를 설치하여야 하는 특정소방대상물의 기준으로 틀린 것은?

① 복합건축물로서 연면적 600[m²] 이상인 것
② 지하가 중 터널로서 길이 700[m] 이상인 것
③ 교정시설로서 연면적 2000[m²] 이상인 것
④ 장례시설로서 연면적 600[m²] 이상인 것

해설 자동화재탐지설비 설치대상

특정소방대상물의 종류	연면적 등
① 숙박시설, 숙박시설이 있는 수련시설로서 수용인원 100명 이상인 것 노유자 생활시설, 조산원 및 산후조리원, 요양병원(의료재활시설 제외) 공동주택 중 아파트등·기숙사, 지하구, 층수가 6층 이상인 건축물, 발전시설 중 전기저장시설, 판매시설 중 전통시장	무조건 설치
② 공장 및 창고시설로서 특수가연물을 저장·취급하는 것	500배 이상
③ 터널	1천[m] 이상
④ 의료시설 중 정신의료기관 또는 의료재활시설(바닥면적 합계) → 300[m²] 미만일 경우 창살이 설치된 경우에 한하여 설치	300[m²] 이상
⑤ 노유자 생활시설에 해당하지 않는 노유자시설	400[m²] 이상
⑥ 근린생활시설(목욕장 제외), 위락시설, 의료시설(정신의료기관과 요양병원 제외), 복합건축물, 장례시설	600[m²] 이상

45. 화재의 예방 및 안전관리에 관한 법령상 특정소방대상물의 관계인이 소방안전관리자를 해임한 경우 재선임을 해야 하는 기준은? (단, 해임한 날부터를 기준일로 한다.)

① 10일 이내 ② 15일 이내
③ 30일 이내 ④ 40일 이내

해설 관계인은 선임기준일로 부터 30일 이내에 소방안전관리자로 선임

선임하지 아니한 자 : 300만 원 이하의 벌금

46. 화재의 예방 및 안전관리에 관한 법령상 화재예방강화지구의 지정권자는?

① 소방서장
② 시·도지사
③ 소방본부장
④ 행정자치부장관

해설
화재예방강화지구 지정·관리자 – 시·도지사

47. 위험물안전관리법상 시·도지사의 허가를 받지 아니하고 당해 제조소등을 설치할 수 있는 기준 중 다음 ( ) 안에 알맞은 것은?

농예용·축산용 또는 수산용으로 필요한 난방시설 또는 건조시설을 위한 지정수량 ( )배 이하의 저장소

① 20 ② 30
③ 40 ④ 50

해설 제조소 등의 허가, 변경, 신고를 하지 않아도 되는 경우
① 주택의 난방시설(공동주택의 중앙난방시설 제외)을 위한 저장소 또는 취급소
② 농예용·축산용 또는 수산용으로 필요한 난방시설 또는 건조시설을 위한 지정수량 20배 이하의 저장소

복원기출문제

2024. 1회 소방설비기사

48. 소방시설업을 등록할 수 있는 사람은?

① 피성년후견인
② 소방기본법에 따른 금고 이상의 실형을 선고받고 그 집행이 종료된 후에 1년이 경과한 사람
③ 위험물안전관리법에 따른 금고 이상의 형 집행유예를 선고받고 그 유예기간 중에 있는 사람
④ 등록하려는 소방시설업 등록이 취소된 날로부터 2년이 경과된 사람

해설 소방시설업 등록 결격사유에 해당하는 경우

㉠ 금고 이상의 실형을 선고받고	그 집행이 끝나거나 (집행이 끝난 것으로 보는 경우 포함) 면제된 날부터 2년이 지나지 아니한 사람
㉡ 금고 이상의 형의 집행유예를 선고받고	그 유예기간 중에 있는 사람
㉢ 등록하려는 소방시설업 등록이 취소 된 날부터	2년이 지나지 아니한 자 (피성년후견인에 해당되어 취소된 경우 제외)
㉣ 피성년후견인(정신적 제약으로 사무처리 능력이 부족한 자)	
㉤ 법인의 대표자가 ㉠에서 ㉣까지의 규정에 해당하는 경우 그 법인	
㉥ 법인의 임원이 ㉠에서 ㉢까지의 규정에 해당하는 경우 그 법인	

49. 소방대가 화재진압, 인명구조 또는 구급활동을 위하여 현장에 출동하거나 출입하는 것을 고의로 방해한 행위를 하는 자에 대한 벌칙으로 옳은 것은?

① 1년 이하의 징역 또는 1000만 원 이하의 벌금
② 3년 이하의 징역 또는 3000만 원 이하의 벌금
③ 5년 이하의 징역 또는 5000만 원 이하의 벌금
④ 300만 원 이하의 과태료

해설 5년 이하의 징역 또는 5천만 원 이하의 벌금
① 화재, 재난·재해, 그 밖의 위급한 상황이 발생하였을 때 출동한 소방대를
  ㉠ 위력(威力)을 사용하여 출동한 소방대의 화재진압·인명구조 또는 구급활동을 방해하는 행위

㉡ 소방대가 화재진압·인명구조 또는 구급활동을 위하여 현장에 출동하거나 현장에 출입하는 것을 고의로 방해하는 행위
㉢ 출동한 소방대원에게 폭행 또는 협박을 행사하여 화재진압·인명구조 또는 구급활동을 방해하는 행위
㉣ 출동한 소방대의 소방장비를 파손하거나 그 효용을 해하여 화재진압·인명구조 또는 구급활동을 방해하는 행위
② 소방자동차의 출동을 방해한 사람
③ 사람을 구출하는 일 또는 불을 끄거나 불이 번지지 아니하도록 하는 일을 방해한 사람
④ 정당한 사유 없이 소방용수시설 또는 비상소화장치를 사용하거나 소방용수시설 또는 비상소화장치의 효용을 해치거나 그 정당한 사용을 방해한 사람

50. 소방활동구역의 출입자로서 대통령령이 정하는 자에 속하지 않는 사람은?

① 의사·간호사 그 밖의 구조 구급업무에 종사하는 자
② 소방활동구역 안에 있는 소방대상물의 소유자·관리자 또는 점유자
③ 전기·가스·수도·통신·교통의 업무에 종사하는 사람으로서 원활한 소방활동을 위하여 필요한 사람
④ 자원봉사활동으로 소방활동에 참여하고 싶은 사람

해설 출입제한 명령
화재, 재난·재해, 그 밖의 위급한 상황이 발생한 현장에 소방활동구역을 정하여 소방활동에 필요한 사람으로서 대통령령으로 정하는 사람 외에는 그 구역에 출입하는 것을 제한할 수 있다.

대통령령으로 정하는 사람
㉠ 소방활동구역 안에 있는 소방대상물의 소유자·관리자 또는 점유자
㉡ 전기·가스·수도·통신·교통의 업무에 종사하는 사람으로서 원활한 소방활동을 위하여 필요한 사람
㉢ 의사·간호사 그 밖의 구조·구급업무에 종사하는 사람
㉣ 취재인력 등 보도업무에 종사하는 사람
㉤ 수사업무에 종사하는 사람
㉥ 그 밖에 소방대장이 소방활동을 위하여 출입을 허가한 사람

정답 48. ④ 49. ③ 50. ④

 소방설비기사[기계분야]

51. 위험물의 유별에 따른 대표적인 성질의 연결이 틀린 것은?

① 제1류 – 산화성 고체
② 제2류 – 가연성 고체
③ 제4류 – 인화성 액체
④ 제5류 – 산화성 액체

해설 위험물의 분류에 따른 성상

분류	성상
제1류	산화성 고체
제2류	가연성 고체
제3류	자연발화성 및 금수성 물질
제4류	인화성 액체
제5류	자기연소성 물질
제6류	산화성 액체

52. 소방시설 설치 및 관리에 관한 법령상 간이스프링클러설비를 설치하여야 하는 특정소방대상물의 기준으로 옳은 것은?

① 근린생활시설로 사용하는 부분의 바닥면적 합계가 $1000[m^2]$ 이상인 것은 모든 층
② 숙박시설로 사용되는 바닥면적 합계가 $200[m^2]$ 이상 $600[m^2]$ 미만인 시설
③ 의료재활시설을 제외한 요양병원으로 사용되는 바닥면적의 합계가 $600[m^2]$ 미만인 시설
④ 정신의료기관 또는 의료재활시설로 사용되는 바닥면적의 합계가 $600[m^2]$ 미만인 시설

해설 간이스프링클러 설치대상(단위 : m^2)

구 분	연면적	바닥면적의 합계	비고
숙박시설	–	300 이상 600 미만	600 이상 시 스프링클러 설치대상
노유자시설	–	300 이상 600 미만	
정신의료기관 또는 의료재활시설	–	300 이상 600 미만	
병원 (의료재활시설 제외)	–	600 미만	
조산원 및 산후조리원	–		
근린생활시설	–	1000 이상	–
복합건축물	1,000 이상	–	–
교육연구시설 내에 합숙소	100 이상	–	–

공동주택 중 연립주택 및 다세대주택,
건물을 임차한 출입국관리법에 따른 보호시설,
의원, 치과의원 및 한의원으로서 입원실이 있는 시설,
노유자 생활시설

53. 특정소방대상물 중 오피스텔은 어느 시설에 해당하는가?

① 숙박시설
② 일반업무시설
③ 공동주택
④ 근린생활시설

해설 오피스텔 : 업무시설

54. 소방시설공사업법령에 따른 완공검사를 위한 현장확인대상 특정소방대상물의 범위 기준으로 틀린 것은? (단, 아파트는 제외한다.)

① 지하상가
② 가연성가스를 제조·저장 또는 취급하는 시설 중 지상에 노출된 가연성가스탱크의 저장용량 합계가 1천톤 이상인 시설
③ 호스릴 방식의 물분무소화설비가 설치되는 특정소방대상물
④ 문화 및 집회시설

정답 51. ④ 52. ① 53. ② 54. ③

[해설] 완공검사를 위한 현장확인 대상 특정소방대상물의 범위
1. 창고시설, 문화 및 집회시설, 판매시설, 종교시설, 수련시설, 지하상가, 노유자시설, 숙박시설, 운동시설, 다중이용업소
2. 스프링클러설비등, 물분무등소화설비 설치(호스릴방식의 소화설비 제외)
3. 연면적 1만[m²] 이상이거나 11층 이상인 특정소방대상물 (아파트 제외)
4. 가연성가스를 제조·저장 또는 취급하는 시설 중 지상에 노출된 가연성가스탱크의 저장용량 합계가 1천톤 이상인 시설

55. 제4류 위험물을 저장하는 옥외탱크저장소의 지정수량이 몇 배 이상인 경우 자체소방대를 두어야 하는가?

① 지정수량의 10만배 이상
② 지정수량의 50만배 이상
③ 지정수량의 100만배 이상
④ 지정수량의 150만배 이상

[해설] 자체소방대를 두어야 하는 대상

제4류 위험물	제조소, 일반취급소	지정수량의 3,000배 이상
	옥외탱크저장소	지정수량의 50만배 이상

56. 소방신호의 종류가 아닌 것은?

① 진화신호   ② 발화신호
③ 경계신호   ④ 해제신호

[해설]

구분	신호를 발령하는 경우
경계신호	화재예방상 필요하다고 인정 또는 화재에 관한 위험경보시
발화신호	화재가 발생한 때
해제신호	소화활동이 필요 없다고 인정되는 때
훈련신호	훈련상 필요하다고 인정되는 때

57. 소방본부장 또는 소방서장은 특정소방대상물에 설치하여야 하는 소방시설 가운데 기능과 성능이 유사한 물분무소화설비, 간이 스프링클러설비, 비상경보설비 및 비상방송설비 등 소방시설의 경우, 유사한 소방시설의 설치 면제를 어떻게 정하는가?

① 소방관서장이 정한다.
② 시·도의 조례로 정한다.
③ 행정안전부령으로 정한다.
④ 대통령령으로 정한다.

[해설] 유사한 소방시설 설치의 면제
1. 면제자 - 소방본부장 또는 소방서장
2. 특정소방대상물에 설치하여야 하는 소방시설 가운데 기능과 성능이 유사한 물분무소화설비, 간이스프링클러설비, 비상경보설비 및 비상방송설비 등의 소방시설의 경우에는 대통령령으로 정하는 바에 따라 유사한 소방시설의 설치를 면제할 수 있다.

58. 소방시설 설치 및 관리에 관한 법률상 소방용품의 형식승인을 받지 아니하고 소방용품을 제조하거나 수입한 자에 대한 벌칙 기준은?

① 100만 원 이하의 벌금
② 300만 원 이하의 벌금
③ 1년 이하의 징역 또는 1천만 원 이하의 벌금
④ 3년 이하의 징역 또는 3천만 원 이하의 벌금

[해설]

구분	내용	벌칙
① 소방용품을 제조하거나 수입하려는 자	소방청장의 형식승인을 받아야 한다.	3년
② 형식승인을 받은 자	소방청장이 실시하는 제품검사를 받아야 한다.	3년
③ 형식승인을 받지 아니한 것 제품검사를 받지 아니한 것 형상등을 임의로 변경한 것 합격표시를 하지 아니한 것	판매 목적으로 진열, 판매, 소방시설공사에 사용 금지	3년

정답 55. ② 56. ① 57. ④ 58. ④

59. 일반공사감리 대상의 경우 감리현장의 연면적의 총 합계가 10만[m²] 이하일 때 1인의 책임감리원이 담당하는 소방공사 감리현장은 몇 개 이하인가?

① 2개　　　　　② 3개
③ 4개　　　　　④ 5개

해설 감리원 세부 배치기준

구분	배치 기준
상주	• 소방시설용 배관(전선관을 포함한다.)을 설치하거나 매립하는 때부터 소방시설 완공검사증명서를 발급 받을 때까지 소방공사감리현장에 책임감리원을 배치
일반	1. 일반공사 감리기간은 소방시설의 성능시험, 소방시설 완공검사 증명서의 발급·인수인계 및 소방공사의 정산을 하는 기간을 포함한다. 2. 감리원은 주 1회 이상 소방공사감리현장에 배치되어 감리할 것. 3. 1명의 감리원이 담당하는 소방공사감리현장 ㉠ 5개 이하로서 감리현장 연면적의 총 합계가 10만[m²] 이하 ㉡ 아파트의 경우 : 연면적의 합계에 관계없이 1명의 감리원이 5개 이내의 공사현장을 감리할 수 있다.

60. 위험물안전관리법령상 위험물제조소에 환기설비를 설치할 경우 바닥면적이 100[m²]이면 급기구의 면적은 몇[cm²] 이상이어야 하는가?

① 150　　　　　② 300
③ 450　　　　　④ 600

해설 환기설비 급기구
㉠ 개수 : 바닥면적 150[m²] 마다 1개 이상 설치
㉡ 크기 : 800[cm²] 이상
㉢ 바닥면적 150[m²] 미만 시 환기설비의 급기구 크기

바닥 면적	급기구의 면적
150[m²] 이상	800[cm²] 이상
120[m²] 이상 150[m²] 미만	600[cm²] 이상
90[m²] 이상 120[m²] 미만	450[cm²] 이상
60[m²] 이상 90[m²] 미만	300[cm²] 이상
60[m²] 미만	150[cm²] 이상

■■■ 제4과목 소방기계시설의 구조 및 원리

61. 보일러실 바닥면적이 23[m²]이면 자동확산소화기는 몇 개를 설치하여야 하나?

① 1개　　　　　② 2개
③ 3개　　　　　④ 4개

해설 용도별 소화기구 설치기준

용도별	설치기준	
보일러실, 음식점의 주방에 자동확산소화기 추가 설치	바닥면적	10 m² 이하	10 m² 초과
	설치개수	1개	2개
통신기기실, 발전기실, 변전실, 변압기실	바닥면적 50m² 마다 적응성 소화기 1개 이상 비치	

용도별	설치기준
보일러실, 음식점의 주방에 자동확산소화기 추가 설치	바닥면적: 10 m² 이하 → 1개 / 10 m² 초과 → 2개
통신기기실, 발전기실, 변전실, 변압기실	바닥면적 50m² 마다 적응성 소화기 1개 이상 비치

62. 창고시설의 화재안전성능기준(NFPC 609)에 따른 스프링클러설비 수원의 저수량은 얼마 이상으로 하여야 하는가? (단, 랙식 창고에 라지드롭형스프링클러헤드가 120개가 설치되어 있다.)

① 38.4[m³]　　　　② 96[m³]
③ 288[m³]　　　　④ 326.4[m³]

해설 창고 시설의 화재안전성능기준에 따른 수원의 저수량 라지드롭형스프링클러헤드의 설치개수 × 3.2[m³]를 곱한 양 이상
- 가장 많은 방호구역의 설치개수(30개 이상 설치된 경우에는 30개)
- 랙식 창고의 경우에는 9.6[m³]를 곱한 양 이상

풀이
30개 × 9.6[m³/개] = 288[m³] 이상

정답　59. ④　60. ③　61. ②　62. ③

복원기출문제

2024. 1회 소방설비기사

63. 부속용도로 사용하고 있는 통신기기실의 경우 바닥면적 몇 [m²]마다 수동식 소화기 1개 이상을 추가로 비치하여야 하는가?

① 30
② 40
③ 50
④ 60

해설 용도별 소화기구 설치기준

용도별	설치기준	
보일러실, 음식점의 주방에 자동확산소화기 추가 설치	바닥면적	10 m² 이하	10 m² 초과
	설치 개수	1개	2개
통신기기실, 발전기실, 변전실, 변압기실	바닥면적 50m² 마다 적응성 소화기 1개 이상 비치	

64. 습식스프링클러설비 및 부압식스프링클러설비의 시험장치 설치 위치로서 옳은 것은?

① 유수검지장치 2차측 배관에 연결하여 설치
② 유수검지장치에서 가장 먼 배관에서 연결하여 설치
③ 유수검지장치에서 가장 작은 배관에서 연결하여 설치
④ 유수검지장치에서 가장 큰 배관에서 연결하여 설치

해설 시험장치
① 설치대상 : 습식, 건식, 부압식 스프링클러설비
② 습식스프링클러설비 및 부압식스프링클러설비
  - 유수검지장치 2차측 배관에 연결하여 설치
③ 건식 스프링클러설비
  - 유수검지장치에서 가장 먼 거리에 위치한 가지배관의 끝으로부터 연결하여 설치
  - 유수검지장치 2차측 설비의 내용적이 2,840[L]를 초과하는 건식스프링클러설비의 경우 시험장치 개폐밸브를 완전 개방 후 1분 이내에 물이 방사되어야 한다.

65. 이산화탄소소화설비(고압식)의 배관으로 호칭구경 50 [mm] 강관을 사용하려 한다. 이때 적용하는 배관 스케줄의 한계는?

① 스케줄 20 이상
② 스케줄 30 이상
③ 스케줄 40 이상
④ 스케줄 80 이상

해설

구 분	이산화탄소소화설비 배관 등 설치기준		
강관	압력배관용 탄소강관 또는 이와 동등 이상의 강도 및 방식처리		
	고압식	저압식	20 [mm] 이하
	#80	#40	#40
동관 (이음이 없는 동 및 동합금)	구 분	고압식	저압식
	내압시험압력	16.5 [MPa]	3.75 [MPa]

66. 창고시설의 화재안전성능기준(NFPC 609)에 따른 소화수조 및 저수조 저수량은 특정소방대상물의 연면적을 ( ) [m²]로 나누어 얻은 수(소수점 이하의 수는 1로 본다.)에 20[m³]를 곱한 양 이상으로 하여야 하는가?

① 1000
② 5000
③ 7500
④ 12500

해설 창고시설의 소화수조 및 저수조 저수량
특정소방대상물의 연면적을 5,000[m²]로 나누어 얻은 수(소수점 이하의 수는 1로 본다.)에 20[m³]를 곱한 양 이상하여야 한다.

67. 다음 중 옥내소화전 설비 또는 스프링클러설비의 고가수조에 설치하지 않는 것은?

① 수위계
② 배수관
③ 오버플로관
④ 압력계

정답 63. ③ 64. ① 65. ④ 66. ② 67. ④

[해설] 고가수조의 자연낙차를 이용한 가압송수장치
① 구조물 또는 지형지물 등에 설치하여 자연낙차의 압력으로 급수하는 수조
② 고가수조에 설치 하는 장치 [+암기 수배급오버맨]
수위계·배수관·급수관·오버플로우관 및 맨홀을 설치할 것

68. 특별피난계단의 계단실 및 부속실 제연설비의 차압 등에 관한 기준 중 다음 (   ) 안에 알맞은 것은?

> 제연설비가 가동되었을 경우 출입문의 개방에 필요한 힘은 (   ) [N] 이하로 하여야 한다.

① 12.5
② 40
③ 70
④ 110

[해설] 과압방지
출입문이 닫히는 경우 제연구역의 과압을 방지할 수 있는 유효한 조치를 하여 차압을 유지할 것

제연설비가 가동되었을 경우 출입문의 개방에 필요한 힘
- 110[N] 이하

69. 제연설비의 설치 장소를 제연구역으로 구획할 경우 틀린 것은?

① 거실과 통로는 상호 제연구획 할 것
② 통로상의 제연구역은 보행중심선의 길이가 60[m]를 초과하지 아니할 것
③ 하나의 제연구역은 직경 60[m] 원 내에 들어갈 수 있을 것
④ 하나의 제연구역 면적은 500[m²] 이내로 할 것

[해설] 제연구역의 선정

구분		내 용
거실	면적	1,000[m²] 이내
	직경	60[m] 원내
통로	보행중심선의 길이	60[m] 이하
거실과 통로(복도를 포함)는 상호 제연구획 할 것		

70. 옥내소화전이 1층에 4개, 2층에 4개, 3층에 2개가 설치된 소방대상물이 있다. 옥내소화전설비를 위해 필요한 최소 펌프 토출량은?

① 130[ℓ/min] 이상
② 260[ℓ/min] 이상
③ 390[ℓ/min] 이상
④ 520[ℓ/min] 이상

[해설]
2개×130[ℓ/min·개] = 260[ℓ/min] 이상

71. 차고 및 주차장에 포소화설비를 설치하고자 할 때 포헤드는 바닥면적 몇 [m²]마다 1개 이상 설치하여야 하는가?

① 6
② 8
③ 9
④ 10

[해설] 포소화설비 헤드 설치 개수
① 포헤드 개수 = 바닥면적÷9[m²]
② 포워터스프링클러헤드 개수 = 바닥면적÷8[m²]
③ 압축공기포소화설비의 분사헤드 : 유류탱크주위에는 바닥면적 13.9[m²]마다 1개 이상
④ 압축공기포소화설비의 분사헤드 : 특수가연물저장소에는 바닥면적 9.3[m²]마다 1개 이상 설치
※ 천장 또는 반자에 설치하되 방호대상물에 따라 측벽에 설치할 수 있음

72. 소화용수설비에 설치하는 소화수조의 소요수량이 80[m³]일 때 설치하는 흡수관 투입구 및 채수구의 수는?

① 흡수관 투입구 → 1개 이상, 채수구 → 1개
② 흡수관 투입구 → 1개 이상, 채수구 → 2개
③ 흡수관 투입구 → 2개 이상, 채수구 → 2개
④ 흡수관 투입구 → 2개 이상, 채수구 → 3개

[해설]
① 흡수관투입구 설치 개수

소요수량	설치개수
80[m³] 미만	1개 이상
80[m³] 이상	2개 이상

정답 68. ④ 69. ④ 70. ② 71. ③ 72. ③

② 채수구 설치 개수

소요 수량	20[m³] 이상 40[m³] 미만	40[m³] 이상 100[m³] 미만	100[m³] 이상
채수구의 수	1개	2개	3개

73. 주요 구조부가 내화구조이고 건널 복도가 설치된 층의 피난기구 수의 설치 감소 방법으로 적합한 것은?

① 피난기구를 설치하지 아니할 수 있다.
② 피난기구의 수에서 $\frac{1}{2}$을 감소한 수로 한다.
③ 원래의 수에서 건널 복도 수를 더한 수로 한다.
④ 피난기구의 수에서 해당 건널 복도의 수의 2배의 수를 뺀 수로 한다.

해설

조건 (AND 조건 임)	피난기구 감소
1. 소방대상물 중 주요구조부가 내화구조 2. 건널 복도 ① 내화구조 또는 철골조 ② 건널 복도 양단의 출입구에 자동폐쇄장치를 한 60분+방화문 또는 60분 방화문(방화셔터 제외)이 설치되어 있을 것 ③ 피난·통행 또는 운반의 전용 용도일 것	건널복도가 설치되어 있는 층 - 피난기구의 수에서 해당 건널 복도의 수의 2배의 수를 뺀 수

74. 고체에어로졸소화설비의 화재안전기준상 다음 조건에 따른 고체에어로졸화합물의 필수소화약제량은?

<조건>
1. 방호체적은 $100[m^3]$이며 개구부의 크기는 $20[m^2]$이다.
2. 소화밀도는 $90[g/m^3]$이다.

① 9,000[g] ② 10,800[g]
③ 11,700[g] ④ 15,700[g]

해설

$m = d \times V$

m : 필수소화약제량[g]
d : 설계밀도[g/m³]=소화밀도[g/m³] × 1.3(안전계수)
　소화밀도 : 형식승인 받은제조사의 설계 매뉴얼에 제시된 소화밀도
V : 방호체적[m³]

풀이

$m = 90 \times 1.3 \times 100 = 11,700[g]$

75. 이산화탄소 소화기의 소화능력이 가장 부적합한 소방대상물은 어느 것인가?

① 가연성 액체류 ② 가연성 고체
③ 알칼리금속의 과산화물 ④ 합성수지류

해설 이산화탄소 분사헤드 설치제외 장소
① 방재실·제어실 등 사람이 상시 근무하는 장소
② 니트로셀룰로스·셀룰로이드제품 등 자기연소성물질을 저장·취급하는 장소
③ 나트륨·칼륨·칼슘 등 활성금속물질을 저장·취급하는 장소
④ 전시장 등의 관람을 위하여 다수인이 출입·통행하는 통로 및 전시실 등

76. 포화설비의 자동식 기동장치로 폐쇄형 스프링클러헤드를 사용하는 경우의 설치기준 중 다음 ( ) 안에 들어갈 알맞은 것은?

- 표시온도가 (㉠)[℃] 미만인 것을 사용하고 1개의 스프링클러헤드의 경계 면적은 (㉡)[m²] 이하로 할 것
- 부착면의 높이는 바닥으로부터 (㉢)[m] 이하로 하고 화재를 유효하게 감지할 수 있도록 할 것

① ㉠ 60, ㉡ 10, ㉢ 7　② ㉠ 60, ㉡ 20, ㉢ 7
③ ㉠ 79, ㉡ 10, ㉢ 5　④ ㉠ 79, ㉡ 20, ㉢ 5

정답　73. ④　74. ③　75. ③　76. ④

[해설] 포소화설비의 자동식 기동장치
가압송수장치, 일제개방밸브 및 포 소화약제 혼합장치를 기동

- 폐쇄형스프링클러헤드를 사용하는 경우

스프링클러헤드	내 용
표시온도	79[℃] 미만
1개의 경계면적	20[m²] 이하
부착면의 높이	바닥으로부터 5[m] 이하

77. 스프링클러헤드의 감도를 반응시간지수(RTI) 값에 따라 구분할 때 RTI 값이 51 초과 80 이하일 때의 헤드 감도는?

① Fast response   ② Special response
③ Standard response   ④ Quick response

[해설] RTI(반응시간지수)
기류의 온도, 속도 및 작동시간에 대하여 헤드의 반응을 예상한 지수
RTI = $\tau\sqrt{U}$ [$\sqrt{m \cdot s}$]
τ(타우) : 시정수(시간), U : 기류속도

RTI	50 이하	51 초과 80 이하	81 초과 350 이하
헤드의 종류	조기반응형헤드 Fast response	특수반응형헤드 Special response	표준반응형헤드 Standard response
설치 장소	공동주택·노유자시설의 거실, 오피스텔·숙박시설의 침실, 병원의 입원실	—	일반적인 장소

78. 창고시설의 화재안전성능기준에 따라 설치하는 스프링클러설비의 라지드롭형스프링클러헤드의 수평거리로서 옳은것은? (단, 특수가연물이 저장되어 있다)

① 1.7   ② 2.3
③ 2.5   ④ 3.2

[해설] 창고시설의 라지드롭형스프링클러헤드의 수평거리

특수가연물 저장 또는 취급 창고	그 외의 창고
1.7[m] 이하	기타구조 : 2.1[m] 이하 내화구조 : 2.3[m] 이하

79. 아파트등의 세대 내 설치되는 스프링클러헤드의 수평거리로 옳은 것은?

① 2.1[m] 이하   ② 2.3[m] 이하
③ 2.6[m] 이하   ④ 3.2[m] 이하

[해설] 헤드 수평거리

설비 또는 용도	구 분	수평거리[m]
연결살수설비	연결살수설비 전용헤드	3.7
공동주택	스프링클러헤드	2.6
연결살수설비	스프링클러헤드 설치 시	2.3
간이스프링클러	–	2.3
스프링클러	내화구조	2.3
	기타구조	2.1
	무대부, 특수가연물 저장 또는 취급하는 장소	1.7
포소화설비	–	2.1
창고	그 밖의 가연물 · 내화구조	2.3
	그 밖의 가연물 · 기타구조	2.1
	특수가연물	1.7
연소방지설비	연결살수설비 전용헤드	2
	스프링클러헤드 설치 시	1.5

80. 스프링클러설비의 화재안전기준에서 폐쇄형 스프링클러 설비 기준으로 하나의 방호구역의 바닥면적은 몇 [m²]를 초과하지 않아야 하는가?

① 4,000   ② 3,000
③ 2,000   ④ 1,000

[해설] 폐쇄형스프링클러헤드 방호구역 유수검지장치 설치기준

바닥면적	3,000 [m²]를 초과하지 아니할 것 ※ 격자형배관방식 – 3,700 [m²]
범위	2개 층에 미치지 아니하도록 할 것 ※ 1개 층에 설치되는 스프링클러헤드의 수가 10개 이하인 경우와 복층형구조의 공동주택에는 3개 층 이내로 할 수 있다.

정답 77. ① 78. ① 79. ③ 80. ②

복원기출문제(CBT2024.2회)

※ 본 기출문제는 수험자의 기억을 바탕으로 하여 복원한 문제이므로 실제 문제와 다를 수 있음을 미리 알려드립니다.

■■■ 제1과목 소방원론

1. 다음 중 가연성 물질에 해당하는 것은?

① 질소
② 이산화탄소
③ 아황산가스
④ 일산화탄소

해설 [표. 주요 가연성 가스의 공기 중 연소 범위]

+암기 아수~ 일(A)황에 암 걸려라

가스명	연소범위[V%]		
	하한값	상한값	범위차
아세틸렌	2.5	81	78.5
수소	4	75	71
일산화탄소	12.5	74	61.5
에테르	1.9	48	46.1
이황화탄소	1.2	44	42.8
황화수소	4	44	40
에틸렌	2.7	36	33.3
암모니아	15	28	13
메탄	5	15	10
에탄	3	12.4	9.4
프로판	2.1	9.5	7.4
부탄	1.8	8.4	6.6

2. 다음 중 화재하중을 나타내는 단위는?

① kcal/kg
② ℃/m²
③ kg/m²
④ kg/kcal

해설 화재하중
단위 면적당 가연물의 양을 목재의 양으로 환산한 값

$$화재하중\ Q = \frac{\sum(G_i \cdot H_i)}{H \cdot A} = \frac{\sum Q_i}{4{,}500 \cdot A}\ [kg/m^2]$$

G_i : 가연물의 질량 [kg]
H_i : 가연물의 단위 발열량 [kJ/kg]
Q_i : 가연물의 전 발열량 [kJ]
H : 목재의 단위 질량당 발열량
　　(4,500[kcal/kg] ≒ 18,855[kJ/kg])
A : 바닥면적 [m²]

3. 버너의 불꽃을 제거한 때부터 불꽃을 올리며 연소하는 상태가 끝날 때까지의 시간은?

① 10초 이내
② 20초 이내
③ 30초 이내
④ 40초 이내

해설 방염 성능기준

잔염시간	버너의 불꽃을 제거한 때부터 불꽃을 올리며 연소하는 상태가 그칠 때까지의 시간 20초 이내 (불꽃연소)
잔신시간	버너의 불꽃을 제거한 때부터 불꽃을 올리지 아니하고 연소하는 상태가 그칠 때까지의 시간 30초 이내(작열연소)
탄화 면적	50[cm²] 이내
탄화 길이	20[cm] 이내
접염횟수	불꽃에 의해 완전히 녹을 때까지의 불꽃 접촉횟수 3회 이상
발연량	최대 연기밀도 400 이하

4. 물의 성질에 대한 설명으로 틀린 것은?

① 대기압하에서 100[℃]의 물이 액체에서 수증기로 바뀌면 체적은 약 1700배 정도 증가한다.
② 100[℃]의 액체 물 1[g]을 100[℃]의 수증기로 만드는데 필요한 증발잠열은 약 539[cal/g]이다.
③ 20[℃]의 물 1[g]을 100[℃]까지 가열하는데 100[cal]의 열이 필요하다.
④ 0[℃]의 얼음 1[g]이 0[℃]의 액체 물로 변하는데 필요한 응융열은 약 80[cal/g]이다.

정답　1. ④　2. ③　3. ②　4. ③

해설

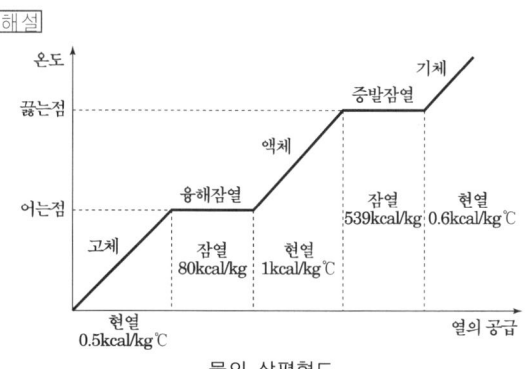

물의 상평형도

$$Q_1 = m \cdot C \cdot \Delta t$$

Q_1 : 현열[cal], m : 질량[g],
C : 비열[cal/g℃], Δt : 온도차[℃]

20[℃] 물 → 100[℃] 물
$Q_1 = m \cdot c \cdot \Delta t = 1$ [g] × 1[cal/g℃] × 80[℃] = 80[cal]

5. 1기압, 0[℃]의 어느 밀폐된 공간 1[m³]내에 Halon 1301 약제가 0.32[kg] 방사되었다. 이때 Halon 1301의 농도는 약 몇 [vol%]인가? (단, 원자량은 C 12, F 19, Br 81, Cl 35.5이다.)

① 4.8[%]   ② 5.5[%]
③ 8[%]   ④ 10[%]

해설
① 조건 : 0[℃] 1기압의 표준상태
② 할론 1301의 분자량은 150[g/mol]
  - CF_3Br의 분자량은 12×1+19×3+81=150[g/mol]
③ 몰[mol] = $\dfrac{질량[g]}{분자량[g/mol]}$, 몰[mol] = $\dfrac{기체부피[\ell]}{22.4[\ell/mol]}$

$\dfrac{질량}{분자량} = \dfrac{320g}{150g/mol} = 2.133$ 몰이고

2.133 몰 = $\dfrac{기체의\ 부피[\ell]}{22.4[\ell/mol]}$

∴ 기체의 부피 ≒ 47.786[ℓ] ≒ 0.048[m³]
  - 할론 1301의 320[g]을 방사시 0.048[m³]을 차지 함
⑤ 할론 1301이 차지하고 있는 vol%
  $\dfrac{0.048[m^3]}{1[m^3]} \times 100[\%] = 4.8[\%]$

6. 할로겐원소의 소화효과가 큰 순서대로 배열된 것은?

① I > Br > Cl > F
② Br > I > F > Cl
③ Cl > F > I > Br
④ F > Cl > Br > I

해설 할론을 구성하는 7족 원소의 특성

구분	소화효과	오존층 파괴 순서	전기음성도	이온화에너지
F	④	④	①	①
Cl	③	③	②	②
Br	②	②	③	③
I	①	①	④	④

7. 다음 중 인화점이 가장 낮은 물질은?

① 에탄올
② 벤젠
③ 디에틸에테르
④ 메틸에틸케톤

해설 시험에 잘 나오는 인화점과 관련된 위험물의 종류

구별	품명	인화점
특수인화물	디에틸에테르	−45[℃]
	산화프로필렌	−37[℃]
	이황화탄소	−30[℃]
제1석유류	휘발유(가솔린)	−20[℃] ~ −43[℃]
	아세톤	−18[℃]
	벤젠	−11[℃]
	메틸에틸케톤	−9[℃]
	톨루엔	4.4[℃]
알코올류	메틸알코올	11[℃]
	에틸알코올	13[℃]
제2석유류	등유	30~60[℃]
	경유	40~70[℃]

정답 5. ① 6. ① 7. ③

복원기출문제

2024. 2회 소방설비기사

8. 위험물안전관리법령상 과산화수소는 그 농도가 몇 중량퍼센트 이상인 위험물에 해당하는가?

① 1.49
② 30
③ 36
④ 60

해설 위험물의 정의
- 과산화수소는 그 농도가 36[wt%](중량퍼센트) 이상인 것
- 질산은 그 비중이 1.49 이상인 것

9. 화재 시 이산화탄소의 농도로 인한 중독작용의 설명으로 적합하지 않은 것은?

① 농도가 1[%]인 경우 : 공중위생상의 상한선이다.
② 농도가 3[%]인 경우 : 호흡수가 증가되기 시작한다.
③ 농도가 4[%]인 경우 : 두부에 압박감이 느껴진다.
④ 농도가 6[%]인 경우 : 호흡이 곤란해진다.

해설

공기 중의 CO_2 농도	인체에 미치는 영향
1%	공중위생 한계
2%	불쾌감이 있다.
3%	호흡증가
4%	눈의 자극, 두통, 귀울림, 현기증, 혈압상승
6%	호흡수가 현저히 증가
8%	호흡 곤란
9%	구토, 감정 둔화
10%	시력장애, 1분 이내 의식 상실, 장기간 노출시 사망
20%	중추신경 마비, 단기간 내 사망

10. 인화점이 20[℃]인 액체 위험물을 보관하는 창고의 인화 위험성에 대한 설명 중 옳은 것은?

① 여름철에 창고 안이 더워질수록 인화의 위험성이 커진다.
② 겨울철이 창고 안이 추워질수록 인화의 위험성이 커진다.
③ 20[℃]에서 가장 안전하고 20[℃]보다 높아지거나 낮아질수록 인화의 위험성이 커진다.
④ 인화의 위험성은 계절의 온도와는 상관없다.

해설
온도가 올라갈수록 인화의 위험성은 커진다.

11. 다음중 제1종 분말소화약제의 열분해반응식으로 옳은 것은?

① $2NaHCO_3 \rightarrow Na_2O_3 + 2CO_2 + H_2O$
② $2KHCO_3 \rightarrow K_2CO_3 + 2CO_2 + H_2O$
③ $2KHCO_3 \rightarrow K_2O_3 + CO_2 + H_2O$
④ $2NaHCO_3 \rightarrow Na_2CO_3 + CO_2 + H_2O$

해설 제1종 분말
$$2NaHCO_3 \rightarrow Na_2CO_3 + H_2O + CO_2 - Q\ kcal$$
탄산수소나트륨 탄산나트륨 수증기 이산화탄소

12. 위험물안전관리법령에 의한 제2류 위험물이 아닌 것은?

① 철분
② 유황
③ 적린
④ 황린

해설 제2류 위험물

품명	지정수량
황화린 적린 유황	100[kg]
철분 마그네슘 금속분	500[kg]
인화성고체	1,000[kg]

정답 8. ③ 9. ④ 10. ① 11. ④ 12. ④

13. 제4류 위험물의 화재 시 사용되는 주된 소화방법은?

① 물을 뿌려 냉각한다.
② 연소물을 제거한다.
③ 포를 사용하여 질식 소화한다.
④ 인화점 이하로 냉각한다.

해설 제4류 위험물 소화방법
① 초기 : 이산화탄소, 포, 물분무, 분말 등에 의해 질식 및 연쇄반응 억제등에 의한 소화
② 대규모 화재 : 포에 의한 질식 또는 제거소화
③ 수용성 석유류 : 알코올형포, 다량의 물에 의한 희석 소화
④ 물보다 무거운 것(CS_2 등) : 물에 의한 질식소화도 가능

14. 위험물안전관리법령상 위험물별 성질로서 틀린 것은?

① 제1류 : 산화성 고체
② 제2류 : 가연성 고체
③ 제4류 : 인화성 액체
④ 제6류 : 인화성 고체

해설

분류	성상
제1류	산화성 고체
제2류	가연성 고체
제3류	자연발화성 및 금수성 물질
제4류	인화성 액체
제5류	자기연소성 물질
제6류	산화성 액체

15. 메탄 80[vol%], 에탄 15[vol%], 프로판 5[vol%] 인 혼합가스의 연소하한은 약 몇 [vol%]인가? (단, 메탄, 에탄, 프로판의 연소하한은 각각 5.0, 3.0, 2.1[vol%] 이다.)

① 1.3   ② 2.3
③ 3.3   ④ 4.3

해설 연소범위 추정 (LFL, UFL 구하기) ☆☆☆

- 연소가스가 다성분인 경우 - 르샤틀리에의 식

$$\frac{V_1+V_2}{L} = \frac{V_1}{L_1}+\frac{V_2}{L_2} \qquad \frac{V_1+V_2}{U} = \frac{V_1}{U_1}+\frac{V_2}{U_2}$$

여기서, L, U : 가연성 혼합가스의 연소하한값, 연소상한값
V_1, V_2 : 가연성가스의 농도
L_1, L_2 : 각 가연성가스의 연소하한값
U_1, U_2 : 각 가연성가스의 연소상한값

$$\frac{V_1+V_2+V_3}{L} = \frac{V_1}{L_1}+\frac{V_2}{L_2}+\frac{V_3}{L_3}$$

$$\rightarrow \frac{80+15+5}{L} = \frac{80}{5}+\frac{15}{3}+\frac{5}{2.1}$$

∴ L = 4.277

16. 벤젠의 소화에 필요한 CO_2의 이론소화농도가 공기 중에서 37[vol%]일 때 한계 산소농도는 약 몇 [vol%]인가?

① 13.2   ② 14.5
③ 15.5   ④ 16.5

해설

$$CO_2[\%] = \frac{21[\%]-O_2[\%]}{21[\%]} \times 100, \quad O_2[\%] : 산소의\ 농도$$

$$37[\%] = \frac{21[\%]-O_2[\%]}{21[\%]} \times 100$$

$O_2[\%] = 13.23\ [\%]$

참조
벤젠은 이산화탄소가 37[%] 있어야 소화되는데 그때의 산소농도가 얼마인지를 묻는 문제임.

정답 13. ③   14. ④   15. ④   16. ①

복원기출문제

2024. 2회 소방설비기사

17. 소화의 방법으로 틀린 것은?

① 가연성 물질을 제거한다.
② 불연성 가스의 공기 중 농도를 높인다.
③ 산소의 공급을 원활히 한다.
④ 가연성 물질을 냉각시킨다.

해설 질식소화
산소의 농도를 21[%]에서 15[%] 이하로 감소 시켜 소화

18. 건축물에 설치하는 방화벽의 구조에 대한 기준 중 틀린 것은?

① 내화구조로서 홀로 설 수 있는 구조이어야 한다.
② 방화벽의 양쪽 끝은 지붕면으로부터 0.2[m] 이상 튀어나오게 하여야 한다.
③ 방화벽의 위쪽 끝은 지붕면으로부터 0.5[m] 이상 튀어나오게 하여야 한다.
④ 방화벽에 설치하는 출입문은 너비 및 높이가 각각 2.5[m] 이하인 60분 방화문을 설치하여야 한다.

해설 연면적 1,000[m²] 이상인 건축물(주요구조부가 내화구조, 불연재로인 경우 등은 제외)
■ 방화벽 설치기준
① 내화구조로서 홀로 설 수 있는 구조
② 방화벽의 양쪽 끝과 윗쪽 끝을 건축물의 외벽면 및 지붕면으로부터 0.5[m] 이상 돌출되게 할 것
③ 방화벽에 설치하는 출입문의 너비 및 높이는 각각 2.5[m] 이하로 하고, 해당 출입문에는 60분+방화문 또는 60분 방화문을 설치할 것

19. 내화건축물과 비교한 목조건축물 화재의 일반적인 특징을 옳게 나타낸 것은?

① 고온 단시간   ② 저온 단시간
③ 고온 장시간   ④ 저온 장시간

해설

목조건축물 화재	내화건축물 화재
개방계 화재	밀폐계 (구획) 화재
연료지배형 화재 (연료의 양에 지배를 받는 화재)	환기지배형 화재 (공기의 인입량에 지배를 받는 화재)
고온단기형 (약 1,200℃, 10~20분)	저온장기형 (약 1,000[℃], 30분~3시간)
화재원인 - 무염착화 - 발염 착화 - 발화 - 최성기 - 연소 낙하 - 진화	초기 - 성장기(플래시오버 : F.O) - 최성기 - 감쇠기 (백드래프트 : B.D)

20. 다음 설명 중 가장 옳은 것은?

① 일반적으로 인화온도는 연소온도보다 높다.
② 가연물질의 연소에 필요한 산화제의 역할을 할 수 있는 것으로 오존, 불소, 네온이 있다.
③ 아르곤은 산화 분해 흡착반응에 의해 자연 발화를 일으킬 수 있다.
④ 활성화 에너지의 값이 적을수록 연소가 잘 이루어진다.

해설 가연물의 구비조건
① 활성화에너지가 작을 것
② 열전도율이 적을 것
③ 표면적이 넓을 것
④ 산소와 친화력이 클 것
⑤ 발열량이 클 것

정답 17. ③   18. ②   19. ①   20. ④

■■■■ 제2과목 소방유체역학

21. 피스톤과 실린더로 구성된 밀폐된 용기 내에 일정한 질량의 이상기체가 차 있다. 초기 상태의 압력은 2[bar], 체적은 0.5[m³]이다. 이 시스템의 온도가 일정하게 유지되면서 팽창하여 압력이 1[bar]가 되었다. 이 과정 동안에 시스템이 한 일은 몇 [kJ] 인가?

① 52.1 ② 57.2
③ 62.7 ④ 69.3

해설

1) 보일 법칙

$P_1 V_1 = P_2 V_2$

$V_2 = \dfrac{P_1}{P_2} V_1 = \dfrac{2}{1} \times 0.5[m^3] = 1[m^3]$

2) 압력 단위환산

$1[atm] = 760[mmHg] = 10.332[mAq]$
$= 101,325[Pa = N/m^2]$
$= 14.7[psi] = 1.013[bar] = 1.0332[kgf/cm^2]$
$= 0.101325[MPa]$

$1.013[bar] : 101.332[kPa] = 2[bar] : P_1$

$P_1 = \dfrac{101.332}{1.013} \times 2 ≒ 200[kPa] = 200[kN/m^2]$

3) 절대일

등온과정에서 전달열량(일)

$W_{1-2} = m\bar{R}T\ln\dfrac{V_2}{V_1} = m\bar{R}T\ln\dfrac{P_1}{P_2}$, $\bar{R}$: 기체상수

$= P_1 V_1 \ln\dfrac{V_2}{V_1} = 200[kN/m^2] \times 0.5[m^3] \times \ln\left(\dfrac{1}{0.5}\right)$

$≒ 69.3[kJ]$

22. 전양정이 60[m] 이고, 양수량이 0.032[m³/s] 인 원심펌프의 축동력이 22.4[kW]이다. 이 펌프의 효율은 얼마인가?

① 119[%] ② 84[%]
③ 75[%]   ④ 8.6[%]

해설

1) 펌프 동력

종류	내용	적용공식
수동력 (L_W) [W]	펌프에 의해 물에 가해지는 동력(펌프의 최소 동력)	$L_W = \gamma Q H$ Q : 토출량[m³/s], H : 전양정[m]
축동력 (L_S) [W]	펌프를 운전하는 데 필요한 동력	$L_S = \dfrac{\gamma Q H}{\eta}$, η : 펌프효율 Q : 토출량[m³/s]
전동기 동력(L)	전동기에서 펌프로 보내는 동력	$L = \dfrac{\gamma Q H}{\eta} \times K[W]$ K : 동력전달계수, Q : 토출량[m³/s] $= \dfrac{0.163 Q H}{\eta} \times K[kW]$ Q : 토출량[m³/min]

2) 축동력

$L_w = \dfrac{\gamma Q H}{\eta}$

$\eta = \dfrac{\gamma Q H}{L_w} = \dfrac{9800[N/m^3] \times 0.032[m^3/s] \times 60[m]}{22400}$

$= 0.84 = 84[\%]$

23. 지름 200[mm]인 수평 원관 내를 어떤 액체가 층류로 흐를때 관 벽에서의 전단응력이 150[Pa]이다. 관의 길이가 30[m] 일 때 압력강하 △P는 몇 [kPa] 인가?

① 70   ② 80
③ 90   ④ 100

해설

1) 수평원관, 층류 : 전단응력

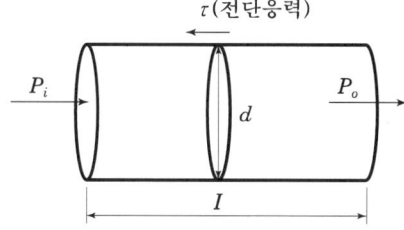

정답 21. ④ 22. ② 23. ③

복원기출문제

2024. 2회 소방설비기사

$\sum F_x = 0$, $p_i \times \frac{\pi d^2}{4} - p_o \times \frac{\pi d^2}{4} - \tau' \pi d = 0$ 에서

$\triangle p = p_i - p_o = \frac{4\tau' \pi d}{\pi d^2} = \frac{4\tau'}{d}$,

$\tau' = \frac{\triangle p d}{4} = \frac{\triangle p r}{2}$

단위길이당 전단응력은 길이로 나누어 준다.

$\tau = \frac{\tau'}{l} = \frac{\frac{\triangle p r}{2}}{l} = \frac{\triangle p r}{2l}$

2) 압력강하

$\triangle p = \frac{2\tau l}{r} = \frac{2 \times 150[\text{Pa}] \times 30[\text{m}]}{0.1[\text{m}]}$

$= 90000[\text{Pa}] = 90[\text{kPa}]$

24. 소화설비비용으로 많이 사용하는 유량계에 대한 설명으로 잘못된 것은?

① 유량측정 시 플로트의 변동 폭이 클 때는 최고점의 값을 읽는다.
② 유량계 전 후 배관에 관 부속품(밸브 등)이 근접 설치되어 있으면 안된다.
③ 유량계의 규격 관경과 실제 관경이 일치하는지 확인해야 한다.
④ 유량계의 설치방향과 유동방향이 일치하는지 확인해야 한다.

해설
① 유량측정 시 플로트의 변동 폭이 클 때는 중심점의 값을 읽는다.

25. 직경 2[m]의 원형 수문이 그림과 같이 수면에서 3[m] 아래에 30° 각도로 기울어져 있을 때 수문의 자중을 무시하면 수문이 받는 힘은 약 몇 [kN]인가?

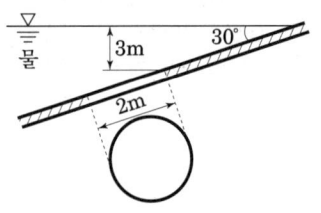

① 107.7   ② 94.2
③ 78.5   ④ 62.8

해설
1) 수문 중심까지의 깊이

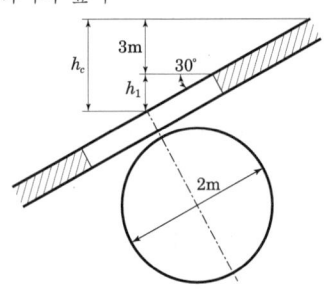

$h_c = 3 + h_1 = 3 + (1 \times \sin 30°) = 3.5[\text{m}]$

2) 전압력 F_T

$F_T = \gamma h_c A$

$= 9.8[\text{kN/m}^3] \times 3.5[\text{m}] \times \frac{\pi \times (2[\text{m}])^2}{4} [\text{kN}]$

$\fallingdotseq 107.7[\text{kN}]$

여기서, γ : 물의 비중량 = 9.8[kN/m³] [kN/m³]
h_c : 수면에서 투시경 중심까지의 수직거리[m]
A : 투시경의 단면적[m²]

26. 회전수 1000[rpm], 전양정 60[m]에서 0.12[m³/s]의 물을 배출 하는 펌프의 축 동력이 100[kW]이다. 이 펌프와 상사인 펌프가 크기가 3배이면서 500[rpm]으로 운전될 때의 축동력을 구하면 몇 [kW]인가?

① 2037.5   ② 203.75
③ 3037.5   ④ 4037.5

정답 24. ①   25. ①   26. ③

[해설]
1) 상사법칙
   펌프의 특성치인 양정, 토출량, 축동력 회전수, 임펠러 직경사이 관계를 말한다.

   (1) 유량(Q): $\dfrac{Q_2}{Q_1} = \dfrac{n_2}{n_1} \times \left(\dfrac{D_2}{D_1}\right)^3$

   (2) 양정(H): $\dfrac{H_2}{H_1} = \left(\dfrac{n_2}{n_1}\right)^2 \times \left(\dfrac{D_2}{D_1}\right)^2$

   (3) 동력(L): $\dfrac{L_2}{L_1} = \dfrac{\eta_1}{\eta_2} \times \left(\dfrac{n_2}{n_1}\right)^3 \times \left(\dfrac{D_2}{D_1}\right)^5$

2) 회전수와 임펠러 크기, 동력의 관계이므로(효율은 무시)

   동력(L): $\dfrac{L_2}{L_1} = \left(\dfrac{n_2}{n_1}\right)^3 \times \left(\dfrac{D_2}{D_1}\right)^5$ 에서

   크기가 3배인 펌프이므로 $D_2 = 3D_1$

   $L_2 = L_1 \times \left(\dfrac{n_2}{n_1}\right)^3 \times 3 = 100[kW] \times \left(\dfrac{500}{1000}\right)^3 \times 3^5$

   $\approx 3037.5[kW]$

27. 20℃에서 물이 지름 75[mm]인 관속을 1.9×10⁻³[m³/s]로 흐르고 있다. 이때 레이놀즈 수는 얼마 정도인가? (단, 20[℃]일 때 물의 동점성계수는 $1.006 \times 10^{-6}[m^2/s]$ 입니다.)

① 1.13×10^4 ② 1.99×10^4
③ 2.83×10^4 ④ 3.21×10^4

[해설]
1) 유속
   $v = \dfrac{Q}{\dfrac{\pi D^2}{4}} = \dfrac{1.9 \times 10^{-3}[m^3/s]}{\dfrac{\pi \times 0.0752^2}{4}} \approx 0.43[m/s]$

2) 레이놀즈수
   $Re = \dfrac{관성력}{점성력} = \dfrac{\rho VD}{\mu} = \dfrac{VD}{\nu}, \quad \nu = \dfrac{\mu}{\rho}$

   D: 관의 직경[m], V: 평균유속[m/s],
   ν: 동점성 계수[m²/s]
   ρ: 유체의 밀도[kg/m³], μ: 점성계수[N·s/m²]

   $R_e = \dfrac{VD}{\nu} = \dfrac{0.43[m/s] \times 0.075[m]}{1.006 \times 10^{-6}[m^2/s]}$

   $\approx 32100 = 3.21 \times 10^4$

28. 온도차이 ΔT, 열전도율 k, 두께 x, 열전달 면적 A인 벽을 통한 열전달률이 Q이다. 동일한 열전달 면적인 강태에서 온도차이가 2배, 벽의 열전도율이 4배가 되고 벽의 두께가 2배가 되는 경우 열전달률은 몇 배가 되는가?

① 4배   ② 8배
③ 16배 ④ 32배

[해설] 열전달율
$Q = \dfrac{kA\Delta T}{x}$ 에 문제에서 주어진 값을 대입하면

$Q = \dfrac{4k \times A \times 2\Delta T}{2x} = 4\dfrac{kA\Delta T}{x} = 4Q$

29. 깊이를 모르는 물속에서 생성된 직경 1[cm]의 공기 기포가 수면으로 부상하여 직경 2[cm]로 팽창하였다. 기포 내 온도가 일정하다면 물의 깊이는 몇 [m] 인가? (단, 중력가속도는 10[m/s²], 대기압은 $10^5[N/m^2]$, 물의 밀도는 1000[kg/m³]로 가정한다.)

① 70   ② 80
③ 90   ④ 100

[해설]

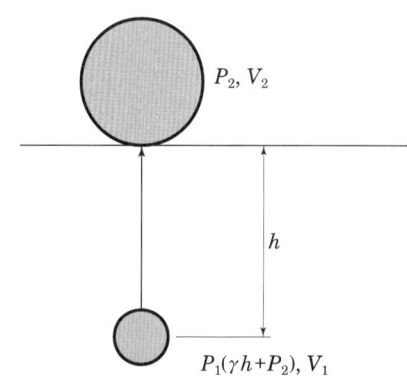

1) 기포의 부피
   $V = \dfrac{4}{3}\pi r^3$

   $V_1 = \dfrac{4}{3}\pi \times (0.5[cm])^3$

   $V_2 = \dfrac{4}{3}\pi \times (1[cm])^3$

정답 27. ④   28. ①   29. ①

2) 팽창 전 물속에서의 압력 $P_1 = \gamma h + P_2 = \rho g h + P_2$

3) 보일의 법칙
$P_1 V_1 = P_2 V_2$
$(\gamma h + P_1) V_1 = (\rho g h + P_2) V_1 = P_2 V_2$
$(1000[\text{kg/m}^3] \times 10[\text{m/s}^2] \times h + 10^5[\text{N/m}^2]) \times (\frac{4}{3}\pi \times 0.5^3)$
$= 10^5[\text{N/m}^2] \times (\frac{4}{3}\pi \times 1^3)$

$h = \dfrac{\dfrac{(10^5[\text{N/m}^2] \times 1^3)}{0.5^3} - 10^5[\text{N/m}^2]}{1000[\text{kg/m}^3] \times 10[\text{m/s}^2]} = 70[\text{m}]$

30. 무게가 45000[N]인 어떤 기름의 체적이 5.63[m³]일 때 이 기름의 밀도는 몇 [kg/m³]인가?

① 815.6 ② 803.1
③ 792.9 ④ 781.1

해설
1) 비중량(Specific Weight, γ)
단위체적당의 중량으로 비중량이 클수록 무겁다.
$\gamma = \dfrac{W}{V} = \rho g [\text{N/m}^3]$, W : 무게[mg][N], V : 체적[m³]
$= \dfrac{45000[\text{N}]}{5.63[\text{m}^3]} \fallingdotseq 7992.9[\text{N/m}^3]$

2) 밀도(Density, ρ)
단위체적당의 질량으로 밀도가 클수록 무겁다.
$\rho = \dfrac{m}{V} = \dfrac{\gamma}{g} [\text{kg/m}^3]$ m : 질량[kg], V : 체적[m³]
$= \dfrac{7992.9[\text{N/m}^3]}{9.8[\text{m/s}^2]} \fallingdotseq 815.6[\text{kg/m}^3]$

31. 다음 물질 중 비열이 가장 큰 것은?

① 공기 ② 물
③ 콘크리트 ④ 철

해설
1) 비열 : 어느 물질 1[kg]을 1[K](1[℃])만큼 온도를 변화 시키는데 소요되는 열(물 비열 : 1 [kcal/kg·℃])

2) 비열이 큰 순서
물 > 공기 > 콘크리트 > 철

32. 급격 확대관과 급격 축소관에서 부차적 손실계수를 정의하는 기준속도는?

① 모두 상류속도
② 모두 하류속도
③ 급격 확대관 : 상류속도, 급격 축소관 : 하류속도
④ 급격 확대관 : 하류속도, 급격 축소관 : 상류속도

해설
1) 급확대관의 부차적 손실수두

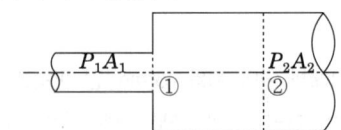

$h_l = \dfrac{(V_1 - V_2)^2}{2g}$

$h_l = (1 - \dfrac{A_1}{A_2})^2 \dfrac{V_1^2}{2g} = K \dfrac{V_1^2}{2g}$

$K = (1 - \dfrac{A_1}{A_2})^2$, $V_1 = 1$지점의 유속

2) 급축소관의 부차적 손실수두

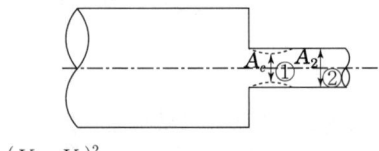

$h_l = \dfrac{(V_c - V_2)^2}{2g}$

$= (\dfrac{1}{C_c} - 1)^2 \dfrac{V_2^2}{2g} = K \dfrac{V_2^2}{2g}$

$K = (\dfrac{1}{C_c} - 1)^2$, $C_c = \dfrac{A_c}{A_2}$

C_c : 베나축소계수,
A_c : 유동 단면적이 최소인 부분의 단면적

정답 30. ① 31. ② 32. ③

$V_2 = 2$지점의 유속

⇒ 급격확대관은 상류속도(V_1), 급격 축소관은 하류속도(V_2)가 기준속도이다.

33. 어떤 관 속의 정압(절대압력)은 294[kPa], 온도는 27[℃], 공기의 기체상수 R=287[J/kg·K] 일 결루, 안지름 250[mm]인 관 속을 흐르고 있는 공기의 평균 유속이 50[m/s]이면 공기는 매초 약 몇 [kg]이 흐르는가?

① 8.4
② 9.5
③ 10.7
④ 12.5

해설
1) 이상기체 방정식(밀도)

$$P = \frac{m}{V}\overline{R}T = \rho\overline{R}T = \rho\frac{R}{M}T$$

$$\rho = \frac{P}{\overline{R}T} = \frac{294\times 10^3\,[\text{J/m}^3]}{287[\text{J/kg·K}]\times(273+27)[\text{K}]} \fallingdotseq 3.42[\text{kg/m}^3]$$

R : 일반기체상수(고정값),

$\overline{R}$: 기체별 기체상수, $\overline{R} = \frac{R}{M}$

n : mol수(압축계수), $n = \frac{m}{M}$

ρ : 기체밀도, $\rho = \frac{m}{M}$

m : 질량, M : 분자량, T : 절대온도,
P : 절대압력, V : 체적

※ $1[\text{kPa}] = 1000[\text{Pa}] = 1000[\text{J/m}^3]$

2) 질량유량[kg/s]

$$M = \rho AV = 3.42[\text{kg/m}^3]\times\frac{\pi\times(0.25[\text{m}])^2}{4}\times 50[\text{m/s}]$$

$\fallingdotseq 8.4[\text{kg/s}]$

34. 유체에 대한 일반적인 설명으로 틀린 것은?

① 아무리 작은 전단응력이라도 물질 내부에 전단응력이 생기면 정지상태로 있을 수가 없다.
② 점성이 없고 지압축성인 유체를 이상유체라 한다.
③ 충격파는 비압축성 유체에서는 잘 관찰되지 않는다.
④ 유체에 미치는 압축의 정도가 커서 밀도가 변하는 유체를 비압축성유체라 한다.

해설
④ 유체에 미치는 압축의 정도가 커서 밀도가 변하는 유체를 압축성유체라 한다.

35. 압력이 100[kPa abs] 이고 온도가 55[℃]인 공기의 밀도는 몇 [kg/m³] 인가? (단, 공기의 기체상수는 287[J/kg·K]이다.)

① 12.0
② 24.2
③ 1.06
④ 2.14

해설
$$P = \frac{m}{V}\overline{R}T = \rho\overline{R}T = \rho\frac{R}{M}T$$

$$\rho = \frac{P}{\overline{R}T} = \frac{100\times 10^3\,[\text{J/m}^3]}{287[\text{J/kg.K}]\times(273+55)[\text{K}]} \fallingdotseq 1.06[\text{kg/m}^3]$$

R : 일반기체상수(고정값),

$\overline{R}$: 기체별 기체상수, $\overline{R} = \frac{R}{M}$

n : mol수(압축계수), $n = \frac{m}{M}$

ρ : 기체밀도, $\rho = \frac{m}{M}$

m : 질량, M : 분자량, T : 절대온도,
P : 절대압력, V : 체적

※ $1[\text{kPa}] = 1000[\text{Pa}] = 1000[\text{J/m}^3]$

복원기출문제

2024. 2회 소방설비기사

36. 그림과 같이 고정된 노즐에서 균일한 유속 V=40[m/s], 유량Q=0.2[m³/s]로 물이 분출되고 있다. 분류와 같은 방향으로 u=10[m/s]의 일정 속도로 운동하고 있는 평판에 분사된 물이 수직으로 충돌할 때 분류가 평판에 미치는 충격력은 몇 [kN]인가?

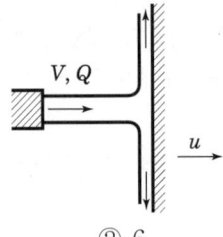

① 4.5 ② 6
③ 44.1 ④ 58.8

해설

1) 노즐의 단면적
$Q = AV$
$A = \dfrac{Q}{V} = \dfrac{0.2[\text{m}^3/\text{s}]}{40[\text{m/s}]} = 5 \times 10^{-3}[\text{m}^2]$

2) 고정된 평판에 작용하는 힘
$F = \rho Q(V-u) = \rho A(V-u)^2$
$= 1000[\text{N} \cdot \text{s}^2/\text{m}^4] \times 5 \times 10^{-3}[\text{m}^2] \times (40-10[\text{m/s}])^2$
$= 4500[\text{N}] = 4.5[\text{kN}]$

※ 함정 주의!
여기서 Q는 노즐에서 분출되는 유량이므로 벽에 부딪쳐 발생되는 유량이 아니므로 공식에 바로 Q를 대입하면 안됨. 즉 노즐단면적을 구해서 대입해야 함.

37. 검사면을 통과하는 유동에 대하여 질량유량[m]을 m=ρAV로 구할 때 필요한 조건이 아닌 것은? (단, ρ는 밀도, A는 유동 단면적, V는 유체의 속도이다.)

① 검사면은 움직이지 않는다.
② 밀도는 일정하다.
③ 검사면이 원형이다.
④ 유동은 검사면에 수직이다.

해설
③ 검사면의 형상을 제한하지 않는다.

38. 그림과 같이 물이 흐르고 있는 관에 설치된 시차액주계를 보고 A, B 두 지점의 압력차를 구하면 약 몇 [kPa]인가?

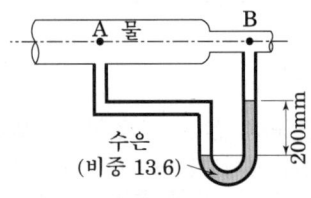

① 2.72 ② 6.73
③ 24.7 ④ 52.5

해설

$P_A + \gamma(h+0.2[\text{m}]) - \gamma_S \times 0.2[\text{m}] - \gamma h = P_B$
$P_A - P_B = 0.2[\text{m}] \times (\gamma_S - \gamma)$
$= 0.2[\text{m}] \times (13.6 \times 9.8[\text{kN/m}^3] - 9.8[\text{kN/m}^3])$
$≒ 24.7[\text{kN/m}^2] = 24.7[\text{kPa}]$

※ A점을 기준으로 내려가면 "+" h, 올라가면 "−"

39. 물이 담긴 탱크의 밑바닥 옆면에 지름 5[mm]의 구멍이 뚫렸다. 탱크는 오리피스의 단면에 비하여 무한히 크다. 오리피스 중심으로부터 물이 몇 [m] 높이로 탱크에 담겨 있을 때 10[m/s]로 물이 분출되겠는가? (단, 오리피스의 속도계수는 C_v=0.9이다.)

① 5.1 ② 6.3
③ 7.5 ④ 8.7

해설
1) 토리첼리 정리
$v = C\sqrt{2gh}$
h : 유출구에서 수면까지의 높이,
C : 유량보정계수(속도계수)

2) 높이(h)
$h = \dfrac{v^2}{C^2 2g} = \dfrac{(10[\text{m/s}])^2}{0.9^2 \times 2 \times 9.8[\text{m/s}^2]} ≒ 6.3[\text{m}]$

정답 36. ① 37. ③ 38. ③ 39. ②

40. 펌프의 이상 현상 중 허용 흡입수두와 가장 관련이 있는 것은?

① 수온상승 현상 ② 수격 현상
③ 공동 현상 ④ 서징 현상

해설 NPSH와 Cavitation(공동현상)의 상관관계

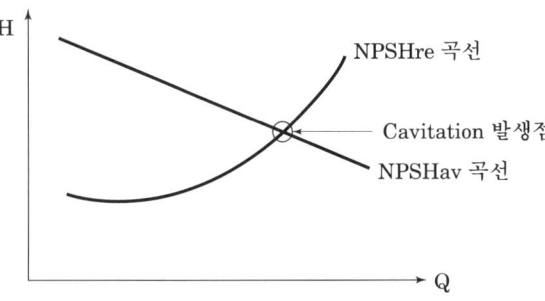

(1) NPSHav = NPSHre : 발생 한계
(2) NPSHav > NPSHre : 발생하지 않음
(3) NPSHav < NPSHre : 발생

■■■ 제3과목 소방관계법규

41. 위험물안전관리법령상 제4류 위험물을 저장·취급하는 제조소에 "화기엄금"이란 주의사항을 표시하는 게시판을 설치할 경우 게시판의 색상은?

① 청색바탕에 백색문자 ② 적색바탕에 백색문자
③ 백색바탕에 적색문자 ④ 백색바탕에 흑색문자

해설 주의사항을 표시하는 게시판

위험물의 종류	주의사항	게시판의 색상
제1류 위험물 중 알칼리금속의 과산화물 제3류 위험물 중 금수성물질	물기엄금	청색바탕에 백색문자
제2류 위험물 (인화성 고체는 제외)	화기주의	적색바탕에 백색문자
제2류 위험물 중 인화성 고체 제3류 위험물 중 자연발화성물질 제4류 위험물 제5류 위험물	화기엄금	적색바탕에 백색문자

42. 소방시설공사사업법령에 따른 소방시설업에 대한 행정처분기준 중 소방시설업의 등록기준에 미달하게 된 후 30일이 경과한 경우 2차 행정처분기준으로 옳은 것은?

① 등록 취소
② 영업 정지 6개월
③ 영업 정지 3개월
④ 경고 (시정명령)

해설

위반사항	행정처분 기준		
	1차	2차	3차
등록을 한 후 정당한 사유 없이 1년이 지날 때까지 영업을 시작하지 아니하거나 계속하여 1년 이상 휴업한 때	경고	영업정지 3개월	등록취소

43. 건축물 등의 신축·증축·개축·재축 또는 이전 허가·협의 및 사용승인의 권한이 있는 행정기관은 건축허가 등을 함에 있어서 미리 그 건축물 등의 공사시 공지 또는 소재지를 관할하는 소방본부장 또는 소방서장의 동의를 받아야 한다. 다음 중 건축허가 등의 동의대상물의 범위로서 옳지 않은 것은?

① 차고·주차장 또는 주차용도로 사용되는 시설의 바닥면적이 $200[m^2]$ 이상인 층이 있는 건축물이나 주차시설
② 무창층이 있는 건축물로서 바닥면적이 $150[m^2]$ 이상인 층이 있는 것
③ 승강기 등 기계장치에 의한 주차시설로서 자동차 10대 이상을 주차할 수 있는 시설
④ 수련시설로서 연면적 $200[m^2]$ 이상인 건축물

정답 40. ③ 41. ② 42. ③ 43. ③

해설 건축허가등의 동의대상물의 범위 (대통령령)
1) 연면적, 바닥면적에 의한동의 범위

구 분	연면적	바닥면적
학교시설	100[m²] 이상	–
노유자시설, 수련시설	200[m²] 이상	–
장애인 의료재활시설, 정신의료기관	300[m²] 이상	–
용도와 상관없음	400[m²] 이상	–
무창층 또는 지하층이 있는 건축물(공연장)	–	150[m²] (100[m²])
숙박시설, 숙박이 가능한 수련시설, 노유자시설, 조산원, 산후조리원, 병원		600[m²] 이상
기숙사 또는 복합건축물	5천 이상	
지하가 (터널은 제외)	1천 이상	
층수가 6층 이상인 특정소방대상물		

→ 정신의료기관 : 입원실이 없는 정신건강의학과 의원은 제외

2) 차고·주차장 또는 주차용도로 사용되는 시설
① 바닥면적 – 200[m²] 이상인 층이 있는 건축물이나 주차시설
② 기계장치에 의한 주차시설로서 20대 이상

44. 소방시설 설치 및 관리에 관한 법령상 스프링클러설비를 설치하여야 하는 특정소방대상물의 기준으로 틀린 것은? (단, 위험물 저장 및 처리 시설 중 가스시설 및 지하구는 제외한다.)

① 연면적 5000[m²] 이상인 복합건축물
② 지하가 (터널은 제외)로서 연면적 1000[m²] 이상인 것
③ 수용인원 150명인 운동시설
④ 수용인원 300명인 판매시설

해설

구 분	연면적[m²]	바닥면적 합계	수용인원
창고시설 (물류터미널 제외)		5천[m²] 이상	
창고시설 중 물류터미널, 판매시설, 운수시설		5천[m²] 이상	500명 이상
문화 및 집회시설, 종교시설, 운동시설			100명 이상

45. 소방기본법령상 소방용수시설별 설치기준 중 옳지 않은 것은?

① 소화전의 연결금속구의 구경은 65mm로 할 것
② 흡수관의 투입구가 사각형의 경우에는 한 변의 길이가 60cm이상일 것
③ 급수배관의 구경은 100mm이상으로 하고, 개폐밸브는 지상에서 0.8m 이상 1.5m 이하의 위치에 설치하도록 할 것
④ 흡수에 지장이 없도록 토사 및 쓰레기 등을 제거할 수 있는 설비를 갖출 것

해설 급수탑
① 급수배관의 구경은 100[mm] 이상
② 개폐밸브는 지상에서 1.5[m] 이상 1.7[m] 이하의 위치에 설치

46. 다음 중 소방력에 관한 기준으로 틀린 것은?

① 소방력이란 소방기관이 소방업무를 수행하는 데에 필요한 인력과 장비 등을 말한다.
② 소방자동차 등 소방장비의 분류·표준화와 그 관리 등에 피요한 사항은 따로 법률에서 정한다.
③ 소방본부장은 관할구역의 소방력을 확충하기 위하여 필요한 계획을 수립하여 시행하여야 한다.
④ 소방력에 관한 기준은 행정안전부령으로 정한다.

해설 소방력의 기준 등
① 소방력(消防力) : 소방기관이 소방업무를 수행하는 데에 필요한 인력과 장비 등(행정안전부령)
② 소방력의 확충 계획 수립 및 시행자 : 시·도지사

정답 44. ④ 45. ③ 46. ③

47. 위험물안전관리법령상 제조소등이 아닌 장소에서 지정수량 이상의 위험물을 취급할 수 있는 기준 중 다음 ( ) 안에 알맞은 것은?

> 시·도의 조례가 정하는 바에 따라 관할 소방서장의 승인을 받아 지정수량 이상의 위험물을 ( )일 이내의 기간 동안 임시로 저장 또는 취급하는 경우

① 15
② 30
③ 60
④ 90

48. 피난시설, 방화구획 또는 방화시설을 폐쇄·훼손·변경 등의 행위를 3차 이상 위반한 경우에 대한 과태료 부과기준으로 옳은 것은?

① 200만 원
② 300만 원
③ 500만 원
④ 1000만 원

해설

위반행위	과태료 금액(단위: 만원)		
	1차 위반	2차 위반	3차 이상 위반
피난시설, 방화구획 또는 방화시설을 폐쇄·훼손·변경하는 등의 행위를 한 경우	100	200	300

49. 소방기본법령상 화재, 재난·재해 그 밖의 위급한 사항이 발생한 경우 소방대가 현장에 도착할 때까지 관계인의 소방활동에 포함되지 않는 것은?

① 경보를 울리는 방법으로 사람을 구출하는 조치
② 불이 번지지 아니하도록 필요한 조치
③ 소방활동에 필요한 보호장구 지급등 안전을 위한 조치
④ 대피를 유도하는 방법으로 사람을 구출하는 조치

해설 관계인(소유자·관리자 또는 점유자)의 소방활동 등
㉠ 소방본부, 소방서 또는 관계 행정기관에 지체 없이 알려야 한다.
㉡ 소방대가 현장에 도착할 때까지 경보를 울리거나 대피를 유도하는 등의 방법으로 사람을 구출하는 조치 또는 불을 끄거나 불이 번지지 아니하도록 필요한 조치를 하여야 한다.

50. 소방시설 설치 및 관리에 대한 법령상 간이스프링클러설비를 설치하여야 하는 특정소방대상물 기준으로 옳은 것은?

① 근린생활시설로 사용하는 부분의 바닥면적 합계가 1000[m²] 이상인 것은 모든 층
② 교육연구시설 내에 있는 합숙소로서 연면적 50[m²] 이상인 것
③ 의료재활시설을 제외한 요양병원으로 사용되는 바닥면적의 합계가 300[m²] 이상 600[m²] 미만인 시설
④ 정신의료기관으로 사용되는 바닥면적의 합계가 200[m²] 이상 500[m²] 미만인 시설

해설

구 분	연면적	바닥면적의 합계	비고
숙박시설	–		
노유자시설	–	300 이상 600 미만	600 이상 시 스프링클러 설치대상
정신의료기관 또는 의료재활시설	–		
병원(의료재활시설 제외)	–	600 미만	
조산원 및 산후조리원			
근린생활시설	–	1000 이상	–
복합건축물	1,000 이상	–	–
교육연구시설 내에 합숙소	100 이상	–	–

공동주택 중 연립주택 및 다세대주택,
건물을 임차한 출입국관리법에 따른 보호시설,
의원, 치과의원 및 한의원으로서 입원실이 있는 시설, 노유자생활시설.

51. 위험물안전관리법령상 유별을 달리하는 위험물을 혼재하여 저장할 수 있는 것으로 짝지어진 것은?

① 제1류-제2류 ② 제2류-제3류
③ 제3류-제4류 ④ 제5류-제6류

해설 혼재가 가능한 위험물

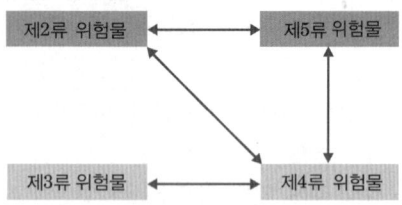

52. 시장지역에서 화재로 오인할 만한 우려가 있는 불을 피우거나 연막소독을 하려는 자가 신고를 하지 아니하여 소방자동차를 출동하게 한 자에 대한 과태료 부과·징수권자는?

① 국무총리   ② 소방청장
③ 시·도지사   ④ 소방서장

해설
이 과태료만 소방본부장 또는 소방서장이 부과·징수하고 다른 벌칙은 시도지사, 소방본부장 또는 소방서장이 부과·징수 한다

53. 화재의 예방 및 안전관리에 관한 법령상 소방대상물 개수·이전·제거, 사용의 금지 또는 제한, 사용폐쇄, 공사의 정지 또는 중지, 그 밖의 필요한 조치로 인하여 손실을 받은 자가 손실보상청구서에 첨부해야 하는 서류로 틀린 것은?

① 손실보상 합의서
② 손실을 증명할 수 있는 사진
③ 손실을 증명할 수 있는 증빙자료
④ 소방대상물의 관계인임을 증명할 수 있는 서류(건축물대장은 제외)

해설
손실보상청구서, 즉 청구를 한다는 것은 합의가 안된 상태라 손실보상합의서를 제출한다는 것은 말이 되지 않음.

54. 소방시설공사업법령에 따른 소방시설공사의 착공신고 대상이 아닌 것은?

① 소방용 외의 용도와 겸용되는 무선통신보조설비에 따른 정보통신공사업자가 공사하는 경우 무선통신보조설비를 신설하는 공사
② 스프링클러설비·간이스프링클러설비(제조소등은 제외)를 신설하는 공사
③ 자동화재탐지설비(제조소등은 제외)를 신설하는 공사
④ 스프링클러설비·간이스프링클러설비를 증설하는 공사

해설 소방시설공사의 착공신고 대상

구 분	종류	제외
신설하는 공사	모든 소방시설	누전경보기, 가스누설경보기, 소화기구, 자동화재속보설비, 피난설비
설비 또는 구역 등을 증설하는 공사	기존 소방시설	• 전기분야는 신설에서 무선통신보조설비, 비상방송설비, 비상경보설비 제외 • 전기분야는 신설에서 소화용수설비만 제외
전부 또는 일부를 개설, 이전 또는 정비하는 공사	수신반, 소화펌프 동력(감시)제어반	긴급히 교체하거나 보수하여야 하는 경우에는 신고하지 않을 수 있다.

55. 위험물안전관리법령상 관계인이 예방규정을 정하여야 하는 위험물을 취급하는 제조소의 지정수량 기준으로 옳은 것은?

① 지정수량의 10배 이상
② 지정수량의 100배 이상
③ 지정수량의 150배 이상
④ 지정수량의 200배 이상

[해설] 예방규정을 작성해야 하는 대상

구 분	지정수량의 배수
암반탱크저장소, 이송취급소	지정수량 관계없이 예방규정을 정하여야 함
제조소, 일반취급소	10배 이상
옥외저장소	100배 이상
옥내저장소	150배 이상
옥외탱크저장소	200배 이상

56. 화재의 예방 및 안전관리에 관한 법령상 특정소방대상물의 관계인 소방안전관리자를 해임한 경우 재선임을 해야 하는 기준은? (단, 해임한 날부터 기준일로 한다.)

① 10일 이내 ② 15일 이내
③ 30일 이내 ④ 40일 이내

[해설] 관계인은 선임기준일로 부터 30일 이내에 소방안전관리자로 선임

> 선임하지 아니한 자 : 300만 원 이하의 벌금

57. 노유자시설로서 바닥면적이 몇[m²] 이상인 층이 있는 경우에 자동화재속보설비를 설치하는가?

① 300 ② 500
③ 600 ④ 1000

[해설]

① 층수가 30층 이상인 것 ② 보물 또는 국보로 지정된 목조건축물 ③ 판매시설 중 전통시장, 발전시설 중 전기저장시설 ④ 노유자 생활시설 ⑤ 의원, 치과의원 및 한의원으로서 입원실이 있는 시설, 조산원 및 산후조리원	바닥면적과 상관없이 설치하여야 하는 대상물
⑥ 의료시설 — 종합병원, 병원, 치과병원, 한방병원 및 요양병원	
⑥ 의료시설 — 정신병원 및 의료재활시설	
⑦ 노유자시설	바닥면적이 500[m²] 이상인 층이 있는 것
⑧ 수련시설(숙박시설이 있는 건축물만 해당)	

58. 소방용품의 형식승인을 받았거나 제품검사를 받은 자가 제품검사 중지 처분을 받는 경우는?

① 시험시설의 시설기준에 미달되는 경우
② 거짓 또는 부정한 방법으로 형식승인을 받은 경우
③ 거짓 또는 부정한 방법으로 제품검사를 받은 경우
④ 변경 승인을 받지 아니하거나 거짓이나 그 밖의 부정한 방법으로 변경승인을 받은 경우

[해설] 형식승인을 취소하거나 6개월 이내의 기간을 정하여 제품검사의 중지할 수 있는 경우
1. 거짓이나 그 밖의 부정한 방법으로 형식승인을 받은 경우(취소)
2. 시험시설의 시설기준에 미달되는 경우(중지)
3. 거짓이나 그 밖의 부정한 방법으로 제품검사를 받은 경우(취소)
4. 제품검사 시 기술기준에 미달되는 경우(중지)
5. 변경승인을 받지 아니하거나 거짓이나 그 밖의 부정한 방법으로 변경승인을 받은 경우(취소)

59. 소방시설공사사업법령상 하자보수를 하여야 하는 소방시설 중 하자보수 보증기간이 3년이 아닌 것은?

① 자동소화장치
② 비상방송설비
③ 스프링클러설비
④ 상수도소화용수설비

[해설] 하자보수 기간

하자기간	소화설비	경보설비	피난구조설비	소화용수설비	소화활동설비
2년	—	비상경보설비 비상방송설비	피난기구, 유도등, 유도표지, 비상조명등	—	무선통신보조설비
3년	자동소화장치 옥내·옥외소화전 스프링클러 간이스프링클러 물분무등	자동화재탐지설비	—	상수도소화용수설비	소화활동설비 (무선통신보조설비 제외)

정답 56. ③ 57. ② 58. ① 59. ②

60. 위험물안전관리법령상 제조소의 위치·구조 및 설비 기준 중 위험물을 취급하는 건축물 그 밖의 시설의 주위에는 그 취급하는 위험물의 최대 수량이 지정수량의 10배 이하인 경우 보유하여야 할 공지의 너비는 몇 [m] 이상이어야 하는가?

① 3　　　　② 5
③ 8　　　　④ 10

해설 보유공지

취급하는 위험물의 최대수량	공지의 너비
지정수량의 10배 이하	3[m] 이상
지정수량의 10배 초과	5[m] 이상

■■■ 제4과목 소방기계시설의 구조 및 원리

61. 옥외소화전설비의 화재안전기준에 따라 옥외소화전 배관은 특정소방대상물의 각 부분으로부터 하나의 호스접결구까지의 수평거리가 최대 몇 [m] 이하가 되도록 설치하여야 하는가?

① 25　　　② 35
③ 40　　　④ 50

해설 옥외소화전설비의 설치기준
① 방수압력 : 0.25[MPa] 이상
② 방수량 : 350[ℓ/min] 이상
③ 호스 : 구경 65[mm]
④ 하나의 호스접결구에서 소방대상물까지의 수평거리 - 40[m] 이하

62. 완강기의 형식승인 및 제품검사의 기술기준상 완강기의 최대사용하중은 최소 몇 [N] 이상의 하중이어야 하는가?

① 800　　　② 1000
③ 1200　　　④ 1500

해설 완강기
사용자의 몸무게에 따라 자동적으로 내려올 수 있는 기구 중 사용자가 교대하여 연속적으로 사용할 수 있는 것
■ 최대사용하중 및 최대사용자수 등
① 최대사용하중은 1,500[N] 이상의 하중이어야 한다.
(약 150[kg] 무게에 견뎌야 한다는 의미임)
② 최대사용자수(1회에 강하할 수 있는 사용자의 최대수)는 최대사용하중을 1,500[N]으로 나누어서 얻은 값(1미만의 수는 계산하지 아니한다)으로 한다.
③ 최대사용자수에 상당하는 수의 벨트가 있어야 한다.

63. 할론소화설비의 화재안전기준에 따른 할론 1301 소화약제의 저장용기에 대한 설명으로 틀린 것은?

① 저장용기의 충전비는 0.9 이상 1.6 이하로 할 것
② 동일 집합관에 접속되는 용기의 충전비는 같도록 할 것
③ 저장용기의 개방밸브는 안전장치가 부착된 것으로 하며 수동으로 개방되지 않도록 할 것
④ 축압식 용기의 경우에는 20[℃]에서 2.5[MPa] 또는 4.2[MPa]의 압력이 되도록 질소가스로 축압할 것

해설 저장용기 설치기준
1. 저장용기의 저장온도, 압력

할론소화설비		
할론2402	할론1211	할론1301
—	축압식저장용기 20[℃]에서 질소로 축압	
	1.1 또는 2.5[MPa]	2.5 또는 4.2[MPa]

2. 할론소화약제 저장용기의 개방밸브는 전기식·가스압력식 또는 기계식에 따라 자동으로 개방되고 수동으로도 개방되는 것으로서 안전장치가 부착된 것으로 하여야 한다.
3. 저장용기의 충전비는 할론 2402를 저장하는 것중 가압식 저장용기는 0.51 이상 0.67 미만, 축압식 저장용기는 0.67 이상 2.75 이하, 할론 1211은 0.7 이상 1.4 이하, 할론 1301은 0.9 이상 1.6 이하로 할 것
4. 동일 집합관에 접속되는 용기의 소화약제 충전량은 동일충전비의 것이어야 할 것

정답　60. ①　61. ③　62. ④　63. ③

64. 수도소화용수설비의 화재안전기준에 따라 호칭지름 75[mm] 이상의 수도배관에 호칭지름 100[mm] 이상의 소화전을 접속한 경우 상수도소화용수설비 소화전의 설치기준으로 맞는 것은?

① 특정소방대상물의 수평투영면의 각 부분으로부터 80[m] 이하가 되도록 설치할 것
② 특정소방대상물의 수평투영면의 각 부분으로부터 100[m] 이하가 되도록 설치할 것
③ 특정소방대상물의 수평투영면의 각 부분으로부터 120[m] 이하가 되도록 설치할 것
④ 특정소방대상물의 수평투영면의 각 부분으로부터 140[m] 이하가 되도록 설치할 것

해설 설치기준
1. 호칭지름 75[mm] 이상의 수도배관에 호칭지름 100[mm] 이상의 소화전을 접속
   • 호칭지름 : 일반적으로 표기하는 배관의 직경
2. 소화전은 특정소방대상물의 수평투영면의 각 부분으로부터 140[m] 이하가 되도록 설치
   • 수평투영면 : 건축물을 수평으로 투영하였을 경우의 면

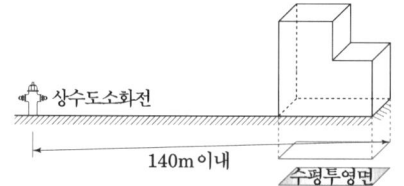

65. 소화수조 및 저수조의 화재안전기준에 따라 소화용수설비에 설치하는 채수구의 수는 소요수량이 40[m³] 이상 100[m³] 미만인 경우 몇 개를 설치해야 하는가?

① 1 ② 2
③ 3 ④ 4

해설 채수구의 수

소요수량	20[m³] 이상 40[m³] 미만	40[m³] 이상 100[m³] 미만	100[m³] 이상
채수구의 수	1개	2개	3개

66. 제연설비의 화재안전기준상 예상제연구역 및 풍도에 관한 설명으로 맞는 것은?

① 유입풍도 안의 풍속은 25[m/s] 이하로 한다.
② 배출풍도는 석면재료와 같은 내열성의 단열재로 유효한 단열 처리를 한다.
③ 공기유입구의 크기는 예상제연구역 배출량 1[m³/min]에 대하여 30[cm²] 이상으로 하여야 한다.
④ 배출기 흡입측 풍도 안의 풍속은 15m/s 이하로 하고 배출측 풍속은 20[m/s] 이하로 한다.

해설 유입풍도(예상제연구역으로 공기를 유입하도록 하는 풍도) 등

예상제연구역		유입풍도	배출기	
공기가 유입되는 순간의 풍속 및 공기유입구의 구조	공기유입구의 크기	풍속	흡입측 풍도	배출측 풍도
5[m/s] 이하가 되도록 하고 유입공기를 상향으로 분출하지 않도록 설치하여야 한다. 다만, 유입구가 바닥에 설치되는 경우에는 상향으로 분출이 가능하며 이때의 풍속은 1[m/s] 이하가 되도록 해야 한다.	예상제연구역 배출량 1[m³/min]에 대하여 35[cm²] 이상	20[m/s] 이하	풍속은 15[m/s] 이하	풍속은 20[m/s] 이하

67. 소방시설 설치 및 관리에 관한 법률상 자동소화장치를 모두 고른 것은?

㉠ 분말자동소화장치
㉡ 액체자동소화장치
㉢ 고체에어로졸자동소화장치
㉣ 공업용 주방자동소화장치
㉤ 캐비닛형 자동소화장치

① ㉠, ㉡ ② ㉡, ㉢, ㉣
③ ㉠, ㉢, ㉤ ④ ㉠, ㉡, ㉢, ㉣, ㉤

정답 64. ④ 65. ② 66. ④ 67. ③

[해설] 자동소화장치의 종류

고체에어로졸	가스	분말
캐비닛형	주거용 주방	상업용 주방

68. 이산화탄소소화설비의 화재안전기준에 따른 이산화탄소소화설비 기동장치의 설치기준으로 맞는 것은?

① 가스압력식 기동장치의 기동용가스용기 용적은 3L 이상으로 한다.
② 수동식 기동장치는 전역방출방식에 있어서 방호대상물마다 설치한다.
③ 수동식 기동장치의 부근에는 소화약제의 방출을 지연시킬 수 있는 비상스위치를 설치해야 한다.
④ 전기식 기동장치로서 5병의 저장용기를 동시에 개방하는 설비는 2병 이상의 저장용기에 전자개방밸브를 부착해야 한다.

[해설] 기동장치
1. 수동식 기동장치
    ① 수동식 기동장치의 부근에는 소화약제의 방출을 지연시킬 수 있는 비상스위치 설치

    > 비상스위치 : 자동복귀형 스위치로서 수동식 기동장치의 타이머를 순간정지시키는 기능의 스위치

    ② 전역방출방식에 있어서는 방호구역마다, 국소방출방식에 있어서는 방호대상물마다 설치할 것
       (할로겐화합물 및 불활성기체소화설비의 경우 국소방출방식에 대한 내용은 없음)
    ③ 당해방호구역의 출입구부분 등 조작을 하는 자가 쉽게 피난할 수 있는 장소에 설치할 것
    ④ 기동장치의 조작부는 바닥으로부터 높이 0.8[m] 이상 1.5[m] 이하의 위치에 설치하고, 보호판 등에 따른 보호장치를 설치할 것
    ⑤ 기동장치에는 그 가까운 곳의 보기 쉬운 곳에 "이산화탄소소화설비 기동장치"라고 표시한 표지를 할 것
    ⑥ 전기를 사용하는 기동장치에는 전원표시등을 설치할 것
    ⑦ 기동장치의 방출용 스위치는 음향경보장치와 연동하여 조작될 수 있는 것으로 할 것

2. 자동식 기동장치
    ① 전기식 기동장치
       7병 이상의 저장용기를 동시에 개방하는 설비의 경우 2병 이상의 저장용기에 전자 개방밸브를 부착
    ② 가스압력식 기동장치

기동용기 설치기준	
기동용가스용기 및 밸브	25[MPa] 이상 압력에 견딜 것
기동용가스용기	충전여부를 확인 할 수 있는 압력게이지 설치
안전장치	내압시험압력 0.8배 ~ 1배 이하에서 작동
용적	5[ℓ] 이상
질소등의 비활성기체	6.0[MPa] 이상의 압력으로 충전(21[℃])

    ③ 기계식 기동장치
       저장용기를 쉽게 개방할 수 있는 구조로 할 것

69. 스프링클러설비 급수배관의 구경을 수리계산에 따르는 경우 가지배관의 최대 한계 유속은 몇 [m/s]인가?

① 4   ② 6
③ 8   ④ 10

[해설] 스프링클러 배관 구경

유속(수리계산시)		교차배관	수직배수배관	연결송수관설비의 배관과 겸용시
가지배관	기타배관	40[mm] 이상	50[mm] 이상	주배관 :100[mm] 이상 방수구로 연결 배관 : 65[mm] 이상
6[m/s] 이하	10[m/s] 이하			

70. 다음 중 스프링클러설비의 고가수조에 설치하지 않는 것은?

① 수위계   ② 배수관
③ 오버플로관   ④ 압력계

[해설] 고가수조 설치하는 장치
수위계, 배수관, 급수관, 오버플로관, 맨홀

71. 개방형스프링클러설비에서 하나의 방수구역을 담당하는 헤드 개수는 몇 개 이하로 설치해야 하는가? (단, 1개의 방수구역으로 한다.)

① 60   ② 50
③ 40   ④ 30

해설 일제개방밸브 방수구역

헤드개수	50개 이하 ※ 2개 이상의 방수구역으로 나눌 경우에는 하나의 방수구역을 담당하는 헤드의 개수는 25개 이상
범위	2개 층에 미치지 아니 할 것

72. 스프링클러설비의 화재안전기준에 따른 습식유수검지장치를 사용하는 스프링클러설비 시험장치의 설치기준에 대한 설명으로 틀린 것은?

① 유수검지장치에서 가장 먼 가지배관의 끝으로부터 연결하여 설치해야 한다.
② 시험배관의 끝에는 물받이 통 및 배수관을 설치하여 시험 중 방사된 물이 바닥에 흘러내리지 않도록 해야 한다.
③ 화장실과 같은 배수처리가 쉬운 장소에 시험배관을 설치한 경우에는 물받이 통 및 배수관을 생략할 수 있다.
④ 시험장치 배관의 구경은 25[mm] 이상으로 하고, 그 끝에 개폐밸브 및 개방형헤드 또는 스프링클러헤드와 동등한 방수성능을 가진 오리피스를 설치할 것

해설 시험장치(설치대상 : 습식, 건식, 부압식 스프링클러설비)
1. 습식, 부압식 - 유수검지장치 2차측 배관에 연결하여 설치
2. 건식 - 유수검지장치에서 가장 먼 거리에 위치한 가지배관의 끝으로부터 연결하여 설치
(유수검지장치 2차측 설비의 내용적이 2,840[L]를 초과하는 경우 시험장치 개폐밸브를 완전 개방 후 1분 이내에 물이 방사되어야 한다)
3. 시험장치 배관의 구경은 25[mm] 이상으로 하고 그 끝에 개폐밸브 및 개방형헤드 또는 스프링클러헤드와 동등한 방수성능을 가진 오리피스를 설치할 것. 이 경우 개방형헤드는 반사판 및 프레임을 제거한 오리피스만으로 설치할 수 있다.
4. 시험배관의 끝에는 물받이 통 및 배수관을 설치하여 시험 중 방사된 물이 바닥에 흘러내리지 아니하도록 할 것. 다만, 목욕실·화장실 또는 그 밖의 곳으로서 배수처리가 쉬운 장소에 시험배관을 설치한 경우에는 그렇지 않다.

73. 피난기구의 화재안전기준에 따라 숙박시설·노유자시설 및 의료시설로 사용되는 층에 있어서는 그 층의 바닥면적이 몇 [m²] 마다 피난기구를 1개 이상 설치해야 하는가?

① 300   ② 500
③ 800   ④ 1000

해설 피난기구 설치 개수
1. 층마다 설치하되 면적별 1개 이상 설치

구 분	그 밖의 용도	위락시설·판매시설 문화 및 집회시설 운동시설·또는 복합용도의 층	숙박시설· 노유자시설 및 의료시설로 사용되는 층
층의 바닥면적	1,000[m²]	800[m²]	500[m²]

74. 분말소화설비의 화재안전기준에 따라 분말소화약제 저장용기의 설치기준으로 맞는 것은?

① 저장용기의 충전비는 0.5 이상으로 할 것
② 제1종 분말의 경우 소화약제 1[kg]당 저장용기의 내용적은 1.25[ℓ]일 것
③ 저장용기에는 저장용기의 내부압력이 설정압력으로 되었을 때 주밸브를 개방하는 정압작동장치를 설치할 것
④ 저장용기에는 가압식은 최고사용압력 2배 이하, 축압식은 용기의 내압시험압력의 1배 이하의 압력에서 작동하는 안전밸브를 설치할 것

정답 71. ② 72. ① 73. ② 74. ③

복원기출문제

2024. 2회 소방설비기사

해설 저장용기의 설치기준
1. 소화약제 1[kg]당 저장용기의 내용적
   [= 충전비[ℓ/kg]]

제1종	제2종, 제3종	제4종
0.8[ℓ] 이상	1[ℓ] 이상	1.25[ℓ] 이상

2. 안전밸브

가압식	축압식
최고사용압력의 1.8배 이하	내압시험압력의 0.8배 이하

3. 정압작동장치
   저장용기의 내부압력이 설정압력으로 되었을 때 주밸브를 개방

75. 소화기구의 소화약제별 적응성 중 전기(C급) 화재에 적응성이 없는 소화약제는?

① 팽창질석 및 팽창진주암
② 할론 소화약제
③ 이산화탄소 소화약제
④ 인산염류 소화약제

해설

소화약제 구분	가스		분말		액체				기타			
적응대상	이산화탄소 소화약제	할론, 할로겐화합물 및 불활성기체 소화약제	인산염류 소화약제	중탄산염류 소화약제	산알칼리 소화약제	강화액 소화약제	포 소화약제	물·침윤 소화약제	고체에어로졸 화합물	마른모래	팽창질석·팽창진주암	그 밖의 것
전기화재 (C급 화재)	○	○	○	○	*	*		*	*	○	×	×	×

76. 지하구 화재안전기준에 따라 연소방지재간의 설치 간격은 몇 m를 넘지 않아야 하는가?

① 100 ② 350
③ 500 ④ 1000

해설
연소방지재는 다음 부분에 시험성적서에 명시된 방식으로 시험성적서에 명시된 길이 이상으로 설치하되, 연소방지재 간의 설치 간격은 350[m]를 넘지 않도록 하여야 한다.
① 분기구
② 지하구의 인입부 또는 인출부
③ 절연유 순환펌프 등이 설치된 부분
④ 기타 화재발생 위험이 우려되는 부분

77. 소화수조 및 저수조의 화재안전기준에 따라 소화수조의 채수구는 소방차가 최대 몇 [m] 이내의 지점까지 접근할 수 있도록 설치하여야 하는가?

① 1 ② 2
③ 4 ④ 5

해설 저수조의 흡수관투입구 또는 채수구 설치위치
소방차가 2[m] 이내의 지점까지 접근할 수 있는 위치

78. 소화기구 및 자동소화장치의 화재안전기준에 따른 수동으로 조작하는 대형소화기 B급의 능력단위 기준은?

① 10단위 이상 ② 15단위 이상
③ 20단위 이상 ④ 25단위 이상

해설 능력단위에 따른 소화기 구분

구분	능력단위
소형소화기	1단위 이상이고 대형소화기의 능력단위 미만
대형소화기	A급 - 10 단위 이상 B급 - 20 단위 이상

정답 75. ① 76. ② 77. ② 78. ③

79. 포소화설비의 화재안전기준에 따른 용어 정의 중 다음 ( ) 안에 알맞은 내용은?

> ( ) 프로포셔너방식이란 펌프와 발포기의 중간에 설치된 벤추리관의 벤추리작용과 펌프 가압수의 포소화약제 저장탱크에 대한 압력에 따라 포소화약제를 흡입·혼합하는 방식을 말한다.

① 라인 ② 펌프
③ 프레져 ④ 프레져사이드

해설 프레져 프로포셔너방식
펌프와 발포기의 중간에 설치된 벤추리관의 벤추리작용과 펌프 가압수의 포소화약제 저장탱크에 대한 압력에 따라 포소화약제를 흡입·혼합하는 방식

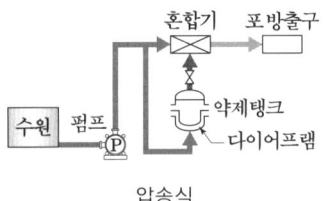
압송식

80. 고체에어로졸소화설비의 화재안전기준상 고체에어로졸발생기는 열 안전이격거리를 준수하여 설치하여야 한다. 다음 ( ) 안에 알맞은 것은?

> <고체에어로졸발생기 열 안전이격거리>
> 가. 인체와의 최소 이격거리
> 고체에어로졸 방출 시 ( ) ℃를 초과하는 온도가 인체에 영향을 미치지 아니하는 거리
> 나. 가연물과의 최소 이격거리
> 고체에어로졸 방출 시 ( ) ℃를 초과하는 온도가 가연물에 영향을 미치지 아니하는 거리

① 75[℃], 200[℃] ② 95[℃], 250[℃]
③ 105[℃], 260[℃] ④ 105[℃], 3000[℃]

해설 고체에어로졸발생기는 열 안전이격거리를 준수하여 설치
가. 인체와의 최소 이격거리
고체에어로졸 방출 시 75[℃]를 초과하는 온도가 인체에 영향을 미치지 아니하는 거리
나. 가연물과의 최소 이격거리
고체에어로졸 방출 시 200[℃]를 초과하는 온도가 가연물에 영향을 미치지 아니하는 거리

정답 79. ③ 80. ①

복원기출문제(CBT2024.3회)

※ 본 기출문제는 수험자의 기억을 바탕으로 하여 복원한 문제이므로 실제 문제와 다를 수 있음을 미리 알려드립니다.

■■■ 제1과목 소방원론

1. 0[℃], 1[atm] 상태에서 메탄 1[mol]을 완전연소 시키기 위해 필요한 산소의 [mol]수는?

① 2
② 3
③ 4
④ 5

해설

구 분	완전 연소반응식
메탄	$CH_4 + 2O_2 \rightarrow 2H_2O + CO_2$
에탄	$C_2H_6 + 3.5O_2 \rightarrow 3H_2O + 2CO_2$
프로판	$C_3H_8 + 5O_2 \rightarrow 4H_2O + 3CO_2$
부탄	$C_4H_{10} + 6.5O_2 \rightarrow 5H_2O + 4CO_2$

2. 건축물에 설치하는 방화구획의 설치기준 중 스프링클러설비를 설치한 11층 이상의 층은 바닥면적 몇[m³]이내마다 방화구획을 하여야 하는가? (단, 벽 및 반자의 실내에 접하는 부분의 마감은 불연 재료가 아닌 경우이다.)

① 200
② 600
③ 1000
④ 3000

해설 면적별 방화구획

구 분	10층 이하	11층 이상 내장재가 불연재가 아닌 경우	11층 이상 내장재가 불연재인 경우
바닥면적	1,000[m²] 이내	200[m²] 이내	500[m²] 이내
스프링클러 등 자동식 소화설비 설치 시 면적의 3배 이내마다 구획	3,000[m²] 이내	600[m²] 이내	1,500[m²] 이내

3. 화재시 소화에 관한 설명으로 틀린 것은?

① 내알코올포 소화약제는 수용성용제의 화재에 적합하다.
② 물은 불에 닿을 때 증발하면서 다량의 열을 흡수하여 소화한다.
③ 제3종 분말소화약제는 식용유화재에 적합하다.
④ 할로겐화합물 소화약제는 연쇄반응을 억제하여 소화한다.

해설

구분	제1종
명칭	탄산수소나트륨
분자식	$NaHCO_3$
색상	백색
연쇄반응 억제 이온	Na^+
특징	식용유화재에는 비누화현상(Na_2O : 화나트륨)의해 적응성이 있다.
적응화재	B급, C급

4. 화학포 소화약제의 주성분으로서 다음 중 옳은 것은?

① 중탄산칼슘과 황산알루미늄
② 중탄산칼륨과 황산알루미늄
③ 인산암모늄과 황산알루미늄
④ 중탄산나트륨과 황산알루미늄

해설 포생성의 과정에 따른 분류
 생성된 포 내부에 공기가 있으면 기계포, 포 내부에 CO_2가 있으면 화학포로 분류하며 화학포는 기계포 보다 설비가 간단하다.
 ① 기계포(공기) : 물(소화펌프)과 포원액(약제탱크) → 혼합기(프로포셔너) → 포수용액 → 발포기
 ② 화학포(CO_2) : 탄산수소나트륨, 황산알루미늄 혼합 → 발포기

$6NaHCO_3 + Al_2(SO_4)_3 18H_2O \rightarrow 2Al(OH)_3 + 3Na_2SO_4 + 6CO_2 + 18H_2O$
탄산수소나트륨   황산알루미늄   수산화알루미늄   황산나트륨

정답   1. ①   2. ②   3. ③   4. ④

5. BLEVE 현상을 설명한 것으로 가장 옳은 것은?

① 물이 뜨거운 기름표면 아래에서 끓을 때 화재를 수반하지 않고 over flow되는 현상
② 물이 연소유의 뜨거운 표면에 들어갈 때 발생되는 over flow현상
③ 탱크바닥에 물과 기름의 에멀전이 섞여있을 때 물의 비등으로 인하여 급격하게 over flow되는 현상
④ 탱크 주위 화재로 탱크 내 인화성 액체가 비등하고 가스부분의 압력이 상승하여 탱크가 파괴되고 폭발을 일으키는 현상

해설

구 분	Mechanism
Boil Over 보일오버	① 다비점의 중질유 저장탱크 화재 발생 ② 저비점 물질은 유류 표면층에서 증발, 연소 ③ 고비점 물질은 화염의 온도에 의해 가열, 축적되어 200~300℃의 열류층 형성 ④ 열류층이 하부의 수층에 열전달 ⑤ 물이 비등하며 탱크 내 기름을 분출시킴
Slop Over 슬롭오버	① 다비점의 중질유 저장탱크 화재로 열류층 형성 ② 고온층 표면에 주수소화 ③ 열류층 교란 ④ 불이 붙은 기름이 끓어 넘침
Froth Over 프로스오버	화재가 아닌 경우로서 고점도 유류 아래서 물이 비등할 때 탱크 밖으로 물과 기름이 거품형태로 넘치는 현상 (ex) 뜨거운 아스팔트가 물이 약간 채워진 탱크차에 옮겨질 때 탱크차 하부의 물이 가열, 장시간 경과 후 비등
BLEVE 블레비	비등(과열)액체 팽창증기 폭발 [Boiling Liquid Expanding Vapor Explosion] 보일러, LPG가스탱크 등과 같이 고압의 액체를 저장하고 있는 용기가 파손 등에 의해 동체의 일부분이 개방되면 용기내의 압력이 급격히 강하하여 일부 액체가 급격히 비등하고 증기압이 급격히 상기하여 용기 파손, 폭발(동적 평형 파괴)하는 물리적 폭발이다.

6. 탄산가스에 대한 일반적인 설명으로 옳은 것은?

① 산소와 반응시 흡열반응을 일으킨다.
② 산소와 반응하여 불연성 물질을 발생시킨다.
③ 산화하지 않으나 산소와는 반응한다.
④ 산소와 반응하지 않는다.

해설 이산화탄소는 탄소가 산소와 반응하여 생성된것으로서 더 이상 산소와 반응하지 않는다.

7. 다음 불꽃의 색상 중 가장 온도가 높은 것은?

① 암적색
② 적색
③ 휘백색
④ 휘적색

해설 연소 시 온도 상승에 따른 불꽃의 색상

구분	휘백색	백적색	황적색	휘적색	적색	암적색	담암적색
	밝은백색(은색)	흰색을 띠는 적색	누런 적색	밝은 적색(주황)		검은 적색	더욱 검은 적색
온도	1,550[℃]	1,300[℃]	1,100[℃]	950[℃]	850[℃]	700[℃]	550[℃]
암기법	+250	+200	+150	+100	기준	-150	-150

8. 연기의 감광계수(m^{-1})에 대한 설명으로 옳은 것은?

① 0.5는 거의 앞이 보이지 않을 정도이다.
② 10은 화재 최성기 때의 농도이다.
③ 0.5는 가시거리가 20~30m 정도이다.
④ 10은 연기감지기가 작동하기 직전의 농도이다.

해설 감광계수 및 연기의 농도와 가시거리

감광계수 $[m^{-1}]$	가시거리 $[m]$	상황
0.1	20~30	연기감지기가 작동할 때 농도
0.3	5	건물 내부에 익숙한 사람이 피난에 지장을 느낄 정도의 농도
0.5	3	어두운 것을 느낄 정도의 농도
1	1~2	거의 앞이 보이지 않을 정도의 농도
10	0.2~0.5	화재 최성기 때의 농도
30	–	출화실에서 연기가 분출할 때의 농도

9. 다음 중 불완전 연소 시 발생하는 가스로서 헤모글로빈에 의한 산소의 공급에 장해를 주는 것은?

① CO　　　　② CO_2
③ HCN　　　④ HCl

해설 CO에 의한 중독은 CO가 혈액중의 산소 운반물질인 헤모글로빈(Hb)과 결합하는 능력이 산소보다 약 200배 이상 높기 때문에 폐에 흡수된 CO가 바로 카복시헤모글로빈(HbCO)으로 되어 헤모글로빈에 의한 산소의 운반과 탄산가스의 배출작용이 방해받게 되어 질식하게 되는 유독한 가스이다.

10. 수소 가스의 연소범위[vol%]에 가장 가까운 것은?

① 9.8~28.4　　② 2.5~81
③ 4.0~75　　　④ 2.1~ 9.5

해설 [표. 주요 가연성 가스의 공기 중 연소 범위]

+ 암기 아수~ 일(A)황에 암 걸려라

가스명	연소범위[V%]		
	하한값	상한값	범위차
아세틸렌	2.5	81	78.5
수소	4	75	71
일산화탄소	12.5	74	61.5
에테르	1.9	48	46.1
이황화탄소	1.2	44	42.8
황화수소	4	44	40

11. 제3류 위험물 중 금수성 물품에 적응성이 있는 소화약제는?

① 물　　　　　② 강화액
③ 팽창질석　　④ 인산염류분말

해설 제3류 위험물 (자연발화성 물질 및 금수성 물질)
소화방법 - 마른모래, 팽창질석, 팽창진주암에 따른 질식소화(주수소화금지)

12. 열원으로서 화학적 에너지에 해당되지 않는 것은?

① 연소열　　② 분해열
③ 마찰열　　④ 용해열

해설 점화를 일으킬 수 있는 에너지원의 종류

전기열	유도열, 유전열, 저항열, 아크열, 정전기열, 낙뢰열
화학열	분해열, 자연발열, 생성열, 용해열, 연소열
기계열	마찰열, 압축열, 마찰 스파크열

13. 물과 반응하여 가연성 기체를 발생하지 않는 것은?

① 칼륨　　　　② 인화아연
③ 산화칼슘　　④ 탄화알루미늄

해설 물과의 반응
칼륨　$2K + 2H_2O \rightarrow 2KOH + H_2 \uparrow$
인화아연　$Zn_3P_2 + 6H_2O \rightarrow 3Zn(OH)_2 + 2PH_3 \uparrow$
탄화알루미늄　$Al_4C_3 + 12H_2O \rightarrow 4Al(OH)_3 + 3CH_4 \uparrow$

산화칼슘[생석회(CaO)]는 물과 반응하여 가연성기체를 발생하지 않는다. 또한 탄산칼슘, 석회석, 시멘트 등도 동일하다.

정답　9. ①　10. ③　11. ③　12. ③　13. ③

14. 인화칼슘과 물이 반응할 때 생성되는 가스는?

① 포스핀　　② 포스겐
③ 수소　　　④ 산화칼슘

해설 인화칼슘과 물과의 반응(포스핀 발생☆)
$Ca_3P_2 + 6H_2O \rightarrow 3Ca(OH)_2 + 2PH_3$

15. 표면연소의 형태가 아닌 것은?

① 코크스　　② 숯
③ 목탄　　　④ 양초

해설 표면연소
휘발성분이 없거나 증기압이 낮아서 표면에서 연소하는 무염 저온(1,000℃ 이상)의 느린 연소(= 훈소, 작열연소) 코크스, 숯, 목탄
• 양초 : 증발연소

16. 다음 중 제거소화방법과 무관한 것은?

① 산불의 확산방지를 위하여 산림의 일부를 벌채한다.
② 화학반응기의 화재시 원료공급관의 밸브를 잠근다.
③ 유류화재시 가연물을 포(泡)로 덮는다.
④ 유류탱크 화재시 주변에 있는 유류탱크의 유류를 다른 곳으로 이동시킨다.

해설 제거소화
① 가연물이 연소하기 전에 가연물을 제거하여 소화
② 물적조건을 제어하여 소화
③ 산불화재 벌목, 가스화재의 가스차단, 촛불의 화염 제거

• 유류화재시 가연물을 포로 덮는 것 산소를 차단하는 질식소화에 해당한다.

17. 1기압, 100℃에서의 물 1g의 기화잠열은 약 몇[cal]인가?

① 425　　② 539
③ 647　　④ 734

해설 물의 수소결합에 의한 특성
① 비열과 현열이 크다.
② 융해잠열(80 [cal/g])이 크다.
③ 기화(증발)잠열(1기압, 100[℃] : 539 [cal/g])이 크다.
④ 표면장력(72.75 [dyne/cm])이 크다.

18. 피난계획의 일반원칙 중 fool proof 원칙이란 무엇인가?

① 피난설비를 첨단화된 전자식으로 하는 원칙
② 저지능인 상태에서도 쉽게 식별이 가능하도록 그림이나 색채를 이용하는 원칙
③ 한 가지 피난기구가 고장이 나도 다른 수단을 이용할 수 있도록 고려하는 원칙
④ 피난설비를 반드시 이동식으로 하는 원칙

해설 Fool proof 원칙
바보도 증명할수 있다는 법칙으로 패닉상태 등에서도 쉽게 식별이 가능하도록 그림이나 색채를 이용하는 원칙

19. 플래시오버(flash over)현상에 대한 설명으로 틀린 것은?

① 산소의 농도와 무관하다.
② 화재공간의 개구율과 관계가 있다.
③ 화재공간 내의 가연물의 양과 관계가 있다.
④ 화재실 내의 가연물의 종류와 관계가 있다.

[해설] 플래시오버(flash over)

구분	Flash Over
정의	국부화재에서 전실화재로의 전이 현상 연료지배형 화재에서 환기지배형 화재로의 전이 현상
조건	연기층 온도 500 ~ 600[℃] 바닥 복사수열량 20 ~ 40[kW/m²] 연소속도 40[g/s·m²] 산소농도 : 10[%] $CO_2/CO = 150$
연소형태	화재
시기	성장기
공급요인	복사열에 의한 자연발화
영향요소	천장높이, 실의 모양, 내장재의 재질과 두께, 점화원의 크기, 점화원의 위치와 연료 높이, 개구부의 크기(종장 방향의 주벽 면적에 대한 개구율이 1/2 ~ 1/3 일 경우 가장 짧고 1/16 이하시에는 플래시오버가 발생하지 않는다)

20. 가연성 액체로부터 발생한 증기가 액체표면에서 연소범위의 하한계에 도달할 수 있는 최저온도를 의미하는 것은?

① 비점　　　　　② 연소점
③ 발화점　　　　④ 인화점

[해설]
1. 인화점(Flash point)
   가연성 혼합기(연소범위)를 형성하는 최저온도[점화원 존재 시 인화(연소)한다.]
2. 연소점(Fire point)
   점화원이 없어도 연소 지속 가능한 최저온도로서 인화점보다 10[℃] 정도 높다.
3. 발화점(Auto-ignition temperature)
   점화원 없이도 발화하는 최저온도(자연발화)

제2과목 소방유체역학

21. 보일의 법칙은 이상기체의 어떤 상태량이 일정한 조건에서의 상태변화를 나타낸 것인가?

① 온도　　　　　② 압력
③ 비체적　　　　④ 밀도

[해설] 보일의 법칙(등온변화)
일정한 온도에서 기체의 부피는 압력에 반비례한다.

$$PV = C(상수)$$
$$P_1V_1 = P_2V_2 \text{ (주의 : 압력 } P \text{는 절대압력임)}$$

22. 비점성 유체를 가장 잘 설명한 것은?

① 실제 유체를 뜻한다.
② 전단응력이 존재하는 유체흐름을 뜻한다.
③ 유체 유동시 마찰저항이 존재하는 유체이다.
④ 유체 유동시 마찰저항이 유발되지 않는 이상적인 유체를 말한다.

[해설] 이상유체
(1) 유체는 유선을 따라 흐른다.
(2) 비압축성 유체이다.
(3) 정상류 이다
(4) 비점성유체이다.(마찰이 없다)

23. 펌프의 흡입 이론에서 볼 때 대기압이 100[kPa]인 곳에서 펌프의 흡입 배관으로 물을 흡수 할 수 있는 이론 최대 높이는 약 몇 [m]인가?

① 5　　　　　　② 10
③ 14　　　　　④ 98

[해설] 압력수두
$$h = \frac{P}{\gamma} = \frac{100 \times 10^3 [\text{N/m}^2]}{9800 [\text{N/m}^3]} \fallingdotseq 10[\text{m}]$$

20. ④　21. ①　22. ④　23. ②

24. 지름 4[cm]인 관에 동점성계수 5×10^{-2}[cm²/s]인 유체가 평균 속도 2[m/s]로 흐르고 있을 때 레이놀즈수는 얼마인가?

① 14000　　② 16000
③ 18000　　④ 20000

해설 레이놀즈수

$$Re = \frac{관성력}{점성력} = \frac{\rho VD}{\mu} = \frac{VD}{\nu}, \quad \nu = \frac{\mu}{\rho}$$

D : 관의 직경[m], V : 평균유속[m/s],
ν : 동점성 계수[m²/s]
ρ : 유체의 밀도[kg/m³], μ : 점성계수[N·s/m²]

$$R_e = \frac{VD}{\nu} = \frac{200[cm/s] \times 4[cm]}{5 \times 10^{-2}[cm^2/s]} = 16000$$

※ 문제에서 주어진 동점성계수의 단위가 cm²/s이므로 cm로 통일하였다.

25. 그림과 같은 탱크에 비중이 0.9인 기름과 물이 들어있다. 벽면 AB에 작용하는 유체(기름 및 물)에 의한 힘은 약 몇 [kN]인가? (단, 벽면 AB의 폭(y 방향)은 2[m]이다.)

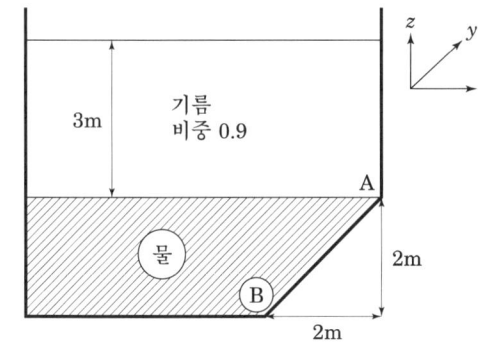

① 185　　② 205
③ 315　　④ 415

해설

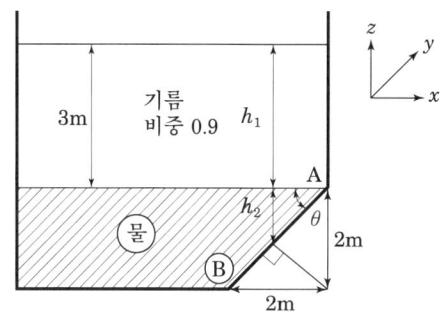

기름의 압력과 물의 압력을 합하여 면적을 곱하면 된다.

$F = (r_1 h_1 + r_2 h_2)A$
$= (0.9 \times 9.8[kN/m^3] \times 3[m] + 9.8[kN/m^3] \times 1) \times 5.656[m^2]$
$≒ 205[kN]$

여기서 면적 $A = 2\sqrt{2} \times 2 = 5.656[m^2]$
$h_2 = \frac{2\sqrt{2}}{2} \times \sin 45° = 1[m]$

26. 물이 흐르고 있는 관내에 피토정압관을 넣어 정체압 P_s와 정압 P_o를 측정하였더니, 수은이 들어있는 피토정압관에 연결한 U자관에서 75[mm]의 액면차가 생겼다. 피토정압관 위치에서의 유속은 몇 [m/s]인가? (단, 수은의 비중은 13.6이다.)

① 4.3　　② 4.45
③ 4.6　　④ 4.75

해설
1) 공식

종류	내용	도식
피토정압관 (동압 측정)	$v = \sqrt{2gh\left(\frac{s_s}{s}-1\right)}$ $= \sqrt{2gh\left(\frac{\rho_s}{\rho}-1\right)}$	

24. ②　25. ②　26. ①

2) 유속 v

$$v = \sqrt{2gh(\frac{s_s}{s}-1)} = \sqrt{2 \times 9.8 \times 0.075 \times (\frac{13.6}{1}-1)}$$
$$\fallingdotseq 4.3 [m/s]$$

27. 가로×세로가 80[cm]×50[cm]인 300[℃]로 가열된 평판에 수직한 방향으로 25[℃]의 공기를 불어주고 있다. 대류열전달계수가 25[W/m²K]일 때 공기를 불어넣는 면에서의 열전달률은 약 몇 [kW]인가?

① 2.0　　② 2.75
③ 5.1　　④ 7.3

해설

구분	대류(Convection)
정의	고체표면과 움직이는 유체 사이에서 분자의 불규칙한 운동과 거시적인 유체의 유동을 통한 열전달
열전달 매체	필요
물질이동	수반
관련식	Newton의 냉각법칙 $q = hA(T_2 - T_1)$ q : 전달열량[W] h : 열전달계수[W/m² · K] T_1, T_2 : 물질의 온도[K] A : 고체 표면적[m²]

열전달률(q)
$q = hA(T_2 - T_1)$
$= 25[W/m^2 \cdot ℃] \times (0.8 \times 0.5)[m^2] \times (300-25)[℃]$
$= 2750[W] = 2.75[kW]$

28. 옥내소화전 노즐선단에서 물제트의 방사량이 0.1[m³/min], 노즐선단 내경이 25[mm]일 때 방사압력(기계압력)은 약 [kPa]인가?

① 3.27　　② 4.41
③ 5.32　　④ 5.78

해설
1) 유속

$Q = AV = (\frac{\pi D^2}{4})V$ 에서

$V = \frac{4Q}{\pi D^2} = \frac{4 \times 0.1[m^3/60s]}{3.14 \times (0.025[m])^2} \fallingdotseq 3.397[m/s]$

2) 동압

$P_v = \gamma H = \gamma \frac{v^2}{2g} = \rho g \frac{v^2}{2g} = \frac{\rho v^2}{2}$

$= \frac{1000[kg/m^3] \times (3.397[m/s])^2}{2}$

$= 5769.8045[Pa] \fallingdotseq 5.77[kPa]$

29. 돌연 확대관에서의 손실수두는?

① 압력수두에 반비례한다.
② 위치수두에 비례한다.
③ 유량에 반비례한다.
④ 속도수두에 비례한다.

해설 급확대관의 부차적 손실수두

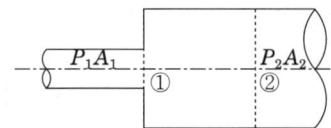

$h_l = \frac{(V_1 - V_2)^2}{2g}$

$= (1 - \frac{A_1}{A_2})^2 \frac{V_1^2}{2g} = K\frac{V_1^2}{2g}$

$K = (1 - \frac{A_1}{A_2})^2$, $V_1 = 1$지점의 유속

⇒ 돌연(급)확대관 손실수두는 속도수두에 비례한다.

※ 돌연(급)축소관 부차적 손실수두

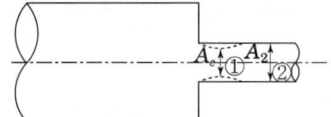

정답　27. ②　28. ④　29. ④

$$h_l = \frac{(V_c - V_2)^2}{2g}$$
$$= (\frac{1}{C_c} - 1)^2 \frac{V_2^2}{2g} = K\frac{V_2^2}{2g}$$
$$K = (\frac{1}{C_c} - 1)^2, \quad C_c = \frac{A_c}{A_2}$$

C_c : 베나축소계수
A_c : 유동 단면적이 최소인 부분의 단면적
V_2 = 2지점의 유속

30. 물리량을 질량[M], 길이[L], 시간[T]의 기본 차원으로 나타낼 때, 에너지의 차원은?

① ML^2T^{-2} ② $ML^{-1}T^{-2}$
③ $ML^{-1}T^{-1}$ ④ $ML^{-2}T^2$

해설 에너지
$J = F \cdot s = PA \cdot s = PA$ (단위길이당)
$= Pa \cdot m^2 = kg \cdot m/s^2 \cdot m = kg \cdot m^2/s^2$
$= [ML^2 T^{-2}]$

31. 안지름 1000[mm]의 원통형 수조에 들어있는 물을 안지름 150[mm]인 관을 통해 평균유속 3[m/s]로 배출한다. 이때 수조내의 수면의 강하속도는 몇 [cm/s]인가?

① 3.24 ② 1.423
③ 6.75 ④ 14.13

해설 연속방정식
$A_1 V_1 = A_2 V_2$
$V_1 = \frac{A_2}{A_1} V_2 = \frac{D_2^2}{D_1^2} V_2$
$= \frac{150^2}{1000^2} \times 3[m/s] = 0.0675[m/s] = 6.75[cm/s]$

32. 기준면에서 5[m]위에 있는 내경 50[mm]의 소화전 배관으로 분당 0.39[m³]의 소화용수가 흐른다. 이 배관 속 소화수의 압력이 150[kPa]이라면 소화수의 전 수두는 약 몇 [m]인가?

① 5   ② 15
③ 21 ④ 31

해설
1) 유속
$Q = AV$
$V = \frac{4Q}{\pi D^2} = \frac{4 \times 0.39[m^3/60s]}{3.14 \times (0.05[m])^2} ≒ 3.31[m/s]$

2) Bernoulli's Eq'n (베르누이방정식)에서 전수두
$H = \frac{P}{\gamma} + \frac{V^2}{2g} + z$
$= \frac{150 \times 10^3 [N/m^2]}{9800} + \frac{(3.31[m/s])^2}{2 \times 9.8} + 5[m] ≒ 21[m]$

참고

	중력단위	SI 단위
γ(비중량)	1000[kgf/m³]	9800[N/m³] = 9.8[kN/m³]
ρ(밀도)	1000[kg/m³] 102[kgf·s²/m⁴]	1000[N·s²/m⁴]

33. 어떤 유체 2[m³]의 무게가 18,000[N]일 때, 이 유체의 비중은 약 얼마인가?

① 0.82 ② 0.92
③ 1.01 ④ 9.0

해설
1) 비중량(Specific Weight, γ)
단위체적당의 중량으로 비중량이 클수록 무겁다.
$\gamma = \frac{W}{V} = \rho g$ [N/m³], W : 무게[mg][N], V : 체적[m³]
$= \frac{18000[N]}{2[m^3]} = 9000[N/m^3]$

2) 비중(S)

물 또는 공기와 비교한 어떤 물질의 무게를 말하며 물과 비교한다.

$$S = \frac{\gamma(\text{물체비중량})}{\gamma_w(\text{물비중량})} = \frac{\rho(\text{물체밀도})}{\rho_w(\text{물밀도})},$$

$$S = \frac{9000[\text{N/m}^3]}{9800[\text{N/m}^3]} \fallingdotseq 0.92$$

34. 다음 그림과 같은 U자관 차압마노미터가 있다. 압력차 PA−PB를 바르게 표시한 것은? (단, γ_1, γ_2, γ_3는 비중량, h_1, h_2, h_3는 높이 차이를 나타낸다.)

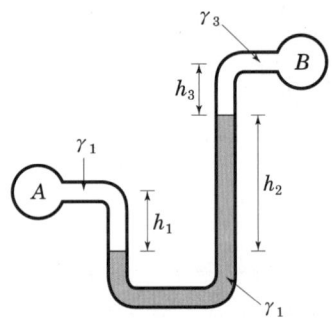

① $-\gamma_1 h_1 - \gamma_2 h_2 + \gamma_3 h_3$
② $-\gamma_1 h_1 + \gamma_2 h_2 + \gamma_3 h_3$
③ $\gamma_1 h_1 + \gamma_2 h_2 - \gamma_3 h_3$
④ $\gamma_1 h_1 - \gamma_2 h_2 - \gamma_3 h_3$

해설 절대압 측정

종류	내용	도식
시차 액주계	$P_A - P_B$ $= \gamma_3 h_3 + \gamma_2 h_2 - \gamma_1 h_1$	

※ 액주계 압력계산 방법
점 A점을 기준으로 내려가면 "+", 올라가면 "−"

$P_A + \gamma_1 h_1 - \gamma_2 h_2 - \gamma_3 h_3 = P_B$

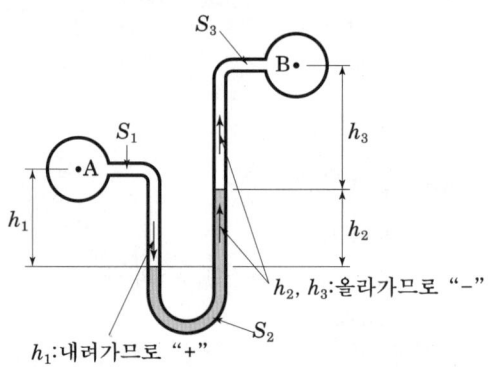

h_2, h_3:올라가므로 "−"
h_1:내려가므로 "+"

35. 그림과 같이 수평으로 놓여 있는 엘보에 물이 0.05[m³/s]의 유량으로 흐른다. 관의 지름은 10[cm], 엘보 입구와 출구의 계기압력은 각각 200[kPa], 150[kPa]일 때 x방향으로 작용하는 힘(R_x)은 약 몇 N인가?

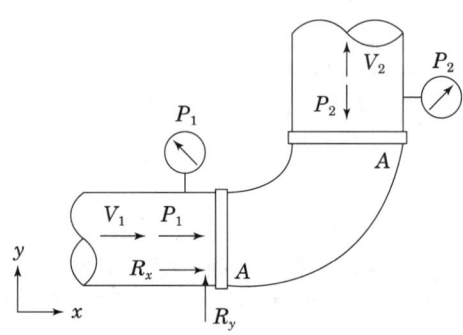

① −1,209
② −1,538
③ −1,889
④ −2,108

해설

엘보우 경사판 유동으로 해석하며 입출구 면적이 동일하므로 엘보우에서 입출구 속도(V)가 동일하다

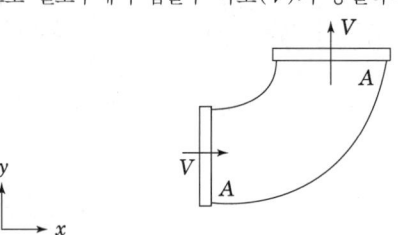

정답 34. ② 35. ③

1) 관 단면적

$$A = \frac{\pi D^2}{4} = \frac{3.14 \times (0.1[\text{m}])^2}{4} = 7.853 \times 10^{-3}[\text{m}^2]$$

2) 유속

$$Q = AV$$
$$V = \frac{Q}{A} = \frac{0.05[\text{m}^3/\text{s}]}{7.853 \times 10^{-3}[\text{m}^2]} ≒ 6.37[\text{m/s}]$$

3) 엘보우 경사판 유동에서의 유동

$$P_1 A_1 - P_2 A_2 - F_x = \rho Q(V\cos\theta - V) = \rho Q V(\cos\theta - 1)$$
$$P_2 = 0 \text{ (대기압)}$$
$$F_x = P_1 A + \rho Q V(1 - \cos\theta)$$
$$= (200 \times 10^3 [\text{N/m}^2] \times 7.853 \times 10^{-3}[\text{m}^2])$$
$$- (1000[\text{N.s}^2/\text{m}^4] \times 0.05[\text{m}^3/\text{s}] \times 6.37[\text{m/s}] \times (1 - \cos 90))$$
$$≒ 1889[\text{N}]$$

36. 단열 노즐의 출구에서 압력 0.1[MPa]의 건도 0.95인 습증기(포화액 엔탈피 : 418 [kJ/kg], 포화증기 엔탈피 : 2706[kJ/kg]) 1[kg]이 포화증기 엔탈피는 몇 [kJ]인가?

① 397.1　　② 2,570.7
③ 2,591.6　　④ 2,988.7

해설

습증기 1[kg] 속에 x[kg]의 건증기가 포함되어 있고 나머지$(1-x)$[kg]이 수분인 경우 x를 건도, $(1-x)$를 습도라 한다.
포화액의 건도 : $x = 0$,
건조포화증기 건도 $x = 1$이다.
건도가 x일 때 습증기 엔탈피 h_x

$$h_x = h' + (h'' - h')x$$
여기서, h' : 포화액 엔탈피
　　　　h'' : 포화증기 엔탈피
$$= 418 + (2706 - 418) \times 0.95 ≒ 2591.6[\text{kJ/kg}]$$

37. 회전수가 1500[rpm]일 때 송풍기 전압 3.92[kPa], 풍량 6[m³/min]를 내는 팬이 있다. 이때 축동력이 0.6[kW]라면 전압효율은 대략 몇 [%]인가?

① 55[%]　　② 60[%]
③ 65[%]　　④ 70[%]

해설

1) 송풍기 축동력 L_s

$$L_a = \frac{P_t \cdot Q}{\eta_t}[\text{W}]$$

P_t : 송풍기 전압[Pa]
Q : 풍량[m³/s], η_t : 송풍기 전압효율

2) 전압효율

$$\eta_t = \frac{P_t \cdot Q}{L_s} = \frac{3.92[\text{kPa}] \times 6[\text{m}^3/60\text{s}]}{0.6[\text{kW}]}$$
$$≒ 0.65 = 65[\%]$$

38. 표준대기압에서 측정한 용기 내의 압력이 각각 다음과 같다. 압력이 가장 낮은 용기는?

① 진공게이지 눈금이 500[mmHg]이다.
② 진공게이지 눈금이 1.0[kgf/cm²]이나.
③ 진공도가 90[%]이다.
④ 진공도가 0이다.

해설

1) 표준대기압
$$1[\text{atm}] = 760[\text{mmHg}] = 10.332[\text{mAq}]$$
$$= 101,325[\text{Pa} = \text{N/m}^2] = 14.7[\text{psi}]$$
$$= 1.013[\text{bar}] = 1.0332[\text{kgf/cm}^2] = 0.101325[\text{MPa}]$$

2) 절대압으로 환산하여 비교
　절대압 = 대기압 - 진공압

3) 환산
　① 절대압 = 760 - 500 = 260[mmHg]
　② 760[mmHg] : 1.0332[kgf/cm²] = p : 1.0[kgf/cm²]
$$p = \frac{1.0}{1.0332} \times 760 ≒ 735.6[\text{mmHg}]$$
　　절대압 = 760 - 735.6 = 24.4[mmHg]

③ 진공도 90[%]
절대압 = 대기압−진공압= 760 − (760×0.9)
= 76[mmHg]
④ 진공도 0
절대압 = 대기압−진공압= 760 − 0 = 760[mmHg]

4) 압력이 낮은 순서
② < ③ < ① < ④

39. 소화용수 공급용 배관에서의 압력손실에 대한 설명 중 옳은 것은?

① 완전 난류의 경우 관 마찰 손실수두는 속도에 비례하여 증가한다.
② 동일 유량인 경우는 직경이 큰 관의 압력손실이 더 크다.
③ 관 부속품에 의한 손실수두는 압력수두에 비례하여 증가한다.
④ 수평배관에서의 압력손실 발생은 관의 마찰에 의한 값이 가장 크다.

[해설]
① $h_l = f \dfrac{L}{D} \dfrac{V^2}{2g}$: 손실수두는 속도의 제곱에 비례한다.
② $\Delta P = \gamma h_l = f \dfrac{L}{D} \dfrac{\rho V^2}{2}$: 압력손실은 직경에 반비례한다.
③ $h_l = f \dfrac{L}{D} \dfrac{V^2}{2g}$: 손실수두는 속도수두에 비례하여 증가한다.

40. 체적이 0.5[m³]인 탱크에 산소가 10[kg]이 들어 있다. 탱크 내부의 온도가 23[℃]라면 압력은 약 몇 [MPa]인가? (단, 일반기체상수는 8,314[J/kmol·K]이다.)

① 1.452   ② 1.539
③ 1.653   ④ 1.725

[해설]
1) 이상기체 상태 방정식
$$PV = nRT = \dfrac{m}{M}RT$$
$$P = \dfrac{m}{VM}RT$$

2) 압력
$$P = \dfrac{m}{VM}RT$$
$$= \dfrac{10[\text{kg}]}{0.5[\text{m}^3] \times 32[\text{kg.kmol}]} \times 8.314[\text{kJ/kmol.K}] \times (273+23)[\text{K}]$$
$$\fallingdotseq 1539[\text{kJ/m}^3] = 1539[\text{kPa}] = 1.539[\text{MPa}]$$

■■■■ 제3과목 소방관계법규

41. 제조소등의 위치·구조 및 설비의 기준 중 위험물을 취급하는 건축물의 환기설비 설치기준으로 다음( ) 안에 알맞은 것은?

> 급기구는 당해 급기구가 설치된 실의 바닥면적 (㉠)[m²] 마다 1개 이상으로 하되, 급기구의 크기는 (㉡) [cm²] 이상으로 할 것

① ㉠ 100, ㉡ 800
② ㉠ 150, ㉡ 800
③ ㉠ 100, ㉡ 100
④ ㉠ 150, ㉡ 1000

[해설] 환기설비 급기구
㉠ 개수 : 바닥면적 150[m²] 마다 1개 이상 설치
㉡ 크기 : 800[cm²] 이상

42. 소방시설공사업법령상 소방공사감리를 실시함에 있어 용도와 구조에서 특별히 안전성과 보안성이 요구되는 소방대상물로서 소방시설물에 대한 감리를 감리업자가 아닌 자가 감리할 수 있는 장소는?

① 정보기관의 청사
② 교도소 등 교정관련시설
③ 국방 관계시설 설치장소
④ 원자력안전법상 관계시설이 설치가 되는 장소

[해설]
그 공법이 특수한 시공(원자력안전법상 관계시설) 또는 성능위주소방 설계·시공하는 소방시설공사의 경우에는 그 설계업자를 공사 감리자로 지정할 수 있다.

43. 소방시설 설치 및 관리에 관한 법률에 따른 성능위주설계를 할 수 있는 자의 설계범위 기준 중 틀린 것은?

① 연면적 30,000[m²] 이상인 특정소방대상물로서 철도시설
② 연면적 100,000[m²] 이상인 특정소방대상물 (단, 아파트 등은 제외한다.)
③ 지하층을 포함한 층수가 30층 이상인 특정소방대상물(단, 아파트 등은 제외한다.)
④ 하나의 건축물에 영화상영관이 10개 이상인 특정소방대상물

[해설]

구 분	층 수	지상으로부터 높이	연면적	바닥면적
① 아파트등	50층 이상 (지하층 제외)	200[m] 이상	–	–
② 아파트등 제외	30층 이상 (지하층 포함)	120[m] 이상	20만[m²] 이상	–
③ 도시철도 및 철도시설, 공항시설	–	–	3만[m²] 이상	–
④ 창고시설	지하층의 층수가 2개층 이상	–	10만[m²] 이상	지하층의 바닥면적의 합계 3만[m²] 이상

⑤ 하나의 건축물에 영화상영관이 10개 이상인 특정소방대상물
⑥ 수저(水底)터널 또는 길이가 5천[m] 이상인 터널
⑦ 지하연계 복합건축물

44. 소방시설 설치 및 관리에 관한 법령상 스프링클러설비를 설치하여야 하는 특정소방대상물의 기준 중 틀린 것은? (단, 위험물 저장 및 처리 시설 중 가스시설 및 지하구는 제외한다.)

① 기숙사 또는 복합건축물로서 연면적 5000[m²] 이상
② 지하가 (터널은 제외) 연면적 1000[m²] 이상인 것
③ 수용인원 100명인 운동시설
④ 수용인원 300명인 판매시설

[해설] 스프링클러설비 설치대상

구 분	연면적[m²]	바닥면적 합계	수용인원
창고시설(물류터미널 제외)		5천[m²] 이상	
창고시설 중 물류터미널, 판매시설, 운수시설		5천[m²] 이상	500명 이상
문화 및 집회시설, 종교시설, 운동시설			100명 이상
숙박시설, 숙박이 가능한 수련시설, 노유자시설, 조산원, 산후조리원, 병원		600[m²] 이상	
기숙사 또는 복합건축물	5천 이상		
지하가(터널은 제외)	1천 이상		
층수가 6층 이상인 특정소방대상물			

45. 소방시설 설치 및 관리에 관한 법령에 따른 특정소방대상물 중 의료시설에 해당하지 않는 것은?

① 요양병원   ② 마약진료소
③ 한방병원   ④ 노인의료복지시설

[해설]
노인의료복지시설 : 노유자시설

[정답] 42. ④ 43. ② 44. ④ 45. ④

46. 소방대상물에 대한 화재안전조사 결과 화재가 발생하는 경우 인명 또는 재산의 피해가 클 것으로 예상되는 때 소방대상물의 개수·이전·제거, 사용금지 등의 필요한 조치를 명할 수 있는 자는?

① 시·도지사
② 의용소방대장
③ 기초자치단체장
④ 소방관서장

[해설] 화재안전조사 결과에 따른 조치명령 등
소방관서장은 관계인에게 그 소방대상물의 개수(改修)·이전·제거, 사용의 금지 또는 제한, 사용폐쇄, 공사의 정지 또는 중지, 그 밖에 필요한 조치를 명할 수 있다.

47. 위험물안전관리법령상 위험물 및 지정수량에 대한 기준 중 다음 ( ) 안에 알맞은 것은?

> 금속분이라 함은 알칼리금속·알칼리토류금속·철 및 마그네슘외의 금속의 분말을 말하고, 구리분·니켈분 및 (㉠) 마이크로미터의 체를 통과하는 것이 (㉡) 중량퍼센트 미만인 것은 제외한다.

① ㉠ 150, ㉡ 50
② ㉠ 53, ㉡ 50
③ ㉠ 50, ㉡ 150
④ ㉠ 50, ㉡ 53

[해설]
| 금속분 | 알칼리금속·알칼리토류금속·철 및 마그네슘외의 금속의 분말을 말하고, 구리분·니켈분 및 150[㎛]의 체를 통과하는 것이 50[wt%] 미만인 것은 제외한다. |

48. 소방시설 설치 및 관리에 관한 법령상 관리업자 소방시설등의 점검을 마친 후 점검기록표에 기록하고 이를 해당 특정소방대상물에 부착하여야 하나 이를 위반하고 점검기록표를 거짓으로 작성하거나 해당 특정소방대상물에 부착하지 아니하였을 경우 벌칙 기준은?

① 100만 원 이하의 과태료
② 200만 원 이하의 과태료
③ 300만 원 이하의 과태료
④ 500만 원 이하의 과태료

[해설]

위반행위	과태료 금액(단위: 만원)		
	1차 위반	2차위반	3차이상위반
점검기록표를 기록하지 않거나 특정소방대상물의 출입자가 쉽게 볼 수 있는 장소에 게시하지 않은 경우	100	200	300

49. 소방기본법령상 소방용수시설별 설치기준 중 틀린 것은?

① 급수탑 개폐밸브는 지상에서 1.5이상 1.7[m] 이하의 위치에 설치하도록 할 것
② 소화전은 상수도와 연결하여 지하식 또는 지상식의 구조로 하고, 소방용 호스와 연결하는 소화전의 연결금속구의 구경은 100[mm]로 할 것
③ 저수조 흡수관의 투입구가 사각형의 경우에는 한 변의 길이가 60[cm] 이상, 원형의 경우에는 지름의 길이가 60[cm] 이상일 것
④ 저수조는 지면으로부터 낙차는 4.5[m] 이하일 것

[해설] 소화전
소방용호스와 연결하는 소화전의 연결금속구의 구경은 65[mm]로 할 것

정답 46. ④ 47. ① 48. ③ 49. ②

50. 소방기본법에서 정의하는 용어에 대한 설명으로 틀린 것은?

① "소방대상물"이란 건축물, 차량, 항해 중인 모든 선박과 산림 그 밖의 인공 구조물 또는 물건을 말한다.
② "관계지역"이란 소방대상물이 있는 장소 및 그 이웃지역으로서 화재의 예방·경계·진압, 구조·구급 등의 활동에 필요한 지역을 말한다.
③ "소방본부장"이란 특별시·광역시·특별자치시·도 또는 특별자치도에서 화재의 예방·경계·진압·조사 및 구조·구급 등의 업무를 담당하는 부서의 장을 말한다.
④ "소방대장"이란 소방본부장 또는 소방서장 등 화재, 재난·재해 그 밖의 위급한 상황이 발생한 현장에서 소방대를 지휘하는 사람을 말한다.

[해설] 소방대상물
건축물, 차량, 선박(항구에 매어둔 선박만 해당), 선박 건조 구조물, 산림, 그 밖의 인공구조물 또는 물건

51. 지정수량의 최소 몇 배 이상의 위험물을 취급하는 제조소에는 피뢰침을 설치해야 하는가? (단, 제6류 위험물을 취급하는 위험물제조소는 제외하고, 제조소 주위의 상황에 따라 안전상 지장이 없는 경우도 제외한다.)

① 5배
② 10배
③ 50배
④ 100배

[해설] 피뢰설비
지정수량의 10배 이상의 위험물을 제조 등의 경우(제6류 위험물은 제외) 설치

52. 소방기본법에서 규정한 한국소방안전원의 회원이 될 수 없는 사람은?

① 소방안전관리자로 선임된 사람
② 위험물안전관리자로 선임된 사람
③ 소방 분야에 관심이 있거나 학식과 경험이 풍부한 사람
④ 소방공무원으로 3년이상 근무한 경력이 있는 사람

[해설] 회원의 자격
① 소방시설 설치 및 관리에 관한 법률, 소방시설공사업법, 위험물안전관리법에 따라 등록을 하거나 허가를 받은 사람으로서 회원이 되려는 사람
② 화재의 예방 및 안전관리에 관한 법률, 소방시설공사업법, 위험물안전관리법에 따라 소방안전관리자, 소방기술자 또는 위험물안전관리자로 선임되거나 채용된 사람으로서 회원이 되려는 사람
③ 그 밖에 소방 분야에 관심이 있거나 학식과 경험이 풍부한 사람으로서 회원이 되려는 사람

53. 다음 중 화재예방·소방활동 또는 소방훈련을 위하여 사용되는 소방신호의 종류로 볼 수 없는 것은?

① 출동신호
② 해제신호
③ 발화신호
④ 훈련신호

[해설]

구분	신호를 발령하는 경우
경계신호	화재예방상 필요하다고 인정 또는 화재에 관한 위험경보시
발화신호	화재가 발생한 때
해제신호	소화활동이 필요 없다고 인정되는 때
훈련신호	훈련상 필요하다고 인정되는 때

정답 50. ① 51. ② 52. ④ 53. ①

54. 소방시설공사업법령상 특정소방대상물의 소방시설 공사등을 하려는 자는 업종별로 자본금, 기술인력 등의 요건을 갖추어 누구에게 소방시설업을 등록하여야 하는가?

① 소방본부장
② 시·도지사
③ 소방서장
④ 행정안전부장관

해설 등록 신청
소방시설업(설계업, 공사업, 감리업, 방염업)을 하고자 하는 자 - 시·도지사에게 등록

55. 위험물안전관리법령상 위험물의 안전관리와 관련된 업무를 수행하는 자로서 소방청장이 실시하는 안전교육 대상자가 아닌 것은?

① 안전관리자로 선임된 자
② 탱크시험자의 기술 인력으로 종사하는 자
③ 위험물운반자·운송자로 종사하는 자
④ 제조소등의 관계인

해설 안전교육 대상자
① 안전관리자로 선임된 자
② 탱크시험자의 기술인력으로 종사하는 자
③ 위험물운반자·운송자로 종사하는 자

56. 소방시설 설치 및 관리에 관한 법령상 자동화재속보설비를 설치하여야 하는 특정대상물로 틀린 것은?

① 노유자시설로서 바닥면적 500[m²] 이상인 층
② 숙박시설이 있는 수련시설로서 바닥면적이 1000[m²] 이상인 층이 있는 것
③ 정신병원 및 의료재활시설로 사용되는 바닥면적의 합계가 500[m²] 이상인 층이 있는 것
④ 판매시설 중 전통시장

해설

① 층수가 30층 이상인 것		바닥면적과 상관없이 설치하여야 하는 대상물
② 보물 또는 국보로 지정된 목조건축물		
③ 판매시설 중 전통시장, 발전시설 중 전기저장시설		
④ 노유자 생활시설		
⑤ 의원, 치과의원 및 한의원으로서 입원실이 있는 시설, 조산원 및 산후조리원		
⑥ 의료시설	종합병원, 병원, 치과병원, 한방병원 및 요양병원	바닥면적이 500[m²] 이상인 층이 있는 것
	정신병원 및 의료재활시설	
⑦ 노유자시설		
⑧ 수련시설(숙박시설이 있는 건축물만 해당)		

57. 화재예방강화지구로 지정할 수 있는 대상이 아닌 것은?

① 시장지역
② 소방출동로가 있는 지역
③ 공장·창고가 밀집한 지역
④ 목조건물이 밀집한 지역

해설 화재예방강화지구로 지정할 수 있는 대상
1. 시장지역
2. 소방시설·소방용수시설 또는 소방출동로가 없는 지역
3. 위험물의 저장 및 처리 시설이 밀집한 지역
4. 석유화학제품을 생산하는 공장이 있는 지역
5. 공장·창고가 밀집한 지역
6. 목조건물이 밀집한 지역
7. 산업입지 및 개발에 관한 법률에 따른 산업단지
8. 소방관서장이 화재예방강화지구로 지정할 필요가 있다고 인정하는 지역
9. 노후·불량건축물이 밀집한 지역
10. 물류시설의 개발 및 운영에 관한 법률에 따른 물류단지

정답 54. ② 55. ④ 56. ② 57. ②

58. 소방시설관리업자가 기술인력을 변경하는 경우, 시·도지사에게 제출하여야 하는 서류로 틀린 것은?

① 소방시설관리업 등록수첩
② 변경된 기술인력의 기술자격증(경력수첩 포함)
③ 소방기술인력대장
④ 사업자등록증 사본

[해설]

제출서류 구 분	소방시설 관리업 등록사항 변경신고서	소방시설 관리업 등록수첩	소방시설 관리업 등록증	변경된 기술인력의 기술자격증· 경력수첩	소방 기술인력 연명부
명칭·상호 또는 영업소 소재지	○	○	○	×	×
대표자			○	×	×
기술인력			×	○	○

59. 소방시설공사업법령에 따른 완공검사를 위한 현장확인대상 특정소방대상물의 범위 기준으로 틀린 것은?

① 호스릴 방식의 물분무소화설비가 설치되는 특정소방대상물
② 가연성가스를 제조·저장 또는 취급하는 시설 중 지상에 노출된 가연성가스탱크의 저장용량 합계가 1천톤 이상인 시설
③ 창고시설
④ 문화 및 집회시설

[해설] 완공검사를 위한 현장확인 대상 특정소방대상물의 범위
1. 창고시설, 문화 및 집회시설, 판매시설, 종교시설, 수련시설, 지하상가, 노유자시설, 숙박시설, 운동시설, 다중이용업소
2. 스프링클러설비등, 물분무등소화설비 설치(호스릴방식의 소화설비 제외)
3. 연면적 1만[m^2] 이상이거나 11층 이상인 특정소방대상물 (아파트 제외)
4. 가연성가스를 제조·저장 또는 취급하는 시설 중 지상에 노출된 가연성가스탱크의 저장용량 합계가 1천톤 이상인 시설

60. 위험물안전관리법령상 정기점검의 대상인 제조소등의 기준으로 틀린 것은?

① 지하탱크저장소
② 이동탱크저장소
③ 지정수량의 10배 이상의 위험물을 취급하는 제조소
④ 지정수량의 20배 이상의 위험물을 저장하는 옥외탱크저장소

[해설] 정기점검 대상
① 예방규정을 정해야 하는 제조소 등
② 지하탱크저장소, 이동탱크저장소
③ 지하에 매설된 탱크가 있는 제조소·주유취급소 또는 일반취급소

※ 예방규정을 작성해야 하는 대상

구 분	지정수량의 배수
암반탱크저장소, 이송취급소	지정수량 관계없이 예방규정을 정하여야 함
제조소, 일반취급소	10배 이상
옥외저장소	100배 이상
옥내저장소	150배 이상
옥외탱크저장소	200배 이상

정답 58. ④   59. ①   60. ④

복원기출문제

2024. 3회 소방설비기사

■■■ 제4과목 소방기계시설의 구조 및 원리

61. 물분무소화설비의 설치 장소별 1[m²]에 대한 수원의 최소 저수량으로 옳은 것은?

① 케이블트레이 : 12[L/min]×20분×투영된 바닥면적
② 절연유 봉입 변압기 : 15[L/min]×20분×바닥 부분을 제외한 표면적을 합한 면적
③ 차고 : 30[L/min]×20분×바닥면적
④ 콘베이어 벨트 : 37[L/min]×20분×벨트부분의 바닥면적

해설 물분무소화설비 수원의 양

A × Q × T / 펌프의 토출량 A × Q

구분	특수 가연물	차고 주차장	절연유 봉입 변압기	케이블 트레이, 케이블 덕트	콘베이어 벨트 등
A [m²]	바닥면적 50[m²] 이하인 경우에는 50[m²]	바닥면적	바닥부분을 제외한 표면 적을 합한 면적[m²]	투영된 바닥면적 [m²]	벨트 부분의 바닥 면적[m²]
Q	10	20	10	12	10
T	20분	20분	20분	20분	20분

Q : [ℓ/min·m²]

62. 분말소화설비 배관의 설치기준으로 옳지 않은 것은?

① 배관은 전용으로 할 것
② 배관은 모두 스케줄 40 이상으로 할 것
③ 동관을 사용할 경우는 고정압력 또는 최고사용압력의 1.5배 이상의 압력에 견딜 수 있는 것으로 할 것
④ 밸브류는 개폐위치 또는 개폐방향을 표시한 것으로 할 것

해설 분말소화설비 배관

구분	내용
강관	배관용 탄소강관(spp) 또는 이와 동등이상의 강도 및 내식성, 내열성. 단, 축압식 2.5 이상 4.2[MPa] 이하 → 압력배관용탄소강관 스케줄 40 또는 동등이상 강도 및 내식성
동관	이음이 없는 동 및 동합금 사용. 고정압력 또는 최고사용압력의 1.5배 이상에 견딜 것
배관부속 및 밸브류	배관부속 : 배관과 동등이상의 강도, 내식성 밸브류 : 개폐위치, 개폐방향 표시 할 것
방사시간	30초 이내

63. 개방형스프링클러설비의 일제개방밸브가 하나의 방수구역을 담당하는 헤드의 최대 개수는? (단, 2개 이상의 방수구역으로 나눌 경우는 제외한다.)

① 60
② 50
③ 30
④ 25

해설 개방형스프링클러설비의 방수구역 및 일제개방밸브 설치기준

범위	2개 층에 미치지 아니 할 것
설치위치 및 표지	바닥으로부터 0.8[m] 이상 1.5[m] 이하에 설치 표지는 "일제개방밸브실"이라고 표시
헤드 개수	50개 이하 다만, 2개 이상의 방수구역으로 나눌 경우에는 하나의 방수구역을 담당하는 헤드의 개수는 25개 이상

64. 특정소방대상물별 소화기구의 능력단위기준 중 다음 (   ) 안에 알맞은 것은? (단, 건축물의 주요구조부는 내화구조가 아니고 벽 및 반자의 실내에 면하는 부분이 불연재료·준불연재료 또는 난연재료로 된 특정소방대상물이 아니다.)

공연장은 해당 용도의 바닥면적 (   )[m²] 마다 소화기구의 능력단위 1단위 이상

① 30
② 50
③ 100
④ 200

정답 61. ① 62. ② 63. ② 64. ②

[해설] [별표 3] 특정소방대상물별 소화기구의 능력단위기준

특정소방대상물	소화기구의 능력단위 1단위의 바닥면적[m²]	주요구조부가 내화구조이며 벽 및 반자의 실내 재료가 불연재료·준불연재료 또는 난연재료인 경우
• 위락시설	30[m²]	60[m²]
• 공연장·관람장·장례식장·집회장·의료시설·문화재 +암기 공(연장)관(람장)장 집 의 문	50[m²]	100[m²]
• 관광휴게시설·창고시설·판매시설·노유자시설·숙박시설·근린생활시설·항공기 및 자동차 관련 시설·공동주택·공장·업무시설·운수시설·전시장·방송통신시설 +암기 관(광휴게시설)창 판 노숙 근항 – 공(동주택) 공(장)업 운전 방	100[m²]	200[m²]
• 그 밖의 특정소방대상물	200[m²]	400[m²]

65. 상수도소화용수설비 소화전의 설치기준 중 다음 ( ) 안에 알맞은 것은?

> • 호칭지름 (㉠)[mm] 이상의 수도배관에 호칭지름 (㉡)[mm] 이상의 소화전을 접속할 것
> • 소화전은 특정소방대상물의 수평투영면의 각 부분으로부터 (㉢)[m] 이하가 되도록 설치할 것

① ㉠ 65, ㉡ 120, ㉢ 160
② ㉠ 75, ㉡ 100, ㉢ 140
③ ㉠ 80, ㉡ 90, ㉢ 120
④ ㉠ 100, ㉡ 100, ㉢ 180

[해설] 상수도소화용수설비 소화전의 설치기준
① 호칭지름 75 mm 이상의 수도배관에 호칭지름 100 mm 이상의 소화전을 접속

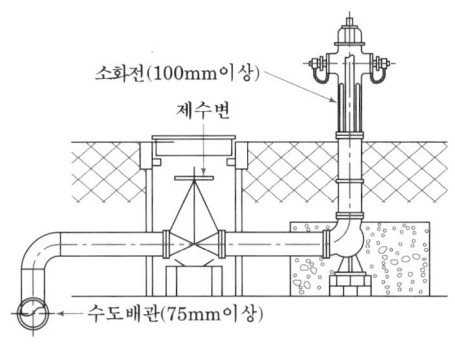

② 소화전은 특정소방대상물의 수평투영면의 각 부분으로부터 140 m 이하가 되도록 설치
• 수평투영면 : 건축물을 수평으로 투영하였을 경우의 면

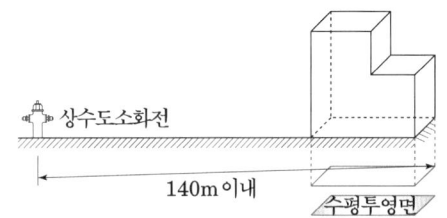

66. 연결살수설비 배관의 설치기준 중 하나의 배관에 부착하는 연결살수설비 전용헤드의 개수가 3개 인 경우 배관의 구경은 최소 몇 [mm] 이상으로 설치해야 하는가?

① 40
② 50
③ 65
④ 80

[해설] 배관에 따른 헤드 설치 수(연결살수설비 전용헤드)

배관의 구경[mm]	32	40	50	65	80
부착하는 살수헤드의 개수	1개	2개	3개	4개 또는 5개	6개 이상 10개 이하

정답 65. ② 66. ②

67. 옥내소화전설비 배관의 설치기준 중 다음 (   )안에 들어갈 알맞은 것은?

> 연결송수관설비의 배관과 겸용할 경우의 주배관은 구경 (㉠)[mm] 이상, 방수구로 연결되는 배관의 구경은 (㉡)[mm] 이상의 것으로 하여야 한다.

① ㉠ 80, ㉡ 65
② ㉠ 80, ㉡ 50
③ ㉠ 100, ㉡ 65
④ ㉠ 125, ㉡ 80

해설 옥내소화전설비 배관의 설치기준

구 분	펌프 토출측 주배관	주배관 중 수직배관	가지 배관	호스
옥내 소화전	유속이 4[m/s] 이하가 될 수 있는 크기	50[mm] 이상	40[mm] 이상	40[mm] 이상
호스릴 옥내소화전		32[mm] 이상	25[mm] 이상	25[mm] 이상
연결송수관 설비의 배관과 겸용	100[mm] 이상	–	65[mm] 이상	–

68. 스프링클러설비 화재안전기술기준의 교차배관에서 분기되는 지점을 기점으로 한쪽 가지배관에 설치되는 헤드의 개수는 최대 몇 개 이하인가? (단, 방호구역 안에서 칸막이 등으로 구획하여 헤드를 증설하는 경우와 격자형 배관방식을 채택하는 경우는 제외한다.)

① 8
② 10
③ 12
④ 15

해설 하나의 가지배관의 헤드 개수
교차배관에서 분기되는 지점을 기점(↓)으로 한쪽 가지배관에 설치되는 헤드의 개수는 8개 이하로 할 것.

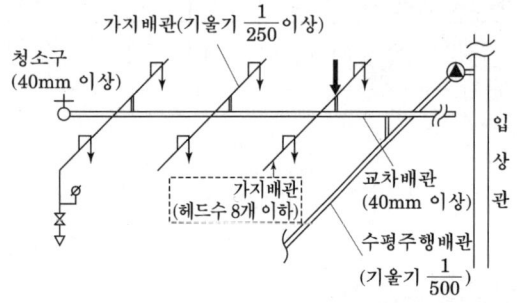

69. 차고·주차장에 설치하는 포소화전설비의 설치기준 중 다음 (   ) 안에 들어갈 알맞은 것은?

> 특정소방대상물의 어느 층에 있어서도 그 층에 설치된 포소화전방수구(포소화전 방수구가 5개 이상 설치된 경우에는 5개)를 동시에 사용할 경우 각 이동식 포 노즐 선단의 포수용액 방사압력이 (㉠)[MPa] 이상이고 (㉡)[L/min] 이상의 포수용액을 수평거리 15[m] 이상으로 방사할 수 있도록 할 것

① ㉠ 0.25, ㉡ 230
② ㉠ 0.25, ㉡ 300
③ ㉠ 0.35, ㉡ 230
④ ㉠ 0.35, ㉡ 300

해설 차고·주차장에 설치하는 포소화전설비의 설치기준

방사압력	0.35[MPa] 이상(5개 이상 설치시 5개 동시 사용할 경우)
방사량	300[ℓ/min] 이상 (1개 층의 바닥면적이 200[m²] 이하인 경우에는 230[ℓ/min] 이상)
포수용액의 방사 수평거리	15[m] 이상
포소화약제	저발포용 사용
호스릴함 또는 호스함	• 방수구로부터 3[m] 이내 설치 • 바닥으로부터 높이 1.5[m] 이하의 위치에 설치 • 표지와 적색의 위치표시등을 설치
호스릴 방수구 수평거리	15[m] 이하
포소화전 방수구 수평거리	25[m] 이하

70. 분말소화설비 국소방출방식의 분사헤드는 기준저장량의 소화약제를 몇 초 이내에 방사할 수 있는 것이어야 하는가?

① 60
② 30
③ 20
④ 10

정답 67. ③   68. ①   69. ④   70. ②

[해설] 방사시간

이산화탄소 소화설비	할론 소화설비	할로겐화합물 및 불활성기체 소화설비	분말소화설비
1. 전역방출방식 - 표면화재 60초 이내 - 심부화재 7분 이내 (설계농도가 2분 이내에 30[%]에 도달해야 함) 2. 국소방출방식 - 30초 이내	1. 전역방출방식 - 10초 이내 2. 국소방출방식 - 10초 이내	1. 할로겐화합물 소화약제 - 10초 이내 2. 불활성기체소화약제 - 60초 이내	1. 전역방출방식 - 30초 이내 2. 국소방출방식 - 30초 이내

71. 피난기구 화재안전기술기준에 의한 노유자시설의 3층에 적응성을 가진 피난기구가 아닌 것은?

① 미끄럼대 ② 피난교
③ 구조대 ④ 간이완강기

[해설] 소방대상물의 설치장소별 피난기구의 적응성

구분	노유자 시설	의료시설, 근린생활시설 중 입원실이 있는 의원·조산원·접골원	그 밖의 것
10층 ~ 5층	구조대¹	구조대 피난용트랩	구조대, 피난사다리, 완강기, 간이완강기, 공기안전매트
4층	구조대¹	구조대 피난용트랩	구조대, 피난사다리, 완강기, 간이완강기, 공기안전매트
3층	구조대	구조대 피난용트랩	구조대, 피난사다리, 완강기, 간이완강기, 공기안전매트
2층	구조대		피난용트랩
1층	구조대		

☞ 미끄럼대 : 대상물과 상관없이 3층 이하의 층에 적용 가능
☞ 피난교, 다수인피난장비, 승강식 피난기 : 대상물과 상관없이 1층 ~ 10층 모두 적용 가능
☞ 구조대¹ : 장애인 관련 시설로서 주된 사용자 중 스스로 피난이 불가한 자가 있는 경우 추가로 설치하는 경우
☞ 간이완강기 : 숙박시설의 3층 이상에 있는 객실에 한함
☞ 공기안전매트 : 공동주택에 공기안전매트를 설치하는 경우에 한함
☞ 영업장의 위치가 4층 이하인 다중이용업소의 2층~4층
  - 구조대, 피난사다리, 미끄럼대, 완강기, 다수인피난장비, 승강식피난기

72. 할로겐화합물 및 불활성기체 소화설비 중 약제의 저장 용기 내에서 저장상태가 압축가스인 소화약제는?

① IG 541 ② HCFC BLEND A
③ HFC-227ea ④ HFC-23

[해설] 할로겐화합물 및 불활성기체 소화설비의 종류

구분	저장용기 내 상태	소화약제의 종류	
할로겐 화합물	액상	FC-3-1-10	FK-5-1-12
		HFC-23	HCFC BLEND A
		HFC-236fa	HCFC-124
		HFC-125	FIC-13I1
		HFC-227ea	
불활성 기체	기체 (압축가스)	IG-01	IG-541
		IG-100	IG-55

73. 소화수조 및 저수조의 가압송수장치 설치기준 중 다음 ( ) 안에 들어갈 알맞은 것은?

> 소화수조가 옥상 또는 옥탑의 부분에 설치된 경우에는 지상에 설치된 채수구에서의 압력이 ( )[MPa] 이상이 되도록 하여야 한다.

① 0.1 ② 0.15
③ 0.17 ④ 0.25

[해설] 소화수조가 옥상 또는 옥탑의 부분에 설치된 경우 지상에 설치된 채수구에서의 압력이 0.15[MPa] 이상

정답 71. ④ 72. ① 73. ②

74. 분말소화약제의 가압용가스 또는 축압용 가스의 설치기준 중 틀린 것은?

① 가압용가스에 이산화탄소를 사용하는 것의 이산화탄소는 소화약제 1[kg]에 대하여 20[g]에 배관의 청소에 필요한 양을 가산한 양 이상으로 할 것
② 가압용가스에 질소가스를 사용하는 것의 질소가스는 소화약제 1[kg]마다 40[L] (35[℃]에서 1기압의 압력상태로 환산한 것) 이상으로 할 것
③ 축압용 가스에 이산화탄소를 사용하는 것의 이산화탄소는 소화약제 1[kg]에 대하여 20[g]에 배관의 청소에 필요한 양을 가산한 양 이상으로 할 것
④ 축압용 가스에 질소가스를 사용하는 것의 질소가스는 소화약제 1[kg]에 대하여 40[L] (35[℃]에서 1기압의 압력상태로 환산한 것) 이상으로 할 것

해설 가압가스용기 설치기준
① 가압용가스 용기를 3병 이상 설치 시
  - 2개 이상의 용기에 전자개방밸브를 부착
② 가압용가스 용기에는 2.5[MPa] 이하의 압력에서 조정이 가능한 압력조정기를 설치
③ 가압용가스 또는 축압용가스의 기준
  (소화약제 1[kg]마다 저장량)

구 분	가압용가스	축압용가스
질소가스	40[ℓ] 이상	10[ℓ] 이상
이산화탄소	20[g] 이상	20[g] 이상

* 소화약제 1[kg]당 저장량 외 청소에 필요한 양을 가산하여야 하며 배관의 청소에 필요한 양의 가스는 별도의 용기에 저장하여야 한다.

75. 소화약제 외의 것을 이용한 간이소화용구의 능력단위 기준 중 다음 (   )안에 알맞은 것은?

간이 소화용구		능력단위
팽창질석 또는 팽창진주암	삽을 상비한 (㉠) L 이상의 것 1포	0.5 단위
마른모래	삽을 상비한 (㉡) L 이상의 것 1포	

① ㉠ 50, ㉡ 80
② ㉠ 80, ㉡ 50
③ ㉠ 100, ㉡ 80
④ ㉠ 100, ㉡ 160

해설 간이소화용구 능력단위

간이소화용구		능력단위
마른모래	삽을 상비한 50[ℓ] 이상의 것 1포	0.5단위
팽창질석 또는 팽창진주암	삽을 상비한 80[ℓ] 이상의 것 1포	

76. 할로겐화합물 및 불활성기체 소화설비 저장용기의 설치장소 기준 중 다음 (   ) 안에 알맞은 것은?

> 할로겐화합물 및 불활성기체 소화약제의 저장용기는 온도가 (   )[℃] 이하이고 온도의 변화가 작은 곳에 설치할 것

① 40
② 55
③ 60
④ 75

해설 이산화탄소(할론, 할로겐화합물 및 불활성기체, 분말) 소화약제의 저장용기 장소기준
① 방호구역외의 장소에 설치할 것
② 온도가 40[℃] 이하(할로겐화합물 및 불활성기체소화약제는 55[℃] 이하)이고, 온도변화가 적은 곳에 설치할 것
③ 직사광선 및 빗물이 침투할 우려가 없는 곳에 설치할 것
④ 방화문으로 구획된 실에 설치할 것
⑤ 용기의 설치장소에는 당해 용기가 설치된 곳임을 표시하는 표지를 할 것
⑥ 용기간의 간격은 점검에 지장이 없도록 3[cm] 이상의 간격을 유지할 것
⑦ 저장용기와 집합관을 연결하는 연결배관에는 (가스)체크밸브를 설치할 것
  다만, 저장용기가 하나의 방호구역만을 담당하는 경우에는 그러하지 아니하다.

77. 포 소화약제의 저장량 설치기준 중 포헤드방식 및 압축공기포소화설비에 있어서 하나의 방사구역 안에 설치된 포헤드를 동시에 개방하여 표준방사량으로 몇 분간 방사할 수 있는 양 이상으로 하여야 하는가?

① 10　　　　　② 20
③ 30　　　　　④ 60

[해설] 포소화설비의 경우 자동방식인 경우 10분, 수동방식인 경우 20분 이상 방사할수 있어야 한다.
　① 자동방식 : 포워터스프링클러헤드, 포헤드, 고정포방출구, 압축공기포
　② 수동방식 : 포소화전, 호스릴포소화설비

78. 옥내소화전설비 수원의 산출된 유효수량 외에 유효수량의 $\frac{1}{3}$ 이상을 옥상에 설치하지 아니할 수 있는 경우의 기준 중 다음 (　) 안에 알맞은 것은?

- 수원이 건축물의 최상층에 설치된 (㉠) 보다 높은 위치에 설치된 경우
- 건축물의 높이가 지표면으로부터 (㉡) [m] 이하인 경우

① ㉠ 송수구, ㉡ 7　　② ㉠ 방수구, ㉡ 7
③ ㉠ 송수구, ㉡ 10　　④ ㉠ 방수구, ㉡ 10

[해설] 옥상수조 설치 제외 대상
　① 지하층만 있는 건축물
　② 건축물의 높이가 지표면으로부터 10m 이하인 경우
　③ 수원이 건축물의 최상층에 설치된 방수구보다 높은 위치에 설치된 경우
　④ 고가수조, 가압수조를 가압수송장치로 설치한 경우
　⑤ 주펌프와 동등 이상의 펌프로서 내연기관의 기동과 연동하여 작동되거나 비상전원을 연결하여 설치한 경우
　⑥ 학교·공장·창고시설로서 동결의 우려가 있는 장소에 있어서는 기동스위치에 보호판을 부착하여 옥내소화전함 내에 설치 한 경우

79. 화재조기진압용 스프링클러설비 헤드의 기준 중 다음 (　) 안에 알맞은 것은?

헤드 하나의 방호면적은 (㉠) [m²] 이상 (㉡) [m²] 이하로 할 것

① ㉠ 2.4, ㉡ 3.7　　② ㉠ 3.7, ㉡ 9.1
③ ㉠ 6.0, ㉡ 9.3　　④ ㉠ 9.1, ㉡ 13.7

[해설] 화재조기진압용 스프링클러설비 헤드의 기준

구 분	내 용
헤드 하나의 방호면적	6.0[m²] 이상 9.3[m²] 이하

80. 개방형스프링클러헤드 30개를 설치하는 경우 급수관의 구경은 몇 [mm]로 하여야 하는가?

① 65　　　　　② 80
③ 90　　　　　④ 100

[해설] 스프링클러헤드 수별 급수관의 구경(단위 : [mm])

급수관의 구경 구분	25	32	40	50	65	80	90	100	125	150
가	2	3	5	10	30	60	80	100	160	161 이상
나	2	4	7	15	30	60	65	100	160	161 이상
다	1	2	5	8	15	27	40	55	90	91 이상

　① 개방형스프링클러헤드를 설치하는 경우 하나의 방수구역이 담당하는 헤드의 개수가
　　㉠ 30개 이하일 때 → "다" 란의 기준
　　㉡ 무대부, 특수가연물 저장 또는 취급장소 → "다" 란의 기준
　　㉢ 30개 초과 시 수리계산
　② 폐쇄형스프링클러헤드를 사용하는 설비의 경우
　　㉠ 일반적인 경우 → "가" 란의 기준에 따를 것
　　㉡ 반자 아래와 반자속의 헤드를 동일 급수관의 가지관 상에 병설하는 경우 → "나" 란의 기준

복원기출문제(CBT2023.1회)

※ 본 기출문제는 수험자의 기억을 바탕으로 하여 복원한 문제이므로 실제 문제와 다를 수 있음을 미리 알려드립니다.

■■■■ 제1과목 소방원론

1. 제1종 분말소화약제의 색상으로 옳은 것은?

① 백색   ② 담자색
③ 담홍색   ④ 청색

해설 분말소화약제의 명칭 등

구분	제1종	제2종	제3종	제4종
명칭	탄산수소 나트륨	탄산수소 칼륨	인산암모늄	탄산수소 칼륨+요소
분자식	$NaHCO_3$	$KHCO_3$	$NH_4H_2PO_4$	$KHCO_3$ + $(NH_2)_2CO$
색상	백색	자색	담홍색	회백색
적응 화재	B급, C급	B급, C급	A급, B급, C급	B급, C급

2. 가연물이 연소가 잘 되기 위한 구비조건으로 틀린 것은?

① 열전도율이 클 것
② 산소와 화학적으로 친화력이 클 것
③ 표면적이 클 것
④ 활성화 에너지가 작을 것

해설 가연물의 구비조건
 ① 활성화에너지가 작을 것
 ② 열전도율이 적을 것
 ③ 표면적이 넓을 것
 ④ 산소와 친화력이 클 것
 ⑤ 발열량이 클 것

3. 실내에서 화재가 발생하여 실내의 온도가 21[℃]에서 650[℃]로 되었다면, 공기의 팽창은 처음의 약 몇 배가 되는가? (단, 대기압은 공기가 유동하여 화재 전후가 같다고 가정한다.)

① 3.14   ② 4.27
③ 5.69   ④ 6.01

해설 샤를의 법칙

$$\frac{V_1}{T_1} = \frac{V_2}{T_2}$$

V_1 : 변화 전 부피, V_2 : 변화 후 부피
T_1 : 변화 전 온도, T_2 : 변화 후 온도

풀이 $\dfrac{V_1}{21+273} = \dfrac{V_2}{650+273}$

$\therefore \dfrac{V_2}{V_1} = \dfrac{923}{294} = 3.139$ 배

4. 공기와 할론 1301의 혼합기체에서 할론 1301에 비해 공기의 확산속도는 약 몇 배인가? (단, 공기의 평균분자량은 29, 할론 1301의 분자량은 149 이다.)

① 2.27배   ② 3.85배
③ 5.17배   ④ 6.46배

해설 그레이엄의 확산속도법칙

> 일정한 온도 및 압력에서 기체의 확산속도는
> 그 기체의 분자량의 제곱근에 반비례

$V \propto \dfrac{1}{\sqrt{M}}$ 이므로 두 기체를 비례식으로 놓으면

$V_1 : V_2 = \dfrac{1}{\sqrt{M_1}} : \dfrac{1}{\sqrt{M_2}}$

V_2 : 공기의 확산속도(m/s)
M_2 : 공기의 분자량(g)
V_1 : 할론 1301의 확산속도(m/s)
M_1 : 할론 1301의 분자량(g)

이것을 정리하면 $\dfrac{V_2}{V_1} = \dfrac{\sqrt{M_1}}{\sqrt{M_2}}$ 이 되며

각각의 분자량을 대입하면 $\dfrac{\sqrt{149}}{\sqrt{29}} = 2.267$ 로서

공기의 확산속도는 할론 1301보다 2.27배 빠르다.

정답 1. ① 2. ① 3. ① 4. ①

5. 내화구조에 대한 설명으로 옳지 않은 것은?

① 화재 시 건축물의 강도 및 성능을 일정기간 유지할 수 있는 구조이다.
② 화재에 견딜 수 있는 성능을 가진 구조로서 화재 최성기의 화재저항에 해당된다.
③ 철근콘크리트조, 연와조, 석조 등 이와 유사한 구조이다.
④ 심벽에 흙으로 맞벽치기한 것을 말한다.

해설 방화구조
① 철망모르타르로서 그 바름 두께가 2[cm] 이상인 것
② 석고판 위에 회반죽 또는 시멘트모르타르를 바른 것으로서 그 두께의 합계가 2.5 [cm] 이상인 것
③ 시멘트모르타르위에 타일을 붙인 것으로서 그 두께의 합계가 2.5 [cm] 이상인 것
④ 심벽에 흙으로 맞벽치기한 것
⑤ 한국산업표준이 정하는 바에 따라 시험한 결과 방화 2급 이상에 해당하는 것

6. 건물의 주요 구조부에 해당되지 않는 것은?

① 바닥   ② 천장
③ 기둥   ④ 주계단

해설 주요구조부
바닥, 보, 내력벽, 지붕틀, 주계단, 기둥

7. 건축물에 설치하는 방화벽의 구조에 대한 기준 중 틀린 것은?

① 내화구조로서 홀로 설 수 있는 구조이어야 한다.
② 방화벽의 양쪽 끝은 지붕면으로부터 0.1[m] 이상 튀어나오게 하여야 한다.
③ 방화벽의 위쪽 끝은 지붕면으로부터 0.5[m] 이상 튀어나오게 하여야 한다.
④ 방화벽에 설치하는 출입문은 너비 및 높이가 각각 2.5[m] 이하인 60분+방화문 또는 60분방화문을 설치하여야 한다.

해설 방화벽 설치기준
① 내화구조로서 홀로 설 수 있는 구조
② 방화벽의 양쪽 끝과 윗쪽 끝을 건축물의 외벽면 및 지붕면으로부터 0.5[m] 이상 돌출되게 할 것
③ 방화벽에 설치하는 출입문의 너비 및 높이는 각각 2.5[m] 이하로 하고, 해당 출입문에는 60분+방화문 또는 60분 방화문을 설치할 것

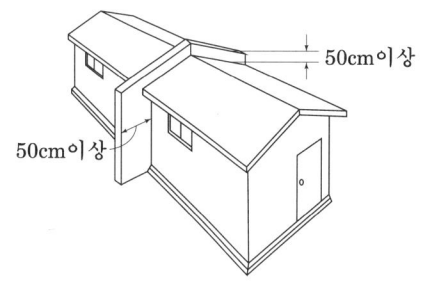

8. 화재의 종류에 따른 분류가 틀린 것은?

① A급 : 일반화재
② B급 : 유류화재
③ C급 : 가스화재
④ D급 : 금속화재

해설 화재의 종류

A급	B급	C급	D급	K급
일반화재	유류화재	전기화재 (통전중)	금속화재	주방식용 유화재
백색	황색	청색	무색	–

9. 소화약제로서 물에 관한 설명으로 틀린 것은?

① 물은 화학적으로 반응해서 질식소화 한다.
② 가스계 소화약제에 비해 사용 후 오염이 크다.
③ 무상으로 주수하면 중질유 화재에도 사용할 수 있다.
④ 타 소화약제에 비해 비열이 크기 때문에 냉각효과가 우수하다.

정답 5. ④ 6. ② 7. ② 8. ③ 9. ①

[해설] 물소화약제의 장점
① 비교적 안정된 액체이다.
② 구하기 쉬우며 가격이 싸다.
③ 융해잠열, 기화(증발)잠열이 크다.(냉각효과가 크다.)
④ 증발 시 체적은 약 1,700배로 공기와 가연성가스를 배제시킨다.(미분무소화설비)
⑤ 가장 우수한 용매로서 단점을 보완하기 위해 여러 첨가물을 넣어 소화효과를 증가시킬 수 있다.

10. B급 화재에 해당하지 않는 것은?

① 목탄의 연소 ② 등유의 연소
③ 아마인유의 연소 ④ 알코올류의 연소

[해설] 화재의 종류

A급	B급	C급	D급	K급
일반화재	유류화재	전기화재 (통전중)	금속화재	주방식용 유화재
백색	황색	청색	무색	–

11. 다음 원소 중 할로겐족 원소인 것은?

① Ne ② Ar
③ Cl ④ Xe

[해설] 할론을 구성하는 할로겐 7족 원소의 특성

구분	소화효과	오존층 파괴 순서	전기음성도	이온화 에너지
F	④	④	①	①
Cl	③	③	②	②
Br	②	②	③	③
I	①	①	④	④

• 전기음성도 : 전자 1개를 끌어 당기려는 힘(경향)
• 이온화에너지 : 전자 1개를 떼어내는데 필요한 에너지

12. 내화건축물의 피난층 이외의 층에서 거실에서 직통계단까지 보행거리는 몇 [m] 인가?

① 30 ② 40
③ 50 ④ 80

[해설] 피난 관련 보행거리 [m]

구 분		일반 건축물	공동주택 (16층 이상인 층)	내화 건축물
피난층 이외의 층	거실에서 직통 계단까지 거리	30[m] 이하	40[m] 이하	50[m] 이하
피난층	직통계단에서 건축물의 바깥 쪽으로 나가는 출구까지 거리	30[m] 이하	40[m] 이하	50[m] 이하
	거실에서 건축 물의 바깥쪽으 로 나가는 출구 까지 거리	60[m] 이하	80[m] 이하	100[m] 이하

13. 다음 반응식 중 연소가 아닌 것은?

① $2N_2 + 5O_2 \rightarrow 2N_2O_5$
② $CH_4 + 2O_2 \rightarrow 2H_2O + CO_2$
③ $2Mg + O_2 \rightarrow 2MgO$
④ $P_4S_3 + 8O_2 \rightarrow 2P_2O_5 + 3SO_2 \uparrow$

[해설] 연소의 정의
1. 연소란 가연물이 열과 빛을 수반하는 급격한 산화반응
2. 보기의 ① ~ ④ 모두 산소와 만나는 반응을 하고 있기 때문에 산화반응에 해당되나 ①의 질소의 경우 연소 시 발열반응이 아닌 흡열반응을 하기 때문에 연소에 해당되지 않는다.

14. 다음 화학 반응식 중 잘못된 것은?

① $CaC_2 + 2H_2O \rightarrow Ca(OH)_2 + C_2H_2$
② $4P + 6H_2O \rightarrow 4SO_2 + 3O_2$
③ $2Na_2O_2 + 2H_2O \rightarrow 4NaOH + O_2$
④ $2Na + 2H_2O \rightarrow 2NaOH + H_2$

해설
$4P + 6H_2O \rightarrow 4PH_3 + 3O_2$

15. 점화원이 될 수 없는 것은?

① 정전기   ② 증발열
③ 금속성 불꽃 ④ 전기 스파크

해설 점화원의 종류
정전기, 과전류, 단락, 지락, 누전, 접속부 과열, 스파크, 절연열화, 정전기, 낙뢰, 단열압축 등

16. HCFC BLEND A[상품명 : NAFS-Ⅲ] 중 82[%]를 차지하고 있는 소화약제는?

① HCFC-123
② HCFC-22
③ HCFC-124
④ $C_{10}H_{16}$

해설 HCFC BLEND A[상품명 : NAFS-Ⅲ]
① HCFC-22, HCFC-124, HCFC-123와 $C_{10}H_{16}$의 혼합물이다.

HCFC-22	82[%]
HCFC-124	9.5[%]
HCFC-123	4.75[%]
$C_{10}H_{16}$	3.75[%]

② 소화농도 7.2[%], NOAEL 10[%]
③ 소화 후 검정색의 끈적끈적한 검댕 잔여물이 있으며 오렌지 향기가 난다.

17. 메탄 80vol[%], 에탄 15vol[%], 프로판 5vol[%]인 혼합가스의 공기 중 폭발하한계는 약 몇 vol[%]인가? (단, 메탄, 에탄, 프로판의 공기 중 폭발하한계는 5.0[%], 3.0[%], 2.1[%]이다.)

① 3.23   ② 3.61
③ 4.02   ④ 4.28

해설 연소범위 추정 (LFL, UFL 구하기)

• 연소가스가 다성분인 경우 - 르샤틀리에의 식

$$\frac{V_1+V_2}{L} = \frac{V_1}{L_1} + \frac{V_2}{L_2}$$

$$\frac{V_1+V_2}{U} = \frac{V_1}{U_1} + \frac{V_2}{U_2}$$

여기서, L, U : 가연성 혼합가스의 연소하한값, 연소상한값
V_1, V_2 : 가연성가스의 농도
L_1, L_2 : 각 가연성가스의 연소하한값
U_1, U_2 : 각 가연성가스의 연소상한값

풀이

$$\frac{V_1+V_2+V_3}{L} = \frac{V_1}{L_1} + \frac{V_2}{L_2} + \frac{V_3}{L_3}$$

$$\rightarrow \frac{80+15+5}{L} = \frac{80}{5} + \frac{15}{3} + \frac{5}{2.1}$$

∴ L = 4.277

18. 다음 위험물 중 물에 의한 소화가 가능한 것은?

① 무기과산화물
② 적린
③ 마그네슘
④ 이황화탄소

해설 주수소화 금지 위험물 - 마른모래 등의 질식소화
제1류 위험물 : 무기과산화물(산소방출)
제2류 위험물 : 철분, 마그네슘, 금속분(수소방출)
제3류 위험물 (황린 제외) : 가연성가스 방출
제4류 위험물 : 유면 확대로 위험

정답 14. ② 15. ② 16. ② 17. ④ 18. ②

복원기출문제

19. 다음은 행정안전부령으로 정하는 연소우려가 있는 구조에 대한 설명이다. ( ) 안에 들어갈 알맞은 것은?

> 1. 건축물대장의 건축물 현황도에 표시된 대지경계선 안에 2 이상의 건축물이 있는 경우
> 2. 각각의 건축물이 다른 건축물의 외벽으로부터 수평거리가 1층에 있어서는 (㉠)[m] 이하, 2층 이상의 층에 있어서는 (㉡)[m] 이하

① ㉠ : 3   ㉡ : 5
② ㉠ : 5   ㉡ : 3
③ ㉠ : 4   ㉡ : 8
④ ㉠ : 6   ㉡ : 10

[해설] 옥외소화전설비 설치대상 중 연소우려가 있는 구조
1. 동일 구내에 둘 이상의 특정소방대상물이 행정안전부령으로 정하는 연소우려가 있는 구조인 경우에는 이를 하나의 특정소방대상물로 본다.
2. 행정안전부령으로 정하는 연소우려가 있는 구조 (아래사항을 모두 만족해야 한다)
   ① 건축물대장의 건축물 현황도에 표시된 대지경계선 안에 2 이상의 건축물이 있는 경우
   ② 각각의 건축물이 다른 건축물의 외벽으로부터 수평거리가 1층에 있어서는 6[m] 이하, 2층 이상의 층에 있어서는 10[m] 이하
   ③ 개구부가 다른 건축물을 향하여 설치된 구조

20. 물과 반응시 가장 위험한 물질은?

① 과산화나트륨
② 황린
③ 황화린
④ 이황화탄소

[해설] 과산화나트륨과 물과의 반응식

$2Na_2O_2 + 2H_2O \rightarrow 4NaOH + O_2 \uparrow + 발열$

■■■ 제2과목 소방유체역학

21. 그림과 같은 액주계에서 원형 파이프 중심의 계기압력은 몇 [kPa]인가? (단, 대기압은 101[kPa]이다.)

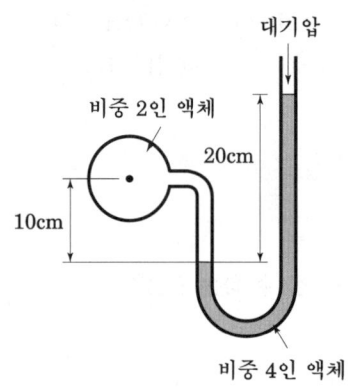

① 10   ② 107
③ 5.9   ④ 11.1

[해설] 시차액주계에서 압력구하는 방법으로 구할 수 있고 계기압력을 구하므로 대기압을 뺀 값을 구해야 한다.

$p_x + \gamma_{비중2} \cdot h_{비중2} = \gamma_{비중4} \cdot h_{비중4} + p_a$

$p_x - p_a = \gamma_{비중4} \cdot h_{비중4} - \gamma_{비중2} \cdot h_{비중2}$
$= (9.8 \times 4 \times 0.2) - (9.8 \times 2 \times 0.1)$
$\fallingdotseq 5.9 [kPa]$

- 절대압력이 아닌 계기압력을 구해야 함.
- 물의 비중량 $\gamma = 9800[N/m^3] = 9.8[kN/m^3]$
- 비중 = 액체의 비중량 / 물의 비중량

22. 지름 10[cm]인 금속구가 대류에 의해 열을 외부공기로 방출한다. 이때 발생하는 열전달량이 40[W]이고, 구 표면과 공기 사이의 온도차가 50[℃]라면 공기와 구 사이의 대류 열전달 계수[W/(m² · K)]는 약 얼마인가?

① 25   ② 50
③ 75   ④ 100

정답   19. ④   20. ①   21. ③   22. ①

[해설] 열전달(대류) 공식에서 구할 수 있음.

$Q = \alpha A(t_2 - t_1)$ 에서

$\alpha = \dfrac{Q}{A(t_2-t_1)} = \dfrac{40}{(4\pi \times 0.05^2) \times 50} \fallingdotseq 25$

여기서, Q : 대류열류(열전달량) [W]

α : 대류열전달계수 [W/m² · ℃]

$\Delta t = t_2 - t_1$: 온도차 [℃]

A : 전열면적 [m²] ⇒ 구의 표면적 $A = 4\pi r^2$

• 구의 표면적을 꼭 암기해야 함. $A = 4\pi r^2$

23. 유체가 매끈한 원 관 속을 흐를 때 레이놀즈 수가 1200이라면 관 마찰계수는 얼마인가?

① 0.0254 ② 0.00128
③ 0.0059 ④ 0.053

[해설] 층류($R_e < 2100$인 경우) : 레이놀즈수(R_e)만의 함수이다.

$(f = \dfrac{64}{R_e})$

$\therefore f = \dfrac{64}{1200} = 0.053$

24. 폭이 넓은 두 평판 사이를 흐르는 유체의 속도 분포 $u(y)$가 다음과 같고, $y = 0.5H$일 때의 전단응력은 τ_1, $y = H$일 때의 전단응력은 τ_2 라 할 때 $\dfrac{\tau_1}{\tau_2}$은 얼마인가? (단 y는 흐름 중앙에서의 부터의 거리이다.)

$$u(y) = u_0 \left[1 - \left(\dfrac{y}{H}\right)^2\right]$$

① 2 ② 0.5
③ 50 ④ 20

[해설] Newton의 점성법칙

$\tau = \mu \dfrac{du}{dy}$

여기서, τ : 전단응력 [N/m² = Pa]

μ : 점성계수 (Pa·s [= N·s/m² = kg/m·s])

$\dfrac{du}{dy}$: 속도구배(속도기울기)

$\dfrac{du}{dy} = \dfrac{d\left(u_0[1-(\frac{y}{H})^2]\right)}{dy} = -\dfrac{u_0}{H^2} \times 2y$

$(\dfrac{d(u_0)}{dy} = 0, \dfrac{d(y^2)}{dy} = 2y)$

$y = 0.5H$ 일 때 $\tau_1 = \mu[-\dfrac{u_0}{H^2} \times 2 \times \dfrac{1}{2}H] = -\mu\dfrac{u_0}{H}$

$y = H$ 일 때 $\tau_2 = \mu[-\dfrac{u_0}{H^2} \times 2 \times H] = -2\mu\dfrac{u_0}{H} = 2\tau_1$

따라서, $\dfrac{\tau_1}{\tau_2} = \dfrac{\tau_1}{2\tau_1} = \dfrac{1}{2} = 0.5$

• 문제를 잘 이해하고 미분 방법을 정확히 알아야 함

25. 다음 중 가장 비압축성 유체라 할 수 없는 것은?

① 관로 내에 흐르는 이상유체(밀도변화가 없는 유체)
② 음속이하의 속도로 움직이는 유체
③ 정지된 차량의 공기 흐름
④ 굴뚝 주위의 공기흐름

[해설] 비압축성 유체란

1. M(마하) < 약 0.3 비압축성 유체와 근사
   M(마하) > 약 0.3 압축성 유체로 취급
   (마하1 = 음속 340 [m/s])
2. 압력이 변화하여도 체적의 변화가 없는 유체(밀도 변화가 없는)로 체적탄성계수가 0인 유체.

복원기출문제

2023. 1회 소방설비기사

26. 다음 그림과 같이 설치된 피토 정압관의 액주계 눈금 R = 100[mm]일 때 에서의 물의 유속은 약 몇 [m/s] 인가? (단, 액주계에 사용된 수은의 비중은 13.6이다.)

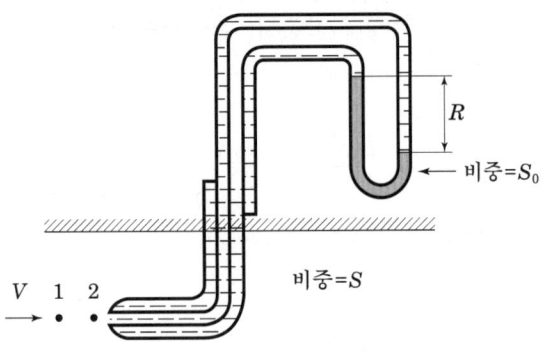

① 15.7 ② 5.35
③ 5.16 ④ 4.97

해설
피토 정압관(pitot static in tube)은 동압 측정용 계기이다.
$$V = \sqrt{2gH\left(\frac{s_0}{s}-1\right)} = \sqrt{2\times 9.8\times 0.1\times \left(\frac{13.6}{1}-1\right)}$$
$$= 4.97 [m/s]$$

27. 게이지 압력이 300[mmHg] 일 때 절대압력은 몇 [mmHg] 인가?

① 760   ② 300
③ 1060 ④ 1332

해설

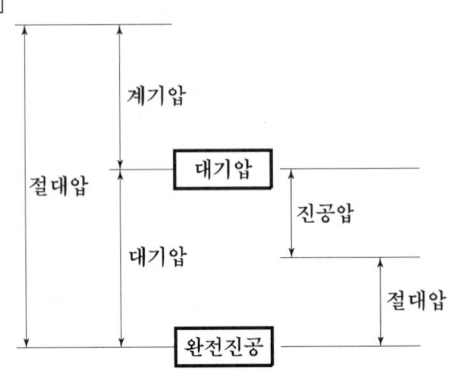

절대압력 = 게이지압력 + 대기압
= 300 + 760 = 1060[mmHg]

28. 차원의 종류가 아닌 것은?

① 질량   ② 길이
③ 속도   ④ 시간

해설
차원이란 공학에서 다루는 길이, 시간, 질량 등의 물리적인 양을 말한다.
MLT : 질량, 길이, 시간
FLT : 힘, 길이, 시간

29. 0℃, 1기압에서 11.2[l]의 기체질량이 22[g] 이었다면 이 기체의 분자량은 얼마인가? (단, 이상기체를 가정한다.)

① 22   ② 35
③ 44   ④ 56

해설 이상기체상태방정식
① 이상적인 기체의 온도, 부피, 압력이 변할 때 적용 가능한 식임.
② 이상적인 기체 - 점성이 없고 비압축성 유체

$$PV = \frac{m}{M}RT = nRT$$

P : 압력[atm] V : 부피[m³]
n : 몰수[mol] m : 질량[kg]
M : 분자량[kg/mol] T : 절대온도[K]
R : 기체상수 0.082 [atm·m³/mol·K]

③ $PV = \frac{m}{M}RT$ 에서
$M = \frac{mRT}{PV} = \frac{0.022\times 0.082\times 273}{1\times 0.0112} ≒ 44$ [kg/mol]

정답 26. ④ 27. ③ 28. ③ 29. ③

30. 압력이 0.2[MPa]에서 1[MPa]로 변하는 등온변화에서 체적 변화율 $\dfrac{V_2}{V_1}$ 은 얼마인가?

① $\dfrac{1}{5}$ ② $\dfrac{1}{3}$
③ 5   ④ 3

해설 보일의 법칙에서
$$P_1 V_1 = P_2 V_2$$
$$0.2 \times V_1 = 1 \times V_2$$
$$\frac{V_2}{V_1} = \frac{0.2}{1} = \frac{1}{5}$$

31. 펌프 중심으로부터 2[m] 아래에 있는 물을 펌프 중심으로부터 15[m] 위에 있는 송출수면으로 양수하려 한다. 관로의 전 손실 수두가 6[m]이고, 송출수량이 1[m³/min]라면 필요한 펌프의 동력은 약 몇 [W]인가?

① 2777   ② 3103
③ 3430   ④ 3757

해설 펌프의 수동력
$$L_W = \gamma Q H \text{[W]}$$
여기서, L_W : 수동력[W]
  γ : 물의 비중량 9800[N/m³]
  Q : 유량[m³/s]
  H : 전양정[m] = 실양정 + 전 손실수두
    $= (2+15) + 6 = 23 \text{[m]}$

$$L_W = \frac{9800 \times 1 \times 23}{60} \fallingdotseq 3757 \text{[W]}$$

- 유량 Q[m³/s]의 단위를 유의해야 함.
  (1[m³/min] = 1[m³/60s])

32. 가로 5[cm], 세로 3[cm]인 직사각형 단면의 수력 직경(D_h)은?

① 4.75   ② 3.75
③ 5   ④ 4

해설 수력직경
$$\therefore D_h = 4 \times \frac{\text{유동단면적}}{\text{접수길이}} = \frac{4A}{P} = \frac{4 \times (5 \times 3)}{10 + 6} = 3.75 \text{[cm]}$$

33. 물이 배관 내에 유동하고 있을 때 흐르는 물속 어느 부분의 정압이 그 때 물의 온도에 해당 하는 증기압 이하로 되면 부분적으로 기포가 발생하는 현상을 무엇이라고 하는가?

① 수격현상   ② 서징현상
③ 공동현상   ④ 와류현상

해설 공동(空洞 : Cavitation)현상
흐르고 있는 액체의 임의 지점의 압력이 어느 원인에 의해서 그 압력이 그 액체온도의 포화증기압보다 낮아지면 부분적으로 증발이 일어나고, 액중에 용해되어 있는 기체가 액과 분리되어 기포가 발생하는데 이러한 현상을 캐비테이션 즉, 공동현상이라 한다.

34. 직경이 10[cm]인 원관 속에 비중이 0.85인 기름이 0.01[m³/s]의 율로 흐르고 있다. 이 기름의 동점성계수가 1.0×10⁻⁴[m²/s]일 때 이 흐름의 상태는?

① 층류   ② 난류
③ 천이구역   ④ 비정상류

해설 레이놀즈수 Re
$$Re = \frac{DV\rho}{\mu} = \frac{DV}{\nu} \text{에서}$$
유속 $V = \dfrac{Q}{A} = \dfrac{0.01}{\dfrac{\pi \times 0.1^2}{4}} \fallingdotseq 1.27 \text{[m/s]}$

$$Re = \frac{DV}{\nu} = \frac{0.1 \times 1.27}{1 \times 10^{-4}} = 1,170$$

$Re < 2,100$ 이므로 층류이다.

35. 그림과 같이 직사각형의 수문이 힌지(hinge)로 되어 있다. 이 수문이 수압에 의해 열리지 않게 하기 위한 최소한의 힘 F(수문에 수평방향)는 약 몇 [kN]인가? (단, 수문의 무게는 무시하고, 유체의 비중은 1이다.)

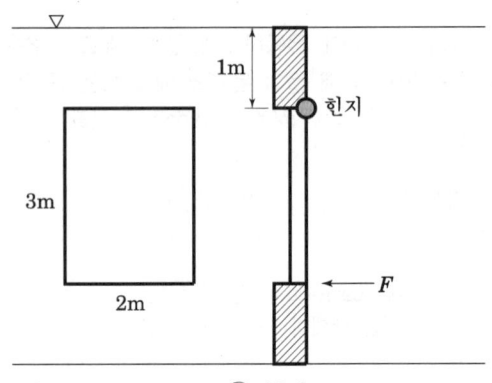

① 77.2　　　　② 88.2
③ 76.2　　　　④ 57.1

[해설]
(1) 전압력 F_T(수문중심 기준)
$F_T = rh_c A = ry_c A$
$= 9800 \times (1+1.5) \times (3 \times 2) = 147000[N]$

(2) 힘의 작용점까지의 거리(압력중심) y_p
$y_p = y_c + \dfrac{\dfrac{bh^3}{12}}{(bh)y_c} = 2.5 + \dfrac{3^2}{12 \times 2.5} = 2.8[m]$

(3) 힌지 기준으로 모멘트의 합은 0(모멘트 크기가 같다)이 므로

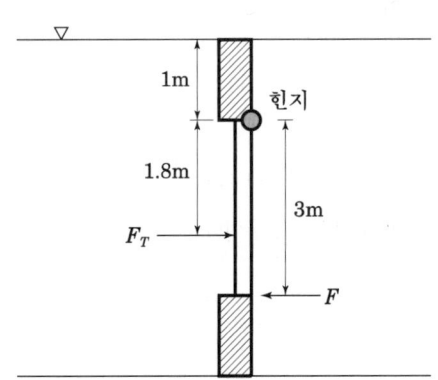

$F \times 3 = F_T \times 1.8$
$\therefore F = \dfrac{147000 \times 1.8}{3} = 88200[N] = 88.2[kN]$

- 물의 비중량 $\gamma = 9800[N/m^3] = 9.8[kN/m^3]$
  비중 = 액체의 비중량 / 물의 비중량
- 전압력은 수문중심 기준, 작용점은 아래와 같이 압력중심을 구해야 함.
  $y_p = y_c + \dfrac{I_G}{Ay_c}$
  I_G : 관성능률
  (사각형 = $\dfrac{bh^3}{12}$, 원형 = $\dfrac{\pi r^4}{4}$, 삼각형 = $\dfrac{bh^3}{36}$)

36. 밀도가 10[kg/m³]인 유체가 지름 30[cm]인 관내를 1[m³/s]로 흐른다. 이때의 평균유속은 몇 [m/s]인가?

① 4.25　　　　② 14.1
③ 15.7　　　　④ 84.9

[해설]
연속방정식 $Q = AV = \dfrac{\pi D^2}{4} \times V$ 에서
$V = \dfrac{4Q}{\pi D^2} = \dfrac{4 \times 1}{3.14 \times 0.3^2} ≒ 14.1[m/s]$

37. 동일펌프에서 회전수를 동일하게 하고 임펠라 직경을 $\dfrac{1}{2}$D로 변경할 경우 동력의 변화량은?

① $\dfrac{1}{32}$　　　　② $\dfrac{1}{5}$
③ 32　　　　④ 5

[해설] 상사법칙에서(효율과 회전수는 동일)
동력(L) : $\dfrac{L_2}{L_1} = \dfrac{\eta_1}{\eta_2} \times \left(\dfrac{n_2}{n_1}\right)^3 \times \left(\dfrac{D_2}{D_1}\right)^5$
$= \left(\dfrac{\dfrac{1}{2}D}{D}\right)^5 = \dfrac{1}{32}$

정답　35. ②　36. ②　37. ①

- 상사법칙

(1) 유량(Q): $\dfrac{Q_2}{Q_1} = \dfrac{n_2}{n_1} \times (\dfrac{D_2}{D_1})^3$

(2) 양정(H): $\dfrac{H_2}{H_1} = (\dfrac{n_2}{n_1})^2 \times (\dfrac{D_2}{D_1})^2$

(3) 동력(L): $\dfrac{L_2}{L_1} = \dfrac{\eta_1}{\eta_2} \times (\dfrac{n_2}{n_1})^3 \times (\dfrac{D_2}{D_1})^5$

38. 2[MPa], 400[℃]의 과열 증기를 단면확대 노즐을 통하여 20[kPa]로 분출시킬 경우 최대 속도는 약 몇 [m/s]인가? (단, 노즐입구에서 엔탈피는 3243.3[kJ/kg]이고, 출구에서 엔탈피는 2345.8[kJ/kg] 이며, 입구속도는 무시한다.)

① 1340 ② 1349
③ 1402 ④ 1412

해설
(1) 임의의 단면을 통과하는 유체의 단위질량당 에너지는 엔탈피, 운동에너지, 위치에너지로 그 합은 일정하다.

$PV + \dfrac{1}{2}mv^2 + mgz = C$ 에서 양변을 m으로 나누면

$h + \dfrac{v^2}{2} + gz = C$

($H = \triangle u + PV$에서 $\triangle u = 0$ 이고 $\dfrac{H}{m} = \dfrac{PV}{m} = h$)

h : 비엔탈피[J/kg]
V : 단면에서의 평균유속 [m/s]
z : 기준면으로 부터의 높이 [m]

(2) $h_1 + \dfrac{V_1^2}{2} + gz_1 = h_2 + \dfrac{V_2^2}{2} + gz_2$ 에서 $z_1 = z_2$ 이므로

$h_1 + \dfrac{V_1^2}{2} = h_2 + \dfrac{V_2^2}{2}$

$V_2 = \sqrt{V_1^2 + 2(h_1 - h_2)}$ 이고 $V_1 = 0$ 이므로

$V_2 = \sqrt{2(3243.3 - 2345.8) \times 10^3} = 1339.77 \approx 1340 [m/s]$

39. 다음 그림과 같이 출구의 단면적은 동일하고 유량 [Q]를 2[Q]로 변화하려면 수면위에서 누르는 피스톤의 힘은 얼마만큼의 높이[m]에 상응하게 눌러야 하는가?

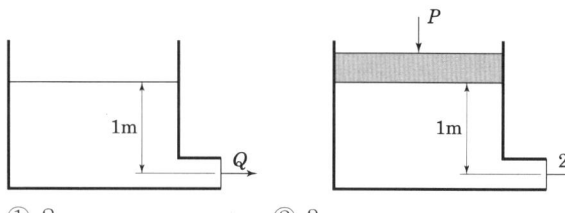

① 2 ② 3
③ 4 ④ 5

해설 유량공식에서 h를 구한다.

(1) $Q = AV = A\sqrt{2gh}$ 에서

$h = \dfrac{1}{2g} \cdot (\dfrac{Q}{A})^2$

(2) Q 대신 $2Q$를 대입하면

$h_p = \dfrac{1}{2g} \cdot (\dfrac{2Q}{A})^2 = 4 \cdot (\dfrac{1}{2g} \cdot (\dfrac{Q}{A})^2) = 4h$

(3) 즉 기존 높이 h의 4배의 높이로 눌러야 한다.

(4) $4 \times h = 4 \times 1 = 4[m]$

그러므로 추가로 눌러야 하는 높이는 4-1=3 [m]

40. 질량 10[kg]인 판넬 중심에 제트유체로 충돌할 경우 제트유체의 속도가 2[m/s]일 경우에 A점을 기준으로 넘어졌다. 이때 제트유체 노즐의 단면적은 얼마인가?

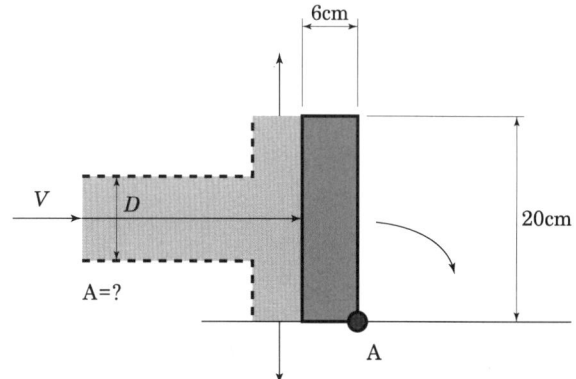

① 0.00735 [cm²]   ② 0.00735 [m²]
③ 0.00375 [cm²]   ④ 0.00375 [m²]

정답 38. ① 39. ② 40. ②

복원기출문제

2023. 1회 소방설비기사

해설 모멘트의 원리로 풀 수 있다.
(1) 제트유체의 충돌 힘은
$F = \rho Q v = \rho A v^2$ 에서
$= 1000 \times A \times 2^2 = 4000A$ [N]
여기서, ρ : 밀도[kg/m³]
  Q : 유량[m³/s]
  v : 유속[m/s]
  A : 단면적[m²]
따라서 A점을 기준으로 우측으로 넘어지려는 모멘트는
M1 = 4000A × 0.1 = 400A

(2) 물체의 자중에 의해 넘어지지 않으려는 모멘트 M2는 물체 중심에 작용하므로
M2 = mg × 0.03
   = 10 × 9.8 × 0.03
   = 2.94

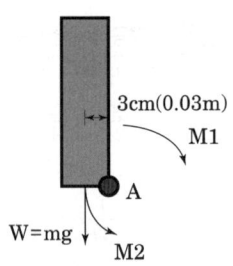

(3) 따라서 모멘트의 균형에 의해
M1 = M2
400A = 2.94
A = 0.00735 [m²]

■■■ 제3과목 소방관계법규

41. 방염성능기준 이상의 실내장식물 등을 설치하여야 하는 특정소방대상물에 해당 되지 않는 것은?

① 근린생활시설 중 체력단련장
② 의료시설 중 종합병원
③ 숙박이 가능한 수련시설
④ 층수가 11층 이상인 아파트

해설 방염대상 특정소방대상물
① 근린생활시설 중 <u>의원</u>, <u>조산원</u>, <u>산후조리원</u>, <u>체력단련장</u>, <u>공연장</u> 및 <u>종교집회장</u>
② 건축물의 옥내에 있는 시설 [<u>문화 및 집회시설</u>, <u>종교시설</u>, <u>운동시설</u>(수영장은 제외)]

③ <u>의료시설</u>, <u>노유자시설</u> 및 숙박이 가능한 <u>수련시설</u>, 숙박시설, 방송통신시설 중 <u>방송국</u> 및 <u>촬영소</u>
④ <u>다중이용업</u>의 영업장
⑤ 층수가 <u>11층</u> 이상인 것(아파트는 제외)
⑥ 교육연구시설 중 <u>합숙소</u>

> 연예인 안문숙이 **11층**의 **체력단련장**에서 **운동**하다 다쳤는데 **의료시설**인 **조산 의원**에 안가고 **공연장**으로 가 이상하게 여겨 **방송국**에서 **촬영**하러 오니 **합숙소**의 노유자, 수련시설의 종교인등이 구경 옴

42. 버너의 불꽃을 제거한 때부터 불꽃을 올리며 연소하는 상태가 끝날 때까지의 시간은?

① 10초 이내   ② 20초 이내
③ 30초 이내   ④ 40초 이내

해설 방염성능기준

잔염시간	버너의 불꽃을 제거한 때부터 불꽃을 올리며 연소하는 상태가 그칠 때까지의 시간 20초 이내 (불꽃연소)
잔신시간	버너의 불꽃을 제거한 때부터 불꽃을 올리지 아니하고 연소하는 상태가 그칠 때까지의 시간 30초 이내(작열연소)
탄화면적	50cm² 이내
탄화길이	20cm 이내
접염횟수	불꽃에 의해 완전히 녹을 때까지의 불꽃 접촉횟수 3회 이상
발연량	최대 연기밀도 400 이하

43. 인접하고 있는 시·도간 소방업무의 상호응원협정 사항이 아닌 것은?

① 화재조사활동
② 응원출동의 요청방법
③ 소방교육 및 응원출동훈련
④ 응원출동대상지역 및 규모

정답 41. ④ 42. ② 43. ③

해설 소방업무의 응원
1. 소방활동을 할 때에 긴급한 경우 이웃한 소방본부장 또는 소방서장에게 도움을 요청하는 것
2. 소방업무의 응원(應援)을 요청 하는 자 : 소방본부장이나 소방서장
3. 응원 요청을 받은 소방본부장 또는 소방서장 : 정당한 사유 없이 그 요청을 거절하면 안 됨
4. 파견된 소방대원 : 응원을 요청한 소방본부장 또는 소방서장의 지휘에 따라야 한다.
5. 이웃하는 시·도지사와 협의하여 미리 규약(規約)으로 정해야 한다.
6. 소방업무의 응원의 체결자 : 시·도지사
7. 상호응원협정 체결 시 포함되어야 하는 사항
   ① 응원출동 요청방법
   ② 응원출동 대상지역 및 규모
   ③ 응원출동 훈련 및 평가
   ④ 소방활동에 관한 사항
      ㉠ 화재의 경계·진압 활동
      ㉡ 구조·구급 업무의 지원
      ㉢ 화재조사활동
   ⑤ 소요경비의 부담에 관한 사항
      ㉠ 출동대원의 수당·식사 및 의복의 수선
      ㉡ 소방장비 및 기구의 정비와 연료의 보급
      ㉢ 그 밖의 경비
      ☞ 응원 협정 사항에는 소방대원에 대한 교육, 훈련 및 소방신호, 현장지휘에 관한 사항에 대한 내용은 없음

44. 소방안전관리자를 두어야 할 특정소방대상물 중 1급 소방안전관리대상물에 해당되는 것은?

① 지하구
② 가연성 가스를 1천톤 이상 저장·취급하는 시설
③ 자동화재탐지설비를 설치해야 하는 특정소방대상물
④ 물분무소화설비를 설치해야 하는 특정소방대상물

해설 소방안전관리대상물의 범위

특급	① 50층 이상(지하층 제외)이거나 지상으로부터 높이가 200[m] 이상인 아파트 ② 30층 이상(지하층 포함)이거나 지상으로부터 높이가 120[m] 이상인 특정소방대상물(아파트 제외) ③ ②에 해당하지 않는 특정소방대상물로서 연면적이 10만[m²] 이상인 특정소방대상물(아파트 제외)
1급	① 30층 이상(지하층은 제외)이거나 지상으로부터 높이가 120[m] 이상인 아파트 ② 연면적 1만5천[m²] 이상인 특정소방대상물(아파트 및 연립주택 제외) ③ ②에 해당하지 않는 특정소방대상물로서 지상층의 층수가 11층 이상인 특정소방대상물(아파트 제외) ④ 가연성 가스를 1천톤 이상 저장·취급하는 시설
2급	① 옥내소화전설비, 스프링클러설비, 물분무등소화설비[호스릴 방식 제외]를 설치해야 하는 특정소방대상물 ② 옥내소화전설비 또는 스프링클러설비가 설치된 공동주택 ③ 보물 또는 국보로 지정된 목조건축물, 지하구 ④ 가스 제조설비를 갖추고 도시가스사업의 허가를 받아야 하는 시설 또는 가연성 가스를 100톤 이상 1천톤 미만 저장·취급하는 시설
3급	① 간이스프링클러설비(주택전용 간이스프링클러설비 제외)를 설치해야 하는 특정 소방대상물 ② 자동화재탐지설비를 설치해야 하는 특정소방대상물

45. 소방안전관리보조자의 선임 대상별 자격으로 옳지 않은 것은?

① 특급, 1급, 2급 또는 3급 소방안전관리대상물의 소방안전관리자 자격이 있는 사람
② 국가기술자격이 있는 사람
③ 공공기관의 소방안전관리에 관한 규정에 따른 강습교육을 수료한 사람
④ 강습교육을 수료한 사람

해설 소방안전관리보조자의 선임 대상별 자격
① 특급, 1급, 2급 또는 3급 소방안전관리대상물의 소방안전관리자 자격이 있는 사람
② 국가기술자격의 직무분야 중 건축, 기계제작, 기계장비설비·설치, 화공, 위험물, 전기, 전자 및 안전관리에 해당하는 국가기술자격이 있는 사람
③ 공공기관의 소방안전관리에 관한 규정에 따른 강습교육을 수료한 사람
④ 강습교육을 수료한 사람

정답 44. ②   45. ②

46. 소방안전 특별관리시설물의 대상이 아닌 것은?

① 초고층 건축물 및 지하연계 복합건축물
② 영화상영관 중 수용인원 1천명 이상인 영화상영관
③ 점포가 500개 이상인 전통시장
④ 물류창고로서 연면적 3만[m²] 이상인 것

해설 소방안전 특별관리시설물
1. 공항시설, 철도시설, 도시철도시설, 항만시설,
2. 석유비축시설, 천연가스 인수기지 및 공급망
3. 지정문화재인 및 천연기념물·명승, 시·도자연유산인시설(시설이 아닌 지정문화재를 보호하거나 소장하고 있는 시설을 포함)
4. 산업기술단지, 산업단지, 전력용 및 통신용 지하구
5. 초고층 건축물 및 지하연계 복합건축물
6. 영화상영관 중 수용인원 1천명 이상인 영화상영관,
7. 전통시장으로서 대통령령으로 정하는 전통시장(점포가 500개 이상인 전통시장)
8. 그 밖에 대통령령으로 정하는 시설물
   ㉠ 발전사업자가 가동 중인 발전소
   ㉡ 물류창고로서 연면적 10만 [m²] 이상인 것
   ㉢ 가스공급시설

47. 일반 소방시설 설계업(기계분야)의 영업범위는 공장의 경우 연면적 몇 [m²] 미만의 특정소방대상물에 설치되는 기계분야 소방시설의 설계에 한하는가? (단, 제연설비가 설치되는 특정소방대상물은 제외한다.)

① 10,000 [m²]
② 20,000 [m²]
③ 30,000 [m²]
④ 40,000 [m²]

해설 소방시설업 영업범위

구 분		영업범위
설계업	전문	모든 특정소방대상물
	일반	연면적 3만 [m²] 미만 공장의 경우 1만 [m²] 미만 아파트, 위험물제조소등 ※기계 : 제연설비는 제외
감리업	전문	모든 특정소방대상물
	일반	일반설계업과 동일
공사업	전문	모든 특정소방대상물
	일반	연면적 1만 [m²] 미만 위험물제조소등

48. 시·도의 조례가 정하는 바에 따라 지정수량 이상의 위험물을 임시로 저장·취급할 수 있는 기간(㉠)과 임시저장 승인권자(㉡)는?

① ㉠ 30일 이내, ㉡ 시·도지사
② ㉠ 60일 이내, ㉡ 소방본부장
③ ㉠ 90일 이내, ㉡ 관할소방서장
④ ㉠ 120일 이내, ㉡ 행정안전부장관

해설 위험물의 저장 및 취급의 제한
① 지정수량 이상의 위험물
   저장소가 아닌 장소에서 저장하거나 제조소등이 아닌 장소에서 취급하여서는 아니 된다.

3년 이하의 징역 또는 3천만 원 이하의 벌금

② 제조소 등이 아닌 장소에서 지정수량 이상의 위험물을 취급할 수 있는 경우
   ㉠ 관할소방서장의 승인을 받아 지정수량 이상의 위험물을 90일 이내의 임시로 저장 또는 취급하는 경우
   ㉡ 군부대가 지정수량 이상의 위험물을 군사목적으로 임시로 저장 또는 취급하는 경우
   제조소등을 설치하거나 그 위치·구조 또는 설비를 변경하고자 하는 군부대의 장은 제조소등의 소재지를 관할하는 시·도지사와 협의(설계도서, 서류등 제출)하여야 하며 협의가 된 경우 허가를 받은 것으로 보며 군 부대의 장은 탱크안전성능검사와 완공검사를 자체적으로 할 수 있고 시·도지사에게 통보할 것

49. 위험물 제조소 등의 용도를 폐지한 때에는 용도를 폐지한 날부터 며칠 이내에 시·도지사에게 신고하여야 하는가?

① 7일　　　　　② 14일
③ 21일　　　　　④ 30일

해설 위험물시설의 설치 및 변경 등
시·도지사에게 허가, 신고하여야 한다.

구분	내용	방법
설치	제조소등을 설치하고자 할 때	허가
변경	위치, 구조 또는 설비의 변경 없이 위험물의 품명, 수량 또는 지정수량의 배수를 변경하고자 하는 날의 1일 전까지 행정안전부령이 정하는 바에 따라	신고
지위승계	행정안전부령이 정하는 바에 따라 지위 승계한 날로부터 30일 이내	
폐지	제조소등의 용도 폐지 시 폐지한 날로부터 14일 이내	
사용중지, 재개	중지하려는 날 또는 재개하려는 날의 14일 전	

※ 신고기한 30일 이내 신고 : 250 / 31일 이후 신고 : 350 / 허위신고 : 500만 원
※ 사용중지 : 3개월 이상 저장 또는 취급하지 아니할 때를 말함

50. 소방기관이 소방업무를 수행하는데 필요한 인력과 장비 등에 관한 기준에 다음 중 어느 것으로 정하는가?

① 대통령령　　　　② 행정안전부령
③ 시·도의 조례　　④ 소방청장의 고시

해설 소방력의 기준 등
① 소방력(消防力) : 소방기관이 소방업무를 수행하는 데에 필요한 인력과 장비등(행정안전부령)
② 소방력의 확충 계획 수립 및 시행자 : 시·도지사

51. 소방기본법에 따른 과태료 200만 원에 해당하지 않은 것은?

① 피난 명령을 위반한 사람
② 한국소방안전원 또는 이와 유사한 명칭을 사용한 자
③ 소방자동차의 출동에 지장을 준 자(진로 미양보, 끼어들기, 가로막기)
④ 소방활동구역을 출입한 경우

해설 100만 원 이하의 벌금

① 정당한 사유 없이 소방대의 생활안전활동을 방해한 자
② 정당한 사유 없이 소방대가 현장에 도착할 때까지 사람을 구출하는 조치 또는 불을 끄거나 불이 번지지 아니하도록 하는 조치를 하지 아니한 사람
③ 피난 명령을 위반한 사람
④ 정당한 사유 없이 물의 사용이나 수도의 개폐장치의 사용 또는 조작을 하지 못하게 하거나 방해한 자
⑤ 소방본부장, 소방서장 또는 소방대장이 화재 발생을 막거나 폭발 등으로 화재가 확대되는 것을 막기 위하여 가스·전기 또는 유류 등의 시설에 대하여 위험물질의 공급을 차단하는 등의 조치를 정당한 사유 없이 방해한 자

52. 소방대상물에 화재, 재난·재해, 그 밖의 위급한 상황이 발생한 경우 소방대상물이 관계인이 히지 않아도 되는 것은?

① 소방본부, 소방서 또는 관계 행정기관에 지체 없이 알려야 한다.
② 소방대가 현장에 도착할 때까지 경보를 울리거나 대피를 유도하는 등의 방법으로 사람을 구출하는 조치를 하여야 한다.
③ 불을 끄거나 불이 번지지 아니하도록 필요한 조치를 하여야 한다.
④ 소방전용 장비를 나누어 주는 조치를 하여야 한다.

해설 소방대상물에 화재, 재난·재해, 그 밖의 위급한 상황이 발생한 경우 관계인(소유자·관리자 또는 점유자)
① 소방본부, 소방서 또는 관계 행정기관에 지체 없이 알려야 한다.
② 소방대가 현장에 도착할 때까지 경보를 울리거나 대피를 유도하는 등의 방법으로 사람을 구출하는 조치 또는 불을 끄거나 불이 번지지 아니하도록 필요한 조치를 하여야 한다.

정답　49. ②　50. ②　51. ①　52. ④

53. 화재의 예방 및 안전관리에 관한 법률에 따라 소방안전관리자의 선임하지 않은 경우 벌칙은?

① 100만 원 이하의 과태료
② 200만 원 이하의 과태료
③ 300만 원 이하의 벌금
④ 500만 원 이하의 벌금

해설 소방안전관리자의 선임
① 전문적인 안전관리가 요구되는 특정소방대상물 : 특급, 1급 2급, 3급 대상물
② 관계인은 선임기준일로 부터 30일 이내에 소방안전관리자로 선임

> 선임하지 아니한 자 : 300만 원 이하의 벌금

54. 일반공사감리 대상의 경우 감리현장 연면적의 총합계가 10만 [m²] 이하일 때 1인의 책임감리원이 담장하는 소방공사감리현장은 몇 개 이하인가?

① 2개 ② 3개
③ 4개 ④ 5개

해설 감리원의 세부 배치 기준 (공사감리 대상)

구분	배치 기준
상주	• 소방시설용 배관(전선관을 포함한다.)을 설치하거나 매립하는 때부터 소방시설 완공검사증명서를 발급 받을 때까지 소방공사감리현장에 책임감리원을 배치
일반	1. 일반공사 감리기간은 소방시설의 성능시험, 소방시설 완공검사 증명서의 발급ㆍ인수인계 및 소방공사의 정산을 하는 기간을 포함한다. 2. 감리원은 주 1회 이상 소방공사감리현장에 배치되어 감리할 것. 3. 1명의 감리원이 담당하는 소방공사감리현장 ㉠ 5개 이하로서 감리현장 연면적의 총 합계가 10만 [m²] 이하 ㉡ 아파트의 경우 : 연면적의 합계에 관계없이 1명의 감리원이 5개 이내의 공사현장을 감리할 수 있다.

55. 화재가 발생하거나 불이 번질 우려가 있는 소방대상물 및 토지를 일시적으로 사용하거나 그 사용의 제한 또는 소방활동에 필요한 처분을 할 수 있는 자로 옳지 않은 것은?

① 소방대장   ② 소방서장
③ 소방본부장   ④ 종합상황실장

해설 강제처분 등
① 소방본부장, 소방서장 또는 소방대장
㉠ 사람을 구출하거나 불이 번지는 것을 막기 위하여 필요할 때
화재가 발생하거나 불이 번질 우려가 있는 소방대상물 및 토지를 일시적으로 사용하거나 그 사용의 제한 또는 소방활동에 필요한 처분을 할 수 있다.

> 방해한 사람 : 3년 이하의 징역 또는 3천만 원 이하의 벌금

㉡ 사람을 구출하거나 불이 번지는 것을 막기 위하여 긴급하다고 인정할 때
소방대상물 또는 토지 외의 소방대상물과 토지에 대하여 처분을 할 수 있다.

> 방해한 사람 : 300만 원 이하의 벌금

㉢ 소방활동을 위하여 긴급하게 출동할 때
소방자동차의 통행과 소방활동에 방해가 되는 주차 또는 정차된 차량 및 물건 등을 제거하거나 이동시킬 수 있다.

> 방해한 사람 : 300만 원 이하의 벌금

56. 화재의 예방 및 안전관리에 관한 법률상 소방안전관리대상물의 소방안전관리자의 업무가 아닌 것은?

① 소방시설 공사
② 소방훈련 및 교육
③ 소방계획서의 작성 및 시행
④ 자위소방대의 구성ㆍ운영ㆍ교육

정답 53. ③ 54. ④ 55. ④ 56. ①

[해설] 소방안전관리업무
① 피난계획에 관한 사항과 소방계획서의 작성 및 시행
② 자위소방대(自衛消防隊) 및 초기대응체계의 구성, 운영 및 교육
③ 소방훈련 및 교육
④ 소방안전관리에 관한 업무수행에 관한 기록・유지 (⑤, ⑥, ⑦의 업무)
⑤ 피난시설, 방화구획 및 방화시설의 관리
⑥ 소방시설이나 그 밖의 소방 관련 시설의 관리
⑦ 화기(火氣) 취급의 감독
⑧ 화재발생 시 초기대응
⑨ 그 밖에 소방안전관리에 필요한 업무

57. 지정수량의 몇 배 이상의 위험물을 취급하는 제조소에 화재예방을 위한 예방규정을 정하여야 하는가?

① 10배 ② 20배
③ 30배 ④ 50배

[해설] 예방규정을 작성해야 하는 대상

구 분	지정수량의 배수
암반탱크저장소, 이송취급소	지정수량 관계없이 예방규정을 정하여야 함
제조소, 일반취급소	10배 이상
옥외저장소	100배 이상
옥내저장소	150배 이상
옥외탱크저장소	200배 이상

58. 제4류 위험물 제조소의 경우 사용전압이 22[kV]인 특고압 가공전선이 지나갈 때 제조소의 외벽과 가공전선 사이의 수평거리(안전거리)는 몇 [m] 이상이어야 하는가?

① 2 ② 3
③ 5 ④ 10

[해설] 안전거리
건축물의 외벽 또는 이에 상당하는 공작물의 외측으로부터 당해 제조소의 외벽 또는 이에 상당하는 공작물의 외측까지의 수평거리(6류 위험물 제외) 및 제조소등이 설치될 때 주위에 방호대상물이 있는 경우 연소확대방지 및 안전을 위해 지켜야 할 거리

안전거리	해당 대상물	
50[m] 이상	유형문화재, 기념물 중 지정문화재	
30[m] 이상	① 학교	
	② 종합병원, 병원, 치과병원, 한방병원, 요양병원	
	③ 공연장, 영화상영관 등	수용인원: 300명 이상
	④ 복지시설(아동, 장애인, 모·부자), 보육시설, 가정폭력 피해자시설 등	수용인원: 20명 이상
20[m] 이상	고압가스, 액화석유가스, 도시가스를 저장 또는 취급하는 시설	
10[m] 이상	주거 용도에 사용되는 것	
5[m] 이상	사용전압 35,000[V]를 초과하는 특고압가공전선	
3[m] 이상	사용전압 7,000[V]초과 35,000[V] 이하의 특고압가공전선	

59. 제4류 위험물을 저장·취급하는 제조소에 "화기엄금"이란 주의사항을 표시하는 게시판을 설치 할 경우 게시판의 색상은?

① 청색바탕에 백색문자 ② 석색바탕에 백색문자
③ 백색바탕에 적색문자 ④ 백색바탕에 흑색문자

[해설] 주의사항을 표시하는 게시판

위험물의 종류	주의사항	게시판의 색상
제1류 위험물 중 알칼리금속의 과산화물 제3류 위험물 중 금수성물질	물기 엄금	청색바탕에 백색문자
제2류 위험물 (인화성 고체는 제외)	화기주의	적색바탕에 백색문자
제2류 위험물 중 인화성 고체 제3류 위험물 중 자연발화성물질 제4류 위험물 제5류 위험물	화기엄금	적색바탕에 백색문자
제1류 위험물의 알카리금속의 과산화물외의 것 제6류 위험물	별도의 표시 없음	

정답 57. ① 58. ② 59. ②

복원기출문제

2023. 1회 소방설비기사

60. 단층건물의 옥내저장소 저장창고에 휘발유를 저장하고자 할 때 저장할 수 있는 바닥면적은?

① 500 [m²]   ② 1,000 [m²]
③ 1,500 [m²] ④ 2,000 [m²]

해설 단층건물의 옥내저장소 저장창고의 바닥면적

위험물을 저장하는 창고의 종류	바닥면적
㉠ 위험등급 Ⅰ등급인 위험물 ㉡ 제4류 위험물 중 제1석유류 및 알코올류	1,000[m²] 이하
㉢ 그 밖의 위험물	2,000[m²] 이하
㉠, ㉡과 ㉢의 위험물을 내화구조의 격벽으로 완전히 구획된 실에 각각 저장하는 창고 (이 경우 ㉠, ㉡의 저장면적은 500 [m²]을 초과할 수 없다)	1,500[m²] 이하

☞ 휘발유는 제4류 위험물 중 제1석유류에 해당 된다.

■■■ 제4과목 소방기계시설의 구조 및 원리

61. 화재조기진압용스프링클러설비 설치대상으로 옳은 것은?

① 천장 또는 반자의 높이가 10[m]를 넘는 랙식 창고로서 연면적 1천5백[m²] 이상
② 천장 또는 반자의 높이가 12[m]를 넘는 랙식 창고로서 연면적 1천5백[m²] 이상
③ 천장 또는 반자의 높이가 15 [m]를 넘는 랙식 창고로서 연면적 1천5백 [m²] 이상
④ 천장 또는 반자의 높이가 20 [m]를 넘는 랙식 창고로서 연면적 1천5백 [m²] 이상

해설 화재조기진압용스프링클러설비 설치대상
천장 또는 반자의 높이가 10 [m]를 넘는 랙식 창고로서 연면적 1천5백 [m²] 이상

62. 물분무소화설비의 설치 장소별 1[m²]에 대한 수원의 최소 저수량으로 옳은 것은?

① 케이블트레이 : 12[L/min]×20분×투영된 바닥면적
② 절연유 봉입 변압기 : 15[L/min]×20분×바닥 부분을 제외한 표면적을 합한 면적
③ 차고 : 30[L/min]×20분×바닥면적
④ 콘베이어 벨트 : 37[L/min]×20분×벨트부분의 바닥면적

해설 물분무소화설비 수원의 양 A×Q×T / 펌프의 토출량 A×Q

구분	특수 가연물	차고 주차장	절연유 봉입 변압기	케이블 트레이, 케이블 덕트	콘베이어 벨트 등
A [m²]	바닥면적 50[m²] 이하인 경우에는 50[m²]		바닥부분을 제외한 표면 적을 합한 면적[m²]	투영된 바닥면적 [m²]	벨트 부분의 바닥 면적[m²]
Q	10	20	10	12	10
T	20분	20분	20분	20분	20분

Q : [ℓ/min·m²]

63. 20층 아파트 각 세대에 12개의 헤드가 설치되어 있다. 최소 수원의 양은 얼마인가?

① 16[m³]   ② 32[m³]
③ 48[m³]   ④ 56[m³]

해설 공동주택의 스프링클러 수원 (N × Q × T)

N(기준개수)	Q(방수량)	T(방사시간 = 비상전원시간)
10개	80 [ℓ/min·개]	20분

풀이 N × Q × T =10개×80[ℓ/min·개]×20분=16 [m³]
※ 층수에 상관없이 아파트의 기준개수는 10개 이며 각 세대에 이 보다 적은 헤드가 설치 되어 있으면 그 개수가 기준개수가 되며 문제에서 12개로 주어져도 기준개수는 10개임.
※ 아파트등의 각 동이 주차장으로 서로 연결된 구조인 경우 해당 주차장 부분의 기준개수는 30개로 할 것

정답 60. ②   61. ①   62. ①   63. ①

64. 다음은 옥내소화전함의 표시등에 대한 설명으로 가장 적합한 것은?

① 위치표시등은 평상시 불이 켜지지 않은 상태로 있어야 한다.
② 기동표시등은 평상시 불이 켜지지 않은 상태로 있어야 한다.
③ 위치표시등 및 기동표시등은 평상시 불이 켜진 상태로 있어야 한다.
④ 위치표시등 및 기동표시등은 평상시 불이 안 켜진 상태로 있어야 한다.

해설 위치표시등 및 기동표시등

구 분	위치표시등	기동표시등
평상 시	상시 on	off
펌프 기동 시	–	on

65. 이산화탄소 고압식 소화설비의 충전비로 옳은 것은?

① 1.1 이상 1.4 이하 ② 1.2 이상 1.6 이하
③ 1.4 이상 1.8 이하 ④ 1.5 이상 1.9 이하

해설 이산화탄소 소화약제의 저장용기 설치기준

구 분	이산화탄소소화설비	
	고압식	저압식
충전비[ℓ/kg]	1.5 이상 1.9 이하	1.1 이상 1.4 이하
저장용기의 저장온도, 압력	20[℃] 6.0 [MPa]	–18[℃] 2.1 [MPa]
저장용기 내압시험압력	25 [MPa]	3.5 [MPa]
안전장치(봉판) 작동압력	내압시험압력의 0.8배	내압시험압력의 0.8배~1배
안전밸브 작동 압력	–	내압시험압력의 0.64배~0.8배
자동냉동장치	–	–18[℃] 2.1 [MPa]유지
압력경보장치	–	1.9 [MPa]이하 시 2.3 [MPa]이상 시

66. 분말소화설비 배관의 설치기준으로 옳지 않은 것은?

① 배관은 전용으로 할 것
② 배관은 모두 스케줄 40 이상으로 할 것
③ 동관을 사용할 경우는 고정압력 또는 최고사용압력의 1.5배 이상의 압력에 견딜 수 있는 것으로 할 것
④ 밸브류는 개폐위치 또는 개폐방향을 표시한 것으로 할 것

해설 분말소화설비 배관

구분	내 용
강관	배관용 탄소강관(spp) 또는 이와 동등이상의 강도 및 내식성, 내열성. 단, 축압식 2.5 이상 4.2 [MPa] 이하 → 압력배관용탄소강관 스케줄 40 또는 동등이상 강도 및 내식성
동관	이음이 없는 동 및 동합금 사용. 고정압력 또는 최고사용압력의 1.5배 이상에 견딜 것
배관부속 및 밸브류	배관부속 : 배관과 동등이상의 강도, 내식성 밸브류 : 개폐위치, 개폐방향 표시 할 것
방사시간	30초 이내

67. 발전기실, 엔진펌프실, 변압기, 전기케이블실, 유압설비의 바닥면적 300[m²] 미만인 장소에 설치 할 수 있는 포소화설비는?

① 포워터스프링클러설비 ② 고정포방출설비
③ 포소화전설비 ④ 압축공기포설비

해설 포소화설비의 종류

대상 \ 종류	포워터스프링클러설비	포헤드설비	고정포방출설비	압축공기포	포소화전설비	호스릴포소화설비
특수가연물 저장·취급 공장 또는 창고	○	○	○	○	×	×
차고 또는 주차장	○	○	○	○	△	△
항공기격납고	○	○	○	○	×	△
◆(아래참조)	×	×	×	◎	×	×

◆ 발전기실, 엔진펌프실, 변압기, 전기케이블실, 유압설비의 바닥면적 300[m²] 미만

 정답 64. ② 65. ④ 66. ② 67. ④

68.
다음은 물분무소화설비의 전동기 또는 내연기관에 따른 펌프를 이용하는 가압송수장치에 관한 설치기준이다. 틀린 것은?

① 가압송수장치가 자동으로 기동이 된 경우에는 자동으로 정지되어야 한다.
② 가압송수장치(충압펌프 제외)에는 순환배관을 설치하여야 한다.
③ 가압송수장치에는 펌프의 성능을 시험하기 위한 배관을 설치하여야 한다.
④ 가압송수장치는 점검이 편리하고, 화재 등의 재해로 인한 피해를 받을 우려가 없는 곳에 설치하여야 한다.

해설 전동기 또는 내연기관에 따른 펌프를 이용하는 가압송수장치
① 가압송수장치가 자동으로 기동이 된 경우에는 자동으로 정지되지 아니하여야 한다.
② 가압송수장치의 주펌프는 전동기에 따른 펌프로 설치하여야 한다.
③ 정격부하운전 시 펌프의 성능을 시험하기 위한 배관을 설치
④ 체절운전 시 수온의 상승을 방지하기 위한 순환배관을 설치
⑤ 임펠러는 청동 또는 스테인리스, 펌프축은 스테인리스 등의 부식으로 인한 펌프 고착을 방지할 수 있는 적합한 것으로 설치(충압펌프는 제외)

69.
제연설비 설치장소의 제연구역 구획 기준으로 옳지 않은 것은?

① 하나의 제연구역의 면적은 1500[m²] 이내로 할 것
② 하나의 제연구역은 직경 60[m] 원내에 들어갈 수 있을 것
③ 하나의 제연구역은 2개 이상 층에 미치지 아니하도록 할 것
④ 통로상의 제연구역은 보행중심선의 길이가 60[m]를 초과하지 아니할 것

해설 제연구역의 선정

구분		내 용
거실	면적	1,000[m²] 이내
	직경	60[m] 원내
통로	보행중심선의 길이	60[m] 이하

거실과 통로(복도를 포함)는 상호 제연구획 할 것
2개 이상 층에 미치지 아니하도록 할 것

70.
소화용수설비에서 소방펌프가 채수구로부터 어느 거리 이내까지 접근할 수 있도록 설치하여야 하는가?

① 5[m] 이내
② 3[m] 이내
③ 2[m] 이내
④ 1[m] 이내

해설 저수조의 흡수관투입구 또는 채수구 설치 위치
소방차가 2[m] 이내의 지점까지 접근할 수 있는 위치에 설치

71.
화재안전기술기준상 설비 또는 용도에 따른 헤드의 수평거리 기준으로 틀린 것은? (단, 성능이 별도로 인정된 스프링클러헤드를 수리계산에 따라 설치하는 경우는 제외한다.)

① 무대부에 스프링클러헤드를 설치하는 경우 1.7[m] 이하
② 공동주택 세대 내의 거실에 스프링클러헤드를 설치하는 경우 2.6[m] 이하
③ 특수가연물을 저장 또는 취급하는 장소에 스프링클러헤드를 설치하는 경우 2.1[m] 이하
④ 특수가연물을 저장하는 창고에 인랙헤드를 설치하는 경우 1.7[m] 이하

정답 68. ① 69. ① 70. ③ 71. ③

해설 헤드 수평거리

설비 또는 용도	구 분	수평거리[m]
연결살수설비	연결살수설비 전용헤드	3.7
공동주택	스프링클러헤드	2.6
연결살수설비	스프링클러헤드 설치 시	2.3
간이스프링클러	–	2.3
스프링클러	내화구조	2.3
	기타구조	2.1
	무대부, 특수가연물 저장 또는 취급하는 장소	1.7
포소화설비	–	2.1
창고	그 밖의 가연물 내화구조	2.3
	기타구조	2.1
	특수가연물	1.7
연소방지설비	연결살수설비 전용헤드	2
	스프링클러헤드 설치 시	1.5

72. 전동기에 의한 펌프를 이용하는 스프링클러 설비의 가압송수장치에 대한 설치 기준으로 옳지 않은 것은?

① 기동용수압개폐장치(압력챔버)를 사용할 경우 그 용적은 100[l] 이상의 것으로 한다.
② 물올림장치 실치는 유효수량 100[l] 이상으로 한다.
③ 정격토출 압력은 하나의 헤드선단에 0.1[MPa] 이상 0.12[MPa]이하의 방수압력이 될 수 있는 크기로 한다.
④ 충압펌프의 정격토출압력은 그 설비의 최고위 살수장치의 자연압보다 적어도 0.2[MPa]과 같게 하거나 가압송수장치의 정격토출압력보다 크게 한다.

해설 기동용수압개폐장치를 기동장치로 사용할 경우의 충압펌프 설치 기준
① 펌프의 토출압력
   그 설비의 최고위 호스접결구의 자연압보다 적어도 0.2[MPa]이 더 크도록 하거나 가압송수장치의 정격토출압력과 같게 할 것
② 펌프의 정격토출량
   정상적인 누설량보다 적어서는 안 되며, 옥내소화전설비가 자동적으로 작동할 수 있도록 충분한 토출량을 유지할 것

73. 제1종 분말소화설비의 충전비로 옳은 것은?
① 0.8 ② 1
③ 1.1 ④ 1.25

해설 분말소화설비 소화약제 1kg 당 저장용기의 내용적
(=충전비[ℓ/kg])

제1종	제2종, 제3종	제4종
0.8[ℓ] 이상	1[ℓ] 이상	1.25[ℓ] 이상

74. 소화수조가 옥상 또는 옥탑의 부분에 설치된 경우에는 지상에 설치된 채수구에서의 압력이 최소 몇 [MPa] 이상이 되도록 하여야 하는가?
① 0.1 ② 0.15
③ 0.17 ④ 0.25

해설 소화수조가 옥상 또는 옥탑의 부분에 설치된 경우 지상에 설치된 채수구에서의 압력이 0.15[MPa] 이상

75. 280[m²]의 발전소에 부속용도별로 추가하여야 할 적응성이 있는 소화기의 최소 수량은 몇 개인가?
① 2개 ② 4개
③ 6개 ④ 12개

해설 부속 용도별 설치기준

부속용도별	설치기준
통신기기실, 발전기실, 변전실, 변압기실	바닥면적 50[m²] 마다 적응성 소화기 1개 이상 비치

풀이
280[m²] ÷ 50[m²] = 5.6 개   ∴ 6개

정답 72. ④ 73. ① 74. ② 75. ③

76. 수직강하식 구조대가 구조적으로 갖추어야 할 조건으로 옳지 않은 것은? (단, 건물내부의 별실에 설치하는 경우는 제외한다.)

① 구조대의 포지는 외부포지와 내부포지로 구성한다.
② 포지는 사용 시 충격을 흡수하도록 수직방향으로 현저하게 늘어나야 한다.
③ 구조대는 연속하여 강하할 수 있는 구조이어야 한다.
④ 입구틀 및 취부틀의 입구는 지름 50 [cm] 이상의 구체가 통과할 수 있어야 한다.

[해설] 수직강하식 구조대
㉠ 구조대는 안전하고 쉽게 사용할 수 있는 구조이어야 한다.
㉡ 구조대의 포지는 외부포지와 내부포지로 구성하되, 외부포지와 내부포지의 사이에 충분한 공기층을 두어야 한다.
㉢ 입구틀 및 취부틀의 입구는 지름 50 [cm] 이상의 구체가 통과할 수 있는 것이어야 한다.
㉣ 구조대는 연속하여 강하할 수 있는 구조이어야 한다.
㉤ 포지는 사용시 수직방향으로 현저하게 늘어나지 아니하여야 한다.
㉥ 포지, 지지틀, 취부틀 그밖의 부속장치 등은 견고하게 부착되어야 한다.

77. 다음과 같이 간이소화용구를 비치하였을 경우 능력단위의 합은?

- 삽을 상비한 마른모래 50[*l*] 포 2개
- 삽을 상비한 팽창질석 160[*l*] 포 1개

① 1단위   ② 2단위
③ 2.5단위   ④ 3단위

[해설] 소화약제 외의 것을 이용한 간이소화용구의 능력단위

간이소화용구		능력단위
마른모래	삽을 상비한 50[*l*] 이상의 것 1포	0.5 단위
팽창질석 팽창진주암	삽을 상비한 80[*l*] 이상의 것 1포	

[풀이]
마른모래 50 [*l*] 1포 : 0.5 단위 → 50 [*l*] 2포 : 1 단위
팽창질석 80 [*l*] 1포 : 0.5 단위 → 160[*l*] 1포 : 1 단위
∴ 마른모래 1단위 + 팽창질석 1단위 = 2단위

78. 소화설비의 가압송수장치에 설치하는 펌프성능시험 배관의 설치기준으로 옳은 것은?

① 성능시험배관은 펌프의 토출측에 설치된 개폐밸브 이후에 분기하여 설치할 것
② 성능시험배관은 유량측정장치를 기준으로 전단 직관부에 유량조절밸브를 설치할 것
③ 유량측정장치는 펌프의 정격토출량의 175[%] 이상 측정할 수 있는 성능이 있을 것
④ 성능시험배관은 유량측정장치를 기준으로 후단 직관부에는 개폐밸브를 설치할 것

[해설] 펌프 성능시험배관
① 펌프의 토출측에 설치된 개폐밸브 이전에서 분기하여 설치
② 유량측정장치를 기준으로 전단 직관부에 개폐밸브를 후단 직관부에는 유량조절밸브를 설치
③ 유량측정장치(유량계)는 성능시험배관의 직관부에 설치하되 펌프의 정격토출량의 175[%] 이상 측정할 수 있는 성능

79. 이산화탄소 소화설비 호스릴은 수평거리 몇 [m] 이내마다 설치하여야 하는가?

① 10 [m]   ② 15 [m]
③ 20 [m]   ④ 30 [m]

[해설] 각 설비별 소화전 및 호스릴 등 수평거리

설비	구 분	수평거리(m)
옥내소화전	소화전	25
	호스릴	25
미분무소화설비	호스릴	25
할론	호스릴	20
이산화탄소	호스릴	15
포소화설비	호스릴	15
분말	호스릴	15
옥외소화전	소화전	40

[정답] 76. ② 77. ② 78. ③ 79. ②

80. 연소방지설비에서 배관의 구경이 65[mm]일 때 살수헤드의 개수는 몇 개까지 부착할 수 있는가?(단, 살수헤드는 연소방지설비의 전용헤드이다.)

① 2개 ② 3개
③ 4~5개 ④ 6개 이상

[해설] 하나의 배관에 부착하는 살수헤드의 개수

구 분	1개	2개	3개	4개 또는 5개	6개 이상
배관의 구경[mm]	32	40	50	65	80

정답 80. ③

복원기출문제(CBT2023.2회)

※ 본 기출문제는 수험자의 기억을 바탕으로 하여 복원한 문제이므로 실제 문제와 다를 수 있음을 미리 알려드립니다.

■■■ 제1과목 소방원론

1. 자연발화가 일어나기 쉬운 조건이 아닌 것은?

① 열전도율이 클 것
② 적당량의 수분이 존재할 것
③ 주위의 온도가 높을 것
④ 표면적이 넓을 것

해설 자연발화의 조건(발열이 크고 방열이 작아야 함)

• 주위온도가 클 것 • 발열량이 클 것 • 압력이 클 것	• 열전도율이 작을 것 • 통풍이 잘 안 될 것	• 습도가 클 것 (촉매역할) • 표면적이 넓을 것 (공기와 접촉면적이 커짐)

2. 위험물의 저장 방법으로 틀린 것은?

① 금속나트륨-석유류에 저장
② 이황화탄소-수조 물탱크에 저장
③ 알킬알루미늄-벤젠액에 희석하여 저장
④ 산화프로필렌-구리 용기에 넣고 불연성 가스를 봉입하여 저장

해설 위험물 저장 방법

일반적인 위험물	건조하고 어둡고 시원한 냉암소에 저장
황린, 이황화탄소	물속에 저장
칼륨, 나트륨	유동 파라핀등의 석유류속에 저장
아세틸렌	아세톤에 저장
니트로셀룰로오스	물 20%, 프로필알코올 30%로 습윤시켜 저장
알킬알루미늄	희석제[헥산, 벤젠, 톨루엔]을 넣어 20% 용액으로 저장 취급
과산화수소	인산, 요산, 요소, 글리세린 등의 안정제 첨가하여 분해 억제

※ 아세트알데히드, 산화프로필렌은 수은, 구리(동), 은, 마그네슘 또는 이들의 합금과 혼합하면 폭발성 화합물 생성하여 위험

3. 화재의 종류에 따른 표시 색 연결이 틀린 것은?

① 일반화재-백색
② 전기화재-청색
③ 금속화재-흑색
④ 유류화재-황색

해설 화재의 종류

A급	B급	C급	D급	K급
일반화재	유류화재	전기화재 (통전중)	금속화재	주방식용유 화재
백색	황색	청색	무색	-

4. 열경화성 플라스틱에 해당하는 것은?

① 폴리에틸렌
② 염화비닐수지
③ 페놀수지
④ 폴리스티렌

해설 플라스틱화재 화재

열가소성	열경화성
열을 가했을 때 녹고, 온도를 충분히 낮추면 고체 상태로 되돌아가는 고분자물질이다.	열을 가하면 녹지 않고, 타서 가루가 되거나 기체를 발생시키는 고분자물질이다.
폴리염화비닐(PVC), 폴리에틸렌, 폴리스틸렌 등	페놀수지, 에폭시수지, 멜라민수지, 규소수지, 요소수지 등

암기+ 염크비티렌오미(종류 중 이 글자가 있으면 열가소성)

5. 건물의 주요 구조부에 해당되지 않는 것은?

① 바닥
② 천장
③ 기둥
④ 주계단

해설 주요구조부
주계단, 내력벽, 기둥, 바닥, 보, 지붕틀

6. 과산화칼륨이 물과 접촉하였을 때 발생하는 것은?

① 산소
② 수소
③ 메탄
④ 아세틸렌

해설 물과의 반응
$2K_2O_2 + 2H_2O \rightarrow 4KOH + O_2 \uparrow$

정답 1. ① 2. ④ 3. ③ 4. ③ 5. ② 6. ①

7. 질식소화를 위한 연소한계 산소농도가 15[vol%]인 가연물질의 소화에 필요한 CO_2가스의 최소소화농도[vol%]는? (단, 무유출(No efflux)방식을 전제로 하고, 공기 중 산소는 20[vol%]이다.)

① 20 ② 25
③ 33 ④ 40

해설

$$CO_2[\%] = \frac{20[\%] - O_2[\%]}{20[\%]} \times 100 = \frac{20 - 15}{20} \times 100 = 25[\%]$$

8. Twin agent system으로 분말소화약제와 병용하여 소화효과를 증진시킬 수 있는 소화약제로 다음 중 가장 적합한 것은?

① 수성막포
② 이산화탄소
③ 단백포
④ 합성계면활성제포

해설 수성막포
① 불소계통의 습윤제에 계면활성제를 섞은 것으로 반영구적이며 투명한 노란색이다.
② AFFF(Aqueous Film Forming Foam) 또는 Light Water라 하고 Twin Agent(수성막포 + 제3종 분말소화약제)에 사용 된다.
③ 포가 얇아 내열성에 약해 윤화현상(Fire Ring)이 일어나기 쉽다.

9. $NH_4H_2PO_4$를 주성분으로 한 분말소화약제는 제 몇 종 분말소화약제인가?

① 제1종 ② 제2종
③ 제3종 ④ 제4종

해설 분말소화약제의 명칭 등

구분	제1종	제2종	제3종	제4종
명칭	탄산수소 나트륨	탄산수소 칼륨	인산암모늄	탄산수소 칼륨 + 요소
분자식	$NaHCO_3$	$KHCO_3$	$NH_4H_2PO_4$	$KHCO_3$ + $(NH_2)_2CO$
색상	백색	자색	담홍색	회백색
적응 화재	B급, C급	B급, C급	A급, B급, C급	B급, C급

10. 할론 소화약제의 분자식이 틀린 것은?

① 할론 2402 : $C_2F_4Br_2$
② 할론 1211 : CCl_2FBr
③ 할론 1301 : CF_3Br
④ 할론 104 : CCl_4

해설 할론 소화약제

구분	할론 1301	할론 1211	할론 2402
분자식	CF_3Br	CF_2ClBr	$C_2F_4Br_2$
분자량	148.9	165.4	259.9
비점	-57.8℃	-3.4℃	47.5℃
상온상압	기체	기체	액체
ODP	10	3	6
GWP	7,140	1,890	1,640
명명법	브로모 트리 플루오르 메탄	브로모 클로로 디 플루오르 메탄	디 브로모 테트라 플루오르 에탄

11. 두께가 10[mm]인 창유리의 내부 온도가 15[℃], 외부 온도가 -5[℃]이다. 창의 크기는 2[m] × 2[m]이고 유리의 열전도율이 1.5[W/m·K]이라면 창을 통한 열전달률은 몇 [kW] 인가?

① 9   ② 10
③ 11 ④ 12

정답 7. ② 8. ① 9. ③ 10. ② 11. ④

[해설] 전도
고체 또는 정지 상태 유체의 열전달(발화, 성장기의 열전달)

$$q = K \cdot A \cdot \frac{\Delta t}{\ell}$$

q : 열량[W = J/s = cal/s]
K : 열전도율[W/m·℃ = J/m·s·℃]
A : 표면적[m²]
Δt : 온도차[℃]
ℓ : 물질두께[m]

[풀이]
$$q = K \cdot A \cdot \frac{\Delta t}{\ell} = 1.5 \times 4 \times \frac{15-(-5)}{0.01} = 12,000[W]$$
$$= 12[kW]$$

12. 다음 중 가연물의 제거와 가장 관련이 없는 소화방법은?

① 촛불을 입김으로 불어서 끈다.
② 산불화재시 나무를 잘라 없앤다.
③ 팽창진주암을 사용하여 진화한다.
④ 가스화재시 중간밸브를 잠근다.

[해설] 제거소화
가연물이 연소하기 전에 가연물을 제거하여 소화
산불화재 벌목, 가스화재의 가스차단, 촛불의 화염 제거

13. 건축물의 화재발생시 인간의 피난 특성으로 틀린 것은?

① 평상시 사용하는 출입구나 통로를 사용하는 경향이 있다.
② 화재의 공포감으로 인하여 빛을 피해 어두운 곳으로 몸을 숨기는 경향이 있다.
③ 화염, 연기에 대한 공포감으로 발화지점의 반대방향으로 이동하는 경향이 있다.
④ 화재시 최초로 행동을 개시한 사람을 따라 전체가 움직이는 경향이 있다.

[해설] 인간의 피난행동 특성 (본능)

좌회 본능	오른손잡이는 왼쪽으로 회전하려고 함
귀소 본능	왔던 곳 또는 상시 사용하는 곳으로 돌아가려 함
지광 본능	밝은 곳으로 향함
퇴피 본능	위험을 확인하고 위험으로부터 멀어지려 함
추종 본능	위험 상황에서 한 리더를 추종하려 함

14. 방염성능기준 이상의 실내장식물 등을 설치하여야 하는 특정소방대상물에 해당하지 않는 것은?

① 숙박시설
② 노유자시설
③ 층수가 11층 이상의 아파트
④ 건축물의 옥내에 있는 종교시설

[해설] 방염대상의 특정소방대상물
① 근린생활시설 중 의원, 조산원, 산후조리원, 체력단련장, 공연장 및 종교집회장
② 건축물의 옥내에 있는 시설 [문화 및 집회시설, 종교시설, 운동시설(수영장은 제외)]
③ 의료시설, 노유자시설 및 숙박이 가능한 수련시설, 숙박시설, 방송통신시설 중 방송국 및 촬영소
④ 다중이용업의 영업장
⑤ 층수가 11층 이상인 것(아파트는 제외)
⑥ 교육연구시설 중 합숙소

+암기) 연예인 안문숙이 11층의 체력단련장에서 운동하다 다쳤는데 의료시설인 조산 의원에 안가고 공연장으로 가 이상하게 여겨 방송국에서 촬영하러 오니 합숙소의 노유자, 수련시설의 종교인등이 구경 옴

15. 연기 및 불꽃을 차단할 수 있는 시간이 60분 이상인 방화문은?

① 60분+ 방화문
② 60분 방화문
③ 30분 방화문
④ 30분+ 방화문

해설

구 분	성능
60분+ 방화문	연기 및 불꽃을 차단할 수 있는 시간이 60분 이상이고, 열을 차단할 수 있는 시간이 30분 이상인 방화문
60분 방화문	연기 및 불꽃을 차단할 수 있는 시간이 60분 이상인 방화문
30분 방화문	연기 및 불꽃을 차단할 수 있는 시간이 30분 이상 60분 미만인 방화문

16. 고체연료의 연소형태가 아닌 것은?

① 예혼합연소 ② 분해연소
③ 증발연소   ④ 자기연소

해설

구 분	연소형태
표면연소	고체연소
분해연소	고체, 액체연소
증발연소	고체, 액체연소
자기연소	고체, 액체연소
확산연소	고체, 액체, 기체연소
예혼합연소	기체연소

예혼합연소
가연성가스와 공기가 미리 혼합되어 점화원에 바로 연소 산소와 아세틸렌 용접기, 가연성가스의 누설에 의한 폭발 (UVCE) 등

17. 다음 중 연소범위를 근거로 계산한 위험도 값이 가장 큰 물질은?

① 이황화탄소 ② 메탄
③ 수소   ④ 일산화탄소

해설 위험도(Hazard)

$$H = \frac{UFL - LFL}{LFL}$$

연소상한값(UFL)이 커질수록 위험하며 연소범위가 넓을수록 연소하한값(LFL)이 낮을수록 위험하다.

가스명	위험도	가스명	위험도	가스명	위험도
이황화탄소	35.67	에틸렌	12.33	메탄	2
아세틸렌	31.4	황화수소	10	에탄	3.13
에테르	24.3	일산화탄소	4.92	프로판	3.52
수소	17.75	암모니아	0.86	부탄	3.67

18. 정전기 발생 방지대책 중 틀린 것은?

① 상대습도를 높인다.
② 공기를 이온화시킨다.
③ 접지시설을 한다.
④ 가능한 한 부도체를 사용한다.

해설 정전기
① 전기의 성질을 가지게 되었지만 도전로(전기가 흐르는 길)이 없어 정지되어 있는 전기로 옷 같은 부도체에 축적되어 있는 전기
② 정전기에 의한 발화과정
   대전(전하의 발생) → 전하의 축적 → 방전 → 발화
   ※ 대전 : 중성의 성질을 가진 물질이 +, - 전기의 성질을 가지게 되는 것
③ 정전기 방지대책

도체	부도체	인체
접지, 본딩, 유속제한 (1 m/s 이하)	상대습도 70% 이상, 대전방지제, 제전기	대전방지복, 대전방지화, 손목접지대

19. 가연성 물질이 아닌 것은?

① 프로판   ② 산소
③ 에탄   ④ 암모니아

해설 주요 가연성 가스의 공기 중 연소 범위

가스명	연소범위[V%]		가스명	연소범위[V%]	
	하한값	상한값		하한값	상한값
아세틸렌	2.5	81	에틸렌	2.7	36
수소	4	75	암모니아	15	28
일산화탄소	12.5	74	메탄	5	15
에테르	1.9	48	에탄	3	12.4
이황화탄소	1.2	44	프로판	2.1	9.5
황화수소	4	44	부탄	1.8	8.4

20. 니트로셀룰로오스에 대한 설명으로 잘못된 것은?

① 질화도가 낮을수록 위험도가 크다.
② 물을 첨가하여 습윤시켜 운반한다.
③ 화약의 원료로 쓰인다.
④ 고체이다.

해설 니트로셀룰로오스 [NC, 질화면, $C_6H_7O_2(ONO_2)_3$]
① 천연셀룰로오스 + 질산과 황산의 혼산으로 제조한 것으로 무색 또는 백색의 고체 → 햇빛에 의해 황갈색
② 질화도가 큰 것일수록 폭발 위험성이 높다.

※ 질화도 : 니트로셀룰로오스에 함유된 질소의 함유량

③ 저장·취급 방법 : 물 20[%], 프로필알코올 30[%]로 습윤 시켜 저장

■■■ 제2과목 소방유체역학

21. 소화펌프의 회전수가 2000[rpm]일 때 양정이 100[m], 유량이 0.4[m³/min]이었다. 동일한 펌프를 사용하고 회전수를 1500[rpm]으로 낮출 경우 양정[m]과 유량[m³/min]은?

① 양정 : 56, 유량 : 0.23
② 양정 : 75, 유량 : 0.23
③ 양정 : 56, 유량 : 0.3
④ 양정 : 75, 유량 : 0.3

해설
1) 상사법칙
펌프의 특성치인 양정(H), 유량(Q), 축동력(L), 회전수(n), 임펠러 직경(D)사이 관계를 말한다.

① 유량(Q) : $\dfrac{Q_2}{Q_1} = \dfrac{n_2}{n_1} \times (\dfrac{D_2}{D_1})^3$

② 양정(H) : $\dfrac{H_2}{H_1} = (\dfrac{n_2}{n_1})^2 \times (\dfrac{D_2}{D_1})^2$

③ 동력(L) : $\dfrac{L_2}{L_1} = \dfrac{\eta_1}{\eta_2} \times (\dfrac{n_2}{n_1})^3 \times (\dfrac{D_2}{D_1})^5$

2) 양정과 유량
동일한 펌프이므로 $D_1 = D_2$

• 양정 $H_2 = H_1 \times \left(\dfrac{n_2}{n_1}\right)^2 = 100m \times \left(\dfrac{1500[rpm]}{2000[rpm]}\right)^2$
$= 56.25[m]$

• 유량 $Q_2 = Q_1 \times \dfrac{n_2}{n_1} = 0.4[m^3/min] \times \dfrac{1500[rpm]}{2000[rpm]}$
$= 0.3[m^3/min]$

22. 20[℃] 물 100[L]를 화재현장의 화염에 살수하였다. 물이 모두 끓는 온도(100[℃])까지 가열되는 동안 흡수하는 열량은 약 몇 [kJ]인가?
(단, 물의 비열은 4.2[kJ/(kg·K)]이다.)

① 500 ② 2000
③ 8000 ④ 33,600

[해설]
1) 질량 m (물 기준)
$100[L] = 100 \times 10^{-3}[m^3] = 0.1[m^3]$
$\quad\quad\quad = 0.1[m^3] \times 1000[kg/m^3]$
$\quad\quad\quad = 100[kg]$

※ 물의 비중량과 밀도

	중력단위	SI 단위
γ (비중량)	$1000[kgf/m^3]$	$9800[N/m^3]$ = $9.8[kN/m^3]$
ρ (밀도)	$1000[kg/m^3]$ $102[kgf \cdot s^2/m^4]$	$1000[N \cdot s^2/m^4]$

2) 흡수열량
$Q = mc\Delta t$
여기서, Q : 열량[kJ]
$\quad\quad c$: 비열[kJ/(kg·K)]
$\quad\quad m$: 질량[kg]
$\quad\quad \Delta t$: 온도차[K]
$Q = 100kg \times 4.2[kJ/(kg \cdot K)] \times$
$\quad\quad [(273+100)-(273+20)][K] = 33,600[kJ]$

※ 섭씨온도[℃] 차이와 절대온도[K] 차이는 동일하다. 따라서 $\Delta t = 100-20 = 80$ 으로 하여도 무방하다.

23. 비원형관 배관의 마찰손실을 구하기 위하여 수력직경(D_h)을 구하려고 한다. 배관의 규격이 가로 0.3[m], 세로 0.2[m]일 때 수력직경[m]을 구하면?

$$D_h = \frac{4A}{P} \text{ (여기서, } A \text{ : 면적, } P \text{ : 접수길이)}$$

① 0.12 ② 0.24
③ 0.36 ④ 0.48

[해설]
1) 수력직경 유도
$R_h = \frac{\text{유동단면적}(A)}{\text{접수길이}(P)} = \frac{\text{가로} \times \text{세로}}{2(\text{가로}+\text{세로})}$
$D_h = 4 \times R_h = \frac{4A}{P}$

2) 수력직경
$D_h = \frac{4A}{P}$
여기서, D_h : 수력직경[m]
$\quad\quad A$: 면적[m^2]
$\quad\quad P$: 접수길이[m]
수력직경 D_h는
$D_h = \frac{4A}{P} = \frac{4 \times (0.3 \times 0.2)[m^2]}{2 \times (0.3+0.2)[m]} = 0.24[m]$

[참고]
1) 원형관(d : 중심지름)일 때 수력직경 유도
$R_h = \frac{\text{유동단면적}(A)}{\text{접수길이}(P)} = \frac{\frac{\pi d^2}{4}}{\pi d} = \frac{d}{4}$
$D_h = 4 \times R_h = \frac{4A}{P} = d$

2) 정사각관(a : 한변길이)
$R_h = \frac{\text{유동단면적}}{\text{접수길이}} = \frac{a^2}{4a} = \frac{a}{4}$
$D_h = 4 \times R_h = a$

3) 환형관(바깥지름 ; D, 안지름 : d)
$R_h = \frac{\text{유동단면적}}{\text{접수길이}} = \frac{D-d}{4}$
$D_h = 4 \times R_h = D-d$

24. 관의 단면적이 0.6[m^2]에서 0.2[m^2]로 감소하는 수평 원형 축소관으로 공기를 수송하고 있다. 관마찰손실은 없는 것으로 가정하고 0.738[kg/s]의 공기가 흐를 때 압력감소는 몇 [Pa]인가?
(단, 공기밀도는 1.23[kg/m^3]이다.)

① 4.92 ② 5.58
③ 6.20 ④ 9.92

[해설]
1) 비중량
$\gamma = \rho g$
여기서, γ : 비중량[N/m^3]
$\quad\quad \rho$: 밀도[kg/m^3]
$\quad\quad g$: 중력가속도(9.8[m/s^2])

[정답] 23. ② 24. ①

비중량 γ는
$\gamma = 1.23\,[\mathrm{N\cdot s^2/m^4}] \times 9.8\,[\mathrm{m/s^2}] = 12.054\,[\mathrm{N/m^3}]$

2) 유속
$\overline{m} = AV\rho$
여기서, $\overline{m}$: 질량유량[kg/s], A : 단면적[m²]
V : 유속[m/s], ρ : 밀도[kg/m³]
유속 V는
$V_1 = \dfrac{\overline{m}}{\rho A_1} = \dfrac{0.738\,[\mathrm{kg/s}]}{1.23\,[\mathrm{kg/m^3}] \times 0.6\,[\mathrm{m^2}]} = 1\,[\mathrm{m/s}]$
$V_2 = \dfrac{\overline{m}}{\rho A_2} = \dfrac{0.738\,[\mathrm{kg/s}]}{1.23\,[\mathrm{kg/m^3}] \times 0.2\,[\mathrm{m^2}]} = 3\,[\mathrm{m/s}]$

3) 압력차(베르누이 방정식)
$\dfrac{P_1}{\gamma} + \dfrac{V_1^2}{2g} + Z_1 = \dfrac{P_2}{\gamma} + \dfrac{V_2^2}{2g} + Z_2$
여기서, $P_1,\ P_2$: 압력[N/m²]
γ : 비중량(물의 비중량 9800[N/m³])
$V_1,\ V_2$: 유속[m/s]
g : 중력가속도(9.8[m/s²])
$Z_1,\ Z_2$: 높이[m]
수평관이므로 $Z_1 = Z_2$
$\dfrac{P_1}{\gamma} + \dfrac{V_1^2}{2g} = \dfrac{P_2}{\gamma} + \dfrac{V_2^2}{2g},\ \dfrac{P_1}{\gamma} - \dfrac{P_2}{\gamma} = \dfrac{V_2^2}{2g} - \dfrac{V_1^2}{2g}$

$\dfrac{P_1 - P_2}{\gamma} = \dfrac{V_2^2 - V_1^2}{2g},\ P_1 - P_2 = \gamma \times \dfrac{V_2^2 - V_1^2}{2g}$

압력감소
$P_1 - P_2 = \rho \times \dfrac{V_2^2 - V_1^2}{2}$
$= 1.23\,[\mathrm{kg/m^3}] \times \dfrac{(3\,[\mathrm{m/s}])^2 - (1\,[\mathrm{m/s}])^2}{2}$
$= 4.92\,[\mathrm{kg/(m\cdot s^2)}] = 4.92\,[\mathrm{Pa}]$

25. 그림과 같이 벤츄리관에서 단면1과 단면2의 단면적 비율이 2:1일 때, 벤츄리효과에 의한 물의 높이차가 △h 이면 단면1에서의 유속은 얼마인가? (단, 모든 손실은 무시한다.)

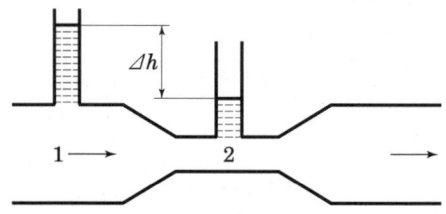

① $2\sqrt{2g\triangle h}$ ② $2\sqrt{\dfrac{2g\triangle h}{3}}$

③ $\sqrt{2g\triangle h}$ ④ $\sqrt{\dfrac{2g\triangle h}{3}}$

해설 베르누이 방정식
$\dfrac{P_1}{\gamma} + \dfrac{V_1^2}{2g} + Z_1 = \dfrac{P_2}{\gamma} + \dfrac{V_2^2}{2g} + Z_2$
여기서, $P_1,\ P_2$: 압력[N/m²]
γ : 비중량(물의 비중량 9800[N/m³])
$V_1,\ V_2$: 유속[m/s]
g : 중력가속도(9.8[m/s²])
$Z_1,\ Z_2$: 높이[m]
수평관($Z_1 = Z_2$)
단면1과 단면2의 단면적 비율이 2:1 ($V_2 = 2V_1$)
$\dfrac{P_1}{\gamma} + \dfrac{V_1^2}{2g} = \dfrac{P_2}{\gamma} + \dfrac{V_2^2}{2g}$
$\dfrac{P_1}{\gamma} - \dfrac{P_2}{\gamma} = \dfrac{V_2^2}{2g} - \dfrac{V_1^2}{2g}$
$\triangle h = \dfrac{V_2^2 - V_1^2}{2g} = \dfrac{(2V_1)^2 - V_1^2}{2g} = \dfrac{3V_1^2}{2g}$
$V_1^2 = \dfrac{2g\triangle h}{3}$ 이므로, $V_1 = \sqrt{\dfrac{2g\triangle h}{3}}$

정답 25. ④

26. 비점성 유체를 가장 잘 설명한 것은?

① 실제 유체를 뜻한다.
② 유체 유동 시 마찰저항이 존재하지 않는 이상적인 유체를 말한다.
③ 마찰저항이 속도기울기에 비례하는 유체를 말한다.
④ 전단응력이 존재하는 유체의 흐름을 말한다.

[해설] 이상유체
- 비점성 : 점성이 없다는 것은 유체 내의 물체가 이동하는데 방해하는 요소가 없다는 것이다. 즉, 마찰력이 0인 유체를 말한다.
- 정상류 : 특정한 한 점을 지나는 유체의 속도는 일정하다. 상황이 바뀌지 않으면 등속도로 움직인다는 의미이다.
- 비압축성 : 압축이 되지 않는다. 즉, 밀도가 항상 일정하는 의미이다.
- 비회전성 : 유체 내 어느 지점에서나 각운동량은 0이다.

27. 수은이 채워진 U자관에 수은보다 비중이 작은 어떤 액체를 넣었다. 액체기둥의 높이가 24[cm]일 때 이 액체의 비중은? (단, 수은의 비중은 13.6이다.)

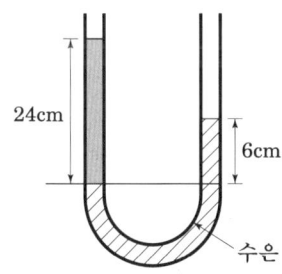

① 3.4 　　　　② 3.6
③ 3.8 　　　　④ 4.0

[해설] U자관

$s_1 h_1 = s_2 h_2$

여기서, s_1 : 액체의 비중
　　　　s_2 : 수은의 비중
　　　　h_1 : 액체기둥의 높이[m]
　　　　h_2 : 수은과 액체표면의 높이차[m]

$s_1 = \dfrac{s_2 h_2}{h_1} = \dfrac{13.6 \times 6[\text{cm}]}{24[\text{cm}]} = 3.4$

28. 지름이 5[cm]인 소방노즐에서 물제트가 40[m/s]의 속도로 건물벽에 수직으로 충돌하고 있다. 벽이 받는 힘은 약 몇 [N]인가?

① 1204 　　　　② 2253
③ 2570 　　　　④ 3141

[해설]
1) 유량

$Q = AV = \dfrac{\pi D^2}{4} V$

여기서, Q : 유량[m³/s]
　　　　A : 단면적[m²]
　　　　V : 유속[m/s]
　　　　D : 직경[m]

유량 $Q = \dfrac{\pi}{4} \times (5[\text{cm}])^2 \times 40[\text{m/s}]$

$= \dfrac{\pi}{4} \times (0.05[\text{m}])^2 \times 40[\text{m/s}]$

$\fallingdotseq 0.07853[\text{m}^3/\text{s}]$

2) 힘

$F = \rho Q V$

여기서, F : 추진력[N]
　　　　ρ : 밀도(물의 밀도 $1000[\text{N} \cdot \text{s}^2/\text{m}^4]$)
　　　　Q : 유량[m³/s]
　　　　V : 유속[m/s]

벽이 받는 힘

$F = 1000[\text{N} \cdot \text{s}^2/\text{m}^4] \times 0.07853[\text{m}^3/\text{s}] \times 40[\text{m/s}]$

$\fallingdotseq 3141[\text{N}]$

29. 동일한 노즐구경을 갖는 소방차에서 방수량이 2배가 되게 하려면 방수압력을 몇 배로 하면 되는가?

① 2 　　　　② 4
③ 8 　　　　④ 16

[해설]

$Q = 0.653 CD^2 \sqrt{10P}$

여기서, Q : 방수량[L/min]　　C : 유량계수
　　　　D : 구경[m]　　　　P : 방수압[MPa]

방수량과 방수압력의 관계

$P \propto Q^2 = 2^2 = 4$배

정답　26. ②　27. ①　28. ④　29. ②

복원기출문제

30. 외부표면의 온도가 24[℃], 내부표면의 온도가 24.5[℃]일 때, 높이 1.5[m], 폭 1.5[m], 두께 0.5[cm]인 유리창을 통한 열전달률은 약 몇 [W]인가? (단, 유리창의 열전도계수는 0.8[W/(m·K)]이다.)

① 180 ② 200
③ 1800 ④ 2000

해설 전도
$$q = \frac{KA(T_2 - T_1)}{l}$$

여기서, q : 대류열류[W]
K : 열전도율[W/(m·K)]
A : 대류면적[m²]
$T_2 - T_1$: 온도차[K]
l : 두께[m]

열전달률 q는
$A = 1.5[m] \times 1.5[m] = 2.25[m^2]$
$T_2 - T_1 = 297.5[K] - 297[K] = 0.5[K]$
$l = 0.5[cm] = 0.005[m]$
$q = \dfrac{0.8[W/(m \cdot K)] \times 2.25[m^2] \times 0.5[K]}{0.005[m]} = 180[W]$

31. 커다란 탱크의 밑면에서 물이 0.05[m³/s]로 일정하게 흘러나가고, 위에서는 단면적이 0.025[m²], 분출속도가 8[m/s]의 노즐을 통하여 탱크로 유입되고 있다. 탱크 내 물은 몇 [m³/s]로 늘어 나는가?

① 0.15 ② 0.0145
③ 0.3 ④ 0.03

해설
1) 유량
$Q = AV$

여기서, Q : 유량[m³/s]
A : 단면적[m²]
V : 유속[m/s]

유입되는 유량 Q는
$Q = 0.025[m^2] \times 8[m/s] = 0.2[m^3/s]$

2) 유입된 유량
$Q = Q_1 + Q_2$

여기서, Q : 유입된 유량[m³/s]
Q_1 : 늘어나는 유량[m³/s]
Q_2 : 방출된 유량[m³/s]

늘어나는 유량 Q_1은
$Q_1 = Q - Q_2 = 0.2[m^3/s] - 0.05[m^3/s] = 0.15[m^3/s]$

32. 지름이 10[cm], 길이가 1200[m]인 배관 속을 0.04[m³/s]의 유량으로 물이 흐르고 있다. 관마찰계수가 0.03일 때 마찰손실수두는 약 몇 [m]인가?
(단, Darcy-Weisbach 식을 이용한다.)

① 327 ② 476
③ 512 ④ 648

해설
1) 유속 V
$V = \dfrac{Q}{A} = \dfrac{Q}{\left(\dfrac{\pi D^2}{4}\right)} = \dfrac{0.04[m^3/s]}{\left(\dfrac{3.14 \times 0.1^2}{4}\right)} \fallingdotseq 5.1[m/s]$

2) 손실수두(Darcy-Weisbach식)
$H = f \dfrac{l}{d} \dfrac{v^2}{2g}$

여기서, H : 마찰손실[m]
f : 관마찰계수
l : 길이[m]
v : 유속[m/s]
g : 중력가속도(9.8[m/s²])
d : 내경[m]

총 손실수두 H는
$H = f \dfrac{l}{d} \dfrac{v^2}{2g} = 0.03 \times \dfrac{1200[m]}{0.1[m]} \times \dfrac{(5.1[m/s])^2}{2 \times 9.8[m/s^2]}$
$\fallingdotseq 476[m]$

정답 30. ① 31. ① 32. ②

33. 다음 그림과 같이 설치한 피토 정압관의 액주계 눈금 R=100[mm]일 때 ㉠에서의 물의 유속은 약 몇 [m/s]인가? (단, 액주계에 사용된 수은의 비중은 13.6이다.)

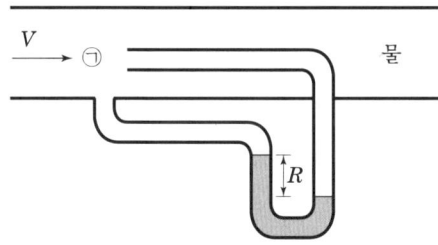

① 15.7 ② 5.35
③ 5.16 ④ 4.97

해설 피토정압관

$$V = \sqrt{2g\left(\frac{\gamma - \gamma_w}{\gamma_w}\right)R} = \sqrt{2g\left(\frac{s}{s_w} - 1\right)R}$$

여기서, V : 유속[m/s]
g : 중력가속도(9.8[m/s²])
R : 속도수두(높이)[m]
γ : 피토관내 액체의 비중량[N/m³]
γ_w : 배관내 유체의 비중량
s : 피토관내 액체의 비중
s_w : 배관내 액체의 비중

물의 유속 V는

$$V = \sqrt{2g\left(\frac{s}{s_w} - 1\right)R}$$
$$= \sqrt{2 \times 9.8[\text{m/s}^2] \times \left(\frac{13.6}{1} - 1\right) \times 0.1[\text{m}]}$$
$$= 4.97[\text{m/s}]$$

34. 어떤 기체를 20[℃]에서 등온 압축하여 절대압력이 0.2[MPa]에서 1[MPa]으로 변할 때 체적은 초기 체적과 비교하여 어떻게 변화 하는가?

① 5배로 증가한다.
② 10배로 증가한다.
③ 1/5로 감소한다.
④ 1/10로 감소한다.

해설 보일-샤를의 법칙

$$\frac{P_1 V_1}{T_1} = \frac{P_2 V_2}{T_2}$$

여기서, P_1, P_2 : 절대압력[MPa]
V_1, V_2 : 체적[m³]
T_1, T_2 : 절대온도[K]

$P_1 = 0.2$[MPa], $P_2 = 1$[MPa]이고,
등온($T_1 = T_2 = (273+20)$[K])압축이다.

따라서, $P_1 V_1 = P_2 V_2$에서 $\frac{P_1}{P_2} = \frac{V_2}{V_1}$ 이므로

$$\frac{V_2}{V_1} = \frac{0.2\text{MPa}}{1\text{MPa}} = \frac{1}{5}$$

35. 그림과 같이 매끄러운 유리관에 물이 채워져 있을 때 모세관 상승높이 h는 약 몇 m인가?

[조건]
· 액체의 표면장력 $\sigma = 0.073$ [N/m]
· R = 1 [mm]
· 매끄러운 유리관의 접촉각 $\theta = 0℃$

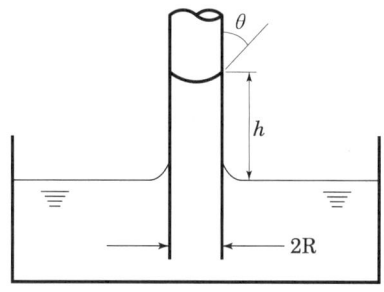

① 0.007 ② 0.015
③ 0.07   ④ 0.15

정답 33. ④ 34. ③ 35. ②

[해설] 모세관현상

$h = \dfrac{4\sigma\cos\theta}{\gamma D}$

여기서, h : 상승높이[m]
　　　　σ : 표면장력[N/m]
　　　　θ : 접촉각[°]
　　　　γ : 비중량(물의 비중량 9800[N/m³])
　　　　D : 관의 내경[m]

상승높이 h 는

$h = \dfrac{4 \times 0.073[\text{N/m}] \times \cos 0°}{9800[\text{N/m}^3] \times 2[\text{mm}]} = \dfrac{4 \times 0.073[\text{N/m}] \times \cos 0°}{9800[\text{N/m}^3] \times 0.002[\text{m}]}$

　　　$≒ 0.015[\text{m}]$

36. 그림과 같이 피스톤의 지름이 각각 25[cm]와 5[cm] 이다. 작은 피스톤을 화살표 방향으로 20[cm]만큼 움직일 경우 큰 피스톤이 움직이는 거리는 약 몇 [mm]인가? (단, 누설은 없고, 비압축성이라고 가정한다.)

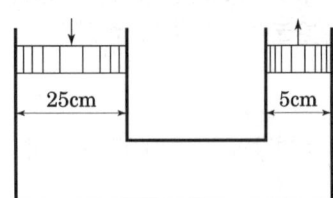

① 2　　　　　② 4
③ 8　　　　　④ 10

[해설] 압력

$P = \gamma h = \dfrac{F}{A}$

여기서, P : 압력[N/m²]　　γ : 비중량[N/m³]
　　　　h : 움직인 높이[m]　F : 힘[N]
　　　　A : 단면적[m²]

힘 $F = \gamma h A$에서 $\gamma h_1 A_1 = \gamma h_2 A_2$,
그리고 $h_1 A_1 = h_2 A_2$가 된다.

큰 피스톤이 움직인 거리 h_1 는

$h_1 = \dfrac{A_2}{A_1} h_2$

$= \dfrac{\dfrac{\pi}{4} \times (5[\text{cm}])^2}{\dfrac{\pi}{4} \times (25[\text{cm}])^2} \times 20[\text{cm}] = 0.8[\text{cm}] = 8[\text{mm}]$

37. 폭 2[m]의 수로 위에 그림과 같이 높이 3[m]의 판이 수직으로 설치되어 있다. 유속이 매우 느리고 상류의 수위는 3.5[m], 하류의 수위는 2.5[m]일 때, 물이 판에 작용하는 힘은 약 몇 [kN]인가?

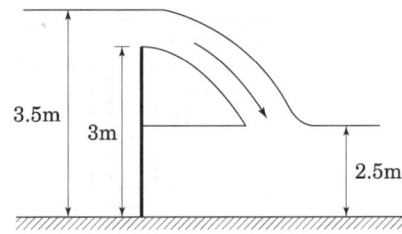

① 26.9　　　　② 56.4
③ 76.2　　　　④ 96.8

[해설]
1) 수면에서의 깊이

좌측 $h_1 = 0.5 + \left(\dfrac{3}{2}\right) = 2[\text{m}]$

우측 $h_2 = \dfrac{2.5}{2} = 1.25[\text{m}]$

2) 작용하는 힘

$F = \gamma h A$

여기서, F : 작용하는 힘[N]
　　　　γ : 비중량(물의 비중량 9800[N/m³])
　　　　h : 표면에서 수문 중심까지의 수직거리[m]
　　　　A : 수문의 단면적[m²]

$F = F_1 - F_2 = \gamma h_1 A_1 - \gamma h_2 A_2$

　$= 9800[\text{N/m}^3] \times 2[\text{m}] \times (3[\text{m}] \times 2[\text{m}])$
　　$- 9800[\text{N/m}^3] \times 1.25[\text{m}] \times (2.5[\text{m}] \times 2[\text{m}])$

　$≒ 56,400[\text{N}] = 56.4[\text{kN}]$

38. 다음 중 점성계수의 단위가 아닌 것은?

① N·s/m²　　　② kg/(m·s)
③ kg·m/s　　　④ poise

[해설] 점성계수의 단위
　・N·s/m² [중력단위]
　・kg/(m·s) [절대단위]
　・poise
　③ kg·m/s : 운동량 단위[mv]

정답　36. ③　37. ②　38. ③

39. 질량이 3[kg]인 공기(이상기체)가 온도 323[K]으로 일정하게 유지 되면서 체적이 4배가 되었다면 이 계(system)가 한 일은 약 몇 [kJ]인가? (단, 공기의 기체상수는 287[J/(kg·K)]이다.)

① 48 ② 96
③ 193 ④ 386

해설
1) 이상기체 상태방정식

$$PV = nRT = \frac{m}{M}RT = m\frac{R}{M}T = m\bar{R}T$$

여기서, P : 압력[kPa]
V : 부피[m³]
m : 질량[kg]
R : 일반기체상수[kJ/kg·K] ⇒ 고정값
$\bar{R}$: 기체상수[kJ/kg·K]
T : 절대온도[K]

변화 전의 압력과 체적 $P_1 V_1$은
$P_1 V_1 = 3[kg] \times 287[J/(kg·K)] \times 323[K]$
$= 278,103[J] = 278.103[kJ]$

2) 등온과정의 절대일

$$_1W_2 = P_1 V_1 \ln\frac{V_2}{V_1}$$

여기서, $_1W_2$: 절대일[kJ]
P_1, P_2 : 변화 전후의 압력[kJ/m³]
V_1, V_2 : 변화 전후의 체적[m³]

$_1W_2 = 278.103[kJ] \times \ln 4 ≒ 386[kJ]$

40. 송풍기의 풍량 15[m³/s], 전압 540[Pa], 전압효율이 55[%]일 때 필요한 축동력은 몇 [kW]인가?

① 2.23 ② 4.46
③ 8.1 ④ 14.7

해설 송풍기 축동력 L_s

$L_a = P_t · Q / \eta_t$ [kW]
$= \dfrac{540 \times 10^{-3} \times 15}{0.55} = 14.72$ [kW]

여기서, P_t : 송풍기 전압[kPa]
Q : 풍량[m³/s]
η_t : 송풍기 전압효율

■■■ 제3과목 소방관계법규

41. 특정소방대상물의 소방시설 자체점검에 관한 설명 중 종합점검 대상이 아닌 것은?

① 스프링클러설비가 설치된 특정소방대상물
② 미분무소화설비가 설치된 연면적 5,000[m²] 이상인 특정소방대상물
③ 복합영상물제공업의 영업장이 설치된 특정소방대상물로서 연면적이 2,000[m²] 이상인 것
④ 물분무설비가 설치된 터널

해설 종합점검 대상

	연면적 및 설치된 소방시설등의 기준		비고
①	물분무등 소화설비	5,000 [m²] 이상	호스릴방식만을 설치한 경우 제외. 위험물 제조소등은 제외.
②	다중이용업의 영업장이 설치된 특정 소방대상물	2,000 [m²] 이상	산후조리업, 노래연습장업, 고시원업, 단란주점영업, 유흥주점영업, 비디오물감상실업·복합영상물제공업, 안마시술소, 영화상영관만 해당
③	옥내소화전설비 또는 자동화재탐지설비가 설치된 공공기관	1,000 [m²] 이상	터널·지하구의 경우 그 길이와 평균폭을 곱하여 계산된 값. 소방기본법에 따른 소방대가 근무하는 공공기관은 제외.
④	스프링클러설비가 설치된 특정소방대상물		
⑤	제연설비가 설치된 터널		
⑥	최초점검에 해당하는 특정소방대상물		

42. 소방안전관리대상물의 관계인은 관리업자로 하여금 같은 소방안전관리업무 중 대통령령으로 정하는 업무를 대행하게 할 수 있는 대상물이 아닌 것은?

① 연면적 10,000 [m²]이고 지상층의 층수가 11층 이상인 1급 소방안전관리대상물
② 연면적 15,000 [m²] 이상인 학교
③ 지하구
④ 간이스프링클러만 설치된 특정소방대상물

 39. ④ 40. ④ 41. ④ 42. ②

2023년 2회 복원기출문제(CBT시험)

[해설] 업무대행 가능한 대상물
소방안전관리대상물 중 연면적 등이 일정규모 미만인 대통령령으로 정하는 소방안전관리대상물의 관계인은 관리업자로 하여금 같은 소방안전관리업무 중 대통령령으로 정하는 업무를 대행하게 할 수 있다. 이 경우 선임된 소방안전관리자는 관리업자의 대행업무 수행을 감독하고 대행업무 외의 소방안전관리업무는 직접 수행하여야 한다.

| 연면적 등이 일정규모 미만인 대통령령으로 정하는 소방안전관리대상물 |
1. 지상층의 층수가 11층 이상인 1급 소방안전관리대상물 (연면적 15,000[m^2]이상인 특정소방대상물과 아파트 제외)
2. 2급 소방안전관리대상물
3. 3급 소방안전관리대상물

43. 제4류 위험물 제조소의 경우 사용전압이 22[kV]인 특고압 가공전선이 지나갈 때 제조소의 외벽과 가공전선 사이의 수평거리(안전거리)는 몇 [m] 이상 이어야 하는가?

① 3[m] ② 5[m]
③ 10[m] ④ 20[m]

[해설] 안전거리
제조소등이 설치될 때 주위에 방호대상물이 있는 경우 연소확대방지 및 안전을 위해 지켜야 할 거리

안전거리	해당 대상물
50[m] 이상	유형문화재, 기념물 중 지정문화재
30[m] 이상	① 학교 ② 종합병원, 병원, 치과병원, 한방병원, 요양병원 ③ 공연장, 영화상영관 등 / 수용인원 : 300명 이상 ④ 아동복지시설, 장애인복지시설, 모·부자복지시설, 보육시설, 가정폭력 피해자시설 등 / 수용인원 : 20명 이상
20[m] 이상	고압가스, 액화석유가스, 도시가스를 저장 또는 취급하는 시설
10[m] 이상	주거 용도에 사용되는 것
5[m] 이상	사용전압 35,000[V]를 초과하는 특고압가공전선
3[m] 이상	사용전압 7,000[V] 초과 35,000[V] 이하의 특고압가공전선

44. 소방안전관리자의 자격시험 횟수로서 맞지 않은 것은?

① 특급 소방안전관리자 자격시험 : 월 1회 이상
② 1급 소방안전관리자 자격시험 : 월 1회 이상
③ 2급 소방안전관리자 자격시험 : 월 1회 이상
④ 3급 소방안전관리자 자격시험 : 월 1회 이상

[해설] 소방안전관리자 자격시험
1. 소방안전관리자 자격시험 실시자 : 소방청장

구 분	특급	1급·2급·3급
시험횟수	연 2회 이상	월 1회 이상

2. 소방안전관리자 자격시험
시행일 30일 전에 인터넷 홈페이지에 공고

45. 위험물제조소 등에서 자동화재탐지설비를 설치하여야 할 제조소 및 일반취급소는 옥내에서 지정수량 몇 배 이상의 위험물을 저장 취급하는 곳인가?

① 지정수량 5배 이상
② 지정수량 10배 이상
③ 지정수량 50배 이상
④ 지정수량 100배 이상

[해설] 자동화재탐지설비 설치대상
① 제조소, 일반취급소, 옥내저장소

제조소등의 구분	연면적	지정수량	처마의 높이
제조소 일반취급소	500[m^2] 이상	100배 이상	-
옥내저장소	150[m^2] 초과	100배 이상	6[m] 이상

② 옥외탱크저장소
특수인화물, 제1석유류 및 알코올류를 저장 또는 취급하는 탱크의 용량이 1,000만리터 이상인 것

[정답] 43. ① 44. ① 45. ④

46. 화재의 예방 및 안전관리에 관한 법령상 3급 소방안전관리 대상물에 해당하는 건축물은?

① 간이스프링클러설비(주택전용 간이스프링클러설비 포함)를 설치해야 하는 특정 소방대상물
② 자동화재탐지설비를 설치해야 하는 특정소방대상물
③ 비상경보설비를 설치해야 하는 특정소방대상물
④ 소화기구, 유도등을 설치해야 하는 특정소방대상물

해설 소방안전관리자를 두어야 하는 특정소방대상물

특급	① 50층 이상(지하층 제외)이거나 지상으로부터 높이가 200[m] 이상인 아파트 ② 30층 이상(지하층 포함)이거나 지상으로부터 높이가 120[m] 이상인 특정소방대상물(아파트 제외) ③ ②에 해당하지 않는 특정소방대상물로서 연면적이 10만[m²] 이상인 특정소방대상물(아파트 제외)
1급	① 30층 이상(지하층은 제외)이거나 지상으로부터 높이가 120[m] 이상인 아파트 ② 연면적 1만5천[m²] 이상인 특정소방대상물(아파트 및 연립주택 제외) ③ ②에 해당하지 않는 특정소방대상물로서 지상층의 층수가 11층 이상인 특정소방대상물(아파트 제외) ④ 가연성 가스를 1천톤 이상 저장·취급하는 시설 ※ 동·식물원, 철강 등 불연성 물품을 저장·취급하는 창고, 위험물 저장 및 처리 시설 중 위험물 제조소등, 지하구는 제외
2급	① 옥내소화전설비, 스프링클러설비, 물분무등소화설비[호스릴 방식 제외]를 설치해야 하는 특정소방대상물 ② 옥내소화전설비 또는 스프링클러설비가 설치된 공동주택 ③ 보물 또는 국보로 지정된 목조건축물, 지하구 ④ 가스 제조설비를 갖추고 도시가스사업의 허가를 받아야 하는 시설 또는 가연성 가스를 100톤 이상 1천톤 미만 저장·취급하는 시설
3급	① 간이스프링클러설비(주택전용 간이스프링클러설비 제외)를 설치해야 하는 특정 소방대상물 ② 자동화재탐지설비를 설치해야 하는 특정소방대상물

47. 위험물안전관리법에 따른 자체소방대가 설치된 위험물제조소등에 부속된 사무실에 설치 제외되는 소방시설이 아닌 것은?

① 연결살수설비　　② 연소방지설비
③ 연결송수관설비　　④ 옥내소화전설비

해설 설치 제외 소방시설

화재 위험도가 낮은 특정소방 대상물	석재·불연성금속·불연성 건축재료 가공공장, 불연성 물품을 저장하는 창고	옥외소화전 연결살수설비
화재안전기준을 적용하기 어려운 특정소방 대상물	펄프공장의 작업장, 음료수 공장의 세정 또는 충전하는 작업장	스프링클러설비 상수도소화용수설비 연결살수설비
	정수장, 수영장, 목욕장, 농예·축산·어류 양식용 시설	자동화재탐지설비 상수도소화용수설비 연결살수설비
화재안전기준을 다르게 적용하여야 하는 특정 소방대상물	원자력발전소, 중·저준위 방사성폐기물의 저장시설	연결송수관설비 연결살수설비
위험물안전관리법에 따른 자체소방대가 설치된 특정소방대상물	자체소방대가 설치된 위험물제조소등에 부속된 사무실	옥내소화전설비 소화용수설비 연결송수관설비 연결살수설비

48. 소방안전 특별관리시설물의 안전관리에 대한 내용이다. ( )안에 알맞은 것은?

구분	특별관리기본계획	특별관리시행계획
수립, 시행자	(가)	시·도지사
수립 시기	5년	(나)

① 가 : 국가, 　　나 : 5년
② 가 : 소방청장, 　　나 : 5년
③ 가 : 국가, 　　나 : 매년
④ 가 : 소방청장, 　　나 : 매년

[해설] 소방안전 특별관리시설물의 안전관리에 관한 계획

구분	특별관리기본계획	특별관리시행계획
수립, 시행자	소방청장	시·도지사
수립 시기	5년	매년
비고	시·도지사에게 통보	그 결과를 다음 연도 1월 31일까지 소방청장에게 통보

49. 소방기본법에 따라 화재 등 그 밖의 위급한 상황이 발생한 현장에서 소방활동을 위하여 필요한 때에는 그 관할구역에 사는 사람 또는 그 현장에 있는 사람으로 하여금 사람을 구출하는 일 또는 불을 끄는 등의 일을 하도록 명령할 수 있는 권한이 없는 사람은?

① 소방서장
② 소방대장
③ 시·도지사
④ 소방본부장

[해설] 소방활동 종사 명령
① 소방활동 종사 명령자
 - 소방본부장, 소방서장 또는 소방대장
② 소방활동을 위하여 그 현장에 있는 사람등으로 하여금 소방활동을 하게 할 수 있다.

50. 소방기본법령상 소방서 종합상황실의 실장이 서면·모사전송 또는 컴퓨터통신 등으로 소방본부의 종합상황실에 지체 없이 보고하여야 하는 화재의 기준으로 틀린 것은?

① 이재민이 50인 이상 발생한 화재
② 재산피해액이 50억 원 이상 발생한 화재
③ 층수가 11층 이상인 건축물에서 발생한 화재
④ 사망자가 5인 이상 발생하거나 사상자가 10인 이상 발생한 화재

[해설] 119종합상황실
① 소방관서장(소방청장, 소방본부장, 소방서장)은 119종합상황실을 설치·운영하여야 한다.
② 보고 할 상황
 ㉠ 사망자가 5인 이상 또는 사상자가 10인 이상 발생한 화재
 ㉡ 이재민이 100인 이상 발생한 화재
 ㉢ 재산피해액이 50억 원 이상 발생한 화재
 ㉣ 층수가 11층 이상인 건축물 등

51. 국가가 시·도의 소방업무에 필요한 경비의 일부를 보조하는 국고보조 대상이 아닌 것은?

① 소방용수시설
② 소방전용통신설비
③ 소방자동차
④ 소방관서용 청사의 건축

[해설] 국고보조 대상사업의 범위 (대통령령)
① 소방활동장비와 설비의 구입 및 설치
 ㉠ 소방자동차
 ㉡ 소방헬리콥터 및 소방정
 ㉢ 소방전용통신설비 및 전산설비
 ㉣ 방화복 등 소방활동에 필요한 소방장비
② 소방관서용 청사의 건축

52. 소방안전관리자 자격증을 다른 사람에게 빌려 주거나 이를 알선한 자의 벌칙은?

① 3년 이하의 징역 또는 3천만 원 이하의 벌금
② 1년 이하의 징역 또는 1천만 원 이하의 벌금
③ 300만 원 이하의 벌금
④ 300만 원 이하의 과태료

[해설] 1년 이하의 징역 또는 1천만 원 이하의 벌금
① 화재안전조사 시 관계인의 정당한 업무를 방해하거나, 조사업무를 수행하면서 취득한 자료나 알게 된 비밀을 다른 사람 또는 기관에게 제공 또는 누설하거나 목적 외의 용도로 사용한 자
② 소방안전관리자 자격증을 다른 사람에게 빌려 주거나 이를 알선한 자
③ 진단기관으로부터 화재예방안전진단을 받지 아니한 자

53. 소방기본법에 따른 소방력의 기준에 따라 관할구역의 소방력을 확충하기 위하여 필요한 계획을 수립하여 시행하여야 하는 자는?

① 소방서장
② 소방본부장
③ 시·도지사
④ 행정안전부장관

[해설] 소방력 (확충자 : 시·도지사)
 - 소방기관이 소방업무를 수행하는 데에 필요한 인력과 장비 등(행정안전부령)

정답 49. ③ 50. ① 51. ① 52. ② 53. ③

54. 소방관서장이 화재안전조사를 실시하려는 경우 사전에 관계인에게 문자전송 등을 통하여 통지하고 소방관서 인터넷 홈페이지나 전산시스템 등을 통하여 몇 일 이상 공개하여야 하는가? (단, 화재가 발생할 우려가 뚜렷하여 긴급하게 조사할 필요가 있는 경우와 사전에 통지하면 조사목적을 달성할 수 없다고 인정되는 경우는 제외한다.)

① 1일　　　② 3일
③ 5일　　　④ 7일

해설 화재안전조사의 절차
　　화재안전조사를 실시하려는 경우 사전에 관계인에게 문자전송 등을 통하여 통지하고 소방관서 인터넷 홈페이지나 전산시스템 등을 통하여 7일 이상 공개하여야 한다. 다만, 다음에 해당하는 경우에는 제외.

> ① 화재가 발생할 우려가 뚜렷하여 긴급하게 조사할 필요가 있는 경우
> ② ① 외에 화재안전조사의 실시를 사전에 통지하거나 공개하면 조사목적을 달성할 수 없다고 인정되는 경우

55. 특정소방대상물의 건축·대수선·용도변경 또는 설치 등을 위한 공사를 시공하는 자가 공사현장에서 인화성 물품을 취급하는 작업 등 대통령령으로 정하는 작업을 하기 전에 설치하고 유지·관리하는 임시소방시설의 종류가 아닌 것은? (단, 용접·용단 등 불꽃을 발생시키거나 화기를 취급하는 작업이다.)

① 간이소화장치　　　② 비상경보장치
③ 자동확산소화기　　　④ 간이피난유도선

해설 임시소방시설의 종류와 설치 대상

종류	설치대상
소화기	동의를 받아야 하는 특정소방대상물의 신축·증축·대수선·용도변경 또는 대수선 등을 위한 공사 중 화재위험작업을 하는 현장(작업현장)에 설치
간이소화장치	- 연면적 3,000[m²] 이상 - 지하층, 무창층 및 4층 이상의 층 　(층 : 바닥면적이 600[m²] 이상)
비상경보장치	- 연면적 400[m²] 이상 - 지하층, 무창층 　(층 : 바닥면적이 150[m²] 이상)
간이 피난유도선 가스누설경보기 비상조명등	- 지하층, 무창층 　(층 : 바닥면적이 150[m²] 이상)

56. 소방시설업의 등록 결격사유에 해당하지 않는 것은?

① 피성년후견인
② 소방시설업의 등록이 취소된 날로부터 3년이 지난 사람
③ 위험물안전관리법에 따른 금고 이상의 형의 집행유예선고를 받고 그 유예기간 중에 있는 사람
④ 위험물안전관리법에 따른 금고 이상의 실형의 선고를 받고 그 집행이 끝나거나 집행이 면제된 날로부터 2년이 지나지 아니한 사람

해설 소방시설업 등록 및 지위승계
① 소방시설업(설계업, 공사업, 감리업, 방염업)을 하고자 하는 자
　- 시·도지사에게 등록
② 등록 결격사유에 해당하는 경우

㉠ 금고 이상의 실형을 선고받고	그 집행이 끝나거나 (집행이 끝난 것으로 보는 경우 포함) 면제된 날부터 2년이 지나지 아니한 사람
㉡ 금고 이상의 형의 집행유예를 선고받고	그 유예기간 중에 있는 사람
㉢ 등록하려는 소방시설업 등록이 취소 된 날부터 (피성년후견인에 해당되어 취소된 경우 제외)	2년이 지나지 아니한 자
㉣ 피성년후견인	
㉤ 법인의 대표자가 ㉠에서 ㉣까지의 규정에 해당하는 경우 그 법인	
㉥ 법인의 임원이 ㉠에서 ㉢까지의 규정에 해당하는 경우 그 법인	

③ 소방시설업자의 지위승계
　소방시설업자의 지위를 승계한 자는 30일 이내 시·도지사에게 신고

57. 소방시설공사업법령상 상주 공사감리의 대상기준 중 다음 괄호 안에 알맞은 것은?

- 연면적 (㉠)[m²] 이상의 특정 소방대상물(아파트는 제외)에 대한 소방시설의 공사
- 지하층을 포함한 층수가 (㉡)층 이상으로서 (㉢)세대 이상인 아파트에 대한 소방시설의 공사

① ㉠ 30000, ㉡ 16, ㉢ 500
② ㉠ 30000, ㉡ 11, ㉢ 300
③ ㉠ 50000, ㉡ 16, ㉢ 500
④ ㉠ 50000, ㉡ 11, ㉢ 300

58. 지정수량 미만인 위험물의 저장 또는 취급기준은 무엇으로 정하는가?

① 시 · 도의 조례
② 총리령
③ 행정안전부령
④ 대통령령

해설 위험물의 정의 및 취급기준
1. 위험물
   인화성 또는 발화성 등의 성질을 가지는 것으로 대통령령으로 정하는 물품
2. 위험물의 취급 기준
   ① 지정수량 이상의 위험물 : 위험물안전관리법
   ② 지정수량 미만의 위험물 : 시 · 도의 조례

59. 관계인이 화재예방과 화재 등 재해발생시 비상조치를 위하여 예방규정을 정하여야 하는 옥외저장소는 지정수량의 몇 배 이상의 위험물을 저장하는 것을 말하는가?

① 10배   ② 100배
③ 150배   ④ 200배

해설 예방규정을 작성해야 하는 대상

구 분	지정수량의 배수
암반탱크저장소, 이송취급소	지정수량 관계없이 예방규정을 정하여야 함
제조소, 일반취급소	10배 이상
옥외저장소	100배 이상
옥내저장소	150배 이상
옥외탱크저장소	200배 이상

※ 제조소등의 관계인은 예방규정을 정하여 당해 제조소등의 사용을 시작하기 전에 시 · 도지사에게 제출하여야 한다. 예방규정을 변경한 때에도 또한 같다.

60. 제4류 위험물을 저장하는 옥외탱크저장소의 지정수량이 몇 배 이상인 경우 자체소방대를 두어야 하는가?

① 지정수량의 10만배 이상
② 지정수량의 50만배 이상
③ 지정수량의 100만배 이상
④ 지정수량의 150만배 이상

해설 자체소방대를 두어야 하는 제조소 등

제4류 위험물	제조소, 일반취급소	지정수량의 3,000배 이상
	옥외탱크저장소	지정수량의 50만배 이상

자체소방대를 두지 아니한 관계인 :
1년 이하의 징역 또는 1천만 원 이하의 벌금

정답 57. ① 58. ① 59. ② 60. ②

■■■ 제4과목 소방기계시설의 구조 및 원리

61. 소화기구 및 자동소화장치의 화재안전기준상 건축물의 주요구조부가 내화구조이고, 벽 및 반자의 실내에 면하는 부분이 불연재료로 된 바닥면적이 600[m²]인 노유자시설에 필요한 소화기구의 능력단위는 최소 얼마 이상으로 하여야 하는가?

① 2단위 ② 3단위
③ 4단위 ④ 6단위

해설 특정소방대상물별 소화기구의 능력단위

특정소방대상물 \ 소화기구의 능력단위	1단위의 바닥면적 [m²]	주요구조부가 내화구조이며 벽 및 반자의 실내 재가가 불연재료·준불연재료 또는 난연재료인 경우
• 위락시설	30[m²]	60[m²]
• 공연장·관람장·장례식장 집회장·의료시설·문화재	50[m²]	100[m²]
• 관광휴게시설·창고시설·판매시설·노유자시설·숙박시설·근린생활시설·항공기 및 자동차 관련 시설·공동주택·공장·업무시설·운수시설·전시장·방송통신시설	100[m²]	200[m²]
• 그 밖의 특정소방대상물	200[m²]	400[m²]

풀이
600[m²] ÷ 200[m²/1단위] = 3단위

62. 옥내소화전이 하나의 층에는 6개, 또 다른 하나의 층에는 3개, 나머지 모든 층에는 4개씩 설치되어 있다. 수원의 수량[m³]의 최소기준은?

① 5.2[m³] 이상
② 10.4[m³] 이상
③ 13[m³] 이상
④ 15.6[m³] 이상

해설 옥내소화전소화설비 수원
수원의 양(유효수량) N×Q×T/펌프의 토출량 N×Q

N(설치개수)	Q(방수량)	T(시간)	
옥내소화전의 설치개수가 가장 많은 층의 설치개수 (2개 이상 설치된 경우에는 2개)	130 [ℓ/min·개]	29층 이하	20분
		30층 이상 49층 이하	40분
		50층 이상	60분

풀이
수원[m³] = 2개 × 130[ℓ/min·개] × 20[min]
       = 5.2[m³] 이상

63. 유압기기를 제외한 전기설비, 케이블실에 이산화탄소소화설비를 전역방출방식으로 설치할 경우 방호구역의 체적이 600[m³]라면 이산화탄소소화약제 저장량은 몇 [kg]인가? (단, 이때 설계농도는 50[%]이고, 개구부면적은 무시함.)

① 780 ② 960
③ 1,200 ④ 1,620

해설 이산화탄소소화설비 심부화재 소화약제

$$VQ + AK$$

① V[m³] : 방호구역체적
② Q[kg/m³] : 방호구역 체적당 소화약제의 양

방호대상물	Q
유압기기를 제외한 전기설비, 케이블실	1.3
체적 55[m³] 미만의 전기설비	1.6
서고, 전자제품창고, 목재가공품창고, 박물관	2.0
고무류, 모피창고, 집진설비, 석탄창고, 면화류창고	2.7

③ A[m²] : 개구부 면적
④ K[kg/m²] : 개구부 면적당 가산량 – 10[kg/m²]

풀이
VQ + AK = 600[m³] × 1.3[kg/m³] = 780[kg]

64. 소화용수설비의 저수조 소요수량이 120[m²]인 경우 채수구는 최소 몇 개를 설치하여야 하는가?

① 1개　　② 2개
③ 3개　　④ 4개

해설 채수구의 수

소요수량	20[m³] 이상 40[m³] 미만	40[m³] 이상 100[m³] 미만	100[m³] 이상
채수구의 수	1개	2개	3개

65. 분말소화설비에서 분말 소화약제 1[kg]당 저장용기의 내용적 기준 중 옳지 않은 것은?

① 제1종 분말 : 0.8 [*l*]
② 제2종 분말 : 1.0 [*l*]
③ 제3종 분말 : 1.0 [*l*]
④ 제4종 분말 : 1.0 [*l*]

해설 분말소화설비 소화약제 1[kg] 당 저장용기의 내용적
　　(= 충전비[*l*/kg])

제1종	제2종, 제3종	제4종
0.8 [*l*] 이상	1 [*l*] 이상	1.25 [*l*] 이상

66. 제연설비에 따른 화재안전기술기준에 따른 하나의 제연구역의 면적은 몇 [m²] 이내로 규정하고 있는가?

① 700　　② 1,000
③ 1,300　　④ 1,500

해설 제연구역의 선정

구분	내 용	
거실	면적	1,000[m²] 이내
	직경	60[m] 원내
통로	보행중심선의 길이	60[m] 이하

거실과 통로(복도를 포함)는 상호 제연구획 할 것

67. 상수도 소화용수설비의 설치기준 중 다음 (　) 안에 알맞은 것은?

호칭 지름 (㉠) [mm] 이상의 수도배관에 호칭 지름 (㉡) [mm] 이상의 소화전을 접속하여야 하며, 소화전은 특정소방대상물의 수평 투영면의각 부분으로부터 (㉢) [m] 이하가 되도록 설치할 것

① ㉠ 65, ㉡ 100, ㉢ 120
② ㉠ 65, ㉡ 100, ㉢ 140
③ ㉠ 75, ㉡ 100, ㉢ 120
④ ㉠ 75, ㉡ 100, ㉢ 140

해설 상수도소화용수설비 소화전의 설치기준
① 호칭지름 75 [mm] 이상의 수도배관에 호칭지름 100 [mm] 이상의 소화전을 접속
② 소화전은 특정소방대상물의 수평투영면의 각 부분으로부터 140 [m] 이하가 되도록 설치
• 수평투영면 : 건축물을 수평으로 투영하였을 경우의 면

68. 옥내소화전설비 가압송수장치의 최소시설기준으로 맞게 열거한 것은? (단, 순서는 최소방수량 – 법정 최소방수압력 – 법정 최소방출시간 이다.)

① 130 [*l*/min] – 1.0 [MPa] – 30 분
② 350 [*l*/min] – 2.5 [MPa] – 30 분
③ 130 [*l*/min] – 0.17 [MPa] – 20 분
④ 350 [*l*/min] – 3.5 [MPa] – 20 분

해설 소화설비별 방수량[*l*/min · 개], 방수압력

소화설비	방수량	방수압력[MPa]
옥내소화전설비	130	0.17 이상 0.7 이하
호스릴옥내소화전설비	130	0.17 이상 0.7 이하
스프링클러설비	80	0.1 이상 1.2 이하
간이스프링클러설비	50	0.1 이상 1.2 이하
포소화전설비	300	0.35 이상 0.7 이하
옥외소화전설비	350	0.25 이상 0.7 이하

정답　64. ③　65. ④　66. ②　67. ④　68. ③

69. 이산화탄소 소화설비 기동장치의 설치기준으로 옳은 것은?

① 가스압력식 기동장치 기동용가스용기의 용적은 3[L] 이상으로 한다.
② 전기식 기동장치로서 5병의 저장용기를 동시에 개방하는 설비는 2병 이상의 저장 용기에 전자개방밸브를 부착해야 한다.
③ 수동식 기동장치는 전역방출방식에 있어서 방호대상물마다 설치한다.
④ 수동식 기동장치의 부근에는 방출지연을 위한 비상스위치를 설치해야 한다.

해설 이산화탄소(할론, 할로겐화합물 및 불활성기체, 분말) 소화설비 기동장치
① 수동식기동장치
전역방출방식에 있어서는 방호구역마다,
국소방출방식에 있어서는 방호대상물마다 설치 등
② 자동식기동장치
㉠ 전기식기동장치
7병 이상의 저장용기를 동시에 개방하는 설비의 경우 2병 이상의 저장용기에 전자 개방밸브를 부착
㉡ 가스압력식 기동용기 설치기준

기동용가스용기 및 밸브	25[MPa] 이상 압력에 견딜 것
기동용가스용기	충전여부를 확인 할 수 있는 압력게이지 설치
안전장치	내압시험압력 0.8배부터 1배 이하에서 작동
용적	5[ℓ] 이상 (분말은 1[ℓ] 이상)
해당 용기에 저장하는 질소등의 비활성기체	21[℃]기준 6.0[MPa] 이상의 압력
(분말 : 해당 용기에 저장하는 이산화탄소의 양)	(분말 : 0.6[kg] 이상으로 하며, 충전비는 1.5 이상으로 할 것)

70. 포소화설비의 자동화재 감지장치로서 스프링클러헤드를 사용할 경우 사용장소의 높이(미터) 및 헤드 1개의 감지면적(평방미터)은 얼마가 적당한가?

① 높이 4 이하 감지면적 18 이하
② 높이 4 이하 감지면적 20 이하
③ 높이 5 이하 감지면적 18 이하
④ 높이 5 이하 감지면적 20 이하

해설 포소화설비의 자동식 기동장치 폐쇄형스프링클러헤드를 사용하는 경우

스프링클러헤드	설치기준
표시온도	79[℃] 미만
1개의 경계면적	20 [m²] 이하
부착면의 높이	바닥으로부터 5 [m] 이하

71. 물분무헤드와 110[kV] 초과 154[kV] 이하의 고압 전기기기 사이의 최소 이격거리는 몇 [cm] 인가?

① 110
② 150
③ 180
④ 210

해설 고압의 전기기기와 물분무헤드 사이의 거리

전압[kV]	거리[cm]
66 이하	70 이상
66 초과 77 이하	80 이상
77 초과 110 이하	110 이상
110 초과 154 이하	150 이상
154 초과 181 이하	180 이상
181 초과 220 이하	210 이상
220 초과 275 이하	260 이상

72. 전역방출방식 분말소화설비에서 방호구역의 개구부에 자동폐쇄장치를 설치하지 아니한 경우에 개구부의 면적 1제곱미터에 대한 분말소화약제의 가산량으로 잘못 연결된 것은?

① 제1종 분말 - 4.5 [kg]
② 제2종 분말 - 2.7 [kg]
③ 제3종 분말 - 2.5 [kg]
④ 제4종 분말 - 1.8 [kg]

[해설] 분말소화설비 전역방출방식 약제량 계산

$$VQ + AK$$

① $V [m^3]$: 방호구역체적
② $Q [kg/m^3]$: 방호구역 체적당 소화약제의 양

소화약제의 종별	$Q[kg/m^3]$	$K[kg/m^2]$
제1종	0.6	4.5
제2종, 제3종	0.36	2.7
제4종	0.24	1.8

③ $A [m^2]$: 개구부 면적
④ $K [kg/m^2]$: 개구부 면적당 가산량
  - 개구부에 자동폐쇄장치 설치 시 K값 적용하지 않는다.

73. 건축물의 연결살수설비 헤드로서 스프링클러헤드를 설치할 경우, 천장 또는 반자의 각 부분으로부터 하나의 헤드까지의 수평거리를 얼마이어야 하는가?

① 3.7[m] 이하   ② 3.3[m] 이하
③ 2.7[m] 이하   ④ 2.3[m] 이하

[해설] 연결살수설비 헤드의 수평거리

구 분	수평거리[m]
스프링클러 헤드 설치 시	2.3
연결살수설비 전용헤드	3.7

74. 미분무소화설비 용어의 정의 중 다음 ( ) 안에 알맞은 것은?

"미분무"란 물만을 사용하여 소화하는 방식으로 최소설계압력에서 헤드로부터 방출되는 물입자 중 99[%]의 누적체적분포가 (㉠)[μm] 이하로 분무되고 (㉡)급 화재에 적응성을 갖는 것을 말한다.

① ㉠ 400, ㉡ A,B,C   ② ㉠ 400, ㉡ B,C
③ ㉠ 200, ㉡ A,B,C   ④ ㉠ 200, ㉡ B,C

[해설] 미분무소화설비
① 가압된 물이 헤드 통과 후 미세한 입자로 분무됨으로써 소화성능을 가지는 설비를 말하며, 소화력을 증가시키기 위해 강화액 등을 첨가할 수 있다.
② 미분무
물만을 사용하여 소화하는 방식으로 최소설계압력에서 헤드로부터 방출되는 물입자 중 99[%]의 누적체적분포가 400 [μm] 이하로 분무되고 A, B, C급 화재에 적응성을 갖는 것

75. 바닥면적이 180[m^2]인 호스릴 방식의 포소화설비를 설치한 건축물 내부 주차장에 호스접결구가 2개이고, 약제 농도 3[%]형을 사용할 때 포약제의 최소 필요량은 몇 [l]인가?

① 720   ② 360
③ 270   ④ 180

[해설] 호스릴 방식의 포소화설비 약제량(NQTS)

N	Q	T	S
기준개수	방사량	min	약제농도[%]
최대 5개	300[l/ min · 개]	20	문제에서 주어짐

※ 바닥면적 200[m^2] 미만 시 약제량은 75[%]로 할 수 있다.

[풀이]
NQTS = 2 × 300 × 20 × 0.03 = 360 [l]
단, 바닥면적 200 [m^2] 미만 시
약제량은 75[%]로 할 수 있으므로
360 × 0.75 = 270 [l]

정답 72. ③ 73. ④ 74. ① 75. ③

76 제연설비에 있어서 거실 내 유입공기의 배출방식으로서 맞지 않는 것은?

① 수직풍도에 따른 배출
② 배출구에 따른 배출
③ 플랩댐퍼에 따른 배출
④ 제연설비에 따른 배출

해설 특별피난계단의 계단실 및 부속실 제연설비의 유입공기 배출방식의 종류
① 수직풍도에 따른 배출
② 배출구에 따른 배출
③ 거실제연설비에 따른 배출

77. 연결송수관설비에서 주배관은 얼마의 구경으로 하여야 하는가?

① 65 [mm] 이상   ② 80 [mm] 이상
③ 90 [mm] 이상   ④ 100 [mm] 이상

해설 연결송수관 설비의 배관
1. 주배관의 구경은 100 [mm] 이상
   주배관의 구경이 100 [mm] 이상인 옥내소화전설비의 배관과 겸용할 수 있다.
2. 습식으로 하여야 하는 경우
   지면으로부터의 높이가 31 [m] 이상 또는 지상 11층 이상인 특정소방대상물

78. 고체에어로졸소화설비의 화재안전기준상 약제 방출 후 해당 화재의 재발화 방지를 위하여 최소 몇 분간 소화밀도를 유지하여야 하는가?

① 5분   ② 10분
③ 20분   ④ 30분

해설 고체에어로졸소화설비 소화밀도 유지시간
고체에어로졸소화설비는 약제 방출 후 해당 화재의 재발화 방지를 위하여 최소 10분간 소화밀도를 유지하여야 한다.

79. 층고가 12[m]인 6층 무대부에 3개의 방수구역으로 분기하여 개방형 스프링클러 헤드를 각 구역당 20개씩 설치하였을 경우에 소요되는 펌프의 분당 토출량 및 수원의 양은 얼마 이상이어야 하는가?

① 1,600리터, 32.0[m³]
② 3,200리터, 32.0[m³]
③ 3,200리터, 48.0[m³]
④ 1,600리터, 48.0[m³]

해설 개방형 스프링클러헤드 설치 시
펌프 토출량 N × Q / 수원의 양 N × Q × T

N (기준개수)	Q (방수량)	T (방수시간)
30개 이하인 경우 설치개수	80 [ℓ/min · 개]	20분
30개 초과	수리계산에 따라 산출된 가압송수장치의 1분당 송수량	20분

풀이
① 펌프의 분당 토출량
   20개 × 80[ℓ/(min · 개)] = 1600[ℓ] 이상
② 수원의 양
   20개 × 80[ℓ/(min · 개)] × 20[min] = 32[m³] 이상

정답 76. ③ 77. ④ 78. ② 79. ①

80. 옥내소화전설비 배관의 설치기준 중 옳지 않은 것은?

① 옥내소화전방수구와 연결되는 가지배관의 구경은 40 [mm] 이상으로 한다.
② 연결송수관설비의 배관과 겸용할 경우 주배관의 구경은 100 [mm] 이상으로 한다.
③ 펌프의 토출 측 주배관의 구경은 유속이 4 [m/s] 이하가 될 수 있는 크기 이상으로 한다.
④ 주배관중 수직배관의 구경은 40[mm] 이상으로 한다.

해설 옥내소화전설비 배관의 구경

구 분	주배관 중 수직배관	가지배관	호스
옥내소화전	50[mm] 이상	40[mm] 이상	40[mm] 이상
호스릴 옥내소화전	32[mm] 이상	25[mm] 이상	25[mm] 이상

※ 펌프 토출측 주배관 : 유속이 4[m/s] 이하가 될 수 있는 크기
※ 연결송수관설비의 배관과 겸용시
  – 주배관은 100[mm] 이상, 가지배관은 65[mm] 이상

정답 80. ④

복원기출문제(CBT2023.4회)

※ 본 기출문제는 수험자의 기억을 바탕으로 하여 복원한 문제이므로 실제 문제와 다를 수 있음을 미리 알려드립니다.

■■■ 제1과목 소방원론

1. 점화원의 형태별 구분 중 화학적 점화원의 종류로 틀린 것은?

① 연소열
② 용해열
③ 분해열
④ 아크열

해설 점화를 일으킬 수 있는 에너지원의 종류

전기열(적)	유도열, 유전열, 저항열, 아크열, 정전기열, 낙뢰열	물리적 에너지
화학열(적)	분해열, 자연발열, 생성열, 용해열, 연소열	화학적 에너지
기계열(적)	마찰열, 압축열, 마찰 스파크열	물리적 에너지

2. 다음 물질 중 연소범위가 가장 넓은 것은?

① 아세틸렌
② 메탄
③ 프로판
④ 에탄

해설 주요 가연성 가스의 공기 중 연소 범위

가스명	연소범위(V%)		가스명	연소범위[V%]	
	하한값	상한값		하한값	상한값
아세틸렌	2.5	81	에틸렌	2.7	36
수소	4	75	암모니아	15	28
일산화탄소	12.5	74	메탄	5	15
에테르	1.9	48	에탄	3	12.4
이황화탄소	1.2	44	프로판	2.1	9.5
황화수소	4	44	부탄	1.8	8.4

3. 물질의 화재 위험성에 대한 설명으로 틀린 것은?

① 인화점 및 착화점이 낮을수록 위험
② 착화에너지가 작을수록 위험
③ 비점 및 융점이 높을수록 위험
④ 연소범위가 넓을수록 위험

해설 물질의 위험성

구분	위험성	구분	위험성
온도, 압력	높을수록 위험	연소범위	넓을수록 위험
인화점, 착화점, 융점, 비점	낮을수록 위험	연소속도, 증기압, 연소열	클수록 위험

4. 종이, 목재, 석탄, 플라스틱, 섬유류 등의 연소 형태는?

① 예혼합연소
② 분해연소
③ 증발연소
④ 자기연소

해설 분해연소
열분해에 의해 생성된 가연성가스(분해 → 응축 → 기화)가 공기와 혼합하여 착화되는 연소
※ 열분해 : 열에 의한 화합물의 분해를 말한다 (AB가 열에 의해 A와 B로 분해)
※ 종이, 목재, 석탄, 플라스틱, 섬유류 등

5. 폭발의 형태 중 화학적 폭발이 아닌 것은?

① 분해폭발
② 가스폭발
③ 수증기폭발
④ 분진폭발

해설 폭발의 구분

구분	물리적 폭발	화학적 폭발
원인	상변화에 의한 폭발	화학 반응에 의한 폭발
종류	① 수증기폭발, 액화가스 증기폭발 ② 비등액체증기폭발 : BLEVE ③ 전선폭발, 고상간 전이에 의한 폭발, 감압폭발	① 가스폭발 : UVCE (증기운폭발) ② 분진폭발 ③ 분해폭발, 분무폭발, 박막폭굉

정답 1. ④ 2. ① 3. ③ 4. ② 5. ③

6. 유류탱크의 화재시 탱크 저부의 물이 뜨거운 열에 의하여 수증기로 변하면서 급작스런 부피팽창을 하면서 유류가 탱크 외부로 분출하는 현상을 무엇이라고 하는가?

① 보일오버
② 슬롭오버
③ 블레이브
④ 파이어볼

해설 보일오버(Boil Over)
① 다비점의 중질유 저장탱크 화재 발생
② 저비점 물질은 유류 표면층에서 증발, 연소
③ 고비점 물질은 화염의 온도에 의해 가열, 축적되어 200 ~ 300[℃]의 열류층 형성
④ 열류층이 하부의 수층에 열전달
⑤ 물이 비등하며 탱크 내 기름을 분출시킴

7. 실내화재에서 화재의 최성기에 돌입하기 전에 다량의 가연성 가스가 동시에 연소되면서 급격한 온도상승을 유발하는 현상은?

① 패닉(panic)현상
② 스택(stack)현상
③ 파이어볼(fire ball)현상
④ 플래시오버(flash over)현상

해설 플래시오버 (Flash Over)

정의	국소(국부)화재에서 전체(전실)화재로의 전이 현상 연료지배형 화재에서 환기지배형 화재로의 전이 현상 * 국소(국부) - 전체 가운데의 한 부분
조건	연기층 온도 500 ~ 600[℃] 바닥 복사수열량 20 ~ 40 [kW/m²] 연소속도 40 [g/s·m²] 산소농도 : 10[%] $CO_2/CO = 150$
연소형태	화재
시기	성장기
공급요인	복사열에 의한 자연발화

8. 방화구조에 대한 기준으로 틀린 것은?

① 철망모르타르로서 그 바름두께가 2[cm] 이상인 것
② 석고판 위에 시멘트모르타르를 바른 것으로서 그 두께의 합계가 2.5[cm] 이상인 것
③ 시멘트모르타르 위에 타일을 붙인 것으로서 그 두께의 합계가 2[cm] 이상인 것
④ 심벽에 흙으로 맞벽치기 한 것

해설 방화구조
① 철망모르타르로서 그 바름 두께가 2[cm] 이상인 것
② 석고판 위에 회반죽 또는 시멘트모르타르를 바른 것으로서 그 두께의 합계가 2.5[cm] 이상인 것
③ 시멘트모르타르위에 타일을 붙인 것으로서 그 두께의 합계가 2.5[cm] 이상인 것
④ 심벽에 흙으로 맞벽치기한 것
⑤ 한국산업표준이 정하는 바에 따라 시험한 결과 방화 2급 이상에 해당하는 것

9. 다른 곳에서 화원, 전기스파크 등의 착화원을 부여하지 않고 가연성 물질을 공기 또는 산소 중에서 가열함으로서 발화 또는 폭발을 일으키는 최저온도를 나타내는 용어는?

① 인화점   ② 발열점
③ 연소점   ④ 발화점

해설 인화점, 연소점, 발화점의 정의

인화점	가연성 혼합기(연소범위)를 형성하는 최저온도 (점화원 존재 시 연소 한다)
연소점	점화원이 없어도 연소 지속 가능한 최저온도 (인화점보다 10[℃] 정도 높다)
발화점	점화원 없이도 발화하는 최저온도 (자연발화)

10. 10층 이하 면적별 방화구획 면적으로 옳은 것은? (단, 스프링클러등 자동소화설비가 설치 되어 있지 않다.)

① 200[m²] 이내   ② 500[m²] 이내
③ 1,000[m²] 이내   ④ 3,000[m²] 이내

정답 6. ① 7. ④ 8. ③ 9. ④ 10. ③

[해설] 방화구획의 종류

층별	매층마다 구획		
			11층 이상
	구분	10층 이하	내장재가 불연재가 아닌 경우	내장재가 불연재인 경우
면적별	바닥면적	1,000[m²] 이내	200[m²] 이내	500[m²] 이내
	스프링클러 등 자동식 소화설비 설치 시 면적의 3배 이내마다 구획	3,000[m²] 이내	600[m²] 이내	1,500[m²] 이내
수직 관통부	계단, 승강기 샤프트, 에스컬레이터 등 구획		

11. 방염대상물품 중 제조 또는 가공공정에서 방염처리를 하여야 하는 물품이 아닌 것은?

① 암막
② 두께가 2[mm] 미만인 종이벽지
③ 무대용 합판
④ 창문에 설치하는 블라인드

[해설] 방염대상물품
① 창문에 설치하는 커텐류 (블라인드 포함)
② 카펫, 두께 2[mm] 미만인 벽지류로서 종이벽지 제외
③ 무대용, 전시용 합판 또는 섬유판
④ 암막, 무대막, 스크린(영화상영관, 골프장)
⑤ 섬유류 또는 합성수지류 등을 원료로 하여 제작된 소파·의자
 - 다중이용업소의 단란주점영업, 유흥주점영업 및 노래연습장업의 영업장에 설치하는 것만 해당한다.

12. 화재를 소화하는 방법 중 물리적 방법에 의한 소화라고 볼 수 없는 것은?

① 억제소화 ② 제거소화
③ 질식소화 ④ 냉각소화

[해설] 소화의 구분

구분	소화
물리적 소화	냉각소화, 질식소화, 피복소화 제거소화, 유화소화, 희석소화
화학적 소화	억제소화

13. 마그네슘에 관한 설명으로 옳지 않은 것은?

① 마그네슘의 지정수량은 500[kg]이다.
② 마그네슘 화재 시 주수하면 폭발이 일어날 수도 있다.
③ 마그네슘 화재 시 이산화탄소 소화약제를 사용하여 소화한다.
④ 마그네슘의 저장·취급 시 산화제와의 접촉을 피한다.

[해설] 마그네슘 주요 화학반응식

물과 반응식	$Mg + 2H_2O \rightarrow Mg(OH)_2 + H_2 \uparrow$	수소 발생으로 주수소화 금지
산과의 반응식	$Mg + 2HCl \rightarrow MgCl_2 + H_2 \uparrow$	수소 발생
이산화탄소와 반응식	$2Mg + CO_2 \rightarrow 2MgO + C$	탄소를 유리하여 이산화탄소 적응성 없음

14. 표면온도가 300[℃]에서 안전하게 작동하도록 설계된 히터의 표면온도가 360[℃]로 상승하면 300[℃]에 비하여 약 몇 배의 열을 방출할 수 있는가?

① 1.1배 ② 1.5배
③ 2.0배 ④ 2.5배

[해설] Stefan – Boltzmann 법칙
열복사량(열복사에너지, 열방출량)는 절대온도 4승에 비례
절대온도 T = t[℃] + 273[K], t : 섭씨온도[℃]

[풀이] : $\frac{(360+273)^4}{(300+273)^4} ≒ 1.49$

정답 11. ② 12. ① 13. ③ 14. ②

복원기출문제

2023. 4회 소방설비기사

15. 위험물안전관리법에서 정하는 위험물질에 대한 설명으로 다음 중 옳은 것은?

① 철분이란 철의 분말로서 53[μm]의 표준체를 통과하는 것이 60 [wt%] 미만인 것은 제외한다.
② 인화성 고체란 고형알코올 그 밖에 1기압에서 인화점이 21[℃] 미만인 고체를 말한다.
③ 유황은 순도가 60 [wt%] 이상인 것을 말한다.
④ 과산화수소는 그 농도가 36 [wt%] 이하인 것에 한한다.

해설 제2류 위험물(가연성고체)의 정의

유황	순도가 60[wt%] 이상인 것
금속분	알칼리금속·알칼리토류금속·철 및 마그네슘외의 금속의 분말 제외 ① 구리분·니켈분 ② 150[μm]의 체를 통과하는 것이 50 wt% 미만인 것
철분	53[μm]표준체 통과하는 것이 50[wt%] 미만인 것은 제외
마그네슘	2[mm]체를 통과하지 아니하는 덩어리 및 직경 2[mm] 이상의 막대 모양의 것은 제외
인화성고체	고형알코올 및 1기압에서 인화점이 40℃ 미만인 고체

16. 다음 분말소화약제의 열분해 반응식에서 ( )안에 알맞은 화학식은?

$$2NaHCO_3 \rightarrow Na_2CO_3 + H_2O + (\quad)$$

① CO ② CO_2
③ Na ④ Na_2

해설 제1종 분말소화약제의 열분해반응식
270 ℃
$2NaHCO_3 \rightarrow Na_2CO_3 + H_2O + CO_2 - Q$ [kcal]
탄산수소나트륨 탄산나트륨 수증기 이산화탄소

850 ℃
$2NaHCO_3 \rightarrow Na_2O + H_2O + 2CO_2 - Q$ [kcal]

17. 1기압, 100[℃]에서의 물 1[g]의 기화잠열은 약 몇 [cal]인가?

① 425 ② 539
③ 647 ④ 734

해설 물의 수소결합에 의한 특성
① 비열과 현열이 크다.
② 융해잠열(80 [cal/g])이 크다.
③ 기화(증발)잠열(1기압, 100[℃] : 539 [cal/g])이 크다.
④ 표면장력(72.75 [dyne/cm])이 크다.

18. 인화칼슘과 물이 반응할 때 생성되는 가스는?

① 포스핀 ② 포스겐
③ 수소   ④ 산화칼슘

해설 인화칼슘과 물과의 반응(포스핀 발생☆)
$Ca_3P_2 + 6H_2O \rightarrow 3Ca(OH)_2 + 2PH_3$

19. 위험물안전관리법령상 위험물 유별에 따른 성질이 잘못 연결된 것은?

① 제1류 위험물-산화성고체
② 제2류 위험물-가연성고체
③ 제4류 위험물-인화성액체
④ 제6류 위험물-자기반응성물질

해설 위험물의 분류에 따른 성상

분류	성상
제1류	산화성 고체
제2류	가연성 고체
제3류	자연발화성 및 금수성 물질
제4류	인화성 액체
제5류	자기연소성 물질
제6류	산화성 액체

정답 15. ③ 16. ② 17. ② 18. ① 19. ④

20. 이산화탄소의 물성으로 옳은 것은?

① 임계온도 : 31.5[℃], 증기비중 : 0.52
② 임계온도 : 31.5[℃], 증기비중 : 1.52
③ 임계온도 : 0.35[℃], 증기비중 : 1.52
④ 임계온도 : 0.35[℃], 증기비중 : 0.52

[해설] 이산화탄소(CO_2) 소화약제 물리·화학적 특성
① 상온 상압 무색 무취의 기체로서 비전도성의 불연성가스
② 자체 증기압이 커 별도의 가압원이 필요 없다.

분자식	CO_2
분자량	44
비중	1.517
임계온도	31.1[℃]
3중점	5.11 [kg/cm²], −56.4[℃]

■■■ 제2과목 소방유체역학

21. 부차적 손실계수 [K]가 2인 관 부속품에서의 손실수두가 2[m]이라면 이때의 유속은 약 몇 [m/s] 인가?

① 4.43 ② 3.14
③ 2.21 ④ 2.00

[해설]
1) 주손실(Major Loss) : 직관에서 발생하는 마찰손실을 의미한다.

2) 부차적손실(Minor Loss) : Fitting류, 급확대/급축소관, 엘보, 밸브 등의 부차적요소에 의한 손실을 말한다.
  - 손실수두(h_l) : 유체에 발생하는 손실을 수두(mH_2O)로 나타낸 것

  ($h_l = K \dfrac{V^2}{2g}$, "K': 마찰손실계수, V': 유체속도)

3) 부차적 손실

$h_L = K \dfrac{V^2}{2g}$ 에서

$V = \sqrt{\dfrac{2gh_L}{K}} = \sqrt{\dfrac{2 \times 9.8 \times 2}{2}} ≒ 4.43 [m/s]$

여기서 h_L : 손실수두 [m]
  K : 부차적 손실계수(국부저항계수)
  V : 유속 [m/s]
  g : 중력가속도 [m/s²]

22. 대기의 압력이 106[kPa]이라면 게이지 압력이 1226[kPa]인 용기에서 절대압력은 몇 [kPa]인가?

① 1332 ② 1120
③ 1125 ④ 1327

[해설]

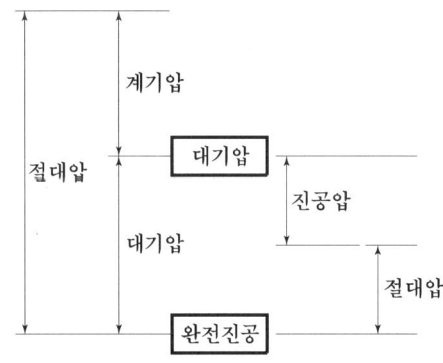

1) 절대압
   대기압을 포함한 진공상태부터 압력을 의미한다.
2) 계기압
   대기압을 0 으로 하여 측정되는 압력을 말한다.
3) 관계
   절대압 = 대기압 + 계기압(게이지압력)
       = 대기압 − 진공압
       = 106[kPa] + 1226 [kPa] = 1332[kPa]

복원기출문제

23. 수평 배관 설비에서 상류 지점인 A지점의 배관을 조사해 보니 지름 100[mm], 압력 0.45[MPa], 평균 유속 1[m/s]이었다. 또, 하류의 B지점을 조사해 보니 지름 50[mm], 압력 0.4[MPa]이었다면 두 지점 사이의 손실수두는 약 몇 [m]인가? (단, 배관 내 유체의 비중은 1이다.)

① 4.34` ② 4.95
③ 5.87   ④ 8.67

[해설]

1) ① A지점의 유속 $V_A = 1$[m/s]
   ② B지점의 유속 V_B은 A지점과 B지점의 유량은 동일하므로 연속방정식에 의해
   $$V_B = V_A \left(\frac{D_A}{D_B}\right)^2 = 1 \times \left(\frac{100}{50}\right)^2 = 4 [m/s]$$

2) 수정 베르누이 방정식(손실수두 적용)
   $$\frac{v_1^2}{2g} + \frac{P_1}{\gamma} + z_1 = \frac{v_2^2}{2g} + \frac{P_2}{\gamma} + z_2 + H_L \text{에서}$$
   $z_1 = z_2$ 이므로
   $$\text{손실수두 } H_L = \frac{P_1 - P_2}{\gamma} + \frac{v_1^2 - v_2^2}{2g} [m]$$
   $$= \frac{(0.45 - 0.4) \times 10^3}{9.8} + \frac{1^2 - 4^2}{2 \times 9.8}$$
   $$= 4.34 [m]$$

24. 다음 중 이상기체에서 폴리트로픽 지수(n)가 1인 과정은?

① 등온 과정   ② 단열 과정
③ 정압 과정   ④ 정적 과정

[해설]

1. 개념
   $PV^n = C$(일정) 에서 n을 폴리트로픽 지수라 하며 열전달을 포함하여 팽창, 압축과정을 설명할 때 적용된다.

2. 폴리트로픽 지수 변화에 따른 상태변화
   $PV^n = C$(일정)

n 값	적용식	상태
n=0	$P = C$(일정)	등압변화
n=1	$PV = C$(일정)	등온변화
n=k	$PV^k = C$(일정) $\frac{T_2}{T_1} = \left(\frac{v_1}{v_2}\right)^{k-1} = \left(\frac{P_2}{P_1}\right)^{\frac{k-1}{k}}$	가역단열변화 (등엔트로피)
n=∞	$PV^\infty = P^{\frac{1}{\infty}} V = V = C$(일정)	등적변화

25. 펌프의 공동현상(cavitation)을 방지하기 위한 방법이 아닌 것은?

① 펌프의 회전수를 크게 한다.
② 펌프의 설치 위치를 되도록 낮게 하여 흡입양정을 짧게 한다.
③ 펌프의 흡입 관경을 크게 한다.
④ 단흡입펌프보다는 양흡입펌프를 사용한다.

[해설]

1) 공동현상(캐비테이션, Cavitation)
   펌프 흡입측 배관내의 압력이 국부적으로 포화증기압 이하로 내려가 물이 증발하여 기포가 생기는 현상을 말한다.

2) 분석

구분	내용
원인	① 압력 저하($P_1 \to P_2$) 물의 압력이 포화증기압 이하로 내려갈 때 ② 온도 상승($T_1 \to T_2$) 물의 온도가 포화온도 이상으로 상승시 ③ 부압 흡입방식일 때(펌프가 수원보다 높을 때) ④ 흡입 수두가 클 때 ⑤ 흡입 배관길이가 길 때 ⑥ 흡입 마찰손실이 클 때(흡입 배관지름이 작을 경우) ⑦ 임펠러 회전속도가 빠를 때(회전수가 클 때)

정답 23. ① 24. ① 25. ①

	문제점	① 소음, 진동발생 ② 임펠러 침식(펌프 깃 침식) ③ 양정곡선과 효율곡선의 저하 ④ 펌프의 성능 저하(심할 경우 양수 불능) ⑤ 펌프 성능저하에 의한 초기소화 지연 ⑥ 송수불능에 의한 화재진압 실패 → 연소 확대 ⑦ 살수밀도 저하 ⑧ Cavitation 부식
	대책	① 흡입 압력 높게 한다 ② 흡입 배관구경 크게 한다(양흡입펌프) ③ 유체온도 낮게 한다 ④ 흡입 수두 작게 한다(펌프 설치위치를 낮게) ⑤ 흡입 마찰손실 작게 한다 ⑥ 흡입 배관길이 짧게 한다 ⑦ 임펠러 회전속도 느리게 한다. (회전수를 작게 한다)

26. 배관 내 유체 유량을 직접 측정할 수 있는 기기가 아닌 것은?

① 마노미터　　　② 로터미터
③ 벤츄리미터　　④ 오리피스

해설
1) 유량계

종류	내용
벤츄리미터	축소부 전후의 압력차를 이용
오리피스미터	오리피스 전후의 압력차 이용
로터미터	부표(float)의 눈금
위어	개수로 유량 측정
플로우노즐 (유동노즐)	오리피스와 벤츄리미터의 중간 수준의 원리

2) 압력계(계기압)

종류	내용
부르동 압력계	금속관의 팽창/수축으로 측정
피토게이지	토출 동압으로 측정(소화전 토출압)

3) 압력계(절대압) ⇒ (액주계 압력계 = 마노미터)

종류	내용
피에조미터	액주계 액체와 측정액체가 동일
U자액주계	한점의 압력(절대압)
시차액주계	두 지점 압력차
미압계	미소한 압력차 측정
피토정압관	동압측정

27. 점성계수가 0.08[kg/m·s]이고 밀도가 800[kg/m³]인 유체의 동점성계수는 몇 [cm²/s]인가?

① 1.0　　　　② 0.0001
③ 0.08　　　 ④ 8.0

해설 동점성계수(동점도) ν

$$\nu = \frac{\mu}{\rho} = \frac{0.08}{800} = 1 \times 10^{-4} \,[m^2/s] = 1.0\,[cm^2/s]$$

여기서, μ : 점성계수(Pa·s [= N·s/m² = kg/m·s])
　　　　ρ : 밀도[kg/m³]

※ $1[m^2/s] = 1 \times 10^4\,[cm^2/s]$

28. 유속 6[m/s]로 정상류의 물이 화살표 방향으로 흐르는 배관에 압력계와 피토계가 설치되어있다. 이때 압력계의 계기압력이 300[kPa]이었다면 피토계의 계기압력은 약 몇 [kPa]인가?

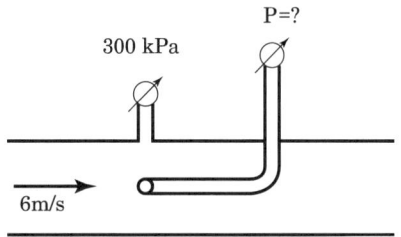

① 318　　　　② 180
③ 280　　　　④ 336

복원기출문제   2023. 4회 소방설비기사

[해설] 베르누이 정리

$$\frac{P_1}{\gamma}+\frac{v_1^2}{2g}+z_1=\frac{P_2}{\gamma}+\frac{v_2^2}{2g}+z_2 \quad (\gamma=\rho g)$$

$$P_1+\frac{v_1^2}{2}\rho+\rho g z_1 = P_2+\frac{v_2^2}{2}\rho+\rho g z_2 \text{ 에서}$$

$z_1=z_2$, $v_2=0$ 이므로

$$\frac{v_1^2}{2}\rho+P_1 = P_2 = P(\text{전압})$$

$$P=\frac{6^2 \times 10^3}{2}+300\times 10^3 = 318000[\text{Pa}] = 318[\text{kPa}]$$

[별해] 위와 같은 개념이지만 피토계의 동압

$$P_v = \frac{\rho v^2}{2} = \frac{1000[\text{kg/m}^3] \times (6[\text{m/s}])^2}{2}$$
$$= 18000[\text{kg/m} \cdot \text{s}^2] = 18000[\text{Pa}] = 18[\text{kPa}]$$

전압(P) = 정압(압력계) + 동압(피토계)
     = 300[kPa] + 18[kPa] = 318[kPa]

29. 그림과 같은 1/4원형의 수문(水門) AB가 받는 수평성분 힘(F_H)과 수직성분 힘(F_V)은 각각 약 몇 [kN]인가? (단, 수문의 반지름은 2[m]이고, 폭은 3[m]이다.)

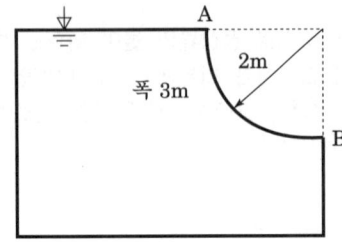

① $F_H = 58.8$, $F_V = 92.4$
② $F_H = 24.4$, $F_V = 46.2$
③ $F_H = 24.4$, $F_V = 92.4$
④ $F_H = 58.8$, $F_V = 46.2$

[해설]
(1) 수평분력 F_H
 F_H은 그 곡면을 수직면에 수평으로 투영된 면적에 작용한 압력과 같다.
 따라서 투영면적을 A_H라 하면
 $F_H = r h_c A_H$
 $= 9.8 \times \frac{2}{2} \times (2\times 3) = 58.8[\text{kN}]$

(2) 수직분력 F_V
 F_V는 그 곡면을 밑면으로 하는 액주의 중량과 같다.
 따라서 곡면상의 체적을 V라 하면
 $F_V = rV = 9.8\times(\pi\times 2^2 \times 3 \times \frac{90}{360})$
 $≒ 92.4[\text{kN}]$

※ 물의 비중량과 밀도

	중력단위	SI 단위
γ(비중량)	1000[kgf/m³]	9800[N/m³] = 9.8[kN/m³]
ρ(밀도)	1000[kg/m³] 102[kgf·s²/m⁴]	1000[N·s²/m⁴]

30. 비중병의 무게가 비었을 때는 2[N]이고, 액체로 충만되어 있을 때는 8[N]이다. 액체의 체적이 0.5[L]이면 이 액체의 비중량은 약 몇 [N/m³]인가?

① 12,000 ② 11,000
③ 11,500 ④ 12,500

[해설] 비중량(Specific Weight, γ)
 단위체적당의 중량으로 비중량이 클수록 무겁다.
 $\gamma = \frac{W}{V} = \rho g \ [\text{N/m}^3]$
 W: 무게(mg)[N], V: 체적[m³]

 $\gamma = \frac{8[\text{N}]-2[\text{N}]}{0.5\times 10^{-3}[\text{m}^3]} = 12000[\text{N/m}^3]$
 ※ 1[L] = 10^{-3}[m³]

정답 29. ① 30. ①

31. 지름이 75[mm]인 관로 속에 평균 속도 4[m/s]로 흐르고 있을 때 유량[kg/s]은?

① 17.67 ② 15.52
③ 16.92 ④ 18.52

해설

1) 연속방정식

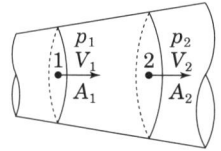

구분	공식
질량유량[kg/s]	$m = \rho A V$
중량유량[kgf/s]	$G = \gamma A V$
체적유량[m³/s]	$Q = AV (\rho_1 = \rho_2 = \rho)$

2) 질량유량 m [kg/s]

$$m = \rho A V = 1000 \times \frac{\pi \times 0.075^2}{4} \times 4 = 17.67 \, [\text{kg/s}]$$

여기서, m : 질량유량[kg/s]
ρ : 물의 밀도 : 1000[kg/m³]
V : 유속 [m/s]
A : 단면적[m²]

32. 다음 중 동일한 액체의 물성치를 나타낸 것이 아닌 것은?

① 비체적이 1.25[m³/kg]
② 비중이 0.8
③ 밀도가 800[kg/m³]
④ 비중량이 7840[N/m³]

해설

비중(s)을 기준으로 비교하면

① 비체적 $v = 1.25 = \frac{1}{\rho} \Rightarrow \rho = \frac{1}{1.25} = 0.8 [\text{kg/m}^3]$
$\Rightarrow s = \frac{0.8}{1000} = 8 \times 10^{-4}$

② $s = 0.8$

③ $s = \frac{\rho}{\rho_w} = \frac{800}{1000} = 0.8$

④ $s = \frac{\gamma}{\gamma_w} = \frac{7840}{9800} = 0.8$

33. 다음 중 크기가 가장 큰 것은?

① 질량 4.9[kg]인 물체가 4[m/s²]의 가속도를 받을 때의 힘
② 19.6[N]
③ 질량 2[kg]인 물체의 무게
④ 비중 1, 부피 2[m³]인 물체의 무게

해설

① 질량 4.9[kg]인 물체가 4[m/s²]의 가속도를 받을 때의 힘
$F(\text{힘}) = ma = 4.9 \times 4 = 19.6 [\text{N}]$
여기서, m : 질량[kg]
a : 가속도[m/s²]

③ 질량 2[kg]인 물체의 무게
$W(\text{무게}) = mg = 2 \times 9.8 = 19.6 [\text{N}]$
여기서, m : 질량[kg]
g : 중력가속도(9.8[m/s²])

④ 비중 1, 부피 2m³인 물체의 무게
$W(\text{무게}) = \gamma V = (9800 \times 1) \times 2 = 19600 [\text{N}]$
여기서, γ : 비중량[N/m³]
(물의 비중량= 9800[N/m³])

복원기출문제

2023. 4회 소방설비기사

34. 그림과 같이 평형상태를 유지하고 있을 때 오른쪽 관에 있는 유체의 비중[S]은?
(단, 물의 밀도는 1000[kg/m³] 이다.)

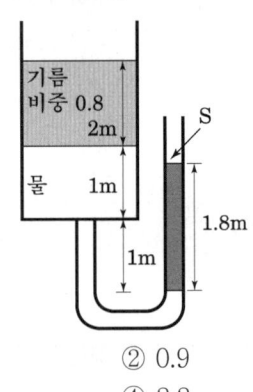

① 2.0   ② 0.9
③ 1.8   ④ 2.2

해설

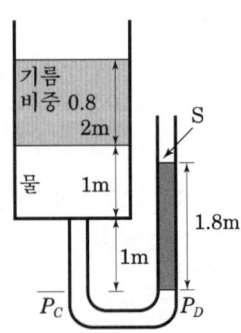

$P_C = P_D$ 이므로
$0.8 \times 9800 \times 2 + 9800 \times (1+1) = S \times 9800 \times 1.8$
$\therefore S = \dfrac{0.8 \times 9800 \times 2 + 9800 \times (1+1)}{9800 \times 1.8} = 2.0$

35. 유체에 관한 설명으로 옳지 않은 것은?

① 이상유체는 높은 압력에서 밀도가 변화하는 유체이다.
② 실제유체는 유동할 때 마찰로 인한 손실이 생긴다.
③ 유체에 압력을 가하면 체적이 줄어드는 유체는 압축성 유체이다.
④ 전단력을 받았을 때 저항하지 못하고 연속적으로 변형하는 물질을 유체라 한다.

해설
이상유체는 비압축성이며 비점성유체를 말한다.
따라서 밀도의 변화가 없는 유체이다.

36. 다음 설명 중 틀린 것은?

① 가역단열과정은 엔트로피가 증가하는 과정이다.
② 열역학 제 1법칙은 에너지 보존에 대한 것이다.
③ 이상기체는 이상기체 상태방정식을 만족한다.
④ 마찰은 비가역성의 원인이 될 수 있다.

해설
(1) 가역단열과정 : 등엔트로피 과정
(2) 비가역단열과정 : 엔트로피 증가

37. 온도차이 20[℃], 열전도율 5[W/(m·K)], 두께 20[cm] 인 벽을 통한 열유속(heat flux)과 온도차이 40[℃], 열전도율 10[W/(m·K)], 두께 t인 같은 면적을 가진 벽을 통한 열유속이 같다면 두께 t는 약 몇 [cm] 인가?

① 80   ② 10
③ 20   ④ 40

해설

구분	전도(Conduction)
정의	고체 또는 정지상태의 유체 내에서 매질을 통한 열전달
관련식	Fourier의 열전도법칙 $q = \dfrac{kA(T_2 - T_1)}{l}$ q : 전달열량(열유속) [W] k : 열전도도[W/m·℃] A : 전열면적[m²] T_1, T_2 : 물질의 온도[℃] l : 물질의 두께[m]

$\dfrac{kA(T_2 - T_1)}{l} = \dfrac{k'A(T_2 - T_1)'}{l'}$

$l' = t$ 이므로
$\dfrac{5[W/(m \cdot K)] \times 20[℃]}{0.2[m]} = \dfrac{10[W/(m \cdot K)] \times 40[℃]}{t}$
$t = \dfrac{10[W/(m \cdot K)] \times 40[℃] \times 0.2[m]}{5[W/(m \cdot K)] \times 20[℃]}$
$= 0.8[m] = 80[cm]$

※ 온도차는 절대온도(K)와 섭씨온도(℃)가 동일하다.

정답 34. ① 35. ① 36. ① 37. ①

38. 이상기체의 성질을 틀리게 나타낸 그래프는?

①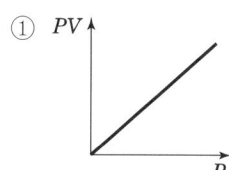
②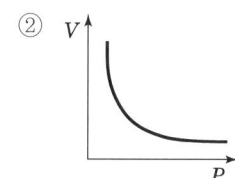
③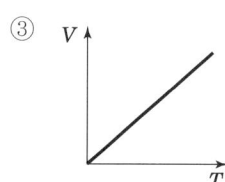
④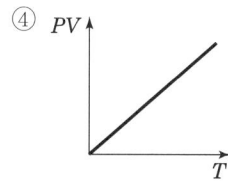

해설
1. 보일의 법칙(등온변화)
   일정한 온도에서 기체의 부피는 압력에 반비례한다.

   $PV = C(상수)$
   $P_1 V_1 = P_2 V_2$ (주의 : '압력 P는' 절대압력임)

2. 샤를의 법칙(정압변화)
   일정한 압력하에서 기체의 부피는 절대온도에 비례한다.

   $\dfrac{V}{T} = C(상수), \ \dfrac{V_1}{T_1} = \dfrac{V_2}{T_2}$ (주의 : 온도 'T는' 절대온도)

3. 보일샤를의 법칙
   일정량의 기체의 부피는 압력에 반비례하고 절대온도에 비례한다.

   $\dfrac{PV}{T} = C(상수), \ \dfrac{P_1 V_1}{T_1} = \dfrac{P_2 V_2}{T_2}$

39. 직경 7.5[m]인 원관을 통하여 3[m/s]의 유속으로 물을 흘려 보내려 한다. 관의 길이가 200[m]이면 압력강하는 몇 [kPa]인가? (단, 마찰계수 f=0.03이다.)

① 360 ② 122
③ 734 ④ 135

해설
1) 달시-바이스바흐(Darcy-Weisbach) 식
   층류와 난류, 신배관에서 적용되는 손실수두 개념임.
   $h = f \dfrac{L}{D} \dfrac{V^2}{2g}$
   h : 손실수두[m], D : 관의 직경[m],
   V : 유체의 유속[m/s], L : 관길이[m], f : 마찰계수

2) 압력강하(ΔP)
   $\Delta P = \gamma h = \gamma \times f \dfrac{L}{D} \dfrac{V^2}{2g}$
   $= 9.8[kN/m^3] \times 0.03 \times \dfrac{200[m]}{0.075[m]} \times \dfrac{(3[m/s])^2}{2 \times 9.8[m/s^2]}$
   $= 360[kN/m^2] = 360[kPa]$

40. 펌프에 대한 설명 중 틀린 것은?

① 가이드베인이 있는 원심 펌프를 볼류트 펌프라고 한다.
② 기어 펌프는 회전식 펌프의 일종이다.
③ 플런저 펌프는 왕복식 펌프이다.
④ 터빈펌프는 고양정, 양수량이 많을 때 사용하면 적합하다.

해설 펌프종류에 따른 특징

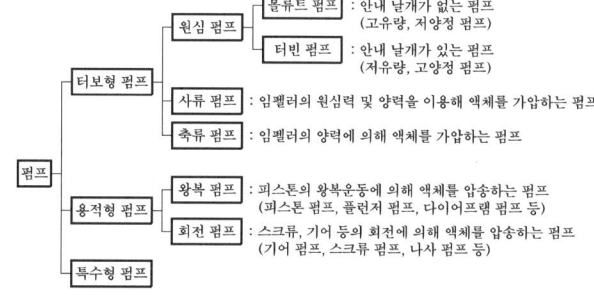

■■■ 제3과목 소방관계법규

41. 화재예방안전진단을 받은 소방안전 특별관리시설물의 관계인은 안전등급에 따라 정기적으로 다음 기간에 화재예방안전진단을 받아야 한다. ( )안에 알맞은 것은?

안전등급	안전등급을 통보받은 날부터
우수	(가)년이 경과한 날이 속하는 해
양호·보통	(나)년이 경과한 날이 속하는 해
미흡·불량	(다)년이 경과한 날이 속하는 해

① 가 : 7, 나 : 5, 다 : 3
② 가 : 8, 나 : 6, 다 : 4
③ 가 : 6, 나 : 5, 다 : 4
④ 가 : 11, 나 : 12, 다 : 13

[해설]
화재예방안전진단을 받은 소방안전 특별관리시설물의 관계인은 안전등급에 따라 정기적으로 다음 기간에 화재예방안전진단을 받아야 한다.

안전등급	안전등급을 통보받은 날부터
우수	6년이 경과한 날이 속하는 해
양호·보통	5년이 경과한 날이 속하는 해
미흡·불량	4년이 경과한 날이 속하는 해

42. 한국소방안전원의 업무가 아닌 것은?

① 위험물탱크 성능시험
② 화재예방과 안전관리의식 고취를 위한 대국민 홍보
③ 소방기술과 안전관리에 관한 각종 간행물의 발간
④ 소방기술과 안전관리에 관한 교육 및 조사·연구

[해설] 한국소방안전원의 업무
① 소방기술과 안전관리에 관한 교육 및 조사·연구
② 화재 예방과 안전관리의식 고취를 위한 대국민 홍보
③ 소방기술과 안전관리에 관한 각종 간행물 발간
④ 소방업무에 관하여 행정기관이 위탁하는 업무
⑤ 소방안전에 관한 국제협력
⑥ 그 밖에 회원에 대한 기술지원 등 정관으로 정하는 사항

43. 소방안전관리대상물 중 불특정 다수인이 이용하는 특정소방대상물의 근무자등에게 불시에 소방훈련과 교육을 실시할 수 있는 대상이 아닌 것은?

① 수련시설
② 교육연구시설
③ 의료시설
④ 노유자시설

[해설]
1. 소방본부장 또는 소방서장은 소방안전관리대상물 중 불특정 다수인이 이용하는 대통령령으로 정하는 특정소방대상물(노유자시설, 의료시설, 교육연구시설)의 근무자 등에게 불시에 소방훈련과 교육을 실시할 수 있으며 불시 소방훈련·교육 실시 10일 전까지 통지해야 한다.
2. 소방본부장 또는 소방서장은 소방훈련과 교육을 실시한 경우에는 그 결과를 평가할 수 있으며 평가를 실시한 경우 불시 소방훈련·교육 종료일부터 10일 이내에 불시 소방훈련·교육 평가 결과서를 통지해야 한다.

44. 소방안전관리자를 두어야 할 특정소방대상물로서 1급 소방안전관리대상물의 기준으로 옳은 것은?

① 가스제조설비를 갖추고 도시가스사업허가를 받아야 하는 시설
② 가연성가스를 1천톤 이상 저장·취급하는 시설
③ 지하구
④ 문화재보호법에 따라 국보 또는 보물로 지정된 목조건축물

[해설] 1급 소방안전관리대상물의 범위(대상)
① 30층 이상(지하층은 제외)이거나 지상으로부터 높이가 120 [m] 이상인 아파트
② 연면적 1만5천 [m²] 이상인 특정소방대상물(아파트 및 연립주택 제외)
③ ②에 해당하지 않는 특정소방대상물로서 지상층의 층수가 11층 이상인 특정소방대상물(아파트 제외)
④ 가연성 가스를 1천톤 이상 저장·취급하는 시설

정답 41. ③ 42. ① 43. ① 44. ②

45. 특정소방대상물의 관계인의 업무가 아닌 것은?

① 소방시설이나 그 밖의 소방 관련 시설의 관리
② 자위소방대의 조직
③ 피난시설, 방화구획 및 방화시설의 관리
④ 화기취급의 감독

해설 소방안전관리 업무 수행 내용

구 분	업무 수행 내용
소방안전관리 대상물의 소방안전관리자	① 피난계획에 관한 사항과 소방 계획서의 작성 및 시행 ② 자위소방대 및 초기대응체계의 구성, 운영 및 교육 ③ 소방훈련 및 교육 ④ 소방안전관리에 관한 업무수행에 관한 기록·유지(⑤, ⑥, ⑦의 업무) ⑤ 피난시설, 방화구획 및 방화시설의 관리 ⑥ 소방시설이나 그 밖의 소방 관련 시설의 관리 ⑦ 화기(火氣) 취급의 감독 ⑧ 화재발생 시 초기대응 ⑨ 그 밖에 소방안전관리에 필요한 업무
특정소방대상물의 관계인 (소방안전관리 대상물 제외)	⑤ ~ ⑨의 업무만 수행

46. 신축 건축물 중 연면적 몇 제곱미터 이상인 특정소방대상물은 성능위주설계를 하여야 하는가? (단, 창고, 도시철도 및 철도시설, 공항시설 아파트등은 제외한다)

① 10만 제곱미터 ② 20만 제곱미터
③ 100만 제곱미터 ④ 500만 제곱미터

해설 성능위주설계를 하여야 하는 특정소방대상물

구 분	층 수	지상으로 부터 높이	연면적
① 아파트등	50층 이상 (지하층 제외)	200[m] 이상	–
② 아파트등 제외	30층 이상 (지하층 포함)	120[m] 이상	20만 [m²] 이상
③ 도시철도 및 철도시설, 공항시설	–	–	3만 [m²] 이상
④ 창고시설	지하층의 층수가 2개층 이상 이고 지하층의 바닥면적의 합계 3만 [m²] 이상		10만 [m²] 이상
⑤ 하나의 건축물에 영화상영관이 10개 이상인 특정소방대상물			
⑥ 수저(水底)터널 또는 길이가 5천m 이상인 터널			
⑦ 지하연계 복합건축물 층수가 11층 이상이거나 1일 수용인원이 5천명 이상인 건축물로서 지하부분이 지하역사 또는 지하상가와 연결된 건축물이면서 건축물 안에 문화 및 집회시설, 판매시설, 운수시설, 업무시설, 숙박시설, 위락시설 중 유원 시설업의 시설 또는 종합병원과 요양병원 중 하나 이상 있는 건축물			

47. 창고시설의 경우 성능위주소방설계대상에 해당하지 않는 것은?

① 지하층의 층수가 2개 층 이상이고 지하층의 바닥면적의 합계 3만 [m²] 이상인 창고시설
② 연면적 10만 [m²] 이상인 창고시설
③ 연면적 15만 [m²] 이상인 창고시설
④ 지상으로부터 높이가 30 [m] 이상인 창고시설

해설 46번 해설 참조

48. 특정소방대상물의 방염대상이 아닌 것은?

① 아파트를 제외한 11층 이상인 건물
② 체력단련장, 숙박시설, 종합병원
③ 다중이용업의 영업장
④ 실내수영장

해설 방염대상의 특정소방대상물
① 근린생활시설 중 의원, 조산원, 산후조리원, 체력단련장, 공연장 및 종교집회장
② 건축물의 옥내에 있는 시설 [문화 및 집회시설, 종교시설, 운동시설(수영장은 제외)]
③ 의료시설, 노유자시설 및 숙박이 가능한 수련시설, 숙박시설, 방송통신시설 중 방송국 및 촬영소
④ 다중이용업의 영업장
⑤ 층수가 11층 이상인 것(아파트는 제외)
⑥ 교육연구시설 중 합숙소

+암기 연예인 안문숙이 11층의 체력단련장에서 운동하다 다쳤는데 의료시설인 조산 의원에 안가고 공연장으로 가 이상하게 여겨 방송국에서 촬영하러 오니 합숙소의 노유자, 수련시설의 종교인등이 구경 옴

정답 45. ② 46. ② 47. ④ 48. ④

복원기출문제

2023. 4회 소방설비기사

49. 하자보수를 하여야 하는 소방시설 중 하자보수 보증기간이 3년이 아닌 것은?

① 자동식소화기 ② 비상방송설비
③ 상수도소화용수설비 ④ 스프링클러설비

[해설] 하자보수기간

하자기간	소화설비	경보설비	피난설비	소화용수설비	소화활동설비
2년	-	비상경보설비, 비상방송설비	피난기구, 유도등, 유도표지, 비상조명등	-	무선통신보조설비
3년	자동소화장치, 옥내·옥외소화전, 스프링클러, 간이스프링클러, 물분무등소화설비	자동화재탐지설비	-	상수도소화용수설비	소화활동설비 (무선통신보조설비 제외)

50. 시·도의 조례가 정하는 바에 따라 관할소방서장의 승인을 받아 지정수량 이상의 위험물을 임시 저장 또는 취급할 수 있는 기간으로 알맞은 것은?

① 360일 이내 ② 180일 이내
③ 90일 이내 ④ 60일 이내

[해설] 제조소 등이 아닌 장소에서 지정수량 이상의 위험물을 취급할 수 있는 경우
㉠ 관할소방서장의 승인을 받아 지정수량 이상의 위험물을 90일 이내의 임시로 저장 또는 취급하는 경우
㉡ 군부대가 지정수량 이상의 위험물을 군사목적으로 임시로 저장 또는 취급하는 경우
제조소등을 설치하거나 그 위치·구조 또는 설비를 변경하고자 하는 군부대의 장은 제조소등의 소재지를 관할하는 시·도지사와 협의(설계도서, 서류등 제출)하여야 하며 협의가 된 경우 허가를 받은 것으로 보며 군부대의 장은 탱크안전성능검사와 완공검사를 자체적으로 할 수 있고 시·도지사에게 통보할 것

51. 옥내주유취급소에 있어서 당해 사무소 등의 출입구 및 피난구와 당해 피난구로 통하는 통로·계단 및 출입구에 설치해야 하는 피난설비는?

① 유도등 ② 피난기구
③ 유도표지 ④ 피난유도선

[해설] 옥내주유취급소 유도등 설치 장소
① 당해 사무소 등의 출입구 및 피난구
② 당해 피난구로 통하는 통로·계단 및 출입구

52. 건설현장 소방안전관리대상물의 소방안전관리자 선임 대상물의 기준이 아닌 것은?

① 개축하려는 부분의 연면적의 합계가 15,000[m²] 이상인 것
② 용도변경을 하려는 부분의 연면적의 합계가 15,000[m²] 이상인 것
③ 대수선을 하려는 부분의 연면적이 5,000[m²] 이상이며 지하층의 층수가 3개 층 이상인 것
④ 이전 하려는 부분의 연면적이 5,000[m²] 이상인 냉동창고, 냉장창고 또는 냉동·냉장창고

[해설] 건설현장 소방안전관리대상물의 소방안전관리자 선임
공사시공자가 화재발생 및 화재피해의 우려가 큰 대통령령으로 정하는 특정소방대상물(건설현장 소방안전관리대상물)을 신축·증축·개축·재축·이전·용도변경 또는 대수선 하는 경우에는 강습교육, 실무교육을 받은 사람을 소방시설공사 착공 신고일부터 건축물 사용승인일(건축물을 사용할 수 있게 된 날)까지 소방안전관리자로 선임하고 행정안전부령으로 정하는 바에 따라 소방본부장 또는 소방서장에게 신고하여야 한다.

정답 49. ② 50. ③ 51. ① 52. ③

| 건설현장 소방안전관리대상물 |

① 신축·증축·개축·재축·이전·용도변경 또는 대수선을 하려는 부분의 연면적의 합계가 15,000 [m²] 이상인 것
② 신축·증축·개축·재축·이전·용도변경 또는 대수선을 하려는 부분의 연면적이 5,000 [m²] 이상인 것으로서 다음에 해당하는 것
 ㉠ 지하층의 층수가 2개 층 이상인 것
 ㉡ 지상층의 층수가 11층 이상인 것
 ㉢ 냉동창고, 냉장창고 또는 냉동·냉장창고

선임하지 아니한 자 : 300만 원 이하의 벌금

53. 위험물제조소 등에서 자동화재탐지설비를 설치하여야 할 제조소 및 일반취급소는 옥내에서 지정수량 몇 배 이상의 위험물을 저장 취급하는 곳인가?

① 지정수량 5배 이상 ② 지정수량 10배 이상
③ 지정수량 50배 이상 ④ 지정수량 100배 이상

[해설] 자동화재탐지설비 설치대상
① 제조소, 일반취급소, 옥내저장소

제조소등의 구분	연면적	지정수량	처마의 높이
제조소 일반취급소	500[m²] 이상	100배 이상	–
옥내저장소	150[m²] 초과	100배 이상	6[m] 이상

② 옥외탱크저장소
특수인화물, 제1석유류 및 알코올류를 저장 또는 취급하는 탱크의 용량이 1,000만리터 이상인 것

54. 위험물안전관리법상 허가를 받지 아니하고 당해 제조소등을 설치하거나 그 위치·구조 또는 설비를 변경할 수 있으며, 신고를 하지 아니하고 위험물의 품명·수량 또는 지정수량의 배수를 변경할 수 있는 기준으로 틀린 것은?

① 주택의 난방시설을 위한 저장소 또는 취급소
② 공동주택의 중앙난방시설을 위한 저장소 또는 취급소
③ 수산용으로 필요한 건조시설을 위한 지정수량 20배 이하의 저장소
④ 농예용으로 필요한 난방시설을 위한 지정수량 20배 이하의 저장소

[해설] 제조소 등의 허가, 변경, 신고를 하지 않아도 되는 경우
① 주택의 난방시설(공동주택의 중앙난방시설 제외)을 위한 저장소 또는 취급소
② 농예용·축산용 또는 수산용으로 필요한 난방시설 또는 건조시설을 위한 지정수량 20배 이하의 저장소

55. 소방시설공사업법령에 따른 소방시설업의 등록권자는?

① 국무총리   ② 소방서장
③ 시·도지사   ④ 한국소방안전협회장

[해설] 소방시설업 등록 및 지위승계
① 소방시설업(설계업, 공사업, 감리업, 방염업)을 하고자 하는 자
 - 시·도지사에게 등록
② 등록 결격사유에 해당하는 경우

㉠ 금고 이상의 실형을 선고받고	그 집행이 끝나거나 (집행이 끝난 것으로 보는 경우 포함) 면제된 날부터 2년이 지나지 아니한 사람
㉡ 금고 이상의 형의 집행유예를 선고받고	그 유예기간 중에 있는 사람
㉢ 등록하려는 소방시설업 등록이 취소 된 날부터	2년이 지나지 아니한 자 (피성년후견인에 해당되어 취소된 경우 제외)
㉣ 피성년후견인(정신적 제약으로 사무처리 능력이 부족한 자)	

정답 53. ④ 54. ② 55. ③

㉤ 법인의 대표자가 ㉠에서 ㉣까지의 규정에 해당하는 경우 그 법인

㉥ 법인의 임원이 ㉠에서 ㉢까지의 규정에 해당하는 경우 그 법인

③ 소방시설업자의 지위승계
소방시설업자의 지위를 승계한 자는 30일 이내 시·도지사에게 신고

56. 단독경보형 감지기를 설치하여야 하는 특정소방대상물에 속하지 않는 것은?

① 숙박시설이 있는 수용인원 300인 미만의 수련시설
② 연면적 400 [m²] 미만의 유치원
③ 공동주택 중 연립주택, 다세대주택
④ 교육연구시설 또는 수련시설 내에 있는 합숙소 또는 기숙사로서 연면적 2000[m²] 미만인 것

해설 단독경보형 감지기 설치 대상

대상	기 준	기준이상
공동주택 중 연립주택, 다세대주택	연동형으로 설치할 것	–
수련시설 (숙박시설 있어야 함)	수용인원 100명 미만	자동화재탐지설비설치대상
유치원	연면적 400[m²] 미만	
합숙소 또는 기숙사 (교육연구시설 또는 수련시설 내)	연면적 2천[m²] 미만	

57. 소방시설 설치 및 관리에 관한 법령상 주택의 소유자가 소방시설을 설치하여야 하는 대상이 아닌 것은?

① 아파트 ② 연립주택
③ 다세대주택 ④ 다가구주택

해설 주택에 설치하는 소방시설
① 주택
단독주택(다중주택, 다가구주택, 공관)
공동주택(연립주택, 다세대주택을 말하며 아파트 및 기숙사는 제외)
② 주택용소방시설: 소화기 및 단독경보형 감지기

58. 소방시설 설치 및 관리에 관한 법상 피난시설, 방화구획 또는 방화시설의 폐쇄·훼손·변경 등의 행위를 한자에 대한 과태료 부과 기준으로 옳은 것은?

① 500만 원 이하 ② 300만 원 이하
③ 200만 원 이하 ④ 100만 원 이하

해설 피난시설, 방화구획 또는 방화시설을 폐쇄·훼손·변경하는 등의 행위를 한 경우

과태료 금액(단위: 만원)		
1차 위반	2차 위반	3차 이상
100	200	300

59. 소방시설 설치 및 관리에 관한 법령에서 정하고 있는 소화용으로 사용하는 제품 또는 기기에 속하는 것은?

① 피난사다리 ② 소화약제
③ 공기호흡기 ④ 소화기구

해설 소방용품
소방시설등을 구성하거나 소방용으로 사용되는 제품 또는 기기로서 대통령령으로 정하는 것

구분	구성하는 형식승인 제품 또는 기기
소화설비	소화기구(소화약제 외의 것을 이용한 간이소화용구는 제외), 자동소화장치 소화전, 송수구, 관창(菅槍), 소방호스, 스프링클러헤드, 기동용 수압개폐장치, 유수제어밸브 및 가스관선택밸브
경보설비	누전경보기 및 가스누설경보기, 수신기, 발신기, 중계기, 감지기 및 음향장치(경종만 해당)

정답 56. ① 57. ① 58. ② 59. ②

구 분	구성하는 형식승인 제품 또는 기기
피난구조설비	피난사다리, 구조대, 완강기(지지대 포함), 간이완강기(지지대 포함) 공기호흡기(충전기 포함) 유도등(피난구, 통로, 객석) 및 예비전원이 내장된 비상조명등
소화용	① 소화약제[상업용자동소화장치, 캐비넷형자동소화장치, 포, CO_2, 할론, 할로겐화합물 및 불활성기체, 분말, 강화액, 고체에어로졸] ② 방염제(방염액·방염도료 및 방염성물질)
기타	그 밖에 행정안전부령으로 정하는 소방 관련 제품 또는 기기

60. 물분무등소화설비가 설치된 연면적 5000[m²] 이상인 특정소방대상물(위험물제조소 등은 제외한다.)에 대한 종합점검을 할 수 있는 자격자로서 옳은 것은?

① 소방안전관리자로 선임된 소방설비산업기사
② 소방안전관리자로 선임된 소방설비기사
③ 소방안전관리자로 선임된 전기기사
④ 소방안전관리자로 선임된 소방시설관리사 및 소방기술사

해설 작동, 종합점검의 자격자

구분	작동	종합
점검자	① ~ ④	① ~ ②

① 관리업에 등록된 소방시설관리사
② 소방안전관리자로 선임된 소방시설관리사 및 소방기술사
③ 관계인
④ 특급점검자(특급점검자에 관한 규정은 2024년 12월 1일부터 적용)

제4과목 소방기계시설의 구조 및 원리

61. 대형소화기의 정의 중 다음 ( ) 안에 들어갈 알맞은 것은?

> 능력단위가 A급 (ㄴ) 단위 이상, B급 (ㄱ) 단위 이상인 소화기

① ㄱ 20, ㄴ 10
② ㄱ 10, ㄴ 5
③ ㄱ 5, ㄴ 10
④ ㄱ 10, ㄴ 20

해설 능력단위(불을 끌 수 있는 능력)에 따른 소화기 구분

구분	능력단위
소형 소화기	1 단위 이상이고 대형소화기의 능력단위 미만
대형 소화기	A급(일반화재) - 10 단위 이상 B급(유류화재) - 20 단위 이상

62. 건식스프링클러설비인 경우 유수검지장치 2차측 설비의 내용적이 몇 [L]를 초과하는 건식스프링클러설비의 경우 시험장치 개폐밸브를 완전 개방 후 1분 이내에 물이 방사되어야 하는가?

① 2,840
② 3,240
③ 3,000
④ 3,640

해설 건식스프링클러설비
유수검지장치에서 가장 먼 거리에 위치한 가지배관의 끝으로부터 연결하여 설치하고 유수검지장치 2차측 설비의 내용적이 2,840[L]를 초과하는 건식스프링클러설비의 경우 시험장치 개폐밸브를 완전 개방 후 1분 이내에 물이 방사되어야 한다.

63. 피난기구 화재안전기술기준에 의한 노유자시설의 3층에 적응성을 가진 피난기구가 아닌 것은?

① 미끄럼대
② 피난교
③ 다수인피난장비
④ 간이완강기

복원기출문제

2023. 4회 소방설비기사

[해설]

구분	노유자 시설
5층 ~ 10층	구조대[1]
4층	
3층	
2층	구조대
1층	

☞ 피난교, 다수인피난장비, 승강식 피난기 : 대상물과 상관없이 1층 ~ 10층 모두 적용 가능

☞ 미끄럼대 : 대상물과 상관없이 3층 이하의 층에 적용 가능

64. 지하구 화재안전기술기준에 따라 방화벽은 국사·변전소 등의 건축물과 지하구가 연결되는 부위( )에 설치 하여야 한다. ( )안에 들어갈 알맞은 것은?

① 건축물로부터 10[m] 이내
② 건축물로부터 20[m] 이내
③ 건축물로부터 30[m] 이내
④ 건축물로부터 40[m] 이내

[해설] **방화벽**

항상 닫힌 상태를 유지하거나 자동폐쇄장치에 의하여 화재 신호를 받으면 자동으로 닫히는 구조

1. 내화구조로서 홀로 설 수 있는 구조
2. 방화벽의 출입문은 60분+방화문 또는 60분방화문으로 설치
3. 방화벽을 관통하는 케이블·전선 등에는 내화충전 구조로 마감
4. 방화벽은 분기구 및 국사·변전소 등의 건축물과 지하구가 연결되는 부위(건축물로부터 20[m] 이내)에 설치
5. 자동폐쇄장치를 사용하는 경우에는「자동폐쇄장치의 성능인증 및 제품검사의 기술기준」에 적합한 것으로 설치

65. 특별피난계단의 계단실 부속실 제연설비의 차압 등에 관한 기준 중 옳은 것은?

① 제연설비가 가동되었을 경우 출입문의 개방에 필요한 힘은 130[N] 이하로 하여야 한다.
② 제연구역과 옥내와의 사이에 유지하여야 하는 최소 차압은 40[Pa](옥내에 스프링클러설비가 설치된 경우에는 12.5[Pa]) 이상으로 하여야 한다.
③ 피난을 위하여 제연구역의 출입문이 일시적으로 개방되는 경우 개방되지 아니하는 제연구역과 옥내와의 차압은 기준 차압의 60[%] 미만이 되어서는 아니 된다.
④ 계단실과 부속실을 동시에 제연 하는 경우 부속실의 기압은 계단실과 같게 하거나 계단실의 기압보다 낮게 할 경우에는 부속실과 계단실의 압력차이는 10[Pa] 이하가 되도록 하여야 한다.

[해설]

구분	기준
옥내와 제연구역의 차압	40 [Pa] 이상 (스프링클러설비 설치 시 12.5[Pa])
출입문이 일시적으로 개방되는 경우 개방되지 아니하는 제연구역과 옥내와의 차압	차압의 70[%] 이상
계단실과 부속실을 동시에 제연하는 경우	• 부속실의 기압은 계단실과 같을 것 • 계단실의 기압보다 낮게 할 경우에는 압력 차이는 5[Pa] 이하

66. 이산화탄소소화설비의 수동식기동장치의 설치기준에 적합하지 않은 것은?

① 전역방출방식에 있어서는 방호대상물마다 설치
② 전기를 사용하는 기동장치에는 전원표시등을 설치할 것
③ 기동장치의 조작부는 바닥으로부터 높이 0.8[m] 이상 1.5[m] 이하의 위치에 설치하고, 보호판 등에 따른 보호장치를 설치할 것
④ 기동장치의 방출용 스위치는 음향경보장치와 연동하여 조작될 수 있는 것으로 할 것

[해설] 이산화탄소 소화설비(할론, 할로겐화합물 및 불활성 기체, 분말)의 수동기동장치

① 수동식 기동장치의 부근에는 소화약제의 방출을 지연시킬 수 있는 비상스위치 설치

> 비상스위치 : 자동복귀형 스위치로서 수동식 기동장치의 타이머를 순간정지시키는 기능의 스위치

정답 64. ② 65. ② 66. ①

② 전역방출방식에 있어서는 방호구역마다, 국소방출방식에 있어서는 방호대상물마다 설치할 것
(할로겐화합물 및 불활성기체소화설비의 경우 국소방출방식에 대한 내용은 없음)
③ 당해방호구역의 출입구부분 등 조작을 하는 자가 쉽게 피난할 수 있는 장소에 설치할 것
④ 기동장치의 조작부는 바닥으로부터 높이 0.8[m] 이상 1.5[m] 이하의 위치에 설치하고, 보호판 등에 따른 보호장치를 설치할 것
⑤ 기동장치에는 그 가까운 곳의 보기 쉬운 곳에 "이산화탄소소화설비 기동장치"라고 표시한 표지를 할 것
⑥ 전기를 사용하는 기동장치에는 전원표시등을 설치할 것
⑦ 기동장치의 방출용 스위치는 음향경보장치와 연동하여 조작될 수 있는 것으로 할 것

67. 포소화설비의 자동식 기동장치를 폐쇄형스프링클러헤드의 개방과 연동하여 가압송수장치·일제 개방밸브 및 포 소화약제 혼합장치를 기동하는 경우의 설치 기준 중 다음 (   ) 안에 알맞은 것은?(단, 자동화재탐지설비의 수신기가 설치된 장소에 상시 사람이 근무하고 있고, 화재시 즉시 해당 조작부를 작동시킬 수 있는 경우는 제외한다.)

표시온도가 (㉠)[℃] 미만인 것을 사용하고, 1개의 스프링클러헤드의 경계면적은 (㉡)[m²] 이하로 할 것

① ㉠ 79, ㉡ 8 ② ㉠ 121, ㉡ 8
③ ㉠ 79, ㉡ 20 ④ ㉠ 121, ㉡ 20

[해설] 포소화설비의 자동식 기동장치에 폐쇄형스프링클러헤드를 사용하는 경우

스프링클러헤드	설치기준
표시온도	79[℃] 미만
1개의 경계면적	20[m²] 이하
부착면의 높이	바닥으로부터 5[m] 이하

68. 분말소화설비에서 가압용 가스로 이산화탄소를 사용하는 것에 있어서 소화약제 1[kg]에 대해 몇 [g] 및 배관 청소에 필요한 양을 가산한 양 이상으로 하는가?

① 10 ② 20
③ 30 ④ 40

[해설] 가압용가스용기 설치기준
1. 가압용가스 용기를 3병 이상 설치 시 2개 이상의 용기에 전자개방밸브를 부착
2. 가압용가스 용기에는 2.5[MPa] 이하의 압력에서 조정이 가능한 압력조정기를 설치
3. 가압용가스 또는 축압용가스의 기준(소화약제 1[kg]마다 저장량)

구 분	가압용가스	축압용가스
질소가스	40[ℓ] 이상	10[ℓ] 이상
이산화탄소	20[g] 이상	20[g] 이상

69. 고체에어로졸소화설비의 화재안전기술기준상 다음 조건에 따른 고체에어로졸화합물의 필수소화약제량은?

<조건>
1. 방호대상물의 체적은 100[m³]이며 개구부의 크기는 20[m²] 이다.
2. 소화밀도는 90[g/m³] 이다.

① 9,000[g] ② 10,800[g]
③ 11,700[g] ④ 15,700[g]

[해설] 고체에어로졸화합물의 필수소화약제량

$$m = d \times V$$

m : 필수소화약제량[g]
d : 설계밀도[g/m³] = 소화밀도[g/m³] × 1.3(안전계수)
소화밀도 : 형식승인 받은제조사의 설계 매뉴얼에 제시된 소화밀도
V : 방호체적[m³]

[풀이]
$m = 90 \times 1.3 \times 100 = 11,700[g]$

복원기출문제

2023. 4회 소방설비기사

70. 포소화설비에서 소화약제 압입용 펌프를 따로 가지고 있는 방식은?

① 라인 프로포셔너 방식
② 펌프 프로포셔너 방식
③ 프레져 프로포셔너 방식
④ 프레져사이드 프로포셔너 방식

해설 프레져사이드 프로포셔너방식
펌프의 토출관에 압입기를 설치하여 포 소화약제 압입용펌프로 포 소화약제를 압입시켜 혼합하는 방식

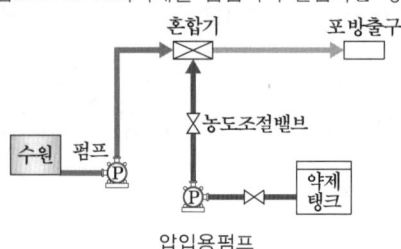

71. 물분무소화설비에서 차량이 주차하는 장소의 바닥면은 배수구를 향하여 얼마 이상의 기울기를 유지하여야 하는가?

① $\dfrac{1}{100}$ ② $\dfrac{2}{100}$
③ $\dfrac{3}{100}$ ④ $\dfrac{5}{100}$

해설 차고 또는 주차장의 배수설비 설치기준
① 높이 10 [cm] 이상의 경계턱으로 배수구를 설치할 것
② 차량이 주차하는 바닥은 배수구를 향하여 100분의 2 이상의 기울기를 유지
③ 길이 40 [m] 이하마다 집수관·소화핏트 등 기름분리장치를 설치하여 배수구에는 새어나온 기름을 모아 소화할 수 있도록 할 것
④ 배수설비는 가압송수장치의 최대송수능력의 수량을 유효하게 배수할 수 있는 크기 및 기울기로 할 것

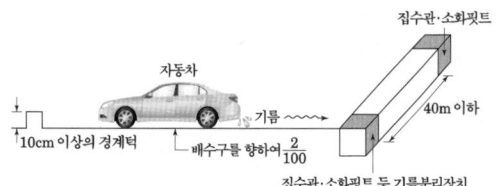

72. 전동기에 의한 펌프를 이용하는 스프링클러 설비의 가압송수장치에 대한 설치 기준으로 옳은 것은?

① 기동용수압개폐장치(압력챔버)를 사용할 경우 그 용적은 80[l] 이상의 것으로 한다.
② 물올림장치 설치는 유효수량 100[l] 이상으로 한다.
③ 정격토출 압력은 하나의 헤드선단에 0.01[MPa] 이상 0.12[MPa] 이하의 방수압력이 될 수 있는 크기로 한다.
④ 충압펌프의 정격토출압력은 그 설비의 최고위 살수장치의 자연압보다 적어도 0.1[MPa]과 같게 하거나 가압송수장치의 정격토출압력보다 크게 한다.

해설 스프링클러 설비의 가압송수장치에 대한 설치 기준
- 기동용수압개폐장치(압력챔버)를 사용할경우 그 용적은 100[l] 이상의 것으로 한다.
- 정격토출 압력은 하나의 헤드선단에 0.1[MPa] 이상 1.2[MPa] 이하의 방수압력이 될 수 있는 크기로 한다.
- 충압펌프의 정격토출압력은 그 설비의 최고위 살수장치의 자연압보다 적어도 0.2[MPa] 크게 하거나 가압송수장치의 정격토출압력과 같게 한다.

73. 면화류를 저장한 소방대상물에 할론 1211을 소화약제로 사용하려 한다. 최소 약제량은 몇 [kg]인가?
(단, 소방대상물의 체적은 100[m³]이고 개구부 면적은 없다.)

① 40   ② 50
③ 60   ④ 70

해설 할론소화설비 최소 약제량
VQ = 100[m³] × 0.6[kg/m³] = 60[kg]
① V[m³] : 방호구역체적
② Q[kg/m³] : 방호구역 체적당 소화약제의 양

소화약제 종별 / 대상	Q[kg/m³]	K[kg/m²]
할론 1211 / 면화류	0.60 이상 0.71 이하	4.5

정답 70. ④   71. ②   72. ②   73. ③

74. 이산화탄소소화설비의 방사시간으로 옳은 것은? (단, 설비는 전역방출방식이고 표면화재이다.)

① 30초　　② 40초
③ 50초　　④ 60초

[해설] 이산화탄소소화설비의 방사시간
1. 전역방출방식
   - 표면화재 60초 이내
   - 심부화재 7분 이내(설계농도가 2분 이내에 30[%]에 도달해야 함)
2. 국소방출방식 - 30초 이내

75. 분말소화설비의 화재안전기술기준상 제1종 분말을 사용한 전역방출방식의 분말소화설비에 있어서 방호구역 1[m³]에 대한 소화약제의 양은?

① 0.60 [kg]　　② 0.36 [kg]
③ 0.24 [kg]　　④ 0.72 [kg]

[해설] 방호구역 체적당 소화약제의 양 : Q

소화약제의 종별	Q[kg/m³]	K[kg/m²]
제1종	0.6	4.5
제2종, 제3종	0.36	2.7
제4종	0.24	1.8

※ K[kg/m²] : 개구부 면적당 가산량

76. 연결살수설비의 배관 구경이 65[mm]일 경우 하나의 배관에 부착하는 살수 헤드의 개수는 몇 개인가? (단, 연결살수설비 전용헤드를 사용한다.)

① 1개　　② 3개
③ 5개　　④ 7개

[해설] 연결살수설비 배관에 따른 헤드 설치 수(전용헤드)

구경[mm]	32	40	50	65	80
개수	1	2	3	4~5	6~10

77. 바닥면적이 400[m²] 미만이고 예상제연구역이 벽으로 구획되어 있는 배출구의 설치위치로 옳은 것은? (단, 통로인 예상제연구역을 제외한다.)

① 천장 또는 반자와 바닥사이의 중간 윗부분
② 천장 또는 반자와 바닥사이의 중간 아래 부분
③ 천장, 반자 또는 이에 가까운 부분
④ 천장 또는 반자와 바닥사이의 중간 부분

[해설] 배출구 및 공기유입구

거실의 면적	배출구 (각 부분으로부터 10[m] 이내)	공기 유입구
400[m²] 미만	예상제연구역이 벽으로 구획되어 있는 경우 → 천장 또는 반자와 바닥 사이의 중간 윗부분	공기유입구와 배출구간의 직선거리는 5[m] 이상 또는 구획된 실의 장변의 2분의 1 이상
400[m²] 이상	배출구의 하단과 바닥간의 최단거리가 2m 이상	바닥으로부터 1.5[m] 이하의 높이에 설치하고 그 주변은 공기의 유입에 장애가 없도록 할 것

78. 특별피난계단의 계단실 및 그 부속실을 동시에 제연하는 것의 방연풍속은 몇 [m/s] 이상이어야 하는가?

① 0.5　　② 0.7
③ 1　　④ 1.5

[해설] 방연풍속

제연구역 선정	가압실	면하는 옥내	방연풍속
계단실 단독제연	계단실	-	0.5[m/s]
계단실 및 그 부속실을 동시에 제연	계단실, 부속실	-	0.5[m/s]
부속실만을 단독으로 제연	부속실 또는 승강장	거실	0.7[m/s]
	부속실	방화구조의 복도 (내화시간 30분 이상인 구조 포함)	0.5[m/s]

79. 다음 중 물분무소화설비의 설치장소별 1[m^2]에 대한 수원의 최소 수량이 바르게 연결된 것은?

① 케이블트레이 : 12[l/min]×20분×투영된 바닥면적
② 절연유 봉입 변압기 : 15[l/min]×20분×표면적
③ 차고 : 30[l/min]×20분×바닥면적
④ 컨베이어벨트 : 37[l/min]×20분×바닥면적

해설 수원의 양 A×Q×T / 펌프의 토출량 A×Q

구분	특수 가연물	차고 주차장	절연유 봉입 변압기	케이블 트레이 케이블덕트	콘베이어 벨트
A	바닥면적[m^2] → 50[m^2] 이하인 경우에는 50[m^2]		바닥부분을 제외한 표면적을 합한 면적 [m^2]	투영된 바닥면적 [m^2]	벨트부분 바닥면적 [m^2]
Q	10 [ℓ/min·m^2]	20 [ℓ/min·m^2]	10 [ℓ/min·m^2]	12 [ℓ/min·m^2]	10 [ℓ/min·m^2]
T	20분	20분	20분	20분	20분

80. 옥내소화전설비에서 옥상수조를 설치하지 아니하는 경우에 해당되지 않는 것은?

① 지하층만 있는 건축물
② 고가수조를 가압송수장치로 설치한 경우
③ 수원이 건축물의 최상층에 설치된 방수구보다 높은 위치에 설치된 경우
④ 건축물의 높이가 지표면으로부터 최상층 바닥까지 10[m] 이하인 경우

해설 옥상수조 설치 제외 대상(6가지)
 ① 지하층만 있는 건축물
 ② 건축물의 높이가 지표면으로부터 10[m] 이하인 경우
 ③ 수원이 건축물의 최상층에 설치된 방수구보다 높은 위치에 설치된 경우
 ④ 고가수조, 가압수조를 가압수송장치로 설치한 경우
 ⑤ 주펌프와 동등 이상의 펌프로서 내연기관의 기동과 연동하여 작동되거나 비상전원을 연결하여 설치한 경우
 ⑥ 학교·공장·창고시설로서 동결의 우려가 있는 장소에 있어서는 기동스위치에 보호판을 부착하여 옥내소화전함 내에 설치 한 경우

정답 79. ① 80. ④

기출문제(2022.1회)

■■■ 제1과목 소방원론

1. 소화원리에 대한 설명으로 틀린 것은?

① 억제소화 : 불활성기체를 방출하여 연소범위 이하로 낮추어 소화하는 방법
② 냉각소화 : 물의 증발잠열을 이용하여 가연물의 온도를 낮추는 소화방법
③ 제거소화 : 가연성 가스의 분출화재 시 연료공급을 차단시키는 소화방법
④ 질식소화 : 포소화약제 또는 불연성기체를 이용해서 공기 중의 산소공급을 차단하여 소화하는 방법

해설 억제소화
부촉매 효과를 이용하여 연쇄반응을 억제하는 소화
- 불꽃연소만 소화 가능하며 할론소화설비나 분말소화설비의 주된 소화방법이다.

2. 위험물의 유별에 따른 분류가 잘못된 것은?

① 제1류 위험물 : 산화성 고체
② 제3류 위험물 : 자연발화성 물질 및 금수성 물질
③ 제4류 위험물 : 인화성 액체
④ 제6류 위험물 : 가연성 액체

해설 위험물의 분류에 따른 성상

분류	성상	분류	성상
제1류	산화성 고체	제4류	인화성 액체
제2류	가연성 고체	제5류	자기연소성 물질
제3류	자연발화성 및 금수성 물질	제6류	산화성 액체

3. 고층 건축물 내 연기 거동 중 굴뚝효과에 영향을 미치는 요소가 아닌 것은?

① 건물 내·외의 온도차
② 화재실의 온도
③ 건물의 높이
④ 층의 면적

해설
1. 굴뚝효과의 크기 영향요소
 건물 내·외부 온도차, 외벽의 기밀성, 건물의 층간 공기 누출, 건물높이
2. 굴뚝효과의 크기

$$\triangle P = 3460H \left(\frac{1}{T_o} - \frac{1}{T_i} \right)$$

$\triangle P$ = 굴뚝효과에 의한 압력차[Pa]
H = 중성대로부터의 높이[m]
T_o = 외부공기의 절대온도[K]
T_i = 내부공기의 절대온도[K]

4. 화재에 관련된 국제적인 규정을 제정하는 단체는?

① IMO(International Maritime Organization)
② SFPE(Society of Fire Protection Engineers)
③ NFPA(Nation Fire Protection Association)
④ ISO(International Organization for Standardization) TC 92

해설

IMO (International Maritime Organization)	국제해사기구
SFPE (Society of Fire Protection Engineers)	방화공학핸드북
NFPA (Nation Fire Protection Association)	미국화재예방협회
ISO(International Organization for Standardization) TC 92	국제 표준화 기구 화재 안전

5. 제연설비의 화재안전기술기준상 예상제연구역에 공기가 유입되는 순간의 풍속은 몇 [m/s] 이하가 되도록 하여야 하는가?

① 2 ② 3
③ 4 ④ 5

정답 1.① 2.④ 3.④ 4.④ 5.④

해설 제연설비의 화재안전기술기준

예상제연구역		유입풍도	배출기	
공기가 유입되는 순간의 풍속 및 공기유입구의 구조	공기유입구의 크기	풍속	흡입측 풍도	배출측 풍도
5[m/s] 이하가 되도록 하고 유입공기를 상향으로 분출하지 않도록 설치하여야 한다. 다만, 유입구가 바닥에 설치되는 경우에는 상향으로 분출이 가능하며 이때의 풍속은 1[m/s] 이하가 되도록 해야 한다.	예상제연구역 배출량 1[m³/min]에 대하여 35[cm²] 이상	20[m/s] 이하	풍속은 15[m/s] 이하	풍속은 20[m/s] 이하

6. 화재의 정의로 옳은 것은?

① 가연성물질과 산소와의 격렬한 산화반응이다.
② 사람의 과실로 인한 실화나 고의에 의한 방화로 발생하는 연소현상으로서 소화할 필요성이 있는 연소현상이다.
③ 가연물과 공기와의 혼합물이 어떤 점화원에 의하여 활성화되어 열과 빛을 발하면서 일으키는 격렬한 발열반응이다.
④ 인류의 문화와 문명의 발달을 가져오게 한 근본 존재로서 인간의 제어수단에 의하여 컨트롤 할 수 있는 연소현상이다.

해설 화재의 정의
① 사람의 의도에 반하거나 고의에 의해 발생하는 연소현상으로서 소화시설 등을 사용하여 소화할 필요가 있거나 또는 화학적인 폭발현상.
② 화재의 일반적 특성 : 확대성, 우발성, 불안정성, 비정형성

7. 물에 황산을 넣어 묽은 황산을 만들 때 발생되는 열은?

① 연소열 ② 분해열
③ 용해열 ④ 자연발열

해설 점화를 일으킬 수 있는 에너지원의 종류

전기열	유도열, 유전열, 저항열, 아크열, 정전기열, 낙뢰열
화학열	분해열, 자연발열, 생성열, 용해열, 연소열
기계열	마찰열, 압축열, 마찰 스파크열
분해열	화합물이 분해할 때 발생하는 열
자연발열	어떤 물질이 외부로부터 열의 공급을 받지 아니하고 온도가 상승 시 발생하는 열
생성열	물질 1몰이 그 성분 원소의 단체로부터 생성될 때 발생 또는 흡수되는 열
용해열	어떤 물질이 액체에 용해될 때 발생하는 열
연소열	어떤 물질이 완전히 산화되는 과정에서 발생하는 열

8. 이산화탄소 소화약제의 임계온도는 약 몇 [℃]인가?

① 24.4 ② 31.4
③ 56.4 ④ 78.4

해설 이산화탄소 소화약제 특성
① 상온 상압 무색 무취의 기체로서 비전도성의 불연성가스로서 전기화재에 사용이 가능하다.
② 자체 증기압이 커 별도의 가압원이 필요 없다.

임계온도	31.4[℃]
3중점	5.11 [kg/cm²], −56.4[℃]

정답 6. ② 7. ③ 8. ②

9. 상온·상압의 공기중에서 탄화수소류의 가연물을 소화하기 위한 이산화탄소 소화약제의 농도는 약 몇 [%]인가? (단, 탄화수소류는 산소농도가 10[%]일 때 소화된다고 가정한다.)

① 28.57　　② 35.48
③ 49.56　　④ 52.38

해설

방사된 CO_2의 농도[%]	방사된 CO_2의 양[m³]
$CO_2[\%]$ $= \dfrac{21[\%] - O_2[\%]}{21[\%]} \times 100$	$CO_2[m^3]$ $= \dfrac{21[\%] - O_2[\%]}{O_2[\%]} \times V \; (m^3)$

※ $O_2[\%]$: 산소의 농도

풀이

$CO_2[\%] = \dfrac{21[\%] - 10[\%]}{21[\%]} \times 100$

∴ $CO_2[\%] = 52.38[\%]$

10. 과산화수소 위험물의 특성이 아닌 것은?

① 비수용성이다.
② 무기화합물이다.
③ 불연성 물질이다.
④ 비중은 물보다 무겁다.

해설 제6류 위험물(산화성 액체)

품명	성상
① 질산 HNO_3 ② 과염소산 $HClO_4$ ③ 과산화수소 H_2O_2 ※ 그밖에 행정안전부령이 정하는 것 • 할로겐간화합물	① 산소를 함유한 강산화성 액체 ② 조연성 액체(자체는 불연성) ③ 가연성물질, 유기물등과 혼합, 혼촉 시 발화 ④ 과산화수소를 제외 하고 모두 강산으로 피부 접촉시 부식 ⑤ 증기는 유독 – 과산화수소 제외 ⑥ 물과 접촉하면 발열 – 과산화수소 제외 ⑦ 모두 무기화합물 ⑧ 모두 수용성

11. 건축물의 피난·방화구조 등의 기준에 관한 규칙상 방화구획의 설치기준 중 스프링클러를 설치한 10층 이하의 층은 바닥면적 몇 [m²] 이내마다 방화구획을 구획하여야 하는가?

① 1000　　② 1500
③ 2000　　④ 3000

해설 방화구획의 종류
1. 층별 – 매층마다 구획
2. 면적별

구분	10층 이하	11층 이상	
		내장재가 불연재가 아닌 경우	내장재가 불연재인 경우
바닥면적	1,000[m²] 이내	200[m²] 이내	500[m²] 이내
스프링클러 등 자동식 소화설비 설치 시 면적의 3배 이내마다 구획	3,000[m²] 이내	600[m²] 이내	1,500[m²] 이내

3. 용도별 – 주요구조부를 내화구조로 하여야 하는 대상부분과 기타부분 사이의 구획 등
4. 수직 관통부 – 계단, 승강기 샤프트, 에스컬레이터 등 구획

12. 다음 중 분진 폭발의 위험성이 가장 낮은 것은?

① 시멘트가루　　② 알루미늄분
③ 석탄분말　　　④ 밀가루

해설 시험에 잘 나오는 분진폭발을 일으키지 않는 물질
① 석회석($CaCO_3$ = 탄산칼슘)
② 생석회(CaO = 산화칼슘)
③ 소석회($Ca(OH)_2$ = 수산화칼슘)
④ 시멘트

기출문제

13. 백열전구가 발열하는 원인이 되는 열은?

① 아크열　　② 유도열
③ 저항열　　④ 정전기열

[해설] 점화를 일으킬 수 있는 에너지원의 종류

전기열(적)	유도열, 유전열, 저항열, 아크열, 정전기열, 낙뢰열
화학열(적)	분해열, 자연발열, 생성열, 용해열, 연소열
기계열(적)	마찰열, 압축열, 마찰 스파크열
유도열	도체 주위의 자기장 변화 → 유도기전력이 발생(전위차가 발생) → 전류가 흐름 즉, 이 전류에 대한 저항열로 발생(열의 발생 원인이 전자기 유도에 의하기 때문에 유도열로 분류 함
유전열	전선피복의 절연파괴(불량)에 의한 누설전류에 의해 발생
저항열	백열전구가 빛나는 원리처럼 도체에 전류가 흐를 때 저항에 의해 전기에너지가 열에너지로 변할 때 발생
정전기열	마찰대전 등에 의해 충전된 전기가 방전시 나타나는 외부적인 열로서 인화성 기체나 가연성 분진을 쉽게 점화시킬 수 있다.
낙뢰열	낙뢰가 저항이 큰 물질과 접촉 시 발생하는 열

14. 동식물유류에서 "요오드값이 크다"라는 의미를 옳게 설명한 것은?

① 불포화도가 높다.
② 불건성유이다.
③ 자연발화성이 낮다.
④ 산소와의 결합이 어렵다.

[해설] "요오드값이 크다"라는 것은 유지의 불포화도가 커서 요오드가 많이 흡수될 수 있는 요오드값이 130 이상인 건성유(굳는 기름)을 말하며 건성유는 산소와의 친화력이 엄청나게 좋아 산소와 반응에 의한 산화열에 의해 자연발화하기 쉬움을 의미한다.

15. 단백포 소화약제의 특징이 아닌 것은?

① 내열성이 우수하다.
② 유류에 대한 유동성이 나쁘다.
③ 유류를 오염시킬 수 있다.
④ 변질의 우려가 없어 저장 유효기간의 제한이 없다.

[해설] 단백포
　동물성 단백질을 가수분해하여 염화제일철염 첨가 및 물에 용해하여 수용액으로 제조한 흑갈색의 특이한 냄새(달걀 썩는 냄새)가 나며 경년기간이 짧아 주기적으로 교체해야 한다.

포소화약제의 비교

구분	단백포	수성막포	불화단백포	합성계면활성제포
유동성	×	○	○	○
점착성	○	×	○	×
내열성	○	×	○	×
내유성	×	○	○	×

소화성능 : 불화단백포 > 수성막포 > 계면활성제포 > 단백포

16. 이산화탄소 소화약제의 주된 소화효과는?

① 제거소화　　② 억제소화
③ 질식소화　　④ 냉각소화

[해설] 이산화탄소 소화약제의 소화특성

주된 소화효과	질식효과	산소농도를 15[%] 이하로 하여 질식소화한다.
부수적인 소화효과	냉각효과	열 흡수에 의한 냉각작용 (기화열 138.36 [cal/g])
	피복효과	공기보다 무거워 피복효과가 있다. (비중늑1.52)

정답　13. ③　14. ①　15. ④　16. ③

17. 전기불꽃, 아크 등이 발생하는 부분을 기름 속에 넣어 폭발을 방지하는 방폭구조는?

① 내압방폭구조　　② 유입방폭구조
③ 안전증방폭구조　④ 특수방폭구조

해설 유입 방폭구조
전기불꽃 또는 아크 발생부분을 인화점이 높은 기름 속에 넣어 점화원을 격리하는 구조

18. 자연발화의 방지방법이 아닌 것은?

① 통풍이 잘 되도록 한다.
② 퇴적 및 수납 시 열이 쌓이지 않게 한다.
③ 높은 습도를 유지한다.
④ 저장실의 온도를 낮게 한다.

해설 자연발화의 조건(발열이 크고 방열이 작아야 함)

• 주위온도가 클 것 • 발열량이 클 것 • 압력이 클 것	• 열전도율이 작을 것 • 통풍이 잘 안될 것	• 습도가 클 것 (촉매역할) • 표면적이 넓을 것 (공기와 접촉면적이 커짐)

※ 자연발화 방지대책은 조건의 반대이다.

19. 소화약제의 형식승인 및 제품검사의 기술기준상 강화액 소화약제의 응고점은 몇 [℃] 이하이어야 하는가?

① 0　　　　　② -20
③ -25　　　　④ -30

해설 강화액 소화약제
다음에 적합한 알칼리 금속염류 등을 주성분으로 하는 수용액이어야 한다.
1. 알칼리 금속염류의 수용액인 경우에는 알칼리성 반응을 나타내어야 한다.
2. 강화액소화약제의 응고점은 -20[℃] 이하이어야 한다.

20. 상온에서 무색의 기체로서 암모니아와 유사한 냄새를 가지는 물질은?

① 에틸벤젠　　　② 에틸아민
③ 산화프로필렌　④ 사이클로프로판

해설 에틸아민
암모니아의 수소 1개를 에틸기($CH_3CH_2NH_2$)로 치환한 것으로 생선 썩는 냄새와 비슷한 냄새가 나며 끓는점이 16~20[℃]로 해당 온도 이상에서 기체 상태를 유지하며 강한 암모니아와 같은 냄새를 가진 무색의 화합물이다.

■■■ 제2과목 소방유체역학

21. 30[℃]에서 부피가 10[L]인 이상기체를 일정한 압력으로 0[℃]로 냉각시키면 부피는 약 몇 [L]로 변하는가?

① 3　　　　　② 9
③ 12　　　　 ④ 18

해설
이상기체의 정압변화(샤를의 법칙) : 기체의 부피는 절대온도에 비례한다.
$\dfrac{V_1}{T_1} = \dfrac{V_2}{T_2}$ 에서
여기서, T_1, T_2 : 변화 전, 후의 절대온도
　　　　V_1, V_2 : 변화 전, 후의 부피
$V_2 = V_1 \dfrac{T_2}{T_1} = 10 \times \dfrac{273+0}{273+30} = 9 \,[L]$

22. 비중이 0.6이고 길이 20[m], 폭 10[m], 높이 3[m]인 직육면체 모양의 소방정 위에 비중이 0.9인 포소화약제 5톤을 실었다. 바닷물의 비중이 1.03일 때 바닷물 속에 잠긴 소방정의 깊이는 몇 [m]인가?

① 3.54　　　② 2.5
③ 1.77　　　④ 0.6

정답　17. ②　18. ③　19. ②　20. ②　21. ②　22. ③

[해설]

비중이 다른 바닷물과 소방정(물체)이 평형을 이루므로
$\gamma_{바닷물} V_{잠김부피} = \gamma_{물체} V_{물체전체}$ 을 이용한다.

단, 여기서 포소화약제는 소방정에 수직으로 작용하는 무게(힘)로 작용한다.(포소화약제의 비중은 불필요함)

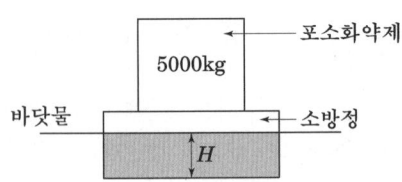

H : 소방정의 잠긴 깊이

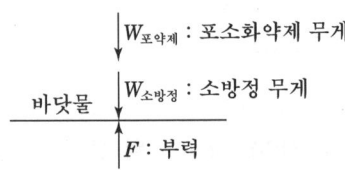

$F_{부력} = W_{소방정} + W_{포약제}$

$\gamma_{바닷물} V_{잠김부피} = \gamma_{소방정} V_{소방정 전체부피} + W_{포약제}$

(1) $\gamma_{바닷물}$ = 비중 × $\gamma_물$ = 1.03 × 1000 [kg_f/m^3]

(2) $V_{잠김부피}$ = 20 × 10 × H

(3) $\gamma_{소방정}$ = 비중 × $\gamma_물$ = 0.6 × 1000 [kg_f/m^3]

(4) $V_{소방정 전체부피}$ = 20 × 10 × 3

(5) $W_{포약제}$ = 포소화약제 5톤(5000[kg])무게
 = 5000[kgf]

따라서, 1.03 × 1000 × (20 × 10 × H)
 = 0.6 × 1000 × (20 × 10 × 3) + 5000

$H(소방정 잠긴 깊이) = \dfrac{365000}{206000} = 1.77[m]$

23. 그림과 같이 대기압 상태에서 V의 균일한 속도로 분출된 직경 D의 원형 물제트가 원판에 충돌할 때 원판이 U의 속도로 오른쪽으로 계속 동일한 속도로 이동하려면 외부에서 원판에 가해야 하는 힘 [F]는? (단, ρ는 물의 밀도, g는 중력가속도이다.)

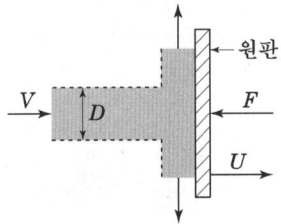

① $\dfrac{\rho \pi D^2}{4}(V-U)^2$

② $\dfrac{\rho \pi D^2}{4}(V+U)^2$

③ $\rho \pi D^2 (V-U)(V+U)$

④ $\dfrac{\rho \pi D^2 (V-U)(V+U)}{4}$

[해설]

속도 차이 만큼의 원판의 반동력과 같다.
즉, 속도차이 만큼 원판이 고정되어 있는 것과 동일한 문제이다.

$F = \rho Q v = \rho A v^2$ 에서

$F = \rho Q v = \rho A v^2 = \rho \dfrac{\pi D^2}{4}(V-U)^2$

24. 그림과 같이 폭이 넓은 두 평판 사이를 흐르는 유체의 속도 분포 $u(y)$가 다음과 같을 때, 평판 벽에 작용하는 전단응력은 약 몇 Pa인가?(단, u_m=1[m/s], h=0.01[m], 유체의 점성 계수는 0.1[N·s/m²]이다.)

$$u(y) = u_m\left[1 - \left(\dfrac{y}{h}\right)^2\right]$$

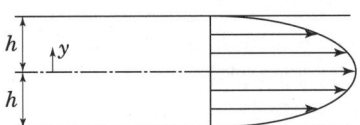

정답 23. ① 24. ④

① 1 ② 2
③ 10 ④ 20

해설 Newton의 점성법칙

$$\tau = \mu \frac{du}{dy}$$

여기서, τ : 전단응력[N/m²=Pa]

μ : 점성계수[Pa·s(=N·s/m²=kg/m·s)]

$\frac{du}{dy}$: 속도구배(속도기울기)

$\mu = 0.1 [\text{N·s/m}^2]$, $u(y) = u_m[1-(\frac{y}{h})^2]$ 을 대입하면

$$\frac{du}{dy} = \frac{d\left(u_m[1-(\frac{y}{h})^2]\right)}{dy} = -\frac{u_m}{h^2} \times 2y = -2\frac{u_m}{h}$$

(벽면이므로 $y=h$, $\frac{d(u_m)}{dy}=0$, $\frac{d(y^2)}{dy}=2y$)

$$\therefore \tau = \mu \frac{du}{dy} = \mu \times -2\frac{u_m}{h} = 0.1 \times -2 \times \frac{1}{0.01} = -20 [\text{Pa}]$$

25. $-15[℃]$의 얼음 10[g]을 100[℃]의 증기로 만드는 데 필요한 열량은 약 몇 [kJ]인가? (단, 얼음의 융해열은 335 [kJ/kg], 물의 증발 잠열은 2256[kJ/kg], 얼음의 평균 비열은 2.1[kJ/kg·K]이고, 물의 평균 비열은 4.18[kJ/kg·K]이다.)

① 7.85 ② 27.1
③ 30.4 ④ 35.2

해설 얼음이 증기로 변하는데 필요한 열량

$$q = mr_{융해열} + mc\Delta T + mr_{기화열}$$

(1) $-15[℃]$ 얼음 10g을 $0[℃]$의 얼음으로 만드는데 필요한 열량

$q_1 = mc\Delta t = 10 \times 10^{-3} \times 2.1 \times \{0-(-15)\} = 0.315 [\text{kJ}]$

(2) $0[℃]$ 얼음 10[g]을 $0[℃]$의 물로 만드는데 필요한 열량

$q_{융해열량} = mr_{융해열} = 10 \times 10^{-3} \times 335 = 3.35 [\text{kJ}]$

(3) $0[℃]$ 물 10[g]을 $100[℃]$의 물(포화수)로 만드는데 필요한 열량

$q_2 = mc\Delta t = 10 \times 10^{-3} \times 4.18 \times (100-0) = 4.18 [\text{kJ}]$

(4) $100[℃]$ 물 10[g]을 $100[℃]$의 증기로 만드는데 필요한 열량

$q_{기화열량} = mr_{기화열} = 10 \times 10^{-3} \times 2,256 = 22.56 [\text{kJ}]$

$\therefore -15[℃]$ 얼음 10[g]을 $100[℃]$의 증기로 만드는 데 필요한 열량 q는

$q = q_1 + q_{융해열량} + q_2 + q_{기화열량}$
$= 0.315 + 3.35 + 4.18 + 22.56 = 30.405 [\text{kJ}]$

26. 포화액-증기 혼합물 300[g]이 100[kPa]의 일정한 압력에서 기화가 일어나서 건도가 10[%]에서 30[%]로 높아진다면 혼합물의 체적 증가량은 약 몇 [m³]인가? (단, 100[kPa]에서 포화액과 포화증기의 비체적은 각각 0.00104[m³/kg]과 1.694[m³/kg]이다.)

① 3.386 ② 1.693
③ 0.508 ④ 0.102

해설

(1) 포화수의 경우 건도가 0%, 포화증기의 경우 건도10%의 의미는 증기속에 90%의 물이 포함되어 있다는 것을 의미함. 즉,

증기의건도 $= 100\% - (\%$ 포함되어 있는 물의 질량$)$

(2) 혼합물 습증기의 비체적(V)

$V_s = x \cdot V_g + (1-x) \cdot V_f$

x : 건도[%]
V_f : 포화수의 비체적
V_g : 포화증기의 비체적

① 건도 10% 일 때의 비체적

$V_{s10\%} = (0.1 \times 1.694) + (0.9 \times 0.00104) = 0.170336 [\text{m}^3/\text{kg}]$

② 건도 30[%] 일 때의 비체적

$V_{s30\%} = (0.3 \times 1.694) + (0.7 \times 0.00104) = 0.508928 [\text{m}^3/\text{kg}]$

③ 비체적 증가량

$V_{s30\%} - V_{s10\%} = 0.508928 - 0.170336 = 0.338592 [\text{m}^3/\text{kg}]$

(3) 단위질량 1[kg] (1000[g])일때의 체적 변화량이 비체적 증가량이므로 300[g]일 경우는 비례식으로 푼다.

$1000\text{g} : 0.338592 = 300[\text{g}] : x$

$x = \frac{0.338592 \times 300}{1000} = 0.101577 \approx 0.102 [\text{m}^3]$

정답 25. ③ 26. ④

27. 비중량 및 비중에 대한 설명으로 옳은 것은?

① 비중량은 단위부피당 유체의 질량이다.
② 비중은 유체의 질량 대 표준상태 유체의 질량비이다.
③ 기체인 수소의 비중은 액체인 수은의 비중보다 크다.
④ 압력의 변화에 대한 액체의 비중량 변화는 기체 비중량 변화보다 작다.

해설
① 비중량은 단위부피당 유체의 무게이다.
② 비중은 유체의 질량 대 표준상태 물의 질량비이다.
③ 기체인 수소의 비중은 액체인 수은의 비중보다 작다.

28. 물분무 소화설비의 가압송수장치로 전동기 구동형 펌프를 사용하였다. 펌프의 토출량 800[L/min], 전양정 50[m], 효율 0.65, 전달계수 1.1인 경우 적당한 전동기 용량은 몇 [kW]인가?

① 4.2　　② 4.7
③ 10.0　　④ 11.1

해설 펌프의 전동력(전동기 동력)

$$L_M = \frac{\gamma QH}{\eta} \times K = \frac{9.8 \times \frac{0.8}{60} \times 50}{0.65} \times 1.1 \fallingdotseq 11 \, [\text{kW}]$$

여기서, L_M : 전동기 소요동력[kW]
　　　　γ : 물의 비중량(=9.8 [kN/m³])
　　　　Q : 토출량[m³/s]
　　　　H : 전양정[m]
　　　　η : 펌프 효율

29. 수평원관 속을 층류상태로 흐르는 경우 유량에 대한 설명으로 틀린 것은?

① 점성계수에 반비례한다.
② 관의 길이에 반비례한다.
③ 관 지름의 4제곱에 비례한다.
④ 압력강하량에 반비례한다.

해설 수평원관의 층류이므로 하겐-포아젤(Hagen-Poiseulle)식으로 압력강하량을 구하면

$$h_l = \frac{128\mu l Q}{\pi \gamma D^4} \quad (하겐-포아젤식)$$

h_l : 손실수두[m], D : 관의 직경[m],
Q : 유량[m³/s], γ : 비중량[kgf/m³, N/m³],
μ : 점성계수[N·s/m²], L : 관길이[m]

압력강하 : $\Delta P = \gamma h_l = \gamma \frac{128\mu l Q}{\pi \gamma D^4} = \frac{128\mu l Q}{\pi D^4}$

유량은 점성계수 μ와 관 길이 L에 반비례하고, 관지름의 4제곱과 압력강하량 ΔP에 비례한다.

30. 부차적 손실계수 K가 2인 관 부속품에서의 손실수두가 2[m]이라면 이때의 유속은 약 몇 [m/s]인가?

① 4.43　　② 3.14
③ 2.21　　④ 2.00

해설 손실수두공식에서

$$h = K \frac{V^2}{2g} \, [\text{m}]$$

여기서, h : 손실수두 [m]
　　　　K : 손실계수
　　　　V : 유속 [m/s]
　　　　g : 중력가속도 [m/s²]

$$\therefore V = \sqrt{\frac{2gh}{K}} = \sqrt{\frac{2 \times 9.8 \times 2}{2}} \simeq 4.4271 \, [\text{m}]$$

31. 관내에 흐르는 유체의 흐름을 구분하는 데 사용되는 레이놀즈 수의 물리적인 의미는?

① $\dfrac{관성력}{중력}$　　② $\dfrac{관성력}{점성력}$

③ $\dfrac{관성력}{탄성력}$　　④ $\dfrac{관성력}{압축력}$

해설
레이놀즈 수는 관성력과 점성력 간의 관계를 무차원으로 표현한 수로써 소방유체의 층류와 난류 구분에 이용한다.

$Re = \dfrac{관성력}{점성력} = \dfrac{\rho VD}{\mu} = \dfrac{VD}{\nu}$, $\nu = \dfrac{\mu}{\rho}$

32. 그림과 같은 U자관 차압액주계에서
$\gamma_1 = 9.8 [\text{kN/m}^3]$, $\gamma_2 = 133 [\text{kN/m}^3]$, $\gamma_3 = 9.0 [\text{kN/m}^3]$, $h_1 = 0.2 [\text{m}]$, $h_3 = 0.1 [\text{m}]$이고 압력차 $p_A - p_B = 30 [\text{kPa}]$이다. h_2는 몇 [m]인가?

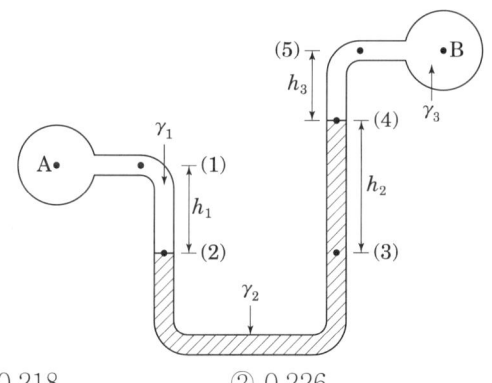

① 0.218
② 0.226
③ 0.234
④ 0.247

해설 시차액주계 공식에 의해
$P_A - P_B = \gamma_3 h_3 + \gamma_2 h_2 - \gamma_1 h_1$
$30 = (9 \times 0.1) + (133 \times h_2) - (9.8 \times 0.2)$
$h_2 = 0.2335$

33. 펌프와 관련된 용어의 설명으로 옳은 것은?

① 캐비테이션 : 송출압력과 송출유량이 주기적으로 변하는 현상
② 서징 : 액체가 포화 증기압 이하에서 비등하여 기포가 발생하는 현상
③ 수격작용 : 관을 흐르던 물이 갑자기 정지할 때 압력파에 의해 이상음(異常音)이 발생하는 현상
④ NPSH : 펌프에서 상사법칙을 나타내기 위한 비속도

해설
① 캐비테이션 : 액체가 포화 증기압 이하에서 비등하여 기포가 발생하는 현상
② 서징 : 송출압력과 송출유량이 주기적으로 변하는 현상
④ NPSH : 펌프가 Cavitation을 일으키지 않고 흡입 가능한 압력을 물의 높이로 표시한 것

34. 베르누이의 정리 $\left(\dfrac{P}{\rho} + \dfrac{V^2}{2} + gZ = \text{constant}\right)$가 적용되는 조건이 아닌 것은?

① 압축성의 흐름이다.
② 정상 상태의 흐름이다.
③ 마찰이 없는 흐름이다.
④ 베르누이 정리가 적용되는 임의의 두 점은 같은 유선 상에 있다.

해설 전제조건(오일러 운동방정식에서의 가정)
(1) 유체는 유선을 따라 흐른다.
(2) 비압축성 유체이다.
(3) 정상류 이다.
(4) 비점성유체이다.(마찰이 없다)

35. 그림과 같이 수평과 30° 경사된 폭 50[cm]인 수문 AB가 A점에서 힌지(hinge)로 되어 있다. 이 문을 열기 위한 최소한의 힘 F(수문에 직각 방향)는 약 몇 [kN]인가? (단, 수문의 무게는 무시하고, 유체의 비중은 1이다.)

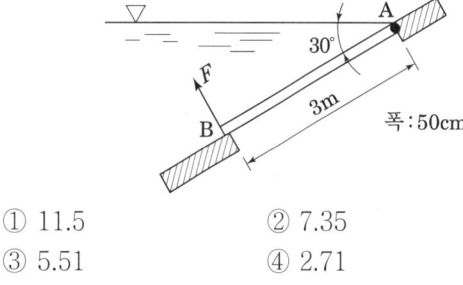

① 11.5
② 7.35
③ 5.51
④ 2.71

정답 32. ③ 33. ③ 34. ① 35. ②

[해설]
(1) 전압력 F_T
$$F_T = rh_cA = ry_c\sin\theta A$$
$$= 9800 \times 1.5\sin30 \times (0.5 \times 3) = 11025 [N]$$

(2) 힘의 작용점까지의 거리(압력중심) y_p
$$y_p = y_c + \frac{b^2}{12y_c} = 1.5 + \frac{3^2}{12 \times 1.5} = 2 [m]$$

(3) A hinge에서의 모멘트의 합은 0이므로
$$F \times 3 = F_T \times 2$$
$$\therefore F = \frac{11025 \times 2}{3} = 7350 [N] = 7.35 [kN]$$

36. 성능이 같은 3대의 펌프를 병렬로 연결하였을 경우 양정과 유량은 얼마인가? (단, 펌프 1대의 유량은 Q, 양정은 H이다.)

① 유량은 3Q, 양정은 H ② 유량은 3Q, 양정은 3H
③ 유량은 9Q, 양정은 H ④ 유량은 9Q, 양정은 3H

[해설] 직렬 및 병렬운전 특성
① 직렬운전
   같은 용량의 펌프를 3대 직렬운전 한 경우 합성 특성곡선은 동일 유량에 대하여 대수배한 특성으로 총토출량 : Q, 양정 : $3H$로 된다.
② 병렬운전
   같은 용량의 펌프를 3대 병렬 운전한 경우 합성 특성곡선은 동일 양정에 대하여 대수배한 특성곡선으로 총토출량 : $3Q$, 양정 : H으로 된다.

37. 수평 배관 설비에서 상류 지점인 A지점의 배관을 조사해 보니 지름 100[mm], 압력 0.45[MPa], 평균 유속 1[m/s]이었다. 또 하류의 B지점을 조사해 보니 지름 50[mm], 압력 0.4[MPa]이었다면 두 지점 사이의 손실수두는 약 몇 [m]인가? (단, 배관 내 유체의 비중은 1이다.)

① 4.34 ② 4.95
③ 5.87 ④ 8.67

[해설]
(1) ① A지점의 유속 $V_A = 1 [m/s]$
   ② B지점의 유속 V_B은 A지점과 B지점의 유량은 동일하므로 연속방정식에 의해
   $$V_B = V_A\left(\frac{D_A}{D_B}\right)^2 = 1 \times \left(\frac{100}{50}\right)^2 = 4 [m/s]$$

(2) 수정 베르누이 방정식
$$\frac{v_1^2}{2g} + \frac{P_1}{\gamma} + z_1 = \frac{v_2^2}{2g} + \frac{P_2}{\gamma} + z_2 + H_L 에서$$

$z_1 = z_2$이므로

손실수두 $H_L = \frac{P_1 - P_2}{\gamma} + \frac{v_1^2 - v_2^2}{2g}$ [m]

$$= \frac{(0.45 - 0.4) \times 10^3}{9.8} + \frac{1^2 - 4^2}{2 \times 9.8}$$
$$= 4.34 [m]$$

38. 원관 속을 층류상태로 흐르는 유체의 속도분포가 다음과 같을 때 관벽에서 30[mm] 떨어진 곳에서 유체의 속도기울기(속도구배)는 약 몇 s^{-2}인가?

| $u = 3y^{\frac{1}{2}}$ | • u : 유속(m/s)
• y : 관벽으로부터의 거리[m] |

① 0.87 ② 2.74
③ 8.66 ④ 27.4

[해설]
(1) Newton의 점성법칙
$$\tau = \mu\frac{du}{dy}$$
여기서, τ : 전단응력[N/m² = Pa]
μ : 점성계수[Pa·s(=N·s/m² = kg/m·s)]
$\frac{du}{dy}$: 속도기울기(속도구배)

(2) 속도기울기(속도구배)
$$\frac{du}{dy} = \frac{d(3y^{\frac{1}{2}})}{dy} = 3 \times \frac{1}{2} \times y^{\frac{1}{2}-1} = \frac{3}{2 \times \sqrt{y}}$$

$y = 0.03$m 대입하면
$$\frac{du}{dy} = \frac{3}{2 \times \sqrt{y}} = \frac{3}{2 \times \sqrt{0.03}} = 8.660 [s^{-2}]$$

정답 36. ① 37. ① 38. ③

39. 대기의 압력이 106[kPa]이라면 게이지 압력이 1226[kPa]인 용기에서 절대압력은 몇 [kPa]인가?

① 1120　　② 1125
③ 1327　　④ 1332

해설
절대압 = 대기압 + 계기압(게이지압력)
　　　 = 106+1226 = 1332 [kPa]

40. 표면온도 15[℃], 방사율 0.85인 40[cm]×50[cm] 직사각형 나무판의 한쪽 면으로부터 방사되는 복사열은 약 몇 [W]인가? (단, 스테판-볼츠만 상수는 $5.67×10^{-8}$ [W/m² · K⁴]이다.)

① 12　　② 66
③ 78　　④ 521

해설 복사 열(스테판-볼츠만 법칙)
$Q = \epsilon \sigma A T^4$
　Q : 복사열량(복사력 또는 복사발산도)
　ϵ : 물체의 복사율(흑체의 경우 1)
　σ : 스테판-볼츠만의 상수($5.67×10^{-8}$ [W/m² · K])
　T : 물체의 절대온도[K]
　A : 물체의 표면적[m²]

주어진 값을 대입하면
$Q = 0.85 × 5.67 × 10^{-8} × (0.4 × 0.5) × 288^4 = 66.3 ≃ 66 [W]$

■■■ 제3과목 소방관계법규

41. 소방시설공사업법령상 소방시설업의 감독을 위하여 필요할 때에 소방시설업자나 관계인에게 필요한 보고나 자료 제출을 명할 수 있는 사람이 아닌 것은?

① 시·도지사　　② 119안전센터장
③ 소방서장　　④ 소방본부장

해설
① 시·도지사, 소방서장, 소방본부장
　소방시설업의 감독을 위하여 필요할 때에는 소방시설업자나 관계인에게 필요한 보고나 자료 제출을 명할 수 있고, 관계 공무원으로 하여금 소방시설업체나 특정소방대상물에 출입하여 관계 서류와 시설 등을 검사하거나 소방시설업자 및 관계인에게 질문하게 할 수 있다.
② 소방청장
　실무교육기관 또는 한국소방안전원, 협회, 법인 또는 단체에 필요한 보고나 자료 제출을 명할 수 있고, 관계 공무원으로 하여금 실무교육기관, 한국소방안전원, 협회, 법인 또는 단체의 사무실에 출입하여 관계 서류 등을 검사하거나 관계인에게 질문하게 할 수 있다.

42. 소방시설공사업법령상 소방시설업자가 소방시설공사등을 맡긴 특정소방대상물의 관계인에게 지체 없이 그 사실을 알려야 하는 경우가 아닌 것은?

① 소방시설업자의 지위를 승계한 경우
② 소방시설업의 등록취소처분 또는 영업시설업의 등록취소처분 또는 영업정지처분을 받은 경우
③ 휴업하거나 폐업한 경우
④ 소방시설업의 소재지가 변경된 경우

해설 통보
소방시설업자는 다음에 해당하는 경우에는 소방시설공사등을 맡긴 특정소방대상물의 관계인에게 지체 없이 그 사실을 알려야 한다.

> 거짓으로 알린자 :
> 1차 60 / 2차 100 / 3차 200만 원 이하의 과태료

① 소방시설업자의 지위를 승계한 경우
② 소방시설업의 등록취소처분 또는 영업정지처분을 받은 경우
③ 휴업하거나 폐업한 경우

정답　39. ④　40. ②　41. ②　42. ④

43. 소방기본법령상 이웃하는 다른 시·도지사와 소방업무에 관하여 시·도지사가 체결할 상호응원협정 사항이 아닌 것은?

① 화재조사활동
② 응원출동의 요청방법
③ 소방교육 및 응원출동훈련
④ 응원출동대상지역 및 규모

해설 **소방업무의 응원**
1. 소방활동을 할 때에 긴급한 경우 이웃한 소방본부장 또는 소방서장에게 도움을 요청하는 것
2. 소방업무의 응원(應援)을 요청 하는 자 : 소방본부장이나 소방서장
3. 응원 요청을 받은 소방본부장 또는 소방서장 : 정당한 사유 없이 그 요청을 거절하면 안 됨
4. 파견된 소방대원 : 응원을 요청한 소방본부장 또는 소방서장의 지휘에 따라야 한다.
5. 이웃하는 시·도지사와 협의하여 미리 규약(規約)으로 정해야 한다.
6. 소방업무의 응원의 체결자 : 시·도지사
7. 상호응원협정 체결 시 포함되어야 하는 사항
   ① 응원출동 요청방법
   ② 응원출동 대상지역 및 규모
   ③ 응원출동 훈련 및 평가
   ④ 소방활동에 관한 사항
      ㉠ 화재의 경계·진압 활동
      ㉡ 구조·구급 업무의 지원
      ㉢ 화재조사활동
   ⑤ 소요경비의 부담에 관한 사항
      ㉠ 출동대원의 수당·식사 및 의복의 수선
      ㉡ 소방장비 및 기구의 정비와 연료의 보급
      ㉢ 그 밖의 경비

☞ 응원 협정 사항에는 소방대원에 대한 교육, 훈련 및 소방신호, 현장지휘에 관한 사항에 대한 내용은 없음

44. 소방시설 설치 및 관리에 관한 법령상 소방시설의 종류에 대한 설명으로 옳은 것은?

① 소화기구, 옥외소화전설비는 소화설비에 해당 된다.
② 유도등, 비상조명등은 경보설비에 해당 된다.
③ 소화수조, 저수조는 소화활동설비에 해당 된다.
④ 연결송수관설비는 소화용수설비에 해당 된다.

해설 **소방시설**
유도등, 비상조명등 - 피난구조설비
소화수조, 저수조 - 소화용수설비
연결송수관설비 - 소화활동설비

45. 소방시설 설치 및 관리에 관한 법령상 특정소방대상물의 소방시설 설치의 면제기준에 따라 연결살수설비를 설치면제 받을 수 있는 경우는?

① 송수구를 부설한 간이스프링클러설비를 설치하였을 때
② 송수구를 부설한 옥내소화전설비를 설치하였을 때
③ 송수구를 부설한 옥외소화전설비를 설치하였을 때
④ 송수구를 부설한 연결송수관설비를 설치하였을 때

해설 설치가 면제되는 소방시설
면제자 - 소방본부장 또는 소방서장

설치가 면제되는 소방시설	설치면제 요건
연결살수설비	• 송수구를 부설한 스프링클러설비, 간이스프링클러설비, 물분무소화설비 또는 미분무소화설비 설치 시 • 가스관계법령에 따라 설치되는 물분무장치 등에 소방대가 사용할 수 있는 연결송수구가 설치되거나 물분무장치 등에 6시간 이상 공급할 수 있는 수원이 확보된 경우

정답 43. ③ 44. ① 45. ①

46. 위험물안전관리법령상 위험물 및 지정수량에 대한 기준 중 다음 ( ) 안에 알맞은 것은?

> 금속분이라 함은 알칼리금속·알칼리토류금속·철 및 마그네슘외의 금속의 분말을 말하고, 구리분·니켈분 및 (㉠)마이크로미터의 체를 통과하는 것이 (㉡)중량퍼센트 미만인 것은 제외한다.

① ㉠ 150, ㉡ 50   ② ㉠ 53, ㉡ 50
③ ㉠ 50, ㉡ 150   ④ ㉠ 50, ㉡ 53

[해설] 제2류 위험물(가연성고체)의 정의

유황	순도가 60[wt%] 이상인 것
금속분	알칼리금속·알칼리토류금속·철 및 마그네슘외의 금속의 분말 제외 ① 구리분·니켈분 ② 150[μm]의 체를 통과하는 것이 50[wt%] 미만인 것
철분	53[μm]표준체 통과하는 것이 50[wt%] 미만인 것은 제외
마그네슘	2[mm]체를 통과하지 아니하는 덩어리 및 지견 2[mm] 이상의 막대 모양의 것은 제외
인화성고체	고형알코올 및 1기압에서 인화점이 40[℃] 미만인 고체

47. 위험물안전관리법령상 제조소등의 관계인은 위험물의 안전관리에 관한 직무를 수행하게 하기 위하여 제조소등마다 위험물의 취급에 관한 자격이 있는 자를 위험물안전관리자로 선임하여야 한다. 이 경우 제조소등의 관계인이 지켜야 할 기준으로 틀린 것은?

① 제조소등의 관계인은 안전관리자를 해임하거나 안전관리자가 퇴직한 때에는 해임하거나 안전관리자가 퇴직한 때에는 해임하거나 퇴직한 날부터 15일 이내에 다시 안전관리자를 선임하여야 한다.
② 제조소등의 관계인이 안전관리자를 선임한 경우에는 선임한 날부터 14일 이내에 소방본부장 또는 소방서장에게 신고하여야 한다.
③ 제조소등의 관계인은 안전관리자가 여행·질병 그 밖의 사유로 인하여 일시적으로 직무를 수행할 수 없는 경우에는 국가기술자격법에 따른 위험물의 취급에 관한 자격취득자 또는 위험물안전에 관한 기본지식과 경험이 있는 자를 대리자로 지정하여 그 직무를 대행하게 하여야 한다. 이 경우 대행하는 기간은 30일을 초과할 수 없다.
④ 안전관리자는 위험물을 취급하는 작업을 하는 때에는 작업자에게 안전관리에 관한 필요한 지시를 하는 등 위험물의 취급에 관한 안전관리와 감독을 하여야 하고, 제조소등의 관계인은 안전관리자의 위험물 안전관리에 관한 의견을 존중하고 그 권고에 따라야 한다.

[해설] 위험물안전관리자 선임 및 신고 등

구분	내용	기간	벌칙
위험물안전 관리자 선임	• 제조소등의 관계인은 완공 후 • 위험물안전관리자 해임 또는 퇴직 시	30일 이내	1천500만 원 이하의 벌금
위험물안전 관리자 신고	제조소등의 관계인은 소방본부장 또는 소방서장에게 신고	14일 이내	500만 원 이하의 과태료
대리자 지정	위험물안전관리자가 직무 수행이 불가능 시 대리자 지정	30일 이내	1천500만 원 이하의 벌금

48. 소방시설공사업법령상 감리업자는 소방시설공사가 설계도서 또는 화재안전기술기준에 적합하지 아니한 때에는 가장 먼저 누구에게 알려야 하는가?

① 감리업체 대표자   ② 시공자
③ 관계인   ④ 소방서장

[해설] 감리업자의 위반사항에 대한 조치
① 소방시설공사가 설계도서나 화재안전기술기준에 맞지 아니할 경우 관계인에게 알리고, 공사업자에게 그 공사의 시정 또는 보완 등을 요구하여야 한다.
② 공사업자는 그 요구에 따라야 한다.

> 요구에 응하지 않는 경우 :
> 300만 원 이하의 벌금

정답 46. ① 47. ① 48. ③

③ 공사업자가 요구를 이행하지 아니하고 그 공사를 계속할 때에는 행정안전부령으로 정하는 바에 따라 소방본부장, 소방서장에게 그 사실을 보고하여야 한다.

> 보고를 거짓으로 한 자 :
> 1년 이하의 징역 또는 1천만 원 이하 벌금

④ 시정 또는 보완을 이행하지 아니하고 공사를 계속하는 날부터 3일 이내에 소방시설공사 위반사항 보고서를 소방본부장 또는 소방서장에게 제출하여야 한다. 이 경우 공사업자의 위반사항을 확인할 수 있는 사진 등 증명서류가 있으면 이를 소방시설공사 위반사항보고서에 첨부하여 제출하여야 한다.

⑤ 관계인은 감리업자가 소방본부장이나 소방서장에게 보고한 것을 이유로 감리계약을 해지하거나 감리의 대가 지급을 거부하거나 지연시키거나 그 밖의 불이익을 주어서는 아니 된다.

> 불이익을 주는 경우 : 300만 원 이하의 벌금

49. 화재의 예방 및 안전관리에 관한 법령에 따라 2급 소방안전관리대상물의 소방안전관리자 선임 자격 기준으로 틀린 것은?

① 1급 소방안전관리대상물의 소방안전관리자 자격증을 발급받은 사람
② 소방공무원으로 3년 이상 근무한 경력이 있는 사람
③ 의용소방대원으로 5년 이상 근무한 경력이 있는 사람
④ 위험물산업기사 자격을 가진 사람

[해설] 2급 소방안전관리대상물의 자격(다음으로서 안전관리자 자격증을 발급 받은 사람)
① 위험물기능장·위험물산업기사 또는 위험물기능사 자격이 있는 사람
② 소방공무원으로 3년 이상 근무한 경력이 있는 사람
③ 2급 소방안전관리대상물의 소방안전관리에 관한 시험에 합격한 사람
④ 기업활동 규제완화에 관한 특별조치법에 따라 소방안전관리자로 선임된 사람
⑤ 특급, 1급 소방안전관리대상물의 소방안전관리자 자격증을 발급받은 사람

50. 위험물안전관리법령상 옥내주유취급소에 있어서 당해 사무소 등의 출입구 및 피난구와 당해 피난구로 통하는 통로·계단 및 출입구에 설치해야 하는 피난설비는?

① 유도등
② 구조대
③ 피난사다리
④ 완강기

[해설] 피난설비 설치기준
1. 주유취급소 - 건축물의 2층의 부분을 점포·휴게음식점 또는 전시장의 용도
 ① 당해 건축물의 2층 이상으로부터 주유취급소의 부지 밖으로 통하는 출입구
 ② 당해 출입구로 통하는 통로·계단 및 출입구에 유도등을 설치
2. 옥내주유취급소
 ① 당해 사무소 등의 출입구 및 피난구에 유도등을 설치
 ② 당해 피난구로 통하는 통로·계단 및 출입구에 유도등을 설치

51. 소방시설공사업법령상 소방시설업 등록의 결격사유에 해당되지 않는 법인은?

① 법인의 대표자가 피성년후견인인 경우
② 법인의 임원이 피성년후견인인 경우
③ 법인의 대표자가 소방시설공사업법에 따라 소방시설업 등록이 취소된 지 2년이 지나지 아니한 자인 경우
④ 법인의 임원이 소방시설공사업법에 따라 소방시설업 등록이 취소된 지 2년이 지나지 아니한 자인 경우

[해설] 소방시설업 등록의 결격사유

㉠ 금고 이상의 실형을 선고받고	그 집행이 끝나거나 (집행이 끝난 것으로 보는 경우 포함) 면제된 날부터 2년이 지나지 아니한 사람
㉡ 금고 이상의 형의 집행유예를 선고받고	그 유예기간 중에 있는 사람
㉢ 등록하려는 소방시설업 등이 취소 된 날부터	2년이 지나지 아니한 자 (피성년후견인에 해당되어 취소된 경우 제외)
㉣ 피성년후견인 (정신적 제약으로 사무처리 능력이 부족한 자)	
㉤ 법인의 대표자가 ㉠에서 ㉢까지의 규정에 해당하는 경우 그 법인	
㉥ 법인의 임원이 ㉠에서 ㉢까지의 규정에 해당하는 경우 그 법인	

정답 49. ③ 50. ① 51. ②

52. 화재의 예방 및 안전관리에 관한 법에 따라 화재가 발생할 우려가 높거나 화재가 발생하는 경우 그로 인하여 피해가 클 것으로 예상되는 지역을 화재예방강화지구로 지정할 수 있는 자는?

① 한국소방안전협회장 ② 소방시설관리사
③ 소방본부장 ④ 시·도지사

해설 화재예방강화지구

화재발생 우려가 크거나 화재가 발생할 경우 피해가 클 것으로 예상되는 지역에 대하여 화재의 예방 및 안전관리를 강화하기 위해 지정·관리하는 지역

① 시도지사 : 화재예방강화지구를 지정하여 관리
② 소방청장 : 해당 시·도지사에게 해당 지역의 화재예방강화지구 지정을 요청할 수 있다.

화재예방강화지구

1. 시장지역
2. 소방시설·소방용수시설 또는 소방출동로가 없는 지역
3. 위험물의 저장 및 처리 시설이 밀집한 지역
4. 석유화학제품을 생산하는 공장이 있는 지역
5. 공장·창고가 밀집한 지역
6. 목조건물이 밀집한 지역
7. 산업입지 및 개발에 관한 법률에 따른 산업단지
8. 소방관서장이 화재예방강화지구로 지정할 필요가 있다고 인정하는 지역
9. 노후·불량건축물이 밀집한 지역
10. 물류시설의 개발 및 운영에 관한 법률에 따른 물류단지

③ 소방관서장
㉠ 화재예방강화지구 내 화재안전조사를 연 1회 이상 실시
㉡ 소방설비등의 설치(보수, 보강 포함)를 명할 수 있다.

설치 명령을 정당한 사유 없이 따르지 아니한 자 : 200만 원 이하의 과태료

㉢ 훈련 및 교육을 연 1회 이상 실시 및 실시 시 관계인에게 훈련 또는 교육 10일 전까지 그 사실을 통보

53. 소방시설 설치 및 관리에 관한 법령상 건축허가등을 할 때 미리 소방본부장 또는 소방서장의 동의를 받아야 하는 건축물 등의 범위가 아닌 것은?

① 연면적 $200[m^2]$ 이상인 노유자시설 및 수련시설
② 항공기격납고, 관망탑
③ 차고·주차장으로 사용되는 바닥면적이 $100[m^2]$ 이상인 층이 있는 건축물
④ 지하층 또는 무창층이 있는 건축물로서 바닥면적이 $150[m^2]$ 이상인 층이 있는 것

해설 건축허가등의 동의대상물 범위(대통령령)

1. 연면적, 바닥면적에 의한 동의범위

구 분	면적
학교시설	연면적 $100[m^2]$ 이상
노유자시설, 수련시설	연면적 $200[m^2]$ 이상
장애인 의료재활시설, 정신의료기관	연면적 $300[m^2]$ 이상
용도와 상관없음	연면적 $400[m^2]$ 이상
무창층 또는 지하층이 있는 건축물(공연장)	바닥면적 $150[m^2]$ ($100[m^2]$)

※ 정신의료기관 : 입원실이 없는 정신건강의학과 의원은 제외

2. 차고·주차장 또는 주차용도로 사용되는 시설
① 바닥면적 : $200[m^2]$ 이상인 층이 있는 건축물이나 주차시설
② 기계장치에 의한 주차시설로서 20대 이상

3. 면적에 상관없이 동의 대상
① 항공기격납고, 관망탑, 항공관제탑, 방송용 송·수신탑
② 층수가 6층 이상인 건축물
③ 가스시설로서 지상에 노출된 탱크의 저장용량의 합계가 100톤 이상인 것
④ 공장 또는 창고시설로서 750배 이상의 특수가연물을 저장·취급하는 것
⑤ 의원(입원실이 있는 것), 조산원, 산후조리원, 요양병원(의료재활시설 제외), 위험물 저장 및 처리 시설, 지하구, 발전시설 중 풍력발전소·전기저장시설

정답 52. ④ 53. ③

2022년 1회 기출문제 147

⑥ 노인주거복지시설, 노인의료복지시설, 재가노인복지시설, 아동복지시설(아동상담소, 아동전용시설 및 지역아동센터는 제외), 장애인 거주시설, 정신질환자 관련 시설, 노숙인 자활시설, 노숙인 재활시설, 노숙인 요양시설, 결핵환자·한센인이 24시간 생활하는 노유자시설

54. 소방시설 설치 및 관리에 관한 법령상 특정소방대상물의 수용인원 산정방법으로 옳은 것은?

① 침대가 없는 숙박시설은 해당 특정소방대상물의 종사자의 수에 숙박시설의 바닥면적의 합계를 4.6[m²]로 나누어 얻은 수를 합한 수로 한다.
② 강의실로 쓰이는 특정소방대상물은 해당 용도로 사용하는 바닥면적의 합계를 4.6[m²]로 나누어 얻은 수로 한다.
③ 관람석이 없을 경우 강당, 문화 및 집회시설, 운동시설, 종교시설은 해당 용도로 사용하는 바닥면적의 합계를 4.6[m²]로 나누어 얻은 수로 한다.
④ 백화점은 해당 용도로 사용하는 바닥면적의 합계를 4.6[m²]로 나누어 얻은 수로 한다.

해설 수용 인원의 산정 방법

구 분	용도	수용인원 산정수		
숙박시설이 있는 특정 소방 대상물	침대가 있는 숙박시설	종사자 수 + 침대 수 (2인용 침대는 2로 산정한다)		
	침대가 없는 숙박시설	종사자 수 + (바닥면적의 합계 ÷ 3 [m²])		
기타 대상물	강의실·교무실·상담실·실습실·휴게실	바닥면적의 합계 ÷ 1.9 [m²]		
	강당, 문화 및 집회시설 운동시설, 종교시설	바닥면적의 합계 ÷ 4.6 [m²]		
		관람석이 있는 경우	고정식 의자	의자 수
			긴 의자	정면너비 ÷ 0.45 [m]
	그 밖의 특정 소방대상물	바닥면적의 합계 ÷ 3 [m²]		

55. 화재의 예방 및 안전관리에 관한 법에 따라 일반음식점에서 음식조리를 위해 불을 사용하는 설비를 설치하는 경우 지켜야 하는 사항으로 틀린 것은?

① 주방시설에는 동물 또는 식물의 기름을 제거할 수 있는 필터 등을 설치할 것
② 열을 발생하는 조리기구는 반자 또는 선반으로부터 0.6미터 이상 떨어지게 할 것
③ 주방설비에 부속된 배출덕트는 0.2밀리미터 이상의 아연도금강판으로 설치할 것
④ 열을 발생하는 조리기구로부터 0.15미터 이내의 거리에 있는 가연성 주요구조부는 단열성이 있는 불연재료로 덮어 씌울 것

해설 음식조리를 위하여 설치하는 설비
식품접객업 중 일반음식점 주방에서 조리를 위하여 불을 사용하는 설비를 설치하는 경우
① 주방설비에 부속된 배출덕트(공기 배출통로)는 0.5[mm] 이상의 아연도금강판 또는 이와 동등 이상의 내식성 불연재료로 설치
② 열을 발생하는 조리기구로부터 0.15[m] 이내의 거리에 있는 가연성 주요구조부는 단열성이 있는 불연재료로 덮어 씌울 것
③ 열을 발생하는 조리기구는 반자 또는 선반으로부터 0.6[m] 이상 이격
④ 주방시설에는 동물 또는 식물의 기름을 제거할 수 있는 필터 등을 설치

56. 소방기본법령상 소방업무의 응원에 대한 설명 중 틀린 것은?

① 소방본부장이나 소방서장은 소화활동을 할 때에 긴급한 경우에는 이웃한 소방본부장 또는 소방서장에게 소방업무의 응원을 요청할 수 있다.
② 소방업무의 응원 요청을 받은 소방본부장 또는 소방서장은 정당한 사유 없이 그 요청을 거절하여서는 아니 된다.
③ 소방업무의 응원을 위하여 파견된 소방대원은 응원을 요청한 소방본부장 또는 소방서장의 지휘에 따라야 한다.

정답 54. ③ 55. ③ 56. ④

④ 시·도지사는 소방업무의 응원을 요청하는 경우를 대비하여 출동 대상지역 및 규모와 필요한 경비의 부담 등에 관하여 필요한 사항을 대통령령으로 정하는 바에 따라 이웃하는 시·도지사와 협의하여 미리 규약으로 정하여야 한다.

해설 소방업무의 응원
① 소방활동을 할 때에 긴급한 경우 이웃한 소방본부장 또는 소방서장에게 도움을 요청하는 것
② 소방업무의 응원(應援)을 요청 하는 자
- 소방본부장, 소방서장
③ 소방업무의 응원의 체결자
- 시·도지사(행정안전부령으로 정하는 바에 따라 이웃하는 시·도지사와 협의하여 미리 규약(規約)으로 정하여야 한다.)
④ 응원 요청을 받은 소방본부장 또는 소방서장
- 정당한 사유 없이 그 요청을 거절하면 안 됨
⑤ 파견된 소방대원
- 응원을 요청한 소방본부장 또는 소방서장의 지휘에 따라야 한다.

57. 소방시설공사업법령상 소방공사감리업을 등록한 자가 수행하여야 할 업무가 아닌 것은?

① 완공된 소방시설등의 성능시험
② 소방시설등 설계변경 사항의 적합성 검토
③ 소방시설등의 설치계획표의 적법성 검토
④ 소방용품 형식승인 및 제품검사의 기술기준에 대한 적합성 검토

해설 감리의 업무

적법성 검토	① 소방시설등의 설치계획표 ② 피난시설 및 방화시설 ③ 실내장식물의 불연화와 방염 물품
적합성 검토	① 소방시설등 설계도서 ② 소방시설등 설계 변경 사항 ③ 공사업자가 작성한 시공 상세 도면 ④ 소방용품의 위치·규격 및 사용 자재
기타	① 완공된 소방시설등의 성능시험 ② 공사업자가 한 소방시설등의 시공이 설계도서와 화재안전기준에 맞는지에 대한 지도·감독

감리의 업무를 위반하여 감리를 하거나 거짓으로 감리한 자 : 1년 이하의 징역 또는 1천만 원 벌금

58. 소방시설공사업법령상 소방시설업에 대한 행정처분 기준에서 1차 행정처분 사항으로 등록취소에 해당하는 것은?

① 거짓이나 그 밖의 부정한 방법으로 등록한 경우
② 소방시설업자의 지위를 승계한 사실을 소방시설공사등을 맡긴 특정소방대상물의 관계인에게 통지를 하지 아니한 경우
③ 화재안전기술기준 등에 적합하게 설계·시공을 하지 아니하거나, 법에 따라 적합하게 감리를 하지 아니한 경우
④ 등록을 한 후 정당한 사유 없이 1년이 지날 때까지 영업을 시작하지 아니하거나 계속하여 1년 이상 휴업한 때

해설 소방시설업의 행정처분기준

위반사항	행정처분 기준		
	1차	2차	3차
① 거짓이나 그 밖의 부정한 방법으로 등록한 경우	등록취소		
② 등록 결격사유에 해당하게 된 경우	등록취소		
③ 영업정지 기간 중에 소방시설공사등을 한 경우	등록취소		
④ 다른 자에게 등록증 또는 등록수첩을 빌려준 경우	6개월	등록취소	

59. 다음 중 소방기본법령상 한국소방안전원의 업무가 아닌 것은?

① 소방기술과 안전관리에 관한 교육 및 조사·연구
② 위험물탱크 성능시험
③ 소방기술과 안전관리에 관한 각종 간행물 발간
④ 화재 예방과 안전관리의식 고취를 위한 대국민 홍보

정답 57. ④ 58. ① 59. ②

기출문제

2022. 1회 소방설비기사

해설 한국소방안전원의 업무
① 소방기술과 안전관리에 관한 교육 및 조사·연구
② 화재 예방과 안전관리의식 고취를 위한 대국민 홍보
③ 소방기술과 안전관리에 관한 각종 간행물 발간
④ 소방업무에 관하여 행정기관이 위탁하는 업무
⑤ 소방안전에 관한 국제협력
⑥ 그 밖에 회원에 대한 기술지원 등 정관으로 정하는 사항

60. 위험물안전관리법령상 제조소등이 아닌 장소에서 지정수량 이상의 위험물 취급에 대한 설명으로 틀린 것은?

① 임시로 저장 또는 취급하는 장소에서의 저장 또는 취급의 기준은 시·도의 조례로 정한다.
② 필요한 승인을 받아 지정수량 이상의 위험물을 120일 이내의 기간동안 임시로 저장·또는 취급하는 경우 제조소등이 아닌 장소에서 지정수량 이상의 위험물을 취급할 수 있다.
③ 제조소등이 아닌 장소에서 지정수량 이상의 위험물을 취급할 경우 관할소방서장의 승인을 받아야 한다.
④ 군부대가 지정수량 이상의 위험물을 군사목적으로 임시로 저장 또는 취급하는 경우 제조소등이 아닌 장소에서 지정수량 이상의 위험물을 취급할 수 있다.

해설 위험물의 저장 및 취급의 제한
지정수량 이상의 위험물을 저장소가 아닌 장소에서 저장하거나 제조소등이 아닌 장소에서 취급하여서는 아니된다.

> 3년 이하의 징역 또는 3천만 원 이하의 벌금

※ 제조소 등이 아닌 장소에서 지정수량 이상의 위험물을 취급할 수 있는 경우

① 관할소방서장의 승인을 받아 지정수량 이상의 위험물을 90일 이내의 임시로 저장 또는 취급하는 경우
② 군부대가 지정수량 이상의 위험물을 군사목적으로 임시로 저장 또는 취급하는 경우 – 제조소등을 설치하거나 그 위치·구조 또는 설비를 변경하고자 하는 군부대의 장은 제조소등의 소재지를 관할하는 시·도지사와 협의(설계도서, 서류등 제출)하여야 하며 협의가 된 경우 허가를 받은 것으로 보며 군 부대의 장은 탱크안전성능검사와 완공검사를 자체적으로 할 수 있고 시·도지사에게 통보할 것

■■■ 제4과목 소방기계시설의 구조 및 원리

61. 소화기구 및 자동소화장치의 화재안전기술기준상 대형소화기의 정의 중 다음 ( )안에 알맞은 것은?

> 화재 시 사람이 운반할 수 있도록 운반대와 바퀴가 설치되어 있고 능력단위가 A급 (㉠)단위 이상, B급 (㉡)단위 이상인 소화기를 말한다.

① ㉠ 20, ㉡ 10   ② ㉠ 10, ㉡ 20
③ ㉠ 10, ㉡ 5   ④ ㉠ 5, ㉡ 10

해설 능력단위에 따른 소화기 구분

구분	능력단위
소형소화기	1 단위 이상이고 대형소화기의 능력단위 미만
대형소화기	A급 – 10 단위 이상 B급 – 20 단위 이상

62. 분말소화설비의 화재안전기술기준상 분말소화약제의 가압용가스 또는 축압용가스의 설치 기준으로 틀린 것은?

① 가압용가스에 질소가스를 사용하는 것의 질소가스는 소화약제 1[kg]마다 40[L](35[℃]에서 1기압의 압력상태로 환산한 것) 이상으로 할 것
② 가압용가스에 이산화탄소를 사용하는 것의 이산화탄소는 소화약제 1[kg]에 대하여 20[g]에 배관의 청소에 필요한 양을 가산한 양 이상으로 할 것
③ 축압용가스에 질소가스 사용하는 것의 질소가스는 소화약제 1[kg]에 대하여 40[L](35[℃]에서 1기압의 압력상태로 환산한 것) 이상으로 할 것
④ 축압용가스에 이산화탄소를 사용하는 것의 이산화탄소는 소화약제 1[kg]에 대하여 20[g]에 배관의 청소에 필요한 양을 가산한 양 이상으로 할 것

해설 가압용가스용기 설치기준
① 가압용가스 용기를 3병 이상 설치 시 2개 이상의 용기에 전자개방밸브를 부착
② 가압용가스 용기에는 2.5[MPa] 이하의 압력에서 조정이 가능한 압력조정기를 설치

정답 60. ② 61. ② 62. ③

③ 가압용가스 또는 축압용가스의 기준
 - 소화약제 1[kg]마다 저장량

구 분	가압용가스	축압용가스
질소가스	40[ℓ] 이상	10[ℓ] 이상
이산화탄소	20[g] 이상	20[g] 이상

※ 소화약제 1[kg]당 저장량 외 청소에 필요한 양을 가산하여야 하며 배관의 청소에 필요한 양의 가스는 별도의 용기에 저장하여야 한다.

④ 분말소화약제의 가스용기는 분말소화약제의 저장용기에 접속하여 설치

63. 포소화설비의 화재안전기술기준상 포소화설비의 자동식 기동장치에 화재감지기를 사용하는 경우, 화재감지기 회로의 발신기 설치 기준 중 (　) 안에 알맞은 것은? (단, 자동화재탐지설비의 수신기가 설치된 장소에 상시 사람이 근무하고 있고, 화재 시 즉시 해당 조작부를 작동시킬 수 있는 경우는 제외한다.)

> 특정소방대상물의 층마다 설치하되, 해당 특정소방대상물의 각 부분으로부터 수평거리가 (㉠)[m] 이하가 되도록 할 것.
> 다만, 복도 또는 별도로 구획된 실로서 보행거리가 (㉡)[m] 이상일 경우에는 추가로 설치하여야 한다.

① ㉠ 25, ㉡ 30　　② ㉠ 25, ㉡ 40
③ ㉠ 15, ㉡ 30　　④ ㉠ 15, ㉡ 40

해설 포소화설비 기동장치의 화재감지기 회로에서 발신기 설치 기준
화재감지기 회로에는 다음 각 목의 기준에 따른 발신기를 설치할 것.
다만, 자동화재탐지설비의 발신기가 설치된 경우에는 그러하지 아니하다.
① 조작이 쉬운 장소에 설치하고, 스위치는 바닥으로부터 0.8[m] 이상 1.5[m] 이하의 높이에 설치할 것
② 소방대상물의 층마다 설치하되, 당해 소방대상물의 각 부분으로부터 하나의 발신기까지의 수평거리가 25[m] 이하가 되도록 할 것. 다만, 복도 또는 별도로 구획된 실로서 보행거리가 40[m] 이상일 경우에는 추가로 설치하여야 한다.

③ 발신기의 위치를 표시하는 표시등은 함의 상부에 설치하되, 그 불빛은 부착면으로부터 15° 이상의 범위안에서 부착지점으로부터 10[m] 이내의 어느 곳에서도 쉽게 식별할 수 있는 적색등으로 할 것

64. 특별피난계단의 계단실 및 부속실 제연설비의 화재안전기술기준상 급기풍도 단면의 긴변 길이가 1300[mm]인 경우, 강판의 두께는 최소 몇 [mm] 이상이어야 하는가?

① 0.6　　② 0.8
③ 1.0　　④ 1.2

해설 급기풍도
① 구조
풍도는 정기적으로 풍도내부를 청소할 수 있는 구조
② 수직풍도 이외의 풍도(금속판으로 설치하는 풍도)
 ㉠ 풍도는 아연도금강판 또는 이와 동등 이상의 내식성·내열성이 있는 것으로 하며, 불연재료 (석면재료를 제외한다)인 단열재로 유효한 단열처리 할 것
 ㉡ 방화구획이 되는 전용실에 급기송풍기와 연결되는 풍도는 단열이 필요 없다.
 ㉢ 강판의 두께

풍도단면의 긴변 또는 직경의 크기	450[mm] 이하	450[mm] 초과 750[mm] 이하	750[mm] 초과 1,500[mm] 이하	1,500[mm] 초과 2,250[mm] 이하	2,250[mm] 초과
강판두께	0.5[mm]	0.6[mm]	0.8[mm]	1.0[mm]	1.2[mm]

 ㉣ 풍도에서의 누설량은 급기량의 10[%]를 초과하지 아니할 것
④ 풍도는 정기적으로 풍도 내부를 청소할 수 있는 구조로 할 것
⑤ 풍도 내의 풍속은 15[m/s] 이하로 할 것 <신설 2024. 4. 1.>

65. 옥외소화전설비의 화재안전기술기준상 옥외소화전설비에서 성능시험배관의 직관부에 설치된 유량측정장치는 펌프 정격토출량의 최소 몇 [%] 이상 측정할 수 있는 성능이 있어야 하는가?

① 175　　② 150
③ 75　　④ 50

정답　63. ②　64. ②　65. ①

해설 펌프 성능시험배관
① 펌프의 토출측에 설치된 개폐밸브 이전에서 분기하여 설치
② 유량계를 기준으로 전단 직관부에 개폐밸브를 후단 직관부에는 유량조절밸브를 설치
③ 유량측정장치(유량계)는 성능시험배관의 직관부에 설치하되 펌프의 정격토출량의 175[%] 이상 측정할 수 있는 성능

66. 할론소화설비의 화재안전기술기준상 자동차 차고나 주차장에 할론 1301 소화약제로 전역방출방식의 소화설비를 설치한 경우 방호구역의 체적 1[m³]당 얼마의 소화약제가 필요한가?

① 0.32[kg] 이상 0.64[kg] 이하
② 0.36[kg] 이상 0.71[kg] 이하
③ 0.40[kg] 이상 1.10[kg] 이하
④ 0.60[kg] 이상 0.71[kg] 이하

해설 방호구역의 체적 1[m³]당 필요한 약제량 : Q

소방대상물 또는 그 부분		소화약제 종별	Q[kg/m³]	K [kg/m²]
차고, 주차장, 전기실, 통신기기실, 전산실 등		할론 1301	0.32 이상 0.64 이하	2.4
특수 가연물을 저장취급 하는 소방 대상물 또는 그부분		할론 2402	0.40 이상 1.10 이하	3.0
	가연성고체류 가연성액체류	할론 1211	0.36 이상 0.71 이하	2.7
		할론 1301	0.32 이상 0.64 이하	2.4
	면화류, 나무껍질, 대팻밥, 넝마, 종이, 부스러기, 사류, 볏짚류, 목재 가공품, 나무부스러기	할론 1211	0.60 이상 0.71 이하	4.5
		할론 1301	0.52 이상 0.64 이하	3.9
	합성수지류	할론 1211	0.36 이상 0.71 이하	2.7
		할론 1301	0.32 이상 0.64 이하	2.4

67. 소화기구 및 자동소화장치의 화재안전기술기준상 타고 나서 재가 남는 일반화재에 해당하는 일반 가연물은?

① 고무   ② 타르
③ 솔벤트 ④ 유성도료

해설 소화기구 및 자동소화장치 화재안전기술기준

일반화재 (A급 화재)	나무, 섬유, 종이, 고무, 플라스틱류와 같은 일반 가연물이 타고 나서 재가 남는 화재를 말한다. 일반화재에 대한 소화기의 적응 화재별 표시는 'A'로 표시한다.
유류화재 (B급 화재)	인화성 액체, 가연성 액체, 석유 그리스, 타르, 오일, 유성도료, 솔벤트, 래커, 알코올 및 인화성 가스와 같은 유류가 타고 나서 재가 남지 않는 화재를 말한다. 유류화재에 대한 소화기의 적응 화재별 표시는 'B'로 표시한다.
전기화재 (C급 화재)	전류가 흐르고 있는 전기기기, 배선과 관련된 화재를 말한다. 전기화재에 대한 소화기의 적응 화재별 표시는 'C'로 표시한다.
주방화재 (K급 화재)	주방에서 동식물유를 취급하는 조리기구에서 일어나는 화재를 말한다. 주방화재에 대한 소화기의 적응 화재별 표시는 'K'로 표시한다.

68. 특별피난계단의 계단실 및 부속실 제연설비의 화재안전기술기준상 차압 등에 관한 기준으로 옳은 것은?

① 제연설비가 가동되었을 경우 출입문의 개방에 필요한 힘은 150[N] 이하로 하여야 한다.
② 제연구역과 옥내와의 사이에 유지하여야 하는 최소 차압은 옥내에 스프링클러설비가 설치된 경우에는 40[Pa] 이상으로 하여야 한다.
③ 계단실과 부속실을 동시에 제연 하는 경우 부속실의 기압은 계단실과 같게 하거나 계단실의 기압보다 낮게 할 경우에는 부속실과 계단실의 압력차이는 3[Pa] 이하가 되도록 하여야 한다.
④ 피난을 위하여 제연구역의 출입문이 일시적으로 개방되는 경우 개방되지 아니하는 제연구역과 옥내와의 차압은 기준에 따른 차압의 70[%] 미만이 되어서는 아니 된다.

정답 66. ① 67. ① 68. ④

[해설] 특별피난계단의 계단실 및 부속실 제연설비의 화재안전기술기준 차압

구분	기준
옥내와 제연구역의 차압	40 [Pa] 이상 (스프링클러설비 설치 시 12.5 [Pa])
출입문이 일시적으로 개방되는 경우 개방되지 아니하는 제연구역과 옥내와의 차압	차압의 70[%] 이상
계단실과 부속실을 동시에 제연하는 경우	• 부속실의 기압은 계단실과 같을 것 • 계단실의 기압보다 낮게 할 경우에는 압력 차이는 5 [Pa] 이하

69. 스프링클러설비의 화재안전기술기준상 고가수조를 이용한 가압송수장치의 설치기준 중 고가수조에 설치하지 않아도 되는 것은?

① 수위계
② 배수관
③ 압력계
④ 오버플로우관

[해설] 고가수조의 자연낙차를 이용한 가압송수장치
① 구조물 또는 지형지물 등에 설치하여 자연낙차의 압력으로 급수하는 수조
② 고가수조에 설치 하는 장치(5가지)
　수위계·배수관·급수관·오버플로우관 및 맨홀을 설치할 것
③ 고가수조의 자연낙차수두
　수조의 하단으로부터 최고층에 설치된 소화전 호스 접결구까지의 수직거리

70. 상수도소화용수설비의 화재안전기술기준상 소화전은 특정소방대상물의 수평투영면의 각 부분으로부터 최대 몇 [m] 이하가 되도록 설치하여야 하는가?

① 100
② 120
③ 140
④ 150

[해설] 상수도소화용수설비의 화재안전기술기준 상수도소화전 설치 기준
① 호칭지름 75 [mm] 이상의 수도배관에 호칭지름 100 [mm] 이상의 소화전을 접속
　• 호칭지름 : 일반적으로 표기하는 배관의 직경
② 소화전은 특정소방대상물의 수평투영면의 각 부분으로부터 140 [m] 이하가 되도록 설치
　• 수평투영면 : 건축물을 수평으로 투영하였을 경우의 면

71. 상수도소화용수설비의 화재안전기술기준상 상수도소화용수설비 소화전의 설치 기준 중 다음 (　) 안에 알맞은 것은?

> 호칭지름 (㉠) [mm] 이상의 수도배관에 호칭지름 (㉡) [mm] 이상의 소화전을 접속할 것

① ㉠ 65, ㉡ 120
② ㉠ 75, ㉡ 100
③ ㉠ 80, ㉡ 90
④ ㉠ 100, ㉡ 100

[해설] 70번 해설 참조

72. 구조대의 형식승인 및 제품검사의 기술기준상 경사강하식 구조대의 구조 기준으로 틀린 것은?

① 연속하여 활강할 수 있는 구조로 안전하고 쉽게 사용할 수 있어야 한다.
② 구조대 본체는 상하방향으로 봉합부가 설치되지 아니하여야 한다.
③ 입구틀 및 취부틀의 입구는 지름 40[cm] 이상의 구체가 통할 수 있어야 한다.
④ 본체의 포지는 하부지지장치에 인장력이 균등하게 걸리도록 부착하여야 하며 하부지지장치는 쉽게 조작할 수 있어야 한다.

[해설] 경사강하식 구조대
㉠ 연속하여 활강할 수 있는 구조로 안전하고 쉽게 사용할 수 있어야 한다.
㉡ 입구틀 및 취부틀의 입구는 지름 50 [cm] 이상의 구체가 통과 할 수 있어야 한다.

정답 69. ③ 70. ③ 71. ② 72. ③

© 포지는 사용시에 수직방향으로 현저하게 늘어나지 아니하여야 한다.
② 포지, 지지틀, 취부틀 그밖의 부속장치 등은 견고하게 부착되어야 한다.
⑩ 구조대 본체는 강하방향으로 봉합부가 설치되지 아니하여야 한다.
⑪ 구조대 본체의 활강부는 낙하방지를 위해 포를 2중구조로 하거나 또는 망목의 변의 길이가 8[cm] 이하인 망을 설치하여야 한다.
⊗ 본체의 포지는 하부지지장치에 인장력이 균등하게 걸리도록 부착하여야 하며 하부지지장치는 쉽게 조작할 수 있어야 한다.
◎ 손잡이는 출구부근에 좌우 각3개 이상 균일한 간격으로 견고하게 부착하여야 한다.
⊙ 구조대본체의 끝부분에는 길이 4[m] 이상, 지름 4[mm] 이상의 유도선을 부착하여야 하며, 유도선끝에는 중량 3[N](300[g]) 이상의 모래주머니 등을 설치하여야 한다.
㉛ 땅에 닿을 때 충격을 받는 부분에는 완충장치로서 받침포 등을 부착하여야 한다.

73. 분말소화설비의 화재안전기술기준상 차고 또는 주차장에 설치하는 분말소화설비의 소화약제는?

① 제1종 분말 ② 제2종 분말
③ 제3종 분말 ④ 제4종 분말

해설 주차장 : 제3종(인산암모늄) 분말소화약제를 사용

74. 피난사다리의 형식승인 및 제품검사의 기술기준상 피난사다리의 일반구조 기준으로 옳은 것은?

① 피난사다리는 2개 이상의 횡봉으로 구성되어야 한다. 다만, 고정식사다리인 경우에는 횡봉의 수를 1개로 할 수 있다.
② 피난사다리(종봉이 1개인 고정식사다리는 제외)의 종봉의 간격은 최외각 종봉 사이의 안치수가 15[cm] 이상이어야 한다.
③ 피난사다리의 횡봉은 지름 15[mm] 이상 25[mm] 이하의 원형인 단면이거나 또는 이와 비슷한 손으로 잡을 수 있는 형태의 단면이 있는 것이어야 한다.
④ 피난사다리의 횡봉은 종봉에 동일한 간격으로 부착한 것이어야 하며, 그 간격은 25[cm] 이상 35[cm] 이하이어야 한다.

해설 피난사다리의 형식승인 및 제품검사의 기술기준
피난사다리의 구조
1. 안전하고 확실하며 쉽게 사용할 수 있는 구조이어야 한다.
2. 피난사다리는 2개 이상의 종봉(내림식사다리에 있어서는 이에 상당하는 와이어로프·체인 그 밖의 금속제의 봉 또는 관을 말한다.) 및 횡봉으로 구성되어야 한다. 다만, 고정식사다리인 경우에는 종봉의 수를 1개로 할 수 있다.
3. 피난사다리(종봉이 1개인 고정식사다리는 제외)의 종봉의 간격은 최외각 종봉 사이의 안치수가 30[cm] 이상이어야 한다.
4. 피난사다리의 횡봉은 지름 14[mm] 이상 35[mm] 이하의 원형인 단면이거나 또는 이와 비슷한 손으로 잡을 수 있는 형태의 단면이 있는 것이어야 한다.
5. 피난사다리의 횡봉은 종봉에 동일한 간격으로 부착한 것이어야 하며, 그 간격은 25[cm] 이상 35[cm] 이하이어야 한다.
6. 피난사다리 횡봉의 디딤면은 미끄러지지 아니하는 구조이어야 한다.

75. 간이스프링클러설비의 화재안전기술기준상 간이스프링클러설비의 배관 및 밸브 등의 설치 순서로 맞는 것은?(단, 수원이 펌프보다 낮은 경우이다.)

① 상수도직결형은 수도용계량기, 급수차단장치, 개폐표시형밸브, 체크밸브, 압력계, 유수검지장치, 2개의 시험밸브 순으로 설치할 것
② 펌프 설치 시에는 수원, 연성계 또는 진공계, 펌프 또는 압력수조, 압력계, 체크밸브, 개폐표시형밸브, 유수검지장치, 2개의 시험밸브 순으로 설치할 것
③ 가압수조 이용 시에는 수원, 가압수조, 압력계, 체크밸브, 개폐표시형밸브, 유수검지장치, 1개의 시험밸브 순으로 설치할 것

정답 73. ③ 74. ④ 75. ①

④ 캐비닛형인 경우 수원, 펌프 또는 압력수조, 압력계, 체크밸브, 연성계 또는 진공계, 개폐표시형밸브 순으로 설치할 것

해설 간이스프링클러 배관 등 설치 순서

구분	배관 등 설치 순서							
상수도직결형	수도용계량기	급수차단장치	개폐표시형밸브	–	체크밸브	압력계	–	유수검지장치	2개의시험밸브
펌프등	수원	연성계또는진공계	펌프또는압력수조	압력계	체크밸브	성능시험배관	개폐표시형밸브	유수검지장치	시험밸브
가압수조	수원	–	가압수조	압력계	체크밸브	성능시험배관	개폐표시형밸브	유수검지장치	2개의시험밸브
캐비닛형	수원	연성계또는진공계	펌프또는압력수조	압력계	체크밸브	–	개폐표시형밸브	–	2개의시험밸브

76. 스프링클러설비의 화재안전기술기준상 스프링클러헤드 설치 시 살수가 방해되지 아니하도록 벽과 스프링클러헤드간의 공간은 최소 몇 [cm] 이상으로 하여야 하는가?

① 60　　② 30
③ 20　　④ 10

해설 스프링클러설비의 화재안전기술기준상 스프링클러헤드 설치기준
 (1) 살수가 방해되지 아니하도록 헤드로부터 반경 60 [cm] 이상의 공간을 보유할 것. 다만, 벽과 스프링클러헤드 간의 공간은 10 [cm] 이상으로 한다.
 (2) 헤드와 그 부착면(상향식헤드의 경우에는 그 헤드의 직상부의 천장·반자 등)과의 거리는 30 [cm] 이하
 (3) 배관·행가 및 조명기구 등 살수를 방해하는 것이 있는 경우에는 그로부터 아래에 설치하여 살수에 장애가 없도록 할 것. 다만, 스프링클러헤드와 장애물과의 이격거리를 장애물 폭의 3배 이상 확보한 경우에는 그러하지 아니하다.

77. 물분무소화설비의 화재안전기술기준상 차고 또는 주차장에 설치하는 물분무소화설비의 배수설비 기준으로 틀린 것은?

① 차량이 주차하는 바닥은 배수구를 향하여 100분의 2 이상의 기울기를 유지할 것
② 차량이 주차하는 장소의 적당한 곳에 높이 5[cm] 이상의 경계턱으로 배수구를 설치할 것
③ 배수설비는 가압송수장치의 최대송수능력의 수량을 유효하게 배수할 수 있는 크기 및 기울기로 할 것
④ 배수구에는 새어나온 기름을 모아 소화할 수 있도록 길이 40[cm] 이하마다 집수관·소화핏트 등 기름분리장치를 설치할 것

해설 차고 또는 주차장의 배수설비 설치기준
 ① 높이 10 [cm] 이상의 경계턱으로 배수구를 설치할 것
 ② 차량이 주차하는 바닥은 배수구를 향하여 100분의 2 이상의 기울기를 유지
 ③ 길이 40 [m] 이하마다 집수관·소화핏트 등 기름분리장치를 설치하여 배수구에는 새어나온 기름을 모아 소화할 수 있도록 할 것
 ④ 배수설비는 가압송수장치의 최대송수능력의 수량을 유효하게 배수할 수 있는 크기 및 기울기로 할 것

78. 미분무소화설비의 화재안전기술기준상 용어의 정의 중 다음 ( ) 안에 알맞은 것은?

"미분무"란 물만을 사용하여 소화하는 방식으로 최소설계압력에서 헤드로부터 방출되는 물입자 중 99%의 누적체적분포가 (㉠)[μm] 이하로 분무되고 (㉡)급 화재에 적응성을 갖는 것을 말한다.

① ㉠ 400, ㉡ A, B, C
② ㉠ 400, ㉡ B, C
③ ㉠ 200, ㉡ A, B, C
④ ㉠ 200, ㉡ B, C

정답　76. ④　77. ②　78. ①

해설 미분무소화설비 정의
① 가압된 물이 헤드 통과 후 미세한 입자로 분무됨으로써 소화성능을 가지는 설비를 말하며, 소화력을 증가시키기 위해 강화액 등을 첨가할 수 있다.
② 미분무
물만을 사용하여 소화하는 방식으로 최소설계압력에서 헤드로부터 방출되는 물입자 중 99[%]의 누적체적분포가 400[μm] 이하로 분무되고 A, B, C급 화재에 적응성을 갖는 것

79. 포소화설비의 화재안전기술기준상 포소화설비의 자동식 기동장치에 폐쇄형 스프링클러헤드를 사용하는 경우에 대한 설치 기준 중 다음 (   )안에 알맞은 것은? (단, 자동화재탐지설비의 수신기가 설치된 장소에 상시 사람이 근무하고 있고, 화재 시 즉시 해당 조작부를 작동시킬 수 있는 경우는 제외한다.)

- 표시온도가 (㉠)[℃] 미만인 것을 사용하고 1개의 스프링클러헤드의 경계 면적은 (㉡)[m²] 이하로 할 것
- 부착면의 높이는 바닥으로부터 (㉢)[m] 이하로 하고 화재를 유효하게 감지할 수 있도록 할 것

① ㉠ 60, ㉡ 10, ㉢ 7   ② ㉠ 60, ㉡ 20, ㉢ 7
③ ㉠ 79, ㉡ 10, ㉢ 5   ④ ㉠ 79, ㉡ 20, ㉢ 5

해설 포소화설비의 기동장치
1. 수동식기동장치

차고, 주차장	항공기격납고
각 방사구역마다 1개 이상 설치	각 방사구역마다 2개 이상을 설치

2. 자동식 기동장치
① 폐쇄형스프링클러헤드를 사용하는 경우

스프링클러헤드	내 용
표시온도	79[℃] 미만
1개의 경계면적	20[m²] 이하
부착면의 높이	바닥으로부터 5[m] 이하

② 화재감지기를 사용하는 경우

화재감지기	자동화재탐지설비 기준에 따라 설치
화재감지기 회로	발신기 설치 수평거리 : 25[m] 보행거리 : 40[m]
동결우려가 있는 장소	자동화재탐지설비와 연동

80. 할론소화설비의 화재안전기술기준상 할론소화약제 저장용기의 설치 기준 중 다음 (   )안에 알맞은 것은?

축압식 저장용기의 압력은 온도 20[℃]에서 할론 1301을 저장하는 것은 (㉠)[MPa] 또는 (㉡)[MPa]이 되도록 질소가스로 축압할 것

① ㉠ 2.5, ㉡ 4.2   ② ㉠ 2.0, ㉡ 3.5
③ ㉠ 1.5, ㉡ 3.0   ④ ㉠ 1.1, ㉡ 2.5

해설 저장용기 설치기준
1. 저장용기의 저장온도, 압력

할론소화설비		
할론2402	할론1211	할론1301
	축압식저장용기 20[℃]에서 질소로 축압	
−	1.1 또는 2.5 [MPa]	2.5 또는 4.2 [MPa]

2. 할론소화약제 저장용기의 개방밸브는 전기식·가스압력식 또는 기계식에 따라 자동으로 개방되고 수동으로도 개방되는 것으로서 안전장치가 부착된 것으로 하여야 한다.

3. 저장용기의 충전비는 할론 2402를 저장하는 것 중 가압식 저장용기는 0.51 이상 0.67 미만, 축압식 저장용기는 0.67 이상 2.75 이하, 할론 1211은 0.7 이상 1.4 이하, 할론 1301은 0.9 이상 1.6 이하로 할 것

4. 동일 집합관에 접속되는 용기의 소화약제 충전량은 동일 충전비의 것이어야 할 것

정답 79. ④   80. ①

기출문제(2022. 2회)

■■■ 제1과목 소방원론

1. 정전기로 인한 화재를 줄이고 방지하기 위한 대책 중 틀린 것은?

① 공기 중 습도를 일정 값 이상으로 유지한다.
② 기기의 전기 절연성을 높이기 위하여 부도체로 차단 공사를 한다.
③ 공기 이온화 장치를 설치하여 가동시킨다.
④ 정전기 축적을 막기 위해 접지선을 이용하여 대지로 연결작업을 한다.

해설 정전기 방지대책

도체	부도체	인체
접지, 본딩, 유속제한(1[m/s] 이하)	상대습도 70[%] 이상, 대전방지제, 제전기	대전방지복, 대전방지화, 손목접지대

정전기는 전기의 성질을 가지게 되었지만 도전로(전기가 흐르는 길)가 없어 정지되어 있는 전기로서 예를 들면 옷 같은 부도체에 축적되어 있는 전기다. 이를 방지코자 도체를 사용하여 발생하는 정전기를 저항이 가장 작은 땅으로 흘려보내는 접지, 금속관과 금속관을 잇는 본딩 등이 필요하며 부득이하게 부도체를 사용할 경우 건조하지 않게 습도를 높여 정전기가 발생하지 않도록 하여야 함

2. 위험물안전관리법령상 위험물로 분류되는 것은?

① 과산화수소   ② 압축산소
③ 프로판가스   ④ 포스겐

해설 제6류 위험물(산화성 액체)

품명	위험등급	지정수량	성상
① 질산 ② 과염소산 ③ 과산화수소 ※ 그밖에 행정안전부령이 정하는 것 • 할로겐간 화합물	–	300[kg]	① 산소를 함유한 강산화성 액체 ② 조연성 액체(자체는 불연성) ③ 가연성물질, 유기물등과 혼합, 혼촉 시 발화 ④ 과산화수소를 제외 하고 모두 강산으로 피부 접촉시 부식 ⑤ 증기는 유독 – 과산화수소 제외 ⑥ 물과 접촉하면 발열 – 과산화수소 제외 ⑦ 모두 무기화합물 ⑧ 모두 수용성

3. 이산화탄소 20[g]은 약 몇 [mol]인가?

① 0.23   ② 0.45
③ 2.2   ④ 4.4

해설
1. 몰[mol] = $\dfrac{질량[g]}{분자량[g/mol]}$
2. 이산화탄소의 분자량은 44[g/mol]이므로
   $\dfrac{20[g]}{44[g/mol]} ≒ 0.45[mol]$

4. 물질의 연소 시 산소 공급원이 될 수 없는 것은?

① 탄화칼슘   ② 과산화나트륨
③ 질산나트륨 ④ 압축공기

해설 산소공급원의 종류
① 산소, 공기 등
② 산소를 함유한 위험물
  ㉠ 제1류 위험물(산화성고체) : 염소산칼륨, 과산화나트륨, 질산나트륨 등
  ㉡ 제6류 위험물(산화성액체) : 과산화수소, 질산, 과염소산
  ㉢ 제5류 위험물(자기반응성물질) : 유기과산화물, 질산에스테르류(셀룰로이드 등), 트리니트로톨루엔(TNT), 트리니트로페놀(TNP) 등

※ 탄화칼슘은 제3류 위험물로서 가연물임.

5. Fourier법칙(전도)에 대한 설명으로 틀린 것은?

① 이동열량은 전열체의 단면적에 비례한다.
② 이동열량은 전열체의 두께에 비례한다.
③ 이동열량은 전열체의 열전도도에 비례한다.
④ 이동열량은 전열체 내·외부의 온도차에 비례한다.

해설 전도(Conduction)
고체 또는 정지 상태 유체의 열전달 : 발화, 성장기의 열전달

정답 1. ② 2. ① 3. ② 4. ① 5. ②

기출문제

2022. 2회 소방설비기사

$$q = K \cdot A \cdot \frac{\Delta t}{\ell}$$

여기서, q : 열량 [W = J/s = cal/s]
  K : 열전도율 [W/m·℃ = J/m·s·℃]
  A : 표면적 [m²]
  △t : 온도차 [℃]
  ℓ : 물질두께 [m]

※ q와 ℓ은 반비례의 관계가 있다. 두꺼운 물체 일수록 전달되는 열량은 적다.

6. 할론 소화설비에서 Halon 1211 약제의 분자식은?

① CBr_2ClF ② CF_2BrCl
③ CCl_2BrF ④ BrC_2ClF

해설
할론 소화약제 명명법
  C F Cl Br

  Halon 1 3 0 1
     C F₃   Br → CF_3Br

  Halon 1 2 1 1
     C F₂ Cl Br → CF_2ClBr

  Halon 2 4 0 2
     C₂ F₄   Br₂ → $C_2F_4Br_2$

7. 제4류 위험물의 성질로 옳은 것은?

① 가연성 고체   ② 산화성 고체
③ 인화성 액체   ④ 자기반응성물질

해설 위험물의 분류에 따른 성상

분류	성상	분류	성상
제1류	산화성 고체	제4류	인화성 액체
제2류	가연성 고체	제5류	자기반응성 물질
제3류	자연발화성 및 금수성 물질	제6류	산화성 액체

8. 목재 화재 시 다량의 물을 뿌려 소화할 경우 기대되는 주된 소화효과는?

① 제거효과   ② 냉각효과
③ 부촉매효과 ④ 희석효과

해설
물은 원자인 수소와 산소의 극성공유결합과 물분자와 물분자의 인력에 의한 수소결합을 하고 있다.
수소결합의 크기는 공유결합의 약 1/10정도이고 이 결합력을 깨트리기 위해 많은 열을 흡수해야 하므로 물은 비열과 잠열 등이 크고 냉각효과가 우수한 성질을 가지고 있다.

9. 물이 소화약제로써 사용되는 장점이 아닌 것은?

① 가격이 저렴하다.
② 많은 양을 구할 수 있다.
③ 증발잠열이 크다.
④ 가연물과 화학반응이 일어나지 않는다.

해설 장점
① 비교적 안정된 액체이며 구하기 쉽고 가격이 싸다.
② 비열과 현열 크고 표면장력(72.75 [dyne/cm])이 크다.
③ 융해잠열, 기화(증발)잠열이 크다.(냉각효과가 크다.)
④ 증발 시 체적은 약 1,700배로 공기와 가연성가스를 배제시킨다.(미분무소화설비) - 질식소화
⑤ 가장 우수한 용매로서 단점을 보완하기 위해 여러 첨가물을 넣어 소화효과를 증가시킬 수 있다.

10. 분말소화약제 중 탄산수소칼륨($KHCO_3$)과 요소($CO(NH_2)_2$)와의 반응물을 주성분으로 하는 소화약제는?

① 제1종 분말   ② 제2종 분말
③ 제3종 분말   ④ 제4종 분말

정답 6. ② 7. ③ 8. ② 9. ④ 10. ④

해설

구분	제1종	제2종	제3종	제4종
명칭	탄산수소 나트륨	탄산수소 칼륨	인산암모늄	탄산수소칼륨 +요소
분자식	$NaHCO_3$	$KHCO_3$	$NH_4H_2PO_4$	$KHCO_3 +$ $(NH_2)_2CO$
색상	백색	자색 (보라색)	담홍색	회백색

11. 다음 중 가연물의 제거를 통한 소화 방법과 무관한 것은?

① 산불의 확산방지를 위하여 산림의 일부를 벌채한다.
② 화학반응기의 화재 시 원료 공급관의 밸브를 잠근다.
③ 전기실 화재 시 IG-541 약제를 방출한다.
④ 유류탱크 화재 시 주변에 있는 유류탱크의 유류를 다른 곳으로 이동시킨다.

해설 제거소화

가연물이 연소하기 전에 가연물을 제거하여 소화	산불화재 벌목, 가스화재의 가스차단, 촛불의 화염·제거

12. 건물화재의 표준시간-온도곡선에서 화재발생 후 1시간이 경과할 경우 내부온도는 약 몇 [℃]정도 되는가?

① 125　　② 325
③ 640　　④ 925

해설
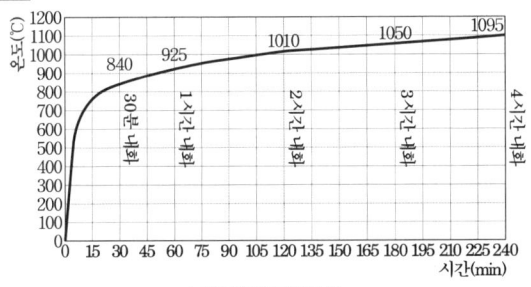
표준시간온도곡선

표준온도시간 곡선 : $\theta = 345\log(8t+1) + \theta_0$

θ : t시간(min) 후의 가열로의 온도
θ_0 : 가열하기 전의 가열로의 온도(20[℃])

풀이
$\theta = 345\log(8t+1) + \theta_0$
$= 345\log(8 \times 60 + 1) + 20 = 945$ [℃]

13. 물질의 취급 또는 위험성에 대한 설명 중 틀린 것은?

① 융해열은 점화원이다.
② 질산은 물과 반응시 발열 반응하므로 주의를 해야 한다.
③ 네온, 이산화탄소, 질소는 불연성 물질로 취급한다.
④ 암모니아를 충전하는 공업용 용기의 색상은 백색이다.

해설 점화를 일으킬 수 있는 에너지원의 종류

전기열(적)	유도열, 유전열, 저항열, 아크열, 정전기열, 낙뢰열	물리적 에너지
화학열(적)	분해열, 자연발열, 생성열, 용해열, 연소열	화학적 에너지
기계열(적)	마찰열, 압축열, 마찰 스파크열	물리적 에너지

※ 용해열 : 어떤 물질이 액체에 용해될 때 발생하는 열

14. 폭굉(detonation)에 관한 설명으로 틀린 것은?

① 연소속도가 음속보다 느릴 때 나타난다.
② 온도의 상승은 충격파의 압력에 기인한다.
③ 압력상승은 폭연의 경우보다 크다.
④ 폭굉의 유도거리는 배관의 지름과 관계가 있다.

해설 폭연, 폭굉
① 음속(340 [m/s]) 이하의 폭발을 폭연이라 하고 그 이상을 폭굉이라 한다.
② 폭연(deflagration)
열, 빛 및 음속보다 느린 압력파가 발생하는 산화과정이다. 비교적 낮은 압력파를 생성하며 빠른 속도로 진행하는 산화반응이며 주변 계를 교란 시킨다.
③ 폭굉(detonation)
강력하고 빠른 속도의 충격파에 의해 산화가 엄청나게 빠른 속도로 진행되 폭굉파에 의해 주변 계를 강력하게 파괴하는 현상으로 파면에서는 온도, 압력, 밀도가 불연속적으로 나타난다.

정답　11. ③　12. ④　13. ①　14. ①

④ DDT(Deflagration-Detonation-Transition)전이
예혼합연소(발화 : 폭연) → 화염전파(층류 화염, 온도와 압력의 증가) → 압축파 생성 → 압축파의 중첩(난류화염, 연소속도의 증가) → 강한 압축파(충격파) → 폭굉파(단열압축 : 자연발화)
⑤ 폭굉유도거리(DID-Detonation Induction Distance)
최초의 완만한 연소가 폭굉으로 발전할 때까지의 거리

15. 자연발화가 일어나기 쉬운 조건이 아닌 것은?

① 열전도율이 클 것
② 적당량의 수분이 존재할 것
③ 주위의 온도가 높을 것
④ 표면적이 넓을 것

해설 자연발화의 조건(발열이 크고 방열이 작아야 함)

| • 주위온도가 클 것
• 발열량이 클 것
• 압력이 클 것 | • 열전도율이 작을 것
• 통풍이 잘 안될 것 | • 습도가 클 것 (촉매역할)
• 표면적이 넓을 것 (공기와 접촉면적이 커짐) |

※ 방지대책(조건의 반대)

16. 목조건축물의 화재특성으로 틀린 것은?

① 습도가 낮을수록 연소 확대가 빠르다.
② 화재진행속도는 내화건축물보다 빠르다.
③ 화재최성기의 온도는 내화건축물보다 낮다.
④ 화재성장속도는 횡방향보다 종방향이 빠르다.

해설 목조건축물과 내화건축물 화재의 특성

목조건축물 화재	내화건축물 화재
개방계 화재	밀폐계(구획) 화재
연료지배형 화재 (연료의 양에 지배를 받는 화재)	환기지배형 화재 (공기의 인입량에 지배를 받는 화재)
고온단기형 (약 1,200[℃], 10~20분)	저온장기형 (약 1,000[℃], 30분~3시간)
화재원인 - 무염착화 - 발염착화 - 발화 - 최성기 - 연소낙하 - 진화	초기 - 성장기(플래시오버 : F.O) - 최성기 - 감쇠기(백드래프트 : B.D)

17. 다음 물질 중 공기 중에서의 연소범위가 가장 넓은 것은?

① 부탄   ② 프로판
③ 메탄   ④ 수소

해설 주요 가연성 가스의 공기 중 연소 범위

가스명	연소범위[V%]			가스명	연소범위[V%]		
	하한값	상한값	범위차		하한값	상한값	범위차
아세틸렌	2.5	81	78.5	에틸렌	2.7	36	33.3
수소	4	75	71	암모니아	15	28	13
일산화탄소	12.5	74	61.5	메탄	5	15	10
에테르	1.9	48	46.1	에탄	3	12.4	9.4
이황화탄소	1.2	44	42.8	프로판	2.1	9.5	7.4
황화수소	4	44	40	부탄	1.8	8.4	6.6

18. 플래시 오버(flash over)에 대한 설명으로 옳은 것은?

① 도시가스의 폭발적 연소를 말한다.
② 휘발유 등 가연성 액체가 넓게 흘러서 발화한 상태를 말한다.
③ 옥내화재가 서서히 진행하여 열 및 가연성 기체가 축적되었다가 일시에 연소하여 화염이 크게 발생하는 상태를 말한다.
④ 화재층의 불이 상부층으로 올라가는 현상을 말한다.

해설 플래시오버 (Flash Over)

정의	국소(국부)화재에서 전체(전실)화재로의 전이 현상 연료지배형 화재에서 환기지배형 화재로의 전이 현상 * 국소(국부) - 전체 가운데의 한 부분
연소형태	화재
시기	성장기
공급요인	복사열에 의한 자연발화
영향요소	천장높이, 실의 모양, 내장재의 재질과 두께, 점화원의 크기, 점화원의 위치와 연료 높이, 개구부의 크기(종장 방향의 주벽 면적에 대한 개구율이 1/2~1/3 일 경우 가장 짧고 1/16 이하시에는 플래시오버가 발생하지 않는다)

정답 15. ① 16. ③ 17. ④ 18. ③

19. 연기에 의한 감광계수가 0.1[m⁻¹], 가시거리가 20~30[m]일 때의 상황으로 옳은 것은?

① 건물 내부에 익숙한 사람이 피난에 지장을 느낄 정도
② 연기감지기가 작동할 정도
③ 어두운 것을 느낄 정도
④ 앞이 거의 보이지 않을 정도

해설 감광계수 및 연기의 농도와 가시거리

감광계수 $[m^{-1}]$	가시거리 [m]	상황
0.1	20~30	연기감지기가 작동할 때 농도
0.3	5	건물 내부에 익숙한 사람이 피난에 지장을 느낄 정도의 농도
0.5	3	어두운 것을 느낄 정도의 농도
1	1~2	거의 앞이 보이지 않을 정도의 농도
10	0.2~0.5	화재 최성기 때의 농도
30	–	출화실에서 연기가 분출할 때의 농도

20. 프로판가스의 최소점화에너지는 일반적으로 약 몇 [mJ] 정도 되는가?

① 0.25   ② 2.5
③ 25   ④ 250

해설 최소점화에너지(Minimum Ignition Energy)
㉠ 정의 : 어떤 물질이 공기와 혼합 시 발화하기 위한 최소 에너지
㉡ 최소점화 또는 최소발화에너지(MIE)의 크기

아세틸렌(C_2H_2), 수소, 이황화탄소(CS_2)	벤젠	메탄	에탄, 프로판, 부탄	헥산
0.019 [mJ]	0.2 [mJ]	0.28 [mJ]	0.25 [mJ]	0.24 [mJ]

■■■ 제2과목 소방유체역학

21. 2[MPa], 400[℃]의 과열 증기를 단면확대 노즐을 통하여 20[kPa]로 분출시킬 경우 최대 속도는 약 몇 [m/s]인가? (단, 노즐입구에서 엔탈피는 3243.3[kJ/kg]이고, 출구에서 엔탈피는 2345.8[kJ/kg]이며, 입구속도는 무시한다.)

① 1340   ② 1349
③ 1402   ④ 1412

해설
(1) 임의의 단면을 통과하는 유체의 단위질량당 에너지는 엔탈피, 운동에너지, 위치 에너지로 그 합은 일정하다.

$$h + \frac{V^2}{2} + gz = C$$

h : 비엔탈피[J/kg]
V : 단면에서의 평균유속 [m/s]
z : 기준면으로 부터의 높이 [m]

(2) $h_1 + \frac{V_1^2}{2} + gz_1 = h_2 + \frac{V_2^2}{2} + gz_2$ 에서 $z_1 = z_2$이므로

$h_1 + \frac{V_1^2}{2} = h_2 + \frac{V_2^2}{2}$

$V_2 = \sqrt{V_1^2 + 2(h_1 - h_2)}$ 이고 $V_1 = 0$ 이므로

$V_2 = \sqrt{2(3243.3 - 2345.8) \times 10^3} = 1339.77 \approx 1340 [m/s]$

22. 원형 물탱크의 안지름이 1[m]이고, 아래쪽 옆면에 안지름 100[mm]인 송출관을 통해 물을 수송할 때의 순간 유속이 3[m/s]이었다. 이 때 탱크 내 수면이 내려오는 속도는 몇 [m/s]인가?

① 0.015   ② 0.02
③ 0.025   ④ 0.03

해설
연속방정식(체적유량)에서
$A_1 V_1 = A_2 V_2$

$\frac{\pi D_1^2}{4} V_1 = \frac{\pi D_2^2}{4} V_2$

$V_1 = (\frac{D_2}{D_1})^2 V_2 = (\frac{0.1}{1})^2 \times 3 = 0.03 [m/s]$

 19. ② 20. ① 21. ① 22. ④

기출문제

2022. 2회 소방설비기사

23. 지름 5[cm]인 구가 대류에 의해 열을 외부공기로 방출한다. 이 구는 50[W]의 전기히터에 의해 내부에서 가열되고 있고 구표면과 공기 사이의 온도차가 30[℃]라면 공기와 구 사이의 대류 열전달계수는 약 몇 [W/m²·℃]인가?

① 111　　② 212
③ 313　　④ 414

해설 열전달(대류)

$Q = hA(t_2 - t_1)$에서

$h = \dfrac{Q}{A(t_2-t_1)} = \dfrac{50}{(4\pi \times 0.025^2) \times 30} ≒ 212[\text{W/m}^2 \cdot ℃]$

여기서, Q : 대류열류(열전달량) [W]
　　　　h : 대류열전달계수 [W/m²·℃]
　　　　$\triangle t = t_2 - t_1$; 온도차[℃]
　　　　A : 전열면적[m²] : 구의 표면적 $A = 4\pi r^2$

24. 소화펌프의 회전수가 1450[rpm]일 때 양정이 25[m], 유량이 5[m³/min]이었다. 펌프의 회전수를 1740[rpm]으로 높일 경우 양정[m]과 유량[m³/min]은? (단, 완전상사가 유지되고, 회전차의 지름은 일정하다.)

① 양정 : 17, 유량 : 4.2
② 양정 : 21, 유량 : 5
③ 양정 : 30.2, 유량 : 5.2
④ 양정 : 36, 유량 : 6

해설 상사법칙(동일한 펌프이므로 $D_1 = D_2$)

(1) 양정(H) : $H_2 = H_1 \times \left(\dfrac{n_2}{n_1}\right)^2 = 25 \times \left(\dfrac{1740}{1450}\right) = 36[\text{m}]$

(2) 유량 (Q) : $Q_2 = Q_1 \times \left(\dfrac{n_2}{n_1}\right) = 5 \times \left(\dfrac{1740}{1450}\right) = 6[\text{m}^3/\text{min}]$

25. 다음 중 이상기체에서 폴리트로픽 지수[n]가 1인 과정은?

① 단열 과정　　② 정압 과정
③ 등온 과정　　④ 정적 과정

해설 $PV^n = C$(일정)

n 값	적용식	상태
n=0	$P = C$(일정)	등압과정
n=1	$PV = C$(일정)	등온과정
n=k	$PV^k = C$(일정) $\dfrac{T_2}{T_1} = \left(\dfrac{v_1}{v_2}\right)^{k-1} = \left(\dfrac{P_2}{P_1}\right)^{\frac{k-1}{k}}$	가역단열과정 (등엔트로피)
n=∞	$PV^\infty = P^{\frac{1}{\infty}}V = V = C$(일정)	등적과정

26. 정수력에 의해 수직평판의 힌지(hinge)점에 작용하는 단위폭 당 모멘트를 바르게 표시한 것은?(단, ρ는 유체의 밀도, g는 중력가속도이다.)

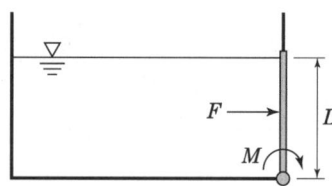

① $\dfrac{1}{6}\rho g L^3$　　② $\dfrac{1}{3}\rho g L^3$
③ $\dfrac{1}{2}\rho g L^3$　　④ $\dfrac{2}{3}\rho g L^3$

해설
(1) 힘F는 수직평판의 중심을 기준으로 크기를 먼저 구한다.

$F = P \times A = \left(\gamma \cdot \dfrac{1}{2}L\right) \times (B \cdot L) = \dfrac{1}{2}\gamma L^2 B = \dfrac{1}{2}\rho g L^2 B$

B : 수직평판의 폭

여기서, 단위폭 당 작용하는 힘이므로 우변을 B로 나누면

$F = \dfrac{1}{2}\rho g L^2$

(2) 힌지에 작용하는 모멘트(M)
실제 힘 F가 수직평판에 작용하는 작용점은 수면으로부터 $\dfrac{2}{3}L$ 지점이므로 힌지로 부터는 $\dfrac{1}{3}L$ 지점이다.

따라서, 힌지에 작용하는 단위폭당 모멘트는

$M = $힘$\times$거리$= F \times \dfrac{1}{3}L = \dfrac{1}{2}\rho g L^2 \times \dfrac{1}{3}L = \dfrac{1}{6}\rho g L^3$

정답　23. ②　24. ④　25. ③　26. ①

27. 그림과 같은 중앙부분에 구멍이 뚫린 원판에 지금 20[cm]의 원형 물제트가 대기압 상태에서 5[m/s]의 속도로 충돌하여, 원판 뒤로 지름 10[cm]의 원형 물제트가 5[m/s]의 속도로 흘러나가고 있을 때, 원판을 고정하기 위한 힘은 약 몇 [N]인가?

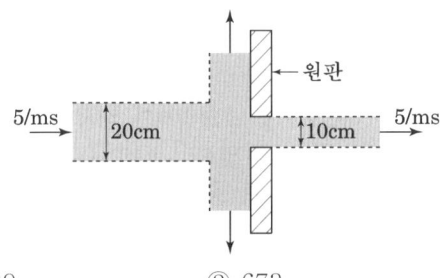

① 589　　　　② 673
③ 770　　　　④ 893

해설　노즐의 반동력 공식에서 단면적(D→D/2)이 변화하는 식이다. 따라서 뚫린 구멍을 고려한 원판에 작용하는 힘은

$$F = \rho(A-a)V^2 = \frac{\rho\pi\left\{D^2 - \left(\frac{D}{2}\right)^2\right\}V^2}{4}$$

$$= \frac{\rho\pi\left(D^2 - \frac{D^2}{4}\right)\cdot V^2}{4} = \frac{\rho\pi\left(\frac{4D^2 - D^2}{4}\right)\cdot V^2}{4}$$

$$= \frac{3}{16}\rho\pi V^2 D^2$$

$$= \frac{3}{16} \times 1000 \times 3.14 \times 5^2 \times 0.2^2 = 588.75 \simeq 589 [N]$$

28. 펌프의 공동현상(cavitation)을 방지하기 위한 방법이 아닌 것은?

① 펌프의 설치 위치를 되도록 낮게 하여 흡입 양정을 짧게 한다.
② 펌프의 회전수를 크게 한다.
③ 펌프의 흡입 관경을 크게 한다.
④ 단흡입펌프보다는 양흡입펌프를 사용한다.

해설　공동현상(cavitation) 대책
① 펌프의 설치위치를 낮추어 흡입양정(NPSH)을 크게 한다.
② 펌프의 회전수(임펠러 속도)를 낮추고, 흡입비속도를 작게 한다.
③ 양흡입 펌프를 사용하거나 펌프를 2대로 나눈다.
④ 흡입관의 지름을 크게 하고 밸브, 곡관 등 관이음의 수를 적게 하여 손실수두를 줄인다.
⑤ 부스터(Booster)펌프를 이용하여 흡입조건을 개선한다.
⑥ 규정치를 크게 벗어나는 운전을 피한다.

29. 물을 송출하는 펌프의 소요축동력이 70[kW], 펌프의 효율이 78[%], 전양정이 60[m]일 때, 펌프의 송출유량은 약 몇 [m³/min]인가?

① 5.57　　　　② 2.57
③ 1.09　　　　④ 0.093

해설　펌프에 축동력

$$L_S = \frac{\gamma Q H}{\eta} \text{에서}$$

$$Q = \frac{\eta L_S}{\gamma H} = \frac{0.78 \times 70}{9.8 \times 60} \simeq 0.0929 [m^3/s] \simeq 5.57 [m^3/min]$$

여기서, L_S : 축동력[W]
　　　γ : 물의 비중량(9.8 [kN/m³])
　　　Q : 토출량[m³/s]
　　　H : 전양정[m]
　　　η : 펌프 효율

30. 그림에 표시된 원형 관로로 비중이 0.8, 점성계수가 0.4[Pa·s]인 기름이 층류로 흐른다. ①지점의 압력이 111.8[kPa]이고, ②지점의 압력이 206.9[kPa]일 때 유체의 유량은 약 몇 [L/s]인가?

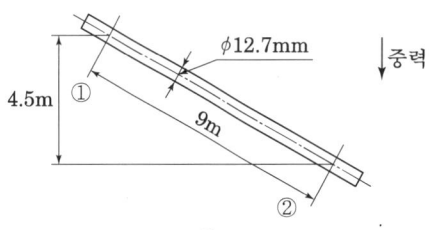

① 0.0149　　　　② 0.0138
③ 0.0121　　　　④ 0.0106

정답　27. ①　28. ②　29. ①　30. ④

해설
(1) 층류이면서 기름이므로 하겐-포아젤 공식으로 손실수두를 구한다.

$$h_l = \frac{128\mu l Q}{\pi \gamma D^4}$$

D : 관의 직경[m], Q : 유량[m³/s],
γ : 비중량[kgf/m³, N/m³],
μ : 점성계수[N·s/m²], L : 관길이[m]

주어진 값을 대입하면

$$h_l = \frac{128\mu l Q}{\pi \gamma D^4} = \frac{128 \times 0.4 \times 9Q}{3.14 \times 0.8 \times 9800 \times 0.0127^4}$$
$$= 7.19535 \times 10^5\, Q$$

(2) 하겐-포아젤 공식은 수평원관에서만 적용가능하므로 수정된 베르누이 정리를 이용한다.

$$\frac{p_1}{\gamma} + \frac{v_1^2}{2g} + z_1 = \frac{p_2}{\gamma} + \frac{v_2^2}{2g} + z_2 + h_l$$

여기서, $v_1 = v_2$, $z_1 = 4.5$, $z_2 = 0$(기준면),
주어진값을 대입하면

$$\frac{111.8 \times 10^3}{0.8 \times 9800} + 4.5 = \frac{206.9 \times 10^3}{0.8 \times 9800} + 7.19535 \times 10^5\, Q$$

$$Q = \frac{14.26 + 4.5 - 26.39}{7.19535 \times 10^5}$$
$$= -1.06 \times 10^{-5}\,[\text{m}^3/\text{s}] = -0.0106\,[\text{L/s}]$$

(3) 별해
하겐-포아젤 식을 수평원관에만 적용가능하므로 손실수두 계산시 높이차(4.5[m])로 인한 낙차를 빼주어서 계산가능하다. 즉,

$$\Delta P = \gamma h_l = \gamma (7.19535 \times 10^5\, Q - 4.5)$$

$$Q = \frac{\frac{\Delta P}{\gamma} + 4.5}{7.19535 \times 10^5} = \frac{\frac{(111.8 - 206.9) \times 10^3}{0.8 \times 9800} + 4.5}{7.19535 \times 10^5}$$
$$= \frac{-12.13 + 4.5}{7.19535 \times 10^5} = -1.06 \times 10^{-5}\,[\text{m}^3/\text{s}]$$
$$= -0.0106\,[\text{L/s}]$$

31. 다음 중 점성계수 μ의 차원은 어느 것인가?
(단, M : 질량, L : 길이, T : 시간의 차원이다.)

① $ML^{-1}T^{-1}$ ② $ML^{-1}T^{-2}$
③ $ML^{-2}T^{-1}$ ④ $M^{-1}L^{-1}T$

해설 MLT 차원계
점성계수의 단위 : Pa·s = N·s/m²
점성계수의 차원

$$\frac{\text{N}\cdot\text{s}}{\text{m}^2} = \frac{\frac{\text{kg}\cdot\text{m}}{\text{s}^2}\cdot\text{s}}{\text{m}^2} = \frac{\text{kg}}{\text{m}\cdot\text{s}} = \frac{\text{M}}{\text{LT}} = ML^{-1}T^{-1}$$

32. 20℃의 이산화탄소 소화약제가 체적 4[m³]의 용기 속에 들어있다. 용기 내 압력이 1[MPa]일 때 이산화탄소 소화약제의 질량은 약 몇 [kg]인가?(단, 이산화탄소의 기체상수 189[J/kg·K]이다.)

① 0.069   ② 0.072
③ 68.9   ④ 72.2

해설 이상기체 상태방정식

$$PV = nRT = \frac{m}{M}RT = m\frac{R}{M}T = m\overline{R}T$$

R : 일반기체상수(고정값),
$\overline{R}$: 기체별 기체상수, $\overline{R} = \frac{R}{M}$
m : 질량, M : 분자량, T : 절대온도,
P : 절대압력, V : 체적

$$m = \frac{PV}{\overline{R}T} = \frac{1 \times 10^6 \times 4}{189 \times (273 + 20)} = 72.232 \approx 72.2\,[\text{kg}]$$

33. 압축률에 대한 설명으로 틀린 것은?

① 압축률은 체적탄성계수의 역수이다.
② 압축률의 단위는 압력의 단위인 [Pa]이다.
③ 밀도와 압축률의 곱은 압력에 대한 밀도의 변화율과 같다.
④ 압축률이 크다는 것은 같은 압력변화를 가할 때 압축하기 쉽다는 것을 의미한다.

정답 31. ① 32. ④ 33. ②

해설
압축률이란 유체의 압축성을 나타내는 것으로 체적탄성계수의 역수이며 체적V의 유체에 ΔP의 압력이 가해져서 체적이 ΔV만큼 변화하였다면 압축률 δ는

$$\delta = \frac{-\Delta V/V}{\Delta P} \, [1/Pa] \text{ (여기서 -부호는 수축을 의미한다.)}$$

여기서, 압축률이 크다는 것은 압축하기 쉽다는 의미이며
체적감소율($-\frac{\Delta V}{V}$)은 밀도의 증가($\frac{\Delta \rho}{\rho}$),
비중량의 증가($\frac{\Delta \gamma}{\gamma}$)를 의미한다.

즉, $-\frac{\Delta V}{V} = \frac{\Delta \rho}{\rho} = \frac{\Delta \gamma}{\gamma}$

34. 밸브가 장치된 지름 10[cm]인 원관에 비중 0.8인 유체가 2[m/s]의 평균속도로 흐르고 있다. 밸브 전후의 압력차이가 4[kPa]일 때, 이 밸브의 등가길이는 몇 [m]인가? (단, 관의 마찰계수는 0.02이다.)

① 10.5   ② 12.5
③ 14.5   ④ 16.5

해설
부차적 손실계수 K를 구한다음 상당길이 공식으로 구할 수 있다.
(1) 부차적 손실 계수 구하기
$h_l = K\frac{V^2}{2g}$ [m],
$P_L = \gamma \cdot h_l = \rho g \cdot K\frac{V^2}{2g} = K\frac{\rho V^2}{2}$ [Pa]
여기서, h_l : 손실수두 [m]
P_L : 압력차(손실압력[Pa])
K : 부차적 손실계수(국부저항계수)
V : 유속 [m/s]
g : 중력가속도 [m/s²]
부차적 손실계수
$K = \frac{2P_L}{\rho V^2} = \frac{2 \times 4 \times 10^3}{0.8 \times 1000 \times 2^2} = 2.5$
(2) 등가길이 구하기
등가길이 $L_e = \frac{KD}{f} = \frac{2.5 \times 0.1}{0.02} = 12.5$[m]

35. 그림과 같이 물이 수조에 연결된 원형 파이프를 통해 분출하고 있다. 수면과 파이프의 출구사이에 총 손실수두가 200[mm]이라고 할 때 파이프에서의 방출유량은 약 몇 [m³/s]인가?(단, 수면 높이의 변화 속도는 무시한다.)

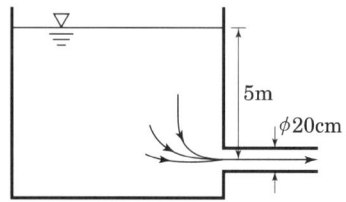

① 0.285   ② 0.295
③ 0.305   ④ 0.315

해설 수정 베르누이 방정식

$$\frac{p_1}{\gamma} + \frac{v_1^2}{2g} + z_1 = \frac{p_2}{\gamma} + \frac{v_2^2}{2g} + z_2 + H_L \text{ 에서}$$

$P_1 = P_2$, $v_1 = 0$, $Z_2 = 0$이므로
$\frac{v_2^2}{2g} = z_1 - z_2 - H_L = 5 - 0.2 = 4.8$[m]

여기서, $z_1 - z_2 = h$ (수면에서 파이프까지의 높이 차)
$v = \sqrt{2 \times 9.8 \times 4.8} = 9.7$[m/s]
∴ $Q = Av = \frac{\pi \times 0.2^2}{4} \times 9.7 = 0.305$[m²/s]

36. 유체의 흐름에 적용되는 다음과 같은 베르누이 방정식에 관한 설명으로 옳은 것은?

$$\frac{P}{\gamma} + \frac{V^2}{2g} + Z = C(\text{일정})$$

① 비정상상태의 흐름에 대해 적용된다.
② 동일한 유선상이 아니더라도 흐름 유체의 임의점에 대해 항상 적용된다.
③ 흐름 유체의 마찰효과가 충분히 고려된다.
④ 압력수두, 속도수두, 위치수두의 합이 일정함을 표시한다.

정답 34. ②   35. ③   36. ④

기출문제

2022. 2회 소방설비기사

해설 기본 전제조건
(1) 유체는 동일유선을 따라 흐른다.
(2) 비압축성 유체이다.
(3) 정상류 이다.
(4) 비점성유체이다.(마찰이 없다)

37. 유체의 흐름 중 난류 흐름에 대한 설명으로 틀린 것은?

① 원관 내부 유동에서는 레이놀즈수가 약 4000 이상인 경우에 해당한다.
② 유체의 각 입자가 불규칙한 경로를 따라 움직인다.
③ 유체의 입자가 갖는 관성력이 입자에 작용하는 점성력에 비하여 매우 크다.
④ 원관 내 완전 발달 유동에서는 평균속도가 최대속도의 $\frac{1}{2}$ 이다.

해설 레이놀즈(Reynolds)수

$$Re = \frac{관성력}{점성력} = \frac{pV^2L^2}{\mu VL} = \frac{pVL}{\mu}$$

① $R_e < 2100$: 층류, $R_e > 4,000$: 난류
② 난류란 레이놀드수(R_e)가 4,000이상인 원관 내부 유체의 흐름이므로 식에서와 같이 입자가 갖는 관성력이 입자에 작용하는 점성력에 비하여 매우 크게 작용하는 흐름을 말한다.
③ 원관에서의 평균속도 V_{ave}

층류 : $V_{ave} = 0.5 V_{max}$ ($U_{max} = 2U_{ave} = 2(\frac{Q}{A})$(m/s))

난류 : $V_{ave} = 0.8 V_{max}$

38. 어떤 물체가 공기 중에서 무게는 588[N]이고, 수중에서 무게는 98[N]이었다. 이 물체의 체적[V]과 비중[S]은?

① V = 0.05[m³], S = 1.2
② V = 0.05[m³], S = 1.5
③ V = 0.5[m³], S = 1.2
④ V = 0.5[m³], S = 1.5

해설 무게와 부력과의 관계식으로 구할 수 있다.
공기중에서의 무게를 W, 물속에서의 무게를 W', 부력을 F_B라 하고 물체의 체적을 V라 하면
$W = W' + F_B = W' + rV$에서

(1) 물체의 체적 $V = \frac{W - W'}{r} = \frac{588 - 98}{9,800} = 0.05 [m^3]$

(2) 비중 $s = \frac{r}{r_w} = \frac{588/0.05}{9,800} = 1.2$

39. 유체에 관한 설명 중 옳은 것은?

① 실제유체는 유동할 때 마찰손실이 생기지 않는다.
② 이상유체는 높은 압력에서 밀도가 변화하는 유체이다.
③ 유체에 압력을 가하면 체적이 줄어드는 유체는 압축성 유체이다.
④ 압력을 가해도 밀도변화가 없으며 점성에 의한 마찰손실만 있는 유체가 이상유체이다.

해설
① 실제유체는 유동할 때 마찰손실이 발생한다.
② 이상유체는 높은 압력에서 밀도가 변화하지 않는 유체이다.
④ 이상유체란 비압축성(압력을 가해도 밀도변화가 없다.)이며 비점성인 유체(마찰손실이 없는 유체)이다.

40. 그림에서 물과 기름의 표면은 대기에 개방되어 있고, 물과 기름 표현의 높이가 같을 때 h는 약 몇 [m]인가?(단, 기름의 비중은 0.8, 액체A의 비중은 1.6이다.)

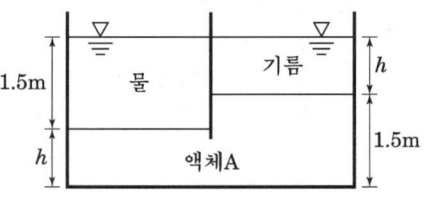

① 1 ② 1.1
③ 1.125 ④ 1.25

정답 37. ④ 38. ① 39. ③ 40. ③

[해설] 시차액주계의 원리로 풀 수 있다.

$P_a(대기압) + \gamma_물 \times 1.5$
$= \gamma_{액체A} \times (1.5 - h) + \gamma_{기름} \times h + P_a(대기압)$

여기서, $\gamma_{액체A} = 1.6 \times \gamma_물$, $\gamma_{기름} = 0.8 \times \gamma_물$ 이므로

$1 \times 1.5 = 1.6 \times (1.5 - h) + 0.8 \times h$
$1.5 = 2.4 - 1.6h + 0.8h$
$h = \dfrac{2.4 - 1.5}{0.8} = 1.125 [m]$

■■■ 제3과목 소방관계법규

41. 다음은 소방기본법령상 소방본부에 대한 설명이다. ( )에 알맞은 내용은?

> 소방업무를 수행하기 위하여 ( ) 직속으로 소방본부를 둔다.

① 경찰서장 ② 시·도지사
③ 행정안전부장관 ④ 소방청장

[해설] 소방기관의 설치
① 소방업무를 수행하는 소방기관의 설치에 필요한 사항은 대통령령으로 정한다.
② 소방업무 : 시·도의 화재 예방·경계·진압 및 조사, 소방안전교육·홍보와 화재, 재난·재해, 그 밖의 위급한 상황에서의 구조·구급 등의 업무
③ 소방업무를 수행하는 소방본부장 또는 소방서장은 그 소재지를 관할하는 시·도지사의 지휘와 감독을 받는다.
④ 소방청장은 화재 예방 및 대형 재난 등 필요한 경우 시·도 소방본부장 및 소방서장을 지휘·감독할 수 있다.
⑤ 시·도에서 소방업무를 수행하기 위하여 시·도지사 직속으로 소방본부를 둔다.

42. 위험물안전관리법령상 제4류 위험물을 저장·취급하는 제조소에 "화기엄금"이란 주의사항을 표시하는 게시판을 설치할 경우 게시판의 색상은?

① 청색바탕에 백색문자 ② 적색바탕에 백색문자
③ 백색바탕에 적색문자 ④ 백색바탕에 흑색문자

[해설] 주의사항을 표시하는 게시판

위험물의 종류	주의사항	게시판의 색상
제1류 위험물 중 알칼리금속의 과산화물 제3류 위험물 중 금수성물질	물기엄금	청색바탕에 백색문자
제2류 위험물 (인화성 고체는 제외)	화기주의	적색바탕에 백색문자
제2류 위험물 중 인화성 고체 제3류 위험물 중 자연발화성물질 제4류 위험물 제5류 위험물	화기엄금	적색바탕에 백색문자

43. 소방시설공사업법령상 소방시설업의 등록을 하지 아니하고 영업을 한 자에 대한 벌칙기준으로 옳은 것은?

① 1년 이하의 징역 또는 1천만 원 이하의 벌금
② 2년 이하의 징역 또는 2천만 원 이하의 벌금
③ 3년 이하의 징역 또는 3천만 원 이하의 벌금
④ 5년 이하의 징역 또는 5천만 원 이하의 벌금

[해설]
소방시설업(설계업, 공사업, 감리업, 방염업)을 하고자 하는 자
- 시·도지사에게 등록하여야 한다.

> 소방시설업 등록을 하지 아니하고 영업을 한 자 :
> 3년 이하의 징역 또는 3천만 원 이하의 벌금

44. 위험물안전관리법령상 유별을 달리하는 위험물을 혼재하여 저장할 수 있는 것으로 짝지어진 것은?

① 제1류-제2류 ② 제2류-제3류
③ 제3류-제4류 ④ 제5류-제6류

정답 41. ② 42. ② 43. ③ 44. ③

해설

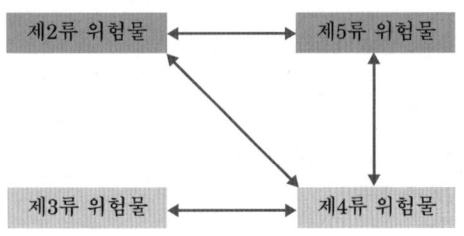

※ 화살표 표시는 위험물의 운반시 혼재(뒤섞여 있음) 가능을 말함

45. 소방기본법령상 상업지역에 소방용수시설 설치 시 소방대상물과의 수평거리 기준은 몇 [m] 이하인가?

① 100　　② 120
③ 140　　④ 160

해설 소방용수시설
소방대상물과의 수평거리

지 역	소방대상물과의 수평거리
상업·공업 및 주거지역	100 [m] 이하
기타지역	140 [m] 이하

46. 소방시설 설치 및 관리에 관한 법령상 종합점검 실시 대상이 되는 특정소방대상물의 기준 중 다음 ( ) 안에 알맞은 것은?

> 물분무등소화설비[호스릴(Hose Reel)방식의 물분무등소화설비만을 설치한 경우는 제외한다.]가 설치된 연면적 ( ) [m²] 이상인 특정소방대상물(위험물 제조소등은 제외한다.)

① 2000　　② 3000
③ 4000　　④ 5000

해설 종합점검 대상

연면적 및 설치된 소방시설등의 기준		비고
①	물분무등 소화설비 5,000 [m²] 이상	호스릴방식만을 설치한 경우 제외. 위험물 제조소등은 제외.
②	다중이용업의 영업장이 설치된 특정 소방대상물 2,000 [m²] 이상	산후조리업, 노래연습장업, 고시원업, 단란주점영업, 유흥주점영업, 비디오물감상실업·복합영상물제공업, 안마시술소, 영화상영관만 해당
③	옥내소화전설비 또는 자동화재 탐지설비가 설치된 공공기관 1,000 [m²] 이상	터널·지하구의 경우 그 길이와 평균 폭을 곱하여 계산된 값. 소방기본법에 따른 소방대가 근무하는 공공기관은 제외.
④	스프링클러설비가 설치된 특정소방대상물	
⑤	제연설비가 설치된 터널	
⑥	최초점검에 해당하는 특정소방대상물	

47. 다음 소방기본법령상 용어 정의에 대한 설명으로 옳은 것은?

① 소방대상물이란 건축물, 차량, 선박(항구에 매어둔 선박은 제외) 등을 말한다.
② 관계인이란 소방대상물의 점유예정자를 포함한다.
③ 소방대란 소방공무원, 의무소방원, 의용소방대원으로 구성된 조직체이다.
④ 소방대장이란 화재, 재난·재해, 그 밖의 위급한 상황이 발생한 현장에서 소방대를 지휘하는 사람(소방서장은 제외)이다.

해설 용어 정의
- 관계인 : 소방대상물의 소유자·관리자 또는 점유자
- 소방대상물 : 건축물, 차량, 선박(항구에 매어둔 선박만 해당), 선박 건조 구조물, 산림, 그 밖의 인공구조물 또는 물건
- 소방대장 : 소방본부장 또는 소방서장 등 화재, 재난·재해, 그 밖의 위급한 상황이 발생한 현장에서 소방대를 지휘하는 사람

정답　45. ①　46. ④　47. ③

48. 화재의 예방 및 안전관리에 관한 법령상 관리의 권원(權原)이 분리되어 있는 특정소방대상물의 경우 그 관리의 권원별 관계인은 소방안전관리자를 선임하여야 한다. 그 대상물이 아닌 것은?

① 복합건축물(지하층을 제외한 층수가 11층 이상인 건축물)
② 수용인원 1000명 이상의 영화상영관
③ 복합건축물(연면적 30,000 [m²] 이상인 건축물)
④ 지하가, 도매시장, 소매시장 및 전통시장

해설 아래의 대상물 중 관리의 권원(權原)이 분리되어 있는 특정소방대상물별로 소방안전관리자 선임 대상
1. 복합건축물(지하층을 제외한 층수가 11층 이상 또는 연면적 30,000 [m²] 이상인 건축물)
2. 지하가(지하의 인공구조물 안에 설치된 상점 및 사무실, 그 밖에 이와 비슷한 시설이 연속하여 지하도에 접하여 설치된 것과 그 지하도를 합한 것)
3. 그 밖에 대통령령으로 정하는 특정소방대상물
   - 판매시설 중 도매시장, 소매시장 및 전통시장

49. 화재의 예방 및 안전관리에 관한 법상 특수가연물의 저장 및 취급의 기준 중 ( )에 들어갈 내용으로 옳은 것은?(단, 석탄·목탄류의 경우는 제외한다.)

쌓는 높이는 (㉠)[m] 이하가 되도록 하고, 쌓는 부분의 바닥면적은 (㉡)[m²] 이하가 되도록 할 것

① ㉠ 15, ㉡ 200   ② ㉠ 15, ㉡ 300
③ ㉠ 10, ㉡ 30   ④ ㉠ 10, ㉡ 50

해설 특수가연물의 저장·취급 기준
다만, 석탄·목탄류를 발전용으로 저장하는 경우는 제외
① 품명별로 구분하여 쌓을 것
② 저장·취급 기준

구분		일반적인 경우	기타의 경우
높이		10[m] 이하	15[m] 이하
쌓는 부분의 바닥면적	면화류 등	50[m²] 이하	200[m²] 이하
	석탄·목탄류	200[m²] 이하	300[m²] 이하

- 기타의 경우 : 살수설비를 설치하거나 방사능력 범위에 해당 특수가연물이 포함되도록 대형수동식소화기를 설치하는 경우
③ 저장·취급 기준

구분	실내에 쌓아 저장하는 경우	실외에 쌓아 저장하는 경우
쌓는 부분 바닥면적의 사이	1.2[m] 또는 쌓는 높이의 1/2 중 큰 값 이상	3[m] 또는 쌓는 높이 중 큰 값 이상
저장 기준	㉠ 주요구조부는 내화구조이면서 불연재료 ㉡ 다른 종류의 특수가연물과 같은 공간에 보관하지 않을 것	쌓는 부분이 대지경계선, 도로 및 인접 건축물과 최소 6[m] 이상
저장 기준 제외	내화구조의 벽으로 분리하는 경우	쌓는 높이보다 0.9[m] 이상 높은 내화구조 벽체를 설치한 경우

50. 소방시설 설치 및 관리에 관한 법령상 자동화재탐지설비를 설치하여야 하는 특정소방대상물의 기준으로 틀린 것은?

① 공장 및 창고시설로서 「화재의 예방 및 안전관리에 관한 법 시행령」에서 정하는 수량의 500배 이상의 특수가연물을 저장·취급하는 것
② 지하가(터널은 제외한다)로서 연면적 600[m²] 이상인 것
③ 숙박시설이 있는 수련시설로서 수용인원 100명 이상인 것
④ 장례시설 및 복합건축물로서 연면적 600[m²] 이상인 것

기출문제

2022. 2회 소방설비기사

해설 자동화재탐지설비 설치해야 하는 특정소방대상물

특정소방대상물의 종류	연면적 등
① 노유자 생활시설, 요양병원(의료재활시설 제외), 조산원 및 산후조리원, 공동주택 중 아파트등·기숙사, 판매시설 중 전통시장, 발전시설 중 전기저장시설, 지하구, 층수가 6층 이상인 건축물, 숙박시설, 숙박시설이 있는 수련시설로서 수용인원 100명 이상인 것	-
② 지하가 중 터널로서 길이가 인 것	1천[m] 이상
③ 공장 및 창고시설로서 특수가연물을 저장·취급하는 것	500배 이상
④ 의료시설 중 정신의료기관 또는 의료재활시설 (바닥면적 합계) : 300[m²] 미만일 경우 창살이 설치된 경우에 한하여 설치	300[m²] 이상
⑤ 노유자 생활시설에 해당하지 않는 노유자시설	400[m²] 이상
⑥ 근린생활시설(목욕장 제외), 위락시설, 의료시설(정신의료기관과 요양병원 제외), 복합건축물, 장례시설	600[m²] 이상
⑦ 근린생활시설 중 목욕장, 문화 및 집회시설, 종교시설, 판매시설, 운수시설, 운동시설, 업무시설, 공장, 창고시설, 위험물 저장 및 처리 시설, 항공기 및 자동차 관련 시설, 교정 및 군사시설 중 국방·군사시설, 방송통신시설, 발전시설, 관광 휴게시설, 지하가(터널 제외)	1천[m²] 이상
⑧ 교육연구시설(교육시설 내에 있는 기숙사 및 합숙소를 포함), 수련시설(수련시설 내에 있는 기숙사 및 합숙소를 포함하며 숙박시설이 있는 수련시설은 제외), 동물 및 식물관련시설(기둥과 지붕만으로 구성되어 외부와 기류가 통하는 장소는 제외), 자원순환 관련 시설, 교정 및 군사시설(국방·군사시설은 제외), 묘지 관련 시설	2천[m²] 이상

51. 위험물안전관리법령에서 정하는 제3류 위험물에 해당하는 것은?

① 나트륨
② 염소산염류
③ 무기과산화물
④ 유기과산화물

해설 제3류 위험물(자연발화성 및 금수성 물질)

품명	위험 등급	지정수량
① 칼륨 ② 나트륨 ③ 알킬알루미늄(트리에틸알루미늄) ④ 알킬리튬	I	10[kg]
⑤ 황린	I	20[kg]
⑥ 알칼리금속 ⑦ 알칼리토금속 ⑧ 유기금속화합물	II	50[kg]
⑨ 금속의 수소화물 ⑩ 금속의 인화물(인화칼슘) ⑪ 칼슘 또는 알루미늄의 탄화물 (탄화칼슘)	III	300[kg]
염소화규소화합물	III	300[kg]

52. 소방시설 설치 및 관리에 관한 법령상 방염성능기준 이상의 실내장식물 등을 설치하여야 하는 특정소방대상물이 아닌 것은?

① 방송국
② 종합병원
③ 11층 이상의 아파트
④ 숙박이 가능한 수련시설

해설 방염대상 특정소방대상물
① 근린생활시설 중 의원, 조산원, 산후조리원, 체력단련장, 공연장 및 종교집회장
② 건축물의 옥내에 있는 시설 [문화 및 집회시설, 종교시설, 운동시설(수영장은 제외)]
③ 의료시설, 노유자시설 및 숙박이 가능한 수련시설, 숙박시설, 방송통신시설 중 방송국 및 촬영소
④ 다중이용업의 영업장
⑤ 층수가 11층 이상인 것(아파트는 제외)
⑥ 교육연구시설 중 합숙소

> 연예인 안문숙이 11층의 체력단련장에서 운동하다 다쳤는데 의료시설인 조산의원에 안가고 공연장으로 가 이상하게 여겨 방송국에서 촬영하러 오니 합숙소의 노유자, 수련시설의 종교인등이 구경 옴

정답 51. ① 52. ③

53. 소방시설 설치 및 관리에 관한 법령상 무창층으로 판정하기 위한 개구부가 갖추어야할 요건으로 틀린 것은?

① 크기는 반지름 30[cm] 이상의 원이 통과할 수 있을 것
② 해당 층의 바닥면으로부터 개구부 밑부분까지 높이가 1.2[m] 이내일 것
③ 도로 또는 차량이 진입할 수 있는 빈터를 향할 것
④ 화재 시 건축물로부터 쉽게 피난할 수 있도록 창살이나 그 밖의 장애물이 설치되지 아니할 것

해설 무창층(無窓層)

지상층 중 다음의 요건을 모두 갖춘 개구부(건축물에서 채광·환기·통풍 또는 출입 등을 위하여 만든 창·출입구, 그 밖에 이와 비슷한 것을 말한다)의 면적의 합계가 해당 층의 바닥면적의 30분의 1 이하가 되는 층을 말한다.

① 크기는 지름 50[cm] 이상의 원이 통과할 수 있는 크기일 것
② 해당 층의 바닥면으로부터 개구부 밑부분까지의 높이가 1.2[m] 이내일 것
③ 도로 또는 차량이 진입할 수 있는 빈터를 향할 것
④ 화재 시 건축물로부터 쉽게 피난할 수 있도록 창살이나 그 밖의 장애물이 설치되지 아니할 것
⑤ 내부 또는 외부에서 쉽게 부수거나 열 수 있을 것

54. 소방시설공사업법령상 일반 소방시설설계업(기계분야)의 영업범위에 대한 기준 중 ( )에 알맞은 내용은? (단, 공장의 경우는 제외한다.)

연면적 ( )[m²] 미만의 특정소방대상물(제연설비가 설치되는 특정소방대상물은 제외한다)에 설치되는 기계분야 소방시설의 설계

① 10000 ② 20000
③ 30000 ④ 50000

해설 소방시설설계업 등록기준 및 영업범위(소방공사감리업 동일)

업종별 항목		영업범위
전문소방시설 설계업		모든 특정소방대상물에 설치되는 소방시설의 설계
일반 소방시설 설계업	기계 (전기) 분야	가. 아파트에 설치되는 기계(전기)분야 소방시설(기계: 제연설비는 제외한다)의 설계 나. 연면적 3만[m²](공장의 경우에는 1만[m²]) 미만의 특정소방대상물(기계: 제연설비가 설치되는 특정소방대상물은 제외)에 설치되는 기계(전기)분야 소방시설의 설계 다. 위험물제조소등에 설치되는 기계(전기)분야 소방시설의 설계

55. 소방시설 설치 및 관리에 관한 법령상 건축허가 등을 할 때 미리 소방본부장 또는 소방서장의 동의를 받아야 하는 건축물 등의 범위기준이 아닌 것은?

① 노유자시설 및 수련시설로서 연면적 100[m²] 이상인 건축물
② 지하층 또는 무창층이 있는 건축물로서 바닥면적이 150[m²] 이상인 층이 있는 것
③ 차고·주차장으로 사용되는 바닥면적이 200[m²] 이상인 층이 있는 건축물이나 주차시설
④ 장애인 의료재활시설로서 연면적 300[m²] 이상인 건축물

해설 건축허가등의 동의대상물 범위(대통령령)

1. 연면적, 바닥면적에 의한 동의범위

구 분	면적
학교시설	연면적 100[m²] 이상
노유자시설, 수련시설	연면적 200[m²] 이상
장애인 의료재활시설, 정신의료기관	연면적 300[m²] 이상
용도와 상관없음	연면적 400[m²] 이상
무창층 또는 지하층이 있는 건축물(공연장)	바닥면적 150[m²] 이상 (100[m²])

정답 53. ① 54. ③ 55. ①

※ 정신의료기관 : 입원실이 없는 정신건강의학과 의원은 제외

2. 차고·주차장 또는 주차용도로 사용되는 시설
   ① 바닥면적 : 200[m²] 이상인 층이 있는 건축물이나 주차시설
   ② 기계장치에 의한 주차시설로서 20대 이상

3. 면적에 상관없이 동의 대상
   ① 항공기격납고, 관망탑, 항공관제탑, 방송용 송·수신탑
   ② 층수가 6층 이상인 건축물
   ③ 가스시설로서 지상에 노출된 탱크의 저장용량의 합계가 100톤 이상인 것
   ④ 공장 또는 창고시설로서 750배 이상의 특수가연물을 저장·취급하는 것
   ⑤ 의원(입원실이 있는 것), 조산원, 산후조리원, 요양병원(의료재활시설 제외), 위험물 저장 및 처리 시설, 지하구, 발전시설 중 풍력발전소·전기저장시설
   ⑥ 노인주거복지시설, 노인의료복지시설, 재가노인복지시설, 아동복지시설(아동상담소, 아동전용시설 및 지역아동센터는 제외), 장애인 거주시설, 정신질환자 관련 시설, 노숙인 자활시설, 노숙인 재활시설, 노숙인 요양시설, 결핵환자·한센인이 24시간 생활하는 노유자시설

56. 다음 중 소방기본법령에 따라 화재예방상 필요하다고 인정되거나 화재위험경보시 발령하는 소방신호의 종류로 옳은 것은?

① 경계신호　　② 발화신호
③ 경보신호　　④ 훈련신호

해설 소방신호의 종류 경발해훈
① 경계신호 : 화재예방상 필요하다고 인정 또는 화재에 관한 위험경보시 발령
② 발화신호 : 화재가 발생한 때 발령
③ 해제신호 : 소화활동이 필요 없다고 인정되는 때 발령
④ 훈련신호 : 훈련상 필요하다고 인정되는 때 발령

57. 화재의 예방 및 안전관리에 관한 법상 보일러 등의 위치·구조 및 관리와 화재예방을 위하여 불의 사용에 있어야 지켜야 하는 사항 중 보일러에 경유·등유 등 액체연료를 사용하는 경우에 연료탱크는 보일러본체로부터 수평거리 최소 몇 [m] 이상의 간격을 두어 설치해야 하는가?

① 0.5　　② 0.6
③ 1　　④ 2

해설 보일러에 경유·등유 등 액체연료를 사용하는 경우
① 연료를 차단할 수 있는 개폐밸브를 연료탱크로부터 0.5[m] 이내 설치
② 보일러 본체와 벽·천장 사이의 거리는 0.6[m] 이상
③ 연료탱크는 보일러본체로부터 수평거리 1[m] 이상의 간격을 두어 설치
④ 가연성 벽·바닥 또는 천장과 접촉하는 증기기관 또는 연통의 부분
   - 규조토 등 난연성 단열재로 덮어 씌워야 한다.
⑤ 보일러를 실내에 설치하는 경우에는 콘크리트바닥 또는 금속 외의 불연재료로 된 바닥 위에 설치

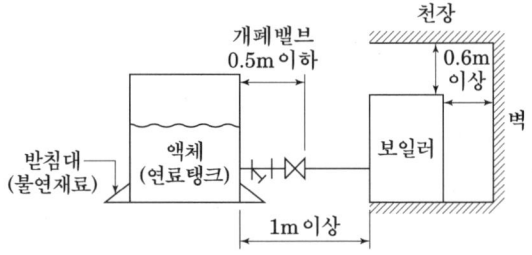

58. 화재의 예방 및 안전관리에 관한 법령상 "대통령령으로 정하는 특정소방대상물"의 관계인은 그 장소에 상시 근무하거나 거주하는 사람에게 소방훈련과 소방안전관리에 필요한 교육을 하여야 한다. 그러하지 아니한자의 벌칙은?

① 100만 원 이하의 과태료
② 200만 원 이하의 과태료
③ 250만 원 이하의 과태료
④ 300만 원 이하의 과태료

[해설] 소방안전관리대상물 근무자 및 거주자 등에 대한 소방훈련 등
1. 소방안전관리대상물의 관계인은 근무자등에게 소방훈련과 교육을 실시

   소방훈련 및 교육을 하지 아니한 자 :
   300만 원 이하의 과태료

   ① 연 1회 이상 실시
   ② 특급 및 1급 대상물은 소방기관과 합동으로 실시하게 할 수 있다.
   ③ 소방훈련 및 교육을 실시한 날부터 2년간 보관

2. 소방안전관리업무의 전담이 필요한 대통령령으로 정하는 소방안전관리대상물(특급, 1급)
   : 소방훈련 및 교육을 실시한 날부터 30일 이내에 소방훈련 및 교육 결과를 소방본부장 또는 소방서장에게 제출

   기간 내에 소방훈련 및 교육 결과를 제출하지 아니한 자 : 200만 원 이하의 과태료

59. 소방시설 설치 및 관리에 관한 법령상 제조 또는 가공 공정에서 방염처리를 한 물품 중 방염대상물품이 아닌 것은?

① 카펫
② 전시용 합판
③ 창문에 설치하는 커튼류
④ 두께가 2[mm] 미만인 종이벽지

[해설] 방염대상물품(방염성능기준 이상의 것으로 설치)

위반한 자 : 200만 원 이하의 과태료

① 제조 또는 가공 공정에서 방염처리를 한 물품
   (합판·목재류의 경우에는 설치 현장에서 방염처리를 한 것을 포함)
   ㉠ 창문에 설치하는 커튼류(블라인드를 포함)
   ㉡ 카펫, 두께가 2[mm] 미만인 벽지류(종이벽지는 제외)
   ㉢ 전시용 합판 또는 섬유판, 무대용 합판 또는 섬유판
   ㉣ 암막·무대막(영화상영관에 설치하는 스크린과 골프 연습장업에 설치하는 스크린을 포함)

   ㉤ 섬유류 또는 합성수지류 등을 원료로 하여 제작된 소파·의자(단란주점영업, 유흥주점영업 및 노래연습장업의 영업장에 설치하는 것만 해당)

② 건축물 내부의 천장이나 벽에 부착하거나 설치하는 것 다만, 가구류(옷장, 찬장, 식탁, 식탁용 의자, 사무용 책상, 사무용 의자 및 계산대 등)과 너비 10센티미터 이하인 반자돌림대 등과 내부마감재료는 제외한다.
   ㉠ 종이류(두께 2[mm] 이상)·합성수지류 또는 섬유류를 주원료로 한 물품
   ㉡ 합판이나 목재
   ㉢ 공간을 구획하기 위하여 설치하는 간이 칸막이(접이식 등 이동 가능한 벽체나 천장 또는 반자가 실내에 접하는 부분까지 구획하지 아니하는 벽체를 말한다.)
   ㉣ 흡음(吸音)이나 방음(防音)을 위하여 설치하는 흡음재(흡음용 커튼을 포함) 또는 방음재(방음용 커튼을 포함)

60. 위험물안전관리법령상 관계인이 예방규정을 정하여야 하는 위험물 제조소등에 해당하지 않는 것은?

① 지정수량 10배의 특수인화물을 취급하는 일반취급소
② 지정수량 20배의 휘발유를 고정된 탱크에 주입하는 일반취급소
③ 지정수량 40배의 제3석유류를 용기에 옮겨 담는 일반취급소
④ 지정수량 15배의 알코올을 버너에 소비하는 장치로 이루어진 일반취급소

[해설] 예방규정을 작성해야 하는 대상

구 분	지정수량의 배수
암반탱크저장소, 이송취급소	지정수량 관계없이 예방규정을 정하여야 함
제조소, 일반취급소	10배 이상
옥외저장소	100배 이상
옥내저장소	150배 이상
옥외탱크저장소	200배 이상

정답 59. ④ 60. ③

※ 예방규정 제외

제4류 위험물(특수인화물을 제외)만을 지정수량의 50배 이하로 취급하는 일반취급소(제1석유류·알코올류의 취급량이 지정수량의 10배 이하인 경우에 한한다)로서 다음 각목의 어느 하나에 해당하는 것을 제외한다.

① 보일러·버너 또는 이와 비슷한 것으로서 위험물을 소비하는 장치로 이루어진 일반취급소
② 위험물을 용기에 옮겨 담거나 차량에 고정된 탱크에 주입하는 일반취급소

제4과목 소방기계시설의 구조 및 원리

61. 할론소화설비의 화재안전기술기준에 따른 할론소화설비의 수동식 기동장치의 설치 기준으로 틀린 것은?

① 국소방출방식은 방호대상물마다 설치할 것
② 기동장치의 방출용스위치는 음향경보장치와 개별적으로 조작될 수 있는 것으로 할 것
③ 전기를 사용하는 기동장치에는 전원표시등을 설치할 것
④ 조작부는 바닥으로부터 높이 0.8[m] 이상 1.5[m] 이하의 위치에 설치할 것

해설 이산화탄소 소화설비(할론, 할로겐화합물 및 불활성 기체, 분말) 수동식 기동장치
① 수동식 기동장치의 부근에는 소화약제의 방출을 지연시킬 수 있는 비상스위치 설치

☞ 비상스위치 : 자동복귀형 스위치로서 수동식 기동장치의 타이머를 순간정지시키는 기능의 스위치

② 전역방출방식에 있어서는 방호구역마다, 국소방출방식에 있어서는 방호대상물마다 설치할 것
(할로겐화합물 및 불활성기체소화설비의 경우 국소방출방식에 대한 내용은 없음)
③ 당해방호구역의 출입구부분 등 조작을 하는 자가 쉽게 피난할 수 있는 장소에 설치할 것
④ 기동장치의 조작부는 바닥으로부터 높이 0.8[m] 이상 1.5[m] 이하의 위치에 설치하고, 보호판 등에 따른 보호장치를 설치할 것

⑤ 기동장치에는 그 가까운 곳의 보기 쉬운 곳에 "이산화탄소소화설비 기동장치"라고 표시한 표지를 할 것
⑥ 전기를 사용하는 기동장치에는 전원표시등을 설치할 것
⑦ 기동장치의 방출용 스위치는 음향경보장치와 연동하여 조작될 수 있는 것으로 할 것
⑧ 5[kg] 이하의 힘을 가하여 기동할 수 있는 구조로 설치 (할로겐화합물 및 불활성 기체소화설비만 해당)

62. 미분무소화설비의 화재안전기술기준에 따라 최저사용압력이 몇 [MPa]를 초과할 때 고압 미분무 소화설비로 분류하는가?

① 1.2 ② 2.5
③ 3.5 ④ 4.2

해설 사용압력에 따른 미분무소화설비의 분류

저압 미분무 소화설비	최고사용압력이 1.2[MPa] 이하인 미분무소화설비
중압 미분무 소화설비	사용압력이 1.2[MPa]을 초과하고 3.5[MPa] 이하인 미분무소화설비
고압 미분무 소화설비	최저사용압력이 3.5[MPa]을 초과하는 미분무소화설비

63. 피난기구의 화재안전기술기준에 따른 피난기구의 설치 및 유지에 관한 사항 중 틀린 것은?

① 피난기구를 설치하는 개구부는 서로 동일직선상의 위치에 있을 것
② 설치장소에는 피난기구의 위치를 표시하는 발광식 또는 축광식표지와 그 사용방법을 표시한 표지를 부착할 것
③ 피난기구는 소방대상물의 기둥·바닥·보 기타 구조상 견고한 부분에 볼트조임·매입·용접 기타의 방법으로 견고하게 부착할 것
④ 피난기구는 계단·피난구 기타 피난시설로부터 적당한 거리에 있는 안전한 구조로 된 피난 또는 소화활동상 유효한 개구부에 고정하여 설치할 것

정답 61. ② 62. ③ 63. ①

해설 피난기구 설치 기준
① 계단·피난구 기타 피난시설로부터 적당한 거리에 있는 안전한 구조로 된 피난 또는 소화활동상 유효한 개구부에 고정하여 설치하거나 필요한 때에 신속하고 유효하게 설치할 수 있는 상태일 것
  ㉠ 유효한 개구부는 가로 0.5 [m] 이상 세로 1 [m] 이상
  ㉡ 개부구 하단이 바닥에서 1.2 [m] 이상이면 발판 등을 설치
  ㉢ 밀폐된 창문은 쉽게 파괴할 수 있는 파괴장치를 비치
② 피난기구를 설치하는 개구부는 서로 동일직선상이 아닌 위치에 있을 것
  다만, 피난교·피난용트랩·간이완강기·아파트에 설치되는 피난기구(다수인 피난장비 제외)등 기타 피난 상 지장이 없는 것은 제외
③ 발광식 또는 축광식 표지와 그 사용방법을 표시한 표지(외국어 및 그림 병기)를 부착 할 것
④ 기둥·바닥·보 등 견고한 부분에 볼트조임·매입·용접 기타의 방법으로 견고하게 부착
⑤ 4층 이상의 층에 피난사다리(하향식 피난구용 내림식사다리는 제외)를 설치하는 경우 금속성 고정사다리를 설치하고, 당해 고정사다리에는 쉽게 피난할 수 있는 구조의 노대를 설치 등

64. 이산화탄소소화설비의 화재안전기술기준에 따라 케이블실에 전역방출방식으로 이산화탄소 소화설비를 설치하고자 한다. 방호구역 체적은 750[m³], 개구부의 면적은 3[m²]이고, 개구부에는 자동폐쇄장치가 설치되어 있지 않다. 이 때 필요한 소화약제의 양은 최소 몇 [kg] 이상인가?

① 930 ② 1005
③ 1230 ④ 1530

해설 이산화탄소 소화약제 전역방출방식 저장량
(1) 표면화재
(2) 심부화재

  $VQ + AK$

① $V[m^3]$: 방호구역체적
② $Q[kg/m^3]$: 방호구역 체적당 소화약제의 양
③ $A[m^2]$: 개구부 면적
④ $K[kg/m^2]$: 개구부 면적당 가산량 - 10 [kg/m²]

※ 개구부에 자동폐쇄장치 설치 시 K값 적용하지 않는다.

방호대상물	Q[kg/m³]
유압기기를 제외한 전기설비, 케이블실	1.3 [kg]
체적 55 [m³] 미만의 전기설비	1.6 [kg]
서고, 전자제품창고, 목재가공품창고, 박물관	2.0 [kg]
고무류, 모피창고, 집진설비, 석탄창고, 면화류창고	2.7 [kg]

풀이
약제량 = VQ + AK
 = 750[m³]×1.3[kg/m³]+3[m²]×10[kg/m²]
 = 1005 [kg]

65. 다음 중 피난기구의 화재안전기술기준에 따라 의료시설에 구조대를 설치하여야 할 층은?

① 지하 2층 ② 지하 1층
③ 지상 1층 ④ 지상 3층

해설 소방대상물의 설치장소별 피난기구의 적응성

구분	노유자시설	의료시설, 근린생활시설 중 입원실이 있는 의원·조산원·접골원	그 밖의 것	
10층 ~ 5층	구조대[1]	구조대 피난용트랩	구조대, 피난사다리, 완강기, 간이완강기, 공기안전매트	-
4층				피난용트랩
3층	구조대			
2층			• 미끄럼대 : 대상물과 상관없이 3층 이하의 층에 적용 가능	
1층				

※ 피난교, 다수인피난장비, 승강식 피난기 : 대상물과 상관없이 1층 ~ 10층 모두 적용 가능
※ 구조대[1] : 장애인 관련 시설로서 주된 사용자 중 스스로 피난이 불가한 자가 있는 경우 추가로 설치하는 경우
※ 간이완강기 : 숙박시설의 3층 이상에 있는 객실에 한함

정답 64. ② 65. ④

기출문제

2022. 2회 소방설비기사

※ 영업장의 위치가 4층 이하인 다중이용업소의 2층~4층
- 구조대, 피난사다리, 미끄럼대, 완강기, 다수인피난장비, 승강식피난기

66. 화재안전기술기준상 물계통의 소화설비 중 펌프의 성능시험배관에 사용되는 유량측정장치는 펌프의 정격토출량의 몇 [%] 이상 측정할 수 있는 성능이 있어야 하는가?

① 65　　　　② 100
③ 120　　　　④ 175

해설 펌프 성능시험배관
① 펌프의 토출측에 설치된 개폐밸브 이전에서 분기하여 설치
② 유량계를 기준으로 전단 직관부에 개폐밸브를 후단 직관부에는 유량조절밸브를 설치
③ 유량측정장치(유량계)는 성능시험배관의 직관부에 설치하되 펌프의 정격토출량의 175[%] 이상 측정할 수 있는 성능

67. 피난기구의 화재안전기술기준상 근린생활시설 4층에 적응성이 없는 피난기구는? (단, 근린생활시설 중 입원실이 있는 의원·접골원·조산원에 한한다.)

① 피난용트랩　　② 미끄럼대
③ 구조대　　　　④ 피난교

해설 65번 해설 참조

68. 제연설비의 화재안전기술기준에 따른 배출풍도의 설치기준 중 다음 (　)안에 알맞은 것은?

배출기의 흡입측 풍도안의 풍속은 (㉠)[m/s] 이하로 하고 배출측 풍속은 (㉡)[m/s] 이하로 할 것

① ㉠ 15, ㉡ 10　　② ㉠ 10, ㉡ 15
③ ㉠ 20, ㉡ 15　　④ ㉠ 15, ㉡ 20

해설 유입풍도(예상제연구역으로 공기를 유입하도록 하는 풍도) 등

예상제연구역		유입풍도	배출기	
공기가 유입되는 순간의 풍속 및 공기유입구의 구조	공기유입구의 크기	풍속	흡입측 풍도	배출측 풍도
5[m/s] 이하가 되도록 하고 유입공기를 상향으로 분출하지 않도록 설치하여야 한다. 다만, 유입구가 바닥에 설치되는 경우에는 상향으로 분출이 가능하며 이때의 풍속은 1[m/s] 이하가 되도록 해야 한다.	예상제연구역 배출량 1[m³/min]에 대하여 35[cm²] 이상	20[m/s] 이하	풍속은 15[m/s] 이하	풍속은 20[m/s] 이하

※ 공기 유입량 - 배출량의 배출에 지장이 없는 양으로 하여야 한다.
※ 옥외에 면한 배출구 및 공기유입구 - 비 또는 눈 등이 들어가지 아니하도록 하고, 배출된 연기가 공기유입구로 순환유입 되지 아니 할 것

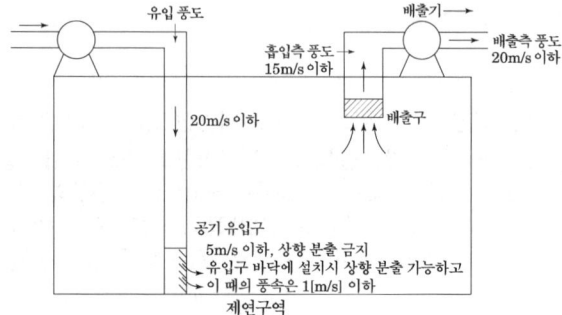

69. 스프링클러헤드에서 이융성 금속으로 융착되거나 이융성 물질에 의하여 조립된 것은?

① 프레임(frame)
② 디플렉터(deflector)
③ 유리벌브(glass bulb)
④ 퓨지블링크(fusible link)

정답　66. ④　67. ②　68. ④　69. ④

해설 퓨지블링크
감열체중 이융성(낮은 열에도 쉽게 녹는 성질)금속으로 융착되거나 이융성물질에 의하여 조립된 것

70. 포소화설비의 화재안전기술기준상 특수가연물을 저장·취급하는 공장 또는 창고에 적응성이 없는 포소화설비는?

① 고정포방출설비
② 포소화전설비
③ 압축공기포소화설비
④ 포워터스프링클러설비

해설 포 소화설비 종류 및 적응성
○ : 적응성 있음, △ : 조건부 적응성 있음,
× : 적응성 없음, ◎ : 설치 할 수 있음

종류 대상	포워터 스프링 클러 설비	포헤드 설비	고정포 방출 설비	압축 공기포	포 소화전 설비	호스릴 포소화 설비
특수가연물 저장·취급 공장 또는 창고	○	○	○	○	×	×
차고 또는 주차장	○	○	○	○	△	△
항공기격납고	○	○	○	○	×	△
◆(아래참조)	×	×	×	◎	×	×

◆ 발전기실, 엔진펌프실, 변압기, 전기케이블실, 유압설비의 바닥면적 300 [m²] 미만

71. 분말소화설비의 화재안전기술기준상 자동화재탐지설비의 감지기의 작동과 연동하는 분말소화설비 자동식 기동장치의 설치기준 중 다음 ( ) 안에 알맞은 것은?

- 전기식 기동장치로서 (㉠)병 이상의 저장용기를 동시에 개방하는 설비는 2병 이상의 저장용기에 전자개방밸브를 부착할 것
- 가스압력식 기동장치의 기동용 가스 용기 및 해당 용기에 사용하는 밸브는 (㉡)[MPa] 이상의 압력에 견딜 수 있는 것으로 할 것

① ㉠ 3, ㉡ 2.5
② ㉠ 7, ㉡ 2.5
③ ㉠ 3, ㉡ 25
④ ㉠ 7, ㉡ 25

해설 자동식 기동장치
자동화재탐지설비의 감지기의 작동과 연동하는 것으로 수동으로도 기동할 수 있는 구조
① 전기식 기동장치
7병 이상의 저장용기를 동시에 개방하는 설비의 경우 2병 이상의 저장용기에 전자 개방밸브를 부착
② 가스압력식 기동장치(이산화탄소, 할론, 할로겐화합물 및 불활성기체, 분말)

기동용기 설치기준	
기동용가스용기 및 밸브	25 [MPa] 이상 압력에 견딜 것
기동용가스용기	충전여부를 확인 할 수 있는 압력게이지 설치(분말제외)
안전장치	내압시험압력 0.8배부터 1배 이하에서 작동
용적	5 [ℓ] 이상(분말은 1 [ℓ] 이상)
해당 용기에 저장하는 질소등의 비활성기체 (분말 : 해당 용기에 저장하는 이산화탄소의 양)	21[℃]기준 : 6.0 [MPa] 이상의 압력 (분말 : 0.6[kg] 이상으로 하며, 충전비는 1.5 이상으로 할 것)

정답 70. ② 71. ④

72. 분말소화설비의 화재안전기술기준상 분말소화약제의 가압용가스 용기에 대한 설명으로 틀린 것은?

① 가압용가스 용기를 3병 이상 설치한 경우에는 2개 이상의 용기에 전자개방밸브를 부착할 것
② 가압용가스 용기에는 2.5[MPa] 이하의 압력에서 조정이 가능한 압력조정기를 설치할 것
③ 가압용가스에 질소가스를 사용하는 것의 질소가스는 소화약제 1[kg]마다 20[L] (35[℃]에서 1기압의 압력상태로 환산한 것) 이상으로 할 것
④ 축압용가스에 질소가스를 사용하는 것의 질소가스는 소화약제 1[kg]에 대하여 10[L] (35[℃]에서 1기압의 압력상태로 환산한 것) 이상으로 할 것

해설 분말소화설비 가압용가스용기 설치기준
① 가압용가스 용기를 3병 이상 설치 시 2개 이상의 용기에 전자개방밸브를 부착
② 가압용가스 용기에는 2.5[MPa] 이하의 압력에서 조정이 가능한 압력조정기를 설치
③ 가압용가스 또는 축압용가스의 기준 - 소화약제 1[kg]마다 저장량

구 분	가압용가스	축압용가스
질소가스	40[ℓ] 이상	10[ℓ] 이상
이산화탄소	20[g] 이상	20[g] 이상

※ 소화약제 1[kg]당 저장량 외 청소에 필요한 양을 가산하여야 하며 배관의 청소에 필요한 양의 가스는 별도의 용기에 저장하여야 한다.

④ 분말소화약제의 가스용기는 분말소화약제의 저장용기에 접속하여 설치

73. 화재조기진압용 스프링클러설비의 화재안전기술기준상 화재조기진압용 스프링클러설비 가지배관의 배열기준 중 천장의 높이가 9.1[m] 이상 13.7[m] 이하인 경우 가지배관 사이의 거리 기준으로 옳은 것은?

① 2.4[m] 이상 3.1[m] 이하
② 2.4[m] 이상 3.7[m] 이하
③ 6.0[m] 이상 8.5[m] 이하
④ 6.0[m] 이상 9.3[m] 이하

해설 화재조기진압용 스프링클러설비의 헤드 설치기준
(특정 높은 장소의 화재위험에 대하여 조기에 진화할 수 있도록 설계된 스프링클러헤드)

구 분	내 용	
헤드 하나의 방호면적	6.0[m²] 이상 9.3[m²] 이하	
가지배관의 헤드 사이의 거리	천장의 높이	9.1[m] 미만인 경우	2.4[m] 이상 3.7[m] 이하
		9.1[m] 이상 13.7[m] 이하인 경우	2.4[m] 이상 3.1[m] 이하
헤드의 반사판	천장 또는 반자와 평행하게 설치	
	저장물의 최상부와 914[mm] 이상 확보	
헤드와 벽과의 거리	102[mm] 이상 ~ 헤드 상호간 거리의 2분의 1 이하	
헤드의 작동온도	74[℃] 이하	
상향식 헤드의 감지부 중앙	천장 또는 반자와 101[mm] 이상 152[mm] 이하	
상향식 헤드의 반사판의 위치	스프링클러배관의 윗부분에서 최소 178[mm] 상부에 설치	
하향식 헤드의 반사판의 위치	천장이나 반자 아래 125[mm] 이상 355[mm] 이하	

74. 포소화설비에서 펌프의 토출관에 압입기를 설치하여 포소화약제 압입용 펌프로 포소화약제를 압입시켜 혼합하는 방식은?

① 라인 프로포셔너
② 펌프 프로포셔너
③ 프레져 프로포셔너
④ 프레져사이드 프로포셔너

해설 포혼합방식

구 분	혼합방식
① 라인 프로포셔너방식 (흡입혼합방식)	펌프와 발포기의 중간에 설치된 벤추리관의 벤추리 작용에 따라 포 소화약제를 흡입·혼합하는 방식
② 프레져 프로포셔너방식 (차압혼합방식)	펌프와 발포기의 중간에 설치된 벤추리관의 벤추리작용과 펌프 가압수의 포 소화약제 저장탱크에 대한 압력에 따라 포 소화약제를 흡입·혼합하는 방식

③ 프레져사이드 프로포셔너방식 (압입혼합방식)	펌프의 토출관에 압입기를 설치하여 포 소화약제 압입용펌프로 포 소화약제를 압입시켜 혼합하는 방식
④ 펌프 프로포셔너방식 (펌프혼합방식)	펌프의 토출관과 흡입관 사이의 배관 도중에 설치한 혼합기에 펌프에서 토출된 물의 일부를 보내고, 포소화약제 탱크에서 농도조절밸브를 통해 조절된 포 소화약제의 필요량을 혼합하여 펌프 흡입측으로 보내어 이를 혼합하는 방식
⑤ 압축공기포 믹싱 챔버 방식	포수용액에 압축공기를 혼입하여 포를 발생시키는 방식

75. 스프링클러설비의 화재안전기술기준상 스프링클러설비의 배관 내 사용압력이 몇 [MPa] 이상일 때 압력배관용탄소강관을 사용해야 하는가?

① 0.1 ② 0.5
③ 0.8 ④ 1.2

해설 옥내소화전소화설비, 스프링클러소화설비등의 배관의 종류

사용압력	배관의 종류
1.2 MPa 미만	① 배관용탄소강관(KS D 3507) ② 덕타일 주철관(KS D 4311) ③ 이음매 없는 구리 및 구리합금관 　　다만, 습식의 배관에 한한다. ④ 배관용 스테인리스강관(KS D 3576) 또는 일반배관용 스테인리스강관
1.2 MPa 이상	① 압력배관용탄소강관(KS D 3562) ② 배관용 아크용접 탄소강강관 (KS D 3583)

76. 지하구의 화재안전기술기준에 따라 연소방지설비 전용헤드를 사용할 때 배관의 구경이 65[mm]인 경우 하나의 배관에 부착하는 살수헤드의 최대 개수로 옳은 것은?

① 2 ② 3
③ 5 ④ 6

해설 지하구의 화재안전기술기준
연소방지설비 배관의 구경
㉠ 연소방지설비전용헤드를 사용하는 경우

하나의 배관에 부착하는 살수헤드의 개수	1개	2개	3개	4개 또는 5개	6개 이상
배관의 구경(mm)	32	40	50	65	80

㉡ 개방형 스프링클러헤드를 사용하는 경우 – 스프링클러설비기준에 따를 것

77. 지하구의 화재안전기술기준에 따른 지하구의 통합감시시설 설치 기준으로 틀린 것은?

① 소방관서와 지하구의 통제실 간에 화재 등 소방활동과 관련된 정보를 상시 교환할 수 있는 정보통신망을 구축할 것
② 수신기는 방재실과 공동구의 입구 및 연소방지설비 송수구가 설치된 장소(지상)에 설치할 것
③ 정보통신망(무선통신망 포함)은 광케이블 또는 이와 유사한 성능을 가진 선로일 것
④ 수신기는 화재신호, 경보, 발화지점 등 수신기에 표시되는 정보가 기준에 적합한 방식으로 119상황실이 있는 관할 소방관서의 정보통신장치에 표시되도록 할 것

해설 통합감시시설
1. 소방관서와 지하구의 통제실 간에 화재 등 소방활동과 관련된 정보를 상시 교환할 수 있는 정보통신망을 구축할 것
2. 정보통신망(무선통신망을 포함)은 광케이블 또는 이와 유사한 성능을 가진 선로일 것
3. 수신기는 지하구의 통제실에 설치하되 화재신호, 경보, 발화지점 등 수신기에 표시되는 정보가 적합한 방식으로 119상황실이 있는 관할 소방관서의 정보통신장치에 표시되도록 할 것

 75. ④　76. ③　77. ②

기출문제

78. 소화수조 및 저수조의 화재안전기술기준에 따라 소화용수설비에 설치하는 채수구의 지면으로부터 설치 높이 기준은?

① 0.3[m] 이상 1[m] 이하
② 0.3[m] 이상 1.5[m] 이하
③ 0.5[m] 이상 1[m] 이하
④ 0.5[m] 이상 1.5[m] 이하

해설 소화용수설비에 설치하는 채수구 설치기준
① 65[mm] 이상의 나사식
② 지면으로부터의 높이가 0.5[m] 이상 1[m] 이하
③ 채수구의 수

소요수량	20[m³] 이상 40[m³] 미만	40[m³] 이상 100[m³] 미만	100[m³] 이상
채수구의 수	1개	2개	3개

79. 다음은 물분무소화설비의 화재안전기술기준에 따른 수원의 저수량 기준이다. ( )에 들어갈 내용으로 옳은 것은?

> 특수가연물을 저장 또는 취급하는 특정소방대상물 또는 그 부분에 있어서 수원의 저수량은 그 바닥면적 1[m²]에 대하여 ( )[L/min]로 20분간 방수할 수 있는 양 이상으로 할 것

① 10 ② 12
③ 15 ④ 20

해설 물분무소화설비 수원의 저수량
※ 수원의 양 A×Q×T / 펌프의 토출량 A×Q

구분	특수가연물	차고 또는 주차장	절연유 봉입 변압기	케이블트레이 케이블덕트	콘베이어 벨트 등
A	바닥면적[m²] → 50[m²] 이하인 경우에는 50[m²]	바닥부분을 제외한 표면적을 합한 면적[m²]	투영된 바닥면적[m²]		벨트부분의 바닥면적[m²]
Q	10 [ℓ/min·m²]	20 [ℓ/min·m²]	10 [ℓ/min·m²]	12 [ℓ/min·m²]	10 [ℓ/min·m²]
T	20분	20분	20분	20분	20분

80. 제연설비의 화재안전기술기준상 제연설비 설치장소의 제연구역 구획 기준으로 틀린 것은?

① 하나의 제연구역의 면적은 1000[m²] 이내로 할 것
② 하나의 제연구역은 직경 60[m] 원내에 들어갈 수 있을 것
③ 하나의 제연구역은 3개 이상 층에 미치지 아니하도록 할 것
④ 통로상의 제연구역은 보행중심선의 길이가 60[m]를 초과하지 아니할 것

해설 제연구역의 선정

구 분		내 용
거실	면적	1,000[m²] 이내
	직경	60[m] 원내
통로	보행중심선의 길이	60[m] 이하

① 거실과 통로(복도를 포함)는 상호 제연구획
② 하나의 제연구역은 2개 이상 층에 미치지 아니하도록 할 것

정답 78. ③ 79. ① 80. ③

복원 기출문제 (CBT2022.4회)

※ 본 기출문제는 수험자의 기억을 바탕으로 하여 복원한 문제이므로 실제 문제와 다를 수 있음을 미리 알려드립니다.

■■■ 제1과목 소방원론

1. 담홍색으로 착색된 분말소화약제의 주성분은?

① 황산알루미늄 ② 탄산수소나트륨
③ 제1인산암모늄 ④ 과산화나트륨

[해설] 분말소화약제

구분	제1종	제2종	제3종	제4종
명칭	탄산수소나트륨	탄산수소칼륨	인산암모늄	탄산수소칼륨 + 요소
분자식	$NaHCO_3$	$KHCO_3$	$NH_4H_2PO_4$	$KHCO_3$ + $(NH_2)_2CO$
색상	백색	자색(보라색)	담홍색	회백색
적응화재	B급, C급, D급	B급, C급, D급	A급, B급, C급	B급, C급

2. 다음 중 고체 가연물이 덩어리보다 가루일 때 연소되기 쉬운 이유로 가장 적합한 것은?

① 발열량이 작아지기 때문이다.
② 공기와 접촉면이 커지기 때문이다.
③ 열전도율이 커지기 때문이다.
④ 활성에너지가 커지기 때문이다.

[해설] 가연물의 구비조건
① 활성화에너지가 작을 것 : 활성화되는 에너지가 적어야 원인계에서 빨리 활성화되서 발열 하게 된다.
② 열전도율이 적을 것 : 열전달이 적어야 열 축적이 쉽다.
③ 표면적이 넓을 것 : 표면적이 넓어야 산소와 접촉하는 면적이 넓다.
④ 산소와 친화력이 클 것
⑤ 발열량이 클 것

3. 실내에서 화재가 발생하여 실내의 온도가 21[℃]에서 650[℃]로 되었다면, 공기의 팽창은 처음의 약 몇 배가 되는가? (단, 대기압은 공기가 유동하여 화재 전후가 같다고 가정한다.)

① 3.14 ② 4.27
③ 5.69 ④ 6.01

[해설] 보일-샤를의 법칙

기체의 부피(V)는 압력(P)에 반비례하고, 절대온도(T)에 비례

$$\frac{P_1 V_1}{T_1} = \frac{P_2 V_2}{T_2}$$

V_1 : 변화 전 부피
V_2 : 변화 후 부피
T_1 : 변화 전 온도
T_2 : 변화 후 온도
P_1 : 변화 전 압력
P_2 : 변화 후 압력

대기압은 공기가 유동하여 화재 전후가 같다고 가정하였으니 $P_1 = P_2$이며 온도는 절대온도.

$$\frac{V_1}{T_1} = \frac{V_2}{T_2} \Rightarrow \frac{V_1}{21+273} = \frac{V_2}{650+273}$$

$$\Rightarrow \frac{V_2}{V_1} = \frac{923}{294} = 3.139 \text{ 배}$$

4. 건축물의 내화구조 바닥이 철근콘크리조 또는 철골철근콘크리트조인 경우 두께가 몇 [cm] 이상이어야 하는가?

① 4 ② 5
③ 7 ④ 10

[해설] 내화구조
① 화재 시 건축물의 강도 및 성능을 일정기간 유지할 수 있는 구조
② 화재에 견딜 수 있는 성능을 가진 구조로서 화재 최성기의 화재저항

정답 1. ③ 2. ② 3. ① 4. ④

복원기출문제

2022. 4회 소방설비기사

③ 철근콘크리트조, 연와조, 석조 등 이와 유사한 구조

구 분	외벽중 비내력벽	벽	바닥	기둥	보 지붕틀	지붕	계단
철근콘크리트조, 철골철근콘크리트조	7	10	10	◎	◎	◎	◎
무근콘크리트조, 콘크리트블록조, 석조	7	–	–	–	–	–	◎
벽돌조	7	19	–	–	–	–	–

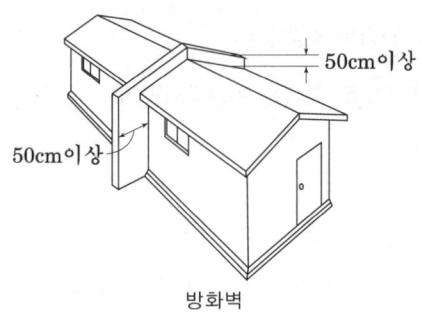

방화벽

5. 건축물의 주요 구조부에 해당되지 않는 것은?

① 기둥　　② 작은 보
③ 지붕틀　④ 바닥

해설 주요구조부
　　주계단, 내력벽, 기둥, 바닥, 보, 지붕틀

6. 연면적이 1,000[m²] 이상인 건축물에 설치하는 방화벽이 갖추어야 할 기준으로 틀린 것은?

① 내화구조로서 홀로 설 수 있는 구조일 것
② 방화벽의 양쪽 끝과 위쪽 끝을 건축물의 외벽면 및 지붕면으로부터 0.1[m] 이상 튀어나오게 할 것
③ 방화벽에 설치하는 출입문의 너비는 2.5[m] 이하로 할 것
④ 방화벽에 설치하는 출입문의 높이는 2.5[m] 이하로 할 것

해설 연면적 1천[m²] 이상인 건축물(주요구조부가 내화구조 또는 불연재료인 건축물은 제외)의 방화벽
① 내화구조로서 홀로 설 수 있는 구조
② 방화벽의 양쪽 끝과 윗쪽 끝을 건축물의 외벽면 및 지붕면으로부터 0.5[m] 이상 돌출되게 할 것
③ 방화벽에 설치하는 출입문의 너비 및 높이는 각각 2.5[m] 이하로 하고, 해당 출입문에는 60분+방화문 또는 60분 방화문을 설치할 것

7. 가연물의 종류에 따른 화재의 분류방법 중 유류화재를 나타내는 것은?

① A급 화재　　② B급 화재
③ C급 화재　　④ D급 화재

해설 화재의 종류

A급	B급	C급	D급	K급
일반화재	유류화재	전기화재 (통전중)	금속화재	주방식용 유화재
백색	황색	청색	무색	–

8. 공기와 할론 1301의 혼합기체에서 할론 1301에 비해 공기의 확산속도는 약 몇 배인가? (단, 공기의 평균분자량은 29, 할론 1301의 분자량은 149이다.)

① 2.27배　　② 3.85배
③ 5.17배　　④ 6.46배

해설 그레이엄의 확산속도법칙
기체의 확산속도는 일정한 온도 및 압력에서 그 기체의 분자량 (밀도)의 제곱근에 반비례

$$V \propto \frac{1}{\sqrt{M}}$$

$$V_1 : V_2 = \frac{1}{\sqrt{M_1}} : \frac{1}{\sqrt{M_2}} \qquad \frac{V_2}{V_1} = \sqrt{\frac{M_1}{M_2}}$$

정답　5. ②　6. ②　7. ②　8. ①

풀이

$V \propto \dfrac{1}{\sqrt{M}}$ 이므로 두 기체를 비례식으로 놓으면

$V_1 : V_2 = \dfrac{1}{\sqrt{M_1}} : \dfrac{1}{\sqrt{M_2}}$

V_2 : 공기의 확산속도 [m/s]
M_2 : 공기의 분자량 [g]
V_1 : 할론 1301의 확산속도 [m/s]
M_1 : 할론 1301의 분자량 [g]

이것을 정리하면 $\dfrac{V_2}{V_1} = \dfrac{\sqrt{M_1}}{\sqrt{M_2}}$ 이 되며 각각의 분자량을 대입하면 $\dfrac{\sqrt{149}}{\sqrt{29}} = 2.267$ 로서 공기의 확산속도는 할론 1301보다 2.27배 빠르다.

9. 목재 화재 시 다량의 물을 뿌려 소화할 경우 기대되는 주된 소화효과는?

① 제거효과　　② 냉각효과
③ 부촉매효과　④ 희석효과

해설 물 소화약제

물은 원자인 수소와 산소의 극성공유결합과 물분자와 물분자의 인력에 의한 수소결합을 하고 있다. 수소결합의 크기는 공유결합의 약 1/10정도이고 이 결합력을 깨트리기 위해 많은 열을 흡수해야 하므로 물은 비열과 잠열 등이 크고 냉각효과가 우수한 성질을 가지고 있다.

장점
① 비교적 안정된 액체이며 구하기 쉽고 가격이 싸다.
② 비열과 현열 크고 표면장력(72.75 [dyne/cm])이 크다.
③ 융해잠열, 기화(증발)잠열이 크다.(냉각효과가 크다.)
④ 증발 시 체적은 약 1,700배로 공기와 가연성가스를 배제시킨다.(미분무소화설비) - 질식소화
⑤ 가장 우수한 용매로서 단점을 보완하기 위해 여러 첨가물을 넣어 소화효과를 증가시킬 수 있다.

10. 화재의 유형별 특성에 관한 설명으로 옳은 것은?

① A급 화재는 무색으로 표시하며, 감전이 위험이 있으므로 주수소화를 엄금한다.
② B급 화재는 황색으로 표시하며, 질식소화를 통해 화재를 진압한다.
③ C급 화재는 백색으로 표시하며, 가연성이 강한 금속의 화재이다.
④ D급 화재는 청색으로 표시하며, 연소후에 재를 남긴다.

해설 화재의 종류

A급	B급	C급	D급	K급
일반화재	유류화재	전기화재 (통전중)	금속화재	주방식용유 화재
백색	황색	청색	무색	-

11. 할로겐족원소가 아닌 것은?

① F　　② Ar
③ Cl　 ④ I

해설 할로겐족 원소(7족원소)
F(불소), Cl(염소), Br(브롬), I(요오드)

12. 주요구조부가 내화구조로된 건축물에서 거실 각 부분으로부터 하나의 직통계단에 이르는 보행거리는 피난자의 안전상 몇 [m] 이하이어야 하는가?

① 50　　② 60
③ 70　　④ 80

해설 보행거리

구분		일반 건축물	16층 이상 공동주택	내화 건축물
피난층 이외의 층	거실에서 직통계단 까지 거리(m)	30[m] 이하	40[m] 이하	50[m] 이하
피난층	직통계단에서 건축물의 바깥쪽으로 나가는 출구까지 거리(m)	30[m] 이하	40[m] 이하	50[m] 이하
	거실에서 건축물의 바깥쪽으로 나가는 출구까지 거리(m)	60[m] 이하	80[m] 이하	100[m] 이하

13. 연소가 아닌 것은?

① $N_2 + 2O_2 \rightarrow 2NO_2$
② $2Mg + O_2 \rightarrow 2MgO$
③ $S + O_2 \rightarrow SO_2$
④ $2P_2S_5 + 15O_2 \rightarrow 2P_2O_5 + 10SO_2$

해설
① 연소란 열과 빛을 수반하는 급격한 산화반응
② 가연물이 될 수 없는 물질

산소와 더 이상 반응하지 않는 물질	산소와 반응은 하지만 흡열반응 함	불활성가스
물, 이산화탄소, 산화칼슘(생석회), 산화알루미늄 등	질소 또는 질소 산화물	0족 원소 (헬륨, 네온, 아르곤, 크립톤, 크세논, 라돈)

14. 다음 중 연소 시 아황산가스를 발생시키는 것은?

① 적린　　　② 유황
③ 트리에틸알루미늄　　　④ 황린

해설 황의 반응

상태		생성물
연소 시	완전연소	SO_2 아황산가스
	불완전 연소	H_2S 황화수소
물과의 반응 시		H_2S 황화수소

※ 이산화황 SO_2
• 아황산가스라고도 하고 황을 함유한 유기화합물이 완전연소 할 때 발생
• 눈 및 호흡기 계통에 자극성이 매우 크다.
• 허용농도 2 [ppm] (0.0002[%])
• 고무 등이 탈 때 생성

15. 점화원이 될 수 없는 것은?

① 정전기　　　② 증발열
③ 금속성 불꽃　　　④ 전기 스파크

해설 점화원의 종류
정전기, 복사(열), 자연발화, 나화, 고온표면, 단열압축, 충격마찰, 전기불꽃

16. 할로겐화합물 소화약제 중 HCFC – 22를 82[%] 포함하고 있는 것은?

① IG – 541　　　② HFC – 227ea
③ IG – 55　　　④ HCFC BLEND A

해설 할로겐화합물 소화약제

HFC 계열	HCFC 계열	FIC 계열	FK, FC 계열
HFC – 125 HFC – 236fa HFC – 227ea HFC – 23	HCFC – 124 HCFC BLEND A HCFC -22 : 82[%] HCFC -123 : 4.75[%] HCFC : 124 : 9.5[%] $C_{10}H_{16}$: 3.75[%]	FIC – 13I1	FK – 5 – 1 – 12 FC – 3 – 1 – 10

정답　13. ①　14. ②　15. ②　16. ④

17. 프로판 50[vol.%], 부탄 40[vol.%], 프로필렌 10[vol.%]로 된 혼합가스의 폭발하한계는 약 몇 [vol.%]인가? (단, 각 가스의 폭발하한계는 프로판은 2.2[vol.%], 부탄은 1.9[vol.%], 프로필렌은 2.4[vol.%]이다.)

① 0.83   ② 2.09
③ 5.05   ④ 9.44

해설 연소가스가 다성분인 경우 연소하한값
① 르샤틀리에의 식

$$\frac{V_1 + V_2 + V_3}{L} = \frac{V_1}{L_1} + \frac{V_2}{L_2} + \frac{V_3}{L_3}$$

L : 가연성 혼합가스의 연소하한 값
V_1, V_2, V_3 : 가연성가스의 농도
L_1, L_2, L_3 : 각 가연성가스의 연소하한 값

$$\frac{50+40+10}{L} = \frac{50}{2.2} + \frac{40}{1.9} + \frac{10}{2.4}$$

∴ L ≒ 2.085

② 다성분의 연소하한값 또는 연소상한값은 항상 각 성분이 가지고 있는 값 사이에 있다.
③ 프로판은 2.2 [vol.%], 부탄은 1.9 [vol.%], 프로필렌은 2.4 [vol.%]이라면 다성분 연소하한값은 2.4보다 작고 1.9보다 큰 값을 가지고 있다. 따라서 위 문제는 계산을 하지 않고도 답을 찾을 수 있다.

18. 물을 사용하여 소화가 가능한 물질은?

① 트리메틸알루미늄   ② 나트륨
③ 칼륨   ④ 적린

해설 제2류 위험물

품명	지정수량
황화린 적린 유황	100 [kg]
철분 마그네슘 금속분	500 [kg]
인화성 고체	1,000 [kg]

① 소화방법 – 주수소화
② 주수소화 금지 위험물
  철분, 마그네슘, 금속분 : 수소가스 발생 – 질식소화

19. 연면적이 1,000[m²] 이상인 목조건축물은 그 외벽 및 처마 밑의 연소할 우려가 있는 부분을 방화구조로 하여야 하는데 이때 연소우려가 있는 부분은?
(단, 동일한 대지 안에 2동 이상의 건물이 있는 경우이며, 공원·광장·하천의 공지나 수면 또는 내화구조의 벽 기타 이와 유사한 것에 접하는 부분을 제외한다.)

① 상호의 외벽 간 중심선으로부터 1층은 3 [m] 이내의 부분
② 상호의 외벽 간 중심선으로부터 2층은 7 [m] 이내의 부분
③ 상호의 외벽 간 중심선으로부터 3층은 11 [m] 이내의 부분
④ 상호의 외벽 간 중심선으로부터 4층은 13 [m] 이내의 부분

해설 연소할 우려가 있는 부분
건물 외벽 중심선의 1층은 6[m], 2층은 10[m] 이하일 경우
㉠ 상호의 외벽 간 중심선으로부터 1층은 3[m] 이내
㉡ 상호의 외벽 간 중심선으로부터 2층은 5[m] 이내

20. 다음 위험물 중 물과 접촉시 위험성이 가장 높은 것은?

① $NaClO_3$ ② P
③ TNT   ④ Na_2O_2

해설 무기과산화물
과산화나트륨은 제1류 위험물인 무기과산화물에 속한다.

복원기출문제

2022. 4회 소방설비기사

공통성질	① 6류 위험물인 과산화수소 H_2O_2에서 수소가 알칼리금속(1족), 알칼리토금속(2족)으로 치환한 물질로서 분자내 -O-O- 결합을 가지고 있어 매우 불안한 상태이므로 가열, 충격 등으로 산소가 방출 된다. ② 물과 반응 시 산소 방출 및 심하게 발열한다 　- 소화방법은 마른모래 등의 질식소화
과산화 나트륨 Na_2O_2	① 순수한 것은 백색이지만 보통은 황백색이다. ② 물과의 반응 → 반응열에 의해 연소, 폭발(금수성), 산소방출 $2Na_2O_2 + 2H_2O → 4NaOH + O_2↑ +$발열 ③ CO_2와 반응 → 산소방출(이산화탄소 소화약제 적응성 없음) $2Na_2O_2 + 2CO_2 → 2Na_2CO_3 + O_2↑$ ④ 산과 반응 → 과산화수소(H_2O_2) 생성 $Na_2O_2 + 2HCl → 2NaCl + H_2O_2↑$ ⑤ 알코올에 녹지 않는다.

■■■ 제2과목 소방유체역학

21. 유량 2[m³/min], 전양정 25[m]인 원심펌프를 설계하고자 할 때 펌프의 축동력은 몇 [kW]인가? (단, 펌프의 전효율은 0.78이다.)

① 9.52　　② 10.47
③ 11.52　　④ 13.47

해설

축동력(L_s) $= \dfrac{\gamma QH}{\eta_p} = \dfrac{9.8 \times (\frac{2}{60}) \times 25}{0.78} = 10.47$[kW]

- 유량 Q의 단위 주의[m³/s]
- 물의 비중량 $\gamma = 9800$[N/m³] $= 9.8$[kN/m³]

22. 역 Carnot 사이클로 작동하는 냉동기가 300[K]의 고온열원과 250[K]의 저온열원 사이에서 작동할 때 이 냉동기의 성능계수는 얼마인가?

① 2　　② 3
③ 5　　④ 6

해설

역 Carnot 사이클 성능계수는 냉동기의 이상 사이클로 온도만의 함수로 나타낼 수 있다.

$COP_R = \dfrac{T_2}{T_1 - T_2} = \dfrac{250}{300 - 250} = 5$

23. 온도차이 20[℃], 열전도율 5[W/(m·K)], 두께 20[cm]인 벽을 통한 열유속(heat flux)과 온도차이 40[℃], 열전도율 10[W/(m·K)], 두께 t[cm]인 같은 면적을 가진 벽을 통한 열유속이 같다면 두께 t는 몇 [cm]인가?

① 10　　② 20
③ 40　　④ 80

해설 열전도량(열전달율)

$Q = \dfrac{\lambda A(t_2 - t_1)}{d}$ 에서

$\dfrac{5A \times 20}{20 \times 10^{-2}} = \dfrac{10A \times 40}{d}$

$d = 0.8$[m] $= 80$[cm]

24. 표준대기압하에서 게이지압력 190[kPa]을 절대압력으로 환산하면 몇 [kPa]이 되겠는가?

① 88.7　　② 190
③ 291.3　　④ 120

해설

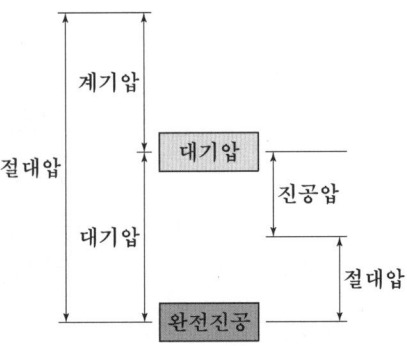

$P_a = P_0 + P_g$ (절대압력=대기압+게이지압력)
　　$= 101.325 + 190 = 291.325$[kPa]

정답　21. ②　22. ③　23. ④　24. ③

응용문제

25. 다음 내용 중 맞는 것으로 짝지어 진 것은?

> ㉠ 유선 : 모든 지점에서의 유체의 운동방향을 나타낸다.
> ㉡ 유적선 : 개별유체입자가 일정 시간동안 흘러간 경로를 표시한 곡선이며 입자의 경로를 의미한다.
> ㉢ 유맥선 : 유동에서의 특정한 한점을 일정 시간동안 통과한 유체입자들의 위치를 순서에 따라 이은선이다.
> ㉣ 정상유동에서는 "유맥선=유적선=유선"이 성립한다.

① ㉠, ㉡, ㉣　　② ㉠, ㉡, ㉢, ㉣
③ ㉠, ㉡, ㉣　　④ ㉡, ㉢

해설
① 유맥선 : 유동에서의 특정한 한점을 일정 시간 동안 통과한 유체입자들의 위치를 순서에 따라 이은선이며 보통 연기유동이 해당된다.
② 유적선 : 유체의 유동에서 하나의 개별유체입자가 일정 시간동안 흘러간 경로를 표시한 곡선이며 입자의 경로를 의미한다.
③ 유선 : 모든 공간지점에서의 유체의 운동방향을 나타낸다.
④ 정상유동에서는 "유맥선=유적선=유선"이 성립한다.

26. 그림에서 1[m]×3[m]의 사각 평판이 수면과 45° 기울어져 물에 잠겨 있다. 한쪽 면에 작용하는 유체력의 크기(F)와 작용점의 위치(y_f)는 각각 얼마인가?

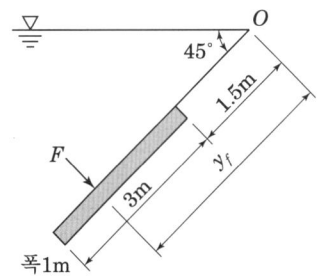

① $F = 62.4$ [kN], $y_f = 2.38$ [m]
② $F = 62.4$ [kN], $y_f = 3.25$ [m]
③ $F = 88.2$ [kN], $y_f = 3.25$ [m]
④ $F = 132.3$ [kN], $y_f = 4.67$ [m]

해설
(1) 유체력의 크기(전압력) F
$$F = rh_c A = r y_c \sin\theta A$$
$$= 9.8 \times (1.5+1.5)\sin 45 \times (1\times 3) = 62.4 [N]$$

(2) 작용점의 위치 y_f
$$y_f = \bar{y} + \frac{b^2}{12\bar{y}} = 3 + \frac{3^2}{12\times 3} = 3.25 [m]$$

- 물의 비중량 $\gamma = 9800 [N/m^3] = 9.8 [kN/m^3]$
- $y_f = \bar{y} + \dfrac{I_G}{A\bar{y}}$

I_G : 관성능률

(사각형 = $\dfrac{bh^3}{12}$, 원형 = $\dfrac{\pi r^4}{4}$, 삼각형 = $\dfrac{bh^3}{36}$)

27. 카르노사이클로 작동하는 열기관이 800[K]의 고온열원과 300[K]의 저온열원 사이에서 작동할 때 이 열기관의 효율은?

① 37.5[%]　　② 50[%]
③ 62.5[%]　　④ 66.7[%]

해설 Carnot cycle에서 열효율(η_c)
$$\eta_c = 1 - \frac{T_2}{T_1} = 1 - \frac{300}{800} = 0.625 = 62.5[\%]$$

28. 수평관의 길이가 100[m]이고, 안지름이 100[mm]인 소화설비 배관 내를 평균유속 2[m/s]로 물이 흐를 때 마찰손실수두는 약 몇 [m]인가? (단, 관의 마찰계수는 0.05이다.)

① 9.2　　② 10.2
③ 11.2　　④ 12.2

정답 25. ② 26. ② 27. ③ 28. ②

해설 원형관에서의 손실수두
달시-바이스바하(Darcy-Weisbach)의 식
$h_L = f \cdot \dfrac{l}{d} \cdot \dfrac{v^2}{2g}$ [m] $= 0.05 \times \dfrac{100}{0.1} \times \dfrac{2^2}{2 \times 9.8} \fallingdotseq 10.2$ [m]

여기서, f : 관마찰계수, d : 관경 [m]
   l : 길이 [m], v : 유속 [m/s]
   g : 중력가속도 [m/s²]

29. 피토관을 사용하여 일정 속도로 흐르고 있는 물의 유속(V)을 측정하기 위해, 그림과 같이 비중 S인 유체를 가는 액주계를 설치하였다. S=2일 때 액주의 높이 차이가 H=h가 되면, S = 3일 때 액주의 높이 차(H)는 얼마가 되는가?

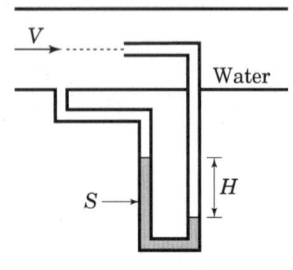

① $\dfrac{h}{9}$ ② $\dfrac{h}{\sqrt{3}}$
③ $\dfrac{h}{3}$ ④ $\dfrac{h}{2}$

해설 피토(pitot) 정압관
$v = \sqrt{2gh\left(\dfrac{s_s}{s} - 1\right)}$ 에서

(1) $S=2$일 경우
$v = \sqrt{2gh\left(\dfrac{2}{1} - 1\right)} = \sqrt{2gh}$

(2) $S=3$일 경우
$v = \sqrt{2gH\left(\dfrac{3}{1} - 1\right)} = \sqrt{4gH}$

유속의 변화는 없는 것으로 하여
$\sqrt{4gH} = \sqrt{2gh}$
∴ $H = h/2$

30. 안지름이 25[mm]인 노즐 선단에서의 방수 압력은 계기압력으로 5.8×10⁵[Pa]이다. 이 때 방수량은 약 [m²/s]인가?

① 0.017 ② 0.17
③ 0.034 ④ 0.34

해설
방수량 $Q = 0.653 \times D^2 \sqrt{10P}$ [L/min]
여기서, D : 노즐 직경 [mm], P : 방수압 [MPa]

∴ $Q = 0.653 \times 25^2 \times \sqrt{10 \times 5.8 \times 10^5 \times 10^{-6}}$
    $= 982$ [L/min] $= 0.982$ [m³/min]
    $= 0.982/60$ [m³/s] ≈ 0.017 [m³/s]

31. 파이프 단면적이 2.5배로 급격하게 확대되는 구간을 지난 후의 유속이 1.2[m/s]이다. 부차적 손실계수가 0.36이라면 급격확대로 인한 손실수두는 몇 [m]인가?

① 0.0264 ② 0.0661
③ 0.165   ④ 0.331

해설 부차적 손실(돌연확대관 손실수두)
$h_L = \left(1 - \dfrac{A_1}{A_2}\right)^2 \dfrac{V_1^2}{2g} = K\dfrac{V_1^2}{2g}$ [m]

여기서, h_L : 손실수두 [m]
   K : 부차적 손실계수
   V_1 : 작은 관 유속 [m/s]
   V_2 : 큰 관 유속 [m/s]
   A_1 : 작은 관의 단면적 [m²]
   A_2 : 큰 관의 단면적 [m²]
   g : 중력가속도 [m/s²]

작은 관의 유속 V_1은 유체의 연속방정식
$A_1 V_1 = A_2 V_2$ 에서
$V_1 = \dfrac{A_2}{A_1} V_2 = \dfrac{2.5}{1} \times 1.2 = 3$ [m/s]
K=0.36, $V_1 = 3$
$h_L = K\dfrac{V_1^2}{2g} = 0.36 \times \dfrac{3^2}{2 \times 9.8} = 0.165$ [m]

정답 29. ④ 30. ① 31. ③

※ 급축소관 손실수두

$$h_l = \left(\frac{1}{C_c} - 1\right)^2 \frac{V_2^2}{2g} = K\frac{V_2^2}{2g}$$

$$K = \left(\frac{1}{C_c} - 1\right)^2, \quad C_c = \frac{A_c}{A_2}$$

C_c : 베나축소계수,
A_c : 유동 단면적이 최소인 부분의 단면적
V_2 = 2지점의 유속

32. 그림과 같은 면적 A_1인 원형 관의 출구에 노즐이 볼트로 연결되어 있으며 노즐 끝의 면적은 A_2이고 노즐 끝(2지점)에서의 물의 속도는 V, 물의 밀도는 ρ이다. 볼트 전체에 작용하는 힘이 F_B일 때, 1지점에서의 압력(게이지압력)을 구하는 식은?

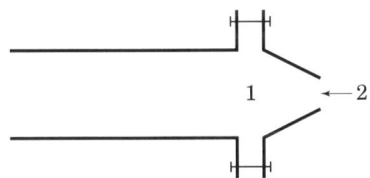

① $\frac{F_B}{A_1} - \rho V^2 \left(1 + \frac{A_2}{A_1}\right)$

② $\frac{F_B}{A_1} + \rho V^2 \left(1 - \frac{A_2}{A_1}\right)\frac{A_2}{A_1}$

③ $\frac{F_B}{A_1} - \rho V^2 \left(1 - \frac{A_1}{A_2}\right)$

④ $\frac{F_B}{A_1} - \rho V^2 \left(1 - \frac{A_2}{A_1}\right)\frac{A_2}{A_1}$

해설 운동량 방정식

$P_1 A_1 - F_B = \rho Q(V_2 - V_1) = \rho A_2 V_2^2 - \rho A_1 V_1^2$ 에서

$P_1 A_1 = F_B + \rho A_2 V_2^2 - \rho A_1 V_1^2$ ············ (1)식

연속방정식

$Q = A_1 V_1 = A_2 V_2$, $V_2 = V$ 이므로

$V_1 = \frac{A_2}{A_1} V_2 = \frac{A_2}{A_1} V$ ··················· (2)식

(2)식을 (1)식에 대입하면

$$P_1 A_1 = F_B + \rho A_2 V^2 - \rho A_1 \left(\frac{A_2}{A_1} V\right)^2$$

$$= F_B + \rho A_2 V^2 - \rho A_1 \frac{A_2^2}{A_1^2} V^2 = F_B + \rho V^2 \left(A_2 - \frac{A_2^2}{A_1}\right)$$

$$\therefore P_1 = \frac{F_B}{A_1} + \rho V^2 \frac{1}{A_1}\left(A_2 - \frac{A_2^2}{A_1}\right)$$

$$\therefore P_1 = \frac{F_B}{A_1} + \rho V^2 \left(1 - \frac{A_2}{A_1}\right)\frac{A_2}{A_1}$$

응용문제

33. 압력(P_1)이 100[kPa], 온도(T_1)가 300[K]인 이상기체가 "$PV^{1.4}$ = 일정"인 폴리트로픽 과정을 거쳐 압력(P_2)이 400[kPa]까지 압축된다. 최종상태의 온도(T_2)는 얼마인가?

① 300[K]　② 446[K]
③ 535[K]　④ 644[K]

해설 폴리트로픽 과정(polytropic process)

$\frac{T_2}{T_1} = \left(\frac{P_2}{P_1}\right)^{\frac{n-1}{n}}$ 에서

$T_2 = T_1 \left(\frac{P_2}{P_1}\right)^{\frac{n-1}{n}} = 300 \times \left(\frac{400}{100}\right)^{\frac{1.4-1}{1.4}} \fallingdotseq 446$ [K]

응용문제

34. 그림과 같이 밀폐된 용기 내 공기의 계기압력은 몇 [Pa]인가?

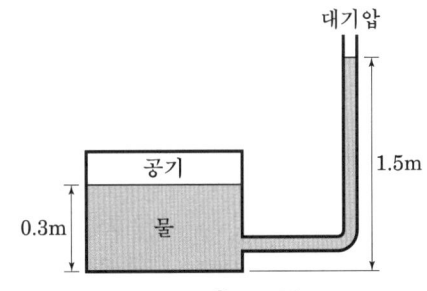

① 1,200　② 1,500
③ 11,760　④ 14,700

정답 32. ②　33. ②　34. ③

[해설]
계기압력이므로 액주계의 대기압은 고려하지 않는다.
$p_a + rh_1 = rh_2$
$\therefore p_a = r(h_2 - h_1) = 9,800 \times (1.5 - 0.3) = 11,760 \, [Pa]$

물의 비중량 $\gamma = 9800 \, [N/m^3] = 9.8 \, [kN/m^3]$

35. 액체 분자들 사이의 응집력과 고체면에 대한 부착력의 차이에 의하여 관내 액체표면과 자유표면 사이에 높이 차이가 나타나는 것과 가장 관계가 깊은 것은?

① 관성력　　　　② 점성
③ 뉴턴의 마찰법칙　④ 모세관현상

[해설] 모세관 현상(capillarity)
액체 속에 지름이 작은 관을 세우면 관 속의 액면이 관 밖의 액면보다 높거나 낮게 되는데, 이러한 현상을 모세관 현상이라 하며 이것은 액체 분자들 사이의 응집력과 고체면과의 부착력에 의한 것으로 부착력이 응집력보다 크면 관속의 액면은 상승하고 반대로 부착력이 응집력보다 작으면 하강한다.

36. 마그네슘은 절대온도 293[K]에서 열전도도가 156[W/m·K] 밀도는 1740[kg/m³]이고, 비열이 1017[J/kg·K]일 때 열확산계수[m²/s]는?

① 8.96×10^{-2}　　② 1.53×10^{-1}
③ 8.81×10^{-5}　　④ 8.81×10^{-4}

[해설] 열확산계수
고체의 열전도에서 열을 받지 않은 이면까지 온도가 전달되는 비율을 말한다.
즉, 열확산율이 높은 고체일수록 열전도가 잘 이루어지며 이면으로의 연소확대가 용이하다.

$\alpha = \dfrac{k}{\rho c}$

α : 열확산계수　　k : 열전도율 [W/m·K]
ρ : 밀도 [kg/m³]　c : 비열 [J/kg·TK]

$\alpha = \dfrac{156}{1740 \times 1017} ≒ 8.81 \times 10^{-5}$

37. 배관내 유체 유량을 직접 측정할 수 있는 기기가 아닌 것은?

① 로터미터　　② 벤츄리미터
③ 마노미터　　④ 오리피스

[해설] 마노미터(manometer)
용기내의 압력을 측정하는 액주계이다.

※ 유량측정기기
벤튜리미터, 오리피스미터, 위어, 로터미터, 노즐

신규문제
38. 다음 중 이상유체에 대한 설명으로 가장 적합한 것은?

① 점성이 없는 유제
② 압축성이 없는 유체
③ 점성과 압축성이 없는 유체
④ 뉴턴의 점성법칙을 만족하는 유체

[해설] 이상유체
비점성, 비압축성, 전단응력이 존재하지 않음

39. 점성계수가 0.08[kg/m·s]이고 밀도가 800[kg/m³]인 유체의 동점성계수는 몇 [cm²/s]인가?

① 0.0001　　② 0.08
③ 1.0　　　　④ 8.0

[해설] 동점성계수(동점도) ν
$\nu = \dfrac{\mu}{\rho} = \dfrac{0.08}{800} = 1 \times 10^{-4} \, [m^2/s] = 1.0 \, [cm^2/s]$

여기서, μ : 점성계수
　　　　　[Pa·s=N·s/m²=kg/m·s]
　　　ρ : 밀도[kg/m³]　$1m^2/s = 1 \times 10^4 \, [cm^2/s]$

정답　35. ④　36. ③　37. ③　38. ③　39. ③

40. 소화펌프의 회전수가 1450[rpm]일 때 양정이 25[m], 유량이 5[m³/min] 이었다. 펌프의 회전수를 1740[rpm]으로 높일 경우 양정[m]과 유량[m³/min]은? (단, 회전차의 직경은 일정하다.)

① 양정 : 17   유량 : 4.2
② 양정 : 21   유량 : 5
③ 양정 : 30.2 유량 : 5.2
④ 양정 : 36   유량 : 6

해설 펌프의 상사법칙(회전수 변화)

(1) 유량 (Q) : $Q_2 = Q_1 \times \left(\dfrac{N_2}{N_1}\right) = 5 \times \left(\dfrac{1740}{1450}\right) = 6\,[\text{m}^3/\text{min}]$

(2) 양정 (H) : $H_2 = H_1 \times \left(\dfrac{N_2}{N_1}\right)^2 = 25 \times \left(\dfrac{1740}{1450}\right)^2 = 36\,[\text{m}]$

■■■ 제3과목 소방관계법규

41. 소방시설 설치 및 관리에 관한 법령에 따른 방염성능기준 이상의 실내 장식물 등을 설치하여야 하는 특정소방대상물의 기준 중 틀린 것은?

① 건축물의 옥내에 있는 시설로서 종교시설
② 층수가 11층 이상인 아파트
③ 의료시설 중 종합병원
④ 노유자시설

해설 방염대상 특정소방대상물
① 근린생활시설 중 의원, 조산원, 산후조리원, 체력단련장, 공연장 및 종교집회장
② 건축물의 옥내에 있는 시설 [문화 및 집회시설, 종교시설, 운동시설(수영장은 제외)]
③ 의료시설, 노유자시설 및 숙박이 가능한 수련시설, 숙박시설, 방송통신시설 중 방송국 및 촬영소
④ 다중이용업의 영업장
⑤ 층수가 11층 이상인 것(아파트는 제외)
⑥ 교육연구시설 중 합숙소

+암기) 연예인 안문숙이 11층의 체력단련장에서 운동하다 다쳤는데 의료시설인 조산의원에 안가고 공연장으로 가 이상하게 여겨 방송국에서 촬영하러 오니 합숙소의 노유자, 수련시설의 종교인등이 구경 옴

42. 소방대상물의 방염 등과 관련하여 방염성능기준으로 옳지 않은 것은?

① 버너의 불꽃을 제거한 때부터 불꽃을 올리며 연소하는 상태가 그칠 때까지 시간은 20초 이내
② 버너의 불꽃을 제거한 때부터 불꽃을 올리지 않고 연소하는 상태가 그칠 때까지 시간은 30초 이내
③ 탄화한 면적은 50 [cm²] 이내, 탄화한 길이는 20 [cm] 이내
④ 불꽃에 의하여 완전히 녹을 때까지 불꽃의 접촉횟수는 2회 이상

해설 방염성능기준 - 대통령령
① 버너의 불꽃을 제거한 때부터 불꽃을 올리며 연소하는 상태가 그칠 때까지 시간은 20초 이내
② 버너의 불꽃을 제거한 때부터 불꽃을 올리지 않고 연소하는 상태가 그칠 때까지 시간은 30초 이내
③ 탄화한 면적은 50 [cm²] 이내, 탄화한 길이는 20 [cm] 이내
④ 불꽃에 의하여 완전히 녹을 때까지 불꽃의 접촉횟수는 3회 이상
⑤ 발연량을 측정하는 경우 최대연기밀도는 400 이하

43. 소방기본법령상 인접하고 있는 시·도간 소방업무의 상호응원협정을 체결하고자 할 때, 포함되어야 하는 사항으로 틀린 것은?

① 소방교육·훈련의 종류에 관한 사항
② 화재의 경계·진압활동에 관한 사항
③ 출동대원의 수당·식사 및 피복의 수선의 소요경비의 부담에 관한 사항
④ 화재조사활동에 관한 사항

해설 소방업무의 응원
1. 소방활동을 할 때에 긴급한 경우 이웃한 소방본부장 또는 소방서장에게 도움을 요청하는 것
2. 소방업무의 응원(應援)을 요청 하는 자 : 소방본부장이나 소방서장
3. 응원 요청을 받은 소방본부장 또는 소방서장 : 정당한 사유 없이 그 요청을 거절하면 안 됨

정답 40. ④ 41. ② 42. ④ 43. ①

복원기출문제   2022. 4회 소방설비기사

4. 파견된 소방대원 : 응원을 요청한 소방본부장 또는 소방서장의 지휘에 따라야 한다.
5. 이웃하는 시·도지사와 협의하여 미리 규약(規約)으로 정해야 한다.
6. 소방업무의 응원의 체결자 : 시·도지사
7. 상호응원협정 체결 시 포함되어야 하는 사항
   ① 응원출동 요청방법
   ② 응원출동 대상지역 및 규모
   ③ 응원출동 훈련 및 평가
   ④ 소방활동에 관한 사항
      ㉠ 화재의 경계·진압 활동
      ㉡ 구조·구급 업무의 지원
      ㉢ 화재조사활동
   ⑤ 소요경비의 부담에 관한 사항
      ㉠ 출동대원의 수당·식사 및 의복의 수선
      ㉡ 소방장비 및 기구의 정비와 연료의 보급
      ㉢ 그 밖의 경비

☞ 응원 협정 사항에는 소방대원에 대한 교육, 훈련 및 소방신호, 현장지휘에 관한 사항에 대한 내용은 없음

44. 화재의 예방 및 안전관리에 관한 법령상 1급 소방안전관리대상물의 소방안전관리자 선임 자격 기준 중 ( ) 안에 알맞은 내용은?

> 소방공무원으로 (   ) 년 이상 근무한 경력이 있는 사람

① 1년 이상   ② 2년 이상
③ 3년 이상   ④ 7년 이상

해설 소방안전관리대상물의 소방안전관리자의 자격(다음으로서 안전관리자 자격증을 발급 받은 사람)

1급	① 소방설비기사 또는 소방설비산업기사의 자격이 있는 사람 ② 소방공무원으로 7년 이상 근무한 경력이 있는 사람 ③ 1급 소방안전관리대상물의 소방안전관리에 관한 시험에 합격한 사람 ④ 특급 소방안전관리대상물의 소방안전관리자 자격증을 발급받은 사람
2급	① 위험물기능장·위험물산업기사 또는 위험물기능사 자격이 있는 사람 ② 소방공무원으로 3년 이상 근무한 경력이 있는 사람 ③ 2급 소방안전관리대상물의 소방안전관리에 관한 시험에 합격한 사람 ④ 기업활동 규제완화에 관한 특별조치법에 따라 소방안전관리자로 선임된 사람 ⑤ 특급, 1급 소방안전관리대상물의 소방안전관리자 자격증을 발급받은 사람

45. 다음 중 전문소방시설관리업의 보조 기술인력으로 옳지 않은 것은?

① 특급점검자 이상의 기술인력 : 2명 이상
② 고급점검자 이상의 기술인력 : 2명 이상
③ 중급점검자 이상의 기술인력 : 2명 이상
④ 초급점검자 이상의 기술인력 : 2명 이상

해설 소방시설관리업의 업종별 등록기준

업종별	기술인력
전문 소방시설관리업	가. 주된 기술인력 　1) 소방시설관리사 자격을 취득한 후 소방 관련 실무경력이 5년 이상인 사람 1명 이상 　2) 소방시설관리사 자격을 취득한 후 소방 관련 실무경력이 3년 이상인 사람 1명 이상 나. 보조 기술인력 　1) 고급점검자 이상의 기술인력: 2명 이상 　2) 중급점검자 이상의 기술인력: 2명 이상 　3) 초급점검자 이상의 기술인력: 2명 이상

46. 화재의 예방 및 안전관리에 관한 법상 소방안전 특별관리시설물의 대상 기준 중 틀린 것은?

① 수련시설
② 항만시설
③ 전력용 및 통신용 지하구
④ 지정문화재인 시설(시설이 아닌 지정문화재를 보호하거나 소장하고 있는 시설을 포함)

정답 44. ④   45. ①   46. ①

해설 소방안전 특별관리시설물
① 공항시설, 철도시설, 도시철도시설, 항만시설,
② 석유비축시설, 천연가스 인수기지 및 공급망
③ 지정문화재인 시설(시설이 아닌 지정문화재를 보호하거나 소장하고 있는 시설을 포함)
④ 산업기술단지, 산업단지
⑤ 전력용 및 통신용 지하구
⑥ 초고층 건축물 및 지하연계 복합건축물
⑦ 영화상영관 중 수용인원 1천명 이상인 영화상영관
⑧ 전통시장으로서 대통령령으로 정하는 전통시장(점포가 500개 이상인 전통시장)
⑨ 그 밖에 대통령령으로 정하는 시설물
  ㉠ 발전사업자가 가동 중인 발전소
  ㉡ 물류창고로서 연면적 10만 [m²] 이상인 것
  ㉢ 가스공급시설

47. 일반 소방시설설계업(기계분야)의 영업범위는 공장의 경우 연면적 몇 [m²] 미만의 특정소방대상물에 설치되는 기계분야 소방시설의 설계에 한하는가? (단, 제연설비가 설치되는 특정소방대상물은 제외한다.)

① 10,000[m²]   ② 20,000[m²]
③ 30,000[m²]   ④ 40,000[m²]

해설 소방시설설계업 등록기준 및 영업범위(소방공사감리업 동일)

업종별	항목	영업범위
전문소방시설 설계업		모든 특정소방대상물에 설치되는 소방시설의 설계
일반 소방시설 설계업	기계 (전기) 분야	가. 아파트에 설치되는 기계(전기)분야 소방시설(기계 : 제연설비는 제외한다)의 설계 나. 연면적 3만[m²](공장의 경우에는 1만[m²]) 미만의 특정소방대상물(기계 : 제연설비가 설치되는 특정소방대상물은 제외)에 설치되는 기계(전기)분야 소방시설의 설계 다. 위험물제조소등에 설치되는 기계(전기)분야 소방시설의 설계

48. 위험물안전관리법령상 제조소등이 아닌 장소에서 지정수량 이상의 위험물을 취급할 수 있는 기준 중 다음 ( )안에 알맞은 것은?

> 시·도의 조례가 정하는 바에 따라 관할 소방서장의 승인을 받아 지정수량 이상의 위험물을 (   )일 이내의 기간 동안 임시로 저장 또는 취급하는 경우

① 15   ② 30
③ 60   ④ 90

해설 위험물의 저장 및 취급의 제한
지정수량 이상의 위험물을 저장소가 아닌 장소에서 저장하거나 제조소등이 아닌 장소에서 취급하여서는 아니된다.

3년 이하의 징역 또는 3천만 원 이하의 벌금

※ 제조소 등이 아닌 장소에서 지정수량 이상의 위험물을 취급할 수 있는 경우
① 관할소방서장의 승인을 받아 지정수량 이상의 위험물을 90일 이내의 임시로 저장 또는 취급하는 경우
② 군부대가 지정수량 이상의 위험물을 군사목적으로 임시로 저장 또는 취급하는 경우 – 제조소등을 설치하거나 그 위치·구조 또는 설비를 변경하고자 하는 군부대의 장은 제조소등의 소재지를 관할하는 시·도지사와 협의(설계도서, 서류등 제출)하여야 하며 협의가 된 경우 허가를 받은 것으로 보며 군 부대의 장은 탱크안전성능검사와 완공검사를 자체적으로 할 수 있고 시·도지사에게 통보할 것

49. 위험물안전관리법에 따라 지위승계 및 폐지를 한 경우 몇일 이내에 시도지사에게 신고하여야 하는가?

① 14, 14   ② 30, 14
③ 14, 30   ④ 30, 30

[해설] 설치, 변경 등 시도지사에게 허가 및 신고

구분	내용	방법
설치	제조소등을 설치하고자 할 때	허가
변경	위치, 구조 또는 설비의 변경 없이 위험물의 품명, 수량 또는 지정수량의 배수를 변경하고자 하는 날의 1일 전까지 행정안전부령이 정하는 바에 따라	신고
지위승계	행정안전부령이 정하는 바에 따라 지위 승계한 날로부터 30일 이내	신고
폐지	제조소등의 용도 폐지 시 폐지한 날로부터 14일 이내	신고
사용중지, 재개	중지하려는 날 또는 재개하려는 날의 14일 전	신고

50. 소방기본법에 따른 소방업무를 수행하는 데에 필요한 인력과 장비 등에 관한 기준은 무엇으로 정하는가?

① 대통령령 ② 총리령
③ 행정안전부령 ④ 시도의 조례

[해설] 소방력(消防力)
① 소방력 – 소방기관이 소방업무를 수행하는 데에 필요한 인력과 장비 등
② 소방력의 확충 – 시·도지사는 소방력을 확충하기 위하여 필요한 계획을 수립하여 시행하여야 한다.
③ 소방업무를 수행하는 데에 필요한 인력과 장비 등에 관한 기준(행정안전부령)

51. 소방관련법령에 따라 관계인이 하지 않아도 되는 것은 무엇인가?

① 사람을 구출하는 조치
② 화재의 예방조치의 명령에 대한 조치
③ 불을 끄거나 불이 번지지 아니하도록 하는 조치
④ 소방활동 장비를 지급하는 조치

[해설] 관계인의 소방활동 등
관계인은 소방대가 현장에 도착할 때까지 사람을 구출하는 조치 또는 불을 끄거나 불이 번지지 아니하도록 하는 조치를 하여야 한다.

52. 소방기본법령상 과태료 200만 원 벌칙에 해당하지 않는 것은?

① 피난명령을 위반한 사람
② 한국 119청소년단 또는 이와 유사한 명칭을 사용한 자
③ 소방활동구역을 출입한 사람
④ 한국소방안전원 또는 이와 유사한 명칭을 사용한 자

[해설] 200만 원 이하의 과태료(시·도지사, 소방본부장 또는 소방서장이 부과·징수)

① 한국 119청소년단 또는 이와 유사한 명칭을 사용한 자
② 소방자동차의 출동에 지장을 준 자
③ 소방활동구역을 출입한 사람
④ 한국소방안전원 또는 이와 유사한 명칭을 사용한 자

※ 피난명령을 위반한 사람 : 100만 원 이하의 벌금

53. 소방안전관리대상물의 소방안전관리자를 선임하지 아니한 자의 벌칙은?

① 100만 원 이하의 벌금
② 300만 원 이하의 벌금
③ 1000만 원 이하의 벌금
④ 1500만 원 이하의 벌금

[해설] 300만 원 이하의 벌금
① 화재안전조사를 정당한 사유 없이 거부·방해 또는 기피한 자
② 화재 발생 위험이 크거나 소화 활동에 지장을 줄 수 있다고 인정되는 행위나 물건에 대하여 행위 당사자나 그 물건의 소유자, 관리자 또는 점유자에게 제거, 이동의 명령을 정당한 사유 없이 따르지 아니하거나 방해한 자
③ 소방안전관리자, 총괄소방안전관리자 또는 소방안전관리보조자를 선임하지 아니한 자
④ 소방시설·피난시설·방화시설 및 방화구획 등이 법령에 위반된 것을 발견하였음에도 필요한 조치를 할 것을 요구하지 아니한 소방안전관리자
⑤ 소방안전관리자에게 불이익한 처우를 한 관계인

정답 50. ③ 51. ④ 52. ① 53. ②

⑥ 화재예방안전진단 업무 및 위탁받은 업무를 수행하면서 알게 된 비밀을 이 법에서 정한 목적 외의 용도로 사용하거나 다른 사람 또는 기관에 제공하거나 누설한 자

54. 다음은 소방공사업법에 따라 1명의 감리원이 담당하는 소방공사감리현장에 대한 설명이다. ( ) 안에 들어갈 알맞은 것은?

> ( )개 이하로서 감리현장 연면적의 총 합계가 ( )만 [m²] 이하 (자동화재탐지설비 또는 옥내소화전설비 중 어느 하나만 설치하는 2개의 소방공사감리현장이 최단 차량주행거리로 30 [km] 이내에 있는 경우에는 1개의 소방공사 감리현장으로 본다)

① 1, 10   ② 2, 10
③ 5, 5   ④ 5, 10

해설 1명의 감리원이 담당하는 소방공사감리현장
㉠ 5개 이하로서 감리현장 연면적의 총 합계가 10만 [m²] 이하 (자동화재탐지설비 또는 옥내소화전설비 중 어느 하나만 설치하는 2개의 소방공사감리현장이 최단 차량주행거리로 30 [km] 이내에 있는 경우에는 1개의 소방공사 감리현장으로 본다)
㉡ 아파트의 경우
연면적의 합계에 관계없이 1명의 감리원이 5개 이내의 공사현장을 감리할 수 있다.

55. 소방기본법에 따라 사람을 구출하거나 불이 번지는 것을 막기 위하여 필요할 때에는 화재가 발생하거나 불이 번질 우려가 있는 소방대상물 및 토지를 일시적으로 사용하거나 그 사용의 제한 또는 소방활동에 필요한 처분을 할 수 있는 자는?

① 시도지사   ② 소방본부장
③ 소방서장   ④ 소방대장

해설 소방대장의 권한
① 화재 현장에 대통령령으로 정하는 사람 외에는 그 구역에 출입하는 것을 제한할 수 있다.
② 화재, 재난·재해, 그 밖의 위급한 상황이 발생한 현장에서 소방활동을 위하여 필요할 때에는 그 관할구역에 사는 사람 또는 그 현장에 있는 사람으로 하여금 사람을 구출하는 일 또는 불을 끄거나 불이 번지지 아니하도록 하는 일을 하게 할 수 있다.
③ 사람을 구출하거나 불이 번지는 것을 막기 위하여 필요할 때에는 화재가 발생하거나 불이 번질 우려가 있는 소방대상물 및 토지를 일시적으로 사용하거나 그 사용의 제한 또는 소방활동에 필요한 처분을 할 수 있다.
④ 소방활동을 위하여 긴급하게 출동할 때에는 소방자동차의 통행과 소방활동에 방해가 되는 주차 또는 정차된 차량 및 물건 등을 제거하거나 이동시킬 수 있다.
⑤ 화재 진압 등 소방활동을 위하여 필요할 때에는 소방용수 외에 댐·저수지 등의 물을 사용할 수 있다.

56. 소방안전관리대상물의 소방안전관리자로 선임된 자가 실시하여야 할 업무가 아닌 것은?

① 소방계획서의 작성 및 시행
② 자위소방대 및 초기대응체계의 구성·운영·교육
③ 소방시설 공사
④ 소방훈련 및 교육

해설 소방안전관리 업무
① 피난계획에 관한 사항과 대통령령으로 정하는 사항이 포함된 소방계획서의 작성 및 시행
② 자위소방대 및 초기대응체계의 구성, 운영 및 교육
③ 소방훈련 및 교육
④ 소방안전관리에 관한 업무수행에 관한 기록·유지 (⑤~⑦의 업무)
⑤ 피난시설, 방화구획 및 방화시설의 관리
⑥ 소방시설이나 그 밖의 소방 관련 시설의 관리
⑦ 화기(火氣) 취급의 감독
⑧ 화재발생 시 초기대응
⑨ 그 밖에 소방안전관리에 필요한 업무

소방안전관리 업무를 하지 아니한 특정소방대상물의 관계인 또는 소방안전관리대상물의 소방안전 관리자 : 300만 원 이하의 과태료

57. 위험물안전관리법령상 관계인이 예방규정을 정하여야 하는 위험물을 취급하는 제조소의 지정수량 기준으로 옳은 것은?

① 지정수량의 10배 이상
② 지정수량의 100배 이상
③ 지정수량의 150배 이상
④ 지정수량의 200배 이상

해설 예방규정을 작성해야 하는 대상
제조소등의 관계인은 예방규정을 정하여 당해 제조소등의 사용을 시작하기 전에 시·도지사에게 제출하여야 한다. 예방규정을 변경한 때에도 또한 같다.

구 분	지정수량의 배수
암반탱크저장소, 이송취급소	지정수량 관계없이 예방규정을 정하여야 함
제조소, 일반취급소	10배 이상
옥외저장소	100배 이상
옥내저장소	150배 이상
옥외탱크저장소	200배 이상

58. 소방용수시설 중 소화전과 급수탑의 설치기준으로 틀린 것은?

① 소화전은 상수도와 연결하여 지하식 또는 지상식의 구조로 할 것
② 소방용호스와 연결하는 소화전의 연결금속구의 구경은 65[mm]로 할 것
③ 급수탑 급수배관의 구경은 100[mm] 이상으로 할 것
④ 급수탑의 개폐밸브는 지상에서 1.5[m]이상 1.8[m] 이하의 위치에 설치할 것

해설 급수탑
① 급수배관의 구경은 100[mm] 이상
② 개폐밸브는 지상에서 1.5[m] 이상 1.7[m] 이하의 위치에 설치

59. 화재의 예방조치 등과 관련하여 불장난, 모닥불, 흡연, 화기 취급, 그 밖에 화재예방상 위험하다고 인정되는 행위의 금지 또는 제한의 명령을 할 수 있는 자가 아닌 자는?

① 시·도지사   ② 소방서장
③ 소방청장   ④ 소방본부장

해설 화재의 예방조치 등
소방관서장은 화재 발생 위험이 크거나 소화 활동에 지장을 줄 수 있다고 인정되는 행위나 물건에 대하여 행위 당사자나 그 물건의 소유자, 관리자 또는 점유자에게 다음의 명령을 할 수 있다.

① 다음에 해당하는 행위의 금지 또는 제한
　㉠ 모닥불, 흡연 등 화기의 취급
　㉡ 풍등 등 소형열기구 날리기
　㉢ 용접·용단 등 불꽃을 발생시키는 행위
　㉣ 그 밖에 대통령령으로 정하는 화재 발생 위험이 있는 행위(위험물을 방치하는 행위)
② 목재, 플라스틱 등 가연성이 큰 물건의 제거, 이격, 적재 금지 등
③ 소방차량의 통행이나 소화 활동에 지장을 줄 수 있는 물건의 이동

※ 소방관서장 : 소방청장, 소방본부장, 소방서장을 말함

60. 소방시설 설치 및 관리에 관한 법령상 분말형태의 소화약제를 사용하는 소화기의 내용연수로 옳은 것은? (단, 소방용품의 성능을 확인받아 그 사용기한을 연장하는 경우는 제외한다.)

① 3년   ② 5년
③ 7년   ④ 10년

해설 소방용품의 내용연수
분말형태의 소화약제를 사용하는 소화기(10년)

정답 57. ① 58. ④ 59. ① 60. ④

■■■ 제4과목 소방기계시설의 구조 및 원리

61. 화재조기진압용스프링클러설비 설치대상으로 옳은 것은?

① 천장 또는 반자의 높이가 7 [m]를 넘는 랙식 창고로서 연면적 1천5백 [m²] 이상
② 천장 또는 반자의 높이가 10 [m]를 넘는 랙식 창고로서 연면적 1천5백 [m²] 이상
③ 천장 또는 반자의 높이가 13.7 [m]를 넘는 랙식 창고로서 연면적 1천5백 [m²] 이상
④ 천장 또는 반자의 높이가 10.5[m]를 넘는 랙식 창고로서 연면적 1천5백 [m²] 이상

해설 화재조기진압용스프링클러설비 설치대상
  천장 또는 반자의 높이가 10[m]를 넘는 랙식 창고로서 연면적 1천5백 [m²] 이상

※ 설치제외
① 제4류 위험물
② 타이어, 두루마리 종이 및 섬유류, 섬유제품 등 연소 시 화염의 속도가 빠르고 방사된 물이 하부까지에 도달하지 못하는 것

62. 다음은 물분무소화설비의 화재안전기술기준에 따른 수원의 저수량 기준이다. ( )에 들어갈 내용으로 옳은 것은?

> 주차장, 특수가연물, 케이블트레이를 저장 또는 취급하는 특정소방대상물 또는 그 부분에 있어서 수원의 저수량은 각각 그 바닥면적 1[m²]에 대하여 ( ) [L/min]로 20분간 방수할 수 있는 양 이상으로 할 것

① 20, 10, 12 ② 10, 12, 20
③ 12, 10, 20 ④ 20, 12, 10

해설 물분무소화설비의 수원의 양 A×Q×T / 펌프의 토출량 A×Q

구분	특수가연물	차고 또는 주차장	절연유 봉입 변압기	케이블트레이 케이블덕트	콘베이어 벨트 등
A	바닥면적[m²] → 50 [m²] 이하인 경우에는 50 [m²]	바닥부분을 제외한 표면적을 합한 면적[m²]		투영된 바닥면적[m²]	벨트부분의 바닥면적 [m²]
Q	10 [ℓ/min·m²]	20 [ℓ/min·m²]	10 [ℓ/min·m²]	12 [ℓ/min·m²]	10 [ℓ/min·m²]
T	20분	20분	20분	20분	20분

63. 층수가 16층인 아파트 건축물에 각 세대마다, 12개의 폐쇄형스프링클러헤드 설치하였다. 이 때 소화펌프의 토출량은 몇 [ℓ/min] 이상인가?

① 800 ② 960
③ 1600 ④ 2400

해설 공동주택의 스프링클러 수원 (N × Q × T) / 펌프의 토출량 (N × Q)

N(기준개수)	Q(방수량)	T(방사시간 = 비상전원시간)
10개	80 [ℓ/min·개]	20분

풀이
펌프의 토출량 N × Q = 10개 × 80 [ℓ/min·개]
= 800 [ℓ/min]

※ 층수에 상관없이 아파트의 기준개수는 10개이며 각 세대에 이 보다 적은 헤드가 설치 되어 있으면 그 개수가 기준개수가 되며 문제에서 12개로 주어져도 기준개수는 10개임.
※ 아파트등의 각 동이 주차장으로 서로 연결된 구조인 경우 해당 주차장 부분의 기준개수는 30개로 할 것

정답 61. ② 62. ① 63. ①

64. 다음은 옥내소화전함의 표시등에 대한 설명이다. 가장 적합한 것은?

① 위치표시등은 평상시 불이 켜지지 않은 상태로 있어야 한다.
② 기동표시등은 평상시 불이 켜지지 않은 상태로 있어야 한다.
③ 위치표시등 및 기동표시등은 평상시 불이 켜진 상태로 있어야 한다.
④ 위치표시등 및 기동표시등은 평상시 불이 안 켜진 상태로 있어야 한다.

[해설]
- 위치표시등 : 상시 점등
- 기동표시등 : 평상시 소등 → 펌프 기동 시 점등

65. 이산화탄소 소화약제용 저압식 저장용기에 충전하고자 할 때 적합한 충전비는?

① 0.9 이상 1.1 이하   ② 1.1 이상 1.4 이하
③ 1.4 이상 1.7 이하   ④ 1.5 이상 1.9 이하

[해설] 이산화탄소 소화약제의 저장용기 설치기준

구 분	이산화탄소소화설비	
	고압식	저압식
충전비[ℓ/kg]	1.5 이상 1.9 이하	1.1 이상 1.4 이하
저장용기의 저장온도, 압력	20℃ 6.0 [MPa]	-18℃ 2.1 [MPa]
저장용기 내압시험 압력	25 [MPa]	3.5 [MPa]
안전장치(봉판) 작동압력	내압시험압력의 0.8배	내압시험압력의 0.8배 ~ 1배
안전밸브 작동압력	-	내압시험압력의 0.64배 ~ 0.8배
자동냉동장치	-	-18[℃] 이하에서 2.1 [MPa]유지
압력경보장치	-	1.9 [MPa] 이하 시 2.3 [MPa] 이상 시

66. 분말소화설비의 배관과 선택밸브의 설치기준에 대한 내용으로 옳지 않은 것은?

① 배관은 겸용으로 설치할 것
② 강관은 아연도금에 따른 배관용탄소강관을 사용할 것
③ 동관은 고정압력 또는 최고사용압력의 1.5배 이상의 압력에 견딜 수 있는 것을 사용할 것
④ 선택밸브는 방호구역 또는 방호대상물마다 설치할 것

[해설] 분말소화설비 배관 설치기준 - 배관은 전용으로 설치

구 분	내 용
강관	배관용 탄소강관(spp) 또는 이와 동등이상의 강도 및 내식성, 내열성 단, 축압식 2.5 이상 4.2 [MPa] 이하 → 압력배관용탄소강관 스케줄 40
동관	① 이음이 없는 동 및 동합금 사용 ② 고정압력 또는 최고사용압력의 1.5배 이상에 견딜 것
배관부속 및 밸브류	배관부속 : 배관과 동등이상의 강도, 내식성 밸브류 : 개폐위치, 개폐방향 표시 할 것
방사시간	30초 이내

67. 특정소방대상물에 따라 적응하는 포소화설비의 설치기준 중 발전기실, 엔진펌프실, 변압기, 전기케이블실, 유압설비 바닥면적의 합계가 300 [m²] 미만의 장소에 설치 할 수 있는 것은?

① 포헤드설비
② 호스릴포소화설비
③ 포워터스프링클러설비
④ 고정식 압축공기포소화설비

해설 포 소화설비 종류 및 적응성
○ : 적응성 있음, △ : 조건부 적응성 있음,
× : 적응성 없음, ◎ : 설치 할 수 있음

종류 대상	포워터 스프링 클러 설비	포헤드 설비	고정포 방출 설비	압축 공기포	포 소화전 설비	호스릴 포소화 설비
특수가연물 저장·취급 공장 또는 창고	○	○	○	○	×	×
차고 또는 주차장	○	○	○	○	△	△
항공기격납고	○	○	○	○	×	△
◆(아래참조)	×	×	×	◎	×	×

◆ 발전기실, 엔진펌프실, 변압기, 전기케이블실, 유압설비의 바닥 면적 300 [m²] 미만

68. 물분무소화설비의 가압송수장치의 설치기준 중 옳지 않은 것은? (단, 전동기 또는 내연기관에 따른 펌프를 이용하는 가압송수장치이다.)

① 기동용수압개폐장치를 기동장치로 사용할 경우에 설치하는 충압펌프의 토출압력은 가압송수장치의 정격 토출압력과 같게 한다.
② 가압송수장치가 자동으로 기동된 경우에는 자동으로 정지되도록 한다.
③ 기동용수압개폐장치(압력챔버)를 사용할 경우 그 용적은 100 [L] 이상으로 한다.
④ 수원의 수위가 펌프보다 낮은 위치에 있는 가압송수장치에는 물올림장치를 설치한다.

해설 전동기 또는 내연기관에 따른 펌프를 이용하는 가압송수장치
① 가압송수장치가 자동으로 기동이 된 경우에는 자동으로 정지되지 아니하여야 한다.
② 가압송수장치의 주펌프는 전동기에 따른 펌프로 설치하여야 한다.
③ 정격부하운전 시 펌프의 성능을 시험하기 위한 배관을 설치

④ 기동용수압개폐장치를 기동장치로 사용할 경우에 설치하는 충압펌프의 토출압력은 가압송수장치의 정격 토출압력과 같게 한다.
⑤ 체절운전 시 수온의 상승을 방지하기 위한 순환배관을 설치하고 가압송수장치의 체절운전 시 수온의 상승을 방지하기 위하여 체크밸브와 펌프사이에서 분기한 구경 20[mm] 이상의 배관에 체절압력 미만에서 개방되는 릴리프밸브를 설치하여야 한다.
⑥ 임펠러는 청동 또는 스테인리스, 펌프축은 스테인리스 등의 부식으로 인한 펌프 고착을 방지할 수 있는 적합한 것으로 설치(충압펌프는 제외)
⑦ 수원의 수위가 펌프보다 낮은 위치에 있는 가압송수장치에는 물올림장치를 설치한다.
⑧ 기동용수압개폐장치 또는 이와 동등 이상의 성능이 있는 것을 설치

69. 제연구획은 소화활동 및 피난상 지장을 가져오지 않도록 단순한 구조로 하여야 하며 하나의 제연구역의 면적은 몇 [m²] 이내로 규정하고 있는가?

① 700
② 1000
③ 1300
④ 1500

해설 제연구역의 선정

구 분		내 용
거실	면적	1,000 [m²] 이내
	직경	60 [m] 원내
통로	보행중심선의 길이	60 [m] 이하

① 거실과 통로(복도를 포함)는 상호 제연구획
② 하나의 제연구역은 2개 이상 층에 미치지 아니하도록 할 것

복원기출문제

2022. 4회 소방설비기사

70. 소화용수설비 중 소화수조 및 저수조에 대한 설명으로 틀린 것은?

① 소화수조, 저수조의 채수구 또는 흡수관투입구는 소방차가 2[m] 이내의 지점까지 접근할 수 있는 위치에 설치할 것
② 지하에 설치하는 소화용수설비의 흡수관투입구는 그 한 변이 0.6[m] 이상이거나 직경이 0.6[m] 이상인 것으로 할 것
③ 채수구는 지면으로부터의 높이가 0.5[m] 이상 1[m] 이하의 위치에 설치하고 "채수구"라고 표시한 표지를 할 것
④ 소화수조가 옥상 또는 옥탑의 부분에 설치된 경우에는 지상에 설치된 채수구에서의 압력이 0.1[MPa] 이상이 되도록 할 것

[해설]
1. 소화수조가 옥상 또는 옥탑의 부분에 설치된 경우 지상에 설치된 채수구에서의 압력은 0.15 [MPa] 이상
2. 저수조의 흡수관투입구 또는 채수구 설치위치 소방차가 2 [m] 이내의 지점까지 접근할 수 있는 위치

71. 화재안전기술기준상 설비 또는 용도에 따른 헤드의 수평거리 기준으로 틀린 것은? (단, 성능이 별도로 인정된 스프링클러헤드를 수리계산에 따라 설치하는 경우는 제외한다.)

① 무대부에 스프링클러헤드를 설치하는 경우 1.7[m] 이하
② 공동주택 세대 내의 거실에 스프링클러헤드를 설치하는 경우 2.6[m] 이하
③ 특수가연물을 저장 또는 취급하는 장소에 스프링클러헤드를 설치하는 경우 2.1[m] 이하
④ 특수가연물을 저장하는 창고에 인랙헤드를 설치하는 경우 1.7[m] 이하

[해설] 헤드 수평거리

설비 또는 용도	구 분	수평거리[m]
연결살수설비	연결살수설비 전용헤드	3.7
공동주택	스프링클러헤드	2.6
연결살수설비	스프링클러헤드 설치 시	2.3
간이스프링클러	–	2.3
스프링클러	내화구조	2.3
스프링클러	기타구조	2.1
스프링클러	무대부, 특수가연물 저장 또는 취급하는 장소	1.7
포소화설비	–	2.1
창고	그 밖의 가연물 내화구조	2.3
창고	그 밖의 가연물 기타구조	2.1
창고	특수가연물	1.7
연소방지설비	연결살수설비 전용헤드	2
연소방지설비	스프링클러헤드 설치 시	1.5

72. 주차장에 필요한 분말소화약제 120[kg]을 저장하려고 한다. 이 때 필요한 저장용기의 최소 내용적[ℓ]은?

① 96   ② 120
③ 150   ④ 180

[해설] 소화약제 1kg 당 저장용기의 내용적(= 충전비[ℓ/kg])

제1종	제2종, 제3종	제4종
0.8 [ℓ] 이상	1 [ℓ] 이상	1.25[ℓ] 이상

주차장 : 제3종(인산암모늄) 분말소화약제를 사용

[풀이]
120[kg] × 1 [ℓ] 이상 / [kg] = 120[ℓ]

정답 70. ④ 71. ③ 72. ②

73. 280[m²]의 발전실에 부속용도별로 추가하여야 할 적응성이 있는 수동식 소화기의 최소 수량은 몇 개인가?

① 2
② 4
③ 6
④ 12

해설 용도별 설치기준

용도별	설치기준	
㉮ 보일러실, 음식점의 주방에 자동확산소화기 추가 설치	바닥면적	10 [m²] 이하 / 10 [m²] 초과
	설치개수	1개 / 2개
㉯ 통신기기실, 발전기실, 변전실, 변압기실	바닥면적 50[m²] 마다 적응성 소화기 1개 이상 비치	

풀이
280[m²] ÷ 50[m²/개] = 5.6 ∴ 6개

74. 수직강하식 구조대가 구조적으로 갖추어야 할 조건으로 옳지 않은 것은? (단, 건물내부의 별실에 설치하는 경우는 제외한다.)

① 구조대의 포지는 외부포지와 내부포지로 구성한다.
② 포지는 사용 시 충격을 흡수하도록 수직방향으로 현저하게 늘어나야 한다.
③ 구조대는 연속하여 강하할 수 있는 구조이어야 한다.
④ 입구틀 및 취부틀의 입구는 지름 50 [cm] 이상의 구체가 통과할 수 있어야 한다.

해설 수직강하식 구조대(소방대상물 또는 기타 장비 등에 수직으로 설치하여 사용하는 구조대)
㉠ 구조대는 안전하고 쉽게 사용할 수 있는 구조이어야 한다.
㉡ 구조대의 포지는 외부포지와 내부포지로 구성하되, 외부포지와 내부포지의 사이에 충분한 공기층을 두어야 한다.
㉢ 입구틀 및 취부틀의 입구는 지름 50 [cm] 이상의 구체가 통과할 수 있는 것이어야 한다.
㉣ 구조대는 연속하여 강하할 수 있는 구조이어야 한다.
㉤ 포지는 사용시 수직방향으로 현저하게 늘어나지 아니하여야 한다.
㉥ 포지, 지지틀, 취부틀 그밖의 부속장치 등은 견고하게 부착되어야 한다.
㉦ 본체에 적당한 간격으로 협축부를 마련한 것

75. 소화약제 외의 것을 이용한 간이소화용구의 능력단위 기준 중 다음 ( )안에 알맞은 것은?

간이 소화용구		능력단위
팽창질석 또는 팽창진주암	삽을 상비한 (㉠) [L] 이상의 것 1포	0.5 단위
마른모래	삽을 상비한 (㉡) [L] 이상의 것 1포	

① ㉠ 50, ㉡ 80
② ㉠ 80, ㉡ 50
③ ㉠ 100, ㉡ 80
④ ㉠ 100, ㉡ 160

해설 간이소화용구 능력단위

간이소화용구		능력단위
마른모래	삽을 상비한 50 [ℓ] 이상의 것 1포	0.5단위
팽창질석 또는 팽창진주암	삽을 상비한 80 [ℓ] 이상의 것 1포	

정답 73. ③ 74. ② 75. ②

76. 화재안전기술기준상 물계통의 소화설비 중 펌프의 성능시험배관에 사용되는 유량측정장치는 펌프의 정격토출량의 몇 [%] 이상 측정할 수 있는 성능이 있어야 하는가?

① 65　　　　② 100
③ 120　　　　④ 175

해설 펌프 성능시험배관
① 펌프의 토출측에 설치된 개폐밸브 이전에서 분기하여 설치
② 유량계를 기준으로 전단 직관부에 개폐밸브를 후단 직관부에는 유량조절밸브를 설치
③ 유량측정장치(유량계)는 성능시험배관의 직관부에 설치하되 펌프의 정격토출량의 175[%] 이상 측정할 수 있는 성능

77. 미분무소화설비의 설치기준 중 다음 ( )안에 알맞은 내용으로 옳은 것은?

> 사용되는 필터 또는 스트레이너의 메쉬는 헤드 오리피스 지름의 ( )[%] 이하가 되어야 한다.

① 70　　　　② 80
③ 65　　　　④ 40

해설 미분무소화설비 설치기준
① 사용되는 필터 또는 스트레이너의 메쉬 – 헤드 오리피스 지름의 80[%] 이하
② 가압송수장치의 종류
　㉠ 전동기, 내연기관을 이용하는 가압송수장치
　㉡ 압력수조를 이용하는 가압송수장치
　㉢ 가압수조를 이용하는 가압송수장치
③ 터널, 지하구, 지하가 등에 설치할 경우 동시에 방수되어야 하는 방수구역은 화재가 발생된 방수구역 및 접한 방수구역으로 할 것
④ 배관은 배관용 스테인리스 강관
⑤ 호스릴방식 – 수평거리 25 [m] 이하
⑥ 미분무 설비에 사용되는 헤드 – 조기반응형 헤드

78. 제연설비의 배출구를 설치할 때 예상제연구역의 각 부분으로부터 하나의 배출구까지의 수평거리는 몇 [m] 이내가 되어야 하는가?

① 5[m]　　　　② 10[m]
③ 15[m]　　　　④ 20[m]

해설 배출구 및 공기 유입구

거실의 면적	배출구 (각 부분으로부터 10[m] 이내)		공기 유입구
400 [m²] 미만	예상 제연 구역	설치장소	공기유입구와 배출구간의 직선거리는 5 [m] 이상 또는 구획된 실의 장변의 2분의 1 이상
	벽으로 구획	천장 또는 반자와 바닥 사이의 중간 윗부분	
400 [m²] 이상	예상 제연 구역	설치장소	설치 높이 : 바닥으로부터 1.5 [m] 이하의 높이에 설치하고 그 주변은 공기의 유입에 장애가 없도록 할 것
	벽으로 구획	천장·반자 또는 이에 가까운 벽의 부분	
		벽에 설치	배출구의 하단과 바닥간의 최단거리가 2 [m] 이상	

79. 옥외소화전설비의 호스접결구는 특정소방 대상물의 각 부분으로부터 하나의 호스접결구까지의 수평거리는 몇 m 이하인가?

① 25　　　　② 30
③ 40　　　　④ 50

해설 옥외소화전설비의 설치기준
① 방수압력 : 0.25 [MPa] 이상
② 방수량 : 350 [ℓ/min] 이상
③ 호스 : 구경 65 [mm]
④ 하나의 호스접결구에서 소방대상물까지의 수평거리 – 40 [m] 이하

정답　76. ④　77. ②　78. ②　79. ③

80. 스프링클러설비 헤드의 설치기준 중 다음 ( ) 안에 알맞은 것은?

> 살수가 방해되지 아니하도록 스프링클러헤드로부터 반경 (㉠) [cm] 이상의 공간을 보유할 것. 다만, 벽과 스프링클러헤드간의 공간은 (㉡) [cm] 이상으로 한다.

① ㉠ 10, ㉡ 60
② ㉠ 30, ㉡ 10
③ ㉠ 60, ㉡ 10
④ ㉠ 90, ㉡ 60

해설 스프링클러설비 헤드의 설치기준
(1) 살수가 방해되지 아니하도록 헤드로부터 반경 60 [cm] 이상의 공간을 보유할 것. 다만, 벽과 스프링클러헤드간의 공간은 10 [cm] 이상으로 한다.
(2) 헤드와 그 부착면(상향식헤드의 경우에는 그 헤드의 직상부의 천장·반자 등)과의 거리는 30 [cm] 이하
(3) 배관·행가 및 조명기구 등 살수를 방해하는 것이 있는 경우에는 그로부터 아래에 설치하여 살수에 장애가 없도록 할 것. 다만, 스프링클러헤드와 장애물과의 이격거리를 장애물 폭의 3배 이상 확보한 경우에는 그러하지 아니하다.

정답 80. ③

기출문제(2021.1회)

■■■ 제1과목 소방원론

1. 위험물별 저장방법에 대한 설명 중 틀린 것은?

① 유황은 정전기가 축적되지 않도록 하여 저장한다.
② 적린은 화기로부터 격리하여 저장한다.
③ 마그네슘은 건조하면 부유하여 분진폭발의 위험이 있으므로 물에 적시어 보관한다.
④ 황화린은 산화제와 격리하여 저장한다.

해설 위험물 저장 방법

일반적인 위험물	건조하고 어둡고 시원한 냉암소에 저장
황린, 이황화탄소	물속에 저장
칼륨, 나트륨, 리튬	유동 파라핀등의 석유류속에 저장
아세틸렌	아세톤에 저장
니트로셀룰로오스	물 20%, 프로필알코올 30%로 습윤시켜 저장
알킬알루미늄	희석제 [헥산(C_6H_{14}), 벤젠(C_6H_6), 톨루엔($C_6H_5CH_3$)]을 넣어 20%용액으로 저장 취급
과산화수소(H_2O_2)	인산(H_3PO_4), 요산($C_5H_4N_4O_3$), 요소, 글리세린 등의 안정제 첨가하여 분해 억제

※ 마그네슘과 물과의 반응식

물과 반응식	$Mg + 2H_2O \rightarrow Mg(OH)_2 + H_2\uparrow$	수소 발생으로 주수소화 금지

2. 분자식이 CF_2BrCl인 할로겐화합물 소화약제는?

① Halon 1301
② Halon 1211
③ Halon 2402
④ Halon 2021

구분	할론 1301	할론 1211	할론 2402
분자식	CF_3Br (분자량: 148.9)	CF_2ClBr (분자량: 165.4)	$C_2F_4Br_2$ (분자량: 259.9)
비점	-57.8℃ (상온에서 기체)	-3.4℃ (상온에서 기체)	47.5℃ (상온에서 액체)
ODP	10	3	6
GWP	7,140	1,890	1,640
명명법	브로모 트리 플루오르 메탄	브로모 클로로 디 플루오르 메탄	디 브로모 테트라 플루오르 에탄

3. 건축물의 화재 시 피난자들의 집중으로 패닉(panic) 현상이 일어날 수 있는 피난방향은?

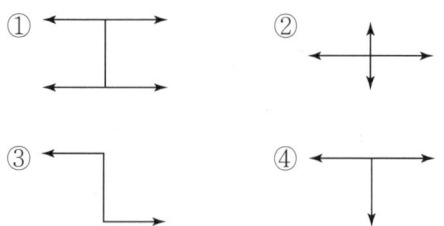

해설 복도의 형태에 다른 특성

구조	피난특성
H형	중앙corner방식으로 피난자의 집중으로 panic 현상이 일어날 우려가 있는 형태
CO형	

4. 할로겐화합물 소화약제에 관한 설명으로 옳지 않은 것은?

① 연쇄반응을 차단하여 소화한다.
② 할로겐족 원소가 사용된다.
③ 전기에 도체이므로 전기화재에 효과가 있다.
④ 소화약제의 변질분해 위험성이 낮다.

정답 1. ③   2. ②   3. ①   4. ③

해설 할론겐화합물 소화약제의 특성
(1) 소화 후 기기를 오염시키지 않는다.
(2) 약제의 변질, 분해 염려 등이 없다, 전기부도체이다.
(3) 화학적 부촉매에 의한 연소억제 작용이 크고 소화능력이 우수하다.
(4) 금속에 대한 부식성이 없다.
(저장용기를 부식시키는 부식성)

5. 스테판-볼쯔만의 법칙에 의해 복사열과 절대온도와의 관계를 옳게 설명한 것은?

① 복사열은 절대온도의 제곱에 비례한다.
② 복사열은 절대온도의 4제곱에 비례한다.
③ 복사열은 절대온도의 제곱에 반비례한다.
④ 복사열은 절대온도의 4제곱에 반비례한다.

해설 복사
전자기파에 의한 열전달 (매질이 없다)
: 성장기의 Flash Over, 최성기의 열전달

$$q = \varepsilon \sigma \phi A T^4$$

① ε [엡실론] : 방사율
② σ [시그마] : Stefan - Boltzmann 상수
  $\sigma = 5.67 \times 10^{-8} [W/m^2 \cdot K^4]$
③ ϕ [파이] : 형태계수
  방사체와 수열체 사이(거리) 및 형태로 결정되는 계수
④ T : 절대온도[273 + t℃[K], t : 섭씨온도[℃]]
※ Stefan - Boltzmann 법칙 - 열복사량(열복사에너지)는 절대온도 4승에 비례한다.

6. 일반적으로 공기 중 산소농도를 몇 vol[%] 이하로 감소시키면 연소속도의 감소 및 질식소화가 가능한가?

① 15   ② 21
③ 25   ④ 31

해설 질식소화

산소의 농도를 21[%]에서 15[%] 이하로 감소 시켜 소화	이산화탄소소화설비 불활성기체소화설비

7. 이산화탄소의 물성으로 옳은 것은?

① 임계온도 : 31.35[℃], 증기비중 : 0.529
② 임계온도 : 31.35[℃], 증기비중 : 1.529
③ 임계온도 : 0.35[℃], 증기비중 : 1.529
④ 임계온도 : 0.35[℃], 증기비중 : 0.529

해설

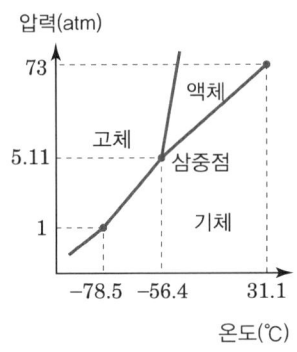

이산화탄소의 상평형도

기체, 액체, 고체가 공존하는 3중점은 약 5.11[kg/cm²], -56.4[℃]이며 대기압에서 방사시 온도는 약 -80[℃]로서 상온에서 동상의 우려가 있다.

8. 조연성 가스에 해당하는 것은?

① 일산화탄소   ② 산소
③ 수소   ④ 부탄

해설 조연성가스
연소를 도와주는 가스로 지연성(또는 조연성)가스라고도 하며 정작 자기 자신은 연소하지 않는 공기, 산소, 오존 등이 있다. 또 조연성가스는 환원하는 물질을 말하기도 하는데 대표적인 7족 원소인 불소, 염소 등은 최외각 전자가 항상 1개가 부족하여 전자 1개를 얻어 안정화되려는 성질 때문에 환원하는 성질이 강하다.

기출문제

2021. 1회 소방설비기사

9. 가연물질의 구비조건으로 옳지 않은 것은?

① 화학적 활성이 클 것
② 열의 축적이 용이할 것
③ 활성화 에너지가 작을 것
④ 산소와 결합할 때 발열량이 작을 것

해설 가연물의 구비조건
① 활성화에너지가 작을 것 : 활성화되는 에너지가 적어야 원인계에서 빨리 활성화되서 발열 하게 된다.

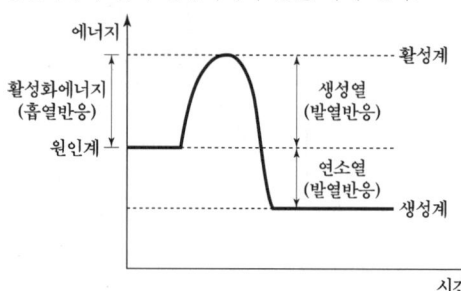

- 원인계에서 활성계로 되기 위해 물질은 흡열을 하고 활성화되며 이에 필요한 에너지를 「활성화에너지」라 고 함
② 열전도율이 적을 것 : 열전달이 적어야 열 축적이 쉽다.
③ 표면적이 넓을 것 : 표면적이 넓어야 산소와 접촉하는 면적이 넓다.
④ 산소와 친화력이 클 것
⑤ 발열량이 클 것

10. 가연성 가스이면서도 독성 가스인 것은?

① 질소   ② 수소
③ 염소   ④ 황화수소

해설 주요 가연성 가스의 공기 중 연소 범위

가스명	연소범위[V%]		
	하한값	상한값	범위차
아세틸렌	2.5	81	78.5
수소	4	75	71
일산화탄소	12.5	74	61.5
에테르	1.9	48	46.1
이황화탄소	1.2	44	42.8
황화수소	4	44	40

※ 황화수소 H_2S 10[ppm] (0.001%)
① 황을 함유한 유기화합물이 불완전 연소할 때 발생, 달걀 썩는 냄새가 난다.
② 나무, 고무, 가죽, 고기, 머리카락 등이 탈 때 주로 생성 된다.

11. 다음 물질 중 연소범위를 통해 산출한 위험도 값이 가장 높은 것은?

① 수소   ② 에틸렌
③ 메탄   ④ 이황화탄소

해설 위험도(Hazard)

$$H = \frac{UFL - LFL}{LFL}$$

연소상한값이 클수록 위험하며 연소범위가 넓을수록 연소하한값이 낮을수록 위험하다.

가스명	위험도	가스명	위험도	가스명	위험도
이황화탄소	35.67	에틸렌	12.33	메탄	2
아세틸렌	31.4	황화수소	10	에탄	3.13
에테르	24.3	일산화탄소	4.92	프로판	3.52
수소	17.75	암모니아	0.86	부탄	3.67

12. 다음 각 물질과 물이 반응하였을 때 발생하는 가스의 연결이 틀린 것은?

① 탄화칼슘 - 아세틸렌
② 탄화알루미늄 - 이산화황
③ 인화칼슘 - 포스핀
④ 수소화리튬 - 수소

해설 탄화알루미늄 Al_4C_3
① 황색결정이며 상온에서 물과 반응해 CH_4 생성
$$Al_4C_3 + 12H_2O \rightarrow 4Al(OH)_3 + 3CH_4$$
습기가 없는 밀폐용기에 저장하고 용기에는 불활성가스 를 봉입시킬 것.
② 강산화제, 강산류와 반응시 격렬하게 반응 발열

정답 9. ④ 10. ④ 11. ④ 12. ②

13. 블레비(BLEVE) 현상과 관계가 없는 것은?

① 핵분열
② 가연성액체
③ 화구(Fire ball)의 형성
④ 복사열의 대량 방출

해설 BLEVE - 블레비 (탱크의 물리적인 폭발 현상)
① 비등(과열)액체 팽창증기 폭발
[Boiling Liquid Expanding Vapor Explosion]
보일러, LPG가스탱크 등과 같이 고압의 액체를 저장하고 있는 용기가 파손등에 의해 동체의 일부분이 개방되면 용기내의 압력이 급격히 강하하여 일부 액체가 급격히 비등하고 증기압이 급격히 상기하여 용기 파손, 폭발(동적 평형 파괴)하는 물리적 폭발이다.
② 블레비 방지대책
  ㉠ 탱크 지하 매설(입열 방지)
  ㉡ 방액제 기초를 경사지게 하여 가연성기체등이 탱크 근처에 고이지 않게 한다.
  ㉢ 고정식 살수설비 설치
  ㉣ 용기의 내압강도 유지
  ㉤ 탱크 열전도 향상시켜 열축적 방지

14. 인화점이 낮은 것부터 높은 순서로 옳게 나열된 것은?

① 에틸알코올 < 이황화탄소 < 아세톤
② 이황화탄소 < 에틸알코올 < 아세톤
③ 에틸알코올 < 아세톤 < 이황화탄소
④ 이황화탄소 < 아세톤 < 에틸알코올

해설

구분	분류기준	분류
특수인화물류	인화점 -20[℃] 이하로서 비점 40[℃] 이하 또는 발화점 100[℃] 이하	이황화탄소 CS_2
제1석유류	인화점 : 21[℃] 미만	아세톤DMK CH_3COCH_3
알코올류	탄소원자수가 1개~3개인 포화 1가 알코올 및 변성알코올	에틸알코올 C_2H_5OH

15. 물에 저장하는 것이 안전한 물질은?

① 나트륨
② 수소화칼슘
③ 이황화탄소
④ 탄화칼슘

해설 이황화탄소 CS_2
① 무색 투명한 액체로 액체 및 증기는 독성, 비중이 1보다 크다.
② 증기 흡입 시 중추신경을 마비(허용농도 20 [ppm])
③ 가연성 증기 발생 억제하기 위해 수조(물속)에 저장
④ 이황화탄소의 반응식
  • 연소반응식 $CS_2 + 3O_2 \rightarrow 2SO_2 \uparrow + CO_2 \uparrow$
    - 파란 불꽃을 띰
  • 물과의 반응(150[℃])
    $CS_2 + 2H_2O \rightarrow 2H_2S \uparrow + CO_2 \uparrow$

16. 대두유가 침적된 기름 걸레를 쓰레기통에 장시간 방치한 결과 자연발화에 의하여 화재가 발생한 경우 그 이유로 옳은 것은?

① 융해열 축적
② 산화열 축적
③ 증발열 축적
④ 발효열 축적

해설 자연발화 형태 암기 산분흡중발

산화열	석탄, 고무분말, 건성유, 황린 등
분해열	니트로셀룰로오스, 셀룰로이드, 니트로글리세린 등의 질산에스테르류
흡착열	탄소분말류(유연탄, 목탄, 활성탄)
중합열	시안화수소(HCN), 스티렌(=스틸렌 $C_6H_5C_2H_3$), 초산비닐($CH_3COOC_2H_3$), 염화비닐(C_2H_3Cl)
발효열	퇴비, 건초(미생물열이라고도 함)

17. 건축법령상 내력벽, 기둥, 바닥, 보, 지붕틀 및 주계단을 무엇이라 하는가?

① 내진구조부
② 건축설비부
③ 보조구조부
④ 주요구조부

기출문제

2021. 1회 소방설비기사

해설 주요구조부
주계단, 내력벽, 기둥, 바닥, 보, 지붕틀

18. 전기화재의 원인으로 거리가 먼 것은?

① 단락 ② 과전류
③ 누전 ④ 절연 과다

해설 점화원의 종류
전기불꽃 – 과전류, 단락, 지락, 누전, 접속부 과열, 스파크, 절연열화, 정전기, 낙뢰

19. 소화약제로 사용되는 물의 증발잠열로 기대할 수 있는 소화효과는?

① 냉각소화 ② 질식소화
③ 제거소화 ④ 촉매소화

해설 물 소화약제
물은 원자인 수소와 산소의 극성공유결합과 물분자와 물분자의 인력에 의한 수소결합을 하고 있다.
수소결합의 크기는 공유결합의 약 1/10정도이고 이 결합력을 깨트리기 위해 많은 열을 흡수해야 하므로 물은 비열과 잠열 등이 크고 냉각효과가 우수한 성질을 가지고 있다.

20. 1기압상태에서, 100[℃] 물 1[g]이 모두 기체로 변할 때 필요한 열량은 몇 [cal] 인가?

① 429 ② 499
③ 539 ④ 639

해설 물 소화약제
(1) 비교적 안정된 액체이다.
(2) 구하기 쉬우며 가격이 싸다.
(3) 융해잠열이 크다. : 80 [kcal/kg](≒ 334.4 [kJ/kg])
(4) 증발잠열(1기압, 100[℃])이 크다. :
    539 [kcal/kg](≒ 2,253 [kJ/kg])

(5) 증발 시 체적은 약 1,700배로 공기와 가연성가스를 배제시킨다.
    따라서 미분무시 질식효과가 크다.
(6) 가장 우수한 용매로서 단점을 보완하기 위해 여러 첨가물을 넣어 소화효과를 증가시킬 수 있다.

■■■ 제2과목 소방유체역학

21. 대기압이 90[kPa]인 곳에서 진공 76[mmHg]는 절대압력[kPa]으로 약 얼마인가?

① 10.1 ② 79.9
③ 99.9 ④ 101.1

해설 절대압력 [kPa] = 대기압 [kPa] − 진공압 [kPa]
여기서, 진공압 76[mmHg]을 단위환산하면
$$760[\text{mmHg}] : 101.325[\text{kPa}] = 76[\text{mmHg}] : x$$
$$x = \frac{101.325 \times 76}{760} = 10.1325[\text{kPa}]$$
따라서, 절대압력[kPa] = 90[kPa] − 10.1325[kPa]
                    = 79.9[kPa]

22. 지름 0.4[m]인 관에 물이 0.5[m³/s]로 흐를 때 길이 300[m]에 대한 동력손실은 60[kW]이었다. 이때 관 마찰계수[f]는 얼마인가?

① 0.0151 ② 0.0202
③ 0.0256 ④ 0.0301

해설 달시-바이스바흐(Darcy-Weisbach)의 식으로부터
손실수두 h_L
$$h_L = f \cdot \frac{l}{d} \cdot \frac{v^2}{2g} \; [\text{m}]$$
여기서, f : 관마찰계수
        d : 관경[m]
        l : 길이[m]
        v : 유속 [m/s]
        g : 중력가속도 [m/s²]

정답 18. ④ 19. ① 20. ③ 21. ② 22. ②

(1) 펌프의 동력

$L_W = \gamma H Q$ 에서

전양정 $H(=h_L) = \dfrac{L_W}{\gamma Q} = \dfrac{60}{9.8 \times 0.5} = 12.24 \, [\text{m}]$

여기서, L_W : 수동력[kW], H : 전양정[m],
Q : 유량[m³/s], γ : 비중량(물=9.8[kN/m³])

(2) 유속 v

$v = \dfrac{Q}{A} = \dfrac{0.5}{\dfrac{\pi \times 0.4^2}{4}} = 3.98 \, [\text{m/s}]$

∴ 마찰계수 $f = \dfrac{2gh_L d}{lv^2} = \dfrac{2 \times 9.8 \times 12.24 \times 0.4}{300 \times 3.98^2} ≒ 0.0202$

23. 액체 분자들 사이의 응집력과 고체면에 대한 부착력의 차이에 의하여 관내 액체표면과 자유표면 사이에 높이 차이가 나타나는 것과 가장 관계가 깊은 것은?

① 관성력　　　　② 점성
③ 뉴턴의 마찰법칙　④ 모세관현상

해설 모세관현상
　액체 속에 가는 관을 세우면 액체는 관 벽을 따라 올라가거나 내려가는 현상을 말하며 액체의 응집력과 액체와 고체사이의 부착력에 의해 발생한다.
• 응집력 : 같은 종류의 분자끼리 끌어당기는 성질
• 부착력 : 다른 종류의 분자끼리 끌어당기는 성질

24. 피스톤이 설치된 용기 속에서 1[kg]의 공기가 일정 온도 50[℃]에서 처음 체적의 5배로 팽창되었다면 이 때 전달된 열량[kJ]은 얼마인가?(단, 공기의 기체상수는 0.287 [kJ/(kg·K)]이다.)

① 149.2　　　　② 170.6
③ 215.8　　　　④ 240.3

해설 등온과정에서의 가열량(=일)

$Q_{12} = mRT \ln \dfrac{V_2}{V_1}$

　　$= 1 \times 0.287 \times (50 + 273) \times \ln \dfrac{5V_1}{V_1} ≒ 149.2 \, [\text{kJ}]$

25. 호주에서 무게가 20[N]인 어떤 물체를 한국에서 재어보니 19.8N이었다면 한국에서의 중력가속도[m/s²]는 얼마인가?
(단, 호주에서의 중력가속도는 9.82[m/s²]이다.)

① 9.46　　　　② 9.61
③ 9.72　　　　④ 9.82

해설 무게=질량×중력가속도에서

$\text{질량} = \dfrac{\text{무게}}{\text{중력가속도}} = \dfrac{20}{9.82}$

질량은 변화가 없으므로 한국에서의 중력가속도는

$\text{중력가속도} = \dfrac{\text{무게}}{\text{질량}} = \dfrac{19.8}{20/9.82} = 9.72$

26. 두께 20[cm]이고 열전도율 4[W/(m·K)]인 벽의 내부 표면온도는 20[℃]이고, 외부 벽은 -10[℃]인 공기에 노출되어 있어 대류열전달이 일어난다. 외부의 대류열전달계수가 20W[m²·K]일 때, 정상상태에서 벽의 외부표면온도[℃]는 얼마인가? (단, 복사열전달은 무시한다.)

① 5　　　　② 10
③ 15　　　　④ 20

해설
열전달량(대류) $Q = \alpha A(t_2 - t_1)$

열전도량(전도) $Q = \dfrac{\lambda A \Delta t}{\ell}$

열손실과 복사열은 무시하므로

$Q = \alpha A(t_2 - t_1) = \dfrac{\lambda A \Delta t}{\ell}$ 에서

전열면적 A는 동일하므로

$20 \times \{t_x - (-10)\} = \dfrac{4 \times (20 - t_x)}{0.2}$

∴ $t_x = 5 \, [\text{℃}]$

정답 23. ④ 24. ① 25. ③ 26. ①

기출문제

27. 질량 m[kg]의 어떤 기체로 구성된 밀폐계가 Q [kJ]의 열을 받아 일을 하고, 이 기체의 온도가 ΔT[℃] 상승하였다면 이 계가 외부에 한 일 W[kJ]을 구하는 계산식으로 옳은 것은?(단, 이 기체의 정적비열은 C_v[kJ/(kg·K)], 정압비열은 C_p[kJ/(kg·K)]이다.)

① $W = Q - mC_v\Delta T$
② $W = Q + mC_v\Delta T$
③ $W = Q - mC_p\Delta T$
④ $W = Q + mC_p\Delta T$

해설 열역학 기초1식
$Q = \Delta U + W$에서
여기서,
Q : 열량(열을 받으면 +, 열을 방출하면 −)
ΔU : 내부에너지 변화량(상승하면 +, 감소하면 −)
밀폐계이므로 정적비열은 사용하여
$\Delta U = mC_v\Delta T$[kJ]
W : 일량(일을 하면 +, 일을 받으면 −)

$Q = mC_v\Delta T + W$
$\therefore W = Q - mC_v\Delta T$

28. 정육면체의 그릇에 물을 가득 채울 때, 그릇 밑면이 받는 압력에 의한 수직방향 평균 힘의 크기를 P라고 하면, 한 측면이 받는 압력에 의한 수평방향 평균 힘의 크기는 얼마인가?

① $0.5P$ ② P
③ $2P$ ④ $4P$

해설
수직인 평면에 작용하는 압력을 계기 압력으로 표현하면 액체 표면에서는 0, 액체의 깊이가 깊을수록 상승하여 깊이 H인 곳의 압력 $P = \rho g H$[Pa]의 압력이 된다. 즉, 압력은 깊이에 비례하여 상승하고 수직인 벽에 작용하는 평균압력 $P_m = \dfrac{\rho g H}{2}$가 된다.

29. 베르누이 방정식을 적용할 수 있는 기본 전제조건으로 옳은 것은?

① 비압축성 흐름, 점성 흐름, 정상 유동
② 압축성 흐름, 비점성 흐름, 정상 유동
③ 비압축성 흐름, 비점성 흐름, 비정상 유동
④ 비압축성 흐름, 비점성 흐름, 정상 유동

해설 베르누이 정리의 가정(전제)조건
1. 일정한 유선관에 연하여 생각한다.
   (임의의 두 점은 같은 유선상에 있다.)
2. 비압축성 유체이다.
3. 비점성 유체이다.
4. 외력으로는 중력만이 작용한다.
5. 정상 유동(정상류)이다.

30. Newton의 점성법칙에 대한 옳은 설명으로 모두 짝지은 것은?

㉮ 전단응력은 점성계수와 속도기울기의 곱이다.
㉯ 전단응력은 점성계수에 비례한다.
㉰ 전단응력은 속도기울기에 반비례한다.

① ㉮, ㉯   ② ㉯, ㉰
③ ㉮, ㉰   ④ ㉮, ㉯, ㉰

해설 Newton의 점성법칙
$\tau = \mu \dfrac{du}{dy}$
여기서, τ : 전단응력[N/m²]
μ : 점성계수 [Pa·s(=N·s/m²=kg/m·s)]
$\dfrac{du}{dy}$: 속도구배(속도기울기)

전단응력 τ는 점성계수 μ와 속도기울기 $\dfrac{du}{dy}$에 비례한다.

정답 27. ① 28. ① 29. ④ 30. ①

31. 물이 배관 내에 유동하고 있을 때 흐르는 물속 어느 부분의 정압이 그 때 물의 온도에 해당 하는 증기압 이하로 되면 부분적으로 기포가 발생하는 현상을 무엇이라고 하는가?

① 수격현상   ② 서징현상
③ 공동현상   ④ 와류현상

[해설] 공동(空洞 : Cavitation)현상
흐르고 있는 액체의 임의 지점의 압력이 어느 원인에 의해서 그 압력이 그 액체온도의 포화증기압보다 낮아지면 부분적으로 증발이 일어나고, 액중에 용해되어 있는 기체가 액과 분리되어 기포가 발생하는데 이러한 현상을 캐비테이션 즉, 공동현상이라 한다.

32. 그림과 같이 사이폰에 의해 용기 속의 물이 4.8 [m³/min]로 방출된다면 전체 손실수두[m]는 얼마인가? (단, 관 내 마찰은 무시한다.)

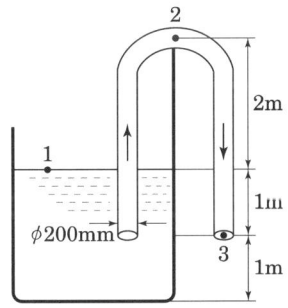

① 0.668   ② 0.330
③ 1.043   ④ 1.826

[해설] 베르누이 정리
수면의 한 점1와 3점에 베르누이 방정식을 적용하면
$\frac{v_1^2}{2g} + \frac{P_1}{\gamma} + z_1 = \frac{v_3^2}{2g} + \frac{P_3}{\gamma} + z_3 + H_L$ 에서 $P_1 = P_3$,

$z_1 = 1m$, $z_3 = 0$, $v_1 = 0$ 이므로
$0 + 0 + 1 = 0 + \frac{2.55^2}{2 \times 9.8} + 0 + H_L$

여기서, $v_3 = \frac{Q}{A} = \frac{4.8}{\frac{\pi}{4}(0.2)^2 \times 60} \fallingdotseq 2.55 [m/s]$

$\therefore H_L = 1 - \frac{2.55^2}{2 \times 9.8} \fallingdotseq 0.668 [m]$

33. 반지름 R_o인 원형파이프에 유체가 층류로 흐를 때, 중심으로부터 거리 R에서의 유속 U와 최대속도 U_{max}의 비에 대한 분포식으로 옳은 것은?

① $\frac{U}{U_{max}} = \left(\frac{R}{R_o}\right)^2$

② $\frac{U}{U_{max}} = 2\left(\frac{R}{R_o}\right)^2$

③ $\frac{U}{U_{max}} = \left(\frac{R}{R_o}\right)^2 - 2$

④ $\frac{U}{U_{max}} = 1 - \left(\frac{R}{R_o}\right)^2$

[해설]

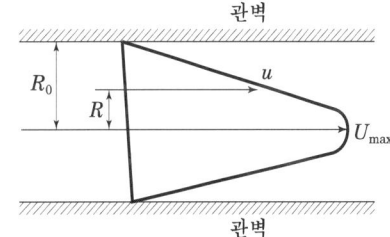

1) 속도분포 곡선에서 1차 방정식의 기본식은
$U = aR + b$ (a : 직선기울기, b : R의 절편)

2) $R = 0$일 때 $U = U_{max}$ ⇒ $b = U_{max}$
$R = R_0$일 때 $U = 0$ ⇒ $0 = aR_0^2 + U_{max}$
$a = -\frac{U_{max}}{R_0^2}$

3) a, b 값을 기본식에 대입하면
$U = -\frac{U_{max}}{R_0^2} R^2 + U_{max}$

$\frac{U}{U_{max}} = 1 - \left(\frac{R}{R_0}\right)^2$

정답   31. ③   32. ①   33. ④

기출문제

34. 이상기체의 기체상수에 대해 옳은 설명으로 모두 짝지어진 것은?

> a. 기체상수의 단위는 비열의 단위와 차원이 같다.
> b. 기체상수는 온도가 높을수록 커진다.
> c. 분자량이 큰 기체의 기체상수가 분자량이 작은 기체의 기체상수보다 크다.
> d. 기체상수의 값은 기체의 종류에 관계없이 일정하다.

① a ② a, c
③ b, c ④ a, b, d

해설
a. 기체상수의 단위와 비열의 단위는 모두 kJ/kg·K로 단위가 같으면 차원이 같다.
b. 기체상수는 온도나 압력에 따라 변화하지 않는다.
c. 분자량이 큰 기체의 기체상수가 분자량이 작은 기체의 기체상수보다 크다. 기체상수 $R=\dfrac{8.314}{M}$으로 분자량 M이 큰 기체가 기체상수의 값은 작다.
d. 기체상수의 값은 기체의 종류에 따라 다르다.

35. 그림에서 두 피스톤의 지름이 각각 30[cm]와 5[cm]이다. 큰 피스톤이 1[cm] 아래로 움직이면 작은 피스톤은 위로 몇 [cm] 움직이는가?

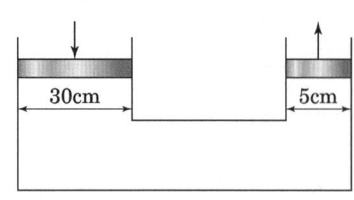

① 1 ② 5
③ 30 ④ 36

해설
각 피스톤의 움직인 거리를 각각 ℓ_1, ℓ_2라 하면 두 실린더에서의 유체의 이동량(부피)은 같으므로 $A_1\ell_1 = A_2\ell_2$가 된다.

$\therefore \ell_2 = \ell_1 \dfrac{A_1}{A_2} = \ell_1 \dfrac{D_1^2}{D_2^2} = 1 \times \dfrac{30^2}{5^2} = 36$ [cm]

36. 흐르는 유체에서 정상류의 의미로 옳은 것은?
① 흐름의 임의의 점에서 흐름특성이 시간에 따라 일정하게 변하는 흐름
② 흐름의 임의의 점에서 흐름특성이 시간에 관계없이 항상 일정한 상태에 있는 흐름
③ 임의의 시각에 유로 내 모든 점의 속도벡터가 일정한 흐름
④ 임의의 시각에 유로 내 각점의 속도벡터가 다른 흐름

해설 정상류
어느 한 점에서의 흐름 특성이 시간에 따라 변하지 않는 흐름

37. 용량 1000[L]의 탱크차가 만수 상태로 화재현장에 출동하여 노즐압력 294.2[kPa], 노즐구경 21[mm]를 사용하여 방수한다면 탱크차 내의 물을 전부 방수하는데 몇 분 소요되는가? (단, 모든 손실은 무시한다.)
① 1.7분 ② 2분
③ 2.3분 ④ 2.7분

해설
(1) 방수량
$Q = 0.653 \times D^2 \sqrt{10P}$ [L/min]
여기서, D : 노즐 직경 [mm]
P : 방수압 [MPa]
$= 0.653 \times 21^2 \times \sqrt{10 \times 294.2 \times 10^{-3}}$
$= 436.18$ [L/min]

(2) 소비시간
시간$(t) = \dfrac{\text{탱크용량}(V)}{\text{방수량}(Q)} = \dfrac{1000}{436.18} ≒ 2.3$ min[분]

정답 34. ① 35. ④ 36. ② 37. ③

38. 그림과 같이 60°로 기울어진 고정된 평판에 직경 50[mm]의 물 분류가 속도[V] 20[m/s]로 충돌하고 있다. 분류가 충돌할 때 판에 수직으로 작용하는 충격력 R[N]은?

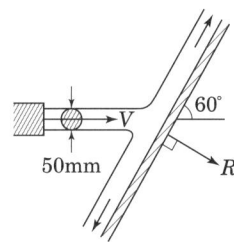

① 296　　　　　　② 393
③ 680　　　　　　④ 785

[해설] 고정된 평판에 작용하는 힘
분류가 평면 판과 θ의 각도로 충돌하는 경우에는 평면 판을 수직으로 미는 힘 F는

$$F = \rho Q v \sin\theta \; [N]$$

$$F = 10^3 \times \left(\frac{\pi \times 0.05^2}{4} \times 20\right) \times 20 \times \sin 60° \fallingdotseq 680 \; [N]$$

39. 외부지름이 30[cm]이고 내부지름이 20[cm]인 길이 10[m]의 환형(annular)관에 물이 2[m/s]의 평균속도로 흐르고 있다. 이 때 손실수두가 1[m]일 때, 수력직경에 기초한 마찰계수는 얼마인가?

① 0.049　　　　　　② 0.054
③ 0.065　　　　　　④ 0.078

[해설]
(1) 수력직경

$$D_e = 4 \times \frac{유동단면적}{접수길이} = \frac{4A}{L_P} = D_2 - D_1$$

여기서, A : 유동(통수)단면적[m²]
　　　　 L_P : 접수길이[m]

직경이 D_1, D_2인 2중관으로 된 환상유로의 경우

$$L_P = \pi(D_1 + D_2), \quad A = \frac{\pi}{4}(D_2^2 - D_1^2)$$

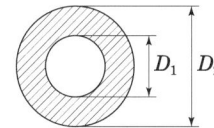

$$\therefore D_e = \frac{4A}{L_P} = \frac{4 \times \frac{\pi}{4}(D_2^2 - D_1^2)}{\pi(D_1 + D_2)} = D_2 - D_1 = 0.3 - 0.2$$
$$= 0.1 \; [m]$$

(2) 손실수두

$$h = f \cdot \frac{L}{D_e} \cdot \frac{v^2}{2g} \; [m]$$ 에서

$$\therefore 마찰계수 \; f = \frac{2ghD_e}{Lv^2} = \frac{2 \times 9.8 \times 1 \times 0.1}{10 \times 2^2} = 0.049$$

40. 토출량이 0.65[m³/min]인 펌프를 사용하는 경우 펌프의 소요 축동력[kW]은? (단, 전양정은 40[m]이고, 펌프의 효율은 50[%]이다.)

① 4.2　　　　　　② 8.5
③ 17.2　　　　　　④ 50.9

[해설] 펌프의 축동력

$$L_S = \frac{\gamma Q H}{\eta} = \frac{9.8 \times 0.65 \times 40}{60 \times 0.5} \fallingdotseq 8.5 \; [kW]$$

여기서, L_S : 축동력[kW], γ : 물의 비중량[kN/m³],
　　　　 Q : 토출량[m³/s], H : 전양정[m]
　　　　 η : 펌프 효율

■■■■ 제3과목 소방관계법규

41. 소방기본법에서 정의하는 소방대의 조직구성원이 아닌 것은?

① 의무소방원　　　　② 소방공무원
③ 의용소방대원　　　④ 공항소방대원

[해설] 소방대(消防隊)
화재를 진압하고 화재, 재난·재해, 그 밖의 위급한 상황에서 구조·구급 활동 등을 하기 위하여 구성된 조직체
① 소방공무원
② 의용소방대원(義勇消防隊員)
③ 의무소방원(義務消防員)

42. 위험물안전관리법령상 인화성액체위험물(이황화탄소를 제외)의 옥외탱크저장소의 탱크 주위에 설치하여야 하는 방유제의 기준 중 틀린 것은?

① 방유제의 용량은 방유제안에 설치된 탱크가 하나인 때에는 그 탱크 용량의 110[%] 이상으로 할 것
② 방유제의 용량은 방유제안에 설치된 탱크가 2기 이상인 때에는 그 탱크 중 용량이 최대인 것의 용량의 110[%] 이상으로 할 것
③ 방유제는 높이 1[m] 이상 2[m] 이하, 두께 0.2[m] 이상, 지하매설깊이 0.5[m] 이상으로 할 것
④ 방유제내의 면적은 80000[m²] 이하로 할 것

해설 옥외탱크저장소의 방유제
(인화성액체의 위험물의 옥외탱크저장소 - CS₂ 제외)
1. 방유제의 용량

탱크가 하나일 때	탱크가 2기 이상일 때
탱크 용량의 110% 이상 (인화성이 없는 액체위험물은 100[%])	탱크 중 용량이 최대인 것의 용량의 110[%] 이상 (인화성이 없는 액체위험물은 100[%])

2. 방유제 높이, 면적 등

구분	내용
면적	8만 [m²] 이하
높이	0.5[m] 이상 3[m] 이하
두께	0.2[m] 이상
지하매설깊이	1[m] 이상
재질	철근콘크리트
계단 또는 경사로	높이가 1[m] 이상이면 50[m]마다 설치할 것(방유제 내에 유출유 확인 등)
방유제 외면의 1/2 이상	자동차 등이 통행할 수 있는 3[m] 이상의 노면 폭을 확보한 구내도로에 접할 것
간막이 둑	용량이 1,000만ℓ 이상인 옥외저장탱크의 주위에 설치하는 방유제에는 당해 탱크마다 설치

43. 소방시설공사업법령상 공사감리자 지정대상 특정소방대상물의 범위가 아닌 것은?

① 물분무등소화설비(호스릴 방식의 소화설비는 제외)를 신설·개설하거나 방호·방수 구역을 증설할 때
② 제연설비를 신설·개설하거나 제연구역을 증설할 때
③ 연소방지설비를 신설·개설하거나 살수구역을 증설할 때
④ 캐비닛형 간이스프링클러설비를 신설·개설하거나 방호·방수 구역을 증설할 때

해설 공사감리자 지정대상 특정소방대상물의 범위

신설·개설 또는 증설	1. 옥내 소화전 설비 2. 옥외 소화전 설비
신설·개설	1. 스프링클러설비등 (캐비닛형 간이스프링클러설비는 제외) 2. 물분무등소화설비 (호스릴 방식의 소화설비는 제외) 3. 자동화재탐지설비 4. 통합감시시설 5. 소화용수설비 6. 제연설비 7. 연결송수관설비 8. 연결살수설비 9. 비상콘센트설비 10. 무선통신보조설비 11. 연소방지설비 12. 비상방송설비 13. 비상조명등
증설	1. 스프링클러설비등 방호·방수 구역 (캐비닛형 간이스프링클러설비는 제외) 2. 물분무등소화설비 방호·방수 구역 (호스릴 방식의 소화설비는 제외) 3. 제연설비 제연구역 4. 연결살수설비 송수구역 5. 비상콘센트설비 전용회로 6. 연소방지설비 살수구역

정답 42. ③ 43. ④

44. 소방기본법령상 소방신호의 방법으로 틀린 것은?

① 타종에 의한 훈련신호는 연 3타 반복
② 싸이렌에 의한 발화신호는 5초 간격을 두고 10초씩 3회
③ 타종에 의한 해체신호는 상당한 간격을 두고 1타씩 반복
④ 싸이렌에 의한 경계신호는 5초 간격을 두고 30초씩 3회

[해설] 소방신호의 종류
① 경계신호 : 화재예방상 필요하다고 인정 또는 화재에 관한 위험경보시 발령
② 발화신호 : 화재가 발생한 때 발령
③ 해체신호 : 소화활동이 필요 없다고 인정되는 때 발령
④ 훈련신호 : 훈련상 필요하다고 인정되는 때 발령

신호의 종류별 소방신호의 방법

구분 신호의 종류	타종 신호	싸이렌 신호		
		간격	작동시간	회수
경계신호	1타와 연2타를 반복	5초	30초	3회
발화신호	난타	5초	5초	3회
해제신호	상당한 간격을 두고 1타씩 반복	-	60초	1회
훈련신호	연3타 반복	10초	60초	3회

45. 소방시설 설치 및 관리에 관한 법령상 대통령령 또는 화재안전기술기준이 변경되어 그 기준이 강화되는 경우 기존 특정소방대상물의 소방시설 중 강화된 기준을 적용하여야 하는 소방시설은?

① 비상경보설비 ② 비상방송설비
③ 비상콘센트설비 ④ 옥내소화전설비

[해설] 대통령령 또는 화재안전기준의 변경으로 강화된 기준을 적용하는 것
① 다음의 소방시설 중 대통령령 또는 화재안전기준으로 정하는 것
  ㉠ 소화기구
  ㉡ 비상경보설비
  ㉢ 자동화재탐지설비
  ㉣ 피난구조설비
  ㉤ 자동화재속보설비
② 다음의 특정소방대상물에 설치하는 소방시설 중 대통령령 또는 화재안전기준으로 정하는 것

공동구, 지하구 (전력 및 통신사업용)	소화기, 자동소화장치, 자동화재탐지설비, 통합감시시설, 유도등, 연소방지설비	
노유자시설	간이스프링클러설비, 자동화재탐지설비	단독경보형 감지기
의료시설		자동화재속보설비

46. 소방시설 설치 및 관리에 관한 법령상 지하가는 연면적이 최소 몇 [m²] 이상이어야 스프링클러설비를 설치하여야 하는 특정소방대상물에 해당하는가? (단, 터널은 제외한다.)

① 100 ② 200
③ 1000 ④ 2000

[해설] 스프링클러설비 설치해야 하는 특정소방대상물

층수가 6층 이상		모든 층
정신의료기관, 노유자시설, 숙박이 가능한 수련시설, 요양병원	바닥면적 합계가 600 [m²] 이상	
교육연구시설·수련시설 내에 있는 학생 수용을 위한 기숙사 또는 복합건축물	연면적 5,000 [m²] 이상	
천장 또는 반자의 높이가 10 m를 넘는 랙식 창고 ※ 공장 또는 창고시설중 지붕 또는 외벽이 불연재료가 아니거나 내화구조가 아닌 경우 750 [m²] 이상	바닥면적 합계가 1,500 [m²] 이상	
지하층·무창층(축사는 제외한다) 또는 층수가 4층 이상인 층 ※ 공장 또는 창고시설 중 지붕 또는 외벽이 불연재료가 아니거나 내화구조가 아닌 경우 500 [m²] 이상	바닥면적이 1,000 [m²] 이상인 층	
지하가(터널은 제외한다)	1,000 [m²] 이상	
특정소방대상물에 부속된 보일러실 또는 연결통로 등		

정답 44. ② 45. ① 46. ③

기출문제

2021. 1회 소방설비기사

47. 화재의 예방 및 안전관리에 관한 법령상 특정소방대상물의 관계인이 수행하여야 하는 소방안전관리 업무가 아닌 것은?

① 소방훈련의 지도·감독
② 화기(火氣) 취급의 감독
③ 피난시설, 방화구획 및 방화시설의 유지·관리
④ 소방시설이나 그 밖의 소방 관련 시설의 유지·관리

해설 소방안전관리 업무

구분	업무 수행 내용
소방안전관리 대상물의 소방안전관리자	1. 피난계획에 관한 사항과 대통령령으로 정하는 사항이 포함된 소방 계획서의 작성 및 시행 2. 자위소방대(自衛消防隊) 및 초기대응체계의 구성, 운영 및 교육 3. 소방훈련 및 교육 4. 소방안전관리에 관한 업무수행에 관한 기록·유지(5, 6, 7의 업무) 5. 피난시설, 방화구획 및 방화시설의 관리 6. 소방시설이나 그 밖의 소방 관련 시설의 관리 7. 화기(火氣) 취급의 감독 8. 화재발생 시 초기대응 9. 그 밖에 소방안전관리에 필요한 업무
특정소방대상물의 관계인 (소방안전관리 대상물 제외)	5.~9. 의 업무만 수행

소방안전관리 업무를 하지 아니한 특정소방대상물의 관계인 또는 소방안전관리대상물의 소방안전 관리자 : 300만 원 이하의 과태료

48. 소방기본법령상 저수조의 설치기준으로 틀린 것은?

① 지면으로부터의 낙차가 4.5[m] 이상일 것
② 흡수부분의 수심이 0.5[m] 이상일 것
③ 흡수에 지장이 없도록 토사 및 쓰레기 등을 제거할 수 있는 설비를 갖출 것
④ 흡수관의 투입구가 사각형의 경우에는 한변의 길이가 60[cm] 이상, 원형의 경우에는 지름이 60[cm] 이상일 것

해설 저수조
① 지면으로부터의 낙차가 4.5 [m] 이하일 것
② 흡수부분의 수심이 0.5 [m] 이상일 것
③ 소방펌프자동차가 쉽게 접근할 수 있도록 할 것
④ 흡수에 지장이 없도록 토사 및 쓰레기 등을 제거할 수 있는 설비를 갖출 것
⑤ 흡수관의 투입구
 ㉠ 사각형 – 한 변의 길이가 60 [cm] 이상
 ㉡ 원형 – 지름이 60 [cm] 이상
⑥ 저수조에 물을 공급하는 방법은 상수도에 연결하여 자동으로 급수되는 구조일 것

49. 위험물안전관리법상 시·도지사의 허가를 받지 아니하고 당해 제조소등을 설치할 수 있는 기준 중 다음 (   ) 안에 알맞은 것은?

> 농예용·축산용 또는 수산용으로 필요한 난방시설 또는 건조시설을 위한 지정수량 (   )배 이하의 저장소

① 20 ② 30
③ 40 ④ 50

해설 제조소 등의 허가, 변경, 신고를 하지 않아도 되는 경우
① 주택의 난방시설(공동주택의 중앙난방시설을 제외)을 위한 저장소 또는 취급소
② 농예용·축산용 또는 수산용으로 필요한 난방시설 또는 건조시설을 위한 지정수량 20배 이하의 저장소

50. 소방기본법령상 이웃하는 다른 시·도지사와 소방업무에 관하여 시·도지사가 체결할 상호응원협정 사항이 아닌 것은?

① 화재조사활동
② 응원출동의 요청방법
③ 소방교육 및 응원출동훈련
④ 응원출동대상지역 및 규모

정답 47. ① 48. ① 49. ① 50. ③

해설 소방업무의 응원
1. 소방활동을 할 때에 긴급한 경우 이웃한 소방본부장 또는 소방서장에게 도움을 요청하는 것
2. 소방업무의 응원(應援)을 요청 하는 자 : 소방본부장이나 소방서장
3. 응원 요청을 받은 소방본부장 또는 소방서장 : 정당한 사유 없이 그 요청을 거절하면 안 됨
4. 파견된 소방대원 : 응원을 요청한 소방본부장 또는 소방서장의 지휘에 따라야 한다.
5. 이웃하는 시·도지사와 협의하여 미리 규약(規約)으로 정해야 한다.
6. 소방업무의 응원의 체결자 : 시·도지사
7. 상호응원협정 체결 시 포함되어야 하는 사항
   ① 응원출동 요청방법
   ② 응원출동 대상지역 및 규모
   ③ 응원출동 훈련 및 평가
   ④ 소방활동에 관한 사항
      ㉠ 화재의 경계·진압 활동
      ㉡ 구조·구급 업무의 지원
      ㉢ 화재조사활동
   ⑤ 소요경비의 부담에 관한 사항
      ㉠ 출동대원의 수당·식사 및 의복의 수선
      ㉡ 소방장비 및 기구의 정비와 연료의 보급
      ㉢ 그 밖의 경비

☞ 응원 협정 사항에는 소방대원에 대한 교육, 훈련 및 소방신호, 현장지휘에 관한 사항에 대한 내용은 없음

51. 소방시설 설치 및 관리에 관한 법령상 특정소방대상물의 소방시설 설치의 면제기준 중 다음 (   ) 안에 알맞은 것은?

> 물분무소화설비를 설치하여야 하는 차고·주차장에 (   )를 화재안전 기준에 적합하게 설치한 경우에는 그 설비의 유효범위에서 설치가 면제된다.

① 옥내소화전설비 ② 스프링클러설비
③ 간이스프링클러설비 ④ 할론소화약제소화설비

해설 특정소방대상물의 소방시설 설치의 면제기준
1. 면제자 : 소방본부장 또는 소방서장
2. 면제되는 소방시설(대통령령)

면제 소방시설	설치면제 요건
자동소화장치	• 물분무등소화설비(주거용 및 상업용 주방자동소화장치는 제외)
옥내소화전	• 호스릴 방식의 미분무소화설비 또는 옥외소화전
스프링클러설비	• 자동소화장치, 물분무등소화설비
물분무등소화설비	• 차고·주차장에 스프링클러설비
비상경보설비, 단독경보형감지기	• 자동화재탐지설비
자동화재탐지설비	• 자동화재탐지설비의 기능(감지·수신·경보기능을 말한다)과 성능을 가진 스프링클러설비 또는 물분무등소화설비
상수도 소화용수설비	• 특정소방대상물의 각 부분으로부터 수평거리 140 m 이내에 공공의 소방을 위한 소화전

52. 화재의 예방 및 안전관리에 관한 법령상 소방안전관리대상물의 소방계획서에 포함되어야 하는 사항이 아닌 것은?

① 소방시설·피난시설 및 방화시설의 점검·정비계획
② 위험물안전관리법에 따라 예방규정을 정하는 제조소등의 위험물 저장·취급에 관한 사항
③ 특정소방대상물의 근무자 및 거주자의 자위소방대 조직과 대원의 임무에 관한 사항
④ 방화구획, 제연구획, 건축물의 내부 마감재료(불연재료·준불연재료 또는 난연재료로 사용된 것) 및 방염물품의 사용현황과 그 밖의 방화구조 및 설비의 유지·관리계획

해설 소방계획서에 포함되어야 하는 사항
1. 소방안전관리대상물의 위치·구조·연면적·용도 및 수용인원 등 일반 현황
2. 소방안전관리대상물에 설치한 소방시설, 방화시설, 전기시설, 가스시설 및 위험물시설의 현황
3. 화재 예방을 위한 자체점검계획 및 대응대책

정답 51. ② 52. ②

2021년 1회 기출문제 **217**

4. 소방시설·피난시설 및 방화시설의 점검·정비계획
5. 피난층 및 피난시설의 위치와 피난경로의 설정, 화재안전취약자의 피난계획 등을 포함한 피난계획
6. 방화구획, 제연구획, 건축물의 내부 마감재료 및 방염대상물품의 사용 현황과 그 밖의 방화구조 및 설비의 유지·관리계획
7. 관리의 권원이 분리된 특정소방대상물의 소방안전관리에 관한 사항
8. 소방훈련·교육에 관한 계획
9. 소방안전관리대상물의 근무자 및 거주자의 자위소방대 조직과 대원의 임무(화재안전취약자의 피난 보조 임무를 포함)에 관한 사항
10. 화기 취급 작업에 대한 사전 안전조치 및 감독 등 공사 중 소방안전관리에 관한 사항
11. 소화에 관한 사항과 연소 방지에 관한 사항
12. 위험물의 저장·취급에 관한 사항(예방규정을 정하는 제조소등은 제외)
13. 소방안전관리에 대한 업무수행에 관한 기록 및 유지에 관한 사항
14. 화재발생 시 화재경보, 초기소화 및 피난유도 등 초기대응에 관한 사항

53. 위험물안전관리법상 업무상 과실로 제조소등에서 위험물을 유출·방출 또는 확산시켜 사람의 생명·신체 또는 재산에 대하여 위험을 발생시킨 자에 대한 벌칙 기준은?

① 5년 이하의 금고 또는 2000만 원 이하의 벌금
② 5년 이하의 금고 또는 7000만 원 이하의 벌금
③ 7년 이하의 금고 또는 2000만 원 이하의 벌금
④ 7년 이하의 금고 또는 7000만 원 이하의 벌금

해설 제조소 등에서 위험물 유출 등의 경우

제조소등 또는 허가를 받지 않고 지정수량 이상의 위험물을 저장 또는 취급하는 장소에서 위험물을 유출·방출 또는 확산시켜 사람의 생명·신체 또는 재산에 대하여 위험을 발생시킨 자	사망에 이르게 한 때	5년 이상 또는 무기 징역
	사람을 상해(傷害)에 이르게 한 때	3년 이상 또는 무기 징역
	–	1년 이상 10년 이하의 징역

업무상 과실로 제조소 등 또는 허가를 받지 않고 지정수량 이상의 위험물을 저장 또는 취급하는 장소에서 위험물을 유출·방출 또는 확산시켜 사람의 생명·신체 또는 재산에 대하여 위험을 발생시킨 자	사람을 사상(死傷)에 이르게 한 자	10년 이하의 징역, 금고 또는 1억 원 이하
	–	7년 이하의 금고 또는 7천만 원 이하

54. 소방시설공사업법령상 소방시설업 등록을 하지 아니하고 영업을 한 자에 대한 벌칙은?

① 500만 원 이하의 벌금
② 1년 이하의 징역 또는 1000만 원 이하의 벌금
③ 3년 이하의 징역 또는 3000만 원 이하의 벌금
④ 5년 이하의 징역

해설 소방시설업의 등록 신청

소방시설업(설계업, 공사업, 감리업, 방염업)을 하고자 하는 자
– 시·도지사에게 등록하여야 한다.

> 소방시설업 등록을 하지 아니하고 영업을 한 자 : 3년 이하의 징역 또는 3천만 원 이하의 벌금

55. 위험물안전관리법령상 위험물의 유별 저장·취급의 공통기준 중 다음 ( ) 안에 알맞은 것은?

> ( ) 위험물은 산화제와의 접촉·혼합이나 불티·불꽃·고온체와의 접근 또는 과열을 피하는 한편, 철분·금속분·마그네슘 및 이를 함유한 것에 있어서는 물이나 산과의 접촉을 피하고 인화성 고체에 있어서는 함부로 증기를 발생시키지 아니하여야 한다.

① 제1류 ② 제2류
③ 제3류 ④ 제4류

정답 53. ④   54. ③   55. ②

[해설] 제2류 위험물(가연성고체)
① 낮은 온도에서 착화하기 쉬운 가연성물질
② 산소와 결합이 용이하여 산화되기 쉽고 연소속도가 빠르며 온도가 높고 발열량이 크다.
③ 산소를 함유하지 않은 강환원성 물질
④ 비수용성이다.(제삼부틸알코올 제외)
⑤ 금속분, 철분, 유황분은 밀폐된 공간에서 분진폭발
⑥ 금속분, 철분, Mg은 물 또는 산과 접촉 시 수소가스 발생
⑦ 비중이 1보다 크며 물보다 무겁다.
— 제삼부틸알코올 제외
⑧ 고유의 색상을 가진 분말

56. 소방기본법령상 소방용수시설의 설치기준 중 급수탑의 급수배관의 구경은 최소 몇 [mm] 이상이어야 하는가?

① 100 ② 150
③ 200 ④ 250

[해설] 소방용수시설별 설치기준
급수탑
① 급수배관의 구경은 100 [mm] 이상
② 개폐밸브는 지상에서 1.5 [m] 이상 1.7 [m] 이하의 위치에 설치

57. 소방시설 설치 및 관리에 관한 법령상 자동화재탐지설비를 설치하여야 하는 특정소방대상물에 대한 기준 중 ( )에 알맞은 것은?

> 근린생활시설(목욕장 제외), 의료시설(정신의료기관 또는 요양병원 제외), 위락시설, 장례시설 및 복합건축물로서 연면적 ( ) [m²] 이상인 것

① 400   ② 600
③ 1000 ④ 3500

[해설] 자동화재탐지설비 설치해야 하는 특정소방대상물

특정소방대상물의 종류	연면적 등
① 노유자 생활시설, 요양병원(의료재활시설 제외), 조산원 및 산후조리원, 공동주택 중 아파트등·기숙사, 판매시설 중 전통시장, 발전시설 중 전기저장시설, 지하구, 층수가 6층 이상인 건축물, 숙박시설, 숙박시설이 있는 수련시설로서 수용인원 100명 이상인 것	—
② 지하가 중 터널로서 길이가 인 것	1천[m] 이상
③ 공장 및 창고시설로서 특수가연물을 저장·취급하는 것	500배 이상
④ 의료시설 중 정신의료기관 또는 의료재활시설 (바닥면적 합계) : 300 [m²] 미만일 경우 창살이 설치된 경우에 한하여 설치	300[m²] 이상
⑤ 노유자 생활시설에 해당하지 않는 노유자시설	400[m²] 이상
⑥ 근린생활시설(목욕장 제외), 위락시설, 의료시설(정신의료기관 또는 요양병원 제외), 복합건축물, 장례시설	600[m²] 이상
⑦ 근린생활시설 중 목욕장, 문화 및 집회시설, 종교시설, 판매시설, 운수시설, 운동시설, 업무시설, 공장, 창고시설, 위험물 저장 및 처리 시설, 항공기 및 자동차 관련 시설, 교정 및 군사시설 중 국방·군사시설, 방송통신시설, 발전시설, 관광 휴게시설, 지하가(터널 제외)	1천[m²] 이상
⑧ 교육연구시설(교육시설 내에 있는 기숙사 및 합숙소를 포함), 수련시설(수련시설 내에 있는 기숙사 및 합숙소를 포함하며 숙박시설이 있는 수련시설은 제외), 동물 및 식물관련시설(기둥과 지붕만으로 구성되어 외부와 기류가 통하는 장소는 제외), 자원순환 관련 시설, 교정 및 군사시설(국방·군사시설은 제외), 묘지 관련 시설	2천[m²] 이상

58. 소방기본법에서 정의하는 소방대상물에 해당되지 않는 것은?

① 산림   ② 차량
③ 건축물 ④ 항해 중인 선박

정답 56. ① 57. ② 58. ④

[해설] **소방대상물**
건축물, 차량, 선박(항구에 매어둔 선박만 해당한다), 선박 건조 구조물, 산림, 그 밖의 인공구조물 또는 물건

59. 소방시설 설치 및 관리에 관한 법령상 건축허가등의 동의대상물의 범위 기준 중 틀린 것은?

① 건축등을 하려는 학교시설 : 연면적 200[m²] 이상
② 노유자시설 : 연면적 200[m²] 이상
③ 정신의료기관(입원실이 없는 정신건강의학과의원은 제외) : 연면적 300[m²] 이상
④ 장애인 의료재활시설 : 연면적 300[m²] 이상

[해설] 건축허가등의 동의대상물 범위(대통령령)
1. 연면적, 바닥면적에 의한 동의범위

구 분	면적
학교시설	연면적 100[m²] 이상
노유자시설, 수련시설	연면적 200[m²] 이상
장애인 의료재활시설, 정신의료기관	연면적 300[m²] 이상
용도와 상관없음	연면적 400[m²] 이상
무창층 또는 지하층이 있는 건축물(공연장)	바닥면적 150[m²] (100[m²])

☞ 정신의료기관 : 입원실이 없는 정신건강의학과 의원은 제외

2. 차고·주차장 또는 주차용도로 사용되는 시설
① 바닥면적 : 200[m²] 이상인 층이 있는 건축물이나 주차시설
② 기계장치에 의한 주차시설로서 20대 이상

3. 면적에 상관없이 동의 대상
① 항공기격납고, 관망탑, 항공관제탑, 방송용 송·수신탑
② 층수가 6층 이상인 건축물
③ 가스시설로서 지상에 노출된 탱크의 저장용량의 합계가 100톤 이상인 것
④ 공장 또는 창고시설로서 750배 이상의 특수가연물을 저장·취급하는 것
⑤ 의원(입원실이 있는 것), 조산원, 산후조리원, 요양병원(의료재활시설 제외), 위험물 저장 및 처리 시설, 지하구, 발전시설 중 풍력발전소·전기저장시설

⑥ 노인주거복지시설, 노인의료복지시설, 재가노인복지시설, 아동복지시설(아동상담소, 아동전용시설 및 지역아동센터는 제외), 장애인 거주시설, 정신질환자 관련 시설, 노숙인 자활시설, 노숙인 재활시설, 노숙인 요양시설, 결핵환자·한센인이 24시간 생활하는 노유자시설

60. 소방시설 설치 및 관리에 관한 법령상 형식승인을 받지 아니한 소방용품을 판매하거나 판매 목적으로 진열하거나 소방시설공사에 사용한 자에 대한 벌칙 기준은?

① 3년 이하의 징역 또는 3000만 원 이하의 벌금
② 2년 이하의 징역 또는 1500만 원 이하의 벌금
③ 1년 이하의 징역 또는 1000만 원 이하의 벌금
④ 1년 이하의 징역 또는 500만 원 이하의 벌금

[해설] 3년 이하의 징역 또는 3천만 원 이하의 벌금
① 조치 명령을 정당한 사유 없이 위반한 자
② 관리업의 등록을 하지 아니하고 영업을 한 자
③ 소방용품의 형식승인을 받지 아니하고 소방용품을 제조하거나 수입한 자 또는 거짓이나 그 밖의 부정한 방법으로 형식승인을 받은 자
④ 형식승인 검사 후 제품검사를 받지 아니한 자 또는 거짓이나 그 밖의 부정한 방법으로 제품검사를 받은 자
⑤ 미 형식승인, 형상 변경 임의 변경하여 소방용품을 판매·진열하거나 소방시설공사에 사용한 자
⑥ 거짓이나 그 밖의 부정한 방법으로 성능인증 또는 제품검사를 받은 자
⑦ 제품검사를 받지 아니하거나 합격표시를 하지 아니한 소방용품을 판매·진열하거나 소방시설공사에 사용한 자
⑧ 구매자에게 명령을 받은 사실을 알리지 아니하거나 필요한 조치를 하지 아니한 자
⑨ 거짓이나 그 밖의 부정한 방법으로 제품검사 전문기관으로 지정을 받은 자

정답 59. ① 60. ①

■■■ 제4과목 소방기계시설의 구조 및 원리

61. 스프링클러설비의 화재안전기술기준상 폐쇄형스프링클러헤드의 방호구역·유수검지장치에 대한 기준으로 틀린 것은?

① 하나의 방호구역에는 1개 이상의 유수검지장치를 설치하되, 화재발생시 접근이 쉽고 점검하기 편리한 장소에 설치할 것
② 하나의 방호구역은 2개 층에 미치지 아니하도록 할 것. 다만, 1개 층에 설치되는 스프링클러헤드의 수가 10개 이하인 경우와 복층형구조의 공동주택에는 3개 층 이내로 할 수 있다.
③ 송수구를 통하여 스프링클러헤드에 공급되는 물은 유수검지장치 등을 지나도록 할 것
④ 조기반응형 스프링클러헤드를 설치하는 경우에는 습식유수검지장치 또는 부압식스프링클러설비를 설치할 것

해설 유수검지장치의 방호구역

바닥면적	3,000 [m²]를 초과하지 아니할 것 ※ 격자형배관방식 : 3,700 [m²]
유수검지 장치	• 1개 이상을 설치 • 화재발생시 접근이 쉽고 점검하기 편리한 장소에 설치할 것 • 실내에 설치하거나 보호용 철망 등으로 구획 • 바닥으로부터 0.8 [m] 이상 1.5 [m] 이하의 위치에 설치 • 개구부가 가로 0.5 [m] 이상 세로 1 [m] 이상의 출입문을 설치 • 그 출입문 상단에 "유수검지장치실"이라고 표시한 표지를 설치
범위	2개 층에 미치지 아니하도록 할 것 다만, 1개 층에 설치되는 스프링클러헤드의 수가 10개 이하인 경우와 복층형구조의 공동주택에는 3개 층 이내로 할 수 있다.

스프링클러헤드에 공급되는 물	유수검지장치를 지나도록 할 것 송수구를 통하여 공급되는 물은 그러하지 아니하다.
자연낙차에 따른 압력수가 흐르는 배관 상에 설치된 유수검지장치	화재시 물의 흐름을 검지할 수 있는 최소한의 압력이 얻어질 수 있도록 수조의 하단으로부터 낙차를 두어 설치할 것
조기반응형 스프링클러헤드를 설치하는 경우	습식유수검지장치 또는 부압식스프링클러설비를 설치

62. 스프링클러설비의 화재안전기술기준상 조기반응형 스프링클러헤드를 설치해야 하는 장소가 아닌 것은?

① 수련시설의 침실 ② 공동주택의 거실
③ 오피스텔의 침실 ④ 병원의 입원실

해설 조기반응형 스프링클러헤드
① 정의 – 표준형스프링클러헤드 보다 기류온도 및 기류속도에 조기에 반응하는 것

$$RTI = \tau\sqrt{U} \quad [\sqrt{m \cdot s}]$$

RTI : 반응시간지수 τ : 시정수(시간), U : 기류속도
RTI 가 50 이하의 스프링클러헤드 : 조기반응형헤드
RTI 가 50 초과 80 이하의 스프링클러헤드
: 특수반응형헤드
RTI 가 80 초과 350 이하의 스프링클러헤드
: 표준반응형헤드
② 설치 장소 – 공동주택·노유자시설의 거실, 오피스텔·숙박시설의 침실, 병원의 입원실

63. 스프링클러설비의 화재안전기술기준상 스프링클러설비를 설치하여야 할 특정소방대상물에 있어서 스프링클러헤드를 설치하지 아니할 수 있는 장소 기준으로 틀린 것은?

① 천장과 반자 양쪽이 불연재료로 되어 있고 천장과 반자사이의 거리가 2.5[m] 미만인 부분
② 천장 및 반자가 불연재료 외의 것으로 되어 있고 천장과 반자사이의 거리가 0.5[m] 미만인 부분

③ 천장·반자 중 한쪽이 불연재료로 되어 있고 천장과 반자사이의 거리가 1[m] 미만인 부분
④ 현관 또는 로비 등으로서 바닥으로부터 높이가 20[m] 이상인 장소

해설
1. 천장과 반자 양쪽이 불연재료로 되어 있는 경우로서 그 사이의 거리 및 구조가 다음 각 목의 어느 하나에 해당하는 부분
   ㉠ 천장과 반자사이의 거리가 2[m] 미만인 부분
   ㉡ 천장과 반자사이의 벽이 불연재료이고 천장과 반자 사이의 거리가 2[m] 이상으로서 그 사이에 가연물이 존재하지 아니하는 부분
2. 천장·반자중 한쪽이 불연재료로 되어있고 천장과 반자 사이의 거리가 1[m] 미만인 부분
3. 천장 및 반자가 불연재료 외의 것으로 되어 있고 천장과 반자사이의 거리가 0.5[m] 미만인 부분

64. 물분무소화설비의 화재안전기술기준상 배관의 설치기준으로 틀린 것은?

① 펌프 흡입측 배관은 공기고임이 생기지 않는 구조로 하고 여과장치를 설치한다.
② 펌프의 흡입측 배관은 수조가 펌프보다 낮게 설치된 경우에는 각 펌프(충압펌프를 포함한다)마다 수조로부터 별도로 설치한다.
③ 연결송수관설비의 배관과 겸용할 경우의 주배관은 구경 100[mm] 이상으로 한다.
④ 연결송수관설비의 배관과 겸용할 경우 방수구로 연결되는 배관의 구경은 65[mm] 이하로 한다.

해설
1. 급수배관은 전용으로 하여야 한다. 다만, 물분무소화설비의 성능에 지장이 없는 경우에는 다른 설비와 겸용할 수 있다.
2. 펌프의 흡입측배관은 다음 각 호의 기준에 따라 설치하여야 한다.
   ① 공기고임이 생기지 아니하는 구조로 하고 여과장치를 설치할 것

② 수조가 펌프보다 낮게 설치된 경우에는 각 펌프(충압펌프를 포함한다)마다 수조로부터 별도로 설치할 것
3. 연결송수관설비의 배관과 겸용할 경우의 주배관은 구경 100[mm] 이상, 방수구로 연결되는 배관의 구경은 65[mm] 이상의 것으로 하여야 한다.

65. 분말소화설비의 화재안전기술기준상 배관에 관한 기준으로 틀린 것은?

① 배관은 전용으로 할 것
② 배관은 모두 스케줄 40 이상으로 할 것
③ 동관을 사용하는 경우의 배관은 고정압력 또는 최고사용압력의 1.5배 이상의 압력에 견딜 수 있는 것은 사용할 것
④ 밸브류는 개폐위치 또는 개폐방향을 표시한 것으로 할 것

해설 분말소화설비 배관 설치기준

구분	내용
강관	배관용 탄소강관(spp) 또는 이와 동등이상의 강도 및 내식성, 내열성 단, 축압식 2.5 이상 4.2 [MPa] 이하 → 압력배관용탄소강관 스케줄 40 또는 동등이상 강도 및 내식성
동관	이음이 없는 동 및 동합금 사용 고정압력 또는 최고사용압력의 1.5배 이상에 견딜 것
배관부속 및 밸브류	배관부속 : 배관과 동등이상의 강도, 내식성 밸브류 : 개폐위치, 개폐방향 표시 할 것
방사시간	30초 이내

66. 물분무소화설비의 화재안전기술기준상 수원의 저수량 설치 기준으로 틀린 것은?

① 특수가연물을 저장 또는 취급하는 특정소방대상물 또는 그 부분에 있어서 그 바닥면적(최대 방수구역의 바닥면적을 기준으로 하며, 50[m²] 이하인 경우에는 50[m²]) 1[m²]에 대하여 10[ℓ/min]로 20분간 방수할 수 있는 양 이상으로 할 것

② 차고 또는 주차장은 그 바닥면적(최대 방수구역의 바닥면적을 기준으로 하며, 50[m²] 이하인 경우에는 50[m²]) 1[m²]에 대하여 20[ℓ/min]로 20분간 방수할 수 있는 양 이상으로 할 것

③ 케이블트레이, 케이블덕트 등은 투영된 바닥면적 1[m²]에 대하여 12[ℓ/min]로 20분간 방수할 수 있는 양 이상으로 할 것

④ 콘베이어 벨트 등은 벨트부분의 바닥면적 1[m²]에 대하여 20[ℓ/min]로 20분간 방수할 수 있는 양 이상으로 할 것

[해설] 물분무소화설비 수원의 저수량
※ 수원의 양 A×Q×T / 펌프의 토출량 A×Q

구분	특수가연물	차고 또는 주차장	절연유 봉입 변압기	케이블트레이 케이블덕트	콘베이어 벨트 등
A	바닥면적[m²] → 50[m²] 이하인 경우에는 50[m²]		바닥부분을 제외한 표면을 합한 면적	투영된 바닥면적[m²]	벨트부분의 바닥면적[m²]
Q	10 [ℓ/min·m²]	20 [ℓ/min·m²]	10 [ℓ/min·m²]	12 [ℓ/min·m²]	10 [ℓ/min·m²]
T	20분	20분	20분	20분	20분

67. 분말소화설비의 화재안전기술기준상 제1종 분말을 사용한 전역방출방식 분말소화설비에서 방호구역의 체적 1[m³]에 대한 소화약제의 양은 몇 kg인가?

① 0.24　　② 0.36
③ 0.60　　④ 0.72

[해설] 분말소화설비
Q[kg/m³] : 방호구역 체적당 소화약제의 양

소화약제의 종별	Q[kg/m³]
제1종	0.6
제2종, 제3종	0.36
제4종	0.24

68. 옥내소화전설비의 화재안전기술기준상 가압송수장치를 기동용수압개폐장치로 사용할 경우 압력챔버의 용적 기준은?

① 50L 이상　　② 100L 이상
③ 150L 이상　　④ 200L 이상

[해설] 기동장치
기동용수압개폐장치 또는 이와 동등 이상의 성능이 있는 것을 설치

구분	자동방식(습식) - 동결의 우려가 없는 장소	수동방식(건식) - 동결의 우려가 있는 장소
종류	① 압력챔버 - 100 [L] 이상 ② 기동용압력스위치	① 기동(on-off) 스위치 - 학교, 공장, 창고에만 설치 함
비고	충압펌프 설치	각 소화전함 내 설치

69. 포소화설비의 화재안전기술기준상 포헤드를 소방대상물의 천장 또는 반자에 설치하여야 할 경우 헤드 1개가 방호해야 할 바닥면적은 최대 몇 [m²]인가?

① 3　　② 5
③ 7　　④ 9

[해설] 포헤드 개수=바닥면적÷9[m²]이므로 포헤드 1개가 방호하는 면적은 9[m²]이다.

70. 소화기구 및 자동소화장치의 화재안전기술기준상 규정하는 화재의 종류가 아닌 것은?

① A급 화재　　② B급 화재
③ G급 화재　　④ K급 화재

정답　67. ③　68. ②　69. ④　70. ③

2021. 1회 소방설비기사

해설 소화약제의 적응성

소화약제 구분	가스		분말	
적응대상	이산화탄소 소화약제	할론, 할로겐화합물 및 불활성기체 소화약제	인산염류 소화약제	중탄산염류 소화약제
일반화재 (A급 화재)	×	○	○	×
유류화재 (B급 화재)	○	○	○	○
전기화재 (C급 화재)	○	○	○	○
주방화재 (K급 화재)	×	×	×	*

* : 화재 종류별 적응성에 적합한 것으로 인정되는 경우에 한한다.

71. 상수도소화용수설비의 화재안전기술기준상 소화전은 구경(호칭지름)이 최소 얼마 이상의 수도배관에 접속하여야 하는가?

① 50[mm] 이상의 수도배관
② 75[mm] 이상의 수도배관
③ 85[mm] 이상의 수도배관
④ 100[mm] 이상의 수도배관

해설 설치대상
1. 연면적 5천 [m²] 이상
2. 가스시설로서 지상에 노출된 탱크의 저장용량의 합계가 100톤 이상

소화수조 또는 저수조 설치해야 하는 경우
상수도소화용수설비를 설치하여야 하는 특정소방대상물의 대지 경계선으로부터 180 [m] 이내에 구경 75 [mm] 이상인 상수도용 배수관이 설치되지 아니한 지역에 있어서는 화재안전기술기준에 따른 소화수조 또는 저수조를 설치하여야 한다.

72. 할로겐화합물 및 불활성기체소화설비의 화재안전기술기준상 저장용기 설치기준으로 틀린 것은?

① 온도가 40℃ 이하이고 온도의 변화가 작은 곳에 설치할 것
② 용기간의 간격은 점검에 지장이 없도록 3cm 이상의 간격을 유지할 것
③ 직사광선 및 빗물이 침투할 우려가 없는 곳에 설치할 것
④ 저장용기를 방호구역 외에 설치한 경우에는 방화문으로 구획된 실에 설치할 것

해설 저장용기
이산화탄소(할론, 할로겐화합물 및 불활성기체, 분말) 소화약제의 저장용기 장소 설치기준
① 방호구역외의 장소에 설치할 것
다만, 방호구역내에 설치할 경우에는 피난 및 조작이 용이하도록 피난구 부근에 설치하여야 한다.
② 온도가 40[℃] 이하(할로겐화합물 및 불활성기체 소화약제 소화설비는 55[℃] 이하)이고, 온도변화가 적은 곳에 설치할 것
③ 직사광선 및 빗물이 침투할 우려가 없는 곳에 설치할 것
④ 방화문으로 구획된 실에 설치할 것
⑤ 용기의 설치장소에는 당해 용기가 설치된 곳임을 표시하는 표지를 할 것
⑥ 용기간의 간격은 점검에 지장이 없도록 3 [cm] 이상의 간격을 유지할 것
⑦ 저장용기와 집합관을 연결하는 연결배관에는 (가스)체크밸브를 설치할 것
다만, 저장용기가 하나의 방호구역만을 담당하는 경우에는 그러하지 아니하다.

73. 제연설비의 화재안전기술기준상 제연풍도의 설치기준으로 틀린 것은?

① 배출기의 전동기 부분과 배풍기 부분은 분리하여 설치할 것
② 배출기와 배출풍도의 접속 부분에 사용하는 캔버스는 내열성이 있는 것으로 할 것

정답 71. ② 72. ① 73. ③

③ 배출기의 흡입측 풍도 안의 풍속은 20[m/s] 이하로 할 것

④ 유입풍도 안의 풍속은 20[m/s] 이하로 할 것

해설 유입풍도(예상제연구역으로 공기를 유입하도록 하는 풍도) 등

예상제연구역		유입풍도	배출기	
	공기유입구의 크기	풍속	흡입측 풍도	배출측 풍도
공기가 유입되는 순간의 풍속 및 공기 유입구의 구조				
5[m/s] 이하가 되도록 하고 유입공기를 상향으로 분출하지 않도록 설치하여야 한다. 다만, 유입구가 바닥에 설치되는 경우에는 상향으로 분출이 가능하며 이때의 풍속은 1[m/s] 이하가 되도록 해야 한다.	예상제연구역 배출량 1[m³/min]에 대하여 35[㎠] 이상	20[m/s] 이하	풍속은 15[m/s] 이하	풍속은 20[m/s] 이하

※ 공기 유입량 – 배출량의 배출에 지장이 없는 양으로 하여야 한다.

※ 옥외에 면한 배출구 및 공기유입구 – 비 또는 눈 등이 들어가지 아니하도록 하고, 배출된 연기가 공기유입구로 순환유입 되지 아니 할 것

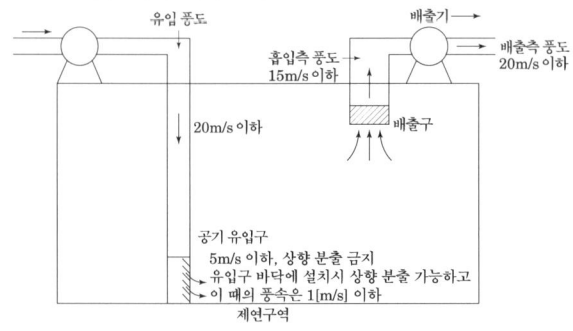

74. 포소화설비의 화재안전기술기준상 압축공기포소화설비의 분사헤드를 유류탱크 주의에 설치하는 경우 바닥면적 몇 [m²] 마다 1개 이상 설치하여야 하는가?

① 9.3   ② 10.8
③ 12.3 ④ 13.9

해설 압축공기포(방사시간 : 10분)
① 토출량 AQ
② 수원 (포수용액) AQT
③ 약제량 AQTS

A	Q	
바닥면적	방출량 [ℓ/(min·m²)]	
	일반 가연물, 탄화수소류	1.63
	특수 가연물, 알코올류, 케톤류	2.3

※ 압축공기포소화설비의 분사헤드
• 천장 또는 반자에 설치하되 방호대상물에 따라 측벽에 설치할 수 있음
• 유류탱크주위에는 바닥면적 13.9[m²]마다 1개 이상
• 특수가연물저장소에는 바닥면적 9.3[m²]마다 1개 이상 설치

75. 소화기구 및 자동소화장치의 화재안전기술기준상 일반화재, 유류화재, 전기화재 모두에 적응성이 있는 소화제는?

① 마른모래   ② 인산염류소화약제
③ 중탄산염류소화약제 ④ 팽창질석·팽창진주암

해설 소화약제의 적응성

소화약제 구분 / 적응대상	가스		분말		기타		
	이산화탄소 소화약제	할론, 할로겐화합물 및 불활성기체 소화약제	인산염류 소화약제	중탄산염류 소화약제	고체에어로졸 화합물	마른모래	팽창질석·팽창진주암	그 밖의 것
일반화재 (A급 화재)	×	○	○	×	○	○	○	×
유류화재 (B급 화재)	○	○	○	○	○	○	○	×
전기화재 (C급 화재)	○	○	○	○	×	×	×	×

* : 화재 종류별 적응성에 적합한 것으로 인정되는 경우에 한한다.

정답 74. ④ 75. ②

기출문제

2021. 1회 소방설비기사

76. 소화기구 및 자동소화장치의 화재안전기술기준상 바닥면적이 280[m²]인 발전실에 부속용도별로 추가하여야 할 적응성이 있는 소화기의 최소 수량은 몇 개인가?

① 2　　② 4
③ 6　　④ 12

[해설] 용도별 설치기준

용도별	설치기준
통신기기실, 발전기실, 변전실, 변압기실	바닥면적 50m² 마다 적응성 소화기 1개 이상 비치

[풀이]
280[m²] ÷ 50[m²/개] = 5.6개　∴ 6개

77. 상수도소화용수설비의 화재안전기술기준상 소화전은 소방대상물의 수평투영면의 각 부분으로부터 최대 몇 m 이하가 되도록 설치하는가?

① 75　　② 100
③ 125　　④ 140

[해설] 설치기준
1. 호칭지름 75[mm] 이상의 수도배관에 호칭지름 100[mm] 이상의 소화전을 접속
   - 호칭지름 : 일반적으로 표기하는 배관의 직경

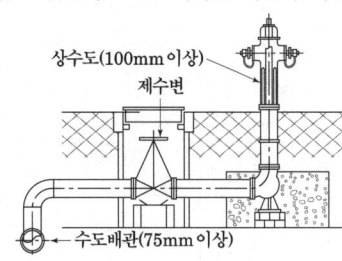

상수도소화용수설비

2. 소화전은 특정소방대상물의 수평투영면의 각 부분으로부터 140[m] 이하가 되도록 설치
   - 수평투영면 : 건축물을 수평으로 투영하였을 경우의 면

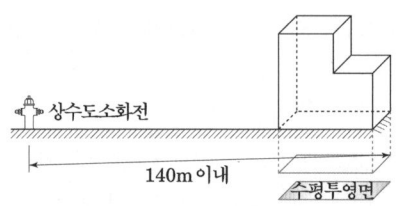

78. 이산화탄소소화설비의 화재안전기술기준상 배관의 설치 기준 중 다음 (　) 안에 알맞은 것은?

> 고압식의 경우 개폐밸브 또는 선택밸브의 2차측 배관부속은 호칭압력 2.0[MPa] 이상의 것을 사용하여야 하며, 1차측 배관부속은 호칭압력 (㉠)[MPa] 이상의 것을 사용하여야 하고, 저압식의 경우에는 (㉡)[MPa]의 압력에 견딜 수 있는 배관부속을 사용할 것

① ㉠ 3.0, ㉡ 2.0　　② ㉠ 4.0, ㉡ 2.0
③ ㉠ 3.0, ㉡ 2.5　　④ ㉠ 4.0, ㉡ 2.5

[해설] 배관 - 배관은 전용으로 할 것

구 분	이산화탄소소화설비 배관 등 설치기준		
강관	압력배관용 탄소강관 또는 이와 동등 이상의 강도 및 방식처리		
	고압식	저압식	20[mm] 이하
	#80	#40	#40
동관 (이음이 없는 동 및 동합금)	구 분	고압식	저압식
	내압시험압력	16.5 [MPa]	3.75 [MPa]
배관부속 및 밸브류	고압식		저압식
	1차 (저장용기~선택밸브) 호칭압력 4.0 [MPa]	2차 (선택밸브~헤드) 호칭압력 2.0 [MPa]	호칭압력 2.0 [MPa]
배관의 구경	방사시간내 약제 방출 가능한 구경		
방사시간	1. 전역방출방식 • 표면화재 60초 이내 • 심부화재 7분 이내 (설계농도가 2분 이내에 30[%]에 도달해야 함) 2. 국소방출방식 - 30초 이내		

정답　76. ③　77. ④　78. ②

79. 피난기구의 화재안전기술기준상 의료시설에 구조대를 설치해야할 층이 아닌 것은?

① 2
② 3
③ 4
④ 5

해설 소방대상물의 설치장소별 피난기구의 적응성

구분	노유자 시설	의료시설, 근린생활시설 중 입원실이 있는 의원·조산원·접골원	그 밖의 용도	
10층~5층	구조대¹	구조대 피난용트랩	구조대, 피난사다리, 완강기, 간이완강기, 공기안전매트	–
4층				피난용 트랩
3층	구조대			
2층		• 미끄럼대 : 대상물과 상관없이 3층 이하의 층에 적용 가능		
1층				

※ 피난교, 다수인피난장비, 승강식 피난기 : 대상물과 상관없이 1층~10층 모두 적용 가능
※ 구조대¹ : 장애인 관련 시설로서 주된 사용자 중 스스로 피난이 불가한 자가 있는 경우 추가로 설치하는 경우
※ 간이완강기 : 숙박시설의 3층 이상에 있는 객실에 한함
※ 공기안전매트 : 하나의 관리주체가 관리하는 공동주택 구역마다 공기안전매트 1개 이상을 추가 설치
※ 영업장의 위치가 4층 이하인 다중이용업소의 2층~4층
 - 구조대, 피난사다리, 미끄럼대, 완강기, 다수인피난장비, 승강식피난기

80. 인명구조기구의 화재안전기술기준상 특정소방대상물의 용도 및 장소별로 설치하여야 할 인명구조기구 종류의 기준 중 다음 ( ) 안에 알맞은 것은?

특정소방대상물	인명구조기구의 종류
물분무등소화설비 중 ( )를 설치하여야 하는 특정소방대상물	공기호흡기

① 분말소화설비
② 할론소화설비
③ 이산화탄소소화설비
④ 할로겐화합물 및 불활성기체소화설비

해설 특정소방대상물의 용도 및 장소별로 설치하여야 할 인명구조기구

특정소방대상물	인명구조 기구의 종류	설치 수량
• 지하층을 포함하는 층수가 7층 이상인 관광호텔 및 지하층 포함하는 층수가 5층 이상인 병원	방열복 또는 방화복 인공소생기 공기호흡기	각 2개 이상 비치할 것. 다만, 병원의 경우에는 인공소생기를 설치하지 않을 수 있다.
• 문화 및 집회시설 중 수용인원 100명 이상의 영화상영관 • 판매시설 중 대규모 점포 • 운수시설 중 지하역사 • 지하가 중 지하상가	공기호흡기	층마다 2개 이상 비치한 것. 다만, 각 층마다 갖추어 두어야 할 공기호흡기 중 일부를 직원이 상주하는 인근 사무실에 갖추어 둘 수 있다.
• 물분무등소화설비 중 이산화탄소소화설비를 설치하여야 하는 특정소방대상물	공기호흡기	이산화탄소소화설비가 설치된 장소의 출입구 외부 인근에 1대 이상 비치할 것

정답 79. ① 80. ③

기출문제(2021.2회)

■■■ 제1과목 소방원론

1. 내화건축물과 비교한 목조건축물 화재의 일반적인 특징을 옳게 나타낸 것은?

① 고온, 단시간형
② 저온, 단시간형
③ 고온, 장시간형
④ 저온, 장시간형

해설 목조건축물
① 개방계 화재
② 연료지배형 화재(연료의 양에 지배를 받는 화재)
③ 고온단기형(약 1,200[℃], 10~20분)
④ 화재원인 – 무염착화 – 발염착화 – 발화 – 최성기 – 연소낙하 – 진화

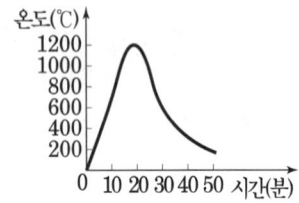

목재 건축물의 화재진행과정

2. 다음 중 증기 비중이 가장 큰 것은?

① Halon 1301
② Halon 2402
③ Halon 1211
④ Halon 104

해설 증기비중 = $\dfrac{분자량}{29}$

종류	이산화탄소	Halon 1301	Halon 104	Halon 1211	Halon 2402
분자식	CO_2	CF_3Br	CCl_4	CF_2ClBr	$C_2F_4Br_2$
분자량	44	149	153.6	165.4	260
증기비중	$\dfrac{44}{29}$ ≒ 1.52	$\dfrac{149}{29}$ = 5.13	$\dfrac{153.6}{29}$ = 5.29	$\dfrac{165.4}{29}$ = 5.70	$\dfrac{260}{29}$ = 8.96

• 원자량 – C : 12, F : 19, Cl : 35.5, Br : 80, O : 16

3. 화재발생 시 피난기구로 직접 활용할 수 없는 것은?

① 완강기
② 무선통신보조설비
③ 피난사다리
④ 구조대

해설 무선통신보조설비는 피난설비가 아닌 소화활동설비 이다.

4. 정전기에 의한 발화과정으로 옳은 것은?

① 방전 → 전하의 축적 → 전하의 발생 → 발화
② 전하의 발생 → 전하의 축적 → 방전 → 발화
③ 전하의 발생 → 방전 → 전하의 축적 → 발화
④ 전하의 축적 → 방전 → 전하의 발생 → 발화

해설 정전기
① 전기의 성질을 가지게 되었지만 도전로(전기가 흐르는 길)이 없어 정지되어 있는 전기로 옷 같은 부도체에 축적되어 있는 전기
② 정전기에 의한 발화과정
대전(전하의 발생) → 전하의 축적 → 방전 → 발화

> 대전 : 중성의 성질을 가진 물질이 +, – 전기의 성질을 가지게 되는 것

③ 정전기 방지대책

도체	부도체	인체
접지, 본딩, 유속제한 (1 m/s 이하)	상대습도 70% 이상, 대전방지제, 제전기	대전방지복, 대전방지화, 손목접지대

5. 물리적 소화방법이 아닌 것은?

① 산소공급의 차단
② 연쇄반응 차단
③ 온도 냉각
④ 가연물 제거

정답 1. ① 2. ② 3. ② 4. ② 5. ②

[해설]

구분	소화효과	비고
물리적 소화	질식효과, 제거효과, 유화효과, 희석효과, 피복효과	물적조건 제어
	냉각효과	에너지조건 제어
화학적 소화	연쇄반응 억제	

6. 탄화칼슘이 물과 반응할 때 발생되는 기체는?

① 일산화탄소 ② 아세틸렌
③ 황화수소   ④ 수소

[해설] 탄화칼슘 CaC_2
① 탄화물을 영어로는 카바이드(carbide) 일명 카바이트라고 하며 흑회색(순수한 것은 무색투명)의 덩어리로서 예전 포장마차 조명을 밝히기 위해 사용함.
② 공기 중에서 안정하지만 350℃ 이상에서 산화
$2CaC_2 + O_2 \rightarrow 2CaO + 4C$
③ 물과 반응 시 소석회와 아세틸렌(C_2H_2)가스 발생
습기가 없는 밀폐용기에 저장하고 용기에는 불활성가스를 봉입시킬 것.
㉠ 물과의 반응
$CaC_2 + 2H_2O \rightarrow Ca(OH)_2 + C_2H_2 \uparrow + 27.8\,kcal$
　　(소석회, 수산화칼슘)(아세틸렌)
㉡ 아세틸렌가스와 금속과 반응
$C_2H_2 + 2Ag \rightarrow Ag_2C_2 + H_2 \uparrow$
금속의 아세틸리드(acetylide : 폭발물질)를 생성
④ 질소와의 반응식
$CaC_2 + N_2 \rightarrow CaCN_2 + C + 74.6\,kcal$
　　(석회질소)(탄소)

7. 분말소화약제 중 A급, B급, C급 화재에 모두 사용할 수 있는 것은?

① 제1종 분말 ② 제2종 분말
③ 제3종 분말 ④ 제4종 분말

[해설] 분말소화약제의 명칭 등

구분	제1종	제2종	제3종	제4종
명칭	탄산수소나트륨	탄산수소칼륨	인산암모늄	탄산수소칼륨 + 요소
분자식	$NaHCO_3$	$KHCO_3$	$NH_4H_2PO_4$	$KHCO_3$ + $(NH_2)_2CO$
색상	백색	자색(보라색)	담홍색	회백색
적응화재	B급, C급, 알칼리금속화재	B급, C급	A급, B급, C급 - Multi purpose dry chemical	B급, C급

8. 조연성 가스에 해당하는 것은?

① 수소   ② 일산화탄소
③ 산소   ④ 에탄

[해설] 조연성가스
연소를 도와주는 가스로 지연성(또는 조연성)가스라고도 하며 정작 자기 자신은 연소하지 않는 공기, 산소, 오존 등이 있다 또 조연성가스는 환원하는 물질을 말하기도 하는데 대표적인 7족 원소인 불소, 염소 등은 최외각 전자가 항상 1개가 부족하여 전자 1개를 얻어 안정화되려는 성질 때문에 환원하는 성질이 강하다.

9. 분자내부에 니트로기를 갖고 있는 TNT, 니트로셀룰로오스 등과 같은 제5류 위험물의 연소형태는?

① 분해연소   ② 자기연소
③ 증발연소   ④ 표면연소

[해설] 자기연소

물질 자체 내 산소를 함유하여 산소공급원 없이도 자체적으로 연소	제5류 위험물 (유기과산화물, 니트로셀룰로오스, 셀룰로이드, 니트로글리세린, 트리니트로톨루엔 등)

정답 6. ② 7. ③ 8. ③ 9. ②

10. 가연물질의 종류에 따라 화재를 분류하였을 때 섬유류 화재가 속하는 것은?

① A급 화재　　② B급 화재
③ C급 화재　　④ D급 화재

해설 화재의 종류

A급	B급	C급	D급	K급
일반화재	유류화재	전기화재(통전중)	금속화재	주방식용유화재
백색	황색	청색	무색	–

※ 일반화재 – 산불화재, 섬유류화재, 플라스틱 화재 등

11. 위험물안전관리법령상 제6류 위험물을 수납하는 운반용기의 외부에 주의사항을 표시하여야 할 경우, 어떤 내용을 표시하여야 하는가?

① 물기엄금
② 화기엄금
③ 화기주의·충격주의
④ 가연물접촉주의

해설 운반용기의 외부 표시 사항
① 위험물의 품명, 위험등급, 수량, 화학명 및 수용성
② 수납하는 위험물에 따른 주의사항

제1류 위험물	알칼리금속의 과산화물	화기·충격주의, 물기엄금 및 가연물접촉주의
	그 밖의 것	화기·충격주의 및 가연물접촉주의
제2류 위험물	철분·금속분·마그네슘	화기주의 및 물기엄금
	인화성고체	화기엄금
	그 밖의 것	화기주의
제3류 위험물	자연발화성물질	화기엄금 및 공기접촉엄금
	금수성물질	물기엄금
제4류 위험물		화기엄금
제5류 위험물		화기엄금 및 충격주의
제6류 위험물		가연물접촉주의

12. 다음 연소생성물 중 인체의 독성이 가장 높은 것은?

① 이산화탄소　　② 일산화탄소
③ 수증기　　　　④ 포스겐

해설 독성가스의 허용농도(화학물질 및 물리적 인자의 노출기준 – 고용노동부고시)

독성가스명칭	허용농도	
	TLV-TWA	LC50
오존 O_3	0.08	–
브롬 Br_2	0.1	–
불소 F_2	0.1	185
포스겐 $COCl_2$	0.1	5
인화수소(포스핀) PH_3	0.3	20
염소 Cl_2	0.5	293
불화수소 HF	0.5	966
염화수소 HCl	1	3,124
벤젠 C_6H_6	1	–

13. 알킬알루미늄 화재에 적합한 소화약제는?

① 물　　　　　② 이산화탄소
③ 팽창질석　　④ 할로겐화합물

해설 제3류 위험물 소화방법
1. 연소 시 절대주수 엄금(황린 제외)
2. 건조사, 팽창질석 등에 의한 질식소화

14. 열전도도(tenrmal conductivity)를 표시하는 단위에 해당하는 것은?

① $J/m^2 \cdot h$　　② $kcal/h \cdot ℃^2$
③ $W/m \cdot k$　　④ $J \cdot K/m^3$

정답 10. ① 11. ④ 12. ④ 13. ③ 14. ③

[해설] 전도(Conduction)
고체 또는 정지 상태 유체의 열전달 : 발화, 성장기의 열전달

$$q = K \cdot A \cdot \frac{\Delta t}{\ell}$$

여기서, q : 열량 (W = J/s = cal/s)
K : 열전도율 [W/m·℃ = J/m·s·℃]
A : 표면적 [m²]
Δt : 온도차[℃]
ℓ : 물질두께 [m]

15. 위험물안전관리법령상 위험물에 대한 설명으로 옳은 것은?

① 과염소산은 위험물이 아니다.
② 황린은 제2류 위험물이다.
③ 황화린의 지정수량은 100[kg]이다.
④ 산화성고체는 제6류 위험물의 성질이다.

[해설] 위험물의 분류에 따른 성상

분류	성상
제1류	산화성 고체
제2류	가연성 고체
제3류	자연발화성 및 금수성 물질
제4류	인화성 액체
제5류	자기연소성 물질
제6류	산화성 액체

• 과염소산은 제6류 위험물
• 황린은 제3류 위험물

16. 제3종 분말소화약제의 주성분은?

① 인산암모늄   ② 탄산수소칼륨
③ 탄산수소나트륨   ④ 탄산수소칼륨과 요소

[해설] 분말소화약제의 명칭 등

구분	제1종	제2종	제3종	제4종
명칭	탄산수소나트륨	탄산수소칼륨	인산암모늄	탄산수소칼륨 + 요소
분자식	$NaHCO_3$	$KHCO_3$	$NH_4H_2PO_4$	$KHCO_3$ + $(NH_2)_2CO$
색상	백색	자색(보라색)	담홍색	회백색
적응화재	B급, C급, 알칼리 금속화재	B급, C급	A급, B급, C급 - Multi purpose dry chemical	B급, C급

17. 이산화탄소 소화기의 일반적인 성질에서 단점이 아닌 것은?

① 밀폐된 공간에서 사용 시 질식의 위험성이 있다.
② 인체에 직접 방출 시 동상의 위험성이 있다.
③ 소화약제의 방사 시 소음이 크다.
④ 전기가 잘 통하기 때문에 전기설비에 사용할 수 없다.

[해설] 이산화탄소 소화약제의 특성
(1) 화재 진화 후 소화약제의 잔존물이 없어 증거 보존이 가능하다.
(2) 침투성이 좋고 공기보다 무거워 심부화재에 적합하며 비전도성으로 전기화재에 사용이 가능하다.
(3) 화학적으로 안정하며 부식성 없다. 가스계 중 저가로서 가격이 싸다.
(4) 오존층을 파괴시키지 않는다.(ODP = 0)

18. IG-541이 15[℃]에서 내용적 50리터 압력용기에 155[kgf/cm²]으로 충전되어 있다. 온도가 30[℃]가 되었다면 IG-541 압력은 약 몇 [kgf/cm²]가 되겠는가? (단, 용기의 팽창은 없다고 가정한다.)

① 78   ② 155
③ 163   ④ 310

정답 15. ③   16. ①   17. ④   18. ③

기출문제

2021. 2회 소방설비기사

[해설] 보일-샤를의 법칙

| 기체의 부피(V)는 압력(P)에 반비례 하고, 절대온도(T)에 비례 | $\dfrac{P_1V_1}{T_1} = \dfrac{P_2V_2}{T_2}$ |

[풀이]

$\dfrac{P_1V_1}{T_1} = \dfrac{P_2V_2}{T_2}$ 에서 $\dfrac{155}{15+273} = \dfrac{P_2}{30+273}$

따라서 압력은 $163.07\,[kg_f/cm^2]$

19. 소화약제 중 HFC-125의 화학식으로 옳은 것은?

① CHF_2CF_3 ② CHF_3
③ CF_2CHFCF_3 ④ CF_3I

[해설]

```
HFC -  1   2   5
        ↓   ↓   ↓
        C   H   F
       +1  -1   0
        C_2  H   F_5
        CHF_2CF_3
```

20. 프로판 50[vol%], 부탄 40[vol%], 프로필렌 10[vol%]로 된 혼합가스의 폭발하한계는 약 몇[vol%]인가? (단, 각 가스의 폭발하한계는 프로판은 2.2[vol%], 부탄은 1.9[vol%], 프로필렌은 2.4[vol%]이다.)

① 0.83   ② 2.09
③ 5.05   ④ 9.44

[해설] 연소가스가 다성분인 경우 - 르샤틀리에의 식

$\dfrac{V_1+V_2}{L} = \dfrac{V_1}{L_1}+\dfrac{V_2}{L_2}$ $\dfrac{V_1+V_2}{U} = \dfrac{V_1}{U_1}+\dfrac{V_2}{U_2}$

$L,\ U$: 가연성 혼합가스의 연소하한값, 연소상한값
$V_1,\ V_2$: 가연성가스의 농도
$L_1,\ L_2$: 각 가연성가스의 연소하한값
$U_1,\ U_2$: 각 가연성가스의 연소상한값

[풀이]

가스명	폭발범위(V%)	
	하한값	상한값
메탄	5.0	15.0
에탄	3.0	12.4
프로판	2.1	9.5
부탄	1.8	8.4

$\dfrac{V_1+V_2+V_3}{L} = \dfrac{V_1}{L_1}+\dfrac{V_2}{L_2}+\dfrac{V_3}{L_3}$

$\dfrac{50+40+10}{L} = \dfrac{50}{2.2}+\dfrac{40}{1.9}+\dfrac{10}{2.4}$

$\therefore L \fallingdotseq 2.09$

★ 혼합기의 LFL, UFL은 각 물질의 LFL, UFL의 사이 값이 된다. 즉 2.4와 1.9사이가 답이 된다.

■■■ 제2과목 소방유체역학

21. 직경 20[cm]의 소화용 호스에 물이 392[N/s] 흐른다. 이 때의 평균유속[m/s]은?

① 2.96   ② 4.34
③ 3.68   ④ 1.27

[해설]

유체의 연속방정식에 의해

중량유량 $G = \gamma A V$, 면적 $A = \dfrac{\pi D^2}{4}$ 에서

여기서, 물의 비중량 $\gamma = 9800\,N/m^3$

유속 $V = \dfrac{G}{\gamma A} = \dfrac{4G}{\pi D^2 \gamma} = \dfrac{4 \times 392}{\pi \times 0.2^2 \times 9800}$

$\fallingdotseq 1.27\,[m/s]$

22. 수은이 채워진 U자관에 수은보다 비중이 작은 어떤 액체를 넣었다. 액체기둥의 높이가 10[cm], 수은과 액체의 자유 표면의 높이 차이가 6[cm]일 때 이 액체의 비중은? (단, 수은의 비중은 13.6이다.)

① 5.44   ② 8.16
③ 9.63   ④ 10.88

[해설]

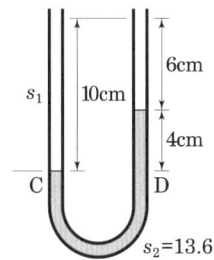

$\gamma_1 h_1 = \gamma_2 h_2$
$s_1 \gamma_w h_1 = s_2 \gamma_w h_2 \rightarrow s_1 h_1 = s_2 h_2$ 이므로
$s_1 = \dfrac{s_2 h_2}{h_1} = \dfrac{13.6 \times 0.04}{0.1} = 5.44$

23. 수압기에서 피스톤의 반지름이 각각 20[cm]와 10[cm]이다. 작은 피스톤에 19.6[N]의 힘을 가하는 경우 평형을 이루기 위해 큰 피스톤에는 몇 N의 하중을 가하여야 하는가?

① 4.9
② 9.8
③ 68.4
④ 78.4

[해설]

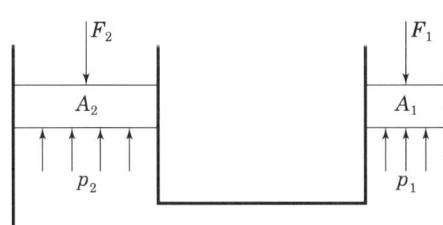

$P_1 = P_2$ 에서, $\dfrac{F_1}{A_1} = \dfrac{F_2}{A_2}$

$\therefore F_2 = F_1 \cdot \dfrac{A_2}{A_1} = F_1 \cdot \dfrac{D_2^2}{D_1^2} = 19.6 \times \dfrac{40^2}{20^2} = 78.4$ [N]

24. 그림과 같이 중앙부분에 구멍이 뚫린 원판에 지름 D의 원형 물제트가 대기압 상태에서 V의 속도로 충돌하여 원판 뒤로 지름 D/2 의 원형 물제트가 V의 속도로 흘러나가고 있을 때, 이 원판이 받는 힘을 구하는 계산식으로 옳은 것은? (단, ρ는 물의 밀도이다.)

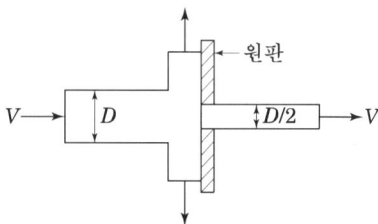

① $\dfrac{3}{16}\rho\pi V^2 D^2$
② $\dfrac{3}{8}\rho\pi V^2 D^2$
③ $\dfrac{3}{4}\rho\pi V^2 D^2$
④ $3\rho\pi V^2 D^2$

[해설] 고정된 수직 평판에 작용하는 힘
$F = \rho Q V = \rho A V^2$ 에서
여기서, ρ : 밀도[kg/m³]
Q : 유량[m³/s]
v : 유속[m/s]
A : 단면적[m²]
뚫린 구멍을 고려한 원판에 작용하는 힘
$F = \rho(A - a)V^2$
$= \dfrac{\rho\pi\left\{D^2 - \left(\dfrac{D}{2}\right)^2\right\}V^2}{4}$
$= \dfrac{\rho\pi\left(D^2 - \dfrac{D^2}{4}\right)}{4} = \dfrac{\rho\pi\left(\dfrac{4D^2 - D^2}{4}\right)}{4}$
$= \dfrac{3}{16}\rho\pi V^2 D^2$

25. 압력 0.1[MPa], 온도250[℃] 상태인 물의 엔탈피가 2974.33[kJ/kg]이고 비체적은 2.40604[m³/kg]이다. 이 상태에서 물의 에너지[kJ/kg]는 얼마인가?

① 2733.7
② 2974.1
③ 3214.9
④ 3582.7

정답 23. ④ 24. ① 25. ①

[해설] 엔탈피 h

$h = u + pv$에서

여기서, u : 내부에너지[kJ/kg]
p : 압력[kPa]
v : 비체적[m³/kg]

$u = h - pv = 2974.33 - 0.1 \times 10^3 \times 2.40604$
$\fallingdotseq 2733.7$ [kJ/kg]

26. 300[K]의 저온 열원을 가지고 카르노 사이클로작동하는 열기관의 효율이 70[%]가 되기 위해서 필요한 고온 열원의 온도[K]는?

① 800　　② 900
③ 1000　　④ 1100

[해설]

열효율 $\eta = \dfrac{W}{Q_1} = \dfrac{Q_1 - Q_2}{Q_1} = 1 - \dfrac{Q_2}{Q_1} = 1 - \dfrac{T_2}{T_1}$

여기서, Q_1 : 고온열저장소에서 흡수한 열량[kJ]
Q_2 : 저온열저장소에서 방출된 열량[kJ]
W : 유효일량[kJ]
T_1 : 고열원의 온도[K]
T_2 : 저열원의 온도[K]

$T_1 = \dfrac{T_2}{1 - \eta} = \dfrac{300}{1 - 0.7} = 1000$[K]

27. 물이 들어있는 탱크에 수면으로부터 20[m] 깊이에 지름 50[mm]의 오리피스가 있다. 이 오리피스에서 흘러나오는 유량[m³/min]은? (단, 탱크의 수면 높이는 일정하고 모든 손실은 무시한다.)

① 1.3　　② 2.3
③ 3.3　　④ 4.3

[해설] 토리첼리 정리에 의해

유속 $v = \sqrt{2gh}$

유량 $Q = Av = A\sqrt{2gh}$
$= \dfrac{\pi D^2}{4}\sqrt{2gh}$

여기서, A : 구멍의 단면적[m²]
h : 수면에서 구멍 중심까지의 수직거리[m]
g : 중력가속도[m/s²]

$Q = \dfrac{\pi \times 0.05^2}{4}\sqrt{2 \times 9.8 \times 20} \fallingdotseq 0.0389$ [m³/s] $= 2.3$ [m³/min]

28. 다음 중 열전달 매질이 없이도 열이 전달되는 형태는?

① 전도　　② 자연대류
③ 복사　　④ 강제대류

[해설]
복사전열은 Stefan-Boltzmann의 법칙에 의해 설명되는 전열현상으로 고온물체와 저온물체가 있을 경우 복사전열은 열선 즉, 복사선에 의해 열이 전달되는 현상으로 공기, 물 또는 고체 등의 매질 없이 열이 이동하는 현상을 말한다.

복사 열전달량
$Q = \epsilon \sigma A(T_1^4 - T_2^4)$

여기서, E_b : 복사열량(복사력 또는 복사발산도)
ϵ : 물체의 복사율(흑체의 경우 $\epsilon = 1$)
σ : 스테판-볼츠만의 상수(5.67×10^{-8} [W/m² · K])
A : 물체의 표면적[m²]
T_1 : 고온 물체의 절대온도[K]
T_2 : 저온 물체의 절대온도[K]

29. 양정 220[m], 유량 0.025[m³/s], 회전수 2900[rpm]인 4단 원심 펌프의 비교회전도(비속도)[m³/min, m, rpm]는 얼마인가?

① 176　　② 167
③ 45　　④ 23

[해설] 펌프의 비속도

$$N_s = N\frac{\sqrt{Q}}{H^{3/4}}$$ 양흡입 펌프인 경우 : $Q = Q/2$
다단 펌프인 경우 : $H = H/$단수$[n]$

N : 회전수 $[\text{min}^{-1}]$
Q : 토출량 $[\text{m}^3/\text{min}]$
H : 전양정 $[\text{m}]$

$$N_s = N\frac{\sqrt{Q}}{H^{3/4}} = N\frac{\sqrt{Q}}{\left(\frac{H}{n}\right)^{3/4}}$$

$$= 2900 \times \frac{\sqrt{0.025 \times 60}}{\left(\frac{220}{4}\right)^{\frac{3}{4}}} ≒ 176 \,[\text{m}^3/\text{min}\cdot\text{rpm}\cdot\text{m}]$$

30. 동력(power)의 차원을 MLT(질량 M, 길이 L, 시간 T)계로 바르게 나타낸 것은?

① MLT^{-1}　　② M^2LT^{-2}
③ ML^2T^{-3}　　④ MLT^{-2}

[해설]
동력(일률) = 일/시간 = J/s = N·m/s
$= (\text{kg}\cdot\text{m/s}^2)\cdot\text{m/s} = \text{kg}\cdot\text{m}^2/\text{s}^3$
$= \frac{ML^2}{T^3} = ML^2T^{-3}$

31. 직사각형 단면의 덕트에서 가로와 세로가 각각 a 및 1.5a이고, 길이가 L이며, 이 안에서 공기가 V의 평균속도로 흐르고 있다. 이 때 손실수두를 구하는 식으로 옳은 것은? (단, f는 이 수력지름에 기초한 마찰계수이고, g는 중력가속도를 의미한다.)

① $f\frac{L}{a}\frac{V^2}{2.4g}$　　② $f\frac{L}{a}\frac{V^2}{2g}$
③ $f\frac{L}{a}\frac{V^2}{1.4g}$　　④ $f\frac{L}{a}\frac{V^2}{g}$

[해설]
(1) 수력직경

$$D_e = 4 \times \frac{\text{유동단면적}}{\text{접수길이}} = \frac{4A}{L_P}$$

여기서, A : 유동(통수)단면적 $[\text{m}^2]$
L_P : 접수길이 $[\text{m}]$

직사각형 단면인 경우
$A = a \times 1.5a = 1.5a^2$
$L_P = 2 \times (a + 1.5a) = 5a$,
$\therefore D_e = \frac{4A}{L_P} = \frac{4 \times 1.5a^2}{5a} = 1.2a\,[\text{m}]$

(2) 손실수두

$$h = f\cdot\frac{L}{D_e}\cdot\frac{V^2}{2g} = f\cdot\frac{L}{1.2a}\cdot\frac{V^2}{2g} = f\cdot\frac{L}{a}\cdot\frac{V^2}{2.4g}\,[\text{m}]$$

32. 무차원수 중 레이놀즈수(Reynolds number)의 물리적인 의미는?

① $\dfrac{\text{관성력}}{\text{중력}}$　　② $\dfrac{\text{관성력}}{\text{탄성력}}$
③ $\dfrac{\text{관성력}}{\text{점성력}}$　　④ $\dfrac{\text{관성력}}{\text{음속}}$

[해설] 점성유동(레이놀즈수=관성력/점성력)
관로에서의 마찰손실, 비행체의 항력, 경계층문제 등의 점성유동(점성력이 주로 작용하는 유동)에는 레이놀즈수가 중요시 되는 무차원수이다.

$$\frac{\text{관성력}}{\text{점성력}} = \frac{\rho D^2 V^2}{\mu V D} = \frac{\rho D V}{\mu} = Re : 레이놀즈(Reynolds)수$$

33. 동일한 노즐구경을 갖는 소방차에서 방수압력이 1.5배가 되면 방수량은 몇 배로 되는가?

① 1.22배　　② 1.41배
③ 1.52배　　④ 2.25배

해설 소방차의 노즐에서 방사되는 방수압은 동압뿐이므로

방수압 $P_v = \dfrac{\rho V^2}{2}$ [Pa]에서 분출유속

$V = \sqrt{\dfrac{2P_v}{\rho}}$ [m/s]

방수량 $Q = AV = \dfrac{\pi D^2}{4}\sqrt{\dfrac{2P_v}{\rho}}$ 이므로

방수량 $Q \propto \sqrt{P_v}$ 의 관계가 있다.

따라서 방수압이 1.5배가 되었으므로 방수량 $Q = \sqrt{1.5}$ 배 ≒ 1.22배가 된다.

34. 전양정 80[m], 토출량 500[L/min]인 물을 사용하는 소화펌프가 있다. 펌프효율 65[%], 전달계수[K] 1.1 인 경우 필요한 전동기의 최소 동력[kW]은?

① 9 　　　② 11
③ 13 　　　④ 15

해설 펌프의 전동력(전동기 입력)

$L_M = \dfrac{\gamma QH}{\eta} \times K = \dfrac{9.8 \times \dfrac{0.5}{60} \times 80}{0.65} \times 1.1 ≒ 11$ [kW]

여기서, L_M : 전동기 소요동력[kW]
　　　　 γ : 물의 비중량(9.8 [kN/m³])
　　　　 Q : 토출량[m³/s]
　　　　 H : 전양정[m]
　　　　 η : 펌프 효율
　　　　 K = 동력전달계수

35. 안지름 10cm인 수평 원관의 층류유동으로 4km 떨어진 곳에 원유(점성계수 0.02[N·s/m²], 비중 0.86)를 0.10[m³/min]의 유량으로 수송하려 할 때 펌프에 필요한 동력[W]은? (단, 펌프의 효율은 100[%]로 가정한다.)

① 76 　　　② 91
③ 10900 　　　④ 9100

해설 펌프의 축동력

$L_S = \dfrac{\gamma QH}{\eta}$ [kW]에서

(1) 하겐-포아젤의 법칙(Hagen-Poiseuille's law)에 의해 손실수두

$h_L = \dfrac{128\mu LQ}{\rho g\pi D^4} = \dfrac{128 \times 0.02 \times 4 \times 10^3 \times 0.1/60}{860 \times 9.8 \times \pi \times 0.1^4}$

≒ 6.446 [m]

여기서, 밀도 $\rho = 1000s = 1000 \times 0.86 = 860$ [kN/m³]

(2) 전양정 H = 실양정 + 총 손실수두에서 수평 원관이므로 실양정 = 0

$H = h_L = 6.446$

∴ $L_S = \dfrac{\gamma QH}{\eta} = \dfrac{(0.86 \times 9800) \times (0.1/60) \times 6.446}{1}$

≒ 91 [W]

36. 유속 6[m/s]로 정상류의 물이 화살표 방향으로 흐르는 배관에 압력계와 피토계가 설치되어 있다. 이때 압력계의 계기압력이 300[kPa]이었다면 피토계의 계기압력은 약 몇 [kPa]인가?

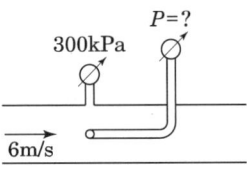

① 180 　　　② 280
③ 318 　　　④ 336

해설 베르누이 정리

$\rho gz_1 + \dfrac{v_1^2}{2}\rho + P_1 = \rho gz_2 + \dfrac{v_2^2}{2}\rho + P_2$ [Pa]에서

$z_1 = z_2$, $v_2 = 0$이므로

$\dfrac{v_1^2}{2}\rho + P_1 = P_2 = P$

$P = \dfrac{6^2 \times 10^3}{2} + 300 \times 10^3 = 318000$Pa] = 318 [kPa]

정답　34. ②　35. ②　36. ③

37. 유체의 압축률에 관한 설명으로 올바른 것은?

① 압축률 = 밀도×체적탄성계수
② 압축률 = 1/체적탄성계수
③ 압축률 = 밀도/체적탄성계수
④ 압축률 = 체적탄성계수/밀도

[해설] 체적탄성계수 K

$$K = \frac{1}{\delta} = -\frac{\Delta P}{\Delta V/V} = \frac{\Delta P}{\Delta \rho/\rho} \ [\text{Pa}]$$

압축률 δ

$$\delta = \frac{-\Delta V/V}{\Delta P} \ [1/\text{Pa}]$$

(여기서, -부호는 수축을 의미한다.)
K의 절대값이 클수록 압축하기 어려운 유체이다.
또한 압축률의 역수를 체적탄성계수 δ로 정의 한다.
여기서, $\Delta V/V$: 체적감소율,
ΔP : 압력변화량[Pa]

---

38. 질량이 5[kg]인 공기(이상기체)가 온도 333[K]로 일정하게 유지되면서 체적이 10배가 되었다. 이 계(system)가 한 일[kJ]은? (단, 공기의 기체상수는 287 [J/kg·K] 이다.)

① 220 ② 478
③ 1100 ④ 4779

[해설] 등온과정에서의 일

$$W_{12} = mRT \ln \frac{V_2}{V_1} = 5 \times 287 \times 10^{-3} \times 333 \times \ln \frac{10 V_1}{V_1}$$

$\approx 1100 \ [\text{kJ}]$

여기서, $V_2 = 10 V_1$

---

39. 무한한 두 평판 사이에 유체가 채워져 있고 한 평판은 정지해 있고 또 다른 평판은 일정한 속도로 움직이는 Couette 유동을 하고 있다. 유체 A만 채워져 있을 때 평판을 움직이기 위한 단위면적당 힘을 τ_1이라 하고 같은 평판사이에 점성이 다른 유체 B만 채워져 있을 때 필요한 힘을 τ_2라 하면 유체 A와 B가 반반씩 위 아래로 채워져 있을 때 평판을 같은 속도로 움직이기 위한 단위면적당 힘에 대한 표현으로 옳은 것은?

① $\dfrac{\tau_1 + \tau_2}{2}$ ② $\sqrt{\tau_1 \tau_2}$

③ $\dfrac{2\tau_1 \tau_2}{\tau_1 + \tau_2}$ ④ $\tau_1 + \tau_2$

[해설]
Couette 유동이란 유체가 전단응력에 의해 유동이 발생되는 것이다.

유사한 개념과의 비교 풀이

	스프링 유동	Couette 유동
독립 1	스프링 상수=K_1	단위면적당 힘 $\tau_1 = \mu_1 \dfrac{du}{dy}$
독립 2	스프링 상수=K_2	단위면적당 힘 $\tau_2 = \mu_2 \dfrac{du}{dy}$
합성	합성된 스프링 상수=K	$\tau_1' = \mu_1 \dfrac{du}{\frac{1}{2}dy} = 2\mu_1 \dfrac{du}{dy} = 2\tau_1$ $\tau_2' = \mu_2 \dfrac{du}{\frac{1}{2}dy} = 2\mu_2 \dfrac{du}{dy} = 2\tau_2$ 합성된 단위면적당 힘=τ

정답 37. ② 38. ③ 39. ③

풀이	$\dfrac{1}{K} = \dfrac{1}{K_1} + \dfrac{1}{K_2}$ $K = \dfrac{K_1 K_2}{K_1 + K_2}$	$\dfrac{1}{\tau} = \dfrac{1}{\tau_1'} + \dfrac{1}{\tau_2'} = \dfrac{1}{2\tau_1} + \dfrac{1}{2\tau_2}$ $= \dfrac{\tau_2 + \tau_1}{2\tau_1 \tau_2}$ $\therefore \tau = \dfrac{2\tau_1 \tau_2}{\tau_1 + \tau_2}$

40. 2m 깊이로 물이 차 있는 물 탱크 바닥에 한 변이 20cm인 정사각형 모양의 관측창이 설치되어 있다. 관측창이 물로 인하여 받는 순 힘(net force)은 몇 [N]인가? (단, 관측창 밖의 압력은 대기압이다.)

① 784　　② 392
③ 196　　④ 98

해설
$F = PA = \gamma h A = 9800 \times 2 \times (0.2 \times 0.2) = 784$
여기서, F : 힘[N]
　　　　A : 단면적[m²]
　　　　γ : 물의 비중량[N/m³]
　　　　h : 물의 깊이[m]

■■■■ 제3과목 소방관계법규

41. 소방기본법의 정의상 소방대상물의 관계인이 아닌 자는?

① 감리자　　② 관리자
③ 점유자　　④ 소유자

해설 관계인
　소방대상물의 소유자·관리자 또는 점유자

　+암기　소관점

42. 화재의 예방 및 안전관리법률상 화재의 예방상 위험하다고 인정되는 행위를 하는 사람에게 행위의 금지 또는 제한 명령을 할 수 있는 사람은?

① 소방본부장　　② 시·도지사
③ 의용소방대원　　④ 소방대상물의 관리자

해설 화재예방 조치명령서
　- 조치명령 : 소방관서장
　- 대상 : 화재 발생 위험이 크거나 소화 활동에 지장을 줄 수 있다고 인정되는 행위나 물건에 대하여 행위 당사자나 그 물건의 관계인(소유자, 관리자 또는 점유자)

　☞ 명령을 정당한 사유 없이 따르지 아니하거나 방해한 자 – 300만 원 이하의 벌금

43. 위험물안전관리법령상 제조소에서 취급하는 위험물의 최대수량이 지정수량의 10배 이하인 경우 공지의 너비 기준은?

① 2[m] 이하　　② 2[m] 이상
③ 3[m] 이하　　④ 3[m] 이상

해설 제조소의 보유공지
1. 제조소 등이 설치되면 주위의 대상물과의 관계없이 확보해야 할 절대적인 공간

취급하는 위험물의 최대수량	공지의 너비
지정수량의 10배 이하	3 [m] 이상
지정수량의 10배 초과	5 [m] 이상

2. 보유공지 목적

연소확대의 방지	화재 등의 경우 피난의 원활	소화활동의 공간 확보

44. 위험물안전관리법령상 제조소 또는 일반 취급소에서 취급하는 제4류 위험물의 최대 수량의 합이 지정수량의 48만배 이상인 사업소의 자체소방대에 두는 화학소방자동차 및 인원기준으로 다음 (   )안에 알맞은 것은?

화학소방자동차	자체소방대원의 수
(㉠)	(㉡)

① ㉠ 1대, ㉡ 5인   ② ㉠ 2대, ㉡ 10인
③ ㉠ 3대, ㉡ 15인   ④ ㉠ 4대, ㉡ 20인

해설 자체소방대에 두는 화학소방자동차 및 인원

사업소의 구분(최대수량)		화학소방자동차	자체소방대원의 수
제조소 일반취급소	지정수량의 3천배 이상 12만배 미만의 사업소	1대	5인
	지정수량의 12만배 이상 24만배 미만인 사업소	2대	10인
	지정수량의 24만배 이상 48만배 미만인 사업소	3대	15인
	지정수량의 48만배 이상인 사업소	4대	20인
옥외탱크 저장소	지정수량의 50만배 이상인 사업소	2대	10인

45. 화재의 예방 및 안전관리법률상 특수가연물의 저장 및 취급기준이 아닌 것은? (단, 석탄·목탄류를 발전용으로 저장하는 경우는 제외)

① 품명별로 구분하여 쌓는다.
② 쌓는 높이는 10[m] 이하가 되도록 한다.
③ 쌓는 부분의 바닥면적 사이는 1[m] 이상이 되도록 한다.
④ 특수 가연물을 저장 또는 취급하는 장소에는 품명, 최대저장수량, 단위부피당 질량 또는 단위체적당 질량, 관리책임자 성명·직책, 연락처 및 화기취급의 금지표시를 설치해야 한다.

해설 특수가연물의 저장·취급 기준
다만, 석탄·목탄류를 발전용으로 저장하는 경우는 제외
① 품명별로 구분하여 쌓을 것
② 저장·취급 기준

구분		일반적인 경우	기타의 경우
높이		10[m] 이하	15[m] 이하
쌓는 부분의 바닥면적	면화류 등	50[m²] 이하	200[m²] 이하
	석탄·목탄류	200[m²] 이하	300[m²] 이하

• 기타의 경우 : 살수설비를 설치하거나 방사능력 범위에 해당 특수가연물이 포함되도록 대형수동식소화기를 설치하는 경우

③ 저장·취급 기준

구분	실내에 쌓아 저장하는 경우	실외에 쌓아 저장하는 경우
쌓는 부분 바닥면적의 사이	1.2[m] 또는 쌓는 높이의 1/2 중 큰 값 이상	3[m] 또는 쌓는 높이 중 큰 값 이상
저장 기준	㉠ 주요구조부는 내화구조이면서 불연재료 ㉡ 다른 종류의 특수가연물과 같은 공간에 보관하지 않을 것	쌓는 부분이 대지경계선, 도로 및 인접 건축물과 최소 6[m] 이상
저장 기준 제외	내화구조의 벽으로 분리하는 경우	쌓는 높이보다 0.9[m] 이상 높은 내화구조 벽체를 설치한 경우

46. 소방시설 설치 및 관리에 관한 법령상 소화설비를 구성하는 제품 또는 기기에 해당하지 않는 것은?

① 가스누설경보기
② 소방호스
③ 스프링클러헤드
④ 분말자동화소화장치

정답 44. ④   45. ③   46. ①

기출문제

2021. 2회 소방설비기사

[해설] 형식승인 대상의 소방용품

구 분	구성하는 제품 또는 기기
소화설비	소화기구(소화약제 외의 것을 이용한 간이소화용구는 제외), 자동소화장치(상업용 주방자동소화장치는 제외), 소화전, 송수구, 관창(菅槍), 소방호스, 스프링클러헤드, 기동용 수압개폐장치, 유수제어밸브, 가스관선택밸브
경보설비	수신기, 발신기, 중계기, 감지기 및 음향장치(경종만 해당), 누전경보기 및 가스누설경보기
피난구조설비	피난사다리, 구조대, 완강기 및 간이완강기(지지대 포함), 공기호흡기(충전기 포함), 유도등(피난구, 통로, 객석) 및 예비전원 내장된 비상조명등
소화용	① 소화약제[상업용자동소화장치, 캐비넷형자동소화장치, 포, CO₂, 할론, 할로겐화합물 및 불활성기체, 분말, 강화액, 고체에어로졸] ② 방염제(방염액·방염도료 및 방염성물질)
기타	그 밖에 행정안전부령으로 정하는 소방 관련 제품 또는 기기

47. 소방기본법령상 출동한 소방대원에게 폭행 또는 협박을 행사하여 화재진압·인명구조 또는 구급활동을 방해한 사람에게 대한 벌칙 기준은?

① 500만 원 이하의 과태료
② 1년 이하의 징역 또는 1000만 원 이하의 벌금
③ 3년 이하의 징역 또는 3000만 원 이하의 벌금
④ 5년 이하의 징역 또는 5000만 원 이하의 벌금

[해설] 5년 이하의 징역 또는 5천만 원 이하의 벌금

① 화재, 재난·재해, 그 밖의 위급한 상황이 발생하였을 때 출동한 소방대를
  ㉠ 위력(威力)을 사용하여 출동한 소방대의 화재진압·인명구조 또는 구급활동을 방해하는 행위
  ㉡ 소방대가 화재진압·인명구조 또는 구급활동을 위하여 현장에 출동하거나 현장에 출입하는 것을 고의로 방해하는 행위
  ㉢ 출동한 소방대원에게 폭행 또는 협박을 행사하여 화재진압·인명구조 또는 구급활동을 방해하는 행위
  ㉣ 출동한 소방대의 소방장비를 파손하거나 그 효용을 해하여 화재진압·인명구조 또는 구급활동을 방해하는 행위

② 소방자동차의 출동을 방해한 사람
③ 사람을 구출하는 일 또는 불을 끄거나 불이 번지지 아니하도록 하는 일을 방해한 사람
④ 정당한 사유 없이 소방용수시설 또는 비상소화장치를 사용하거나 소방용수시설 또는 비상소화장치의 효용을 해치거나 그 정당한 사용을 방해한 사람

48. 소방시설 설치 및 관리에 관한 법령상 건축허가등의 동의대상물의 범위로 틀린 것은?

① 항공기 격납고
② 방송용 송·수신탑
③ 연면적이 400제곱미터 이상인 건축물
④ 지하층 또는 무창층이 있는 건축물로서 바닥면적이 50제곱미터 이상인 층이 있는 것

[해설] 건축허가등의 동의대상물 범위(대통령령)
1. 연면적, 바닥면적에 의한 동의범위

구 분	면적
학교시설	연면적 100[m²] 이상
노유자시설, 수련시설	연면적 200[m²] 이상
장애인 의료재활시설, 정신의료기관	연면적 300[m²] 이상
용도와 상관없음	연면적 400[m²] 이상
무창층 또는 지하층이 있는 건축물(공연장)	바닥면적 150[m²] (100[m²])

※ 정신의료기관 : 입원실이 없는 정신건강의학과 의원은 제외

2. 차고·주차장 또는 주차용도로 사용되는 시설
 ① 바닥면적 : 200[m²] 이상인 층이 있는 건축물이나 주차시설
 ② 기계장치에 의한 주차시설로서 20대 이상

3. 면적에 상관없이 동의 대상
 ① 항공기격납고, 관망탑, 항공관제탑, 방송용 송·수신탑
 ② 층수가 6층 이상인 건축물
 ③ 가스시설로서 지상에 노출된 탱크의 저장용량의 합계가 100톤 이상인 것
 ④ 공장 또는 창고시설로서 750배 이상의 특수가연물을 저장·취급하는 것

정답 47. ④ 48. ④

⑤ 의원(입원실이 있는 것), 조산원, 산후조리원, 요양병원(의료재활시설 제외), 위험물 저장 및 처리 시설, 지하구, 발전시설 중 풍력발전소·전기저장시설

⑥ 노인주거복지시설, 노인의료복지시설, 재가노인복지시설, 아동복지시설(아동상담소, 아동전용시설 및 지역아동센터는 제외), 장애인 거주시설, 정신질환자 관련 시설, 노숙인 자활시설, 노숙인 재활시설, 노숙인 요양시설, 결핵환자·한센인이 24시간 생활하는 노유자시설

49. 소방시설공사업법령에 따른 완공검사를 위한 현장확인 대상 특정소방대상물의 범위 기준으로 틀린 것은?

① 연면적 1만 제곱미터 이상이거나 11층 이상인 특정소방대상물(아파트는 제외)
② 가연성가스를 제조·저장 또는 취급하는 시설 중 지상에 노출된 가연성가스탱크의 저장용량 합계가 1천톤 이상인 시설
③ 호스릴 방식의 소화설비가 설치되는 특정소방대상물
④ 문화 및 집회시설, 종교시설, 판매시설, 노유자시설, 수련시설, 운동시설, 숙박시설, 창고시설, 지하상가

해설 완공검사를 위한 현상확인 대상 특정소방대상물의 범위
1. 창고시설, 문화 및 집회시설, 판매시설, 종교시설, 수련시설, 지하상가, 노유자시설, 숙박시설, 운동시설, 다중이용업소
2. 스프링클러설비등, 물분무등소화설비 설치(호스릴방식의 소화설비 제외)
3. 연면적 1만 [m²] 이상이거나 11층 이상인 특정소방대상물 (아파트 제외)
4. 가연성가스를 제조·저장 또는 취급하는 시설 중 지상에 노출된 가연성가스탱크의 저장용량 합계가 1천톤 이상인 시설

50. 소방시설 설치 및 관리에 관한 법령상 스프링클러설비를 설치하여야 할 특정소방대상물에 다음 중 어떤 소방시설을 화재안전기술기준에 적합하게 설치하여도 면제 받을 수 없는가?

① 포소화설비
② 물분무소화설비
③ 간이스프링클러설비
④ 이산화탄소 소화설비

해설 특정소방대상물의 소방시설 설치의 면제기준
1. 면제자 : 소방본부장 또는 소방서장
2. 면제되는 소방시설(대통령령)

면제 소방시설	설치면제 요건
자동소화장치	• 물분무등소화설비(주거용 및 상업용 주방자동소화장치는 제외)
옥내소화전	• 호스릴 방식의 미분무소화설비 또는 옥외소화전
스프링클러설비	• 자동소화장치, 물분무등소화설비
물분무등소화설비	• 차고·주차장에 스프링클러설비
비상경보설비, 단독경보형감지기	• 자동화재탐지설비
자동화재탐지설비	• 자동화재탐지설비의 기능(감지·수신·경보기능을 말한다)과 성능을 가진 스프링클러설비 또는 물분무등소화설비
상수도 소화용수설비	• 특정소방대상물의 각 부분으로부터 수평거리 140 m 이내에 공공의 소방을 위한 소화전

51. 소방시설 설치 및 관리에 관한 법령상 대통령령 또는 화재안전기술기준이 변경되어 그 기준이 강화되는 경우 기존 특정소방대상물의 소방시설 중 강화된 기준을 설치 장소와 관계없이 항상 적용하여야 하는 것은?
(단, 건축물의 신축·개축·재축·이전 및 대수선 중인 특정소방대상물을 포함한다.)

① 제연설비
② 비상경보설비
③ 옥내소화전설비
④ 화재조기진압용 스프링클러설비

[해설] 대통령령 또는 화재안전기준의 변경으로 강화된 기준을 적용하는 것
① 다음의 소방시설 중 대통령령 또는 화재안전기준으로 정하는 것
　㉠ 소화기구
　㉡ 비상경보설비
　㉢ 자동화재탐지설비
　㉣ 피난구조설비
　㉤ 자동화재속보설비
② 다음의 특정소방대상물에 설치하는 소방시설 중 대통령령 또는 화재안전기준으로 정하는 것

공동구, 지하구 (전력 및 통신사업용)	소화기, 자동소화장치, 자동화재탐지설비, 통합감시시설, 유도등, 연소방지설비	
노유자시설	간이스프링클러설비 자동화재탐지설비	단독경보형 감지기
의료시설		자동화재속보설비

52. 소방시설 설치 및 관리에 관한 법령상 시·도지사가 소방시설등의 자체점검을 하지 아니한 관리업자에게 영업정지를 명할 수 있으나, 이로 인해 국민에게 심한 불편을 줄 때에는 영업정지 처분을 갈음하여 과징금 처분을 한다. 과징금의 기준은?

① 1000만 원 이하　② 2000만 원 이하
③ 3000만 원 이하　④ 5000만 원 이하

[해설] 과징금
시·도지사는 영업정지가 그 이용자에게 불편을 주거나 그 밖에 공익을 해칠 우려가 있을 때에는 영업정지처분을 갈음하여 과징금을 부과할 수 있다.

소방시설 설치 및 관리에 관한 법	3천만 원(과징금)
소방시설공사업법	2억 원(과징금)
위험물안전관리법	2억 원(과징금)

53. 위험물안전관리법령상 위험물별 성질로서 틀린 것은?

① 제1류 : 산화성 고체　② 제2류 : 가연성 고체
③ 제4류 : 인화성 액체　④ 제6류 : 인화성 고체

[해설] 위험물의 분류에 따른 성상

분류	성상
제1류	산화성 고체
제2류	가연성 고체
제3류	자연발화성 및 금수성 물질
제4류	인화성 액체
제5류	자기연소성 물질
제6류	산화성 액체

54. 소방시설 설치 및 관리에 관한 법령상 소방시설등의 종합점검 대상 기준에 맞게 (　)에 들어갈 내용으로 옳은 것은?

물분무등소화설비[호스릴 방식의 물분무등소화설비만을 설치한 경우는 제외]가 설치된 연면적 (　)[m²] 이상인 특정소방대상물(위험물 제조소등은 제외)

① 2000　　② 3000
③ 4000　　④ 5000

[해설] 종합점검 대상

연면적 및 설치된 소방시설등의 기준		비고
①	물분무등 소화설비	5,000 [m²] 이상	호스릴방식만을 설치한 경우 제외. 위험물 제조소등은 제외.
②	다중이용업의 영업장이 설치 된 특정 소방대상물	2,000 [m²] 이상	산후조리업, 노래연습장업, 고시원업, 단란주점영업, 유흥주점영업, 비디오물감상실업· 복합영상물제공업, 안마시술소, 영화상영관만 해당
③	옥내소화전설비 또는 자동화재 탐지설비가 설치 된 공공기관	1,000 [m²] 이상	터널·지하구의 경우 그 길이와 평균폭을 곱하여 계산한 값. 소방기본법에 따른 소방대가 근무 하는 공공기관은 제외.
④	스프링클러설비가 설치된 특정소방대상물		
⑤	제연설비가 설치된 터널		
⑥	최초점검에 해당하는 특정소방대상물		

55. 소방시설 설치 및 관리에 관한 법령상 펄프공장의 작업장, 음료수 공장의 충전을 하는 작업장 등과 같이 화재안전기술기준을 적용하기 어려운 특정소방대상물에 설치하지 아니할 수 있는 소방시설의 종류가 아닌 것은?

① 상수도소화용수설비 ② 스프링클러설비
③ 연결송수관설비 ④ 연결살수설비

해설 화재안전기술기준을 적용하기 어려운 특정소방대상물

특정소방대상물	설치 제외 설비	
• 펄프공장의 작업장·음료수 공장의 세정 또는 충전하는 작업장 등	상수도 소화용수설비	스프링클러 설비
• 정수장, 수영장, 목욕장, 농예·축산·어류양식용 시설 등	연결살수설비	자동화재 탐지설비

56. 화재의 예방 및 안전관리에 관한 법령에 따른 특수 가연물의 기준 중 다음 ( ) 안에 알맞은 것은?

품명	수량
나무껍질 및 대팻밥	(㉠)[kg] 이상
면화류	(㉡)[kg] 이상

① ㉠ 200, ㉡ 400
② ㉠ 200, ㉡ 1000
③ ㉠ 400, ㉡ 200
④ ㉠ 400, ㉡ 1000

해설 특수가연물

품명		수량
면화류		200 [kg] 이상
나무껍질 및 대팻밥		400 [kg] 이상
넝마 및 종이부스러기		1,000 [kg] 이상
사류(絲類)		1,000 [kg] 이상
볏짚류		1,000 [kg] 이상
가연성고체류		3,000 [kg] 이상
석탄·목탄류		10,000 [kg] 이상
가연성액체류		2 [m³] 이상
목재가공품 및 나무부스러기		10 [m³] 이상
고무류, 플라스틱류	발포시킨 것	20 [m³] 이상
	그 밖의 것	3,000 [kg] 이상

57. 화재의 예방 및 안전관리에 관한 법상 화재안전조사위원회 위원으로 임명하거나 위촉할 수 있는 사람이 아닌 것은?

① 소방시설관리사
② 과장급 직위 이상의 소방공무원
③ 소방 관련 분야의 석사학위 이상을 취득한 사람
④ 소방 관련 법인 또는 단체에서 소방 관련 업무에 3년 이상 종사한 사람

해설 화재안전조사위원회
① 소방관서장은 화재안전조사의 대상을 객관적이고 공정하게 선정하기 위하여 필요한 경우 화재안전조사위원회를 구성하여 화재안전조사의 대상을 선정할 수 있다.
② 위원회의 위원(소방관서장이 임명하거나 위촉한다.)
  ㉠ 과장급 직위 이상의 소방공무원
  ㉡ 소방기술사
  ㉢ 소방시설관리사
  ㉣ 소방 관련 분야의 석사 이상 학위를 취득한 사람
  ㉤ 소방 관련 법인 또는 단체에서 소방 관련 업무에 5년 이상 종사한 사람
  ㉥ 소방공무원 교육훈련기관, 학교 또는 연구소에서 소방과 관련한 교육 또는 연구에 5년 이상 종사한 사람

58. 위험물안전관리법령상 소화난이도등급 I의 옥내탱크저장소에서 유황만을 저장·취급할 경우 설치하여야 하는 소화설비로 옳은 것은?

① 물분무소화설비 ② 스프링클러설비
③ 포소화설비 ④ 옥내소화전설비

해설 소화난이도 I 등급

	유황만을 저장 취급하는 것	물분무소화설비
1. 옥외탱크저장소의 지중탱크 또는 해상탱크 외의 것 2. 암반탱크저장소 3. 옥내탱크저장소	인화점 70[℃] 이상의 제4류 위험물만을 저장 취급	물분무소화설비 또는 고정식 포소화설비
	그 밖의 것	고정식 포소화설비 (포소화설비가 적응성이 없는 경우에는 분말소화설비)

기출문제

2021. 2회 소방설비기사

59. 소방시설공사업법령상 하자보수를 하여야 하는 소방시설 중 하자보수 보증기간이 3년이 아닌 것은?

① 자동소화장치 ② 비상방송설비
③ 스프링클러설비 ④ 상수도소화용수설비

해설 하자보수기간

하자기간	소화설비	경보설비	피난구조설비	소화용수설비	소화활동설비
2년	-	비상경보설비, 비상방송설비	피난기구, 유도등, 유도표지, 비상조명등	-	무선통신보조설비
3년	자동소화장치, 옥내·옥외소화전, 스프링클러, 간이스프링클러, 물분무등	자동화재탐지설비	-	상수도소화용수설비	소화활동설비(무선통신보조설비는 제외)

60. 소방기본법령상 소방대장은 화재, 재난·재해 그 밖의 위급한 상황이 발생한 현장에 소방활동구역을 정하여 소방활동에 필요한 자로서 대통령령으로 정하는 사람 외에는 그 구역에의 출입을 제한할 수 있다. 다음 중 소방활동구역에 출입할 수 없는 사람은?

① 소방활동구역 안에 있는 소방대상물의 소유자·관리자 또는 점유자
② 전기·가스·수도·통신·교통의 업무에 종사하는 사람으로서 원활한 소방활동을 위하여 필요한 사람
③ 시·도지사가 소방활동을 위하여 출입을 허가한 사람
④ 의사·간호사 그 밖의 구조·구급업무에 종사하는 사람

해설 소방활동구역 설정
  소방대장은 화재, 재난·재해, 그 밖의 위급한 상황이 발생한 현장에 소방활동구역을 정하여 소방활동에 필요한 사람으로서 대통령령으로 정하는 사람 외에는 그 구역에 출입하는 것을 제한할 수 있다.

대통령령으로 정하는 사람
㉠ 소방활동구역 안에 있는 소방대상물의 소유자·관리자 또는 점유자
㉡ 전기·가스·수도·통신·교통의 업무에 종사하는 사람으로서 원활한 소방활동을 위하여 필요한 사람
㉢ 의사·간호사 그 밖의 구조·구급업무에 종사하는 사람
㉣ 취재인력 등 보도업무에 종사하는 사람
㉤ 수사업무에 종사하는 사람
㉥ 그 밖에 소방대장이 소방활동을 위하여 출입을 허가한 사람

소방활동구역을 출입한 사람 : 200만 원의 과태료

■■■ 제4과목 소방기계시설의 구조 및 원리

61. 화재조기진압용 스프링클러설비의 화재안전기술기준상 헤드의 설치기준 중 ( ) 안에 알맞은 것은?

헤드 하나의 방호면적은 (㉠) [m²] 이상 (㉡) [m²] 이하로 할 것

① ㉠ 2.4, ㉡ 3.7 ② ㉠ 3.7, ㉡ 9.1
③ ㉠ 6.0, ㉡ 9.3 ④ ㉠ 9.1, ㉡ 13.7

해설 화재조기진압용 스프링클러설비의 헤드(특정 높은 장소의 화재위험에 대하여 조기에 진화할 수 있도록 설계된 스프링클러헤드) 설치기준

구 분	내 용		
헤드 하나의 방호면적	6.0 [m²] 이상 9.3 [m²] 이하		
가지배관의 헤드 사이의 거리	천장의 높이	9.1 [m] 미만인 경우	2.4 [m] 이상 3.7 [m] 이하
		9.1 [m] 이상 13.7 [m] 이하인 경우	2.4 [m] 이상 3.1 [m] 이하

정답 59. ② 60. ③ 61. ③

62. 분말소화설비의 화재안전기술기준상 수동식 기동장치의 부근에 설치하는 비상스위치에 대한 설명으로 옳은 것은?

① 자동복귀형 스위치로서 수동식 기동장치의 타이머를 순간정지 시키는 기능의 스위치를 말한다.
② 자동복귀형 스위치로서 수동식 기동장치가 수신기를 순간정지 시키는 기능의 스위치를 말한다.
③ 수동복귀형 스위치로서 수동식 기동장치의 타이머를 순간정지 시키는 기능의 스위치를 말한다.
④ 수동복귀형 스위치로서 수동식 기동장치가 수신기를 순간정지 시키는 기능의 스위치를 말한다.

해설 비상스위치
자동복귀형 스위치로서 수동식 기동장치의 타이머를 순간정지시키는 기능의 스위치

63. 할론소화설비의 화재안전기술기준상 화재표시반의 설치 기준이 아닌 것은?

① 소화약제 방출지연 비상스위치를 설치할 것
② 소화약제의 방출을 명시하는 표시등을 설치할 것
③ 수동식 기동장치는 그 방출용스위치의 작동을 명시하는 표시등을 설치할 것
④ 자동식 기동장치는 자동·수동의 절환을 명시하는 표시등을 설치할 것

해설 할론소화설비의 제어반 및 화재표시반
1. 제어반
   수동기동장치 또는 감지기에서의 신호를 수신하여 음향경보장치의 작동, 소화약제의 방출 또는 지연 기타의 제어기능을 가진 것으로 하고, 제어반에는 전원표시등을 설치할 것
2. 화재표시반은 제어반에서의 신호를 수신하여 작동하는 기능을 가진 것으로 설치
   가. 각 방호구역마다 음향경보장치의 조작 및 감지기의 작동을 명시하는 표시등과 이와 연동하여 작동하는 벨·부저 등의 경보기를 설치
   나. 수동식 기동장치는 그 방출용스위치의 작동을 명시하는 표시등을 설치
   다. 소화약제의 방출을 명시하는 표시등을 설치
   라. 자동식 기동장치는 자동·수동의 절환을 명시하는 표시등을 설치할 것
3. 제어반 및 화재표시반의 설치장소
   화재에 따른 영향, 진동 및 충격에 따른 영향 및 부식의 우려가 없고 점검에 편리한 장소에 설치할 것
4. 제어반 및 화재표시반에는 해당 회로도 및 취급설명서를 비치

64. 피난기구의 화재안전기술기준상 노유자 시설의 4층 이상 10층 이하에서 적응성이 있는 피난기구가 아닌 것은?

① 피난교   ② 다수인피난장비
③ 승강식피난기   ④ 미끄럼대

해설 소방대상물의 설치장소별 피난기구의 적응성

구분	노유자 시설	의료시설, 근린생활시설 중 입원실이 있는 의원·조산원·접골원	그 밖의 용도
10층~5층	구조대[1]	구조대 피난용트랩	구조대, 피난사다리, 완강기, 간이완강기, 공기안전매트
4층			피난용트랩
3층	구조대		
2층		• 미끄럼대 : 대상물과 상관없이 3층 이하의 층에 적용 가능	
1층			

※ 피난교, 다수인피난장비, 승강식 피난기 : 대상물과 상관없이 1층 ~ 10층 모두 적용 가능
※ 구조대[1] : 장애인 관련 시설로서 주된 사용자 중 스스로 피난이 불가한 자가 있는 경우 추가로 설치하는 경우
※ 간이완강기 : 숙박시설의 3층 이상에 있는 객실에 한함
※ 공기안전매트 : 하나의 관리주체가 관리하는 공동주택 구역마다 공기안전매트 1개 이상을 추가 설치
※ 영업장의 위치가 4층 이하인 다중이용업소의 2층~4층
 - 구조대, 피난사다리, 미끄럼대, 완강기, 다수인피난장비, 승강식피난기

기출문제

2021. 2회 소방설비기사

65. 분말소화설비의 화재안전기술기준상 다음 ( )안에 알맞은 것은?

> 분말소화약제의 가압용가스 용기에는 ( )의 압력에 조정이 가능한 압력조정기를 설치하여야 한다.

① 2.5[MPa] 이하
② 2.5[MPa] 이상
③ 25[MPa] 이하
④ 25[MPa] 이상

[해설] 가압용가스용기 설치기준
1. 가압용가스 용기를 3병 이상 설치 시 2개 이상의 용기에 전자개방밸브를 부착
2. 가압용가스 용기에는 2.5[MPa] 이하의 압력에서 조정이 가능한 압력조정기를 설치
3. 가압가스 또는 축압가스의 기준 - 소화약제 1[kg]마다 저장량

구 분	가압용가스	축압용가스
질소가스	40[ℓ] 이상	10[ℓ] 이상
이산화탄소	20[g] 이상	20[g] 이상

66. 스프링클러설비의 화재안전기술기준상 개방형스프링클러설비에서 하나의 방수구역을 담당하는 헤드의 개수는 최대 몇 개 이하로 해야 하는가? (단, 방수구역은 나누어져 있지 않고 하나의 구역으로 되어 있다.)

① 50
② 40
③ 30
④ 20

[해설] 유수검지장치 및 일제개방밸브 설치기준

폐쇄형 스프링클러 헤드	방호 구역	유수 검지 장치	바닥 면적	3,000[m²]를 초과하지 아니 할 것 ※ 격자형배관방식 - 3,700[m²]
			범위	2개 층에 미치지 아니하도록 할 것 ※ 1개 층에 설치되는 스프링클러헤드의 수가 10개 이하인 경우와 복층형구조의 공동주택에는 3개 층 이내로 할 수 있다.

개방형 스프링클러 헤드	방수 구역	일제 개방 밸브	헤드 개수	50개 이하 ※ 2개 이상의 방수구역으로 나눌 경우에는 하나의 방수구역을 담당하는 헤드의 개수는 25개 이상
			범위	2개 층에 미치지 아니 할 것

67. 연결살수설비의 화재안전기술기준상 배관의 설치기준 중 하나의 배관에 부착하는 살수헤드의 개수가 3개인 경우 배관의 구경은 최소 몇 [mm] 이상으로 설치해야 하는가? (단, 연결살수설비 전용헤드를 사용하는 경우이다.)

① 40
② 50
③ 65
④ 80

[해설] 배관에 따른 헤드 설치 수(연결살수설비 전용헤드)

배관의 구경[mm]	32	40	50	65	80
부착하는 살수헤드의 개수	1개	2개	3개	4개 또는 5개	6개 이상 10개 이하

68. 이산화탄소소화설비의 화재안전기술기준상 수동식 기동장치의 설치기준에 적합하지 않은 것은?

① 전역방출방식에 있어서는 방호대상물마다 설치
② 전기를 사용하는 기동장치에는 전원표시등을 설치할 것
③ 기동장치의 조작부는 바닥으로부터 높이 0.8[m] 이상 1.5[m] 이하의 위치에 설치하고, 보호판 등에 따른 보호장치를 설치할 것
④ 기동장치의 방출용 스위치는 음향경보장치와 연동하여 조작될 수 있는 것으로 할 것

[해설] 이산화탄소 소화설비(할론, 할로겐화합물 및 불활성 기체, 분말)의 수동식 기동장치
① 수동식 기동장치의 부근에는 소화약제의 방출을 지연시킬 수 있는 비상스위치 설치

> 비상스위치 : 자동복귀형 스위치로서 수동식 기동장치의 타이머를 순간정지시키는 기능의 스위치

정답 65. ① 66. ① 67. ② 68. ①

② 전역방출방식에 있어서는 방호구역마다, 국소방출방식에 있어서는 방호대상물마다 설치할 것
(할로겐화합물 및 불활성기체소화설비의 경우 국소방출방식에 대한 내용은 없음)
③ 당해방호구역의 출입구부분 등 조작을 하는 자가 쉽게 피난할 수 있는 장소에 설치할 것
④ 기동장치의 조작부는 바닥으로부터 높이 0.8[m] 이상 1.5[m] 이하의 위치에 설치하고, 보호판 등에 따른 보호장치를 설치할 것
⑤ 기동장치에는 그 가까운 곳의 보기 쉬운 곳에 "이산화탄소소화설비 기동장치"라고 표시한 표지를 할 것
⑥ 전기를 사용하는 기동장치에는 전원표시등을 설치할 것
⑦ 기동장치의 방출용 스위치는 음향경보장치와 연동하여 조작될 수 있는 것으로 할 것

69. 옥내소화전설비의 화재안전기술기준상 옥내소화전 펌프의 후드밸브를 소방용 설비외의 다른 설비의 후드밸브보다 낮은 위치에 설치한 경우의 유효수량으로 옳은 것은? (단, 옥내소화전설비와 다른 설비 수원을 저수조로 겸용하여 사용한 경우이다.)

① 저수조의 바닥면과 상단 사이의 전체 수량
② 옥내소화전설비 후드밸브와 소방용 설비외의 다른 설비의 후드밸브 사이의 수량
③ 옥내소화전설비의 후드밸브와 저수조 상단 사이의 수량
④ 저수조의 바닥면과 소방용 설비 외의 다른 설비의 후드밸브 사이의 수량

해설 다른 설비와 겸용하는 경우의 유효수량
옥내소화전설비의 후드밸브·흡수구 또는 수직배관의 급수구와 다른 설비의 후드밸브·흡수구 또는 수직배관의 급수구와의 사이의 수량

70. 포소화설비의 화재안전기술기준상 포소화설비의 배관 등의 설치기준으로 옳은 것은?

① 포워터스프링클러설비 또는 포헤드설비의 가지배관의 배열은 토너먼트방식으로 한다.
② 송액관은 겸용으로 하여야 한다. 다만, 포소화전의 기동장치의 조작과 동시에 다른 설비의 용도에 사용하는 배관의 송수를 차단할 수 있거나, 포소화설비의 성능에 지장이 없는 경우에는 전용으로 할 수 있다.
③ 송액관은 포의 방출 종료 후 배관안의 액을 배출하기 위하여 적당한 기울기를 유지하도록 하고 그 낮은 부분에 배액밸브를 설치하여야 한다.
④ 연결송수관설비의 배관과 겸용할 경우의 주배관은 구경 65[mm] 이상, 방수구로 연결되는 배관의 구경은 100[mm] 이상의 것으로 하여야 한다.

해설 배관 등
1. 송액관은 포의 방출 종료후 배관안의 액을 배출하기 위하여 적당한 기울기를 유지하도록 하고 그 낮은 부분에 배액밸브를 설치하여야 한다.
2. 포워터스프링클러설비 또는 포헤드설비의 가지배관의 배열은 토너먼트방식이 아니어야 하며, 교차배관에서 분기하는 지점을 기점으로 한쪽 가지배관에 설치하는 헤드의 수는 8개 이하로 한다.
3. 압축공기포소화설비의 배관은 토너먼트방식으로 하여야 하고 소화약제가 균일하게 방출되는 등거리 배관구조로 설치하여야 한다.
4. 송액관은 전용으로 하여야 한다. 다만, 포소화전의 기동장치의 조작과 동시에 다른 설비의 용도에 사용하는 배관의 송수를 차단할 수 있거나, 포소화설비의 성능에 지장이 없는 경우에는 다른 설비와 겸용할 수 있다.

※ 보기 ④은 삭제됨<24.7.1>

정답 69. ② 70. ③

기출문제

2021. 2회 소방설비기사

71. 물분무소화설비의 화재안전기술기준상 송수구의 설치기준으로 틀린 것은?

① 구경 65[mm]의 쌍구형으로 할 것
② 지면으로부터 높이가 0.5[m] 이상 1[m] 이하의 위치에 설치할 것
③ 송수구는 하나의 층의 바닥면적이 1500[m²]를 넘을 때마다 1개(5개를 넘을 경우에는 5개로 한다) 이상을 설치할 것
④ 가연성가스의 저장·취급시설에 설치하는 송수구는 그 방호대상물로부터 20[m] 이상의 거리를 두거나 방호대상물에 면하는 부분이 높이 1.5[m] 이상, 폭 2.5[m] 이상의 철근콘크리트 벽으로 가려진 장소에 설치할 것

해설 물분무소화설비 송수구 설치기준
1. 송수구는 화재층으로부터 지면으로 떨어지는 유리창 등이 송수 및 그 밖의 소화작업에 지장을 주지 아니하는 장소에 설치할 것. 이 경우 가연성가스의 저장·취급시설에 설치하는 송수구는 그 방호대상물로부터 20[m] 이상의 거리를 두거나 방호대상물에 면하는 부분이 높이 1.5[m] 이상 폭 2.5[m] 이상의 철근콘크리트 벽으로 가려진 장소에 설치하여야 한다.
2. 송수구로부터 물분무소화설비의 주배관에 이르는 연결배관에 개폐밸브를 설치한 때에는 그 개폐상태를 쉽게 확인 및 조작할 수 있는 옥외 또는 기계실 등의 장소에 설치할 것
3. 구경 65[mm]의 쌍구형으로 할 것
4. 송수구에는 그 가까운 곳의 보기 쉬운 곳에 송수압력범위를 표시한 표지를 할 것
5. 송수구는 하나의 층의 바닥면적이 3,000[m²]를 넘을 때마다 1개(5개를 넘을 경우에는 5개로 한다) 이상을 설치할 것
6. 지면으로부터 높이가 0.5[m] 이상 1[m] 이하의 위치에 설치할 것
7. 송수구의 가까운 부분에 자동배수밸브(또는 직경 5[mm]의 배수공) 및 체크밸브를 설치할 것. 이 경우 자동배수밸브는 배관안의 물이 잘 빠질 수 있는 위치에 설치하되, 배수로 인하여 다른 물건 또는 장소에 피해를 주지 아니하여야 한다.
8. 송수구에는 이물질을 막기 위한 마개를 씌울 것

72. 미분무소화설비의 화재안전기술기준상 미분무소화설비의 성능을 확인하기 위하여 하나의 발화원을 가정한 설계도서 작성 시 고려하여야 할 인자를 모두 고른 것은?

㉠ 화재 위치
㉡ 점화원의 형태
㉢ 시공 유형과 내장재 유형
㉣ 초기 점화되는 연료 유형
㉤ 공기조화설비, 자연형(문, 창문) 및 기계형 여부
㉥ 문과 창문의 초기상태(열림, 닫힘) 및 시간에 따른 변화상태

① ㉠, ㉢, ㉥
② ㉠, ㉡, ㉢, ㉤
③ ㉠, ㉡, ㉣, ㉤, ㉥
④ ㉠, ㉡, ㉢, ㉣, ㉤, ㉥

해설 설계도서 작성
(1) 설계도서 작성 목적 - 미분무소화설비의 성능을 확인하기 위하여
(2) 하나의 발화원을 가정한 설계도서 작성시 고려 사항
  1. 점화원의 형태
  2. 초기 점화되는 연료 유형
  3. 화재 위치
  4. 문과 창문의 초기상태(열림, 닫힘) 및 시간에 따른 변화상태
  5. 공기조화설비, 자연형(문, 창문) 및 기계형 여부
  6. 시공 유형과 내장재 유형

73. 특별피난계단의 계단실 및 부속실 제연설비의 화재안전기술기준상 차압 등에 관한 기준 중 다음 괄호 안에 알맞은 것은?

제연설비가 가동되었을 경우 출입문의 개방에 필요한 힘은 ( )[N] 이하로 하여야 한다.

① 12.5
② 40
③ 70
④ 110

정답 71. ③ 72. ④ 73. ④

해설 과압방지
출입문이 닫히는 경우 제연구역의 과압을 방지할 수 있는 유효한 조치를 하여 차압을 유지할 것

☞ 제연설비가 가동되었을 경우 출입문의 개방에 필요한 힘 – 110[N] 이하

74. 포소화설비의 화재안전기술기준상 펌프의 토출관에 압입기를 설치하여 포 소화약제 압입용펌프로 포 소화약제를 압입시켜 혼합하는 방식은?

① 라인 푸로포셔너 방식
② 펌프 푸로포셔너 방식
③ 프레져 푸로포셔너 방식
④ 프레져사이드 푸로포셔너 방식

해설 프레져사이드 프로포셔너방식
펌프의 토출관에 압입기를 설치하여 포 소화약제 압입용펌프로 포 소화약제를 압입시켜 혼합하는 방식

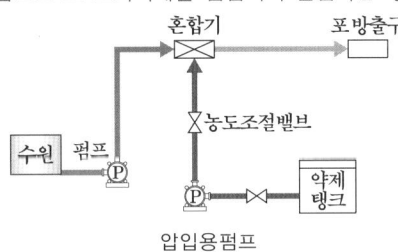

75. 소화기구 및 자동소화장치의 화재안전기술기준에 따라 다음과 같이 간이소화용구를 비치하였을 경우 능력단위의 합은?

- 삽을 상비한 마른모래 50L포 2개
- 삽을 상비한 팽창질석 80L포 1개

① 1 단위　　② 1.5 단위
③ 2.5 단위　　④ 3 단위

해설 소화약제 외의 것을 이용한 간이소화용구의 능력단위

간이소화용구		능력단위
• 마른모래	삽을 상비한 50[ℓ] 이상의 것1포	0.5 단위
• 팽창질석 또는 팽창진주암	삽을 상비한 80[ℓ] 이상의 것 1포	

풀이
마른모래 2포 × 0.5단위 = 1단위
팽창질석 1포 × 0.5단위 = 0.5단위
1+0.5 = 1.5단위

76. 소화수조 및 저수조의 화재안전기술기준상 연면적이 40,000[m²]인 특정소방대상물에 소화용수설비를 설치하는 경우 소화수조의 최소 저수량은 몇 [m³]인가? (단, 지상 1층 및 2층의 바닥면적 합계가 15000[m²] 이상인 경우이다.)

① 40　　② 60
③ 100　　④ 120

해설 소화수조 또는 저수조의 저수량
1. 연면적을 기준면적으로 나누어 얻은 수(소수점 이하의 수는 1로 본다)에 20 [m³]를 곱한 양 이상
2. 기준면적

소방대상물의 구분	기준면적
1층 및 2층의 바닥면적 합계가 15,000 [m²] 이상인 소방대상물	7,500 [m²]
위에 해당되지 아니하는 그 밖의 소방대상물	12,500 [m²]

풀이
40,000[m²] ÷ 7500[m²] = 5.33 ∴ 6
6×20 = 120 [m³]

정답　74. ④　75. ②　76. ④

기출문제

2021. 2회 소방설비기사

77. 소화기구 및 자동소화장치의 화재안전기술기준에 따른 용어에 대한 정의로 틀린 것은?

① "소화약제"란 소화기구 및 자동소화장치에 사용되는 소화성능이 있는 고체·액체 및 기체의 물질을 말한다.
② "대형소화기"란 화재 시 사람이 운반할 수 있도록 운반대와 바퀴가 설치되어 있고 능력단위가 A급 20단위 이상, B급 10단위 이상인 소화기를 말한다.
③ "전기화재(C급 화재)"란 전류가 흐르고 있는 전기기기, 배선과 관련된 화재를 말한다.
④ "능력단위"란 소화기 및 소화약제에 따른 간이소화용구에 있어서는 소방시설법에 따라 형식승인 된 수치를 말한다.

[해설] 능력단위에 따른 소화기 구분

구분	능력단위
소형소화기	1 단위 이상이고 대형소화기의 능력단위 미만
대형소화기	A급 - 10 단위 이상 B급 - 20 단위 이상

78. 옥내소화전설비의 화재안전기술기준상 배관 등에 관한 설명으로 옳은 것은?

① 펌프의 토출측 주배관의 구경은 유속이 5 [m/s] 이하가 될 수 있는 크기 이상으로 하여야 한다.
② 연결송수관설비의 배관과 겸용할 경우의 주배관은 구경 80[mm] 이상, 방수구로 연결되는 배관의 구경은 65[mm] 이상의 것으로 하여야 한다.
③ 성능시험배관은 펌프의 토출측에 설치된 개폐밸브 이전에서 분기하여 설치하고, 유량측정장치를 기준으로 전단 직관부에 개폐밸브를 후단 직관부에는 유량조절밸브를 설치하여야 한다.
④ 가압송수장치의 체절운전 시 수온의 상승을 방지하기 위하여 체크밸브와 펌프사이에서 분기한 구경 20[mm] 이상의 배관에 체절압력 이상에서 개방되는 릴리프밸브를 설치하여야 한다.

[해설]
1. 배관의 구경

구분	펌프 토출측 주배관	주배관 중 수직배관	가지배관	호스
옥내 소화전	유속이 4 [m/s] 이하가 될수 있는 크기	50 [mm] 이상	40 [mm] 이상	40 [mm] 이상
호스릴 옥내소화전		32 [mm] 이상	25 [mm] 이상	25 [mm] 이상

- 연결송수관설비의 배관과 겸용시 주배관은 100 [mm] 이상, 가지배관은 65 [mm] 이상
2. 가압송수장치의 체절운전 시 수온의 상승을 방지하기 위하여 체크밸브와 펌프사이에서 분기한 구경 20[mm] 이상의 배관에 체절압력 미만에서 개방되는 릴리프밸브를 설치하여야 한다.

79. 소화전함의 성능인증 및 제품검사의 기술기준상 옥내소화전함의 재질을 합성수지 재료로 할 경우 두께는 최소 몇 [mm] 이상이어야 하는가?

① 1.5
② 2.0
③ 3.0
④ 4.0

[해설] 함의 재질
강판(두께 1.5 [mm] 이상), 합성수지재(두께 4 [mm] 이상)

80. 소화설비용헤드의 성능인증 및 제품검사의 기술기준상 소화설비용헤드의 분류 중 수류를 살수판에 충돌하여 미세한 물방울을 만드는 물분무헤드 형식은?

① 디프렉타형
② 충돌형
③ 슬리트형
④ 분사형

해설 물분무헤드의 종류

디프렉타(deflector)형	수류를 살수판에 충돌하여 미세한 물방울을 만드는 물분무헤드
슬리트(slit)형	수류를 slit(좁고 기다란 틈)에 의해 방출하여 수막상의 분무를 만드는 물분무헤드
선회류형	선회류에 의해 확산방출 하든가 선회류와 직선류의 충돌에 의해 확산 방출하여 미세한 물방울로 만드는 물분무헤드
충돌형	유수와 유수의 충돌에 의해 미세한 물방울을 만드는 물분무헤드
분사형	소구경의 오리피스로부터 고압으로 분사하여 미세한 물방울을 만드는 물분무헤드

기출문제(2021. 4회)

■■■ 제1과목 소방원론

1. 소화기구 및 자동소화장치의 화재안전기술기준에 따르면 소화기구(자동확산소화기는 제외)는 거주자 등이 손쉽게 사용할 수 있는 장소에 바닥으로부터 높이 몇 [m] 이하의 곳에 비치하여야 하는가?

① 0.5 ② 1.0
③ 1.5 ④ 2.0

해설 소화기 설치기준
㉠ 각 층마다 배치
㉡ 보행거리마다 배치 – 소형소화기 : 20 [m] 이내, 대형소화기 : 30 [m] 이내
• 가연성물질이 없는 작업장 : 작업장의 실정에 맞게 보행거리를 완화하여 배치
㉢ 특정소방대상물의 각층이 2 이상의 거실로 구획된 경우
 – 바닥면적이 33 [m²] 이상으로 구획된 각 거실에도 배치할 것
㉣ 아파트의 경우에는 각 세대마다 배치
㉤ 능력단위가 2단위 이상이 되도록 소화기를 설치하여야 할 경우
 – 간이소화용구의 능력단위가 전체 능력단위의 2분의 1을 초과하지 아니하게 할 것.
  단, 노유자시설은 제외
㉥ 소화기구(자동확산소화기 제외) 설치높이 및 표지
 • 설치높이 : 거주자 등이 손쉽게 사용할 수 있는 장소에 바닥으로부터 높이 1.5[m] 이하
 • 표지 부착 내용

구분	소화기	투척용 소화용구	마른모래	팽창질석 및 팽창진주암
표지에 표시할 내용	소화기	투척용 소화용구	소화용모래	소화질석

2. 화재의 분류방법 중 유류화재를 나타낸 것은?

① A급 화재 ② B급 화재
③ C급 화재 ④ D급 화재

해설 화재의 종류

A급	B급	C급	D급	K급
일반화재	유류화재	전기화재 (통전중)	금속화재	주방식용유 화재
백색	황색	청색	무색	–

3. 연기감지기가 작동할 정도이고 가시거리가 20~30 [m]에 해당하는 감광계수는 얼마인가?

① 0.1 [m^{-1}] ② 1.0 [m^{-1}]
③ 2.0 [m^{-1}] ④ 10 [m^{-1}]

해설 감광계수 및 연기의 농도와 가시거리

감광계수 [m^{-1}]	가시거리 [m]	상황
0.1	20~30	연기감지기가 작동할 때 농도
0.3	5	건물 내부에 익숙한 사람이 피난에 지장을 느낄 정도의 농도
0.5	3	어두운 것을 느낄 정도의 농도
1	1~2	거의 앞이 보이지 않을 정도의 농도
10	0.2~0.5	화재 최성기 때의 농도
30	–	출화실에서 연기가 분출할 때의 농도

4. 소화약제로 사용되는 물에 관한 소화성능 및 물성에 대한 설명으로 틀린 것은?

① 비열과 증발잠열이 커서 냉각소화 효과가 우수하다.
② 물(15[℃])의 비열은 약 1 [cal/g·℃]이다.
③ 물(100[℃])의 증발잠열은 439.6 [cal/g]이다.
④ 물의 기화에 의한 팽창된 수증기는 질식소화 작용을 할 수 있다.

정답 1. ③ 2. ② 3. ① 4. ③

[해설] 물 소화약제
(1) 비교적 안정된 액체이다.
(2) 구하기 쉬우며 가격이 싸다.
(3) 융해잠열이 크다. : 80 [kcal/kg] (≒ 334.4 [kJ/kg])
(4) 증발잠열(1기압, 100[℃])이 크다. : 539 [kcal/kg] (≒ 2,253 [kJ/kg])
(5) 증발 시 체적은 약 1,700배로 공기와 가연성가스를 배제시킨다.
따라서 미분무시 질식효과가 크다.
(6) 가장 우수한 용매로서 단점을 보완하기 위해 여러 첨가물을 넣어 소화효과를 증가시킬 수 있다.

5. 소화에 필요한 CO_2의 이론소화농도가 공기 중에서 37 [vol%]일 때 한계산소농도는 약 몇 [vol%]인가?

① 13.2 ② 14.5
③ 15.5 ④ 16.5

[해설] 질식소화와 관련된 CO_2 농도와 양

방사된 CO_2의 농도[%]	방사된 CO_2의 양 [m³]
$CO_2 [\%] = \dfrac{21[\%] - O_2[\%]}{21[\%]} \times 100$	$CO_2 [m^3] = \dfrac{21[\%] - O_2[\%]}{O_2[\%]} \times V [m^3]$

O_2[%] : 산소의 농도

[풀이]
$CO_2 [\%] = \dfrac{21[\%] - O_2[\%]}{21[\%]} \times 100$

$37[\%] = \dfrac{21[\%] - O_2[\%]}{21[\%]} \times 100$

∴ $O_2[\%] = 13.2$

6. 물리적 소화방법이 아닌 것은?

① 연쇄반응의 억제에 의한 방법
② 냉각에 의한 방법
③ 공기와의 접촉 차단에 의한 방법
④ 가연물 제거에 의한 방법

[해설] 소화의 원리
(1) 연소의 3요소 제어(물리적 소화 : 가연물, 산소공급원, 점화원 제어)
(2) 연소의 4요소 제어(화학적 소화 : 연쇄반응 제어)
(3) 물적조건(농도, 압력)과 에너지조건(온도, 점화원) 제어
(4) 연소과정의 한 부분을 끊어주는 제어(난연화)
분해연소의 경우 : 열(에너지) → 흡열 → 분해 → 혼합 → 연소의 과정 중 하나의 과정을 단절시켜 제어

7. Halon 1211의 화학식에 해당하는 것은?

① CH_2BrCl ② CF_2ClBr
③ CH_2BrF ④ CF_2HBr

[해설]

구분	할론 1301	할론 1211	할론 2402
분자식	CF_3Br (분자량 : 148.9)	CF_2ClBr (분자량 : 165.4)	$C_2F_4Br_2$ (분자량 : 259.9)
비점	-57.8[℃] (상온에서 기체)	-3.4[℃] (상온에서 기체)	47.5[℃] (상온에서 액체)
ODP	10	3	6
GWP	7,140	1,890	1,640
명명법	브로모 트리 플루오르 메탄	브로모 클로로 디 플루오르 메탄	디 브로모 테트라 플루오르 에탄

8. 마그네슘의 화재에 주수하였을 때 물과 마그네슘의 반응으로 인하여 생성되는 가스는?

① 산소 ② 수소
③ 일산화탄소 ④ 이산화탄소

[해설] 마그네슘과 물과의 반응식

물과 반응식	$Mg + 2H_2O \rightarrow Mg(OH)_2 + H_2 \uparrow$	수소 발생으로 주수소화 금지

정답 5. ① 6. ① 7. ② 8. ②

기출문제

2021. 4회 소방설비기사

9. 제2종 분말소화약제의 주성분으로 옳은 것은?

① NaH_2PO_4 ② KH_2PO_4
③ $NaHCO_3$ ④ $KHCO_3$

해설 분말소화약제의 명칭 등

구분	제1종	제2종	제3종	제4종
명칭	탄산수소 나트륨	탄산수소 칼륨	인산암모늄	탄산수소 칼륨 + 요소
분자식	$NaHCO_3$	$KHCO_3$	$NH_4H_2PO_4$	$KHCO_3$ + $(NH_2)_2CO$
색상	백색	자색 (보라색)	담홍색	회백색
적응 화재	B급, C급, 알칼리 금속화재	B급, C급	A급, B급, C급 - Multi purpose dry chemical	B급, C급

10. 조연성가스로만 나열되어 있는 것은?

① 질소, 불소, 수증기
② 산소, 불소, 염소
③ 질소, 이산화탄소, 오존
④ 질소, 이산화탄소, 염소

해설 조연성가스
연소를 도와주는 가스로 지연성(또는 조연성)가스라고도 하며 정작 자기 자신은 연소하지 않는 공기, 산소, 오존 등이 있다. 또 조연성가스는 환원하는 물질을 말하기도 하는데 대표적인 7족 원소인 불소, 염소 등은 최외각 전자가 항상 1개가 부족하여 전자 1개를 얻어 안정화되려는 성질 때문에 환원하는 성질이 강하다.

11. 위험물안전관리법령상 자기반응성물질의 품명에 해당하지 않는 것은?

① 니트로화합물   ② 할로겐간화합물
③ 질산에스테르류 ④ 히드록실아민염류

해설 제6류 위험물(산화성 액체)

품명	위험 등급	지정 수량	성상
① 질산 ② 과염소산 ③ 과산화수소 ④ 할로겐간 화합물	I	300[kg]	① 산소를 함유한 강산화 성 액체 ② 조연성 액체 (자체는 불연성) ③ 가연성물질, 유기물등과 혼합, 혼촉 시 발화 ④ 과산화수소를 제외 하 고 모두 강산으로 피부 접촉시 부식 ⑤ 증기는 유독 - 과산화수소 제외 ⑥ 물과 접촉하면 발열 - 과산화수소 제외 ⑦ 모두 무기화합물 ⑧ 모두 수용성

12. 건축물 화재에서 플래시 오버(Flash over) 현상이 일어나는 시기는?

① 초기에서 성장기로 넘어가는 시기
② 성장기에서 최성기로 넘어가는 시기
③ 최성기에서 감쇠기로 넘어가는 시기
④ 감쇠기에서 종기로 넘어가는 시기

해설 플래시오버 (Flash Over)

정의	국소(국부)화재에서 전체(전실)화재로의 전이 현상 연료지배형 화재에서 환기지배형 화재로의 전이 현상 * 국소(국부) - 전체 가운데의 한 부분
조건	연기층 온도 500 ~ 600[℃] 바닥 복사수열량 20 ~ 40 [kW/m²] 연소속도 40 [g/s·m²] 산소농도 : 10[%] $CO_2/CO = 150$
연소형태	화재
시기	성장기
공급요인	복사열에 의한 자연발화

정답 9. ④ 10. ② 11. ② 12. ②

13. 물과 반응하였을 때 가연성 가스를 발생하여 화재의 위험성이 증가하는 것은?

① 과산화칼슘   ② 메탄올
③ 칼륨   ④ 과산화수소

해설 칼륨과 물과의 반응(수소 발생☆)
$2K + 2H_2O \rightarrow 2KOH + H_2 \uparrow$

14. 인화칼슘과 물이 반응할 때 생성되는 가스는?

① 아세틸렌   ② 황화수소
③ 황산   ④ 포스핀

해설 인화칼슘과 물과의 반응(포스핀 발생☆)
$Ca_3P_2 + 6H_2O \rightarrow 3Ca(OH)_2 + 2PH_3$

15. 다음 중 공기에서의 연소범위를 기준으로 했을 때 위험도(H) 값이 가장 큰 것은?

① 디에틸에테르 ② 수소
③ 에틸렌   ④ 부탄

해설 위험도(Hazard)

$$H = \frac{UFL - LFL}{LFL}$$

연소상한값이 클수록 위험하며 연소범위가 넓을수록 연소하한값이 낮을수록 위험하다.

가스명	위험도	가스명	위험도	가스명	위험도
이황화탄소	35.67	에틸렌	12.33	메탄	2
아세틸렌	31.4	황화수소	10	에탄	3.13
에테르	24.3	일산화탄소	4.92	프로판	3.52
수소	17.75	암모니아	0.86	부탄	3.67

16. 소화약제로 사용되는 이산화탄소에 대한 설명으로 옳은 것은?

① 산소와 반응 시 흡열반응을 일으킨다.
② 산소와 반응하여 불연성 물질을 발생시킨다.
③ 산화하지 않으나 산소와는 반응한다.
④ 산소와 반응하지 않는다.

해설 가연물이 될 수 없는 물질
- 산소와 더 이상 반응하지 않는 물질
  - H_2O, CO_2, 산화칼슘(생석회=CaO), 산화알루미늄(Al_2O_3) 등
- 산소와 반응은 하지만 흡열반응 하는 물질
  - 질소 또는 질소 산화물(NO, NO_2 등)
  $2N_2 + 5O_2 \rightarrow 2N_2O_5 - Q$ kcal
- 불활성가스
  - 0족 원소
    헬륨, 네온, 아르곤, 크립톤, 크세논, 라돈(※ 황록색인 네온만 제외하고 모두 무색이다.)
  - 프레온가스(CFC-11 : $CFCl_3$)
    메탄, 에탄 등의 탄화수소의 일부가 F(불소), Cl(염소)로 치환한 물질의 총칭으로 냉장고, 에어컨 등의 냉매로 사용되는 가스

17. 다음 중 피난자의 집중으로 패닉현상이 일어날 우려가 가장 큰 형태는?

① T형   ② X형
③ Z형   ④ H형

해설 복도의 형태에 다른 특성

구조		피난특성
H형		중앙corner방식으로 피난자의 집중으로 panic 현상이 일어날 우려가 있는 형태
CO형		

정답 13. ③   14. ④   15. ①   16. ④   17. ④

기출문제

2021. 4회 소방설비기사

18. 물리적 폭발에 해당하는 것은?

① 분해 폭발　② 분진 폭발
③ 중합 폭발　④ 수증기 폭발

해설 폭발의 분류

구 분	물리적 폭발			화학적 폭발		
원인	상변화에 의한 폭발 (양적 변화)			화학 반응에 의한 폭발 (질적 변화)		
종류	수증기 폭발	액화가스 증기폭발	과열액체 증기폭발	분진 폭발	분해 폭발	가스 폭발
	전선 폭발	고상간 전이에 의한 폭발	감압 폭발	분무 폭발	박막 폭굉	

19. 다음 중 착화온도가 가장 낮은 것은?

① 아세톤　② 휘발유
③ 이황화탄소　④ 벤젠

해설 발화온도(= 발화점, 착화온도)

제4류 위험물		
특수인화물류	이황화탄소 → 100[℃]	
	디에틸에테르 → 180[℃]	
	아세트알데히드 → 185[℃]	
1석유류	휘발유(가솔린) → 300[℃]	
	톨루엔 → 480[℃]	
	아세톤 → 538[℃]	
	벤젠 → 540[℃]	
알코올류	메틸알코올 → 464[℃]	
	에틸알코올 → 423[℃]	
2석유류	경유 → 200[℃]	
	등유 → 254[℃]	

20. 건물화재 시 패닉(panic)의 발생원인과 직접적인 관계가 없는 것은?

① 연기에 의한 시계 제한
② 유독가스에 의한 호흡 장애
③ 외부와 단절되어 고립
④ 불연내장재의 사용

해설 내장재를 불연재를 사용할 경우 연소가 일어나기 어렵기 때문에 패닉과 관계가 없음

■■■ 제2과목 소방유체역학

21. 지름이 5[cm]인 원형 관내에 이상기체가 층류로 흐른다. 다음 중 이 기체의 속도가 될 수 있는 것을 모두 고르면? (단, 이 기체의 절대압력은 200[kPa], 온도는 27 [℃], 기체상수는 2080[J/kg·K], 점성계수는 2×10⁻⁵[N·s/m²], 하임계 레이놀즈수는 2200으로 한다.)

ㄱ. 0.3 [m/s]	ㄴ. 1.5 [m/s]
ㄷ. 8.3 [m/s]	ㄹ. 15.5 [m/s]

① ㄱ　② ㄱ, ㄴ
③ ㄱ, ㄴ, ㄷ　④ ㄱ, ㄴ, ㄷ, ㄹ

해설
1) 기체의 밀도
$$\rho = \frac{P}{RT} = \frac{200\times10^3}{2080\times(273+27)} \fallingdotseq 0.3205\,[kg/m^3]$$

2) 기체의 동점도 $\nu = \dfrac{\mu}{\rho} = \dfrac{2\times10^{-5}}{0.3205} \fallingdotseq 6.24\times10^{-5}$

3) 레이놀즈수 $R_e = \dfrac{VD}{\nu}$ 에서

∴ 속도 $V = \dfrac{R_e \cdot \nu}{D} = \dfrac{2200\times6.24\times10^{-5}}{0.05} = 2.7456\,[m/s]$

층류로 흐를 수 있는 임계유속이 2.7456[m/s]이므로 이 유속이하는 모두 층류의 흐름이다.
따라서, 보기의 ㄱ. 0.3[m/s] ㄴ. 1.5[m/s]은 층류의 유속이 될 수 있다.

정답 18. ④　19. ③　20. ④　21. ②

22. 표면장력에 관련된 설명 중 옳은 것은?

① 표면장력의 차원은 힘/면적이다.
② 액체와 공기의 경계면에서 액체분자의 응집력보다 공기분자와 액체분자 사이의 부착력이 클 때 발생한다.
③ 대기 중의 물방울은 크기가 작을수록 내부 압력이 크다.
④ 모세관현상에 의한 수면 상승 높이는 모세관의 직경에 비례한다.

해설
① 표면장력은 분자간의 응집력 때문에 액체의 표면을 수축하여 표면적을 최소화 하려는 힘을 말하는 것으로 단위길이(접촉 길이)당의 장력으로 표현하며 표면장력σ의 단위는 [N/m]로 차원은 힘/길이이다.
② 액체와 공기의 경계면에서 액체분자의 응집력보다 공기분자와 액체분자 사이의 부착력이 클 때 발생하는 것은 모세관현상을 말한다.
③ 표면장력 $\sigma = \frac{\Delta p \cdot d}{4}$ 에서 $\Delta p = \frac{4\sigma}{d}$ 이므로 대기 중의 물방울의 지름(크기)이 작을수록 내부압력이 크다. 따라서 옳은 설명이다.
④ 모세관현상에 의한 수면 상승 높이 $h = \frac{4\sigma\cos\beta}{rd}$ 에서 상승 높이는 모세관 직경 d 에 "반비례" 한다.

23. 유체의 점성에 대한 설명으로 틀린 것은?

① 질소 기체의 동점성계수는 온도 증가에 따라 감소한다.
② 물(액체)의 점성계수는 온도 증가에 따라 감소한다.
③ 점성은 유동에 대한 유체의 저항을 나타낸다.
④ 뉴턴유체에 작용하는 전단응력은 속도기울기에 비례한다.

해설
1. 기체의 점성 : 온도가 상승하면 증가
2. 액체의 점성 : 온도가 상승하면 감소
①에서 질소는 기체이므로 온도가 상승하면 동점성계수는 증가한다.

24. 회전속도 1000[rpm]일 때 송출량 Q[m³/min], 전양정 H[m]인 원심펌프가 상사한 조건에서 송출량이 $1.1Q$[m³/min]가 되도록 회전속도를 증가시킬 때, 전양정은 어떻게 되는가?

① 0.91 H
② H
③ 1.1 H
④ 1.21 H

해설
1) 상사법칙
펌프의 특성치인 양정, 토출량, 축동력 회전수, 임펠러 직경사이 관계를 말한다.
(1) 유량(Q) : $\frac{Q_2}{Q_1} = \frac{n_2}{n_1} \times (\frac{D_2}{D_1})^3$
(2) 양정(H) : $\frac{H_2}{H_1} = (\frac{n_2}{n_1})^2 \times (\frac{D_2}{D_1})^2$
(3) 동력(L) : $\frac{L_2}{L_1} = \frac{\eta_1}{\eta_2} \times (\frac{n_2}{n_1})^3 \times (\frac{D_2}{D_1})^5$

2) 유량과 양정에서(지름은 동일)
유량 : $\frac{Q_2}{Q_1} = \frac{n_2}{n_1}$ 이므로
전양정 : $\frac{H_2}{H_1} = (\frac{Q_2}{Q_1})^2$
$\therefore H_2 = H_1 \times (\frac{1.1Q_1}{Q_1})^2 = 1.21H_1$

25. 그림과 같이 노즐이 달린 수평관에서 계기압력이 0.49[MPa]이었다. 이 관의 안지름이 6[cm]이고 관의 끝에 달린 노즐의 지름이 2[cm]이라면 노즐의 분출속도는 몇 [m/s]인가? (단, 노즐에서의 손실은 무시하고, 관 마찰계수는 0.025이다.)

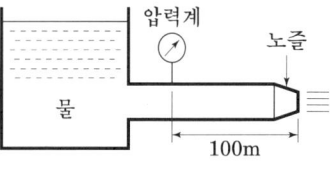

① 16.8
② 20.4
③ 25.5
④ 28.4

해설 압력계의 접속부와 노즐 끝 지점에 수정 베르누이 정리를 적용하면

$$\frac{p_1}{\gamma}+\frac{v_1^2}{2g}+z_1=\frac{p_2}{\gamma}+\frac{v_2^2}{2g}+z_2+h_L$$

$z_1=z_2,\ p_2=0$, 마찰손실수두 $h_L=f\frac{L}{D}\frac{v_1^2}{2g}$

$$\frac{0.49\times10^6}{9800}+\frac{v_1^2}{2g}=0+\frac{v_2^2}{2g}+f\frac{L}{D}\frac{v_1^2}{2g}$$

여기서 연속방정식에 의하여 $v_2=9v_1$ 이므로

$$\frac{v_1^2}{2g}\left(81-1+0.025\times\frac{100}{0.06}\right)=\frac{0.49\times10^6}{9800}$$

따라서 $v_1≒2.83\,[\mathrm{m/s}]$,
$v_2=9v_1=9\times2.83≒25.5\,[\mathrm{m/s}]$

26. 원심펌프가 전양정 120 [m]에 대해 6[m³/s]의 물을 공급할 때 필요한 축동력이 9530 [kW]이었다. 이 때 펌프의 체적효율과 기계효율이 각각 88[%], 89[%]하고 하면, 이 펌프의 수력 효율은 약 몇 [%] 인가?

① 74.1　　② 84.2
③ 88.5　　④ 94.5

해설 펌프 효율 η

$$L_s=\frac{\gamma QH}{\eta}$$

여기서, L_s : 수동력[kW]
γ : 물의 비중량[9.8 kN/m³]
Q : 유량[m³/s]
H : 전양정[m]
η : 펌프효율

그러므로 펌프효율 $=\frac{\gamma QH}{L_s}=\frac{9.8\times6\times120}{9530}≒0.74$

또한 펌프효율은 일반적으로 $\eta=\eta_h\cdot\eta_v\cdot\eta_m$ 으로 나타낸다.
여기서 η_h : 수력효율, η_v : 체적효율, η_m : 기계효율이다.
$\eta=\eta_h\cdot\eta_v\cdot\eta_m$ 에서
수력효율

$$\eta_h=\frac{\eta}{\eta_v\cdot\eta_m}=\frac{0.74}{0.88\times0.89}≒0.9448≒94.5\,[\%]$$

27. 안지름 4[cm], 바깥지름 6[cm]인 동심 이중관의 수력직경(hydraulic diameter)은 몇 [cm]인가?

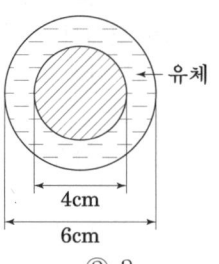

① 2　　② 3
③ 4　　④ 5

해설
수력직경 $D_e=4\times\dfrac{\text{유동단면적}}{\text{접수길이}}=\dfrac{4A}{L_P}$ 에서

A : 유동단면적, L_P : 접수길이

$$D_e=\frac{4\cdot\frac{\pi(D^2-d^2)}{4}}{\pi(D+d)}=\frac{(D^2-d^2)}{(D+d)}=\frac{(D+d)(D-d)}{(D+d)}$$
$$=D-d$$

∴ $D_e=6-4=2\,[\mathrm{cm}]$

28. 열역학 관련 설명 중 틀린 것은?

① 삼중점에서는 물체의 고상, 액상, 기상이 공존한다.
② 압력이 증가하면 물의 끓는점도 높아진다.
③ 열을 완전히 일로 변환할 수 있는 효율이 100[%]인 열기관은 만들 수 없다.
④ 기체의 정적비열은 정압비열보다 크다.

해설
1. 정압비열(C_P) : 기체의 압력을 일정하게 유지하고 측정한 비열[kJ/kg · K]
2. 정적비열(C_V) : 기체의 체적을 일정하게 유지하고 측정한 비열[kJ/kg · K]
④의 경우 기체의 정압비열은 정적비열보다 크다.
즉, $C_P>C_V$ 이다.

정답　26. ④　27. ①　28. ④

29. 다음 중 차원이 서로 같은 것을 모두 고르면?
(단, P : 압력, ρ : 밀도, V : 속도, h : 높이, F : 힘, m : 질량, g : 중력가속도)

| ㄱ. ρV^2 | ㄴ. $\rho g h$ |
| ㄷ. P | ㄹ. $\dfrac{F}{m}$ |

① ㄱ, ㄴ
② ㄱ, ㄷ
③ ㄱ, ㄴ, ㄷ
④ ㄱ, ㄴ, ㄷ, ㄹ

[해설]

ㄱ. ρV^2 : $\dfrac{kg}{m^3} \times \left(\dfrac{m}{s}\right)^2 = \dfrac{kg}{m^3} \times \dfrac{m^2}{s^2} = \dfrac{kg}{m \cdot s^2}$
$= ML^{-1}T^2$

ㄴ. $\rho g h$: $\dfrac{kg}{m^3} \times \dfrac{m}{s^2} \times m = \dfrac{kg}{m \cdot s^2} = ML^{-1}T^2$

ㄷ. P : 압력$(P) = \dfrac{힘(F)}{면적(A)} = \dfrac{N}{m^2} = \dfrac{kg \cdot m/s^2}{m^2}$
$= \dfrac{kg}{m \cdot s^2} = ML^{-1}T^2$

ㄹ. $\dfrac{F}{m}$: $\dfrac{N}{m} = \dfrac{kg \cdot m/s^2}{m} = \dfrac{kg}{s^2} = MT^2$

30. 밀도가 10[kg/m³]인 유체가 지름 30[cm]인 관내를 1[m³/s]로 흐른다. 이때의 평균유속은 몇 [m/s]인가?

① 4.25
② 14.1
③ 15.7
④ 84.9

[해설] 유량 $Q = AV = \dfrac{\pi D^2}{4} \times V$에서

평균유속 $V = \dfrac{4Q}{\pi D^2} = \dfrac{4 \times 1}{\pi \times 0.3^2} ≒ 14.1$

31. 초기 상태에서 압력 100[kPa], 온도 15[℃]인 공기가 있다. 공기의 부피가 초기 부피의 $\dfrac{1}{20}$이 될 때까지 가역단열 압축할 때 압축 후의 온도는 약 몇 [℃]인가? (단, 공기의 비열비는 1.4이다.)

① 54
② 348
③ 682
④ 912

[해설]

1) 폴리트로픽 지수 변화에 따른 상태변화

$PV^n = C$(일정)

n 값	적용식	상태
n=0	P = C(일정)	등압변화
n=1	PV = C(일정)	등온변화
n=k (비열비)	$PV^k = C$(일정) $\dfrac{T_2}{T_1} = \left(\dfrac{v_1}{v_2}\right)^{k-1} = \left(\dfrac{P_2}{P_1}\right)^{\frac{k-1}{k}}$	가역단열변화 (등엔트로피)
n=∞	$PV^\infty = P^{\frac{1}{\infty}}V = V = C$(일정)	등적변화

2) 이상기체 가역단열변화의 상태식

$\dfrac{T_2}{T_1} = \left(\dfrac{P_2}{P_1}\right)^{\frac{k-1}{k}} = \left(\dfrac{v_1}{v_2}\right)^{k-1}$ 에서

$v_2 = \dfrac{1}{20}v_1$, $T_1 = (273+15)$, $k = 1.4$ 이므로

$T_2 = (273+15) \times \left(\dfrac{1}{\frac{1}{20}}\right)^{1.4-1} = 954.56K ≒ 682[℃]$

32. 부피가 240[m³]인 방 안에 들어 있는 공기의 질량은 약 몇 [kg]인가? (단, 압력은 100[kPa], 온도는 300[K]이며, 공기의 기체상수는 0.287[kJ/kg·K]이다.)

① 0.279
② 2.79
③ 27.9
④ 279

[해설] 이상기체 상태방정식

$PV = mRT$에서

$m = \dfrac{PV}{RT} = \dfrac{100 \times 240}{0.287 \times 300} ≒ 279[kg]$

[정답] 29. ③ 30. ② 31. ③ 32. ④

기출문제

2021. 4회 소방설비기사

33. 그림의 액주계에서 밀도 $\rho_1 = 1000 [kg/m^3]$, $\rho_2 = 13600 [kg/m^3]$, 높이 $h_1 = 500 [mm]$, $h_2 = 800 [mm]$일 때 관 중심 A의 계기압력은 몇 [kPa]인가?

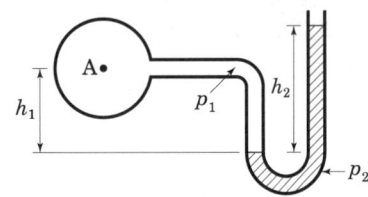

① 101.7 ② 109.6
③ 126.4 ④ 131.7

해설
$P_A + \rho_1 g h_1 = \rho_2 g h_2$ 에서
$P_A = \rho_2 g h_2 - \rho_1 g h_1$
$= 13600 \times 9.8 \times 0.8 - 1000 \times 9.8 \times 0.5$
$= 101724 [Pa] = 101.7 [kPa]$

34. 그림과 같이 수조의 두 노즐에서 물이 분출하여 한 점(A)에서 만나려고 하면 어떤 관계가 성립되어야 하는가? (단, 공기저항과 노즐의 손실은 무시한다.)

① $h_1 y_1 = h_2 y_2$
② $h_1 y_2 = h_2 y_1$
③ $h_1 h_2 = y_1 y_2$
④ $h_1 y_1 = 2 h_2 y_2$

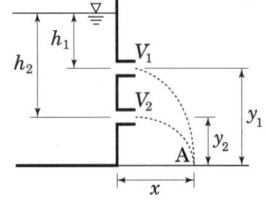

해설 토리첼리의 정리에 의해
$v_1 = \sqrt{2gh_1}$, $v_2 = \sqrt{2gh_2}$
여기서, 자유낙하의 높이 $y = \frac{1}{2} g t^2$
$t = \sqrt{\frac{2y}{g}}$ $x = \sqrt{\frac{2y}{g}} \cdot \sqrt{2gh}$ 이므로
$x_1 = \sqrt{\frac{2y_1}{g}} \cdot \sqrt{2gh_1} = 2\sqrt{h_1 y_1}$
$x_2 = \sqrt{\frac{2y_2}{g}} \cdot \sqrt{2gh_2} = 2\sqrt{h_2 y_2}$
$x = x_1 = x_2$
$2\sqrt{h_1 y_1} = 2\sqrt{h_2 y_2} \rightarrow h_1 y_1 = h_2 y_2$

35. 길이 100 [m], 직경 50 [mm], 상대조도 0.01인 원형 수도관 내에 물이 흐르고 있다. 관내 평균유속이 3 [m/s]에서 6 [m/s]로 증가하면 압력손실은 몇 배로 되겠는가? (단, 유동은 마찰계수가 일정한 완전난류로 가정한다.)

① 1.41배 ② 2배
③ 4배   ④ 8배

해설 패닝의 법칙(Fanning's law)
원형 단면의 직선관로 내에 난류에 의한 압력손실을 부여하는 식으로 ΔP 압력손실, f는 관마찰계수[무차원수], V는 평균유속[m/s], L은 길이[m], d는 관지름[m], ρ는 유체의 밀도[kg/m³]일 경우 압력손실 ΔP는

$$h_L = 4f \left(\frac{L}{d}\right)\left(\frac{V^2}{2g}\right) [m], \Rightarrow \Delta P$$
$$\Delta P = 4f \left(\frac{L}{d}\right)\left(\frac{\rho V^2}{2}\right) [Pa]$$

이다.
그러므로 압력손실 $\Delta P \propto V^2$의 관계가 있다.
따라서 $\Delta P \propto V^2 = 2^2 = 4$배

36. 한 변이 8 [cm]인 정육면체를 비중이 1.26인 글리세린에 담그니 절반의 부피가 잠겼다. 이때 정육면체를 수직방향으로 눌러 완전히 잠기게 하는데 필요한 힘은 약 몇 [N]인가?

① 2.56 ② 3.16
③ 6.53 ④ 12.5

해설
1) 부력(F)과 무게(W), 비중량
무게는 항상 물체전체 부피 기준이며 부력은 유체에 잠긴 부피 기준임을 주의해야 한다.

$F(부력) = \gamma_{액체} V_{잠김부피} = \rho_{액체} g V_{잠김부피}$
(부력은 물체가 잠긴 액체의 무게와 같다)
$W(무게) = \gamma_{물체} V_{물체 전체} = \rho_{물체} g V_{물체 전체}$

F = W일 때 평형유지,
$\gamma_{액체} V_{잠김부피} = \gamma_{물체} V_{물체전체}$

※ 비중량(γ) = 물체비중(S) × 물 비중량(9800[N/m³])

정답 33. ① 34. ① 35. ③ 36. ②

2) 물체의 비중 구하기

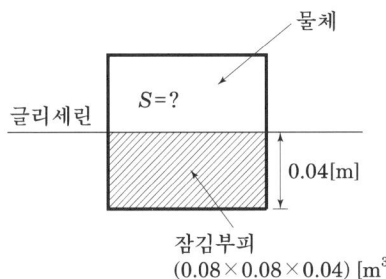

물체의 무게 = 부력
$\gamma_{물체} V_{물체전체} = \gamma_{글리세린} V_{잠긴부피}$
$S \times 9800 \times 0.08^3$
$= 1.26 \times 9800 \times (0.08 \times 0.08 \times 0.04)$
물체의 '비중' $\therefore S = \dfrac{1.26 \times 0.04}{0.08} = 0.63$

3) 누르는 힘 구하기

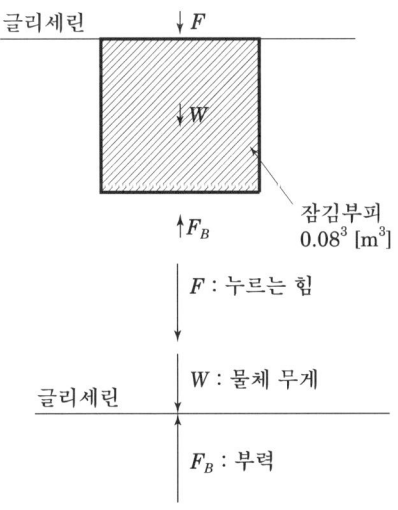

힘의 평형에 의해서
$F + W = F_B$
$F = F_B - W$
$= (1.26 \times 9800 \times 0.08^3) - (0.63 \times 9800 \times 0.08^3)$
$= 9800 \times 0.08^3 \times (1.26 - 0.63) ≒ 3.16 [N]$

[주의] 처음 물체의 조건에서 담그는 유체가 물인지 다른 유체인지를 확인해야 함.

37. 그림과 같이 반지름이 0.8 [m]이고 폭이 2 [m]인 곡면 AB가 수문으로 이용된다. 물에 의한 힘의 수평성분의 크기는 약 몇 [kN]인가? (단, 수문의 폭은 2 [m]이다.)

① 72.1
② 84.7
③ 90.2
④ 95.4

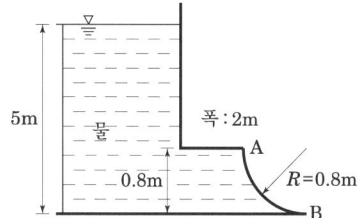

[해설]
액체 속에 잠겨있는 면이 곡면인 경우 그 곡면은 수평분력과 수직분력이 작용한다고 생각하고 각 성분의 전압력을 구하여 각 성분의 전압력의 백터량을 기하학적으로 합성하여 구한다.
수평분력 : 수평분력 F_H는 그 곡면을 수직면에 수평으로 투영한 면적에 작용하는 힘과 같다.
따라서 투영면적을 A_H라 하면
수평분력(수평분력의 크기) F_H
$F_H = rh_c A_H = 9.8 \times \left\{(5-0.8) + \dfrac{0.8}{2}\right\} \times (2 \times 0.8) = 72.1 [kN]$

여기서, γ : 물의 비중량 9.8[kN/m³]
h_c : 수면에서 수문 중심까지의 수직거리[m]
A_H : 수문의 수직면에 대한 수평투영 면적[m²]

[참고] 수직분력
곡면에 작용하는 수직분력 F_V은 그 곡면을 저면으로 하는 액주의 중량과 같다.
$F_V = \rho g V = \gamma V$

38. 펌프 운전 시 발생하는 캐비테이션의 발생을 예방하는 방법이 아닌 것은?

① 펌프의 회전수를 높여 흡입 비속도를 높게 한다.
② 펌프의 설치높이를 될 수 있는 대로 낮춘다.
③ 입형펌프를 사용하고, 회전차를 수중에 완전히 잠기게 한다.
④ 양흡입 펌프를 사용한다.

정답 37. ① 38. ①

기출문제

2021. 4회 소방설비기사

[해설] 캐비테이션(cavitation)현상
흐르고 있는 액체의 임의의 지점의 압력이 어느 원인에 의해 그 액체의 포화증기압보다 낮은 압력이 되면 부분적으로 증발현상이 일어나고 액체 속에 용해되어 있던 기체가 액과 분리되어 기포가 발생하는데 이러한 현상을 공동현상(cavitation)이라 한다.

캐비테이션 방지법
①의 경우 펌프의 회전수(임펠러 속도)를 낮추고, 흡입 비속도를 작게 한다.
이외에
- 흡입관의 지름을 크게하고 밸브, 곡관 등 관이음의 수를 적게 하여 손실수두를 줄인다.
- 부스터펌프를 이용하여 흡입조건을 개선한다.
- 규정치를 크게 벗어나는 운전을 피한다.

39. 실내의 난방용 방열기(물-공기 열교환기)에는 대부분 방열 핀(fin)이 달려 있다. 그 주된 이유는?

① 열전달 면적 증가   ② 열전달계수 증가
③ 방사율 증가   ④ 열저항 증가

[해설] 난방용 방열기(물-공기열교환기)에서 공기 측에 방열 핀(fin)을 부착하는 이유는 공기는 물에 비하여 열전도율이 나쁘기 때문에 열전도율이 나쁜 공기 측에 핀을 부착하여 "전열전달 면적"을 증가 시켜 전열저항을 감소시키기 위해서이다.

40. 그림에서 물 탱크차가 받는 추력은 약 몇 N인가? (단, 노즐의 단면적은 0.03 [m²]이며, 탱크 내의 계기압력은 40 [kPa]이다. 또한 노즐에서 마찰 손실은 무시한다.)

① 812
② 1490
③ 2710
④ 5340

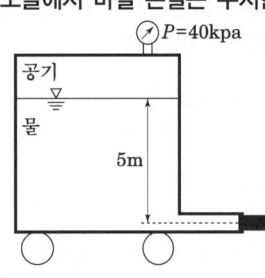

[해설] 유속 $V = \sqrt{2gh}$

추력 $F = \rho A V^2 = \rho A(2gh) = 2\gamma A h$

$= 2 \times 9800 \times 0.03 \times \left(\dfrac{40}{9.8} + 5\right) = 5340 \, [N]$

■■■ 제3과목 소방관계법규

41. 소방기본법, 제1장 총칙에서 정하는 목적의 내용으로 거리가 먼 것은?

① 구조, 구급 활동 등을 통하여 공공의 안녕 및 질서 유지
② 풍수해의 예방, 경계, 진압에 관한 계획, 예산 지원 활동
③ 구조, 구급 활동 등을 통하여 국민의 생명, 신체, 재산 보호
④ 화재, 재난, 재해 그 밖의 위급한 상황에서의 구조, 구급 활동

[해설] 소방기본법의 목적
화재를 예방·경계하거나 진압하고 화재, 재난·재해, 그 밖의 위급한 상황에서의 구조·구급 활동 등을 통하여 국민의 생명·신체 및 재산을 보호함으로써 공공의 안녕 및 질서 유지와 복리증진에 이바지함을 목적으로 한다.

42. 화재의 예방 및 안전관리에 관한 법상 위험물 또는 물건의 보관기간은 소방본부 또는 소방서의 게시판에 공고하는 기간의 종료일 다음 날부터 몇 일로 하는가?

① 3   ② 4
③ 5   ④ 7

[해설] 화재예방 조치명령
- 조치명령 : 소방관서장
- 대상 : 화재 발생 위험이 크거나 소화 활동에 지장을 줄 수 있다고 인정되는 행위나 물건에 대하여 행위 당사자나 그 물건의 관계인
  (관계인 : 소유자, 관리자, 점유자)

명령을 정당한 사유 없이 따르지 아니하거나 방해한 자 : 300만 원 이하의 벌금

보관하는 경우	내용
소방관서의 인터넷 홈페이지에 그 사실을 공고(공고기간)	보관하는 그 날부터 14일 동안
보관기간	공고하는 기간의 종료일 다음 날부터 7일까지

정답 39. ① 40. ④ 41. ② 42. ④

보관기간이 종료 시	• 매각 – 지체없이 세입조치 • 폐기 – 보관 물품 등이 부패·파손된 경우
매각되거나 폐기된 옮긴 물건 등의 소유자가 보상을 요구하는 경우	보상금액에 대하여 소유자와 협의를 거쳐 이를 보상

43. 소방시설 설치 및 관리에 관한 법령상 관리업자가 소방시설등의 점검을 마친 후 점검기록표에 기록하고 이를 해당 특정소방대상물의 출입자가 쉽게 볼 수 있는 장소에 부착하여야 하나 이를 위반한 경우 벌칙 기준은?

① 100만 원 이하의 과태료
② 200만 원 이하의 과태료
③ 300만 원 이하의 과태료
④ 500만 원 이하의 과태료

해설 300만 원 이하의 벌금

위반행위	과태료 금액(단위: 만원)		
	1차 위반	2차 위반	3차이상위반
점검기록표를 기록하지 않거나 특정소방대상물의 출입자가 쉽게 볼 수 있는 장소에 게시하지 않은 경우	100	200	300

44. 위험물안전관리법령상 제4류 위험물 중 경유의 지정수량은 몇 리터인가?

① 500 ② 1000
③ 1500 ④ 2000

해설 제4류 위험물(인화성 액체)

구분	지정수량	품명
특수 인화물류	50[ℓ]	디에틸에테르, 아세트알데히드 산화프로필렌, 이황화탄소
제1 석유류	비수용성 200[ℓ] 수용성 400[ℓ]	휘발유, 벤젠, 톨루엔, 시클로헥산, 피리딘, 아세톤(DMK), 시안화수소, 메틸에틸케톤(MEK), 콜로디온 의산에스테르류, 초산에스테르류
알코올류 수용성	400[ℓ]	메틸알코올, 에틸알코올 프로필알코올, 변성알코올
제2 석유류	비수용성 1000[ℓ] 수용성 2000[ℓ]	경유(디젤유), 등유(케로신), 크실렌, 스틸렌, 에틸벤젠, 클로로벤젠, 송근유, 송정유(테레핀유), 장뇌유, 히드라진, 의산(포름산),초산(아세트산) 메틸셀로솔브, 에틸셀로솔브
제3 석유류	비수용성 2000[ℓ] 수용성 4000[ℓ]	중유, 타르유(클레오소오트유) 니트로벤젠, 아닐린, 에틸렌글리콜(2가알코올), 글리세린(3가알코올)
제3 석유류	6000[ℓ]	기어유, 실리더유
동식물 유류	10000[ℓ]	불건성유, 반건성유, 건성유

※ 위 표에서 파란색은 수용성임.

45. 화재의 예방 및 안전관리에 관한 법령상 소방관서장이 화재안전조사를 하려면 관계인에게 조사대상, 조사기간 및 조사사유 등을 최대 며칠 전에 서면으로 알려야 하는가? (단, 긴급하게 조사할 필요가 있는 경우와 사전에 통지하면 조사목적을 달성할 수 없다고 인정되는 경우는 제외한다.)

① 7   ② 10
③ 12 ④ 14

해설 화재안전조사의 방법·절차
① 화재안전조사자 – 소방관서장
② 화재안전조사를 실시하려는 경우 사전에 관계인에게 문자전송 등을 통하여 통지하고 소방관서 인터넷 홈페이지나 전산시스템 등을 통하여 7일 이상 공개
③ 연기신청 하려는 자는 화재안전조사 시작 3일 전까지 제출
④ 소방관서장은 3일 이내에 연기신청의 승인 여부를 결정하여 화재안전조사 연기신청 결과 통지서를 연기신청을 한 자에게 그 결과를 조사 시작 전까지 관계인에게 알려 주어야 하며 연기기간이 종료되면 지체 없이 화재안전조사를 시작해야 한다.

정답 43. ③ 44. ② 45. ①

기출문제

46. 소방시설공사업법령상 소방시설공사업자가 소속 소방기술자를 소방시설공사 현장에 배치하지 않았을 경우의 과태료 기준은?

① 100만 원 이하 ② 200만 원 이하
③ 300만 원 이하 ④ 400만 원 이하

[해설] 200만 원 이하의 과태료
> ① 신고를 하지 아니하거나 거짓으로 신고한 자
> ② 관계인에게 지위승계, 행정처분 또는 휴업·폐업의 사실을 거짓으로 알린 자
> ③ 관계 서류를 보관하지 아니한 자
> ④ 소방기술자를 공사 현장에 배치하지 아니한 자
> ⑤ 완공검사를 받지 아니한 자
> ⑥ 3일 이내에 하자를 보수하지 아니하거나 하자보수계획을 관계인에게 거짓으로 알린 자
> ⑦ 감리 관계 서류를 인수·인계하지 아니한 자
> ⑧ 감리 배치통보 및 변경통보를 하지 아니하거나 거짓으로 통보한 자
> ⑨ 방염성능기준 미만으로 방염을 한 자 등

47. 화재의 예방 및 안전관리에 관한 법령상 천재지변 및 그 밖에 대통령령으로 정하는 사유로 화재안전조사를 받기 곤란하여 연기를 신청하려는 화재안전조사의 연기를 며칠 전까지 연기신청서 및 증명서류를 제출해야 하는가?

① 3   ② 5
③ 7   ④ 10

[해설] 문제 45번 해설참조

48. 화재의 예방 및 안전관리에 관한 법령상 1급 소방안전관리대상물의 소방안전관리자 선임대상 기준 중 ( ) 안에 알맞은 내용은?

> 소방공무원으로 ( )년 이상 소방안전관리대상물의 소방안전관리자로 근무한 실무경력이 있는 사람

① 1년 이상   ② 3년 이상
③ 5년 이상   ④ 7년 이상

[해설] 1급 소방안전관리대상물의 자격(다음으로서 안전관리자 자격증을 발급 받은 사람)
① 소방설비기사 또는 소방설비산업기사의 자격이 있는 사람
② 소방공무원으로 7년 이상 근무한 경력이 있는 사람
③ 1급 소방안전관리대상물의 소방안전관리에 관한 시험에 합격한 사람
④ 특급 소방안전관리대상물의 소방안전관리자 자격증을 발급받은 사람

49. 위험물안전관리법령상 제조소등에 설치하여야 할 자동화재탐지설비의 설치기준 중 ( ) 안에 알맞은 내용은? (단, 광전식분리형 감지기 설치는 제외한다.)

> 하나의 경계구역의 면적은 (㉠) [m²] 이하로 하고 그 한 변의 길이는 (㉡) [m] 이하로 할 것. 다만, 당해 건축물 그 밖의 공작물의 주요한 출입구에서 그 내부의 전체를 볼 수 있는 경우에 있어서는 그 면적을 1000 [m²] 이하로 할 수 있다.

① ㉠ 300, ㉡ 20   ② ㉠ 400, ㉡ 30
③ ㉠ 500, ㉡ 40   ④ ㉠ 600, ㉡ 50

[해설] 자동화재탐지설비 경계구역 설치기준
㉠ 2개의 층에 미치지 아니할 것.
  단, 2개층의 합이 500 [m²] 이하시 제외
㉡ 600 [m²] 이하로 할 것(한변의 길이는 50 [m] 이하).
  단, 내부 전체가 보이는 경우 1,000 [m²] 이하
㉢ 광전식분리형감지기의 경계구역 - 100 [m] 이하

50. 화재의 예방 및 안전관리에 관한 법령상 특정소방대상물의 관계인은 소방안전관리자를 기준일로부터 30일 이내에 선임하여야 한다. 다음 중 기준일로 틀린 것은?

① 소방안전관리자를 해임한 경우 : 소방안전관리자를 해임한 날
② 특정소방대상물을 양수하여 관계인의 권리를 취득한 경우 : 해당 권리를 취득한 날

[정답] 46. ② 47. ① 48. ④ 49. ④ 50. ④

③ 신축으로 해당 특정소방대상물의 소방안전관리자를 신규로 선임하여야 하는 경우 : 해당 특정소방대상물의 완공일
④ 증축으로 인하여 특정소방대상물이 소방안전관리대상물로 된 경우 : 증축공사의 개시일

[해설] 30일 이내 선임하는 기준일

구 분	기 준 일
신축, 용도변경 등으로 신규로 선임	해당 특정소방대상물의 사용승인일
증축등으로 소방안전관리대상물이 되거나 등급이 변경된 경우	증축공사의 사용승인일 또는 용도변경 사실을 건축물대장에 기재한 날
소방안전관리자를 해임, 퇴직한 경우	소방안전관리자를 해임, 퇴직한 날
양수, 매각등에 의해 관계인의 권리를 취득한 경우	취득한 날 또는 소방서장으로부터 선임 안내를 받은 날
관리의 권원이 분리되어 있는 특정소방대상물	관리의 권원이 분리되거나 소방본부장 또는 소방서장이 관리의 권원을 조정한 날
소방안전관리업무를 대행하는 자를 감독할 수 있는 사람을 소방안전관리자로 선임한 경우	소방안전관리업무 대행이 끝난 날
소방안전관리자 자격이 정지 또는 취소된 경우	자격이 정지 또는 취소된 날

51. 위험물안전관리법령상 정기점검의 대상인 제조소등의 기준으로 틀린 것은?

① 지하탱크저장소
② 이동탱크저장소
③ 지정수량의 10배 이상의 위험물을 취급하는 제조소
④ 지정수량의 20배 이상의 위험물을 저장하는 옥외탱크저장소

[해설] 정기점검, 정기검사, 구조안전점검

정기점검	• 예방규정을 정해야 하는 제조소 등 • 지하탱크저장소, 이동탱크저장소 • 위험물을 취급하는 탱크로서 지하에 매설된 탱크가 있는 제조소 · 주유취급소 또는 일반취급소	
정기검사	정밀 정기검사	• 50만 ℓ 이상의 옥외탱크 저장소 (= 준특정옥외저장탱크)
	중간 정기검사	
구조 안전점검		

예방규정을 작성해야 하는 대상
제조소등의 관계인은 예방규정을 정하여 당해 제조소등의 사용을 시작하기 전에 시·도지사에게 제출하여야 한다. 예방규정을 변경한 때에도 또한 같다.

구 분	지정수량의 배수
암반탱크저장소, 이송취급소	지정수량 관계없이 예방규정을 정하여야 함
제조소, 일반취급소	10배 이상
옥외저장소	100배 이상
옥내저장소	150배 이상
옥외탱크저장소	200배 이상

52. 소방시설 설치 및 관리에 관한 법령상 특정소방대상물의 관계인이 특정소방대상물의 규모·용도 및 수용인원 등을 고려하여 갖추어야 하는 소방시설의 종류에 대한 기준 중 다음 (　) 안에 알맞은 것은?

> 화재안전기술기준에 따라 소화기구를 설치하여야 하는 특정소방대상물은 연면적 (㉠) [m²] 이상인 것. 다만, 노유자시설의 경우에는 투척용 소화용구 등을 화재안전기술기준에 따라 산정된 소화기 수량의 (㉡) 이상으로 설치할 수 있다.

① ㉠ 33, ㉡ $\frac{1}{2}$　　② ㉠ 33, ㉡ $\frac{1}{5}$
③ ㉠ 50, ㉡ $\frac{1}{2}$　　④ ㉠ 50, ㉡ $\frac{1}{5}$

정답　51. ④　52. ①

해설 소화기 또는 간이소화용구 설치 대상
① 연면적 33[m²] 이상인 것
② 지정문화재 및 가스시설
③ 터널
※ 노유자시설 - 투척용 소화용구 등을 화재안전기술기준에 따라 산정된 소화기 수량의 1/2 이상으로 설치할 수 있다.

53. 소방시설 설치 및 관리에 관한 법령상 용어의 정의 중 (   ) 안에 알맞은 것은?

> 특정소방대상물이란 소방시설을 설치하여야 하는 소방대상물로서 (   )으로 정하는 것을 말한다.

① 대통령령 ② 국토교통부령
③ 행정안전부령 ④ 고용노동부령

해설 특정소방대상물
소방시설을 설치하여야 하는 소방대상물로서 대통령령으로 정하는 것

54. 소방시설 설치 및 관리에 관한 법령상 분말형태의 소화약제를 사용하는 소화기의 내용연수로 옳은 것은? (단, 소방용품의 성능을 확인받아 그 사용기한을 연장하는 경우는 제외한다.)

① 3년 ② 5년
③ 7년 ④ 10년

해설 소방용품의 내용연수
분말형태의 소화약제를 사용하는 소화기(10년)

55. 소방시설공사업법령상 전문 소방시설공사업의 등록기준 및 영업범위의 기준에 대한 설명으로 틀린 것은?

① 법인인 경우 자본금은 최소 1억 원 이상이다.
② 개인인 경우 자산평가액은 최소 1억 원 이상이다.
③ 주된 기술인력 최소 1명 이상, 보조기술인력 최소 3명 이상을 둔다.
④ 영업범위는 특정소방대상물에 설치되는 기계분야 및 전기분야 소방시설의 공사·개설·이전 및 정비이다.

해설 소방시설공사업 등록기준 및 영업범위

항목 업종별	기술인력		자본금 (자산평가액)		영업범위
전문소방시설공사업	주인력	1명 이상	법인	1억 원 이상	특정소방대상물에 설치되는 기계분야 및 전기분야의 소방시설 공사·개설·이전 및 정비 * 주인력 : 소방기술사 또는 기계·전기 소방설비기사
	보조인력	2명 이상	개인	자산평가액 1억 원 이상	

56. 다음 위험물안전관리법령의 자체소방대 기준에 대한 설명으로 틀린 것은?

> 다량의 위험물을 저장·취급하는 제조소등으로서 대통령령이 정하는 제조소등이 있는 동일한 사업소에서 대통령령이 정하는 수량 이상의 위험물을 저장 또는 취급하는 경우 당해 사업소의 관계인은 대통령령이 정하는 바에 따라 당해 사업소에 자체소방대를 설치하여야 한다.

① "대통령령이 정하는 제조소등"은 제4류 위험물을 취급하는 제조소를 포함한다.
② "대통령령이 정하는 제조소등"은 제4류 위험물을 취급하는 일반취급소를 포함한다.
③ "대통령령이 정하는 수량 이상의 위험물"은 제4류 위험물의 최대수량의 합이 지정수량의 3천배 이상인 것을 포함한다.
④ "대통령령이 정하는 제조소등"은 보일러로 위험물을 소비하는 일반취급소를 포함한다.

해설 자체소방대를 두어야 하는 제조소 등
지정수량의 3,000배 이상의 제4류 위험물을 취급하는 제조소, 일반취급소

> 자체소방대를 두지 아니한 관계인 :
> 1년 이하의 징역 또는 1천만 원 이하의 벌금

정답 53. ① 54. ④ 55. ③ 56. ④

※ 자체소방대의 설치 제외 대상인 일반취급소
① 이동저장탱크 그 밖에 이와 유사한 것에 위험물을 주입하는 일반취급소
② 보일러, 버너 그 밖에 이와 유사한 장치로 위험물을 소비하는 일반취급소
③ 용기에 위험물을 옮겨 담는 일반취급소
④ 유압장치, 윤활유순환장치 그 밖에 이와 유사한 장치로 위험물을 취급하는 일반취급소
⑤ 「광산보안법」의 적용을 받는 일반취급소

57. 소방기본법령상 소방본부 종합상황실의 실장이 서면·팩스 또는 컴퓨터통신 등으로 소방청 종합상황실에 보고하여야 하는 화재의 기준이 아닌 것은?

① 이재민이 100인 이상 발생한 화재
② 재산피해액이 50억 원 이상 발생한 화재
③ 사망자가 3인 이상 발생하거나 사상자가 5인 이상 발생한 화재
④ 층수가 5층 이상이거나 병상이 30개 이상인 종합병원에서 발생한 화재

해설 119종합상황실의 실장의 업무 내용
※ 재난상황 발생시
신고접수 → 재난상황의 진파 및 보고 → 인력 및 장비의 동원을 요청하는 등의 사고수습 → 현장에 대한 지휘 및 피해현황의 파악 → 수습에 필요한 정보수집 및 제공 → 지원요청
① 보고 체계 : 소방서 → 소방본부 → 소방청
② 보고 할 상황
㉠ 사망자가 5인 이상 또는 사상자가 10인 이상 발생한 화재
㉡ 이재민이 100인 이상 발생한 화재
㉢ 재산피해액이 50억 원 이상 발생한 화재
㉣ 층수가 11층 이상인 건축물 등

58. 화재의 예방 및 안전관리에 관한 법령상 특수가연물의 수량 기준으로 옳은 것은?

① 면화류 : 200 [kg] 이상
② 가연성고체류 : 500 [kg] 이상
③ 나무껍질 및 대팻밥 : 300 [kg] 이상
④ 넝마 및 종이부스러기 : 400 [kg] 이상

해설 특수가연물

품명		수량
면화류		200 [kg] 이상
나무껍질 및 대팻밥		400 [kg] 이상
넝마 및 종이부스러기		1,000 [kg] 이상
사류(絲類)		1,000 [kg] 이상
볏짚류		1,000 [kg] 이상
가연성고체류		3,000 [kg] 이상
석탄·목탄류		10,000 [kg] 이상
가연성액체류		2 [m³] 이상
목재가공품 및 나무부스러기		10 [m³] 이상
고무류 플라스틱류	발포시킨 것	20 [m³] 이상
	그 밖의 것	3,000 [kg] 이상

59. 위험물안전관리법령상 위험물을 취급함에 있어서 정전기가 발생할 우려가 있는 설비에 설치할 수 있는 정전기 제거설비 방법이 아닌 것은?

① 접지에 의한 방법
② 공기를 이온화하는 방법
③ 자동적으로 압력의 상승을 정지시키는 방법
④ 공기 중의 상대습도를 70[%] 이상으로 하는 방법

해설 정전기 제거설비
① 접지에 의한 방법
② 공기 중의 상대습도를 70[%] 이상으로 하는 방법
③ 공기를 이온화하는 방법

60. 소방기본법령상 소방활동장비와 설비의 구입 및 설치 시 국고보조의 대상이 아닌 것은?

① 소방자동차
② 사무용 집기
③ 소방헬리콥터 및 소방정
④ 소방전용통신설비 및 전산설비

해설 소방장비 등에 대한 국고보조
1) 국가는 소방장비의 구입 등 시·도의 소방업무에 필요한 경비의 일부를 보조한다.

 57. ③ 58. ① 59. ③ 60. ②

2) 보조 대상사업의 범위 (대통령령으로 정함)
① 소방활동장비와 설비의 구입 및 설치
㉠ 소방자동차
㉡ 소방헬리콥터 및 소방정
㉢ 소방전용통신설비 및 전산설비
㉣ 방화복 등 소방활동에 필요한 소방장비
② 소방관서용 청사의 건축

■■■ 제4과목 소방기계시설의 구조 및 원리

61. 특별피난계단의 계단실 및 부속실 제연설비의 화재안전기술기준상 수직풍도에 따른 배출기준 중 각층의 옥내와 면하는 수직풍도의 관통부에 설치하여야 하는 배출댐퍼 설치기준으로 틀린 것은?

① 화재층의 옥내에 설치된 화재감지기의 동작에 따라 당해층의 댐퍼가 개방될 것
② 풍도의 배출댐퍼는 이·탈착구조가 되지 않도록 설치할 것
③ 개폐여부를 당해 장치 및 제어반에서 확인할 수 있는 감지기능을 내장하고 있을 것
④ 배출댐퍼는 두께 1.5 [mm] 이상의 강판 또는 이와 동등 이상의 성능이 있는 것으로 설치하여야 하며 비 내식성 재료의 경우에는 부식방지 조치를 할 것

해설 배출댐퍼 설치
① 두께 1.5 [mm] 이상의 강판
② 평상시 닫힌 구조로 기밀상태를 유지할 것
③ 개폐여부를 당해 장치 및 제어반에서 확인할 수 있는 감지기능을 내장하고 있을 것
④ 구동부의 작동상태와 닫혀 있을 때의 기밀상태를 수시로 점검할 수 있는 구조일 것
⑤ 풍도의 내부마감상태에 대한 점검 및 댐퍼의 정비가 가능한 이·탈착구조로 할 것
⑥ 화재층에 설치된 화재감지기의 동작에 따라 당해층의 댐퍼가 개방될 것
⑦ 개방 시의 실제개구부(개구율을 감안한 것을 말한다)의 크기는 수직풍도의 최소 내부단면적 이상으로 할 것
⑧ 댐퍼는 풍도내의 공기흐름에 지장을 주지 않도록 수직풍도의 내부로 돌출하지 않게 설치할 것

62. 포소화설비의 화재안전기술기준에 따라 포소화설비 송수구의 설치 기준에 대한 설명으로 옳은 것은?

① 구경 65 [mm]의 쌍구형으로 할 것
② 지면으로부터 높이가 0.5 [m] 이상 1.5 [m] 이하의 위치에 설치할 것
③ 하나의 층의 바닥면적이 2000 [m²]를 넘을 때마다 1개 이상을 설치할 것
④ 송수구의 가까운 부분에 자동배수밸브(또는 직경 3 [mm]의 배수공) 및 안전밸브를 설치할 것

해설 포소화설비 송수구 설치기준
1. 송수구는 화재층으로부터 지면으로 떨어지는 유리창 등이 송수 및 그 밖의 소화작업에 지장을 주지 아니하는 장소에 설치할 것
2. 송수구로부터 포소화설비의 주배관에 이르는 연결배관에 개폐밸브를 설치한 때에는 그 개폐상태를 쉽게 확인 및 조작할 수 있는 옥외 또는 기계실 등의 장소에 설치할 것
3. 구경 65[mm]의 쌍구형으로 할 것
4. 송수구에는 그 가까운 곳의 보기 쉬운 곳에 송수압력범위를 표시한 표지를 할 것
5. 포소화설비의 송수구는 하나의 층의 바닥면적이 3,000[m²]를 넘을 때마다 1개 이상을 설치할 것(5개를 넘을 경우에는 5개로 한다)
6. 지면으로부터 높이가 0.5[m] 이상 1[m] 이하의 위치에 설치할 것
7. 송수구의 가까운 부분에 자동배수밸브(또는 직경 5[mm]의 배수공) 및 체크밸브를 설치할 것. 이 경우 자동배수밸브는 배관안의 물이 잘 빠질 수 있는 위치에 설치하되, 배수로 인하여 다른 물건 또는 장소에 피해를 주지 아니하여야 한다.
8. 송수구에는 이물질을 막기 위한 마개를 씌울 것

63. 스프링클러설비 본체내의 유수현상을 자동적으로 검지하여 신호 또는 경보를 발하는 장치는?

① 수압개폐장치   ② 물올림장치
③ 일제개방밸브장치   ④ 유수검지장치

정답   61. ②   62. ①   63. ④

[해설]
1. 유수검지장치
   습식유수검지장치(패들형을 포함), 건식유수검지장치, 준비작동식유수검지장치를 말하며 본체내의 유수현상을 자동적으로 검지하여 신호 또는 경보를 발하는 장치
2. 일제개방밸브
   개방형스프링클러헤드를 사용하는 일제살수식 스프링클러설비에 설치하는 밸브로서 화재발생시 자동 또는 수동식 기동장치에 따라 밸브가 열려지는 것

64. 옥내소화전설비의 화재안전기술기준에 따라 옥내소화전설비의 표시등 설치기준으로 옳은 것은?

① 가압송수장치의 기동을 표시하는 표시등은 옥내소화전함의 상부 또는 그 직근에 설치한다.
② 가압송수장치의 기동을 표시하는 표시등은 녹색등으로 한다.
③ 자체소방대를 구성하여 운영하는 경우 가압송수장치의 기동표시등을 반드시 설치해야 한다.
④ 옥내소화전설비의 위치를 표시하는 표시등은 함의 하부에 설치하되, 「표시등의 성능인증 및 제품검사의 기술기준」에 적합한 것으로 한다.

[해설] 표시등 설치기준
① 옥내소화전설비의 위치를 표시하는 표시등 – 함의 상부에 설치

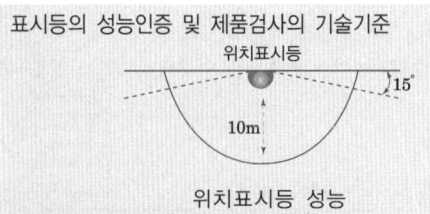

㉠ 불빛은 부착 면으로부터 15° 이상의 범위 안에서 부착지점으로부터 10[m] 이내의 어느 곳에서도 쉽게 식별할 수 있는 적색등
㉡ 사용전압의 130[%]인 전압을 24시간 유지 시 단선, 현저한 광속변화, 전류변화 등의 현상이 발생되지 아니할 것

② 가압송수장치의 기동을 표시하는 표시등
   옥내소화전함의 상부 또는 그 직근에 설치하되 적색등으로 할 것
   자체소방대(위험물안전관리법에 따른 자체소방대)를 구성하여 운영하는 경우 제외

65. 소화기구 및 자동소화장치의 화재안전기술기준상 건축물의 주요구조부가 내화구조이고, 벽 및 반자의 실내에 면하는 부분이 불연재료로 된 바닥면적이 600[m²]인 노유자시설에 필요한 소화기구의 능력단위는 최소 얼마 이상으로 하여야 하는가?

① 2단위   ② 3단위
③ 4단위   ④ 6단위

[해설]

특정소방대상물	소화기구의 능력단위 1단위의 바닥면적[m²]
• 위락시설	30[m²]
• 공연장·관람장·장례식장·집회장·의료시설·문화재 암기+ 공(연장)관(람장) 집의 문	50[m²]
• 관광휴게시설·창고시설·판매시설·노유자시설·숙박시설·근린생활시설·항공기 및 자동차 관련 시설·공동주택·공장·업무시설·운수시설·전시장·방송통신시설 암기+ 관(광휴게시설)창 판 노숙 근항 – 공(동주택)공(장)업 운전 방	100[m²]
• 그 밖의 특정소방대상물	200[m²]

※ 주요구조부가 내화구조이며 벽 및 반자의 실내 재료가 불연재료·준불연재료 또는 난연재료인 경우 1단위의 바닥면적은 두배로 함

[풀이]
600[m²] ÷ 200[m²/단위] = 3단위

기출문제

2021. 4회 소방설비기사

66. 분말소화설비의 화재안전기술기준에 따라 분말소화설비의 자동식 기동장치의 설치기준으로 틀린 것은? (단, 자동식 기동장치는 자동화재탐지설비의 감지기의 작동과 연동하는 것이다.)

① 기동용 가스용기의 충전비는 1.5 이상으로 할 것
② 자동식 기동장치에는 수동으로도 기동할 수 있는 구조로 할 것
③ 전기식 기동장치로서 3병 이상의 저장용기를 동시에 개방하는 설비는 2병 이상의 저장용기에 전자개방밸브를 부착할 것
④ 기동용 가스용기에는 내압시험압력의 0.8배 내지 내압시험압력 이하에서 작동하는 안전 장치를 설치할 것

해설 분말소화설비 자동식 기동장치
1. 자동식 기동장치에는 수동으로도 기동할 수 있는 구조로 할 것
2. 전기식 기동장치로서 7병 이상의 저장용기를 동시에 개방하는 설비는 2병 이상의 저장용기에 전자개방밸브를 부착할 것
3. 가스압력식 기동장치는 다음 각 목의 기준에 따를 것
   가. 기동용 가스용기 및 해당 용기에 사용하는 밸브는 25[MPa] 이상의 압력에 견딜 수 있는 것으로 할 것
   나. 기동용가스용기에는 내압시험압력의 0.8배 내지 내압시험압력 이하에서 작동하는 안전장치를 설치할 것
   다. 기동용 가스용기의 용적은 1[ℓ] 이상으로 하고, 해당 용기에 저장하는 이산화탄소의 양은 0.6[kg] 이상으로 하며, 충전비는 1.5 이상으로 할 것

※ 가압용가스용기
① 분말소화약제의 가스용기는 분말소화약제의 저장용기에 접속하여 설치하여야 한다.
② 분말소화약제의 가압용가스 용기를 3병 이상 설치한 경우에는 2개 이상의 용기에 전자개방밸브를 부착하여야 한다.

67. 상수도소화용수설비의 화재안전기술기준에 따른 설치기준 중 다음 ( )안에 알맞은 것은?

> 호칭지름 (㉠)[mm] 이상의 수도배관에 호칭지름 (㉡)[mm] 이상의 소화전을 접속하여야 하며, 소화전은 특정소방대상물의 수평투영면의 각 부분으로부터 (㉢)[m] 이하가 되도록 설치할 것

① ㉠ 65, ㉡ 80, ㉢ 120
② ㉠ 65, ㉡ 100, ㉢ 140
③ ㉠ 75, ㉡ 80, ㉢ 120
④ ㉠ 75, ㉡ 100, ㉢ 140

해설 설치기준
1. 호칭지름 75[mm] 이상의 수도배관에 호칭지름 100[mm] 이상의 소화전을 접속
   • 호칭지름 : 일반적으로 표기하는 배관의 직경

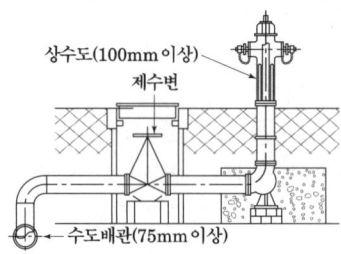

상수도소화용수설비

2. 소화전은 특정소방대상물의 수평투영면의 각 부분으로부터 140[m] 이하가 되도록 설치
   • 수평투영면 : 건축물을 수평으로 투영하였을 경우의 면

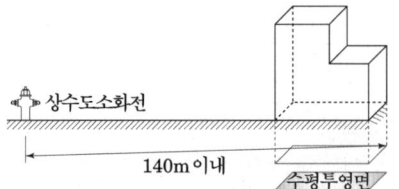

정답 66. ③   67. ④

68. 스프링클러설비의 화재안전기술기준에 따라 스프링클러헤드를 설치하지 않을 수 있는 장소로만 나열된 것은?

① 계단실, 병실, 목욕실, 냉동창고의 냉동실, 아파트(대피공간 제외)
② 발전실, 병원의 수술실·응급처치실, 통신기기실, 관람석이 없는 실내 테니스장(실내 바닥·벽 등이 불연재료)
③ 냉동창고의 냉동실, 변전실, 병실, 목욕실, 수영장 관람석
④ 병원의 수술실, 관람석이 없는 실내 테니스장(실내 바닥·벽 등이 불연재료), 변전실, 발전실, 아파트(대피공간 제외)

해설 헤드 설치 제외장소
① 계단실(특별피난계단의 부속실을 포함)·경사로·승강기의 승강로·비상용승강기의 승강장·파이프덕트 및 덕트피트·목욕실·수영장(관람석부분을 제외 한다)·화장실·직접 외기에 개방되어 있는 복도·기타 이와 유사한 장소
② 통신기기실·전자기기실·기타 이와 유사한 장소
③ 발전실·변전실·변압기·기타 이와 유사한 전기설비가 설치되어 있는 장소
④ 병원의 수술실·응급처치실·기타 이와 유사한 장소
⑤ 냉장창고의 영하의 냉장실 또는 냉동창고의 냉동실
⑥ 고온의 노가 설치된 장소 또는 물과 격렬하게 반응하는 물품의 저장 또는 취급장소 등
⑦ 「건축법 시행령」제46조제4항에 따른 공동주택 중 아파트의 대피공간
⑧ 현관 또는 로비 등으로서 바닥으로부터 높이가 20m 이상인 장소
⑪ 실내에 설치된 테니스장·게이트볼장·정구장 또는 이와 비슷한 장소로서 실내 바닥·벽·천장이 불연재료 또는 준불연재료로 구성되어 있고 가연물이 존재하지 않는 장소로서 관람석이 없는 운동시설 (지하층은 제외)

69. 포소화설비의 화재안전기술기준에서 포소화설비에 소방용 합성수지배관을 설치할 수 있는 경우로 틀린 것은?

① 배관을 지하에 매설하는 경우
② 다른 부분과 내화구조로 구획된 덕트 또는 피트의 내부에 설치하는 경우
③ 동결방지조치를 하거나 동결의 우려가 없는 경우
④ 천정과 반자를 불연재료 또는 준불연재료로 설치하고 그 내부에 습식으로 배관을 설치하는 경우

해설 소방용 합성수지배관 설치 장소
1. 배관을 지하에 매설하는 경우
2. 다른 부분과 내화구조로 구획된 덕트 또는 피트의 내부에 설치하는 경우
3. 천장과 반자를 불연재료 또는 준불연 재료로 설치하고 그 내부에 습식으로 배관을 설치하는 경우

70. 다음 중 피난기구의 화재안전기술기준에 따라 피난기구를 설치하지 아니하여도 되는 소방대상물로 틀린 것은?

① 갓복도식 아파트
② 주요구조부가 내화구조로서 거실의 각 부분으로 직접 복도로 피난할 수 있는 학교(강의실 용도로 사용되는 층에 한함)
③ 무인공장 또는 자동창고로서 사람의 출입이 금지된 장소
④ 문화집회 및 운동시설·판매시설 및 영업시설 또는 노유자시설의 용도로 사용되는 층으로서 그 층의 바닥면적의 1000 [m²] 이상인 것

해설 피난기구 설치 제외
숙박시설(휴양콘도미니엄을 제외한다)에 설치되는 완강기 및 간이완강기는 제외
1. 다음 각 목의 기준에 적합한 층
① 주요구조부가 내화구조로 되어 있어야 할 것
② 실내의 면하는 부분의 마감이 불연재료·준불연재료 또는 난연재료로 되어 있고 방화구획이 적합할 것

③ 거실의 각 부분으로부터 직접 복도로 쉽게 통할 수 있어야 할 것
④ 복도에 2 이상의 특별피난계단 또는 피난계단이 설치되어 있을 것
⑤ 복도의 어느 부분에서도 2 이상의 방향으로 각각 다른 계단에 도달할 수 있어야 할 것

2. 옥상의 직하층 또는 최상층(관람집회 및 운동시설 또는 판매시설을 제외)
① 주요구조부가 내화구조로 되어 있어야 할 것
② 옥상의 면적이 1,500 [m²] 이상이어야 할 것
③ 옥상으로 쉽게 통할 수 있는 창 또는 출입구가 설치되어 있어야 할 것
④ 옥상이 소방사다리차가 쉽게 통행할 수 있는 도로(폭 6 [m] 이상의 것을 말한다.) 또는 공지 (공원 또는 광장 등을 말한다.)에 면하여 설치되어 있거나 옥상으로부터 피난층 또는 지상으로 통하는 2 이상의 피난계단 또는 특별피난계단이 건축법시행령 제35조의 규정에 적합하게 설치되어 있어야 할 것

3. 다음 기준에 적합한 층
① 주요구조부가 내화구조
② 지하층을 제외한 층수가 4층 이하
③ 소방사다리차가 쉽게 통행할 수 있는 도로 또는 공지에 면하는 부분에 유효한 개구부가 2이상 설치되어 있는 층(문화집회, 운동시설, 판매시설 및 영업시설 또는 노유자시설의 용도의 층 – 바닥면적이 1,000 [m²] 이상 시 제외)

4. 갓복도식 아파트 또는 경계벽(파괴하기 쉬운 경량구조) 등 구조 또는 시설을 설치하여 인접(수평 또는 수직)세대로 피난할 수 있는 아파트

5. 주요구조부가 내화구조로서 거실의 각 부분으로 직접 복도로 피난할 수 있는 학교(강의실 용도로 사용되는 층에 한한다)

6. 무인공장 또는 자동창고로서 사람의 출입이 금지된 장소(관리를 위하여 일시적으로 출입하는 장소를 포함한다)

7. 건축물의 옥상부분으로서 거실에 해당하지 아니하고 층수로 산정된 층으로 사람이 근무하거나 거주하지 아니하는 장소

71. 지하구의 화재안전기술기준에 따라 연소방지설비헤드의 설치기준으로 옳은 것은?
① 헤드간의 수평거리는 연소방지설비 전용헤드의 경우에는 1.5 [m] 이하로 할 것
② 헤드간의 수평거리는 스프링클러헤드의 경우에는 2 [m] 이하로 할 것
③ 천장 또는 벽면에 설치할 것
④ 한쪽 방향의 살수구역의 길이는 2 [m] 이상으로 할 것

해설 연소방지설비의 헤드 설치기준
① 천장 또는 벽면에 설치할 것
② 헤드간의 수평거리
㉠ 연소방지설비 전용헤드 : 2[m] 이하
㉡ 스프링클러헤드 : 1.5[m] 이하
③ 소방대원의 출입이 가능한 환기구·작업구마다 지하구의 양쪽방향으로 살수헤드를 설정하되, 한쪽 방향의 살수구역의 길이는 3[m] 이상으로 할 것. 다만, 환기구 사이의 간격이 700[m]를 초과할 경우에는 700[m] 이내마다 살수구역을 설정하되, 지하구의 구조를 고려하여 방화벽을 설치한 경우에는 그러하지 아니하다.

72. 소화기구 및 자동소화장치의 화재안전기술기준상 소화기구의 소화약제별 적응성 중 C급 화재에 적응성이 없는 소화약제는?
① 마른 모래
② 할로겐화합물 및 불활성기체 소화약제
③ 이산화탄소 소화약제
④ 중탄산염류 소화약제

정답 71. ③ 72. ①

해설 소화약제의 적응성

소화약제 구분	가스			분말		기타			
적응대상	이산화탄소소화약제	할론, 할로겐화합물 및 불활성기체 소화약제		인산염류소화약제	중탄산염류소화약제	고체에어로졸화합물	마른모래	팽창질석·팽창진주암	그 밖의 것
일반화재 (A급 화재)	×	○		○	×	○	○	○	×
유류화재 (B급 화재)	○	○		○	○	○	○	○	×
전기화재 (C급 화재)	○	○		○	○	○	×	×	×

* : 화재 종류별 적응성에 적합한 것으로 인정되는 경우에 한한다.

73. 이산화탄소소화설비 및 할론소화설비의 국소방출방식에 대한 설명으로 옳은 것은?

① 고정식 소화약제 공급장치에 배관 및 분사헤드를 설치하여 직접 화점에 소화약제를 방출하는 방식이다.
② 고정된 분사헤드에서 밀폐 방호구역 공간 전체로 소화약제를 방출하는 방식이다.
③ 호스 선단에 부착된 노즐을 이동하여 방호대상물에 직접 소화약제를 방출하는 방식이다.
④ 소화약제 용기 노즐 등을 운반기구에 적재하고 방호대상물에 직접 소화약제를 방출하는 방식이다.

해설 국소방출방식
고정식 이산화탄소 공급장치에 배관 및 분사헤드를 설치하여 직접 화점에 이산화탄소를 방출하는 설비로 화재발생부분에만 집중적으로 소화약제를 방출하도록 설치하는 방식

74. 특고압 전기시설을 보호하기 위한 소화설비로 물분무소화설비를 사용한다. 그 주된 이유로 옳은 것은?

① 물분무 설비는 다른 물 소화설비에 비해서 신속한 소화를 보여주기 때문이다.
② 물분무 설비는 다른 물 소화설비에 비해서 물의 소모량이 적기 때문이다.
③ 분무상태의 물은 전기적으로 비전도성이기 때문이다.
④ 물분무입자 역시 물이므로 전기전도성이 있으나 전기 시설물을 젖게 하지 않기 때문이다.

해설 물분무소화설비의 소화효과 및 적응성
① 소량의 물을 사용함으로써 물의 사용량 및 방사량을 줄일 수 있고 소화용수를 안개처럼 분무하여 수증기에 가까운 물입자가 가연물을 냉각, 질식, 희석, 유화의 방법으로 소화하며 운동에너지는 크나 파괴주수 효과가 작다.
② 분무상태의 물은 전기적으로 비전도성으로 전기화재에 적응성이 있다.
③ 사용금지 대상물
알칼리금속과산화물, 철분·금속분·마그네슘, 금수성 물품 등

75. 물분무소화설비의 화재안전기술기준에 따라 물분무소화설비를 설치하는 차고 또는 주차장의 배수설비 설치기준으로 틀린 것은?

① 차량이 주차하는 바닥은 배수구를 향해 1/100 이상의 기울기를 유지할 것
② 배수구에서 새어나온 기름을 모아 소화할 수 있도록 길이 40 [m] 이하마다 집수관·소화핏트 등 기름분리장치를 설치할 것
③ 차량이 주차하는 장소의 적당한 곳에 높이 10 [cm] 이상의 경계턱으로 배수구를 설치할 것
④ 배수설비는 가압송수장치의 최대송수능력의 수량을 유효하게 배수할 수 있는 크기 및 기울기로 할 것

73. ①   74. ③   75. ①

[해설] 차고 또는 주차장의 배수설비 설치기준
① 높이 10 [cm] 이상의 경계턱으로 배수구를 설치할 것
② 차량이 주차하는 바닥은 배수구를 향하여 100분의 2 이상의 기울기를 유지
③ 길이 40 [m] 이하마다 집수관·소화핏트 등 기름분리장치를 설치하여 배수구에는 새어나온 기름을 모아 소화할 수 있도록 할 것
④ 배수설비는 가압송수장치의 최대송수능력의 수량을 유효하게 배수할 수 있는 크기 및 기울기로 할 것

76. 연결송수관설비의 화재안전기술기준에 따라 송수구가 부설된 옥내소화전을 설치한 특정 소방대상물로서 연결송수관설비의 방수구를 설치하지 아니할 수 있는 층의 기준 중 다음 (   ) 안에 알맞은 것은? (단, 집회장·관람장·백화점·도매시장·소매시장·판매시설·공장·창고시설 또는 지하가를 제외한다.)

- 지하층을 제외한 층수가 (㉠)층 이하이고 연면적이 (㉡) [m²] 미만인 특정 소방대상물의 지상층
- 지하층의 층수가 (㉢) 이하인 특정소방대상물의 지하층

① ㉠ 3, ㉡ 5000, ㉢ 3
② ㉠ 4, ㉡ 6000, ㉢ 2
③ ㉠ 5, ㉡ 3000, ㉢ 3
④ ㉠ 6, ㉡ 4000, ㉢ 2

[해설] 방수구 설치 제외 층
(1) 아파트의 1층 및 2층
(2) 소방차의 접근이 가능하고 소방대원이 소방차로부터 각 부분에 쉽게 도달할 수 있는 피난층
(3) 송수구가 부설된 옥내소화전을 설치한 특정소방대상물로서 다음의 어느 하나에 해당하는 층
(집회장·관람장·백화점·도매시장·소매시장·판매시설·공장·창고시설 또는 지하가를 제외한다)
① 지하층을 제외한 층수가 4층 이하이고 연면적이 6,000 [m²] 미만인 특정소방대상물의 지상층
② 지하층의 층수가 2 이하인 특정소방대상물의 지하층

77. 스프링클러설비의 화재안전기술기준에 따라 폐쇄형 스프링클러헤드를 최고 주위온도 40[℃]인 장소(공장 및 창고 제외)에 설치할 경우 표시온도는 몇 [℃]의 것을 설치하여야 하는가?

① 79[℃] 미만
② 79[℃] 이상 121[℃] 미만
③ 121[℃] 이상 162[℃] 미만
④ 162[℃] 이상

[해설] 헤드 - 설치장소 최고주위온도에 따른 표시온도

설치장소의 최고주위온도	헤드의 표시온도	비고
39[℃] 미만	79[℃] 미만	일반적인 장소
39[℃] 이상 64[℃] 미만	79[℃] 이상 121[℃] 미만	주방, 보일러실 등
64[℃] 이상 106[℃] 미만	121[℃] 이상 162[℃] 미만	-
106[℃] 이상	162[℃] 이상	-

78. 할론소화설비의 화재안전기술기준상 할론 1211을 국소방출방식으로 방사할 때 분사헤드의 방사압력 기준은 몇 [MPa] 이상인가?

① 0.1   ② 0.2
③ 0.9   ④ 1.05

[해설] 할론소화설비 헤드의 방사 압력

구 분	할론소화설비		
	2402	1211	1301
헤드방사압력	0.1 [MPa] 이상	0.2 [MPa] 이상	0.9 [MPa] 이상
헤드 방사시간	10초 이내		

정답 76. ② 77. ② 78. ②

79. 물분무소화설비의 화재안전기술기준상 물분무헤드를 설치하지 아니할 수 있는 장소의 기준 중 다음 ( ) 안에 알맞은 것은?

> 운전시 표면의 온도가 ( )[℃] 이상으로 되는 등 직접 분무를 하는 경우 그 부분에 손상을 입힐 우려가 있는 기계장치 등이 있는 장소

① 160　　② 200
③ 260　　④ 300

[해설] 물분무헤드의 설치제외
① 물에 심하게 반응하는 물질 또는 물과 반응하여 위험한 물질을 생성하는 물질을 저장 또는 취급하는 장소
② 고온의 물질 및 증류범위가 넓어 끓어 넘치는 위험이 있는 물질을 저장·취급하는 장소
③ 운전시에 표면의 온도가 260[℃] 이상으로 되는 등 직접 분무를 하는 경우 그 부분에 손상을 입힐 우려가 있는 기계장치 등이 있는 장소

80. 인명구조기구의 화재안전기술기준에 따라 특정소방대상물 용도 및 장소별로 설치해야 할 인명구조기구의 기준으로 틀린 것은?

① 지하가 중 지하상가는 인공소생기를 층마다 2개 이상 비치할 것
② 판매시설 중 대규모 점포는 공기호흡기를 층마다 2개 이상 비치할 것
③ 지하층을 포함하는 층수가 7층 이상인 관광호텔은 방열복(또는 방화복), 공기호흡기, 인공소생기를 각 2개 이상 비치할 것
④ 물분무등소화설비 중 이산화탄소 소화설비를 설치해야 하는 특정소방대상물은 공기호흡기를 이산화탄소소화설비가 설치된 장소의 출입구 외부 인근에 1대 이상 비치할 것

[해설] 특정소방대상물의 용도 및 장소별로 설치하여야 할 인명구조기구

특정소방대상물	인명구조기구의 종류	설치 수량
• 지하층을 포함하는 층수가 7층 이상인 관광호텔 및 지하층 포함하는 층수가 5층 이상인 병원	방열복 또는 방화복 인공소생기 공기호흡기	각 2개 이상 비치할 것. 다만, 병원의 경우에는 인공소생기를 설치하지 않을 수 있다.
• 문화 및 집회시설 중 수용인원 100명 이상의 영화상영관 • 판매시설 중 대규모 점포 • 운수시설 중 지하역사 • 지하가 중 지하상가	공기호흡기	층마다 2개 이상 비치할 것. 다만, 각 층마다 갖추어 두어야 할 공기호흡기 중 일부를 직원이 상주하는 인근 사무실에 갖추어 둘 수 있다.
• 물분무등소화설비 중 이산화탄소소화설비를 설치하여야 하는 특정소방대상물	공기호흡기	이산화탄소소화설비가 설치된 장소의 출입구 외부 인근에 1대 이상 비치할 것

기출문제(2020.1회)

■■■ 제1과목 소방원론

1. 실내 화재 시 발생한 연기로 인한 감광계수[m⁻¹]와 가시거리에 대한 설명 중 틀린 것은?

① 감광계수가 0.1일 때 가시거리는 20~30[m] 이다.
② 감광계수가 0.3일 때 가시거리는 15~20[m] 이다.
③ 감광계수가 1.0일 때 가시거리는 1~2[m] 이다.
④ 감광계수가 10일 때 가시거리는 0.2~0.5[m] 이다.

해설 감광계수 및 가시거리

감광계수 [m⁻¹]	가시거리 [m]	상 황
0.1	20~30	연기감지기가 작동할 때 농도
0.3	5	건물 내부에 익숙한 사람이 피난에 지장을 느낄 정도의 농도
0.5	3	어두운 것을 느낄 정도의 농도
1	1~2	거의 앞이 보이지 않을 정도의 농도
10	0.2~0.5	화재 최성기 때의 농도
30	-	출화실에서 연기가 분출할 때의 농도

2. 종이, 나무, 섬유류 등에 의한 화재에 해당하는 것은?

① A급 화재   ② B급 화재
③ C급 화재   ④ D급 화재

해설 화재의 종류

A급	B급	C급	D급	K급
일반화재	유류화재	전기화재 (통전중)	금속화재	주방식용 유화재
백색	황색	청색	무색	-

※ 일반화재 : 종이, 나무, 섬유류 등에 의한 화재

3. 다음 중 소화에 필요한 이산화탄소 소화약제의 최소 설계농도 값이 가장 높은 물질은?

① 메탄   ② 에틸렌
③ 천연가스   ④ 아세틸렌

해설 가연성 액체 또는 가연성 가스의 소화에 필요한 설계농도

방호대상물	설계농도 [%]
수소(Hydrogen)	75
아세틸렌(Acetylene)	66
일산화탄소(Carbon Monoxide)	64
산화에틸렌(Ethylene Oxide)	53
에틸렌(Ethylene)	49
에탄(Ethane)	40
석탄가스, 천연가스(Coal, Natural gas)	37
사이크로 프로판(Cyclo Propane)	37
이소부탄(Iso Butane)	36
프로판(Propane)	36
부탄(Butane)	34
메탄(Methane)	34

4. 가연물이 연소가 잘 되기 위한 구비조건으로 틀린 것은?

① 열전도율이 클 것
② 산소와 화학적으로 친화력이 클 것
③ 표면적이 클 것
④ 활성화 에너지가 작을 것

해설 가연물의 구비조건
① 활성화에너지가 작을 것 : 활성화되는 에너지가 적어야 원인계에서 빨리 활성화되서 발열 하게 된다.

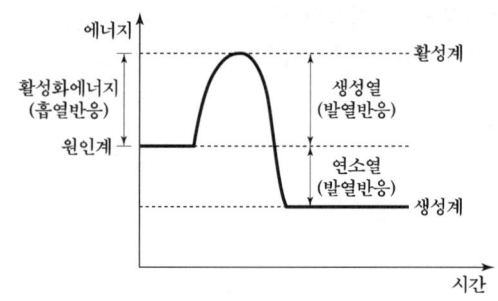

정답 1. ② 2. ① 3. ④ 4. ①

• 원인계에서 활성계로 되기 위해 물질은 흡열을 하고 활성화되며 이에 필요한 에너지를 「활성화에너지」라고 함

② 열전도율이 적을 것 : 열전달이 적어야 열 축적이 쉽다.
③ 표면적이 넓을 것 : 표면적이 넓어야 산소와 접촉하는 면적이 넓다.
④ 산소와 친화력이 클 것
⑤ 발열량이 클 것

5. 다음 중 상온 상압에서 액체인 것은?

① 탄산가스　　② 할론 1301
③ 할론 2402　　④ 할론 1211

해설 할론소화약제

구분	할론 1301	할론 1211	할론 2402
분자식	CF_3Br (분자량 : 148.9)	CF_2ClBr (분자량 : 165.4)	$C_2F_4Br_2$ (분자량 : 259.9)
비점	-57.8℃	-3.4℃	47.5℃ (상온에서 액체)
명명법	브로모 트리 플루오르 메탄	브로모 클로로 디 플루오르 메탄	디 브로모 테트라 플루오르 에탄

6. $NH_4H_2PO_4$를 주성분으로 한 분말소화약제는 제 몇 종 분말소화약제인가?

① 제1종　　② 제2종
③ 제3종　　④ 제4종

해설 분말소화약제의 명칭 등

구분	제1종	제2종	제3종	제4종
명칭	탄산수소 나트륨	탄산수소 칼륨	인산암모늄	탄산수소칼륨 + 요소
분자식	$NaHCO_3$	$KHCO_3$	$NH_4H_2PO_4$	$KHCO_3$ + $(NH_2)_2CO$
색상	백색	자색(보라색)	담홍색	회백색

7. 제거소화의 예에 해당하지 않는 것은?

① 밀폐 공간에서의 화재 시 공기를 제거한다.
② 가연성가스 화재 시 가스의 밸브를 닫는다.
③ 산림화재 시 확산을 막기 위하여 산림의 일부를 벌목한다.
④ 유류탱크 화재 시 연소되지 않은 기름을 다른 탱크로 이동시킨다.

해설 제거소화

내용	제어 방법
가연물이 연소하기 전에 가연물을 제거하여 소화	산불화재 벌목, 가스화재의 가스차단, 촛불의 화염·제거

8. 위험물안전관리법령상 제2석유류에 해당하는 것으로만 나열된 것은?

① 아세톤, 벤젠
② 중유, 아닐린
③ 에테르, 이황화탄소
④ 아세트산, 아크릴산

해설 제4류 위험물의 종류
• 특수인화물류 - 에테르, 이황화탄소
• 제1석유류 - 아세톤, 벤젠
• 제2석유류 - 아세트산, 아크릴산
• 제3석유류 - 중유, 아닐린

구분	품명
특수 인화 물류	디에틸에테르 $C_2H_5OC_2H_5$ 아세트알데히드 CH_3CHO 산화프로필렌 CH_3CH_2CHO 이황화탄소 CS_2
제1 석유류	휘발유, 벤젠 C_6H_6, 톨루엔 $C_6H_5CH_3$, 시안화수소 HCN, 콜로디온 $C_{12}H_{16}N_4O_{18}$, 피리딘 C_5H_5N, 아세톤(DMK) CH_3COCH_3, 메틸에틸케톤 (MEK) $CH_3COC_2H_5$, 의산에스테르류 $HCOOR$, 초산에스테르류 CH_3COOR ※ R : 알킬기

정답　5. ③　6. ③　7. ①　8. ④

기출문제

2020. 1회 소방설비기사

알코올류	메틸알코올 CH_3OH, 에틸알코올 C_2H_5OH, 프로필알코올 C_3H_7OH, 변성알코올
제2석유류	경유(디젤유), 등유(케로신), 크실렌 $C_6H_4(CH_3)_2$, 송근유, 송정유(테레핀유), 장뇌유, 히드라진 N_2H_4, 의산(포름산) $HCOOH$, 초산(아세트산) CH_3COOH, 클로로벤젠 C_6H_5Cl, 에틸벤젠 $C_6H_5C_2H_5$, 스틸렌 $C_6H_5C_2H_3$, 아크릴산, 메틸셀로솔브, 에틸셀로솔브
제3석유류	중유, 타르유(클레오소트유), 니트로벤젠 $C_6H_5NO_2$, 아닐린 $C_6H_5NH_2$, 에틸렌글리콜(2가알코올) $C_2H_4(OH)_2$, 글리세린(3가알코올) $C_3H_5(OH)_3$
제4석유류	기어유, 실린더유
동·식물유류	동물의 지육 등 또는 식물의 종자나 과육으로부터 추출한 것

※ 파란색은 수용성

9. 산소의 농도를 낮추어 소화하는 방법은?

① 냉각소화　　② 질식소화
③ 제거소화　　④ 억제소화

해설 질식소화

내용	제어 방법
산소의 농도를 21[%]에서 15[%] 이하로 감소 시켜 소화	이산화탄소소화설비 불활성기체소화설비

10. 유류탱크 화재 시 기름 표면에 물을 살수하면 기름이 탱크 밖으로 비산하여 화재가 확대되는 현상은?

① 슬롭 오버(Slop over)
② 플래시 오버(Flash over)
③ 프로스 오버(Froth over)
④ 블레비(BLEVE)

해설

구분	Mechanism
Boil Over 보일오버	① 다비점의 중질유 저장탱크 화재 발생 ② 저비점 물질은 유류 표면층에서 증발, 연소 ③ 고비점 물질은 화염의 온도에 의해 가열, 축적되어 200~300[℃]의 열류층 형성 ④ 열류층이 하부의 수층에 열전달 ⑤ 물이 비등하며 탱크 내 기름을 분출시킴
Slop Over 슬롭오버	① 다비점의 중질유 저장탱크 화재로 열류층 형성 ② 고온층 표면에 주수소화 ③ 열류층 교란 ④ 불이 붙은 기름이 끓어 넘침
Froth Over 프로스오버	화재가 아닌 경우로서 고점도 유류 아래서 물이 비등할 때 탱크 밖으로 물과 기름이 거품형태로 넘치는 현상

11. 물질의 화재 위험성에 대한 설명으로 틀린 것은?

① 인화점 및 착화점이 낮을수록 위험
② 착화에너지가 작을수록 위험
③ 비점 및 융점이 높을수록 위험
④ 연소범위가 넓을수록 위험

해설 물질의 특성과 화재 위험의 관계

구분	위험성	구분	위험성
온도, 압력	높을수록 위험	연소범위	넓을수록 위험
인화점, 착화점, 융점, 비점	낮을수록 위험	연소속도, 증기압, 연소열	클수록 위험

12. 인화알루미늄의 화재 시 주수소화하면 발생하는 물질은?

① 수소
② 메탄
③ 포스핀
④ 아세틸렌

정답　9. ②　10. ①　11. ③　12. ③

[해설] 인화알루미늄 AlP
물과 반응하여 포스핀 생성
- $AlP + 3H_2O \rightarrow Al(OH)_3 + PH_3 \uparrow$

13. 이산화탄소의 증기비중은 약 얼마인가? (단, 공기의 분자량은 29이다.)

① 0.81　　　　② 1.52
③ 2.02　　　　④ 2.51

[해설]

$$증기비중 = \frac{분자량}{29}$$

29 : 공기의 평균 분자량

종류	이산화탄소	Halon 1301	Halon 104	Halon 1211	Halon 2402
분자식	CO_2	CF_3Br	CCl_4	CF_2ClBr	$C_2F_4Br_2$
분자량	44	149	153.6	165.4	260
증기비중	$\frac{44}{29}$ ≒ 1.52	$\frac{149}{29}$ = 5.13	$\frac{153.6}{29}$ = 5.29	$\frac{165.4}{29}$ = 5.70	$\frac{260}{29}$ = 8.96

14. 다음 물질의 저장창고에서 화재가 발생하였을 때 주수소화를 할 수 없는 물질은?

① 부틸리튬　　　② 질산에틸
③ 니트로셀룰로오스　④ 적린

[해설] 알킬리튬과 물과의 반응

종류	생성물질	반응식
메틸리튬	메탄	$CH_3Li + H_2O \rightarrow LiOH + CH_4$
에틸리튬	에탄	$C_2H_5Li + H_2O \rightarrow LiOH + C_2H_6$
프로필리튬	프로판	$C_3H_7Li + H_2O \rightarrow LiOH + C_3H_8$
부틸리튬	부탄	$C_4H_9Li + H_2O \rightarrow LiOH + C_4H_{10}$

15. 이산화탄소에 대한 설명으로 틀린 것은?

① 임계온도는 97.5[℃]이다.
② 고체의 형태로 존재할 수 있다.
③ 불연성가스로 공기보다 무겁다.
④ 드라이아이스와 분자식이 동일하다.

[해설] 이산화탄소(CO_2) 물리·화학적 특성
① 상온 상압 무색 무취의 기체로서 비전도성의 불연성가스
② 자체 증기압이 커 별도의 가압원이 필요 없다.

분자식	CO_2
분자량	44
비중	1.517
임계온도	31.1℃
3중점	5.11 kg/cm², -56.4℃

* 3중점 : 기체·액체·고체가 함께 공존하는 점
* 임계온도 : 그 온도 이상에서 아무리 큰 압력을 가해도 액화되지 않는 온도

16. 다음 물질 중 연소하였을 때 시안화수소를 가장 많이 발생시키는 물질은?

① Polyethylene　　② Polyurethane
③ Polyvinyl chloride　④ Polystyrene

[해설] 연소시 시안화수소(HCN)가 발생되려면 물질에 질소가 포함되어 있어야 한다.

1. Polyurethane (폴리우레탄)
   우레탄 결합(-OOCNH-)에 의해 단량체가 연결된 중합체
2. Polyethylene (폴리에틸렌)
   폴리에틸렌은 화학식 C_2H_4의 에틸렌(또는 에텐)이라고 불리는 단량체(모노머)의 중합으로 만들어진 폴리머(고분자) 물질
3. Polyvinyl chloride (폴리염화비닐)
   염화비닐 CH2=CHCl을 중합하여 얻어지는 비정성(非晶性)의 고분자
4. Polystyrene (폴리스틸렌)
   스티렌 CHCH=CH가 2개 이상 결합한 중합체

기출문제

2020. 1회 소방설비기사

17. 0[℃], 1기압에서 44.8[m³]의 용적을 가진 이산화탄소를 액화하여 얻을 수 있는 액화탄산 가스의 무게는 약 몇 [kg]인가?

① 88　　② 44
③ 22　　④ 11

[해설] 44.8 [m³]은 표준상태에서 2몰이고 이산화탄소가스의 1몰의 분자량은 44 [kg]이므로 2몰은 88 [kg]이다.

$$몰[mol] = \frac{질량[g]}{분자량[g/mol]} = \frac{기체부피[\ell]}{22.4[\ell/mol]}$$

18. 밀폐된 내화건물의 실내에 화재가 발생했을 때 그 실내의 환경변화에 대한 설명 중 틀린 것은?

① 기압이 급강하한다.
② 산소가 감소된다.
③ 일산화탄소가 증가한다.
④ 이산화탄소가 증가한다.

[해설] 화재 시 열의 발생 및 축적으로 온도가 상승되며 압력이 증가한다.

19. 다음 중 연소범위를 근거로 계산한 위험도 값이 가장 큰 물질은?

① 이황화탄소　　② 메탄
③ 수소　　　　④ 일산화탄소

[해설] 위험도(Hazard)

$$H = \frac{UFL - LFL}{LFL}$$

연소상한값이 클수록 위험하며 연소범위가 넓을수록 연소하한값이 낮을수록 위험하다.

가스명	위험도	가스명	위험도	가스명	위험도
이황화탄소	35.67	에틸렌	12.33	메탄	2
아세틸렌	31.4	황화수소	10	에탄	3.13
에테르	24.3	일산화탄소	4.92	프로판	3.52
수소	17.75	암모니아	0.86	부탄	3.67

20. 화재 시 나타나는 인간의 피난특성으로 볼 수 없는 것은?

① 어두운 곳으로 대피한다.
② 최초로 행동한 사람을 따른다.
③ 발화지점의 반대방향으로 이동한다.
④ 평소에 사용하던 문, 통로를 사용한다.

[해설] 인간의 피난행동 특성 (본능)

좌회 본능	오른손잡이는 왼쪽으로 회전하려고 함
귀소 본능	왔던 곳 또는 상시 사용하는 곳으로 돌아가려 함
지광 본능	밝은 곳으로 향함
퇴피 본능	위험을 확인하고 위험으로부터 멀어지려 함
추종 본능	위험 상황에서 한 리더를 추종하려 함

■■■ 제2과목 소방유체역학

21. 240[mmHg]의 절대압력은 계기압력으로 약 몇 [kPa]인가? (단, 대기압은 760[mmHg]이고, 수은의 비중은 13.6이다.)

① −32.0
② 32.0
③ −69.3
④ 69.3

[해설] 절대압력 = 게이지압력 + (국소)대기압에서
게이지압력 = 절대압력 − (국소)대기압
= 240 − 760 = −520[mmHg]
∴ $P = \gamma h = 13.6 \times 9.8 \times (-0.520) = -69.3$ [kPa]

정답　17. ①　18. ①　19. ①　20. ①　21. ③

280　소방설비기사[기계분야]

22. 다음 (ㄱ), (ㄴ)에 알맞은 것은?

> 파이프 속을 유체가 흐를 때 파이프 끝의 밸브를 갑자기 닫으면 유체의 (ㄱ)에너지가 압력으로 변환되면서 밸브 직전에서 높은 압력이 발생하고 상류로 압축파가 전달되는 (ㄴ) 현상이 발생한다.

① (ㄱ) 운동, (ㄴ) 서징
② (ㄱ) 운동, (ㄴ) 수격작용
③ (ㄱ) 위치, (ㄴ) 서징
④ (ㄱ) 위치, (ㄴ) 수격작용

해설 수격작용(water hammer)
배관계 내의 유체의 속도가 급격히 변화함에 따라 유체 압력이 상승 또는 강하하는 현상으로 비교적 긴 송수관으로 액체를 수송하고 있을 때 급격히 밸브를 닫거나 정전 등으로 펌프의 운전이 갑자기 멈춘 경우, 감속되는 분량의 운동에너지가 압력에너지로 변하여 관에 심한 충격을 주는 현상을 말한다.

23. 표준대기압 상태인 어떤 지방의 호수 밑 72.4[m]에 있던 공기의 기포가 수면으로 올라오면 기포의 부피는 최초 부피의 몇 배가 되는가? (단, 기포 내의 공기는 보일의 법칙을 따른다.)

① 2   ② 4
③ 7   ④ 8

해설 (1) Boyle의 법칙
$P_1 V_1 = P_2 V_2$ 에서
$V_2 = V_1 \dfrac{P_1}{P_2}$

여기서,
P_1 : 최초깊이 h[m]에서의 기포의 압력[kPa]
P_2 : 수면에서의 기포의 압력[kPa]
　　　(=101.3[kPa])

(2) 헤드(head)
$P_1 = P_2 + \gamma h = 101.3 + 9.8 \times 72.4 = 810.82$ [kPa]
$\therefore V_2 = V_1 \times \dfrac{810.82}{101.3} = 8 V_1$

24. 펌프의 일과 손실을 고려할 때 베르누이 수정 방정식을 바르게 나타낸 것은? (단, H_P와 H_L은 펌프의 수두와 손실 수두를 나타내며, 하첨자 1, 2는 각각 펌프의 전후 위치를 나타낸다.)

① $\dfrac{v_1^2}{2g} + \dfrac{P_1}{\gamma} + z_1 = \dfrac{v_2^2}{2g} + \dfrac{P_2}{\gamma} + H_L$

② $\dfrac{v_1^2}{2g} + \dfrac{P_1}{\gamma} + z_1 + H_P = \dfrac{v_2^2}{2g} + \dfrac{P_2}{\gamma} + H_L$

③ $\dfrac{v_1^2}{2g} + \dfrac{P_1}{\gamma} + H_P = \dfrac{v_2^2}{2g} + \dfrac{P_2}{\gamma} + z_2 + H_L$

④ $\dfrac{v_1^2}{2g} + \dfrac{P_1}{\gamma} + z_1 + H_P = \dfrac{v_2^2}{2g} + \dfrac{P_2}{\gamma} + z_2 + H_L$

해설 베르누이 방정식
(1) 이상유체(비점성이며 비압축성인 유체)
$\dfrac{v_1^2}{2g} + \dfrac{P_1}{\gamma} + z_1 = \dfrac{v_2^2}{2g} + \dfrac{P_2}{\gamma} + z_2$

(2) 실제유체(수정방정식)
$\dfrac{v_1^2}{2g} + \dfrac{P_1}{\gamma} + z_1 + H_P = \dfrac{v_2^2}{2g} + \dfrac{P_2}{\gamma} + z_2 + H_L$

25. 지름 10[cm]의 호스에 출구 지름이 3[cm]인 노즐이 부착되어 있고, 1500[L/min]의 물이 대기 중으로 뿜어져 나온다. 이 때 4개의 플랜지 볼트를 사용하여 노즐을 호스에 부착하고 있다면 볼트 1개에 작용되는 힘의 크기[N]는? (단, 유동에서 마찰이 존재하지 않는다고 가정한다.)

① 58.3   ② 899.4
③ 1018.4   ④ 4098.2

해설 노즐에 작용하는 힘 F
$F = \dfrac{\rho A_1 Q^2}{2} \left(\dfrac{A_1 - A_2}{A_1 A_2} \right)^2$

여기서, ρ : 유체의 밀도[kg/m³]
　　　A_1, A_2 : 관 및 노즐의 단면적[m²]
　　　Q : 유량[m³/s]

정답 22. ② 23. ④ 24. ④ 25. ③

기출문제

2020. 1회 소방설비기사

- 호스의 단면적 $A_1 = \dfrac{\pi \times 0.1^2}{4} = 7.854 \times 10^{-3}$
- 노즐의 단면적 $A_2 = \dfrac{\pi \times 0.03^2}{4} = 7.069 \times 10^{-4}$

$$\therefore F = \dfrac{1000 \times 7.854 \times 10^{-3} \times \left(\dfrac{1500}{1000 \times 60}\right)^2}{2}$$

$$\times \left\{\dfrac{7.854 \times 10^{-3} - 7.069 \times 10^{-4}}{7.854 \times 10^{-3} \times 7.069 \times 10^{-4}}\right\}^2 \fallingdotseq 4067 \, [N]$$

따라서 '노즐' 1개당 '작용하는' 힘 = $\dfrac{4067}{4} \fallingdotseq 1017 \, [N]$

26. 다음 중 배관의 유량을 측정하는 계측 장치가 아닌 것은?

① 로터미터(rotameter)
② 유동노즐(flow nozzle)
③ 마노미터(manometer)
④ 오리피스(orifice)

[해설] 마노미터(manometer)
용기내의 압력을 측정하는 액주계이다.

27. 점성에 관한 설명으로 틀린 것은?

① 액체의 점성은 분자간 결합력에 관계된다.
② 기체의 점성은 분자간 운동량 교환에 관계된다.
③ 온도가 증가하면 기체의 점성은 감소된다.
④ 온도가 증가하면 액체의 점성은 감소된다.

[해설] 뉴턴의 점성법칙
유체(액체 및 기체) 입자 사이의 응집력(또는 분자 운동량의 교환) 때문에 외부의 힘에 대응하는 저항력이 입자 사이에서 발생하고, 응집력의 대소의 크기에 따라 저항력의 크기가 결정되며, 이를 점성이라 한다.
액체의 점성은 입자 사이의 결합력에 의해 정해지고, 기체의 점성은 기체 분자들 사이의 운동량 교환에 의해 결정된다. 액체의 점성은 온도가 상승하면 감소하고 기체의 점성은 온도가 상승하면 증가한다.

28. 펌프의 입구에서 진공계의 계기압력은 −160[mmHg], 출구에서 압력계의 계기압력은 300[kPa], 송출 유량은 10[m³/min]일 때 펌프의 수동력[kW]은? (단, 진공계와 압력계 사이의 수직거리는 2[m]이고, 흡입관과 송출관의 직경은 같으며, 손실은 무시한다.)

① 5.7 ② 56.8
③ 557 ④ 3400

[해설] 펌프의 수동력 L_W

(1) 펌프의 흡입측 압력수두
  • H_1 : 펌프의 '흡입압력수두'
  $10.33 \times \dfrac{-160}{760} = -2.17 \, [m]$

(2) 펌프 토출측 압력수두 H_2
  $H_2 = \dfrac{300}{9.8} + 2 \fallingdotseq 32.6 \, [m]$

(3) 전양정
  $H = H_2 - H_1 = 32.6 - (-2.17) = 34.77 \, [m]$

$\therefore$ 수동력 $L_W = \dfrac{\gamma Q H}{1000} = \dfrac{9800 \times \left(\dfrac{10}{60}\right) \times 34.77}{1000}$
$\fallingdotseq 56.8 \, [kW]$

29. 압력이 100[kPa]이고 온도가 20[℃]인 이산화탄소를 완전기체라고 가정할 때 밀도[kg/m³]는? (단, 이산화탄소의 기체상수는 188.95[J/kg·K]이다.)

① 1.1 ② 1.8
③ 2.56 ④ 3.8

[해설] $P = \rho RT$에서 $(PV = mRT)$
$\rho = \dfrac{P}{RT} = \dfrac{100 \times 10^3}{188.95 \times (273 + 20)} \fallingdotseq 1.8 \, [kg/m^3]$

30. −10℃, 6기압의 이산화탄소 10[kg]이 분사노즐에서 1기압까지 가역 단열팽창 하였다면 팽창 후의 온도는 몇 [℃]가 되겠는가? (단, 이산화탄소의 비열비는 1.289이다.)

① −85 ② −97
③ −105 ④ −115

정답 26. ③ 27. ③ 28. ② 29. ② 30. ②

해설 가역단열변화

$\frac{T_2}{T_1} = (\frac{P_2}{P_1})^{\frac{k-1}{k}}$ 에서

$T_2 = T_1 (\frac{P_2}{P_1})^{\frac{k-1}{k}} = (273-10) \times (\frac{1}{6})^{\frac{1.289-1}{1.289}} ≒ 176[K]$

$\therefore t_x = 176 - 273 = -97[℃]$

31. 비중이 0.850이고 동점성계수가 $3 \times 10^{-4}[m^2/s]$인 기름이 직경 10[cm]의 수평 원형 관 내에 20[L/s]으로 흐른다. 이 원형 관의 100[m] 길이에서의 수두손실[m]은? (단, 정상 비압축성 유동이다.)

① 16.6   ② 25.0
③ 49.8   ④ 82.2

해설 하겐-포아젤의 법칙(Hagen–Poiseuille's law)

$h_L = \frac{128\mu LQ}{\gamma\pi D^4} = \frac{128\mu LQ}{\rho g\pi D^4}$

동점성계수 $\nu = \frac{\mu}{\rho}$ 에서

점성계수 $\mu = \nu \cdot \rho = 3 \times 10^{-4} \times (0.85 \times 1000) = 0.255$

수두손실 $h_L = \frac{128 \times 0.255 \times 100 \times 0.02}{(0.85 \times 10^3) \times 9.8 \times \pi \times 0.1^4} ≒ 25[m]$

32. 그림과 같이 길이 5[m], 입구직경(D1) 30[cm], 출구직경(D2) 16[cm]인 직관을 수평면과 30° 기울어지게 설치하였다. 입구에서 0.3[m³/s]로 유입되어 출구에서 대기 중으로 분출된다면 입구에서의 압력[kPa]은? (단, 대기는 표준대기압 상태이고 마찰손실은 없다.)

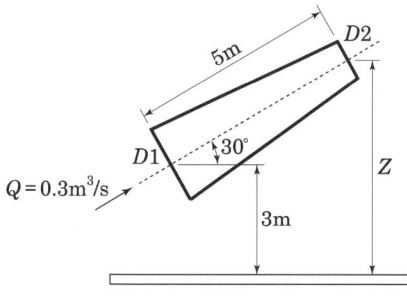

① 24.5   ② 102
③ 127   ④ 228

해설 직관 입구의 한 점을 A, 출구를 B로 하여 베르누이 방정식을 적용하면

$h_A + \frac{v_A^2}{2g} + \frac{P_A}{r} = h_B + \frac{v_B^2}{2g} + \frac{P_B}{r}$ 에서

$P_B = 0$, $h_A = 0$, $h_B = 5 \times \sin 30$

$v_A = \frac{4Q}{\pi D^2} = \frac{4 \times 0.3}{\pi \times 0.3^2} = 4.244[m/s]$

$v_B = \frac{4Q}{\pi D^2} = \frac{4 \times 0.3}{\pi \times 0.16^2} = 14.92[m/s]$

$\therefore \frac{v_A^2}{2g} + \frac{P_A}{r} = \frac{v_B^2}{2g} + h_B$ 에서

$P_A = \gamma \left[\frac{V_B^2 - V_A^2}{2g} + h_B \right]$

$= 9800 \times \left(\frac{14.92^2 - 4.244^2}{2 \times 9.8} + 5 \times \sin 30 \right)$

$= 126797[Pa] = 127[kPa]$

33. 회전속도 N[rpm]일 때 송출량 Q[m³/min], 전양정 H[m]인 원심펌프를 상사한 조건에서 회전속도를 1.4N[rpm]으로 바꾸어 작동할 때 (ㄱ)유량과 (ㄴ)전양정은?

① (ㄱ) 1.4Q,   (ㄴ) 1.4H
② (ㄱ) 1.4Q,   (ㄴ) 1.96H
③ (ㄱ) 1.96Q,   (ㄴ) 1.4H
④ (ㄱ) 1.96Q,   (ㄴ) 1.96H

해설 펌프의 상사법칙(회전수 변화)

(1) 유량(Q) : $Q_2 = Q_1 \times \left(\frac{N_2}{N_1}\right) = Q \times \left(\frac{1.4N}{N}\right) = 1.4Q$

(2) 양정(H) : $H_2 = H_1 \times \left(\frac{N_2}{N_1}\right)^2 = H \times \left(\frac{1.4N}{N}\right)^2 = 1.96H$

정답 31. ② 32. ③ 33. ②

기출문제

34. 과열증기에 대한 설명으로 틀린 것은?

① 과열증기의 압력은 해당온도에서의 포화압력보다 높다.
② 과열증기의 온도는 해당압력에서의 포화온도보다 높다.
③ 과열증기의 비체적은 해당온도에서의 포화증기의 비체적보다 크다.
④ 과열증기의 엔탈피는 해당압력에서의 포화증기의 엔탈피보다 크다.

[해설] 과열증기의 압력은 해당온도에서 포화압력과 같다.

35. 그림과 같이 단면 A에서 정압이 500[kPa]이고 10[m/s]로 난류의 물이 흐르고 있을 때 단면 B에서의 유속[m/s]은?

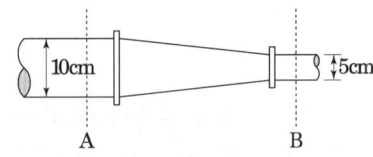

① 20   ② 40
③ 60   ④ 80

[해설] 연속방정식 $Q = A_1 V_1 = A_2 V_2$ 에서

$$V_2 = \frac{A_1}{A_2} V_1 = \frac{\frac{\pi d_1^2}{4}}{\frac{\pi d_2^2}{4}} = \left(\frac{d_1}{d_2}\right)^2 V_1 \,[m/s]$$

$$= \left(\frac{10}{5}\right)^2 \times 10 = 40\,[m/s]$$

36. 온도차이가 $\triangle T$, 열전도율이 k_1, 두께 x인 벽을 통한 열유속(heat flux)과 온도차이가 $2\triangle T$, 열전도율이 k_2, 두께 $0.5x$인 벽을 통한 열유속이 서로 같다면 두 재질의 열전도율비 k_1/k_2의 값은?

① 1   ② 2
③ 4   ④ 8

[해설] 열전달률
(1) 처음의 열전달률
$$Q = \frac{k_1 A \triangle T}{x}$$
(2) 벽의 열전도율이 k_2가 되고 벽의 두께가 $0.5x$가 되는 경우 열전달률 Q'
$$Q' = \frac{k_2 A (2\triangle T)}{0.5x}$$
(3) $Q = Q'$ 이므로
$$\frac{k_1 A \triangle T}{x} = \frac{k_2 A (2\triangle T)}{0.5x} \text{에서}$$
$$\therefore k_1/k_2 = \frac{2A\triangle T}{A\triangle T} \times \frac{x}{0.5x} = 4$$

37. 관의 길이가 ℓ이고, 지름이 d, 관마찰계수가 f일 때, 총 손실수두 H[m]를 식으로 바르게 나타낸 것은? (단, 입구 손실계수가 0.5, 출구 손실계수가 1.0, 속도수두는 $V^2/2g$ 이다.)

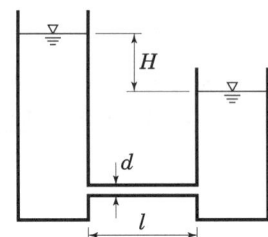

① $(1.5 + f\frac{\ell}{d})\frac{V^2}{2g}$ ② $(f\frac{\ell}{d} + 1)\frac{V^2}{2g}$
③ $(0.5 + f\frac{\ell}{d})\frac{V^2}{2g}$ ④ $(f\frac{\ell}{d})\frac{V^2}{2g}$

[해설] 관로의 총손실수두 h_L

h_L = 관입구손실($h_L = K_1 \frac{V^2}{2g}$) + 원형직관손실

($h_L = f \cdot \frac{\ell}{d} \cdot \frac{V^2}{2g}$) + 관출구손실($h_L = K_2 \frac{V^2}{2g}$)

$= (K_1 + f\frac{\ell}{d} + K_2)\frac{V^2}{2g}$

$= (0.5 + f\frac{\ell}{d} + 1)\frac{V^2}{2g} = (1.5 + f\frac{\ell}{d})\frac{V^2}{2g}$

[정답] 34. ① 35. ② 36. ③ 37. ①

38. 다음 그림에서 A, B점의 압력차(kPa)는? (단, A는 비중 1의 물, B는 비중 0.899의 벤젠이다.)

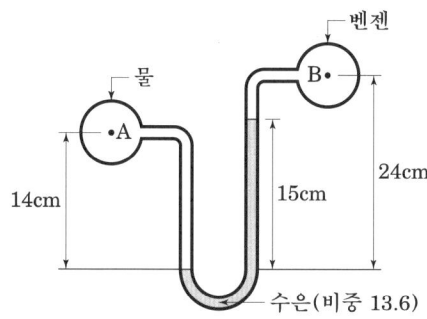

① 278.7 ② 191.4
③ 23.07 ④ 19.4

해설

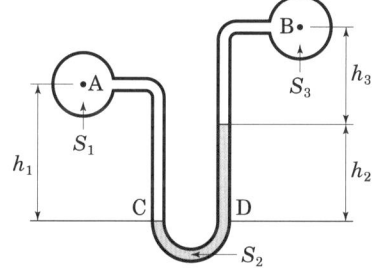

$P_C = P_D$ 이므로
$P_A + \gamma_1 h_1 = P_B + \gamma_3 h_3 + \gamma_2 h_2$
$\therefore P_A - P_B = \gamma_3 h_3 + \gamma_2 h_2 - \gamma_1 h_1$
$= (0.899 \times 9.8 \times (0.24 - 0.15)) + (13.6 \times 9.8 \times 0.15)$
$- (9.8 \times 0.14) = 19.4$

39. 비중이 0.8인 액체가 한 변이 10[cm]인 정육면체 모양 그릇의 반을 채울 때 액체의 질량[kg]은?

① 0.4 ② 0.8
③ 400 ④ 800

해설 $m = \rho v$ 에서
$\rho = 0.8 \times 1000 = 800 \, [\text{kg/m}^3]$
$V = 0.1 \times 0.1 \times \dfrac{0.1}{2} = \dfrac{1}{2000}$
$\therefore m = 800 \times \left(\dfrac{1}{2000}\right) = 0.4 \, [\text{kg}]$

40. 그림과 같이 수족관에 직경 3[m]의 투시경이 설치되어 있다. 이 투시경에 작용하는 힘[kN]은?

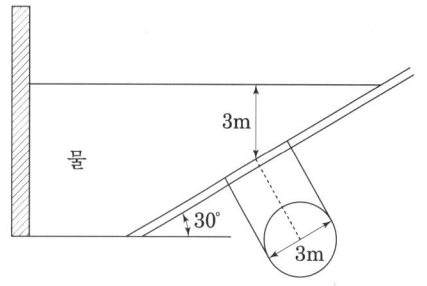

① 207.8 ② 123.9
③ 87.1   ④ 52.4

해설 전압력 F_T
$F_T = \gamma h_c A$
$= 9.8 \times 3 \times \dfrac{\pi \times 3^2}{4} = 207.8 \, [\text{kN}]$

여기서, γ : 물의 비중량 = $9.8 \, [\text{kN/m}^3]$
h_c : 수면에서 투시경 중심까지의 수직거리[m]
A : 투시경의 단면적[m²]

■■■ 제3과목 소방관계법규

41. 소방시설 설치 및 관리에 관한 법률상 방염성능기준 이상의 실내장식물 등을 설치해야 하는 특정소방대상물이 아닌 것은?

① 숙박이 가능한 수련시설
② 층수가 11층 이상인 아파트
③ 건축물 옥내에 있는 종교시설
④ 방송통신시설 중 방송국 및 촬영소

해설 방염대상 특정소방대상물
① 근린생활시설 중 <u>의원</u>, <u>조산원</u>, 산후조리원, 체력단련장, 공연장 및 종교집회장
② 건축물의 옥내에 있는 시설 [<u>문화 및 집회시설</u>, <u>종교시설</u>, 운동시설(수영장은 제외)]
③ <u>의료시설</u>, <u>노유자시설</u> 및 숙박이 가능한 <u>수련시설</u>, 숙박시설, 방송통신시설 중 <u>방송국 및 촬영소</u>

정답 38. ④ 39. ① 40. ① 41. ②

④ 다중이용업의 영업장
⑤ 층수가 11층 이상인 것(아파트는 제외)
⑥ 교육연구시설 중 합숙소

> 암기
> 연예인 안문숙이 11층의 체력단련장에서 운동하다 다쳤는데 의료시설인 조산 의원에 안기고 공연장으로 가 이상하게 여겨 방송국에서 촬영하러 오니 합숙소의 노유자, 수련시설의 종교인등이 구경 옴

42. 화재의 예방 및 안전관리의 법령상 불꽃을 사용하는 용접·용단기구의 용접 또는 용단 작업장에서 지켜야 하는 사항 중 다음 (   ) 안에 알맞은 것은?

> • 용접 또는 용단 작업자로부터 반경 (㉠)[m] 이내에 소화기를 갖추어 둘 것
> • 용접 또는 용단 작업장 주변 반경 (㉡)[m] 이내에는 가연물을 쌓아두거나 놓아두지 말 것. 다만, 가연물의 제거가 곤란하여 방지포 등으로 방호조치를 한 경우는 제외한다.

① ㉠ 3, ㉡ 5   ② ㉠ 5, ㉡ 3
③ ㉠ 5, ㉡ 10 ④ ㉠ 10, ㉡ 5

해설 불꽃을 사용하는 용접·용단 기구

용접 또는 용단 작업자로부터 반경 5[m] 이내	소화기를 갖추어 둘 것
용접 또는 용단 작업장 주변 반경 10[m] 이내	가연물을 쌓아두거나 놓아두지 말 것 다만, 가연물의 제거가 곤란하여 방지포 등으로 방호조치를 한 경우는 제외

43. 화재위험도가 낮은 특정소방대상물 중 석재·불연성 금속·불연성 건축재료 등의 가공공장에 설치하지 아니할 수 있는 소방시설은?

① 자동화재탐지설비
② 연결송수관설비
③ 피난기구
④ 옥외소화전

해설 화재 위험도가 낮은 특정소방대상물

석재·불연성금속·불연성 건축재료 등의 가공공장·기계조립 공장·주물공장 또는 불연성 물품을 저장하는 창고	옥외소화전 및 연결살수설비

44. 소방기본법령에 따른 소방용수시설 급수탑 개폐밸브의 설치기준으로 맞는 것은?

① 지상에서 1.0[m] 이상 1.5[m] 이하
② 지상에서 1.2[m] 이상 1.8[m] 이하
③ 지상에서 1.5[m] 이상 1.7[m] 이하
④ 지상에서 1.5[m] 이상 2.0[m] 이하

해설 소방용수시설별 설치기준 - 급수탑
① 급수배관의 구경은 100[mm] 이상
② 개폐밸브는 지상에서 1.5[m] 이상 1.7[m] 이하의 위치에 설치

45. 소방기본법령상 소방업무 상호응원협정 체결시 포함되어야 하는 사항이 아닌 것은?

① 응원출동의 요청방법
② 응원출동훈련 및 평가
③ 응원출동대상지역 및 규모
④ 응원출동 시 현장지휘에 관한 사항

해설 소방업무의 응원
1. 소방활동을 할 때에 긴급한 경우 이웃한 소방본부장 또는 소방서장에게 도움을 요청하는 것
2. 소방업무의 응원(應援)을 요청 하는 자 : 소방본부장이나 소방서장
3. 응원 요청을 받은 소방본부장 또는 소방서장 : 정당한 사유 없이 그 요청을 거절하면 안 됨
4. 파견된 소방대원 : 응원을 요청한 소방본부장 또는 소방서장의 지휘에 따라야 한다.
5. 이웃하는 시·도지사와 협의하여 미리 규약(規約)으로 정해야 한다.
6. 소방업무의 응원의 체결자 : 시·도지사

정답 42. ③   43. ④   44. ③   45. ④

7. 상호응원협정 체결 시 포함되어야 하는 사항
   ① 응원출동 요청방법
   ② 응원출동 대상지역 및 규모
   ③ 응원출동 훈련 및 평가
   ④ 소방활동에 관한 사항
      ㉠ 화재의 경계·진압 활동
      ㉡ 구조·구급 업무의 지원
      ㉢ 화재조사활동
   ⑤ 소요경비의 부담에 관한 사항
      ㉠ 출동대원의 수당·식사 및 의복의 수선
      ㉡ 소방장비 및 기구의 정비와 연료의 보급
      ㉢ 그 밖의 경비

☞ 응원 협정 사항에는 소방대원에 대한 교육, 훈련 및 소방신호, 현장지휘에 관한 사항에 대한 내용은 없음

46. 소방기본법령에 따라 주거지역·상업지역 및 공업지역에 소방용수시설을 설치하는 경우 소방대상물과의 수평거리를 몇 [m] 이하가 되도록 해야 하는가?

① 50   ② 100
③ 150   ④ 200

해설 소방용수시설 - 소방대상물과의 수평거리

지 역	소방대상물과의 수평거리
상업지역·공업지역 및 주거지역	100 [m] 이하
기타지역	140 [m] 이하

47. 소방시설 설치 및 관리에 관한 법률상 소방용품의 형식승인을 받지 아니하고 소방용품을 제조하거나 수입한 자에 대한 벌칙 기준은?

① 100만 원 이하의 벌금
② 300만 원 이하의 벌금
③ 1년 이하의 징역 또는 1천만 원 이하의 벌금
④ 3년 이하의 징역 또는 3천만 원 이하의 벌금

해설 3년 이하의 징역 또는 3천만 원 이하의 벌금
① 조치 명령을 정당한 사유 없이 위반한 자
② 관리업의 등록을 하지 아니하고 영업을 한 자
③ 소방용품의 형식승인을 받지 아니하고 소방용품을 제조하거나 수입한 자 또는 거짓이나 그 밖의 부정한 방법으로 형식승인을 받은 자
④ 형식승인 검사 후 제품검사를 받지 아니한 자 또는 거짓이나 그 밖의 부정한 방법으로 제품검사를 받은 자
⑤ 미 형식승인, 형상 변경 임의 변경하여 소방용품을 판매·진열하거나 소방시설공사에 사용한 자
⑥ 거짓이나 그 밖의 부정한 방법으로 성능인증 또는 제품검사를 받은 자
⑦ 제품검사를 받지 아니하거나 합격표시를 하지 아니한 소방용품을 판매·진열하거나 소방시설공사에 사용한 자
⑧ 구매자에게 명령을 받은 사실을 알리지 아니하거나 필요한 조치를 하지 아니한 자
⑨ 거짓이나 그 밖의 부정한 방법으로 제품검사 전문기관으로 지정을 받은 자

48. 위험물안전관리법령에 따라 위험물안전관리자를 해임하거나 퇴직한 때에는 해임하거나 퇴직한 날부터 며칠 이내에 다시 안전관리자를 선임하여야 하는가?

① 30일   ② 35일
③ 40일   ④ 55일

해설 안전관리자를 선임한 제조소등의 관계인은 그 안전관리자를 해임하거나 안전관리자가 퇴직한 때에는 해임하거나 퇴직한 날부터 30일 이내에 다시 안전관리자를 선임하여야 한다.

49. 위험물안전관리법령상 정밀 정기검사를 받아야 하는 특정·준특정옥외탱크저장소의 관계인은 특정·준특정옥외탱크저장소의 설치허가에 따른 완공검사필증을 발급받은 날부터 몇 년 이내에 정기검사를 받아야 하는가?

① 9   ② 10
③ 11   ④ 12

기출문제

2020. 1회 소방설비기사

[해설] 정기점검, 정기검사, 구조안전점검

구 분	대 상	시 기
정기점검	• 예방규정을 정해야 하는 제조소 등 • 이동탱크저장소 지하탱크저장소, • 지하에 매설된 탱크가 있는 제조소 • 주유취급소 또는 일반취급소	연 1회 이상 정기점검을 실시하고 3년간 보관 ※ 점검을 한 날부터 30일 이내에 점검결과를 시·도지사에게 제출
구조안전점검	• 50만 [ℓ] 이상의 옥외탱크 저장소 (= 준특정옥외 저장탱크)	• 완공검사합격확인증을 교부받은 날부터 12년 • 최근의 정밀정기검사를 받은 날부터 11년 • 특정옥외저장탱크에 안전조치를 한 후 기술원에 구조안전점검 시기 연장신청을 하여 당해 안전조치가 적정한 것으로 인정받은 경우에는 최근의 정밀정기검사를 받은 날부터 13년 ※ 25년 동안 보관 (연장 신청한 경우는 30년)
정밀정기검사		• 완공검사합격확인증을 발급받은 날부터 12년 • 최근의 정밀정기검사를 받은 날부터 11년 ※ 구조안전점검을 실시하는 때에 함께 받을 수 있다 ※ 차기 정기검사 시까지 보관
중간정기검사		• 완공검사합격확인증을 발급받은 날부터 4년 • 최근의 정밀정기검사 또는 중간정기검사를 받은 날부터 4년 ※ 차기 정기검사 시까지 보관

50. 다음 소방시설 중 경보설비가 아닌 것은?

① 통합감시시설 ② 가스누설경보기
③ 비상콘센트설비 ④ 자동화재속보설비

[해설] 소화활동설비
화재를 진압하거나 인명구조활동을 위하여 사용하는 설비

제연설비	비상콘센트설비	무선통신보조설비
연결송수관설비	연결살수설비	연소방지설비

51. 소방시설공사업법령에 따른 소방시설업의 등록권자는?

① 국무총리 ② 소방서장
③ 시·도지사 ④ 한국소방안전협회장

[해설] 소방시설업(설계업, 공사업, 감리업, 방염업)을 하고자 하는 자
- 시·도지사에게 등록하여야 한다.

> 소방시설업 등록을 하지 아니하고 영업을 한 자 :
> 3년 이하의 징역 또는 3천만 원 이하의 벌금

52. 화재의 예방 및 안전관리에 관한 법률상 정당한 사유 없이 화재의 예방조치에 관한 명령에 따르지 아니한 경우에 대한 벌칙은?

① 100만 원 이하의 벌금
② 200만 원 이하의 벌금
③ 300만 원 이하의 벌금
④ 500만 원 이하의 벌금

[해설] 300만 원 이하의 벌금
① 화재안전조사를 정당한 사유 없이 거부·방해 또는 기피한 자
② 화재 발생 위험이 크거나 소화 활동에 지장을 줄 수 있다고 인정되는 행위나 물건에 대하여 행위 당사자나 그 물건의 소유자, 관리자 또는 점유자에게 제거, 이동의 명령을 정당한 사유 없이 따르지 아니하거나 방해한 자
③ 소방안전관리자, 총괄소방안전관리자 또는 소방안전관리보조자를 선임하지 아니한 자
④ 소방시설·피난시설·방화시설 및 방화구획 등이 법령에 위반된 것을 발견하였음에도 필요한 조치를 할 것을 요구하지 아니한 소방안전관리자

정답 50. ③ 51. ③ 52. ②

⑤ 소방안전관리자에게 불이익한 처우를 한 관계인
⑥ 화재예방안전진단 업무 및 위탁받은 업무를 수행하면서 알게 된 비밀을 이 법에서 정한 목적 외의 용도로 사용하거나 다른 사람 또는 기관에 제공하거나 누설한 자

53. 위험물안전관리법령상 다음의 규정을 위반하여 위험물의 운송에 관한 기준을 따르지 아니한 자에 대한 과태료 기준은?

> 위험물운송자는 이동탱크저장소에 의하여 위험물을 운송하는 때에는 행정안전부령으로 정하는 기준을 준수하는 등 당해 위험물의 안전확보를 위하여 세심한 주의를 기울여야 한다.

① 50만 원 이하
② 100만 원 이하
③ 300만 원 이하
④ 500만 원 이하

[해설] 위험물운송자는 이동탱크저장소에 의하여 위험물을 운송하는 때에는 행정안전부령으로 정하는 기준을 준수하는 등 당해 위험물의 안전확보를 위하여 세심한 주의를 기울여야 한다.

> 위반하여 위험물의 운송에 관한 기준을 따르지 아니한 자 : 500만 원 이하 과태료

※ 위험물안전관리법에 의한 과태료는 무조건 500만 원 임.

54. 소방시설공사업법령상 소방공사감리를 실시함에 있어 용도와 구조에서 특별히 안전성과 보안성이 요구되는 소방대상물로서 소방시설물에 대한 감리를 감리업자가 아닌 자가 감리할 수 있는 장소는?

① 정보기관의 청사
② 교도소 등 교정관련시설
③ 국방 관계시설 설치장소
④ 원자력안전법상 관계시설이 설치되는 장소

[해설] 감리업자가 아닌 자가 감리할 수 있는 보안성 등이 요구되는 소방대상물의 시공 장소
  - 「원자력안전법」에 따른 관계시설이 설치되는 장소

55. 소방시설 설치 및 관리에 관한 법률상 소방시설 등에 대한 자체점검 중 종합점검 대상인 것은?

① 제연설비가 설치되지 않은 터널
② 스프링클러설비가 설치된 연면적이 5000[m²]이고 12층인 아파트
③ 물분무등소화설비가 설치된 연면적이 3000[m²]인 위험물 제조소
④ 호스릴 방식의 물분무등소화설비만을 설치한 연면적 3000[m²]인 특정소방대상물

[해설] 종합점검 대상

	연면적 및 설치된 소방시설등의 기준		비고
①	물분무등 소화설비	5,000 [m²] 이상	호스릴방식만을 설치한 경우 제외. 위험물 제조소등은 제외.
②	다중이용업의 영업장이 설치된 특정 소방대상물	2,000 [m²] 이상	산후조리업, 노래연습장업, 고시원업, 단란주점영업, 유흥주점영업, 비디오물감상실업·복합영상물제공업, 안마시술소, 영화상영관만 해당
③	옥내소화전설비 또는 자동화재탐지설비가 설치된 공공기관	1,000 [m²] 이상	터널·지하구의 경우 그 길이와 평균폭을 곱하여 계산된 값. 소방기본법에 따른 소방대가 근무하는 공공기관은 제외.
④	스프링클러설비가 설치된 특정소방대상물		
⑤	제연설비가 설치된 터널		
⑥	최초점검에 해당하는 특정소방대상물		

56. 소방기본법에 따라 화재 등 그 밖의 위급한 상황이 발생한 현장에서 소방활동을 위하여 필요한 때에는 그 관할구역에 사는 사람 또는 그 현장에 있는 사람으로 하여금 사람을 구출하는 일 또는 불을 끄는 등의 일을 하도록 명령할 수 있는 권한이 없는 사람은?

① 소방서장
② 소방대장
③ 시·도지사
④ 소방본부장

정답 53. ④ 54. ④ 55. ③ 56. ③

기출문제

2020. 1회 소방설비기사

해설 소방활동 종사 명령
① 소방활동 종사 명령자
 - 소방본부장, 소방서장 또는 소방대장
② 소방활동을 위하여 그 현장에 있는 사람등으로 하여금 소방활동을 하게 할 수 있다.
 ※ 소방활동 : 화재진압과 인명구조·구급 등 소방에 필요한 활동

57. 소방시설공사업법령에 따른 소방시설업 등록이 가능한 사람은?

① 피성년후견인
② 위험물안전관리법에 따른 금고 이상의 형의 집행유예를 선고받고 그 유예기간 중에 있는 사람
③ 등록하려는 소방시설업 등록이 취소된 날부터 3년이 지난 사람
④ 소방기본법에 따른 금고 이상의 실형을 선고받고 그 집행이 면제된 날부터 1년이 지난 사람

해설 소방시설업 등록의 결격사유

㉠ 금고 이상의 실형을 선고받고	그 집행이 끝나거나 (집행이 끝난 것으로 보는 경우 포함) 면제된 날부터 2년이 지나지 아니한 사람
㉡ 금고 이상의 형의 집행유예를 선고받고	그 유예기간 중에 있는 사람
㉢ 등록하려는 소방시설업 등이 취소 된 날부터	2년이 지나지 아니한 자 (피성년후견인에 해당되어 취소된 경우 제외)
㉣ 피성년후견인(정신적 제약으로 사무처리 능력이 부족한 자)	
㉤ 법인의 대표자가 ㉠에서 ㉣까지의 규정에 해당하는 경우 그 법인	
㉥ 법인의 임원이 ㉠에서 ㉢까지의 규정에 해당하는 경우 그 법인	

58. 위험물안전관리법령상 제조소등의 경보설비 설치기준에 대한 설명으로 틀린 것은?

① 제조소 및 일반취급소의 연면적이 500[m²] 이상인 것에는 자동화재탐지설비를 설치한다.
② 자동신호장치를 갖춘 스프링클러설비 또는 물분무등소화설비를 설치한 제조소등에 있어서는 자동화재탐지설비를 설치한 것으로 본다.
③ 경보설비는 자동화재탐지설비·비상경보설비(비상벨장치 또는 경종 포함)·확성장치(휴대용확성기 포함) 및 비상방송설비로 구분한다.
④ 지정수량의 10배 이상의 위험물을 저장 또는 취급하는 제조소등(이동탱크저장소를 포함한다)에는 화재발생시 이를 알릴 수 있는 경보설비를 설치하여야 한다.

해설 경보설비 설치 대상
① 자동화재탐지설비 설치대상 이외의 대상으로 지정수량 10배 이상 저장, 취급하는 것(이동탱크저장소 제외)
 - 자동화재탐지설비, 비상경보설비, 확성장치 또는 비상방송설비 중 1개 이상 설치 대상
② 자동화재탐지설비 설치대상

제조소등의 구분	규모·저장 또는 취급하는 위험물의 종류 최대 수량 등
제조소 일반취급소	1. 연면적 500 [m²] 이상인 것 2. 옥내에서 지정수량 100배 이상을 취급하는 것 3. 복합용도 건축물에 설치된 일반취급소 (일반취급소와 일반취급소 외의 부분이 내화구조의 바닥 또는 벽으로 개구부 없이 구획된 것을 제외)
옥내저장소	1. 저장창고의 연면적 150 [m²] 초과하는 것 2. 지정수량 100배 이상(고인화점만은 제외) 3. 처마의 높이가 6 [m] 이상의 단층건물 4. 복합용도 건축물의 옥내저장소

정답 57. ③ 58. ④

59. 소방시설 설치 및 관리에 관한 법률상 건축허가등의 동의대상물이 아닌 것은?

① 항공기 격납고
② 연면적이 300[m²]인 공연장
③ 바닥면적이 300[m²]인 차고
④ 연면적이 300[m²]인 노유자 시설

해설 건축허가등의 동의대상물 범위(대통령령)
1. 연면적, 바닥면적에 의한 동의범위

구 분	면적
학교시설	연면적 100[m²] 이상
노유자시설, 수련시설	연면적 200[m²] 이상
장애인 의료재활시설, 정신의료기관	연면적 300[m²] 이상
용도와 상관없음	연면적 400[m²] 이상
무창층 또는 지하층이 있는 건축물(공연장)	바닥면적 150[m²] (100[m²])

※ 정신의료기관 : 입원실이 없는 정신건강의학과 의원은 제외

2. 차고·주차장 또는 주차용도로 사용되는 시설
   ① 바닥면적 : 200[m²] 이상인 층이 있는 건축물이나 주차시설
   ② 기계장치에 의한 주차시설로서 20대 이상

3. 면적에 상관없이 동의 대상
   ① 항공기격납고, 관망탑, 항공관제탑, 방송용 송·수신탑
   ② 층수가 6층 이상인 건축물
   ③ 가스시설로서 지상에 노출된 탱크의 저장용량의 합계가 100톤 이상인 것
   ④ 공장 또는 창고시설로서 750배 이상의 특수가연물을 저장·취급하는 것
   ⑤ 의원(입원실이 있는 것), 조산원, 산후조리원, 요양병원(의료재활시설 제외), 위험물 저장 및 처리 시설, 지하구, 발전시설 중 풍력발전소·전기저장시설
   ⑥ 노인주거복지시설, 노인의료복지시설, 재가노인복지시설, 아동복지시설(아동상담소, 아동전용시설 및 지역아동센터는 제외), 장애인 거주시설, 정신질환자 관련 시설, 노숙인 자활시설, 노숙인 재활시설, 노숙인 요양시설, 결핵환자·한센인이 24시간 생활하는 노유자시설

60. 화재의 예방 및 안전관리에 관한 법률상 소방안전관리대상물의 소방안전관리자의 업무가 아닌 것은?

① 소방시설 공사
② 소방훈련 및 교육
③ 소방계획서의 작성 및 시행
④ 자위소방대의 구성·운영·교육

해설 소방안전관리자의 업무
① 피난계획에 관한 사항과 대통령령으로 정하는 사항이 포함된 소방계획서의 작성 및 시행
② 자위소방대 및 초기대응체계의 구성, 운영 및 교육
③ 소방훈련 및 교육
④ 소방안전관리에 관한 업무수행에 관한 기록·유지 (⑤~⑦의 업무)
⑤ 피난시설, 방화구획 및 방화시설의 관리
⑥ 소방시설이나 그 밖의 소방 관련 시설의 관리
⑦ 화기(火氣) 취급의 감독
⑧ 화재발생 시 초기대응
⑨ 그 밖에 소방안전관리에 필요한 업무

소방안전관리 업무를 하지 아니한 특정소방대상물의 관계인 또는 소방안전관리대상물의 소방안전 관리자 : 300만 원 이하의 과태료

■■■■ 제4과목 소방기계시설의 구조 및 원리

61. 물분무소화설비의 화재안전기술기준에 따른 물분무소화설비의 저수량에 대한 기준 중 다음 (   ) 안의 내용으로 맞는 것은?

절연유 봉입 변압기는 바닥부분을 제외한 표면적을 합한 면적 1[m²]에 대하여 (   )[ℓ/min]로 20분간 방수할 수 있는 양 이상으로 할 것

① 4
② 8
③ 10
④ 12

기출문제

2020. 1회 소방설비기사

해설 수원의 양 A×Q×T

구분	특수 가연물	차고 또는 주차장	절연유 봉입 변압기	케이블 트레이, 케이블덕트	콘베이어 벨트 등
A (면적)	바닥면적 → 50 [m²] 이하인 경우에는 50[m²]		바닥부분을 제외한 표면적을 합한 면적[m²]	투영된 바닥면적 [m²]	벨트부분의 바닥면적 [m²]
Q (방수량)	10 [ℓ/min ·m²]	20 [ℓ/min ·m²]	10 [ℓ/min ·m²]	12 [ℓ/min ·m²]	10 [ℓ/min ·m²]
T (방사시간)	20분	20분	20분	20분	20분

62. 물분무소화설비의 화재안전기술기준에 따른 물분무소화설비의 설치 장소별 1[m²]당 수원의 최소 저수량으로 맞는 것은?

① 차고 : 30[ℓ/min]×20분×바닥면적
② 케이블트레이 : 12[ℓ/min]×20분×투영된 바닥면적
③ 콘베이어 벨트 : 37[ℓ/min]×20분×벨트부분의 바닥면적
④ 특수가연물을 취급하는 특정소방대상물 : 20[ℓ/min]×20분×바닥면적

해설 61번 해설 참조

63. 피난기구를 설치하여야 할 소방대상물 중 피난기구의 2분의 1을 감소할 수 있는 조건이 아닌 것은?

① 주요구조부가 내화구조로 되어 있다.
② 특별피난계단이 2 이상 설치되어 있다.
③ 소방구조용(비상용) 엘리베이터가 설치되어 있다.
④ 직통계단인 피난계단이 2 이상 설치되어 있다.

해설 피난기구 설치의 감소

조건 (AND 조건 임)	피난기구 감소
① 주요구조부가 내화구조로 되어 있을 것 ② 직통계단인 피난계단 또는 특별피난계단이 2 이상 설치되어 있을 것	피난기구를 설치하여야 할 소방대상물 중 피난기구의 2분의 1을 감소할 수 있다. (설치하여야 할 피난기구의 수 : 소수점 이하의 수는 1로 한다.)

64. 분말소화설비의 화재안전기술기준에 따라 분말소화약제의 가압용가스 용기에는 최대 몇 [MPa] 이하의 압력에서 조정이 가능한 압력조정기를 설치하여야 하는가?

① 1.5   ② 2.0
③ 2.5   ④ 3.0

해설 분말소화설비 가압용가스용기 설치기준
1. 가압용가스 용기를 3병 이상 설치 시 2개 이상의 용기에 전자개방밸브를 부착
2. 가압용가스 용기에는 2.5 [MPa] 이하의 압력에서 조정이 가능한 압력조정기를 설치

65. 분말소화설비의 화재안전기술기준상 차고 또는 주차장에 설치하는 분말소화설비의 소화약제는?

① 인산염을 주성분으로 한 분말
② 탄산수소칼륨을 주성분으로 한 분말
③ 탄산수소칼륨과 요소가 화합된 분말
④ 탄산수소나트륨을 주성분으로 한 분말

해설 주차장은 제3종(인산암모늄) 분말소화약제를 사용하여야 한다.

정답 62. ② 63. ③ 64. ③ 65. ①

66. 연결살수설비의 화재안전기술기준에 따른 건축물에 설치하는 연결살수설비의 헤드에 대한 기준 중 다음 (   ) 안에 알맞은 것은?

> 천장 또는 반자의 각 부분으로부터 하나의 살수헤드까지의 수평거리가 연결살수설비 전용헤드의 경우는 (㉠)[m] 이하, 스프링클러헤드의 경우는 (㉡)[m] 이하로 할 것. 다만 살수헤드의 부착면과 바닥과의 높이가 (㉢)[m] 이하인 부분은 살수헤드의 살수분포에 따른 거리로 할 수 있다.

① ㉠ 3.7, ㉡ 2.3, ㉢ 2.1
② ㉠ 3.7, ㉡ 2.3, ㉢ 2.3
③ ㉠ 2.3, ㉡ 3.7, ㉢ 2.3
④ ㉠ 2.3, ㉡ 3.7, ㉢ 2.1

해설

소방시설의 종류	사용헤드	수평거리
연결살수설비	전용헤드	3.7[m] 이하
	스프링클러 헤드	2.3[m] 이하

※ 살수헤드의 부착면과 바닥과의 높이가 2.1 [m] 이하인 부분은 살수헤드의 살수분포에 따른 거리로 설치

67. 완강기의 형식승인 및 제품검사의 기술기준상 완강기의 최대사용하중은 최소 몇 [N] 이상의 하중이어야 하는가?

① 800
② 1000
③ 1200
④ 1500

해설 완강기
사용자의 몸무게에 따라 자동적으로 내려올 수 있는 기구 중 사용자가 교대하여 연속적으로 사용할 수 있는 것
① 최대사용하중 및 최대사용자수 등
  ㉠ 최대사용하중은 1,500 [N] 이상의 하중이어야 한다.
    (약 150[kg] 무게에 견뎌야 한다는 의미임)
  ㉡ 최대사용자수(1회에 강하할 수 있는 사용자의 최대수)는 최대사용하중을 1,500 [N]으로 나누어서 얻은 값(1미만의 수는 계산하지 아니한다)으로 한다.
  ㉢ 최대사용자수에 상당하는 수의 벨트가 있어야 한다.

완강기

최대사용하중	1500[N] 이상
완강기의 강도	3900[N] × 최대사용자수
지지대의 강도	5000[N] × 최대사용자수
벨트의 강도	6500[N]

최대사용자수 = $\dfrac{\text{최대사용하중}}{1500[N]}$

(1미만의 수는 계산하지 않음)

68. 포소화설비의 화재안전기술기준에 따라 바닥면적이 180[m²]인 건축물 내부에 호스릴 방식의 포소화설비를 설치할 경우 가능한 포소화약제의 최소 필요량은 몇 [ℓ]인가? (단, 호스 접결구 : 2개, 약제 농도 : 3[%])

① 180
② 270
③ 650
④ 720

해설 호스릴포소화설비
① 토출량 NQ
② 수원(포수용액) NQT
③ 약제량 NQTS

N	Q	T	S
개수	방사량	시간	약제농도
최대 5개	300 [ℓ/(min·개)]	20분	–

풀이
약제량 NQTS = 2×300×20×0.03×0.75 = 270[ℓ]
※ 바닥면적이 200[m²] 미만시 약제량은 75[%]로 할 수 있다.

69. 옥외소화전설비의 화재안전기술기준에 따라 옥외소화전 배관은 특정소방대상물의 각 부분으로부터 하나의 호스접결구까지의 수평거리가 최대 몇 [m] 이하가 되도록 설치하여야 하는가?

① 25
② 35
③ 40
④ 50

정답 66. ① 67. ④ 68. ② 69. ③

해설 **옥외소화전설비의 설치기준**
① 방수압력 : 0.25 [MPa] 이상
② 방수량 : 350 [ℓ/min] 이상
③ 호스 : 구경 65 [mm]
④ 하나의 호스접결구에서 소방대상물까지의 수평거리
 – 40 [m] 이하

70. 스프링클러설비의 화재안전기술기준에 따라 연소할 우려가 있는 개구부에 드렌처설비를 설치한 경우 해당 개구부에 한하여 스프링클러헤드를 설치하지 아니할 수 있다. 관련 기준으로 틀린 것은?

① 드렌처헤드는 개구부 위 측에 2.5 [m] 이내마다 1개를 설치할 것
② 제어밸브는 특정소방대상물 층마다에 바닥으로부터 0.5 [m] 이상 1.5 [m] 이하의 위치에 설치할 것
③ 드렌처헤드가 가장 많이 설치된 제어밸브에 설치된 드렌처헤드를 동시에 사용하는 경우에 각 헤드선단의 방수압력은 0.1 [MPa] 이상이 되도록 할 것
④ 드렌처헤드가 가장 많이 설치된 제어밸브에 설치된 드렌처헤드를 동시에 사용하는 경우에 각 헤드선단의 방수량은 80 [ℓ/min] 이상이 되도록 할 것

해설 **드렌처설비를 설치한 경우**
(드렌처설비 – 개방형 스프링클러 헤드를 사용하는 설비)
㉮ 드렌처헤드는 개구부 위 측에 2.5 [m] 이내마다 1개를 설치할 것
㉯ 제어밸브는 특정소방대상물 층마다에 바닥 면으로부터 0.8 [m] 이상 1.5 [m] 이하의 위치에 설치할 것
㉰ 수원의 수량은 드렌처헤드가 가장 많이 설치된 제어밸브의 드렌처헤드의 설치개수에 1.6 [m³]를 곱하여 얻은 수치 이상이 되도록 할 것
㉱ 제어밸브 = 일제개방밸브 + 개폐표시형밸브 + 수동조작부

71. 포소화설비의 화재안전기술기준상 차고·주차장에 설치하는 포소화전설비의 설치 기준 중 다음 (   ) 안에 알맞은 것은? (단, 1개 층의 바닥면적이 200 [m²] 이하인 경우는 제외한다.)

특정소방대상물의 어느 층에 있어서도 그 층에 설치된 포소화전방수구(포소화전방수구가 5개 이상 설치된 경우에는 5개)를 동시에 사용할 경우 각 이동식 포노즐 선단의 방수용액 방사압력이 (㉠) [MPa] 이상이고 (㉡) [ℓ/min] 이상의 포수용액을 수평거리 15 [m] 이상으로 방사할 수 있도록 할 것

① (㉠) 0.25, (㉡) 230
② (㉠) 0.25, (㉡) 300
③ (㉠) 0.35, (㉡) 230
④ (㉠) 0.35, (㉡) 300

해설 차고 주차장에 포소화전(호스릴포 소화전)

방사압력	0.35 [MPa] 이상(5개 이상 설치시 5개 동시 사용할 경우)
방사량	300 [ℓ/min] 이상 (1개층의 바닥면적이 200 [m²] 이하인 경우에는 230 [ℓ/min] 이상)
포수용액의 방사 수평거리	15 [m] 이상
포소화약제	저발포용 사용
호스릴함 또는 호스함	• 방수구로부터 3 [m] 이내 설치 • 바닥으로부터 높이 1.5 [m] 이하의 위치에 설치 • 표지와 적색의 위치표시등을 설치
방수구 수평거리	호스릴 – 15 [m] 이하, 포소화전 – 25 [m] 이하

정답 70. ② 71. ④

72. 소화수조 및 저수조의 화재안전기술기준에 따라 소화용수설비에 설치하는 채수구의 수는 소요수량이 40[m³] 이상 100[m³] 미만인 경우 몇 개를 설치해야 하는가?

① 1 ② 2
③ 3 ④ 4

해설 채수구의 수

소요수량	20[m³] 이상 40[m³] 미만	40[m³] 이상 100[m³] 미만	100[m³] 이상
채수구의 수	1개	2개	3개

73. 화재조기진압용 스프링클러설비의 화재안전기술기준상 화재조기진압용 스프링클러설비 설치 장소의 구조 기준으로 틀린 것은?

① 창고내의 선반의 형태는 하부로 물이 침투되는 구조로 할 것
② 천장의 기울기가 1000분의 168을 초과하지 않아야 하고, 이를 초과하는 경우에는 반자를 지면과 수평으로 설치할 것
③ 천장은 평평하여야 하며 철재나 목재트러스 구조인 경우, 철재나 목재의 돌출부분이 102[mm]를 초과하지 아니할 것
④ 해당 층의 높이가 10[m] 이하일 것. 다만, 3층 이상일 경우에는 해당 층의 바닥을 내화구조로 하고 다른 부분과 방화구획 할 것

해설 화재조기진압용 스프링클러설비 설치 장소의 구조 기준

구 분	내 용	비 고
당해층의 높이	13.7[m] 이하	2층 이상일 경우에는 당해층의 바닥을 내화구조로 하고 다른 부분과 방화구획 할 것
천장의 기울기	$\frac{168}{1,000}$ 이하	이를 초과하는 경우에는 반자를 지면과 수평으로 설치
천장	평평하게 설치	철재나 목재트러스 구조인 경우, 철재나 목재의 돌출 부분이 102[mm] 이하(살수장애 방지)
보	목재·콘크리트 및 철재 사이의 간격이 0.9[m] 이상 2.3[m] 이하	다만, 보의 간격이 2.3[m] 이상인 경우에는 화재조기진압용 스프링클러헤드의 동작을 원활히 하기 위하여 보로 구획된 부분의 천장 및 반자의 넓이가 28[m²]를 초과하지 아니할 것
선반의 형태	하부로 물이 침투되는 구조	
저장물품의 간격	모든 방향에서 152[mm] 이상	

74. 난방설비가 없는 교육장소에 비치하는 소화기로 가장 적합한 것은? (단, 교육장소의 겨울 최저온도는 -15[℃] 이다.)

① 화학포소화기 ② 기계포소화기
③ 산알칼리 소화기 ④ ABC 분말소화기

해설

구분	사용온도범위	구분	사용온도범위
물소화기	0[℃] 이상 40[℃] 이하	이산화탄소 소화기	0[℃] 이상 40[℃] 이하
강화액소화기	-20[℃] 이상 40[℃] 이하	할론소화기	0[℃] 이상 40[℃] 이하
포소화기	0[℃] 이상 40[℃] 이하	분말소화기	-20[℃] 이상 40[℃] 이하

75. 할론소화설비의 화재안전기술기준상 축압식 할론소화약제 저장용기에 사용되는 축압용 가스로서 적합한 것은?

① 질소 ② 산소
③ 이산화탄소 ④ 불활성 가스

해설 저장용기의 저장온도, 압력

할론소화설비		
할론2402	할론1211	할론1301
-	축압식저장용기 20[℃]에서 질소로 축압	
	1.1 또는 2.5[MPa]	2.5 또는 4.2[MPa]

기출문제

76. 제연설비의 화재안전기술기준상 유입풍도 및 배출풍도에 관한 설명으로 맞는 것은?

① 유입풍도 안의 풍속은 25[m/s] 이하로 한다.
② 배출풍도는 석면재료와 같은 내열성의 단열재로 유효한 단열 처리를 한다.
③ 배출풍도와 유입풍도의 아연도금강판 최소 두께는 0.45[mm] 이상으로 하여야 한다.
④ 배출기 흡입측 풍도 안의 풍속은 15[m/s] 이하로 하고 배출측 풍속은 20[m/s] 이하로 한다.

해설 유입풍도(예상제연구역으로 공기를 유입하도록 하는 풍도) 등

예상제연구역		유입풍도	배출기
공기가 유입되는 순간의 풍속 및 공기 유입구의 구조	공기유입구의 크기	풍속	흡입측 풍도 / 배출측 풍도
5[m/s] 이하가 되도록 하고 유입공기를 상향으로 분출하지 않도록 설치하여야 한다. 다만, 유입구가 바닥에 설치되는 경우에는 상향으로 분출이 가능하며 이때의 풍속은 1[m/s] 이하가 되도록 해야 한다.	예상제연구역 배출량 1[m³/min]에 대하여 35[cm²] 이상	20[m/s] 이하	풍속은 15[m/s] 이하 / 풍속은 20[m/s] 이하

※ 공기 유입량 - 배출량의 배출에 지장이 없는 양으로 하여야 한다.
※ 옥외에 면한 배출구 및 공기유입구 - 비 또는 눈 등이 들어가지 아니하도록 하고, 배출된 연기가 공기유입구로 순환유입 되지 아니 할 것

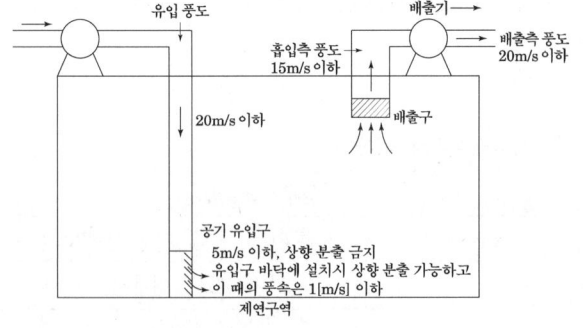

77. 소화수조 및 저수조의 화재안전기술기준에 따라 소화용수설비를 설치하여야 할 특정소방대상물에 있어서 유수의 양이 최소 몇 [m³/min] 이상인 유수를 사용할 수 있는 경우에 소화수조를 설치하지 아니할 수 있는가?

① 0.8　　② 1
③ 1.5　　④ 2

해설 소화수조 설치 제외
0.8[m³/min] 이상인 유수를 사용할 수 있는 경우

78. 소방시설 설치 및 안전관리에 관한 법률상 자동소화장치를 모두 고른 것은?

㉠ 분말자동소화장치
㉡ 액체자동소화장치
㉢ 고체에어로졸자동소화장치
㉣ 공업용 주방자동소화장치
㉤ 캐비닛형 자동소화장치

① ㉠, ㉡
② ㉡, ㉢, ㉣
③ ㉠, ㉢, ㉤
④ ㉠, ㉡, ㉢, ㉣, ㉤

해설 자동소화장치의 종류

고체에어로졸	가스	분말
캐비닛형	주거용 주방	상업용 주방

79. 이산화탄소소화설비의 화재안전기술기준에 따른 이산화탄소소화설비 기동장치의 설치기준으로 맞는 것은?

① 가스압력식 기동장치 기동용가스용기의 용적은 3L 이상으로 한다.
② 수동식 기동장치는 전역방출방식에 있어서 방호대상물마다 설치한다.
③ 수동식 기동장치의 부근에는 소화약제의 방출을 지연시킬 수 있는 비상스위치를 설치해야 한다.
④ 전기식 기동장치로서 5병의 저장용기를 동시에 개방하는 설비는 2병 이상의 저장용기에 전자개방밸브를 부착해야 한다.

정답　76. ④　77. ①　78. ③　79. ③

해설 기동장치
1. 수동식 기동장치
① 수동식 기동장치의 부근에는 소화약제의 방출을 지연시킬 수 있는 비상스위치 설치

> 비상스위치 : 자동복귀형 스위치로서 수동식 기동장치의 타이머를 순간정지시키는 기능의 스위치

② 전역방출방식에 있어서는 방호구역마다, 국소방출방식에 있어서는 방호대상물마다 설치할 것
(할로겐화합물 및 불활성기체소화설비의 경우 국소방출방식에 대한 내용은 없음)
③ 당해방호구역의 출입구부분 등 조작을 하는 자가 쉽게 피난할 수 있는 장소에 설치할 것
④ 기동장치의 조작부는 바닥으로부터 높이 0.8 [m] 이상 1.5 [m] 이하의 위치에 설치하고, 보호판 등에 따른 보호장치를 설치할 것
⑤ 기동장치에는 그 가까운 곳의 보기 쉬운 곳에 "이산화탄소소화설비 기동장치"라고 표시한 표지를 할 것
⑥ 전기를 사용하는 기동장치에는 전원표시등을 설치할 것
⑦ 기동장치의 방출용 스위치는 음향경보장치와 연동하여 조작될 수 있는 것으로 할 것

2. 자동식 기동장치
① 전기식 기동장치
7병 이상의 저장용기를 동시에 개방하는 설비의 경우 2병 이상의 저장용기에 전자 개방밸브를 부착
② 가스압력식 기동장치

기동용기 설치기준	
기동용가스용기 및 밸브	25 [MPa] 이상 압력에 견딜 것
기동용가스용기	충전여부를 확인 할 수 있는 압력게이지 설치
안전장치	내압시험압력 0.8배 ~ 1배 이하에서 작동
용적	5 [ℓ] 이상
질소등의 비활성기체	6.0 [MPa] 이상의 압력으로 충전 (21[℃])

③ 기계식 기동장치
저장용기를 쉽게 개방할 수 있는 구조로 할 것

80. 스프링클러설비의 화재안전기술기준에 따라 개방형 스프링클러설비에서 하나의 방수구역을 담당하는 헤드 개수는 최대 몇 개 이하로 설치하여야 하는가?

① 30 ② 40
③ 50 ④ 60

해설 일제개방밸브 방수구역

헤드개수	50개 이하 ※ 2개 이상의 방수구역으로 나눌 경우에는 하나의 방수구역을 담당하는 헤드의 개수는 25개 이상
범위	2개 층에 미치지 아니 할 것

 80. ③

2020년 1회 기출문제 **297**

기출문제(2020.2회)

■■■ 제1과목 소방원론

1. 화재의 종류에 다른 분류가 틀린 것은?

① A급 : 일반화재 ② B급 : 유류화재
③ C급 : 가스화재 ④ D급 : 금속화재

[해설] 화재의 종류

A급	B급	C급	D급	K급
일반화재	유류화재	전기화재 (통전중)	금속화재	주방식용 유화재
백색	황색	청색	무색	—

2. 다음 중 고체 가연물이 덩어리보다 가루일 때 연소되기 쉬운 이유로 가장 적합한 것은?

① 발열량이 작아지기 때문이다.
② 공기와 접촉면이 커지기 때문이다.
③ 열전도율이 커지기 때문이다.
④ 활성에너지가 커지기 때문이다.

[해설] 가연물의 구비조건
① 활성화에너지가 작을 것 : 활성화되는 에너지가 적어야 원인계에서 빨리 활성화되서 발열 하게 된다.
② 열전도율이 적을 것 : 열전달이 적어야 열 축적이 쉽다.
③ 표면적이 넓을 것 : 표면적이 넓어야 산소와 접촉하는 면적이 넓다.
④ 산소와 친화력이 클 것
⑤ 발열량이 클 것

3. 위험물과 위험물안전관리법령에서 정한 지정수량을 옳게 연결한 것은?

① 무기과산화물 - 300[kg]
② 황화린 - 500[kg]
③ 황린 - 20[kg]
④ 질산에스테르류 - 200[kg]

[해설] 제1류 위험물(산화성 고체)

품명	위험등급	지정수량
① 아염소산염류 ($-ClO_2$) ② 염소산염류 ($-ClO_3$) ③ 과염소산염류 ($-ClO_4$) ④ 무기과산화물 ($-O_2$)	I	50 [kg]
⑤ 요오드산염류 ($-IO_3$) ⑥ 브롬산염류 ($-BrO_3$) ⑦ 질산염류 ($-NO_3$)	II	300 [kg]
⑧ 과망간산염류 ($-MnO_4$) ⑨ 중크롬산염류 ($-Cr_2O_7$)	III	1,000 [kg]

제2류 위험물(가연성고체)

품명	위험등급	지정수량
① 황화린 ② 적린 ③ 유황	II	100 [kg]
④ 철분 ⑤ 마그네슘 ⑥ 금속분	III	500 [kg]
⑦ 인화성고체	III	1,000 [kg]

제3류 위험물(자연발화성 물질 및 금수성 물질)

품명	위험등급	지정수량
① 칼륨 ② 나트륨 ③ 알킬알루미늄 ④ 알킬리튬	I	10 [kg]
⑤ 황린	I	20 [kg]
⑥ 알칼리금속 ⑦ 알칼리토금속 ⑧ 유기금속화합물	II	50 [kg]

제5류 위험물(자기연소성물질)

품명	위험등급	지정수량
① 유기과산화물 ② 질산에스테르류 ③ 셀룰로이드 ④ 니트로글리세린	I	10 [kg]
⑤ 히드록실아민 ⑥ 히드록실아민염류	II	100 [kg]
⑦ 니트로화합물 ⑧ 니트로소화합물 ⑨ 아조화합물 ⑩ 디아조화합물 ⑪ 히드라진 유도체	II	200 [kg]
금속의 아지화합물 질산구아니딘	II	200 [kg]

정답 1. ③ 2. ② 3. ③

4. 다음 중 발화점이 가장 낮은 물질은?
① 휘발유 ② 이황화탄소
③ 적린   ④ 황린

[해설] 발화점

제2류 위험물	제4류 위험물
삼황화린 → 100[℃] 오황화린 → 142[℃] 칠황화린 → 250[℃] 적린 → 260[℃] 유황 ┌고무상황 360[℃] 　　└사방황 232[℃]	이황화탄소 → 100[℃] 디에틸에테르 → 180[℃] 아세트알데히드 → 185[℃] 벤젠 → 540[℃] 톨루엔 → 480[℃] 아세톤 → 538[℃] 휘발유(가솔린) → 300[℃] 메틸알코올 → 464[℃] 에틸알코올 → 423[℃] 등유 → 254[℃] 경유 → 200[℃]
제3류 위험물	
황린 → 34[℃]	

5. 화재 시 발생하는 연소가스 중 인체에서 헤모글로빈과 결합하여 혈액의 산소운반을 저해하고 두통, 근육조절의 장애를 일으키는 것은?
① CO_2 ② CO
③ HCN   ④ H_2S

[해설] 일산화탄소
1. '무색, 무미, 무취 가스로서 화재 시 가장 많이 발생되는 가스이다.
2. 'CO에 의한 중독은 CO가 혈액중의 산소 운반물질인 헤모글로빈(Hb)과 결합하는 능력이 산소보다 약 200배 이상 높기 때문에 폐에 흡수된 CO가 바로 카복시헤모글로빈(HbCO)으로 되어 헤모글로빈에 의한 산소의 운반과 탄산가스의 배출작용이 방해받게 되어 질식하게 되는 유독한 가스이다
3. 'CO는 낮은 농도에서도 매우 위험하며 0.4%(4,000 ppm)에서 1시간 이내 노출하면 치사한다.

6. 다음 원소 중 전기 음성도가 가장 큰 것은?
① F   ② Br
③ Cl   ④ I

[해설] 할론을 구성하는 7족 원소의 특성

구분	소화효과	오존층 파괴 순서	전기음성도	이온화 에너지
F	④	④	①	①
Cl	③	③	②	②
Br	②	②	③	③
I	①	①	④	④

• 전기음성도 : 전자1개를 끌어 당기려는 힘(경향)
• 이온화에너지 : 전자1개를 떼어내는데 필요한 에너지

7. 탄화칼슘이 물과 반응 시 발생하는 가연성 가스는?
① 메탄   ② 포스핀
③ 아세틸렌 ④ 수소

[해설] 탄화칼슘과 물과의 반응(아세틸렌 발생☆)
$$CaC_2 + 2H_2O \rightarrow Ca(OH)_2 + C_2H_2\uparrow$$

8. 공기의 평균 분자량이 29일 때 이산화탄소 기체의 증기비중은 얼마인가?
① 1.44   ② 1.52
③ 2.88   ④ 3.24

[해설] 증기비중

$$증기비중 = \frac{분자량}{29}$$

증기비중은 공기 무게와 기체의 무게의 비를 말하며 29는 공기의 평균 분자량을 말한다.

종류	이산화 탄소	Halon 1301	Halon 104	Halon 1211	Halon 2402
분자식	CO_2	CF_3Br	CCl_4	CF_2ClBr	$C_2F_4Br_2$
분자량	44	149	153.6	165.4	260
증기비중	$\frac{44}{29}$ ≒ 1.52	$\frac{149}{29}$ = 5.13	$\frac{153.6}{29}$ = 5.29	$\frac{165.4}{29}$ = 5.70	$\frac{260}{29}$ = 8.96

* 원자량 - C : 12, F : 19, Cl : 35.5, Br : 80, O : 16

정답 4. ④ 5. ② 6. ① 7. ③ 8. ②

기출문제

2020. 2회 소방설비기사

9. 밀폐된 공간에 이산화탄소를 방사하여 산소의 체적 농도를 12[%] 되게 하려면 상대적으로 방사된 이산화 탄소의 농도는 얼마가 되어야 하는가?

① 25.40[%]   ② 28.70[%]
③ 38.35[%]   ④ 42.86[%]

[해설] 질식소화와 관련된 CO_2 농도와 양

① 방사된 CO_2의 농도[%]

$$CO_2[\%] = \frac{21[\%] - O_2[\%]}{21[\%]} \times 100$$

② 방사된 CO_2의 양 (m^3)

$$CO_2[m^3] = \frac{21[\%] - O_2[\%]}{O_2[\%]} \times V\,[m^3]$$

$O_2[\%]$: 산소의 농도

[풀이]

$$CO_2[\%] = \frac{21[\%] - 12[\%]}{21[\%]} \times 100 = 42.86[\%]$$

10. 화재하중의 단위로 옳은 것은?

① kg/m^2 ② $℃/m^2$
③ $kg \cdot L/m^2$ ④ $℃ \cdot L/m^2$

[해설] 화재하중

단위 면적당 가연물의 양을 목재의 양으로 환산한 값

$$화재하중\ Q = \frac{\sum(G_i \cdot H_i)}{H \cdot A} = \frac{\sum Q_i}{4,500 \cdot A}\,[kg/m^2]$$

G_i : 가연물의 질량 [kg]
H_i : 가연물의 단위 발열량 [kJ/kg]
Q_i : 가연물의 전 발열량 [kJ]
H : 목재의 단위 질량당 발열량
(4,500 [kcal/kg] ≒ 18,855 [kJ/kg])
A : 바닥면적 [m^2]

11. 인화점이 20[℃]인 액체 위험물을 보관하는 창고의 인화 위험성에 대한 설명 중 옳은 것은?

① 여름철에 창고 안이 더워질수록 인화의 위험성이 커진다.
② 겨울철에 창고 안에 추워질수록 인화의 위험성이 커진다.
③ 20[℃]에서 가장 안전하고 20[℃]보다 높아지거나 낮아질수록 인화의 위험성이 커진다.
④ 인화의 위험성은 계절의 온도와는 상관없다.

[해설] 액체 위험물의 인화점 보다 높은 온도에서 보관하면 액체 위험물이 기화하여 가연성혼합기를 형성한 경우 점화원에 화재가 발생할 수 있으므로 그 위험도는 증가하게 되는 것이다.

12. 소화약제인 IG-541의 성분이 아닌 것은?

① 질소   ② 아르곤
③ 헬륨   ④ 이산화탄소

[해설] 불활성기체 소화약제(4가지)
헬륨, 네온, 아르곤 또는 질소가스 중 하나 이상의 원소를 기본성분으로 하는 소화약제

소화약제	최대허용 설계농도[%]
IG - 01	43
IG - 100	43
IG - 541	43
IG - 55	43

※ IG-541의 구성 성분 : 질소 52[%], 아르곤 40[%], 이산화탄소 8[%]

13. 이산화탄소 소화약제 저장용기의 설치장소에 대한 설명 중 옳지 않는 것은?

① 반드시 방호구역 내의 장소에 설치한다.
② 온도의 변화가 적은 곳에 설치한다.
③ 방화문으로 구획된 실에 설치한다.
④ 해당 용기가 설치된 곳임을 표시하는 표지를 한다.

[정답] 9. ④ 10. ① 11. ① 12. ③ 13. ①

해설 이산화탄소(할론, 할로겐화합물 및 불활성기체, 분말) 소화약제의 저장용기 장소 설치기준
① 방호구역외의 장소에 설치할 것
  다만, 방호구역내에 설치할 경우에는 피난 및 조작이 용이하도록 피난구 부근에 설치하여야 한다.
② 온도가 40[℃] 이하(할로겐화합물 및 불활성기체 소화약제 소화설비는 50[℃] 이하)이고, 온도변화가 적은 곳에 설치할 것
③ 직사광선 및 빗물이 침투할 우려가 없는 곳에 설치할 것
④ 방화문으로 구획된 실에 설치할 것
⑤ 용기의 설치장소에는 당해 용기가 설치된 곳임을 표시하는 표지를 할 것
⑥ 용기간의 간격은 점검에 지장이 없도록 3[cm] 이상의 간격을 유지할 것
⑦ 저장용기와 집합관을 연결하는 연결배관에는(가스)체크밸브를 설치할 것 다만, 저장용기가 하나의 방호구역만을 담당하는 경우에는 그러하지 아니하다.

14. 화재의 소화원리에 따른 소화방법의 적용으로 틀린 것은?

① 냉각소화 : 스프링클러설비
② 질식소화 : 이산화탄소 소화설비
③ 제거소화 : 포소화설비
④ 억제소화 : 할로겐화합물 소화설비

해설 소화의 방법

구분	소화	내용	제어 방법
물리적 소화	냉각 소화	인화점, 발화점 이하로 온도를 낮추어 소화	옥내소화전설비 스프링클러설비
	질식 소화	산소의 농도를 21[%]에서 15[%] 이하로 감소 시켜 소화	이산화탄소소화설비 불활성기체소화설비
	피복 소화	가연물을 피복하여 가연성가스 발생 억제 및 공기차단으로 소화(피복하여 질식시킴)	포소화설비
	제거 소화	가연물이 연소하기 전에 가연물을 제거하여 소화	산불화재 벌목, 가스화재의 가스차단, 촛불의 화염·제거
화학적 소화	유화 소화	기름과 물은 혼합되지 않으나 세차게 물을 기름에 뿌리는 경우 일시적으로 기름과 물이 혼합되는데 이를 에멀전효과라고 하고 가연성가스 방출 방지 및 산소공급 차단 효과로 소화	고비점유 화재 시 무상주수
	희석 소화	물질의 농도를 다른 물질을 가함으로써 농도를 낮게 하여 소화	가연성의 기체나 액체, 고체에서 나오는 분해가스의 농도를 엷게 함
	연쇄 반응 억제 소화	화학적 소화 방법 (부촉매 효과) - 불꽃연소만 소화 가능	할론소화설비 분말소화설비

15. 건축물의 내화구조에서 바닥의 경우에는 철근 콘크리트조의 두께가 몇 [cm] 이상이어야 하는가?

① 7   ② 10
③ 12   ④ 15

해설 내화구조

구 분	외벽중 비내력벽	벽	바닥	기둥
철근콘크리트조, 철골철근콘크리트조	7	10	10	◎
무근콘크리트조, 콘크리트블록조, 석조	7	–	–	–
벽돌조	7	19	–	–
고온·고압의 증기로 양생된 경량기포 콘크리트패널, 경량기포 콘크리트블록조	–	10	–	–

16. 소화효과를 고려하였을 경우 화재 시 사용할 수 있는 물질이 아닌 것은?

① 이산화탄소   ② 아세틸렌
③ Halon 1211   ④ Halon 1301

 14. ③ 15. ② 16. ②

해설 주요 가연성 가스의 공기 중 연소 범위

가스명	연소범위[V%]		
	하한값	상한값	범위차
아세틸렌	2.5	81	78.5
수소	4.0	75.0	71
일산화탄소	12.5	74.0	61.5
에테르	1.9	48	46.1
이황화탄소	1.2	44	42.8
황화수소	4.0	44.0	40
에틸렌	2.7	36.0	33.3
암모니아	15.0	28.0	13
메탄	5.0	15.0	10
에탄	3.0	12.4	9.4
프로판	2.1	9.5	7.4
부탄	1.8	8.4	6.6

17. 질식소화 시 공기중의 산소농도는 일반적으로 약 몇 vol% 이하여야 하는가?

① 25 ② 21
③ 19 ④ 15

해설 질식효과
㉠ 산소의 농도를 21[%]에서 15[%] 이하로 감소시켜 소화
㉡ 물적조건을 제어하여 소화
㉢ 가스계 소화설비의 이산화탄소, 불활성기체소화설비, 미분무소화설비

18. 제1종 분말소화약제의 주성분으로 옳은 것은?

① $KHCO_3$ ② $NaHCO_3$
③ $NH_4H_2PO_4$ ④ $Al_2(SO_4)_3$

해설 분말소화약제의 명칭 등

구분	제1종	제2종	제3종	제4종
명칭	탄산수소나트륨	탄산수소칼륨	인산암모늄	탄산수소칼륨 + 요소
분자식	$NaHCO_3$	$KHCO_3$	$NH_4H_2PO_4$	$KHCO_3$ + $(NH_2)_2CO$
색상	백색	자색 (보라색)	담홍색	회백색
적응화재	B급, C급	B급, C급	A급, B급, C급	B급, C급

19. Halon 1301의 분자식은?

① CH_3Cl ② CH_3Br
③ CF_3Cl ④ CF_3Br

해설 Halon 1 3 0 1
   C F Cl Br
   C F_3 Br
→ CF_3Br 브로모 트리 플루오르 메탄

Br : 브로모 F : 플루오르 Cl : 클로로
2 : 디 3 : 트리 4 : 테트라

C가 1개인 메탄(CH_4)에서 수소 3개가 플루오르로 치환하고 1개는 브로모로 치환한 형태로서 메탄에서 유도된 것.

※ Halon 2402 → $C_2F_4Br_2$
  디 브로모 테트라 플루오르 에탄
  C가 2개인 에탄(C_2H_6)에서 유도된 것.

※ Halon 1211 → CF_2ClBr
  브로모 클로로 디 플루오르 메탄

정답 17. ④ 18. ② 19. ④

20. 다음 중 연소와 가장 관련있는 화학반응은?

① 중화반응 ② 치환반응
③ 환원반응 ④ 산화반응

[해설] 연소의 정의
연소란 열과 빛을 수반하는 급격한 산화반응

제2과목 소방유체역학

21. 체적 0.1[m³]의 밀폐 용기 안에 기체상수가 0.4615 [kJ/kg·k]인 기체 1[kg]이 압력 2[MPa], 온도 250[℃] 상태로 들어있다. 이때 이 기체의 압축계수(또는 압축성 인자)는?

① 0.578 ② 0.828
③ 1.21   ④ 1.73

[해설] 이상기체의 상태방정식
$PV = ZmRT$ 에서

$Z = \dfrac{PV}{mRT} = \dfrac{2 \times 10^3 \times 0.1}{1 \times 0.4615 \times (250+273)} ≒ 0.828$

여기서, P : 압력[kPa]
V : 체적[m³]
m : 질량[kg] = M : 분자량[kg/kmol]
R : 기체상수[kJ/kg·K]
T : 온도[K]
Z : 압축성인자(=몰수·m)

22. 물의 체적탄성계수가 2.5[GPa]일 때 물의 체적을 1[%] 감소시키기 위해선 얼마의 압력[MPa]을 가하여야 하는가?

① 20   ② 25
③ 30   ④ 35

[해설] 체적탄성계수 K

$$K = \dfrac{\Delta P}{\Delta V / V} \text{[Pa]}$$

여기서, ΔP : 압력변화량, $\Delta V/V$: 체적변화율
$\Delta P = K \times \Delta V/V = 2.5 \times 10^3 \times (1 \times 10^{-2}) = 25$ [MPa]

23. 안지름 40[mm]의 배관 속을 정상류의 물이 매분 150L로 흐를 때의 평균 유속[m/s]은?

① 0.99 ② 1.99
③ 2.45 ④ 3.01

[해설] $Q = AV = \dfrac{\pi d^2}{4} \cdot V$ 에서

유속 $V = \dfrac{Q}{A} = \dfrac{4Q}{\pi d^2} = \dfrac{4 \times 150 \times 10^{-3}}{\pi \times (40 \times 10^{-3})^2 \times 60} ≒ 1.99$

여기서, Q : 체적유량 [m³/s]
A : 단면적[m²] V : 유속 [m/s]
d : 지름[m] r : 반지름[m]

24. 원심펌프를 이용하여 0.2[m³/s]로 저수지의 물을 2[m] 위의 물 탱크로 퍼 올리고자 한다. 펌프의 효율이 80[%]라고 하면 펌프에 공급해야 하는 동력[kW]은?

① 1.96 ② 3.14
③ 3.92 ④ 4.90

[해설] 축동력

$L_S = \dfrac{\gamma QH}{\eta} = \dfrac{9.8 \times 0.2 \times 2}{0.8} = 4.90$ [kW]

여기서, L_S : 축동력[kW]
γ : 물의 비중량[kN/m³]
Q : 토출량[m³/s]
H : 전양정[m]
η : 펌프 효율

정답 20. ④ 21. ② 22. ② 23. ② 24. ④

기출문제

2020. 2회 소방설비기사

25. 원관에서 길이가 2배, 속도가 2배가 되면 손실수두는 원래의 몇 배가 되는가? (단, 두 경우 모두 완전발달 난류유동에 해당되며, 관 마찰계수는 일정하다.)

① 동일하다. ② 2배
③ 4배 ④ 8배

해설 패닝의 법칙(Fanning's law)
원형 단면의 직선관로 내에 난류에 의한 압력손실을 부여하는 식으로 f는 관 마찰계수[무차원수], V는 평균유속[m/s], L은 길이[m], d는 관지름[m]일 경우 손실수두 h_L[m]은

$$h_L = 4f\left(\frac{L}{d}\right)\left(\frac{V^2}{2g}\right)$$ 이다.

∴ $h_L \propto L \cdot V^2 = 2 \times 2^2 = 8$배 이다.

26. 펌프가 운전 중에 한숨을 쉬는 것과 같은 상태가 되어 펌프 입구의 진공계 및 출구의 압력계 지침이 흔들리고 송출유량도 주기적으로 변화하는 이상 현상을 무엇이라고 하는가?

① 공동현상(cavitation)
② 수격작용(water hammering)
③ 맥동현상(surging)
④ 언밸런스(unvalance)

해설 맥동(surging)현상
원심형의 송풍기나 펌프를 일정한 회전속도로 운전할 때의 풍량-압력 특성은 그림과 같고, 피크(peak)를 서징한계라 한다. 서징은 배관계를 포함한 계가 자려진동(自勵振動)을 일으켜서 특정 주기로 토출압력이나 유량이 변동을 일으키는 현상을 말한다.

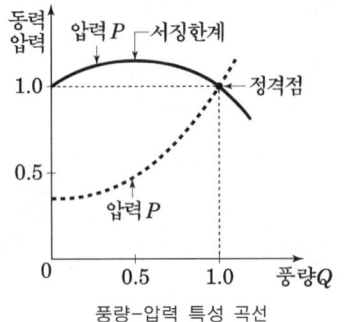

풍량-압력 특성 곡선

27. 터보팬을 6000[rpm]으로 회전시킬 경우, 풍량은 0.5[m³/min], 축동력은 0.049[kW] 이었다. 만약 터보팬의 회전수를 8000[rpm]으로 바꾸어 회전시킬 경우 축동력[kW]은?

① 0.0207 ② 0.207
③ 0.116 ④ 1.161

해설 송풍기의 상사법칙

$$L_{S2} = L_{S1} \times \left(\frac{N_2}{N_1}\right)^3 = 0.049 \times \left(\frac{8000}{6000}\right)^3 = 0.116$$

28. 어떤 기체를 20[℃]에서 등온 압축하여 절대압력이 0.2[MPa]에서 1[MPa]으로 변할 때 체적은 초기 체적과 비교하여 어떻게 변화하는가?

① 5배로 증가한다. ② 10배로 증가한다.
③ $\frac{1}{5}$로 감소한다. ④ $\frac{1}{10}$로 감소한다.

해설 보일의 법칙(등온변화)
$P_1 V_1 = P_2 V_2$에서

$$\frac{V_2}{V_1} = \frac{P_1}{P_2} = \frac{0.2}{1}$$

∴ $V_2 = 0.2 V_1 \rightarrow V_2 = \frac{1}{5} V_1$

즉, 변화 후 체적(V_2)은 초기 체적(V_1)의 $\frac{1}{5}$로 감소한다.

29. 원관 속의 흐름에서 관의 직경, 유체의 속도, 유체의 밀도, 유체의 점성계수가 각각 D, V, ρ, μ로 표시될 때 층류 흐름의 마찰계수(f)는 어떻게 표현될 수 있는가?

① $f = \dfrac{64\mu}{DV\rho}$ ② $f = \dfrac{64\rho}{DV\mu}$
③ $f = \dfrac{64D}{V\rho\mu}$ ④ $f = \dfrac{64}{DV\rho\mu}$

정답 25. ④ 26. ③ 27. ③ 28. ③ 29. ①

[해설] 층류에서의 관마찰계수 f

$f = \dfrac{64}{R_e}$ 에서

$Re = \dfrac{\rho V D}{\mu}$ $\therefore f = \dfrac{64}{\rho V D / \mu} = \dfrac{64\mu}{\rho V D}$

30. 그림과 같이 매우 큰 탱크에 연결된 길이 100[m], 안지름 20[cm]인 원관에 부차적 손실계수가 5인 밸브A가 부착되어 있다. 관 입구에서의 부차적 손실계수가 0.5, 관마찰계수는 0.02이고 평균속도가 2[m/s]일 때 물의 높이 H[m]는?

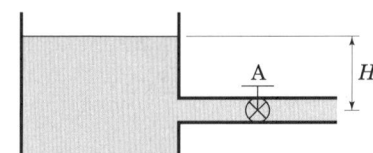

① 1.48
② 2.14
③ 2.81
④ 3.36

[해설] (1) 실제 관로에서의 전체 손실 수두계산

직관마찰손실(h_1)+입구손실(h_2)+밸브A 손실(h_3)

$H_L = f\dfrac{L}{D}\dfrac{V^2}{2g} + (\sum K)\dfrac{V^2}{2g} + \dfrac{V^2}{2g}$

① 직관에서의 마찰손실

$h_1 = f\dfrac{L}{D}\cdot\dfrac{V^2}{2g} = 0.02 \times \dfrac{100}{0.2} \times \dfrac{2^2}{2\times 9.8} = \dfrac{100}{49}$

② 입구손실

$h_2 = K_2\dfrac{V^2}{2g} = 0.5 \times \dfrac{2^2}{2\times 9.8} = \dfrac{5}{49}$

③ 밸브 A의 손실

$h_3 = K_3\dfrac{V^2}{2g} = 5 \times \dfrac{2^2}{2\times 9.8} = \dfrac{50}{49}$

따라서 전체 손실수두

$H_L = h_1 + h_2 + h_3$
$= \dfrac{100}{49} + \dfrac{5}{49} + \dfrac{50}{49} = \dfrac{155}{49}$

(2) 높이차(H) (베르누이 수정방정식)

$\dfrac{v_1^2}{2g} + \dfrac{P_1}{\gamma} + z_1 = \dfrac{v_2^2}{2g} + \dfrac{P_2}{\gamma} + z_2 + H_L$ 에서

$v_1 = 0$, $P_1 = P_2$, $z_1 - z_2 = H$로 하면

$H = \dfrac{v_2^2}{2g} + H_L = \dfrac{2^2}{2\times 9.8} + \dfrac{155}{49} ≒ 3.37$

31. 마그네슘은 절대온도 293[K]에서 열전도도가 156[W/m·K] 밀도는 1740[kg/m³]이고, 비열이 1017[J/kg·K]일 때 열확산계수[m²/s]는?

① 8.96×10^{-2}
② 1.53×10^{-1}
③ 8.81×10^{-5}
④ 8.81×10^{-4}

[해설] 열확산계수(α)

$\alpha = \dfrac{k}{Pc} = \dfrac{156}{1740 \times 1017} ≒ 8.81 \times 10^{-5}$

32. 그림과 같이 반지름 1[m], 폭(y방향) 2[m]인 곡면 AB에 작용하는 물에 의한 힘의 수직성분(z방향) F_Z와 수평성분(x방향) F_X와의 비(F_Z/F_X)는 얼마인가?

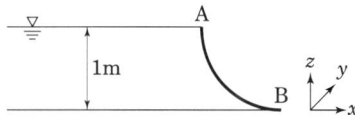

① $\dfrac{\pi}{2}$
② $\dfrac{2}{\pi}$
③ 2π
④ $\dfrac{1}{2\pi}$

[해설] (1) 수직분력 F_Z

F_Z는 그 곡면을 밑면으로 하는 액주의 중량과 같다.
따라서 곡면상의 체적을 V라 하면

$F_Z = rV = 9.8 \times (\pi\times 1^2 \times 2 \times \dfrac{90}{360}) = 9.8 \times \dfrac{\pi}{2}$ [N]

(2) 수평분력 F_X

F_X은 그 곡면을 수직면에 수평으로 투영된 면적에 작용한 압력과 같다.
따라서 투영면적을 A_H라 하면

$F_X = rh_cA_H$
$= 9.8 \times \dfrac{1}{2} \times (1\times 2) = 9.8$ [N]

$\therefore \dfrac{F_Z}{F_X} = \dfrac{9.8\pi}{2}/9.8 = \dfrac{\pi}{2}$

정답 30. ④ 31. ③ 32. ①

기출문제

2020. 2회 소방설비기사

33. 대기압하에서 10[℃]의 물 2[kg]이 전부 증발하여 100[℃]의 수증기로 되는 동안 흡수되는 열량[kJ]은 얼마인가? (단, 물의 비열은 4.2[kJ/kg·K], 기화열은 2250[kJ/kg]이다.)

① 756   ② 2638
③ 5256 ④ 5360

[해설] (1) 온도 10[℃]에서 포화온도100[℃])까지 온도를 높이는데 필요한 열량
$$q_s = mc\Delta t = 2 \times 4.2 \times (100-10) = 756 \,[kJ]$$

(2) 포화온도100[℃]에서 포화액을 포화증기로 변화시키는데 필요한 열량
$$q_L = mr = 2 \times 2250 = 4500\,[kJ]$$
$$\therefore \text{필요한 열량} \quad q = q_s + q_L = 756 + 4500 = 5256\,[kJ]$$

34. 경사진 관로의 유체흐름에서 수력기울기선의 위치로 옳은 것은?

① 언제나 에너지선보다 위에 있다.
② 에너지선보다 속도수두만큼 아래에 있다.
③ 항상 수평이 된다.
④ 개수로의 수면보다 속도수두 만큼 위에 있다.

[해설]

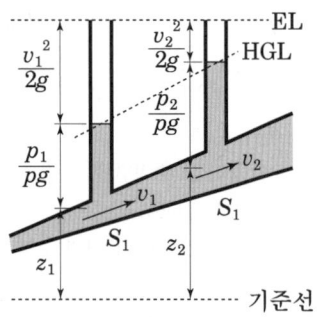

베르누이 정리

(1) 에너지선(Energy Line, E.L):
베르누이 정리에서 $h + \dfrac{v^2}{2g} + \dfrac{P}{r}$ 는 전수두로서 기준선에서 전수두까지 연결한 선

(2) 수력 기울기선(Hydraulic Grade Line, H.G.L) : 기준선에서 $(h + \dfrac{P}{r})$의 점을 연결한 선

35. 그림과 같이 폭(b)이 1[m]이고 깊이(h_o) 1[m]로 물이 들어있는 수조가 트럭 위에 실려 있다. 이 트럭이 7[m/s²]의 가속도로 달릴 때 물의 최대높이(h_2)와 최소높이(h_1)는 각각 몇 m인가?

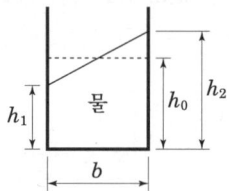

① $h_1 = 0.643\,[m]$, $h_2 = 1.413\,[m]$
② $h_1 = 0.643\,[m]$, $h_2 = 1.357\,[m]$
③ $h_1 = 0.676\,[m]$, $h_2 = 1.413\,[m]$
④ $h_1 = 0.676\,[m]$, $h_2 = 1.357\,[m]$

[해설] 수평면과 경사면이 만드는 각 θ
$$\tan\theta = \frac{a_x}{g} = \frac{7}{9.8} = 0.714$$

최소높이 $h_1 = h_o - \left(\dfrac{b}{2}\right) \times \tan\theta$
$$= 1 - \left(\frac{1}{2}\right) \times 0.714 = 0.643$$

최대높이 $h_2 = h_o + \left(\dfrac{b}{2}\right) \times \tan\theta$
$$= 1 + \left(\frac{1}{2}\right) \times 0.714 = 1.357$$

36. 유체의 거동을 해석하는데 있어서 비점성 유체에 대한 설명으로 옳은 것은?

① 실제 유체를 말한다.
② 전단응력이 존재하는 유체를 말한다.
③ 유체 유동 시 마찰 저항이 속도 기울기에 비례하는 유체이다.
④ 유체 유동 시 마찰저항을 무시한 유체를 말한다.

정답 33. ③ 34. ② 35. ② 36. ④

해설 ① 이상유체를 말한다.
② 전단응력이 존재하지 않는다.
③ 비점성유체는 점성이 없기 때문에 마찰저항이 없는 유체로 속도기울기가 없다.

37. 출구단면적이 0.0004[m³]인 소방호스로부터 25[m/s]의 속도로 수평으로 분출되는 물제트가 수직으로 세워진 평판과 충돌한다. 평판을 고정시키기 위한 힘(F)은 몇 [N]인가?

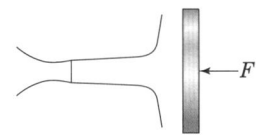

① 150 ② 200
③ 250 ④ 300

해설 고정된 수직 평판에 작용하는 힘
$F = \rho Q v = \rho A v^2$ 에서
$= 1000 \times 0.0004 \times 25^2 = 250 [N]$
여기서, ρ : 밀도[kg/m³]
Q : 유량[m³/s]
v : 유속[m/s]
A : 단면적[m²]

38. 두 개의 가벼운 공을 그림과 같이 실로 매달아 놓았다. 두 개의 공 사이로 공기를 불어 넣으면 공은 어떻게 되겠는가?

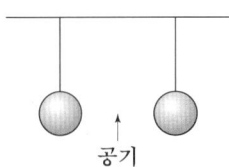

① 파스칼의 법칙에 따라 벌어진다.
② 파스칼의 법칙에 따라 가까워진다.
③ 베르누이의 법칙에 따라 벌어진다.
④ 베르누이의 법칙에 따라 가까워진다.

해설 베르누이 방정식
$\Delta p = p + \dfrac{\rho v^2}{2} + \rho g z$ 에서 속도 v가 빠르게 되면 동압 $\dfrac{\rho v^2}{2}$가 커져서, 정압 p가 감소하게 된다. 따라서 두 개의 공 사이로 기류를 빠르게 불어 넣으면 두 공사의의 정압이 낮아지기 때문에 두 공은 가까워진다.

39. 다음 중 뉴튼(Newton)의 점성법칙을 이용하여 만든 회전 원통식 점도계는?

① 세이볼트(Saybolt) 점도계
② 오스왈트(Oatwald) 점도계
③ 레드우드(Redwood) 점도계
④ 맥미셸(MacMichael) 점도계

해설 점도계
회전식(회전 원통형) : Newton의 점성법칙
① Stormer 점도계
② Mac Michael 점도계

참고
(1) 모세관식 : Hagen-Poiseuille의 법칙
① Ostwald 점도계
② Saybolt 점도계
③ Red wood 점도계
④ Engler 점도계

(2) 낙구식 : Stokes의 법칙
낙구식 점도계

40. 그림과 같이 수은 마노미터를 이용하여 물의 유속을 측정하고자 한다. 마노미터에서 측정한 높이차(h)가 30[mm]일 때 오리피스 전후의 압력[kPa]차이는?
(단, 수은의 비중은 13.6이다.)

① 3.4
② 3.7
③ 3.9
④ 4.4

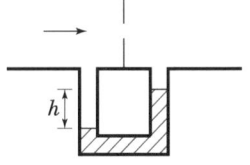

정답 37. ③ 38. ④ 39. ④ 40. ②

기출문제

2020. 2회 소방설비기사

[해설]

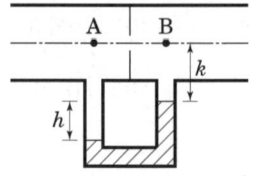

γ = 물의 비중량

γ_s = 수은의 비중량

$P_A + \gamma(k+h) = P_B + \gamma k + \gamma_s h$

$\therefore P_A - P_B = \gamma_s h - \gamma h = h(\gamma_s - \gamma)$
$= 0.03 \times (13.6 \times 9.8 - 9.8) \fallingdotseq 3.7$

■■■ 제3과목 소방관계법규

41. 다음 중 화재의 예방 및 안전관리의 법령상 특수가연물에 해당하는 품명별 기준수량으로 틀린 것은?

① 사류 1000[kg] 이상
② 면화류 200[kg] 이상
③ 나무껍질 및 대팻밥 400[kg] 이상
④ 넝마 및 종이 부스러기 500[kg] 이상

[해설] 특수가연물

품명		수량
면화류		200 [kg] 이상
나무껍질 및 대팻밥		400 [kg] 이상
넝마 및 종이부스러기		1,000 [kg] 이상
사류(絲類)		1,000 [kg] 이상
볏짚류		1,000 [kg] 이상
가연성고체류		3,000 [kg] 이상
석탄·목탄류		10,000 [kg] 이상
가연성액체류		2 [m³] 이상
목재가공품 및 나무부스러기		10 [m³] 이상
고무류 플라스틱류	발포시킨 것	20 [m³] 이상
	그 밖의 것	3,000 [kg] 이상

42. 다음 중 소방시설 설치 및 관리에 관한 법령상 소방시설관리업을 등록 할 수 있는 자는?

① 피성년후견인
② 소방시설관리업의 등록이 취소된 날부터 2년이 경과된 자
③ 금고 이상의 형의 집행유예를 선고받고 그 유예기간 중에 있는 자
④ 금고 이상의 실형을 선고받고 그 집행이 면제된 날부터 2년이 지나지 아니한 자

[해설] 소방시설관리업 등록 불가
1. 등록기준에 적합하지 아니한 경우
2. 그 밖에 이 법 또는 다른 법령에 따른 제한에 위반되는 경우
3. 등록을 신청한 자가 결격사유에 해당하는 경우

①	금고 이상의 실형을 선고받고	그 집행이 끝나거나 집행이 면제된 날부터 2년이 지나지 아니한 사람
②	금고 이상의 형의 집행유예를 선고받고	그 유예기간 중에 있는 사람
③	관리업의 등록이 취소된 날부터	2년이 지나지 아니한 자(피성년후견인 해당하여 등록이 취소된 경우는 제외)
④	피성년후견인 (정신적 제약으로 사무처리 능력이 부족한 자)	
⑤	임원 중에 ① ~ ④의 어느 하나에 해당하는 사람이 있는 법인	

43. 위험물안전관리법령상 위험물취급소의 구분에 해당하지 않는 것은?

① 이송취급소   ② 관리취급소
③ 판매취급소   ④ 일반취급소

[해설] 제조소 등

제조소	저장소(8)	취급소(4)
-	옥내저장소, 옥외저장소, 옥내탱크저장소, 옥외탱크저장소, 지하탱크저장소, 이동탱크저장소, 암반탱크저장소, 간이탱크저장소	주유취급소, 판매취급소, 일반취급소, 이송취급소

정답 41. ④ 42. ② 43. ②

44. 국민의 안전의식과 화재에 대한 경각심을 높이고 안전문화를 정착시키기 위한 소방의 날은 몇 월 며칠인가?

① 1월 19일
② 10월 9일
③ 11월 9일
④ 12월 19일

[해설] 1. 국민의 안전의식과 화재에 대한 경각심을 높이고 안전문화를 정착시키기 위하여 매년 11월 9일을 소방의 날로 정하여 기념행사를 한다.
2. 소방의 날 행사에 관하여 필요한 사항은 소방청장 또는 시·도지사가 따로 정하여 시행할 수 있다.
3. 소방청장은 다음에 해당하는 사람을 명예직 소방대원으로 위촉할 수 있다.
의사상자(義死傷者), 소방행정 발전에 공로가 있다고 인정되는 사람

45. 화재의 예방 및 안전관리에 관한 법령상 화재안전조사 결과 소방대상물의 위치 상황이 화재 예방을 위하여 보완될 필요가 있을 것으로 예상되는 때에 소방대상물의 개수·이전·제거, 그 밖의 필요한 조치를 관계인에게 명령할 수 있는 사람은?

① 소방서장
② 경찰청장
③ 시·도지사
④ 해당구청장

[해설] 화재안전조사 결과에 따른 조치명령
소방청장, 소방본부장 또는 소방서장은 행정안전부령으로 정하는 바에 따라 관계인에게 그 소방 대상물의 개수(改修)·이전·제거, 사용의 금지 또는 제한, 사용폐쇄, 공사의 정지 또는 중지, 그 밖의 필요한 조치를 명할 수 있으며 법령을 위반하여 건축 또는 설비되었거나 소방시설등, 피난시설·방화구획, 방화시설 등이 법령에 적합하게 설치·유지·관리되고 있지 아니한 경우에는 관계 행정기관의 장에게 필요한 조치를 하여 줄 것을 요청할 수 있다.

정당한 사유 없이 화재안전조사 결과에 따른 조치명령을 위반한 자 : 3년 이하의 징역 또는 3천만 원 이하의 벌금

46. 소방시설 설치 및 관리에 관한 법령상 지하가 중 터널로서 길이가 1천미터일 때 설치하지 않아도 되는 소방시설은?

① 인명구조기구
② 옥내소화전설비
③ 연결송수관설비
④ 자동화재탐지설비

[해설] 터널 길이에 따른 설치 해야하는 소방시설등

소방시설 터널길이	소화설비, 경보설비, 피난구조설비		소화활동설비	
–	소화기, 물분무소화설비		제연설비	
500[m]	비상경보설비	비상조명등	비상콘센트	무선통신 보조설비
1,000[m]	옥내소화전 설비	자동화재 탐지설비	연결송수관설비	

※ 옥내소화전설비는 터널 길이가 1,000[m] 미만인 경우에도 행정안전부령으로 정하는 터널에 설치
※ 물분무소화설비, 제연설비는 지하가 중 예상 교통량, 경사도 등 터널의 특성을 고려하여 행정안전부령으로 정하는 터널에 설치

[+암기] 무비비비 - 자옥연

47. 위험물안전관리법령상 허가를 받지 아니하고 당해 제조소등을 설치하거나 그 위치·구조 또는 설비를 변경할 수 있으며, 신고를 하지 아니하고 위험물의 품명·수량 또는 지정수량의 배수를 변경할 수 있는 기준으로 옳은 것은?

① 축산용으로 필요한 건조시설을 위한 지정수량 40배 이하의 저장소
② 수산용으로 필요한 건조시설을 위한 지정수량 30배 이하의 저장소
③ 농예용으로 필요한 난방시설을 위한 지정수량 40배 이하의 저장소
④ 주택의 난방시설(공동주택의 중앙난방시설제외)을 위한 저장소

 44. ③ 45. ① 46. ① 47. ④

기출문제

2020. 2회 소방설비기사

[해설] 제조소 등의 허가, 변경, 신고를 하지 않아도 되는 경우
① 주택의 난방시설(공동주택의 중앙난방시설을 제외)을 위한 저장소 또는 취급소
② 농예용·축산용 또는 수산용으로 필요한 난방시설 또는 건조시설을 위한 지정수량 20배 이하의 저장소

48. 소방기본법령상 시장지역에서 화재로 오인할만한 우려가 있는 불을 피우거나 연막소독을 하려는 자가 신고를 하지 아니하여 소방자동차를 출동하게 한 자에 대한 과태료부과·징수권자는?

① 국무총리
② 시·도지사
③ 행정안전부장관
④ 소방본부장 또는 소방서장

[해설] 다음 지역 또는 장소에서 화재로 오인할 만한 우려가 있는 불을 피우거나 연막(煙幕) 소독을 하려는 자는 시·도의 조례로 정하는 바에 따라 관할 소방본부장 또는 소방서장에게 신고하여야 한다.

시장지역	위험물의 저장 및 처리시설이 밀집한 지역	석유화학제품을 생산하는 공장이 있는 지역
공장·창고가 밀집한 지역	목조건물이 밀집한 지역	그 밖에 시·도의 조례로 정하는 지역 또는 장소

신고를 하지 아니하여 소방자동차를 출동하게 한 자
20만 원 이하의 과태료
(조례로 정하는 바에 따라 관할 소방본부장 또는 소방서장이 부과·징수한다.)

49. 소방시설공사업법령상 공사감리자 지정대상 특정소방대상물의 범위가 아닌 것은?

① 제연설비를 신설·개설하거나 제연구역을 증설할 때
② 연소방지설비를 신설·개설하거나 살수구역을 증설할 때
③ 캐비닛형 간이스프링클러설비를 신설·개설하거나 방호·방수 구역을 증설 할 때
④ 물분무등소화설비(호스릴 방식의 소화설비 제외)를 신설·개설하거나 방호·방수 구역을 증설할 때

[해설] 공사감리자 지정대상 특정소방대상물의 범위

신설·개설 또는 증설	신설·개설	증설
1. 옥내 소화전 설비 2. 옥외 소화전 설비	1. 스프링클러설비등 (캐비닛형 간이스프링클러설비는 제외) 2. 물분무등소화설비 (호스릴 방식의 소화설비는 제외) 3. 자동화재탐지설비 4. 통합감시시설 5. 소화용수설비 6. 제연설비 7. 연결송수관설비 8. 연결살수설비 9. 비상콘센트설비 10. 무선통신보조설비 11. 연소방지설비 12. 비상방송설비 13. 비상조명등	1. 스프링클러설비등 방호·방수 구역 (캐비닛형 간이스프링클러설비는 제외) 2. 물분무등소화설비 방호·방수 구역 (호스릴 방식의 소화설비는 제외) 3. 제연설비 제연구역 4. 연결살수설비 송수구역 5. 비상콘센트설비 전용회로 6. 연소방지설비 살수구역

50. 소방기본법령상 소방대장의 권한이 아닌 것은?

① 화재 현장에 대통령령으로 정하는 사람 외에는 그 구역에 출입하는 것을 제한할 수 있다.
② 화재 진압 등 소방활동을 위하여 필요할 때에는 소방용수 외에 댐·저수지 등의 물을 사용할 수 있다.
③ 국민의 안전의식을 높이기 위하여 소방박물관 및 소방체험관을 설립하여 운영할 수 있다.
④ 불이 번지는 것을 막기 위하여 필요할 때에는 불이 번질 우려가 있는 소방대상물 및 토지를 일시적으로 사용할 수 있다.

[해설] 소방박물관 등의 설립과 운영
1. 소방박물관 – 소방청장이 설립
   ① 설립과 운영에 필요한 사항은 행정안전부령으로 정함
   ② 소방박물관의 관람업무·조직·운영위원회의 구성 등에 관하여 필요한 사항은 소방청장이 정함
   ③ 소방박물관장(소방공무원중에서 소방청장이 임명) 1인과 부관장 1인
   ④ 운영위원회 – 운영에 관한 중요한 사항을 심의 : 7인 이내의 위원

정답 48. ④ 49. ③ 50. ③

2. 소방체험관 – 시·도지사가 설립
   소방체험관의 설립과 운영에 필요한 사항은 행정안전부령으로 정하는 기준에 따라 시·도의 조례로 정함

51. 소방시설 설치 및 관리에 관한 법령상 스프링클러설비를 설치하여야 하는 특정소방대상물의 기준으로 틀린 것은? (단, 위험물 저장 및 처리 시설 중 가스시설 또는 지하구는 제외한다.)

① 복합건축물로서 연면적 3500[m²] 이상인 경우에는 모든 층
② 창고시설(물류터미널은 제외)로서 바닥면적 합계가 5000[m²] 이상인 경우에는 모든 층
③ 숙박이 가능한 수련시설 용도로 사용되는 시설의 바닥면적의 합계가 600[m²] 이상인 것은 모든 층
④ 판매시설, 운수시설 및 창고시설 (물류터미널에 한정)로서 바닥면적의 합계가 5000[m²] 이상이거나 수용인원이 500명 이상인 경우에는 모든 층

해설 스프링클러설비 설치해야 하는 특정소방대상물

① 문화 및 집회시설 (동·식물원 제외)	무대부	면적	지하층, 무창층, 4층 이상의 층	300[m²] 이상
② 종교시설 (주요구조부가 목재인 것은 제외)			그 밖의 층	500[m²] 이상
③ 운동시설 (물놀이형 시설 제외)	영화상영관	층의 바닥면적	지하층 무창층	500[m²] 이상
			그 밖의 층	1,000[m²] 이상
	수용인원			100명 이상

④ 판매시설 ⑤ 운수시설 ⑥ 창고시설 중 물류터미널	바닥면적 합계가 5,000[m²] 이상 또는 수용인원 500명 이상 ※ 창고시설 중 물류터미널은 지붕 또는 외벽이 불연재료가 아니거나 내화구조가 아닌 경우 2,500[m²] 이상 또는 수용인원 250명 이상
창고시설 (물류터미널 제외)	바닥면적 합계가 5,000[m²] 이상 ※ 지붕 또는 외벽이 불연재료가 아니거나 내화구조가 아닌 경우 2,500[m²] 이상
⑦ 층수가 6층 이상	
⑧ 정신의료기관, 노유자시설, 숙박이 가능한 수련시설, 요양병원	바닥면적 합계가 600[m²] 이상
⑨ 교육연구시설·수련시설 내에 있는 학생 수용을 위한 기숙사 또는 복합건축물	연면적 5,000[m²] 이상
⑩ 천장 또는 반자의 높이가 10[m]를 넘는 랙식 창고 ※ 공장 또는 창고시설중 지붕 또는 외벽이 불연재료가 아니거나 내화구조가 아닌 경우 750[m²] 이상	바닥면적 합계가 1,500[m²] 이상
⑪ 지하층·무창층(축사는 제외한다) 또는 층수가 4층 이상인 층 ※ 공장 또는 창고시설 중 지붕 또는 외벽이 불연재료가 아니거나 내화구조가 아닌 경우 500[m²] 이상	바닥면적이 1,000[m²] 이상인 층
⑫ 지하가(터널은 제외한다)	1,000[m²] 이상
⑬ 특정소방대상물에 부속된 보일러실 또는 연결통로 등	

52. 소방시설 설치 및 관리에 관한 법령상 단독경보형 감지기를 설치하여야 하는 특정소방대상물의 기준으로 틀린 것은?

① 숙박시설이 있는 수용인원 300인 미만의 수련시설
② 연면적 400[m²] 미만의 유치원
③ 공동주택 중 연립주택, 다세대주택
④ 교육연구시설 또는 수련시설 내에 있는 합숙소 또는 기숙사로서 연면적 2000[m²] 미만인 것

[해설] 단독경보형 감지기 설치 대상

대상	기준	기준이상
공동주택 중 연립주택, 다세대주택	연동형으로 설치할 것	–
수련시설 (숙박시설 있어야 함)	수용인원 100명 미만	자동화재탐지설비설치대상
유치원	연면적 400[m²] 미만	
합숙소 또는 기숙사 (교육연구시설 또는 수련시설 내)	연면적 2천[m²] 미만	

53. 소방시설공사업법령상 소방시설공사의 하자보수 보증기간이 3년이 아닌 것은?

① 자동소화장치 ② 무선통신보조설비
③ 자동화재탐지설비 ④ 간이스프링클러설비

[해설] 하자보수기간

하자기간	소화설비	경보설비	피난설비	소화용수설비	소화활동설비
2년	–	비상경보설비 비상방송설비	피난기구, 유도등, 유도표지, 비상조명등	–	무선통신보조설비
3년	자동소화장치 옥내·옥외소화전 스프링클러 간이스프링클러 물분무등	자동화재탐지설비	–	상수도소화용수설비	소화활동설비 (무선통신보조설비는 제외)

54. 위험물안전관리법령상 제조소의 기준에 따라 건축물의 외벽 또는 이에 상당하는 공작물의 외측으로부터 제조소의 외벽 또는 이에 상당하는 공작물의 외측까지의 안전거리 기준으로 틀린 것은? (단, 제6류 위험물을 취급하는 제조소를 제외하고, 건축물에 불연재료로 된 방화상 유효한 담 또는 벽을 설치하지 않은 경우이다.)

① 의료법에 의한 종합병원에 있어서는 30[m] 이상
② 도시가스사업법에 의한 가스공급시설에 있어서는 20[m] 이상
③ 사용전압 35000[V]를 초과하는 특고압가공전선에 있어서는 5[m] 이상
④ 문화재보호법에 의한 유형문화재와 기념물 중 지정문화재에 있어서는 30[m] 이상

[해설] 제조소등의 안전거리

안전거리	해당 대상물	
50[m] 이상	유형문화재, 기념물 중 지정문화재	
30[m] 이상	① 학교 ② 종합병원, 병원, 치과병원, 한방병원, 요양병원	
	③ 공연장, 영화상영관 등	수용인원 : 300명 이상
	④ 아동복지시설, 장애인복지시설, 모·부자복지시설, 보육시설, 가정폭력 피해자시설 등	수용인원 : 20명 이상
20[m] 이상	고압가스, 액화석유가스, 도시가스를 저장 또는 취급하는 시설	
10[m] 이상	주거 용도에 사용되는 것	
5[m] 이상	사용전압 35,000[V]를 초과하는 특고압가공전선	
3[m] 이상	사용전압 7,000[V] 초과 35,000[V] 이하의 특고압가공전선	

55. 소방기본법령상 이웃하는 다른 시·도지사와 소방업무에 관하여 시·도지사가 체결할 상호응원협정 사항이 아닌 것은?

① 화재조사활동
② 응원출동의 요청방법
③ 소방교육 및 응원출동
④ 응원출동대상지역 및 규모

[해설] 소방업무의 응원
1. 소방활동을 할 때에 긴급한 경우 이웃한 소방본부장 또는 소방서장에게 도움을 요청하는 것
2. 소방업무의 응원(應援)을 요청 하는 자 : 소방본부장이나 소방서장
3. 응원 요청을 받은 소방본부장 또는 소방서장 : 정당한 사유 없이 그 요청을 거절하면 안 됨
4. 파견된 소방대원 : 응원을 요청한 소방본부장 또는 소방서장의 지휘에 따라야 한다.

정답 53. ② 54. ④ 55. ③

5. 이웃하는 시·도지사와 협의하여 미리 규약(規約)으로 정해야 한다.
6. 소방업무의 응원의 체결자 : 시·도지사
7. 상호응원협정 체결 시 포함되어야 하는 사항
   ① 응원출동 요청방법
   ② 응원출동 대상지역 및 규모
   ③ 응원출동 훈련 및 평가
   ④ 소방활동에 관한 사항
      ㉠ 화재의 경계·진압 활동
      ㉡ 구조·구급 업무의 지원
      ㉢ 화재조사활동
   ⑤ 소요경비의 부담에 관한 사항
      ㉠ 출동대원의 수당·식사 및 의복의 수선
      ㉡ 소방장비 및 기구의 정비와 연료의 보급
      ㉢ 그 밖의 경비
   ☞ 응원 협정 사항에는 소방대원에 대한 교육, 훈련 및 소방신호, 현장지휘에 관한 사항에 대한 내용은 없음

56. 다음 중 소방기본법령에 따라 화재예방상 필요하다고 인정되거나 화재위험경보시 발령하는 소방신호의 종류로 옳은 것은?

① 경계신호 ② 발화신호
③ 경보신호 ④ 훈련신호

해설 소방신호의 종류 암기 경발해훈

① 경계신호 : 화재예방상 필요하다고 인정 또는 화재에 관한 위험경보시 발령
② 발화신호 : 화재가 발생한 때 발령
③ 해제신호 : 소화활동이 필요 없다고 인정되는 때 발령
④ 훈련신호 : 훈련상 필요하다고 인정되는 때 발령

57. 위험물안전관리법령상 위험물시설의 설치 및 변경 등에 관한 기준 중 다음 ( )안에 들어갈 내용으로 옳은 것은?

> 제조소등의 위치·구조 또는 설비의 변경 없이 당해 제조소등에서 저장하거나 취급하는 위험물의 품명·수량 또는 지정수량의 배수를 변경하고자 하는 자는 변경하고자 하는 날의 (㉠)일 전까지 (㉡)이 정하는 바에 따라 (㉢)에게 신고하여야 한다.

① ㉠ : 1,   ㉡ : 대통령령,   ㉢ : 소방본부장
② ㉠ : 1,   ㉡ : 행정안전부령, ㉢ : 시·도지사
③ ㉠ : 14,   ㉡ : 대통령령,   ㉢ : 소방서장
④ ㉠ : 14,   ㉡ : 행정안전부령, ㉢ : 시·도지사

해설 위험물시설의 설치 및 변경 등

구분	내용	방법	벌칙
설치	제조소등을 설치하고자 할 때	허가	5년 이하의 징역 또는 1억 원 이하의 벌금
변경	위치, 구조 또는 설비의 변경 없이 위험물의 품명, 수량 또는 지정수량의 배수를 변경하고자 하는 날의 1일 전까지 행정안전부령이 정하는 바에 따라	신고	500만 원 이하의 과태료
지위승계	행정안전부령이 정하는 바에 따라 지위 승계한 날로부터 30일 이내	신고	
폐지	제조소등의 용도 폐지 시 폐지한 날로부터 14일 이내	신고	
사용중지 재개	중지하려는 날 또는 재개하려는 날의 14일 전	신고	

58. 소방시설 설치 및 관리에 관한 법령상 수용인원 산정방법 중 침대가 없는 숙박시설로서 해당 특정소방대상물의 종사자의 수는 5명, 복도, 계단, 및 화장실의 바닥면적을 제외한 바닥 면적이 158[m²]인 경우의 수용인원은 약 몇 명인가?

① 37   ② 45
③ 58   ④ 84

정답 56. ① 57. ② 58. ③

기출문제

2020. 2회 소방설비기사

해설 수용 인원의 산정 방법

구 분	용도	수용인원 산정수
숙박시설이 있는 특정 소방 대상물	침대가 있는 숙박시설	종사자 수 + 침대 수 (2인용 침대는 2로 산정한다)
	침대가 없는 숙박시설	종사자 수 + (바닥면적의 합계 ÷ 3 [m²])
기타 대상물	강의실·교무실· 상담실· 실습실·휴게실	바닥면적의 합계 ÷ 1.9 [m²]
	강당, 문화 및 집회시설 운동시설 종교시설	바닥면적의 합계 ÷ 4.6 [m²]
	관람석이 있는 경우 고정식 의자	의자 수
	관람석이 있는 경우 긴 의자	정면너비 ÷ 0.45 [m]
	그 밖의 특정소방대상물	바닥면적의 합계 ÷ 3 [m²]

해설
침대가 없는 숙박시설 수용인원 = 종사자 수 + (바닥면적의 합계 ÷ 3 [m²])
= 5명 + 158 [m²] ÷ 3 [m²/명] = 57.666명
∴ 58명

59. 화재의 예방 및 안전관리에 관한 법령상 1급 소방안전관리 대상물에 해당하는 건축물은?

① 지하구
② 층수가 15층인 공공업무시설
③ 연면적 15000 [m²] 이상인 동물원
④ 층수가 20층이고, 지상으로부터 높이가 100미터인 아파트

해설 소방안전관리자를 두어야 하는 특정소방대상물

특급	① 50층 이상(지하층 제외)이거나 지상으로부터 높이가 200 m 이상인 아파트 ② 30층 이상(지하층 포함)이거나 지상으로부터 높이가 120 m 이상인 특정소방대상물(아파트 제외) ③ ②에 해당하지 않는 특정소방대상물로서 연면적이 10만[m²] 이상인 특정소방대상물(아파트 제외)
1급	① 30층 이상(지하층은 제외)이거나 지상으로부터 높이가 120 [m] 이상인 아파트 ② 연면적 1만5천 [m²] 이상인 특정소방대상물(아파트 및 연립주택 제외) ③ ②에 해당하지 않는 특정소방대상물로서 지상층의 층수가 11층 이상인 특정소방대상물(아파트 제외) ④ 가연성 가스를 1천톤 이상 저장·취급하는 시설 ※ 동·식물원, 철강 등 불연성 물품을 저장·취급하는 창고, 위험물 저장 및 처리 시설 중 위험물 제조소 등, 지하구는 제외
2급	① 옥내소화전설비, 스프링클러설비, 물분무등소화설비[호스릴 방식 제외]를 설치해야 하는 특정소방대상물 ② 옥내소화전설비 또는 스프링클러설비가 설치된 공동주택 ③ 보물 또는 국보로 지정된 목조건축물, 지하구 ④ 가스 제조설비를 갖추고 도시가스사업의 허가를 받아야 하는 시설 또는 가연성 가스를 100톤 이상 1천톤 미만 저장·취급하는 시설
3급	① 간이스프링클러설비(주택전용 간이스프링클러설비 제외)를 설치해야 하는 특정 소방대상물 ② 자동화재탐지설비를 설치해야 하는 특정소방대상물

60. 소방시설 설치 및 관리에 관한 법령상 1년 이하의 징역 또는 1천만 원 이하의 벌금 기준에 해당하는 경우는?

① 소방용품의 형식승인을 받지 아니하고 소방용품을 제조하거나 수입한 자
② 형식승인을 받은 소방용품에 대하여 제품검사를 받지 아니한 자
③ 거짓이나 그 밖의 부정한 방법으로 제품검사 전문기관으로 지정을 받은 자
④ 소방용품에 대하여 형상 등의 일부를 변경한 후 형식승인의 변경승인을 받지 아니한 자

해설 1년 이하의 징역 또는 1천만 원 이하의 벌금
① 소방시설등에 대하여 스스로 점검을 하지 아니하거나 관리업자등으로 하여금 정기적으로 점검하게 하지 아니한 자
② 소방시설관리사증을 다른 사람에게 빌려주거나 빌리거나 이를 알선한 자
③ 동시에 둘 이상의 업체에 취업한 자

 59. ② 60. ④

④ 자격정지처분을 받고 그 자격정지기간 중에 관리사의 업무를 한 자
⑤ 관리업의 등록증이나 등록수첩을 다른 자에게 빌려주거나 빌리거나 이를 알선한 자
⑥ 영업정지처분을 받고 그 영업정지기간 중에 관리업의 업무를 한 자
⑦ 제품검사에 합격하지 아니한 제품에 합격표시를 하거나 합격표시를 위조 또는 변조하여 사용한 자
⑧ 형식승인의 변경승인을 받지 아니한 자
⑨ 제품검사에 합격하지 아니한 소방용품에 성능인증을 받았다는 표시 또는 제품검사에 합격하였다는 표시를 하거나 성능인증을 받았다는 표시 또는 제품검사에 합격하였다는 표시를 위조 또는 변조하여 사용한 자
⑩ 성능인증의 변경인증을 받지 아니한 자
⑪ 우수품질인증을 받지 아니한 제품에 우수품질인증 표시를 하거나 우수품질인증 표시를 위조하거나 변조하여 사용한 자
⑫ 관계인의 정당한 업무를 방해하거나 출입·검사 업무를 수행하면서 알게 된 비밀을 다른 사람에게 누설한 자

■■■ 제4과목 소방기계시설의 구조 및 원리

61. 다음 중 스프링클러설비에서 자동경보밸브에 리타딩챔버(retarding chamber)를 설치하는 목적으로 가장 적절한 것은?

① 자동으로 배수하기 위하여
② 압력수의 압력을 조절하기 위하여
③ 자동경보밸브의 오보를 방지하기 위하여
④ 경보를 발하기까지 시간을 단축하기 위하여

[해설]

리타팅챔버 : 오보를 방지하기 위해 짧은 시간 동안의 유수는 경보를 발하지 않도록 하는 역할

62. 구조대의 형식승인 및 제품검사의 기술기준상 수직강하식 구조대의 구조 기준 중 틀린 것은?

① 구조대는 연속하여 강하할 수 있는 구조이어야 한다.
② 구조대는 안전하고 쉽게 사용할 수 있는 구조이어야 한다.
③ 입구틀 및 취부틀의 입구는 지름 40[cm] 이하의 구체가 통과할 수 있는 것이어야 한다.
④ 구조대의 포지는 외부포지와 내부포지로 구성하되, 외부포지와 내부포지의 사이에 충분한 공기층을 두어야 한다.

[해설] 수직강하식 구조대(소방대상물 또는 기타 장비 등에 수직으로 설치하여 사용하는 구조대)
㉠ 구조대는 안전하고 쉽게 사용할 수 있는 구조이어야 한다.
㉡ 구조대의 포지는 외부포지와 내부포지로 구성하되, 외부포지와 내부포지의 사이에 충분한 공기층을 두어야 한다.
㉢ 입구틀 및 취부틀의 입구는 지름 50 [cm] 이상의 구체가 통과할 수 있는 것이어야 한다.
㉣ 구조대는 연속하여 강하할 수 있는 구조이어야 한다.
㉤ 포지는 사용시 수직방향으로 현저하게 늘어나지 아니하여야 한다.
㉥ 포지, 지지틀, 취부틀 그밖의 부속장치 등은 견고하게 부착되어야 한다.

63. 분말 소화설비의 화재안전기술기준상 분말소화설비의 가압용가스로 질소가스를 사용하는 경우 질소가스는 소화약제 1[kg]마다 최소 몇 L 이상이어야 하는가? (단, 질소가스의 양은 35[℃]에서 1기압의 압력상태로 환산한 것이다.)

① 10   ② 20
③ 30   ④ 40

[해설] 가압용가스용기 설치기준
1. 가압용가스 용기를 3병 이상 설치 시 2개 이상의 용기에 전자개방밸브를 부착
2. 가압용가스 용기에는 2.5 [MPa] 이하의 압력에서 조정이 가능한 압력조정기를 설치
3. 가압용가스 또는 축압용가스의 기준
 - 소화약제 1 [kg]마다 저장량

기출문제

구 분	가압용가스	축압용가스
질소가스	40 [ℓ] 이상	10 [ℓ] 이상
이산화탄소	20 [g] 이상	20 [g] 이상

※ 소화약제 1 [kg]당 저장량 외 청소에 필요한 양을 가산하여야 하며 배관의 청소에 필요한 양의 가스는 별도의 용기에 저장하여야 한다.

64. 도로터널의 화재안전기술기준상 옥내소화전설비 설치 기준 중 괄호 안에 알맞은 것은?

> 가압송수장치는 옥내 소화전 2개(4차로 이상의 터널인 경우 3개)를 동시에 사용할 경우 각 옥내소화전의 노즐선단에서의 방수압력은 (㉠) [MPa] 이상이고 방수량은 (㉡) [L/min] 이상이 되는 성능의 것으로 할 것

① ㉠ 0.1, ㉡ 130　　② ㉠ 0.17, ㉡ 130
③ ㉠ 0.25, ㉡ 350　　④ ㉠ 0.35, ㉡ 190

[해설] 도로터널 옥내소화전설비
① 소화전함과 방수구
　㉠ 주행차로 우측 측벽을 따라 50 [m] 이내의 간격으로 설치
　㉡ 편도 2차선 이상의 양방향 터널이나 4차로 이상의 일방향 터널의 경우
　　- 양쪽 측벽에 각각 50 [m] 이내의 간격으로 엇갈리게 설치
② 수원

$$N \times Q \times T$$

　N : 옥내소화전의 설치개수 2개
　　　(4차로 이상의 터널의 경우 3개)
　Q : 190 [ℓ/min]
　T : 40분 이상
③ 방사압
　각 옥내소화전의 노즐선단에서의 방수압력은 0.35 [MPa] 이상, 방수압력이 0.7 [MPa]을 초과할 경우에는 호스접결구의 인입측에 감압장치를 설치

65. 물분무소화설비의 화재안전기술기준상 110[kV] 초과 154[kV] 이하의 고압 전기기기와 물분무헤드 사이의 이격거리는 최소 몇 [cm] 이상이어야 하는가?

① 110　　② 150
③ 180　　④ 210

[해설] 전기의 절연을 위하여 고압의 전기기기와 물분무헤드 사이의 거리

전압[kV]	거리[cm]	전압[kV]	거리[cm]
66 이하	70 이상	154 초과 181 이하	180 이상
66 초과 77 이하	80 이상	181 초과 220 이하	210 이상
77 초과 110 이하	110 이상	220 초과 275 이하	260 이상
110 초과 154 이하	150 이상		

66. 분말소화설비의 화재안전기술기준상 분말소화설비의 배관으로 동관을 사용하는 경우에는 최고사용압력의 최소 몇 배 이상의 압력에 견딜 수 있는 것을 사용하여야 하는가?

① 1　　② 1.5
③ 2　　④ 2.25

[해설] 분말소화설비의 배관

구분	내 용
강관	배관용 탄소강관(spp) 또는 이와 동등이상의 강도 및 내식성, 내열성 단, 축압식 2.5 이상 4.2 [MPa] 이하 → 압력배관용탄소강관 스케줄 40 또는 동등이상 강도 및 내식성
동관	이음이 없는 동 및 동합금 사용 고정압력 또는 최고사용압력의 1.5배 이상에 견딜 것
배관부속 및 밸브류	배관부속 : 배관과 동등이상의 강도, 내식성 밸브류 : 개폐위치, 개폐방향 표시 할 것
방사시간	30초 이내

정답　64. ④　65. ②　66. ②

67. 소화기의 형식승인 및 제품검사의 기술기준상 A급 화재용 소화기의 능력단위 산정을 위한 소화능력시험의 내용으로 틀린 것은?

① 모형 배열 시 모형 간의 간격은 3[m] 이상으로 한다.
② 소화는 최초의 모형에 불을 붙인 다음 1분후에 시작한다.
③ 소화는 무풍상태(풍속 0.5[m/s] 이하)와 사용상태에서 실시 한다.
④ 소화약제의 방사가 완료된 때 잔염이 없어야 하며, 방사완료 후 2분 이내에 다시 불타지 아니한 경우 그 모형은 완전히 소화된 것으로 본다.

해설 제1소화시험 측정
① 제1모형 또는 제2모형에 의하여 행하되, 제2모형은 이를 2개 이상 사용할 수 없다.
② 모형의 배열방법
　㉠ S (임의의 수치를 말한다.)개의 제1모형을 사용할 경우의 배열

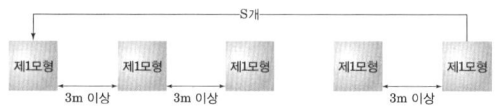

　㉡ S개의 제1모형 및 1개의 제2모형을 사용할 경우의 배열

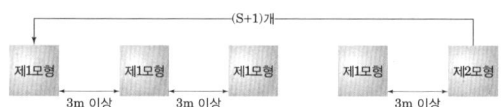

③ 제1모형의 연소대에는 3[ℓ], 제2모형의 연소대에는 1.5[ℓ]의 휘발유를 넣어 최초의 제1모형으로부터 순차적으로 불을 붙인다.
④ 소화는 최초의 모형에 불을 붙인 다음 3분 후에 시작하되, 불을 붙인 순으로 한다. 이 경우 그 모형에 잔염(불꽃을 알아볼 수 있는 상태를 말한다)이 있다고 인정될 경우에는 다음 모형에 대한 소화를 계속할 수 없다.
⑤ 소화기를 조작하는 자는 적합한 작업복(안전모, 내열성의 얼굴가리개 등)을 착용할 수 있다.
⑥ 소화는 무풍상태(풍속이 0.5[m/s] 이하인 상태를 말한다)와 사용상태(휴대식은 손에 휴대한 상태, 멜빵식은 멜빵으로 착용한 상태, 차륜식은 고정된 상태를 말한다.)에서 실시한다.
⑦ 소화약제의 방사가 완료된 때 잔염이 없어야 하며, 방사 완료 후 2분 이내에 다시 불타지 아니한 경우 그 모형은 완전히 소화된 것으로 본다.

(3) 소화시험을 한 A급 화재용 소화기의 소화능력단위의 수치는 S개의 제1모형을 완전히 소화한 것은 2S로, S개의 제1모형과 1개의 제2모형을 완전히 소화한 것은 2S+1로 한다.

68. 상수도소화용수설비의 화재안전기술기준상 소화전은 특정소방대상물의 수평투영면의 각 부분으로부터 몇 [m] 이하가 되도록 설치하여야 하는가?

① 70　　　　② 100
③ 140　　　④ 200

해설 상수도소화전 설치기준
1. 호칭지름 75[mm] 이상의 수도배관에 호칭지름 100[mm] 이상의 소화전을 접속
2. 소화전은 특정소방대상물의 수평투영면의 각 부분으로부터 140[m] 이하가 되도록 설치
　• 수평투영면 : 건축물을 수평으로 투영하였을 경우의 면

69. 스프링클러설비의 화재안전기술기준에 따른 습식유수검지장치를 사용하는 스프링클러설비 시험장치의 설치기준에 대한 설명으로 틀린 것은?

① 유수검지장치에서 가장 가까운 가지배관의 끝으로부터 연결하여 설치해야 한다.
② 시험배관의 끝에는 물받이 통 및 배수관을 설치하여 시험 중 방사된 물이 바닥에 흘러내리지 않도록 해야 한다.
③ 화장실과 같은 배수처리가 쉬운 장소에 시험배관을 설치한 경우에는 물받이 통 및 배수관을 생략할 수 있다.
④ 시험장치 배관의 구경은 25[mm] 이상으로 하고, 그 끝에 개폐밸브 및 개방형헤드 또는 스프링클러헤드와 동등한 방수성능을 가진 오리피스를 설치할 것

해설 시험장치(설치대상 : 습식, 건식, 부압식 스프링클러설비)
1. 습식, 부압식 - 유수검지장치 2차측 배관에 연결하여 설치
2. 건식 - 유수검지장치에서 가장 먼 거리에 위치한 가지배관의 끝으로부터 연결하여 설치
(유수검지장치 2차측 설비의 내용적이 2,840[L]를 초과하는 경우 시험장치 개폐밸브를 완전 개방 후 1분 이내에 물이 방사되어야 한다)
3. 시험장치 배관의 구경은 25[mm] 이상으로 하고 그 끝에 개폐밸브 및 개방형헤드 또는 스프링클러헤드와 동등한 방수성능을 가진 오리피스를 설치할 것. 이 경우 개방형헤드는 반사판 및 프레임을 제거한 오리피스만으로 설치할 수 있다.
4. 시험배관의 끝에는 물받이 통 및 배수관을 설치하여 시험 중 방사된 물이 바닥에 흘러내리지 아니하도록 할 것. 다만, 목욕실·화장실 또는 그 밖의 곳으로서 배수처리가 쉬운 장소에 시험배관을 설치한 경우에는 그렇지 않다.

70. 포소화설비의 화재안전기술기준상 포헤드의 설치기준 중 다음 괄호 안에 알맞은 것은?

압축공기포소화설비의 분사헤드는 천장 또는 반자에 설치하되 방호대상물에 따라 측벽에 설치할 수 있으며 유류탱크 주위에는 바닥면적 (㉠) [m²]마다 1개 이상, 특수가연물저장소에는 바닥면적 (㉡) [m²]마다 1개 이상으로 당해 방호대상물의 화재를 유효하게 소화할 수 있도록 할 것

① ㉠ 8, ㉡ 9   ② ㉠ 9, ㉡ 8
③ ㉠ 9.3, ㉡ 13.9   ④ ㉠ 13.9, ㉡ 9.3

해설 압축공기포
① 토출량 AQ
② 수원 (포수용액) AQT
③ 약제량 AQTS

A	Q	
바닥면적	방출량 [ℓ/(min·m²)]	
	일반 가연물, 탄화 수소류	1.63
	특수 가연물, 알코올류, 케톤류	2.3

※ 압축공기포소화설비의 분사헤드
- 천장 또는 반자에 설치하되 방호대상물에 따라 측벽에 설치할 수 있음
- 유류탱크주위에는 바닥면적 13.9[m²]마다 1개 이상
- 특수가연물저장소에는 바닥면적 9.3[m²]마다 1개 이상 설치

71. 제연설비의 화재안전기술기준상 배출구 설치 시 예상제연구역의 각 부분으로부터 하나의 배출구까지의 수평거리는 최대 몇 [m] 이내가 되어야 하는가?

① 5   ② 10
③ 15   ④ 20

해설 배출구 및 공기 유입구

거실의 면적	배출구 (각 부분으로부터 10[m] 이내)		공기 유입구
400 [m²] 미만	예상 제연 구역	설치장소	공기유입구와 배출구간의 직선거리는 5 [m] 이상 또는 구획된 실의 장변의 2분의 1 이상
	벽으로 구획	천장 또는 반자와 바닥 사이의 중간 윗부분	
400 [m²] 이상	예상 제연 구역	설치장소	설치 높이 : 바닥으로부터 1.5 [m] 이하의 높이에 설치하고 그 주변은 공기의 유입에 장애가 없도록 할 것
	벽으로 구획	천장·반자 또는 이에 가까운 벽의 부분	
		벽에 설치	배출구의 하단과 바닥간의 최단거리가 2 [m] 이상	

정답 70. ④ 71. ②

72. 화재안전기술기준상 설비 또는 용도에 따른 헤드의 수평거리 기준으로 틀린 것은? (단, 성능이 별도로 인정된 스프링클러헤드를 수리계산에 따라 설치하는 경우는 제외한다.)

① 무대부에 스프링클러헤드를 설치하는 경우 1.7[m] 이하
② 공동주택 세대 내의 거실에 스프링클러헤드를 설치하는 경우 2.6[m] 이하
③ 특수가연물을 저장 또는 취급하는 장소에 스프링클러헤드를 설치하는 경우 2.1[m] 이하
④ 특수가연물을 저장하는 창고에 인랙헤드를 설치하는 경우 1.7[m] 이하

해설 헤드 수평거리

설비 또는 용도	구 분	수평거리[m]
연결살수설비	연결살수설비 전용헤드	3.7
공동주택	스프링클러헤드	2.6
연결살수설비	스프링클러헤드 설치 시	2.3
간이스프링클러	-	2.3
스프링클러	내화구조	2.3
스프링클러	기타구조	2.1
스프링클러	무대부, 특수가연물 저장 또는 취급하는 장소	1.7
포소화설비	-	2.1
창고	그 밖의 가연물 내화구조	2.3
창고	그 밖의 가연물 기타구조	2.1
창고	특수가연물	1.7
연소방지설비	연결살수설비 전용헤드	2
연소방지설비	스프링클러헤드 설치 시	1.5

73. 이산화탄소소화설비의 화재안전기술기준상 전역방출방식의 이산화탄소소화설비의 분사헤드 방사 압력은 저압식인 경우 최소 몇 [MPa] 이상이어야 하는가?

① 0.5 ② 1.05
③ 1.4 ④ 2.0

해설 이산화탄소소화설비 헤드 방사압력

구 분	고압식	저압식
헤드방사압력	2.1 [MPa] 이상	1.05 [MPa] 이상

74. 완강기의 형식승인 및 제품검사의 기술기준상 완강기 및 간이완강기의 구성으로 적합한 것은?

① 속도조절기, 속도조절기의 연결부, 하부지지장치, 연결금속구, 벨트
② 속도조절기, 속도조절기의 연결부, 로우프, 연결금속구, 벨트
③ 속도조절기, 가로봉 및 세로봉, 로우프, 연결금속구, 벨트
④ 속도조절기, 가로봉 및 세로봉, 로우프, 하부지지장치, 벨트

해설

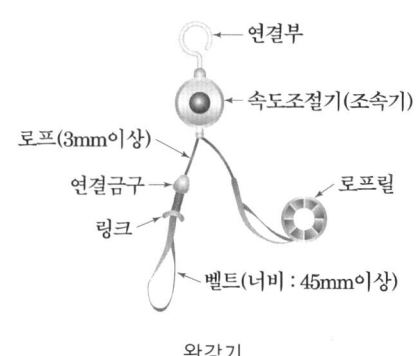

완강기

75. 스프링클러설비의 화재안전기술기준상 스프링클러설비의 교차배관에서 분기되는 지점을 기점으로 한쪽 가지배관에 설치되는 헤드의 개수는 최대 몇 개 이하인가? (단, 방호구역 안에서 칸막이 등으로 구획하여 헤드를 증설하는 경우와 격자형 배관방식을 채택하는 경우는 제외한다.)

① 8 ② 10
③ 12 ④ 15

해설 가지배관(스프링클러헤드가 설치되어 있는 배관)
1) 토너먼트(tournament)방식이 아닐 것
2) 하나의 가지배관의 헤드 개수
교차배관에서 분기되는 지점을 기점으로 한쪽 가지배관에 설치되는 헤드의 개수는 8개 이하로 할 것.

정답 72. ③ 73. ② 74. ② 75. ①

기출문제

2020. 2회 소방설비기사

76. 제연설비의 화재안전기술기준상 제연설비의 설치장소 기준 중 하나의 제연구역의 면적은 최대 몇 [m²] 이내로 하여야 하는가?

① 700 ② 1000
③ 1300 ④ 1500

[해설] 제연구역의 선정

구 분	내 용		
거실	면적	1,000 [m²] 이내	2개 이상 층에 미치지 아니하도록 할 것
	직경	60 [m] 원내	
통로	보행중심선의 길이	60 [m] 이하	
거실과 통로(복도를 포함)는 상호 제연구획 할 것			

77. 옥내소화전설비의 화재안전기술기준상 배관의 설치기준 중 다음 괄호안에 알맞은 것은?

> 연결송수관설비의 배관과 겸용할 경우의 주배관은 구경(㉠) [mm] 이상, 방수구로 연결되는 배관의 구경은 (㉡) [mm] 이상의 것으로 하여야 한다.

① ㉠ 80, ㉡ 65   ② ㉠ 80, ㉡ 50
③ ㉠ 100, ㉡ 65 ④ ㉠ 125, ㉡ 80

[해설] 배관의 구경

구 분	펌프 토출측 주배관	주배관 중 수직배관	가지배관	호스
옥내 소화전	유속이 4 [m/s] 이하가 될 수 있는 크기	50[mm] 이상	40[mm] 이상	40[mm] 이상
호스릴 옥내소화전		32[mm] 이상	25[mm] 이상	25[mm] 이상

• 연결송수관설비의 배관과 겸용시 주배관은 100[mm] 이상, 가지배관은 65[mm] 이상

78. 이산화탄소소화설비의 화재안전기술기준상 저압식 이산화탄소 소화약제 저장용기에 설치하는 안전밸브의 작동압력은 내압시험압력의 몇 배에서 작동해야 하는가?

① 0.24 ~ 0.4   ② 0.44 ~ 0.6
③ 0.64 ~ 0.8   ④ 0.84 ~ 1

[해설] 이산화탄소 소화약제의 저장용기 설치기준

구 분	이산화탄소소화설비	
	고압식	저압식
충전비[ℓ/kg]	1.5 이상 1.9 이하	1.1 이상 1.4 이하
저장용기의 저장온도, 압력	20[℃] 6.0 [MPa]	−18[℃] 2.1 [MPa]
저장용기 내압시험 압력	25 [MPa]	3.5 [MPa]
안전장치(봉판) 작동압력	내압시험압력의 0.8배	내압시험압력의 0.8배 ~ 1배
안전밸브 작동압력	−	내압시험압력의 0.64배 ~ 0.8배
자동냉동장치	−	−18[℃] 2.1 [MPa]유지
압력경보장치	−	1.9 [MPa] 이하 시 2.3 [MPa] 이상 시

79. 소화기구 및 자동소화장치의 화재안전기술기준상 노유자시설은 당해용도의 바닥면적 얼마 마다 능력단위 1단위 이상의 소화기구를 배치해야 하는가? (단, 주요구조부가 기타구조이다.)

① 바닥면적 30 [m²] 마다
② 바닥면적 50 [m²] 마다
③ 바닥면적 100 [m²] 마다
④ 바닥면적 200 [m²] 마다

정답 76. ② 77. ③ 78. ③ 79. ③

[해설] 특정소방대상물별 소화기구의 능력단위기준

특정소방대상물 \ 소화기구의 능력단위	1단위의 바닥면적 [m²]	주요구조부가 내화구조이며 벽 및 반자의 실내 재료가 불연재료·준불연재료 또는 난연재료인 경우
• 위락시설	30 [m²]	60 [m²]
• 공연장·관람장·장례식장·집회장·의료시설·문화재	50 [m²]	100 [m²]
• 관광휴게시설·창고시설·판매시설·노유자시설·숙박시설·근린생활시설·항공기 및 자동차 관련 시설·공동주택·공장·업무시설·운수시설·전시장·방송통신시설	100 [m²]	200 [m²]
• 그 밖의 특정소방대상물	200 [m²]	400 [m²]

+암기: 공(연장)(관람장)장 집의 문
+암기: 관(광휴게시설)창 판 노숙 근항 – 공(동주택)공(장)업 운전 방

80. 포소화설비의 화재안전기술기준상 전역방출방식 고발포용고정포방출구의 설치기준으로 옳은 것은? (단, 해당 방호구역에서 외부로 새는 양 이상의 포수용액을 유효하게 추가하여 방출하는 설비가 있는 경우는 제외한다.)

① 개구부에 자동폐쇄장치를 설치 할 것
② 바닥면적 600 [m²] 마다 1개 이상으로 할 것
③ 방호대상물의 최고부분보다 낮은 위치에 설치 할 것
④ 특정소방대상물 및 포의 팽창비에 따른 종별에 관계없이 해당 방호구역의 관포체적 1[m³]에 대한 1분당 포수용액 방출량은 1[L] 이상으로 할 것

[해설] 고발포용포방출구

① 전역방출방식
　㉠ 개구부에 자동폐쇄장치를 설치할 것
　　다만, 당해 방호구역에서 외부로 새는 양 이상의 포수용액을 유효하게 추가하여 방출하는 설비가 있는 경우에는 그러하지 아니하다.
　㉡ 고정포방출구의 관포체적당 방출량[ℓ/min·m³]
　　관포체적 – 당해 바닥 면으로부터 방호대상물의 높이보다 0.5 [m] 높은 위치까지의 체적

고정포방출구 관포체적당 분당 방출량

소방대상물 \ 포의 팽창비	항공기격납고	특수가연물 저장·취급 대상물 (항공기격납고 방출량 × 0.625)	차고 또는 주차장 (특수가연물 방출량 × 0.888)
80 이상 250 미만	2	1.25	1.11
250 이상 500 미만	0.5	0.31	0.28
500 이상 1,000 미만	0.29	0.18	0.16

　㉢ 고정포방출구는 바닥면적 500 [m²]마다 1개 이상
　㉣ 고정포방출구는 방호대상물의 최고부분보다 높은 위치에 설치할 것
　　다만, 밀어올리는 능력을 가진 것에 있어서는 방호대상물과 같은 높이로 할 수 있다.

② 국소방출방식
　당해 방호대상물의 높이의 3배(1 [m] 미만의 경우에는 1 [m])의 거리를 수평으로 연장한 선으로 둘러싸인 부분의 면적 1 [m²]에 대하여 1분당 방출량

방호대상물	방호면적 1[m²]에 대한 1분당 방출량
특수가연물	3 [ℓ]
기타의 것	2 [ℓ]

정답 80. ①

기출문제 (2020.4회)

■■■ 제1과목 소방원론

1. 일반적인 플라스틱 분류 상 열경화성 플라스틱에 해당하는 것은?

① 폴리에틸렌
② 폴리염화비닐
③ 페놀수지
④ 폴리스티렌

해설 플라스틱화재 화재

열가소성	열경화성
열을 가했을 때 녹고, 온도를 충분히 낮추면 고체 상태로 되돌아가는 고분자물질이다.	열을 가하면 녹지 않고, 타서 가루가 되거나 기체를 발생시키는 고분자물질이다.
폴리염화비닐(PVC), 폴리에틸렌, 폴리스틸렌 등	페놀수지, 에폭시수지, 멜라민수지, 규소수지, 요소수지 등

+암기 염크비티렌오미(종류 중 이 글자가 있으면 열가소성)

2. 공기 중에서 수소의 연소범위로 옳은 것은?

① 0.4~4 [vol%]
② 1~12.5 [vol%]
③ 4~75 [vol%]
④ 67~92 [vol%]

해설 연소범위(한계)
연소상한계(UFL)과 연소하한계(LFL) 사이의 연소 가능한 범위로서 화염을 자력으로 전파하는 공간으로 폭발범위(한계), 가연범위(한계)라고도 한다.

+암기 아수~ 일(A)황에 암 걸려라

주요 가연성 가스의 공기 중 연소 범위

가스명	연소범위[V%]			가스명	연소범위[V%]		
	하한값	상한값	범위차		하한값	상한값	범위차
아세틸렌	2.5	81	78.5	에틸렌	2.7	36.0	33.3
수소	4.0	75.0	71	암모니아	15.0	28.0	13
일산화탄소	12.5	74.0	61.5	메탄	5.0	15.0	10
에테르	1.9	48	46.1	에탄	3.0	12.4	9.4
이황화탄소	1.2	44	42.8	프로판	2.1	9.5	7.4
황화수소	4.0	44.0	40	부탄	1.8	8.4	6.6

3. 건물 내 피난동선의 조건으로 옳지 않은 것은?

① 2개 이상의 방향으로 피난할 수 있어야 한다.
② 가급적 단순한 형태로 한다.
③ 통로의 말단은 안전한 장소이어야 한다.
④ 수직동선은 금하고 수평동선만 고려한다.

해설 피난계획(동선)의 기본 원칙

피난경로	간단 명료 – 일상생활 동선과 일치하도록 경로 설정
피난수단	원시적 방법 (Fool Proof, 자연채광, 노대, Panic Bar, 승강기 이용 불가) * Fool proof 원칙 : 바보도 증명할수 있다는 법칙으로 패닉상태 등에서도 쉽게 식별이 가능하도록 그림이나 색채를 이용하는 원칙
피난로	인간의 피난행동 특성(본능) 고려 – 좌회, 귀소, 지광, 퇴피, 추종본능
피난구	상시 개방 상태 또는 화재 시 잠금 장치 해정
피난설비	고정식설비 위주로 계획 (계단, 미끄럼틀, 고정식사다리, 구조대 고정 등)
피난통로	2방향 피난통로 확보 – Fail Safe 원칙(실패해도 안전해야하는 원칙)

※ 피난계획 시 수직동선 및 수평동선 동시에 고려하여야 한다.

4. 증발잠열을 이용하여 가연물의 온도를 떨어뜨려 화재를 진압하는 소화방법은?

① 제거소화
② 억제소화
③ 질식소화
④ 냉각소화

정답 1. ③ 2. ③ 3. ④ 4. ④

해설 소화의 방법

구분	소화	내용
물리적 소화	냉각소화	인화점, 발화점 이하로 온도를 낮추어 소화
	질식소화	산소의 농도를 21[%]에서 15[%] 이하로 감소 시켜 소화
	피복소화	가연물을 피복하여 가연성가스 발생 억제 및 공기차단으로 소화 (피복하여 질식시킴)
	제거소화	가연물이 연소하기 전에 가연물을 제거하여 소화
	유화소화	기름과 물은 혼합되지 않으나 세차게 물을 기름에 뿌리는 경우 일시적으로 기름과 물이 혼합되는데 이를 에멀젼효과라고 하고 가연성가스 방출 방지 및 산소공급 차단 효과로 소화
	희석소화	물질의 농도를 다른 물질을 가함으로써 농도를 낮게 하여 소화
화학적 소화	연쇄반응 억제소화	화학적 소화 방법 (부촉매 효과) – 불꽃연소만 소화 가능

5. 열분해에 의해 가연물 표면에 유리상의 메타인산 피막을 형성하여 연소에 필요한 산소의 유입을 차단하는 분말약제는?

① 요소
② 탄산수소칼륨
③ 제1인산암모늄
④ 탄산수소나트륨

해설 분말소화약제의 명칭 등

구분	제1종	제2종	제3종	제4종
명칭	탄산수소 나트륨	탄산수소칼륨	인산암모늄	탄산수소칼륨 + 요소
분자식	$NaHCO_3$	$KHCO_3$	$NH_4H_2PO_4$	$KHCO_3$ + $(NH_2)_2CO$
색상	백색	자색(보라색)	담홍색	회백색
특징	식용유재에는 비누화현상에 의해 적응성이 있다. Na_2O (산화나트륨)	소화성능은 1종 분말소화약제 보다 2배 더 우수하다. – K이 Na 보다 반응성이 더 크기 때문	메타인산 (HPO_3)의 방진작용 오쏘인산 (H_3PO_4)의 탄화, 탈수작용	소화효과가 가장 우수하다.
적응 화재	B급, C급,	B급, C급	A급, B급, C급	B급, C급

메타인산(HPO_3)의 방진작용 – 제1인산암모늄이 열분해될 때 생성되는 용융 유리상의 메타인산이 가연물의 표면에 불침투의 층을 만들어서 산소와의 접촉을 차단하여 A급 화재에 적응성이 있다.

6. 화재를 소화하는 방법 중 물리적 방법에 의한 소화가 아닌 것은?

① 억제소화
② 제거소화
③ 질식소화
④ 냉각소화

해설 소화의 방법

구분	소화	내용
물리적 소화	냉각소화	인화점, 발화점 이하로 온도를 낮추어 소화
	질식소화	산소의 농도를 21[%]에서 15[%] 이하로 감소 시켜 소화
	피복소화	가연물을 피복하여 가연성가스 발생 억제 및 공기차단으로 소화 (피복하여 질식시킴)
	제거소화	가연물이 연소하기 전에 가연물을 제거하여 소화
	유화소화	기름과 물은 혼합되지 않으나 세차게 물을 기름에 뿌리는 경우 일시적으로 기름과 물이 혼합되는데 이를 에멀젼효과라고 하고 가연성가스 방출 방지 및 산소공급 차단 효과로 소화
	희석소화	물질의 농도를 다른 물질을 가함으로써 농도를 낮게 하여 소화
화학적 소화	연쇄반응 억제소화	화학적 소화 방법 (부촉매 효과) – 불꽃연소만 소화 가능

7. 물과 반응하여 가연성 기체를 발생하지 않는 것은?

① 칼륨
② 인화아연
③ 산화칼슘
④ 탄화알루미늄

해설 위험물과 물과의 반응
① 칼륨과 물과의 반응(수소 발생☆)
$$2K + 2H_2O \rightarrow 2KOH + H_2\uparrow$$
② 인화아연과 물과의 반응(포스핀 발생☆)
$$Zn_3P_2 + 6H_2O \rightarrow 3Zn(OH)_2 + 2PH_3\uparrow$$

정답 5. ③ 6. ① 7. ③

기출문제

2020. 4회 소방설비기사

③ 탄화알루미늄과 물과의 반응(메탄 발생☆)
$Al_4C_3 + 12H_2O \rightarrow 4Al(OH)_3 + 3CH_4$

※ 산화칼슘과 물과의 반응(수산화칼슘 생성)
$CaO + H_2O \rightarrow Ca(OH)_2$

8. 다음 물질을 저장하고 있는 장소에서 화재가 발생하였을 때 주수소화가 적합하지 않은 것은?

① 적린
② 마그네슘 분말
③ 과염소산칼륨
④ 유황

해설 마그네슘의 반응식

물과 반응식	$Mg + 2H_2O$ $\rightarrow Mg(OH)_2 + H_2\uparrow$	수소 발생으로 주수소화 금지
산과의 반응식	$Mg + 2HCl$ $\rightarrow MgCl_2 + H_2\uparrow$	
이산화탄소와 반응식	$2Mg + CO_2$ $\rightarrow 2MgO + C$	탄소를 유리하여 이산화탄소 적응성 없음

9. 과산화수소와 과염소산의 공통성질이 아닌 것은?

① 산화성 액체이다.
② 유기화합물이다.
③ 불연성 물질이다.
④ 비중이 1보다 크다.

해설 제6류 위험물(산화성 액체) - 지정수량 300[g]

품명	성상
① 질산 ② 과염소산 ③ 과산화수소 ④ 할로젠간화합물	① 산소를 함유한 강산화성 액체 ② 조연성 액체(자체는 불연성) ③ 가연성물질, 유기물등과 혼합, 혼촉 시 발화 ④ 과산화수소를 제외 하고 모두 강산으로 피부 접촉시 부식 ⑤ 증기는 유독 - 과산화수소 제외 ⑥ 물과 접촉하면 발열 - 과산화수소 제외 ⑦ 모두 무기화합물 ⑧ 모두 수용성

10. 다음 중 가연성 가스가 아닌 것은?

① 일산화탄소
② 프로판
③ 아르곤
④ 메탄

해설 가연물이 될 수 없는 물질

산소와 더 이상 반응하지 않는 물질	질소 또는 질소 화합물	불활성가스
물, 이산화탄소, 산화칼슘(생석회), 산화알루미늄 등	산소와 반응은 하지만 흡열반응 함	0족 원소 (헬륨, 네온, 아르곤, 크립톤, 크세논, 라돈)

11. 화재 발생 시 인간의 피난 특성으로 틀린 것은?

① 본능적으로 평상 시 사용하는 출입구를 사용한다.
② 최초로 행동을 개시한 사람을 따라서 움직인다.
③ 공포감으로 인해서 빛을 피하여 어두운 곳으로 몸을 숨긴다.
④ 무의식 중에 발화 장소의 반대쪽으로 이동한다.

해설 인간의 피난행동 특성 (본능)

좌회 본능	오른손잡이는 왼쪽으로 회전하려고 함
귀소 본능	왔던 곳 또는 상시 사용하는 곳으로 돌아가려 함
지광 본능	밝은 곳으로 향함
퇴피 본능	위험을 확인하고 위험으로부터 멀어지려 함
추종 본능	위험 상황에서 한 리더를 추종하려 함

12. 실내화재에서 화재의 최성기에 돌입하기 전에 다량의 가연성 가스가 동시에 연소되면서 급격한 온도상승을 유발하는 현상은?

① 패닉(Panic) 현상
② 스택(Stack) 현상
③ 화이어 볼(Fire Ball) 현상
④ 플래쉬 오버(Flash Over) 현상

정답 8. ② 9. ② 10. ③ 11. ③ 12. ④

[해설] 플래시오버 (Flash Over)

정의	국소(국부)화재에서 전체(전실)화재로의 전이 현상 연료지배형 화재에서 환기지배형 화재로의 전이 현상 * 국소(국부) - 전체 가운데의 한 부분
조건	연기층 온도 500 ~ 600 [℃] 바닥 복사수열량 20 ~ 40 [kW/m²] 연소속도 40 [g/s·m²] 산소농도 : 10[%] $CO_2/CO = 150$
연소형태	화재
시기	성장기
공급요인	복사열에 의한 자연발화

13. 다음 원소 중 할로겐족 원소인 것은?

① Ne (네온) ② Ar (아르곤)
③ Cl (염소) ④ Xe (크세논)

[해설] 7족(할로겐족) 원소의 특성

구분	소화효과	오존층 파괴 순서	전기음성도	이온화에너지
F	④	④	①	①
Cl	③	③	②	②
Br	②	②	③	③
I	①	①	④	④

· 전기음성도 : 전자1개를 끌어 당기려는 힘(경향)
· 이온화에너지 : 전자1개를 떼어내는데 필요한 에너지

14. 피난 시 하나의 수단이 고장 등으로 사용이 불가능 하더라도 다른 수단 및 방법을 통해서 피난 할 수 있도록 하는 것으로 2방향 이상의 피난통로를 확보하는 피난 대책의 일반 원칙은?

① Risk-down 원칙
② Feed-back 원칙
③ Fool-proof 원칙
④ Fail-safe 원칙

[해설] 피난계획(동선)의 기본 원칙

피난경로	간단 명료 - 일상생활 동선과 일치하도록 경로 설정
피난수단	원시적 방법(Fool Proof, 자연채광, 노대, Panic Bar, 승강기 이용 불가) * Fool proof 원칙 : 바보도 증명할수 있다는 법칙으로 패닉상태 등에서도 쉽게 식별이 가능하도록 그림이나 색채를 이용하는 원칙
피난로	인간의 피난행동 특성(본능) 고려 - 좌회, 귀소, 지광, 퇴피, 추종본능
피난구	상시 개방 상태 또는 화재 시 잠금 장치 해정
피난설비	고정식설비 위주로 계획 (계단, 미끄럼틀, 고정식사다리, 구조대 고정 등)
피난통로	2방향 피난통로 확보 - Fail Safe 원칙(실패해도 안전해야하는 원칙)

15. 목재건축물의 화재 진행과정을 순서대로 나열한 것은?

① 무염착화-발염착화-발화-최성기
② 무염착화-최성기-발염착화-발화
③ 발염착화-발화-최성기-무염착화
④ 발염착화-최성기-무염착화-발화

[해설] 목조건축물
① 개방계 화재
② 연료지배형 화재(연료의 양에 지배를 받는 화재)
③ 고온단기형(약 1,200 [℃], 10 ~ 20 분)
④ 화재원인 - 무염착화 - 발염착화 - 발화 - 최성기 - 연소 낙하 - 진화

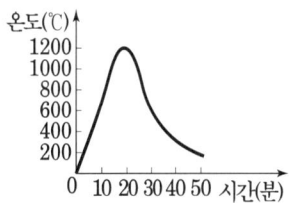

목재 건축물의 화재진행과정

정답 13. ③ 14. ④ 15. ①

16. 탄산수소나트륨이 주성분인 분말 소화약제는?

① 제1종 분말 ② 제2종 분말
③ 제3종 분말 ④ 제4종 분말

해설 분말소화약제의 명칭 등

구분	제1종	제2종	제3종	제4종
명칭	탄산 수소나트륨	탄산수소칼륨	인산암모늄	탄산수소 칼륨 + 요소
분자식	$NaHCO_3$	$KHCO_3$	$NH_4H_2PO_4$	$KHCO_3$ + $(NH_2)_2CO$
색상	백색	자색(보라색)	담홍색	회백색
특징	식용유화재에는 비누화현상에 의해 적응성이 있다. Na_2O (산화나트륨)	소화성능은 1종 분말소화약제 보다 2배 더 우수하다. - K이 Na 보다 반응성이 더 크기 때문	메타인산 (HPO_3)의 방진작용 오쏘인산 (H_3PO_4)의 탄화, 탈수작용	소화효과가 가장 우수하다.
적응화재	B급, C급	B급, C급	A급, B급, C급	B급, C급

17. 공기와 할론 1301의 혼합기체에서 할론1301에 비해 공기의 확산속도는 약 몇 배 인가?
(단, 공기의 평균분자량은 29, 할론 1301의 분자량은 149 이다.)

① 2.27배 ② 3.85배
③ 5.17배 ④ 6.46배

해설 그레이엄의 확산속도법칙

일정한 온도 및 압력에서 기체의 확산속도는 그 기체의 분자량의 제곱근에 반비례

$V \propto \dfrac{1}{\sqrt{M}}$ 이므로 두 기체를 비례식으로 놓으면 아래와 같이 된다.

$V_1 : V_2 = \dfrac{1}{\sqrt{M_1}} : \dfrac{1}{\sqrt{M_2}}$

V_1 : 할론 "1301"의 "확산속도" [m/s]
V_2 : 공기의 "확산속도" [m/s]
M_1 : 할론 "1301"의 "분자량" [g]
M_2 : 공기의 "분자량" [g]

$\dfrac{V_2}{V_1} = \dfrac{\sqrt{M_1}}{\sqrt{M_2}}$ 이므로

각각의 분자량을 대입하면 $\dfrac{\sqrt{149}}{\sqrt{29}} = 2.267$ 로서

공기의 확산속도는 할론 1301보다 2.27배 빠르다.

18. 불연성 기체나 고체 등으로 연소물을 감싸 산소공급을 차단하는 소화방법은?

① 질식소화 ② 냉각소화
③ 연쇄반응차단소화 ④ 제거소화

해설 소화의 방법

구분	소화	내용
물리적 소화	냉각소화	인화점, 발화점 이하로 온도를 낮추어 소화
	질식소화	산소의 농도를 21[%]에서 15[%] 이하로 감소 시켜 소화
	피복소화	가연물을 피복하여 가연성가스 발생 억제 및 공기차단으로 소화(피복하여 질식시킴)
	제거소화	가연물이 연소하기 전에 가연물을 제거하여 소화
	유화소화	기름과 물은 혼합되지 않으나 세차게 물을 기름에 뿌리는 경우 일시적으로 기름과 물이 혼합되는데 이를 에멀견효과라고 하고 가연성가스 배출 방지 및 산소공급 차단 효과로 소화
	희석소화	물질의 농도를 다른 물질을 가함으로써 농도를 낮게 하여 소화
화학적 소화	연쇄반응 억제소화	화학적 소화 방법 (부촉매 효과) - 불꽃연소만 소화 가능

19. 공기 중의 산소의 농도는 약 몇 [vol%] 인가?

① 10 ② 13
③ 17 ④ 21

해설 18번 해설 참조

20. 자연발화 방지대책에 대한 설명 중 틀린 것은?

① 저장실의 온도를 낮게 유지한다.
② 저장실의 환기를 원활히 시킨다.
③ 촉매물질과의 접촉을 피한다.
④ 저장실의 습도를 높게 유지한다.

[해설] 자연발화의 조건(발열이 크고 방열이 작아야 함)

• 주위온도가 클 것 • 발열량이 클 것 • 압력이 클 것	• 열전도율이 작을 것 • 통풍이 잘 안될 것	• 습도가 클 것 (촉매역할) • 표면적이 넓을 것 (공기와 접촉면적이 커짐)

※ 예방대책 - 자연발화의 조건의 반대

■■■ 제2과목 소방유체역학

21. 그림과 같이 수조의 밑부분에 구멍을 뚫고 물을 유량 Q로 방출시키고 있다. 손실을 무시할 때 수위가 처음 높이의 1/2로 되었을 때 방출되는 유량은 어떻게 되는가?

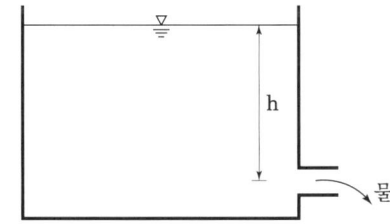

① $\dfrac{1}{\sqrt{2}}Q$ ② $\dfrac{1}{2}Q$

③ $\dfrac{1}{\sqrt{3}}Q$ ④ $\dfrac{1}{3}Q$

[해설] $Q = AV = A\sqrt{2gh}$ 에서

$Q \propto \sqrt{h}$ 이므로 $\sqrt{h} : Q = \sqrt{\dfrac{h}{2}} : Q'$

$\therefore Q' = \dfrac{\sqrt{\dfrac{h}{2}}}{\sqrt{h}}Q = \dfrac{\dfrac{\sqrt{h}}{\sqrt{2}}}{\sqrt{h}}Q = \dfrac{1}{\sqrt{2}}Q$

22. 다음 중 등엔트로피 과정은 어느 과정인가?

① 가역 단열과정
② 가역 등온과정
③ 비가역 단열과정
④ 비가역 등온과정

[해설] (1) 가역단열과정 : 등엔트로피 과정($ds=0$)
(2) 비가역단열과정 : 엔트로피 증가($ds>0$)

23. 비중이 0.95인 액체가 흐르는 곳에 그림과 같이 피토 튜브를 직각으로 설치하였을 때 h가 150[mm], H가 30[mm]로 나타났다면 점 1위치에서의 유속[m/s]은?

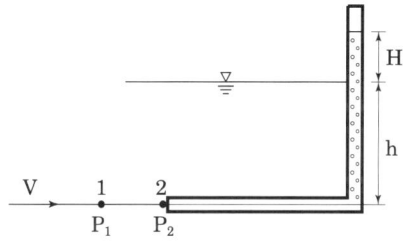

① 0.8 ② 1.6
③ 3.2 ④ 4.2

[해설] $V = \sqrt{2gH} = \sqrt{2 \times 9.8 \times 0.03} = 0.767 ≒ 0.8\,[\text{m/s}]$

24. 어떤 밀폐계가 압력 200[kPa], 체적 0.1[m³]인 상태에서 100[kPa], 0.3[m³]인 상태까지 가역적으로 팽창하였다. 이 과정이 P-V선도에서 직선으로 표시된다면 이 과정 동안에 계가 한 일[kJ]은?

① 20 ② 30
③ 45 ④ 60

해설 절대일

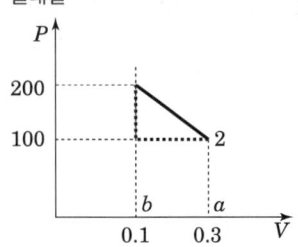

이 과정에서 계가 한 일(절대일) W=면적$12ab1$이다.

∴ W=사다리꼴면적=$(200+100) \times \dfrac{0.3-0.1}{2} = 30$

25. 유체에 관한 설명으로 틀린 것은?

① 실제유체는 유동할 때 마찰로 인한 손실이 생긴다.
② 이상유체는 높은 압력에서 밀도가 변화하는 유체이다.
③ 유체에 압력을 가하면 체적이 줄어드는 유체는 압축성 유체이다.
④ 전단력을 받았을 때 저항하지 못하고 연속적으로 변형하는 물질을 유체라 한다.

해설 이상유체는 비압축성이며 비점성유체를 말한다. 따라서 밀도의 변화가 없는 유체이다.

26. 대기압에서 10[℃]의 물 10[kg]을 70[℃]까지 가열할 경우 엔트로피 증가량[kJ/K]은? (단, 물의 정압비열은 4.18[kJ/kg·K]이다.)

① 0.43 ② 8.03
③ 81.3 ④ 2508.1

해설 $\Delta S = \dfrac{\Delta Q}{T} = mC\ln\dfrac{T_2}{T_1}$ 에서

$= 10 \times 4.18 \times \ln\dfrac{70+273}{10+273} \fallingdotseq 8.03 [kJ/K]$

27. 물속에 수직으로 완전히 잠긴 원판의 도심과 압력 중심 사이의 최대 거리는 얼마인가? (단, 원판의 반지름은 R이며, 이 원판의 면적관성모멘트는 $I_{xc} = \pi R^4/4$이다.)

① $R/8$ ② $R/4$
③ $R/2$ ④ $2R/3$

해설 $h_p = h_c + \dfrac{I_{xc}}{h_c A}$ 에서

$h_p - h_c = \dfrac{I_{xc}}{h_c A} = \dfrac{\pi R^4/4}{R \pi R^2} = R/4$

여기서, h_p : 압력중심,
  h_c : 도심,
  A : 단면적
  I_{xc} : 면적관성모멘트(도심에서의 단면2차 모멘트)

28. 점성계수가 0.101[N·s/m²], 비중이 0.85인 기름이 내경 300[mm], 길이 3[km]의 주철관 내부를 0.0444[m³/s]의 유량으로 흐를 때 손실수두[m]는?

① 7.1 ② 7.7
③ 8.1 ④ 8.9

해설 하겐-포아젤의 법칙 (Hagen-Poiseuille's law)

비압축성 유체가 층류 유동할 때 단면이 일정한 수평 원관에서 관을 흐르는 점성 유체의 유량에 관한 법칙을 말하며 다음 식으로 나타낸다.

$h_L = \dfrac{128\mu L Q}{\gamma \pi d^4}$ 에서

$= \dfrac{128 \times 0.101 \times 3 \times 10^3 \times 0.0444}{0.85 \times 9800 \times \pi \times 0.3^4} \fallingdotseq 8.1[m]$

여기서, Q : 유량,
  L : 길이,
  μ : 점성계수,
  d : 관경,
  ρ : 밀도

29. 그림과 같은 곡관에 물이 흐르고 있을 때 계기 압력으로 P_1이 98[kPa]이고, P_2가 29.42[kPa]이면 이 곡관을 고정 시키는데 필요한 힘[N]은?(단, 높이차 및 모든 손실은 무시한다.)

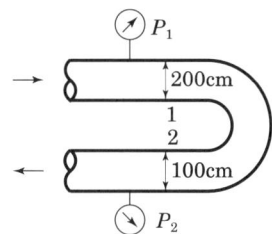

① 4141　　　　　② 4314
③ 4565　　　　　④ 4744

해설 (1) 베르누이 정리를 적용하면 (높이차 $z_1 = z_2$)

$$\frac{\rho v_1^2}{2} + P_1 = \frac{\rho v_2^2}{2} + P_2 \text{[Pa]}$$

(2) 연속방정식

$A_1 v_1 = A_2 v_2$ 에서

$v_2 = \frac{A_1}{A_2} v_1 = \frac{D_1^2}{D_2^2} v_1 = \frac{200^2}{100^2} \times v_1 = 4 v_1$

$\frac{10^3 v_1^2}{2} + 98 \times 10^3 = \frac{10^3 (4v_1)^2}{2} + 29.42 \times 10^3$

$\frac{10^3 v_1^2}{2} \times (16-1) = (98 - 29.42) \times 10^3$

$v_1 = 3.024, \ v_2 = 4v_1 = 4 \times 3.024 = 12.096 \text{[m/s]}$

(3) 운동량 방정식에 대입하면

$P_1 A_1 - P_2 A_2 \cos 180° - F = \rho Q (v_2 \cos 180° - v_1)$

∴ 곡관을 고정시키는 데 필요한 힘 F

$F = P_1 A_1 - P_2 V_2 \cos 180° - \rho Q (v_2 \cos 180° - v_1)$

$= \left(98 \times 10^3 \times \frac{\pi \times 0.2^2}{4}\right) + \left(29.42 \times 10^3 \times \frac{\pi \times 0.1^2}{4}\right)$

$- (10^3 \times 0.095 \times (-12.1 - 3.024)) = 4744$

여기서,

유량 $Q = A_1 v_1 = \frac{\pi \times 0.2^2}{4} \times 3.024 = 0.095 \text{[m}^3\text{/s]}$

30. 물의 체적을 5[%] 감소시키려면 얼마의 압력[kPa]을 가하여야 하는가?
(단, 물의 압축률은 5×10^{-10} [m^2/N]이다.)

① 1　　　　　② 10^2
③ 10^4　　　　　④ 10^5

해설 압축률 δ

$$\delta = \frac{\Delta V/V}{\Delta P}$$ 에서

가해진 압력 ΔP는

$\Delta P = \frac{\Delta V/V}{\delta} = \frac{0.05}{5 \times 10^{-10}} = 10^8 \text{[Pa]} = 10^5 \text{[kPa]}$

31. 옥내 소화전에서 노즐의 직경이 2[cm]이고, 방수량이 0.5[m^3/min] 이라면 방수압(계기압력, [kPa]) 은?

① 35.18　　　　　② 351.8
③ 566.4　　　　　④ 56.64

해설 노즐입구압력(동압) $P_v = \frac{\rho v^2}{2}$ 에서

여기서, ρ : 물의 밀도(= 1000 [kg/m^3])
　　　　v : 유속[m/s]

$v = \frac{Q}{A} = \frac{0.5}{\frac{\pi \times 0.02^2}{4} \times 60} ≒ 26.5258 \text{[m/s]}$

$P_v = \frac{1000 \times 26.5^2}{2} ≒ 351809 \text{[Pa]} ≒ 351.8 \text{[kPa]}$

32. 공기 중에서 무게가 941[N]인 돌이 물 속에서 500[N] 이라면 이 돌의 체적[m^3]은?(단, 공기의 부력은 무시한다.)

① 0.012　　　　　② 0.028
③ 0.034　　　　　④ 0.045

해설 공기 중의 무게(G_a) = 액체 속의 무게(W_l) + 부력
$(F = \gamma V)$

부력 $F = r \cdot V = G_a - W_l$

∴ $V = \frac{G_a - W_l}{\gamma} = \frac{941 - 500}{9800} = 0.045 \text{[m}^3\text{]}$

기출문제

2020. 4회 소방설비기사

33. 그림과 같이 비중이 0.8인 기름이 흐르고 있는 관에 U자관이 설치되어 있다. A점에서의 계기압력이 200 [kPa]일 때 높이 h[m]는 얼마인가? (단, U자관 내의 유체의 비중은 13.6이다.)

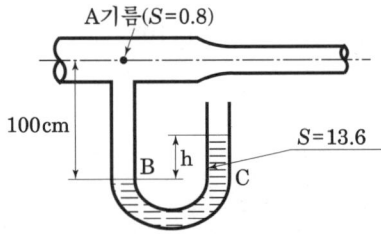

① 1.42 ② 1.56
③ 2.43 ④ 3.20

해설 $P_B = P_C$ 이므로
$P_A + \gamma_A h_1 = \gamma h$ 에서
$h = \dfrac{P_A + \gamma_A h_1}{\gamma} = \dfrac{200 + (0.8 \times 9.8) \times 1}{13.6 \times 9.8} ≒ 1.56 \,[m]$

34. 열전달 면적이 A이고, 온도 차이가 10 [℃], 벽의 열전도율이 10 [W/(m·K)], 두께 25 [cm]인 벽을 통한 열류량은 100 [W]이다. 동일한 열전달 면적에서 온도 차이가 2배, 벽의 열전도율이 4배가 되고 벽의 두께가 2배가 되는 경우 열류량[W]은 얼마인가?

① 50 ② 200
③ 400 ④ 800

해설 (1) 처음의 열전달율
$Q_1 = \dfrac{\lambda A \Delta t}{d} = 100 \,[W]$

(2) 벽의 온도차 2배, 열전도율이 4배가 되고 벽의 두께가 2배가 되는 경우 열전달률 Q_2
$Q_2 = \dfrac{(4\lambda)A(2\Delta t)}{2d} = 4\dfrac{\lambda A \Delta t}{d}$
$= 4Q_1 = 4 \times 100 = 400$

35. 지름 40 cm인 소방용 배관에 물이 80 [kg/s]로 흐르고 있다면 물의 유속[m/s]은?

① 6.4 ② 0.64
③ 12.7 ④ 1.27

해설 질량유량 $m = \rho A v$ 에서
유속 $v = \dfrac{m}{\rho A} = \dfrac{80}{1000 \times \dfrac{\pi \times 0.4^2}{4}} ≒ 0.64 \,[m/s]$

36. 지름이 400 [mm]인 베어링이 400 [rpm]으로 회전하고 있을 때 마찰에 의한 손실동력[kW]은? (단, 베어링과 축 사이에는 점성계수가 0.049 [N·s/m²]인 기름이 차 있다.)

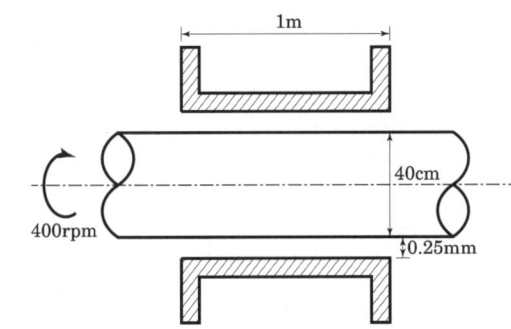

① 15.1 ② 15.6
③ 16.3 ④ 17.3

해설 축의 주속도 v[m/s]는
$v = \dfrac{\pi d N}{60} = \dfrac{\pi \times 0.4 \times 400}{60} = \dfrac{8}{3}\pi$

윤활유층의 면적 A는
$A = \pi d l = \pi \times 0.4 \times 1 = 0.4\pi \,[m^2]$

점성저항력(마찰력)
$F = \mu A \dfrac{\Delta v}{\Delta y} \,[N]$
$= 0.049 \times (0.4\pi) \times \dfrac{\dfrac{8}{3}\pi}{0.25 \times 10^{-3}} ≒ 2063.4 \,[N]$

∴ $P = F \cdot v = 2063.4 \times \dfrac{8}{3}\pi ≒ 17286 \,[W] ≒ 17.3 \,[kW]$

정답 33. ② 34. ③ 35. ② 36. ④

37. 12층 건물의 지하 1층에 제연설비용 배연기를 설치하였다. 이 배연기의 풍량은 500 [m³/min]이고, 풍압이 290 [Pa]일 때 배연기의 동력[kW]은? (단, 배연기의 효율은 60[%]이다.)

① 3.55   ② 4.03
③ 5.55   ④ 6.11

해설 $L_s = \dfrac{P \cdot Q}{\eta} = \dfrac{290 \times 10^{-3} \times \left(\dfrac{500}{60}\right)}{0.6} ≒ 4.03 [kW]$

38. 다음 중 배관의 출구측 형상에 따라 손실계수가 가장 큰 것은?

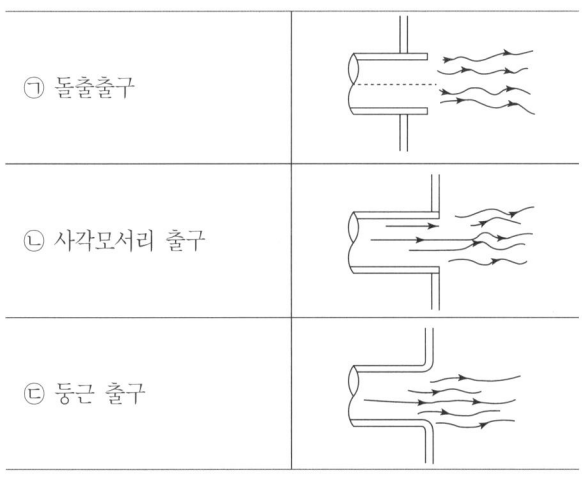

① ㉠   ② ㉡
③ ㉢   ④ 모두 같다.

해설 배관 출구에서의 손실계수는 형상에 관계없이 모두 같다.

39. 원관 내에 유체가 흐를 때 유동의 특성을 결정하는 가장 중요한 요소는?

① 관성력과 점성력   ② 압력과 관성력
③ 중력과 압력   ④ 압력과 점성력

해설 원관 내의 유체의 유동 특성 즉, 층류인지 난류인지를 판단하는 가장 기본적인 것은 레이놀즈수이다.
따라서 레이놀즈수 $Re = \dfrac{관성력}{점성력}$의 무차원수로 나타낸다.

40. 토출량이 1800 [L/min], 회전차의 회전수가 1000 [rpm]인 소화펌프의 회전수를 1400 [rpm]으로 증가시키면 토출량은 처음보다 얼마나 더 증가되는가?

① 10[%]   ② 20[%]
③ 30[%]   ④ 40[%]

해설 송풍기의 상사법칙에 의해
$Q_2 = Q_1 \times \dfrac{N_2}{N_1} = 1800 \times \dfrac{1400}{1000} = 2520 [L/min]$
∴ 증가량 $= \dfrac{2520 - 1800}{1800} \times 100 = 40[\%]$

■■■ 제3과목 소방관계법규

41. 소방시설 설치 및 관리에 관한 법령상 소방시설등의 자체점검 중 종합점검을 받아야 하는 특정소방대상물 대상 기준으로 틀린 것은?

① 제연설비가 설치된 터널
② 스프링클러설비가 설치된 특정소방대상물
③ 공공기관 중 연면적이 1000 [m²] 이상인 것으로서 옥내소화전설비 또는 자동화재탐지설비가 설치된 것 (단, 소방대가 근무하는 공공기관은 제외한다.)
④ 호스릴방식의 물분무등소화설비만이 설치된 연면적 5000 [m²] 이상인 특정소방대상물 (단, 위험물 제조소등은 제외한다.)

기출문제

2020. 4회 소방설비기사

[해설] 종합점검 대상

	연면적 및 설치된 소방시설등의 기준		비고
①	물분무등 소화설비	5,000 [m²] 이상	호스릴방식만을 설치한 경우 제외. 위험물 제조소등은 제외.
②	다중이용업의 영업장이 설치된 특정 소방대상물	2,000 [m²] 이상	산후조리업, 노래연습장업, 고시원업, 단란주점영업, 유흥주점영업, 비디오물감상실업·복합영상물제공업, 안마시술소, 영화상영관만 해당
③	옥내소화전설비 또는 자동화재탐지설비가 설치된 공공기관	1,000 [m²] 이상	터널·지하구의 경우 그 길이와 평균폭을 곱하여 계산된 값. 소방기본법에 따른 소방대가 근무하는 공공기관은 제외.
④	스프링클러설비가 설치된 특정소방대상물		
⑤	제연설비가 설치된 터널		
⑥	최초점검에 해당하는 특정소방대상물		

42. 위험물안전관리법령상 제조소등이 아닌 장소에서 지정수량 이상의 위험물을 취급할수 있는 경우에 대한 기준으로 맞는 것은? (단, 시·도의 조례가 정하는 바에 따른다.)

① 관할 소방서장의 승인을 받아 지정수량 이상의 위험물을 60일 이내의 기간 동안 임시로 저장 또는 취급하는 경우
② 관할 소방대장의 승인을 받아 지정수량 이상의 위험물을 60일 이내의 기간 동안 임시로 저장 또는 취급하는 경우
③ 관할 소방서장의 승인을 받아 지정수량 이상의 위험물을 90일 이내의 기간 동안 임시로 저장 또는 취급하는 경우
④ 관할 소방대장의 승인을 받아 지정수량 이상의 위험물을 90일 이내의 기간 동안 임시로 저장 또는 취급하는 경우

[해설] 위험물의 저장 및 취급의 제한
지정수량 이상의 위험물을 저장소가 아닌 장소에서 저장하거나 제조소등이 아닌 장소에서 취급하여서는 아니된다.

3년 이하의 징역 또는 3천만 원 이하의 벌금

제조소 등이 아닌 장소에서 지정수량 이상의 위험물을 취급할 수 있는 경우
1) 관할소방서장의 승인을 받아 지정수량 이상의 위험물을 90일 이내의 임시로 저장 또는 취급하는 경우
2) 군부대가 지정수량 이상의 위험물을 군사목적으로 임시로 저장 또는 취급하는 경우 - 제조소등을 설치하거나 그 위치·구조 또는 설비를 변경하고자 하는 군부대의 장은 제조소등의 소재지를 관할하는 시·도지사와 협의(설계도서, 서류등 제출)하여야 하며 협의가 된 경우 허가를 받은 것으로 보며 군 부대의 장은 탱크안전성능검사와 완공검사를 자체적으로 할 수 있고 시·도지사에게 통보할 것

43. 화재의 예방 및 안전관리에 관한 법률상 화재예방강화지구의 지정권자는?

① 소방서장 ② 시·도지사
③ 소방본부장 ④ 행정자치부장관

[해설] 화재예방강화지구
화재발생 우려가 크거나 화재가 발생할 경우 피해가 클 것으로 예상되는 지역에 대하여 화재의 예방 및 안전관리를 강화하기 위해 지정·관리하는 지역
① 시도지사 : 화재예방강화지구를 지정하여 관리
② 소방청장 : 해당 시·도지사에게 해당 지역의 화재예방강화지구 지정을 요청할 수 있다.

화재예방강화지구

1. 시장지역
2. 소방시설·소방용수시설 또는 소방출동로가 없는 지역
3. 위험물의 저장 및 처리 시설이 밀집한 지역
4. 석유화학제품을 생산하는 공장이 있는 지역
5. 공장·창고가 밀집한 지역
6. 목조건물이 밀집한 지역
7. 산업입지 및 개발에 관한 법률에 따른 산업단지
8. 소방관서장이 화재예방강화지구로 지정할 필요가 있다고 인정하는 지역
9. 노후·불량건축물이 밀집한 지역
10. 물류시설의 개발 및 운영에 관한 법률에 따른 물류단지

정답 42. ③ 43. ②

③ 소방관서장
　㉠ 화재예방강화지구 내 화재안전조사를 연 1회 이상 실시
　㉡ 소방설비등의 설치(보수, 보강 포함)를 명할 수 있다.

> 설치 명령을 정당한 사유 없이 따르지 아니한 자 : 200만 원 이하의 과태료

　㉢ 훈련 및 교육을 연 1회 이상 실시 및 실시 시 관계인에게 훈련 또는 교육 10일 전까지 그 사실을 통보

44. 위험물안전관리법령상 위험물 중 제1석유류에 속하는 것은?

① 경유　　　② 등유
③ 중유　　　④ 아세톤

해설 제4류 위험물(인화성 액체)

구분	지정수량	품명
특수 인화물류	50[ℓ]	디에틸에테르, 아세트알데히드 산화프로필렌, 이황화탄소
제1 석유류	비수용성 200[ℓ] 수용성 400[ℓ]	휘발유, 벤젠, 톨루엔, 시클로헥산, 피리딘, 아세톤(DMK), 시안화수소, 메틸에틸케톤(MEK), 콜로디온, 의산에스테르류, 초산에스테르류
알코올류 수용성	400[ℓ]	메틸알코올, 에틸알코올 프로필알코올, 변성알코올
제2 석유류	비수용성 1000[ℓ] 수용성 2000[ℓ]	경유(디젤유), 등유(케로신), 크실렌, 스틸렌, 에틸벤젠, 클로로벤젠, 송근유, 송정유(테레핀유), 장뇌유, 히드라진, 의산(포름산), 초산(아세트산) 메틸셀로솔브, 에틸셀로솔브
제3 석유류	비수용성 2000[ℓ] 수용성 4000[ℓ]	중유, 타르유(클레오소오트유) 니트로벤젠, 아닐린, 에틸렌글리콜(2가알코올), 글리세린(3가알코올)
제3 석유류	6000[ℓ]	기어유, 실린더유
동식물 유류	10000[ℓ]	불건성유, 반건성유, 건성유

※ 위 표에서 파란색은 수용성임

45. 소방시설 설치 및 관리에 관한 법령상 수용인원 산정 방법 중 다음과 같은 시설의 수용인원은 몇 명인가?

> 숙박시설이 있는 특정 소방대상물로서 종사자수는 5명, 숙박시설은 모두 2인용 침대이며 침대수량은 50개이다.

① 55　　　② 75
③ 85　　　④ 105

해설 수용 인원의 산정 방법

구 분	용도	수용인원 산정수	
숙박시설 이 있는 특정소방 대상물	침대가 있는 숙박시설	종사자 수 + 침대 수 (2인용 침대는 2로 산정한다)	
	침대가 없는 숙박시설	종사자 수 + (바닥면적의 합계 ÷ 3 [m²])	
기타 대상물	강의실·교무 실·상담실 실 습실·휴게실	바닥면적의 합계 ÷ 1.9 [m²]	
	강당, 문화 및 집회시설 운동 시설, 종교시설	관람 석이 있는 경우	고정식 의자	의자 수
			긴 의자	정면너비 ÷ 0.45[m]
	그 밖의 특정 소방대상물	바닥면적의 합계 ÷ 3 [m²]	

풀이 종사자 수 + 침대 수 = 5 + 50 × 2 = 105 명

46. 위험물안전관리법령상 관계인이 예방규정을 정하여야 하는 위험물을 취급하는 제조소의 지정수량 기준으로 옳은 것은?

① 지정수량의 10배 이상
② 지정수량의 100배 이상
③ 지정수량의 150배 이상
④ 지정수량의 200배 이상

해설 예방규정을 작성해야 하는 대상
　제조소등의 관계인은 예방규정을 정하여 당해 제조소등의 사용을 시작하기 전에 시·도지사에게 제출하여야 한다. 예방규정을 변경한 때에도 또한 같다.

정답　44. ④　45. ④　46. ①

구 분	지정수량의 배수
암반탱크저장소, 이송취급소	지정수량 관계없이 예방규정을 정하여야 함
제조소, 일반취급소	10배 이상
옥외저장소	100배 이상
옥내저장소	150배 이상
옥외탱크저장소	200배 이상

47. 화재의 예방 및 안전관리에 관한 법령상 관리의 권원(權原)이 분리되어 있는 특정소방대상물의 경우 그 관리의 권원별 관계인은 소방안전관리자를 선임하여야 한다. 그 대상물이 아닌 것은?

① 복합건축물로서 지하층을 제외한 층수가 11층 이상인 건축물
② 지하층을 포함한 30층 이상의 아파트
③ 복합건축물로서 연면적 30,000 [m²] 이상인 건축물
④ 지하가, 도매시장, 소매시장 및 전통시장

[해설] 아래의 대상물 중 관리의 권원(權原)이 분리되어 있는 특정소방대상물별로 소방안전관리자 선임 대상
1. 복합건축물(지하층을 제외한 층수가 11층 이상 또는 연면적 30,000 [m²] 이상인 건축물)
2. 지하가(지하의 인공구조물 안에 설치된 상점 및 사무실, 그 밖에 이와 비슷한 시설이 연속하여 지하도에 접하여 설치된 것과 그 지하도를 합한 것)
3. 그 밖에 대통령령으로 정하는 특정소방대상물
   – 판매시설 중 도매시장, 소매시장 및 전통시장

48. 소방기본법령상 소방안전교육사의 배치대상별 배치기준으로 틀린 것은?

① 소방청 : 2명 이상 배치
② 소방서 : 1명 이상 배치
③ 소방본부 : 2명 이상 배치
④ 한국소방안전원(본회) : 1명 이상 배치

[해설] 소방안전교육사의 배치 기준

배치대상	배치기준	배치대상	배치기준
소방청	2명 이상	한국소방산업기술원	2명 이상
소방본부	2명 이상	한국소방안전원 본회	2명 이상
소방서	1명 이상	한국소방안전원 시·도지부	1명 이상

49. 소방시설공사업법령상 정의된 업종 중 소방시설업의 종류에 해당되지 않는 것은?

① 소방시설설계업
② 소방시설공사업
③ 소방시설정비업
④ 소방공사감리업

[해설] 소방시설업의 종류
설계업, 공사업, 감리업, 방염업

50. 소방기본법상 소방대장의 권한이 아닌 것은?

① 소방활동을 할 때에 긴급한 경우에는 이웃한 소방본부장 또는 소방서장에게 소방업무의 응원을 요청할 수 있다.
② 화재, 재난·재해, 그 밖의 위급한 상황이 발생한 현장에서 소방활동을 위하여 필요할 때에는 그 관할구역에 사는 사람 또는 그 현장에 있는 사람으로 하여금 사람을 구출하는 일 또는 불을 끄거나 불이 번지지 아니하도록 하는 일을 하게 할 수 있다.
③ 사람을 구출하거나 불이 번지는 것을 막기 위하여 필요할 때에는 화재가 발생하거나 불이 번질 우려가 있는 소방대상물 및 토지를 일시적으로 사용하거나 그 사용의 제한 또는 소방활동에 필요한 처분을 할 수 있다.
④ 소방활동을 위하여 긴급하게 출동할 때에는 소방자동차의 통행과 소방활동에 방해가 되는 주차 또는 정차된 차량 및 물건 등을 제거하거나 이동시킬 수 있다.

정답 47. ② 48. ④ 49. ③ 50. ①

[해설] 소방업무의 응원
1. 소방활동을 할 때에 긴급한 경우 이웃한 소방본부장 또는 소방서장에게 도움을 요청하는 것
2. 소방업무의 응원(應援)을 요청 하는 자
   - 소방본부장, 소방서장
3. 소방업무의 응원의 체결자 - 시·도지사

51. 소방시설공사업법상 도급을 받은 자가 제3자에게 소방시설공사의 시공을 하도급한 경우에 대한 벌칙 기준으로 옳은 것은?
(단, 대통령령으로 정하는 경우는 제외한다.)

① 100만 원 이하의 벌금
② 300만 원 이하의 벌금
③ 1년 이하의 징역 또는 1000만 원 이하의 벌금
④ 3년 이하의 징역 또는 1500만 원 이하의 벌금

[해설] 소방시설공사업법 벌칙
1년 이하의 징역 또는 1천만 원 이하의 벌금

> ① 법이나 이 법에 따른 명령과 화재안전기준에 맞게 설계·시공하지 아니한 업자
> ② 법 또는 명령을 따르지 아니하고 업무를 수행한 소방기술자
> ③ 영업정지처분을 받고 그 영업정지 기간에 영업을 한 자
> ④ 공사감리자를 지정하지 아니한 자
> ⑤ 감리업무를 위반하여 감리를 하거나 거짓으로 감리한 자
> ⑥ 감리업자의 시정 보완 요구를 이행하지 아니하고 그 공사를 계속할 때 감리업자는 소방본부장이나 소방서장에게 보고하여야 하는데 보고를 거짓으로 한 자
> ⑦ 공사감리 결과의 통보 또는 공사감리 결과보고서의 제출을 거짓으로 한 자
> ⑧ 해당 소방시설업자가 아닌 자에게 소방시설공사 등을 도급한 자
> ⑨ 법에 맞지 않게 도급받은 소방시설의 설계, 시공, 감리를 하도급한 자
> ⑩ 하도급받은 소방시설공사를 다시 하도급한 자

52. 소방시설 설치 및 관리에 관한 법령상 주택의 소유자가 소방시설을 설치하여야 하는 대상이 아닌 것은?

① 아파트 ② 연립주택
③ 다세대주택 ④ 다가구주택

[해설] 주택에 설치하는 소방시설
① 주택의 종류
단독주택(다중주택, 다가구주택, 공관)
공동주택(연립주택, 다세대주택을 말하며 아파트 및 기숙사는 제외)
② 주택용소방시설 : 소화기 및 단독경보형 감지기

53. 화재의 예방 및 안전관리에 관한 법률상 화재예방강화지구의 지정대상이 아닌 것은? (단, 소방청장·소방본부장 또는 소방서장이 화재예방강화지구로 지정할 필요가 있다고 인정하는 지역은 제외한다.)

① 노후·불량건축물이 밀집한 지역
② 농촌지역
③ 목조건물이 밀집한 지역
④ 공장·창고가 밀집한 지역

[해설] 43번 문제 해설 참조

54. 위험물안전관리법령상 제4류 위험물별 지정수량 기준의 연결이 틀린 것은?

① 특수인화물 - 50리터
② 알코올류 - 400리터
③ 동식물유류 - 1000리터
④ 제4석유류 - 6000리터

[해설] 문제 44번 해설 참조

정답 51. ③ 52. ① 53. ② 54. ③

기출문제

2020. 4회 소방설비기사

55. 소방시설 설치 및 관리에 관한 법상 소방시설등에 대한 자체점검을 하지 아니하거나 관리업자 등으로 하여금 정기적으로 점검하게 하지 아니한 자에 대한 벌칙 기준으로 옳은 것은?

① 6개월 이하의 징역 또는 1000만 원 이하의 벌금
② 1년 이하의 징역 또는 1000만 원 이하의 벌금
③ 3년 이하의 징역 또는 1500만 원 이하의 벌금
④ 3년 이하의 징역 또는 3000만 원 이하의 벌금

[해설] 특정소방대상물의 관계인은 자체점검을 하거나 관리업자 또는 행정안전부령으로 정하는 기술자격자(소방안전관리자로 선임된 소방시설관리사 및 소방기술사)로 하여금 정기적으로 점검해야 한다.

> 소방시설 등에 대한 자체점검을 하지 아니하거나 관리업자 등으로 하여금 정기적으로 점검하게 하지 아니한 자 : 1년 이하의 징역 또는 1천만 원 이하의 벌금

56. 화재의 예방 및 안전관리에 관한 법률상 특수가연물의 저장 및 취급 기준을 위반한 경우 과태료 부과기준은?

① 50만 원 ② 100만 원
③ 150만 원 ④ 200만 원

[해설] 과태료

위반행위	과태료 금액(단위: 만원)
불을 사용할 때 지켜야 하는 사항 및 특수가연물의 저장 및 취급 기준을 위반한 경우	200

57. 화재의 예방 및 안전관리에 관한 법률상 특수가연물의 품명과 지정수량 기준의 연결이 틀린 것은?

① 사류 – 1000 [kg] 이상
② 볏짚류 – 3000 [kg] 이상
③ 석탄·목탄류 –10000 [kg] 이상
④ 고무류 중 발포시킨 것 – 20 [m³] 이상

[해설] 특수가연물

품명	수량
면화류	200 [kg] 이상
나무껍질 및 대팻밥	400 [kg] 이상
넝마 및 종이부스러기	1,000 [kg] 이상
사류(絲類)	1,000 [kg] 이상
볏짚류	1,000 [kg] 이상
가연성고체류	3,000 [kg] 이상
석탄·목탄류	10,000 [kg] 이상
가연성액체류	2 [m³] 이상
목재가공품 및 나무부스러기	10 [m³] 이상
고무류, 플라스틱류 발포시킨 것	20 [m³] 이상
고무류, 플라스틱류 그 밖의 것	3,000 [kg] 이상

58. 소방시설 설치 및 관리에 관한 법령상 특정소방대상물로서 숙박시설에 해당되지 않는 것은?

① 오피스텔
② 일반형 숙박시설
③ 생활형 숙박시설
④ 근린생활시설에 해당하지 않는 고시원

[해설] 1. 숙박시설

일반숙박시설	호텔, 여관, 여인숙, 모텔
관광숙박시설	관광호텔, 수상관광호텔, 한국전통호텔, 가족호텔 및 휴양 콘도미니엄
고시원	근린생활시설에 해당하지 않는 것 (500 [m²] 이상)

2. 업무시설

공공업무시설	국가 또는 지방자치단체의 청사, 주민자치센터(동사무소), 경찰서, 지구대, 파출소, 소방서, 119안전센터, 우체국, 보건소, 국민건강보험공단 등과 외국공관의 건축물 등
일반업무시설	금융업소, 사무소, 신문사, 오피스텔

공공도서관, 변전소, 양수장, 정수장, 대피소, 공중화장실, 마을공회당, 마을공동작업소, 마을공동구판장

정답 55. ① 56. ④ 57. ② 58. ①

59. 소방시설 설치 및 관리에 관한 법령상 정당한 사유 없이 피난시설, 방화구획 및 방화시설의 유지·관리에 필요한 조치 명령을 위반한 경우 이에 대한 벌칙 기준으로 옳은 것은?

① 200만 원 이하의 벌금
② 300만 원 이하의 벌금
③ 1년 이하의 징역 또는 1000만 원 이하의 벌금
④ 3년 이하의 징역 또는 3000만 원 이하의 벌금

해설 3년 이하의 징역 또는 3천만 원 이하의 벌금

① 다음 아래의 조치 명령을 정당한 사유 없이 위반한 자
　㉠ 특정소방대상물에 설치하는 소방시설이 화재안전기술기준에 따라 설치 또는 유지·관리되어 있지 아니할 때 조치명령
　㉡ 임시소방시설 또는 소방시설이 설치 및 관리되지 아니할 때에는 해당 공사시공자에게 필요한 조치를 명령
　㉢ 피난시설, 방화구획 및 방화시설이 유지·관리되어 있지 않을 때 조치명령
　㉣ 방염대상물품이 방염성능기준에 미치지 못하거나 방염성능검사를 받지 아니했을 때 조치명령
　㉤ 소방본부장 또는 소방서장은 관계인이 이행계획을 완료하지 아니한 경우에는 필요한 조치의 이행을 명할 수 있고, 관계인은 이에 따라야 한다.
　㉥ 형식승인 받지 아니한 것, 형상등을 임의로 변경한 것, 제품검사를 받지 아니하거나 합격표시를 하지 아니한 것을 위반한 소방용품에 대하여는 그 제조자·수입자·판매자 또는 시공자에게 수거·폐기 또는 교체 등의 명령
　㉦ 수집검사 결과 행정안전부령으로 정하는 중대한 결함이 있다고 인정되는 소방용품에 따른 조치 명령
② 관리업의 등록을 하지 아니하고 영업을 한 자
③ 소방용품의 형식승인을 받지 아니하고 소방용품을 제조하거나 수입한 자 또는 거짓이나 그 밖의 부정한 방법으로 형식승인을 받은 자
④ 형식승인 검사 후 제품검사를 받지 아니한 자 또는 거짓이나 그 밖의 부정한 방법으로 제품검사를 받은 자
⑤ 미 형식승인, 형상 변경 임의 변경하여 소방용품을 판매·진열하거나 소방시설공사에 사용한 자
⑥ 거짓이나 그 밖의 부정한 방법으로 성능인증 또는 제품검사를 받은 자
⑦ 제품검사를 받지 아니하거나 합격표시를 하지 아니한 소방용품을 판매·진열하거나 소방시설공사에 사용한 자
⑧ 구매자에게 명령을 받은 사실을 알리지 아니하거나 필요한 조치를 하지 아니한 자
⑨ 거짓이나 그 밖의 부정한 방법으로 제품검사 전문기관으로 지정을 받은 자

60. 소방시설 설치 및 관리에 관한 법령상 소방시설이 아닌 것은?

① 소화설비
② 경보설비
③ 방화설비
④ 소화활동설비

해설 소방시설
　소화설비, 경보설비, 피난구조설비, 소화용수설비, 소화활동설비로서 대통령령으로 정하는 것

■■■ 제4과목 소방기계시설의 구조 및 원리

61. 상수도소화용수설비의 화재안전기술기준에 따라 호칭지름 75 [mm] 이상의 수도배관에 호칭지름 100 [mm] 이상의 소화전을 접속한 경우 상수도소화용수설비 소화전의 설치기준으로 맞는 것은?

① 특정소방대상물의 수평투영면의 각 부분으로부터 80 [m] 이하가 되도록 설치할 것
② 특정소방대상물의 수평투영면의 각 부분으로부터 100 [m] 이하가 되도록 설치할 것
③ 특정소방대상물의 수평투영면의 각 부분으로부터 120 [m] 이하가 되도록 설치할 것
④ 특정소방대상물의 수평투영면의 각 부분으로부터 140 [m] 이하가 되도록 설치할 것

정답 59. ④　60. ③　61. ④

기출문제

2020. 4회 소방설비기사

해설 설치기준
1. 호칭지름 75 [mm] 이상의 수도배관에 호칭지름 100 [mm] 이상의 소화전을 접속
   - 호칭지름 : 일반적으로 표기하는 배관의 직경
2. 소화전은 특정소방대상물의 수평투영면의 각 부분으로부터 140 [m] 이하가 되도록 설치
   - 수평투영면 : 건축물을 수평으로 투영하였을 경우의 면

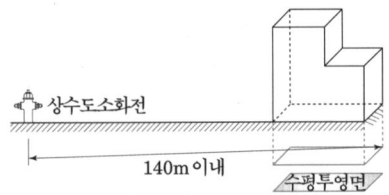

62. 분말소화설비의 화재안전기술기준에 따른 분말소화설비의 배관과 선택밸브의 설치기준에 대한 내용으로 틀린 것은?

① 배관은 겸용으로 설치할 것
② 선택밸브는 방호구역 또는 방호대상물마다 설치할 것
③ 동관은 고정압력 또는 최고사용압력의 1.5배 이상의 압력에 견딜 수 있는 것을 사용할 것
④ 강관은 아연도금에 따른 배관용탄소강관이나 이와 동등 이상의 강도·내식성 및 내열성을 가진 것을 사용할 것

해설 분말소화설비 배관 - 전용으로 설치

구분	내용
강관	배관용 탄소강관(spp) 또는 이와 동등이상의 강도 및 내식성, 내열성 단, 축압식 2.5 이상 4.2 [MPa] 이하 → 압력배관용탄소강관 스케줄 40 또는 동등이상 강도 및 내식성
동관	이음이 없는 동 및 동합금 사용 고정압력 또는 최고사용압력의 1.5배 이상에 견딜 것
배관부속 및 밸브류	배관부속 : 배관과 동등이상의 강도, 내식성 밸브류 : 개폐위치, 개폐방향 표시 할 것
방사시간	30초 이내

63. 피난기구의 화재안전기술기준에 따라 숙박시설·노유자시설 및 의료시설로 사용되는 층에 있어서는 그 층의 바닥면적이 몇 [m²] 마다 피난기구를 1개 이상 설치해야하는가?

① 300   ② 500
③ 800   ④ 1000

해설 피난기구 설치 개수
1. 층마다 설치하되 면적별 1개 이상 설치

구분	그 밖의 용도	위락시설·판매시설 문화 및 집회시설 운동시설·또는 복합용도의 층	숙박시설· 노유자시설 및 의료시설로 사용되는 층
층의 바닥면적	1,000[m²]	800[m²]	500[m²]

64. 다음 설명은 미분무소화설비의 화재안전기술기준에 따른 미분무소화설비 기동장치의 화재감지기 회로에서 발신기 설치기준이다. (   ) 안에 알맞은 내용은? (단, 자동화재탐지설비의 발신기가 설치된 경우는 제외한다.)

- 조작이 쉬운 장소에 설치하고, 스위치는 바닥으로부터 0.8 [m] 이상 (㉠) [m] 이하의 높이에 설치할 것
- 소방대상물의 층마다 설치하되, 당해 소방대상물의 각 부분으로부터 하나의 발신기까지의 수평거리가 (㉡) [m] 이하가 되도록 할 것
- 발신기의 위치를 표시하는 표시등은 함의 상부에 설치하되, 그 불빛은 부착면으로부터 15° 이상의 범위안에서 부착지점으로부터 (㉢) [m] 이내의 어느 곳에서도 쉽게 식별할 수 있는 적색등으로 할 것

① ㉠ 1.5, ㉡ 20, ㉢ 10
② ㉠ 1.5, ㉡ 25, ㉢ 10
③ ㉠ 2.0, ㉡ 20, ㉢ 15
④ ㉠ 2.0, ㉡ 25, ㉢ 15

정답 62. ① 63. ② 64. ②

[해설] 미분무소화설비의 기동장치

화재감지기 회로에는 다음 각 목의 기준에 따른 발신기를 설치할 것. 다만, 자동화재탐지설비의 발신기가 설치된 경우에는 그러하지 아니하다.

① 조작이 쉬운 장소에 설치하고, 스위치는 바닥으로부터 0.8 [m] 이상 1.5 [m] 이하의 높이에 설치할 것
② 소방대상물의 층마다 설치하되, 당해 소방대상물의 각 부분으로부터 하나의 발신기까지의 수평거리가 25 [m] 이하가 되도록 할 것. 다만, 복도 또는 별도로 구획된 실로서 보행거리가 40 [m] 이상일 경우에는 추가로 설치하여야 한다.
③ 발신기의 위치를 표시하는 표시등은 함의 상부에 설치하되, 그 불빛은 부착면으로부터 15° 이상의 범위안에서 부착지점으로부터 10 [m] 이내의 어느 곳에서도 쉽게 식별할 수 있는 적색등으로 할 것

65. 소화기구 및 자동소화장치의 화재안전기술기준에 따른 캐비닛형자동소화장치 분사헤드의 설치높이 기준은 방호구역의 바닥으로부터 얼마이어야 하는가?

① 최소 0.1 [m] 이상 최대 2.7 [m] 이하
② 최소 0.1 [m] 이상 최대 3.7 [m] 이하
③ 최소 0.2 [m] 이상 최대 2.7 [m] 이하
④ 최소 0.2 [m] 이상 최대 3.7 [m] 이하

[해설] 캐비닛형자동소화장치 설치기준
① 분사헤드의 설치 높이 – 방호구역의 바닥으로부터 최소 0.2 [m] 이상 최대 3.7 [m] 이하
② 화재감지기는 방호구역내의 천장 또는 옥내에 면하는 부분에 설치
③ 방호구역내의 화재감지기의 감지에 따라 작동될 것
④ 화재감지기의 회로는 교차회로방식으로 설치할 것
⑤ 교차회로내의 각 화재감지기회로별로 설치된 화재감지기 1개가 담당하는 바닥면적 – 자동화재탐지설비 및 시각경보장치의 화재안전기술기준 준용
⑥ 개구부 및 통기구(환기장치를 포함)를 설치한 것에 있어서는 약제가 방사되기 전에 해당 개구부 및 통기구를 자동으로 폐쇄할 수 있도록 할 것. 다만, 가스압에 의하여 폐쇄되는 것은 소화약제방출과 동시에 폐쇄할 수 있다.

⑦ 작동에 지장이 없도록 견고하게 고정시킬 것
⑧ 구획된 장소의 방호체적 이상을 방호할 수 있는 소화성능이 있을 것

66. 할로겐화합물 및 불활성기체소화설비의 화재안전기술기준에 따른 할로겐화합물 및 불활성기체소화설비의 수동식 기동장치의 설치기준에 대한 설명으로 틀린 것은?

① 5 [kg] 이상의 힘을 가하여 기동할 수 있는 구조로 할 것
② 전기를 사용하는 기동장치에는 전원표시등을 설치할 것
③ 기동장치의 방출용스위치는 음향경보장치와 연동하여 조작될 수 있는 것으로 할 것
④ 해당 방호구역의 출입구부근 등 조작을 하는 자가 쉽게 피난할 수 있는 장소에 설치할 것

[해설] 할로겐화합물 및 불활성기체소화설비 수동식 기동장치
① 수동식 기동장치의 부근에는 소화약제의 방출을 지연시킬 수 있는 비상스위치 설치
② 전역방출방식에 있어서는 방호구역마다 설치할 것
③ 당해방호구역의 출입구부분 등 조작을 하는 자가 쉽게 피난할 수 있는 장소에 설치할 것
④ 기동장치의 조작부는 바닥으로부터 높이 0.8 m 이상 1.5 m 이하의 위치에 설치하고, 보호판 등에 따른 보호장치를 설치할 것
⑤ 기동장치에는 그 가까운 곳의 보기 쉬운 곳에 "이산화탄소소화설비 기동장치"라고 표시한 표지를 할 것
⑥ 전기를 사용하는 기동장치에는 전원표시등을 설치할 것
⑦ 기동장치의 방출용 스위치는 음향경보장치와 연동하여 조작될 수 있는 것으로 할 것
⑧ 5 [kg] 이하의 힘을 가하여 기동할 수 있는 구조로 설치

기출문제

2020. 4회 소방설비기사

67. 지하구의 화재안전기술기준에 따라 환기구 사이의 간격이 몇 [m]를 초과할 경우에는 700[m] 이내마다 살수구역을 설정하여야 하는가?

① 350 ② 700
③ 1,000 ④ 1,500

[해설] 연소방지설비의 헤드 설치기준
　소방대원의 출입이 가능한 환기구·작업구마다 지하구의 양쪽방향으로 살수헤드를 설정하되, 한쪽 방향의 살수구역의 길이는 3[m] 이상으로 할 것.
　다만, 환기구 사이의 간격이 700[m]를 초과할 경우에는 700[m] 이내마다 살수구역을 설정하되, 지하구의 구조를 고려하여 방화벽을 설치한 경우에는 그러하지 아니하다.

68. 구조대의 형식승인 및 제품검사의 기술기준에 따른 경사하강식 구조대의 구조에 대한설명으로 틀린 것은?

① 구조대 본체는 강하방향으로 봉합부가 설치되어야한다.
② 연속하여 활강할 수 있는 구조로 안전하고 쉽게 사용할 수 있어야 한다.
③ 땅에 닿을 때 충격을 받는 부분에는 완충장치로서 받침포 등을 부착하여야 한다.
④ 입구틀 및 취부틀의 입구는 지름 50[cm] 이상의 구체가 통과할 수 있어야 한다.

[해설] 경사강하식 구조대
　㉠ 연속하여 활강할 수 있는 구조로 안전하고 쉽게 사용할 수 있어야 한다.
　㉡ 입구틀 및 취부틀의 입구는 지름 50[cm] 이상의 구체가 통과 할 수 있어야 한다.
　㉢ 포지는 사용시에 수직방향으로 현저하게 늘어나지 아니하여야 한다.
　㉣ 포지, 지지틀, 취부틀 그밖의 부속장치 등은 견고하게 부착되어야 한다.
　㉤ 구조대 본체는 강하방향으로 봉합부가 설치되지 아니하여야 한다.
　㉥ 구조대 본체의 활강부는 낙하방지를 위해 포를 2중구조로 하거나 또는 망목의 변의 길이가 8[cm] 이하인 망을 설치하여야 한다.
　㉦ 본체의 포지는 하부지지장치에 인장력이 균등하게 걸리도록 부착하여야 하며 하부지지장치는 쉽게 조작할 수 있어야 한다.
　㉧ 손잡이는 출구부근에 좌우 각3개 이상 균일한 간격으로 견고하게 부착하여야 한다.
　㉨ 구조대본체의 끝부분에는 길이 4[m] 이상, 지름 4[mm] 이상의 유도선을 부착하여야 하며, 유도선끝에는 중량 3[N](300[g]) 이상의 모래주머니 등을 설치하여야 한다.
　㉩ 땅에 닿을 때 충격을 받는 부분에는 완충장치로서 받침포 등을 부착하여야 한다.

69. 스프링클러설비의 화재안전기술기준에 따른 습식유수검지장치를 사용하는 스프링클러설비 시험장치의 설치기준에 대한 설명으로 틀린 것은?

① 유수검지장치에서 가장 가까운 가지배관의 끝으로부터 연결하여 설치해야 한다.
② 시험배관의 끝에는 물받이 통 및 배수관을 설치하여 시험 중 방사된 물이 바닥에 흘러내리지 않도록 해야 한다.
③ 화장실과 같은 배수처리가 쉬운 장소에 시험배관을 설치한 경우에는 물받이 통 및 배수관을 생략할 수 있다.
④ 시험장치 배관의 구경은 25[mm] 이상으로 하고, 그 끝에 개폐밸브 및 개방형헤드 또는 스프링클러헤드와 동등한 방수성능을 가진 오리피스를 설치할 것

[해설] 시험장치(설치대상 : 습식, 건식, 부압식 스프링클러설비)
　1. 습식, 부압식 – 유수검지장치 2차측 배관에 연결하여 설치
　2. 건식 – 유수검지장치에서 가장 먼 거리에 위치한 가지배관의 끝으로부터 연결하여 설치
　(유수검지장치 2차측 설비의 내용적이 2,840[L]를 초과하는 경우 시험장치 개폐밸브를 완전 개방 후 1분 이내에 물이 방사되어야 한다)
　3. 시험장치 배관의 구경은 25[mm] 이상으로 하고 그 끝에 개폐밸브 및 개방형헤드 또는 스프링클러헤드와 동등한 방수성능을 가진 오리피스를 설치할 것. 이 경우 개방형헤드는 반사판 및 프레임을 제거한 오리피스만으로 설치할 수 있다.
　4. 시험배관의 끝에는 물받이 통 및 배수관을 설치하여 시험 중 방사된 물이 바닥에 흘러내리지 아니하도록 할 것. 다만, 목욕실·화장실 또는 그 밖의 곳으로서 배수처리가 쉬운 장소에 시험배관을 설치한 경우에는 그렇지 않다.

정답 67. ② 68. ① 69. ①

70. 화재조기진압용 스프링클러설비의 화재안전기술기준에 따라 가지배관을 배열할 때 천장의 높이가 9.1[m] 이상 13.7[m] 이하인 경우 가지배관 사이의 거리 기준으로 맞는 것은?

① 2.4 [m] 이상 3.1 [m]
② 2.4 [m] 이상 3.7 [m]
③ 6.0 [m] 이상 8.5 [m]
④ 6.0 [m] 이상 9.3 [m]

해설 화재조기진압용 스프링클러설비의 헤드 (특정 높은 장소의 화재위험에 대하여 조기에 진화할 수 있도록 설계된 스프링클러헤드) 설치기준

구 분	내 용	
헤드 하나의 방호면적	6.0 [m²] 이상 9.3 [m²] 이하	
가지배관의 헤드 사이의 거리	천장의 높이	
	9.1 [m] 미만인 경우	2.4[m] 이상 3.7[m] 이하
	9.1 [m] 이상 13.7 [m] 이하인 경우	2.4[m] 이상 3.1[m] 이하
헤드의 반사판	천장 또는 반자와 평행하게 설치	
	저장물의 최상부와 914[mm] 이상 확보	
헤드와 벽과의 거리	102[mm] 이상 ~ 헤드 상호간 거리의 2분의 1 이하	
헤드의 작동온도	74[℃] 이하	
상향식 헤드의 감지부 중앙	천장 또는 반자와 101[mm] 이상 152[mm] 이하	
상향식 헤드의 반사판의 위치	스프링클러배관의 윗부분에서 최소 178[mm] 상부에 설치	
하향식 헤드의 반사판의 위치	천장이나 반자 아래 125[mm] 이상 355[mm] 이하	

71. 옥내소화전설비의 화재안전기술기준에 따라 옥내소화전 방수구를 반드시 설치하여야 하는 곳은?

① 식물원
② 수족관
③ 수영장의 관람석
④ 냉장창고 중 온도가 영하인 냉장실

해설 옥내소화전설비 방수구 설치 제외장소
① 냉장창고 중 온도가 영하인 냉장실 또는 냉동창고의 냉동실
② 고온의 노가 설치된 장소 또는 물과 격렬하게 반응하는 물품의 저장 또는 취급 장소
③ 발전소·변전소 등으로서 전기시설이 설치된 장소
④ 식물원·수족관·목욕실·수영장(관람석 부분을 제외) 또는 그 밖의 이와 비슷한 장소
⑤ 야외음악당·야외극장 또는 그 밖의 이와 비슷한 장소

72. 스프링클러설비의 화재안전기술기준에 따른 특정소방대상물의 방호구역 층마다 설치하는 폐쇄형 스프링클러설비 유수검지장치의 설치 높이 기준은?

① 바닥으로부터 0.8 [m] 이상 1.2 [m] 이하
② 바닥으로부터 0.8 [m] 이상 1.5 [m] 이하
③ 바닥으로부터 1.0 [m] 이상 1.2 [m] 이하
④ 바닥으로부터 1.0 [m] 이상 1.5 [m] 이하

해설 유수검지장치 및 일제개방밸브 설치기준

폐쇄형 스프링클러 헤드	방호구역	유수검지장치	바닥면적	3,000 [m²]를 초과하지 아니할 것 ※ 격자형배관방식-3,700 [m²]
			범위	2개 층에 미치지 아니하도록 할 것 ※ 1개 층에 설치되는 스프링클러헤드의 수가 10개 이하인 경우와 복층형구조의 공동주택에는 3개 층 이내로 할 수 있다.
			설치 높이	바닥으로부터 0.8[m] 이상 1.5[m] 이하
개방형 스프링클러 헤드	방수구역	일제개방밸브	헤드개수	50개 이하 ※ 2개 이상의 방수구역으로 나눌 경우에는 하나의 방수구역을 담당하는 헤드의 개수는 25개 이상
			범위	2개 층에 미치지 아니 할 것

정답 70. ① 71. ③ 72. ②

기출문제

2020. 4회 소방설비기사

73. 포소화설비의 화재안전기술기준에 따른 용어 정의 중 다음 ( ) 안에 알맞은 내용은?

> ( ) 푸로포셔너방식이란 펌프와 발포기의 중간에 설치된 벤추리관의 벤추리작용과 펌프 가압수의 포소화약제 저장탱크에 대한 압력에 따라 포소화약제를 흡입·혼합하는 방식을 말한다.

① 라인 ② 펌프
③ 프레져 ④ 프레져사이드

[해설] 프레져 프로포셔너방식
펌프와 발포기의 중간에 설치된 벤추리관의 벤추리작용과 펌프 가압수의 포소화약제 저장탱크에 대한 압력에 따라 포소화약제를 흡입·혼합하는 방식

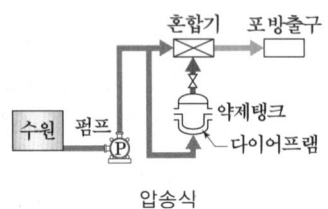

압송식

74. 소화기구 및 자동소화장치의 화재안전기술기준에 따른 수동으로 조작하는 대형소화기 B급의 능력단위 기준은?

① 10단위 이상 ② 15단위 이상
③ 20단위 이상 ④ 25단위 이상

[해설] 능력단위에 따른 소화기 구분

구분	능력단위
소형소화기	1단위 이상이고 대형소화기의 능력단위 미만
대형소화기	A급 - 10 단위 이상 B급 - 20 단위 이상

75. 포소화설비의 화재안전기술기준에 따른 포소화설비의 포헤드 설치기준에 대한 설명으로 틀린 것은?

① 항공기격납고에 단백포 소화약제가 사용되는 경우 1분당 방사량은 바닥면적 1 [m²] 당 6.5 [ℓ] 이상 방사되도록 할 것
② 특수가연물을 저장·취급하는 소방대상물에 단백포 소화약제가 사용되는 경우 1분당 방사량은 바닥면적 1 [m²] 당 6.5 [ℓ] 이상 방사되도록 할 것
③ 특수가연물을 저장·취급하는 소방대상물에 합성계면활성제포 소화약제가 사용되는 경우 1분당 방사량은 바닥면적 1 [m²] 당 8.0 [ℓ] 이상 방사되도록 할 것
④ 포헤드는 특정소방대상물의 천장 또는 반자에 설치하되, 바닥면적 9 [m²]마다 1개 이상으로 하여 해당 방호대상물의 화재를 유효하게 소화할 수 있도록 할 것

[해설] 포헤드 방사량

대상물 종류	특수 가연물	차고, 주차장 및 항공기 격납고
단백포	6.5 [ℓ] 이상	6.5 [ℓ] 이상
합성계면활성제포	6.5 [ℓ] 이상	8.0 [ℓ] 이상
수성막포	6.5 [ℓ] 이상	3.7 [ℓ] 이상

* 포헤드 개수 = 바닥면적 ÷ 9 [m²]

76. 소화기구 및 자동소화장치의 화재안전기술기준에 따라 대형소화기를 설치할 때 특정소방대상물의 각 부분으로부터 1개의 소화기까지의 보행거리가 최대 몇 [m] 이내가 되도록 배치하여야 하는가?

① 20 ② 25
③ 30 ④ 40

[해설] 소화기구 설치기준
보행거리 마다 비치 : 소형 20 [m] 마다, 대형 30 [m] 마다 비치

정답 73. ③ 74. ③ 75. ③ 76. ③

77. 소화수조 및 저수조의 화재안전기술기준에 따라 소화수조의 채수구는 소방차가 최대 몇 [m] 이내의 지점까지 접근할 수 있도록 설치하여야 하는가?

① 1
② 2
③ 4
④ 5

[해설] 저수조의 흡수관투입구 또는 채수구 설치위치
소방차가 2 [m] 이내의 지점까지 접근할 수 있는 위치

78. 미분무소화설비의 화재안전기술기준에 따른 용어 정의 중 다음 (　) 안에 알맞은 것은?

> "미분무"란 물만을 사용하여 소화하는 방식으로 최소설계압력에서 헤드로부터 방출되는 물입자 중 99[%]의 누적체적분포가 (　㉠　)[μm] 이하로 분무되고 (　㉡　)급 화재에 적응성을 갖는 것을 말한다.

① ㉠ 400, ㉡ A, B, C
② ㉠ 400, ㉡ B, C
③ ㉠ 200, ㉡ A, B, C
④ ㉠ 200, ㉡ B, C

[해설] 미분무소화설비 정의
① 가압된 물이 헤드 통과 후 미세한 입자로 분무됨으로써 소화성능을 가지는 설비를 말하며, 소화력을 증가시키기 위해 강화액 등을 첨가할 수 있다.
② 미분무
물만을 사용하여 소화하는 방식으로 최소설계압력에서 헤드로부터 방출되는 물입자 중 99[%]의 누적체적분포가 400[μm] 이하로 분무되고 A, B, C급 화재에 적응성을 갖는 것

79. 분말소화설비의 화재안전기술기준에 따라 분말소화약제 저장용기의 설치기준으로 맞는 것은?

① 저장용기의 충전비는 0.5 이상으로 할 것
② 제1종 분말(탄산수소나트륨을 주성분으로 한 분말)의 경우 소화약제 1 [kg]당 저장용기의 내용적은 1.25 [ℓ] 일 것
③ 저장용기에는 저장용기의 내부압력이 설정압력으로 되었을 때 주밸브를 개방하는 정압작동장치를 설치할 것
④ 저장용기에는 가압식은 최고사용압력 2배 이하, 축압식은 용기의 내압시험압력의 1배 이하의 압력에서 작동하는 안전밸브를 설치할 것

[해설] 저장용기의 설치기준
1. 소화약제 1[kg] 당 저장용기의 내용적
(= 충전비[ℓ/kg])

제1종	제2종, 제3종	제4종
0.8 [ℓ] 이상	1 [ℓ] 이상	1.25 [ℓ] 이상

2. 안전밸브

가압식	축압식
최고사용압력의 1.8배 이하	내압시험압력의 0.8배 이하

3. 정압작동장치
저장용기의 내부압력이 설정압력으로 되었을 때 주밸브를 개방

기출문제

80. 할론소화설비의 화재안전기술기준에 따른 할론 1301 소화약제의 저장용기에 대한 설명으로 틀린 것은?

① 저장용기의 충전비는 0.9 이상 1.6 이하로 할 것
② 동일 집합관에 접속되는 용기의 충전비는 같도록 할 것
③ 저장용기의 개방밸브는 안전장치가 부착된 것으로 하며 수동으로 개방되지 않도록 할 것
④ 축압식 용기의 경우에는 20[℃]에서 2.5 [MPa] 또는 4.2 [MPa]의 압력이 되도록 질소가스로 축압할 것

해설 저장용기 설치기준
1. 저장용기의 저장온도, 압력

할론소화설비		
할론2402	할론1211	할론1301
—	축압식저장용기 20[℃]에서 질소로 축압	
	1.1 또는 2.5 [MPa]	2.5 또는 4.2 [MPa]

2. 할론소화약제 저장용기의 개방밸브는 전기식·가스압력식 또는 기계식에 따라 자동으로 개방되고 수동으로도 개방되는 것으로서 안전장치가 부착된 것으로 하여야 한다.

3. 저장용기의 충전비는 할론 2402를 저장하는 것중 가압식 저장용기는 0.51 이상 0.67 미만, 축압식 저장용기는 0.67 이상 2.75 이하, 할론 1211은 0.7 이상 1.4 이하, 할론 1301은 0.9 이상 1.6 이하로 할 것

4. 동일 집합관에 접속되는 용기의 소화약제 충전량은 동일 충전비의 것이어야 할 것

정답 80. ③

기출문제(2019.1회)

■■■ 제1과목 소방원론

1. 연면적이 1,000[m²] 이상인 목조건축물은 그 외벽 및 처마 밑의 연소할 우려가 있는 부분을 방화구조로 하여야 하는데 이때 연소우려가 있는 부분은?
(단, 동일한 대지 안에 2동 이상의 건물이 있는 경우이며, 공원·광장·하천의 공지나 수면 또는 내화구조의 벽 기타 이와 유사한 것에 접하는 부분을 제외한다.)

① 상호의 외벽 간 중심선으로부터 1층은 3[m] 이내의 부분
② 상호의 외벽 간 중심선으로부터 2층은 7[m] 이내의 부분
③ 상호의 외벽 간 중심선으로부터 3층은 11[m] 이내의 부분
④ 상호의 외벽 간 중심선으로부터 4층은 13[m] 이내의 부분

해설 연소할 우려가 있는 부분
① 목조건축물의 외벽 및 처마 밑을 말함
② 건물 외벽 중심선의 1층은 6[m], 2층은 10[m] 이하일 경우
  ㉠ 상호의 외벽 간 중심선으로부터 1층은 3[m] 이내
  ㉡ 상호의 외벽 간 중심선으로부터 2층은 5[m] 이내
③ 착화건물의 등온면 – 목재의 착화온도 260[℃]

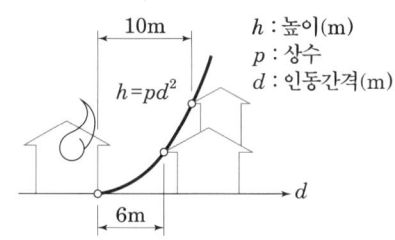

착화건물에서의 등온면

2. 제2류 위험물에 해당하지 않는 것은?

① 유황   ② 황화린
③ 적린   ④ 황린

해설 제2류 위험물

품명	위험등급	지정수량
황화린 적린 유황	II	100[kg]
철분 마그네슘 금속분	III	500[kg]
인화성고체	III	1,000[kg]

※ 황린 – 제3류 위험물

3. 탄화칼슘의 화재 시 물을 주수하였을 때 발생하는 가스로 옳은 것은?

① C_2H_2 ② H_2
③ O_2 ④ C_2H_6

해설 탄화칼슘과 물과의 반응(아세틸렌 발생☆)
$$CaC_2 + 2H_2O \rightarrow Ca(OH)_2 + C_2H_2 \uparrow + 27.8kcal$$

4. 인화점이 40[℃] 이하인 위험물을 저장, 취급하는 장소에 설치하는 전기설비는 방폭구조로 설치하는데, 용기의 내부에 기체를 압입하여 압력을 유지하도록 함으로써 폭발성가스가 침입하는 것을 방지하는 구조는?

① 압력 방폭구조   ② 유입 방폭구조
③ 안전증 방폭구조   ④ 본질안전 방폭구조

해설 방폭구조

구분	방폭 원리
본질안전 방폭구조	위험지역으로 흘러 들어가는 에너지의 크기를 최소 점화에너지 이하로 제어하는 구조(측정 및 제어장치)
안전증 방폭구조	정상 운전 중에 폭발성가스 또는 증기에 점화원이 되는 전기불꽃 또는 아크의 발생을 방지하기 위해 기계적, 전기적 구조상 또는 온도 상승에 대하여 특히 안전도를 증가시킨 것

정답 1. ① 2. ④ 3. ① 4. ①

기출문제

2019. 1회 소방설비기사

내압 방폭구조	내부에서 가스가 폭발 했을 때 용기가 폭발에 견디도록 하고, 개구부 등을 통해 화염이 전파되지 못하도록 하여 외부의 폭발성 가스에 인화되지 않도록 한 구조
압력 방폭구조	용기 내부에 불활성기체를 압입하여 내부 압력을 유지함으로써 폭발성 가스 또는 증기가 침입하는 것을 방지하는 구조
유입 방폭구조	전기불꽃 또는 아크 발생부분을 인화점이 높은 기름 속에 넣어 점화원을 격리하는 구조

5. 분말 소화약제 중 A급, B급, C급 화재에 모두 사용할 수 있는 것은?

① Na_2CO_3
② $NH_4H_2PO_4$
③ $KHCO_3$
④ $NaHCO_3$

[해설] 분말 소화약제

구 분	제1종	제2종	제3종	제4종
명칭	탄산수소 나트륨	탄산수소 칼륨	인산암모늄	탄산수소칼륨 + 요소
분자식	$NaHCO_3$	$KHCO_3$	$NH_4H_2PO_4$	$KHCO_3$ + $(NH_2)_2CO$
색상	백색	자색 (보라색)	담홍색	회백색
적응화재	B급, C급	B급, C급	A급, B급, C급	B급, C급

6. 물의 기화열이 539.6[cal/g]인 것은 어떤 의미인가?

① 0[℃]의 물 1[g]이 얼음으로 변화하는데 539.6[cal]의 열량이 필요하다.
② 0[℃]의 얼음 1[g]이 물로 변화하는데 539.6[cal]의 열량이 필요하다.
③ 0[℃]의 물 1[g]이 100[℃]의 물로 변화하는데 539.6[cal]의 열량이 필요하다.
④ 100[℃]의 물 1[g]이 수증기로 변화하는데 539.6[cal]의 열량이 필요하다.

[해설] 물의 기화열
100[℃]의 물 1[g]이 수증기로 변화하는 데 539[cal]의 열량이 필요하다.

7. 주요구조부가 내화구조로된 건축물에서 거실 각 부분으로부터 하나의 직통계단에 이르는 보행거리는 피난자의 안전상 몇 [m] 이하이어야 하는가?

① 50
② 60
③ 70
④ 80

[해설] 보행거리

구 분		일반 건축물	16층 이상 공동주택	내화 건축물
피난층 이외의 층	거실에서 직통계단 까지 거리(m)	30[m] 이하	40[m] 이하	50[m] 이하
피난층	직통계단에서 건축물 의 바깥쪽으로 나가는 출구까지 거리[m]	30[m] 이하	40[m] 이하	50[m] 이하
	거실에서 건축물의 바깥쪽으로 나가는 출구까지 거리[m]	60[m] 이하	80[m] 이하	100[m] 이하

8. 불활성 가스에 해당하는 것은?

① 수증기
② 일산화탄소
③ 아르곤
④ 아세틸렌

[해설] 가연물이 될 수 없는 물질

산소와 더 이상 반응하지 않는 물질	질소 또는 질소 화합물	불활성가스
물, 이산화탄소, 산화칼슘, 산화알루미늄 등	산소와 반응은 하지만 흡열반응 함	0족 원소(헬륨, 네온, 아르곤, 크립톤, 크세 논, 라돈)

9. 물질의 취급 또는 위험성에 대한 설명 중 틀린 것은?

① 융해열은 점화원이다.
② 질산은 물과 반응시 발열 반응하므로 주의를 해야한다.
③ 네온, 이산화탄소, 질소는 불연성 물질로 취급한다.
④ 암모니아를 충전하는 공업용 용기의 색상은 백색이다.

정답 5. ② 6. ④ 7. ① 8. ③ 9. ①

[해설] 점화를 일으킬 수 있는 에너지원의 종류

전기열	유도열, 유전열, 저항열, 아크열, 정전기열, 낙뢰열
화학열	분해열, 자연발열, 생성열, 용해열, 연소열
기계열	마찰열, 압축열, 마찰 스파크열

- 융해열 : 온도를 바꾸지 않은 상태에서 1[g]의 고체를 융해하여 액체로 바꾸는 데 소요되는 열에너지로서 점화원이 아니다.
- 용해열 : 용질이 용매에서 용해될 때는 열을 흡수하거나 방출하는데, 물질 1몰이 과량의 용매에 완전히 용해할 때 출입하는 열

10. 화재하중에 대한 설명 중 틀린 것은?

① 화재하중이 크면 단위면적당의 발열량이 크다.
② 화재하중이 크다는 것은 화재구획의 공간이 넓다는 것이다.
③ 화재하중이 같더라도 물질의 상태에 따라 가혹도는 달라진다.
④ 화재하중은 화재구획실내의 가연물 총량을 목재 중량당비로 환산하여 면적으로 나눈 수치이다.

[해설] 화재강도, 화재하중
① 화재강도
  ㉠ '열방출율에 따른 열축적율을 화재강도라하고 온도가 크면 화재강도가 크다.
  ㉡ 영향요소 : 연소열, 비표면적[m²/kg], 공기공급, 단열성
  ㉢ 소화설비 주수율 결정
② 화재하중
단위 면적당 가연물의 양을 목재의 양으로 환산한 값

$$Q = \frac{\Sigma(G_i \cdot H_i)}{H \cdot A} = \frac{\Sigma Q_i}{4,500 \cdot A}$$

Q : 화재하중 [kg/m²]
G_i : 가연물의 질량 [kg]
H_i : 가연물의 단위 발열량 [kJ/kg]
Q_i : 가연물의 전 발열량 [kJ]
H : 목재의 단위 질량당 발열량
   (4,500 [kcal/kg] ≒ 18,855 [kJ/kg])
A : 바닥면적 [m²]

11. 방화구획의 설치기준 중 스프링클러 기타 이와 유사한 자동식소화설비를 설치한 10층 이하의 층은 몇 이내마다 구획하여야 하는가?

① 1,000   ② 1,500
③ 2,000   ④ 3,000

[해설]

정의	화재 시 연소확대 방지를 위해 일정한 공간을 구획 (소방대의 방호면적이 약 1,000 [m²] 정도)
대상	주요구조부가 내화구조, 불연재료의 건축물로서 연면적이 1,000 [m²] 넘는 건축물

방화구획의 종류				
층별	매층마다 구획할 것 ※ 지하 1층에서 지상으로 직접 연결하는 경사로 부위는 제외한다.			
면적별	구분	10층 이하	11층 이상	
			내장재가 불연재가 아닌 경우	내장재가 불연재인 경우
	바닥면적	1,000 [m²] 이내	200 [m²] 이내	500 [m²] 이내
	스프링클러 등 자동식 소화설비 설치 시 면적의 3배 이내마다 구획	3,000 [m²] 이내	600 [m²] 이내	1,500 [m²] 이내
용도별	주요구조부를 내화구조로 하여야 하는 대상 부분과 기타부분 사이의 구획			
수직관통부	계단, 승강기 샤프트, 에스컬레이터 등 구획			

12. 화재에 관련된 국제적인 규정을 제정하는 단체는?

① IMO(International Matritime Organization)
② SFPE(Society of Fire Protection Engineers)
③ NFPA(Nation Fire Protection Association)
④ ISO(International Organization for Standardization) TC 92

기출문제

2019. 1회 소방설비기사

해설

IMO (International Maritime Organization)	국제해사기구
SFPE (Society of Fire Protection Engineers)	방화공학핸드북
NFPA (Nation Fire Protection Association)	미국화재예방협회
ISO(International Organization for Standardization) TC 92	국제 표준화 기구 화재 안전

13. 화재의 분류방법 중 유류화재를 나타낸 것은?

① A급 화재 ② B급 화재
③ C급 화재 ④ D급 화재

해설 화재의 종류

A급	B급	C급	D급	K급
일반화재	유류화재	전기화재 (통전중)	금속화재	주방식용유 화재
백색	황색	청색	무색	-

14. 증기비중의 정의로 옳은 것은?
(단, 분자, 분모의 단위는 모두 [g/mol] 이다.)

① $\dfrac{분자량}{22.4}$ ② $\dfrac{분자량}{29}$

③ $\dfrac{분자량}{44.8}$ ④ $\dfrac{분자량}{100}$

해설 증기비중 = $\dfrac{분자량}{29}$

증기비중은 공기 무게와 기체의 무게의 비를 말하며 29는 공기의 평균 분자량을 말한다.

종류	이산화탄소	Halon 1301	Halon 104	Halon 1211	Halon 2402
분자식	CO_2	CF_3Br	CCl_4	CF_2ClBr	$C_2F_4Br_2$
분자량	44	149	153.6	165.4	260
증기 비중	$\dfrac{44}{29}$ ≒ 1.52	$\dfrac{149}{29}$ = 5.13	$\dfrac{153.6}{29}$ = 5.29	$\dfrac{165.4}{29}$ = 5.70	$\dfrac{260}{29}$ = 8.96

15. 마그네슘의 화재에 주수하였을 때 물과 마그네슘의 반응으로 인하여 생성되는 가스는?

① 산소 ② 수소
③ 일산화탄소 ④ 이산화탄소

해설 마그네슘의 반응식

공기 중 연소식	$2Mg + O_2 \rightarrow 2MgO + Q[kcal]$	산화마그네슘 MgO 생성
물과 반응식	$Mg + 2H_2O \rightarrow Mg(OH)_2 + H_2\uparrow$	수소가스 발생
산과의 반응식	$Mg + 2HCl \rightarrow MgCl_2 + H_2\uparrow$	수소가스 발생
알칼리와 반응식	$2Mg + 2NaOH + 2H_2O \rightarrow 2Mg(OH)_2 + 2Na + H_2\uparrow$	수소가스 발생
이산화탄소와 반응식	$2Mg + CO_2 \rightarrow 2MgO + C$	탄소를 유리
할론 소화약제와 반응식	$2Mg + CCl_4 \rightarrow 2MgCl_2 + C + Q[kcal]$	탄소를 유리

16. 분말 소화약제 분말입도의 소화성능에 관한 설명으로 옳은 것은?

① 미세할수록 소화성능이 우수하다.
② 입도가 클수록 소화성능이 우수하다.
③ 입도와 소화성능과는 관련이 없다.
④ 입도가 너무 미세하거나 너무 커도 소화성능은 저하된다.

해설 분말소화약제의 구비조건
① 내습성이 좋아야 한다.
  [약제 굳음 방지 위한 수분함유율(%) = 0.2[wt%] 이하]
② 입자가 미세해야 한다.(입자 크기가 20[m]~25[m]일 때 소화효과가 가장 우수함)
③ 독성이 없고, 환경영향성이 없어야 한다.
④ 유동성이 좋아야 한다.(안식각 30° 이하)
⑤ 일정한 겉보기 비중이 있어야 한다.

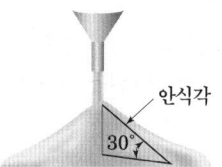

정답 13. ② 14. ② 15. ② 16. ④

17. 이산화탄소 소화약제의 임계온도로 옳은 것은?

① 24.4℃ ② 31.1℃
③ 56.4℃ ④ 78.2℃

해설 이산화탄소의 물리·화학적 특성

분자식	CO_2
분자량	44
비중	1.517(공기보다 무거워 피복효과가 있다.)
임계온도	31.1[℃]
3중점	5.11 [kg/cm^2], -56.4[℃]

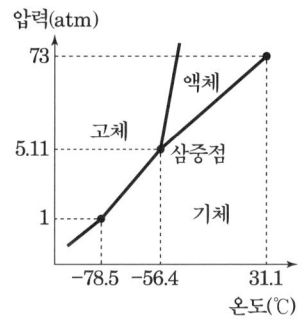

이산화탄소의 상평형도

※ 임계온도 : 이 온도보다 낮은 상태의 기체는 적당한 압력을 가하면 액체로 상태변화가 일어나지만, 이 온도보다 높을 경우 액화되지 않는 온도를 말한다.

18. 공기와 접촉되었을 때 위험도(H)가 가장 큰 것은?

① 에테르 ② 수소
③ 에틸렌 ④ 부탄

해설 위험도(Hazard)

$$H = \frac{UFL - LFL}{LFL}$$

연소상한값이 클수록 위험하며 연소범위가 넓을수록 연소하한값이 낮을수록 위험하다.

가스명	위험도	가스명	위험도	가스명	위험도
이황화탄소	35.67	에틸렌	12.33	메탄	2
아세틸렌	31.4	황화수소	10	에탄	3.13
에테르	24.3	일산화탄소	4.92	프로판	3.52
수소	17.75	암모니아	0.86	부탄	3.67

19. 이산화탄소의 질식 및 냉각 효과에 대한 설명 중 틀린 것은?

① 이산화탄소의 증기비중이 산소보다 크기 때문에 가연물과 산소의 접촉을 방해한다.
② 액체 이산화탄소가 기화되는 과정에서 열을 흡수한다.
③ 이산화탄소는 불연성 가스로서 가연물의 연소반응을 방해한다.
④ 이산화탄소는 산소와 반응하며 이 과정에서 발생한 연소열을 흡수하므로 냉각효과를 나타낸다.

해설 가연물이 될 수 없는 물질

산소와 더 이상 반응하지 않는 물질	질소 또는 질소 화합물	불활성가스
물, 이산화탄소, 산화칼슘, 산화알루미늄 등	산소와 반응은 하지만 흡열반응 함	0족 원소 (헬륨, 네온, 아르곤, 크립톤, 크세논, 라돈)

20. 위험물안전관리법령상 위험물의 지정수량이 틀린 것은?

① 과산화나트륨 - 50 [kg]
② 적린 - 100 [kg]
③ 트리니트로톨루엔 - 200 [kg]
④ 탄화알루미늄 - 400 [kg]

해설 제3류 위험물

품명	위험등급	지정 수량
칼륨, 나트륨 알킬알루미늄, 알킬리튬	I	10 [kg]
황린	I	20 [kg]
알칼리금속 알칼리토금속 유기금속화합물	II	50 [kg]
금속의 수소화물 금속의 인화물 칼슘 또는 알루미늄의 탄화물 (탄화알루미늄)	III	300 [kg]
염소화규소화합물	III	300 [kg]

정답 17. ② 18. ① 19. ④ 20. ④

제2과목 소방유체역학

21. 비중이 0.877인 기름이 단면적이 변하는 원관을 흐르고 있으며 체적유량은 0.146[m³/s]이다. A점에서는 안지름이 150[mm], 압력이 91[kPa]이고, B점에서는 안지름이 450[mm], 압력이 60.3[kPa]이다. 또한 B점은 A점보다 3.66[m] 높은 곳에 위치한다. 기름이 A점에서 B점까지 흐르는 동안의 손실수두는 약 몇 [m]인가? (단, 물의 비중량은 9810[N/m³]이다.)

① 3.3　　② 7.2
③ 10.7　　④ 14.1

해설 수정 베르누이방정식

$$\frac{v_A^2}{2g} + \frac{P_A}{\gamma} + z_A = \frac{v_B^2}{2g} + \frac{P_B}{\gamma} + z_B + H_L$$ 에서

z_A를 기준면으로 하면 $z_A = 0$

유속 $v_A = \frac{Q}{A_A} = \frac{0.146}{\frac{\pi \times 0.15^2}{4}} = 8.26$ [m/s]

유속 $v_B = \frac{Q}{A_B} = \frac{0.146}{\frac{\pi \times 0.45^2}{4}} = 0.92$ [m/s]

∴ 손실수두 $H_L = \frac{P_A - P_B}{\gamma} + \frac{v_A^2 - v_B^2}{2g} - z_B$ [m]

$= \frac{91 - 60.3}{9.81 \times 0.877} + \frac{8.26^2 - 0.92^2}{2 \times 9.8} - 3.66$

≒ 3.3 [m]

22. 그림과 같이 피스톤의 지름이 각각 25[cm]와 5[cm]이다. 작은 피스톤을 화살표 방향으로 20[cm]만큼 움직일 경우 큰 피스톤이 움직이는 거리는 약 몇 [mm]인가? (단, 누설은 없고, 비압축성이라고 가정한다.)

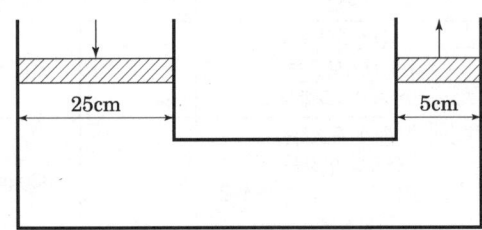

① 2　　② 4
③ 8　　④ 10

해설 각 피스톤의 움직인 거리를 각각 ℓ_1, ℓ_2라 하면 두 실린더에서의 유체의 이동량(부피)은 같으므로
$A_1 \ell_1 = A_2 \ell_2$ 가 된다.
여기서, ℓ_1 : 큰 피스톤이 움직인 거리
　　　　ℓ_2 : 작은 피스톤이 움직인 거리
　　　　A_1 : 큰 피스톤의 단면적
　　　　A_2 : 작은 피스톤의 단면적

∴ $\ell_1 = \ell_2 \frac{A_2}{A_1} = \ell_1 \frac{D_2^2}{D_1^2} = 20 \times \frac{5^2}{25^2} = 0.8$ [cm]

$= 8$ [mm]

23. 다음 중 열역학 제1법칙에 관한 설명으로 옳은 것은?

① 열은 그 자신만으로 저온에서 고온으로 이동할 수 없다.
② 일은 열로 변환시킬 수 있고 열은 일로 변환시킬 수 있다.
③ 사이클 과정에서 열이 모두 일로 변화할 수 없다.
④ 열평형 상태에 있는 물체의 온도는 같다.

해설 열역학 제1법칙의 표현
① 열은 본질적으로 일과 동일한 에너지의 한 형태로 열을 일로 변화 시킬 수 있고 그 반대도 가능하다.
$Q = W$

② 밀폐계가 임의의 사이클을 이룰 때 열전달의 총합은 이루어진 일의총합과 같다. 즉 계가 외부로부터 Q 의 열을 받아서 외부로 W의 일을 할 때 내부에너지 $\triangle U$와의 관계는 다음과 같다.
$Q = \triangle U + W$ [J]

③ 에너지는 결코 생성될 수 없고 그 존재가 완전히 없어질수도 없으며 다만 한 형태로부터 다른 형태로 바뀌어질 뿐이다.

④ 제1종 영구기관 제작 불가능의 법칙이다.

정답　21. ①　22. ③　23. ②

24. 이상적인 카르노사이클의 과정인 단열압축과 등온압축의 엔트로피 변화에 관한 설명으로 옳은 것은?

① 등온압축의 경우 엔트로피 변화는 없고, 단열압축의 경우 엔트로피 변화는 감소한다.
② 등온압축의 경우 엔트로피 변화는 없고, 단열압축의 경우 엔트로피 변화는 증가한다.
③ 단열압축의 경우 엔트로피 변화는 없고, 등온압축의 경우 엔트로피 변화는 감소한다.
④ 단열압축의 경우 엔트로피 변화는 없고, 등온압축의 경우 엔트로피 변화는 증가한다.

해설

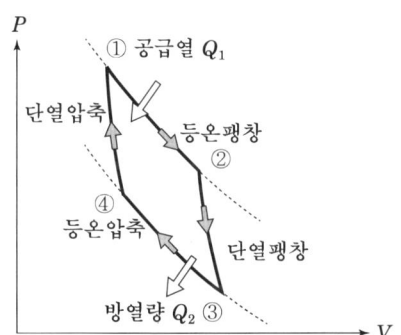

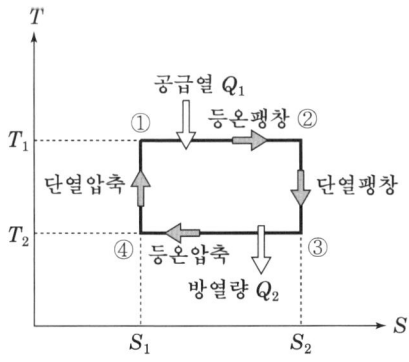

$T-S$에서 보는바와 같이 단열압축(④→① 과정)일 경우에는 엔트로피 변화는 없고, 등온압축(③→④ 과정)의 경우 엔트로피는 $S_2 \rightarrow S_1$으로 감소한다.

25. 안지름 25[mm], 길이 10[m]의 수평 파이프를 통해 비중 0.8, 점성계수는 5×10^{-3}[kg/m·K]인 기름을 유량 0.2×10^{-3}[m³/s]로 수송하고자 할 때, 필요한 펌프의 최소 동력은 약 몇 [kW]인가?

① 0.21
② 0.58
③ 0.77
④ 0.81

해설 펌프의 최소동력(수동력)
$L_S = \gamma Q H$[W] 에서

(1) 하겐-포아젤의 법칙(Hagen-Poiseuille's law)에 의해
손실수두
$$h_L = \frac{128\mu LQ}{\gamma \pi D^4}$$
$$= \frac{128 \times 5 \times 10^{-3} \times 10 \times 0.2 \times 10^{-3}}{7.84 \times \pi \times 0.025^4}$$
$$\fallingdotseq 133 [m]$$
여기서, 비중량 $\gamma = 9.8s = 9.8 \times 0.8 = 7.84$ [kN/m³]

(2) 전양정 H = 실양정 + 총 손실수두에서 수평원관이므로
실양정 = 0
$H = h_L = 133$ [m]
∴ $L_S = \gamma Q H = 7.84 \times (0.2 \times 10^{-3}) \times 133$
$\fallingdotseq 0.21$ [kW]

26. 일반적인 배관 시스템에서 발생되는 손실을 주손실과 부차적 손실로 구분할 때 다음 중 주손실에 속하는 것은?

① 직관에서 발생하는 마찰 손실
② 파이프 입구와 출구에서의 손실
③ 단면의 확대 및 축소에 의한 손실
④ 배관부품(엘보, 리턴밴드, 티, 리듀서, 유니언, 밸브 등)에서 발생하는 손실

해설 (1) 주손실 : 직선 원관에서 발생하는 마찰손실
달시-바이스바흐(Darcy-Weisbach)의 식

$$h = \lambda \cdot \frac{l}{d} \cdot \frac{v^2}{2g} \text{ [m]}$$

정답 24. ③ 25. ① 26. ①

(2) 부차적 손실
관로의 요소(급확대관, 급축소관, 점진확대관, 엘보(elbow), 분기관, 밸브 등)에서 유체가 흐르면 마찰손실 이외에 에너지가 소비되어 손실수두가 발생하고 손실수두는 베르누이 정리에서 속도수두에 비례하므로 다음 식으로 나타낸다.

$$h = K\frac{V^2}{2g}$$

27. 온도차이 20[℃], 열전도율 5[W/(m·K)], 두께 20[cm]인 벽을 통한 열유속(heat flux)과 온도차이 40[℃], 열전도율 10[W/(m·K)], 두께 t인 같은 면적을 가진 벽을 통한 열유속이 같다면 두께 t는 약 몇 [cm]인가?

① 10 ② 20
③ 40 ④ 80

[해설] 열유속(열전도량)

$Q = \dfrac{\lambda A \Delta t}{t}$ 에서

여기서, λ : 단열재의 열전도율
  A : 전열면적[m²]
  Δt : 벽 양면의 온도차[℃]
  t : 단열재의 두께[m]

$\dfrac{5A \times 20}{20 \times 10^{-2}} = \dfrac{10A \times 40}{t}$

∴ $t = 0.8[m] = 80[cm]$

28. 평균유속 2[m/s]로 50[L/s] 유량의 물을 흐르게 하는데 필요한 관의 안지름은 약 몇 [mm]인가?

① 158 ② 168
③ 178 ④ 188

[해설] 원형관의 유량 $Q = AV = \dfrac{\pi D^2}{4} \times V$

여기서, Q : 체적유량 [m³/s]
  A : 단면적[m²]
  V : 유속 [m/s]
  D : 지름[m]

$D = \sqrt{\dfrac{4Q}{\pi V}} = \sqrt{\dfrac{4 \times 50 \times 10^{-3}}{\pi \times 2}} ≒ 0.718[m]$
$= 178[mm]$

29. 원심식 송풍기에서 회전수를 변화시킬 때 동력변화를 구하는 식으로 옳은 것은? (단, 변화 전후의 회전수는 각각 N_1, N_2, 동력은 L_1, L_2이다.)

① $L_2 = L_1 \times \left(\dfrac{N_1}{N_2}\right)^3$

② $L_2 = L_1 \times \left(\dfrac{N_1}{N_2}\right)^2$

③ $L_2 = L_1 \times \left(\dfrac{N_2}{N_1}\right)^3$

④ $L_2 = L_1 \times \left(\dfrac{N_2}{N_1}\right)^2$

[해설] 송풍기 상사법칙

① 유량 (Q) : $Q_2 = Q_1 \times (\dfrac{N_2}{N_1})$

② 전압 (P_{T1}) : $P_{T2} = P_{T1} \times (\dfrac{N_2}{N_1})^2$

③ 축동력(L_S) : $L_2 = L_1 \times (\dfrac{N_2}{N_1})^3$

여기서, 첨자1은 처음 상태
  첨자2는 변경 후의 상태

30. 30[℃]에서 부피가 10[L]인 이상기체를 일정한 압력으로 0[℃]로 냉각시키면 부피는 약 몇 [L]로 변하는가?

① 3 ② 9
③ 12 ④ 18

[해설] 이상기체의 정압변화(샤를의 법칙)

$\dfrac{V_1}{T_1} = \dfrac{V_2}{T_2}$ 에서

여기서, T_1, T_2 : 변화 전, 후의 절대온도
  V_1, V_2 : 변화 전, 후의 부피

$V_2 = V_1 \dfrac{T_2}{T_1} = 10 \times \dfrac{273+0}{273+30} = 9[L]$

정답 27. ④ 28. ③ 29. ③ 30. ②

31. 안지름 10[cm]의 관로에서 마찰 손실 수두가 속도 수두와 같다면 그 관로의 길이는 약 몇 [m]인가? (단, 관마찰계수는 0.03이다.)

① 1.58 ② 2.54
③ 3.33 ④ 4.52

해설 (1) 마찰손실수두$(h_L) = f \dfrac{L}{D} \dfrac{v^2}{2g}$

(2) 속도수두$(h_v) = \dfrac{v^2}{2g}$

여기서, f : 관마찰계수
D : 관경[m]
L : 길이[m]
v : 유속 [m/s]
g : 중력가속도 [m/s^2]

$h_L = h_v$ 이므로

$f \dfrac{L}{D} \dfrac{v^2}{2g} = \dfrac{v^2}{2g}$

$\therefore L = \dfrac{D}{f} = \dfrac{0.1}{0.03} = 3.33$ [m]

32. 그림과 같은 U자관 차압 액주계에서 A와 B에 있는 유체는 물이고 그 중간에 유체는 수은(비중 13.6)이다. 또한, 그림에서 h_1=20[cm], h_2=30[cm], h_3=15[cm] 일 때 A의 압력(P_A)와 B의 압력(P_B)의 차이($P_A - P_B$)는 약 몇 [kPa]인가?

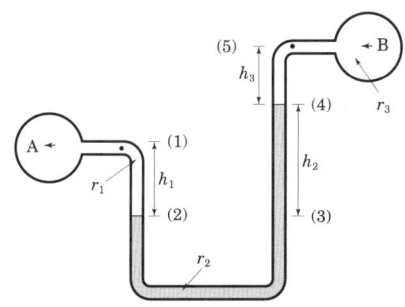

① 35.4 ② 39.5
③ 44.7 ④ 49.8

해설 $P_{(2)} = P_{(3)}$ 이므로
$P_A + r_1 h_1 = P_B + r_3 h_3 + r_2 h_2$
$\therefore P_A - P_B = r_3 h_3 + r_2 h_2 - r_1 h_1$
$= 9.8 \times 0.15 + 13.6 \times 9.8 \times 0.3 - 9.8 \times 0.2$
$= 39.494$[Pa] ≒ 39.5[kPa]

33. 그림에서 물 탱크차가 받는 추력은 약 몇 [N]인가? (단, 노즐의 단면적은 0.03[m^2]이며, 탱크 내의 계기압력은 40[kPa]이다. 또한 노즐에서 마찰 손실은 무시한다.)

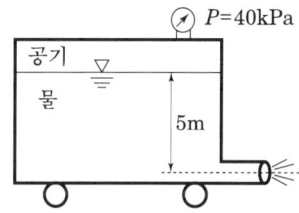

① 800 ② 1480
③ 2700 ④ 5340

해설 (1) 베르누이 정리
$\dfrac{v_1^2}{2g} + \dfrac{P_1}{\gamma} + z_1 = \dfrac{v_2^2}{2g} + \dfrac{P_2}{\gamma} + z_2$ 에서
$v_1 = 0$, $P_2 = 0$, $z_2 = 0$로 하면
$0 + \dfrac{40}{9.8} + 5 = \dfrac{v_2^2}{2 \times 9.8} + 0 + 0$
$v_2 = 13.34$m/s

(2) 물탱크의 추력 F
$F = \rho Q v = \rho A v^2$
$= 1000 \times 0.03 \times 13.34^2 = 5339$ [N]

34. 다음 중 표준대기압인 1기압에 가장 가까운 것은?

① 860 [mmHg] ② 10.33 [mAq]
③ 101.325 [bar] ④ 1.0332 [kgf/m^2]

정답 31. ③ 32. ② 33. ④ 34. ②

[해설] 1표준대기압(1[atm]) = 760 [mmHg](0[℃])
= 1.0332[kgf/cm²] =10332[kgf/m²]
= 10.332[mAq] = 101.325[kPa] =1.01325[bar]

35. 낙구식 점도계는 어떤 법칙을 이론적 근거로 하는가?

① Stokes의 법칙
② 열역학 제1법칙
③ Hagen-Poiseuille의 법칙
④ Boyle의 법칙

[해설] 점도계
(1) 낙구식 : Stokes의 법칙
    낙구식 점도계
(2) 모세관식 : Hagen-Poiseuille의 법칙
    ① Ostwald 점도계
    ② Saybolt 점도계
    ③ Red wood 점도계
    ④ Engler 점도계
(3) 회전식(회전 원통형) : Newton의 점성법칙
    ① Stormer 점도계
    ② Mac Michael 점도계

36. 펌프 중심으로부터 2[m] 아래에 있는 물을 펌프 중심으로부터 15[m] 위에 있는 송출수면으로 양수하려 한다. 관로의 전 손실 수두가 6[m]이고, 송출수량이 1[m³/min]라면 필요한 펌프의 동력은 약 몇 [W]인가?

① 2777
② 3103
③ 3430
④ 3757

[해설] 펌프의 수동력
$L_W = \gamma Q H$ [W]
여기서, L_W : 수동력[W]
γ : 물의 비중량 [9800 N/m³]
Q : 유량[m³/s]
H : 전양정[m] = 실양정 + 전 손실수두
= (2+15)+6 = 23 [m]

$L_W = \dfrac{9800 \times 1 \times 23}{60} ≒ 3757$ [W]

37. 스프링클러 헤드의 방수압이 4배가 되면 방수량은 몇 배가 되는가?

① $\sqrt{2}$ 배
② 2배
③ 4배
④ 8배

[해설] 방수량
$Q = 0.653 \times D^2 \sqrt{10P}$ [L/min]에서
방수량 $Q \propto \sqrt{P}$ 이므로 방수압 P가 4배로 증가하므로
$\sqrt{4} = 2$배
여기서, D : 노즐 직경 [mm]
P : 방수압 [MPa]

38. 그림과 같은 1/4원형의 수문(水門) AB가 받는 수평성분 힘(F_H)과 수직성분 힘(F_V)은 각각 약 몇 [kN]인가? (단, 수문의 반지름은 2[m]이고, 폭은 3[m]이다.)

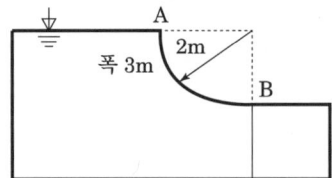

① F_H=24.4, F_V=46.2
② F_H=24.4, F_V=92.4
③ F_H=58.8, F_V=46.2
④ F_H=58.8, F_V=92.4

[해설] (1) 수평분력 F_H
F_H은 그 곡면을 수직면에 수평으로 투영된 면적에 작용한 압력과 같다.
따라서 투영면적을 A_H라 하면
$F_H = r h_c A_H$
$= 9.8 \times \dfrac{2}{2} \times (2 \times 3) = 58.8$ [kN]

(2) 수직분력 F_V
F_V는 그 곡면을 밑면으로 하는 액주의 중량과 같다.
따라서 곡면상의 체적을 V라 하면
$F_V = rV = 9.8 \times (\pi \times 2^2 \times 3 \times \dfrac{90}{360})$
≒ 92.4 [kN]

정답 35. ① 36. ④ 37. ② 38. ④

39. 수은의 비중이 13.6일 때 수은의 비체적은 몇 [m³/kg]인가?

① $\dfrac{1}{13.6}$

② $\dfrac{1}{13.6} \times 10^{-3}$

③ 13.6

④ 13.6×10^{-3}

해설 비체적 v[m³/kg]

$$v = \frac{V}{m} = \frac{1}{\rho}$$

비중 S

$s = \dfrac{\rho}{\rho_w} = \dfrac{r}{r_w}$ 에서

수은의 밀도

$\rho = \rho_w s = 1000s = 1000 \times 13.6 = 13600$ [m³/kg]

따라서 $v = \dfrac{1}{13600} = \dfrac{1}{13.6} \times 10^{-3}$

40. 지면으로부터 4[m]의 높이에 설치된 수평관내로 물이 4[m/s]로 흐르고 있다. 물의 압력이 78.4[kPa]인 관내의 한 점에서 전수두는 지면을 기준으로 약 몇 [m]인가?

① 4.76
② 6.24
③ 8.82
④ 12.81

해설 전수두 $H = \dfrac{P}{\gamma} + \dfrac{v^2}{2g} + z$ [m]

$= \dfrac{78.4}{9.8} + \dfrac{4^2}{2 \times 9.8} + 4 ≒ 12.81$

여기서, V : 속도[m/s]
P : 압력[kPa]
γ : 물의 비중량(=9.8[kN/m³])
g : 중력가속도(=9.8[m/s²])

■■■ 제3과목 소방관계법규

41. 화재의 예방 및 안전관리에 관한 법률상 화재안전조사위원회 위원으로 임명하거나 위촉할 수 있는 사람이 아닌 것은?

① 소방시설관리사
② 과장급 직위 이상의 소방공무원
③ 소방 관련 분야의 석사학위 이상을 취득한 사람
④ 소방 관련 법인 또는 단체에서 소방 관련 업무에 3년 이상 종사한 사람

해설 화재안전조사위원회
① 소방관서장은 화재안전조사의 대상을 객관적이고 공정하게 선정하기 위하여 필요한 경우 화재안전조사위원회를 구성하여 화재안전조사의 대상을 선정할 수 있다.
② 위원회의 위원(소방관서장이 임명하거나 위촉한다.)
　㉠ 과장급 직위 이상의 소방공무원
　㉡ 소방기술사
　㉢ 소방시설관리사
　㉣ 소방 관련 분야의 석사 이상 학위를 취득한 사람
　㉤ 소방 관련 법인 또는 단체에서 소방 관련 업무에 5년 이상 종사한 사람
　㉥ 소방공무원 교육훈련기관, 학교 또는 연구소에서 소방과 관련된 교육 또는 연구에 5년 이상 종사한 사람

42. 소방기본법령상 소방본부 종합상황실 실장이 소방청의 종합상황실에 서면·모사전송 또는 컴퓨터통신 등으로 보고하여야 하는 화재의 기준에 해당하지 않는 것은?

① 항구에 매어둔 총 톤수가 1,000톤 이상인 선박에서 발생한 화재
② 연면적 15,000[m²] 이상인 공장 또는 화재경계지구에서 발생한 화재
③ 지정수량의 1,000배 이상의 위험물의 제조소·저장소·취급소에서 발생한 화재
④ 층수가 5층 이상이거나 병상이 30개 이상인 종합병원·정신병원·한방병원·요양소에서 발생한 화재

정답 39. ② 40. ④ 41. ④ 42. ③

기출문제

2019. 1회 소방설비기사

[해설] 119 종합상황실의 설치와 운영
1. 설치자 – 소방청장, 소방본부장 및 소방서장
2. 119종합상황실의 실장의 보고
   ① 보고 할 상황
      ㉠ 사망자가 5인 이상 또는 사상자가 10인 이상 발생한 화재
      ㉡ 이재민이 100인 이상 발생한 화재
      ㉢ 재산피해액이 50억 원 이상 발생한 화재
      ㉣ 층수가 11층 이상인 건축물에서 발생한 화재
      ㉤ 지정수량의 3천배 이상의 위험물제조소에서 발생한 화재 등
   ② 지체없이 서면·모사전송 또는 컴퓨터통신 등으로 보고하여야 한다.
      소방서의 종합상황실 ▶ 소방본부의 종합상황실 ▶ 소방청의 종합상황실

[해설] 손실보상
소방청장 또는 시·도지사는 화재안전조사 결과에 따른 조치명령으로 인하여 손실을 입은 자가 있는 경우에는 대통령령으로 정하는 바에 따라 시가(時價)로 보상하여야 한다.
㉠ 소방청장 또는 시·도지사와 손실을 입은 자가 협의해야 한다.
㉡ 협의가 이루어진 경우에는 손실보상을 청구한 자와 연명으로 손실보상 합의서를 작성하고 이를 보관해야 한다.
㉢ 협의가 성립되지 않은 경우에는 그 보상금액을 지급하거나 공탁하고 이를 상대방에게 알려야 한다.
㉣ 보상금의 지급 또는 공탁의 통지에 불복하는 자는 지급 또는 공탁의 통지를 받은 날부터 30일 이내에 공익사업을 위한 토지 등의 취득 및 보상에 관한 법률제에 따른 중앙토지수용위원회 또는 관할 지방토지수용위원회에 재결(裁決)을 신청할 수 있다.

43. 화재가 발생하는 경우 인명 또는 재산의 피해가 클 것으로 예상되는 때 소방대상물의 개수·이전·제거, 사용금지 등의 필요한 조치를 명할 수 있는 자는?

① 시·도지사
② 의용소방대장
③ 기초자치단체장
④ 소방본부장 또는 소방서장

[해설] 화재안전조사 결과에 따른 조치명령
소방관서장은 관계인에게 그 소방대상물의 개수(改修)·이전·제거, 사용의 금지 또는 제한, 사용폐쇄, 공사의 정지 또는 중지, 그 밖에 필요한 조치를 명할 수 있다.

> 조치명령을 정당한 사유 없이 위반한 자 : 3년 이하의 징역 또는 3천만 원 이하의 벌금

44. 화재안전조사 결과에 따른 조치명령으로 손실을 입어 손실을 보상하는 경우 그 손실을 입은 자는 누구와 손실보상을 협의하여야 하는가?

① 소방서장
② 시·도지사
③ 소방본부장
④ 행정안전부장관

45. 소방시설공사업법령상 상주 공사감리 대상 기준 중 다음 ㉠, ㉡, ㉢에 알맞은 것은?

- 연면적 (㉠) [m²] 이상의 특정소방 대상물(아파트는 제외)에 대한 소방 시설의 공사
- 지하층을 포함한 층수가 (㉡)층 이상으로서 (㉢)세대 이상인 아파트에 대한 소방시설의 공사

① ㉠ 10,000, ㉡ 11, ㉢ 600
② ㉠ 10,000, ㉡ 16, ㉢ 500
③ ㉠ 30,000, ㉡ 11, ㉢ 600
④ ㉠ 30,000, ㉡ 16, ㉢ 500

[해설] 소방공사 감리의 종류

종류	대상
상주공사감리	1. 연면적 3만 [m²] 이상(아파트 제외) 2. 아파트 　지하층을 포함한 층수가 16층 이상으로서 500세대 이상
일반공사감리	상주 공사감리에 해당하지 않는 소방시설의 공사

정답 43. ④ 44. ② 45. ④

46. 아파트로 층수가 20층인 특정소방대상물에서 스프링클러 설비를 하여야 하는 층수는? (단, 아파트는 신축을 실시하는 경우이다.)

① 모든층
② 15층 이상
③ 11층 이상
④ 6층 이상

해설 6층 이상의 특정소방대상물은 스프링클러설비를 모든층에 설치하여야 한다.

47. 화재의 예방 및 안전관리에 관한 법상 소방안전관리대상물의 소방안전관리자 업무가 아닌 것은?

① 소방훈련 및 교육
② 피난시설, 방화구획 및 방화시설의 유지·관리
③ 자체소방대 및 초기대응체계의 구성·운영·교육
④ 피난계획에 관한 사항과 대통령령으로 정하는 사항이 포함된 소방계획서의 작성 및 시행

해설 소방안전관리자의 업무
① 피난계획에 관한 사항과 대통령령으로 정하는 사항이 포함된 소방계획서의 작성 및 시행
② 자위소방대 및 초기대응체계의 구성, 운영 및 교육
③ 소방훈련 및 교육
④ 소방안전관리에 관한 업무수행에 관한 기록·유지 (⑤~⑦의 업무)
⑤ 피난시설, 방화구획 및 방화시설의 관리
⑥ 소방시설이나 그 밖의 소방 관련 시설의 관리
⑦ 화기(火氣) 취급의 감독
⑧ 화재발생 시 초기대응
⑨ 그 밖에 소방안전관리에 필요한 업무

소방안전관리 업무를 하지 아니한 특정소방대상물의 관계인 또는 소방안전관리대상물의 소방안전 관리자 : 300만 원 이하의 과태료

48. 제3류 위험물 중 금수성 물품에 적응성이 있는 소화약제는?

① 물
② 강화액
③ 팽창질석
④ 인산염류분말

해설 금수성 물품에 적응성이 있는 소화약제
- 마른모래, 팽창질석, 팽창진주암

49. 특정소방대상물의 관계인이 소방안전관리자를 해임한 경우 재선임 선고를 해야하는 기준은? (단, 해임한 날부터를 기준일로 한다.)

① 10일 이내
② 20일 이내
③ 30일 이내
④ 40일 이내

해설 소방안전관리자 및 소방안전관리보조자 선임
소방안전관리대상물(소방안전관리자 선임하는 대상물)의 관계인은 소방안전관리 업무를 수행하기 위하여 대통령령으로 정하는 자를 행정안전부령으로 정하는 바에 따라 30일 이내에 소방안전관리자 및 소방안전관리자보조자로 선임하여야 한다.

50. 다음 중 중급기술자의 학력·경력자에 대한 기준으로 옳은 것은?(단, "학력·경력자"란 고등학교·대학 또는 이와 같은 수준 이상의 교육기관의 소방관련학과의 정해진 교육과정을 이수하고 졸업하거나 그 밖의 관계법령에 따라 국내 또는 외국에서 이와 같은 수준 이상의 학력이 있다고 인정되는 사람을 말한다.)

① 고등학교를 졸업 후 10년 이상 소방 관련 업무를 수행한 자
② 학사학위를 취득한 후 6년 이상 소방 관련 업무를 수행한 자
③ 석사학위를 취득한 후 2년 이상 소방 관련 업무를 수행한 자
④ 박사학위를 취득한 후 1년 이상 소방 관련 업무를 수행한 자

해설 소방기술과 관련된 자격·학력 및 경력의 인정 범위

학력·경력 등에 따른 기술등급

등급	학력·경력자	경력자
중급 기술자	• 박사학위를 취득한 사람 • 석사학위를 취득한 후 3년 이상 소방 관련 업무를 수행한 사람 • 학사학위를 취득한 후 6년 이상 소방 관련 업무를 수행한 사람	• 학사 이상의 학위를 취득 후 9년 이상 소방 관련 업무를 수행한 사람 • 전문학사학위를 취득한 후 12년 이상 소방 관련 업무를 수행한 사람

정답 46. ① 47. ③ 48. ③ 49. ③ 50. ②

기출문제

2019. 1회 소방설비기사

• 전문학사학위를 취득한 후 9년 이상 소방 관련 업무를 수행한 사람	• 고등학교를 졸업한 후 15년 이상 소방 관련 업무를 수행한 사람
• 고등학교를 졸업한 후 12년 이상 소방 관련 업무를 수행한 사람	• 18년 이상 소방 관련 업무를 수행한 사람

51. 소방시설 설치 및 관리에 관한 법상 소방시설 등에 대한 자체점검을 하지 아니하거나 관리업자 등으로 하여금 정기적으로 점검하게 하지 아니한 자에 대한 벌칙 기준으로 옳은 것은?

① 1년 이하의 징역 또는 1,000만 원 이하의 벌금
② 3년 이하의 징역 또는 1,500만 원 이하의 벌금
③ 3년 이하의 징역 또는 3,000만 원 이하의 벌금
④ 6개월 이하의 징역 또는 1,000만 원 이하의 벌금

[해설] 자체 점검
특정소방대상물의 관계인은 자체점검을 하거나 관리업자 또는 행정안전부령으로 정하는 기술자격자(소방안전관리자로 선임된 소방시설관리사 및 소방기술사)로 하여금 정기적으로 점검해야 한다.

> 소방시설등에 대하여 스스로 점검을 하지 아니하거나 관리업자등으로 하여금 정기적으로 점검하게 하지 아니한 자 :
> 1년 이하의 징역 또는 1천만 원 이하의 벌금

52. 1급 소방안전관리대상물이 아닌 것은?

① 15층인 특정소방대상물(아파트는 제외)
② 가연성가스를 2,000톤 저장·취급하는 시설
③ 21층인 아파트로서 300세대인 것
④ 연면적 20,000[m²]인 문화집회 및 운동시설

[해설] 1급 소방안전관리대상물(동·식물원, 철강 등 불연성 물품을 저장·취급하는 창고, 위험물 저장 및 처리 시설 중 위험물 제조소등, 지하구는 제외)
① 30층 이상(지하층은 제외)이거나 지상으로부터 높이가 120[m] 이상인 아파트
② 연면적 1만5천[m²] 이상인 특정소방대상물(아파트 및 연립주택 제외)
③ ②에 해당하지 않는 특정소방대상물로서 지상층의 층수가 11층 이상 특정소방대상물(아파트 제외)

④ 가연성 가스를 1천톤 이상 저장·취급하는 시설

53. 소방용수시설 중 소화전과 급수탑의 설치기준으로 틀린 것은?

① 급수탑 급수배관의 구경은 100[m] 이상으로 할 것
② 소화전은 상수도와 연결하여 지하식 또는 지상식의 구조로 할 것
③ 소방용호스와 연결하는 소화전의 연결금속구의 구경은 65[mm]로 할 것
④ 급수탑의 개폐밸브는 지상에서 1.5[m] 이상 1.8[m] 이하의 위치에 설치할 것

[해설] 소방용수시설별 설치기준
1. 소화전
   ① 상수도와 연결하여 지하식 또는 지상식의 구조로 설치
   ② 소방용호스와 연결하는 소화전의 연결금속구의 구경은 65[mm]로 할 것
2. 급수탑
   ① 급수배관의 구경은 100[mm] 이상
   ② 개폐밸브는 지상에서 1.5[m] 이상 1.7[m] 이하의 위치에 설치

54. 위험물운송자 자격을 취득하지 아니한 자가 위험물 이동탱크저장소 운전 시의 벌칙으로 옳은 것은?

① 100만 원 이하의 벌금
② 300만 원 이하의 벌금
③ 500만 원 이하의 벌금
④ 1,000만 원 이하의 벌금

[해설] 1천만 원 이하 벌금
① 위험물의 취급에 관한 안전관리와 감독을 하지 아니한 자
② 안전관리자 또는 그 대리자가 참여하지 아니한 상태에서 위험물을 취급한 자
③ 변경한 예방규정을 제출하지 아니한 관계인으로서 허가를 받은 자
④ 위험물의 운반에 관한 중요기준에 따르지 아니한 자
⑤ 국가기술자격자가 아니며 안전교육을 받지 아니한 위험물운송자, 운송책임자의 감독 지원을 위반한 자
⑥ 관계인의 정당한 업무를 방해하거나 출입·검사 등을 수행하면서 알게 된 비밀을 누설한 자

정답 51. ① 52. ③ 53. ④ 54. ④

55. 화재의 예방 및 안전관리에 관한 법률상 특수가연물의 저장 및 취급기준 중 석탄·목탄류를 발전용으로 저장하는 경우가 아닌 경우 쌓는 부분의 바닥면적은 몇 [m²] 이하인가? (단, 살수설비를 설치하거나, 방사능력 범위에 해당 특수가연물이 포함되도록 대형수동식소화기를 설치하는 경우이다.)

① 200　　　② 250
③ 300　　　④ 350

해설 특수가연물의 저장·취급 기준
　다만, 석탄·목탄류를 발전용으로 저장하는 경우는 제외
① 품명별로 구분하여 쌓을 것
② 저장·취급 기준

구분		일반적인 경우	기타의 경우
	높이	10[m] 이하	15[m] 이하
쌓는 부분의 바닥면적	면화류 등	50[m²] 이하	200[m²] 이하
	석탄·목탄류	200[m²] 이하	300[m²] 이하

• 기타의 경우 : 살수설비를 설치하거나 방사능력 범위에 해당 특수가연물이 포함되도록 대형수동식소화기를 설치하는 경우
③ 저장·취급 기준

구 분	실내에 쌓아 저장하는 경우	실외에 쌓이 저장하는 경우
쌓는 부분 바닥면적의 사이	1.2[m] 또는 쌓는 높이의 1/2 중 큰 값 이상	3[m] 또는 쌓는 높이 중 큰 값 이상
저장 기준	㉠ 주요구조부는 내화구조이면서 불연재료 ㉡ 다른 종류의 특수가연물과 같은 공간에 보관하지 않을 것	쌓는 부분이 대지경계선, 도로 및 인접 건축물과 최소 6[m] 이상
저장 기준 제외	내화구조의 벽으로 분리하는 경우	쌓는 높이보다 0.9[m] 이상 높은 내화구조 벽체를 설치한 경우

56. 화재의 예방 및 안전관리에 관한 법률상 보일러, 난로, 건조설비, 가스·전기시설, 그 밖에 화재 발생 우려가 있는 설비 또는 기구 등의 위치·구조 및 관리와 화재 예방을 위하여 불을 사용할 때 지켜야 하는 사항은 무엇으로 정하는가?

① 행정안전부령　　② 대통령령
③ 시·도 조례　　　④ 총리령

해설 불을 사용하는 설비 등의 관리
　보일러, 난로, 건조설비, 가스·전기시설, 그 밖에 화재 발생 우려가 있는 설비 또는 기구 등의 위치·구조 및 관리와 화재 예방을 위하여 불을 사용할 때 지켜야 하는 사항은 대통령령으로 정한다.

57. 문화재보호법의 규정에 의한 유형문화재와 지정문화재에 있어서는 제조소 등과의 수평거리를 몇 [m] 이상 유지하여야 하는가?

① 20　　　② 30
③ 50　　　④ 70

해설 제조소의 안전거리
① 건축물의 외벽 또는 이에 상당하는 공작물의 외측으로부터 당해 제조소의 외벽 또는 이에 상당하는 공작물의 외측까지의 수평거리(6류 위험물은 제외)
② 제조소등이 설치될 때 주위에 방호대상물이 있는 경우 연소확대방지 및 안전을 위해 지켜야 할 거리

정답　55. ①　56. ②　57. ③

기출문제

2019. 1회 소방설비기사

안전거리	해당 대상물	
50[m] 이상	유형문화재, 기념물 중 지정문화재	
30[m] 이상	㉠ 학교	
	㉡ 종합병원, 병원, 치과병원, 한방병원, 요양병원	
	㉢ 공연장, 영화상영관 등	수용인원 : 300명 이상
	㉣ 아동복지시설, 장애인복지시설, 모·부자복지시설, 보육시설, 가정폭력 피해자시설 등	수용인원 : 20명 이상
20[m] 이상	고압가스, 액화석유가스, 도시가스를 저장 또는 취급하는 시설	
10[m] 이상	주거 용도에 사용되는 것	
5[m] 이상	사용전압 35,000[V]를 초과하는 특고압가공전선	
3[m] 이상	사용전압 7,000[V] 초과 35,000[V] 이하의 특고압가공전선	

58. 소방기본법상 명령권자가 소방본부장, 소방서장 또는 소방대장에게 있는 사항은?

① 소방활동을 할 때에 긴급한 경우에는 이웃한 소방본부장 또는 소방서장에게 소방업무의 응원을 요청할 수 있다.
② 화재, 재난·재해, 그 밖의 위급한 상황이 발생한 현장에서 소방활동을 위하여 필요할 때에는 그 관할구역에 사는 사람 또는 그 현장에 있는 사람으로 하여금 사람을 구출하는 일 또는 불을 끄거나 불이 번지지 아니하도록 하는 일을 하게 할 수 있다.
③ 수사기관이 방화 또는 실화의 혐의가 있어서 이미 피의자를 체포하였거나 증거물을 압수하였을 때에 화재조사를 위하여 필요한 경우에는 수사에 지장을 주지 아니하는 범위에서 그 피의자 또는 압수된 증거물에 대한 조사를 할 수 있다.
④ 화재, 재난·재해, 그 밖의 위급한 상황이 발생하였을 때에는 소방대를 현장에 신속하게 출동시켜 화재진압과 인명구조·구급 등 소방에 필요한 활동을 하게 하여야 한다.

[해설] 소방기본법
① 소방본부장, 소방서장 또는 소방대장

㉠ 소방활동을 위하여 그 현장에 있는 사람등으로 하여금 소방활동을 하게 할 수 있다. 이 경우 보호장구를 지급하는 등 안전을 위한 조치를 하여야 한다.

> 사람을 구출하는 일 또는 불을 끄거나 불이 번지지 아니하도록 하는 일을 방해한 사람 :
> 5년 이하의 징역 또는 5천만 원 이하의 벌금

㉡ 화재, 재난·재해, 그 밖의 위급한 상황이 발생하여 사람의 생명을 위험하게 할 것으로 인정할 때에는 일정한 구역을 지정하여 그 구역에 있는 사람에게 그 구역 밖으로 피난할 것을 명할 수 있다.

> 피난 명령을 위반한 사람 : 100만 원 벌금

② 소방본부장, 소방서장
  소방업무의 응원을 요청
③ 소방청장, 소방본부장 또는 소방서장
  ㉠ 수사기관에 체포된 사람에 대한 조사
  ㉡ 재난상황이 발생 시 소방대를 현장에 신속하게 출동시켜 화재 진압과 인명구조·구급 등 소방에 필요한 활동을 하게 하여야 한다.

59. 경유의 저장량이 2,000리터, 중유의 저장량이 4000리터, 등유의 저장량이 2,000리터인 저장소에 있어서 지정수량의 배수는?

① 동일 ② 6배
③ 3배 ④ 2배

[해설] 지정수량의 배수

지정배수
$= \dfrac{저장(취급)량}{지정수량} + \dfrac{저장(취급)량}{지정수량} + \dfrac{저장(취급)량}{지정수량}$

① 지정수량
  경유, 등유 : 1,000리터, 중유 : 2,000리터
② 지정배수 $= \dfrac{저장(취급)량}{지정수량} + \dfrac{저장(취급)량}{지정수량} + \dfrac{저장(취급)량}{지정수량}$

$= \dfrac{2,000}{1,000} + \dfrac{4,000}{2,000} + \dfrac{2,000}{1,000} = 6$배

정답 58. ② 59. ②

360 소방설비기사[기계분야]

60. 소방기본법령상 소방관서장은 소방상 필요한 훈련 및 교육을 실시하고자 하는 때에는 화재예방강화지구 안의 관계인에게 훈련 또는 교육 며칠 전까지 그 사실을 통보하여야 하는가?

① 5 ② 7
③ 10 ④ 14

해설 화재예방강화지구의 관계인에 대한 훈련·교육
 ① 소방관서장은 필요한 훈련 및 교육을 연 1회 이상 실시.
 ② 관계인에게 훈련 또는 교육 10일 전까지 그 사실을 통보.

■■■ 제4과목 소방기계시설의 구조 및 원리

61. 주차장에 분말소화약제 120 [kg]을 저장하려고 한다. 이 때 필요한 저장용기의 최소 내용적[L]은?

① 96 ② 120
③ 150 ④ 180

해설 소화약제 1kg 당 저장용기의 내용적 (= 충전비[ℓ/kg])

제1종	제2종, 제3종	제4종
0.8 [ℓ] 이상	1 [ℓ] 이상	1.25 [ℓ] 이상

① 주차장에는 제3종 분말소화약제를 사용하여야 한다.
② 120 [kg] × 1 [ℓ/kg] = 120 [ℓ]

62. 포소화설비에서 펌프의 토출관에 압입기를 설치하여 포 소화약제 압입용 펌프로 포소화약제를 압입시켜 혼합하는 방식은?

① 라인 프로포셔너방식
② 펌프 프로포셔너방식
③ 프레져 프로포셔너방식
④ 프레져사이드 프로포셔너방식

해설 프레져사이드 프로포셔너방식(압입혼합방식)
 펌프의 토출관에 압입기를 설치하여 포 소화약제 압입용펌프로 포 소화약제를 압입시켜 혼합하는 방식

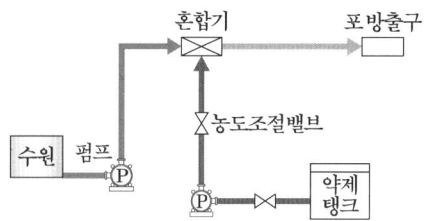

63. 이산화탄소 소화약제의 저장용기 설치기준 중 옳은 것은?

① 저장용기의 충전비는 고압식은 1.9 이상 2.3 이하, 저압식은 1.5 이상 1.9 이하로 할 것
② 저압식 저장용기에는 액면계 및 압력계와 2.1[MPa] 이하의 압력에서 작동하는 압력경보장치를 설치할 것
③ 저장용기는 고압식은 25[MPa] 이상, 저압식은 3.5 [MPa] 이상의 내압시험압력에 합격한 것으로 할 것
④ 저압식 저장용기에는 내압시험압력의 1.8배의 압력에서 작동하는 안전밸브와 내압시험압력의 0.8배부터 내압시험압력까지의 범위에서 작동하는 봉판을 설치할 것

정답 60. ③ 61. ② 62. ④ 63. ③

2019. 1회 소방설비기사

[해설] 이산화탄소 소화약제의 저장용기 설치기준

구 분	이산화탄소소화설비	
	고압식	저압식
충전비[ℓ/kg]	1.5 이상 1.9 이하	1.1 이상 1.4 이하
저장용기의 저장온도, 압력	20[℃] 6.0 [MPa]	-18[℃] 2.1[MPa]
저장용기 내압시험 압력	25 [MPa]	3.5 MPa
안전밸브 작동압력	-	내압시험압력의 0.64배 ~ 0.8배
안전장치(봉판) 작동압력	내압시험압력의 0.8배	내압시험압력의 0.8배 ~ 1배
자동냉동장치	-	-18[℃] 2.1[MPa] 유지
압력경보장치	-	1.9[MPa] 이하 시 2.3[MPa] 이상 시

64. 소화용수설비의 소화수조가 옥상 또는 옥탑의 부분에 설치된 경우 지상에 설치된 채수구에서의 압력은 얼마 이상이어야 하는가?

① 0.15 [MPa]   ② 0.20 [MPa]
③ 0.25 [MPa]   ④ 0.35 [MPa]

[해설] 소화수조가 옥상 또는 옥탑의 부분에 설치된 경우 지상에 설치된 채수구에서의 압력은 0.15 [MPa] 이상

65. 수직강하식 구조대가 구조적으로 갖추어야 할 조건으로 옳지 않은 것은? (단, 건물내부의 별실에 설치하는 경우는 제외한다.)

① 구조대의 포지는 외부포지와 내부포지로 구성한다.
② 포지는 사용 시 충격을 흡수하도록 수직방향으로 현저하게 늘어나야 한다.
③ 구조대는 연속하여 강하할 수 있는 구조이어야 한다.
④ 입구틀 및 취부틀의 입구는 지름 50 [cm] 이상의 구체가 통과할 수 있어야 한다.

[해설] 구조대의 형식승인 및 제품검사의 기술기준
수직강하식 구조대의 구조는 다음 각 호에 적합하여야 한다.
① 구조대는 안전하고 쉽게 사용할 수 있는 구조이어야 한다.
② 구조대의 포지는 외부포지와 내부포지로 구성하되, 외부포지와 내부포지의 사이에 충분한 공기층을 두어야 한다. 다만, 건물내부의 별실에 설치하는 것은 외부포지를 설치하지 아니할 수 있다.
③ 입구틀 및 취부틀의 입구는 지름 50 [cm] 이상의 구체가 통과할 수 있는 것이어야 한다.
④ 구조대는 연속하여 강하할 수 있는 구조이어야 한다.
⑤ 포지는 사용시 수직방향으로 현저하게 늘어나지 아니하여야 한다.
⑥ 포지, 지지틀, 취부틀 그밖의 부속장치 등은 견고하게 부착되어야 한다.
※ 수직강하식구조대 : 소방대상물 또는 기타 장비 등에 수직으로 설치하여 사용하는 구조대

66. 예상제연구역 바닥면적 400 [m²] 미만 거실의 공기 유입구와 배출구간의 직선거리 기준으로 옳은 것은? (단, 제연경계에 의한 구획을 제외한다.)

① 2 [m] 이상 확보되어야 한다.
② 3 [m] 이상 확보되어야 한다.
③ 5 [m] 이상 확보되어야 한다.
④ 10 [m] 이상 확보되어야 한다.

[해설] 배출구 및 공기 유입구

거실의 면적	공기 유입구
400 [m²] 미만	공기유입구와 배출구간의 직선거리는 5 [m] 이상 또는 구획된 실의 장변의 2분의 1 이상
400 [m²] 이상	설치 높이 : 바닥으로부터 1.5 [m] 이하의 높이에 설치하고 그 주변은 공기의 유입에 장애가 없도록 할 것

정답 64. ①   65. ②   66. ③

67. 층수가 10층인 일반창고에 라지드롭형 스프링클러 헤드가 설치되어 있다면 이 설비에 필요한 수원의 양은 얼마 이상이어야 하는가? (단, 이 창고는 특수가연물을 저장·취급하지 않는 일반물품을 적용하고, 헤드가 가장 많이 설치된 층은 8층으로서 40개가 설치되어 있다.)

① 16 [m³]
② 32 [m³]
③ 48 [m³]
④ 96 [m³]

[해설] 창고시설의 수원 (N × Q × T)

N(기준개수)	Q(방수량)	T(방사시간)
라지드롭형 스프링클러헤드의 설치 개수 (최대 30개)	160 [ℓ/min·개]	20분

수원 = 30[개] × 160 [ℓ/min·개] × 20분 = 96 [m³]

※ 랙식창고의 경우는 방사시간이 60분 이상

68. 다음 중 옥내소화전의 배관 등에 대한 설치방법으로 옳지 않은 것은?

① 펌프의 토출 측 주배관의 구경은 평균 유속을 5 [m/s]가 되도록 설치하였다.
② 배관 내 사용압력이 1.1 [MPa]인 곳에 배관용 탄소강관을 사용하였다.
③ 옥내소화전 송수구를 단구형으로 설치하였다.
④ 송수구로부터 주배관에 이르는 연결배관에는 개폐밸브를 설치하지 않았다.

[해설] 배관의 구경

구 분	펌프 토출측 주배관	주배관 중 수직배관
옥내소화전	유속이 4[m/s] 이하가 될 수 있는 크기	50 [mm] 이상
호스릴옥내소화전		32 [mm] 이상

69. 지하구의 화재안전기술기준에 따라 환기구 사이의 간격이 몇 m를 초과할 경우에는 700[m] 이내마다 살수구역을 설정하여야 하는가?

① 350
② 700
③ 1,000
④ 1,500

[해설] 연소방지설비의 헤드 설치기준

소방대원의 출입이 가능한 환기구·작업구마다 지하구의 양쪽방향으로 살수헤드를 설정하되, 한쪽 방향의 살수구역의 길이는 3[m] 이상으로 할 것.

다만, 환기구 사이의 간격이 700[m]를 초과할 경우에는 700[m] 이내마다 살수구역을 설정하되, 지하구의 구조를 고려하여 방화벽을 설치한 경우에는 그러하지 아니하다.

70. 개방형스프링클러설비에서 하나의 방수구역을 담당하는 헤드의 개수는 몇 개 이하로 해야 하는가? (단, 방수구역은 나누어져 있지 않고 하나의 구역으로 되어 있다.)

① 50
② 40
③ 30
④ 20

[해설] 개방형 스프링클러헤드의 방수구역

일제개방밸브	헤드개수	50개 이하 ※ 2개 이상의 방수구역으로 나눌 경우에는 하나의 방수구역을 담당하는 헤드의 개수는 25개 이상
	범위	2개 층에 미치지 아니 할 것

정답 67. ④ 68. ① 69. ② 70. ①

기출문제

2019. 1회 소방설비기사

71. 포헤드를 정방형으로 설치 시 헤드와 벽과의 최대 이격거리는 약 몇 [m]인가?

① 1.48 ② 1.62
③ 1.76 ④ 1.91

해설 포헤드 설치기준
① 정방형으로 배치한 경우
  S = 2r × cos45°
    S : 포헤드 상호간의 거리[m]
    r : 유효반경(2.1 [m])
② 장방형으로 배치한 경우에는 그 대각선의 길이
  pt = 2r
    pt : 대각선의 길이[m]
    r : 유효반경(2.1 [m])
③ 포헤드와 벽 방호구역의 경계선과는 정방형으로 배치한 경우의 2분의 1 이하의 거리를 둘 것

∴ S = 2×2.1×cos45° = 2.97이므로
  헤드와 벽과의 최대 이격거리는 $\frac{2.97}{2}$ ≒ 1.48[m]

72. 다음 중 스프링클러설비와 비교하여 물분무소화설비의 장점으로 옳지 않은 것은?

① 소량의 물을 사용함으로써 물의 사용량 및 방사량을 줄일 수 있다.
② 운동에너지가 크므로 파괴주수 효과가 크다.
③ 전기 절연성이 높아서 고압통전기기의 화재에도 안전하게 사용할 수 있다.
④ 물의 방수과정에서 화재열에 따른 부피증가량이 커서 질식효과를 높일 수 있다.

해설 물분무소화설비는 소화용수를 안개처럼 분무하면 수증기에 가까운 물입자를 가연물을 냉각, 질식, 희석 시켜 소화하는 방법으로 운동에너지는 크고 파괴주수 효과가 작다.

73. 다음 중 노유자 시설의 4층 이상 10층 이하에서 적응성이 있는 피난기구가 아닌 것은?

① 피난교 ② 다수인피난장비
③ 승강식피난기 ④ 미끄럼대

해설 소방대상물의 설치장소별 피난기구의 적응성

구분	노유자 시설	의료시설, 근린생활시설 중 입원실이 있는 의원·조산원·접골원	그 밖의 것
10층~5층	구조대[1]	구조대 피난용트랩	구조대, 피난사다리, 완강기, 간이완강기, 공기안전매트
4층			
3층	구조대		피난용트랩
2층		• 미끄럼대 : 대상물과 상관없이 3층 이하의 층에 적용 가능	
1층			

※ 피난교, 다수인피난장비, 승강식 피난기 : 대상물 상관없이 1층 ~ 10층 모두 적용 가능
※ 구조대[1] : 장애인 관련 시설로서 주된 사용자 중 스스로 피난이 불가한 자가 있는 경우 추가로 설치하는 경우
※ 간이완강기 : 숙박시설의 3층 이상에 있는 객실에 한함
※ 영업장의 위치가 4층 이하인 다중이용업소의 2층~4층 – 구조대, 피난사다리, 미끄럼대, 완강기, 다수인피난장비, 승강식피난기

74. 물분무소화설비를 설치하는 차고의 배수설비 설치기준 중 틀린 것은?

① 차량이 주차하는 장소의 적당한 곳에 높이 10[cm] 이상의 경계턱으로 배수구를 설치 할 것
② 길이 40 [m] 이하마다 집수관, 소화핏트 등 기름분리장치를 설치 할 것
③ 차량이 주차하는 바닥은 배수구를 향하여 100분의 1 이상의 기울기를 유지할 것
④ 배수설비는 가압송수장치의 최대 송수능력의 수량을 유효하게 배수할 수 있는 크기 및 기울기로 할 것

해설 차고 또는 주차장의 배수설비 설치기준
① 높이 10 [cm] 이상의 경계턱으로 배수구를 설치할 것
② 차량이 주차하는 바닥은 배수구를 향하여 100분의 2 이상의 기울기를 유지

정답 71. ① 72. ② 73. ④ 74. ③

③ 길이 40 [m] 이하마다 집수관·소화핏트 등 기름분리장치를 설치하여 배수구에는 새어나온 기름을 모아 소화할 수 있도록 할 것
④ 배수설비는 가압송수장치의 최대송수능력의 수량을 유효하게 배수할 수 있는 크기 및 기울기로 할 것

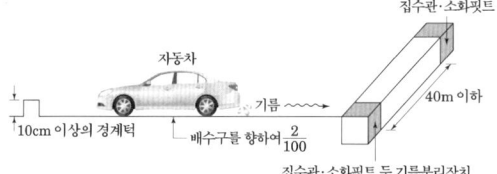

75. 스프링클러소화설비의 배관 내 압력이 얼마 이상일 때 압력배관용 탄소강관을 사용해야 하는가?

① 0.1 [MPa] ② 0.5 [MPa]
③ 0.8 [MPa] ④ 1.2 [MPa]

해설 옥내소화전소화설비, 스프링클러소화설비의 배관

사용압력	배관의 종류
1.2 MPa 미만	① 배관용탄소강관(KS D 3507) ② 타일 주철관(KS D 4311) ③ 이음매 없는 구리 및 구리합금관 다만, 습식의 배관에 한한다. ④ 배관용 스테인리스강관(KS D 3576) 또는 일반배관용 스테인리스강관
1.2 MPa 이상	① 압력배관용탄소강관(KS D 3562) ② 배관용 아크용접 탄소강강관 (KS D 3583)

76. 대형 이산화탄소 소화기의 소화약제 충전량은 얼마인가?

① 20[kg] 이상 ② 30[kg] 이상
③ 50[kg] 이상 ④ 70[kg] 이상

해설 대형소화기의 구분

구분	대형소화기	구분	대형소화기
물소화기	80[ℓ] 이상	이산화탄소소화기	50[kg]
강화액소화기	60[ℓ] 이상	할론소화기	30[kg]
포소화기	20[ℓ] 이상	분말소화기	20[kg]

77. 소화용수설비와 관련하여 다음 설명 중 괄호안에 들어갈 항목으로 옳게 짝지어진 것은?

상수도 소화용수설비를 설치하여야 하는 특정소방대상물은 다음 각 목의 어느 하나와 같다. 다만, 상수도소화용수설비를 설치하여야 하는 특정소방대상물의 대지 경계선으로부터 (ⓐ) [m] 이내에 지름 (ⓑ) [mm] 이상인 상수도용 배수관이 설치되지 않은 지역의 경우에는 화재안전기술기준에 따른 소화수조 또는 저수조를 설치하여야 한다.

① ⓐ : 150, ⓑ 75   ② ⓐ : 150, ⓑ 100
③ ⓐ : 180, ⓑ 75   ④ ⓐ : 180, ⓑ 100

해설 상수도소화용수설비를 설치하여야 하는 특정소방대상물의 대지 경계선으로부터 180 [m] 이내에 구경 75 [mm] 이상인 상수도용 배수관이 설치되지 아니한 지역에 있어서는 화재안전기술기준에 따른 소화수조 또는 저수조를 설치하여야 한다.

78. 할론소화설비에서 국소방출방식의 경우 할론 소화약제의 양을 산출하는 식은 다음과 같다. 여기서 A는 무엇을 의미하는가? (단, 가연물이 비산할 우려가 있는 경우로 가정한다.)

$$Q = X - Y\frac{a}{A}$$

① 방호공간의 벽면적의 합계
② 창문이나 문의 틈새면적의 합계
③ 개구부 면적의 합계
④ 방호대상물 주위에 설치된 벽의 면적의 합계

해설 할론소화설비 국소방출방식 소화약제의 양(V × Q × N)

V	방호공간(방호대상물의 각부분으로부터 0.6[m]의 거리에 따라 둘러싸인 공간) [m³]

정답 75. ④ 76. ③ 77. ③ 78. ①

Q	Q : 방호공간 1 [m³]에 대한 이산화탄소 소화약제의 양 [kg/m³] $$Q = X - Y\frac{a}{A}$$ a : 방호대상물 주위에 설치된 벽의 면적의 합계[m²] A : 방호공간의 벽면적(벽이 없는 경우에는 벽이 있는 것으로 가정한 당해 부분의 면적)의 합계[m²] X, Y : 소화약제별 상수
N	할론 2402 또는 할론 1211은 1.1 할론 1301은 1.25

79. 지상 30층의 오피스텔은 주거용 주방자동소화장치를 설치해야 하는데, 몇 층 이상에 설치하여야 하는가?

① 15층 이상   ② 20층 이상
③ 25층 이상   ④ 모든층

해설 주거용 주방자동소화장치 설치 대상
　　아파트등 및 오피스텔의 모든 층

80. 분말소화설비의 가압용가스용기에 대한 설명으로 틀린 것은?

① 가압용가스용기를 3병 이상 설치한 경우에는 2개 이상의 용기에 전자개방밸브를 부착 할 것
② 가압용가스용기에는 2.5 [MPa] 이하의 압력에서 조정이 가능한 압력조정기를 설치 할 것
③ 가압용가스에 질소가스를 사용하는 것의 질소가스는 소화약제 1 [kg] 마다 20 [L] (35 [℃]에서 1기압의 압력상태로 환산 한 것) 이상으로 할 것
④ 축압용가스에 질소가스를 사용하는 것의 질소가스는 소화약제 1 [kg]에 대하여 10 [L] (35 [℃]에서 1기압의 압력상태로 환산 한 것) 이상으로 할 것

해설 분말소화설비 가압용가스 또는 축압용가스의 기준
　－ 소화약제 1 [kg]마다 저장량

구 분	가압용가스	축압용가스
질소가스	40 [ℓ]이상	10 [ℓ] 이상
이산화탄소	20 [g] 이상	20 [g] 이상

정답　79. ④　80. ③

기출문제(2019.2회)

■■■ 제1과목 소방원론

1. 건축물의 화재를 확산시키는 요인이라 볼 수 없는 것은?

① 비화(飛火) ② 복사열(輻射熱)
③ 자연발화(自然發火) ④ 접염(接炎)

해설 화재를 확산시키는 요인
① 비화(飛火)
② 복사열(輻射熱)
③ 접염(接炎)

2. 화재의 일반적 특성으로 틀린 것은?

① 확대성 ② 정형성
③ 우발성 ④ 불안정성

해설 화재의 일반적 특성
① 확대성
② 비정형성
③ 우발성
④ 불안정성

3. 다음 중 가연물의 제거를 통한 소화 방법과 무관한 것은?

① 산불의 확산방지를 위하여 산림의 일부를 벌채한다.
② 화학반응기의 화재 시 원료 공급관의 밸브를 잠근다.
③ 전기실 화재시 IG-541 약제를 방출한다.
④ 유류탱크 화재 시 주변에 있는 유류탱크의 유류를 다른 곳으로 이동시킨다.

해설 소화의 방법

구분	소화	내용	제어 방법
물리적 소화	냉각소화	인화점, 발화점 이하로 온도를 낮추어 소화	옥내소화전설비 스프링클러설비
	질식소화	산소의 농도를 21[%]에서 15[%] 이하로 감소 시켜 소화	이산화탄소 소화설비 불활성가스계 소화설비
	피복소화	가연물을 피복하여 가연성가스 발생 억제 및 공기 차단으로 소화 (피복하여 질식시킴)	포소화설비
	제거소화	가연물이 연소하기 전에 가연물을 제거하여 소화	산불화재 벌목, 가스화재의 가스차단, 촛불의 화염·제거
	유화소화	기름과 물은 혼합되지 않으나 세차게 물을 기름에 뿌리는 경우 일시적으로 기름과 물이 혼합되는데 이를 에멀젼 효과라고 하고 가연성가스 방출 방지 및 산소공급 차단 효과로 소화	고비점유 화재 시 무상주수
	희석소화	물질의 농도를 다른 물질을 가함으로써 농도를 낮게 하여 소화	가연성의 기체나 액체, 고체에서 나오는 분해가스의 농도를 엷게 함
화학적 소화	연쇄반응 억제소화	화학적 소화 방법 (부촉매 효과) - 불꽃연소만 소화 가능	할론소화설비 분말소화설비

※ 전기실 화재 시 IG-541(불활성기체 소화약제) 약제를 방출한다. - 질식소화에 해당 됨

4. 물의 소화능력에 관한 설명 중 틀린 것은?

① 다른 물질보다 비열이 크다.
② 다른 물질보다 융해잠열이 작다.
③ 다른 물질보다 증발잠열이 크다.
④ 밀폐된 장소에서 증발가열되면 산소희석작용을 한다.

정답 1. ③ 2. ② 3. ③ 4. ②

[해설] 물의 수소결합에 의한 특성
① 비열과 현열이 크다.
② 융해잠열(80 [cal/g])이 크다.
③ 기화(증발)잠열(1기압, 100[℃] - 539 [cal/g])이 크다.
④ 표면장력이 크다. (72.75 [dyne/cm])
  (표면장력 : 표면을 최소화 하려는 힘으로 표면장력이 크면 물방울처럼 동글동글하게 된다.)

5. 탱크화재 시 발생되는 보일오버(Boil Over)의 방지방법으로 틀린 것은?

① 탱크 내용물의 기계적 교반
② 물의 배출
③ 과열방지
④ 위험물 탱크내의 하부에 냉각수 저장

[해설] 보일오버(Boil Over)

Mechanism
① 다비점의 중질유 저장탱크 화재 발생 ② 저비점 물질은 유류 표면층에서 증발, 연소 ③ 고비점 물질은 화염의 온도에 의해 가열, 축적되어 200~300[℃]의 열류층 형성 ④ 열류층이 하부의 수층에 열전달 ⑤ 물이 비등하며 탱크 내 기름을 분출시킴
방지 대책
① 수층 방지 : 배출, 교반(물과 기름을 섞는 것) ② 물의 과열 방지 ③ 모래, 비등석 투입 ④ Boil Over 발생 전 소화

6. 물 소화약제를 어떠한 상태로 주수할 경우 전기화재의 진압에서도 소화능력을 발휘할 수 있는가?

① 물에 의한 봉상주수
② 물에 의한 적상주수
③ 물에 의한 무상주수
④ 어떤 상태의 주수에 의해서도 효과가 없다.

[해설] 물 소화약제를 무상주수할 경우 비전도성으로 전기화재에 적응이 가능하다.

7. 화재 시 CO_2를 방사하여 산소농도를 11vol.%로 낮추어 소화하려면 공기 중 CO_2의 농도는 약 몇 vol.%가 되어야 하는가?

① 47.6
② 42.9
③ 37.9
④ 34.5

[해설] 방사된 CO_2의 농도[%]

$$CO_2[\%] = \frac{21[\%] - O_2[\%]}{21[\%]} \times 100$$

$$CO_2[\%] = \frac{21[\%] - 11[\%]}{21[\%]} \times 100 = 47.619[\%]$$

8. 분말 소화약제의 취급시 주의사항으로 틀린 것은?

① 습도가 높은 공기 중에 노출되면 고화되므로 항상 주의를 기울인다.
② 충진시 다른 소화약제와 혼합을 피하기 위하여 종별로 각각 다른 색으로 착색되어 있다.
③ 실내에서 다량 방사하는 경우 분말을 흡입하지 않도록 한다.
④ 분말 소화약제와 수성막포를 함께 사용할 경우 포의 소포 현상을 발생시키므로 병용해서는 안 된다.

[해설] 수성막포

포소화약제의 특성
① 불소계통의 습윤제에 계면활성제를 섞은 것으로 반영구적이며 투명한 노란색이다. ② AFFF(Aqueous Film Forming Foam) 또는 Light Water라 하고 Twin Agent (수성막포 + 제3종 분말소화약제)에 사용 된다. ③ 포가 얇아 내열성에 약해 윤화현상 (Fire Ring)이 일어나기 쉽다.

정답 5. ④ 6. ③ 7. ① 8. ④

9. 화재실의 연기를 옥외로 배출시키는 제연방식으로 효과가 가장 적은 것은?

① 자연 제연방식
② 스모크 타워 제연방식
③ 기계식 제연방식
④ 냉난방설비를 이용한 제연방식

해설 제연방식

구분		내 용
자연제연 방식		배기구, 스모크타워, 회전식 고정식 벤틸레이터, 배연창, 환기창 등
기계제연 방식	제1종	급·배기방식
	제2종	급기방식
	제3종	배기방식

10. 다음 위험물 중 특수인화물이 아닌 것은?

① 아세톤
② 디에틸에테르
③ 산화프로필렌
④ 아세트알데히드

해설 제4류 위험물(인화성 액체)

구분	지정 수량	품명
특수인화 물류	50 [ℓ]	디에틸에테르 $C_2H_5OC_2H_5$ 아세트알데히드 CH_3CHO 산화프로필렌 CH_3CH_2CHO 이황화탄소 CS_2
제1석유류	200 [ℓ] 수용성은 400 [ℓ]	휘발유 의산에스테르류 $HCOOR$ 초산에스테르류 CH_3COOR 피리딘 C_5H_5N 아세톤(DMK) CH_3COCH_3 MEK $CH_3COC_2H_5$ 벤젠 C_6H_6 톨루엔 $C_6H_5CH_3$ 시안화수소 HCN 콜로디온 $C_{12}H_{16}N_4O_{18}$

11. 목조건축물의 화재 진행상황에 관한 설명으로 옳은 것은?

① 화원-발염착화-무염착화-출화-최성기-소화
② 화원-발염착화-무염착화-소화-연소낙하
③ 화원-무염착화-발염착화-출화-최성기-소화
④ 화원-무염착화-출화-발염착화-최성기-소화

해설 목조건축물 화재
① 개방계 화재
② 연료지배형 화재(연료의 양에 지배를 받는 화재)
③ 고온단기형(약 1,200[℃], 10～20분)
④ 화재원인 - 무염착화 - 발염착화 - 발화 - 최성기 - 연소낙하 - 진화

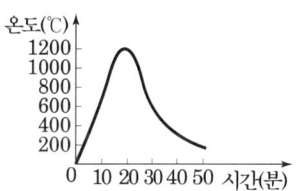

목재 건축물의 화재진행과정

12. 방호공간 안에서 화재의 세기를 나타내고 화재가 진행되는 과정에서 온도에 따라 변하는 것으로 온도-시간 곡선으로 표시할 수 있는 것은?

① 화재저항
② 화재가혹도
③ 화재하중
④ 화재플럼

해설 화재가혹도
① 최고온도의 지속시간으로 화재가 건물에 피해를 입히는 능력의 정도
② 최고온도(화재강도) : 온도인자에 의해 결정
③ 지속시간(화재하중) : 계속시간인자에 의해 결정
④ 화재가혹도에 견디는 내력을 화재저항이라 하고 건축물의 성능인 내화, 방화구조 등을 의미

정답 9. ④ 10. ① 11. ③ 12. ②

기출문제

2019. 2회 소방설비기사

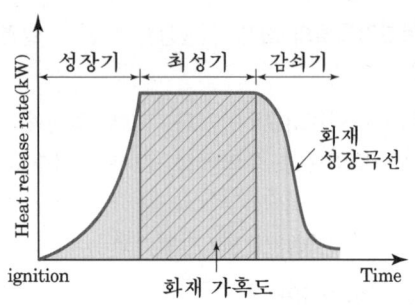

13. 다음 중 동일한 조건에서 증발잠열[kJ/kg]이 가장 큰 것은?

① 질소   ② 할론 1301
③ 이산화탄소   ④ 물

해설 물의 수소결합에 의한 특성
① 비열과 현열이 크다.
② 융해잠열(80 [cal/g])이 크다.
③ 증발(기화)잠열(1기압, 100[℃] : 539 [cal/g])이 크다.
④ 표면장력이 크다. (72.75 [dyne/cm])
(표면장력 : 표면을 최소화 하려는 힘으로 표면장력이 크면 물방울처럼 동글동글하게 된다.)

14. 화재 표면온도(절대온도)가 2배로 되면 복사에너지는 몇 배로 증가 되는가?

① 2   ② 4
③ 8   ④ 16

해설 복사
① 전자기파에 의한 열전달 (매질이 없다)
 : 성장기의 Flash Over, 최성기의 열전달

② Stefan – Boltzmann 법칙
열복사량(열복사에너지)는 절대온도 4승에 비례한다.
$\dfrac{(2T)^4}{T^4} = 16$ 배

15. 연면적이 1,000 [m²] 이상인 건축물에 설치하는 방화벽이 갖추어야 할 기준으로 틀린 것은?

① 내화구조로서 홀로 설 수 있는 구조일 것
② 방화벽의 양쪽 끝과 위쪽 끝을 건축물의 외벽면 및 지붕면으로부터 0.1 [m] 이상 튀어나오게 할 것
③ 방화벽에 설치하는 출입문의 너비는 2.5 [m] 이하로 할 것
④ 방화벽에 설치하는 출입문의 높이는 2.5 [m] 이하로 할 것

해설 건축에서의 방화벽 (설치대상 : 연면적 1천 [m²] 이상인 목조건축물)
① 내화구조로서 홀로 설 수 있는 구조
② 방화벽의 양쪽 끝과 윗쪽 끝을 건축물의 외벽면 및 지붕면으로부터 0.5 [m] 이상 돌출되게 할 것
③ 방화벽에 설치하는 출입문의 너비 및 높이는 각각 2.5 [m] 이하로 하고, 해당 출입문에는 60분+방화문 또는 60분 방화문을 설치할 것
④ 연면적이 1천 [m²] 이상인 목조건축물은 그 외벽 및 처마 밑의 연소할 우려가 있는 부분을 방화구조로 하되, 그 지붕은 불연재료로 하여야 한다.

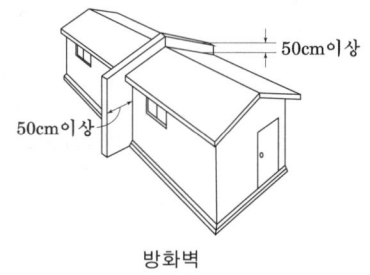

16. 도장작업 공정에서의 위험도를 설명한 것으로 틀린 것은?

① 도장작업 그 자체 못지않게 건조공정도 위험하다.
② 도장작업에서는 인화성 용제가 쓰이지 않으므로 폭발의 위험이 없다.
③ 도장작업장은 폭발시를 대비하여 지붕을 시공한다.
④ 도장실의 환기덕트를 주기적으로 청소하여 도료가 덕트 내에 부착되지 않게 한다.

정답 13. ④   14. ④   15. ②   16. ②

[해설] 도장작업시 유기용제에서 발생되는 인화성 증기의 폭발 위험이 있다.
따라서 도장 작업시에는 방폭구조의 전기·기계기구를 사용해야 한다.
또한 폭발의 압력을 상부로 배출하기 위해 가벼운 불연재료로 지붕을 시공한다.

17. 공기의 부피 비율이 질소 79[%], 산소 21[%]인 전기실에 화재가 발생하여 이산화탄소 소화약제를 방출하여 소화하였다. 이때 산소의 부피농도가 14[%]이었다면 이 혼합 공기의 분자량은 약 얼마인가?
(단, 화재 시 발생한 연소가스는 무시한다.)

① 28.9   ② 30.9
③ 33.9   ④ 35.9

[해설] 방사된 CO_2의 농도[%]

$$CO_2[\%] = \frac{21[\%] - O_2[\%]}{21[\%]} \times 100$$

$CO_2[\%] = \frac{21[\%] - 14[\%]}{21[\%]} \times 100 = 33.333[\%]$

이산화탄소 방사 시 산소의 농도는 14[%], 이산화탄소의 농도는 33.333[%], 질소는 79[%]에서 52.667[%]가 된다.
이때 혼합공기의 분자량은
질소의 분자량×질소의 부피 비+산소의 분자량×산소의 부피 비+이산화탄소의 분자량×이산화탄소의 부피 비=28×0.527+32×0.14+44×0.333=33.88[g]

18. 산불화재의 형태로 틀린 것은?

① 지중화 형태   ② 수평화 형태
③ 지표화 형태   ④ 수관화 형태

[해설] 산불화재

지중화	지표면 아래 썩은 나무 등 유기물 연소 (속불화재 - 재발화 유발)
지표화	바닥의 낙엽 등 연소(화재의 시작)
수간화	나무의 기둥 연소
수관화	나무의 가지나 잎의 연소
비화	불티가 바람에 의해 비산하여 연소

19. 석유, 고무, 동물의 털, 가죽 등과 같이 황 성분을 함유하고 있는 물질이 불완전연소될 때 발생하는 연소가스로 계란 썩는 듯한 냄새가 나는 기체는?

① 아황산가스   ② 시안화수소
③ 황화수소   ④ 암모니아

[해설] 연소가스

종류 및 허용농도 (TWA 기준)	특성
황화수소 H_2S 10 ppm	① 황을 함유한 유기화합물이 불완전 연소할 때 발생, 달걀 썩는 냄새가 난다. ② 나무, 고무, 가죽, 고기, 머리카락 등이 탈 때 주로 생성된다.

20. 다음 가연성 기체 1몰이 완전 연소하는데 필요한 이론공기량으로 틀린 것은? (단, 체적비로 계산하며 공기 중 산소의 농도를 21[vol.%]로 한다.)

① 수소 - 약 2.38몰
② 메탄 - 약 9.52몰
③ 아세틸렌 - 약 16.91몰
④ 프로판 - 약 23.81몰

[해설] 메탄의 완전연소 반응식

구분	완전 연소반응식	이론 공기량(산소몰수/산소가 차지하는 부피)
수소	$2H_2 + O_2 \rightarrow 2H_2O$ $H_2 + 0.5O_2 \rightarrow H_2O$	0.5[mol] / 0.21 = 2.38[mol]
메탄	$CH_4 + 2O_2 \rightarrow CO_2 + 2H_2O$	2[mol] / 0.21 = 9.52[mol]
아세틸렌	$C_2H_2 + 2.5O_2 \rightarrow 2CO_2 + H_2O$	2.5[mol] / 0.21 = 11.9[mol]
프로판	$C_3H_8 + 5O_2 \rightarrow 3CO_2 + 4H_2O$	5[mol] / 0.21 = 23.81[mol]

정답 17. ③ 18. ② 19. ③ 20. ③

기출문제

■■■ 제2과목 소방유체역학

21. 그림에서 물에 의하여 점 B에서 힌지된 사분원 모양의 수문이 평형을 유지하기 위하여 수면에서 수문을 잡아 당겨야하는 힘 T는 약 몇 [kN]인가? (단, 수문의 폭은 1[m], 반지름(r = $\overline{OB}$)은 2[m], 4분원의 중심은 O점에서 왼쪽으로 4r/3π인 곳에 있다.)

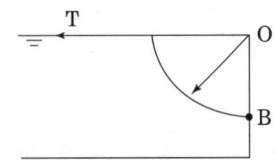

① 1.96 ② 9.8
③ 19.6 ④ 29.4

해설 (1) ① 수문 AB에 작용하는 수평분력 : 곡면을 수직면에 수평으로 투영된 면적에 작용한 압력
따라서 투영면적을 A_H라 하면
$$F_H = \rho g h_c A_H = r h_c A_H$$
$$= 9.8 \times \frac{2}{2} \times (2 \times 1) = 19.6 \text{[kN]}$$
② 작용점 : $y_1 = \frac{r}{3}$

(2) ① 수직분력 F_V
F_V는 그 곡면을 밑면으로 하는 액주의 중량과 같다.
따라서 곡면상의 체적을 V라 하면
$$F_V = \rho g V = r V = 9.8 \times (\pi \times 2^2 \times 1 \times \frac{90}{360})$$
$$= 30.79 \text{[N]}$$
② 작용점 : $y_2 = \frac{4r}{3\pi}$

(3) 점 B에서 힌지에서 잡아 당겨야하는 힘 T
모멘트작용에 의해
$$T \times r \times 1 = F_H \times \frac{r}{3} + F_V \times \frac{4r}{3\pi} \text{에서}$$
$$T \times 2 \times 1 = 19.6 \times \frac{2}{3} + 30.79 \times \frac{4 \times 2}{3\pi}$$
$$\therefore T = \frac{1}{2}\left(19.6 \times \frac{2}{3} + 30.79 \times \frac{4 \times 2}{3\pi}\right) = 19.6 \text{[kN]}$$

22. 물의 온도에 상응하는 증기압보다 낮은 부분이 발생하면 물은 증발되고 물 속에 있던 공기와 물이 분리되어 기포가 발생하는 펌프의 현상은?

① 피드백(feed back)
② 서징현상(surging)
③ 공동현상(cavitation)
④ 수격작용(water hammering)

해설 공동(空洞 : Cavitation)현상
흐르고 있는 액체의 임의 지점의 압력이 어느 원인에 의해서 그 압력이 그 액체온도의 포화증기압보다 낮아지면 부분적으로 증발이 일어나고, 액중에 용해되어 있는 기체가 액과 분리되어 기포가 발생하는데 이러한 현상을 캐비테이션 즉, 공동현상이라 한다.

23. 단면적이 A와 2A인 U자형 관에 밀도가 d인 기름이 담겨져 있다. 단면적이 2A인 관에 관벽과는 마찰이 없는 물체를 놓았더니 그림과 같이 평형을 이루었다. 이때 이 물체의 질량은?

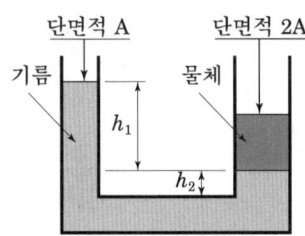

① $2Ah_1d$ ② Ah_1d
③ $A(h_1 + h_2)d$ ④ $A(h_1 - h_2)d$

해설
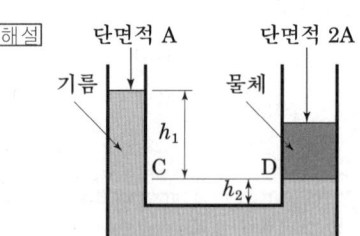

m : 질량
d : 밀도

$P_C = P_D$이므로
$$\frac{h_C}{A_C} = \frac{h_A}{A_D}, \quad \frac{dgV}{A} = \frac{mg}{2A}, \quad \frac{Ah_1 d}{A} = \frac{m}{2A}$$
$$\therefore m = 2Ah_1 d$$

정답 21. ③ 22. ③ 23. ①

24. 그림과 같이 물이 들어있는 아주 큰 탱크에 사이펀이 장치되어 있다. 출구에서의 속도 V와 관의 상부 중심 A지점에서의 게이지 압력 p_A를 구하는 식은?
(단, g는 중력가속도, ρ는 물의 밀도이며, 관의 직경은 일정하고 모든 손실은 무시한다.)

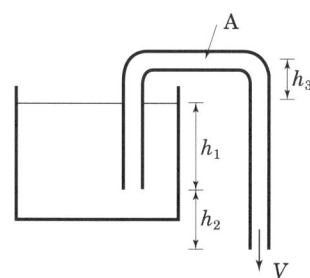

① $V = \sqrt{2g(h_1+h_2)}$, $p_A = -\rho g h_3$
② $V = \sqrt{2g(h_1-h_2)}$, $p_A = -\rho g(h_1+h_2+h_3)$
③ $V = \sqrt{2gh_2}$, $p_A = -\rho g(h_1+h_2+h_3)$
④ $V = \sqrt{2g(h_1+h_2)}$, $p_A = \rho g(h_1+h_2-h_3)$

해설 (1) 출구에서의 속도 V

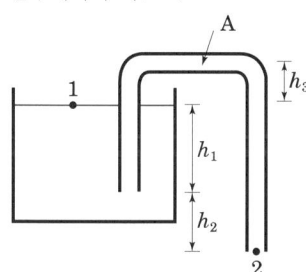

수면의 한 점1과 2점에 베르누이 방정식을 적용하면
$H_1 + \dfrac{V_1^2}{2g} + \dfrac{P_1}{r} = H_2 + \dfrac{V_2^2}{2g} + \dfrac{P_2}{r}$ 에서
$P_1 = P_2$, $H_1 = (h_1 + h_2)$, $H_2 = 0$,
$V_1 = 0$ 이므로
$(h_1 + h_2) + 0 + 0 = 0 + \dfrac{V_2^2}{2g} + 0$
$V_2(V) = \sqrt{2g(h_1+h_2)}$ [m/s]

(2) A지점에서의 게이지 압력 p_A
$p_A = p_o - \rho \cdot g \cdot h_3$ (게이지압력)
또는 $p_A = p_o - \rho \cdot g \cdot (h_1 + h_2 + h_3)$ (게이지압력)
여기에서 p_o=대기압

25. 0.02[m³]의 체적을 갖는 액체가 강체의 실린더 속에서 730[kPa]의 압력을 받고 있다. 압력이 1030[kPa]로 증가되었을 때 액체의 체적이 0.019[m³]으로 축소되었다. 이때 이 액체의 체적탄성계수는 약 몇 [kPa]인가?

① 3000 ② 4000
③ 5000 ④ 6000

해설 체적탄성계수 K
체적탄성계수(K)는 압력변화량($\triangle P$)와 체적감소율$\left(-\dfrac{\triangle V}{V}\right)$와의 비다.
(체적탄성계수(K)단위와 차원은 압력(P)와 같다)

$$K = \dfrac{\triangle P}{\triangle V/V} \text{ [Pa]}$$

$K = \dfrac{1030-730}{\dfrac{0.019-0.02}{0.02}} = 6000$ [kPa]

26. 비중병의 무게가 비었을 때는 2[N]이고, 액체로 충만되어 있을 때는 8[N]이다. 액체의 체적이 0.5[L]이면 이 액체의 비중량은 약 몇 [N/m³]인가?

① 11000 ② 11500
③ 12000 ④ 12500

해설
비중량 $r = \dfrac{W(무게)}{V(체적)} = \dfrac{8-2}{0.5 \times 10^{-3}} = 12000$

27. 10[kg]의 수증기가 들어 있는 체적 2[m³]의 단단한 용기를 냉각하여 온도를 200[℃]에서 150[℃]로 낮추었다. 나중 상태에서 액체상태의 물은 약 몇 [kg]인가?
(단, 150[℃]에서 물의 포화액 및 포화증기의 비체적은 각각 0.0011[m³/kg], 0.3925[m³/kg]이다.)

① 0.508 ② 1.24
③ 4.92 ④ 7.86

기출문제

[해설] 일정한 용기에 들어있어 처음의 비체적과 냉각 후의 비체적은 일정하므로

$$v = v_x = \frac{2}{10} = 0.2$$

$$v_x = v' + (v'' - v')x \text{에서}$$

여기서, v_x : 습증기 비체적[m³/kg]
 v' : 포화액의 비체적[m³/kg]
 v'' : 포화증기의 비체적[m³/kg]
 x : 건도

건도 $x = \dfrac{v_x - v'}{v'' - v'} = \dfrac{0.2 - 0.0011}{0.3925 - 0.0011} = 0.508$

건도는 습증기 1[kg] 속에 포함되어 있는 건증기의 량이므로 액체상태의 물의 양은

$10 \times (1 - 0.508) = 4.92$ [kg]

28. 펌프의 입구 및 출구측에 연결된 진공계와 압력계가 각각 25[mmHg]와 260[kPa]을 가리켰다. 이 펌프의 배출 유량이 0.15[m³/s]가 되려면 펌프의 동력은 약 몇 [kW]가 되어야 하는가? (단, 펌프의 입구와 출구의 높이차는 없고, 입구측 안지름은 20[cm], 출구측 안지름은 15[cm]이다.)

① 3.95　　② 4.32
③ 39.5　　④ 43.2

[해설] 펌프의 수동력

펌프의 수동력은 펌프에 의하여 유체에 실제로 주어지는 동력을 말한다.

$L_W = \gamma H Q$

여기서, L_W : 수동력[kW]
 H : 전양정[m]
 Q : 유량[m³/s]
 γ : 비중량[kN/m³]

(1) 전양정 H
 수정 베르누이 방정식
 $\dfrac{v_1^2}{2g} + \dfrac{P_1}{\gamma} + z_1 = \dfrac{v_2^2}{2g} + \dfrac{P_2}{\gamma} + z_2 + H_L$에서

① $Q = AV$에서

입구유속 $V_1 = \dfrac{Q}{A_2} = \dfrac{0.15}{\dfrac{\pi \times 0.2^2}{4}} = 4.77$ [m/s]

출구유속 $V_2 = \dfrac{Q}{A_2} = \dfrac{0.15}{\dfrac{\pi \times 0.15^2}{4}} = 8.49$ [m/s]

② • P_1 : 진공계의 지시압력
  $= 101.325 \times \dfrac{25}{760} = 3.333$ [kPa]

 • P_2 : 압력계의 지시압력 $= 260$ [kPa]

③ 손실수두 H_L, $z_1 = z_2$이므로
 손실수두(=전양정), $H_L = H$

$H = \dfrac{P_2 - P_1}{\gamma} + \dfrac{V_2^2 - V_1^2}{2g}$ [m]

$= \dfrac{260 - 3.333}{9.8} + \dfrac{8.49^2 - 4.77^2}{2 \times 9.8}$

$= 28.71$ [m]

(2) 펌프 동력 $L_W = \rho g H Q = \gamma H Q$
 $= 9.8 \times 28.71 \times 0.15 = 42.2$ [kW]

29. 피토관을 사용하여 일정 속도로 흐르고 있는 물의 유속[V]을 측정하기 위해, 그림과 같이 비중 S인 유체를 가는 액주계를 설치하였다. S=2일 때 액주의 높이 차이가 H = h가 되면, S=3일 때 액주의 높이 차[H]는 얼마가 되는가?

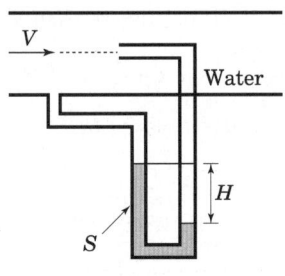

① $\dfrac{h}{9}$　　② $\dfrac{h}{\sqrt{3}}$
③ $\dfrac{h}{3}$　　④ $\dfrac{h}{2}$

[해설] 피토(pitot) 정압관

$v = \sqrt{2gh\left(\dfrac{s_s}{s}-1\right)}$ 에서

(1) $S=2$일 경우

$v = \sqrt{2gh\left(\dfrac{2}{1}-1\right)} = \sqrt{2gh}$

(2) $S=3$일 경우

$v = \sqrt{2gH\left(\dfrac{3}{1}-1\right)} = \sqrt{4gH}$

유속의 변화는 없는 것으로 하여

$\sqrt{4gH} = \sqrt{2gh}$

$\therefore H = h/2$

30. 관내의 흐름에서 부차적 손실에 해당하지 않는 것은?

① 곡선부에 의한 손실
② 직선 원관 내의 손실
③ 유동단면의 장애물에 의한 손실
④ 관 단면의 급격한 확대에 의한 손실

[해설] (1) 주손실 : 직선 원관에서 발생하는 마찰손실
달시-바이스바하(Darcy-Weisbach)의 식

$h_L = f \cdot \dfrac{l}{d} \cdot \dfrac{v^2}{2g}$ [m]

(2) 부차적 손실
관로의 요소(급확대관, 급축소관, 점진확대관, 엘보(elbow), 분기관, 밸브 등)에서 유체가 흐르면 마찰손실 이외에 에너지가 소비되어 손실수두가 발생하고 손실수두는 베르누이 정리에서 속도수두에 비례하므로 다음 식으로 나타낸다.

$h_L = K \dfrac{V^2}{2g}$ [m]

31. 압력 2[MPa]인 수증기의 건도가 0.2일 때 엔탈피는 몇 [kJ/kg]인가? (단, 포화증기 엔탈피는 2780.5[kJ/kg]이고, 포화액의 엔탈피는 910[kJ/kg]이다.)

① 1284   ② 1466
③ 1845   ④ 2406

[해설] 습증기 1[kg] 속에 x[kg]의 건증기가 포함되어 있고 나머지$(1-x)$[kg]이 수분인 경우 x를 건도, $(1-x)$를 습도라 한다.
포화액의 건도 : $x=0$,
건조포화증기 건도 $x=1$이다.
건도가 x일 때 습증기 엔탈피 h_x

$h_x = h' + (h'' - h')x$

여기서, h' : 포화액 엔탈피
h'' : 포화증기 엔탈피

$= 910 + (2780.5 - 910) \times 0.2 = 1284.1$ [kJ/kg]

32. 출구 단면적이 0.02[m²]인 수평 노즐을 통하여 물이 수평 방향으로 8[m/s]의 속도로 노즐 출구에 놓여 있는 수직 평판에 분사될 때 평판에 작용하는 힘은 약 몇 [N]인가?

① 800   ② 1280
③ 2560   ④ 12544

[해설] 고정된 수직 평판에 작용하는 힘

$F = \rho Q v = \rho A v^2$ [N]
$= 1000 \times 0.02 \times 8^2 = 1280$ [N]

33. 안지름이 25[mm]인 노즐 선단에서의 방수 압력은 계기압력으로 5.8×10^5[Pa]이다. 이 때 방수량은 약 [m³/s]인가?

① 0.017   ② 0.17
③ 0.034   ④ 0.34

[해설] (1) 방수속도

방수압(동압) $P_v = \dfrac{\rho v^2}{2}$ 에서

속도 $v = \sqrt{\dfrac{2P_v}{\rho}} = \sqrt{\dfrac{2 \times 5.8 \times 10^5}{1000}}$

$\fallingdotseq 34.06$ [m/s]

정답 30. ② 31. ① 32. ② 33. ①

(2) 방수량

$$Q = Av = \frac{\pi D^2}{4}v = \frac{\pi \times 0.025^2}{4} \times 34.06$$

$$\approx 0.017 \, [m^3/s]$$

또는 방수량 $Q = 0.653 \times D^2 \sqrt{10P}$ [L/min]
여기서, D : 노즐 직경 [mm]
P : 방수압 [MPa]

∴ $Q = 0.653 \times 25^2 \times \sqrt{10 \times 5.8 \times 10^5 \times 10^{-6}}$
$= 982$ [L/min] ≈ 0.982 [m³/min]
1초 동안의 방수량은 $0.982/60 = 0.0164$ [m³/s]

34. 수평관의 길이가 100[m]이고, 안지름이 100[mm]인 소화설비 배관 내를 평균유속 2[m/s]로 물이 흐를 때 마찰손실수두는 약 몇 [m]인가? (단, 관의 마찰계수는 0.05이다.)

① 9.2 ② 10.2
③ 11.2 ④ 12.2

[해설] 원형관에서의 손실수두
달시-바이스바흐(Darcy-Weisbach)의 식

$$h_L = \frac{p_1 - p_2}{\rho g} = f \cdot \frac{l}{d} \cdot \frac{v^2}{2g} \, [m]$$

$$= 0.05 \times \frac{100}{0.1} \times \frac{2^2}{2 \times 9.8} \approx 10.2 \, [m]$$

여기서, f : 관마찰계수
d : 관경 [m]
l : 길이 [m]
v : 유속 [m/s]
g : 중력가속도 [m/s²]

35. 수평 원관 내 완전발달 유동에서 유동을 일으키는 힘(ㄱ)과 방해하는 힘(ㄴ)은 각각 무엇인가?

① ㄱ : 압력차에 의한 힘, ㄴ : 점성력
② ㄱ : 중력 힘, ㄴ : 점성력
③ ㄱ : 중력 힘, ㄴ : 압력차에 의한 힘
④ ㄱ : 압력차에 의한 힘, ㄴ : 중력 힘

[해설] 완전 발달 유동(fully developed flow)
완전 발달 유동이란 경계층의 형성으로 관속의 속도분포가 완전하게 형성된 흐름을 의미하며 더 이상 관속의 속도분포 변화가 일어나지 않는다. 속도분포가 더 이상 변하지 않으므로 이 영역에서는 길이방향에 대해서 벽면의 전단응력도 일정하다.
또한 이 때에는 압력과 점성력에 의한 힘 이외에 외력이 없으므로 나비에 스톡스 방정식에서 의해서 정리된다.

36. 외부표면의 온도가 24[℃], 내부표면의 온도가 24.5[℃]일 때, 높이 1.5[m], 폭 1.5[m], 두께 0.5[cm]인 유리창을 통한 열전단률은 약 몇 [W]인가? (단, 유리창의 열전도계수는 0.8[W/(m·K)]이다.)

① 180 ② 200
③ 1800 ④ 2000

[해설] 열전달률

$$Q = \frac{\lambda A(t_2 - t_1)}{d}$$

$$= \frac{0.8 \times (1.5 \times 1.5) \times (24.5 - 24)}{0.5 \times 10^{-2}} = 180 \, [W]$$

여기서, λ : 유리창의 열전도계수 [W/(m·K)]
t_2 : 고온 측 유리창의 표면온도 [℃]
t_1 : 저온 측 유리창의 표면온도 [℃]
A : 전열(유리창) 면적 [m²]
d : 유리창의 두께 [m]

37. 어떤 용기 내의 이산화탄소(45[kg])가 방호공간에 가스 상태로 방출되고 있다. 방출 온도와 압력이 15[℃], 101[kPa]일 때 방출가스의 체적은 약 몇 [m³]인가? (단, 일반 기체상수는 8314[J/(kmol·K)]이다.)

① 2.2 ② 12.2
③ 20.2 ④ 24.3

[해설] 이상기체의 상태방정식
$PV = mRT$에서

$$V = \frac{mRT}{P} = \frac{45 \times \left(\frac{8.314}{44}\right) \times (273+15)}{101}$$

$\quad \fallingdotseq 24.25 \, [\text{m}^3]$

여기서, P : 압력[kPa]
$\quad\quad\quad V$: 체적[m³]
$\quad\quad\quad m$: 질량[kg]
$\quad\quad\quad R$: 기체상수[kJ/kg·K]
$\quad\quad\quad T$: 온도[K]

38. 점성계수와 동점성계수에 관한 설명으로 올바른 것은?

① 동점성계수 = 점성계수 × 밀도
② 점성계수 = 동점성계수 × 중력가속도
③ 동점성계수 = 점성계수 / 밀도
④ 점성계수 = 동점성계수 / 중력가속도

[해설]

$$\text{동점성계수} \, \nu = \frac{\text{점성계수}(\mu)}{\text{밀도}(\rho)} \, [\text{m}^2/\text{s}]$$

39. 그림과 같은 관에 비압축성 유체가 흐를 때 A 단면의 평균속도가 V_1이라면 B 단면에서의 평균속도 V_2는? (단, A 단면의 지름은 d_1이고, B 단면의 지름은 d_2이다.)

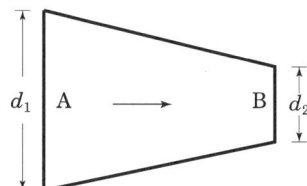

① $V_2 = \left(\dfrac{d_1}{d_2}\right) V_1$ ② $V_2 = \left(\dfrac{d_1}{d_2}\right)^2 V_1$

③ $V_2 = \left(\dfrac{d_2}{d_1}\right) V_1$ ④ $V_2 = \left(\dfrac{d_2}{d_1}\right)^2 V_1$

[해설] $Q = A_1 V_1 = A_2 V_2$에서

$$V_2 = \frac{A_1}{A_2} V_1 = \frac{\frac{\pi d_1^2}{4}}{\frac{\pi d_2^2}{4}} = \left(\frac{d_1}{d_2}\right)^2 V_1 \, [\text{m/s}]$$

40. 일률(시간당 에너지)의 차원을 기본 차원인 M(질량), L(길이), T(시간)로 올바르게 표시한 것은?

① $L^2 T^{-2}$
② $MT^{-2} L^{-1}$
③ $ML^2 T^{-2}$
④ $ML^2 T^{-3}$

[해설] 일률(동력) = 일/시간 = J/s = N·m/s
$\quad\quad\quad\quad\quad = (\text{kg·m/s}^2) \cdot \text{m/s} = \text{kg·m}^2/\text{s}^3$
$\quad\quad\quad\quad\quad = \dfrac{ML^2}{T^3} = ML^2 T^{-3}$

■■■ 제3과목 소방관계법규

41. 소방시설을 구분하는 경우 소화설비에 해당되지 않는 것은?

① 스프링클러설비
② 제연설비
③ 자동확산소화기
④ 옥외소화전설비

[해설] 소화활동설비 - 소방시설 중 화재를 진압하거나 인명구조 활동을 위하여 사용하는 설비

제연설비	연결송수관설비	연결살수설비
비상콘센트설비	무선통신보조설비	연소방지설비

정답 38. ③ 39. ② 40. ④ 41. ②

기출문제

2019. 2회 소방설비기사

42. 화재안전조사 결과 소방대상물의 위치·구조·설비 또는 관리의 상황이 화재나 재난·재해 예방을 위하여 보완될 필요가 있거나 화재가 발생하면 인명 또는 재산의 피해가 클 것으로 예상되는 때에 관계인에게 그 소방대상물의 개수·이전·제거, 사용의 금지 또는 제한, 사용폐쇄, 공사의 정지 또는 중지, 그 밖의 필요한 조치를 명할 수 있는 자로 틀린 것은?

① 시·도지사
② 소방서장
③ 소방청장
④ 소방본부장

[해설] 화재안전조사 결과에 따른 조치명령
  소방관서장은 관계인에게 그 소방대상물의 개수(改修)·이전·제거, 사용의 금지 또는 제한, 사용폐쇄, 공사의 정지 또는 중지, 그 밖에 필요한 조치를 명할 수 있다.

> 조치명령을 정당한 사유 없이 위반한 자 : 3년 이하의 징역 또는 3천만 원 이하의 벌금

43. 소방시설 설치 및 관리에 관한 법령상 둘 이상의 특정소방대상물이 내화구조로 된 연결통로가 벽이 없는 구조로서 그 길이가 몇 [m] 이하인 경우 하나의 소방대상물로 보는가?

① 6
② 9
③ 10
④ 12

[해설] 둘 이상의 특정소방대상물을 하나의 특정소방대상물로 보는 경우
① 둘 이상의 특정소방대상물이 다음에 해당되는 구조의 복도 또는 통로(연결통로)로 연결된 경우

연결통로	내화구조	벽이 없는 구조	그 길이가 6[m] 이하
		벽이 있는 구조	그 길이가 10[m] 이하
		※ 벽 높이가 바닥에서 천장 높이의 2분의 1 이상인 경우에는 벽이 있는 구조로 보고, 벽 높이가 바닥에서 천장 높이의 2분의 1 미만인 경우에는 벽이 없는 구조로 본다.	
	기타구조	조건 없이 하나의 소방대상물로 본다.	

컨베이어로 연결되거나 플랜트설비의 배관 등으로 연결되어 있는 경우

지하보도, 지하상가, 지하가로 연결된 경우

자동방화셔터 또는 60+방화문이 설치되지 않은 피트로 연결된 경우

지하구로 연결된 경우

② 특정소방대상물의 지하층이 지하가와 연결되어 있는 경우 해당 지하층의 부분을 지하가로 본다. 단, 지하가와 연결되는 지하층에 지하층 또는 지하가에 설치된 자동방화셔터 또는 60분+ 방화문이 경보설비 또는 자동소화설비의 작동과 연동하여 자동으로 닫히는 구조이거나 그 윗부분에 드렌쳐설비가 설치된 경우에는 지하가로 보지 않는다.

44. 소방대라 함은 화재를 진압하고 화재, 재난·재해 그 밖의 위급한 상황에서 구조·구급 활동 등을 하기 위하여 구성된 조직체를 말한다. 소방대의 구성원으로 틀린 것은?

① 소방공무원
② 소방안전관리원
③ 의무소방원
④ 의용소방대원

[해설] 소방대(消防隊)
  화재를 진압하고 화재, 재난·재해, 그 밖의 위급한 상황에서 구조·구급 활동 등을 하기 위하여 구성된 조직체
  ① 소방공무원
  ② 의용소방대원(義勇消防隊員)
  ③ 의무소방원(義務消防員)

45. 소방시설관리업자가 기술인력을 변경하는 경우, 시·도지사에게 제출하여야 하는 서류로 틀린 것은?

① 소방시설관리업 등록수첩
② 변경된 기술인력의 기술자격증(자격수첩)
③ 기술인력 연명부
④ 사업자등록증 사본

정답 42. ① 43. ① 44. ② 45. ④

해설 소방시설관리업 행정안전부령이 정하는 중요사항 변경신고
소방시설관리업 등록사항 변경신고서에 제출할 서류

제출서류 구 분	소방시설 관리업 등록 수첩	소방시설 관리업 등록증	변경된 기술인력의 기술자격증 · 자격수첩	소방기술 인력 연명부
명칭·상호· 영업소 소재지	○	○	×	×
대표자	○	○	×	×
기술인력	×	×	○	○

신고를 하지 아니한자 또는 거짓으로 신고한자 :
300만 원 이하의 과태료

46. 제4류 위험물을 저장·취급하는 제조소에 "화기엄금"이란 주의사항을 표시하는 게시판을 설치할 경우 게시판의 색상은?

① 청색바탕에 백색문자
② 적색바탕에 백색문자
③ 백색바탕에 적색문자
④ 백색바탕에 흑색문자

해설 주의사항을 표시하는 게시판

위험물의 종류	주의사항	게시판의 색상
제1류 위험물 중 알칼리금속의 과산화물 제3류 위험물 중 금수성물질	물기엄금	청색바탕에 백색문자
제2류 위험물 (인화성 고체는 제외)	화기주의	적색바탕에 백색문자
제2류 위험물 중 인화성 고체 제3류 위험물 중 자연발화성물질 제4류 위험물 제5류 위험물	화기엄금	적색바탕에 백색문자

47. 다음 중 품질이 우수하다고 인정되는 소방용품에 대하여 우수품질인증을 할 수 있는 자는?

① 산업통상자원부장관
② 시·도지사
③ 소방청장
④ 소방본부장 또는 소방서장

해설 우수품질 제품에 대한 인증 및 지원
1. 우수품질 제품에 대한 인증자 : 소방청장
   ① 우수품질인증을 받은 소방용품에는 우수품질인증 표시를 할 수 있다.

   우수품질인증을 받지 아니한 제품에 우수품질인증 표시를 하거나 우수품질인증 표시를 위조하거나 변조하여 사용한 자 :
   1년 이하의 징역 또는 1천만 원 이하의 벌금

   ② 우수품질인증의 유효기간은 5년의 범위에서 행정안전부령으로 정한다.

2. 우수품질인증을 받으려는 자
   행정안전부령으로 정하는 바에 따라 소방청장에게 신청하여야 한다.

48. 다음 중 고급기술자에 해당하는 학력·경력 기준으로 옳은 것은?

① 박사학위를 취득한 후 2년 이상 소방 관련 업무를 수행한 사람
② 석사학위를 취득한 후 6년 이상 소방 관련 업무를 수행한 사람
③ 학사학위를 취득한 후 8년 이상 소방 관련 업무를 수행한 사람
④ 고등학교 졸업 후 10년 이상 소방 관련 업무를 수행한 사람

정답 46. ② 47. ③ 48. ②

[해설] 소방기술과 관련된 자격·학력 및 경력의 인정 범위

학력·경력 등에 따른 기술등급

등급	학력·경력자
고급 기술자	• 박사학위를 취득한 후 1년 이상 소방 관련 업무를 수행한 사람 • 석사학위를 취득한 후 6년 이상 소방 관련 업무를 수행한 사람 • 학사학위를 취득한 후 9년 이상 소방 관련 업무를 수행한 사람 • 전문학사학위를 취득한 후 12년 이상 소방 관련 업무를 수행한 사람 • 고등학교를 졸업한 후 15년 이상 소방 관련 업무를 수행한 사람

49. 소방기본법령상 인접하고 있는 시·도간 소방업무의 상호응원협정을 체결하고자 할 때, 포함되어야 하는 사항으로 틀린 것은?

① 소방교육·훈련의 종류에 관한 사항
② 화재의 경계·진압활동에 관한 사항
③ 출동대원의 수당·식사 및 피복의 수선의 소요경비의 부담에 관한 사항
④ 화재조사활동에 관한 사항

[해설] 소방업무의 응원
1. 소방활동을 할 때에 긴급한 경우 이웃한 소방본부장 또는 소방서장에게 도움을 요청하는 것
2. 소방업무의 응원(應援)을 요청 하는 자 :
   소방본부장이나 소방서장
3. 응원 요청을 받은 소방본부장 또는 소방서장 :
   정당한 사유 없이 그 요청을 거절하면 안 됨
4. 파견된 소방대원 : 응원을 요청한 소방본부장 또는 소방서장의 지휘에 따라야 한다.
5. 이웃하는 시·도지사와 협의하여 미리 규약(規約)으로 정해야 한다.
6. 소방업무의 응원의 체결자 : 시·도지사
7. 상호응원협정 체결 시 포함되어야 하는 사항
   ① 응원출동 요청방법
   ② 응원출동 대상지역 및 규모
   ③ 응원출동 훈련 및 평가
   ④ 소방활동에 관한 사항
      ㉠ 화재의 경계·진압 활동
      ㉡ 구조·구급 업무의 지원
      ㉢ 화재조사활동
   ⑤ 소요경비의 부담에 관한 사항
      ㉠ 출동대원의 수당·식사 및 의복의 수선
      ㉡ 소방장비 및 기구의 정비와 연료의 보급
      ㉢ 그 밖의 경비

☞ 응원 협정 사항에는 소방대원에 대한 교육, 훈련 및 소방신호, 현장지휘에 관한 사항에 대한 내용은 없음

50. 화재의 예방 및 안전관리에 관한 법률상 위험물 또는 물건의 보관기간은 소방관서의 인터넷 홈페이지에 그 사실을 공고하는 기간의 종료일 다음 날부터 며칠로 하는가?

① 3일 ② 5일
③ 7일 ④ 14일

[해설] 화재예방 조치명령
 - 조치명령 : 소방관서장
 - 대상 : 화재 발생 위험이 크거나 소화 활동에 지장을 줄 수 있다고 인정되는 행위나 물건에 대하여 행위 당사자나 그 물건의 관계인
   (관계인 : 소유자, 관리자, 점유자)

> 명령을 정당한 사유 없이 따르지 아니하거나 방해한 자
> : 300만 원 이하의 벌금

보관하는 경우	내 용
소방관서의 인터넷 홈페이지에 그 사실을 공고(공고기간)	보관하는 그 날부터 14일 동안
보관기간	공고하는 기간의 종료일 다음 날부터 7일까지
보관기간이 종료 시	• 매각 – 지체없이 세입조치 • 폐기 – 보관 물품 등이 부패·파손된 경우
매각되거나 폐기된 옮긴 물건 등의 소유자가 보상을 요구하는 경우	보상금액에 대하여 소유자와 협의를 거쳐 이를 보상

정답 49. ① 50. ③

51. 지정수량의 최소 몇 배 이상의 위험물을 취급하는 제조소에는 피뢰침을 설치해야 하는가? (단, 제6류 위험물을 취급하는 위험물제조소는 제외하고, 제조소 주위의 상황에 따라 안전상 지장이 없는 경우도 제외한다.)

① 5배 ② 10배
③ 50배 ④ 100배

[해설] 피뢰설비
지정수량의 10배 이상의 위험물을 제조 등의 경우(제6류 위험물은 제외) 설치

52. 산화성고체인 제1류 위험물에 해당되는 것은?

① 질산염류 ② 특수인화물
③ 과염소산 ④ 유기과산화물

[해설] 제1류 위험물(산화성고체)

품명	지정 수량[kg]
아염소산염류 염소산염류 과염소산염류 무기과산화물	50
요오드산염류 브롬산염류 질산염류 무수크롬산 (삼산화크롬)	300
과망간산염류 중크롬산염류	1,000

특수인화물 : 제4류 위험물
유기과산화물 : 제5류 위험물
과염소산 : 제6류 위험물

53. 위험물안전관리법상 청문을 실시하여 처분해야 하는 것은?

① 제조소등 설치허가의 취소
② 제조소등 영업정지 처분
③ 탱크시험자의 영업정지 처분
④ 과징금 부과 처분

[해설] 청문(위험물안전관리법 제29조)
① 청문의 실시자 : 시·도지사, 소방본부장 또는 소방서장
② 청문의 대상
제조소등 설치허가의 취소, 탱크시험자의 등록취소

54. 소방시설 설치 및 관리에 관한 법령상, 종사자 수가 5명이고, 숙박시설이 모두 2인용 침대이며 침대수량은 50개인 청소년 시설에서 수용인원은 몇 명인가?

① 55 ② 75
③ 85 ④ 105

[해설] 수용 인원의 산정 방법

구 분	용도	수용인원 산정수		
숙박시설이 있는 특정 소방대상물	침대가 있는 숙박시설	종사자 수 + 침대 수 (2인용 침대는 2로 산정한다)		
	침대가 없는 숙박시설	종사자 수 + (바닥면적의 합계 ÷ 3 [m²])		
기타 대상물	강의실·교무실·상담실·실습실·휴게실	바닥면적의 합계 ÷ 1.9 [m²]		
	강당, 문화 및 집회시설, 운동시설, 종교시설	바닥면적의 합계 ÷ 4.6 [m²]		
		관람석이 있는 경우	고정식 의자	의자 수
			긴 의자	정면너비 ÷ 0.45[m]
	그 밖의 특정 소방대상물	바닥면적의 합계 ÷ 3 [m²]		

침대가 있는 숙박시설
= 종사자 수 + 침대 수 = 5 + (50 × 2) = 105명

55. 소방시설 설치 및 관리에 관한 법령상 특정소방대상물 중 오피스텔은 어느 시설에 해당하는가?

① 숙박시설 ② 일반업무시설
③ 공동주택 ④ 근린생활시설

정답 51. ② 52. ① 53. ① 54. ④ 55. ②

[해설] 업무시설

업무시설	공공업무 시설	국가 또는 지방자치단체의 청사, 외국공관의 건축물
	일반업무 시설	금융업소, 사무소, 신문사, 오피스텔
	주민자치센터(동사무소), 경찰서, 지구대, 파출소, 소방서, 119안전센터, 우체국, 보건소, 국민건강보험공단, 공공도서관, 변전소, 양수장, 정수장, 대피소, 공중화장실, 마을공회당, 마을공동작업소, 마을공동구판장	

56. 소방시설공사업법상 다음 중 300만 원 이하의 벌금에 해당되지 않는 것은?

① 등록수첩을 다른 자에게 빌려준 자
② 소방시설공사의 완공검사를 받지 아니한 자
③ 소방기술자가 동시에 둘 이상의 업체에 취업한 사람
④ 소방시설공사 현장에 감리원을 배치하지 아니한 자

[해설] 벌칙
1. 300만 원 이하의 벌금

> ① 다른 자에게 자기의 성명이나 상호를 사용하여 소방시설공사등을 수급 또는 시공하게 하거나 소방시설업의 등록증이나 등록수첩을 빌려준 자 / 자격수첩 또는 경력수첩을 빌려 준 사람
> ② 동시에 둘 이상의 업체에 취업한 사람
> ③ 소방시설공사 현장에 감리원을 배치하지 아니한 자
> ④ 감리업자의 보완 요구에 따르지 아니한 자
> ⑤ 공사감리 계약을 해지하거나 대가 지급을 거부하거나 지연시키거나 불이익을 준 자
> ⑥ 관계인의 정당한 업무를 방해하거나 업무상 알게 된 비밀을 누설한 사람
> ⑦ 소방시설공사를 다른 업종의 공사와 분리하여 도급하지 아니한 자

2. 200만 원 이하의 과태료(시·도지사, 소방본부장, 소방서장 부과·징수)
(공사업법의 과태료 금액은 200만 원이며 1차 60, 2차 100, 3차 200만 원 임)

> ① 등록의 변경 신고, 지위승계 등을 하지 아니하거나 거짓으로 신고한 자
> ② 관계인에게 지위승계, 행정처분 또는 휴업·폐업의 사실을 거짓으로 알린 자
> ③ 관계 서류를 보관하지 아니한 자
> ④ 소방기술자를 공사 현장에 배치하지 아니한 자
> ⑤ 완공검사를 받지 아니한 자
> ⑥ 3일 이내에 하자를 보수하지 아니하거나 하자보수 계획을 관계인에게 거짓으로 알린 자
> ⑦ 감리 관계 서류를 인수·인계하지 아니한 자
> ⑧ 감리 배치통보 및 변경통보를 하지 아니하거나 거짓으로 통보한 자
> ⑨ 방염성능기준 미만으로 방염을 한 자, 방염처리능력 평가에 관한 서류를 거짓으로 제출한 자
> ⑩ 도급계약 체결 시 의무를 이행하지 아니한 자
> ⑪ 하도급 등의 통지를 하지 아니한 자
> ⑫ 공사대금의 지급보증, 담보의 제공 또는 보험료등의 지급을 정당한 사유 없이 이행하지 아니한 자
> ⑬ 시공능력 평가에 관한 서류를 거짓으로 제출한 자 등

57. 소방시설 설치 및 관리에 관한 법령상 건축허가등의 동의를 요구한 기관이 그 건축허가등을 취소하였을 때, 취소한 날부터 최대 며칠 이내에 건축물 등의 시공지 또는 소재지를 관할하는 소방본부장 또는 소방서장에게 그 사실을 통보하여야 하는가?

① 3일   ② 4일
③ 7일   ④ 10일

해설 건축허가 동의 기간(행정안전부령으로 정하는 기간)
① 회신기간

접수한 날부터	특정소방대상물의 규모 등			
5일	일반적인 경우			
7일	다른 법령에 따른 인허가 또는 신고 시			
10일	규모 용도	층 수	지상으로부터 높이	연면적
	아파트	50층 이상 (지하층은 제외)	200[m] 이상	–
	아파트 제외	30층 이상 (지하층을 포함)	120[m] 이상	10만[m²] 이상

② 보완 기간
동의 요구서 및 첨부서류의 보완이 필요한 경우에는 4일 이내의 기간을 정하여 보완을 요구할 수 있다. 이 경우 보완기간은 회신기간에 산입하지 아니하고, 보완기간내에 보완하지 아니하는 때에는 동의요구서를 반려하여야 한다.

③ 건축허가 등의 취소 등
건축허가 등의 동의를 요구한 기관이 그 건축허가 등을 취소하였을 때 취소한 날부터 7일 이내에 시공지 또는 소재지를 관할하는 소방본부장 또는 소방서장에게 그 사실을 통보하여야 한다.

58. 소방기본법상 화재 현장에서의 피난 등을 체험할 수 있는 소방체험관의 설립·운영권자는?

① 시·도지사
② 행정안전부장관
③ 소방본부장 또는 소방서장
④ 소방청장

해설 소방박물관 등의 설립과 운영
1. 소방박물관 – 소방청장이 설립
   ① 설립과 운영에 필요한 사항은 행정안전부령으로 정함
   ② 소방박물관의 관광업무·조직·운영위원회의 구성 등에 관하여 필요한 사항은 소방청장이 정함
   ③ 소방박물관장(소방공무원중에서 소방청장이 임명) 1인과 부관장 1인
   ④ 운영위원회 – 운영에 관한 중요한 사항을 심의 : 7인 이내의 위원

2. 소방체험관 – 시·도지사가 설립
   소방체험관의 설립과 운영에 필요한 사항은 행정안전부령으로 정하는 기준에 따라 시·도의 조례로 정함

59. 소방기본법령상 소방활동구역의 출입자에 해당되지 않는 자는?

① 소방활동구역 안에 있는 소방대상물의 소유자·관리자 또는 점유자
② 전기·가스·수도·통신·교통의 업무에 종사하는 사람으로서 원활한 소방활동을 위하여 필요한 자
③ 화재건물과 관련 있는 부동산업자
④ 취재인력 등 보도업무에 종사하는 자

해설 소방활동구역 설정
① 소방대장은 화재, 재난·재해, 그 밖의 위급한 상황이 발생한 현장에 소방활동구역을 정하여 소방활동에 필요한 사람으로서 대통령령으로 정하는 사람 외에는 그 구역에 출입하는 것을 제한할 수 있다.

대통령령으로 정하는 사람
㉠ 소방활동구역 안에 있는 소방대상물의 소유자·관리자 또는 점유자
㉡ 전기·가스·수도·통신·교통의 업무에 종사하는 사람으로서 원활한 소방활동을 위하여 필요한 사람
㉢ 의사·간호사 그 밖의 구조·구급업무에 종사하는 사람
㉣ 취재인력 등 보도업무에 종사하는 사람
㉤ 수사업무에 종사하는 사람
㉥ 그 밖에 소방대장이 소방활동을 위하여 출입을 허가한 사람

소방활동구역을 출입한 사람 : 200만 원의 과태료

※ 소방대장(消防隊長) : 소방본부장 또는 소방서장 등 화재, 재난·재해, 그 밖의 위급한 상황이 발생한 현장에서 소방대를 지휘하는 사람

② 경찰공무원은 소방대가 소방활동구역에 있지 아니하거나 소방대장의 요청이 있을 때에는 그 구역에 출입하는 것을 제한할 수 있다.

정답 58. ① 59. ③

2019년 2회 기출문제

기출문제

2019. 2회 소방설비기사

60. 소방본부장 또는 소방서장은 건축허가등의 동의요구 서류를 접수한 날부터 최대 며칠 이내에 건축허가등의 동의여부를 회신하여야 하는가? (단, 허가 신청한 건축물은 지상으로부터 높이가 200[m]인 아파트이다.)

① 5일　　② 7일
③ 10일　　④ 15일

해설 57번 문제 해설 참조

■■■ 제4과목 소방기계시설의 구조 및 원리

61. 작동전압이 22,900[V]의 고압의 전기기기가 있는 장소에 물분무설비를 설치할 때 전기기기와 물분무 헤드 사이의 최소 이격거리는 얼마로 해야 하는가?

① 70[cm] 이상　　② 80[cm] 이상
③ 110[cm] 이상　　④ 150[cm] 이상

해설 전기의 절연을 위하여 고압의 전기기기와 물분무헤드 사이의 거리

전압[kV]	거리[cm]
66 이하	70 이상
66 초과 77 이하	80 이상
77 초과 110 이하	110 이상
110 초과 154 이하	150 이상
154 초과 181 이하	180 이상
181 초과 220 이하	210 이상
220 초과 275 이하	260 이상

62. 다음 중 일반화재(A급화재)에 적응성을 만족하지 못하는 소화약제는?

① 포 소화약제
② 강화액 소화약제
③ 할론 소화약제
④ 이산화탄소 소화약제

해설 소화기구 적응성

소화약제 구분 / 적응대상	가스		분말		액체			기타			
	이산화탄소	할론, 할로겐화합물 및 불활성기체	인산염류	중탄산염류	산알칼리	강화액	포	물·침윤소화약제	고체에어로졸화합물	마른모래	팽창질석·팽창진주암	그 밖의 것
일반화재 (A급 화재)	×	○	○	×	○	○	○	○	○	○	○	×
유류화재 (B급 화재)	○	○	○	○	○	○	○	○	○	○	○	×
전기화재 (C급 화재)	○	○	○	○	*	*	*	*	○	×	×	×
주방화재 (K급 화재)	×	×	×	*	×	*	*	*	×	×	×	*

* : 화재 종류별 적응성에 적합한 것으로 인정되는 경우에 한한다.

63. 거실 제연설비 설계 중 배출량 선정에 있어서 고려하지 않아도 되는 사항은?

① 예상제연구역의 수직거리
② 예상제연구역의 바닥면적
③ 제연설비의 배출방식
④ 자동식 소화설비 및 피난설비의 설치 유무

해설 배출량

거실의 면적	배 출 량		
400[m²] 미만	바닥면적 1[m²]당	1[m³/min] 이상	• 최저 배출량은 5,000[m³/hr] 이상 • 경유거실 : 기준량의 1.5배 이상
400[m²] 이상	예상제연구역이 직경 40[m] 원내	40,000 [m³/hr] 이상	수직거리 / 배출량[m³/hr] 2[m] 이하 / 40,000 이상 2[m] 초과 2.5[m] 이하 / 45,000 이상 2.5[m] 초과 3[m] 이하 / 50,000 이상 3[m] 초과 / 60,000 이상

정답 60. ③　61. ①　62. ④　63. ④

		수직거리	배출량[m³/hr]
예상제연 구역이 직경 40[m] 인 원 초과	45,000 [m³/hr] 이상	2[m] 이하	45,000 이상
		2[m] 초과 2.5[m] 이하	50,000 이상
		2.5[m] 초과 3[m] 이하	55,000 이상
		3[m] 초과	65,000 이상

64. 폐쇄형 스프링클러 헤드를 최고 주위온도 40[℃]인 장소(공장 및 창고 제외)에 설치할 경우 표시온도는 몇 [℃]의 것을 설치하여야 하는가?

① 79[℃] 미만
② 79[℃] 이상 121[℃] 미만
③ 121[℃] 이상 162[℃] 미만
④ 162[℃] 이상

해설 설치장소 최고주위온도에 따른 표시온도

설치장소의 최고주위온도	헤드의 표시온도	비고
39[℃] 미만	79[℃] 미만	일반적인 장소
39[℃] 이상 64[℃] 미만	79[℃] 이상 121[℃] 미만	주방, 보일러실 등
64[℃] 이상 106[℃] 미만	121[℃] 이상 162[℃] 미만	-
106[℃] 이상	162[℃] 이상	-

* 최고주위온도
  폐쇄형스프링클러헤드의 설치장소에 관한 기준이 되는 온도
* 표시온도
  폐쇄형스프링클러헤드에서 감열체가 작동하는 온도로서 미리 헤드에 표시한 온도

65. 스프링클러 헤드를 설치하지 않을 수 있는 장소로만 나열된 것은?

① 계단, 병실, 목욕실, 냉동창고의 냉동실, 아파트(대피공간 제외)
② 발전실, 수술실, 응급처지실, 통신기기실, 관람석이 없는 테니스장
③ 냉동창고의 냉동실, 변전실, 병실, 목욕실, 수영장 관람석
④ 수술실, 관람석이 없는 테니스장, 변전실, 발전실, 아파트(대피공간 제외)

해설 헤드 설치 제외 장소
① 계단실(특별피난계단의 부속실을 포함한다)·경사로·승강기의 승강로·비상용승강기의 승강장·파이프덕트 및 덕트피트(파이프·덕트를 통과시키기 위한 구획된 구멍에 한한다)·목욕실·수영장(관람석부분을 제외 한다)·화장실·직접 외기에 개방되어 있는 복도·기타 이와 유사한 장소
② 통신기기실·전자기기실·기타 이와 유사한 장소
③ 발전실·변전실·변압기·기타 이와 유사한 전기설비가 설치되어 있는 장소
④ 병원의 수술실·응급처치실·기타 이와 유사한 장소
⑤ 천장과 반자 양쪽이 불연재료로 되어 있는 경우로서 그 사이의 거리 및 구조가 다음 각 목의 어느 하나에 해당하는 부분
  ㉠ 천장과 반자사이의 거리가 2 [m] 미만인 부분
  ㉡ 천장과 반자사이의 벽이 불연재료이고 천장과 반자 사이의 거리가 2 [m] 이상으로서 그 사이에 가연물이 존재하지 아니하는 부분
⑥ 천장·반자중 한쪽이 불연재료로 되어있고 천장과 반자 사이의 거리가 1 [m] 미만인 부분
⑦ 천장 및 반자가 불연재료 외의 것으로 되어 있고 천장과 반자사이의 거리가 0.5 [m] 미만인 부분
⑧ 펌프실·물탱크실 엘리베이터 권상기실 그 밖의 이와 비슷한 장소
⑨ 공동주택 중 아파트의 대피공간
⑩ 현관 또는 로비 등으로서 바닥으로부터 높이가 20 m 이상인 장소
⑪ 영하의 냉장창고의 냉장실 또는 냉동창고의 냉동실
⑫ 고온의 노가 설치된 장소 또는 물과 격렬하게 반응하는 물품의 저장 또는 취급장소
⑬ 불연재료로 된 특정소방대상물 또는 그 부분으로서 다음 각 목의 어느 하나에 해당하는 장소
  ㉠ 정수장·오물처리장 그 밖의 이와 비슷한 장소
  ㉡ 펄프공장의 작업장·음료수공장의 세정 또는 충전하는 작업장 그 밖의 이와 비슷한 장소
  ㉢ 불연성의 금속·석재 등의 가공공장으로서 가연성물질을 저장 또는 취급하지 아니하는 장소

정답 64. ② 65. ②

⑭ 실내에 설치된 테니스장·게이트볼장·정구장 또는 이와 비슷한 장소로서 실내 바닥·벽·천장이 불연재료 또는 준불연재료로 구성되어 있고 가연물이 존재하지 않는 장소로서 관람석이 없는 운동시설 (지하층은 제외한다)

66. 학교, 공장, 창고시설에 설치하는 옥내소화전에서 가압송수장치 및 기동장치가 동결의 우려가 있는 경우 일부 사항을 제외하고는 주펌프와 동등 이상의 성능이 있는 별도의 펌프로서 내연기관의 기동과 연동하여 작동되거나 비상전원을 연결한 펌프를 추가 설치해야 한다. 다음 중 이러한 조치를 취해야 하는 경우는?

① 지하층이 없이 지상층만 있는 건축물
② 고가수조를 가압송수장치로 설치한 경우
③ 수원이 건축물의 최상층에 설치된 방수구보다 높은 위치에 설치된 경우
④ 건축물의 높이가 지표면으로부터 10[m] 이하인 경우

해설 옥내소화전 소화설비
학교·공장·창고시설(옥상수조를 설치한 대상은 제외한다)로서 동결의 우려가 있는 장소에 있어서는 기동스위치에 보호판을 부착하여 옥내소화전함 내에 설치할 수 있다. 이 경우 주펌프와 동등 이상의 성능이 있는 별도의 펌프로서 내연기관의 기동과 연동하여 작동되거나 비상전원을 연결한 펌프를 추가 설치할 것.
※ 옥상수조 설치 제외 대상(6가지)
① 지하층만 있는 건축물
② 건축물의 높이가 지표면으로부터 10[m] 이하인 경우
③ 수원이 건축물의 최상층에 설치된 방수구보다 높은 위치에 설치된 경우
④ 고가수조, 가압수조를 가압수송장치로 설치한 경우
⑤ 주펌프와 동등 이상의 펌프로서 내연기관의 기동과 연동하여 작동되거나 비상전원을 연결하여 설치한 경우
⑥ 학교·공장·창고시설로서 동결의 우려가 있는 장소에 있어서는 기동스위치에 보호판을 부착하여 옥내소화전함 내에 설치 한 경우

2019. 2회 소방설비기사

67. 다음은 할론소화설비의 수동기동장치 점검내용으로 옳지 않은 것은?

① 방호구역마다 설치되어 있는지 점검한다.
② 방출지연용 비상스위치가 설치되어 있는지 점검한다.
③ 화재감지기와 연동되어 있는지 점검한다.
④ 조작부는 바닥으로부터 0.8[m] 이상 1.5[m] 이하의 위치에 설치되어 있는지 점검한다.

해설 화재감지기와 연동되어 있는지 점검하는 것은 할론 소화설비의 자동기동장치의 내용임

68. 화재 시 연기가 찰 우려가 없는 장소로서 호스릴분말소화설비를 설치할 수 있는 기준 중 다음 (　) 안에 알맞은 것은?

> • 지상 1층 및 피난층에 있는 부분으로서 지상에서 수동 또는 원격조작에 따라 개방할 수 있는 개구부의 유효면적의 합계가 바닥면적의 (㉠)[%] 이상이 되는 부분
> • 전기설비가 설치되어 있는 부분 또는 다량의 화기를 사용하는 부분의 바닥면적이 해당 설비가 설치되어 있는 구획의 바닥면적의 (㉡) 미만이 되는 부분

① ㉠ 15, ㉡ $\frac{1}{5}$　　② ㉠ 15, ㉡ $\frac{1}{2}$

③ ㉠ 20, ㉡ $\frac{1}{5}$　　④ ㉠ 20, ㉡ $\frac{1}{2}$

해설 분말소화설비 화재안전기술기준 제11조(분사헤드)
화재 시 현저하게 연기가 찰 우려가 없는 장소로서 다음에 해당하는 장소에는 호스릴분말소화설비를 설치할 수 있다.
① 지상 1층 및 피난층에 있는 부분으로서 지상에서 수동 또는 원격조작에 따라 개방할 수 있는 개구부의 유효면적의 합계가 바닥면적의 15[%] 이상이 되는 부분
② 전기설비가 설치되어 있는 부분 또는 다량의 화기를 사용하는 부분(해당 설비의 주위 5[m] 이내의 부분을 포함한다)의 바닥면적이 해당 설비가 설치되어 있는 구획의 바닥면적의 5분의 1 미만이 되는 부분

정답　66. ①　67. ③　68. ①

69. 다음 ( )안에 들어가는 기기로 옳은 것은?

> - 분말소화약제의 가압용가스 용기를 3병 이상 설치한 경우에는 2개 이상의 용기에 (ⓐ)를 부착하여야 한다.
> - 분말소화약제의 가압용가스 용기에는 2.5[MPa] 이하의 압력에서 조정이 가능한 (ⓑ)를 설치하여야 한다.

① ⓐ 전자개방밸브, ⓑ 압력조정기
② ⓐ 전자개방밸브, ⓑ 정압작동장치
③ ⓐ 압력조정기,   ⓑ 전자개방밸브
④ ⓐ 압력조정기,   ⓑ 정압작동장치

[해설] 가압용가스용기 설치기준
① 가압용가스 용기를 3병 이상 설치 시
  - 2개 이상의 용기에 전자개방밸브를 부착
② 가압용가스 용기에는 2.5[MPa] 이하의 압력에서 조정이 가능한 압력조정기를 설치
③ 가압용가스 또는 축압용가스의 기준
  - 소화약제 1[kg]마다 저장량

구 분	가압용가스	축압용가스
질소가스	40 [ℓ] 이상	10 [ℓ] 이상
이산화탄소	20 [g] 이상	20 [g] 이상

* 소화약제 1[kg]당 저장량 외 청소에 필요한 양을 가산하여야 하며 배관의 청소에 필요한 양의 가스는 별도의 용기에 저장하여야 한다.

70. 이산화탄소 소화약제의 저장용기에 관한 일반적인 설명으로 옳지 않은 것은?

① 방호구역내의 장소에 설치하되 피난구 부근을 피하여 설치할 것
② 온도가 40[℃] 이하이고, 온도변화가 적은 곳에 설치할 것
③ 직사광선 및 빗물이 침투할 우려가 없는 곳에 설치할 것
④ 용기간의 간격은 점검에 지장이 없도록 3[cm] 이상의 간격을 유지할 것

[해설] 이산화탄소(할론, 할로겐화합물 및 불활성기체, 분말) 소화약제의 저장용기 장소 설치기준
① 방호구역외의 장소에 설치할 것
  다만, 방호구역내에 설치할 경우에는 피난 및 조작이 용이하도록 피난구 부근에 설치하여야 한다.
② 온도가 40[℃] 이하(할로겐화합물 및 불활성기체 소화약제 소화설비는 55[℃] 이하)이고, 온도변화가 적은 곳에 설치할 것
③ 직사광선 및 빗물이 침투할 우려가 없는 곳에 설치할 것
④ 방화문으로 구획된 실에 설치할 것
⑤ 용기의 설치장소에는 당해 용기가 설치된 곳임을 표시하는 표지를 할 것
⑥ 용기간의 간격은 점검에 지장이 없도록 3[cm] 이상의 간격을 유지할 것
⑦ 저장용기와 집합관을 연결하는 연결배관에는 (가스)체크밸브를 설치할 것
  다만, 저장용기가 하나의 방호구역만을 담당하는 경우에는 그러하지 아니하다.

71. 다음 중 피난사다리 하부 지지점에 미끄럼 방지장치를 설치하여야 하는 것은?

① 내림식 사다리   ② 올림식 사다리
③ 수납식 사다리   ④ 신축식 사다리

[해설] 피난사다리의 형식승인 및 제품검사의 기술기준 제5조(올림식사다리의 구조)
1. 상부지지점(끝 부분으로부터 60[cm] 이내의 임의의 부분으로 한다)에 미끄러지거나 넘어지지 아니하도록 하기 위하여 안전장치를 설치하여야 한다.
2. 하부지지점에는 미끄러짐을 막는 장치를 설치하여야 한다.
3. 신축하는 구조인 것은 사용할 때 자동적으로 작동하는 축제방지장치를 설치하여야 한다.
4. 접어지는 구조인 것은 사용할 때 자동적으로 작동하는 접힘방지장치를 설치하여야 한다.

정답 69. ① 70. ① 71. ②

72. 포 소화약제의 혼합장치 중 펌프의 토출관에 압입기를 설치하여 포 소화약제 압입용 펌프로 포 소화약제를 압입시켜 혼합하는 방식은?

① 펌프 프로포셔너 방식
② 프레져사이드 프로포셔너 방식
③ 라인 프로포셔너 방식
④ 프레져 프로포셔너 방식

해설 프레져사이드 프로포셔너방식(압입혼합방식)
펌프의 토출관에 압입기를 설치하여 포 소화약제 압입용 펌프로 포 소화약제를 압입시켜 혼합하는 방식

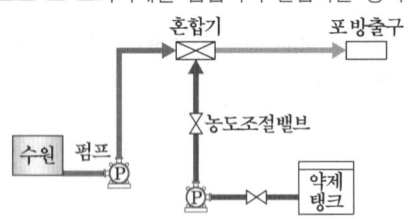

73. 제연설비에서 예상제연구역의 각 부분으로부터 하나의 배출구까지의 수평거리를 몇 [m] 이내가 되도록 하여야 하는가?

① 10[m]   ② 12[m]
③ 15[m]   ④ 20[m]

해설 배출구 및 공기 유입구

거실의 면적	배출구 (각 부분으로부터 10m 이내)		공기 유입구
400[m²] 미만	예상 제연 구역	설치장소	- 바닥외의 장소에 설치 - 공기유입구와 배출구간의 직선거리는 5[m] 이상
	벽으로 구획	천장 또는 반자와 바닥 사이의 중간 윗부분	
400[m²] 이상	예상 제연 구역	설치장소	- 설치 높이 : 바닥으로부터 1.5[m] 이하 (그 주변 2[m] 이내에는 가연성 내용물이 없도록 할 것)
		천장·반자 또는 이에 가까운 벽의 부분	
	벽으로 구획	벽에 설치	배출구의 하단과 바닥간의 최단거리가 2[m] 이상	

74. 상수도소화용수설비의 소화전은 특정 소방대상물의 수평투영면의 각 부분으로부터 최대 몇 [m] 이하가 되도록 설치하는가?

① 25[m]   ② 40[m]
③ 100[m] ④ 140[m]

해설 상수도소화용수설비의 화재안전기술기준
1. 설치대상
   ① 연면적 5천 [m²] 이상
   ② 가스시설로서 지상에 노출된 탱크의 저장용량의 합계가 100톤 이상
   ※ 상수도소화용수설비를 설치하여야 하는 특정소방대상물의 대지 경계선으로부터 180 [m] 이내에 구경 75 [mm] 이상인 상수도용 배수관이 설치되지 아니한 지역에 있어서는 화재안전기술기준에 따른 소화수조 또는 저수조를 설치하여야 한다.

2. 설치기준
   ① 호칭지름 75[mm] 이상의 수도배관에 호칭지름 100 [mm] 이상의 소화전을 접속
   ② 소화전은 특정소방대상물의 수평투영면의 각 부분으로부터 140 [m] 이하가 되도록 설치

75. 물분무소화설비 가압송수장치의 토출량에 대한 최소기준으로 옳은 것은? (단, 특수가연물을 저장 취급하는 특정 소방대상물 및 차고 주차장의 바닥면적은 50[m²] 이하인 경우 50 [m²]를 기준으로 한다.)

① 차고 또는 주차장의 바닥면적 1 [m²]에 대해 10 [L/min]로 20분간 방수할 수 있는 양 이상
② 특수가연물을 저장·취급하는 특정 소방대상물의 바닥면적 1 [m²]에 대해 20 [L/min]로 20분간 방수할 수 있는 양 이상
③ 케이블 트레이, 케이블 덕트는 투영된 바닥면적 1 [m²]에 대해 10 [L/min]로 20분간 방수할 수 있는 양 이상
④ 절연유 봉입 변압기는 바닥면적을 제외한 표면적을 합한 면적 1 [m²]에 대해 10 [L/min]로 20분간 방수할 수 있는 양 이상

정답 72. ② 73. ① 74. ④ 75. ④

[해설] 수원의 양 (A × Q × T)

구분	특수가연물	차고 또는 주차장	절연유 봉입 변압기	케이블 트레이, 케이블덕트	콘베이어 벨트 등
A (면적)	바닥면적 → 50[m²] 이하인 경우에는 50[m²]	바닥부분을 제외한 표면적을 합한 면적[m²]	투영된 바닥면적[m²]	벨트부분의 바닥면적[m²]	
Q (방수량)	10 [ℓ/min ·m²]	20 [ℓ/min ·m²]	10 [ℓ/min ·m²]	12 [ℓ/min ·m²]	10 [ℓ/min ·m²]
T (방사시간)	20분	20분	20분	20분	20분

76. 피난기구 설치 기준으로 옳지 않은 것은?

① 피난기구는 소방대상물의 기둥·바닥·보 기타 구조상 견고한 부분에 볼트조임·매입·용접 기타의 방법으로 견고하게 부착할 것
② 2층 이상의 층에 피난사다리(하향식 피난구용 내림식사다리는 제외한다)를 설치하는 경우에는 금속성 고정사다리를 설치하고, 피난에 방해되지 않도록 노대는 설치되지 않아야 할 것
③ 승강식피난기 및 하향식 피난구용 내림식사다리는 설치경로가 설치층에서 피난층까지 연계될 수 있는 구조로 설치할 것. 다만, 건축물의 구조 및 설치 여건 상 불가피한 경우에는 그러하지 아니 한다.
④ 승강식피난기 및 하향식 피난구용 내림식사다리의 하강구 내측에는 기구의 연결 금속구 등이 없어야 하며 전개된 피난기구는 하강구 수평투영면적 공간 내의 범위를 침범하지 않는 구조이어야 할 것. 단, 직경 60 [cm] 크기의 범위를 벗어난 경우이거나, 직하층의 바닥 면으로부터 높이 50 [cm] 이하의 범위는 제외한다.

[해설] 피난기구 설치 기준
① 기둥·바닥·보 등 견고한 부분에 볼트조임·매입·용접 기타의 방법으로 견고하게 부착
② 4층 이상의 층에 피난사다리(하향식 피난구용 내림식사다리는 제외한다)를 설치하는 경우 금속성 고정사다리를 설치하고, 당해 고정사다리에는 쉽게 피난할 수 있는 구조의 노대를 설치 등

77. 포 소화설비의 자동식 기동장치를 폐쇄형 스프링클러헤드의 개방과 연동하여 가압송수장치·일제개방밸브 및 포 소화약제 혼합장치를 기동하는 경우 다음 (   ) 안에 알맞은 것은? (단, 자동화재탐지설비의 수신기가 설치된 장소에 상시 사람이 근무하고 있고, 화재 시 즉시 해당 조작부를 작동시킬 수 있는 경우는 제외한다.)

표시온도가 (㉠)[℃] 미만인 것을 사용하고, 1개의 스프링클러헤드의 경계면적은 (㉡)[m²] 이하로 할 것

① ㉠ 79, ㉡ 8
② ㉠ 121, ㉡ 8
③ ㉠ 79, ㉡ 20
④ ㉠ 121, ㉡ 20

[해설] 포소화설비의 기동장치
1. 수동식기동장치

차고, 주차장	항공기격납고
각 방사구역마다 1개 이상 설치	각 방사구역마다 2개 이상을 설치

2. 자동식 기동장치
① 폐쇄형스프링클러헤드를 사용하는 경우

스프링클러헤드	내 용
표시온도	79[℃] 미만
1개의 경계면적	20 [m²] 이하
부착면의 높이	바닥으로부터 5[m] 이하

② 화재감지기를 사용하는 경우

화재감지기	자동화재탐지설비 기준에 따라 설치
화재감지기 회로	발신기 설치 수평거리 : 25[m] 보행거리 : 40[m]
동결우려가 있는 장소	자동화재탐지설비와 연동

정답 76. ② 77. ③

기출문제

2019. 2회 소방설비기사

78. 특정 소방대상물별 소화기구의 능력단위의 기준 중 다음 ( )안에 알맞은 것은?

특정 소방대상물	소화기구의 능력단위
장례식장 및 의료시설	해당 용도의 바닥면적 (㉠) [m²]마다 능력단위 1단위 이상
노유자시설	해당 용도의 바닥면적 (㉡) [m²]마다 능력단위 1단위 이상
위락시설	해당 용도의 바닥면적 (㉢) [m²]마다 능력단위 1단위 이상

① ㉠ 30, ㉡ 50, ㉢ 100
② ㉠ 30, ㉡ 100, ㉢ 50
③ ㉠ 50, ㉡ 100, ㉢ 30
④ ㉠ 50, ㉡ 30, ㉢ 100

해설 특정소방대상물별 소화기구의 능력단위기준

특정소방대상물	소화기구의 능력단위 1단위의 바닥면적 [m²]	주요구조부가 내화구조이며 벽 및 반자의 실내 재료가 불연재료· 준불연재료 또는 난연재료인 경우
위락시설	30 [m²]	60 [m²]
공연장·관람장·장례식장·집회장·의료시설·문화재	50 [m²]	100 [m²]
관광휴게시설·창고시설·판매시설·노유자시설·숙박시설·근린생활시설·항공기 및 자동차 관련 시설·공동주택·공장·업무시설·운수시설·전시장·방송통신시설	100 [m²]	200 [m²]
그 밖의 특정소방대상물	200 [m²]	400 [m²]

79. 아래 평면도와 같이 반자가 있는 어느 실내에 전등이나 공조용 디퓨져 등의 시설물을 무시하고 수평거리를 2.1[m]로 하여 스프링클러헤드를 정방향으로 설치하고자 할 때 최소 몇 개의 헤드를 설치해야 하는가? (단, 반자 속에는 헤드를 설치하지 아니하는 것으로 한다.)

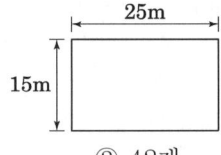

① 24개
② 42개
③ 54개
④ 72개

해설 헤드 배치 방법
정사각형 배치

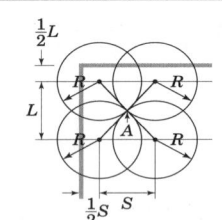

L : 가지배관의 간격
S : 헤드간격
$S = L$
$S = 2R\cos 45$

수평거리(R)	헤드간 거리(S)
1.7 [m]	2.4 [m]
2.1 [m]	2.96 [m]
2.3 [m]	3.25 [m]

$S = 2R\cos 45 = 2 \times 2.1 \times \cos 45 = 2.96$ [m]
가로 25 [m] ÷ 2.96 [m] = 8.44 ∴ 9개
세로 15 [m] ÷ 2.96 [m] = 5.06 ∴ 6개

가로 9개 × 세로 6개 = 54개

정답 78. ③ 79. ③

80. 소화용수설비 중 소화수조 및 저수조에 대한 설명으로 틀린 것은?

① 소화수조, 저수조의 채수구 또는 흡수관투입구는 소방차가 2[m] 이내의 지점까지 접근할 수 있는 위치에 설치할 것
② 지하에 설치하는 소화용수설비의 흡수관투입구는 그 한 변이 0.6[m] 이상이거나 직경이 0.6[m] 이상인 것으로 할 것
③ 채수구는 지면으로부터의 높이가 0.5[m] 이상 1[m] 이하의 위치에 설치하고 "채수구" 라고 표시한 표지를 할 것
④ 소화수조가 옥상 또는 옥탑의 부분에 설치된 경우에는 지상에 설치된 채수구에서의 압력이 0.1[MPa] 이상이 되도록 할 것

[해설] 소화수조가 옥상 또는 옥탑의 부분에 설치된 경우 지상에 설치된 채수구에서의 압력은 0.15[MPa] 이상

정답 80. ④

기출문제(2019.4회)

■■■ 제1과목 소방원론

1. 특정소방대상물(소방안전관리대상물은 제외)의 관계인과 소방안전관리자의 업무가 아닌 것은?

① 화기 취급의 감독
② 자체소방대의 운용
③ 소방 관련 시설의 유지·관리
④ 피난시설, 방화구획 및 방화시설의 유지·관리

[해설] 소방안전관리 업무

구 분	업무내용

소방안전
관리대상물
(소방안전관리자
를 선임해야 하는
대상물)
	• 자위소방대(自衛消防隊) 및 초기대응체
	  계의 구성·운영·교육
	• 피난계획에 관한 사항과 소방계획서의
	  작성 및 시행
	• 소방훈련 및 교육
	• 피난시설, 방화구획 및 방화시설의 유
	  지·관리
	• 소방시설이나 그밖의 소방 관련 시설의
	  유지·관리
	• 화기(火氣) 취급의 감독
	• 그 밖에 소방안전관리에 필요한 업무

특정소방대상물의
관계인
(소방안전관리대
상물은 제외한다)
	• 피난시설, 방화구획 및 방화시설의 유
	  지·관리
	• 소방시설이나 그 밖의 소방 관련 시설
	  의 유지·관리
	• 화기(火氣) 취급의 감독
	• 그 밖에 소방안전관리에 필요한 업무

소방안전관리 업무를 하지 아니한 특정소방대상물의 관계인 또는 소방안전관리대상물의 소방안전 관리자
- 200만 원 이하의 과태료

2. 다음중 인화점이 가장 낮은 물질은?

① 산화프로필렌 ② 이황화탄소
③ 메틸알코올 ④ 등유

[해설] 제4류 위험물

구별	품명	인화점
특수인화물	디에틸에테르	-45[℃]
	산화프로필렌	-37[℃]
	이황화탄소	-30[℃]
제1석유류	휘발유(가솔린)	-20 ~ -43[℃]
	아세톤	-18[℃]
	벤젠	-11[℃]
	메틸에틸케톤	-9[℃]
	톨루엔	4.4[℃]
알코올류	메틸알코올	11[℃]
	에틸알코올	13[℃]
제2석유류	등유	30~60[℃]
	경유	40~70[℃]

3. 다음 중 인명구조기구에 속하지 않는 것은?

① 방열복 ② 공기안전매트
③ 공기호흡기 ④ 인공소생기

[해설] 인명구조기구 종류 및 정의

방열복	고온의 복사열에 가까이 접근하여 소방활동을 수행할 수 있는 내열피복
방화복	화재진압 등의 소방활동을 수행할 수 있는 피복 (헬멧, 보호장갑 및 안전화를 포함한다)
공기호흡기	소화활동 시에 화재로 인하여 발생하는 각종 유독 가스 중에서 일정시간 사용할 수 있도록 제조된 압축공기식 개인호흡장비(보조마스크 포함한다)
인공소생기	호흡 부전 상태인 사람에게 인공호흡을 시켜 환자를 보호하거나 구급하는 기구

정답 1. ② 2. ① 3. ②

4. 물의 소화력을 증대시키기 위하여 첨가하는 첨가제 중 물의 유실을 방지하고 건물, 임야등의 입체 면에 오랫동안 잔류하게 하기 위한 것은?

① 증점제 ② 강화액
③ 침투제 ④ 유화제

해설 물의 단점을 보완하기 위한 첨가제

첨가제	내용
증점제 (Viscosity Agent)	산불화재의 경우 높은 곳에서 물을 뿌릴 경우 잎과 가지, 기둥에는 부착력이 낮아 소화하기 곤란하므로 물에 점성을 키워 화심에 도착률을 높이고 부착성을 강화시켜 소화를 도와주는 첨가제 • 증점제의 종류 : CMC(carboxy methyl cellulose), gelgard, Organic-Gel

5. 가연물의 제거와 가장 관련이 없는 소화방법은?

① 유류화재 시 유류공급 밸브를 잠근다.
② 산불화재 시 나무를 잘라 없앤다.
③ 팽창 진주암을 사용하여 진화한다.
④ 가스화재 시 중간밸브를 잠근다.

해설 제거소화
① 가연물이 연소하기 전에 가연물을 제거하여 소화
② 산불화재 벌목, 가스화재의 가스차단, 촛불의 화염·제거

6. 할로겐화합물 소화약제는 일반적으로 열을 받으면 할로겐족이 분해되고 가연물질의 연소과정에서 발생하는 활성종과 화합하여 연소의 연쇄반응을 차단한다. 연쇄반응의 차단과 가장 거리가 먼 소화약제는?

① FC-3-1-10 ② HFC-125
③ IG-541   ④ FIC-13I1

해설 소화효과
① 할로겐화합물 소화약제 - 냉각효과, 부촉매효과 등

소화약제	최대허용 설계농도[%]
FC - 3 - 1 - 10	40
HFC - 23	30
HFC - 236fa	12.5
HFC - 125	11.5
HFC - 227ea	10.5
FK - 5 - 1 - 12	10
HCFC BLEND A	10
HCFC - 124	1
FIC - 13I1	0.3

② 불활성기체 소화약제 - 질식효과

소화약제	최대허용 설계농도[%]
IG - 01	43
IG - 100	43
IG - 541	43
IG - 55	43

7. CF_3Br 소화약제의 명칭을 옳게 나타낸 것은?

① 할론 1011 ② 할론 1211
③ 할론 1301 ④ 할론 2402

해설 할론 소화약제의 명칭

```
Halon  1   3   0   1
       C   F   Cl  Br
       C   F₃      Br
```
→ CF_3Br 브로모 트리 플루오르 메탄

Halon 2402 → $C_2F_4Br_2$
Halon 1211 → CF_2ClBr

8. 불포화 섬유지나 석탄에 자연발화를 일으키는 원인은?

① 분해열 ② 산화열
③ 발효열 ④ 중합열

정답 4. ① 5. ③ 6. ③ 7. ③ 8. ②

기출문제

2019. 4회 소방설비기사

해설 자연발화의 형태 및 종류

산화열	석탄, 고무분말, 건성유, 황린 등
분해열	니트로셀룰로오스, 셀룰로이드, 니트로글리세린 등의 질산에스테르류
흡착열	탄소분말류(유연탄, 목탄, 활성탄)
중합열	시안화수소, 스티렌, 초산비닐, 염화비닐
발효열	퇴비, 건초(미생물열이라고도 함)

9. 프로판가스의 연소범위[vol%]에 가장 가까운 것은?

① 9.8 ~ 28.4　　② 2.5 ~ 81
③ 4.0 ~ 75　　④ 2.1 ~ 9.5

해설 연소범위(한계)
① 연소상한계(UFL)과 연소하한계(LFL) 사이의 연소 가능한 범위로서 화염을 자력으로 전파하는 공간으로 폭발범위(한계), 가연범위(한계)라고도 한다.

② 주요 가연성 가스의 공기 중 연소 범위

가스명	연소범위[V%]		
	하한값	상한값	범위차
아세틸렌	2.5	81	78.5
수소	4.0	75.0	71
일산화탄소	12.5	74.0	61.5
에테르	1.9	48	46.1
이황화탄소	1.2	44	42.8
황화수소	4.0	44.0	40
에틸렌	2.7	36.0	33.3
암모니아	15.0	28.0	13
메탄	5.0	15.0	10
에탄	3.0	12.4	9.4
프로판	2.1	9.5	7.4
부탄	1.8	8.4	6.6

+암기 아수~ 일(A)황에 암 걸려라

10. 화재시 이산화탄소를 방출하여 산소농도를 13[vol%]로 낮추어 소화하기 위한 공기 중 이산화탄소의 농도는 약 몇 [vol%]인가?

① 9.5　　② 25.8
③ 38.1　　④ 61.5

해설 이산화탄소의 농도

$$CO_2[\%] = \frac{21[\%] - O_2[\%]}{21[\%]} \times 100$$

$$= CO_2[\%] = \frac{21-13}{21} \times 100 = 38.09[\%]$$

11. 화재의 지속시간 및 온도에 따라 목재건물과 내화건물을 비교했을 때 목재건물의 화재성상으로 가장 적합한 것은?

① 저온장기형이다.
② 저온단기형이다.
③ 고온장기형이다.
④ 고온단기형이다.

해설 목조건축물과 내화건축물의 비교
① 목조건축물 화재
　㉠ 개방계 화재
　㉡ 연료지배형 화재(연료의 양에 지배를 받는 화재)
　㉢ 고온단기형(약 1,200[℃], 10~20분)
　㉣ 화재원인 – 무염착화 – 발염착화 – 발화 – 최성기 – 연소낙하 – 진화

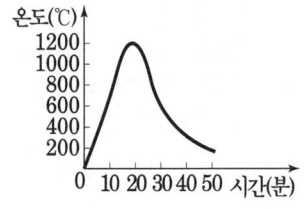

목재 건축물의 화재진행과정

② 내화건축물 화재
  ㉠ 밀폐계(구획) 화재
  ㉡ 환기지배형 화재(공기의 인입량에 지배를 받는 화재)
  ㉢ 저온장기형(약 1,000[℃], 30분 ~ 3시간)
  ㉣ 초기 – 성장기(플래시오버 : F.O) – 최성기
    – 감쇠기(백드래프트 : B.D)

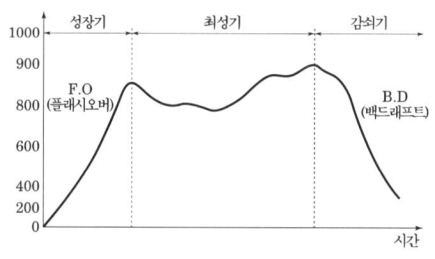

내화건축물의 화재진행과정

12. 에테르, 케톤, 에스테르, 알데히드, 카르복실산, 아민 등과 같은 가연성인 수용성 용매에 유효한 포소화약제는?

① 단백포
② 수성막포
③ 불화단백포
④ 내알코올포

해설 내알콜형포
① 천연단백질의 가수분해물에 합성계면활성제를 혼합하여 제조
② 수용성 유류의 경우 포가 쉽게 소멸되는 단점을 보완하고자 개발된 것으로 알콜류, 케톤류와 같은 수용성 유류화재의 소화에 사용 된다.
③ 소화효과는 질식효과가 주된 효과이고 부수적으로 희석효과가 있다.

13. 소화원리에 대한 설명으로 틀린 것은?

① 냉각소화 : 물의 증발잠열에 의해서 가연물의 온도를 저하시키는 소화방법
② 제거소화 : 가연성 가스의 분출화재 시 연료공급을 차단시키는 소화방법
③ 질식소화 : 포소화약제 또는 불연성가스를 이용해서 공기중의 산소공급을 차단하여 소화하는 방법
④ 억제소화 : 불활성기체를 방출하여 연소범위 이하로 낮추어 소화하는 방법

해설 소화의 방법

구분	소화	내용	제어 방법
물리적 소화	냉각소화	인화점, 발화점 이하로 온도를 낮추어 소화	옥내소화전설비 스프링클러설비
	질식소화	산소의 농도를 21 %에서 15 % 이하로 감소 시켜 소화	이산화탄소 소화설비 불활성기체계 소화설비
	피복소화	가연물을 피복하여 가연성가스 발생 억제 및 공기차단으로 소화 (피복하여 질식시킴)	포소화설비
	제거소화	가연물이 연소하기 전에 가연물을 제거하여 소화	산불화재 벌목, 가스화재의 가스차단, 촛불의 화염·제거
	유화소화	기름과 물은 혼합되지 않으나 세차게 물을 기름에 뿌리는 경우 일시적으로 기름과 물이 혼합되는데 이를 에멀젼효과라고 하고 가연성가스 방출 방지 및 산소공급 차단 효과로 소화	고비점유 화재 시 무상주수
	희석소화	물질의 농도를 다른 물질을 가함으로써 농도를 낮게 하여 소화	가연성의 기체나 액체, 고체에서 나오는 분해가스의 농도를 엷게 함
화학적 소화	연쇄반응 억제소화	화학적 소화 방법 (부촉매 효과) – 불꽃연소만 소화 가능	할론소화설비 분말소화설비

정답 12. ④ 13. ④

기출문제

2019. 4회 소방설비기사

14. 방화벽의 구조 기준 중 다음 (   )안에 알맞은 것은?

- 방화벽이 양쪽끝과 위쪽 끝을 건축물의 외벽면 및 지붕면으로부터 (㉠)[m] 이상 튀어 나오게 할 것
- 방화벽에 설치하는 출입문의 너비 및 높이는 각각 (㉡)[m] 이하로 하고, 해당 출입문에는 갑종 방화문을 설치 할 것

① ㉠ 0.3, ㉡ 2.5
② ㉠ 0.3, ㉡ 3.0
③ ㉠ 0.5, ㉡ 2.5
④ ㉠ 0.5, ㉡ 3.0

[해설] 건축에서의 방화벽
① 내화구조로서 홀로 설 수 있는 구조
② 방화벽의 양쪽 끝과 윗쪽 끝을 건축물의 외벽면 및 지붕면으로부터 0.5 [m] 이상 돌출되게 할 것
③ 방화벽에 설치하는 출입문의 너비 및 높이는 각각 2.5 [m] 이하로 하고, 해당 출입문에는 60분+방화문 또는 60분 방화문을 설치할 것

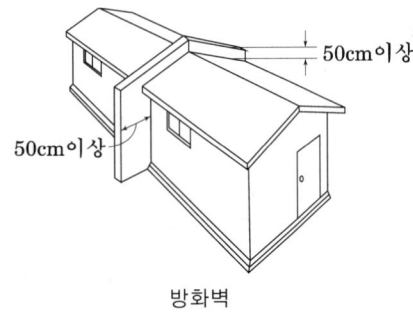

방화벽

15. BLEVE 현상을 설명한 것으로 가장 옳은 것은?

① 물이 뜨거운 기름표면 아래에서 끓을 때 화재를 수반하지 않고 over flow 되는 현상
② 물이 연소유의 뜨거운 표면에 들어갈 때 발생되는 over flow 현상
③ 탱크바닥에 물과 기름의 에멀젼이 섞여 있을 때 물의 비등으로 인하여 급격하게 over flow 되는 현상
④ 탱크 주위 화재로 탱크 내 인화성 액체가 비등하고 가스부분의 압력이 상승하여 탱크가 파괴되고 폭발을 일으키는 현상

[해설] BLEVE - 블레비 (탱크의 물리적인 폭발 현상)
① 비등(과열)액체 팽창증기 폭발
  [Boiling Liquid Expanding Vapor Explosion]
  보일러, LPG가스탱크 등과 같이 고압의 액체를 저장하고 있는 용기가 파손등에 의해 동체의 일부분이 개방되면 용기내의 압력이 급격히 강하하여 일부 액체가 급격히 비등하고 증기압이 급격히 상기하여 용기 파손, 폭발(동적 평형 파괴)하는 물리적 폭발이다.

② 블레비 방지대책
  ㉠ 탱크 지하 매설(입열 방지)
  ㉡ 방액제 기초를 경사지게 하여 가연성기체등이 탱크 근처에 고이지 않게 한다.
  ㉢ 고정식 살수설비 설치
  ㉣ 용기의 내압강도 유지
  ㉤ 탱크 열전도 향상시켜 열축적 방지

16. 화재의 유형별 특성에 관한 설명으로 옳은 것은?

① A급 화재는 무색으로 표시하며, 감전이 위험이 있으므로 주수소화를 엄금한다.
② B급 화재는 황색으로 표시하며, 질식소화를 통해 화재를 진압한다.
③ C급 화재는 백색으로 표시하며, 가연성이 강한 금속의 화재이다.
④ D급 화재는 청색으로 표시하며, 연소후에 재를 남긴다.

정답 14. ③ 15. ④ 16. ②

해설 화재의 종류

A급	B급	C급	D급	K급
일반화재	유류화재	전기화재 (통전중)	금속화재	주방식용유 화재
백색	황색	청색	무색	-

17. 독성이 매우 높은 가스로서 석유제품, 유지(油脂)등이 연소할 때 생성되는 알데히드 계통의 가스는?

① 시안화수소 ② 암모니아
③ 포스겐 ④ 아크롤레인

해설 아크롤레인(C_3H_4O)
불포화알데히드의 하나로 지방(脂肪)이 탈 때의 자극적인 냄새가 나며 허용농도가 0.1 [ppm] 인 독성이 매우 높다.

18. 다음 중 전산실, 통신 기기실 등에서의 소화에 가장 적합한 것은?

① 스프링클러설비
② 옥내소화전설비
③ 분말소화설비
④ 할로겐화합물 및 불활성기체 소화설비

해설 소화약제의 적응성

소화약제 구분	가스		분말	
적응대상	이산화탄소 소화약제	할론, 할로겐화합물 및 불활성 기체 소화약제	인산 염류 소화약제	중탄산 염류 소화약제
일반화재(A급 화재)	×	○	○	×
유류화재(B급 화재)	○	○	○	○
전기화재(C급 화재)	○	○	○	○
주방화재(K급 화재)	×	×	×	*

19. 화재강도(Fire Intensity)와 관계가 없는 것은?

① 가연물의 비표면적 ② 발화원의 온도
③ 화재실의 구조 ④ 가연물의 발열량

해설 화재강도
① 열방출율에 따른 열축적율을 화재강도라하고 온도가 높으면 화재강도가 크다.
② 영향요소 : 연소열, 비표면적[m²/kg], 공기공급, 단열성
③ 소화설비 주수율 결정
④ 실의 온도는 온도인자에 의해 결정된다.

$$온도인자\ F_0 = \frac{A\sqrt{H}}{A_T}$$

$A\sqrt{H}$: 환기요소
A_T : 실내의 전표면적[m²]

20. 화재발생 시 인명피해 방지를 위한 건물로 적합한 것은?

① 피난설비가 없는 건물
② 특별피난계단의 구조로 된 건물
③ 피난기구가 관리되고 있지 않은 건물
④ 피난구 폐쇄 및 피난구유도등이 미비되어 있는 건물

해설 특별피난계단

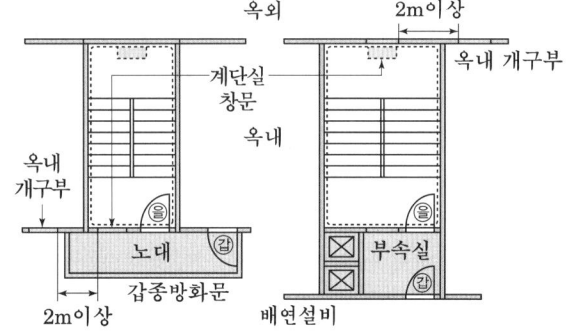

지하 3층 이하의 층 또는 11층 이상의 층 및 공동주택(아파트) 16층 이상(갓복도식 제외)에 설치하는 계단으로 계단과 옥내 사이에 부속실 또는 노대가 있어 계단으로의 연기 유입을 막아 인명피해를 방지할 수 있다.

정답 17. ④ 18. ④ 19. ② 20. ②

기출문제

2019. 4회 소방설비기사

■■■ 제2과목 소방유체역학

21. 검사체적(control volume)에 대한 운동량방정식(momentum equation)과 가장 관계가 깊은 법칙은?

① 열역학 제2법칙
② 질량보존의 법칙
③ 에너지보존의 법칙
④ 뉴턴(Newton)의 운동법칙

해설 뉴턴(Newton)의 제2 운동법칙에 의하면 "운동량의 시간에 대한 변화율은 외력의 합과 같다." 즉, 다음과 같은 식으로 표현할 수 있으며 속도와 합력은 벡터양이다. $\sum Fdt = d[mV]$. 어느 곡관에서 정상류 1차원 흐름에 대하여 유체가 유동할 때에 어느 공간을 검사체적(control volume)으로 하고, 어느 순간의 검사체적 내의 유체가 dt시간 후에 유체가 이동한 검사체적 내의 유체의 운동량의 변화를 위 식을 이용하여 나타낼 수 있다.

22. 폭이 4[m]이고 반경이 1[m]인 그림과 같은 1/4 원형 모양으로 설치된 수문 AB가 있다. 이 수문이 받는 수직방향 분력 F_v의 크기[N]는?

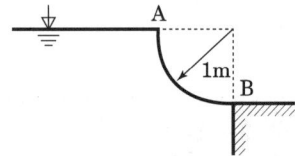

① 7613
② 9801
③ 30787
④ 123000

해설 수직분력 F_V

F_V는 그 곡면을 밑면으로 하는 액주의 중량과 같다. 따라서 곡면상의 체적을 V라 하면

$F_V = rV = 9800 \times (\pi \times 1^2 \times 4 \times \frac{90}{360})$
$= 30787 [N]$

23. 다음 단위 중 3가지는 동일한 단위이고 나머지 하나는 다른 단위이다. 이중 동일한 단위가 아닌 것은?

① J
② N · s
③ Pa · m³
④ kg · m²/s²

해설 ①의 J를 기본으로 하여 풀이하면 다음과 같다.

③ $Pa \cdot m^3 : \frac{N}{m^2} \times m^3 = N \cdot m = J$

④ $J = N \cdot m = \frac{kg \cdot m}{s^2} \times m = kg \cdot m^2/s^2$

24. 지름이 150[mm]인 원관에 비중이 0.85, 동점성계수가 1.33×10⁻⁴[m²/s]인 기름이 0.01[m³/s]의 유량으로 흐르고 있다. 이때 관 마찰계수는? (단, 임계 레이놀즈수는 2100이다.)

① 0.10
② 0.14
③ 0.18
④ 0.22

해설 관마찰계수 f

(1) $Re = \frac{DV}{\nu} = \frac{0.15 \times 0.57}{1.33 \times 10^{-4}} = 642.86$에서

① $Q = Av = \frac{\pi D^2}{4} v$에서

$v = \frac{4Q}{\pi D^2} = \frac{4 \times 0.01}{\pi \times 0.15^2} ≒ 0.57$ [m/s]이므로

② $Re < 2100$이므로 층류이다.

(2) 층류일 때의 관마찰계수

$f = \frac{64}{R_e} = \frac{64}{642.86} = 0.099 ≒ 0.1$

25. 물질의 열역학적 변화에 대한 설명으로 틀린 것은?

① 마찰은 비가역성의 원인이 될 수 있다.
② 열역학 제1법칙은 에너지 보존에 대한 것이다
③ 이상기체는 이상기체 상태방정식을 만족한다.
④ 가역단열과정은 엔트로피가 증가하는 과정이다.

해설 (1) 가역단열과정 : 등엔트로피 과정 $(ds = 0)$
(2) 비가역단열과정 : 엔트로피 증가 $(ds > 0)$

정답 21. ④ 22. ③ 23. ② 24. ① 25. ④

26. 전양정이 60[m], 유량이 6[m³/min], 효율이 60[%]인 펌프를 작동시키는데 필요한 동력[kW]은?

① 44　　　　② 60
③ 98　　　　④ 117

해설) 축동력
$$L_S = \frac{\gamma QH}{\eta} = \frac{9.8 \times 6 \times 60}{60 \times 0.6} = 98 \text{[kW]}$$

여기서, L_S : 축동력[kW]　γ : 물의 비중량[kN/m³]
　　　　Q : 토출량[m³/s]　H : 전양정[m]
　　　　η : 펌프 효율

27. 체적 탄성계수가 2×10^9[Pa]인 물의 체적을 3% 감소시키려면 몇 [MPa]의 압력을 가해야 하는가?

① 25　　　　② 30
③ 45　　　　④ 60

해설) 체적탄성계수 K
$$K = \frac{\Delta P}{\Delta V/V} \text{[Pa]}$$

여기서, ΔP : 압력변화량
　　　　$\Delta V/V$: 체적변화율
$\Delta P = K \times \Delta V/V = 2 \times 10^9 \times 0.03$
　　　　$= 60000000$ [Pa]
　　　　$= 60$ [MPa]

28. 다음 유체 기계들의 압력 상승이 일반적으로 큰 것부터 순서대로 바르게 나열한 것은?

① 압축기(compressor) > 블로어(blower) > 팬(fan)
② 블로어(blower) > 압축기(compressor) > 팬(fan)
③ 팬(fan) > 블로어(blower) > 압축기(compressor)
④ 팬(fan) > 압축기(compressor) > 블로어(blower)

해설) 송풍기와 압축기의 분류

명칭	송풍기		압축기 (Compressor)
	Fan	Blower	
토출압력	9.8[kPa] 미만	9.8~98[kPa] 미만	98[kPa] 이상

29. 용량 2000[L]의 탱크에 물을 가득 채운 소방차가 화재 현장에 출동하여 노즐압력 390[kPa](기계압력), 노즐구경 2.5[cm]를 사용하여 방수한다면 소방차 내의 물이 전부 방수되는 데 걸리는 시간은?

① 약 2분 26초　　② 약 3분 35초
③ 약 4분 12초　　④ 약 5분 44초

해설) (1) 방수량
$$Q = 0.653 \times D^2 \sqrt{10P} \text{ [L/min]}$$

여기서, D : 노즐 직경 [mm]
　　　　P : 방수압 [MPa]
$= 0.653 \times 25^2 \times \sqrt{10 \times 390 \times 10^{-3}}$
$= 805.98$ [L/min]
(2) 소비시간
$$t = \frac{2000}{805.98} = 2.48 분 ≒ 2분 28초$$

30. 이상기체의 폴리트로피 변화 'PV^n=일정'에서 n=1인 경우 어느 변화에 속하는가?

① 단열변화　　　② 등온변화
③ 정적변화　　　④ 정압변화

해설) 폴리프로픽변화($PV^n = C$)
① $n = 0$　$P = C$(등압변화)
② $n = 1$　$PV = C$(등온변화)
③ $n = k$　$PV^k = C$(가역단열변화)
④ $n = \infty$　$PV^\infty = C$(등적변화)

31. 피토관으로 파이프 중심선에서 흐르는 물의 유속을 측정할 때 피토관의 액주높이가 5.2[m], 정압튜브의 액주 높이가 4.2[m]를 나타낸다면 유속[m/s]은?
(단, 속도계수(C_v)는 0.970이다.)

① 4.3
② 3.5
③ 2.8
④ 1.9

정답　26. ③　27. ④　28. ①　29. ①　30. ②　31. ①

[해설] 베르누이 정리에 의해

$$\frac{v_1^2}{2g} = \frac{p_2 - p_1}{\gamma} = \triangle h$$ 에서

$$v_1 = C_V\sqrt{2g\triangle h} = 0.97 \times \sqrt{2 \times 9.8 \times (5.2-4.2)}$$

$$\fallingdotseq 4.3 \, [\text{m/s}]$$

32. 지름이 75[mm]인 관로 속에 물이 평균속도 4[m/s]로 흐르고 있을 때 유량[kg/s]은?

① 15.52 ② 16.92
③ 17.67 ④ 18.52

[해설] 질량유량 m[kg/s]

$$m = \rho AV = 1000 \times \frac{\pi \times 0.075^2}{4} \times 4 = 17.67 \, [\text{kg/s}]$$

여기서, m : 질량유량 [kg/s]
ρ : 물의 밀도 [1000 kg/m³]
V : 유속 [m/s]
A : 단면적 [m²]

33. 초기에 비어있는 체적이 0.1[m³]인 견고한 용기 안에 공기(이상기체)를 서서히 주입한다. 공기1[kg]을 넣었을 때 용기 안의 온도가 300[K]가 되었다면 이때 용기 안의 압력[kPa]은?
(단, 공기의 기체상수는 0.287[kJ/kg·K]이다.)

① 287 ② 300
③ 448 ④ 861

[해설] 이상기체의 상태방정식
$PV = mRT$에서

$$P = \frac{mRT}{V} = \frac{1 \times 0.287 \times 300}{0.1} = 861 \, [\text{kPa}]$$

여기서, P : 압력[kPa]
V : 체적[m³]
m : 질량[kg]
R : 기체상수[kJ/kg·K]
T : 온도[K]

34. 아래 그림과 같이 두 개의 가벼운 공 사이로 빠른 기류를 불어 넣으면 두 개의 공은 어떻게 되겠는가?

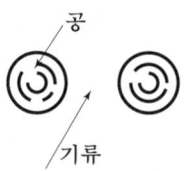

① 뉴턴의 법칙에 따라 벌어진다.
② 뉴턴의 법칙에 따라 가까워진다.
③ 베르누이의 법칙에 따라 벌어진다.
④ 베르누이의 법칙에 따라 가까워진다.

[해설] 베르누이 방정식

$$\triangle p = p + \frac{\rho v^2}{2} + \rho g z$$ 에서 속도 v가 빠르게 되면 동압 $\frac{\rho v^2}{2}$

가 커져서, 정압 p가 감소하게 된다.
따라서 두 개의 공 사이로 기류를 빠르게 불어 넣으면 두 공사의의 정압이 낮아지기 때문에 두 공은 가까워진다.

35. 거리가 1000[m] 되는 곳에 안지름 20[cm]의 관을 통하여 물을 수평으로 수송하려 한다. 한시간에 800[m³]를 보내기 위해 필요한 압력[kPa]은?
(단, 관의 마찰계수는 0.03이다.)

① 1370 ② 2010
③ 3750 ④ 4580

[해설] 달시-바이스바흐(Darcy-Weisbach)의 식

압력손실 $p = \triangle p = f \cdot \frac{l}{d} \cdot \frac{v^2}{2}\rho$ [Pa]

$$= 0.03 \times \frac{1000}{0.2} \times \frac{7.07^2}{2} \times 1000$$

$$= 3748867 \, [\text{Pa}]$$

$$\fallingdotseq 3750 \, [\text{kPa}]$$

물을 수송하려면 압력손실 만큼 압력이 필요하다.

여기서, 유속 $v = \frac{Q}{A} = \frac{800/3600}{\frac{\pi \times 0.2^2}{4}} = 7.07 \, [\text{m/s}]$

36. 표면적이 같은 두 물체가 있다. 표면온도가 2000[K]인 물체가 내는 복사에너지는 표면온도가 1000[K]인 물체가 내는 복사 에너지의 몇 배인가?

① 4 ② 8
③ 16 ④ 32

해설 스테판-볼츠만의 법칙(Stefan-Boltzmann's law)
$E_b = \epsilon \sigma T^4$ [W/m²]

여기서,
E_b : 복사열량(복사 또는 복사발산도)
ϵ : 물체의 복사율(흑체의 경우 $\epsilon = 1$)
σ : 스테판-볼츠만의 상수(5.67×10^{-8} [W/m² · K])
T : 물체의 절대온도[K]

복사열량(복사에너지)은 물체 온도의 4제곱에 비례한다.

$E_b = \left(\dfrac{T_2}{T_1}\right)^4 = \left(\dfrac{2000}{1000}\right)^4 = 16$

37. 다음 중 Stokes의 법칙과 관계되는 점도계는?

① Ostwald 점도계 ② 낙구식 점도계
③ Saybolt 점도계 ④ 회전식 점도계

해설 점도계
(1) 낙구식 : Stokes의 법칙
낙구식 점도계
점성계수(μ) = $\dfrac{(\gamma_s - \gamma_l)d^2}{18V}$ [Pa·s]

여기서, γ_s : 구(sphere)의 비중량[N/m³]
γ_l : 액체(liquid) 비중량[N/m³]
d : 구(sphere)의 지름[m]
v : 구의 종속도(terminal velocity)[m/s]

(2) 모세관식 : Hagen-Poiseuille의 법칙
① Ostwald 점도계
② Saybolt 점도계
③ Red wood 점도계
④ Engler 점도계

(3) 회전식(회전 원통형) : Newton의 점성법칙
① Stormer 점도계
② Mac Michael 점도계

38. 그림의 역U자관 마노미터 압력 차($P_x - P_y$)는 약 몇 [Pa]인가?

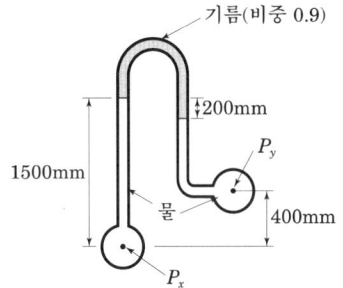

① 3215 ② 4116
③ 5045 ④ 6826

해설 $P_X - \gamma_1 h_1 = P_Y - \gamma_2 h_2 - \gamma_3 h_3$
∴ $P_X - P_Y = \gamma_1 h_1 - \gamma_2 h_2 - \gamma_3 h_3$
$P_X - P_Y = \gamma_1 h_1 - \gamma_2 h_2 - \gamma_3 h_3$
$= (9800 \times 1.5) - (0.9 \times 9800 \times 0.2)$
$- (9800 \times (1.5 - 0.4 - 0.2))$
$= 4116$ [Pa]

39. 지름이 다른 두 개의 피스톤이 그림과 같이 연결되어 있다. "1" 부분의 피스톤의 지름이 "2" 부분의 2배일 때, 각 피스톤에 작용하는 힘 F_1과 F_2의 크기의 관계는?

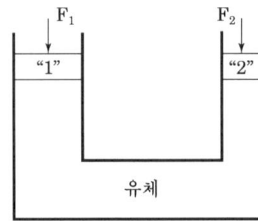

① $F_1 = F_2$ ② $F_1 = 2F_2$
③ $F_1 = 4F_2$ ④ $4F_1 = F_2$

해설 파스칼정리에서
$P_1 = P_2$에서, $\dfrac{F_1}{A_1} = \dfrac{F_2}{A_2}$

$\left(A_1 = \dfrac{\pi D_1^2}{4}[m^2] \; A_2 = \dfrac{\pi D_2^2}{4}[m^2]\right)$이므로

∴ $F_1 = F_2 \cdot \dfrac{A_1}{A_2} = F_2 \cdot \dfrac{D_1^2}{D_2^2} = F_2 \times \dfrac{2^2}{1^2} = 4F_2$

정답 36. ③ 37. ② 38. ② 39. ③

기출문제

2019. 4회 소방설비기사

40. 글로브 밸브에 의한 손실을 지름이 10[cm]이고 관마찰계수가 0.025인 관의 길이로 환산하면 상당길이가 40[m]가 된다. 이 밸브의 부차적 손실계수는?

① 0.25　　② 1
③ 2.5　　④ 10

[해설] 등가(상당)길이(L_e)

(1) 직관의 마찰손실 $h_L = f \cdot \dfrac{L}{D} \cdot \dfrac{V^2}{2g}$, $L = L_e$

(2) 부차적 손실 $h_L' = K \dfrac{V^2}{2g}$

$h_L = h_L'$ 에서

$K = f \dfrac{L_e}{D} = 0.025 \times \dfrac{40}{0.1} = 10$

■■■ 제3과목 소방관계법규

41. 다음 조건을 참고하여 숙박시설이 있는 특정소방대상물의 수용인원 산정 수로 옳은 것은?

> 침대가 있는 숙박시설로서 1인용 침대의 수는 20개이고, 2인용 침대의 수는 10개이며, 종업원의 수는 3명이다.

① 33명　　② 40명
③ 43명　　④ 46명

[해설] 수용 인원의 산정 방법

구분	용도	수용인원 산정수
숙박시설이 있는 특정소방대상물	침대가 있는 숙박시설	종사자 수 + 침대 수 (2인용 침대는 2로 산정한다)
	침대가 없는 숙박시설	종사자 수 + (바닥면적의 합계 ÷ 3 [m²])
기타 대상물	강의실·교무실·상담실·실습실·휴게실	바닥면적의 합계 ÷ 1.9 [m²]
	강당, 문화 및 집회시설, 운동시설, 종교시설	바닥면적의 합계 ÷ 4.6 [m²]
	강당, 문화 및 집회시설, 운동시설, 종교시설 – 관람석이 있는 경우 – 고정식 의자	의자 수
	강당, 문화 및 집회시설, 운동시설, 종교시설 – 관람석이 있는 경우 – 긴 의자	정면너비 ÷ 0.45[m]
	그 밖의 특정소방대상물	바닥면적의 합계 ÷ 3[m²]

침대가 있는 숙박시설
= 3 + (1 × 20 + 2 × 10) = 43명

42. 제조소등의 위치·구조 또는 설비의 변경없이 당해 제조소등에서 저장하거나 취급하는 위험물의 품명·수량 또는 지정수량의 배수를 변경하고자 할 때는 누구에게 신고해야 하는가?

① 국무총리　　② 시·도지사
③ 관할소방서장　　④ 행정안전부장관

[해설] 위험물시설의 설치 및 변경 등
시·도지사에게 허가, 신고하여야 하며 관련서류는 시도지사 또는 소방서장에게 제출한다.

구분	내용	방법	벌칙
설치	제조소등을 설치하고자 할 때	허가	5년 이하의 징역 또는 1억 원 이하의 벌금
변경	위치, 구조 또는 설비의 변경 없이 위험물의 품명, 수량 또는 지정수량의 배수를 변경하고자 하는 날의 1일 전까지 행정안전부령이 정하는 바에 따라	신고	500만 원 이하의 과태료
지위승계	행정안전부령이 정하는 바에 따라 지위 승계한 날로부터 30일 이내	신고	500만 원 이하의 과태료
폐지	제조소등의 용도 폐지 시 폐지한 날로부터 14일 이내	신고	500만 원 이하의 과태료
사용중지, 재개	중지하려는 날 또는 재개하려는 날의 14일 전	신고	500만 원 이하의 과태료

정답 40. ④　41. ③　42. ②

43. 위험물안전관리법령상 제조소등이 아닌 장소에서 지정수량 이상의 위험물을 취급할 수 있는 기준 중 다음 ( )안에 알맞은 것은?

> 시·도의 조례가 정하는 바에 따라 관할 소방서장의 승인을 받아 지정수량 이상의 위험물을 ( )일 이내의 기간 동안 임시로 저장 또는 취급하는 경우

① 15　　② 30
③ 60　　④ 90

해설 위험물의 저장 및 취급의 제한
① 지정수량 이상의 위험물을 저장소가 아닌 장소에서 저장하거나 제조소등이 아닌 장소에서 취급하여서는 아니 된다.

> 3년 이하의 징역 또는 3천만 원 이하의 벌금

② 제조소 등이 아닌 장소에서 지정수량 이상의 위험물을 취급할 수 있는 경우
  ㉠ 관할소방서장의 승인을 받아 지정수량 이상의 위험물을 90일 이내의 임시로 저장 또는 취급하는 경우
  ㉡ 군부대가 지정수량 이상의 위험물을 군사목적으로 임시로 저장 또는 취급하는 경우 - 제조소등을 설치하거나 그 위치·구조 또는 설비를 변경하고자 하는 군부대의 장은 제조소등의 소재지를 관할하는 시·도지사와 협의(설계도서, 서류등 제출)하여야 하며 협의가 된 경우 허가를 받은 것으로 보며 군 부대의 장은 탱크안전성능검사와 완공검사를 자체적으로 할 수 있고 시·도지사에게 통보할 것

44. 제6류 위험물에 속하지 않는 것은?

① 질산　　② 과산화수소
③ 과염소산　　④ 과염소산염류

해설 제6류 위험물(산화성 액체)

품명	위험 등급	지정수량
질산 과염소산 과산화수소 할로겐간화합물	I	300 [kg]

- 과산화수소는 그 농도가 36[wt%] (중량퍼센트) 이상인 것
- 질산은 그 비중이 1.49 이상인 것

45. 위험물안전관리법령상 제조소등의 관계인은 위험물의 안전관리에 관한 직무를 수행하게 하기 위하여 제조소등마다 위험물의 취급에 관한 자격이 있는 자를 위험물안전관리자로 선임하여야 한다. 이 경우 제조소등의 관계인이 지켜야 할 기준으로 틀린 것은?

① 제조소등의 관계인은 안전관리자를 해임하거나 안전관리자가 퇴직할 때에는 해임하거나 퇴직한 날부터 15일 이내에 다시 안전관리자를 선임하여야 한다.
② 제조소등의 관계인이 안전관리자를 선임한 경우에는 선임한 날부터 14일 이내에 소방본부장 또는 소방서장에게 신고하여야 한다.
③ 제조소등의 관계인은 안전관리자가 여행·질병 그밖의 사유로 인하여 일시적으로 직무를 수행할 수 없는 경우에는 국가기술자격법에 따른 위험물의 취급에 관한 자격취득자 또는 위어물안전에 관한 기본지식과 경험이 있는 자를 대리자로 지정하여 그 직무를 대행하게 하여야 한다. 이 경우 대행하는 기간은 30일을 초과할 수 없다.
④ 안전관리자는 위험물을 취급하는 작업을 하는 때에는 작업자에게 안전관리에 관한 필요한 지시를 하는 등 위험물의 취급에 관한 안전관리와 감독을 하여야 히고, 제조소등의 관계인은 안전관리자의 위험물 권고에 따라야 한다.

해설 위험물안전관리자 선임 및 신고 등

구 분	내 용	기 간	벌 칙
위험물안전 관리자 선임	• 제조소등의 관계인은 완공 후 • 위험물안전관리자 해임 또는 퇴직 시	30일 이내	1천500만 원 이하의 벌금
위험물안전 관리자 신고	제조소등의 관계인은 소방본부장 또는 소방서장에게 신고	14일 이내	200만 원 이하의 과태료
대리자 지정	위험물안전관리자가 직무 수행이 불가능 시 대리자 지정	30일 이내	1천500만 원 이하의 벌금

정답　43. ④　44. ④　45. ①

기출문제

2019. 4회 소방설비기사

46. 항공기격납고는 특정소방대상물 중 어느 시설에 해당하는가?

① 위험물 저장 및 처리 시설
② 항공기 및 자동차 관련 시설
③ 창고시설
④ 업무시설

해설 항공기 및 자동차 관련 시설
① 항공기격납고, 주차용 건축물·차고, 철골 조립식 주차시설(바닥면이 조립식이 아닌 것을 포함) 및 기계장치에 의한 주차시설, 주차장
② 여객자동차 운수사업법, 화물자동차 운수사업법 및 건설기계관리법에 따른 차고 및 주기장
③ 단독주택, 공동주택 중 50세대 미만인 연립주택 또는 50세대 미만인 다세대주택의 건축물을 제외한 건축물의 내부(필로티와 건축물 지하를 포함)에 설치된 주차장
④ 세차장, 폐차장, 자동차검사장, 자동차정비공장, 운전학원·정비학원, 자동차매매장

47. 소방시설 설치 및 관리에 관한 법령상 정당한 사유 없이 화재안전조사 결과에 따른 조치명령을 위반한 자에 대한 벌칙으로 옳은 것은?

① 100만 원 이하의 벌금
② 300만 원 이하의 벌금
③ 1년 이하의 징역 또는 1천만 원 이하의 벌금
④ 3년 이하의 징역 또는 3천만 원 이하의 벌금

해설 3년 이하의 징역 또는 3천만 원 이하의 벌금
① 화재안전기준에 따라 설치 또는 유지·관리되어 있지 아니할 때 조치명령등의 명령을 정당한 사유 없이 위반한 자
② 관리업의 등록을 하지 아니하고 영업을 한 자
③ 소방용품의 형식승인을 받지 아니하고 소방용품을 제조하거나 수입한 자 또는 거짓이나 그 밖의 부정한 방법으로 형식승인을 받은 자
④ 형식승인 검사 후 제품검사를 받지 아니한 자 또는 거짓이나 그 밖의 부정한 방법으로 제품검사를 받은 자
⑤ 미 형식승인, 형상 변경 임의 변경하여 소방용품을 판매·진열하거나 소방시설공사에 사용한 자
⑥ 거짓이나 그 밖의 부정한 방법으로 성능인증 또는 제품검사를 받은 자
⑦ 제품검사를 받지 아니하거나 합격표시를 하지 아니한 소방용품을 판매·진열하거나 소방시설공사에 사용한 자
⑧ 구매자에게 명령을 받은 사실을 알리지 아니하거나 필요한 조치를 하지 아니한 자
⑨ 거짓이나 그 밖의 부정한 방법으로 제품검사 전문기관으로 지정을 받은 자

48. 소방시설 설치 및 관리에 관한 법령상 간이 스프링클러설비를 설치하여야 하는 특정소방대상물의 기준으로 옳은 것은?

① 근린생활시설로 사용하는 부분의 바닥면적 합계가 1000[m²] 이상인 것은 모든 층
② 교육연구시설 내에 있는 합숙소로서 연면적 500[m²] 이상인 것
③ 정신병원과 의료재활시설을 제외한 요양병원으로 사용되는 바닥면적의 합계가 300[m²] 이상 600[m²] 미만인 시설
④ 정신의료기관 또는 의료재활시설로 사용되는 바닥면적의 합계가 600[m²] 미만인 시설

해설 간이스프링클러 설치대상

복합건축물	연면적 1천[m²] 이상		모든층
근린생활시설	바닥면적 합계 1천[m²] 이상		모든층
	의원, 한의원, 치과의원	입원실이 있는 시설	
	조산원 및 산후조리원	연면적 600[m²] 미만인 시설	
노유자시설	① 노유자 생활시설	단독주택 또는 공동주택에 설치되는 시설은 제외	
	①에 해당하지 않는 시설	바닥면적의 합계 300[m²] 미만이고 창살이 설치된 시설	
		바닥면적의 합계 300[m²] 이상 600[m²] 미만	
의료시설	정신의료기관 또는 의료재활시설	바닥면적의 합계 300[m²] 미만이고 창살이 설치된 시설	
	종합병원, 병원, 치과병원, 한방병원 및 요양병원 (의료재활시설은 제외)	바닥면적의 합계 600[m²] 미만	

정답 46. ② 47. ④ 48. ①

숙박시설	바닥면적의 합계 300[m²] 이상 600[m²] 미만
공동주택 중	연립주택 및 다세대주택
출입국관리법에 따른 보호시설로 사용하는 부분	건물을 임차한 경우
교육연구시설 내에 합숙소	연면적 100[m²] 이상 / 모든층

※ 복합건축물 : 하나의 건축물이 근린생활시설, 판매시설, 업무시설, 숙박시설 또는 위락시설의 용도와 주택의 용도로 함께 사용되는 것

※ 창살(철재·플라스틱 또는 목재 등으로 사람의 탈출 등을 막기 위하여 설치한 것을 말하며, 화재 시 자동으로 열리는 구조로 되어 있는 창살은 제외 한다)

49. 소방관서장은 화재예방강화지구 안의 관계인에 대하여 소방상 필요한 훈련 및 교육은 연 몇 회 이상 실시할 수 있는가?

① 1 ② 2
③ 3 ④ 4

해설 화재예방강화지구의 관계인에 대한 훈련·교육
① 소방관서장은 필요한 훈련 및 교육을 연 1회 이상 실시
② 관계인에게 훈련 또는 교육 10일 전까지 그 사실을 통보

50. 화재예방강화지구로 지정할 수 있는 대상이 아닌 것은?

① 시장지역
② 소방출동로가 있는 지역
③ 공장·창고가 밀집한 지역
④ 목조건물이 밀집한 지역

해설 화재예방강화지구
화재발생 우려가 크거나 화재가 발생할 경우 피해가 클 것으로 예상되는 지역에 대하여 화재의 예방 및 안전관리를 강화하기 위해 지정·관리하는 지역
① 시도지사 : 화재예방강화지구를 지정하여 관리
② 소방청장 : 해당 시·도지사에게 해당 지역의 화재예방강화지구 지정을 요청할 수 있다.

화재예방강화지구
1. 시장지역
2. 소방시설·소방용수시설 또는 소방출동로가 없는 지역
3. 위험물의 저장 및 처리 시설이 밀집한 지역
4. 석유화학제품을 생산하는 공장이 있는 지역
5. 공장·창고가 밀집한 지역
6. 목조건물이 밀집한 지역
7. 산업입지 및 개발에 관한 법률에 따른 산업단지
8. 소방관서장이 화재예방강화지구로 지정할 필요가 있다고 인정하는 지역
9. 노후·불량건축물이 밀집한 지역
10. 물류시설의 개발 및 운영에 관한 법률에 따른 물류단지

③ 소방관서장
㉠ 화재예방강화지구 내 화재안전조사를 연 1회 이상 실시
㉡ 소방설비등의 설치(보수, 보강 포함)를 명할 수 있다.

설치 명령을 정당한 사유 없이 따르지 아니한 자 : 200만 원 이하의 과태료

㉢ 훈련 및 교육을 연 1회 이상 실시 및 실시 시 관계인에게 훈련 또는 교육 10일 전까지 그 사실을 통보

51. 소방시설 설치 및 관리에 관한 법령상 소방시설 등의 자체점검 시 점검인력 배치기준 중 종합점검에 대한 점검인력 1단위가 하루 동안 점검할 수 있는 특정소방대상물의 연면적 기준으로 옳은 것은? (단, 보조 인력을 추가하는 경우는 제외한다.)

① 3,500[m²] ② 7,000[m²]
③ 10,000[m²] ④ 12,000[m²]

해설 점검한도면적
점검인력 1단위가 하루 동안 점검할 수 있는 특정소방대상물의 연면적

기출문제

2019. 4회 소방설비기사

구 분	1단위	1단위+ 보조1	1단위+ 보조2	1단위+ 보조3	1단위+ 보조4
종합 점검	10,000 [m²]	13,000 [m²]	16,000 [m²]	19,000 [m²]	22,000 [m²]
작동 점검	12,000 [m²]	15,500 [m²]	19,000 [m²]	22,500 [m²]	26,000 [m²]

52. 소방기본법상 소방대의 구성원에 속하지 않는 자는?

① 소방공무원법에 따른 소방공무원
② 의용소방대 설치 및 운영에 관한 법률에 따른 의용소방대원
③ 위험물안전관리법에 따른 자체소방대원
④ 의무소방대설치법에 따라 임용된 의무소방원

[해설] 소방대
화재를 진압하고 화재, 재난·재해, 그 밖의 위급한 상황에서 구조·구급 활동 등을 하기 위하여 구성된 조직체
① 소방공무원
② 의무소방원
③ 의용소방대원

53. 다음 중 한국소방안전원의 업무에 해당하지 않는 것은?

① 소방용 기계·기구의 형식 승인
② 소방업무에 관하여 행정기관이 위탁하는 업무
③ 화재예방과 안전관리의식 고취를 위한 대국민 홍보
④ 소방기술과 안전관리에 관한 교육, 조사·연구 및 각종 간행물 발간

[해설] 한국소방안전원의 업무
① 소방기술과 안전관리에 관한 교육 및 조사·연구
② 화재 예방과 안전관리의식 고취를 위한 대국민 홍보
③ 소방기술과 안전관리에 관한 각종 간행물 발간
④ 소방업무에 관하여 행정기관이 위탁하는 업무
⑤ 소방안전에 관한 국제협력
⑥ 그 밖에 회원에 대한 기술지원 등 정관으로 정하는 사항

54. 소방기본법령상 국고보조 대상사업의 범위 중 소방활동장비와 설비에 해당하지 않는 것은?

① 소방자동차
② 소방헬리콥터 및 소방정
③ 소화용수설비 및 피난구조설비
④ 방화복 등 소방활동에 필요한 소방장비

[해설] 소방장비 등에 대한 국고보조
1. 국가는 소방장비의 구입 등 시·도의 소방업무에 필요한 경비의 일부를 보조한다.
2. 보조 대상사업의 범위(대통령령)
① 소방활동장비와 설비의 구입 및 설치
㉠ 소방자동차
㉡ 소방헬리콥터 및 소방정
㉢ 소방전용통신설비 및 전산설비
㉣ 방화복 등 소방활동에 필요한 소방장비
② 소방관서용 청사의 건축

55. 소방안전관리자 및 소방안전관리보조자에 대한 실무교육의 교육대상, 교육일정 등 실무교육에 필요한 계획을 매년 수립하는 자는?

① 한국소방안전원장
② 소방본부장
③ 소방청장
④ 시·도지사

[해설] 실무교육
① 소방청장은 실무교육의 실시 계획을 매년 수립·시행
② 실무교육 실시 30일 전까지 인터넷 홈페이지에 공고하고 교육대상자에게 통보
③ 대상자
㉠ 자체 선임된 소방안전관리자 및 소방안전관리보조자
㉡ 업무대행으로 선임된 소방안전관리자
④ 소방안전관리자는 선임된 날부터 6개월 이내에 실무교육을 받아야 하며, 그 이후에는 2년마다(최초 실무교육을 받은 날을 기준일로 하여 매 2년이 되는 해의 기준일과 같은 날 전까지) 1회 이상 실무교육을 받아야 한다.

정답 52. ③ 53. ① 54. ③ 55. ③

⑤ 소방안전관리보조자는 그 선임된 날부터 6개월(소방안전관리대상물에서 소방안전 관련 업무에 2년 이상 근무한 경력이 있는 사람이 소방안전관리보조자로 지정된 사람의 경우 3개월) 이내에 실무교육을 받아야 하며, 그 이후에는 2년마다(최초 실무교육을 받은 날을 기준일로 하여 매 2년이 되는 해의 기준일과 같은 날 전까지) 1회 이상 실무교육을 받아야 한다.

56. 화재의 예방 및 안전관리에 관한 법령상 소방관서장은 관할구역에 있는 소방대상물에 대하여 화재안전조사를 실시할 수 있다. 화재안전조사 대상과 거리가 먼 것은? (단, 개인 주거에 대하여는 관계인의 승낙을 득한 경우이다.)

① 화재예방강화지구 등 다른 법령에서 화재안전조사를 실시하도록 한 경우
② 관계인이 법령에 따라 실시하는 소방시설등, 방화시설, 피난시설 등에 대한 자체점검등이 불성실하거나 불완전하다고 인정되는 경우
③ 화재가 발생할 우려는 없으나 소방대상물의 정기점검이 필요한 경우
④ 국가적 행사 등 주요행사가 개최되는 장소에 대하여 소방안전관리 실태를 점검할 필요가 있는 경우

[해설] 소방관서장이 화재안전조사 실시 할수 있는 경우

1. 자체점검이 불성실하거나 불완전하다고 인정되는 경우
2. 화재예방강화지구 등 법령에서 화재안전조사를 하도록 규정되어 있는 경우
3. 화재예방안전진단이 불성실하거나 불완전하다고 인정되는 경우
4. 국가적 행사 등 주요 행사가 개최되는 장소 및 그 주변의 관계 지역에 대하여 소방안전관리 실태를 조사할 필요가 있는 경우
5. 화재가 자주 발생하였거나 발생할 우려가 뚜렷한 곳에 대한 조사가 필요한 경우
6. 재난예측정보, 기상예보 등을 분석한 결과 소방대상물에 화재의 발생 위험이 크다고 판단되는 경우
7. 위에서 규정한 경우 외에 화재, 그 밖의 긴급한 상황이 발생할 경우 인명 또는 재산 피해의 우려가 현저하다고 판단되는 경우

57. 소방대상물의 방염 등과 관련하여 방염성능기준은 무엇으로 정하는가?

① 대통령령 ② 행정안전부령
③ 소방청훈령 ④ 소방청예규

[해설] 방염성능기준
1. 방염성능기준은 대통령령으로 정한다.
2. 방염성능기준
① 버너의 불꽃을 제거한 때부터 불꽃을 올리며 연소하는 상태가 그칠 때까지 시간은 20초 이내
② 버너의 불꽃을 제거한 때부터 불꽃을 올리지 않고 연소하는 상태가 그칠 때까지 시간은 30초 이내
③ 탄화한 면적은 50[㎠] 이내, 탄화한 길이는 20[cm] 이내
④ 불꽃에 의하여 완전히 녹을 때까지 불꽃의 접촉횟수는 3회 이상
⑤ 발연량을 측정하는 경우 최대연기밀도는 400 이하

58. 다음 중 상주 공사감리를 하여야 할 대상의 기준으로 옳은 것은?

① 지하층을 포함한 층수가 16층 이상으로서 300세대 이상인 아파트에 대한 소방시설의 공사
② 지하층을 포함한 층수가 16층 이상으로서 500세대 이상인 아파트에 대한 소방시설의 공사
③ 지하층을 포함하지 않은 층수가 16층 이상으로서 300세대 이상인 아파트에 대한 소방시설의 공사
④ 지하층을 포함하지 않은 층수가 16층 이상으로서 500세대 이상인 아파트에 대한 소방시설의 공사

[해설] 소방공사 감리의 종류, 방법 및 대상
– 대통령령으로 정한다.

종류	대상
상주공사감리	① 특정소방대상물 연면적 3만 [㎡] 이상 (아파트는 제외) ② 아파트 – 지하층을 포함한 층수가 16층 이상으로서 500세대 이상
일반 공사감리	상주 공사감리에 해당하지 않는 소방시설의 공사

정답 56. ③ 57. ① 58. ②

기출문제

2019. 4회 소방설비기사

59. 소방시설 설치 및 관리에 관한 법령상 지하가 중 터널로서 길이가 1천미터일 때 설치하지 않아도 되는 소방시설은?

① 인명구조기구 ② 옥내소화전설비
③ 연결송수관설비 ④ 자동화재탐지설비

[해설] 터널 길이에 따른 설치 해야 하는 소방시설등

소방시설 터널길이	소화설비, 경보설비, 피난구조설비	소화활동설비
-	소화기, 물분무소화설비	제연설비
500[m]	비상경보설비 비상조명등	비상콘센트 무선통신 보조설비
1,000[m]	옥내소화전 설비	자동화재 탐지설비	연결송수관설비

※ 옥내소화전설비는 터널 길이가 1,000[m] 미만인 경우에도 행정안전부령으로 정하는 터널에 설치
※ 물분무소화설비, 제연설비는 지하가 중 예상 교통량, 경사도 등 터널의 특성을 고려하여 행정안전부령으로 정하는 터널에 설치

[+암기] 무비비비 - 자옥연

60. 화재의 예방 및 안전관리에 관한 법령상 소방대상물의 개수·이전·제거, 사용의 금지 또는 제한, 사용폐쇄, 공사의 정지 또는 중지, 그 밖의 필요한 조치로 인하여 손실을 받은 자가 손실보상청구서에 첨부하여야 하는 서류로 틀린 것은?

① 손실보상합의서
② 손실을 증명할 수 있는 사진
③ 손실을 증명할 수 있는 증빙자료
④ 소방대상물의 관계인임을 증명할 수 있는 서류(건축물대장은 제외)

[해설] 손실보상
① 소방청장 또는 시·도지사는 조치명령으로 인하여 손실을 입은 자가 있는 경우에는 손실 보상에 관하여는 소방청장, 시·도지사와 손실을 입은 자가 협의하여야 하며 대통령령으로 정하는 바에 따라 시가(時價)로 보상하여야 한다.
② 화재안전조사 조치명령 손실확인서를 작성하여 관련 사진 및 그 밖의 증빙자료와 함께 보관하여야 한다.
③ 명령으로 손실을 받은 자가 손실보상을 청구하고자 하는 때에는 손실보상청구서에 다음의 서류를 첨부하여 시·도지사에게 제출하여야 한다.
  1. 소방대상물의 관계인임을 증명할 수 있는 서류(건축물대장은 제외)
  2. 손실을 증명할 수 있는 사진 그 밖의 증빙자료
④ 소방청장 또는 시·도지사는 손실보상에 관하여 협의가 이루어진 때에는 손실보상을 청구한 자와 연명으로 손실보상합의서를 작성하고 이를 보관하여야 한다.
⑤ 보상금액에 관한 협의가 성립되지 아니한 경우에는 소방청장 또는 시·도지사는 그 보상금액을 지급하거나 공탁하고 이를 상대방에게 알려야 한다.
⑥ 보상금의 지급 또는 공탁의 통지에 불복하는 자는 지급 또는 공탁의 통지를 받은 날부터 30일 이내에 중앙토지수용위원회 또는 관할 지방토지수용위원회에 재결(裁決)을 신청할 수 있다.

■■■ 제4과목 소방기계시설의 구조 및 원리

61. 이산화탄소 소화설비의 기동장치에 대한 기준으로 틀린 것은?

① 자동식 기동장치에는 수동으로도 기동할 수 있는 구조이어야 한다.
② 가스압력식 기동장치에서 기동용가스용기 및 해당 용기에 사용하는 밸브는 20[MPa] 이상의 압력에 견딜 수 있어야 한다.
③ 수동식 기동장치의 조작부는 바닥으로부터 높이 0.8[m] 이상 1.5[m] 이하의 위치에 설치한다.
④ 전기식 기동장치로서 7병 이상의 저장용기를 동시에 개방하는 설비는 2병 이상의 저장용기에 전자개방밸브를 부착해야 한다.

[해설] 이산화탄소 소화설비의 기동장치 설치기준
1. 수동식 기동장치
  ① 수동식 기동장치의 부근에는 소화약제의 방출을 지연시킬 수 있는 비상스위치 설치

> 비상스위치 : 자동복귀형 스위치로서 수동식 기동장치의 타이머를 순간정지시키는 기능의 스위치

 정답 59. ① 60. ① 61. ②

② 전역방출방식에 있어서는 방호구역마다, 국소방출방식에 있어서는 방호대상물마다 설치할 것
(할로겐화합물 및 불활성기체소화설비의 경우 국소방출방식에 대한 내용은 없음)
③ 당해방호구역의 출입구부분 등 조작을 하는 자가 쉽게 피난할 수 있는 장소에 설치할 것
④ 기동장치의 조작부는 바닥으로부터 높이 0.8 [m] 이상 1.5 [m] 이하의 위치에 설치하고, 보호판 등에 따른 보호장치를 설치할 것
⑤ 기동장치에는 그 가까운 곳의 보기 쉬운 곳에 "이산화탄소소화설비 기동장치"라고 표시한 표지를 할 것
⑥ 전기를 사용하는 기동장치에는 전원표시등을 설치할 것
⑦ 기동장치의 방출용 스위치는 음향경보장치와 연동하여 조작될 수 있는 것으로 할 것

2. 자동식 기동장치
자동화재탐지설비의 감지기의 작동과 연동되고 수동으로도 기동할 수 있는 구조
① 전기식 기동장치
7병 이상의 저장용기를 동시에 개방하는 설비의 경우 2병 이상의 저장용기에 전자 개방밸브를 부착
② 가스압력식 기동장치

기동용기 설치기준	
기동용가스용기 및 밸브	25 [MPa] 이상 압력에 견딜 것
기동용가스용기	충전여부를 확인 할수 있는 압력게이지 설치
안전장치	내압시험압력 0.8배 ~ 1배 이하에서 작동
용적	5 [ℓ] 이상
질소등의 비활성기체	6.0[MPa] 이상의 압력으로 충전 (21[℃])

③ 기계식 기동장치
저장용기를 쉽게 개방할 수 있는 구조로 할 것

62. 물분무소화설비의 가압송수장치로 압력수조의 필요 압력을 산출할 때 필요한 것이 아닌 것은?

① 낙차의 환산수두압
② 물분무헤드의 설계압력
③ 배관의 마찰 손실 수두압
④ 소방용 호스의 마찰 손실 수두압

해설 펌프의 양정 등

구 분		물분무소화설비
전동기 또는 내연기관	H(낙차)	$h_1 + h_2 + h_3$
고가수조	H(필요한 낙차)	$h_2 + h_3$
압력수조	P(필요한 압력)	$P_1 + P_2 + P_3$

h_1 : 낙차[m]
h_2 : 배관의 마찰손실수두[m]
h_3 : 물분무헤드의 설계압력 환산수두[m]
P_1 : 낙차의 환산 수두압[MPa]
P_2 : 배관의 마찰손실 수두압[MPa]
P_3 : 물분무헤드의 설계압력[MPa]

63. 소화용수설비에서 소화수조의 소요수량이 20[m³] 이상 40[m³] 미만인 경우에 설치하여야 하는 채수구의 개수는?

① 1개
② 2개
③ 3개
④ 4개

해설 소화용수설비
채수구의 수

소요수량	20[m³] 이상 40[m³] 미만	40[m³] 이상 100[m³] 미만	100[m³] 이상
채수구의 수	1개	2개	3개

기출문제

2019. 4회 소방설비기사

64. 천장의 기울기가 10분의 1을 초과할 경우에 가지관의 최상부에 설치되는 톱날지붕의 스프링클러헤드는 천장의 최상부로부터의 수직거리가 몇 [cm] 이하가 되도록 설치하여야 하는가?

① 50　　② 70
③ 90　　④ 120

해설 천장의 기울기가 10분의 1을 초과하는 경우 가지관을 천장의 마루와 평행하게 설치

천장의 최상부에 스프링클러헤드를 설치하는 경우	천장의 최상부를 중심으로 가지관을 서로 마주보게 설치하는 경우
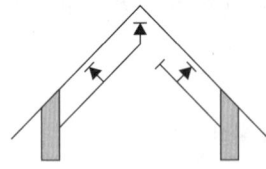	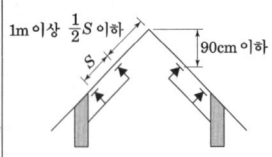
① 최상부에 설치하는 헤드의 반사판을 수평으로 설치	① 최상부의 가지관 상호간의 거리 - 가지관상의 헤드 상호간의 거리의 2분의 1 이하 (최소 1[m] 이상) ② 가지관의 최상부에 설치하는 헤드는 천장의 최상부로부터의 수직거리가 90[cm] 이하가 되도록 할 것

65. 전역방출방식 분말소화설비에서 방호구역의 개구부에 자동폐쇄장치를 설치하지 아니한 경우, 개구부의 면적 1[m²]에 대한 분말소화약제의 가산량으로 잘못 연결된 것은?

① 제1종 분말 - 4.5[kg]
② 제2종 분말 - 2.7[kg]
③ 제3종 분말 - 2.5[kg]
④ 제4종 분말 - 1.8[kg]

해설 분말소화설비 약제량 계산
- 전역방출방식

$$VQ + AK$$

① V[m³] : 방호구역체적
② Q[kg/m³] : 방호구역 체적당 소화약제의 양

소화약제의 종별	Q[kg/m³]	K[kg/m²]
제1종	0.6	4.5
제2종, 제3종	0.36	2.7
제4종	0.24	1.8

③ A[m²] : 개구부 면적
④ K[kg/m²] : 개구부 면적당 가산량 - 개구부에 자동폐쇄장치 설치 시 K값 적용하지 않는다.

66. 다음은 상수도소화용수설비의 설치기준에 관한 설명이다. ( )안에 들어갈 내용으로 알맞은 것은?

호칭지름 75[mm] 이상의 수도배관에 호칭지름 (　　)[mm] 이상의 소화전을 접속할 것

① 50　　② 80
③ 100　　④ 125

해설 상수도소화용수설비의 설치기준
1. 호칭지름 75 [mm] 이상의 수도배관에 호칭지름 100 [mm] 이상의 소화전을 접속

2. 소화전은 특정소방대상물의 수평투영면의 각 부분으로부터 140 [m] 이하가 되도록 설치

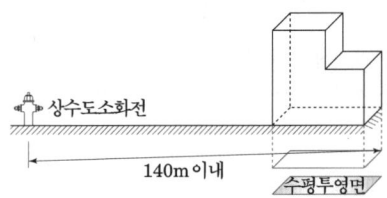

정답　64. ③　65. ③　66. ③

67. 다음은 포소화설비에서 배관 등 설치기준에 관한 내용이다. ㉠ ~ ㉡안에 들어갈 내용으로 옳은 것은?

• 펌프의 성능은 체절운전시 정격토출압력의 (㉠)[%]를 초과하지 아니하고, 정격토출량의 150[%]로 운전시 정격토출압력의 (㉡)[%] 이상이 되어야 한다.

① ㉠ 120, ㉡ 65
② ㉠ 120, ㉡ 75
③ ㉠ 140, ㉡ 65
④ ㉠ 140, ㉡ 75

해설 1. 연결송수관설비의 배관과 겸용할 경우의 주배관은 구경 100[mm] 이상, 방수구로 연결되는 배관의 구경은 65[mm] 이상의 것으로 하여야 한다.
2. 펌프의 성능

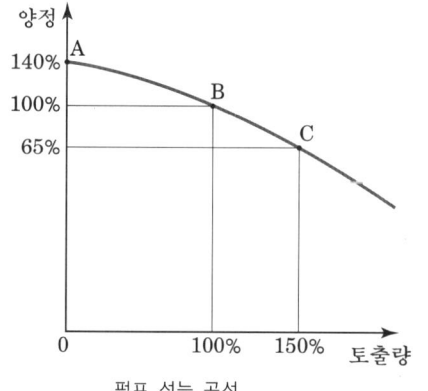

펌프 성능 곡선

구분	운전점
A	체절운전점 정격압력의 140[%]를 초과하지 아니할 것. - 체절운전 : 토출량이 0 일때의 운전
B	정격운전점 정격토출량의 100[%] 운전시 정격토출압의 100[%] 이상
C	과부하운전점 정격토출량의 150[%] 운전시 정격토출압의 65[%] 이상

68. 주거용 주방자동소화장치의 설치기준으로 틀린 것은?

① 감지부는 형식승인 받은 유효한 높이 및 위치에 설치해야 한다.
② 소화약제 방출구는 환기구의 청소부분과 분리되어 있어야 한다.
③ 가스차단 장치는 상시 확인 및 점검이 가능하도록 설치해야 한다.
④ 탐지부는 수신부와 분리하여 설치하되, 공기보다 무거운 가스를 사용하는 장소에는 바닥면으로부터 0.2m 이하의 위치에 설치해야 한다.

해설 주거용 주방자동소화장치 설치기준
1. 설치 대상 - 아파트등 및 오피스텔의 모든층
2. 설치기준

탐지부	• 가스용 주방자동소화장치를 사용하는 경우 수신부와 분리하여 설치 • 설치위치	
	공기보다 가벼운 가스	천장 면으로부터 30[cm] 이하
	공기보다 무거운 가스	바닥 면으로부터 30[cm] 이하
가스 또는 전기 차단장치	상시 확인 및 점검이 가능하도록 설치	
수신부	주위의 열기류 또는 습기 등과 주위온도에 영향을 받지 아니하는 장소 및 사용자가 상시 볼 수 있는 장소에 설치	
소화약제 방출구	• 환기구의 청소부분과 분리 설치 • 형식승인 받은 유효설치 높이 및 방호면적에 따라 설치	
감지부	형식승인 받은 유효한 높이 및 위치에 설치	

69. 분말소화설비의 분말소화약제 1[kg]당 저장용기의 내용적 기준으로 틀린 것은?

① 제1종 분말 : 0.8[L]
② 제2종 분말 : 1.0[L]
③ 제3종 분말 : 1.0[L]
④ 제4종 분말 : 1.8[L]

정답 67. ③ 68. ④ 69. ④

기출문제

2019. 4회 소방설비기사

[해설] 저장용기의 설치기준
소화약제 1[kg] 당 저장용기의 내용적[= 충전비[ℓ/kg]]

제1종	제2종, 제3종	제4종
0.8[ℓ] 이상	1[ℓ] 이상	1.25[ℓ] 이상

70. 스프링클러설비의 가압송수장치의 정격토출압력은 하나의 헤드선단에 얼마의 방수압력이 될 수 있는 크기이어야 하는가?

① 0.01[MPa] 이상 0.05[MPa] 이하
② 0.1[MPa] 이상 1.2[MPa] 이하
③ 1.5[MPa] 이상 2.0[MPa] 이하
④ 2.5[MPa] 이상 3.3[MPa] 이하

[해설] 소화설비의 방수량, 방수압력

소화설비	방수량	방수압력[MPa]
옥내소화전설비 (호스릴옥내소화전설비)	130[ℓ/min·개]	0.17 이상 0.7 이하
스프링클러설비	80[ℓ/min·개]	0.1 이상 1.2 이하
간이스프링클러설비	50[ℓ/min·개]	0.1 이상 1.2 이하
포소화설비 중 포소화전설비	300[ℓ/min·개]	0.35 이상 0.7 이하
옥외소화전설비	350[ℓ/min·개]	0.25 이상 0.7 이하

71. 물분무소화설비의 소화작용이 아닌 것은?

① 부촉매작용
② 냉각작용
③ 질식작용
④ 희석작용

[해설] 물분무소화설비 소화작용
냉각, 질식, 희석 작용에 의한 물리적 소화
※ 화학적소화방법

소화	내용	제어 방법
연쇄반응 억제소화	화학적 소화 방법 (부촉매 효과) - 불꽃연소만 소화 가능	할론소화설비 분말소화설비

72. 제연설비의 설치장소에 따른 제연구역의 구획 기준으로 틀린 것은?

① 거실과 통로는 상호 제연구획 할 것
② 하나의 제연구역의 면적은 600[m²] 이내로 할 것
③ 하나의 제연구역은 직경 60[m] 원내에 들어갈 수 있을 것
④ 하나의 제연구역은 2개 이상 층에 미치지 아니하도록 할 것

[해설] 제연구역의 선정(구획 기준)

구 분		내 용	
거실	면적	1,000 [m²] 이내	2개 이상 층에 미치지 아니하도록 할 것
	직경	60 [m] 원내	
통로	보행중심선의 길이	60 [m] 이하	

거실과 통로(복도를 포함)는 상호 제연구획 할 것

73. 옥내소화전이 하나의 층에는 6개 또 다른 층에는 3개, 나머지 모든 층에는 4개씩 설치되어 있다. 수원의 최소 수량[m³] 기준은?

① 7.8
② 10.4
③ 5.2
④ 15.6

[해설] 수원의 양(유효수량) N × Q × T

구분	N(설치개수)	Q(방수량)	T(시간)	
옥내 소화전	옥내소화전의 설치개수가 가장 많은 층의 설치개수 (2개 이상 설치된 경우에는 2개)	130 [ℓ/min·개]	29층 이하	20분
			30층 이상 49층 이하	40분
			50층 이상	60분

수원의 양(유효수량) = N × Q × T
= 2개 × 130 [ℓ/min·개] × 20 [min] = 5.2 [m³]

정답 70. ② 71. ① 72. ② 73. ③

74. 스프링클러설비의 교차배관에서 분기되는 지점을 기점으로 한쪽 가지배관에 설치되는 헤드는 몇 개 이하로 설치하여야 하는가? (단, 수리학적 배관방식의 경우는 제외한다.)

① 8 ② 10
③ 12 ④ 18

[해설] 가지배관(스프링클러헤드가 설치되어 있는 배관)
1. 토너먼트(tournament)방식이 아닐 것
2. 하나의 가지배관의 헤드 개수
   교차배관에서 분기되는 지점을 기점으로 한쪽 가지배관에 설치되는 헤드의 개수는 8개 이하로 할 것

75. 포소화설비의 자동식 기동장치에서 폐쇄형스프링클러헤드를 사용하는 경우의 설치기준에 대한 설명이다. ㉠ ~ ㉢의 내용으로 옳은 것은?

- 표시온도가 (㉠)[℃] 미만인 것을 사용하고, 1개의 스프링클러헤드의 경계면적은 (㉡)[m²] 이하로 할 것
- 부착면의 높이는 바닥으로부터 (㉢)[m] 이하로 하고, 화재를 유효하게 감지할 수 있도록 할 것

① ㉠ 68, ㉡ 20, ㉢ 5
② ㉠ 68, ㉡ 30, ㉢ 7
③ ㉠ 79, ㉡ 20, ㉢ 5
④ ㉠ 79, ㉡ 30, ㉢ 7

[해설] 포소화설비 자동식 기동장치
1. 가압송수장치, 일제개방밸브 및 포 소화약제 혼합장치를 기동
2. 폐쇄형스프링클러헤드를 사용하는 경우

스프링클러헤드	내 용
표시온도	79[℃] 미만
1개의 경계면적	20 [m²] 이하
부착면의 높이	바닥으로부터 5 [m] 이하

76. 특별피난계의 계단실 및 부속실 제연설비의 안전기준에 대한 내용으로 틀린 것은?

① 제연구역과 옥내와의 사이에 유지하여야 하는 최소 차압은 40[Pa] 이상으로 하여야 한다.
② 제연설비가 가동되었을 경우 출입문의 개방에 필요한 힘은 110[N] 이상으로 하여야 한다.
③ 계단실과 부속실을 동시에 제연하는 경우 부속실의 기압은 계단실과 같게 하거나 부속실과 계단실의 압력 차이가 5[Pa] 이하가 되도록 하여야 한다.
④ 계단실 및 그 부속실을 동시에 제연하거나 또는 계단실만 단독으로 제연할 때의 방연풍속은 0.5[m/s] 이상이어야 한다.

[해설] 부속실의 과압방지
출입문이 닫히는 경우 제연구역의 과압을 방지할 수 있는 유효한 조치를 하여 차압을 유지할 것

제연설비가 가동되었을 경우 출입문의 개방에 필요한 힘 - 110 [N] 이하

77. 체적 100[m³]의 면화류 창고에 전역방출방식의 이산화탄소소화설비를 설치하는 경우에 소화약제는 몇 [kg] 이상 저장하여야 하는가? (단, 방호구역의 개구부에 자동폐쇄장치가 부착되어 있다.)

① 12 ② 27
③ 120 ④ 270

[해설] 소화약제 저장량
1. 전역방출방식
   고정식 이산화탄소 공급장치에 배관 및 분사헤드를 고정 설치하여 밀폐 방호구역 내에 이산화탄소를 방출하는 설비

2. 심부화재 VQ + AK

   VQ + AK

   ① V[m³] : 방호구역체적
   ② Q[kg/m³] : 방호구역 체적당 소화약제의 양

정답 74. ① 75. ③ 76. ② 77. ④

2019년 4회 기출문제

기출문제

2019. 4회 소방설비기사

방호대상물	Q[kg/m³]
유압기기를 제외한 전기설비, 케이블실	1.3
체적 55 [m³] 미만의 전기설비	1.6
서고, 전자제품창고, 목재가공품창고, 박물관	2.0
고무류, 모피창고, 집진설비, 석탄창고, 면화류창고	2.7

③ A[m²] : 개구부 면적
④ K[kg/m²] : 개구부 면적당 가산량 - 10 [kg/m²]
 ※ 개구부에 자동폐쇄장치 설치 시 K값 적용하지 않는다.

[풀이]
VQ + AK = 100[m³]×2.7[kg/m³] = 270 [kg] 이상

78. 주요 구조부가 내화구조이고 건널 복도가 설치된 층의 피난기구 수의 설치 감소 방법으로 적합한 것은?

① 피난기구를 설치하지 아니할 수 있다.
② 피난기구의 수에서 $\frac{1}{2}$을 감소한 수로 한다.
③ 원래의 수에서 건널 복도 수를 더한 수로 한다.
④ 피난기구의 수에서 해당 건널 복도의 수의 2배의 수를 뺀 수로 한다.

[해설] 피난기구 설치의 감소

조건 (AND 조건 임)	피난기구 감소
① 주요구조부가 내화구조로 되어 있을 것 ② 직통계단인 피난계단 또는 특별피난계단이 2 이상 설치되어 있을 것	피난기구를 설치하여야 할 소방대상물 중 피난기구의 2분의 1을 감소할 수 있다.(설치하여야 할 피난기구의 수 : 소수점 이하의 수는 1로 한다.)
① 소방대상물 중 주요구조부가 내화구조 ② 건널 복도 ㉠ 내화구조 또는 철골조로 되어 있을 것 ㉡ 건널 복도 양단의 출입구에 자동폐쇄장치를 한 갑종 방화문(방화셔터를 제외한다)이 설치되어 있을 것 ㉢ 피난·통행 또는 운반의 전용 용도일 것	건널복도가 설치되어 있는 층 - 피난기구의 수에서 해당 건널 복도의 수의 2배의 수를 뺀 수

79. 스프링클러설비의 누수로 인한 유수검지장치의 오작동을 방지하기 위한 목적으로 설치하는 것은?

① 솔레노이드 밸브 ② 리타팅 챔버
③ 물올림 장치 ④ 성능시험배관

[해설] 습식스프링클러설비(알람밸브)의 리타팅챔버

80. 지상으로부터 높이 30[m]가 되는 창문에서 구조대용 유도 로프의 모래주머니를 자연낙하 시킨 경우 지상에 도달할 때까지 걸리는 시간[초]은?

① 2.5 ② 5
③ 7.5 ④ 10

[해설] 자유 낙하 운동
들고 있는 물체를 놓았을 때 떨어지는 운동(공기 저항은 무시)

$h = \frac{1}{2}gt^2$

 h : 지상으로부터의 높이 [m]
 g : 중력가속도 (9.8 [m/s²]) t : 시간 [s]

$30 = \frac{1}{2} \times 9.8 \times t^2$ ∴ $t = 2.474[s]$

정답 78. ④ 79. ② 80. ①

기출문제(2018.1회)

■■■ 제1과목 소방원론

1. 다음의 가연성 물질 중 위험도가 가장 높은 것은?

① 수소 ② 에틸렌
③ 아세틸렌 ④ 이황화탄소

해설 위험도(Hazard)

$$H = \frac{UFL - LFL}{LFL}$$

연소상한값이 클수록 위험하며 연소범위가 넓을수록 연소하한값이 낮을수록 위험하다.

가스명	위험도	가스명	위험도	가스명	위험도
이황화탄소	35.67	에틸렌	12.33	메탄	2
아세틸렌	31.4	황화수소	10	에탄	3.13
에테르	24.3	일산화탄소	4.92	프로판	3.52
수소	17.75	암모니아	0.86	부탄	3.67

2. 상온, 상압에서 액체인 물질은?

① CO_2 ② Halon 1301
③ Halon 1211 ④ Halon 2402

해설

구분	할론 1301	할론 1211	할론 2402
분자식	CF_3Br (분자량 : 148.9)	CF_2ClBr (분자량 : 165.4)	$C_2F_4Br_2$ (분자량 : 259.9)
비점	-57.8[℃]	-3.4[℃]	47.5[℃] (상온에서 액체)
ODP	10	3	6
GWP	7140	1890	1640
명명법	브로모 트리 플루오르 메탄	브로모 클로로디 플루오르 메탄	디 브로모 테트라 플루오르 에탄

3. 0[℃], 1[atm] 상태에서 부탄(C_4H_{10}) 1[mol]을 완전 연소 시키기 위해 필요한 산소의 mol수는?

① 2 ② 4
③ 5.5 ④ 6.5

해설 파라핀계 탄화수소 완전 연소반응식

비고	완전 연소반응식
메탄	$CH_4 + 2O_2 \rightarrow CO_2 + 2H_2O$
에탄	$C_2H_6 + 3.5O_2 \rightarrow 2CO_2 + 3H_2O$
프로판	$C_3H_8 + 5O_2 \rightarrow 3CO_2 + 4H_2O$
부탄	$C_4H_{10} + 6.5O_2 \rightarrow 4CO_2 + 5H_2O$

4. 다음 그림에서 목조 건물의 표준 화재 온도 – 시간 곡선으로 옳은 것은?

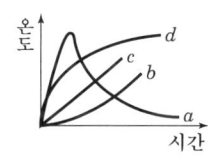

① a ② b
③ c ④ d

해설 목재 건축물의 화재진행과정

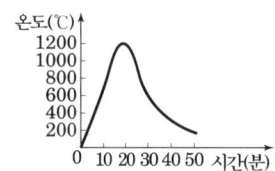

5. 포소화약제가 갖추어야 할 조건이 아닌 것은?

① 부착성이 있을 것
② 유동성과 내열성이 있을 것
③ 응집성과 안정성이 있을 것
④ 소포성이 있고 기화가 용이할 것

해설 포소화약제 구비조건
① 포의 유동성, 점착성, 내열성, 안정성이 좋아야 한다.
② 포의 소포성, 부식성, 독성이 적어야 한다.

정답 1. ④ 2. ④ 3. ④ 4. ① 5. ④

기출문제

2018. 1회 소방설비기사

6. 건축물 내 방화벽에 설치하는 출입문의 너비 및 높이의 기준은 각각 몇 [m] 이하인가?

① 2.5　　　② 3.0
③ 3.5　　　④ 4.0

해설 건축에서의 방화벽
① 내화구조로서 홀로 설 수 있는 구조
② 방화벽의 양쪽 끝과 윗쪽 끝을 건축물의 외벽면 및 지붕면으로부터 0.5[m] 이상 돌출되게 할 것
③ 방화벽에 설치하는 출입문의 너비 및 높이는 각각 2.5[m] 이하로 하고, 해당 출입문에는 60분 + 방화문 또는 60분 방화문을 설치할 것

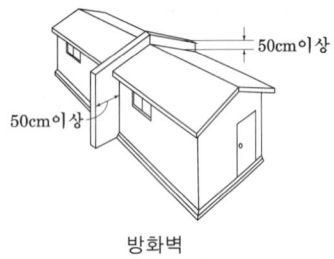
방화벽

7. 건축물이 바깥쪽에 설치하는 피난계단의 구조 기준 중 계단의 유효너비는 몇 [m] 이상으로 하여야 하는가?

① 0.6　　　② 0.7
③ 0.8　　　④ 0.9

해설 건축물이 바깥쪽에 설치하는 피난계단의 구조 기준 중 계단의 유효너비 - 0.9[m] 이상

8. 소화약제로 물을 사용하는 주된 이유는?

① 촉매역할을 하기 때문에
② 증발잠열이 크기 때문에
③ 연소작용을 하기 때문에
④ 제거작용을 하기 때문에

해설 물 소화약제의 특성
① 비열과 현열이 크다.
② 융해잠열(80[cal/g])이 크다.
③ 기화(증발)잠열(1기압, 100[℃] - 539[cal/g])이 크다.

9. MOC(Minimum Oxygen Concentration : 최소 산소농도)가 가장 작은 물질은?

① 메탄　　　② 에탄
③ 프로판　　④ 부탄

해설 MOC - 화염을 전파하기 위한 최소한의 산소농도 요구량

구 분	완전 연소반응식	MOC = LFL × O_2 몰수
메탄	$CH_4 + 2O_2$ → $CO_2 + 2H_2O$	5 × 2 = 10[%]
에탄	$C_2H_6 + 3.5O_2$ → $2CO_2 + 3H_2O$	3 × 3.5 = 10.5[%]
프로판	$C_3H_8 + 5O_2$ → $3CO_2 + 4H_2O$	2.1 × 5 = 10.5[%]
부탄	$C_4H_{10} + 6.5O_2$ → $4CO_2 + 5H_2O$	1.8 × 6.5 = 11.7[%]

※ LFL : 연소하한값(계)

10. 소화의 방법으로 틀린 것은?

① 가연성 물질을 제거한다.
② 불연성 가스의 공기 중 농도를 높인다.
③ 산소의 공급을 원활히 한다.
④ 가연성 물질을 냉각시킨다.

해설 소화의 방법은 연소의 3요소인 산소의 공급을 차단한다.

11. 다음 중 발화점이 가장 낮은 물질은?

① 휘발유　　　② 이황화탄소
③ 적린　　　　④ 황린

정답　6. ①　7. ④　8. ②　9. ①　10. ③　11. ④

해설 발화점

제2류 위험물	제4류 위험물
삼황화린 → 100[℃] 오황화린 → 142[℃] 칠황화린 → 250[℃] 적린 → 260[℃] 유황 ─ 고무상황 360[℃] 　　　└ 사방황 232[℃]	이황화탄소 → 100[℃] 디에틸에테르 → 180[℃] 아세트알데히드 → 185[℃] 벤젠 → 540[℃] 톨루엔 → 480[℃] 아세톤 → 538[℃] 휘발유(가솔린) → 300[℃] 메틸알코올 → 464[℃] 에틸알코올 → 423[℃] 등유 → 254[℃] 경유 → 200[℃]
제3류 위험물	
황린 → 34℃	

12. 탄화칼슘이 물과 반응 시 발생하는 가연성 가스는?

① 메탄　　　　② 포스핀
③ 아세틸렌　　④ 수소

해설 탄화칼슘과 물과의 반응(아세틸렌 발생☆)
$CaC_2 + 2H_2O \rightarrow Ca(OH)_2 + C_2H_2 \uparrow + 27.8[kcal]$

13. 수성막포 소화약제의 특성에 대한 설명으로 틀린 것은?

① 내열성이 우수하여 고온에서 수성막의 형성이 용이하다.
② 기름에 의한 오염이 적다.
③ 다른 소화약제와 병용하여 사용이 가능하다.
④ 불소계 계면활성제가 주성분이다.

해설

종류	포소화약제의 특성
수성막포	• 불소계통의 습윤제에 계면활성제를 섞은 것으로 반영구적이며 투명한 노란색이다. • AFFF(Aqueous Film Forming Foam) 또는 Light Water라 하고 Twin Agent (수성막포 + 제3종 분말소화약제)에 사용 된다. • 포가 얇아 내열성에 약해 윤화현상(Fire Ring)이 일어나기 쉽다.

14. Fourier법칙(전도)에 대한 설명으로 틀린 것은?

① 이동열량은 전열체의 단면적에 비례한다.
② 이동열량은 전열체의 두께에 비례한다.
③ 이동열량은 전열체의 열전도율에 비례한다.
④ 이동열량은 전열체 내·외부의 온도차에 비례한다.

해설 전도(Conduction)
고체 또는 정지 상태 유체의 열전달 : 발화, 성장기의 열전달

$$q = K \cdot A \cdot \frac{\Delta t}{\ell}[W]$$

q : 열량 (W = J/s = cal/s)
K : 열전도도 [W/m·℃], [J/m·s·℃]
A : 표면적 [m²]
Δt : 온도차 ($T_1 - T_2$) [℃]
ℓ : 물질두께 [m]

15. 대두유가 침적된 기름 걸레를 쓰레기통에 장시간 방치한 결과 자연발화에 의하여 화재가 발생한 경우 그 이유로 옳은 것은?

① 분해열 축적　　② 산화열 축적
③ 흡착열 축적　　④ 발효열 축적

해설 자연발화의 종류

산화열	석탄, 고무분말, 건성유, 황린 등
분해열	니트로셀룰로오스, 셀룰로이드, 니트로글리세린 등의 질산에스테르류
흡착열	탄소분말류 (유연탄, 목탄, 활성탄)
중합열	시안화수소(HCN), 스티렌(=스틸렌 $C_6H_5C_2H_3$), 초산비닐($CH_3COOC_2H_3$), 염화비닐(C_2H_3Cl)
발효열	퇴비, 건초

16. 분진폭발의 위험성이 가장 낮은 것은?

① 알루미늄분　② 유황
③ 팽창질석　　④ 소맥분

기출문제

2018. 1회 소방설비기사

해설 분진폭발

구 분	분진 폭발의 종류
폭연성분진	마그네슘, 알루미늄, 브론즈 등
가연성분진	곡물분진(소맥분, 전분 등), 합성수지류, 화학약품 등 비전도성인 것과 코크스, 철, 동등 전도성을 갖는 분진 등

※ 팽창질석, 팽창진주암은 가연물을 덮어 질식소화 시 사용하는 소화약제이다.

17. 1기압상태에서, 100[℃] 물 1[g]이 모두 기체로 변할 때 필요한 열량은 몇 [cal] 인가?

① 429　　② 499
③ 539　　④ 639

해설 증발잠열
100[℃]의 물 1[g]이 수증기로 변화하는 데 539[cal]의 열량이 필요하다.

18. pH 9 정도의 물을 보호액으로 하여 보호액 속에 저장하는 물질은?

① 나트륨　　② 탄화칼슘
③ 칼륨　　　④ 황린

해설 위험물 저장 방법

일반적인 위험물	건조하고 어둡고 시원한 냉암소에 저장
황린, 이황화탄소	물속에 저장
칼륨, 나트륨, 리튬	유동 파라핀등의 석유류속에 저장
아세틸렌	아세톤에 저장
니트로셀룰로오스	물 20[%], 프로필알코올 30[%]로 습윤시켜 저장
알킬알루미늄	희석제 [헥산(C_6H_{14}), 벤젠(C_6H_6), 톨루엔($C_6H_5CH_3$)]을 넣어 20%용액으로 저장 취급
과산화수소(H_2O_2)	인산(H_3PO_4), 요산($C_5H_4N_4O_3$), 요소, 글리세린 등의 안정제 첨가하여 분해 억제

19. 위험물안전관리법령에서 정하는 위험물의 한계에 대한 정의로 틀린 것은?

① 유황은 순도가 60 중량퍼센트 이상인 것
② 인화성고체는 고형알코올 그 밖에 1기압에서 인화점이 섭씨 40도 미만인 고체
③ 과산화수소는 그 농도가 35 중량퍼센트 이상인 것
④ 제1석유류는 아세톤, 휘발유 그 밖에 1기압에서 인화점이 섭씨 21도 미만인 것

해설 위험물의 정의
① 과산화수소는 그 농도가 36[wt%](중량퍼센트) 이상인 것
② 질산은 그 비중이 1.49 이상인 것

20. 고분자 재료와 열적 특성의 연결이 옳은 것은?

① 폴리염화비닐 수지 – 열가소성
② 페놀 수지 – 열가소성
③ 폴리에틸렌 수지 – 열경화성
④ 멜라민 수지 – 열가소성

해설

열가소성	열경화성
열을 가했을 때 녹고, 온도를 충분히 낮추면 고체 상태로 되돌아가는 고분자물질이다	열을 가하면 녹지 않고, 타서 가루가 되거나 기체를 발생시키는 고분자물질이다.
폴리염화비닐(PVC), 폴리에틸렌, 폴리스틸렌 등	페놀수지, 에폭시수지, 멜라민수지, 규소수지, 요소수지 등

+ 암기 : 염크비티렌오미
(종류 중 이 글자가 있으면 열가소성)

정답　17. ③　18. ④　19. ③　20. ①

■■■ 제2과목 소방유체역학

21. 유속 6[m/s]로 정상류의 물이 화살표 방향으로 흐르는 배관에 압력계와 피토계가 설치되어 있다. 이때 압력계의 계기압력이 300[kPa] 이었다면 피토계의 계기압력은 약 몇 [kPa]인가?

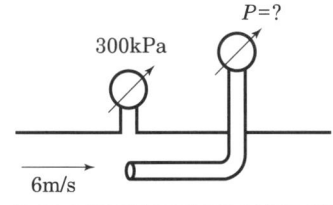

① 180
② 280
③ 318
④ 336

해설 베르누이 정리

$\rho g z_1 + \dfrac{v_1^2}{2}\rho + P_1 = \rho g z_2 + \dfrac{v_2^2}{2}\rho + P_2$ [Pa]에서

$z_1 = z_2$, $v_2 = 0$이므로

$\dfrac{v_1^2}{2}\rho + P_1 = P_2 = P$

$P = \dfrac{6^2 \times 10^3}{2} + 300 \times 10^3 = 318000\,[\text{Pa}]$

$= 318\,[\text{kPa}]$

22. 관내에 흐르는 유체의 흐름을 구분하는데 사용되는 레이놀즈 수의 물리적인 의미는?

① 관성력 / 중력
② 관성력 / 탄성력
③ 관성력 / 압축력
④ 관성력 / 점성력

해설 레이놀즈(Reynolds)수

$Re = \dfrac{\text{관성력}}{\text{점성력}} = \dfrac{\rho V^2 D^2}{\mu V D} = \dfrac{\rho V D}{\mu}$

레이놀즈수는 관로에서의 마찰손실, 비행체의 항력, 경계층문제 등의 점성유동(점성력이 주로 작용하는 유동)에는 레이놀즈수가 중요시 되는 무차원수이다.

23. 정육면체의 그릇에 물을 가득 채울 때, 그릇 밑면이 받는 압력에 의한 수직방향 평균 힘의 크기를 P라고 하면, 한 측면이 받는 압력에 의한 수평방향 평균 힘의 크기는 얼마인가?

① $0.5P$
② P
③ $2P$
④ $4P$

해설 수직인 평면에 작용하는 압력을 계기 압력으로 표현하면 액체 표면에서는 0, 액체의 깊이가 깊을수록 상승하여 깊이 H인 곳의 압력 $P = \rho g H$ [Pa]의 압력이 된다. 즉, 압력은 깊이에 비례하여 상승하고 수직인 벽에 작용하는 평균압력 $P_m = \dfrac{\rho g H}{2}$가 된다. 왜냐하면 수직방향의 깊이는 0.5H이기 때문임

24. 그림과 같이 수직 평판에 속도 2[m/s]로 단면적이 0.01[m²]인 물 제트가 수직으로 세워진 벽면에 충돌하고 있다. 벽면의 오른쪽에서 물 제트를 왼쪽 방향으로 쏘아 벽면의 평형을 이루게 하려면 물 제트의 속도를 약 몇 [m/s]로 해야 하는가? (단, 오른쪽에서 쏘는 물 제트의 단면적은 0.005[m²]이다.)

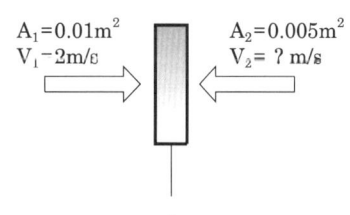

① 1.42
② 2.00
③ 2.83
④ 4.00

해설 고정된 수직 평판에 작용하는 힘

$F = \rho Q v = \rho A v^2$

$F_1 = F_2$에서

$\rho_1 A_1 v_1^2 = \rho_2 A_2 v_2^2$

$\rho_1 = \rho_2$이면

$v_2 = v_1 \sqrt{\dfrac{A_1}{A_2}} = 2 \times \sqrt{\dfrac{0.01}{0.005}} \fallingdotseq 2.83\,[\text{m/s}]$

기출문제

2018. 1회 소방설비기사

25. 그림과 같은 사이펀에서 마찰손실을 무시할 때, 사이펀 끝단에서의 속도[V]가 4[m/s]이기 위해서는 h가 약 몇 [m]이어야 하는가?

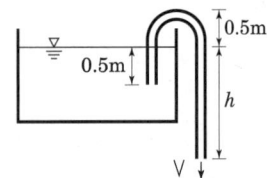

① 0.82[m]　② 0.77[m]
③ 0.72[m]　④ 0.87[m]

[해설] 토리첼리정리에 의해
$v = \sqrt{2gh}$ [m/s]에서
$h = \dfrac{v^2}{2g} = \dfrac{4^2}{2 \times 9.8} ≒ 0.82$ [m]

26. 펌프에 의하여 유체에 실제로 주어지는 동력은? (단, L_w는 동력[kW], γ는 물의 비중량[N/m³], Q는 토출량[m³/min], H는 전양정[m], g는 중력가속도[m/s²]이다.)

① $L_w = \dfrac{\gamma QH}{102 \times 60}$　② $L_w = \dfrac{\gamma QH}{1000 \times 60}$
③ $L_w = \dfrac{\gamma QHg}{102 \times 60}$　④ $L_w = \dfrac{\gamma QHg}{1000 \times 60}$

[해설] 펌프의 수동력

펌프의 수동력은 펌프에 의하여 유체에 실제로 주어지는 동력을 말한다.

수동력 $L_W = \dfrac{\rho gHQ}{1000 \times 60} = \dfrac{\gamma QH}{1000 \times 60}$ [kW]

기본식 $L_W = \gamma QH$에서 Q : m³/s, L_W : W이므로 1000×60으로 나누어 준다.

27. 성능이 같은 3대의 펌프를 병렬로 연결하였을 경우 양정과 유량은 얼마인가? (단, 펌프 1대에서 유량은 Q, 양정은 H라고 한다.)

① 유량은 $9Q$, 양정은 H
② 유량은 $9Q$, 양정은 $3H$
③ 유량은 $3Q$, 양정은 $3H$
④ 유량은 $3Q$, 양정은 H

[해설] 연합(직렬 및 병렬)운전 특성
① 직렬운전
　같은 용량의 펌프를 3대 직렬운전 한 경우
　합성 특성곡선은 동일 유량에 대하여 대수배한 특성으로 총토출량 : Q, 양정 : $3H$로 된다.
② 병렬운전
　같은 용량의 펌프를 3대 병렬 운전한 경우
　합성 특성곡선은 동일 양정에 대하여 대수배한 특성곡선으로 총토출량 : $3Q$, 양정 : H으로 된다.

28. 비압축성 유체의 2차원 정상 유동에서, x방향의 속도를 u, y방향의 속도를 v라고 할 때 다음의 주어진 식들 중에서 연속 방정식을 만족하는 것은 어느 것인가?

① $u = 2x + 2y$, $v = 2x - 2y$
② $u = x + 2y$, $v = x^2 - 2y$
③ $u = 2x + y$, $v = x^2 + 2y$
④ $u = x + 2y$, $v = 2x - y^2$

[해설] 비압축성 유체의 2차원 정상 유동의 연속방정식은
$\nabla \cdot v = \dfrac{\partial u}{\partial x} + \dfrac{\partial v}{\partial y} = 0 \rightarrow x, y$ 방향의 속도의 합은 0이다.

① $\dfrac{\partial u}{\partial x} = 2, \dfrac{\partial v}{\partial y} = -2$
② $\dfrac{\partial u}{\partial x} = 1, \dfrac{\partial v}{\partial y} = -2$
③ $\dfrac{\partial u}{\partial x} = 2, \dfrac{\partial v}{\partial y} = 2$
④ $\dfrac{\partial u}{\partial x} = 1, \dfrac{\partial v}{\partial y} = -2y$

∴ ①의 경우 2+(−2)=0으로 이 속도 성분은 연속방정식을 만족한다.

29. 다음 중 동력의 단위가 아닌 것은?

① J/s　② W
③ kg·m²/s　④ N·m/s

[해설] 동력 W=일/시간=J/s=N·m/s
　　　=(kg·m/s²)·m/s=kg·m²/s³

정답　25. ①　26. ②　27. ④　28. ①　29. ③

30. 지름 10[cm]인 금속구가 대류에 의해 열을 외부공기로 방출한다. 이때 발생하는 열전달량이 40[W]이고, 구 표면과 공기 사이의 온도차가 50[℃]라면 공기와 구 사이의 대류 열전달 계수[W/(m²·K)]는 약 얼마인가?

① 25　　② 50
③ 75　　④ 100

해설 열전달
$$Q = \alpha A(t_2 - t_1) 에서$$
$$\alpha = \frac{Q}{A(t_2-t_1)} = \frac{40}{(4\pi \times 0.05^2) \times 50} ≒ 25$$
여기서, Q : 대류열류(열전달량) [W]
α : 대류열전달계수 [W/m²·℃]
$\Delta t = t_2 - t_1$: 온도차 [℃]
A : 전열면적[m²] : 구의 표면적 $A = 4\pi r^2$

31. 지름 0.4[m]인 관에 물이 0.5[m³/s]로 흐를 때 길이 300[m]에 대한 동력손실은 60[kW]였다. 이 때 관마찰계수 f는 약 얼마인가?

① 0.015　　② 0.020
③ 0.025　　④ 0.030

해설 달시-바이스바흐(Darcy-Weisbach)의 식으로부터 손실수두 h_L
$$h_L = f \cdot \frac{l}{d} \cdot \frac{v^2}{2g} \ [m]$$
여기서 f : 관마찰계수
d : 관경[m]
l : 길이[m]
v : 유속 [m/s]
g : 중력가속도 [m/s²]

(1) 펌프의 동력손실
$L_W = \gamma H Q$에서
$$H(=h_L) = \frac{L_W}{\gamma Q} = \frac{60}{9.8 \times 0.5} = 12.24 \ [m]$$
여기서, L_W : 수동력[kW]
H : 전양정[m]
Q : 유량[m³/s]
γ : 비중량[물=9.8kN/m³]

(2) 유속 v
$$v = \frac{Q}{A} = \frac{0.5}{\frac{\pi \times 0.4^2}{4}} = 3.98 \ [m/s]$$
∴ 마찰계수
$$f = \frac{2gh_L d}{lv^2} = \frac{2 \times 9.8 \times 12.24 \times 0.4}{300 \times 3.98^2} = 0.020$$

32. 체적이 10[m³]인 기름의 무게가 30000[N]이라면 이 기름의 비중은 얼마인가? (단, 물의 밀도는 1000[kg/m³]이다.)

① 0.153　　② 0.306
③ 0.459　　④ 0.612

해설 $W(무게) = \gamma V [N]$
물체의 비중량 $\gamma = \frac{W}{V} = \frac{30000}{10} = 3000 \ [N/m³]$
∴ 비중 $s = \frac{\gamma}{\gamma_w} = \frac{\gamma}{9800} = \frac{3000}{9800} = 0.306$
여기서, γ : 기름의 비중량[N/m³]
γ_w : 물의 비중량[9800 N/m³]
V : 부피[m³]

33. 비열에 대한 다음 설명 중 틀린 것은?

① 정적비열은 체적이 일정하게 유지되는 동안 온도변화에 대한 내부에너지 변화율이다.
② 정압비열을 정적비열로 나눈 것이 비열비이다.
③ 정압비열은 압력이 일정하게 유지될 때 온도변화에 대한 엔탈피 변화율이다.
④ 비열비는 일반적으로 1보다 크나 1보다 작은 물질도 있다.

해설 (1) $C_P - C_V = R$
(2) $C_P > C_V$
(3) 비열비 $k = C_P/C_V$이므로 비열비는 1보다 항상 크다.
여기서, C_P : 정압비열
C_V : 정적비열
R : 기체상수

정답　30. ①　31. ②　32. ②　33. ④

기출문제

2018. 1회 소방설비기사

34. 비중 0.92인 빙산이 비중 1.025의 바닷물 수면에 떠 있다. 수면 위에 나온 빙산의 체적이 150[m³]이면 빙산의 전체 체적은 약 몇 [m³] 인가?

① 1314　　② 1464
③ 1725　　④ 1875

[해설] 물체의 무게=부력($W = \rho g V = r V$)
V_1 : 물체의 체적
$9800 \times 0.92 \times V_1 = 1.025 \times 9800 \times (V_1 - 150)$
$\therefore V_1 = \dfrac{1.025 \times 150}{1.025 - 0.92} = 1464 \,[\text{m}^3]$

35. 초기 상태에서 압력 100[kPa], 온도 15[℃]인 공기가 있다. 공기의 부피가 초기 부피의 $\dfrac{1}{20}$이 될 때까지 단열 압축할 때 압축 후의 온도는 약 몇 [℃]인가? (단, 공기의 비열비는 1.4이다.)

① 54　　② 348
③ 682　　④ 912

[해설] 가역단열변화
$\dfrac{T_2}{T_1} = (\dfrac{v_1}{v_2})^{n-1}$ 에서
$T_2 = T_1 (\dfrac{v_1}{v_2})^{n-1} = (273+15) \times \left(\dfrac{1}{\tfrac{1}{20}}\right)^{1.4-1}$
≒ 955K
℃ = K - 273 = 955 - 273 = 682 [℃]
여기서, T_1, P_1 : 초기온도와 압력
　　　　T_2, P_2 : 단열팽창 후 온도와 압력
　　　　k : 비열비

36. 수격작용에 대한 설명으로 맞는 것은?

① 관로가 변할 때 물의 급격한 압력 저하로 인해 수중에서 공기가 분리되어 기포가 발생하는 것을 말한다.
② 펌프의 운전 중에 송출압력과 송출유량이 주기적으로 변동하는 현상을 말한다.
③ 관로의 급격한 온도변화로 인해 응결되는 현상을 말한다.
④ 흐르는 물을 갑자기 정지시킬 때 수압이 급격히 변화하는 현상을 말한다.

[해설] 수격작용(water hammer)
배관계 내의 유체의 속도가 급격히 변화함에 따라 유체 압력이 상승 또는 강하하는 현상으로
비교적 긴 송수관으로 액체를 수송하고 있을 때 급격히 밸브를 닫거나 정전 등으로 펌프의 운전이 갑자기 멈춘 경우, 감속되는 분량의 운동에너지가 압력에너지로 변하여 관에 심한 충격을 주는 현상을 말한다.

37. 그림에서 h_1=120[mm], h_2=180[mm], h_3=100[mm] 일 때 A에서의 압력과 B에서의 압력의 차이($P_A - P_B$)를 구하면? (단, A, B 속의 액체는 물이고, 차압 액주계에서의 중간 액체는 수은(비중 13.6)이다.)

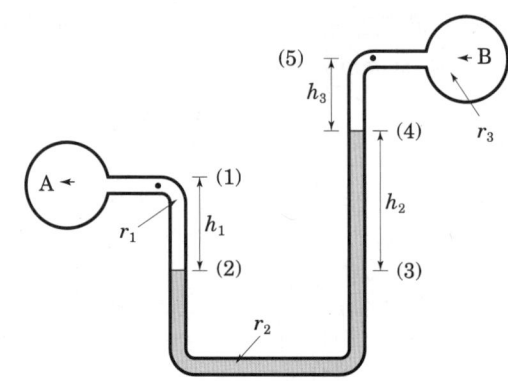

① 20.4[kPa]　　② 23.8[kPa]
③ 26.4[kPa]　　④ 29.8[kPa]

[해설] $P_{(2)} = P_{(3)}$ 이므로
$P_A + \gamma_1 h_1 = P_B + \gamma_3 h_3 + \gamma_2 h_2$
$\therefore P_A - P_B = \gamma_3 h_3 + \gamma_2 h_2 - \gamma_1 h_1$
$= 9.8 \times 0.1 + 13.6 \times 9.8 \times 0.18$
$- 9.8 \times 0.12 ≒ 23.8 \,[\text{kPa}]$
여기서, γ_1, γ_3 : 물의 비중량[9.8 kN/m³]
　　　　γ_2 : 수은의 비중량 : 13.6×9.8 [kN/m³]

정답　34. ②　35. ③　36. ④　37. ②

38. 원형 단면을 가진 관내에 유체가 완전 발달된 비압축성 층류유동으로 흐를 때 전단응력은?

① 중심에서 0이고, 중심선으로부터 거리에 비례하여 변한다.
② 관 벽에서 0이고, 중심선에서 최대이며 선형분포한다.
③ 중심에서 0이고, 중심선으로부터 거리의 제곱에 비례하여 변한다.
④ 전 단면에 걸쳐 일정하다.

[해설] 전단응력 τ

$$\tau = \mu \frac{du}{dy}$$

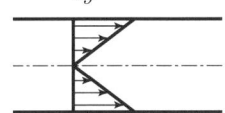

39. 부피가 0.3[m³]으로 일정한 용기 내의 공기가 원래 300[kPa](절대압력), 400[K]의 상태였으나, 일정 시간동안 출구가 개방되어 공기가 빠져나가 200[kPa](절대압력), 350[K]의 상태가 되었다. 빠져나간 공기의 질량은 약 몇 [g]인가? (단, 공기는 이상기체로 가정하며 기체상수는 287[J/(kg·K)]이다.)

① 74   ② 187
③ 295   ④ 388

[해설] 이상기체 상태방정식

$PV = mRT$ 에서

여기서, P : 압력[kPa]
V : 체적[m³]
m : 질량[kg]
R : 기체상수[kJ/kg·K]
T : 온도[K]

(1) 최초의 공기의 질량 m

$$m = \frac{PV}{RT} = \frac{300 \times 0.3}{0.287 \times 400} = 0.784 \text{ [kg]}$$

(2) 출구가 개방된 후의 공기질량 m'

$$m' = \frac{P_2 V}{RT_2} = \frac{200 \times 0.3}{0.287 \times 350} = 0.597 \text{ [kg]}$$

(3) 빠져나간 공기의 질량

$$m_x = m - m' = 0.784 - 0.597 = 0.187 \text{ [kg]} = 187 \text{ [g]}$$

40. 한 변의 길이가 L인 정사각형 단면의 수력지름(hydraulic diameter)은?

① $\dfrac{L}{4}$ ② $\dfrac{L}{2}$
③ L ④ $2L$

[해설] 수력지름

$$D_e = \frac{4A}{L_P}$$

여기서, A : 유동(통수)단면적[m²]
L_P : 접수길이[m]

정사각형 단면인 경우
• $A = L \times L = L^2$
• $L_P = 2 \times (L+L) = 4L$

$$\therefore D_e = \frac{4A}{L_P} = \frac{4L^2}{4L} = L \text{ [m]}$$

■■■ 제3과목 소방관계법규

41. 소방시설 설치 및 관리에 관한 법령상 화재안전기준을 달리 적용하여야 하는 특수한 용도 또는 구조를 가진 특정소방대상물인 원자력발전소에 설치하지 아니 할 수 있는 소방시설은?

① 물분무등소화설비
② 스프링클러설비
③ 상수도소화용수설비
④ 연결살수설비

해설 소방시설의 설치 제외

화재 위험도가 낮은 특정소방대상물	석재·불연성금속·불연성 건축재료 등의 가공공장·기계조립공장 또는 불연성 물품을 저장하는 창고	옥외소화전 연결살수설비
화재안전기준을 적용하기 어려운 특정소방대상물	펄프공장의 작업장, 음료수 공장의 세정 또는 충전하는 작업장	스프링클러설비, 상수도소화용수설비 연결살수설비
	정수장, 수영장, 목욕장, 농예·축산·어류양식용 시설	자동화재탐지설비, 상수도소화용수설비 연결살수설비
화재안전기준을 달리 적용해야 하는 특수한 용도 또는 구조를 가진 특정소방대상물	원자력발전소, 중·저준위방사성 폐기물의 저장시설	연결송수관설비, 연결살수설비
위험물안전관리법에 따른 자체소방대가 설치된 특정소방대상물	자체소방대가 설치된 제조소등에 부속된 사무실	옥내소화전설비, 소화용수설비, 연결송수관설비, 연결살수설비

42. 위험물안전관리법상 시·도지사의 허가를 받지 아니하고 당해 제조소등을 설치할 수 있는 기준 중 다음 ( ) 안에 알맞은 것은?

> 농예용·축산용 또는 수산용으로 필요한 난방시설 또는 건조시설을 위한 지정수량 (   )배 이하의 저장소

① 20　　　　　　② 30
③ 40　　　　　　④ 50

해설 제조소 등의 허가, 변경, 신고를 하지 않아도 되는 경우
① 주택의 난방시설(공동주택의 중앙난방시설을 제외)을 위한 저장소 또는 취급소
② 농예용·축산용 또는 수산용으로 필요한 난방시설 또는 건조시설을 위한 지정수량 20배 이하의 저장소

43. 소방시설공사업법상 특정소방대상물의 관계인 또는 발주자가 해당 도급계약의 수급인을 도급계약 해지할 수 있는 경우의 기준 중 틀린 것은?

① 하도급계약의 적정성 심사 결과 하수급인 또는 하도급계약 내용의 변경 요구에 정당한 사유 없이 따르지 아니하는 경우
② 정당한 사유 없이 15일 이상 소방시설공사를 계속하지 아니하는 경우
③ 소방시설업이 등록취소되거나 영업정지된 경우
④ 소방시설업을 휴업하거나 폐업한 경우

해설 도급계약의 해지
특정소방대상물의 관계인 또는 발주자는 도급계약의 수급인이 다음에 해당하는 경우에는 도급계약을 해지할 수 있다.
① 소방시설업이 등록취소되거나 영업정지된 경우
② 소방시설업을 휴업하거나 폐업한 경우
③ 정당한 사유 없이 30일 이상 소방시설공사를 계속하지 아니하는 경우
④ 하수급인 또는 하도급계약 내용의 변경 요구에 정당한 사유 없이 따르지 아니하는 경우

44. 소방시설공사업법령상 소방시설공사 완공 검사를 위한 현장 확인 대상 특정소방대상물의 범위가 아닌 것은?

① 위락시설　　　② 판매시설
③ 운동시설　　　④ 창고시설

해설 완공검사를 위한 현장확인 대상 특정소방대상물의 범위
1. 창고시설, 문화 및 집회시설, 판매시설, 종교시설, 수련시설, 지하상가, 노유자시설, 숙박시설, 운동시설, 다중이용업소
2. 스프링클러설비등, 물분무등소화설비 설치(호스릴방식의 소화설비 제외)
3. 연면적 1만 [m²] 이상이거나 11층 이상인 특정소방대상물 (아파트 제외)
4. 가연성가스를 제조·저장 또는 취급하는 시설 중 지상에 노출된 가연성가스탱크의 저장용량 합계가 1천톤 이상인 시설

정답 42. ①　43. ②　44. ①

45. 화재의 예방 및 안전관리 법률상 특수가연물의 저장 및 취급의 기준 중 다음 (   )안에 알맞은 것은? (단, 석탄·목탄류를 발전용으로 저장하는 경우는 제외한다.)

> 살수설비를 설치하거나, 방사능력 범위에 해당 특수가연물이 포함되도록 대형수동식소화기를 설치하는 경우에는 쌓는 높이는 (㉠)[m] 이하, 석탄·목탄류의 경우에는 쌓는 부분의 바닥면적을 (㉡)[m²] 이하로 할 수 있다.

① ㉠ 10, ㉡ 50   ② ㉠ 10, ㉡ 200
③ ㉠ 15, ㉡ 200   ④ ㉠ 15, ㉡ 300

해설 특수가연물의 저장·취급 기준
다만, 석탄·목탄류를 발전용으로 저장하는 경우는 제외
① 품명별로 구분하여 쌓을 것
② 저장·취급 기준

구분		일반적인 경우	기타의 경우
높이		10 [m] 이하	15 [m] 이하
쌓는 부분의 바닥면적	면화류 등	50 [m²] 이하	200 [m²] 이하
	석탄·목탄류	200 [m²] 이하	300 [m²] 이하

※ 기타의 경우 : 살수설비를 설치하거나 방사능력 범위에 해당 특수가연물이 포함되도록 대형수동식소화기를 설치하는 경우

③ 저장·취급 기준

구분	실내에 쌓아 저장하는 경우	실외에 쌓아 저장하는 경우
쌓는 부분 바닥면적의 사이	1.2 [m] 또는 쌓는 높이의 1/2 중 큰 값 이상	3 [m] 또는 쌓는 높이 중 큰 값 이상
저장 기준	㉠ 주요구조부는 내화구조이면서 불연재료 ㉡ 다른 종류의 특수가연물과 같은 공간에 보관하지 않을 것	쌓는 부분이 대지경계선, 도로 및 인접 건축물과 최소 6 [m] 이상
저장 기준 제외	내화구조의 벽으로 분리하는 경우	쌓는 높이보다 0.9 [m] 이상 높은 내화구조 벽체를 설치한 경우

46. 소방시설 설치 및 관리에 관한 법상 중앙소방기술심의위원회의 심의사항이 아닌 것은?

① 화재안전기준에 관한 사항
② 소방시설의 설계 및 공사감리의 방법에 관한 사항
③ 소방시설에 하자가 있는지의 판단에 관한 사항
④ 소방시설공사의 하자를 판단하는 기준에 관한 사항

해설 소방기술심의위원회
1. 소방청의 중앙소방기술심의위원회(중앙위원회)
> ① 화재안전기준에 관한 사항
> ② 소방시설의 구조 및 원리 등에서 공법이 특수한 설계 및 시공에 관한 사항
> ③ 소방시설의 설계 및 공사감리의 방법에 관한 사항
> ④ 소방시설공사의 하자를 판단하는 기준에 관한 사항
> ⑤ 신기술·신공법 등 검토·평가에 고도의 기술이 필요한 경우로서 중앙위원회에 심의를 요청한 사항
> ⑥ 그 밖에 소방기술 등에 관하여 대통령령으로 정하는 사항
>> ㉠ 연면적 10만 [m²] 이상의 특정소방대상물에 설치된 소방시설의 설계·시공·감리의 하자 유무에 관한 사항
>> ㉡ 새로운 소방시설과 소방용품 등의 도입 여부에 관한 사항
>> ㉢ 그 밖에 소방기술과 관련하여 소방청장이 소방기술심의위원회의 심의에 부치는 사항

2. 시·도의 지방소방기술심의위원회(지방위원회)
> ① 소방시설에 하자가 있는지의 판단에 관한 사항
> ② 그 밖에 소방기술 등에 관하여 대통령령으로 정하는 사항
>> ㉠ 연면적 10만 [m²] 미만의 특정소방대상물에 설치된 소방시설의 설계·시공·감리의 하자 유무에 관한 사항
>> ㉡ 소방본부장 또는 소방서장이 화재안전기준 또는 위험물 제조소등의 시설기준의 적용에 관하여 기술검토를 요청하는 사항
>> ㉢ 그 밖에 소방기술과 관련하여 시·도지사가 소방기술심의위원회의 심의에 부치는 사항

정답 45. ④ 46. ③

기출문제

47. 소방시설 설치 및 관리에 관한 법령상 단독경보형 감지기를 설치하여야 하는 특정소방대상물의 기준 중 옳은 것은?

① 연면적 600[m²] 미만의 유치원
② 공동주택 중 연립주택, 다세대주택
③ 숙박시설이 있는 수용인원 300인 미만의 수련시설
④ 교육연구시설 또는 수련시설 내에 있는 합숙소 또는 기숙사로서 연면적 1,000[m²] 미만인 것

해설 단독경보형 감지기 설치 대상

대상	기 준	기준 이상
공동주택 중 연립주택, 다세대주택	연동형으로 설치할 것	-
수련시설 (숙박시설 있어야 함)	수용인원 100명 미만	자동화재탐지 설비설치대상
유치원	연면적 400[m²] 미만	
합숙소 또는 기숙사 (교육연구시설 또는 수련시설 내)	연면적 2천[m²] 미만	

48. 소방시설 설치 및 관리에 관한 법령상 용어의 정의 중 다음 ( ) 안에 알맞은 것은?

> 특정소방대상물이란 소방시설을 설치하여야 하는 소방대상물로서 ( )으로 정하는 것을 말한다.

① 행정안전부령
② 국토교통부령
③ 고용노동부령
④ 대통령령

해설 특정소방대상물
    소방시설을 설치하여야 하는 소방대상물로서 대통령령으로 정하는 것

49. 화재의 예방 및 안전관리에 관한 법상 소방안전 특별관리시설물의 대상 기준 중 틀린 것은?

① 수련시설
② 항만시설
③ 전력용 및 통신용 지하구
④ 지정문화재인 시설(시설이 아닌 지정문화재를 보호하거나 소장하고 있는시설을 포함)

해설 소방안전 특별관리시설물
1. 공항시설, 철도시설, 도시철도시설, 항만시설,
2. 석유비축시설, 천연가스 인수기지 및 공급망
3. 지정문화재인 및 천연기념물·명승, 시·도자연유산인시설(시설이 아닌 지정문화재를 보호하거나 소장하고 있는 시설을 포함)
4. 산업기술단지, 산업단지, 전력용 및 통신용 지하구
5. 초고층 건축물 및 지하연계 복합건축물
6. 영화상영관 중 수용인원 1천명 이상인 영화상영관
7. 전통시장으로서 대통령으로 정하는 전통시장(점포가 500개 이상인 전통시장)
8. 그 밖에 대통령령으로 정하는 시설물
   ㉠ 발전사업자가 가동 중인 발전소
   ㉡ 물류창고로서 연면적 10만 [m²] 이상인 것
   ㉢ 가스공급시설

50. 위험물안전관리법령상 인화성액체위험물(이황화탄소를 제외)의 옥외탱크저장소의 탱크 주위에 설치하여야 하는 방유제의 설치 기준 중 틀린 것은?

① 방유제내의 면적은 60,000[m²] 이하로 하여야 한다.
② 방유제는 높이 0.5[m] 이상 3[m] 이하, 두께 0.2[m] 이상, 지하매설깊이 1[m] 이상으로 할 것. 다만, 방유제와 옥외저장탱크 사이의 지반면 아래에 불침윤성 구조물을 설치하는 경우에는 지하매설깊이를 해당 불침윤성 구조물까지로 할 수 있다.
③ 방유제의 용량은 방유제안에 설치된 탱크가 하나인 때에는 그 탱크 용량의 110[%] 이상, 2기 이상인 때에는 그 탱크 중 용량이 최대인 것의 용량의 110[%] 이상으로 하여야 한다.

정답 47. ② 48. ④ 49. ① 50. ①

④ 방유제는 철근콘크리트로 하고, 방유제와 옥외저장탱크 사이의 지표면은 불연성과 불침윤성이 있는 구조(철근콘크리트 등)로 할 것, 다만, 누출된 위험물을 수용할 수 있는 전용유조 및 펌프 등의 설비를 갖춘 경우에는 방유제와 옥외저장탱크 사이의 지표면을 흙으로 할 수 있다.

[해설] 방유제 높이, 면적 등

구 분	내 용
면적	8만[m^2] 이하
높이	0.5[m] 이상 3[m] 이하
두께	0.2[m] 이상
지하매설깊이	1[m] 이상
재질	철근콘크리트
계단 또는 경사로	높이가 1[m] 이상이면 50[m]마다 설치할 것(방유제 내에 유출유 확인 등)
방유제 외면의 1/2 이상	자동차 등이 통행할 수 있는 3[m] 이상의 노면 폭을 확보한 구내도로에 접할 것
방유제 내에 설치하는 옥외저장탱크의 수	10 이하 / —
	20 이하 / 모든 옥외저장탱크의 용량이 20만[ℓ] 이하이고, 위험물의 인화점이 70[℃] 이상 200[℃] 미만(제3석유류)인 경우
	제한 없음 / 인화점이 200[℃] 이상인 경우
간막이 둑	용량이 1,000만[ℓ] 이상인 옥외저장탱크의 주위에 설치하는 방유제에는 당해 탱크마다 설치

51. 화재의 예방 및 안전관리에 관한 법령상 특수가연물의 수량 기준으로 틀린 것은?

① 고무류(발포시킨 것) : 20[m^3] 이상
② 가연성 액체류 : 2[m^3] 이상
③ 넝마 및 종이부스러기 : 400[kg] 이상
④ 볏짚류 : 1,000[kg] 이상

[해설] 특수가연물

품명	수량
면화류	200[kg] 이상
나무껍질 및 대팻밥	400[kg] 이상
넝마 및 종이부스러기	1,000[kg] 이상
사류(絲類)	1,000[kg] 이상
볏짚류	1,000[kg] 이상
가연성고체류	3,000[kg] 이상
석탄·목탄류	10,000[kg] 이상
가연성액체류	2[m^3] 이상
목재가공품 및 나무부스러기	10[m^3] 이상
고무류 플라스틱류 - 발포시킨 것	20[m^3] 이상
고무류 플라스틱류 - 그 밖의 것	3,000[kg] 이상

52. 위험물안전관리법상 업무상 과실로 제조소등에서 위험물을 유출·방출 또는 확산시켜 사람의 생명·신체 또는 재산에 대하여 위험을 발생시킨 자에 대한 벌칙 기준으로 옳은 것은?

① 10년 이하의 징역 또는 금고나 1억 원 이하의 벌금
② 7년 이하의 금고 또는 7천만 원 이하의 벌금
③ 5년 이하의 징역 또는 1억 원 이하의 벌금
④ 3년 이하의 징역 또는 3천만 원 이하의 벌금

[해설] 제조소 등에서 위험물 유출 등의 경우 벌칙

제조소등 또는 허가를 받지 않고 지정수량 이상의 위험물을 저장 또는 취급하는 장소에서 위험물을 유출·방출 또는 확산시켜 사람의 생명·신체 또는 재산에 대하여 위험을 발생시킨 자	사망에 이르게 한 때	5년 이상 또는 무기 징역
	사람을 상해(傷害)에 이르게 한 때	3년 이상 또는 무기 징역
	—	1년 이상 10년 이하의 징역
업무상 과실로 제조소 등 또는 허가를 받지 않고 지정수량 이상의 위험물을 저장 또는 취급하는 장소에서 위험물을 유출·방출 또는 확산시켜 사람의 생명·신체 또는 재산에 대하여 위험을 발생시킨 자	사람을 사상(死傷)에 이르게 한 자	10년 이하의 징역, 금고 또는 1억 원 이하
	—	7년 이하의 금고 또는 7천만 원 이하

정답 51. ③ 52. ②

기출문제

2018. 1회 소방설비기사

53. 위험물안전관리법령상 제조소의 위치·구조 및 설비의 기준 중 위험물을 취급하는 건축물 그 밖의 시설의 주위에는 그 취급하는 위험물의 최대수량이 지정수량의 10배 이하인 경우 보유하여야 할 공지의 너비는 몇 [m] 이상 이어야 하는가?

① 3
② 5
③ 8
④ 10

해설 제조소의 보유공지
① 제조소 등이 설치되면 주위의 대상물과의 관계없이 확보해야 할 절대적인 공간

취급하는 위험물의 최대수량	공지의 너비
지정수량의 10배 이하	3[m] 이상
지정수량의 10배 초과	5[m] 이상

② 보유공지 목적

연소확대의 방지	화재 등의 경우 피난의 원활	소화활동의 공간 확보

54. 소방시설 설치 및 관리에 관한 법령상 종합점검 실시 대상이 되는 특정소방대상물의 기준 중 다음 ( ) 안에 알맞은 것은?

물분무등소화설비[호스릴방식 제외]가 설치된 대상물로서 연면적 ( )[m²] 이상인 특정소방대상물 (위험물제조소등을 제외)

① 2,000
② 2,000
③ 3,000
④ 5,000

해설 종합점검 대상

연면적 및 설치된 소방시설등의 기준		비고
①	물분무등 소화설비	5,000[m²] 이상	호스릴방식만을 설치한 경우 제외. 위험물 제조소등은 제외.
②	다중이용업의 영업장이 설치된 특정 소방대상물	2,000[m²] 이상	산후조리업, 노래연습장업, 고시원업, 단란주점영업, 유흥주점영업, 비디오물감상실업·복합영상물제공업, 안마시술소, 영화상영관만 해당
③	옥내소화전설비 또는 자동화재 탐지설비가 설치된 공공기관	1,000[m²] 이상	터널·지하구의 경우 그 길이와 평균폭을 곱하여 계산된 값. 소방기본법에 따른 소방대가 근무하는 공공기관은 제외.
④ 스프링클러설비가 설치된 특정소방대상물		
⑤ 제연설비가 설치된 터널		
⑥ 최초점검에 해당하는 특정소방대상물		

55. 소방기본법상 소방업무의 응원에 대한 설명 중 틀린 것은?

① 소방본부장이나 소방서장은 소방활동을 할 때에 긴급한 경우에는 이웃한 소방본부장 또는 소방서장에게 소방업무의 응원을 요청할 수 있다.
② 소방업무의 응원 요청을 받은 소방본부장 또는 소방서장은 정당한 사유 없이 그 요청을 거절하여서는 아니 된다.
③ 소방업무의 응원을 위하여 파견된 소방대원은 응원을 요청한 소방본부장 또는 소방서장의 지휘에 따라야 한다.
④ 시·도지사는 소방업무의 응원을 요청하는 경우를 대비하여 출동 대상지역 및 규모와 필요한 경비의 부담 등에 관하여 필요한 사항을 대통령령으로 정하는 바에 따라 이웃하는 시·도지사와 협의하여 미리 규약으로 정하여야 한다.

정답 53. ① 54. ④ 55. ④

해설 소방업무의 응원
1. 소방활동을 할 때에 긴급한 경우 이웃한 소방본부장 또는 소방서장에게 도움을 요청하는 것
2. 소방업무의 응원(應援)을 요청 하는 자 : 소방본부장이나 소방서장
3. 응원 요청을 받은 소방본부장 또는 소방서장 : 정당한 사유 없이 그 요청을 거절하면 안 됨
4. 파견된 소방대원 : 응원을 요청한 소방본부장 또는 소방서장의 지휘에 따라야 한다.
5. 행정안전부령으로 정하는 바에 따라 이웃하는 시·도지사와 협의하여 미리 규약(規約)으로 정해야 한다.
6. 소방업무의 응원의 체결자 : 시·도지사
7. 상호응원협정 체결 시 포함되어야 하는 사항
   ① 응원출동 요청방법
   ② 응원출동 대상지역 및 규모
   ③ 응원출동 훈련 및 평가
   ④ 소방활동에 관한 사항
      ㉠ 화재의 경계·진압 활동
      ㉡ 구조·구급 업무의 지원
      ㉢ 화재조사활동
   ⑤ 소요경비의 부담에 관한 사항
      ㉠ 출동대원의 수당·식사 및 의복의 수선
      ㉡ 소방장비 및 기구의 정비와 연료의 보급
      ㉢ 그 밖의 경비
   ※ 응원 협정 사항에는 소방대원에 대한 교육, 훈련 및 소방신호, 현장지휘에 관한 사항에 대한 내용은 없음

56. 화재의 예방 및 안전관리에 관한 법령상 소방안전관리대상물의 소방안전관리자가 소방훈련 및 교육을 하지 않은 경우 1차 위반 시 과태료 금액 기준으로 옳은 것은?

① 200만 원 ② 100만 원
③ 50만 원   ④ 30만 원

해설 벌칙

위반행위	과태료 금액 (단위: 만원)		
	1차	2차	3차 이상
소방안전관리업무를 하지 않은 경우	100	200	300
건설현장 소방안전관리대상물의 소방안전관리자의 업무를 하지 않은 경우			
피난유도 안내정보를 제공하지 않은 경우			
소방훈련 및 교육을 하지 않은 경우			

57. 화재의 예방 및 안전관리에 관한 법률상 시·도지사가 화재예방강화지구로 지정할 필요가 있는 지역을 화재예방강화지구로 지정하지 아니하는 경우 해당 시·도지사에게 해당 지역의 화재예방강화지구 지정을 요청할 수 있는 자는?

① 행정안전부장관   ② 소방청장
③ 소방본부장   ④ 소방서장

해설 화재예방강화지구
화재발생 우려가 크거나 화재가 발생할 경우 피해가 클 것으로 예상되는 지역에 대하여 화재의 예방 및 안전관리를 강화하기 위해 지정·관리하는 지역
① 시도지사 : 화재예방강화지구를 지정하여 관리
② 소방청장 : 해당 시·도지사에게 해당 지역의 화재예방강화지구 지정을 요청할 수 있다.

┌─── │ 화재예방강화지구 │ ───┐
1. 시장지역
2. 소방시설·소방용수시설 또는 소방출동로가 없는 지역
3. 위험물의 저장 및 처리 시설이 밀집한 지역
4. 석유화학제품을 생산하는 공장이 있는 지역
5. 공장·창고가 밀집한 지역
6. 목조건물이 밀집한 지역
7. 산업입지 및 개발에 관한 법률에 따른 산업단지
8. 소방관서장이 화재예방강화지구로 지정할 필요가 있다고 인정하는 지역
9. 노후·불량건축물이 밀집한 지역
10. 물류시설의 개발 및 운영에 관한 법률에 따른 물류단지

정답 56. ② 57. ②

③ 소방관서장
  ㉠ 화재예방강화지구 내 화재안전조사를 연 1회 이상 실시
  ㉡ 소방설비등의 설치(보수, 보강 포함)를 명할 수 있다.

  > 설치 명령을 정당한 사유 없이 따르지 아니한 자 : 200만 원 이하의 과태료

  ㉢ 훈련 및 교육을 연 1회 이상 실시 및 실시 시 관계인에게 훈련 또는 교육 10일 전까지 그 사실을 통보

58. 화재의 예방 및 안전관리에 관한 법령상 관리의 권원(權原)이 분리되어 있는 특정소방대상물의 경우 그 관리의 권원별 관계인은 소방안전관리자를 선임하여야 한다. 그 대상물이 아닌 것은?

① 근린생활시설과 공동주택의 복합건축물
② 지하층을 제외한 층수가 11층 이상인 복합건축물
③ 지하가(지하의 인공구조물 안에 설치된 상점 및 사무실, 그 밖에 이와 비슷한 시설이 연속하여 지하도에 접하여 설치된 것과 그 지하도를 합한 것)
④ 복합건축물로서 연면적이 30,000[m²] 이상인 것

해설 아래의 대상물 중 관리의 권원(權原)이 분리되어 있는 특정소방대상물별로 소방안전관리자 선임 대상
 1. 복합건축물(지하층을 제외한 층수가 11층 이상 또는 연면적 30,000[m²] 이상인 건축물)
 2. 지하가(지하의 인공구조물 안에 설치된 상점 및 사무실, 그 밖에 이와 비슷한 시설이 연속하여 지하도에 접하여 설치된 것과 그 지하도를 합한 것)
 3. 그 밖에 대통령령으로 정하는 특정소방대상물
  – 판매시설 중 도매시장, 소매시장 및 전통시장

59. 소방기본법령상 일반음식점에서 조리를 위하여 불을 사용하는 설비를 설치하는 경우 지켜야 하는 사항 중 다음 (   ) 안에 알맞은 것은?

> • 주방설비에 부속된 배출덕트는 (㉠)[mm] 이상의 아연도금강판 또는 이와 동등 이상의 내식성 불연재료로 설치할 것
> • 열을 발생하는 조리기구로부터 (㉡)[m] 이내의 거리에 있는 가연성 주요구조부는 단열성이 있는 불연재료로 덮어 씌울 것

① ㉠ 0.5, ㉡ 0.15   ② ㉠ 0.5, ㉡ 0.6
③ ㉠ 0.6, ㉡ 0.15   ④ ㉠ 0.6, ㉡ 0.5

해설 음식조리를 위하여 설치하는 설비
  식품접객업 중 일반음식점 주방에서 조리를 위하여 불을 사용하는 설비를 설치하는 경우
① 주방설비에 부속된 배출덕트(공기 배출통로)는 0.5[mm] 이상의 아연도금강판 또는 이와 동등 이상의 내식성 불연재료로 설치
② 열을 발생하는 조리기구로부터 0.15[m] 이내의 거리에 있는 가연성 주요구조부는 단열성이 있는 불연재료로 덮어 씌울 것
③ 열을 발생하는 조리기구는 반자 또는 선반으로부터 0.6[m] 이상 이격
④ 주방시설에는 동물 또는 식물의 기름을 제거할 수 있는 필터 등을 설치

60. 소방기본법령상 소방용수시설별 설치기준 중 옳은 것은?

① 저수조는 지면으로부터의 낙차가 4.5[m] 이상일 것
② 소화전은 상수도와 연결하여 지하식 또는 지상식의 구조로 하고, 소방용호스와 연결하는 소화전의 연결금속구의 구경은 50[mm]로 할 것
③ 저수조 흡수관의 투입구가 사각형의 경우에는 한 변의 길이가 60[cm] 이상일 것
④ 급수탑 급수배관의 구경은 65[mm] 이상으로 하고, 개폐밸브는 지상에서 0.8[m] 이상 1.5[m] 이하의 위치에 설치하도록 할 것

[해설] 소방용수시설별 설치기준
① 저수조
  ㉠ 지면으로부터의 낙차가 4.5[m] 이하일 것
  ㉡ 흡수부분의 수심이 0.5[m] 이상일 것
  ㉢ 소방펌프자동차가 쉽게 접근할 수 있도록 할 것
  ㉣ 흡수에 지장이 없도록 토사 및 쓰레기 등을 제거할 수 있는 설비를 갖출 것
  ㉤ 흡수관의 투입구가 사각형 – 한 변의 길이가 60[cm] 이상, 원형 – 지름이 60[cm] 이상
  ㉥ 저수조에 물을 공급하는 방법은 상수도에 연결하여 자동으로 급수되는 구조일 것

② 급수탑
  ㉠ 급수배관의 구경은 100[mm] 이상
  ㉡ 개폐밸브는 지상에서 1.5[m] 이상 1.7[m] 이하의 위치에 설치

400 [m²] 이상	예상제연구역이 직경 40[m]인 원 내	40,000 [m³/hr] 이상	수직거리	배출량[m³/hr]
			2[m] 이하	40,000 이상
			2[m] 초과 2.5[m] 이하	45,000 이상
			2.5[m] 초과 3[m] 이하	50,000 이상
			3[m] 초과	60,000 이상
	예상제연구역이 직경 40[m]인 원 초과	45,000 [m³/hr] 이상	수직거리	배출량[m³/hr]
			2[m] 이하	45,000 이상
			2[m] 초과 2.5[m] 이하	50,000 이상
			2.5[m] 초과 3[m] 이하	55,000 이상
			3[m] 초과	65,000 이상

■■■ 제4과목 소방기계시설의 구조 및 원리

61. 제연설비의 배출량 기준 중 다음 (   ) 안에 알맞은 것은?

> 거실의 바닥면적이 400[m²] 미만으로 구획된 예상제연구역에 대한 배출량은 바닥면적 1[m²]당 (㉠)[m³/min] 이상으로 하되, 예상 제연구역 전체에 대한 최저 배출량은 (㉡)[m³/hr] 이상으로 하여야 한다.

① ㉠ 0.5, ㉡ 10,000
② ㉠ 1, ㉡ 5,000
③ ㉠ 1.5, ㉡ 15,000
④ ㉠ 2, ㉡ 5,000

[해설] 제연설비의 배출량

거실의 면적	배출량		
400 [m²] 미만	바닥면적 1[m²]당	1 [m³/min] 이상	• 최저 배출량은 5,000[m³/hr] 이상 • 경유거실 : 기준량의 1.5배 이상

62. 케이블트레이에 물분무소화설비를 설치하는 경우 저장하여야 할 수원의 최소 저수량은 몇 [m³]인가? (단, 케이블트레이의 투영된 바닥면적은 70[m²]이다.)

① 12.4　　② 14
③ 16.8　　④ 28

[해설] 수원의 양 (A × Q × T)

구분	특수가연물	차고 또는 주차장	절연유 봉입 변압기	케이블 트레이 케이블덕트	콘베이어 벨트 등
A (면적)	바닥면적 [m²] → 50[m²] 이하인 경우에는 50 [m²]	바닥면적 [m²] → 50[m²] 이하인 경우에는 50 [m²]	바닥부분을 제외한 표면적을 합한 면적[m²]	투영된 바닥면적 [m²]	벨트 부분의 바닥면적 [m²]
Q (방수량)	10 [ℓ/min·m²]	20 [ℓ/min·m²]	10 [ℓ/min·m²]	12 [ℓ/min·m²]	10 [ℓ/min·m²]
T (방사시간)	20분	20분	20분	20분	20분

수원의 양 = A × Q × T
       = 70[m²] × 12[ℓ/min·m²] × 20분
       = 16,800[ℓ] = 16.8[m³] 이상

정답　61. ②　62. ③

기출문제

2018. 1회 소방설비기사

63. 호스릴 이산화탄소소화설비의 노즐은 20[℃]에서 하나의 노즐마다 몇 [kg/min] 이상의 소화약제를 방사할 수 있는 것이어야 하는가?

① 40 ② 50
③ 60 ④ 80

해설 이산화탄소소화설비의 호스릴방식

호스릴 1개당 약제량[kg]	호스릴 1개당 방사량[kg/min]
90	60

64. 차고·주차장의 부분에 호스릴포소화설비 또는 포소화전설비를 설치할 수 있는 기준 중 틀린 것은?

① 지상 1층으로서 지붕이 없는 부분
② 완전 개방된 옥상주차장
③ 옥외로 통하는 개구부가 상시 개방된 구조의 부분으로서 그 개방된 부분의 합계면적이 해당 차고 또는 주차장의 바닥면적의 20[%] 이상인 부분
④ 고가 밑의 주차장 등으로서 주된 벽이 없고 기둥뿐이거나 주위가 위해방지용 철주 등으로 둘러쌓인 부분

해설 차고·주차장에 포소화전, 호스릴포소화설비 설치할 수 있는 기준

차고·주차장	완전 개방된 옥상주차장
	고가 밑의 주차장 주된 벽이 없고 기둥뿐이거나 주위가 위해방지용 철주 등으로 둘러싸인 부분
	지상 1층으로서 지붕이 없는 부분

65. 특별피난계단의 계단실 및 부속실 제연설비의 수직풍도에 따른 배출기준 중 각층의 옥내와 면하는 수직풍도의 관통부에 설치하여야 하는 배출댐퍼 설치기준으로 틀린 것은?

① 화재층의 옥내에 설치된 화재감지기의 동작에 따라 당해층의 댐퍼가 개방될 것

② 풍도의 배출댐퍼는 이·탈착구조가 되지 않도록 설치할 것
③ 개폐여부를 당해 장치 및 제어반에서 확인할 수 있는 감지기능을 내장하고 있을 것
④ 배출댐퍼는 두께 1.5[mm] 이상의 강판 또는 이와 동등 이상의 성능이 있는 것으로 설치하여야 하며 비 내식성 재료의 경우에는 부식방지 조치를 할 것

해설 배출댐퍼 설치 기준
① 두께 1.5[mm] 이상의 강판
② 평상시 닫힌 구조로 기밀상태를 유지할 것
③ 개폐여부를 당해 장치 및 제어반에서 확인할 수 있는 감지기능을 내장하고 있을 것
④ 구동부의 작동상태와 닫혀 있을 때의 기밀상태를 수시로 점검할 수 있는 구조일 것
⑤ 풍도의 내부마감상태에 대한 점검 및 댐퍼의 정비가 가능한 이·탈착구조로 할 것
⑥ 화재층의 옥내에 설치된 화재감지기의 동작에 따라 당해층의 댐퍼가 개방될 것

66. 인명구조기구의 종류가 아닌 것은?

① 방열복   ② 구조대
③ 공기호흡기 ④ 인공소생기

해설 인명구조기구 종류

방열복	고온의 복사열에 가까이 접근하여 소방활동을 수행할 수 있는 내열피복
방화복	화재진압 등의 소방활동을 수행할 수 있는 피복 (헬멧, 보호장갑 및 안전화를 포함 한다)
공기호흡기	소화활동 시에 화재로 인하여 발생하는 각종 유독가스 중에서 일정시간 사용할 수 있도록 제조된 압축공기식 개인호흡장비(보조마스크 포함한다)
인공소생기	호흡 부전 상태인 사람에게 인공호흡을 시켜 환자를 보호하거나 구급하는 기구

정답 63. ③ 64. ③ 65. ② 66. ②

67. 분말소화약제의 가압용 가스용기의 설치기준 중 틀린 것은?

① 분말 소화약제의 저장용기에 접속하여 설치하여야 한다.
② 가압용 가스는 질소가스 또는 이산화탄소로 하여야 한다.
③ 가압용 가스용기를 3병 이상 설치한 경우에 있어서는 2개 이상의 용기에 전자개방밸브를 부착하여야 한다.
④ 가압용 가스용기에는 2.5[MPa] 이상의 압력에서 압력 조정이 가능한 압력조정기를 설치하여야 한다.

[해설] 가압용가스용기 설치기준
① 가압용가스 용기를 3병 이상 설치 시
  - 2개 이상의 용기에 전자개방밸브를 부착
② 가압용가스 용기에는 2.5[MPa] 이하의 압력에서 조정이 가능한 압력조정기를 설치
③ 가압용가스 또는 축압용가스의 기준 - 소화약제 1[kg]마다 저장량

구 분	가압용가스	축압용가스
질소가스	40[ℓ] 이상	10[ℓ] 이상
이산화탄소	20[g] 이상	20[g] 이상

* 소화약제 1kg당 저장량 외 청소에 필요한 양을 가산하여야 하며 배관의 청소에 필요한 양의 가스는 별도의 용기에 저장하여야 한다.

68. 스프링클러헤드의 설치기준 중 옳은 것은?

① 살수가 방해되지 아니하도록 스프링클러헤드로 부터 반경 30 cm 이상의 공간을 보유할 것
② 스프링클러헤드와 그 부착면과의 거리는 60[cm] 이하로 할 것
③ 측벽형스프링클러헤드를 설치하는 경우 긴 변의 한쪽 벽에 일렬로 설치하고 3.2[m] 이내마다 설치할 것
④ 연소할 우려가 있는 개구부에는 그 상하좌우에 2.5[m] 간격으로 스프링클러헤드를 설치하되, 스프링클러헤드와 개구부의 내측면으로부터 직선거리는 15[cm] 이하가 되도록 할 것

[해설] 스프링클러헤드의 설치기준
1. 살수가 방해되지 아니하도록 헤드로부터 반경 60[cm] 이상의 공간을 보유할 것. 다만, 벽과 스프링클러헤드간의 공간은 10[cm] 이상으로 한다.
2. 헤드와 그 부착면(상향식헤드의 경우에는 그 헤드의 직상부의 천장·반자 등)과의 거리는 30[cm] 이하
3. 측벽형스프링클러헤드를 설치하는 경우

폭이 4.5[m] 미만	폭이 4.5[m] 이상 9[m] 이하
긴 변의 한쪽 벽에 일렬로 설치하고 3.6[m] 이내마다 설치	긴변의 양쪽에 각각 일렬로 설치하되 마주보는 헤드가 나란히꼴이 되도록 설치

69. 포헤드의 설치기준 중 다음 ( ) 안에 알맞은 것은?

압축공기포소화설비의 분사헤드는 천장 또는 반자에 설치하되 방호대상물에 따라 측벽에 설치할 수 있으며 유류탱크 주위에는 바닥면적 (㉠)[m²]마다 1개 이상, 특수가연물 저장소에는 바닥면적 (㉡)[m²]마다 1개 이상으로 당해 방호대상물의 화재를 유효하게 소화할 수 있도록 할 것

① ㉠ 8, ㉡ 9
② ㉠ 9, ㉡ 8
③ ㉠ 9.3, ㉡ 13.9
④ ㉠ 13.9, ㉡ 9.3

[해설] 압축공기포소화설비의 분사헤드
① 천장 또는 반자에 설치하되 방호대상물에 따라 측벽에 설치할 수 있음
② 유류탱크 주위에는 바닥면적 13.9 [m²]마다 1개 이상
③ 특수가연물 저장소에는 바닥면적 9.3 [m²]마다 1개 이상 설치

정답 67. ④ 68. ④ 69. ④

기출문제

2018. 1회 소방설비기사

70. 분말소화설비의 수동식 기동장치의 부근에 설치하는 비상스위치에 대한 설명으로 옳은 것은?

① 자동복귀형 스위치로서 수동식 기동장치의 타이머를 순간정지 시키는 기능의 스위치를 말한다.
② 자동복귀형 스위치로서 수동식 기동장치가 수신기를 순간정지 시키는 기능의 스위치를 말한다.
③ 수동복귀형 스위치로서 수동식 기동장치의 타이머를 순간정지 시키는 기능의 스위치를 말한다.
④ 수동복귀형 스위치로서 수동식 기동장치가 수신기를 순간정지 시키는 기능의 스위치를 말한다.

[해설] 이산화탄소, 할론, 분말, 할로겐화합물 및 불활성기체소화설비의 기동장치
① 수동식 기동장치
  수동식 기동장치의 부근에는 소화약제의 방출을 지연시킬 수 있는 비상스위치 설치

  > 비상스위치 : 자동복귀형 스위치로서 수동식 기동장치의 타이머를 순간정지시키는 기능의 스위치

② 자동식기동장치

71. 이산화탄소 소화설비의 배관의 설치기준 중 다음 ( ) 안에 알맞은 것은?

> 고압식의 경우 개폐밸브 또는 선택밸브의 2차측 배관부속은 호칭압력 2.0[MPa] 이상의 것을 사용하여야 하며, 1차측 배관부속은 호칭압력 (㉠) [MPa] 이상의 것을 사용하여야 하고, 저압식의 경우에는 (㉡) [MPa] 의 압력에 견딜 수 있는 배관부속을 사용할 것

① ㉠ 3.0, ㉡ 2.0 ② ㉠ 4.0, ㉡ 2.0
③ ㉠ 3.0, ㉡ 2.5 ④ ㉠ 4.0, ㉡ 2.5

[해설]

구분	이산화탄소소화설비 배관 등 설치기준		
	고압식		저압식
배관부속 및 밸브류	1차	2차	호칭압력 2.0[MPa]
	호칭압력 4.0[MPa]	호칭압력 2.0[MPa]	

72. 옥외소화전설비 설치 시 고가수조의 자연 낙차를 이용한 가압송수장치의 설치기준 중 고가수조의 최소 자연낙차수두 산출 공식으로 옳은 것은?
(단, H : 필요한 낙차[m]
 h_1 : 소방용호스 마찰손실 수두[m]
 h_2 : 배관의 마찰손실 수두[m] 이다.)

① $H = h_1 + h_2 + 25$
② $H = h_1 + h_2 + 17$
③ $H = h_1 + h_2 + 12$
④ $H = h_1 + h_2 + 10$

[해설] 옥외소화전설비 고가수조의 최소 자연낙차수두 산출 공식
 H : 필요한 낙차(m) = $H = h_1 + h_2 + h_3$
 h_1 : 소방용호스 마찰손실 수두[m]
 h_2 : 배관의 마찰손실 수두[m]
 h_3 : 방사압력환산수두 (25[m])

73. 물분무헤드의 설치제외 기준 중 다음 ( ) 안에 알맞은 것은?

> 운전시에 표면의 온도가 ( ) [℃] 이상으로 되는 등 직접 분무를 하는 경우 그 부분에 손상을 입힐 우려가 있는 기계장치 등이 있는 장소

① 100 ② 260
③ 280 ④ 980

[해설] 물분무헤드의 설치 제외 장소
① 물에 심하게 반응하는 물질 또는 물과 반응하여 위험한 물질을 생성하는 물질을 저장 또는 취급하는 장소
② 고온의 물질 및 증류범위가 넓어 끓어 넘치는 위험이 있는 물질을 저장·취급하는 장소
③ 운전시에 표면의 온도가 260[℃] 이상으로 되는 등 직접 분무를 하는 경우 그 부분에 손상을 입힐 우려가 있는 기계장치 등이 있는 장소

정답 70. ① 71. ② 72. ① 73. ②

74. 연면적이 35,000[m²]인 특정소방대상물에 소화용수설비를 설치하는 경우 소화수조의 최소 저수량은 약 몇 [m³]인가? (단, 지상 1층 및 2층 바닥면적 합계가 15,000[m²] 이상인 경우이다.)

① 28 ② 46.7
③ 56 ④ 100

해설 소화수조 또는 저수조의 저수량
1. 연면적을 기준면적으로 나누어 얻은 수(소수점 이하의 수는 1로 본다)에 20[m³]를 곱한 양 이상
2. 기준면적

소방대상물의 구분	기준면적
1층 및 2층의 바닥면적 합계가 15,000[m²] 이상인 소방대상물	7,500[m²]
위에 해당되지 아니하는 그 밖의 소방대상물	12,500[m²]

① 1층과 2층의 바닥면적은 15,000[m²] 이상이므로 기준면적은 7,500[m²]
② 35,000[m²] / 7,500[m²] = 4.66 = 5
③ 5 × 20[m³] = 100[m³] 이상

75. 소화기에 호스를 부착하지 아니할 수 있는 기준 준 틀린 것은?

① 소화약제의 중량이 2[kg] 미만인 분말소화기
② 소화약제의 중량이 3[kg] 미만인 이산화탄소 소화기
③ 소화약제의 중량이 4[kg] 미만인 할로겐화합물소화기
④ 소화약제의 중량이 5[kg] 미만인 산알칼리 소화기

해설 소화기의 형식승인 및 제품검사의 기술기준
제15조【호스】① 소화기에는 호스를 부착하여야 한다. 다만, 다음 각 호의 경우에는 부착하지 아니할 수 있다.
1. 소화약제의 중량이 4[kg] 미만인 할로겐화합물소화기
2. 소화약제의 중량이 3[kg] 미만인 이산화탄소소화기
3. 소화약제의 중량이 2[kg] 미만의 분말소화기
4. 소화약제의 용량이 3[ℓ] 미만의 액체계 소화약제 소화기
※ 산·알카리 소화기는 액체계 소화약제임.

76. 고정식 사다리의 구조에 따른 분류로 틀린 것은?

① 굽히는식 ② 수납식
③ 접는식   ④ 신축식

해설 피난사다리의 형식승인 및 제품검사의 기술기준
제2조【용어의 정의】
1. 피난사다리 – 화재시 긴급대피에 사용하는 사다리로서 고정식·올림식 및 내림식 사다리를 말한다.
2. 고정식사다리 – 항시 사용 가능한 상태로 소방대상물에 고정되어 사용되는 사다리(수납식·접는식·신축식을 포함)를 말한다.
3. 수납식 – 횡봉이 종봉내에 수납되어 사용하는 때에 횡봉을 꺼내어 사용할 수 있는 구조를 말한다.
4. 접는식 – 사다리 하부를 접을 수 있는 구조를 말한다.
5. 신축식 – 사다리 하부를 신축할 수 있는 구조를 말한다.

77. 폐쇄형 스프링클러헤드 퓨지블링크형의 표시온도가 121[℃]~162[℃]인 경우 후레임의 색별로 옳은 것은? (단, 폐쇄형헤드이다.)

① 파랑   ② 빨강
③ 초록   ④ 흰색

해설 표시온도별 색상 – 스프링클러헤드의 형식승인 및 제품검사 기술기준

퓨지블링크형		유리벌브형	
표시온도[℃]	색 (프레임에 표시)	표시온도 [℃]	색 (액체의 표시)
77℃ 미만	표시없음	57[℃]	오렌지
78℃ ~ 120[℃]	흰 색	68[℃]	빨 강
121℃ ~ 162[℃]	파 랑	79[℃]	노 랑
163℃ ~ 203[℃]	빨 강	93[℃]	초 록
204℃ ~ 259[℃]	초 록	141[℃]	파 랑
260℃ ~ 319[℃]	오 렌 지	182[℃]	연한자주
320℃ 이상	검 정	227[℃] 이상	검 정

기출문제

2018. 1회 소방설비기사

78. 발전실의 용도로 사용되는 바닥면적이 280[m²]인 발전실에 부속용도별로 추가하여야 할 적응성이 있는 소화기의 최소 수량은 몇 개 인가?

① 2　　　　② 4
③ 6　　　　④ 12

해설

용도별	설치기준	
보일러실, 음식점의 주방에 자동확산소화기 추가 설치	바닥면적	10[m²] 이하	10[m²] 초과
	설치개수	1개	2개
통신기기실, 발전기실, 변전실, 변압기실	바닥면적 50[m²] 마다 적응성 소화기 1개 이상 비치	

280[m²] ÷ 50[m²] = 5.6개 따라서 6개 추가 해야 함

79. 습식유수검지장치를 사용하는 스프링클러설비에 동 장치를 시험할 수 있는 시험 장치의 설치위치 기준으로 옳은 것은?

① 유수검지장치 2차측 배관에 연결하여 설치할 것
② 교차배관의 중간 부분에 연결하여 설치할 것
③ 유수검지장치의 측면배관에 연결하여 설치할 것
④ 유수검지장치에서 가장 먼 교차배관의 끝으로부터 연결하여 설치할 것

해설 습식유수검지장치 시험장치
① 유수검지장치 2차측 배관에 연결하여 설치하되 가장 먼 가지배관의 구경과 동일한 구경으로 설치
② 시험장치 끝에는 개폐밸브 및 개방형헤드를 설치할 것

80. 물분무소화설비 수원의 저수량 설치기준으로 옳지 않은 것은?

① 특수가연물을 저장 또는 취급하는 특정소방대상물 또는 그 부분에 있어서 그 바닥면적 1[m²]에 대하여 10[ℓ/min]으로 20분간 방수할 수 있는 양 이상으로 할 것
② 차고 또는 주차장은 그 바닥면적 1[m²]에 대하여 20[ℓ/min]으로 20분간 방수할 수 있는 양 이상으로 할 것
③ 케이블 덕트는 투영된 바닥면적 1[m²]에 대하여 12[ℓ/min]으로 20분간 방수할 수 있는 양 이상으로 할 것
④ 콘베이어 벨트 등은 벨트부분의 바닥면적 1[m²]에 대하여 20[ℓ/min]으로 20분간 방수할 수 있는 양 이상으로 할 것

해설 수원의 양 (A × Q × T)

구분	특수 가연물	차고 또는 주차장	절연유 봉입 변압기	케이블 트레이 케이블덕트	콘베이어 벨트 등
A (면적)	바닥면적 [m²] → 50[m²] 이하인 경우에는 50 [m²]	바닥면적 [m²]	바닥부분을 제외한 표면적을 합한 면적[m²]	투영된 바닥면적 [m²]	벨트 부분의 바닥면적 [m²]
Q (방수량)	10 [ℓ/min·m²]	20 [ℓ/min·m²]	10 [ℓ/min·m²]	12 [ℓ/min·m²]	10 [ℓ/min·m²]
T (방사시간)	20분	20분	20분	20분	20분

정답 78. ③　79. ①　80. ④

기출문제(2018.2회)

■■■■ 제1과목 소방원론

1. 액화석유가스(LPG)에 대한 성질로 틀린 것은?

① 주성분은 프로판, 부탄이다.
② 천연고무를 잘 녹인다.
③ 물에 녹지 않으나 유기용매에 용해된다.
④ 공기보다 1.5배 가볍다.

해설

구분	액화석유가스(LPG : Liquefied Petroleum Gas)
내용	원유를 채취하거나 원유 정제시 나오는 탄화수소를 비교적 낮은 압력(0.6~0.7 MPa)을 가하여 냉각, 액화시킨 것
주성분	프로판(C_3H_8), 부탄(C_4H_{10})
비중	약 1.5 ~ 2 (공기보다 무겁다)
비점	약 -41도(프로판)
발화점	프로판 441 ℃, 부탄 481 ℃
특성	무색 무취의 가스, 독성이 없다
	액화 시 그 부피가 약 1/250로 줄고 액화되기 쉽고 운반에 용이하나 누출시 확산이 잘 안돼 폭발 가능성이 큼

2. 다음의 소화약제 중 오존파괴지수(ODP)가 가장 큰 것은?

① 할론 104   ② 할론 1301
③ 할론 1211   ④ 할론 2402

해설 소화약제의 오존파괴지수(ODP)

할론 1301	할론 2402	할론 1211	CO_2
10	6	3	0.05

할론 1301은 할론 1211, 2402에 비하여 소화효과가 우수하고 독성이 가장 낮으나 ODP 및 GWP(지구온난화지수)는 가장 크다.

3. 건축물에 설치하는 방화구획의 설치기준 중 스프링클러설비를 설치한 11층 이상의 층은 바닥면적 몇 [m²] 이내마다 방화구획을 하여야 하는가? (단, 벽 및 반자의 실내에 접하는 부분의 마감은 불연재료가 아닌 경우이다.)

① 200   ② 600
③ 1,000   ④ 3,000

해설 방화구획

정의	화재 시 연소확대 방지를 위해 일정한 공간을 구획 (소방대의 방호면적이 약 1,000[m²] 정도)			
대상	주요구조부가 내화구조, 불연재료의 건축물로서 연면적이 1,000[m²] 넘는 건축물			
방화구획의 종류	층별	매층마다 구획할 것 ※ 지하 1층에서 지상으로 직접 연결하는 경사로 부위는 제외한다.		
	면적별	구분	10층 이하	11층 이상
				내장재가 불연가 아닌 경우 / 내장재가 불연재인 경우
		바닥면적	1,000[m²] 이내	200[m²] 이내 / 500[m²] 이내
		스프링클러 등 자동식 소화설비 설치 시 면적의 3배 이내마다 구획	3,000[m²] 이내	600[m²] 이내 / 1,500[m²] 이내
	용도별	주요구조부를 내화구조로 하여야 하는 대상 부분과 기타부분 사이의 구획		
	수직관통부	계단, 승강기 샤프트, 에스컬레이터 등 구획		

정답 1. ④ 2. ② 3. ②

기출문제

2018. 2회 소방설비기사

4. 산림화재 시 소화효과를 증대시키기 위해 물에 첨가하는 증점제로서 적합한 것은?

① Ethylene Glycol
② Potassium Carbonate
③ Ammonium Phosphate
④ Sodium Carboxy Methyl Cellulose

해설 물의 단점을 보완하기 위한 첨가제

첨가제	내용
부동액 (antifreeze)	0[℃] 이하 온도에서 동결로 이송이 안되고 동파인 배관 파손으로 소화효과 감소
침투제 (Wetting Agent)	물의 표면장력 72.75[dyne/cm]로서 비교적 크다. 따라서 심부화재인 산불화재, 원면화재 시 살수하면 깊게 침투되지 못해 소화가 어려워 물에 계면활성제(약 1[%])를 첨가하여 표면장력을 낮추면 침투효과를 높여 소화에 도움을 준다.
증점제 (Viscosity Agent)	산불화재의 경우 높은 곳에서 물을 뿌릴 경우 잎과 가지, 기둥에는 부착력이 낮아 소화하기 곤란하므로 물에 점성을 키워 화심에 도착률을 높이고 부착성을 강화시켜 소화를 도와주는 첨가제 • 증점제의 종류 : CMC(carboxy methyl cellulose), gelgard, Organic-Gel
유화제 (anemulsifying agent)	물과 기름은 잘 섞이지 않으나 큰 압력으로 세차게 방사시 순간적으로 섞이게 되는데 이를 에멀젼효과라 하고 이 효과를 이용하여 산소의 차단 및 가연성기체의 증발을 막아 소화하는데 이러한 소화효과를 높이기 위해 물에 섞는 것을 유화제라고 한다.

5. 소화방법 중 제거소화에 해당되지 않는 것은?

① 산불이 발생하면 화재의 진행방향을 앞질러 벌목
② 방안에서 화재가 발생하면 이불이나 담요로 덮음
③ 가스 화재 시 밸브를 잠궈 가스흐름을 차단
④ 불타고 있는 장작더미 속에서 아직 타지 않은 것을 안전한 곳으로 운반

해설 소화의 방법

구분	소화	내용	제어 방법
물리적 소화	냉각소화	인화점, 발화점 이하로 온도를 낮추어 소화	옥내소화전설비 스프링클러설비
	질식소화	산소의 농도를 21[%]에서 15[%] 이하로 감소시켜 소화	이산화탄소소화설비 불활성기체
	피복소화	가연물을 피복하여 가연성가스 발생 억제 및 공기차단으로 소화(피복하여 질식시킴)	포소화설비
	제거소화	가연물이 연소하기 전에 가연물을 제거하여 소화	산불화재 벌목, 가스화재의 가스차단, 촛불의 화염·제거
	유화소화	기름과 물은 혼합되지 않으나 세차게 물을 기름에 뿌리는 경우 일시적으로 기름과 물이 혼합되는데 이를 에멀젼효과라고 하고 가연성가스 방출 방지 및 산소공급 차단 효과로 소화	고비점유 화재 시 무상주수
	희석소화	물질의 농도를 다른 물질을 가함으로써 농도를 낮게 하여 소화	가연성의 기체나 액체, 고체에서 나오는 분해가스의 농도를 엷게 함
화학적 소화	연쇄반응 억제소화	화학적 소화 방법 (부촉매 효과) - 불꽃연소만 소화 가능	할론소화설비 분말소화설비

6. 포소화약제의 적응성이 있는 것은?

① 칼륨 화재
② 알킬리튬 화재
③ 가솔린 화재
④ 인화알루미늄 화재

정답 4. ④ 5. ② 6. ③

[해설] 제3류 위험물(자연발화성 물질 및 금수성 물질)

품명	지정수량
칼륨 나트륨 알킬알루미늄 (트리에틸알루미늄) 알킬리튬	10[kg]
황린	20[kg]
알칼리금속 알칼리토금속 유기금속화합물	50[kg]
금속의 수소화물 금속의 인화물 (인화칼슘, 인화알루미늄) 칼슘 또는 알루미늄의 탄화물 (탄화칼슘, 탄화알루미늄)	300[kg]
염소화규소화합물	300[kg]

① 칼륨, 알킬리튬, 인화알루미늄 - 제3류 위험물(자연발화성 물질 및 금수성 물질)
② 소화방법 - 마른모래, 팽창질석, 팽창진주암에 따른 질식소화(주수소화금지)

7. 제2류 위험물에 해당하는 것은?

① 유황 ② 질산칼륨
③ 칼륨 ④ 톨루엔

[해설] 제2류 위험물

품명	지정수량
황화린 적린 유황	100[kg]
철분 마그네슘 금속분	500[kg]
인화성 고체 — 고형알코올 메타알데히드 제삼부틸알코올 락카퍼티, 고무풀	1,000[kg]

※ 질산칼륨 - 제1류 위험물
  칼륨 - 제3류 위험물
  톨루엔 - 제4류 위험물

8. 주수소화 시 가연물에 따라 발생하는 가연성 가스의 연결이 틀린 것은?

① 탄화칼슘 - 아세틸렌 ② 탄화알루미늄 - 프로판
③ 인화칼슘 - 포스핀 ④ 수소화리튬 - 수소

[해설] 탄화알루미늄과 물과의 반응식
$Al_4C_3 + 12H_2O \rightarrow 4Al(OH)_3 + 3CH_4$
메탄(CH_4)이 발생함

9. 물리적 폭발에 해당하는 것은?

① 분해 폭발 ② 분진 폭발
③ 증기운 폭발 ④ 수증기 폭발

[해설] 폭발의 구분

구분	물리적 폭발	화학적 폭발
원인	상변화에 의한 폭발 (양적 변화)	화학 반응에 의한 폭발 (질적 변화)
종류	• 수증기 폭발, 액화가스 증기폭발 • 비등액체 증기폭발 - BLEVE • 전선 폭발, 고상간 전이에 의한 폭발, 감압 폭발	• 분진폭발 • 가스 폭발 - UVCE(증기운 폭발) • 분해 폭발, 분무폭발, 박막폭굉

10. 위험물안전관리법령상 지정된 동식물유류의 성질에 대한 설명으로 틀린 것은?

① 요오드가가 작을수록 자연발화의 위험성이 크다.
② 상온에서 모두 액체이다.
③ 물에는 불용성이지만 에테르 및 벤젠 등의 유기용매에는 잘 녹는다.
④ 인화점은 1기압하에서 250[℃] 미만이다.

[해설] 동식물유류

구분	분류기준	지정수량	품명
동·식물 유류	1기압에서 인화점이 250[℃] 미만인 것	10,000[ℓ]	동물의 지육 등 또는 식물의 종자나 과육으로부터 추출한 것

 7. ① 8. ② 9. ④ 10. ①

기출문제

2018. 2회 소방설비기사

① "요오드값이 크다" 라는 것은 유지의 불포화도가 커서 요오드가 많이 흡수될 수 있고 이는 요오드값이 130 이상인 건성유를 말하며 건성유는 산소와의 친화력이 좋아 산화열에 의해 자연발화하기 쉽다.

② 요오드값 : 100[g]의 유지가 흡수하는 요오드의 g 수 (= 아이오딘 값)

③

구 분	불건성유	반건성유	건성유
요오드값	100 이하	100 초과~ 130 미만	130 이상

11. 피난계획의 일반원칙 중 Fool Proof 원칙에 대한 설명으로 옳은 것은?

① 1가지가 고장이 나도 다른 수단을 이용하는 원칙
② 2방향의 피난동선을 항상 확보하는 원칙
③ 피난수단을 이동식 시설로 하는 원칙
④ 피난수단을 조작이 간편한 원시적 방법으로 하는 원칙

해설 피난계획(동선)의 기본 원칙

피난경로	간단 명료 - 일상생활 동선과 일치하도록 경로 설정
피난수단	원시적 방법 (Fool Proof, 자연채광, 노대, Panic Bar, 승강기 이용 불가) * 'Fool proof 원칙 : 바보도 증명할수 있다는 법칙으로 패닉상태 등에서도 쉽게 식별이 가능하도록 그림이나 색채를 이용하는 원칙
피난로	인간의 피난행동 특성(본능) 고려 - 좌회, 귀소, 지광, 퇴피, 추종본능
피난구	상시 개방 상태 또는 화재 시 잠금 장치 해정
피난설비	고정식설비 위주로 계획(계단, 미끄럼틀, 고정식사다리, 구조대 고정 등)
피난통로	2방향 피난통로 확보 - Fail Safe 원칙

12. 인화점이 낮은 것부터 높은 순으로 옳게 나열된 것은?

① 에틸알코올 < 이황화탄소 < 아세톤
② 이황화탄소 < 에틸알코올 < 아세톤
③ 에틸알코올 < 아세톤 < 이황화탄소
④ 이황화탄소 < 아세톤 < 에틸알코올

해설 시험에 잘 나오는 인화점과 관련된 위험물의 종류

구별	품명	인화점
특수인화물	디에틸에테르	-45[℃]
	산화프로필렌	-37[℃]
	이황화탄소	-30[℃]
제1석유류	휘발유(가솔린)	-20 ~ -43[℃]
	아세톤	-18[℃]
	벤젠	-11[℃]
	메틸에틸케톤	-9[℃]
	톨루엔	4.4[℃]
알코올류	메틸알코올	11[℃]
	에틸알코올	13[℃]
제2석유류	등유	30~60[℃]
	경유	40~70[℃]

13. 화재발생 시 발생하는 연기에 대한 설명으로 틀린 것은?

① 연기의 유동속도는 수평방향이 수직방향보다 빠르다.
② 동일한 가연물에 있어 환기지배형 화재가 연료지배형 화재에 비하여 연기발생량이 많다.
③ 고온상태의 연기는 유동확산이 빨라 화재전파의 원인이 되기도 한다.
④ 연기는 일반적으로 불완전 연소시에 발생한 고체, 액체, 기체 생성물의 집합체이다.

해설 연기의 이동속도

수평	수직	실내계단 (비상용승강기 승강로)
0.5 ~ 1.0[m/s]	2.0 ~ 3.0[m/s]	3.0 ~ 5.0[m/s]

14. 물과 반응하여 가연성 기체를 발생하지 않는 것은?

① 칼륨
② 인화아연
③ 산화칼슘
④ 탄화알루미늄

정답 11. ④ 12. ④ 13. ① 14. ③

해설 물과의 반응식

구분	반응식
칼륨	$2Na + 2H_2O \rightarrow 2NaOH + H_2 \uparrow$
인화아연	$Zn_3P_2 + 6H_2O \rightarrow 3Zn(OH)_2 + 2PH_3 \uparrow$
탄화알루미늄	$Al_4C_3 + 12H_2O \rightarrow 4Al(OH)_3 + 3CH_4 \uparrow$

15. 건축물의 화재발생 시 인간의 피난 특성으로 틀린 것은?

① 평상 시 사용하는 출입구나 통로를 사용하는 경향이 있다.
② 화재의 공포감으로 인하여 빛을 피해 어두운 곳으로 몸을 숨기는 경향이 있다.
③ 화염, 연기에 대한 공포감으로 발화지점의 반대방향으로 이동하는 경향이 있다.
④ 화재 시 최초로 행동을 개시한 사람을 따라 전체가 움직이는 경향이 있다.

해설 인간의 피난행동 특성 (본능)

좌회 본능	오른손잡이는 왼쪽으로 회전하려고 함
귀소 본능	왔던 곳 또는 상시 사용하는 곳으로 돌아가려 함
지광 본능	밝은 곳으로 향함
퇴피 본능	위험을 확인하고 위험으로부터 멀어지려 함
추종 본능	위험 상황에서 한 리더를 추종하려 함

16. 물체의 표면온도가 250[℃]에서 650[℃]로 상승하면 열 복사량은 약 몇 배 정도 상승하는가?

① 2.5   ② 5.7
③ 7.5   ④ 9.7

해설 복사
① 전자기파에 의한 열전달 (매질이 없다)
  : 성장기의 Flash Over, 최성기의 열전달
② Stefan - Boltzmann 법칙 - 열복사량(열복사에너지)는 절대온도 4승에 비례한다.
$\dfrac{(650+273)^4}{(250+273)^4} = 9.7$ 배

17. 조연성 가스에 해당하는 것은?

① 일산화탄소   ② 산소
③ 수소   ④ 부탄

해설 조연성가스
연소를 도와주는 가스로 지연성(또는 조연성)가스라고도 하며 정작 자기 자신은 연소하지 않는 공기, 산소, 오존 등이 있다. 또 조연성가스는 환원하는 물질을 말하기도 하는데 대표적인 7족 원소인 불소, 염소 등은 최외각 전자가 항상 1개가 부족하여 전자 1개를 얻어 안정화되려는 성질 때문에 환원하는 성질이 강하다.
• 환원 : 산소를 잃고 수소를 얻고 전자를 얻고 산화수가 감소

18. 자연발화 방지대책에 대한 설명 중 틀린 것은?

① 저장실의 온도를 낮게 유지한다.
② 저장실의 환기를 원활히 시킨다.
③ 촉매물질과의 접촉을 피한다.
④ 저장실의 습도를 높게 유지한다.

해설 자연발화
① 조건(발열이 크고 방열이 작아야 함)
  ㉠ 주위온도가 클 것
  ㉡ 발열량이 클 것
  ㉢ 압력이 클 것
  ㉣ 열전도율이 작을 것
  ㉤ 통풍이 잘 안될 것
  ㉥ 습도가 클 것(촉매역할)
  ㉦ 표면적이 넓을 것 (공기와 접촉면이 커짐)
② 예방대책 - 자연발화의 조건의 반대

19. 분말소화약제로서 ABC급 화재에 적응성이 있는 소화약제의 종류는?

① $NH_4H_2PO_4$ ② $NaHCO_3$
③ Na_2CO_3 ④ $KHCO_3$

 15. ②   16. ④   17. ②   18. ④   19. ①

기출문제

2018. 2회 소방설비기사

[해설] 분말소화약제의 명칭 등

구분	제1종	제2종	제3종	제4종
명칭	탄산수소 나트륨	탄산수소 칼륨	인산암모늄	탄산수소칼륨 + 요소
분자식	$NaHCO_3$	$KHCO_3$	$NH_4H_2PO_4$	$KHCO_3$ + $(NH_2)_2CO$
색상	백색	자색 (보라색)	담홍색	회백색
적응 화재	B급, C급	B급, C급	A급, B급, C급	B급, C급

20. 과산화칼륨이 물과 접촉하였을 때 발생하는 것은?

① 산소 ② 수소
③ 메탄 ④ 아세틸렌

[해설] 과산화칼륨(K_2O_2) - 제1류 위험물
과산화칼륨과 물과의 반응식
$2K_2O_2 + 2H_2O \rightarrow 4KOH + O_2 \uparrow$

■■■ 제2과목 소방유체역학

21. 효율이 50[%]인 펌프를 이용하여 저수지의 물을 1초에 10[L]씩 30[m] 위 쪽에 있는 논으로 퍼 올리는데 필요한 동력은 약 몇 [kW]인가?

① 18.83 ② 10.48
③ 2.94   ④ 5.88

[해설] 축동력
$L_S = \dfrac{\gamma QH}{\eta} = \dfrac{9.8 \times 10 \times 10^{-3} \times 30}{0.5} = 5.88 \, [kW]$

여기서, L_S : 축동력[kW]
γ : 물의 비중량(=9.8[kN/m³])
Q : 토출량[m³/s]
H : 전양정[m]
η : 펌프 효율

22. 펌프가 실제 유동시스템에 사용될 때 펌프의 운전점은 어떻게 결정하는 것이 좋은가?

① 시스템 곡선과 펌프 성능곡선의 교점에서 운전한다.
② 시스템 곡선과 펌프 효율곡선의 교점에서 운전한다.
③ 펌프 성능곡선과 펌프 효율곡선의 교점에서 운전한다.
④ 펌프 효율곡선의 최고점, 즉 최고 효율점에서 운전한다.

[해설] 펌프가 실제 유동시스템에 사용될 때 펌프의 특성곡선 상의 펌프의 운전점은 시스템 곡선(장치의 저항곡선)과 펌프의 성능곡선의 교점에서 운전한다.

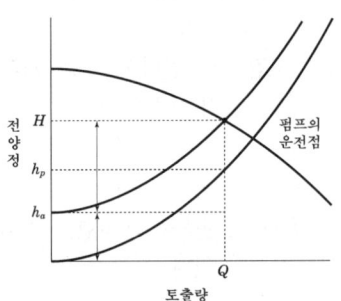

23. 비중이 1.03인 바닷물에 비중 0.9인 빙산이 떠있다. 전체 부피의 몇 [%]가 해수면 위로 올라와 있는가?

① 12.6 ② 10.8
③ 7.2   ④ 6.3

[해설] 물체의 무게(W)=부력(F_B)($W = \rho g V = rV$)
(1) 물체의 무게(W) = $\gamma_1 V_1 = 9.8 \times 0.9 \times V_1$
(2) 부력(F_B) = $\gamma V = 9.8 \times 1.03 \times V$

여기서, γ_1 : 물체(빙산)의 비중량[kN/m³]
γ_2 : 바닷물의 비중량[kN/m³]
V_1 : 빙산의 체적
V : 바닷물에 잠긴 부피

$W = rV$ 이므로
$9.8 \times 0.9 \times V_1 = 9.8 \times 1.03 \times V$

바닷물에 잠긴 부피 $V = \dfrac{0.9}{1.03} V_1 = 0.874 V_1$

∴ 잠긴 부분이 87.4[%]이므로 바닷물 위에 노출되어 있는 부분은 전체 부피의 12.6[%]이다.

정답 20. ① 21. ④ 22. ① 23. ①

24. 그림과 같이 중앙부분에 구멍이 뚫린 원판에 지름 D의 원형 물제트가 대기압 상태에서 V의 속도로 충돌하여, 원판 뒤로 지름 $D/2$의 원형 물제트가 V의 속도로 흘러나가고 있을 때, 이 원판이 받는 힘은 얼마인가? (단, ρ는 물의 밀도이다.)

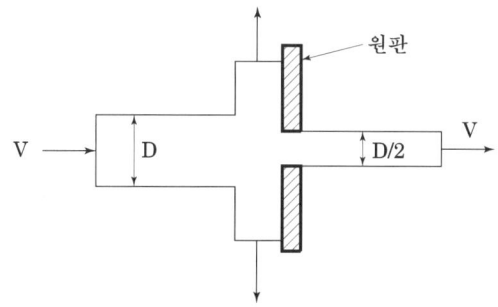

① $\dfrac{3}{16}\rho\pi V^2 D^2$ ② $\dfrac{3}{8}\rho\pi V^2 D^2$

③ $\dfrac{3}{4}\rho\pi V^2 D^2$ ④ $3\rho\pi V^2 D^2$

해설 고정된 수직 평판에 작용하는 힘
$F = \rho Q V = \rho A V^2$ 에서
여기서, ρ : 밀도 [kg/m³]
Q : 유량 [m³/s]
v : 유속 [m/s]
A : 단면적 [m²]

뚫린 구멍을 고려한 원판에 작용하는 힘
$F = \rho(A-a)V^2$

$= \dfrac{\rho\pi\left\{D^2 - \left(\dfrac{D}{2}\right)^2\right\}V^2}{4}$

$= \dfrac{\rho\pi\left(D^2 - \dfrac{D^2}{4}\right)\cdot V^2}{4} = \dfrac{\rho\pi\left(\dfrac{4D^2 - D^2}{4}\right)\cdot V^2}{4}$

$= \dfrac{3}{16}\rho\pi V^2 D^2$

25. 저장용기로부터 20[℃]의 물을 길이 300[m], 지름 900[mm]인 콘크리트 수평 원관을 통하여 공급하고 있다. 유량이 1[m³/s]일 때 원관에서의 압력강하는 약 몇 [kPa]인가? (단, 관마찰 계수는 0.023이다.)

① 3.57 ② 9.47
③ 14.3 ④ 18.8

해설 달시-바이스바흐(Darcy-Weisbach)의 식
압력손실 $p = \Delta p = \lambda \cdot \dfrac{l}{d} \cdot \dfrac{v^2}{2}\rho$ [Pa]

$= 0.023 \times \dfrac{300}{0.9} \times \dfrac{1.572^2}{2} \times 1000$

$= 9472.9$ [Pa] $≒ 9.47$ [kPa]

여기서, 유속 $v = \dfrac{Q}{A} = \dfrac{1}{\dfrac{\pi \times 0.9^2}{4}} = 1.572$ [m/s]

26. 물탱크에 담긴 물의 수면의 높이가 10[m]인데, 물탱크 바닥에 원형 구멍이 생겨서 10[L/s]만큼 물이 유출되고 있다. 원형 구멍의 지름은 약 몇 [cm]인가? (단, 구멍의 유량보정계수는 0.6이다.)

① 2.7 ② 3.1
③ 3.5 ④ 3.9

해설 (1) 토리첼리 정리
유속 $v = C\sqrt{2gh}$ 에서
$= 0.6 \times \sqrt{2 \times 9.8 \times 10} = 8.4$ [m/s]

(2) 유량 $Q = Av = \dfrac{\pi D^2}{4}v$ [m³/s] 에서

지름 $D = \sqrt{\dfrac{4Q}{\pi v}} = \sqrt{\dfrac{4 \times 10 \times 10^{-3}}{\pi \times 8.4}} = 0.039$ [m]

$≒ 3.9$ [cm]

여기서,
A : 구멍의 단면적 [m²]
h : 수면에서 구멍 중심까지의 수직거리 [m]
g : 중력가속도 [m/s²]
C : 유량보정계수

기출문제

2018. 2회 소방설비기사

27. 20[℃] 물 100[L]를 화재현장의 화염에 살수하였다. 물의 모두 끓은 온도(100[℃])까지 가열되는 동안 흡수하는 열량은 약 몇 [kJ]인가?
(단, 물의 비열은 4.2[KJ/(kg·K)]이다.)

① 500 ② 2000
③ 8000 ④ 33600

해설 온도 20[℃]에서 포화온도100[℃]까지 온도를 높이는 데 필요한 열량
$q_s = mc\Delta t = 100 \times 4.2 \times (100-20) = 33600 \,[kJ]$
여기서, m : 질량[kg]=물의 밀도 1[kg/L]이므로
$\quad\quad\quad\quad\quad 100\,[L] = 100\,[kg]$
$\quad\quad c$: 비열[kJ/kg·K]
$\quad\quad \Delta t$: 온도차 [K]

28. 아래 그림과 같이 반지름이 1[m]이고, 폭이 3[m]인 곡면의 수문 AB가 받는 수평분력은 약 몇 [N]인가?

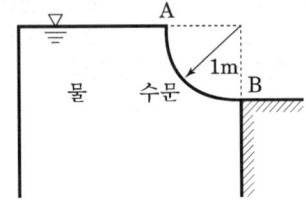

① 7350 ② 14700
③ 23079 ④ 29400

해설 수평분력 F_H
F_H은 그 곡면을 수직면에 수평으로 투영된 면적에 작용한 압력과 같다.
따라서 투영면적을 A_H라 하면
$F_H = rh_c A_H = 9800 \times \dfrac{1}{2} \times (1 \times 3) = 14700\,[N]$
여기서,
$\quad \gamma$: 물의 비중량 9800 [N/m³]
$\quad h_c$: 수면에서 수문 중심까지의 수직거리[m]
$\quad A_H$: 수문의 수직면에 대한 수평투영 면적[m²]

29. 초기온도와 압력이 각각 50[℃], 600[KPa]인 이상기체를 100[KPa]까지 가역 단열팽창 시켰을 때 온도는 약 몇 [K]인가? (단, 이 기체의 비열비는 1.4이다.)

① 194 ② 216
③ 248 ④ 262

해설 가역단열변화
$\dfrac{T_2}{T_1} = \left(\dfrac{P_2}{P_1}\right)^{\frac{k-1}{k}}$ 에서
$T_2 = T_1 \left(\dfrac{P_2}{P_1}\right)^{\frac{k-1}{k}} = (273+50) \times \left(\dfrac{100}{600}\right)^{\frac{1.4-1}{1.4}}$
$\quad\; \fallingdotseq 194\,K$
여기서, T_1, P_1 : 초기온도와 압력
$\quad\quad\quad T_2, P_2$: 단열팽창 후 온도와 압력
$\quad\quad\quad k$: 비열비

30. 100[cm]×100[cm]이고 300[℃]로 가열된 평판에 25[℃]의 공기를 불어준다고 할 때 열전달량은 약 몇 [kW]인가? (단, 대류열전달 계수는 30[W/(m²·K)]이다.)

① 2.98 ② 5.34
③ 8.25 ④ 10.91

해설 열전달
$Q = \alpha A \Delta t = 30 \times 1 \times (300-25) = 8250\,[W]$
$\quad\; = 8.25\,[kW]$
여기서, α : 열전달계수[W/m²·K]
$\quad\quad\quad A$: 전열면적[m²] = 100[cm]×100[cm]
$\quad\quad\quad\quad\quad\quad\quad\quad\quad = 1\,[m] \times 1\,[m] = 1\,[m^2]$
$\quad\quad\quad \Delta t$: 온도차[℃]

31. 호주에서 무게가 20N인 어떤 물체를 한국에서 재어보니 19.8N이었다면 한국에서의 중력가속도는 약 몇 [m/s²]인가?
(단, 호주에서의 중력가속도는 9.82[m/s²]이다.)

① 9.72 ② 9.75
③ 9.78 ④ 9.82

정답 27. ④ 28. ② 29. ① 30. ③ 31. ①

[해설] 무게=질량×중력가속도에서

질량 = $\dfrac{무게}{중력가속도} = \dfrac{20}{9.82}$

질량은 변화가 없으므로 한국에서의 중력가속도는

중력가속도 = $\dfrac{무게}{질량} = \dfrac{19.8}{20/9.82} = 9.72 \,[\text{m/s}^2]$

32. 비압축성 유체를 설명한 것 중 가장 옳은 것은?

① 체적탄성계수가 0인 유체를 말한다.
② 관로 내에 흐르는 유체를 말한다.
③ 점성을 갖고 있는 유체를 말한다.
④ 난류 운동을 하는 유체를 말한다.

[해설] 비압축성 유체란 압력이 변화하여도 체적의 변화가 없는 유체(밀도 변화가 없는)로 체적탄성계수가 0인 유체를 말한다.

33. 지름 20[cm]의 소화용 호스에 물에 질량 유량 80[kg/s]로 흐른다. 이때 평균유속은 약 몇 [m/s]인가?

① 0.58 ② 2.55
③ 5.97 ④ 25.48

[해설] $m = \rho A V \,[\text{kg/s}]$

여기서, m : 질량유량 [kg/s]
ρ : 밀도 [kg/m³]
v : 유속 [m/s]
A : 단면적 [m²]

$V = \dfrac{m}{\rho A} = \dfrac{80}{1000 \times \dfrac{\pi \times 0.2^2}{4}} \fallingdotseq 2.55\,[\text{m/s}]$

34. 깊이 1[m]까지 물을 넣은 물탱크의 밑에 오리피스가 있다. 수면에 대기압이 작용할 때의 초기 오리피스에서의 유속 대비 2배 유속으로 물을 유출시키려면 수면에서 몇 [kPa]의 압력을 더 가하면 되는가? (단, 손실은 무시한다.)

① 9.8 ② 19.6
③ 29.4 ④ 39.2

[해설] (1) 수면에 대기압이 작용할 때의 유출속도
$v_1 = \sqrt{2gh} = \sqrt{2 \times 9.8 \times 1} = 4.427\,[\text{m/s}]$

(2) 2배의 유속이므로 $2 \times 4.427 = 8.854\,[\text{m/s}]$

$\therefore P = \dfrac{\rho v^2}{2} = \dfrac{10^3 \times 8.854^2}{2} = 39196.66\,[\text{Pa}]$
$= 39.2\,[\text{kPa}]$

35. 그림과 같은 거꾸로 된 마노미터에서 물과 기름, 수은이 채워져 있다. a=10[cm], c=25[cm]이고 A의 압력이 B의 압력보다 80[kPa] 작을 때 b의 길이는 약 몇 [cm]인가? (단, 수은의 비중량은 133,100[N/m³], 기름의 비중은 0.9이다.)

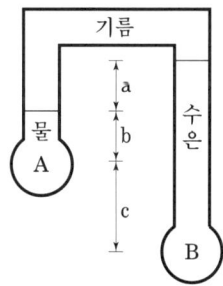

① 17.8 ② 27.8
③ 37.8 ④ 47.8

[해설] $P_A - \gamma_w h_b - \gamma_o h_a = P_B - \gamma_{Hg}(h_a + h_b + h_c)$

$h_b = \dfrac{(P_B - P_A) + \gamma_o h_a - \gamma_{Hg}(h_a + h_c)}{\gamma_{Hg} - \gamma_w}$

$= \dfrac{80 + 0.9 \times 9.8 \times 0.1 - 133.1 \times (0.1 + 0.25)}{133.1 - 9.8}$

$= 0.278\,[\text{m}] = 27.8\,[\text{cm}]$

정답 32. ① 33. ② 34. ④ 35. ②

기출문제

2018. 2회 소방설비기사

여기서, γ_w : 물의 비중량 : 9.8 [kN/m³]
γ_o : 기름의 비중량 : 0.9×9.8 [kN/m³]
γ_{Hg} : 수은의 비중량 :
133100 [N/m³] = 133.1 [kN/m³]

36. 공기를 체적비율이 산소 (O_2, 분자량 32[g/mol]) 20 [%], 질소(N_2, 분자량 28[g/mol]) 80[%]의 혼합기체라 가정할 때 공기의 기체상수는 약 몇 [kJ/(kg·K)]인가? (단, 일반기체상수는 8.3145[kJ/(kmol·K)]이다.)

① 0.294　　② 0.289
③ 0.284　　④ 0.279

[해설] (1) 혼합 기체의 분자량 M
$$M = 32 \times 0.2 + 28 \times 0.8 = 28.8$$

(2) 혼합 기체의 기체상수 R[kJ/kg·K]
$$R = \frac{8.3145}{M} = \frac{8.3145}{28.8} \fallingdotseq 0.289$$

37. 물이 소방노즐을 통해 대기로 방출될 때 유속이 24 [m/s]가 되도록 하기 위해서는 노즐입구의 압력은 몇 [kPa] 가 되어야 하는가? (단, 압력은 계기 압력으로 표시되며 마찰손실 및 노즐입구에서의 속도는 무시한다.)

① 153　　② 203
③ 288　　④ 312

[해설] 노즐입구압력(동압) $P_v = \frac{\rho v^2}{2}$ 에서

여기서, ρ : 물의 밀도(= 1000 [kg/m³])
v : 유속[m/s]

$$P_v = \frac{1000 \times 24^2}{2} = 288000 \, [Pa] = 288 \, [kPa]$$

38. 무한한 두 평판 사이에 유체가 채워져 있고 한 평판은 정지해 있고 또 다른 평판은 일정한 속도로 움직이는 Couette 유동을 하고 있다. 유체 A만 채워져 있을 때 평판을 움직이기 위한 단위면적당 힘을 τ_1이라고 하고 같은 평판 사이에 점성이 다른 유체 B만 채워져 있을 때 필요한 힘을 τ_2라 하면 유체 A와 B가 반반씩 위 아래로 채워져 있을 때 평판을 같은 속도로 움직이기 위한 단위면적당 힘에 대한 표현으로 옳은 것은?

① $\dfrac{\tau_1 + \tau_2}{2}$　　② $\sqrt{\tau_1 \tau_2}$

③ $\dfrac{2\tau_1 \tau_2}{\tau_1 + \tau_2}$　　④ $\tau_1 + \tau_2$

[해설] 단위면적당 작용하는 힘
$$\frac{2\tau_1 \tau_2}{\tau_1 + \tau_2}$$

39. 동점성계수가 1.15×10^{-6} [m²/s]인 물이 30[mm] 의 지름 원관 속을 흐르고 있다. 층류가 기대될 수 있는 최대 유량은 약 몇 [m³/s]인가? (단, 임계 레이놀즈 수는 2100이다.)

① 2.85×10^{-5}　　② 5.69×10^{-5}
③ 2.85×10^{-7}　　④ 5.69×10^{-7}

[해설] 레이놀즈수 Re
$$Re = \frac{DV}{\nu} \text{에서}$$

여기서, D : 내경(또는 지름) [m]
V : 유속 [m/s]
ν : 동점성계수 [m²/s]

유속 $V = \dfrac{R_e \cdot \nu}{D} = \dfrac{2100 \times 1.15 \times 10^{-6}}{0.03}$
$= 0.0805$ [m/s]

∴ 유량 $Q = AV = \dfrac{\pi D^2}{4} \cdot V = \dfrac{\pi \times 0.03^2}{4} \times 0.0805$
$\fallingdotseq 5.69 \times 10^{-5}$ [m³/s]

[정답] 36. ②　37. ③　38. ③　39. ②

40. 다음과 같은 유동형태를 갖는 파이프 입구 영역의 유동에서 부차적 손실계수가 가장 큰 것은?

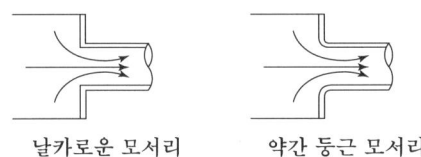

날카로운 모서리   약간 둥근 모서리

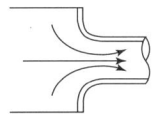 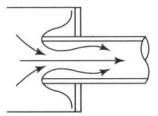

잘 다듬어진 모서리   돌출 입구

① 날카로운 모서리 ② 약간 둥근 모서리
③ 잘 다듬어진 모서리 ④ 돌출 입구

해설

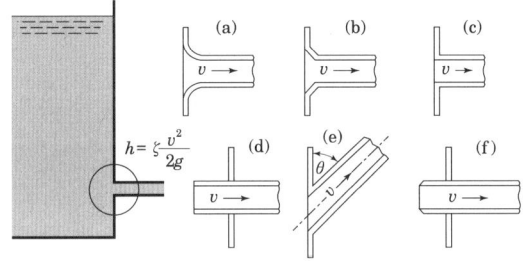

제3과목 소방관계법규

41. 소방시설 설치 및 관리에 관한 법령상 비상경보설비를 설치하여야 할 특정소방대상물의 기준 중 옳은 것은? (단, 지하구, 모래·석재 등 불연재료 창고 및 위험물 저장·처리 시설 중 가스시설은 제외한다.)

① 지하층 또는 무창층의 바닥면적이 50[m²] 이상인 것
② 연면적 400[m²] 이상인 것
③ 지하가 중 터널로서 길이가 300[m] 이상인 것
④ 30명 이상의 근로자가 작업하는 옥내 작업장

해설 비상경보설비 설치해야 하는 특정소방대상물
① 지하층 또는 무창층의 바닥면적이 150[m²]
  (공연장 : 100 [m²]) 이상인 것
② 연면적 400[m²] 이상(터널과 동식물관련시설 제외)
③ 50명 이상의 근로자가 작업하는 옥내작업장
④ 지하가 중 터널로서 길이가 500[m] 이상인 것

42. 화재의 예방 및 안전관리에 관한 법률상 위험물 또는 물건의 보관기간은 소방관서의 인터넷 홈페이지에 그 사실을 공고하는 기간의 종료일 다음 날부터 며칠로 하는가?

① 3 ② 4
③ 5 ④ 7

해설 화재예방 조치명령
- 조치명령 : 소방관서장
- 대상 : 화재 발생 위험이 크거나 소화 활동에 지장을 줄 수 있다고 인정되는 행위나 물건에 대하여 행위 당사자나 그 물건의 관계인
  (관계인 : 소유자, 관리자, 점유자)

명령을 정당한 사유 없이 따르지 아니하거나 방해한 자
: 300만 원 이하의 벌금

보관하는 경우	내 용
소방관서의 인터넷 홈페이지에 그 사실을 공고(공고기간)	보관하는 그 날부터 14일 동안
보관기간	공고하는 기간의 종료일 다음 날부터 7일까지
보관기간이 종료 시	• 매각 – 지체없이 세입조치 • 폐기 – 보관 물품 등이 부패 · 파손된 경우
매각되거나 폐기된 옮긴물건 등의 소유자가 보상을 요구하는 경우	보상금액에 대하여 소유자와 협의를 거쳐 이를 보상

기출문제

2018. 2회 소방설비기사

43. 소방시설 설치 및 관리에 관한 법령상 스프링클러설비를 설치하여야 하는 특정소방대상물의 기준 중 틀린 것은? (단, 위험물 저장 및 처리 시설 중 가스시설 또는 지하구는 제외한다.)

① 숙박이 가능한 수련시설 용도로 사용되는 시설의 바닥면적의 합계가 600[m²] 이상인 것은 모든 층
② 창고시설(물류터미널은 제외)로서 바닥면적 합계가 5,000[m²] 이상인 경우에는 모든 층
③ 판매시설, 운수시설 및 창고시설(물류터미널에 한정)로서 바닥면적의 합계가 500[m²] 이상이거나 수용인원이 500명 이상인 경우에는 모든 층
④ 복합건축물로서 연면적이 3,000[m²] 이상인 경우에는 모든 층

해설 스프링클러설비 설치해야 하는 특정소방대상물

층수가 6층 이상		모든 층
정신의료기관, 노유자시설, 숙박이 가능한 수련시설, 요양병원	바닥면적 합계가 600[m²] 이상	
교육연구시설·수련시설 내에 있는 학생 수용을 위한 기숙사 또는 복합건축물	연면적 5천[m²] 이상	
지하층·무창층(축사는 제외한다) 또는 층수가 4층 이상인 층	바닥면적이 1천[m²] 이상	
지하가(터널은 제외)	1천[m²] 이상	
특정소방대상물에 부속된 보일러실 또는 연결통로 등		

44. 소방기본법상 소방본부장, 소방서장 또는 소방대장의 권한이 아닌 것은?

① 화재, 재난·재해, 그 밖의 위급한 상황이 발생한 현장에서 소방활동을 위하여 필요할 때에는 그 관할구역에 사는 사람 또는 그 현장에 있는 사람으로 하여금 사람을 구출하는 일 또는 불을 끄거나 불이 번지지 아니하도록 하는 일을 하게 할 수 있다.
② 소방활동을 할 때에 긴급한 경우에는 이웃한 소방본부장 또는 소방서장에게 소방업무의 응원을 요청할 수 있다.
③ 사람을 구출하거나 불이 번지는 것을 막기 위하여 필요할 때에는 화재가 발생하거나 불이 번질 우려가 있는 소방대상물 및 토지를 일시적으로 사용하거나 그 사용의 제한 또는 소방활동에 필요한 처분을 할 수 있다.
④ 소방활동을 위하여 긴급하게 출동할 때에는 소방자동차의 통행과 소방활동에 방해가 되는 주차 또는 정차된 차량 및 물건 등을 제거하거나 이동시킬 수 있다.

해설 소방업무의 응원
1. 소방활동을 할 때에 긴급한 경우 이웃한 소방본부장 또는 소방서장에게 도움을 요청하는 것
2. 소방업무의 응원(應援)을 요청 하는 자 : 소방본부장이나 소방서장
3. 응원 요청을 받은 소방본부장 또는 소방서장 : 정당한 사유 없이 그 요청을 거절하면 안 됨
4. 파견된 소방대원 : 응원을 요청한 소방본부장 또는 소방서장의 지휘에 따라야 한다.
5. 이웃하는 시·도지사와 협의하여 미리 규약(規約)으로 정해야 한다.
6. 소방업무의 응원의 체결자 : 시·도지사
7. 상호응원협정 체결 시 포함되어야 하는 사항
  ① 응원출동 요청방법
  ② 응원출동 대상지역 및 규모
  ③ 응원출동 훈련 및 평가
  ④ 소방활동에 관한 사항
    ㉠ 화재의 경계·진압 활동
    ㉡ 구조·구급 업무의 지원
    ㉢ 화재조사활동
  ⑤ 소요경비의 부담에 관한 사항
    ㉠ 출동대원의 수당·식사 및 의복의 수선
    ㉡ 소방장비 및 기구의 정비와 연료의 보급
    ㉢ 그 밖의 경비
☞ 응원 협정 사항에는 소방대원에 대한 교육, 훈련 및 소방신호, 현장지휘에 관한 사항에 대한 내용은 없음

정답 43. ④ 44. ②

45. 위험물안전관리법상 지정수량 미만인 위험물의 저장 또는 취급에 관한 기술상의 기준은 무엇으로 정하는가?

① 대통령령 ② 총리령
③ 시·도의 조례 ④ 행정안전부령

해설 위험물의 취급 기준
① 지정수량 이상의 위험물 : 위험물안전관리법
② 지정수량 미만의 위험물 : 시·도의 조례
③ 임시로 저장, 취급하는 장소의 위치·구조·설비·저장·취급의 기준 : 시·도의 조례

46. 위험물안전관리법상 업무상 과실로 제조소등에서 위험물을 유출·방출 또는 확산시켜 사람의 생명·신체 또는 재산에 대하여 위험을 발생시킨 자에 대한 벌칙 기준으로 옳은 것은?

① 5년 이하의 금고 또는 2,000만 원 이하의 벌금
② 5년 이하의 금고 또는 7,000만 원 이하의 벌금
③ 7년 이하의 금고 또는 2,000만 원 이하의 벌금
④ 7년 이하의 금고 또는 7,000만 원 이하의 벌금

해설 제조소 등에서 위험물 유출 등의 경우 벌칙

제조소등 또는 허가를 받지 않고 지정수량 이상의 위험물을 저장 또는 취급하는 장소에서 위험물을 유출·방출 또는 확산시켜 사람의 생명·신체 또는 재산에 대하여 위험을 발생시킨 자	사망에 이르게 한 때	5년 이상 또는 무기 징역
	사람을 상해(傷害)에 이르게 한 때	3년 이상 또는 무기 징역
	–	1년 이상 10년 이하의 징역
업무상 과실로 제조소 등 또는 허가를 받지 않고 지정수량 이상의 위험물을 저장 또는 취급하는 장소에서 위험물을 유출·방출 또는 확산시켜 사람의 생명·신체 또는 재산에 대하여 위험을 발생시킨 자	사람을 사상(死傷)에 이르게 한 자	10년 이하의 징역, 금고 또는 1억 원 이하
	–	7년 이하의 금고 또는 7천만 원 이하

47. 소방기본법상 소방활동구역의 설정권자로 옳은 것은?

① 소방본부장 ② 소방서장
③ 소방대장 ④ 시·도지사

해설 소방활동구역 설정
① 소방대장은 화재, 재난·재해, 그 밖의 위급한 상황이 발생한 현장에 소방활동구역을 정하여 소방활동에 필요한 사람으로서 대통령령으로 정하는 사람 외에는 그 구역에 출입하는 것을 제한할 수 있다.

> 대통령령으로 정하는 사람
> ㉠ 소방활동구역 안에 있는 소방대상물의 소유자·관리자 또는 점유자
> ㉡ 전기·가스·수도·통신·교통의 업무에 종사하는 사람으로서 원활한 소방활동을 위하여 필요한 사람
> ㉢ 의사·간호사 그 밖의 구조·구급업무에 종사하는 사람
> ㉣ 취재인력 등 보도업무에 종사하는 사람
> ㉤ 수사업무에 종사하는 사람
> ㉥ 그 밖에 소방대장이 소방활동을 위하여 출입을 허가한 사람

② 소방활동구역을 출입한 사람 – 200만 원의 과태료
 ※ 소방대장(消防隊長) : 소방본부장 또는 소방서장 등 화재, 재난·재해, 그 밖의 위급한 상황이 발생한 현장에서 소방대를 지휘하는 사람
③ 경찰공무원은 소방대가 소방활동구역에 있지 아니하거나 소방대장의 요청이 있을 때에는 그 구역에 출입하는 것을 제한할 수 있다.

48. 소방기본법령상 소방용수시설별 설치기준 중 틀린 것은?

① 급수탑 개폐밸브는 지상에서 1.5[m] 이상 1.7[m] 이하의 위치에 설치하도록 할 것
② 소화전은 상수도와 연결하여 지하식 또는 지상식의 구조로 하고, 소방용호스와 연결하는 소화전의 연결금속구의 구경은 100[mm]로 할 것
③ 저수조 흡수관의 투입구가 사각형의 경우에는 한 변의 길이가 60[cm] 이상, 원형의 경우에는 지름이 60[cm] 이상일 것
④ 저수조는 지면으로부터의 낙차가 4.5[m] 이하일 것

[해설] 소방용수시설별 설치기준
1. 소화전
   ① 상수도와 연결하여 지하식 또는 지상식의 구조로 설치
   ② 소방용호스와 연결하는 소화전의 연결금속구의 구경은 65[mm]로 할 것
2. 급수탑
   ① 급수배관의 구경은 100[mm] 이상
   ② 개폐밸브는 지상에서 1.5[m] 이상 1.7[m] 이하의 위치에 설치
3. 저수조
   ① 지면으로부터의 낙차가 4.5[m] 이하일 것
   ② 흡수부분의 수심이 0.5[m] 이상일 것
   ③ 소방펌프자동차가 쉽게 접근할 수 있도록 할 것
   ④ 흡수에 지장이 없도록 토사 및 쓰레기 등을 제거할 수 있는 설비를 갖출 것
   ⑤ 흡수관의 투입구 사각형 - 한 변의 길이가 60[cm] 이상, 원형 - 지름이 60[cm] 이상
   ⑥ 저수조에 물을 공급하는 방법은 상수도에 연결하여 자동으로 급수되는 구조일 것

49. 소방시설 설치 및 관리에 관한 법상 특정소방대상물에 소방시설이 화재안전기준에 따라 설치 또는 유지·관리 되어 있지 아니할 때 해당 특정소방대상물이 관계인에게 필요한 조치를 명할 수 있는 자는?

① 소방본부장 ② 소방청장
③ 시·도지사 ④ 행정안전부장관

[해설] 소방시설등의 조치명령 등
  소방본부장이나 소방서장은 소방시설이 화재안전기준에 따라 설치 또는 유지·관리되어 있지 아니할 때에는 해당 특정소방대상물의 관계인에게 필요한 조치를 명할 수 있다.

> 명령을 정당한 사유 없이 위반한 자 :
> 3년 이하의 징역 또는 3천만 원 이하의 벌금

50. 화재의 예방 및 안전관리에 관한 법상 소방안전관리대상물의 소방안전관리자 업무가 아닌 것은?

① 소방훈련 및 교육
② 자체소방대 및 초기대응체계의 구성·운영·교육
③ 피난시설, 방화구획 및 방화시설의 유지·관리
④ 피난계획에 관한 사항과 대통령령으로 정하는 사항이 포함된 소방계획서의 작성 및 시행

[해설] 소방안전관리자의 업무
  ① 피난계획에 관한 사항과 대통령령으로 정하는 사항이 포함된 소방계획서의 작성 및 시행
  ② 자위소방대 및 초기대응체계의 구성, 운영 및 교육
  ③ 소방훈련 및 교육
  ④ 소방안전관리에 관한 업무수행에 관한 기록·유지 (⑤~⑦의 업무)
  ⑤ 피난시설, 방화구획 및 방화시설의 관리
  ⑥ 소방시설이나 그 밖의 소방 관련 시설의 관리
  ⑦ 화기(火氣) 취급의 감독
  ⑧ 화재발생 시 초기대응
  ⑨ 그 밖에 소방안전관리에 필요한 업무

> 소방안전관리 업무를 하지 아니한 특정소방대상물의 관계인 또는 소방안전관리대상물의 소방안전 관리자 : 300만 원 이하의 과태료

51. 화재의 예방 및 안전관리에 관한 법령상 소방안전관리대상물의 소방계획서에 포함되어야 하는 사항이 아닌 것은?

① 예방규정을 정하는 제조소등의 위험물 저장·취급에 관한 사항
② 소방시설·피난시설 및 방화시설의 점검·정비계획
③ 특정소방대상물의 근무자 및 거주자의 자위소방대 조직과 대원의 임무에 관한 사항
④ 방화구획, 제연구획, 건축물의 내부 마감재료(불연재료·준불연재료 또는 난연재료로 사용된 것) 및 방염물품의 사용현황과 그 밖의 방화구조 및 설비의 유지·관리계획

정답 49. ①   50. ②   51. ①

해설 소방계획서에 포함되어야 할 사항
1. 소방안전관리대상물의 위치·구조·연면적·용도 및 수용인원 등 일반 현황
2. 소방안전관리대상물에 설치한 소방시설, 방화시설, 전기시설, 가스시설 및 위험물시설의 현황
3. 화재 예방을 위한 자체점검계획 및 대응대책
4. 소방시설·피난시설 및 방화시설의 점검·정비계획
5. 피난층 및 피난시설의 위치와 피난경로의 설정, 화재안전취약자의 피난계획 등을 포함한 피난계획
6. 방화구획, 제연구획, 건축물의 내부 마감재료 및 방염대상물품의 사용 현황과 그 밖의 방화구조 및 설비의 유지·관리계획
7. 관리의 권원이 분리된 특정소방대상물의 소방안전관리에 관한 사항
8. 소방훈련·교육에 관한 계획
9. 소방안전관리대상물의 근무자 및 거주자의 자위소방대 조직과 대원의 임무(화재안전취약자의 피난 보조 임무를 포함)에 관한 사항
10. 화기 취급 작업에 대한 사전 안전조치 및 감독 등 공사 중 소방안전관리에 관한 사항
11. 소화에 관한 사항과 연소 방지에 관한 사항
12. 위험물의 저장·취급에 관한 사항(예방규정을 정하는 제조소등은 제외)
13. 소방안전관리에 대한 업무수행에 관한 기록 및 유지에 관한 사항
14. 화재발생 시 화재경보, 초기소화 및 피난유도 등 초기대응에 관한 사항

해설 1년 이하의 징역 또는 1천만 원 이하의 벌금
① 소방시설등에 대하여 스스로 점검을 하지 아니하거나 관리업자등으로 하여금 정기적으로 점검하게 하지 아니한 자
② 소방시설관리사증을 다른 사람에게 빌려주거나 빌리거나 이를 알선한 자
③ 동시에 둘 이상의 업체에 취업한 자
④ 자격정지처분을 받고 그 자격정지기간 중에 관리사의 업무를 한 자
⑤ 관리업의 등록증이나 등록수첩을 다른 자에게 빌려주거나 빌리거나 이를 알선한 자
⑥ 영업정지처분을 받고 그 영업정지기간 중에 관리업의 업무를 한 자
⑦ 제품검사에 합격하지 아니한 제품에 합격표시를 하거나 합격표시를 위조 또는 변조하여 사용한 자
⑧ 형식승인의 변경승인을 받지 아니한 자
⑨ 제품검사에 합격하지 아니한 소방용품에 성능인증을 받았다는 표시 또는 제품검사에 합격하였다는 표시를 하거나 성능인증을 받았다는 표시 또는 제품검사에 합격하였다는 표시를 위조 또는 변조하여 사용한 자
⑩ 성능인증의 변경인증을 받지 아니한 자
⑪ 우수품질인증을 받지 아니한 제품에 우수품질인증 표시를 하거나 우수품질인증 표시를 위조하거나 변조하여 사용한 자
⑫ 관계인의 정당한 업무를 방해하거나 출입·검사 업무를 수행하면서 알게 된 비밀을 다른 사람에게 누설한 자

52. 소방시설 설치 및 관리에 관한 법상 소방시설등에 대한 자체점검을 하지 아니하거나 관리업자 등으로 하여금 정기적으로 점검하게 하지 아니한 자에 대한 벌칙 기준으로 옳은 것은?

① 6개월 이하의 징역 또는 1,000만 원 이하의 벌금
② 1년 이하의 징역 또는 1,000만 원 이하의 벌금
③ 3년 이하의 징역 또는 1,500만 원 이하의 벌금
④ 3년 이하의 징역 또는 3,000만 원 이하의 벌금

53. 소방시설 설치 및 관리에 관한 법령상 소방용품이 아닌 것은?

① 소화약제 외의 것을 이용한 간이소화용구
② 자동소화장치
③ 가스누설경보기
④ 소화용으로 사용하는 방염제

정답 52. ② 53. ①

기출문제

2018. 2회 소방설비기사

해설 소방용품

구 분		구성하는 제품 또는 기기
형식 승인 제품	소화 설비	소화기구(간이소화용구 제외), 자동소화장치(상업용 주방소화장치 제외) 소화전, 송수구, 관창, 소방호스, 스프링클러헤드, 기동용수압개폐장치, 유수제어밸브 및 가스관선택밸브
	경보 설비	누전경보기 및 가스누설경보기, 수신기, 발신기, 중계기, 감지기, 경종
	피난 구조 설비	피난사다리, 구조대, 완강기(간이완강기 및 지지대를 포함), 공기호흡기(충전기를 포함), 유도등(피난구, 통로, 객석) 및 예비전원이 내장된 비상조명등
	소화용	소화약제, 방염제(방염액 · 방염도료 및 방염성 물질)

54. 소방기본법령상 소방본부 종합상황실 실장이 소방청의 종합상황실에 서면·모사전송 또는 컴퓨터통신 등으로 보고하여야 하는 화재의 기준 중 틀린 것은?

① 항구에 메어둔 총 톤수가 1,000톤 이상인 선박에서 발생한 화재
② 층수가 5층 이상이거나 병상이 30개 이상인 종합병원·정신병원·한방병원·요양소에서 발생한 화재
③ 지정수량의 1,000배 이상의 위험물의 제조소·저장소·취급소에서 발생한 화재
④ 연면적 15,000[m²] 이상인 공장 또는 화재경계지구에서 발생한 화재

해설 119종합상황실의 실장의 보고 할 상황
  ① 사망자가 5인 이상 또는 사상자가 10인 이상 발생한 화재
  ② 이재민이 100인 이상 발생한 화재
  ③ 재산피해액이 50억 원 이상 발생한 화재
  ④ 층수가 11층 이상인 건축물
  ⑤ 층수가 5층 이상이거나 객실이 30실 이상인 숙박시설
  ⑥ 층수가 5층 이상이거나 병상이 30개 이상인 종합병원·정신병원·한방병원·요양소
  ⑦ 연면적 1만5천[m²] 이상인 공장 또는 화재경계지구에서 발생한 화재
  ⑧ 지정수량의 3천배 이상의 위험물의 제조소등
  ⑨ 철도차량, 항구에 매어둔 총 톤수가 1천톤 이상인 선박
  ⑩ 항공기, 발전소, 변전소에서 발생한 화재
  ⑪ 가스 및 화약류의 폭발에 의한 화재
  ⑫ 다중이용업소, 관공서·학교·정부미 도정공장·문화재·지하철 또는 지하구의 화재, 관광호텔, 지하상가, 시장, 백화점에서 발생한 화재
  ⑬ 통제단장의 현장지휘가 필요한 재난상황
  ⑭ 언론에 보도된 재난상황
  ⑮ 그 밖에 소방청장이 정하는 재난상황

55. 위험물안전관리법상 위험물의 안전관리와 관련된 업무를 수행하는 자로서 소방청장이 실시하는 안전교육 대상자가 아닌 것은?

① 안전관리자로 선임된 자
② 탱크시험자의 기술인력으로 종사하는 자
③ 위험물운송자로 종사하는 자
④ 제조소등의 관계인

해설 안전교육
  1. 실시자 - 소방청장
  2. 대상
    ① 안전관리자로 선임된 자
    ② 탱크시험자의 기술인력으로 종사하는 자
    ③ 위험물운송자로 종사하는 자

56. 소방공사업법령상 공사감리자 지정대상 특정 소방대상물의 범위가 아닌 것은?

① 캐비닛형 간이스프링클러설비를 신설·개설하거나 방호·방수 구역을 증설할 때
② 물분무등소화설비(호스릴 방식의 소화설비는 제외)를 신설·개설하거나 방호·방수구역을 증설할 때
③ 제연설비를 신설·개설하거나 제연구역을 증설 할 때
④ 연소방지설비를 신설·개설하거나 살수구역을 증설 할 때

정답 54. ③ 55. ④ 56. ①

해설 공사감리자 지정대상 특정소방대상물의 범위

신설·개설 또는 증설	신설·개설	증설
1. 옥내소화전설비 2. 옥외소화전설비	1. 스프링클러설비등 (캐비닛형 간이스프링클러설비는 제외) 2. 물분무등소화설비 (호스릴 방식의 소화설비는 제외) 3. 자동화재탐지설비 4. 통합감시시설 5. 소화용수설비 6. 제연설비 7. 연결송수관설비 8. 연결살수설비 9. 비상콘센트설비 10. 무선통신보조설비 11. 연소방지설비 12. 비상방송설비 13. 비상조명등	1. 스프링클러설비등 방호·방수 구역 (캐비닛형 간이스프링클러설비는 제외) 2. 물분무등소화설비 방호·방수 구역 (호스릴 방식의 소화설비는 제외한다) 3. 제연설비 제연구역 4. 연결살수설비 송수구역 5. 비상콘센트설비 전용회로 6. 연소방지설비 살수구역

구분	내용	방법	벌칙
설치	제조소등을 설치하고자 할 때	허가	5년 이하의 징역 또는 1억 원 이하의 벌금
변경	위치, 구조 또는 설비의 변경 없이 위험물의 품명, 수량 또는 지정수량의 배수를 변경하고자 하는 날의 1일 전까지 행정안전부령이 정하는 바에 따라	신고	500만 원 이하의 과태료
지위승계	행정안전부령이 정하는 바에 따라 지위 승계한 날로부터 30일 이내	신고	
폐지	제조소등의 용도 폐지 시 폐지한 날로부터 14일 이내	신고	
사용중지, 재개	중지하려는 날 또는 재개하려는 날의 14일 전	신고	

57. 위험물안전관리법상 위험물시설의 설치 및 변경 등에 관한 기준 중 다음 ( ) 안에 알맞은 것은?

제조소등의 위치·구조 또는 설비의 변경없이 당해 제조소등에서 저장하거나 취급하는 위험물의 품명·수량 또는 지정수량의 배수를 변경하고자 하는 자는 변경하고자 하는 날의 (㉠)일 전까지 (㉡)이 정하는 바에 따라 (㉢)에게 신고하여야 한다.

① ㉠ 1, ㉡ 행정안전부령, ㉢ 시·도지사
② ㉠ 1, ㉡ 대통령령, ㉢ 소방본부장·소방서장
③ ㉠ 14, ㉡ 행정안전부령, ㉢ 시·도지사
④ ㉠ 14, ㉡ 대통령령, ㉢ 소방본부장·소방서장

해설 위험물시설의 설치 및 변경 등
행정안전부령이 정하는 바에 따라 시·도지사에게 허가, 신고하여야 하며 관련서류는 시도지사 또는 소방서장에게 제출한다.

58. 소방시설 설치 및 관리에 관한 법상 특정소방대상물의 피난시설, 방화구획 또는 방화시설의 폐쇄·훼손·변경 등의 행위를 한 자에 대한 과태료 기준으로 옳은 것은?

① 200만 원 이하의 과태료
② 300만 원 이하의 과태료
③ 500만 원 이하의 과태료
④ 600만 원 이하의 과태료

해설 벌칙

위반행위	과태료 금액 (단위: 만원)		
	1차	2차	3차 이상
피난시설, 방화구획 또는 방화시설을 폐쇄·훼손·변경 등의 행위를 한 경우	100	200	300

정답 57. ① 58. ②

기출문제

59. 화재의 예방 및 안전관리에 관한 법률상 특수가연물의 저장 및 취급 기준 중 다음 ( ) 안에 알맞은 것은? (단, 석탄·목탄류를 발전용으로 저장하는 경우는 제외한다.)

> 살수설비를 설치하거나, 방사능력 범위에 해당 특수가연물이 포함되도록 대형수동식 소화기를 설치하는 경우에는 쌓는 높이를 (㉠)[m] 이하, 쌓는 부분의 바닥면적을 (㉡)[m²] 이하로 할 수 있다.

① ㉠ 10, ㉡ 30　　② ㉠ 10, ㉡ 50
③ ㉠ 15, ㉡ 100　　④ ㉠ 15, ㉡ 200

해설 특수가연물의 저장·취급 기준
다만, 석탄·목탄류를 발전용으로 저장하는 경우는 제외
① 품명별로 구분하여 쌓을 것
② 저장·취급 기준

구분		일반적인 경우	기타의 경우
높이		10 [m] 이하	15 [m] 이하
쌓는 부분의 바닥면적	면화류 등	50 [m²] 이하	200 [m²] 이하
	석탄·목탄류	200 [m²] 이하	300 [m²] 이하

※ 기타의 경우 : 살수설비를 설치하거나 방사능력 범위에 해당 특수가연물이 포함되도록 대형수동식소화기를 설치하는 경우
③ 저장·취급 기준

구 분	실내에 쌓아 저장하는 경우	실외에 쌓아 저장하는 경우
쌓는 부분 바닥면적의 사이	1.2 [m] 또는 쌓는 높이의 1/2 중 큰 값 이상	3 [m] 또는 쌓는 높이 중 큰 값 이상
저장 기준	㉠ 주요구조부는 내화구조이면서 불연재료 ㉡ 다른 종류의 특수가연물과 같은 공간에 보관하지 않을 것	쌓는 부분이 대지경계선, 도로 및 인접 건축물과 최소 6 [m] 이상
저장 기준 제외	내화구조의 벽으로 분리하는 경우	쌓는 높이보다 0.9 [m] 이상 높은 내화구조 벽체를 설치한 경우

60. 소방시설공사업법령상 상주 공사감리 대상 기준 중 다음 ( ) 안에 알맞은 것은?

> - 연면적 (㉠)[m²] 이상의 특정소방 대상물(아파트는 제외)에 대한 소방 시설의 공사
> - 지하층을 포함한 층수가 (㉡)층 이상으로서 (㉢)세대 이상인 아파트에 대한 소방시설의 공사

① ㉠ 10,000, ㉡ 11, ㉢ 600
② ㉠ 10,000, ㉡ 16, ㉢ 500
③ ㉠ 30,000, ㉡ 11, ㉢ 600
④ ㉠ 30,000, ㉡ 16, ㉢ 500

해설 소방공사 감리의 종류, 방법 및 대상
– 대통령령으로 정한다.

종류	대상
상주공사 감리	1. 특정소방대상물 – 연면적 3만[m²] 이상 (아파트는 제외) 2. 아파트 – 지하층을 포함한 층수가 16층 이상으로서 500세대 이상
일반 공사 감리	상주 공사감리에 해당하지 않는 소방시설의 공사

정답 59. ④　60. ④

제4과목 소방기계시설의 구조 및 원리

61. 전역방출방식의 분말소화설비에 있어서 방호구역의 체적이 500[m³]일 때 적합한 분사헤드의 수는? (단, 제1종 분말이며, 체적 1[m³]당 소화약제의 양은 0.60[kg]이며, 분사헤드 1개의 분당 표준방사량은 18[kg]이다.)

① 17개 ② 30개
③ 34개 ④ 134개

[해설] 분말소화약제

1. 약제량[kg]) = VQ + AK = 500 × 0.6 = 300[kg]
   ① V[m³] : 방호구역체적
   ② Q[kg/m³] : 방호구역 체적당 소화약제의 양

소화약제의 종별	Q[kg/m³]	K[kg/m²]
제1종	0.6	4.5
제2종, 제3종	0.36	2.7
제4종	0.24	1.8

   ③ A[m²] : 개구부 면적
   ④ K[kg/m²] : 개구부 면적당 가산량 - 개구부에 자동 폐쇄장치 설치 시 K값 적용하지 않는다.
2. 분말소화설비 방사시간 : 30초
   약제량 300kg은 30초 이내에 방사가 되야 하므로
   300[kg]/0.5[min] = 600[kg/min]
3. 600[kg/min] ÷ 18[kg/min 개] = 33.33개
   따라서 34개의 헤드가 필요 함

62. 이산화탄소 소화약제의 저장용기 설치기준 중 옳은 것은?

① 저장용기의 충전비는 고압식은 1.9 이상 2.3 이하, 저압식은 1.5 이상 1.9 이하로 할 것
② 저압식 저장용기에는 액면계 및 압력계와 2.1[MPa] 이상 1.9[MPa] 이하의 압력에서 작동하는 압력경보장치를 설치할 것
③ 저장용기 고압식은 25[MPa] 이상, 저압식은 3.5[MPa] 이상의 내압시험압력에 합격한 것으로 할 것
④ 저압식 저장용기에는 내압시험압력의 1.8배의 압력에서 작동하는 안전밸브와 내압시험압력의 0.8배부터 내압시험압력에서 작동하는 봉판을 설치할 것

[해설] 이산화탄소 소화약제의 저장용기 설치기준

구 분	이산화탄소소화설비	
	고압식	저압식
저장용기의 저장온도, 압력	20℃ 6.0[MPa]	-18℃ 2.1[MPa]
저장용기 내압시험압력	25[MPa]	3.5[MPa]
안전밸브 작동압력	-	내압시험압력의 0.64배 ~ 0.8배
안전장치(봉판) 작동압력	내압시험압력의 0.8배	내압시험압력의 0.8배 ~ 1배
충전비[ℓ/kg]	1.5 이상 1.9 이하	1.1 이상 1.4 이하
자동냉동장치	-	-18[℃] 2.1[MPa] 유지
압력경보장치	-	1.9[MPa] 이하 시 2.3[MPa] 이상 시

63. 화재 시 연기가 찰 우려가 없는 장소로서 호스릴분말소화설비를 설치할 수 있는 기준 중 다음 ( ) 안에 알맞은 것은?

- 지상 1층 및 피난층에 있는 부분으로서 지상에서 수동 또는 원격조작에 따라 개방할 수 있는 개구부의 유효면적의 합계가 바닥면적의 (㉠)[%] 이상이 되는 부분
- 전기설비가 설치되어 있는 부분 또는 다량의 화기를 사용하는 부분의 바닥면적이 해당 설비가 설치되어 있는 구획의 바닥면적의 (㉡) 미만이 되는 부분

① ㉠ 15, ㉡ $\frac{1}{5}$ ② ㉠ 15, ㉡ $\frac{1}{2}$
③ ㉠ 20, ㉡ $\frac{1}{5}$ ④ ㉠ 20, ㉡ $\frac{1}{2}$

[해설] 호스릴분말소화설비
화재 시 현저하게 연기가 찰 우려가 없는 장소로서 다음에 해당하는 장소에는 호스릴분말소화설비를 설치할 수 있다.

정답 61. ③ 62. ③ 63. ①

기출문제

2018. 2회 소방설비기사

① 지상 1층 및 피난층에 있는 부분으로서 지상에서 수동 또는 원격조작에 따라 개방할 수 있는 개구부의 유효면적의 합계가 바닥면적의 15[%] 이상이 되는 부분

② 전기설비가 설치되어 있는 부분 또는 다량의 화기를 사용하는 부분(해당 설비의 주위 5[m] 이내의 부분을 포함한다)의 바닥면적이 해당 설비가 설치되어 있는 구획의 바닥면적의 5분의 1 미만이 되는 부분

64. 소화수조의 소요수량이 20[m³] 이상 40[m³] 미만인 경우 설치하여야 하는 채수구의 개수로 옳은 것은?

① 1개 ② 2개
③ 3개 ④ 4개

[해설] 소화용수설비에 설치하는 채수구 설치기준
① 65[mm] 이상의 나사식
② 결합금속구
  - 지면으로부터의 높이가 0.5[m] 이상 1[m] 이하
③ 채수구의 수

소요수량	20[m³] 이상 40[m³] 미만	40[m³] 이상 100[m³] 미만	100[m³] 이상
채수구의 수	1개	2개	3개

65. 건축물에 설치하는 연결살수설비 헤드의 설치기준 중 다음 ( ) 안에 알맞은 것은?

천장 또는 반자의 각 부분으로부터 하나의 살수헤드까지의 수평거리가 연결살수설비 전용 헤드의 경우는 (㉠)[m] 이하, 스프링클러헤드의 경우는 (㉡)[m] 이하로 할 것.
다만, 살수헤드의 부착면과 바닥과의 높이가 (㉢)[m] 이하인 부분은 살수헤드의 살수분포에 따른 거리로 할 수 있다.

① ㉠ 3.7, ㉡ 2.3, ㉢ 2.1
② ㉠ 3.7, ㉡ 2.1, ㉢ 2.3
③ ㉠ 2.3, ㉡ 3.7, ㉢ 2.3
④ ㉠ 2.3, ㉡ 3.7, ㉢ 2.1

[해설] 연결살수설비의 헤드 설치기준
① 연결살수설비의 헤드는 연결살수설비전용헤드 또는 스프링클러헤드로 설치하여야 한다.
② 건축물에 설치하는 연결살수설비의 헤드는 다음에 따라 설치하여야 한다.
  ㉠ 천장 또는 반자의 실내에 면하는 부분에 설치할 것
  ㉡ 천장 또는 반자의 각 부분으로부터 하나의 살수헤드까지의 수평거리가 연결살수설비전용헤드의 경우은 3.7[m] 이하, 스프링클러헤드의 경우는 2.3[m] 이하로 할 것. 다만, 살수헤드의 부착면과 바닥과의 높이가 2.1[m] 이하인 부분은 살수헤드의 살수분포에 따른 거리로 할 수 있다.

66. 포소화설비의 자동식 기동장치를 폐쇄형스프링클러헤드의 개방과 연동하여 가압송수장치·일제 개방밸브 및 포 소화약제 혼합장치를 기동하는 경우의 설치 기준 중 다음 ( ) 안에 알맞은 것은? (단, 자동화재탐지설비의 수신기가 설치된 장소에 상시 사람이 근무하고 있고, 화재시 즉시 해당 조작부를 작동시킬 수 있는 경우는 제외한다.)

표시온도가 (㉠)[℃] 미만인 것을 사용하고, 1개의 스프링클러헤드의 경계면적은 (㉡)[m²] 이하로 할 것

① ㉠ 79, ㉡ 8
② ㉠ 121, ㉡ 8
③ ㉠ 79, ㉡ 20
④ ㉠ 121, ㉡ 20

[해설] 포소화설비의 기동장치
1. 수동식기동장치

차고, 주차장	항공기격납고
각 방사구역마다 1개 이상 설치	각 방사구역마다 2개 이상을 설치

2. 자동식 기동장치
① 폐쇄형스프링클러헤드를 사용하는 경우

스프링클러헤드	내 용
표시온도	79[℃] 미만
1개의 경계면적	20[m²] 이하
부착면의 높이	바닥으로부터 5[m] 이하

정답 64. ① 65. ① 66. ③

② 화재감지기를 사용하는 경우

화재감지기	자동화재탐지설비 기준에 따라 설치
화재감지기 회로	발신기 설치 수평거리 : 25[m] 보행거리 : 40[m]
동결우려가 있는 장소	동화재탐지설비와 연동

67. 스프링클러설비 가압송수장치의 설치기준 중 고가수조를 이용한 가압송수장치에 설치하지 않아도 되는 것은?

① 수위계　　　　② 배수관
③ 오버플로우관　　④ 압력계

해설 고가수조의 자연낙차를 이용한 가압송수장치
① 구조물 또는 지형지물 등에 설치하여 자연낙차의 압력으로 급수하는 수조
② 고가수조에 설치 하는 장치(5가지)
　수위계·배수관·급수관·오버플로우관 및 맨홀을 설치할 것

암기 수배급오버맨

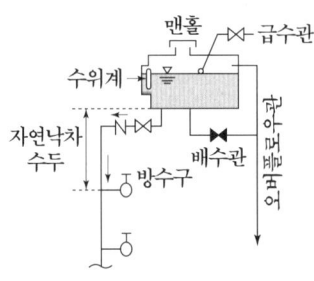

③ 고가수조의 자연낙차수두
수조의 하단으로부터 최고층에 설치된 소화전 호스 접결구까지의 수직거리

68. 특별피난계단의 계단실 및 부속실 제연설비의 차압 등에 관한 기준 중 다음 ( ) 안에 알맞은 것은?

> 제연설비가 가동되었을 경우 출입문의 개방에 필요한 힘은 ( )[N] 이하로 하여야 한다.

① 12.5　　　　② 40
③ 70　　　　　④ 110

해설 과압방지
출입문이 닫히는 경우 제연구역의 과압을 방지할 수 있는 유효한 조치를 하여 차압을 유지할 것
> 제연설비가 가동되었을 경우 출입문의 개방에 필요한 힘 - 110[N] 이하

69. 완강기의 최대사용자수 기준 중 다음 ( ) 안에 알맞은 것은?

> 최대사용자수(1회에 강하할 수 있는 사용자의 최대수)는 최대사용하중을 ( )[N]으로 나누어서 얻은 값으로 한다.

① 250　　　　② 500
③ 750　　　　④ 1,500

해설 완강기의 형식승인 및 제품검사의 기술기준
제17조(최대사용하중 및 최대사용자수 등)
① 최대사용하중은 1,500[N] 이상의 하중이어야 한다.
② 최대사용자수(1회에 강하할 수 있는 사용자의 최대수)는 최대사용하중을 1,500[N]으로 나누어서 얻은 값(1미만의 수는 계산하지 아니한다)으로 한다.

70. 화재조기진압용 스프링클러설비 가지배관의 배열기준 중 천장의 높이가 9.1[m] 이상 13.7[m] 이하인 경우 가지배관 사이의 거리 기준으로 옳은 것은?

① 2.4[m] 이상 3.1[m] 이하
② 2.4[m] 이상 3.7[m] 이하
③ 6.0[m] 이상 8.5[m] 이하
④ 6.0[m] 이상 9.3[m] 이하

해설 화재조기진압용 스프링클러설비의 헤드 설치기준
정의 : 특정 높은 장소의 화재위험에 대하여 조기에 진화할 수 있도록 설계된 스프링클러헤드

정답　67. ④　68. ④　69. ④　70. ①

기출문제

2018. 2회 소방설비기사

구 분	내 용		
헤드 하나의 방호면적	6.0[m²] 이상 9.3[m²] 이하		
가지배관의 헤드 사이의 거리	천장의 높이	9.1[m] 미만인 경우	2.4[m] 이상 3.7[m] 이하
		9.1[m] 이상 13.7[m] 이하인 경우	2.4[m] 이상 3.1[m] 이하
헤드의 반사판	천장 또는 반자와 평행하게 설치		
	저장물의 최상부와 914[mm] 이상 확보		
헤드와 벽과의 거리	102[mm] 이상 ~ 헤드 상호간 거리의 2분의 1 이하		
헤드의 작동온도	74[℃] 이하		
상향식 헤드의 감지부 중앙	천장 또는 반자와 101[mm] 이상 152[mm] 이하		
상향식 헤드의 반사판의 위치	스프링클러배관의 윗부분에서 최소 178[mm] 상부에 설치		
하향식 헤드의 반사판의 위치	천장이나 반자 아래 125[mm] 이상 355[mm] 이하		

71. 스프링클러설비 헤드의 설치기준 중 다음 ( ) 안에 알맞은 것은?

> 살수가 방해되지 아니하도록 스프링클러헤드로부터 반경 (㉠)[cm] 이상의 공간을 보유할 것. 다만, 벽과 스프링클러헤드간의 공간은 (㉡)[cm] 이상으로 한다.

① ㉠ 10, ㉡ 60
② ㉠ 30, ㉡ 10
③ ㉠ 60, ㉡ 10
④ ㉠ 90, ㉡ 60

[해설] 헤드 설치 방법
살수가 방해되지 아니하도록 헤드로부터 반경 60[cm] 이상의 공간을 보유할 것. 다만, 벽과 스프링클러헤드간의 공간은 10[cm] 이상으로 한다.

72. 포 소화약제의 혼합장치에 대한 설명 중 옳은 것은?

① 라인 프로포셔너방식이란 펌프의 토출관과 흡입관 사이의 배관 도중에 설치한 흡입기에 펌프에서 토출된 물의 일부를 보내고, 농도 조정밸브에서 조정된 포 소화약제의 필요량을 포 소화약제 탱크에서 펌프 흡입측으로 보내어 이를 혼합하는 방식을 말한다.
② 프레져사이드 프로포셔너방식이란 펌프의 토출관에 압입기를 설치하여 포 소화약제 압입용펌프로 포 소화약제를 압입시켜 혼합하는 방식을 말한다.
③ 프레져 프로포셔너방식이란 펌프와 발포기의 중간에 설치된 벤추리관의 벤추리작용에 따라 포 소화약제를 흡입·혼합하는 방식을 말한다.
④ 펌프 프로포셔너방식이란 펌프와 발포기의 중간에 설치된 벤추리관의 벤추리작용과 펌프 가압수의 포 소화약제 저장탱크에 대한 압력에 따라 포 소화약제를 흡입·혼합하는 방식을 말한다.

[해설]

구 분	혼합방식
라인 프로포셔너방식 (흡입혼합방식)	펌프와 발포기의 중간에 설치된 벤추리관의 벤추리 작용에 따라 포 소화약제를 흡입·혼합하는 방식
프레져 프로포셔너방식 (차압혼합방식)	펌프와 발포기의 중간에 설치된 벤추리관의 벤추리작용과 펌프 가압수의 포 소화약제 저장탱크에 대한 압력에 따라 포 소화약제를 흡입·혼합하는 방식

정답 71. ③ 72. ②

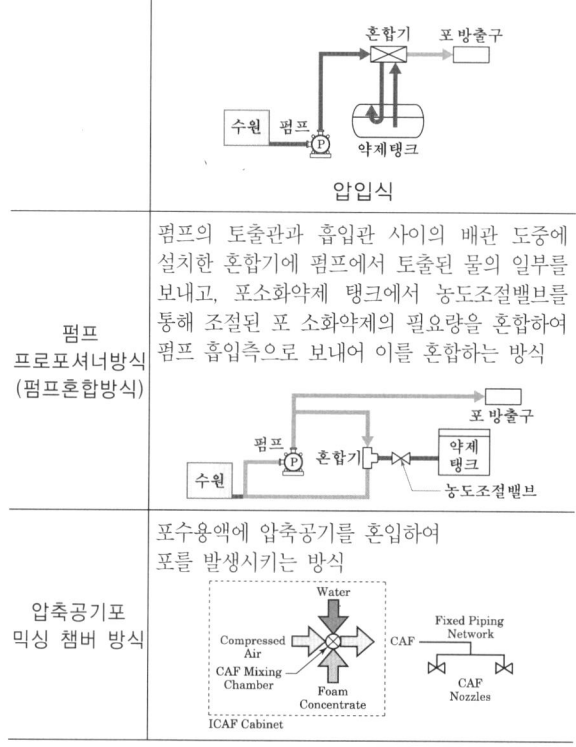

74. 미분무소화설비 용어의 정의 중 다음 ( ) 안에 알맞은 것은?

> "미분무"란 물만을 사용하여 소화하는 방식으로 최소설계압력에서 헤드로부터 방출되는 물입자 중 99%의 누적체적분포가 (㉠)[μm] 이하로 분무되고 (㉡)급 화재에 적응성을 갖는 것을 말한다.

① ㉠ 400, ㉡ A,B,C ② ㉠ 400, ㉡ B,C
③ ㉠ 200, ㉡ A,B,C ④ ㉠ 200, ㉡ B,C

해설 미분무소화설비 용어의 정의
① 미분무소화설비 : 가압된 물이 헤드 통과 후 미세한 입자로 분무됨으로써 소화성능을 가지는 설비를 말하며, 소화력을 증가시키기 위해 강화액 등을 첨가할 수 있다.
② 미분무 : 물만을 사용하여 소화하는 방식으로 최소설계압력에서 헤드로부터 방출되는 물입자 중 99[%]의 누적체적분포가 400[μm] 이하로 분무되고 A, B, C급 화재에 적응성을 갖는 것

73. 전동기 또는 내연기관에 따른 펌프를 이용하는 옥외소화전설비의 가압송수장치의 설치기준 중 다음 ( ) 안에 알맞은 것은?

> 해당 특정소방대상물에 설치된 옥외소화전(2개 이상 설치된 경우에는 2개의 옥외소화전)을 동시에 사용할 경우 각 옥외소화전의 노즐선단에서의 방수압력이 (㉠)[MPa] 이상이고, 방수량이 (㉡)[L/min] 이상이 되는 성능의 것으로 할 것

① ㉠ 0.17, ㉡ 350 ② ㉠ 0.25, ㉡ 350
③ ㉠ 0.17, ㉡ 130 ④ ㉠ 0.25, ㉡ 130

해설 옥외소화전설비의 설치기준
① 방수압력 : 0.25[MPa] 이상
② 방수량 : 350[ℓ/min] 이상
③ 호스 : 구경 65[mm]
④ 하나의 호스접결구에서 소방대상물까지의 수평거리 – 40[m] 이하

75. 소화기구의 소화약제별 적응성 중 C급 화재에 적응성이 없는 소화약제는?

① 마른 모래
② 불활성기체소화약제
③ 이산화탄소 소화약제
④ 중탄산염류 소화약제

해설 소화기구 적응성

소화약제 구분	가스			분말		액체				기타		
적응대상	이산화탄소	할론, 할로겐화합물 및 불활성기체		인산염류	중탄산염류	산알칼리	강화액	포소화	물·침윤소화약제	고체에어로졸화합물	마른모래	팽창질석·팽창진주암	그밖의것
일반화재 (A급 화재)	×	○	○	×	○	○	○	○	○	○	○	×
유류화재 (B급 화재)	○	○	○	○	○	○	○	○	○	○	○	×
전기화재 (C급 화재)	○	○	○	*	*	*	○	×	×
주방화재 (K급 화재)	×	×	*	×	*	*	×	×	*

* : 화재 종류별 적응성에 적합한 것으로 인정되는 경우에 한한다.

정답 73. ② 74. ① 75. ①

기출문제

2018. 2회 소방설비기사

76. 소화약제 외의 것을 이용한 간이소화용구의 능력단위 기준 중 다음 ( ) 안에 알맞은 것은?

간이소화용구		능력단위
마른모래	삽을 상비한 50L 이상의 것 1포	( )단위

① 0.5　　　　　　② 1
③ 3　　　　　　　④ 5

[해설] 소화약제 외의 것을 이용한 간이소화용구의 능력단위

간이소화용구		능력단위
마른모래	삽을 상비한 50[ℓ] 이상의 것 1포	0.5단위
팽창질석 또는 팽창진주암	삽을 상비한 80[ℓ] 이상의 것 1포	

77. 다음과 같은 소방대상물의 부분에 완강기를 설치할 경우 부착 금속구의 부착위치로서 가장 적합한 위치는?

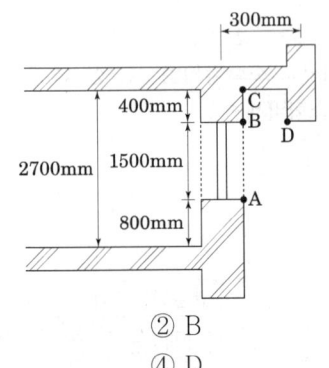

① A　　　　　　② B
③ C　　　　　　④ D

[해설] 부착금속구의 설치위치는 부착장소의 바닥으로부터 높이가 대개 150[cm] ~ 180[cm] 이하의 경우인 B 지점이 가장 좋으나 단지 바닥으로부터의 높이만을 가지고 결정할 수 없으며 부착면에서 지지대의 길이를 고려하지 않으면 '소방대상물의 하강 벽면과 완강기의 부착구의 선단은 30 ~ 40[cm] 정도의 간격을 유지하여야 하므로 금구의 부착작업상 곤란하지만 D의 장소가 가장 적합하다.

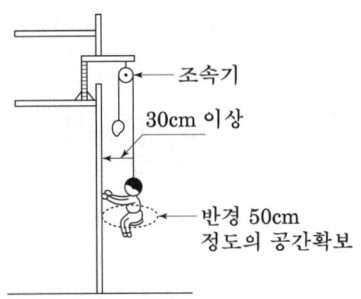

78. 지하구의 화재안전기준에 따라 환기구 사이의 간격이 몇 [m]를 초과할 경우에는 700[m] 이내마다 살수구역을 설정하여야 하는가?

① 350　　　　　② 700
③ 1,000　　　　④ 1,500

[해설] 연소방지설비의 헤드 설치기준
소방대원의 출입이 가능한 환기구·작업구마다 지하구의 양쪽방향으로 살수헤드를 설정하되, 한쪽 방향의 살수구역의 길이는 3[m] 이상으로 할 것.
다만, 환기구 사이의 간격이 700[m]를 초과할 경우에는 700[m] 이내마다 살수구역을 설정하되, 지하구의 구조를 고려하여 방화벽을 설치한 경우에는 그러하지 아니하다.

79. 상수도소화용수설비의 소화전은 특정소방대상물의 수평투영면의 각 부분으로부터 몇 [m] 이하가 되도록 설치하여야 하는가?

① 200　　　　　② 140
③ 100　　　　　④ 70

[해설] 상수도소화용수설비의 화재안전기준
① 설치대상
　㉠ 연면적 5천 [m²] 이상
　㉡ 가스시설로서 지상에 노출된 탱크의 저장용량의 합계가 100톤 이상

정답　76. ①　77. ④　78. ②　79. ②

※ 상수도소화용수설비를 설치하여야 하는 특정소방대상물의 대지 경계선으로부터 180[m] 이내에 구경 75[mm] 이상인 상수도용 배수관이 설치되지 아니한 지역에 있어서는 화재안전기준에 따른 소화수조 또는 저수조를 설치하여야 한다.

② 설치기준
  ㉠ 호칭지름 75[mm] 이상의 수도배관에 호칭지름 100[mm] 이상의 소화전을 접속
  ㉡ 소화전은 특정소방대상물의 수평투영면의 각 부분으로부터 140[m] 이하가 되도록 설치

80. 이산화탄소 소화약제 저압식 저장용기의 충전비로 옳은 것은?

① 0.9 이상 1.1 이하
② 1.1 이상 1.4 이하
③ 1.4 이상 1.7 이하
④ 1.5 이상 1.9 이하

해설 이산화탄소 소화약제 저장용기 설치기준

구 분	고압식	저압식
저장용기의 저장온도, 압력	20[℃] 6.0[MPa]	−18[℃] 2.1[MPa]
저장용기 내압시험압력	25[MPa]	3.5[MPa]
안전밸브 작동압력	−	내압시험압력의 0.64배 ~ 0.8배
안전장치(봉판) 작동압력	내압시험압력의 0.8배	내압시험압력의 0.8배 ~ 1배
충전비[ℓ/kg]	1.5 이상 1.9 이하	1.1 이상 1.4 이하
자동냉동장치	−	−18[℃] 2.1[MPa] 유지
압력경보장치	−	1.9[MPa] 이하 시 2.3[MPa] 이상 시

정답 80. ②

기출문제(2018.4회)

■■■ 제1과목 소방원론

1. 염소산염류, 과염소산염류, 알카리금속의 과산화물, 질산염류, 과망간산염류의 특징과 화재 시 소화방법에 대한 설명 중 틀린 것은?

① 가열 등에 의해 분해하여 산소를 발생하고 화재 시 산소의 공급원 역할을 한다.
② 가연물, 유기물, 기타 산화하기 쉬운 물질과 혼합물은 가열, 충격, 마찰 등에 의해 폭발하는 수도 있다.
③ 알카리금속의 과산화물을 제외하고 다량의 물로 냉각 소화한다.
④ 그 자체가 가연성이며 폭발성을 지니고 있어 화약류 취급 시와 같이 주의를 요한다.

해설 위험물의 분류에 따른 성상

분류	성상
제1류	산화성 고체(불연성)
제2류	가연성 고체
제3류	자연발화성 및 금수성 물질
제4류	인화성 액체
제5류	자기연소성 물질
제6류	산화성 액체(불연성)

※ 제1류 위험물 : 염소산염류, 과염소산염류, 알카리금속의 과산화물, 질산염류, 과망간산염류 등
※ 제5류 자기연소성 물질 : 그 자체가 가연성이며 폭발성을 지니고 있어 화약류 취급 시와 같이 주의를 요한다.

2. 어떤 기체가 0[℃], 1기압에서 부피가 11.2[L], 기체 질량이 22[g] 이었다면 이 기체의 분자량은? (단, 이상기체로 가정한다.)

① 22 ② 35
③ 44 ④ 56

해설 몰[mol] = $\dfrac{질량[g]}{분자량[g/mol]}$ = $\dfrac{기체부피[\ell]}{22.4[\ell/mol]}$ 이므로

$\dfrac{11.2[\ell]}{22.4[\ell/mol]}$ = 0.5몰 = $\dfrac{22[g]}{분자량[g/mol]}$

∴ 분자량은 44[g]

3. 화재예방, 소방시설 설치·유지 및 안전관리에 관한 법령에 따른 무창층 개구부의 기준으로 틀린 것은?

① 해당 층의 바닥면으로부터 개구부 밑부분까지의 높이가 1.5[m] 이내일 것
② 크기는 지름 50[cm] 이상의 원이 통과할 수 있는 크기일 것
③ 도로 또는 차량이 진입할 수 있는 빈터를 향할 것
④ 내부 또는 외부에서 쉽게 부수거나 열 수 있을 것

해설 무창층(無窓層)
지상층 중 다음의 요건을 모두 갖춘 개구부(건축물에서 채광·환기·통풍 또는 출입 등을 위하여 만든 창·출입구, 그 밖에 이와 비슷한 것을 말한다)의 면적의 합계가 해당 층의 바닥면적의 30분의 1 이하가 되는 층을 말한다.

① 크기는 지름 50[cm] 이상의 원이 통과 할 수 있는 크기일 것
② 해당 층의 바닥면으로부터 개구부 밑부분까지의 높이가 1.2[m] 이내일 것
③ 도로 또는 차량이 진입할 수 있는 빈터를 향할 것
④ 화재 시 건축물로부터 쉽게 피난할 수 있도록 창살이나 그 밖의 장애물이 설치되지 아니할 것
⑤ 내부 또는 외부에서 쉽게 부수거나 열 수 있을 것

4. 제4류 위험물의 물리·화학적 특성에 대한 설명으로 틀린 것은?

① 증기비중은 공기보다 크다.
② 정전기에 의한 화재발생위험이 있다.
③ 인화성 액체이다.
④ 인화점이 높을수록 증기발생이 용이하다.

해설 제4류 위험물의 물리·화학적 특성
① 분자량이 커질수록 분자식이 복잡할수록 발화온도가 낮아져서 자연발화가 쉽다. (분자간의 결합력이 강해 휘발, 분해가 잘 되지 않고 열을 축적함)
② 탄화수소 분자량이 많아질 경우
  ㉠ 기체(C가 1~4개 : 메탄, 에탄, 프로판, 부탄), 액체(5~16개), 고체(17개 이상) 순서

정답 1. ④ 2. ③ 3. ① 4. ④

ⓒ 증기압(휘발성), 발화점(자연발화), 연소범위, 연소속도, 화학양론조성비 : 작아진다
ⓒ 인화점, 비점(끓는점), 기화열, 발열량, 점도, 증기비중(분자량/29), 비중 : 커진다.
ⓔ 이성질체가 많아진다.
※ 인화점이 낮을수록 증기발생이 용이하다.

5. 60분방화문과 30분방화문의 비차열 성능은 각각 최소 몇 분 이상이어야 하는가?

① 60분 : 90분, 30분 : 40분
② 60분 : 60분, 30분 : 30분
③ 60분 : 45분, 30분 : 20분
④ 60분 : 30분, 30분 : 10분

해설 방화문의 종류

구 분	성 능	설치장소
60분+ 방화문	연기 및 불꽃을 차단할 수 있는 시간이 60분 이상이고, 열을 차단할 수 있는 시간이 30분 이상인 방화문	아파트 발코니에 설치하는 대피공간의 갑종방화문
60분 방화문	연기 및 불꽃을 차단할 수 있는 시간이 60분 이상인 방화문	1. 특별피난계단 전실 출입구 2. 비상용 승강기 승강장 출입구 3. 방화구획, 방화벽 4. 피난계단 출입구 5. 특별피난계단 계단실 출입구 6. 연소우려가 있는 외벽의 개구부
30분 방화문	연기 및 불꽃을 차단할 수 있는 시간이 30분 이상 60분 미만인 방화문	1. 특별피난계단 계단실 출입구 2. 연소우려가 있는 외벽의 개구부

※ 차연성 (KS F 3109 : 문세트 시험)
방화문을 설치한 시험장치 내 압력이 25[Pa]일 때 방화문을 통한 누설량이 0.9[m^3/min·m^2] 초과하지 않을 것

방화문 시험

6. 피난로의 안전구획 중 2차 안전구획에 속하는 것은?

① 복도
② 계단부속실(계단전실)
③ 계단
④ 피난층에서 외부와 직면한 현관

해설 안전구획

1차 안전구획	2차 안전구획	3차 안전구획
복도	전실(부속실)	계단

7. 할론 소화약제의 주된 소화효과 및 방법에 대한 설명으로 옳은 것은?

① 소화약제의 증발잠열에 의한 소화방법이다.
② 산소의 농도를 15[%] 이하로 낮게 하는 소화방법이다.
③ 소화약제의 열분해에 의해 발생하는 이산화탄소에 의한 소화방법이다.
④ 자유활성기(free radical)의 생성을 억제하는 소화방법이다.

해설 할론 소화약제의 주된 소화효과 - 연쇄반응 억제(부촉매효과)
① 연쇄반응 : 활성화된 라디칼의 전파, 분기반응에 의하여 연소가 지속되는 현상을 연쇄반응이라 한다.
② 라디칼 : 화학반응에서, 다른 화합물로 변화할 때 분해되지 않고 마치 한 원자처럼 작용하는 원자의 집단

8. 유류 탱크의 화재 시 탱크 저부의 물이 뜨거운 열류층에 의하여 수증기로 변하면서 급작스런 부피 팽창을 일으켜 유류가 탱크 외부로 분출하는 현상은?

① 슬롭 오버(Slop Over)
② 블레비(BLEVE)
③ 보일 오버(Boil Over)
④ 파이어 볼(Fire Ball)

해설 보일오버(Boil Over)
① 다비점의 중질유 저장탱크 화재 발생
② 저비점 물질은 유류 표면층에서 증발, 연소

정답 5.② 6.② 7.④ 8.③

기출문제

2018. 4회 소방설비기사

③ 고비점 물질은 화염의 온도에 의해 가열, 축적되어 200~300[℃]의 열류층 형성
④ 열류층이 하부의 수층에 열전달
⑤ 하부의 물이 비등하며 탱크 내 기름을 분출시킴

9. 어떤 유기화합물을 원소 분석한 결과 중량백분율이 C : 39.9[%], H : 6.7[%], O : 53.4[%]인 경우 이 화합물의 분자식은? (단, 원자량은 C=12, O=16, H=1 이다.)

① $C_3H_8O_2$ ② $C_2H_4O_2$
③ C_2H_4O ④ $C_2H_6O_2$

해설 화합물의 분자식
① 각 성분의 몰수 구하기
  C의 몰수 = 39.9[g] / (12[g/mol]) = 3.325[mol]
  H의 몰수 = 6.7[g] / (1[g/mol]) = 6.7[mol]
  O의 몰수 = 53.4[g] / (16[g/mol]) = 3.3375[mol]
② 몰수의 가장 작은 정수비를 구하기
  C : H : O = 3.325/3.325 : 6.7/3.325 : 3.3375/3.325
  = 1 : 2.015 : 1.004 ≒ 1 : 2 : 1
③ 실험식은 CH_2O
④ 가능한 분자식은
  CH_2O, $2(CH_2O) = C_2H_4O_2$, $3(CH_2O) = C_3H_6O_3$ 등
※ 중량백분율 : 함유량 표시법의 하나이며 물체의 전 질량 중에 차지하는 질량을 백분율로 표시한다.

10. 내화구조에 해당하지 않는 것은?

① 철근콘크리트조로 두께가 10[cm] 이상인 벽
② 철근콘크리트조로 두께가 5[cm] 이상인 외벽 중 비 내력벽
③ 벽돌조로서 두께가 19[cm] 이상인 벽
④ 철골콘크리트조로서 두께가 10[cm] 이상인 벽

해설 내화구조

구분	외벽중 비내력벽	벽	바닥	기둥
철근콘크리트조 철골철근콘크리트조	7	10	10	◎
무근콘크리트조, 콘크리트블록조, 석조	7	–	–	
벽돌조	7	19	–	–
고온·고압의 증기로 양생된 경량기포 콘크리트패널, 경량기포 콘크리트블록조	–	10	–	–

11. 소방시설 중 피난설비에 해당하지 않는 것은?

① 무선통신보조설비 ② 완강기
③ 구조대   ④ 공기안전매트

해설 소화활동설비 – 소방시설 중 화재를 진압하거나 인명구조 활동을 위하여 사용하는 설비

제연설비	연결송수관설비	연결살수설비
비상콘센트설비	무선통신보조설비	연소방지설비

12. 연소의 4요소 중 자유활성기(free radical)의 생성을 저하시켜 연쇄반응을 중지시키는 소화방법은?

① 제거소화 ② 냉각소화
③ 질식소화 ④ 억제소화

해설 할론 소화약제의 주된 소화효과 – 연쇄반응 억제(부촉매효과)
① 연쇄반응 : 활성화된 라디칼의 전파, 분기반응에 의하여 연소가 지속되는 현상을 연쇄반응이라 한다.
② 라디칼 : 화학반응에서, 다른 화합물로 변화할 때 분해되지 않고 마치 한 원자처럼 작용하는 원자의 집단

13. 소화약제로 사용할 수 없는 것은?

① $KHCO_3$ ② $NaHCO_3$
③ CO_2 ④ NH_3

정답 9. ② 10. ② 11. ① 12. ④ 13. ④

[해설] NH₃ - 암모니아

주요 가연성 가스의 공기 중 연소 범위

가스명	연소범위(V%)		
	하한값	상한값	범위차
아세틸렌	2.5	81	78.5
수소	4.0	75.0	71
일산화탄소	12.5	74.0	61.5
에테르	1.9	48	46.1
이황화탄소	1.2	44	42.8
황화수소	4.0	44.0	40
에틸렌	2.7	36.0	33.3
암모니아	15.0	28.0	13
메탄	5.0	15.0	10
에탄	3.0	12.4	9.4
프로판	2.1	9.5	7.4
부탄	1.8	8.4	6.6

14. 폭연에서 폭굉으로 전이되기 위한 조건에 대한 설명으로 틀린 것은?

① 정상연소속도가 작은 가스일수록 폭굉으로 전이가 용이하다.
② 배관내에 장애물이 존재할 경우 폭굉으로 전이가 용이하다.
③ 배관의 관경이 가늘수록 폭굉으로 전이가 용이하다.
④ 배관내 압력이 높을수록 폭굉으로 전이가 용이하다.

[해설] 폭굉으로 전이가 용이한 경우
 ① 정상연소속도가 큰 가스일수록
 ② 배관내에 장애물이 존재할 경우
 ③ 배관의 관경이 가늘수록
 ④ 배관내 압력이 높을수록

15. 제3종 분말소화약제에 대한 설명으로 틀린 것은?

① A, B, C급 화재에 모두 적응한다.
② 주성분은 탄산수소칼륨과 요소이다.
③ 열분해시 발생되는 불연성 가스에 의한 질식효과가 있다.
④ 분말운무에 의한 열방사를 차단하는 효과가 있다.

[해설]

구분	제1종	제2종	제3종	제4종
명칭	탄산수소나트륨	탄산수소칼륨	인산암모늄	탄산수소칼륨 + 요소
분자식	NaHCO₃	KHCO₃	NH₄H₂PO₄	KHCO₃ + (NH₂)₂CO
색상	백색	자색(보라색)	담홍색	회백색

16. 비열이 가장 큰 물질은?

① 구리   ② 수은
③ 물   ④ 철

[해설] 비열[Specific Heat] [kJ/kg ℃]
물질 1[kg]을 14.5[℃]에서 15.5[℃] 올리는데 필요한 열량(kJ)

물질	비열	
	J/kg·℃	cal/g·℃
금속		
알루미늄	900	0.215
카드뮴	230	0.055
구리	387	0.0924
게르마늄	322	0.077
금	129	0.0308
철	448	0.107
납	128	0.0305
은	234	0.056
고체		
나무	1700	0.41
유리	837	0.2
실리콘	703	0.168
얼음	2090	0.5
화강암	860	0.21
액체		
알코올	2400	0.58
수은	140	0.033
물	4186	1

정답 14. ① 15. ② 16. ③

기출문제

2018. 4회 소방설비기사

17. TLV(Threshold Limit Value)가 가장 높은 가스는?
① 시안화수소 ② 포스겐
③ 일산화탄소 ④ 이산화탄소

[해설] 연소가스 종류 및 허용농도(TLV)
이산화탄소 – 5,000[ppm]
일산화탄소 – 50[ppm]
시안화수소 – 10[ppm]
포스겐 – 0.1[ppm]

18. 경유화재가 발생했을 때 주수소화가 오히려 위험할 수 있는 이유는?
① 경유는 물과 반응하여 유독가스를 발생하므로
② 경유의 연소열로 인하여 산소가 방출되어 연소를 돕기 때문에
③ 경유는 물보다 비중이 가벼워 화재면의 확대 우려가 있으므로
④ 경유가 연소할 때 수소가스를 발생하여 연소를 돕기 때문에

[해설] 제4류 위험물
주수소화 금지 – 물보다 가벼워 유면 확대의 위험성이 있다.

19. 건축물의 피난·방화구조 등의 기준에 관한 규칙에 따른 철망모르타르로서 그 바름두께가 최소 몇 [cm] 이상인 것을 방화구조로 규정하는가?
① 2 ② 2.5
③ 3 ④ 3.5

[해설] 방화구조에 대한 기준
① 철망모르타르로서 그 바름 두께가 2[cm] 이상인 것
② 석고판 위에 회반죽 또는 시멘트모르타르를 바른 것으로서 그 두께의 합계가 2.5[cm] 이상인 것
③ 시멘트모르타르위에 타일을 붙인 것으로서 그 두께의 합계가 2.5[cm] 이상인 것
④ 심벽에 흙으로 맞벽치기한 것
⑤ 한국산업표준이 정하는 바에 따라 시험한 결과 방화 2급 이상에 해당하는 것

+암기 철2석회시 ~ 시타 2.5(철이 석회 싫다고 함 석회가 2.5로 더 두꺼워서)

20. 다음 중 분진 폭발의 위험성이 가장 낮은 것은?
① 소석회 ② 알루미늄분
③ 석탄분말 ④ 밀가루

[해설] 시험에 잘 나오는 분진폭발을 일으키지 않는 물질
① 석회석($CaCO_3$ = 탄산칼슘)
② 생석회(CaO = 산화칼슘)
③ 소석회[$Ca(OH)_2$ = 수산화칼슘]
④ 시멘트

■■■ 제2과목 소방유체역학

21. 관내에서 물이 평균속도 9.8[m/s]로 흐를 때의 속도 수두는 약 몇 [m]인가?
① 4.9 ② 9.8
③ 48 ④ 128

[해설] 속도수두$(H_v) = \dfrac{V^2}{2g} = \dfrac{9.8^2}{2 \times 9.8} = 4.9$[m]

여기서, V : 속도[m/s]
g : 중력가속도(=9.8[m/s²])

22. 다음 기체, 유체, 액체에 대한 설명 중 옳은 것만을 모두 고른 것은?

| ⓐ 기체 : 매우 작은 응집력을 가지고 있으며, 자유표면을 가지지 않고 주어진 공간을 가득 채우는 물질
| ⓑ 유체 : 전단응력을 받을 때 연속적으로 변형하는 물질
| ⓒ 액체 : 전단응력이 전단변형률과 선형적인 관계를 가지는 물질 |

① ⓐ, ⓑ ② ⓐ, ⓒ
③ ⓑ, ⓒ ④ ⓐ, ⓑ, ⓒ

[해설] ⓒ의 경우는 Newton유체에 대한 설명이다.
Newton유체 : 전단응력이 전단변형률과 선형적인 관계를 가지는 유체

정답 17. ④ 18. ③ 19. ① 20. ① 21. ① 22. ①

23. 이상기체의 등엔트로피 과정에 대한 설명 중 틀린 것은?

① 폴리트로피 과정의 일종이다.
② 가역단열과정에서 나타난다.
③ 온도가 증가하면 압력이 증가한다.
④ 온도가 증가하면 비체적이 증가한다.

[해설] 이상기체의 등엔트로피 과정
① 폴리트로픽 과정의 일종이다.
② 가역단열 과정에서 실현된다.
③ 온도가 증가하면 압력이 증가한다.
$$\frac{T_2}{T_1} = \left(\frac{P_2}{P_1}\right)^{\frac{k-1}{k}}$$
④ 온도가 증가하면 비체적이 감소한다.
$$\frac{T_2}{T_1} = \left(\frac{v_1}{v_2}\right)^{k-1}$$

24. 관 A에는 비중 S_1=1.5인 유체가 있으며, 마노미터 유체는 비중 S_2=13.6인 수은이고, 마노미터 수은의 높이차 h_2는 20[cm]이다. 이후 관 A의 압력을 종전보다 40kPa 증가했을 때 마노미터의 수은의 새로운 높이차 ($h_2{'}$)는 약 몇 [cm]인가?

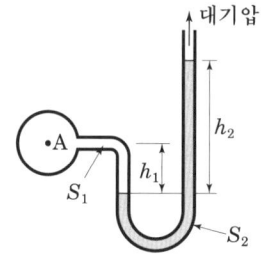

① 28.4　　② 35.9
③ 46.2　　④ 51.8

[해설] (1) 처음 상태
$P_A + \gamma_1 h_1 = \gamma_2 h_2$ 에서
$P_A = \gamma_2 h_2 - \gamma_1 h_1$ ……… ①식

(2) 관 A의 압력이 종전보다 40kPa 증가했을 때

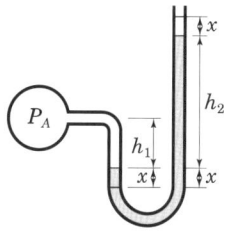

$(P_A + 40) + \gamma_1(h_1 + x) = \gamma_2(h_2 + 2x)$
P_A에 ①식을 대입하면
$(\gamma_2 h_2 - \gamma_1 h_1 + 40) + \gamma_1 h_1 + \gamma_1 x = \gamma_2 h_2 + 2\gamma_2 x$
$2\gamma_2 x - \gamma_1 x = \gamma_2 h_2 - \gamma_1 h_1 + 40 + \gamma_1 h_1 - \gamma_2 h_2$
$(2\gamma_2 - \gamma_1)x = \gamma_2 h_2 - \gamma_1 h_1 + 40 + \gamma_1 h_1 - \gamma_2 h_2$

$$\therefore x = \frac{\gamma_2 h_2 - \gamma_1 h_1 + 40 + \gamma_1 h_1 - \gamma_2 h_2}{2\gamma_2 - \gamma_1}$$
$$= \frac{40}{2\gamma_2 - \gamma_1} = \frac{40}{2 \times 13.6 \times 9.8 - 1.5 \times 9.8}$$
$$= 0.159[\text{m}] = 15.9[\text{cm}]$$

$\therefore h' = 20 + 2 \times 15.9 = 51.8[\text{cm}]$

25. 피스톤의 지름이 각각 10[mm], 50[mm]인 두 개의 유압장치가 있다. 두 피스톤에 안에 작용하는 압력은 동일하고, 큰 피스톤이 1000[N]의 힘을 발생시킨다고 할 때 작은 피스톤에서 발생시키는 힘은 약 몇 N인가?

① 40　　② 400
③ 25000　　④ 245000

[해설]

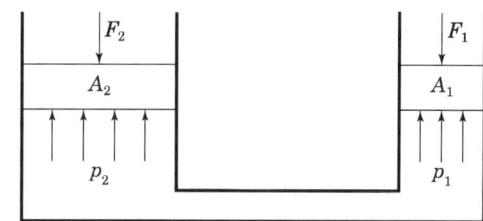

기출문제

2018. 4회 소방설비기사

파스칼의 정리에서

$P_1 = P_2$ 에서, $\dfrac{F_1}{A_1} = \dfrac{F_2}{A_2}$

$\therefore F_1 = F_2 \cdot \dfrac{A_1}{A_2} = F_2 \cdot \dfrac{D_1^2}{D_2^2} = 1000 \times \dfrac{10^2}{50^2}$

$= 40 [\text{N}]$

26. 펌프의 캐비테이션을 방지하기 위한 방법으로 틀린 것은?

① 펌프의 설치 위치를 낮추어서 흡입 양정을 작게 한다.
② 흡입관을 크게 하거나 밸브, 플랜지 등을 조정하여 흡입 손실 수두를 줄인다.
③ 펌프의 회전속도를 높여 흡입 속도를 크게 한다.
④ 2대 이상의 펌프를 사용한다.

해설 캐비테이션의 방지법
① 펌프의 설치위치를 낮추어 유효흡입수두(NPSH)를 크게 한다.
② 펌프의 회전수(임펠러 속도)를 낮추고, 흡입비속도를 작게 한다.
③ 양흡입 펌프를 사용하거나 펌프를 2대로 나눈다.
④ 흡입관의 지름을 크게 하고 밸브, 곡관 등 관이음의 수를 적게 하여 손실수두를 줄인다.
⑤ 부스터(Booster)펌프를 이용하여 흡입조건을 개선한다.
⑥ 규정치를 크게 벗어나는 운전을 피한다.

27. 2[cm] 떨어진 두 수평한 판 사이에 기름이 차있고, 두 판 사이의 정중앙에 두께가 매우 얇은 한 변의 길이가 10[cm]인 정사각형 판이 놓여있다. 이 판을 10[cm/s]의 일정한 속도로 수평하게 움직이는데 0.02[N]의 힘이 필요하다면, 기름의 점도는 약 몇 [N·s/m²]인가? (단, 정사각형 판의 두께는 무시한다.)

① 0.1 ② 0.2
③ 0.01 ④ 0.02

해설 Newton의 점성법칙

$\tau = \dfrac{F}{A} = \mu \dfrac{du}{dy}$ 에서

$F = \mu A \dfrac{du}{dy}$

여기서, τ : 전단응력[N/m²]
F : 힘 [N]
A : 면적 [m²]
μ : 점성계수
  [Pa·s(=N·s/m²=kg/m·s)]
$\dfrac{du}{dy}$: 속도구배

두 수평한 판 사이의 정중앙에 정사각형의 판이 있으므로 판의 양면에 작용하는 힘(F_1, F_2)은 같다.
($F = F_1 = F_2$) 따라서 판을 수평하게 움직이는데 필요한 힘 $F' = F_1 + F_2 = 2F$ 이다.

힘 $F' = 2F = 2 \times \left(\mu A \dfrac{du}{dy} \right)$

$\therefore \mu = \dfrac{F'y}{2Au} = \dfrac{0.02 \times 0.01}{2 \times (0.1 \times 0.1) \times 0.1}$

$= 0.1 [\text{N·s/m}^2]$

28. 그림과 같이 스프링상수(spring constant)가 10[N/cm]인 4개의 스프링으로 평판 A를 벽 B에 그림과 같이 설치되어 있다. 이 평판에 유량 0.01[m³/s], 속도 10[m/s]인 물 제트가 평판 A의 중앙에 직각으로 충돌할 때, 물 제트에 의해 평판과 벽 사이의 단축되는 거리는 약 몇 [cm]인가?

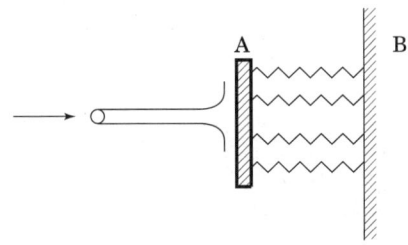

① 2.5 ② 5
③ 10 ④ 40

[해설] (1) 수직 평판A에 작용하는 힘 F_1
$$F_1 = \rho Q v$$
여기서, ρ : 밀도[kg/m³]
Q : 유량[m³/s]
v : 유속[m/s]

(2) 역학계의 힘(병진운동) F_2
$F = Ky(t)$에서 4개의 스프링이므로
$$F_2 = 4Ky(t)$$
여기서, K : 스프링상수
$y(t)$: 이동거리[m]

(3) $F_1 = F_2$이므로
$$\rho Q v = 4Ky(t)$$
$$\therefore y(t) = \frac{\rho Q v}{4K} = \frac{1000 \times 0.01 \times 10}{4 \times 10 \times 10^2}$$
$$= 2.5 \times 10^{-3} [m] = 2.5 [cm]$$

29. 파이프 단면적이 2.5배로 급격하게 확대되는 구간을 지난 후의 유속이 1.2[m/s]이다. 부차적 손실계수가 0.36이라면 급격확대로 인한 손실수두는 몇 [m]인가?

① 0.0264 ② 0.0661
③ 0.165   ④ 0.331

[해설] 부차적 손실(돌연확대관의 손실수두)
$$h_L = \left(1 - \frac{A_1}{A_2}\right)^2 \frac{V_1^2}{2g} = K\frac{V_1^2}{2g} \ [m]$$

여기서 h_L : 손실수두 [m]
K : 부차적 손실계수
V_1 : 작은 관 유속 [m/s]
V_2 : 큰 관 유속 [m/s]
A_1 : 작은 관의 단면적 [m²]
A_2 : 큰 관의 단면적 [m²]
g : 중력가속도 [m/s²]

작은 관의 유속 V_1은 유체의 연속방정식
$A_1 V_1 = A_2 V_2$에서
$$V_1 = \frac{A_2}{A_1} V_2 = \frac{2.5}{1} \times 1.2 = 3 \ [m/s]$$
$$h_L = K\frac{V_1^2}{2g} = 0.36 \times \frac{3^2}{2 \times 9.8} ≒ 0.165 [m]$$

30. 관로에서 20[℃]의 물이 수조에 5분 동안 유입되었을 때 유입된 물의 중량이 60[kN]이라면 이 때 유량은 몇 [m³/s]인가?

① 0.015 ② 0.02
③ 0.025 ④ 0.03

[해설] 중량유량 G [kN/s]
$$G = \gamma A V = \gamma Q \ [kN/s]$$
여기서, γ : 물의 비중량 [=9.8kN/m³]
A : 단면적 [m²]
V : 유속 [m/s]
$$Q = \frac{G}{\gamma} = \frac{60/(5 \times 60)}{9.8} ≒ 0.02 \ [m^3/s]$$

31. 관내에 물이 흐르고 있을 때, 그림과 같이 액주계를 설치하였다. 관내에서 물의 유속은 약 몇 [m/s]인가?

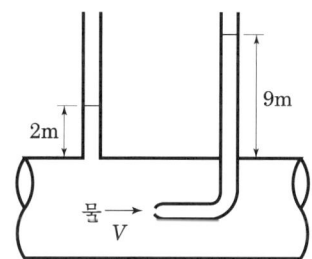

① 2.6   ② 7
③ 11.7   ④ 137.2

[해설] 베르누이 정리에 의해
$$\frac{v_1^2}{2g} = \frac{p_2 - p_1}{\gamma} = \Delta h \text{에서}$$
$$v_1 = \sqrt{2g\Delta h} = \sqrt{2 \times 9.8 \times (9-2)} = 11.7 \ [m/s]$$

정답 29. ③ 30. ② 31. ③

기출문제

2018. 4회 소방설비기사

32. 펌프를 이용하여 10m 높이 위에 있는 물탱크로 유량 0.3[m³/min]의 물을 퍼올리려고 한다. 관로 내 마찰손실수두가 3.8[m]이고, 펌프의 효율이 85[%]일 때 펌프에 공급해야 하는 동력은 약 몇 [W]인가?

① 128   ② 796
③ 677   ④ 219

해설 펌프의 축동력

$$L_S = \frac{\gamma Q H}{\eta} = \frac{9.8 \times 0.3 \times (10+3.8)}{60 \times 0.85}$$

$$\fallingdotseq 0.796 [\text{kW}] = 796 [\text{W}]$$

여기서, L_S : 축동력(kW)
γ : 물의 비중량(=9.8[kN/m³])
Q : 토출량[m³/s]
η : 펌프 효율
H : 전양정[m]=실양정+마찰손실수두
   =10+3.8

33. 유체가 매끈한 원 관 속을 흐를 때 레이놀즈 수가 1200이라면 관 마찰계수는 얼마인가?

① 0.0254   ② 0.00128
③ 0.0059   ④ 0.053

해설 관마찰계수(f)

원관유동 시 f의 값은 층류, 난류인지에 의해서 변화하고, 또한 레이놀즈수나, 관 내벽의 거칠기 ϵ와 내경 d와의 비인 상대조도 ϵ/d에 의해서도 변화하는 값이다.

• 층류($R_e < 2100$인 경우) : 레이놀즈수(R_e)만
  의 함수이다.($f = \frac{64}{R_e}$)

$$\therefore f = \frac{64}{1200} = 0.053$$

34. 그림과 같이 30°로 경사진 0.5[m]×3[m] 크기의 수문평판 AB가 있다. A 지점에서 힌지로 연결되어 있을 때 이 수문을 열기 위하여 B 점에서 수문에 직각방향으로 가해야 할 최소 힘은 약 몇 N인가? (단, 힌지 A에서의 마찰은 무시한다.)

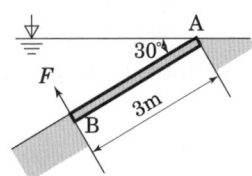

① 7350   ② 7355
③ 14700   ④ 14710

해설 (1) 전압력 F_T

$$F_T = r y_c \sin\theta A$$
$$= 9800 \times 1.5 \sin 30 \times (0.5 \times 3) = 11025 [\text{N}]$$

(2) 힘의 작용점까지의 거리(압력중심) y_p

$$y_p = y_c + \frac{b^2}{12 y_c} = 1.5 + \frac{3^2}{12 \times 1.5} = 2 [\text{m}]$$

(3) A hinge에서의 모멘트의 합은 0이므로
$$F \times 3 = F_T \times 2$$

$$\therefore F = \frac{11025 \times 2}{3} = 7350 [\text{N}]$$

35. 부자(float)의 오르내림에 의해서 배관 내의 유량을 측정하는 기구의 명칭은?

① 피토관(pitot tube)
② 로터미터(rotameter)
③ 오리피스(orifice)
④ 벤투리미터(venturi meter)

정답 32. ② 33. ④ 34. ① 35. ②

해설 로터미터(rotameter)
부자(float)의 오르내림에 의해서 배관 내의 유량을 측정하는 기구

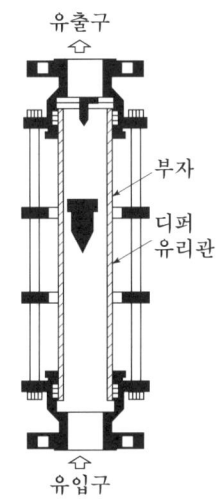

36. 이상기체의 정압비열 C_p와 정적비열 C_v와의 관계로 옳은 것은? (단, R은 이상기체 상수이고, k는 비열비이다.)

① $C_p = \dfrac{1}{2} C_v$ ② $C_p < C_v$

③ $C_p - C_v = R$ ④ $\dfrac{C_v}{C_p} = k$

해설 (1) $C_P - C_V = R$
(2) $C_P > C_V$
(3) 비열비 $K = C_P / C_V$
(4) $K > 1$

37. 지름 2[cm]의 금속 공은 선풍기를 켠 상태에서 냉각하고, 지름 4[cm]의 금속 공은 선풍기를 끄고 냉각할 때 동일 시간당 발생하는 대류 열전달량의 비(2[cm] 공 : 4[cm] 공)는? (단, 두 경우 온도차는 같고, 선풍기를 켜면 대류 열전달계수가 10배가 된다고 가정한다.)

① 1 : 0.3375 ② 1 : 0.4
③ 1 : 5 ④ 1 : 10

해설 대류열전달률
$Q = \alpha A \triangle T$
여기서, α : 열전달계수[W/m² · K]
A : 전열면적(구의 겉넓이) [m²] $= 4\pi r^2$
$\triangle t$: 온도차[℃]

(1) 지름 2[cm]의 금속 공은 선풍기를 켠 상태의 열전달률
$Q_1 = 10\alpha(4\pi \times 0.01^2)\triangle T$

(2) 지름 4cm의 금속 공은 선풍기를 끈 상태의 열전달률
$Q_2 = \alpha(4\pi \times 0.02^2)\triangle T$

$\therefore \dfrac{Q_2}{Q_1} = \dfrac{0.02^2}{10 \times 0.01^2} = 0.4$

$\therefore Q_1 : Q_2 = 1 : 0.4$

38. 다음 열역학적 용어에 대한 설명으로 틀린 것은?

① 물질의 3중점(triple point)은 고체, 액체, 기체의 3상이 평형상태로 공존하는 상태의 지점을 말한다.
② 일정한 압력하에서 고체가 상변화를 일으켜 액체로 변화할 때 필요한 열을 융해열(융해잠열)이라 한다.
③ 고체가 일정한 압력하에서 액체를 거치지 않고 직접 기체를 변화하는데 필요한 열을 승화열이라 한다.
④ 포화액체를 정압하에서 가열할 때 온도변화 없이 포화증기로 상변화를 일으키는데 사용되는 열을 현열이라 한다.

해설 현열 : 물질의 상태변화 없이 온도변화에 수반되는 열
잠열 : 물질의 온도변화 없이 상태변화에 수반되는 열

39. 모세관 현상에 있어서 물이 모세관을 따라 올라가는 높이에 대한 설명으로 옳은 것은?

① 표면장력이 클수록 높이 올라간다.
② 관의 지름이 클수록 높이 올라간다.
③ 밀도가 클수록 높이 올라간다.
④ 중력의 크기와는 무관하다.

기출문제

[해설] 액주의 상승높이 $h[m]$

$h = \dfrac{4\sigma\cos\theta}{rd} = \dfrac{4\sigma\cos\theta}{\rho g d}$ [m] 에서

여기서, σ : 액체의 표면장력[N/m]
θ : 고체벽면과의 접촉각
d : 모세관의 안지름[m]
r : 비중량[N/m³]
ρ : 유체의 밀도[kg/m³]
g : 중력가속도[m/s²]

40. 회전속도 1000[rpm]일 때 송출량 Q[m³/min], 전양정 H m인 원심펌프가 상사한 조건에서 송출량이 $1.1Q$[m³/min]가 되도록 회전속도를 증가시킬 때, 전양정은 어떻게 되는가?

① $0.91H$ ② H
③ $1.1H$ ④ $1.21H$

[해설] 펌프의 상사법칙

(1) 유량 (Q) : $Q_2 = Q_1 \times \left(\dfrac{N_2}{N_1}\right)$에서

회전수 $N_2 = N_1 \dfrac{Q_2}{Q_1} = N_1 \dfrac{1.1Q}{Q} = 1.1N_1$을 구하고

(2) 전양정

$H_2 = H_1 \times \left(\dfrac{N_2}{N_1}\right)^2 = H \times \left(\dfrac{1.1N_1}{N_1}\right)^2 = 1.21H$

■■■ 제3과목 소방관계법규

41. 소방시설 설치 및 관리에 관한 법령에 따른 화재안전기준을 달리 적용하여야 하는 특수한 용도 또는 구조를 가진 특정소방대상물 중 중·저준위방사성폐기물의 저장시설에 설치하지 아니할 수 있는 소방시설은?

① 소화용수설비
② 옥외소화전설비
③ 물분무등소화설비
④ 연결송수관설비 및 연결살수설비

[해설] 소방시설의 설치 제외

화재 위험도가 낮은 특정소방대상물	석재·불연성금속·불연성 건축재료 등의 가공공장·기계조립공장 또는 불연성 물품을 저장하는 창고	옥외소화전 연결살수설비
화재안전기준을 적용하기 어려운 특정소방대상물	펄프공장의 작업장, 음료수 공장의 세정 또는 충전하는 작업장	스프링클러설비, 상수도소화용수설비 연결살수설비
	정수장, 수영장, 목욕장, 농예·축산·어류양식용 시설	자동화재탐지설비, 상수도소화용수설비 연결살수설비
화재안전기준을 달리 적용해야 하는 특수한 용도 또는 구조를 가진 특정소방대상물	원자력발전소, 중·저준위방사성 폐기물의 저장시설	연결송수관설비, 연결살수설비
위험물안전관리법에 따른 자체소방대가 설치된 특정소방대상물	자체소방대가 설치된 제조소등에 부속된 사무실	옥내소화전설비, 소화용수설비, 연결송수관설비, 연결살수설비

42. 소방기본법령에 따른 소방대원에게 실시할 교육·훈련 횟수 및 기간의 기준 중 다음 ( )안에 알맞은 것은?

횟수	기간
(㉠)년마다 1회	(㉡)주 이상

① ㉠ 2, ㉡ 2   ② ㉠ 2, ㉡ 4
③ ㉠ 1, ㉡ 2   ④ ㉠ 1, ㉡ 4

[해설] 소방대원에 대한 교육
- 소방청장, 소방본부장, 소방서장이 실시 소방교육 및 훈련 시기
- 2년마다 1회 이상 실시하되, 교육·훈련기간은 2주 이상

정답 40. ③   41. ④   42. ①

43. 위험물안전관리법령에 따른 인화성액체 위험물(이황화탄소를 제외)의 옥외탱크 저장소의 탱크 주위에 설치하는 방유제의 설치기준 중 옳은 것은?

① 방유제의 높이는 0.5[m] 이상 2.0[m] 이하로 할 것
② 방유제내의 면적은 100,000[m²] 이하로 할 것
③ 방유제의 용량은 방유제안에 설치된 탱크가 2개 이상인 때에는 그 탱크 중 용량이 최대인 것의 용량의 120[%] 이상으로 할 것
④ 높이가 1[m]를 넘는 방유제 및 간막이 둑의 안팎에는 방유제내에 출입하기 위한 계단 또는 경사로를 약 50[m]마다 설치할 것

해설 방유제 높이, 면적 등

구 분	내 용
면적	8만 [m²] 이하
높이	0.5[m] 이상 3[m] 이하
두께	0.2[m] 이상
지하매설깊이	1[m] 이상
재질	철근콘크리트
계단 또는 경사로	높이가 1[m] 이상이면 50[m]마다 설치할 것 (방유제 내에 유출유 확인 등)
방유제 외면의 1/2 이상	자동차 등이 통행할 수 있는 3[m] 이상의 노면 폭을 확보한 구내도로에 접할 것
방유제용량	방유제안에 설치된 탱크가 하나인 때에는 그 탱크 용량의 110[%] 이상, 2기 이상인 때에는 그 탱크 중 용량이 최대인 것의 용량의 110[%] 이상

44. 화재의 예방 및 안전관리에 관한 법령에 따른 소방안전 특별관리시설물의 안전관리 대상 전통시장의 기준 중 다음 (   )안에 알맞은 것은?

전통시장으로서 대통령령으로 정하는 전통시장 : 점포가 (   )개 이상인 전통시장

① 100   ② 300
③ 500   ④ 600

해설 소방안전 특별관리시설물
1. 공항시설, 철도시설, 도시철도시설, 항만시설,
2. 석유비축시설, 천연가스 인수기지 및 공급망
3. 지정문화재인 시설(시설이 아닌 지정문화재를 보호하거나 소장하고 있는 시설을 포함)
4. 산업기술단지, 산업단지, 전력용 및 통신용 지하구
5. 초고층 건축물 및 지하연계 복합건축물
6. 영화상영관 중 수용인원 1천명 이상인 영화상영관,
7. 전통시장으로서 대통령령으로 정하는 전통시장(점포가 500개 이상인 전통시장)
8. 그 밖에 대통령령으로 정하는 시설물
 ㉠ 발전사업자가 가동 중인 발전소
 ㉡ 물류창고로서 연면적 10만 [m²] 이상인 것
 ㉢ 가스공급시설

45. 소방기본법에 따른 소방력의 기준에 따라 관할구역의 소방력을 확충하기 위하여 필요한 계획을 수립하여 시행하여야 하는 자는?

① 소방서장   ② 소방본부장
③ 시·도지사   ④ 행정안전부장관

해설 소방력(消防力)
① 소방력
 - 소방기관이 소방업무를 수행하는 데에 필요한 인력과 장비 등
② 소방력의 확충
 - 시·도지사는 소방력을 확충하기 위하여 필요한 계획을 수립하여 시행하여야 한다.

46. 소방시설 설치 및 관리에 관한 법령에 따른 특정소방대상물의 수용인원의 산정방법 기준 중 틀린 것은?

① 침대가 있는 숙박시설의 경우는 해당 특정소방대상물의 종사자 수에 침대 수(2인용 침대는 2인으로 산정)를 합한 수
② 침대가 없는 숙박시설의 경우는 해당 특정소방대상물의 종사자 수에 숙박시설 바닥면적의 합계를 3[m³]로 나누어 얻은 수를 합한 수

기출문제

③ 강의실 용도로 쓰이는 특정소방대상물의 경우는 해당 용도로 사용하는 바닥면적의 합계를 1.9 [m²]로 나누어 얻은 수

④ 문화 및 집회시설의 경우는 해당 용도로 사용하는 바닥면적의 합계를 2.6[m²]로 나누어 얻은 수

해설

구 분	용도	수용인원 산정수	
숙박시설이 있는 특정소방 대상물	침대가 있는 숙박시설	종사자 수 + 침대 수 (2인용 침대는 2로 산정한다)	
	침대가 없는 숙박시설	종사자 수 + (바닥면적의 합계 ÷ 3[m²])	
기타 대상물	강의실·교무실·상담실·실습실·휴게실	바닥면적의 합계 ÷ 1.9[m²]	
	강당, 문화 및 집회시설 운동시설, 종교시설	바닥면적의 합계 ÷ 4.6[m²]	
		관람석이 있는 경우	고정식 의자 : 의자 수
			긴 의자 : 정면너비 ÷ 0.45[m]
	그 밖의 특정 소방대상물	바닥면적의 합계 ÷ 3[m²]	

47. 소방시설 설치 및 관리에 관한 법령에 따른 방염성능기준 이상의 실내 장식물 등을 설치하여야 하는 특정소방대상물의 기준 중 틀린 것은?

① 건축물의 옥내에 있는 시설로서 종교시설
② 층수가 11층 이상인 아파트
③ 의료시설 중 종합병원
④ 노유자시설

해설 방염성능 이상의 실내장식물 등을 설치하여야 하는 특정소방대상물

① 근린생활시설 중 <u>의원</u>, <u>조산원</u>, 산후조리원, <u>체력단련장</u>, <u>공연장</u> 및 종교집회장
② 건축물의 옥내에 있는 시설 [<u>문화 및 집회시설</u>, <u>종교시설</u>, <u>운동시설</u>(수영장은 제외)]
③ <u>의료시설</u>, <u>노유자시설</u> 및 숙박이 가능한 <u>수련시설</u>, 숙박시설, 방송통신시설 중 <u>방송국</u> 및 <u>촬영소</u>
④ <u>다중이용업</u>의 영업장
⑤ 층수가 <u>11</u>층 이상인 것(아파트는 제외)

⑥ 교육연구시설 중 <u>합숙소</u>

> **암기**: 연예인 안문숙이 11층의 체력단련장에서 운동하다 다쳤는데 의료시설인 조산 의원에 안가고 공연장으로 이상하게 여겨 방송국에서 촬영하러 오니 합숙소의 노유자, 수련시설의 종교인들이 구경 옴

48. 소방기본법에 따른 벌칙의 기준이 다른 것은?

① 정당한 사유 없이 소방대의 생활안전활동을 방해한 자
② 소방활동 종사 명령에 따른 사람을 구출하는 일 또는 불을 끄거나 불이 번지지 아니하도록 하는 일을 방해한 사람
③ 정당한 사유 없이 소방용수시설 또는 비상소화장치를 사용하거나 소방용수시설 또는 비상소화장치의 효율을 해치거나 그 정당한 사용을 방해한 사람
④ 출동한 소방대의 소방장비를 파손하거나 그 효용을 해하며 화재진압·인명구조 또는 구급활동을 방해하는 행위를 한 사람

해설 벌칙

1. 5년 이하의 징역 또는 5천만 원 이하의 벌금

① 화재, 재난·재해, 그 밖의 위급한 상황이 발생하였을 때 출동한 소방대를
  ㉠ 위력(威力)을 사용하여 출동한 소방대의 화재진압·인명구조 또는 구급활동을 방해하는 행위
  ㉡ 소방대가 화재진압·인명구조 또는 구급활동을 위하여 현장에 출동하거나 현장에 출입하는 것을 고의로 방해하는 행위
  ㉢ 출동한 소방대원에게 폭행 또는 협박을 행사하여 화재진압·인명구조 또는 구급활동을 방해하는 행위
  ㉣ 출동한 소방대의 소방장비를 파손하거나 그 효용을 해하여 화재진압·인명구조 또는 구급활동을 방해하는 행위
② 소방자동차의 출동을 방해한 사람
③ 사람을 구출하는 일 또는 불을 끄거나 불이 번지지 아니하도록 하는 일을 방해한 사람
④ 정당한 사유 없이 소방용수시설 또는 비상소화장치를 사용하거나 소방용수시설 또는 비상소화장치의 효율을 해치거나 그 정당한 사용을 방해한 사람

정답 47. ② 48. ①

2. 100만 원 이하의 벌금

> ① 정당한 사유 없이 소방대의 생활안전활동을 방해한 자
> ② 정당한 사유 없이 소방대가 현장에 도착할 때까지 사람을 구출하는 조치 또는 불을 끄거나 불이 번지지 아니하도록 하는 조치를 하지 아니한 사람
> ③ 피난 명령을 위반한 사람
> ④ 정당한 사유 없이 물의 사용이나 수도의 개폐장치의 사용 또는 조작을 하지 못하게 하거나 방해한 자
> ⑤ 소방본부장, 소방서장 또는 소방대장이 화재 발생을 막거나 폭발 등으로 화재가 확대되는 것을 막기 위하여 가스·전기 또는 유류 등의 시설에 대하여 위험물질의 공급을 차단하는 등의 조치를 정당한 사유 없이 방해한 자

49. 소방시설 설치 및 관리에 관한 법령에 따른 특정소방대상물 중 의료시설에 해당하지 않는 것은?

① 요양병원
② 마약진료소
③ 한방병원
④ 노인의료복지시설

해설 특정소방대상물 중 의료시설
① 병원 : 종합병원, 병원, 치과병원, 한방병원, 요양병원
② 격리병원 : 전염병원, 마약진료소 및 그 밖에 이와 비슷한 것
③ 정신의료기관, 장애인 의료재활시설
※ 노인의료복지시설 : 노유자시설

50. 소방시설 설치 및 관리에 관한 법령에 따른 임시소방시설 중 간이소화장치를 설치하여야 하는 공사의 작업현장의 규모의 기준 중 다음 (   ) 안에 알맞은 것은?

- 연면적 (㉠)[m²] 이상
- 지하층, 무창층 또는 (㉡)층 이상의 층. 이 경우 해당 층의 바닥면적이 (㉢)[m²] 이상인 경우만 해당

① ㉠ 1,000, ㉡ 6, ㉢ 150
② ㉠ 1,000, ㉡ 6, ㉢ 600
③ ㉠ 3,000, ㉡ 4, ㉢ 150
④ ㉠ 3,000, ㉡ 4, ㉢ 600

해설 임시소방시설의 종류와 설치대상

종류	정의	규모
소화기	-	동의를 받아야 하는 특정소방대상물의 건축·대수선·용도변경 또는 설치 등을 위한 공사 중 화재위험작업을 하는 현장(작업현장)에 설치한다.
간이소화장치	물을 방사(放射)하여 화재를 진화할 수 있는 장치	- 연면적 3,000[m²] 이상 - 지하층, 무창층 및 4층 이상의 층. 이 경우 해당 층의 바닥면적이 600[m²] 이상인 경우만 해당
비상경보장치	화재가 발생한 경우 주변에 있는 작업자에게 화재사실을 알릴 수 있는 장치	- 연면적 400[m²] 이상 - 지하층, 무창층. 이 경우 해당 층의 바닥면적이 150[m²] 이상인 경우만 해당
간이피난유도장치	화재가 발생한 경우 피난구 방향을 안내할 수 있는 장치	바닥면적이 150[m²] 이상인 지하층 또는 무창층의 작업현장에 설치한다.

51. 소방시설 설치 및 관리에 관한 법령에 따른 소방안전관리대상물의 관계인 및 소방안전관리자를 선임하여야 하는 공공기관의 장은 작동점검을 실시한 경우 며칠 이내에 소방시설등 작동점검 실시 결과 보고서를 소방본부장 또는 소방서장에게 제출하여야 하는가?

① 7일
② 15일
③ 30일
④ 60일

해설 소방시설등의 자체점검
① 관리업자등이 점검한 경우에는 그 점검 결과를 행정안전부령으로 정하는 바(그 점검이 끝난 날부터 10일 이내)에 따라 소방시설등 자체점검 실시결과 보고서를 관계인에게 제출하여야 한다.
② 소방시설관리업을 등록한 자(관리업자)는 점검인력을 배치하는 경우 점검대상과 점검인력 배치상황을 점검을 시작하기 전 또는 점검이 끝난 날로부터 5일 이내에 관리업자에 대한 점검능력 평가 등에 관한 업무를 위탁받은 법인 또는 단체(평가기관)에게 신고하여야 한다.

정답 49. ④ 50. ④ 51. ②

③ 특정소방대상물의 관계인(자체점검 실시결과 보고서를 제출받거나 스스로 자체점검을 실시한 관계인)은 자체점검을 한 경우에는 그 점검 결과를 점검이 끝난 날부터 15일 이내에 소방시설등 자체점검 실시결과 보고서와 소방시설등의 자체점검결과 이행계획서(소방시설등에 대한 수리·교체·정비에 관한 이행계획이며 중대위반사항에 대한 조치사항을 포함)을 첨부하여 소방본부장 또는 소방서장에게 보고하여야 한다.

> 점검 결과를 보고하지 아니하거나 거짓으로 보고한 자 : 300만 원 이하의 과태료

52. 화재의 예방 및 안전관리에 관한 법령상 관리의 권원(權原)이 분리되어 있는 특정소방대상물의 경우 그 관리의 권원별 관계인은 소방안전관리자를 선임하여야 한다. 그 중 지하층을 제외한 층수가 몇 층 이상인 복합건축물만 해당되는가?

① 6층   ② 11층
③ 20층 ④ 30층

해설 아래의 대상물 중 관리의 권원(權原)이 분리되어 있는 특정소방대상물별로 소방안전관리자 선임 대상
1. 복합건축물(지하층을 제외한 층수가 11층 이상 또는 연면적 30,000[m²] 이상인 건축물)
2. 지하가(지하의 인공구조물 안에 설치된 상점 및 사무실, 그 밖에 이와 비슷한 시설이 연속하여 지하도에 접하여 설치된 것과 그 지하도를 합한 것)
3. 그 밖에 대통령령으로 정하는 특정소방대상물
   – 판매시설 중 도매시장, 소매시장 및 전통시장

53. 피난시설, 방화구획 또는 방화시설을 폐쇄·훼손·변경 등의 행위를 3차 이상 위반한 경우에 대한 과태료 부과기준으로 옳은 것은?

① 200만 원   ② 300만 원
③ 500만 원   ④ 1,000만 원

해설 벌칙

위반행위	과태료 금액 (단위: 만원)		
	1차	2차	3차 이상
피난시설, 방화구획 또는 방화시설을 폐쇄·훼손·변경 등의 행위를 한 경우	100	200	300

54. 소방시설 설치 및 관리에 관한 법령에 따른 성능위주설계 설계범위 기준 중 틀린 것은?

① 연면적 30,000[m²] 이상인 특정소방대상물로서 공항시설
② 연면적 100,000[m²] 이상인 특정소방대상물 (단, 아파트등은 제외)
③ 지하층을 포함한 층수가 30층 이상인 특정소방대상물 (단, 아파트 등은 제외)
④ 하나의 건축물에 영화상영관이 10개 이상인 특정소방대상물

해설 성능위주설계를 하여야 하는 특정소방대상물

구 분	층 수	지상으로부터 높이	연면적
① 아파트등	50층 이상 (지하층 제외)	200[m] 이상	–
② 아파트등 제외	30층 이상 (지하층 포함)	120[m] 이상	20만[m²] 이상
③ 도시철도 및 철도시설, 공항시설	–	–	3만[m²] 이상
④ 창고시설	지하층의 층수가 2개층 이상이고 지하층의 바닥면적의 합계 3만[m²] 이상		10만[m²] 이상
⑤ 하나의 건축물에 영화상영관이 10개 이상인 특정소방대상물			
⑥ 수저(水底)터널 또는 길이가 5천[m] 이상인 터널			
⑦ 지하연계 복합건축물 층수가 11층 이상이거나 1일 수용인원이 5천명 이상인 건축물로서 지하부분이 지하역사 또는 지하도상가와 연결된 건축물이면서 건축물 안에 문화 및 집회시설, 판매시설, 운수시설, 업무시설, 숙박시설, 위락시설 중 유원 시설업의 시설 또는 종합병원과 요양병원 중 하나 이상 있는 건축물			

정답 52. ② 53. ② 54. ②

55. 화재의 예방 및 안전관리에 관한 법률상 화재예방강화지구의 관리 기준 중 다음 (   ) 안에 알맞은 것은?

- 소방본부장 또는 소방서장은 화재예방강화지구 안의 소방대상물의 위치·구조 및 설비 등에 대한 화재안전조사를 (㉠)회 이상 실시하여야 한다.
- 소방본부장 또는 소방서장은 소방상 필요한 훈련 및 교육을 실시하고자 하는 때에는 화재예방강화지구 안의 관계인에게 훈련 또는 교육 (㉡)일 전까지 그 사실을 통보하여야 한다.

① ㉠ 월 1, ㉡ 7
② ㉠ 월 1, ㉡ 10
③ ㉠ 연 1, ㉡ 7
④ ㉠ 연 1, ㉡ 10

[해설] **화재예방강화지구**
화재발생 우려가 크거나 화재가 발생할 경우 피해가 클 것으로 예상되는 지역에 대하여 화재의 예방 및 안전관리를 강화하기 위해 지정·관리하는 지역

① 시도지사 : 화재예방강화지구를 지정하여 관리
② 소방청장 : 해당 시·도지사에게 해당 지역의 화재예방강화지구 지정을 요청할 수 있다.

| 화재예방강화지구 |

1. 시장지역
2. 소방시설·소방용수시설 또는 소방출동로가 없는 지역
3. 위험물의 저장 및 처리 시설이 밀집한 지역
4. 석유화학제품을 생산하는 공장이 있는 지역
5. 공장·창고가 밀집한 지역
6. 목조건물이 밀집한 지역
7. 산업입지 및 개발에 관한 법률에 따른 산업단지
8. 소방관서장이 화재예방강화지구로 지정할 필요가 있다고 인정하는 지역
9. 노후·불량건축물이 밀집한 지역
10. 물류시설의 개발 및 운영에 관한 법률에 따른 물류단지

③ 소방관서장
  ㉠ 화재예방강화지구 내 화재안전조사를 연 1회 이상 실시
  ㉡ 소방설비등의 설치(보수, 보강 포함)를 명할 수 있다.

  설치 명령을 정당한 사유 없이 따르지 아니한 자 : 200만 원 이하의 과태료

  ㉢ 훈련 및 교육을 연 1회 이상 실시 및 실시 시 관계인에게 훈련 또는 교육 10일 전까지 그 사실을 통보

56. 화재의 예방 및 안전관리에 관한 법률상 용접 또는 용단 작업장에서 불꽃을 사용하는 용접·용단기구 사용에 있어서 작업자로부터 반경 몇 [m] 이내에 소화기를 갖추어야 하는가? (단, 산업안전보건법에 따른 안전조치의 적용을 받는 사업장의 경우는 제외한다.)

① 1
② 3
③ 5
④ 7

[해설] 불꽃을 사용하는 용접·용단기구

	내용
용접 또는 용단 작업자로부터 반경 5[m] 이내	소화기를 갖추어 둘 것
용접 또는 용단 작업장 주변 반경 10[m] 이내	가연물을 쌓아두거나 놓아두지 말 것. 다만, 가연물의 제거가 곤란하여 방지포 등으로 방호조치를 한 경우는 제외한다.

57. 위험물안전관리법령에 따른 위험물제조소의 옥외에 있는 위험물취급탱크 용량이 100[m³] 및 180[m³]인 2개의 취급탱크 주위에 하나의 방유제를 설치하는 경우 방유제의 최소 용량은 몇 [m³]이어야 하는가?

① 100
② 140
③ 180
④ 280

정답 55. ④   56. ③   57. ①

기출문제

2018. 4회 소방설비기사

해설

구 분	옥외 [액체위험물(이황화탄소 제외)]		옥내	
	방유제		방유턱	
탱크의 수	1기	2기 이상	1기	2기 이상
용량	50[%] 이상	최대탱크 50[%] 이상 +나머지 탱크의 합계의 10[%] 이상	100[%] 이상	최대탱크의 100[%] 이상

탱크의 용량은 100[m³]과 180[m³]이며 최대탱크 50[%] 이상 + 나머지 탱크의 합계의 10[%] 이상이므로
90[m³]+10[m³]= 100[m³] 이상의 방유제 용량이 필요하다.

58. 위험물안전관리법령에 따른 정기점검의 대상인 제조소등의 기준 중 틀린 것은?

① 암반탱크저장소
② 지하탱크저장소
③ 이동탱크저장소
④ 지정수량의 150배 이상의 위험물을 저장하는 옥외탱크저장소

해설 정기점검 대상
① 예방규정을 정해야 하는 제조소 등

구 분	지정수량의 배수
암반탱크저장소, 이송취급소	–
제조소, 일반취급소	10배 이상
옥외저장소	100배 이상
옥내저장소	150배 이상
옥외탱크저장소	200배 이상

② 이동탱크저장소, 지하탱크저장소
③ 위험물을 취급하는 탱크로서 지하에 매설된 탱크가 있는 제조소
④ 주유취급소 또는 일반취급소

※ 정기검사(정밀, 중간), 구조안전점검 대상
액체위험물을 저장 또는 취급하는 50만 [ℓ] 이상의 옥외탱크저장소(준특정옥외저장탱크)

59. 위험물안전관리법령에 따른 소화난이도등급 Ⅰ의 옥외탱크저장소에 유황만을 저장·취급할 경우 설치하여야 하는 소화설비로 옳은 것은?

① 물분무소화설비   ② 스프링클러설비
③ 포소화설비   ④ 옥내소화전설비

해설 소화난이도 Ⅰ등급

1. 옥외탱크저장소의 지중탱크 또는 해상탱크 외의 것 2. 암반탱크저장소 3. 옥내탱크저장소	유황만을 저장 취급하는 것	물분무 소화설비

60. 소방시설공사업법령에 따른 소방시설공사 중 특정소방대상물에 설치된 소방시설등을 구성하는 것의 전부 또는 일부를 개설, 이전 또는 정비하는 공사의 착공신고 대상이 아닌 것은?

① 수신반   ② 소화펌프
③ 동력(감시)제어반 ④ 제연설비의 제연구역

해설 착공신고 대상 중 보수하는 공사의 경우
특정소방대상물에 설치된 소방시설등을 구성하는 다음에 해당하는 것의 전부 또는 일부를 교체하거나 보수하는 공사. 다만, 고장 또는 파손 등으로 인하여 작동시킬 수 없는 소방시설을 긴급히 교체하거나 보수하여야 하는 경우에는 신고하지 않을 수 있다.
㉠ 수신반(受信盤)
㉡ 소화펌프
㉢ 동력(감시)제어반

정답 58. ④ 59. ① 60. ④

■■■ 제4과목 소방기계시설의 구조 및 원리

61. 자동화재탐지설비의 감지기의 작동과 연동하는 분말소화설비 자동식 기동장치의 설치기준 중 다음 ( ) 안에 알맞은 것은?

- 전기식 기동장치 : (㉠)병 이상의 저장용기를 동시에 개방하는 경우 2병 이상의 저장용기에 전자개방밸브를 부착할 것
- 가스압력식 기동장치의 기동용 가스 용기 및 해당 용기에 사용하는 밸브는 (㉡)[MPa] 이상의 압력에 견딜 수 있는 것으로 할 것

① ㉠ 3, ㉡ 2.5 ② ㉠ 7, ㉡ 2.5
③ ㉠ 3, ㉡ 25   ④ ㉠ 7, ㉡ 25

[해설] 분말소화설비 자동식 기동장치의 설치기준
① 전기식 기동장치 : 7병 이상의 저장용기를 동시에 개방하는 경우 2병 이상의 저장용기에 전자개방밸브를 부착할 것
② 가스압력식 기동장치의 기동용 가스 용기 및 해당 용기에 사용하는 밸브는 25[MPa] 이상의 압력에 견딜 수 있는 것

62. 특별피난계단의 계단실 및 부속실 제연설비의 차압 등에 관한 기준 중 옳은 것은?

① 제연설비가 가동되었을 경우 출입문의 개방에 필요한 힘은 130[N] 이하로 하여야 한다.
② 제연구역과 옥내와의 사이에 유지하여야 하는 최소 차압은 40[Pa](옥내에 스프링클러설비가 설치된 경우에는 12.5[Pa]) 이상으로 하여야 한다.
③ 피난을 위하여 제연구역의 출입문이 일시적으로 개방되는 경우 개방되지 아니하는 제연구역과 옥내와의 차압은 기준 차압의 60[%] 미만이 되어서는 아니 된다.
④ 계단실과 부속실을 동시에 제연 하는 경우 부속실의 기압은 계단실과 같게 하거나 계단실의 기압보다 낮게 할 경우에는 부속실과 계단실의 압력차이는 10[Pa] 이하가 되도록 하여야 한다.

[해설] 특별피난계단의 계단실 및 부속실 제연설비의 차압 등에 관한 기준

구분	기준
옥내와 제연구역의 차압	40[Pa] 이상 (스프링클러설비 설치 시 12.5[Pa])
출입문이 일시적으로 개방되는 경우 개방되지 아니하는 제연구역과 옥내와의 차압	차압의 70[%] 이상
계단실과 부속실을 동시에 제연하는 경우	• 부속실의 기압은 계단실과 같을 것 • 계단실의 기압보다 낮게 할 경우에는 압력 차이는 5[Pa] 이하
제연설비가 가동되었을 경우 출입문의 개방에 필요한 힘	110[N] 이하

63. 소화용수설비에 설치하는 채수구의 설치기준 중 다음 ( ) 안에 알맞은 것은?

채수구는 지면으로부터의 높이가 (㉠)[m] 이상 (㉡) 이하의 위치에 설치하고 "채수구"라고 표시한 표지를 할 것

① ㉠ 0.5, ㉡ 1.0
② ㉠ 0.5, ㉡ 1.5
③ ㉠ 0.8, ㉡ 1.0
④ ㉠ 0.8, ㉡ 1.5

[해설] 소화용수설비에 설치하는 채수구 설치기준
① 65[mm] 이상의 나사식
② 결합금속구
 - 지면으로부터의 높이가 0.5[m] 이상 1[m] 이하
③ 채수구의 수

소요수량	40[m³] 미만	40[m³] 이상 100[m³] 미만	100[m³] 이상
채수구의 수	1개	2개	3개

정답 61. ④ 62. ② 63. ①

기출문제

2018. 4회 소방설비기사

64. 국소방출방식의 할론소화설비의 분사헤드 설치기준 중 다음 ( )안에 알맞은 것은?

> 분사헤드의 방사압력은 할론 2402를 방사하는 것은 (㉠)MPa 이상, 할론 2402를 방출하는 분사헤드는 해당 소화약제가 (㉡)으로 분무되는 것으로 하여야 하며, 기준저장량의 소화약제를 (㉢) 초 이내에 방사할 수 있는 것으로 할 것

① ㉠ 0.1, ㉡ 무상, ㉢ 10
② ㉠ 0.2, ㉡ 적상, ㉢ 10
③ ㉠ 0.1, ㉡ 무상, ㉢ 30
④ ㉠ 0.2, ㉡ 적상, ㉢ 30

해설 할론소화설비의 분사헤드 설치기준

구 분	할론소화설비		
	2402	1211	1301
헤드방사압력	0.1[MPa] 이상	0.2[MPa] 이상	0.9[MPa] 이상
헤드 방사시간	10초 이내		

※ 할론 2402는 상온에서 액체로서 빠른 기화를 위해 무상 방사가 필요하다.

65. 특정소방대상물에 따라 적응하는 포소화설비의 설치기준 중 특수가연물을 저장·취급하는 공장 또는 창고에 적응성을 갖는 포소화설비가 아닌 것은?

① 포헤드설비
② 고정포방출설비
③ 압축공기포소화설비
④ 호스릴포소화설비

해설 포 소화설비 종류 및 적응성
○ : 적응성 있음, △ : 조건부 적응성 있음, × : 적응성 없음,
◎ : 설치 할 수 있음

대상 \ 종류	포워터 스프링 클러 설비	포헤드 설비	고정포 방출 설비	압축 공기포	포 소화전 설비	호스 릴포 소화 설비
특수가연물 저장·취급 공장 또는 창고	○	○	○	○	×	×
차고 또는 주차장	○	○	○	○	△	△
항공기격납고	○	○	○	○	×	△
◆(아래참조)	×	×	×	◎	×	×

◆ 발전기실, 엔진펌프실, 변압기, 전기케이블실, 유압설비의 바닥면적 300[m²] 미만

66. 송수구가 부설된 옥내소화전을 설치한 특정소방대상물로서 연결송수관설비의 방수구를 설치하지 아니할 수 있는 층의 기준 중 다음 ( ) 안에 알맞은 것은? (단, 집회장·관람장·백화점·도매시장·소매시장·판매시설·공장·창고시설 또는 지하가를 제외한다.)

> • 지하층을 제외한 층수가 (㉠)층 이하이고 연면적이 (㉡)[m²] 미만인 특정 소방대상물의 지상층의 용도로 사용되는 층
> • 지하층의 층수가 (㉢) 이하인 특정 소방대상물의 지하층

① ㉠ 3, ㉡ 5,000, ㉢ 3
② ㉠ 4, ㉡ 6,000, ㉢ 2
③ ㉠ 5, ㉡ 3,000, ㉢ 3
④ ㉠ 6, ㉡ 4,000, ㉢ 2

해설 연결송수관설비의 방수구 설치기준
연결송수관설비의 방수구는 그 특정소방대상물의 층마다 설치할 것. 다만, 다음 각목의 어느 하나에 해당하는 층에는 설치하지 아니할 수 있다.

정답 64. ① 65. ④ 66. ②

① 아파트의 1층 및 2층
② 소방차의 접근이 가능하고 소방대원이 소방차로부터 각 부분에 쉽게 도달할 수 있는 피난층
③ 송수구가 부설된 옥내소화전을 설치한 특정소방대상물(집회장·관람장·백화점·도매시장·소매시장·판매시설·공장·창고시설 또는 지하가를 제외한다)로서 다음의 어느 하나에 해당하는 층
  ㉠ 지하층을 제외한 층수가 4층 이하이고 연면적이 6,000[m²] 미만인 특정소방대상물의 지상층
  ㉡ 지하층의 층수가 2 이하인 특정소방대상물의 지하층

67. 스프링클러설비를 설치하여야 할 특정소방대상물에 있어서 스프링클러헤드를 설치하지 아니할 수 있는 기준 중 틀린 것은?

① 천장과 반자 양쪽이 불연재료로 되어 있고 천장과 반자사이의 거리가 2.5[m] 미만인 부분
② 천장 및 반자가 불연재료 외의 것으로 되어 있고 천장과 반자사이의 거리가 0.5[m] 미만인 부분
③ 천장·반자 중 한쪽이 불연재료로 되어 있고 천장과 반자사이의 거리가 1[m] 미만인 부분
④ 현관 또는 로비 등으로서 바닥으로부터 높이가 20[m] 이상인 장소

[해설] 헤드 설치 제외 장소
① 계단실(특별피난계단의 부속실을 포함한다)·경사로·승강기의 승강로·비상용승강기의 승강장·파이프덕트 및 덕트피트(파이프·덕트를 통과시키기 위한 구획된 구멍에 한한다)·목욕실·수영장(관람석부분을 제외 한다)·화장실·직접 외기에 개방되어 있는 복도·기타 이와 유사한 장소
② 통신기기실·전자기기실·기타 이와 유사한 장소
③ 발전실·변전실·변압기·기타 이와 유사한 전기설비가 설치되어 있는 장소
④ 병원의 수술실·응급처치실·기타 이와 유사한 장소
⑤ 천장과 반자 양쪽이 불연재료로 되어 있는 경우로서 그 사이의 거리 및 구조가 다음 각 목의 어느 하나에 해당하는 부분
  ㉠ 천장과 반자사이의 거리가 2[m] 미만인 부분

  ㉡ 천장과 반자사이의 벽이 불연재료이고 천장과 반자 사이의 거리가 2[m] 이상으로서 그 사이에 가연물이 존재하지 아니하는 부분
⑥ 천장·반자중 한쪽이 불연재료로 되어있고 천장과 반자 사이의 거리가 1[m] 미만인 부분
⑦ 천장 및 반자가 불연재료 외의 것으로 되어 있고 천장과 반자사이의 거리가 0.5[m] 미만인 부분
⑧ 펌프실·물탱크실 엘리베이터 권상기실 그 밖의 이와 비슷한 장소
⑨ 공동주택 중 아파트의 대피공간
⑩ 현관 또는 로비 등으로서 바닥으로부터 높이가 20[m] 이상인 장소
⑪ 영하의 냉장창고의 냉장실 또는 냉동창고의 냉동실 등

68. 미분무소화설비의 배관의 배수를 위한 기울기 기준 중 다음 ( ) 안에 알맞은 것은? (단, 배관의 구조상 기울기를 줄 수 없는 경우는 제외한다.)

> 개방형 미분무소화설비에는 헤드를 향하여 상향으로 수평주행배관의 기울기를 (㉠) 이상, 가지배관의 기울기를 (㉡) 이상으로 할 것

① ㉠ $\frac{1}{100}$, ㉡ $\frac{1}{500}$

② ㉠ $\frac{1}{500}$, ㉡ $\frac{1}{100}$

③ ㉠ $\frac{1}{250}$, ㉡ $\frac{1}{500}$

④ ㉠ $\frac{1}{500}$, ㉡ $\frac{1}{250}$

[해설] 미분무소화설비 배관의 배수를 위한 기울기 기준(스프링클러소화설비와 동일 함)
① 폐쇄형 미분무 소화설비의 배관을 수평으로 할 것.
  다만, 배관의 구조상 소화수가 남아 있는 곳에는 배수밸브를 설치하여야 한다.
② 개방형 미분무 소화설비에는 헤드를 향하여 상향으로 수평주행배관의 기울기를 500분의 1 이상, 가지배관의 기울기를 250분의 1 이상으로 할 것. 다만, 배관의 구조상 기울기를 줄 수 없는 경우에는 배수를 원활하게 할 수 있도록 배수밸브를 설치하여야 한다.

정답 67. ① 68. ④

기출문제

2018. 4회 소방설비기사

69. 할로겐화합물 및 불활성기체소화설비를 설치할 수 없는 장소의 기준 중 옳은 것은? (단, 소화성능이 인정되는 위험물은 제외한다.)

① 제1류위험물 및 제2류위험물 사용
② 제2류위험물 및 제4류위험물 사용
③ 제3류위험물 및 제5류위험물 사용
④ 제4류위험물 및 제6류위험물 사용

[해설] 할로겐화합물 및 불활성기체소화약제 소화설비를 적용할 수 없는 위험물
제3류 위험물, 제5류 위험물

70. 개방형스프링클러헤드 30개를 설치하는 경우 급수관의 구경은 몇 [mm]로 하여야 하는가?

① 65   ② 80
③ 90   ④ 100

[해설] 스프링클러헤드 수별 급수관의 구경(단위 : [mm])

급수관의 구경 / 구분	25	32	40	50	65	80	90	100	125	150
가	2	3	5	10	30	60	80	100	160	161 이상
나	2	4	7	15	30	60	65	100	160	161 이상
다	1	2	5	8	15	27	40	55	90	91 이상

① 개방형스프링클러헤드를 설치하는 경우
  하나의 방수구역이 담당하는 헤드의 개수가 30개 이하일 때 → "다"란의 기준
② 폐쇄형스프링클러헤드를 사용하는 설비의 경우
  ㉠ 일반적인 경우 → "가"란의 기준에 따를 것
  ㉡ 반자 아래와 반자속의 헤드를 동일 급수관의 가지관 상에 병설하는 경우 → "나"란의 기준

71. 분말소화설비 분말소화약제의 저장용기의 설치기준 중 옳은 것은?

① 저장용기에는 가압식은 최고사용압력의 0.8배 이하, 축압식은 용기의 내압시험 압력의 1.8배 이하의 압력에서 작동하는 안전밸브를 설치할 것
② 저장용기의 충전비는 0.8 이상으로 할 것
③ 저장용기간의 간격은 점검에 지장이 없도록 5[cm] 이상의 간격을 유지할 것
④ 저장용기에는 저장용기의 내부압력이 설정압력으로 되었을 때 주밸브를 개방하는 압력조정기를 설치할 것

[해설] 1. 이산화탄소(할론, 할로겐화합물 및 불활성기체, 분말) 소화약제의 저장용기 장소 설치기준
① 방호구역외의 장소에 설치할 것
② 온도가 40[℃] 이하(할로겐화합물 및 불활성기체 소화약제 소화설비는 55[℃] 이하)이고, 온도변화가 적은 곳에 설치할 것
③ 직사광선 및 빗물이 침투할 우려가 없는 곳에 설치할 것
④ 방화문으로 구획된 실에 설치할 것
⑤ 용기의 설치장소에는 당해 용기가 설치된 곳임을 표시하는 표지를 할 것
⑥ 용기간의 간격은 점검에 지장이 없도록 3[cm] 이상의 간격을 유지할 것
⑦ 저장용기와 집합관을 연결하는 연결배관에는 (가스)체크밸브를 설치할 것
  다만, 저장용기가 하나의 방호구역만을 담당하는 경우에는 그러하지 아니하다.

2. 분말소화설비 저장용기의 설치기준
① 소화약제 1[kg] 당 저장용기의 내용적
  (= 충전비[kg/ℓ])

제1종	제2종, 제3종	제4종
0.8[ℓ] 이상	1[ℓ] 이상	1.25[ℓ] 이상

② 안전밸브

가압식	축압식
최고사용압력의 1.8배 이하	내압시험압력의 0.8배 이하

③ 정압작동장치
  저장용기의 내부압력이 설정압력으로 되었을 때 주밸브를 개방

정답 69. ③   70. ③   71. ②

72. 바닥면적이 1,300[m²]인 관람장에 소화기구를 설치할 경우 소화기구의 최소 능력단위는? (단, 주요구조부가 내화구조이고, 벽 및 반자의 실내와 면하는 부분이 불연재료로 된 특정소방대상물이다.)

① 7단위 ② 13단위
③ 22단위 ④ 26단위

해설 특정소방대상물별 소화기구의 능력단위기준

특정소방대상물 \ 소화기구의 능력단위	1단위의 바닥면적 [m²]	주요구조부가 내화구조이며 벽 및 반자의 실내 재료가 불연재료·준불연재료 또는 난연재료인 경우
• 위락시설	30[m²]	60[m²]
• 공연장·관람장·장례식장·집회장·의료시설·문화재	50[m²]	100[m²]
• 관광휴게시설·창고시설·판매시설·노유자시설·숙박시설·근린생활시설·항공기 및 자동차 관련 시설·공동주택·공장·업무시설·운수시설·전시장·방송통신시설	100[m²]	200[m²]
• 그 밖의 특정소방대상물	200[m²]	400[m²]

① 조건에 따라 관람장의 1 능력단위는 100[m²]
② 1,300[m²] ÷ 100[m²/1단위] = 13단위

73. 특정소방대상물의 용도 및 장소별로 설치하여야 할 인명구조기구 종류의 기준 중 다음 (　) 안에 알맞은 것은?

특정소방대상물	인명구조기구의 종류
물분무등소화설비 중 (　)를 설치하여야 하는 특정소방대상물	공기호흡기

① 이산화탄소소화설비
② 분말소화설비
③ 할론소화설비
④ 할로겐화합물 및 불활성기체소화설비

해설 특정소방대상물의 용도 및 장소별로 설치하여야 할 인명구조기구

특정소방대상물	인명구조기구의 종류	설치 수량
물분무등소화설비 중 이산화탄소소화설비를 설치하여야 하는 특정소방대상물	공기호흡기	이산화탄소소화설비가 설치된 장소의 출입구 외부 인근에 1대 이상 비치할 것

74. 고압의 전기기기가 있는 장소에 있어서 전기의 절연을 위한 전기기기와 물분무헤드 사이의 최소 이격거리 기준 중 옳은 것은?

① 66[kV] 이하 – 60[cm] 이상
② 66[kV] 초과 77[kV] 이하 – 80[cm] 이상
③ 77[kV] 초과 110[kV] 이하 – 100[cm] 이상
④ 110[kV] 초과 154[kV] 이하 – 140[cm] 이상

해설 전기의 절연을 위하여 고압의 전기기기와 물분무헤드 사이의 거리

전압[kV]	거리[cm]
66 이하	70 이상
66 초과 77 이하	80 이상
77 초과 110 이하	110 이상
110 초과 154 이하	150 이상
154 초과 181 이하	180 이상
181 초과 220 이하	210 이상
220 초과 275 이하	260 이상

75. 화재조기진압용 스프링클러설비 헤드의 기준 중 다음 (　) 안에 알맞은 것은?

헤드 하나의 방호면적은 (㉠) [m²] 이상 (㉡) [m²] 이하로 할 것

① ㉠ 2.4, ㉡ 3.7
② ㉠ 3.7, ㉡ 9.1
③ ㉠ 6.0, ㉡ 9.3
④ ㉠ 9.1, ㉡ 13.7

정답　72. ②　73. ①　74. ②　75. ③

[해설] 화재조기진압용 스프링클러설비 헤드의 기준

구 분	내 용
헤드 하나의 방호면적	6.0[m²] 이상 9.3[m²] 이하

76. 옥내소화전설비 수원의 산출된 유효수량 외에 유효수량의 $\frac{1}{3}$ 이상을 옥상에 설치하지 아니할 수 있는 경우의 기준 중 다음 ( ) 안에 알맞은 것은?

- 수원이 건축물의 최상층에 설치된 (㉠)보다 높은 위치에 설치된 경우
- 건축물의 높이가 지표면으로부터 (㉡)[m] 이하인 경우

① ㉠ 송수구, ㉡ 7   ② ㉠ 방수구, ㉡ 7
③ ㉠ 송수구, ㉡ 10 ④ ㉠ 방수구, ㉡ 10

[해설] 옥상수조 설치 제외 대상
① 지하층만 있는 건축물
② 건축물의 높이가 지표면으로부터 10m 이하인 경우
③ 수원이 건축물의 최상층에 설치된 방수구보다 높은 위치에 설치된 경우
④ 고가수조, 가압수조를 가압수송장치로 설치한 경우
⑤ 주펌프와 동등 이상의 펌프로서 내연기관의 기동과 연동하여 작동되거나 비상전원을 연결하여 설치한 경우
⑥ 학교·공장·창고시설로서 동결의 우려가 있는 장소에 있어서는 기동스위치에 보호판을 부착하여 옥내소화전함 내에 설치한 경우

77. 다수인 피난장비 설치기준 중 틀린 것은?

① 사용 시에 보관실 외측 문이 먼저 열리고 탑승기가 외측으로 자동으로 전개될 것
② 보관실의 문은 상시 개방상태를 유지하도록 할 것
③ 하강 시에 탑승기가 건물 외벽이나 돌출물에 충돌하지 않도록 설치할 것
④ 피난층에는 해당 층에 설치된 피난기구가 착지에 지장이 없도록 충분한 공간을 확보할 것

[해설] 다수인 피난장비 설치기준
① 피난에 용이하고 안전하게 하강할 수 있는 장소에 적재하중을 충분히 견딜 수 있도록 구조안전의 확인을 받아 견고하게 설치할 것
② 다수인피난장비 보관실은 건물 외측보다 돌출되지 아니하고, 빗물·먼지 등으로부터 장비를 보호할 수 있는 구조일 것
③ 사용 시에 보관실 외측 문이 먼저 열리고 탑승기가 외측으로 자동으로 전개될 것
④ 하강 시에 탑승기가 건물 외벽이나 돌출물에 충돌하지 않도록 설치할 것
⑤ 상·하층에 설치할 경우에는 탑승기의 하강경로가 중첩되지 않도록 할 것
⑥ 하강 시에는 안전하고 일정한 속도를 유지하도록 하고 전복, 흔들림, 경로이탈 방지를 위한 안전조치를 할 것
⑦ 보관실의 문에는 오작동 방지조치를 하고, 문 개방 시에는 당해 소방대상물에 설치된 경보설비와 연동하여 유효한 경보음을 발하도록 할 것
⑧ 피난층에는 해당 층에 설치된 피난기구가 착지에 지장이 없도록 충분한 공간을 확보할 것

78. 포소화설비의 배관 등의 설치기준 중 옳은 것은?

① 포워터스프링클러설비 또는 포헤드설비의 가지배관의 배열은 토너먼트방식으로 한다.
② 송액관은 겸용으로 하여야 한다. 다만, 포소화전의 기동장치의 조작과 동시에 다른 설비의 용도에 사용하는 배관의 송수를 차단할 수 있거나, 포소화설비의 성능에 지장이 없는 경우에는 전용으로 할 수 있다.
③ 송액관은 포의 방출 종료 후 배관안의 액을 배출하기 위하여 적당한 기울기를 유지하도록 하고 그 낮은 부분에 배액 밸브를 설치하여야 한다.
④ 연결송수관설비의 배관과 겸용할 경우의 주배관은 구경 65[mm] 이상, 방수구로 연결되는 배관의 구경은 100[mm] 이상의 것으로 하여야 한다.

정답 76. ④   77. ②   78. ③

[해설] 포소화설비의 배관 등의 설치기준
① 포워터스프링클러설비 또는 포헤드설비의 가지배관의 배열은 토너먼트방식이 아니어야 하며, 압축공기포소화설비의 배관은 토너먼트방식으로 하여야 하고 소화약제가 균일하게 방출되는 등거리 배관구조로 설치하여야 한다.
② 송액관은 전용으로 하여야 한다. 다만, 포소화전의 기동장치의 조작과 동시에 다른 설비의 용도에 사용하는 배관의 송수를 차단할 수 있거나, 포소화설비의 성능에 지장이 없는 경우에는 겸용으로 할 수 있다.
※ 보기 ④은 2024. 7. 1에 삭제됨

79. 대형소화기에 충전하는 최소 소화약제의 기준 중 다음 ( ) 안에 알맞은 것은?

- 분말소화기 : (㉠) [kg] 이상
- 물소화기 : (㉡) [L] 이상
- 이산화탄소소화기 : (㉢) [kg] 이상

① ㉠ 30, ㉡ 80, ㉢ 50
② ㉠ 30, ㉡ 50, ㉢ 60
③ ㉠ 20, ㉡ 80, ㉢ 50
④ ㉠ 20, ㉡ 50, ㉢ 60

[해설] 대형소화기 소화약제의 기준

구분	대형소화기	구분	대형소화기
물소화기	80[ℓ] 이상	이산화탄소소화기	50[kg]
강화액소화기	60[ℓ] 이상	할론소화기	30[kg]
포말소화기	20[ℓ] 이상	분말소화기	20[kg]

80. 소화용수설비인 소화수조가 옥상 또는 옥탑부근에 설치된 경우에는 지상에 설치된 채수구에서의 압력이 최소 몇 [MPa] 이상이 되어야 하는가?

① 0.8
② 0.13
③ 0.15
④ 0.25

[해설] 소화수조가 옥상 또는 옥탑의 부분에 설치된 경우 지상에 설치된 채수구에서의 압력이 0.15[MPa] 이상

정답 79. ③ 80. ③

2025
7+1개년 기출문제 무료 동영상 강의
소방설비기사 필기 기계분야

定價 40,000원

저 자 김흥준 · 윤중오
발행인 이 종 권

2022年 1月 26日 초 판 발 행
2023年 2月 24日 1차개정발행
2024年 1月 17日 2차개정발행
2025年 2月   4日 3차개정발행

發行處 **(주) 한솔아카데미**

(우)06775 서울시 서초구 마방로10길 25 트윈타워 A동 2002호
TEL : (02)575-6144/5   FAX : (02)529-1130
〈1998. 2. 19 登錄 第16-1608號〉

※ 본 교재의 내용 중에서 오타, 오류 등은 발견되는 대로 한솔아카데미 인터넷 홈페이지를 통해 공지하여 드리며 보다 완벽한 교재를 위해 끊임없이 최선의 노력을 다하겠습니다.

※ 파본은 구입하신 서점에서 교환해 드립니다.

www.inup.co.kr / www.bestbook.co.kr

ISBN 979-11-6654-631-0 13500

전기 5주완성 시리즈

전기기사 5주완성
전기기사수험연구회
2,140쪽 | 42,000원

전기산업기사 5주완성
전기산업기사수험연구회
1,964쪽 | 42,000원

전기공사기사 5주완성
전기공사기사수험연구회
1,688쪽 | 42,000원

전기공사산업기사 5주완성
전기공사산업기사수험연구회
1,606쪽 | 42,000원

전기(산업)기사 실기
대산전기수험연구회
748쪽 | 43,000원

전기기사실기 20개년 과년도
대산전기수험연구회
992쪽 | 38,000원

전기기사 완벽대비 시리즈

정규시리즈①
전기자기학

전기기사수험연구회
4×6배판 | 반양장
406쪽 | 22,000원

정규시리즈②
전력공학

전기기사수험연구회
4×6배판 | 반양장
328쪽 | 22,000원

정규시리즈③
전기기기

전기기사수험연구회
4×6배판 | 반양장
430쪽 | 22,000원

정규시리즈④
회로이론

전기기사수험연구회
4×6배판 | 반양장
388쪽 | 22,000원

정규시리즈⑤
제어공학

전기기사수험연구회
4×6배판 | 반양장
248쪽 | 21,000원

정규시리즈⑥
전기설비기술기준

전기기사수험연구회
4×6배판 | 반양장
336쪽 | 22,000원

무료동영상 교재
전기시리즈①
전기자기학

김대호 저
4×6배판 | 반양장
23,000원

무료동영상 교재
전기시리즈②
전력공학

김대호 저
4×6배판 | 반양장
23,000원

무료동영상 교재
전기시리즈③
전기기기

김대호 저
4×6배판 | 반양장
23,000원

무료동영상 교재
전기시리즈④
회로이론

김대호 저
4×6배판 | 반양장
23,000원

무료동영상 교재
전기시리즈⑤
제어공학

김대호 저
4×6배판 | 반양장
21,000원

무료동영상 교재
전기시리즈⑥
전기설비기술기준

김대호 저
4×6배판 | 반양장
23,000원

전기/소방설비 기사·산업기사·기능사

전기(산업)기사 실기 모의고사 100선

김대호 저
4×6배판 | 반양장
296쪽 | 24,000원

전기기능사 필기

이승원, 김승철, 윤종식 공저
4×6배판 | 반양장
532쪽 | 27,000원

전기기사 실기 기본서

김대호 저
반양장
964쪽 | 38,000원

전기기사 실기 20개년 기출문제

김대호 저
반양장
1,352쪽 | 43,000원

김흥준·윤중오·신면순 교수의 온라인 강의 무료제공

[전기분야 필기] 소방설비기사

김흥준, 신면순 공저
4×6배판 | 반양장
1,148쪽 | 40,000원

[기계분야 필기] 소방설비기사

김흥준, 윤중오 공저
4×6배판 | 반양장
1,212쪽 | 40,000원